INORGANIC SYNTHESES COLLECTIVE INDEX

For Volumes 1-30

Board of Directors

BODIE E. DOUGLAS *University of Pittsburgh*
HERBERT D. KAESZ *University of California, Los Angeles*
DARYLE H. BUSCH *University of Kansas*
JAY H. WORRELL *University of South Florida*
RUSSELL N. GRIMES *University of Virginia*
ROBERT J. ANGELICI *Iowa State University*
DONALD W. MURPHY *AT & T Bell Laboratories*
LEONARD V. INTERRANTE *Rensselar Polytechnic Institute*
ALAN H. COWLEY *University of Texas, Austin*

Future Volumes

32 MARCETTA Y. DARENSBOURG *Texas A&M University*
33 DIMITRI COUCOUVANIS *Northwestern University*
34 TOBIN MARKS *Northwestern University*
35 RICHARD J. LAGOW *University of Texas, Austin*

International Associates

MARTIN A. BENNETT *Australian National University, Canberra*
FAUSTO CALDERAZZO *University of Pisa*
E. O. FISCHER *Technical University, Munich*
JACK LEWIS *Cambridge University*
LAMBERTO MALATESTA *University of Milan*
RENE POILBLANC *University of Toulouse*
HERBERT W. ROESKY *University of Göttingen*
F. G. A. STONE *Baylor University*
GEOFFREY WILKINSON *Imperial College of Science and Technology, London*
AKIO YAMAMOTO *Tokyo Institute of Technology, Yokohama*

Editor-in-Chief
THOMAS E. SLOAN
Chemical Abstracts Service

INORGANIC SYNTHESES COLLECTIVE INDEX

for Volumes 1-30

A Wiley-Interscience Publication
JOHN WILEY & SONS, INC.
New York Chichester Brisbane Toronto Singapore Weinheim

This text is printed on acid-free paper.

Published by John Wiley & Sons, Inc.

Library of Congress Catalog Number: 39-23015

ISBN 0-471-30507-3

Printed in the United States of America

10 9 8 7 6 5 4 3 2 1

To

Mary Francis Brown

Andrew A. Wojcicki

Wladyslaw V. Metanomski

Daryle H. Busch

PREFACE

This special collective index volume in the "Inorganic Syntheses" Series is compiled from all the volume indexes of the preceding thirty volumes covering the period 1939–1995. Four indexes are included: Contributor, Subject, Formula, and Chemical Abstracts Service (CAS) Registry Number® Index. Chemical Abstracts has been associated with the preparation of the indexes for "Inorganic Syntheses" since Volume 2 (1946). In full compliance with the aim, as stated by W. Conard Fernilius in Volume 2, to use "the best practices" in the "systematization of inorganic nonmenclature," the Inorganic Syntheses Board adopted the use of CAS Index Nomenclature and CAS Registry Numbers® for the compilation of this collective index volume. The chemical formulas used in the Formula Index are not formulas found in either CA Indexes or the CAS Registry on various information networks. The formulas are the total composition formulas for the compound as it is normally encountered in most inorganic literature as explained in the Formula Index Introduction.

I wish to sincerely thank my many colleagues at CAS who over the many years of my association with "Inorganic Syntheses" have aided me in ways too numerous to count. First are Warren Powell and Meg Franks who worked with me on manuscript editing and index preparation from the very beginning. Vanessa Sturgill is primarily responsible for the Contributor Index and Estella Mitchell and Mary Bartemes laboriously recomputed most of the formulas used in the Formula Index. Dave Uhrick wrote the program for permutation of the formulas and lastly Jason Weisgerber has done all the computer manipulation and in many ways has been my right arm and co-editor. Again, thank you all.

Tom Sloan

Columbus, Ohio

NOTICE TO CONTRIBUTORS AND CHECKERS

The *Inorganic Syntheses* series is published to provide all users of inorganic substances with detailed and foolproof procedures for the preparation of important and timely compounds. Thus the series is the concern of the entire scientific community. The Editorial Board hopes that all chemists will share in the responsibility of producing *Inorganic Syntheses* by offering their advice and assistance in both the formulation of and the laboratory evaluation of outstanding syntheses. Help of this kind will be invaluable in achieving excellence and pertinence to current scientific interests.

There is no rigid definition of what constitutes a suitable synthesis. The major criterion by which syntheses are judged is the potential value to the scientific community. An ideal synthesis is one that presents a new or revised experimental procedure applicable to a variety of related compounds, at least one of which is critically important in current research. However, syntheses of individual compounds that are of interest or importance are also acceptable. Syntheses of compounds that are readily available commercially at reasonable prices are not acceptable. Corrections and improvements of syntheses already appearing in *Inorganic Syntheses* are suitable for inclusion.

The Editorial Board lists the following criteria of content for submitted manuscripts. Style should conform with that of previous volumes of *Inorganic Syntheses*. The introductory section should include a concise and critical summary of the available procedures for synthesis of the product in question. It should also include an estimate of the time required for the synthesis, an indication of the importance and utility of the product, and an admonition if any potential hazards are associated with the procedure. The Procedure should present detailed and unambiguous laboratory directions and be written so that it anticipates possible mistakes and misunderstandings on the part of the person who attempts to duplicate the procedure. Any unusual equipment or procedure should be clearly described. Line drawings should be included when they can be helpful. All safety measures should be stated clearly. Sources of unusual starting materials must be given, and, if possible, minimal standards of purity of reagents and solvents should be stated. The scale should be reasonable for normal laboratory operation, and any problems involved in scaling the procedure either up or down should be discussed. The criteria for judging the purity of the final product should be delineated clearly. The Properties section should supply and discuss those physical and chemical characteristics that are relevant to judging the purity of the product and to permitting its handling and use in an intelligent manner. Under References, all pertinent literature citations should be listed in order. A style sheet is available from the Secretary of the Editorial Board.

The Editorial Board determines whether submitted syntheses meet the general specifications outlined above. Every procedure will be checked in an independent laboratory, and publication is contingent upon satisfactory duplication of the syntheses.

Each manuscript should be submitted in duplicate to the Secretary of the Editorial Board, Professor Jay H. Worrell, Department of Chemistry, University of South Florida, Tampa, FL 33620. The manuscript should be typewritten in English. Nomenclature should be consistent and should follow the recommendations presented in IUPAC, *Nomenclature of Inorganic Chemistry,* Recommendations 1990, Editor G. J. Leigh, Blackwell Scientific Publications and CAS Index Nomenclature. Abbreviations should conform to those used in publications of the American Chemical Society, particularly *Inorganic Chemistry.*

Chemists willing to check syntheses should contact the editor of a future volume or make this information known to Professor Worrell.

CONTENTS

INORGANIC SYNTHESES COLLECTIVE INDEX

For Volumes 1-30

CONTRIBUTOR INDEX

Abbott, S. F., 18:69
Abel, E. W., 15:207; 17:181
Abu Salam, O. M., 21:107
Abys, J. A., 19:1, 6, 9
Accountius, O. E., 4:94
Acero, G., 8:132
Ackerman, J. F., 19:1, 8; 22:56; 30:149
Ackermann, M. N., 29:108
Adams, A. C., 10:7
Adams, G. M., 8:171
Adams, M. L., 27:314
Adams, R. D., 26:295, 303; 27:209
Adeyemo, A., 23:55
Adler, A. D., 16:213; 20:97
Adlkofer, J., 18:142
Aftandilian, V. D., 5:37, 153; 28:321
Agarwala, U. C., 29:161
Agbossou, F., 29:211
Ahmad, N., 12:269; 15:45; 28:81
Ahmed, F. U., 25:79
Ahmed, K. J., 23:47; 27:283
Ahuja, H. S., 21:187
Aitken, G. B., 16:83
Aizpurua, J. M., 26:4
Akashi, H., 29:254, 260
Akhtar, M., 12:47, 49, 50, 52
Al-Obadi, K. H., 12:264
Al-Sa'ady, A. K., 23:191
Al-Salem, N., 19:220; 28:342
Alam, F., 22:209
Albers, M. O., 26:249, 52, 59, 68; 28:140, 168, 179
Albers, R. A., 12:251
Albertson, N. F., 2:23
Albiez, B., 17:83,88
Albinak, M. J., 8:196
Alexander, B. D., 27:214; 29:279
Alexander, K. A., 24:211
Alexander, R. P., 10:91
Alfred, A. L., 6:3, 172
Allcock, H. R., 13:23; 18:194; 25:60
Allen, A. D., 12:2, 12, 18, 23
Allen, B., 3:64
Allen, C. W., 12:293; 25:74; 29:24
Allen, H. R., 1:114
Allen, R. J., 11:82
Allred, A. L., 9:92; 13:17; 19:265
Alonso, A. S., 26:393
Alvarado, C., 29:38
Ama, T., 29:169
Ambridge, C., 18:120
Amdur, E., 1:155
Amis, E. S., 7:146
Ammari, N., 27:128
Amonoo-Neizer, E. H., 8:19
Amundsen, A. R., 27:283
Anand, S. P., 16:24
Andersen, R. A., 21:116; 23:195; 24:89; 26:144; 27:146; 28:323
Anderson, B. B., 19:72
Anderson, D. M., 21:6
Anderson, G. K., 28:60
Anderson, L. R., 12:312
Anderson, M. T., 29:38
Anderson, R. A., 19:262
Anderson, R. L., 19:178
Anderson, R. P., 4:8, 9
Anderson, S. N., 7:214
Anderson, W. C., 8:100
Andreini, B. P., 29:188
Andrews, M. A., 17:66; 22:116
Andrews, T. D., 10:91
Ang, K. P., 21:114

Angelici, R. J., 7:23, 28; 17:100; 18:56; 19:159, 160, 161, 162, 183; 20:1, 126, 128, 188; 24:161; 26:31, 77, 113; 27:294; 28:29, 92, 126, 148, 150, 155, 156, 157, 158, 165, 186, 199, 230, 238, 278,
Angoletta, M., 13:95
Angus, P. C., 17:172, 176
Anselmann, R., 25:7
Anslyn, E. A., 29:198
Anson, F. C., 9:176
Anton, D. L., 20:134
Antonucci, R., 2:141
Appel, R., 24:107, 110, 113, 117
Appelman, E. H., 11:205, 210; 13:1; 24:22
Arafat, A., 22:226
Aragon, R., 22:43
Arch, A., 2:17, 121
Archer, R. D., 6:186; 10:77; 12:214; 23:90
Archer, S. J., 23:90
Archibald, B. C., 9:2
Arcus, C., 20:218
Arcus, R. A., 18:194
Aresta, M., 20:69
Arliguie, T., 26:219, 271; 28:219, 221
Armington, A. F., 20:1, 9
Armit, P. W., 21:28
Armitage, D. A., 15:207; 17:181
Armor, J. N., 13:208; 16:137; 19:117
Arnaiz G., F. J., 20:82
Arndt, L. W., 26:335
Arnold, M. B., 27:322
Arnold, T., 18:126; 28:196
Arrington, D. E., 29:27
Arudini, A., 29:234
Arvan, P. G., 3:160
Arvedson, P., 8:34
Ash, C. E., 26:59; 28:168
Ashby, E. C., 13:124; 16:137; 17:1, 2, 6, 9; 18:149; 19:253
Ashworth, T. V., 26:68
Asprey, L. B., 19:137
Assoued, M. B., 19:253
Atkinson, L. K., 15:25
Attard, J. P., 26:303
Attig, T. G., 16:192
Atwood, J. D., 23:37
Atwood, J. L., 16:137
Aucken, I., 6:26
Audrieth, L. F., 1:5, 11, 15, 24, 28, 68, 77, 79, 87, 90, 92, 96, 97, 152, 167; 2:85, 139, 167, 176, 179, 182; 3:30, 81, 85, 98, 101, 103, 106, 109, 127, 160; 4:26, 29, 32, 36; 5:48, 52, 122
Aufdembrink, B. A., 21:16
Austin, G., 7:99
Austin, T. E., 6:129
Averill, B. A., 30:177, 201, 208
Ayers, L. J., 26:200

Babcock, S. H., Jr., 1:10, 21
Babin, J. E., 27:209
Bach, R. D., 24:143
Backes-Dahmann, G., 27:39
Backlund, S. J., 19:239
Baddley, W. H., 15:68, 72
Bader, J. M., 9:103; 19:72
Badger, D. W., 12:2
Bagnall, K. W., 21:187
Bailar, J. C., Jr., 1:35, 47, 103, 104, 122, 125, 127, 129, 132, 155, 163, 186; 2:196, 200, 203, 212, 222, 225; 3:153, 196; 5:131, 184; 12:197; 18:69; 22:124, 126, 128; 25:132
Bailin, L. J., 7:140
Bains, M. S., 9:41
Baird, M. C., 19:188
Baird, R. B., 13:17
Baize, M. W., 29:57
Bakac, A., 24:250
Baker, F. B., 7:116, 150, 160, 201
Baker, L. C. W., 15:103
Baker, P. S., 2:151; 3:9
Baker, R. H., 1:119; 3:117; 15:5; 28:94
Bakir, M., 27:306
Balash, L., 9:46
Balasubramaniam, A., 21:33
Balch, A. L., 19:13; 21:47; 25:120; 27:222; 28:340
Baldwin, J. C., 18:138, 139, 140
Ball, G. A., 26:388, 393
Ballan, R. H., 20:237

Ballantine, T., 16:229
Ballou, N. E., 2:227
Balthis, J. H., 1:122, 125; 4:45
Bancroft, D. P., 25:94
Bandyopadhyay, D., 29:129
Banerjee, A. K., 15:100
Banister, A. J., 17:188, 197
Banks, E., 11:10; 12:153; 30:114
Bansemer, R. L., 27:14
Barbarin, R., 7:30
Barber, S., 29:167
Barber, W. A., 6:11; 19:123
Barbour, S. I., 24:234
Barder, T. J., 28:332
Barefield, E. K., 15:34; 16:220; 20:108; 28:263
Bares, L. A., 9:157
Barker, F. B., 4:63
Barker, R. H., 12:72, 81, 85
Barker, W. F., 6:189
Barkhau, R. A., 24:135, 139; 26:388
Barlett, N., 20:34
Barna, P. M., 7:67; 10:42
Barnard, R. L., 2:126, 234, 238, 243
Barnes, R. D., 7:18
Barnhart, R. E., 2:167
Barreto, R. D., 29:90
Barth, R. C., 16:188
Barthauer, G. L., 2:58
Barthelmes, J. K.-H., 27:22, 214
Bartkiewicz. S. A., 4:14
Bartlett, N., 11:147; 12:232; 19:137; 29:10
Bartlett, P. D., 8:100
Basil, J. D., 21:47; 26:7; 28:305, 340
Basolo, F., 3:67; 4:121, 168, 171; 5:185; 7:214; 11:47, 108; 11:47, 108; 12:23, 218; 13:112, 202, 233; 23:41; 28:104, 160
Bassner, S., 25:193; 28:236
Batson, D. A., 14:146
Baudisch, O., 1:184, 185
Baudler, M., 25:1; 27:227
Bauer, D. P., 16:63
Bauer, H. F., 8:202; 26:117; 28:22
Bauer, L. 4:121
Bause, D. E., 18:67
Baxter, M. A., 25:86
Beachley, O. T., Jr., 24:87, 89, 92, 94, 95
Beal, J. B., Jr., 14:105
Beall, H., 15:115
Beard, W. R., 22:218
Beattie, J. K., 15:93; 19:117
Beaulieu, R., 22:80
Beaver, W. W., 5:22
Beck, K. M., 3:37
Beck, M. A., 29:204
Beck, T. M., 4:58, 63, 66, 77, 78
Beck, W., 26:92, 96, 106, 117, 126, 128, 231; 28:1, 5, 15, 22, 27, 63
Becke-Goehring, M., 6:123; 8:92, 94, 103, 105
Becker, G., 27:235, 240, 243, 249
Begbie, C. M., 21:119
Behrman, E. C., 20:50
Belefant, H., 26:12; 28:310
Belin, D. D., 29:193
Belitz, R. K., 8:38
Bell, R. N., 3:85, 96, 98, 101, 103, 106, 109
Bellama, J. M., 15:182
Bellavance, D., 14:134, 176
Belli Dell'amico, D., 24:236
Bellitto, C., 24:188
Ben-Dor, L., 14:149; 30:105
Bender, R., 26:341
Benedict, J., 13:32
Benner, L. S., 21:47; 28:340
Bennett, M. A., 15:2; 16:161, 164; 21:74; 25:100; 26:161, 171, 180, 200
Bennett, W. E., 3:140
Benson, R. E., 10:8
Benvenuto, M. A., 29:90
Bercaw, J. E., 21:181; 24:147; 28:248, 317
Beredjick, N., 6:91
Berg, D. J., 27:146
Bergman, R. G., 27:19
Bergounhou, C., 26:303, 360
Berke, H., 17:112, 117; 28:98
Berlin, K. D., 18:189
Berman, D., 10:35
Bermann, M., 15:199
Bernays, P. M., 2:212

Bertin, E. P., S. J., 5:185
Besinger, R., 20:20
Bessel, C. A., 27:261
Beyerle, G., 17:186
Bhata, S., 13:181
Bhattacharjee, M. N., 27:310, 312
Bianchini, C., 27:287
Bianco, V. D., 14:1; 16:155, 161, 164; 18:169; 20:206
Bichler, R. E. J., 12:60
Bichowsky, F., 5:79
Bickford, W. D., 1:111
Bigelow, J. H., 2:203, 225, 245
Bilbo, A. J., 9:73
Binenboym, J., 14:39
Binger, P., 15:134, 136, 141, 149; 19:101, 107; 26:204; 28:113, 119
Birch, H. J., 4:71
Birchall, T., 11:128
Birdwhistell, K. R., 29:141
Birdwhistell, R. K., 7:65; 28:148
Birnbaum, E. R., 12:45
Bischoff, C. J., 26:335; 29:201
Bishop, M. E., 17:181
Bishop, P. T., 28:37
Bisnette, M. B., 9:121; 28:45
Bitterwolf, T. E., 29:193
Bjerrum, J., 2:216
Blackman, G. S., 26:388
Blake, D. M., 18:120
Blake, P. C., 26:150; 27:173
Blanch, J. E., 5:130
Blanchard, A. A., 2:81, 126, 193, 234, 238, 243
Blanchard, E., 3:130
Blanski, R., 26:52; 28:179
Block, B. P., 4:14; 5:114; 8:10, 71, 125; 12:170; 13:99; 16:89
Blohm, M. L., 26:286
Bluestone, H., 2:85
Blum, P. R., 16:225; 18:173
Blundon, R. W., 10:91
Boddeker, K. W., 9:4
Bodnar, S. J., 4:20
Bojes, J., 17:188; 18:203
Bokerman, G., 10:35
Boldebuck, E., 2:109
Boncella, J. M., 27:146
Bond, A. C., 12:50, 52, 54
Bonham, J., 9:8
Bonneau, P. R., 30:33
Bonnemann, H., 15:9; 20:206
Bonnet, J. J., 9:145; 10:58; 26:303, 360
Boone, J. L., 10:81
Booth, C., 30:68
Booth, H. S., 1:2, 21, 35, 55, 99, 113, 114, 132, 147, 151, 167; 2:6, 22, 23, 74, 95, 145, 151, 153, 155, 157, 215; 3:27, 48, 191; 4:66, 75, 85; 5:55
Booth, M. R., 12:60
Borlin, J., 15:203
Born, G., 15:122, 125
Bornhorst, W. R., 11:170
Bosamle, A., 26:189
Bostic, Jr., J. E., 12:72
Bostrup, O., 8:191
Botar, A., 23:186
Bottomley, F., 12:2, 18, 23; 16:9, 13, 75; 27:59
Bouchard, G., Jr., 11:1
Bouchard, R. J., 12:158; 14:157; 30:22
Boucher, L. J., 9:28
Boudjouk, P., 29:19, 30, 108
Boughton, J. H., 8:204
Bougon, R., 24:37, 39, 48, 69
Bowen, S. M., 24:101
Bowerman, E. W., 1:49
Boyd, T. E., 13:165, 168, 177
Boyle, P. D., 29:279
Braam, J. M., 24:132; 26:388
Brace, N. O., 6:172
Braddock, J., 26:4
Bradford, C. W., 12:243; 13:92
Bradley, D. C., 18:112
Bradley, J. S., 17:73; 21:66; 27:182
Brammer, M., 29:189
Branca, J., 16:229
Branch, J. W., 21:112
Brand, J. R., 13:1
Brandt, I. C., 8:138
Brandt, R. L., 4:119
Brandt, W. W., 3:117

Branson, U. S., Jr., 2:182
Brant, P., 17:17
Brantley, J. C., 5:139
Bratten, G. L., 17:2
Bratton, R. F., 12:141
Brault, A. T., 7:23, 28
Braunstein, P., 26:312, 316, 319, 341, 356, 372; 27:188, 218
Bravo, J., 7:1
Bray, J., 13:187; 15:14; 16:24; 28:86
Braye, E. H., 8:178
Brec, R., 30:255
Brecht, V. O., 2:213
Breck, D. W., 4:145, 147
Brencic, J. V., 13:170
Brennan, P. J., 25:60
Brennan, T. D., 30:146
Brewer, J. C., 29:146
Brewer, L., 21:180
Brezina, F., 23:178
Brezinski, J. J., 4:32
Briat, B., 26:377
Brice, V. T., 19:247
Brickell, W., 3:188
Briggs, D. A., 26:85
Bright, J. R., 2:159
Brignole, A. B., 13:81
Brimm, E. O., 1:175, 180, 182, 5:135; 6:87, 201
Bringley, J. F., 30:177, 218
Brinkmann, A., 19:101, 107; 28:113, 119
Brintzinger, H., 12:12
Briske, C., 7:116
Brittain, H. G., 23:61
Brittelli, D. R., 23:141
Britton, D., 8:108, 111, 116, 119; 9:56, 118, 149, 160, 170
Britton, G. C., 18:201
Brixner, L. H., 11:1; 14:126
Broderick, H., 3:145
Brody, J. F., 30:241
Brooks, E. H., 12:58
Brooks, L. H., 2:85
Broomhead, J. A., 6:183, 186; 8:10; 11:70; 16:235; 21:127; 25:157; 28:145, 338
Brough, L., 19:265
Brower, D. C., 23:4
Brown, C. A., 5:56, 58, 59, 61; 17:26; 22:131
Brown, D. E., 9:88; 12:225; 15:243; 25:74
Brown, F. E., 1:106; 4:80
Brown, G. E., 15:128
Brown, H. C., 19:239
Brown, J. D., 18:124
Brown, R. K., 18:189
Brown, T. M., 12:181; 13:150, 226; 14:77, 109; 16:78, 131; 18:53; 19:128, 134
Browne, A. W., 1:74, 79
Brubaker, C. H., Jr., 4:130; 10:71
Brubaker, G. R., 18:44; 24:279
Bruce, M. I., 21:78, 107; 26:171, 259, 262, 271, 324; 28:216, 219, 221, 270
Brunet, J. J., 29:151, 156
Brunner, H., 27:69
Bruno, J. W., 27:173
Bryan, J. C., 28:326
Bryan, R. C., 6:37
Bryan, S. A., 24:211
Bryant, B. E., 5:16, 18, 105, 115, 130, 188 6:50, 147; 7:183; 8:153, 171; 9:116, 163, 173
Bryant, W. E., 15:122, 125
Bryce-Smith, D., 6:9
Bryndza, H. E., 23:126; 26:134
Buch, H. M., 26:204
Buchi, R. H., 13:202
Buckingham, D. A., 8:125, 217
Buckles, R. E., 5:167, 176; 9:130
Budenz, M. R., 15:213
Budge, J., 16:235; 25:157; 28:145
Bue, D., 12:193
Buell, S. A., 9:181
Bulkowski, J., 15:164; 20:127
Bull, W. E., 9:178
Bulls, A. R., 24:147; 28:248
Bumgardner, C. L., 12:299
Bump, C. M., 20:161
Bunger, F. L., 9:44, 136
Bunting, R. K., 19:237
Bunzel, J. C. G., 23:149
Burak, R., 29:276
Burbage, J. J., 2:227

Burcal, G., 7:198
Burch, R. R., 19:164
Burchill, P., 18:44
Burford, M. G., 1:157, 159
Burg, A. B., 3:150
Burgess, J., 25:49
Burgess, K., 25:193; 27:209, 218; 28:236
Burgess, W. M., 5:197
Burget, G., 25:126
Buriak, J., Jr., 23:141
Burkhard, C. A., 3:62; 4:41, 43
Burkhardt, E., 21:57
Burkhardt, T. J., 19:180
Burmeister, J. L., 12:218; 16:131, 23:157
Burns, C. J., 27:146
Burns, R. C., 24:79
Burns, W., 7:198
Burrows, R. C., 6:62
Burton, C. E., 7:16
Burton, R. L., 3:188
Busby, D. C., 26:356
Busch, D. H., 4:114, 176; 5:115, 188, 208; 5:115, 188, 208; 13:184; 18:2, 10, 15, 17, 22, 27, 30, 36; 27:261
Busey, R. H., 17:155
Bush, L. W., 4:94; 9:92
Bushey, A. H., 4:23
Busse, P. J., 20:181
Butcher, H. J., 12:256
Butcher, K., 24:92, 94, 95
Butler, I. S., 16:53; 17:100; 19:188, 193, 197; 21:28; 26:31; 28:140, 186
Butler, J. C., 2:38, 44, 48
Butler, J. S., 21:1
Butler, L. G., 24:211
Butler, M. J., R.S.M., 1:24; 2:176
Butler, S. R., 13:135; 30:96
Butter, S. A., 15:185
Buttrey, D. J., 30:133

Cabeza, J. A., 23:126
Cabral, J. D., 23:173
Cabral, M. F., 23:173
Cady, G. H., 1:109, 142; 5:156; 7:124; 8:165; 9:111, 113; 11:155
Caesar, G. V., 3:78
Caesar, P. D., 3:78
Cafiero, A. V., 11:5
Caglio, G., 13:95; 16:49
Cahen, D., 22:80
Cairns, C. J., 23:173; 27:261
Cajipe, V. B., 30:170
Calderazzo, F., 23:32, 34; 24:236; 26:293; 28:192, 240; 29:188
Caley, E. R., 1:1, 111, 157, 159
Calingaert, G., 3:156
Callaway, J. O., 17:36
Callison, J. H., 3:163
Cameron, C. J., 27:14
Campbell, I. E., 4:130
Canich, J. A., 27:329
Canich, J. M., 24:58
Cantor, S., 5:139
Cappel, N. O., 2:116
Carey, N. A. D., 11:116, 120, 122
Cariati, F., 11:105; 28:123
Carlson, C. D., 24:132, 194
Carnell, P. J. H., 10:49
Carpenter, Jr., L., 30:46
Carr, C. J., 26:319
Carris, M. W., 28:263
Carroll, A. P., 8:84; 16:87
Carter, J. C., 11:24; 12:123, 132, 139, 141; 17:162
Carter, K. C., 29:24
Carter, R. P., Jr., 9:59
Carter, S. J., 23:182
Carty, A. J., 19:98; 24:147; 25:174; 26:264; 28:248
Casalnuovo, A. L., 29:279
Casalnuovo, J. A., 27:22
Case, C., 22:73; 30:68
Casensky, B., 18:149
Casewit, C. J., 23:118
Casey, A. T., 13:165, 168, 177, 179 19:178, 180; 25:179; 26:231; 28:189
Cassidy, H. G., 3:156
Cassidy, J., 27:182
Castan, P., 29:185
Castellani, M. P., 29:204
Caster, W., Jr., 3:67
Castorina, T. C., 4:52

Cattermole, P. E., 17:115
Caulton, K. G., 16:16; 27:14, 26
Cavell, R. G., 9:88
Celap, M. B., 9:173; 23:90
Cenini, S., 16:47, 51
Cenini, S., 28:334
Centofanti, J. F., 11:157
Centofanti, L. F., 12:197, 225, 240, 281, 287; 16:166
Ceriotti, A., 26:312, 316
Chakravorti, M. C., 21:116, 170; 25:144; 27:294; 29:129
Chalilpoyil, P., 20:101
Chaloupka, S., 26:126; 27:30; 28:27
Chamberlain, M. M., 6:138, 173, 180, 189
Chamberland, B. L., 7:52; 10:1; 14:123
Chan, J., 16:161
Chandhuri, M. K., 24:50
Chandler, D. J., 25:126, 177
Chandler, J. A., 6:42
Chandler, T., 21:170
Chandrasekaran, R. K., 23:21
Chang, C. K., 20:147
Chang, J. C., 16:80
Chang, T.-H., 13:9
Chao, K. H., 23:85
Chapman, R., 17:139
Chappelow, C. C., Jr., 5:6, 10, 195
Charles, R. G., 6;164; 7:183; 8:135, 138; 9:25, 37
Chary, K. V. R., 30:192
Chatt, J., 5:210; 15:185
Chatterjee, A. B., 11:82
Chau, C. N., 23:32
Chaudhuri, M. K., 27:310, 312
Chazan, D. J., 11:122
Che, C.-M., 24:211; 29:164
Chebolu, V., 26:122; 28:56
Chen, A. Y.-J., 26:52; 28:179
Chen, C. J., 24:200; 30:185
Chen, G. J.-J., 20:119; 28:33, 38
Chen, L., 23:122
Chen, M. G., 21:97
Chen, S. C., 30:192
Chen, Y-Y., 18:124; 26:269
Chenicek, A. G., 1:103
Cherkas, A. A., 25:174
Chernick, C. L., 8:249, 254, 258
Chi, Y., 27:196
Chia, P. S. K., 16:168
Chin, C. S., 20:237
Chin, T. T., 28:196
Chini, P., 20:209, 212, 215; 28:242
Chisholm, M. H., 18:112; 21:51; 29:119, 137
Chivers, T., 17:188; 18:203; 21:172; 25:30, 35, 38, 40
Chock, P. B., 14:90; 28:349
Choi, D. J., 27:115
Choi, M.-G., 27:294; 28:150, 186
Choppin, G. R., 4:114; 23:149
Chou, M. H., 24:291, 299
Choudhury, D., 5:153; 28:321
Chow, L., 11:47
Chowdhury, M., 25:144
Chrisp, J. D., 4:14
Christe, K. O., 24:3, 22, 37, 39, 48
Christou, G., 21:33
Chu, P., 25:132
Chu, S., 11:201
Chulski, T., 4:66
Cisar, A., 22:151
Citro, M. F., 7:205
Clare, P., 18:194
Clark, C., 18:120
Clark, H. C., 1:186; 11:116, 120, 122; 12:47, 49, 50, 52, 60; 13:216; 16:155; 17:132
Clark, M. J., 15:207; 29:38
Clark, R. F., 9:181
Clark, R. J., 7:18; 13:165, 168, 177, 179; 16:120, 166; 19:72; 26:12; 28:310
Clark, S. E., 18:69; 20:57
Clarke, H. G., 17:188
Clarke, M. J., 26:65
Claunch, R. T., 7:92
Clay, M. E., 19:128
Cleare, M. J., 12:243
Cleary, D. A., 30:177
Cleaver, C., 7:124
Clegg, D. E., 10:71
Clemens, D. F., 9:83

Clement, R. A., 14:81; 15:75
Clifford, A. F., 6:31, 33, 167, 204; 7:9; 8:185; 14:29
Clifford, D. A., 26:117; 28:22
Cloyd, J. C., Jr., 14:14; 16:202
Coffey, C. C., 20:25; 21:142, 145, 146
Coffy, T. J., 25:164, 195
Cohen, A. J., 3:9; 5:2, 3, 5; 6:209, 84
Cohn, K., 10:147; 11:56; 13:26; 17:186
Colbran, S. B., 26:264, 309
Coldbery, D. E., 6:142
Cole, R. J., 15:5
Coleman, G. H., 1:55, 59, 62, 65; 2:90
Coleman, G. W., 2:243
Coleman, W. M., 20:127
Coles, M. A., 16:120
Collier, B. F., 30:124, 133
Collier, F. N., Jr., 9:123
Collman, J. P., 5:14; 7:134, 205; 8:125, 141, 144, 149, 217; 11:101; 12:8; 28:92
Colsman, M. R., 27:329
Combs, G. L., Jr., 21:185
Compton, S. J., 24:132, 135, 138; 26:391
Connelly, N. G., 15:91
Connolly, J. W., 12:72
Conroy, L. E., 9:119; 12:158; 14:149; 30:22, 105
Considine, W. J., 9:52
Contant, R., 27:104, 128
Cook, B. R., 14:14
Cook, E. L., 2:215
Cook, J. D., 29:42
Cook, J. R., 9:133
Cooke, D. W., 7:187
Cooley, R. A., 2:69
Cooley, W. E., 5:208
Cooper, C. B., III., 17:66, 111; 21:66
Cooper, M. K., 25:129
Cooper, S. R., 25:123
Cooper, W. C., 2:153
Cooper, W. D., 4:66
Copperthwaite, R. G., 18:112
Corbett, J. D., 7:18, 81; 22:1, 15, 23, 26, 31, 36, 39, 151; 25:146; 30:6, 11, 17, 72, 81, 249
Corbin, J. L., 18:53
Corden, B. B., 23:178
Corey, J. Y., 26:4
Cornish, T. F., 19:10
Cornog, J., 1:165
Corriu, R., 25:110
Costamagna, J. A., 23:1
Cote, W. J., 21:66
Cotton, F. A., 9:121; 10:157; 12:193; 13:81, 170; 17:110, 134, 152; 21:51; 23:116; 25:94; 26:219; 27:306; 28:45, 110, 332; 29:134, 182
Cotton, R., 26:81
Coucouvanis, D., 13:187; 21:23; 27:39, 47; 29:254, 260
Coulson, D. R., 13:121; 28:107
Covey, W., 7:99
Coville, N. J., 16:53; 19:188; 26:52, 59; 28:140, 168, 179
Cowan, D. O., 6:211; 7:239
Cowan, R. L., 27:30
Cowie, A. G., 26:286
Cowley, A. H., 11:157; 25:1, 5; 27:235, 240, 253
Cox, D. D., 17:186; 26:388, 391, 393
Cox, L. E., 13:173
Cox, M., 9:44
Coyle, T. D., 10:118
Cozak, D., 17:100; 19:188, 193, 197; 28:186
Crabtree, R. H., 19:218; 24:173; 26:117, 122; 27:8, 22, 317; 28:22, 56, 88
Craddock, J. H., 8:38
Cradock, S., 15:161, 164
Cragel, J., Jr., 18:22, 27
Cramer, R. E., 15:14; 27:177; 28:86
Crandall, J. K., 6:176
Cranford, G., 6:94
Crascall, L. E., 28:126
Craven, J. L., 2:245
Crawford, S. S., 26:155
Crayton, P. H., 7:87, 207
Creighton, J. R., 23:171
Creutz, C., 24:291, 299
Croft, W. J., 14:139
Cronin, J. L., 21:12

Cronin, J. T., 23:157
Crook, J. R., 7:163
Crumbliss, A. L., 19:90; 28:68
Cruywagen, J. J., 24:191
Cuellar, E. A., 20:97
Cuenca, R., 21:28
Cull, N. L., 4:179
Cullen, G. W., 5:37
Cullen, W. R., 17:81
Cummings, S. C., 16:206, 225; 23:144
Cundy, P. F., 1:104
Curry, Z. H., Jr., 9:63
Curtis, M. D., 12:26; 27:69; 28:150
Curtis, N. F., 18:2, 10, 15
Curtis, N. J., 24:277
Cushing, M. A. 15:18; 17:69, 112; 19:213; 20:76, 81, 90, 143, 155; 21:90; 27:290; 28:94, 129
Cushing, M. L., 3:78
Cutforth, B. D., 19:22
Cutler, A. R., 20:127; 26:96, 231; 28:5
Czerepinski, R. G., 9:111, 113; 11:131
Czuchajowska, J., 29:182

D'Aniello, Jr, M. J., 26:319
Daake, R. L., 22:26; 30:6
Dabrowiak, J., 20:115
Dabrowski, B., 30:218
Dahl, A. R., 16:220
Dahl, L. F., 8:144
Daniel, C. S., 21:31
Darby, D., 20:53
Darensbourg, D. J., 19:164; 23:27; 25:193; 27:195; 28:236
Darensbourg, M. Y., 21:181; 23:1; 25:151; 26:59, 169, 335; 28:168, 173; 29:151, 156, 201, 251
Darin, J. L., 16:229
Darkwa, J., 27:51
Darst, K. P., 19:164; 20:200; 28:201
Das, M., 16:206, 225
Das, R., 25:24
Dase, V., 26:259; 28:216
Dasgupta, T. P., 17:152
Dash, A. C., 21:119
Dassanayake, N. L., 21:185
Davies, R., 12:197
Davies, S. G., 24:170
Davis, E., 4:29
Davison, A., 10:8; 11:101; 16:68; 17:83; 18:62, 28:92
Dawson, J. W., 10:126, 135, 139, 142, 144
Dawson, P., 20:226, 230
DeAngelis, T. P., 14:90; 28:349
De J., J. J., 1:28
De Jongh, R. O., 16:127
de la Camp, U., 6:123
De Marco, R. A., 24:69
DeMarco, R. A., 14:34
de Montauzon, D., 20:237
De Renzi, A., 21:86
DeWalt, H. A., Jr., 3:39, 45
Deacon, G. B., 25:107; 26:17; 27:136, 142, 158, 161; 28:286, 291
Dean, P. A. W., 15:213
Deaton, J., 21:135
Deavin, R., 19:140
Deeming, A. J., 26:289; 28:232
Degremont, A., 26:316, 319; 27:188
Dehnicke, K., 26:36
Dekleva, T. W., 29:161
Del Donno, T. A., 20:48, 85, 106, 109, 111
Del Gaudio, J., 16:192
Del Pilar De Neira, R., 21:12, 23
Dell'amico, D. B., 29:188
Delmas, C., 22:56; 30:149
del Rosario, R., 23:182
Deluca, J., 11:1
Dema, A. C., 29:141
Denney, C. O., 11:181
Dennis, L. M., 1:74
Denniston, M. L., 17:183
Denton, D. L., 12:109
Derby, R. I., 4:152
Derringer, D. R., 27:306
DesMarteau, D. D., 29:124
DesJardins, S. R., 19:188
Desmarteau, D. D., 20:36, 38; 24:1, 2, 3
Dess, H., 5:95
Dessy, R. E., 15:84
Deutsch, E., 21:19
Deutsch, J. L., 6:170

Dewkett, W. J., 15:115
Dexter, T. H., 4:152; 5:156; 8:74
Dhathathreyan, K. S., 25:15
Di Nello, R. K., 20:147
DiSalvo, F. J., 19:35; 30:255
Dicarlo, D., 30:119
Dickson, M. K., 24:211
Dieck, R. L., 14:23; 16:131
Diehl, H,, 1:186; 3:196
Diel, B. N., 24:97; 28:315
Diemante, D. L., 13:17, 202
Dieter, C. F., 4:38
Dietrich, H., 17:117; 28:98
Dietz, E. A., Jr., 16:153
Dilts, J. A., 13:124; 17:2, 13, 42, 45, 48, 167; 20:53
Dilworth, J. R., 20:119; 24:193; 28:33, 36, 37, 38
Dimmel, D., 9:170
Disalvo, F. J., 30:1, 155
Dittrick, N., 9:116
Diversi, P., 22:167, 171
Dixon, K. R., 12:232
Dixon, N. E., 22:103; 24:243, 253; 28:70
Djordjevic, C., 13:150
Djuran, M. I., 29:169
Doak, G. O., 9:92; 14:4
Dobson, A., 17:124
Dobson, G. R., 15:84
Dobson, J. E., 19:81
Doherty, N. M., 25:179; 28:189; 29:204
Dolan, P. J., 26:1
Dolan, S., 29:51
Dolance, A. F., 2:6, 74, 95, 145, 215 3:191; 5:55
Dolce, T. J., 5:43
Dolcetti, G., 16:29, 32, 35, 39; 21:104
Dolphin, D., 20:134, 143, 147, 155
Domaille, P. J., 27:96
Dombek, B. D., 17:100; 18:56; 19:183; 28:186, 199
Domingos, A. J. P., 16:103; 28:52
Dominguez, R., 26:17; 28:291
Donohue, P. C., 14:146, 173
Doran, S. L., 27:283
Dori, Z., 13:82, 85, 87; 23:130
Dority, G. H., 6:119
Dormond, A., 29:234
Doron, V., 7:50; 8:38
Doronzo, S., 14:1; 16:155, 161, 164; 18:169; 20:206
Dose, E. V., 20:87
Douglas, B. E., 4:164; 5:16; 9:167; 14:63; 16:93
Douglas, G. S., 3:166, 169
Douglas, P. G., 17:64
Douglas, W. M., 16:63
Downes, J. M., 25:129
Downes, K. W., 6:50
Downie, S., 16:164
Doyle, G., 9:119
Doyle, J. R., 6:216; 11:216; 13:47, 55; 20:181; 24:183; 28:346
Doyle, R. A., 28:29, 126, 230
Draganjac, M., 21:23
Drago, R. S., 5:117, 119, 120, 130, 179 6:26; 8:63; 9:8
Dragovich, P. S., 29:119
Drake, J. E., 7:34; 13:14; 15:169; 18:145, 154, 161; 19:268, 274; 20:171, 176; 24:127
Drake, L. C., 5:208
Drake, S. R., 28:230
Drenan, J. W., 2:109
Drew, D., 13:47; 28:346
Drew, M. G. B., 23:173
Drezdzon, M. A., 26:246
Driessen, W. L., 29:111
Drinkard, W. C., 8:202
Droege, M. W., 29:239
Drummond, I., 18:203
DuBois, M. R., 21:37; 29:201
DuBois, T. L., 16:202
Duckworth, P. A., 25:129
Dudis, D. S., 21:19
Dunbar, F., 23:149
Dunbar, K. R., 29:111, 182
Duncan, D. R., 1:151
Duncan, L. C., 9:111
Dundon, C. V., 3:156
Dunks, G. B., 13:26; 22:202
Dunn, A. B., 29:47

Dunn, B. S., 25:60, 69
Dunning, J. E., 12:293
Durand, B., 19:121; 20:50
Durfee, W. S., 21:107
Durrett, D. G., 15:235, 243
Dutta, T. K., 22:235
Dutton, F. B., 1:26, 122, 125; 4:71, 73, 85
Duvall, W. M., 4:73
Dwight, A. E., 22:96
Dwight, S., 18:120
Dwyer, F. P., 5:204, 206; 6:142, 183, 186, 192, 195, 198, 200, 211; 7:220, 224, 228; 8:223, 245; 11:70
Dye, J. L., 22:151
Dyer, G., 16:168
Dyke, M., 10:71
Dzarnoski, J., 19:268

Eady, C., 16:45
Eastes, J. W., 5:197
Eberly, K. C., 7:52
Ebsworth, E. A. V., 8:132; 15:174; 17:176; 19:274
Eddy, L. P., 8:234; 11:89
Edelman, M. A., 27:146
Edgell, W. E., 7:193
Edvenson, G. M., 24:83
Edwards, D. A., 12:170, 178, 190
Edwards, D. C., 4:48, 119
Edwin, J., 23:15; 28:273
Efner, H. F., 19:70
Egan, B. Z., 9:98
Ehrlich, G. M., 30:1
Eibeck, R. E., 7:128
Eichhorn, G. L., 3:24
Eick, H. A., 12:153; 30:114
Eisenberg, R., 16:21; 21:90; 23:122
Eisentraut, K. J., 11:94
El-Sayed, L., 13:202
Elder, R. C., 21:31
Eller, P. G., 21:162; 25:144
Ellern, J. B., 11:82
Elliott, G. P., 26:184
Ellis, J. F., 22:181
Ellis, G. D., 20:82
Ellis, J. E., 16:68; 23:34; 26:335; 28:192, 211; 29:174
Elsworth, E. A. V., 24:127
Elving, P. J., 1:1, 111
Emerson, K., 9:157, 176
Enberg, L. A., 1:106; 4:80
Enemark, J. H., 21:170; 27:39
Engelfriet, D. W., 23:157
Englehardt, H., 24:253, 257
Englemann, W. H., 8:191
Engler, E. M., 19:27; 26:391, 393
Englis, D. T., 1:84
English, A. M., 21:1
English, D. R., 20:106, 108, 109, 111
English, J., Jr., 3:156
Enkoji, T., 6:62
Enright, N. P., 19:1,8
Enright, W. F., 22:163
Epperson, E. R., 7:163
Eriks, K., 9:59
Erner, K. A., 22:167, 171
Esho, F. S., 23:173
Espana, N., 23:22
Espenson, J. H., 24:250
Essen, L. N., 15:93
Estacio, P., 15:161
Eujen, R., 24:52
Evans, D., 11:99; 28:79
Evans, G. O., 13:226
Evans, J. C., 2:4
Evans, W. J., 26:17; 27:155; 28:291, 297
Everett, G. W., Jr., 11:72
Extine, M. W., 18:112

Fackler, J. P., Jr., 8:37, 56, 198; 10:7, 26, 35; 11:94; 12:70, 77; 13:187; 15:96; 20:185; 21:6; 24:236; 26:7, 85; 27:177; 28:305
Fackler, W. V., Jr., 3:81
Fagan, D. T., 24:185
Fagan, P. J., 21:181; 24:163; 28:207, 317
Failli, A., 8:103, 105; 13:9
Faoro, D., 17:147
Farlow, M. W., 6:155
Farona, M. F., 13:95
Farrar, D. T., 9:116

Fawcett, F. S., 7:119
Fawkes, B., 2:193
Fay, R. C., 10:1; 11:47; 12:77, 85, 88, 127
Fearing, R. B., 8:88
Fehlner, T. P., 29:269, 273
Feil, S. E., 9:123
Feistel, G. R., 9:73; 14:23
Feldt, M. K., 14:23
Felkin, H., 24:170
Felser, J., 15:103
Felten, C., 29:198
Feltham, R. D., 10:159; 12:238; 14:81; 16:5, 16, 29, 32
Fendrick, C. M., 29:193
Feng, S., 28:326
Fenster, A. E., 16:53; 17:81; 19:188
Fenton, D. E., 18:36; 20:90
Fenzl, W., 15:134; 22:188, 190, 193, 196
Fergusson, J. E., 13:208
Fernandez, J. M., 29:211
Fernando, Q., 20:53
Fernelius, W. C., 1:19, 47, 49, 59, 62, 74, 189; 2:75, 90, 114, 12, 128, 159, 162, 166, 176, 179, 213, 227, 229; 3:67, 166, 169; 5:105, 115, 130, 188; 6:65, 68, 71, 74, 113, 116, 142, 147, 164
Fernstandig, L., 2:153
Ferretti, J., 14:173
Ferris, E. C., 27:59
Ferris, L. P., II, 3:45
Ferrone, B. A., 6:209
Feser, H. W., 25:158
Feser, R., 28:280
Fetchin, J. A., 10:35; 12:77
Fetter, N. R., 11:19
Ficner, S., 17:152
Fielder, M., 5:18
Fielding, L., 25:38
Fiess, P., 16:155
Filbert, W. F., 2:136, 139
Fild, M., 12:214, 290; 14:4
Filson, M. H., 1:19
Finch, M. A., 15:157
Fineberg, H., 3:30
Finholt, J. E., 24:183, 185
Finke, R. G., 24:157; 27:85, 128; 28:203; 29:239
Finley, A., 14:182
Firestone, M. A., 29:45, 48
Firminhac, R., 2:159
Fischer, E. O., 6:132; 7:136; 12:35; 19:164, 169, 172, 178, 180; 26:40
Fischer, H., 19:164, 169, 172
Fischer, M. B., 20:240
Fischer, P., 30:50
Fish, A., 5:76
Fishwick, M., 13:73
Fitzgerald, R. J., 16:41
Fitzsimmons, B. W., 8:77
Fjare, D. E., 21:57
Flagg, E. E., 12:258; 16:89
Fleischer, E. B., 12:256
Fleming, P. B., 9:123; 10:54
Fletcher, H. G., 1:49, 51
Flood, E. A., 2:106; 3:64
Flood, M., 20:61
Floriani, C., 28:263
Fluck, E., 8:92, 94, 103, 105
Flynn, B. R., 15:68; 23:171
Flynn, C. M., Jr., 15:103
Fody, E. P., 15:203
Foley, H. C., 21:57
Forbes, M. C., 2:145
Ford, P. C., 24:220
Forney, R., 3:145
Foropoulos, J., Jr., 24:125
Forschner, T. C., 26:96, 231; 28:5
Forster, A., 16:39, 45
Forster, D., 15:82; 19:218; 28:88
Forstner, J. A., 8:63
Forsyth, C. M., 27:142
Foss, O., 4:88, 91
Foster, D., 5:32
Foster, L. S., 2:26, 102, 106, 109, 112, 196, 210; 3:63, 64; 4:111
Foster, R. E., 10:58
Fouassier, C., 22:56; 30:149
Fountain, C. S., 9:136
Fournier, M., 27:77, 78, 79, 80, 81, 83
Fowle, J. N., 3:188
Fowles, G. W. A., 12:187, 225

Fox, J. R., 21:57
Fox, W. B., 10:118; 12:312; 14:29
Foxman, B. M., 10:157; 12:193; 22:113
Fraioli, A. V., 4:159
Frajerman, C., 22:133
Francis, C. G., 22:116
Franke, G. H., 9:25
Franke, R., 18:141
Fraser, G. W., 12:299
Frazier, S., 9:83
Frederick, M. R., 2:23, 121
Fredette, M. C., 16:35
Freedmann, A. J., 5:166
Freeman, G., 20:108
Freeman, J. P., 12:307
Freeman, W. A., 21:153; 27:314
French, K. A., 23:194
Friedman, A., 24:220
Friedman, H. L., 4:111
Frierson, W. J., 2:136
Friesen, G. D., 29:104, 106
Frigerio, J. S., 24:185
Frith, S. A., 23:15; 28:273
Fritz, P., 10:126
Froebe, L. R., 18:96
Froelich, J. A., 19:164
Fronzaglia, A. F., 9;121; 28:45
Frykholm, O. C., 1:157
Fuchita, Y., 26:208
Fujii, Y., 19:204
Fulcher, J. G., 19:70
Fuller, L. P., 1:97
Fuller, R., 15:103
Fumagalli, A., 26:372
Furman, N. H., 3:160
Furuya, F. R., 21:57; 26:246

Gable, K. P., 29:211
Gaines, D. F., 15:118, 203; 19:227, 247; 20:240; 21:167; 22:218; 24:83; 26:1
Galasso, F. S., 14:142, 144; 30:111, 112
Gallais, F., 4:1, 55
Galliart, A., 14:77; 16:131
Gallo, N., 20:206
Galloway, G. L., 12:141
Gallup, G. A., 6:81
Galsbol, F., 10:42; 12:269; 24:263
Galun, A., 5:82
Galyer, A. L., 19:253
Gamble, E. L., 1:42; 3:27
Gammon, S., 25:35
Gandolfi, O., 16:32
Gangnus, B., 29:60, 70, 77, 83
Gangopadhyay, T., 27:294
Ganja, E., 29:15
Gano, J. E., 9:50, 102
Gao, Y.-M., 30:262
Garcia, B. M., 24:207
Garcia, E., 25:146
Gard, G. L., 24:58, 62, 67, 188; 27:329; 27:329; 29:33
Gardner, W. H., 1:84
Garito, A. F., 22:143
Garlaschelli, L., 28:211, 245
Garner, C. M., 29:211
Garnett, P. J., 18:103
Garrett, J. M., 12:132
Garrett, P. M., 10:81, 91
Garvan, F. L., 6:192, 195
Gassenheimer, B., 13:32
Gassenheimer, G., 14:52
Gay, J. F., 2:147
Gayda, S. E., 20:90
Gayer, K. H., 5:179; 9:46; 17:155
Geanangel, R. A., 19:243
Gebala, A. E., 12:267
Gee, W., 9:19
Gehrke, Jr., H., 12:193
Geiger, W. E., Jr., 19:123; 23:15; 28:273
Geller, S., 22:76
Gemmill, J., 25:13
Genthe, W., 27:161
Gentile, P., 4:14
Geoffroy, G. L., 19:87; 21:57; 25:177, 187, 193, 195; 26:341; 28:236
George, J. W., 5:176; 8:160
George, T. A., 24:193; 28:36
Gerdes, H. M., 19:1
Gerlach, D. H., 15:2, 38
Gerrity, D. P., 20:20, 28
Gerteis, R. L., 6:104
Gery, M., 18:49

Geselbracht, M. J., 30:222
Gever, G., 2:196
Gewarth, U. W., 22:207
Ghedini, M., 16:32; 21:104
Ghetra, J. S., 9:41
Ghosh, N., 23:182
Giannoccaro, P., 17:69
Gibb, T. R. P., 4:1
Gibbon, G. A., 11:128
Gibbons, J. M., 7:189
Gibbs, C. F., 1:77
Gibson, G., 1:90, 92; 5:37, 87; 7:163
Gibson, J. M., 18:69
Giedt, D. C., 8:239
Gier, T. E., 10:129
Giering, W. P., 28:207; 242:163
Giesbrecht, E., 6:50
Gilbert, G. L., 10:71
Gilbert, J. D., 15:5
Gilbert, R. J., 28:94
Gilbert, T. M., 27:19
Gilbertson, L. I., 3:137
Gilje, J. W., 27:177
Gill, N. S., 9:136
Gillan, E. G., 30:84, 88
Gillard, R. D., 10:64; 13:184; 20:57
Gillespie, R. J., 15:213; 19:22; 24:72
Gillette, G. R., 29:19
Gillie, A. L., 18:103
Gilliland, W. L., 2:81, 234
Gillman, H. D., 16:89
Ginsberg, A. P., 13:219; 19:18, 206; 21:153; 27:222
Giolando, D. M., 27:51
Giordano, G., 19:218; 20:209; 28:88, 242
Giordano, R. S., 20:97
Gish, T. J., 29:167
Gladfelter, W. L., 19:87; 21:57, 163; 26:246, 286; 27:295; 28:245; 30:46
Gladysz, J. A., 19:70; 20:200, 204; 26:169; 27:59; 28:201; 29:211
Glass, G. E., 12:67
Glass, R. S., 25:123
Glaunsinger, W. S., 24:238; 30:28, 170
Glavee, G. N., 26:31; 28:238
Glavincevski, B. M., 18:154; 19:268, 274; 20:171, 176; 24:127
Glemser, O., 24:12, 18
Glicksman, H. D., 20:46
Gliksman, J., 17:147
Glinka, K., 25:1; 27:227
Glockling, F., 8:31; 12:58
Glover, G., 8:198
Goddard, J., 11:108
Goddard, R., 16:80
Godfrey, K. L., 3:64
Goebel, D. W., Jr., 23:21; 24:112
Goedken, V. L., 17:139; 20:87; 21:112
Goehring, J. B., 6:119
Goel, A. B., 26:211
Goh, L. Y., 29:247, 251
Goheen, G. E., 1:55, 62, 65
Gokhale, S. D., 9:56
Goldberg, D. E., 7:94, 97
Goldberg, P., 2:238
Goldfrank, M., 3:78
Goldsberry, R., 13:26
Goli, U., 22:103
Golinger, S., 12:290
Gomes, G., 24:52
Gondal, S. K., 11:159
Gonzalez V., F., 24:207
Goodson, P. A., 26:231
Goodwin, H. A., 11:70
Gordon, C. L., 9:46
Gordon, L., 1:168, 172
Gordon, P. G., 4:126, 128; 5:48, 52
Gordon, S. E., 7:134
Gorse, R. A., 11:170
Gortsema, F. P., 14:105
Gosser, L. W., 15:9; 17:112
Gould, D. E., 12:312; 14:29
Gould, E. S., 5:29; 22:103; 23:107
Graaskamp, J. M., 25:60, 69
Grace, M., 15:115
Graham, L., 19:137
Graham, W. A. G., 12:58, 60, 307; 13:226
Granchi, M. P., 16:93
Granifo, J., 23:1
Grant, C. B., 19:149
Grantham, J., 29:164

Grashens, T., 22:116
Grassberger, M. A., 18:139
Gray, H. B., 13:117; 24:211; 29:146
Gray, R. L., 25:193; 28:236
Gray, W. M., 21:104
Greanangel, R. A., 24:55
Greedan, J. E., 30:124, 133
Green, C. A., 27:128; 29:239
Green, M. L. H., 16:237; 17:54
Greenblatt, M., 24:200; 30:185, 192, 201
Greene, B., 20:181
Greenlee, K. W., 2:75, 128
Greenspan, J., 1:68
Greenwood, N. N., 6:31, 33, 81, 121
Gregory, N. W., 5:128
Greig, D., 17:6, 9
Grelbig, T., 27:332
Grennert, M., 1:35, 132
Gretz, E., 28:60
Grevels, F.-W., 24:176; 28:47
Grice, N., 16:103; 28:52
Griffith, W. P., 19:140
Griffitts, F. A., 1:106; 4:80
Grigor, B. A., 7:23
Grillone, M. D., 23:27
Grim, S. O., 13:121; 16:181, 184, 188, 192, 195, 198, 199; 28:107
Grimes, R. N., 29:90
Grimm, G., 8:119; 9:118
Grims, R. N., 22:211, 215
Griswold, E., 7:18
Griswold, N. E., 8:2, 149, 232
Groeneveld, W. L., 7:45
Groot, C., 2:81, 234
Groot, J. H. de, 7:1
Groshens, T. J., 23:22
Grote, H., 8:108, 119
Grothues, C., 1:117
Grow, J. M., 11:72
Grow, T., 9:116
Grubbs, R. H., 26:44; 29:198
Gruen, D. M., 22:96
Gruenhut, N. S., 3:78
Grumbine, D., 29:225
Grumley, W., 16:235; 28:145
Gsell, R., 16:229
Gudel, H. U., 26:377
Guerin, C., 25:110
Guertin, J. P., 11:138
Gunderloy, F. C., Jr., 9:13
Gupta, O. D., 24:62, 181
Gutowsky, H. S., 4:145, 147
Gutzeit, S., 17:155
Guyer, J., 11:56
Gwost, D., 16:16
Gyarfas, E. C., 5:186
Gysling, H. J., 19:92

Haan, R. E., 2:147
Haas, W. O., 2:38, 44, 48
Haasnoot, J. G., 23:157
Habeeb, J. J., 19:123, 257
Haber, C. P., 9:73
Hach, C. C., 3:196
Hackett, P., 28:148
Hadjikyriacou, A. I., 27:39, 47
Hadjiliadis, N., 23:51
Hagen, A. P., 13:65; 16:139; 17:104, 172, 178
Hagenmuller, P., 22:56; 30:149
Hagley, V., 19:18
Haider, S. Z., 23:47
Haiduc, I., 23:194
Haight, G. P., Jr., 20:63
Haines, R. A., 9::167, 195; 18:96
Haines, R. G., 13:32
Haisty, R. W., 4:18
Haitko, D. A., 21:51
Hakki, W. W., 4:114
Halbedel, H., 3:27
Haldar, M. C., 19:134
Halko, D. J., 20:134
Hall, C. L., 19:237
Hall, J. L., 4:117
Hall, J. R., 10:71; 20:185
Hall, L., 18:131
Hall, R. C., 5:82
Hall, S. W., 27:339
Hall, T. L., 15:243; 19:1
Hall, V., 15:122, 125
Hallgren, J. S., 20:224, 226, 230
Halliday, R., 12:269

Hallman, P. S., 12:237
Hallock, R. B., 24:87, 89
Halloran, L. J., 18:103
Halpern, J., 13:173; 14:90; 28:349
Halstead, G. W., 16:147; 21:162; 28:300
Hambright, P., 23:55
Hameister, C., 21:78; 28:270
Hamilton, D. S., 15:68, 72
Hamilton, J. B., 16:78
Hammer, R. N., 4:12
Hammershoi, A., 26:24
Hammond, C. E., 29:129
Hampton, M. D., 27:339
Han, S., 21:51
Hanckel, J. M., 29:201
Hancock, M., 24:220
Handwerker, B., 25:195
Handy, L. L., 5:128
Haneister, C., 21:107
Haney, W., 1:127
Hani, R., 24:55; 25:13
Hankey, D. R., 26:150
Hankus, D., 18:201
Hansen, S. K., 24:263
Hanson, R. A., 2:38
Hansongnern, K., 26:65
Hansson, E., 26:24
Hanusa, T. P., 22:226; 29:104
Harbulak, E. P., 8:196
Harder, V., 25:158; 28:280
Hargens, R. D., 14:77
Harlan, F. L., 12:251
Harley, A. D., 21:57
Harmon, L. A., 15:182
Harper, T. G. P., 29:279
Harr, T., 3:143, 145
Harris, A. D., 9:83
Harris, D. M., 5:70, 72, 74, 76
Harris, G. M., 17:152; 21:119
Harris, L. J., 22:107
Harris, R. H., 6:121
Harris, R. O., 12:2; 16:9; 19:193
Harrison, H. R., 5:18; 22:43
Harrod, J. F., 21:28
Harrowfield, J. M., 20:85
Hart, J. W., Jr., 14:57
Harter, P., 17:117; 28:98
Hartman, C., 19:13
Hartman, F. A., 12:81
Hartman, J. A. R., 25:123
Hartshorne, N. H., 7:116
Hartung, Jr., J. B., 29:119
Hartung, W. H., 1:184, 185
Hashman, S., 5:56
Haskew, C. A., 1:26
Haspel-Hentrich, F., 24:58, 107
Hatch, R., 9:173
Hatfield, M. R., 3:148
Hatfield, W. E., 9:136; 11:47, 70; 18:75
Hauck, C. T., 12:153; 30:114
Hawkins, C. J., 26:24
Hawley, S. E., 29:108
Haworth, D. T., 13:41, 43; 14:55; 17:159; 18:124; 19:145; 29:57
Hawthorne, M. F., 9:16; 10:81, 91; 11:33, 41; 13:26; 15:31, 115
Hay, M. S., 28:150
Hayek, E., 7:63
Hayes, R. L., 17:193
Haymore, B. L., 14:81; 16:41; 23:9; 27:300, 327; 28:43
Hazin, P. N., 27:173
Head, R. A., 24:213; 28:132
Heal, H. G., 11:184
Heanley, H., 6:113, 116
Hearn, D., 5:76
Heaster, H., 23:95
Heath, R. E., 2:98, 159, 188
Heaton, D. E., 25:170; 26:7; 28:305
Heck, R. F., 21:86
Hedaya, E., 22:200
Hedden, D., 24:211, 213; 27:322; 28:132
Hedin, R., 2:193
Heeger, A. J., 22:143
Hefley, J. D., 7:146
Heil, C. A., 15:177
Heinaman, W. S., 5:55
Heinekey, D. M., 6:113, 116; 29:228, 279
Heinrich, D. D., 27:177
Heintz, E. A., 7:142, 180
Heintz, R. M., 16:51; 19:218; 28:334; 19:218; 28:88, 334

Heisig, G. B., 1:106, 155, 157, 159; 2:193; 4:80
Heitmiller, R. F., 5:153; 28:321
Held, W., 19:178, 180
Helf, S., 4:36
Helfrich, G. F., 5:139
Hembre, R. T., 25:187
Hemmings, R. T., 15:169; 18:154, 161 19:268, 274; 20:171, 176
Henderson, H. E., 18:154, 161; 19:268, 274; 20:171, 176
Henderson, R. A., 23:141
Henderson, S. G., 17:176; 19:274; 21:6; 24:127
Heneghan, L. F., 3:63
Hengeveld, F. W., 4:23
Henly, T., 26:324
Henne, A. L., 1:142; 2:75, 128
Henney, R. C., 8:196; 14:77
Henry, G. L., 13:127
Henry, M. C., 10:74
Hentz, F. C., Jr., 8:185
Herbcr, R. H., 7:155, 160
Herberhold, M., 24:253, 257
Herde, J. L., 15:18
Herkovitz, T., 21:99
Herlinger, A. W., 16:220; 25:187
Herlt, A. J., 20:85
Hermanek, S., 22:231, 235, 237, 239, 241
Hermann, J. A., 5:143
Hermer, R. E., 18:73
Hern, L., 9:173
Hernandez-Szczurek, D., 22:226
Herrell, A. Y., 17:155
Herrick, A. B., 3:39, 45
Herrmann, C. V., 1:2, 55, 99, 114
Herrmann, G., 26:259; 28:216
Herstein, K. M., 3:24
Hertz, R. K., 17:21
Herve, G., 27:85, 96, 118, 120
Hess, W. W., 9:130
Hesselbart, R. C., 1:62
Hewertson, W., 8:68
Hewson, M. J. C., 18:179
Heying, T. L., 10:91
Heyns, J. B. B., 24:191
Hibbert, H., 1:113
Hidai, M., 15:25
Hietkamp, S., 25:120
Hildebrand, F., 2:26
Hildebrand, J., 1:134
Hildebrandt, S. J., 19:227
Hill, E. W., 27:182
Hill, G., 9:178
Hill, J. E., 29:137
Hill, L., 16:229
Hill, O. F., 2:167; 3:106, 109
Hill, W. E., 13:9
Hiller, L. A., Jr., 6:50
Hilo, L., 8:198
Hiraki, K., 26:208
Hirons, D. A., 20:185
Hiskey, C. F., 3:186, 188
Hites, R. D., 6:42
Hlatky, G. G., 27:8
Ho, C. O. M., 19:204
Hobbs, D. T., 19:169; 20:204
Hodali, H. A., 20:218, 222
Hodes, G., 22:80
Hodges, L., 11:126
Hoekstra, H. R., 5:143, 145, 148; 9:41
Hoel, E., 15:31
Hoff, C., 27:1
Hoffman, C. J., 4:145, 147, 149, 150 7:180
Hoffman, N. W., 12:8; 16:32
Hofmann, W., 25:158; 28:280
Hogarth, J. W., 5:204, 206; 6:142, 183, 186, 198, 211; 7:220, 224, 228; 8:223, 245
Hogenkamp, H. P. C., 20:134
Hoggard, P., 23:95
Hogue, R. D., 10:49
Hohnstedt, L. F., 14:52
Hohorst, F. A., 11:143
Holah, D. G., 10:26, 35
Holder, W. L., 18:124
Holida, M. D., 21:192
Holley, C. E., Jr., 2:4
Hollis, L. S., 27:283
Holm, R. H., 10:8; 11:72; 12:238
Holmes, R. P., 13:20

Holmes, R. R., 7:79, 81; 8:63; 9:59; 12:290; 18:189; 27:258; 29:24
Holt, M. L., 3:163
Holt, M. S., 22:131
Holt, S., 16:220
Holter, S. N., 6:74, 164; 7:6, 58
Holtzclaw, H. F., Jr., 4:12, 23, 176, 179; 5:14, 82, 184; 6:81, 121; 7:132; 8:196
Honeybourne, C. L., 18:44, 49
Honeycutt, J. B., Jr., 6:37
Hong, H. H., 29:30
Honig, J. M., 14:131; 22:43; 30:108, 124, 133
Honle, W., 30:56
Hood, P., 21:127; 28:338
Hooton, K. A., 8:31
Hoots, J. E., 21:175
Hopkins, B. S., 1:15, 28, 175, 178, 180, 182, 2:245
Hoppesch, C. W., 6:129
Horine, P. A., 29:193
Horner, S. M., 7:163; 15:100
Horowitz, H. S., 22:69, 73; 30:64, 68
Horstschafer, H. J., 29:77, 83
Horvath, I. T., 26:303
Horwitz, C. P., 24:161
Horwitz, E., P., 5:150
Hosking, J. W., 12:8
Hosmane, N. S., 22:211, 215; 29:55, 90
Hota, N. K., 16:9
Houk, C. C., 9:157
Howe-Grant, M., 20:101
Howell, D. M., 9:2
Howell, J. A. S., 16:103; 28:52
Howell, W. R., 14:57
Hoyano, J. K., 18:126; 28:196
Hriljac, J., 26:280
Hsiao, Y.-M., 29:251
Hsieh, A. T. T., 16:61
Hsu, C-Y, 19:114
Hsu, W. L., 25:195
Huang, A., 20:50
Huang, T. N., 21:74
Hubel, W., 8:178, 181, 184
Huber, H., 17:17
Huber, W., 20:11
Hubert-Pfalzgraf, L. G., 21:16
Hubler, T. L, 29:193
Huckett, S. I., 26:113
Hudson, R. F., 22:131
Huffman, E. H., 1:168, 172
Hugus, Z. Z., Jr., 6:52
Huheey, J. E., 7:245
Huizda, V. F., 3:156
Hull, J. W., Jr., 21:57
Hullinger, F., 20:11
Hummers, W. S., 4:121
Humphrey, E. L., 2:212
Humphreys, H. M., 5:139
Hung, Y., 20:106, 111
Hunt, R. M., 6:9
Hunter, B. K., 12:60
Hur, N. H., 27:77, 78, 79
Hurd, C. D., 1:87
Hurd, D. T., 3:58; 5:26, 135
Hurd, L. C., 1:175, 178, 180, 182
Hurley, F. R., 4:161
Hurst, H. J., 16:143
Hurt, W. S., 8:141, 144
Hussain, W., 23:141
Husting, C. A., 29:45
Hutcheson, S., O. S. B., 8:191
Hutchinson, W. S., 4:152
Hwang, L.-S., 27:196
Hwu, S.-J., 22:1, 10; 30:72, 249
Hyman, H. H., 5:18; 8:249
Hyslop, A., 24:185

Iannone, M., 15:222
Ibers, J. A., 30:84, 86, 146
Ichniowski, T. C., 6:31, 33; 7:9
Idelmann, P., 24:83
Iggo, J. A., 26:225
Ileperuma, O. A., 16:5, 16, 32
Imoto, H., 17:83
Ingraham, T. R., 6:52
Ingrosso, G., 22:167, 171
Ings, J. B., 30:143
Interrante, L. V., 30:46
Irgolic, K. J., 19:78; 23:194
Ismail, A. A., 26:31
Ito, L. N., 29:279

Ito, T., 17:61
Ittel, S. D., 16:113; 17:69, 117; 19:59, 74, 213; 20:76, 81, 90, 143, 155; 21:74, 78, 90; 27:290; 28:94, 98, 129, 270

Jabs, G., 6:173
Jackels, S. C., 17:139; 22:107
Jackson, D. E., 5:16
Jackson, J., 3:130
Jackson, P. L., 29:42
Jackson, R., 13:187
Jackson, W. G., 22:103, 119; 29:167
Jacobs, D., 5:26
Jacobson, A., 30:181
Jacobson, S. E., 12:218
Jacoby, P. L., 12:81
Jaecker, J. A., 13:170
Jain, K. C., 29:161
Jamerson, J. D., 29:234
James, B. R., 16:45, 47, 49; 17:81
Jan, D. Y., 25:195
Janjic, T. J., 9:173
Janousek, Z., 22:239, 241
Jansen, M., 30:50
Janz, G. J., 5:43
Jaouen, G., 19:197; 26:31
Jaselskis, B. J., 19:257; 22:135
Jaskowsky, J., 9:80
Jastrzebski, J. T. B. H., 26:150
Jaszka, D. J., 8:74
Jaufmann, J., 22:113
Javora, P. H., 12:45
Jaynes, E. N., Jr., 13:216
Jeannin, Y., 27:111, 115
Jekel, A. P., 25:15
Jenkins, J. M., 11:108
Jenkins, W. A., 4:161
Jensen, A. T., 4:18, 19
Jensen, C. M., 22:163; 26:259; 28:216
Jensen, W., 7:82
Jeong, J. H., 27:177
Jeske, G., 27:158
Jesson, J. P., 20:76
Jicha, D. C., 8:185; 10:133
Job, R. C., 12:26
Joeston, M. D., 7:56
Johannes, L., 8:234
Johannesen, R. B., 6:57, 199; 9:46
John, K., 7:76
Johnson, B. F. G., 12:43, 264; 13:92; 16:39, 45, 103; 18:60; 24:176; 28:47, 52
Johnson, B. J., 29:279
Johnson, D. A., 10:61
Johnson, D. K., 19:98
Johnson, D. W., 24:279
Johnson, E. C., 20:143
Johnson, E. D., 16:5, 21
Johnson, E. H., 16:117
Johnson, F. A., 8:40, 157
Johnson, G. K., 19:140
Johnson, G. L., 8:242
Johnson, H. D., II, 17:21, 30; 19:247
Johnson, H. L., 1:59
Johnson, J. N., 21:112
Johnson, J. R., 18:60
Johnson, J. W., 30:241
Johnson, K. W. R., 4:12, 179
Johnson, N. P., 9:145
Johnson, O. H., 5:64, 70, 72, 74, 76
Johnson, R. C., 24:277
Johnson, R. D., 2:151
Johnson, V., 14:182
Johnson, W. C., 1:26, 51, 77, 103, 104, 138, 152, 189; 2:26, 38, 44, 48, 81, 85, 109, 112, 182, 234
Johnston, R. D., 12:43
Johnstone, H. F., 2:162, 166
Jolly, P. W., 15:29
Jolly, W. L., 3:98, 101, 103; 6:11, 123, 176; 7:34, 99; 8:19; 9:56, 98, 102; 10:61; 11:15, 113, 116, 120, 122, 124, 126, 128, 170, 184; 13:14; 15:177, 222; 18:124
Jonas, K., 15:29; 17:83, 88
Jonassen, H. B., 4:179; 5:139; 6:170, 216; 7:140; 9:83; 13:184
Jonelis, F. G., 1:129
Jones, C. J., 23:4
Jones, D. G., 19:101; 28:113
Jones, D. P., 20:218, 222
Jones, E. B., 30:192

Jones, E. M., 1:35
Jones, F. N., 10:159
Jones, Jr. M., 29:101
Jones, M. M., 5:114; 7:92, 132; 8:38; 9:116; 12:267
Jones, N. L., 24:168; 26:259; 28:216
Jones, R. A., 12:145; 25:168, 170, 174, 177 26:7; 27:227; 28:305
Jones, S. A., 21:192
Jones, W. D., 25:158; 26:180; 28:280
Jordan, J., 20:161
Jordan, W. T., 18:96
Jud, J., 26:341
Jukkola, E. E., 1:15
Jung, C., 19:223; 28:257
Jungfleisch, F. M., 19:237

Kabir, S. E., 26:289; 28:232
Kacmarcik, R. T., 26:68
Kaesz, H. D., 8:211, 214; 17:52, 66 18:60; 19:87; 20:240; 21:99, 163; 23:37; 24:168; 26:52, 243, 269, 351; 27:191; 28:84, 179, 238
Kahn, M., 5:166
Kaiser, E. M., 13:95; 17:159, 162
Kakol, Z., 30:124
Kalck, P., 23:122
Kalnin, I., 5:37, 87
Kamil, W. A., 27:258
Kampe, C., 21:99
Kanamaru, F., 30:181
Kanatzidis, M. G., 30:88
Kane, J., 11:184
Kane-Maguire, L. A. P., 11:70; 12:23
Kaner, R. B., 30:33
Kang, D., 30:84
Kantor, S. W., 5:55
Kaplan, L., 24:101
Kaplan, M. L., 19:27
Kaplan, R. I., 4:52; 13:216
Karbassi, M., 23:47, 163; 25:136
Karges, R. A., 1:165
Karipides, A. G., 11:5
Karipides, D., 7:56
Karsch, H. H., 20:69
Karthikeyan, S., 25:7
Kaska, W. C., 18:138, 139, 140
Kass, V., 26:161
Katz, J. J., 5:18; 7:146
Kauffman, G. B., 6:3, 6, 87, 176, 211; 7:9; 8:34, 132, 207, 217, 223, 227, 234, 245; 9:157, 182; 11:47, 215; 12:251; 15:103; 16:93; 17:147; 18:69, 131; 22:101, 149; 23:47; 24:217, 234; 25:132, 136, 139; 27:314; 29:169
Kawaguchi, S., 20:65
Kawalko, J. A., 8:86, 87
Keane, F. M., 8:56
Keane, P. M., 30:86
Keat, R., 25:13
Keck, H., 23:118
Keem, J. E., 22:43
Keen, F. I., 18:53
Keenan, S., 28:203
Keipe, N., 15:118
Keister, J. B., 27:196
Keller, P. C., 17:17, 30, 32, 34; 22:200
Keller, K., 24:12, 18
Keller, R. N., 2:1, 247, 250, 253; 8:53, 204
Kelly, D. P., 14:146, 152; 30:20
Kelly, H. C., 12:109; 19:233
Kelly, P. F., 25:49
Kenan, S., 24:157
Kendall, F. E., 2:22, 155, 157; 4:75
Kent, M. R., 24:238
Kerby, M. C., 25:129
Kerr, G. T., 20:48
Kershaw, R., 11:5, 10; 13:135; 14:126, 149, 152, 157, 160; 30:20, 96, 105, 262
Kestigan, M., 14:142, 144; 30:111, 112
Keszler, D. A., 30:257
Key, M., E., 9:92
Khalifa, M. A., 18:22
Khan, I. A., 21:187
Khayat, S. I., 8:165
Kiel, G-Y. L., 29:57
Kikkawa, S., 30:181
Kim, C. C., 26:59; 28:168
Kim, J., 14:57
Kim, L., 22:149

Kindela, F. B., 29:151, 156
King, A. J., 3:143, 145
King, C., 19:78; 25:98
King, G. B., 1:101; 3:137
King, G. L., 4:168; 5:185
King, R. B., 7:99, 193, 196; 9:121; 15:91; 16:24, 202; 18:169; 28:45
Kinkead, S. A., 24:69, 191; 29:1, 4, 7, 8, 11
Kinney, I. W., 2:183
Kipp, E. B., 13:195
Kirchner, E., 27:235, 240
Kirchner, S. J., 20:53
Kirk, R. D., 3:48
Kirk, R. E., 1:90, 92
Kirksey, K., 16:78
Kirschner, S., 5:14, 184, 186; 6:1, 192, 195; 7:30, 140, 236, 239; 8:38, 207, 227; 12:269; 14:47; 29:167
Kirtley, S. W., 20:240
Kirtley, W. W., 17:66
Kissane, R. J., 25:144
Kita, W. G., 16:24
Kittleman, E. T., 8:141, 144, 149
Klabunde, K. J., 19:59, 70, 72, 78; 22:116; 23:22
Klabunde, U., 15:34, 82
Klanberg, F., 11:24
Klein, A., 16:87
Klein, B. A., 29:119
Klein, H. F., 18:138
Kleinberg, J., 3:140, 148, 153; 4:12, 82, 117, 119; 5:4, 125, 181, 197; 7:18; 8:171
Kleine, W., 19:164
Klemberg, J., 2:147, 190
Klement, R., 6:100, 101, 108, 111
Klemperer, W. G., 27:71, 74, 77, 78, 79, 80, 81, 83, 104
Kloter, G., 24:27
Knachel, H. C., 21:175
Knight, J. A., 11:70; 17:54
Knoth, W. H., 9:16; 11:33, 41
Knoth, W. II., 15:29, 31
Knox, G. F., 13:226
Knox, K., 7:163; 9:152
Knox, S. A. R., 25:179; 28:189
Kobayaski, C. S., 6:204
Koch, S. A., 25:114, 115
Koch, T. R., 19:8, 9
Koczon, L., 27:65
Kodama, G., 12:135; 22:188, 190, 193
Koelle, U., 29:225
Koepke, J. W., 19:18
Kohler, A., 22:48; 30:38
Koizumi, M., 30:181
Kokalis, S. G., 6:167
Kolani, B., 25:110
Kolich, C. H., 16:97
Kolis, J. W., 24:168; 26:246
Kolthammer, B. W. S., 19:208
Kolthoff, I. M., 1:163
Komiya, S., 17:73, 75, 79; 28:337
Kondzella, M., 4:22
Kongpricha, S., 11:151
Koo, P., 15:222
Koola, J. D., 23:21
Kopasz, J. P., 24:87, 89
Kordosky, G., 14:14
Korenke, W. J., 21:157
Kossakowski, J., 29:225
Koster, R., 15:134, 136, 141, 149; 17:17; 18:139; 22:181, 185, 190, 193, 196, 198; 24:83; 29:60, 70, 77, 83
Kostiner, E., 19:121
Kotz, J. C., 8:31
Kovacic, P., 6:172
Kovar, R. A., 17:36, 48, 167
Kovitz, J., 2:123
Kozlowski, A. S., 21:12; 23:91
Krajewski, J. J., 30:192
Kranz, M., 6:144; 7:94, 97
Krause, F. P., 5:97
Krause, R. A., 9:142; 21:12; 26:65
Krebs, H., 7:60
Kreevoy, M. M., 21:167
Kremers, H. E., 5:32
Krickemeyer, E., 27:47
Krieble, R. H., 4:43
Krieble, V. K., 23:161
Krimen, L. I., 4:8, 9
Krishnamurthy, S. S., 25:15

Kristoff, J S., 16:53, 61
Kroll, W. R., 13:112; 28:104
Krone-Schmidt, W., 23:37
Kruczynski, L. J., 17:115
Kruger, C. R., 8:15
Krumpolc, M., 20:63
Kruse, F. H., 5:4
Krusic, P. J., 20:218, 222; 21:66; 24:157; 28:203
Kubas, G. J., 17:13; 19:90, 92; 21:37; 27:1, 8; 28:29, 68
Kubat-Martin, K. A., 27:8
Kubota, M., 11:101; 19:204, 206; 28:92
Kuchen, W., 23:118
Kuck, M., 19:74
Kuhlmann, E., 20:65
Kuksuk, R. M., 27:314
Kulkarni, S. U., 19:239
Kumar, A., 13:181
Kumar, R. C., 24:125; 29:15
Kummer, J. T., 19:51; 30:234
Kump, R. L., 29:106
Kundig, E. P., 19:81
Kunnmann, W., 14:134, 176
Kuo, S. C., 23:180
Kurian, P., 15:128
Kurtz, S., 20:243
Kutal, C. R., 11:19
Kuznesof, P., 9:4
Kwak, W. S., 27:123
Kwik, W. L., 21:114
Kylanpaa, P. E. A., 25:136
Kyuno, E., 25:136

L-Esperance, R. P., 29:101
La Mer, V. K., 1:68
La Monica, G., 11:105; 28:123
Labinger, J. A., 16:107; 18:62; 28:267
Laguna, A., 21:71; 26:85
Laguna, M., 26:85
Lam, C. T., 17:95
Lambert, J. L., 5:102; 7:13, 207; 15:18; 17:193
Lambrecht, J., 17:117; 28:98
Lance, K., 23:173
Lange, W., 2:22, 155, 157
Lanham, W. H., 1:155
Lankelma, H. P., 1:10
Lannerud, E., 1:79
Lanpher, E., 9:59
Lappert, M. F., 19:262; 26:144, 150; 27:146, 164, 168, 173
Larsen, E. M., 3:67; 8:34, 40, 157; 9:25; 10:7; 12:88
Larson, M. L., 8:153; 10:49; 12:165, 190
Latten, J. L., 26:180, 200
Lau, C., 21:172
Lau, T.-C., 29:164
Laubengayer, A. W., 2:102, 106; 3:64; 5:26; 8:31; 10:139
Laudise, R. A., 6:149
Laughlin, S. L., 24:194
Lauher, J. W., 27:188
Laurent, M., 19:114
Lavallee, D. K., 23:55
Lavigne, G., 26:262, 271, 360; 28:219, 221
Lawless, G. A., 27:146
Lawlor, L., 20:33
Lawrance, G. A., 22:103; 24:243, 250, 257, 277, 279; 28:70
Lawrence, J. R., 11:33
Lawrence, S. H., 26:1
Lay, P. A., 24:243, 257, 263, 269, 283, 287, 291, 299; 28:70
Layh, M., 27:235, 240
Leaders, W. M., 2:116
Leah, T. D., 18:96
Leary, J. A., 5:148
Lebreton, P. R., 27:314
Lee, G. C., 20:29
Lee, J., 30:192
Lee, L., 24:283, 287
Lee, M. M., 24:135, 138, 139, 141
Lee, S. R., 20:11
Lee, S. Y., 11:47
Lee, W., 19:154; 28:136
Leeaphon, M., 29:279
Leeper, R. W., 2:90
Leffler, A. J., 12:187
Leger, G. P. M., 7:45
Legg, J. I., 18:103

Legzdins, P., 13:90; 18:126; 19:208; 28:196; 29:161
Lehner, H., 27:218
Lehr, S. D., 21:97
Leidl, R., 26:128; 28:63
Leigh, G. J., 23:141
Leininger, E., 4:68
Lemanski, M. F., Jr., 14:47
Lemelle, S., 23:55
Lensi, P., 5:48, 52
Lento, L., Jr., 1:119
Lentz, D., 24:10, 27, 99
Lenz, E., 12:214
Lerchen, M. E., 24:62
Leshner, B. T., 19:114
Leuenberger, B., 26:377
Levan, K. R., 26:17; 28:291
Levason, W., 16:174, 184, 188
Levenhagen, W. W., 11:89
Lever, A. B. P., 18:17, 30; 20:147
Levison, J. J., 13:105; 15:45; 28:81
Levitin, I. Y., 23:163
Lewandowski, J. T., 22:69; 30:64
Lewis, H., 13:55
Lewis, J., 12:43; 13:92; 16:103; 28:52
Leyden, R., 15:115
Li, S., 30:201
Li, T., 27:310, 312
Li, X., 29:141
Li, Z-H., 29:101
Li-Bel-Li, 24:110
Liang, T. M., 21:167
Libby, E., 27:306
Libowitz, G. G., 14:184
Lichtenhan, J. D., 29:204
Liddell, M. J., 26:171
Lieber, E., 4:39; 6:42, 62, 8:56
Lien, C. A., 20:11
Lietzke, M. H., 3:163
Lillis, G. A., 1:55
Lin, G., 19:145
Lin, H.-M. W., 16:41
Lin, I., 15:96
Lin, M., 28:60
Lin, S. M., 21:97
Lin, S. W., 16:13
Lin, Y-C, 19:87
Lincoln, R., 17:81; 20:41, 44, 46
Lindholm, R. D., 9:163; 18:67
Lindley, E. V., Jr., 16:93
Lindner, E., 26:142, 161, 189
Lindsay, J., 8:40
Lindsell, W. E., 26:328; 27:222, 224
Linebarrier, D., 29:146
Linehan, J. C., 25:120
Lineken, E. E., 2:17, 210
Lines, L., 16:166
Lingane, J. J., 1:159, 163
Lintvedt, R. L., 8:68, 196; 18:36, 22:113; 29:276
Lippard, S. J., 10:58; 20:101; 23:51; 25:94; 27:283
Lipson, L. G., 8:211, 214; 28:84
Lissy, D., 13:99
Little, J. L., 11:33, 41
Little, R. G., 16:213
Littlecott, G. W., 16:113
Liu, C. F., 5:210
Liu, J., 27:111, 118, 120
Liu, N. H., 23:163
Livingstone, S. E., 16:168, 206, 225
Llobet, A., 25:107
Lochschmidt, S., 27:253
Lock, C. J. L., 7:185; 8:173; 9:145; 16:35
Locke, J. R., 13:187; 14:101
Loehman, R. E., 14:131
Loeman, R. E., 30:108
Lofthouse, T. J., 25:79
Lohmann, K. H., 4:97
Lokken, R., 4:22
Long, G. G., 9:92
Long, J. R., 12:99
Long, K. E., 3:119
Long, T. C., 12:139
Longo, F. R., 16:213
Longo, J. M., 14:146; 22:69, 73; 30:64, 68
Longoni, G., 26:312, 316
Lonney, L. E., 14:131; 30:108
Lopez A., J. M., 24:207
Lotz, S., 29:174
Loubser, C., 29:174
Louis, E. J., 15:207

Love, J. L., 13:208
Loveday, P. A., 28:230
Low, A. A., 27:188
Lower, J. A., 2:173, 176, 179, 213
Lowry, R. N., 10:1
Lu, Y. J., 30:86
Lucas, C. R., 16:107, 237; 17:91; 28:267
Lucas, J., 24:120, 122
Lucherini, A., 22:167, 171
Luckehart, C. M., 20:200, 204
Luder, W. F., 4:94
Ludvig, M. M., 29:201
Luetkens, Jr., M. L., 26:7; 28:305
Lukas, J., 15:75
Lukehart, C. M., 17:95; 18:56; 19:164, 169, 172; 28:199, 201; 29:141
Lund, G., 22:76
Lundin, C. E., 14:184
Lundquist, E. G., 27:26
Lundquist, G. L., 14:23
Lundstorm, J., 7:16
Luo, X. L., 27:317
Lustig, M., 9:127; 11:138; 12:281, 299, 307; 14:34, 42
Lutar, K., 29:1, 4, 7, 8, 11
Luther, G. W., III, 17:186
Lutton, J. M., 4:149, 150
Lyle, M. A., 17:178
Lynch, M. A., Jr., 5:190, 192
Lynch, W. E., 29:276
Lyon, D. W., 2:116; 3:11; 27:85

Mabrouk, H. E., 29:15
MacDiarmid, A. G., 11:159; 16:63; 19:22; 22:143
MacDougall, J. J., 22:124
MacKinnon, P. I., 27:158
Machacek, J., 18:149
Maciejewski, M., 29:201
Mack, D. P., 25:86
Mackay, K. M., 15:169; 20:171
Maclaughlin, S. A., 26:264
Macomber, J. D., 6:123
Madappat, K. V., 29:33
Madden, D. P., 15:5; 28:94
Madden, I. L., 11:72
Maddox, M. L., 8:211, 214; 28:84
Maffly, R. L., 19:6, 112
Maggiulli, R., 25:38
Magnuson, R. H., 24:269
Mague, J. T., 13:181
Maguire, K. D., 9:102; 12:258
Mahaffy, C. A. L., 19:154; 28:136
Mahler, W., 10:8, 147
Mahmood, T., 24:217
Mahoney, W. S., 25:187
Maier, L., 6:113, 116; 7:82
Mainz, V., 19:204
Maitlis, P. M., 17:134; 28:110; 29:228
Majewski, H., 7:60,79
Malatesta, L., 7:185; 13:95
Malhotra, K. C., 24:72
Malik, K. M. A., 23:47
Malin, J. M., 20:61
Malinar, M. J., 23:90
Malito, J. T., 18:126; 19:208; 28:196
Malkiewich, C. D., 17:95
Mallela, S. P., 29:124
Mallock, A. K., 10:49, 54; 12:170, 178, 181
Malm, J. G., 8:254, 258; 14:39
Malm, J. M., 15:84
Malowan, J. E., 3:96, 124; 4:58, 61, 63, 77, 78
Man, E. H., 6:155
Manassen, J., 22:80
Mance, A. M., 17:104
Mangat, M., 16:13
Mange, V., 28:263
Mangold, D. J., 8:53
Manhas, B., 11:201
Manning, A. R., 28:148
Manriquez, J. M., 21:181; 28:317
Mansuetto, M. F., 30:33
Mantell, D. R., 27:295
Mantovani, A., 16:47, 51; 28:334
Manzer, L. E., 21:84, 135; 28:260
Marchi, L. E., 2:1, 10, 123, 205, 208; 3:166, 169
Marchionna, M., 26:316
Marcu, G. H., 23:186
Mares, F., 19:149

Margrave, J. L., 7:16
Marier, P., 6:52
Marini, J., 8:56
Marino, D. F., 22:149
Marino, M. P., 8:53
Mark, H. B., 9:176
Mark, J., 9:152
Markenke, R. L., 25:132
Markham, R. T., 16:153
Marklein, B. C., 1:11
Marko, L., 26:243
Marks, T. J., 16:56, 147; 19:149; 20:97; 21:84, 181; 27:136; 28:260, 286, 300, 317; 29:193
Marlies, C. A., 1:68
Marmolejo, G., 27:59, 65
Marriott, R. C., 14:1
Marriott, V. B., 19:233
Marsden, H. M., 24:50
Marsh, J. K., 5:32
Marshall, H., 2:188; 3:143
Marshall, R. H., 6:24
Martell, A. E., 16:199
Martin, A., 6:31, 33
Martin, D. F., 8:2, 46, 198, 232; 9:50, 52, 102, 133; 11:82
Martin, D. R., 4:63, 66, 73, 75, 85, 133, 141; 16:153; 17:183
Martin, J. D., 29:137
Martin, T. R., 26:144
Martin-Frere, J., 27:111, 115
Martinengo, S., 20:209, 212, 215; 26:369, 372; 28:211, 242, 245
Marvell, E., 3:9
Marvin, G. G., 2:74; 3:127
Marzilli, L. G., 20:101
Marzke, R., 24:238
Mascharak, P. K., 23:51; 25:94
Masdupuy, E., 4:1
Masler, W. F., 18:169
Mason, C. M., 2:81, 126, 234, 238, 243
Masters, B. J., 7:155
Masuo, S. T., 21:142, 149, 151
Mathers, F. C., 3:145
Mathes, R. A., 3:48
Matheson, H., 3:148
Matheson, M. S., 8:260
Matheson, T. W., 21:74
Mathews, D. M., 7:146
Mathow, J., 23:118
Mathur, M. A., 12:123, 139; 15:128; 29:51
Matienzo, L. J., 16:198
Matrana, B. A., 19:87; 26:243
Matsuda, T., 19:107, 110; 28:119, 122
Matsuguma, H. J., 5:122
Matt, D., 27:218
Mattern, J. A., 2:141, 162
Mattson, G. W., 5:10
Maurya, M. R., 26:36
Maverick, A. W., 29:127
Mawby, A. H., 15:25
Maxson, R. N., 1:2, 19, 45, 99, 144, 119, 147; 2:145, 147; 3:117
Mayer, J. M., 28:326; 29:146
Maynard, R. B., 22:211, 215; 27:177, 29:10
Mayper, S. A., 2:58
Mayr, A., 26:40
Mays, M. J., 15:21; 16:61, 26:225
Mazanac, T., 18:146
Mazelsky, R., 10:77
McAdams, D. R., 2:86
McAlister, C. G., 9:181
McAmis, L. L., 16:139
McArthur, C. O., 8:63
McArthur, R. E., 3:37
McAuliffe, C. A., 16:174, 184, 188; 23:191
McCall, J. M., 27:59, 65
McCann, E. L., III, 12:181; 13:150
McCarley, R. E., 9:80, 123; 10:49, 54; 21:16; 24:194; 28:37; 30:1
McCarthy, T. J., 30:88
McCarty, B. D., 4:176
McClelland, A. L., 7:45
McClelland, F. C., 17:193
McCleverty, J. A., 8:211, 214; 9:121; 13:187; 15:14; 16:24; 23:4; 28:45, 84, 86
McCollough, F., 5:97; 7:65
McCormick, B. J., 13:216
McCormick, F. B., 26:249

McCoy, H. N., 2:65
McCreary, W. J., 6:18, 24, 47
McCullough, F., Jr., 4:126, 128
McCullough, J. F., 13:23; 19:278
McDermott, A., 26:40
McDermott, B., 13:73
McDonald, G. A., 4:75
McDonald, J. W., 16:235; 18:53; 20:119; 28:33, 38, 145
McElroy, A. D., 3:140
McFadden R. L., 2:186
McFarlane, W., 8:181, 184
McFarlin, R. F., 4:32
McGee, J. J., 8:23, 27
McGlothlin, R. E., 7:76, 128
McGowan, M. L., 6:147
McGrady, N., 21:181; 28:317
McGrath, M. P., 27:22
McGuire, G. E., 24:183
McGuire, J. E., Jr., 22:185, 196, 198
McKelvy, M. J., 24:238; 30:28, 170
McKenney, R. L., Jr., 11:201
McLaren, J. A., 23:157
McLean, J. A., Jr., 6:1
McMills, L. E. H., 30:201
McPhail, A. T., 25:79
McQuillan, G. P., 16:83
McQuillin, F. J., 16:113
McReynolds, J. P., 1:45; 2:25, 86, 183, 186, 200, 216, 221
McVicker, G. B., 16:56
Mcauley, N. M., 26:184
Mcewen, S. K., 11:89
Mckinney, R. J., 26:155
Medford, G. 17:26
Meek, D. W., 7:58; 10:157; 14:14; 16:168, 180, 198, 202; 18:173; 23:122; 25:170
Meerman, G., 6:1
Meier, M., 13:112; 28:104
Meier, T., 29:38
Meier, W., 27:69
Melaven, A. D., 3:188
Melcher, L. A., 14:55
Meli, A., 27:287
Mellea, M. F., 26:122; 28:56
Meller, A., 10:144
Memering, M. N., 15:84
Mendelsohn, M. H., 22:96
Mendez, N. Q., 29:211
Meng, X., 29:269, 273
Merbaum, J., 11:184
Merica, E. P., 5:29
Merola, J. S., 20:224, 230; 26:68; 27:19
Merriam, J. S., 17:164
Merrill, C. I., 7:119; 12:299
Merrill, P., 20:63
Merritt, L. L., Jr., 4:101
Mertes, K. B., 20:20, 24, 25, 26, 28, 29
Mertzenich, C., 29:45
Metcalf, P., 30:124
Metlin, S., 5:190
Meunier, B., 22:133
Mews, R., 24:2, 12, 18; 25:38; 29:38
Meyer, G., 22:1, 10, 23; 25:146; 30:72, 81, 249
Meyer, J. L., 9:80
Meyer, K. E., 29:279
Meyer, T. J., 25:107
Meyersj, R. D., 18:69, 131
Michael, L. W., 8:34
Michalczyk, M. J., 20:26
Michelfeld, T. A., 8:242
Mickel, J. P., 5:82
Mielcarek, J. J., 18:179
Mihelcic, J. M., 26:122; 28:56
Mikulski, C. M., 22:143
Millar, I. T., 6:113, 116
Miller, C. O., 3:160
Miller, D. C., 28:148
Miller, D. J., 21:37
Miller, D., 23:55
Miller, H. C., 10:81
Miller, J. S., 19:13; 21:142, 149, 151
Miller, M. W., 2:139
Miller, N. E., 6:16; 12:135; 17:164; 18:137, 141, 142
Miller, S. R., 15:113
Miller, S. S., 19:149
Miller, V. R., 15:118
Miller, W. K., 23:118
Miller, W. V., 15:72
Milligan, W. O., 1:184, 185; 2:215

Milliken, J., 24:69
Mills, J. L., 27:339
Mills, J. R., 3:30
Min, W., 14:77
Minne, R. N., 6:149
Mintz, E. A., 21:84; 28:260; 29:193
Miro, N. D., 17:36, 104; 19:22
Miskimen, T., 2:166
Misono, A., 12:12; 15:25
Mitchell, J. D., 16:195
Mitchell, P. R., 13:184
Mitchell, W. N., 10:77
Mitra, G., 16:87
Moedritzer, K., 10:131, 133; 11:181
Moehring, G. A., 27:14
Moeller, T., 2:213, 247, 250, 253; 3:4, 9, 63, 117, 186, 188; 4:8, 9, 14, 18, 20, 22, 48, 68, 71, 101, 119, 126, 128, 164, 168; 4:8, 9, 14, 18, 20, 22, 48, 68, 71, 101, 119, 126, 128, 164, 168; 5:37, 185; 6:167, 204; 7:76; 8:92, 103, 105, 108, 111, 116, 119; 9:73, 76, 78, 118; 11:201; 12:293; 13:9; 14:23; 15:225; 16:131
Mohammed, A. K., 29:127
Mohr, E. B., 3:39; 4:26, 29, 32, 36
Mohtasham, J., 29:33
Molin, M., 16:127
Monconduit, L., 30:255
Mondal, J. U., 21:97
Montgomery, L. K., 29:42, 45, 47
Monzyk, B., 19:90; 28:68
Moody, D. C., 17:21; 26:1
Moore, D. A., 29:51
Moore, F. W., 8:153; 10:49; 12:190
Moore, L. E., 9:178
Moore, N. A., 8:141, 144
Moore, R. C., 12:109
Moore, T. F., 19:227
Moran, M. J., 24:69
Morassi, R., 16:174
Moravek, R. T., 24:217
Morehouse, C. K., 2:193
Morehouse, S. M., 24:173
Morgan, H. W., 6:84
Morgan, L. O., 4:14
Mori, M., 5:131; 12:197
Moriarty, K. J., 24:147; 28:248
Morita, H., 22:124, 126, 128
Morrell, D. G., 19:149
Morris, B. E., 14:81; 15:75
Morris, D. E., 16:51; 19:218; 28:88, 334
Morris, H., 2:65
Morris, M. J., 28:189
Morris, M. L., 9:28, 50
Morris, R. E., 13:150
Morris, W. C., 1:167
Morrison, D. L., 13:65
Morrison, J. A., 24:52, 55
Morrow, T. J., 6:97, 99; 7:69, 71, 73
Morse, J. G., 10:147; 18:179; 24:113
Morse, K. W., 25:79
Morse, S. A., 27:295
Morss, L. R., 10:61; 11:184
Morton, J. R., 4:48
Moser, E., 12:35
Moshier, R. W., 9:28, 50
Motekaitis, R. J., 16:199
Moy, D., 13:112; 28:104
Moye, A. L., 11:24
Moyer, J., 12:88
Mrowca, J. J., 10:67; 11:105; 13:117; 28:77, 123
Mueller-Westerhoff, U., 19:149
Mueting, A. M., 27:22, 214; 29:279
Muetterties, E. J., 12:256
Muetterties, E. L., 7:124; 8:23, 27; 10:26, 42, 74, 81, 126, 137, 142; 11:24, 53: 12:43, 256; 13:41, 43, 219
Muetterties, M. C., 12:256
Mukherjee, A. K., 8:185
Mulder, N. H., 25:86
Muller, A., 27:47, 51
Munakata, H., 17:83, 88
Muniyappan, T., 5:153; 28:321
Murchie, M. P., 24:31, 76; 27:332
Murdock, T. O., 19:70, 78
Murillo, C. A., 21:51; 27:306
Murmann, R. K., 4:171; 8:173, 239; 12:214; 19:140; 25:139
Murphy, C. J., 27:51
Murphy, C. N., 21:23

Murphy, D. W., 22:26; 24:200; 30:6, 56, 64, 185
Murphy, J., 22:69
Murray, H. H., 24:236; 26:7, 85, 305
Musgrave, T. R., 8:532
Mutterties, E. L., 6:158, 162
Myers, W. H., 15:125, 128

Naeser, C. R., 1:117
Nahas, H. G., Jr., 2:210
Nainan, K. C., 12:135; 15:113, 122
Nalefski, L. A., 1:87
Nannelli, P., 8:92; 9:73; 11:201; 12:170; 13:99; 16:89
Nappier, J. R., 16:16
Nappier, T. E., 12:99; 16:29, 32
Narath, A., 6:104
Narayanswamy, P. Y., 25:15
Narula, S. P., 24:181
Naslain, R., 12:145
Natarajan, K., 26:295
Nathan, L. C., 11:89
Naughton, J. M., 4:152; 5:156
Near, I., 9:37
Nebergall, W. H., 5:70, 72, 76
Nechamkin, H., 3:186
Neibecker, D., 29:151, 156
Neilson, R. H., 22:209; 24:110, 25:13, 69
Nelson, C. K., 26:1
Nelson, J. H., 22:131
Nelson, S. M., 23:173
Nelson, W. H., 9:52
Nestle, M. O., 20:224, 226
Netherton, L. E., 4:55; 5:102
Neukomm, H., 25:158; 28:280
Neumann, H. M., 11:53; 13:213; 26:161, 171
Neville, R. G., 8:23, 27
Newcomb, M., 25:110
Newell, L. C., 1:19, 45
Newesely, H., 7:63
Newman, C. G., 19:268
Newmann, S. M., 19:178, 180
Newton, W. E., 18:53
Ng, E., 9:160
Nghi, N., 12:232
Nguyen, S., 26:134
Nibert, J. H., 16:87
Nicholls, J. C., 28:278
Nicholls, J. N., 26:280, 289, 295; 28:232
Nichols, G. J., 18:69
Nichols, G. M., 8:77, 79
Nicholson, B. K., 26:271, 324; 28:221
Nicholson, D. G., 2:4; 3:30
Nickel, G., 15:164
Nickel, S., 27:155, 161; 28:297
Nickerson, W., 21:74
Nickles, T. T., 1:90, 92
Nicolini, M., 13:233
Niedenzu, K., 10:126, 135, 139, 142, 144; 14:55; 17:164; 22:207, 209
Niedenzu, P., 27:339
Niederprum, H., 8:15
Nielsen, B., 24:220
Nielsen, J. B., 29:38
Nielsen, K. F., 22:48; 30:38
Nielsen, M. L., 6:79, 94, 97, 99, 108, 111; 7:69, 71, 73; 8:94
Nielsen, N. C., 4:71
Nielsen, R. P., 8:74
Nielson, A. J., 23:195; 24:97, 194; 27:300, 327; 28:315, 323
Niepon, P., 10:157
Nitschke, J., 26:113
Nivert, C. L., 20:224, 234
Noda, H., 26:369
Nomiya, K., 29:239
Norman, A. D., 11:15, 159, 170; 15:177; 18:161; 24:120, 122; 29:27
Norman, N. C., 27:235, 240
Normanton, F. B., 23:141
North, E. O., 1:127, 129
Norton, J. R., 16:35, 39; 25:187
Norton, M., 23:171
Nosco, D. L., 21:19
Noth, H., 22:218
Novak, B., 26:328, 351
Nowak, H. G., 5:125
Nowicki, D. H., 4:130
Noyes, W. A., 1:65
Nucciarone, D., 26:264
Nutt, R. W., 17:45, 48

Nutt, W. R., 24:87
Nyholm, R. S., 5:117; 11:56; 13:165
Nyman, C. J., 8:121, 239; 9:142
Nyman, F., 8:160

O'Brien, S., 13:73
O'Connor, E. J., 29:211
O'Connor, J. J., 20:1, 9
O'Connor, J. M., 29:211
O'Connor, L. H., 23:95
O'Donnell, T. A., 16:143; 24:69
Oakley, R. T., 25:30, 35, 40
Obenland, C. O., 8:53
Oberdorf, K., 26:155
Ochrymowycz, L. A., 25:123
Ochs, J., 16:229
Ockerman, L. T., 4:164
Ocone, L. R., 8:71, 125
Odom, J. D., 14:1; 18:154; 19:227
Oftedahl, E., 6:42
Ogino, H., 12:197
Ohgomori, Y., 27:287, 290
Ohlmeyer, M. J., 27:218
Okeya, S., 20:65
Olah, G., 21:185
Olatta, J. P., 4:39
Olazagasti, M. R., 11:53; 12:43
Oldani, F., 25:164
Olechowski, J. R., 9:181
Olgemoller, B., 26:117, 126; 28:22, 27
Olgemoller, L., 26:126; 28:27
Oliver, J. P., 12:67; 15:203; 23:21; 24:92, 94, 95, 143
Olsen, F. P., 10:91
Olsen, R. R., 6:167
Olsson, L. F., 25:98
Olszewski, E. J., 8:46
Omietanski, G., 5:91
Onak, T., 19:237
Onderdelinden, A. L., 14:92; 28:90
Onstott, E. I., 7:214
Ontiveros, C. D., 24:55
Onyszchuk, M., 15:157
Oosthuizen, H. E., 26:68
Opitz, J., 17:117; 28:98
Oppegard, A. L., 2:216; 3:153
Oram, D. E., 25:120
Orchin, M., 5:190, 192; 12:240; 19:114; 20:65, 181
Orio, A. A., 13:117
Oro, L. A., 23:126
Osborn, J. A., 10:67; 11:99, 13:213; 18:62; 28:77, 79
Osborne, A. G., 17:77, 115
Ossola, F., 29:234
Osterheld, R. K., 3:11, 194
Osthoff, R. C., 4:97; 5:26, 55
Otsuka, S., 19:101, 107, 110, 220; 28:113, 119, 122, 342
Ottoson, K. G., 4:36, 38
Ouchi, A., 13:9
Ouellette, T. J., 13:146
Ouvrard, G., 30:28
Ovalles, C., 23:27; 27:295
Overberger, C. G., 5:29
Owen, B. B., 3:156
Owen, D. A., 11:19, 33, 41
Owen, M. D., 29:141
Oxley, J. C., 29:161
Ozin, G. A., 22:116

Pack, J. G., 14:184
Packett, D. L, 29:189
Paetzold, P., 29:55
Pain, G. N., 26:17, 171; 28:291
Paine, R. T., Jr., 11:99, 124; 12:264; 19:137; 21:162; 24:101, 117; 25:7; 28:79
Pakulski, M., 25:1, 5; 27:235, 240, 253
Palamidis, E., 27:161
Palmer, D. A., 17:152
Palmer-Ordonez, K., 22:200
Palomo, C., 26:4
Pampaloni, G., 23:34; 26:93; 28:192, 240
Pan, M. H., 30:201, 208
Pan, W. H., 20:185; 21:6, 33
Panckhurst, D. J., 7:28
Pandit, S. C., 21:170
Pangagiotidou, P., 26:81
Pankey, J. W., 5:29, 131
Panuzi, A., 21:86
Papageorgiou, F., 26:360

Pardy, R. A., 17:54
Paris, J. M., 19:121; 20:50
Parish, R. V., 23:191
Park, J. D., 6:162
Park, Y. K., 26:169; 30:88
Parker, C. O., 12:307
Parker, D., 8:234
Parker, R., 14:57
Parker, W. E., 5:125, 197; 9:136
Parkes, E., 25:48
Parry, R. W., 2:216; 4:149, 150; 5:95; 9:13, 30; 10:35, 147; 11:99; 28:79
Parshall, G. W., 10:64; 11:61, 157; 12:8, 26; 13:73; 14:10, 14; 15:21, 45, 64, 966, 134, 136, 141, 149, 185, 191, 222; 16:68; 17:64, 110, 124; 19:107, 110; 20:209, 212, 215; 28:81, 119, 122, 242
Partenheimer, W., 16:117
Pasqualetti, N., 29:188
Passmore, J., 20:33; 24:31, 76; 27:332
Patel, V. D., 24:147; 28:248
Patel, V. V., 19:27
Patinkin, S. H., 4:39
Patton, A. T., 29:211
Patton, J., 9:4
Paul, E., 6:50
Paul, R. C., 9:41; 13:181
Paulik, F. E., 14:90; 28:349
Pauson, P. L., 19:154; 28:136
Pavlath, A. E., 11:138
Pavlish, A. E., 1:59
Payet, C. R., 9:8
Peacock, L. A., 19:243
Pearce, D. W., 2:20, 29, 38, 44, 48, 52, 58, 62
Pearce, R., 19:262
Pearson, K. H., 8:207, 227; 14:57; 23:95
Pecka, J. T., 5:43
Pecsok, R. L., 15:96
Pederson, S. F., 26:44
Pedler, A., 5:87
Pedrosa De Jesus, J., 20:57
Peet, W. G., 13:41, 43, 128; 15:38, 42; 19:107, 110; 28:119, 122
Pell, S. D., 26:65
Pellon, E. R., 3:111
Pence, L. E., 29:111, 182
Pendersen, S. F., 29:119
Penella, F., 15:42
Penland, R., 5:185
Penneman, R. A., 3:1
Penque, R., 12:187
Peone, J., Jr., 15:64, 68
Pergola, R. D., 28:211, 245
Perito, R. P., 23:178
Perloff, A., 6:16
Perrin, H. C., 1:77
Perschke, S. E., 29:42
Pertici, P., 22:176
Pestel, B. C., 16:206
Peters, D. G., 13:173
Petersen, J. D., 20:57
Petersen, J. L., 25:168
Peterson, E. J., 16:131
Peterson, J. D., 24:283, 287
Peterson, J. L., 6:3; 16:180
Peterson, N. C., 9:25
Peterson, R. A., 24:279
Petrinovic, M. A., 22:181
Pettit, R., 16:103; 28:52
Pfanstiel, R., 2:167
Pfeffer, M., 26:208, 211
Pfister, P. M., 23:122
Pfrommer, G., 22:48; 30:38
Phelps, R. L., 3:43
Philent, R., 17:152
Phillips, J. A., 9:8
Phillips, J. R., 29:189
Phillips, M. L. F., 30:143
Pickering, R. A., 21:1
Pickner, H. C., 27:295
Pidgeon, K. J., 13:179
Pienkowski, W., 25:157
Pierpont, C. G., 16:21
Pietruza, E. W., 2:106
Pignolet, L. H., 27:22, 214; 29:279
Pillai, C. N., 6:42
Pilling, R. L., 9:16
Pinch, H. L., 14:155
Pinck, L. A., 3:39, 43
Pinnavaia, T. J., 12:77, 88

Pinnell, R. P., 6:3, 6, 176; 13:17, 20
Pinsky, M. L., 12:50, 52, 54
Pipal, J. R., 13:154
Pitha, J. J., 3:130; 4:39, 88, 91
Piva, G., 26:312
Pizzolato, P., 4:63, 141
Place, D., 20:115
Plackett, D. V., 16:47
Plaza, A. I., 16:184, 199
Plesek, J., 22:231, 235, 237, 239, 241
Plovnick, R. H., 14:95
Plowman, K. R., 19:188, 193; 21:1
Poeppelmeier, K. R., 22:23; 30:81, 218
Poilblanc, R., 20:237
Poli, R., 23:32
Pollard, E. R., 14:131; 30:108
Pollard, F. H., 5:87
Pollick, P. J., 12:127
Polly, G. W., 5:16
Pombeiro, A. J. L., 23:9; 28:43
Pomerantz, M., 21:185
Poon, C.-K., 29:164
Poor, E. L., 3:11
Pope, M. T., 15:103; 23:186; 27:111, 115, 118, 120, 123
Popham, R. E., 29:51
Popov, A. I., 5:167, 176; 7:170
Porterfield, W. W., 9:133
Portier, J., 14:123
Posner, A. S., 6:16
Potts, R. A., 23:191
Powell, G. L., 23:116; 28:332
Powell, K. G., 16:113
Powell, R. J., 25:129
Power, P. P., 25:24
Poyer, L., 5:18
Pradilla-Sorzano, J., 15:96
Pragovich, A. F., Jr., 21:142
Prasad, H. S., 16:137; 18:149
Prater, B. E., 15:21
Pratt, R. D., 4:39
Pray, A. R., 5:153; 28:321
Preble, J. C., 20:11
Preston, J. M., 14:63
Pretzer, W. R., 22:226
Preusse, W. C., 11:151
Pribanic, M., 13:173
Price, E. C., 1:84
Price, G. R., 8:90, 91
Priest, H. F., 3:171
Priester, W., 18:153
Pruett, R., 6:132; 7:136
Puddephatt, R. J., 25:100; 29:185
Puerta Vizcaino, M. C., 24:207
Pullman, J. C., 1:113
Pullukat, T. J., 10:137
Purcell, T. G., 25:49
Purdum, W. R., 17:159, 162; 18:189

Quagliano, J. V., 2:247, 250, 253; 5:185; 9:178
Quarterman, L. A., 5:18
Quick, M. H., 19:159, 160, 161, 162; 20:188; 28:155, 156, 157, 158
Quill, L. L., 1:101; 2:20, 52, 58, 62; 3:67
Quimby, O. T., 5:97; 6:79, 94, 97, 99, 100, 101, 104
Quin, L. D., 15:191
Quinty, G. H., 4:68
Quirk, J. M., 24:173

Raab, K., 26:106; 28:15
Rabenau, A., 14:160
Rabinovich, D., 7:99
Radanovic, D. J., 9:173; 29:169
Radivojsa, P. N., 23:90
Ragsdale, R. O., 11:82, 89; 12:251; 13:202
Rakestraw, L., 6:121
Rakowski Du Bois, M., 23:118
Ramachandran, K., 25:74
Ramanujachary, K. V., 30:201
Ramaswamy, B. S., 20:147
Ramsden, J. A., 29:211
Ramsey, R. N., 7:81
Randall, W. J., 9:52
Randolph, B., 9:163
Rankin, D. W. H., 15:182
Rannitt, L., 5:117
Rao, M. N. S., 25:40
Raper, E. S., 23:171
Rapko, B., 27:128

Rapp, B., 18:145
Rapposch, M. H., 19:121
Raston, C. L., 26:144
Ratcliffe, C. T., 11:194; 13:146
Rathlein, K. H., 18:140
Rathlev, J., 4:18, 19
Ratliff, K. S., 25:177
Rau, A., 26:161
Rau, H., 14:160
Rauch, P. E., 30:1
Rauchfuss, T. B., 21:175; 25:35; 27:51, 65
Rausch, M. D., 5:181; 8:178; 19:154; 22:176; 24:147; 28:136, 248
Ray, P., 5:201; 6:65, 68, 71, 74; 7:6
Raymond, K. N., 11:47; 16:147; 20:109; 28:300
Rebertus, R. L., 4:68
Redenz-Stormanns, B., 29:55
Redman, M. J., 14:95
Reed, C. A., 16:29
Reed, J. B., 1:28; 16:21
Reed, P. E., 26:388, 391
Reed, T. B., 14:131; 30:108
Reedijk, J., 23:157; 29:111
Rees, Jr., W. S., 27:339
Regan, C. M., 20:90
Regitz, M., 27:243, 249
Rehan, A. E., 24:132, 135, 139
Rehder, D., 29:198
Rehmar, S. J., 1:147; 2:23
Reichert, W. W., 18:112
Reid, I. K., 6:142, 198, 200; 8:204; 9:167; 11:70; 25:139
Reifenberg, G. H., 9:52
Reigler, P. F., 14:47
Reily, J. J., 22:90
Reimer, K. J., 16:155; 19:159, 160, 161, 162; 20:188; 28:155, 156, 157, 158
Reimer, S., 27:222
Reinbold, P. E., 14:57
Reinders, V. A., 1:178
Reinsalu, V. P., 12:2, 12
Reintjes, M., 10:91
Reis, A. H., 19:18
Remick, R. J., 19:81, 247
Rempel, G. A., 13:90
Rempel, G. L., 16:45, 49
Rettig, M. F., 17:134; 28:110
Reuter, B., 9:80
Reuvers, J. G. A., 24:176; 28:47
Revelli, J. F., 19:35; 30:155
Reynard, K. E., 14:52
Reynolds, S. J., 23:4
Reynolds, W. D., 15:96
Rhine, W., 13:165, 168, 177, 179
Rhoda, R. N., 19:6, 9, 10, 112; 4:159; 5:204, 206; 6:216; 7:232
Rhodes, T., 9:160, 170
Riaz, U., 27:69
Ribner, A., 7:94, 97
Riccardi, S., 2:62
Rice, C. M., 3:145
Rich, S. M., 30:181
Richards, R. L., 19:174; 20:19; 23:9; 28:33, 38, 43
Richardson, R. D., 6:155, 158
Richens, O. T., 23:130
Richmond, T. G., 29:164
Rickard, C. E. F., 24:97; 28:315
Riddle, C., 13:14; 15:177; 18:145
Ridenour, R. E., 12:258
Ridge, B., 21:33
Rie, J., 12:67
Rigsbee, J. T., 27:150
Riley, D. P., 18:15, 36
Riley, R. F., 4:71, 73; 7:30
Ring, M. A., 11:170; 15:161; 19:268
Ring, Y. X., 25:56
Ritchey, H. E., 4:26, 32
Ritter, J. J., 10:118
Roberts, C. B., 14:47
Roberts, H. L., 8:160
Robertson, A., 15:174
Robertson, J. A., 2:102, 106
Robinson, B. H., 12:43; 20:226, 230; 26:309
Robinson, R. N., 17:181
Robinson, S. D., 13:105; 15:45; 17:124; 28:81
Rocek, J., 20:63
Rochow, E. G., 3:50, 56, 58, 62; 4:41, 43, 45; 5:70, 72, 74; 6:37, 113, 116

Roderick, W. R., 8:100
Roe, J., 27:188
Roesky, H. W., 15:194; 24:72, 120, 122; 25:43, 49; 27:332
Rogers, D. B., 13:135; 30:96
Rogers, M. T., 3:184
Rohrscheid, F., 11:72
Rokicki, A., 25:100
Rollinson, C. L., 2:196, 200, 222; 4:171; 8:40, 157
Rollmann, L. D., 22:61; 30:227
Romanelli, M. G., 13:112; 28:104
Roper, W. R., 26:184
Rosch, W., 27:243, 249
Rose, F., 18:203
Rose, J., 26:312, 316, 319, 356
Rose, N. J., 17:139
Rose, N. J., 21:112
Rosen, R., 21:57
Rosenberg, E., 26:328, 351
Rosenberg, R. 10:118
Rosenberg, S., 25:187
Rosenblum, M., 24:163; 28:207
Rosenstein, R. D., 3:11
Rosenthal, J. W., 8:19
Roskamp, E. J., 29:119
Ross, J., 21:66
Rosseinsky, M., 30:222
Rossetto, G., 29:234
Rossi, M., 12:18
Roswell, C. A., 2:145
Roth, R., 1:151
Rothwell, I. P., 29:137
Roundhill, D. M., 18:120; 19:98; 24:211, 213; 25:98; 27:322; 28:132
Rowe, R. A., 5:114
Rowley, S., 27:222
Roy, P. S., 23:182
Royer, D. J., 7:176
Royo, P., 23:22
Rubin, K., 23:163
Rubinson, K., 12:12
Ruchfuss, T. B., 29:15
Ruckenstein, A., 16:131
Ruddick, J. D., 13:216
Rudner, B., 5:91
Rudolph, G., 10:74
Rudolph, R. W., 7:34; 10:147; 12:281; 22:226
Ruff, J. K., 9:30, 63, 127; 11:131, 138, 151; 12:312; 15:84, 199; 16:63
Ruffing, C. J., 29:119
Rulfs, C. L., 7:187
Rumpel, M. L., 7:63
Rusch, J. W., 25:86
Ruse, G. F., 22:76
Russell, J. F., 13:219
Russell, R. G., 2:20, 44, 58, 62
Russo, P. A., 12:247
Russo, P. J., 16:63; 17:104, 172
Rust, P. R., 29:45
Rustad, D. S., 11:128
Ruthruff, R. F., 2:95, 190; 5:55
Ryan, J. L., 15:225, 235
Rydon, H. N., 21:33
Ryschkewitsch, G. E., 12:116, 123, 132, 135, 139, 141; 15:113, 118, 122, 125, 128; 17:34; 19:233

Saalfrank, R. W., 29:276
Sabahi, M., 25:123
Sacco, A., 12:18; 17:69
Sacconi, L., 16:174, 195
Sadurski, A., 15:203
Saha, H. K., 15:100
Saha, H. K., 19:134
Sailor, M., 26:280
Saito, T., 17:83, 88
Sakai, Y., 23:79
Saliby, M. J., 24:220
Salisbury, J. M., 3:39
Sams, J. R., 20:155
Samson, M., 20:206
Samuels, S.-B., 24:163; 28:207
San Filippo, J., Jr., 19:128; 24:157; 28:203
Sancho, J., 26:44
Sandbank, J. A., 23:191
Sandow, T., 21:172
Sandrock, G. D., 22:90, 96
Santure, D. J., 26:219
Sappa, E., 26:365

Sargeson, A. M., 6:211; 8:204; 9:167; 20:85; 22:103, 24:243, 250, 253, 257, 263, 277, 279, 283, 287, 291
Sasaki, Y., 23:79
Satek, L. C, 13:121; 28:107
Satija, S. K., 16:1
Sattelberger, A. P., 26:7, 219; 28:305
Sattizahn, J. E., 5:166
Saturnino, D. J., 11:15; 19:243
Sau, A. C., 25:15
Sauer, D. T., 14:42
Sauer, N. N., 26:77; 28:165
Sauls, F. C., 30:46
Scaife, D. E., 13:1635
Scalone, M., 21:86
Scattergood, A., 2:86
Schaap, W. B., 5:150
Schack, C. J., 24:1, 3, 6, 8, 22, 27, 33, 39
Schaeffer, C. D., Jr., 17:181
Schaeffer, R., 17:21; 26:1
Schafer, H., 14:109; 16:63
Schaffer, C. E., 10:42; 14:63; 18:75
Schaffers, K. I., 30:257
Schartman, R. R., 30:133
Schaschel, E., 10:144
Schauble, H., 7:13
Schaumann, C. W., 8:71
Schechter, W. H., 4:52, 82
Scheck, D. M., 19:178, 180
Scheirer, J. E., 25:74
Scherer, K., 6:91
Scherer, O. J., 8:15; 25:7; 27:224; 29:247
Schertz, L. D., 21:181; 28:317; 29:193
Schilt, A. A., 12:247
Schleich, D. M., 30:262
Schlemper, E., 8:108, 111
Schlessinger, G. G., 6:138, 173, 180, 189; 8:108, 111; 9:160, 170; 12:267
Schlientz, W. J., 15:84
Schliephake, A., B., 25:5
Schloter, K., 28:5
Schmeisser, M., 9:127
Schmid, G., 27:214
Schmidbaur, H., 9:149; 18:135, 137, 140, 141, 142
Schmidpeter, A., 25:24, 126; 27:253
Schmidt, D. L., 14:47
Schmidt, H., 27:243, 249
Schmidt, K., 14:105
Schmidt, M. T., 1:97; 8:15; 9:149; 27:235, 240
Schmidt, S. P., 12:240; 23:41; 26:113; 28:160
Schmidtke, H.-H., 12:243
Schmitz, G. P., 21:31
Schmock, F., 26:36
Schmulbach, C. D., 14:23, 57; 15:122, 125, 128; 16:97, 229; 17:183; 18:201
Schmutzler, R., 9:63, 76, 78; 12:287, 290; 14:4; 15:194; 16:153; 18:173, 179
Schnauber, M., 25:30
Schneemeyer, L. F., 30:119, 146, 210, 257
Schneider, A., 29:247
Schneider, J. M., 1:152
Schneider, W. F., 23:191
Schoenfelner, B. A., 22:113
Scholer, F. R., 11:33
Scholter, K., 26:96
Schonherr, E., 22:48; 30:38
Schram, E. P., 14:47; 16:97; 20:82
Schrauzer, G. N., 11:61; 23:163
Schrck, R. R., 26:44
Schreiber, R. S., 7:132
Schreiner, A. F., 13:146; 16:13
Schreyer, J. M., 4:164; 5:150
Schrock, R. R., 21:135
Schroeder, H. A., 10:91
Schroeder, N. C., 22:126, 128
Schubert, U., 19:164, 169, 172
Schultz, C. G., 5:2, 3, 5, 166; 12:107
Schulze, C. C., 2:90
Schumann, H., 27:155, 158, 161; 28:297
Schumb, W. C., 1:38, 42; 2:98; 3:119; 4:130, 145, 147; 5:176
Schunn, R. A., 13:124, 127, 128, 131; 14:92; 15:2, 5; 28:90, 94
Schupp, L. J., 5:59
Schwab, S. T., 25:168
Schwab, W. G., 8:260
Schwalb, J., 27:224
Schwarer, R., 11:151
Schwartz, J., 16:107; 19:223; 28:257, 267

Schwartz, R. D., 17:2
Schweizer, A. E., 20:48
Schwochau, K., 17:155
Scnoff, C. V., 15:18
Scobell, R., 16:229
Scott, B. A., 30:218
Scott, J. D., 2:257
Scott, L. D., 2:90
Scott, R. A., 29:33
Seabright, C. A., 1:113; 2:153
Searle, M. L., 5:210
Sears, C. T., Jr., 11:101; 14:1; 28:92
Seaton, T., 8:160
Seddon, D., 16:24
Seebach, G. L., 16:83
Seeberger, M. H., 25:174
Seegmiller, C. G., 2:151
Seel, F., 9:111, 113; 15:213
Sefcik, M. D., 15:161
Segal, J. A., 20:196
Seidel, G., 22:185, 198; 29:60, 70, 77, 83
Seidel, W. C., 10:35; 15:9
Seidel, W. M., 12:77; 21:99
Seiver, R., 12:153; 30:114
Sekido, E., 8:141
Selbeck, H., 16:127
Selbin, J., 15:235, 243; 16:87
Seligson, A. L, 29:188
Selover, J. C., 20:200, 204; 28:201
Selwood, P. W., 1:28; 2:65
Sen, A., 26:122, 128; 27:164; 28:56, 60, 63
Sengupta, A. K., 8:5
Sennett, M., 25:60
Senoff, C. V., 12:2; 17:95
Senor, L. E., 12:132
Sensenbaugh, J. D., 2:190
Sepelak, D. J., 15:164; 16:139
Seppelt, K., 20:33, 34, 36, 38; 24:12, 18, 27, 31; 27:332
Sequin, L. W., 8:207, 227
Serpone, N., 12:127
Sesny, W. J., 5:190, 192
Sethuraman, P. R., 27:123
Settine, R., 6:162
Seyam, A. M., 16:56, 147; 28:300
Seyb, E. J., Jr., 4:82
Seyferth, D., 6:37; 20:224, 226, 230, 234
Shah, D. P., 16:180
Shaikh, S. N., 30:46
Shakely, R. H., 4:82
Shamin, A., 23:55
Shamir, J., 14:39
Shamma, M., 6:142
Shanley, E. S., 5:4
Shannon, R. D., 13:135; 14:139; 22:61; 30:96, 227
Shapley, J. R., 23:41; 26:77, 106, 215, 309, 324; 27:196; 28:15, 160, 165
Shapley, P. A., 26:184
Sharma, H. K., 24:181
Sharp, D. W. A., 12:232; 13:146
Sharp, P. R., 21:135; 28:326
Sharpe, A. G., 10:61; 12:232
Shaver, A. G., 13:47; 16:155; 17:91; 19:159, 160, 161, 162; 20:188; 27:59, 65; 28:155, 156, 157, 158; 28:346
Shaw, B. L., 17:64; 19:220; 28:342
Shaw, C. F., III, 19:183; 21:31
Shaw, R. A., 8:19, 68, 77, 84; 9:19
Shawkataly, O. B., 26:324
Shawl, E. T., 11:101; 28:92
Sheetz, D. P., 4:176
Sheldon, J. A., 29:193
Shen, C. Y., 19:278
Shenk, W. J., Jr., 3:111
Shepard, D., 11:56
Shepard, W. N., 13:233
Shepherd, T., 5:179
Sherban, M. M., 26:65
Sherfey, J. M., 6:57
Sheridan, C. W., 7:87
Sheridan, P. S., 12:23; 20:57
Sheridan, R. C., 13:23; 19:278, 281; 21:157
Sherlock, S., 28:245
Sherman, J. H., 10:42, 142
Sherman, R. E., 14:52
Sherrill, H. J., 15:235, 243; 16:87
Shibahara, T., 29:127, 254, 260
Shibat, M., 23:61; 22:188, 190, 193
Shine, W. A., 1:68

Shirk, A. E., 17:42, 45
Shirver, D. F., 17:6, 9, 13, 42, 45
Shive, L. W., 17:110
Shoemaker, C. E., 3:78, 186
Shore, S. G., 9:4; 11:15; 12:99, 109; 17:21, 26; 18:145; 19:237, 243, 247; 22:185, 196, 198; 25:164; 195; 26:1, 51, 360, 365, 339
Shreeve, J. M., 7:50, 124; 9:4; 11:143, 194; 12:299; 14:34, 42; 16:61; 20:218, 222; 21:66; 24:58, 62, 125, 207; 26:246; 27:258; 29:124
Shupack, S. I., 14:90; 28:349
Shutt, R., 2:183, 186, 188
Shyu, S-G., 26:225
Siebert, H., 23:107
Siebert, W., 29:60, 70, 77, 83
Siedle, A. R., 21:192; 27:317; 29:239
Sielicki, C. F., 24:132
Sienko, M. J., 11:1
Sievers, R. E., 6:183; 9:28, 50; 11:94; 12:72; 23:144
Sikora, D. J., 24:147; 28:248
Silavwe, N. D., 27:80, 81; 29:204
Silva, R., 25:151; 28:173
Silverman, R. B., 20:127, 134
Silverthorn, W. E., 10:159; 17:54, 61; 20:196
Silvestru, C., 23:194
Simerly, S., 27:65
Simhon, E., 21:23
Simic, D., 18:139
Simkin, J., 8:10
Simmons, J. W., 6:173
Simon, A., 20:15; 22:31, 36; 30:11, 17
Simonneaux, G., 19:197
Simons, J. H., 1:34, 121, 134, 138; 3:37, 184
Simpson, G. O., 15:100
Simpson, J., 18:145; 26:309
Simpson, S. J., 24:170
Sinden, A. W., 15:207
Sinf, L., 21:187
Singh, A., 27:164, 168
Singh, M. M., 24:161
Singler, R., 12:238
Singleton, E., 26:52, 59, 68, 249; 28:168, 179
Siriwardane, U., 26:360, 365
Sisler, H. H., 2:173, 176, 179, 182, 205, 208; 4:94, 161; 5:91; 8:74; 9:83; 10:129; 15:128; 29:51
Sitzmann, H., 27:224
Skell, P. S., 19:59, 81
Skinner, H. A., 1:47
Skovlin, D. O., 8:19
Slack, D. A., 19:188
Slade, P., 6:216
Sladky, F. O., 11:147; 24:33
Slater, S., 22:181
Sleight, A. W., 14:146, 152, 155; 30:20
Slobutsky, C., 1:152
Slusarczuk, G., 7:30, 140, 236, 239
Smalc, A., 29:1, 4, 7, 8, 10, 11
Smith, A. K., 21:74
Smith, B. C., 8:19, 68; 9:19
Smith, C. F., 23:4
Smith, C. R. F., 3:140
Smith, D. C., 15:25
Smith, D. F., 3:9; 8:260
Smith, G. B. L., 1:81, 96, 97, 117, 119; 3:130
Smith, H. D., Jr., 14:52; 13:90, 128; 22:239, 241
Smith, J. M., 24:97; 28:315
Smith, J. N., 16:78
Smith, J., 22:239; 24:193; 28:36
Smith, K. D., 16:137
Smith, L. R., 21:97
Smith, M. E., 4:126, 128
Smith, N. L., 7:67
Smith, P. W., 16:120
Smith, R. G., 27:164
Smith, W. C., 4:6; 6:162, 201
Smith, W. L., 9:30; 20:109
Smithies, A. C., 12:240
Smolenaers, P. J., 19:117
Sneath, R. L., 12:116
Sneddon, L. G., 18:131; 22:231, 237; 29:104, 106
Sniadoch, H. J., 19:128
Snow, M. R., 26:81

Snyder, H. R., 5:29
Snyder, M. K., 4:164
So, J.-H., 29:30, 108
Soled, S., 19:49
Solladie, G., 23:85
Solladie-Cavallo, A., 23:85
Solomon, E. I., 21:114
Solujic, L., 23:90
Sommer, H., 25:120
Sorato, C., 26:134
Sorrell, T. N., 20:161
Soucek, M. D., 25:129
Soukup, A. J., 3:127
South, R. L., 6:138
Southern, T. G., 23:122
Sowa, Jr., J. R., 28:92, 278
Sowa, L. M., 26:388
Sowerby, D. B., 18:194
Soye, P., 28:148
Sparkman, D., 9:173
Spencer, J. L., 19:101, 213; 21:71; 23:15; 26:155; 27:26; 28:113, 126, 129, 273, 278
Sperati, C. R., 13:184
Sperline, R. P., 19:98
Spessard, D. R., 4:66
Spielvogel, B. E., 7:187; 9:8, 13; 25:79
Spies, J. R., 2:6
Spink, W. C., 22:176
Spira, D., 21:114
Sprague, M. J., 12:67
Springborg, J., 14:63; 18:75; 24:220; 26:24
Springer, W., 17:117; 28:98
Sprinkel, C. R., 13:219; 19:18, 206; 21:153
Srinivasan, V. S., 23:107
Staats, P. A., 6:84
Stacy, A. M., 30:222
Stadelmann, W., 15:194
Stafford, R. C., 11:19
Stahlheber, N. E., 19:278
Stampf, E. J., 18:154
Stanley, T. M., 6:172
Stark, A., 29:276
Starr, C., 3:150
State, H. M., 5:119, 120, 201; 6:198, 200
Staudigl, R., 22:218
Stauffer, K. J., 23:157
Stearley, K. L., 20:24, 29
Stebler, A., 26:377
Stecher, H. A., 27:164
Steehler, G., 21:167
Steffl, R., 9:25
Steiger, S., 6:52
Steinberg, H., 7:99
Steinke, G., 29:39
Stelzer, O., 14:4; 15:194; 16:153; 18:173; 25:120
Stengelin, S., 17:112
Stenson, J. P., 12:35
Stephanou, S. E., 4:82; 5:4
Stephens, D. A., 24:132, 135, 141
Stephens, R. D., 19:87
Stephens, R. S., 12:251
Stephenson, T. A., 12:237; 21:6, 28
Stepro, M. P., 23:126
Stern, E. W., 27:283
Sternberg, H. W., 5:190, 192
Steudel, R., 18:203; 21:172
Steven, A. M., 13:146
Steven, K. L., 7:176
Stevens, R. E., 21:57; 22:163
Stewart, J. M., 2:153
Stibr, B., 22:231, 235, 237
Stiefel, E. I., 21:33
Stille, D., 24:183
Stille, J. K., 5:130
Stillwell, W. D., 1:1
Stobart, S. R., 15:174; 17:172, 176, 178; 19:193
Stocker, J. W., 25:133
Stocks, R. C., 15:191
Stojakovic, D. R., 20:97
Stone, F. G. A., 7:99, 193, 196; 27:191
Stone, H. W., 2:69
Stone, R. D., 6:6
Storhoff, B. N., 27:322
Stoufer, R. C., 5:115, 188
Stranks, D. R., 7:116, 150, 201
Stratton, W., 5:115, 188; 7:142
Strauss, S. H., 20:234; 27:329

Strehlow, R., 5:181
Streitwieser, A., Jr., 19:149; 27:150
Strem, M. E., 22:133
Stremple, P., 21:23
Strickland, D. A., 27:196
Strong, H., 24:157; 28:203
Strouse, C. E., 16:1
Strumolo, D., 20:212
Struss, A. W., 8:2, 232
Strycker, S., 5:153; 28:321
Stuart, A. L., 25:168, 177
Stucky, G. D., 13:165, 168, 177, 179; 30:143
Stuehr, J., 6:180
Stuhl, L. S., 23:180
Sturm, B. J., 7:87
Stynes, D. V., 13:17, 202
Sugisaka, N., 8:207; 9:157; 25:139
Sukornick, B., 14:29
Sullivan, B. P., 22:113; 29:146
Summitt, R. S., 7:193
Sun, X., 27:123
Sundell, R. C., 20:243
Sunkel, K. H., 26:96, 231; 28:5
Sunshine, S. A., 30:84
Supplee, C., 25:170
Surya Praksh, G. K., 21:185
Suss-Fink, G., 24:168; 26:269; 28:216
Sutorik, A. C., 30:88
Suttle, J. F., 3:140; 4:63, 85; 5:2, 3, 4, 5, 125, 143, 145, 148
Sutto, T. E., 30:201, 208
Sutton, L. J., 21:192
Sveda, M., 3:124
Svododa, J., 21:180
Swamy, K. C. K., 27:258; 29:24
Swann, S., Jr., 5:181
Swanson, B. I., 16:1; 18:126; 28:196
Swanson, C., 7:65
Swanson, J. L., 6:81
Swicker, B. F., 12:123
Swile, G. A., 20:185
Swincer, A. G., 21:78
Swinehart, C. F., 3:119, 171
Swinger, A. G., 28:270
Swiniarski, M. F., 12:214; 13:20; 15:157
Switkes, E. S., 21:28
Syamal, A., 26:36
Sykes, A. G., 12:197; 23:130
Symon, C. R., 19:49

Taebel, W. A., 1:175, 178, 180, 182
Taft, J. C., 7:132
Tait, A. M., 18:2, 10, 15, 17, 22, 27, 30
Tajima, T., 29:211
Takacs, J., 26:243
Takahashi, L. T., 8:207, 227, 245
Takats, J., 19:208; 24:176; 27:168; 28:47; 29:234
Takeuchi, K. J., 27:261
Takvorian, K. B., 12:81, 85
Tamres, M., 4:114, 176; 5:153; 28:321
Tan, L. S., 23:144
Tan, R. P., 29:19
Tannenbaum, I. R., 5:22
Tanner, L., 23:118
Tanzella, F., 20:34
Tarr, B. R., 3:191
Tarsey, A. R., 5:139
Tashima, N., 11:10
Tatlock, W. S., 3:56, 58, 62; 4:43
Tatsuno, Y., 19:220; 28:342
Taube, H., 4:111; 24:243, 257, 269, 287, 291, 299; 28:70
Tayim, H. A., 16:117
Taylor, B. H., 16:237
Taylor, F. B., 9:136
Taylor, G. A., 30:218
Taylor, L. T., 20:127
Taylor, M. J., 22:135
Taylor, R. C., 14:10
Taylor, R. G., 27:173
Taylor, W. H., 21:192
Taylor, W. L., 4:117, 159
Teagle, J. A., 23:157
Tebbe, F. N., 10:91; 13:219; 16:237
Tegen, M. H., 25:114, 115
Tellier, P., 19:183
Templeton, J. L., 23:4; 25:157; 28:326
Tennyson, R. H., 3:24
Teo, W. K., 16:45, 49
Terada, K., 5:130; 6:147

Terjeson, R. J., 27:329; 29:33
Terms, S. C., 23:186
Tessier-Youngs, C., 24:92, 94, 95
Test, L. A., 1:165
Teter, L. A., 6:87; 7:9, 232, 245; 8:223
Teweldemedhin, Z. S., 30:192, 208
Teze, A., 27:85, 96, 118, 120
Thelen, A. A., 8:198
Therien, M. J., 25:151; 28:173
Theyson, T. W., 17:181
Thomas, K., 13:213
Thomas, N. C., 9:59; 22:107; 25:107; 26:128; 28:63
Thomas, S., 8:116; 9:56, 118, 149
Thomas, W. H., 1:101
Thompson, A., 6:81, 121
Thompson, D. W., 9:92; 14:101; 19:145
Thompson, G. W., 4:164
Thompson, J. W., 14:29
Thompson, L., 23:180
Thompson, R. C., 24:76
Thompson, R. J., 7:187, 189, 249; 8:171, 202; 9:2, 145; 10:58
Thorez, A., 23:122
Thorn, D. L., 21:104; 26:200
Thouvenot, R., 27:128
Thrasher, J. S., 24:10, 12, 18, 99; 29:33, 38
Thurner, J. J., 4;97; 9:182
Thurston, J. T., 3:45
Tillack, J., 14:109
Tilley, L. J., 29:42
Tilley, T. D., 27:146; 29:225
Timms, P., 19:59, 74, 81
Titus, D. D., 15:38; 13:117
Tobe, M. L., 8:198
Tobias, R. S., 8:191; 12:67
Todaro, A., 26:96; 28:5
Todd, L. J., 9:181; 11:19, 33, 41, 72; 12:116; 15:113; 22:226; 29:57, 104, 106
Toigo, F., 1:51
Tolivaisa, N., 5:70, 72, 74
Tombs, N. C., 14:139
Tominari, K., 15:25
Tomkins, I. B., 15:2
Tomlinson, W. R., Jr., 4:29, 52
Tong, S. B., 16:9
Tooley, P. A., 23:1
Torrence, G. P., 18:56; 19:172; 20:204; 28:199
Totsch, W., 24:6
Touker, T. L., 25:157
Toupadakis, A., 29:254, 260
Towarnicky, J., 16:97
Townsend, G., 22:101
Toy, A. D. F., 3:1; 4:61; 7:69, 71, 73
Traise, T. P., 4:58, 61, 63, 77, 78
Tramontano, V., 26:65
Trebellas, J. C., 9:83
Trefonas, P., 25:56
Treichel, P. M., 12:35; 13:32; 19:174; 25:114, 115
Trenkle, A., 21:180
Trimble, R. F., Jr., 6:129, 170; 8:135
Trofimenko, S., 12:99, 107
Trogler, W. C., 23:41; 25:151; 26:113; 27:30; 28:160, 173; 29:188, 189
Tronich, W., 18:137
Trott, P. W., 4:141
Truitt, L. E., 20:243; 21:142, 153
Tryon, P. F., 3:81
Tsai, J. H., 8:217, 234, 245
Tsamo, E., 23:85
Tsang, F., 9:76, 78
Tsin, T. B., 20:155
Tsugawa, R. 7:99
Tsunoda, M., 21:16
Tuck, D. G., 19:123, 257; 22:135; 29:15
Tucka, A., 21:28
Tuinstra, H. E., 19:180
Tulip, T. H., 22:167, 171
Tullick, C. W., 6:155; 7:119
Tuong, T. D., 26:17; 27:136; 28:286, 291
Turk, B. E., 29:108
Turner, D. G., 21:71
Turney, J. H., 22:149
Turney, T. W., 15:2
Tuxhorn, W. R., 4:26
Tyler, D. R., 29:204
Tyree, S. Y., Jr., 3:127, 137; 4:104, 121; 5:22, 128; 6:129; 7:163; 9:44, 123, 133
Tyson, R. L., 17:162

Ucko, D. A., 13:90
Uehida, Y., 15:25
Ugo, R., 11:105; 28:123
Uhing, E. H., 8:81, 83
Uhl, G., 27:243, 249
Uhl, W., 27:243, 249
Uhm, H. L., 28:140
Ulibarri, T. A., 27:155; 28:297
Ummat, P. K., 15:213
Underhill, A. E., 26:388
Ungermann, C. B., 19:237
Urbach, F. L., 21:107
Urban, G., 26:96; 28:5
Urbancic, M. A., 23:41; 26:77; 28:160, 165
Uremovich, M. A., 27:329
Uriarte, R., 16:198
Urry, G., 10:137; 12:145
Urs, S. V., 5:29
Uson, R., 21:71; 23:126; 26:85
Utsuno, S., 23:79
Uttley, M. F, 15:45; 17:124; 28:81
Utvary, K., 10:129

Vahrenkamp, H., 21:180; 26:341, 351; 27:191
Valle, G., 27:306
Valle, M., 26:365
Vallerino, L. M., 9:178
Valyocsik, E. W., 22:61
Valyocsik, E. W., 30:227
Van Beek, D. A., 19:265
Van D. P., J., 11:53
van der ENT, A., 14:92; 28:90
van Der Sluys, L. S., 28:29
van Dover, R. B., 30:210
Van Dyke, C. H., 11:128; 13:65; 15:155, 157, 164; 16:139; 17:36, 104; 18:153; 20:176
Van Eck, B., 22:151
Van Gastel, F., 25:174
Van Koten, G., 26:150
Van Meter, H. L., 1:24
Van Rheenen, P., 24:238
Van Wazer, J. R., 15:199
Van de Grampel, J. C., 25:15, 86
Van der Huizen, A. A., 25:15, 86
Van der Linde, R., 16:127
Van der Meulen, P. A., 1:11, 15, 24,
Vance, R. N., Jr., 7:87
Vande Griend, L., 15:9
Vander W., A. J., 2:119; 3:163
Vanderah, T. A., 30:210
Vandi, A., 8:108, 111, 116, 119 9:118; 13:9
Varadi, V., 16:213
Vardhan, H. B., 24:143
Vargas, M. D., 26:232, 280, 289, 295
Vaska, L., 15:64, 68, 72; 20:237
Vassilian, A., 24:269
Vaughey, J., 30:241
Vaughn, G. D., 26:169
Vaughn, J. W., 9:163; 24:185
Vavoulis, A., 6:129
Vazquez, A., 23:22
Venanzi, L. M., 26:126; 134; 27:30; 28:27
Venezky, D. L., 5:22
Venkataramu, S. D., 18:189
Vergamini, P. J., 21:37
Verkade, J. G., 11:108; 13:105; 15:9; 20:76, 81
Vetsch, H., 20:11
Vicentini, G., 23:180
Vidal, J. L., 19:233
Vidusek, D. A., 20:20, 26; 21:149, 151
Villena-Blanco, M., 9:98
Virgil, S. C., 26:44
Visser, A., 16:127
Viswanathan, N., 13:65; 20:176; 22:101; 25:177
Vitali, D., 23:32
Vitulli, G., 22:176
Vogel, G. C., 26:341
Vogelbacher, U.-J., 27:243, 249
Voight, D., 4:55
Vol'pin, M. E., 23:163
Volz, C. J. A., 5:91
Von Dreele, R. B., 12:85
von Schnering, H. G., 30:56
von W. S., 8:5
Vopicka, E., 1:10
Vrieze, K., 11:101

Wachter, J., 27:69
Wachter, W. A., 16:147; 28:300
Wade, K., 29:101
Wadsten, T., 23:161
Wagner, F. S., 15:93; 16:220; 24:132
Wailes, P. C., 19:223; 28:257
Waitkins, G. R., 2:183, 186, 188
Wakatsuki, Y., 26:189
Wakefield, Z. T., 13:23
Waksman, L., 22:231, 237
Waldo, P. G., 5:208
Walker, J. E., 9:2
Wallace, B., 8:157
Wallace, T. M., 8:178
Wallbridge, M. G. H., 13:73
Waller, J., 8:153
Wallis, R. C., 21:78; 28:270
Walsh, E. N., 4:66; 7:69; 8:71; 13:23
Walters, D. B., 14:10
Walton, R. A., 12:225; 13:170; 23:116; 27:14, 306; 28:332; 29:279
Wamser, C. A., 14:29
Wander, S. A., 29:151, 156
Wang, B., 23:79
Wang, H. H., 24:138; 26:388; 27:22; 29:41, 42, 45, 47
Wang, P., 30:124
Wang, R.-C., 27:77, 78, 79
Wang, T., 8:171
Wang, W., 26:219
Ward, J. E. H., 12:58, 60
Ward, L. G. L., 11:159; 13:154
Ward, R., 1:28; 3:11
Ware, D. C., 24:299
Warfield, L. T., 19:164; 20:200; 28:201
Warner, M. G., 24:8
Warren, H. O., 4:1
Warren, L. F., 10:91
Warrens, C. P., 25:43
Wartew, G. A., 22:131
Wartik, T., 7:34; 10:118; 13:32; 14:52
Washburn, L. C., 17:193
Wasson, J. R., 16:83
Waszczak, J. V., 30:210
Watanabe, Y., 15:91; 27:290
Waterfeld, A., 24:2,8
Waterman, R., 7:45
Watkins, J. J., 17:6, 9
Watt, D., 26:372
Watt, G. W., 2:4; 3:194; 4:6, 114, 117, 161; 7:187, 189
Watts, D. W., 18:103
Watts, O., 24:170
Wayda, A. L., 27:142, 150
Wayland, B. B., 13:99
Wayland, B. B., 18:49
Webb, K. S., 29:45, 47
Webb, T. R., 17:134; 28:110
Weber, A. G., 1:101
Weber, D. C., 22:143
Weber, W. P., 22:207; 25:56; 29:30
Webster, J. R., 11:170; 13:14
Wedemann, P., 19:101, 107; 28:113, 119
Weeks, J. L., 8:260
Wegner, P. A., 10:91
Wehrmeister, H. L., 5:122
Wei, C. H., 8:144
Wei, R. M. C., 16:225
Weighardt, K., 23:107
Weigold, H., 19:223; 28:257
Weil, J. A., 12:197
Weil, T. A., 17:132
Weinberger, H., 1:84
Weinhouse, S., 1:104
Weinreis, W. O., 15:82
Weir, J. R., 21:86
Weiser, H. B., 2:215
Wenckus, J. F., 22:43
Wender, I., 5:190, 192
Wengrovius, J. H., 18:69
Wenzel, T. J., 23:144
Werner, H., 25:158; 28:280
Werner, R. P. M., 7:197
Wessner, D., 23:149
West, D. H., 1:11
West, R., 4:8, 9, 41; 6:147; 7:30; 18:153; 19:265; 25:48, 56; 29:19
Weston, C. W., 13:181, 184
Wexler, S., 2:151
Whaley, T. P., 5:6, 10, 195; 6:18, 24, 47
Wharton, J. M., 18:75
Wheeler, W. E., 2:119

White, A., 23:55
White, C. L., Jr., 21:146; 29:228
White, D. A., 13:55
White, D. G., 4:45
White, J. E., 9:121; 28:45
White, Jr., S. S., 12:109
White, R. P., 25:193; 27:209; 28:236
White, W. E., 4:23
Whiteker, G. T., 25:179; 28:189
Whitmire, K. H., 21:66; 26:243; 27:182; 29:269, 273
Whitmore, A., 20:61
Whitney, J. E., 4:171
Whittingham, M. S., 19:51; 30:234
Whittlesey, B. R., 26:106; 28:15
Whyman, R., 11:47
Wickenden, A. E., 9:142
Wickham, D. G., 9:152
Wiederkehr, V. R., 5:102
Wiesinger, K. J., 29:134
Wiggins, J. W., 12:116
Wilber, S. A., 22:76
Wilburn, B. E., 19:81
Wilcox, H. W., 4:48
Wilcoxon, F., 1:81
Wiley, J. B., 30:33, 86
Wiley, R., 19:134
Wilke, G., 16:127
Wilkes, G., 8:144
Wilkie, C. A., 19:145
Wilkins, C. J., 7:23, 28
Wilkins, D. H., 4:101
Wilkinson, D. L., 27:136, 142, 28:286
Wilkinson, G., 7:185; 8:173, 181, 184, 211, 214; 9:145; 10:64, 67; 11:99; 12:237; 13:87, 90, 127, 128, 131, 213; 17:73, 75, 77, 79, 81; 19:253, 262; 20:41, 44, 46; 28:77, 79, 84, 337
Wilkinson, J. A., 1:111
Willard, H. H., 1:168, 172, 186
Williams, A. A., 5:95
Williams, C. W., 14:39
Williams, D., 6:3, 172
Williams, E. J., 23:144
Williams, G. H., 20:224, 234
Williams, J. A., 29:45
Williams, J. M., 13:232; 19:1, 6, 8, 9, 10, 112; 20:20, 24-26, 28, 29, 243; 21:141, 142, 145, 146, 149, 151, 153, 192; 24:132, 135, 138, 139, 141; 26:386, 388, 391, 393; 29:41, 42, 47
Williams, M. L., 26:262, 271; 27:191; 28:219, 221
Williamson, S. M., 8:254, 258; 11:143, 147, 205, 210; 24:62, 67; 26:12; 28:310
Williston, A. F., 2:109, 112
Willson, K. S., 1:21; 8:165
Wilshire, J., 18:17, 30
Wilska, S., 5:79
Wilson, M. L., 18:75
Wilson, P. W., 16:143
Wilson, R. D., 24:1, 3, 8, 22, 39
Wilson, R. J., 13:26
Wilson, W. W., 24:37, 39, 48
Wilting, T., 25:86
Wimmer, F. L., 26:81; 29:185
Wimmer, S., 29:185
Winbush, S. von, 8:5
Wingeleth, D. C., 15:177
Wingfield, J. N., 15:207
Winkler, M., 21:114
Winter, G., 14:101
Winter, P. K., 3:30
Wisian-Neilson, P., 25:69
Witkowski, A., 6:144
Witmer, W. B., 7:170; 22:149
Witt, M., 24:72; 25:43, 49; 27:332
Wittenauer, M., 30:124
Wittmann, D., 26:40
Wlaton, R. A., 20:41, 44, 46
Woehrle, R. R., 9:50, 102
Woeller, H. F., 6:123
Wojcicki, A., 12:81, 127, 218; 23:32; 26:225
Wojnowski, W., 19:265
Wold, A., 11:1, 5, 10; 12:153, 247; 13:135; 14:126, 149, 152, 157, 160, 173, 176, 182; 19:1, 8, 49; 20:9, 11, 18, 50; 22:80; 23:161; 30:20, 96, 105, 114, 262
Wolfe, R. E., Jr., 25:123

Wolsey, W. C., 15:225
Wolsey, W. C., 7:92
Wolters, J., 7:45
Womenshauser, G., 25:30
Wonchoba, E. K., 11:61; 13:73, 131; 14:10, 14; 15:21, 45, 64, 96, 134, 136, 141, 149, 185; 16:68; 17:64; 20:209, 212, 215; 28:81, 242
Wong, C.-P., 22:156
Wong, C. S., 17:132
Wong, C.-M., 27:332
Wong, R. C. S., 29:247
Wood, T. E., 20:41,44
Woodburn, H. M., 5:43
Woodcock, C., 23:122; 24:207
Woolliams, P. R., 11:56
Woollins, J. D., 25:43, 48, 49
Woontner, L., 5:179
Work, J. B., 2:141, 221
Workman, M. O., 16:168
Worrall, I. J., 6:31, 33
Worrell, J. H., 13:195; 16:80; 17:147; 27:310, 312
Wovkulich, M. J., 23:37
Woyski, M. M., 3:111; 9:37
Wright, C. M., 8:23, 27; 10:26, 126, 135, 137
Wright, G. A., 13:73
Wright, L. L., 23:118
Wright, T. C., 25:170
Wrobleski, D. A., 21:175
Wroobel, V., 8:56
Wudl, F., 19:27
Wuller, J., 6:204
Wunz, P., 22:200
Wycoff, H. D., 2:1
Wymore, C. E., 5:210
Wynne, K. J., 11:194

Xanthakos, T. S., 5:181
Xu, D. Q., 27:191
Xu, D., 26:351

Yaghi, O. M., 27:83, 104
Yalpani, M., 29:70
Yamamoto, A., 17:61, 73, 75, 79; 28:337
Yamamoto, T., 26:204
Yamasaki, M., 29:127
Yamatera, H., 23:79
Yamauchi, M., 19:243
Yamazaki, H., 26:189, 369
Yan, J., 30:192
Yan, S., 27:22
Yancff, P. V., 19:193
Yanta, T. J., 22:163
Yarbrough, L. W., II, 20:76, 81
Yassinzadeh, S., 14:57
Yasuda, S. K., 5:102; 7:13
Yasufuku, K., 26:369
Yasui, T., 29:169
Yates, A., 29:228
Yates, J. E., 26:249
Yeh, W. Y., 26:309
Yoke, J. T., III, 6:144; 9:19; 11:181
Yokelson, H. B., 25:48; 29:19
Yolles, S., 4:121
Yoo, M. K., 18:44
Yoshida, C., 9:102
Yoshida, T., 19:101, 107, 110, 220; 28:113, 119, 122, 342
Yoshikawa, Y., 23:79
Yost, D. M., 1:34, 109, 121; 2:69; 3:184
Young, C. G., 21:127; 25:157; 28:338
Young, D. C., 10:91
Young, J., 8:239
Young, R. C., 1:38, 42, 49, 51; 2:17, 25, 114, 116, 119, 121, 123; 3:150; 4:97, 126, 128; 6:149; 17:75, 77, 79; 28:337
Young, W. L., III, 7:205; 8:217
Youngdahl, K., 26:169

Zaborowski, L. M., 14:34
Zahray, R., 20:181
Zahurak, S. M., 24:200; 30:50, 185
Zammit, M. G., 26:319
Zanella, A. W., 24:263
Zanella, P., 29:234
Zatko, D. A., 9:182
Zeile Krevor, J. V., 24:234
Zeile, J. V., 17:95; 18:56; 20:200, 204; 28:199, 201
Zeitler, V., 5:61

Zektzer, J., 17:139; 18:73
Zeldin, M., 16:229
Zemva, B., 29:4, 7, 11
Zhang, Z., 30:192, 201
Zheng, X., 28:37
Zhu, J.-M., 30:201
Ziebarth, R. P., 30:255
Zimmerman, H., 3:117
Zingaro, R. A., 7:76, 128, 170; 9:98
Zingler, H., 18:153
Zinich, J., 15:199
Zinnier, L. B., 23:180
Zitomer, F., 7:207
Zobel, R. E., 13:20
Zubieta, J., 24:193
Zubieta, J., 27:123; 28:36
Zuccaro, C., 26:293; 28:240
Zuckerman, J. J., 17:181
Zweifel, G., 19:239

SUBJECT INDEX

Prepared by Thomas E. Sloan

The Subject Index for Inorganic Syntheses Collective Index for Volumes 1–30 is based on the Chemical Abstracts Service (CAS) Registry nomenclature. Each entry consists of the CAS Registry Name, the CAS Registry Number and the page reference. The inverted form of the CAS Registry Name (parent index heading) is used in the alphabetically ordered index. Generally one index entry is given for each CAS Registry Number. Some less common ligands and organic rings may have a separate alphabetical listing with the same CAS Registry Number as given for the index compound, e.g. 3,10,14,18,21,25-Hexaazabicyclo [10.7.7] hexacosane, cobalt(2+) deriv., [73914-18-8]. Simple salts, binary compounds and ionic lattice compounds, including nonstoichiometric compounds, are entered in the usual uninverted way, e.g. Chromium chloride, (CrCl2) [10049-05-5]. Salts of oxo acids are entered at the acid name, e.g. Sulfuric acid, disodium salt [7757-82-6].

Acetaldehyde, iron complex, [81132-99-2], 26:237
———, iron complex, [81141-29-9], 26:235
———, iron-molybdenum complex, [81133-01-9], 26:239
———, iron-molybdenum complex, [81133-03-1], 26:241
Acetamide, *N*-methyl-, cobalt complex, [52519-00-3], 20:230,232
Acetic acid, [64-19-7], 1:85; 2:119
Acetic acid, ammonium salt, compd. with tantalum sulfide (TaS_2), [34370-11-1], 30:164
———, chromium(2+) salt, [628-52-4], 1:122; 3:148; 6:145; 8:125
———, chromium(2+) salt, monohydrate, [14976-80-8], 8:125
———, 1,1-dimethyl ester, cobalt complex, [36834-87-4], 20:234,235
———, ethyl ester, cobalt complex, [19425-32-2], 20:230
———, europium(2+) salt, [59823-94-8], 2:68
———, europium(3+) salt, [1184-63-0], 2:66
———, lead(4+) salt, [546-67-8], 1:47
———, methyl ester, iron complex, [72872-04-9], 27:184
———, methyl ester, osmium complex, [78697-98-0], 27:204
———, 1-methylethyl ester, [108-21-4], 3:48
———, tetraanhydride with silicic acid (H_4SiO_4), [562-90-3], 4:45
———, uranium(4+) salt, [3053-46-1], 9:41
———, uranium(4+) zinc salt (6:1:1), [66922-96-1], 9:42
Acetic acid, chloro-, ruthenium complex, [93582-33-3], 26:256
———, mercapto-, cobalt complex, [26743-67-9], 21:21
Acetic acid, oxo[(1-phenylethyl)amino]-, [(2,3-dimethoxyphenyl)methylene] hydrazide, chromium complex, [71250-02-7], 23:88
———, [(3,4-dimethoxyphenyl) methylene]hydrazide, chromium complex, [71250-03-8], 23:88
———, [(2-methoxyphenyl)methylene] hydrazide, chromium complex, [71250-01-6], 23:88

Acetic acid *(Continued)*
———, [(2-methylphenyl)methylene] hydrazide, chromium complex, [71243-08-8], 23:87
Acetic acid, trichloro-, ruthenium complex, [105848-78-0], 26:256
Acetic acid, trifluoro-, osmium complex, [38596-62-2], 17:128
———, osmium complex, [38596-63-3], 17:128
———, osmium complex, [61160-36-9], 17:128
———, ruthenium complex, [38596-61-1], 17:127
———, ruthenium complex, [38657-10-2], 17:127
———, ruthenium complex, [93582-31-1], 26:254
———, tungsten complex, [77479-85-7], 26:222
Acetonitrile, [75-05-8], 10:101; 18:6
Aluminate(1-), dihydrobis(2-methoxyethanolato-*O,O'*)-, sodium, [22722-98-1], 18:149
———, tetrachloro-, (*T*-4)-, pentathiazyl, [12588-12-4], 17:190
———, tetrakis(phosphino)-, lithium, (*T*-4)-, [25248-80-0], 15:178
Aluminate(3-), tris[ethanedioato(2-)-*O,O'*]-, tripotassium, trihydrate, (*OC*-6-11)-, [15242-51-0], 1:36
Aluminum, bis(*N*-ethylethanaminato) hydro-, [17039-99-5], 17:41
———, bromobis[(trimethylsilyl) methyl]-, [85004-93-9], 24:94
———, chloro(*N,N*-dimethylmethanamine) dihydro-, (*T*-4)-, [6401-80-5], 9:30
———, di-μ-iodotetraiododi-, [18898-35-6], 4:117
———, (*N,N*-dimethylmethanamine) trihydro-, (*T*-4)-, [16842-00-5], 9:30; 17:37
———, (*N*-ethylethanaminato)dihydro-, [24848-99-5], 17:40
———, triethyl-, [97-93-8], 13:124; 15:2,5,10,25
———, triiodotris(pyridine)-, [15244-11-8], 20:83
———, tris(ethyl 3-oxobutanoato-$O^{1'}$,O^{3})-, [15306-17-9], 9:25
———, tris(1,1,1,5,5,5-hexafluoro-2,4-pentanedionato-*O,O'*)-, (*OC*-6-11)-, [15306-18-0], 9:28
———, tris(2,4-pentanedionato-*O,O'*)-, (*OC*-6-11)-, [13963-57-0], 2:25
———, tris[(trimethylsilyl)methyl]-, [41924-27-0], 24:92
Aluminum ammonium oxide ($Al_{11}(NH_4)O_{17}$), [12505-58-7], 19:56; 30:239
Aluminum bromide ($AlBr_3$), [7727-15-3], 3:30,33
Aluminum chloride ($AlCl_3$), [7446-70-0], 7:167
Aluminum gallium oxide ($Al_{11}GaO_{17}$), [12399-86-9], 19:56; 30:239
Aluminum lanthanum nickel hydride ($AlLaNi_4H_4$), [66457-10-1], 22:96
Aluminum lithium oxide ($Al_{11}LiO_{17}$), [12505-59-8], 19:54; 30:237
Aluminum nitride (AlN), [24304-00-5], 30:46
Aluminum nitrosyl oxide ($Al_{11}(NO)O_{17}$), [12446-43-4], 19:56; 30:240
Aluminum phosphide (AlP), [20859-73-8], 4:23
Aluminum potassium oxide ($Al_{11}KO_{17}$), [12005-47-9], 19:55; 30:238
Aluminum rubidium oxide ($Al_{11}RbO_{17}$), [12588-72-6], 19:55; 30:238
Aluminum selenide Al_2Se_3), [1302-82-5], 2:183
Aluminum silicon sodium oxide ($Al_2Si_5Na_2O_{14}$), hydrate, [117314-29-1], 22:64; 30:229
Aluminum silver oxide ($Al_{11}AgO_{17}$), [12505-20-3], 30:236
Aluminum thallium oxide ($Al_{11}TlO_{17}$), [12505-60-1], 19:53; 30:236
Ammonia, [7664-41-7], 1:75; 2:76,128,134; 3:48
Ammonium azide ($(NH_4)(N_3)$), [12164-94-2], 2:136; 8:53

Ammonium niobium titanium hydroxide oxide ($(NH_4)_{0.5}NbTi(OH)_{0.5}O_{4.5}$), [158188-91-1], 30:184
Ammonium niobium titanium oxide ($(NH_4)NbTiO_5$), [72528-68-8], 22:89
Ammonium sulfide ($(NH_4)_2(S_5)$), [12135-77-2], 21:12
Antimonate(1-), μ-fluorodecafluorodi-, (octaselenium)(2+) (2:1), [52374-79-5], 15:213
———, (octasulfur)(2+) (2:1), [33152-43-1], 15:216
———, selenium ion (Se_4^{2+}) (2:1), [53513-63-6], 15:213
———, (tetratellurium)(2+) (2:1), [12449-63-7], 15:213
———, (trimercury)(2+) (2:1), [38832-79-0], 19:23
Antimonate(1-), hexachloro-, (*OC*-6-11)-, pentathiazyl, [39928-97-7], 17:189
———, hexafluoro-, (*OC*-6-11)-, dioxygenyl, [12361-66-9], 14:39
Antimonate(2-), bis[μ-[2,3-dihydroxybutanedioato(4-)-O^1,O^2:O^3,O^4]]di-, dipotassium, stereoisomer, [11071-15-1], 23:76-81
Antimony, dibromotrimethyl-, [5835-64-3], 9:95
———, dichlorotrimethyl-, [13059-67-1], 9:93
———, diiodotrimethyl-, (*TB*-5-11)-, [13077-53-7], 9:96
———, pentachloro(nitromethane-*O*)-, (*OC*-6-21)-, [52082-00-5], 29:113
———, trichlorodiphenyl-, [21907-22-2], 23:194
———, tris(*O*-ethyl carbonodithioato-*S,S'*)-, (*OC*-6-11)-, [21757-53-9], 10:45
Antimony barium lead oxide ($Sb_{0.25}BaPb_{0.75}O_3$), [123010-39-9], 30:200
Antimony bromide sulfide (SbBrS), [14794-85-5], 14:172
Antimony chloride sulfide ($Sb_4Cl_2S_5$), [39473-80-8], 14:172
Antimony mercury fluoride ($SbHg_{2.91}F_6$), [153481-21-1], 19:26
L-Arginine, cobalt complex, [75936-48-0], 23:91
Arsenate(1-), [2,3-dihydroxybutanedioato(2-)-O^1,O^4]oxo-, sodium, [*R*-(*R**,*R**)]-, [31312-91-1], 12:267
Arsenate(1-), hexafluoro-, dioxygenyl, [12370-43-3], 14:39; 29:8
———, nitrosyl, [18535-07-4], 24:69
———, (octaselenium)(2+) (2:1), [52374-78-4], 15:213
———, (octasulfur)(2+) (2:1), [12429-02-6], 15:213
———, salt with 2-(4,5-dimethyl-1,3-diselenol-2-ylidene)-4,5-dimethyl-1,3-diselenole (1:2), [73731-75-6], 24:138
———, selenium ion (Se_4^{2+}) (2:1), [53513-64-7], 15:213
———, silver(1+), [12005-82-2], 24:74
———, (tetratellurium)(2+) (2:1), [12536-35-5], 15:213
———, (trimercury)(2+) (2:1), [34738-00-6], 19:24
Arsenic, tris(*O*-ethyl carbonodithioato-*S,S'*)-, (*OC*-6-11)-, [31386-55-7], 10:45
Arsenic acid (H_3AsO_4), compd. with hydroxylamine (1:3), [149165-65-1], 3:83
———, titanium complex, [59400-80-5], 30:143
Arsenic mercury fluoride ($AsHg_{2.86}Fe_6$), [153420-98-5], 19:25
Arsenous acid, cobalt-tungsten complex, [73261-70-8], 27:119
———, tributyl ester, [3141-10-4], 11:183
———, triethyl ester, [3141-12-6], 11:183
———, trimethyl ester, [6596-95-8], 11:182
———, tungstate(6-) deriv., [79198-04-2], 27:113
———, tungstate(24-) deriv., [73261-70-8], 27:119
———, tungstate(28-) deriv., [153019-52-4], 27:118
———, tungsten complex, [79198-04-2], 27:113

Arsenous triamide, hexamethyl-, [6596-96-9], 10:133
Arsenous trifluoride, [7784-35-2], 4:137; 4:150
———, iodine(3+) deriv., [73381-83-6], 27:335
Arsenous triiodide, [7784-45-4], 1:103
Arsine, [7784-42-1], 7:34,41; 13:14
———, (2-bromophenyl)dimethyl-, [4457-88-9], 16:185
Arsine, dimethyl-, [593-57-7], 10:160
———, molybdenum complex, [64542-62-7], 25:169
Arsine, [2-[(dimethylarsino)methyl]-2-methyl-1,3-propanediyl]bis[dimethyl-, niobium complex, [61069-52-1], 21:18
———, dimethyl(pentafluorophenyl)-, [60575-47-5], 16:183
Arsine, 1,2-phenylenebis[dimethyl-, [13246-32-7], 10:159
———, gold complex, [77674-45-4], 26:89
———, nickel complex, [65876-45-1], 17:121; 28:103
———, niobium complex, [61069-53-2], 21:18
———, platinum complex, [63264-39-1], 19:100
———, rhodium complex, [38337-86-9], 21:101
———, rhodium complex, [83853-75-2], 21:101
Arsine, (stibylidynetri-2,1-phenylene)tris[dimethyl-, [35880-02-5], 16:187
———, trimethyl-, [593-88-4], 7:84
Arsine, triphenyl-, chromium complex, [82613-91-0], 23:38
———, chromium complex, [82613-95-4], 23:38
———, chromium complex, [82659-77-6], 23:38
———, copper complex, [33989-05-8], 19:95
———, iron complex, [14375-84-9], 8:187; 26:61; 28:171
———, iron complex, [14375-85-0], 8:187
———, nickel complex, [14564-53-5], 17:121; 28:103
———, palladium complex, [15709-50-9], 12:221
———, palladium complex, [15709-51-0], 12:221
———, platinum complex, [11141-96-1], 13:63
———, platinum complex, [31940-97-3], 13:64
———, rhodium complex, [14877-90-8], 8:214
———, rhodium complex, [16970-35-7], 11:100
———, ruthenium complex, [132077-60-2], 29:162
Arsine, tris[2-(dimethylarsino)phenyl]-, [60593-36-4], 16:186
Arsine-d_3, [13464-51-2], 13:14
Arsinous bromide, dimethyl-, [676-71-1], 7:82
Arsinous chloride, diethyl-, [686-61-3], 7:85
———, dimethyl-, [557-89-1], 7:85
Arsinous iodide, dimethyl-, [676-75-5], 6:116; 7:85
Arsonium, tetraphenyl-, bis[1,1,1,4,4,4-hexafluoro-2-butene-2,3-dithiolato(2-)-*S,S'*]nickelate(2-) (2:1), [14589-08-3], 10:20
———, cyanate, [21294-26-8], 16:134
———, cyanide, [21154-65-4], 16:135
———, (*OC*-6-11)-hexacarbonylniobate(1-), [60119-18-8], 16:72
———, (*OC*-6-11)-hexacarbonyltantalate(1-), [57288-89-8], 16:71
———, (*OC*-6-11)-hexaiodothorate(2-) (2:1), [7337-84-0], 12:229
———, (*OC*-6-11)-hexaiodouranate(2-) (2:1), [7069-02-5], 12:230
———, salt with 1,3,5,7-tetrathia(1,5-S^{IV})-2,4,6,8,9-pentaazabicyclo[3.3.1]nona-1,4,6,7-tetraene (1:1), [79233-90-2], 25:31
———, (*T*-4)-tetrabromovanadate(1-), [151379-63-4], 13:168

———, (*T*-4)-tetrachlorovanadate(1-), [15647-16-2], 13:165
———, (*OC*-6-11)-tris[1,1,1,4,4,4-hexafluoro-2-butene-2,3-dithiolato (2-)-*S,S'*]molybdate(1-), [18958-54-8], 10:24
———, (*TP*-6-11'1'')-tris[1,1,1,4,4,4-hexafluoro-2-butene-2,3-dithiolato (2-)-*S,S'*]molybdate(2-) (2:1), [20941-70-2], 10:23
———, tris[1,1,1,4,4,4-hexafluoro-2-butene-2,3-dithiolato(2-)-*S,S'*] chromate(1-), [19453-77-1], 10:25
———, tris[1,1,1,4,4,4-hexafluoro-2-butene-2,3-dithiolato(2-)-*S,S'*] chromate(2-) (2:1), [20219-50-5], 10:24
———, tris[1,1,1,4,4,4-hexafluoro-2-butene-2,3-dithiolato(2-)-*S,S'*]tungstate (1-), [18958-53-7], 10:25
———, (*OC*-6-11)-tris[1,1,1,4,4,4-hexafluoro-2-butene-2,3-dithiolato (2-)-*S,S'*]tungstate(2-) (2:1), [19998-42-6], 10:20
———, tris[1,1,1,4,4,4-hexafluoro-2-butene-2,3-dithiolato(2-)-*S,S'*]vanadate (1-), [19052-34-7], 10:25
———, tris[1,1,1,4,4,4-hexafluoro-2-butene-2,3-dithiolato(2-)-*S,S'*]vanadate (2-) (2:1), [19052-36-9], 10:20
Arsonous dibromide, methyl-, [676-70-0], 7:82
———, phenyl-, [696-24-2], 7:85
Arsonous dichloride, ethyl-, [598-14-1], 7:85
———, methyl-, [593-89-5], 7:85
Arsonous diiodide, methyl-, [7207-97-8], 6:113; 7:85
Aurate(1-), bis[2,3-dimercapto-2-butenedinitrilato(2-)-*S,S'*]-, (*SP*-4-1)-, [14896-06-1], 10:9
———, diiodo-, salt with 2-(5,6-dihydro-1,3-dithiolo[4,5-*b*][1,4]dithiin-2-ylidene)-5,6-dihydro-1,3-dithiolo [4,5-*b*][1,4]dithiin (1:2), [97012-32-3], 29:48
———, [L-cysteinato(2-)-*N,O,S*]-, hydrogen, [74921-06-5], 21:31
Aurate(1-), tetrabromo-, potassium, (*SP*-4-1)-, [14323-32-1], 4:14; 4:16
———, potassium, dihydrate, (*SP*-4-1)-, [13005-38-4], 4:14; 4:16
Aurate(1-), tetrachloro-, (*SP*-4-1)-, [14337-12-3], 15:231
———, hydrogen, (*SP*-4-1)-, [16903-35-8], 4:14
Aurate(1-), tetraiodo-, (*SP*-4-1)-, [14349-64-5], 15:223

Barium(2+), (7,11:20,24-dinitrilodibenzo [*b,m*][1,4,12,15]tetraazacyclodocosine-$N^5,N^{13},N^{18},N^{26},N^{27},N^{28}$)-, diperchlorate, [133270-20-9], 23:174
Barium bismuth lead thallium oxide ($Ba_4BiPb_{1.95\text{-}2.1}Tl_{0.9\text{-}1.05}O_{12}$), [133494-87-8], 30:208
Barium bismuth potassium oxide ($Ba_{0.6}BiK_{0.4}O_3$), [117004-16-7], 30:198
Barium calcium copper thallium oxide ($Ba_2CaCu_2Tl_2O_8$), [115833-27-7], 30:203
Barium calcium copper thallium oxide ($Ba_2Ca_2Cu_3Tl_2O_{10}$), [115866-07-4], 30:203
Barium chloride ($BaCl_2$), [10361-37-2], 29:110
Barium copper erbium oxide ($Ba_2Cu_4ErO_8$), [122014-99-7], 30:193
Barium copper holmium oxide ($Ba_2Cu_4HoO_8$), [122015-02-5], 30:193
Barium copper thallium oxide ($Ba_2CuTl_2O_6$), [115866-06-3], 30:202
Barium copper yttrium oxide ($Ba_2{}^{63}Cu_3YO_7$), [143069-66-3], 30:210
Barium titanium oxide ($BaTiO_3$), [12047-27-7], 14:142; 30:111
Benzaldehyde, (phenylmethylene) hydrazone, [588-68-1], 1:92
———, 2-amino-, [529-23-7], 18:31

Benzaldehyde, 2-(diphenylphosphino)-, [50777-76-9], 21:176
———, manganese complex, [41880-45-9], 26:158
Benzamide, *N*-[2-(diphenylphosphino) phenyl]-, [91409-99-3], 27:323
———, 2-(diphenylphosphino)-*N*-phenyl-, [91410-02-5], 27:324
Benzenamine, compd. with tantalum sulfide (TaS_2), [34200-78-7], 30:164
———, rhenium complex, [104493-76-7], 24:195
———, rhenium complex, [62192-31-8], 24:196
———, tungsten complex, [78409-02-6], 24:195
———, tungsten complex, [86142-37-2], 24:196
———, tungsten complex, [87208-54-6], 27:301
———, tungsten complex, [89189-70-8], 24:196
———, tungsten complex, [89189-71-9], 24:196
———, tungsten complex, [89189-76-4], 24:198
———, tungsten complex, [104475-10-7], 24:196
———, tungsten complex, [104475-11-8], 24:198
———, tungsten complex, [104475-12-9], 24:198
———, tungsten complex, [104475-13-0], 24:198
———, tungsten complex, [104475-14-1], 24:198
———, tungsten complex, [107766-60-9], 27:304
———, tungsten complex, [114075-31-9], 27:303
———, tungsten complex, [126109-15-7], 24:198
Benzenamine, *N,N*-dimethyl-, [121-69-7], 2:174
———, chromium complex, [12109-10-3], 19:157; 28:139
———, compd. with sulfur trioxide (1:1), [82604-34-0], 2:174
———, compd. with tantalum sulfide (TaS_2), [34200-80-1], 30:164
———, molybdenum complex, [52346-32-4], 19:81
Benzenamine, *N*,4-dimethyl-, tungsten complex, [73848-73-4], 23:14
———, *N,N*-diphenyl-, [603-34-9], 8:189
Benzenamine, 2-(diphenylphosphino)-, [65423-44-1], 25:129
———, nickel complex, [125100-70-1], 25:132
Benzenamine, *N*-(ethoxymethyl)-, platinum complex, [30394-37-7], 19:175
———, 4-methyl-, iridium complex, [14243-22-2], 15:82
———, 2-(methylthio)-, [2987-53-3], 16:169
Benzenamine, 2,2',2'',2'''-(21*H*,23*H*-porphine-5,10,15,20-tetrayl)tetrakis-, [52199-35-6], 20:163
———, stereoisomer, [68070-27-9], 20:164
Benzenamine, *N,N*,2-trimethyl-, lithium complex, [64308-58-3], 26:153
Benzene, [71-43-2], 10:101
———, chromium complex, [12089-29-1], 6:132
———, molybdenum complex, [12129-68-9], 17:54
———, molybdenum complex, [12153-25-2], 20:196,197
———, molybdenum complex, [33306-76-2], 17:57
———, molybdenum complex, [36354-39-9], 17:60
———, molybdenum complex, [57398-77-3], 20:199
———, molybdenum complex, [57398-78-4], 20:198
———, ruthenium complex, [12215-07-5], 22:177

Benzene, 1,3-bis(trifluoromethyl)-, chromium complex, [53966-05-5], 19:70
———, 1-bromo-2-(methylthio)-, [19614-16-5], 16:169
———, 2-bromo-1,3,5-tris(1,1-dimethylethyl)-, [3975-77-7], 27:236
Benzene, chloro-, chromium complex, [12082-03-0], 19:157; 28:139
———, molybdenum complex, [52346-34-6], 19:81,82
Benzene, 1-chloro-4-isocyano-, [1885-81-0], 23:10
———, molybdenum complex, [66862-30-4], 23:10
———, tungsten complex, [66862-24-6], 23:10
Benzene, 1,3-dichloro-2-isocyano-, molybdenum complex, [66862-31-5], 23:10
———, tungsten complex, [66862-25-7], 23:10
Benzene, 1,2-diiodo-, iridium complex, [82582-50-1], 26:125; 28:59
Benzene, 1,2-dimethyl-, chromium complex, [70112-66-2], 19:197,198
———, magnesium complex, [84444-42-8], 26:147
Benzene, 1,1'-(1,2-ethanediyl)bis-, [103-29-7], 26:192
Benzene, 1,1'-(1,2-ethenediyl)bis-, nickel complex, [12151-25-6], 17:121
———, nickel complex, [32802-08-7], 17:122
Benzene, ethenyl-, [100-42-5], 21:80
———, platinum complex, [12212-59-8], 5:214; 20:181,182
———, ruthenium complex, [69134-34-5], 21:80
———, tungsten complex, [88035-90-9], 29:144
Benzene, ethyl-, ruthenium complex, [93081-72-2], 21:82
Benzene, 1,1'-(1,2-ethynediyl)bis-, cobalt complex, [12172-41-7], 26:192
———, molybdenum complex, [66615-17-6], 26:102; 28:11
———, molybdenum complex, [78090-78-5], 26:104; 28:13
Benzene, ethynyl-, ytterbium complex, [66080-21-5], 27:143
———, fluoro-, chromium complex, [12082-05-2], 19:157; 28:139
Benzene, 1,1',1''-(fluoromethylidyne)tris-, [427-36-1], 24:66
Benzene, hexamethyl-, ruthenium complex, [67420-77-3], 21:76
———, ruthenium complex, [67421-01-6], 21:77
———, ruthenium complex, [67421-02-7], 21:75
———, ruthenium complex, [75182-14-8], 26:181
———, ruthenium complex, [75182-15-9], 36:182
Benzene, isocyano-, molybdenum complex, [66862-27-9], 23:10
———, platinum complex, [30376-90-0], 19:174
———, tungsten complex, [66862-33-7], 23:10
Benzene, 2-isocyano-1,3-dimethyl-, iron complex, [63866-73-9], 26:53; 28:180
———, iron complex, [71895-18-6], 26:57; 28:184
———, iron complex, [75517-50-9], 28:181
———, iron complex, [75517-51-0], 26:56; 28:182
———, iron complex, [75517-52-1], 26:57; 28:183
Benzene, 1-isocyano-4-methoxy-, molybdenum complex, [66862-29-1], 23:10
———, tungsten complex, [66862-23-5], 23:10
Benzene, 1-isocyano-4-methyl-, molybdenum complex, [66862-28-0], 23:10
———, tungsten complex, [104475-14-1], 24:198
———, tungsten complex, [66862-34-8], 23:10
Benzene, methoxy-, chromium complex, [12116-44-8], 19:155; 28:137

Benzene, methoxy- *(Continued)*
———, (methoxymethyl)-, tungsten complex, [37823-96-4], 19:165
Benzene, methyl-, cobalt complex, [13682-03-6], 20:226,228
———, cobalt complex, [72271-50-2], 26:309
———, lutetium complex, [76207-12-0], 27:162
———, nickel complex, [66197-14-6], 19:72
Benzene, 1,1'-methylenebis-, tungsten complex, [50276-12-5], 19:180
———, (1-methylethyl)-, platinum complex, [34056-26-3], 16:115,116
———, 1,1',1''-methylidynetris-, [519-73-3], 11:115
———, 1-methyl-4-(1-methylethyl)-, ruthenium complex, [52462-29-0], 21:75
———, 1-methyl-4-propyl-, platinum complex, [34056-31-0], 16:115
———, (methylthio)-, lithium complex, [51894-94-1], 16:170
Benzene, pentafluoro-, cobalt complex, [15671-73-5], 23:23
———, cobalt complex, [78220-27-6], 23:24
———, cobalt complex, [89198-92-5], 23:25
———, gold complex, [60748-77-8], 26:86
———, gold complex, [77188-25-1], 26:87
———, gold complex, [77674-45-4], 26:89
———, gold complex, [78637-46-4], 26:88
———, gold complex, [128265-18-9], 26:90
———, lithium complex, [1076-44-4], 21:72
———, nickel complex, [66197-14-6], 19:72
Benzene, 1,2,3,5-tetrafluoro-, thallium complex, [84356-31-0], 21:73
———, 1,2,4,5-tetrafluoro-, thallium complex, [76077-07-1], 21:73
Benzene-d_5, bromo-, [4165-57-5], 16:164
Benzeneacetaldehyde, α-(phenylmethylene)-, ruthenium complex, [75812-29-2], 25:181
Benzenecarbothioamide, compd. with tantalum sulfide (TaS_2), [34200-70-9], 30:164
1,2-Benzenediamine, [95-54-5], 18:51
1,4-Benzenediamine, *N,N,N',N'*-tetramethyl-, compd. with tantalum sulfide (TaS_2), [34340-80-2], 30:164
Benzenediazonium, 4-fluoro-, tetrafluoroborate(1-), [459-45-0], 12:29
1,2-Benzenedicarbonitrile, [91-15-6], 18:47
1,2-Benzenedicarboxylic acid, rhodium complex, [112836-48-3], 27:291
Benzenemethanamine, *N,N*-dimethyl-, lithium complex, [27171-81-9], 26:152
———, lutetium complex, [84582-81-0], 27:153
———, palladium complex, [18987-59-2], 26:212
———, tungsten complex, [52394-38-4], 19:169
Benzenemethanamine, α,α'-(2,12-dimethyl-1,5,9,13-tetraazacyclohexadeca-1,4,9,12-tetraene-3,11-diyl)bis[*N*-(phenylmethyl)-, nickel complex, [88611-05-6], 27:276
———, *N,N*,4-trimethyl-, lithium complex, [54877-64-4], 26:152
Benzenemethanaminium, *N,N,N*-trimethyl-, hydroxide, compd. with tantalum sulfide (TaS_2), [34370-10-0], 30:164
Benzenemethanethiol, 4-bromo-, [19552-10-4], 16:169
Benzenemethanol, 2-(diphenylphosphino)-, manganese complex, [79452-37-2], 26:169
Benzeneselenol, indium(3+) salt, [115399-94-5], 29:16

Benzenesulfonic acid, 4-[[[(aminoimino-methyl)amino]iminomethyl]amino]-, copper complex, [59249-53-5], 7:6
———, 4-methyl-, rhodium complex, [112837-62-4], 27:292
Benzenethiol, indium(3+) salt, [112523-51-0], 29:15
———, tin(4+) salt, [16528-57-7], 29:18
Benzenethiol, 4-ethyl-, gold(1+) salt, [93410-45-8], 23:192
1,2-Benzisothiazole, chromium deriv., [92763-66-1], 27:309
———, cobalt deriv., [81780-35-0], 23:49
———, iron deriv., [81780-36-1], 23:49
———, nickel deriv., [81780-34-9], 23:48
———, vanadium deriv., [103563-29-7], 27:307
———, vanadium deriv., [103563-31-1], 27:308
———, zinc deriv., [81780-33-8], 23:49
1,2-Benzisothiazol-3(2*H*)-one, 1,1-dioxide, chromium complex, [92763-66-1], 27:309
———, cobalt complex, [81780-35-0], 23:49
———, iron complex, [81780-36-1], 23:49
———, nickel complex, [81780-34-9], 23:48
———, vanadium complex, [103563-29-7], 27:307
———, vanadium complex, [103563-31-1], 27:308
———, zinc complex, [81780-33-8], 23:49
Benzoic acid, methyl ester, chromium complex, [12125-87-0], 19:157; 28:139
———, chromium complex, [52140-27-9], 19:200
———, chromium complex, [67359-46-0], 26:32
Benzoic acid, 4-chloro-, molybdenum complex, [33637-85-3], 13:89
———, 2-(diphenylphosphino)-, [17261-28-8], 21:178
———, 3-fluoro-, rhodium complex, [103948-62-5], 27:292
Benzoic acid, 4-methoxy-, molybdenum complex, [33637-87-5], 13:89
———, rhenium complex, [33540-83-9], 13:86
———, rhenium complex, [33700-35-5], 13:86
Benzoic acid, 3-methyl-, methyl ester, chromium complex, [70112-62-8], 19:201
———, methyl ester, chromium complex, [70112-63-9], 19:202
———, methyl ester, chromium complex, [70144-74-0], 19:202
———, methyl ester, chromium complex, [70144-76-2], 19:201
Benzoic acid, 4-methyl-, molybdenum complex, [33637-86-4], 13:89
———, rhenium complex, [15663-73-7], 13:86
Benzonitrile, molybdenum-platinum complex, [83704-68-1], 26:345
———, palladium complex, [14220-64-5], 15:79; 28:61
———, platinum complex, [14873-63-3], 26:345; 28:62
———, ruthenium complex, [115203-16-2], 26:70
———, ruthenium complex, [115203-17-3], 26:71
Benzo[h]quinoline, ruthenium complex, [88494-52-4], 26:177
1,5,8,12-Benzotetraazacyclotetradecine, copper deriv., [67215-73-0], 18:50
1,5,8,12-Benzotetraazacyclotetradecine, 3,10-dibromo-3,6,7,10-tetrahydro-, copper complex, [67215-73-0], 18:50
Benzoyl isocyanide, chromium complex, [67359-46-0], 26:32
Beryllate(6-), hexakis(carbonato)oxotetra-, hexaammonium, [12105-78-1], 8:9
———, hexakis[μ-[carbonato(2-)-*O*:*O*']]-μ_4-oxotetra-, hexapotassium, [14875-90-2], 8:9
Beryllium, bis[μ-(acetato-*O*:*O*')]tetrakis[μ-(2-methylpropanoato-*O*:*O*')]-μ_4-oxotetra-, [149165-73-1], 3:7

Beryllium *(Continued)*
———, bis(2,4-pentanedionato-*O,O'*)-, (*T*-4)-, [10210-64-7], 2:17
———, hexakis[μ-(acetato-*O*:*O'*)]-μ_4-oxotetra-, [19049-40-2], 3:4; 3:7-9
———, hexakis[μ-(benzoato-*O*:*O'*)]-μ_4-oxotetra-, *tetrahedro*, [12216-77-2], 3:7
———, hexakis[μ-(butanoato-*O*:*O'*)]-μ_4-oxotetra-, [56377-89-0], 3:7; 3:8
———, hexakis[μ-(2-chlorobenzoato-*O*:*O'*)]-μ_4-oxotetra-, [149165-75-3], 3:7
———, hexakis[μ-(2,2-dimethylpropanoato-*O*:*O'*)]-μ_4-oxotetra-, [56377-82-3], 3:7; 3:8
———, hexakis[μ-(formato-*O*:*O'*)]-μ_4-oxotetra-, [42556-30-9], 3:7,8
———, hexakis[μ-(3-methylbutanoato-*O*:*O'*)]-μ_4-oxotetra-, [56377-83-4], 3:7; 3:8
———, hexakis[μ-(2-methylpropanoato-*O*:*O'*)]-μ_4-oxotetra-, [56377-90-3], 3:7; 3:8
———, μ_4-oxohexakis[μ-(propanoato-*O*:*O'*)]tetra-, [36593-61-0], 3:7-9
———, tris[μ-(acetato-*O*:*O'*)]-μ_4-oxotris[μ-(propanoato-*O*:*O'*)]tetra-, [149165-74-2], 3:7,8
Beryllium chloride ($BeCl_2$), [7787-47-5], 5:22
Bicyclo[2.2.1]hepta-2,5-diene, palladium complex, [12317-46-3], 13:52
———, palladium complex, [42765-77-5], 13:53
———, platinum complex, [12152-26-0], 13:48
———, platinum complex, [53789-85-8], 13:51
———, platinum complex, [58356-22-2], 13:50
———, ruthenium complex, [12289-15-5], 26:251
———, ruthenium complex, [48107-17-1], 26:250
Bicyclo[2.2.1]heptane-7-methanesulfonic acid, 3-bromo-1,7-dimethyl-2-oxo-, ammonium salt, [1*R*-(*endo,anti*)]-, [14575-84-9], 26:24
Bicyclo[2.2.1]heptan-2-one, 3-bromo-1,7,7-trimethyl-3-nitro-, (1*R-endo*)-, [122921-54-4], 25:132
———, 1,7,7-trimethyl-3-nitro-, ion(1-), sodium, (1*R*)-, [122921-55-5], 25:133
Bicyclo[4.1.0]hepta-1,3,5-triene, [4646-69-9], 7:106
Bicyclo[2.2.1]hept-2-ene, platinum complex, [57158-98-2], 28:127
2,2'-Bi-1,3-dithiol-1-ium, (*SP*-4-1)-bis[2,3-dimercapto-2-butenedinitrilato(2-)-*S,S'*]platinate(2-) (1:1), [58784-67-1], 19:31
2,2'-Bipyridine, 1,1'-dioxide, cerium complex, [54204-15-8], 23:179
4,4'-Bipyridine, compd. with tantalum sulfide (TaS_2), [34340-81-3], 30:164
Bismuthate(1-), dithioxo-, sodium, [12506-14-8], 30:91
Bismuth calcium copper strontium thallium oxide ($(Bi,Tl)CaCu_2Sr_2O_7$), [158188-92-2], 30:204
Bismuth copper strontium thallium oxide ($Bi_{0.2-0.5}CuSr_2Tl_{0.5-0.8}O_5$), [138820-89-0], 30:204
Bismuth copper strontium thallium oxide ($Bi_{0.25}CuSr_2Tl_{0.75}O_5$), [138820-87-8], 30:205
Bismuth copper strontium thallium oxide ($Bi_{0.2}CuSr_2Tl_{0.8}O_5$), [132852-09-6], 30:205
Bismuth copper strontium thallium oxide ($Bi_{0.3}CuSr_2Tl_{0.7}O_5$), [134741-16-5], 30:205
Bismuth copper strontium thallium oxide ($Bi_{0.4}CuSr_2Tl_{0.6}O_5$), [134586-96-2], 30:205
Bismuth copper strontium thallium oxide ($Bi_{0.5}CuSr_2Tl_{0.5}O_5$), [132851-65-1], 30:205
Bismuthine, bromothioxo-, [14794-86-6], 14:172
———, dibromomethyl-, [60458-17-5], 7:85

———, iodothioxo-, [15060-32-9], 14:172
———, triiodo-, [7787-64-6], 4:114
———, triphenyl-, [603-33-8], 8:189
Bismuth titanium oxide ($Bi_4Ti_3O_{12}$), [12010-77-4], 14:144; 30:112
9-Borabicyclo[3.3.1]nonane, 9,9'-diselenobis-, [120789-32-4], 29:75
———, 9,9'-dithiobis-, [120885-90-7], 29:76
———, 9-mercapto-, [120885-91-8], 29:64
———, 9,9'-selenobis-, [116951-81-6], 29:71
———, 9-selenyl-, [120789-37-9], 29:73
———, 9,9'-thiobis-, [116928-43-9], 29:62
Boranamine, 1,1-diethyl-*N*,*N*-dimethyl-, [7397-47-9], 22:209
———, *N*,*N*-dimethyl-, [1838-13-7], 9:8
Borane, iron complex, [92055-44-2], 29:269
———, butyldichloro-, [14090-22-3], 10:126
———, chlorodiethoxy-, [20905-32-2], 5:30
———, chlorodiethyl-, [5314-83-0], 15:149
———, chlorodiphenyl-, [3677-81-4], 13:36; 15:149
———, dichloroethoxy-, [16339-28-9], 5:30
———, dichlorophenyl-, [873-51-8], 13:35; 15:152; 22:207
———, diethyl-1-propynyl-, [22405-32-9], 29:77
———, oxybis[diethyl-, [7318-84-5], 22:188
———, tribromo-, [10294-33-4], 3:27; 12:146
———, trichloro-, [10294-34-5], 10:121; 124
———, tri(chloro-^{36}Cl)-, [150124-32-6], 7:160
———, triethyl-, [97-94-9], 15:137,142,149
———, trifluoro-, [7637-07-2], 1:21
———, trimethyl-, [593-90-8], 27:339
———, triphenyl-, [960-71-4], 14:52; 15:134
Borane-^{10}B, dibromomethyl-, [90830-07-2], 22:223
———, tribromo-, [28098-24-0], 22:219
Boranediamine, *N*,*N*,*N'*,*N'*-tetramethyl-, [2386-98-3], 17:30
Boranetriamine, hexaethyl-, [867-97-0], 17:159
———, hexamethyl-, [4375-83-1], 10:135
———, *N*,*N'*,*N''*-trimethyl-*N*,*N'*,*N''*-triphenyl-, [10311-59-8], 17:162
———, *N*,*N'*,*N''*-tris(1-methylpropyl)-, [28049-72-1], 17:160
Borate(1-), (carboxylato)(*N*,*N*-dimethylmethanamine)dihydro-, hydrogen, (*T*-4)-, [60788-33-2], 25:81
Borate(1-), (cyano-*C*)trihydro-, (*T*-4)-, [33195-00-5], 15:72
———, rhodium complex, [36606-39-0], 15:72
Borate(1-), (cyano-*C*)trihydro-d_3-, sodium, (*T*-4)-, [25895-62-9], 21:167
Borate(1-), 1,5-cyclooctanediyldihydro-, lithium, (*T*-4)-, [76448-08-3], 22:199
———, potassium, (*T*-4)-, [76448-06-1], 22:200
———, sodium, (*T*-4)-, [76448-07-2], 22:200
Borate(1-), dihydrobis(1*H*-pyrazolato-N^1)-, nickel complex, [18131-13-0], 12:104
———, potassium, (*T*-4)-, [18583-59-0], 12:100
Borate(1-), μ-hydrohexahydrodi-, *N*,*N*,*N*-tributyl-1-butanaminium, [40001-25-0], 17:25
———, hydrotris(1-methylpropyl)-, potassium, (*T*-4)-, [54575-49-4], 17:26
Borate(1-), hydrotris(1*H*-pyrazolato-N^1)-, cobalt complex, [16842-05-0], 12:105
———, copper complex, [52374-64-8], 21:108
———, potassium, (*T*-4)-, [18583-60-3], 12:102

Borate(1-), tetraethyl-, [44772-63-6], 15:138
Borate(1-), tetrafluoro-, ammonium, [13826-83-0], 2:23
———, hydrogen, [16872-11-0], 1:25
———, iridium complex, [79470-05-6], 26:119; 28:25
———, iridium complex, [82474-47-3], 26:118; 28:24
———, iridium complex, [106062-66-2], 26:117; 28:23
———, molybdenum complex, [68868-78-0], 26:96; 28:5
———, molybdenum complex, [79197-56-1], 26:98; 28:7
———, potassium, [14075-53-7], 1:24
———, rhenium complex, [78670-75-4], 26:108; 28:15,17
———, silver(1+), [14104-20-2], 13:57
———, stereoisomer of carbonyl(η^5-2,4-cyclopentadien-1-yl)nitrosyl (triphenylphosphine)rhenium (1+), [82336-21-8], 29:219
———, tungsten complex, [68868-79-1], 26:96; 28:5
———, tungsten complex, [101163-07-9], 26:98; 28:7
Borate(1-), tetrahydro-, calcium (2:1), [17068-95-0], 17:17
———, iron complex, [91128-40-4], 29:273
———, nickel complex, [24899-12-5], 17:89
———, niobium complex, [37298-41-2], 16:109
———, palladium complex, [30916-06-4], 17:90
———, potassium, [13762-51-1], 7:34
———, titanium complex, [12772-20-2], 17:91
Borate(1-), tetrahydroxy-, thorium-tungsten complex, [83045-20-9], 23:189
Borate(1-), tetrakis(1*H*-pyrazolato-*N*^{1})-, copper complex, [55295-09-5], 21:110
———, manganese complex, [14728-59-7], 12:106
———, potassium, [14782-58-2], 12:103
Borate(1-), tetraphenyl-, hydrogen, compd. with *N,N*-dimethylmethanamine (1:1), [51016-92-3], 14:52
———, triethylhydro-, (*T*-4)-, [75338-98-6], 15:137
———, triethyl-1-propynyl-, sodium, (*T*-4)-, [14949-99-6], 15:139
Borate(1-), tris(3,5-dimethyl-1*H*-pyrazolato-*N*^{1})hydro-, copper complex, [52374-73-9], 21:109
———, molybdenum complex, [24899-04-5], 23:4
———, molybdenum complex, [60106-31-2], 23:7
———, molybdenum complex, [60106-46-9], 23:6
———, molybdenum complex, [70114-01-1], 23:8
Borate(2-), bis[μ-[(2,3-butanedione dioximato)(2-)-*O*:*O*']]tetrafluorodi-, cobalt complex, [53729-64-9], 11:68
———, dibutoxytris[μ-[(diphenylethanedione dioximato)(2-)-*O*:*O*']]di-, iron complex, [66060-50-2], 17:145
———, tris[μ-[(2,3-butanedione dioximato)(2-)-*O*:*O*']]dibutoxydi-, iron complex, [39060-39-4], 17:144
Borate(2-), tris[μ-[(2,3-butanedione dioximato)(2-)-*O*:*O*']]difluorodi-, cobalt complex, [34248-47-0], 17:140
———, iron complex, [39060-38-3], 17:142
Borate(2-), tris[μ-[(1,2-cyclohexanedione dioximato)(2-)-*O*:*O*']]difluorodi-, iron complex, [66060-48-8], 17:143
———, tris[μ-[(1,2-cyclohexanedione dioximato)(2-)-*O*:*O*']]dihydroxydi-, iron complex, [66060-49-9], 17:144
Borazine, [6569-51-3], 10:142
Borazine, 2,4,6-trichloro-, [933-18-6], 10:139; 13:41
———, 2,4,6-trichloro-$_1$,3,5-trimethyl-, [703-86-6], 13:43
———, 1,3,5-trimethyl-, [1004-35-9], 9:8
———, 2,4,6-trimethyl-, [5314-85-2], 9:8

Boric acid (H_3BO_3), aluminum strontium yttrium salt (6:1:6:1), [129265-37-8], 30:257
———, lanthanum(3+) magnesium strontium salt (6:2:1:5), [158188-97-7], 30:257
———, scandium(3+) strontium salt (3:1:3), [120525-55-5], 30:257
———, triethyl ester, [150-46-9], 5:29
Borinic acid, diethyl-, [4426-31-7], 22:193
———, methyl ester, [7397-46-8], 22:190
Boron, (acetonitrile)trichloro-, (*T*-4)-, [7305-15-9], 13:42
———, bis[μ-(2,2-dimethylpropanoato-*O*:*O*')]diethyl-μ-oxodi-, [52242-42-9], 22:196
———, bromo(*N*,*N*-dimethylmethanamine)dihydro-, (*T*-4)-, [5275-42-3], 12:118
———, chloro(*N*,*N*-dimethylmethanamine)dihydro-, (*T*-4)-, [5353-44-6], 12:117
———, (cyano-*C*)(*N*,*N*-dimethylmethanamine)dihydro-, (*T*-4)-, [30353-61-8], 19:233,234; 25:80
———, (cyano-*N*)(*N*,*N*-dimethylmethanamine)dihydro-, (*T*-4)-, [60045-36-5], 19:233,234
———, dibromo(*N*,*N*-dimethylmethanamine)hydro-, (*T*-4)-, [32805-31-5], 12:123
———, (*N*,*N*-diethylethanamine) trihydro-, (*T*-4)-, [1722-26-5], 12:109-115
———, (*N*,*N*-dimethylmethanamine) diethyl-1-propynyl-, (*T*-4)-, [22528-72-9], 29:77
———, (*N*,*N*-dimethylmethanamine) dihydroiodo-, (*T*-4)-, [25741-81-5], 12:120
———, (*N*,*N*-dimethylmethanamine) dihydro(methoxycarbonyl)-, (*T*-4)-, [91993-52-1], 25:84
———, (*N*,*N*-dimethylmethanamine) [(ethylamino)carbonyl]dihydro-, (*T*-4)-, [60788-35-4], 25:83
———, (*N*,*N*-dimethylmethanamine) trifluoro-, (*T*-4)-, [420-20-2], 5:26
———, (*N*,*N*-dimethylmethanamine) trihydro-, (*T*-4)-, [75-22-9], 9:8
———, (dimethylphenylphosphine) trihydro-, (*T*-4)-, [35512-87-9], 15:132
———, [μ-(1,2-ethanediamine-*N*:*N*')] hexahydrodi-, [15165-88-5], 12:109
———, (1,2-ethanediamine-*N*)trihydro-, (*T*-4)-, [127088-52-2], 12:109-115
———, [μ-(hydrazine-*N*:*N*')]hexahydrodi-, [13730-91-1], 9:13
———, (hydrazine-*N*)trihydro-, (*T*-4)-, [14931-40-9], 9:13
———, tetrahydrobis[μ-(1*H*-pyrazolato-N^1:N^2)]di-, [16998-91-7], 12:107
———, tribromo(*N*,*N*-dimethylmethanamine)-, (*T*-4)-, [1516-54-7], 12:141,142; 29:51
———, tribromo(*N*-methylmethanamine)-, (*T*-4)-, [54067-18-4], 15:125
———, trichloro(*N*,*N*-dimethylmethanamine)-, (*T*-4)-, [1516-55-8], 5:27
———, trifluoro[1,1,1-trimethyl-*N*,*N*-bis(trimethylsilyl)silanamine]-, (*T*-4)-, [149165-86-6], 8:18
———, trifluoro[1,1,1-trimethyl-*N*-(trimethylsilyl)silanamine]-, (*T*-4)-, [690-35-7], 5:58
———, trihydro(methyldiphenylphosphine)-, (*T*-4)-, [54067-17-3], 15:128
———, trihydro(*N*-methylmethanamine)-, (*T*-4)-, [74-94-2], 15:122
———, trihydro(morpholine-N^4)-, (*T*-4)-, [4856-95-5], 12:109-115
———, trihydro(tetrahydrofuran)-, (*T*-4)-, [14044-65-6], 12:109-115
———, trihydro[1,1'-thiobis[propane]]-, (*T*-4)-, [151183-12-9], 12:115
———, trihydro(triethylphosphine)-, (*T*-4)-, [1838-12-6], 12:109-115
———, trihydro(trimethylphosphine)-, (*T*-4)-, [1898-77-7], 12:135-136
———, trihydro(triphenylphosphine)-, (*T*-4)-, [2049-55-0], 12:109-115

Boron(1+), bis(2,4-pentanedionato-*O,O'*)-, (*T*-4)-, (*OC*-6-11)-hexachloroantimonate(1-), [18924-18-0], 12:130
———, (*T*-4)-, (hydrogen dichloride), [23336-07-4], 12:128
Boron(1+), diamminedihydro-, (*T*-4)-, tetrahydroborate(1-), [36425-60-2], 9:4
———, dihydrobis(trimethylphosphine)-, iodide, (*T*-4)-, [32842-92-5], 12:135
Boron(1+), (*N,N*-dimethylmethanamine) dihydro(4-methylpyridine)-, (*T*-4)-, hexafluorophosphate(1-), [17439-16-6], 12:134
———, iodide, (*T*-4)-, [22807-52-9], 12:132
Boron(2+), hydrotris(pyridine)-, (*T*-4)-, bis[hexafluorophosphate(1-)], [25447-31-8], 12:139
———, dibromide, (*T*-4)-, [25397-28-8], 12:139
Boron(3+), tetrakis(4-methylpyridine)-, tribromide, (*T*-4)-, [31279-95-5], 12:141
———, (*T*-4)-, tris[hexafluorophosphate (1-)], [27764-46-1], 12:143
Boronic acid, ethyl-, [4433-63-0], 24:83
Boron oxide (B_2O_3), [1303-86-2], 2:22
Boroxin, triethyl-, [3043-60-5], 24:85
Bromic acid, barium salt, monohydrate, [10326-26-8], 2:20
Bromimide, [14519-03-0], 1:62
Bromine(1+), bis(pyridine)-, nitrate, [53514-33-3], 7:172
———, perchlorate, [53514-32-2], 7:173
Bromine fluoride (BrF), [13863-59-7], 3:185
Bromine fluoride (BrF_3), [7787-71-5], 3:184; 12:232
Bromine fluoride (BrF_5), [7789-30-2], 3:185
Butanal, 3-oxo-, chromium complex, [14282-03-2], 8:144
———, chromium complex, [15710-84-6], 8:144
———, ion(1-), sodium, [926-59-0], 8:145
Butanamide, compd. with tantalum sulfide (TaS_2), [34294-09-2], 30:164
———, nickel complex, [82840-51-5], 26:206
1-Butanamine, compd. with tantalum sulfide (TaS_2), [34200-71-0], 30:164
1-Butanamine, *N,N*-dibutyl-, compd. with tantalum sulfide (TaS_2), [34340-99-3], 30:164
1-Butanaminium, *N,N,N*-tributyl-, bis[μ-[2,3-dimercapto-$_2$-butenedinitrilato(2-)-*S:S,S'*]]bis[2,3-dimercapto-2-butenedinitrilato(2-)-*S,S'*]diferrate(2-) (2:1), [20559-29-9], 13:193
———, (*SP*-4-1)-bis[2,3-dimercapto-2-butenedinitrilato(2-)-*S,S'*]cuprate(1-), [19453-80-6], 5:14
———, (*SP*-4-1)-bis[2,3-dimercapto-2-butenedinitrilato(2-)-*S,S'*]cuprate(2-) (2:1), [15077-49-3], 10:17
———, (*T*-4)-bis[2,3-dimercapto-2-butenedinitrilato(2-)-*S,S'*]zincate(2-) (2:1), [18958-61-7], 10:14
———, (*OC*-6-23)-(carbonothioyl) tetracarbonyliodotungstate(1-), [56031-00-6], 19:186
———, (η^5-2,4-cyclopentadien-1-yl)[μ_{12}-[orthosilicato(4-)-*O:O:O:O':O':O':O'':O'':O'':O''':O''':O'''*]]penta-μ-oxodi-μ_3-oxo(pentadeca-μ-oxononaoxononatungstate)(tri-μ-oxodioxotrivanadate) titanate(4-) (4:1), [92786-65-7], 27:132
———, dibromoaurate(1-), [50481-01-1], 29:47
———, dibromoiodate(1-), [15802-00-3], 29:44
———, di-μ-1,4-butanediyl-μ-hydrodihydrodiborate(1-), [42582-75-2], 19:243
———, dichloroiodate(1-), [54763-34-7], 5:172
———, diiodoaurate(1-), [50481-03-3], 29:47
———, dodeca-μ-oxo-μ_6-oxohexaoxohexamolybdate(2-) (2:1), [12390-22-6], 27:77

———, eicosa-μ-oxodi-μ_5-oxodecaoxodecatungstate(4-) (4:1), [68109-03-5], 27:81
———, fluorosulfate, [88504-81-8], 26:393
———, hexa-μ-carbonylhexacarbonylhexaplatinate(2-) (9*Pt-Pt*) (2:1), [72264-20-1], 26:316
———, hexafluoroarsenate(1-), [22505-56-2], 24:138
———, hexafluorophosphate(1-), [3109-63-5], 24:141
———, hexa-μ-oxohexa-μ_3-oxotetradecaoxooctamolybdate(4-) (4:1), [59054-50-1], 27:78
———, hydrogen bis[μ_{12}-[orthosilicato(4-)-*O*:*O*:*O*:*O*':*O*':*O*':*O*'':*O*'':*O*'':*O*''':*O*''':*O*''']] heneicosa-μ-oxo(triaconta-μ-oxooctadecaoxooctadecatungstate)hexaniobate (8-) (6:2:1), [92844-06-9], 29:240
———, hydrogen [μ_{12}-[orthosilicato(4-)-*O*:*O*:*O*:*O*':*O*':*O*':*O*'':*O*'':*O*'':*O*''':*O*''':*O*''']] nona-μ-oxotrioxo(pentadeca-μ-oxononaoxononatungstate)trivanadate(7-) (4:3:1), [124375-00-4], 27:131
———, hydrogen tetradeca-μ-oxotetra-μ_3-oxodi-μ_6-oxooctaoxodecavanadate(6-) (3:3:1), [12329-09-8], 27:83
———, μ-hydrohexahydrodiborate(1-), [40001-25-0], 17:25
———, octabromodirhenate(2-) (*Re-Re*) (2:1), [14049-60-6], 13:84
———, octachlorodirhenate(2-) (*Re-Re*) (2:1), [14023-10-0], 12:116; 13:84; 28:332
———, [μ_{11}-[orthosilicato(4-)-*O*:*O*:*O*:*O*':*O*':*O*':*O*'':*O*'':*O*'':*O*''':*O*''']]tetracosa-μ-oxododecaoxododecatungstate(4-) (4:1), [133470-43-6], 27:95
———, μ-oxohexaoxodimolybdate(2-) (2:1), [64444-05-9], 27:79
———, perchlorate, [1923-70-2], 24:135
———, salt with thioperoxynitrous acid ($HNS(S_2)$) thiono-sulfide (1:1), [51185-47-8], 18:203,205
———, salt with tungstic acid ($H_2W_6O_{19}$) (2:1), [12329-10-1], 27:80
———, sodium [μ_{12}-[orthosilicato(4-)-*O*:*O*:*O*:*O*':*O*':*O*':*O*'':*O*'':*O*'':*O*''':*O*''':*O*''']] hepta-μ-oxotri-μ_3-oxotrioxo [[(1,2,3,4,5-η)-1,2,3,4,5-pentamethyl-2,4-cyclopentadien-1-yl]rhodate] (tetradeca-μ-oxononaoxononatungstate)triniobate(5-) (3:2:1), [146109-99-1], 29:243
———, (*T*-4)-tetrabromogallate(1-), [34249-07-5], 22:139
———, (*T*-4)-tetrachlorogallate(1-), [38555-81-6], 22:139
———, tetrachloroiodate(1-), [15625-59-9], 5:176
———, (*SP*-5-21)-tetrachlorooxotechnetate(1-)-^{99}*Tc*, [92622-25-8], 21:160
———, tetrafluoroborate(1-), [429-42-5], 24:139
———, tetrahydroborate(1-), [33725-74-5], 17:23
———, tetrakis(benzenethiolato)tetra-μ_3-selenoxotetraferrate(2-) (2:1), [69347-38-2], 21:36
———, tetrakis(benzenethiolato)tetra-μ_3-thioxotetraferrate(2-) (2:1), [52586-83-1], 21:35
———, tetrakis(2-methyl-2-propanethiolato)tetra-μ_3-selenoxotetraferrate(2-) (2:1), [84159-21-7], 21:37
———, (*T*-4)-tetraoxorhenate(1-), [16385-59-4], 26:391
———, (tribromide), [38932-80-8], 5:177
———, (*SP*-4-2)-trichloro[thiobis [methane]]platinate(1-), [59474-86-1], 22:128
———, (triiodide), [13311-45-0], 5:172; 29:42
Butane, cobalt complex, [66416-06-6], 22:171
———, iridium complex, [66416-07-7], 22:174
———, palladium complex, [69503-12-4], 22:167
———, palladium complex, [75563-44-9], 22:168

Butane *(Continued)*
———, palladium complex, [75563-45-0], 22:169
———, palladium complex, [75949-87-0], 22:170
———, rhodium complex, [63162-06-1], 22:173
Butane, 1-isocyano-, rhodium complex, [61160-70-1], 21:49
———, rhodium complex, [61160-72-3], 21:50
Butanedioic acid, 2,3-dihydroxy- [*R*-(*R**,*R**)]-, antimony complex, [11071-15-1], 23:76-81
———, antimony complex, [12075-00-2], 6:95
———, barium salt (1:1), [5908-81-6], 6:184
———, calcium salt (1:1), [3164-34-9], 20:9
———, cobalt(2+) salt (1:1), [815-80-5], 6:187
1,3-Butanedione, 1-phenyl-, ion(1-), thallium(1+), [36366-81-1], 9:53
2,3-Butanedione, [431-03-8], 18:23
———, dihydrazone, [3457-52-1], 20:88
2,3-Butanedione, dioxime, boron-cobalt complex, [34248-47-0], 17:140
———, boron-cobalt complex, [53729-64-9], 11:68
———, boron-iron complex, [39060-38-3], 17:142
———, boron-iron complex, [39060-39-4], 17:144
———, cobalt complex, [23295-32-1], 11:62
———, cobalt complex, [23642-14-0], 11:65
———, cobalt complex, [25360-55-8], 11:66
———, cobalt complex, [25482-40-0], 11:67
———, cobalt complex, [25970-64-3], 11:65
———, cobalt complex, [25971-15-7], 11:65
———, cobalt complex, [29130-85-6], 11:68
———, cobalt complex, [3252-99-1], 11:64
———, cobalt complex, [36609-02-6], 11:68
———, cobalt complex, [37115-10-9], 11:64
———, cobalt complex, [51194-57-1], 20:130
———, cobalt complex, [79680-14-1], 20:128
Butanenitrile, titanium complex, [151183-13-0], 12:229
———, titanium complex, [151183-14-1], 12:229
———, zirconium complex, [151183-15-2], 12:228
1,1,4,4-Butanetetracarboxylic acid, 2,3-dioxo-, tetraethyl ester, cobalt complex, [125591-67-5], 29:277
———, tetraethyl ester, magnesium complex, [114446-10-5], 29:277
———, tetraethyl ester, manganese complex, [125568-26-5], 29:277
———, tetraethyl ester, nickel complex, [125591-68-6], 29:277
———, tetraethyl ester, zinc complex, [114466-56-7], 29:277
Butanoic acid, beryllium complex, [56377-89-0], 3:7; 3:8
———, molybdenum complex, [41772-56-9], 19:133
———, 2-ethyl-2-hydroxy-, chromium complex, [106208-16-6], 20:63
———, 2-ethyl-2-hydroxy-, chromium complex, [70132-29-5], 20:63
———, 3-methyl-, beryllium complex, [56377-83-4], 3:7; 3:8
Butanoic acid, 3-oxo-, ethyl ester, aluminum complex, [15306-17-9], 9:25
———, methyl ester, rhodium complex, [112784-15-3], 27:292
1-Butanol, sodium salt, [2372-45-4], 1:88
———, 4-(ethylphenylphosphino)-, [54807-90-8], 18:189,190

1-Butanone, 1-phenyl-3-(phenylimino)-, copper complex, [14482-83-8], 8:2
2-Butene, cobalt-molybdenum-ruthenium complex, [126329-01-9], 27:194
———, cobalt-ruthenium complex, [98419-59-1], 27:194
2-Butene, 4-chloro-, palladium complex, [12193-13-4], 11:216
———, 2,3-dimethyl-, rhodium complex, [69997-66-6], 19:219
2-Butenedinitrile, nickel complex, (*E*)-, [32612-10-5], 17:122
2-Butenedinitrile, 2,3-dimercapto-, [20654-67-5], 19:31
———, chromium complex, (*Z*)-, [21559-23-9], 10:9
———, chromium complex, (*Z*)-, [47383-08-4], 10:9
———, chromium complex, (*Z*)-, [47383-09-5], 10:9
———, cobalt complex, (*Z*)-, [40706-01-2], 10:14; 10:17
———, cobalt complex, (*Z*)-, [46760-70-7], 10:14; 10:17
———, copper complex, (*Z*)-, [15077-49-3], 10:14
———, copper complex, (*Z*)-, [19453-80-6], 10:17
———, copper complex, (*Z*)-, [55538-55-1], 19:31
———, disodium salt, (*Z*)-, [5466-54-6], 10:11; 13:188
———, gold complex, (*Z*)-, [14896-06-1], 10:9
———, iron complex, (*Z*)-, [14874-43-2], 10:9
———, nickel complex, (*Z*)-, [14876-79-0], 10:13,15,16
———, nickel complex, (*Z*)-, [46761-25-5], 10:13,15,16
———, nickel complex, (*Z*)-, [55520-22-4], 19:31
———, palladium complex, (*Z*)-, [19555-33-0], 10:14,16
———, palladium complex, (*Z*)-, [19570-29-7], 10:14,16
———, platinum complex, (*Z*)-, [14977-45-8], 10:14,16
———, platinum complex, (*Z*)-, [15152-99-5], 10:14,16
———, platinum complex, (*Z*)-, [55520-23-5], 19:31
———, platinum complex, (*Z*)-, [55520-24-6], 19:31
———, platinum complex, (*Z*)-, [58784-67-1], 19:31
———, rhodium complex, (*Z*)-, [46761-36-8], 10:9
———, vanadium complex, (*Z*)-, [20589-26-8], 10:9
———, vanadium complex, (*Z*)-, [20589-29-1], 10:9
———, vanadium complex, (*Z*)-, [47383-42-6], 10:9
———, zinc complex, (*Z*)-, [18958-61-7], 10:14
2-Butenedioic acid, (dimethylphosphinothioyl)-, dimethyl ester, manganese complex, [78857-08-6], 26:163
2-Butene-2,3-dithiol, nickel complex, (*Z*)-, [20004-27-7], 10:9
———, nickel complex, (*Z*)-, [21283-60-3], 10:9
———, nickel complex, (*Z*)-, [38951-94-9], 10:9
———, platinum complex, (*Z*)-, [14263-04-8], 10:9
———, platinum complex, (*Z*)-, [60764-38-7], 10:9
2-Butene-2,3-dithiol, 1,1,1,4,4,4-hexafluoro-, chromium complex, (*Z*)-, [47784-48-5], 10:23,24,25
———, chromium complex, (*Z*)-, [47784-50-9], 10:23,24,25
———, cobalt complex, (*Z*)-, [14879-13-1], 10:9
———, cobalt complex, (*Z*)-, [47450-97-5], 10:9
———, iron complex, (*Z*)-, [47421-85-2], 10:9
———, molybdenum complex, (*Z*)-, [1494-07-1], 10:22-24

———, molybdenum complex, (*Z*)-, [18958-54-8], 10:24
———, molybdenum complex, (*Z*)-, [20941-70-2], 10:23
———, molybdenum complex, (*Z*)-, [47784-51-0], 10:22-24
———, molybdenum complex, (*Z*)-, [47784-53-2], 10:22-24
———, nickel complex, (*Z*)-, [16674-52-5], 10:18-20
———, nickel complex, (*Z*)-, [18820-78-5], 10:18-20
———, nickel complex, (*Z*)-, [50762-68-0], 10:18-20
———, palladium complex, (*Z*)-, [19280-17-2], 10:9
———, palladium complex, (*Z*)-, [19555-34-1], 10:9
———, palladium complex, (*Z*)-, [19570-30-0], 10:9
———, platinum complex, (*Z*)-, [19280-18-3], 10:9
———, platinum complex, (*Z*)-, [19555-35-2], 10:9
———, platinum complex, (*Z*)-, [19570-31-1], 10:9
———, tungsten complex, [19998-42-6], 10:20
———, tungsten complex, (*Z*)-, [47784-60-1], 10:23-25
———, tungsten complex, (*Z*)-, [47784-61-2], 10:23-25
———, vanadium complex, (*Z*)-, [47784-55-4], 10:24,25
———, vanadium complex, (*Z*)-, [47784-56-5], 10:24,25
3-Buten-2-one, 4-phenyl-, iron complex, [38333-35-6], 16:104; 28:52
———, 1,1,1-trifluoro-4-mercapto-4-(2-thienyl)-, [4552-64-1], 16:206
1-Butyne, mercury-ruthenium complex, [74870-35-2], 26:330
1-Butyne, 3,3-dimethyl-, mercury-molybdenum-ruthenium complex, [84802-27-7], 26:333
———, mercury-ruthenium complex, [74870-34-1], 26:332
———, mercury-ruthenium complex, [84802-26-6], 26:333
———, ruthenium complex, [76861-93-3], 26:329
2-Butyne-1,4-diol, diacetate, [1573-17-7], 11:20

Cadmium, bis(pyridine)bis(trifluoromethyl)-, (*T*-4)-, [78274-34-7], 24:57
———, bis(tetrahydrofuran)bis(trifluoromethyl)-, (*T*-4)-, [78274-33-6], 24:57
———, ethyliodo-, [17068-35-8], 19:78
———, (1,2-dimethoxyethane-*O,O'*)bis(trifluoromethyl)-, (*T*-4)-, [76256-47-8], 24:55
Cadmium(1+), aqua(7,11:20,24-dinitrilodibenzo[*b,m*][1,4,12,15]tetraazacyclodocosine-$N^5,N^{13},N^{18},N^{26},N^{27},N^{28}$)(perchlorato-*O*)-, (*HB*-8-12-33'4'3'34)-, perchlorate, [73202-81-0], 23:175
Cadmium chloride ($CdCl_2$), [10108-64-2], 5:154; 7:168; 28:322
Cadmium chromium selenide ($CdCr_2Se_4$), [12139-08-1], 14:155
Cadmium gallium sulfide ($CdGa_2S_4$), [12139-13-8], 11:5
Cadmium rhenium oxide ($Cd_2Re_2O_7$), [12139-31-0], 14:146
Cadmium selenide (CdSe), [1306-24-7], 22:82
Cadmium selenide telluride ($CdSe_{0.65}Te_{0.35}$), [106390-40-3], 22:81
Cadmium selenide telluride (Cd(Se,Te)), [106769-84-0], 22:84
Calcium chloride ($CaCl_2$), [10043-52-4], 6:20
Calcium copper lanthanum strontium oxide ($CaCu_2La_{1.6}Sr_{0.4}O_6$), [129161-55-3], 30:197
Calcium copper lead strontium yttrium oxide ($Ca_{0.5}Cu_3Pb_2Sr_2Y_{0.5}O_8$), [118557-22-5], 30:197

Calcium fluoride (CaF_2), [7789-75-5], 4:137
Calcium hydroxide phosphate ($Ca_5(OH)(PO_4)_3$), [12167-74-7], 6:16; 7:63
Calcium manganese oxide ($Ca_2Mn_3O_8$), [65099-59-4], 22:73
Carbamic acid, monoammonium salt, [1111-78-0], 2:85
Carbamic acid, (aminocarbonyl)-, ethyl ester, [626-36-8], 5:49,52
———, methyl ester, [761-89-7], 5:49,52
Carbamic acid, nitro-, dipotassium salt, [86634-83-5], 1:68,70
———, ethyl ester, [626-37-9], 1:69
———, ethyl ester, ammonium salt, [62258-40-6], 1:69
Carbamic azide, (aminocarbonyl)-, [149165-64-0], 5:51
Carbamic fluoride, difluoro-, [2368-32-3], 12:300
Carbamodiselenoic acid, diethyl-, nickel complex, [67994-91-6], 21:9
———, palladium complex, [76136-20-4], 21:10
———, platinum complex, [68011-59-6], 21:10
———, platinum complex, [68252-95-9], 21:10,20:10
Carbamodiselenoic acid, dimethyl-, 1-methyl-2-oxopropyl ester, [76371-67-0], 24:132
Carbamodithioic acid, monoammonium salt, [513-74-6], 3:48
———, dimethyl-, cobalt complex, [36434-42-1], 16:7
Carbamothioic azide, phenyl-, [120613-66-3], 6:45
Carbaundecaborate(3-), undecahydro-, [54183-26-5], 11:40,41
7-Carbaundecaborane(12), 7-ammine-, [12373-10-3], 11:33
———, 7-(*N,N*-dimethylmethanamine)-, [31117-16-5], 11:35
———, 7-(*N,N*-dimethyl-1-propanamine)-, [150384-20-6], 11:37
———, 7-(1-propanamine)-, [150384-21-7], 11:36
7-Carbaundecaborate(1-), tridecahydro-, [66292-75-9], 11:39
7-Carbaundecaborate(2-), 7-amido-1,2,3,4,5,6,8,9,10,11-decahydro-, nickel complex, [65378-48-5], 11:44
———, 1,2,3,4,5,6,8,9,10,11-decahydro-7-(*N*-methylmethanaminato)-, nickel complex, [65504-42-9], 11:45
7-Carbaundecaborate(2-), undecahydro-, cobalt complex, [65391-99-3], 11:42
———, iron complex, [65392-01-0], 11:42
———, nickel complex, [65404-75-3], 11:42
7-Carbaundecaborate(3-), decahydro-7-hydroxy-, nickel complex, [51151-70-3], 11:44
Carbonazidodithioic acid, [4472-06-4], 1:81
Carbonazidodithioic acid, sodium salt, [38093-88-8], 1:82
Carbon dioxide, [124-38-9], 5:44; 6:157; 7:40; 7:41
———, iridium complex, [62793-14-0], 21:100
———, iron complex, [63835-24-5], 20:73
Carbon disulfide, [75-15-0], 11:187
Carbonic acid, beryllium complex, [12105-78-1], 8:9
———, beryllium complex, [12128-08-4], 8:6
———, beryllium complex, [12192-43-7], 8:6
———, beryllium complex, [14875-90-2], 8:9
———, beryllium salt, basic, [1319-43-3], 3:10
———, calcium salt (1:1), [471-34-1], 2:49
———, cobalt complex, [103621-42-7], 23:107,112
———, cobalt complex, [15040-52-5], 6:173

Carbonic acid *(Continued)*
———, cobalt complex, [15684-40-9], 8:202
———, cobalt complex, [54992-64-2], 23:64
———, cobalt complex, [65521-08-6], 23:63
———, cobalt complex, [65774-51-8], 17:152
———, cobalt complex, [65795-20-2], 17:152
———, cobalt complex, [99083-95-1], 18:104
———, cobalt(2+) salt (1:1), [513-79-1], 6:189
———, compd. with hydrazinecarboximidamide (1:1), [2582-30-1], 3:45
———, dilithium salt, [554-13-2], 1:1; 5:3
———, disilver(1+) salt, [534-16-7], 5:19
———, disodium salt, [497-19-8], 5:159
———, europium(2+) salt (1:1), [5772-74-7], 2:71
———, monoanhydride with formic acid, iridium complex, [59390-94-2], 21:102
———, platinum complex, [17030-86-3], 18:120
———, rhodium complex, [151120-26-2], 17:152
Carbonic diazide, [14435-92-8], 4:35
Carbonic difluoride, [353-50-4], 6:155; 8:165
Carbonic dihydrazide, [497-18-7], 4:32
———, 2-(aminocarbonyl)-, [4381-07-1], 4:36
———, 2,2'-bis(aminocarbonyl)-, [4468-90-0], 4:38
Carbon monoxide, [630-08-0], 2:81; 6:157
Carbonocyanidodithioic acid, sodium salt, compd. with *N*,*N*-dimethylformamide (1:3), [35585-70-7], 10:12
Carbonodithioic acid, [4741-30-4], 27:287
Carbonodithioic acid, *O*-butyl ester, cobalt complex, [61160-29-0], 10:47
Carbonodithioic acid, *O*-ethyl ester, antimony complex, [21757-53-9], 10:45
———, arsenic complex, [31386-55-7], 10:45
———, chromium complex, [15276-08-1], 10:42
———, cobalt complex, [14916-47-3], 10:45
———, indium complex, [21630-86-4], 10:44
———, tellurium complex, [100654-35-1], 4:93
Carbonodithioic acid, *O*-methyl ester, chromium complex, [34803-25-3], 10:44
———, cobalt complex, [17632-87-0], 10:47
———, tellurium complex, [41756-91-6], 4:93
Carbonodithioic acid, *O*-(2-methylpropyl) ester, chromium complex, [68026-09-5], 10:44
———, cobalt complex, [68026-11-9], 10:47
Carbonodithioic acid, rhodium complex, [100044-11-9], 27:289
———, rhodium complex, [99955-64-3], 27:287
Carbonotrithioic acid, monoethyl ester, chromium complex, [31316-05-9], 10:44
———, cobalt complex, [15277-79-9], 10:47
Carbonotrithioic acid, monomethyl ester, chromium complex, [68387-58-6], 10:44
———, cobalt complex, [35785-06-9], 10:47
Carbon selenide (CSe_2), [506-80-9], 21:6,7
Cerate(2-), hexabromo-, (*OC*-6-11)-, [44433-23-0], 15:231
———, hexachloro-, (*OC*-6-11)-, [35644-17-8], 15:227
Cerium, bis(2,4-pentanedionato-*O*,*O*')[5,10,15,20-tetraphenyl-21*H*,23*H*-porphinato(2-)-N^{21},N^{22},N^{23},N^{24}]-, [89768-97-8], 22:160

———, (1,4,7,10,13,16-hexaoxacyclo-octadecane-$O^1,O^4,O^7,O^{10},O^{13},O^{16}$) tris(nitrato-*O,O'*)-, [67216-31-3], 23:153
———, tetrachlorobis(triphenylphosphine oxide)-, [33989-88-7], 23:178
———, tetrakis[(1,2,3,4,5-η)-1,3-bis (trimethylsilyl)-2,4-cyclopentadien-1-yl]di-μ-chlorodi-, [81507-55-3], 27:171
———, tetrakis(nitrato-*O*)bis(triphenyl-phosphine oxide-*O*)-, [99300-97-7], 23:178
———, tetrakis(2,4-pentanedionato-*O,O'*)-, (*SA*-8-11''11''1'1'''1'1''')-, [65137-04-4], 12:77
———, tetrakis(1,1,1-trifluoro-2,4-pentanedionato-*O,O'*)-, [18078-37-0], 12:77,79
———, tetrakis(2,2,7-trimethyl-3,5-octanedionato-*O,O'*)-, [77649-30-0], 23:147
———, tris(nitrato-*O,O'*)(1,4,7,10,13-pentaoxacyclopentadecane-$O^1,O^4,O^7,O^{10},O^{13}$)-, [67216-25-5], 23:151
———, tris(nitrato-*O*)(1,4,7,10-tetraoxa-cyclododecane-O^1,O^4,O^7,O^{10})-, [73297-41-3], 23:151
Cerium(1+), (1,4,7,10,13,16-hexaoxacyclooctadecane-$O^1,O^4,O^7,O^{10},O^{13},O^{16}$)bis(nitrato-*O,O'*)-, hexakis(nitrato-*O,O'*)cerate(3-) (3:1), [99352-24-6], 23:155
Cerium(3+), hexakis(*P,P*-diphenylphosphinic amide-*O*)-, (*OC*-6-11)-, tris [hexafluorophosphate(1-)], [59449-51-3], 23:180
Cerium(4+), tetrakis(2,2'-bipyridine 1,1'-dioxide-*O,O'*)-, tetranitrate, [54204-15-8], 23:179
Cerium chloride ($CeCl_3$), [7790-86-5], 22:39
Cerium hydride (CeH_2), [13569-50-1], 14:184
Cerium iodide (CeI_2), [19139-47-0], 30:19
Cerium sulfide (Ce_2S_3), [12014-93-6], 14:154
Cesium azide ($Cs(N_3)$), [22750-57-8], 1:79
Cesium hydroxide (Cs(OH)), compd. with tantalum sulfide (TaS_2), [34340-85-7], 30:164
Cesium iodide ($Cs(I_3)$), [12297-72-2], 5:172
Cesium molybdenum sulfide ($CsMo_2S_4$), [122493-98-5], 30:167
Cesium titanium sulfide ($Cs_{0.6}TiS_2$), [158188-80-8], 30:167
Chloramide, [10599-90-3], 1:59:5:92
Chloric acid, [7790-93-4], 5:161; 5:164
———, silver(1+) salt, [7783-92-8], 2:4
———, sodium salt, [7775-09-9], 5:159
Chlorine fluoride (ClF), [7790-89-8], 24:1,2
Chlorine fluoride (ClF_5), [13637-63-3], 29:7
Chlorine fluorosulfate ($Cl(SFO_3)$), [13997-90-5], 24:6
Chlorine oxide (Cl_2O), [7791-21-1], 5:156; 5:158
Chlorine oxide (ClO_2), [10049-04-4], 4:152; 8:265
Chlorosulfuric acid, [7790-94-5], 4:52
Chlorosulfuric acid, 2-chloroethyl ester, [13891-58-2], 4:85
Chlorothiodithiazyl chloride ($(ClS_3N_2)Cl$), [12051-16-0], 9:103
Chlorous acid, sodium salt, [7758-19-2], 4:152; 4:156
Chloryl fluoride, [13637-83-7], 24:3
Chromate(1-), aquabis[2-ethyl-2-hydroxybutanoato(2-)-O^1,O^2]oxo-, sodium, [106208-16-6], 20:63
———, bis[2-ethyl-2-hydroxybutanoato (2-)-O^1,O^2]oxo-, sodium, [70132-29-5], 20:63
———, chlorotrioxo-, potassium, (*T*-4)-, [16037-50-6], 2:208
———, decacarbonyl-μ-hydrodi-, potassium, [61453-56-3], 23:27
Chromate(1-), diaquabis[ethanedioato(2-)-*O,O'*]-, potassium, dihydrate, (*OC*-6-21)-, [16483-17-3], 17:148

Chromate(1-) *(Continued)*
———, potassium, trihydrate, (*OC*-6-11)-, [22289-32-3], 17:149
Chromate(1-), diaquabis[propanedioato (2-)-*O,O'*]-, potassium, trihydrate, (*OC*-6-21)-, [61116-57-2], 16:81
———, fluorotrioxo-, (*T*-4)-, hydrogen, compd. with pyridine (1:1), [83042-08-4], 27:310
———, tricarbonyl(η^5-2,4-cyclopentadien-1-yl)-, sodium, [12203-12-2], 7:104
———, tris[2,3-dimercapto-2-butenedinitrilato(2-)-*S,S'*]-, (*OC*-6-11)-, [21559-23-9], 10:9
———, tris[1,2-diphenyl-1,2-ethenedithiolato(2-)-*S,S'*]-, (*OC*-6-11)-, [149165-85-5], 10:9
———, tris[1,1,1,4,4,4-hexafluoro-2-butene-2,3-dithiolato(2-)-*S,S'*]-, (*OC*-6-11)-, [47784-50-9], 10:23,24,25
Chromate(2-), di-μ-carbonyloctacarbonyldi-, (*Cr-Cr*), [19495-14-8], 15:88
Chromate(2-), tetrachloro-, (*T*-4)-, dihydrogen, compd. with ethanamine (1:2), [62212-04-8], 24:188
———, (*T*-4)-, dihydrogen, compd. with methanamine (1:2), [62212-03-7], 24:188
Chromate(2-), tris[2,3-dimercapto-2-butenedinitrilato(2-)-*S,S'*]-, (*OC*-6-11)-, [47383-09-5], 10:9
———, tris[1,2-diphenyl-1,2-ethenedithiolato(2-)-*S,S'*]-, (*OC*-6-11)-, [149165-84-4], 10:9
———, tris[1,1,1,4,4,4-hexafluoro-2-butene-2,3-dithiolato(2-)-*S,S'*]-, (*OC*-6-11)-, [47784-48-5], 10:23,24,25
Chromate(3-), hexakis(cyano-*C*)-, tripotassium, (*OC*-6-11)-, [13601-11-1], 2:203
———, pentakis(cyano-*C*)nitrosyl-, tripotassium, (*OC*-6-22)-, [14100-08-4], 23:184
Chromate(3-), tri-μ-bromohexabromodi-, tricesium, [24354-98-1], 26:379
———, trirubidium, [104647-27-0], 26:379
Chromate(3-), tri-μ-chlorohexachlorodi-, tricesium, [21007-54-5], 26:379
———, tris[2,3-dimercapto-2-butenedinitrilato(2-)-*S,S'*]-, (*OC*-6-11)-, [47383-08-4], 10:9
Chromate(3-), tris[ethanedioato(2-)-*O,O'*]-, (*OC*-6-11)-, [15054-01-0], 25:139
———, tripotassium, dihydrate, (*OC*-6-11-Λ)-, [19413-85-5], 25:141
———, tripotassium, monohydrate, (*OC*-6-11-Δ)-, [152693-30-6], 25:141
———, tripotassium, trihydrate, (*OC*-6-11)-, [15275-09-9], 1:37; 19:127
Chromate(3-), tris[propanedioato(2-)-*O,O'*]-, tripotassium, trihydrate, (*OC*-6-11)-, [70366-25-5], 16:80
Chromate (CrO_2^{1-}), lithium, [12017-96-8], 20:50
———, potassium, [11073-34-0], 22:59; 30:152
Chromic acid (H_2CrO_4), chromium(3+) salt (3:2), [24613-89-6], 2:192
Chromium, aquabis(dioctylphosphinato-*O*) hydroxy-, homopolymer, [29498-83-7], 16:90
———, aquabis(dioctylphosphinato-*O,O'*)hydroxy-, homopolymer, [26893-97-0], 16:90
———, aquabis(diphenylphosphinato-*O*)-hydroxy-, homopolymer, [28679-50-7], 12:258; 16:90
———, aquahydroxybis(methylphenylphosphinato-*O,O'*)-, homopolymer, [26893-96-9], 16:90
———, (η^6-benzene)(carbonoselenoyl)-dicarbonyl-, [63356-85-4], 21:1,2
———, (η^6-benzene)tricarbonyl-, [12082-08-5], 19:157; 28:139
———, (benzoyl isocyanide)dicarbonyl-[(1,2,3,4,5,6-η)-methyl benzoate]-, [67359-46-0], 26:32

———, (2,2'-bipyridine-*N*,*N'*)nitrosylbis-(thiocyanato-*N*)-, [80557-37-5], 23:183
———, bis(acetonitrile)dichloro-, [15281-36-4], 10:31
———, bis[(1,2,3,4,5,6-η)-1,3-bis(trifluoromethyl)benzene]-, [53966-05-5], 19:70
———, bis(η^5-2,4-cyclopentadien-1-yl) di-μ-nitrosyldinitrosyldi-, [36607-01-9], 19:211
———, [*N*,*N'*-bis(1,1-dimethylethyl) thiourea-*S*]pentacarbonyl-, (*OC*-6-22)-, [69244-61-7], 23:3
———, bis(dioctylphosphinato-*O*)-hydroxy-, homopolymer, [59946-34-8], 16:91
———, bis(dioctylphosphinato-*O*,*O'*)-hydroxy-, homopolymer, [35226-87-0], 16:91
———, bis(diphenylphosphinato-*O*)-hydroxy-, homopolymer, [60097-26-9], 16:91
———, bis(diphenylphosphinato-*O*,*O'*)-hydroxy-, homopolymer, [34133-95-4], 16:91
———, [*N*,*N'*-bis(4-methylphenyl)-thiourea-*S*]pentacarbonyl-, (*OC*-6-22)-, [69244-62-8], 23:3
———, bis(3-methylpyridine)trioxo-, [149165-81-1], 4:95
———, bis(4-methylpyridine)trioxo-, [149165-82-2], 4:95
———, bis(nitrato-*O*)dioxo-, (*T*-4)-, [16017-38-2], 9:83
———, bis(2,4-pentanedionato-*O*,*O'*)-, (*SP*-4-1)-, [14024-50-1], 8:125; 8:130
———, (carbonoselenoyl)pentacarbonyl-, (*OC*-6-22)-, [63356-87-6], 21:1,4
Chromium, (carbonothioyl)carbonyl [(1,2,3,4,5,6-η)-methyl 3-methylbenzoate](triphenyl phosphite-*P*)-, stereoisomer, [70112-63-9], 19:202
———, stereoisomer, [70144-74-0], 19:202
Chromium, (carbonothioyl)dicarbonyl [(1,2,3,4,5,6-η)-1,2-dimethylbenzene]-, [70112-66-2], 19:197,198
———, (carbonothioyl)dicarbonyl-[(1,2,3,4,5,6-η)-methyl benzoate]-, [52140-27-9], 19:200
Chromium, (carbonothioyl)dicarbonyl-[(1,2,3,4,5,6-η)-methyl 3-methylbenzoate]-, [70144-76-2], 19:201
———, stereoisomer, [70112-62-8], 19:201
Chromium, chloro(η^5-2,4-cyclopentadien-1-yl)dinitrosyl-, [12071-51-1], 18:129
———, (η^5-2,4-cyclopentadien-1-yl)(2-methylpropyl)dinitrosyl-, [57034-51-2], 19:209
———, dibromobis(pyridine)-, [18737-60-5], 10:32
———, dicarbonyl(η^5-2,4-cyclopentadien-1-yl)nitrosyl-, [36312-04-6], 18:127; 28:196
———, dicarbonyl(η^5-2,4-cyclopentadien-1-yl)[(2,3-η)-1*H*-triphosphirenato-P^1]-, [126183-04-8], 29:247
———, dichlorobis(pyridine)-, [14320-05-9], 10:32
———, dichlorodioxo-, (*T*-4)-, [14977-61-8], 2:205
———, difluorodioxo-, (*T*-4)-, [7788-96-7], 24:67
———, diiodotetrakis(pyridine)-, [14515-54-9], 10:32
———, [μ-(disulfur-*S*:*S*)][μ-(disulfur-*S*,*S'*:*S*,*S'*)]bis[(1,2,3,4,5-η)-1,2,3,4,5-pentamethyl-2,4-cyclopentadien-1-yl]-μ-thioxodi-, (*Cr-Cr*), [80765-35-1], 27:69
———, hexacarbonylbis(η^5-2,4-cyclopentadien-1-yl)di-, (*Cr-Cr*), [12194-12-6], 7:104; 7:139; 28:148
———, hexacarbonylbis(η^5-2,4-cyclopentadien-1-yl)(mercury)di-, (2*Cr-Hg*), [12194-11-5], 7:104
———, hydroxybis(methylphenylphosphinato-*O*,*O'*)-, homopolymer, [34521-01-2], 16:91

Chromium *(Continued)*
———, nitrosyl(1,10-phenanthroline-N^1,N^{10})bis(thiocyanato-*N*)-, [80557-38-6], 23:185
———, pentacarbonylbis(η^5-2,4-cyclopentadien-1-yl)[μ-(disulfur-*S*:*S*,*S*')]di-, [89401-43-4], 29:252
———, pentacarbonyl[(diethylamino) ethoxymethylene]-, (*OC*-6-21)-, [28471-37-6], 19:168
———, pentacarbonyl(dihydro-2(3*H*)-furanylidene)-, (*OC*-6-21)-, [54040-15-2], 19:178,179
———, pentacarbonyl(2-isocyano-2-methylpropane)-, (*OC*-6-21)-, [37017-55-3], 28:143
———, pentacarbonyl(isocyanophenyl-methanone)-, (*OC*-6-21)-, [15365-59-0], 26:34,35
———, pentacarbonyl(1-methoxyethylidene)-, (*OC*-6-21)-, [20540-69-6], 17:96
———, pentacarbonyl[1-(phenylthio) ethylidene]-, (*OC*-6-22)-, [23626-10-0], 17:98
———, pentacarbonyl(tetramethyl-thiourea-*S*)-, (*OC*-6-22)-, [76829-58-8], 23:2
———, pentacarbonyl(thiourea-*S*)-, (*OC*-6-22)-, [69244-58-2], 23:2
———, tetraaquabis(1,2-benzisothiazol-3(2*H*)-one 1,1-dioxidato-N^2)-, dihydrate, (*OC*-6-11)-, [92763-66-1], 27:309
———, tetracarbonylbis(η^5-2,4-cyclopentadien-1-yl)[μ-(diphosphorus-*P*,*P*':*P*,*P*')]-di-, (*Cr*-*Cr*), [125396-01-2], 29:247
———, tetracarbonylbis(η^5-2,4-cyclopentadien-1-yl)-μ-thioxodi-, [71549-26-3], 29:251
———, tetracarbonylbis(2-isocyano-2-methylpropane)-, (*OC*-6-22)-, [37017-56-4], 28:143
———, tetracarbonyl(tributylphosphine) (triphenylarsine)-, (*OC*-6-23)-, [82613-95-4], 23:38
———, tetracarbonyl(tributylphosphine) (triphenylphosphine)-, (*OC*-6-23)-, [17652-69-6], 23:38
———, tetracarbonyl(tributylphosphine) (triphenyl phosphite-*P*)-, (*OC*-6-23)-, [17652-71-0], 23:38
———, tetracarbonyl(trimethyl phosphite-*P*)(triphenylarsine)-, (*OC*-6-23)-, [82659-77-6], 23:38
———, tetracarbonyl(trimethyl phosphite-*P*)(triphenylphosphine)-, (*OC*-6-23)-, [82613-92-1], 23:38
———, tetracarbonyl(trimethyl phosphite-*P*)(triphenyl phosphite-*P*)-, (*OC*-6-23)-, [82613-94-3], 23:38
———, tetracarbonyl(triphenylarsine) (triphenyl phosphite-*P*)-, (*OC*-6-23)-, [82613-91-0], 23:38
———, tetracarbonyl(triphenylphosphine) (triphenyl phosphite-*P*)-, (*OC*-6-23)-, [82613-90-9], 23:38
———, tetrakis[μ-(acetato-*O*:*O*')]di-, (*Cr*-*Cr*), dihydrate, [92141-39-4], 8:129
———, triamminediperoxy-, (*PB*-7-22-111'1'2)-, [17168-85-3], 8:132
———, tricarbonyl(η^6-chlorobenzene)-, [12082-03-0], 19:157; 28:139
———, tricarbonyl(η^5-2,4-cyclopentadien-1-yl)hydro-, [36495-37-1], 7:136
———, tricarbonyl(η^5-2,4-cyclopentadien-1-yl)silyl-, [32732-02-8], 17:104
———, tricarbonyl[(1,2,3,4,5,6-η)-*N*,*N*-dimethylbenzenamine]-, [12109-10-3], 19:157; 28:139
———, tricarbonyl(η^6-fluorobenzene)-, [12082-05-2], 19:157; 28:139
———, tricarbonyl[(1,2,3,4,5,6-η)-methoxybenzene]-, [12116-44-8], 19:155; 28:137
———, tricarbonyl[(1,2,3,4,5,6-η)-methyl benzoate]-, [12125-87-0], 19:157; 28:139
———, tricarbonyl[oxo[(1-phenylethyl) amino]acetic acid [[(1,2,3,4,5,6-η)-2,3-dimethoxyphenyl]methylene] hydrazide]-, [71250-02-7], 23:88

———, tricarbonyl[oxo[(1-phenylethyl) amino]acetic acid [[(1,2,3,4,5,6-η)-3,4-dimethoxyphenyl]methylene] hydrazide]-, [71250-03-8], 23:88
———, tricarbonyl[oxo[(1-phenylethyl) amino]acetic acid [[(1,2,3,4,5,6-η)-2-methoxyphenyl]methylene]hydrazide]-, [71250-01-6], 23:88
———, tricarbonyl[oxo[(1-phenylethyl) amino]acetic acid [[(1,2,3,4,5,6-η)-2-methylphenyl]methylene]hydrazide]-, [71243-08-8], 23:87
———, tricarbonyltris(2-isocyano-2-methylpropane)-, (*OC*-6-22)-, [37017-57-5], 28:143
———, tricarbonyltris(propanenitrile)-, [91513-88-1], 28:32
———, trichlorotris(pyridine)-, [14284-76-5], 7:132
———, trichlorotris(tetrahydrofuran)-, [10170-68-0], 8:150
———, trioxobis(pyridine)-, [20492-50-6], 4:94
———, tris(3-acetyl-4-oxopentanenitrilato-*O*,*O*')-, (*OC*-6-11)-, [31224-14-3], 12:85
———, tris(3-bromo-2,4-pentanedionato-*O*,*O*')-, (*OC*-6-11)-, [15025-13-5], 7:134
———, tris(*O*-butyl carbonodithioato-*S*,*S*')-, (*OC*-6-11)-, [150124-44-0], 10:44
———, tris(*O*-cyclohexyl carbonodithioato-*S*,*S*')-, (*OC*-6-11)-, [149165-83-3], 10:44
———, tris(diethylcarbamodithioato-*S*,*S*')-, (*OC*-6-11)-, [18898-57-2], 10:44
———, tris(*O*,*O*-diethyl phosphorodithioato-*S*,*S*')-, (*OC*-6-11)-, [14177-95-8], 6:142
———, tris[1,2-diphenyl-1,2-ethenedithiolato(2-)-*S*,*S*']-, (*TP*-6-111)-, [12104-22-2], 10:9
———, tris(1,3-diphenyl-1,3-propanedionato-*O*,*O*')-, (*OC*-6-11)-, [21679-35-6], 8:135
———, tris(*O*-ethyl carbonodithioato-*S*,*S*')-, (*OC*-6-11)-, [15276-08-1], 10:42
———, tris(6,6,7,7,8,8,8-heptafluoro-2,2-dimethyl-3,5-octanedionato-*O*,*O*')-, [17966-86-8], 12:74
———, tris[1,1,1,4,4,4-hexafluoro-2-butene-2,3-dithiolato(2-)-*S*,*S*']-, (*OC*-6-11)-, [18832-56-9], 10:23,24,25
———, tris(imidodicarbonimidic diamidato-*N*'',*N*''')-, monohydrate, (*OC*-6-11)-, [59136-96-8], 6:68
———, tris(*O*-methyl carbonodithioato-*S*,*S*')-, (*OC*-6-11)-, [34803-25-3], 10:44
———, tris[4-[(4-methylphenyl)imino]-2-pentanonato-*N*,*O*]-, [15636-01-8], 10:33
———, tris[*O*-(2-methylpropyl) carbonodithioato-*S*,*S*']-, (*OC*-6-11)-, [68026-09-5], 10:44
———, tris(monoethyl carbonotrithioato-*S*',*S*'')-, (*OC*-6-11)-, [31316-05-9], 10:44
———, tris(monomethyl carbonotrithioato-*S*',*S*'')-, (*OC*-6-11)-, [68387-58-6], 10:44
———, tris(3-oxobutanalato-*O*,*O*')-, (*OC*-6-21)-, [15710-84-6], 8:144
———, tris(3-oxobutanalato-*O*,*O*')-, (*OC*-6-22)-, [14282-03-2], 8:144
———, tris(2,4-pentanedionato-*O*,*O*')-, (*OC*-6-11)-, [21679-31-2], 5:130
———, tris(propanedialato-*O*,*O*')-, (*OC*-6-11)-, [15636-02-9], 8:141
———, tris(η^3-2-propenyl)-, [12082-46-1], 13:77
———, tris(2,2,6,6-tetramethyl-3,5-heptanedionato-*O*,*O*')-, (*OC*-6-11)-, [14434-47-0], 24:183
———, tris(1,1,1-trifluoro-2,4-pentanedionato-*O*,*O*')-, [14592-89-3], 8:138
Chromium(1+), bis(η^6-benzene)-, iodide, [12089-29-1], 6:132
———, bis(1,2-ethanediamine-*N*,*N*')bis(thiocyanato-*N*)-, (*OC*-6-12)-, thiocyanate, monohydrate, [150124-43-9], 2:200

Chromium(1+) *(Continued)*
———, bis(1,2-ethanediamine-*N*,*N'*)bis (trifluoromethanesulfonato-*O*)-, (*OC*-6-22)-, salt with trifluoromethanesulfonic acid (1:1), [90065-91-1], 24:251
Chromium(1+), bis(1,2-ethanediamine-*N*,*N'*)difluoro-, (*OC*-6-22)-, (*OC*-6-22)-(1,2-ethanediamine-*N*,*N'*) tetrafluorochromate(1-), [13842-99-4], 24:185
———, iodide, (*OC*-6-22)-, [15444-78-7], 24:186
Chromium(1+), dichlorobis(1,2-ethanediamine-*N*,*N'*)-, chloride, (*OC*-6-22)-, [14240-29-0], 26:24,27
———, chloride, monohydrate, (*OC*-6-22)-, [20713-30-8], 2:200; 26:24,27,28
———, chloride, monohydrate, (*OC*-6-22-Λ)-, [153744-06-0], 26:28
Chromium(2+), aquabis(1,2-ethanediamine-*N*,*N'*)hydroxy-, (*OC*-6-33)-, dithionate (1:1), [34076-61-4], 18:84
———, aquahydroxybis(imidodicarbonimidic diamide-*N''*,*N'''*)-, sulfate (1:1), [127688-31-7], 6:70
———, bis(η^6-benzene)-, [128357-37-9], 6:132
———, hexaaqua-, diiodide, (*OC*-6-11)-, [15221-15-5], 10:27
Chromium(2+), hexakis(pyridine)-, dibromide, (*OC*-6-11)-, [14726-37-5], 10:32
———, diiodide, (*OC*-6-11)-, [14768-45-7], 10:32
Chromium(2+), pentaamminebromo-, dibromide, (*OC*-6-22)-, [13601-60-0], 5:134
———, pentaamminechloro-, dichloride, (*OC*-6-22)-, [13820-89-8], 2:196; 6:138
———, pentaammine(nitrato-*O*)-, (*OC*-6-22)-, dinitrate, [31255-93-3], 5:133
———, pentaammine(nitrito-*O*)-, (*OC*-6-22)-, dinitrate, [15040-45-6], 5:133
———, pentaammine(trifluoromethanesulfonato-*O*)-, (*OC*-6-22)-, salt with trifluoromethanesulfonic acid (1:2), [84254-61-5], 24:250
———, pentakis(methanamine)(trifluoromethanesulfonato-*O*)-, (*OC*-6-22)-, salt with trifluoromethanesulfonic acid (1:2), [90065-87-5], 24:280
———, tetraammineaquachloro-, (*OC*-6-33)-, sulfate (1:1), [67345-16-8], 18:78
———, tetraammineaquahydroxy-, (*OC*-6-33)-, dithionate (1:1), [67327-07-5], 18:80
———, tris(2,2'-bipyridine-*N*,*N'*)-, (*OC*-6-11)-, diperchlorate, [15388-46-2], 10:33
Chromium(3+), diaquabis(1,2-ethanediamine-*N*,*N'*)-, tribromide, (*OC*-6-22)-, [15040-49-0], 18:85
Chromium(3+), hexaammine-, (*OC*-6-11)-, pentakis(cyano-*C*)nickelate(3-) (1:1), dihydrate, [21588-91-0], 11:51
———, trichloride, (*OC*-6-11)-, [13820-25-2], 2:196; 10:37
———, (*OC*-6-11)-, trinitrate, [15363-28-7], 3:153
Chromium(3+), hexakis[sulfinylbis [methane]-*O*]-, tribromide, (*OC*-6-11)-, [21097-70-1], 19:126
Chromium(3+), pentaammineaqua-, (*OC*-6-22)-, ammonium nitrate (1:1:4), [41729-31-1], 5:132
———, tribromide, (*OC*-6-22)-, [19706-92-4], 5:134
———, trichloride, (*OC*-6-22)-, [15203-78-8], 6:141
———, (*OC*-6-22)-, trinitrate, [19683-62-6], 5:134
Chromium(3+), tetraamminediaqua-, (*OC*-6-22)-, triperchlorate, [41733-15-7], 18:82
Chromium(3+), tris(1,2-ethanediamine-*N*,*N'*)-, (*OC*-6-11-Λ)-, lithium salt with [*R*-(*R**,*R**)]-2,3-dihydroxybutanedioic

acid (1:1:2), trihydrate, [59388-89-5], 12:274
———, (*OC*-6-11)-, pentakis(cyano-*C*) nickelate(3-), hydrate (2:2:3), [20523-47-1], 11:51
———, (*OC*-6-11)-, sulfate (2:3), [13408-71-4], 2:198; 13:233
———, tribromide, (*OC*-6-11)-, [14267-09-5], 19:125
———, tribromide, tetrahydrate, (*OC*-6-11)-, [149165-80-0], 2:199
———, trichloride, (*OC*-6-11-Δ)-, [31125-86-7], 12:269,274
———, trichloride, (*OC*-6-11-Λ)-, [30983-64-3], 12:269,274
———, trichloride, hydrate (2:7), (*OC*-6-11)-, [16165-32-5], 2:198
———, trichloride, trihydrate, (*OC*-6-11)-, [23686-22-8], 10:40; 13:184
———, triiodide, monohydrate, (*OC*-6-11)-, [33702-30-6], 2:199
———, (*OC*-6-11)-, trithiocyanate, monohydrate, [22309-23-5], 2:199
Chromium(3+), tris(imidodicarbonimidic diamide-*N*'',*N*''')-, trichloride, (*OC*-6-11)-, [27075-85-0], 6:69
Chromium(3+), tris(1,2-propanediamine-*N*,*N*')-, trichloride, [14949-95-2], 10:41
———, trichloride, dihydrate, [150384-25-1], 13:186
Chromium(4+), octaamminedi-μ-hydroxydi-, tetrabromide, tetrahydrate, [151085-69-7], 18:86
———, tetraperchlorate, dihydrate, [151120-15-9], 18:87
Chromium(4+), tetrakis(1,2-ethanediamine-*N*,*N*')di-μ-hydroxydi-, dithionate (1:2), [15038-32-1], 18:90
———, tetrabromide, dihydrate, [43143-58-4], 18:90
———, tetrachloride, dihydrate, [52542-66-2], 18:91
———, tetraperchlorate, [57159-02-1], 18:91
Chromium bromide ($CrBr_2$), hexahydrate, [18721-05-6], 10:27
Chromium bromide ($CrBr_3$), [10031-25-1], 19:123,124
Chromium carbonyl ($Cr(CO)_6$), (*OC*-6-11)-, [13007-92-6], 3:156; 7:104; 15:88
Chromium chloride ($CrCl_2$), [10049-05-5], 1:124,125; 3:150; 10:37
———, tetrahydrate, [13931-94-7], 1:126
Chromium chloride ($CrCl_3$), [10025-73-7], 2:193; 5:154; 6:129; 28:322; 29:110
Chromium cobalt oxide (Cr_2CoO_4), [12016-69-2], 20:52
Chromium fluoride (CrF_5), [14884-42-5], 29:124
Chromium fluoride oxide (CrF_4O), (*SP*-5-21)-, [23276-90-6], 29:125
Chromium hydroxide ($Cr(OH)_3$), [1308-14-1], 8:138
Chromium iodide (CrI_2), [13478-28-9], 5:130
Chromium iodide (CrI_3), [13569-75-0], 5:128; 5:129
Chromium magnesium oxide (Cr_2MgO_4), [12053-26-8], 14:134; 20:52
Chromium manganese oxide (Cr_2MnO_4), [12018-15-4], 20:52
Chromium nickel oxide (Cr_2NiO_4), [12018-18-7], 20:52
Chromium nitrosyl ($Cr(NO)_4$), [37355-72-9], 16:2
Chromium oxide (Cr_2O_3), hydrate, [12182-82-0], 2:190; 8:138
Chromium potassium oxide ($CrK_{0.5-0.6}O_2$), [152652-73-8], 22:59; 30:153
Chromium potassium oxide ($CrK_{0.7-0.77}O_2$), [152652-75-0], 22:59; 30:153
Chromium tungsten oxide (Cr_2WO_6), [13765-57-6], 14:135
Chromium zinc oxide (Cr_2ZnO_4), [12018-19-8], 20:52
Cobalt, [*N*-(2-aminoethyl)-1,2-ethanediamine-*N*,*N*',*N*'']chlorobis (nitrito-*N*)-, [19445-77-3], 7:210

Cobalt *(Continued)*
———, [*N*-(2-aminoethyl)-1,2-ethanediamine-*N*,*N*',*N*'']hydroxybis(thiocyanato-*S*)-, [93219-91-1], 7:208
———, [*N*-(2-aminoethyl)-1,2-ethanediamine-*N*,*N*',*N*'']trichloro-, [14215-59-9], 7:211
———, [*N*-(2-aminoethyl)-1,2-ethanediamine-*N*,*N*',*N*'']tris(nitrito-*N*)-, [14971-76-7], 7:209
———, [*N*-(2-aminoethyl)-1,2-ethanediamine-*N*,*N*',*N*'']tris(nitrato-*O*)-, [25426-85-1], 7:212
———, [*N*-(2-aminoethyl)-1,2-ethanediamine-*N*,*N*',*N*'']tris(thiocyanato-*S*)-, (*OC*-6-21)-, [90078-32-3], 7:209
———, [*N*-(2-aminoethyl)-1,2-ethanediamine-*N*,*N*',*N*'']tris(trifluoromethanesulfonato-*O*)-, (*OC*-6-33)-, [75522-53-1], 22:106
———, ammine(1,2-ethanediamine-*N*,*N*')tris(nitrito-*N*)-, (*OC*-6-21)-, [29327-41-1], 9:172
———, aquabis[(2,3-butanedione dioximato)(1-)-*N*,*N*']methyl-, (*OC*-6-42)-, [25360-55-8], 11:66
———, aqua[bis[μ-[(2,3-butanedione dioximato)(2-)-*O*:*O*']]tetrafluorodiborato(2-)-*N*,*N*',*N*'',*N*''']methyl-, (*OC*-6-32)-, [53729-64-9], 11:68
———, aquabis[[2,2'-[1,2-ethanediylbis(nitrilomethylidyne)]bis[phenolato]](2-)]di-, [108652-70-6], 3:196
———, aquabromobis(1,2-ethanediamine-*N*,*N*')-, dibromide, monohydrate, (*OC*-6-33)-, [30103-63-0], 21:123
———, azidobis(1,2-ethanediamine-*N*,*N*')[sulfito(2-)-*O*]-, (*OC*-6-33)-, [15656-42-5], 14:78
———, (2,2'-bipyridine-*N*,*N*')bis(2,4-pentanedionato-*O*,*O*')-, (*OC*-6-21)-, [20106-05-2], 11:86
———, bis[μ-[bis(1,1-dimethylethyl)phosphino]]tetracarbonyldi-, (*Co*-*Co*), [86632-56-6], 25:177
———, bis[(2,3-butanedione dioximato)(1-)-*N*,*N*']-, (*SP*-4-1)-, [3252-99-1], 11:64
———, bis[(2,3-butanedione dioximato)(1-)-*N*,*N*']bis(triphenylphosphine)-, (*OC*-6-12)-, [25970-64-3], 11:65
———, bis[(2,3-butanedione dioximato)(1-)-*N*,*N*']chloro(pyridine)-, (*OC*-6-42)-, [23295-32-1], 11:62
———, bis[(2,3-butanedione dioximato)(1-)-*N*,*N*'][4-(1,1-dimethylethyl)pyridine](2-ethoxyethyl)-, (*OC*-6-12)-, [151120-18-2], 20:131
———, bis[(2,3-butanedione dioximato)(1-)-*N*,*N*'][4-(1,1-dimethylethyl)pyridine](ethoxymethyl)-, (*OC*-6-12)-, [151085-55-1], 20:131
———, bis[(2,3-butanedione dioximato)(1-)-*N*,*N*']methyl-, (*SP*-5-31)-, [36609-02-6], 11:68
———, bis[(2,3-butanedione dioximato)(1-)-*N*,*N*']methyl(pyridine)-, (*OC*-6-12)-, [23642-14-0], 11:65
———, bis[(2,3-butanedione dioximato)(1-)-*N*,*N*']methyl[thiobis[methane]]-, (*OC*-6-42)-, [25482-40-0], 11:67
———, bis[(2,3-butanedione dioximato)(1-)-*N*,*N*']phenyl(pyridine)-, (*OC*-6-12)-, [29130-85-6], 11:68
———, bis(1,3-dihydro-1-methyl-2*H*-imidazole-2-thione-*S*)bis(nitrato-*O*)-, (*T*-4)-, [76614-27-2], 23:171
———, bis(dimethylcarbamodithioato-*S*,*S*')nitrosyl-, (*SP*-5-21)-, [36434-42-1], 16:7
———, bis(*N*,*N*-dimethylformamide-*O*)bis(1,1,1,5,5,5-hexafluoro-2,4-pentanedionato-*O*,*O*')-, [53513-61-4], 15:96
———, bis(2,6-dimethylpyridine 1-oxide-*O*)bis(nitrato-*O*,*O*')-, [16986-68-8], 13:204
———, bis[1,2-ethanediylbis[diphenylphosphine]-*P*,*P*']hydro-, [18433-72-2], 20:208

- ——, bis[1,2-ethenediylbis[diphenyl-phosphine]-*P*,*P*']hydro-, [70252-14-1], 20:207
- ——, bis(η^2 -ethene)[(1,2,3,4,5- η)-1,2,3,4,5-pentamethyl-2,4-cyclopentadien-1-yl]-, [80848-36-8], 23:19; 28:278
- ——, bis[1,1,1,4,4,4-hexafluoro-2-butene-2,3-dithiolato(2-)-*S*,*S*']-, (*SP*-4-1)-, [31052-36-5], 10:9
- ——, bis[hydrotris(1*H*-pyrazolato- *N*¹)borato(1-)-*N*²,*N*²',*N*²"]-, (*OC*-6-11)-, [16842-05-0], 12:105
- ———, [1,3-bis(methoxycarbonyl)-2-methyl-4-phenyl-1,3-butadiene-1,4-diyl](η⁵-2,4-cyclopentadien-1-yl) (triphenylphosphine)-, [55410-87-2], 26:197
- ———, [1,4-bis(methoxycarbonyl)-2-methyl-3-phenyl-1,3-butadiene-1,4-diyl](η⁵-2,4-cyclopentadien-1-yl) (triphenylphosphine)-, [55410-86-1], 26:197
- ——, bis[4-(methylimino)-2-pentanonato-*N*,*O*]-, (*T*-4)-, [15225-82-8], 11:76
- ——, bis(4-methylquinoline 1-oxide-*O*) bis(nitrito-*O*,*O*')-, [16986-69-9], 13:206
- ——, bis(nitrito-*O*,*O*')bis(2,4,6-trimethylpyridine 1-oxide-*O*)-, [18601-24-6], 13:205
- ——, bis(2,4-pentanedionato-*O*,*O*')-, (*T*-4)-, [14024-48-7], 11:84
- —, bis(2,4-pentanedionato-O,O')(1,10-phenanthroline-N1,N10)-, (OC-6-21)-, [20106-04-1], 11:86
- ——, bis(2,4-pentanedionato-O,O')(2-pyridinemethanamine-N¹,N²)-, (OC-6-31)-, [21007-64-7], 11:85
- ——, bis(thiocyanato-*N*)bis(1*H*-1,2,4-triazole-*N*²)-, homopolymer, [63654-21-7], 23:159
- ——, bromobis[(2,3-butanedione dioximato)(1-)-*N*,*N*'][4-(1,1-dimethylethyl)pyridine]-, (*OC*-6-42)-, [51194-57-1], 20:130

- ——, bromobis[(2,3-butanedione dioximato)(1-)-*N*,*N*][thiobis [methane]]-, (*OC*-6-23)-, [79680-14-1], 20:128
- ——, 1,4-butanediyl(η⁵-2,4cyclopentadien-1-yl)(triphenylphosphine)-, [66416-06-6], 22:171
- ------, carbonyldiiodo[(1,2,3,4,5-η)-1,2, 3,4,5-pentamethyl-2,4-cyclopentadien-1-yl]-, [35886-64-7], 23:16; 28:275
- ——, μ-carbonylhexacarbonyl[[1,2-ethanediylbis[diphenylphosphine]-*P*,*P*']platinum]di-, (*Co-Co*)(2*Co-Pt*), [53322-14-8], 26:370
- ——, chlorotris(triphenylphosphine)-, [26305-75-9], 26:190
- ——, [(1,2,5,6-η)-1,5-cyclooctadiene] [(1,2,3-η)-2-cycloocten-1-yl]-, [34829-55-5], 17:112
- ——, (η⁵-2,4-cyclopentadien-1-yl)bis (trimethylphosphine)-, [63413-01-4], 25:160; 28:281
- ——, (η⁵-2,4-cyclopentadien-1-yl)bis (trimethyl phosphite-*P*)-, [32677-72-8], 25:162; 28:283
- ——, (η⁵-2,4-cyclopentadien-1-yl)bis (triphenylphosphine)-, [32993-07-0], 26:191
- ——, (η⁵-2,4-cyclopentadien-1-yl)(2,3-dimethyl-1,4-diphenyl-1,3-butadiene-1,4-diyl)(triphenylphosphine)-, [55410-91-8], 26:195
- (η^5 -2,4-cyclopentadien-1-yl)[1,1'-(η^2 -1,2-ethynediyl)bis[benzene]] (triphenylphosphine)-, [12172-41-7], 26:192
- ——, (η⁵-2,4-cyclopentadien-1-yl)[(2,3-η)-methyl 3-phenyl-2-propynoate] (triphenylphosphine)-, [53469-97-9], 26:192
- ——, (η⁵-2,4-cyclopentadien-1-yl) [(7,8,9,10,11-η)-undecahydro-7,8-dicarbaundecaborato(2-)]-, [37100-20-2], 22:235
- ——, diamminedichloro-, (*T*-4)-, [13931-88-9], 9:159

Cobalt (Continued)

- —, diaquabis[(2,3-butanedione dioximato)(1-)-N,N']-, (OC-6-12)-, [37115-10-9], 11:64
- ——, diaquabis(2,4-pentanedionato-O,O')-, [15077-39-1], 11:83
- ——, diaqua[[*N*,*N*'-1,2-ethanediylbis [glycinato]](2-)-*N*,*N*',*O*,*O*']-, [42573-16-0], 18:100
- ——, dicarbonyl($η^5$ -2,4-cyclopenta-dien-1-yl)-, [12078-25-0], 7:112
- ———, di-μ-carbonylhexacarbonyldi-, (Co-Co), [10210-68-1], 2:238; 5:190; 15:87
- ——, dicarbonyl(pentafluorophenyl) bis(triphenylphosphine)-, (TB-5-23)-, [89198-92-5], 23:25
- ———, dicarbonyl[(1,2,3,4,5-η)-1,2,3,4,5pentamethyl-2,4-cyclopentadien-1-yl]-, [12129-77-0], 23:15; 28:273
- ——, dichlorobis(methyldiphenyl-phosphine)nitrosyl-, [36237-01-1], 16:29
- ———, dichlorobis(methyldiphenyl-phosphine)nitrosyl-, (*TB*-5-22)-, [38402-84-5], 16:29
- ——, dichloro(*N*-2-pyridinyl-2-pyridinamine-*NN*²,*N*¹)-, (*T*-4)-, [14872-02-7], 9:140
- ———, [7,16-dihydrodibenzo[b,i][1,4, 8,11]tetraazacyclotetradecinato(2-)-N⁵,N⁹,N¹⁴,N¹⁸]-, (SP-4-1)-, [41283-94-7], 18:46
- ——, di-μ-iododiiodobis[(1,2,3,4,5-η)-1,2,3,4,5-pentamethyl-2,4-cyclopentadien-1-yl]di-, [72339-52-7], 23:17; 28:276
- ———, (dinitrogen)hydrotris(triphenylphosphine)-, (*TB*-5-23)-, [21373-88-6], 12:12,18,21
- ——, dodecacarbonyltetra-, *tetrahedro*, [15041-50-6], 2:243; 5:191
- ———, [[4,4'-(1,2-ethanediyldinitrilo)bis [2-pentanethionato]](2-)-*N*,*N*',*S*,*S*']-, (*SP*-4-2)-, [41254-15-3], 16:227

- ——, hydrotetrakis(diethyl phenylphosphonite-P)-, [33516-93-7], 13:118
- ——, hydrotetrakis(triphenyl phosphite-*P*)-, [24651-64-7], 13:107
- ——, iododinitrosyl-, [44387-12-4], 14:86
- ——, nitrosyltris(triphenylphosphine)-, (*T*-4)-, [18712-92-0], 16:33
- ——, nonacarbonyl[μ₃-(chloromethylidyne)]tri-, *triangulo*, [13682-02-5], 20:234
- -----, nonacarbonyl[μ_3 -[(1,1-dimethylethoxy)oxoethylidyne]]tri-, triangulo, [36834-87-4], 20:234,235
- —, nonacarbonyl[μ₃-(ethoxyoxoethylidyne)]tri-, triangulo, [19425-32-2], 20:230
- ——, nonacarbonyl[μ₃-[(methylamino) oxoethylidyne]]tri-, *triangulo*-, [52519-00-3], 20:230,232
- ——, nonacarbonyl-μ₃-methylidynetri-, triangulo, [15664-75-2], 20:226,227
- ——, nonacarbonyl[μ₃-(2-oxopropylidyne)]tri-, *triangulo*, [36834-97-6], 20:234,235
- -----, nonacarbonyl[μ₃-(phenylmethylidyne)]tri-, *triangulo*, [13682-03-6], 20:226,228
- ——, [1,4,8,11,15,18,22,25-octamethyl-29*H*,31*H*-tetrabenzo[*b,g,l,q*] porphinato(2-)-*N*²⁹,*N*³⁰,*N*³¹,*N*³²]-, (*SP*-4-1)-, [27662-34-6], 20:156
- ——, tetraammine[ethanedioato(2-)-*O*,*O*'](nitrito-*N*)-, [93843-61-9], 6:191
- , tetraaquabis(1,2-benzisothiazol-3(2*H*)-one 1,1-dioxidato-*N*²)-, dihydrate, [81780-35-0], 23:49
- ——, tetracarbonylhydro-, [16842-03-8], 2:238; 5:190; 5:192
- ——, tetracarbonyl(pentafluorophenyl)-, [15671-73-5], 23:23
- ——, tetracarbonyl(trichlorosilyl)-, [14239-21-5], 13:67
- ——, tetracarbonyl(trifluorosilyl)-, (*TB*-5-12)-, [15693-79-5], 13:70

———, tetracarbonyl(trimethylsilyl)-, [15693-82-0], 13:69
———, tetrakis[(2,3-butanedione dioximato)(1-)-*N,N'*]bis(pyridine)di-, (*Co-Co*), [25971-15-7], 11:65
———, tetrakis(1,3-dihydro-1-methyl-2*H*-imidazole-2-thione-*S*)bis(nitrato-*O*)-, [99374-10-4], 23:171
———, tetrakis(pyridine)bis(thiocyanato-*N*)-, [14882-22-5], 13:204
———, triamminechlorobis(nitrito-*N*)-, [13601-65-5], 6:191
———, triamminechloro[ethanedioato (2-)-*O,O'*]-, [31237-99-7], 6:182
———, triamminetrichloro-, [30217-13-1], 6:182
———, triamminetris(nitrito-*N*)-, [13600-88-9], 6:189
———, triamminetris(nitrito-*N*)-, (*OC*-6-21)-, [20749-21-7], 23:109
———, tricarbonylnitrosyl-, (*T*-4)-, [14096-82-3], 2:238
———, tricarbonyl(pentafluorophenyl) (triphenylphosphine)-, (*TB*-5-13)-, [78220-27-6], 23:24
———, tricarbonyl[2-(phenylazo)phenyl]-, [19528-27-9], 26:176
———, tricarbonyl(trimethylstannyl) (triphenylarsine)-, (*SP*-5-12)-, [138766-49-1], 29:180
———, tricarbonyl(trimethylstannyl) (triphenylphosphine)-, [52611-18-4], 29:175
———, tricarbonyl(trimethylstannyl) (triphenyl phosphite-*P*)-, (*TB*-5-12)-, [42989-56-0], 29:178
———, trihydrotris(triphenylphosphine)-, [21329-68-0], 12:18,19
Cobalt, tris(L-alaninato-*N,O*)-, (*OC*-6-21)-, [55328-27-3], 25:137
———, (*OC*-6-22)-, [55448-50-5], 25:137
Cobalt, [tris[μ-[(2,3-butanedione dioximato)(2-)-*O*:*O'*]]difluorodiborato (2-)-*N,N',N'',N''',N'''',N'''''*]-, [34248-47-0], 17:140
———, tris(*O*-butyl carbonodithioato-*S,S'*)-, (*OC*-6-11)-, [61160-29-0], 10:47
———, tris(*O*-cyclohexyl carbonodithioato-*S,S'*)-, (*OC*-6-11)-, [149165-78-6], 10:47
———, tris(η^5-2,4-cyclopentadien-1-yl)bis[μ_3-(phenylmethylidyne)]tri-, *triangulo*, [72271-50-2], 26:309
———, tris(*O*-ethyl carbonodithioato-*S,S'*)-, (*OC*-6-11)-, [14916-47-3], 10:45
———, tris(diethylcarbamodithioato-*S,S'*)-, (*OC*-6-11)-, [13963-60-5], 10:47
———, tris(*O,O*-diethyl phosphorodithioato-*S,S'*)-, (*OC*-6-11)-, [14177-94-7], 6:176; 6:179
Cobalt, tris(glycinato-*N,O*)-, (*OC*-6-21)-, [30364-77-3], 25:135
———, (*OC*-6-22)-, [21520-57-0], 25:135
Cobalt, tris(*O*-methyl carbonodithioato-*S,S'*)-, (*OC*-6-11)-, [17632-87-0], 10:47
———, tris[*O*-(2-methylpropyl) carbonodithioato-*S,S'*]-, (*OC*-6-11)-, [68026-11-9], 10:47
———, tris(monoethyl carbonotrithioato-*S',S''*)-, (*OC*-6-11)-, [15277-79-9], 10:47
———, tris(monomethyl carbonotrithioato-*S',S''*)-, (*OC*-6-11)-, [35785-06-9], 10:47
———, tris(3-nitro-2,4-pentanedionato-O^2,O^4)-, (*OC*-6-11)-, [15169-25-2], 9:140
———, tris(2,4-pentanedionato-*O,O'*)-, (*OC*-6-11)-, [21679-46-9], 5:188; 23:94
———, tris(selenourea-*Se*)[sulfato(2-)-*O*]-, (*T*-4)-, [38901-18-7], 16:85
Cobalt(1+), ammine[carbonato(2-)-*O*]bis(1,2-ethanediamine-*N,N'*)-, (*OC*-6-32)-, perchlorate, [65795-20-2], 17:152
———, [*N*-(2-aminoethyl)-*N'*-[2-[(2-aminoethyl)amino]ethyl]-1,2-ethanediamine-*N,N',N'',N''',N''''*] [carbonato(2-)-*O*]-, (*OC*-6-34)-, perchlorate, [65774-51-8], 17:152

Cobalt(1+) *(Continued)*
———, [*N*-(2-aminoethyl)-1,2-ethanediamine-*N*,*N'*,*N''*]amminebis(nitrito-*N*)-, chloride, [65166-48-5], 7:211
Cobalt(1+), [2-[1-[(2-aminoethyl)imino]ethyl]phenolato-*N*,*N'*,*O*](1,2-ethanediamine-*N*,*N'*)ethyl-, bromide, (*OC*-6-34)-, [76375-20-7], 23:165
———, iodide, (*OC*-6-34)-, [103881-04-5], 23:167
———, (*OC*-6-34)-, perchlorate, [79199-99-8], 23:169
Cobalt(1+), [2-[1-[(3-aminopropyl)imino]ethyl]phenolato-*N*,*N'*,*O*]methyl(1,3-propanediamine-*N*,*N'*)-, iodide, (*OC*-6-34)-, [103925-36-6], 23:170
Cobalt(1+), [carbonato(2-)-*O*,*O'*]bis(1,2-ethanediamine-*N*,*N'*)-, bromide, [31055-39-7], 14:64; 21:120
———, chloride, (*OC*-6-22)-, [15842-50-9], 14:64
Cobalt(1+), bis(1,2-ethanediamine-*N*,*N'*)[ethanedioato(2-)-*O*,*O'*]-, (*OC*-6-22)-, [17835-71-1], 18:96; 23:65
———, (*OC*-6-22-Δ)-, (*OC*-6-21-*A*)-[[*N*,*N'*-1,2-ethanediylbis[*N*-(carboxymethyl)glycinato]](4-)-*N*,*N'*,*O*,*O'*,O^N,$O^{N'}$]cobaltate(1-), trihydrate, [151085-67-5], 18:100
———, (*OC*-6-22-Δ)-, [*OC*-6-13-*C*-[*R*-(*R**,*R**)]]-[[*N*,*N'*-1,2-ethanediylbis[glycinato]](2-)-*N*,*N'*,*O*,*O'*]bis(nitrito-*N*)cobaltate(1-), [151085-66-4], 18:101
———, iodide, (*OC*-6-22-Λ)-, [40028-98-6], 18:99
———, (*OC*-6-22-Δ)-, salt with [*R*-(*R**,*R**)]-2,3-dihydroxybutanedioic acid (1:1), [60954-75-8], 18:98
———, (*OC*-6-22-Λ)-, salt with [*R*-(*R**,*R**)]-2,3-dihydroxybutanedioic acid (1:1), [40031-95-6], 18:98
———, (*OC*-6-22-Λ)-, (*OC*-6-11-Λ)-tris[ethanedioato(2-)-*O*,*O'*]chromate(3-) (3:1), hexahydrate, [152227-47-9], 25-140
Cobalt(1+), bis(1,2-ethanediamine-*N*,*N'*)bis(nitrito-*N*)-, bromide, (*OC*-6-22)-, [20298-24-2], 6:196
———, chloride, (*OC*-6-22)-, [15079-78-4], 6:192
Cobalt(1+), bis(1,2-ethanediamine-*N*,*N'*)bis(nitrito-*O*)-, (*OC*-6-22-Λ)-, (*OC*-6-21-Λ)-(1,2-ethanediamine-*N*,*N'*)bis[ethanedioato(2-)-*O*,*O'*]cobaltate(1-), [31916-63-9], 13:197
———, (*OC*-6-22-Λ)-, (*OC*-6-21-Δ)-(1,2-ethanediamine-*N*,*N'*)bis[ethanedioato(2-)-*O*,*O'*]cobaltate(1-), [31916-64-0], 13:197
Cobalt(1+), bis(1,2-ethanediamine-*N*,*N'*)bis(nitrito-*N*)-, (*OC*-6-22-Δ)-, (*OC*-6-21)-[[*N*,*N'*-1,2-ethanediylbis[*N*-(carboxymethyl)glycinato]](4-)-*N*,*N'*,*O*,*O'*,O^N,$O^{N'}$]cobaltate(1-), trihydrate, [150124-41-7], 6:193
———, (*OC*-6-12)-, nitrate, [14240-12-1], 4:176,177
———, (*OC*-6-22)-, nitrate, [17967-25-8], 8:196
———, (*OC*-6-22)-, nitrite, [15304-27-5], 4:178; 8:196; 13:196; 14:72
———, (*OC*-6-22-Δ)-, stereoisomer of bis[μ-[2,3-dihydroxybutanedioato(4-)-O^1,O^2:O^3,O^4]]diantimonate(2-) (2:1), [12075-00-2], 6:95
———, (*OC*-6-22-Λ)-, stereoisomer of bis[μ-[2,3-dihydroxybutanedioato(4-)-O^1,O^2:O^3,O^4]]diantimonate(2-) (2:1), [149189-79-7], 6:195
Cobalt(1+), bis(1,2-ethanediamine-*N*,*N'*)bis(trifluoromethanesulfonato-*O*)-, (*OC*-6-22)-, salt with trifluoromethanesulfonic acid (1:1), [75522-52-0], 22:105
———, bis(1,2-ethanediamine-*N*,*N'*)[mercaptoacetato(2-)-*O*,*S*]-, (*OC*-6-33)-, perchlorate, [26743-67-9], 21:21
Cobalt(1+), bromochlorobis(1,2-ethanediamine-*N*,*N'*)-, bromide, (*OC*-6-33)-, [15352-28-0], 9:163-165

———, bromide, (*OC*-6-23)-, [16853-40-0], 9:163-165
———, (*OC*-6-23)-, nitrate, [15656-44-7], 9:163; 9:165
Cobalt(1+), bromo(2,12-dimethyl-3,7,11,17-tetraazabicyclo[11.3.1]heptadeca-1(17),2,11,13,15-pentaene-N^3,N^7,N^{11},N^{17})-, bromide, mono hydrate, [28301-11-3], 18:19
———, diammine[carbonato(2-)-*O*,*O*']bis(pyridine)-, chloride, monohydrate, (*OC*-6-32)-, [152227-33-3], 23:77
Cobalt(1+), dibromobis(1,2-ethanediamine-*N*,*N*')-, bromide, (*OC*-6-12)-, [15005-14-8], 21:120
———, bromide, monohydrate, (*OC*-6-22)-, [17631-53-7], 21:121
———, (*OC*-6-12)-, nitrate, [15352-31-5], 9:166
Cobalt(1+), dibromo(2,12-dimethyl-3,7,11,17-tetraazabicyclo[11.3.1]heptadeca-1(17),2,11,13,15-pentaene-N^3,N^7,N^{11},N^{17})-, bromide, monohydrate, (*OC*-6-12)-, [151151-19-8], 18:21
———, dibromo(2,3-dimethyl-1,4,8,11-tetraazacyclotetradeca-1,3-diene-N^1,N^4,N^8,N^{11})-, (*OC*-6-13)-, perchlorate, [39483-62-0], 18:28
———, dibromo(5,5,7,12,12,14-hexamethyl-1,4,8,11-tetraazacyclotetradecane-N^1,N^4,N^8,N^{11})-, stereoisomer, perchlorate, [14284-51-6], 18:14
———, dibromo(tetrabenzo[*b*,*f*,*j*,*n*][1,5,9,13]tetraazacyclohexadecine-N^5,N^{11},N^{17},N^{23})-, bromide, (*OC*-6-12)-, [32371-06-5], 18:34
———, dibromo(2,3,9,10-tetramethyl 1,4,8,11-tetraazacyclotetradeca-1,3,8,10-tetraene-N^1,N^4,N^8,N^{11})-, bromide, (*OC*-6-12)-, [39177-15-6], 18:25
Cobalt(1+), dichloro(1,5,9,13-tetraazacyclohexadecane-N^1,N^5,N^9,N^{13})-, stereoisomer, perchlorate, [63865-12-3], 20:113
———, stereoisomer, perchlorate, [63865-14-5], 20:113
Cobalt(1+), dichloro(1,4,8,12-tetraazacyclopentadecane-N^1,N^4,N^8,N^{12})-, chloride, (*OC*-6-13)-, [153420-97-4], 20:112
———, dichloro(1,4,7,10-tetraazacyclotridecane-N^1,N^4,N^7,N^{10})-, chloride, (*OC*-6-13)-, [63781-89-5], 20:111
Cobalt(1+), dichlorobis(1,2-ethanediamine-*N*,*N*')-, chloride, (*OC*-6-12)-, [14040-33-6], 2:222; 14:68; 29:176
———, chloride, (*OC*-6-22)-, [14040-32-5], 2:224
———, chloride, (*OC*-6-22-Δ)-, [20594-11-0], 2:224
———, chloride, monohydrate, (*OC*-6-22)-, [15603-31-3], 14:70
———, (*OC*-6-12)-, nitrate, [14587-94-1], 18:73
Cobalt(1+), dinitrosylbis(triphenylphosphine)-, tetraphenylborate(1-), [24507-62-8], 16:18
———, dinitrosyl(*N*,*N*,*N*',*N*'-tetramethyl-1,2-ethanediamine-*N*,*N*')-, (*T*-4)-, tetraphenylborate(1-), [40804-51-1], 16:17
Cobalt(1+), (1,2-ethanediamine-*N*,*N*')[[*N*,*N*'-1,2-ethanediylbis[glycinato]](2-)-*N*,*N*',*O*,*O*']-, (*OC*-6-32-*A*)-, salt with [1*R*-(*endo*,*anti*)]-3-bromo-1,7-dimethyl-2-oxobicyclo[2.2.1]heptane-7-methanesulfonic acid (1:1), [51920-86-6], 18:106
———, (*OC*-6-32-C)-, salt with [1*R*-(*endo*,*anti*)]-3-bromo-1,7-dimethyl-2-oxobicyclo[2.2.1]heptane-7-methanesulfonic acid (1:1), [51921-55-2], 18:106
———, chloride, (*OC*-6-32)-, [56792-92-8], 18:105
———, chloride, trihydrate, (*OC*-6-32-*A*)-, [151120-13-7], 18:106
———, chloride, trihydrate, (*OC*-6-32-*C*)-, [151151-18-7], 18:106

Cobalt(1+), (1,2-ethanediamine-*N*,*N'*)
[[*N*,*N'*-1,2-ethanediylbis[glycinato]]
(2-)-*N*,*N'*,*O*,*O'*] *(Continued)*
———, [*OC*-6-13-*A*-[*S*-(*R**,*R**)]]-, nitrate, [22785-38-2], 18:109
———, [*OC*-6-13-*C*-[*R*-(*R**,*R**)]]-, nitrate, [49726-01-4], 18:109
———, [*OC*-6-13-*A*-[*S*-(*R**,*R**)]]-, salt with [*R*-(*R**,*R**)]-2,3-dihydroxybutanedioic acid (1:1), [67403-56-9], 18:109
———, [*OC*-6-13-*C*-[*R*-(*R**,*R**)]]-, salt with [*R*-(*R**,*R**)]-2,3-dihydroxybutanedioic acid (1:1), [63448-73-7], 18:109
Cobalt(1+), [1,2-ethanediylbis[diphenylphosphine]-*P*,*P'*]dinitrosyl-, (*T*-4)-, tetraphenylborate(1-), [24533-59-3], 16:19
———, ethyl[2-[1-[(3-aminopropyl)imino]ethyl]phenolato-*N*,*N'*,*O*](1,3-propanediamine-*N*,*N'*)-, iodide, (*OC*-6-34)-, [103925-35-5], 23:169
———, (glycinato-*N*,*O*)(nitrato-*O*)(octahydro-1*H*-1,4,7-triazonine-N^1,N^4,N^7)-, chloride, monohydrate, (*OC*-6-33)-, [152227-35-5], 23:77
Cobalt(1+), pentaammine[carbonato(2-)-*O*]-, (*OC*-6-22)-, nitrate, [15244-74-3], 4:171
———, (*OC*-6-22)-, perchlorate, monohydrate, [153481-20-0], 17:152
Cobalt(1+), pentakis(trimethyl phosphite-*P*)-, tetraphenylborate(1-), [22323-14-4], 20:81
Cobalt(1+), tetraamminebis(nitrito-*N*)-, (*OC*-6-12)-, nitrate, [13782-04-2], 18:70,71
———, (*OC*-6-22)-, nitrate, [13782-03-1], 18:70,71
Cobalt(1+), tetraammine[carbonato(2-)-*O*,*O'*]-, chloride, (*OC*-6-22)-, [13682-55-8], 6:177
———, (*OC*-6-22)-, nitrate, [15040-52-5], 6:173
Cobalt(1+), triammineaquadichloro-, chloride, [13820-77-4], 6:180; 6:191
———, chloride, (*OC*-6-13)-, [60966-27-0], 23:110
Cobalt(2+), (acetato-*O*)pentaammine-, (*OC*-6-22)-, dinitrate, [14854-63-8], 4:175
———, (2-aminoethanethiolato-*N*,*S*)bis(1,2-ethanediamine-*N*,*N'*)-, (*OC*-6-33)-, diperchlorate, [40330-50-5], 21:19
———, [*N*-(2-aminoethyl)-*N'*-[2-[(2-aminoethyl)amino]ethyl]-1,2-ethanediamine-*N*,*N'*,*N''*,*N'''*,*N''''*]hydroxy-, [149250-81-7], 9:178
Cobalt(2+), amminebromobis(1,2-ethanediamine-*N*,*N'*)-, dibromide, (*OC*-6-23)-, [15306-93-1], 8:198; 16:93
———, dichloride, (*OC*-6-23)-, [53539-19-8], 16:93,95,96
———, (*OC*-6-23)-, dinitrate, [151085-64-2], 16:93
———, (*OC*-6-32)-, (disulfate) (1:1), [15306-91-9], 16:94
———, (*OC*-6-23-Λ)-, salt with [1*R*-(*endo*,*anti*)]-3-bromo-1,7-dimethyl-2-oxobicyclo[2.2.1]heptane-7-methanesulfonic acid (1:2), [60103-84-6], 16:93
Cobalt(2+), ammine(glycinato-*N*,*O*)(octahydro-1*H*-1,4,7-triazonine-N^1,N^4,N^7)-, diiodide, monohydrate, (*OC*-6-24)-, [152227-42-4], 23:78
———, aquabis(1,2-ethanediamine-*N*,*N'*)hydroxy-, (*OC*-6-33)-, dithionate (1:1), [42844-99-5], 14:74
———, aquabromobis(1,2-ethanediamine-*N*,*N'*)-, (*OC*-6-23)-, dithionate (1:1), monohydrate, [153569-10-9], 21:124
Cobalt(2+), aquachlorobis(1,2-ethanediamine-*N*,*N'*)-, dibromide, monohydrate, (*OC*-6-33)-, [16773-98-1], 9:165
———, (*OC*-6-23)-, dithionate (1:1), monohydrate, [152981-37-8], 25321:125

———, sulfate (1:1), dihydrate, (*OC*-6-33)-, [16773-97-0], 9:163-165; 14:71

Cobalt(2+), aqua(5,5a-dihydro-24-methoxy-24*H*-6,10:19,23-dinitrilo-10*H*-benzimidazo[2,1-*h*][1,9,17] benzotriazacyclononadecine-N^{12},N^{17},N^{25},N^{26},N^{27})(methanol)-, (*PB*-7-12-3,6,4,5,7)-, diperchlorate, [73202-97-8], 23:176

———, aqua(glycinato-*N*,*O*)(octahydro-1*H*-1,4,7-triazonine-N^1,N^4,N^7)-, (*OC*-6-33)-, diperchlorate, dihydrate, [152227-34-4], 23:76

Cobalt(2+), bis(1,2-ethanediamine-*N*,*N*')(2,4-pentanedionato-*O*,*O*')-, (*OC*-6-22-Λ)-, bis[μ-[2,3-dihydroxybutanedioato(2-)-O^1,O^2:O^3,O^4]]diarsenate (2-) (1:1), [12266-75-0], 9:168

———, diiodide, (*OC*-6-22-Δ)-, [16702-65-1], 9:167,168

———, diiodide, (*OC*-6-22-Λ)-, [36186-04-6], 9:167; 168

Cobalt(2+), bromo[*N*-(2-aminoethyl)-*N*'-[2-(2-aminoethyl)ethyl]-1,2-ethanediamine-*N*,*N*',*N*'',*N*''',*N*'''']-, dibromide, [17251-19-3], 9:176

———, hexaammine[μ-[carbonato(2-)-*O*:*O*']]di-μ-hydroxydi-, diperchlorate, [103621-42-7], 23:107,112

———, hexaammine-, dichloride, (*OC*-6-11)-, [13874-13-0], 8:191; 9:157

———, hexaammine[μ-[ethanedioato(2-)-*O*:*O*'']]di-μ-hydroxydi-, hydrogen perchlorate, hydrate (2:2:6:1), [152227-38-8], 23:113

———, hexakis(nitromethane-*O*)-, (*OC*-6-11)-, bis[(*OC*-6-11)-hexachloroantimonate(1-)], [25973-90-4], 29:114

———, hexakis(2-propanone)-, (*OC*-6-11)-, bis[(*OC*-6-11)-hexachloroantimonate(1-)], [146249-37-8], 29:114

———, hexakis(pyridine)-, (*OC*-6-11)-, bis[(*T*-4)-tetracarbonylcobaltate(1-)], [24476-89-9], 5:192

———, (5,6,15,16,20,21-hexamethyl-1,3,4,7,8,10,12,13,16,17,19,22-dodecaazatetracyclo[8.8.4.$1^{3,17}$.$1^{8,12}$] tetracosa-4,6,13,15,19,21-hexaene-N^4,N^7,N^{13},N^{16},N^{19},N^{22})-, (*OC*-6-11)-, bis[tetrafluoroborate(1-)], [151085-59-5], 20:89

———, (2,3,10,11,13,19-hexamethyl-3,10,14,18,21,25-hexaazabicyclo[10.7.7]hexacosa-1,11,13,18,20,25-hexaene-N^{14},N^{18},N^{21},N^{25})-, [*SP*-4-2-(*Z*,*Z*)]-, bis[hexafluorophosphate(1-)], [73914-18-8], 27:270

Cobalt(2+), pentaammine(nitrato-*O*)-, (*OC*-6-22)-, dinitrate, [14404-36-5], 4:174

———, pentaammine(nitrito-*O*)-, (*OC*-6-21)-, dinitrate, [13600-94-7], 4:174

———, pentaamminebromo-, dibromide, (*OC*-6-22)-, [14283-12-6], 1:186

Cobalt(2+), pentaamminechloro-, dichloride, (*OC*-6-22)-, [13859-51-3], 5:185; 6:182; 9:160

———, (*OC*-6-22)-, dichloride, compd. with mercury chloride ($HgCl_2$) (1:3), [149165-66-2], 9:162

Cobalt(2+), pentaamminefluoro-, (*OC*-6-22)-, dinitrate, [14240-02-9], 4:172

———, pentaammineiodo-, (*OC*-6-22)-, dinitrate, [36395-86-5], 4:173

———, pentaamminenitrosyl-, dichloride, (*OC*-6-22)-, [13931-89-0], 4:168; 5:185; 8:191

———, pentaammine(trifluoromethanesulfonato-*O*)-, (*OC*-6-22)-, salt with trifluoromethanesulfonic acid (1:2), [75522-50-8], 22:104

———, pentakis(methanamine)(trifluoromethanesulfonato-*O*)-, (*OC*-6-22)-, salt with trifluoromethanesulfonic acid (1:2), [90065-88-6], 24:281

Cobalt(2+), tetraammineaquachloro-, dichloride, (*OC*-6-33)-, [13820-78-5], 6:178

———, (*OC*-6-33)-, sulfate (1:1), [67752-80-1], 6:178

Cobalt(2+), tetraammineaquahydroxy-, (*OC*-6-33)-, dithionate (1:1), [67326-97-0], 18:81
———, tetrakis(selenourea-*Se*)-, (*T*-4)-, diperchlorate, [38901-14-3], 16:84
Cobalt(3+), [μ-(acetato-*O*:*O*')]hexaamminedi-μ-hydroxydi-, triperchlorate, dihydrate, [152227-37-7], 23:112
———, μ-amidooctaammine[μ-(peroxy-*O*:*O*')]di-, trinitrate, monohydrate, [19454-33-2], 12:203
———, [*N*-(2-aminoethyl)-*N*'-[2-[(2-aminoethyl)amino]ethyl]-1,2-ethanediamine-*N*,*N*',*N*'',*N*''',*N*'''']aqua-, [149250-80-6], 9:178
Cobalt(3+), ammineaquabis(1,2-ethanediamine-*N*,*N*')-, tribromide, monohydrate, (*OC*-6-23)-, [15307-17-2], 8:198
———, tribromide, monohydrate, (*OC*-6-32)-, [15307-24-1], 8:198
———, trinitrate, (*OC*-6-23)-, [18660-70-3], 8:198
———, (*OC*-6-32)-, trinitrate, [22398-31-8], 8:198
Cobalt(3+), ammine[carbonato(2-)-*O*]bis(1,2-ethanediamine-*N*,*N*')-, bromide, hydrate (2:1), (*OC*-6-23)-, [151120-16-0], 17:152
———, bis[*N*-(2-aminoethyl)-1,2-ethanediamine-*N*,*N*',*N*'']-, triiodide, [49564-74-1], 14:58
Cobalt(3+), diammine[*N*,*N*'-bis(2-aminoethyl)-1,2-ethanediamine-*N*,*N*',*N*'',*N*''']-, [*OC*-6-22-(*R**,*R**)]-, [97133-90-9], 23:79
———, [*OC*-6-22-[*S*-(*R**,*R**)]]-, [75365-37-6], 23:79
———, [*OC*-6-43-(*R**,*S**)]-, [75365-35-4], 23:79
Cobalt(3+), diaquabis(1,2-ethanediamine-*N*,*N*')-, tribromide, monohydrate, (*OC*-6-22)-, [150384-22-8], 14:75
———, hexaamminedi-μ-hydroxy[μ-(pyrazinecarboxylato-*O*:*O*')]di-, triperchlorate, monoperchlorate, monohydrate, [152227-41-3], 23:114
———, hexaamminedi-μ-hydroxy[μ-(4-pyridinecarboxylato-*O*:*O*')]di-, hydrogen perchlorate (1:1:4), [52375-41-4], 23:113
Cobalt(3+), hexaammine-, (*OC*-6-11)-, ethanedioate (2:3), tetrahydrate, [73849-01-1], 2:220
———, (*OC*-6-11)-, (*OC*-6-11)-hexachloroferrate(3-) (1:1), [15928-89-9], 11:48
———, (*OC*-6-11)-, hexakis[μ-[carbonato(2-)-*O*:*O*']]-μ_4-oxotetraberyllate(6-) (2:1), decahydrate, [12192-43-7], 8:6
———, (*OC*-6-11)-, hexakis[μ-[carbonato(2-)]]-μ_4-oxotetraberyllate(6-) (2:1), undecahydrate, [12128-08-4], 8:6
———, (*OC*-6-11)-, triacetate, [14023-85-9], 18:68
———, tribromide, (*OC*-6-11)-, [10534-85-7], 2:219
———, trichloride, (*OC*-6-11)-, [10534-89-1], 2:217; 18:68
———, trichloride, hexaammoniate, (*OC*-6-11)-, [149189-77-5], 2:220
———, (*OC*-6-11)-, trinitrate, [10534-86-8], 2:218
Cobalt(3+), hexaamminetri-μ-hydroxydi-, triperchlorate, dihydrate, [37540-75-3], 23:100
———, (5,6,15,16,20,21-hexamethyl-1,3,4,7,8,10,12,13,16,17,19,22-dodecaazatetracyclo[8.8.4.$1^{3,17}$.$1^{8,12}$]tetracosa-4,6,13,15,19,21-hexaene-N^4,N^7,N^{13},N^{16},N^{19},N^{22})-, (*OC*-6-11)-, tris[tetrafluoroborate(1-)], [151085-61-9], 20:89
———, (1,3,6,8,10,13,16,19-octaazabicyclo[6.6.6]eicosane-N^3,N^6,N^{10},N^{16},N^{19})-, trichloride, (*OC*-6-11)-, [71963-57-0], 20:85,86
Cobalt(3+), pentaammineaqua-, (*OC*-6-22)-, tris[(*T*-4)-tetraoxorhenate(1-)], dihydrate, [20774-10-1], 12:214

———, tribromide, (*OC*-6-22)-, [14404-37-6], 1:188
Cobalt(3+), tetraamminediaqua-, (*OC*-6-22)-, sulfate (2:3), [41333-33-9], 6:179
———, (*OC*-6-22)-, triperchlorate, [15040-53-6], 18:83
Cobalt(3+), triamminetriaqua-, trinitrate, [14640-49-4], 6:191
Cobalt(3+), tris(1,2-cyclohexanediamine-*N,N'*)-, tribromide, [*OC*-6-11-(*trans*), (*trans*),(*trans*)]-, [43223-46-7], 14:58
———, triiodide, [*OC*-6-11-(*trans*), (*trans*),(*trans*)]-, [43223-47-8], 14:58
Cobalt(3+), tris(1,2-ethanediamine-*N,N'*)-, (*OC*-6-11)-, (*OC*-6-21)-bis[carbonato (2-)-*O,O'*]bis(cyano-*C*)cobaltate(3-) (1:1), [54967-60-1], 23:66
———, (*OC*-6-11)-, (*OC*-6-21)-bis [carbonato(2-)-*O,O'*]bis(cyano-*C*) cobaltate(3-) (1:1), dihydrate, [152227-46-8], 23:66
———, (*OC*-6-11-Λ)-, chloride salt with [*R*-(*R**,R*)]-2,3-dihydroxybutanedioic acid (1:1:1), pentahydrate, [71129-32-3], 6:183,186
———, tribromide, (*OC*-6-11)-, [13963-67-2], 14:58
———, trichloride, (*OC*-6-11)-, [13408-73-6], 2:221; 9:162
———, triiodide, (*OC*-6-11)-, [15375-81-2], 14:58
———, triiodide, monohydrate, (*OC*-6-11-Δ)-, [37433-43-5], 6:185,186
———, triiodide, monohydrate, (*OC*-6-11-Λ)-, [20468-63-7], 6:185,186
Cobalt(3+), tris(1,2-propanediamine-*N,N'*)-, (*OC*-6-11)-hexachloroferrate(3-) (1:1), [20519-29-3], 11:49
———, (*OC*-6-11)-hexachloroindate(3-) (1:1), [21350-66-3], 11:50
———, (*OC*-6-11)-hexachloromanganate (3-) (1:1), [20678-75-5], 11:48
———, tribromide, [15627-71-1], 14:58
———, triiodide, [43223-45-6], 14:58
Cobalt(3+), tris(*N*-phenylimidodicarbonimidic diamide-*N''*,*N'''*)-, trichloride, hydrate (2:5), [150124-42-8], 6:73
———, trihydroxide, [127794-88-1], 6:72
Cobalt(4+), μ-amidooctaammine-μ-chlorodi-, tetrachloride, tetrahydrate, [24833-05-4], 12:209
———, μ-amidooctaammine-μ-hydroxydi-, tetrachloride, tetrahydrate, [15771-94-5], 12:210
———, μ-amidooctaammine[μ-(superoxido-*O*:*O'*)]di-, tetranitrate, [12139-90-1], 12:206
———, μ-amidotetrakis(1,2-ethanediamine-*N,N'*)-μ-superoxidodi-, tetranitrate, [53433-46-8], 12:205,208
———, decaammine[μ-(peroxy-*O*:*O'*)]di-, tetranitrate, [16632-71-6], 12:198
———, diaquatetrakis(1,2-ethanediamine-*N,N'*)tetra-μ-hydroxytri-, sulfate (1:2), heptahydrate, [60270-46-4], 8:199
———, hexaamminediaquadi-μ-hydroxydi-, tetraperchlorate, pentahydrate, [153590-09-1], 23:111
Cobalt(4+), octaamminedi-μ-hydroxydi-, tetrabromide, tetrahydrate, [151085-68-6], 18:88
———, tetraperchlorate, dihydrate, [151120-14-8], 18:88
Cobalt(4+), tetrakis(1,2-ethanediamine-*N,N'*)di-μ-hydroxydi-, dithionate (1:2), [67327-01-9], 18:92
———, tetrabromide, dihydrate, [151434-49-0], 18:92
———, tetrachloride, pentahydrate, [151434-50-3], 18:93
———, tetrachloride, tetrahydrate, [151434-51-4], 18:93
———, tetraperchlorate, [67327-03-1], 18:94
Cobalt(5+), μ-amidodecaamminedi-, pentaperchlorate, monohydrate, [150384-26-2], 12:212
———, decaammine[μ-(superoxido-*O*:*O'*)]di-, pentachloride, monohydrate, [150399-25-0], 12:199

Cobalt(6+), dodecaammine[μ$_4$-[2-butynedioato(2-)-*O*:*O*':*O*'':*O*''']]tetra-μ-hydroxytetra-, hexaperchlorate, pentahydrate, [153590-10-4], 23:115
———, dodecaammine[μ$_4$-[ethanedioato (2-)-*O*:*O*':*O*'':*O*''']]tetra-μ-hydroxytetra-, hexaperchlorate, tetrahydrate, [37540-67-3], 23:114
Cobalt(6+), dodecaamminehexa-μ-hydroxytetra-, hexabromide, stereoisomer, [125994-43-6], 29:170-172
———, hexabromide, stereoisomer, [126060-35-3], 29:170-172
———, hexaiodide, tetrahydrate, [153771-78-9], 29:170
———, stereoisomer, stereoisomer of bis[μ-[2,3-dihydroxybutanedioato(4-)-*O*^{1},*O*^{2}:*O*^{3},*O*^{4}]]diantimonate(2-) iodide (1:2:2), [146805-98-3], 29:170
———, sulfate (1:3), tetrahydrate, [108652-73-9], 6:176; 6:179
Cobaltate(1-), bis[(7,8,9,10,11-η)-7-ammine-1,2,3,4,5,6,8,9,10,11-decahydro-7-carbaundecaborato(2-)]-, [150399-24-9], 11:42
———, bis(L-argininato-*N*^{2},*O*^{1})bis (nitrito-*N*)-, hydrogen, monohydrochloride, (*OC*-6-22-Λ)-, [75936-48-0], 23:91
———, bis[(7,8,9,10,11-η)-1,2,3,4,5,6,7,9,10,11-decahydro-8-phenyl-7,8-dicarbaundecaborato(2-)]-, [51868-92-9], 10:111
———, bis[carbonato(2-)-*O*,*O*'](1,2-ethanediamine-*N*,*N*')-, potassium, (*OC*-6-21)-, [54992-64-2], 23:64
———, bis[2,3-dimercapto-2-butenedinitrilato(2-)-*S*,*S*']-, (*SP*-4-1)-, [46760-70-7], 10:14; 10:17
Cobaltate(1-), bis(1,2-ethanediamine-*N*,*N*')bis[sulfito(2-)-*O*]-, (*OC*-6-22)-, disodium nitrate, [42921-86-8], 14:77
———, (*OC*-6-22)-, disodium perchlorate, [42921-87-9], 14:77
———, sodium, (*OC*-6-12)-, [15638-71-8], 14:79
Cobaltate(1-), bis(glycinato-*N*,*O*)bis (nitrito-*N*)-, mercury(1+), [15490-09-2], 9:173
———, potassium, [15157-77-4], 9:173
———, silver(1+), [15614-17-2], 9:174; 23:92
———, silver(1+), (*OC*-6-22)-, [99527-42-1], 23:92
Cobaltate(1-), bis[1,1,1,4,4,4-hexafluoro-2-butene-2,3-dithiolato(2-)-*S*,*S*']-, [47450-97-5], 10:9
———, bis[(7,8,9,10,11-η)-1,2,3,4,5,6,9,10,11-nonahydro-7,8-dimethyl-7,8-dicarbaundecaborato(2-)]-, [52855-29-5], 10:111
———, bis[(7,8,9,10,11-η)-undecahydro-7,8-dicarbaundecaborato(2-)]-, [11078-84-5], 10:111
———, [carbonato(2-)-*O*,*O*'][[*N*,*N*'-1,2-ethanediylbis[glycinato]](2-)-*N*,*N*',*O*,*O*']-, sodium, (*OC*-6-33)-, [99083-95-1], 18:104
Cobaltate(1-), [[*N*,*N*'-1,2-cyclohexanediylbis[*N*-(carboxymethyl)glycinato]](4-)-*N*,*N*',*O*,*O*',*O*^{N},*O*$^{N'}$]-, cesium, [*OC*-6-21-(*trans*)]-, [99527-41-0], 23:96
———, cesium, [*OC*-6-21-*A*-(1*R*-*trans*)]-, [72523-07-0], 23:97
———, potassium, [*OC*-6-21-*A*-(1*R*-*trans*)]-, [99527-38-5], 23:97
———, rubidium, [*OC*-6-21-*A*-(1*R*-*trans*)]-, [99527-40-9], 23:97
Cobaltate(1-), diamminebis[carbonato(2-)-*O*,*O*']-, lithium, (*OC*-6-21)-, [65521-08-6], 23:63
———, potassium, (*OC*-6-21)-, [26176-51-2], 23:62
Cobaltate(1-), diamminebis(cyano-*C*) [ethanedioato(2-)-*O*,*O*']-, sodium, dihydrate, (*OC*-6-32)-, [152227-45-7], 23:69
———, diammine[carbonato(2-)-*O*,*O*']bis(cyano-*C*)-, sodium,

dihydrate, (*OC*-6-32)-, [53129-53-6], 23:67
———, diammine[carbonato(2-)-*O*,*O*] bis(nitrito-*N*)-, potassium, hydrate (2:1), (*OC*-6-32)-, [152227-43-5], 23:70
Cobaltate(1-), diammine[ethanedioato(2-)-*O*,*O*']bis(nitrito-*N*)-, potassium, (*OC*-6-22)-, [55529-41-4], 9:172
———, potassium, hydrate (2:1), (*OC*-6-32)-, [152227-44-6], 23:71
Cobaltate(1-), diamminetetrakis(nitrito-*N*)-, hydrogen, [33677-11-1], 9:172
———, mercury(1+), [15490-00-3], 9:172
———, potassium, [14285-97-3], 9:170
———, silver(1+), [15489-99-3], 9:172
Cobaltate(1-), (1,2-ethanediamine-*N*,*N*')bis [ethanedioato(2-)-*O*,*O*']-, (*OC*-6-21)-, [23603-95-4], 13:195; 23:74
———, sodium, (*OC*-6-21-Δ)-, [33516-80-2], 13:198
———, sodium, (*OC*-6-21-Λ)-, [33516-79-9], 13:198
Cobaltate(1-), [[*N*,*N*'-1,2-ethanediylbis[*N*-(carboxymethyl)glycinato]](4-)-*N*,*N*',*O*,*O*',O^N,$O^{N'}$]-, barium (2:1), (*OC*-6-21)-, [92641-28-6], 5:186
———, cesium, (*OC*-6-21)-, [64331-31-3], 23:99
———, potassium, (*OC*-6-21)-, [14240-00-7], 5:186; 23:99
———, potassium, (*OC*-6-21-*A*)-, [40029-01-4], 6:193,194
———, potassium, (*OC*-6-21-*C*)-, [23594-44-7], 6:193,194
———, potassium, dihydrate, (*OC*-6-21)-, [15185-93-0], 18:100
———, potassium, dihydrate, (*OC*-6-21-*A*)-, [19570-74-2], 18:100
———, potassium, dihydrate, (*OC*-6-21-*C*)-, [53747-25-4], 18:100
———, rubidium, (*OC*-6-21)-, [14323-71-8], 23:100
———, sodium, (*OC*-6-21)-, [14025-11-7], 5:186
Cobaltate(1-), [[*N*,*N*'-1,2-ethanediylbis [glycinato]](2-)-*N*,*N*',*O*,*O*']bis(nitrito-*N*)-, potassium, (*OC*-6-13)-, [37480-85-6], 18:100
———, potassium, [*OC*-6-13-*C*-[*R*-(*R**,*R**)]]-, [53152-29-7], 18:101
Cobaltate(1-), [[*N*,*N*'-(1-methyl-1,2-ethanediyl)bis[*N*-(carboxymethyl) glycinato]](4-)-*N*,*N*',*O*,*O*',O^N,$O^{N'}$]-, cesium, (*OC*-6-42)-, [90443-37-1], 23:103
———, cesium, [*OC*-6-42-*A*-(*R*)]-, [90463-09-5], 23:103
———, cesium, [*OC*-6-42-*C*-(*S*)]-, [90443-36-0], 23:103
———, potassium, [*OC*-6-42-*A*-(*R*)]-, [86286-58-0], 23:101
———, rubidium, [*OC*-6-42-*A*-(*R*)]-, [90443-38-2], 23:101
Cobaltate(1-), tetracarbonyl-, (*T*-4)-, [14971-27-8], 15:87
———, (*T*-4)-, hydrogen, compd. with pyridine (1:1), [64537-27-5], 5:94
———, potassium, (*T*-4)-, [14878-26-3], 2:238
Cobaltate(1-), tris(2,4-pentanedionato-*O*,*O*')-, sodium, (*OC*-6-11)-, [20106-06-3], 11:87
Cobaltate(2-), bis[2,3-dimercapto-2-butenedinitrilato(2-)-*S*,*S*']-, (*SP*-4-1)-, [40706-01-2], 10:14; 10:17
———, bis[1,1,1,4,4,4-hexafluoro-2-butene-2,3-dithiolato(2-)-*S*,*S*']-, (*SP*-4-1)-, [14879-13-1], 10:9
———, [[*N*,*N*'-1,2-ethanediylbis[*N*-(carboxymethyl)glycinato]](4-)-*N*,*N*',*O*,*O*',O^N,$O^{N'}$]-, dihydrogen, (*OC*-6-21)-, [24704-41-4], 5:187
———, tetrachloro-, dipotassium, (*T*-4)-, [13877-26-4], 20:51
Cobaltate(3-), bis[(7,8,9,10,11-η)-undecahydro-7-carbaundecaborato(2-)]-, [65391-99-3], 11:42
———, hexaaquatris[μ_3-[orthoperiodato (5-)-*O*,*O*':*O*,*O*'':*O*',*O*''']]tetra-,

Cobaltate(3-) *(Continued)*
trihydrogen, hydrate, [149165-79-7], 9:142
———, hexakis(cyano-*C*)-, tripotassium, (*OC*-6-11)-, [13963-58-1], 2:225
Cobaltate(3-), tris[carbonato(2-)-*O*,*O*']-, tripotassium, (*OC*-6-11)-, [15768-38-4], 23:62
———, trisodium, trihydrate, (*OC*-6-11)-, [15684-40-9], 8:202
Cobaltate(3-), tris[ethanedioato(2-)-*O*,*O*']-, tripotassium, (*OC*-6-11)-, [14239-07-7], 1:37
———, tripotassium, (*OC*-6-11-Δ)-, [15631-50-2], 8:209
———, tripotassium, (*OC*-6-11-Λ)-, [15631-51-3], 1:37
———, tripotassium, trihydrate, (*OC*-6-11)-, [15275-08-8], 8:208; 8:209
Cobaltate(4-), hexakis[μ-[tetraethyl 2,3-dioxo-1,1,4,4-butanetetracarboxylato (2-)]]tetra-, tetraammonium, [125591-67-5], 29:277
Cobaltate(4-), tetrakis[ethanedioato(2-)-*O*,*O*']di-μ-hydroxydi-, tetrapotassium, trihydrate, [15684-38-5], 8:204
———, tetrasodium, pentahydrate, [15684-39-6], 8:204
Cobaltate(5-), decakis(cyano-*C*)-μ-superoxidodi-, pentapotassium, monohydrate, [12145-87-8], 12:202
Cobaltate (CoO_2^{1-}), potassium, [55608-59-8], 22:58; 30:151
———, sodium, [37216-69-6], 22:56; 30:149
Cobalt chloride ($CoCl_2$), [7646-79-9], 5:154; 7:113; 29:110
Cobalt fluoride (CoF_3), [10026-18-3], 3:175
Cobalt hydroxide ($Co(OH)_2$), [21041-93-0], 9:158
Cobalt iron oxide ($CoFe_2O_4$), [12052-28-7], 9:154
Cobalt potassium oxide ($CoK_{0.67}O_2$), [121091-71-2], 30:151
Cobalt potassium oxide (Co_2KO_4), [54065-18-8], 22:57,30:151
Cobalt potassium oxide ($Co_3K_2O_6$), [55608-58-7], 22:57
Cobalt sodium oxide ($CoNa_{0.64-0.74}O_2$), [118392-28-2], 22:56; 30:149
Cobalt sodium oxide ($CoNa_{0.6}O_2$), [108159-17-7], 22:56; 30:149
Cobalt sodium oxide ($CoNa_{0.77}O_2$), [153590-08-0], 22:56; 30:149
Cobalt sulfide (CoS_2), [12013-10-4], 14:157
Cobaltocene, [1277-43-6], 7:113
Cobinamide, *Co*-(2,2-diethoxyethyl) deriv., dihydrogen phosphate (ester), inner salt, 3'-ester with 5,6-dimethyl-1-α-D-ribofuranosyl-1*H*-benzimidazole, [41871-64-1], 20:138
———, *Co*-methyl deriv., dihydrogen phosphate (ester), inner salt, 3'-ester with 5,6-dimethyl-1-α-D-ribofuranosyl-1*H*-benzimidazole, [13422-55-4], 20:136
———, hydroxide, dihydrogen phosphate (ester), inner salt, 3'-ester with 5,6-dimethyl-1-α-D-ribofuranosyl-1*H*-benzimidazole, [13422-51-0], 20:138
Cobyrinic acid, cyanide perchlorate, monohydrate, heptamethyl ester, [74428-12-9], 20:141
———, dicyanide, heptamethyl ester, [36522-80-2], 20:139
———, *Co*-methyl deriv., perchlorate, monohydrate, heptamethyl ester, [104002-78-0], 20:141
Copper, (2,2'-bipyridine-*N*,*N*')iodo (tributylphosphine)-, (*T*-4)-, [81201-03-8], 7:10
———, bis[μ-(acetato-*O*:*O*')]di-, (*Cu-Cu*), [41367-42-4], 20:53
———, bis(2,2'-bipyridine-*N*,*N*')di-μ-iododi-, [39210-77-0], 7:12
———, bis(4-imino-2-pentanonato-*N*,*O*)-, [14404-35-4], 9:141
———, bis[1-phenyl-3-(phenylimino)-1-butanonato-*N*,*O*]-, [14482-83-8], 8:2

———, bis(pyridine)bis(thiocyanato-*N*)-, [14881-12-0], 12:251,253
———, bis(thiocyanato-*N*)bis(1*H*-1,2,4-triazole)-, homopolymer, [63654-20-6], 23:159
———, bis(2,2,7-trimethyl-3,5-octanedionato-*O*,*O*')-, [69701-39-9], 23:146
———, [μ-[(1,2-η:3,4-η)-1,3-butadiene]] dichlorodi-, [33379-51-0], 6:217
———, carbonylchloro-, dihydrate, [150220-20-5], 2:4
———, carbonyl[hydrotris(1*H*-pyrazolato-N^1)borato(1-)-N^2,$N^{2'}$,$N^{2''}$]-, (*T*-4)-, [52374-64-8], 21:108
———, carbonyl[tetrakis(1*H*-pyrazolato-N^1)borato(1-)-N^2,$N^{2'}$,$N^{2''}$]-, (*T*-4)-, [55295-09-5], 21:110
———, carbonyl[tris(3,5-dimethyl-1*H*-pyrazolato-N^1)hydroborato(1-)-N^2,$N^{2'}$,$N^{2''}$]-, (*T*-4)-, [52374-73-9], 21:109
———, chlorotris(triphenylphosphine)-, (*T*-4)-, [15709-76-9], 19:88
———, dibromo[μ-[(1,2-η:3,4-η)-1,3-butadiene]]di-, [150220-21-6], 6:218
———, [3,10-dibromo-3,6,7,10-tetrahydro-1,5,8,12-benzotetraazacyclotetradecinato(2-)-N^1,N^5,N^8,N^{12}]-, [67215-73-0], 18:50
———, dichloro(*N*-2-pyridinyl-2-pyridinamine-NN^2,N^1)-, (*T*-4)-, [58784-85-3], 6:3; 22:101
———, [μ-[[6,6'-(1,2-ethanediyldinitrilo) bis[2,4-heptanedionato]](4-)-N^6,$N^{6'}$,O^4,$O^{4'}$:O^2,$O^{2'}$,O^4,$O^{4'}$]]di-, [61004-43-1], 20:94
———, [[6,6'-(1,2-ethanediyldinitrilo) bis[2,4-heptanedionato]](2-)-*N*,N^1,O^4,$O^{4'}$]-, (*SP*-4-2)-, [38656-23-4], 20:93
———, hydro(triphenylphosphine)-, [70114-52-2], 19:87,88
———, hydro[tris(4-methylphenyl) phosphine]-, [70114-53-3], 19:89
———, (nitrato-*O*,*O*')bis (triphenylphosphine)-, (*T*-4)-, [23751-62-4], 19:93
———, (nitrato-*O*)tris(triphenylarsine)-, (*T*-4)-, [33989-05-8], 19:95
———, (nitrato-*O*)tris(triphenylstibine)-, (*T*-4)-, [33989-06-9], 19:94
———, [1,4,8,11-tetraazacyclotetradecane-5,7-dionato(2-)-N^1,N^4,N^8,N^{11}]-, [*SP*-4-4-(*R**,*S**)]-, [72547-88-7], 23:83
———, [tetrahydroborato(1-)-*H*,*H*']bis (triphenylphosphine)-, (*T*-4)-, [16903-61-0], 19:96
———, tetra-μ_3-iodotetrakis (tributylphosphine)tetra-, [59245-99-7], 6:1
———, [5,9,14,18-tetramethyl-1,4,10,13-tetraazacyclooctadeca-4,8,14,18-tetraene-7,16-dionato(2-)-N^1,N^4,O^7,O^{16}]-, (*SP*-4-2)-, [55238-11-4], 20:92
———, [5,10,15,20-tetraphenyl-21*H*,23*H*-porphinato(2-)-N^{21},N^{22},N^{23},N^{24}]-, (*SP*-4-1)-, [14172-91-9], 16:214
Copper(1+), (1,10-phenanthroline-N^1,N^{10})(L-serinato-*N*,O^1)-, sulfate (2:1), [74807-02-6], 21:115
———, tetrakis(acetonitrile)-, (*T*-4)-, hexafluorophosphate(1-), [64443-05-6], 19:90; 28:68
Copper(2+), bis(1,2-ethanediamine-*N*,*N*')-, bis[diiodocuprate(1-)], [72842-04-7], 6:16
———, diiodide, (*SP*-4-1)-, [32270-89-6], 5:18
Copper(2+), bis[2,2'-iminobis[*N*-hydroxy-ethanimidamide]]-, dichloride, [20675-39-2], 11:92
———, bis(*N*-2-pyridinyl-2-pyridinamine-NN^2,N^1)-, dichloride, [14642-89-8], 5:14
———, (2,9-dimethyl-3,10-diphenyl-1,4,8,11-tetraazacyclotetradeca-1,3,8,10-tetraene-N^1,N^4,N^8,N^{11})-,

Copper(2+) *(Continued)*
(*SP*-4-1)-, bis[hexafluorophosphate(1-)], [77154-14-4], 22:10
———, (tetrabenzo[*b,f,j,n*][1,5,9,13]tetraazacyclohexadecine-N^5,N^{11},N^{17},N^{23})-, (*SP*-4-1)-, dinitrate, [51890-18-7], 18:32
Copper bromide (CuBr), [7787-70-4], 2:3
Copper bromide selenide ($CuBrSe_3$), [12431-50-4], 14:170
Copper bromide telluride (CuBrTe), [12409-54-0], 14:170
Copper bromide telluride ($CuBrTe_2$), [12409-55-1], 14:170
Copper chloride (CuCl), [7758-89-6], 2:1; 20:10
Copper chloride ($CuCl_2$), [7447-39-4], 5:154; 29:110
Copper chloride selenide ($CuClSe_2$), [12442-58-9], 14:170
Copper chloride telluride (CuClTe), [12410-11-6], 14:170
Copper chloride telluride ($CuClTe_2$), [12410-12-7], 14:170
Copper iodide (CuI), [7681-65-4], 6:3; 22:101
Copper iodide selenide ($CuISe_3$), (*T*-4)-, [12410-62-7], 14:170
Copper iodide telluride (CuITe), [12410-63-8], 14:170
Copper iodide telluride ($CuITe_2$), [12410-64-9], 14:170
Copper lanthanum oxide ($CuLaO_{2.8-3}$), [158188-93-3], 30:219
Copper lanthanum oxide ($CuLaO_{2.5-2.57}$), [158188-95-5], 30:221
Copper lanthanum oxide ($CuLaO_{2.6-2.8}$), [158188-94-4], 30:221
Copper lanthanum strontium oxide ($CuLa_{1.85}Sr_{0.15}O_4$), [107472-96-8], 30:193
Copper lead strontium thallium oxide ($CuPb_{0.5}Sr_2Tl_{0.5}O_5$), [122285-36-3], 30:207
Copper niobium potassium selenide ($CuNb_2K_3Se_3(Se_2)_3(Se_3)$), [135041-37-1], 30:86
Cuprate(1-), (tetraseleno)-, potassium, [128191-66-2], 30:89
———, tetrathioxo-, potassium, [12158-64-4], 30:88
Cuprate(2-), bis[4-[[[(aminoiminomethyl)amino]iminomethyl]amino]benzenesulfonato(2-)]-, dihydrogen, [59249-53-5], 7:6
———, bis[2,3-dimercapto-2-butenedinitrilato(2-)-*S,S'*]-, (*SP*-4-1)-, salt with 2-(1,3-dithiol-2-ylidene)-1,3-dithiole (1:2), [55538-55-1], 19:31
———, bis[ethanedioato(2-)-*O,O'*]-, dipotassium, [36431-92-2], 6:1
Cyanamide, [420-04-2], 3:39; 3:41
———, disilver(1+) salt, [3384-87-0], 1:98; 15:167
Cyanic acid, ammonium salt, [22981-32-4], 13:17; 16:136
———, lead(2+) salt, [13453-58-2], 8:23
———, potassium salt, [590-28-3], 2:87
———, silver(1+) salt, [3315-16-0], 8:23
———, sodium salt, [917-61-3], 2:88
Cyanide, homopolymer, [30729-95-4], 2:92
Cyanogen chloride ((CN)Cl), [506-77-4], 2:90
Cyclodisilathiane, tetrachloro-, [121355-79-1], 7:29,30
1,3,5-Cycloheptatriene, molybdenum complex, [12125-77-8], 9:121; 28:45
———, tungsten complex, [12128-81-3], 27:4
Cycloheptatrienylium, bromide, [5376-03-4], 7:105
Cycloheptene, silver complex, [38882-89-2], 16:118
1,3-Cyclohexadiene, ruthenium complex, [12215-07-5], 22:177
———, ruthenium complex, [67421-01-6], 21:77

1,2-Cyclohexanediamine, cobalt complex, *trans*-, [43223-46-7], 14:58
———, cobalt complex, *trans*-, [43223-47-8], 14:58
———, nickel complex, *trans*-, [49562-51-8], 14:61
———, nickel complex, *trans*-, [53748-68-8], 14:61
———, platinum complex, *cis*-, [106160-54-7], 27:283
———, platinum complex, (1*R*-*trans*)-, [66845-32-7], 27:284
———, platinum complex, (1*R*-*trans*)-, [91897-69-7], 27:283
———, platinum complex, (1*S*-*trans*)-, [106160-56-9], 27:283
1,2-Cyclohexanedione, *O*,*O*'-bis[[[2-(hydroxyimino)cyclohexylidene] amino]oxy]phenylboryl]dioxime, iron complex, [83356-87-0], 21:112
1,2-Cyclohexanedione, dioxime, boron-iron complex, [66060-48-8], 17:143
———, boron-iron complex, [66060-49-9], 17:144
Cyclohexane, isocyano-, nickel complex, [24917-34-8], 17:119; 28:101
Cyclohexasilane, dodecamethyl-, [4098-30-0], 19:265
Cyclohexene, iron complex, [12085-92-6], 12:38
———, silver complex, [38892-26-1], 16:18
1,5-Cyclooctadiene, cobalt complex, [34829-55-5], 17:112
———, iridium complex, [12112-67-3], 15:18
———, iridium complex, [12148-71-9], 23:128
———, iridium complex, [38834-40-1], 29:283
———, iridium complex, [56678-60-5], 24:174
———, iridium complex, [64536-78-3], 24:173,175
———, iridium complex, [73178-89-9], 27:23
———, nickel complex, [1295-35-8], 15:5
———, nickel complex, [58640-58-7], 28:94
———, osmium-rhodium complex, [106017-48-5], 27:29
———, palladium complex, [12107-56-1], 13:52; 28:348
———, palladium complex, [12145-47-0], 13:53
———, palladium complex, [31724-99-9], 13:56
———, palladium complex, [32915-11-0], 13:61
———, palladium complex, [35828-71-8], 13:59
———, platinum complex, [12080-32-9], 13:48; 28:346
———, platinum complex, [12130-66-4], 19:213,214; 28:126
———, platinum complex, [12145-48-1], 13:49
———, platinum complex, [12266-72-7], 13:50
———, platinum complex, [31725-00-5], 13:57
———, platinum complex, [31940-97-3], 13:64
———, rhodium complex, [104114-33-2], 25:172
———, rhodium complex, [12092-47-6], 19:218; 28:88
———, rhodium complex, [12148-72-0], 23:127
———, rhodium complex, [52394-65-7], 20:192
———, rhodium complex, [52410-07-8], 20:191
———, rhodium complex, [56282-20-3], 20:194
———, rhodium complex, [73468-85-6], 23:129
———, ruthenium complex, [115203-16-2], 26:70
———, ruthenium complex, [115203-17-3], 26:71

1,5-Cyclooctadiene *(Continued)*
———, ruthenium complex, [115203-19-5], 26:72
———, ruthenium complex, [115226-43-2], 26:69
———, ruthenium complex, [12289-52-0], 26:254
———, ruthenium complex, [128476-13-1], 26:74
———, ruthenium complex, [32874-17-2], 16:105; 28:54
———, ruthenium complex, [37684-73-4], 26:73
———, ruthenium complex, [42516-72-3], 22:178
———, ruthenium complex, [50982-12-2], 26:253
———, ruthenium complex, [54071-75-9], 26:71
———, ruthenium complex, [54071-76-0], 26:72
———, ruthenium complex, [81923-54-8], 26:74
———, ruthenium complex, [93582-31-1], 26:254
———, ruthenium complex, [93582-33-3], 26:256
———, ruthenium complex, homopolymer, [50982-13-3], 26:69
———, silver complex, [38892-25-0], 16:117
———, silver complex, [38892-27-2], 16:118
Cyclooctane, boron complex, [76448-06-1], 22:200
———, boron complex, [76448-07-2], 22:200
———, boron complex, [76448-08-3], 22:199
1,3,5,7-Cyclooctatetraene, iron complex, [12093-05-9], 8:184
———, iron complex, [12184-52-0], 15:2
———, iron complex, [36548-54-6], 8:184
———, iron complex, [36561-99-6], 8:184
———, lutetium complex, [84582-81-0], 27:153
———, lutetium complex, [96504-50-6], 27:152
———, platinum complex, [12266-68-1], 13:50
———, platinum complex, [12266-69-2], 13:48
———, silver complex, [38892-24-9], 16:117
———, silver complex, [39015-21-9], 16:118
———, uranium complex, [11079-26-8], 19:149,150
Cyclooctatriene, lithium complex, [37609-69-1], 28:127
1,3,5-Cyclooctatriene, lithium complex, [40698-91-7], 19:214
———, ruthenium complex, [42516-72-3], 22:178
Cyclooctene, cobalt complex, [34829-55-5], 17:112
———, iridium complex, [12246-51-4], 14:94; 15:18; 28:91
———, iridium complex, [59390-28-2], 21:102
———, rhodium complex, [12279-09-3], 14:93
———, rhodium complex, [74850-79-6], 28:90
———, silver complex, [39015-19-5], 16:118
Cyclooctene, 5-methoxy-, palladium complex, [12096-15-0], 13:60
1,3-Cyclopentadiene, [542-92-7], 6:11; 7:101
1,3-Cyclopentadiene, 1-chloro-, titanium complex, [94890-70-7], 29:200
———, 5-diazo-, [1192-27-4], 20:191
1,3-Cyclopentadiene, 1-methyl-, [96-39-9], 27:52
———, molybdenum complex, [61112-91-2], 29:206
———, molybdenum complex, [63374-10-7], 29:208

———, molybdenum complex, [98525-67-8], 29:210
———, titanium complex, [78614-86-5], 27:52
———, vanadium complex, [82978-84-5], 27:54
———, vanadium complex, [87174-39-8], 27:55
1,3-Cyclopentadiene, 1,2,3,4,5-pentamethyl-, [4045-44-7], 21:181
———, chromium complex, [80765-35-1], 27:69
———, cobalt complex, [12129-77-0], 23:15; 28:273
———, cobalt complex, [72339-52-7], 23:17; 28:276
———, cobalt complex, [80848-36-8], 23:19; 28:278
———, hafnium complex, [76830-38-1], 24:151; 28:255
———, hafnium complex, [85959-83-7], 24:154
———, iridium complex, [12354-84-6], 29:230
———, iridium complex, [65074-02-4], 29:232
———, iridium complex, [66416-07-7], 22:174
———, iridium complex, [86747-87-7], 27:19
———, osmium complex, [81554-98-5], 25:191
———, rhodium complex, [12354-85-7], 29:229
———, rhodium complex, [63162-06-1], 22:173
———, ruthenium complex, [120883-04-7], 29:225
———, ruthenium complex, [82091-73-4], 29:225
———, samarium complex, [79372-14-8], 28:297
———, titanium complex, [11136-40-6], 28:253
———, titanium complex, [81626-27-9], 27:62
———, ytterbium complex, [74282-47-6], 27:148
———, zirconium complex, [61396-31-4], 24:153; 28:254
1,3-Cyclopentadiene, 1,2,3,4-tetrachloro-5-diazo-, [21572-61-2], 20:189,190
2,4-Cyclopentadien-1-one, 2,3,4,5-tetrachloro-, hydrazone, [17581-52-1], 20:190
Cyclopentasilane, decamethyl-, [13452-92-1], 19:265
2-Cyclopenten-1-one, 2,3,4,5-tetramethyl-, [54458-61-6], 29:195
Cyclotetrasilazane, 2,2,4,4,6,6,8,8-octaethyl-, [17379-63-4], 5:62
Cyclotetrasilazane, 2,2,4,4,6,6,8,8-octamethyl-, [1020-84-4], 5:61
Cyclotrisilathiane, hexamethyl-, [3574-04-7], 15:212
Cyclotrisilazane, 2,2,4,4,6,6-hexaethyl-, [15458-87-4], 5:62
———, 2,2,4,4,6,6-hexamethyl-, [1009-93-4], 5:61
L-Cysteine, gold complex, [74921-06-5], 21:31
———, molybdenum complex, [88765-05-3], 29:258

Decaborane(12), decaborane(12) deriv., [12551-36-9], 9:17
———, 6,9-bis(*N*,*N*-diethylethanamine)-, [12551-36-9], 9:17
Decaborane(14), [17702-41-9], 9:17; 10:94; 11:20,34; 22:202
Decaborate(2-), decahydro-, [12356-12-6], 11:28,30
———, dihydrogen, compd. with *N*,*N*-diethylethanamine (1:2), [12075-73-9], 9:16
1-Decanamine, compd. with tantalum sulfide (TaS2), [51030-96-7], 30:164
Diarsenyl, [149165-58-2], 7:42

1,3,2-Diazaborine, hexahydro-1,3-dimethyl-, [38151-20-1], 17:166
1,3,2-Diazaborolidine, 1,3-dimethyl-, [38151-26-7], 17:165
1,3,2,4-Diazadiphosphetidin-2-amine, 4-chloro-*N*,1,3-tris(1-methylethyl)-*N*-(trimethylsilyl)-, [74465-50-2], 25:10
1,3,2,4-Diazadiphosphetidine, 2,4-dichloro-1,3-bis(1,1-dimethylethyl)-, [24335-35-1], 25:8
———, *cis*-, [35107-68-7], 27:258
1,3,2,4-Diazadiphosphetidine, 2,4-dichloro-1,3-bis(1-methylethyl)-, [49774-19-8], 25:10
1*H*,5*H*-[1,4,2,3]Diazadiphospholo[2,3-*b*][1,4,2,3]diazadiphosphole, molybdenum deriv., [86442-02-6], 24:124
1*H*,5*H*-[1,4,2,3]Diazadiphospholo[2,3-*b*][1,4,2,3]diazadiphosphole-2,6(3*H*,7*H*)-dione, 1,3,5,7-tetramethyl-, [77507-69-8], 24:122
1*H*,5*H*-[1,4,2,3]Diazadiphospholo[2,3-*b*][1,4,2,3]diazadiphosphole-2,6(3*H*,7*H*)-dione, 1,3,5,7-tetramethyl-, molybdenum complex, [86442-02-6], 24:124
1,2-Diazahexaborane(6), 3,6-bis(1,1-dimethylethyl)-4,5-bis(1-methylethyl)-1,2-bis(trimethylsilyl)-, [145247-43-4], 29:54
Diazene, diphenyl-, cobalt complex, [19528-27-9], 26:176
———, manganese complex, [19528-32-6], 26:173
———, manganese complex, [54545-26-5], 26:173
———, nickel complex, [32015-52-4], 17:121
———, nickel complex, [32714-19-5], 17:122
———, nickel complex, [65981-84-2], 17:123
———, palladium complex, [14873-53-1], 26:175
Diazene, (3-fluorophenyl)-, platinum complex, [16902-62-8], 12:29,31
———, (4-fluorophenyl)-, platinum complex, [16774-96-2], 12:31
———, phenyl-, platinum complex, [16903-20-1], 12:31
Dibenzo[*b*,*i*][1,4,8,11]tetraazacyclotetradecine, cobalt deriv., [41283-94-7], 18:46
———, nickel deriv., [51223-51-9], 20:115
———, 5,14-dihydro-, [22119-35-3], 18:45
———, 7,16-dihydro-, cobalt complex, [41283-94-7], 18:46
———, 7,16-dihydro-6,8,15,17-tetramethyl-, [42883-96-5], 20:117
———, 7,16-dihydro-6,8,15,17-tetramethyl-, nickel complex, [51223-51-9], 20:115
Diborane(4), tetrachloro-, [13701-67-2], 10:118; 19:74
Diborane(6), [19287-45-7], 10:83; 11:15; 15:142; 27:215
———, bis[μ-(dimethylamino)]-, [23884-11-9], 17:32
———, bis[μ-(diphenylphosphino)]tetraiodo-, [3325-73-3], 9:19,22
———, bromo-, [23834-96-0], 18:146
———, [μ-(dimethylamino)]-, [23273-02-1], 17:34
———, iodo-, [20436-27-5], 18:147
———, methyl-, [23777-55-1], 19:237
———, tetrabromobis[μ-(diphenylphosphino)]-, [3325-72-2], 9:24
———, tetraethyl-, [12081-54-8], 15:141
———, tetrakis(acetyloxy)di-μ-amino-, [49606-25-9], 14:55
———, tetrapropyl-, [22784-01-6], 15:141
———μ,μ,1,1,2-d_5, 2-bromo-, [67403-12-7], 18:146
———μ,μ,1,1,2-d_5, 2-iodo-, [67403-13-8], 18:147
Diborate(2-), hexahydro-, iron complex, [67517-57-1], 29:269
1,6-Diborecane, [5626-20-0], 19:239,241

1,2-Dicarbadodecaborane(12), [16872-09-6], 10:92; 10:95; 11:19
———, 1-(bromomethyl)-, [19496-84-5], 10:100
———, 1,2-dimethyl-, [17032-21-2], 10:106
———, 1,2-(1,2-ethanediyl)-, [71817-60-2], 29:101
———, 9-mercapto-, [64493-43-2], 22:241
———, 1-methyl-, [16872-10-9], 10:104
1,2-Dicarbadodecaborane(12)-1,2-dimethanol, diacetate, [19610-38-9], 11:20
1,2-Dicarbadodecaborane(12)-1-ethanol, 4-methylbenzenesulfonate, [120085-61-2], 29:102
2,3-Dicarbahexaborane(8), 2,3-bis (trimethylsilyl)-, [91686-41-8], 29:92
———, 2,3-diethyl-, [80583-48-8], 22:211
———, 2-(trimethylsilyl)-, [31259-72-0], 29:95
2,3-Dicarbahexaborate(2-), 2,3-diethyl-1,4,5,6-tetrahydro-, iron complex, [83096-05-3], 22:215
2,3-Dicarbahexaborate(2-), 1,4,5,6-tetrahydro-2,3-bis(trimethylsilyl)-, dilithium, [137627-93-1], 29:99
———, lithium sodium, [109031-63-2], 29:97
Dicarbanonaborane(11), [51434-77-6], 22:237
1,5-Dicarbapentaborane(5), 1,2,3,4,5-pentaethyl-, [12090-97-0], 29:92
7,8-Dicarbaundecaborane(11), 9-[thiobis [methane]]-, [54481-98-0], 22:239
7,8-Dicarbaundecaborate(1-), dodecahydro-, [11130-95-3], 10:109
———, potassium, [12304-72-2], 22:231
7,8-Dicarbaundecaborate(1-), decahydro-7,8-dimethyl-, [11084-09-6], 10:108
7,8-Dicarbaundecaborate(2-), 1,2,3,4,5,6,7,9,10,11-decahydro-8-phenyl-, cobalt complex, [51868-92-9], 10:111
———, iron complex, [51868-93-0], 10:111
7,8-Dicarbaundecaborate(2-), 1,2,3,4,5,6,9,10,11-nonahydro-7,8-dimethyl-, cobalt complex, [52855-29-5], 10:111
7,8-Dicarbaundecaborate(2-), undecahydro-, [56902-43-3], 10:111
———, cobalt complex, [11078-84-5], 10:111
———, cobalt complex, [37100-20-2], 22:235
———, iron complex, [51868-94-1], 10:113
———, iron complex, [65465-56-7], 10:111
Digermane, [13818-89-8], 7:36; 15:169
Digermane, chloro-, [13825-03-1], 15:171
———, hexaphenyl-, [2816-39-9], 5:72,78; 8:31
———, iodo-, [19021-93-3], 15:169
———, methyl-, [20420-08-0], 15:172
Digermaselenane, [24254-18-0], 20:175
Digermatellurane, [24312-07-0], 20:175
Digermathiane, [18852-54-5], 15:182; 18:164
Digermoxane, [14939-17-4], 20:176,178
Digermoxane, 1,3-dimethyl-, [33129-29-2], 20:176,179
———, hexamethyl-, [2237-93-6], 20:176,179
———, hexaphenyl-, [2181-40-0], 5:78
———, 1,1,3,3-tetramethyl-, [33129-30-5], 20:176,179
Diimidotrimetaphosphoric acid ($(HN)_2P_3(OH)_3O_4$), trisodium salt, [29018-09-5], 6:105,106
Diimidotriphosphoramide, [27712-38-5], 6:110
Diimidotriphosphoric acid, pentasodium salt, hexahydrate, [31072-79-4], 6:104
5,26:13,18-Diimino-7,11:20,24-dinitrilodibenzo[*c*,*n*][1,6,12,17]tetraazacyclodocosine, [343-44-2], 18:47
5,26:13,18-Diimino-7,11:20,24-dinitrilodibenzo[*c*,*n*][1,6,12,17]tetraazacyclo-

5,26:13,18-Diimino-7,11:20,24-dinitrilodibenzo[*c*,*n*][1,6,12,17]tetraazacyclodocosine *(Continued)*
docosine, manganese complex, [54686-87-2], 18:48
———, vanadium complex, [67327-06-4], 18:48
5,35:14,19-Diimino-12,7:21,26:28,33-trinitrilo-7*H*-pentabenzo[*c*,*h*,*m*,*r*,*w*][1,6,11,16,21]pentaazacyclopentacosine, uranium complex, [56174-38-0], 20:97
24*H*-6,10:19,23-Dinitrilo-10*H*-benzimidazo[2,1-*h*][1,9,17]benzotriazacyclononadecine, 5,5a-dihydro-24-methoxy-, cobalt complex, [73202-97-8], 23:176
7,11:20,24-Dinitrilodibenzo[*b*,*m*][1,4,12,15]tetraazacyclodocosine, barium complex, [133270-20-9], 23:174
———, cadmium complex, [73202-81-0], 23:175
1,4-Dioxane, compd. with sulfur trioxide (1:1), [20769-58-8], 2:174
———, compd. with sulfur trioxide (1:2), [52922-31-3], 2:174
Diphosphate, [14000-31-8], 21:157
Diphosphene, bis[2,4,6-tris(1,1-dimethylethyl)phenyl]-, [79073-99-7], 27:241
———, bis[tris(trimethylsilyl)methyl]-, [83115-11-1], 27:241,242
Diphosphine, tetramethyl-, [3676-91-3], 13:30; 14:14; 15:187
———, 1,2-disulfide, [3676-97-9], 15:185; 23:199
2,3,13:7,8,11-Diphosphinidyne-1*H*,9*H*,11*H*,13*H*-pentaphospholo[*a*]pentaphospholo[4,5]pentaphospholo[1,2-*c*]pentaphosphole, dilithium salt, [85482-14-0], 27:227
———, ion(2-), [78245-19-9], 27:228
Diphosphinium, 1,1,1-triphenyl-2-(triphenylphosphoranylidene)-, (*T*-4)-tetrachloroaluminate(1-), [91068-15-4], 27:254
———, 1,1,1-tris(dimethylamino)-2-[tris(dimethylamino)phosphoranylidene]-, tetraphenylborate(1-), [86197-01-5], 27:256
Diphosphoramide, octamethyl-, [152-16-9], 7:73
Diphosphoric acid, [2466-09-3], 3:96
Diphosphoric acid, diammonium salt, [13597-86-9], 7:66
———, disodium salt, [7758-16-9], 3:99
———, manganese(2+) salt (1:2), [13446-44-1], 19:121
———, tetraammonium salt, [13765-35-0], 7:65; 21:157
———, tetrasodium salt, [7722-88-5], 3:100
Diphosphorous acid, platinate(12-) deriv., [73588-97-3], 24:211
———, platinum complex, [73588-97-3], 24:211
Diphosphorous tetrafluoride, [13812-07-2], 12:281,285
6,9-Diselenadecaborane(10), [69550-87-4], 29:105
7,9-Diselenaundecaborane(9), [146687-12-9], 29:103
1,3-Diselenole, methanaminium deriv., [84041-23-6], 24:133
1,3-Diselenole, 2-(4,5-dimethyl-1,3-diselenol-2-ylidene)-4,5-dimethyl-, [55259-49-9], 24:131,134
———, radical ion(1+), hexafluorophosphate(1-), compd. with 2-(4,5-dimethyl-1,3-diselenol-2-ylidene)-4,5-dimethyl-1,3-diselenole (1:1), [73261-24-2], 24:142
———, radical ion(1+), perchlorate, compd. with 2-(4,5-dimethyl-1,3-diselenol-2-ylidene)-4,5-dimethyl-1,3-diselenole (1:1), [77273-54-2], 24:136
———, radical ion(1+), tetrafluoroborate (1-), salt with 2-(4,5-dimethyl-1,3-diselenol-2-ylidene)-4,5-dimethyl-1,3-diselenole (1:1), [73731-79-0], 24:139
1,3-Diselenole, 2-(1,3-diselenol-2-ylidene)-, compd. with iron chloride

oxide (FeClO) (2:17), [124505-64-2], 30:179
1,3-Diselenole-2-selone, 4,5-dimethyl-, [53808-62-1], 24:133
Disilane, [1590-87-0], 11:172
———, hexabromo-, [13517-13-0], 2:98
———, hexachloro-, [13465-77-5], 1:44
Disilane-d_6, [13537-08-1], 11:172
Disilaselenane, [14939-45-8], 24:127
———, hexamethyl-, [4099-46-1], 20:173
Disilatellurane, hexamethyl-, [4551-16-0], 20:173
Disilathiane, [16544-95-9], 19:275
Disilathiane, 1,3-dimethyl-, [14396-23-7], 19:276
———, hexachloro-, [104824-18-2], 7:30
———, hexamethyl-, [3385-94-2], 15:207; 19:276; 29:30
———, 1,1,3,3-tetramethyl-, [16642-70-9], 19:276
Disilene, tetrakis(2,4,6-trimethylphenyl)-, [80785-72-4], 29:19,21
Disiloxane, dioxo-, [44234-98-2], 1:42
———, hexachloro-, [14986-21-1], 7:23
———, hexamethyl-, [107-46-0], 5:58
Distannane, [32745-15-6], 7:39
Distannoxane, hexamethyl-, [1692-18-8], 17:181
Disulfide, bis(azidothioxomethyl), [148832-09-1], 1:81,82
Disulfurous acid, dipotassium salt, [16731-55-8], 2:165,166
———, dipotassium salt, hydrate (3:2), [148832-20-6], 2:165,167
———, disodium salt, [7681-57-4], 2:162, 165
———, disodium salt, heptahydrate, [91498-96-3], 2:162,165
Disulfuryl chloride, [7791-27-7], 3:124
Disulfuryl fluoride, [13036-75-4], 11:151
5*H*-1,3,2,4,5-Dithia(3-S^{IV})diazastannole, 5,5-dimethyl-, [50485-31-9], 25:53
5*H*-1,3,2,4-Dithia(3-S^{IV})diazol-5-one, [55590-17-5], 25:53
2,4-Dithia-3-selena-6-azaheptanethioamide, *N,N*,6-trimethyl-5-thioxo-, [18228-25-6], 4:93
2,4-Dithia-3-selena-6-azaoctanethioamide, *N,N*,6-triethyl-5-thioxo-, [136-92-5], 4:93
2,4-Dithia-3-tellura-6-azaheptanethioamide, *N,N*,6-trimethyl-5-thioxo-, [15925-58-3], 4:93
1,2-Dithiete, 3,4-bis(trifluoromethyl)-, [360-91-8], 10:19
1,3-Dithiole, nickelate(2-) deriv., [55520-22-4], 19:31
———, platinate(1-) deriv., [55520-24-6], 19:31
———, platinate(2-) deriv., [55520-23-5], 19:31
1,3-Dithiole, 2-(1,3-dithiol-2-ylidene)-, [31366-25-3], 19:28
1,3-Dithiole, 2-(1,3-dithiol-2-ylidene)-, compd. with iron chloride oxide (FeClO) (2:17), [158188-72-8], 30:177
———, radical ion(1+), iodide, compd. with 2-(1,3-dithiol-2-ylidene)-1,3-dithiole (8:3), [55492-87-0], 19:31
———, radical ion(1+), selenocyanate, compd. with 2-(1,3-dithiol-2-ylidene)-1,3-dithiole (4:3), [151085-48-2], 19:31
———, radical ion(1+), tetrafluoroborate (1-), compd. with 2-(1,3-dithiol-2-ylidene)-1,3-dithiole (2:1), [55492-86-9], 19:31
———, radical ion(1+), thiocyanate, compd. with 2-(1,3-dithiol-2-ylidene)-1,3-dithiole (4:3), [151085-47-1], 19:31
1,3-Dithiol-1-ium, 2,2'-bi-1,3-dithiol-1-ium deriv., [58784-67-1], 19:31
———, tetrafluoroborate(1-), [53059-75-9], 19:28
1,3-Dithiolo[4,5-*b*][1,4]dithiin, 2-(5,6-dihydro-1,3-dithiolo[4,5-*b*][1,4]dithiin-2-ylidene)-5,6-dihydro-, [66946-48-3], 26:386

1,3-Dithiolo[4,5-*b*][1,4]dithiin-2-thione, 5,6-dihydro-, [59089-89-3], 26:389
Dithionic acid, barium salt (1:1), dihydrate, [7787-43-1], 2:170
———, calcium salt (1:1), tetrahydrate, [13477-31-1], 2:168
———, disodium salt, dihydrate, [10101-85-6], 2:170
Dithiotetrathiazyl chloride ((N_4S_6)Cl_2), [92462-65-2], 9:109
1,3,4,7,8,10,12,13,16,17,19,22-Dodecaazatetracyclo[8.8.4.^{13,17}.^{18,12}]tetracosa-4,6,13,15,19,21-hexaene, 5,6,14,15, 20,21-hexamethyl-, [151085-49-3], 20:88
1,3,4,7,8,10,12,13,16,17,19,22-Dodecaazatetracyclo[8.8.4.^{13,17}.^{18,12}]tetracosa-4,6,13,15,19,21-hexaene, 5,6,15,16, 20,21-hexamethyl-, cobalt complex, [151085-59-5], 20:89
———, cobalt complex, [151085-61-9], 20:89
———, nickel complex, [151085-63-1], 20:89
1,3,4,7,8,10,12,13,16,17,19,22-Dodecaazatetracyclo[8.8.4.^{13,17}.^{18,12}]tetracosane, cobalt(2+) deriv., [151085-59-5], 20:89
———, cobalt(3+) deriv., [151085-61-9], 20:89
———, iron(2+) deriv., [151124-35-5], 20:88
———, nickel(2+) deriv., [151085-63-1], 20:89
Dodecaborate(2-), dodecahydro-, [12356-13-7], 10:87,88; 11:28,30
———, cesium chloride (1:3:1), [12046-86-5], 11:30
———, cesium tetrahydroborate(1-) (1:3:1), [150384-19-3], 11:30
1-Dodecanamine, compd. with tantalum sulfide (TaS_2), [34200-73-2], 30:164
1,6,10-Dodecatriene, nickel complex, [12090-21-0], 19:85
1-Dodecene, platinum complex, [129153-28-2], 20:181,183
Dysprosate(1-), μ-chlorohexachlorodi-, potassium, [71619-20-0], 22:2; 30:73
Dysprosate(2-), pentachloro-, dicesium, [20523-27-7], 30:78
Dysprosate(3-), tri-μ-bromohexabromodi-, tricesium, [73190-96-2], 30:79
Dysprosium, (1,4,7,10,13,16-hexaoxacyclooctadecane-O^1,O^4,O^7,O^{10},O^{13}, O^{16})tris(nitrato-*O*,*O*')-, [77372-10-2], 23:153
———, (2,4-pentanedionato-*O*,*O*')[5,10, 15,20-tetraphenyl-21*H*,23*H*-porphinato(2-)-N^{21},N^{22},N^{23},N^{24}]-, [61276-74-2], 22:166
———, tetrakis[(1,2,3,4,5-η)-1,3-bis (trimethylsilyl)-2,4-cyclopentadien-1-yl]di-μ-chlorodi-, [81523-79-7], 27:171
———, (2,2,6,6-tetramethyl-3,5-heptanedionato-*O*,*O*')[5,10,15,20-tetraphenyl-21*H*,23*H*-porphinato(2-)-N^{21},N^{22}, N^{23},N^{24}]-, [89769-03-9], 22:160
———, tris(nitrato-*O*,*O*')(1,4,7,10,13-pentaoxacyclopentadecane-O^1,O^4,O^7, O^{10},O^{13})-, [77371-98-3], 23:151
———, tris(nitrato-*O*)(1,4,7,10-tetraoxacyclododecane-O^1,O^4,O^7,O^{10})-, [73288-74-1], 23:151
———, tris(2,2,6,6-tetramethyl-3,5-heptanedionato-*O*,*O*')-, (*OC*-6-11)-, [15522-69-7], 11:96
Dysprosium(1+), bis(nitrato-*O*,*O*') (1,4,7,10,13-pentaoxacyclopentadecane-O^1,O^4,O^7,O^{10},O^{13})-, hexakis(nitrato-*O*,*O*')dysprosate(3-) (3:1), [94121-26-3], 23:153
———, (1,4,7,10,13,16-hexaoxacyclooctadecane-O^1,O^4,O^7,O^{10},O^{13},O^{16})bis (nitrato-*O*,*O*')-, hexakis(nitrato-*O*,*O*') dysprosate(3-) (3:1), [99352-30-4], 23:155
Dysprosium(3+), hexakis(*P*,*P*-diphenylphosphinic amide-*O*)-, (*OC*-6-11)-, tris[hexafluorophosphate(1-)], [59449-58-0], 23:180

Dysprosium chloride ($DyCl_3$), [10025-74-8], 22:39
Dysprosium sulfide (Dy_2S_3), [12133-10-7], 14:154

Erbate(2-), pentachloro-, dicesium, [97252-99-8], 30:78
———, dirubidium, [97252-87-4], 30:78
Erbate(3-), tri-μ-bromohexabromodi-, tricesium, [73190-98-4], 30:79
———, trirubidium, [73556-93-1], 30:79
Erbate(3-), tri-μ-chlorohexachlorodi-, tricesium, [73191-14-7], 30:79
Erbium, (1,4,7,10,13,16-hexaoxacyclooctadecane-$O^1,O^4,O^7,O^{10},O^{13},O^{16}$)tris (nitrato-*O,O'*)-, [77402-72-3], 23:153
———, (2,4-pentanedionato-*O,O'*)[5,10,15,20-tetrakis(3-fluorophenyl)-21*H*,23*H*-porphinato(2-)-$N^{21},N^{22},N^{23},N^{24}$]-, [89769-05-1], 22:160
———, (2,4-pentanedionato-*O,O'*)[5,10,15,20-tetraphenyl-21*H*,23*H*-porphinato(2-)-$N^{21},N^{22},N^{23},N^{24}$]-, (*TP*-6-132)-, [61276-76-4], 22:160
———, tetrakis[(1,2,3,4,5-η)-1,3-bis (trimethylsilyl)-2,4-cyclopentadien-1-yl]di-μ-chlorodi-, [81523-81-1], 27:171
———, tris(nitrato-*O,O'*)(1,4,7,10,13-pentaoxacyclopentadecane-$O^1,O^4,O^7,O^{10},O^{13}$)-, [77372-02-2], 23:151
———, tris(nitrato-*O*)(1,4,7,10-tetraoxacyclododecane-O^1,O^4,O^7,O^{10})-, [73297-44-6], 23:151
———, tris(2,2,6,6-tetramethyl-3,5-heptanedionato-*O,O'*)-, (*OC*-6-11)-, [35733-23-4], 11:96
Erbium(1+), bis(nitrato-*O,O'*)(1,4,7,10,13-pentaoxacyclopentadecane-$O^1,O^4,O^7,O^{10},O^{13}$)-, hexakis(nitrato-*O,O'*)erbate (3-) (3:1), [94121-32-1], 23:153
———, (1,4,7,10,13,16-hexaoxacyclooctadecane-$O^1,O^4,O^7,O^{10},O^{13},O^{16}$)bis (nitrato-*O,O'*)-, (*OC*-6-11)-hexakis (nitrato-*O*)erbate(3-) (3:1), [77372-28-2], 23:155
Erbium(3+), hexakis(*P,P*-diphenylphosphinic amide-*O*)-, (*OC*-6-11)-, tris[hexafluorophosphate(1-)], [59491-94-0], 23:180
Erbium chloride ($ErCl_3$), [10138-41-7], 22:39
Erbium sulfide (Er_2S_3), [12159-66-9], 14:154
Ethanamine, boron-molybdenum complex, [70114-01-1], 23:8
———, compd. with tantalum sulfide (TaS_2), [34340-92-6], 30:164
———, rhenium complex, [151120-12-6], 20:204
Ethanamine, *N,N*-diethyl-, boron complex, [12551-36-9], 9:17
———, boron complex, [1722-26-5], 12:109-115
Ethanamine, 1,1'-(2,12-dimethyl-1,5,9,13-tetraazacyclohexadeca-1,4,9,12-tetraene-3,11-diylidene)bis[*N*-methyl-, nickel complex, (*Z,Z*)-, [74466-02-7], 27:266
———, 2-(diphenylarsino)-*N,N*-bis[2-(diphenylarsino)ethyl]-, [15114-56-4], 16:177
———, 2-(diphenylphosphino)-*N,N*-bis[2-(diphenylphosphino)ethyl]-, [15114-55-3], 16:176
———, 2-(diphenylphosphino)-*N,N*-diethyl-, [2359-97-9], 16:160
———, *N*-(ethoxymethyl)-*N*-ethyl-, chromium complex, [28471-37-6], 19:168
Ethanamine, *N*-ethyl-, aluminum complex, [17039-99-5], 17:41
———, aluminum complex, [24848-99-5], 17:40
———, compd. with tetramercaptotetraphosphetane 1,2,3,4-tetrasulfide (4:1), [120675-55-0], 25:5
———, uranium complex, [54068-37-0], 29:234
———, uranium complex, [77507-92-7], 29:236

Ethanamine, *N*-ethyl-*N*-methyl-, tungsten complex, [83827-38-7], 26:40
———, tungsten complex, [83827-44-5], 26:42
Ethanaminium, *N,N,N*-triethyl-, (*OC*-6-11)-bis(acetonitrile)tetrachlororuthenate (1-), [74077-58-0], 26:356
———, (*SP*-4-1)-bis[2,3-dimercapto-2-butenedinitrilato(2-)-*S,S'*]cobaltate(2-) (2:1), [15665-96-0], 13:190
———, bis[μ-[2,3-dimercapto-2-butenedinitrilato(2-)-*S:S,S'*]]bis[2,3-dimercapto-2-butenedinitrilato(2-)-*S,S'*]diferrate(2-) (2:1), [22918-56-5], 13:192
———, μ-carbonyldecacarbonyl-μ-hydrotriruthenate(1-) *triangulo*, [12693-45-7], 24:168
———, cyanate, [18218-04-7], 16:131
———, cyanide, [13435-20-6], 16:133
———, dichloroiodate(1-), [53280-40-3], 5:172
———, dodeca-μ-carbonyldodecacarbonyl-dodecaplatinate(2-) (24*Pt-Pt*) (2:1), [59451-60-4], 26:321
———, dodecacarbonyl-μ-hydro-μ_4 methanetetrayltetraferrate(1-) (5*Fe-Fe*), [79723-27-6], 27:186
———, dodecacarbonyl-μ_4 methanetetrayltetraferrate(2-) (5*Fe-Fe*) (2:1), [83270-11-5], 27:187
———, dodecacarbonyl[μ_4(methoxyoxo-ethylidyne)]tetraferrate(1-) (5*Fe-Fe*), [72872-04-9], 27:184
———, (*OC*-6-11)-hexabromoniobate(1-), [16853-63-7], 12:230
———, (*OC*-6-11)-hexabromoproto-actinate(1-), [21999-80-4], 12:230
———, (*OC*-6-11)-hexabromouranate(2-), [12080-72-7], 12:230; 15:237
———, (*OC*-6-11)-hexachlorothorate(2-) (2:1), [12081-47-9], 12:230
———, hexadecacarbonyl-μ_6-methane-tetraylhexaferrate(2-) (2:1), [11087-55-1], 27:183
———, nona-μ-carbonylnonacarbonyl-nonaplatinate(2-) (15*Pt-Pt*) (2:1), [59451-61-5], 26:322
———, (*TPS*-9-111111111)-nonahydro-rhenate(2-) (2:1), [25396-44-5], 13:223
———, pentachloroindate(2-) (2:1), [21029-46-9], 19:260
———, pentadeca-μ-carbonylpentadeca-carbonylpentadecaplatinate(2-) (27*Pt-Pt*) (2:1), [59451-62-6], 26:320
———, (*T*-4)-tetrabromocobaltate(2-) (2:1), [2041-04-5], 9:140
———, tetrabromocuprate(2-) (2:1), [13927-35-0], 9:141
———, (*T*-4)-tetrabromoferrate(2-) (2:1), [14768-36-6], 9:138
———, (*T*-4)-tetrabromogallate(1-), [33896-84-3], 22:141
———, (*T*-4)-tetrabromomanganate(2-) (2:1), [2536-14-3], 9:137
———, (*T*-4)-tetrabromonickelate(2-) (2:1), [35063-90-2], 9:140
———, (*T*-4)-tetrabromovanadate(1-), [15636-55-2], 13:168
———, tetrachlorocobaltate(2-) (2:1), [6667-75-0], 9:139
———, tetrachlorocuprate(2-) (2:1), [13927-32-7], 9:141
———, (*T*-4)-tetrachloroferrate(2-) (2:1), [15050-84-7], 9:138
———, (*T*-4)-tetrachloromanganate(2-) (2:1), [6667-73-8], 9:137
———, (*T*-4)-tetrachloronickelate(2-) (2:1), [5964-71-6], 9:140
———, (*T*-4)-tetrachlorovanadate(1-), [15642-23-6], 11:79; 13:168
———, (*T*-4)-tetraiodocobaltate(2-) (2:1), [5893-73-2], 9:140
———, (*T*-4)-tetraiodomanganate(2-) (2:1), [6019-89-2], 9:137
———, tricarbonyl(tri-μ-carbonylhexa-carbonyltricobaltate)ferrate(1-) (3*Co-Co*)(3*Co-Fe*), [53509-36-7], 27:188
———, tricarbonyl(tri-μ-carbonylhexa-carbonyltricobaltate)ruthenate(1-)

(3*Co-Co*)(3*Co-Ru*), [78081-30-8], 26:358
———, tri-μ-chlorohexachlorodivanadate (3-) (3:1), [33461-68-6], 13:168
———, tris[μ-(benzenethiolato)]hexacarbonyldimanganate(1-), [96212-29-2], 25:118
Ethane, cobalt-molybdenum complex, [68185-42-2], 27:193
———, cobalt-molybdenum-nickel complex, [76206-99-0], 27:192
———, ruthenium complex, [75811-61-9], 25:185
———, ruthenium complex, [75829-78-6], 25:185
———, ruthenium complex, [75952-48-6], 25:184
———, 1-bromo-1,1-difluoro-, sulfur complex, [18801-67-7], 29:35
———, 1-bromo-1,1,2-trifluoro-, sulfur complex, [18801-68-8], 29:34
Ethane, 1,2-dimethoxy-, cadmium complex, [76256-47-8], 24:55
———, nickel complex, [71272-16-7], 13:163
———, niobium complex, [110615-13-9], 29:120
———, niobium complex, [126083-88-3], 29:122
———, sodium complex, [104033-92-3], 26:343
———, sodium complex, [104033-93-4], 26:343
———, sodium complex, [128476-10-8], 26:343
———, sodium complex, [62228-16-4], 26:341
———, tungsten complex, [83542-12-5], 26:50
———, ytterbium complex, [84270-63-3], 26:22; 28:295
Ethane, methoxy-, tungsten complex, [20540-70-9], 17:97
———, 1,1'-oxybis-, compd. with aluminum hydride (AlH_3) (1:3), [13149-89-8], 14:47
———, 1,1'-thiobis[2-[(2-chloroethyl) thio]-, [51472-73-2], 25:124
1,2-Ethanediamine, [107-15-3], 2:197; 18:37
1,2-Ethanediamine, dihydrochloride, [333-18-6], 7:217
———, *N*-(2-aminoethyl)-*N'*-[2-[(2-aminoethyl)amino]ethyl]-, cobalt complex, [65774-51-8], 17:152
1,2-Ethanediamine, *N,N'*-bis(2-aminoethyl)-, cobalt complex, [75365-35-4], 23:79
———, cobalt complex, [75365-37-6], 23:79
———, cobalt complex, [97133-90-9], 23:79
1,2-Ethanediamine, *N,N*-bis[2-(dimethylamino)ethyl]-*N',N'*-dimethyl-, palladium complex, [71744-83-7], 21:132
———, palladium complex, [83418-07-9], 21:129
———, palladium complex, [83418-08-0], 21:130
———, palladium complex, [83418-09-1], 21:131
1,2-Ethanediamine, *N,N'*-bis[2-(dimethylamino)ethyl]-*N,N'*-dimethyl-, palladium complex, [70128-96-0], 21:133
———, *N,N*-bis[(diphenylphosphino) methyl]-*N',N'*-dimethyl-, [43133-29-5], 16:199
———, *N,N'*-bis[(diphenylphosphino) methyl]-*N,N'*-dimethyl-, [43133-28-4], 16:199
———, *N,N'*-bis(1-methylethyl)-, platinum complex, [66945-62-8], 21:87
———, *N,N'*-bis(1-phenylethyl)-, platinum complex, [*S*-(*R**,*R**)]-, [66945-54-8], 21:87
———, *N,N'*-dimethyl-*N,N'*-bis(1-methylethyl)-, platinum complex, [66945-51-5], 21:87
———, *N,N'*-dimethyl-*N,N'*-bis(1-phenylethyl)-, platinum complex, [*R*-(*R**,*R**)]-, [66945-55-9], 21:87

1,2-Ethanediamine *(Continued)*
———, *N*-[(diphenylphosphino)methyl]-*N*,*N'*,*N'*-trimethyl-, [43133-27-3], 16:199
———, *N*,*N*,*N'*,*N'*-tetraethyl-, platinum complex, [66945-61-7], 21:86,87
———, *N*,*N*,*N'*,*N'*-tetrakis[(diphenylphosphino)methyl]-, [43133-31-9], 16:198
1,2-Ethanediamine, *N*,*N*,*N'*,*N'*-tetramethyl-, cobalt complex, [40804-51-1], 16:17
———, cobalt-magnesium complex, [55701-41-2], 16:59
———, lithium complex, [76933-93-2], 26:148
———, palladium complex, [75563-44-9], 22:168
1,2-Ethanediamine, *N*,*N*,*N'*-tris[(diphenylphosphino)methyl]-*N'*-methyl-, [43133-30-8], 16:199
Ethanedinitrile, [460-19-5], 5:43
Ethanedioic acid, [144-62-7], 19:16
———, neodymium(3+) salt (3:2), decahydrate, [14551-74-7], 2:60
———, uranium(4+) salt (2:1), hexahydrate, [5563-06-4], 3:166
1,2-Ethanediol, [107-21-1], 22:86
1,2-Ethanediol, iron complex, [71411-55-7], 22:88; 30:183
Ethanedione, diphenyl-, dioxime, boron-iron complex, [66060-50-2], 17:145
Ethanethiol, platinum complex, [151183-10-7], 20:104
Ethanethiol, 2-amino-, cobalt complex, [40330-50-5], 21:19
Ethane(thioperoxoic) acid, trifluoro-, *OS*-(trifluoromethyl) ester, [22398-86-3], 14:43
Ethanimidamide, 2,2'-iminobis[*N*-hydroxy-, [20004-00-6], 11:90
Ethanimine, rhenium complex, [66808-78-4], 20:204
Ethanol, nickel complex, [15007-74-6], 29:115
———, nickel complex, [15696-85-2], 13:160
———, nickel complex, [15696-86-3], 13:158
———, sodium salt, [141-52-6], 7:129
———, uranium(5+) salt, [10405-34-2], 21:165,166
Ethanol, 2-mercapto-, platinum complex, [60829-45-0], 20:103
Ethanol, 2-methoxy-, [109-86-4], 18:145
———, aluminum complex, [22722-98-1], 18:149
Ethanol, 2,2',2''-nitrilotris-, tin complex, [38856-31-4], 16:230
———, 2,2'-[thiobis(2,1-ethanediylthio)]bis-, [14440-77-8], 25:123
Ethanone, 1,1'-(5,14-dimethyl-1,4,8,11-tetraazacyclotetradeca-4,6,12,14-tetraene-6,13-diyl)bis-, [21227-58-7], 18:39
———, 1,1'-(5,14-dimethyl-1,4,8,11-tetraazacyclotetradeca-4,7,11,14-tetraene-6,13-diyl)bis-, nickel complex, [20123-01-7], 18:39
———, 1-phenyl-, manganese complex, [50831-23-7], 26:156
———, 1,1'-(2,6-pyridinediyl)bis-, [1129-30-2], 18:18
1,2-Ethenedithiol, nickel complex, (*Z*)-, [19042-52-5], 10:9
———, nickel complex, (*Z*)-, [19555-32-9], 10:9
———, nickel complex, (*Z*)-, [54992-70-0], 10:9
———, platinum complex, (*Z*)-, [30662-73-8], 10:9
———, 1,2-bis(4-chlorophenyl)-, nickel complex, (*Z*)-, [14376-66-0], 10:9
———, 1,2-bis(4-methoxyphenyl)-, nickel complex, (*Z*)-, [38951-97-2], 10:9
———, 1,2-bis(4-methylphenyl)-, nickel complex, (*Z*)-, [89918-29-6], 10:9
1,2-Ethenedithiol, 1,2-diphenyl-, chromium complex, [12104-22-2], 10:9
———, molybdenum complex, (*Z*)-, [15701-94-7], 10:9

———, molybdenum complex, (*Z*)-, [47873-74-5], 10:9
———, nickel complex, [28984-20-5], 10:9
———, nickel complex, (*Z*)-, [14879-11-9], 10:9
———, nickel complex, (*Z*)-, [15683-67-7], 10:9
———, palladium complex, (*Z*)-, [21246-00-4], 10:9
———, palladium complex, (*Z*)-, [21954-15-4], 10:9
———, palladium complex, (*Z*)-, [30662-72-7], 10:9
———, platinum complex, (*Z*)-, [15607-55-3], 10:9
———, platinum complex, (*Z*)-, [21246-01-5], 10:9
———, rhenium complex, (*Z*)-, [14264-08-5], 10:9
———, tungsten complex, (*Z*)-, [10507-74-1], 10:9
———, vanadium complex, (*Z*)-, [15697-34-4], 10:9
———, vanadium complex, (*Z*)-, [47873-79-0], 10:9
———, vanadium complex, (*Z*)-, [47873-80-3], 10:9
Ethene, platinum complex, [16405-35-9], 5:211,214
———, ruthenium complex, [75952-49-7], 25:183
———, ruthenium complex, [89460-54-8], 25:183
Ethene, trifluoro-, sulfur complex, [1186-51-2], 29:35
Ethenetetracarbonitrile, nickel complex, [24917-37-1], 17:122
Ethyne, [74-86-2], 2:76; 10:97
———, sulfur complex, [917-89-5], 27:329
Europium, [μ-[ethanedioato(2-)-*O*,*O*''':*O*',*O*'']]bis[ethanedioato(2-)-*O*,*O*']di-, decahydrate, [51373-59-2], 2:66
———, (1,4,7,10,13,16-hexaoxacyclooctadecane-$O^1,O^4,O^7,O^{10},O^{13},O^{16}$)tris(nitrato-*O*,*O*')-, [77372-07-7], 23:153
———, (2,4-pentanedionato-*O*,*O*')[5,10,15,20-tetrakis(3,5-dichlorophenyl)-21*H*,23*H*-porphinato(2-)-$N^{21},N^{22},N^{23},N^{24}$]-, [89769-01-7], 22:160
———, (2,4-pentanedionato-*O*,*O*')[5,10,15,20-tetrakis(4-methylphenyl)-21*H*,23*H*-porphinato(2-)-$N^{21},N^{22},N^{23},N^{24}$]-, [60911-12-8], 22:160
———, (2,4-pentanedionato-*O*,*O*')[5,10,15,20-tetraphenyl-21*H*,23*H*-porphinato(2-)-$N^{21},N^{22},N^{23},N^{24}$]-, [61301-63-1], 22:160
———, tetrakis[(1,2,3,4,5-η)-1,3-bis(trimethylsilyl)-2,4-cyclopentadien-1-yl]di-μ-chlorodi-, [81537-00-0], 27:171
———, tris(nitrato-*O*)(1,4,7,10,13-pentaoxacyclopentadecane-$O^1,O^4,O^7,O^{10},O^{13}$)-, [73798-11-5], 23:151
———, tris(nitrato-*O*)(1,4,7,10-tetraoxacyclododecane-O^1,O^4,O^7,O^{10})-, [73288-72-9], 23:151
———, tris(1-phenyl-1,3-butanedionato-*O*,*O*')-, [14459-33-7], 9:39
———, tris(1-phenyl-1,3-butanedionato-*O*,*O*')-, dihydrate, [15392-88-8], 9:37
———, tris(2,2,6,6-tetramethyl-3,5-heptanedionato-*O*,*O*')-, (*OC*-6-11)-, [15522-71-1], 11:96
Europium(1+), (1,4,7,10,13,16-hexaoxacyclooctadecane-$O^1,O^4,O^7,O^{10},O^{13},O^{16}$)bis(nitrato-*O*,*O*')-, hexakis(nitrato-*O*,*O*')europate(3-) (3:1), [75845-27-1], 23:155
Europium(3+), hexakis(*P*,*P*-diphenylphosphinic amide-*O*)-, (*OC*-6-11)-, tris[hexafluorophosphate(1-)], [59449-55-7], 23:180
Europium alloy, base, Eu 53,Hg 47, [149165-89-9], 2:68

Europium chloride ($EuCl_2$), [13769-20-5], 2:68,71
Europium chloride ($EuCl_3$), [10025-76-0], 22:39
Europium oxide (Eu_2O_3), [1308-96-9], 2:66
Europium sulfide (EuS), [12020-65-4], 10:77

Ferrate(1-), aqua[[*N,N'*-1,2-ethanediylbis[*N*-(carboxymethyl)glycinato]](4-)-*N,N',O,O',O*^{N},*O*$^{N'}$]-, hydrogen, monohydrate, (*PB*-7-11'-121'3'3)-, [103130-21-8], 24:207
———, bis[(7,8,9,10,11-η)-7-ammine-1,2,3,4,5,6,8,9,10,11-decahydro-7-carbaundecaborato(2-)]-, [150422-10-9], 11:42
———, bis[(7,8,9,10,11-η)-1,2,3,4,5,6,7,9,10,11-decahydro-8-phenyl-7,8-dicarbaundecaborato(2-)]-, [51868-93-0], 10:111
———, bis[2,3-dimercapto-2-butene-dinitrilato(2-)-*S,S'*]-, [14874-43-2], 10:9
———, bis[1,1,1,4,4,4-hexafluoro-2-butene-2,3-dithiolato(2-)-*S,S'*]-, [47421-85-2], 10:9
———, bis[(7,8,9,10,11-η)-1,2,3,4,5,6,9,10,11-nonahydro-7,8-dimethyl-7,8-dicarbaundecaborato(2-)]-, [11070-28-3], 10:111
———, bis[(7,8,9,10,11-η)-undecahydro-7,8-dicarbaundecaborato(2-)]-, [65465-56-7], 10:111
———, μ-carbonyldecacarbonyl-μ-hydrotri-, *triangulo*, hydrogen, compd. with *N,N*-diethylethanamine (1:1), [56048-18-1], 8:182
———, dicarbonyl(η^5-2,4-cyclopentadien-1-yl)-, sodium, [12152-20-4], 7:112
———, diselenoxo-, potassium, [12265-84-8], 30:93
———, dithioxo-, potassium, [12022-42-3], 6:170; 30:92
———, tetracarbonylhydro-, potassium, (*TB*-5-12)-, [17857-24-8], 29:152
Ferrate(1-), tetrachloro-, (*T*-4)-, [14946-92-0], 15:231
———, (*T*-4)-, pentathiazyl, [36509-71-4], 17:190
Ferrate(1-), tetraiodo-, (*T*-4)-, [44006-51-1], 15:233
Ferrate(2-), bis[(7,8,9,10,11-η)-undecahydro-7,8-dicarbaundecaborato(2-)]-, [51868-94-1], 10:113
———, chloro[7,12-diethyl-3,8,13,17-tetramethyl-21*H*,23*H*-porphine-2,18-dipropanoato(4-)-*N*^{21},*N*^{22},*N*^{23},*N*^{24}]-, dihydrogen, (*SP*-5-13)-, [21007-37-4], 20:152
———, [[*N,N'*-1,2-cyclohexanediylbis[*N*-(carboxymethyl)glycinato]](4-)-*N,N',O,O',O*^{N}](dinitrogen)-, disodium, dihydrate, [91171-69-6], 24:210
———, di-μ_3-carbonylnonacarbonyltri-, *triangulo*, disodium, [83966-11-4], 24:157; 28:203
———, (dinitrogen)[[*N,N'*-1,2-ethanediylbis[*N*-(carboxymethyl)glycinato]](4-)-*N,N',O,O',O*^{N}]-, disodium dihydrate, [91185-44-3], 24:208
———, octacarbonyldi-, (*Fe-Fe*), disodium, [64913-30-0], 24:157; 28:203
Ferrate(2-), tetracarbonyl-, dipotassium, (*T*-4)-, [16182-63-1], 2:244
———, disodium, (*T*-4)-, [14878-31-0], 7:197; 24:157; 28:203
Ferrate(3-), bis[(7,8,9,10,11-η)-undecahydro-7-carbaundecaborato(2-)]-, [65392-01-0], 11:42
———, hexakis(cyano-*C*)-, samarium(3+) (1:1), tetrahydrate, (*OC*-6-11)-, [57430-99-6], 20:13
———, trihydroxythioxo-, trisodium, [149165-87-7], 6:170
———, tris[ethanedioato(2-)-*O,O'*]-, tripotassium, trihydrate, (*OC*-6-11)-, [5936-11-8], 1:36

Ferrate (FeO_4^{2-}), dipotassium, (*T*-4)-, [13718-66-6], 4:164
Ferrocene, [102-54-5], 6:11,15
Ferrocene-^{55}*Fe*, [94387-53-8], 7:201,202
Ferrocene-^{59}*Fe*, [12261-19-7], 7:201,202
Ferrocenium-^{55}*Fe*, perchlorate, [94351-83-4], 7:203,205
Ferrocenium-^{59}*Fe*, perchlorate, [94351-81-2], 7:203,205
9*H*-Fluorene, [86-73-7], 11:115
———, iridium complex, [65074-02-4], 29:232
Fluorimide, [10405-27-3], 12:307,308,310
———, sulfur complex, [13693-10-2], 12:305
Fluorine fluorosulfate ($F(SFO_3)$), [13536-85-1], 11:155
Fluoroselenic acid ($HSeF_5O$), (*OC*-6-21)-, [38989-47-8], 20:38
Fluorosulfate, salt with 2-(5,6-dihydro-1,3-dithiolo[4,5-*b*][1,4]dithiin-2-ylidene)-5,6-dihydro-1,3-dithiolo[4,5-*b*][1,4]dithiin (1:1), [96022-58-1], 26:393
Fluorosulfuric acid, [7789-21-1], 7:127; 11:139
Fluorosulfurous acid, potassium salt, [14986-57-3], 9:113
Formaldehyde, rhenium complex, [70083-74-8], 29:222
Formamide, *N*-ethyl-, boron complex, [60788-35-4], 25:83
———, *N*-[1-(1-naphthalenyl)ethyl]-, rhenium complex, (*R*)-, [82372-77-8], 29:217
Formic acid, beryllium complex, [42556-30-9], 3:7,8
———, boron complex, [60788-33-2], 25:81
———, iridium complex, [52795-08-1], 12:245,246
———, iron(2+) salt, dihydrate, [13266-73-4], 4:159
Formic acid, methyl ester, boron complex, [91993-52-1], 25:84
———, rhenium complex, [82293-79-6], 29:216
———, potassium salt, compd. with tantalum sulfide (TaS_2), [34314-17-5], 30:164
———, rhenium complex, [101048-91-3], 26:112; 28:21
———, rhenium complex, [101065-12-7], 28:20
———, rhodium complex, [83853-75-2], 21:101
Furan, tetrahydro-, [109-99-9], 10:106
———, compd. with erbium chloride ($ErCl_3$) (7:2), [14710-36-2], 27:140; 28:290
———, vanadium complex, [19559-06-9], 21:138

Gadolinate(3-), tri-μ-bromohexabromodi-, tricesium, [73190-94-0], 30:79
Gadolinium, (2,4-pentanedionato-*O*,*O*')[5,10,15,20-tetraphenyl-21*H*,23*H*-porphinato(2-)-N^{21},N^{22},N^{23},N^{24}]-, [88646-27-9], 22:160
———, tetrakis[(1,2,3,4,5-η)-1,3-bis(trimethylsilyl)-2,4-cyclopentadien-1-yl]di-μ-chlorodi-, [81523-77-5], 27:171
———, tris(nitrato-*O*,*O*')(1,4,7,10,13-pentaoxacyclopentadecane-O^1,O^4,O^7,O^{10},O^{13})-, [67269-15-2], 23:151
———, tris(nitrato-*O*)(1,4,7,10-tetraoxacyclododecane-O^1,O^4,O^7,O^{10})-, [73297-43-5], 23:151
———, tris(2,2,6,6-tetramethyl-3,5-heptanedionato-*O*,*O*')-, (*OC*-6-11)-, [14768-15-1], 11:96
Gadolinium(1+), (1,4,7,10,13,16,-hexaoxacyclooctadecane-O^1,O^4,O^7,O^{10},O^{13},O^{16})bis(nitrato-*O*,*O*)-, hexakis(nitrato-*O*,*O*')gadolinate(3-) (3:1), [75845-30-6] 23:155
Gadolinium(3+), bis(nitrato-*O*,*O*')(1,4,7,10,13-pentaoxacyclopentadecane-O^1,O^4,O^7,O^{10},O^{13})-,

Gadolinium(3+) *(Continued)*
hexakis(nitrato-*O*,*O*')gadolinate(3-) (3:1), [94121-20-7], 23:151
———, hexakis(*P*,*P*-diphenylphosphinic amide-*O*)-, (*OC*-6-11)-, tris[hexafluorophosphate(1-)], [59449-56-8], 23:180
Gadolinium chloride ($GdCl_3$), [10138-52-0], 22:39
Gadolinium sulfide (Gd_2S_3), [12134-77-9], 14:153; 30:21
Gallate(1-), tetrabromo-, gallium(1+), (*T*-4)-, [18897-61-5], 6:33
Gallate(1-), tetrahydro-, lithium, (*T*-4)-, [17836-90-7], 17:45
———, potassium, (*T*-4)-, [32106-52-8], 17:50
———, sodium, (*T*-4)-, [32106-51-7], 17:50
Gallate(2-), hexabromodi-, (*Ga-Ga*), dihydrogen, compd. with triphenylphosphine (1:2), [77187-71-4], 22:135,138
———, hexachlorodi-, (*Ga-Ga*), dihydrogen, compd. with triphenylphosphine (1:2), [77187-67-8], 22:135,138
———, hexaiododi-, (*Ga-Ga*), dihydrogen, compd. with triphenylphosphine (1:2), [77187-69-0], 22:135
Gallium, di-μ-bromotetrabromodi-, [18897-68-2], 6:31
———, (*N*,*N*-dimethylmethanamine) trihydro-, (*T*-4)-, [19528-13-3], 17:42
———, tetra-μ-hydroxyoctamethyltetra-, *cyclo*, [21825-70-7], 12:67
———, trimethyl-, [1445-79-0], 15:203
———, tris(6,6,7,7,8,8,8-heptafluoro-2,2-dimethyl-3,5-octanedionato-*O*,*O*')-, [30983-39-2], 12:74
Gallium(3+), hexaaqua-, triperchlorate, [14637-59-3], 2:26; 2:28
———, (*OC*-6-11)-, triperchlorate, hydrate (2:7), [150124-39-3], 2:26; 2:28
Gallium chloride ($GaCl_2$), [128579-09-9], 4:111
Gallium chloride ($GaCl_3$), [13450-90-3], 1:26; 17:167
Gallium nitride (GaN), [25617-97-4], 7:16
Gallium oxide (Ga_2O_3), [12024-21-4], 2:29
Gallium sulfide (Ga_2S_3), [12024-22-5], 11:6
Germanamine, *N*,*N*'-methanetetraylbis-, [10592-53-7], 18:163
———, 1,1,1-triphenyl-*N*,*N*-bis(triphenylgermyl)-, [149165-59-3], 5:78
Germanate(1-), trichloro-, [19717-84-1], 15:222
Germanate(2-), hexafluoro-, barium (1:1), (*OC*-6-11)-, [60897-63-4], 4:147
———, tris[ethanedioato(2-)-*O*,*O*']-, dipotassium, monohydrate, (*OC*-6-11)-, [17374-62-8], 8:34
Germane, [7782-65-2], 7:36; 11:171; 15:157,161
Germane, manganese complex, [25069-08-3], 15:174
———, bromo-, [13569-43-2], 15:157, 164,174,177
———, bromodimethyl-, [53445-65-1], 18:157
———, bromotrimethyl-, [1066-37-1], 12:64; 18:153
———, bromotriphenyl-, [3005-32-1], 5:74-76; 8:34
———, chloro-, [13637-65-5], 15:161
———, chlorodimethyl-, [21961-73-9], 18:157
———, 2,4-cyclopentadien-1-yl-, [35682-28-1], 17:176
———, dibromo-, [13769-36-3], 15:157
———, dibromodiphenyl-, [1080-42-8], 5:76; 8:34
———, dichlorobis(chloromethyl)-, [21572-21-4], 6:40
———, dimethyl-, [1449-64-5], 11:130; 18:154,156
———, diphenyl-, [1675-58-7], 5:74-78

———, fluoro-, [13537-30-9], 15:164
———, fluorodimethyl-, [34117-35-6], 18:159
———, iodo-, [13573-02-9], 15:161; 18:162
———, iododimethyl-, [33129-32-7], 18:158
———, methyl-, [1449-65-6], 11:128
———, (methylthio)-, [16643-16-6], 18:165
———, (phenylthio)-, [21737-95-1], 18:165
———, tetrachloro-, [10038-98-9], 2:109
———, tetra(chloro-^{36}Cl)-, [149165-60-6], 7:160
———, tetrafluoro-, [7783-58-6], 4:147
———, tetramethyl-, [865-52-1], 12:58; 18:153
———, tetraphenyl-, [1048-05-1], 5:70,73,78; 8:31
———, tetra-2-propenyl-, [1793-91-5], 13:76
———, trichloro(chloromethyl)-, [21572-18-9], 6:39
———, triiodomethyl-, [1111-91-7], 3:64
———, trimethyl-, iron complex, [32054-63-0], 12:64,65
Germane, triphenyl-, [2816-43-5], 5:76
———, lithium complex, [3839-32-5], 8:34
———, potassium complex, [57482-41-4], 8:34
———, sodium complex, [34422-60-1], 5:72-74
Germane-d_4, [13537-06-9], 11:170
Germanediimine, [19465-96-4], 2:114
Germanetetramine, *N,N',N'',N'''*-tetraphenyl-, [149165-61-7], 5:61
Germanium chloride ($GeCl_2$), [10060-11-4], 15:223
Germanium hydride (GeH_3), homopolymer, [9088-17-9], 7:37
Germanium imide (Ge(NH)), [26257-00-1], 2:108
Germanium iodide (GeI_2), [13573-08-5], 2:106; 3:63
Germanium sulfide (GeS), [12025-32-0], 2:102
Glycine, *N,N'*-1,2-cyclohexanediylbis[*N*-(carboxymethyl)-, cobalt complex, *trans*-, [99527-41-0], 23:96
———, cobalt complex, (1*R-trans*)-, [72523-07-0], 23:97
———, cobalt complex, (1*R-trans*)-, [99527-38-5], 23:97
———, cobalt complex, (1*R-trans*)-, [99527-40-9], 23:97
———, iron complex, [91171-69-6], 24:210
Glycine, *N,N'*-1,2-ethanediylbis-, cobalt complex, [22785-38-2], 18:109
———, cobalt complex, [37480-85-6], 18:100
———, cobalt complex, [42573-16-0], 18:100
———, cobalt complex, [49726-01-4], 18:109
———, cobalt complex, [51920-86-6], 18:106
———, cobalt complex, [51921-55-2], 18:106
———, cobalt complex, [53152-29-7], 18:101
———, cobalt complex, [56792-92-8], 18:105
———, cobalt complex, [63448-73-7], 18:109
———, cobalt complex, [67403-56-9], 18:109
———, cobalt complex, [99083-95-1], 18:104
Glycine, *N,N'*-(1-methyl-1,2-ethanediyl)bis[*N*-(carboxymethyl)-, cobalt complex, [90443-37-1], 23:103
———, cobalt complex, (*R*)-, [86286-58-0], 23:101
———, cobalt complex, (*R*)-, [90443-38-2], 23:101
———, cobalt complex, (*R*)-, [90463-09-5], 23:103
———, cobalt complex, (*S*)-, [90443-36-0], 23:103

Gold, carbonylchloro-, [50960-82-2], 24:236
———, chloro(tetrahydrothiophene)-, [39929-21-0], 26:86
———, chloro(triphenylphosphine)-, [14243-64-2], 26:325; 27:218
———, dichloro[μ-[[1,2-ethanediylbis(oxy-2,1-ethanediyl)]bis[diphenylphosphine]-*O,P:O',P'*]]di-, [99791-78-3], 23:193
———, hexa-μ-chlorododecakis(triphenylphosphine)pentapentaconta-, (216*Au-Au*), [104619-10-5], 27:214
———, methyl(trimethylphosphonium η-methylide)-, [55804-42-7], 18:141
———, (nitrato-*O*)(triphenylphosphine)-, [14897-32-6], 29:280
———, (pentafluorophenyl)(tetrahydrothiophene)-, [60748-77-8], 26:86
———, (pentafluorophenyl)[μ-(thiocyanato-*N:S*)](triphenylphosphine)di-, [128265-18-9], 26:90
———, tris(pentafluorophenyl)(tetrahydrothiophene)-, (*SP*-4-2)-, [77188-25-1], 26:87
Gold(1+), bis[1,2-phenylenebis[dimethylarsine]-*As,As'*]-, (*T*-4)-, bis(pentafluorophenyl)aurate(1-), [77674-45-4], 26:89
———, μ_3-oxotris(triphenylphosphine)tri-, tetrafluoroborate(1-), [53317-87-6], 26:326
Gold bromide telluride ($AuBrTe_2$), [12523-40-9], 14:170
Gold chloride telluride ($AuClTe_2$), [12523-42-1], 14:170
Gold iodide telluride (AuITe), [29814-43-5], 14:170
Gold iodide telluride ($AuITe_2$), [12393-71-4], 14:170
Guanidine, compd. with tantalum sulfide (TaS_2), [53327-76-7], 30:164
———, mononitrate, [506-93-4], 1:94
———, tetraphosphate (6:1), [26903-01-5], 5:97
Guanidine, cyano-, [461-58-5], 3:43
Guanosine, palladium complex, [62800-79-7], 23:52,53
———, palladium complex, [62850-22-0], 23:52,53
———, palladium complex, [64753-34-0], 23:52,53
———, palladium complex, [64753-35-1], 23:52,53

Hafnate(4-), tetrakis[ethanedioato(2-)-*O,O'*]-, tetrapotassium, pentahydrate, (*DD*-8-111"1"1'1'1"'1"')-, [64998-59-0], 8:42
Hafnium, dicarbonylbis(η^5-2,4-cyclopentadien-1-yl)-, [59487-86-4], 24:151; 28:252
———, dicarbonylbis[(1,2,3,4,5-η)-1,2,3,4,5-pentamethyl-2,4-cyclopentadien-1-yl]-, [76830-38-1], 24:151; 28:255
———, dichlorobis[(1,2,3,4,5-η)-1,2,3,4,5-pentamethyl-2,4-cyclopentadien-1-yl]-, [85959-83-7], 24:154
———, tetrachlorobis(tetrahydrofuran)-, [21959-05-7], 21:137
———, tetrakis(1,1,1-trifluoro-2,4-pentanedionato-*O,O'*)-, [17475-68-2], 9:50
Hafnium chloride ($HfCl_4$), (*T*-4)-, [13499-05-3], 4:121
Hafnium potassium telluride ($Hf_3K_4(Te_2)_7(Te_3)$), [132938-07-9], 30:86
Hafnium sulfide (HfS_2), [18855-94-2], 12:158,163; 30:26
1-Heptadecanamine, compd. with tantalum sulfide (TaS_2), [34340-98-2], 30:164
2,4-Heptanedione, 6,6'-(1,2-ethanediyldinitrilo)bis-, copper complex, [38656-23-4], 20:93
———, copper complex, [61004-43-1], 20:94
3,5-Heptanedione, 2,2,6,6-tetramethyl-, chromium complex, [14434-47-0], 24:183

———, dysprosium complex, [15522-69-7], 11:96
———, dysprosium complex, [89769-03-9], 22:160
———, erbium complex, [35733-23-4], 11:96
———, europium complex, [15522-71-1], 11:96
———, gadolinium complex, [14768-15-1], 11:96
———, holmium complex, [15522-73-3], 11:96
———, holmium complex, [89769-04-0], 22:160
———, lanthanum complex, [14319-13-2], 11:96
———, lanthanum complex, [89768-96-7], 22:160
———, lutetium complex, [15492-45-2], 11:96
———, neodymium complex, [15492-47-4], 11:96
———, neodymium complex, [89768-99-0], 22:160
———, praseodymium complex, [15492-48-5], 11:96
———, samarium complex, [15492-50-9], 11:96
———, samarium complex, [89769-00-6], 22:160
———, scandium complex, [15492-49-6], 11:96
———, terbium complex, [15492-51-0], 11:96
———, terbium complex, [89769-02-8], 22:160
———, thulium complex, [15631-58-0], 11:96
———, thulium complex, [89769-06-2], 22:160
———, ytterbium complex, [15492-52-1], 11:94
———, ytterbium complex, [60911-13-9], 22:156
———, ytterbium complex, [89780-87-0], 22:160
———, yttrium complex, [15632-39-0], 11:96
Heptaphosphatricyclo[2.2.1.0^{2,6}]heptane, ion(3-), [39040-22-7], 27:228
———, trilithium salt, [72976-70-6], 27:153
———, trisodium salt, [82584-48-3], 30:56
Heptathiazocine, [293-42-5], 6:124; 8:103; 9:99; 11:184; 18:203,204
Heptathiazocine, acetyl-, [15761-42-9], 8:105
Heptathiazocinemethanol, [69446-59-9], 8:105
3,10,14,18,21,25-Hexaazabicyclo[10.7.7] hexacosa-1,11,13,18,20,25-hexaene, 2,3,10,11,13,19-hexamethyl-, cobalt complex, (*Z,Z*)-, [73914-18-8], 27:270
———, nickel complex, [73914-16-6], 27:268
3,10,14,18,21,25-Hexaazabicyclo[10.7.7] hexacosane, cobalt(2+) deriv., [73914-18-8], 27:270
———, nickel(2+) deriv., [73914-16-6], 27:268
2,4,6,8,9,10-Hexaaza-1,3,5,7-tetraphosphatricyclo[3.3.1.1^{3,7}]decane, 1,1-dihydro-1-iodo-1,2,4,6,8,9,10-heptamethyl-, [51329-59-0], 8:68
———, 2,4,6,8,9,10-hexamethyl-, [10369-17-2], 8:63
2,4,6,8,9,10-Hexaaza-1,3,5,7-tetraphosphatricyclo[5.1.1.1^{3,5}]decane, 2,4,6,8,9,10-hexakis(1-methylethyl)-, [74465-51-3], 25:9
3,11,15,19,22,26-Hexaazatricyclo [11.7.7.1^{5,9}]octacosane, iron(2+) deriv., [153019-55-7], 27:280
3,11,15,19,22,26-Hexaazatricyclo [11.7.7.1^{5,9}]octacosa-1,5,7,9(28), 12,14,19,21,26-nonaene, 14,20-dimethyl-2,12-diphenyl-3,11-bis(phenylmethyl)-, nickel complex, [88635-37-4], 27:277
———, tris[hexafluorophosphate(1-)], [132850-80-7], 27:278

Hexaborane(10), [23777-80-2], 19:247,248
1-Hexadecanamine, compd. with tantalum sulfide (TaS_2), [34200-74-3], 30:164
2,4-Hexadienedioic acid, 3-methyl-4-phenyl-, dimethyl ester, cobalt complex, [55410-86-1], 26:197
Hexanamide, compd. with tantalum sulfide (TaS_2), [34294-11-6], 30:164
1,4,7,10,13,16-Hexaoxacyclooctadecane, cerium complex, [67216-31-3], 23:153
———, cerium complex, [99352-24-6], 23:155
———, dysprosium complex, [77372-10-2], 23:153
———, dysprosium complex, [99352-30-4], 23:155
———, erbium complex, [77372-28-2], 23:155
———, erbium complex, [77402-72-3], 23:153
———, europium complex, [75845-27-1], 23:155
———, europium complex, [77372-07-7], 23:153
———, gadolinium complex, [75845-30-6], 23:155
———, holmium complex, [77372-11-3], 23:152
———, holmium complex, [99352-32-6], 23:155
———, lanthanum complex, [73817-12-6], 23:153
———, lanthanum complex, [94121-36-5], 23:155
———, lutetium complex, [77372-18-0], 23:153
———, lutetium complex, [99352-42-8], 23:155
———, neodymium complex, [67216-33-5], 23:151
———, neodymium complex, [75845-21-5], 23:150; 23:155
———, potassium complex, [81043-01-8], 25:126
———, praseodymium complex, [67216-32-4], 23:153
———, praseodymium complex, [94121-38-7], 23:155
———, samarium complex, [75845-24-8], 23:155
———, terbium complex, [77372-08-8], 23:153
———, terbium complex, [94121-39-8], 23:155
———, thulium complex, [77372-14-6], 23:153
———, thulium complex, [99352-39-3], 23:155
———, ytterbium complex, [77372-16-8], 23:153
———, ytterbium complex, [94121-41-2], 23:155
4,7,13,16,21,24-Hexaoxa-1,10-diazabicyclo[8.8.8]hexacosane, potassium complex, [70320-09-1], 22:151
1,4,7,10,13,16-Hexathiacyclooctadecane, [296-41-3], 25:123
1,2,3,4,5,7,6,8-Hexathiadiazocine, [1003-75-4], 11:184
1,2,3,4,6,7,5,8-Hexathiadiazocine, [1003-76-5], 11:184
1,2,3,5,6,7,4,8-Hexathiadiazocine, [3925-67-5], 11:184
3-Hexene-3,4-dithiol, nickel complex, (*Z*)-, [107701-92-8], 10:9
3-Hexen-2-ol, palladium complex, [41649-55-2], 15:78
L-*lyxo* -3-Hexulosonic acid, γ-lactone, platinum complex, [106160-56-9], 27:283
———, platinum complex, [91897-69-7], 27:283
D-*ribo* -3-Hexulosonic acid, γ-lactone, platinum complex, [106160-54-7], 27:283
Holmate(2-), pentachloro-, dicesium, [97252-98-7], 30:78
Holmate(3-), tri-μ-bromohexabromodi-, tricesium, [73190-97-3], 30:79
———, tri-μ-chlorohexachlorodi-, tricesium, [73191-13-6], 30:79

Holmium, (1,4,7,10,13,16-hexaoxacyclooctadecane-O^1,O^4,O^7,O^{10},O^{13},O^{16})tris (nitrato-*O*,*O'*)-, [77372-11-3], 23:152
———, (2,4-pentanedionato-*O*,*O'*) [5,10,15,20-tetraphenyl-21*H*,23*H*-porphinato(2-)-N^{21},N^{22},N^{23},N^{24}]-, [61276-75-3], 22:160
———, tetrakis[(1,2,3,4,5-η)-1,3-bis (trimethylsilyl)-2,4-cyclopentadien-1-yl]di-μ-chlorodi-, [81523-80-0], 27:171
———, (2,2,6,6-tetramethyl-3,5-heptanedionato-*O*,*O'*)[5,10,15,20-tetraphenyl-21*H*,23*H*-porphinato(2-)-N^{21},N^{22},N^{23},N^{24}]-, [89769-04-0], 22:160
———, tris(nitrato-*O*,*O'*)(1,4,7,10,13-pentaoxacyclopentadecane-O^1,O^4,O^7,O^{10},O^{13})-, [77372-00-0], 23:151
———, tris(nitrato-*O*)(1,4,7,10-tetraoxacyclododecane-O^1,O^4,O^7,O^{10})-, [73288-75-2], 23:151
———, tris(2,2,6,6-tetramethyl-3,5-heptanedionato-*O*,*O'*)-, (*OC*-6-11)-, [15522-73-3], 11:96
Holmium(1+), bis(nitrato-*O*,*O'*)(1,4,7,10,13-pentaoxacyclopentadecane-O^1,O^4,O^7,O^{10},O^{13})-, hexakis(nitrato-*O*,*O'*)holmate(3-) (3:1), [94121-29-6], 23:153
———, (1,4,7,10,13,16-hexaoxacyclooctadecane-O^1,O^4,O^7,O^{10},O^{13},O^{16})bis (nitrato-*O*,*O'*)-, hexakis(nitrato-*O*,*O'*) holmate(3-) (3:1), [99352-32-6], 23:155
Holmium(3+), hexakis(*P*,*P*-diphenylphosphinic amide-*O*)-, (*OC*-6-11)-, tris[hexafluorophosphate(1-)], [59449-59-1], 23:180
Holmium chloride ($HoCl_3$), [10138-62-2], 22:39
Holmium sulfide (Ho_2S_3), [12162-59-3], 14:154
Hydrazine, [302-01-2], 1:90,92; 5:124
Hydrazine, boron complex, [13730-91-1], 9:13
———, boron complex, [14931-40-9], 9:13
———, compd. with tantalum sulfide (TaS_2), [34200-77-6], 30:164
———, dihydrochloride, [5341-61-7], 1:92
———, monohydrochloride, [2644-70-4], 12:7
———, ruthenium complex, [37684-73-4], 26:73
———, sulfate (1:1), [10034-93-2], 1:90,92,94
Hydrazine, (4-fluorophenyl)-, platinum complex, [16774-97-3], 12:32
———, 2-(iodomethyldiphenylphosphoranyl)-1,1-dimethyl-, [15477-40-4], 8:76
Hydrazine, methyl-, ruthenium complex, [128476-13-1], 26:74
———, ruthenium complex, [81923-54-8], 26:74
Hydrazinecarbothioamide, [79-19-6], 4:39; 6:42
Hydrazinecarboxamide, *N*-(aminocarbonyl)-, [5328-32-5], 5:48
1,2-Hydrazinedicarboxamide, [110-21-4], 4:26; 5:53,54
Hydrazinium, 1-cyclohexyl-1,1-diethyl-, chloride, [115986-01-1], 5:92
———, 1,1-diethyl-1-(2-hydroxyethyl)-, chloride, [119076-25-4], 5:92
———, 1,1-diethyl-1-(3-hydroxypropyl)-, chloride, [118870-24-9], 5:92
———, 1,1-diethyl-1-phenyl-, chloride, [118923-73-2], 5:92
———, 1,1-dimethyl-1-(4-methylphenyl)-, chloride, [112864-71-8], 5:92
———, 1,1-dimethyl-1-phenyl-, chloride, [3288-78-6], 5:92
———, 1-(2-hydroxyethyl)-1,1-dimethyl-, chloride, [64298-51-7], 5:92
———, 1,1,1-triethyl-, chloride, [1185-54-2], 5:92,94
———, 1,1,1-triheptyl-, chloride, [113510-10-4], 5:92
———, 1,1,1-trimethyl-, chloride, [5675-48-9], 5:92,94

Hydrazinium *(Continued)*
———, 1,1,1-tris(1-methylethyl)-, chloride, [120087-70-9], 5:92
Hydrazoic acid, [7782-79-8], 1:77
———, cobalt complex, [15656-42-5], 14:78
Hydride, aluminum complex, [17039-99-5], 17:41
———, aluminum complex, [24848-99-5], 17:40
———, boron complex, [18583-59-0], 12:100
———, boron complex, [25397-28-8], 12:139
———, boron-molybdenum complex, [70114-01-1], 23:8
———, cobalt complex, [70252-14-1], 20:207
———, copper complex, [70114-52-2], 19:87,88
———, copper complex, [70114-53-3], 19:89
———, iridium complex, [72414-17-6], 26:123; 28:57; 29:283
———, iridium complex, [73178-84-4], 27:22
———, iridium complex, [73178-86-6], 27:22
———, iridium complex, [79470-05-6], 26:119; 28:25
———, iridium complex, [79792-57-7], 26:124; 28:58
———, iron complex, [28755-83-1], 13:119
———, iron complex, [72573-42-3], 29:159
———, iron complex, [77482-07-6], 29:158
———, molybdenum complex, [35004-34-3], 17:58
———, osmium complex, [73746-96-0], 27:205
———, platinum complex, [67891-25-2], 26:136
———, rhodium complex, [12119-41-4], 10:69
———, rhodium complex, [12120-40-0], 10:69
———, rhodium complex, [19440-32-5], 13:214
———, ruthenium complex, [75182-14-8], 26:181
———, ruthenium complex, [75182-15-9], 36:182
———, ruthenium complex, [76861-93-3], 26:329
Hydride-*d* , boron complex, [25895-62-9], 21:167
Hydriodic acid, [10034-85-2], 1:157; 2:210; 7:180
Hydrobromic acid, [10035-10-6], 1:114; 1:149
Hydrochloric acid, [7647-01-0], 1:147; 2:72; 3:14; 3:131; 4:57; 4:58; 5:25; 6:55
Hydrochloric-^{36}Cl acid-*d*, [102960-03-2], 7:155
Hydrofluoric acid, [7664-39-3], 1:134; 3:112; 4:136; 7:123
Hydrofluoric-^{18}F acid, [19121-31-4], 7:154
Hydrogen, molybdenum complex, [104198-76-7], 27:3
———, tungsten complex, [104198-75-6], 27:6
———, tungsten complex, [104198-77-8], 27:7
Hydrogen(1+), diaqua-, (*OC*-6-12)-dichlorobis(1,2-ethanediamine-*N,N'*)cobalt(1+) chloride (1:1:2), [58298-19-4], 13:232
Hydrogen peroxide (H_2O_2), chromium complex, [17168-85-3], 8:132
Hydrogen selenide (H_2Se), [7783-07-5], 2:183
Hydrogen selenide (H_2Se_4), copper complex, [128191-66-2], 30:89
Hydrogen sulfide (H_2S), [7783-06-4], 1:111; 3:14,15
Hydrogen sulfide (H_2S), tungsten complex, [12245-02-2], 27:67
Hydrogen sulfide (H_2S_2), iron complex, [72256-41-8], 21:42

———, molybdenum complex, [104834-16-4], 27:44
———, molybdenum complex, [65878-95-7], 27:48,49
———, molybdenum complex, [79950-09-7], 27:48,49
———, molybdenum complex, [88303-92-8], 27:45
Hydrogen sulfide (H_2S_3), titanium complex, [81626-27-9], 27:62
Hydrogen sulfide (H_2S_5), palladium complex, [83853-39-8], 21:14
———, platinum complex, [22668-81-1], 21:13
———, platinum complex, [95976-59-3], 21:12,13
———, rhodium complex, [33897-08-4], 21:15
———, titanium complex, [78614-86-5], 27:52
Hydrogen sulfide (H_2S_6), palladium complex, [83853-39-8], 21:14
———, sulfur complex, [61459-17-4], 27:333
———, sulfur complex, [61459-18-5], 27:333
———, sulfur complex, [74823-90-8], 27:337
———, sulfur complex, [98650-09-0], 27:336
———, sulfur complex, [98650-10-3], 27:336
———, sulfur complex, [98650-11-4], 27:338
Hydroperoxo, cobalt complex, [12139-90-1], 12:206
———, cobalt complex, [53433-46-8], 12:205,208
———, iron complex, [55449-22-4], 20:168
Hydroxylamine, [7803-49-8], 1:87
Hydroxylamine, ethanedioate (2:1) (salt), [4682-08-0], 3:83
———, hydrochloride, [5470-11-1], 1:89
———, phosphate (3:1) (salt), [20845-01-6], 3:82
———, zinc complex, [15333-32-1], 9:2
———, zinc complex, [59165-16-1], 9:2
Hydroxylamine-*O*-sulfonic acid, [2950-43-8], 5:122
Hydroxylamine-*O*-sulfonyl fluoride, *N,N*-difluoro-, [6816-12-2], 12:304
Hydroxylapatite ($Ca_5(OH)(PO_4)_3$), [1306-06-5], 6:16; 7:63
Hypochlorous acid, [7790-92-3], 5:160
Hypochlorous acid, calcium salt, [7778-54-3], 5:161
———, dihydrate, [67689-22-9], 5:161
———, sodium salt, [7681-52-9], 1:90; 5:159
———, 2,2,2-trifluoro-1,1-bis(trifluoromethyl)ethyl ester, [27579-40-4], 24:61
———, trifluoromethyl ester, [22082-78-6], 24:60
Hypodiphosphorous tetrafluoride, [13824-74-3], 12:281,282
Hypofluorous acid, dianhydride with sulfurous acid, [13847-51-3], 11:155
———, difluoromethylene ester, [16282-67-0], 11:143
———, monoanhydride with sulfuric acid, cesium salt, [70806-67-6], 24:22
———, trifluoromethyl ester, [373-91-1], 8:165
Hypophosphoric acid, disodium salt, hexahydrate, [13466-13-2], 4:68

1*H*-Imidazole, 1-methyl-, iron complex, [55449-22-4], 20:168
———, iron complex, [75557-96-9], 20:167
2*H*-Imidazole-2-thione, 1,3-dihydro-1-methyl-, cobalt complex, [76614-27-2], 23:171
———, cobalt complex, [99374-10-4], 23:171
Imidodicarbonimidic diamide, [56-03-1], 7:58
Imidodicarbonimidic diamide, chromium complex, [127688-31-7], 6:70

Imidodicarbonimidic diamide *(Continued)*
———, chromium complex, [27075-85-0], 6:69
———, chromium complex, [59136-96-8], 6:68
———, sulfate (1:1), [6945-23-9], 7:56
Imidodiphosphoramide, [27596-84-5], 6:110,111
Imidodiphosphoric acid, tetrasodium salt, [26039-10-1], 6:101
Imidodisulfuric acid, diammonium salt, [13597-84-7], 2:180
———, triammonium salt, monohydrate, [148832-17-1], 2:179
Imidodisulfuryl chloride, [15873-42-4], 8:105
Imidodisulfuryl fluoride, [14984-73-7], 11:138
Imidodisulfuryl fluoride, cesium salt, [15060-34-1], 11:138
Imidodisulfuryl fluoride, fluoro-, [13709-40-5], 11:138
Imidosulfurous difluoride, mercury(2+) salt, [23303-78-8], 24:14
Imidosulfurous difluoride, bromo-, [25005-08-7], 24:20
———, chloro-, [13816-65-4], 24:18
———, (fluorocarbonyl)-, [3855-41-2], 24:10
Indium, bis(benzenethiolato)iodo-, [115169-34-1], 29:17
———, tribromotris[sulfinylbis[methane]-*O*]-, [15663-52-2], 19:260
———, trichlorotris[sulfinylbis[methane]]-, [55187-79-6], 19:259
———, tris(*O*-ethyl carbonodithioato-*S,S'*)-, (*OC*-6-11)-, [21630-86-4], 10:44
———, tris(6,6,7,7,8,8,8-heptafluoro-2,2-dimethyl-3,5-octanedionato-*O,O'*)-, [30983-38-1], 12:74
———, tris(2,4-pentanedionato-*O,O'*)-, (*OC*-6-11)-, [14405-45-9], 19:261
———, tris[(trimethylsilyl)methyl]-, [69833-15-4], 24:89
Indium(5+), [[4,4',4'',4'''-(21*H*,23*H*-porphine-5,10,15,20-tetrayl)tetrakis[1-methylpyridiniumato]](2-)-N^{21},N^{22},N^{23},N^{24}]-, (*SP*-4-1)-, pentaperchlorate, [84009-26-7], 23:55,57
Indium bromide (InBr), [14280-53-6], 7:18
Indium bromide ($InBr_3$), [13465-09-3], 19:259
Indium chloride (InCl), [13465-10-6], 7:19,20
Indium chloride ($InCl_2$), [13465-11-7], 7:19,20
Indium chloride ($InCl_3$), [10025-82-8], 19:258
Indium fluoride oxide (InFO), [13766-54-6], 14:123
Indium iodide (InI), [13966-94-4], 7:19,20
Indium iodide (InI_2), [13779-78-7], 7:17,20
Indium iodide (InI_3), [13510-35-5], 24:87
Indium sulfide (In_5S_4), [75757-67-4], 23:161
Inosine, palladium complex, [64715-03-3], 23:52,53
———, palladium complex, [64715-04-4], 23:52,53
———, palladium complex, [64753-38-4], 23:52,53
———, palladium complex, [64753-39-5], 23:52,53
Iodate(1-), dibromo-, cesium, [18278-82-5], 5:172
———, salt with 2-(5,6-dihydro-1,3-dithiolo[4,5-*b*][1,4]dithiin-2-ylidene)-5,6-dihydro-1,3-dithiolo[4,5-*b*][1,4]dithiin (1:2), [92671-60-8], 29:45
Iodate(1-), dichloro-, cesium, [15605-42-2], 4:9; 5:172
———, rubidium, [15859-81-1], 5:172
Iodic acid (HIO_3), barium salt, monohydrate, [7787-34-0], 7:13
———, sodium salt, [7681-55-2], 1:168

Iodide (I_3^{1-}), salt with 2-(5,6-dihydro-1,3-dithiolo[4,5-*b*][1,4]dithiin-2-ylidene)-5,6-dihydro-1,3-dithiolo[4,5-*b*][1,4] dithiin (1:2), [89061-06-3], 29:42
———, salt with 2-(1,3-dithiol-2-ylidene)-1,3-dithiole (5:8), [55492-90-5], 19:31
———, salt with 2-(1,3-dithiol-2-ylidene)-1,3-dithiole (7:8), [55492-89-2], 19:31
Iodine, (benzoato-*O*)(quinoline-*N*)-, [97436-76-5], 7:170
———, chloro(pyridine)-, [60442-73-1], 7:176
Iodine(3+), bis[μ-(heptasulfur)]tri-, tris [(*OC*-6-11)-hexafluoroantimonate (1-)], compd. with arsenous trifluoride (1:2), [73381-83-6], 27:335
Iodine chloride (ICl), [7790-99-0], 9:130
Iodine chloride (ICl_3), [865-44-1], 1:167; 9:130-132
Iridate(1-), dicarbonyldichloro-, [44513-92-0], 15:82
Iridate(1-), tetrachlorobis(pyridine)-, (*OC*-6-11)-, hydrogen, compd. with pyridine (1:1), [12083-51-1], 7:221,223,231
———, (*OC*-6-22)-, hydrogen, compd. with pyridine (1:1), [12083-50-0], 7:228
Iridate(1-), tetrachlorobis(trimethylphosphine)-, (*OC*-6-11)-, [48060-59-9], 15:35
Iridate(2-), hexachloro-, diammonium, (*OC*-6-11)-, [16940-92-4], 8:223; 18:132
———, disodium, (*OC*-6-11)-, [16941-25-6], 8:225
Iridate(3-), hexachloro-, triammonium, (*OC*-6-11)-, [15752-05-3], 8:226
———, trisodium, (*OC*-6-11)-, [15702-05-3], 8:224-225
Iridium, [7439-88-5], 18:131
Iridium, (acetato-*O*)dihydrotris(triphenylphosphine)-, [12104-91-5], 17:129
———, amminetrichlorobis[1,1'-thiobis[ethane]]-, [149189-74-2], 7:227
———, bis[μ-(benzenethiolato)] tetracarbonyldi-, [63264-32-4], 20:238
———, bis[(1,2,5,6-η)-1,5-cyclooctadiene]di-μ-methoxydi-, [12148-71-9], 23:128
———, bromo(dinitrogen)bis (triphenylphosphine)-, (*SP*-4-3)-, [25036-66-2], 16:42
———, 1,4-butanediyl[(1,2,3,4,5-η)-1,2,3,4,5-pentamethyl-2,4-cyclopentadien-1-yl](triphenylphosphine)-, [66416-07-7], 22:174
———, (carbon dioxide-*O*)chlorobis[1,2-ethanediylbis[dimethylphosphine]-*P,P'*]-, [62793-14-0], 21:100
———, [(carbonic formic monoanhydridato)(2-)]chlorotris(trimethylphosphine)-, (*OC*-6-43)-, [59390-94-2], 21:102
———, (carbonothioyl)chlorobis (triphenylphosphine)-, (*SP*-4-3)-, [30106-92-4], 19:206
———, carbonylchlorobis(dimethylphenylphosphine)-, (*SP*-4-3)-, [21209-82-5], 21:97
———, carbonylchlorobis(trimethylphosphine)-, (*SP*-4-3)-, [21209-86-9], 18:64
———, carbonylchlorobis(triphenylphosphine)-, (*SP*-4-3)-, [15318-31-7], 11:101; 13:129; 15:67,69; 28:92
———, carbonylchlorohydro[tetrafluoroborato(1-)-*F*]bis(triphenylphosphine)-, [106062-66-2], 26:117; 28:23
———, carbonylchloromethyl[tetrafluoroborato(1-)-*F*]bis(triphenylphosphine)-, (*OC*-6-52)-, [82474-47-3], 26:118; 28:24
———, carbonylfluorobis(triphenylphosphine)-, [34247-65-9], 15:67
———, carbonylhydrobis(trifluoromethanesulfonato-*O*)bis

Iridium *(Continued)*
(triphenylphosphine)-, [105811-97-0], 26:120; 28:26
———, carbonylhydrotris(triphenylphosphine)-, [17250-25-8], 13:126,128
———, carbonyl(perchlorato-*O*)bis (triphenylphosphine)-, [55821-24-4], 15:68
———, chloro[(1,2-η)-cyclooctene]tris (trimethylphosphine)-, [59390-28-2], 21:102
Iridium, chloro(dinitrogen)bis(triphenylphosphine)-, [15695-36-0], 16:42
———, (*SP*-4-3)-, [21414-18-6], 12:8
Iridium, chloro(dinitrogen)hydro[tetrafluoroborato(1-)-*F*]bis(triphenylphosphine)-, (*OC*-6-42)-, [79470-05-6], 26:119; 28:25
———, chloro[2-(diphenylphosphino) phenyl-*C*,*P*]hydrobis(triphenylphosphine)-, (*OC*-6-53)-, [24846-80-8], 26:202
———, chlorotris(triphenylphosphine)-, (*SP*-4-2)-, [16070-58-9], 26:201
———, diamminetrichloro[1,1'-thiobis [ethane]]-, [149165-71-9], 7:227
———, dicarbonylchloro(4-methylbenzenamine)-, [14243-22-2], 15:82
———, dicarbonyldichloro-, compd. with potassium dicarbonyldichloroiridate(1-), hydrate (4:6:5), [151120-17-1], 19:20
———, di-μ-chlorobis[(1,2,5,6-η)-1,5-cyclooctadiene]di-, [12112-67-3], 15:18
———, di-μ-chlorodichlorobis[(1,2,3,4,5-η)-1,2,3,4,5-pentamethyl-2,4-cyclopentadien-1-yl]di-, [12354-84-6], 29:230
———, dichloronitrosylbis(triphenylphosphine)-, [27411-12-7], 15:62
———, di-μ-chlorotetrakis[(1,2-η)-cyclooctene]di-, [12246-51-4], 14:94; 15:18; 28:91
———, dodecacarbonyltetra-, *tetrahedro* , [18827-81-1], 13:95; 28:245
———, pentahydrotris(trimethylphosphine)-, [150575-56-7], 15:34
———, tetracarbonylbis[μ-(2-methyl-2-propanethiolato)]di-, [63312-27-6], 20:237
Iridium, tetrachlorobis(pyridine)-, (*OC*-6-11)-, [39210-66-7], 7:220,231
———, (*OC*-6-22)-, [53199-34-1], 7:220,231
Iridium, tetrahydro[(1,2,3,4,5-η)-1,2,3,4,5-pentamethyl-2,4-cyclopentadien-1-yl]-, [86747-87-7], 27:19
———, tricarbonylchloro-, (*SP*-4-2)-, compd. with tricarbonyldichloroiridium (9:1), [153421-00-2], 19:19
———, trichlorobis(pyridine)[1,1'-thiobis[ethane]]-, (*OC*-6-33)-, [149165-68-4], 7:227
———, trichloro(pyridine)bis[1,1'-thiobis[ethane]]-, (*OC*-6-32)-, [149165-69-5], 7:227
Iridium, trichlorotris(pyridine)-, (*OC*-6-21)-, [13928-32-0], 7:229,231
———, (*OC*-6-22)-, [13927-98-5], 7:229,231
Iridium, trichlorotris(1,1'-thiobis[ethane])-, (*OC*-6-21)-, [34177-65-6], 7:228
———, (*OC*-6-22)-, [53403-09-1], 7:228
———, (*OC*-6-21)-, compd. with trichloromethane (1:1), [149165-70-8], 7:228
Iridium, trichlorotris(trimethylphosphine)-, (*OC*-6-21)-, [36385-96-3], 15:35
Iridium(1+), bis[1,4-butanediylbis [diphenylphosphine]-*P*,*P*']tri-μ-hydrodihydrodi-, (*Ir-Ir*), tetrafluoroborate(1-), [133197-93-0], 27:26
———, bis(1,2-ethanediamine-*N*,*N*')bis (trifluoromethanesulfonato-*O*)-, (*OC*-6-22)-, salt with trifluoromethanesulfonic acid (1:1), [90065-95-5], 24:290
———, bis[1,2-ethanediylbis[dimethylphosphine]-*P*,*P*']-, chloride, (*SP*-4-1)-, [60314-45-6], 21:100
———, [bis(triphenylphosphine)digold] hydro(nitrato-*O*,*O*')bis(triphenylphos-

phine)-, (*Au-Au*)(2*Au-Ir*), stereoisomer, tetrafluoroborate (1-), [93895-71-7], 29:284
———, bromonitrosylbis(triphenylphosphine)-, (*SP*-4-3)-, tetrafluoroborate (1-), [38302-39-5], 16:42
———, carbonyltetrakis(trimethylphosphine)-, chloride, [67215-74-1], 18:63
———, chlorobis(1,2-ethanediamine-*N,N'*)(trifluoromethanesulfonato-*O*)-, (*OC*-6-23)-, salt with trifluoromethanesulfonic acid (1:1), [90065-99-9], 24:289
———, chloronitrosylbis(triphenylphosphine)-, (*SP*-4-3)-, tetrafluoroborate (1-), [38302-38-4], 16:41
———, [(1,2,5,6-η)-1,5-cyclooctadiene] bis(pyridine)-, hexafluorophosphate (1-), [56678-60-5], 24:174
———, [(1,2,5,6-η)-1,5-cyclooctadiene] bis(triphenylphosphine)-, tetrafluoroborate(1-), [38834-40-1], 29:283
———, [(1,2,5,6-η)-1,5-cyclooctadiene][1,3-propanediylbis[diphenylphosphine]-*P,P'*]-, tetrafluoroborate (1-), [73178-89-9], 27:23
———, [(1,2,5,6-η)-1,5-cyclooctadiene] (pyridine)(tricyclohexylphosphine)-, hexafluorophosphate(1-), [64536-78-3], 24:173,175
———, diaquadihydrobis(triphenylphosphine)-, tetrafluoroborate(1-), [79792-57-7], 26:124; 28:58
Iridium(1+), dichlorobis(1,2-ethanediamine-*N,N'*)-, chloride, monohydrate, (*OC*-6-22)-, [152227-40-2], 24:287
———, chloride, monohydrochloride, dihydrate, (*OC*-6-12)-, [152227-39-9], 24:287
Iridium(1+), dihydrobis(2-propanone)bis (triphenylphosphine)-, tetrafluoroborate(1-), [72414-17-6], 26:123; 28:57; 29:283
———, di-μ-hydro[tetrakis(triphenylphosphine)tetragold]bis(triphenylphosphine)-, (5*Au-Au*)(4*Au-Ir*), tetrafluoroborate(1-), [96705-41-8], 29:296
———, (1,2-diiodobenzene-*I,I'*)dihydrobis (triphenylphosphine)-, (*OC*-6-33)-, tetrafluoroborate(1-), [82582-50-1], 26:125; 28:59
———, (nitrato-*O,O'*)bis(triphenylphosphine)[tris(triphenylphosphine) trigold]-, (2*Au-Au*)(3*Au-Ir*), tetrafluoroborate(1-), [93895-69-3], 29:285
———, pentaammine[carbonato(2-)-*O*]-, (*OC*-6-22)-, perchlorate, [50600-92-5], 17:152
———, pentakis(trimethyl phosphite-*P*)-, tetraphenylborate(1-), [35083-20-6], 20:79
———, tri-μ-hydrodihydrobis[1,3-propanediylbis[diphenylphosphine]-*P,P'*]di-, (*Ir-Ir*), stereoisomer, tetrafluoroborate(1-), [73178-84-4], 27:22
———, tris[1,2-ethanediylbis[diphenylphosphine]-*P,P'*]tri-μ-hydrotrihydro [(nitrato-*O,O'*)gold]tri-, (3*Au-Ir*) (3*Ir-Ir*), tetrafluoroborate(1-), [86854-49-1], 29:290
Iridium(2+), bis[1,2-ethanediylbis [diphenylphosphine]-*P,P'*] [(triphenylphosphine)gold]-, (*Au-Ir*), stereoisomer, bis[tetrafluoroborate (1-)], [93895-63-7], 29:296
———, [(1,2,3,4,4a,9a-η)-9*H*-fluorene] [(1,2,3,4,5-η)-1,2,3,4,5-pentamethyl-2,4-cyclopentadien-1-yl]-, bis [hexafluorophosphate(1-)], [65074-02-4], 29:232
———, (acetato-*O*)pentaammine-, (*OC*-6-22)-, [44915-90-4], 12:245,246
———, chloropentakis(ethanamine)-, dichloride, (*OC*-6-22)-, [150124-47-3], 7:227
———, pentaammineazido-, (*OC*-6-22)-, [34412-11-8], 12:245,246
———, pentaamminebromo-, (*OC*-6-22)-, [35884-02-7], 12:245,246

Iridium(2+) *(Continued)*
———, pentaamminechloro-, dichloride, (*OC*-6-22)-, [15742-38-8], 7:227; 12:243
———, pentaammine(formato-*O*)-, (*OC*-6-22)-, [52795-08-1], 12:245,246
———, pentaamminehydroxy-, (*OC*-6-22)-, [44439-82-9], 12:245,246
———, pentaammineiodo-, (*OC*-6-22)-, [25590-44-7], 12:245,246
———, pentaammine(nitrato-*O*)-, (*OC*-6-22)-, [42482-42-8], 12:245,246
———, pentaammine(thiocyanato-*N*)-, (*OC*-6-22)-, diperchlorate, [15691-81-3], 12:245
———, pentaammine(trifluoromethanesulfonato-*O*)-, (*OC*-6-22)-, salt with trifluoromethanesulfonic acid (1:2), [84254-59-1], 24:164
———, [(1,2,3,4,5-η)-1,2,3,4,5-pentamethyl-2,4-cyclopentadien-1-yl]tris(2-propanone)-, bis[hexafluorophosphate(1-)], [60936-92-7], 29:232
———, tri-μ-hydro-μ_3-hydrotrihydrotris[1,3-propanediylbis[diphenylphosphine]-*P*,*P*']tri-, *triangulo*, stereoisomer, bis[tetrafluoroborate(1-)], [73178-86-6], 27:22
———, tris(acetonitrile)nitrosylbis(triphenylphosphine)-, (*OC*-6-13)-, bis[hexafluorophosphate(1-)], [73381-68-7], 21:104
———, tris(acetonitrile)[(1,2,3,4,5-η)-1,2,3,4,5-pentamethyl-2,4-cyclopentadien-1-yl]-, bis[hexafluorophosphate(1-)], [59738-32-8], 29:232
———, tris[1,2-ethanediylbis[diphenylphosphine]-*P*,*P*']tri-μ-hydro-μ_3-hydrotrihydrotri-, *triangulo*, bis[tetrafluoroborate(1-)], [86854-47-9], 27:25
———, tris[1,2-ethanediylbis[diphenylphosphine]-*P*,*P*']tri-μ-hydrotrihydro[(triphenylphosphine)gold]tri-, (3*Au-Ir*)(3*Ir-Ir*), tetrafluoroborate(1-) nitrate, [146249-36-7], 29:291
Iridium(3+), hexaammine-, (*OC*-6-11)-, salt with trifluoromethanesulfonic acid (1:3), [90066-04-9], 24:267
———, trichloride, (*OC*-6-11)-, [14282-93-0], 24:267
Iridium(3+), pentaammineaqua-, (*OC*-6-22)-, [29589-08-0], 12:245,246
———, (*OC*-6-22)-, salt with trifluoromethanesulfonic acid (1:3), [90084-46-1], 24:265
———, (*OC*-6-22)-, triperchlorate, [31285-82-2], 12:244
Iridium oxide (IrO_2), [12030-49-8], 13:137; 30:97
Iron, acetyldicarbonyl(η^5-2,4-cyclopentadien-1-yl)-, [12108-22-4], 26:239
———, bis(2,2'-bipyridine-*N*,*N*')bis(cyano-*C*)-, trihydrate, [15603-10-8], 12:247,249
———, bis(cyano-*C*)bis(1,10-phenanthroline-N^1,N^{10})-, dihydrate, [23425-29-8], 12:247
———, bis(η^5-2,4-cyclopentadien-1-yl)[μ-(disulfur-*S*:*S*')]bis[μ-(ethanethiolato)]di-, [39796-99-1], 21:40,41
———, bis(diethylcarbamodithioato-*S*,*S*')nitrosyl-, [14239-50-0], 16:5
———, bis[(2,3,4,5,6-η)-2,3-diethyl-1,4,5,6-tetrahydro-2,3-dicarbahexaborato(2-)]dihydro-, [83096-05-3], 22:215
———, bis[1,2-ethanediylbis[diphenylphosphine]-*P*,*P*']dihydro-, (*OC*-6-21)-, [32490-69-0], 15:39
———, bis[1,2-ethanediylbis[diphenylphosphine]-*P*,*P*'](η^2-ethene)-, [36222-39-6], 21:91
———, bis[1,2-ethanediylbis[diphenylphosphine]-*P*,*P*']hydro-, [41021-83-4], 17:71
———, bis[1,2-ethanediylbis[diphenylphosphine]-*P*,*P*'](trimethyl phosphite-*P*)-, (*TB*-5-12)-, [62613-13-2], 21:93
———, bis(1-methyl-1*H*-imidazole-N^3)[[*N*,*N*',*N*'',*N*'''-(21*H*,23*H*-porphine-5,10,15,20-tetrayltetra-2,1-phenylene)

tetrakis[2,2-dimethylpropanamidato]](2-)-N^{21},N^{22},N^{23},N^{24}]-, stereoisomer, [75557-96-9], 20:167
———, bis(thiocyanato-*N*)bis(1*H*-1,2,4-triazole)-, homopolymer, [63654-19-3], 23:185
———, μ-boryl-μ-carbonylnonacarbonyl-μ-hydrotri-, *triangulo*, [92055-44-2], 29:269
———, bromo(η^5-2,4-cyclopentadien-1-yl)[1,2-ethanediylbis[diphenylphosphine]-*P*,*P'*]-, [32843-50-8], 24:170
———, bromodicarbonyl(η^5-2,4-cyclopentadien-1-yl)-, [12078-20-5], 12:36
———, bromo[[*N*,*N'*,*N''*,*N'''*-(21*H*,23*H*-porphine-5,10,15,20-tetrayltetra-2,1-phenylene)tetrakis[2,2-dimethylpropanamidato]](2-)-N^{21},N^{22},N^{23},N^{24}]-, (*SP*-5-12)-, [52215-70-0], 20:166
———, [(*C*,*O*-η)-carbon dioxide]tetrakis(trimethylphosphine)-, stereoisomer, [63835-24-5], 20:73
———, μ-carbonyldodecacarbonyl-μ_4 methanetetrayltetra-, (5*Fe-Fe*), [79061-73-7], 27:185
———, μ-carbonylhexacarbonyl[μ-[(1,2,3,4-η:5,6,7,8-η)-1,3,5,7-cyclooctatetraene]]di-, [36548-54-6], 8:184
———, carbonyltetrakis(2-isocyano-1,3-dimethylbenzene)-, [75517-52-1], 26:57; 28:183
———, chlorobis[1,2-ethanediylbis[diethylphosphine]-*P*,*P'*]hydro-, (*OC*-6-32)-, [22763-25-3], 15:21
———, chlorobis[1,2-ethanediylbis[diphenylphosphine]-*P*,*P'*]hydro-, [32490-70-3], 17:69
———, chloro[dimethyl 7,12-bis(1-hydroxyethyl)-3,8,13,17-tetramethyl-21*H*,23*H*-porphine-2,18-dipropanoato(2-)-N^{21},N^{22},N^{23},N^{24}]-, (*SP*-5-13)-, [16591-59-6], 16:216
———, chloro[dimethyl 7,12-diethenyl-3,8,13,17-tetramethyl-21*H*,23*H*-porphine-2,18-dipropanoato(2-)-N^{21},N^{22},N^{23},N^{24}]-, (*SP*-5-13)-, [15741-03-4], 20:148
———, chloro[2,3,7,8,12,13,17,18-octaethyl-21*H*,23*H*-porphinato(2-)-N^{21},N^{22},N^{23},N^{24}]-, (*SP*-5-12)-, [28755-93-3], 20:151
———, [[1,2-cyclohexanedione *O*,*O'*-bis[[[[2-(hydroxyimino)cyclohexylidene]amino]oxy]phenylboryl]dioximato](2-)-*N*,*N'*,*N''*,*N'''*,*N''''*,*N'''''*]-, (*OC*-6-11)-, [83356-87-0], 21:112
———, [(1,2,3,4-η)-1,3,5,7-cyclooctatetraene][(1,2,3,4,5,6-η)-1,3,5,7-cyclooctatetraene]-, [12184-52-0], 15:2
———, [dibutoxytris[μ-[(diphenylethanedione dioximato)(2-)-*O*:*O'*]]diborato(2-)-*N*,*N'*,*N''*,*N'''*,*N''''*,*N'''''*]-, (*OC*-6-11)-, [66060-50-2], 17:145
———, dicarbonylchloro(η^5-2,4-cyclopentadien-1-yl)-, [12107-04-9], 12:36
———, dicarbonyl(η^5-2,4-cyclopentadien-1-yl)iodo-, [12078-28-3], 7:110; 12:36
———, dicarbonyl(η^5-2,4-cyclopentadien-1-yl)(2-methyl-1-propenyl)-, [111101-50-9], 24:164; 28:208
———, dicarbonyl(η^5-2,4-cyclopentadien-1-yl)[(methylthio)thioxomethyl]-, [59654-63-6], 28:186
———, dicarbonyl(η^5-2,4-cyclopentadien-1-yl)(trimethylgermyl)-, [32054-63-0], 12:64,65
———, di-μ-carbonyldecacarbonyltri-, *triangulo*, [17685-52-8], 8:181
———, di-μ-carbonyldicarbonylbis(η^5-2,4-cyclopentadien-1-yl)di-, (*Fe-Fe*), [12154-95-9], 7:110; 12:36
———, dicarbonyldihydrobis(triethyl phosphite-*P*)-, (*OC*-6-13)-, [129314-82-5], 29:159
———, dicarbonyldihydrobis(trimethyl phosphite-*P*)-, (*OC*-6-13)-, [77482-07-6], 29:158

Iron *(Continued)*
———, dicarbonyldihydrobis(triphenyl phosphite-*P*)-, (*OC*-6-13)-, [72573-42-3], 29:159
———, dicarbonyl(pentaiodide-*I*^{1},*I*^{5})bis (triphenylphosphine)-, [148898-71-9], 8:190
———, dicarbonyltris(2-isocyano-1,3-dimethylbenzene)-, [75517-51-0], 26:56; 28:182
———, dichlorobis[1,2-ethanediylbis [diethylphosphine]-*P*,*P*']-, (*OC*-6-22)-, [123931-96-4], 15:21
———, dichlorobis(trimethylphosphine)-, (*T*-4)-, [55853-16-2], 20:70
———, [(dimethylphosphino)methyl-*C*,*P*] hydrotris(trimethylphosphine)-, [55853-15-1], 20:71
———, [2-[[2-(diphenylphosphino)ethyl] phenylphosphino]phenyl-*C*,*P*,*P*'][1,2-ethanediylbis[diphenylphosphine]-*P*,*P*']hydro-, [19392-92-8], 21:92
———, [μ-[1,2-ethanediolato(2-)-*O*:*O*']] dioxodi-, [71411-55-7], 22:88; 30:183
———, [1,2-ethanediylbis[diphenylphosphine]-*P*,*P*']bis(2,4-pentanedionato-*O*,*O*')-, (*OC*-6-22)-, [61827-21-2], 21:94
———, hexacarbonyl[μ-[(1,2,3,4-η:5,6,7,8-η)-1,3,5,7-cyclooctatetraene]]di-, [36561-99-6], 8:184
———, hexacarbonyl[μ-[(1,2-η:1,2-η)-hexahydrodiborato(2-)-*H*^{1}:*H*^{1},*H*^{2}]]di-, (*Fe-Fe*), [67517-57-1], 29:269
———, [29*H*,31*H*-phthalocyaninato(2-)-*N*^{29},*N*^{30},*N*^{31},*N*^{32}]-, (*SP*-4-1)-, [132-16-1], 20:159
———, iododinitrosyl-, [67486-38-8], 14:82
———, methoxyoxo-, [59473-94-8], 22:87; 30:182
———, (1-methyl-1*H*-imidazole-*N*^{3}) [[*N*,*N*',*N*'',*N*'''-(21*H*,23*H*-porphine-5,10,15,20-tetrayltetra-2,1-phenylene) tetrakis[2,2-dimethylpropanamidato]] (2-)-*N*^{21},*N*^{22},*N*^{23},*N*^{24}]superoxido-, (*OC*-6-23)-, [55449-22-4], 20:168
———, nonacarbonyldi-μ-hydro-μ$_3$-thioxotri-, *triangulo*, [78547-62-3], 26:244
———, nonacarbonyl-μ-hydro[μ$_3$-[tetrahydroborato(1-)-*H*:*H*':*H*'']]tri-, *triangulo*, [91128-40-4], 29:273
———, pentakis(2-isocyano-1,3-dimethylbenzene)-, (*TB*-5-11)-, [71895-18-6], 26:57; 28:184
———, pentakis(trimethyl phosphite-*P*)-, [55102-04-0], 20:79
———, tetraaquabis(1,2-benzisothiazol-3(2*H*)-one 1,1-dioxidato-*N*^{2})-, dihydrate, [81780-36-1], 23:49
———, tetracarbonyl(diethylphosphoramidous difluoride-*P*)-, [60182-91-4], 16:64
———, tetracarbonyldihydro-, [12002-28-7], 2:243
———, tetracarbonyl(dimethylphenylphosphine)-, [37410-37-0], 26:61; 28:171
———, tetracarbonyl(2-isocyano-1,3-dimethylbenzene)-, (*TB*-5-12)-, [63866-73-9], 26:53; 28:180
———, tetracarbonyl(methyldiphenylphosphine)-, [37410-36-9], 26:61; 28:171
———, tetracarbonyl(phosphorous chloride difluoride)-, [60182-92-5], 16:66
———, tetracarbonyl(phosphorous trifluoride)-, [16388-47-9], 16:67
———, tetracarbonyl(tributylphosphine)-, (*TB*-5-12)-, [18474-82-3], 26:61; 28:171
———, tetracarbonyl(tricyclohexylphosphine)-, (*TB*-5-12)-, [18474-81-2], 26:61; 28:171
———, tetracarbonyl(triethyl phosphite-*P*)-, [21494-36-0], 26:61; 28:171
———, tetracarbonyl(trimethyl phosphite-*P*)-, [14878-71-8], 26:61; 28:171

- ——, tetracarbonyl(triphenylarsine)-, [14375-84-9], 8:187; 26:61; 28:171
- ——, tetracarbonyl(triphenyl-phosphine)-, [14649-69-5], 8:186; 26:61; 28:170
- ——, tetracarbonyl(triphenyl phosphite-P)-, [18475-06-4], 26:61; 28:171
- _____, tetracarbonyl(triphenylstibine)-, [20516-78-3], 8:188; 26:61; 28:171
- Iron, tetracarbonyl[tris(1,1-dimethylethyl) phosphine]-, [60134-68-1], 28:177
- ——, (*TB*-5-22)-, [31945-67-2], 25:155 Iron, tetrachlorotetraoxo(pyridine)tetra-, [51978-35-9], 22:86
- , tetrakis(η^5 -2,4-cyclopentadien-1-yl)bis[μ_3 -(disulfur-S:S:S')]di- μ_3 -thioxotetra-, (2Fe-Fe), [72256-41-8],
- ——, tetrakis(η^5 -2,4-cyclopentadien-1-yl)[μ_3 -(disulfur-*S*:*S*:*S*')]tri- μ_3 -thioxotetra-, [77589-78-7], 21:45

21:42

- ——, tetrakis(diethyl phenylphosphonite-*P*)dihydro-, [28755-83-1], 13:119
- ——, tetrakis(pyridine)bis(thiocyanato-*N*)-, [15154-78-6], 12:251,253
- , tetrakis(trimethylphosphine)-, [63835-22-3], 20:71
- ——, tricarbonylbis(2-isocyano-1,3-dimethylbenzene)-, (*TB*-5-22)-, [75517-50-9], 28:181
- Iron, tricarbonylbis(tributylphosphine)-, [23540-33-2], 25:155; 28:177; 29:153
- ———, (*TB*-5-11)-, [49655-14-3], 29:153 Iron, tricarbonylbis(tricyclohexyl-
- phosphine)-, [25921-51-1], 25:154; 28:176; 29:154
- ——, tricarbonylbis(trimethyl-phosphine)-, [25921-55-5], 25:155; 28:177
- ----, tricarbonylbis(triphenylarsine)-, [14375-85-0], 8:187
- ——, tricarbonylbis(triphenylphosphine)-, [14741-34-5], 8:186; 25:154; 28:176

- ———, (*TB*-5-11)-, [21255-52-7], 29:153
- Iron, tricarbonylbis(triphenylstibine)-, [14375-86-1], 8:188
- —, tricarbonyl[(1,2,3,4-η)-1,3,5,7-cyclooctatetraene]-, [12093-05-9], 8:184
- ——, tri-μ-carbonylhexacarbonyldi-, (Fe-Fe), [15321-51-4], 8:178
- ——, tricarbonyl(hexacarbonyldicobalt) [μ₃-(phenylphosphinidene)]-, (*Co-Co*)(2*Co-Fe*), [69569-55-7], 26:353
- ——, tricarbonyl(hexacarbonyldicobalt)-μ₃-thioxo-, (*Co-Co*)(2*Co-Fe*), [22364-22-3], 26:245,352
- ——, tricarbonyl[(*O*,2,3,4-η)-4-phenyl-3-buten-2-one]-, [38333-35-6], 16:104; 28:52
- —, tricarbonyl(tri-µ-carbonylhexa-carbonyltricobalt)[(triphenylphosphine) gold]-, (3Au-Co)(3Co-Co)(3Co-Fe), [79829-47-3], 27:188
- ——, tricarbonyl(triphenylphosphine)-, [70460-14-9], 8:186
- ———, [tris[µ-[(2,3-butanedione dioximato)(2-)-*O*:*O*']]dibutoxydiborato (2-)-*N*,*N*,*N*",*N*"",*N*""]-, (*OC*-6-11)-, [39060-39-4], 17:144
- ——, [tris[μ-[(2,3-butanedione dioximato)(2-)-*O*:*O*']]difluorodiborato(2-)-*N*,*N*',*N*'',*N*''',*N*'''']-, (*TP*-6-11'1")-, [39060-38-3], 17:142
- ------, [tris[μ-[(1,2-cyclohexanedione dioximato)(2-)-O:O']]difluorodiborato (2-)-N,N,N'',N''',N'''',N'''']-, (TP-6-11'1")-, [66060-48-8], 17:143
- ——, [tris[μ-[(1,2-cyclohexanedione dioximato)(2-)-*O*:*O*']]dihydroxydiborato(2-)-*N*,*N*',*N*'',*N*'''',*N*''''']-, (*TP*-6-11'1")-, [66060-49-9], 17:144
- -----, tris(6,6,7,7,8,8,8-heptafluoro-2,2-dimethyl-3,5-octanedionato-*O*,*O*')-, [30304-08-6], 12:72
- ——, tris(2,4-pentanedionato-*O*,*O*')-, (*OC*-6-11)-, [14024-18-1], 15:2

- Iron(1+), (acetonitrile)dicarbonyl(η⁵-2,4-cyclopentadien-1-yl)-, tetrafluoroborate(1-), [32824-71-8], 12:41
- ——, [μ-(acetyl-(C:O)]tetracarbonylbis (η⁵-2,4-cyclopentadien-1-yl)di-, hexafluorophosphate(1-), [81141-29-9], 26:235
- —, [μ-(acetyl-(C:O)]tricarbonylbis (η⁵-2,4-cyclopentadien-1-yl) (triphenylphosphine)di-, hexafluorophosphate(1-), [81132-99-2], 26:237
- ———, amminedicarbonyl(η⁵-2,4cyclopentadien-1-yl)-, tetraphenylborate(1-), [12203-82-6], 12:37
- ——, [(2,3,4,5,6-η)-bicyclo[5.1.0] octadienylium]tricarbonyl-, [32798-89-3], 8:185
- ——, bis[1,2-ethanediylbis[diphenyl-phosphine]-*P*,*P*']hydro-, (*SP*-5-21)-, tetraphenylborate(1-), [38928-62-0], 17:70
- Iron(1+), (carbonothioyl)dicarbonyl(η⁵-2,4-cyclopentadien-1-yl)-, hexafluoro-phosphate(1-), [33154-56-2], 17:100
- , salt with trifluoromethanesulfonic acid (1:1), [60817-01-8], 28:186
- Iron(1+), dicarbonyl[(1,2-η)-cyclohexene] (η⁵-2,4-cyclopentadien-1-yl)-, hexafluorophosphate(1-), [12085-92-6], 12:38
- , dicarbonyl(η^5 -2,4-cyclopenta-dien-1-yl)[(1,2- η)-2-methyl-1-propene]-, tetrafluoroborate(1-), [41707-16-8], 24:166; 28:210
- ——, dicarbonyl(η⁵-2,4-cyclopentadien-1-yl)(tetrahydrofuran)-, hexafluorophosphate(1-), [72303-22-1], 26:232
- ——, (dinitrogen)bis[1,2-ethanediylbis [diethylphosphine]-P,P']hydro-, (OC-6-11)-, tetraphenylborate(1-), [26061-40-5], 15:21
- ——, tetracarbonyl-μ-chlorobis(η⁵-2,4-cyclopentadien-1-yl)di-, tetrafluoroborate(1-), [12212-36-1], 12:40

- -----, tricarbonyl(η⁵-2,4-cyclopentadien-1-yl)-, salt with trifluoromethanesulfonic acid (1:1), [76136-47-5], 24:161
- Iron(2+), bis(acetonitrile)bis(η⁵-2,4cyclopentadien-1-yl)bis[μ-(ethanethiolato)]di-, (*Fe-Fe*), bis[hexafluorophosphate(1-)], [64743-11-9], 21:39
- , bis(acetonitrile)(2,9-dimethyl-3,10-diphenyl-1,4,8,11-tetraazacyclotetradeca-1,3,8,10-tetraene-*N*¹,*N*⁴,*N*⁸,*N*¹¹)-, (*OC*-6-12)-, bis[hexafluorophosphate(1-)], [70369-01-6], 22:108
- ——, bis(acetonitrile)(5,7,7,12,14,14-hexamethyl-1,4,8,11-tetraazacyclotetradeca-4,11-diene- N^1 , N^4 , N^8 , N^{11})-, (OC-6-12)-, salt with trifluoromethanesulfonic acid (1:2), [57139-47-61, 18:6
- ——, bis(acetonitrile)(5,5,7,12,12,14-hexamethyl-1,4,8,11-tetraazacyclo-tetradecane- N^1 , N^4 , N^8 , N^{11})-, [OC-6-13-(R^* , S^*)]-, salt with trifluoromethanesulfonic acid (1:2), [67143-08-2], 18:15
- ——, hexaammine-, dibromide, (*OC*-6-11)-, [13601-50-8], 4:161
- hexakis(acetonitrile)-, (*OC*-6-11)-, bis[(*T*-4)-tetrachloroaluminate(1-)], [21374-09-4], 29:116
- , (5,6,14,15,20,21-hexamethyl-1,3,4,7,8,10,12,13,16,17,19,22-dodecaazatetracyclo[8.8.4.^{13,17}.^{18,12}] tetracosa-4,6,13,15,19,21-hexaene-N⁴,N⁷,N¹³,N¹⁶,N¹⁹,N²²)-, (*TP*-6-111)-, bis[tetrafluoroborate(1-)], [151124-35-5], 20:88

———, tetrakis(η^5-2,4-cyclopentadien-1-yl)[μ_3-(disulfur-*S*:*S*:*S*')]tri-μ_3-thioxotetra-, bis[hexafluorophosphate(1-)], [77924-71-1], 21:44
———, tetrakis(pyridine)-, dichloride, [152782-80-4], 1:184
———, tris(2,3-butanedione dihydrazone)-, (*OC*-6-11)-, bis[tetrafluoroborate(1-)], [151085-57-3], 20:88
Iron carbonyl ($Fe(CO)_5$), (*TB*-5-11)-, [13463-40-6], 29:151
Iron chloride ($FeCl_2$), [7758-94-3], 6:172; 14:102
Iron chloride ($FeCl_2$), dihydrate, [16399-77-2], 5:179
———, monohydrate, [20049-66-5], 5:181; 10:112
Iron chloride ($FeCl_3$), [7705-08-0], 3:190; 4:124; 5:24,154; 7:167; 28:322; 29:110
Iron chloride oxide (FeClO), compd. with pyridine (1:1), [158188-73-9], 30:182
Iron bromide (FeBr), [12514-32-8], 14:102
Iron fluoride oxide (FeFO), [13824-62-9], 14:124
Iron iodide (FeI_2), [7783-86-0], 14:102,104
Iron magnesium oxide (Fe_2MgO_4), [12068-86-9], 9:153
Iron manganese oxide (Fe_2MnO_4), [12063-10-4], 9:154
Iron nickel oxide (Fe_2NiO_4), [12168-54-6], 9:154; 11:11
Iron oxide (FeO_2), [12411-15-3], 22:43
Iron oxide (Fe_2O_3), [1309-37-1], 1:185
Iron oxide (Fe_2O_3), monohydrate, [12168-55-7], 2:215
Iron oxide (Fe_3O_4), [1317-61-9], 11:10; 22:43
Iron phosphide (FeP), [26508-33-8], 14:176
Iron potassium sulfide ($Fe_2K_2S_3$), [149337-97-3], 6:171
Iron silver oxide ($FeAgO_2$), [12321-59-4], 14:139
Iron silver sulfide ($FeAgS_2$), [60861-26-9], 6:171
Iron titanium hydride ($FeTiH_{1.94}$), [153608-96-9], 22:90
Iron zinc oxide (Fe_2ZnO_4), [12063-19-3], 9:154
Iron zinc oxide ($Fe_{2.65}Zn_{0.35}O_4$), [158188-75-1], 30:127
Iron zinc oxide ($Fe_{2.9}Zn_{0.1}O_4$), [116392-27-9], 30:127

Krypton fluoride (KrF_2), [13773-81-4], 29:11

Lanthanum, (1,4,7,10,13,16-hexaoxacyclooctadecane-O^1,O^4,O^7,O^{10},O^{13},O^{16}) tris(nitrato-*O*)-, [73817-12-6], 23:153
———, (2,4-pentanedionato-*O*,*O*') [5,10,15,20-tetraphenyl-21*H*,23*H*-porphinato(2-)-N^{21},N^{22},N^{23},N^{24}]-, [89768-95-6], 22:160
———, tetrakis[(1,2,3,4,5-η)-1,3-bis(trimethylsilyl)-2,4-cyclopentadien-1-yl]di-μ-chlorodi-, [81523-75-3], 27:171
———, (2,2,6,6-tetramethyl-3,5-heptanedionato-*O*,*O*')[5,10,15,20-tetraphenyl-21*H*,23*H*-porphinato(2-)-N^{21},N^{22}, N^{23},N^{24}]-, [89768-96-7], 22:160
———, tris(nitrato-*O*,*O*')-, (*OC*-6-11)-, [24925-50-6], 5:41
———, tris(nitrato-*O*)(1,4,7,10,13-pentaoxacyclopentadecane-O^1,O^4,O^7, O^{10},O^{13})-, [73798-09-1], 23:151
———, tris(nitrato-*O*)(1,4,7,10-tetraoxacyclododecane-O^1,O^4,O^7,O^{10})-, [73288-70-7], 23:151
———, tris(2,2,6,6-tetramethyl-3,5-heptanedionato-*O*,*O*')-, (*OC*-6-11)-, [14319-13-2], 11:96
Lanthanum(1+), (1,4,7,10,13,16-hexaoxacyclooctadecane-O^1,O^4,O^7,O^{10}, O^{13},O^{16})bis(nitrato-*O*,*O*')-, hexakis(nitrato-*O*,*O*')lanthanate(3-) (3:1), [94121-36-5], 23:155

Lanthanum(3+), hexakis(*P,P*-diphenylphosphinic amide-*O*)-, (*OC*-6-11)-, tris[hexafluorophosphate(1-)], [59449-50-2], 23:180
Lanthanum chloride ($LaCl_3$), [10099-58-8], 1:32; 7:168; 22:39
Lanthanum iodide (LaI_2), [19214-98-3], 22:36; 30:17
Lanthanum iodide (LaI_3), [13813-22-4], 22:31; 30:11
Lanthanum nickel oxide (La_2NiO_4), [12031-41-3], 30:133
Lanthanum sulfide (La_2S_3), [12031-49-1], 14:154
Lanthanum tantalum oxide selenide ($La_2Ta_3O_8Se_2$), [134853-92-2], 30:146
Lead, bis(6,6,7,7,8,8,8-heptafluoro-2,2-dimethyl-3,5-octanedionato-*O,O'*)-, (*T*-4)-, [21600-78-2], 12:74
Lead bromide selenide (Pb_4Br_6Se), [12441-82-6], 14:171
Lead bromide sulfide ($Pb_7Br_{10}S_2$), [12336-90-2], 14:171
Lead fluoride (PbF_2), [7783-46-2], 15:165
Lead hydroxide oxide ($Pb(OH)_2O$), [93936-18-6], 1:46
Lead iodide sulfide ($Pb_5I_6S_2$), [12337-11-0], 14:171
Lead oxide (PbO_2), [1309-60-0], 1:45; 22:69
Lead ruthenium oxide ($Pb_{2.67}Ru_{1.33}O_{6.5}$), [134854-67-4], 22:69; 30:65
Lithium, bis(tetrahydrofuran)[bis(trimethylsilyl)phosphino]-, [59610-41-2], 27:243,248
———, [1,3-bis(trimethylsilyl)-1,4-cyclopentadien-1-yl]-, [56742-80-4], 27:170
———, butyl-, [109-72-8], 8:20
———, (1-chloro-2,4-cyclopentadien-1-yl)-, [144838-23-3], 29:200
———, μ-2,4,6-cyclooctatriene-1,2-diyldi-, [40698-91-7], 19:214
———, μ-cyclooctatrienediyldi-, [37609-69-1], 28:127
———, [2-[(dimethylamino)methyl]-5-methylphenyl]-, [54877-64-4], 26:152
———, [2-[(dimethylamino)methyl]phenyl]-, [27171-81-9], 26:152
———, [8-(dimethylamino)-1-naphthalenyl-*C,N*][1,1'-oxybis[ethane]]-, [86526-70-7], 26:154
———, [[2-(dimethylamino)phenyl]methyl-*C,N*]-, [64308-58-3], 26:153
———, [(methylmethylenephenylphosphoranyl)methyl]-, [59983-61-8], 27:178
———, [2-(methylthio)phenyl]-, [51894-94-1], 16:170
———, (pentafluorophenyl)-, [1076-44-4], 21:72
———, [μ-[1,2-phenylenebis[(trimethylsilyl)methylene]]]bis(*N,N,N',N'*-tetramethyl-1,2-ethanediamine-*N,N'*)di-, [76933-93-2], 26:148
———, [(trimethylsilyl)methyl]-, [1822-00-0], 24:95
———, (triphenylgermyl)-, [3839-32-5], 8:34
Lithium(1+), bis(tetrahydrofuran)-, bis[(1,2,3,4,5-η)-1,3-bis(trimethylsilyl)-2,4-cyclopentadien-1-yl]dichlorocerate(1-), [81507-29-1], 27:170
———, bis[(1,2,3,4,5-η)-1,3-bis(trimethylsilyl)-2,4-cyclopentadien-1-yl]dichlorolanthanate(1-), [81507-27-9], 27:170
———, bis[(1,2,3,4,5-η)-1,3-bis(trimethylsilyl)-2,4-cyclopentadien-1-yl]dichloroneodymate(1-), [81507-33-7], 27:170
———, bis[(1,2,3,4,5-η)-1,3-bis(trimethylsilyl)-2,4-cyclopentadien-1-yl]dichloropraseodymate(1-), [81507-31-5], 27:170
———, bis[(1,2,3,4,5-η)-1,3-bis(trimethylsilyl)-2,4-cyclopentadien-1-yl]dichloroscandate(1-), [81519-28-0], 27:170
———, bis[(1,2,3,4,5-η)-1,3-bis(trimethylsilyl)-2,4-cyclopentadien-1-yl]dichloroytterbate(1-), [81507-35-9], 27:170

———, bis[(1,2,3,4,5-η)-1,3-bis (trimethylsilyl)-2,4-cyclopentadien-1-yl]dichloroyttrate(1-), [81507-25-7], 27:170
Lithium amide ($Li(NH_2)$), [7782-89-0], 2:135
Lithium chloride (LiCl), [7447-41-8], 5:154; 28:322
Lithium hydroxide (Li(OH)), [1310-65-2], 7:1
Lithium hydroxide (Li(OH)), monohydrate, [1310-66-3], 5:3
Lithium molybdenum sulfide ($Li_{0.8}MoS_2$), ammoniate (5:4), [158188-87-5], 30:167
Lithium niobium oxide ($Li_{0.45}NbO_2$), [128798-92-5], 30:222
Lithium niobium oxide ($Li_{0.5}NbO_2$), [128812-41-9], 30:222
Lithium niobium oxide ($Li_{0.6}NbO_2$), [158188-96-6], 30:222
Lithium nitride (LiN), [32746-31-9], 4:1
Lithium nitride (Li_3N), [26134-62-3], 22:48; 30:38
Lithium peroxide ($Li(O_2H)$), monohydrate, [54637-08-0], 5:1
Lithium peroxide ($Li_2(O_2)$), [12031-80-0], 5:1
Lithium phosphide ($Li(H_2P)$), [24167-79-1], 27:228
Lithium rhenium oxide ($Li_{0.2}ReO_3$), [144833-17-0], 24:203,206; 30:187
Lithium sulfide (Li_2S), [12136-58-2], 15:182
Lithium superoxide ($Li(O_2)$), [12136-56-0], 5:1; 7:1
Lithium tantalum sulfide ($Li_{0.7}TaS_2$), [158188-82-0], 30:167
Lithium titanium sulfide ($Li_{0.22}TiS_2$), [158188-76-2], 30:170
Lithium titanium sulfide ($Li_{0.22}TiS_2$), ammoniate (25:16), [158188-77-3], 30:170
Lithium titanium sulfide ($Li_{0.6}TiS_2$), [115004-99-4], 30:167
Lithium vanadium oxide (LiV_2O_5), [12162-92-4], 24:202; 30:186
Lutetate(2-), pentachloro-, dicesium, [89485-40-5], 22:6; 30:77,78
———, dirubidium, [97252-89-6], 30:78
Lutetate(3-), hexachloro-, tricesium, (*OC*-6-11)-, [89485-41-6], 22:6; 30:77
Lutetate(3-), tri-μ-bromohexabromodi-, tricesium, [73191-01-2], 30:79
———, trirubidium, [158210-00-5], 30:79
Lutetate(3-), tri-μ-chlorohexachlorodi-, tricesium, [73197-69-0], 22:6; 30:77,79
Lutetium, bis(η^5-2,4-cyclopentadien-1-yl)(4-methylphenyl)(tetrahydrofuran)-, [76207-12-0], 27:162
———, bis(η^5-2,4-cyclopentadien-1-yl)(tetrahydrofuran)[(trimethylsilyl) methyl]-, [76207-10-8], 27:161
———, chloro(η^8-1,3,5,7-cyclooctatetraene)(tetrahydrofuran)-, [96504-50-6], 27:152
———, (η^8-1,3,5,7-cyclooctatetraene) [2-[(dimethylamino)methyl]phenyl-*C,N*](tetrahydrofuran)-, [84582-81-0], 27:153
———, (1,4,7,10,13,16-hexaoxacyclooctadecane-$O^1,O^4,O^7,O^{10},O^{13},O^{16}$)tris(nitrato-*O,O'*)-, [77372-18-0], 23:153
———, (2,4-pentanedionato-*O,O'*)[5,10,15,20-tetraphenyl-21*H*,23*H*-porphinato(2-)-$N^{21},N^{22},N^{23},N^{24}$]-, [60909-91-3], 22:160
———, tetrakis[(1,2,3,4,5-η)-1,3-bis (trimethylsilyl)-2,4-cyclopentadien-1-yl]di-μ-chlorodi-, [81536-98-3], 27:171
———, tris(nitrato-*O,O'*)(1,4,7,10,13-pentaoxacyclopentadecane-$O^1,O^4,O^7,O^{10},O^{13}$)-, [99352-14-4], 23:151
———, tris(nitrato-*O*)(1,4,7,10-tetraoxacyclododecane-O^1,O^4,O^7,O^{10})-, [73288-78-5], 23:151
———, tris(2,2,6,6-tetramethyl-3,5-heptanedionato-*O,O'*)-, (*OC*-6-11)-, [15492-45-2], 11:96

Lutetium(1+), bis(nitrato-*O,O'*)(1,4,7, 10,13-pentaoxacyclopentadecane-O^1,O^4,O^7,O^{10},O^{13})-, (*OC*-6-11)-hexakis(nitrato-*O*)lutetate(3-) (3:1), [153019-54-6], 23:153
———, (1,4,7,10,13,16-hexaoxacyclo-octadecane-O^1,O^4,O^7,O^{10},O^{13},O^{16})bis (nitrato-*O,O'*)-, hexakis(nitrato-*O,O'*)lutetate(3-) (3:1), [99352-42-8], 23:155
Lutetium(3+), hexakis(*P,P*-diphenylphosphinic amide-*O*)-, (*OC*-6-11)-, tris[hexafluorophosphate(1-)], [59449-62-6], 23:180
Lutetium chloride ($LuCl_3$), [10099-66-8], 22:39
Lutetium sulfide (Lu_2S_3), [12163-20-1], 14:154

Magnesate(2-), tetrachloro-, dipotassium, (*T*-4)-, [16800-64-9], 20:51
Magnesate(4-), hexakis[μ-[tetraethyl 2,3-dioxo-1,1,4,4-butanetetracarboxylato (2-)]]tetra-, tetraammonium, [114446-10-5], 29:277
Magnesium, bis[μ-(carbonyl-(*C:O*)]bis [carbonyl(η^5-2,4-cyclopentadien-1-yl)(tributylphosphine)molybdenum] tetrakis(tetrahydrofuran)-, [55800-06-1], 16:59
———, bis[μ-(carbonyl-(*C:O*)]bis [dicarbonyl(methyldiphenylphosphine) cobalt]bis[*N,N,N',N'*-tetramethyl-1,2-ethanediamine-*N,N'*]-, [55701-41-2], 16:59
———, bis[μ-(carbonyl-(*C:O*)]bis [dicarbonyl(tributylphosphine)cobalt] tetrakis(tetrahydrofuran)-, [55701-42-3], 16:58
———, bis[μ-(carbonyl-(*C:O*)]tetrakis (pyridine)bis(tricarbonylcobalt)-, [51006-26-9], 16:58
———, bis[(trimethylsilyl)methyl]-, [51329-17-0], 19:262
———, bromo[(η^5-2,4-cyclopentadien-1-yl)[1,2-ethanediylbis[diphenylphosphine]-*P,P'*]iron]bis(tetrahydrofuran)-, (*Fe-Mg*), [52649-44-2], 24:172
———, chloro(2,2-dimethylpropyl)-, [13132-23-5], 26:46
———, chloromethyl-, [676-58-4], 9:60
———, chloro-2-propenyl-, [2622-05-1], 13:74
———, di-1*H*-inden-1-yl-, [53042-25-4], 16:137
———, diphenyl-, [555-54-4], 6:11
———, iodomethyl-, [917-64-6], 9:92,93
———, [2,3,7,8,12,13,17,18-octaethyl-21*H*,23*H*-porphinato(2-)-N^{21},N^{22},N^{23},N^{24}]-, (*SP*-4-1)-, [20910-35-4], 20:145
———, [1,4,8,11,15,18,22,25-octamethyl-29*H*,31*H*-tetrabenzo[*b,g,l,q*] porphinato-N^{29},N^{30},N^{31},N^{32}]bis (pyridine)-, (*OC*-6-12)-, [23065-32-9], 20:158
———, tris[μ-[1,2-phenylenebis (methylene)]]hexakis(tetrahydrofuran) tri-, *cyclo*, [84444-42-8], 26:147
Magnesium(2+), bis(tetrahydrofuran)-, bis[dicarbonyl(η^5-2,4-cyclopentadien-1-yl)ferrate(1-)], [62402-59-9], 16:56
———, tetrakis(pyridine)-, (*T*-4)-, bis [(*T*-4)-tetracarbonylcobaltate(1-)], [62390-43-6], 16:58
Magnesium chloride ($MgCl_2$), [7786-30-3], 1:29; 5:154; 6:9
Magnesium hydride (MgH_2), [7693-27-8], 17:2
Manganate(1-), pentacarbonyl-, sodium, [13859-41-1], 7:198
Manganate(2-), hexafluoro-, dicesium, (*OC*-6-11)-, [16962-46-2], 24:48
———, octacarbonyldiiododi-, (*Mn-Mn*), [105764-85-0], 23:34
Manganate(2-), pentafluoro-, diammonium, [15214-13-8], 24:51
———, dipotassium, monohydrate, [14873-03-1], 24:51
Manganate(2-), tetrachloro-, dipotassium, (*T*-4)-, [31024-03-0], 20:51

———, trifluoro[sulfato(2-)-*O*]-, dipotassium, [51056-11-2], 27:312
Manganate(3-), hexakis(cyano-*C*)-, tripotassium, (*OC*-6-11)-, [14023-90-6], 2:213
Manganate(4-), hexakis(cyano-*C*)-, tetrapotassium, (*OC*-6-11)-, [14874-32-9], 2:214
———, hexakis[μ-[tetraethyl 2,3-dioxo-1,1,4,4-butanetetracarboxylato(2-)]] tetra-, tetraammonium, [125568-26-5], 29:277
Manganate (MnO_4^{4-}), strontium (1:2), (*T*-4)-, [12438-63-0], 11:59
Manganese, acetylpentacarbonyl-, (*OC*-6-21)-, [13963-91-2], 18:57; 29:199
———, (2-acetylphenyl-*C*,*O*) tetracarbonyl-, (*OC*-6-23)-, [50831-23-7], 26:156
———, [μ-(azodi-2,1-phenylene)] octacarbonyldi-, [54545-26-5], 26:173
———, bis[μ-(benzenethiolato)] octacarbonyldi-, [21240-14-2], 25:116,118
———, bis(2,4-pentanedionato-*O*,*O'*)-, [14024-58-9], 6:164
———, bis[tetrakis(1*H*-pyrazolato-N^1) borato(1-)-N^2,$N^{2'}$,$N^{2''}$]-, [14728-59-7], 12:106
———, bis(thiocyanato-*N*)bis(1*H*-1,2,4-triazole)-, homopolymer, [63654-18-2], 23:158
———, (η5-1-bromo-2,4-cyclopentadien-1-yl)tricarbonyl-, [12079-86-6], 20:193
———, bromopentacarbonyl-, (*OC*-6-22)-, [14516-54-2], 19:160; 28:156
———, (1-bromo-2,3,4,5-tetrachloro-2,4-cyclopentadien-1-yl)pentacarbonyl-, (*OC*-6-22)-, [56282-18-9], 20:194
———, (η5-1-bromo-2,3,4,5-tetrachloro-2,4-cyclopentadien-1-yl)tricarbonyl-, [56282-22-5], 20:194,195
———, (carbonoselenoyl)dicarbonyl(η^5-2,4-cyclopentadien-1-yl)-, [55987-17-2], 19:193,195
———, (carbonothioyl)carbonyl(η^5-2,4-cyclopentadien-1-yl)(triphenylphosphine)-, [49716-54-3], 19:189
———, (carbonothioyl)(η^5-2,4-cyclopentadien-1-yl)[1,2-ethanediylbis [diphenylphosphine]-*P*,*P'*]-, [49716-56-5], 19:191
———, (carbonothioyl)dicarbonyl(η^5-2,4-cyclopentadien-1-yl)-, [31741-76-1], 16:53
———, carbonyltrinitrosyl-, (*T*-4)-, [14951-98-5], 16:4
———, decacarbonyldi-, (*Mn-Mn*), [10170-69-1], 7:198
———, decacarbonyl[μ_3-[hexahydrodiborato(2-)]]-μ-hydrotri-, [20982-73-4], 20:240
———, di-μ-bromooctacarbonyldi-, [18535-44-9], 23:33
———, dicarbonyl(1,1,1,5,5,5-hexafluoro-2,4-pentanedionato-*O*,*O'*)bis(methyldiphenylphosphine)-, (*OC*-6-13)-, [15444-42-5], 12:84
———, dicarbonyl(1,1,1,5,5,5-hexafluoro-2,4-pentanedionato-*O*,*O'*)bis(tributylphosphine)-, (*OC*-6-13)-, [15444-40-3], 12:84
———, dicarbonyl(1,1,1,5,5,5-hexafluoro-2,4-pentanedionato-*O*,*O'*)bis(triphenylphosphine)-, (*OC*-6-13)-, [15412-97-2], 12:84
———, [5,26:13,18-diimino-7,11:20,24-dinitrilodibenzo[*c*,*n*][1,6,12,17]tetraazacyclodocosinato(2-)-N^{27},N^{28},N^{29},N^{30}]-, (*SP*-4-1)-, [54686-87-2], 18:48
———, dodecacarbonyltri-μ-hydrotri-, *triangulo*, [51160-01-1], 12:43
———, hexakis[μ-(acetyl-(*C*:*O*)] (aluminum)dodecacarbonyltri-, [58034-11-0], 18:56,58
———, octacarbonylbis[μ-(dimethylphosphinothioito-*P*:*S*)]di-, [58411-24-8], 26:162
———, octacarbonyl[μ-[carbonyl[6-(diphenylphosphino)-1,2-phenylene]]] di-, [41880-45-9], 26:158

Manganese *(Continued)*
———, octacarbonyl(chloromercury) [μ-(diphenylphosphino)]di-, (2*Hg-Mn*)(*Mn-Mn*), [90739-58-5], 26:230
———, octacarbonyl[μ-(diphenylphosphino)]-μ-hydrodi-, (*Mn-Mn*), [85458-48-6], 26:226
———, octacarbonyl[μ-(diphenylphosphino)][(triphenylphosphine)gold]di-, (2*Au-Mn*)(*Mn-Mn*), [91032-61-0], 26:229
———, pentacarbonylchloro-, (*OC*-6-22)-, [14100-30-2], 19:159; 28:155
———, pentacarbonylgermyl-, (*OC*-6-22)-, [25069-08-3], 15:174
———, pentacarbonylhydro-, (*OC*-6-21)-, [16972-33-1], 7:198
———, pentacarbonyliodo-, (*OC*-6-22)-, [14879-42-6], 19:161,162; 28:157,158
———, pentacarbonylmethyl-, (*OC*-6-21)-, [13601-24-6], 26:156
———, pentacarbonyl(1,2,3,4,5-pentachloro-2,4-cyclopentadien-1-yl)-, (*OC*-6-22)-, [53158-67-1], 20:193
———, pentacarbonyl(phenylmethyl)-, (*OC*-6-21)-, [14049-86-6], 26:172
———, pentacarbonyl(trifluoromethanesulfonato-*O*)-, (*OC*-6-22)-, [89689-95-2], 26:114
———, pentacarbonyl(trimethylstannyl)-, (*OC*-6-22)-, [14126-94-4], 12:61
———, pentadecacarbonyl(thallium)tri-, (3*Mn-Tl*), [26669-84-1], 16:61
———, tetracarbonyl[2-(dimethylphosphinothioyl)-3-methoxy-1-(methoxycarbonyl)-3-oxo-1-propenyl-*C,S*]-, (*OC*-6-23)-, [78857-08-6], 26:163
———, tetracarbonyl[[2-(diphenylphosphino)phenyl]hydroxymethyl-*C,P*]-, (*OC*-6-23)-, [79452-37-2], 26:169
———, tetracarbonyl(1,1,1,5,5,5-hexafluoro-2,4-pentanedionato-*O,O'*)-, (*OC*-6-22)-, [15214-14-9], 12:81,83
———, tetracarbonyl[octahydrotriborato (1-)]-, [53801-97-1], 19:227,228
———, tetracarbonyl[2-(phenylazo) phenyl]-, (*OC*-6-23)-, [19528-32-6], 26:173
———, tetrakis[μ_3-(benzenethiolato)] dodecacarbonyltetra-, [24819-02-1], 25:117
———, tetrakis(pyridine)bis(thiocyanato-*N*)-, (*OC*-6-11)-, [65732-55-0], 12:251,253
———, tricarbonyl(η^5-1-chloro-2,4-cyclopentadien-1-yl)-, [12079-90-2], 20:192
———, tricarbonyl(η^5-2,4-cyclopentadien-1-yl)-, [12079-65-1], 7:100; 15:91
———, tricarbonyl(1,1,1,5,5,5-hexafluoro-2,4-pentanedionato-*O,O'*) (pyridine)-, [15444-35-6], 12:84
———, tricarbonyl(1,1,1,5,5,5-hexafluoro-2,4-pentanedionato-*O,O'*) (triphenylarsine)-, [15444-36-7], 12:84
———, tricarbonyl(η^5-1-iodo-2,4-cyclopentadien-1-yl)-, [12079-63-9], 20:193
———, tricarbonyl(η^5-1,2,3,4,5-pentachloro-2,4-cyclopentadien-1-yl)-, [56282-21-4], 20:194
———, tricarbonyl[(2,3,4,5-η)-2,3,4,5-tetrakis(methoxycarbonyl)-1,1-dimethyl-1*H*-phospholium]-, [78857-04-2], 26:167
———, tricarbonyl[(3,4,5,6-η)-3,4,5,6-tetrakis(methoxycarbonyl)-2,2-dimethyl-2*H*-1,2-thiaphosphorinium]-, [70644-07-4], 26:165
———, tris(6,6,7,7,8,8,8-heptafluoro-2,2-dimethyl-3,5-octanedionato-*O,O'*)-, [30983-41-6], 12:74
———, tris(2,4-pentanedionato-*O,O'*)-, (*OC*-6-11)-, [14284-89-0], 7:183
———, tris(2,2,7-trimethyl-3,5-octanedionato-*O,O'*)-, [97138-66-4], 23:148
Manganese(1+), dicarbonyl(η^5-2,4-cyclopentadien-1-yl)nitrosyl-, hexafluorophosphate(1-), [31921-90-1], 15:91

Manganese(2+), bis[2,2'-iminobis[*N*-hydroxyethanimidamide]]-, dichloride, [20675-38-1], 11:91
Manganese chloride ($MnCl_2$), [7773-01-5], 1:29
Manganese oxide (MnO_2), [1313-13-9], 7:194; 11:59
———, hydrate, [26088-58-4], 2:168
Manganese silicide (MnSi), [12032-85-8], 14:182
Manganic acid (H_2MnO_4), barium salt (1:1), [7787-35-1], 11:58
———, dipotassium salt, [10294-64-1], 11:57
Mercury, (acetato-*O*)methyl-, [108-07-6], 24:145
———, bis(trifluoromethyl)-, [371-76-6], 24:52
———, dibromobis(selenourea-*Se*)-, (*T*-4)-, [60004-25-3], 16:86
———, dichlorobis(selenourea-*Se*)-, (*T*-4)-, [39039-14-0], 16:85
———, dichlorobis(tributylphosphine)-, (*T*-4)-, [41665-91-2], 6:90
———, di-μ-chlorodichlorobis (selenourea-*Se*)di-, [38901-81-4], 16:86
———, iodomethyl-, [143-36-2], 24:143
———, methyl(nitrato-*O*)-, [2374-27-8], 24:144
Mercury(1+), chloro(thiourea-*S*)-, chloride, [149165-67-3], 6:26
Mercury(2+), bis(thiourea-*S*)-, dichloride, [150124-45-1], 6:27
———, bis[(trimethylphosphonio) methyl]-, dichloride, [51523-31-0], 18:140
———, tetrakis(thiourea-*S*)-, dichloride, (*T*-4)-, [15695-44-0], 6:28
———, tris(thiourea-*S*)-, dichloride, [150124-46-2], 6:28
Mercury alloy, base, Hg,Eu, [61742-27-6], 2:65
Mercury alloy, base, Hg 97,Eu 3, [149165-88-8], 2:67
Mercury chloride ($HgCl_2$), [7487-94-7], 6:90
Mercury chloride sulfide ($Hg_3Cl_2S_2$), [12051-13-7], 14:171
Mercury fluoride (HgF_2), [7783-39-3], 4:136
Mercury fluoride (Hg_2F_2), [13967-25-4], 4:136
Mercury oxide (HgO), [21908-53-2], 5:157,159
Mercury sulfide (HgS), [1344-48-5], 1:19
Metaphosphimic acid ($H_6P_3O_6N_3$), [14097-18-8], 6:79
———, tetrasodium salt, octahydrate, [149165-72-0], 6:80
———, tripotassium salt, [18466-18-7], 6:97
———, trisodium salt, monohydrate, [150124-49-5], 6:99
———, trisodium salt, tetrahydrate, [27379-16-4], 6:15
Metaphosphimic acid ($H_8P_4O_8N_4$), dihydrate, [15168-31-7], 9:79
Metaphosphoric acid, sodium salt, [50813-16-6], 3:104
Metaphosphoric acid ($H_3P_3O_9$), trisodium salt, hexahydrate, [29856-33-5], 3:104
Metaphosphoric acid ($H_4P_4O_{12}$), tetrasodium salt, tetrahydrate, [17031-96-8], 5:98
Methanamine, compd. with tantalum sulfide (TaS_2), [34340-91-5], 30:164
Methanamine, hydrochloride, [593-51-1], 8:66
Methanamine, *N*,*N*-dimethyl-, [75-50-3], 2:159
———, compd. with sulfur dioxide (1:1), [17634-55-8], 2:159
Methanamine, *N*-fluoro-*N*-methyl-, [14722-43-1], 24:66
Methanamine, *N*-methyl-, boron-nickel complex, [65504-42-9], 11:45
———, hydrochloride, [506-59-2], 7:70,72
———, molybdenum complex, [51956-20-8], 21:43

Methanamine, *N*-methyl- *(Continued)*
———, molybdenum complex, [63301-82-6], 21:56
———, molybdenum complex, [73464-16-1], 23:12
———, tungsten complex, [54935-70-5], 29:139
———, tungsten complex, [73470-09-4], 23:11
Methanaminium, *N*-(4,5-dimethyl-1,3-diselenol-2-ylidene)-*N*-methyl-, hexafluorophosphate(1-), [84041-23-6], 24:133
Methanaminium, *N*,*N*,*N*-trimethyl-, bromochloroiodate(1-), [15695-49-5], 5:172
———, bromoiodoiodate(1-), [50725-69-4], 5:172
———, chloroiodoiodate(1-), [50685-50-2], 5:172
———, chlorotriiodoiodate(1-), [12547-25-0], 5:172
———, dibromoiodate(1-), [15801-99-7], 5:172
———, dichlorobromate(1-), [1863-68-9], 5:172
———, dichloroiodate(1-), [1838-41-1], 5:176
———, (*OC*-6-11)-hexabromotantalate (1-), [20581-20-8], 12:229
———, (*OC*-6-11)-hexabromothorate(2-) (2:1), [12074-06-5], 12:230
———, hexa-μ-carbonylhexacarbonylhexanickelate(2-) octahedro (2:1), [60464-19-9], 26:312
———, (*OC*-6-11)-hexachloroprotactinate (1-), [17275-45-5], 12:230
———, (*OC*-6-11)-hexachlorothorate(2-) (2:1), [12074-52-1], 12:230
———, hydrogen bis[μ_5-[[(4-aminophenyl)methyl]phosphonato(2-)-*O*:*O*:*O*':*O*':*O*'']]penta-μ-oxodecaoxopentamolybdate(4-) (2:2:1), tetrahydrate, [153829-18-6], 27:127
———, (nonaiodide), [3345-37-7], 5:172
———, (pentaiodide), [19269-48-8], 5:172
———, potassium sodium heptaoxoheptaheptacontakis[μ-oxotetraoxodisilicato (2-)]tetracontaaluminate(48-) (12:20:16:1), dotetracontahectahydrate, [158210-03-8], 30:231
———, potassium sodium octadecaoxoheptasilicatedialuminate(2-) (1:2:1:2), heptahydrate, [152473-73-9], 22:65
———, salt with 1,3,5,2,4,6-trithia(5-S^{IV}) triazine (1:1), [65207-98-9], 25:32
———, sodium hydrogen heneicosaoxobis[2,2'-phosphinidenebis [ethanaminato]]pentamolybdate (4-) (1:1:2:1), pentahydrate, [152981-40-3], 27:126
———, tetrachloroiodate(1-), [15625-60-2], 5:172
———, tetrakis(2-methyl-2-propanethiolato)tetra-μ_3-thioxotetraferrate (2-) (2:1), [52678-92-9], 21:30
———, (tribromide), [15625-56-6], 5:172
———, (triiodide), [4337-68-2], 5:172
Methane, iron complex, [11087-55-1], 27:183
———, iron complex, [74792-05-5], 26:246
———, iron complex, [79061-73-7], 27:185
———, iron complex, [79723-27-6], 27:186
———, iron complex, [83270-11-5], 27:187
———, osmium complex, [64041-67-4], 27:206
———, ruthenium complex, [130449-52-4], 26:284
———, ruthenium complex, [27475-39-4], 26:281
———, ruthenium complex, [51205-07-3], 26:283
———, ruthenium complex, [86993-13-7], 25:182
———, ruthenium complex, [88567-84-4], 26:284

Methane, bromo-, osmium complex, [73746-96-0], 27:205
———, ruthenium complex, [73746-95-9], 27:201
Methane, chloro-, osmium complex, [90911-10-7], 27:205
———, diazo-, [334-88-3], 6:38
Methane, isocyano-, molybdenum complex, [73047-16-2], 23:10
———, molybdenum complex, [73464-16-1], 23:12
———, tungsten complex, [57749-22-1], 23:10; 28:43
———, tungsten complex, [73470-09-4], 23:11
Methane, oxybis-, osmium complex, [69048-01-7], 27:202
———, osmium complex, [71562-48-6], 27:203
———, ruthenium complex, [71562-47-5], 27:200
———, ruthenium complex, [71737-42-3], 27:198
Methane, oxybis[trifluoro-, [1479-49-8], 14:42
———, sulfinylbis-, [67-68-5], 11:116,124
———, tetrafluoro-, [75-73-0], 1:34; 3:178
———, tetraiodo-, [507-25-5], 3:37
Methane, thiobis-, boron complex, [54481-98-0], 22:239
———, cobalt complex, [25482-40-0], 11:67
———, cobalt complex, [79680-14-1], 20:128
———, niobium complex, [83311-32-4], 21:16
Methane, thiobis[trifluoro-, [371-78-8], 14:44
Methane, trifluoro-, cadmium complex, [76256-47-8], 24:55
———, cadmium complex, [78274-33-6], 24:57
———, cadmium complex, [78274-34-7], 24:57
Methanediamine, *N,N'*-diphenyl-, platinum complex, [30394-41-3], 19:176
———, *N*-ethyl-*N'*-phenyl-, platinum complex, [38857-02-2], 19:176
Methane(dithioic) acid, methyl ester, [59065-19-9], 28:186
———, iron complex, [59654-63-6], 28:186
Methanedithiol, (triethylphosphoranylidene)-, rhodium complex, [100044-10-8], 27:288
Methanesulfonic acid, amino-, [13881-91-9], 8:121
———, hydroxy-, monosodium salt, [870-72-4], 8:122
Methanesulfonic acid, trifluoro-, [1493-13-6], 28:70
———, cobalt complex, [75522-53-1], 22:106
———, compd. with 5,7,7,12,14,14-hexamethyl-1,4,8,11-tetraazacyclotetradeca-4,11-diene (2:1), [57139-53-4], 18:3
———, iridium complex, [105811-97-0], 26:120; 28:26
———, manganese complex, [89689-95-2], 26:114
———, platinum complex, [79826-48-5], 26:126; 28:27
———, rhenium complex, [96412-34-9], 26:115
———, silver(1+) salt, [2923-28-6], 24:247
Methanethioamide, 1,1'-[tellurobis(thio)]bis[*N,N*-diethyl-, [136-93-6], 4:93
4,7-Methano-1*H*-indene, 1-chloro-3a,4,7,7a-tetrahydro-, (1α,3aβ,4β,7β,7aβ)-, [144838-22-2], 29:199
———, 3a,4,7,7a-tetrahydro-, platinum complex, [12083-92-0], 13:48; 16:114
Methanol, cobalt complex, [73202-97-8], 23:176
———, platinum complex, [129979-61-9], 26:135
Methanone, (2,12-dimethyl-1,5,9,13-tetraazacyclohexadeca-1,4,9,12-

Methanone *(Continued)*
tetraene-3,11-diyl)bis[phenyl-, nickel complex, [74466-43-6], 27:273
———, isocyanophenyl-, chromium complex, [15365-59-0], 26:34,35
Methylene, ethoxy-, [60141-19-7], 18:37
Molybdate(1-), tetrathioxocuprate-, ammonium, [27194-90-7], 14:95
———, tricarbonyl(η^5-2,4-cyclopentadien-1-yl)-, potassium, [62866-01-7], 11:118
———, tris[1,2-diphenyl-1,2-ethenedithiolato(2-)-*S,S'*]-, (*OC*-6-11)-, [150124-48-4], 10:9
———, tris[1,1,1,4,4,4-hexafluoro-2-butene-2,3-dithiolato(2-)-*S,S'*]-, (*OC*-6-11)-, [47784-53-2], 10:22-24
Molybdate(2-), aquapentachloro-, diammonium, (*OC*-6-21)-, [13820-59-2], 13:171
———, dicesium, (*OC*-6-21)-, [33461-69-7], 13:171
———, dipotassium, [15629-45-5], 4:97
———, dirubidium, (*OC*-6-21)-, [33461-70-0], 13:171
Molybdate(2-), bis[L-cysteinato(2-)-*N,O,S*] dioxodi-μ-thioxodi-, (*Mo-Mo*), disodium, tetrahydrate, stereoisomer, [88765-05-3], 29:258
———, bis[L-cysteinato(2-)-*N,O,S*]-μ-oxodioxo-μ-thioxodi-, (*Mo-Mo*), disodium, tetrahydrate, stereoisomer, [153924-79-9], 29:255
———, bis[μ-(disulfur-*S,S'*:*S,S'*)]tetrakis (dithio)di-, (*Mo-Mo*), diammonium, dihydrate, [65878-95-7], 27:48,49
———, decacarbonyldi-, (*Mo-Mo*), [45264-14-0], 15:89
———, [μ-[[*N,N'*-1,2-ethanediylbis [*N*-(carboxymethyl)glycinato]](4-)-*N,O,O*^{N}:*N',O',O*$^{N'}$]]dioxodi-μ-thioxodi-, (*Mo-Mo*), disodium, monohydrate, [153062-85-2], 29:259
———, [μ-[[*N,N'*-1,2-ethanediylbis[*N*-(carboxymethyl)glycinato]](4-)-*N,O,O*^{N}:*N',O',O*$^{N'}$]]-μ-oxodioxo-μ-thioxodi-, (*Mo-Mo*), magnesium (1:1), hexahydrate, [153062-84-1], 29:256
———, hexakis(thiocyanato-*N*)-, dipotassium, (*OC*-6-11)-, [38741-59-2], 13:230
———, octa-μ_3-chlorohexachlorohexa-, *octahedro*, dioxonium, hexahydrate, [63828-61-5], 12:174
———, octa-μ_3-chlorohexaethoxyhexa-, *octahedro*, disodium, [12375-20-1], 13:101,102
———, octa-μ_3-chlorohexamethoxyhexa-, *octahedro*, disodium, [12374-26-4], 13:100
———, pentabromooxo-, (*OC*-6-21)-, [17523-72-7], 15:102
Molybdate(2-), pentachlorooxo-, (*OC*-6-21)-, [17523-68-1], 15:100
———, diammonium, (*OC*-6-21)-, [17927-44-5], 26:36
———, (*OC*-6-21)-, dihydrogen, compd. with 2,2'-bipyridine (1:1), [18662-75-4], 19:135
Molybdate(2-), pentafluorooxo-, dipotassium, (*OC*-6-21)-, [35788-80-8], 21:170
———, tris[1,2-diphenyl-1,2-ethenedithiolato(2-)-*S,S'*]-, (*TP*-6-111)-, [47873-74-5], 10:9
———, tris[μ-(disulfur-*S,S'*:*S,S'*)]tris (dithio)-μ_3-thioxotri-, *triangulo*, diammonium, hydrate, [79950-09-7], 27:48,49
———, tris[1,1,1,4,4,4-hexafluoro-2-butene-2,3-dithiolato(2-)-*S,S'*]-, (*TP*-6-11'1")-, [47784-51-0], 10:22-24
Molybdate(3-), di-μ-bromohexabromo-μ-hydrodi-, (*Mo-Mo*), tricesium, [57719-38-7], 19:130
———, di-μ-chlorohexachloro-μ-hydrodi-, (*Mo-Mo*), tricesium, [57719-40-1], 19:129
Molybdate(3-), hexachloro-, triammonium, (*OC*-6-11)-, [18747-24-5], 13:172; 29:127

- -----, tricesium, (*OC*-6-11)-, [33519-12-9], 13:172
- ——, tripotassium, (*OC*-6-11)-, [13600-82-3], 4:97
- ——, trirubidium, (*OC*-6-11)-, [33519-11-8], 13:172
- Molybdate(4-), bis[μ₅-[[(4-aminophenyl) methyl]phosphonato(2-)-*O*:*O*': *O*':*O*"]]penta-μ-oxodecaoxopenta-, diammonium dihydrogen, [137531-06-7], 27:126
- ——, bis[µ₅-[ethylphosphonato(2-)-O:O:O':O':O'']]penta-µ-oxodecaoxopenta-, tetraammonium, [57284-52-3], 27:125
- ——, bis[μ₅-[methylphosphonato(2-)-O:O:O':O':O"]]penta-μ-oxodecaoxopenta-, tetraammonium, [57284-49-8], 27:124
- ——, octachlorodi-, (*Mo-Mo*), [34767-26-5], 19:129
- ——, octakis(cyano-*C*)-, tetrapotassium, dihydrate, (*SA*-8-11111111)-, [17457-89-5], 3:160; 11:53
- ——, [μ₁₂-[orthosilicato(4-)-*O*:*O*:*O*:*O*': *O*':*O*'':*O*'':*O*''':*O*''':*O*''':*O*''']]tetracosaμ-oxododecaoxododeca-, tetrahydrogen, hydrate, [11089-20-6], 1:127
- ——, penta-μ-oxodecaoxobis[μ₅[phenylphosphonato(2-)-*O*:*O*:*O*': *O*':*O*"]]penta-, tetraammonium,
 [134107-08-7], 27:125
- ——, penta-μ-oxodecaoxobis[μ₅-[phosphonato(2-)-*O*:*O*':*O*':*O*"]] penta-, tetraammonium, [134107-09-8], 27:123
- Molybdate(5-), tri-μ-chlorohexachlorodi-, (*Mo-Mo*), pentaammonium, monohydrate, [123711-64-8], 19:129
- Molybdate (MoO₃ ²-), barium (1:1), [12323-01-2], 11:1
- ——, strontium (1:1), [12163-67-6], 11:1
- Molybdate (MoO₄ ²⁻), barium (1:1), (*T*-4)-, [7787-37-3], 11:2

- ———, diammonium, (*T*-4)-, [13106-76-8], 11:2
- ———, strontium (1:1), (*T*-4)-, [13470-04-7], 11:2
- Molybdenum, (η⁶-benzene)bromo(η⁵-2,4cyclopentadien-1-yl)-, [66985-24-8], 20:199
- ———, (η⁶-benzene)chloro(η⁵-2,4cyclopentadien-1-yl)-, [57398-78-4], 20:198
- ———, (η⁶-benzene)(η⁵-2,4-cyclopentadien-1-yl)-, [12153-25-2], 20:196,197 ———, (η⁶-benzene)(η⁵-2,4-cyclopenta-
- ———, (η⁶-benzene)(η⁵-2,4-cyclopentadien-1-yl)iodo-, [57398-77-3], 20:199
- ———, (η⁶-benzene)dihydrobis (triphenylphosphine)-, [33306-76-2], 17:57
- Molybdenum, (2,2'-bipyridine-*N*,*N*') trichlorooxo-, [12116-37-9], 19:135,136
- ———, (*OC*-6-31)-, [35408-54-9], 19:135,136
- ———, (*OC*-6-33)-, [35408-53-8], 19:135,136
- Molybdenum, bis(acetonitrile)tetrachloro-, [19187-82-7], 20:120; 28:34
- ——, bis(η⁶-benzene)-, [12129-68-9], 17:54
- ——, bis[μ-(benzoato-*O*:*O*')]dibromobis (tributylphosphine)di-, (*Mo-Mo*), stereoisomer, [59493-09-3], 19:133
- ——, [bis(benzonitrile)platinum] hexacarbonylbis(η⁵-2,4-cyclopentadien-1-yl)di-, (2*Mo-Pt*), stereoisomer, [83704-68-1], 26:345
- ——, bis[bis(1-methylethyl) phosphinodithioato-S,S']carbonyl(η²-ethyne)-, [55948-21-5], 18:55
- ——, bis[bis(1-methylethyl) phosphinodithioato-*S*,*S*']dicarbonyl-, [60965-90-4], 18:53
- -----, bis[1,2-bis(methylthio)ethane-S,S']tetrachlorodi-, (*Mo-Mo*), stereoisomer, [51731-34-1], 19:131
- ——, bis(η⁶-chlorobenzene)-, [52346-34-6], 19:81,82

Molybdenum (Continued)

- bis[1,2-ethanediylbis[diphenyl-phosphine]-*P*,*P*']-, (*OC*-6-11)-, [66862-30-4], 23:10
- -----, bis(η⁵-2,4-cyclopentadien-1-yl)dihydro-, [1291-40-3], 29:205
- , bis(η⁵-2,4-cyclopentadien-1-yl)di-μ-iododiiododinitrosyldi-, [12203-25-7], 16:28
- ——, bis(η^5 -2,4-cyclopentadien-1-yl)oxo-, [37298-36-5], 29:209
- ——, bis(η^5 -2,4-cyclopentadien-1-yl)(tetrathio)-, [54955-47-4], 27:63
- ——, bis(1,3-dichloro-2-isocyano-benzene)bis[1,2-ethanediylbis [diphenylphosphine]-*P*,*P*']-, (*OC*-6-11)-, [66862-31-5], 23:10
- Molybdenum, bis(diethylcarbamodithioato-*S*,*S*")dinitrosyl-, [18810-45-2], 16:235; 28:145
- ——, (*OC*-6-21)-, [39797-80-3], 16:235 Molybdenum, bis[(1,2,3,4,5,6-η)-*N*,*N*-dimethylbenzenamine]-, [52346-32-4], 19:81
- ——, [μ-[bis(1,1-dimethylethyl)] phosphino]]tetracarbonylbis(η⁵-2,4-cyclopentadien-1-yl)-μ-hydrodi-, (*Mo-Mo*), [125225-75-4], 25:168
- ——, bis(dinitrogen)bis[1,2-ethane-diylbis[diphenylphosphine]-P,P']-, (OC-6-11)-, [25145-64-6], 15:25; 20:122; 28:38
- ——, bis[1,2-ethanediylbis[diphenyl-phosphine]-P,P']bis(isocyanobenzene)-, (OC-6-11)-, [66862-27-9], 23:10
- ——, bis[1,2-ethanediylbis[diphenyl-phosphine]-*P*,*P*']bis(1-isocyano-4-methylbenzene)-, (*OC*-6-11)-, [66862-28-0], 23:10
- ——, bis[1,2-ethanediylbis[diphenyl-phosphine]-P,P']bis(2-isocyano-2-methylpropane)-, (OC-6-11)-, [66862-26-8], 23:10

- ——, bis[1,2-ethanediylbis[diphenyl-phosphine]-P,P']hydro(2,4-penta-nedionato-O,O')-, [53337-52-3], 17:61
- phosphine]-P,P']hydro(η^3 -2-propenyl)-, [56307-57-4], 29:201
- ——, bis[1,2-ethanediylbis[diphenyl-phosphine]-*P*,*P*'](1-isocyano-4-methoxybenzene)-, (*OC*-6-11)-, [66862-29-1], 23:10
- ——, bis[(1,2,3,4,5-η)-1-methyl-2,4-cyclopentadien-1-yl]oxo-, [98525-67-8], 29:210
 - ——, chloro(η⁵-2,4-cyclopentadien-1-yl)dinitrosyl-, [12305-00-9], 18:129
- ———, (η⁵-2,4-cyclopentadien-1yl)dinitrosylphenyl-, [57034-49-8], 19:209
- ——, (η⁵-2,4-cyclopentadien-1-yl) ethyldinitrosyl-, [57034-47-6], 19:210
- ——, di-μ-bromodibromobis(η⁵-2,4-cyclopentadien-1-yl)dinitrosyldi-, [40671-96-3], 16:27
- ———, dibromodinitrosyl-, (*T*-4)-, homopolymer, [30731-19-2], 12:264
 - ——, dibromotetracarbonyl-, [22172-30-1], 28:145
- , dicarbonyl(η^5 -2,4-cyclopentadien-1-yl)[(η^5 -2,4-cyclopentadien-1-yl)nickel]- μ_3 -ethylidyne(tricarbonylcobalt)-, (*Co-Mo*)(*Co-Ni*)(*Mo-Ni*), [76206-99-0], 27:192
- , dicarbonyl(η^5 -2,4-cyclopentadien-1-yl)[μ_3 -[(1- η :1,2- η :2- η)-1,2-dimethyl-1,2-ethenediyl]](tricarbonyl-cobalt)(tricarbonylruthenium)-, (*Co-Mo*)(*Co-Ru*)(*Mo-Ru*), [126329-01-9], 27:194
- ——, dicarbonyl(η^5 -2,4-cyclopenta-dien-1-yl)- μ_3 -ethylidyne(hexacarbonyldicobalt)-, (*Co-Co*)(2*Co-Mo*), [68185-42-2], 27:193
- ——, dicarbonyl(η⁵-2,4-cyclopentadien-1-yl)hydro(triphenylphosphine)-, [33519-69-6], 26:98

- ——, dicarbonyl(η⁵-2,4-cyclopentadien-1-yl)nitrosyl-, [12128-13-1], 16:24; 18:127; 28:196
- dicarbonyl(η⁵-2,4-cyclopentadien-1-yl)[tetrafluoroborato(1-)-F]
 (triphenylphosphine)-, [79197-56-1],
 26:98; 28:7
- ——, dicarbonyl(η^5 -2,4-cyclopenta-dien-1-yl)[(2,3- η)-1H-triphos-phirenato- P^1]-, [92719-86-3], 27:224
- —, dicarbonylnitrosyl[tris(3,5-dimethyl-1H-pyrazolato- N^1)hydroborato(1-)- N^2 , N^2 , N^2 "]-, (OC-6-23)-, [24899-04-5], 23:4
- ——, dichlorobis(η⁵-2,4-cyclopentadien-1-yl)-, [12184-22-4], 29:208
- ——, dichlorobis[(1,2,3,4,5-η)-1-methyl-2,4-cyclopentadien-1-yl]-, [63374-10-7], 29:208
- ——, di-μ-chlorodichlorobis(η⁵-2,4-cyclopentadien-1-yl)dinitrosyldi-, [41395-41-9], 16:26
- ——, dichlorodinitrosyl-, homopolymer, [30731-17-0], 12:264
- ——, dichlorotetrakis(N-methylmethanaminato)di-, (Mo-Mo), [63301-82-6], 21:56
- ——, [μ-(diethylphosphinodithioato-S:S')]tris(diethylphosphinodithioato-S,S')tri-μ-thioxo-μ₃-thioxotri-, triangulo, [83664-61-3], 23:121
- ——, dihydrobis[(1,2,3,4,5-η)-1methyl-2,4-cyclopentadien-1-yl]-, [61112-91-2], 29:206
- ——, diiodonitrosyl[tris(3,5-dimethyl-1*H*-pyrazolato-*N*¹)hydroborato(1-)-*N*²,*N*²',*N*²']-, (*OC*-6-33)-, [60106-46-9], 23:6
- ——, dioxobis(2,4-pentanedionato-O,O')-, (OC-6-21)-, [17524-05-9], 6:147; 29:130
- ——, (ethanaminato)iodonitrosyl [tris(3,5-dimethyl-1*H*-pyrazolato-*N*¹)hydroborato(1-)-*N*²,*N*²',*N*²"]-, (*OC*-6-33)-, [70114-01-1], 23:8

- ——, ethoxyiodonitrosyl[tris(3,5-dimethyl-1*H*-pyrazolato-*N*¹) hydroborato(1-)-*N*²,*N*²',*N*²"]-, (*OC*-6-44)-, [60106-31-2], 23:7
- ——, hexaaquadi-μ-oxodioxodi-, [50440-19-2], 23:137
- ——, hexa-μ-carbonylbis(η⁵-2,4-cyclopentadien-1-yl)bis[(triphenyl-phosphine)palladium]di-, (2*Mo-Mo*)(4*Mo-Pd*), [58640-56-5], 26:348
- ——, hexa-μ-carbonylbis(η⁵-2,4cyclopentadien-1-yl)bis[(triphenylphosphine)platinum]di-, (Mo-Mo)(4Mo-Pt), [56591-78-7], 26:347
- ———, hexacarbonylbis(η⁵-2,4cyclopentadien-1-yl)di-, (*Mo-Mo*), [12091-64-4], 7:107,139; 28:148,151
- ——, hexacarbonyltris[μ -(1,3,5,7-tetramethyl-1H,5H-[1,4,2,3]diazadiphospholo[2,3-b][1,4,2,3]diazadiphosphole-2,6(3H,7H)-dione-P4:P8)]di-, [86442-02-6], 24:124
- hexahydrotris(tricyclohexylphosphine)-, [84430-71-7], 27:13 hexakis(*N*-methylmethanaminato)
 - di-, (*Mo-Mo*), [51956-20-8], 21:43
 ——, octa-μ₃-bromotetrabromohexa-, octahedro, [12234-30-9], 12:176
- ——, octa-μ₃-chlorotetrachlorohexa-, octahedro, [11062-51-4], 12:172
- ——, μ-oxodioxotetrakis(2,4pentanedionato-O,O')di-, [18285-19-3], 8:156; 29:131
- ——, pentacarbonyl(2-isocyano-2-methylpropane)-, (*OC*-6-21)-, [42401-88-7], 28:143
- Molybdenum, tetrabromotetrakis (pyridine)di-, [53850-66-1], 19:131
- ——, (*Mo-Mo*), stereoisomer, [51731-40-9], 19:131
- Molybdenum, tetrabromotetrakis(tributyl phosphine)di-, (*Mo-Mo*), stereoisomer, [51731-44-3], 19:131

Molybdenum *(Continued)*
———, tetracarbonylbis(η^5-2,4-cyclopentadien-1-yl)di-, (*Mo-Mo*), [56200-27-2], 28:152
———, tetracarbonylbis(η^5-2,4-cyclopentadien-1-yl)[μ-(dimethylarsino)]-μ-hydrodi-, (*Mo-Mo*), [64542-62-7], 25:169
———, tetracarbonylbis(η^5-2,4-cyclopentadien-1-yl)[μ-(diphosphorus-*P,P':P,P'*)]di-, (*Mo-Mo*), [93474-07-8], 27:224
———, tetracarbonylbis[(1,1-dimethylethyl)phosphonous difluoride]-, (*OC*-6-22)-, [34324-45-3], 18:175
———, tetracarbonylbis(2-isocyano-2-methylpropane)-, (*OC*-6-22)-, [37584-08-0], 28:143
———, tetrachlorobis(methyldiphenylphosphine)-, [30411-57-5], 15:42
———, tetrachlorobis(propanenitrile)-, [12012-97-4], 15:43
———, tetrachlorobis(tetrahydrofuran)-, [16998-75-7], 20:121; 28:35
———, tetra-μ-fluorohexadecafluorotetra-, [57327-37-4], 13:150
———, tetrahydrotetrakis(methyldiphenylphosphine)-, [32109-07-2], 15:42; 27:9
———, tetrakis[μ-(acetato-*O:O'*)]di-, (*Mo-Mo*), [14221-06-8], 13:88
———, tetrakis[μ-(benzoato-*O:O'*)]di-, (*Mo-Mo*), [24378-22-1], 13:89
———, tetrakis[μ-(butanoato-*O:O'*)]di-, (*Mo-Mo*), [41772-56-9], 19:133
———, tetrakis[μ-(4-chlorobenzoato-*O:O'*)]di-, (*Mo-Mo*), [33637-85-3], 13:89
———, tetrakis[μ-(4-methoxybenzoato-O^1:$O^{1'}$)]di-, (*Mo-Mo*), [33637-87-5], 13:89
———, tetrakis[μ-(4-methylbenzoato-*O:O'*)]di-, (*Mo-Mo*), [33637-86-4], 13:89
———, tricarbonylbis(diethylcarbamodithioato-*S,S'*)-, (*TPS*-7-1-121'1'22)-, [18866-21-2], 28:145
———, tricarbonyl[(1,2,3,4,5,6-η)-1,3,5-cycloheptatriene]-, [12125-77-8], 9:121; 28:45
———, tricarbonyl(η^5-2,4-cyclopentadien-1-yl)hydro-, [12176-06-6], 7:107,136
———, tricarbonyl(η^5-2,4-cyclopentadien-1-yl)mercurate[nonacarbonyl[μ_3-[(1-η:1,2-η:1,2-η)-3,3-dimethyl-1-butynyl]]triruthenate]-, (*Hg-Mo*)(2*Hg-Ru*)(3*Ru-Ru*), [84802-27-7], 26:333
———, tricarbonyl(η^5-2,4-cyclopentadien-1-yl)methyl-, [12082-25-6], 11:116
———, tricarbonyl(η^5-2,4-cyclopentadien-1-yl)silyl-, [32965-47-2], 17:104
———, tricarbonyl(η^5-2,4-cyclopentadien-1-yl)[tetrafluoroborato(1-)-F]-, [68868-78-0], 26:96; 28:5
———, tricarbonyl(η^5-2,4-cyclopentadien-1-yl)(trimethylstannyl)-, [12214-92-5], 12:63
———, tricarbonyl(dihydrogen-*H,H'*)bis(tricyclohexylphosphine)-, stereoisomer, [104198-76-7], 27:3
———, tricarbonyltris(2-isocyano-2-methylpropane)-, (*OC*-6-22)-, [37017-63-3], 28:143
———, tricarbonyltris(propanenitrile)-, [103933-26-2], 28:31
———, trichlorotris(pyridine)-, [13927-99-6], 7:40
———, trichlorotris(tetrahydrofuran)-, [31355-55-2], 20:121; 24:193; 28:36
———, tris(acetonitrile)trichloro-, [45047-76-5], 28:37
———, tris[1,2-diphenyl-1,2-ethenedithiolato(2-)-*S,S'*]-, (*OC*-6-11)-, [15701-94-7], 10:9
———, tris[1,1,1,4,4,4-hexafluoro-2-butene-2,3-dithiolato(2-)-*S,S'*]-, (*OC*-6-11)-, [1494-07-1], 10:22-24

———, tris(2,4-pentanedionato-*O,O'*)-, (*OC*-6-11)-, [14284-90-3], 8:153
Molybdenum(1+), [μ-(acetyl-(*C:O*)] tricarbonyl[carbonyl(η^5-2,4-cyclopentadien-1-yl)(triphenylphosphine) iron](η^5-2,4-cyclopentadien-1-yl)-, hexafluorophosphate(1-), [81133-03-1], 26:241
———, [μ-(acetyl-(*C:O*)]tricarbonyl(η^5-2,4-cyclopentadien-1-yl)[dicarbonyl (η^5-2,4-cyclopentadien-1-yl)iron], hexafluorophosphate(1-), [81133-01-9], 26:239
———, (η^6-benzene)tris(dimethylphenylphosphine)hydro-, hexafluorophosphate(1-), [35004-34-3], 17:58
———, bis[1,2-ethanediylbis[diphenylphosphine]-*P,P'*](isocyanomethane) [(methylamino)methylidyne]-, (*OC*-6-11)-, tetrafluoroborate(1-), [73464-16-1], 23:12
———, carbonyl(η^5-2,4-cyclopentadien-1-yl)bis[1,1'-(η^2-1,2-ethynediyl)bis [benzene]]-, tetrafluoroborate(1-), [66615-17-6], 26:102; 28:11
———, carbonyl(η^5-2,4-cyclopentadien-1-yl)[1,1'-(η^2-1,2-ethynediyl)bis [benzene]](triphenylphosphine)-, tetrafluoroborate(1-), [78090-78-5], 26:104; 28:13
———, dicarbonylbis[1,2-ethanediylbis [diphenylphosphine]-*P,P'*]fluoro-, (*TPS*-7-2-1311'31')-, hexafluorophosphate(1-), [61542-55-0], 26:84
———, hydroxydioxo-, [39335-76-7], 23:139
———, hydroxypentaoxodi-, [119618-11-0], 23:139
———, tricarbonyl(η^5-2,4-cyclopentadien-1-yl)(η^2-ethene)-, tetrafluoroborate(1-), [62866-16-4], 26:102; 28:11
———, tricarbonyl(η^5-2,4-cyclopentadien-1-yl)(2-propanone)-, tetrafluoroborate (1-), [68868-66-6], 26:105; 28:14
———, tris(diethylphosphinodithioato-*S,S'*)tris[μ-(disulfur-*S,S'*:*S,S'*)]-μ$_3$-thioxotri-, *triangulo*, diethylphosphinodithioate, [79594-15-3], 23:120
Molybdenum(2+), (η^6-benzene)tris (dimethylphenylphosphine)dihydro-, bis[hexafluorophosphate(1-)], [36354-39-9], 17:60
———, bis[1,2-ethanediylbis[diphenylphosphine]-*P,P'*]bis(isocyanomethane)-, (*OC*-6-11)-, [73047-16-2], 23:10
———, bis[1,2-ethanediylbis[diphenylphosphine]-*P,P'*]bis[(methylamino) methylidyne]-, (*OC*-6-11)-, bis [tetrafluoroborate(1-)], [57749-21-0], 23:14
———, hexaaquadi-μ-oxodioxodi-, (*Mo-Mo*), [40804-49-7], 23:137
———, tetrakis(acetonitrile)dinitrosyl-, (*OC*-6-22)-, bis[tetrafluoroborate(1-)], [82583-10-6], 26:132; 28:65
Molybdenum(3+), hexaaqua-, (*OC*-6-11)-, [34054-31-4], 23:133
———, trihydroxytrioxodi-, [39335-78-9], 23:139
Molybdenum(4+), decakis(acetonitrile)di-, (*Mo-Mo*), tetrakis[tetrafluoroborate (1-)], [132461-50-8], 29:134
———, nonaaquatri-μ-oxo-μ$_3$-oxotri-, *triangulo*, [74353-85-8], 23:136
———, nonaaquatri-μ-thioxo-μ$_3$-thioxotri-, salt with 4-methylbenzenesulfonic acid (1:4), [131378-31-9], 29:268
———, octaaquadi-, (*Mo-Mo*), [91798-52-6], 23:131
———, octaaquadi-μ-hydroxydi-, [51567-86-3], 23:135
Molybdenum(5+), dodecaaquatetra-μ$_3$-thioxotetra-, salt with 4-methylbenzenesulfonic acid (1:5), [119726-79-3], 29:266
Molybdenum bromide ($MoBr_3$), [13446-57-6], 10:50

Molybdenum bromide ($MoBr_4$), [13520-59-7], 10:49
Molybdenum carbonyl ($Mo(CO)_6$), (*OC*-6-11)-, [13939-06-5], 11:118; 15:88
Molybdenum chloride ($MoCl_3$), [13478-18-7], 12:178
Molybdenum chloride ($MoCl_4$), [13320-71-3], 12:181
Molybdenum chloride ($MoCl_5$), [10241-05-1], 3:165; 7:167; 9:135; 12:187
Molybdenum chloride oxide ($MoCl_2O_2$), (*T*-4)-, [13637-68-8], 7:168
Molybdenum chloride oxide ($MoCl_3O$), [13814-74-9], 12:190
Molybdenum chloride oxide ($MoCl_4O$), [13814-75-0], 10:54; 23:195; 28:325
Molybdenum fluoride (MoF_5), [13819-84-6], 13:146; 19:137,138,139
Molybdenum oxide (MoO_2), [18868-43-4], 14:149; 30:105
Molybdenum oxide (MoO_3), dihydrate, [25942-34-1], 24:191
Molybdenum potassium oxide ($MoK_{0.3}O_3$), [106496-65-5], 30:119
Molybdenum potassium selenide ($MoK_{0.5}Se_2$), [158188-90-0], 30:167
Molybdenum potassium sulfide ($MoK_{0.6}S_2$), [158188-89-7], 30:167
Molybdenum selenide ($MoSe_2$), [12058-18-3], 30:167
Molybdenum sodium sulfide ($MoNa_{0.6}S_2$), [158188-88-6], 30:167
Molybdenum sulfide (MoS_2), [1317-33-5], 30:33,167
Morpholine, boron complex, [4856-95-5], 12:109-115
Morpholine, 4-(1-piperidinylsulfonyl)-, [71173-07-4], 8:113
4-Morpholinesulfonamide, [25999-04-6], 8:114
4-Morpholinesulfonyl chloride, [1828-66-6], 8:109
Morpholinium, 4,4-diamino-, chloride, [20621-22-1], 10:130
1-Naphthalenamine, *N*,*N*-dimethyl-, lithium complex, [86526-70-7], 26:154
Neodymium, bis(η^5-2,4-cyclopentadien-1-yl)(1,1-dimethylethyl)(tetrahydrofuran)-, [95274-94-5], 27:158
———, (1,4,7,10,13,16-hexaoxacyclooctadecane-O^1,O^4,O^7,O^{10},O^{13},O^{16})tris(nitrato-*O*,*O*')-, [67216-33-5], 23:151
———, (2,4-pentanedionato-*O*,*O*')[5,10,15,20-tetraphenyl-21*H*,23*H*-porphinato(2-)-N^{21},N^{22},N^{23},N^{24}]-, [61301-64-2], 22:160
———, tetrakis[(1,2,3,4,5-η)-1,3-bis(trimethylsilyl)-2,4-cyclopentadien-1-yl]di-μ-chlorodi-, [81507-57-5], 27:171
———, (2,2,6,6-tetramethyl-3,5-heptanedionato-*O*,*O*')[5,10,15,20-tetraphenyl-21*H*,23*H*-porphinato(2-)-N^{21},N^{22},N^{23},N^{24}]-, [89768-99-0], 22:160
———, trichlorobis(tetrahydrofuran)-, [81009-70-3], 27:140; 28:290
———, tris(η^5-2,4-cyclopentadien-1-yl)(tetrahydrofuran)-, [84270-65-5], 28:293
———, tris(nitrato-*O*,*O*')(1,4,7,10,13-pentaoxacyclopentadecane-O^1,O^4,O^7,O^{10},O^{13})-, [67216-27-7], 23:151
———, tris(nitrato-*O*)(1,4,7,10-tetraoxacyclododecane-O^1,O^4,O^7,O^{10})-, [71534-52-6], 23:151
———, tris(2,2,6,6-tetramethyl-3,5-heptanedionato-*O*,*O*')-, (*OC*-6-11)-, [15492-47-4], 11:96
Neodymium(1+), (1,4,7,10,13,16-hexaoxacyclooctadecane-O^1,O^4,O^7,O^{10},O^{13},O^{16})bis(nitrato-*O*,*O*')-, hexakis(nitrato-*O*,*O*')neodymate(3-) (3:1), [75845-21-5], 23:150; 23:155
Neodymium(3+), hexakis(*P*,*P*-diphenylphosphinic amide-*O*)-, (*OC*-6-11)-, tris[hexafluorophosphate(1-)], [59449-53-5], 23:180

Neodymium chloride ($NdCl_3$), [10024-93-8], 1:32; 5:154; 22:39
Neodymium sulfide (Nd_2S_3), [12035-32-4], 14:154
Nickel, bis[*N*-(2-aminoethyl)-1,2-ethanediamine-*N*,*N'*,*N''*]-, dibromide, [22470-20-8], 14:61
———, bis(2,2'-bipyridine-*N*,*N'*)-, (*T*-4)-, [15186-68-2], 17:121; 28:103
———, bis[1,2-bis(4-chlorophenyl)-1,2-ethenedithiolato(2-)-*S*,*S'*]-, (*SP*-4-1)-, [14376-66-0], 10:9
———, bis[bis(1,1-dimethylethyl) phosphinous fluoride]dibromo-, (*SP*-4-1)-, [41509-46-0], 18:177
———, bis[1,2-bis(4-methoxyphenyl)-1,2-ethenedithiolato(2-)-*S*,*S'*]-, (*SP*-4-1)-, [38951-97-2], 10:9
———, bis[1,2-bis(4-methylphenyl)-1,2-ethenedithiolato(2-)-*S*,*S'*]-, (*SP*-4-1)-, [89918-29-6], 10:9
———, bis[2-butene-2,3-dithiolato(2-)-*S*,*S'*]-, (*SP*-4-1)-, [38951-94-9], 10:9
———, bis[(1,2,5,6-η)-1,5-cyclooctadiene]-, [1295-35-8], 15:5
———, bis[(7,8,9,10,11-η)-1,2,3,4,5,6,8,9,10,11-decahydro-7-(*N*-methylmethanamine)-7-carbaundecaborato (1-)]-, [12404-28-3], 11:45
———, bis(*O*,*O*-diethyl phosphorodithioato-*S*,*S'*)-, (*SP*-4-1)-, [16743-23-0], 6:142
———, bis[dihydrobis(1*H*-pyrazolato-N^1) borato(1-)-N^2,$N^{2'}$]-, (*SP*-4-1)-, [18131-13-0], 12:104
———, bis(1,2-dimethoxyethane-*O*,*O'*) diiodo-, (*OC*-6-12)-, compd. with 1,2,3,4-tetrafluoro-5,6-diiodobenzene (1:2), [71272-16-7], 13:163
———, bis[μ-[(1,1-dimethylethyl) phosphino]]tetrakis(trimethylphosphine)di-, (*Ni-Ni*), stereoisomer, [87040-42-4], 25:176
———, bis(*N*,*N*-dimethylformamide-*O*) bis(1,1,1,5,5,5-hexafluoro-2,4-pentanedionato-*O*,*O'*)-, [53513-62-5], 15:96
———, bis[1,2-diphenyl-1,2-ethenedithiolato(2-)-*S*,*S'*]-, (*SP*-4-1)-, [28984-20-5], 10:9
———, bis[1,2-ethanediylbis [dimethylphosphine]-*P*,*P'*]-, (*T*-4)-, [32104-66-8], 17:119; 28:101
———, bis[1,2-ethanediylbis [diphenylphosphine]-*P*,*P'*]-, (*T*-4)-, [15628-25-8], 17:121; 28:103
———, bis[1,2-ethenedithiolato(2-)-*S*,*S'*]-, (*SP*-4-1)-, [19042-52-5], 10:9
———, bis[1,1,1,4,4,4-hexafluoro-2-butene-2,3-dithiolato(2-)-*S*,*S'*]-, (*SP*-4-1)-, [18820-78-5], 10:18-20
———, bis[3-hexene-3,4-dithiolato(2-)-*S*,*S'*]-, (*SP*-4-1)-, [107701-92-8], 10:9
———, bis(4-imino-2-pentanonato-*N*,*O*)-, [15170-64-6], 8:232
———, bis(mercaptosulfur diimidato-*N'*,S^N)-, (*SP*-4-2)-, [50726-53-9], 18:124
———, bis[4-(methylimino)-2-pentanonato-*N*,*O*]-, [14782-73-1], 11:74
———, bis(*N*-methyl-2-piperidinemethanamine-N^{α},N^1)bis(nitrito-*O*)-, [33516-82-4], 13:204
———, bis(*N*-methyl-2-pyridinemethanamine-N^1,N^2)bis(nitrito-*O*)-, [33516-81-3], 13:203
———, bis(mononitrogen trisulfidato)-, [67143-07-1], 18:124
———, bis(2,4-pentanedionato-*O*,*O'*)-, (*SP*-4-1)-, [3264-82-2], 15:5,10,29
Nickel, bis(1,10-phenanthroline-N^1,N^{10})-, [15609-57-1], 28:103
———, (*T*-4)-, [10170-11-3], 17:121
Nickel, bis[1,2-phenylenebis[dimethylarsine]-*As*,*As'*]-, (*T*-4)-, [65876-45-1], 17:121; 28:103
———, bis(η^3-2-propenyl)-, [12077-85-9], 13:79

Nickel *(Continued)*
———, bis(thiocyanato-*N*)bis(1*H*-1,2,4-triazole)-, homopolymer, [63654-17-1], 23:159
———, [butanamidato(2-)-*C*^{4},*N*^{1}](tricyclohexylphosphine)-, [82840-51-5], 26:206
———, [(2,3-η)-2-butenedinitrile]bis(2-isocyano-2-methylpropane)-, stereoisomer, [32612-10-5], 17:122
———, chloro(diethylcarbamodiselenoato-*Se,Se'*)(triethylphosphine)-, (*SP*-4-3)-, [67994-91-6], 21:9
———, chlorohydrobis(tricyclohexylphosphine)-, [25703-57-5], 17:84
———, chlorohydrobis[tris(1-methylethyl)phosphine]-, [52021-75-7], 17:86
Nickel, dibromobis[3,3',3''-phosphinidynetris[propanenitrile]-*P*]-, (*SP*-4-1)-, [19979-87-4], 22:113,115
———, (*SP*-4-1)-, homopolymer, [29591-65-9], 22:115
Nickel, dibromo(1,2-dimethoxyethane-*O,O'*)-, [28923-39-9], 13:162
———, dibromotetrakis(ethanol)-, [15696-85-2], 13:160
———, dichlorobis[3,3',3''-phosphinidynetris[propanenitrile]-*P*]-, [20994-35-8], 22:113
———, dichloro(1,2-dimethoxyethane-*O,O'*)-, [29046-78-4], 13:160
———, dichlorotetrakis(ethanol)-, [15696-86-3], 13:158
———, [7,16-dihydro-6,8,15,17-tetramethyldibenzo[*b,i*][1,4,8,11]tetraazacyclotetradecinato(2-)-*N*^{5},*N*^{9},*N*^{14},*N*^{18}]-, (*SP*-4-1)-, [51223-51-9], 20:115
———, [2,12-dimethyl-1,5,9,13-tetraazacyclohexadeca-1,4,9,12-tetraenato(2-)-*N*^{1},*N*^{5},*N*^{9},*N*^{13}]-, (*SP*-4-2)-, [74466-59-4], 27:272
———, [[(2,12-dimethyl-1,5,9,13-tetraazacyclohexadeca-1,4,9,12-tetraene-3,11-diyl)bis[phenylmethanonato]](2-)-*N*^{1},*N*^{5},*N*^{9},*N*^{13}]-, (*SP*-4-2)-, [74466-43-6], 27:273
———, [5,14-dimethyl-1,4,8,11-tetraazacyclotetradeca-4,7,11,14-tetraenato(2-)-*N*^{1},*N*^{4},*N*^{8},*N*^{11}]-, (*SP*-4-2)-, [67326-88-9], 18:42
———, [[1,1'-(5,14-dimethyl-1,4,8,11-tetraazacyclotetradeca-4,7,11,14-tetraene-6,13-diyl)bis[ethanonato]](2-)-*N,N',N'',N'''*]-, (*SP*-4-2)-, [20123-01-7], 18:39
———, [μ-(dinitrogen-*N:N'*)]tetrakis(tricyclohexylphosphine)di-, [21729-50-0], 15:29
———, [(*N,N'*-η)-diphenyldiazene]bis(triethylphosphine)-, [65981-84-2], 17:123
———, [(*N,N'*-η)-diphenyldiazene]bis(triphenylphosphine)-, [32015-52-4], 17:121
———, [(*N,N'*-η)-diphenyldiazene](2-isocyano-2-methylpropane)-, [32714-19-5], 17:122
———, [(1,2,3,6,7,10,11,12-η)-2,6,10-dodecatriene-1,12-diyl]-, [12090-21-0], 19:85
———, [[3,3'-[1,2-ethanediylbis(nitrilomethylidyne)]bis[2,4-pentanedionato]](2-)-*N*^{3},*N*$^{3'}$,*O*^{2},*O*$^{2'}$]-, (*SP*-4-2)-, [53385-23-2], 18:38
———, (η^2-ethene)bis(tricyclohexylphosphine)-, [41685-59-0], 15:29
———, (η^2-ethene)bis[tris(2-methylphenyl) phosphite-*P*]-, [31666-47-4], 15:10
———, [1,1'-(η^2-1,2-ethenediyl)bis[benzene]]bis(triphenylphosphine)-, [12151-25-6], 17:121
———, [1,1'-(η^2-1,2-ethenediyl)bis[benzene]](2-isocyano-2-methylpropane)-, [32802-08-7], 17:122
———, [(1,2-η)-ethenetetracarbonitrile]bis(2-isocyano-2-methylpropane)-, [24917-37-1], 17:122

———, hexakis(thiocyanato-*N*)hexakis [μ-(4 *H*-1,2,4-triazole-N^1:N^2)]tri-, [63161-69-3], 23:160
———, hydro[tetrahydroborato(1-)-*H*,*H*'] bis(tricyclohexylphosphine)-, (*TB*-5-11)-, [24899-12-5], 17:89
———, iodonitrosyl-, [47962-79-8], 14:88
———, (mercaptosulfur diimidato-*N*',S^N) (mononitrogen trisulfidato)-, [67143-06-0], 18:124
———, [(1,2,3,4,5,6-η)-methylbenzene] bis(pentafluorophenyl)-, [66197-14-6], 19:72
———, [2-methylpropanamidato(2-)-C^3,*N*](tricyclohexylphosphine)-, [72251-37-7], 26:205
———, tetraaquabis(1,2-benzisothiazol-3 (2*H*)-one 1,1-dioxidato-N^2)-, dihydrate, [81780-34-9], 23:48
———, (tetrabenzo[*b,f,j,n*][1,5,9,13] tetraazacyclohexadecine-N^5,N^{11}, N^{17},N^{23})bis(thiocyanato-*N*)-, (*OC*-6-11)-, [62905-16-2], 18:31
———, tetrakis(3-bromopyridine)bis (perchlorato-*O*)-, [14406-80-5], 9:179
———, tetrakis(diethylphenylphosphine)-, (*T*-4)-, [55293-69-1], 17:119; 28:101
———, tetrakis(diethyl phenylphosphonite-*P*)-, [22655-01-2], 13:118
———, tetrakis(3,5-dimethylpyridine)bis (perchlorato-*O*)-, [14839-22-6], 9:179
———, tetrakis(isocyanocyclohexane)-, [24917-34-8], 17:119; 28:101
———, tetrakis(2-isocyano-2-methylpropane)-, [19068-11-2], 17:118; 28:99
———, tetrakis(methyldiphenylphosphine)-, (*T*-4)-, [25037-29-0], 17:119; 28:101
———, tetrakis(methyl diphenylphosphinite-*P*)-, (*T*-4)-, [41685-57-8], 17:119; 28:101
———, tetrakis(phosphorous trichloride)-, (*T*-4)-, [36421-86-0], 6:201
———, tetrakis(tributylphosphine)-, (*T*-4)-, [28101-79-3], 17:119; 28:101
———, tetrakis(triethylphosphine)-, (*T*-4)-, [51320-65-1], 17:119; 28:101
———, tetrakis(triethyl phosphite-*P*)-, (*T*-4)-, [14839-39-5], 13:112; 17:119; 28:101,104
———, tetrakis(trimethylphosphine)-, (*T*-4)-, [28069-69-4], 17:119; 28:101
———, tetrakis(trimethyl phosphite-*P*)-, (*T*-4)-, [14881-35-7], 17:119; 28:101
———, tetrakis(triphenylarsine)-, (*T*-4)-, [14564-53-5], 17:121; 28:103
———, tetrakis(triphenylphosphine)-, (*T*-4)-, [15133-82-1], 13:124; 17:120; 28:102
———, tetrakis(triphenyl phosphite-*P*)-, (*T*-4)-, [14221-00-2], 9:181; 13:108,116; 17:119; 28:101
———, tetrakis(triphenylstibine)-, (*T*-4)-, [15555-80-3], 28:103
———, tetrakis[tris(1-methylethyl) phosphite-*P*]-, (*T*-4)-, [36700-07-9], 17:119; 28:101
———, (2,3,9,10-tetramethyl-1,4,8,11-tetraazacyclotetradeca-1,3,8,10-tetraene-N^1,N^4,N^8,N^{11})bis(thiocyanato-*N*)-, (*OC*-6-11)-, [62905-14-0], 18:24
———, [5,10,15,20-tetraphenyl-21*H*,23*H*-porphinato(2-)-N^{21},N^{22},N^{23},N^{24}]-, (*SP*-4-1)-, [14172-92-0], 20:143
———, tris[tris(4-methylphenyl) phosphite-*P*]-, [87482-65-3], 15:11
Nickel(2+), bis[*N*-(2-aminoethyl)-1,2-ethanediamine-*N*,*N*',*N*'']-, diiodide, [49606-27-1], 14:61
———, bis[2-(diphenylphosphino) benzenamine-*N*,*P*]-, dinitrate, [125100-70-1], 25:132
———, bis(1,2-ethanediamine-*N*,*N*')-, dichloride, [15522-51-7], 6:198
Nickel(2+), bis[2,2'-iminobis[*N*-hydroxyethanimidamide]]-, dichloride, [20675-37-0], 11:91
———, dichloride, dihydrate, (*OC*-6-1'1')-, [28903-66-4], 11:93

Nickel(2+), [3,11-bis(1-methoxyethylidene)-2,12-dimethyl-1,5,9,13-tetraazacyclohexadeca-1,4,9,12-tetraene-N^1,N^5,N^9,N^{13}]-, [*SP*-4-2-(*Z*,*Z*)]-, bis[hexafluorophosphate(1-)], [70021-28-2], 27:264
———, [3,11-bis(methoxyphenylmethylene)-2,12-dimethyl-1,5,9,13-tetraazacyclohexadeca-1,4,9,12-tetraene-N^1,N^5,N^9,N^{13}]-, (*SP*-4-2)-, bis[hexafluorophosphate(1-)], [88610-99-5], 27:275
———, [14,20-dimethyl-2,12-diphenyl-3,11-bis(phenylmethyl)-3,11,15,19,22,26-hexaazatricyclo[11.7.7.^{15,9}]octacosa-1,5,7,9(28),12,14,19,21,26-nonaene-N^{15},N^{19},N^{22},N^{26}]-, (*SP*-4-2)-, bis[hexafluorophosphate(1-)], [88635-37-4], 27:277
———, (2,12-dimethyl-3,7,11,17-tetraazabicyclo[11.3.1]heptadeca-1(17),2,11,13,15-pentaene-N^3,N^7,N^{11},N^{17})-, diperchlorate, (*SP*-4-3)-, [35270-39-4], 18:18
———, [α,α'-(2,12-dimethyl-1,5,9,13-tetraazacyclohexadeca-1,4,9,12-tetraene-3,11-diyl)bis[*N*-(phenylmethyl)benzenemethanamine]]-, (*SP*-4-2)-, bis[hexafluorophosphate(1-)], [88611-05-6], 27:276
———, [1,1'-(2,12-dimethyl-1,5,9,13-tetraazacyclohexadeca-1,4,9,12-tetraene-3,11-diylidene)bis[*N*-methylethanamine]]-, [*SP*-4-2-(*Z*,*Z*)]-, bis[hexafluorophosphate(1-)], [74466-02-7], 27:266
———, (2,3-dimethyl-1,4,8,11-tetraazacyclotetradeca-1,3-diene-N^1,N^4,N^8,N^{11})-, (*SP*-4-2)-, (*T*-4)-tetrachlorozincate(2-) (1:1), [67326-86-7], 18:27
Nickel(2+), hexaammine-, dibromide, (*OC*-6-11)-, [13601-55-3], 3:194
———, diiodide, (*OC*-6-11)-, [13859-68-2], 3:194
Nickel(2+), hexakis(ethanol)-, (*OC*-6-11)-, bis[tetrafluoroborate(1-)], [15007-74-6], 29:115
———, hexakis[1,1'-sulfinylbis[benzene]-*O*]-, (*OC*-6-11)-, bis[tetrafluoroborate(1-)], [13963-83-2], 29:116
———, (5,6,15,16,20,21-hexamethyl-1,3,4,7,8,10,12,13,16,17,19,22-dodecaazatetracyclo[8.8.4.^{13,17}.^{18,12}]tetracosa-4,6,13,15,19,21-hexaene-N^4,N^7,N^{13},N^{16},N^{19},N^{22})-, (*OC*-6-11)-, bis[tetrafluoroborate(1-)], [151085-63-1], 20:89
———, (2,3,10,11,13,19-hexamethyl-3,10,14,18,21,25-hexaazabicyclo[10.7.7]hexacosa-1,11,13,18,20,25-hexaene-N^{14},N^{18},N^{21},N^{25})-, (*SP*-4-2)-, bis[hexafluorophosphate(1-)], [73914-16-6], 27:268
Nickel(2+), (5,7,7,12,14,14-hexamethyl-1,4,8,11-tetraazacyclotetradeca-4,11-diene-N^1,N^4,N^8,N^{11})-, stereoisomer, diperchlorate, [15392-94-6], 18:5
———, stereoisomer, diperchlorate, [15392-95-7], 18:5
Nickel(2+), (5,5,7,12,12,14-hexamethyl-1,4,8,11-tetraazacyclotetradecane-N^1,N^4,N^8,N^{11})-, [*SP*-4-2-(*R**,*S**)]-, diperchlorate, [25504-25-0], 18:12
———, (5,5,7,12,14,14-hexamethyl-1,4,8,11-tetraazacyclotetradeca-1,7,11-triene-N^1,N^4,N^8,N^{11})-, (*SP*-4-4)-, diperchlorate, [33916-12-0], 18:5
———, pentakis(trimethyl phosphite-*P*)-, (*TB*-5-11)-, bis[tetraphenylborate(1-)], [53701-88-5], 20:76
———, (1,4,8,11-tetraazacyclotetradecane-N^1,N^4,N^8,N^{11})-, (*SP*-4-1)-, diperchlorate, [15220-72-1], 16:221
———, (tetrabenzo[*b*,*f*,*j*,*n*][1,5,9,13]tetraazacyclohexadecine-N^5,N^{11},N^{17},N^{23})-, (*SP*-4-1)-, diperchlorate, [36539-87-4], 18:31
———, tetrakis(pyridine)-, dithiocyanate, [56508-32-8], 12:251,253

———, (2,3,9,10-tetramethyl-1,4,8,11-tetraazacyclotetradeca-1,3,8,10-tetraene-N^1,N^4,N^8,N^{11})-, (*SP*-4-1)-, diperchlorate, [67326-87-8], 18:23
Nickel(2+), tris(1,2-cyclohexanediamine-*N*,*N*')-, dibromide, [*OC*-6-11-(*trans*), (*trans*),(*trans*)]-, [53748-68-8], 14:61
———, diiodide, [*OC*-6-11-(*trans*), (*trans*),(*trans*)]-, [49562-51-8], 14:61
Nickel(2+), tris(1,2-ethanediamine-*N*,*N*')-, dibromide, (*OC*-6-11)-, [14896-63-0], 14:61
———, dichloride, dihydrate, (*OC*-6-11)-, [33908-61-1], 6:200
———, diiodide, (*OC*-6-11)-, [37488-13-4], 14:61
Nickel(2+), tris(1,10-phenanthroline-N^1,N^{10})-, (*OC*-6-11)-, bis[(*T*-4)-tetracarbonylcobaltate(1-)], [87183-61-7], 5:193; 5:195
———, (*OC*-6-11-Δ)-, bis(triiodide), [148832-23-9], 8:209
———, dichloride, (*OC*-6-11)-, [14356-44-6], 8:228
———, diiodide, (*OC*-6-11-Δ)-, [59952-83-9], 8:209
———, (*OC*-6-11-Δ)-, diperchlorate, trihydrate, [148832-22-8], 8:229-230
———, (*OC*-6-11-Λ)-, diperchlorate, trihydrate, [148832-21-7], 8:229-230
Nickel(2+), tris(1,2-propanediamine-*N*,*N*')-, dibromide, [49562-49-4], 14:61
———, dichloride, dihydrate, (*OC*-6-11)-, [15282-51-6], 6:200
———, diiodide, [49562-50-7], 14:61
Nickelate(1-), bis[2-butene-2,3-dithiolato (2-)-*S*,*S*']-, (*SP*-4-1)-, [20004-27-7], 10:9
———, bis[2,3-dimercapto-2-butenedinitrilato(2-)-*S*,*S*']-, (*SP*-4-1)-, [46761-25-5], 10:13,15,16
———, bis[1,2-diphenyl-1,2-ethenedithiolato(2-)-*S*,*S*']-, (*SP*-4-1)-, [14879-11-9], 10:9
———, bis[1,2-ethenedithiolato(2-)-*S*,*S*']-, (*SP*-4-1)-, [19555-32-9], 10:9
———, bis[1,1,1,4,4,4-hexafluoro-2-butene-2,3-dithiolato(2-)-*S*,*S*']-, (*SP*-4-1)-, [16674-52-5], 10:18-20
Nickelate(2-), bis[(7,8,9,10,11-η)-7-amido-1,2,3,4,5,6,8,9,10,11-decahydro-7-carbaundecaborato(2-)]-, [65378-48-5], 11:44
———, dihydrogen, [12373-34-1], 11:43
Nickelate(2-), bis[2-butene-2,3-dithiolato (2-)-*S*,*S*']-, (*SP*-4-1)-, [21283-60-3], 10:9
———, bis(1,5-cyclooctadiene)-, [58640-58-7], 28:94
———, bis[(7,8,9,10,11-η)-decahydro-7-hydroxy-7-carbaundecaborato(3-)]-, [51151-70-3], 11:44
———, bis[(7,8,9,10,11-η)-1,2,3,4,5,6,8,9,10,11-decahydro-7-(*N*-methylmethanaminato)-7-carbaundecaborato(2-)]-, [65504-42-9], 11:45
Nickelate(2-), bis[2,3-dimercapto-2-butenedinitrilato(2-)-*S*,*S*']-, (*SP*-4-1)-, [14876-79-0], 10:13,15,16
———, (*SP*-4-1)-, salt with 2-(1,3-dithiol-2-ylidene)-1,3-dithiole (1:2), [55520-22-4], 19:31
Nickelate(2-), bis[1,2-diphenyl-1,2-ethenedithiolato(2-)-*S*,*S*']-, (*SP*-4-1)-, [15683-67-7], 10:9
———, bis[1,2-ethenedithiolato(2-)-*S*,*S*']-, (*SP*-4-1)-, [54992-70-0], 10:9
———, bis[1,1,1,4,4,4-hexafluoro-2-butene-2,3-dithiolato(2-)-*S*,*S*']-, (*SP*-4-1)-, [50762-68-0], 10:18-20
———, bis[(7,8,9,10,11-η)-undecahydro-7-carbaundecaborato(2-)]-, [65404-75-3], 11:42
———, tetrachloro-, dipotassium, (*T*-4)-, [28480-11-7], 20:51
———, tetrakis(cyano-*C*)-, dipotassium, monohydrate, (*SP*-4-1)-, [14323-41-2], 2:227

Nickelate(4-), dicarbonylbis[μ-(cyano-*C*,*N*)]tetrakis(cyano-*C*)di-, tetrapotassium, [12556-88-6], 5:201
———, hexakis(cyano-*C*)di-, (*Ni-Ni*), tetrapotassium, [40810-33-1], 5:197
———, hexakis[μ-[tetraethyl 2,3-dioxo-1,1,4,4-butanetetracarboxylato(2-)]] tetra-, tetraammonium, [125591-68-6], 29:277
Nickel bromide ($NiBr_2$), dihydrate, [13596-19-5], 13:156
Nickel carbonyl ($Ni(CO)_4$), (*T*-4)-, [13463-39-3], 2:234
Nickel chloride ($NiCl_2$), [7718-54-9], 5:154,196; 28:322
———, dihydrate, [17638-48-1], 13:156
Nickel cyanide (Ni(CN)), [73963-97-0], 5:200
Nickel cyanide ($Ni(CN)_2$), [557-19-7], 2:228
Nickel fluoride (NiF_2), [10028-18-9], 3:173
Nickelocene, [1271-28-9], 11:122
Niobate(1-), hexacarbonyl-, sodium, (*OC*-6-11)-, [15602-39-8], 23:34; 28:192
———, hexachloro-, cesium, (*OC*-6-11)-, [16921-14-5], 9:89
———, hexakis(thiocyanato-*N*)-, potassium, (*OC*-6-11)-, [17979-22-5], 13:226
Niobate (NbO_2^{1-}), lithium, [53320-08-4], 30:222
Niobium, (acetonitrile)pentabromo-, (*OC*-6-21)-, [21126-01-2], 12:227
———, (acetonitrile)pentachloro-, (*OC*-6-21)-, [21126-02-3], 12:227; 13:226
———, bis(2,2'-bipyridine-*N*,*N*')tetrakis (thiocyanato-*N*)-, [38669-93-1], 16:78
———, bis(η^5-2,4-cyclopentadien-1-yl) (dimethylphenylphosphine)hydro-, [37298-78-5], 16:110
———, bis(η^5-2,4-cyclopentadien-1-yl) [tetrahydroborato(1-)-*H*,*H*']-, [37298-41-2], 16:109
———, bromobis(η^5-2,4-cyclopentadien-1-yl)(dimethylphenylphosphine)-, [37298-77-4], 16:112
———, dichlorobis(η^5-2,4-cyclopentadien-1-yl)-, [12793-14-5], 16:107; 28:267
———, di-μ-chlorotetrachlorobis[[2-[(dimethylarsino)methyl]-2-methyl-1,3-propanediyl]bis[dimethylarsine]-*As*,*As*']di-, (*Nb-Nb*), stereoisomer, [61069-52-1], 21:18
———, di-μ-chlorotetrachlorobis[1,2-ethanediylbis[diphenylphosphine]-*P*,*P*']di-, [86390-13-8], 21:18
———, di-μ-chlorotetrachlorobis[1,2-phenylenebis[dimethylarsine]-*As*,*As*']di-, (*Nb-Nb*), stereoisomer, [61069-53-2], 21:18
———, di-μ-chlorotetrachloro[μ-[thiobis [methane]]]bis[thiobis[methane]]di-, [83311-32-4], 21:16
———, tetrabromobis(tetrahydrofuran)-, [146339-45-9], 29:121
———, tetrachlorobis(tetrahydrofuran)-, [61247-57-2], 21:138; 29:120
———, tribromo(1,2-dimethoxyethane-*O*,*O*')-, [126083-88-3], 29:122
———, trichloro(1,2-dimethoxyethane-*O*,*O*')-, [110615-13-9], 29:120
Niobium(1+), bis(η^5-2,4-cyclopentadien-1-yl)(dimethylphenylphosphine) dihydro-, hexafluorophosphate(1-), [37298-81-0], 16:111
———, tetrafluoroborate(1-), [37298-80-9], 16:111
Niobium bromide ($NbBr_5$), [13478-45-0], 12:187
Niobium chloride ($NbCl_4$), [13569-70-5], 12:185
Niobium chloride ($NbCl_5$), [10026-12-7], 7:167; 9:88,135; 20:42
Niobium fluoride (NbF_4), [13842-88-1], 14:105
Niobium fluoride (NbF_5), (TB-5-11)-, [7783-68-8], 3:179; 14:105
Niobium oxide (NbO), [12034-57-0], 14:131; 30:108
Niobium potassium titanium oxide ($NbKTiO_5$), [61232-89-1], 22:89

Niobium titanium hydroxide oxide (NbTi $(OH)O_4$), [118955-75-2], 30:184
Nitramide, [7782-94-7], 1:68
Nitric acid, [7697-37-2], 3:13; 4:52
Nitric acid, bismuth(3+) magnesium salt (12:2:3), tetracosahydrate, [20741-82-6], 2:57
———, cerium(3+) magnesium salt (12:2:3), tetracosahydrate, [13550-46-4], 2:57
———, cerium(3+) salt, [10108-73-3], 2:51
———, cesium salt, [7789-18-6], 4:6
———, cesium salt (2:1), [35280-89-8], 4:7
———, gadolinium(3+) salt, [10168-81-7], 5:41
———, neodymium(3+) salt, [10045-95-1], 5:41
———, praseodymium(3+) salt, [10361-80-5], 5:41
———, samarium(3+) salt, [10361-83-8], 5:41
———, strontium salt, [10042-76-9], 3:17
———, ytterbium(3+) salt, pentahydrate, [35725-34-9], 11:95
———, ytterbium(3+) salt, tetrahydrate, [10035-00-4], 11:95
———, ytterbium(3+) salt, trihydrate, [81201-59-4], 11:95
———, yttrium(3+) salt, [10361-93-0], 5:41
Nitride, ruthenium complex, [83312-28-1], 26:288
———, ruthenium complex, [84809-76-7], 26:287
Nitridotriphosphoric acid, hexasodium salt, [127795-76-0], 6:103
Nitridotrisulfuric acid, tripotassium salt, [63504-30-3], 2:182
Nitrogen, iridium complex, [15695-36-0], 16:42
———, iridium complex, [21414-18-6], 12:8
———, iridium complex, [25036-66-2], 16:42
———, iridium complex, [79470-05-6], 26:119; 28:25
———, iron complex, [26061-40-5], 15:21
———, iron complex, [91171-69-6], 24:210
———, iron complex, [91185-44-3], 24:208
———, molybdenum complex, [25145-64-6], 15:25; 20:122; 28:38
———, nickel complex, [21729-50-0], 15:29
———, osmium complex, [20611-50-1], 24:270
———, osmium complex, [20611-52-3], 16:9
———, ruthenium complex, [15246-25-0], 12:5
———, ruthenium complex, [15283-53-1], 12:5
———, ruthenium complex, [15392-92-4], 12:5
———, ruthenium complex, [15651-39-5], 12:5
———, ruthenium complex, [18532-86-0], 12:5
———, ruthenium complex, [22337-84-4], 15:31
———, tungsten complex, [28915-54-0], 20:126; 28:41
Nitrogen(1+), tetrafluoro-, (*T*-4)-, (*OC*-6-11)-hexafluoroantimonate(1-), [16871-76-4], 24:41
———, (*T*-4)-, (*OC*-6-11)-hexafluoromanganate(2-) (2:1), [74449-37-9], 24:45
———, (*T*-4)-, hexafluorosilicate(2-) (2:1), [81455-78-9], 24:46
———, (*T*-4)-, (hydrogen difluoride), [71485-49-9], 24:43
———, (*T*-4)-, (*OC*-6-21)-pentafluorooxotungstate(1-), [79028-46-9], 24:47
———, (*T*-4)-, tetrafluoroborate(1-), [15640-93-4], 24:42
Nitrogen chloride (NCl_3), [10025-85-1], 1:65

Nitrogen chloride fluoride ($NClF_2$), [13637-87-1], 14:34
Nitrogen fluoride (N_2F_2), [10578-16-2], 14:34
Nitrogen fluoride sulfide (NF_3S), [15930-75-3], 24:12
Nitrogen oxide (NO), [10102-43-9], 2:126; 5:118,119; 8:192
Nitrogen oxide (NO_2), [10102-44-0], 5:90
Nitrogen oxide (N_2O), ruthenium complex, [60133-59-7], 16:75
———, ruthenium complex, [60182-89-0], 16:75
———, ruthenium complex, [60182-90-3], 16:75
Nitrogen oxide (N_2O_4), [10544-72-6], 5:87
Nitrogen oxide (N_2O_5), [10102-03-1], 3:78; 9:83,84
Nitrogen oxide sulfide ($N_4O_2S_4$), [57932-64-6], 25:50
Nitrogen sulfide (NS), homopolymer, [56422-03-8], 6:127; 22:143
Nitrogen sulfide (NHS_3), nickel complex, [67143-06-0], 18:124
Nitrogen sulfide (NHS_3), nickel complex, [67143-07-1], 18:124
Nitrogen sulfide (N_2S_2), [25474-92-4], 6:126
Nitrogen sulfide (N_2S_4), [148898-70-8], 6:128
Nitrogen sulfide (N_4S_4), [28950-34-7], 6:124; 8:104; 9:98; 17:197
Nitrosyl bromide ((NO)Br), [13444-87-6], 11:199
Nitrosyl chloride ((NO)Cl), [2696-92-6], 1:55; 4:48; 11:199
Nitrosyl fluoride ((NO)F), [7789-25-5], 11:196
Nitrous acid, butyl ester, [544-16-1], 2:139
———, nickel(2+) salt, [17861-62-0], 13:203
———, silver(1+) salt, [7783-99-5], 13:205
Nitryl chloride ((NO_2)Cl), [13444-90-1], 4:52
Nitryl hypochlorite ((NO_2)(OCl)), [14545-72-3], 9:127
Nonaborate(1-), tetradecahydro-, potassium, [39296-28-1], 26:1
Nonaborate(2-), nonahydro-, [12430-24-9], 11:24

1,3,6,8,10,13,16,19-Octaazabicyclo[6.6.6] eicosane, [63413-08-1], 20:86
1,3,6,8,10,13,16,19-Octaazabicyclo[6.6.6] eicosane, cobalt complex, [71963-57-0], 20:85,86
Octaborate(2-), octahydro-, [12430-13-6], 11:24
1-Octadecanamine, compd. with tantalum sulfide (TaS_2), [34200-75-4], 30:164
3,5-Octanedione, 6,6,7,7,8,8,8-heptafluoro-2,2-dimethyl-, chromium complex, [17966-86-8], 12:74
———, gallium complex, [30983-39-2], 12:74
———, indium complex, [30983-38-1], 12:74
———, iron complex, [30304-08-6], 12:72
———, lead complex, [21600-78-2], 12:74
———, manganese complex, [30983-41-6], 12:74
———, scandium complex, [18323-95-0], 12:74
———, vanadium complex, [31183-12-7], 12:74
3,5-Octanedione, 2,2,7-trimethyl-, cerium complex, [77649-30-0], 23:147
———, copper complex, [69701-39-9], 23:146
———, manganese complex, [97138-66-4], 23:148
4-Octen-3-one, 6,6,7,7,8,8,8-heptafluoro-5-hydroxy-2,2-dimethyl-, [62773-05-1], 12:72-77
Osmate(1-), nitridotrioxo-, potassium, (*T*-4)-, [21774-03-8], 6:204
Osmate(2-), amidopentachloro-, dipotassium, (*OC*-6-21)-, [148864-77-1], 6:207

———, hexabromo-, diammonium, (*OC*-6-11)-, [24598-62-7], 5:204
———, hexachloro-, diammonium, (*OC*-6-11)-, [12125-08-5], 5:206
———, pentachloronitrido-, dipotassium, (*OC*-6-21)-, [23209-29-2], 6:206
Osmate ($Os(OH)_4O_2^{2-}$), dipotassium, (*OC*-6-11)-, [77347-87-6], 20:61
Osmium, (acetonitrile)undecacarbonyltri-, *triangulo*, [65702-94-5], 26:290; 28:232
———, [μ-(benzenethiolato)]decacarbonyl-μ-hydrotri-, *triangulo*, [23733-19-9], 26:304
———, bis(acetonitrile)decacarbonyltri-, *triangulo*, [61817-93-4], 26:292; 28:234
———, bis(2,2'-bipyridine-*N*,*N'*)dichloro-, (*OC*-6-22)-, [79982-56-2], 24:294
———, [μ_3-(bromomethylidyne)]nonacarbonyltri-μ-hydrotri-, *triangulo*, [73746-96-0], 27:205
———, (carbonothioyl)carbonyltris(triphenylphosphine)-, [64883-46-1], 26:187
———, (carbonothioyl)dichlorotris(triphenylphosphine)-, (*OC*-6-32)-, [64888-66-0], 26:185
———, (carbonothioyl)dihydrotris(triphenylphosphine)-, (*OC*-6-31)-, [64883-48-3], 26:186
———, carbonylbis(trifluoroacetato-*O*)bis(triphenylphosphine)-, [61160-36-9], 17:128
———, carbonylchlorohydrotris(triphenylphosphine)-, [16971-31-6], 15:53
———, carbonylchloro(trifluoroacetato-*O*)tris(triphenylphosphine)-, [38596-62-2], 17:128
———, carbonyldihydrotris(triphenylphosphine)-, [12104-84-6], 15:54
———, μ-carbonylnonacarbonyl[(η^5-2,4-cyclopentadien-1-yl)cobalt]di-μ-hydrotri-, (3*Co*-*Os*)(3*Os*-*Os*)), [74594-41-5], 25:195
———, μ_3-carbonylnonacarbonyl-μ_3-thioxotri-, *triangulo*, [88746-45-6], 26:305
———, carbonyl[(*S*,1,5-η)-5-thioxo-2,4-pentadienylidene]bis(triphenylphosphine)-, stereoisomer, [84411-69-8], 26:188
———, carbonyl(trifluoroacetato-*O*)(trifluoroacetato-*O*,*O'*)bis(triphenylphosphine)-, [38596-63-3], 17:128
———, [[(1,2,5,6-η)-1,5-cyclooctadiene]rhodium]tris(dimethylphenylphosphine)tri-μ-hydro-, (*Os*-*Rh*), [106017-48-5], 27:29
———, decacarbonylbis[(triethylphosphine)gold]tri-, (4*Au*-*Os*)(3*Os*-*Os*)), [88006-40-0], 27:211
———, decacarbonylbis[(triphenylphosphine)gold]tri-, (4*Au*-*Os*)(3*Os*-*Os*)), [88006-39-7], 27:211
———, decacarbonyldi-μ-hydro-μ-methylenetri-, *triangulo*, [64041-67-4], 27:206
———, decacarbonyldi-μ-hydrotri-, *triangulo*, [41766-80-7], 26:367; 28:238
———, decacarbonyldi-μ-nitrosyl-, (2*Os*-*Os*)), [36583-25-2], 16:40
———, decacarbonyl-μ-hydro[μ-(methoxymethylidyne)]tri-, *triangulo*, [69048-01-7], 27:202
———, decacarbonyl-μ-hydro-μ-methyltri-, *triangulo*, [64052-01-3], 27:206
———, decacarbonyl-μ-hydro[(triethylphosphine)gold]tri-, (2*Au*-*Os*)(3*Os*-*Os*)), [80302-57-4], 27:210
———, decacarbonyl-μ-hydro[(triphenylphosphine)gold]tri-, (2*Au*-*Os*)(3*Os*-*Os*)), [72381-07-8], 27:209
———, dicarbonyl(η^5-2,4-cyclopentadien-1-yl)iodo-, [81554-97-4], 25:191
———, dicarbonyldihydrobis(triphenylphosphine)-, [18974-23-7], 15:55

Osmium *(Continued)*
———, dicarbonyliodo[(1,2,3,4,5-η)-1,2,3,4,5-pentamethyl-2,4-cyclopentadien-1-yl]-, [81554-98-5], 25:191
———, di-μ-carbonylnonacarbonyl (dicarbonyliron)di-μ-hydrotri-, (3*Fe-Os*)(3*Os-Os*)), [12563-74-5], 21:63
———, di-μ-carbonylnonacarbonyl (dicarbonylruthenium)di-μ-hydrotri-, (3*Os-Os*))(3*Os-Ru*), [75901-26-7], 21:64
———, dichlorotris(triphenylphosphine)-, [40802-32-2], 26:184
———, dodecacarbonyldi-μ_3-thioxotetra-, (5*Os-Os*)), [82093-50-3], 26:307
———, dodecacarbonyltetra-μ-hydrotetra-, *tetrahedro*, [12375-04-1], 28:240
———, dodecacarbonyltri-, *triangulo*, [15696-40-9], 13:93; 28:230
———, hexacarbonyldi-μ-iododi-, (*Os-Os*)), [22391-77-1], 25:188
———, [2-methyl-2-propanaminato (2-)]trioxo-, (*T*-4)-, [50381-48-1], 6:207
———, nonacarbonyl[μ_3-(chloromethylidyne)]tri-μ-hydrotri-, *triangulo*, [90911-10-7], 27:205
———, nonacarbonyl[(η^5-2,4-cyclopentadien-1-yl)cobalt]tetra-μ-hydrotri-, (3*Co-Os*)(3*Os-Os*)), [82678-95-3], 25:197
———, nonacarbonyl[(η^5-2,4-cyclopentadien-1-yl)cobalt]tri-μ-hydrotri-, (3*Co-Os*)(3*Os-Os*)), [82678-94-2], 25:197
———, nonacarbonyl[(η^5-2,4-cyclopentadien-1-yl)nickel]tri-μ-hydrotri-, (3*Ni-Os*)(3*Os-Os*)), [82678-96-4], 26:362
———, nonacarbonyldi-μ_3-thioxotri-, (2*Os-Os*)), [72282-40-7], 26:306
———, nonacarbonyltri-μ-hydro[μ_3-(methoxymethylidyne)]tri-, *triangulo*, [71562-48-6], 27:203
———, nonacarbonyltri-μ-hydro[μ_3-(methoxyoxoethylidyne)]tri-, *triangulo*, [78697-98-0], 27:204
———, nonacarbonyl[tris(η^5-2,4-cyclopentadien-1-yl)trinickel]tri-, (*Ni-Ni*) (8*Ni-Os*)(3*Os-Os*)), [81210-80-2], 26:365
———, octacarbonyldiiododi-, (*Os-Os*)), stereoisomer, [22587-71-9], 25:190
———, octadecacarbonyldihydrohexa-, [50648-30-1], 26:301
———, octadecacarbonylhexa-, (12*Os-Os*)), [37216-50-5], 36:295
———, tetrahydrotris(triphenylphosphine)-, [24228-59-9], 15:56
———, trichloronitrosylbis(triphenylphosphine)-, [22180-41-2], 15:57
———, trichlorotris(dimethylphenylphosphine)-, (*OC*-6-21)-, [22670-97-9], 27:27
———, tridecacarbonyldi-μ_3-thioxotetra-, (3*Os-Os*)), [83928-37-4], 26:307
———, tris[1,2-diphenyl-1,2-ethenedithiolato(2-)-*S,S'*]-, [15697-32-2], 10:9
———, undecacarbonyl(pyridine)tri-, *triangulo*, [65892-11-7], 26:291; 28:234
Osmium(1+), (2,2'-bipyridine-*N,N'*) (2,2':6',2''-terpyridine-*N,N',N''*)(trifluoromethanesulfonato-*O*)-, (*OC*-6-44)-, salt with trifluoromethanesulfonic acid (1:1), [104475-06-1], 24:303
———, bis(2,2'-bipyridine-*N,N'*)bis (trifluoromethanesulfonato-*O*)-, (*OC*-6-22)-, salt with trifluoromethanesulfonic acid (1:1), [104474-98-8], 24:295
Osmium(1+), bis(2,2'-bipyridine-*N,N'*) dichloro-, chloride, (*OC*-6-22)-, [105063-69-2], 24:293
———, chloride, dihydrate, (*OC*-6-22)-, [35082-97-4], 24:293
Osmium(1+), tri-μ-hydrotris(triphenylphosphine)bis[(triphenylphosphine) gold]-, (2*Au-Os*), hexafluo-

rophosphate(1-), [116053-41-9], 29:286
Osmium(2+), aqua(2,2'-bipyridine-*N,N'*) (2,2':6',2''-terpyridine-*N,N',N''*)-, (*OC*-6-44)-, salt with trifluoromethanesulfonic acid (1:2), monohydrate, [153608-95-8], 24:304
———, (2,2'-bipyridine-*N,N'*)(2,2':6',2''-terpyridine-*N,N',N''*)(trifluoromethanesulfonato-*O*)-, (*OC*-6-44)-, salt with trifluoromethanesulfonic acid (1:2), [104475-02-7], 24:301
———, bis(1,2-ethanediamine-*N,N'*) dioxo-, dichloride, (*OC*-6-12)-, [65468-15-7], 20:62
———, pentaammine(trifluoromethanesulfonato-*O*)-, (*OC*-6-22)-, salt with trifluoromethanesulfonic acid (1:2), [83781-30-0], 24:271
———, tetraamminebromonitrosyl-, dibromide, [39733-95-4], 16:12
———, tetraamminechloronitrosyl-, dichloride, [39733-94-3], 16:12
Osmium(2+), tetraamminehydroxynitrosyl-, dibromide, [60104-35-0], 16:11
———, dichloride, [60104-36-1], 16:11
———, diiodide, [60104-34-9], 16:11
Osmium(2+), tetraammineiodonitrosyl-, diiodide, [39733-96-5], 16:12
Osmium(2+), pentaammine(dinitrogen)-, dichloride, (*OC*-6-22)-, [20611-50-1], 24:270
———, diiodide, (*OC*-6-22)-, [20611-52-3], 16:9
Osmium(2+), pentaammineiodo-, diiodide, (*OC*-6-22)-, [39733-97-6], 16:10
Osmium(3+), (acetonitrile)pentaammine-, (*OC*-6-22)-, salt with trifluoromethanesulfonic acid (1:3), [83781-33-3], 24:275
———, aqua(2,2'-bipyridine-*N,N'*)(2,2':6',2''-terpyridine-*N,N',N''*)-, (*OC*-6-44)-, salt with trifluoromethanesulfonic acid (1:3), dihydrate, [152981-33-4], 24:304
———, diaquabis(2,2'-bipyridine-*N,N'*)-, (*OC*-6-22)-, salt with trifluoromethanesulfonic acid (1:3), [104474-99-9], 24:296
Osmium(3+), hexaammine-, (*OC*-6-11)-, salt with trifluoromethanesulfonic acid (1:3), [103937-69-5], 24:273
———, trichloride, (*OC*-6-11)-, [42055-53-8], 24:273
———, triiodide, (*OC*-6-11)-, [42055-55-0], 16:10
Osmium(3+), pentaammineaqua-, (*OC*-6-22)-, salt with trifluoromethanesulfonic acid (1:3), [83781-31-1], 24:273
Osmium(3+), pentaamminenitrosyl-, tribromide, monohydrate, (*OC*-6-22)-, [151247-06-2], 16:11
———, trichloride, monohydrate, (*OC*-6-22)-, [151120-21-7], 16:11
———, triiodide, monohydrate, (*OC*-6-22)-, [43039-38-9], 16:11
Osmium fluoride (OsF_5), [31576-40-6], 19:137,138,139
Osmium fluoride (OsF_6), (*OC*-6-11)-, [13768-38-2], 24:79
Osmium oxide (OsO_2), [12036-02-1], 5:206; 13:140; 30:100
Osmium oxide (OsO_4), (*T*-4)-, [20816-12-0], 5:205
6-Oxa-2,4-dithia-3-selenaheptanethioic acid, 5-thioxo-, *S*-methyl ester, [41515-91-7], 4:93
6-Oxa-2,4-dithia-3-selenaoctanethioic acid, 5-thioxo-, *O*-ethyl ester, [148832-18-2], 4:93
3-Oxa-5-phospha-2,6-disilahept-4-ene, 4-(1,1-dimethylethyl)-2,2,6,6-tetramethyl-, [78114-26-8], 27:250
1,2-Oxathietane, sulfur deriv., [93474-29-4], 29:36
———, sulfur deriv., [113591-65-4], 29:36
1,2-Oxathietane, 4,4-difluoro-, 2,2-dioxide, sulfur complex, [113591-65-4], 29:36

1,2-Oxathietane *(Continued)*
———, 3,4,4-trifluoro-, 2,2-dioxide, sulfur complex, [93474-29-4], 29:36
Oxygen fluoride (OF_2), [7783-41-7], 1:109
Oxygen, rhodium complex, [59561-97-6], 10:69

Palladate(1-), bis[2,3-dimercapto-2-butenedinitrilato(2-)-*S,S'*]-, (*SP*-4-1)-, [19570-29-7], 10:14,16
———, bis[1,2-diphenyl-1,2-ethenedithiolato(2-)-*S,S'*]-, (*SP*-4-1)-, [30662-72-7], 10:9
———, bis[1,1,1,4,4,4-hexafluoro-2-butene-2,3-dithiolato(2-)-*S,S'*]-, (*SP*-4-1)-, [19570-30-0], 10:9
Palladate(2-), bis[2,3-dimercapto-2-butenedinitrilato(2-)-*S,S'*]-, (*SP*-4-1)-, [19555-33-0], 10:14,16
———, bis[1,2-diphenyl-1,2-ethenedithiolato(2-)-*S,S'*]-, (*SP*-4-1)-, [21246-00-4], 10:9
———, bis[1,1,1,4,4,4-hexafluoro-2-butene-2,3-dithiolato(2-)-*S,S'*]-, (*SP*-4-1)-, [19555-34-1], 10:9
———, (hexathio-S^1)(pentathio)-, diammonium, [83853-39-8], 21:14
Palladate(2-), tetrachloro-, dihydrogen, (*SP*-4-1)-, [16970-55-1], 8:235
———, disodium, (*SP*-4-1)-, [13820-53-6], 8:236
Palladate(2-), tetrakis(cyano-*C*)-, dipotassium, monohydrate, (*SP*-4-1)-, [150124-50-8], 2:245,246
———, dipotassium, trihydrate, (*SP*-4-1)-, [145565-40-8], 2:245,246
Palladium, [(2,3,5,6-η)-bicyclo[2.2.1]hepta-2,5-diene]dibromo-, [42765-77-5], 13:53
———, [(2,3,5,6-η)-bicyclo[2.2.1]hepta-2,5-diene]dichloro-, [12317-46-3], 13:52
———, (2,2'-bipyridine-*N,N'*)bis(thiocyanato-*N*)-, (*SP*-4-2)-, [15613-05-5], 12:223
———, (2,2'-bipyridine-*N,N'*)bis(thiocyanato-*S*)-, (*SP*-4-2)-, [23672-08-4], 12:222
———, (2,2'-bipyridine-*N,N'*)-1,4-butanediyl-, (*SP*-4-2)-, [75949-87-0], 22:170
———, (2,2'-bipyridine-*N,N'*)dichloro-, (*SP*-4-2)-, [14871-92-2], 13:217; 29:186
———, bis[μ-(acetato-*O*:*O'*)]bis[2-(2-pyridinylmethyl)phenyl-*C,N*]di-, stereoisomer, [79272-89-2], 26:208
———, bis(benzonitrile)dichloro-, [14220-64-5], 15:79; 28:61
———, bis[bis(1,1-dimethylethyl)phenylphosphine]-, [52359-17-8], 19:102; 28:114
———, bis[1,2-diphenyl-1,2-ethenedithiolato(2-)-*S,S'*]-, (*SP*-4-1)-, [21954-15-4], 10:9
———, bis[(1,2,4,5-η)-1,5-diphenyl-1,4-pentadien-3-one]-, [32005-36-0], 28:110
Palladium, bis(guanosinato-N^7,O^6)-, [64753-35-1], 23:52,53
———, (*SP*-4-2)-, [62850-22-0], 23:52,53
Palladium, bis[1,1,1,4,4,4-hexafluoro-2-butene-2,3-dithiolato(2-)-*S,S'*]-, (*SP*-4-1)-, [19280-17-2], 10:9
———, bis(1,1,1,5,5,5-hexafluoro-2,4-pentanedionato-*O,O'*)-, (*SP*-4-1)-, [64916-48-9], 27:318
Palladium, bis(inosinato-N^7,O^6)-, (*SP*-4-1)-, [64753-38-4], 23:52,53
———, (*SP*-4-2)-, [64715-04-4], 23:52,53
Palladium, bis(thiocyanato-*N*)bis(triphenylarsine)-, [15709-50-9], 12:221
———, bis(thiocyanato-*S*)bis(triphenylarsine)-, [15709-51-0], 12:221
———, bis(tricyclohexylphosphine)-, [33309-88-5], 19:103; 28:116
———, bis[tris(1,1-dimethylethyl)phosphine]-, [53199-31-8], 19:103; 28:115
———, (η^4-1,3-butadiene)dichloro-, [31902-25-7], 6:218; 11:216

———, 1,4-butanediylbis(triphenylphosphine)-, (*SP*-4-2)-, [75563-45-0], 22:169
———, 1,4-butanediyl[1,2-ethanediylbis[diphenylphosphine]-*P*,*P*']-, (*SP*-4-2)-, [69503-12-4], 22:167
———, 1,4-butanediyl(*N*,*N*,*N*',*N*'-tetramethyl-1,2-ethanediamine-*N*,*N*')-, (*SP*-4-2)-, [75563-44-9], 22:168
———, μ-carbonyldichlorobis[μ-[methylenebis[diphenylphosphine]-*P*:*P*']di-, [64345-32-0], 21:49
———, chloro(diethylcarbamodiselenoato-*Se*,*Se*')(triphenylphosphine)-, (*SP*-4-3)-, [76136-20-4], 21:10
———, chloro(3,5-dimethylpyridine)[2-(2-pyridinylmethyl)phenyl-*C*,*N*]-, (*SP*-4-4)-, [79272-90-5], 26:210
———, chlorohydrobis(tricyclohexylphosphine)-, (*SP*-4-3)-, [28016-71-9], 17:87
———, (η^5-2,4-cyclopentadien-1-yl)(8-methoxy-4-cycloocten-1-yl)-, [97197-50-7], 13:60
———, (η^5-2,4-cyclopentadien-1-yl)(η^3-2-propenyl)-, [1271-03-0], 19:221; 28:343
———, diamminebis(nitrito-*N*)-, (*SP*-4-1)-, [14409-60-0], 4:179
———, diamminedichloro-, (*SP*-4-1)-, [13782-33-7], 8:234
———, dibromo[(1,2,5,6-η)-1,5-cyclooctadiene]-, [12145-47-0], 13:53
———, di-μ-chlorobis[(1,2,3-η)-1-(chloromethyl)-2-propenyl]di-, [12193-13-4], 11:216
———, di-μ-chlorobis[2-[(dimethylamino)methyl]phenyl-*C*,*N*]di-, [18987-59-2], 26:212
Palladium, dichlorobis(guanosine-N^7)-, (*SP*-4-1)-, [64753-34-0], 23:52,53
———, (*SP*-4-2)-, [62800-79-7], 23:52,53
Palladium, dichlorobis(hexamethylphosphorous triamide)-, (*SP*-4-1)-, [17569-71-0], 11:110
———, di-μ-chlorobis[(1,2,3-η)-4-hydroxy-1-methyl-2-pentenyl]di-, [41649-55-2], 15:78
Palladium, dichlorobis(inosine-N^7)-, (*SP*-4-1)-, [64753-39-5], 23:52,53
———, (*SP*-4-2)-, [64715-03-3], 23:52,53
Palladium, di-μ-chlorobis[(1,4,5-η)-8-methoxy-4-cycloocten-1-yl]di-, [12096-15-0], 13:60
———, dichlorobis[μ-[methylenebis[diphenylphosphine]-*P*:*P*']]di-, (*Pd*-*Pd*), [64345-29-5], 21:48; 28:340
———, di-μ-chlorobis[(1,2,3-η)-2-methyl-2-pentenyl]di-, [31666-77-0], 15:77
———, dichlorobis(4-methyl-2,6,7-trioxa-1-phosphabicyclo[2.2.2]octane-P^1)-, (*SP*-4-2)-, [20332-82-5], 11:109
———, dichlorobis(4-methyl-3,5,8-trioxa-1-phosphabicyclo[2.2.2]octane-P^1)-, (*SP*-4-2)-, [17569-70-9], 11:109
———, di-μ-chlorobis[2-(phenylazo)phenyl]di-, [14873-53-1], 26:175
———, di-μ-chlorobis(η^3-2-propenyl)di-, [12012-95-2], 19:220; 28:342
———, di-μ-chlorobis[2-(2-pyridinylmethyl)phenyl-*C*,*N*]di-, [105369-55-9], 26:209
———, di-μ-chlorobis(8-quinolinylmethyl-*C*,*N*)di-, [28377-73-3], 26:213
———, dichlorobis(2,4,6,7-tetramethyl-2,6,7-triaza-1-phosphabicyclo[2.2.2]octane-P^1)-, (*SP*-4-2)-, [20332-83-6], 11:109
———, dichlorobis(trimethyl phosphite-*P*)-, (*SP*-4-2)-, [17787-26-7], 11:109
———, dichloro[(1,2,5,6-η)-1,5-cyclooctadiene]-, [12107-56-1], 13:52; 28:348
———, dichloro(1,2-ethanediamine-*N*,*N*')-, (*SP*-4-2)-, [15020-99-2], 13:216
———, di-μ-chlorotetrakis(2-isocyano-2-methylpropane)di-, [34742-93-3], 17:134; 28:110

Palladium *(Continued)*
———, (η^2-ethene)bis(tricyclohexylphosphine)-, [33395-48-1], 16:129
———, (η^2-ethene)bis(triphenylphosphine)-, [33395-22-1], 16:127
———, (η^2-ethene)bis[tris(2-methylphenyl) phosphite-*P*]-, [33395-49-2], 16:129
———, hydro[tetrahydroborato(1-)-*H,H'*]bis(tricyclohexylphosphine)-, (*TB*-5-11)-, [30916-06-4], 17:90
———, tetrakis(triethyl phosphite-*P*)-, (*T*-4)-, [23066-14-0], 13:113; 28:105
———, tetrakis(triphenylphosphine)-, (*T*-4)-, [14221-01-3], 13:121; 28:107
Palladium(1+), (2,2'-bipyridine-*N,N'*)(1,1,1,5,5,5-hexafluoro-2,4-pentanedionato-*O,O'*)-, (*SP*-4-2)-, salt with 1,1,1,5,5,5-hexafluoro-2,4-pentanedione (1:1), [65353-89-1], 27:319
———, [bis[2-(diphenylphosphino)ethyl]phenylphosphine-*P,P',P''*](1,1,1,5,5,5-hexafluoro-4-hydroxy-3-penten-2-onato-O^4)-, (*SP*-4-1)-, salt with 1,1,1,5,5,5-hexafluoro-2,4-pentanedione, [78261-05-9], 27:320
———, [(1,2,5,6-η)-1,5-cyclooctadiene](η^5-2,4-cyclopentadien-1-yl)-, tetrafluoroborate(1-), [35828-71-8], 13:59
———, [(1,2,5,6-η)-1,5-cyclooctadiene](2,4-pentanedionato-*O,O'*)-, tetrafluoroborate(1-), [31724-99-9], 13:56
———, [(1,2,5,6-η)-1,5-cyclooctadiene](η^3-2-propenyl)-, tetrafluoroborate(1-), [32915-11-0], 13:61
———, [*N*-(2-aminoethyl)-1,2-ethanediamine-*N,N',N''*]chloro-, chloride, (*SP*-4-2)-, [23041-96-5], 29:187
———, [*N,N*-bis[2-(dimethylamino)ethyl]-*N,N'*-dimethyl-1,2-ethanediamine-N^{N1},N^1,N^2]bromo-, bromide, (*SP*-4-2)-, [83418-09-1], 21:131
———, [*N,N*-bis[2-(dimethylamino)ethyl]-*N',N'*-dimethyl-1,2-ethanediamine-N^{N1},N^1,N^2]chloro-, chloride, (*SP*-4-2)-, [83418-07-9], 21:129
———, [*N,N*-bis[2-(dimethylamino)ethyl]-*N',N'*-dimethyl-1,2-ethanediamine-N^{N1},N^1,N^2]iodo-, iodide, (*SP*-4-2)-, [83418-08-0], 21:130
———, [*N,N*-bis[2-(dimethylamino)ethyl]-*N',N'*-dimethyl-1,2-ethanediamine-*N,N'*,N^N](thiocyanato-*N*)-, (*SP*-4-3)-, thiocyanate, [71744-83-7], 21:132
Palladium(2+), [*N,N'*-bis[2-(dimethylamino)ethyl]-*N,N'*-dimethyl-1,2-ethanediamine-*N,N',N'',N'''*]-, (*SP*-4-2)-, bis[hexafluorophosphate(1-)], [70128-96-0], 21:133
———, bis(1,2-ethanediamine-*N,N'*)-, (*SP*-4-1)-, (*SP*-4-1)-tetrachloropalladate(2-) (1:1), [14099-33-3], 13:217
———, pentakis(trimethyl phosphite-*P*)-, (*TB*-5-11)-, bis[tetraphenylborate(1-)], [53701-82-9], 20:77
———, tetraammine-, (*SP*-4-1)-, (*SP*-4-1)-tetrachloropalladate(2-) (1:1), [13820-44-5], 8:234
———, tetrakis(acetonitrile)-, (*SP*-4-1)-, bis[tetrafluoroborate(1-)], [21797-13-7], 26:128; 28:63
2,4,6,8,9-Pentaaza-1λ^5,3,5λ^5,7-tetraphosphabicyclo[3.3.1]nona-1,3,5,7-tetraene-1,5-diamine, 3,3,7,7-tetrakis(dimethylamino)-N^5,9-diethyl-3,3,7,7-tetrahydro-N^1,N^1-dimethyl-, [58752-23-1], 25:18
———, *N,N'*,9-triethyl-3,3,7,7-tetrakis(ethylamino)-3,3,7,7-tetrahydro-, [62763-55-7], 25:20
Pentaborane(9), [19624-22-7], 15:118
Pentaborane(9), 1-bromo-, [23753-67-5], 19:247,248
1-Pentadecanamine, compd. with tantalum sulfide (TaS_2), [34340-97-1], 30:164
1,3-Pentadiene-1-thione, osmium complex, [84411-69-8], 26:188

1,4-Pentadien-3-one, 1,5-diphenyl-, palladium complex, [32005-36-0], 28:110
2,4-Pentanedione, [123-54-6], 2:10; 18:37
2,4-Pentanedione, 3-bromo-, chromium complex, [15025-13-5], 7:134
———, 3-(4-cycloocten-1-yl)-, platinum complex, [11141-96-1], 13:63
———, 3,3'-[1,2-ethanediylbis(imino-methylidyne)]bis-, [67326-56-1], 18:37
———, 3,3'-[1,2-ethanediylbis(nitrilo-methylidyne)]bis-, nickel complex, [53385-23-2], 18:38
———, 3-(ethoxymethylene)-, [33884-41-2], 18:37
———, 3-nitro-, cobalt complex, [15169-25-2], 7:205
2,4-Pentanedione, 1,1,1-trifluoro-, cerium complex, [18078-37-0], 12:77,79
———, chromium complex, [14592-89-3], 8:138
———, hafnium complex, [17475-68-2], 9:50
———, platinum complex, [63742-53-0], 20:67
———, silver complex, [38892-27-2], 16:118
———, silver complex, [39015-21-9], 16:118
———, zirconium complex, [17499-68-2], 9:50
2-Pentanethione, 4,4'-(1,2-ethanediyl-dinitrilo)bis-, [40006-83-5], 16:226
2-Pentanethione, 4,4'-(1,2-ethanediyl-dinitrilo)bis-, cobalt complex, [41254-15-3], 16:227
2-Pentanone, 4-imino-, copper complex, [14404-35-4], 8:2
———, nickel complex, [15170-64-6], 8:232
2-Pentanone, 4-(methylimino)-, cobalt complex, [15225-82-8], 11:76
———, nickel complex, [14782-73-1], 11:74
2-Pentanone, 4-[(4-methylphenyl)imino]-, chromium complex, [15636-01-8], 8:149
1,4,7,10,13-Pentaoxacyclopentadecane, cerium complex, [67216-25-5], 23:151
———, dysprosium complex, [77371-98-3], 23:151
———, dysprosium complex, [94121-26-3], 23:153
———, erbium complex, [77372-02-2], 23:151
———, erbium complex, [94121-32-1], 23:153
———, europium complex, [73798-11-5], 23:151
———, gadolinium complex, [67269-15-2], 23:151
———, gadolinium complex, [94121-20-7], 23:151
———, holmium complex, [77372-00-0], 23:151
———, holmium complex, [94121-29-6], 23:153
———, lanthanum complex, [73798-09-1], 23:151
———, lutetium complex, [99352-14-4], 23:151
———, lutetium(1+) deriv., [153019-54-6], 23:153
———, neodymium complex, [67216-27-7], 23:151
———, praseodymium complex, [67216-26-6], 23:151
———, samarium complex, [67216-28-8], 23:151
———, terbium complex, [77371-96-1], 23:151
———, terbium complex, [94121-23-0], 23:153
———, thulium complex, [99352-13-3], 23:151
———, thulium(1+) deriv., [152981-36-7], 23:153
———, ytterbium complex, [94121-35-4], 23:153

1,4,7,10,13-Pentaoxacyclopentadecane, *(Continued)*
———, ytterbium complex, [94152-75-7], 23:151
Pentaphospholane, pentamethyl-, [1073-98-9], 25:4
1,2,3,5,7,4,6,8-Pentathiatriazocine, [638-50-6], 11:184
1,2,4,5,7,3,6,8-Pentathiatriazocine, [334-35-0], 11:184
2-Pentenedioic acid, 3-methyl-4-(phenylmethylene)-, dimethyl ester, cobalt complex, [55410-87-2], 26:197
3-Penten-2-one, 4-(methylamino)-, [14092-14-9], 11:74
———, 4-[(4-methylphenyl)amino]-, [13074-74-3], 8:150
Perbromic acid, [19445-25-1], 13:1
Perbromic acid, potassium salt, [22207-96-1], 13:1
Perbromyl fluoride ((BrO_3)F), [25251-03-0], 14:30
Perchloric acid, [7601-90-3], 2:28
Perchloric acid, cadmium complex, [73202-81-0], 23:175
———, chromium(2+) salt, hexahydrate, [15168-38-4], 10:27
———, iridium complex, [55821-24-4], 15:68
———, rhodium complex, [32354-26-0], 15:71
Perchloryl fluoride ((ClO_3)F), [7616-94-6], 14:29
Periodic acid (HIO_4), potassium salt, [7790-21-8], 1:171
———, sodium salt, [7790-28-5], 1:170
Periodic acid (H_5IO_6), [10450-60-9], 1:172
Periodic acid (H_5IO_6), barium salt (2:3), [149189-78-6], 1:171
———, diammonium salt, [22077-17-4], 20:15
———, disilver(1+) salt, [14014-59-6], 20:15
———, nickel(4+) potassium salt, hydrate (2:2:2:1), [149189-75-3], 5:202
———, nickel(4+) sodium salt (1:1:1), monohydrate, [149189-76-4], 5:201
———, trisodium salt, [13940-38-0], 1:169-170; 2:212
Permanganic acid ($HMnO_4$), potassium salt, [7722-64-7], 2:60-61
Peroxide, bis(trifluoromethyl), [927-84-4], 6:157; 8:165
Peroxydisulfuryl fluoride, [13709-32-5], 7:124; 11:155; 29:10
Perylene, compd. with iron chloride oxide (FeClO) (1:9), [125641-50-1], 30:179
1,10-Phenanthroline, cobalt complex, [20106-04-1], 11:86
Phenol, 2-[1-[(2-aminoethyl)imino]ethyl]-, cobalt complex, [76375-20-7], 23:165
———, cobalt complex, [79199-99-8], 23:169
———, cobalt complex, [103881-04-5], 23:167
Phenol, 2-[1-[(3-aminopropyl)imino] ethyl]-, cobalt complex, [103925-35-5], 23:169
———, cobalt complex, [103925-36-6], 23:170
Phenol, 2,6-bis(1,1-dimethylethyl)-, lanthanum(3+) salt, [121118-91-0], 27:167
———, samarium(3+) salt, [121118-90-9], 27:166
———, scandium(3+) salt, [132709-52-5], 27:167
———, yttrium(3+) salt, [113266-70-9], 27:167
Phenol, 2,6-bis(1,1-dimethylethyl)-4-methyl-, dysprosium(3+) salt, [89085-96-1], 27:167
———, erbium(3+) salt, [89085-98-3], 27:167
———, holmium(3+) salt, [89085-97-2], 27:167
———, lanthanum(3+) salt, [89085-93-8], 27:166
———, neodymium(3+) salt, [89085-95-0], 27:167

———, praseodymium(3+) salt, [89085-94-9], 27:167
———, scandium(3+) salt, [89085-91-6], 27:167
———, ytterbium(3+) salt, [89085-99-4], 27:167
———, yttrium(3+) salt, [89085-92-7], 27:167
Phenol, 2,2'-[1,2-ethanediylbis(nitrilomethylidyne)]bis-, [94-93-9], 3:198
Phosphate(1-), hexafluoro-, ammonium, [16941-11-0], 3:111
———, hydrogen, compd. with 5,14-dimethyl-1,4,8,11-tetraazacyclotetradeca-4,6,11,13-tetraene (2:1), [59219-09-9], 18:40
———, hydrogen, compd. with 2,3,10,11,13,19-hexamethyl-3,10,14,18,21,25-hexaazabicyclo[10.7.7]hexacosa-1,11,13,18,20,25-hexaene (3:1), [76863-25-7], 27:269
———, potassium, [17084-13-8], 3:111
———, sodium, [21324-39-0], 3:111
Phosphenimidic amide, homopolymer, [72198-94-8], 6:111
Phosphenimidic amide, *N,N'*-dimethyl-*N*-[(methylimino)phosphinyl]-, [148832-16-0], 8:68
Phosphine, [7803-51-2], 9:56; 11:124; 14:1
Phosphine, bis(1,1-dimethylethyl)-, cobalt complex, [86632-56-6], 25:177
———, molybdenum complex, [125225-75-4], 25:168
———, rhodium complex, [104114-33-2], 25:172
———, rhodium complex, [106070-74-0], 25:171
Phosphine, bis(1,1-dimethylethyl)phenyl-, palladium complex, [52359-17-8], 19:102; 28:114
———, platinum complex, [59765-06-9], 19:104; 28:116
Phosphine, bis[2-(diphenylphosphino)ethyl]phenyl-, palladium complex, [78261-05-9], 27:320
———, bis[2-(methylthio)phenyl]phenyl-, [14791-95-8], 16:172
———, bis(trimethylsilyl)-, lithium complex, [59610-41-2], 27:243,248
———, [bis(trimethylsilyl)methylene][chlorobis(trimethylsilyl)methyl]-, [83438-71-5], 24:119
———, 1,4-butanediylbis[diphenyl-, iridium complex, [133197-93-0], 27:26
———, butyldiphenyl-, [6372-41-4], 16:158
Phosphine, cyclohexyldiphenyl-, [6372-42-5], 16:159
———, platinum complex, [109131-39-7], 12:241
Phosphine, (dibromoboryl)diphenyl-, dimer, [6841-98-1], 9:24
———, dibutylphenyl-, [6372-44-7], 18:171
———, dicyclohexylphenyl-, [6476-37-5], 18:171
Phosphine, diethylphenyl-, [1605-53-4], 18:170
———, nickel complex, [55293-69-1], 17:119; 28:101
———, platinum complex, [83571-73-7], 24:216; 28:135
Phosphine, (diiodoboryl)diphenyl-, dimer, [6841-99-2], 9:19; 9:22
Phosphine, dimethyl-, [676-59-5], 11:126,157
———, ion(1-), [31386-70-6], 13:27; 15:188
———, lithium salt, [21743-25-9], 13:27
———, titanium complex, [38685-16-4], 16:100
Phosphine, [3-(dimethylarsino)propyl]dimethyl-, [50518-34-8], 14:20
———, [(2,2-dimethyl-1,3-dioxolane-4,5-diyl)bis(methylene)]bis[diphenyl-, rhodium complex, (4*S*-*trans*)-, [65573-60-6], 17:81
Phosphine, (1,1-dimethylethyl)-, nickel complex, [87040-42-4], 25:176

Phosphine, (1,1-dimethylethyl)- *(Continued)*
———, rhodium complex, [87040-41-3], 25:174
Phosphine, dimethyl(pentafluorophenyl)-, [5075-61-6], 16:181
Phosphine, dimethylphenyl-, [672-66-2], 15:132
Phosphine, dimethylphenyl-, boron complex, [35512-87-9], 15:132
———, iridium complex, [21209-82-5], 21:97
———, iron complex, [37410-37-0], 26:61; 28:171
———, molybdenum complex, [35004-34-3], 17:58
———, molybdenum complex, [36354-39-9], 17:60
———, niobium complex, [37298-77-4], 16:112
———, niobium complex, [37298-78-5], 16:110
———, niobium complex, [37298-80-9], 16:111
———, niobium complex, [37298-81-0], 16:111
———, osmium complex, [22670-97-9], 27:27
———, osmium-rhodium complex, [106017-48-5], 27:29
———, osmium-zirconium complex, [93895-83-1], 27:27
———, platinum complex, [15699-79-3], 12:242
———, rhenium complex, [15613-32-8], 17:111
———, rhenium complex, [65816-70-8], 17:64
———, ruthenium complex, [38686-57-6], 26:273; 28:223
———, ruthenium complex, [84330-39-2], 26:275; 28:224
———, ruthenium complex, [86277-05-6], 26:278; 28:229
———, titanium complex, [54056-31-4], 16:239
———, tungsten complex, [104475-11-8], 24:198
———, tungsten complex, [20540-07-2], 27:11
———, tungsten complex, [39049-86-0], 28:330
———, tungsten complex, [89189-70-8], 24:196
Phosphine, (2,2-dimethylpropylidyne)-, [78129-68-7], 27:249,251
———, dimethyl(trimethylsilyl)-, [26464-99-3], 13:26
Phosphine, diphenyl-, [829-85-6], 9:19; 16:161
Phosphine, diphenyl-, gold-manganese complex, [91032-61-0], 26:229
———, lithium salt, [4541-02-0], 17:186
———, manganese complex, [85458-48-6], 26:226
———, manganese complex, [90739-53-0], 26:228
———, manganese-mercury complex, [90739-58-5], 26:230
———, potassium complex, [4346-39-8], 8:190
———, ruthenium complex, [82055-65-0], 26:264
———, sodium salt, [4376-01-6], 13:28
Phosphine, [2-(diphenylarsino)ethenyl] diphenyl-, (*Z*)-, [39705-75-4], 16:189
———, [2-(diphenylarsino)ethyl] diphenyl-, [23582-06-1], 16:191
———, diphenyl(phenylmethyl)-, [7650-91-1], 16:159
———, diphenyl[2-(phenylphosphino) ethyl]-, [33355-58-7], 16:202
———, [2-(diphenylphosphino)ethyl] (1-methylethyl)phenyl-, [29955-04-2], 16:192
———, [2-(diphenylphosphino)ethyl] phenylpropyl-, [29955-03-1], 16:192
Phosphine, [2-[(diphenylphosphino) methyl]-2-methyl-1,3-propanediyl] bis[diphenyl-, rhodium complex, [100044-10-8], 27:288

———, rhodium complex, [100044-11-9], 27:289
———, rhodium complex, [99955-64-3], 27:287
Phosphine, diphenyl(trimethylsilyl)-, [17154-34-6], 13:26; 17:187
———, 1,2-ethanediylbis-, [5518-62-7], 14:10
Phosphine, 1,2-ethanediylbis[diethyl-, iron complex, [123931-96-4], 15:21
———, iron complex, [22763-25-3], 15:21
———, iron complex, [26061-40-5], 15:21
Phosphine, 1,2-ethanediylbis[dimethyl-, [23936-60-9], 23:199
Phosphine, 1,2-ethanediylbis[dimethyl-, iridium complex, [60314-45-6], 21:100
———, iridium complex, [62793-14-0], 21:100
———, nickel complex, [32104-66-8], 17:119; 28:101
Phosphine, 1,2-ethanediylbis[diphenyl-, cobalt complex, [18433-72-2], 20:208
———, cobalt complex, [24533-59-3], 16:19
———, cobalt-platinum complex, [53322-14-8], 26:370
———, gold-iridium complex, [86854-49-1], 29:290
———, gold-iridium complex, [93895-63-7], 29:296
———, iridium complex, [86854-47-9], 27:25
———, iron complex, [19392-92-8], 21:92
———, iron complex, [32490-69-0], 15:39
———, iron complex, [32490-70-3], 17:69
———, iron complex, [32843-50-8], 24:170
———, iron complex, [36222-39-6], 21:91
———, iron complex, [38928-62-0], 17:70
———, iron complex, [41021-83-4], 17:71
———, iron complex, [52649-44-2], 24:172
———, iron complex, [61827-21-2], 21:94
———, iron complex, [62613-13-2], 21:93
———, manganese complex, [49716-56-5], 19:191
———, molybdenum complex, [25145-64-6], 15:25; 20:122; 28:38
———, molybdenum complex, [53337-52-3], 17:61
———, molybdenum complex, [56307-57-4], 29:201
———, molybdenum complex, [57749-21-0], 23:14
———, molybdenum complex, [61542-55-0], 26:84
———, molybdenum complex, [66862-26-8], 23:10
———, molybdenum complex, [66862-27-9], 23:10
———, molybdenum complex, [66862-28-0], 23:10
———, molybdenum complex, [66862-29-1], 23:10
———, molybdenum complex, [66862-30-4], 23:10
———, molybdenum complex, [66862-31-5], 23:10
———, molybdenum complex, [73047-16-2], 23:10
———, molybdenum complex, [73464-16-1], 23:12
———, nickel complex, [15628-25-8], 17:121; 28:103
———, niobium complex, [86390-13-8], 21:18
———, palladium complex, [69503-12-4], 22:167
———, platinum complex, [14647-25-7], 26:370
———, platinum complex, [83571-74-8], 24:216; 28:135

Phosphine, 1,2-ethanediylbis[diphenyl- *(Continued)*
———, tungsten complex, [21712-53-8], 20:125; 28:41
———, tungsten complex, [28915-54-0], 20:126; 28:41
———, tungsten complex, [29890-05-9], 29:142
———, tungsten complex, [57749-22-1], 23:10; 28:43
———, tungsten complex, [66862-23-5], 23:10
———, tungsten complex, [66862-24-6], 23:10
———, tungsten complex, [66862-25-7], 23:10
———, tungsten complex, [66862-32-6], 23:10
———, tungsten complex, [66862-33-7], 23:10
———, tungsten complex, [66862-34-8], 23:10
———, tungsten complex, [73470-09-4], 23:11
———, tungsten complex, [73508-17-5], 23:12
———, tungsten complex, [73848-73-4], 23:14
———, tungsten complex, [84411-66-5], 29:143
———, tungsten complex, [88035-90-9], 29:144
Phosphine, [1,2-ethanediylbis(oxy-2,1-ethanediyl)]bis[diphenyl-, gold complex, [99791-78-3], 23:193
———, 1,2-ethenediylbis[diphenyl-, cobalt complex, (*Z*)-, [70252-14-1], 20:207
———, ethyldiphenyl-, [607-01-2], 16:158
———, 1,2-ethynediylbis[diphenyl-, ruthenium complex, [98240-95-0], 26:277; 28:226
———, germyl-, [13573-06-3], 15:177
Phosphine, methyl-, [593-54-4], 11:124
Phosphine, methyl-, titanium complex, [38685-15-3], 16:98
Phosphine, methyldiphenyl-, [1486-28-8], 15:128; 16:157
Phosphine, methyldiphenyl-, boron complex, [54067-17-3], 15:128
———, cobalt complex, [36237-01-1], 16:29
———, cobalt complex, [38402-84-5], 16:29
———, cobalt-magnesium complex, [55701-41-2], 16:59
———, iron complex, [37410-36-9], 26:61; 28:171
———, molybdenum complex, [30411-57-5], 15:42
———, molybdenum complex, [32109-07-2], 15:42; 27:9
———, nickel complex, [25037-29-0], 17:119; 28:101
———, tungsten complex, [104475-12-9], 24:198
———, tungsten complex, [36351-36-7], 27:10
———, tungsten complex, [75598-29-7], 28:328
———, tungsten complex, [90245-62-8], 28:331
Phosphine, methylenebis[dimethyl-, [64065-08-3], 25:121
Phosphine, methylenebis[diphenyl-, palladium complex, [64345-29-5], 21:48; 28:340
———, palladium complex, [64345-32-0], 21:49
———, rhodium complex, [61160-70-1], 21:49
———, ruthenium complex, [64364-79-0], 26:276; 28:225
Phosphine, [2-(methylthio)phenyl] diphenyl-, [14791-94-7], 16:171
———, phenyl-, cobalt-iron complex, [69569-55-7], 26:353
Phosphine, phenylbis(phenylmethyl)-, [7650-90-0], 18:172

Phosphine, 1,3-propanediylbis[dimethyl-, [39564-18-6], 14:17
Phosphine, 1,3-propanediylbis[diphenyl-, iridium complex, [73178-84-4], 27:22
———, iridium complex, [73178-86-6], 27:22
———, iridium complex, [73178-89-9], 27:23
———, platinum complex, [76137-65-0], 25:105
Phosphine, tributyl-, [998-40-3], 6:87
Phosphine, tributyl-, chromium complex, [17652-69-6], 23:38
———, chromium complex, [17652-71-0], 23:38
———, chromium complex, [82613-95-4], 23:38
———, cobalt-magnesium complex, [55701-42-3], 16:58
———, compd. with carbon disulfide (1:1), [35049-92-4], 6:90
———, copper complex, [59245-99-7], 7:10
———, copper complex, [81201-03-8], 7:11
———, iron complex, [18474-82-3], 26:61; 28:171
———, iron complex, [23540-33-2], 25:155; 28:177; 29:153
———, iron complex, [49655-14-3], 29:153
———, magnesium-molybdenum complex, [55800-06-1], 16:59
———, mercury complex, [41665-91-2], 6:90
———, molybdenum complex, [51731-44-3], 19:131
———, molybdenum complex, [59493-09-3], 19:133
———, nickel complex, [28101-79-3], 17:119; 28:101
———, platinum complex, [15390-92-8], 7:245
———, platinum complex, [15391-01-2], 7:245; 19:116
———, platinum complex, [15670-38-9], 12:242
Phosphine, tricyclohexyl-, [2622-14-2], 15:39
Phosphine, tricyclohexyl-, iridium complex, [64536-78-3], 24:173,175
———, iron complex, [18474-81-2], 26:61; 28:171
———, iron complex, [25921-51-1], 25:154; 28:176; 29:154
———, molybdenum complex, [104198-76-7], 27:3
———, molybdenum complex, [84430-71-7], 27:13
———, nickel complex, [21729-50-0], 15:29
———, nickel complex, [24899-12-5], 17:89
———, nickel complex, [25703-57-5], 17:84
———, nickel complex, [41685-59-0], 15:29
———, nickel complex, [72251-37-7], 26:205
———, nickel complex, [82840-51-5], 26:206
———, palladium complex, [28016-71-9], 17:87
———, palladium complex, [30916-06-4], 17:90
———, palladium complex, [33309-88-5], 19:103; 28:116
———, palladium complex, [33395-48-1], 16:129
———, platinum complex, [55664-33-0], 19:105; 28:116
———, platinum complex, [57158-83-5], 19:216; 28:130
———, platinum complex, [60158-99-8], 19:105
———, platinum complex, [98839-53-3], 25:104
———, rhodium complex, [112836-48-3], 27:291
———, rhodium complex, [112837-60-2], 27:292

Phosphine, tricyclohexyl- *(Continued)*
———, rhodium complex, [112837-62-4], 27:292
———, rhodium complex, [59092-46-5], 27:292
———, tungsten complex, [104198-75-6], 27:6
Phosphine, trimethyl-, [594-09-2], 7:85; 9:59; 11:128; 15:35; 16:153; 28:305
———, hydriodide, [150384-18-2], 11:128
Phosphine, (trimethylsilyl)[2,4,6-tris(1,1-dimethylethyl)phenyl]-, [91425-17-1], 27:238
Phosphine, triphenyl-, [603-35-0], 18:120
Phosphine, triphenyl-, ruthenium complex, [75182-15-9], 36:182
Phosphine, tri(phenyl-d_5)-, [24762-44-5], 16:163
Phosphine, tris(1,1-dimethylethyl)-, [13716-12-6], 25:155
Phosphine, tris(1,1-dimethylethyl)-, iron complex, [60134-68-1], 28:177
———, palladium complex, [53199-31-8], 19:103; 28:115
Phosphine, [2,4,6-tris(1,1-dimethylethyl) phenyl]-, [83115-12-2], 27:237
Phosphine, tris(1-methylethyl)-, nickel complex, [52021-75-7], 17:86
———, platinum complex, [59967-54-3], 19:108
———, platinum complex, [60648-72-8], 19:108; 28:120
———, platinum complex, [83571-72-6], 24:215; 28:135
———, rhodium complex, [112761-20-3], 27:292
———, rhodium complex, [112784-15-3], 27:292
———, rhodium complex, [112784-16-4], 27:292
———, rhodium complex, [113472-84-7], 27:292
———, tungsten complex, [104198-77-8], 27:7
Phosphine, tris(4-methylphenyl)-, copper complex, [70114-53-3], 19:89
———, gold-rhenium complex, [107712-41-4], 29:292
———, gold-rhenium complex, [107742-34-7], 29:289
Phosphine, tris[2-(methylthio)phenyl]-, [17617-66-2], 16:173
———, tris(trimethylsilyl)-, [15573-38-3], 27:243
Phosphine oxide, dimethylphenyl-, [10311-08-7], 17:185
———, ethylimino-, [148832-15-9], 4:65
———, methyldiphenyl-, [2129-89-7], 17:184
———, tributyl-, [814-29-9], 6:90
Phosphine oxide, triphenyl-, cerium complex, [33989-88-7], 23:178
———, cerium complex, [99300-97-7], 23:178
Phosphine selenide, 1,2-ethanediylbis [diphenyl-, [10061-88-8], 10:159
———, triphenyl-, [3878-44-2], 10:157
———, tris(3-methylphenyl)-, [10061-85-5], 10:159
———, tris(4-methylphenyl)-, [10089-43-7], 10:159
Phosphine sulfide, dimethyl-, [6591-05-5], 26:162
———, [[(1-methylethyl)phenylphosphino]methyl]diphenyl-, [54006-27-8], 16:195
———, tributyl-, [3084-50-2], 9:71
Phosphinic acid, dioctyl-, chromium complex, [26893-97-0], 16:90
———, chromium complex, [29498-83-7], 16:90
———, chromium complex, [35226-87-0], 16:91
———, chromium complex, homopolymer, [59946-34-8], 16:91
Phosphinic acid, diphenyl-, [1707-03-5], 8:71
Phosphinic acid, diphenyl-, chromium complex, homopolymer, [28679-50-7], 12:258; 16:90

———, chromium complex, homopolymer, [34133-95-4], 16:91
———, chromium complex, homopolymer, [60097-26-9], 16:91
Phosphinic acid, [1,2-ethanediylbis [(methylimino)methylene]]bis [phenyl-, dihydrochloride, [60703-82-4], 16:202
———, [1,2-ethanediylbis[nitrilobis (methylene)]]tetrakis[phenyl-, [60703-84-6], 16:199
———, ethenylphenyl-, 1-methylethyl ester, [40392-41-4], 16:203
Phosphinic acid, methylphenyl-, chromium complex, [26893-96-9], 16:90
———, chromium complex, homopolymer, [34521-01-2], 16:91
Phosphinic acid, [nitrilotris(methylene)] tris[phenyl-, [60703-83-5], 16:202
Phosphinic amide, cerium(3+) deriv., [59449-51-3], 23:180
———, dysprosium(3+) deriv., [59449-58-0], 23:180
———, erbium(3+) deriv., [59491-94-0], 23:180
———, europium(3+) deriv., [59449-55-7], 23:180
———, gadolinium(3+) deriv., [59449-56-8], 23:180
———, holmium(3+) deriv., [59449-59-1], 23:180
———, lanthanum(3+) deriv., [59449-50-2], 23:180
———, lutetium(3+) deriv., [59449-62-6], 23:180
———, neodymium(3+) deriv., [59449-53-5], 23:180
———, praseodymium(3+) deriv., [59449-52-4], 23:180
———, samarium(3+) deriv., [59449-54-6], 23:180
———, terbium(3+) deriv., [59449-57-9], 23:180
———, thulium(3+) deriv., [59449-60-4], 23:180
———, ytterbium(3+) deriv., [59449-61-5], 23:180
Phosphinic amide, *P*,*P*-diphenyl-, cerium complex, [59449-51-3], 23:180
———, dysprosium complex, [59449-58-0], 23:180
———, erbium complex, [59491-94-0], 23:180
———, europium complex, [59449-55-7], 23:180
———, gadolinium complex, [59449-56-8], 23:180
———, holmium complex, [59449-59-1], 23:180
———, lanthanum complex, [59449-50-2], 23:180
———, lutetium complex, [59449-62-6], 23:180
———, neodymium complex, [59449-53-5], 23:180
———, praseodymium complex, [59449-52-4], 23:180
———, samarium complex, [59449-54-6], 23:180
———, terbium complex, [59449-57-9], 23:180
———, thulium complex, [59449-60-4], 23:180
———, ytterbium complex, [59449-61-5], 23:180
Phosphinic hydrazide, 2,2-dimethyl-*P*,*P*-diphenyl-, [13703-22-5], 8:76
6,15-Phosphinidene-2,3,17:9,10,13-diphosphinidyne-1*H*,6*H*,11*H*,13*H*,15*H*,17*H*-bispentaphospholo[1',2':3,4] pentaphospholo[1,2-a:2',1'-d]hexaphosphorin, ion(3-), [116047-64-4], 27:228
———, trisodium salt, [89462-41-9], 27:227
2*H*,4*H*,6*H*-1,3,5-Phosphinidynedecaphosphacyclopenta[*cd*]pentalene, trisodium salt, [39343-85-6], 30:56
Phosphinimidic acid, *P*,*P*-dimethyl-*N*-(trimethylsilyl)-, 2,2,2-trifluoroethyl ester, [73296-44-3], 25:71

Phosphinimidic acid *(Continued)*
———, *P*-methyl-*P*-phenyl-*N*-(trimethylsilyl)-, 2,2,2-trifluoroethyl ester, [88718-65-4], 25:72
Phosphinimidic bromide, *P*,*P*-dimethyl-*N*-(trimethylsilyl)-, [73296-38-5], 25:70
Phosphinimidic chloride, phosphorus(1+) deriv., [122577-16-6], 25:26
———, *P*,*P*-diphenyl-, phosphorus complex, [122577-16-6], 25:26
Phosphinodithioic acid, molybdenum deriv., [55948-21-5], 18:55
———, molybdenum deriv., [60965-90-4], 18:53
———, molybdenum deriv., [83664-61-3], 23:121
Phosphinodithioic acid, bis(1-methylethyl)-, molybdenum complex, [55948-21-5], 18:55
———, molybdenum complex, [60965-90-4], 18:53
Phosphinodithioic acid, diethyl-, molybdenum complex, [83664-61-3], 23:121
Phosphinothioic bromide, dimethyl-, [6839-93-6], 12:287
Phosphinothioic hydrazide, 2,2-dimethyl-*P*,*P*-diphenyl-, [13703-23-6], 8:76
Phosphinothious acid, manganese deriv., [58411-24-8], 26:162
Phosphinothious acid, dimethyl-, manganese complex, [58411-24-8], 26:162
Phosphinous acid, nickel deriv., [41685-57-8], 17:119; 28:101
Phosphinous acid, diphenyl-, methyl ester, [4020-99-9], 17:184
———, methyl ester, nickel complex, [41685-57-8], 17:119; 28:101
Phosphinous amide, *P*,*P*-dimethyl-*N*,*N*-bis(trimethylsilyl)-, [63744-11-6], 25:69
———, *P*-methyl-*P*-phenyl-*N*,*N*-bis(trimethylsilyl)-, [68437-87-6], 25:72
Phosphinous bromide, diethyl-, [20472-46-2], 7:85
———, dimethyl-, [2240-31-5], 7:85
Phosphinous chloride, dibutyl-, [4323-64-2], 14:4
———, dimethyl-, [811-62-1], 7:85; 15:191
———, [phenyl(trimethylsilyl)methylene]-, [74483-17-3], 24:111
Phosphinous fluoride, nickel deriv., [41509-46-0], 18:177
Phosphinous fluoride, bis(1,1-dimethylethyl)-, [29146-24-5], 18:176
———, nickel complex, [41509-46-0], 18:177
Phosphinous hydrazide, 2,2-dimethyl-*P*,*P*-diphenyl-, [3999-13-1], 8:74
Phospholanium, 1-amino-1-phenyl-, chloride, [114306-38-6], 7:67
———, 1-ethyl-1-phenyl-, perchlorate, [55759-69-8], 18:189,191
1*H*-Phosphole, manganese deriv., [78857-04-2], 26:167
1*H*-Phospholium, 2,3,4,5-tetrakis(methoxycarbonyl)-1,1-dimethyl-, manganese complex, [78857-04-2], 26:167
Phosphonic acid, calcium salt (2:1), monohydrate, [24968-68-1], 4:18
———, diethyl ester, [762-04-9], 4:58
———, dioctyl ester, [1809-14-9], 4:61
———, molybdenum complex, [134107-09-8], 27:123
Phosphonic acid, [2-(diethylamino)-2-oxoethyl]-, bis(1-methylethyl) ester, [82749-97-1], 24:101
———, dibutyl ester, [7439-68-1], 24:101
———, diethyl ester, [3699-76-1], 24:101
———, dimethyl ester, [104584-00-1], 24:101
Phosphonic acid, [2-(dimethylamino)-2-oxoethyl]-, dihexyl ester, [66271-52-1], 24:101
Phosphonic acid, phenyl-, molybdenum complex, [134107-08-7], 27:125
———, tungsten complex, [80044-75-3], 27:127
Phosphonic chloride fluoride, methyl-, [753-71-9], 4:141

Phosphonic dichloride, (2-chloroethyl)-, [690-12-0], 4:66
———, ethyl-, [1066-50-8], 4:63
———, methyl-, [676-97-1], 4:63
———, phenyl-, [824-72-6], 8:70
Phosphonic difluoride, methyl-, [676-99-3], 4:141; 16:166
Phosphonium, (2-aminophenyl)triphenyl-, chloride, [124843-09-0], 25:130
Phosphonium, methyltriphenyl-, μ-hydrohexahydrodiborate(1-), [40001-24-9], 17:24
———, tetrahydroborate(1-), [40001-26-1], 17:22
Phosphonium, tetramethyl-, bromide, [4519-28-2], 18:138
———, mercury complex, [51523-31-0], 18:140
———, silver complex, [43064-38-6], 18:142
Phosphonium, tetraphenyl-, bis[μ-[2,3-dimercapto-2-butenedinitrilato(2-)-*S*:*S*,*S'*]]bis[2,3-dimercapto-2-butenedin itrilato(2-)-*S*,*S'*]dicobaltate(2-) (2:1), [150384-24-0], 13:191
———, bis[μ-[2,3-dimercapto-2-butene-dinitrilato(2-)-*S*:*S*,*S'*]]bis[2,3-dimercapto-2-butenedinitrilato(2-)-*S*,*S'*]diferrate(2-) (2:1), [151183-11-8], 13:193
———, (*SP*-4-1)-bis[2,3-dimercapto-2-butenedinitrilato(2-)-*S*,*S'*]cobaltate(2-) (2:1), [33519-88-9], 13:189
———, di-μ-thioxotetrathioxodimolybdate(2-) (2:1), [104834-14-2], 27:43
———, hexabromodigallate(2-) (*Ga-Ga*) (2:1), [89420-55-3], 22:139
———, stereoisomer of bis(dithio)di-μ-thioxodithioxodimolybdate(2-) (2:1), [88303-92-8], 27:45
———, stereoisomer of bis(tetrathio)di-μ-thioxodithioxodimolybdate(2-) stereoisomer of (dithio)(tetrathio)di-μ-thioxodithioxodimolybdate(2-), compd. with *N*,*N*-dimethylformamide (100:14:36:25), [153829-17-5], 27:42
———, stereoisomer of (dithio)di-μ-thioxotrithioxodimolybdate(2-) (2:1), [104834-16-4], 27:44
———, tetrakis(benzenethiolato)di-μ-thioxodiferrate(2-) (2:1), [84032-42-8], 21:26
———, tetrakis(benzenethiolato)tetra-μ_3-thioxotetraferrate(2-) (2:1), [80765-13-5], 21:27
———, (*T*-4)-tetrakis(benzenethiolato) cadmate(2-) (2:1), [66281-86-5], 21:26
———, (*T*-4)-tetrakis(benzenethiolato) cobaltate(2-) (2:1), [57763-37-8], 21:24
———, (*T*-4)-tetrakis(benzenethiolato) ferrate(2-) (2:1), [57763-34-5], 21:24
———, (*T*-4)-tetrakis(benzenethiolato) manganate(2-) (2:1), [57763-32-3], 21:25
———, (*T*-4)-tetrakis(benzenethiolato) zincate(2-) (2:1), [57763-43-6], 21:25
———, (*T*-4)-tetrathioxomolybdate(2-) (2:1), [14348-10-8], 27:41
Phosphonium, tributyl(dithiocarboxy)-, inner salt, [58758-29-5], 6:90
———, trimethyl-, methylide, gold complex, [55804-42-7], 18:141
———, triphenyl(phenylmethyl)-, chloro(pentafluorophenyl)aurate(1-), [78637-46-4], 26:88
———, triphenyl(trichloromethyl)-, chloride, [57557-88-7], 24:107
Phosphonium iodide ((PH_4)I), [12125-09-6], 2:141; 6:91
Phosphonous acid, cobalt deriv., [33516-93-7], 13:118
———, iron deriv., [28755-83-1], 13:119
Phosphonous acid, phenyl-, diethyl ester, [1638-86-4], 13:117
———, diethyl ester, cobalt complex, [33516-93-7], 13:118
———, diethyl ester, iron complex, [28755-83-1], 13:119
———, diethyl ester, nickel complex, [22655-01-2], 13:118

Phosphonous diamide, *N,N,N',N'*-tetramethyl-*P*-[phenyl(trimethylsilyl)methyl]-, [104584-01-2], 24:110
Phosphonous dibromide, ethyl-, [1068-59-3], 7:85
———, methyl-, [1066-34-8], 7:85
———, phenyl-, [1073-47-8], 9:73
Phosphonous dichloride, butyl-, [6460-27-1], 14:4
———, [(chlorophosphinidene)bis(methylene)]bis-, [81626-07-5], 25:121
———, 1,2-ethanediylbis-, [28240-69-9], 23:141
———, methyl-, [676-83-5], 7:85
———, methylenebis-, [28240-68-8], 25:121
———, (trichloromethyl)-, [3582-11-4], 12:290
———, [2,4,6-tris(1,1-dimethylethyl)phenyl]-, [79074-00-3], 27:236
———, [tris(trimethylsilyl)methyl]-, [75235-85-7], 27:239
Phosphonous dicyanide, potassium(1+) deriv., [81043-01-8], 25:126
Phosphonous difluoride, [14984-74-8], 12:281,283
Phosphonous difluoride, molybdenum deriv., [34324-45-3], 18:175
Phosphonous difluoride, (1,1-dimethylethyl)-, [29149-32-4], 18:174
———, molybdenum complex, [34324-45-3], 18:175
Phosphoramidic acid, [2817-45-0], 13:24; 19:281
Phosphoramidic acid, diethyl ester, [1068-21-9], 4:77
———, disodium salt, [3076-34-4], 6:100
———, monoammonium salt, [13566-20-6], 6:110; 13:23
———, monopotassium salt, [13823-49-9], 13:25
Phosphoramidic dichloride, dimethyl-, [677-43-0], 7:69
Phosphoramidous dichloride, dimethyl-, [683-85-2], 10:149
Phosphoramidous difluoride, iron deriv., [60182-91-4], 16:64
———, diethyl-, iron complex, [60182-91-4], 16:64
———, dimethyl-, [814-97-1], 10:150
Phosphoranamine, 1-chloro-1-(2,2-dimethylhydrazino)-1,1-diphenyl-, [15477-41-5], 8:76
———, *N,N*-diethyl-1,1,1,1-tetrafluoro-, [1068-66-2], 18:85
———, 1,1,1,1-tetrafluoro-*N,N*-dimethyl-, [2353-98-2], 18:181
———, 1,1,1-tributyl-1-chloro-, [7283-54-7], 7:67
Phosphorane, bis[bis(trimethylsilyl)methylene]chloro-, [83438-72-6], 24:120
———, bromotetraphenyl-, [24038-30-0], 13:190
———, (chloromethyl)tetrafluoro-, [1111-95-1], 9:66
Phosphoranediamine, *N,N,N',N'*-tetraethyl-1,1,1-trifluoro-, [1066-49-5], 18:187
Phosphoranediamine, 1,1,1-trifluoro-*N,N,N',N'*-tetramethyl-, [1735-83-7], 18:186
———, (*TB*-5-11)-, [51922-01-1], 18:186
Phosphorane, (dichloromethylene)triphenyl-, [6779-08-4], 24:108
———, dichlorotriphenyl-, [2526-64-9], 15:85
———, difluorotris(2,2,2-trifluoroethoxy)-, [71181-74-3], 24:63
Phosphorane, dimethylmethylenephenyl-, lithium complex, [59983-61-8], 27:178
———, uranium complex, [77357-85-8], 27:177
Phosphorane, ethenyltetrafluoro-, [3583-99-1], 13:39
———, ethyltetrafluoro-, [753-82-2], 13:39
———, methanetetraylbis[triphenyl-, [7533-52-0], 24:115

Phosphorane, pentachloro-, [10026-13-8], 1:99
Phosphorane, pentachloro-, compd. with gallium chloride (1:1), [127735-01-7], 7:81
———, tetrafluoromethyl-, [420-64-4], 13:37
———, tetrafluorophenyl-, [666-23-9], 9:64
———, tetrafluoropropyl-, [3584-00-7], 13:39
———, tributyldifluoro-, [1111-96-2], 9:71
———, trichlorodiphenyl-, [1017-89-6], 15:199
———, trifluorodimethyl-, [811-79-0], 9:67
———, trifluorodiphenyl-, [1138-99-4], 9:69
———, trimethylmethylene-, [14580-91-7], 18:137
———, trimethyl[(trimethylsilyl)-methylene]-, [3272-86-4], 18:137
Phosphoranetriamine, 1,1'-methanetetraylbis[*N*,*N*,*N*',*N*',*N*'',*N*''-hexamethyl-, [87163-02-8], 24:114
Phosphoric acid, [7664-38-2], 1:101; 19:278
Phosphoric acid, calcium salt (1:1), [7757-93-9], 4:19; 6:16-17
———, calcium salt (2:3), [7758-87-4], 6:17
———, calcium salt (1:1), dihydrate, [7789-77-7], 4:19,22; 6:16-17
———, calcium salt (2:1), monohydrate, [10031-30-8], 4:18
———, manganese(3+) salt (1:1), [14986-93-7], 2:213
———, thorium-tungsten complex, [63144-45-6], 23:189
———, thorium-tungsten complex, [63144-49-0], 23:190
———, tungsten complex, [100513-52-8], 27:101
———, tungsten complex, [101225-31-4], 27:100
———, tungsten complex, [113471-17-3], 27:105
———, tungsten complex, [114714-81-7], 27:108
———, tungsten complex, [116231-28-8], 27:107
———, tungsten complex, [12501-23-4], 1:132
———, tungsten complex, [133625-19-1], 27:109
———, tungsten complex, [134107-05-4], 27:101
———, tungsten complex, [60646-64-2], 27:105
———, tungsten complex, [95797-73-2], 27:115
———, tungsten complex, [99397-48-5], 27:110
———, tungsten-uranium complex, [63144-46-7], 23:186
———, tungsten-uranium complex, [66403-22-3], 23:188
———, tungsten-vanadium complex, [133644-76-5], 27:102; 27:103
———, tungsten-vanadium complex, [133756-81-7], 27:102; 27:103
———, tungsten-vanadium complex, [59519-72-1], 27:99
———, tungsten-vanadium complex, [93222-18-5], 27:100
———, uranium complex, [1310-86-7], 5:150
———, vanadium complex, [12293-87-7], 30:242
———, vanadium complex, [93280-40-1], 30:243
Phosphoric acid-d_3, [14335-33-2], 6:81
Phosphoric bromide difluoride, [14014-18-7], 15:194
Phosphoric chloride difluoride, [13769-75-0], 15:194
Phosphoric dichloride fluoride, [13769-76-1], 15:194
Phosphoric triamide, [13597-72-3], 6:108
Phosphoric tribromide, [7789-59-5], 2:151

Phosphorimidic tribromide, (tetrabromophosphoranyl)-, [58477-46-6], 7:77
Phosphorimidic trichloride, phosphorus complex, [108538-57-4], 25:25
———, phosphorus complex, [18828-06-3], 8:94
Phosphorimidic trichloride, [(dibutylamino)sulfonyl]-, [14204-67-2], 8:118
———, (dichlorophosphinyl)-, [13966-08-0], 8:92
———, [(diethylamino)sulfonyl]-, [14204-65-0], 8:118
———, [(dimethylamino)sulfonyl]-, [14621-78-4], 8:118
———, [(dipropylamino)sulfonyl]-, [14204-66-1], 8:118
———, (4-morpholinylsulfonyl)-, [14204-64-9], 8:116
———, sulfonylbis-, [14259-65-5], 8:119
Phosphorinanium, 1-amino-1-phenyl-, chloride, [115229-50-0], 7:67
Phosphorochloridic acid, diethyl ester, [814-49-3], 4:78
Phosphorochloridous acid, diphenyl ester, [5382-00-3], 8:68
Phosphorodiamidic chloride, tetramethyl-, [1605-65-8], 7:71
Phosphorodiamidothioic acid, monosodium salt, [13766-94-4], 6:112
Phosphorodichloridothioic acid, *O*-ethyl ester, [1498-64-2], 4:75
Phosphorodifluoridic acid, ammonium salt, [15252-72-9], 2:155,157
———, rhenium complex, [76501-25-2], 26:83
———, rhenium deriv., [76501-25-2], 26:83
Phosphorodifluoridous acid, methyl ester, [381-65-7], 4:141; 16:166
Phosphorodithioic acid, *O*,*O*-diethyl ester, chromium complex, [14177-95-8], 6:142
———, *O*,*O*-diethyl ester, cobalt complex, [14177-94-7], 6:142
———, *O*,*O*-diethyl ester, lead(2+) salt, [1068-23-1], 6:142
———, *O*,*O*-diethyl ester, nickel complex, [16743-23-0], 6:142
Phosphorofluoridic acid, diammonium salt, [14312-45-9], 2:155
———, diethyl ester, [358-74-7], 24:65
———, dipotassium salt, [14104-28-0], 3:109
———, disilver(1+) salt, [66904-72-1], 3:109
———, disodium salt, [10163-15-2], 3:106
Phosphorothioic acid, diammonium salt, [15792-81-1], 6:112
———, tripotassium salt, [148832-25-1], 5:102
———, trisodium salt, [10101-88-9], 5:102; 17:193
Phosphorothioic bromide difluoride, [13706-09-7], 2:154
Phosphorothioic dibromide fluoride, [13706-10-0], 2:154
Phosphorothioic triamide, [13455-05-5], 6:111
Phosphorothioic tribromide, [3931-89-3], 2:153
Phosphorothioic trichloride, [3982-91-0], 4:71
Phosphorothioic trifluoride, [2404-52-6], 1:154
Phosphorotrithious acid, tributyl ester, [150-50-5], 22:131
Phosphorous acid, [10294-56-1], 4:55
Phosphorous acid, dimethyl ester, platinum complex, [63264-39-1], 19:100
———, triphenyl ester, [101-02-0], 8:69
———, tris(1-methylethyl) ester, nickel complex, [36700-07-9], 17:119; 28:101
Phosphorous acid, tris(2-methylphenyl) ester, nickel complex, [31666-47-4], 15:10
———, palladium complex, [33395-49-2], 16:129

Phosphorous acid, tris(4-methylphenyl) ester, nickel complex, [87482-65-3], 15:11
———, ruthenium complex, [86277-05-6], 26:278; 28:229
———, ruthenium complex, [86292-13-9], 26:277; 28:227
Phosphorous bromide difluoride, [15597-40-7], 10:154
Phosphorous chloride difluoride, [14335-40-1], 10:153
Phosphorous chloride difluoride, iron complex, [60182-92-5], 16:66
Phosphorous difluoride iodide, [13819-11-9], 10:155
Phosphorous triamide, palladium deriv., [17569-71-0], 11:110
Phosphorous triamide, *N*,*N*',*N*''-triphenyl-, [15159-51-0], 5:61
Phosphorous tribromide, [7789-60-8], 2:147
Phosphorous trichloride, [7719-12-2], 2:145
Phosphorous trichloride, nickel complex, [36421-86-0], 6:201
Phosphorous tri(chloride-^{36}Cl), [148832-14-8], 7:160
Phosphorous tricyanide, [1116-01-4], 6:84
Phosphorous trifluoride, [7783-55-3], 4:149; 5:95; 26:12; 28:310
Phosphorous trifluoride, iron complex, [16388-47-9], 16:67
Phosphorous triisocyanate, [1782-09-8], 13:20
Phosphorus, mol. (P_2), chromium complex, [125396-01-2], 29:247
———, molybdenum complex, [93474-07-8], 27:224
Phosphorus, mol. (P_4), rhodium complex, [34390-31-3], 27:222
Phosphorus(1+), amidotriphenyl-, chloride, [15729-44-9], 7:67
———, hexafluorophosphate(1-), [858-12-8], 7:69
———, (*OC*-6-11)-hexachloroplatinate (2-) (2:1), [107132-64-9], 7:69
———, pentakis(cyano-*C*)nitrosylferrare (2-) (2:1), [107780-92-7], 7:69
———, (*T*-4)-, perchlorate, [55099-54-2], 7:69
———, (*T*-4)-, salt with periodic acid (HIO_4), [32740-42-4], 7:69
Phosphorus(1+), dichloro(*P*,*P*-diphenylphosphinimidic chloridato-*N*)methyl-, chloride, (*T*-4)-, [122577-16-6], 25:26
———, (1,1-dimethylhydrazinato-N^1) methyldiphenyl-, [13703-24-7], 8:76
———, tetrachloro-, tetrachloroborate(1-), [18460-54-3], 7:79
Phosphorus(1+), trichloro(phosphorimidic trichloridato-*N*)-, chloride, compd. with 1,1,2,2-tetrachloroethane (1:1), [15531-38-1], 8:96
———, (*T*-4)-, (*OC*-6-11)-hexachloroantimonate, [108538-57-4], 25:25
———, (*T*-4)-, hexachlorophosphate(1-), [18828-06-3], 8:94
Phosphorus(1+), triphenyl(*P*,*P*,*P*-triphenylphosphine imidato-*N*)-, (*T*-4)-, [48236-06-2], 15:84
———, (*T*-4)-, acetate, [59386-05-9], 27:296
———, (*T*-4)-, (*OC*-6-22)-(acetato-*O*) pentacarbonylchromate(1-), [99016-85-0], 27:297
———, (*T*-4)-, (*OC*-6-22)-(acetato-*O*)pentacarbonylmolybdate(1-), [76107-32-9], 27:297
———, (*T*-4)-, (*OC*-6-22)-(acetato-*O*)pentacarbonyltungstate(1-), [36515-92-1], 27:297
———, (*T*-4)-, azide, [38011-36-8], 26:286
———, (*T*-4)-, μ-carbonyldecacarbonyl-μ-hydrotriferrate(1-) *triangulo*, [23254-21-9], 20:218
———, (*T*-4)-, μ-carbonyldecacarbonyl-μ-hydrotriosmate(1-) *triangulo*, [61182-08-9], 25:193; 28:236

Phosphorus(1+), triphenyl(*P,P,P*-triphenylphosphine imidato-*N*)- *(Continued)*
———, (*T*-4)-, μ_3-carbonyldodecacarbonyltetraferrate(2-) *tetrahedro* (2:1), [69665-30-1], 21:66,68
———, (*T*-4)-, μ-carbonyltridecacarbonyl-μ_5-methanetetraylpentaruthenate(2-) (8*Ru-Ru*) (2:1), [88567-84-4], 26:284
———, (*T*-4)-, μ-carbonyltridecacarbonyl-μ_5-nitridopentaruthenate(1-) (8*Ru-Ru*), [83312-28-1], 26:288
———, (*T*-4)-, decacarbonyl-μ-nitrosyltriruthenate(1-) *triangulo*, [79085-63-5], 22:163,165
———, (*T*-4)-, di-μ-carbonylnonacarbonyl(dicarbonylferrate)-μ-hydrotriruthenate(1-) (3*Fe-Ru*) (3*Ru-Ru*), [78571-90-1], 21:60
———, (*T*-4)-, di-μ_3-carbonylnonacarbonyltriferrate(2-) *triangulo* (2:1), [66039-65-4], 20:222; 24:157; 28:203
———, (*T*-4)-, di-μ-carbonyltetradecacarbonyl-μ_6-nitridohexaruthenate (1-) *octahedro,* [84809-76-7], 26:287
———, (*T*-4)-, dodecacarbonyl-μ_4-methanetetrayltetraferrate(2-) (5*Fe-Fe*) (2:1), [74792-05-5], 26:246
———, (*T*-4)-, hexa-μ-carbonylpentacarbonyl(carbonylplatinate)tetrarhodate(2-) (3*Pt-Rh*)(6*Rh-Rh*) (2:1), [77906-02-6], 26:375
———, (*T*-4)-, nitrite, [65300-05-2], 22:164
———, (*T*-4)-, (*OC*-6-11)-hexafluorouranate(1-), [71032-37-6], 21:166
———, (*T*-4)-, octacarbonyl[μ-(diphenylphosphino)]dimanganate(1-) (*Mn-Mn*), [90739-53-0], 26:228
———, (*T*-4)-, octadecacarbonylhexaosmate(2-) *octahedro* (2:1), [87851-12-5], 26:300
———, (*T*-4)-, (*OC*-6-21)-pentacarbonylhydrochromate(1-), [78362-94-4], 22:183
———, (*T*-4)-, (*OC*-6-21)-pentacarbonylhydromolybdate(1-), [78709-75-8], 22:183
———, (*T*-4)-, (*OC*-6-21)-pentacarbonylhydrotungstate(1-), [78709-76-9], 22:182
———, (*T*-4)-, penta-μ-carbonyloctacarbonyl(carbonylplatinate)tetrarhodate(2-) (4*Pt-Rh*)(5*Rh-Rh*) (2:1), [78179-93-8], 26:373
———, (*T*-4)-, pentadecacarbonylpentaosmate(2-) (9*Os-Os*)) (2:1), [62414-47-5], 26:299
———, (*T*-4)-, salt with 1,3,5,7-tetrathia (1,5-S^{IV})-2,4,6,8,9-pentaazabicyclo [3.3.1]nona-1,4,6,7-tetraene (1:1), [72884-88-9], 25:31
———, (*T*-4)-, salt with thioperoxynitrous acid ($HNS(S_2)$) (1:1), [76468-84-3], 25:37
———, (*T*-4)-, salt with thioperoxynitrous acid ($HNS(S_2)$) thiono-sulfide (1:1), [72884-87-8], 25:35
———, (*T*-4)-, salt with 1,3,5,2,4,6-trithia (5-S^{IV})triazine (1:1), [72884-86-7], 25:32
———, (*T*-4)-, stereoisomer of decacarbonyl-μ-hydrobis(triethylsilyl) triruthenate(1-) *triangulo*, [80376-22-3], 26:269
———, (*T*-4)-, stereoisomer of pentacarbonyl-μ-hydro(tetracarbonylferrate)molybdate(1-), [88326-13-0], 26:338
———, (*T*-4)-, stereoisomer of pentacarbonyl-μ-hydro(tetracarbonylferrate)tungstate(1-), [88326-15-2], 26:336
———, (*T*-4)-, stereoisomer of pentacarbonyl(tetracarbonylferrate) chromate(2-) (*Cr-Fe*) (2:1), [101540-70-9], 26:339

———, (*T*-4)-, stereoisomer of penta-carbonyl(tetracarbonylferrate) molybdate(2-) (*Fe-Mo*) (2:1), [130638-17-4], 26:339
———, (*T*-4)-, stereoisomer of penta-carbonyl(tetracarbonylferrate)tungstate (2-) (*Fe-W*) (2:1), [99604-07-6], 26:339
———, (*T*-4)-, stereoisomer of penta-carbonyl(tetracarbonylhydroferrate) chromate(1-) (*Cr-Fe*), [101420-33-1], 26:338
———, (*T*-4)-, (*TB*-5-12)-tetracarbonyl-hydroferrate(1-), [56791-54-9], 26:336
———, (*T*-4)-, (*T*-4)-tetracarbonyliridate (1-), [56557-01-8], 28:214
———, (*T*-4)-, (*T*-4)-tetracarbonylrhodate (1-), [74364-66-2], 28:213
———, (*T*-4)-, (*T*-4)-tricarbonylnitrosyl-ferrate(1-), [61003-17-6], 22:163,165
———, (*T*-4)-, tri-μ-carbonylnonacar-bonyl(carbonylcobaltate)triruthenate (1-) (3*Co-Ru*)(3*Ru-Ru*), [72152-11-5], 21:61,63
Phosphorus oxide (P_2O_5), [1314-56-3], 6:81
29*H*,31*H*-Phthalocyanine, dilithium salt, [25510-41-2], 20:159
———, iron complex, [132-16-1], 20:159
Piperidine, 1,1'-sulfonylbis-, [3768-65-8], 8:114
1-Piperidinesulfonamide, [4108-90-1], 8:114
1-Piperidinesulfonamide, *N*-cyclohexyl-, [5430-49-9], 8:114
———, *N*-(2-methylphenyl)-, [5430-50-2], 8:114
———, *N*-(3-methylphenyl)-, [5432-36-0], 8:114
———, *N*-(4-methylphenyl)-, [5450-07-7], 8:114
1-Piperidinesulfonyl chloride, [35856-62-3], 8:110
Platinate(1-), bis[2-butene-2,3-dithiolato(2-)-*S,S'*]-, (*SP*-4-1)-, [60764-38-7], 10:9
Platinate(1-), bis[2,3-dimercapto-2-butene-dinitrilato(2-)-*S,S'*]-, (*SP*-4-1)-, [14977-45-8], 10:14,16
———, (*SP*-4-1)-, salt with 2-(1,3-dithiol-2-ylidene)-1,3-dithiole (1:1), [55520-24-6], 19:31
Platinate(1-), bis[1,2-diphenyl-1,2-ethene-dithiolato(2-)-*S,S'*]-, (*SP*-4-1)-, [30662-73-8], 10:9
———, bis[1,1,1,4,4,4-hexafluoro-2-butene-2,3-dithiolato(2-)-*S,S'*]-, (*SP*-4-1)-, [19570-31-1], 10:9
Platinate(1-), trichloro(η^2-ethene)-, potassium, [12012-50-9], 14:90; 28:349
———, potassium, monohydrate, [16405-35-9], 5:211,214
Platinate(2-), bis[2-butene-2,3-dithiolato (2-)-*S,S'*]-, (*SP*-4-1)-, [150124-35-9], 10:9
Platinate(2-), bis[2,3-dimercapto-2-butene-dinitrilato(2-)-*S,S'*]-, (*SP*-4-1)-, [15152-99-5], 10:14,16
———, (*SP*-4-1)-, salt with 2-(1,3-dithiol-2-ylidene)-1,3-dithiole (1:2), [55520-23-5], 19:31
Platinate(2-), bis[1,2-diphenyl-1,2-ethene-dithiolato(2-)-*S,S'*]-, (*SP*-4-1)-, [21246-01-5], 10:9
———, bis(1,2-ethanediamine-*N,N'*)-, (*SP*-4-1)-, (*SP*-4-1)-tetrachloroplat-inate(2-) (1:1), [14099-34-4], 8:243
Platinate(2-), bis[ethanedioato(2-)-*O,O'*]-, dipotassium, dihydrate, (*SP*-4-1)-, [14244-64-5], 19:16
———, (*SP*-4-1)-, potassium (*SP*-4-1)-bis[ethanedioato(2-)-*O,O'*]platinate (1-) (16:41:9), pentacontahydrate, [151151-24-5], 19:16,17
Platinate(2-), bis[1,1,1,4,4,4-hexafluoro-2-butene-2,3-dithiolato(2-)-*S,S'*]-, (*SP*-4-1)-, [19555-35-2], 10:9
———, [μ-[(1,2-η:3,4-η)-1,3-butadiene]] hexachlorodi-, dipotassium, [33480-42-1], 6:216

Platinate(2-), dibromotetrakis(cyano-*C*)-, dihydrogen, [151434-47-8], 19:11
———, dihydrogen, compd. with guanidine (1:2), hydrate, [151434-48-9], 19:11
———, dipotassium, dihydrate, [153519-30-3], 19:4
Platinate(2-), hexabromo-, dihydrogen, (*OC*-6-11)-, [20596-34-3], 19:2
———, dipotassium, (*OC*-6-11)-, [16920-93-7], 19:2
Platinate(2-), hexachloro-, diammonium, (*OC*-6-11)-, [16919-58-7], 7:235; 9:182
———, dihydrogen, hydrate, (*OC*-6-11)-, [26023-84-7], 8:239
———, (*OC*-6-11)-, dinitrosyl, [72107-04-1], 24:217
———, disodium, (*OC*-6-11)-, [16923-58-3], 13:173
Platinate(2-), hexafluoro-, dipotassium, (*OC*-6-11)-, [16949-75-0], 12:232,236
———, tetrabromo-, dipotassium, (*SP*-4-1)-, [13826-94-3], 19:2
Platinate(2-), tetrachloro-, dihydrogen, (*SP*-4-1)-, [17083-70-4], 2:251; 5:208
———, dilithium, (*SP*-4-1)-, [34630-68-7], 15:80
———, dipotassium, (*SP*-4-1)-, [10025-99-7], 2:247; 7:240; 8:242
Platinate(2-), tetraiodo-, dipotassium, dihydrate, (*SP*-4-1)-, [153608-97-0], 25:98
Platinate(2-), tetrakis(cyano-*C*)-, barium (1:1), tetrahydrate, [13755-32-3], 20:243
———, barium (1:1), trihydrate, (*SP*-4-1)-, [87824-97-3], 19:112
———, dicesium, monohydrate, (*SP*-4-1)-, [20449-75-6], 19:6
———, dipotassium, (*SP*-4-1)-, [562-76-5], 5:215
———, dipotassium, trihydrate, (*SP*-4-1)-, [14323-36-5], 19:3
———, dithallium(1+), (*SP*-4-1)-, [79502-39-9], 21:153
———, (*SP*-4-1)-, cesium chloride (*SP*-4-1)-tetrakis(cyano-*C*)platinate(1-) (7:20:3:3), [152981-41-4], 21:142
———, (*SP*-4-1)-, cesium fluoride (*SP*-4-1)-tetrakis(cyano-*C*)platinate(1-) (81:200:19:19), [151085-70-0], 20:29
———, (*SP*-4-1)-, cesium (hydrogen difluoride) (*SP*-4-1)-tetrakis(cyano-*C*)platinate(1-) (62:200:38:38), [151085-72-2], 20:28
———, (*SP*-4-1)-, cesium (hydrogen difluoride) (*SP*-4-1)-tetrakis(cyano-*C*)platinate(1-) (77:200:23:23), [151085-71-1], 20:26
———, (*SP*-4-1)-, cesium hydrogen sulfate (*SP*-4-1)-tetrakis(cyano-*C*)platinate(1-) (31:150:23:46:19), [153608-94-7], 21:151
———, (*SP*-4-1)-, cesium (*SP*-4-1)-tetrakis(cyano-*C*)platinate(1-) (3:7:1), octahydrate, [153519-29-0], 19:6,7
———, (*SP*-4-1)-, dihydrogen, compd. with guanidine (1:2), [62048-47-9], 19:11
———, (*SP*-4-1)-, hydrogen (hydrogen difluoride) (*SP*-4-1)-tetrakis(cyano-*C*)platinate(1-), compd. with guanidine (73:200:27:27:200), hydrate, [152693-32-8], 21:146
———, (*SP*-4-1)-, hydrogen (*SP*-4-1)-tetrakis(cyano-*C*)platinate(1-), compd. with guanidine hydrobromide (3:7:1:8:1), tetrahydrate, [151085-52-8], 19:10,12; 19:19,2
———, (*SP*-4-1)-, potassium bromide (*SP*-4-1)-tetrakis(cyano-*C*)platinate (1-) (2:6:1:1), nonahydrate, [151085-54-0], 19:14,15
———, (*SP*-4-1)-, potassium chloride (*SP*-4-1)-tetrakis(cyano-*C*)platinate (1-) (2:6:1:1), [151151-21-2], 19:15
———, (*SP*-4-1)-, potassium (*SP*-4-1)-tetrakis(cyano-*C*)platinate(1-) (3:7:1), hexahydrate, [151120-20-6], 19:8,14
———, (*SP*-4-1)-, rubidium chloride (*SP*-4-1)-tetrakis(cyano-*C*)platinate(1-)

(7:20:3:3), triacontahydrate, [152981-43-6], 21:145
———, (*SP*-4-1)-, rubidium (hydrogen difluoride) (*SP*-4-1)-tetrakis(cyano-*C*)platinate(1-) (62:200:38:38), [151085-75-5], 20:25
———, (*SP*-4-1)-, rubidium (hydrogen difluoride) (*SP*-4-1)-tetrakis(cyano-*C*)platinate(1-) (71:200:29:29), [151085-74-4], 20:24
———, (*SP*-4-1)-, rubidium (hydrogen difluoride) (*SP*-4-1)-tetrakis(cyano-*C*)platinate(1-) (71:200:29:29), heptahexacontahectahydrate, [151120-22-8], 20:24
———, (*SP*-4-1)-, rubidium hydrogen sulfate (*SP*-4-1)-tetrakis(cyano-*C*)platinate(1-) (31:150:23:46:19), pentacontahydrate, [151120-24-0], 20:20
———, (*SP*-4-1)-, rubidium (*SP*-4-1)-tetrakis(cyano-*C*)platinate(1-) (3:8:2), decahydrate, [153519-32-5], 19:9
———, (*SP*-4-1)-, salt with 2-(1,3-dithiol-2-ylidene)-1,3-dithiole (1:2), [55520-25-7], 19:31
———, (*SP*-4-1)-, thallium(1+) carbonate (1:4:1), [76880-00-7], 21:153,154
Platinate(2-), trichlorotrifluoro-, dipotassium, [12051-20-6], 12:232,234
———, tris(pentathio)-, diammonium, (*OC*-6-11)-(+)-, [95976-59-3], 21:12,13
Platinate(5-), dodecakis(cyano-*C*)tri-, (2*Pt-Pt*), potassium (hydrogen difluoride) (1:6:1), nonahydrate, [67484-83-7], 21:147
Platinate(7-), hexadecakis(cyano-*C*)tetra-, (3*Pt-Pt*), cesium azide (1:8:1), [83679-23-6], 21:149
Platinate(12-), tetrakis[μ-[diphosphito(4-)-*P*:*P*']]di-, tetrapotassium octahydrogen, dihydrate, [73588-97-3], 24:211
Platinum, [7440-06-4], 24:238
Platinum, [8-(1-acetyl-2-oxopropyl)-4-cycloocten-1-yl]chloro(triphenylarsine)-, [11141-96-1], 13:63
———, [(2,3,5,6-η)-bicyclo[2.2.1]hepta-2,5-diene]dibromo-, [58356-22-2], 13:50
———, [(2,3,5,6-η)-bicyclo[2.2.1]hepta-2,5-diene]dichloro-, [12152-26-0], 13:48
———, [(2,3,5,6-η)-bicyclo[2.2.1]hepta-2,5-diene]diiodo-, [53789-85-8], 13:51
———, bis(acetato-*O*)bis(triphenylphosphine)-, [20555-30-0], 17:130
———, bis(benzonitrile)dichloro-, [14873-63-3], 26:345; 28:62
———, bis[bis(1,1-dimethylethyl) phenylphosphine]-, [59765-06-9], 19:104; 28:116
———, bis[2-butene-2,3-dithiolato(2-)-*S*,*S*']-, (*SP*-4-1)-, [14263-04-8], 10:9
———, bis[(1,2,5,6-η)-1,5-cyclooctadiene]-, [12130-66-4], 19:213,214; 28:126
———, bis(diethylphenylphosphine)(η^2-ethene)-, [83571-73-7], 24:216; 28:135
———, bis(dimethyl phosphito-*P*)[1,2-phenylenebis[dimethylarsine]-*As*,*As*']-, (*SP*-4-2)-, [63264-39-1], 19:100
———, bis[1,2-diphenyl-1,2-ethenedithiolato(2-)-*S*,*S*']-, (*SP*-4-1)-, [15607-55-3], 10:9
———, bis(η^2-ethene)(tricyclohexylphosphine)-, [57158-83-5], 19:216; 28:130
———, bis[1,1,1,4,4,4-hexafluoro-2-butene-2,3-dithiolato(2-)-*S*,*S*']-, (*SP*-4-1)-, [19280-18-3], 10:9
———, bis(1,1,1,5,5,5-hexafluoro-2,4-pentanedionato-*O*,*O*')-, (*SP*-4-1)-, [65353-51-7], 20:67
———, [*N*,*N*'-bis(1-methylethyl)-1,2-ethanediamine-*N*,*N*']dichloro(η^2-ethene)-, stereoisomer, [66945-62-8], 21:87
———, bis(2,4-pentanedionato-*O*,*O*')-, (*SP*-4-1)-, [15170-57-7], 20:66

Platinum *(Continued)*
———, [bis(phenylamino)methylene] dichloro(triethylphosphine)-, (*SP*-4-3)-, [30394-41-3], 19:176
———, [*N,N'*-bis(1-phenylethyl)-1,2-ethanediamine-*N,N'*]dichloro(η^2-ethene)-, stereoisomer, [66945-54-8], 21:87
———, bis(tricyclohexylphosphine)-, [55664-33-0], 19:105; 28:116
———, bis(1,1,1-trifluoro-2,4-pentanedionato-*O,O'*)-, [63742-53-0], 20:67
———, (1-butyl-2-methyl-1,3-propanediyl)dichloro-, [*SP*-4-3-(*R**,*S**)]-, [38922-14-4], 16:114
———, [carbonato(2-)-*O,O'*]bis(triphenylphosphine)-, (*SP*-4-2)-, [17030-86-3], 18:120
———, chlorobis(triethylphosphine) (trifluoromethanesulfonato-*O*)-, (*SP*-4-2)-, [79826-48-5], 26:126; 28:27
———, chloro(diethylcarbamodiselenoato-*Se,Se'*)(triphenylphosphine)-, (*SP*-4-3)-, [68011-59-6], 21:10
———, chloro(1,2-diphenylethenyl)bis (triethylphosphine)-, [*SP*-4-3-(*E*)]-, [57127-78-3], 26:140
———, chloroethylbis(triethylphosphine)-, (*SP*-4-3)-, [54657-72-6], 17:132
———, chloro[(4-fluorophenyl)azo]bis (triethylphosphine)-, (*SP*-4-3)-, [16774-96-2], 12:31
———, chlorohydrobis(triethylphosphine)-, (*SP*-4-3)-, [16842-17-4], 12:28; 29:191
———, chlorohydrobis(trimethylphosphine)-, (*SP*-4-3)-, [91760-38-2], 29:190
———, (1,2-cyclohexanediamine-*N,N'*)diiodo-, [*SP*-4-2-(1*R*-*trans*)]-, [66845-32-7], 27:284
———, (1,2-cyclohexanediamine-*N,N'*) [D-*ribo*-3-hexulosonic acid γ-lactonato (2-)-C^2,O^5]-, [*SP*-4-3-(*cis*)]-, [106160-54-7], 27:283
Platinum, (1,2-cyclohexanediamine-*N,N'*)[L-*lyxo*-3-hexulosonic acid γ-lactonato(2-)-C^2,O^5]-, [*SP*-4-2-(1*R*-*trans*)]-, [91897-69-7], 27:283
———, [*SP*-4-2-(1*S*-*trans*)]-, [106160-56-9], 27:283
Platinum, [(1,2,5,6-η)-1,5-cyclooctadiene] diiodo-, [12266-72-7], 13:50
———, [(1,2,5,6-η)-1,3,5,7-cyclooctatetraene]diiodo-, [12266-70-5], 13:51
———, diamminechloroiodo-, (*SP*-4-2)-, [15559-60-1], 22:124
Platinum, diamminedichloro-, (*SP*-4-1)-, [14913-33-8], 7:239
———, (*SP*-4-2)-, [15663-27-1], 7:239
Platinum, diamminetetrachloro-, (*OC*-6-11)-, [16893-06-4], 7:236
———, (*OC*-6-22)-, [16893-05-3], 7:236
Platinum, dibromo[(1,2,5,6-η)-1,5-cyclooctadiene]-, [12145-48-1], 13:49
———, dibromo[(1,2,5,6-η)-1,3,5,7-cyclooctatetraene]-, [12266-68-1], 13:50
———, dibromo[(2,3,5,6-η)-3a,4,7,7a-tetrahydro-4,7-methano-1*H*-indene]-, [150533-45-2], 13:50
———, dibromodimethyl-, [31926-36-0], 20:185
———, dibromodimethylbis(pyridine)-, [32010-51-8], 20:186
———, dicarbonyldi-μ-iododiiododi-, stereoisomer, [106863-40-5], 29:188
Platinum, dichlorobis(cyclohexyldiphenylphosphine)-, (*SP*-4-1)-, [150578-15-7], 12:241
———, (*SP*-4-2)-, [109131-39-7], 12:241
Platinum, dichlorobis(1,2-ethanediamine-*N*)-, dihydrochloride, (*SP*-4-1)-, [134587-77-2], 27:315
Platinum, dichlorobis(η^2-ethene)-, [31781-68-7], 5:215
———, stereoisomer, [71423-58-0], 5:215
Platinum, dichlorobis(pyridine)-, (*SP*-4-1)-, [14024-97-6], 7:249
———, (*SP*-4-2)-, [15227-42-6], 7:249

Platinum, dichlorobis[1,1'-thiobis [ethane]]-, (*SP*-4-1)-, [15337-84-5], 6:211
———, (*SP*-4-2)-, [15442-57-6], 6:211
Platinum, dichlorobis(tributylphosphine)-, (*SP*-4-1)-, [15391-01-2], 7:245; 19:116
———, (*SP*-4-2)-, [15390-92-8], 7:245
Platinum, dichlorobis(tricyclohexylphosphine)-, (*SP*-4-1)-, [60158-99-8], 19:105
———, dichlorobis(triethylphosphine)-, (*SP*-4-2)-, [15692-07-6], 12:27
———, dichlorobis(triphenylphosphine)-, (*SP*-4-1)-, [14056-88-3], 19:115
———, dichlorobis[tris(1-methylethyl) phosphine]-, (*SP*-4-1)-, [59967-54-3], 19:108
———, dichloro(2-cyclohexyl-1,3-propanediyl)bis(pyridine)-, [34056-29-6], 16:115
———, dichloro[(1,2,5,6-η)-1,5-cyclooctadiene]-, [12080-32-9], 13:48; 28:346
———, dichloro[(1,2,5,6-η)-1,3,5,7-cyclooctatetraene]-, [12266-69-2], 13:48
———, di-μ-chlorodichlorobis(cyclohexyldiphenylphosphine)di-, [20611-44-3], 12:240,242
———, di-μ-chlorodichlorobis(dicyclohexylphenylphosphine)di-, [20611-43-2], 12:242
———, di-μ-chlorodichlorobis(dimethylphenylphosphine)di-, [15699-79-3], 12:242
———, di-μ-chlorodichlorobis[(1,2-η)-1-dodecene]di-, [129153-28-2], 20:181,183
———, di-μ-chlorodichlorobis(η^2-ethene)di-, [12073-36-8], 5:210; 20:181,182
———, di-μ-chlorodichlorobis[(η^2-ethenyl)benzene]di-, [12212-59-8], 5:214; 20:181,182
———, di-μ-chlorodichlorobis[(1,2-η)-1-propene]di-, [31922-29-9], 5:214
———, di-μ-chlorodichlorobis[thiobis [methane]]di-, [60817-02-9], 22:128
———, di-μ-chlorodichlorobis(tributylphosphine)di-, [15670-38-9], 12:242
———, di-μ-chlorodichlorobis(triphenylphosphine)di-, [15349-80-1], 12:242
Platinum, dichloro[*N*,*N*'-dimethyl-*N*,*N*'-bis(1-methylethyl)-1,2-ethanediamine-*N*,*N*'](η^2-ethene)-, stereoisomer, [66945-51-5], 21:87
———, stereoisomer, [66945-55-9], 21:87
Platinum, dichloro(1,2-diphenyl-1,3-propanediyl)-, [*SP*-4-3-(*R**,*R**)]-, [38831-85-5], 16:114
———, dichloro(1,2-diphenyl-1,3-propanediyl)bis(pyridine)-, [34056-30-9], 16:115
———, dichloro(1,2-ethanediamine-*N*,*N*')-, (*SP*-4-2)-, [14096-51-6], 8:242
———, dichloro[1,2-ethanediylbis [diphenylphosphine]-*P*,*P*']-, (*SP*-4-2)-, [14647-25-7], 26:370
———, dichloro(η^2-ethene)(pyridine)-, stereoisomer, [12078-66-9], 20:181
———, dichloro(η^2-ethene)(*N*,*N*,*N*',*N*'-tetraethyl-1,2-ethanediamine-*N*,*N*')-, stereoisomer, [66945-61-7], 21:86,87
———, dichloro[ethoxy(phenylamino) methylene](triethylphosphine)-, (*SP*-4-3)-, [30394-37-7], 19:175
———, dichloro(2-hexyl-1,3-propanediyl)-, (*SP*-4-2)-, [38922-13-3], 16:114
———, dichloro(isocyanobenzene) (triethylphosphine)-, (*SP*-4-3)-, [30376-90-0], 19:174
———, dichloro[2-(4-methylphenyl)-1,3-propanediyl]-, (*SP*-4-2)-, [38922-12-2], 16:114
———, dichloro[1-(4-methylphenyl)-1,3-propanediyl]bis(pyridine)-, [34056-31-0], 16:115

Platinum *(Continued)*
———, dichloro[2-(2-nitrophenyl)-1,3-propanediyl]-, (*SP*-4-2)-, [38922-10-0], 16:114
———, dichloro[2-(2-nitrophenyl)-1,3-propanediyl]bis(pyridine)-, (*OC*-6-13)-, [38889-64-4], 16:115,116
———, dichloro[2-(phenylmethyl)-1,3-propanediyl]bis(pyridine)-, (*OC*-6-13)-, [38889-65-5], 16:115
———, dichloro(2-phenyl-1,3-propanediyl)-, (*SP*-4-2)-, [38922-09-7], 16:114
———, dichloro(2-phenyl-1,3-propanediyl)bis(pyridine)-, [34056-26-3], 16:115,116
———, dichloro(1,3-propanediyl)-, [24818-07-3], 16:114
———, dichloro-1,3-propanediylbis(pyridine)-, (*OC*-6-13)-, [36569-03-6], 16:115
———, dichloro[(2,3,5,6-η)-3a,4,7,7a-tetrahydro-4,7-methano-1*H*-indene]-, [12083-92-0], 13:48; 16:114
———, (diethylcarbamodiselenoato-*Se*,*Se*')methyl(triphenylphosphine)-, (*SP*-4-3)-, [68252-95-9], 21:10,20:10
Platinum, dihydroxybis(pyridine)-, (*SP*-4-1)-, [150124-34-8], 7:253
———, (*SP*-4-2)-, [150199-80-7], 7:253
Platinum, dihydroxybis[1,1'-thiobis[ethane]]-, [148832-26-2], 6:215
———, dihydroxydimethyl-, hydrate (2:3), [151085-56-2], 20:185,186
———, [1,2-ethanediylbis[diphenylphosphine]-*P*,*P*'](η^2-ethene)-, [83571-74-8], 24:216; 28:135
———, (η^2-ethene)bis(triethylphosphine)-, [76136-93-1], 24:214; 28:133
———, (η^2-ethene)bis(triphenylphosphine)-, [12120-15-9], 18:121; 24:216; 28:135
———, (η^2-ethene)bis[tris(1-methylethyl)phosphine]-, [83571-72-6], 24:215; 28:135
———, [1,1'-(η^2-1,2-ethynediyl)bis[benzene]]bis(triphenylphosphine)-, [15308-61-9], 18:122
———, hydroxymethylbis(tricyclohexylphosphine)-, (*SP*-4-1)-, [98839-53-3], 25:104
———, hydroxymethyl[1,3-propanediylbis[diphenylphosphine]-*P*,*P*']-, (*SP*-4-3)-, [76137-65-0], 25:105
———, hydroxyphenylbis(triethylphosphine)-, (*SP*-4-1)-, [76124-93-1], 25:102
———, hydroxyphenylbis(triphenylphosphine)-, (*SP*-4-1)-, [60399-83-9], 25:103
———, iodotrimethyl-, [14364-93-3], 10:71
Platinum, tetrachlorobis[1,1'-thiobis[ethane]]-, (*OC*-6-11)-, [18976-92-6], 8:245
———, (*OC*-6-22)-, [12080-89-6], 8:245
Platinum, tetra-μ-chlorotetrakis[μ-[(1-η:2,3-η)-2-propenyl]]tetra-, [32216-28-7], 15:79
———, tetrakis(triethylphosphine)-, (*T*-4)-, [33937-26-7], 19:110; 28:122
———, tetrakis(triethyl phosphite-*P*)-, (*T*-4)-, [23066-15-1], 28:106
———, tetrakis(triphenylphosphine)-, (*T*-4)-, [14221-02-4], 11:105; 18:120; 28:124
———, tetrakis(triphenyl phosphite-*P*)-, (*T*-4)-, [22372-53-8], 13:109
———, tris[(2,3-η)-bicyclo[2.2.1]hept-2-ene]-, stereoisomer, [57158-98-2], 28:127
———, tris(η^2-ethene)-, [56009-87-1], 19:215; 28:129
———, tris(triethylphosphine)-, [39045-37-9], 19:108; 28:120
———, tris(triphenylphosphine)-, [13517-35-6], 11:105; 28:125
———, tris[tris(1-methylethyl)phosphine]-, [60648-72-8], 19:108; 28:120

Platinum(1+), (2-aminoethanethiolato-*S*)(2,2':6',2"-terpyridine-*N*,*N'*,*N"*)-, (*SP*-4-2)-, nitrate, mononitrate, [151183-10-7], 20:104
———, [bis(triphenylphosphine) digold]chlorobis(triethylphosphine)-, (*Au-Au*)(2*Au-Pt*), stereoisomer, salt with trifluoromethanesulfonic acid (1:1), [89346-97-4], 27:218
———, [bis(triphenylphosphine) digold](nitrato-*O*,*O'*)bis (triphenylphosphine)-, (*Au-Au*) (2*Au-Pt*), stereoisomer, hexafluorophosphate(1-), [107796-04-3], 29:293
———, chloro[(1,2,5,6-η)-1,5-cyclooctadiene](triphenylarsine)-, tetrafluoroborate(1-), [31940-97-3], 13:64
———, chloro[(ethylamino)(phenylamino)methylene]bis(triethylphosphine)-, (*SP*-4-3)-, perchlorate, [38857-02-2], 19:176
———, chloro[(3-fluorophenyl)diazene-*N*^{2}]bis(triethylphosphine)-, (*SP*-4-3)-, tetrafluoroborate(1-), [16902-62-8], 12:29,31
———, chloro[(4-fluorophenyl)diazene-*N*^{2}]bis(triethylphosphine)-, (*SP*-4-3)-, tetrafluoroborate(1-), [31484-73-8], 12:29,31
———, chloro[(4-fluorophenyl)hydrazine-*N*^{2}]bis(triethylphosphine)-, (*SP*-4-3), tetrafluoroborate(1-), [16774-97-3], 12:32
———, chloro[(4-nitrophenyl)diazene-*N*^{2}]bis(triethylphosphine)-, (*SP*-4-3)-, tetrafluoroborate(1-), [153379-38-5], 12:31
———, chloro(phenyldiazene-*N*^{2})bis (triethylphosphine)-, (*SP*-4-3)-, tetrafluoroborate(1-), [16903-20-1], 12:31
———, chloro(2,2':6',2"-terpyridine-*N*,*N'*,*N"*)-, chloride, dihydrate, (*SP*-4-2)-, [151120-25-1], 20:101
———, chlorotris[thiobis[methane]]-, (*SP*-4-2)-, tetrafluoroborate(1-), [37976-72-0], 22:126
———, [(1,2,5,6-η)-1,5-cyclooctadiene] (2,4-pentanedionato-*O*,*O'*)-, tetrafluoroborate(1-), [31725-00-5], 13:57
———, [(1,4,5-η)-4-cycloocten-1-yl]bis (triethylphosphine)-, tetraphenylborate (1-), [51177-62-9], 26:139
———, diammineaquachloro-, (*SP*-4-2)-, nitrate, [15559-61-2], 22:125
———, di-μ-hydrohydrotetrakis(triethylphosphine)di-, stereoisomer, tetraphenylborate(1-), [81800-05-7], 27:34
———, di-μ-hydrohydrotetrakis (triphenylphosphine)di-, stereoisomer, tetraphenylborate(1-), [132832-04-3], 27:36
———, μ-hydrodihydrotetrakis(triethylphosphine)di-, (*Pt-Pt*), tetraphenylborate(1-), [84624-72-6], 27:32
———, μ-hydrohydrophenyltetrakis (triethylphosphine)di-, stereoisomer, tetraphenylborate(1-), [67891-25-2], 26:136
———, hydro(methanol)bis(triethylphosphine)-, (*SP*-4-1)-, salt with trifluoromethanesulfonic acid (1:1), [129979-61-9], 26:135
———, (2-mercaptoethanolato-*S*) (2,2':6',2"-terpyridine-*N*,*N'*,*N"*)-, (*SP*-4-2)-, nitrate, [60829-45-0], 20:103
———, (3-methoxy-3-oxopropyl)bis (triethylphosphine)-, (*SP*-4-3)-, tetraphenylborate(1-), [129951-70-8], 26:138
———, triamminechloro-, chloride, (*SP*-4-2)-, [13815-16-2], 22:124
Platinum(2+), dichlorobis(1,2-ethanediamine-*N*,*N'*)-, dichloride, (*OC*-6-12)-, [16924-88-2], 27:314
———, dichlorotetrakis(methanamine)-, dichloride, [53406-73-8], 15:93
———, dichlorotetrakis(pyridine)-, (*OC*-6-12)-, [22455-25-0], 7:251

Platinum(2+) *(Continued)*
———, [hexakis(triphenylphosphine) hexagold](triphenylphosphine)-, (8*Au-Au*)(6*Au-Pt*), bis[tetraphenylborate (1-)], [107712-39-0], 29:295
———, pentakis(trimethyl phosphite-*P*)-, (*TB*-5-11)-, bis[tetraphenylborate(1-)], [53701-86-3], 20:78
Platinum(2+), tetraammine-, (*SP*-4-1)-, (*SP*-4-1)-tetrachloroplatinate(2-) (1:1), [13820-46-7], 2:251; 7:241
———, dichloride, (*SP*-4-1)-, [13933-32-9], 2:250; 5:210
———, dichloride, monohydrate, (*SP*-4-1)-, [13933-33-0], 2:252
Platinum(2+), tetraaqua-, (*SP*-4-1)-, [60911-98-0], 21:192
———, tetrakis(tributylphosphine)-, dichloride, (*SP*-4-1)-, [148832-27-3], 7:248
———, tetrakis(triethyl phosphite-*P*)-, (*SP*-4-1)-, [38162-00-4], 13:115
Platinum(3+), pentaamminechloro-, trichloride, (*OC*-6-22)-, [16893-11-1], 24:277
———, pentaammine(trifluoromethanesulfonato-*O*)-, (*OC*-6-22)-, salt with trifluoromethanesulfonic acid (1:3), [84254-63-7], 24:278
Platinum(4+), hexaammine-, (*OC*-6-11)-, sulfate (1:2), [49730-82-7], 15:94
———, tetrachloride, (*OC*-6-11)-, [16893-12-2], 15:93
Platinum(4+), tris(1,2-ethanediamine-*N,N'*)-, tetrachloride, (*OC*-6-11)-(-)-, [16960-94-4], 8:239
Platinum(5+), octaamminetetrakis[μ-(2(1*H*)-pyridinonato-N^1:O^2)]tetra-, (3*Pt-Pt*), stereoisomer, pentanitrate, monohydrate, [71611-15-9], 25:95
Platinum chloride ($PtCl_2$), [10025-65-7], 5:208; 6:209; 20:48
Platinum chloride ($PtCl_4$), (*SP*-4-1)-, [13454-96-1], 2:253
Platinum sulfide (PtS_2), [12038-21-0], 19:49
Platinum telluride ($PtTe_2$), [12038-29-8], 19:49
Plumbane, azidotriphenyl-, [14127-50-5], 8:57
———, chlorotriphenyl-, [1153-06-6], 8:57
———, diazidodiphenyl-, [14127-48-1], 8:60
———, dichlorodiphenyl-, [2117-69-3], 8:60
———, hydroxytriphenyl-, [894-08-6], 8:58
———, oxodiphenyl-, [14127-49-2], 8:61
Plumbate(2-), hexachloro-, (*OC*-6-11)-, dihydrogen, compd. with pyridine (1:2), [19401-50-4], 22:149
Poly(methylphenylsilylene), [76188-55-1], 25:56
Poly[nitrilo[bis(2,2,2-trifluoroethoxy) phosphoranylidyne]nitrilo[bis(2,2,2-trifluoroethoxy)phosphoranylidyne] nitrilo(dimethylphosphoranylidyne)], [153569-07-4], 25:67
Poly[nitrilo[bis(2,2,2-trifluoroethoxy) phosphoranylidyne]nitrilo[bis(2,2,2-trifluoroethoxy)phosphoranylidyne] nitrilo[methyl[(trimethylsilyl)methyl] phosphoranylidyne]], [153569-08-5], 25:64
Poly[nitrilo(dimethylphosphoranylidyne)], [32007-38-8], 25:69,71
Poly[nitrilo(methylphenylphosphoranylidyne)], [88733-82-8], 25:69,72-73
21*H*,23*H*-Porphine, 2,3,7,8,12,13,17,18-octaethyl-, iron complex, [28755-93-3], 20:151
———, magnesium complex, [20910-35-4], 20:145
21*H*,23*H*-Porphine, 5,10,15,20-tetrakis (3,5-dichlorophenyl)-, europium complex, [89769-01-7], 22:160
21*H*,23*H*-Porphine, 5,10,15,20-tetrakis (3-fluorophenyl)-, erbium complex, [89769-05-1], 22:160
———, ytterbium complex, [89780-87-0], 22:160

21*H*,23*H*-Porphine, 5,10,15,20-tetrakis (4-methylphenyl)-, europium complex, [60911-12-8], 22:160
———, praseodymium complex, [109460-21-1], 22:160
———, praseodymium complex, [89768-98-9], 22:160
———, ytterbium complex, [60911-13-9], 22:156
———, ytterbium complex, [61276-72-0], 22:156
21*H*,23*H*-Porphine, 5,10,15,20-tetrakis(2-nitrophenyl)-, [37116-82-8], 20:162
21*H*,23*H*-Porphine, 5,10,15,20-tetraphenyl-, cerium complex, [89768-97-8], 22:160
———, copper complex, [14172-91-9], 16:214
———, dysprosium complex, [61276-74-2], 22:166
———, dysprosium complex, [89769-03-9], 22:160
———, erbium complex, [61276-76-4], 22:160
———, europium complex, [61301-63-1], 22:160
———, gadolinium complex, [88646-27-9], 22:160
———, holmium complex, [61276-75-3], 22:160
———, holmium complex, [89769-04-0], 22:160
———, lanthanum complex, [89768-95-6], 22:160
———, lanthanum complex, [89768-96-7], 22:160
———, lutetium complex, [60909-91-3], 22:160
———, neodymium, [61301-64-2], 22:160
———, neodymium complex, [89768-99-0], 22:160
———, nickel complex, [14172-92-0], 20:143
———, praseodymium complex, [61301-62-0], 22:160
———, samarium complex, [61301-65-3], 22:160
———, samarium complex, [89769-00-6], 22:160
———, terbium complex, [61276-73-1], 22:160
———, terbium complex, [89769-02-8], 22:160
———, thorium complex, [57372-87-9], 22:160
———, thulium complex, [89769-06-2], 22:160
———, vanadium complex, [14705-63-6], 20:144
———, yttrium complex, [57327-04-5], 22:160
21*H*,23*H*-Porphine, 5,10,15,20-tetra-4-pyridinyl-, [16834-13-2], 23:56
21*H*,23*H*-Porphine, 5,10,15,20-tetra-4-pyridinyl-, zinc complex, [31183-11-6], 12:256
21*H*,23*H*-Porphine-2,18-dipropanoic acid, 7,12-bis(1-hydroxyethyl)-3,8,13,17-tetramethyl-, dimethyl ester, iron complex, [16591-59-6], 16:216
———, 7,12-diethenyl-3,8,13,17-tetramethyl-, dimethyl ester, iron complex, [15741-03-4], 20:148
———, 7,12-diethyl-3,8,13,17-tetramethyl-, iron complex, [21007-37-4], 20:152
Potassium, (diphenylphosphino)-, [4346-39-8], 8:190
———, (tributylstannyl)-, [76001-23-5], 25:112
———, (triphenylgermyl)-, [57482-41-4], 8:34
———, (triphenylstannyl)-, [61810-54-6], 25:111
Potassium(1+), (1,4,7,10,13,16-hexaoxacyclooctadecane-$O^1,O^4,O^7,O^{10},O^{13},O^{16}$)-, (*OC*-6-11)-, salt with phosphonous dicyanide (1:1), [81043-01-8], 25:126

Potassium(1+) *(Continued)*
———, (4,7,13,16,21,24-hexaoxa-1,10-diazabicyclo[8.8.8]hexacosane-$N^1,N^{10},O^4,O^7,O^{13},O^{16},O^{21},O^{24}$)-, (tetrabismuth)(2-) (2:1), [70320-09-1], 22:151
Potassium(1+), tris[1,1'-oxybis[2-methoxyethane]-*O,O',O''*]-, (*OC*-6-11)-hexacarbonylniobate(1-), [57304-94-6], 16:69
———, (*OC*-6-11)-hexacarbonyltantalate(1-), [59992-86-8], 16:71
Potassium amide ($K(NH_2)$), [17242-52-3], 2:135; 6:168
Potassium azide ($K(N_3)$), [20762-60-1], 1:79; 2:139
Potassium disulfite sulfite ($K_6(S_2O_5)(HSO_3)_4$), [129002-36-4], 2:167
Potassium fluoride (KF), [7789-23-3], 11:196
Potassium fluoride metaphosphate ($K_2F(PO_3)$), [12191-64-9], 3:109
Potassium hydroxide (K(OH)), [1310-58-3], 11:113-116
Potassium iodide (KI), [7681-11-0], 1:163
Potassium tantalum selenide ($K_{0.7}TaSe_2$), [158188-85-3], 30:167
Potassium tantalum sulfide ($K_{0.7}TaS_2$), [158188-83-1], 30:167
Potassium thorium tungsten oxide phosphate ($K_{16}ThW_{34}O_{106}(PO_4)_4$), [63144-49-0], 23:190
Potassium titanium arsenate oxide ($KTi(AsO_4)O$), [59400-80-5], 30:143
Potassium titanium sulfide ($K_{0.8}TiS_2$), [158188-79-5], 30:167
Potassium tungsten chloride ($K_5W_3Cl_{14}$), [128057-81-8], 6:149
Potassium tungsten uranium oxide phosphate ($K_{16}W_{34}UO_{106}(PO_4)_4$), [66403-22-3], 23:188
Potassium zirconium telluride ($K_4Zr_3(Te_2)_7(Te_3)$), [132938-08-0], 30:86
Praseodymate(1-), μ-chlorohexachlorodi-, cesium, [71619-24-4], 22:2; 30:73
Praseodymium, bis[5,10,15,20-tetrakis(4-methylphenyl)-21*H*,23*H*-porphinato(2-)-$N^{21},N^{22},N^{23},N^{24}$]-, [109460-21-1], 22:160
———, (1,4,7,10,13,16-hexaoxacyclooctadecane-$O^1,O^4,O^7,O^{10},O^{13},O^{16}$)tris(nitrato-*O,O'*)-, [67216-32-4], 23:153
———, (2,4-pentanedionato-*O,O'*)[5,10,15,20-tetrakis(4-methylphenyl)-21*H*,23*H*-porphinato(2-)-$N^{21},N^{22},N^{23},N^{24}$]-, [89768-98-9], 22:160
———, (2,4-pentanedionato-*O,O'*)[5,10,15,20-tetraphenyl-21*H*,23*H*-porphinato(2-)-$N^{21},N^{22},N^{23},N^{24}$]-, [61301-62-0], 22:160
———, tetrakis[(1,2,3,4,5-η)-1,3-bis(trimethylsilyl)-2,4-cyclopentadien-1-yl]di-μ-chlorodi-, [81507-56-4], 27:171
———, tris(nitrato-*O,O'*)(1,4,7,10,13-pentaoxacyclopentadecane-$O^1,O^4,O^7,O^{10},O^{13}$)-, [67216-26-6], 23:151
———, tris(nitrato-*O,O'*)(1,4,7,10-tetraoxacyclododecane-O^1,O^4,O^7,O^{10})-, [73288-71-8], 23:152
———, tris(2,2,6,6-tetramethyl-3,5-heptanedionato-*O,O'*)-, (*OC*-6-11)-, [15492-48-5], 11:96
Praseodymium(1+), (1,4,7,10,13,16-hexaoxacyclooctadecane-$O^1,O^4,O^7,O^{10},O^{13},O^{16}$)bis(nitrato-*O,O'*)-, hexakis(nitrato-*O,O'*)praseodymate(3-) (3:1), [94121-38-7], 23:155
Praseodymium(3+), hexakis(*P,P*-diphenylphosphinic amide-*O*)-, (*OC*-6-11)-, tris[hexafluorophosphate(1-)], [59449-52-4], 23:180
Praseodymium chloride ($PrCl_3$), [10361-79-2], 22:39
Praseodymium iodide (PrI_2), [65530-47-4], 30:19
Praseodymium oxide (Pr_2O_3), [12036-32-7], 5:39
Praseodymium sulfide (Pr_2S_3), [12038-13-0], 14:154

Propanamide, 2-methyl-, nickel complex, [72251-37-7], 26:205
Propanamide, *N*,*N*',*N*'',*N*'''-(21*H*,23*H*-porphine-5,10,15,20-tetrayltetra-2,1-phenylene)tetrakis[2,2-dimethyl-, stereoisomer, [55253-62-8], 20:165
———, iron complex, [52215-70-0], 20:166
———, iron complex, [55449-22-4], 20:168
———, iron complex, [75557-96-9], 20:167
1-Propanamine, compd. with tantalum sulfide (TaS_2), [34340-93-7], 30:164
1-Propanamine, 3-(dimethylphosphino)-*N*,*N*-dimethyl-, [50518-38-2], 14:21
———, 3-(diphenylphosphinoselenoyl)-*N*,*N*-dimethyl-, [13289-84-4], 10:159
2-Propanamine, 2-methyl-, osmium complex, [50381-48-1], 6:207
———, tungsten complex, [107766-60-9], 27:304
———, tungsten complex, [114075-31-9], 27:303
———, tungsten complex, [87208-54-6], 27:301
1-Propanaminium, *N*,*N*,*N*-tripropyl-, (*SP*-4-1)-bis(pentathio)platinate(2-) (2:1), [22668-81-1], 21:13
———, dibromoiodate(1-), [149165-62-8], 5:172
———, dichloroiodate(1-), [54763-33-6], 5:172
———, (heptaiodide), [30009-53-1], 5:172
———, (pentaiodide), [29220-00-6], 5:172
———, sodium nonahexacontadiliaoxo-kiliasilicatehexacosaaluminate(60-) (36:24:1), heptacontahydrate, [158249-06-0], 30:232,233
———, (triiodide), [13311-46-1], 5:172
Propane, 2,2-dimethyl-, tungsten complex, [68490-69-7], 26:47
———, tungsten complex, [83542-12-5], 26:50
Propane, 2-isocyano-2-methyl-, chromium complex, [37017-56-4], 28:143
———, chromium complex, [37017-57-5], 28:143
———, molybdenum complex, [37017-63-3], 28:143
———, molybdenum complex, [66862-26-8], 23:10
———, palladium complex, [34742-93-3], 17:134; 28:110
———, ruthenium complex, [84330-39-2], 26:275; 28:224
———, tungsten complex, [123050-94-2], 28:143
———, tungsten complex, [66862-32-6], 23:10
———, tungsten complex, [89189-76-4], 24:198
Propanedial, chromium complex, [15636-02-9], 8:141
Propanedial, bromo-, [2065-75-0], 18:50
1,2-Propanediamine, chromium complex, [14949-95-2], 10:41
———, cobalt complex, [15627-71-1], 14:58
———, cobalt complex, [20519-29-3], 11:49
———, cobalt complex, [20678-75-5], 11:48
———, cobalt complex, [43223-45-6], 14:58
———, nickel complex, [15282-51-6], 6:200
———, nickel complex, [49562-49-4], 14:61
———, nickel complex, [49562-50-7], 14:61
———, rhenium complex, [67709-52-8], 8:176
1,3-Propanediamine, [109-76-2], 18:23
1,3-Propanediamine, cobalt complex, [103925-35-5], 23:169
———, cobalt complex, [103925-36-6], 23:170

1,3-Propanediamine, *N*-(3-aminopropyl)-, [56-18-8], 18:18
Propanedinitrile, 2,2'-(2,5-cyclohexadiene-1,4-diylidene)bis-, compd. with 2-(1,3-dithiol-2-ylidene)-1,3-dithiole (1:1), [40210-84-2], 19:32
Propanedioic acid, chromium complex, [61116-57-2], 16:81
———, chromium complex, [70366-25-5], 16:80
Propanenitrile, chromium complex, [91513-88-1], 28:32
———, molybdenum complex, [103933-26-2], 28:31
———, molybdenum complex, [12012-97-4], 15:43
———, tungsten complex, [84580-21-2], 27:4; 28:30
Propanenitrile, 3,3',3"-phosphinidynetris-, nickel complex, [19979-87-4], 22:113,115
———, nickel complex, [20994-35-8], 22:113
———, nickel complex, homopolymer, [29591-65-9], 22:115
2-Propanethiol, 2-methyl-, iridium complex, [63312-27-6], 20:237
———, iron complex, [52678-92-9], 21:30
———, iron complex, [84159-21-7], 21:37
———, rhodium complex, [71269-63-1], 23:123
———, rhodium complex, [71301-64-9], 23:124
Propanoic acid, beryllium complex, [36593-61-0], 3:7-9
———, methyl ester, platinum complex, [129951-70-8], 26:138
Propanoic acid, 2,2-dimethyl-, anhydride with diethylborinic acid, [34574-27-1], 22:185
———, beryllium complex, [56377-82-3], 3:7; 3:8
———, boron complex, [52242-42-9], 22:196
———, tungsten complex, [86728-84-9], 26:223
Propanoic acid, 2-methyl-, beryllium complex, [56377-90-3], 3:7; 3:8
2-Propanol, vanadium complex, [33519-90-3], 13:177
———, 1,1,1,2,3,3,3-heptafluoro-, potassium salt, [7459-60-1], 11:197
2-Propanone, cobalt complex, [36834-97-6], 20:234,235
———, iridium complex, [60936-92-7], 29:232
———, iridium complex, [72414-17-6], 26:123; 28:57; 29:283
———, molybdenum complex, [68868-66-6], 26:105; 28:14
———, tungsten complex, [84411-66-5], 29:143
———, tungsten complex, [101190-10-7], 26:105; 28:14
1-Propene, 2-methyl-, iron complex, [111101-50-9], 24:164; 28:208
2-Propenoic acid, methyl ester, ruthenium complex, [78319-35-4], 24:176; 28:47
2-Propenoyl chloride, 2,3,3-trichloro-, uranium complex, [20574-41-8], 15:243
1-Propyne, boron complex, [22528-72-9], 29:77
1-Propyne, 3-bromo-, [106-96-7], 10:101
2-Propynoic acid, 3-phenyl-, methyl ester, cobalt complex, [53469-97-9], 26:192
Protactinium, tetrakis(acetonitrile) tetrabromo-, [17457-77-1], 12:226
———, tetrakis(acetonitrile)tetrachloro-, [17457-76-0], 12:226
———, tris(acetonitrile)pentabromo-, [22043-44-3], 12:227
4*H*-Pyran-4-one, tetrahydro-2,3,5,6-tetramethyl-, [54458-60-5], 29:193
Pyrazine, ruthenium complex, [41481-91-8], 24:259
———, ruthenium complex, [104626-96-2], 24:259
———, ruthenium complex, [104626-97-3], 24:261

1*H*-Pyrazole, boron complex, [14782-58-2], 12:103
———, boron complex, [16998-91-7], 12:107
———, boron complex, [18583-59-0], 12:100
———, boron complex, [18583-60-3], 12:102
———, boron copper complex, [55295-09-5], 21:110
———, boron-manganese complex, [14728-59-7], 12:106
1*H*-Pyrazole, 3,5-dimethyl-, boron-molybdenum complex, [24899-04-5], 23:4
———, boron-molybdenum complex, [60106-46-9], 23:6
———, boron-molybdenum complex, [70114-01-1], 23:8
3*H*-Pyrazol-3-one, 2,4-dihydro-5-methyl-4-[(methylphenylamino)methylene]-2-phenyl-, [65699-59-4], 30:68
2-Pyridinamine, *N*-2-pyridinyl-, [1202-34-2], 5:14
2-Pyridinamine, *N*-2-pyridinyl-, cobalt complex, [14872-02-7], 5:184
———, copper complex, [14642-89-8], 5:14
———, copper complex, [58784-85-3], 5:14
———, zinc complex, [14169-18-7], 8:10
4-Pyridinamine, compd. with iron chloride oxide (FeClO) (1:4), [63986-26-[illegible]], 22:86; 30:182
Pyridine, [110-86-1], 7:175,178
Pyridine, hydrochloride, compd. with tantalum sulfide (TaS_2), [3431[illegible]-18-6], 30:164
Pyridine, 1-oxide, compd. with tantalum sulfide (TaS_2), [34340-84-6], 30:164
Pyridine, 4-(1,1-dimethylethyl)-, cobalt complex, [151085-55-1], 20:131
———, cobalt complex, [151120-18-2], 20:131
———, cobalt complex, [151194-57-1], 20:130
Pyridine, 3,5-dimethyl-, palladium complex, [79272-90-5], 26:210
Pyridine, 2-(phenylmethyl)-, palladium complex, [79272-89-2], 26:208
———, palladium complex, [79272-90-5], 26:210
———, palladium complex, [105369-55-9], 26:209
Pyridine, 2,4,6-trimethyl-, compd. with iron chloride oxide (FeClO) (1:6), [64020-68-4], 22:86; 30:182
4-Pyridinecarboxylic acid, cobalt complex, [52375-41-4], 23:113
———, rhodium complex, [112784-16-4], 27:292
2,6-Pyridinediamine, [141-86-6], 18:47
2-Pyridinemethanamine, cobalt complex, [21007-64-7], 11:85
Pyridinium, 4,4',4'',4'''-(21*H*,23*H*-porphine-5,10,15,20-tetrayl)tetrakis [1-methyl-, indium complex, [84009-26-7], 23:55,57
———, salt with 4-methylbenzenesulfonic acid (1:4), [36951-72-1], 23:57
2(1*H*)-Pyridinone, platinum complex, [71611-15-9], 25:95
2,5-Pyrrolidinedione, 1-bromo-, [128-08-5], 7:135
Pyrrolidinium, 1,1-diamino-, chloride, [13006-15-0], 10:130

Quinoline, compd. with tantalum sulfide (TaS_2), [34312-58-8], 30:164

Rhenate(1-), acetyltetracarbonyl(1-iminoethyl)-, hydrogen, (*OC*-6-32)-, [66808-78-4], 20:204
———, diacetyltetracarbonyl-, hydrogen, (*OC*-6-22)-, [59299-78-4], 20:200,202
———, tetracarbonyl(carboxylato)-, hydrogen, [101048-91-3], 26:112; 28:21
Rhenate(2-), hexabromo-, dipotassium, (*OC*-6-11)-, [16903-70-1], 7:189
———, hexachloro-, dipotassium, (*OC*-6-11)-, [16940-97-9], 1:178; 7:189

Rhenate(2-) *(Continued)*
———, hexaiodo-, dipotassium, (*OC*-6-11)-, [19710-22-6], 7:191; 27:294
———, nitridotrioxo-, dipotassium, [19630-35-4], 6:167
———, nonahydro-, disodium, (*TPS*-9-111111111)-, [25396-43-4], 13:219
Rhenate (ReO_3 $^{1-}$), lithium, [80233-76-7], 24:205; 30:189
Rhenate (ReO_3 $^{2-}$), dilithium, [80233-77-8], 24:203; 30:188
Rhenate (ReO_4 $^{1-}$), ammonium, (*T*-4)-, [13598-65-7], 8:171
———, hydrogen, (*T*-4)-, [13768-11-1], 9:145
———, (*T*-4)-, salt with 2-(5,6-dihydro-1,3-dithiolo[4,5-*b*][1,4]dithiin-2-ylidene)-5,6-dihydro-1,3-dithiolo [4,5-*b*][1,4]dithiin (1:2), [87825-70-5], 26:391
———, sodium, (*T*-4)-, [13472-33-8], 13:219
Rhenium, acetyl(1-aminoethylidene) tetracarbonyl-, (*OC*-6-32)-, [151120-12-6], 20:204
———, acetylpentacarbonyl-, (*OC*-6-21)-, [23319-44-0], 20:201; 28:201
———, [benzenaminato(2-)]trichlorobis (triphenylphosphine)-, (*OC*-6-31)-, [62192-31-8], 24:196
———, (2,2'-bipyridine-*N*,*N*')tricarbonyl-fluoro-, (*OC*-6-33)-, [89087-44-5], 26:82
———, (2,2'-bipyridine-*N*,*N*')tricarbonyl (phosphorodifluoridato-*O*)-, (*OC*-6-33)-, [76501-25-2], 26:83
———, bis[benzenaminato(2-)]di-μ-chloro-hexachlorodi-, [104493-76-7], 24:195
———, bromopentacarbonyl-, (*OC*-6-22)-, [14220-21-4], 23:44; 28:162
———, (η^5-2,4-cyclopentadien-1-yl) formylnitrosyl(triphenylphosphine)-, [70083-74-8], 29:222
———, (η^5-2,4-cyclopentadien-1-yl) (methoxycarbonyl)nitrosyl(triphenyl-phosphine)-, [82293-79-6], 29:216
———, (η^5-2,4-cyclopentadien-1-yl) methylnitrosyl(triphenylphosphine)-, stereoisomer, [82336-24-1], 29:220
———, (η^5-2,4-cyclopentadien-1-yl) [[[1-(1-naphthalenyl)ethyl]amino] carbonyl]nitrosyl(triphenylphosphine)-, stereoisomer, [82372-77-8], 29:217
———, dibromoethoxyoxobis (triphenylphosphine)-, [18703-08-7], 9:145,147
———, dibromotetrakis[μ-(4-bromo-benzoato-*O*:*O*')]di-, (*Re*-*Re*), [33540-87-3], 13:86
———, dibromotetrakis[μ-(4-chloro-benzoato-*O*:*O*')]di-, (*Re*-*Re*), [33540-85-1], 13:86
———, dibromotetrakis[μ-(4-methoxy-benzoato-O^1:$O^{1'}$)]di-, (*Re*-*Re*), [33700-35-5], 13:86
———, dichloroethoxyoxobis (triphenylphosphine)-, [17442-19-2], 9:145,147
———, dichloronitridobis (triphenylphosphine)-, [25685-08-9], 29:146
———, dichlorotetrakis[μ-(4-chloro-benzoato-*O*:*O*')]di-, (*Re*-*Re*), [33700-36-6], 13:86
———, dichlorotetrakis[μ-(4-methoxy-benzoato-O^1:$O^{1'}$)]di-, (*Re*-*Re*), [33540-83-9], 13:86
———, dichlorotetrakis[μ-(3-methyl-benzoato-*O*:*O*')]di-, (*Re*-*Re*), [15727-37-4], 13:86
———, dichlorotetrakis[μ-(4-methyl-benzoato-O^1:$O^{1'}$)]di-, (*Re*-*Re*), [15663-73-7], 13:86
———, dichlorotetrakis[μ-(2,4,6-trimethylbenzoato-*O*:*O*')]di-, (*Re*-*Re*), [33540-81-7], 13:86
———, dodecacarbonyltetra-μ_3-fluoro-tetra-, tetrahydrate, [130006-12-1], 26:82
———, dodecacarbonyltetrahydrotetra-, [11064-22-5], 18:60

———, dodecacarbonyltri-μ-hydrotri-, *triangulo*, [73463-62-4], 17:66
Rhenium, ethoxydiiodooxobis(triphenylphosphine)-, [12103-81-0], 29:148
———, (*OC*-6-12)-, [86421-28-5], 27:15
Rhenium, iododioxobis(triphenylphosphine)-, [23032-93-1], 29:149
———, octacarbonyldi-μ-chlorodi-, [15189-52-3], 16:35
———, octadecacarbonylbis[μ_3-(carboxylato-(*C*:*O*:*O'*)]tetra-, [101065-12-7], 28:20
———, pentacarbonylchloro-, (*OC*-6-22)-, [14099-01-5], 23:42,43; 28:161
———, pentacarbonylhydro-, (*OC*-6-21)-, [16457-30-0], 26:77; 28:165
———, pentacarbonyliodo-, (*OC*-6-22)-, [13821-00-6], 23:44; 28:163
———, pentacarbonylmethyl-, (*OC*-6-21)-, [14524-92-6], 26:107; 28:16
———, pentacarbonyl[tetrafluoroborato (1-)-*F*]-, (*OC*-6-22)-, [78670-75-4], 26:108; 28:15,17
———, pentacarbonyltri-μ-chloronitrosyldi-, [37402-69-0], 16:36
———, pentacarbonyl(trifluoromethanesulfonato-*O*)-, (*OC*-6-22)-, [96412-34-9], 26:115
———, tetracarbonyldi-μ-chlorodichlorodinitrosyldi-, [25360-92-3], 16:37
———, tetra-μ-hydrotetrahydrotetrakis (triphenylphosphine)di-, (*Re-Re*), [66984-37-0], 27:16
———, tetrakis[μ-(acetato-*O*:*O'*)] dibromodi-, [15628-95-2], 13:85
———, tetrakis(acetato-*O*)dichlorodi-, (*Re-Re*), [33612-87-2], 20:46
———, tetrakis[μ-(acetato-*O*:*O'*)] dichlorodi-, (*Re-Re*), [14126-96-6], 13:85
———, tetrakis[μ-(4-aminobenzoato-*O*:*O'*)]dichlorodi-, (*Re-Re*), [33540-84-0], 13:86
———, tetrakis[μ-(benzoato-*O*:*O'*)] dibromodi-, (*Re-Re*), [15654-35-0], 13:86
———, tetrakis[μ-(benzoato-*O*:*O'*)]dichlorodi-, (*Re-Re*), [15654-34-9], 13:86
———, tetrakis[μ-(4-bromobenzoato-*O*:*O'*)]dichlorodi-, (*Re-Re*), [33540-86-2], 13:86
———, tri-μ-bromohexabromotri-, *triangulo*, [33517-16-7], 10:58; 20:47
———, tribromooxobis(triphenylphosphine)-, [18703-07-6], 9:145,146
———, tricarbonyl(η^5-2,4-cyclopentadien-1-yl)-, [12079-73-1], 29:211
———, tri-μ-chlorohexachlorotri-, *triangulo*, [14973-59-2], 12:193; 20:44,47
———, trichlorooxobis(triphenylphosphine)-, [17442-18-1], 9:145; 17:110
———, trichlorotris(dimethylphenylphosphine)-, [15613-32-8], 17:111
———, tri-μ-iodohexaiodotri-, *triangulo*, [52587-94-7], 20:47
———, trioxo(trimethylsilanolato)-, (*T*-4)-, [16687-12-0], 9:149
———, tris(dimethylphenylphosphine) pentahydro-, (*DD*-8-21122212)-, [65816-70-8], 17:64
———, tris[1,2-diphenyl-1,2-ethenedithiolato(2-)-*S*,*S'*]-, (*TP*-6-111)-, [14264-08-5], 10:9
Rhenium(1+), bis(1,2-ethanediamine-*N*,*N'*) dioxo-, chloride, [14587-92-9], 8:173
———, (*OC*-6-12)-, (*OC*-6-11)-hexachloroplatinate(2-) (2:1), [148832-28-4], 8:176
———, iodide, [92272-01-0], 8:176
———, (*OC*-6-12)-, perchlorate, [148832-34-2], 8:176
Rhenium(1+), carbonyl(η^5-2,4-cyclopentadien-1-yl)nitrosyl(triphenylphosphine)-, stereoisomer, tetrafluoroborate(1-), [82336-21-8], 29:219
———, tetrafluoroborate(1-), [70083-73-7], 29:214
Rhenium(1+), dicarbonyl(η^5-2,4-cyclopentadien-1-yl)nitrosyl-, tetrafluoroborate(1-), [31960-40-4], 29:213

Rhenium(1+) *(Continued)*
———, di-μ-hydrotetrahydrotetrakis (triphenylphosphine)bis[(triphenylphosphine)gold]di-, (4*Au-Re*)(*Re-Re*), tetraphenylborate(1-), [107712-44-7], 29:291
———, dioxobis(1,2-propanediamine-*N,N'*)-, chloride, [67709-52-8], 8:176
———, dioxobis(1,3-propanediamine-*N,N'*)-, chloride, (*OC*-6-12)-, [93192-00-8], 8:176
Rhenium(1+), dioxotetrakis(pyridine)-, chloride, (*OC*-6-12)-, [31429-86-4], 21:116
———, (*OC*-6-12)-, perchlorate, [83311-31-3], 21:117
Rhenium(1+), pentacarbonyl(η^2-ethene)-, tetrafluoroborate(1-), [78670-77-6], 26:110; 28:19
———, tetra-μ-hydro[tetrakis(triphenylphosphine)tetragold]bis[tris(4-methylphenyl)phosphine]-, (4*Au-Au*)(4*Au-Re*), hexafluorophosphate(1-), [107712-41-4], 29:292
Rhenium(2+), bis(1,2-ethanediamine-*N,N'*) hydroxyoxo-, diperchlorate, [19267-68-6], 8:174
———, hydroxyoxobis(1,2-propanediamine-*N,N'*)-, diperchlorate, [93063-22-0], 8:176
———, hydroxyoxobis(1,3-propanediamine-*N,N'*)-, (*OC*-6-23)-, diperchlorate, [148832-33-1], 8:76
Rhenium(2+), μ-oxotrioxo(pentaamminecobalt)-, bis[(*T*-4)-tetraoxorhenate (1-)], [31031-09-1], 12:215
———, dichloride, [31237-66-8], 12:216
———, dinitrate, monohydrate, [150384-23-9], 12:216
———, diperchlorate, [31085-10-6], 12:216
Rhenium(2+), tetra-μ-hydro[pentakis (triphenylphosphine)pentagold]bis (triphenylphosphine)-, (6*Au-Au*) (5*Au-Re*), bis[hexafluorophosphate (1-)], [99595-13-8], 29:288
———, tetra-μ-hydro[pentakis (triphenylphosphine)pentagold]bis [tris(4-methylphenyl)phosphine]-, (6*Au-Au*)(5*Au-Re*), bis[hexafluorophosphate(1-)], [107742-34-7], 29:289
———, tetrakis[μ-(acetato-*O*:*O'*)]di-, (*Re-Re*), [66943-63-3], 13:90
Rhenium(3+), bis(1,2-ethanediamine-*N,N'*)dihydroxy-, (*OC*-6-11)-hexachloroplatinate(2-) (2:3), [12074-83-8], 8:175
———, trichloride, [18793-71-0], 8:176
Rhenium(3+), dihydroxybis(1,2-propanediamine-*N,N'*)-, (*OC*-6-11)-hexachloroplatinate(2-) (2:3), [148832-31-9], 8:176
———, dihydroxybis(1,3-propanediamine-*N,N'*)-, (*OC*-6-12)-, (*OC*-6-11)-hexachloroplatinate(2-) (2:3), [148832-29-5], 8:176
Rhenium chloride ($ReCl_3$), [13569-63-6], 1:182
Rhenium chloride ($ReCl_5$), [13596-35-5], 1:180; 7:167; 12:193; 20:41
Rhenium fluoride (ReF_5), [30937-52-1], 19:137,138,139
Rhenium iodide (ReI_3), [15622-42-1], 7:185
Rhenium iodide (ReI_4), [59301-47-2], 7:188
Rhenium oxide (ReO_2), [12036-09-8], 13:142; 30:102,105
Rhenium oxide (ReO_3), [1314-28-9], 3:186
Rhenium oxide (Re_2O_7), [1314-68-7], 3:188; 9:149
Rhenium silver oxide ($ReAgO_4$), [7784-00-1], 9:150
Rhenium sulfide (Re_2S_7), [12038-67-4], 1:177
Rhodate(1-), [1,2-benzenedicarboxylato (2-)-*O*]carbonylbis(tricyclohexylphosphine)-, hydrogen, (*SP*-4-1)-, [112836-48-3], 27:291
Rhodate(2-), aquapentachloro-, (*OC*-6-21)-, [15276-84-3], 8:220,222

———, (*OC*-6-21)-, dihydrogen, compd. with pyridine (1:2), [148832-35-3], 10:65
———, dipotassium, (*OC*-6-21)-, [15306-82-8], 7:215
Rhodate(2-), bis[2,3-dimercapto-2-butenedinitrilato(2-)-*S,S'*]-, (*SP*-4-1)-, [46761-36-8], 10:9
———, di-μ-carbonylocta-μ_3-carbonyleicosacarbonyldodeca-, (25*Rh-Rh*), disodium, [12576-08-8], 20:215
———, nona-μ-carbonylhexacarbonyl-μ_6-methanetetraylhexa-, (9*Rh-Rh*), dipotassium, [53468-95-4], 20:212
Rhodate(3-), hexachloro-, trihydrogen, (*OC*-6-11)-, [16970-54-0], 8:220
———, tripotassium, (*OC*-6-11)-, [13845-07-3], 8:217,222
———, tripotassium, monohydrate, (*OC*-6-11)-, [15077-95-9], 8:217,222
———, trisodium, (*OC*-6-11)-, [14972-70-4], 8:217
Rhodate(3-), tris(pentathio)-, triammonium, (*OC*-6-11)-, [33897-08-4], 21:15
Rhodium, (acetato-*O*)carbonylbis[tris(1-methylethyl)phosphine]-, (*SP*-4-1)-, [112761-20-3], 27:292
———, (acetato-*O*)tris(triphenylphosphine)-, (*SP*-4-2)-, [34731-03-8], 17:129
———, (acetonitrile)chlorobis(triphenylphosphine)-, [70765-24-1], 10:69
———, (benzoato-*O*)carbonylbis(tricyclohexylphosphine)-, (*SP*-4-1)-, [112837-60-2], 27:292
———, bis(acetato-*O*)nitrosylbis(triphenylphosphine)-, [50661-88-6], 17:129
———, bis[bis(1,1-dimethylethyl)phosphine][μ-[bis(1,1-dimethylethyl)phosphino]]dicarbonyl-μ-hydrodi-, (*Rh-Rh*), stereoisomer, [106070-74-0], 25:171
———, bis[(1,2,5,6-η)-1,5-cyclooctadiene]di-μ-hydroxydi-, [73468-85-6], 23:129
———, bis[(1,2,5,6-η)-1,5-cyclooctadiene]di-μ-methoxydi-, [12148-72-0], 23:127
———, bis[[(2,2-dimethyl-1,3-dioxolane-4,5-diyl)bis(methylene)]bis[diphenylphosphine]-*P,P'*]hydro-, [*TB*-5-12-(4*S-trans*),(4*S-trans*)]-, [65573-60-6], 17:81
———, [μ-[bis(1,1-dimethylethyl)phosphino]]-μ-chlorobis[(1,2,5,6-η)-1,5-cyclooctadiene]di-, [104114-33-2], 25:172
———, bis[μ-[(1,1-dimethylethyl)phosphino]]tetrakis(trimethylphosphine)di-, (*Rh-Rh*), stereoisomer, [87040-41-3], 25:174
———, bis(η^2-ethene)(2,4-pentanedionato-*O,O'*)-, [12082-47-2], 15:16
———, bis[μ-(2-methyl-2-propanethiolato)]tetrakis(trimethyl phosphite-*P*)di-, [71269-63-1], 23:123
———, bromobis(triphenylphosphine)-, [148832-24-0], 10:70
———, [(1,2,3,4,5-η)-1-bromo-2,3,4,5-tetraphenyl-2,4-cyclopentadien-1-yl][(1,2,5,6-η)-1,5-cyclooctadiene]-, [52394-65-7], 20:192
———, 1,4-butanediyl[(1,2,3,4,5-η)-1,2,3,4,5-pentamethyl-2,4-cyclopentadien-1-yl](triphenylphosphine)-, [63162-06-1], 22:173
———, [carbonodithioato(2-)-*S,S'*]chloro[[2-[(diphenylphosphino)methyl]-2-methyl-1,3-propanediyl]bis[diphenylphosphine]-*P,P',P''*]-, (*OC*-6-33)-, [100044-11-9], 27:289
———, (carbonothioyl)chlorobis(triphenylphosphine)-, (*SP*-4-3)-, [59349-68-7], 19:204
Rhodium, carbonylchlorobis(triphenylarsine)-, [14877-90-8], 8:214
———, (*SP*-4-1)-, [16970-35-7], 11:100

Rhodium, carbonylchlorobis(triphenylphosphine)-, [13938-94-8], 8:214; 10:69; 15:65,71
———, (*SP*-4-3)-, [15318-33-9], 11:99; 28:79
———, carbonyl[(cyano-*C*)trihydroborato (1-)-*N*]bis(triphenylphosphine)-, (*SP*-4-1)-, [36606-39-0], 15:72
———, carbonyl(3-fluorobenzoato-*O*) bis(triphenylphosphine)-, [103948-62-5], 27:292
———, carbonylfluorobis(triphenylphosphine)-, [58167-05-8], 15:65
———, carbonylhydrotris(triphenylphosphine)-, (*TB*-5-23)-, [17185-29-4], 15:59; 28:82
———, carbonyliodobis(tricyclohexylphosphine)-, (*SP*-4-3)-, [59092-46-5], 27:292
———, carbonyl(4-methylbenzenesulfonato-*O*)bis(tricyclohexylphosphine)-, (*SP*-4-1)-, [112837-62-4], 27:292
———, carbonyl(methyl 3-oxobutanoato-O^3)bis[tris(1-methylethyl)phosphine]-, (*SP*-4-1)-, [112784-15-3], 27:292
———, carbonyl(perchlorato-*O*)bis (triphenylphosphine)-, (*SP*-4-1)-, [32354-26-0], 15:71
———, carbonylphenoxybis[tris(1-methylethyl)phosphine]-, [113472-84-7], 27:292
———, carbonyl(4-pyridinecarboxylato-N^1)bis[tris(1-methylethyl)phosphine]-, (*SP*-4-1)-, [112784-16-4], 27:292
———, (carboxylato)chlorobis[1,2-phenylenebis[dimethylarsine]-*As,As*']-, (*OC*-6-11)-, [83853-75-2], 21:101
———, chlorobis[(1,2-η)-cyclooctene]-, [74850-79-6], 28:90
———, chlorobis(triphenylphosphine)-, [68932-69-4], 10:68
———, chlorodihydrobis(triphenylphosphine)-, [12119-41-4], 10:69
———, chlorodihydro(pyridine) bis(triphenylphosphine)-, (*OC*-6-42)-, [12120-40-0], 10:69
———, chloro(dioxygen)bis(triphenylphosphine)-, [59561-97-6], 10:69
———, chloro[[2-[(diphenylphosphino) methyl]-2-methyl-1,3-propanediyl]bis [diphenylphosphine]-*P,P',P''*][(triethylphosphoranylidene)methanedithiolato(2-)-*S*]-, [100044-10-8], 27:288
———, chloro[sulfinylbis[methane]-*S*]bis (triphenylphosphine)-, (*SP*-4-2)-, [29826-67-3], 10:69
———, [(1,2,3,4,5-η)-1-chloro-2,3,4,5-tetraphenyl-2,4-cyclopentadien-1-yl][(1,2,5,6-η)-1,5-cyclooctadiene]-, [52410-07-8], 20:191
———, chloro(tetraphosphorus-*P,P'*) bis(triphenylphosphine)-, (*TB*-5-33)-, [34390-31-3], 27:222
———, chlorotris(triphenylphosphine)-, (*SP*-4-2)-, [14694-95-2], 28:77
———, [(1,2,5,6-η)-1,5-cyclooctadiene](η^5-1,2,3,4,5-pentachloro-2,4-cyclopentadien-1-yl)-, [56282-20-3], 20:194
———, (η^5-2,4-cyclopentadien-1-yl)bis (trimethylphosphine)-, [69178-15-0], 25:159; 28:280
———, (η^5-2,4-cyclopentadien-1-yl)bis (trimethyl phosphite-*P*)-, [12176-46-4], 25:163; 28:284
———, dicarbonylbis[μ-(2-methyl-2-propanethiolato)]bis(trimethyl phosphite-*P*)di-, [71301-64-9], 23:124
———, dicarbonyl[(1,2,3,4,5-η)-1-chloro-2,3,4,5-tetraphenyl-2,4-cyclopentadien-1-yl]-, [52394-68-0], 20:192
———, di-μ-chlorobis[(1,2,5,6-η)-1,5-cyclooctadiene]di-, [12092-47-6], 19:218; 28:88
———, di-μ-chlorobis[(1,2,5,6-η)-1,5-hexadiene]di-, [32965-49-4], 19:219
———, di-μ-chlorodichlorobis[(1,2,3,4,5-η)-1,2,3,4,5-pentamethyl-2,4-

cyclopentadien-1-yl]di-, [12354-85-7], 29:229
———, dichloronitrosylbis(triphenylphosphine)-, [20097-11-4], 15:60
———, di-μ-chlorotetrakis[(1,2-η)-cyclooctene]di-, [12279-09-3], 14:93
———, di-μ-chlorotetrakis[(2,3-η)-2,3-dimethyl-2-butene]di-, [69997-66-6], 19:219
———, di-μ-chlorotetrakis(η^2-ethene)di-, [12081-16-2], 15:14; 28:86
———, di-μ-chlorotetrakis(triphenylphosphine)di-, [14653-50-0], 10:69
———, hydrotetrakis(triphenylphosphine)-, [18284-36-1], 15:58; 28:81
———, hydrotetrakis(triphenyl phosphite-*P*)-, [24651-65-8], 13:109
———, nitrosyltris(triphenylphosphine)-, (*T*-4)-, [21558-94-1], 15:61; 16:33
———, tetracarbonyldi-μ-chlorodi-, [14523-22-9], 8:211; 15:14; 28:84
———, tetra-μ_3-carbonyldodecacarbonylhexa-, *octahedro*, [28407-51-4], 16:49
———, tri-μ-carbonylnonacarbonyltetra-, *tetrahedro*, [19584-30-6], 17:115; 20:209; 28:242
———, trichlorotris(pyridine)-, (OC-6-21)-, [14267-66-4], 10:65
Rhodium(1+), bis(1,2-ethanediamine-*N,N'*) bis(nitrito-*N*)-, (*OC*-6-22)-, nitrate, [63088-83-5], 20:59
———, bis(1,2-ethanediamine-*N,N'*)bis (trifluoromethanesulfonato-*O*)-, (*OC*-6-22)-, salt with trifluoromethanesulfonic acid (1:1), [90065-93-3], 24:285
———, bis(1,2-ethanediamine-*N,N'*) [ethanedioato(2-)-*O,O'*]-, (*OC*-6-22)-, perchlorate, [52729-89-2], 20:58; 24:227
———, bis[1,2-phenylenebis[dimethylarsine]-*As,As'*]-, chloride, (*SP*-4-1)-, [38337-86-9], 21:101
———, [carbonodithioato(2-)-*S,S'*][[2-[(diphenylphosphino)methyl]-2-methyl-1,3-propanediyl]bis[diphenylphosphine]-*P,P',P''*]-, (*SP*-5-22)-, tetraphenylborate(1-), [99955-64-3], 27:287
———, chlorobis(1,2-ethanediamine-*N,N'*)(trifluoromethanesulfonato-*O*)-, (*OC*-6-23)-, salt with trifluoromethanesulfonic acid (1:1), [90065-97-7], 24:285
———, dibromobis(1,2-ethanediamine-*N,N'*)-, bromide, (*OC*-6-22)-, [65761-17-3], 20:60
———, dibromotetrakis(pyridine)-, bromide, (*OC*-6-12)-, [14267-74-4], 10:66
Rhodium(1+), dichlorobis(1,2-ethanediamine-*N,N'*)-, chloride, (*OC*-6-12)-, [15444-63-0], 7:218
———, chloride, (*OC*-6-22)-, [15444-62-9], 7:218; 20:60
———, chloride, monohydrate, (*OC*-6-22)-, [30793-03-4], 24:283
———, (*OC*-6-22)-, chloride perchlorate (2:1:1), [103937-70-8], 24:229
———, (*OC*-6-12)-, (hydrogen dichloride), dihydrate, [91230-96-5], 24:283
———, (*OC*-6-12)-, nitrate, [15529-88-1], 7:217
———, (*OC*-6-22)-, nitrate, [39561-32-5], 7:217
Rhodium(1+), dichlorotetrakis(pyridine)-, chloride, (*OC*-6-12)-, [14077-30-6], 10:64
———, chloride, monohydrate, (*OC*-6-12)-, [150124-36-0], 10:64
———, chloride, pentahydrate, (*OC*-6-12)-, [19538-05-7], 10:64
———, (*OC*-6-12)-, nitrate, [22933-85-3], 10:66
———, (*OC*-6-12)-, perchlorate, [22933-86-4], 10:66
Rhodium(1+), pentaammine[carbonato (2-)-*O*]-, (*OC*-6-22)-, perchlorate, monohydrate, [151120-26-2], 17:152

Rhodium(1+) *(Continued)*
———, pentakis(trimethyl phosphite-*P*)-, tetraphenylborate(1-), [33336-87-7], 20:78
Rhodium(1+), tetraamminedichloro-, chloride, (*OC*-6-12)-, [37488-14-5], 7:216
———, chloride, (*OC*-6-22)-, [71382-19-9], 24:223
Rhodium(1+), tetrakis(1-isocyanobutane)-, (*SP*-4-1)-, tetraphenylborate(1-), [61160-72-3], 21:50
Rhodium(2+), aquabis(1,2-ethanediamine-*N,N'*)hydroxy-, (*OC*-6-33)-, dithionate (1:1), [72902-01-3], 24:230
———, pentaamminechloro-, dichloride, (*OC*-6-22)-, [13820-95-6], 7:216; 13:213; 24:222
———, pentaamminehydro-, (*OC*-6-21)-, sulfate (1:1), [19440-32-5], 13:214
———, pentaammine(trifluoromethanesulfonato-*O*)-, (*OC*-6-22)-, salt with trifluoromethanesulfonic acid (1:2), [84254-57-9], 24:253
———, pentakis(methanamine)(trifluoromethanesulfonato-*O*)-, (*OC*-6-22)-, salt with trifluoromethanesulfonic acid (1:2), [90065-89-7], 24:281
———, tetraammineaquahydroxy-, (*OC*-6-33)-, dithionate (1:1), [72902-00-2], 24:225
———, tetrakis(1-isocyanobutane)bis[μ-[methylenebis[diphenylphosphine]-*P*:*P'*]]di-, bis[tetraphenylborate(1-)], [61160-70-1], 21:49
———, tris(acetonitrile)[(1,2,3,4,5-η)-1,2,3,4,5-pentamethyl-2,4-cyclopentadien-1-yl]-, bis[hexafluorophosphate (1-)], [59738-28-2], 29:231
Rhodium(3+), hexaammine-, (*OC*-6-11)-, salt with trifluoromethanesulfonic acid (1:3), [90084-45-0], 24:255
———, (*OC*-6-11)-, triperchlorate, [60245-92-3], 24:255
Rhodium(3+), pentaammineaqua-, (*OC*-6-22)-, triperchlorate, [15611-81-1], 24:254
Rhodium(3+), tris(1,2-ethanediamine-*N,N'*)-, (*OC*-6-11-Λ)-, lithium salt with [*R*-(*R**,*R**)]-2,3-dihydroxybutanedioic acid (1:1:2), trihydrate, [151208-25-2], 12:272
———, trichloride, (*OC*-6-11)-, [14023-02-0], 12:269,272
———, trichloride, (*OC*-6-11-Δ)-, [30983-68-7], 12:276-279
———, trichloride, (*OC*-6-11-Λ)-, [31125-87-8], 12:269,272
———, trichloride, trihydrate, (*OC*-6-11)-, [15004-86-1], 12:276-279
Rhodium(4+), decakis(acetonitrile)di-, (*Rh-Rh*), tetrakis[tetrafluoroborate (1-)], [117686-94-9], 29:182
———, octaamminedi-μ-hydroxydi-, tetrabromide, [72902-02-4], 24:226
———, tetrakis(1,2-ethanediamine-*N,N'*) di-μ-hydroxydi-, tetrabromide, stereoisomer, [72938-03-5], 24:231
Rhodium chloride ($RhCl_3$), trihydrate, [13569-65-8], 7:214
Rhodium hydroxide ($Rh(OH)_3$), monohydrate, [150124-33-7], 7:215
Rhodium oxide (Rh_2O_3), pentahydrate, [39373-27-8], 7:215
Rubidium azide ($Rb(N_3)$), [22756-36-1], 1:79
Ruthenate(2-), μ-carbonyltridecacarbonyl-μ_5-methanetetraylpenta-, (8*Ru-Ru*), disodium, [130449-52-4], 26:284
Ruthenate(4-), decachloro-μ-oxodi-, tetrapotassium, monohydrate, [18786-01-1], 11:70
Ruthenium, (acetato-*O,O'*)carbonylchlorobis(triphenylphosphine)-, [50661-66-0], 17:126
———, (acetato-*O,O'*)carbonylhydrobis (triphenylphosphine)-, (*OC*-6-14)-, [50661-73-9], 17:126
———, (acetato-*O,O'*)hydrotris(triphenylphosphine)-, (*OC*-6-21)-, [25087-75-6], 17:79
———, [(acetonitrile)copper]tricarbonyl (tri-μ-carbonylhexacarbonyltricobalt)-,

(3*Co-Co*)(3*Co-Cu*)(3*Co-Ru*), [90636-15-0], 26:359
———, μ-aquabis[(2,3,5,6-η)-bicyclo [2.2.1]hepta-2,5-diene]bis[μ-(trichloroacetato-*O*:*O*')]bis(trichloroacetato-*O*)di-, [105848-78-0], 26:256
———, μ-aquabis[μ-(chloroacetato-*O*:*O*')]bis(chloroacetato-*O*)bis [(1,2,5,6-η)-1,5-cyclooctadiene]di-, stereoisomer, [93582-33-3], 26:256
———, μ-aquabis[(1,2,5,6-η)-1,5-cyclooctadiene]bis[μ-(trifluoroacetato-*O*:*O*')]bis(trifluoroacetato-*O*)di-, stereoisomer, [93582-31-1], 26:254
———, (η^6-benzene)[(1,2,3,4-η)-1,3-cyclohexadiene]-, [12215-07-5], 22:177
———, [(2,3,5,6-η)-bicyclo[2.2.1]hepta-2,5-diene]bis(η^3-2-propenyl)-, [12289-15-5], 26:251
———, [(2,3,5,6-η)-bicyclo[2.2.1]hepta-2,5-diene]dichloro-, [48107-17-1], 26:250
———, (2,2'-bipyridine-*N,N*')dicarbonyl-dichloro-, [53729-70-7], 25:108
———, bis(acetato-*O*)dicarbonylbis (triphenylphosphine)-, [65914-73-0], 17:126
———, bis(acetonitrile)dichloro[(1,2,5,6-η)-1,5-cyclooctadiene]-, stereoisomer, [115226-43-2], 26:69
———, bis(benzonitrile)dibromo[(1,2,5,6-η)-1,5-cyclooctadiene]-, stereoisomer, [115203-17-3], 26:71
———, bis(benzonitrile)dichloro[(1,2,5,6-η)-1,5-cyclooctadiene]-, stereoisomer, [115203-16-2], 26:70
———, bis(benzo[*h*]quinolin-10-yl-C^{10},N^1)dicarbonyl-, (*OC*-6-22)-, [88494-52-4], 26:177
———, bis(2,2'-bipyridine-*N,N*')dichloro-, dihydrate, (*OC*-6-22)-, [152227-36-6], 24:292
———, bis[(1,2,3,4,5-η)-2,4-cycloheptadien-1-yl]-, [54873-26-6], 22:179
———, bis(η^2-ethene)[(1,2,3,4,5,6-η)-hexamethylbenzene]-, [67420-77-3], 21:76
———, (bromomercury)nonacarbonyl[μ_3-[(1-η:1,2-η:1,2-η)-3,3-dimethyl-1-butynyl]]tri-, (2*Hg-Ru*)(3*Ru-Ru*), [74870-34-1], 26:332
———, [μ_3-(bromomethylidyne)] nonacarbonyltri-μ-hydrotri-, *triangulo*, [73746-95-9], 27:201
———, (carbonothioyl)tri-μ-chloro-chlorotetrakis(triphenylphosphine)di-, compd. with 2-propanone (1:1), [83242-24-4], 21:29
———, μ-carbonylcarbonylbis(η^5-2,4-cyclopentadien-1-yl)[μ-[(1-η:1,2,3-η)-3-oxo-1,2-diphenyl-2-propenylidene]] di-, (*Ru-Ru*), [75812-29-2], 25:181
———, carbonylchlorohydrotris (triphenylphosphine)-, [16971-33-8], 15:48
Ruthenium, μ-carbonyldicarbonylbis(η^5-2,4-cyclopentadien-1-yl)-μ-ethenylidenedi-, (*Ru-Ru*), stereoisomer, [75952-49-7], 25:183
———, (*Ru-Ru*), stereoisomer, [89460-54-8], 25:183
Ruthenium, μ-carbonyldicarbonylbis(η^5-2,4-cyclopentadien-1-yl)-μ-ethylidenedi-, (*Ru-Ru*), stereoisomer, [75811-61-9], 25:185
———, (*Ru-Ru*), stereoisomer, [75829-78-6], 25:185
Ruthenium, μ-carbonyldicarbonylbis(η^5-2,4-cyclopentadien-1-yl)-μ-methyl-enedi-, (*Ru-Ru*), [86993-13-7], 25:182
———, carbonyldihydrotris(triphenyl-phosphine)-, (*OC*-6-31)-, [22337-78-6], 15:48
———, μ-carbonylhexadecacarbonyl-μ_6-methanetetraylhexa-, *octahedro*, [27475-39-4], 26:281
———, μ-carbonyltricarbonyl[μ_3-[(1-η:1,2-η:2-η)-1,2-dimethyl-1,2-ethene-diyl]](pentacarbonyldicobalt)-, (*Co-Co*)(2*Co-Ru*), [98419-59-1], 27:194

Ruthenium *(Continued)*
———, carbonyltri-μ-chlorochloro-tetrakis(triphenylphosphine)di-, compd. with 2-propanone (1:2), [83242-25-5], 21:30
———, carbonyl(trifluoroacetato-*O*)(trifluoroacetato-*O,O'*)bis(triphenylphosphine)-, [38596-61-1], 17:127
———, chloro(η^5-2,4-cyclopentadien-1-yl)bis(triphenylphosphine)-, [32993-05-8], 21:78; 28:270
———, chloro[(1,2,3,4,5,6-η)-hexamethylbenzene]hydro(triphenylphosphine)-, [75182-14-8], 26:181
———, chlorohydrotris(triphenylphosphine)-, (*TB*-5-13)-, [55102-19-7], 13:131
———, [(1,2,3,4-η)-1,3-cyclohexadiene][(1,2,3,4,5,6-η)-hexamethylbenzene]-, [67421-01-6], 21:77
———, [(1,2,5,6-η)-1,5-cyclooctadiene]bis(η3-2-propenyl)-, stereoisomer, [12289-52-0], 26:254
———, [(1,2,5,6-η)-1,5-cyclooctadiene][(1,2,3,4,5,6-η)-1,3,5-cyclooctatriene]-, [42516-72-3], 22:178
———, (η^5-2,4-cyclopentadien-1-yl)[2-[(diphenoxyphosphino)oxy]phenyl-*C,P*](triphenyl phosphite-*P*)-, [37668-63-6], 26:178
———, (η^5-2,4-cyclopentadien-1-yl)(2-phenylethyl)bis(triphenylphosphine)-, [93081-72-2], 21:82
———, decacarbonyl(dimethylphenylphosphine)(2-isocyano-2-methylpropane)tri-, *triangulo*, [84330-39-2], 26:275; 28:224
———, decacarbonyl(dimethylphenylphosphine)tetra-μ-hydro[tris(4-methylphenyl) phosphite-*P*]tetra-, *tetrahedro*, [86277-05-6], 26:278; 28:229
———, decacarbonyldi-μ-nitrosyltri-, (2*Ru-Ru*), [36583-24-1], 16:39
———, decacarbonyl-μ-hydro[μ-(methoxymethylidyne)]tri-, *triangulo*, [71737-42-3], 27:198
———, decacarbonyl[μ-[methylenebis[diphenylphosphine]-*P*:*P'*]]tri-, *triangulo*, [64364-79-0], 26:276; 28:225
———, di-μ-carbonylnonacarbonyl(carbonylcobalt)[tris(triphenylphosphine)trigold]tri-, (2*Au-Au*)(2*Au-Co*)(5*Au-Ru*)(3*Co-Ru*)(3*Ru-Ru*), [84699-82-1], 26:327
———, dichlorobis(1,2-ethanediamine-*N,N'*)-, (*OC*-6-12)-, hexafluorophosphate(1-), [146244-13-5], 29:164
Ruthenium, dichloro[(1,2,5,6-η)-1,5-cyclooctadiene]-, [50982-12-2], 26:253
———, homopolymer, [50982-13-3], 26:69
Ruthenium, di-μ-chlorodichlorobis[(1,2,3,4,5,6-η)-hexamethylbenzene]di-, [67421-02-7], 21:75
———, di-μ-chlorodichlorobis[(1,2,3,4,5,6-η)-1-methyl-4-(1-methylethyl)benzene]di-, [52462-29-0], 21:75
———, di-μ-chlorodichlorobis[(1,2,3,4,5-η)-1,2,3,4,5-pentamethyl-2,4-cyclopentadien-1-yl]di-, [82091-73-4], 29:225
———, dichlorotetrakis(triethyl phosphite-*P*)-, [53433-15-1], 15:40
———, dichlorotetrakis(triphenylphosphine)-, [15555-77-8], 12:237,238
———, dichlorotris(triphenylphosphine)-, [15529-49-4], 12:237,238
———, dihydrotetrakis(triethyl phosphite-*P*)-, [53495-34-4], 15:40
———, dihydrotetrakis(triphenylphosphine)-, [19529-00-1], 17:75; 28:337
———, di-μ-methoxybis[(1,2,3,4,5-η)-1,2,3,4,5-pentamethyl-2,4-

cyclopentadien-1-yl]di-, [120883-04-7], 29:225
———, (dinitrogen)dihydrotris (triphenylphosphine)-, [22337-84-4], 15:31
———, dinitrosylbis(triphenylphosphine)-, [30352-63-7], 15:52
———, [2-(diphenylphosphino)phenyl-*C,P*][(1,2,3,4,5,6-η)-hexamethylbenzene]hydro-, [75182-15-9], 36:182
———, docosacarbonyl[μ-[1,2-ethynediylbis[diphenylphosphine]-*P*:*P*′]]hexa-, (6*Ru-Ru*), [98240-95-0], 26:277; 28:226
———, dodecacarbonyltetra-μ-hydrotetra-, *tetrahedro*, [34438-91-0], 26:262; 28:219
———, dodecacarbonyltri-, *triangulo*, [15243-33-1], 13:92; 16:45,47; 26:259; 28:216
———, hexacarbonyldi-μ-chlorodichlorodi-, [22594-69-0], 16:51; 28:334
Ruthenium, hydronitrosyltris(triphenylphosphine)-, [33991-11-6], 17:73
———, (*TB*-5-23)-, [33153-14-9], 17:73
Ruthenium, nitrosyltris(trifluoroacetato-*O*)bis(triphenylphosphine)-, [38657-10-2], 17:127
———, nonacarbonyl[(η^5-2,4-cyclopentadien-1-yl)nickel]tri-μ-hydrotri-, (3*Ni-Ru*)(3*Ru-Ru*), [85191-96-4], 26:363
———, nonacarbonyl[μ_3-[(1-η:1,2-η:1,2-η)-3,3-dimethyl-1-butynyl]](iodomercury)tri-, (2*Hg-Ru*)(3*Ru-Ru*), [74870-35-2], 26:330
———, nonacarbonyl[μ-(diphenylphosphino)]-μ-hydrotri-, *triangulo*, [82055-65-0], 26:264
———, nonacarbonyltri-μ-hydro[μ_3-(methoxymethylidyne)]tri-, *triangulo*, [71562-47-5], 27:200
———, octadecacarbonylbis[μ_3-[(1-η:1,2-η:1,2-η)-3,3-dimethyl-1-butynyl]](mercury)hexa-, (4*Hg-Ru*)(6*Ru-Ru*), [84802-26-6], 26:333
———, pentadecacarbonyl-$\mu_4$methanetetraylpenta-, (8*Ru-Ru*), [51205-07-3], 26:283
———, pentakis(trimethyl phosphite-*P*)-, (*TB*-5-11)-, [61839-26-7], 20:80
———, tetracarbonylbis(η^5-2,4-cyclopentadien-1-yl)di-, (*Ru-Ru*), [12132-88-6], 25:180; 28:189
———, tetracarbonyl(μ-carbonylhexacarbonyldicobalt)-, (*Co-Co*)(2*Co-Ru*), [78456-89-0], 26:354
———, tetracarbonyl[(2,3-η)-methyl 2-propenoate]-, stereoisomer, [78319-35-4], 24:176; 28:47
———, tetrahydrotris(triphenylphosphine)-, [31275-06-6], 15:31
———, tricarbonylbis(triphenylphosphine)-, [14741-36-7], 15:50
———, tricarbonyl[(1,2,5,6-η)-1,5-cyclooctadiene]-, [32874-17-2], 16:105; 28:54
———, tricarbonyldichloro-, [61003-62-1], 16:51
———, tricarbonyl(hexacarbonyldicobalt)-μ_3-thioxo-, (*Co-Co*)(2*Co-Ru*), [86272-87-9], 26:352
———, tricarbonyl(tri-μ-carbonylhexacarbonyl-μ_3-hydrotricobalt)-, (3*Co-Co*)(3*Co-Ru*), [24013-40-9], 25:164
———, trichloronitrosylbis(triphenylphosphine)-, [15349-78-7], 15:51
———, trichloro(thionitrosyl)bis (triphenylarsine)-, [132077-60-2], 29:162
———, trichloro(thionitrosyl)bis (triphenylphosphine)-, (*OC*-6-31)-, [90580-82-8], 29:161
———, tridecacarbonyldihydroirontri-, [12375-24-5], 21:58
———, tris[1,2-diphenyl-1,2-ethenedithiolato(2-)-*S,S*′]-, (*OC*-6-11)-, [106545-69-1], 10:9
———, undecacarbonyl(dimethylphenylphosphine)tri-, *triangulo*, [38686-57-6], 26:273; 28:223

Ruthenium *(Continued)*
———, undecacarbonyltetra-μ-hydro[tris (4-methylphenyl) phosphite-*P*]tetra-, *tetrahedro*, [86292-13-9], 26:277; 28:227
Ruthenium(1+), azidobis(1,2-ethanediamine-*N,N'*)(dinitrogen)-, (*OC*-6-33)-, hexafluorophosphate(1-), [31088-36-5], 12:23
———, (2,2'-bipyridine-*N,N'*)chloro(2,2':6',2"-terpyridine-*N,N',N"*)-, chloride, hydrate (2:5), (*OC*-6-44)-, [153569-09-6], 24:300
———, (2,2'-bipyridine-*N,N'*)(2,2':6',2"-terpyridine-*N,N',N"*)(trifluoromethanesulfonato-*O*)-, (*OC*-6-44)-, salt with trifluoromethanesulfonic acid (1:1), [104475-04-9], 24:302
———, [*N,N'*-bis(2-aminoethyl)-1,3-propanediamine-*N,N',N",N'"*]dichloro-, [*OC* -6-15-(*R**,*S**)]-, hexafluorophosphate(1-), [152981-38-9], 29:165
———, bis(2,2'-bipyridine-*N,N'*)bis (trifluoromethanesulfonato-*O*)-, (*OC*-6-22)-, salt with trifluoromethanesulfonic acid (1:1), [104474-96-6], 24:295
———, bis(2,2'-bipyridine-*N,N'*)dichloro-, chloride, dihydrate, (*OC*-6-22)-, [98014-15-4], 24:293
———, μ-carbonyldicarbonylbis(η^5-2,4-cyclopentadien-1-yl)-μ-ethylidynedi-, (*Ru-Ru*), stereoisomer, tetrafluoroborate(1-), [75952-48-6], 25:184
———, carbonyldi-μ-hydrotris(triphenylphosphine)[(triphenylphosphine) gold]-, (*Au-Ru*), stereoisomer, hexafluorophosphate(1-), [116053-37-3], 29:281
———, chlorodinitrosylbis(triphenylphosphine)-, tetrafluoroborate(1-), [54890-53-8], 16:21
———, (η^5-2,4-cyclopentadien-1-yl) (phenylethenylidene)bis(triphenylphosphine)-, hexafluorophosphate(1-), [69134-34-5], 21:80
———, diazidobis(1,2-ethanediamine-*N,N'*)-, (*OC*-6-22)-(-)-, hexafluorophosphate(1-), [30649-47-9], 12:24
———, dichloro(1,4,8,11-tetraazacyclotetradecane-N^1,N^4,N^8,N^{11})-, chloride, dihydrate, (*OC*-6-12)-, [152981-39-0], 29:166
———, hydro[(η^6-phenyl)diphenylphosphine]bis(triphenylphosphine)-, tetrafluoroborate(1-), [41392-83-0], 17:77
———, nonacarbonyl[μ-[(1-η:1,2-η:1,2-η)-3,3-dimethyl-1-butynyl]]di-μ-hydrotri-, *triangulo*, [76861-93-3], 26:329
———, tetraamminedibromo-, bromide, (*OC*-6-22)-, [53024-85-4], 26:67
———, tetraamminedichloro-, chloride, (*OC*-6-22)-, [22327-28-2], 26:66
———, tri-μ-hydrotris(triphenylphosphine)bis[(triphenylphosphine) gold]-, (2*Au-Ru*), hexafluorophosphate (1-), [116053-35-1], 29:286
———, tris(acetonitrile)bromo[(1,2,5,6-η)-1,5-cyclooctadiene]-, stereoisomer, hexafluorophosphate(1-), [115203-19-5], 26:72
———, tris(acetonitrile)chloro[(1,2,5,6-η)-1,5-cyclooctadiene]-, hexafluorophosphate(1-), [54071-75-9], 26:71
Ruthenium(2+), (acetato-*O*)tetraamminenitrosyl-, diperchlorate, [60133-61-1], 16:14
———, (2,2'-bipyridine-*N,N'*)(2,2':6',2"-terpyridine-*N,N',N"*)(trifluoromethanesulfonato-*O*)-, (*OC*-6-44)-, salt with trifluoromethanesulfonic acid (1:2), [104475-01-6], 24:301
———, bis(2,2'-bipyridine-*N,N'*)(1,10-phenanthroline-N^1,N^{10})-, (*OC*-6-22)-, bis[hexafluorophosphate(1-)], [60828-38-8], 25:108
———, [(1,2,5,6-η)-1,5-cyclooctadiene] tetrakis(hydrazine-*N*)-, bis[tetraphenylborate(1-)], [37684-73-4], 26:73

Ruthenium(2+), [(1,2,5,6-η)-1,5-cyclo-octadiene]tetrakis(methylhydrazine-N^2)-, bis[hexafluorophosphate(1-)], [81923-54-8], 26:74
———, bis[tetraphenylborate(1-)], [128476-13-1], 26:74
Ruthenium(2+), hexaammine-, (*OC*-6-11)-, (*T*-4)-tetrachlorozincate(2-) (1:1), [25534-93-4], 13:210
———, dichloride, (*OC*-6-11)-, [15305-72-3], 13:208,209
Ruthenium(2+), pentaamminebromo-, dibromide, (*OC*-6-22)-, [16446-65-4], 12:4
———, pentaamminechloro-, dichloride, (*OC*-6-22)-, [18532-87-1], 12:3; 13:210; 24:255
Ruthenium(2+), pentaammine(dinitrogen)-, dibromide, (*OC*-6-22)-, [15246-25-0], 12:5
———, dichloride, (*OC*-6-22)-, [15392-92-4], 12:5
———, diiodide, (*OC*-6-22)-, [15651-39-5], 12:5
Ruthenium(2+), pentaammine(dinitrogen monooxide)-, dibromide, (*OC*-6-22)-, [60133-59-7], 16:75
———, dichloride, (*OC*-6-22)-, [60182-89-0], 16:75
———, diiodide, (*OC*-6-22)-, [60182-90-3], 16:75
Ruthenium(2+), pentaammine(dinitrogen)-, (*OC*-6-22)-, bis[hexafluorophosphate (1-)]-, [18532-86-0], 12:5
———, (*OC*-6-22)-, bis[tetrafluoroborate (1-)], [15283-53-1], 12:5
Ruthenium(2+), pentaammineiodo-, diiodide, (*OC*-6-22)-, [16455-58-6], 12:4
Ruthenium(2+), pentaammine(pyrazine-N^1)-, (*OC*-6-22)-, bis[tetrafluoroborate (1-)], [41481-91-8], 24:259
———, dichloride, (*OC*-6-22)-, [104626-96-2], 24:259
Ruthenium(2+), pentaammine(trifluoro-methanesulfonato-*O*)-, (*OC*-6-22)-, salt with trifluoromethanesulfonic acid (1:2), [84278-98-8], 24:258
———, tetraamminechloronitrosyl-, dichloride, [22615-60-7], 16:13
———, tetraammine(cyanato-*N*)nitrosyl-, diperchlorate, [60133-63-3], 16:15
———, tetrakis(acetonitrile)[(1,2,5,6-η)-1,5-cyclooctadiene]-, bis[hexafluoro-phosphate(1-)], [54071-76-0], 26:72
Ruthenium(2+), tris(2,2'-bipyridine-*N*,*N*')-, dichloride, hexahydrate, (*OC*-6-11)-, [50525-27-4], 21:127; 28:338
———, (*OC*-6-11)-, bis[hexafluoro-phosphate(1-)], [60804-74-2], 25:109
Ruthenium(2+), tris(1,2-ethanediamine-*N*,*N*')-, dichloride, (*OC*-6-11)-, [31894-75-4], 19:118
———, (*OC*-6-11)-, (*T*-4)-tetrachloro-zincate(2-) (1:1), [23726-39-8], 19:118
Ruthenium(3+), aqua(2,2'-bipyridine-*N*,*N*')(2,2':6',2''-terpyridine-*N*,*N*',*N*'')-, (*OC*-6-44)-, salt with trifluoro-methanesulfonic acid (1:3), trihydrate, [152981-34-5], 24:304
Ruthenium(3+), hexaammine-, tribromide, (*OC*-6-11)-, [16455-56-4], 13:211
———, triiodide, (*OC*-6-11)-, [16446-62-1], 12:7
———, (*OC*-6-11)-, tris[tetrafluoroborate (1-)], [16455-57-5], 12:7
Ruthenium(3+), tris(1,2-ethanediamine-*N*,*N*')-, trichloride, (*OC*-6-11)-, [70132-30-8], 19:119
Ruthenium(5+), decaammine[μ-(pyrazine-N^1:N^4)]di-, pentaiodide, [104626-97-3], 24:261
Ruthenium oxide (RuO_2), [12036-10-1], 13:137; 30:97
Ruthenium oxide (Ru_2O_3), [12060-06-9], 22:69
Ruthenocene, [1287-13-4], 22:180

Samarate(3-), tri-μ-bromohexabromodi-, tricesium, [73190-93-9], 30:79

Samarium, bis[(1,2,3,4,5-η)-1,2,3,4,5-pentamethyl-2,4-cyclopentadien-1-yl]bis(tetrahydrofuran)-, [79372-14-8], 28:297
———, (2,4-pentanedionato-*O*,*O*') [5,10,15,20-tetraphenyl-21*H*,23*H*-porphinato(2-)-N^{21},N^{22},N^{23},N^{24}]-, [61301-65-3], 22:160
———, tetrakis[(1,2,3,4,5-η)-1,3-bis (trimethylsilyl)-2,4-cyclopentadien-1-yl]di-μ-chlorodi-, [81523-76-4], 27:171
———, (2,2,6,6-tetramethyl-3,5-heptanedionato-*O*,*O*')[5,10,15,20-tetraphenyl-21*H*,23*H*-porphinato(2-)-N^{21},N^{22},N^{23},N^{24}]-, [89769-00-6], 22:160
———, trichlorobis(tetrahydrofuran)-, [97785-15-4], 27:140; 28:290
———, tris(η^5-2,4-cyclopentadien-1-yl)(tetrahydrofuran)-, [84270-64-4], 28:294
———, tris(nitrato-*O*,*O*')(1,4,7,10,13-pentaoxacyclopentadecane-O^1,O^4,O^7,O^{10},O^{13})-, [67216-28-8], 23:151
———, tris(nitrato-*O*,*O*')(1,4,7,10-tetraoxacyclododecane-O^1,O^4,O^7,O^{10})-, [73297-42-4], 23:151
———, tris(2,2,6,6-tetramethyl-3,5-heptanedionato-*O*,*O*')-, (*OC*-6-11)-, [15492-50-9], 11:96
Samarium(1+), (1,4,7,10,13,16-hexaoxacyclooctadecane-O^1,O^4,O^7,O^{10},O^{13},O^{16})bis(nitrato-*O*,*O*')-, hexakis(nitrato-*O*,*O*')samarate(3-) (3:1), [75845-24-8], 23:155
Samarium(3+), hexakis(*P*,*P*-diphenylphosphinic amide-*O*)-, (*OC*-6-11)-, tris[hexafluorophosphate(1-)], [59449-54-6], 23:180
Samarium chloride ($SmCl_3$), [10361-82-7], 22:39
Samarium sulfide (Sm_2S_3), [12067-22-0], 14:154
Scandate(1-), trichloro-, cesium, [65545-44-0], 22:23; 30:81
Scandate(3-), tri-μ-bromohexabromodi-, trirubidium, [12431-62-8], 30:79
———, tri-μ-bromohexabromotri-, tricesium, [12431-61-7], 30:79
Scandate(3-), tri-μ-chlorohexachlorodi-, tricesium, [12272-71-8], 22:25; 30:79
———, trirubidium, [12272-72-9], 30:79
Scandium, tetrakis[(1,2,3,4,5-η)-1,3-bis (trimethylsilyl)-2,4-cyclopentadien-1-yl]di-μ-chlorodi-, [81507-53-1], 27:171
———, trichlorotris(tetrahydrofuran)-, [14782-78-6], 21:139
Scandium, tris(6,6,7,7,8,8,8-heptafluoro-2,2-dimethyl-3,5-octanedionato-*O*,*O*')-, [18323-95-0], 12:74
Scandium, tris(6,6,7,7,8,8,8-heptafluoro-2,2-dimethyl-3,5-octanedionato-*O*,*O*')-, compd. with *N*,*N*-dimethylformamide (1:1), [31126-00-8], 12:72-77
Scandium, tris(2,2,6,6-tetramethyl-3,5-heptanedionato-*O*,*O*')-, (*OC*-6-11)-, [15492-49-6], 11:96
Scandium chloride ($ScCl_3$), [10361-84-9], 22:39
Selenic acid, [7783-08-6], 3:137; 20:37
Selenide, iron complex, [12265-84-8], 30:93
———, iron complex, [69347-38-2], 21:36
———, iron complex, [84159-21-7], 21:37
Seleninyl chloride, [7791-23-3], 3:130
Seleninyl fluoride, [7783-43-9], 24:28
Selenious acid, strontium salt (1:1), [14590-38-6], 3:20
Selenium chloride ($SeCl_2$), [14457-70-6], 5:127
Selenium chloride ($SeCl_4$), (*T*-4)-, [10026-03-6], 5:125,126
Selenium chloride hydroxide ($SeCl_2(OH)_2$), (*T*-4)-, [108723-91-7], 3:132
Selenium fluoride (SeF_4), (*T*-4)-, [13465-66-2], 24:28
Selenium fluoride (SeF_6), (*OC*-6-11)-, [7783-79-1], 1:121

Selenium oxide (SeO_2), [7446-08-4], 1:117; 3:13,15,127,131
Selenocyanic acid, potassium salt, [3425-46-5], 2:186
———, sodium salt, [4768-87-0], 2:186
Selenonyl fluoride, [14984-81-7], 20:36
Selenopentathionic acid ([(HO)S(O)$_2$S]$_2$Se), disodium salt, trihydrate, [148832-37-5], 4:88
Selenourea, cobalt complex, [38901-14-3], 16:84
———, cobalt complex, [38901-18-7], 16:85
———, mercury complex, [38901-81-4], 16:86
———, mercury complex, [39039-14-0], 16:85
———, mercury complex, [60004-25-3], 16:86
L-Serine, copper complex, [74807-02-6], 21:115
Silanamine, *N*-(1,1-dimethylethyl)-1,1,1-trimethyl-, [5577-67-3], 25:8; 27:327
———, *N*,*N*-disilyl-, [13862-16-3], 11:159
———, pentamethyl-, [2083-91-2], 18:180
———, *N*,1,1,1-tetramethyl-*N*-(trimethylsilyl)-, [920-68-3], 5:58
———, 1,1,1-trimethyl-*N*-phenyl-, [3768-55-6], 5:59
———, 1,1,1-trimethyl-*N*-sulfinyl-, [7522-26-1], 25:48
Silanamine, 1,1,1-trimethyl-*N*-(trimethylsilyl)-, [999-97-3], 5:58; 18:12
———, boron complex, [690-35-7], 5:58
———, chromium(3+) salt, [37512-31-5], 18:118
———, iron(3+) salt, [22999-67-3], 18:18
———, lithium salt, [4039-32-1], 8:19; 18:115
———, scandium(3+) salt, [37512-28-0], 18:115
———, sodium salt, [1070-89-9], 8:15
———, titanium(3+) salt, [37512-29-1], 18:116
———, vanadium(3+) salt, [37512-30-4], 18:117
———, ytterbium complex, [81770-53-8], 27:148
Silane, [7803-62-5], 11:170
Silane, chromium complex, [32732-02-8], 17:104
———, molybdenum complex, [32965-47-2], 17:104
———, tungsten complex, [33520-53-5], 17:104
———, bromo-, [13465-73-1], 11:159
———, bromotrichloro-, [13465-74-2], 7:30
———, bromotrimethyl-, [2857-97-8], 26:4
———, chloroiodophenyl-, [18163-26-3], 11:160
———, (4-chlorophenyl)-, [3724-36-5], 11:166
———, chlorotrimethyl-, [75-77-4], 3:58; 29:108
Silane, 1,3-cyclopentadiene-1,3-diylbis[trimethyl-, cerium complex, [81507-29-1], 27:170
———, cerium complex, [81507-55-3], 27:171
———, dysprosium complex, [81523-79-7], 27:171
———, erbium complex, [81523-81-1], 27:171
———, europium complex, [81537-00-0], 27:171
———, gadolinium complex, [81523-77-5], 27:171
———, holmium complex, [81523-80-0], 27:171
———, lanthanum complex, [81507-27-9], 27:170
———, lanthanum complex, [81523-75-3], 27:171
———, lutetium complex, [81536-98-3], 27:171
———, neodymium complex, [81507-33-7], 27:170
———, neodymium complex, [81507-57-5], 27:171

Silane, 1,3-cyclopentadiene-1,3-diylbis [trimethyl- *(Continued)*
———, praseodymium complex, [81507-31-5], 27:170
———, praseodymium complex, [81507-56-4], 27:171
———, samarium complex, [81523-76-4], 27:171
———, scandium complex, [81507-53-1], 27:171
———, scandium complex, [81519-28-0], 27:170
———, terbium complex, [81523-78-6], 27:171
———, thorium complex, [87654-17-9], 27:173
———, thulium complex, [81523-82-2], 27:171
———, uranium complex, [109168-47-0], 27:174
———, uranium complex, [109168-48-1], 27:176
———, uranium complex, [87654-18-0], 27:174
———, ytterbium complex, [81507-35-9], 27:170
———, ytterbium complex, [81536-99-4], 27:171
———, yttrium complex, [81507-25-7], 27:170
———, yttrium complex, [81507-54-2], 27:171
Silane, 1,4-cyclopentadiene-1,3-diylbis [trimethyl-, lithium complex, [56742-80-4], 27:170
———, cyclopentadienyl-, [27860-87-3], 17:172
———, 2,4-cyclopentadien-1-yl-, [33618-25-6], 17:172
———, dibromo-, [13768-94-0], 1:38
———, dichloro(chloromethyl)-, [18170-89-3], 6:39
———, dichlorodiethenyl-, [1745-72-8], 3:61
———, dichlorodiiodo-, [13977-54-3], 4:41
———, dichlorodimethyl-, [75-78-5], 3:56
———, dichloroethenylmethyl-, [124-70-9], 3:61
———, dichloromethyl-, [75-54-7], 3:58
———, (dichloromethylene)bis[trimethyl-, [15951-41-4], 24:118
———, dichlorothioxo-, [13492-46-1], 7:30
———, difluorodimethyl-, [353-66-2], 16:141
———, diisocyanatodimethyl-, [5587-62-2], 8:25
———, diisothiocyanatodimethyl-, [13125-51-4], 8:30
———, ethenyltrimethyl-, [754-05-2], 3:61
———, iodo-, [13598-42-0], 11:159; 19:268,270
———, iododimethyl-, [2441-21-6], 19:271
———, iodomethyl-, [18089-64-0], 19:271
———, iodotrimethyl-, [16029-98-4], 19:272
———, isocyanatotrimethyl-, [1118-02-1], 8:26
———, isothiocyanatotrimethyl-, [2290-65-5], 8:30
———, methoxytrimethyl-, [1825-61-2], 26:44
———, (1-methyl-2,4-cyclopentadien-1-yl)-, [65734-37-4], 17:174
———, methylidynetris[trimethyl-, [1068-69-5], 27:238
———, phenyl-, [694-53-1], 11:162
Silane, [1,2-phenylenebis(methylene)] bis[trimethyl-, [18412-14-1], 26:148
———, lithium complex, [76933-93-2], 26:148
Silane, tetrabromo-, [7789-66-4], 1:38
———, tetrachloro-, [10026-04-7], 1:44; 7:25
———, tetra(chloro-^{36}Cl)-, [148832-19-3], 7:160
———, tetrafluoro-, [7783-61-1], 4:145

———, tetraisocyanato-, [3410-77-3], 8:23; 24:99
———, tetraisothiocyanato-, [6544-02-1], 8:27
Silane, tetramethyl-, aluminum complex, [41924-27-0], 24:92
———, aluminum complex, [85004-93-9], 24:94
———, indium complex, [69833-15-4], 24:89
———, lithium complex, [1822-00-0], 24:95
———, lutetium complex, [76207-10-8], 27:161
———, magnesium complex, [51329-17-0], 19:262
Silane, tetra-2-propenyl-, [1112-66-9], 13:76
———, tribromo-, [7789-57-3], 1:38
———, trichloro-, cobalt complex, [14239-21-5], 13:67
———, trichloro(2-chloroethoxy)-, [18077-24-2], 4:85
———, trichloro(2-chloroethyl)-, [6233-20-1], 3:60
———, trichloro(2-chlorophenyl)-, [2003-90-9], 11:166
———, trichloro(3-chlorophenyl)-, [2003-89-6], 11:166
———, trichloro(4-chlorophenyl)-, [825-94-5], 11:166
———, trichlorocyclohexyl-, [98-12-4], 4:43
———, trichloroethenyl-, [75-94-5], 3:58
———, trichloroiodo-, [13465-85-5], 4:41
———, trichloromethyl-, [75-79-6], 3:58
———, triethyl-, ruthenium complex, [80376-22-3], 26:269
———, trifluoro-, cobalt complex, [15693-79-5], 13:70
———, trifluoromethyl-, [373-74-0], 16:139
———, triisocyanatomethyl-, [5587-61-1], 8:25
———, triisothiocyanatomethyl-, [10584-95-9], 8:30
Silane, trimethyl-, [993-07-7], 5:61
———, boron complex, [109031-63-2], 29:97
———, cobalt complex, [15693-82-0], 13:69
Silane, trimethyl[(4-methylphenyl) methoxy]-, tungsten complex, [64365-78-2], 19:167
Silane-d4, [13537-07-0], 11:170
Silanediol, diphenyl-, [947-42-2], 3:62
Silanetetramine, *N,N',N'',N'''*-tetraphenyl-, [5700-43-6], 5:61
Silanethiol, trichloro-, [13465-79-7], 7:28
Silanol, trimethyl-, [1066-40-6], 5:58
———, rhenium complex, [16687-12-0], 9:149
Silica, [7631-86-9], 2:95; 5:55; 20:2
Silicate(2-), hexafluoro-, barium (1:1), [17125-80-3], 4:145
Silicic acid, [1343-98-2], 2:101
Silicic acid (H_4SiO_4), aluminum sodium salt, hydrate (4:4:4:9), [151567-94-1], 22:61; 30:228
———, molybdenum complex, [11089-20-6], 1:127
———, niobium-tungsten complex, [92844-06-9], 29:240
———, titanium-tungsten-vanadium complex, [92786-65-7], 27:132
———, tungsten complex, [108834-35-1], 27:90
———, tungsten complex, [12027-43-9], 1:129; 27:93,94
———, tungsten complex, [121796-03-0], 27:88
———, tungsten complex, [12501-39-2], 27:93
———, tungsten complex, [133190-62-2], 27:88
———, tungsten complex, [133419-34-8], 27:92
———, tungsten complex, [133470-41-4], 27:91,92
———, tungsten complex, [133470-43-6], 27:95

Silicic acid (H_4SiO_4) *(Continued)*
———, tungsten complex, [133515-28-3], 27:93,94
———, tungsten complex, [133515-29-4], 27:94
———, tungsten complex, [58942-57-7], 27:89
———, tungsten complex, [64684-57-7], 27:87
———, tungsten-vanadium complex, [101056-07-9], 27:129
———, tungsten-vanadium complex, [124375-00-4], 27:131
Silicon(1+), tris(2,4-pentanedionato-*O,O'*)-, (*OC*-6-11)-, (hydrogen dichloride), [16871-35-5], 7:30
———, (*OC*-6-11)-, (*T*-4)-tetrachloroferrate(1-), [17348-25-3], 7:32
———, (*OC*-6-11)-, trichlorozincate(1-), [19680-74-1], 7:33
Silicon phosphide (SiP_2), [12137-68-7], 14:173
Silver, bis[μ-[(dimethylphosphinidenio)bis(methylene)]]di-, *cyclo*, [43064-38-6], 18:142
———, [(1,2-η)-cycloheptene](1,1,1,5,5,5-hexafluoro-2,4-pentanedionato-*O,O'*)-, [38882-89-2], 16:118
———, [(1,2-η)-cyclohexene](1,1,1,5,5,5-hexafluoro-2,4-pentanedionato-*O,O'*)-, [38892-26-1], 16:18
———, [(1,2-η)-1,5-cyclooctadiene](1,1,1,5,5,5-hexafluoro-2,4-pentanedionato-*O,O'*)-, [38892-25-0], 16:117
———, [(1,2-η)-1,5-cyclooctadiene](1,1,1-trifluoro-2,4-pentanedionato-*O,O'*)-, [38892-27-2], 16:118
———, [(1,2-η)-1,3,5,7-cyclooctatetraene](1,1,1,5,5,5-hexafluoro-2,4-pentanedionato-*O,O'*)-, [38892-24-9], 16:117
———, [(1,2-η)-1,3,5,7-cyclooctatetraene](1,1,1-trifluoro-2,4-pentanedionato-*O,O'*)-, [39015-21-9], 16:118
———, [(1,2-η)-cyclooctene](1,1,1,5,5,5-hexafluoro-2,4-pentanedionato-*O,O'*)-, [39015-19-5], 16:118
———, tetra-μ_3-iodotetrakis(trimethylphosphine)tetra-, [12389-34-3], 9:62
Silver(1+), bis(octasulfur-S^1,S^3)-, (*T*-4)-, hexafluoroarsenate(1-), [83779-62-8], 24:74
———, bis(pyridine)-, nitrate, [39716-70-6], 7:172
Silver(2+), bis(pyridine)-, perchlorate, [116820-68-9], 6:6
Silver(3+), (3,8-diimino-2,4,7,9-tetraazadecanediimidamide-N',N''',N^4,N^7)-, (*SP*-4-2)-, sulfate (2:3), [16037-61-9], 6:77
———, trihydroxide, [127493-74-7], 6:78
———, (*SP*-4-2)-, trinitrate, [15891-00-6], 6:78
———, (*SP*-4-2)-, triperchlorate, [15890-99-0], 6:78
Silver chloride (AgCl), [7783-90-6], 1:3; 20:18
Silver fluoride (AgF), [7775-41-9], 4:136; 5:19-20
Silver fluoride (AgF_2), [7783-95-1], 3:176
Silver fluoride (Ag_2F), [1302-01-8], 5:18
Silver iodide (AgI), [7783-96-2], 2:6
Silver nitrate oxide ($Ag_7(NO_3)O_8$), [12258-22-9], 4:13
Silver nitrate sulfide ($Ag_3(NO_3)S$), [61027-62-1], 24:234
Silver oxide (AgO), [1301-96-8], 4:12; 30:54
Silver oxide (Ag_2O_3), [12002-97-0], 30:52
Silver oxide (Ag_3O_4), [99883-72-4], 30:54
Silver tungsten oxide (Ag_2WO_4), [13465-93-5], 22:76
Sodium, compd. with tantalum sulfide (TaS_2), [78971-14-9], 19:42,44
———, 2,4-cyclopentadien-1-yl-, [4984-82-1], 7:101; 7:108; 7:113
———, 2,4-cyclopentadien-1-yl(1,2-dimethoxyethane-*O,O'*)-, [62228-16-4], 26:341

———, [μ-(diphenylgermylene)]di-, [148832-11-5], 5:72
———, (triphenylgermyl)-, [34422-60-1], 5:72-74
Sodium(1+), bis(1,2-dimethoxyethane-*O,O'*)-, (*T*-4)-, tricarbonyl(η^5-2,4-cyclopentadien-1-yl)chromate(1-), [128476-10-8], 26:343
———, (*T*-4)-, tricarbonyl(η^5-2,4-cyclopentadien-1-yl)molybdate(1-), [104033-92-3], 26:343
———, (*T*-4)-, tricarbonyl(η^5-2,4-cyclopentadien-1-yl)tungstate(1-), [104033-93-4], 26:343
Sodium acetylide ($Na_2(C_2)$), [2881-62-1], 2:79-80
Sodium acetylide ($Na(C_2H)$), [1066-26-8], 2:75
Sodium amide ($Na(NH_2)$), [7782-92-5], 1:74; 2:128
Sodium arsenide (Na_3As), [12044-25-6], 13:15
Sodium azide ($Na(N_3)$), [26628-22-8], 1:79; 2:139
Sodium fluoride (NaF), [7681-49-4], 7:120
Sodium fluoride ($Na^{18}F$), [22554-99-0], 7:150
Sodium hydride (NaH), [7646-69-7], 5:10; 10:112
Sodium peroxide ($Na_2(O_2)$), octahydrate, [12136-94-6], 3:1
Sodium sulfide (Na(SH)), [16721-80-5], 7:128
Sodium sulfide ($Na_2{}^{35}S$), [12136-96-8], 7:117
Sodium superoxide ($Na(O_2)$), [12034-12-7], 4:82
Sodium tantalum hydroxide sulfide, [53240-48-5], 30:164
Sodium tantalum selenide ($Na_{0.7}TaSe_2$), [158188-84-2], 30:167
Sodium tantalum sulfide ($Na_{0.4}TaS_2$), [107114-65-8], 30:163
Sodium tantalum sulfide ($Na_{0.7}TaS_2$), [156664-48-1], 30:163,167
Sodium titanium selenide ($Na_{0.95}TiSe_2$), [158188-81-9], 30:167
Sodium titanium sulfide ($Na_{0.8}TiS_2$), [158188-78-4], 30:167
Sodium tungsten oxide ($Na_{0.58}WO_3$), [151286-51-0], 12:153; 30:115
Sodium tungsten oxide ($Na_{0.59}WO_3$), [151286-52-1], 12:153; 30:115
Sodium tungsten oxide ($Na_{0.79}WO_3$), [151286-53-2], 12:153; 30:115
Stannanamine, *N,N*-diethyl-1,1,1-trimethyl-, [1068-74-2], 10:137
Stannane, [2406-52-2], 7:39; 11:170
Stannane, chloro(chloromethyl)dimethyl-, [21354-15-4], 6:40
———, 2,4-cyclopentadien-1-yltrimethyl-, [2726-34-3], 17:178
———, dibromodiphenyl-, [4713-59-1], 23:21
———, dimethyl-, [2067-76-7], 12:50,54
———, tetraiodo-, [7790-47-8], 4:119
———, tetra-1-propenyl-, [77626-11-0], 13:75
———, tributyl-, [688-73-3], 12:47
———, tributyl-, potassium complex, [76001-23-5], 25:112
———, tributyl(phenylthio)-, [17314-33-9], 25:114
Stannane, trimethyl-, [1631-73-8], 12:52
Stannane, trimethyl-, cobalt complex, [42989-56-0], 29:178
———, cobalt complex, [52611-18-4], 29:175
———, manganese complex, [14126-94-4], 12:61
———, molybdenum complex, [12214-92-5], 12:63
Stannane, triphenyl-, [892-20-6], 12:49
Stannane, triphenyl-, potassium complex, [61810-54-6], 25:111
Stannane-d_4, [14061-78-0], 11:170
Stannate(1-), trichloro-, [15529-74-5], 15:224
Stibine, [7803-52-3], 7:43
Stibine, bromodimethyl-, [53234-94-9], 7:85

Stibine *(Continued)*
———, chlorodimethyl-, [18380-68-2], 7:85
———, dibromomethyl-, [54553-06-9], 7:85
———, dichloromethyl-, [42496-23-1], 7:85
———, iodothioxo-, [13816-38-1], 14:161,172
———, trichloro-, [10025-91-9], 9:93-94
———, trichloro-, compd. with cesium chloride (CsCl) (2:5), [14236-42-1], 4:6
———, trifluoro-, [7783-56-4], 4:134
———, triiodo-, [7790-44-5], 1:104
———, trimethyl-, [594-10-5], 9:92,93
Stibine, triphenyl-, copper complex, [33989-06-9], 19:94
———, iron complex, [14375-86-1], 8:188
———, iron complex, [20516-78-3], 8:188; 26:61; 28:171
———, nickel complex, [15555-80-3], 28:103
Strontium chloride ($SrCl_2$), [10476-85-4], 3:21
Strontium chloride phosphate ($Sr_5Cl(PO_4)_3$), [11088-40-7], 14:126
Strontium selenide (SrSe), [1315-07-7], 3:11,20,22
Strontium sulfide (SrS), [1314-96-1], 3:11,20,21,23
Sulfamic acid, [5329-14-6], 2:176,178
Sulfamic acid, monoammonium salt, [7773-06-0], 2:180
———, monosilver(1+) salt, [14325-99-6], 18:201
———, dimethyl-, phenyl ester, [66950-63-8], 2:174
Sulfamic acid, hydroxynitroso-, diammonium salt, [66375-30-2], 5:121
———, dipotassium salt, [26241-10-1], 5:117,120
———, disodium salt, [127795-71-5], 5:119
Sulfamic acid, phenyl-, compd. with pyridine (1:1), [56710-38-4], 2:175
Sulfamide, bis(triphenylphosphoranylidene)-, [14908-67-9], 9:118
———, *N'*-cyclohexyl-*N*,*N*-diethyl-, [37407-75-3], 8:114
———, *N*,*N*-dibutyl-, [53892-25-4], 8:114
———, *N*,*N'*-dibutyl-, [763-11-1], 8:114
———, *N*,*N*-dibutyl-*N'*,*N'*-diethyl-, [100454-63-5], 8:114
———, *N*,*N*-diethyl-, [4841-33-2], 8:114
———, *N*,*N'*-diethyl-, [6104-21-8], 8:114
———, *N*,*N*-diethyl-*N'*-phenyl-, [53660-22-3], 8:114
———, diethyl(triphenylphosphoranylidene)-, [13882-24-1], 9:119
———, *N*,*N*-dimethyl-, [3984-14-3], 8:114
———, *N*,*N*-dipropyl-, [55665-94-6], 8:112
Sulfamoyl chloride, dibutyl-, [41483-67-4], 8:110
———, dicyclohexyl-, [99700-74-0], 8:110
———, diethyl-, [20588-68-5], 8:110
———, dimethyl-, [13360-57-1], 8:109
———, dipropyl-, [35877-27-1], 8:110
———, (trichlorophosphoranylidene)-, [14700-21-1], 13:10
———, (triphenylphosphoranylidene)-, [41309-06-2], 29:27
Sulfamoyl fluoride, difluoro-, [13709-30-3], 12:303
Sulfonium, trimethyl-, dichloroiodate(1-), [149165-63-9], 5:172
———, tetrachloroiodate(1-), [149250-79-3], 5:172
Sulfur, mol. (S_2), chromium complex, [80765-35-1], 27:69
———, chromium complex, [89401-43-4], 29:252
———, iron complex, [77589-78-7], 21:45
———, iron complex, [77924-71-1], 21:44
———, molybdenum complex, [65878-95-7], 27:48,49

———, molybdenum complex, [79594-15-3], 23:120
———, titanium complex, [110354-75-1], 30:84
———, vanadium complex, [82978-84-5], 27:54
———, vanadium complex, [87174-39-8], 27:55
Sulfur, mol. (S_7), iodine complex, [73381-83-6], 27:335
Sulfur, mol. (S_8), silver complex, [83779-62-8], 24:74
Sulfur, (2-bromo-2,2-difluoroethyl) pentafluoro-, (*OC*-6-21)-, [18801-67-7], 29:35
———, (2-bromoethenyl)pentafluoro-, (*OC*-6-21)-, [58636-82-1], 27:330
———, (2-bromo-1,2,2-trifluoroethyl) pentafluoro-, (*OC*-6-21)-, [18801-68-8], 29:34
———, difluorobis(trifluoromethyl)-, (*T*-4)-, [30341-38-9], 14:45
———, (2,2-difluoroethenyl)pentafluoro-, (*OC*-6-21)-, [58636-78-5], 29:35
———, (4,4-difluoro-1,2-oxathietan-3-yl) pentafluoro-, *S,S*-dioxide, (*OC*-6-21)-, [113591-65-4], 29:36
———, ethynylpentafluoro-, (*OC*-6-21)-, [917-89-5], 27:329
———, (fluorimidato)pentafluoro-, (*OC*-6-21)-, [13693-10-2], 12:305
———, pentafluoro(isocyanato)-, (*OC*-6-21)-, [2375-30-6], 29:38
———, pentafluoro(trifluoroethenyl)-, (*OC*-6-21)-, [1186-51-2], 29:35
———, pentafluoro(3,4,4-trifluoro-1,2-oxathietan-3-yl)-, *S,S*-dioxide, (*OC*-6-21)-, [93474-29-4], 29:36
Sulfur(1+), bromo(hexathio)-, hexafluoroarsenate(1-), [98650-09-0], 27:336
———, (*OC*-6-11)-hexafluoroantimonate (1-), [98650-10-3], 27:336
———, (tetrasulfur)(2+) hexafluoroarsenate(1-) (4:1:6), [98650-11-4], 27:338
Sulfur(1+), (hexathio)iodo-, (*OC*-6-11)-hexafluoroantimonate(1-), [61459-18-5], 27:333
———, hexafluoroarsenate(1-), [61459-17-4], 27:333
———, (tetrasulfur)(2+) hexafluoroarsenate(1-) (4:1:6), [74823-90-8], 27:337
Sulfur(1+), tribromo-, hexafluoroarsenate (1-), [66142-09-4], 24:76
Sulfur chloride (SCl_2), [10545-99-0], 7:120
Sulfur chloride fluoride ($SClF_5$), (*OC*-6-22)-, [13780-57-9], 8:160; 24:8
Sulfur cyanide ($S(CN)_2$), [627-52-1], 24:125
Sulfur cyanide ($S_2(CN)_2$), [505-14-6], 1:84
Sulfur diimide, bis(trimethylsilyl)-, [18156-25-7], 25:44
———, bis(trimethylstannyl)-, [50518-65-5], 25:44
Sulfur diimide, mercapto-, [67144-19-8], 18:124
Sulfur diimide, mercapto-, nickel complex, [50726-53-9], 18:124
———, nickel complex, [67143-06-0], 18:124
———, tin complex, [50661-48-8], 25:46
Sulfur dioxide, [7446-09-5], 2:160
Sulfur fluoride (SF_4), (*T*-4)-, [7783-60-0], 7:119; 8:162
Sulfur fluoride (SF_6), (*OC*-6-11)-, [2551-62-4], 1:121; 3:119; 8:162
Sulfur fluoride hypofluorite ($SF_5(OF)$), (*OC*-6-21)-, [15179-32-5], 11:131
Sulfur fluoride oxide (SF_4O), (*SP*-5-21)-, [13709-54-1], 11:131; 20:34
Sulfur hydroxide oxide (S(OH)O), cobalt (2+) salt (1:1), hydrate, [149165-77-5], 9:116
Sulfuric acid, aluminum cesium salt (2:1:1), dodecahydrate, [7784-17-0], 4:8
———, cesium cobalt(3+) salt (2:1:1), dodecahydrate, [19004-44-5], 10:61

Sulfuric acid *(Continued)*
———, cesium titanium(3+) salt (2:1:1), dodecahydrate, [16482-51-2], 6:50
———, chromium(3+) salt (3:2), [10101-53-8], 2:197
———, chromium(2+) salt (1:1), pentahydrate, [15928-77-5], 10:27
———, cobalt(2+) salt (1:1), hydrate, [60459-08-7], 8:198
———, cobalt(3+) salt (3:2), octadecahydrate, [13494-89-8], 5:181
———, disodium salt, [7757-82-6], 5:119
———, europium(2+) salt (1:1), [10031-54-6], 2:70
———, monoanhydride with nitrous acid, [7782-78-7], 1:55
———, strontium salt (1:1), [7759-02-6], 3:19
———, vanadium(3+) salt (3:2), [13701-70-7], 7:92
———, vanadium(2+) salt (1:1), heptahydrate, [36907-42-3], 7:96
Sulfuric acid-d_2, [13813-19-9], 6:21; 7:155
Sulfurous acid, cobalt complex, [15638-71-8], 14:79
———, cobalt complex, [15656-42-5], 14:78
———, dipotassium salt, [10117-38-1], 2:165,166
———, disodium salt, [7757-83-7], 2:162,165
———, disodium salt, heptahydrate, [10102-15-5], 2:162,165
———, monopotassium salt, [7773-03-7], 2:167
———, monosodium salt, [7631-90-5], 2:164
Sulfur oxide (S_8O), [35788-51-3], 21:172
Sulfur trioxide, [7446-11-9], 7:156
Sulfur trioxide, compd. with pyridine (1:1), [26412-87-3], 2:173
Sulfuryl chloride, [7791-25-5], 1:114
Sulfuryl chloride fluoride, [13637-84-8], 9:111
Sulfuryl fluoride, [2699-79-8], 6:158; 8:162; 9:111
Tantalate(1-), hexakis(thiocyanato-*N*)-, potassium, (*OC*-6-11)-, [16918-20-0], 13:230
Tantalum, (acetonitrile)pentabromo-, (*OC*-6-21)-, [12012-46-3], 12:227
———, (acetonitrile)pentachloro-, (*OC*-6-21)-, [12012-49-6], 12:227
———, amminedithioxo-, [73689-97-1], 19:42
———, (butanenitrile)pentabromo-, (*OC*-6-21)-, [92225-93-9], 12:228
———, (butanenitrile)pentachloro-, (*OC*-6-21)-, [92225-90-6], 12:228
———, pentabromo(propanenitrile)-, (*OC*-6-21)-, [30056-29-2], 12:228
———, pentachloro(propanenitrile)-, (*OC*-6-21)-, [91979-69-0], 12:228
Tantalum bromide ($TaBr_5$), [13451-11-1], 4:130; 12:187
Tantalum carbide sulfide (Ta_2CS_2), [12539-81-0], 30:255
Tantalum chloride ($TaCl_5$), [7721-01-9], 7:167; 20:42
Tantalum fluoride (TaF_5), [7783-71-3], 3:179
Tantalum selenide ($TaSe_2$), [12039-55-3], 30:167
Tantalum sulfide (TaS_2), [12143-72-5], 19:35; 30:157
Tantalum sulfide (TaS_2), ammoniate, [34340-90-4], 30:164
Tantalum sulfide (TaS_2), compd. with pyridine (2:1), [33975-87-0], 19:40; 30:161
Tantalum sulfide (TaS_2), monoammoniate, [34312-63-5], 30:162
Tantalum tin sulfide ($TaSnS_2$), [50645-38-0], 19:47; 30:168
Technetium oxide (Tc_2O_7), [12165-21-8], 17:155
Tellurate(2-), hexabromo-, dipotassium, [16986-18-8], 2:189
———, hexachloro-, diammonium, [16893-14-4], 2:189
Telluric acid (H_6TeO_6), [7803-68-1], 3:145

Tellurium, bis(*O*-ethyl carbonodithioato-*S,S'*)-, (*SP*-4-1)-, [100654-35-1], 4:93
———, bis(*O*-methyl carbonodithioato-*S,S'*)-, (*SP*-4-1)-, [41756-91-6], 4:93
Tellurium borate fluoride ($Te_3(BO_3)F_{15}$), [40934-88-1], 24:35
Tellurium chloride ($TeCl_4$), (*T*-4)-, [10026-07-0], 3:140
Tellurium chloride fluoride ($TeClF_5$), [21975-44-0], 24:31
Tellurium fluoride (TeF_4), (*T*-4)-, [15192-26-4], 20:33
Tellurium fluoride (TeF_6), (*OC*-6-11)-, [7783-80-4], 1:121
Tellurium fluoride hydroxide ($TeF_5(OH)$), (*OC*-6-21)-, [57458-27-2], 24:34
Tellurium fluoride hydroxide ($TeF_5(OH)$), xenon complex, [25005-56-5], 24:36
Tellurium oxide (TeO_2), [7446-07-3], 3:143
Telluropentathionic acid, disodium salt, dihydrate, [23715-88-0], 4:88
Terbate(3-), tri-μ-bromohexabromodi-, tricesium, [73190-95-1], 30:79
Terbium, (1,4,7,10,13,16-hexaoxacyclooctadecane-$O^1,O^4,O^7,O^{10},O^{13}$, O^{16})tris(nitrato-*O,O'*)-, [77372-08-8], 23:153
———, (2,4-pentanedionato-*O,O'*) [5,10,15,20-tetraphenyl-21*H*,23*H*-porphinato(2-)-$N^{21},N^{22},N^{23},N^{24}$]-, [61276-73-1], 22:160
———, tetrakis[(1,2,3,4,5-η)-1,3-bis (trimethylsilyl)-2,4-cyclopentadien-1-yl]di-μ-chlorodi-, [81523-78-6], 27:171
———, (2,2,6,6-tetramethyl-3,5-heptanedionato-*O,O'*)[5,10,15,20-tetraphenyl-21*H*,23*H*-porphinato(2-)-N^{21},N^{22}, N^{23},N^{24}]-, [89769-02-8], 22:160
———, tris(nitrato-*O,O'*)(1,4,7,10,13 pentaoxacyclopentadecane-O^1,O^4,O^7, O^{10},O^{13})-, [77371-96-1], 23:151
———, tris(nitrato-*O*)(1,4,7,10-tetraoxacyclododecane-O^1,O^4,O^7,O^{10})-, [73288-73-0], 23:151
———, tris(2,2,6,6-tetramethyl-3,5-heptanedionato-*O,O'*)-, (*OC*-6-11)-, [15492-51-0], 11:96
Terbium(1+), bis(nitrato-*O,O'*)(1,4,7, 10,13-pentaoxacyclopentadecane-$O^1,O^4,O^7,O^{10},O^{13}$)-, hexakis(nitrato-*O,O'*)terbate(3-) (3:1), [94121-23-0], 23:153
———, (1,4,7,10,13,16-hexaoxacyclooctadecane-$O^1,O^4,O^7,O^{10},O^{13},O^{16}$) bis(nitrato-*O,O'*)-, hexakis(nitrato-*O,O'*) terbate(3-) (3:1), [94121-39-8], 23:155
Terbium(3+), hexakis(*P,P*-diphenylphosphinic amide-*O*)-, (*OC*-6-11)-, tris[hexafluorophosphate(1-)], [59449-57-9], 23:180
Terbium chloride ($TbCl_3$), [10042-88-3], 22:39
Terbium sulfide (Tb_2S_3), [12138-11-3], 14:154
2,2':6',2''-Terpyridine, osmium complex, [104475-02-7], 24:301
———, osmium complex, [104475-06-1], 24:303
———, platinum complex, [60829-45-0], 20:103
———, platinum complex, [151183-10-7], 20:104
———, ruthenium complex, [104475-01-6], 24:301
———, ruthenium complex, [104475-04-9], 24:302
3,7,11,17-Tetraazabicyclo[11.3.1] heptadeca-1(17),2,11,13,15-pentaene, 2,12-dimethyl-, [52897-26-4], 18:17
3,7,11,17-Tetraazabicyclo[11.3.1] heptadeca-1(17),2,11,13,15-pentaene, 2,12-dimethyl-, cobalt complex, [151151-19-8], 18:21
———, nickel complex, [35270-39-4], 18:18
1,5,9,13-Tetraazacyclohexadecane, [24772-41-6], 20:109
1,5,9,13-Tetraazacyclohexadecane, benzenemethanamine deriv., nickel complex, [88611-05-6], 27:276

1,5,9,13-Tetraazacyclohexadecane (*Continued*)
———, cobalt complex, [63865-12-3], 20:113
———, cobalt complex, [63865-14-5], 20:113
———, methanone deriv., nickel complex, [74466-43-6], 27:273
1,5,9,13-Tetraazacyclohexadeca-1,4,9,12-tetraene, ethanamine deriv., nickel complex, [74466-02-7], 27:266
———, 3,11-bis(1-methoxyethylidene)-2,12-dimethyl-, nickel complex, [70021-28-2], 27:264
———, 3,11-bis(methoxyphenyl-methylene)-2,12-dimethyl-, nickel complex, [88610-99-5], 27:275
———, 2,12-dimethyl-, nickel complex, [74466-59-4], 27:272
1,4,10,13-Tetraazacyclooctadeca-5,8,14,17-tetraene-7,16-dione, 5,9,14,18-tetramethyl-, [38627-20-2], 20:91
1,4,10,13-Tetraazacyclooctadeca-4,8,14,18-tetraene-7,16-dione, 5,9,14,18-tetramethyl-, copper complex, [55238-11-4], 20:92
1,4,8,12-Tetraazacyclopentadecane, [15439-16-4], 20:108
1,4,8,12-Tetraazacyclopentadecane, cobalt(1+) deriv., [153420-97-4], 20:112
1,4,8,11-Tetraazacyclotetradeca-1,3-diene, 2,3-dimethyl-, [61799-45-9], 18:27
1,4,8,11-Tetraazacyclotetradeca-1,3-diene, 2,3-dimethyl-, cobalt complex, [39483-62-0], 18:28
———, nickel complex, [67326-86-7], 18:27
1,4,8,11-Tetraazacyclotetradeca-4,11-diene, 5,7,7,12,14,14-hexamethyl-, [37933-61-2], 18:2
1,4,8,11-Tetraazacyclotetradeca-4,11-diene, 5,7,7,12,14,14-hexamethyl-, (*E,E*)-, [29419-92-9], 18:2
———, diperchlorate, [7713-23-7], 18:4
———, iron complex, [57139-47-6], 18:6
———, nickel complex, [15392-94-6], 18:5
———, nickel complex, [15392-95-7], 18:5
1,4,8,11-Tetraazacyclotetradecane, [295-37-4], 16:223
1,4,8,11-Tetraazacyclotetradecane, ethanone deriv., [21227-58-7], 18:39
———, ethanone deriv., nickel complex, [20123-01-7], 18:39
———, nickel complex, [15220-72-1], 16:221
1,4,8,11-Tetraazacyclotetradecane, 5,5,7,12,12,14-hexamethyl-, hydrate, [151433-16-8], 18:10
———, cobalt complex, stereoisomer, [14284-51-6], 18:14
———, iron complex, (7*R**,14*S**)-, [67143-08-2], 18:15
———, nickel complex, (7*R**,14*S**)-, [25504-25-0], 18:12
1,4,8,11-Tetraazacyclotetradecane-5,7-dione, copper complex, [72547-88-7], 23:83
1,4,8,11-Tetraazacyclotetradeca-4,6,11,13-tetraene, 5,14-dimethyl-, [59129-94-1], 18:42
1,4,8,11-Tetraazacyclotetradeca-1,3,8,10-tetraene, 2,9-dimethyl-3,10-diphenyl-, [111114-39-7], 22:107
1,4,8,11-Tetraazacyclotetradeca-1,3,8,10-tetraene, 2,9-dimethyl-3,10-diphenyl-, copper complex, [77154-14-4], 22:10
———, iron complex, [70369-01-6], 22:108
———, zinc complex, [77153-92-5], 22:111
1,4,8,11-Tetraazacyclotetradeca-4,7,11,14-tetraene, 5,14-dimethyl-, nickel complex, [67326-88-9], 18:42
1,4,8,11-Tetraazacyclotetradeca-1,3,8,10-tetraene, 2,3,9,10-tetramethyl-, [59969-61-8], 18:22

1,4,8,11-Tetraazacyclotetradeca-1,3,8,10-tetraene, 2,3,9,10-tetramethyl-, cobalt complex, [39177-15-6], 18:25
———, nickel complex, [62905-14-0], 18:24
———, nickel complex, [67326-87-8], 18:23
———, nickel complex, [131636-01-6], 18:23
1,4,8,11-Tetraazacyclotetradeca-1,7,11-triene, 5,5,7,12,14,14-hexamethyl-, nickel complex, [33916-12-0], 18:5
1,4,7,10-Tetraazacyclotridecane, [295-14-7], 20:106
1,4,7,10-Tetraazacyclotridecane, cobalt complex, [63781-89-5], 20:111
2,4,7,9-Tetraazadecanediimidamide, 3,8-diimino-, sulfate (1:2), pentahydrate, [141381-60-4], 6:75
———, silver complex, [15890-99-0], 6:78
———, silver complex, [15891-00-6], 6:78
———, silver complex, [16037-61-9], 6:77
———, silver complex, [127493-74-7], 6:78
29*H*,31*H*-Tetrabenzo[*b*,*g*,*l*,*q*]porphine, 1,4,8,11,15,18,22,25-octamethyl-, [23019-52-5], 20:158
29*H*,31*H*-Tetrabenzo[*b*,*g*,*l*,*q*]porphine, 1,4,8,11,15,18,22,25-octamethyl-, cobalt complex, [27662-34-6], 20:156
Tetrabenzo[*b*,*f*,*j*,*n*][1,5,9,13]tetraazacyclohexadecine, [450-32-8], 18:30
Tetrabenzo[*b*,*f*,*j*,*n*][1,5,9,13]tetraazacyclohexadecine, cobalt complex, [32371-06-5], 18:34
———, copper complex, [51890-18-7], 18:32
———, nickel complex, [36539-87-4], 18:31
———, nickel complex, [62905-16-2], 18:31
———, zinc complex, [62571-24-8], 18:33
2,6,8,10-Tetracarbadecaborane(10), 1,2,3,4,5,6,7,8,9,10-decaethyl-, [136862-68-5], 29:82
1,2,3,4-Tetracarbadodecaborane(12), 1,2,3,4-tetraethyl-, [83096-06-4], 22:217
1-Tetradecanamine, compd. with tantalum sulfide (TaS_2), [34340-96-0], 30:164
1,4,7,10-Tetraoxacyclododecane, cerium complex, [73297-41-3], 23:151
———, dysprosium complex, [73288-74-1], 23:151
———, erbium complex, [73297-44-6], 23:151
———, europium complex, [73288-72-9], 23:151
———, gadolinium complex, [73297-43-5], 23:151
———, holmium complex, [73288-75-2], 23:151
———, lanthanum complex, [73288-70-7], 23:151
———, neodymium complex, [71534-52-6], 23:151
———, praseodymium complex, [73288-71-8], 23:152
———, samarium complex, [73297-42-4], 23:151
———, terbium complex, [73288-73-0], 23:151
———, thulium complex, [73288-76-3], 23:151
———, ytterbium complex, [73288-77-4], 23:151
Tetraphosphoric acid, compd. with guanidine (1:6), monohydrate, [66591-48-8], 5:97
———, hexasodium salt, [14986-84-6], 5:99
1λ^4,3,5λ^4,7-Tetrathia-2,4,6,8,9-pentaazabicyclo[3.3.1]nonane, phosphorus(1+) deriv., [72884-88-9], 25:31
1,3,5,7-Tetrathia(1,5-S^{IV})-2,4,6,8,9-pentaazabicyclo[3.3.1]nona-1,4,6,7-tetraene, 9-chloro-, [67954-28-3], 25:38

1,3,5,7,2,4,6,8-Tetrazatetraborocine, 2,4,6,8-tetrachloro-1,3,5,7-tetrakis(1,1-dimethylethyl)octahydro-, [4262-38-8], 10:144
1,3,5,7,2,4,6,8-Tetrazatetraphosphocine, 2-(1-aziridinyl)-2,4,4,6,6,8,8-heptachloro-2,2,4,4,6,6,8,8-octahydro-, [96357-56-1], 25:91
———, 2,2-bis(1-aziridinyl)-4,4,6,6,8,8-hexachloro-2,2,4,4,6,6,8,8-octahydro-, [96357-71-0], 25:91
1,3,5,7,2,4,6,8-Tetrazatetraphosphocine, 2,4-bis(1-aziridinyl)-4,4,6,6,8,8-hexachloro-2,2,4,4,6,6,8,8-octahydro-, *cis*-, [96357-70-9], 25:91
———, *trans*-, [96357-69-6], 25:91
1,3,5,7,2,4,6,8-Tetrazatetraphosphocine, 2,6-bis(1-aziridinyl)-2,4,4,6,8,8-hexachloro-2,2,4,4,6,6,8,8-octahydro-, *cis*-, [96357-68-5], 25:91
———, *trans*-, [96357-67-4], 25:91
———, 2,6-bis(1-aziridinyl)-2,2,4,4,6,6,8,8-octahydro-2,4,4,6,8,8-hexakis(methylamino)-, *trans*-, [96381-07-6], 25:91
———, 2,2,4,4,6,8-hexachloro-6,8-bis[(1,1-dimethylethyl)amino]-2,2,4,4,6,6,8,8-octahydro-, [66310-00-7], 25:21
———, 2,2,4,6,6,8-hexachloro-4,8-bis[(1,1-dimethylethyl)amino]-2,2,4,4,6,6,8,8-octahydro-, [6944-49-6], 25:21
———, 2,2,4,6,6,8-hexachloro-4,8-bis(ethylamino)-2,2,4,4,6,6,8,8-octahydro-, *trans*-, [60998-10-9], 25:16
———, 2,2,4,6,6,8-hexakis(dimethylamino)-4,8-bis(ethylamino)-2,2,4,4,6,6,8,8-octahydro-, *trans*-, [60998-15-4], 25:19
———, 2,2,4,4,6,6,8,8-octabromo-2,2,4,4,6,6,8,8-octahydro-, [14621-11-5], 7:76
———, 2,2,4,4,6,6,8,8-octachloro-2,2,4,4,6,6,8,8-octahydro-, [2950-45-0], 6:94
———, 2,2,4,4,6,6,8,8-octaethoxy-2,2,4,4,6,6,8,8-octahydro-, [1256-55-9], 8:79
———, 2,2,4,4,6,6,8,8-octafluoro-2,2,4,4,6,6,8,8-octahydro-, [14700-00-6], 9:78
———, 2,2,4,4,6,6,8,8-octahydro-2,2,4,4,6,6,8,8-octaphenoxy-, [992-79-0], 8:83
———, 2,2,4,4,6,6,8,8-octakis[(1,1-dimethylethyl)amino]-2,2,4,4,6,6,8,8-octahydro-, [2283-15-0], 25:23
———, 2,2,4,4-tetrachloro-2,2,4,4,6,6,8,8-octahydro-6,6,8,8-tetrakis(phenylthio)-, [13801-66-6], 8:91
———, 2,2,6,6-tetrachloro-2,2,4,4,6,6,8,8-octahydro-4,4,8,8-tetrakis(phenylthio)-, [13801-32-6], 8:91
———, 2,2,4,4-tetrachloro-6,6,8,8-tetrakis(ethylthio)-2,2,4,4,6,6,8,8-octahydro-, [15503-57-8], 8:90
———, 2,2,6,6-tetrachloro-4,4,8,8-tetrakis(ethylthio)-2,2,4,4,6,6,8,8-octahydro-, [13801-31-5], 8:90
———, 2,2,6-tris(1-aziridinyl)-4,4,6,8,8-pentachloro-2,2,4,4,6,6,8,8-octahydro-, [106722-76-3], 25:91
1,3,5,7,2,4,6,8-Tetrazatetraphosphocine, 2,4,6-tris(1-aziridinyl)-2,4,6,8,8-pentachloro-2,2,4,4,6,6,8,8-octahydro-, (2α,4α,6β)-, [106760-42-3], 25:91
———, (2α,4β,6α)-, [106722-77-4], 25:91
1,2,4,5-Tetrazine-3,6-dione, tetrahydro-, [624-40-8], 4:29
1*H*-Tetrazole-5-diazonium, sulfate (1:1), [148832-10-4], 6:64
5*H*-Tetrazol-5-one, 1,2-dihydro-, [16421-52-6], 6:62
Thallium, chlorobis(pentafluorophenyl)-, [1813-39-4], 21:71,72
———, chlorobis(2,3,4,6-tetrafluorophenyl)-, [84356-31-0], 21:73
———, chlorobis(2,3,5,6-tetrafluorophenyl)-, [76077-07-1], 21:73

———, 2,4-cyclopentadien-1-yl-, [34822-90-7], 24:97; 28:315
———, (1,1,1,5,5,5-hexafluoro-2,4-pentanedionato-*O*,*O'*)-, [15444-43-6], 12:82
Thallium chloride ($TlCl_3$), [13453-32-2], 21:72
Thallium fluoride oxide (TlFO), [29814-46-8], 14:124
1-Thiadecaborane(9), [41646-56-4], 22:22
6-Thiadecaborane(11), [12447-77-7], 22:228
6-Thiadecaborate(1-), dodecahydro-, cesium, [11092-86-7], 22:227
2*H*-1,2-Thiaphosphorin, manganese deriv., [70644-07-4], 26:165
2*H*-1,2-Thiaphosphorinium, 3,4,5,6-tetrakis(methoxycarbonyl)-2,2-dimethyl-, manganese complex, [70644-07-4], 26:165
1λ^4-1,2,4,6,3,5-Thiatriazadiphosphorine, 1-chloro-3,3,5,5-tetrahydro-3,3,5,5-tetraphenyl-, [84247-67-6], 25:40
1,2,3,4-Thiatriazol-5-amine, [6630-99-5], 6:42
1,2,3,4-Thiatriazol-5-amine, *N*-phenyl-, [13078-30-3], 6:45
Thiazyl fluoride ((SN)F), [18820-63-8], 24:16
Thiocyanic acid, barium salt, [2092-17-3], 3:24
———, lead(2+) salt, [592-87-0], 1:85
———, potassium zirconium(4+) salt (6:2:1), [147796-84-7], 13:230
———, silver(1+) salt, [1701-93-5], 8:28
Thionitrate ($NS_3{}^{1-}$), [53596-70-6], 18:124
Thionyl bromide, [507-16-4], 1:113
Thionyl chloride, [7719-09-7], 9:88,91
Thionyl chloride-$^{36}Cl_2$, [55207-92-6], 7:160
Thionyl fluoride, [7783-42-8], 6:162; 7:123; 8:162
Thiophene, tetrahydro-, gold complex, [39929-21-0], 26:86
———, gold complex, [60748-77-8], 26:86
———, gold complex, [77188-25-1], 26:87
Thiophenetetracarboxylic acid, tetramethyl ester, [6579-15-3], 26:166
Thiotrithiazyl chloride, [12015-30-4], 9:106
Thiotrithiazyl iodide ((N_3S_4)I), [83753-25-7], 9:107
Thiourea, *N*,*N'*-bis(1,1-dimethylethyl)-, chromium complex, [69244-61-7], 23:3
———, *N*,*N'*-bis(4-methylphenyl)-, chromium complex, [69244-62-8], 23:3
———, tetramethyl-, chromium complex, [76829-58-8], 23:2
Thorate(4-), tetrakis[ethanedioato(2-)-*O*,*O'*]-, tetrapotassium, tetrahydrate, [21029-51-6], 8:43
Thorate(10-), bis[eicosa-μ-oxoundecaoxo [μ_{11}-[phosphato(3-)-*O*:*O*:*O*:*O'*:*O'*:*O'*:*O''*:*O''*:*O''*:*O'''*:*O'''*]]undecatungstate] octa-μ-oxo-, decapotassium, [63144-45-6], 23:189
Thorate(14-), bis[[μ_{11}-[tetrahydroxy-borato(5-)-*O*:*O*:*O*:*O'*:*O'*:*O'*:*O''*:*O''*:*O''*:*O'''*:*O'''*]]eicosa-μ-oxoundeca-oxoundecatungstate]octa-μ-oxo-, tetradecapotassium, [83045-20-9], 23:189
Thorium, bis[(1,2,3,4,5-η)-1,3-bis (trimethylsilyl)-2,4-cyclopentadien-1-yl]dichloro-, [87654-17-9], 27:173
———, bis(2,4-pentanedionato-*O*,*O'*) [5,10,15,20-tetraphenyl-21*H*,23*H*-porphinato(2-)-N^{21},N^{22},N^{23},N^{24}]-, (*SA*-8-12131'21'3)-, [57372-87-9], 22:160
———, chlorotris(η^5-2,4-cyclopentadien-1-yl)-, [1284-82-8], 16:149; 28:302
———, tetrakis(acetonitrile)tetrabromo-, [17499-64-8], 12:226
———, tetrakis(acetonitrile)tetrachloro-, [17499-62-6], 12:226
———, tetrakis(acetonitrile)tetraiodo-, [30262-23-8], 12:226

———, tetrakis(2,4-pentanedionato-*O,O'*)-, (*SA*-8-11"11"1'1"'1'1"')-, [17499-48-8], 2:123
Thorium bromide ($ThBr_4$), [13453-49-1], 1:51
Thorium bromide oxide ($ThBr_2O$), [13596-00-4], 1:54
Thorium chloride ($ThCl_4$), [10026-08-1], 5:154; 7:168; 28:322
Thulate(2-), pentachloro-, dicesium, [97348-27-1], 30:78
———, dirubidium, [97252-88-5], 30:78
Thulate(3-), hexachloro-, dicesium lithium, (*OC*-6-11)-, [68933-88-0], 21:10; 30:249
Thulate(3-), tri-μ-bromohexabromodi-, tricesium, [73190-99-5], 30:79
———, trirubidium, [79502-29-7], 30:79
Thulate(3-), tri-μ-chlorohexachlorodi-, tricesium, [73191-15-8], 30:79
Thulium, (1,4,7,10,13,16-hexaoxacyclo-octadecane-O^1,O^4,O^7,O^{10}, O^{13},O^{16})tris(nitrato-*O,O'*)-, [77372-14-6], 23:153
———, tetrakis[(1,2,3,4,5-η)-1,3-bis (trimethylsilyl)-2,4-cyclopentadien-1-yl]di-μ-chlorodi-, [81523-82-2], 27:171
———, (2,2,6,6-tetramethyl-3,5-heptanedionato-*O,O'*)[5,10,15,20-tetraphenyl-21*H*,23*H*-porphinato(2-)-$N^{21},N^{22},N^{23},N^{24}$]-, [89769-06-2], 22:160
———, tris(nitrato-*O,O'*)(1,4,7,10,13-pentaoxacyclopentadecane-$O^1,O^4,O^7,O^{10},O^{13}$)-, [99352-13-3], 23:151
———, tris(nitrato-*O*)(1,4,7,10-tetraoxa-cyclododecane-O^1,O^4,O^7,O^{10})-, [73288-76-3], 23:151
———, tris(2,2,6,6-tetramethyl-3,5-heptanedionato-*O,O'*)-, (*OC*-6-11)-, [15631-58-0], 11:96
Thulium(1+), bis(nitrato-*O,O'*) (1,4,7,10,13-pentaoxacyclopenta-decane-$O^1,O^4,O^7,O^{10},O^{13}$)-, (*OC*-6-11)-hexakis(nitrato-*O*)thulate(3-) (3:1), [152981-36-7], 23:153
———, (1,4,7,10,13,16-hexaoxa-cyclooctadecane-O^1,O^4,O^7,O^{10}, O^{13},O^{16})bis(nitrato-*O,O'*)-, hexakis(nitrato-*O,O'*)thulate(3-) (3:1), [99352-39-3], 23:155
Thulium(3+), hexakis(*P,P*-diphenyl-phosphinic amide-*O*)-, (*OC*-6-11)-, tris[hexafluorophosphate(1-)], [59449-60-4], 23:180
Thulium chloride ($TmCl_3$), [13537-18-3], 22:39
Thulium sulfide (Tm_2S_3), [12166-30-2], 14:154
Tin, [7440-31-5], 23:161
Tin, bis[μ-[mercaptosulfur diimidato(2-)-*N'*,S^N:S^N]]tetramethyldi-, [50661-48-8], 25:46
---, diphenylbis(1-phenyl-1,3-butane-dionato-*O,O'*)-, [12118-86-4], 9:52
---, ethyl[[2,2',2"-nitrilotris[ethanolato]] (3-)-*N,O,O',O"*]-, (*TB*-5-23)-, [38856-31-4], 16:230
---, tetrabutyltetrakis[μ-(diphenylphos-phinato-*O:O'*)]tetra-μ_3-oxotetra-, [145381-26-6], 29:25
Tin(1+), tributyltris[μ-(diphenylphos-phinato-*O:O'*)]tri-μ-hydroxy-μ_3-oxotri-, diphenylphosphinate, [106710-10-5], 29:25
Tin sulfide (SnS_2), [1315-01-1], 12:158,163; 30:26
Titanate(1-), bis(acetonitrile)tetrabromo-, [44966-17-8], 12:229
———, bis(acetonitrile)tetrachloro-, [44966-20-3], 12:229
Titanate(1-), pentaoxoniobate-, hydrogen, [72381-49-8], 22:89
Titanate(1-), pentaoxoniobate-, hydrogen, compd. with 1-butanamine (1:1), [74499-99-3], 22:89
———, hydrogen, compd. with 1-butan-amine (2:1), [158282-33-8], 30:184

———, hydrogen, compd. with ethanamine (1:1), [74500-04-2], 22:89
———, hydrogen, compd. with ethanamine (2:1), [158282-31-6], 30:184
———, hydrogen, compd. with methanamine (1:1), [74499-97-1], 22:89
———, hydrogen, compd. with methanamine (2:1), [158282-30-5], 30:184
———, hydrogen, compd. with 1-propanamine (1:1), [74499-98-2], 22:89
———, hydrogen, compd. with 1-propanamine (2:1), [158282-32-7], 30:184
Titanate(2-), hexabromo-, (*OC*-6-11)-, dihydrogen, compd. with *N*-ethylethanamine (1:2), [16970-0^-8], 12:231
———, hexachloro-, (*OC*-6-11)-, dihydrogen, compd. with *N*-ethylethanamine (1:2), [16970-01-7], 12:230
———, hexakis(thiocyanato-*N*)-, dipotassium, (*OC*-6-11)-, [54216-80-7], 13:230
Titanate(3-), tri-μ-bromohexabromodi-, tricesium, [12260-33-2], 26:379
———, trirubidium, [12260-35-4], 26:379
Titanate(3-), tri-μ-chlorohexachlorodi-, tricesium, [12345-61-8], 26:379
———, trirubidium, [12360-92-8], 26:379
Titanate(4-), hexakis[μ-(disulfur-*S*:*S*,*S*')] dithioxotri-, tetrapotassium, [110354-75-1], 30:84
Titanium, bis(butanenitrile)tetrachloro-, [151183-14-1], 12:229
———, bis(η^5-2,4-cyclopentadien-1-yl) dimercapto-, [12170-34-2], 27:66
———, bis(η^5-2,4-cyclopentadien-1-yl) (pentaseleno)-, [12307-22-1], 27:61
———, bis(η^5-2,4-cyclopentadien-1-yl) (pentathio)-, [12116-82-4], 27:60
———, bis(η^5-2,4-cyclopentadien-1-yl) [tetrahydroborato(1-)-*H*,*H*']-, [12772-20-2], 17:91
———, bis[(1,2,3,4,5-η)-1-methyl-2,4-cyclopentadien-1-yl](pentathio)-, [78614-86-5], 27:52
———, bis[(1,2,3,4,5-η)-1,2,3,4,5-pentamethyl-2,4-cyclopentadien-1-yl] (trithio)-, [81626-27-9], 27:62
———, chlorobis(η^5-2,4-cyclopentadien-1-yl)-, [60955-54-6], 21:84; 28:261
———, dibromobis(2,4-pentanedionato-*O*,*O*')-, (*OC*-6-22)-, [16986-95-1], 19:146
———, dicarbonylbis(η^5-2,4-cyclopentadien-1-yl)-, [12129-51-0], 24:149; 28:250
———, dicarbonylbis[(1,2,3,4,5-η)-1,2,3,4,5-pentamethyl-2,4-cyclopentadien-1-yl]-, [11136-40-6], 28:253
———, dichlorobis(η^5-1-chloro-2,4-cyclopentadien-1-yl)-, [94890-70-7], 29:200
Titanium, dichlorobis(2,4-pentanedionato-*O*,*O*')-, [17099-86-4], 8:37
———, (*OC*-6-22)-, [16986-94-0], 19:146
Titanium, dichloro(η^5-2,4-cyclopentadien-1-yl)-, [31781-62-1], 16:238
———, dichloro(η^5-2,4-cyclopentadien-1-yl)bis(dimethylphenylphosphine)-, [54056-31-4], 16:239
———, difluorobis(2,4-pentanedionato-*O*,*O*')-, (*OC*-6-22)-, [16986-93-9], 19:145
———, tetrabromobis(butanenitrile)-, [151183-13-0], 12:229
———, tetrabromobis(propanenitrile)-, [92656-71-8], 12:229
———, tetrachlorobis(propanenitrile)-, [16921-00-9], 12:229
———, tetrachlorobis(tetrahydrofuran)-, [31011-57-1], 21:135
———, tribromomethyl-, (*T*-4)-, [30043-33-5], 16:124

Titanium *(Continued)*
———, trichlorobis(dimethylphosphine)-, [38685-16-4], 16:100
———, trichlorobis(methylphosphine)-, [38685-15-3], 16:98
———, trichlorobis(triethylphosphine)-, [38685-18-6], 16:101
———, trichlorobis(trimethylphosphine)-, [38685-17-5], 16:100
———, trichloromethyl-, (*T*-4)-, [2747-38-8], 16:122
———, trichlorotris(tetrahydrofuran)-, [18039-90-2], 21:137
Titanium(1+), tris(2,4-pentanedionato-*O,O'*)-, (*OC*-6-11)-, (*OC*-6-11)-hexachlorotitanate(2-) (2:1), [12088-57-2], 2:119; 7:50; 8:37
———, tetrachloroferrate(1-), [17409-56-2], 2:120
Titanium(3+), hexakis(urea-*O*)-, (*OC*-6-11)-, triperchlorate, [15189-70-5], 9:44
Titanium bromide ($TiBr_3$), [13135-31-4], 2:116; 6:57; 26:382
Titanium bromide ($TiBr_4$), (*T*-4)-, [7789-68-6], 2:114; 6:60; 9:46
Titanium chloride ($TiCl_2$), [10049-06-6], 6:56,61; 24:181
Titanium chloride ($TiCl_3$), [7705-07-9], 6:52,57; 7:45
Titanium chloride ($TiCl_4$) (*T*-4)-, [7550-45-0], 6:52,57; 7:45
Titanium iodide (TiI_4), (*T*-4)-, [7720-83-4], 10:1
Titanium oxide (TiO), [12137-20-1], 14:131
Titanium oxide (TiO_2), [13463-67-7], 5:79; 6:47
Titanium oxide (Ti_2O_3), [1344-54-3], 14:131
Titanium oxide (Ti_3O_5), [12065-65-5], 14:131
Titanium selenide ($TiSe_2$), [12067-45-7], 30:167
Titanium sulfide (TiS_2), [12039-13-3], 5:82; 12:158,160; 30:23,28
1,3,5,2,4-Triazadiphosphorin-6-amine, 2,2,4,4-tetrachloro-2,2,4,4-tetrahydro-*N,N*-dimethyl-, [21600-07-7], 25:27
1,3,5,2,4-Triazadiphosphorine, 2-chloro-2,2,4,4-tetrahydro-2-methyl-4,4,6-triphenyl-, [152227-48-0], 25:29
1,3,5,2,4-Triazadiphosphorine, 2,4-dichloro-2,2,4,4-tetrahydro-2,4,6-triphenyl-, *cis*-, [21689-00-9], 25:28
———, *trans*-, [21689-01-0], 25:28
Triazanium, 2,2-diethyl-, chloride, [13018-68-3], 10:130
———, 2,2-dimethyl-, chloride, [13166-44-4], 10:129
2,6,7-Triaza-1-phosphabicyclo[2.2.2] octane, palladium deriv., [20332-83-6], 11:109
1,3,5,2,4,6-Triazatriphosphorine, 2-amino-2,4,4,6,6-pentachloro-2,2,4,4,6,6-hexahydro-, [13569-74-9], 14:25
———, 2-(1-aziridinyl)-2,4,4,6,6-pentachloro-2,2,4,4,6,6-hexahydro-, [3776-28-1], 25:87
———, 2,2-bis(1-aziridinyl)-2,2,4,4,6,6-hexahydro-4,4,6,6-tetrakis (methylamino)-, [89631-67-4], 25:89
1,3,5,2,4,6-Triazatriphosphorine, 2,4-bis(1-aziridinyl)-2,2,4,4,6,6-hexahydro-2,4,6,6-tetrakis (methylamino)-, *cis*-, [89631-65-2], 25:89
———, *trans*-, [89631-66-3], 25:89
1,3,5,2,4,6-Triazatriphosphorine, 2,2-bis(1-aziridinyl)-4,4,6,6-tetrachloro-2,2,4,4,6,6-hexahydro-, [3808-49-9], 25:87
1,3,5,2,4,6-Triazatriphosphorine, 2,4-bis(1-aziridinyl)-2,4,6,6-tetrachloro-2,2,4,4,6,6-hexahydro-, *cis*-, [79935-97-0], 25:87
———, *trans*-, [79935-98-1], 25:87
1,3,5,2,4,6-Triazatriphosphorine, 2,4-bis(dimethylamino)-2,4,6,6-tetrafluoro-2,2,4,4,6,6-hexahydro-, [30004-14-9], 18:197

———, 2,4-diamino-2,4,6,6-tetrachloro-2,2,4,4,6,6-hexahydro-, [7382-17-4], 14:24
———, 2,4-dibromo-2,4,6,6-tetrafluoro-2,2,4,4,6,6-hexahydro-, [29871-63-4], 18:198
———, 2,2-dichloro-4,6-bis(dimethylamino)-4,6-difluoro-2,2,4,4,6,6-hexahydro-, [67283-78-7], 18:195
———, 2,2,4,4,6,6-hexabromo-2,2,4,4,6,6-hexahydro-, [13701-85-4], 7:76
———, 2,2,4,4,6,6-hexachloro-2,2,4,4,6,6-hexahydro-, [940-71-6], 6:94
———, 2,2,4,4,6,6-hexaethoxy-2,2,4,4,6,6-hexahydro-, [799-83-7], 8:77
———, 2,2,4,4,6,6-hexafluoro-2,2,4,4,6,6-hexahydro-, [15599-91-4], 9:76
———, 2,2,4,4,6,6-hexahydro-2,2,4,4,6,6-hexakis(phenylthio)-, [1065-77-6], 8:88
———, 2,2,4,4,6,6-hexahydro-2,2,4,4,6,6-hexaphenoxy-, [1184-10-7], 8:81
———, 2,2,4,4,6,6-hexakis(ethylthio)-2,2,4,4,6,6-hexahydro-, [974-70-9], 8:87
1,3,5,2,4,6-Triazatriphosphorine, 2,2,4,4,6-pentachloro-6-(ethenyloxy)-2,2,4,4,6,6-hexahydro-, [82056-02-8], 25:75
———, homopolymer, [87006-53-9], 25:77
1,3,5,2,4,6-Triazatriphosphorine, 2,2,4,4,6-pentafluoro-2,2,4,4,6,6-hexahydro-6-phenyl-, [2713-48-6], 12:294
———, 2,2,4,6-tetrachloro-4,6-bis(dimethylamino)-2,2,4,4,6,6-hexahydro-, [2203-74-9], 18:194
———, 2,2,4,4-tetrachloro-6,6-bis(ethylthio)-2,2,4,4,6,6-hexahydro-, [7652-85-9], 8:86
———, 2,2,4,4-tetrachloro-2,2,4,4,6,6-hexahydro-6,6-bis(phenylthio)-, [7655-02-9], 8:88
1,3,5,2,4,6-Triazatriphosphorine, 2,2,4,4-tetrachloro-2,2,4,4,6,6-hexahydro-6-methyl-6-[(trimethylsilyl)methyl]-, [104738-14-9], 25:61
———, homopolymer, [110718-16-6], 25:63
1,3,5,2,4,6-Triazatriphosphorine, 2,2,4,4-tetrafluoro-2,2,4,4,6,6-hexahydro-6,6-diphenyl-, [18274-73-2], 12:296
———, 2,4,6-tribromo-2,2,4,4,6,6-hexahydro-2,4,6-triphenyl-, (2α,4α,6α)-, [19322-22-6], 11:201
———, 2,4,6-tribromo-2,4,6-trifluoro-2,2,4,4,6,6-hexahydro-, [67336-18-9], 18:197,198
———, 2,4,6-trichloro-1,3,5-triethylhexahydro-, [1679-92-1], 25:13
———, 2,4,6-trichloro-2,4,6-tris(dimethylamino)-2,2,4,4,6,6-hexahydro-, [3721-13-9], 18:194
———, 2,2,4-tris(1-aziridinyl)-4,6,6-trichloro-2,2,4,4,6,6-hexahydro-, [3776-23-6], 25:87
———, 2,4,6-tris(dimethylamino)-2,4,6-trifluoro-2,2,4,4,6,6-hexahydro-, [29871-59-8], 18:195
1,3,5-Triazine, 2,4,6-trichloro-, [108-77-0], 2:94
1*H*-1,2,4-Triazole, cobalt complex, homopolymer, [63654-21-7], 23:159
———, copper complex, homopolymer, [63654-20-6], 23:159
———, iron complex, homopolymer, [63654-19-3], 23:185
———, manganese complex, homopolymer, [63654-18-2], 23:158
4*H*-1,2,4-Triazole, nickel complex, [63161-69-3], 23:160
1*H*-1,2,4-Triazole, nickel complex, homopolymer, [63654-17-1], 23:159
———, zinc complex, homopolymer, [63654-16-0], 23:160
1,2,4-Triazolidine-3,5-dione, [3232-84-6], 5:52-54
1,2,4-Triazolidine-3,5-dione, compd. with hydrazine (1:1), [63467-96-9], 5:53

1*H*-1,4,7-Triazonine, cobalt(1+) deriv., [152227-35-5], 23:77
1*H*-1,4,7-Triazonine, cobalt(2+) deriv., [152227-34-4], 23:76
1*H*-1,4,7-Triazonine, cobalt(2+) deriv., [152227-42-4], 23:78
Triborate(1-), bromoheptahydro-, [57405-81-9], 15:118
Triborate(1-), octahydro-, [12429-74-2], 10:82; 11:27; 15:111
———, manganese complex, [53801-97-1], 19:227,228
———, sodium, compd. with 1,4-dioxane (1:3), [33220-35-8], 10:85
Tricyclo[2.2.1]hepta-2,5-diene, ruthenium complex, [105848-78-0], 26:256
1-Tridecanamine, compd. with tantalum sulfide (TaS_2), [34366-36-4], 30:164
Trigermane, [14691-44-2], 7:37
2,8,9-Trioxa-5-aza-1-germabicyclo[3.3.3] undecane, 1-ethyl-, [21410-53-7], 16:229
2,8,9-Trioxa-5-aza-1-stannabicyclo[3.3.3] undecane, 1-ethyl-, [41766-05-6], 16:230
2,6,7-Trioxa-1-phosphabicyclo[2.2.2] octane, palladium deriv., [20332-82-5], 11:109
3,5,8-Trioxa-1-phosphabicyclo[2.2.2] octane, palladium deriv., [17569-70-9], 11:109
Trioxide, bis(trifluoromethyl), [1718-18-9], 12:312
Triphosphirane, tris(1,1-dimethylethyl)-, [61695-12-3], 25:2
1*H*-Triphosphirene, chromium complex, [126183-04-8], 29:247
———, molybdenum complex, [92719-86-3], 27:224
1*H*-1,2,3-Triphospholium, 3,3,4,5-tetrahydro-1,1,3,3-tetraphenyl-, (*OC*-6-11)-hexachlorostannate(2-) (2:1), [80583-60-4], 27:255
Triphosphoric acid, pentasodium salt, [7758-29-4], 3:101
———, pentasodium salt, hexahydrate, [15091-98-2], 3:103
Tris[1,3,2]diazaborino[1,2-a:1',2'-c:1'',2''-e][1,3,5,2,4,6]triazatriborine, dodecahydro-, [6063-61-2], 29:59
———, dodecahydro-1,7,13-trimethyl-, [57907-40-1], 29:59
1*H*,6*H*,11*H*-Tris[1,3,2]diazaborolo[1,2-a:1',2'-c:1'',2''-e][1,3,5,2,4,6] triazatriborine, hexahydro-1,6,11-trimethyl-, [52813-38-4], 29:59
Trisilane, octachloro-, [13596-23-1], 1:44
1,2,4,3,5-Trithia(4-S^{IV})diazole, 1-oxide, [54460-74-1], 25:52
1,2,4,3,5-Trithiadiborolane-3,5-$^{10}B_2$, 3,5-dimethyl-, [90830-08-3], 22:225
1,3,5,2,4,6-Trithia(5-S^{IV})triazine, phosphorus(1+) deriv., [72884-86-7], 25:32
1λ^4,3λ^4,5λ^4-1,3,5,2,4,6-Trithiatriazine, 1,3,5-trichloro-, [5964-00-1], 9:107
———, 1,3,5-trioxide, [13955-01-6], 13:9
1,3,5,2,4,6-Trithiatriazine, 2,4,6-trichloro-, 1,3,5-trioxide, [21095-45-4], 13:10
Trithiazetidinyl, [88574-94-1], 18:124
Tungstate(1-), decacarbonyl-μ-hydrodi-, potassium, [98182-49-1], 23:27
———, tris[1,2-diphenyl-1,2-ethene-dithiolato(2-)-*S*,*S*']-, (*OC*-6-11)-, [150124-37-1], 10:9
———, tris[1,1,1,4,4,4-hexafluoro-2-butene-2,3-dithiolato(2-)-*S*,*S*']-, (*OC*-6-11)-, [47784-61-2], 10:23-25
Tungstate(2-), decacarbonyldi-, (*W*-*W*), [45264-18-4], 15:88
———, hexakis(thiocyanato-*N*)-, dipotassium, (*OC*-6-11)-, [38741-61-6], 13:230
———, tris[1,2-diphenyl-1,2-ethenedithiolato(2-)-*S*,*S*']-, [25031-38-3], 10:9
———, tris[1,1,1,4,4,4-hexafluoro-2-butene-2,3-dithiolato(2-)-*S*,*S*']-, (*OC*-6-11)-, [47784-60-1], 10:23-25
Tungstate(3-), octakis(cyano-*C*)-, tripotassium, (*DD*-8-11111111)-, [18347-84-7], 7:145

———, tetracosa-μ-oxododecaoxo[μ_{12}-[phosphato(3-)-*O*:*O*:*O*:*O*':*O*':*O*':*O*'':*O*'':*O*'':*O*''':*O*''':*O*''']]dodeca-, trihydrogen, hydrate, [12501-23-4], 1:132
———, tri-μ-chlorohexachlorodi-, (*W-W*), tripotassium, [23403-17-0], 5:139; 6:149; 7:143
Tungstate(4-), octakis(cyano-*C*)-, tetrahydrogen, (*DD*-8-11111111)-, [34849-71-3], 7:145
———, tetrapotassium, dihydrate, (*DD*-8-11111111)-, [17457-90-8], 7:142
Tungstate(4-), [μ_{12}-[orthosilicato(4-)-*O*:*O*:*O*:*O*':*O*':*O*':*O*'':*O*'':*O*'':*O*''':*O*''':*O*''']] tetracosa-μ-oxododecaoxododeca-, tetrahydrogen, hydrate, [12027-43-9], 1:129; 27:93,94
———, tetrahydrogen, hydrate, [133515-28-3], 27:93,94
———, tetrapotassium, hydrate, [12501-39-2], 27:93
———, tetrapotassium, nonahydrate, [133515-29-4], 27:94
Tungstate(4-), penta-μ-oxodecaoxobis[μ_5-[phenylphosphonato(2-)-*O*:*O*:*O*':*O*':*O*'']]penta-, tetrahydrogen, compd. with *N*,*N*-dibutyl-1-butanamine (1:4), [80044-75-3], 27:127
Tungstate(6-), aquabis[arsenito(3-)]trihexacontaoxoheneicosa-, tetrarubidium dihydrogen, tetratriacontahydrate, [79198-04-2], 27:113
Tungstate(6-), hexatriaconta-μ-oxooctadecaoxobis[μ_9-[phosphato(3-)-*O*:*O*:*O*:*O*':*O*':*O*'':*O*'':*O*''':*O*''']]octadeca-, hexapotassium, hydrate, [113471-17-3], 27:105
———, hexapotassium, tetradecahydrate, [60646-64-2], 27:105
Tungstate(6-), penta-μ-oxodecaoxobis[μ_5-[phosphato(3-)-*O*:*O*:*O*':*O*':*O*'']]penta-, hexacesium, [134107-05-4], 27:101
Tungstate(7-), octadeca-μ-oxotetradecaoxo[μ_{10}-[phosphato(3-)-*O*:*O*:*O*:*O*':*O*':*O*':*O*'':*O*'':*O*''':*O*''']]deca-, heptacesium, [100513-52-8], 27:101
Tungstate(8-), [μ_{11}-[orthosilicato(4-)-*O*:*O*:*O*:*O*':*O*':*O*':*O*'':*O*'':*O*'':*O*''':*O*''']] eicosa-μ-oxopentadecaoxoundeca-, octapotassium, tetradecahydrate, [133419-34-8], 27:92
———, octapotassium, tetradecahydrate, [133470-41-4], 27:91,92
———, octasodium, [108834-35-1], 27:90
Tungstate(8-), [μ_{10}-[orthosilicato(4-)-*O*:*O*:*O*:*O*':*O*':*O*':*O*'':*O*'':*O*''':*O*''']] octadeca-μ-oxotetradecaoxodeca-, octapotassium, dodecahydrate, [133190-62-2], 27:88
———, [μ_{11}-[orthosilicato(4-)-*O*:*O*:*O*:*O*':*O*':*O*':*O*'':*O*'':*O*'':*O*''':*O*''']]tetracosa-μ-oxoundecaoxoundeca-, octapotassium, tridecahydrate, [58942-57-7], 27:89
Tungstate(9-), pentadeca-μ-oxopentadecaoxo[μ_9-[phosphato(3-)-*O*:*O*:*O*:*O*':*O*':*O*':*O*'':*O*'':*O*'']]nona-, nonasodium, [101225-31-4], 27:100
Tungstate(10-), [μ_9-[orthosilicato(4-)-*O*:*O*:*O*:*O*':*O*':*O*'':*O*'':*O*''':*O*''']]pentadeca-μ-oxopentadecaoxonona-, decasodium, [64684-57-7], 27:87
Tungstate(10-), [μ_9-[orthosilicato(4-)-*O*:*O*:*O*:*O*':*O*':*O*':*O*'':*O*'':*O*'']]pentadeca-μ-oxopentadecaoxonona-, nonasodium hydrogen, hydrate, [121796-03-0], 27:88
Tungstate(10-), dotriaconta-μ-oxoheneicosaoxo[μ_8-[phosphato(3-)-*O*:*O*:*O*:*O*':*O*':*O*'':*O*'':*O*''']][μ_9-[phosphato(3-)-*O*:*O*:*O*:*O*':*O*':*O*'':*O*'':*O*''':*O*''']]heptadeca-, decapotassium, hydrate, [116231-28-8], 27:107
———, lithium nonapotassium, hydrate, [133625-19-1], 27:109
Tungstate(12-), heptacosa-μ-oxoheneicosaoxo[μ_6-[phosphato(3-)-*O*:*O*:*O*':*O*':*O*'':*O*'']][μ_9-[phosphato(3-)-*O*:*O*:*O*:*O*':*O*':*O*'':*O*'':*O*''':*O*''']]pentadeca-, dodecasodium, hydrate, [114714-81-7], 27:108

Tungstate(15-), hexaconta-μ-oxotriacontaoxopentakis[μ_6-[phosphato(3-)-*O*:*O*:*O*':*O*':*O*'':*O*''']]triaconta-, tetradecaammonium sodium, hydrate, [95797-73-2], 27:115

Tungstate(19-), hexaoctacontaoxononaantimonateheneicosa-, octadecaammonium sodium, [64104-53-6], 27:120

Tungstate(24-), bis(aquacobaltate) tetrakis[μ_9-[arsenito(3-)-*O*:*O*:*O*:*O*':*O*':*O*':*O*'':*O*'':*O*'']]tetraoctaconta-μ-oxotetratetracontaoxotetraconta-, tetracosaammonium, nonadecahydrate, [73261-70-8], 27:119

Tungstate(28-), tetrakis[μ_9-[arsenito(3-)-*O*:*O*:*O*:*O*':*O*':*O*':*O*'':*O*'':*O*'']]hexaheptaconta-μ-oxodopentacontaoxotetraconta-, octasodium, hexacontahydrate, [153019-52-4], 27:118

Tungstate(40-), octaoctaconta-μ-oxotetrahexacontaoxooctakis[μ_6-[phosphato(3-)-*O*:*O*:*O*':*O*':*O*'':*O*''']] octatetraconta-, pentalithium octacosapotassium heptahydrogen, dononacontahydrate, [99397-48-5], 27:110

Tungstate (WO_4^{2-}), dipotassium, (*T*-4)-, [7790-60-5], 6:149

Tungsten, [benzenaminato(2-)](2,2'-bipyridine-*N*,*N*')dichloro[2-methyl-2-propanaminato(2-)]-, (*OC*-6-14)-, [114075-31-9], 27:303

———, [benzenaminato(2-)]dichloro[2-methyl-2-propanaminato(2-)]bis (trimethylphosphine)-, (*OC*-6-43)-, [107766-60-9], 27:304

———, [benzenaminato(2-)]dichlorotris (dimethylphenylphosphine)-, (*OC*-6-32)-, [104475-11-8], 24:198

———, [benzenaminato(2-)]dichlorotris (1-isocyano-4-methylbenzene)-, [104475-14-1], 24:198

———, [benzenaminato(2-)]dichlorotris (2-isocyano-2-methylpropane)-, [89189-76-4], 24:198

———, [benzenaminato(2-)]dichlorotris (methyldiphenylphosphine)-, (*OC*-6-32)-, [104475-12-9], 24:198

———, [benzenaminato(2-)]dichlorotris (triethylphosphine)-, (*OC*-6-32)-, [104475-13-0], 24:198

———, [benzenaminato(2-)]dichlorotris (trimethylphosphine)-, [126109-15-7], 24:198

———, [benzenaminato(2-)]tetrachloro-, [78409-02-6], 24:195

———, [benzenaminato(2-)]trichlorobis (dimethylphenylphosphine)-, (*OC*-6-31)-, [89189-70-8], 24:196

———, [benzenaminato(2-)]trichlorobis (triethylphosphine)-, (*OC*-6-31)-, [104475-10-7], 24:196

———, [benzenaminato(2-)]trichlorobis (trimethylphosphine)-, (*OC*-6-31)-, [86142-37-2], 24:196

———, [benzenaminato(2-)]trichlorobis (triphenylphosphine)-, (*OC*-6-31)-, [89189-71-9], 24:196

———, bis[μ-[benzenaminato(2-)]] tetrachlorobis[2-methyl-2-propanaminato(2-)]bis(2-methyl-2-propanamine)di-, stereoisomer, [87208-54-6], 27:301

———, bis(1-chloro-4-isocyanobenzene) bis[1,2-ethanediylbis[diphenylphosphine]-*P*,*P*']-, (*OC*-6-11)-, [66862-24-6], 23:10

———, bis(η^5-2,4-cyclopentadien-1-yl) dimercapto-, [12245-02-2], 27:67

———, bis(1,3-dichloro-2-isocyanobenzene)bis[1,2-ethanediylbis [diphenylphosphine]-*P*,*P*']-, (*OC*-6-11)-, [66862-25-7], 23:10

———, bis(dinitrogen)bis[1,2-ethanediylbis[diphenylphosphine]-*P*,*P*']-, (*OC*-6-11)-, [28915-54-0], 20:126; 28:41

———, bis[1,2-ethanediylbis[diphenylphosphine]-*P*,*P*']bis(isocyanobenzene)-, (*OC*-6-11)-, [66862-33-7], 23:10

———, bis[1,2-ethanediylbis[diphenylphosphine]-*P*,*P*']bis(isocyanomethane)-, (*OC*-6-11)-, [57749-22-1], 23:10; 28:43
———, bis[1,2-ethanediylbis[diphenylphosphine]-*P*,*P*']bis(1-isocyano-4-methylbenzene)-, (*OC*-6-11)-, [66862-34-8], 23:10
———, bis[1,2-ethanediylbis[diphenylphosphine]-*P*,*P*']bis(2-isocyano-2-methylpropane)-, (*OC*-6-11)-, [66862-32-6], 23:10
———, bis[1,2-ethanediylbis[diphenylphosphine]-*P*,*P*'](1-isocyano-4-methoxybenzene)-, (*OC*-6-11)-, [66862-23-5], 23:10
———, bromotetracarbonyl(phenylmethylidyne)-, (*OC*-6-32)-, [50726-27-7], 19:172,173
———, (carbonothioyl)pentacarbonyl-, (*OC*-6-22)-, [50358-92-4], 19:183,187
———, chloro(η^5-2,4-cyclopentadien-1-yl)dinitrosyl-, [53419-14-0], 18:129
———, (η^5-2,4-cyclopentadien-1-yl)methyldinitrosyl-, [57034-45-4], 19:210
———, dibromodinitrosyl-, (*T*-4)-, [44518-81-2], 12:264
———, dicarbonyl(η^5-2,4-cyclopentadien-1-yl)hydro(triphenylphosphine)-, [33085-24-4], 26:98
———, dicarbonyl(η^5-2,4-cyclopentadien-1-yl)nitrosyl-, [12128-14-2], 18:127; 28:196
———, dicarbonyl(η^5-2,4-cyclopentadien-1-yl)[tetrafluoroborato(1-)-*F*](triphenylphosphine)-, [101163-07-9], 26:98; 28:7
———, dichlorodinitrosyl-, homopolymer, [42912-10-7], 12:264
———, dichlorotetrakis(dimethylphenylphosphine)-, (*OC*-6-12)-, [39049-86-0], 28:330
———, dichlorotetrakis(methyldiphenylphosphine)-, (*OC*-6-12)-, [90245-62-8], 28:331
———, dichlorotetrakis(trimethylphosphine)-, [76624-80-1], 28:329
———, hexacarbonylbis(η^5-2,4-cyclopentadien-1-yl)di-, (*W*-*W*), [12091-65-5], 7:139; 28:148
———, hexakis(*N*-methylmethanaminato)di-, (*W*-*W*), [54935-70-5], 29:139
———, pentacarbonyl[(dimethylamino)phenylmethylene]-, (*OC*-6-21)-, [52394-38-4], 19:169
———, pentacarbonyl(diphenylmethylene)-, (*OC*-6-21)-, [50276-12-5], 19:180
———, pentacarbonyl(2-isocyano-2-methylpropane)-, (*OC*-6-21)-, [42401-89-8], 28:143
———, pentacarbonyl(1-methoxyethylidene)-, (*OC*-6-21)-, [20540-70-9], 17:97
———, pentacarbonyl(methoxyphenylmethylene)-, (*OC*-6-21)-, [37823-96-4], 19:165
———, pentacarbonyl[(4-methylphenyl)[(trimethylsilyl)oxy]methylene]-, (*OC*-6-21)-, [64365-78-2], 19:167
———, pentacarbonyl[1-(phenylthio)ethylidene]-, (*OC*-6-22)-, [52843-33-1], 17:99
———, tetracarbonylbis(η^5-2,4-cyclopentadien-1-yl)di-, (*W*-*W*), [62853-03-6], 28:1535
———, tetracarbonylbis(2-isocyano-2-methylpropane)-, [123050-94-2], 28:143
———, tetracarbonyl(cyanato-*N*)[(diethylamino)methylidyne]-, (*OC*-6-32)-, [83827-44-5], 26:42
———, tetracarbonyl[1,2-ethanediylbis[diphenylphosphine]-*P*,*P*']-, (*OC*-6-22)-, [29890-05-9], 29:142
———, tetrachlorobis(methyldiphenylphosphine)-, [75598-29-7], 28:328
———, tetrachlorobis(triphenylphosphine)-, [36216-20-3], 20:124; 28:40

———, tetrachloro[1,2-ethanediylbis [diphenylphosphine]-*P,P'*]-, [21712-53-8], 20:125; 28:41
———, tetrachlorotris(trimethylphosphine)-, [73133-10-5], 28:327
———, tetrahydrotetrakis(methyldiphenylphosphine)-, [36351-36-7], 27:10
———, tetrakis[μ-(acetato-*O*:*O'*)]di-, (*W-W*), [88921-50-0], 26:224
———, tetrakis[μ-(2,2-dimethylpropanoato-*O*:*O'*)]di-, (*W-W*), [86728-84-9], 26:223
———, tetrakis[μ-(trifluoroacetato-*O*:*O'*)] di-, (*W-W*), [77479-85-7], 26:222
———, tricarbonylbis(diethylcarbamodithioato-*S,S'*)-, (*TPS*-7-1-121'1'22)-, [72827-54-4], 25:157
———, tricarbonyl[(1,2,3,4,5,6-η)-1,3,5-cycloheptatriene]-, [12128-81-3], 27:4
———, tricarbonyl(η^5-2,4-cyclopentadien-1-yl)hydro-, [12128-26-6], 7:136
———, tricarbonyl(η^5-2,4-cyclopentadien-1-yl)silyl-, [33520-53-5], 17:104
———, tricarbonyl(η^5-2,4-cyclopentadien-1-yl)[tetrafluoroborato(1-)-*F*]-, [68868-79-1], 26:96; 28:5
———, tricarbonyl(dihydrogen-*H,H'*) bis(tricyclohexylphosphine)-, (*PB*-7-11-22233)-, [104198-75-6], 27:6
———, tricarbonyl(dihydrogen-*H,H'*)bis [tris(1-methylethyl)phosphine]-, [104198-77-8], 27:7
———, tricarbonyl[1,2-ethanediylbis [diphenylphosphine]-*P,P'*] (phenylethenylidene)-, (*OC*-6-32)-, [88035-90-9], 29:144
———, tricarbonyl[1,2-ethanediylbis [diphenylphosphine]-*P,P'*](2-propanone)-, (*OC*-6-33)-, [84411-66-5], 29:143
———, tricarbonyltris(2-isocyano-2-methylpropane)-, (*OC*-6-22)-, [42401-95-6], 28:143
———, tricarbonyltris(propanenitrile)-, [84580-21-2], 27:4; 28:30
———, trichloro(1,2-dimethoxyethane-*O,O'*)(2,2-dimethylpropylidyne)-, [83542-12-5], 26:50
———, trichlorotrimethoxy-, (*OC*-6-21)-, [35869-29-5], 26:45
———, tris(dimethylphenylphosphine) hexahydro-, [20540-07-2], 27:11
———, tris(2,2-dimethylpropyl)(2,2-dimethylpropylidyne)-, (*T*-4)-, [68490-69-7], 26:47
———, tris[1,2-diphenyl-1,2-ethenedithiolato(2-)-*S,S'*]-, (*OC*-6-11)-, [10507-74-1], 10:9
———, tris[1,1,1,4,4,4-hexafluoro-2-butene-2,3-dithiolato(2-)-*S,S'*]-, (*OC*-6-11)-, [18832-57-0], 10:23-25
Tungsten(1+), bis[1,2-ethanediylbis [diphenylphosphine]-*P,P'*] (isocyanomethane)[(methylamino) methylidyne]-, (*OC*-6-11)-, tetrafluoroborate(1-), [73470-09-4], 23:11
———, bis[1,2-ethanediylbis[diphenylphosphine]-*P,P'*](2-isocyano-2-methylpropane)[(methylamino) methylidyne]-, (*OC*-6-11)-, tetrafluoroborate(1-), [152227-32-2], 23:12
———, pentacarbonyl[(diethylamino) methylidyne]-, (*OC*-6-21)-, tetrafluoroborate(1-), [83827-38-7], 26:40
———, tricarbonyl(η^5-2,4-cyclopentadien-1-yl)(2-propanone)-, tetrafluoroborate(1-), [101190-10-7], 26:105; 28:14
Tungsten(2+), bis[1,2-ethanediylbis [diphenylphosphine]-*P,P'*]bis [(methylamino)methylidyne]-, (*OC*-6-11)-, bis[tetrafluoroborate(1-)], [73508-17-5], 23:12
———, bis[1,2-ethanediylbis[diphenylphosphine]-*P,P'*]bis[[(4-methylphenyl) amino]methylidyne]-, (*OC*-6-11)-, bis[tetrafluoroborate(1-)], [73848-73-4], 23:14

———, tetrakis(acetonitrile)dinitrosyl-, (*OC*-6-22)-, bis[tetrafluoroborate(1-)], [82583-08-2], 26:133; 28:66
Tungsten arsenate hydroxide oxide ($W_{21}(AsO_4)_2(OH)_6O_{55}$), hydrate, [135434-87-6], 27:112
Tungsten bromide oxide (WBr_2O), [22445-32-5], 14:120
Tungsten bromide oxide (WBr_2O_2), [13520-75-7], 14:116
Tungsten bromide oxide (WBr_3O), [20213-56-3], 14:118
Tungsten bromide oxide (WBr_4O), [13520-77-9], 14:117
Tungsten bromide (WBr_5), [13470-11-6], 20:42
Tungsten carbonyl ($W(CO)_6$), (*OC*-6-11)-, [14040-11-0], 5:135; 15:89
Tungsten chloride oxide (WCl_2O), [22550-09-0], 14:115
Tungsten chloride oxide (WCl_2O_2), (*T*-4)-, [13520-76-8], 14:110
Tungsten chloride oxide (WCl_3O), [14249-98-0], 14:113
Tungsten chloride oxide (WCl_4O), [13520-78-0], 9:123; 14:112; 23:195; 28:324
Tungsten chloride (WCl_2), [13470-12-7], 30:1
Tungsten chloride (WCl_4), [13470-13-8], 12:185; 26:221; 29:138
Tungsten chloride (WCl_5), [13470-14-9], 13:150
Tungsten chloride (WCl_6), (*OC*-6-11)-, [13283-01-7], 3:136; 7:169; 9:135-136; 12:187
Tungsten fluoride (WF_6), (*OC*-6-11)-, [7783-82-6], 3:181
Tungsten fluoride oxide (WF_4O), [13520-79-1], 24:37
Tungsten iodide oxide (WI_2O_2), [14447-89-3], 14:121
Tungsten oxide (WO_2), [12036-22-5], 13:142; 14:149; 30:102
Tungsten oxide (WO_3), [1314-35-8], 9:123,125
Undecaborate(1-), tetradecahydro-, [12448-05-4], 10:86; 11:26
Undecaborate(1-), tetradecahydro-, sodium, compd. with 1,4-dioxane (1:3), [12545-00-5], 10:87
Undecaborate(2-), tridecahydro-, [12448-04-3], 11:25
———, undecahydro-, [12430-44-3], 11:24
Uranate(1-), dioxo[phosphato(3-)-*O*]-, hydrogen, tetrahydrate, [1310-86-7], 5:150
———, hexabromo-, (*OC*-6-11)-, [44491-06-7], 15:239
———, hexachloro-, (*OC*-6-11)-, [44491-58-9], 15:237
Uranate(1-), hexafluoro-, (*OC*-6-11)-, [48021-45-0], 15:240
———, potassium, (*OC*-6-11)-, [18918-88-2], 21:166
———, sodium, (*OC*-6-11)-, [18918-89-3], 21:166
Uranate(1-), trifluorooxo-, hydrogen, dihydrate, (*TB*-5-22)-, [32408-74-5], 24:145
Uranate(2-), hexachloro-, (*OC*-6-11)-, [21294-68-8], 12:230; 15:236
———, hexakis(acetato-*O*)-, [12090-29-8], 9:42
Uranate(4-), tetrakis[ethanedioato(2-)-*O,O'*]-, tetrapotassium, [12107-69-6], 8:158
———, tetrapotassium, pentahydrate, [21135-81-9], 3:169; 8:157
Uranate(10-), bis[eicosa-μ-oxoundecaoxo [μ_{11}-[phosphato(3-)-*O*:*O*:*O*:*O'*:*O'*:*O'*:*O''*:*O''*:*O''*:*O'''*:*O'''*]]undecatungstate] octa-μ-oxo-, decapotassium, [63144-46-7], 23:186
Uranium, bis[(1,2,3,4,5-η)-1,3-bis (trimethylsilyl)-2,4-cyclopentadien-1-yl]dibromo-, [109168-47-0], 27:174
———, bis[(1,2,3,4,5-η)-1,3-bis (trimethylsilyl)-2,4-cyclopentadien-1-yl]dichloro-, [87654-18-0], 27:174

Uranium *(Continued)*
———, bis[(1,2,3,4,5-η)-1,3-bis (trimethylsilyl)-2,4-cyclopentadien-1-yl]diiodo-, [109168-48-1], 27:176
———, bis(η^8-1,3,5,7-cyclooctatetraene)-, [11079-26-8], 19:149,150
———, bis(η^5-2,4-cyclopentadien-1-yl) bis(*N*-ethylethanaminato)-, [54068-37-0], 29:234
———, chlorotris(η^5-2,4-cyclopentadien-1-yl)-, [1284-81-7], 16:148; 28:301
Uranium, dichlorodioxo-, (*T*-4)-, [7791-26-6], 5:148
———, monohydrate, (*T*-4)-, [18696-33-8], 7:146
Uranium, difluorodioxo-, (*T*-4)-, [13536-84-0], 25:144
———, [5,35:14,19-diimino-12,7: 21,26:28,33-trinitrilo-7*H*-pentabenzo [*c,h,m,r,w*][1,6,11,16,21]pentaazacycl opentacosinato(2-)-N^{36},N^{37},N^{38}, N^{39},N^{40}]dioxo-, (*PB*-7-11-22'4'34)-, [56174-38-0], 20:97
———, dioxobis(8-quinolinolato-N^1,O^8)-, [17442-25-0], 4:100
———, pentachloro(2,3,3-trichloro-2-propenoyl chloride)-, (*OC*-6-21)-, [20574-41-8], 15:243
———, tetrakis(acetonitrile)tetrabromo-, [17499-65-9], 12:227
———, tetrakis(acetonitrile)tetrachloro-, (*DD*-8-21122112)-, [17499-63-7], 12:227
———, tris(η^5-2,4-cyclopentadien-1-yl) [(dimethylphenylphosphoranylidene) methyl]-, [77357-85-8], 27:177
———, tris(η^5-2,4-cyclopentadien-1-yl) (*N*-ethylethanaminato)-, [77507-92-7], 29:236
Uranium chloride (UCl_3), [10025-93-1], 5:145
Uranium chloride (UCl_4), [10026-10-5], 5:143,148; 21:187
Uranium chloride (UCl_5), [13470-21-8], 5:144
Uranium chloride (UCl_6), (*OC*-6-11)-, [13763-23-0], 16:143
Uranium fluoride (UF_5), [13775-07-0], 19:137,138,139; 21:163
Uranium oxide (UO_2), [1344-57-6], 5:149
Uranium oxide (U_3O_8), [1344-59-8], 5:149
Urea, [57-13-6], 2:89
Urea, *N,N*-difluoro-, [1510-31-2], 12:307,310
———, *N,N'*-dimethyl-*N,N'*-bis (trimethylsilyl)-, [10218-17-4], 24:120

Vanadate(1-), oxo[phosphato(3-)-*O*]-, hydrogen, hydrate (2:1), [93280-40-1], 30:243
———, tris[2,3-dimercapto-2-butene-dinitrilato(2-)-*S,S'*]-, (*OC*-6-11)-, [20589-26-8], 10:9
———, tris[1,2-diphenyl-1,2-ethene-dithiolato(2-)-*S,S'*]-, (*OC*-6-11)-, [47873-80-3], 10:9
———, tris[1,1,1,4,4,4-hexafluoro-2-butene-2,3-dithiolato(2-)-*S,S'*]-, (*OC*-6-11)-, [47784-56-5], 10:24,25
Vanadate(2-), tetrafluorooxo-, nickel(2+) (1:1), heptahydrate, [60004-23-1], 16:87
———, tris[2,3-dimercapto-2-butene-dinitrilato(2-)-*S,S'*]-, (*TP*-6-111)-, [47383-42-6], 10:9
———, tris[1,2-diphenyl-1,2-ethene-dithiolato(2-)-*S,S'*]-, (*OC*-6-11)-, [47873-79-0], 10:9
———, tris[1,1,1,4,4,4-hexafluoro-2-butene-2,3-dithiolato(2-)-*S,S'*]-, (*OC*-6-11)-, [47784-55-4], 10:24,25
Vanadate(3-), hexafluoro-, triammonium, (*OC*-6-11)-, [13815-31-1], 7:88
Vanadate(3-), tri-μ-bromohexabromodi-, tricesium, [129982-53-2], 26:379
———, trirubidium, [102682-48-4], 26:379
Vanadate(3-), tri-μ-chlorohexachlorodi-, tricesium, [12052-07-2], 26:379
———, trirubidium, [12139-46-7], 26:379

Vanadate(3-), tris[2,3-dimercapto-2-butenedinitrilato(2-)-*S,S'*]-, (*OC*-6-11)-, [20589-29-1], 10:9
Vanadate(4-), chlorotetraoxo-, strontium (1:2), [12410-18-3], 14:126
———, (eicosa-μ-oxoundecaoxoundecatungstate)tetra-μ-oxooxo[μ_{12}-[phosphato(3-)-*O:O:O:O':O':O':O'':O'':O'':O''':O''':O'''*]]-, tetrapotassium, [59519-72-1], 27:99
Vanadate(5-), (heptadeca-μ-oxodecaoxodecatungstate)hepta-μ-oxodioxo[.μ_{12}-[phosphato(3-)-*O:O:O:O':O':O':O'':O'':O'':O''':O''':O'''*]]di-, pentacesium, [133644-76-5], 27:102; 27:103
———, pentacesium, [133756-81-7], 27:102; 27:103
Vanadate(6-), nona-μ-oxotrioxo (pentadeca-μ-oxononaoxononatungstate)[μ_{12}-[phosphato(3-)-*O:O:O:O':O':O':O'':O'':O'':O''':O''':O'''*]] tri-, hexacesium, [93222-18-5], 27:100
Vanadate(7-), manganatedeca-μ-oxohexa-μ_3-oxodi-$\mu_4$oxodi-μ_5-oxodi-μ_6-oxohexadecaoxotrideca-, [97649-01-9], 15:105,107
———, nickelatedeca-μ-oxohexa-μ_3-oxodi-$\mu_4$oxodi-μ_5-oxodi-μ_6-oxohexadecaoxotrideca-, heptapotassium, [93300-78-8], 15:108
Vanadate(7-), [μ_{12}-[orthosilicato(4-)-*O:O:O:O':O':O':O'':O'':O'':O''':O''':O'''*]] nona-μ-oxotrioxo(pentadeca-μ-oxononaoxononatungstate)tri-, hexapotassium hydrogen, trihydrate, [101056-07-9], 27:129
———, tetrakis(*N,N,N*-tributyl-1-butanaminium) trihydrogen, [124375-00-4], 27:131
Vanadate (VO_3^{1-}), [13981-20-9], 15:104
———, ammonium, [7803-55-6], 3:117; 9:82
Vanadate ($V_{10}O_{28}^{6-}$), hexaammonium, hexahydrate, [37355-92-3], 19:140,143
———, hexasodium, hydrate, [12315-57-0], 19:140,142
Vanadium, mol. (V_2), [12597-60-3], 22:116
Vanadium, bis(acetato-*O*)oxo-, [3473-84-5], 13:181
———, bis(1,2-benzisothiazol-3(2*H*)-one 1,1-dioxidato-N^2)-, dihydrate, (*OC*-6-11)-, [103563-29-7], 27:307
———, bis(1,2-benzisothiazol-3(2*H*)-one 1,1-dioxidato-O^3)tetrakis(pyridine)-, (*OC*-6-12)-, compd. with pyridine (1:2), [103563-31-1], 27:308
———, chlorobis(η^5-2,4-cyclopentadien-1-yl)-, [12701-79-0], 21:85; 28:262
———, (copper)[μ-[[6,6'-(1,2-ethanediyldinitrilo)bis[2,4-heptanedionato]] (4-)-$N^6,N^{6'},O^4,O^{4'}:O^2,O^{2'},O^4,O^{4'}$]]oxo-, monohydrate, [151085-73-3], 20:95
———, [5,26:13,18-diimino-7,11:20,24-dinitrilodibenzo[*c,n*][1,6,12,17]tetraazacyclodocosinato(2-)-$N^{27},N^{28},N^{29},N^{30}$]oxo-, (*SP*-5-12)-, [67327-06-4], 18:48
———, [μ-(disulfur-*S:S'*)]bis[(1,2,3,4,5-η)-1-methyl-2,4-cyclopentadien-1-yl]di-μ-thioxodi-, (*V-V*), [87174-39-8], 27:55
———, [μ-(disulfur-*S:S'*)][μ-(disulfur-*S,S':S,S'*)]bis[(1,2,3,4,5-η)-1-methyl-2,4-cyclopentadien-1-yl]-μ-thioxodi-, (*V-V*), [82978-84-5], 27:54
———, [hexylphosphonato(2-)-*O*]oxo-, compd. with benzenemethanol (1:1), monohydrate, [158188-71-7], 30:247
———, oxobis(2,4-pentanedionato-*O,O'*)-, (*SP*-5-21)-, [3153-26-2], 5:113
Vanadium, oxo[phenylphosphonato(2-)-*O*]-, compd. with ethanol (1:1), monohydrate, [158188-70-6], 30:245
———, dihydrate, [152545-41-0], 30:246
Vanadium, oxo[phosphato(3-)-*O*]-, dihydrate, [12293-87-7], 30:242
———, oxo[sulfato(2-)-*O*]-, [27774-13-6], 7:94

Vanadium *(Continued)*
———, oxo[5,10,15,20-tetraphenyl-21*H*,23*H*-porphinato(2-)-N^{21},N^{22},N^{23},N^{24}]-, (*SP*-5-12)-, [14705-63-6], 20:144
———, tetracarbonyl(η^5-2,4-cyclopentadien-1-yl)-, [12108-04-2], 7:100
———, trichlorobis(*N*,*N*-dimethylmethanamine)-, [20538-61-8], 13:179
———, trichlorooxo-, (*T*-4)-, [7727-18-6], 1:106; 4:80; 6:119; 9:80
———, trichlorotris(tetrahydrofuran)-, [19559-06-9], 21:138
———, tris(acetonitrile)trichloro-, [20512-79-2], 13:167
———, tris[1,2-diphenyl-1,2-ethenedithiolato(2-)-*S*,*S*']-, (*TP*-6-11'1")-, [15697-34-4], 10:9
———, tris(6,6,7,7,8,8,8-heptafluoro-2,2-dimethyl-3,5-octanedionato-*O*,*O*')-, [31183-12-7], 12:74
———, tris[4-(methylimino)-2-pentanonato-*N*,*O*]-, [18533-30-7], 11:81
———, tris(nitrato-*O*)oxo-, (*T*-4)-, [16017-37-1], 9:83
Vanadium(1+), dichlorotetrakis(2-propanol)-, chloride, [33519-90-3], 13:177
Vanadium(3+), hexaammine-, trichloride, (*OC*-6-11)-, [148832-36-4], 4:130
Vanadium chloride (VCl_2), [10580-52-6], 4:126; 21:185
Vanadium chloride (VCl_3), [7718-98-1], 4:128; 7:100; 9:135
———, hexahydrate, [15168-15-7], 4:130
Vanadium chloride (VCl_4), (*T*-4)-, [7632-51-1], 1:107; 20:42
Vanadium fluoride (VF_2), [13842-80-3], 7:91
Vanadium fluoride (VF_3), [10049-12-4], 7:87
Vanadium hydroxide ($V(OH)_2$), [39096-97-4], 7:97
Vanadium oxide (VO), [12035-98-2], 14:131
Vanadium oxide (V_2O_3), [1314-34-7], 1:106; 4:80; 14:131
Vanadium oxide (V_2O_5), [1314-62-1], 9:80
Vanadium sulfide (VS_2), [12166-28-8], 24:201; 30:185
Vanadocene, [1277-47-0], 7:102

Xenonate, hydroxytrioxo-, (*T*-4)-, [26891-42-9], 11:210
Xenonate(4-), hexaoxo-, tetrasodium, (*OC*-6-11)-, [13721-44-3], 8:252
Xenonate (XeO_6^{4-}), tetrasodium, hydrate, (*OC*-6-11)-, [67001-79-0], 11:210
Xenonate ($Xe(OH)O_5^{3-}$), (*OC*-6-22)-, [33598-83-3], 11:212
Xenon, bis[pentafluorohydroxytellurato (1-)-*O*]-, [25005-56-5], 24:36
Xenon fluoride (XeF_2), [13709-36-9], 8:260; 11:147; 29:1
Xenon fluoride (XeF_4), (*T*-4)-, [13709-61-0], 8:254; 8:261; 11:150; 29:4
Xenon fluoride (XeF_6), (*OC*-6-11)-, [13693-09-9], 8:257; 8:258; 11:205
Xenon fluoride oxide (XeF_4O), (*SP*-5-21)-, [13774-85-1], 8:251,260
Xenon fluoroselenate ($Xe(SeF_5O)_2$), [38344-58-0], 24:29
Xenon oxide (XeO_3), [13776-58-4], 8:251,254,258,260; 11:205
Xenon oxide (XeO_4), (*T*-4)-, [12340-14-6], 8:251

Ytterbate(2-), pentachloro-, dicesium, [97253-00-4], 30:78
Ytterbate(3-), tri-μ-bromohexabromodi-, tricesium, [73191-00-1], 30:79
———, trirubidium, [158188-74-0], 30:79
Ytterbate(3-), tri-μ-chlorohexachlorodi-, tricesium, [73191-16-9], 30:79
Ytterbium, bis(η^5-2,4-cyclopentadien-1-yl)(1,2-dimethoxyethane-*O*,*O*')-, [84270-63-3], 26:22; 28:295
———, bis[1,1'-oxybis[ethane]]bis[1,1,1-trimethyl-*N*-(trimethylsilyl)

silanaminato]-, (T-4)-, [81770-53-8], 27:148
———, bis(phenylethynyl)-, [66080-21-5], 27:143
———, (1,4,7,10,13,16-hexaoxacyclo-octadecane-$O^1,O^4,O^7,O^{10},O^{13},O^{16}$) tris(nitrato-$O,O'$)-, [77372-16-8], 23:153
———, [1,1'-oxybis[ethane]]bis [(1,2,3,4,5-η)-1,2,3,4,5-pentamethyl-2,4-cyclopentadien-1-yl]-, [74282-47-6], 27:148
———, (2,4-pentanedionato-O,O') [5,10,15,20-tetrakis(4-methylphenyl)-21H,23H-porphinato(2-)-$N^{21},N^{22},N^{23},N^{24}$]-, [61276-72-0], 22:156
———, tetrakis[(1,2,3,4,5-η)-1,3-bis (trimethylsilyl)-2,4-cyclopentadien-1-yl]di-μ-chlorodi-, [81536-99-4], 27:171
———, [5,10,15,20-tetrakis(3-fluoro-phenyl)-21H,23H-porphinato(2-)-$N^{21},N^{22},N^{23},N^{24}$](2,2,6,6-tetramethyl-3,5-heptanedionato-O,O')-, [89780-87-0], 22:160
———, [5,10,15,20-tetrakis(4-methyl-phenyl)-21H,23H-porphinato(2-)-$N^{21},N^{22},N^{23},N^{24}$](2,2,6,6-tetramethyl-3,5-heptanedionato-O,O')-, [60911-13-9], 22:156
———, trichlorotris(tetrahydrofuran)-, [14782-79-7], 27:139; 28:289
———, tris(nitrato-O,O')(1,4,7,10,13-pentaoxacyclopentadecane-$O^1,O^4,O^7,O^{10},O^{13}$)-, hydrate, [94152-75-7], 23:151
———, tris(nitrato-O)(1,4,7,10-tetraoxa-cyclododecane-O^1,O^4,O^7,O^{10})-, [73288-77-4], 23:151
———, tris(2,2,6,6-tetramethyl-3,5-hep-tanedionato-O,O')-, (OC-6-11)-, [15492-52-1], 11:94
Ytterbium(1+), bis(nitrato-O,O')(1,4,7,10,13-pentaoxacyclopentadecane-$O^1,O^4,O^7,O^{10},O^{13}$)-, hexakis(nitrato-$O,O'$)ytterbate(3-) (3:1), [94121-35-4], 23:153
———, (1,4,7,10,13,16-hexaoxacyclo-octadecane-$O^1,O^4,O^7,O^{10},O^{13},O^{16}$)bis(nitrato-$O,O'$)-, hexakis (nitrato-$O,O'$)ytterbate(3-) (3:1), [94121-41-2], 23:155
Ytterbium(3+), hexakis(P,P-diphenyl-phosphinic amide-O)-, (OC-6-11)-, tris[hexafluorophosphate(1-)], [59449-61-5], 23:180
Ytterbium iodide (YbI_2), [19357-86-9], 27:147
Ytterbium chloride ($YbCl_3$), [10361-91-8], 22:39
Ytterbium sulfide (Yb_2S_3), [12039-20-2], 14:154
Yttrate(2-), pentachloro-, dicesium, [19633-62-6], 30:78
Yttrate(3-), tri-μ-chlorohexachlorodi-, tricesium, [73191-12-5], 30:79
Yttrium, (2,4-pentanedionato-O,O') [5,10,15,20-tetraphenyl-21H,23H-porphinato(2-)-$N^{21},N^{22},N^{23},N^{24}$]-, ($TP$-6-132)-, [57327-04-5], 22:160
———, tetrakis[(1,2,3,4,5-η)-1,3-bis (trimethylsilyl)-2,4-cyclopentadien-1-yl]di-μ-chlorodi-, [81507-54-2], 27:171
———, tris(2,2,6,6-tetramethyl-3,5-heptanedionato-O,O')-, (OC-6-11)-, [15632-39-0], 11:96
Yttrium chloride (YCl_3), [10361-92-9], 22:39; 25:146
Yttrium sulfide (Y_2S_3), [12039-19-9], 14:154

Zinc, (acetato)tris(2,4-pentanedionato)di-, [12568-45-5], 10:75
———, bis(acetato-O,O')(N-2-pyridinyl-2-pyridinamine-N^N,N^1)-, [14166-94-0], 8:10
———, bis(cyano-C)(N-2-pyridinyl-2-pyridinamine-N^N,N^1)-, [14695-99-9], 8:10

Zinc, bis(2,4-pentanedionato-*O*,*O*')-, (*T*-4)-, [14024-63-6], 10:74
———, monohydrate, (*T*-4)-, [14363-15-6], 10:74
Zinc, bis(pyridine)bis(thiocyanato-*N*)-, (*T*-4)-, [13878-20-1], 12:251,253
———, bis(thiocyanato-*N*)bis(1*H*-1,2,4-triazole)-, homopolymer, [63654-16-0], 23:160
———, dichlorobis(hydroxylamine)-, [59165-16-1], 9:2
———, dichlorobis(hydroxylamine-*N*)-, (*T*-4)-, [15333-32-1], 9:2
———, dichloro(*N*-2-pyridinyl-2-pyridinamine-N^{N^2},N^1)-, (*T*-4)-, [14169-18-7], 8:10
———, dimethyl-, [544-97-8], 19:253
———, (methanol)bis(2,4-pentanedionato-*O*,*O*')-, [150124-38-2], 10:74
———, tetraaquabis(1,2-benzisothiazol-$_3$(2*H*)-one 1,1-dioxidato-N^2)-, dihydrate, [81780-33-8], 23:49
———, [5,10,15,20-tetra-4-pyridinyl-21*H*,23*H*-porphinato(2-)-N^{21},N^{22},N^{23},N^{24}]-, (*SP*-4-1)-, [31183-11-6], 12:256
Zinc(1+), chloro(2,9-dimethyl-3,10-diphenyl-1,4,8,11-tetraazacyclotetradeca-1,3,8,10-tetraene-N^1,N^4,N^8,N^{11})-, (*SP*-5-12)-, hexafluorophosphate(1-), [77153-92-5], 22:111
Zinc(2+), (tetrabenzo[*b*,*f*,*j*,*n*][1,5,9,13]tetraazacyclohexadecine-N^5,N^{11},N^{17},N^{23})-, (*SP*-4-1)-, (*T*-4)-tetrachlorozincate(2-) (1:1), [62571-24-8], 18:33
Zincate(1-), trihydro-, lithium, [38829-83-3], 17:10
———, sodium, [34397-46-1], 17:15
Zincate(1-), trihydrodimethyldi-, sodium, [11090-43-0], 17:13
Zincate(2-), tetrachloro-, dipotassium, (*T*-4)-, [15629-28-4], 20:51
———, tetrahydro-, dilithium, (*T*-4)-, [38829-84-4], 17:12
Zincate(4-), hexakis[μ-[tetraethyl 2,3-dioxo-1,1,4,4-butanetetracarboxylato (2-)]]tetra-, tetraammonium, [114466-56-7], 29:277
Zinc chloride ($ZnCl_2$), [7646-85-7], 5:154; 7:168; 28:322; 29:110
Zinc hydride (ZnH_2), [14018-82-7], 17:6
Zinc oxide (ZnO), [1314-13-2], 30:262
Zinc sulfide (ZnS), [1314-98-3], 30:262
Zirconate(2-), bis[*N*,*N*-bis(carboxymethyl) glycinato(3-)-*N*,*O*,*O*',*O*'']-, dipotassium, [12366-46-0], 10:7
———, hexabromo-, (*OC*-6-11)-, dihydrogen, compd. with *N*-ethylethanamine (1:2), [18007-83-5], 12:231
———, hexachloro-, (*OC*-6-11)-, dihydrogen, compd. with *N*-ethylethanamine (1:2), [16970-03-9], 12:231
Zirconate(4-), tetrakis[ethanedioato(2-)-*O*,*O*']-, (*DD*-8-111''1''1'1'1'''1''')-, tetrapotassium, pentahydrate, [51716-89-3], 8:40
Zirconium, bis(acetonitrile)tetrabromo-, (*OC*-6-22)-, [65531-82-0], 12:227
———, bis(acetonitrile)tetrachloro-, [12073-21-1], 12:227
———, bis(η^5-2,4-cyclopentadien-1-yl) dihydro-, [37342-98-6], 19:224,225; 28:257
———, bis(η^5-2,4-cyclopentadien-1-yl) tri-μ-hydrohydro[tris(dimethylphenylphosphine)osmium]-, (*Os*-*Zr*), [93895-83-1], 27:27
———, bromotris(2,4-pentanedionato-*O*,*O*')-, [19610-19-6], 12:88,94
———, chlorobis(η^5-2,4-cyclopentadien-1-yl)hydro-, [37342-97-5], 19:226; 28:259
———, chlorotris(2,4-pentanedionato-*O*,*O*')-, [17211-55-1], 8:38; 12:88,93

———, dibromobis(butanenitrile)-, [151183-15-2], 12:228
———, dibromooxo-, [33712-61-7], 1:51
———, dicarbonylbis(η^5-2,4-cyclopentadien-1-yl)-, [59487-85-3], 24:150; 28:251
———, dicarbonylbis[(1,2,3,4,5-η)-1,2,3,4,5-pentamethyl-2,4-cyclopentadien-1-yl]-, [61396-31-4], 24:153; 28:254
———, dichlorobis(2,4-pentanedionato-*O,O'*)-, [18717-38-9], 12:88,93
Zirconium, dichlorooxo-, [7699-43-6], 3:76
———, octahydrate, [13520-92-8], 2:121
Zirconium, dichlorotetrakis(η^5-2,4-cyclopentadien-1-yl)-μ-oxodi-, [12097-04-0], 19:224
———, iodotris(2,4-pentanedionato-*O,O'*)-, [25375-95-5], 12:88,95
———, tetrabromobis(propanenitrile)-, [92656-72-9], 12:228
———, tetrachlorobis(propanenitrile)-, [92305-50-5], 12:228
———, tetrachlorobis(tetrahydrofuran)-, [21959-01-3], 21:136
Zirconium, tetrakis(2,4-pentanedionato-*O,O'*)-, (*SA*-8-11"11"1'1'"1'1'")-, [17501-44-9], 2:121
———, decahydrate, (*SA*-8-11"11"1'1'" 1'1'")-, [150135-38-9], 2:121
Zirconium, tetrakis(1,1,1-trifluoro-2,4-pentanedionato-*O,O'*)-, [17499-68-2], 9:50
Zirconium bromide (ZrBr), [31483-18-8], 22:26; 30:6
Zirconium bromide ($ZrBr_4$), (*T*-4)-, [13777-25-8], 1:49
Zirconium chloride, [11126-30-0], 22:26
Zirconium chloride (ZrCl), [14989-34-5], 30:6
Zirconium chloride ($ZrCl_4$), (*T*-4)-, [10026-11-6], 4:121; 7:167
Zirconium iodide (ZrI_4), [13986-26-0], 7:52
Zirconium oxide (ZrO_2), [1314-23-4], 3:76; 30:262
Zirconium sulfide (ZrS_2), [12039-15-5], 12:158,162; 30:25

FORMULA INDEX

Prepared by Thomas E. Sloan

The formulas in the Inorganic Syntheses, Vol. 30I Formula Index are for the total composition of the entered compound. In many cases, especially ionic complexes, there are significant differences between the Inorganic Syntheses Formula Index entry and the CAS Registry formula, e.g., Sodium tetrahydroborate(1-)[16940-66-2], the I.S. Formula Index entry is BH_4Na while the CAS Registry formula is $BH_4.Na$.

The formulas consist solely of the atomic symbols (abbreviations for atomic groupings or ligands are not used) and are arranged in alphabetical order with carbon and hydrogen always given last, e.g., $Br_3CoN_4C_4H_{16}$. To enhance the utility of the I. S. Formula Index, all formulas are permuted on the atomic symbols for all atoms symbols. $FeO_{13}Ru_3C_{13}H_3$ is also listed at $O_{13}FeRu_3C_{13}H_3$, $C_{13}FeO_{13}Ru_3H_3$, $H_3FeO_{13}Ru_3C_{13}$ and $Ru_3FeO_{13}C_{13}H_3$. Ligands are not given separate formula entries in this I.S. Formula Index.

Water of hydration, when so identified, and other components of clathrates and addition compounds are not added into the formulas of the constituent compound. Components of addition compounds (other than water of hydration) are entered at the formulas of both components.

$AgAl_{11}O_{17}$, Aluminum silver oxide ($Al_{11}AgO_{17}$), [12505-20-3], 30:236

$AgAsF_6$, Arsenate(1-), hexafluoro-, silver(1+), [12005-82-2], 24:74

$AgAsF_6S_{16}$, Silver(1+), bis(octasulfur-S^1,S^3)-, (*T*-4)-, hexafluoroarsenate (1-), [83779-62-8], 24:74

$AgBF_4$, Borate(1-), tetrafluoro-, silver (1+), [14104-20-2], 13:57

AgCl, Silver chloride (AgCl), [7783-90-6], 1:3;20:18

$AgClN_2O_4C_{10}H_{10}$, Silver(2+), bis (pyridine)-, perchlorate, [116820-68-9], 6:6

$AgClO_3$, Chloric acid, silver(1+) salt, [7783-92-8], 2:4

$AgCl_3N_{10}O_{12}C_6H_{16}$, Silver(3+), (3,8-diimino-2,4,7,9-tetraazadecanediimidamide-*N′*,*N‴*,N^4,N^7)-, (*SP*-4-2)-, triperchlorate, [15890-99-0], 6:78

$AgCoH_6N_6O_8$, Cobaltate(1-), diamminetetrakis(nitrito-*N*)-, silver(1+), [15489-99-3], 9:172

$AgCoN_4O_8C_4H_8$, Cobaltate(1-), bis(glycinato-*N*,*O*)bis(nitrito-*N*)-, silver(1+), [15614-17-2], 9:174; 23:92

———, Cobaltate(1-), bis(glycinato-*N*,*O*)bis(nitrito-*N*)-, silver(1+), (*OC*-6-22)-, [99527-42-1], 23:92

AgF, Silver fluoride (AgF), [7775-41-9], 4:136;5:19-20

AgF_2, Silver fluoride (AgF_2), [7783-95-1], 3:176

$AgF_3O_2C_{13}H_{12}$, Silver, [(1,2-η)-1,3,5,7-cyclooctatetraene](1,1,1-trifluoro-2,4-pentanedionato-*O*,*O′*)-, [39015-21-9], 16:118

$AgF_3O_2C_{13}H_{16}$, Silver, [(1,2-η)-1,5-cyclooctadiene](1,1,1-trifluoro-2,4-

pentanedionato-*O,O'*)-, [38892-27-2], 16:118
AgF_3O_3SCH, Methanesulfonic acid, trifluoro-, silver(1+) salt, [2923-28-6], 24:247
$AgF_6O_2C_{11}H_{11}$, Silver, [(1,2-η)-cyclohexene](1,1,1,5,5,5-hexafluoro-2,4-pentanedionato-*O,O'*)-, [38892-26-1], 16:18
$AgF_6O_2C_{12}H_{13}$, Silver, [(1,2-η)-cycloheptene](1,1,1,5,5,5-hexafluoro-2,4-pentanedionato-*O,O'*)-, [38882-89-2], 16:118
$AgF_6O_2C_{13}H_9$, Silver, [(1,2-η)-1,3,5,7-cyclooctatetraene](1,1,1,5,5,5-hexafluoro-2,4-pentanedionato-*O,O'*)-, [38892-24-9], 16:117
$AgF_6O_2C_{13}H_{13}$, Silver, [(1,2-η)-1,5-cyclooctadiene](1,1,1,5,5,5-hexafluoro-2,4-pentanedionato-*O,O'*)-, [38892-25-0], 16:117
$AgF_6O_2C_{13}H_{15}$, Silver, [(1,2-η)-cyclooctene](1,1,1,5,5,5-hexafluoro-2,4-pentanedionato-*O,O'*)-, [39015-19-5], 16:118
$AgFeO_2$, Iron silver oxide ($FeAgO_2$), [12321-59-4], 14:139
$AgFeS_2$, Iron silver sulfide ($FeAgS_2$), [60861-26-9], 6:171
AgH_3NO_3S, Sulfamic acid, monosilver (1+) salt, [14325-99-6], 18:201
AgI, Silver iodide (AgI), [7783-96-2], 2:6
AgNOC, Cyanic acid, silver(1+) salt, [3315-16-0], 8:23
$AgNO_2$, Nitrous acid, silver(1+) salt, [7783-99-5], 13:205
AgNSC, Thiocyanic acid, silver(1+) salt, [1701-93-5], 8:28
$AgN_3O_3C_{10}H_{10}$, Silver(1+), bis (pyridine)-, nitrate, [39716-70-6], 7:172
$AgN_{10}O_3C_6H_{19}$, Silver(3+), (3,8-diimino-2,4,7,9-tetraazadecanediimidamide-*N',N''',N*[4]*,N*[7])-, trihydroxide, [127493-74-7], 6:78
$AgN_{13}O_9C_6H_{16}$, Silver(3+), (3,8-diimino-2,4,7,9-tetraazadecanediimidamide-*N',N''',N*[4]*,N*[7])-, (*SP*-4-2)-, trinitrate, [15891-00-6], 6:78
AgO, Silver oxide (AgO), [1301-96-8], 4:12;30:54
AgO_4Re, Rhenium silver oxide ($ReAgO_4$), [7784-00-1], 9:150
Ag_2F, Silver fluoride (Ag_2F), [1302-01-8], 5:18
Ag_2FO_3P, Phosphorofluoridic acid, disilver(1+) salt, [66904-72-1], 3:109
$Ag_2H_5IO_6$, Periodic acid (H_5IO_6), disilver(1+) salt, [14014-59-6], 20:15
Ag_2N_2C, Cyanamide, disilver(1+) salt, [3384-87-0], 1:98;15:167
$Ag_2N_{20}O_{12}S_3C_{12}H_{32}$, Silver(3+), (3,8-diimino-2,4,7,9-tetraazadecanediimidamide-*N',N''',N*[4]*,N*[7])-, (*SP*-4-2)-, sulfate (2:3), [16037-61-9], 6:77
Ag_2O_3, Silver oxide (Ag_2O_3), [12002-97-0], 30:52
Ag_2O_3C, Carbonic acid, disilver(1+) salt, [534-16-7], 5:19
Ag_2O_4W, Silver tungsten oxide (Ag_2WO_4), [13465-93-5], 22:76
$Ag_2P_2C_8H_{20}$, Silver, bis[μ-[(dimethylphosphinidenio)bis(methylene)]]di-, cyclo, [43064-38-6], 18:142
Ag_3NO_3S, Silver nitrate sulfide ($Ag_3(NO_3)S$), [61027-62-1], 24:234
Ag_3O_4, Silver oxide (Ag_3O_4), [99883-72-4], 30:54
$Ag_4I_4P_4C_{12}H_{36}$, Silver, tetra-μ_3-iodotetrakis(trimethylphosphine)tetra-, [12389-34-3], 9:62
Ag_7NO_{11}, Silver nitrate oxide ($Ag_7(NO_3)O_8$), [12258-22-9], 4:13
$AlB_6O_{18}Sr_6Y$, Boric acid (H_3BO_3), aluminum strontium yttrium salt (6:1:6:1), [129265-37-8], 30:257
$AlBrSi_2C_8H_{22}$, Aluminum, bromobis [(trimethylsilyl)methyl]-, [85004-93-9], 24:94

$AlBr_3$, Aluminum bromide ($AlBr_3$), [7727-15-3], 3:30,33

AlC_6H_{15}, Aluminum, triethyl-, [97-93-8], 13:124;15:2,5,10,25

$AlClNC_3H_{11}$, Aluminum, chloro(*N,N*-dimethylmethanamine)dihydro-, (*T*-4)-, [6401-80-5], 9:30

$AlCl_3$, Aluminum chloride ($AlCl_3$), [7446-70-0], 7:167

$AlCl_4N_5S_5$, Aluminate(1-), tetrachloro-, (*T*-4)-, pentathiazyl, [12588-12-4], 17:190

$AlCl_4P_3C_{36}H_{30}$, Diphosphinium, 1,1,1-triphenyl-2-(triphenylphosphoranylidene)-, (*T*-4)-tetrachloroaluminate(1-), [91068-15-4], 27:254

$AlCsO_8S_2.12H_2O$, Sulfuric acid, aluminum cesium salt (2:1:1), dodecahydrate, [7784-17-0], 4:8

$AlF1_8O_6C_{15}H_3$, Aluminum, tris (1,1,1,5,5,5-hexafluoro-2,4-pentanedionato-*O,O'*)-, (*OC*-6-11)-, [15306-18-0], 9:28

$AlH_3.1/3OC_4H_{10}$, Ethane, 1,1'-oxybis-, compd. with aluminum hydride (AlH_3) (1:3), [13149-89-8], 14:47

AlH_4LaNi_4, Aluminum lanthanum nickel hydride ($AlLaNi_4H_4$), [66457-10-1], 22:96

AlH_8LiP_4, Aluminate(1-), tetrakis (phosphino)-, lithium, (*T*-4)-, [25248-80-0], 15:178

$AlI_3N_3C_{15}H_{15}$, Aluminum, triiodotris (pyridine)-, [15244-11-8], 20:83

$AlK_3O_{12}C_6.3H_2O$, Aluminate(3-), tris[ethanedioato(2-)-*O,O'*]-, tripotassium, trihydrate, (*OC*-6-11)-, [15242-51-0], 1:36

$AlMn_3O_{18}C_{24}H_{18}$, Manganese, hexakis [μ-(acetyl-*C:O*)](aluminum)dodecacarbonyltri-, [58034-11-0], 18:56,58

AlN, Aluminum nitride (AlN), [24304-00-5], 30:46

$AlNC_3H_{12}$, Aluminum, (*N,N*-dimethylmethanamine)trihydro-, (*T*-4)-, [16842-00-5], 9:30;17:37

$AlNC_4H_{12}$, Aluminum, (*N*-ethylethanaminato)dihydro-, [24848-99-5], 17:40

$AlN_2C_8H_{21}$, Aluminum, bis(*N*-ethylethanaminato)hydro-, [17039-99-5], 17:41

$AlNaO_4C_6H_{16}$, Aluminate(1-), dihydrobis (2-methoxyethanolato-*O,O'*)-, sodium, [22722-98-1], 18:149

$AlO_6C_{15}H_{21}$, Aluminum, tris(2,4-pentanedionato-*O,O'*)-, (*OC*-6-11)-, [13963-57-0], 2:25

$AlO_9C_{18}H_{27}$, Aluminum, tris(ethyl 3-oxobutanoato-$O^{1'}$,O^3)-, [15306-17-9], 9:25

AlP, Aluminum phosphide (AlP), [20859-73-8], 4:23

$AlSi_3C_{12}H_{33}$, Aluminum, tris[(trimethylsilyl)methyl]-, [41924-27-0], 24:92

$Al_2Cl_8FeN_6C_{12}H_{18}$, Iron(2+), hexakis (acetonitrile)-, (*OC*-6-11)-, bis[(*T*-4)-tetrachloroaluminate(1-)], [21374-09-4], 29:116

Al_2I_6, Aluminum, di-μ-iodotetraiododi-, [18898-35-6], 4:117

$Al_2K_2NNaO_2Si_2C_4H_{12}.7H_2O$, Methanaminium, *N,N,N*-trimethyl-, potassium sodium octadecaoxoheptasilicatedialuminate(2-) (1:2:1:2), heptahydrate, [152473-73-9], 22:65

$Al_2Na_2O_{14}Si_5.xH_2O$, Aluminum silicon sodium oxide ($Al_2Si_5Na_2O_{14}$), hydrate, [117314-29-1], 22:64; 30:229

Al_2Se_3, Aluminum selenide (Al_2Se_3), [1302-82-5], 2:183

$Al_4H_{16}Na_4O_{16}Si_4.9H_2O$, Silicic acid ($H_4SiO_4$), aluminum sodium salt, hydrate (4:4:4:9), [151567-94-1], 22:61;30:228

$Al_{11}AgO_{17}$, Aluminum silver oxide ($Al_{11}AgO_{17}$), [12505-20-3], 30:236

$Al_{11}GaO_{17}$, Aluminum gallium oxide ($Al_{11}GaO_{17}$), [12399-86-9], 19:56;30:239

$Al_{11}H_4NO_{17}$, Aluminum ammonium oxide ($Al_{11}(NH_4)O_{17}$), [12505-58-7], 19:56;30:239
$Al_{11}KO_{17}$, Aluminum potassium oxide ($Al_{11}KO_{17}$), [12005-47-9], 19:55;30:238
$Al_{11}LiO_{17}$, Aluminum lithium oxide ($Al_{11}LiO_{17}$), [12505-59-8], 19:54;30:237
$Al_{11}NO_{18}$, Aluminum nitrosyl oxide ($Al_{11}(NO)O_{17}$), [12446-43-4], 19:56;30:240
$Al_{11}O_{17}Rb$, Aluminum rubidium oxide ($Al_{11}RbO_{17}$), [12588-72-6], 19:55;30:238
$Al_{11}O_{17}Tl$, Aluminum thallium oxide ($Al_{11}TlO_{17}$), [12505-60-1], 19:53; 30:236
$Al_{26}N_{36}Na_{24}O_{2069}Si_{1000}C_{432}H_{1008}.70H_2O$, 1-Propanaminium, *N,N,N*-tripropyl-, sodium nonahexacontadiliaoxokilia-silicatehexacosaaluminate (60-) (36:24:1), heptacontahydrate, [158249-06-0], 30:232,233
$Al_{40}K_{20}N_{12}Na_{16}O_{393}Si_{154}C_{48}H_{144}.168H_2O$, Methanaminium, *N,N,N*-trimethyl-, potassium sodium heptaoxohepta-heptacontakis[μ-oxotetraoxodisilicato (2-)]tetracontaaluminate(48-) (12:20:16:1), octahexacontahecta-hydrate, [158210-03-8], 30:231
$AsAgF_6$, Arsenate(1-), hexafluoro-, silver(1+), [12005-82-2], 24:74
$AsAgF_6S_{16}$, Silver(1+), bis(octasulfur-S^1,S^3)-, (*T*-4)-, hexafluoroarsenate (1-), [83779-62-8], 24:74
$AsBClF_4PtC_{26}H_{27}$, Platinum(1+), chloro-[(1,2,5,6-η)-1,5-cyclooctadiene] (triphenylarsine)-, tetrafluoroborate (1-), [31940-97-3], 13:64
$AsBrC_2H_6$, Arsinous bromide, dimethyl-, [676-71-1], 7:82
$AsBrC_8H_{10}$, Arsine, (2-bromophenyl) dimethyl-, [4457-88-9], 16:185
$AsBrF_6S_7$, Sulfur(1+), bromo(hexathio)-, hexafluoroarsenate(1-), [98650-09-0], 27:336
$AsBr_2CH_3$, Arsonous dibromide, methyl-, [676-70-0], 7:82
$AsBr_2C_6H_5$, Arsonous dibromide, phenyl-, [696-24-2], 7:85
$AsBr_3F_6S$, Sulfur(1+), tribromo-, hexa-fluoroarsenate(1-), [66142-09-4], 24:76
$AsBr_4VC_{24}H_{20}$, Arsonium, tetraphenyl-, (*T*-4)-tetrabromovanadate(1-), [151379-63-4], 13:168
AsC_2H_7, Arsine, dimethyl-, [593-57-7], 10:160
AsC_3H_9, Arsine, trimethyl-, [593-88-4], 7:84
$AsClC_2H_6$, Arsinous chloride, dimethyl-, [557-89-1], 7:85
$AsClC_4H_{10}$, Arsinous chloride, diethyl-, [686-61-3], 7:85
$AsClO_2PtC_{31}H_{34}$, Platinum, [8-(1-acetyl-2-oxopropyl)-4-cycloocten-1-yl] chloro-(triphenylarsine)-, [11141-96-1], 13:63
$AsCl_2CH_3$, Arsonous dichloride, methyl-, [593-89-5], 7:85
$AsCl_2C_2H_5$, Arsonous dichloride, ethyl-, [598-14-1], 7:85
$AsCl_4VC_{24}H_{20}$, Arsonium, tetraphenyl-, (*T*-4)-tetrachlorovanadate(1-), [15647-16-2], 13:165
$AsCoO_3SnC_{24}H_{24}$, Cobalt, tricarbonyl (trimethylstannyl)(triphenylarsine)-, (*SP*-5-12)-, [138766-49-1], 29:180
$AsCrF_{18}S_6C_{36}H_{20}$, Arsonium, tetraphenyl-, tris[1,1,1,4,4,4-hexafluoro-2-butene-2,3-dithiolato(2-)-*S,S'*] chromate(1-), [19453-77-1], 10:25
$AsCrO_4PC_{34}H_{42}$, Chromium, tetracarbonyl (tributylphosphine)(triphenylarsine)-, (*OC*-6-23)-, [82613-95-4], 23:38
$AsCrO_7PC_{25}H_{24}$, Chromium, tetracarbonyl (trimethyl phosphite-P) (triphenylarsine)-, (*OC*-6-23)-, [82659-77-6], 23:38

$AsCrO_7PC_{40}H_{30}$, Chromium, tetracarbonyl (triphenylarsine)(triphenyl phosphite-*P*)-, (*OC*-6-23)-, [82613-91-0], 23:38
AsD_3, Arsine-d_3, [13464-51-2], 13:14
AsF_3, Arsenous trifluoride, [7784-35-2], 4:137;4:150
$AsF_5C_8H_6$, Arsine, dimethyl(pentafluorophenyl)-, [60575-47-5], 16:183
AsF_6IS_7, Sulfur(1+), (hexathio)iodo-, hexafluoroarsenate(1-), [61459-17-4], 27:333
$AsF_6MnO_5C_{26}H_{16}$, Manganese, tricarbonyl (1,1,1,5,5,5-hexafluoro-2,4-pentanedionato-*O,O'*)(triphenylarsine)-, [15444-36-7], 12:84
$AsF_6NC_{16}H_{36}$, 1-Butanaminium, *N,N,N*-tributyl-, hexafluoroarsenate(1-), [22505-56-2], 24:138
AsF_6NO, Arsenate(1-), hexafluoro-, nitrosyl, [18535-07-4], 24:69
AsF_6O_2, Arsenate(1-), hexafluoro-, dioxygenyl, [12370-43-3], 14:39;29:8
$AsF_6Se_8C_{20}H_{24}$, Arsenate(1-), hexafluoro-, salt with 2-(4,5-dimethyl-1,3-diselenol-2-ylidene)-4,5-dimethyl-1,3-diselenole (1:2), [73731-75-6], 24:138
$AsF_{18}MoSeC_{36}H_{20}$, Arsonium, tetraphenyl-, (*OC*-6-11)-tris[1,1,1,4,4,4-hexafluoro-2-butene-2,3-dithiolato(2-)-*S,S'*] molybdate(1-), [18958-54-8], 10:24
$AsF_{18}S_6VC_{36}H_{20}$, Arsonium, tetraphenyl-, tris[1,1,1,4,4,4-hexafluoro-2-butene-2,3-dithiolato(2-)-*S,S'*] vanadate(1-), [19052-34-7], 10:25
$AsF_{18}S_6WC_{36}H_{20}$, Arsonium, tetraphenyl-, tris[1,1,1,4,4,4-hexafluoro-2-butene-2,3-dithiolato(2-)-*S,S'*]tungstate(1-), [18958-53-7], 10:25
$AsFeO_4C_{22}H_{15}$, Iron, tetracarbonyl (triphenylarsine)-, [14375-84-9], 8:187;26:61;28:171
$AsFe_6Hg_{2.86}$, Arsenic mercury fluoride ($AsHg_{2.86}Fe_6$), [153420-98-5], 19:25
AsH_3, Arsine, [7784-42-1], 7:34,41;13:14
$AsH_{12}NO_5$, Arsenic acid (H_3AsO_4), compd. with hydroxylamine (1:3), [149165-65-1], 3:83
$AsIC_2H_6$, Arsinous iodide, dimethyl-, [676-75-5], 6:116;7:85
AsI_2CH_3, Arsonous diiodide, methyl-, [7207-97-8], 6:113;7:85
AsI_3, Arsenous triiodide, [7784-45-4], 1:103
$AsKO_5Ti$, Potassium titanium arsenate oxide ($KTi(AsO_4)O$), [59400-80-5], 30:143
$AsMo_2O_4C_{16}H_{17}$, Molybdenum, tetracarbonylbis(η^5-2,4-cyclopentadien-1-yl)[μ-(dimethylarsino)]-μ-hydrodi-, (*Mo-Mo*), [64542-62-7], 25:169
$AsNC_{25}H_{20}$, Arsonium, tetraphenyl-, cyanide, [21154-65-4], 16:135
$AsNOC_{25}H_{20}$, Arsonium, tetraphenyl-, cyanate, [21294-26-8], 16:134
$AsN_3C_6H_{18}$, Arsenous triamide, hexamethyl-, [6596-96-9], 10:133
$AsN_5S_4C_{24}H_{20}$, Arsonium, tetraphenyl-, salt with 1,3,5,7-tetrathia(1,5-S^{IV})-2,4,6,8,9-pentaazabicyclo[3.3.1]nona-1,4,6,7-tetraene (1:1), [79233-90-2], 25:31
$AsNaO_7C_4H_4$, Arsenate(1-), [2,3-dihydroxybutanedioato(2-)-O^1,O^4]oxo-, sodium, [*R*-(*R**,*R**)]-, [31312-91-1], 12:267
$AsNa_3$, Sodium arsenide (Na_3As), [12044-25-6], 13:15
$AsNbO_6C_{30}H_{20}$, Arsonium, tetraphenyl-, (*OC*-6-11)-hexacarbonylniobate(1-), [60119-18-8], 16:72
$AsO_3C_3H_9$, Arsenous acid, trimethyl ester, [6596-95-8], 11:182
$AsO_3C_6H_{15}$, Arsenous acid, triethyl ester, [3141-12-6], 11:183
$AsO_3C_{12}H_{27}$, Arsenous acid, tributyl ester, [3141-10-4], 11:183
$AsO_3S_6C_9H_{15}$, Arsenic, tris(*O*-ethyl carbonodithioato-*S,S'*)-, (*OC*-6-11)-, [31386-55-7], 10:45

$AsO_6TaC_{30}H_{20}$, Arsonium, tetraphenyl-, (*OC*-6-11)-hexacarbonyltantalate(1-), [57288-89-8], 16:71
$AsPC_7H_{18}$, Phosphine, [3-(dimethylarsino) propyl]dimethyl-, [50518-34-8], 14:20
$AsPC_{26}H_{22}$, Phosphine, [2-(diphenylarsino)ethenyl]diphenyl-, (*Z*)-, [39705-75-4], 16:189
$AsPC_{26}H_{24}$, Phosphine, [2-(diphenylarsino)ethyl]diphenyl-, [23582-06-1], 16:191
$As_2C_{10}H_{16}$, Arsine, 1,2-phenylenebis [dimethyl-, [13246-32-7], 10:159
$As_2ClORhC_{37}H_{30}$, Rhodium, carbonylchlorobis(triphenylarsine)-, [14877-90-8], 8:214
———, Rhodium, carbonylchlorobis (triphenylarsine)-, (*SP*-4-1)-, [16970-35-7], 11:100
$As_2Cl_3NRuSC_{36}H_{30}$, Ruthenium, trichloro (thionitrosyl)bis(triphenylarsine)-, [132077-60-2], 29:162
$As_2CoN_4O_{14}C_{17}H_{27}$, Cobalt(2+), bis(1,2-ethanediamine-*N,N'*)(2,4-pentanedionato-*O,O'*)-, (*OC*-6-22-λ)-, bis[μ-[2,3-dihydroxybutanedioato(2-)-$O^1,O^2:O^3,O^4$]]diarsenate(2-) (1:1), [12266-75-0], 9:168
$As_2CrF_{18}S_6C_{60}H_{40}$, Arsonium, tetraphenyl-, tris[1,1,1,4,4,4-hexafluoro-2-butene-2,3-dithiolato(2-)-*S,S'*]chromate (2-) (2:1), [20219-50-5], 10:24
$As_2F_{12}Hg_3$, Arsenate(1-), hexafluoro-, (trimercury)(2+) (2:1), [34738-00-6], 19:24
$As_2F_{12}NiS_4C_{56}H_{40}$, Arsonium, tetraphenyl-, bis[1,1,1,4,4,4-hexafluoro-2-butene-2,3-dithiolato(2-)-*S,S'*]nickelate (2-) (2:1), [14589-08-3], 10:20
$As_2F_{12}S_8$, Arsenate(1-), hexafluoro-, (octasulfur)(2+) (2:1), [12429-02-6], 15:213
$As_2F_{12}Se_4$, Arsenate(1-), hexafluoro-, selenium ion (Se_4^{2+}) (2:1), [53513-64-7], 15:213
$As_2F_{12}Se_8$, Arsenate(1-), hexafluoro-, (octaselenium)(2+)(2:1), [52374-78-4], 15:213
$As_2F_{12}Te_4$, Arsenate(1-), hexafluoro-, (tetratellurium)(2+)(2:1), [12536-35-5], 15:213
$As_2F_{18}MoS_6C_{60}H_{40}$, Arsonium, tetraphenyl-, (*TP*-6-11'1")-tris[1,1,1,4,4,4-hexafluoro-2-butene-2,3-dithiolato (2-)-*S,S'*]molybdate(2-) (2:1), [20941-70-2], 10:23
$As_2F_{18}S_6VC_{60}H_{40}$, Arsonium, tetraphenyl-, tris[1,1,1,4,4,4-hexafluoro-2-butene-2,3-dithiolato(2-)-*S,S'*]vanadate (2-) (2:1), [19052-36-9], 10:20
$As_2F_{18}S_6WC_{60}H_{40}$, Arsonium, tetraphenyl-, (*OC*-6-11)-tris[1,1,1,4,4,4-hexafluoro-2-butene-2,3-dithiolato (2-)-*S,S'*]tungstate(2-) (2:1), [19998-42-6], 10:20
$As_2FeO_3C_{39}H_{30}$, Iron, tricarbonylbis (triphenylarsine)-, [14375-85-0], 8:187
As_2H, Diarsenyl, [149165-58-2], 7:42
$As_2H_4O_{70}Rb_4W_{21}.34H_2O$, Tungstate(6-), aquabis[arsenito(3-)]trihexacontaoxoheneicosa-, tetrarubidium dihydrogen, tetratriacontahydrate, [79198-04-2], 27:113
$As_2H_6O_{69}W_{21}.xH_2O$, Tungsten arsenate hydroxide oxide ($W_{21}(AsO_4)2(OH)_6O_{55}$), hydrate, [135434-87-6], 27:112
$As_2I_6ThC_{48}H_{40}$, Arsonium, tetraphenyl-, (*OC*-6-11)-hexaiodothorate(2-) (2:1), [7337-84-0], 12:229
$As_2I_6UC_{48}H_{40}$, Arsonium, tetraphenyl-, (*OC*-6-11)-hexaiodouranate(2-) (2:1), [7069-02-5], 12:230
$As_2N_2PdS2C_{38}H_{30}$, Palladium, bis (thiocyanato-*N*)bis(triphenylarsine)-, [15709-50-9], 12:221
———, Palladium, bis(thiocyanato-*S*)bis (triphenylarsine)-, [15709-51-0], 12:221

$As_2O_6P_2PtC_{14}H_{28}$, Platinum, bis(dimethyl phosphito-*P*)[1,2-phenylenebis [dimethylarsine]-*As,As'*]-, (*SP*-4-2)-, [63264-39-1], 19:100

$As_3CuNO_3C_{54}H_{45}$, Copper, (nitrato-*O*) tris(triphenylarsine)-, (*T*-4)-, [33989-05-8], 19:95

$As_3NC_{42}H_{42}$, Ethanamine, 2-(diphenylarsino)-*N,N*-bis[2-(diphenylarsino) ethyl]-, [15114-56-4], 16:177

$As_3SbC_{24}H_{30}$, Arsine, (stibylidynetri-2,1-phenylene)tris[dimethyl-, [35880-02-5], 16:187

$As_4Au_2F_{10}C_{32}H_{32}$, Gold(1+), bis[1,2-phenylenebis[dimethylarsine]-*As,As'*]-, (*T*-4)-, bis(pentafluorophenyl) aurate(1-), [77674-45-4], 26:89

$As_4C_{24}H_{30}$, Arsine, tris[2-(dimethylarsino) phenyl]-, [60593-36-4], 16:186

$As_4ClO_2RhC_{21}H_{32}$, Rhodium, (carboxylato)chlorobis[1,2-phenylenebis[dimethylarsine]-*As,As'*]-, (*OC*-6-11)-, [83853-75-2], 21:101

$As_4ClRhC_{20}H_{32}$, Rhodium(1+), bis[1,2-phenylenebis[dimethylarsine]-*As,As'*]-, chloride, (*SP*-4-1)-, [38337-86-9], 21:101

$As_4Cl_6Nb_2C_{20}H_{32}$, Niobium, di-μ-chloro-tetrachlorobis[1,2-phenylenebis [dimethylarsine]-*As,As'*]di-, (*Nb-Nb*), stereoisomer, [61069-53-2], 21:18

$As_4F_{30}I_3S_{14}Sb_3.2AsF_3$, Iodine(3+), bis [μ-(heptasulfur)]tri-, tris[(*OC*-6-11)-hexafluoroantimonate(1-)], compd. with arsenous trifluoride (1:2), [73381-83-6], 27:335

$As_4NiC_{20}H_{32}$, Nickel, bis[1,2-phenylenebis[dimethylarsine]-*As,As'*]-, (*T*-4)-, [65876-45-1], 17:121;28:103

$As_4NiC_{72}H_{60}$, Nickel, tetrakis (triphenylarsine)-, (*T*-4)-, [14564-53-5], 17:121;28:103

$As_6Br_4F_{36}S_{32}$, Sulfur(1+), bromo (hexathio)-, (tetrasulfur)(2+) hexafluoroarsenate(1-) (4:1:6), [98650-11-4], 27:338

$As_6Cl_6Nb_2C_{22}H_{54}$, Niobium, di-μ-chlorotetrachlorobis[[2-[(dimethylarsino)methyl]-2-methyl-1,3-propanediyl]bis[dimethylarsine]-*As,As'*]di-, (*Nb-Nb*), stereoisomer, [61069-52-1], 21:18

$As_6F_{36}I_4S_{32}$, Sulfur(1+), (hexathio)iodo-, (tetrasulfur)(2+) hexafluoroarsenate (1-) (4:1:6), [74823-90-8], 27:337

$AuBF_4Ir_3NO_3P_6C_{78}H_{78}$, Iridium(1+), tris[1,2-ethanediylbis [diphenylphosphine]-*P,P'*]tri-μ-hydrotrihydro[(nitrato-*O,O'*)gold]tri-, (3*Au-Ir*)(3*Ir-Ir*), tetrafluoroborate(1-), [86854-49-1], 29:290

$AuBF_4Ir_3NO_3P_7C_{96}H_{93}$, Iridium(2+), tris[1,2-ethanediylbis [diphenylphosphine]-*P,P'*]tri-μ-hydrotrihydro[(triphenylphosphine) gold]tri-, (3*Au-Ir*)(3*Ir-Ir*), tetrafluoroborate(1-) nitrate, [146249-36-7], 29:291

$AuB_2F_8IrP_5C_{70}H_{63}$, Iridium(2+), bis[1,2-ethanediylbis[diphenylphosphine]-*P,P'*][(triphenylphosphine)gold]-, (*Au-Ir*), stereoisomer, bis[tetrafluoroborate(1-)], [93895-63-7], 29:296

$AuBrTe_2$, Gold bromide telluride ($AuBrTe_2$), [12523-40-9], 14:170

$AuBr_2NC_{16}H_{36}$, 1-Butanaminium, *N,N,N*-tributyl-, dibromoaurate(1-), [50481-01-1], 29:47

$AuBr_4K$, Aurate(1-), tetrabromo-, potassium, (*SP*-4-1)-, [14323-32-1], 4:14;4:16

$AuBr_4K.2H_2O$, Aurate(1-), tetrabromo-, potassium, dihydrate, (*SP*-4-1)-, [13005-38-4], 4:14;4:16

$AuClF_5PC_{31}H_{22}$, Phosphonium, triphenyl(phenylmethyl)-, chloro-(pentafluorophenyl)aurate(1-), [78637-46-4], 26:88

AuClOC, Gold, carbonylchloro-, [50960-82-2], 24:236

$AuClPC_{18}H_{15}$, Gold, chloro(triphenylphosphine)-, [14243-64-2], 26:325;27:218

$AuClSC_4H_8$, Gold, chloro(tetrahydrothiophene)-, [39929-21-0], 26:86
$AuClTe_2$, Gold chloride telluride ($AuClTe_2$), [12523-42-1], 14:170
$AuCl_4$, Aurate(1-), tetrachloro-, (*SP*-4-1)-, [14337-12-3], 15:231
$AuCl_4H$, Aurate(1-), tetrachloro-, hydrogen, (*SP*-4-1)-, [16903-35-8], 4:14
$AuCo_3FeO_{12}PC_{30}H_{15}$, Iron, tricarbonyl (tri-μ-carbonylhexacarbonyltricobalt) [(triphenylphosphine)gold]-, (3*Au-Co*) (3*Co-Co*)(3*Co-Fe*), [79829-47-3], 27:188
$AuF_5SC_{10}H_8$, Gold, (pentafluorophenyl) (tetrahydrothiophene)-, [60748-77-8], 26:86
$AuF_6OP_5RuC_{73}H_{62}$, Ruthenium(1+), carbonyldi-μ-hydrotris(triphenylphosphine)[(triphenylphosphine) gold]-, (*Au-Ru*), stereoisomer, hexafluorophosphate(1-), [116053-37-3], 29:281
$AuF1_5SC_{22}H_8$, Gold, tris(pentafluorophenyl)(tetrahydrothiophene)-, (*SP*-4-2)-, [77188-25-1], 26:87
AuITe, Gold iodide telluride (AuITe), [29814-43-5], 14:170
$AuITe_2$, Gold iodide telluride ($AuITe_2$), [12393-71-4], 14:170
$AuI_2NC_{16}H_{36}$, 1-Butanaminium, *N,N,N*-tributyl-, diiodoaurate(1-), [50481-03-3], 29:47
$AuI_2S_{16}C_{20}H_{16}$, Aurate(1-), diiodo-, salt with 2-(5,6-dihydro-1,3-dithiolo [4,5-*b*][1,4]dithiin-2-ylidene)-5,6-dihydro-1,3-dithiolo[4,5-*b*][1,4] dithiin (1:2), [97012-32-3], 29:48
AuI_4, Aurate(1-), tetraiodo-, (*SP*-4-1)-, [14349-64-5], 15:223
$AuMn_2O_8P_2C_{38}H_{25}$, Manganese, octacarbonyl[μ-(diphenylphosphino)] [(triphenylphosphine)gold]di-, (2*Au-Mn*)(*Mn-Mn*), [91032-61-0], 26:229
$AuNO_2SC_3H_6$, Aurate(1-), [L-cysteinato(2-)-*N,O,S*]-, hydrogen, [74921-06-5], 21:31
$AuNO_3PC_{18}H_{15}$, Gold, (nitrato-*O*)(triphenylphosphine)-, [14897-32-6], 29:280
$AuN_4S_4C_8$, Aurate(1-), bis[2,3-dimercapto-2-butenedinitrilato(2-)-*S,S'*]-, (*SP*-4-1)-, [14896-06-1], 10:9
$AuO_{10}Os_3PC_{16}H_{16}$, Osmium, decacarbonyl-μ-hydro[(triethylphosphine)gold]tri-, (2*Au-Os*)(3*Os-Os*), [80302-57-4], 27:210
$AuO_{10}Os_3PC_{28}H_{16}$, Osmium, decacarbonyl-μ-hydro[(triphenylphosphine)gold]tri-, (2*Au-Os*)(3*Os-Os*), [72381-07-8], 27:209
$AuPC_5H_{14}$, Gold, methyl(trimethylphosphonium η-methylide)-, [55804-42-7], 18:141
$AuSC_8H_{10}$, Benzenethiol, 4-ethyl-, gold(1+) salt, [93410-45-8], 23:192
$Au_2As_4F_{10}C_{32}H_{32}$, Gold(1+), bis[1,2-phenylenebis[dimethylarsine]-*As,As'*]-, (*T*-4)-, bis(pentafluorophenyl)aurate (1-), [77674-45-4], 26:89
$Au_2BF_4IrNO_3P_4C_{72}H_{61}$, Iridium(1+), [bis(triphenylphosphine)digold] hydro(nitrato-*O,O'*)bis(triphenylphosphine)-, (*Au-Au*)(2*Au-Ir*), stereoisomer, tetrafluoroborate(1-), [93895-71-7], 29:284
$Au_2BP_6Re_2C_{32}H_{116}$, Rhenium(1+), di-μ-hydrotetrahydrotetrakis(triphenylphosphine)bis[(triphenylphosphine)gold] di-, (4*Au-Re*)(*Re-Re*), tetraphenylborate(1-), [107712-44-7], 29:291
$Au_2ClF_3O_3P_4PtSC_{49}H_{60}$, Platinum(1+), [bis(triphenylphosphine)digold]chlorobis(triethylphosphine)-, (*Au-Au*)(2*Au-Pt*), stereoisomer, salt with trifluoromethanesulfonic acid (1:1), [89346-97-4], 27:218
$Au_2Cl_2O_2P_2C_{30}H_{32}$, Gold, dichloro[μ-[[1,2-ethanediylbis(oxy-2,1-ethanediyl)]bis[diphenylphosphine]-*O,P:O',P'*]]di-, [99791-78-3], 23:193

$Au_2F_5NPSC_{25}H_{15}$, Gold, (pentafluorophenyl)[μ-(thiocyanato-*N:S*)](triphenylphosphine)di-, [128265-18-9], 26:90

$Au_2F_6NO_3P_5PtC_{72}H_{60}$, Platinum(1+), [bis(triphenylphosphine)digold](nitrato-*O,O'*)bis(triphenylphosphine)-, (*Au-Au*)(2*Au-Pt*), stereoisomer, hexafluorophosphate(1-), [107796-04-3], 29:293

$Au_2F_6OsP_6C_{90}H_{78}$, Osmium(1+), tri-μ-hydrotris(triphenylphosphine)bis[(triphenylphosphine)gold]-, (2*Au-Os*), hexafluorophosphate(1-), [116053-41-9], 29:286

$Au_2F_6P_6RuC_{90}H_{78}$, Ruthenium(1+), tri-μ-hydrotris(triphenylphosphine)bis[(triphenylphosphine)gold]-, (2*Au-Ru*), hexafluorophosphate(1-), [116053-35-1], 29:286

$Au_2O_{10}Os_3P_2C_{22}H_{30}$, Osmium, decacarbonylbis[(triethylphosphine)gold]tri-, (4*Au-Os*)(3*Os-Os*), [88006-40-0], 27:211

$Au_2O_{10}Os_3P_2C_{46}H_{30}$, Osmium, decacarbonylbis[(triphenylphosphine)gold]tri-, (4*Au-Os*)(3*Os-Os*), [88006-39-7], 27:211

$Au_3BF_4IrNO_3P_5C_{90}H_{75}$, Iridium(1+), (nitrato-*O,O'*)bis(triphenylphosphine)[tris(triphenylphosphine)trigold]-, (2*Au-Au*)(3*Au-Ir*), tetrafluoroborate(1-), [93895-69-3], 29:285

$Au_3BF_4OP_3C_{54}H_{45}$, Gold(1+), μ_3-oxotris(triphenylphosphine)tri-, tetrafluoroborate(1-), [53317-87-6], 26:326

$Au_3CoO_{12}P_3Ru_3C_{66}H_{45}$, Ruthenium, di-μ-carbonylnonacarbonyl(carbonylcobalt)[tris(triphenylphosphine)trigold]tri-, (2*Au-Au*)(2*Au-Co*)(5*Au-Ru*)(3*Co-Ru*)(3*Ru-Ru*), [84699-82-1], 26:327

$Au_4BF_4IrP_6C_{108}H_{92}$, Iridium(1+), di-μ-hydro[tetrakis(triphenylphosphine)tetragold]bis(triphenylphosphine)-, (5*Au-Au*)(4*Au-Ir*), tetrafluoroborate(1-), [96705-41-8], 29:296

$Au_4F_6P_7ReC_{114}H_{106}$, Rhenium(1+), tetra-μ-hydro[tetrakis(triphenylphosphine)tetragold]bis[tris(4-methylphenyl)phosphine]-, (4*Au-Au*)(4*Au-Re*), hexafluorophosphate(1-), [107712-41-4], 29:292

$Au_5F_{12}P_9ReC_{126}H_{109}$, Rhenium(2+), tetra-μ-hydro[pentakis(triphenylphosphine)pentagold]bis(triphenylphosphine)-, (6*Au-Au*)(5*Au-Re*), bis[hexafluorophosphate(1-)], [99595-13-8], 29:288

$Au_5F_{12}P_9ReC_{132}H_{121}$, Rhenium(2+), tetra-μ-hydro[pentakis(triphenylphosphine)pentagold]bis[tris(4-methylphenyl)phosphine]-, (6*Au-Au*)(5*Au-Re*), bis[hexafluorophosphate(1-)], [107742-34-7], 29:289

$Au_6B_2P_7PtC_{174}H_{145}$, Platinum(2+), [hexakis(triphenylphosphine)hexagold](triphenylphosphine)-, (8*Au-Au*)(6*Au-Pt*), bis[tetraphenylborate(1-)], [107712-39-0], 29:295

$Au_{55}Cl_6P_{12}C_{21}6H_{180}$, Gold, hexa-μ-chlorododecakis(triphenylphosphine)pentapentaconta-, (216*Au-Au*), [104619-10-5], 27:214

$BAgF_4$, Borate(1-), tetrafluoro-, silver(1+), [14104-20-2], 13:57

$BAsClF_4PtC_{26}H_{27}$, Platinum(1+), chloro[(1,2,5,6-η)-1,5-cyclooctadiene](triphenylarsine)-, tetrafluoroborate(1-), [31940-97-3], 13:64

$BAuF_4Ir_3NO_3P_6C_{78}H_{78}$, Iridium(1+), tris[1,2-ethanediylbis[diphenylphosphine]-*P,P'*]tri-μ-hydrotrihydro[(nitrato-*O,O'*)gold]tri-, (3*Au-Ir*)(3*Ir-Ir*), tetrafluoroborate(1-), [86854-49-1], 29:290

$BAuF_4Ir_3NO_3P_7C_{96}H_{93}$, Iridium(2+), tris[1,2-ethanediylbis[diphenylphosphine]-*P,P'*]tri-μ-hydrotrihydro[(triphenylphosphine)gold]tri-, (3*Au-*

Ir)(3*Ir-Ir*), tetrafluoroborate(1-) nitrate, [146249-36-7], 29:291
$BAu_2F_4IrNO_3P_4C_{72}H_{61}$, Iridium(1+), [bis(triphenylphosphine)digold]hydro (nitrato-*O,O'*)bis(triphenylphosphine)-, (*Au-Au*)(2*Au-Ir*), stereoisomer, tetrafluoroborate(1-), [93895-71-7], 29:284
$BAu_2P_6Re_2C_{132}H_{116}$, Rhenium(1+), di-μ-hydrotetrahydrotetrakis(triphenylphosphine)bis[(triphenylphosphine)gold] di-, (4*Au-Re*)(*Re-Re*), tetraphenylborate(1-), [107712-44-7], 29:291
$BAu_3F_4IrNO_3P_5C_{90}H_{75}$, Iridium(1+), (nitrato-*O,O'*)bis(triphenylphosphine) [tris(triphenylphosphine)trigold]-, (2*Au-Au*)(3*Au-Ir*), tetrafluoroborate (1-), [93895-69-3], 29:285
$BAu_3F_4OP_3C_{54}H_{45}$, Gold(1+), μ_3-oxotris(triphenylphosphine)tri-, tetrafluoroborate(1-), [53317-87-6], 26:326
$BAu_4F_4IrP_6C_{108}H_{92}$, Iridium(1+), di-μ-hydro[tetrakis(triphenylphosphine) tetragold]bis(triphenylphosphine)-, (5*Au-Au*)(4*Au-Ir*), tetrafluoroborate (1-), [96705-41-8], 29:296
$BBrF_4IrNOP_2C_{36}H_{30}$, Iridium(1+), bromonitrosylbis(triphenylphosphine)-, (*SP*-4-3)-, tetrafluoroborate(1-), [38302-39-5], 16:42
$BBrNC_3H_{11}$, Boron, bromo(*N,N*-dimethylmethanamine)dihydro-, (*T*-4)-, [5275-42-3], 12:118
BBr_2CH_3, Borane-^{10}B, dibromomethyl-, [90830-07-2], 22:223
$BBr_2NC_3H_{10}$, Boron, dibromo(*N,N*-dimethylmethanamine)hydro-, (*T*-4)-, [32805-31-5], 12:123
$BBr_2N_3C_{15}H_{16}$, Boron(2+), hydrotris (pyridine)-, dibromide, (*T*-4)-, [25397-28-8], 12:139
$(BBr_2PC_{12}H_{10})_2$, Phosphine, (dibromoboryl)diphenyl-, dimer, [6841-98-1], 9:24
BBr_3, Borane, tribromo-, [10294-33-4], 3:27;12:146
———, Borane-^{10}B, tribromo-, [28098-24-0], 22:219
$BBr_3NC_2H_7$, Boron, tribromo(*N*-methylmethanamine)-, (*T*-4)-, [54067-18-4], 15:125
$BBr_3NC_3H_9$, Boron, tribromo(*N,N*-dimethylmethanamine)-, (*T*-4)-, [1516-54-7], 12:141,142;29:51
$BBr_3N_4C_{24}H_{28}$, Boron(3+), tetrakis (4-methylpyridine)-, tribromide, (*T*-4)-, [31279-95-5], 12:141
BC_3H_9, Borane, trimethyl-, [593-90-8], 27:339
BC_6H_{15}, Borane, triethyl-, [97-94-9], 15:137,142,149
BC_6H_{16}, Borate(1-), triethylhydro-, (*T*-4)-, [75338-98-6], 15:137
BC_7H_{13}, Borane, diethyl-1-propynyl-, [22405-32-9], 29:77
BC_8H_{20}, Borate(1-), tetraethyl-, [44772-63-6], 15:138
$BC_{18}H_{15}$, Borane, triphenyl-, [960-71-4], 14:52;15:134
$BClC_4H_{10}$, Borane, chlorodiethyl-, [5314-83-0], 15:149
$BClC_{12}H_{10}$, Borane, chlorodiphenyl-, [3677-81-4], 13:36;15:149
$BClF_4Fe_2O_4C_{14}H_{10}$, Iron(1+), tetracarbonyl-μ-chlorobis(η5-2,4-cyclopentadien-1-yl)di-, tetrafluoroborate(1-), [12212-36-1], 12:40
$BClF_4IrNOP_2C_{36}H_{30}$, Iridium(1+), chloronitrosylbis(triphenylphosphine)-, (*SP*-4-3)-, tetrafluoroborate(1-), [38302-38-4], 16:41
$BClF_4IrN_2P_2C_{36}H_{31}$, Iridium, chloro (dinitrogen)hydro[tetrafluoroborato (1-)-*F*]bis(triphenylphosphine)-, (*OC*-6-42)-, [79470-05-6], 26:119;28:25
$BClF_4IrOP_2C_{37}H_{31}$, Iridium, carbonylchlorohydro[tetrafluoroborato(1-)-*F*] bis(triphenylphosphine)-, [106062-66-2], 26:117;28:23

$BClF_4IrOP_2C_{38}H_{33}$, Iridium, carbonylchloromethyl[tetrafluoroborato(1-)-*F*]bis(triphenylphosphine)-, (*OC*-6-52)-, [82474-47-3], 26:118;28:24

$BClF_4N_2O_2P_2RuC_{36}H_{30}$, Ruthenium(1+), chlorodinitrosylbis(triphenylphosphine)-, tetrafluoroborate(1-), [54890-53-8], 16:21

$BClF_4N_2P_2PtC_{18}H_{36}$, Platinum(1+), chloro(phenyldiazene-N^2)bis(triethylphosphine)-, (*SP*-4-3)-, tetrafluoroborate(1-), [16903-20-1], 12:31

$BClF_4N_3O_2P_2PtC_{18}H_{35}$, Platinum(1+), chloro[(4-nitrophenyl)diazene-N^2)]bis(triethylphosphine)-, (*SP*-4-3)-, tetrafluoroborate(1-), [153379-38-5], 12:31

$BClF_4PtS_3C_6H_{18}$, Platinum(1+), chlorotris[thiobis[methane]]-, (*SP*-4-2)-, tetrafluoroborate(1-), [37976-72-0], 22:126

$BClF_5N_2P_2PtC_{18}H_{35}$, Platinum(1+), chloro[(3-fluorophenyl)diazene-N^2)]bis(triethylphosphine)-, (*SP*-4-3)-, tetrafluoroborate(1-), [16902-62-8], 12:29,31

———, Platinum(1+), chloro[(4-fluorophenyl)diazene-N^2)]bis(triethylphosphine)-, (*SP*-4-3)-, tetrafluoroborate(1-), [31484-73-8], 12:29,31

$BClF_5N_2P_2PtC_{18}H_{37}$, Platinum(1+), chloro[(4-fluorophenyl)hydrazine-N^2)]bis(triethylphosphine)-, (*SP*-4-3), tetrafluoroborate(1-), [16774-97-3], 12:32

$BClNC_3H_{11}$, Boron, chloro(*N,N*-dimethylmethanamine)dihydro-, (*T*-4)-, [5353-44-6], 12:117

$BClO_2C_4H_{10}$, Borane, chlorodiethoxy-, [20905-32-2], 5:30

$BCl_2C_4H_9$, Borane, butyldichloro-, [14090-22-3], 10:126

$BCl_2C_6H_5$, Borane, dichlorophenyl-, [873-51-8], 13:35;15:152;22:207

$BCl_2OC_2H_5$, Borane, dichloroethoxy-, [16339-28-9], 5:30

$BCl_2O_4C_{10}H_{15}$, Boron(1+), bis(2,4-pentanedionato-*O,O'*)-, (*T*-4)-, (hydrogen dichloride), [23336-07-4], 12:128

BCl_3, Borane, trichloro-, [10294-34-5], 10:121;124

———, Borane, tri(chloro-^{36}Cl)-, [150124-32-6], 7:160

$BCl_3NC_2H_3$, Boron, (acetonitrile)trichloro-, (*T*-4)-, [7305-15-9], 13:42

$BCl_3NC_3H_9$, Boron, trichloro(*N,N*-dimethylmethanamine)-, (*T*-4)-, [1516-55-8], 5:27

$BCl_6O_4SbC_{10}H_{14}$, Boron(1+), bis(2,4-pentanedionato-*O,O'*)-, (*T*-4)-, (*OC*-6-11)-hexachloroantimonate(1-), [18924-18-0], 12:130

BCl_8P, Phosphorus(1+), tetrachloro-, tetrachloroborate(1-), [18460-54-3], 7:79

$BCoN_2O_2P_2C_{50}H_{44}$, Cobalt(1+), [1,2-ethanediylbis[diphenylphosphine]-*P,P'*]dinitrosyl-, (*T*-4)-, tetraphenylborate(1-), [24533-59-3], 16:19

$BCoN_2O_2P_2C_{60}H_{50}$, Cobalt(1+), dinitrosylbis(triphenylphosphine)-, tetraphenylborate(1-), [24507-62-8], 16:18

$BCoN_4O_2C_{30}H_{36}$, Cobalt(1+), dinitrosyl(*N,N,N',N'*-tetramethyl-1,2-ethanediamine-*N,N'*)-, (*T*-4)-, tetraphenylborate(1-), [40804-51-1], 16:17

$BCoO_{15}P_5C_{39}H_{65}$, Cobalt(1+), pentakis(trimethyl phosphite-*P*)-, tetraphenylborate(1-), [22323-14-4], 20:81

$BCuN_6OC_{10}H_{10}$, Copper, carbonyl[hydrotris(1*H*-pyrazolato-N^1)borato(1-)-$N^2,N^{2'},N^{2''}$]-, (*T*-4)-, [52374-64-8], 21:108

$BCuN_6OC_{16}H_{22}$, Copper, carbonyl[tris(3,5-dimethyl-1*H*-pyrazolato-N^1)hydroborato(1-)-$N^2,N^{2'},N^{2''}$]-, (*T*-4)-, [52374-73-9], 21:109

$BCuN_8OC_{13}H_{12}$, Copper, carbonyl[tetrakis (1*H*-pyrazolato-N^1)borato(1-)-$N^2,N^{2'}$, $N^{2''}$]-, (*T*-4)-, [55295-09-5], 21:110

$BCuP_2C_{36}H_{34}$, Copper, [tetrahydroborato (1-)-*H,H'*]bis(triphenylphosphine)-, (*T*-4)-, [16903-61-0], 19:96

BD_3NNaC, Borate(1-), (cyano-*C*)trihydro-d_3, sodium, (*T*-4)-, [25895-62-9], 21:167

BF_3, Borane, trifluoro-, [7637-07-2], 1:21

$BF_3NC_3H_9$, Boron, (*N,N*-dimethylmethanamine)trifluoro-, (*T*-4)-, [420-20-2], 5:26

$BF_3NSi_2C_6H_{19}$, Boron, trifluoro[1,1,1-trimethyl-*N*-(trimethylsilyl) silanamine]-, (*T*-4)-, [690-35-7], 5:58

$BF_3NSi_3C_9H_{27}$, Boron, trifluoro[1,1,1-trimethyl-*N,N*-bis(trimethylsilyl) silanamine]-, (*T*-4)-, [149165-86-6], 8:18

$BF_4FeNO_2C_9H_8$, Iron(1+), (acetonitrile) dicarbonyl(η^5-2,4-cyclopentadien-1-yl)-, tetrafluoroborate(1-), [32824-71-8], 12:41

$BF_4FeO_2C_{11}H_{13}$, Iron(1+), dicarbonyl(η^5-2,4-cyclopentadien-1-yl)[(1,2-η)-2-methyl-1-propene]-, tetrafluoroborate (1-), [41707-16-8], 24:166;28:210

BF_4H, Borate(1-), tetrafluoro-, hydrogen, [16872-11-0], 1:25

BF_4H_4N, Borate(1-), tetrafluoro-, ammonium, [13826-83-0], 2:23

$BF_4I_2IrP_2C_{42}H_{36}$, Iridium(1+), (1,2-diiodobenzene-*I,I'*)dihydrobis (triphenylphosphine)-, (*OC*-6-33)-, tetrafluoroborate(1-), [82582-50-1], 26:125;28:59

$BF_4IrO_2P_2C_{36}H_{36}$, Iridium(1+), diaquadihydrobis(triphenylphosphine)-, tetrafluoroborate(1-), [79792-57-7], 26:124;28:58

$BF_4IrO_2P_2C_{42}H_{44}$, Iridium(1+), dihydrobis(2-propanone)bis (triphenylphosphine)-, tetrafluoroborate(1-), [72414-17-6], 26:123; 28:57;29:283

$BF_4IrP_2C_{35}H_{38}$, Iridium(1+), [(1,2,5,6-η)-1,5-cyclooctadiene][1,3-propanediylbis[diphenylphosphine]-*P,P'*]-, tetrafluoroborate(1-), [73178-89-9], 27:23

$BF_4IrP_2C_{44}H_{42}$, Iridium(1+), [(1,2,5,6-η)-1,5-cyclooctadiene]bis(triphenylphosphine)-, tetrafluoroborate(1-), [38834-40-1], 29:283

$BF_4Ir_2P_4C_{54}H_{57}$, Iridium(1+), tri-μ-hydrodihydrobis[1,3-propanediylbis [diphenylphosphine]-*P,P'*]di-, (*Ir-Ir*), stereoisomer, tetrafluoroborate(1-), [73178-84-4], 27:22

$BF_4Ir_2P_4C_{56}H_{61}$, Iridium(1+), bis[1,4-butanediylbis[diphenylphosphine]-*P,P'*]tri-μ-hydrodihydrodi-, (*Ir-Ir*), tetrafluoroborate(1-), [133197-93-0], 27:26

BF_4K, Borate(1-), tetrafluoro-, potassium, [14075-53-7], 1:24

$BF_4MoN_2P_4C_{56}H_{55}$, Molybdenum(1+), bis[1,2-ethanediylbis[diphenylphosphine]-*P,P'*](isocyanomethane) [(methylamino)methylidyne]-, (*OC*-6-11)-, tetrafluoroborate(1-), [73464-16-1], 23:12

$BF_4MoOC_{34}H_{25}$, Molybdenum(1+), carbonyl(η^5-2,4-cyclopentadien-1-yl)bis[1,1'-(η^2-1,2-ethynediyl)bis [benzene]]-, tetrafluoroborate(1-), [66615-17-6], 26:102;28:11

$BF_4MoOPC_{38}H_{30}$, Molybdenum(1+), carbonyl(η^5-2,4-cyclopentadien-1-yl)[1,1'-(η^2-1,2-ethynediyl)bis [benzene]](triphenylphosphine)-, tetrafluoroborate(1-), [78090-78-5], 26:104;28:13

$BF_4MoO_2PC_{25}H_{20}$, Molybdenum, dicarbonyl(η^5-2,4-cyclopentadien-1-yl) [tetrafluoroborato(1-)-*F*](triphenylphosphine)-, [79197-56-1], 26:98;28:7

$BF_4MoO_3C_8H_5$, Molybdenum, tricarbonyl (η^5-2,4-cyclopentadien-1-yl) [tetrafluoroborato(1-)-*F*]-, [68868-78-0], 26:96;28:5

- $BF_4MoO_3C_{10}H_9, Molybdenum(1+), \\tricarbonyl(\eta^5-2,4-cyclopentadien-1-yl)(\eta^2-ethene)-, tetrafluoroborate(1-), \\[62866-16-4], 26:102;28:11$
- BF₄MoO₄C₁₁H₁₁, Molybdenum(1+), tricarbonyl(η⁵-2,4-cyclopentadien-1yl)(2-propanone)-, tetrafluoroborate (1-), [68868-66-6], 26:105;28:14
- BF₄NC₁₆H₃₆, 1-Butanaminium, *N,N,N*-tributyl-, tetrafluoroborate(1-), [429-42-5], 24:139
- BF₄NO₂PReC₂₄H₂₀, Rhenium(1+), carbonyl(η⁵-2,4-cyclopentadien-1yl)nitrosyl(triphenylphosphine)-, stereoisomer, tetrafluoroborate(1-), [82336-21-8], 29:219
- ———, Rhenium(1+), carbonyl(η⁵-2,4-cyclopentadien-1-yl)nitrosyl(triphenyl-phosphine)-, tetrafluoroborate(1-), [70083-73-7], 29:214
- BF₄NO₃ReC₇H₅, Rhenium(1+), dicarbonyl(η⁵-2,4-cyclopentadien-1yl)nitrosyl, tetrafluoroborate(1-), [31960-40-4], 29:213
- BF₄NO₅WC₁₀H₁₀, Tungsten(1+), pentacarbonyl[(diethylamino)methylidyne]-, (*OC*-6-21)-, tetrafluoroborate (1-), [83827-38-7], 26:40
- BF₄N₂P₄WC₅₆H₅₅, Tungsten(1+), bis[1,2-ethanediylbis[diphenylphosphine]-*P,P*'](isocyanomethane)[(methylamino) methylidyne]-, (*OC*-6-11)-, tetra-fluoroborate(1-), [73470-09-4], 23:11
- BF₄N₂P₄WC₅₉H₆₁, Tungsten(1+), bis[1,2-ethanediylbis[diphenylphosphine]-P,P'](2-isocyano-2-methylpropane) [(methylamino)methylidyne]-, (OC-6-11)-, tetrafluoroborate(1-), [152227-32-2], 23:12
- BF₄NbPC₁₈H₂₃, Niobium(1+), bis(η⁵-2,4-cyclopentadien-1-yl)(dimethylphenylphosphine)dihydro-, tetrafluoroborate (1-), [37298-80-9], 16:111
- BF₄O₂PWC₂₅H₂₀, Tungsten, dicarbonyl (η⁵-2,4-cyclopentadien-1-yl)[tetra-

- fluoroborato(1-)-*F*](triphenyl-phosphine)-, [101163-07-9], 26:98:28:7
- BF₄O₂PdC₁₃H₁₉, Palladium(1+), [(1,2,5,6-η)-1,5-cyclooctadiene](2,4-pentanedionato-*O*,*O*')-, tetrafluoroborate (1-), [31724-99-9], 13:56
- BF₄O₂PtC₁₃H₁₉, Platinum(1+), [(1,2,5,6-η)-1,5-cyclooctadiene](2,4-pentanedionato-*O*,*O*')-, tetrafluoroborate(1-), [31725-00-5], 13:57
- BF₄O₃Ru₂C₁₅H₁₃, Ruthenium(1+), μ-carbonyldicarbonylbis(η⁵-2,4-cyclopentadien-1-yl)-μ-ethylidynedi-, (*Ru-Ru*), stereoisomer, tetrafluoroborate(1-), [75952-48-6], 25:184
- BF₄O₃WC₈H₅, Tungsten, tricarbonyl(η⁵-2,4-cyclopentadien-1-yl)[tetrafluoroborato(1-)-*F*]-, [68868-79-1], 26:96;28:5
- BF₄O₄WC₁₁H₁₁, Tungsten(1+), tricarbonyl(η⁵-2,4-cyclopentadien-1yl)(2-propanone)-, tetrafluoroborate (1-), [101190-10-7], 26:105;28:14
- BF₄O₅ReC₅, Rhenium, pentacarbonyl [tetrafluoroborato(1-)-*F*]-, (*OC*-6-22)-, [78670-75-4], 26:108;28:15,17
- BF₄O₅ReC₇H₄, Rhenium(1+), pentacarbonyl(η²-ethene)-, tetrafluoroborate(1-), [78670-77-6], 26:110:28:19
- BF₄P₃RuC₅₄H₄₆, Ruthenium(1+), hydro[(η⁶-phenyl)diphenylphosphine] bis(triphenylphosphine)-, tetrafluoroborate(1-), [41392-83-0], 17:77
- BF₄PdC₁₁H₁₇, Palladium(1+), [(1,2,5,6η)-1,5-cyclooctadiene](η³-2propenyl)-, tetrafluoroborate(1-), [32915-11-0], 13:61
- BF₄PdC₁₃H₁₇, Palladium(1+), [(1,2,5,6-η)-1,5-cyclooctadiene](η⁵-2,4-cyclopentadien-1-yl)-, tetrafluoroborate(1-), [35828-71-8], 13:59
- BF₄S₂C₃H₃, 1,3-Dithiol-1-ium, tetrafluoroborate(1-), [53059-75-9], 19:28

$BF_4Se_8C_{20}H_{24}$, 1,3-Diselenole, 2-(4,5-dimethyl-1,3-diselenol-2-ylidene)-4,5-dimethyl-, radical ion(1+), tetrafluoroborate(1-), salt with 2-(4,5-dimethyl-1,3-diselenol-2-ylidene)-4,5-dimethyl-1,3-diselenole (1:1), [73731-79-0], 24:139

$BF_5N_2C_6H_4$, Benzenediazonium, 4-fluoro-, tetrafluoroborate(1-), [459-45-0], 12:29

$BF_6N_2PC_9H_{18}$, Boron(1+), (*N,N*-dimethylmethanamine)dihydro(4-methylpyridine)-, (*T*-4)-, hexafluorophosphate(1-), [17439-16-6], 12:134

BF_8N, Nitrogen(1+), tetrafluoro-, (*T*-4)-, tetrafluoroborate(1-), [15640-93-4], 24:42

$BF_{12}N_3P_2C_{15}H_{16}$, Boron(2+), hydrotris (pyridine)-, (*T*-4)-, bis[hexafluorophosphate(1-)], [25447-31-8], 12:139

$BF_{15}O_3Te_3$, Tellurium borate fluoride $(Te_3(BO_3)F_{15}$, [40934-88-1], 24:35

$BF_{15}N_4P_3C_{24}H_{28}$, Boron(3+), tetrakis(4-methylpyridine)-, (*T*-4)-, tris[hexafluorophosphate(1-)], [27764-46-1], 12:143

$BFeNO_2C_{31}H_{28}$, Iron(1+), amminedicarbonyl(η^5-2,4-cyclopentadien-1-yl)-, tetraphenylborate(1-), [12203-82-6], 12:37

$BFeN_2P_4C_{44}H_{69}$, Iron(1+), (dinitrogen) bis[1,2-ethanediylbis[diethylphosphine]-*P,P'*]hydro-, (*OC*-6-11)-, tetraphenylborate(1-), [26061-40-5], 15:21

$BFeP_4C_{76}H_{69}$, Iron(1+), bis[1,2-ethanediylbis[diphenylphosphine]-*P,P'*] hydro-, (*SP*-5-21)-, tetraphenylborate (1-), [38928-62-0], 17:70

$BFe_3O_9C_9H_5$, Iron, nonacarbonyl-μ-hydro[μ_3-[tetrahydroborato(1-)-*H*:*H'*:*H''*]]tri-, *triangulo*, [91128-40-4], 29:273

$BFe_3O_{10}C_{10}H_3$, Iron, μ-boryl-μ-carbonylnonacarbonyl-μ-hydrotri-, *triangulo*, [92055-44-2], 29:269

BH_4K, Borate(1-), tetrahydro-, potassium, [13762-51-1], 7:34

BH_7N_2, Boron, (hydrazine-*N*)trihydro-, (*T*-4)-, [14931-40-9], 9:13

$BIMoN_7O_2C_{17}H_{27}$, Molybdenum, ethoxyiodonitrosyl[tris(3,5-dimethyl-1*H*-pyrazolato-N^1)hydroborato(1-)-$N^2,N^{2'},N^{2''}$]-, (*OC*-6-44)-, [60106-31-2], 23:7

$BIMoN_8OC_{17}H_{28}$, Molybdenum, (ethanaminato)iodonitrosyl[tris (3,5-dimethyl-1*H*-pyrazolato-N^1)hydroborato(1-)-$N^2,N^{2'},N^{2''}$]-, (*OC*-6-33)-, [70114-01-1], 23:8

$BINC_3H_{11}$, Boron, (*N,N*-dimethylmethanamine)dihydroiodo-, (*T*-4)-, [25741-81-5], 12:120

$BIN_2C_9H_{18}$, Boron(1+), (*N,N*-dimethylmethanamine)dihydro(4-methylpyridine)-, iodide, (*T*-4)-, [22807-52-9], 12:132

$BIP_2C_6H_{20}$, Boron(1+), dihydrobis (trimethylphosphine)-, iodide, (*T*-4)-, [32842-92-5], 12:135

$BI_2MoN_7OC_{15}H_{22}$, Molybdenum, diiodonitrosyl[tris(3,5-dimethyl-1*H*-pyrazolato-N^1)hydroborato(1-)-$N^2,N^{2'},N^{2''}$]-, (*OC*-6-33)-, [60106-46-9], 23:6

$(BI_2PC_{12}H_{10})_2$, Phosphine, (diiodoboryl) diphenyl-, dimer, [6841-99-2], 9:19;9:22

$BIrO_{15}P_5C_{39}H_{65}$, Iridium(1+), pentakis (trimethyl phosphite-*P*)-, tetraphenylborate(1-), [35083-20-6], 20:79

BKC_8H_{16}, Borate(1-), 1,5-cyclooctanediyldihydro-, potassium, (*T*-4)-, [76448-06-1], 22:200

$BKC_{12}H_{28}$, Borate(1-), hydrotris(1-methylpropyl)-, potassium, (*T*-4)-, [54575-49-4], 17:26

$BKN_4C_6H_8$, Borate(1-), dihydrobis(1*H*-pyrazolato-N^1)-, potassium, (*T*-4)-, [18583-59-0], 12:100

$BKN_6C_9H_{10}$, Borate(1-), hydrotris(1*H*-pyrazolato-*N*[1])-, potassium, (*T*-4)-, [18583-60-3], 12:102

$BKN_8C_{12}H_{12}$, Borate(1-), tetrakis(1*H*-pyrazolato-*N*[1])-, potassium, [14782-58-2], 12:103

$BLiC_8H_{16}$, Borate(1-), 1,5-cyclooctanediyldihydro-, lithium, (*T*-4)-, [76448-08-3], 22:199

$BMoN_7O_3C_{17}H_{22}$, Molybdenum, dicarbonylnitrosyl[tris(3,5-dimethyl-1*H*-pyrazolato-*N*[1])hydroborato(1-)-*N*[2],*N*[2'],*N*[2'']]-, (*OC*-6-23)-, [24899-04-5], 23:4

$BNCH_3$, Borate(1-), (cyano-*C*)trihydro-, (*T*-4)-, [33195-00-5], 15:72

BNC_2H_8, Boranamine, *N,N*-dimethyl-, [1838-13-7], 9:8

BNC_2H_{10}, Boron, trihydro(*N*-methylmethanamine)-, (*T*-4)-, [74-94-2], 15:122

BNC_3H_{12}, Boron, (*N,N*-dimethylmethanamine)trihydro-, (*T*-4)-, [75-22-9], 9:8

BNC_6H_{16}, Boranamine, 1,1-diethyl-*N,N*-dimethyl-, [7397-47-9], 22:209

BNC_6H_{18}, Boron, (*N,N*-diethylethanamine)trihydro-, (*T*-4)-, [1722-26-5], 12:109-115

$BNC_{10}H_{22}$, Boron, (*N,N*-dimethylmethanamine)diethyl-1-propynyl-, (*T*-4)-, [22528-72-9], 29:77

$BNC_{16}H_{40}$, 1-Butanaminium, *N,N,N*-tributyl-, tetrahydroborate(1-), [33725-74-5], 17:23

$BNC_{27}H_{30}$, Borate(1-), tetraphenyl-, hydrogen, compd. with *N,N*-dimethylmethanamine (1:1), [51016-92-3], 14:52

$BNOC_4H_{12}$, Boron, trihydro(morpholine-*N*[4])-, (*T*-4)-, [4856-95-5], 12:109-115

$BNOP_2RhC_{38}H_{33}$, Rhodium, carbonyl [(cyano-*C*)trihydroborato(1-)-*N*]bis (triphenylphosphine)-, (*SP*-4-1)-, [36606-39-0], 15:72

$BNO_2C_4H_{12}$, Borate(1-), (carboxylato) (*N,N*-dimethylmethanamine)dihydro-, hydrogen, (*T*-4)-, [60788-33-2], 25:81

$BNO_2C_5H_{14}$, Boron, (*N,N*-dimethylmethanamine)dihydro(methoxycarbonyl)-, (*T*-4)-, [91993-52-1], 25:84

$BN_2C_2H_{11}$, Boron, (1,2-ethanediamine-*N*) trihydro-, (*T*-4)-, [127088-52-2], 12:109-115

$BN_2C_4H_{11}$, Boron, (cyano-*C*)(*N,N*-dimethylmethanamine)dihydro-, (*T*-4)-, [30353-61-8], 19:233,234;25:80

———, Boron, (cyano-*N*)(*N,N*-dimethylmethanamine)dihydro-, (*T*-4)-, [60045-36-5], 19:233,234

———, 1,3,2-Diazaborolidine, 1,3-dimethyl-, [38151-26-7], 17:165

$BN_2C_4H_{13}$, Boranediamine, *N,N,N',N'*-tetramethyl-, [2386-98-3], 17:30

$BN_2C_5H_{13}$, 1,3,2-Diazaborine, hexahydro-1,3-dimethyl-, [38151-20-1], 17:166

$BN_2OC_6H_{17}$, Boron, (*N,N*-dimethylmethanamine)[(ethylamino)carbonyl] dihydro-, (*T*-4)-, [60788-35-4], 25:83

$BN_3C_6H_{18}$, Boranetriamine, hexamethyl-, [4375-83-1], 10:135

$BN_3C_{12}H_{30}$, Boranetriamine, hexaethyl-, [867-97-0], 17:159

———, Boranetriamine, *N,N',N''*-tris(1-methylpropyl)-, [28049-72-1], 17:160

$BN_3C_{21}H_{24}$, Boranetriamine, *N,N',N''*-trimethyl-*N,N',N''*-triphenyl-, [10311-59-8], 17:162

$BN_4RhC_{44}H_{56}$, Rhodium(1+), tetrakis (1-isocyanobutane)-, (*SP*-4-1)-, tetraphenylborate(1-), [61160-72-3], 21:50

$BN_6P_3C_{36}H_{56}$, Diphosphinium, 1,1,1-tris(dimethylamino)-2-[tris(dimethylamino)phosphoranylidene]-, tetraphenylborate(1-), [86197-01-5], 27:256

$BNaC_8H_{16}$, Borate(1-), 1,5-cyclooctanediyldihydro-, sodium, (*T*-4)-, [76448-07-2], 22:200

$BNaC_9H_{18}$, Borate(1-), triethyl-1-propynyl-, sodium, (*T*-4)-, [14949-99-6], 15:139

$BNbC_{10}H_{14}$, Niobium, bis(η^5-2,4-cyclopentadien-1-yl)[tetrahydroborato(1-)-*H,H'*]-, [37298-41-2], 16:109

$BNiP_2C_{36}H_{71}$, Nickel, hydro[tetrahydroborato(1-)-*H,H'*]bis(tricyclohexylphosphine)-, (*TB*-5-11)-, [24899-12-5], 17:89

BOC_4H_{11}, Borinic acid, diethyl-, [4426-31-7], 22:193

———, Boron, trihydro(tetrahydrofuran)-, (*T*-4)-, [14044-65-6], 12:109-115

BOC_5H_{13}, Borinic acid, diethyl-, methyl ester, [7397-46-8], 22:190

$BOP_3RhS_2C_{66}H_{59}$, Rhodium(1+), [carbonodithioato(2-)-*S,S'*][[2-[(diphenylphosphino)methyl]-2-methyl-1,3-propanediyl]bis[diphenylphosphine]-*P,P',P''*]-, (*SP*-5-22)-, tetraphenylborate(1-), [99955-64-3], 27:287

$BO_2C_2H_7$, Boronic acid, ethyl-, [4433-63-0], 24:83

$BO_2C_9H_{19}$, Propanoic acid, 2,2-dimethyl-, anhydride with diethylborinic acid, [34574-27-1], 22:185

$BO_2P_2PtC_{40}H_{57}$, Platinum(1+), (3-methoxy-3-oxopropyl)bis(triethylphosphine)-, (*SP*-4-3)-, tetraphenylborate(1-), [129951-70-8], 26:138

$BO_3C_6H_{15}$, Boric acid (H_3BO_3), triethyl ester, [150-46-9], 5:29

$BO_{15}P_5RhC_{39}H_{65}$, Rhodium(1+), pentakis(trimethyl phosphite-*P*)-, tetraphenylborate(1-), [33336-87-7], 20:78

BPC_3H_{12}, Boron, trihydro(trimethylphosphine)-, (*T*-4)-, [1898-77-7], 12:135-136

BPC_6H_{18}, Boron, trihydro(triethylphosphine)-, (*T*-4)-, [1838-12-6], 12:109-115

BPC_8H_{14}, Boron, (dimethylphenylphosphine)trihydro-, (*T*-4)-, [35512-87-9], 15:132

$BPC_{13}H_{16}$, Boron, trihydro(methyldiphenylphosphine)-, (*T*-4)-, [54067-17-3], 15:128

$BPC_{18}H_{18}$, Boron, trihydro(triphenylphosphine)-, (*T*-4)-, [2049-55-0], 12:109-115

$BPC_{19}H_{22}$, Phosphonium, methyltriphenyl-, tetrahydroborate(1-), [40001-26-1], 17:22

$BP_2PdC_{36}H_{71}$, Palladium, hydro[tetrahydroborato(1-)-*H,H'*]bis(tricyclohexylphosphine)-, (*TB*-5-11)-, [30916-06-4], 17:90

$BP_2PtC_{44}H_{63}$, Platinum(1+), [(1,4,5-η)-4-cycloocten-1-yl]bis(triethylphosphine)-, tetraphenylborate(1-), [51177-62-9], 26:139

$BP_4Pt_2C_{48}H_{83}$, Platinum(1+), di-μ-hydrohydrotetrakis(triethylphosphine)di-, stereoisomer, tetraphenylborate(1-), [81800-05-7], 27:34

———, Platinum(1+), μ-hydrodihydrotetrakis(triethylphosphine)di-, (*Pt-Pt*), tetraphenylborate(1-), [84624-72-6], 27:32

$BP_4Pt_2C_{54}H_{87}$, Platinum(1+), μ-hydrohydrophenyltetrakis(triethylphosphine)di-, stereoisomer, tetraphenylborate(1-), [67891-25-2], 26:136

$BP_4Pt_2C_{96}H_{83}$, Platinum(1+), di-μ-hydrohydrotetrakis(triphenylphosphine)di-, stereoisomer, tetraphenylborate(1-), [132832-04-3], 27:36

BSC_6H_{17}, Boron, trihydro[1,1'-thiobis[propane]]-, (*T*-4)-, [151183-12-9], 12:115

BSC_8H_{15}, 9-Borabicyclo[3.3.1]nonane, 9-mercapto-, [120885-91-8], 29:64

$BSeC_8H_{15}$, 9-Borabicyclo[3.3.1]nonane, 9-selenyl-, [120789-37-9], 29:73

$BTiC_{10}H_{14}$, Titanium, bis(η^5-2,4-cyclopentadien-1-yl)[tetrahydroborato(1-)-*H,H'*]-, [12772-20-2], 17:91

$B_2AuF_8IrP_5C_{70}H_{63}$, Iridium(2+), bis[1,2-ethanediylbis[diphenylphosphine]-*P,P'*][(triphenylphosphine)gold]-, (*Au-Ir*), stereoisomer, bis[tetrafluoroborate(1-)], [93895-63-7], 29:296

$B_2Au_6P_7PtC_{174}H_{145}$, Platinum(2+), [hexakis(triphenylphosphine) hexagold](triphenylphosphine)-, (8*Au-Au*)(6*Au-Pt*), bis[tetraphenylborate(1-)], [107712-39-0], 29:295

B_2BrD_5, Diborane(6)-μ,μ,1,1,2-d_5, 2-bromo-, [67403-12-7], 18:146

B_2BrH_5, Diborane(6), bromo-, [23834-96-0], 18:146

$B_2Br_4P_2C_{24}H_{20}$, Diborane(6), tetrabromobis[μ-(diphenylphosphino)]-, [3325-72-2], 9:24

B_2CH_8, Diborane(6), methyl-, [23777-55-1], 19:237

$B_2C_8H_{18}$, 1,6-Diborecane, [5626-20-0], 19:239,241

$B_2C_8H_{22}$, Diborane(6), tetraethyl-, [12081-54-8], 15:141

$B_2C_{12}H_{30}$, Diborane(6), tetrapropyl-, [22784-01-6], 15:141

B_2CaH_8, Borate(1-), tetrahydro-, calcium (2:1), [17068-95-0], 17:17

B_2Cl_4, Diborane(4), tetrachloro-, [13701-67-2], 10:118;19:74

$B_2CoF_2N_6O_6C_{12}H_{18}$, Cobalt, [tris[μ-[(2,3-butanedione dioximato)(2-)-*O*:*O'*]] difluorodiborato(2-)-*N,N',N'',N''', N'''',N'''''*]-, [34248-47-0], 17:140

$B_2CoF_4N_4O_5C_9H_{17}$, Cobalt, aqua[bis[μ-[(2,3-butanedione dioximato)(2-)-*O*:*O'*]]tetrafluorodiborato(2-)-*N,N',N'',N'''*]methyl-, (*OC*-6-32)-, [53729-64-9], 11:68

$B_2CoF_8N_{12}C_{18}H_{30}$, Cobalt(2+), (5,6,15,16, 20,21-hexamethyl-1,3,4,7,8,10,12,13, 16,17,19,22-dodecaazatetracyclo [8.8.4.^{13,17}.^{18,12}]tetracosa-4,6,13,15, 19,21-hexaene-N^4,N^7,N^{13},N^{16}, N^{19},N^{22})-, (*OC*-6-11)-, bis[tetrafluoroborate(1-)], [151085-59-5], 20:89

$B_2CoN_{12}C_{18}H_{20}$, Cobalt, bis[hydrotris(1*H*-pyrazolato-N^1)borato(1-)-N^2,$N^{2'}$,$N^{2''}$]-, (*OC*-6-11)-, [16842-05-0], 12:105

B_2D_5I, Diborane(6)-μ,μ,1,1,2-d_5, 2-iodo-, [67403-13-8], 18:147

$B_2F_2FeN_6O_6C_{12}H_{18}$, Iron, [tris[μ-[(2,3-butanedione dioximato)(2-)-*O*:*O'*]] difluorodiborato(2-)-*N,N',N'',N''', N'''',N'''''*]-, (*TP*-6-11'1'')-, [39060-38-3], 17:142

$B_2F_2FeN_6O_6C_{18}H_{24}$, Iron, [tris[μ-[(1,2-cyclohexanedione dioximato)(2-)-*O*:*O'*]]difluorodiborato(2-)-*N,N',N'', N''',N'''',N'''''*]-, (*TP*-6-11'1'')-, [66060-48-8], 17:143

$B_2F_8FeN_{12}C_{12}H_{30}$, Iron(2+), tris(2,3-butanedione dihydrazone)-, (*OC*-6-11)-, bis[tetrafluoroborate(1-)], [151085-57-3], 20:88

$B_2F_8FeN_{12}C_{18}H_{30}$, Iron(2+), (5,6,14,15,20,21-hexamethyl-1,3,4,7,8,10,12,13,16,17,19,22-dodecaazatetracyclo[8.8.4.^{13,17}.^{18,12}] tetracosa-4,6,13,15,19,21-hexaene-N^4,N^7,N^{13},N^{16},N^{19},N^{22})-, (*TP*-6-111)-, bis[tetrafluoroborate(1-)], [151124-35-5], 20:88

$B_2F_8H_{15}N_7Ru$, Ruthenium(2+), pentaammine(dinitrogen)-, (*OC*-6-22)-, bis[tetrafluoroborate(1-)], [15283-53-1], 12:5

$B_2F_8Ir_3P_6C_{78}H_{79}$, Iridium(2+), tris[1,2-ethanediylbis[diphenylphosphine]-*P,P'*]tri-μ-hydro-$μ_3$-hydrotrihydrotri-, *triangulo*, bis[tetrafluoroborate(1-)], [86854-47-9], 27:25

$B_2F_8Ir_3P_6C_{81}H_{85}$, Iridium(2+), tri-μ-hydro-$μ_3$-hydrotrihydrotris[1,3-propanediylbis[diphenylphosphine]-*P,P'*]tri-, *triangulo*, stereoisomer, bis[tetrafluoroborate(1-)], [73178-86-6], 27:22

$B_2F_8MoN_2P_4C_{56}H_{56}$, Molybdenum(2+), bis[1,2-ethanediylbis[diphenylphosphine]-*P,P'*]bis[(methylamino) methylidyne]-, (*OC*-6-11)-, bis [tetrafluoroborate(1-)], [57749-21-0], 23:14

$B_2F_8MoN_6O_2C_8H_{12}$, Molybdenum(2+), tetrakis(acetonitrile)dinitrosyl-, (*OC*-6-22)-, bis[tetrafluoroborate(1-)], [82583-10-6], 26:132;28:65

$B_2F_8N_2P_4WC_{56}H_{56}$, Tungsten(2+), bis[1,2-ethanediylbis[diphenylphosphine]-*P,P'*]bis[(methylamino)methylidyne]-, (*OC*-6-11)-, bis[tetrafluoroborate(1-)], [73508-17-5], 23:12

$B_2F_8N_2P_4WC_{68}H_{64}$, Tungsten(2+), bis[1,2-ethanediylbis[diphenylphosphine]-*P,P'*]bis[[(4-methylphenyl)amino]methylidyne]-, (*OC*-6-11)-, bis[tetrafluoroborate(1-)], [73848-73-4], 23:14

$B_2F_8N_4PdC_8H_{12}$, Palladium(2+), tetrakis(acetonitrile)-, (*SP*-4-1)-, bis[tetrafluoroborate(1-)], [21797-13-7], 26:128;28:63

$B_2F_8N_6O_2WC_8H_{12}$, Tungsten(2+), tetrakis(acetonitrile)dinitrosyl-, (*OC*-6-22)-, bis[tetrafluoroborate(1-)], [82583-08-2], 26:133;28:66

$B_2F_8N_7RuC_4H_{19}$, Ruthenium(2+), pentaammine(pyrazine-N^1)-, (*OC*-6-22)-, bis[tetrafluoroborate(1-)], [41481-91-8], 24:259

$B_2F_8N_{12}NiC_{18}H_{30}$, Nickel(2+), (5,6,15,16,20,21-hexamethyl-1,3,4,7,8,10,12,13,16,17,19,22-dodecaazatetracyclo[8.8.4.^{13,17}.^{18,12}]tetracosa-4,6,13,15,19,21-hexaene-N^4,N^7,N^{13},N^{16},N^{19},N^{22})-, (*OC*-6-11)-, bis[tetrafluoroborate(1-)], [151085-63-1], 20:89

$B_2F_8NiO_6C_{12}H_{36}$, Nickel(2+), hexakis(ethanol)-, (*OC*-6-11)-, bis[tetrafluoroborate(1-)], [15007-74-6], 29:115

$B_2F_8NiO_6S_6C_{72}H_{60}$, Nickel(2+), hexakis[1,1'-sulfinylbis[benzene]-*O*]-, (*OC*-6-11)-, bis[tetrafluoroborate(1-)], [13963-83-2], 29:116

$B_2F_8S12C_{18}H_{12}$, 1,3-Dithiole, 2-(1,3-dithiol-2-ylidene)-, radical ion(1+), tetrafluoroborate(1-), compd. with 2-(1,3-dithiol-2-ylidene)-1,3-dithiole (2:1), [55492-86-9], 19:31

$B_2FeN_6O_6C_{30}H_{34}$, Iron, [[1,2-cyclohexanedione *O,O'*-bis[[[[2-(hydroxyimino)cyclohexylidene]amino]oxy]phenylboryl]dioximato](2-)-*N,N',N'',N''',N'''',N'''''*]-, (*OC*-6-11)-, [83356-87-0], 21:112

$B_2FeN_6O_8C_{18}H_{26}$, Iron, [tris[μ-[(1,2-cyclohexanedione dioximato)(2-)-*O:O'*]]dihydroxydiborato(2-)-*N,N',N'',N''',N'''',N'''''*]-, (*TP*-6-11'1'')-, [66060-49-9], 17:144

$B_2FeN_6O_8C_{20}H_{36}$, Iron, [tris[μ-[(2,3-butanedione dioximato)(2-)-*O:O'*]]dibutoxydiborato(2-)-*N,N',N'',N''',N'''',N'''''*]-, (*OC*-6-11)-, [39060-39-4], 17:144

$B_2FeN_6O_8C_{50}H_{48}$, Iron, [dibutoxytris[μ-[(diphenylethanedione dioximato)(2-)-*O:O'*]]diborato(2-)-*N,N',N'',N''',N'''',N'''''*]-, (*OC*-6-11)-, [66060-50-2], 17:145

$B_2Fe_2O_6C_6H_6$, Iron, hexacarbonyl[μ-[(1,2-η:1,2-η)-hexahydrodiborato(2-)-H^1:H^1,H^2]]di-, (*Fe-Fe*), [67517-57-1], 29:269

B_2H_{5I}, Diborane(6), iodo-, [20436-27-5], 18:147

B_2H_6, Diborane(6), [19287-45-7], 10:83; 11:15;15:142;2

$B_2H_{10}N_2$, Boron, [μ-(hydrazine-*N:N'*)]hexahydrodi-, [13730-91-1], 9:13

$B_2H_{12}N_2$, Boron(1+), diamminedihydro-, (*T*-4)-, tetrahydroborate(1-), [36425-60-2], 9:4

$B_2I_4P_2C_{24}H_{20}$, Diborane(6), bis[μ-(diphenylphosphino)]tetraiodo-, [3325-73-3], 9:19,22

$B_2MnN_{16}C_{24}H_{24}$, Manganese, bis[tetrakis(1*H*-pyrazolato-N^1)borato(1-)-N^2,$N^{2'}$,$N^{2''}$]-, [14728-59-7], 12:106

$B_2Mn_3O_{10}C_{10}H_7$, Manganese, decacarbonyl[μ_3-[hexahydrodiborato(2-)]]-μ-hydrotri-, [20982-73-4], 20:240

μ_3 -[hexahydrodiborato(2-)]]- μ -hydrotri-, [20982-73-4], 20:240

- ———, Manganese, decacarbonyl[μ₃-[hexahydrodiborato(2-)]]-μ-hydrotri-, [20982-73-4], 20:240
- B₂NC₂H₁₁, Diborane(6), [μ-(dimethylamino)]-, [23273-02-1], 17:34
- B₂NC₁₆H₄₃, 1-Butanaminium, *N,N,N*-tributyl-, μ-hydrohexahydrodiborate (1-), [40001-25-0], 17:25
- B₂NC₂₄H₅₅, 1-Butanaminium, *N*,*N*,*N*-tributyl-, di-μ-1,4-butanediyl-μ-hydrodihydrodiborate(1-), [42582-75-2], 19:243
- $B_2N_2C_2H_{14}$, Boron, [μ -(1,2-ethanediamine-N:N')]hexahydrodi-, [15165-88-5], 12:109
- B₂N₂C₄H₁₆, Diborane(6), bis[μ-(dimethylamino)]-, [23884-11-9], 17:32
- $B_2N_2O_8C_8H_{16}$, Diborane(6), tetrakis (acetyloxy)di- μ -amino-, [49606-25-9], 14:55
- ${
 m B_2N_4C_6H_{10}},$ Boron, tetrahydrobis[μ -(1H-pyrazolato- N^1 : N^2)]di-, [16998-91-7], 12:107
- B₂N₄P₄Rh₂C₁₁₈H₁₂₀, Rhodium(2+), tetrakis(1-isocyanobutane)bis[μ-[methylenebis[diphenylphosphine]-*P:P'*]]di-, bis[tetraphenylborate(1-)], [61160-70-1], 21:49
- $B_2N_8NiC_{12}H_{16}$, Nickel, bis[dihydrobis (1*H*-pyrazolato- N^1)borato(1-)- N^2 , N^2 ']-, (*SP*-4-1)-, [18131-13-0], 12:104
- $B_2N_8RuC_{56}H_{68}$, Ruthenium(2+), [(1,2,5,6- η)-1,5-cyclooctadiene]tetrakis (hydrazine-*N*)-, bis[tetraphenylborate (1-)], [37684-73-4], 26:73
- $B_2N_8RuC_{60}H_{76}$, Ruthenium(2+), [(1,2, 5,6- η)-1,5-cyclooctadiene]tetrakis (methylhydrazine- N^2)-, bis[tetraphenylborate(1-)], [128476-13-1], 26:74
- $B_2NiO_{15}P_5C_{63}H_{85}$, Nickel(2+), pentakis (trimethyl phosphite-P)-, (TB-5-11)-, bis[tetraphenylborate(1-)], [53701-88-5], 20:76
- B₂OC₈H₂₀, Borane, oxybis[diethyl-, [7318-84-5], 22:188

- B₂O₃, Boron oxide (B₂O₃, [1303-86-2], 2:22
- $B_2O_5C_{14}H_{28}$, Boron, bis[μ -(2,2-dimethylpropanoato-O:O')]diethyl- μ -oxodi-, [52242-42-9], 22:196
- $B_2O_{15}P_5PdC_{63}H_{85}$, Palladium(2+), pentakis(trimethyl phosphite-P)-, (TB-5-11)-, bis[tetraphenylborate(1-)], [53701-82-9], 20:77
- B₂O₁₅P₅PtC₆₃H₈₅, Platinum(2+), pentakis (trimethyl phosphite-*P*)-, (*TB*-5-11)-, bis[tetraphenylborate(1-)], [53701-86-31, 20:78
- B₂PC₁₉H₂₅, Phosphonium, methyltriphenyl-, μ-hydrohexahydrodiborate (1-), [40001-24-9], 17:24
- B₂SC₁₆H₂₈, 9-Borabicyclo[3.3.1]nonane, 9,9'-thiobis-, [116928-43-9], 29:62
- B₂S₂C₁₆H₂₈, 9-Borabicyclo[3.3.1]nonane, 9,9'-dithiobis-, [120885-90-7], 29:76
- $B_2S_3C_2H_6$, 1,2,4,3,5-Trithiadiborolane-3,5- $^{10}B_2$, 3,5-dimethyl-, [90830-08-3], 22:225
- B₂SeC₁₆H₂₈, 9-Borabicyclo[3.3.1]nonane, 9,9'-selenobis-, [116951-81-6], 29:71
- B₂Se₂C₁₆H₂₈, 9-Borabicyclo[3.3.1] nonane, 9,9'-diselenobis-, [120789-32-4], 29:75
- B₃BrH₇, Triborate(1-), bromoheptahydro-, [57405-81-9], 15:118
- B₃C₁₂H₂₅, 1,5-Dicarbapentaborane(5), 1,2,3,4,5-pentaethyl-, [12090-97-0], 29:92
- B₃Cl₃H₃N₃, Borazine, 2,4,6-trichloro-, [933-18-6], 10:139;13:41
- B₃Cl₃N₃C₃H₉, Borazine, 2,4,6-trichloro-1,3,5-trimethyl-, [703-86-6], 13:43
- B₃CoF₁₂N₁₂C₁₈H₃₀, Cobalt(3+), (5,6,15,16,20,21-hexamethyl-1,3,4,7,8,10,12,13,16,17,19,22dodecaazatetracyclo[8.8.4.^{13,17}.^{18,12}] tetracosa-4,6,13,15,19,21-hexaene-N⁴,N⁷,N¹³,N¹⁶,N¹⁹,N²²)-, (OC-6-11)-, tris[tetrafluoroborate(1-)], [151085-61-9], 20:89

$B_3F_{12}H_{18}N_6RRu$, Ruthenium(3+), hexaammine-, (*OC*-6-11)-, tris[tetrafluoroborate(1-)], [16455-57-5], 12:7
$B_3H_6N_3$, Borazine, [6569-51-3], 10:142
B_3H_8, Triborate(1-), octahydro-, [12429-74-2], 10:82;11:27;15:111
$B_3H_8Na_{.3}O_2C_4H_8$, Triborate(1-), octahydro-, sodium, compd. with 1,4-dioxane (1:3), [33220-35-8], 10:85
$B_3MnO_4C_4H_8$, Manganese, tetracarbonyl [octahydrotriborato(1-)]-, [53801-97-1], 19:227,228
$B_3N_3C_3H_{12}$, Borazine, 1,3,5-trimethyl-, [1004-35-9], 9:8
———, Borazine, 2,4,6-trimethyl-, [5314-85-2], 9:8
$B_3N_6C_9H_{21}$, 1*H*,6*H*,11*H*-Tris[1,3,2] diazaborolo[1,2-*a*:1',2'-*c*:1",2"-*e*] [1,3,5,2,4,6]triazatriborine, hexahydro-1,6,11-trimethyl-, [52813-38-4], 29:59
———, Tris[1,3,2]diazaborino[1,2-*a*:1',2'-*c*:1",2"-*e*][1,3,5,2,4,6]triazatriborine, dodecahydro-, [6063-61-2], 29:59
$B_3N_6C_{12}H_{27}$, Tris[1,3,2]diazaborino[1,2-*a*:1',2'-*c*:1",2"-*e*][1,3,5,2,4,6] triazatriborine, dodecahydro-1,7,13-trimethyl-, [57907-40-1], 29:59
$B_3O_3C_6H_{15}$, Boroxin, triethyl-, [3043-60-5], 24:85
$B_3O_9ScSr_3$, Boric acid (H_3BO_3), scandium (3+) strontium salt (3:1:3), [120525-55-5], 30:257
$B_4C_6H_{16}$, 2,3-Dicarbahexaborane(8), 2,3-diethyl-, [80583-48-8], 22:211
$B_4Cl_4N_4C_{16}H_{36}$, 1,3,5,7,2,4,6,8-Tetrazatetraborocine, 2,4,6,8-tetrachloro-1,3,5,7-tetrakis(1,1-dimethylethyl)octahydro-, [4262-38-8], 10:144
$B_4F_{16}Mo_2N_{10}C_{20}H_{30}$, Molybdenum(4+), decakis(acetonitrile)di-, (*Mo-Mo*), tetrakis[tetrafluoroborate(1-)], [132461-50-8], 29:134
$B_4F_{16}N_{10}Rh_2C_{20}H_{30}$, Rhodium(4+), decakis(acetonitrile)di-, (*Rh-Rh*), tetrakis[tetrafluoroborate(1-)], [117686-94-9], 29:182
$B_4LiNaSi_2C_8H_{22}$, 2,3-Dicarbahexaborate (2-), 1,4,5,6-tetrahydro-2,3-bis (trimethylsilyl)-, lithium sodium, [109031-63-2], 29:97
$B_4LiSi_2C_8H_{22}$, 2,3-Dicarbahexaborate(2-), 1,4,5,6-tetrahydro-2,3-bis(trimethylsilyl)-, dilithium, [137627-93-1], 29:99
$B_4N_2Si_2C_{20}H_{50}$, 1,2-Diazahexaborane(6), 3,6-bis(1,1-dimethylethyl)-4,5-bis (1-methylethyl)-1,2-bis(trimethylsilyl)-,[145247-43-4], 29:54
$B_4SiC_5H_{16}$, 2,3-Dicarbahexaborane(8), 2-(trimethylsilyl)-, [31259-72-0], 29:95
$B_4Si_2C_8H_{24}$, 2,3-Dicarbahexaborane(8), 2,3-bis(trimethylsilyl)-, [91686-41-8], 29:92
B_5BrH_8, Pentaborane(9), 1-bromo-, [23753-67-5], 19:247,248
B_5H_9, Pentaborane(9), [19624-22-7], 15:118
$B_6AlO_{18}Sr_6Y$, Boric acid (H_3BO_3), aluminum strontium yttrium salt (6:1:6:1), [129265-37-8], 30:257
$B_6C_{24}H_{50}$, 2,6,8,10-Tetracarbadecaborane (10), 1,2,3,4,5,6,7,8,9,10-decaethyl-, [136862-68-5], 29:82
B_6H_{10}, Hexaborane(10), [23777-80-2], 19:247,248
$B_6La_2MgO_{18}Sr_5$, Boric acid (H_3BO_3), lanthanum(3+) magnesium strontium salt (6:2:1:5), [158188-97-7], 30:257
$B_7C_2H_{11}$, Dicarbanonaborane(11), [51434-77-6], 22:237
$B_8C_{12}H_{28}$, 1,2,3,4-Tetracarbadodecaborane (12), 1,2,3,4-tetraethyl-, [83096-06-4], 22:217
$B_8FeC_{12}H_{30}$, Iron, bis[(2,3,4,5,6-η)-2,3-diethyl-1,4,5,6-tetrahydro-2,3-dicarbahexaborato(2-)]dihydro-, [83096-05-3], 22:215
B_8H_8, Octaborate(2-), octahydro-, [12430-13-6], 11:24

$B_8H_{10}Se_2$, 6,9-Diselenadecaborane(10), [69550-87-4], 29:105
$B_9C_2H_{11}$, 7,8-Dicarbaundecaborate(2-), undecahydro-, [56902-43-3], 10:111
$B_9C_2H_{12}$, 7,8-Dicarbaundecaborate(1-), dodecahydro-, [11130-95-3], 10:109
$B_9C_4H_{16}$, 7,8-Dicarbaundecaborate(1-), decahydro-7,8-dimethyl-, [11084-09-6], 10:108
$B_9CoC_7H_{16}$, Cobalt, (η^5-2,4-cyclopentadien-1-yl)[(7,8,9,10,11-η)-undecahydro-7,8-dicarbaundecaborato(2-)]-, [37100-20-2], 22:235
$B_9CsH_{12}S$, 6-Thiadecaborate(1-), dodecahydro-, cesium, [11092-86-7], 22:227
B_9H_9, Nonaborate(2-), nonahydro-, [12430-24-9], 11:24
B_9H_9S, 1-Thiadecaborane(9), [41646-56-4], 22:22
$B_9H_9Se_2$, 7,9-Diselenaundecaborane(9), [146687-12-9], 29:103
$B_9H_{11}S$, 6-Thiadecaborane(11), [12447-77-7], 22:228
$B_9H_{14}K$, Nonaborate(1-), tetradecahydro-, potassium, [39296-28-1], 26:1
$B_9KC_2H_{12}$, 7,8-Dicarbaundecaborate(1-), dodecahydro-, potassium, [12304-72-2], 22:231
$B_9SC_4H_{17}$, 7,8-Dicarbaundecaborane(11), 9-[thiobis[methane]]-, [54481-98-0], 22:239
$B_{10}BrC_3H_{13}$, 1,2-Dicarbadodecaborane (12), 1-(bromomethyl)-, [19496-84-5], 10:100
$B_{10}CH_{11}$, Carbaundecaborate(3-), undecahydro-, [54183-26-5], 11:40,41
$B_{10}CH_{13}$, 7-Carbaundecaborate(1-), tridecahydro-, [66292-75-9], 11:39
$B_{10}C_2H_{12}$, 1,2-Dicarbadodecaborane(12), [16872-09-6], 10:92;10:95;11:19
$B_{10}C_3H_{14}$, 1,2-Dicarbadodecaborane(12), 1-methyl-, [16872-10-9], 10:104
$B_{10}C_4H_{14}$, 1,2-Dicarbadodecaborane(12), 1,2-(1,2-ethanediyl)-, [71817-60-2], 29:101
$B_{10}C_4H_{16}$, 1,2-Dicarbadodecaborane(12), 1,2-dimethyl-, [17032-21-2], 10:106
$B_{10}H_{10}$, Decaborate(2-), decahydro-, [12356-12-6], 11:28,30
$B_{10}H_{14}$, Decaborane(14), [17702-41-9], 9:17; 10:94;11:20,34
$B_{10}NCH_{15}$, 7-Carbaundecaborane(12), 7-ammine-, [12373-10-3], 11:33
$B_{10}NC_4H_{21}$, 7-Carbaundecaborane(12), 7-(*N,N*-dimethylmethanamine)-, [31117-16-5], 11:35
———, 7-Carbaundecaborane(12), 7-(1-propanamine)-, [150384-21-7], 11:36
$B_{10}NC_6H_{25}$, 7-Carbaundecaborane(12), 7-(*N,N*-dimethyl-1-propanamine)-, [150384-20-6], 11:37
$B_{10}N_2C_{12}H_{42}$, Decaborane(12), 6,9-bis(*N,N*-diethylethanamine)-, [12551-36-9], 9:17
———, Decaborate(2-), decahydro-, dihydrogen, compd. with *N,N*-diethylethanamine (1:2), [12075-73-9], 9:16
$B_{10}O_3SC_{11}H_{22}$, 1,2-Dicarbadodecaborane (12)-1-ethanol, 4-methylbenzenesulfonate, [120085-61-2], 29:102
$B_{10}O_4C_8H_{20}$, 1,2-Dicarbadodecaborane (12)-1,2-dimethanol, diacetate, [19610-38-9], 11:20
$B_{10}SC_2H_{12}$, 1,2-Dicarbadodecaborane(12), 9-mercapto-, [64493-43-2], 22:241
$B_{11}H_{11}$, Undecaborate(2-), undecahydro-, [12430-44-3], 11:24
$B_{11}H_{13}$, Undecaborate(2-), tridecahydro-, [12448-04-3], 11:25
$B_{11}H_{14}$, Undecaborate(1-), tetradecahydro-, [12448-05-4], 10:86;11:26
$B_{11}H_{14}Na.3C_4H_8O_2$, Undecaborate(1-), tetradecahydro-, sodium, compd. with 1,4-dioxane (1:3), [12545-00-5], 10:87
$B_{12}ClCs_3H_{12}$, Dodecaborate(2-), dodecahydro-, cesium chloride (1:3:1), [12046-86-5], 11:30
$B_{12}H_{12}$, Dodecaborate(2-), dodecahydro-, [12356-13-7], 10:87,88;11:28,30

$B_{13}Cs_3H_{16}$, Dodecaborate(2-), dodecahydro-, cesium tetrahydroborate(1-) (1:3:1), [150384-19-3], 11:30
$B_{18}CoC_4H_{22}$, Cobaltate(1-), bis[(7,8,9,10,11-η)-undecahydro-7,8-dicarbaundecaborato(2-)]-, [11078-84-5], 10:111
$B_{18}CoC_8H_{30}$, Cobaltate(1-), bis[(7,8,9,10,11-η)-1,2,3,4,5,6,9,10,11-nonahydro-7,8-dimethyl-7,8-dicarbaundecaborato(2-)]-, [52855-29-5], 10:111
$B_{18}CoC_{16}H_{30}$, Cobaltate(1-), bis[(7,8,9,10,11-η)-1,2,3,4,5,6,7,9,10,11-decahydro-8-phenyl-7,8-dicarbaundecaborato(2-)]-, [51868-92-9], 10:111
$B_{18}FeC_4H_{22}$, Ferrate(1-), bis[(7,8,9,10,11-η)-undecahydro-7,8-dicarbaundecaborato(2-)]-, [65465-56-7], 10:111
———, Ferrate(2-), bis[(7,8,9,10,11-η)-undecahydro-7,8-dicarbaundecaborato (2-)]-, [51868-94-1], 10:113
$B_{18}FeC_8H_{30}$, Ferrate(1-), bis[(7,8,9,10,11-η)-1,2,3,4,5,6,9,10,11-nonahydro-7,8-dimethyl-7,8-dicarbaundecaborato (2-)]-, [11070-28-3], 10:111
$B_{18}FeC_{16}H_{30}$, Ferrate(1-), bis[(7,8,9,10,11-η)-1,2,3,4,5,6,7,9,10,11-decahydro-8-phenyl-7,8-dicarbaundecaborato(2-)]-, [51868-93-0], 10:111
$B_{20}CoC_2H_{22}$, Cobaltate(3-), bis[(7,8,9,10,11-η)-undecahydro-7-carbaundecaborato(2-)]-, [65391-99-3], 11:42
$B_{20}CoN_2C_2H_{26}$, Cobaltate(1-), bis[(7,8,9,10,11-η)-7-ammine-1,2,3,4,5,6,8,9,10,11-decahydro-7-carbaundecaborato(2-)]-, [150399-24-9], 11:42
$B_{20}FeC_2H_{22}$, Ferrate(3-), bis[(7,8,9,10,11-η)-undecahydro-7-carbaundecaborato (2-)]-, [65392-01-0], 11:42
$B_{20}FeN_2C_2H_{26}$, Ferrate(1-), bis[(7,8,9,10,11-η)-7-ammine-1,2,3,4,5,6,8,9,10,11-decahydro-7-carbaundecaborato(2-)]-, [150422-10-9], 11:42
$B_{20}N_2NiC_2H_{24}$, Nickelate(2-), bis[(7,8,9,10,11-η)-7-amido-1,2,3,4,5,6,8,9,10,11-decahydro-7-carbaundecaborato(2-)]-, [65378-48-5], 11:44
$B_{20}N_2NiC_2H_{26}$, Nickelate(2-), bis[(7,8,9,10,11-η)-7-amido-1,2,3,4,5,6,8,9,10,11-decahydro-7-carbaundecaborato(2-)]-, dihydrogen, [12373-34-1], 11:43
$B_{20}N_2NiC_6H_{32}$, Nickelate(2-), bis[(7,8,9,10,11-η)-1,2,3,4,5,6,8,9,10,11-decahydro-7-(*N*-methylmethanaminato)-7-carbaundecaborato(2-)]-, [65504-42-9], 11:45
$B_{20}N_2NiC_6H_{34}$, Nickel, bis[(7,8,9,10,11-η)-1,2,3,4,5,6,8,9,10,11-decahydro-7-(*N*-methylmethanamine)-7-carbaundecaborato(1-)]-, [12404-28-3], 11:45
$B_{20}NiC_2H_{22}$, Nickelate(2-), bis[(7,8,9,10,11-η)-undecahydro-7-carbaundecaborato(2-)]-, [65404-75-3], 11:42
$B_{20}NiO_2C_2H_{22}$, Nickelate(2-), bis[(7,8,9,10,11-η)-decahydro-7-hydroxy-7-carbaundecaborato(3-)]-, [51151-70-3], 11:44
$Ba_{0.6}BiK_{0.4}O_3$, Barium bismuth potassium oxide ($Ba_{0.6}BiK_{0.4}O_3$), [117004-16-7], 30:198
$BaBr_2O_6.H_2O$, Bromic acid, barium salt, monohydrate, [10326-26-8], 2:20
$BaCl_2$, Barium chloride ($BaCl_2$), [10361-37-2], 29:110
$BaCl_2N_6O_4C_{26}H_{18}$, Barium(2+), (7,11:20,24-dinitrilodibenzo[*b,m*][1,4,12,15]tetraazacyclodocosine-$N^5,N^{13},N^{18},N^{26},N^{27},N^{28}$)-, diperchlorate, [133270-20-9], 23:174
$BaCo_2N_4O_{16}C_{20}H_{24}$, Cobaltate(1-), [[*N,N*'-1,2-ethanediylbis[*N*-(carboxymethyl) glycinato]](4-)-$N,N',O,O',O^N,O^{N'}$]-, barium (2:1), (*OC*-6-21)-, [92641-28-6], 5:186
BaF_6Ge, Germanate(2-), hexafluoro-, barium (1:1), (*OC*-6-11)-, [60897-63-4], 4:147

BaF_6Si, Silicate(2-), hexafluoro-, barium (1:1), [17125-80-3], 4:145
$BaI_2O_6.H_2O$, Iodic acid (HIO_3), barium salt, monohydrate, [7787-34-0], 7:13
$BaMnO_4$, Manganic acid (H_2MnO_4), barium salt (1:1), [7787-35-1], 11:58
$BaMoO_3$, Molybdate (MoO_3^{2-}), barium (1:1), [12323-01-2], 11:1
$BaMoO_4C$, Molybdate (MoO_4^{2-}), barium (1:1), (*T*-4)-, [7787-37-3], 11:2
$BaN_2S_2C_2$, Thiocyanic acid, barium salt, [2092-17-3], 3:24
$BaN_4PtC_4.3H_2O$, Platinate(2-), tetrakis (cyano-*C*)-, barium (1:1), trihydrate, (*SP*-4-1)-, [87824-97-3], 19:112
$BaN_4PtC_4.4H_2O$, Platinate(2-), tetrakis (cyano-*C*)-, barium (1:1), tetrahydrate, [13755-32-3], 20:243
$BaO_3Pb_{0.75}Sb_{0.25}$, Antimony barium lead oxide ($Sb_{0.25}BaPb_{0.75}O_3$), [123010-39-9], 30:200
BaO_3Ti, Barium titanium oxide ($BaTiO_3$), [12047-27-7], 14:142;30:111
$BaO_6C_4H_4$, Butanedioic acid, 2,3-dihydroxy- [*R*-(*R**,*R**)]-, barium salt (1:1), [5908-81-6], 6:184
$BaO_6S_2.2H_2O$, Dithionic acid, barium salt (1:1), dihydrate, [7787-43-1], 2:170
$Ba_2Ca_2Cu_2O_8T_{l2}$, Barium calcium copper thallium oxide ($Ba_2CaCu_2Tl_2O_8$), [115833-27-7], 30:203
$Ba_2Ca_2Cu_3O_{10}T_{l2}$, Barium calcium copper thallium oxide ($Ba_2Ca_2Cu_3Tl_2O_{10}$), [115866-07-4], 30:203
$Ba_2CuO_6T_{l2}$, Barium copper thallium oxide ($Ba_2CuTl_2O_6$), [115866-06-3], 30:202
$Ba_2Cu_3O_7Y$, Barium copper yttrium oxide ($Ba_2{}^{63}Cu_3YO_7$), [143069-66-3], 30:210
$Ba_2Cu_4ErO_8$, Barium copper erbium oxide ($Ba_2Cu_4ErO_8$), [122014-99-7], 30:193
$Ba_2Cu_4HoO_8$, Barium copper holmium oxide ($Ba_2Cu_4HoO_8$), [122015-02-5], 30:193
$Ba_3H_4I_2O_{12}$, Periodic acid (H_5IO_6), barium salt (2:3), [149189-78-6], 1:171
$Ba_4BiO_{12}Pb_{1.95-2.1}T_{l0.9-1.05}$, Barium bismuth lead thallium oxide ($Ba_4BiPb_{1.95-2.1}Tl_{0.9-1.05}O_{12}$), [133494-87-8], 30:208
$BeCl_2$, Beryllium chloride ($BeCl_2$), [7787-47-5], 5:22
$BeO_4C_{10}H_{14}$, Beryllium, bis(2,4-pentanedionato-*O,O'*)-, (*T*-4)-, [10210-64-7], 2:17
$Be_4Cl_6O_{13}C_{42}H_{24}$, Beryllium, hexakis[μ-(2-chlorobenzoato-*O*:*O'*)]-μ_4-oxotetra-, [149165-75-3], 3:7
$Be_4Co_2N_{12}O_{19}C_6H_{36}.10H_2O$, Cobalt(3+), hexaammine-, (*OC*-6-11)-, hexakis [μ-[carbonato(2-)-*O*:*O'*]]-μ_4-oxotetraberyllate(6-) (2:1), decahydrate, [12192-43-7], 8:6
$Be_4Co_2N_{12}O_{19}C_6H_{36}.11H_2O$, Cobalt(3+), hexaammine-, (*OC*-6-11)-, hexakis[μ-[carbonato(2-)]]-μ_4-oxotetraberyllate (6-) (2:1), undecahydrate, [12128-08-4], 8:6
$Be_4K_6O_{19}C_6$, Beryllate(6-), hexakis[μ-[carbonato(2-)-*O*:*O'*]]-μ_4-oxotetra-, hexapotassium, [14875-90-2], 8:9
$Be_4N_6O_{19}C_6H_{24}$, Beryllate(6-), hexakis (carbonato)oxotetra-, hexaammonium, [12105-78-1], 8:9
$Be_4O_{13}C_6H_6$, Beryllium, hexakis[μ-(formato-*O*:*O'*)]-μ_4-oxotetra-, [42556-30-9], 3:7,8
$Be_4O_{13}C_{12}H_{18}$, Beryllium, hexakis[μ-(acetato-*O*:*O'*)]-μ_4-oxotetra-, [19049-40-2], 3:4;3:7-9
$Be_4O_{13}C_{15}H_{24}$, Beryllium, tris[μ-(acetato-*O*:*O'*)]-μ_4-oxotris[μ-(propanoato-*O*:*O'*)]tetra-, [149165-74-2], 3:7,8
$Be_4O_{13}C_{18}H_{30}$, Beryllium, μ_4-oxohexakis[μ-(propanoato-*O*:*O'*)] tetra-, [36593-61-0], 3:7-9
$Be_4O_{13}C_{20}H_{34}$, Beryllium, bis[μ-(acetato-*O*:*O'*)]tetrakis[μ-(2-methylpropanoato-

- O:O']- μ_4 -oxotetra-, [149165-73-1], 3:7
- Be₄O₁₃C₂₄H₄₂, Beryllium, hexakis[μ -(butanoato-O:O')]- μ ₄-oxotetra-, [56377-89-0], 3:7;3:8
- ———, Beryllium, hexakis[μ-(2-methyl-propanoato-O:O')]-μ₄-oxotetra-, [56377-90-3], 3:7;3:8
- Be₄O₁₃C₃₀H₅₅, Beryllium, hexakis[µ-(2,2-dimethylpropanoato-*O*:*O*')]-µ₄-oxotetra-, [56377-82-3], 3:7;3:8
- ———, Beryllium, hexakis[μ-(3-methylbutanoato-O:O')]-μ₄-oxotetra-, [56377-83-4], 3:7;3:8
- Be₄O₁₃C₄₂H₃₀, Beryllium, hexakis[μ -(benzoato-O:O')]- μ ₄-oxotetra-, tetrahedro, [12216-77-2], 3:7
- Bi_{0.2}CuO₅Sr₂Tl_{0.8}, Bismuth copper strontium thallium oxide (Bi_{0.2}CuSr₂ Tl_{0.8}O₅), [132852-09-6], 30:205
- Bi_{0.2-0.5}CuO₅Sr₂Tl_{0.5-0.8}, Bismuth copper strontium thallium oxide (Bi_{0.2-5}Cu Sr₂Tl_{0.5-0.8}O₅), [138820-89-0], 30:204
- Bi_{0.25}CuO₅Sr₂Tl_{0.75}, Bismuth copper strontium thallium oxide (Bi_{0.25}CuSr₂ Tl_{0.75}O₅), [138820-87-8], 30:205
- Bi_{0.3}CuO₅Sr₂Tl_{0.7}, Bismuth copper strontium thallium oxide (Bi_{0.3}CuSr₂ Tl_{0.7}O₅), [134741-16-5], 30:205
- Bi_{0.4}CuO₅Sr₂Tl_{0.6}, Bismuth copper strontium thallium oxide (Bi_{0.4}CuSr₂ Tl_{0.6}O₅), [134586-96-2], 30:205
- Bi_{0.5}CuO₅Sr₂Tl_{0.5}, Bismuth copper strontium thallium oxide (Bi_{0.5}CuSr₂ Tl_{0.5}O₅), [132851-65-1], 30:205
- BiBa₄O₁₂Pb_{1.95-2.1}Tl_{0.9-1.05}, Barium bismuth lead thallium oxide (Ba₄BiPb_{1.95-2.1}Tl_{0.9-1.05}O₁₂), [133494-87-8], 30:208
- BiBrS, Bismuthine, bromothioxo-, [14794-86-6], 14:172
- BiBr₂CH₃, Bismuthine, dibromomethyl-, [60458-17-5], 7:85
- BiC₁₈H₁₅, Bismuthine, triphenyl-, [603-33-8], 8:189

- BiCaCu₂O₇Sr₂TI, Bismuth calcium copper strontium thallium oxide ((Bi,Tl)Ca Cu₂Sr₂O₇), [158188-92-2], 30:204
- BiIS, Bismuthine, iodothioxo-, [15060-32-9], 14:172
- BiI₃, Bismuthine, triiodo-, [7787-64-6], 4:114
- BiNaS₂, Bismuthate(1-), dithioxo-, sodium, [12506-14-8], 30:91
- Bi₂Mg₃N₁₂O_{36,24}H₂O, Nitric acid, bismuth(3+) magnesium salt (12:2:3), tetracosahydrate, [20741-82-6], 2:57
- $\begin{array}{l} \mathrm{Bi_4 K_2 N_4 O_{12} C_{36} H_{72}, Potassium (1+),} \\ (4,7,13,16,21,24-\mathrm{hexaoxa-1,10-diazabicyclo} [8.8.8] \mathrm{hexacosane-} \\ N^1, N^{10}, O^4, O^7, O^{13}, O^{16}, O^{21}, \\ O^{24})\text{-, (tetrabismuth)(2-) (2:1),} \\ [70320-09-1], 22:151 \end{array}$
- Bi₄O₁₂Ti₃, Bismuth titanium oxide (Bi₄Ti₃O₁₂), [12010-77-4], 14:144;30:112
- $BrAlSi_2C_8H_{22}$, Aluminum, bromobis [(trimethylsilyl)methyl]-, [85004-93-9], 24:94
- BrAsC₂H₆, Arsinous bromide, dimethyl-, [676-71-1], 7:82
- BrAsC₈H₁₀, Arsine, (2-bromophenyl) dimethyl-, [4457-88-9], 16:185
- BrAsF₆S₇, Sulfur(1+), bromo(hexathio)-, hexafluoroarsenate(1-), [98650-09-0], 27:336
- BrAuTe₂, Gold bromide telluride (AuBrTe₂), [12523-40-9], 14:170
- BrBF₄IrNOP₂C₃₆H₃₀, Iridium(1+), bromonitrosylbis(triphenylphosphine)-, (*SP*-4-3)-, tetrafluoroborate(1-), [38302-39-5], 16:42
- BrBNC₃H₁₁, Boron, bromo(*N*,*N*-dimethyl-methanamine)dihydro-, (*T*-4)-, [5275-42-3], 12:118
- BrB₂D₅, Diborane(6)-μ,μ,1,1,2-*d*₅, 2-bromo-, [67403-12-7], 18:146
- BrB₂H₅, Diborane(6), bromo-, [23834-96-0], 18:146

BrB_3H_7, Triborate(1-), bromoheptahydro-, [57405-81-9], 15:118

BrB_5H_8, Pentaborane(9), 1-bromo-, [23753-67-5], 19:247,248

$BrB_{10}C_3H_{13}$, 1,2-Dicarbadodecaborane (12), 1-(bromomethyl)-, [19496-84-5], 10:100

BrBiS, Bismuthine, bromothioxo-, [14794-86-6], 14:172

BrC_3H_3, 1-Propyne, 3-bromo-, [106-96-7], 10:101

$BrC_{18}H_{29}$, Benzene, 2-bromo-1,3,5-tris (1,1-dimethylethyl)-, [3975-77-7], 27:236

$BrClCoN_5O_3C_4H_{16}$, Cobalt(1+), bromochlorobis(1,2-ethanediamine-*N,N'*)-, (*OC*-6-23)-, nitrate, [15656-44-7], 9:163;9:165

$BrClINC_4H_{12}$, Methanaminium, *N,N,N*-trimethyl-, bromochloroiodate(1-), [15695-49-5], 5:172

$BrClN_2O_4C_{10}H_{10}$, Bromine(1+), bis(pyridine)-, perchlorate, [53514-32-2], 7:173

$BrCl_2CoN_5C_4H_{19}$, Cobalt(2+), amminebromobis(1,2-ethanediamine-*N,N'*)-, dichloride, (*OC*-6-23)-, [53539-19-8], 16:93,95,96

$BrCl_2NC_4H_{12}$, Methanaminium, *N,N,N*-trimethyl-, dichlorobromate(1-), [1863-68-9], 5:172

$BrCl_3Si$, Silane, bromotrichloro-, [13465-74-2], 7:30

$BrCl_4MnO_3C_8$, Manganese, (η^5-1-bromo-2,3,4,5-tetrachloro-2,4-cyclopentadien-1-yl)tricarbonyl-, [56282-22-5], 20:194,195

$BrCl_4MnO_5C_{10}$, Manganese, (1-bromo-2,3,4,5-tetrachloro-2,4-cyclopentadien-1-yl)pentacarbonyl-, (*OC*-6-22)-, [56282-18-9], 20:194

$BrCoN_3O_3C_5H_{19}.1/2H_2O$, Cobalt(3+), ammine[carbonato(2-)-*O*]bis(1,2-ethanediamine-*N,N'*)-, bromide, hydrate (2:1), (*OC*-6-23)-, [151120-16-0], 17:152

$BrCoN_4OC_{14}H_{26}$, Cobalt(1+), [2-[1-[(2-aminoethyl)imino]ethyl]phenolato-*N,N',O*](1,2-ethanediamine-*N,N'*) ethyl-, bromide, (*OC*-6-34)-, [76375-20-7], 23:165

$BrCoN_4O_3C_5H_{16}$, Cobalt(1+), [carbonato (2-)-*O,O'*]bis(1,2-ethanediamine-*N,N'*)-, bromide, [31055-39-7], 14:64;21:120

$BrCoN_4O_4SC_{10}H_{20}$, Cobalt, bromobis [(2,3-butanedione dioximato)(1-)-*N,N'*][thiobis[methane]]-, (*OC*-6-23)-, [79680-14-1], 20:128

$BrCoN_4O_7S_2C_4H_{18}.H_2O$, Cobalt(2+), aquabromobis(1,2-ethanediamine-*N,N'*)-, (*OC*-6-23)-, dithionate (1:1), monohydrate, [153569-10-9], 21:124

$BrCoN_4O_8SC_{18}H_{32}$, Cobalt(1+), (1,2-ethanediamine-*N,N'*)[[*N,N'*-1,2-ethanediylbis[glycinato]](2-)-*N,N',O,O'*]-, (*OC*-6-32-*A*)-, salt with [1*R*-(*endo,anti*)]-3-bromo-1,7-dimethyl-2-oxobicyclo[2.2.1]heptane-7-methanesulfonic acid (1:1), [51920-86-6], 18:106

———, Cobalt(1+), (1,2-ethanediamine-*N,N'*)[[*N,N'*-1,2-ethanediylbis [glycinato]](2-)-*N,N',O,O'*]-, (*OC*-6-32-*C*)-, salt with [1*R*-(*endo,anti*)]-3-bromo-1,7-dimethyl-2-oxobicyclo [2.2.1]heptane-7-methanesulfonic acid (1:1), [51921-55-2], 18:106

$BrCoN_5O_4C_{17}H_{27}$, Cobalt, bromobis[(2,3-butanedione dioximato)(1-)-*N,N'*] [4-(1,1-dimethylethyl)pyridine]-, (*OC*-6-42)-, [51194-57-1], 20:130

$BrCoN_5O_6S_2C_4H_{19}$, Cobalt(2+), amminebromobis(1,2-ethanediamine-*N,N'*)-, (*OC*-6-32)-, (disulfate) (1:1), [15306-91-9], 16:94

$BrCoN_6O_4C_4H_{16}$, Cobalt(1+), bis(1,2-ethanediamine-*N,N'*)bis(nitrito-*N*)-, bromide, (*OC*-6-22)-, [20298-24-2], 6:196

$BrCoN_7O_6C_4H_{19}$, Cobalt(2+), amminebromobis(1,2-ethanediamine-*N,N'*)-, (*OC*-6-23)-, dinitrate, [151085-64-2], 16:93
BrCu, Copper bromide (CuBr), [7787-70-4], 2:3
$BrCuSe_3$, Copper bromide selenide ($CuBrSe_3$), [12431-50-4], 14:170
BrCuTe, Copper bromide telluride (CuBrTe), [12409-54-0], 14:170
$BrCuTe_2$, Copper bromide telluride ($CuBrTe_2$), [12409-55-1], 14:170
BrD_5C_6, Benzene-d_5, bromo-, [4165-57-5], 16:164
BrF, Bromine fluoride (BrF), [13863-59-7], 3:185
$BrFO_3$, Perbromyl fluoride ((BrO_3)F), [25251-03-0], 14:30
BrF_2NS, Imidosulfurous difluoride, bromo-, [25005-08-7], 24:20
BrF_2OP, Phosphoric bromide difluoride, [14014-18-7], 15:194
BrF_2PS, Phosphorothioic bromide difluoride, [13706-09-7], 2:154
BrF_2P, Phosphorous bromide difluoride, [15597-40-7], 10:154
BrF_3, Bromine fluoride (BrF_3), [7787-71-5], 3:184;12:232
BrF_5, Bromine fluoride (BrF_5), [7789-30-2], 3:185
$BrF_5SC_2H_2$, Sulfur, (2-bromoethenyl) pentafluoro-, (*OC*-6-21)-, [58636-82-1], 27:330
$BrF_6N_3PRuC_{14}H_{21}$, Ruthenium(1+), tris (acetonitrile)bromo[(1,2,5,6-η)-1,5-cyclooctadiene]-, stereoisomer, hexafluorophosphate(1-), [115203-19-5], 26:72
BrF_6S_7Sb, Sulfur(1+), bromo(hexathio)-, (*OC*-6-11)-hexafluoroantimonate(1-), [98650-10-3], 27:336
$BrF_7SC_2H_2$, Sulfur, (2-bromo-2,2-difluoroethyl)pentafluoro-, (*OC*-6-21)-, [18801-67-7], 29:35
BrF_8SC_2H, Sulfur, (2-bromo-1,2,2-trifluoroethyl)pentafluoro-, (*OC*-6-21)-, [18801-68-8], 29:34
BrFe, Iron bromide (FeBr), [12514-32-8], 14:102
$BrFeMgO_2P_2C_{39}H_{45}$, Magnesium, bromo [(η^5-2,4-cyclopentadien-1-yl)[1,2-ethanediylbis[diphenylphosphine]-*P,P'*]iron]bis(tetrahydrofuran)-, (*Fe-Mg*), [52649-44-2], 24:172
$BrFeN_8O_4C_{64}H_{64}$, Iron, bromo[[*N,N',N''*, *N'''*-(21*H*,23*H*-porphine-5,10,15,20-tetrayltetra-2,1-phenylene)tetrakis [2,2-dimethylpropanamidato]](2-)-N^{21},N^{22},N^{23},N^{24}]-, (*SP*-5-12)-, [52215-70-0], 20:166
$BrFeO_2C_7H_5$, Iron, bromodicarbonyl(η^5-2,4-cyclopentadien-1-yl)-, [12078-20-5], 12:36
$BrFeP_2C_{31}H_{29}$, Iron, bromo(η^5-2,4-cyclopentadien-1-yl)[1,2-ethanediylbis [diphenylphosphine]-*P,P'*]-, [32843-50-8], 24:170
$BrGeC_2H_7$, Germane, bromodimethyl-, [53445-65-1], 18:157
$BrGeC_3H_9$, Germane, bromotrimethyl-, [1066-37-1], 12:64;18:153
$BrGeC_{18}H_{15}$, Germane, bromotriphenyl-, [3005-32-1], 5:74-76;8:34
$BrGeH_3$, Germane, bromo-, [13569-43-2], 15:157,164,174,177
BrH, Hydrobromic acid, [10035-10-6], 1:114;1:149
$BrHO_4C$, Perbromic acid, [19445-25-1], 13:1
BrH_3Si, Silane, bromo-, [13465-73-1], 11:159
$BrH_{15}IrN_5$, Iridium(2+), pentaamminebromo-, (*OC*-6-22)-, [35884-02-7], 12:245,246
$BrHgO_9Ru_3C_{15}H_9$, Ruthenium, (bromomercury)nonacarbonyl[μ_3-[(1-η:1,2-η:1,2-η)-3,3-dimethyl-1-butynyl]]tri-, (2*Hg-Ru*)(3*Ru-Ru*), [74870-34-1], 26:332

$BrI_2NC_4H_{12}$, Methanaminium, *N,N,N*-trimethyl-, bromoiodoiodate(1-), [50725-69-4], 5:172
BrIn, Indium bromide (InBr), [14280-53-6], 7:18
$BrIrN_2P_2C_{36}H_{30}$, Iridium, bromo (dinitrogen)bis(triphenylphosphine)-, (*SP*-4-3)-, [25036-66-2], 16:42
$BrKO_4C$, Perbromic acid, potassium salt, [22207-96-1], 13:1
$BrK_6N_{12}Pt_3C_{12.9}H_2O$, Platinate(2-), tetrakis(cyano-*C*)-, (*SP*-4-1)-, potassium bromide (*SP*-4-1)-tetrakis(cyano-*C*)platinate(1-) (2:6:1:1), nonahydrate, [151085-54-0], 19:14,15
$BrMnO_3C_8H_4$, Manganese, (η^5-1-bromo-2,4-cyclopentadien-1-yl)tricarbonyl-, [12079-86-6], 20:193
$BrMnO_5C_5$, Manganese, bromopentacarbonyl-, (*OC*-6-22)-, [14516-54-2], 19:160;28:156
$BrMoC_{11}H_{11}$, Molybdenum, (η^6-benzene)bromo(η^5-2,4-cyclopentadien-1-yl)-, [66985-24-8], 20:199
BrNO, Nitrosyl bromide ((NO)Br), [13444-87-6], 11:199
$BrNO_2C_4H_4$, 2,5-Pyrrolidinedione, 1-bromo-, [128-08-5], 7:135
$BrNO_3C_{10}H_{14}$, Bicyclo[2.2.1]heptan-2-one, 3-bromo-1,7,7-trimethyl-3-nitro-, (1*R-endo*)-, [122921-54-4], 25:132
$BrNO_4SC_{10}H_{18}$, Bicyclo[2.2.1]heptane-7-methanesulfonic acid, 3-bromo-1,7-dimethyl-2-oxo-, ammonium salt, [1*R*-(*endo,anti*)]-, [14575-84-9], 26:24
$BrNPSiC_5H_{15}$, Phosphinimidic bromide, *P,P*-dimethyl-*N*-(trimethylsilyl)-, [73296-38-5], 25:70
$BrN_3O_3C_{10}H_{10}$, Bromine(1 I), bis (pyridine)-, nitrate, [53514-33-3], 7:172
$BrN_{40}Pt_4C_{24}H_{48.4}H_2O$, Platinate(2-), tetrakis(cyano-*C*)-, (*SP*-4-1)-, hydrogen (*SP*-4-1)-tetrakis(cyano-*C*)platinate(1-), compd. with guanidine hydrobromide (3:7:1:8:1), tetrahydrate, [151085-52-8], 19:10,12;19:19,2
$BrNbPC_{18}H_{21}$, Niobium, bromobis(η^5-2,4-cyclopentadien-1-yl)(dimethylphenylphosphine)-, [37298-77-4], 16:112
$BrO_2C_3H_3$, Propanedial, bromo-, [2065-75-0], 18:50
$BrO_4WC_{11}H_5$, Tungsten, bromotetracarbonyl(phenylmethylidyne)-, (*OC*-6-32)-, [50726-27-7], 19:172,173
BrO_5ReC_5, Rhenium, bromopentacarbonyl-, (*OC*-6-22)-, [14220-21-4], 23:44;28:162
$BrO_6ZrC_{15}H_{21}$, Zirconium, bromotris(2,4-pentanedionato-*O,O'*)-, [19610-19-6], 12:88,94
$BrO_9OS_3C_{10}H_3$, Osmium, [μ_3-(bromomethylidyne)]nonacarbonyltri-μ-hydrotri-, *triangulo*, [73746-96-0], 27:205
$BrO_9Ru_3C_{10}H_3$, Ruthenium, [μ_3-(bromomethylidyne)]nonacarbonyltri-μ-hydrotri-, *triangulo*, [73746-95-9], 27:201
$BrPC_2H_6$, Phosphinous bromide, dimethyl-, [2240-31-5], 7:85
$BrPC_4H_{10}$, Phosphinous bromide, diethyl-, [20472-46-2], 7:85
$BrPC_4H_{12}$, Phosphonium, tetramethyl-, bromide, [4519-28-2], 18:138
$BrPC_{24}H_{20}$, Phosphorane, bromotetraphenyl-, [24038-30-0], 13:190
$BrPSC_2H_6$, Phosphinothioic bromide, dimethyl-, [6839-93-6], 12:287
$BrP2RhC_{36}H_{30}$, Rhodium, bromobis (triphenylphosphine)-, [148832-24-0], 10:70
$BrRhC_{37}H_{32}$, Rhodium, [(1,2,3,4,5-η)-1-bromo-2,3,4,5-tetraphenyl-2,4-cyclopentadien-1-yl][(1,2,5,6-η)-1,5-cyclooctadiene]-, [52394-65-7], 20:192
$BrSC_7H_7$, Benzene, 1-bromo-2-(methylthio)-, [19614-16-5], 16:169

———, Benzenemethanethiol, 4-bromo-, [19552-10-4], 16:169
BrSSb, Antimony bromide sulfide (SbBrS), [14794-85-5], 14:172
$BrSbC_2H_6$, Stibine, bromodimethyl-, [53234-94-9], 7:85
$BrSiC_3H_9$, Silane, bromotrimethyl-, [2857-97-8], 26:4
BrZr, Zirconium bromide (ZrBr), [31483-18-8], 22:26;30:6
Br_2AsCH_3, Arsonous dibromide, methyl-, [676-70-0], 7:82
$Br_2AsC_6H_5$, Arsonous dibromide, phenyl-, [696-24-2], 7:85
$Br_2AuNC_{16}H_{36}$, 1-Butanaminium, *N,N,N*-tributyl-, dibromoaurate(1-), [50481-01-1], 29:47
Br_2BCH_3, Borane-^{10}B, dibromomethyl-, [90830-07-2], 22:223
$Br_2BNC_3H_{10}$, Boron, dibromo(*N,N*-dimethylmethanamine)hydro-, (*T*-4)-, [32805-31-5], 12:123
$Br_2BN_3C_{15}H_{16}$, Boron(2+), hydrotris (pyridine)-, dibromide, (*T*-4)-, [25397-28-8], 12:139
$(Br_2BPC_{12}H_{10})_2$, Phosphine, (dibromoboryl)diphenyl-, dimer, [6841-98-1], 9:24
$Br_2BaO_6.H_2O$, Bromic acid, barium salt, monohydrate, [10326-26-8], 2:20
Br_2BiCH_3, Bismuthine, dibromomethyl-, [60458-17-5], 7:85
$Br_2ClCoN_4C_4H_{16}$, Cobalt(1+), bromochlorobis(1,2-ethanediamine-*N,N'*)-, bromide, (*OC*-6-33)-, [15352-28-0], 9:163-165
———, Cobalt(1+), bromochlorobis(1,2-ethanediamine-*N,N'*)-, bromide, (*OC*-6-23)-, [16853-40-0], 9:163-165
$Br_2ClCoN_4OC_4H_{18}.H_2O$, Cobalt(2+), aquachlorobis(1,2-ethanediamine-*N,N'*)-, dibromide, monohydrate, (*OC*-6-33)-, [16773-98-1], 9:165
$Br_2ClCoN_4O_4C_{12}H_{24}$, Cobalt(1+), dibromo(2,3-dimethyl-1,4,8,11-tetraazacyclotetradeca-1,3-diene-N^1,N^4,N^8,N^{11})-, (*OC*-6-13)-, perchlorate, [39483-62-0], 18:28
$Br_2ClCoN_4O_4C_{16}H_{36}$, Cobalt(1+), dibromo(5,5,7,12,12,14-hexamethyl-1,4,8,11-tetraazacyclotetradecane-N^1,N^4,N^8,N^{11})-, stereoisomer, perchlorate, [14284-51-6], 18:14
$Br_2Cl_4O_8Re_2C_{28}H_{16}$, Rhenium, dibromotetrakis[μ-(4-chlorobenzoato-*O:O'*)] di-, (*Re-Re*), [33540-85-1], 13:86
$Br_2CoN_4C_{15}H_{22}.H_2O$, Cobalt(1+), bromo(2,12-dimethyl-3,7,11,17-tetraazabicyclo[11.3.1]heptadeca-1(17),2,11,13,15-pentaene-N^3,N^7,N^{11},N^{17})-, bromide, monohydrate, [28301-11-3], 18:19
$Br_2CoN_5O_3C_4H_{16}$, Cobalt(1+), dibromobis (1,2-ethanediamine-*N,N'*)-, (*OC*-6-12)-, nitrate, [15352-31-5], 9:166
$Br_2Cr.6H_2O$, Chromium bromide ($CrBr_2$), hexahydrate, [18721-05-6], 10:27
$Br_2CrN_2C_{10}H_{10}$, Chromium, dibromobis (pyridine)-, [18737-60-5], 10:32
$Br_2CrN_6C_{30}H_{30}$, Chromium(2+), hexakis (pyridine)-, dibromide, (*OC*-6-11)-, [14726-37-5], 10:32
Br_2CsI, Iodate(1-), dibromo-, cesium, [18278-82-5], 5:172
$Br_2CuN_4C_{14}H_{12}$, Copper, [3,10-dibromo-3,6,7,10-tetrahydro-1,5,8,12-benzotetraazacyclotetradecinato(2-)-N^1,N^5,N^8,N^{12}]-, [67215-73-0], 18:50
$Br_2Cu_2C_4H_6$, Copper, dibromo[μ-[(1,2-η:3,4-η)-1,3-butadiene]]di-, [150220-21-6], 6:218
Br_2FPS, Phosphorothioic dibromide fluoride, [13706-10-0], 2:154
$Br_2F_2NiP_2C_{16}H_{36}$, Nickel, bis[bis(1,1-dimethylethyl)phosphinous fluoride] dibromo-, (*SP*-4-1)-, [41509-46-0], 18:177
$Br_2F_4N_3P_3$, 1,3,5,2,4,6-Triazatriphosphorine, 2,4-dibromo-2,4,6,6-tetrafluoro-2,2,4,4,6,6-hexahydro-, [29871-63-4], 18:198

$Br_2FeH_{18}N_6$, Iron(2+), hexaammine-, dibromide, (*OC*-6-11)-, [13601-50-8], 4:161
$Br_2GeC_{12}H_{10}$, Germane, dibromodiphenyl-, [1080-42-8], 5:76;8:34
Br_2GeH_2, Germane, dibromo-, [13769-36-3], 15:157
Br_2HN, Bromimide, [14519-03-0], 1:62
Br_2H_2Si, Silane, dibromo-, [13768-94-0], 1:38
$Br_2H_{13}N_5O_2Os$, Osmium(2+), tetraamminehydroxynitrosyl-, dibromide, [60104-35-0], 16:11
$Br_2H_{15}N_7ORu$, Ruthenium(2+), pentaammine(dinitrogen monooxide)-, dibromide, (*OC*-6-22)-, [60133-59-7], 16:75
$Br_2H_{15}N_7Ru$, Ruthenium(2+), pentaammine(dinitrogen)-, dibromide, (*OC*-6-22)-, [15246-25-0], 12:5
$Br_2H_{18}N_6Ni$, Nickel(2+), hexaammine-, dibromide, (*OC*-6-11)-, [13601-55-3], 3:194
$Br_2HgN_4Se_2C_2H_8$, Mercury, dibromobis (selenourea-*Se*)-, (*T*-4)-, [60004-25-3], 16:86
$Br_2INC_4H_{12}$, Methanaminium, *N,N,N*-trimethyl-, dibromoiodate(1-), [15801-99-7], 5:172
$Br_2INC_{12}H_{28}$, 1-Propanaminium, *N,N,N*-tripropyl-, dibromoiodate(1-), [149165-62-8], 5:172
$Br_2INC_{16}H_{36}$, 1-Butanaminium, *N,N,N*-tributyl-, dibromoiodate(1-), [15802-00-3], 29:44
$Br_2IS_{16}C_{20}H_{16}$, Iodate(1-), dibromo-, salt with 2-(5,6-dihydro-1,3-dithiolo[4,5-*b*][1,4]dithiin-2-ylidene)-5,6-dihydro-1,3-dithiolo[4,5-*b*][1,4]dithiin (1:2), [92671-60-8], 29:45
$Br_2K_2N_4PtC_4.2H_2O$, Platinate(2-), dibromotetrakis(cyano-*C*)-, dipotassium, dihydrate, [153519-30-3], 19:4
$Br_2MN_2O_8C_8$, Manganese, di-μ-bromooctacarbonyldi-, [18535-44-9], 23:33
$(Br_2MoN_2O_2)_x$, Molybdenum, dibromodinitrosyl-, (*T*-4)-, homopolymer, [30731-19-2], 12:264
$Br_2MoO_4C_4$, Molybdenum, dibromotetracarbonyl-, [22172-30-1], 28:145
$Br_2Mo_2O_4P_2C_{38}H_{64}$, Molybdenum, bis[μ-(benzoato-*O*:*O*')]dibromobis (tributylphosphine)di-, (*Mo-Mo*), stereoisomer, [59493-09-3], 19:133
$Br_2N_2O_2W$, Tungsten, dibromodinitrosyl-, (*T*-4)-, [44518-81-2], 12:264
$Br_2N_2PtC_{12}H_{16}$, Platinum, dibromodimethylbis(pyridine)-, [32010-51-8], 20:186
$Br_2N_2RuC_{22}H_{22}$, Ruthenium, bis (benzonitrile)dibromo[(1,2,5,6-η)-1,5-cyclooctadiene]-, stereoisomer, [115203-17-3], 26:71
$Br_2N_4PdC_{12}H_{30}$, Palladium(1+), [*N,N*-bis[2-(dimethylamino)ethyl]-*N,N*'-dimethyl-1,2-ethanediamine-N^{N^1}, N^1,N^2]bromo-, bromide, (*SP*-4-2)-, [83418-09-1], 21:131
$Br_2N_4PtC_4H_2$, Platinate(2-), dibromotetrakis(cyano-*C*)-, dihydrogen, [151434-47-8], 19:11
$Br_2N_6NiC_6H_{24}$, Nickel(2+), tris(1,2-ethanediamine-*N,N*')-, dibromide, (*OC*-6-11)-, [14896-63-0], 14:61
$Br_2N_6NiC_8H_{26}$, Nickel, bis[*N*-(2-aminoethyl)-1,2-ethanediamine-*N,N*', *N*'']-, dibromide, [22470-20-8], 14:61
$Br_2N_6NiC_9H_{30}$, Nickel(2+), tris(1,2-propanediamine-*N,N*')-, dibromide, [49562-49-4], 14:61
$Br_2N_6NiC_{18}H_{42}$, Nickel(2+), tris(1,2-cyclohexanediamine-*N,N*')-, dibromide, [*OC*-6-11-(*trans*),(*trans*), (*trans*)]-, [53748-68-8], 14:61
$Br_2N_6NiP_2C_{18}H_{24}$, Nickel, dibromobis [3,3',3''-phosphinidynetris [propanenitrile]-*P*]-, (*SP*-4-1)-, [19979-87-4], 22:113,115
$(Br_2N_6NiP_2C_{18}H_{24})_x$, Nickel, dibromobis[3,3',3''-phosphinidynetris

[propanenitrile]-*P*]-, (*SP*-4-1)-, homopolymer, [29591-65-9], 22:115
$Br_2N_{10}PtC_6H_{12}.xH_2O$, Platinate(2-), dibromotetrakis(cyano-*C*)-, dihydrogen, compd. with guanidine (1:2), hydrate, [151434-48-9], 19:11
$Br_2Ni.2H_2O$, Nickel bromide ($NiBr_2$), dihydrate, [13596-19-5], 13:156
$Br_2NiO_2C_4H_{10}$, Nickel, dibromo(1,2-dimethoxyethane-*O,O'*)-, [28923-39-9], 13:162
$Br_2NiO_4C_8H_{24}$, Nickel, dibromotetrakis (ethanol)-, [15696-85-2], 13:160
Br_2OS, Thionyl bromide, [507-16-4], 1:113
Br_2OTh, Thorium bromide oxide ($ThBr_2O$), [13596-00-4], 1:54
Br_2OW, Tungsten bromide oxide (WBr_2O), [22445-32-5], 14:120
Br_2OZr, Zirconium, dibromooxo-, [33712-61-7], 1:51
$Br_2O_2P_2ReC_{38}H_{35}$, Rhenium, dibromoethoxyoxobis(triphenylphosphine)-, [18703-08-7], 9:145,147
Br_2O_2W, Tungsten bromide oxide (WBr_2O_2), [13520-75-7], 14:116
$Br_2O_4TiC_{10}H_{14}$, Titanium, dibromobis (2,4-pentanedionato-*O,O'*)-, (*OC*-6-22)-, [16986-95-1], 19:146
$Br_2O_8Re_2C_8H_{12}$, Rhenium, tetrakis[μ-(acetato-*O*:*O'*)]dibromodi-, [15628-95-2], 13:85
$Br_2O_8Re_2C_{28}H_{20}$, Rhenium, tetrakis[μ-(benzoato-*O*:*O'*)]dibromodi-, (*Re-Re*), [15654-35-0], 13:86
$Br_2O_{12}Re_2C_{32}H_{28}$, Rhenium, dibromotetrakis[μ-(4-methoxybenzoato-O^1:$O^{1'}$)]di-, (*Re-Re*), [33700-35-5], 13:86
Br_2PCH_3, Phosphonous dibromide, methyl-, [1066-34-8], 7:85
$Br_2PC_2H_5$, Phosphonous dibromide, ethyl-, [1068-59-3], 7:85
$Br_2PC_6H_5$, Phosphonous dibromide, phenyl-, [1073-47-8], 9:73
$Br_2PdC_7H_8$, Palladium, [(2,3,5,6-η)-bicyclo[2.2.1]hepta-2,5-diene] dibromo-, [42765-77-5], 13:53
$Br_2PdC_8H_{12}$, Palladium, dibromo[(1,2,5,6-η)-1,5-cyclooctadiene]-, [12145-47-0], 13:53
$Br_2PtC_2H_6$, Platinum, dibromodimethyl-, [31926-36-0], 20:185
$Br_2PtC_7H_8$, Platinum, [(2,3,5,6-η)-bicyclo[2.2.1]hepta-2,5-diene] dibromo-, [58356-22-2], 13:50
$Br_2PtC_8H_8$, Platinum, dibromo[(1,2,5,6-η)-1,3,5,7-cyclooctatetraene]-, [12266-68-1], 13:50
$Br_2PtC_8H_{12}$, Platinum, dibromo[(1,2,5,6-η)-1,5-cyclooctadiene]-, [12145-48-1], 13:49
$Br_2PtC_{10}H_{12}$, Platinum, dibromo[(2,3,5,6-η)-3a,4,7,7a-tetrahydro-4,7-methano-1*H*-indene]-, [150533-45-2], 13:50
Br_2SbCH_3, Stibine, dibromomethyl-, [54553-06-9], 7:85
$Br_2SbC_3H_9$, Antimony, dibromotrimethyl-, [5835-64-3], 9:95
$Br_2Si_4UC_{22}H_{42}$, Uranium, bis[(1,2,3,4,5-η)-1,3-bis(trimethylsilyl)-2,4-cyclopentadien-1-yl]dibromo-, [109168-47-0], 27:174
$Br_2SnC_{12}H_{10}$, Stannane, dibromodiphenyl-, [4713-59-1], 23:21
Br_3Al, Aluminum bromide ($AlBr_3$), [7727-15-3], 3:30,33
Br_3AsF_6S, Sulfur(1+), tribromo-, hexafluoroarsenate(1-), [66142-09-4], 24:76
Br_3B, Borane, tribromo-, [10294-33-4], 3:27;12:146
———, Borane-^{10}B, tribromo-, [28098-24-0], 22:219
$Br_3BNC_2H_7$, Boron, tribromo(*N*-methylmethanamine)-, (*T*-4)-, [54067-18-4], 15:125
$Br_3BNC_3H_9$, Boron, tribromo(*N,N*-dimethylmethanamine)-, (*T*-4)-, [1516-54-7], 12:141,142; 29:51

$Br_3BN_4C_{24}H_{28}$, Boron(3+), tetrakis(4-methylpyridine)-, tribromide, (*T*-4)-, [31279-95-5], 12:141

$Br_3CoH_{15}N_5$, Cobalt(2+), pentaamminebromo-, dibromide, (*OC*-6-22)-, [14283-12-6], 1:186

$Br_3CoH_{17}N_5O$, Cobalt(3+), pentaammineaqua-, tribromide, (*OC*-6-22)-, [14404-37-6], 1:188

$Br_3CoH_{18}N_6$, Cobalt(3+), hexaammine-, tribromide, (*OC*-6-11)-, [10534-85-7], 2:219

$Br_3CoN_4C_4H_{16}$, Cobalt(1+), dibromobis(1,2-ethanediamine-*N,N'*)-, bromide, (*OC*-6-12)-, [15005-14-8], 21:120

$Br_3CoN_4C_4H_{16}.H_2O$, Cobalt(1+), dibromobis(1,2-ethanediamine-*N,N'*)-, bromide, monohydrate, (*OC*-6-22)-, [17631-53-7], 21:121

$Br_3CoN_4C_{14}H_{24}$, Cobalt(1+), dibromo(2,3,9,10-tetramethyl-1,4,8,11-tetraazacyclotetradeca-1,3,8,10-tetraene-N^1,N^4,N^8,N^{11})-, bromide, (*OC*-6-12)-, [39177-15-6], 18:25

$Br_3CoN_4C_{15}H_{22}.H_2O$, Cobalt(1+), dibromo(2,12-dimethyl-3,7,11,17-tetraazabicyclo[11.3.1]heptadeca-1(17),2,11,13,15-pentaene-N^3,N^7,N^{11},N^{17})-, bromide, monohydrate, (*OC*-6-12)-, [151151-19-8], 18:21

$Br_3CoN_4C_{28}H_{20}$, Cobalt(1+), dibromo(tetrabenzo[*b,f,j,n*][1,5,9,13]tetraazacyclohexadecine-N^5,N^{11},N^{17},N^{23})-, bromide, (*OC*-6-12)-, [32371-06-5], 18:34

$Br_3CoN_4OC_4H_{18}.H_2O$, Cobalt, aquabromobis(1,2-ethanediamine-*N,N'*)-, dibromide, monohydrate, (*OC*-6-33)-, [30103-63-0], 21:123

$Br_3CoN_4O_2C_4H_{20}.H_2O$, Cobalt(3+), diaquabis(1,2-ethanediamine-*N,N'*)-, tribromide, monohydrate, (*OC*-6-22)-, [150384-22-8], 14:75

$Br_3CoN_5C_4H_{19}$, Cobalt(2+), amminebromobis(1,2-ethanediamine-*N,N'*)-, dibromide, (*OC*-6-23)-, [15306-93-1], 8:198;16:93

$Br_3CoN_5C_8H_{23}$, Cobalt(2+), bromo[*N*-(2-aminoethyl)-*N'*-[2-(2-aminoethyl)ethyl]-1,2-ethanediamine-*N,N',N'',N''',N''''*]-, dibromide, [17251-19-3], 9:176

$Br_3CoN_5OC_4H_{21}.H_2O$, Cobalt(3+), ammineaquabis(1,2-ethanediamine-*N,N'*)-, tribromide, monohydrate, (*OC*-6-23)-, [15307-17-2], 8:198

———, Cobalt(3+), ammineaquabis(1,2-ethanediamine-*N,N'*)-, tribromide, monohydrate, (*OC*-6-32)-, [15307-24-1], 8:198

$Br_3CoN_5O_8S_2C_{24}H_{47}$, Cobalt(2+), amminebromobis(1,2-ethanediamine-*N,N'*)-, (*OC*-6-23-Λ)-, salt with [1*R*-(*endo,anti*)]-3-bromo-1,7-dimethyl-2-oxobicyclo[2.2.1]heptane-7-methanesulfonic acid (1:2), [60103-84-6], 16:93

$Br_3CoN_6C_6H_{24}$, Cobalt(3+), tris(1,2-ethanediamine-*N,N'*)-, tribromide, (*OC*-6-11)-, [13963-67-2], 14:58

$Br_3CoN_6C_9H_{30}$, Cobalt(3+), tris(1,2-propanediamine-*N,N'*)-, tribromide, [15627-71-1], 14:58

$Br_3CoN_6C_{18}H_{42}$, Cobalt(3+), tris(1,2-cyclohexanediamine-*N,N'*)-, tribromide, [*OC*-6-11-(*trans*),(*trans*),(*trans*)]-, [43223-46-7], 14:58

Br_3Cr, Chromium bromide ($CrBr_3$), [10031-25-1], 19:123,124

$Br_3CrH_{15}N_5$, Chromium(2+), pentaamminebromo-, dibromide, (*OC*-6-22)-, [13601-60-0], 5:134

$Br_3CrH_{17}N_5O$, Chromium(3+), pentaammineaqua-, tribromide, (*OC*-6-22)-, [19706-92-4], 5:134

$Br_3CrN_4O_2C_4H_{20}$, Chromium(3+), diaquabis(1,2-ethanediamine-*N,N'*)-, tribromide, (*OC*-6-22)-, [15040-49-0], 18:85

$Br_3CrN_6C_6H_{24}$, Chromium(3+), tris(1,2-ethanediamine-*N,N'*)-, tribromide, (*OC*-6-11)-, [14267-09-5], 19:125

$Br_3CrN_6C_6H_{24.4}H_2O$, Chromium(3+), tris(1,2-ethanediamine-*N,N'*)-, tribromide, tetrahydrate, (*OC*-6-11)-, [149165-80-0], 2:199

$Br_3CrO_6C_{15}H_{18}$, Chromium, tris(3-bromo-2,4-pentanedionato-*O,O'*)-, (*OC*-6-11)-, [15025-13-5], 7:134

$Br_3CrO_6S_6C_{12}H_{36}$, Chromium(3+), hexakis[sulfinylbis[methane]-*O*]-, tribromide, (*OC*-6-11)-, [21097-70-1], 19:126

$Br_3F_3N_3P_3$, 1,3,5,2,4,6-Triazatriphosphorine, 2,4,6-tribromo-2,4,6-trifluoro-2,2,4,4,6,6-hexahydro-, [67336-18-9], 18:197,198

Br_3HSi, Silane, tribromo-, [7789-57-3], 1:38

$Br_3H_{12}N_4Ru$, Ruthenium(1+), tetraamminedibromo-, bromide, (*OC*-6-22)-, [53024-85-4], 26:67

$Br_3H_{12}N_5OOs$, Osmium(2+), tetraamminebromonitrosyl-, dibromide, [39733-95-4], 16:12

$Br_3H_{15}N_5Ru$, Ruthenium(2+), pentaamminebromo-, dibromide, (*OC*-6-22)-, [16446-65-4], 12:4

$Br_3H_{15}N_6OOs.H_2O$, Osmium(3+), pentaamminenitrosyl-, tribromide, monohydrate, (*OC*-6-22)-, [151247-06-2], 16:11

$Br_3H_{18}N_6Ru$, Ruthenium(3+), hexaammine-, tribromide, (*OC*-6-11)-, [16455-56-4], 13:211

Br_3In, Indium bromide ($InBr_3$), [13465-09-3], 19:259

$Br_3InO_3S_3C_6H_{18}$, Indium, tribromotris [sulfinylbis[methane]-O]-, [15663-52-2], 19:260

Br_3Mo, Molybdenum bromide ($MoBr_3$), [13446-57-6], 10:50

$Br_3NC_4H_{12}$, Methanaminium, *N,N,N*-trimethyl-, (tribromide), [15625-56-6], 5:172

$Br_3NC_{16}H_{36}$, 1-Butanaminium, *N,N,N*-tributyl-, (tribromide), [38932-80-8], 5:177

$Br_3N_3P_3C_{18}H_{15}$, 1,3,5,2,4,6-Triazatriphosphorine, 2,4,6-tribromo-2,2,4,4,6,6-hexahydro-2,4,6-triphenyl-, (2α,4α,6α)-, [19322-22-6], 11:201

$Br_3N_4RhC_4H_{16}$, Rhodium(1+), dibromobis(1,2-ethanediamine-*N,N'*)-, bromide, (*OC*-6-22)-, [65761-17-3], 20:60

$Br_3N_4RhC_{20}H_{20}$, Rhodium(1+), dibromotetrakis(pyridine)-, bromide, (*OC*-6-12)-, [14267-74-4], 10:66

$Br_3NbO_2C_4H_{10}$, Niobium, tribromo(1,2-dimethoxyethane-*O,O'*)-, [126083-88-3], 29:122

Br_3OP, Phosphoric tribromide, [7789-59-5], 2:151

$Br_3OP_2ReC_{36}H_{30}$, Rhenium, tribromooxobis(triphenylphosphine)-, [18703-07-6], 9:145,146

Br_3OW, Tungsten bromide oxide (WBr_3O), [20213-56-3], 14:118

Br_3P, Phosphorous tribromide, [7789-60-8], 2:147

Br_3PS, Phosphorothioic tribromide, [3931-89-3], 2:153

Br_3Ti, Titanium bromide ($TiBr_3$), [13135-31-4], 2:116;6:57;26:382

Br_3TiCH_3, Titanium, tribromomethyl-, (*T*-4)-, [30043-33-5], 16:124

$Br_4AsVC_{24}H_{20}$, Arsonium, tetraphenyl-, (*T*-4)-tetrabromovanadate(1-), [151379-63-4], 13:168

$Br_4As_6F_{36}S_{32}$, Sulfur(1+), bromo (hexathio)-, (tetrasulfur)(2+) hexafluoroarsenate(1-) (4:1:6), [98650-11-4], 27:338

Br_4AuK, Aurate(1-), tetrabromo-, potassium, (*SP*-4-1)-, [14323-32-1], 4:14;4:16

$Br_4AuK.2H_2O$, Aurate(1-), tetrabromo-, potassium, dihydrate, (*SP*-4-1)-, [13005-38-4], 4:14;4:16

$Br_4B_2P_2C_{24}H_{20}$, Diborane(6), tetrabromobis[μ-(diphenylphosphino)]-, [3325-72-2], 9:24

$Br_4Cl_2N_4NiO_8C_{20}H_{16}$, Nickel, tetrakis (3-bromopyridine)bis(perchlorato-*O*)-, [14406-80-5], 9:179

$Br_4Cl_2O_8Re_2C_{28}H_{16}$, Rhenium, tetrakis[μ-(4-bromobenzoato-*O:O'*)]dichlorodi-, (*Re-Re*), [33540-86-2], 13:86

$Br_4CoN_2C_{16}H_{40}$, Ethanaminium, *N,N,N*-triethyl-, (*T*-4)-tetrabromocobaltate(2-) (2:1), [2041-04-5], 9:140

$Br_4Co_2H_{26}N_8O_2.4H_2O$, Cobalt(4+), octaamminedi-μ-hydroxydi-, tetrabromide, tetrahydrate, [151085-68-6], 18:88

$Br_4Co_2N_8O_2C_8H_{34}.2H_2O$, Cobalt(4+), tetrakis(1,2-ethanediamine-*N,N'*)di-μ-hydroxydi-, tetrabromide, dihydrate, [151434-49-0], 18:92

$Br_4Cr_2H_{26}N_8O_2.4H_2O$, Chromium(4+), octaamminedi-μ-hydroxydi-, tetrabromide, tetrahydrate, [151085-69-7], 18:86

$Br_4Cr_2N_8O_2C_8H_{34}.2H_2O$, Chromium(4+), tetrakis(1,2-ethanediamine-*N,N'*)di-μ-hydroxydi-, tetrabromide, dihydrate, [43143-58-4], 18:90

$Br_4CuN_2C_{16}H_{40}$, Ethanaminium, *N,N,N*-triethyl-, tetrabromocuprate(2-) (2:1), [13927-35-0], 9:141

$Br_4FeN_2C_{16}H_{40}$, Ethanaminium, *N,N,N*-triethyl-, (*T*-4)-tetrabromoferrate(2-) (2:1), [14768-36-6], 9:138

$Br_4GaNC_8H_{20}$, Ethanaminium, *N,N,N*-triethyl-, (*T*-4)-tetrabromogallate(1-), [33896-84-3], 22:141

$Br_4GaNC_{16}H_{36}$, 1-Butanaminium, *N,N,N*-tributyl-, (*T*-4)-tetrabromogallate(1-), [34249-07-5], 22:139

Br_4Ga2, Gallate(1-), tetrabromo-, gallium (1+), (*T*-4)-, [18897-61-5], 6:33

$Br_4H_{26}N_8O_2Rh_2$, Rhodium(4+), octaamminedi-μ-hydroxydi-, tetrabromide, [72902-02-4], 24:226

Br_4K_2Pt, Platinate(2-), tetrabromo-, dipotassium, (*SP*-4-1)-, [13826-94-3], 19:2

$Br_4MnN_2C_{16}H_{40}$, Ethanaminium, *N,N,N*-triethyl-, (*T*-4)-tetrabromomanganate (2-) (2:1), [2536-14-3], 9:137

Br_4Mo, Molybdenum bromide ($MoBr_4$), [13520-59-7], 10:49

$Br_4Mo_2N_2O_2C_{10}H_{10}$, Molybdenum, di-μ-bromodibromobis(η^5-2,4-cyclopentadien-1-yl)dinitrosyldi-, [40671-96-3], 16:27

$Br_4Mo_2N_4C_{20}H_{20}$, Molybdenum, tetrabromotetrakis(pyridine)di-, [53850-66-1], 19:131

———, Molybdenum, tetrabromotetrakis (pyridine)di-, (*Mo-Mo*), stereoisomer, [51731-40-9], 19:131

$Br_4Mo_2P_4C_{48}H_{10}8$, Molybdenum, tetrabromotetrakis(tributylphosphine) di-, (*Mo-Mo*), stereoisomer, [51731-44-3], 19:131

$Br_4NVC_8H_{20}$, Ethanaminium, *N,N,N*-triethyl-, (*T*-4)-tetrabromovanadate (1-), [15636-55-2], 13:168

$Br_4N_2NiC_{16}H_{40}$, Ethanaminium, *N,N,N*-triethyl-, (*T*-4)-tetrabromonickelate(2-) (2:1), [35063-90-2], 9:140

$Br_4N_2TiC_4H_6$, Titanate(1-), bis (acetonitrile)tetrabromo-, [44966-17-8], 12:229

$Br_4N_2TiC_6H_{10}$, Titanium, tetrabromobis (propanenitrile)-, [92656-71-8], 12:229

$Br_4N_2TiC_8H_{14}$, Titanium, tetrabromobis (butanenitrile)-, [151183-13-0], 12:229

$Br_4N_2ZrC_4H_6$, Zirconium, bis (acetonitrile)tetrabromo-, (*OC*-6-22)-, [65531-82-0], 12:227

$Br_4N_2ZrC_6H_{10}$, Zirconium, tetrabromobis (propanenitrile)-, [92656-72-9], 12:228

$Br_4N_2ZrC_8H_{14}$, Zirconium, dibromobis (butanenitrile)-, [151183-15-2], 12:228

$Br_4N_4PaC_8H_{12}$, Protactinium, tetrakis (acetonitrile)tetrabromo-, [17457-77-1], 12:226

$Br_4N_4ThC_8H_{12}$, Thorium, tetrakis (acetonitrile)tetrabromo-, [17499-64-8], 12:226

$Br_4N_4UC_8H_{12}$, Uranium, tetrakis (acetonitrile)tetrabromo-, [17499-65-9], 12:227
$Br_4N_8O_2Rh_2C_8H_{34}$, Rhodium(4+), tetrakis(1,2-ethanediamine-*N,N'*) di-μ-hydroxydi-, tetrabromide, stereoisomer, [72938-03-5], 24:231
$Br_4NbO_2C_8H_{16}$, Niobium, tetrabromobis (tetrahydrofuran)-, [146339-45-9], 29:121
Br_4OW, Tungsten bromide oxide (WBr_4O), [13520-77-9], 14:117
Br_4Si, Silane, tetrabromo-, [7789-66-4], 1:38
Br_4Th, Thorium bromide ($ThBr_4$), [13453-49-1], 1:51
Br_4Ti, Titanium bromide ($TiBr_4$), (*T*-4)-, [7789-68-6], 2:114;6:60;9:46
Br_4Zr, Zirconium bromide ($ZrBr_4$), (*T*-4)-, [13777-25-8], 1:49
Br_5MoO, Molybdate(2-), pentabromooxo-, (*OC*-6-21)-, [17523-72-7], 15:102
$Br_5NNbC_2H_3$, Niobium, (acetonitrile) pentabromo-, (*OC*-6-21)-, [21126-01-2], 12:227
$Br_5NTaC_2H_3$, Tantalum, (acetonitrile) pentabromo-, (*OC*-6-21)-, [12012-46-3], 12:227
$Br_5NTaC_3H_5$, Tantalum, pentabromo (propanenitrile)-, (*OC*-6-21)-, [30056-29-2], 12:228
$Br_5NTaC_4H_7$, Tantalum, (butanenitrile) pentabromo-, (*OC*-6-21)-, [92225-93-9], 12:228
$Br_5N_3PaC_6H_9$, Protactinium, tris (acetonitrile)pentabromo-, [22043-44-3], 12:227
Br_5Nb, Niobium bromide ($NbBr_5$), [13478-45-0], 12:187
Br_5Ta, Tantalum bromide ($TaBr_5$), [13451-11-1], 4:130;12:187
Br_5W, Tungsten bromide (WBr_5), [13470-11-6], 20:42
Br_6Ce, Cerate(2-), hexabromo-, (*OC*-6-11)-, [44433-23-0], 15:231
$Br_6CO_4H_{42}N_{12}O6$, Cobalt(6+), dodeca-amminehexa-μ-hydroxytetra-, hexabromide, stereoisomer, [125994-43-6], 29:170-172
———, Cobalt(6+), dodecaamminehexa-μ-hydroxytetra-, hexabromide, stereoisomer, [126060-35-3], 29:170-172
Br_6Ga_2, Gallium, di-μ-bromotetra-bromodi-, [18897-68-2], 6:31
$Br_6Ga_2P_2C_{36}H_{32}$, Gallate(2-), hexabromo-, (*Ga-Ga*), dihydrogen, compd. with triphenylphosphine (1:2), [77187-71-4], 22:135,138
$Br_6Ga_2P_2C_{48}H_{40}$, Phosphonium, tetraphenyl-, hexabromodigallate(2-) (*Ga-Ga*) (2:1), [89420-55-3], 22:139
Br_6H_2Pt, Platinate(2-), hexabromo-, dihydrogen, (*OC*-6-11)-, [20596-34-3], 19:2
$Br_6H_8N_2Os$, Osmate(2-), hexabromo-, diammonium, (*OC*-6-11)-, [24598-62-7], 5:204
Br_6K_2Pt, Platinate(2-), hexabromo-, dipotassium, (*OC*-6-11)-, [16920-93-7], 19:2
Br_6K_2Re, Rhenate(2-), hexabromo-, dipotassium, (*OC*-6-11)-, [16903-70-1], 7:189
Br_6K_2Te, Tellurate(2-), hexabromo-, dipotassium, [16986-18-8], 2:189
$Br_6NNbC_8H_{20}$, Ethanaminium, *N,N,N*-triethyl-, (*OC*-6-11)-hexabromoniobate(1-), [16853-63-7], 12:230
$Br_6NPaC_8H_{20}$, Ethanaminium, *N,N,N*-triethyl-, (*OC*-6-11)-hexabromoprotoactinate(1-), [21999-80-4], 12:230
$Br_6NTaC_4H_{12}$, Methanaminium, *N,N,N*-trimethyl-, (*OC*-6-11)-hexabromotantalate(1-), [20581-20-8], 12:229
$Br_6N_2ThC_8H_{24}$, Methanaminium, *N,N,N*-trimethyl-, (*OC*-6-11)-hexabromothorate(2-) (2:1), [12074-06-5], 12:230
$Br_6N_2TiC_8H_{24}$, Titanate(2-), hexabromo-, (*OC*-6-11)-, dihydrogen, compd. with *N*-ethylethanamine (1:2), [16970-02-8], 12:231

$Br_6N_2UC_{16}H_{40}$, Ethanaminium, *N,N,N*-triethyl-, (*OC*-6-11)-hexabromouranate(2-), [12080-72-7], 12:230;15:237

$Br_6N_2ZrC_8H_{24}$, Zirconate(2-), hexabromo-, (*OC*-6-11)-, dihydrogen, compd. with *N*-ethylethanamine (1:2), [18007-83-5], 12:231

$Br_6N_3P_3$, 1,3,5,2,4,6-Triazatriphosphorine, 2,2,4,4,6,6-hexabromo-2,2,4,4,6,6-hexahydro-, [13701-85-4], 7:76

$Br_6O_8Re_2C_{28}H_{16}$, Rhenium, dibromotetrakis[μ-(4-bromobenzoato-*O*:*O*')] di-, (*Re-Re*), [33540-87-3], 13:86

Br_6Pb_4Se, Lead bromide selenide (Pb_4Br_6Se), [12441-82-6], 14:171

Br_6Si_2, Disilane, hexabromo-, [13517-13-0], 2:98

Br_6U, Uranate(1-), hexabromo-, (*OC*-6-11)-, [44491-06-7], 15:239

Br_7NP_2, Phosphorimidic tribromide, (tetrabromophosphoranyl)-, [58477-46-6], 7:77

$Br_8Cs_3HMo_2$, Molybdate(3-), di-μ-bromohexabromo-μ-hydrodi-, (*Mo-Mo*), tricesium, [57719-38-7], 19:130

$Br_8N_2Re_2C_{32}H_{72}$, 1-Butanaminium, *N,N,N*-tributyl-, octabromodirhenate(2-) (*Re-Re*) (2:1), [14049-60-6], 13:84

$Br_8N_4P_4$, 1,3,5,7,2,4,6,8-Tetrazatetraphosphocine, 2,2,4,4,6,6,8,8-octabromo-2,2,4,4,6,6,8,8-octahydro-, [14621-11-5], 7:76

$Br_9Cr_2Cs_3$, Chromate(3-), tri-μ-bromohexabromodi-, tricesium, [24354-98-1], 26:379

$Br_9Cr_2Rb_3$, Chromate(3-), tri-μ-bromohexabromodi-, trirubidium, [104647-27-0], 26:379

$Br_9Cs_3Dy_2$, Dysprosate(3-), tri-μ-bromohexabromodi-, tricesium, [73190-96-2], 30:79

$Br_9Cs_3Er_2$, Erbate(3-), tri-μ-bromohexabromodi-, tricesium, [73190-98-4], 30:79

$Br_9Cs_3Gd_2$, Gadolinate(3-), tri-μ-bromohexabromodi-, tricesium, [73190-94-0], 30:79

$Br_9Cs_3Ho_2$, Holmate(3-), tri-μ-bromohexabromodi-, tricesium, [73190-97-3], 30:79

$Br_9Cs_3Lu_2$, Lutetate(3-), tri-μ-bromohexabromodi-, tricesium, [73191-01-2], 30:79

$Br_9Cs_3Sc_2$, Scandate(3-), tri-μ-bromohexabromotri-, tricesium, [12431-61-7], 30:79

$Br_9Cs_3Sm_2$, Samarate(3-), tri-μ-bromohexabromodi-, tricesium, [73190-93-9], 30:79

$Br_9Cs_3Tb_2$, Terbate(3-), tri-μ-bromohexabromodi-, tricesium, [73190-95-1], 30:79

$Br_9Cs_3Ti_2$, Titanate(3-), tri-μ-bromohexabromodi-, tricesium, [12260-33-2], 26:379

$Br_9Cs_3Tm_2$, Thulate(3-), tri-μ-bromohexabromodi-, tricesium, [73190-99-5], 30:79

$Br_9Cs_3V_2$, Vanadate(3-), tri-μ-bromohexabromodi-, tricesium, [129982-53-2], 26:379

$Br_9Cs_3Yb_2$, Ytterbate(3-), tri-μ-bromohexabromodi-, tricesium, [73191-00-1], 30:79

$Br_9Er_2Rb_3$, Erbate(3-), tri-μ-bromohexabromodi-, trirubidium, [73556-93-1], 30:79

$Br_9Lu_2Rb_3$, Lutetate(3-), tri-μ-bromohexabromodi-, trirubidium, [158210-00-5], 30:79

$Br_9Rb_3Sc_2$, Scandate(3-), tri-μ-bromohexabromodi-, trirubidium, [12431-62-8], 30:79

$Br_9Rb_3Ti_2$, Titanate(3-), tri-μ-bromohexabromodi-, trirubidium, [12260-35-4], 26:379

$Br_9Rb_3Tm_2$, Thulate(3-), tri-μ-bromohexabromodi-, trirubidium, [79502-29-7], 30:79

$Br_9Rb_3V_2$, Vanadate(3-), tri-μ-bromohexabromodi-, trirubidium, [102682-48-4], 26:379

$Br_9Rb_3Yb_2$, Ytterbate(3-), tri-μ-bromohexabromodi-, trirubidium, [158188-74-0], 30:79

Br_9Re_3, Rhenium, tri-μ-bromohexabromotri-, *triangulo*, [33517-16-7], 10:58;20:47

$Br_{10}Pb_7S_2$, Lead bromide sulfide ($Pb_7Br_{10}S_2$), [12336-90-2], 14:171

$Br_{12}Mo_6$, Molybdenum, octa-μ_3-bromotetrabromohexa-, *octahedro,* [12234-30-9], 12:176

$Ca_{0.5}Cu_3O_8Pb_2Sr_2Y_{0.5}$, Calcium copper lead strontium yttrium oxide ($Ca_{0.5}Cu_3Pb_2Sr_2Y_{0.5}O_8$), [118557-22-5], 30:197

CaB_2H_8, Borate(1-), tetrahydro-, calcium (2:1), [17068-95-0], 17:17

$CaBiCu_2O_7Sr_2Tl$, Bismuth calcium copper strontium thallium oxide ((Bi,Tl)$CaCu_2Sr_2O_7$), [158188-92-2], 30:204

$CaCl_2O_2$, Hypochlorous acid, calcium salt, [7778-54-3], 5:161

$CaCl_2$, Calcium chloride ($CaCl_2$), [10043-52-4], 6:20

$CaCu_2La_{1.6}O_6Sr_{0.4}$, Calcium copper lanthanum strontium oxide ($CaCu_2La_{1.6}Sr_{0.4}O_6$), [129161-55-3], 30:197

CaF_2, Calcium fluoride (CaF_2), [7789-75-5], 4:137

$CaHO_4P$, Phosphoric acid, calcium salt (1:1), [7757-93-9], 4:19;6:16-17

$CaHO_4P.2H_2O$, Phosphoric acid, calcium salt (1:1), dihydrate, [7789-77-7], 4:19,22;6:16-17

$CaH_4O_6P2.H_2O$, Phosphonic acid, calcium salt (2:1), monohydrate, [24968-68-1], 4:18

$CaH_4O_8P2.H_2O$, Phosphoric acid, calcium salt (2:1), monohydrate, [10031-30-8], 4:18

CaO_3C, Carbonic acid calcium salt (1:1), [471-34-1], 2:49

$CaO_6C_4H_4$, Butanedioic acid, 2,3-dihydroxy- [*R*-(*R**,*R**)]-, calcium salt (1:1), [3164-34-9], 20:9

$CaO_6S_2.4H_2O$, Dithionic acid, calcium salt (1:1), tetrahydrate, [13477-31-1], 2:168

$Ca_2Ba_2Cu_2O_8Tl_2$, Barium calcium copper thallium oxide ($Ba_2CaCu_2Tl_2O_8$), [115833-27-7], 30:203

$Ca_2Ba_2Cu_3O_{10}Tl_2$, Barium calcium copper thallium oxide ($Ba_2Ca_2Cu_3Tl_2O_{10}$), [115866-07-4], 30:203

$Ca_2Mn_3O_8$, Calcium manganese oxide ($Ca_2Mn_3O_8$), [65099-59-4], 22:73

$Ca_3O_8P_2$, Phosphoric acid, calcium salt (2:3), [7758-87-4], 6:17

$Ca_5HO_{13}P_3$, Calcium hydroxide phosphate ($Ca_5(OH)(PO_4)_3$), [12167-74-7], 6:16;7:63

$Ca_5HO_{13}P_3$, Hydroxylapatite ($Ca_5(OH)(PO_4)_3$), [1306-06-5], 6:16;7:63

$CdCl_2$, Cadmium chloride ($CdCl_2$), [10108-64-2], 5:154;7:168;28:322

$CdCl_2N_6O_9C_{26}H_{20}$, Cadmium(1+), aqua(7,11:20,24-dinitrilodibenzo [*b,m*][1,4,12,15]tetraazacyclodocosine -$N^5,N^{13},N^{18},N^{26},N^{27},N^{28}$)(perchlorato-*O*)-, (*HB*-8-12-33'4'3'34)-, perchlorate, [73202-81-0], 23:175

$CdCr_2Se_4$, Cadmium chromium selenide ($CdCr_2Se_4$), [12139-08-1], 14:155

$CdF_6N_2C_{12}H_{10}$, Cadmium, bis(pyridine) bis(trifluoromethyl)-, (*T*-4)-, [78274-34-7], 24:57

$CdF_6O_2C_6H_{10}$, Cadmium, (1,2-dimethoxy-ethane-*O,O'*)bis(trifluoromethyl)-, (*T*-4)-, [76256-47-8], 24:55

$CdF_6O_2C_{10}H_{16}$, Cadmium, bis (tetrahydrofuran)bis(trifluoromethyl)-, (*T*-4)-, [78274-33-6], 24:57

$CdGa_2S_4$, Cadmium gallium sulfide ($CdGa_2S_4$), [12139-13-8], 11:5

$CdIC_2H_5$, Cadmium, ethyliodo-, [17068-35-8], 19:78

$CdP_2S_4C_{72}H_{60}$, Phosphonium, tetraphenyl-, (*T*-4)-tetrakis(benzenethiolato) cadmate(2-) (2:1), [66281-86-5], 21:26

$CdSe_{0.65}Te_{0.35}$, Cadmium selenide telluride ($CdSe_{0.65}Te_{0.35}$), [106390-40-3], 22:81

CdSe, Cadmium selenide (CdSe), [1306-24-7], 22:82

CdSeTe, Cadmium selenide telluride (Cd(Se,Te)), [106769-84-0], 22:84

$Cd_2O_7Re_2$, Cadmium rhenium oxide ($Cd_2Re_2O_7$), [12139-31-0], 14:146

$CeBr_6$, Cerate(2-), hexabromo-, (*OC*-6-11)-, [44433-23-0], 15:231

$CeCl_2LiO_2Si_4C_{30}H_{58}$, Lithium(1+), bis(tetrahydrofuran)-, bis[(1,2,3,4,5-η)-1,3-bis(trimethylsilyl)-2,4-cyclopentadien-1-yl]dichlorocerate (1-), [81507-29-1], 27:170

$CeCl_3$, Cerium chloride ($CeCl_3$), [7790-86-5], 22:39

$CeCl_4O_2P_2C_{36}H_{30}$, Cerium, tetrachlorobis (triphenylphosphine oxide)-, [33989-88-7], 23:178

$CeCl_6$, Cerate(2-), hexachloro-, (*OC*-6-11)-, [35644-17-8], 15:227

$CeF_{12}O_8C_{20}H_{16}$, Cerium, tetrakis(1,1,1-trifluoro-2,4-pentanedionato-*O,O'*)-, [18078-37-0], 12:77,79

$CeF_{18}N_6O_6P_9C_{72}H_{72}$, Cerium(3+), hexakis (*P,P*-diphenylphosphinic amide-*O*)-, (*OC*-6-11)-, tris[hexafluorophosphate (1-)], [59449-51-3], 23:180

CeH_2, Cerium hydride (CeH_2), [13569-50-1], 14:184

CeI_2, Cerium iodide (CeI_2), [19139-47-0], 30:19

CeN_3O_9, Nitric acid, cerium(3+) salt, [10108-73-3], 2:51

$CeN_3O_{13}C_8H_{16}$, Cerium, tris(nitrato-*O*)(1,4,7,10-tetraoxacyclododecane-O^1,O^4,O^7,O^{10})-, [73297-41-3], 23:151

$CeN_3O_{14}C_{10}H_{20}$, Cerium, tris(nitrato-*O,O'*)(1,4,7,10,13-pentaoxacyclopentadecane-$O^1,O^4,O^7,O^{10},O^{13}$)-, [67216-25-5], 23:151

$CeN_3O_{15}C_{12}H_{24}$, Cerium, (1,4,7,10,13,16-hexaoxacyclooctadecane-$O^1,O^4,O^7,O^{10},O^{13},O^{16}$)tris(nitrato-*O,O'*)-, [67216-31-3], 23:153

$CeN_4O_4C_{54}H_{42}$, Cerium, bis(2,4-pentanedionato-*O,O'*)[5,10,15,20-tetraphenyl-21*H*,23*H*-porphinato(2-)-$N^{21},N^{22},N^{23},N^{24}$]-, [89768-97-8], 22:160

$CeN_4O_{14}P_2C_{36}H_{30}$, Cerium, tetrakis (nitrato-*O*)bis(triphenylphosphine oxide-*O*)-, [99300-97-7], 23:178

$CeN_{12}O_{20}C_{40}H_{32}$, Cerium(4+), tetrakis(2,2'-bipyridine 1,1'-dioxide-*O,O'*)-, tetranitrate, [54204-15-8], 23:179

$CeO_8C_{20}H_{28}$, Cerium, tetrakis(2,4-pentanedionato-*O,O'*)-, (*SA*-8-11''11''1'1'''1'1''')-, [65137-04-4], 12:77

$CeO_8C_{44}H_{76}$, Cerium, tetrakis(2,2,7-trimethyl-3,5-octanedionato-*O,O'*)-, [77649-30-0], 23:147

$Ce_2Cl_2Si_8C_{44}H_{84}$, Cerium, tetrakis [(1,2,3,4,5-η)-1,3-bis(trimethylsilyl)-2,4-cyclopentadien-1-yl]di-μ-chlorodi-, [81507-55-3], 27:171

$Ce_2Mg_3N_{12}O_{36.24}H_2O$, Nitric acid, cerium (3+) magnesium salt (12:2:3), tetracosahydrate, [13550-46-4], 2:57

Ce_2S_3, Cerium sulfide (Ce_2S_3), [12014-93-6], 14:154

$Ce_4N_{12}O_54C_{36}H_{72}$, Cerium(1+), (1,4,7,10,13,16-hexaoxacyclooctadecane-$O^1,O^4,O^7,O^{10},O^{13},O^{16}$)bis(nitrato-*O,O'*)-, hexakis(nitrato-*O,O'*)cerate(3-) (3:1), [99352-24-6], 23:155

$Cl_{0.3}N_4PtRb_2C_4.3H_2O$, Platinate(2-), tetrakis(cyano-*C*)-, (*SP*-4-1)-, rubidium chloride (*SP*-4-1)-tetrakis(cyano-*C*)platinate(1-) (7:20:3:3), triacontahydrate, [152981-43-6], 21:145

ClAg, Silver chloride (AgCl), [7783-90-6], 1:3;20:18

$ClAgN_2O_4C_{10}H_{10}$, Silver(2+), bis (pyridine)-, perchlorate, [116820-68-9], 6:6

$ClAgO_3$, Chloric acid, silver(1+) salt, [7783-92-8], 2:4
$ClAlNC_3H_{11}$, Aluminum, chloro(*N,N*-dimethylmethanamine)dihydro-, (*T*-4)-, [6401-80-5], 9:30
$ClAsBF_4PtC_{26}H_{27}$, Platinum(1+), chloro [(1,2,5,6-η)-1,5-cyclooctadiene] (triphenylarsine)-, tetrafluoroborate (1-), [31940-97-3], 13:64
$ClAsC_2H_6$, Arsinous chloride, dimethyl-, [557-89-1], 7:85
$ClAsC_4H_{10}$, Arsinous chloride, diethyl-, [686-61-3], 7:85
$ClAsO_2PtC_{31}H_{34}$, Platinum, [8-(1-acetyl-2-oxopropyl)-4-cycloocten-1-yl] chloro(triphenylarsine)-, [11141-96-1], 13:63
$ClAs_2ORhC_{37}H_{30}$, Rhodium, carbonylchlorobis(triphenylarsine)-, [14877-90-8], 8:214
———, Rhodium, carbonylchlorobis (triphenylarsine)-, (*SP*-4-1)-, [16970-35-7], 11:100
$ClAs_4O_2RhC_{21}H_{32}$, Rhodium, (carboxylato)chlorobis[1,2-phenylenebis [dimethylarsine]-*As,As'*]-, (*OC*-6-11)-, [83853-75-2], 21:101
$ClAs_4RhC_{20}H_{32}$, Rhodium(1+), bis[1,2-phenylenebis[dimethylarsine]-*As,As'*]-, chloride, (*SP*-4-1)-, [38337-86-9], 21:101
$ClAuF_5PC_{31}H_{22}$, Phosphonium, triphenyl (phenylmethyl)-, chloro(pentafluorophenyl)aurate(1-), [78637-46-4], 26:88
ClAuOC, Gold, carbonylchloro-, [50960-82-2], 24:236
$ClAuPC_{18}H_{15}$, Gold, chloro(triphenylphosphine)-, [14243-64-2], 26:325;27:218
$ClAuSC_4H_8$, Gold, chloro(tetrahydrothiophene)-, [39929-21-0], 26:86
$ClAuTe_2$, Gold chloride telluride ($AuClTe_2$), [12523-42-1], 14:170
$ClAu2F_3O_3P_4PtSC_{49}H_{60}$, Platinum(1+), [bis(triphenylphosphine)digold] chlorobis(triethylphosphine)-, (*Au-Au*)(2*Au-Pt*), stereoisomer, salt with trifluoromethanesulfonic acid (1:1), [89346-97-4], 27:218
$ClBC_4H_{10}$, Borane, chlorodiethyl-, [5314-83-0], 15:149
$ClBC_{12}H_{10}$, Borane, chlorodiphenyl-, [3677-81-4], 13:36;15:149
$ClBF_4Fe_2O_4C_{14}H_{10}$, Iron(1+), tetracarbonyl-μ-chlorobis(η^5-2,4-cyclopentadien-1-yl)di-, tetrafluoroborate(1-), [12212-36-1], 12:40
$ClBF_4IrNOP_2C_{36}H_{30}$, Iridium(1+), chloronitrosylbis(triphenylphosphine)-, (*SP*-4-3)-, tetrafluoroborate(1-), [38302-38-4], 16:41
$ClBF_4IrN_2P_2C_{36}H_{31}$, Iridium, chloro (dinitrogen)hydro[tetrafluoroborato (1-)-*F*]bis(triphenylphosphine)-, (*OC*-6-42)-, [79470-05-6], 26:119; 28:25
$ClBF_4IrOP_2C_{37}H_{31}$, Iridium, carbonylchlorohydro[tetrafluoroborato(1-)-*F*]bis(triphenylphosphine)-, [106062-66-2], 26:117;28:23
$ClBF_4IrOP_2C_{38}H_{33}$, Iridium, carbonylchloromethyl[tetrafluoroborato(1-)-*F*]bis(triphenylphosphine)-, (*OC*-6-52)-, [82474-47-3], 26:118; 28:24
$ClBF_4N_2O_2P_2RuC_{36}H_{30}$, Ruthenium(1+), chlorodinitrosylbis(triphenylphosphine)-, tetrafluoroborate(1-), [54890-53-8], 16:21
$ClBF_4N_2P_2PtC_{18}H_{36}$, Platinum(1+), chloro (phenyldiazene-N^2)bis(triethylphosphine)-, (*SP*-4-3)-, tetrafluoroborate (1-), [16903-20-1], 12:31
$ClBF_4N_3O_2P_2PtC_{18}H_{35}$, Platinum(1+), chloro[(4-nitrophenyl)diazene-N^2)]bis(triethylphosphine)-, (*SP*-4-3)-, tetrafluoroborate(1-), [153379-38-5], 12:31
$ClBF_4PtS_3C_6H_{18}$, Platinum(1+), chlorotris [thiobis[methane]]-, (*SP*-4-2)-, tetrafluoroborate(1-), [37976-72-0], 22:126

$ClBF_5N_2P_2PtC_{18}H_{35}$, Platinum(1+), chloro[(3-fluorophenyl)diazene-N^2)]bis(triethylphosphine)-, (*SP*-4-3)-, tetrafluoroborate(1-), [16902-62-8], 12:29,31

———, Platinum(1+), chloro[(4-fluorophenyl)diazene-N^2)]bis(triethylphosphine)-, (*SP*-4-3)-, tetrafluoroborate(1-), [31484-73-8], 12:29,31

$ClBF_5N_2P_2PtC_{18}H_{37}$, Platinum(1+), chloro[(4-fluorophenyl)hydrazine-N^2)]bis(triethylphosphine)-, (*SP*-4-3), tetrafluoroborate(1-), [16774-97-3], 12:32

$ClBNC_3H_{11}$, Boron, chloro(*N,N*-dimethylmethanamine)dihydro-, (*T*-4)-, [5353-44-6], 12:117

$ClBO_2C_4H_{10}$, Borane, chlorodiethoxy-, [20905-32-2], 5:30

$ClB_{12}Cs_3H_{12}$, Dodecaborate(2-), dodecahydro-, cesium chloride (1:3:1), [12046-86-5], 11:30

$ClBrCoN_5O_3C_4H_{16}$, Cobalt(1+), bromochlorobis(1,2-ethanediamine-*N,N'*)-, (*OC*-6-23)-, nitrate, [15656-44-7], 9:163;9:165

$ClBrINC_4H_{12}$, Methanaminium, *N,N,N*-trimethyl-, bromochloroiodate(1-), [15695-49-5], 5:172

$ClBrN_2O_4C_{10}H_{10}$, Bromine(1+), bis (pyridine)-, perchlorate, [53514-32-2], 7:173

$ClBr_2CoN_4C_4H_{16}$, Cobalt(1+), bromochlorobis(1,2-ethanediamine-*N,N'*)-, bromide, (*OC*-6-33)-, [15352-28-0], 9:163-165

———, Cobalt(1+), bromochlorobis(1,2-ethanediamine-*N,N'*)-, bromide, (*OC*-6-23)-, [16853-40-0], 9:163-165

$ClBr_2CoN_4OC_4H_{18}.H_2O$, Cobalt(2+), aquachlorobis(1,2-ethanediamine-*N,N'*)-, dibromide, monohydrate, (*OC*-6-33)-, [16773-98-1], 9:165

$ClBr_2CoN_4O_4C_{12}H_{24}$, Cobalt(1+), dibromo(2,3-dimethyl-1,4,8,11-tetraazacyclotetradeca-1,3-diene-N^1,N^4,N^8,N^{11})-, (*OC*-6-13)-, perchlorate, [39483-62-0], 18:28

$ClBr_2CoN_4O_4C_{16}H_{36}$, Cobalt(1+), dibromo(5,5,7,12,12,14-hexamethyl-1,4,8,11-tetraazacyclotetradecane-N^1,N^4,N^8,N^{11})-, stereoisomer, perchlorate, [14284-51-6], 18:14

$ClC_{10}H_{11}$, 4,7-Methano-1*H*-indene, 1-chloro-3a,4,7,7a-tetrahydro-, (1α,3aβ, 4β,7β,7aβ)-, [144838-22-2], 29:199

$ClCl_2H_{12}N_4Rh$, Rhodium(1+), tetraamminedichloro-, chloride, (*OC*-6-22)-, [71382-19-9], 24:223

$ClCl_2H_{12}N_4Ru$, Ruthenium(1+), tetraamminedichloro-, chloride, (*OC*-6-22)-, [22327-28-2], 26:66

$ClCoH_9N_5O_4C$, Cobalt, triamminechlorobis(nitrito-*N*)-, [13601-65-5], 6:191

$ClCoH_{14}N_4O_5S$, Cobalt(2+), tetraammineaquachloro-, (*OC*-6-33)-, sulfate (1:1), [67752-80-1], 6:178

$ClCoN_3OC_{12}H_{11}$, Cobalt(1+), triammineaquadichloro-, chloride, [13820-77-4], 6:180;6:191

$ClCoN_3O_4C_2H_9$, Cobalt, triamminechloro[ethanedioato(2-)-*O,O'*]-, [31237-99-7], 6:182

$ClCoN_4Na2O_{10}S_2C_4H_{16}$, Cobaltate(1-), bis(1,2-ethanediamine-*N,N'*)bis [sulfito(2-)-*O*]-, (*OC*-6-22)-, disodium perchlorate, [42921-87-9], 14:77

$ClCoN_4O_3CH_{12}$, Cobalt(1+), tetraammine[carbonato(2-)-*O,O'*]-, chloride, (*OC*-6-22)-, [13682-55-8], 6:177

$ClCoN_4O_3C_5H_{16}$, Cobalt(1+), [carbonato (2-)-*O,O'*]bis(1,2-ethanediamine-*N,N'*)-, chloride, (*OC*-6-22)-, [15842-50-9], 14:64

$ClCoN_4O_3C_{11}H_{16}.H_2O$, Cobalt(1+), diammine[carbonato(2-)-*O,O'*] bis(pyridine)-, chloride, monohydrate, (*OC*-6-32)-, [152227-33-3], 23:77

$ClCoN_4O_4C_8H_{18}.3H_2O$, Cobalt(1+), (1,2-ethanediamine-*N,N'*)[[*N,N'*-1,2-

ethanediylbis[glycinato]](2-)-*N,N'*,*O,O'*]-, chloride, trihydrate, (*OC*-6-32-*A*)-, [151120-13-7], 18:106

———, Cobalt(1+), (1,2-ethanediamine-*N,N'*)[[*N,N'*-1,2-ethanediylbis[glycinato]](2-)-*N,N'*,*O,O'*]-, chloride, trihydrate, (*OC*-6-32-*C*)-, [151151-18-7], 18:106

$ClCoN_4O_4C_8H_{18}$, Cobalt(1+), (1,2-ethanediamine-*N,N'*)[[*N,N'*-1,2-ethanediylbis[glycinato]](2-)-*N,N'*,*O,O'*]-, chloride, (*OC*-6-32)-, [56792-92-8], 18:105

$ClCoN_4O_5C_{14}H_{26}$, Cobalt(1+), [2-[1-[(2-aminoethyl)imino]ethyl]phenolato-*N,N'*,*O*](1,2-ethanediamine-*N,N'*)ethyl-, (*OC*-6-34)-, perchlorate, [79199-99-8], 23:169

$ClCoN_4O_5SC_4H_{18}.2H_2O$, Cobalt(2+), aquachlorobis(1,2-ethanediamine-*N,N'*)-, sulfate (1:1), dihydrate, (*OC*-6-33)-, [16773-97-0], 9:163-165;14:71

$ClCoN_4O_6SC_6H_{18}$, Cobalt(1+), bis(1,2-ethanediamine-*N,N'*)[mercaptoacetato(2-)-*O,S*]-, (*OC*-6-33)-, perchlorate, [26743-67-9], 21:21

$ClCoN_4O_7S_2C_4H_{18}.H_2O$, Cobalt(2+), aquachlorobis(1,2-ethanediamine-*N,N'*)-, (*OC*-6-23)-, dithionate (1:1), monohydrate, [152981-37-8], 25321:125

$ClCoN_4O_{19}C_{53}H_{78}$, Cobyrinic acid, *Co*-methyl deriv., perchlorate, monohydrate, heptamethyl ester, [104002-78-0], 20:141

$ClCoN_5O_4C_4H_{13}$, Cobalt, [*N*-(2-aminoethyl)-1,2-ethanediamine-*N,N',N''*]chlorobis(nitrito-*N*)-, [19445-77-3], 7:210

$ClCoN_5O_4C_{13}H_{19}$, Cobalt, bis[(2,3-butanedione dioximato)(1-)-*N,N'*]chloro(pyridine)-, (*OC*-6-42)-, [23295-32-1], 11:62

$ClCoN_5O_5C_8H_{19}.H_2O$, Cobalt(1+), (glycinato-*N,O*)(nitrato-*O*)(octahydro-1*H*-1,4,7-triazonine-N^1,N^4,N^7)-, chloride, monohydrate, (*OC*-6-33)-, [152227-35-5], 23:77

$ClCoN_5O_7CH_{15}.H_2O$, Cobalt(1+), pentaammine[carbonato(2-)-*O*]-, (*OC*-6-22)-, perchlorate, monohydrate, [153481-20-0], 17:152

$ClCoN_5O_7C_5H_{19}$, Cobalt(1+), ammine[carbonato(2-)-*O*]bis(1,2-ethanediamine-*N,N'*)-, (*OC*-6-32)-, perchlorate, [65795-20-2], 17:152

$ClCoN_5O_7C_9H_{23}$, Cobalt(1+), [*N*-(2-aminoethyl)-*N'*-[2-[(2-aminoethyl)amino]ethyl]-1,2-ethanediamine-*N,N',N'',N''',N''''*][carbonato(2-)-*O*]-, (*OC*-6-34)-, perchlorate, [65774-51-8], 17:152

$ClCoN_5O_{19}C_{53}H_{75}$, Cobyrinic acid, cyanide perchlorate, monohydrate, heptamethyl ester, [74428-12-9], 20:141

$ClCoN_6O_4C_4H_{16}$, Cobalt(1+), bis(1,2-ethanediamine-*N,N'*)bis(nitrito-*N*)-, chloride, (*OC*-6-22)-, [15079-78-4], 6:192

———, Cobalt(1+), [*N*-(2-aminoethyl)-1,2-ethanediamine-*N,N',N''*]amminebis(nitrito-*N*)-, chloride, [65166-48-5], 7:211

$ClCoN_6O_6C_{10}H_{28}.5H_2O$, Cobalt(3+), tris(1,2-ethanediamine-*N,N'*)-, (*OC*-6-11-Λ)-, chloride salt with [*R*-(*R**,*R**)]-2,3-dihydroxybutanedioic acid (1:1:1), pentahydrate, [71129-32-3], 6:183,186

$ClCoN_{10}O_8C_{12}H_{28}$, Cobaltate(1-), bis(L-argininato-N^2,O^1)bis(nitrito-*N*)-, hydrogen, monohydrochloride, (*OC*-6-22-Λ)-, [75936-48-0], 23:91

$ClCoP_3C_{54}H_{45}$, Cobalt, chlorotris(triphenylphosphine)-, [26305-75-9], 26:190

$ClCo_3O_9C_{10}$, Cobalt, nonacarbonyl[μ_3-(chloromethylidyne)]tri-, *triangulo*, [13682-02-5], 20:234

$ClCrH_{14}N_4O_5S$, Chromium(2+), tetraammineaquachloro-, (*OC*-6-33)-, sulfate (1:1), [67345-16-8], 18:78

$ClCrKO_3$, Chromate(1-), chlorotrioxo-, potassium, (*T*-4)-, [16037-50-6], 2:208

$ClCrN_2O_2C_5H_5$, Chromium, chloro(η[5]-2,4-cyclopentadien-1-yl)dinitrosyl-, [12071-51-1], 18:129

$ClCrO_3C_9H_5$, Chromium, tricarbonyl(η[6]-chlorobenzene)-, [12082-03-0], 19:157;28:139

ClCu, Copper chloride (CuCl), [7758-89-6], 2:1;20:10

$ClCuOC.2H_2O$, Copper, carbonylchloro-, dihydrate, [150220-20-5], 2:4

$ClCuP_3C_{54}H_{45}$, Copper, chlorotris(triphenylphosphine)-, (*T*-4)-, [15709-76-9], 19:88

$ClCuSe_2$, Copper chloride selenide ($CuClSe_2$), [12442-58-9], 14:170

ClCuTe, Copper chloride telluride (CuClTe), [12410-11-6], 14:170

$ClCuTe_2$, Copper chloride telluride ($CuClTe_2$), [12410-12-7], 14:170

ClD, Hydrochloric-^{36}*Cl* acid-*d*, [102960-03-2], 7:155

ClF, Chlorine fluoride (ClF), [7790-89-8], 24:1,2

$ClFN_2P_2PtC_{18}H_{34}$, Platinum, chloro[(4-fluorophenyl)azo]bis(triethylphosphine)-, (*SP*-4-3)-, [16774-96-2], 12:31

$ClFOPCH_3$, Phosphonic chloride fluoride, methyl-, [753-71-9], 4:141

$ClFO_2$, Chloryl fluoride, [13637-83-7], 24:3

$ClFO_2S$, Sulfuryl chloride fluoride, [13637-84-8], 9:111

$ClFO_3$, Perchloryl fluoride ((ClO_3)F), [7616-94-6], 14:29

$ClFO_3S$, Chlorine fluorosulfate (Cl(SFO_3)), [13997-90-5], 24:6

$ClF_2FeO_4PC_4$, Iron, tetracarbonyl(phosphorous chloride difluoride)-, [60182-92-5], 16:66

ClF_2N, Nitrogen chloride fluoride ($NClF_2$), [13637-87-1], 14:34

ClF_2NS, Imidosulfurous difluoride, chloro-, [13816-65-4], 24:18

ClF_2OP, Phosphoric chloride difluoride, [13769-75-0], 15:194

ClF_2P, Phosphorous chloride difluoride, [14335-40-1], 10:153

ClF_3OC, Hypochlorous acid, trifluoromethyl ester, [22082-78-6], 24:60

$ClF_3O_3OsP_3C57H_{45}$, Osmium, carbonylchloro(trifluoroacetato-*O*)tris(triphenylphosphine)-, [38596-62-2], 17:128

$ClF_3O_3P_2PtSC_{13}H_{30}$, Platinum, chlorobis(triethylphosphine)(trifluoromethanesulfonato-*O*)-, (*SP*-4-2)-, [79826-48-5], 26:126;28:27

ClF_4PCH_2, Phosphorane, (chloromethyl)tetrafluoro-, [1111-95-1], 9:66

ClF_5, Chlorine fluoride (ClF_5), [13637-63-3], 29:7

ClF_5S, Sulfur chloride fluoride ($SClF_5$), (*OC*-6-22)-, [13780-57-9], 8:160;24:8

ClF_5Te, Tellurium chloride fluoride ($TeClF_5$), [21975-44-0], 24:31

$ClF_6IrN_4O_6S_2C_6H_{16}$, Iridium(1+), chlorobis(1,2-ethanediamine-*N,N'*)(trifluoromethanesulfonato-*O*)-, (*OC*-6-23)-, salt with trifluoromethanesulfonic acid (1:1), [90065-99-9], 24:289

$ClF_6N_3PRuC_{14}H_{21}$, Ruthenium(1+), tris(acetonitrile)chloro[(1,2,5,6-η)-1,5-cyclooctadiene]-, hexafluorophosphate(1-), [54071-75-9], 26:71

$ClF_6N_4O_6RhS_2C_6H_{16}$, Rhodium(1+), chlorobis(1,2-ethanediamine-*N,N'*)(trifluoromethanesulfonato-*O*)-, (*OC*-6-23)-, salt with trifluoromethanesulfonic acid (1:1), [90065-97-7], 24:285

$ClF_6N_4PZnC_{24}H_{28}$, Zinc(1+), chloro(2,9-dimethyl-3,10-diphenyl-1,4,8,11-tetraazacyclotetradeca-1,3,8,10-tetraene-N^1,N^4,N^8,N^{11})-, (*SP*-5-12)-,

hexafluorophosphate(1-), [77153-92-5], 22:111
$ClF_8TlC_{12}H_2$, Thallium, chlorobis(2,3,4,6-tetrafluorophenyl)-, [84356-31-0], 21:73
———, Thallium, chlorobis(2,3,5,6-tetrafluorophenyl)-, [76077-07-1], 21:73
ClF_9OC_4, Hypochlorous acid, 2,2,2-trifluoro-1,1-bis(trifluoromethyl)ethyl ester, [27579-40-4], 24:61
$ClF_{10}TlC_{12}$, Thallium, chlorobis (pentafluorophenyl)-, [1813-39-4], 21:71,72
$ClFeNOC_5H_5$, Iron chloride oxide (FeClO), compd. with pyridine (1:1), [158188-73-9], 30:182
$ClFeN_4C_{36}H_{44}$, Iron, chloro [2,3,7,8,12,13,17,18-octaethyl-21*H*,23*H*-porphinato(2-)-N^{21},N^{22},N^{23},N^{24}]-, (*SP*-5-12)-, [28755-93-3], 20:151
$ClFeN_4O_4C_{34}H_{36}$, Ferrate(2-), chloro[7,12-diethyl-3,8,13,17-tetramethyl-21*H*,23*H*-porphine-2,18-dipropanoato(4-)-N^{21},N^{22},N^{23},N^{24}]-, dihydrogen, (*SP*-5-13)-, [21007-37-4], 20:152
$ClFeN_4O_4C_{36}H_{36}$, Iron, chloro[dimethyl 7,12-diethenyl-3,8,13,17-tetramethyl-21*H*,23*H*-porphine-2,18-dipropanoato(2-)-N^{21},N^{22},N^{23},N^{24}]-, (*SP*-5-13)-, [15741-03-4], 20:148
$ClFeN_4O_6C_{36}H_{40}$, Iron, chloro[dimethyl 7,12-bis(1-hydroxyethyl)-3,8,13,17-tetramethyl-21*H*,23*H*-porphine-2,18-dipropanoato(2-)-N^{21},N^{22},N^{23},N^{24}]-, (*SP*-5-13)-, [16591-59-6], 16:216
$ClFeO_2C_7H_5$, Iron, dicarbonylchloro(η^5-2,4-cyclopentadien-1-yl)-, [12107-04-9], 12:36
$ClFeO_4C_{10}H_{10}$, Ferrocenium-^{55}*Fe*, perchlorate, [94351-83-4], 7:203, 205
———, Ferrocenium-^{59}*Fe*, perchlorate, [94351-81-2], 7:203,205
$ClFeP_4C_{20}H_{49}$, Iron, chlorobis[1,2-ethanediylbis[diethylphosphine]-*P,P*']hydro-, (*OC*-6-32)-, [22763-25-3], 15:21
$ClFeP_4C52H_{49}$, Iron, chlorobis[1,2-ethanediylbis[diphenylphosphine]-*P,P*']hydro-, [32490-70-3], 17:69
$ClGeC_2H_7$, Germane, chlorodimethyl-, [21961-73-9], 18:157
$ClGeH_3$, Germane, chloro-, [13637-65-5], 15:161
$ClGe2H_5$, Digermane, chloro-, [13825-03-1], 15:171
ClH, Hydrochloric acid, [7647-01-0], 1:147;2:72;3:14;3:131;4:57;4:58;5:25; 6:55
ClHO, Hypochlorous acid, [7790-92-3], 5:160
$ClHO.2H_2O$, Hypochlorous acid, dihydrate, [67689-22-9], 5:161
$ClHO_3$, Chloric acid, [7790-93-4], 5:161;5:164
$ClHO_3S$, Chlorosulfuric acid, [7790-94-5], 4:52
$ClHO_4C$, Perchloric acid, [7601-90-3], 2:28
ClH_2N, Chloramide, [10599-90-3], 1:59;5:92
ClH_4NO, Hydroxylamine, hydrochloride, [5470-11-1], 1:89
ClH_5N_2, Hydrazine, monohydrochloride, [2644-70-4], 12:7
ClH_6IN_2Pt, Platinum, diamminechloroiodo-, (*SP*-4-2)-, [15559-60-1], 22:124
$ClH_8N_3O_4Pt$, Platinum(1+), diammineaquachloro-, (*SP*-4-2)-, nitrate, [15559-61-2], 22:125
$ClHgMn_2O_8PC_{20}H_{10}$, Manganese, octacarbonyl(chloromercury)[μ-(diphenylphosphino)]di-, (2*Hg-Mn*)(*Mn-Mn*), [90739-58-5], 26:230
ClI, Iodine chloride (ICl), [7790-99-0], 9:130
$ClINC_5H_5$, Iodine, chloro(pyridine)-, [60442-73-1], 7:176

$ClISiC_6H_6$, Silane, chloroiodophenyl-, [18163-26-3], 11:160
$ClI_2NC_4H_{12}$, Methanaminium, *N,N,N*-trimethyl-, chloroiodoiodate(1-), [50685-50-2], 5:172
$ClI_4NC_4H_{12}$, Methanaminium, *N,N,N*-trimethyl-, chlorotriiodoiodate(1-), [12547-25-0], 5:172
ClIn, Indium chloride (InCl), [13465-10-6], 7:19,20
$ClIrNO_2C_9H_9$, Iridium, dicarbonylchloro (4-methylbenzenamine)-, [14243-22-2], 15:82
$ClIrN_2P_2C_{36}H_{30}$, Iridium, chloro (dinitrogen)bis(triphenylphosphine)-, [15695-36-0], 16:42
$ClIrN_2P_2C_{36}H_{30}$, Iridium, chloro (dinitrogen)bis(triphenylphosphine)-, (*SP*-4-3)-, [21414-18-6], 12:8
$ClIrN_3C_{15}H_{16}$, Iridate(1-), tetrachlorobis (pyridine)-, (*OC*-6-22)-, hydrogen, compd. with pyridine (1:1), [12083-50-0], 7:228
$ClIrN_5O_7CH_{15}$, Iridium(1+), pentaammine [carbonato(2-)-*O*]-, (*OC*-6-22)-, perchlorate, [50600-92-5], 17:152
$ClIrOP_2C_7H_{18}$, Iridium, carbonylchlorobis (trimethylphosphine)-, (*SP*-4-3)-, [21209-86-9], 18:64
$ClIrOP_2C_{17}H_{22}$, Iridium, carbonylchloro-bis(dimethylphenylphosphine)-, (*SP*-4-3)-, [21209-82-5], 21:97
$ClIrOP_2C_{37}H_{30}$, Iridium, carbonylchloro-bis(triphenylphosphine)-, (*SP*-4-3)-, [15318-31-7], 11:101;13:129;15:67,
$ClIrOP_4C_{13}H_{36}$, Iridium(1+), carbonyltetrakis(trimethylphosphine)-, chloride, [67215-74-1], 18:63
$ClIrO_2P_4C_{13}H_{32}$, Iridium, (carbon dioxide-*O*)chlorobis[1,2-ethanediylbis [dimethylphosphine]-*P,P'*]-, [62793-14-0], 21:100
$ClIrO_4P_3C_{11}H_{27}$, Iridium, [(carbonic formic monoanhydridato)(2-)] chlorotris(trimethylphosphine)-, (*OC*-6-43)-, [59390-94-2], 21:102
$ClIrO_5P_2C_{37}H_{30}$, Iridium, carbonyl (perchlorato-*O*)bis(triphenylphosphine)-, [55821-24-4], 15:68
$ClIrP_2SC_{37}H_{30}$, Iridium, (carbonothioyl) chlorobis(triphenylphosphine)-, (*SP*-4-3)-, [30106-92-4], 19:206
$ClIrP_3C_{17}H_{41}$, Iridium, chloro[(1,2-η)-cyclooctene]tris(trimethylphosphine)-, [59390-28-2], 21:102
$ClIrP_3C_{54}H_{45}$, Iridium, chloro[2-(diphenylphosphino)phenyl-*C,P*]hydrobis(triphenylphosphine)-, (*OC*-6-53)-, [24846-80-8], 26:202
$ClIrP_3C_{54}H_{45}$, Iridium, chlorotris (triphenylphosphine)-, (*SP*-4-2)-, [16070-58-9], 26:201
$ClIrP_4C_{12}H_{32}$, Iridium(1+), bis[1,2-ethanediylbis[dimethylphosphine]-*P,P'*]-, chloride, (*SP*-4-1)-, [60314-45-6], 21:100
$ClK_6N_{12}Pt_3C12.9H_2O$, Platinate(2-), tetrakis(cyano-*C*)-, (*SP*-4-1)-, potassium chloride (*SP*-4-1)-tetrakis(cyano-*C*)platinate(1-) (2:6:1:1), [151151-21-2], 19:15
ClLi, Lithium chloride (LiCl), [7447-41-8], 5:154;28:322
$ClLiC_5H_4$, Lithium, (1-chloro-2,4-cyclopentadien-1-yl)-, [144838-23-3], 29:200
$ClLuOC_{12}H_{16}$, Lutetium, chloro(η^8-1,3,5,7-cyclooctatetraene) (tetrahydrofuran)-, [96504-50-6], 27:152
$ClMgCH_3$, Magnesium, chloromethyl-, [676-58-4], 9:60
$ClMgC_3H_5$, Magnesium, chloro-2-propenyl-, [2622-05-1], 13:74
$ClMgC_5H_{11}$, Magnesium, chloro(2,2-dimethylpropyl)-, [13132-23-5], 26:46
$ClMnO_3C_8H_4$, Manganese, tricarbonyl(η^5-1-chloro-2,4-cyclopentadien-1-yl)-, [12079-90-2], 20:192
$ClMnO_5C_5$, Manganese, pentacarbonylchloro-, (*OC*-6-22)-, [14100-30-2], 19:159;28:155

$ClMoC_{11}H_{11}$, Molybdenum, (η^6-benzene) chloro(η^5-2,4-cyclopentadien-1-yl)-, [57398-78-4], 20:198

$ClMoN_2O_2C_5H_5$, Molybdenum, chloro(η^5-2,4-cyclopentadien-1-yl)dinitrosyl-, [12305-00-9], 18:129

ClNC, Cyanogen chloride ((CN)Cl), [506-77-4], 2:90

$ClNCH_6$, Methanamine, hydrochloride, [593-51-1], 8:66

$ClNC_2H_8$, Methanamine, *N*-methyl-, hydrochloride, [506-59-2], 7:70,72

$ClNC_5H_6 \cdot xS_2Ta$, Pyridine, hydrochloride, compd. with tantalum sulfide (TaS_2), [34314-18-6], 30:164

$ClNC_7H_4$, Benzene, 1-chloro-4-isocyano-, [1885-81-0], 23:10

$ClNNiPSe_2C_{11}H_{25}$, Nickel, chloro(diethylcarbamodiselenoato-*Se,Se'*)(triethylphosphine)-, (*SP*-4-3)-, [67994-91-6], 21:9

ClNO, Nitrosyl chloride ((NO)Cl), [2696-92-6], 1:55;4:48;11:199

$ClNO_2$, Nitryl chloride ((NO_2)Cl), [13444-90-1], 4:52

$ClNO_2PSC_{18}H_{15}$, Sulfamoyl chloride, (triphenylphosphoranylidene)-, [41309-06-2], 29:27

$ClNO_2SC_2H_6$, Sulfamoyl chloride, dimethyl-, [13360-57-1], 8:109

$ClNO_2SC_4H_{10}$, Sulfamoyl chloride, diethyl-, [20588-68-5], 8:110

$ClNO_2SC_5H_{10}$, 1-Piperidinesulfonyl chloride, [35856-62-3], 8:110

$ClNO_2SC_6H_{14}$, Sulfamoyl chloride, dipropyl-, [35877-27-1], 8:110

$ClNO_2SC_8H_{18}$, Sulfamoyl chloride, dibutyl-, [41483-67-4], 8:110

$ClNO_2SC_{12}H_{22}$, Sulfamoyl chloride, dicyclohexyl-, [99700-74-0], 8:110

$ClNO_3$, Nitryl hypochlorite ((NO_2)(OCl)), [14545-72-3], 9:127

$ClNO_3SC_4H_8$, 4-Morpholinesulfonyl chloride, [1828-66-6], 8:109

$ClNO_4C_{16}H_{36}$, 1-Butanaminium, *N,N,N*-tributyl-, perchlorate, [1923-70-2], 24:135

$ClNO_4PC_{18}H_{17}$, Phosphorus(1+), amidotriphenyl-, (*T*-4)-, perchlorate, [55099-54-2], 7:69

$ClNPC_{10}H_{15}$, Phospholanium, 1-amino-1-phenyl-, chloride, [114306-38-6], 7:67

$ClNPC_{11}H_{17}$, Phosphorinanium, 1-amino-1-phenyl-, chloride, [115229-50-0], 7:67

$ClNPC_{12}H_{29}$, Phosphoranamine, 1,1,1-tributyl-1-chloro-, [7283-54-7], 7:67

$ClNPC_{18}H_{17}$, Phosphorus(1+), amido-triphenyl-, chloride, [15729-44-9], 7:67

$ClNPC_{24}H_{21}$, Phosphonium, (2-aminophenyl)triphenyl-, chloride, [124843-09-0], 25:130

$ClNPPdSe_2C_{23}H_{25}$, Palladium, chloro (diethylcarbamodiselenoato-*Se,Se'*)(triphenylphosphine)-, (*SP*-4-3)-, [76136-20-4], 21:10

$ClNPPtSe_2C_{23}H_{25}$, Platinum, chloro (diethylcarbamodiselenoato-*Se,Se'*)(triphenylphosphine)-, (*SP*-4-3)-, [68011-59-6], 21:10

$ClNP_2RhC_{38}H_{33}$, Rhodium, (acetonitrile) chlorobis(triphenylphosphine)-, [70765-24-1], 10:69

$ClNP_2RhC_{41}H_{37}$, Rhodium, chlorodihydro (pyridine)bis(triphenylphosphine)-, (*OC*-6-42)-, [12120-40-0], 10:69

$ClN_2C_2H_{10}$, 1,2-Ethanediamine, dihydrochloride, [333-18-6], 7:217

$ClN_2C_3H_{11}$, Hydrazinium, 1,1,1-trimethyl-, chloride, [5675-48-9], 5:92,94

$ClN_2C_6H_{17}$, Hydrazinium, 1,1,1-triethyl-, chloride, [1185-54-2], 5:92,94

$ClN_2C_8H_{13}$, Hydrazinium, 1,1-dimethyl-1-phenyl-, chloride, [3288-78-6], 5:92

$ClN_2C_9H_{15}$, Hydrazinium, 1,1-dimethyl-1-(4-methylphenyl)-, chloride, [112864-71-8], 5:92

$ClN_2C_9H_{23}$, Hydrazinium, 1,1,1-tris(1-methylethyl)-, chloride, [120087-70-9], 5:92

$ClN_2C_{10}H_{17}$, Hydrazinium, 1,1-diethyl-1-phenyl-, chloride, [118923-73-2], 5:92
$ClN_2C_{10}H_{23}$, Hydrazinium, 1-cyclohexyl-1,1-diethyl-, chloride, [115986-01-1], 5:92
$ClN_2C_{21}H_{47}$, Hydrazinium, 1,1,1-triheptyl-, chloride, [113510-10-4], 5:92
$ClN_2OC_4H_{13}$, Hydrazinium, 1-(2-hydroxyethyl)-1,1-dimethyl-, chloride, [64298-51-7], 5:92
$ClN_2OC_6H_{17}$, Hydrazinium, 1,1-diethyl-1-(2-hydroxyethyl)-, chloride, [119076-25-4], 5:92
$ClN_2OPC_4H_{12}$, Phosphorodiamidic chloride, tetramethyl-, [1605-65-8], 7:71
$ClN_2O_2WC_5H_5$, Tungsten, chloro(η^5-2,4-cyclopentadien-1-yl)dinitrosyl-, [53419-14-0], 18:129
$ClN_2PdC_{19}H_{19}$, Palladium, chloro(3,5-dimethylpyridine)[2-(2-pyridinylmethyl)phenyl-*C,N*]-, (*SP*-4-4)-, [79272-90-5], 26:210
$ClN_3C_2H_{10}$, Triazanium, 2,2-dimethyl-, chloride, [13166-44-4], 10:129
$ClN_3C_4H_{12}$, Pyrrolidinium, 1,1-diamino-, chloride, [13006-15-0], 10:130
$ClN_3C_4H_{14}$, Triazanium, 2,2-diethyl-, chloride, [13018-68-3], 10:130
$ClN_3PC_{14}H_{19}$, Phosphoranamine, 1-chloro-1-(2,2-dimethylhydrazino)-1,1-diphenyl-, [15477-41-5], 8:76
$ClN_3P_2C_{20}H_{18}$, 1,3,5,2,4-Triazadiphosphorine, 2-chloro-2,2,4,4-tetrahydro-2-methyl-4,4,6-triphenyl-, [152227-48-0], 25:29
$ClN_3P_2SC_{24}H_{20}$, $1\lambda^4$-1,2,4,6,3,5-Thiatriazadiphosphorine, 1-chloro-3,3,5,5-tetrahydro-3,3,5,5-tetraphenyl-, [84247-67-6], 25:40
$ClN_3P_2SiC_{12}H_{30}$, 1,3,2,4-Diazadiphosphetidin-2-amine, 4-chloro-*N*,1,3-tris(1-methylethyl)-*N*-(trimethylsilyl)-, [74465-50-2], 25:10
ClN_3S4, Thiotrithiazyl chloride, [12015-30-4], 9:106
$ClN_4NiO_4C_{14}H_{24}$, Nickel(2+), (2,3,9,10-tetramethyl-1,4,8,11-tetraazacyclotetradeca-1,3,8,10-tetraene-N^1,N^4,N^8,N^{11})-, (*SP*-4-1)-, perchlorate, [131636-01-6], 18:23
$ClN_4O_2ReC_4H_{16}$, Rhenium(1+), bis(1,2-ethanediamine-*N,N'*)dioxo-, chloride, [14587-92-9], 8:173
$ClN_4O_2ReC_6H_{20}$, Rhenium(1+), dioxobis(1,2-propanediamine-*N,N'*)-, chloride, [67709-52-8], 8:176
———, Rhenium(1+), dioxobis(1,3-propanediamine-*N,N'*)-, chloride, (*OC*-6-12)-, [93192-00-8], 8:176
$ClN_4O_2ReC_{20}H_{20}$, Rhenium(1+), dioxotetrakis(pyridine)-, chloride, (*OC*-6-12)-, [31429-86-4], 21:116
$ClN_4O_6ReC_4H_{16}$, Rhenium(1+), bis(1,2-ethanediamine-*N,N'*)dioxo-, (*OC*-6-12)-, perchlorate, [148832-34-2], 8:176
$ClN_4O_6ReC_{20}H_{20}$, Rhenium(1+), dioxotetrakis(pyridine)-, (*OC*-6-12)-, perchlorate, [83311-31-3], 21:117
$ClN_4O_8RhC_6H_{16}$, Rhodium(1+), bis(1,2-ethanediamine-*N,N'*)[ethanedioato(2-)-*O,O'*]-, (*OC*-6-22)-, perchlorate, [52729-89-2], 20:58;24:227
$ClN_5O_7RhCH_{15}.H_2O$, Rhodium(1+), pentaammine[carbonato(2-)-*O*]-, (*OC*-6-22)-, perchlorate, monohydrate, [151120-26-2], 17:152
ClN_5S4, 1,3,5,7-Tetrathia(1,5-S^{IV})-2,4,6,8,9-pentaazabicyclo[3.3.1]nona-1,4,6,7-tetraene, 9-chloro-, [67954-28-3], 25:38
$ClN_30C_4H_{12}$, Morpholinium, 4,4-diamino-, chloride, [20621-22-1], 10:130
ClNaO, Hypochlorous acid, sodium salt, [7681-52-9], 1:90;5:159
$ClNaO_2$, Chlorous acid, sodium salt, [7758-19-2], 4:152;4:156
$ClNaO_3$, Chloric acid, sodium salt, [7775-09-9], 5:159
$ClNiP_2C_{18}H_{43}$, Nickel, chlorohydrobis[tris(1-methylethyl)phosphine]-, [52021-75-7], 17:86

$ClNiP_2C_{36}H_{67}$, Nickel, chlorohydrobis (tricyclohexylphosphine)-, [25703-57-5], 17:84

$ClOOsP_3C_{55}H_{46}$, Osmium, carbonylchlorohydrotris(triphenylphosphine)-, [16971-31-6], 15:53

$ClOP_2RhC_{37}H_{30}$, Rhodium, carbonylchlorobis(triphenylphosphine)-, [13938-94-8], 8:214;10:69;15:65,71

———, Rhodium, carbonylchlorobis (triphenylphosphine)-, (*SP*-4-3)-, [15318-33-9], 11:99;28:79

$ClOP_2RhSC_{38}H_{36}$, Rhodium, chloro [sulfinylbis[methane]-*S*]bis (triphenylphosphine)-, (*SP*-4-2)-, [29826-67-3], 10:69

$ClOP_3RhS_2C_{42}H_{39}$, Rhodium, [carbonodithioato(2-)-*S,S'*]chloro [[2-[(diphenylphosphino)methyl]-2-methyl-1,3-propanediyl]bis [diphenylphosphine]-*P,P',P''*]-, (*OC*-6-33)-, [100044-11-9], 27:289

$ClOP_3RuC_{55}H_{46}$, Ruthenium, carbonylchlorohydrotris(triphenylphosphine)-, [16971-33-8], 15:48

ClO_2, Chlorine oxide (ClO_2), [10049-04-4], 4:152;8:265

$ClO_2PC_{12}H_{10}$, Phosphorochloridous acid, diphenyl ester, [5382-00-3], 8:68

$ClO_2P_2RhC_{36}H_{30}$, Rhodium, chloro (dioxygen)bis(triphenylphosphine)-, [59561-97-6], 10:69

$ClO_2RhC_{31}H_{20}$, Rhodium, dicarbonyl [(1,2,3,4,5-η)-1-chloro-2,3,4,5-tetraphenyl-2,4-cyclopentadien-1-yl]-, [52394-68-0], 20:192

$ClO_3PC_4H_{10}$, Phosphorochloridic acid, diethyl ester, [814-49-3], 4:78

$ClO_3P_2RuC_{39}H_{33}$, Ruthenium, (acetato-*O,O'*)carbonylchlorobis(triphenylphosphine)-, [50661-66-0], 17:126

$ClO_4PC_{12}H_{18}$, Phospholanium, 1-ethyl-1-phenyl-, perchlorate, [55759-69-8], 18:189,191

$ClO_4Se_8C_{20}H_{24}$, 1,3-Diselenole, 2-(4,5-dimethyl-1,3-diselenol-2-ylidene)-4,5-dimethyl-, radical ion(1+), perchlorate, compd. with 2-(4,5-dimethyl-1,3-diselenol-2-ylidene)-4,5-dimethyl-1,3-diselenole (1:1), [77273-54-2], 24:136

ClO_4Sr_2V, Vanadate(4-), chlorotetraoxo-, strontium (1:2), [12410-18-3], 14:126

$ClO_5P_2RhC_{37}H_{30}$, Rhodium, carbonyl (perchlorato-*O*)bis(triphenylphosphine)-, (*SP*-4-1)-, [32354-26-0], 15:71

ClO_5ReC_5, Rhenium, pentacarbonylchloro-, (*OC*-6-22)-, [14099-01-5], 23:42,43;28:161

$ClO_6ZrC_{15}H_{21}$, Zirconium, chlorotris(2,4-pentanedionato-*O,O'*)-, [17211-55-1], 8:38;12:88,93

$ClO_9Os_3C_{10}H_3$, Osmium, nonacarbonyl [μ_3-(chloromethylidyne)]tri-μ-hydrotri-, *triangulo*, [90911-10-7], 27:205

$ClO_{12}P_3Sr_5$, Strontium chloride phosphate ($Sr_5Cl(PO_4)_3$), [11088-40-7], 14:126

$ClPC_2H_6$, Phosphinous chloride, dimethyl-, [811-62-1], 7:85;15:191

$ClPC_8H_{18}$, Phosphinous chloride, dibutyl-, [4323-64-2], 14:4

$ClPRh_2C_{24}H_{42}$, Rhodium, [μ-[bis(1,1-dimethylethyl)phosphino]]-μ-chlorobis[(1,2,5,6-η)-1,5-cyclooctadiene]di-, [104114-33-2], 25:172

$ClPRuC_{30}H_{34}$, Ruthenium, chloro[(1,2,3,4,5,6-η)-hexamethylbenzene]hydro (triphenylphosphine)-, [75182-14-8], 26:181

$ClPSiC_{10}H_{14}$, Phosphinous chloride, [phenyl(trimethylsilyl)methylene]-, [74483-17-3], 24:111

$ClPSi_4C_{14}H_{36}$, Phosphine, [bis(trimethylsilyl)methylene][chlorobis(trimethylsil yl)methyl]-, [83438-71-5], 24:119

———, Phosphorane, bis[bis(trimethylsilyl)methylene]chloro-, [83438-72-6], 24:120

$ClP_2PdC_{36}H_{67}$, Palladium, chlorohydrobis (tricyclohexylphosphine)-, (*SP*-4-3)-, [28016-71-9], 17:87
$ClP_2PtC_6H_{19}$, Platinum, chlorohydrobis (trimethylphosphine)-, (*SP*-4-3)-, [91760-38-2], 29:190
$ClP_2PtC_{12}H_{31}$, Platinum, chlorohydrobis (triethylphosphine)-, (*SP*-4-3)-, [16842-17-4], 12:28;29:191
$ClP_2PtC_{14}H_{35}$, Platinum, chloroethylbis (triethylphosphine)-, (*SP*-4-3)-, [54657-72-6], 17:132
$ClP_2PtC_{26}H_{41}$, Platinum, chloro(1,2-diphenylethenyl)bis(triethylphosphine)-, [*SP*-4-3-(*E*)]-, [57127-78-3], 26:140
$ClP_2RhC_{36}H_{30}$, Rhodium, chlorobis (triphenylphosphine)-, [68932-69-4], 10:68
$ClP_2RhC_{36}H_{32}$, Rhodium, chlorodihydrobis(triphenylphosphine)-, [12119-41-4], 10:69
$ClP_2RhSC_{37}H_{30}$, Rhodium, (carbonothioyl)chlorobis(triphenylphosphine)-, (*SP*-4-3)-, [59349-68-7], 19:204
$ClP_2RuC_{41}H_{35}$, Ruthenium, chloro(η^5-2,4-cyclopentadien-1-yl)bis (triphenylphosphine)-, [32993-05-8], 21:78;28:270
$ClP_3RhC_{54}H_{45}$, Rhodium, chlorotris (triphenylphosphine)-, (*SP*-4-2)-, [14694-95-2], 28:77
$ClP_3RuC_{54}H_{46}$, Ruthenium, chlorohydrotris(triphenylphosphine)-, (*TB*-5-13)-, [55102-19-7], 13:131
$ClP_4RhS_2C_{48}H_{55}$, Rhodium, chloro[[2-[(diphenylphosphino)methyl]-2-methyl-1,3-propanediyl]bis [diphenylphosphine]-*P,P',P''*] [(triethylphosphoranylidene) methanedithiolato(2-)-*S*]-, [100044-10-8], 27:288
$ClP_6RhC_{36}H_{30}$, Rhodium, chloro (tetraphosphorus-*P,P'*)bis (triphenylphosphine)-, (*TB*-5-33)-, [34390-31-3], 27:222
$ClPbC_{18}H_{15}$, Plumbane, chlorotriphenyl-, [1153-06-6], 8:57
$ClRhC_{16}H_{28}$, Rhodium, chlorobis[(1,2-η)-cyclooctene]-, [74850-79-6], 28:90
$ClRhC_{37}H_{32}$, Rhodium, [(1,2,3,4,5-η)-1-chloro-2,3,4,5-tetraphenyl-2,4-cyclopentadien-1-yl][(1,2,5,6-η)-1,5-cyclooctadiene]-, [52410-07-8], 20:191
$ClSbC_2H_6$, Stibine, chlorodimethyl-, [18380-68-2], 7:85
$ClSiC_3H_9$, Silane, chlorotrimethyl-, [75-77-4], 3:58;29:108
$ClSiC_6H_7$, Silane, (4-chlorophenyl)-, [3724-36-5], 11:166
$ClThC_{15}H_{15}$, Thorium, chlorotris(η^5-2,4-cyclopentadien-1-yl)-, [1284-82-8], 16:149;28:302
$ClTiC_{10}H_{10}$, Titanium, chlorobis(η^5-2,4-cyclopentadien-1-yl)-, [60955-54-6], 21:84;28:261
$ClUC_{15}H_{15}$, Uranium, chlorotris(η^5-2,4-cyclopentadien-1-yl)-, [1284-81-7], 16:148;28:301
$ClVC_{10}H_{10}$, Vanadium, chlorobis(η^5-2,4-cyclopentadien-1-yl)-, [12701-79-0], 21:85;28:262
ClZr, Zirconium chloride, [11126-30-0], 22:26
———, Zirconium chloride (ZrCl), [14989-34-5], 30:6
$ClZrC_{10}H_{11}$, Zirconium, chlorobis(η^5-2,4-cyclopentadien-1-yl)hydro-, [37342-97-5], 19:226;28:259
Cl_2AsCH_3, Arsonous dichloride, methyl-, [593-89-5], 7:85
$Cl_2AsC_2H_5$, Arsonous dichloride, ethyl-, [598-14-1], 7:85
$Cl_2Au_2O_2P_2C_{30}H_{32}$, Gold, dichloro[$\mu$-[[1,2-ethanediylbis(oxy-2,1-ethanediyl)]bis[diphenylphosphine]-*O,P:O',P'*]]di-, [99791-78-3], 23:193
$Cl_2BC_4H_9$, Borane, butyldichloro-, [14090-22-3], 10:126
$Cl_2BC_6H_5$, Borane, dichlorophenyl-, [873-51-8], 13:35;15:152;22:207

$Cl_2BOC_2H_5$, Borane, dichloroethoxy-, [16339-28-9], 5:30
$Cl_2BO_4C_{10}H_{15}$, Boron(1+), bis(2,4-pentanedionato-*O,O'*)-, (*T*-4)-, (hydrogen dichloride), [23336-07-4], 12:128
Cl_2Ba, Barium chloride ($BaCl_2$), [10361-37-2], 29:110
$Cl_2BaN_6O_4C_{26}H_{18}$, Barium(2+), (7,11:20,24-dinitrilodibenzo[*b,m*][1,4,12,15]tetraazacyclodocosine-N^5,N^{13},N^{18},N^{26},N^{27},N^{28})-, diperchlorate, [133270-20-9], 23:174
Cl_2Be, Beryllium chloride ($BeCl_2$), [7787-47-5], 5:22
$Cl_2BrCoN_5C_4H_{19}$, Cobalt(2+), amminebromobis(1,2-ethanediamine-*N,N'*)-, dichloride, (*OC*-6-23)-, [53539-19-8], 16:93,95,96
$Cl_2BrNC_4H_{12}$, Methanaminium, *N,N,N*-trimethyl-, dichlorobromate(1-), [1863-68-9], 5:172
$Cl_2Br_4N_4NiO_8C_{20}H_{16}$, Nickel, tetrakis(3-bromopyridine)bis(perchlorato-*O*)-, [14406-80-5], 9:179
$Cl_2Br_4O_8Re_2C_{28}H_{16}$, Rhenium, tetrakis[μ-(4-bromobenzoato-*O*:*O'*)]dichlorodi-, (*Re-Re*), [33540-86-2], 13:86
Cl_2Ca, Calcium chloride ($CaCl_2$), [10043-52-4], 6:20
Cl_2CaO_2, Hypochlorous acid, calcium salt, [7778-54-3], 5:161
Cl_2Cd, Cadmium chloride ($CdCl_2$), [10108-64-2], 5:154;7:168;28:322
$Cl_2CdN_6O_9C_{26}H_{20}$, Cadmium(1+), aqua(7,11:20,24-dinitrilodibenzo[*b,m*][1,4,12,15]tetraazacyclodocosine-N^5,N^{13},N^{18},N^{26},N^{27},N^{28})(perchlorato-*O*)-, (*HB*-8-12-33'4'3'34)-, perchlorate, [73202-81-0], 23:175
$Cl_2CeLiO_2Si_4C_{30}H_{58}$, Lithium(1+), bis(tetrahydrofuran)-, bis[(1,2,3,4,5-η)-1,3-bis(trimethylsilyl)-2,4-cyclopentadien-1-yl]dichlorocerate(1-), [81507-29-1], 27:170
$Cl_2Ce_2Si_8C_{44}H_{84}$, Cerium, tetrakis[(1,2,3,4,5-η)-1,3-bis(trimethylsilyl)-2,4-cyclopentadien-1-yl]di-μ-chlorodi-, [81507-55-3], 27:171
Cl_2Co, Cobalt chloride ($CoCl_2$), [7646-79-9], 5:154;7:113;29:110
$Cl_2CoH_6N_2$, Cobalt, diamminedichloro-, (*T*-4)-, [13931-88-9], 9:159
$Cl_2CoH_{15}N_5O_4Re$, Rhenium(2+), μ-oxotrioxo(pentaamminecobalt)-, dichloride, [31237-66-8], 12:216
$Cl_2CoH_{15}N_5O_{12}Re$, Rhenium(2+), μ-oxotrioxo(pentaamminecobalt)-, diperchlorate, [31085-10-6], 12:216
$Cl_2CoH_{15}N_6O$, Cobalt(2+), pentaamminenitrosyl-, dichloride, (*OC*-6-22)-, [13931-89-0], 4:168;5:185;8:191
$Cl_2CoH_{18}N_6$, Cobalt(2+), hexaammine-, dichloride, (*OC*-6-11)-, [13874-13-0], 8:191;9:157
$Cl_2CoNOP_2C_{26}H_{26}$, Cobalt, dichlorobis(methyldiphenylphosphine)nitrosyl-, [36237-01-1], 16:29
———, Cobalt, dichlorobis(methyldiphenylphosphine)nitrosyl-, (*TB*-5-22)-, [38402-84-5], 16:29
$Cl_2CoN_3C_{10}H_9$, Cobalt, dichloro(*N*-2-pyridinyl-2-pyridinamine-N^{N^2},N^1)-, (*T*-4)-, [14872-02-7], 5:184
$Cl_2CoN_4O_{11}C_8H_{21}.2H_2O$, Cobalt(2+), aqua(glycinato-*N,O*)(octahydro-1*H*-1,4,7-triazonine-N^1,N^4,N^7)-, (*OC*-6-33)-, diperchlorate, dihydrate, [152227-34-4], 23:76
$Cl_2CoN_5O_3C_4H_{16}$, Cobalt(1+), dichlorobis(1,2-ethanediamine-*N,N'*)-, (*OC*-6-12)-, nitrate, [14587-94-1], 18:73
$Cl_2CoN_5O_8SC_6H_{22}$, Cobalt(2+), (2-aminoethanethiolato-*N,S*)bis(1,2-ethanediamine-*N,N'*)-, (*OC*-6-33)-, diperchlorate, [40330-50-5], 21:19
$Cl_2CoN_6O_{11}C_{28}H_{28}$, Cobalt(2+), aqua(5,5a-dihydro-24-methoxy-24*H*-6,10:19,23-dinitrilo-10*H*-benzimidazo[2,1-*h*][1,9,17]benzotriazacyclononadecine-N^{12},N^{17},N^{25},N^{26},N^{27})(methanol)-, (*PB*-7-12-3,6,4,5,7)-, diperchlorate, [73202-97-8], 23:176

$Cl_2CoN_8O_8Se4C_4H_{16}$, Cobalt(2+), tetrakis(selenourea-*Se*)-, (*T*-4)-, diperchlorate, [38901-14-3], 16:84
$Cl_2Co_2N_6O_{13}CH_{20}$, Cobalt(2+), hexaammine[μ-[carbonato(2-)-*O*:*O*']]di-μ-hydroxydi-, diperchlorate, [103621-42-7], 23:107,112
Cl_2Cr, Chromium chloride ($CrCl_2$), [10049-05-5], 1:124,125;3:150; 10:37
$Cl_2Cr.4H_2O$, Chromium chloride ($CrCl_2$), tetrahydrate, [13931-94-7], 1:126
$Cl_2CrN_2C_4H_6$, Chromium, bis(acetonitrile) dichloro-, [15281-36-4], 10:31
$Cl_2CrN_2C_{10}H_{10}$, Chromium, dichlorobis (pyridine)-, [14320-05-9], 10:32
$Cl_2CrN_6O_8C_{30}H_{24}$, Chromium(2+), tris(2,2'-bipyridine-*N,N'*)-, (*OC*-6-11)-, diperchlorate, [15388-46-2], 10:33
Cl_2CrO_2, Chromium, dichlorodioxo-, (*T*-4)-, [14977-61-8], 2:205
$Cl_2CrO_{8.6}H_2O$, Perchloric acid, chromium (2+) salt, hexahydrate, [15168-38-4], 10:27
Cl_2CsI, Iodate(1-), dichloro-, cesium, [15605-42-2], 4:9;5:172
Cl_2Cu, Copper chloride ($CuCl_2$), [7447-39-4], 5:154;29:110
$Cl_2CuN_3C_{10}H_9$, Copper, dichloro(*N*-2-pyridinyl-2-pyridinamine-N^{N^2},N^1)-, (*T*-4)-, [58784-85-3], 5:14
$Cl_2CuN_6C_{20}H_{18}$, Copper(2+), bis(*N*-2-pyridinyl-2-pyridinamine-N^{N^2},N^1)-, dichloride, [14642-89-8], 5:14
$Cl_2CuN_{10}O_4C_8H_{22}$, Copper(2+), bis[2,2'-iminobis[*N*-hydroxyethanimidamide]]-, dichloride, [20675-39-2], 11:92
$Cl_2Cu_2C_4H_6$, Copper, [μ-[(1,2-η:3,4-η)-1,3-butadiene]]dichlorodi-, [33379-51-0], 6:217
$Cl_2Dy_2Si_8C_{44}H_{84}$, Dysprosium, tetrakis [(1,2,3,4,5-η)-1,3-bis(trimethylsilyl)-2,4-cyclopentadien-1-yl]di-μ-chlorodi-, [81523-79-7], 27:171
$Cl_2Er_2Si_8C_{44}H_{84}$, Erbium, tetrakis [(1,2,3,4,5-η)-1,3-bis(trimethylsilyl)-2,4-cyclopentadien-1-yl]di-μ-chlorodi-, [81523-81-1], 27:171
Cl_2Eu, Europium chloride ($EuCl_2$), [13769-20-5], 2:68,71
$Cl_2Eu2Si_8C_{44}H_{84}$, Europium, tetrakis [(1,2,3,4,5-η)-1,3-bis(trimethylsilyl)-2,4-cyclopentadien-1-yl]di-μ-chlorodi-, [81537-00-0], 27:171
Cl_2FOP, Phosphoric dichloride fluoride, [13769-76-1], 15:194
$Cl_2F_2N_5P_3C_4H_{12}$, 1,3,5,2,4,6-Triazatriphosphorine, 2,2-dichloro-4,6-bis(dimethylamino)-4,6-difluoro-2,2,4,4,6,6-hexahydro-, [67283-78-7], 18:195
$Cl_2F_6N_4PRuC_4H_{16}$, Ruthenium, dichlorobis(1,2-ethanediamine-*N,N'*)-, (*OC*-6-12)-, hexafluorophosphate(1-), [146244-13-5], 29:164
$Cl_2F_6N_4PRuC_7H_{20}$, Ruthenium(1+), [*N,N'*-bis(2-aminoethyl)-1,3-propanediamine-*N,N',N'',N'''*]dichloro-, [*OC*-6-15-(*R**,*S**)]-, hexafluorophosphate (1-), [152981-38-9], 29:165
$Cl_2FeN_4C_{20}H_{20}$, Iron(2+), tetrakis (pyridine)-, dichloride, [152782-80-4], 1:184
$Cl_2FeP_2C_6H_{18}$, Iron, dichlorobis (trimethylphosphine)-, (*T*-4)-, [55853-16-2], 20:70
$Cl_2FeP_4C_{20}H_{48}$, Iron, dichlorobis[1,2-ethanediylbis[diethylphosphine]-*P,P'*]-, (*OC*-6-22)-, [123931-96-4], 15:21
Cl_2Fe, Iron chloride ($FeCl_2$), [7758-94-3], 6:172;14:102
$Cl_2Fe.H_2O$, Iron chloride ($FeCl_2$), monohydrate, [20049-66-5], 5:181;10:112
$Cl_2Fe.2H_2O$, Iron chloride ($FeCl_2$), dihydrate, [16399-77-2], 5:179
Cl_2Ga, Gallium chloride ($GaCl_2$), [128579-09-9], 4:111
$Cl_2Gd_2Si_8C_{44}H_{84}$, Gadolinium, tetrakis [(1,2,3,4,5-η)-1,3-bis(trimethylsilyl)-2,4-cyclopentadien-1-yl]di-μ-chlorodi-, [81523-77-5], 27:171

Cl_2Ge, Germanium chloride ($GeCl_2$), [10060-11-4], 15:223
$Cl_2HNO_4S_2$, Imidodisulfuryl chloride, [15873-42-4], 8:105
$Cl_2H_2O_2Se$, Selenium chloride hydroxide ($SeCl_2(OH)_2$), (*T*-4)-, [108723-91-7], 3:132
$Cl_2H_6N_2$, Hydrazine, dihydrochloride, [5341-61-7], 1:92
$Cl_2H_6N_2O_2Zn$, Zinc, dichlorobis (hydroxylamine)-, [59165-16-1], 9:2
———, Zinc, dichlorobis(hydroxylamine-*N*)-, (*T*-4)-, [15333-32-1], 9:2
$Cl_2H_6N_2Pd$, Palladium, diamminedichloro-, (*SP*-4-1)-, [13782-33-7], 8:234
$Cl_2H_6N_2Pt$, Platinum, diamminedichloro-, (*SP*-4-1)-, [14913-33-8], 7:239
———, Platinum, diamminedichloro-, (*SP*-4-2)-, [15663-27-1], 7:239
$Cl_2H_9N_3Pt$, Platinum(1+), triamminechloro-, chloride, (*SP*-4-2)-, [13815-16-2], 22:124
$Cl_2H_{12}ClN_4Rh$, Rhodium(1+), tetraamminedichloro-, chloride, (*OC*-6-22)-, [71382-19-9], 24:223
$Cl_2H_{12}ClN_4Ru$, Ruthenium(1+), tetraamminedichloro-, chloride, (*OC*-6-22)-, [22327-28-2], 26:66
$Cl_2H_{12}N_4Pt$, Platinum(2+), tetraammine-, dichloride, (*SP*-4-1)-, [13933-32-9], 2:250;5:210
$Cl_2H_{12}N_4Pt.H_2O$, Platinum(2+), tetraammine-, dichloride, monohydrate, (*SP*-4-1)-, [13933-33-0], 2:252
$Cl_2H_{13}N_5O_2Os$, Osmium(2+), tetraamminehydroxynitrosyl-, dichloride, [60104-36-1], 16:11
$Cl_2H_{15}N_7ORu$, Ruthenium(2+), pentaammine(dinitrogen monooxide)-, dichloride, (*OC*-6-22)-, [60182-89-0], 16:75
Cl_2H_{15}N7Os, Osmium(2+), pentaammine(dinitrogen)-, dichloride, (*OC*-6-22)-, [20611-50-1], 24:270
$Cl_2H_{15}N_7Ru$, Ruthenium(2+), pentaammine(dinitrogen)-, dichloride, (*OC*-6-22)-, [15392-92-4], 12:5
$Cl_2H_{18}N_6Ru$, Ruthenium(2+), hexaammine-, dichloride, (*OC*-6-11)-, [15305-72-3], 13:208,209
$Cl_2HfC_{20}H_{30}$, Hafnium, dichlorobis [(1,2,3,4,5-η)-1,2,3,4,5-pentamethyl-2,4-cyclopentadien-1-yl]-, [85959-83-7], 24:154
Cl_2Hg, Mercury chloride ($HgCl_2$), [7487-94-7], 6:90
$Cl_2HgN_2SCH_4$, Mercury(1+), chloro (thiourea-*S*)-, chloride, [149165-67-3], 6:26
$Cl_2HgN_4S_2C_2H_8$, Mercury(2+), bis (thiourea-*S*)-, dichloride, [150124-45-1], 6:27
$Cl_2HgN_4Se_2C_2H_8$, Mercury, dichlorobis (selenourea-*Se*)-, (*T*-4)-, [39039-14-0], 16:85
$Cl_2HgN_6S_3C_3H_{12}$, Mercury(2+), tris (thiourea-*S*)-, dichloride, [150124-46-2], 6:28
$Cl_2HgN_8S_4C_4H_{16}$, Mercury(2+), tetrakis (thiourea-*S*)-, dichloride, (*T*-4)-, [15695-44-0], 6:28
$Cl_2HgP_2C_8H_{22}$, Mercury(2+), bis [(trimethylphosphonio)methyl]-, dichloride, [51523-31-0], 18:140
$Cl_2HgP_2C_{24}H_{55}$, Mercury, dichlorobis (tributylphosphine)-, (*T*-4)-, [41665-91-2], 6:90
$Cl_2Hg_3S_2$, Mercury chloride sulfide ($Hg_3Cl_2S_2$), [12051-13-7], 14:171
$Cl_2Ho_2Si_8C_{44}H_{84}$, Holmium, tetrakis [(1,2,3,4,5-η)-1,3-bis(trimethylsilyl)-2,4-cyclopentadien-1-yl]di-μ-chlorodi-, [81523-80-0], 27:171
$Cl_2INC_4H_{12}$, Methanaminium, *N,N,N*-trimethyl-, dichloroiodate(1-), [1838-41-1], 5:176
$Cl_2INC_8H_{20}$, Ethanaminium, *N,N,N*-triethyl-, dichloroiodate(1-), [53280-40-3], 5:172
$Cl_2INC_{12}H_{28}$, 1-Propanaminium, *N,N,N*-tripropyl-, dichloroiodate(1-), [54763-33-6], 5:172

$Cl_2INC_{16}H_{36}$, 1-Butanaminium, *N,N,N*-tributyl-, dichloroiodate(1-), [54763-34-7], 5:172

Cl_2IRb, Iodate(1-), dichloro-, rubidium, [15859-81-1], 5:172

$Cl_2ISC_3H_9$, Sulfonium, trimethyl-, dichloroiodate(1-), [149165-63-9], 5:172

Cl_2I_2Si, Silane, dichlorodiiodo-, [13977-54-3], 4:41

Cl_2In, Indium chloride ($InCl_2$), [13465-11-7], 7:19,20

$Cl_2IrNOP_2C_{36}H_{30}$, Iridium, dichloronitrosylbis(triphenylphosphine)-, [27411-12-7], 15:62

$Cl_2IrO_2C_2$, Iridate(1-), dicarbonyldichloro-, [44513-92-0], 15:82

$Cl_2Ir_2C_{16}H_{24}$, Iridium, di-μ-chlorobis [(1,2,5,6-η)-1,5-cyclooctadiene]di-, [12112-67-3], 15:18

$Cl_2Ir_2C_{32}H_{56}$, Iridium, di-μ-chlorotetrakis [(1,2-η)-cyclooctene]di-, [12246-51-4], 14:94;15:18;28:91

$Cl_2LaLiO_2Si_4C_{30}H_{58}$, Lithium(1+), bis(tetrahydrofuran)-, bis[(1,2,3,4,5-η)-1,3-bis(trimethylsilyl)-2,4-cyclopentadien-1-yl]dichlorolanthanate(1-), [81507-27-9], 27:170

$Cl_2La_2Si_8C_{44}H_{84}$, Lanthanum, tetrakis [(1,2,3,4,5-η)-1,3-bis(trimethylsilyl)-2,4-cyclopentadien-1-yl]di-μ-chlorodi-, [81523-75-3], 27:171

$Cl_2LiNdO_2Si4C_{30}H_{58}$, Lithium(1+), bis (tetrahydrofuran)-, bis[(1,2,3,4,5-η)-1,3-bis(trimethylsilyl)-2,4-cyclopentadien-1-yl]dichloroneodymate(1-), [81507-33-7], 27:170

$Cl_2LiO_2PrSi_4C_{30}H_{58}$, Lithium(1+), bis (tetrahydrofuran)-, bis[(1,2,3,4,5-η)-1,3-bis(trimethylsilyl)-2,4-cyclopentadien-1-yl]dichloropraseodymate (1-), [81507-31-5], 27:170

$Cl_2LiO_2ScSi_4C_{30}H_{58}$, Lithium(1+), bis(tetrahydrofuran)-, bis[(1,2,3,4,5-η)-1,3-bis(trimethylsilyl)-2,4-cyclopentadien-1-yl]dichloroscandate (1-), [81519-28-0], 27:170

$Cl_2LiO_2Si_4YC_{30}H_{58}$, Lithium(1+), bis(tetrahydrofuran)-, bis[(1,2,3,4,5-η)-1,3-bis(trimethylsilyl)-2,4-cyclopentadien-1-yl]dichloroyttrate(1-), [81507-25-7], 27:170

$Cl_2LiO_2Si_4YbC_{30}H_{58}$, Lithium(1+), bis(tetrahydrofuran)-, bis[(1,2,3,4,5-η)-1,3-bis(trimethylsilyl)-2,4-cyclopentadien-1-yl]dichloroytterbate(1-), [81507-35-9], 27:170

$Cl_2Lu_2Si_8C_{44}H_{84}$, Lutetium, tetrakis [(1,2,3,4,5-η)-1,3-bis(trimethylsilyl)-2,4-cyclopentadien-1-yl]di-μ-chlorodi-, [81536-98-3], 27:171

Cl_2Mg, Magnesium chloride ($MgCl_2$), [7786-30-3], 1:29;5:154;6:9

Cl_2Mn, Manganese chloride ($MnCl_2$), [7773-01-5], 1:29

$Cl_2MnN_{10}O_4C_8H_{22}$, Manganese(2+), bis[2,2'-iminobis[*N*-hydroxyethanimidamide]]-, dichloride, [20675-38-1], 11:91

$Cl_2MoC_{10}H_{10}$, Molybdenum, dichlorobis(η^5-2,4-cyclopentadien-1-yl)-, [12184-22-4], 29:208

$Cl_2MoC_{12}H_{10}$, Molybdenum, bis(η^6-chlorobenzene)-, [52346-34-6], 19:81,82

$Cl_2MoC_{12}H_{14}$, Molybdenum, dichlorobis[(1,2,3,4,5-η)-1-methyl-2,4-cyclopentadien-1-yl]-, [63374-10-7], 29:208

$(Cl_2MoN_2O_2)_x$, Molybdenum, dichlorodinitrosyl-, homopolymer, [30731-17-0], 12:264

$Cl_2MoN_2P_4C_{66}H_{56}$, Molybdenum, bis (1-chloro-4-isocyanobenzene)bis[1,2-ethanediylbis[diphenylphosphine]-*P,P'*]-, (*OC*-6-11)-, [66862-30-4], 23:10

Cl_2MoO_2, Molybdenum chloride oxide (Mo Cl_2O_2), (*T*-4)-, [13637-68-8], 7:168

$Cl_2Mo_2N_4C_8H_{24}$, Molybdenum, dichlorotetrakis(*N*-methylmethanaminato)di-, (*Mo-Mo*), [63301-82-6], 21:56

$Cl_2NOPC_2H_6$, Phosphoramidic dichloride, dimethyl-, [677-43-0], 7:69

$Cl_2NOPPtC_{15}H_{26}$, Platinum, dichloro [ethoxy(phenylamino)methylene] (triethylphosphine)-, (*SP*-4-3)-, [30394-37-7], 19:175

$Cl_2NOP_2RhC_{36}H_{30}$, Rhodium, dichloronitrosylbis(triphenylphosphine)-, [20097-11-4], 15:60

$Cl_2NO_2PtC_9H_9$, Platinum, dichloro[2-(2-nitrophenyl)-1,3-propanediyl]-, (*SP*-4-2)-, [38922-10-0], 16:114

$Cl_2NPC_2H_6$, Phosphoramidous dichloride, dimethyl-, [683-85-2], 10:149

$Cl_2NPPtC_{13}H_{20}$, Platinum, dichloro (isocyanobenzene)(triethylphosphine)-, (*SP*-4-3)-, [30376-90-0], 19:174

$Cl_2NP_2ReC_{36}H_{30}$, Rhenium, dichloronitridobis(triphenylphosphine)-, [25685-08-9], 29:146

$Cl_2NP_3WC_{15}H_{32}$, Tungsten, [benzenaminato(2-)]dichlorotris(trimethylphosphine)-, [126109-15-7], 24:198

$Cl_2NP_3WC_{24}H_{50}$, Tungsten, [benzenaminato(2-)]dichlorotris(triethylphosphine)-, (*OC*-6-32)-, [104475-13-0], 24:198

$Cl_2NP_3WC_{30}H_{38}$, Tungsten, [benzenaminato(2-)]dichlorotris(dimethylphenylphosphine)-, (*OC*-6-32)-, [104475-11-8], 24:198

$Cl_2NP_3WC_{45}H_{44}$, Tungsten, [benzenaminato(2-)]dichlorotris(methyldiphenylphosphine)-, (*OC*-6-32)-, [104475-12-9], 24:198

$Cl_2NPtC_7H_9$, Platinum, dichloro(η^2-ethene)(pyridine)-, stereoisomer, [12078-66-9], 20:181

$Cl_2N_2O_2RuC_{12}H_8$, Ruthenium, (2,2'-bipyridine-*N,N'*)dicarbonyldichloro-, [53729-70-7], 25:108

$(Cl_2N_2O_2W)_x$, Tungsten, dichlorodinitrosyl-, homopolymer, [42912-10-7], 12:264

$Cl_2N_2O_4P_2C_{18}H_{28}$, Phosphinic acid, [1,2-ethanediylbis[(methylimino)methylene]] bis[phenyl-, dihydrochloride, [60703-82-4], 16:202

$Cl_2N_2O_4P_2PtC_{21}H_{42}$, Platinum(1+), chloro [(ethylamino)(phenylamino)methylene] bis(triethylphosphine)-, (*SP*-4-3)-, perchlorate, [38857-02-2], 19:176

$Cl_2N_2PPtC_{19}H_{27}$, Platinum, [bis(phenylamino)methylene]dichloro(triethylphosphine)-, (*SP*-4-3)-, [30394-41-3], 19:176

$Cl_2N_2P_2C_6H_{14}$, 1,3,2,4-Diazadiphosphetidine, 2,4-dichloro-1,3-bis(1-methylethyl)-, [49774-19-8], 25:10

$Cl_2N_2P_2C_8H_{18}$, 1,3,2,4-Diazadiphosphetidine, 2,4-dichloro-1,3-bis(1,1-dimethylethyl)-, [24335-35-1], 25:8

———, 1,3,2,4-Diazadiphosphetidine, 2,4-dichloro-1,3-bis(1,1-dimethylethyl)-, *cis*-, [35107-68-7], 27:258

$Cl_2N_2P_2WC_{16}H_{32}$, Tungsten, [benzenaminato(2-)]dichloro[2-methyl-2-propanaminato(2-)]bis(trimethylphosphine)-, (*OC*-6-43)-, [107766-60-9], 27:304

$Cl_2N_2P_4WC_{66}H_{56}$, Tungsten, bis(1-chloro-4-isocyanobenzene)bis[1,2-ethanediylbis[diphenylphosphine]-*P,P'*]-, (*OC*-6-11)-, [66862-24-6], 23:10

$Cl_2N_2PdC_2H_8$, Palladium, dichloro(1,2-ethanediamine-*N,N'*)-, (*SP*-4-2)-, [15020-99-2], 13:216

$Cl_2N_2PdC_{10}H_8$, Palladium, (2,2'-bipyridine-*N,N'*)dichloro-, (*SP*-4-2)-, [14871-92-2], 13:217;29:186

$Cl_2N_2PdC_{14}H_{10}$, Palladium, bis(benzonitrile)dichloro-, [14220-64-5], 15:79;28:61

$Cl_2N_2Pd_2C_{18}H_{24}$, Palladium, di-μ-chlorobis[2-[(dimethylamino)methyl] phenyl-*C,N*]di-, [18987-59-2], 26:212

$Cl_2N_2Pd_2C_{20}H_{16}$, Palladium, di-μ-chlorobis(8-quinolinylmethyl-*C,N*)di-, [28377-73-3], 26:213

$Cl_2N_2Pd_2C_{24}H_{20}$, Palladium, di-μ-chlorobis[2-(2-pyridinylmethyl)phenyl-*C,N*]di-, [105369-55-9], 26:209

$Cl_2N_2PtC_2H_8$, Platinum, dichloro(1,2-ethanediamine-*N,N'*)-, (*SP*-4-2)-, [14096-51-6], 8:242
$Cl_2N_2PtC_{10}H_{10}$, Platinum, dichlorobis (pyridine)-, (*SP*-4-1)-, [14024-97-6], 7:249
———, Platinum, dichlorobis(pyridine)-, (*SP*-4-2)-, [15227-42-6], 7:249
$Cl_2N_2PtC_{10}H_{24}$, Platinum, [*N,N'*-bis(1-methylethyl)-1,2-ethanediamine-*N,N'*]dichloro(η^2-ethene)-, stereoisomer, [66945-62-8], 21:87
$Cl_2N_2PtC_{12}H_{28}$, Platinum, dichloro(η^2-ethene)(*N,N,N',N'*-tetraethyl-1,2-ethanediamine-*N,N'*)-, stereoisomer, [66945-61-7], 21:86,87
———, Platinum, dichloro[*N,N'*-dimethyl-*N,N'*-bis(1-methylethyl)-1,2-ethanediamine-*N,N'*](η^2-ethene)-, stereoisomer, [66945-51-5], 21:87
$Cl_2N_2PtC_{13}H_{16}$, Platinum, dichloro-1,3-propanediylbis(pyridine)-, (*OC*-6-13)-, [36569-03-6], 16:115
$Cl_2N_2PtC_{14}H_{10}$, Platinum, bis(benzonitrile)dichloro-, [14873-63-3], 26:345;28:62
$Cl_2N_2PtC_{19}H_{20}$, Platinum, dichloro(2-phenyl-1,3-propanediyl)bis(pyridine)-, [34056-26-3], 16:115,116
$Cl_2N_2PtC_{19}H_{26}$, Platinum, dichloro(2-cyclohexyl-1,3-propanediyl)bis (pyridine)-, [34056-29-6], 16:115
$Cl_2N_2PtC_{20}H_{22}$, Platinum, dichloro[1-(4-methylphenyl)-1,3-propanediyl]bis (pyridine)-, [34056-31-0], 16:115
———, Platinum, dichloro[2-(phenylmethyl)-1,3-propanediyl]bis(pyridine)-, (*OC*-6-13)-, [38889-65-5], 16:115
$Cl_2N_2PtC_{20}H_{28}$, Platinum, [*N,N'*-bis(1-phenylethyl)-1,2-ethanediamine-*N,N'*]dichloro(η^2-ethene)-, stereoisomer, [66945-54-8], 21:87
$Cl_2N_2PtC_{22}H_{32}$, Platinum, dichloro [*N,N'*-dimethyl-*N,N'*-bis(1-phenylethyl)-1,2-ethanediamine-*N,N'*](η^2-ethene)-, stereoisomer, [66945-55-9], 21:87
$Cl_2N_2PtC_{25}H_{24}$, Platinum, dichloro(1,2-diphenyl-1,3-propanediyl)bis (pyridine)-, [34056-30-9], 16:115
$Cl_2N_2RuC_{12}H_{18}$, Ruthenium, bis (acetonitrile)dichloro[(1,2,5,6-η)-1,5-cyclooctadiene]-, stereoisomer, [115226-43-2], 26:69
$Cl_2N_2RuC_{22}H_{22}$, Ruthenium, bis (benzonitrile)dichloro[(1,2,5,6-η)-1,5-cyclooctadiene]-, stereoisomer, [115203-16-2], 26:70
$Cl_2N_2S_3$, Chlorothiodithiazyl chloride ($(ClS_3N_2)Cl$), [12051-16-0], 9:103
$Cl_2N_3O_2PtC_{19}H_{19}$, Platinum, dichloro[2-(2-nitrophenyl)-1,3-propanediyl]bis (pyridine)-, (*OC*-6-13)-, [38889-64-4], 16:115,116
$Cl_2N_3P_2C_{19}H_{15}$, 1,3,5,2,4-Triazadiphosphorine, 2,4-dichloro-2,2,4,4-tetrahydro-2,4,6-triphenyl-, *cis*-, [21689-00-9], 25:28
———, 1,3,5,2,4-Triazadiphosphorine, 2,4-dichloro-2,2,4,4-tetrahydro-2,4,6-triphenyl-, *trans*-, [21689-01-0], 25:28
$Cl_2N_3PdC_4H_{13}$, Palladium(1+), [*N*-(2-aminoethyl)-1,2-ethanediamine-*N,N',N''*]chloro-, chloride, (*SP*-4-2)-, [23041-96-5], 29:187
$Cl_2N_3PtC_{15}H_{11}.2H_2O$, Platinum(1+), chloro(2,2':6',2''-terpyridine-*N,N',N''*)-, chloride, dihydrate, (*SP*-4-2)-, [151120-25-1], 20:101
$Cl_2N_3ZnC_{10}H_9$, Zinc, dichloro(*N*-2-pyridinyl-2-pyridinamine-N^{N^2},N^1)-, (*T*-4)-, [14169-18-7], 8:10
$Cl_2N_4NiC_4H_{16}$, Nickel(2+), bis(1,2-ethanediamine-*N,N'*)-, dichloride, [15522-51-7], 6:198
$Cl_2N_4NiO_8C_{10}H_{24}$, Nickel(2+), (1,4,8,11-tetraazacyclotetradecane-N^1,N^4,N^8,N^{11})-, (*SP*-4-1)-, diperchlorate, [15220-72-1], 16:221
$Cl_2N_4NiO_8C_{14}H_{24}$, Nickel(2+), (2,3,9,10-tetramethyl-1,4,8,11-tetraazacyclo-

tetradeca-1,3,8,10-tetraene-N^1,N^4,N^8, N^{11})-, (*SP*-4-1)-, diperchlorate, [67326-87-8], 18:23

$Cl_2N_4NiO_8C_{15}H_{22}$, Nickel(2+), (2,12-dimethyl-3,7,11,17-tetraazabicyclo [11.3.1]heptadeca-1(17),2,11,13,15-pentaene-N^3,N^7,N^{11},N^{17})-, diperchlorate, (*SP*-4-3)-, [35270-39-4], 18:18

$Cl_2N_4NiO_8C_{16}H_{30}$, Nickel(2+), (5,5,7, 12,14,14-hexamethyl-1,4,8,11-tetraazacyclotetradeca-1,7,11-triene-N^1,N^4,N^8,N^{11})-, (*SP*-4-4)-, diperchlorate, [33916-12-0], 18:5

$Cl_2N_4NiO_8C_{16}H_{32}$, Nickel(2+), (5,7,7, 12,14,14-hexamethyl-1,4,8,11-tetraazacyclotetradeca-4,11-diene-N^1,N^4,N^8,N^{11})-, stereoisomer, diperchlorate, [15392-94-6], 18:5

———, Nickel(2+), (5,7,7,12,14,14-hexamethyl-1,4,8,11-tetraazacyclotetradeca-4,11-diene-N^1,N^4,N^8,N^{11})-, stereoisomer, diperchlorate, [15392-95-7], 18:5

$Cl_2N_4NiO_8C_{16}H_{36}$, Nickel(2+), (5,5,7,12, 12,14-hexamethyl-1,4,8,11-tetraazacyclotetradecane-N^1,N^4,N^8,N^{11})-, [*SP*-4-2-(*R**,*S**)]-, diperchlorate, [25504-25-0], 18:12

$Cl_2N_4NiO_8C_{28}H_{20}$, Nickel(2+), (tetrabenzo [*b,f,j,n*][1,5,9,13]tetraazacyclohexadecine-N^5,N^{11},N^{17},N^{23})-, (*SP*-4-1)-, diperchlorate, [36539-87-4], 18:31

$Cl_2N_4NiO_8C_{28}H_{36}$, Nickel, tetrakis(3,5-dimethylpyridine)bis(perchlorato-*O*)-, [14839-22-6], 9:179

$Cl_2N_4O_2OsC_4H_{16}$, Osmium(2+), bis(1,2-ethanediamine-*N,N'*)dioxo-, dichloride, (*OC*-6-12)-, [65468-15-7], 20:62

$Cl_2N_4O_8C_{16}H_{34}$, 1,4,8,11-Tetraazacyclotetradeca-4,11-diene, 5,7,7,12,14,14-hexamethyl-, diperchlorate, [7713-23-7], 18:4

$Cl_2N_4O_8Re_2C_{28}H_{24}$, Rhenium, tetrakis[μ-(4-aminobenzoato-*O*:*O'*)]dichlorodi-, (*Re-Re*), [33540-84-0], 13:86

$Cl_2N_4O_{10}ReC_4H_{17}$, Rhenium(2+), bis (1,2-ethanediamine-*N,N'*)hydroxyoxo-, diperchlorate, [19267-68-6], 8:174

$Cl_2N_4O_{10}ReC_6H_{21}$, Rhenium(2+), hydroxyoxobis(1,2-propanediamine-*N,N'*)-, diperchlorate, [93063-22-0], 8:176

$Cl_2N_4O_{10}ReC_6H_{21}$, Rhenium(2+), hydroxyoxobis(1,3-propanediamine-*N,N'*)-, (*OC*-6-23)-, diperchlorate, [148832-33-1], 8:76

$Cl_2N_4OsC_{20}H_{16}$, Osmium, bis(2,2'-bipyridine-*N,N'*)dichloro-, (*OC*-6-22)-, [79982-56-2], 24:294

$Cl_2N_4PdC_{12}H_{30}$, Palladium(1+), [*N,N*-bis[2-(dimethylamino)ethyl]-*N',N'*-dimethyl-1,2-ethanediamine-*NN*^{1}, N^1,N^2]chloro-, chloride, (*SP*-4-2)-, [83418-07-9], 21:129

$Cl_2N_4Pd_2C_{20}H_{36}$, Palladium, di-μ-chlorotetrakis(2-isocyano-2-methylpropane)di-, [34742-93-3], 17:134;28:110

$Cl_2N_4Pd_2C_{24}H_{18}$, Palladium, di-μ-chlorobis[2-(phenylazo)phenyl]di-, [14873-53-1], 26:175

$Cl_2N_4PtC_{20}H_{20}$, Platinum(2+), dichlorotetrakis(pyridine)-, (*OC*-6-12)-, [22455-25-0], 7:251

$Cl_2N_4RuC_{20}H_{16}.2H_2O$, Ruthenium, bis(2,2'-bipyridine-*N,N'*)dichloro-, dihydrate, (*OC*-6-22)-, [152227-36-6], 24:292

$Cl_2N_4S_6$, Dithiotetrathiazyl chloride ((N_4S_6)Cl_2), [92462-65-2], 9:109

$Cl_2N_4WC_{20}H_{22}$, Tungsten, [benzenaminato(2-)](2,2'-bipyridine-*N,N'*)dichloro[2-methyl-2-propanaminato(2-)]-, (*OC*-6-14)-, [114075-31-9], 27:303

$Cl_2N_4WC_{21}H_{32}$, Tungsten, [benzenaminato(2-)]dichlorotris(2-isocyano-2-methylpropane)-, [89189-76-4], 24:198

$Cl_2N_4WC_{30}H_{26}$, Tungsten, [benzenaminato(2-)]dichlorotris(1-isocyano-4-methylbenzene)-, [104475-14-1], 24:198

$Cl_2N_5O_3RhC_4H_{16}$, Rhodium(1+), dichlorobis(1,2-ethanediamine-*N,N'*)-, (*OC*-6-12)-, nitrate, [15529-88-1], 7:217

———, Rhodium(1+), dichlorobis(1,2-ethanediamine-*N,N'*)-, (*OC*-6-22)-, nitrate, [39561-32-5], 7:217

$Cl_2N_5O_3RhC_{20}H_{20}$, Rhodium(1+), dichlorotetrakis(pyridine)-, (*OC*-6-12)-, nitrate, [22933-85-3], 10:66

$Cl_2N_5O_{11}RuC_2H_{15}$, Ruthenium(2+), (acetato-*O*)tetraamminenitrosyl-, diperchlorate, [60133-61-1], 16:14

$Cl_2N_6NiC_6H_{24}.2H_2O$, Nickel(2+), tris(1,2-ethanediamine-*N,N'*)-, dichloride, dihydrate, (*OC*-6-11)-, [33908-61-1], 6:200

$Cl_2N_6NiC_9H_{30}.2H_2O$, Nickel(2+), tris(1,2-propanediamine-*N,N'*)-, dichloride, dihydrate, (*OC*-6-11)-, [15282-51-6], 6:200

$Cl_2N_6NiC_{36}H_{24}$, Nickel(2+), tris(1,10-phenanthroline-N^1,N^{10})-, dichloride, (*OC*-6-11)-, [14356-44-6], 8:228

$Cl_2N_6NiO_8C_{36}H_{24}.3H_2O$, Nickel(2+), tris(1,10-phenanthroline-N^1,N^{10})-, (*OC*-6-11-Δ)-, diperchlorate, trihydrate, [148832-22-8], 8:229-230

———, Nickel(2+), tris(1,10-phenanthroline-N^1,N^{10})-, (*OC*-6-11-Λ)-, diperchlorate, trihydrate, [148832-21-7], 8:229-230

$Cl_2N_6NiP_2C_{18}H_{24}$, Nickel, dichlorobis[3,3',3''-phosphinidynetris[propanenitrile]-*P*]-, [20994-35-8], 22:113

$Cl_2N_6O_{10}RuCH_{12}$, Ruthenium(2+), tetraammine(cyanato-*N*)nitrosyl-, diperchlorate, [60133-63-3], 16:15

$Cl_2N_6P_2PdC_{12}H_{36}$, Palladium, dichlorobis(hexamethylphosphorous triamide)-, (*SP*-4-1)-, [17569-71-0], 11:110

$Cl_2N_6P_2PdC_{16}H_{36}$, Palladium, dichlorobis(2,4,6,7-tetramethyl-2,6,7-triaza-1-phosphabicyclo[2.2.2]octane-P^1)-, (*SP*-4-2)-, [20332-83-6], 11:109

$Cl_2N_6RuC_6H_{24}$, Ruthenium(2+), tris(1,2-ethanediamine-*N,N'*)-, dichloride, (*OC*-6-11)-, [31894-75-4], 19:118

$Cl_2N_6RuC_{30}H_{24}.6H_2O$, Ruthenium(2+), tris(2,2'-bipyridine-*N,N'*)-, dichloride, hexahydrate, (*OC*-6-11)-, [50525-27-4], 21:127;28:338

$Cl_2N_7RuC_4H_{19}$, Ruthenium(2+), pentaammine(pyrazine-N^1)-, dichloride, (*OC*-6-22)-, [104626-96-2], 24:259

$Cl_2N_8O_{10}PdC_{20}H_{24}$, Palladium, dichlorobis(inosine-N^7)-, (*SP*-4-1)-, [64753-39-5], 23:52,53

———, Palladium, dichlorobis(inosine-N^7)-, (*SP*-4-2)-, [64715-03-3], 23:52,53

$Cl_2N_{10}NiO_4C_8H_{22}$, Nickel(2+), bis[2,2'-iminobis[*N*-hydroxyethanimidamide]]-, dichloride, [20675-37-0], 11:91

$Cl_2N_{10}NiO_4C_8H_{22}.2H_2O$, Nickel(2+), bis[2,2'-iminobis[*N*-hydroxyethanimidamide]]-, dichloride, dihydrate, (*OC*-6-1'1')-, [28903-66-4], 11:93

$Cl_2N_{10}O_{10}PdC_{20}H_{26}$, Palladium, dichlorobis(guanosine-N^7)-, (*SP*-4-1)-, [64753-34-0], 23:52,53

———, Palladium, dichlorobis(guanosine-N^7)-, (*SP*-4-2)-, [62800-79-7], 23:52,53

$Cl_2NbC_{10}H_{10}$, Niobium, dichlorobis(η^5-2,4-cyclopentadien-1-yl)-, [12793-14-5], 16:107;28:267

$Cl_2Nd_2Si_8C_{44}H_{84}$, Neodymium, tetrakis[(1,2,3,4,5-η)-1,3-bis(trimethylsilyl)-2,4-cyclopentadien-1-yl]di-μ-chlorodi-, [81507-57-5], 27:171

Cl_2Ni, Nickel chloride ($NiCl_2$), [7718-54-9], 5:154,196;28:322

$Cl_2Ni.2H_2O$, Nickel chloride ($NiCl_2$), dihydrate, [17638-48-1], 13:156
$Cl_2NiO_2C_4H_{10}$, Nickel, dichloro(1,2-dimethoxyethane-*O,O'*)-, [29046-78-4], 13:160
$Cl_2NiO_4C_8H_{24}$, Nickel, dichlorotetrakis (ethanol)-, [15696-86-3], 13:158
Cl_2O, Chlorine oxide (Cl_2O), [7791-21-1], 5:156;5:158
Cl_2OPCH_3, Phosphonic dichloride, methyl-, [676-97-1], 4:63
$Cl_2OPC_2H_5$, Phosphonic dichloride, ethyl-, [1066-50-8], 4:63
$Cl_2OPC_6H_5$, Phosphonic dichloride, phenyl-, [824-72-6], 8:70
$Cl_2OPSC_2H_5$, Phosphorodichloridothioic acid, *O*-ethyl ester, [1498-64-2], 4:75
$Cl_2OP_4Pd_2C_{51}H_{44}$, Palladium, μ-carbonyldichlorobis[μ-[methylenebis[diphenylphosphine]-*P*:*P'*]di-, [64345-32-0], 21:49
Cl_2OS, Thionyl chloride, [7719-09-7], 9:88,91
———, Thionyl chloride-$^{36}Cl_2$, [55207-92-6], 7:160
Cl_2OSe, Seleninyl chloride, [7791-23-3], 3:130
Cl_2OW, Tungsten chloride oxide (WCl_2O), [22550-09-0], 14:115
Cl_2OZr, Zirconium, dichlorooxo-, [7699-43-6], 3:76
$Cl_2OZr.8H_2O$, Zirconium, dichlorooxo-, octahydrate, [13520-92-8], 2:121
$Cl_2OZr_2C_{20}H_{20}$, Zirconium, dichlorotetrakis(η^5-2,4-cyclopentadien-1-yl)-μ-oxodi-, [12097-04-0], 19:224
$Cl_2O_2P_2ReC_{38}H_{35}$, Rhenium, dichloroethoxyoxobis(triphenylphosphine)-, [17442-19-2], 9:145,147
$Cl_2O_2Pd_2C_{12}H_{22}$, Palladium, di-μ-chlorobis[(1,2,3-η)-4-hydroxy-1-methyl-2-pentenyl]di-, [41649-55-2], 15:78
$Cl_2O_2Pd_2C_{18}H_{30}$, Palladium, di-μ-chlorobis[(1,4,5-η)-8-methoxy-4-cycloocten-1-yl]di-, [12096-15-0], 13:60
Cl_2O_2S, Sulfuryl chloride, [7791-25-5], 1:114
Cl_2O_2U, Uranium, dichlorodioxo-, (*T*-4)-, [7791-26-6], 5:148
$Cl_2O_2U.H_2O$, Uranium, dichlorodioxo-, monohydrate, (*T*-4)-, [18696-33-8], 7:146
Cl_2O_2W, Tungsten chloride oxide (WCl_2O_2), (*T*-4)-, [13520-76-8], 14:110
$Cl_2O_3RuC_3$, Ruthenium, tricarbonyldichloro-, [61003-62-1], 16:51
$Cl_2O_3SC_2H_4$, Chlorosulfuric acid, 2-chloroethyl ester, [13891-58-2], 4:85
$Cl_2O_4Rh_2C_4$, Rhodium, tetracarbonyldi-μ-chlorodi-, [14523-22-9], 8:211; 15:14;28:84
$Cl_2O_4TiC_{10}H_{14}$, Titanium, dichlorobis (2,4-pentanedionato-*O,O'*)-, [17099-86-4], 8:37
———, Titanium, dichlorobis(2,4-pentanedionato-*O,O'*)-, (*OC*-6-22)-, [16986-94-0], 19:146
$Cl_2O_4ZrC_{10}H_{14}$, Zirconium, dichlorobis (2,4-pentanedionato-*O,O'*)-, [18717-38-9], 12:88,93
$Cl_2O_5S_2$, Disulfuryl chloride, [7791-27-7], 3:124
$Cl_2O_6P_2PdC_6H_{18}$, Palladium, dichlorobis (trimethyl phosphite-*P*)-, (*SP*-4-2)-, [17787-26-7], 11:109
$Cl_2O_6P_2PdC_{10}H_{18}$, Palladium, dichlorobis (4-methyl-2,6,7-trioxa-1-phosphabicyclo[2.2.2]octane-P^1)-, (*SP*-4-2)-, [20332-82-5], 11:109
———, Palladium, dichlorobis(4-methyl-3,5,8-trioxa-1-phosphabicyclo [2.2.2]octane-P^1)-, (*SP*-4-2)-, [17569-70-9], 11:109
$Cl_2O_6SiC_{15}H_{22}$, Silicon(1+), tris(2,4-pentanedionato-*O,O'*)-, (*OC*-6-11)-, (hydrogen dichloride), [16871-35-5], 7:30

$Cl_2O_8Re_2C_8H_{12}$, Rhenium, tetrakis (acetato-*O*)dichlorodi-, (*Re-Re*), [33612-87-2], 20:46

———, Rhenium, tetrakis[μ-(acetato-*O*:*O*')]dichlorodi-, (*Re-Re*), [14126-96-6], 13:85

$Cl_2O_8Re_2C_8$, Rhenium, octacarbonyldi-μ-chlorodi-, [15189-52-3], 16:35

$Cl_2O_8Re_2C_{28}H_{20}$, Rhenium, tetrakis[μ-(benzoato-*O*:*O*')]dichlorodi-, (*Re-Re*), [15654-34-9], 13:86

$Cl_2O_8Re_2C_{32}H_{28}$, Rhenium, dichloro-tetrakis[μ-(3-methylbenzoato-*O*:*O*')]di-, (*Re-Re*), [15727-37-4], 13:86

———, Rhenium, dichlorotetrakis[μ-(4-methylbenzoato-O^1:$O^{1'}$)]di-, (*Re-Re*), [15663-73-7], 13:86

$Cl_2O_8Re_2C_{40}H_{44}$, Rhenium, dichloro-tetrakis[μ-(2,4,6-trimethylbenzoato-*O*:*O*')]di-, (*Re-Re*), [33540-81-7], 13:86

$Cl_2O_{12}P_4RuC_{24}H_{60}$, Ruthenium, dichloro-tetrakis(triethyl phosphite-*P*)-, [53433-15-1], 15:40

$Cl_2O_{12}Re_2C_{32}H_{28}$, Rhenium, dichloro-tetrakis[μ-(4-methoxybenzoato-O^1:$O^{1'}$)]di-, (*Re-Re*), [33540-83-9], 13:86

$Cl_2OsP_3C_{54}H_{45}$, Osmium, dichlorotris (triphenylphosphine)-, [40802-32-2], 26:184

$Cl_2OsP_3SC55H_{45}$, Osmium, (carbon-othioyl)dichlorotris(triphenylphos-phine)-, (*OC*-6-32)-, [64888-66-0], 26:185

Cl_2PCH_3, Phosphonous dichloride, methyl-, [676-83-5], 7:85

$Cl_2PC_4H_9$, Phosphonous dichloride, butyl-, [6460-27-1], 14:4

$Cl_2PC_{18}H_{15}$, Phosphorane, dichlorotri-phenyl-, [2526-64-9], 15:85

$Cl_2PC_{18}H_{29}$, Phosphonous dichloride, [2,4,6-tris(1,1-dimethylethyl)phenyl]-, [79074-00-3], 27:236

$Cl_2PC_{19}H_{15}$, Phosphorane, (dichloro-methylene)triphenyl-, [6779-08-4], 24:108

$Cl_2PSi_3C_{10}H_{27}$, Phosphonous dichloride, [tris(trimethylsilyl)methyl]-, [75235-85-7], 27:239

$Cl_2P_2PtC_{12}H_{30}$, Platinum, dichlorobis (triethylphosphine)-, (*SP*-4-2)-, [15692-07-6], 12:27

$Cl_2P_2PtC_{18}H_{42}$, Platinum, dichlorobis [tris(1-methylethyl)phosphine]-, (*SP*-4-1)-, [59967-54-3], 19:108

$Cl_2P_2PtC_{24}H_{55}$, Platinum, dichlorobis (tributylphosphine)-, (*SP*-4-1)-, [15391-01-2], 7:245;19:116

———, Platinum, dichlorobis (tributylphosphine)-, (*SP*-4-2)-, [15390-92-8], 7:245

$Cl_2P_2PtC_{26}H_{24}$, Platinum, dichloro[1,2-ethanediylbis[diphenylphosphine]-*P,P*']-, (*SP*-4-2)-, [14647-25-7], 26:370

$Cl_2P_2PtC_{36}H_{30}$, Platinum, dichlorobis (triphenylphosphine)-, (*SP*-4-1)-, [14056-88-3], 19:115

$Cl_2P_2PtC_{36}H_{42}$, Platinum, dichlorobis (cyclohexyldiphenylphosphine)-, (*SP*-4-1)-, [150578-15-7], 12:241

———, Platinum, dichlorobis (cyclohexyldiphenylphosphine)-, (*SP*-4-2)-, [109131-39-7], 12:241

$Cl_2P_2PtC_{36}H_{66}$, Platinum, dichlorobis (tricyclohexylphosphine)-, (*SP*-4-1)-, [60158-99-8], 19:105

$Cl_2P_2TiC_{21}H_{27}$, Titanium, dichloro(η^5-2,4-cyclopentadien-1-yl)bis(dimethyl-phenylphosphine)-, [54056-31-4], 16:239

$Cl_2P_3RuC_{54}H_{45}$, Ruthenium, dichlorotris (triphenylphosphine)-, [15529-49-4], 12:237,238

$Cl_2P_4Pd_2C_{50}H_{44}$, Palladium, dichlorobis [μ-[methylenebis[diphenylphosphine]-*P*:*P*']]di-, (*Pd-Pd*), [64345-29-5], 21:48;28:340

$Cl_2P_4PtC_{48}H_{10}8$, Platinum(2+), tetrakis (tributylphosphine)-, dichloride, (*SP*-4-1)-, [148832-27-3], 7:248

$Cl_2P_4Rh_2C_{72}H_{60}$, Rhodium, di-μ-chloro-tetrakis(triphenylphosphine)di-, [14653-50-0], 10:69

$Cl_2P_4RuC_{72}H_{60}$, Ruthenium, dichloro-tetrakis(triphenylphosphine)-, [15555-77-8], 12:237,238

$Cl_2P_4WC_{12}H_{36}$, Tungsten, dichlorotetrakis (trimethylphosphine)-, [76624-80-1], 28:329

$Cl_2P_4WC_{32}H_{44}$, Tungsten, dichlorotetrakis (dimethylphenylphosphine)-, (*OC*-6-12)-, [39049-86-0], 28:330

$Cl_2P_4WC_{52}H_{52}$, Tungsten, dichlorotetrakis (methyldiphenylphosphine)-, (*OC*-6-12)-, [90245-62-8], 28:331

$Cl_2PbC_{12}H_{10}$, Plumbane, dichlorodi-phenyl-, [2117-69-3], 8:60

$Cl_2PdC_4H_6$, Palladium, (η⁴-1,3-butadiene) dichloro-, [31902-25-7], 6:218; 11:216

$Cl_2PdC_7H_8$, Palladium, [(2,3,5,6-η)-bicyclo[2.2.1]hepta-2,5-diene] dichloro-, [12317-46-3], 13:52

$Cl_2PdC_8H_{12}$, Palladium, dichloro[(1,2,5,6-η)-1,5-cyclooctadiene]-, [12107-56-1], 13:52;28:348

$Cl_2Pd_2C_6H_{10}$, Palladium, di-μ-chlorobis (η³-2-propenyl)di-, [12012-95-2], 19:220;28:342

$Cl_2Pd_2C_{12}H_{22}$, Palladium, di-μ-chlorobis [(1,2,3-η)-2-methyl-2-pentenyl]di-, [31666-77-0], 15:77

$Cl_2Pr_2Si_8C_{44}H_{84}$, Praseodymium, tetrakis [(1,2,3,4,5-η)-1,3-bis(trimethylsilyl)-2,4-cyclopentadien-1-yl]di-μ-chlorodi-, [81507-56-4], 27:171

Cl_2Pt, Platinum chloride ($PtCl_2$), [10025-65-7], 5:208;6:209;20:48

$Cl_2PtC_3H_6$, Platinum, dichloro(1,3-propanediyl)-, [24818-07-3], 16:114

$Cl_2PtC_4H_8$, Platinum, dichlorobis(η²-ethene)-, [31781-68-7], 5:215

———, Platinum, dichlorobis(η²-ethene)-, stereoisomer, [71423-58-0], 5:215

$Cl_2PtC_7H_8$, Platinum, [(2,3,5,6-η)-bicyclo[2.2.1]hepta-2,5-diene] dichloro-, [12152-26-0], 13:48

$Cl_2PtC_8H_8$, Platinum, dichloro[(1,2,5,6-η)-1,3,5,7-cyclooctatetraene]-, [12266-69-2], 13:48

$Cl_2PtC_8H_{12}$, Platinum, dichloro[(1,2,5,6-η)-1,5-cyclooctadiene]-, [12080-32-9], 13:48;28:346

$Cl_2PtC_8H_{16}$, Platinum, (1-butyl-2-methyl-1,3-propanediyl)dichloro-, [*SP*-4-3-(*R**,*S**)]-, [38922-14-4], 16:114

$Cl_2PtC_9H_{10}$, Platinum, dichloro(2-phenyl-1,3-propanediyl)-, (*SP*-4-2)-, [38922-09-7], 16:114

$Cl_2PtC_9H_{18}$, Platinum, dichloro(2-hexyl-1,3-propanediyl)-, (*SP*-4-2)-, [38922-13-3], 16:114

$Cl_2PtC_{10}H_{12}$, Platinum, dichloro[(2,3,5,6-η)-3a,4,7,7a-tetrahydro-4,7-methano-1*H*-indene]-, [12083-92-0], 13:48; 16:114

———, Platinum, dichloro[2-(4-methyl-phenyl)-1,3-propanediyl]-, (*SP*-4-2)-, [38922-12-2], 16:114

$Cl_2PtC_{15}H_{14}$, Platinum, dichloro(1,2-diphenyl-1,3-propanediyl)-, [*SP*-4-3-(*R**,*R**)]-, [38831-85-5], 16:114

$Cl_2PtS_2C_8H_{20}$, Platinum, dichlorobis[1,1'-thiobis[ethane]]-, (*SP*-4-1)-, [15337-84-5], 6:211

———, Platinum, dichlorobis[1,1'-thiobis [ethane]]-, (*SP*-4-2)-, [15442-57-6], 6:211

$Cl_2Rh_2C_8H_{16}$, Rhodium, di-μ-chlorotetrakis(η²-ethene)di-, [12081-16-2], 15:14;28:86

$Cl_2Rh_2C_{12}H_{20}$, Rhodium, di-μ-chlorobis [(1,2,5,6-η)-1,5-hexadiene]di-, [32965-49-4], 19:219

$Cl_2Rh_2C_{16}H_{24}$, Rhodium, di-μ-chlorobis [(1,2,5,6-η)-1,5-cyclooctadiene]di-, [12092-47-6], 19:218;28:88

$Cl_2Rh_2C_{24}H_{48}$, Rhodium, di-μ-chloro-tetrakis[(2,3-η)-2,3-dimethyl-2-butene]di-, [69997-66-6], 19:219

$Cl_2Rh_2C_{32}H_{56}$, Rhodium, di-μ-chloro-tetrakis[(1,2-η)-cyclooctene]di-, [12279-09-3], 14:93
$Cl_2RuC_7H_8$, Ruthenium, [(2,3,5,6-η)-bicyclo[2.2.1]hepta-2,5-diene] dichloro-, [48107-17-1], 26:250
$Cl_2RuC_8H_{12}$, Ruthenium, dichloro [(1,2,5,6-η)-1,5-cyclooctadiene]-, [50982-12-2], 26:253
$(Cl_2RuC_8H_{12})_x$, Ruthenium, dichloro [(1,2,5,6-η)-1,5-cyclooctadiene]-, homopolymer, [50982-13-3], 26:69
Cl_2S, Sulfur chloride (SCl_2), [10545-99-0], 7:120
Cl_2SSi, Silane, dichlorothioxo-, [13492-46-1], 7:30
$Cl_2S_3C_8H_{16}$, Ethane, 1,1'-thiobis[2-[(2-chloroethyl)thio]-, [51472-73-2], 25:124
$Cl_2S_5Sb_4$, Antimony chloride sulfide ($Sb_4Cl_2S_5$), [39473-80-8], 14:172
Cl_2SbCH_3, Stibine, dichloromethyl-, [42496-23-1], 7:85
$Cl_2SbC_3H_9$, Antimony, dichlorotrimethyl-, [13059-67-1], 9:93
$Cl_2Sc_2Si_8C_{44}H_{84}$, Scandium, tetrakis [(1,2,3,4,5-η)-1,3-bis(trimethylsilyl)-2,4-cyclopentadien-1-yl]di-μ-chlorodi-, [81507-53-1], 27:171
Cl_2Se, Selenium chloride ($SeCl_2$), [14457-70-6], 5:127
Cl_2SiCH_4, Silane, dichloromethyl-, [75-54-7], 3:58
$Cl_2SiC_2H_6$, Silane, dichlorodimethyl-, [75-78-5], 3:56
$Cl_2SiC_3H_6$, Silane, dichloroethenylmethyl-, [124-70-9], 3:61
$Cl_2SiC_4H_6$, Silane, dichlorodiethenyl-, [1745-72-8], 3:61
$Cl_2Si_2C_7H_{18}$, Silane, (dichloromethylene) bis[trimethyl-, [15951-41-4], 24:118
$Cl_2Si_4ThC_{22}H_{42}$, Thorium, bis[(1,2,3,4,5-η)-1,3-bis(trimethylsilyl)-2,4-cyclopentadien-1-yl]dichloro-, [87654-17-9], 27:173
$Cl_2Si_4UC_{22}H_{42}$, Uranium, bis[(1,2,3,4,5-η)-1,3-bis(trimethylsilyl)-2,4-cyclopentadien-1-yl]dichloro-, [87654-18-0], 27:174
$Cl_2Si_8Sm_2C_{44}H_{84}$, Samarium, tetrakis [(1,2,3,4,5-η)-1,3-bis(trimethylsilyl)-2,4-cyclopentadien-1-yl]di-μ-chlorodi-, [81523-76-4], 27:171
$Cl_2Si_8Tb_2C_{44}H_{84}$, Terbium, tetrakis [(1,2,3,4,5-η)-1,3-bis(trimethylsilyl)-2,4-cyclopentadien-1-yl]di-μ-chlorodi-, [81523-78-6], 27:171
$Cl_2Si_8Tm_2C_{44}H_{84}$, Thulium, tetrakis [(1,2,3,4,5-η)-1,3-bis(trimethylsilyl)-2,4-cyclopentadien-1-yl]di-μ-chlorodi-, [81523-82-2], 27:171
$Cl_2Si_8Y_2C_{44}H_{84}$, Yttrium, tetrakis [(1,2,3,4,5-η)-1,3-bis(trimethylsilyl)-2,4-cyclopentadien-1-yl]di-μ-chlorodi-, [81507-54-2], 27:171
$Cl_2Si_8Yb_2C_{44}H_{84}$, Ytterbium, tetrakis [(1,2,3,4,5-η)-1,3-bis(trimethylsilyl)-2,4-cyclopentadien-1-yl]di-μ-chlorodi-, [81536-99-4], 27:171
$Cl_2SnC_3H_8$, Stannane, chloro(chloromethyl)dimethyl-, [21354-15-4], 6:40
Cl_2Sr, Strontium chloride ($SrCl_2$), [10476-85-4], 3:21
$Cl_2TiC_5H_5$, Titanium, dichloro(η^5-2,4-cyclopentadien-1-yl)-, [31781-62-1], 16:238
Cl_2Ti, Titanium chloride ($TiCl_2$), [10049-06-6], 6:56,61;24:181
Cl_2V, Vanadium chloride (VCl_2), [10580-52-6], 4:126;21:185
Cl_2W, Tungsten chloride (WCl_2), [13470-12-7], 30:1
Cl_2Zn, Zinc chloride ($ZnCl_2$), [7646-85-7], 5:154;7:168;28:322;2
$Cl_3AgN_{10}O_{12}C_6H_{16}$, Silver(3+), (3,8-diimino-2,4,7,9-tetraazadecanediimidamide-N',N''',N^4,N^7)-, (*SP*-4-2)-, triperchlorate, [15890-99-0], 6:78
Cl_3Al, Aluminum chloride ($AlCl_3$), [7446-70-0], 7:167

$Cl_3As_2NRuSC_{36}H_{30}$, Ruthenium, trichloro (thionitrosyl)bis(triphenylarsine)-, [132077-60-2], 29:162
$Cl_3BNC_2H_3$, Boron, (acetonitrile) trichloro-, (*T*-4)-, [7305-15-9], 13:42
$Cl_3BNC_3H_9$, Boron, trichloro(*N,N*-dimethylmethanamine)-, (*T*-4)-, [1516-55-8], 5:27
Cl_3B, Borane, trichloro-, [10294-34-5], 10:121;124
———, Borane, tri(chloro-^{36}Cl)-, [150124-32-6], 7:160
$Cl_3B_3H_3N_3$, Borazine, 2,4,6-trichloro-, [933-18-6], 10:139;13:41
$Cl_3B_3N_3C_3H_9$, Borazine, 2,4,6-trichloro-1,3,5-trimethyl-, [703-86-6], 13:43
Cl_3BrSi, Silane, bromotrichloro-, [13465-74-2], 7:30
Cl_3Ce, Cerium chloride ($CeCl_3$), [7790-86-5], 22:39
$Cl_3CoH_8N_6.6H_3N$, Cobalt(3+), hexaammine-, trichloride, hexaammoniate, (*OC*-6-11)-, [149189-77-5], 2:220
$Cl_3CoH_9N_3$, Cobalt, triamminetrichloro-, [30217-13-1], 6:182
$Cl_3CoH_{11}N_3O$, Cobalt(1+), triammineaquadichloro-, chloride, (*OC*-6-13)-, [60966-27-0], 23:110
$Cl_3CoH_{14}N_4O$, Cobalt(2+), tetraammineaquachloro-, dichloride, (*OC*-6-33)-, [13820-78-5], 6:178
$Cl_3CoH_{15}N_5$, Cobalt(2+), pentaamminechloro-, dichloride, (*OC*-6-22)-, [13859-51-3], 5:185;6:182; 9:160
$Cl_3CoH_{16}N_4O_{14}$, Cobalt(3+), tetraamminediaqua-, (*OC*-6-22)-, triperchlorate, [15040-53-6], 18:83
$Cl_3CoH_{18}N_6$, Cobalt(3+), hexaammine-, trichloride, (*OC*-6-11)-, [10534-89-1], 2:217;18:68
$Cl_3CoN_3C_4H_{13}$, Cobalt, [*N*-(2-aminoethyl)-1,2-ethanediamine-*N,N',N''*] trichloro-, [14215-59-9], 7:211
$Cl_3CoN_4C_4H_{16}$, Cobalt(1+), dichlorobis (1,2-ethanediamine-*N,N'*)-, chloride, (*OC*-6-12)-, [14040-33-6], 2:222; 14:68;29:176
———, Cobalt(1+), dichlorobis(1,2-ethanediamine-*N,N'*)-, chloride, (*OC*-6-22)-, [14040-32-5], 9:167, 168
———, Cobalt(1+), dichlorobis(1,2-ethanediamine-*N,N'*)-, chloride, (*OC*-6-22-Δ)-, [20594-11-0], 2:224
$Cl_3CoN_4C_4H_{16}.H_2O$, Cobalt(1+), dichlorobis(1,2-ethanediamine-*N,N'*)-, chloride, monohydrate, (*OC*-6-22)-, [15603-31-3], 14:70
$Cl_3CoN_4C_9H_{22}$, Cobalt(1+), dichloro (1,4,7,10-tetraazacyclotridecane-N^1,N^4,N^7,N^{10})-, chloride, (*OC*-6-13)-, [63781-89-5], 20:111
$Cl_3CoN_4C_{11}H_{26}$, Cobalt(1+), dichloro (1,4,8,12-tetraazacyclopentadecane-N^1,N^4,N^8,N^{12})-, chloride, (*OC*-6-13)-, [153420-97-4], 20:112
$Cl_3CoN_4O_4C_{12}H_{28}$, Cobalt(1+), dichloro (1,5,9,13-tetraazacyclohexadecane-N^1,N^5,N^9,N^{13})-, stereoisomer, perchlorate, [63865-12-3], 20:113
———, Cobalt(1+), dichloro(1,5,9,13-tetraazacyclohexadecane-N^1,N^5, N^9,N^{13})-, stereoisomer, perchlorate, [63865-14-5], 20:113
$Cl_3CoN_6C_6H_{24}$, Cobalt(3+), tris(1,2-ethanediamine-*N,N'*)-, trichloride, (*OC*-6-11)-, [13408-73-6], 2:221;9:162
$Cl_3CoN_8C_{12}H_{30}$, Cobalt(3+), (1,3,6,8,10,13,16,19-octaazabicyclo[6.6.6] eicosane-$N^3,N^6,N^{10},N^{16},N^{19}$)-, trichloride, (*OC*-6-11)-, [71963-57-0], 20:85,86
$Cl_3CoN_{15}C_{24}H_{33}.5/2H_2O$, Cobalt(3+), tris(*N*-phenylimidodicarbonimidic diamide-*N'',N'''*)-, trichloride, hydrate (2:5), [150124-42-8], 6:73

$Cl_3CoO_4SiC_4$, Cobalt, tetracarbonyl (trichlorosilyl)-, [14239-21-5], 13:67
$Cl_3CO_2H_{21}N_6O_7.2H_2O$, Cobalt(3+), hexaamminetri-μ-hydroxydi-, triperchlorate, dihydrate, [37540-75-3], 23:100
$Cl_3Co_2N_6O_{16}C_2H_{23}.2H_2O$, Cobalt(3+), [μ-(acetato-*O*:*O*')]hexaamminedi-μ-hydroxydi-, triperchlorate, dihydrate, [152227-37-7], 23:112
Cl_3Cr, Chromium chloride ($CrCl_3$), [10025-73-7], 2:193;5:154;6:129; 28:322;29:110
$Cl_3CrH_{15}N_5$, Chromium(2+), pentaamminechloro-, dichloride, (*OC*-6-22)-, [13820-89-8], 2:196;6:138
$Cl_3CrH_{16}N_4O_{14}$, Chromium(3+), tetraamminediaqua-, (*OC*-6-22)-, triperchlorate, [41733-15-7], 18:82
$Cl_3CrH_{17}N_5O$, Chromium(3+), pentaammineaqua-, trichloride, (*OC*-6-22)-, [15203-78-8], 6:141
$Cl_3CrH_{18}N_6$, Chromium(3+), hexaammine-, trichloride, (*OC*-6-11)-, [13820-25-2], 2:196;10:37
$Cl_3CrN_3C_{15}H_{15}$, Chromium, trichlorotris (pyridine)-, [14284-76-5], 7:132
$Cl_3CrN_4C_4H_{16}$, Chromium(1+), dichlorobis(1,2-ethanediamine-*N,N*')-, chloride, (*OC*-6-22)-, [14240-29-0], 26:24,27
$Cl_3CrN_4C_4H_{16}.H_2O$, Chromium(1+), dichlorobis(1,2-ethanediamine-*N,N*')-, chloride, monohydrate, (*OC*-6-22)-, [20713-30-8], 2:200;26:24,27,28
———, Chromium(1+), dichlorobis(1,2-ethanediamine-*N,N*')-, chloride, monohydrate, (*OC*-6-22-Λ)-, [153744-06-0], 26:28
$Cl_3CrN_6C_6H_{24}$, Chromium(3+), tris(1,2-ethanediamine-*N,N*')-, trichloride, (*OC*-6-11-Δ)-, [31125-86-7], 12:269,274
———, Chromium(3+), tris(1,2-ethanediamine-*N,N*')-, trichloride, (*OC*-6-11-Λ)-, [30983-64-3], 12:269,274
$Cl_3CrN_6C_6H_{24}.7/2H_2O$, Chromium(3+), tris(1,2-ethanediamine-*N,N*')-, trichloride, hydrate (2:7), (*OC*-6-11)-, [16165-32-5], 2:198
$Cl_3CrN_6C_6H_{24}.3H_2O$, Chromium(3+), tris(1,2-ethanediamine-*N,N*')-, trichloride, trihydrate, (*OC*-6-11)-, [23686-22-8], 10:40;13:184
$Cl_3CrN_6C_9H_{30}.2H_2O$, Chromium(3+), tris(1,2-propanediamine-*N,N*')-, trichloride, dihydrate, [150384-25-1], 13:186
$Cl_3CrN_6C_9H_{30}$, Chromium(3+), tris(1,2-propanediamine-*N,N*')-, trichloride, [14949-95-2], 10:41
$Cl_3CrN_{15}C_6H_{21}$, Chromium(3+), tris(imidodicarbonimidic diamide-*N*'',*N*''')-, trichloride, (*OC*-6-11)-, [27075-85-0], 6:69
$Cl_3CrO_3C_{12}H_{24}$, Chromium, trichlorotris (tetrahydrofuran)-, [10170-68-0], 8:150
Cl_3CsSc, Scandate(1-), trichloro-, cesium, [65545-44-0], 22:23;30:81
$Cl_3Cs_{20}N_{40}Pt_{10}C_{40}$, Platinate(2-), tetrakis(cyano-*C*)-, (*SP*-4-1)-, cesium chloride (*SP*-4-1)-tetrakis(cyano-*C*)platinate(1-) (7:20:3:3), [152981-41-4], 21:142
Cl_3Dy, Dysprosium chloride ($DyCl_3$), [10025-74-8], 22:39
Cl_3Er, Erbium chloride ($ErCl_3$), [10138-41-7], 22:39
Cl_3Eu, Europium chloride ($EuCl_3$), [10025-76-0], 22:39
$Cl_3F_3K_2Pt$, Platinate(2-), trichlorotrifluoro-, dipotassium, [12051-20-6], 12:232,234
Cl_3Fe, Iron chloride ($FeCl_3$), [7705-08-0], 3:190;4:124;5:24,154
Cl_3Ga, Gallium chloride ($GaCl_3$), [13450-90-3], 1:26;17:167
$Cl_3GaH_{12}O_{18}$, Gallium(3+), hexaaqua-, triperchlorate, [14637-59-3], 2:26;2:28

$Cl_3GaH_{12}O_{18}.7/2H_2O$, Gallium(3+), hexaaqua-, (*OC*-6-11)-, triperchlorate, hydrate (2:7), [150124-39-3], 2:26;2:28

Cl_3Gd, Gadolinium chloride ($GdCl_3$), [10138-52-0], 22:39

Cl_3Ge, Germanate(1-), trichloro-, [19717-84-1], 15:222

Cl_3HSSi, Silanethiol, trichloro-, [13465-79-7], 7:28

$Cl_3H_{12}N_4Rh$, Rhodium(1+), tetraammine-dichloro-, chloride, (*OC*-6-12)-, [37488-14-5], 7:216

$Cl_3H_{12}N_5OOs$, Osmium(2+), tetraammine-chloronitrosyl-, dichloride, [39733-94-3], 16:12

$Cl_3H_{12}N_5ORu$, Ruthenium(2+), tetra-amminechloronitrosyl-, dichloride, [22615-60-7], 16:13

$Cl_3H_{15}IrN_5$, Iridium(2+), pentaammine-chloro-, dichloride, (*OC*-6-22)-, [15742-38-8], 7:227;12:243

$Cl_3H_{15}N_5Rh$, Rhodium(2+), pentaammine-chloro-, dichloride, (*OC*-6-22)-, [13820-95-6], 7:216;13:213;24:222

$Cl_3H_{15}N_5Ru$, Ruthenium(2+), penta-amminechloro-, dichloride, (*OC*-6-22)-, [18532-87-1], 12:3;13:210; 24:255

$Cl_3H_{15}N_6OO_3H_2O$, Osmium(3+), pentaamminenitrosyl-, trichloride, monohydrate, (*OC*-6-22)-, [151120-21-7], 16:11

$Cl_3H_{17}IrN_5O_{13}$, Iridium(3+), penta-ammineaqua-, (*OC*-6-22)-, triperchlorate, [31285-82-2], 12:244

$Cl_3H_{17}N_5O_{13}Rh$, Rhodium(3+), pentaammineaqua-, (*OC*-6-22)-, triperchlorate, [15611-81-1], 24:254

$Cl_3H_{18}IrN_6$, Iridium(3+), hexaammine-, trichloride, (*OC*-6-11)-, [14282-93-0], 24:267

$Cl_3H_{18}N_6O_{12}Rh$, Rhodium(3+), hexa-ammine-, (*OC*-6-11)-, triperchlorate, [60245-92-3], 24:255

$Cl_3H_{18}N_6Os$, Osmium(3+), hexaammine-, trichloride, (*OC*-6-11)-, [42055-53-8], 24:273

$Cl_3H_{18}N_6V$, Vanadium(3+), hexaammine-, trichloride, (*OC*-6-11)-, [148832-36-4], 4:130

Cl_3Ho, Holmium chloride ($HoCl_3$), [10138-62-2], 22:39

Cl_3I, Iodine chloride (ICl_3), [865-44-1], 1:167;9:130-132

Cl_3ISi, Silane, trichloroiodo-, [13465-85-5], 4:41

Cl_3In, Indium chloride ($InCl_3$), [10025-82-8], 19:258

$Cl_3InO_3S_3C_6H_{18}$, Indium, trichlorotris [sulfinylbis[methane]]-, [55187-79-6], 19:259

$Cl_3IrNS_2C_8H_{23}$, Iridium, ammine-trichlorobis[1,1'-thiobis[ethane]]-, [149189-74-2], 7:227

$Cl_3IrNS_2C_{13}H_{25}$, Iridium, trichloro (pyridine)bis[1,1'-thiobis[ethane]]-, (*OC*-6-32)-, [149165-69-5], 7:227

$Cl_3IrN_2SC_4H_{16}$, Iridium, diammine-trichloro[1,1'-thiobis[ethane]]-, [149165-71-9], 7:227

$Cl_3IrN_2SC_{14}H_{20}$, Iridium, trichlorobis (pyridine)[1,1'-thiobis[ethane]]-, (*OC*-6-33)-, [149165-68-4], 7:227

$Cl_3IrN_3C_{15}H_{15}$, Iridium, trichlorotris (pyridine)-, (*OC*-6-21)-, [13928-32-0], 7:229,231

———, Iridium, trichlorotris(pyridine)-, (*OC*-6-22)-, [13927-98-5], 7:229, 231

$Cl_3IrN_4C_4H_{16}.H_2O$, Iridium(1+), dichlorobis(1,2-ethanediamine-*N,N'*)-, chloride, monohydrate, (*OC*-6-22)-, [152227-40-2], 24:287

$Cl_3IrN_5C_{10}H_{35}$, Iridium(2+), chloro-pentakis(ethanamine)-, dichloride, (*OC*-6-22)-, [150124-47-3], 7:227

$Cl_3IrP_3C_9H_{27}$, Iridium, trichlorotris (trimethylphosphine)-, (*OC*-6-21)-, [36385-96-3], 15:35

$Cl_3IrS_3C_{12}H_{30}$, Iridium, trichlorotris(1,1'-thiobis[ethane])-, (*OC*-6-21)-, [34177-65-6], 7:228

———, Iridium, trichlorotris[1,1'-thiobis [ethane]]-, (*OC*-6-22)-, [53403-09-1], 7:228

$Cl_3IrS_3C_{12}H_{30}.CHCl_3$, Iridium, trichlorotris(1,1'-thiobis[ethane])-, (*OC*-6-21)-, compd. with trichloromethane (1:1), [149165-70-8], 7:228

$Cl_3KPtC_2H_4$, Platinate(1-), trichloro(η^2-ethene)-, potassium, [12012-50-9], 14:90;28:349

$Cl_3KPtC_2H_4.H_2O$, Platinate(1-), trichloro (η^2-ethene)-, potassium, monohydrate, [16405-35-9], 5:211,214

Cl_3La, Lanthanum chloride ($LaCl_3$), [10099-58-8], 1:32;7:168;22:39

Cl_3Lu, Lutetium chloride ($LuCl_3$), [10099-66-8], 22:39

Cl_3Mo, Molybdenum chloride ($MoCl_3$), [13478-18-7], 12:178

$Cl_3MoN_2OC_{10}H_8$, Molybdenum, (2,2'-bipyridine-*N,N'*)trichlorooxo-, [12116-37-9], 19:135,136

———, Molybdenum, (2,2'-bipyridine-*N,N'*)trichlorooxo-, (*OC*-6-31)-, [35408-54-9], 19:135,136

———, Molybdenum, (2,2'-bipyridine-*N,N'*)trichlorooxo-, (*OC*-6-33)-, [35408-53-8], 19:135,136

$Cl_3MoN_3C_6H_9$, Molybdenum, tris(acetonitrile)trichloro-, [45047-76-5], 28:37

$Cl_3MoN_3C_{15}H_{15}$, Molybdenum, trichlorotris(pyridine)-, [13927-99-6], 7:40

Cl_3MoO, Molybdenum chloride oxide ($MoCl_3O$), [13814-74-9], 12:190

$Cl_3MoO_3C_{12}H_{24}$, Molybdenum, trichlorotris(tetrahydrofuran)-, [31355-55-2], 20:121;24:193;28:36

Cl_3N, Nitrogen chloride (NCl_3), [10025-85-1], 1:65

$Cl_3NOOsP_2C_{36}H_{30}$, Osmium, trichloronitrosylbis(triphenylphosphine)-, [22180-41-2], 15:57

$Cl_3NOP_2RuC_{36}H_{30}$, Ruthenium, trichloronitrosylbis(triphenylphosphine)-, [15349-78-7], 15:51

$Cl_3NO_6Re_2C_5$, Rhenium, pentacarbonyltri-μ-chloronitrosyldi-, [37402-69-0], 16:36

$Cl_3NP_2ReC_{42}H_{35}$, Rhenium, [benzenaminato(2-)]trichlorobis(triphenylphosphine)-, (*OC*-6-31)-, [62192-31-8], 24:196

$Cl_3NP_2RuSC_{36}H_{30}$, Ruthenium, trichloro (thionitrosyl)bis(triphenylphosphine)-, (*OC*-6-31)-, [90580-82-8], 29:161

$Cl_3NP_2WC_{12}H_{23}$, Tungsten, [benzenaminato(2-)]trichlorobis(trimethylphosphine)-, (*OC*-6-31)-, [86142-37-2], 24:196

$Cl_3NP_2WC_{18}H_{35}$, Tungsten, [benzenaminato(2-)]trichlorobis(triethylphosphine)-, (*OC*-6-31)-, [104475-10-7], 24:196

$Cl_3NP_2WC_{22}H_{27}$, Tungsten, [benzenaminato(2-)]trichlorobis(dimethylphenylphosphine)-, (*OC*-6-31)-, [89189-70-8], 24:196

$Cl_3NP_2WC_{42}H_{35}$, Tungsten, [benzenaminato(2-)]trichlorobis(triphenylphosphine)-, (*OC*-6-31)-, [89189-71-9], 24:196

$Cl_3NPtSC_{18}H_{42}$, 1-Butanaminium, *N,N,N*-tributyl-, (*SP*-4-2)-trichloro[thiobis [methane]]platinate(1-), [59474-86-1], 22:128

$Cl_3N_2O_2PSC_2H_6$, Phosphorimidic trichloride, [(dimethylamino)sulfonyl]-, [14621-78-4], 8:118

$Cl_3N_2O_2PSC_4H_{10}$, Phosphorimidic trichloride, [(diethylamino)sulfonyl]-, [14204-65-0], 8:118

$Cl_3N_2O_2PSC_6H_{14}$, Phosphorimidic trichloride, [(dipropylamino)sulfonyl]-, [14204-66-1], 8:118

$Cl_3N_2O_2PSC_8H_{18}$, Phosphorimidic trichloride, [(dibutylamino)sulfonyl]-, [14204-67-2], 8:118

$Cl_3N_2O_3PSC_4H_8$, Phosphorimidic trichloride, (4-morpholinylsulfonyl)-, [14204-64-9], 8:116
$Cl_3N_2VC_6H_{18}$, Vanadium, trichlorobis (*N,N*-dimethylmethanamine)-, [20538-61-8], 13:179
$Cl_3N_3C_3$, 1,3,5-Triazine, 2,4,6-trichloro-, [108-77-0], 2:94
$Cl_3N_3O_3S_3$, 1,3,5,2,4,6-Trithiatriazine, 2,4,6-trichloro-, 1,3,5-trioxide, [21095-45-4], 13:10
———, $1\lambda^4,3\lambda^4,5\lambda^4$-1,3,5,2,4,6-Trithiatriazine, 1,3,5-trichloro-, 1,3,5-trioxide, [13955-01-6], 13:9
$Cl_3N_3P_3C_6H_{15}$, 1,3,5,2,4,6-Triazatriphosphorine, 2,4,6-trichloro-1,3,5-triethylhexahydro-, [1679-92-1], 25:13
$Cl_3N_3RhC_{15}H_{15}$, Rhodium, trichlorotris (pyridine)-, (*OC*-6-21)-, [14267-66-4], 10:65
$Cl_3N_3S_3$, $1\lambda^4,3\lambda^4,5\lambda^4$-1,3,5,2,4,6-Trithiatriazine, 1,3,5-trichloro-, [5964-00-1], 9:107
$Cl_3N_3VC_6H_9$, Vanadium, tris(acetonitrile) trichloro-, [20512-79-2], 13:167
$Cl_3N_4O_2ReC_4H_{18}$, Rhenium(3+), bis(1,2-ethanediamine-*N,N'*)dihydroxy-, trichloride, [18793-71-0], 8:176
$Cl_3N_4O_4RhC_{20}H_{20}$, Rhodium(1+), dichlorotetrakis(pyridine)-, (*OC*-6-12)-, perchlorate, [22933-86-4], 10:66
$Cl_3N_4OsC_{20}H_{16}$, Osmium(1+), bis(2,2'-bipyridine-*N,N'*)dichloro-, chloride, (*OC*-6-22)-, [105063-69-2], 24:293
$Cl_3N_4OsC_{20}H_{16}.2H_2O$, Osmium(1+), bis(2,2'-bipyridine-*N,N'*)dichloro-, chloride, dihydrate, (*OC*-6-22)-, [35082-97-4], 24:293
$Cl_3N_4RhC_4H_{16}$, Rhodium(1+), dichlorobis (1,2-ethanediamine-*N,N'*)-, chloride, (*OC*-6-12)-, [15444-63-0], 7:218
———, Rhodium(1+), dichlorobis(1,2-ethanediamine-*N,N'*)-, chloride, (*OC*-6-22)-, [15444-62-9], 7:218;20:60
$Cl_3N_4RhC_4H_{16}.H_2O$, Rhodium(1+), dichlorobis(1,2-ethanediamine-*N,N'*)-, chloride, monohydrate, (*OC*-6-22)-, [30793-03-4], 24:283
$Cl_3N_4RhC_{20}H_{20}$, Rhodium(1+), dichlorotetrakis(pyridine)-, chloride, (*OC*-6-12)-, [14077-30-6], 10:64
$Cl_3N_4RhC_{20}H_{20}.H_2O$, Rhodium(1+), dichlorotetrakis(pyridine)-, chloride, monohydrate, (*OC*-6-12)-, [150124-36-0], 10:64
$Cl_3N_4RhC_{20}H_{20}.5H_2O$, Rhodium(1+), dichlorotetrakis(pyridine)-, chloride, pentahydrate, (*OC*-6-12)-, [19538-05-7], 10:64
$Cl_3N_4RuC_{10}H_{24}.2H_2O$, Ruthenium(1+), dichloro(1,4,8,11-tetraazacyclotetradecane-N^1,N^4,N^8,N^{11})-, chloride, dihydrate, (*OC*-6-12)-, [152981-39-0], 29:166
$Cl_3N_4RuC_{20}H_{16}.2H_2O$, Ruthenium(1+), bis(2,2'-bipyridine-*N,N'*)dichloro-, chloride, dihydrate, (*OC*-6-22)-, [98014-15-4], 24:293
$Cl_3N_6P_3C_6H_{12}$, 1,3,5,2,4,6-Triazatriphosphorine, 2,2,4-tris(1-aziridinyl)-4,6,6-trichloro-2,2,4,4,6,6-hexahydro-, [3776-23-6], 25:87
$Cl_3N_6P_3C_6H_{18}$, 1,3,5,2,4,6-Triazatriphosphorine, 2,4,6-trichloro-2,4,6-tris(dimethylamino)-2,2,4,4,6,6-hexahydro-, [3721-13-9], 18:194
$Cl_3N_6RhC_6H_{24}$, Rhodium(3+), tris(1,2-ethanediamine-*N,N'*)-, trichloride, (*OC*-6-11)-, [14023-02-0], 12:269,272
———, Rhodium(3+), tris(1,2-ethanediamine-*N,N'*)-, trichloride, (*OC*-6-11-Δ)-, [30983-68-7], 12:276-279
———, Rhodium(3+), tris(1,2-ethanediamine-*N,N'*)-, trichloride, (*OC*-6-11-λ)-, [31125-87-8], 12:269,272
$Cl_3N_6RhC_6H_{24}.3H_2O$, Rhodium(3+), tris(1,2-ethanediamine-*N,N'*)-, trichloride, trihydrate, (*OC*-6-11)-, [15004-86-1], 12:276-279

$Cl_3N_6RuC_6H_{24}$, Ruthenium(3+), tris(1,2-ethanediamine-*N,N'*)-, trichloride, (*OC*-6-11)-, [70132-30-8], 19:119

$Cl_3N_{12}O_{18}TiC_6H_{24}$, Titanium(3+), hexakis(urea-*O*)-, (*OC*-6-11)-, triperchlorate, [15189-70-5], 9:44

$Cl_3NbO_2C_4H_{10}$, Niobium, trichloro(1,2-dimethoxyethane-*O,O'*)-, [110615-13-9], 29:120

Cl_3Nd, Neodymium chloride ($NdCl_3$), [10024-93-8], 1:32;5:154;22:39

$Cl_3NdO_2C_8H_{16}$, Neodymium, trichlorobis (tetrahydrofuran)-, [81009-70-3], 27:140;28:290

$Cl_3OPC_2H_4$, Phosphonic dichloride, (2-chloroethyl)-, [690-12-0], 4:66

$Cl_3OP_2ReC_{36}H_{30}$, Rhenium, trichloro-oxobis(triphenylphosphine)-, [17442-18-1], 9:145;17:110

Cl_3OV, Vanadium, trichlorooxo-, (*T*-4)-, [7727-18-6], 1:106;4:80;6:119; 9:8

Cl_3OW, Tungsten chloride oxide (WCl_3O), [14249-98-0], 14:113

$Cl_3O_2SmC_8H_{16}$, Samarium, trichlorobis (tetrahydrofuran)-, [97785-15-4], 27:140;28:290

$Cl_3O_2WC_9H_{19}$, Tungsten, trichloro(1,2-dimethoxyethane-*O,O'*)(2,2-dimethyl-propylidyne)-, [83542-12-5], 26:50

$Cl_3O_3ScC_{12}H_{24}$, Scandium, trichlorotris (tetrahydrofuran)-, [14782-78-6], 21:139

$Cl_3O_3TiC_{12}H_{24}$, Titanium, trichlorotris (tetrahydrofuran)-, [18039-90-2], 21:137

$Cl_3O_3VC_{12}H_{24}$, Vanadium, trichlorotris (tetrahydrofuran)-, [19559-06-9], 21:138

$Cl_3O_3WC_3H_9$, Tungsten, trichlorotri-methoxy-, (*OC*-6-21)-, [35869-29-5], 26:45

$Cl_3O_3YbC_{12}H_{24}$, Ytterbium, trichlorotris (tetrahydrofuran)-, [14782-79-7], 27:139;28:289

$Cl_3O_3YbC_{12}H_{24}$, Ytterbium, trichlorotris (tetrahydrofuran)-, [14782-79-7], 27:139;28:289

$Cl_3O_4VC_{12}H_{32}$, Vanadium(1+), dichloro-tetrakis(2-propanol)-, chloride, [33519-90-3], 13:177

$Cl_3O_6SiZnC_{15}H_{21}$, Silicon(1+), tris(2,4-pentanedionato-*O,O'*)-, (*OC*-6-11)-, trichlorozincate(1-), [19680-74-1], 7:33

$Cl_3OsP_3C_{24}H_{33}$, Osmium, trichlorotris (dimethylphenylphosphine)-, (*OC*-6-21)-, [22670-97-9], 27:27

Cl_3P, Phosphorous trichloride, [7719-12-2], 2:145

———, Phosphorous tri(chloride-^{36}Cl), [148832-14-8], 7:160

$Cl_3PC_{12}H_{10}$, Phosphorane, trichloro-diphenyl-, [1017-89-6], 15:199

Cl_3PS, Phosphorothioic trichloride, [3982-91-0], 4:71

$Cl_3P_2TiC_2H_{10}$, Titanium, trichlorobis (methylphosphine)-, [38685-15-3], 16:98

$Cl_3P_2TiC_4H_{14}$, Titanium, trichlorobis (dimethylphosphine)-, [38685-16-4], 16:100

$Cl_3P_2TiC_6H_{18}$, Titanium, trichlorobis (trimethylphosphine)-, [38685-17-5], 16:100

$Cl_3P_2TiC_{12}H_{30}$, Titanium, trichlorobis (triethylphosphine)-, [38685-18-6], 16:101

$Cl_3P_3ReC_{24}H_{33}$, Rhenium, trichlorotris (dimethylphenylphosphine)-, [15613-32-8], 17:111

Cl_3Pr, Praseodymium chloride ($PrCl_3$), [10361-79-2], 22:39

Cl_3Re, Rhenium chloride ($ReCl_3$), [13569-63-6], 1:182

$Cl_3Rh.3H_2O$, Rhodium chloride ($RhCl_3$), trihydrate, [13569-65-8], 7:214

Cl_3Sb, Stibine, trichloro-, [10025-91-9], 9:93-94

$Cl_3SbC_{12}H_{10}$, Antimony, trichlorodiphenyl-, [21907-22-2], 23:194
Cl_3Sc, Scandium chloride ($ScCl_3$), [10361-84-9], 22:39
Cl_3SiCH_3, Silane, dichloro(chloromethyl)-, [18170-89-3], 6:39
———, Silane, trichloromethyl-, [75-79-6], 3:58
$Cl_3SiC_2H_3$, Silane, trichloroethenyl-, [75-94-5], 3:58
$Cl_3SiC_6H_{11}$, Silane, trichlorocyclohexyl-, [98-12-4], 4:43
Cl_3Sm, Samarium chloride ($SmCl_3$), [10361-82-7], 22:39
Cl_3Sn, Stannate(1-), trichloro-, [15529-74-5], 15:224
Cl_3Tb, Terbium chloride ($TbCl_3$), [10042-88-3], 22:39
Cl_3TiCH_3, Titanium, trichloromethyl-, (*T*-4)-, [2747-38-8], 16:122
Cl_3Ti, Titanium chloride ($TiCl_3$), [7705-07-9], 6:52,57;7:45
Cl_3Tl, Thallium chloride ($TlCl_3$), [13453-32-2], 21:72
Cl_3Tm, Thulium chloride ($TmCl_3$), [13537-18-3], 22:39
Cl_3U, Uranium chloride (UCl_3), [10025-93-1], 5:145
Cl_3V, Vanadium chloride (VCl_3), [7718-98-1], 4:128;7:100;9:135
$Cl_3V.6H_2O$, Vanadium chloride (VCl_3), hexahydrate, [15168-15-7], 4:130
Cl_3Y, Yttrium chloride (YCl_3), [10361-92-9], 22:39;25:146
Cl_3Yb, Ytterbium chloride ($YbCl_3$), [10361-91-8], 22:39
$Cl_4AlN_5S_5$, Aluminate(1-), tetrachloro-, (*T*-4)-, pentathiazyl, [12588-12-4], 17:190
$Cl_4AlP_3C_{36}H_{30}$, Diphosphinium, 1,1,1-triphenyl-2-(triphenylphosphoranylidene)-, (*T*-4)-tetrachloroaluminate(1-), [91068-15-4], 27:254
$Cl_4AsVC_{24}H_{20}$, Arsonium, tetraphenyl-, (*T*-4)-tetrachlorovanadate(1-), [15647-16-2], 13:165
Cl_4Au, Aurate(1-), tetrachloro-, (*SP*-4-1)-, [14337-12-3], 15:231
Cl_4AuH, Aurate(1-), tetrachloro-, hydrogen, (*SP*-4-1)-, [16903-35-8], 4:14
Cl_4B_2, Diborane(4), tetrachloro-, [13701-67-2], 10:118;19:74
$Cl_4B_4N_4C_{16}H_{36}$, 1,3,5,7,2,4,6,8-Tetrazatetraborocine, 2,4,6,8-tetrachloro-1,3,5,7-tetrakis(1,1-dimethylethyl) octahydro-, [4262-38-8], 10:144
$Cl_4BrMnO_3C_8$, Manganese, (η^5-1-bromo-2,3,4,5-tetrachloro-2,4-cyclopentadien-1-yl)tricarbonyl-, [56282-22-5], 20:194,195
$Cl_4BrMnO_5C_{10}$, Manganese, (1-bromo-2,3,4,5-tetrachloro-2,4-cyclopentadien-1-yl)pentacarbonyl-, (*OC*-6-22)-, [56282-18-9], 20:194
$Cl_4Br_2O_8Re_2C_{28}H_{16}$, Rhenium, dibromotetrakis[μ-(4-chlorobenzoato-*O*:*O*')] di-, (*Re*-*Re*), [33540-85-1], 13:86
$Cl_4CeO_2P_2C_{36}H_{30}$, Cerium, tetrachlorobis(triphenylphosphine oxide)-, [33989-88-7], 23:178
Cl_4CoK_2, Cobaltate(2-), tetrachloro-, dipotassium, (*T*-4)-, [13877-26-4], 20:51
$Cl_4CoN_2C_{16}H_{40}$, Ethanaminium, *N,N,N*-triethyl-, tetrachlorocobaltate(2-) (2:1), [6667-75-0], 9:139
$Cl_4CoN_4O_5C_4H_{26}$, Hydrogen(1+), diaqua-, (*OC*-6-12)-dichlorobis(1,2-ethanediamine-*N,N*')cobalt(1+) chloride (1:1:2), [58298-19-4], 13:232
$Cl_4Co_2H_{24}N_6O_{20}.5H_2O$, Cobalt(4+), hexaamminediaquadi-μ-hydroxydi-, tetraperchlorate, pentahydrate, [153590-09-1], 23:111
$Cl_4Co_2H_{26}N_8O_{18}.2H_2O$, Cobalt(4+), octaamminedi-μ-hydroxydi-, tetraperchlorate, dihydrate, [151120-14-8], 18:88

$Cl_4Co_2H_{27}N_9O.4H_2O$, Cobalt(4+), μ-amidooctaammine-μ-hydroxydi-, tetrachloride, tetrahydrate, [15771-94-5], 12:210
$Cl_4Co_2N_7O_{20}C_6H_{25}$, Cobalt(3+), hexaamminedi-μ-hydroxy[μ-(4-pyridinecarboxylato-*O*:*O'*)]di-, hydrogen perchlorate (1:1:4), [52375-41-4], 23:113
$Cl_4Co_2N_8O_2C_8H_{34}.5H_2O$, Cobalt(4+), tetrakis(1,2-ethanediamine-*N,N'*)di-μ-hydroxydi-, tetrachloride, pentahydrate, [151434-50-3], 18:93
$Cl_4Co_2N_8O_2C_8H_{34}.4H_2O$, Cobalt(4+), tetrakis(1,2-ethanediamine-*N,N'*)di-μ-hydroxydi-, tetrachloride, tetrahydrate, [151434-51-4], 18:93
$Cl_4Co_2N_8O_{18}C_8H_{34}$, Cobalt(4+), tetrakis (1,2-ethanediamine-*N,N'*)di-μ-hydroxydi-, tetraperchlorate, [67327-03-1], 18:94
$Cl_4Co_2N_8O_{20}C_5H_{24}.H_2O$, Cobalt(3+), hexaamminedi-μ-hydroxy[μ-(pyrazinecarboxylato-*O*:*O'*)]di-, triperchlorate, monoperchlorate, monohydrate, [152227-41-3], 23:114
$Cl_4CrN_2C_2H_{11}$, Chromate(2-), tetrachloro-, (*T*-4)-, dihydrogen, compd. with methanamine (1:2), [62212-03-7], 24:188
$Cl_4CrN_2C_4H_{15}$, Chromate(2-), tetrachloro-, (*T*-4)-, dihydrogen, compd. with ethanamine (1:2), [62212-04-8], 24:188
$Cl_4Cr_2H_{26}N_8O_{18}.2H_2O$, Chromium(4+), octaamminedi-μ-hydroxydi-, tetraperchlorate, dihydrate, [151120-15-9], 18:87
$Cl_4Cr_2N_8O_2C_8H_{34}.2H_2O$, Chromium(4+), tetrakis(1,2-ethanediamine-*N,N'*)di-μ-hydroxydi-, tetrachloride, dihydrate, [52542-66-2], 18:91
$Cl_4Cr_2N_8O_{18}C_8H_{34}$, Chromium(4+), tetrakis(1,2-ethanediamine-*N,N'*)di-μ-hydroxydi-, tetraperchlorate, [57159-02-1], 18:91
$Cl_4CuN_2C_{16}H_{40}$, Ethanaminium, *N,N,N*-triethyl-, tetrachlorocuprate(2-) (2:1), [13927-32-7], 9:141
$Cl_4FeN_2C_{16}H_{40}$, Ethanaminium, *N,N,N*-triethyl-, (*T*-4)-tetrachloroferrate(2-) (2:1), [15050-84-7], 9:138
$Cl_4FeN_5S_5$, Ferrate(1-), tetrachloro-, (*T*-4)-, pentathiazyl, [36509-71-4], 17:190
$Cl_4FeO_6SiC_{15}H_{21}$, Silicon(1+), tris(2,4-pentanedionato-*O,O'*)-, (*OC*-6-11)-, (*T*-4)-tetrachloroferrate(1-), [17348-25-3], 7:32
$Cl_4FeO_6TiC_{15}H_{21}$, Titanium(1+), tris(2,4-pentanedionato-*O,O'*)-, tetrachloroferrate(1-), [17409-56-2], 2:120
Cl_4Fe, Ferrate(1-), tetrachloro-, (*T*-4)-, [14946-92-0], 15:231
$Cl_4Fe_4NO_4C_5H_5$, Iron, tetrachlorotetraoxo (pyridine)tetra-, [51978-35-9], 22:86
$Cl_4Fe_4N_2O_4C_5H_6$, 4-Pyridinamine, compd. with iron chloride oxide (FeClO) (1:4), [63986-26-5], 22:86;30:182
$Cl_4GaNC_{16}H_{36}$, 1-Butanaminium, *N,N,N*-tributyl-, (*T*-4)-tetrachlorogallate(1-), [38555-81-6], 22:139
Cl_4Ge, Germane, tetrachloro-, [10038-98-9], 2:109
———, Germane, tetra(chloro-^{36}*Cl*)-, [149165-60-6], 7:160
Cl_4GeCH_2, Germane, trichloro (chloromethyl)-, [21572-18-9], 6:39
$Cl_4GeC_2H_4$, Germane, dichlorobis (chloromethyl)-, [21572-21-4], 6:40
Cl_4H_2Pd, Palladate(2-), tetrachloro-, dihydrogen, (*SP*-4-1)-, [16970-55-1], 8:235
Cl_4H_2Pt, Platinate(2-), tetrachloro-, dihydrogen, (*SP*-4-1)-, [17083-70-4], 2:251;5:208
$Cl_4H_4N_5P_3$, 1,3,5,2,4,6-Triazatriphosphorine, 2,4-diamino-2,4,6,6-tetrachloro-2,2,4,4,6,6-hexahydro-, [7382-17-4], 14:24

$Cl_4H_6N_2Pt$, Platinum, diamminetetrachloro-, (*OC*-6-11)-, [16893-06-4], 7:236
———, Platinum, diamminetetrachloro-, (*OC*-6-22)-, [16893-05-3], 7:236
$Cl_4H_{12}N_4Pd_2$, Palladium(2+), tetraammine-, (*SP*-4-1)-, (*SP*-4-1)-tetrachloropalladate(2-) (1:1), [13820-44-5], 8:234
$Cl_4H_{12}N_4Pt_2$, Platinum(2+), tetraammine-, (*SP*-4-1)-, (*SP*-4-1)-tetrachloroplatinate(2-) (1:1), [13820-46-7], 2:251;7:241
$Cl_4H_{15}N_5Pt$, Platinum(3+), pentaamminechloro-, trichloride, (*OC*-6-22)-, [16893-11-1], 24:277
$Cl_4H_{18}N_6Pt$, Platinum(4+), hexaammine-, tetrachloride, (*OC*-6-11)-, [16893-12-2], 15:93
$Cl_4H_{18}N_6RuZn$, Ruthenium(2+), hexaammine-, (*OC*-6-11)-, (*T*-4)-tetrachlorozincate(2-) (1:1), [25534-93-4], 13:210
Cl_4Hf, Hafnium chloride ($HfCl_4$), (*T*-4)-, [13499-05-3], 4:121
$Cl_4HfO_2C_8H_{16}$, Hafnium, tetrachlorobis (tetrahydrofuran)-, [21959-05-7], 21:137
$Cl_4Hg_2N_4Se_2C_2H_8$, Mercury, di-μ-chlorodichlorobis(selenourea-*Se*)di-, [38901-81-4], 16:86
$Cl_4INC_4H_{12}$, Methanaminium, *N,N,N*-trimethyl-, tetrachloroiodate(1-), [15625-60-2], 5:172
$Cl_4INC_{16}H_{36}$, 1-Butanaminium, *N,N,N*-tributyl-, tetrachloroiodate(1-), [15625-59-9], 5:176
$Cl_4ISC_3H_9$, Sulfonium, trimethyl-, tetrachloroiodate(1-), [149250-79-3], 5:172
$Cl_4IrN_2C_{10}H_{10}$, Iridium, tetrachlorobis (pyridine)-, (*OC*-6-11)-, [39210-66-7], 7:220,231
———, Iridium, tetrachlorobis(pyridine)-, (*OC*-6-22)-, [53199-34-1], 7:220,231
$Cl_4IrN_3C_{15}H_{16}$, Iridate(1-), tetrachlorobis (pyridine)-, (*OC*-6-11)-, hydrogen, compd. with pyridine (1:1), [12083-51-1], 7:221,223,231
$Cl_4IrN_4C_4H_{17}.2H_2O$, Iridium(1+), dichlorobis(1,2-ethanediamine-*N,N'*)-, chloride, monohydrochloride, dihydrate, (*OC*-6-12)-, [152227-39-9], 24:287
$Cl_4IrP_2C_6H_{18}$, Iridate(1-), tetrachlorobis (trimethylphosphine)-, (*OC*-6-11)-, [48060-59-9], 15:35
$Cl_4Ir_2C_{20}H_{30}$, Iridium, di-μ-chlorodichlorobis[(1,2,3,4,5-η)-1,2,3,4,5-pentamethyl-2,4-cyclopentadien-1-yl]di-, [12354-84-6], 29:230
Cl_4K_2Mg, Magnesate(2-), tetrachloro-, dipotassium, (*T*-4)-, [16800-64-9], 20:51
Cl_4K_2Mn, Manganate(2-), tetrachloro-, dipotassium, (*T*-4)-, [31024-03-0], 20:51
Cl_4K_2Ni, Nickelate(2-), tetrachloro-, dipotassium, (*T*-4)-, [28480-11-7], 20:51
Cl_4K_2Pt, Platinate(2-), tetrachloro-, dipotassium, (*SP*-4-1)-, [10025-99-7], 2:247;7:240;8:242
Cl_4K_2Zn, Zincate(2-), tetrachloro-, dipotassium, (*T*-4)-, [15629-28-4], 20:51
Cl_4Li_2Pt, Platinate(2-), tetrachloro-, dilithium, (*SP*-4-1)-, [34630-68-7], 15:80
$Cl_4MnN_2C_{16}H_{40}$, Ethanaminium, *N,N,N*-triethyl-, (*T*-4)-tetrachloromanganate (2-) (2:1), [6667-73-8], 9:137
Cl_4Mo, Molybdenum chloride ($MoCl_4$), [13320-71-3], 12:181
$Cl_4MoN_2C_4H_6$, Molybdenum, bis (acetonitrile)tetrachloro-, [19187-82-7], 20:120;28:34
$Cl_4MoN_2C_6H_{10}$, Molybdenum, tetrachlorobis(propanenitrile)-, [12012-97-4], 15:43

$Cl_4MoN_2P_4C_{66}H_{55}$, Molybdenum, bis(1,3-dichloro-2-isocyanobenzene)bis[1,2-ethanediylbis[diphenylphosphine]-*P,P'*]-, (*OC*-6-11)-, [66862-31-5], 23:10

Cl_4MoO, Molybdenum chloride oxide ($MoCl_4O$), [13814-75-0], 10:54;23:195;28:325

$Cl_4MoO_2C_8H_{16}$, Molybdenum, tetrachlorobis(tetrahydrofuran)-, [16998-75-7], 20:121;28:35

$Cl_4MoP_2C_{26}H_{26}$, Molybdenum, tetrachlorobis(methyldiphenylphosphine)-, [30411-57-5], 15:42

$Cl_4Mo_2N_2O_2C_{10}H_{10}$, Molybdenum, di-μ-chlorodichlorobis(η^5-2,4-cyclopentadien-1-yl)dinitrosyldi-, [41395-41-9], 16:26

$Cl_4MO_2O_8C_{28}H_{16}$, Molybdenum, tetrakis [μ-(4-chlorobenzoato-*O*:*O'*)]di-, (*Mo-Mo*), [33637-85-3], 13:89

$Cl_4MO_2S_4C_8H_{20}$, Molybdenum, bis[1,2-bis(methylthio)ethane-*S,S'*] tetrachlorodi-, (*Mo-Mo*), stereoisomer, [51731-34-1], 19:131

$Cl_4NOTcC_{16}H_{36}$, 1-Butanaminium, *N,N,N*-tributyl-, (*SP*-5-21)-tetrachloro-oxotechnetate(1-)-^{99}Tc, [92622-25-8], 21:160

Cl_4NO_2PS, Sulfamoyl chloride, (trichlorophosphoranylidene)-, [14700-21-1], 13:10

$Cl_4NP_2C_{13}H_{13}$, Phosphorus(1+), dichloro (*P,P*-diphenylphosphinimidic chloridato-*N*)methyl-, chloride, (*T*-4)-, [122577-16-6], 25:26

$Cl_4NVC_8H_{20}$, Ethanaminium, *N,N,N*-triethyl-, (*T*-4)-tetrachlorovanadate (1-), [15642-23-6], 11:79;13:168

$Cl_4NWC_6H_5$, Tungsten, [benzenaminato(2-)]tetrachloro-, [78409-02-6], 24:195

$Cl_4N_2C_5$, 1,3-Cyclopentadiene, 1,2,3,4-tetrachloro-5-diazo-, [21572-61-2], 20:189,190

$Cl_4N_2C_5H_2$, 2,4-Cyclopentadien-1-one, 2,3,4,5-tetrachloro-, hydrazone, [17581-52-1], 20:190

$Cl_4N_2NiC_{16}H_{40}$, Ethanaminium, *N,N,N*-triethyl-, (*T*-4)-tetrachloronickelate(2-) (2:1), [5964-71-6], 9:140

$Cl_4N_2O_6Re_2C_4$, Rhenium, tetracarbonyldi-μ-chlorodichlorodinitrosyldi-, [25360-92-3], 16:37

$Cl_4N_2P_4WC_{66}H_{55}$, Tungsten, bis(1,3-dichloro-2-isocyanobenzene)bis[1,2-ethanediylbis[diphenylphosphine]-*P,P'*]-, (*OC*-6-11)-, [66862-25-7], 23:10

$Cl_4N_2TiC_4H_6$, Titanate(1-), bis (acetonitrile)tetrachloro-, [44966-20-3], 12:229

$Cl_4N_2TiC_6H_{10}$, Titanium, tetrachlorobis (propanenitrile)-, [16921-00-9], 12:229

$Cl_4N_2TiC_8H_{14}$, Titanium, bis(butanenitrile) tetrachloro-, [151183-14-1], 12:229

$Cl_4N_2ZrC_4H_6$, Zirconium, bis(acetonitrile) tetrachloro-, [12073-21-1], 12:227

$Cl_4N_2ZrC_6H_{10}$, Zirconium, tetrachlorobis (propanenitrile)-, [92305-50-5], 12:228

$Cl_4N_3P_3S_2C_4H_{10}$, 1,3,5,2,4,6-Triazatriphosphorine, 2,2,4,4-tetrachloro-6,6-bis(ethylthio)-2,2,4,4,6,6-hexahydro-, [7652-85-9], 8:86

$Cl_4N_3P_3S_2C_{12}H_{10}$, 1,3,5,2,4,6-Triazatriphosphorine, 2,2,4,4-tetrachloro-2,2,4,4,6,6-hexahydro-6,6-bis(phenylthio)-, [7655-02-9], 8:88

$Cl_4N_3P_3SiC_5H_{14}$, 1,3,5,2,4,6-Triazatriphosphorine, 2,2,4,4-tetrachloro-2,2,4,4,6,6-hexahydro-6-methyl-6-[(trimethylsilyl)methyl]-, [104738-14-9], 25:61

$(Cl_4N_3P_3SiC_5H_{14})_x$, 1,3,5,2,4,6-Triazatriphosphorine, 2,2,4,4-tetrachloro-2,2,4,4,6,6-hexahydro-6-methyl-6-[(trimethylsilyl)methyl]-, homopolymer, [110718-16-6], 25:63

$Cl_4N_3RuC_{12}H_{26}$, Ethanaminium, *N,N,N*-triethyl-, (*OC*-6-11)-bis(acetonitrile) tetrachlororuthenate(1-), [74077-58-0], 26:356

$Cl_4N_4NiZnC_{12}H_{24}$, Nickel(2+), (2,3-dimethyl-1,4,8,11-tetraazacyclotetradeca-1,3-diene-N^1,N^4,N^8,N^{11})-, (*SP*-4-2)-, (*T*-4)-tetrachlorozincate(2-) (1:1), [67326-86-7], 18:27

$Cl_4N_4P_2C_3H_6$, 1,3,5,2,4-Triazadiphosphorin-6-amine, 2,2,4,4-tetrachloro-2,2,4,4-tetrahydro-*N,N*-dimethyl-, [21600-07-7], 25:27

$Cl_4N_4P_4S_4C_8H_{20}$, 1,3,5,7,2,4,6,8-Tetrazatetraphosphocine, 2,2,4,4-tetrachloro-6,6,8,8-tetrakis(ethylthio)-2,2,4,4,6,6,8,8-octahydro-, [15503-57-8], 8:90

———, 1,3,5,7,2,4,6,8-Tetrazatetraphosphocine, 2,2,6,6-tetrachloro-4,4,8,8-tetrakis(ethylthio)-2,2,4,4,6,6,8,8-octahydro-, [13801-31-5], 8:90

$Cl_4N_4P_4S_4C_{24}H_{20}$, 1,3,5,7,2,4,6,8-Tetrazatetraphosphocine, 2,2,4,4-tetrachloro-2,2,4,4,6,6,8,8-octahydro-6,6,8,8-tetrakis(phenylthio)-, [13801-66-6], 8:91

———, 1,3,5,7,2,4,6,8-Tetrazatetraphosphocine, 2,2,6,6-tetrachloro-2,2,4,4,6,6,8,8-octahydro-4,4,8,8-tetrakis (phenylthio)-, [13801-32-6], 8:91

$Cl_4N_4PaC_8H_{12}$, Protactinium, tetrakis(acetonitrile)tetrachloro-, [17457-76-0], 12:226

$Cl_4N_4Pd_2C_4H_{16}$, Palladium(2+), bis(1,2-ethanediamine-*N,N'*)-, (*SP*-4-1)-, (*SP*-4-1)-tetrachloropalladate(2-) (1:1), [14099-33-3], 13:217

$Cl_4N_4PtC_4H_{16}$, Platinum(2+), dichlorobis (1,2-ethanediamine-*N,N'*)-, dichloride, (*OC*-6-12)-, [16924-88-2], 27:314

$Cl_4N_4PtC_4H_{18}$, Platinum, dichlorobis(1,2-ethanediamine-*N*)-, dihydrochloride, (*SP*-4-1)-, [134587-77-2], 27:315

$Cl_4N_4PtC_4H_{20}$, Platinum(2+), dichlorotetrakis(methanamine)-, dichloride, [53406-73-8], 15:93

$Cl_4N_4Pt_2C_4H_{16}$, Platinate(2-), bis(1,2-ethanediamine-*N,N'*)-, (*SP*-4-1)-, (*SP*-4-1)-tetrachloroplatinate(2-) (1:1), [14099-34-4], 8:243

$Cl_4N_4RhC_4H_{17}.2H_2O$, Rhodium(1+), dichlorobis(1,2-ethanediamine-*N,N'*)-, (*OC*-6-12)-, (hydrogen dichloride), dihydrate, [91230-96-5], 24:283

$Cl_4N_4ThC_8H_{12}$, Thorium, tetrakis (acetonitrile)tetrachloro-, [17499-62-6], 12:226

$Cl_4N_4UC_8H_{12}$, Uranium, tetrakis (acetonitrile)tetrachloro-, (*DD*-8-21122112)-, [17499-63-7], 12:227

$Cl_4N_4ZN_2C_{28}H_{20}$, Zinc(2+), (tetrabenzo [*b,f,j,n*][1,5,9,13]tetraazacyclohexadecine-N^5,N^{11},N^{17},N^{23})-, (*SP*-4-1)-, (*T*-4)-tetrachlorozincate(2-) (1:1), [62571-24-8], 18:33

$Cl_4N_5P_3C_4H_8$, 1,3,5,2,4,6-Triazatriphosphorine, 2,2-bis(1-aziridinyl)-4,4,6,6-tetrachloro-2,2,4,4,6,6-hexahydro-, [3808-49-9], 25:87

———, 1,3,5,2,4,6-Triazatriphosphorine, 2,4-bis(1-aziridinyl)-2,4,6,6-tetrachloro-2,2,4,4,6,6-hexahydro-, *cis*-, [79935-97-0], 25:87

———, 1,3,5,2,4,6-Triazatriphosphorine, 2,4-bis(1-aziridinyl)-2,4,6,6-tetrachloro-2,2,4,4,6,6-hexahydro-, *trans*-, [79935-98-1], 25:87

$Cl_4N_5P_3C_4H_{12}$, 1,3,5,2,4,6-Triazatriphosphorine, 2,2,4,6-tetrachloro-4,6-bis(dimethylamino)-2,2,4,4,6,6-hexahydro-, [2203-74-9], 18:194

$Cl_4N_6PtC_6H_{24}$, Platinum(4+), tris(1,2-ethanediamine-*N,N'*)-, tetrachloride, (*OC*-6-11)-(-)-, [16960-94-4], 8:239

$Cl_4N_6RuZnC_6H_{24}$, Ruthenium(2+), tris(1,2-ethanediamine-*N,N'*)-, (*OC*-6-11)-, (*T*-4)-tetrachlorozincate(2-) (1:1), [23726-39-8], 19:118

$Cl_4N_6W_2C_{28}H_{50}$, Tungsten, bis[μ-[benzenaminato(2-)]]tetrachlorobis[2-methyl-2-propanaminato(2-)]bis(2-methyl-2-propanamine)di-, stereoisomer, [87208-54-6], 27:301

$Cl_4N_{10}Ru_2C_{50}H_{38}.5H_2O$, Ruthenium(1+), (2,2'-bipyridine-*N,N'*)chloro(2,2':6',2"-terpyridine-*N,N',N"*)-, chloride, hydrate (2:5), (*OC*-6-44)-, [153569-09-6], 24:300

Cl_4Na_2Pd, Palladate(2-), tetrachloro-, disodium, (*SP*-4-1)-, [13820-53-6], 8:236

Cl_4Nb, Niobium chloride ($NbCl_4$), [13569-70-5], 12:185

$Cl_4NbO_2C_8H_{16}$, Niobium, tetrachlorobis (tetrahydrofuran)-, [61247-57-2], 21:138;29:120

$Cl_4NiS_4C_{28}H_{16}$, Nickel, bis[1,2-bis(4-chlorophenyl)-1,2-ethenedithiolato (2-)-*S,S'*]-, (*SP*-4-1)-, [14376-66-0], 10:9

$Cl_4OP_4Ru_2C_{73}H_{60}.2OC_3H_6$, Ruthenium, carbonyltri-μ-chlorochlorotetrakis (triphenylphosphine)di-, compd. with 2-propanone (1:2), [83242-25-5], 21:30

$Cl_4OSiC_2H_4$, Silane, trichloro(2-chloroethoxy)-, [18077-24-2], 4:85

Cl_4OW, Tungsten chloride oxide (WCl_4O), [13520-78-0], 9:123;14:112;23:195;

$Cl_4O_2TiC_8H_{16}$, Titanium, tetrachlorobis (tetrahydrofuran)-, [31011-57-1], 21:135

$Cl_4O_2ZrC_8H_{16}$, Zirconium, tetrachlorobis (tetrahydrofuran)-, [21959-01-3], 21:136

$Cl_4O_6Ru_2C_6$, Ruthenium, hexacarbonyldi-μ-chlorodichlorodi-, [22594-69-0], 16:51;28:334

$Cl_4O_9Ru_2C_{24}H_{34}$, Ruthenium, μ-aquabis [μ-(chloroacetato-*O*:*O'*)]bis (chloroacetato-*O*)bis[(1,2,5,6-η)-1,5-cyclooctadiene]di-, stereoisomer, [93582-33-3], 26:256

$Cl_4PC_{19}H_{15}$, Phosphonium, triphenyl (trichloromethyl)-, chloride, [57557-88-7], 24:107

$Cl_4P_2CH_2$, Phosphonous dichloride, methylenebis-, [28240-68-8], 25:121

$Cl_4P_2C_2H_4$, Phosphonous dichloride, 1,2-ethanediylbis-, [28240-69-9], 23:141

$Cl_4P_2Pt_2C_{16}H_{22}$, Platinum, di-μ-chloro-dichlorobis(dimethylphenylphosphine) di-, [15699-79-3], 12:242

$Cl_4P_2Pt_2C_{24}H_{55}$, Platinum, di-μ-chloro-dichlorobis(tributylphosphine)di-, [15670-38-9], 12:242

$Cl_4P_2Pt_2C_{36}H_{30}$, Platinum, di-μ-chloro-dichlorobis(triphenylphosphine)di-, [15349-80-1], 12:242

$Cl_4P_2Pt_2C_{36}H_{42}$, Platinum, di-μ-dichloro-dichlorobis(cyclohexyldiphenylphosphine)di-, [20611-44-3], 12:240,242

$Cl_4P_2Pt_2C_{36}H_{55}$, Platinum, di-μ-chloro-dichlorobis(dicyclohexylphenylphosphine)di-, [20611-43-2], 12:242

$Cl_4P_2WC_{26}H_{24}$, Tungsten, tetrachloro[1,2-ethanediylbis[diphenylphosphine]-*P,P'*]-, [21712-53-8], 20:125;28:41

$Cl_4P_2WC_{26}H_{26}$, Tungsten, tetrachlorobis (methyldiphenylphosphine)-, [75598-29-7], 28:328

$Cl_4P_2WC_{36}H_{30}$, Tungsten, tetrachlorobis (triphenylphosphine)-, [36216-20-3], 20:124;28:40

$Cl_4P_3WC_9H_{27}$, Tungsten, tetrachlorotris (trimethylphosphine)-, [73133-10-5], 28:327

$Cl_4P_4Ru_2SC_{73}H_{60}.OC_3H_6$, Ruthenium, (carbonothioyl)tri-μ-chlorochloro-tetrakis(triphenylphosphine)di-, compd. with 2-propanone (1:1), [83242-24-4], 21:29

$Cl_4Pd_2C_8H_{12}$, Palladium, di-μ-chlorobis [(1,2,3-η)-1-(chloromethyl)-2-propenyl]di-, [12193-13-4], 11:216

Cl_4Pt, Platinum chloride ($PtCl_4$), (*SP*-4-1)-, [13454-96-1], 2:253

$Cl_4PtS_2C_8H_{20}$, Platinum, tetrachlorobis [1,1'-thiobis[ethane]]-, (*OC*-6-11)-, [18976-92-6], 8:245
$Cl_4PtS_2C_8H_{20}$, Platinum, tetrachlorobis [1,1'-thiobis[ethane]]-, (*OC*-6-22)-, [12080-89-6], 8:245
$Cl_4Pt_2C_4H_8$, Platinum, di-μ-chlorodichlorobis(η²-ethene)di-, [12073-36-8], 5:210;20:181,182
$Cl_4Pt_2C_6H_{12}$, Platinum, di-μ-chlorodichlorobis[(1,2-η)-1-propene]di-, [31922-29-9], 5:214
$Cl_4Pt_2C_{16}H_{16}$, Platinum, di-μ-chlorodichlorobis[(η²-ethenyl)benzene]di-, [12212-59-8], 5:214;20:181,182
$Cl_4Pt_2C_{24}H_{48}$, Platinum, di-μ-chlorodichlorobis[(1,2-η)-1-dodecene]di-, [129153-28-2], 20:181,183
$Cl_4Pt_2S_2C_4H_{12}$, Platinum, di-μ-chlorodichlorobis[thiobis[methane]]di-, [60817-02-9], 22:128
$Cl_4Pt_4C_{12}H_{20}$, Platinum, tetra-μ-chlorotetrakis[μ-[(1-η:2,3-η)-2-propenyl]] tetra-, [32216-28-7], 15:79
$Cl_4Rh_2C_{20}H_{30}$, Rhodium, di-μ-chlorodichlorobis[(1,2,3,4,5-η)-1,2,3,4,5-pentamethyl-2,4-cyclopentadien-1-yl]di-, [12354-85-7], 29:229
$Cl_4Ru_2C_{20}H_{28}$, Ruthenium, di-μ-chlorodichlorobis[(1,2,3,4,5,6-η)-1-methyl-4-(1-methylethyl)benzene]di-, [52462-29-0], 21:75
$Cl_4Ru_2C_{20}H_{30}$, Ruthenium, di-μ-chlorodichlorobis[(1,2,3,4,5-η)-1,2,3,4,5-pentamethyl-2,4-cyclopentadien-1-yl]di-, [82091-73-4], 29:225
$Cl_4Ru_2C_{24}H_{36}$, Ruthenium, di-μ-chlorodichlorobis[(1,2,3,4,5,6-η)-hexamethylbenzene]di-, [67421-02-7], 21:75
$Cl_4S_2Si_2$, Cyclodisilathiane, tetrachloro-, [121355-79-1], 7:29,30
Cl_4Se, Selenium chloride ($SeCl_4$), (*T*-4)-, [10026-03-6], 5:125,126
Cl_4Si, Silane, tetrachloro-, [10026-04-7], 1:44;7:25
———, Silane, tetra(chloro-³⁶*Cl*)-, [148832-19-3], 7:160
$Cl_4SiC_2H_4$, Silane, trichloro(2-chloroethyl)-, [6233-20-1], 3:60
$Cl_4SiC_6H_4$, Silane, trichloro(2-chlorophenyl)-, [2003-90-9], 11:166
———, Silane, trichloro(3-chlorophenyl)-, [2003-89-6], 11:166
———, Silane, trichloro(4-chlorophenyl)-, [825-94-5], 11:166
Cl_4Te, Tellurium chloride ($TeCl_4$), (*T*-4)-, [10026-07-0], 3:140
Cl_4Th, Thorium chloride ($ThCl_4$), [10026-08-1], 5:154;7:168;28:322
Cl_4Ti, Titanium chloride ($TiCl_4$) (*T*-4)-, [7550-45-0], 6:52,57;7:45
$Cl_4TiC_{10}H_8$, Titanium, dichlorobis(η⁵-1-chloro-2,4-cyclopentadien-1-yl)-, [94890-70-7], 29:200
Cl_4U, Uranium chloride (UCl_4), [10026-10-5], 5:143,148;21:187
Cl_4V, Vanadium chloride (VCl_4), (*T*-4)-, [7632-51-1], 1:107;20:42
Cl_4W, Tungsten chloride (WCl_4), [13470-13-8], 12:185;26:221; 29:138
Cl_4Zr, Zirconium chloride ($ZrCl_4$), (*T*-4)-, [10026-11-6], 4:121;7:167
$Cl_5Co_2H_{26}N_9.4H_2O$, Cobalt(4+), μ-amidooctaammine-μ-chlorodi-, tetrachloride, tetrahydrate, [24833-05-4], 12:209
$Cl_5Co_2H_{30}N_{10}O_2.H_2O$, Cobalt(5+), decaammine[μ-(superoxido-*O*:*O'*)]di-, pentachloride, monohydrate, [150399-25-0], 12:199
$Cl_5Co_2H_{32}N_{11}O_{20}.H_2O$, Cobalt(5+), μ-amidodecaamminedi-, pentaperchlorate, monohydrate, [150384-26-2], 12:212
Cl_5Cs_2Dy, Dysprosate(2-), pentachloro-, dicesium, [20523-27-7], 30:78
Cl_5Cs_2Er, Erbate(2-), pentachloro-, dicesium, [97252-99-8], 30:78
Cl_5Cs_2Ho, Holmate(2-), pentachloro-, dicesium, [97252-98-7], 30:78

Cl_5Cs_2Lu, Lutetate(2-), pentachloro-, dicesium, [89485-40-5], 22:6;30:77,78

Cl_5Cs_2Tm, Thulate(2-), pentachloro-, dicesium, [97348-27-1], 30:78

Cl_5Cs_2Y, Yttrate(2-), pentachloro-, dicesium, [19633-62-6], 30:78

Cl_5Cs_2Yb, Ytterbate(2-), pentachloro-, dicesium, [97253-00-4], 30:78

Cl_5ErRb_2, Erbate(2-), pentachloro-, dirubidium, [97252-87-4], 30:78

$Cl_5H_2Cs_2MoO$, Molybdate(2-), aquapentachloro-, dicesium, (*OC*-6-21)-, [33461-69-7], 13:171

$Cl_5H_2K_2MoO$, Molybdate(2-), aquapentachloro-, dipotassium, [15629-45-5], 4:97

$Cl_5H_2K_2NOs$, Osmate(2-), amidopentachloro-, dipotassium, (*OC*-6-21)-, [148864-77-1], 6:207

$Cl_5H_2K_2ORh$, Rhodate(2-), aquapentachloro-, dipotassium, (*OC*-6-21)-, [15306-82-8], 7:215

$Cl_5H_2MoORb_2$, Molybdate(2-), aquapentachloro-, derubidium, (*OC*-6-21)-, [33461-70-0], 13:171

$Cl_5H_2N_4P_3$, 1,3,5,2,4,6-Triazatriphosphorine, 2-amino-2,4,4,6,6-pentachloro-2,2,4,4,6,6-hexahydro-, [13569-74-9], 14:25

Cl_5H_2ORh, Rhodate(2-), aquapentachloro-, (*OC*-6-21)-, [15276-84-3], 8:220,222

$Cl_5H_8MoN_2O$, Molybdate(2-), pentachlorooxo-, diammonium, (*OC*-6-21)-, [17927-44-5], 26:36

$Cl_5H_{10}MoN_2O$, Molybdate(2-), aquapentachloro-, diammonium, (*OC*-6-21)-, [13820-59-2], 13:171

$Cl_5InN_2C_{16}H_{40}$, Ethanaminium, *N,N,N*-triethyl-, pentachloroindate(2-) (2:1), [21029-46-9], 19:260

$Cl_5InN_8O_{20}C_{44}H_{36}$, Indium(5+), [[4,4',4'',4'''-(21*H*,23*H*-porphine-5,10,15,20-tetrayl)tetrakis[1-methylpyridiniumato]](2-)-N^{21},N^{22},N^{23},N^{24}]-, (*SP*-4-1)-, pentaperchlorate, [84009-26-7], 23:55,57

Cl_5K_2NOs, Osmate(2-), pentachloronitrido-, dipotassium, (*OC*-6-21)-, [23209-29-2], 6:206

Cl_5LuRb_2, Lutetate(2-), pentachloro-, dirubidium, [97252-89-6], 30:78

$Cl_5MnO_3C_8$, Manganese, tricarbonyl(η^5-1,2,3,4,5-pentachloro-2,4-cyclopentadien-1-yl)-, [56282-21-4], 20:194

$Cl_5MnO_5C_{10}$, Manganese, pentacarbonyl (1,2,3,4,5-pentachloro-2,4-cyclopentadien-1-yl)-, (*OC*-6-22)-, [53158-67-1], 20:193

Cl_5Mo, Molybdenum chloride ($MoCl_5$), [10241-05-1], 3:165;7:167;9:135;12

$Cl_5MoN_2OC_{10}H_{10}$, Molybdate(2-), pentachlorooxo-, (*OC*-6-21)-, dihydrogen, compd. with 2,2'-bipyridine (1:1), [18662-75-4], 19:135

Cl_5MoO, Molybdate(2-), pentachlorooxo-, (*OC*-6-21)-, [17523-68-1], 15:100

$Cl_5NNbC_2H_3$, Niobium, (acetonitrile) pentachloro-, (*OC*-6-21)-, [21126-02-3], 12:227;13:226

Cl_5NOP_2, Phosphorimidic trichloride, (dichlorophosphinyl)-, [13966-08-0], 8:92

$Cl_5NO_2SbCH_3$, Antimony, pentachloro (nitromethane-*O*)-, (*OC*-6-21)-, [52082-00-5], 29:113

$Cl_5NTaC_2H_3$, Tantalum, (acetonitrile) pentachloro-, (*OC*-6-21)-, [12012-49-6], 12:227

$Cl_5NTaC_3H_5$, Tantalum, pentachloro (propanenitrile)-, (*OC*-6-21)-, [91979-69-0], 12:228

$Cl_5NTaC_4H_7$, Tantalum, (butanenitrile) pentachloro-, (*OC*-6-21)-, [92225-90-6], 12:228

$Cl_5N_2ORhC_{10}H_{12}$, Rhodate(2-), aquapentachloro-, (*OC*-6-21)-, dihydrogen, compd. with pyridine (1:2), [148832-35-3], 10:65

$Cl_5N_3OP_3C_2H_3$, 1,3,5,2,4,6-Triazatriphosphorine, 2,2,4,4,6-pentachloro-6-(ethenyloxy)-2,2,4,4,6,6-hexahydro-, [82056-02-8], 25:75

$(Cl_5N_3OP_3C_2H_3)_x$, 1,3,5,2,4,6-Triazatriphosphorine, 2,2,4,4,6-pentachloro-6-(ethenyloxy)-2,2,4,4,6,6-hexahydro-, homopolymer, [87006-53-9], 25:77

$Cl_5N_4P_3C_2H_4$, 1,3,5,2,4,6-Triazatriphosphorine, 2-(1-aziridinyl)-2,4,4,6,6-pentachloro-2,2,4,4,6,6-hexahydro-, [3776-28-1], 25:87

$Cl_5N_7P_4C_6H_{12}$, 1,3,5,7,2,4,6,8-Tetrazatetraphosphocine, 2,2,6-tris(1-aziridinyl)-4,4,6,8,8-pentachloro-2,2,4,4,6,6,8,8-octahydro-, [106722-76-3], 25:91

———, 1,3,5,7,2,4,6,8-Tetrazatetraphosphocine, 2,4,6-tris(1-aziridinyl)-2,4,6,8,8-pentachloro-2,2,4,4,6,6,8,8-octahydro-, (2α,4α,6β)-, [106760-42-3], 25:91

———, 1,3,5,7,2,4,6,8-Tetrazatetraphosphocine, 2,4,6-tris(1-aziridinyl)-2,4,6,8,8-pentachloro-2,2,4,4,6,6,8,8-octahydro-, (2α,4β,6α)-, [106722-77-4], 25:91

Cl_5Nb, Niobium chloride ($NbCl_5$), [10026-12-7], 7:167;9:88,135;20:42

Cl_5P, Phosphorane, pentachloro-, [10026-13-8], 1:99

Cl_5PC, Phosphonous dichloride, (trichloromethyl)-, [3582-11-4], 12:290

$Cl_5P_3C_2H_4$, Phosphonous dichloride, [(chlorophosphinidene)bis(methylene)] bis-, [81626-07-5], 25:121

Cl_5Rb_2Tm, Thulate(2-), pentachloro-, dirubidium, [97252-88-5], 30:78

Cl_5Re, Rhenium chloride ($ReCl_5$), [13596-35-5], 1:180;7:167;12:193;2

$Cl_5RhC_{13}H_{12}$, Rhodium, [(1,2,5,6-η)-1,5-cyclooctadiene](η^5-1,2,3,4,5-pentachloro-2,4-cyclopentadien-1-yl)-, [56282-20-3], 20:194

Cl_5Ta, Tantalum chloride ($TaCl_5$), [7721-01-9], 7:167;20:42

Cl_5U, Uranium chloride (UCl_5), [13470-21-8], 5:144

Cl_5W, Tungsten chloride (WCl_5), [13470-14-9], 13:150

$Cl_6As_4Nb_2C_{20}H_{32}$, Niobium, di-μ-chlorotetrachlorobis[1,2-phenylenebis [dimethylarsine]-*As,As'*]di-, (*Nb-Nb*), stereoisomer, [61069-53-2], 21:18

$Cl_6As_6Nb_2C_{22}H_{55}$, Niobium, di-μ-chlorotetrachlorobis[[2-[(dimethylarsino) methyl]-2-methyl-1,3-propanediyl] bis[dimethylarsine]-*As,As'*]di-, (*Nb-Nb*), stereoisomer, [61069-52-1], 21:18

$Cl_6Au_{55}P_{12}C_{216}H_{180}$, Gold, hexa-μ-chlorododecakis(triphenylphosphine) pentapentaconta-, *cluster*, [104619-10-5], 27:214

$Cl_6BO_4SbC_{10}H_{14}$, Boron(1+), bis(2,4-pentanedionato-*O,O'*)-, (*T*-4)-, (*OC*-6-11)-hexachloroantimonate(1-), [18924-18-0], 12:130

$Cl_6Be_4O_{13}C_{42}H_{24}$, Beryllium, hexakis[μ-(2-chlorobenzoato-*O:O'*)]-μ_4-oxotetra-, [149165-75-3], 3:7

Cl_6Ce, Cerate(2-), hexachloro-, (*OC*-6-11)-, [35644-17-8], 15:227

$Cl_6CoFeH_{18}N_6$, Cobalt(3+), hexaammine-, (*OC*-6-11)-, (*OC*-6-11)-hexachloroferrate(3-) (1:1), [15928-89-9], 11:48

$Cl_6CoFeN_6C_9H_{30}$, Cobalt(3+), tris(1,2-propanediamine-*N,N'*)-, (*OC*-6-11)-hexachloroferrate(3-) (1:1), [20519-29-3], 11:49

$Cl_6CoInN_6C_9H_{30}$, Cobalt(3+), tris(1,2-propanediamine-*N,N'*)-, (*OC*-6-11)-hexachloroindate(3-) (1:1), [21350-66-3], 11:50

$Cl_6CoMnN_6C_9H_{30}$, Cobalt(3+), tris(1,2-propanediamine-*N,N'*)-, (*OC*-6-11)-hexachloromanganate(3-) (1:1), [20678-75-5], 11:48

$Cl_6CO_4N_{12}O_{36}C_4H_{42}.H_2O$, Cobalt(2+), hexaammine[μ-[ethanedioato(2-)-*O:O''*]]di-μ-hydroxydi-, hydrogen perchlorate, hydrate (2:2:6:1), [152227-38-8], 23:113

Cl_6CsNb, Niobate(1-), hexachloro-, cesium, (*OC*-6-11)-, [16921-14-5], 9:89

Cl_6Cs_2LiTm, Thulate(3-), hexachloro-, dicesium lithium, (*OC*-6-11)-, [68933-88-0], 21:10;30:249
Cl_6Cs_3Lu, Lutetate(3-), hexachloro-, tricesium, (*OC*-6-11)-, [89485-41-6], 22:6;30:77
Cl_6Cs_3Mo, Molybdate(3-), hexachloro-, tricesium, (*OC*-6-11)-, [33519-12-9], 13:172
$Cl_6Er_2O_7C_{28}H_{56}$, Furan, tetrahydro-, compd. with erbium chloride ($ErCl_3$) (7:2), [14710-36-2], 27:140;28:290
$Cl_6Fe_6NO_6C_8H_{11}$, Pyridine, 2,4,6-trimethyl-, compd. with iron chloride oxide (FeClO) (1:6), [64020-68-4], 22:86;30:182
$Cl_6Ga_2P_2C_{36}H_{31}$, Gallate(2-), hexachlorodi-, (*Ga-Ga*), dihydrogen, compd. with triphenylphosphine (1:2), [77187-67-8], 22:135,138
$Cl_6H_2Pt.xH_2O$, Platinate(2-), hexachloro-, dihydrogen, hydrate, (*OC*-6-11)-, [26023-84-7], 8:239
Cl_6H_3Rh, Rhodate(3-), hexachloro-, trihydrogen, (*OC*-6-11)-, [16970-54-0], 8:220
$Cl_6H_8IrN_2$, Iridate(2-), hexachloro-, diammonium, (*OC*-6-11)-, [16940-92-4], 8:223;18:132
$Cl_6H_8N_2Os$, Osmate(2-), hexachloro-, diammonium, (*OC*-6-11)-, [12125-08-5], 5:206
$Cl_6H_8N_2Pt$, Platinate(2-), hexachloro-, diammonium, (*OC*-6-11)-, [16919-58-7], 7:235;9:182
$Cl_6H_8N_2Te$, Tellurate(2-), hexachloro-, diammonium, [16893-14-4], 2:189
$Cl_6H_{12}IrN_3$, Iridate(3-), hexachloro-, triammonium, (*OC*-6-11)-, [15752-05-3], 8:226
$Cl_6H_{12}MoN_3$, Molybdate(3-), hexachloro-, triammonium, (*OC*-6-11)-, [18747-24-5], 13:172;29:127
Cl_6IrNa_2, Iridate(2-), hexachloro-, disodium, (*OC*-6-11)-, [16941-25-6], 8:225
Cl_6IrNa_3, Iridate(3-), hexachloro-, trisodium, (*OC*-6-11)-, [15702-05-3], 8:224-225
$Cl_6K_2Pt_2C_4H_6$, Platinate(2-), [μ-[(1,2-η:3,4-η)-1,3-butadiene]]hexachlorodi-, dipotassium, [33480-42-1], 6:216
Cl_6K_2Re, Rhenate(2-), hexachloro-, dipotassium, (*OC*-6-11)-, [16940-97-9], 1:178;7:189
Cl_6K_3Mo, Molybdate(3-), hexachloro-, tripotassium, (*OC*-6-11)-, [13600-82-3], 4:97
Cl_6K_3Rh, Rhodate(3-), hexachloro-, tripotassium, (*OC*-6-11)-, [13845-07-3], 8:217,222
$Cl_6K_3Rh.H_2O$, Rhodate(3-), hexachloro-, tripotassium, monohydrate, (*OC*-6-11)-, [15077-95-9], 8:217,222
Cl_6MoRb_3, Molybdate(3-), hexachloro-, trirubidium, (*OC*-6-11)-, [33519-11-8], 13:172
$Cl_6NPaC_4H_{12}$, Methanaminium, *N,N,N*-trimethyl-, (*OC*-6-11)-hexachloroprotactinate(1-), [17275-45-5], 12:230
$Cl_6N_2O_2P_2S$, Phosphorimidic trichloride, sulfonylbis-, [14259-65-5], 8:119
$Cl_6N_2O_2Pt$, Platinate(2-), hexachloro-, (*OC*-6-11)-, dinitrosyl, [72107-04-1], 24:217
$Cl_6N_2P_2PtC_{36}H_{34}$, Phosphorus(1+), amidotriphenyl-, (*OC*-6-11)-hexachloroplatinate(2-) (2:1), [107132-64-9], 7:69
$Cl_6N_2ThC_8H_{24}$, Methanaminium, *N,N,N*-trimethyl-, (*OC*-6-11)-hexachlorothorate(2-) (2:1), [12074-52-1], 12:230
$Cl_6N_2ThC_{16}H_{40}$, Ethanaminium, *N,N,N*-triethyl-, (*OC*-6-11)-hexachlorothorate(2-) (2:1), [12081-47-9], 12:230
$Cl_6N_2TiC_8H_{24}$, Titanate(2-), hexachloro-, (*OC*-6-11)-, dihydrogen, compd. with *N*-ethylethanamine (1:2), [16970-01-7], 12:230
$Cl_6N_2ZrC_8H_{24}$, Zirconate(2-), hexachloro-, (*OC*-6-11)-, dihydrogen, compd. with

N-ethylethanamine (1:2), [16970-03-9], 12:231
$Cl_6N_3P_3$, 1,3,5,2,4,6-Triazatriphosphorine, 2,2,4,4,6,6-hexachloro-2,2,4,4,6,6-hexahydro-, [940-71-6], 6:94
$Cl_6N_5S_5Sb$, Antimonate(1-), hexachloro-, (*OC*-6-11)-, pentathiazyl, [39928-97-7], 17:189
$Cl_6N_6P_4C_4H_8$, 1,3,5,7,2,4,6,8-Tetrazatetraphosphocine, 2,2-bis(1-aziridinyl)-4,4,6,6,8,8-hexachloro-2,2,4,4,6,6,8,8-octahydro-, [96357-71-0], 25:91
———, 1,3,5,7,2,4,6,8-Tetrazatetraphosphocine, 2,4-bis(1-aziridinyl)-4,4,6,6,8,8-hexachloro-2,2,4,4,6,6,8,8-octahydro-, *cis*-, [96357-70-9], 25:91
———, 1,3,5,7,2,4,6,8-Tetrazatetraphosphocine, 2,6-bis(1-aziridinyl)-2,4,4,6,8,8-hexachloro-2,2,4,4,6,6,8,8-octahydro-, *cis*-, [96357-68-5], 25:91
———, 1,3,5,7,2,4,6,8-Tetrazatetraphosphocine, 2,4-bis(1-aziridinyl)-4,4,6,6,8,8-hexachloro-2,2,4,4,6,6,8,8-octahydro-, *trans*-, [96357-69-6], 25:91
———, 1,3,5,7,2,4,6,8-Tetrazatetraphosphocine, 2,6-bis(1-aziridinyl)-2,4,4,6,8,8-hexachloro-2,2,4,4,6,6,8,8-octahydro-, *trans*-, [96357-67-4], 25:91
$Cl_6N_6P_4C_4H_{12}$, 1,3,5,7,2,4,6,8-Tetrazatetraphosphocine, 2,2,4,6,6,8-hexachloro-4,8-bis(ethylamino)-2,2,4,4,6,6,8,8-octahydro-, *trans*-, [60998-10-9], 25:16
$Cl_6N_6P_4C_8H_{20}$, 1,3,5,7,2,4,6,8-Tetrazatetraphosphocine, 2,2,4,4,6,8-hexachloro-6,8-bis[(1,1-dimethylethyl)amino]-2,2,4,4,6,6,8,8-octahydro-, [66310-00-7], 25:21
———, 1,3,5,7,2,4,6,8-Tetrazatetraphosphocine, 2,2,4,6,6,8-hexachloro-4,8-bis[(1,1-dimethylethyl)amino]-2,2,4,4,6,6,8,8-octahydro-, [6944-49-6], 25:21
$Cl_6N_8O_4PtRe_2C_8H_{32}$, Rhenium(1+), bis(1,2-ethanediamine-*N,N'*)dioxo-, (*OC*-6-12)-, (*OC*-6-11)-hexachloroplatinate(2-) (2:1), [148832-28-4], 8:176
$Cl_6N_8O_4Rh_2C_8H_{32}$, Rhodium(1+), dichlorobis(1,2-ethanediamine-*N,N'*)-, (*OC*-6-22)-, chloride perchlorate (2:1:1), [103937-70-8], 24:229
Cl_6Na_2Pt, Platinate(2-), hexachloro-, disodium, (*OC*-6-11)-, [16923-58-3], 13:173
Cl_6Na_3Rh, Rhodate(3-), hexachloro-, trisodium, (*OC*-6-11)-, [14972-70-4], 8:217
$Cl_6Nb_2P_4C_{52}H_{48}$, Niobium, di-μ-chloro-tetrachlorobis[1,2-ethanediylbis[diphenylphosphine]-*P,P'*]di-, [86390-13-8], 21:18
$Cl_6Nb_2S_3C_6H_{18}$, Niobium, di-μ-chloro-tetrachloro[μ-[thiobis[methane]]]bis[thiobis[methane]]di-, [83311-32-4], 21:16
Cl_6OSi_2, Disiloxane, hexachloro-, [14986-21-1], 7:23
$Cl_6O_8Re_2C_{28}H_{16}$, Rhenium, dichlorotetrakis[μ-(4-chlorobenzoato-*O*:*O'*)]di-, (*Re-Re*), [33700-36-6], 13:86
$Cl_6O_{12}Ti_3C_{30}H_{42}$, Titanium(1+), tris(2,4-pentanedionato-*O,O'*)-, (*OC*-6-11)-, (*OC*-6-11)-hexachlorotitanate(2-) (2:1), [12088-57-2], 2:119;7:50;8:37
$Cl_6P_6SnC_{52}H_{48}$, 1*H*-1,2,3-Triphospholium, 3,3,4,5-tetrahydro-1,1,3,3-tetraphenyl-, (*OC*-6-11)-hexachlorostannate(2-) (2:1), [80583-60-4], 27:255
Cl_6SSi_2, Disilathiane, hexachloro-, [104824-18-2], 7:30
Cl_6Si_2, Disilane, hexachloro-, [13465-77-5], 1:44
Cl_6U, Uranate(1-), hexachloro-, (*OC*-6-11)-, [44491-58-9], 15:237
———, Uranate(2-), hexachloro-, (*OC*-6-11)-, [21294-68-8], 12:230;15:236

———, Uranium chloride (UCl_6), (*OC*-6-11)-, [13763-23-0], 16:143
Cl_6W, Tungsten chloride (WCl_6), (*OC*-6-11)-, [13283-01-7], 3:136;7:169; 9:135-13
Cl_7CsPr_2, Praseodymate(1-), μ-chloro-hexachlorodi-, cesium, [71619-24-4], 22:2;30:73
Cl_7Dy_2K, Dysprosate(1-), μ-chlorohexa-chlorodi-, potassium, [71619-20-0], 22:2;30:73
$Cl_7NP_2.Cl_4C_2H_4$, Phosphorus(1+), tri-chloro(phosphorimidic trichloridato-*N*)-, chloride, compd. with 1,1,2,2-tetrachloroethane (1:1), [15531-38-1], 8:96
$Cl_7N_5P_4C_2H_4$, 1,3,5,7,2,4,6,8-Tetrazatetra-phosphocine, 2-(1-aziridinyl)-2,4,4, 6,6,8,8-heptachloro-2,2,4,4,6,6,8,8-octahydro-, [96357-56-1], 25:91
$Cl_8Al_2FeN_6C_{12}H_{18}$, Iron(2+), hexakis (acetonitrile)-, (*OC*-6-11)-, bis[(*T*-4)-tetrachloroaluminate(1-)], [21374-09-4], 29:116
$Cl_8EuN_4O_2C_{49}H_{27}$, Europium, (2,4-pentanedionato-*O,O'*)[5,10,15,20-tetrakis(3,5-dichlorophenyl)-21*H*,23*H*-porphinato(2-)-N^{21},N^{22},N^{23},N^{24}]-, [89769-01-7], 22:160
Cl_8GaP, Phosphorane, pentachloro-, compd. with gallium chloride (1:1), [127735-01-7], 7:81
$Cl_8HCs_3Mo_2$, Molybdate(3-), di-μ-chloro-hexachloro-μ-hydrodi-, (*Mo-Mo*), tricesium, [57719-40-1], 19:129
Cl_8Mo_2, Molybdate(4-), octachlorodi-, (*Mo-Mo*), [34767-26-5], 19:129
$Cl_8Mo_6Na_2O_6C_6H_{18}$, Molybdate(2-), octa-μ_3-chlorohexamethoxyhexa-, octahedro, disodium, [12374-26-4], 13:100
$Cl_8Mo_6Na_2O_6C_{12}H_{30}$, Molybdate(2-), octa-$\mu_3$-chlorohexaethoxyhexa-, octahedro, disodium, [12375-20-1], 13:101,102
$Cl_8N_2Re_2C_{12}H_{10}$, Rhenium, bis [benzenaminato(2-)]di-μ-chlorohexa-chlorodi-, [104493-76-7], 24:195
$Cl_8N_2Re_2C_{32}H_{72}$, 1-Butanaminium, *N,N,N*-tributyl-, octachlorodirhenate (2-) (*Re-Re*) (2:1), [14023-10-0], 12:116;13:84;28:332
$Cl_8N_4P_4$, 1,3,5,7,2,4,6,8-Tetrazatetraphos-phocine, 2,2,4,4,6,6,8,8-octachloro-2,2,4,4,6,6,8,8-octahydro-, [2950-45-0], 6:94
Cl_8Si_3, Trisilane, octachloro-, [13596-23-1], 1:44
$Cl_9CoH_{15}Hg_3N_5$, Cobalt(2+), penta-amminechloro-, (*OC*-6-22)-, dichloride, compd. with mercury chloride ($HgCl_2$) (1:3), [149165-66-2], 9:162
$Cl_9Cr_2Cs_3$, Chromate(3-), tri-μ-chloro-hexachlorodi-, tricesium, [21007-54-5], 26:379
$Cl_9Cs_3Er_2$, Erbate(3-), tri-μ-chlorohexa-chlorodi-, tricesium, [73191-14-7], 30:79
$Cl_9Cs_3Ho_2$, Holmate(3-), tri-μ-chlorohexa-chlorodi-, tricesium, [73191-13-6], 30:79
$Cl_9Cs_3Lu_2$, Lutetate(3-), tri-μ-chlorohexa-chlorodi-, tricesium, [73197-69-0], 22:6;30:77,79
$Cl_9Cs_3Sc_2$, Scandate(3-), tri-μ-chlorohexa-chlorodi-, tricesium, [12272-71-8], 22:25;30:79
$Cl_9Cs_3Ti_2$, Titanate(3-), tri-μ-chlorohexa-chlorodi-, tricesium, [12345-61-8], 26:379
$Cl_9Cs_3Tm_2$, Thulate(3-), tri-μ-chlorohexa-chlorodi-, tricesium, [73191-15-8], 30:79
$Cl_9Cs_3V_2$, Vanadate(3-), tri-μ-chlorohexa-chlorodi-, tricesium, [12052-07-2], 26:379
$Cl_9Cs_3Y_2$, Yttrate(3-), tri-μ-chlorohexa-chlorodi-, tricesium, [73191-12-5], 30:79

$Cl_9Cs_3Yb_2$, Ytterbate(3-), tri-μ-chlorohexachlorodi-, tricesium, [73191-16-9], 30:79

$Cl_9FeOC_{20}H_{12}$, Perylene, compd. with iron chloride oxide (FeClO) (1:9), [125641-50-1], 30:179

$Cl_9H_{20}Mo_2N_5.H_2O$, Molybdate(5-), tri-μ-chlorohexachlorodi-, (*Mo-Mo*), pentaammonium, monohydrate, [123711-64-8], 19:129

$Cl_9K_3W_2$, Tungstate(3-), tri-μ-chlorohexachlorodi-, (*W-W*), tripotassium, [23403-17-0], 5:139;6:149;7:143

$Cl_9N_3V_2C_{24}H_{60}$, Ethanaminium, *N,N,N*-triethyl-, tri-μ-chlorohexachlorodivanadate(3-) (3:1), [33461-68-6], 13:168

Cl_9OUC_3, Uranium, pentachloro(2,3,3-trichloro-2-propenoyl chloride)-, (*OC*-6-21)-, [20574-41-8], 15:243

$Cl_9Rb_3Sc_2$, Scandate(3-), tri-μ-chlorohexachlorodi-, trirubidium, [12272-72-9], 30:79

$Cl_9Rb_3Ti_2$, Titanate(3-), tri-μ-chlorohexachlorodi-, trirubidium, [12360-92-8], 26:379

$Cl_9Rb_3V_2$, Vanadate(3-), tri-μ-chlorohexachlorodi-, trirubidium, [12139-46-7], 26:379

Cl_9Re_3, Rhenium, tri-μ-chlorohexachlorotri-, *triangulo*, [14973-59-2], 12:193;20:44,47

$Cl_{10}Ir_5KO_{10}C_{10}.5H_2O$, Iridium, dicarbonyldichloro-, compd. with potassium dicarbonyldichloroiridate(1-), hydrate (4:6:5), [151120-17-1], 19:20

$Cl_{10}K_4ORu_2.H_2O$, Ruthenate(4-), decachloro-μ-oxodi-, tetrapotassium, monohydrate, [18786-01-1], 11:70

$Cl_{11}Cs_5Sb_2$, Stibine, trichloro-, compd. with cesium chloride (CsCl) (2:5), [14236-42-1], 4:6

$Cl_{11}Ir_{10}O_{30}C_{30}$, Iridium, tricarbonylchloro-, (*SP*-4-2)-, compd. with tricarbonyldichloroiridium (9:1), [153421-00-2], 19:19

$Cl_{12}CoN_6O_{12}Sb_2C_6H_{18}$, Cobalt(2+), hexakis(nitromethane-*O*)-, (*OC*-6-11)-, bis[(*OC*-6-11)-hexachloroantimonate (1-)], [25973-90-4], 29:114

$Cl_{12}CoO_6Sb_2C_{18}H_{36}$, Cobalt(2+), hexakis (2-propanone)-, (*OC*-6-11)-, bis[(*OC*-6-11)-hexachloroantimonate(1-)], [146249-37-8], 29:114

$Cl_{12}Mo_6$, Molybdenum, octa-μ_3-chlorotetrachlorohexa-, *octahedro*, [11062-51-4], 12:172

$Cl_{12}NP_2Sb$, Phosphorus(1+), trichloro (phosphorimidic trichloridato-*N*)-, (*T*-4)-, (*OC*-6-11)-hexachloroantimonate, [108538-57-4], 25:25

$Cl_{12}NP_3$, Phosphorus(1+), trichloro (phosphorimidic trichloridato-*N*)-, (*T*-4)-, hexachlorophosphate(1-), [18828-06-3], 8:94

$Cl_{12}NiP_4$, Nickel, tetrakis(phosphorous trichloride)-, (*T*-4)-, [36421-86-0], 6:201

$Cl_{12}O_9Ru_2C_{22}H_{18}$, Ruthenium, μ-aquabis [(2,3,5,6-η)-bicyclo[2.2.1]hepta-2,5-diene]bis[μ-(trichloroacetato-*O*:*O'*)]bis(trichloroacetato-*O*)di-, [105848-78-0], 26:256

$Cl_{14}H_6Mo_6O_2.6H_2O$, Molybdate(2-), octa-μ_3-chlorohexachlorohexa-, *octahedro*, dioxonium, hexahydrate, [63828-61-5], 12:174

$Cl_{14}K_5W_3$, Potassium tungsten chloride ($K_5W_3Cl_{14}$), [128057-81-8], 6:149

$Cl_{17}Fe_{17}O_{17}S_8C_{12}H_8$, 1,3-Dithiole, 2-(1,3-dithiol-2-ylidene)-, compd. with iron chloride oxide (FeClO) (2:17), [158188-72-8], 30:177

$Cl_{17}Fe_{17}O_{17}Se_8C_{12}H_8$, 1,3-Diselenole, 2-(1,3-diselenol-2-ylidene)-, compd. with iron chloride oxide (FeClO) (2:17), [124505-64-2], 30:179

$Cl_{18}N_8O_4Pt_3Re_2C_8H_{36}$, Rhenium(3+), bis(1,2-ethanediamine-*N,N'*) dihydroxy-, (*OC*-6-11)-hexachloroplatinate(2-) (2:3), [12074-83-8], 8:175

$Cl_{18}N_8O_4Pt_3Re_2C_{12}H_{44}$, Rhenium(3+), dihydroxybis(1,2-propanediamine-*N,N'*)-, (*OC*-6-11)-hexachloroplatinate(2-) (2:3), [148832-31-9], 8:176
$Cl_{18}N_8O_4Pt_3Re_2C_{12}H_{44}$, Rhenium(3+), dihydroxybis(1,3-propanediamine-*N,N'*)-, (*OC*-6-12)-, (*OC*-6-11)-hexachloroplatinate(2-) (2:3), [148832-29-5], 8:176
$CoAgH_6N_6O_8$, Cobaltate(1-), diamminetetrakis(nitrito-*N*)-, silver(1+), [15489-99-3], 9:172
$CoAgN_4O_8C_4H_8$, Cobaltate(1-), bis(glycinato-*N,O*)bis(nitrito-*N*)-, silver(1+), [15614-17-2], 9:174; 23:92
———, Cobaltate(1-), bis(glycinato-*N,O*)bis(nitrito-*N*)-, silver(1+), (*OC*-6-22)-, [99527-42-1], 23:92
$CoAsO_3SnC_{24}H_{24}$, Cobalt, tricarbonyl (trimethylstannyl)(triphenylarsine)-, (*SP*-5-12)-, [138766-49-1], 29:180
$CoAs_2N_4O_{14}C_{17}H_{27}$, Cobalt(2+), bis(1,2-ethanediamine-*N,N'*)(2,4-pentanedionato-*O,O'*)-, (*OC*-6-22-Λ)-, bis [μ-[2,3-dihydroxybutanedioato(2-)-$O^1,O^2:O^3,O^4$]]diarsenate(2-) (1:1), [12266-75-0], 9:168
$CoAu_3O_{12}P_3Ru_3C_{66}H_{45}$, Ruthenium, di-μ-carbonylnonacarbonyl(carbonylcobalt) [tris(triphenylphosphine)trigold]tri-, (2*Au-Au*)(2*Au-Co*)(5*Au-Ru*)(3*Co-Ru*)(3*Ru-Ru*), [84699-82-1], 26:327
$CoBN_2O_2P_2C_{50}H_{44}$, Cobalt(1+), [1,2-ethanediylbis[diphenylphosphine]-*P,P'*]dinitrosyl-, (*T*-4)-, tetraphenylborate(1-), [24533-59-3], 16:19
$CoBN_2O_2P_2C_{60}H_{50}$, Cobalt(1+), dinitrosylbis(triphenylphosphine)-, tetraphenylborate(1-), [24507-62-8], 16:18
$CoBN_4O_2C_{30}H_{36}$, Cobalt(1+), dinitrosy l(*N,N,N',N'*-tetramethyl-1,2-ethanediamine-*N,N'*)-, (*T*-4)-, tetraphenylborate(1-), [40804-51-1], 16:17
$CoBO_{15}P_5C_{39}H_{65}$, Cobalt(1+), pentakis (trimethyl phosphite-*P*)-, tetraphenylborate(1-), [22323-14-4], 20:81
$CoB_2F_2N_6O_6C_{12}H_{18}$, Cobalt, [tris[μ-[(2,3-butanedione dioximato)(2-)-*O:O'*]] difluorodiborato(2-)-*N,N',N'',N''', N'''',N'''''*]-, [34248-47-0], 17:140
$CoB_2F_4N_4O_5C_9H_{17}$, Cobalt, aqua[bis[μ-[(2,3-butanedione dioximato)(2-)-*O:O'*]]tetrafluorodiborato(2-)-*N,N',N'',N'''*]methyl-, (*OC*-6-32)-, [53729-64-9], 11:68
$CoB_2F_8N_{12}C_{18}H_{30}$, Cobalt(2+), (5,6,15,16,20,21-hexamethyl-1,3,4,7,8,10,12,13,16,17,19,22-dodecaazatetracyclo[8.8.4.^{13,17}.^{18,12}] tetracosa-4,6,13,15,19,21-hexaene-$N^4,N^7,N^{13},N^{16},N^{19},N^{22}$)-, (*OC*-6-11)-, bis[tetrafluoroborate(1-)], [151085-59-5], 20:89
$CoB_2N_{12}C_{18}H_{20}$, Cobalt, bis[hydrotris(1*H*-pyrazolato-N^1)borato(1-)-$N^2,N^{2'},N^{2''}$]-, (*OC*-6-11)-, [16842-05-0], 12:105
$CoB_3F_{12}N_{12}C_{18}H_{30}$, Cobalt(3+), (5,6,15,16,20,21-hexamethyl-1,3,4,7,8,10,12,13,16,17,19,22-dodecaazatetracyclo[8.8.4.^{13,17}.^{18,12}] tetracosa-4,6,13,15,19,21-hexaene-$N^4,N^7,N^{13},N^{16},N^{19},N^{22}$)-, (*OC*-6-11)-, tris[tetrafluoroborate(1-)], [151085-61-9], 20:89
$CoB_9C_7H_{16}$, Cobalt, (η^5-2,4-cyclopentadien-1-yl)[(7,8,9,10,11-η)-undecahydro-7,8-dicarbaundecaborato(2-)]-, [37100-20-2], 22:235
$CoB_{18}C_4H_{22}$, Cobaltate(1-), bis[(7,8,9,10, 11-η)-undecahydro-7,8-dicarbaundecaborato(2-)]-, [11078-84-5], 10:111
$CoB_{18}C_8H_{30}$, Cobaltate(1-), bis [(7,8,9,10,11-η)-1,2,3,4,5,6,9,10, 11-nonahydro 7,8-dimethyl-7,8-dicarbaundecaborato(2-)]-, [52855-29-5], 10:111
$CoB_{18}C_{16}H_{30}$, Cobaltate(1-), bis [(7,8,9,10,11-η)-1,2,3,4,5,6,7,9,10,11-decahydro-8-phenyl-7,8-dicarbaun-

decaborato(2-)]-, [51868-92-9], 10:111

$CoB_{20}C_2H_{22}$, Cobaltate(3-), bis[(7,8,9, 10,11-η)-undecahydro-7-carbaundecaborato(2-)]-, [65391-99-3], 11:42

$CoB_{20}N_2C_2H_{26}$, Cobaltate(1-), bis [(7,8,9,10,11-η)-7-ammine-1,2,3,4,5,6,8,9,10,11-decahydro-7-carbaundecaborato(2-)]-, [150399-24-9], 11:42

$CoBrClN_5O_3C_4H_{16}$, Cobalt(1+), bromochlorobis(1,2-ethanediamine-*N,N'*)-, (*OC*-6-23)-, nitrate, [15656-44-7], 9:163;9:165

$CoBrCl_2N_5C_4H_{19}$, Cobalt(2+), amminebromobis(1,2-ethanediamine-*N,N'*)-, dichloride, (*OC*-6-23)-, [53539-19-8], 16:93,95,96

$CoBrN_3O_3C_5H_{19}.1/2H_2O$, Cobalt(3+), ammine[carbonato(2-)-*O*]bis(1,2-ethanediamine-*N,N'*)-, bromide, hydrate (2:1), (*OC*-6-23)-, [151120-16-0], 17:152

$CoBrN_4OC_{14}H_{26}$, Cobalt(1+), [2-[1-[(2-aminoethyl)imino]ethyl]phenolato-*N,N',O*](1,2-ethanediamine-*N,N'*) ethyl-, bromide, (*OC*-6-34)-, [76375-20-7], 23:165

$CoBrN_4O_3C_5H_{16}$, Cobalt(1+), [carbonato (2-)-*O,O'*]bis(1,2-ethanediamine-*N,N'*)-, bromide, [31055-39-7], 14:64;21:120

$CoBrN_4O_4SC_{10}H_{20}$, Cobalt, bromobis [(2,3-butanedione dioximato)(1-)-*N,N'*][thiobis[methane]]-, (*OC*-6-23)-, [79680-14-1], 20:128

$CoBrN_4O_7S_2C_4H_{18}.H_2O$, Cobalt(2+), aquabromobis(1,2-ethanediamine-*N,N'*)-, (*OC*-6-23)-, dithionate (1:1), monohydrate, [153569-10-9], 21:124

$CoBrN_4O_8SC_{18}H_{32}$, Cobalt(1+), (1,2-ethanediamine-*N,N'*)[[*N,N'*-1,2-ethanediylbis[glycinato]](2-)-*N,N',O,O'*]-, (*OC*-6-32-A)-, salt with [1*R*-(*endo,anti*)]-3-bromo-1,7-dimethyl-2-oxobicyclo[2.2.1]heptane-7-methanesulfonic acid (1:1), [51920-86-6], 18:106

———, Cobalt(1+), (1,2-ethanediamine-*N,N'*)[[*N,N'*-1,2-ethanediylbis [glycinato]](2-)-*N,N',O,O'*]-, (*OC*-6-32-*C*)-, salt with [1*R*-(*endo,anti*)]-3-bromo-1,7-dimethyl-2-oxobicyclo [2.2.1]heptane-7-methanesulfonic acid (1:1), [51921-55-2], 18:106

$CoBrN_5O_4C_{17}H_{27}$, Cobalt, bromobis[(2,3-butanedione dioximato)(1-)-*N,N'*] [4-(1,1-dimethylethyl)pyridine]-, (*OC*-6-42)-, [51194-57-1], 20:130

$CoBrN_5O_6S_2C_4H_{19}$, Cobalt(2+), amminebromobis(1,2-ethanediamine-*N,N'*)-, (*OC*-6-32)-, (disulfate) (1:1), [15306-91-9], 16:94

$CoBrN_6O_4C_4H_{16}$, Cobalt(1+), bis(1,2-ethanediamine-*N,N'*)bis(nitrito-*N*)-, bromide, (*OC*-6-22)-, [20298-24-2], 6:196

$CoBrN_7O_6C_4H_{19}$, Cobalt(2+), amminebromobis(1,2-ethanediamine-*N,N'*)-, (*OC*-6-23)-, dinitrate, [151085-64-2], 16:93

$CoBr_2ClN_4C_4H_{16}$, Cobalt(1+), bromochlorobis(1,2-ethanediamine-*N,N'*)-, bromide, (*OC*-6-33)-, [15352-28-0], 9:163-165

———, Cobalt(1+), bromochlorobis(1,2-ethanediamine-*N,N'*)-, bromide, (*OC*-6-23)-, [16853-40-0], 9:163-165

$CoBr_2ClN_4OC_4H_{18}.H_2O$, Cobalt(2+), aquachlorobis(1,2-ethanediamine-*N,N'*)-, dibromide, monohydrate, (*OC*-6-33)-, [16773-98-1], 9:165

$CoBr_2ClN_4O_4C_{12}H_{24}$, Cobalt(1+), dibromo(2,3-dimethyl-1,4,8,11-tetraazacyclotetradeca-1,3-diene-N^1,N^4,N^8,N^{11})-, (*OC*-6-13)-, perchlorate, [39483-62-0], 18:28

$CoBr_2ClN_4O_4C_{16}H_{36}$, Cobalt(1+), dibromo(5,5,7,12,12,14-hexamethyl-1,4,8,11-tetraazacyclotetradecane-N^1,N^4,N^8,N^{11})-, stereoisomer, perchlorate, [14284-51-6], 18:14

$CoBr_2N_4C_{15}H_{22}.H_2O$, Cobalt(1+), bromo (2,12-dimethyl-3,7,11,17-tetraazabicyclo[11.3.1]heptadeca-1(17),2,11, 13,15-pentaene-N^3,N^7,N^{11},N^{17})-, bromide, monohydrate, [28301-11-3], 18:19

$CoBr_2N_5O_3C_4H_{16}$, Cobalt(1+), dibromobis (1,2-ethanediamine-*N,N'*)-, (*OC*-6-12)-, nitrate, [15352-31-5], 9:166

$CoBr_3H_{15}N_5$, Cobalt(2+), pentaamminebromo-, dibromide, (*OC*-6-22)-, [14283-12-6], 1:186

$CoBr_3H_{17}N_5O$, Cobalt(3+), pentaammineaqua-, tribromide, (*OC*-6-22)-, [14404-37-6], 1:188

$CoBr_3H_{18}N_6$, Cobalt(3+), hexaammine-, tribromide, (*OC*-6-11)-, [10534-85-7], 2:219

$CoBr_3N_4C_4H_{16}.H_2O$, Cobalt(1+), dibromobis(1,2-ethanediamine-*N,N'*)-, bromide, monohydrate, (*OC*-6-22)-, [17631-53-7], 21:121

$CoBr_3N_4C_4H_{16}$, Cobalt(1+), dibromobis (1,2-ethanediamine-*N,N'*)-, bromide, (*OC*-6-12)-, [15005-14-8], 21:120

$CoBr_3N_4C_{14}H_{24}$, Cobalt(1+), dibromo(2,3, 9,10-tetramethyl-1,4,8,11-tetraazacyclotetradeca-1,3,8,10-tetraene-N^1, N^4,N^8,N^{11})-, bromide, (*OC*-6-12)-, [39177-15-6], 18:25

$CoBr_3N_4C_{15}H_{22}.H_2O$, Cobalt(1+), dibromo(2,12-dimethyl-3,7,11,17-tetraazabicyclo[11.3.1]heptadeca-1(17),2, 11,13,15-pentaene-N^3,N^7,N^{11},N^{17})-, bromide, monohydrate, (*OC*-6-12)-, [151151-19-8], 18:21

$CoBr_3N_4C_{28}H_{20}$, Cobalt(1+), dibromo (tetrabenzo[*b,f,j,n*][1,5,9,13]tetraazacyclohexadecine-N^5,N^{11},N^{17},N^{23})-, bromide, (*OC*-6-12)-, [32371-06-5], 18:34

$CoBr_3N_4OC_4H_{18}.H_2O$, Cobalt, aquabromobis(1,2-ethanediamine-*N,N'*)-, dibromide, monohydrate, (*OC*-6-33)-, [30103-63-0], 21:123

$CoBr_3N_4O_2C_4H_{20}.H_2O$, Cobalt(3+), diaquabis(1,2-ethanediamine-*N,N'*)-, tribromide, monohydrate, (*OC*-6-22)-, [150384-22-8], 14:75

$CoBr_3N_5C_4H_{19}$, Cobalt(2+), amminebromobis(1,2-ethanediamine-*N,N'*)-, dibromide, (*OC*-6-23)-, [15306-93-1], 8:198;16:93

$CoBr_3N_5C_8H_{23}$, Cobalt(2+), bromo[*N*-(2-aminoethyl)-*N'*-[2-(2-aminoethyl) ethyl]-1,2-ethanediamine-*N,N',N''*, *N''',N''''*]-, dibromide, [17251-19-3], 9:176

$CoBr_3N_5OC_4H_{21}.H_2O$, Cobalt(3+), ammineaquabis(1,2-ethanediamine-*N,N'*)-, tribromide, monohydrate, (*OC*-6-23)-, [15307-17-2], 8:198

———, Cobalt(3+), ammineaquabis(1,2-ethanediamine-*N,N'*)-, tribromide, monohydrate, (*OC*-6-32)-, [15307-24-1], 8:198

$CoBr_3N_5O_8S_2C_{24}H_{47}$, Cobalt(2+), amminebromobis(1,2-ethanediamine-*N,N'*)-, (*OC*-6-23-Λ)-, salt with [1*R*-(*endo,anti*)]-3-bromo-1,7-dimethyl-2-oxobicyclo[2.2.1]heptane-7-methanesulfonic acid (1:2), [60103-84-6], 16:93

$CoBr_3N_6C_6H_{24}$, Cobalt(3+), tris(1,2-ethanediamine-*N,N'*)-, tribromide, (*OC*-6-11)-, [13963-67-2], 14:58

$CoBr_3N_6C_9H_{30}$, Cobalt(3+), tris(1,2-propanediamine-*N,N'*)-, tribromide, [15627-71-1], 14:58

$CoBr_3N_6C_{18}H_{42}$, Cobalt(3+), tris(1,2-cyclohexanediamine-*N,N'*)-, tribromide, [*OC*-6-11-(*trans*), (*trans*),(*trans*)]-, [43223-46-7], 14:58

$CoBr_4N_2C_{16}H_{40}$, Ethanaminium, *N,N,N*-triethyl-, (*T*-4)-tetrabromocobaltate (2-) (2:1), [2041-04-5], 9:140

$CoC_{10}H_{10}$, Cobaltocene, [1277-43-6], 7:113

$CoC_{14}H_{23}$, Cobalt, bis(η^2-ethene) [(1,2,3,4,5-η)-1,2,3,4,5-pentamethyl-

2,4-cyclopentadien-1-yl]-, [80848-36-8], 23:19;28:278

$CoC_{16}H_{25}$, Cobalt, [(1,2,5,6-η)-1,5-cyclooctadiene][(1,2,3-η)-2-cycloocten-1-yl]-, [34829-55-5], 17:112

$CoClH_9N_5O_4$, Cobalt, triamminechlorobis(nitrito-*N*)-, [13601-65-5], 6:191

$CoClH_{14}N_4O_5S$, Cobalt(2+), tetraammineaquachloro-, (*OC*-6-33)-, sulfate (1:1), [67752-80-1], 6:178

$CoClN_3OC_{12}H_{11}$, Cobalt(1+), triammineaquadichloro-, chloride, [13820-77-4], 6:180;6:191

$CoClN_3O_4C_2H_9$, Cobalt, triamminechloro [ethanedioato(2-)-*O,O'*]-, [31237-99-7], 6:182

$CoClN_4Na_2O_{10}S_2C_4H_{16}$, Cobaltate(1-), bis(1,2-ethanediamine-*N,N'*)bis[sulfito (2-)-*O*]-, (*OC*-6-22)-, disodium perchlorate, [42921-87-9], 14:77

$CoClN_4O_3CH_{12}$, Cobalt(1+), tetraammine[carbonato(2-)-*O,O'*]-, chloride, (*OC*-6-22)-, [13682-55-8], 6:177

$CoClN_4O_3C_5H_{16}$, Cobalt(1+), [carbonato (2-)-*O,O'*]bis(1,2-ethanediamine-*N,N'*)-, chloride, (*OC*-6-22)-, [15842-50-9], 14:64

$CoClN_4O_3C_{11}H_{16}.H_2O$, Cobalt(1+), diammine[carbonato(2-)-*O,O'*]bis (pyridine)-, chloride, monohydrate, (*OC*-6-32)-, [152227-33-3], 23:77

$CoClN_4O_4C_8H_{18}.3H_2O$, Cobalt(1+), (1,2-ethanediamine-*N,N'*)[[*N,N'*-1,2-ethanediylbis[glycinato]](2-)-*N,N'*, *O,O'*]-, chloride, trihydrate, (*OC*-6-32-*A*)-, [151120-13-7], 18:106

———, Cobalt(1+), (1,2-ethanediamine-*N,N'*)[[*N,N'*-1,2-ethanediylbis [glycinato]](2-)-*N,N',O,O'*]-, chloride, trihydrate, (*OC*-6-32-*C*)-, [151151-18-7], 18:106

$CoClN_4O_4C_8H_{18}$, Cobalt(1+), (1,2-ethanediamine-*N,N'*)[[*N,N'*-1,2-ethanediylbis[glycinato]](2-)-*N,N',O,O'*]-, chloride, (*OC*-6-32)-, [56792-92-8], 18:105

$CoClN_4O_5C_{14}H_{26}$, Cobalt(1+), [2-[1-[(2-aminoethyl)imino]ethyl]phenolato-*N,N',O*](1,2-ethanediamine-*N,N'*)ethyl-, (*OC*-6-34)-, perchlorate, [79199-99-8], 23:169

$CoClN_4O_5SC_4H_{18}.2H_2O$, Cobalt(2+), aquachlorobis(1,2-ethanediamine-*N,N'*)-, sulfate (1:1), dihydrate, (*OC*-6-33)-, [16773-97-0], 9:163-165;14:71

$CoClN_4O_6SC_6H_{18}$, Cobalt(1+), bis(1,2-ethanediamine-*N,N'*)[mercaptoacetato (2-)-*O,S*]-, (*OC*-6-33)-, perchlorate, [26743-67-9], 21:21

$CoClN_4O_7S_2C_4H_{18}.H_2O$, Cobalt(2+), aquachlorobis(1,2-ethanediamine-*N,N'*)-, (*OC*-6-23)-, dithionate (1:1), monohydrate, [152981-37-8], 25321:125

$CoClN_4O_{19}C_{53}H_{78}$, Cobyrinic acid, *Co*-methyl deriv., perchlorate, monohydrate, heptamethyl ester, [104002-78-0], 20:141

$CoClN_5O_4C_4H_{13}$, Cobalt, [*N*-(2-aminoethyl)-1,2-ethanediamine-*N,N',N''*]chlorobis(nitrito-*N*)-, [19445-77-3], 7:210

$CoClN_5O_4C_{13}H_{19}$, Cobalt, bis[(2,3-butanedione dioximato)(1-)-*N,N'*]chloro(pyridine)-, (*OC*-6-42)-, [23295-32-1], 11:62

$CoClN_5O_5C_8H_{19}.H_2O$, Cobalt(1+), (glycinato-*N,O*)(nitrato-*O*)(octahydro-1*H*-1,4,7-triazonine-N^1,N^4,N^7)-, chloride, monohydrate, (*OC*-6-33)-, [152227-35-5], 23:77

$CoClN_5O_7CH_{15}.H_2O$, Cobalt(1+), pentaammine[carbonato(2-)-*O*]-, (*OC*-6-22)-, perchlorate, monohydrate, [153481-20-0], 17:152

$CoClN_5O_7C_5H_{19}$, Cobalt(1+), ammine [carbonato(2-)-*O*]bis(1,2-ethanediamine-*N,N'*)-, (*OC*-6-32)-, perchlorate, [65795-20-2], 17:152

$CoClN_5O_7C_9H_{23}$, Cobalt(1+), [*N*-(2-aminoethyl)-*N*'-[2-[(2-aminoethyl)amino]ethyl]-1,2-ethanediamine-*N,N',N'',N''',N''''*][carbonato(2-)-*O*]-, (*OC*-6-34)-, perchlorate, [65774-51-8], 17:152

$CoClN_5O_{19}C_{53}H_{75}$, Cobyrinic acid, cyanide perchlorate, monohydrate, heptamethyl ester, [74428-12-9], 20:141

$CoClN_6O_4C_4H_{16}$, Cobalt(1+), bis(1,2-ethanediamine-*N,N'*)bis(nitrito-*N*)-, chloride, (*OC*-6-22)-, [15079-78-4], 6:192

———, Cobalt(1+), [*N*-(2-aminoethyl)-1,2-ethanediamine-*N,N',N''*]amminebis(nitrito-*N*)-, chloride, [65166-48-5], 7:211

$CoClN_6O_6C_{10}H_{28}.5H_2O$, Cobalt(3+), tris(1,2-ethanediamine-*N,N'*)-, (*OC*-6-11-Λ)-, chloride salt with [*R*-(*R**,*R**)]-2,3-dihydroxybutanedioic acid (1:1:1), pentahydrate, [71129-32-3], 6:183,186

$CoClN_{10}O_8C_{12}H_{28}$, Cobaltate(1-), bis(L-argininato-N^2,O^1)bis(nitrito-*N*)-, hydrogen, monohydrochloride, (*OC*-6-22-Λ)-, [75936-48-0], 23:91

$CoClP_3C_{54}H_{45}$, Cobalt, chlorotris(triphenylphosphine)-, [26305-75-9], 26:190

$CoCl_2$, Cobalt chloride ($CoCl_2$), [7646-79-9], 5:154;7:113;29:110

$CoCl_2H_6N_2$, Cobalt, diamminedichloro-, (*T*-4)-, [13931-88-9], 9:159

$CoCl_2H_{15}N_5O_4Re$, Rhenium(2+), μ-oxotrioxo(pentaamminecobalt)-, dichloride, [31237-66-8], 12:216

$CoCl_2H_{15}N_5O_{12}Re$, Rhenium(2+), μ-oxotrioxo(pentaamminecobalt)-, diperchlorate, [31085-10-6], 12:216

$CoCl_2H_{15}N_6O$, Cobalt(2+), pentaammine-nitrosyl-, dichloride, (*OC*-6-22)-, [13931-89-0], 4:168;5:185;8:191

$CoCl_2H_{18}N_6$, Cobalt(2+), hexaammine-, dichloride, (*OC*-6-11)-, [13874-13-0], 8:191;9:157

$CoCl_2NOP_2C_{26}H_{26}$, Cobalt, dichlorobis(methyldiphenylphosphine)nitrosyl-, [36237-01-1], 16:29

———, Cobalt, dichlorobis(methyldiphenylphosphine)nitrosyl-, (*TB*-5-22)-, [38402-84-5], 16:29

$CoCl_2N_3C_{10}H_9$, Cobalt, dichloro(*N*-2-pyridinyl-2-pyridinamine-N^{N^2},N^1)-, (*T*-4)-, [14872-02-7], 5:184

$CoCl_2N_4O_{11}C_8H_{21}.2H_2O$, Cobalt(2+), aqua(glycinato-*N,O*)(octahydro-1*H*-1,4,7-triazonine-N^1,N^4,N^7)-, (*OC*-6-33)-, diperchlorate, dihydrate, [152227-34-4], 23:76

$CoCl_2N_5O_3C_4H_{16}$, Cobalt(1+), dichlorobis(1,2-ethanediamine-*N,N'*)-, (*OC*-6-12)-, nitrate, [14587-94-1], 18:73

$CoCl_2N_5O_8SC_6H_{22}$, Cobalt(2+), (2-aminoethanethiolato-*N,S*)bis(1,2-ethanediamine-*N,N'*)-, (*OC*-6-33)-, diperchlorate, [40330-50-5], 21:19

$CoCl_2N_6O_{11}C_{28}H_{28}$, Cobalt(2+), aqua(5,5a-dihydro-24-methoxy-24*H*-6,10:19,23-dinitrilo-10*H*-benzimidazo[2,1-*h*][1,9,17]benzotriazacyclononadecine-N^{12},N^{17},N^{25},N^{26},N^{27})(methanol)-, (*PB*-7-12-3,6,4,5,7)-, diperchlorate, [73202-97-8], 23:176

$CoCl_2N_8O_8Se_4C_4H_{16}$, Cobalt(2+), tetrakis(selenourea-*Se*)-, (*T*-4)-, diperchlorate, [38901-14-3], 16:84

$CoCl_3H_8N_{6.6}H_3N$, Cobalt(3+), hexa-ammine-, trichloride, hexaammoniate, (*OC*-6-11)-, [149189-77-5], 2:220

$CoCl_3H_9N_3$, Cobalt, triamminetrichloro-, [30217-13-1], 6:182

$CoCl_3H_{11}N_3O$, Cobalt(1+), triammine-aquadichloro-, chloride, (*OC*-6-13)-, [60966-27-0], 23:110

$CoCl_3H_{14}N_4O$, Cobalt(2+), tetraammine-aquachloro-, dichloride, (*OC*-6-33)-, [13820-78-5], 6:178

$CoCl_3H_{15}N_5$, Cobalt(2+), pentaammine-chloro-, dichloride, (*OC*-6-22)-, [13859-51-3], 5:175;6:182;9:160

$CoCl_3H_{16}N_4O_{14}$, Cobalt(3+), tetraammine-diaqua-, (*OC*-6-22)-, triperchlorate, [15040-53-6], 18:83

$CoCl_3H_{18}N_6$, Cobalt(3+), hexaammine-, trichloride, (*OC*-6-11)-, [10534-89-1], 2:217;18:68

$CoCl_3N_3C_4H_{13}$, Cobalt, [*N*-(2-amino-ethyl)-1,2-ethanediamine-*N,N',N''*] trichloro-, [14215-59-9], 7:211

$CoCl_3N_4C_4H_{16}$, Cobalt(1+), dichlorobis (1,2-ethanediamine-*N,N'*)-, chloride, (*OC*-6-12)-, [14040-33-6], 2:222;14:68;29:176

———, Cobalt(1+), dichlorobis(1,2-ethanediamine-*N,N'*)-, chloride, (*OC*-6-22)-, [14040-32-5], 9:167,168

———, Cobalt(1+), dichlorobis(1,2-ethanediamine-*N,N'*)-, chloride, (*OC*-6-22-Δ)-, [20594-11-0], 2:224

$CoCl_3N_4C_4H_{16}.H_2O$, Cobalt(1+), dichloro-bis(1,2-ethanediamine-*N,N'*)-, chloride, monohydrate, (*OC*-6-22)-, [15603-31-3], 14:70

$CoCl_3N_4C_9H_{22}$, Cobalt(1+), dichloro (1,4,7,10-tetraazacyclotridecane-*N*[1],*N*[4],*N*[7],*N*[10])-, chloride, (*OC*-6-13)-, [63781-89-5], 20:111

$CoCl_3N_4C_{11}H_{26}$, Cobalt(1+), dichloro (1,4,8,12-tetraazacyclopentadecane-*N*[1],*N*[4],*N*[8],*N*[12])-, chloride, (*OC*-6-13)-, [153420-97-4], 20:112

$CoCl_3N_4O_4C_{12}H_{28}$, Cobalt(1+), dichloro (1,5,9,13-tetraazacyclohexadecane-*N*[1],*N*[5],*N*[9],*N*[13])-, stereoisomer, perchlorate, [63865-12-3], 20:113

$CoCl_3N_4O_4C_{12}H_{28}$, Cobalt(1+), dichloro (1,5,9,13-tetraazacyclohexadecane-*N*[1],*N*[5],*N*[9],*N*[13])-, stereoisomer, perchlorate, [63865-14-5], 20:113

$CoCl_3N_6C_6H_{24}$, Cobalt(3+), tris(1,2-ethanediamine-*N,N'*)-, trichloride, (*OC*-6-11)-, [13408-73-6],2:221;9:162

$CoCl_3N_8C_{12}H_{30}$, Cobalt(3+), (1,3,6,8,10, 13,16,19-octaazabicyclo[6.6.6] eicosane-*N*[3],*N*[6],*N*[10],*N*[13],*N*[16],*N*[19])-, trichloride, (*OC*-6-11)-, [71963-57-0], 20:85,86

$CoCl_3N_{15}C_{24}H_{33}.5/2H_2O$, Cobalt(3+), tris(*N*-phenylimidodicarbonimidic diamide-*N'',N'''*)-, trichloride, hydrate (2:5), [150124-42-8], 6:73

$CoCl_3O_4SiC_4$, Cobalt, tetracarbonyl (trichlorosilyl)-, [14239-21-5], 13:67

$CoCl_4K2$, Cobaltate(2-), tetrachloro-, dipotassium, (*T*-4)-, [13877264],20:51

$CoCl_4N_2C_{16}H_{40}$, Ethanaminium, *N,N,N*-triethyl-, tetrachlorocobaltate(2-) (2:1), [6667-75-0], 9:139

$CoCl_4N_4O_5C_4H_{26}$, Hydrogen(1+), diaqua-, (*OC*-6-12)-dichlorobis(1,2-ethane-diamine-*N,N'*)cobalt(1+) chloride (1:1:2), [58298-19-4], 13:232

$CoCl_6FeH_{18}N_6$, Cobalt(3+), hexaammine-, (*OC*-6-11)-, (*OC*-6-11)-hexachloro-ferrate(3-) (1:1), [15928-89-9], 11:48

$CoCl_6FeN_6C_9H_{30}$, Cobalt(3+), tris(1,2-propanediamine-*N,N'*)-, (*OC*-6-11)-hexachloroferrate(3-) (1:1), [20519-29-3], 11:49

$CoCl_6InN_6C_9H_{30}$, Cobalt(3+), tris(1,2-propanediamine-*N,N'*)-, (*OC*-6-11)-hexachloroindate(3-) (1:1), [21350-66-3], 11:50

$CoCl_6MnN_6C_9H_{30}$, Cobalt(3+), tris(1,2-propanediamine-*N,N'*)-, (*OC*-6-11)-hexachloromanganate(3-) (1:1), [20678-75-5], 11:48

$CoCl_9H_{15}Hg_3N_5$, Cobalt(2+), penta-amminechloro-, (*OC*-6-22)-, dichloride, compd. with mercury chloride ($HgCl_2$) (1:3), [149165-66-2], 9:162

$CoCl_{12}N_6O_{12}Sb_2C_6H_{18}$, Cobalt(2+), hexakis(nitromethane-*O*)-, (*OC*-6-11)-, bis[(*OC*-6-11)-hexachloroantimonate (1-)], [25973-90-4], 29:114

$CoCl_{12}O_6Sb_2C_{18}H_{36}$, Cobalt(2+), hexakis (2-propanone)-, (*OC*-6-11)-, bis[(*OC*-6-11)-hexachloroantimonate(1-)], [146249-37-8], 29:114

$CoCr_2O_4$, Chromium cobalt oxide (Cr_2CoO_4), [12016-69-2], 20:52
$CoCsN_2O_8C_{10}H_{12}$, Cobaltate(1-), [[*N,N'*-1,2-ethanediylbis[*N*-(carboxymethyl) glycinato]](4-)-*N,N',O,O',O*^{N},*O*$^{N'}$]-, cesium, (*OC*-6-21)-, [64331-31-3], 23:99
$CoCsN_2O_8C_{11}H_{14}$, Cobaltate(1-), [[*N,N'*-(1-methyl-1,2-ethanediyl)bis[*N*-(carboxymethyl)glycinato]](4-)-*N,N',O,O',O*^{N},*O*$^{N'}$]-, cesium, (*OC*-6-42)-, [90443-37-1], 23:103
———, Cobaltate(1-), [[*N,N'*-(1-methyl-1,2-ethanediyl)bis[*N*-(carboxymethyl) glycinato]](4-)-*N,N',O,O',O*^{N},*O*$^{N'}$]-, cesium, [*OC*-6-42-*A*-(*R*)]-, [90463-09-5], 23:103
———, Cobaltate(1-), [[*N,N'*-(1-methyl-1,2-ethanediyl)bis[*N*-(carboxymethyl) glycinato]](4-)-*N,N',O,O',O*^{N},*O*$^{N'}$]-, cesium, [*OC*-6-42-*C*-(*S*)]-, [90443-36-0], 23:103
$CoCsN_2O_8C_{14}H_{18}$, Cobaltate(1-), [[*N,N'*-1,2-cyclohexanediylbis[*N*-(carboxymethyl)glycinato]](4-)-*N,N',O,O'*, *O*^{N},*O*$^{N'}$]-, cesium, [*OC*-6-21-*A*-(1*R*-*trans*)]-, [72523-07-0], 23:97
———, Cobaltate(1-), [[*N,N'*-1,2-cyclohexanediylbis[*N*-(carboxymethyl) glycinato]](4-)-*N,N',O,O',O*^{N},*O*$^{N'}$]-, cesium, [*OC*-6-21-(*trans*)]-, [99527-41-0], 23:96
$CoCsO_8S_2.12H_2O$, Sulfuric acid, cesium cobalt(3+) salt (2:1:1), dodecahydrate, [19004-44-5], 10:61
$CoFH_{15}N_7O_6$, Cobalt(2+), pentaamminefluoro-, (*OC*-6-22)-, dinitrate, [14240-02-9], 4:172
CoF_3, Cobalt fluoride (CoF_3), [10026-18-3], 3:175
$CoF_3O_4SiC_4$, Cobalt, tetracarbonyl (trifluorosilyl)-, (*TB*-5-12)-, [15693-79-5], 13:70
$CoF_5O_2P_2C_{44}H_{30}$, Cobalt, dicarbonyl (pentafluorophenyl)bis(triphenylphosphine)-, (*TB*-5-23)-, [89198-92-5], 23:25
$CoF_5O_3PC_{27}H_{15}$, Cobalt, tricarbonyl (pentafluorophenyl)(triphenylphosphine)-, (*TB*-5-13)-, [78220-27-6], 23:24
$CoF_5O_4C_{10}$, Cobalt, tetracarbonyl(pentafluorophenyl)-, [15671-73-5], 23:23
$CoF_9N_3O_9S_3C_7H_{13}$, Cobalt, [*N*-(2-aminoethyl)-1,2-ethanediamine-*N,N',N''*]tris (trifluoromethanesulfonato-*O*)-, (*OC*-6-33)-, [75522-53-1], 22:106
$CoF_9N_4O_9S_3C_7H_{16}$, Cobalt(1+), bis(1,2-ethanediamine-*N,N'*)bis(trifluoromethanesulfonato-*O*)-, (*OC*-6-22)-, salt with trifluoromethanesulfonic acid (1:1), [75522-52-0], 22:105
$CoF_9N_5O_9S_3C_3H_{15}$, Cobalt(2+), pentaammine(trifluoromethanesulfonato-*O*)-, (*OC*-6-22)-, salt with trifluoromethanesulfonic acid (1:2), [75522-50-8], 22:104
$CoF_9N_5O_9S_3C_8H_{25}$, Cobalt(2+), pentakis (methanamine)(trifluoromethanesulfonato-*O*)-, (*OC*-6-22)-, salt with trifluoromethanesulfonic acid (1:2), [90065-88-6], 24:281
$CoF_{12}N_2O_6C_{16}H_{16}$, Cobalt, bis(*N,N*-dimethylformamide-*O*)bis(1,1,1,5,5,5-hexafluoro-2,4-pentanedionato-*O,O'*)-, [53513-61-4], 15:96
$CoF_{12}N_6P_2C_{26}H_{44}$, Cobalt(2+), (2,3,10,11,13,19-hexamethyl-3,10,14,18,21,25-hexaazabicyclo[10.7.7]hexacosa-1,11,13,18,20,25-hexaene-*N*^{14},*N*^{18},*N*^{21},*N*^{25})-, [*SP*-4-2-(*Z,Z*)]-, bis[hexafluorophosphate(1-)], [73914-18-8], 27:270
$CoF_{12}S_4C_8$, Cobaltate(1-), bis[1,1,1,4,4,4-hexafluoro-2-butene-2,3-dithiolato (2-)-*S,S'*]-, [47450-97-5], 10:9
———, Cobaltate(2-), bis[1,1,1,4,4,4-hexafluoro-2-butene-2,3-dithiolato (2-)-*S,S'*]-, (*SP*-4-1)-, [14879-13-1], 10:9

$CoF_{12}S_4C_8$, Cobalt, bis[1,1,1,4,4,4-hexafluoro-2-butene-2,3-dithiolato(2-)-*S,S'*]-, (*SP*-4-1)-, [31052-36-5], 10:9
$CoFe_2O_4$, Cobalt iron oxide ($CoFe_2O_4$), [12052-28-7], 9:154
CoH_2O_2, Cobalt hydroxide ($Co(OH)_2$), [21041-93-0], 9:158
$CoH_6HgN_6O_8$, Cobaltate(1-), diamminetetrakis(nitrito-*N*)-, mercury(1+), [15490-00-3], 9:172
$CoH_6KN_6O_8$, Cobaltate(1-), diamminetetrakis(nitrito-*N*)-, potassium, [14285-97-3], 9:170
$CoH_7N_6O_8$, Cobaltate(1-), diamminetetrakis(nitrito-*N*)-, hydrogen, [33677-11-1], 9:172
$CoH_9N_6O_6$, Cobalt, triamminetris(nitrito-*N*)-, [13600-88-9], 6:189
———, Cobalt, triamminetris(nitrito-*N*)-, (*OC*-6-21)-, [20749-21-7], 23:109
$CoH_{12}N_7O_7$, Cobalt(1+), tetraamminebis(nitrito-*N*)-, (*OC*-6-12)-, nitrate, [13782-04-2], 18:70,71
———, Cobalt(1+), tetraamminebis(nitrito-*N*)-, (*OC*-6-22)-, nitrate, [13782-03-1], 18:70,71
$CoH_{15}IN_7O_6$, Cobalt(2+), pentaammineiodo-, (*OC*-6-22)-, dinitrate, [36395-86-5], 4:173
$CoH_{15}N_4O_8S_2$, Cobalt(2+), tetraammineaquahydroxy-, (*OC*-6-33)-, dithionate (1:1), [67326-97-0], 18:81
$CoH_{15}N_5O_{12}Re_3$, Rhenium(2+), μ-oxotrioxo(pentaamminecobalt)-, bis[(*T*-4)-tetraoxorhenate(1-)], [31031-09-1], 12:215
$CoH_{15}N_6O_{12}$, Cobalt(3+), triamminetriaqua-, trinitrate, [14640-49-4], 6:191
$CoH_{15}N_7O_{10}Re.H_2O$, Rhenium(2+), μ-oxotrioxo(pentaamminecobalt)-, dinitrate, monohydrate, [150384-23-9], 12:216
$CoH_{15}N_8O_8$, Cobalt(2+), pentaammine(nitrito-*O*)-, (*OC*-6-21)-, dinitrate, [13600-94-7], 4:174
$CoH_{15}N_8O_9$, Cobalt(2+), pentaammine(nitrato-*O*)-, (*OC*-6-22)-, dinitrate, [14404-36-5], 4:174
$CoH_{17}N_5O_{13}Re_3.2H_2O$, Cobalt(3+), pentaammineaqua-, (*OC*-6-22)-, tris[(*T*-4)-tetraoxorhenate(1-)], dihydrate, [20774-10-1], 12:214
$CoH_{18}N_9O_9$, Cobalt(3+), hexaammine-, (*OC*-6-11)-, trinitrate, [10534-86-8], 2:218
$CoHgN_4O_8C_4H_8$, Cobaltate(1-), bis(glyciato-*N,O*)bis(nitrito-*N*)-, mercury(1+), [15490-09-2], 9:173
$CoIN_2O_2$, Cobalt, iododinitrosyl-, [44387-12-4], 14:86
$CoIN_4OC_{14}H_{26}$, Cobalt(1+), [2-[1-[(2-aminoethyl)imino]ethyl]phenolato-*N,N',O*](1,2-ethanediamine-*N,N'*)ethyl-, iodide, (*OC*-6-34)-, [103881-04-5], 23:167
$CoIN_4OC_{15}H_{28}$, Cobalt(1+), [2-[1-[(3-aminopropyl)imino]ethyl]phenolato-*N,N',O*]methyl(1,3-propanediamine-*N,N'*)-, iodide, (*OC*-6-34)-, [103925-36-6], 23:170
$CoIN_4OC_{16}H_{30}$, Cobalt(1+), ethyl[2-[1-[(3-aminopropyl)imino]ethyl]phenolato-*N,N',O*](1,3-propanediamine-*N,N'*)-, iodide, (*OC*-6-34)-, [103925-35-5], 23:169
$CoIN_4O_4C_6H_{16}$, Cobalt(1+), bis(1,2-ethanediamine-*N,N'*)[ethanedioato(2-)-*O,O'*]-, iodide, (*OC*-6-22-Λ)-, [40028-98-6], 18:99
$CoI_2N_4O_2C_9H_{23}$, Cobalt(2+), bis(1,2-ethanediamine-*N,N'*)(2,4-pentanedionato-*O,O'*)-, diiodide, (*OC*-6-22-Δ)-, [16702-65-1], 9:167,168
$CoI_2N_4O_2C_9H_{23}$, Cobalt(2+), bis(1,2-ethanediamine-*N,N'*)(2,4-pentanedionato-*O,O'*)-, diiodide, (*OC*-6-22-Λ)-, [36186-04-6], 9:167,168
$CoI_2N_5O_2C_8H_{22}.H_2O$, Cobalt(2+), ammine(glycinato-*N,O*)(octahydro-1*H*-1,4,7-triazonine-N^1,N^4,N^7)-, diiodide, mono-

hydrate, (*OC*-6-24)-, [152227-42-4], 23:78

$CoI_2OC_{11}H_{15}$, Cobalt, carbonyldiiodo [(1,2,3,4,5-η)-1,2,3,4,5-pentamethyl-2,4-cyclopentadien-1-yl]-, [35886-64-7], 23:16;28:275

$CoI_3N_6C_6H_{24}.H_2O$, Cobalt(3+), tris(1,2-ethanediamine-*N,N'*)-, triiodide, monohydrate, (*OC*-6-11-Δ)-, [37433-43-5], 6:185,186

———, Cobalt(3+), tris(1,2-ethanediamine-*N,N'*)-, triiodide, monohydrate, (*OC*-6-11-Λ)-, [20468-63-7], 6:185,186

$CoI_3N_6C_6H_{24}$, Cobalt(3+), tris(1,2-ethanediamine-*N,N'*)-, triiodide, (*OC*-6-11)-, [15375-81-2], 14:58

$CoI_3N_6C_8H_{26}$, Cobalt(3+), bis[*N*-(2-aminoethyl)-1,2-ethanediamine-*N,N',N''*]-, triiodide, [49564-74-1], 14:58

$CoI_3N_6C_9H_{30}$, Cobalt(3+), tris(1,2-propanediamine-*N,N'*)-, triiodide, [43223-45-6], 14:58

$CoI_3N_6C_{18}H_{42}$, Cobalt(3+), tris(1,2-cyclohexanediamine-*N,N'*)-, triiodide, [*OC*-6-11-(*trans*),(*trans*),(*trans*)]-, [43223-47-8], 14:58

$CoI_4N_2C_{16}H_{40}$, Ethanaminium, *N,N,N*-triethyl-, (*T*-4)-tetraiodocobaltate(2-) (2:1), [5893-73-2], 9:140

$CoK_{0.67}O_2$, Cobalt potassium oxide ($CoK_{0.67}O_2$), [121091-71-2], 30:151

$CoKN_2O_6C_2H_6$, Cobaltate(1-), diamminebis[carbonato(2-)-*O,O'*]-, potassium, (*OC*-6-21)-, [26176-51-2], 23:62

$CoKN_2O_6C_4H_8$, Cobaltate(1-), bis[carbonato(2-)-*O,O'*](1,2-ethanediamine-*N,N'*)-, potassium, (*OC*-6-21)-, [54992-64-2], 23:64

$CoKN_2O_8C_{10}H_{12}.2H_2O$, Cobaltate(1-), [[*N,N'*-1,2-ethanediylbis[*N*-(carboxymethyl)glycinato]](4-)-*N,N',O,O',*O^N,$O^{N'}$]-, potassium, dihydrate, (*OC*-6-21)-, [15185-93-0], 18:100

———, Cobaltate(1-), [[*N,N'*-1,2-ethanediylbis[*N*-(carboxymethyl) glycinato]](4-)-*N,N',O,O',*O^N,$O^{N'}$]-, potassium, dihydrate, (*OC*-6-21-*A*)-, [19570-74-2], 18:100

———, Cobaltate(1-), [[*N,N'*-1,2-ethanediylbis[*N*-(carboxymethyl) glycinato]](4-)-*N,N',O,O',*O^N,$O^{N'}$]-, potassium, dihydrate, (*OC*-6-21-*C*)-, [53747-25-4], 18:100

$CoKN_2O_8C_{10}H_{12}$, Cobaltate(1-), [[*N,N'*-1,2-ethanediylbis[*N*-(carboxymethyl) glycinato]](4-)-*N,N',O,O',*O^N,$O^{N'}$]-, potassium, (*OC*-6-21)-, [14240-00-7], 5:186;23:99

———, Cobaltate(1-), [[*N,N'*-1,2-ethanediylbis[*N*-(carboxymethyl)glycinato]] (4-)-*N,N',O,O',*O^N,$O^{N'}$]-, potassium, (*OC*-6-21-*A*)-, [40029-01-4], 6:193,194

———, Cobaltate(1-), [[*N,N'*-1,2-ethanediylbis[*N*-(carboxymethyl)glycinato]] (4-)-*N,N',O,O',*O^N,$O^{N'}$]-, potassium, (*OC*-6-21-*C*)-, [23594-44-7], 6:193,194

$CoKN_2O_8C_{11}H_{14}$, Cobaltate(1-), [[*N,N'*-(1-methyl-1,2-ethanediyl)bis[*N*-(carboxymethyl)glycinato]](4-)-*N,N',O,O',*O^N,$O^{N'}$]-, potassium, [*OC*-6-42-*A*-(*R*)]-, [86286-58-0], 23:101

$CoKN_2O_8C_{14}H_{18}$, Cobaltate(1-), [[*N,N'*-1,2-cyclohexanediylbis[*N*-(carboxymethyl)glycinato]](4-)-*N,N', O,O',*O^N,$O^{N'}$]-, potassium, [*OC*-6-21-*A*-(1*R*-*trans*)]-, [99527-38-5], 23:97

$CoKN_4O_7CH_6.½H_2O$, Cobaltate(1-), diammine[carbonato(2-)-*O,O*]bis (nitrito-*N*)-, potassium, hydrate (2:1), (*OC*-6-32)-, [152227-43-5], 23:70

$CoKN_4O_8C_2H_6$, Cobaltate(1-), diammine [ethanedioato(2-)-*O,O'*]bis(nitrito-*N*)-, potassium, (*OC*-6-22)-, [55529-41-4], 9:172

$CoKN_4O_8C_2H_6.½H_2O$, Cobaltate(1-), diammine[ethanedioato(2-)-*O,O'*] bis(nitrito-*N*)-, potassium, hydrate (2:1), (*OC*-6-32)-, [152227-44-6], 23:71

$CoKN_4O_8C_4H_8$, Cobaltate(1-), bis (glycinato-*N,O*)bis(nitrito-*N*)-, potassium, [15157-77-4], 9:173

$CoKN_4O_8C_6H_{10}$, Cobaltate(1-), [[*N,N'*-1,2-ethanediylbis[glycinato]](2-)-*N,N'*, *O,O'*]bis(nitrito-*N*)-, potassium, (*OC*-6-13)-, [37480-85-6], 18:100

———, Cobaltate(1-), [[*N,N'*-1,2-ethanediylbis[glycinato]](2-)-*N,N',O,O'*] bis(nitrito-*N*)-, potassium, [*OC*-6-13-*C*-[*R*-(*R**,*R**)]]-, [53152-29-7], 18:101

$CoKO_2$, Cobaltate (CoO_2^{1-}), potassium, [55608-59-8], 22:58;30:151

$CoKO_4C_4$, Cobaltate(1-), tetracarbonyl-, potassium, (*T*-4)-, [14878-26-3], 2:238

$CoK_3N_6C_6$, Cobaltate(3-), hexakis(cyano-*C*)-, tripotassium, (*OC*-6-11)-, [13963-58-1], 2:225

$CoK_3O_9C_3$, Cobaltate(3-), tris[carbonato (2-)-*O,O'*]-, tripotassium, (*OC*-6-11)-, [15768-38-4], 23:62

$CoK_3O_{12}C_6$, Cobaltate(3-), tris[ethanedioato(2-)-*O,O'*]-, tripotassium, (*OC*-6-11)-, [14239-07-7], 1:37

———, Cobaltate(3-), tris[ethanedioato(2-)-*O,O'*]-, tripotassium, (*OC*-6-11-Δ)-, [15631-50-2], 8:209

———, Cobaltate(3-), tris[ethanedioato(2-)-*O,O'*]-, tripotassium, (*OC*-6-11-Λ)-, [15631-51-3], 1:37

$CoK_3O_{12}C_6.3H_2O$, Cobaltate(3-), tris [ethanedioato(2-)-*O,O'*]-, tripotassium, trihydrate, (*OC*-6-11)-, [15275-08-8], 8:208;8:209

$CoLiN_2O_6C_2H_6$, Cobaltate(1-), diamminebis[carbonato(2-)-*O,O'*]-, lithium, (*OC*-6-21)-, [65521-08-6], 23:63

$CoMoNiO_5C_{17}H_{13}$, Molybdenum, dicarbonyl(η^5-2,4-cyclopentadien-1-yl) [(η^5-2,4-cyclopentadien-1-yl)nickel]-μ_3-ethylidyne(tricarbonylcobalt)-, (*Co-Mo*)(*Co-Ni*)(*Mo-Ni*), [76206-99-0], 27:192

$CoMoO_8RuC_{17}H_{11}$, Molybdenum, dicarbonyl(η^5-2,4-cyclopentadien-1-yl)[μ_3-[(1-η:1,2-η:2-η)-1,2-dimethyl-1,2-ethenediyl]](tricarbonylcobalt) (tricarbonylruthenium)-, (*Co-Mo*) (*Co-Ru*)(*Mo-Ru*), [126329-01-9], 27:194

$CoNOP_3C_{54}H_{45}$, Cobalt, nitrosyltris (triphenylphosphine)-, (*T*-4)-, [18712-92-0], 16:33

$CoNO_4C_3$, Cobalt, tricarbonylnitrosyl-, (*T*-4)-, [14096-82-3], 2:238

$CoNO_{13}P_2Ru_3C_{49}H_{30}$, Phosphorus(1+), triphenyl(*P,P,P*-triphenylphosphine imidato-*N*)-, (*T*-4), tri-μ-carbonyl-nonacarbonyl(carbonylcobaltate) triruthenate(1-) (3*Co-Ru*)(3*Ru-Ru*), [72152-11-5], 21:61,63

$CoN_2NaO_7C_7H_{10}$, Cobaltate(1-), [carbonato(2-)-*O,O'*][[*N,N'*-1,2-ethanediylbis[glycinato]](2-)-*N,N',O,O'*]-, sodium, (*OC*-6-33)-, [99083-95-1], 18:104

$CoN_2NaO_8C_6H_8$, Cobaltate(1-), (1,2-ethanediamine-*N,N'*)bis[ethanedioato (2-)-*O,O'*]-, sodium, (*OC*-6-21-Δ)-, [33516-80-2], 13:198

———, Cobaltate(1-), (1,2-ethanediamine-*N,N'*)bis[ethanedioato(2-)-*O,O'*]-, sodium, (*OC*-6-21-Λ)-, [33516-79-9], 13:198

$CoN_2NaO_8C_{10}H_{12}$, Cobaltate(1-), [[*N,N'*-1,2-ethanediylbis[*N*-(carboxymethyl) glycinato]](4-)-*N,N',O,O'*,O^N,$O^{N'}$]-, sodium, (*OC*-6-21)-, [14025-11-7], 5:186

$CoN_2O_2C_{12}H_{20}$, Cobalt, bis[4-(methylimino)-2-pentanonato-*N,O*]-, (*T*-4)-, [15225-82-8], 11:76

$CoN_2O_3C_{15}H_9$, Cobalt, tricarbonyl[2-(phenylazo)phenyl]-, [19528-27-9], 26:176

$CoN_2O_4C_{16}H_{22}$, Cobalt, bis(2,4-pentanedionato-*O,O'*)(2-pyridinemethanamine-N^1,N^2)-, (*OC*-6-31)-, [21007-64-7], 11:85

$CoN_2O_4C_{20}H_{22}$, Cobalt, (2,2'-bipyridine-*N,N'*)bis(2,4-pentanedionato-*O,O'*)-, (*OC*-6-21)-, [20106-05-2], 11:86

$CoN_2O_4C_{22}H_{22}$, Cobalt, bis(2,4-pentanedionato-*O,O'*)(1,10-phenanthroline-*N*[1],*N*[10])-, (*OC*-6-21)-, [20106-04-1], 11:86

$CoN_2O_6C_6H_{14}$, Cobalt, diaqua[[*N,N'*-1,2-ethanediylbis[glycinato]](2-)-*N,N',O,O'*]-, [42573-16-0], 18:100

$CoN_2O_8C_6H_8$, Cobaltate(1-), (1,2-ethanediamine-*N,N'*)bis[ethanedioato(2-)-*O,O'*]-, (*OC*-6-21)-, [23603-95-4], 13:195;23:74

$CoN_2O_8C_{10}H_{14}$, Cobaltate(2-), [[*N,N'*-1,2-ethanediylbis[*N*-(carboxymethyl)glycinato]](4-)-*N,N',O,O',O*[N],*O*[N']]-, dihydrogen, (*OC*-6-21)-, [24704-41-4], 5:187

$CoN_2O_8RbC_{10}H_{12}$, Cobaltate(1-), [[1,2-ethanediylbis[*N*-(carboxymethyl)glycinato]](4-)-*N,N',O,O',O*[N],*O*[N']]-, rubidium, (*OC*-6-21)-, [14323-71-8], 23:100

$CoN_2O_8RbC_{11}H_{14}$, Cobaltate(1-), [[*N,N'*-(1-methyl-1,2-ethanediyl)bis[*N*-(carboxymethyl)glycinato]](4-)-*N,N',O,O',O*[N],*O*[N']]-, rubidium, [*OC*-6-42-*A*-(*R*)]-, [90443-38-2], 23:101

$CoN_2O_8RbC_{14}H_{18}$, Cobaltate(1-), [[*N,N'*-1,2-cyclohexanediylbis[*N*-(carboxymethyl)glycinato]](4-)-*N,N',O,O',O*[N],*O*[N']]-, rubidium, [*OC*-6-21-*A*-(1*R*-*trans*)]-, [99527-40-9], 23:97

$CoN_2O_{10}S_2C_{14}H_{16}.2H_2O$, Cobalt, tetraaquabis(1,2-benzisothiazol-3(2*H*)-one 1,1-dioxidato-*N*[2])-, dihydrate, [81780-35-0], 23:49

$CoN_2P_3C_{54}H_{46}$, Cobalt, (dinitrogen)hydrotris(triphenylphosphine)-, (*TB*-5-23)-, [21373-88-6], 12:12,18,21

$CoN_2S_2C_{12}H_{18}$, Cobalt, [[4,4'-(1,2-ethanediyldinitrilo)bis[2-pentanethionato]](2-)-*N,N',S,S'*]-, (*SP*-4-2)-, [41254-15-3], 16:227

$CoN_3OS_4C_6H_{12}$, Cobalt, bis(dimethylcarbamodithioato-*S,S'*)nitrosyl-, (*SP*-5-21)-, [36434-42-1], 16:7

$CoN_3O_6C_6H_{12}$, Cobalt, tris(glycinato-*N,O*)-, (*OC*-6-21)-, [30364-77-3], 25:135

———, Cobalt, tris(glycinato-*N,O*)-, (*OC*-6-22)-, [21520-57-0], 25:135

$CoN_3O_6C_9H_{18}$, Cobalt, tris(L-alaninato-*N,O*)-, (*OC*-6-21)-, [55328-27-3], 25:137

———, Cobalt, tris(L-alaninato-*N,O*)-, (*OC*-6-22)-, [55448-50-5], 25:137

$CoN_3O_{12}C_{15}H_{18}$, Cobalt, tris(3-nitro-2,4-pentanedionato-O^2,O^4)-, (*OC*-6-11)-, [15169-25-2], 7:205

$CoN_3S6C_{15}H_{30}$, Cobalt, tris(diethylcarbamodithioato-*S,S'*)-, (*OC*-6-11)-, [13963-60-5], 10:47

$CoN_4C_{18}H_{14}$, Cobalt, [7,16-dihydrodibenzo[*b,i*][1,4,8,11]tetraazacyclotetradecinato(2-)-N^5,N^9,N^{14},N^{18}]-, (*SP*-4-1)-, [41283-94-7], 18:46

$CoN_4C_{44}H_{36}$, Cobalt, [1,4,8,11,15,18,22,25-octamethyl-29*H*,31*H*-tetrabenzo[*b,g,l,q*]porphinato(2-)-$N^{29},N^{30},N^{31},N^{32}$]-, (*SP*-4-1)-, [27662-34-6], 20:156

$CoN_4NaO_3C_3H_6.2H_2O$, Cobaltate(1-), diammine[carbonato(2-)-*O,O'*]bis(cyano-*C*)-, sodium, dihydrate, (*OC*-6-32)-, [53129-53-6], 23:67

$CoN_4NaO_4C_4H_6.2H_2O$, Cobaltate(1-), diamminebis(cyano-*C*)[ethanedioato(2-)-*O,O'*]-, sodium, dihydrate, (*OC*-6-32)-, [152227-45-7], 23:69

$CoN_4NaO_6S_2C_4H_{16}$, Cobaltate(1-), bis(1,2-ethanediamine-*N,N'*)bis[sulfito(2-)-*O*]-, sodium, (*OC*-6-12)-, [15638-71-8], 14:79

$CoN_4O_4C_6H_{16}$, Cobalt(1+), bis(1,2-ethanediamine-*N,N'*)[ethanedioato(2-)-*O,O'*]-, (*OC*-6-22)-, [17835-71-1], 18:96;23:65

$CoN_4O_4C_8H_{14}$, Cobalt, bis[(2,3-butanedione dioximato)(1-)-*N,N'*]-, (*SP*-4-1)-, [3252-99-1], 11:64

$CoN_4O_4C_9H_{17}$, Cobalt, bis[(2,3-butanedione dioximato)(1-)-*N,N'*]methyl-, (*SP*-5-31)-, [36609-02-6], 11:68
$CoN_4O_4P_2C_{44}H_{44}$, Cobalt, bis[(2,3-butanedione dioximato)(1-)-*N,N'*]bis(triphenylphosphine)-, (*OC*-6-12)-, [25970-64-3], 11:65
$CoN_4O_4SC_{11}H_{23}$, Cobalt, bis[(2,3-butanedione dioximato)(1-)-*N,N'*]methyl[thiobis[methane]]-, (*OC*-6-42)-, [25482-40-0], 11:67
$CoN_4O_5C_9H_{19}$, Cobalt, aquabis[(2,3-butanedione dioximato)(1-)-*N,N'*]methyl-, (*OC*-6-42)-, [25360-55-8], 11:66
$CoN_4O_6C_2H_9$, Cobalt, tetraammine[ethanedioato(2-)-*O,O'*](nitrito-*N*)-, [93843-61-9], 6:191
$CoN_4O_6C_8H_{18}$, Cobalt, diaquabis[(2,3-butanedione dioximato)(1-)-*N,N'*]-, (*OC*-6-12)-, [37115-10-9], 11:64
$CoN_4O_6C_{14}H_{18}$, Cobalt, bis(2,6-dimethylpyridine 1-oxide-*O*)bis(nitrato-*O,O'*)-, [16986-68-8], 13:204
$CoN_4O_6C_{16}H_{22}$, Cobalt, bis(nitrito-*O,O'*)bis(2,4,6-trimethylpyridine 1-oxide-*O*)-, [18601-24-6], 13:205
$CoN_4O_6C_{20}H_{18}$, Cobalt, bis(4-methylquinoline 1-oxide-*O*)bis(nitrito-*O,O'*)-, [16986-69-9], 13:206
$CoN_4O_8S_2C_4H_{19}$, Cobalt(2+), aquabis(1,2-ethanediamine-*N,N'*)hydroxy-, (*OC*-6-33)-, dithionate (1:1), [42844-99-5], 14:74
$CoN_4O_{10}C_{10}H_{21}$, Cobalt(1+), bis(1,2-ethanediamine-*N,N'*)[ethanedioato(2-)-*O,O'*]-, (*OC*-6-22-Δ)-, salt with [*R*-(*R**,*R**)]-2,3-dihydroxybutanedioic acid (1:1), [60954-75-8], 18:98
———, Cobalt(1+), bis(1,2-ethanediamine-*N,N'*)[ethanedioato(2-)-*O,O'*]-, (*OC*-6-22-Λ)-, salt with [*R*-(*R**,*R**)]-2,3-dihydroxybutanedioic acid (1:1), [40031-95-6], 18:98
$CoN_4O_{10}C_{12}H_{23}$, Cobalt(1+), (1,2-ethanediamine-*N,N'*)[[*N,N'*-1,2-ethanediylbis[glycinato]](2-)-*N,N',O,O'*]-, [*OC*-6-13-*A*-[*S*-(*R**,*R**)]]-, salt with [*R*-(*R**,*R**)]-2,3-dihydroxybutanedioic acid (1:1), [67403-56-9], 18:109
———, Cobalt(1+), (1,2-ethanediamine-*N,N'*)[[*N,N'*-1,2-ethanediylbis[glycinato]](2-)-*N,N',O,O'*]-, [*OC*-6-13-*C*-[*R*-(*R**,*R**)]]-, salt with [*R*-(*R**,*R**)]-2,3-dihydroxybutanedioic acid (1:1), [63448-73-7], 18:109
$CoN_4P_2S_4C_{56}H_{40}$, Phosphonium, tetraphenyl-, (*SP*-4-1)-bis[2,3-dimercapto-2-butenedinitrilato(2-)-*S,S'*]cobaltate(2-) (2:1), [33519-88-9], 13:189
$CoN_4S_4C_8$, Cobaltate(1-), bis[2,3-dimercapto-2-butenedinitrilato(2-)-*S,S'*]-, (*SP*-4-1)-, [46760-70-7], 10:14;10:17
———, Cobaltate(2-), bis[2,3-dimercapto-2-butenedinitrilato(2-)-*S,S'*]-, (*SP*-4-1)-, [40706-01-2], 10:14;10:17
$CoN_5Na_2O_9S_2C_4H_{16}$, Cobaltate(1-), bis(1,2-ethanediamine-*N,N'*)bis[sulfito(2-)-*O*]-, (*OC*-6-22)-, disodium nitrate, [42921-86-8], 14:77
$CoN_5OC_8H_{24}$, Cobalt(2+), [*N*-(2-aminoethyl)-*N'*-[2-[(2-aminoethyl)amino]ethyl]-1,2-ethanediamine-*N,N',N''*,*N'''*,*N''''*]hydroxy-, [149250-81-7], 9:178
$CoN_5OC_8H_{25}$, Cobalt(3+), [*N*-(2-aminoethyl)-*N'*-[2-[(2-aminoethyl)amino]ethyl]-1,2-ethanediamine-*N,N',N''*,*N'''*,*N''''*]aqua-, [149250-80-6], 9:178
$CoN_5OS_2C_6H_{14}$, Cobalt, [*N*-(2-aminoethyl)-1,2-ethanediamine-*N,N',N''*]hydroxybis(thiocyanato-*S*)-, [93219-91-1], 7:208
$CoN_5O_4C_{14}H_{22}$, Cobalt, bis[(2,3-butanedione dioximato)(1-)-*N,N'*]methyl(pyridine)-, (*OC*-6-12)-, [23642-14-0], 11:65

$CoN_5O_4C_{19}H_{24}$, Cobalt, bis[(2,3-butanedione dioximato)(1-)-*N,N'*]phenyl(pyridine)-, (*OC*-6-12)-, [29130-85-6], 11:68
$CoN_5O_5C_{20}H_{34}$, Cobalt, bis[(2,3-butanedione dioximato)(1-)-*N,N'*][4-(1,1-dimethylethyl)pyridine](ethoxymethyl)-, (*OC*-6-12)-, [151085-55-1], 20:131
$CoN_5O_5C_{21}H_{36}$, Cobalt, bis[(2,3-butanedione dioximato)(1-)-*N,N'*][4-(1,1-dimethylethyl)pyridine](2-ethoxyethyl)-, (*OC*-6-12)-, [151120-18-2], 20:131
$CoN_5O_6CH_{12}$, Cobalt(1+), tetraammine[carbonato(2-)-*O,O'*]-, (*OC*-6-22)-, nitrate, [15040-52-5], 6:173
$CoN_5O_7C_8H_{18}$, Cobalt(1+), (1,2-ethanediamine-*N,N'*)[[*N,N'*-1,2-ethanediylbis[glycinato]](2-)-*N,N',O,O'*]-, [*OC*-6-13-*A*-[*S*-(*R**,*R**)]]-, nitrate, [22785-38-2], 18:109
———, Cobalt(1+), (1,2-ethanediamine-*N,N'*)[[*N,N'*-1,2-ethanediylbis[glycinato]](2-)-*N,N',O,O'*]-, [*OC*-6-13-*C*-[*R*-(*R**,*R**)]]-, nitrate, [49726-01-4], 18:109
$CoN_6C_6H_{24}$, Cobalt(3+), diammine[*N,N'*-bis(2-aminoethyl)-1,2-ethanediamine-*N,N',N'',N'''*]-, [*OC*-6-22-(*R**,*R**)]-, [97133-90-9], 23:79
———, Cobalt(3+), diammine[*N,N'*-bis(2-aminoethyl)-1,2-ethanediamine-*N,N',N'',N'''*]-, [*OC*-6-43-(*R**,*S**)]-, [75365-35-4], 23:79
———, Cobalt(3+), diammine[*N,N'*-bis(2-aminoethyl)-1,2-ethanediamine-*N,N',N'',N'''*]-, [*OC*-6-22-[*S*-(*R**,*R**)]]-, [75365-37-6], 23:79
$CoN_6O_4SSe_3C_3H_{12}$, Cobalt, tris(selenourea-*Se*)[sulfato(2-)-*O*]-, (*T*-4)-, [38901-18-7], 16:85
$CoN_6O_6CH_{15}$, Cobalt(1+), pentaammine[carbonato(2-)-*O*]-, (*OC*-6-22)-, nitrate, [15244-74-3], 4:171
$CoN_6O_6C_2H_{11}$, Cobalt, ammine(1,2-ethanediamine-*N,N'*)tris(nitrito-*N*)-, (*OC*-6-21)-, [29327-41-1], 9:172
$CoN_6O_6C_4H_{13}$, Cobalt, [*N*-(2-aminoethyl)-1,2-ethanediamine-*N,N',N''*]tris(nitrito-*N*)-, [14971-76-7], 7:209
$CoN_6O_6C_6H_{27}$, Cobalt(3+), hexaammine-, (*OC*-6-11)-, triacetate, [14023-85-9], 18:68
$CoN_6O_6S_2C_8H_{12}$, Cobalt, bis(1,3-dihydro-1-methyl-2*H*-imidazole-2-thione-*S*)bis(nitrato-*O*)-, (*T*-4)-, [76614-27-2], 23:171
$CoN_6O_9C_4H_{13}$, Cobalt, [*N*-(2-aminoethyl)-1,2-ethanediamine-*N,N',N''*]tris(nitrato-*O*)-, [25426-85-1], 7:212
$CoN_6O_{14}C_{54}H_{73}$, Cobyrinic acid, dicyanide, heptamethyl ester, [36522-80-2], 20:139
$CoN_6S_2C_{22}H_{20}$, Cobalt, tetrakis(pyridine)bis(thiocyanato-*N*)-, [14882-22-5], 13:204
$CoN_6S_3C_7H_{13}$, Cobalt, [*N*-(2-aminoethyl)-1,2-ethanediamine-*N,N',N''*]tris(thiocyanato-*S*)-, (*OC*-6-21)-, [90078-32-3], 7:209
$CoN_6S_4C_{24}H_{40}$, Ethanaminium, *N,N,N*-triethyl-, (*SP*-4-1)-bis[2,3-dimercapto-2-butenedinitrilato(2-)-*S,S'*]cobaltate(2-) (2:1), [15665-96-0], 13:190
$CoN_7O_3SC_4H_{16}$, Cobalt, azidobis(1,2-ethanediamine-*N,N'*)[sulfito(2-)-*O*]-, (*OC*-6-33)-, [15656-42-5], 14:78
$CoN_7O_6C_4H_{16}$, Cobalt(1+), bis(1,2-ethanediamine-*N,N'*)bis(nitrito-*N*)-, (*OC*-6-22)-, nitrite, [15304-27-5], 4:178;8:196;13:196;14:72
$CoN_7O_7C_4H_{16}$, Cobalt(1+), bis(1,2-ethanediamine-*N,N'*)bis(nitrito-*N*)-, (*OC*-6-12)-, nitrate, [14240-12-1], 4:176,177
———, Cobalt(1+), bis(1,2-ethanediamine-*N,N'*)bis(nitrito-*N*)-, (*OC*-6-22)-, nitrate, [17967-25-8], 8:196

$CoN_7O_8C_2H_{18}$, Cobalt(2+), (acetato-*O*) pentaammine-, (*OC*-6-22)-, dinitrate, [14854-63-8], 4:175

$CoN_8O_4C_4H_{21}$, Cobalt(3+), ammineaquabis(1,2-ethanediamine-*N,N'*)-, (*OC*-6-32)-, trinitrate, [22398-31-8], 8:198

———, Cobalt(3+), ammineaquabis(1,2-ethanediamine-*N,N'*)-, (*OC*-6-23)-, trinitrate, [18660-70-3], 8:198

$(CoN_8S_2C_6H_6)_x$, Cobalt, bis(thiocyanato-*N*)bis(1*H*-1,2,4-triazole-N^2)-, homopolymer, [63654-21-7], 23:159

$CoN_{10}O_6S_4C_{16}H_{24}$, Cobalt, tetrakis(1,3-dihydro-1-methyl-2*H*-imidazole-2-thione-*S*)bis(nitrato-*O*)-, [99374-10-4], 23:171

$CoN_{13}O_{14}PC_{63}H_{91}$, Cobinamide, *Co*-methyl deriv., dihydrogen phosphate (ester), inner salt, 3'-ester with 5,6-dimethyl-1-α-D-ribofuranosyl-1*H*-benzimidazole, [13422-55-4], 20:136

$CoN_{13}O_{15}PC_{62}H_{89}$, Cobinamide, hydroxide, dihydrogen phosphate (ester), inner salt, 3'-ester with 5,6-dimethyl-1-α-D-ribofuranosyl-1*H*-benzimidazole, [13422-51-0], 20:138

$CoN_{13}O_{16}PC_{68}H_{101}$, Cobinamide, *Co*-(2,2-diethoxyethyl) deriv., dihydrogen phosphate (ester), inner salt, 3'-ester with 5,6-dimethyl-1-α-D-ribofuranosyl-1*H*-benzimidazole, [41871-64-1], 20:138

$CoN_{15}O_3C_{24}H_{36}$, Cobalt(3+), tris(*N*-phenylimidodicarbonimidic diamide-*N'',N'''*)-, trihydroxide, [127794-88-1], 6:72

$CoNa_{0.6}O_2$, Cobalt sodium oxide ($CoNa_{0.6}O_2$), [108159-17-7], 22:56;30:149

$CoNa_{0.64-0.74}O_2$, Cobalt sodium oxide ($CoNa_{0.64-0.74}O_2$), [118392-28-2], 22:56;30:149

$CoNa_{0.77}O_2$, Cobalt sodium oxide ($CoNa_{0.77}O_2$), [153590-08-0], 22:56;30:149

$CoNaO_2$, Cobaltate (CoO_2^{1-}), sodium, [37216-69-6], 22:56;30:149

$CoNaO_6C_{15}H_{21}$, Cobaltate(1-), tris(2,4-pentanedionato-*O,O'*)-, sodium, (*OC*-6-11)-, [20106-06-3], 11:87

$CoNa_3O_9C_3.3H_2O$, Cobaltate(3-), tris [carbonato(2-)-*O,O'*]-, trisodium, trihydrate, (*OC*-6-11)-, [15684-40-9], 8:202

$CoO_2C_7H_5$, Cobalt, dicarbonyl(η^5-2,4-cyclopentadien-1-yl)-, [12078-25-0], 7:112

$CoO_2C_{12}H_{15}$, Cobalt, dicarbonyl [(1,2,3,4,5-η)-1,2,3,4,5-pentamethyl-2,4-cyclopentadien-1-yl]-, [12129-77-0], 23:15;28:273

$CoO_2PC_{33}H_{28}$, Cobalt, (η^5-2,4-cyclopentadien-1-yl)[(2,3-η)-methyl 3-phenyl-2-propynoate](triphenylphosphine)-, [53469-97-9], 26:192

CoO_3C, Carbonic acid, cobalt(2+) salt (1:1), [513-79-1], 6:189

$CoO_3PSnC_{24}H_{24}$, Cobalt, tricarbonyl (trimethylstannyl)(triphenylphosphine)-, [52611-18-4], 29:175

$CoO_3S_6C_6H_9$, Cobalt, tris(*O*-methyl carbonodithioato-*S,S'*)-, (*OC*-6-11)-, [17632-87-0], 10:47

$CoO_3S_6C_9H_{15}$, Cobalt, tris(*O*-ethyl carbonodithioato-*S,S'*)-, (*OC*-6-11)-, [14916-47-3], 10:45

$CoO_3S_6C_{15}H_{27}$, Cobalt, tris(*O*-butyl carbonodithioato-*S,S'*)-, (*OC*-6-11)-, [61160-29-0], 10:47

———, Cobalt, tris[*O*-(2-methylpropyl) carbonodithioato-*S,S'*]-, (*OC*-6-11)-, [68026-11-9], 10:47

$CoO_3S_6C_{21}H_{33}$, Cobalt, tris(*O*-cyclohexyl carbonodithioato-*S,S'*)-, (*OC*-6-11)-, [149165-78-6], 10:47

CoO_4C_4, Cobaltate(1-), tetracarbonyl-, (*T*-4)-, [14971-27-8], 15:87

CoO_4C_4H, Cobalt, tetracarbonylhydro-, [16842-03-8], 2:238;5:190;5:192

- CoO₄C₁₀H₁₄, Cobalt, bis(2,4-pentane-dionato-*O*,*O*')-, (*T*-4)-, [14024-48-7], 11:84
- CoO₄NC₉H₆, Cobaltate(1-), tetracarbonyl-, (*T*-4)-, hydrogen, compd. with pyridine (1:1), [64537-27-5], 5:94
- CoO₄PC₃₈H₃₄, Cobalt, [1,3-bis(methoxy-carbonyl)-2-methyl-4-phenyl-1,3-butadiene-1,4-diyl](η⁵-2,4-cyclo-pentadien-1-yl)(triphenylphosphine)-, [55410-87-2], 26:197
- ———, Cobalt, [1,4-bis(methoxycar-bonyl)-2-methyl-3-phenyl-1,3-butadiene-1,4-diyl](η⁵-2,4-cyclopentadien-1-yl)(triphenyl-phosphine)-, [55410-86-1], 26:197
- CoO₄S.xH₂O, Sulfuric acid, cobalt(2+) salt (1:1), hydrate, [60459-08-7], 8:198
- CoO₄SiC₇H₉, Cobalt, tetracarbonyl (trimethylsilyl)-, [15693-82-0], 13:69
- CoO₆C₄H₄, Butanedioic acid, 2,3dihydroxy- [*R*-(*R**,*R**)]-, cobalt(2+) salt (1:1), [815-80-5], 6:187
- $CoO_6C_{10}H_{18}$, Cobalt, diaquabis(2,4-pentanedionato-O,O')-, [15077-39-1], 11:83
- CoO₆C₁₅H₂₁, Cobalt, tris(2,4-pentanedionato-*O*,*O*')-, (*OC*-6-11)-, [21679-46-9], 5:188;23:94
- CoO₆PSnC₂₄H₂₄, Cobalt, tricarbonyl (trimethylstannyl)(triphenyl phosphite-P)-, (*TB*-5-12)-, [42989-56-0], 29:178
- $CoO_6P_2C_{11}H_{23}$, Cobalt, (η^5 -2,4-cyclopentadien-1-yl)bis(trimethyl phosphite-P)-, [32677-72-8], 25:162;28:283
- CoO₆P₃S₆C₁₂H₃₀, Cobalt, tris(*O*,*O*-diethyl phosphorodithioato-*S*,*S*')-, (*OC*-6-11)-, [14177-94-7], 6:142
- $CoO_8P_4C_{40}H_{61}$, Cobalt, hydrotetrakis (diethyl phenylphosphonite-P)-, [33516-93-7], 13:118
- $\text{CoO}_9\text{Os}_3\text{C}_{14}\text{H}_8$, Osmium, nonacarbonyl [(η^5 -2,4-cyclopentadien-1-yl)cobalt]

- tri-µ-hydrotri-, (3*Co-Os*)(3*Os-Os*), [82678-94-2], 25:197
- $\text{CoO}_9\text{Os}_3\text{C}_{14}\text{H}_9$, Osmium, nonacarbonyl [(η^5 -2,4-cyclopentadien-1-yl)cobalt] tetra- μ -hydrotri-, (3Co-Os)(3Os-Os), [82678-95-3], 25:197
- CoO₁₀Os₃C₁₅H₇, Osmium, μ-carbonylnonacarbonyl[(η⁵-2,4-cyclopentadien-1-yl)cobalt]di-μ-hydrotri-, (3*Co-Os*) (3*Os-Os*), [74594-41-5], 25:195
- $\text{CoO}_{12}\text{P}_4\text{C}_{72}\text{H}_{61}$, Cobalt, hydrotetrakis (triphenyl phosphite-P)-, [24651-64-7], 13:107
- CoPC₂₇H₂₈, Cobalt, 1,4-butanediyl(η⁵-2,4-cyclopentadien-1-yl) (triphenylphosphine)-, [66416-06-6], 22:171
- CoPC₃₇H₃₀, Cobalt, (η^5 -2,4-cyclopentadien-1-yl)[1,1'-(η^2 -1,2-ethynediyl) bis[benzene]](triphenylphosphine)-, [12172-41-7], 26:192
- CoPC₄₁H₃₆, Cobalt, (η⁵-2,4-cyclopentadien-1-yl)(2,3-dimethyl-1,4-diphenyl-1,3-butadiene-1,4-diyl)(triphenylphosphine)-, [55410-91-8], 26:195
- CoP₂C₁₁H₂₃, Cobalt, (η⁵-2,4-cyclopentadien-1-yl)bis(trimethylphosphine)-, [63413-01-4], 25:160;28:281
- CoP₂C₄₁H₃₅, Cobalt, (η⁵-2,4-cyclopentadien-1-yl)bis(triphenylphosphine)-, [32993-07-0], 26:191
- CoP₂S₄C₇₂H₆₀, Phosphonium, tetraphenyl, (*T*-4)-tetrakis(benzenethiolato)cobaltate(2-) (2:1), [57763-37-8], 21:24
- CoP₃C₅₄H₄₈, Cobalt, trihydrotris (triphenylphosphine)-, [21329-68-0], 12:18,19
- CoP₄C₅₂H₄₅, Cobalt, bis[1,2-ethenediylbis[diphenylphosphine]-*P,P*']hydro-, [70252-14-1], 20:207
- CoP₄C₅₂H₄₉, Cobalt, bis[1,2-ethane-diylbis[diphenylphosphine]-*P,P*']hydro-, [18433-72-2], 20:208

CoS_2, Cobalt sulfide (CoS_2), [12013-10-4], 14:157
$CoS_9C_6H_9$, Cobalt, tris(monomethyl carbonotrithioato-*S*',*S*'')-, (*OC*-6-11)-, [35785-06-9], 10:47
$CoS_9C_9H_{15}$, Cobalt, tris(monoethyl carbonotrithioato-*S*',*S*'')-, (*OC*-6-11)-, [15277-79-9], 10:47
$Co_2BaN_4O_{16}C_{20}H_{24}$, Cobaltate(1-), [[*N,N*'-1,2-ethanediylbis[*N*-(carboxymethyl) glycinato]](4-)-*N,N*',*O,O*',O^N,$O^{N'}$]-, barium (2:1), (*OC*-6-21)-, [92641-28-6], 5:186
$Co_2Be_4N_{12}O_{19}C_6H_{36}.10H_2O$, Cobalt(3+), hexaammine-, (*OC*-6-11)-, hexakis[μ-[carbonato(2-)-*O*:*O*']]-μ_4-oxotetraberyllate(6-) (2:1), decahydrate, [12192-43-7], 8:6
$Co_2Be_4N_{12}O_{19}C_6H_{36}.11H_2O$, Cobalt(3+), hexaammine-, (*OC*-6-11)-, hexakis[μ-[carbonato(2-)]]-μ_4-oxotetraberyllate (6-) (2:1), undecahydrate, [12128-08-4], 8:6
$Co_2Br_4H_{26}N_8O_2.4H_2O$, Cobalt(4+), octaamminedi-μ-hydroxydi-, tetrabromide, tetrahydrate, [151085-68-6], 18:88
$Co_2Br_4N_8O_2C_8H_{34}.2H_2O$, Cobalt(4+), tetrakis(1,2-ethanediamine-*N,N*')di-μ-hydroxydi-, tetrabromide, dihydrate, [151434-49-0], 18:92
$CO_2Cl_2N_6O_{13}CH_{20}$, Cobalt(2+), hexaammine[μ-[carbonato(2-)-*O*:*O*']]di-μ-hydroxydi-, diperchlorate, [103621-42-7], 23:107,112
$CO_2Cl_3H_{21}N_6O_7.2H_2O$, Cobalt(3+), hexaamminetri-μ-hydroxydi-, triperchlorate, dihydrate, [37540-75-3], 23:100
$CO_2Cl_3N_6O_{16}C_2H_{23}.2H_2O$, Cobalt(3+), [μ-(acetato-*O*:*O*')]hexaamminedi-μ-hydroxydi-, triperchlorate, dihydrate, [152227-37-7], 23:112
$CO_2Cl_4H_{24}N_6O_{20}.5H_2O$, Cobalt(4+), hexaamminediaquadi-μ-hydroxydi-, tetraperchlorate, pentahydrate, [153590-09-1], 23:111
$CO_2Cl_4H_{26}N_8O_{18}.2H_2O$, Cobalt(4+), octaamminedi-μ-hydroxydi-, tetraperchlorate, dihydrate, [151120-14-8], 18:88
$CO_2Cl_4H_{27}N_9O.4H_2O$, Cobalt(4+), μ-amidooctaammine-μ-hydroxydi-, tetrachloride, tetrahydrate, [15771-94-5], 12:210
$CO_2Cl_4N_7O_{20}C_6H_{25}$, Cobalt(3+), hexaamminedi-μ-hydroxy[μ-(4-pyridinecarboxylato-*O*:*O*')]di-, hydrogen perchlorate (1:1:4), [52375-41-4], 23:113
$CO_2Cl_4N_8O_2C_8H_{34}.4H_2O$, Cobalt(4+), tetrakis(1,2-ethanediamine-*N,N*')di-μ-hydroxydi-, tetrachloride, tetrahydrate, [151434-51-4], 18:93
$CO_2Cl_4N_8O_2C_8H_{34}.5H_2O$, Cobalt(4+), tetrakis(1,2-ethanediamine-*N,N*')di-μ-hydroxydi-, tetrachloride, pentahydrate, [151434-50-3], 18:93
$CO_2Cl_4N_8O_{18}C_8H_{34}$, Cobalt(4+), tetrakis (1,2-ethanediamine-*N,N*')di-μ-hydroxydi-, tetraperchlorate, [67327-03-1], 18:94
$CO_2Cl_4N_8O_{20}C_5H_{24}.H_2O$, Cobalt(3+), hexaamminedi-μ-hydroxy[μ-(pyrazinecarboxylato-*O*:*O*')]di-, triperchlorate, monoperchlorate, monohydrate, [152227-41-3], 23:114
$CO_2Cl_5H_{26}N_9.4H_2O$, Cobalt(4+), μ-amidooctaammine-μ-chlorodi-, tetrachloride, tetrahydrate, [24833-05-4], 12:209
$CO_2Cl_5H_{30}N_{10}O_2.H_2O$, Cobalt(5+), decaammine[μ-(superoxido-*O*:*O*')]di-, pentachloride, monohydrate, [150399-25-0], 12:199
$CO_2Cl_5H_{32}N_{11}O_{20}.H_2O$, Cobalt(5+), μ-amidodecaamminedi-, pentaperchlorate, monohydrate, [150384-26-2], 12:212

$Co_2FeO_9PC_{15}H_5$, Iron, tricarbonyl (hexacarbonyldicobalt)[μ_3-(phenylphosphinidene)]-, (*Co-Co*)(2*Co-Fe*), [69569-55-7], 26:353

$Co_2FeO_9SC_9$, Iron, tricarbonyl (hexacarbonyldicobalt)-μ_3-thioxo-, (*Co-Co*)(2*Co-Fe*), [22364-22-3], 26:245,352

$Co_2H_{26}N_{12}O_{11}.H_2O$, Cobalt(3+), μ-amidooctaammine[μ-(peroxy-*O*:*O*')]di-, trinitrate, monohydrate, [19454-33-2], 12:203

$Co_2H_{26}N_{13}O_{14}$, Cobalt(4+), μ-amido-octaammine[μ-(superoxido-*O*:*O*')] di-, tetranitrate, [12139-90-1], 12:206

$Co_2H_{30}N_{14}O_{14}$, Cobalt(4+), decaammine [μ-(peroxy-*O*:*O*')]di-, tetranitrate, [16632-71-6], 12:198

$Co_2H_{32}N_8O_{16}S_3$, Cobalt(3+), tetraammine-diaqua-, (*OC*-6-22)-, sulfate (2:3), [41333-33-9], 6:179

$Co_2I_4C_{20}H_{30}$, Cobalt, di-μ-iododiiodobis [(1,2,3,4,5-η)-1,2,3,4,5-pentamethyl-2,4-cyclopentadien-1-yl]di-, [72339-52-7], 23:17;28:276

Co_2KO_4C, Cobalt potassium oxide (Co_2KO_4C), [54065-18-8], 22:57,30:151

$Co_2K_4O_8C_8H_2.3H_2O$, Cobaltate(4-), tetrakis[ethanedioato(2-)-*O*,*O*']di-μ-hydroxydi-, tetrapotassium, trihydrate, [15684-38-5], 8:2044

$Co_2K_5N_{10}O_2C_{10}.H_2O$, Cobaltate(5-), decakis(cyano-*C*)-μ-superoxidodi-, pentapotassium, monohydrate, [12145-87-8], 12:202

$Co_2MgN_4O_6P_2C_{44}H_{58}$, Magnesium, bis[$\mu$-(carbonyl-*C*:*O*)]bis[dicarbonyl(methyldiphenylphosphine)cobalt]bis [*N*,*N*,*N'*,*N'*-tetramethyl-1,2-ethane-diamine-*N*,*N'*]-, [55701-41-2], 16:59

$Co_2MgN_4O_8C_{28}H_{20}$, Magnesium(2+), tetrakis(pyridine)-, (*T*-4)-, bis[(*T*-4)-tetracarbonylcobaltate(1-)], [62390-43-6], 16:58

———, Magnesium, bis[μ-(carbonyl-*C*:*O*)]tetrakis(pyridine)bis(tricarbonylcobalt)-, [51006-26-9], 16:58

$Co_2MgO_{10}P_2C_{46}H_{86}$, Magnesium, bis[$\mu$-(carbonyl-*C*:*O*)]bis[dicarbonyl-(tributylphosphine)cobalt]tetrakis (tetrahydrofuran)-, [55701-42-3], 16:58

$Co_2MoO_8C_{15}H_8$, Molybdenum, dicarbonyl(η^5-2,4-cyclopentadien-1-yl)-μ_3-ethylidyne(hexacarbonyldicobalt)-, (*Co-Co*)(2*Co-Mo*), [68185-42-2], 27:193

$Co_2N_4O_5C_{32}H_{30}$, Cobalt, aquabis[[2,2'-[1,2-ethanediylbis(nitrilomethyl-idyne)]bis[phenolato]](2-)]di-, [108652-70-6], 3:196

$Co_2N_6NiO_8C_{44}H_{24}$, Nickel(2+), tris(1,10-phenanthroline-N^1,N^{10})-, (*OC*-6-11)-, bis[(*T*-4)-tetracarbonylcobaltate(1-)], [87183-61-7], 5:193;5:195

$Co_2N_6O_{12}C_{16}H_{28}.3H_2O$, Cobalt(1+), bis(1,2-ethanediamine-*N*,*N'*) [ethanedioato(2-)-*O*,*O'*]-, (*OC*-6-22-Δ)-, (*OC*-6-21-*A*)-[[*N*,*N'*-1,2-ethanediylbis[*N*-(carboxymethyl) glycinato]](4-)-*N*,*N'*,*O*,*O'*,O^N,$O^{N'}$] cobaltate(1-), trihydrate, [151085-67-5], 18:100

$Co_2N_8O_6C_{10}H_{24}$, Cobalt(3+), tris(1,2-ethanediamine-*N*,*N'*)-, (*OC*-6-11)-, (*OC*-6-21)-bis[carbonato(2-)-*O*,*O'*] bis(cyano-*C*)cobaltate(3-) (1:1), [54967-60-1], 23:66

$Co_2N_8O_{12}C_{10}H_{24}$, Cobalt(1+), bis(1,2-ethanediamine-*N*,*N'*)bis(nitrito-*O*)-, (*OC*-6-22-Λ)-, (*OC*-6-21-Δ)-(1,2-ethanediamine-*N*,*N'*)bis[ethanedioato (2-)-*O*,*O'*]cobaltate(1-), [31916-64-0], 13:197

———, Cobalt(1+), bis(1,2-ethanediamine-*N*,*N'*)bis(nitrito-*O*)-, (*OC*-

6-22-Λ)-, (*OC*-6-21-Λ)-(1,2-ethanediamine-*N,N'*)bis[ethanedioato(2-)-*O,O'*]cobaltate(1-), [31916-63-9], 13:197

$Co_2N_8O_6C_{10}H_{24}.2H_2O$, Cobalt(3+), tris(1,2-ethanediamine-*N,N'*)-, (*OC*-6-11)-, (*OC*-6-21)-bis[carbonato(2-)-*O,O'*]bis(cyano-*C*)cobaltate(3-) (1:1), dihydrate, [152227-46-8], 23:66

$Co_2N_8O_{12}C_{12}H_{26}$, Cobalt(1+), bis(1,2-ethanediamine-*N,N'*)[ethanedioato(2-)-*O,O'*]-, (*OC*-6-22-Δ)-, [*OC*-6-13-C-[*R*-(*R**,*R**)]]-[[*N,N'*-1,2-ethanediylbis[glycinato]](2-)-*N,N',O,O'*]bis(nitrito-*N*)cobaltate(1-), [151085-66-4], 18:101

$Co_2N_8O_{12}C_{14}H_{28}.3H_2O$, Cobalt(1+), bis(1,2-ethanediamine-*N,N'*)bis(nitrito-*N*)-, (*OC*-6-22-Δ)-, (*OC*-6-21)-[[*N,N'*-1,2-ethanediylbis[*N*-(carboxymethyl)glycinato]](4-)-*N,N',O,O',O*^{N},*O*$^{N'}$]cobaltate(1-), trihydrate, [150124-41-7], 6:193

$Co_2N_8O_{14}S_4C_8H_{34}$, Cobalt(4+), tetrakis(1,2-ethanediamine-*N,N'*)di-μ-hydroxydi-, dithionate (1:2), [67327-01-9], 18:92

$Co_2N_8P_2S_8C_{64}H_{40}$, Phosphonium, tetraphenyl-, bis[μ-[2,3-dimercapto-2-butenedinitrilato(2-)-*S:S,S'*]]bis[2,3-dimercapto-2-butenedinitrilato(2-)-*S,S'*]dicobaltate(2-) (2:1), [150384-24-0], 13:191

$Co_2N_{10}O_8C_{26}H_{38}$, Cobalt, tetrakis[(2,3-butanedione dioximato)(1-)-*N,N'*]bis(pyridine)di-, (*Co-Co*), [25971-15-7], 11:65

$Co_2N_{12}O_{12}C_6H_{36}.4H_2O$, Cobalt(3+), hexaammine-, (*OC*-6-11)-, ethanedioate (2:3), tetrahydrate, [73849-01-1], 2:220

$Co_2N_{12}O_{20}Sb_2C_{16}H_{36}$, Cobalt(1+), bis(1,2-ethanediamine-*N,N'*)bis(nitrito-*N*)-, (*OC*-6-22-Δ)-, stereoisomer of bis[μ-[2,3-dihydroxybutanedioato(4-)-*O*^{1},*O*^{2}:*O*^{3},*O*^{4}]]diantimonate(2-) (2:1), [12075-00-2], 6:95

———, Cobalt(1+), bis(1,2-ethanediamine-*N,N'*)bis(nitrito-*N*)-, (*OC*-6-22-Λ)-, stereoisomer of bis[μ-[2,3-dihydroxybutanedioato(4-)-*O*^{1},*O*^{2}:*O*^{3},*O*^{4}]]diantimonate(2-) (2:1), [149189-79-7], 6:195

$Co_2N_{13}O_{14}C_8H_{34}$, Cobalt(4+), μ-amidotetrakis(1,2-ethanediamine-*N,N'*)-μ-superoxidodi-, tetranitrate, [53433-46-8], 12:205,208

$Co_2Na_4O_{18}C_8H_2.5H_2O$, Cobaltate(4-), tetrakis[ethanedioato(2-)-*O,O'*]di-μ-hydroxydi-, tetrasodium, pentahydrate, [15684-39-6], 8:204

$Co_2O_4P_2C_{20}H_{36}$, Cobalt, bis[μ-[bis(1,1-dimethylethyl)phosphino]]tetracarbonyldi-, (*Co-Co*), [86632-56-6], 25:177

$Co_2O_7P_2PtC_{33}H_{24}$, Cobalt, μ-carbonyl-hexacarbonyl[[1,2-ethanediylbis[diphenylphosphine]-*P,P'*]platinum]di-, (*Co-Co*)(2*Co-Pt*), [53322-14-8], 26:370

$Co_2O_8C_8$, Cobalt, di-μ-carbonylhexacarbonyldi-, (*Co-Co*), [10210-68-1], 2:238;5:190;15:87

$Co_2O_9RuC_{13}H_6$, Ruthenium, μ-carbonyl-tricarbonyl[μ$_3$-[(1-η:1,2-η:2-η)-1,2-dimethyl-1,2-ethenediyl]](pentacarbonyldicobalt)-, (*Co-Co*)(2*Co-Ru*), [98419-59-1], 27:194

$Co_2O_9RuSC_9$, Ruthenium, tricarbonyl(hexacarbonyldicobalt)-μ$_3$-thioxo-, (*Co-Co*)(2*Co-Ru*), [86272-87-9], 26:352

$Co_2O_{11}RuC_{11}$, Ruthenium, tetracarbonyl(μ-carbonylhexacarbonyldicobalt)-, (*Co-Co*)(2*Co-Ru*), [78456-89-0], 26:354

$Co_2O_{12}S_3.18H_2O$, Sulfuric acid, cobalt(3+) salt (3:2), octadecahydrate, [13494-89-8], 5:181

$Co_3AuFeO_{12}PC_{30}H_{15}$, Iron, tricarbonyl(tri-μ-carbonylhexacarbonyltricobalt)[(triphenylphosphine)gold]-, (3*Au-Co*)

(3*Co-Co*)(3*Co-Fe*), [79829-47-3], 27:188
$CO_3C_{29}H_{25}$, Cobalt, tris(η^5-2,4-cyclopentadien-1-yl)bis[μ_3-(phenylmethylidyne)]tri-, *triangulo*, [72271-50-2], 26:309
$CO_3ClO_9C_{10}$, Cobalt, nonacarbonyl[μ_3-(chloromethylidyne)]tri-, *triangulo*, [13682-02-5], 20:234
$CO_3CrN_{12}O_{24}C_{24}H_{48}.6H_2O$, Cobalt(1+), bis(1,2-ethanediamine-*N,N'*)[ethanedioato(2-)-*O,O'*]-, (*OC*-6-22-Λ)-, (*OC*-6-11-Λ)-tris[ethanedioato(2-)-*O,O'*]chromate(3-) (3:1), hexahydrate, [152227-47-9], 25-140
$CO_3CuNO_{12}RuC_{14}H_3$, Ruthenium, [(acetonitrile)copper]tricarbonyl(tri-μ-carbonylhexacarbonyltricobalt)-, (3*Co-Co*)(3*Co-Cu*)(3*Co-Ru*), [90636-15-0], 26:359
$Co_3FeO_{12}NC_{20}H_{20}$, Ethanaminium, *N,N,N*-triethyl-, tricarbonyl(tri-μ-carbonylhexacarbonyltricobaltate) ferrate(1-) (3*Co-Co*)(3*Co-Fe*), [53509-36-7], 27:188
$Co_3K_2O_6$, Cobalt potassium oxide ($Co_3K_2O_6$), [55608-58-7], 22:57
$Co_3NO_{10}C_{12}H_4$, Cobalt, nonacarbonyl[μ_3-[(methylamino)oxoethylidyne]]tri-, *triangulo-*, [52519-00-3], 20:230,232
$Co_3NO_{12}RuC_{20}H_{20}$, Ethanaminium, *N,N,N*-triethyl-, tricarbonyl(tri-μ-carbonylhexacarbonyltricobaltate) ruthenate(1-) (3*Co-Co*)(3*Co-Ru*), [78081-30-8], 26:358
$Co_3N_6O_8C_{38}H_{30}$, Cobalt(2+), hexakis(pyridine)-, (*OC*-6-11)-, bis[(*T*-4)-tetracarbonylcobaltate(1-)], [24476-89-9], 5:192
$Co_3N_8O_{14}S_2C_8H_{40}.7H_2O$, Cobalt(4+), diaquatetrakis(1,2-ethanediamine-*N,N'*)tetra-μ-hydroxytri-, sulfate (1:2), heptahydrate, [60270-46-4], 8:199
$Co_3O_9C_{10}H$, Cobalt, nonacarbonyl-μ_3-methylidynetri-, *triangulo*, [15664-75-2], 20:226,227
$Co_3O_9C_{16}H_5$, Cobalt, nonacarbonyl[μ_3-(phenylmethylidyne)]tri-, *triangulo*, [13682-03-6], 20:226,228
$Co_3O_{10}C_{12}H_3$, Cobalt, nonacarbonyl[μ_3-(2-oxopropylidyne)]tri-, *triangulo*, [36834-97-6], 20:234,235
$Co_3O_{11}C_{13}H_5$, Cobalt, nonacarbonyl[μ_3-(ethoxyoxoethylidyne)]tri-, *triangulo*, [19425-32-2], 20:230
$Co_3O_{11}C_{15}H_9$, Cobalt, nonacarbonyl[μ_3-[(1,1-dimethylethoxy)oxoethylidyne]]tri-, *triangulo*, [36834-87-4], 20:234,235
$Co_3O_{12}RuC_{12}H$, Ruthenium, tricarbonyl(tri-μ-carbonylhexacarbonyl-μ_3-hydrotricobalt)-, (3*Co-Co*)(3*Co-Ru*), [24013-40-9], 25:164
$Co_4Br_6H_{42}N_{12}O_6$, Cobalt(6+), dodecaamminehexa-μ-hydroxytetra-, hexabromide, stereoisomer, [125994-43-6], 29:170-172
———, Cobalt(6+), dodecaamminehexa-μ-hydroxytetra-, hexabromide, stereoisomer, [126060-35-3], 29:170-172
$CO_4Cl_6N_{12}O_{36}C_4H_{42}.H_2O$, Cobalt(2+), hexaammine[μ-[ethanedioato(2-)-*O*:*O''*]]di-μ-hydroxydi-, hydrogen perchlorate, hydrate (2:2:6:1), [152227-38-8], 23:113
$Co_4H_{15}I_3O_24.xH_2O$, Cobaltate(3-), hexaaquatris[μ_3-[orthoperiodato(5-)-*O,O'*:*O,O''*:*O',O'''*]]tetra-, trihydrogen, hydrate, [149165-79-7], 9:142
$Co_4H_{42}I_6N_{12}O_6.4H_2O$, Cobalt(6+), dodecaamminehexa-μ-hydroxytetra-, hexaiodide, tetrahydrate, [153771-78-9], 29:170
$Co_4H_{42}N_{12}O_{18}S_3.4H_2O$, Cobalt(6+), dodecaamminehexa-μ-hydroxytetra-, sulfate (1:3), tetrahydrate, [108652-73-9], 6:176;6:179
$Co_4Cl_2N_{12}O_{30}Wb_4C_{16}H_{50}$, Cobalt(6+), dodecaamminehexa-μ-hydroxytetra-, stereoisomer, stereoisomer of bis[μ-

[2,3-dihydroxybutanedioato(4-)-O^1,O^2:O^3,O^4]]diantimonate(2-) iodide (1:2:2), [146805-98-3], 29:170

$Co_4N_4O_{60}C_{96}H_{13}6$, Cobaltate(4-), hexakis[μ-[tetraethyl 2,3-dioxo-1,1,4,4-butanetetracarboxylato(2-)]] tetra-, tetraammonium, [125591-67-5], 29:277

$Co_4O_{12}C_{12}$, Cobalt, dodecacarbonyltetra-, tetrahedro, [15041-50-6], 2:243;5:191

$CrAsF_{18}S_6C_{36}H_{20}$, Arsonium, tetraphenyl-, tris[1,1,1,4,4,4-hexafluoro-2-butene-2,3-dithiolato(2-)-*S,S'*] chromate(1-), [19453-77-1], 10:25

$CrAsO_4PC_{34}H_{42}$, Chromium, tetra-carbonyl(tributylphosphine)(triphenyl-arsine)-, (*OC*-6-23)-, [82613-95-4], 23:38

$CrAsO_7PC_{25}H_{24}$, Chromium, tetracarbonyl (trimethyl phosphite-*P*)(triphenyl-arsine)-, (*OC*-6-23)-, [82659-77-6], 23:38

$CrAsO_7PC_{40}H_{30}$, Chromium, tetracarbonyl (triphenylarsine)(triphenyl phosphite-*P*)-, (*OC*-6-23)-, [82613-91-0], 23:38

$CrAs_2F_{18}S_6C_{60}H_{40}$, Arsonium, tetra-phenyl-, tris[1,1,1,4,4,4-hexafluoro-2-butene-2,3-dithiolato(2-)-*S,S'*] chromate(2-) (2:1), [20219-50-5], 10:24

$CrBr_2.6H_2O$, Chromium bromide ($CrBr_2$), hexahydrate, [18721-05-6], 10:27

$CrBr_2N_2C_{10}H_{10}$, Chromium, dibromobis (pyridine)-, [18737-60-5], 10:32

$CrBr_2N_6C_{30}H_{30}$, Chromium(2+), hexakis (pyridine)-, dibromide, (*OC*-6-11)-, [14726-37-5], 10:32

$CrBr_3$, Chromium bromide ($CrBr_3$), [10031-25-1], 19:123,124

$CrBr_3H_{15}N_5$, Chromium(2+), penta-amminebromo-, dibromide, (*OC*-6-22)-, [13601-60-0], 5:134

$CrBr_3H_{17}N_5O$, Chromium(3+), penta-ammineaqua-, tribromide, (*OC*-6-22)-, [19706-92-4], 5:134

$CrBr_3N_4O_2C_4H_{20}$, Chromium(3+), diaquabis(1,2-ethanediamine-*N,N'*)-, tribromide, (*OC*-6-22)-, [15040-49-0], 18:85

$CrBr_3N_6C_6H_{24}.4H_2O$, Chromium(3+), tris(1,2-ethanediamine-*N,N'*)-, tribromide, tetrahydrate, (*OC*-6-11)-, [149165-80-0], 2:199

$CrBr_3N_6C_6H_{24}$, Chromium(3+), tris(1,2-ethanediamine-*N,N'*)-, tribromide, (*OC*-6-11)-, [14267-09-5], 19:125

$CrBr_3O_6C_{15}H_{18}$, Chromium, tris(3-bromo-2,4-pentanedionato-*O,O'*)-, (*OC*-6-11)-, [15025-13-5], 7:134

$CrBr_3O_6S_6C_{12}H_{36}$, Chromium(3+), hexakis[sulfinylbis[methane]-*O*]-, tribromide, (*OC*-6-11)-, [21097-70-1], 19:126

CrC_9H_{15}, Chromium, tris(η^3-2-propenyl)-, [12082-46-1], 13:77

$CrC_{12}H_{12}$, Chromium(2+), bis(η^6-benzene)-, [128357-37-9], 6:132

$CrClH_{14}N_4O_5S$, Chromium(2+), tetra-ammineaquachloro-, (*OC*-6-33)-, sulfate (1:1), [67345-16-8], 18:78

$CrClKO_3$, Chromate(1-), chlorotrioxo-, potassium, (*T*-4)-, [16037-50-6], 2:208

$CrClN_2O_2C_5H_5$, Chromium, chloro(η^5-2,4-cyclopentadien-1-yl)dinitrosyl-, [12071-51-1], 18:129

$CrClO_3C_9H_5$, Chromium, tricarbonyl(η^6-chlorobenzene)-, [12082-03-0], 19:157;28:139

$CrCl_2$, Chromium chloride ($CrCl_2$), [10049-05-5], 1:124,125;3:150; 10:37

$CrCl_{24}H_2O$, Chromium chloride ($CrCl_2$), tetrahydrate, [13931-94-7], 1:126

$CrCl_2N_2C_4H_6$, Chromium, bis(acetonitrile) dichloro-, [15281-36-4], 10:31

$CrCl_2N_2C_{10}H_{10}$, Chromium, dichlorobis (pyridine)-, [14320-05-9], 10:32

$CrCl_2N_6O_8C_{30}H_{24}$, Chromium(2+), tris(2,2'-bipyridine-*N,N'*)-, (*OC*-6-11)-, diperchlorate, [15388-46-2], 10:33

- CrCl₂O₂, Chromium, dichlorodioxo-, (*T*-4)-, [14977-61-8], 2:205
- CrCl₂O_{8.6}H₂O, Perchloric acid, chromium (2+) salt, hexahydrate, [15168-38-4], 10:27
- CrCl₃, Chromium chloride (CrCl₃), [10025-73-7], 2:193;5:154;6:129; 28:322;29:110
- CrCl₃H₁₅N₅, Chromium(2+), pentaamminechloro-, dichloride, (*OC*-6-22)-, [13820-89-8], 2:196;6:138
- CrCl₃H₁₆N₄O₁₄, Chromium(3+), tetraamminediaqua-, (*OC*-6-22)-, triperchlorate, [41733-15-7], 18:82
- CrCl₃H₁₇N₅O, Chromium(3+), pentaammineaqua-, trichloride, (*OC*-6-22)-, [15203-78-8], 6:141
- CrCl₃H₁₈N₆, Chromium(3+), hexaammine-, trichloride, (*OC*-6-11)-, [13820-25-2], 2:196;10:37
- CrCl₃N₃C₁₅H₁₅, Chromium, trichlorotris (pyridine)-, [14284-76-5], 7:132
- CrCl₃N₄C₄H₁₆·H₂O, Chromium(1+), dichlorobis(1,2-ethanediamine-*N*,*N*')-, chloride, monohydrate, (*OC*-6-22)-, [20713-30-8], 2:200;26:24,27,28
- ———, Chromium(1+), dichlorobis(1,2-ethanediamine-*N*,*N*')-, chloride, monohydrate, (*OC*-6-22-Λ)-, [153744-06-0], 26:28
- CrCl₃N₄C₄H₁₆, Chromium(1+), dichlorobis(1,2-ethanediamine-*N*,*N*')-, chloride, (*OC*-6-22)-, [14240-29-0], 26:24,27
- CrCl₃N₆C₆H₂₄.7/2H₂O, Chromium(3+), tris(1,2-ethanediamine-*N*,*N*')-, trichloride, hydrate (2:7), (*OC*-6-11)-, [16165-32-5], 2:198
- CrCl₃N₆C₆H₂₄·3H₂O, Chromium(3+), tris(1,2-ethanediamine-*N*,*N*')-, trichloride, trihydrate, (*OC*-6-11)-, [23686-22-8], 10:40;13:184
- CrCl₃N₆C₆H₂₄, Chromium(3+), tris(1,2ethanediamine-*N*,*N*')-, trichloride, (*OC*-6-11-Δ)-, [31125-86-7], 12:269,274

- ——, Chromium(3+), tris(1,2ethanediamine-*N*,*N*')-, trichloride, (*OC*-6-11-Λ)-, [30983-64-3], 12:269,274
- CrCl₃N₆C₉H₃₀, Chromium(3+), tris(1,2propanediamine-*N*,*N*')-, trichloride, [14949-95-2], 10:41
- CrCl₃N₆C₉H₃₀·2H₂O, Chromium(3+), tris(1,2-propanediamine-*N*,*N*')-, trichloride, dihydrate, [150384-25-1], 13:186
- CrCl₃N₁₅C₆H₂₁, Chromium(3+), tris (imidodicarbonimidic diamide-N',N"')-, trichloride, (OC-6-11)-, [27075-85-0], 6:79
- CrCl₃O₃C₁₂H₂₄, Chromium, trichlorotris (tetrahydrofuran)-, [10170-68-0], 8:150
- CrCl₄N₂C₂H₁₁, Chromate(2-), tetrachloro-, (*T*-4)-, dihydrogen, compd. with methanamine (1:2), [62212-03-7], 24:188
- CrCl₄N₂C₄H₁₅, Chromate(2-), tetrachloro-, (*T*-4)-, dihydrogen, compd. with ethanamine (1:2), [62212-04-8], 24:188
- ${\rm CrCo_3N_{12}O_{24}C_{24}H_{48}.6H_2O,\ Cobalt(1+),\ bis(1,2-ethanediamine-$ *N,N'* $)}$ [ethanedioato(2-)-*O,O'*]-, (*OC*-6-22- Λ)-, (*OC*-6-11- Λ)-tris[ethanedioato (2-)-*O,O'*]chromate(3-) (3:1), hexahydrate, [152227-47-9], 25-140
- CrFNO₃C₅H₆, Chromate(1-), fluorotrioxo-, (*T*-4)-, hydrogen, compd. with pyridine (1:1), [83042-08-4], 27:310
- CrFO₃C₉H₅, Chromium, tricarbonyl(η⁶-fluorobenzene)-, [12082-05-2], 19:157;28:139
- CrF₂IN₄C₄H₁₆, Chromium(1+), bis(1,2ethanediamine-*N*,*N**)difluoro-, iodide, (*OC*-6-22)-, [15444-78-7], 24:186
- CrF₂O₂, Chromium, difluorodioxo-, (*T*-4)-, [7788-96-7], 24:67
- CrF₄O, Chromium fluoride oxide (CrF₄O), (SP-5-21)-, [23276-90-6], 29:125
- CrF₅, Chromium fluoride (CrF₅), [14884-42-5], 29:124

$CrF_9N_4O_9S_3C_7H_{16}$, Chromium(1+), bis (1,2-ethanediamine-*N,N'*)bis(trifluoromethanesulfonato-*O*)-, (*OC*-6-22)-, salt with trifluoromethanesulfonic acid (1:1), [90065-91-1], 24:251

$CrF_9N_5O_9S_3C_3H_{15}$, Chromium(2+), pentaammine(trifluoromethanesulfonato-*O*)-, (*OC*-6-22)-, salt with trifluoromethanesulfonic acid (1:2), [84254-61-5], 24:250

$CrF_9N_5O_9S_3C_8H_{25}$, Chromium(2+), pentakis(methanamine)(trifluoromethanesulfonato-*O*)-, (*OC*-6-22)-, salt with trifluoromethanesulfonic acid (1:2), [90065-87-5], 24:280

$CrF_9O_6C_{15}H_{12}$, Chromium, tris(1,1,1-trifluoro-2,4-pentanedionato-*O,O'*)-, [14592-89-3], 8:138

$CrF_{12}C_{16}H_8$, Chromium, bis[(1,2,3,4,5,6-η)-1,3-bis(trifluoromethyl)benzene]-, [53966-05-5], 19:70

$CrF_{18}S_6C_{12}$, Chromate(1-), tris[1,1,1,4,4,4-hexafluoro-2-butene-2,3-dithiolato(2-)-*S,S'*]-, (*OC*-6-11)-, [47784-50-9], 10:23,24,25

———, Chromate(2-), tris[1,1,1,4,4,4-hexafluoro-2-butene-2,3-dithiolato (2-)-*S,S'*]-, (*OC*-6-11)-, [47784-48-5], 10:23,24,25

———, Chromium, tris[1,1,1,4,4,4-hexafluoro-2-butene-2,3-dithiolato(2-)-*S,S'*]-, (*OC*-6-11)-, [18832-56-9], 10:23,24,25

$CrF_{21}O_6C_{30}H_{30}$, Chromium, tris(6,6,7,7,8,8,8-heptafluoro-2,2-dimethyl-3,5-octanedionato-*O,O'*)-, [17966-86-8], 12:74

$CrFeNO_9P_2C_{45}H_{31}$, Phosphorus(1+), triphenyl(*P,P,P*-triphenylphosphine imidato-*N*)-, (*T*-4)-, stereoisomer of pentacarbonyl(tetracarbonylhydroferrate)chromate(1-) (*Cr-Fe*), [101420-33-1], 26:338

$CrFeN_2O_9P_4C_{81}H_{60}$, Phosphorus(1+), triphenyl(*P,P,P*-triphenylphosphine imidato-*N*)-, (*T*-4)-, stereoisomer of pentacarbonyl(tetracarbonylferrate) chromate(2-) (*Cr-Fe*) (2:1), [101540-70-9], 26:339

CrH_3O_3, Chromium hydroxide ($Cr(OH)_3$), [1308-14-1], 8:138

$CrH_9N_3O_4C$, Chromium, triamminediperoxy-, (*PB*-7-22-111'1'2)-, [17168-85-3], 8:132

$CrH_{12}I_2O_6$, Chromium(2+), hexaaqua-, diiodide, (*OC*-6-11)-, [15221-15-5], 10:27

$CrH_{15}N_4O_8S_2$, Chromium(2+), tetraammineaquahydroxy-, (*OC*-6-33)-, dithionate (1:1), [67327-07-5], 18:80

$CrH_{15}N_8O_8$, Chromium(2+), pentaammine (nitrito-*O*)-, (*OC*-6-22)-, dinitrate, [15040-45-6], 5:133

$CrH_{15}N_8O_9$, Chromium(2+), pentaammine (nitrato-*O*)-, (*OC*-6-22)-, dinitrate, [31255-93-3], 5:133

$CrH_{17}N_8O_{10}$, Chromium(3+), pentaammineaqua-, (*OC*-6-22)-, trinitrate, [19683-62-6], 5:134

$CrH_{18}N_9O_9$, Chromium(3+), hexaammine-, (*OC*-6-11)-, trinitrate, [15363-28-7], 3:153

$CrH_{21}N_{10}O_{13}$, Chromium(3+), pentaammineaqua-, (*OC*-6-22)-, ammonium nitrate (1:1:4), [41729-31-1], 5:132

$CrIC_{12}H_{12}$, Chromium(1+), bis(η^6-benzene)-, iodide, [12089-29-1], 6:132

CrI_2, Chromium iodide (CrI_2), [13478-28-9], 5:130

$CrI_2N_4C_{20}H_{20}$, Chromium, diiodotetrakis (pyridine)-, [14515-54-9], 10:32

$CrI_2N_6C_{30}H_{30}$, Chromium(2+), hexakis (pyridine)-, diiodide, (*OC*-6-11)-, [14768-45-7], 10:32

CrI_3, Chromium iodide (CrI_3), [13569-75-0], 5:128;5:129

$CrI_3N_6C_6H_{24}.H_2O$, Chromium(3+), tris (1,2-ethanediamine-*N,N'*)-, triiodide, monohydrate, (*OC*-6-11)-, [33702-30-6], 2:199

$CrK_{0.5-0.6}O_2$, Chromium potassium oxide ($CrK_{0.5-0.6}O_2$), [152652-73-8], 22:59;30:153

$CrK_{0.7-0.77}O_2$, Chromium potassium oxide ($CrK_{0.7-0.77}O_2$), [152652-75-0], 22:59;30:153

$CrKO_2$, Chromate (CrO_2^{1-}), potassium, [11073-34-0], 22:59;30:152

$CrKO_{10}C_4H_4.2H_2O$, Chromate(1-), diaquabis[ethanedioato(2-)-*O,O'*]-, potassium, dihydrate, (*OC*-6-21)-, [16483-17-3], 17:148

$CrKO_{10}C_4H_4.3H_2O$, Chromate(1-), diaquabis[ethanedioato-*O,O'*]-, potassium, trihydrate, (*OC*-6-11)-, [22289-32-3], 17:149

$CrKO_{10}C_6H_8.3H_2O$, Chromate(1-), diaquabis[propanedioato(2-)-*O,O'*]-, potassium, trihydrate, (*OC*-6-21)-, [61116-57-2], 16:81

$CrK_3N_6C_6$, Chromate(3-), hexakis(cyano-*C*)-, tripotassium, (*OC*-6-11)-, [13601-11-1], 2:203

$CrK_3N_6OC_5$, Chromate(3-), pentakis (cyano-*C*)nitrosyl-, tripotassium, (*OC*-6-22)-, [14100-08-4], 23:184

$CrK_3O_{12}C_6.H_2O$, Chromate(3-), tris [ethanedioato(2-)-*O,O'*]-, tripotassium, monohydrate, (*OC*-6-11-Δ)-, [152693-30-6], 25:141

$CrK_3O_{12}C_6.2H_2O$, Chromate(3-), tris [ethanedioato(2-)-*O,O'*]-, tripotassium, dihydrate, (*OC*-6-11-Λ)-, [19413-85-5], 25:141

$CrK_3O_{12}C_6.3H_2O$, Chromate(3-), tris [ethanedioato(2-)-*O,O'*]-, tripotassium, trihydrate, (*OC*-6-11)-, [15275-09-9], 1:37;19:127

$CrK_3O_{12}C_9H_6.3H_2O$, Chromate(3-), tris [propanedioato(2-)-*O,O'*]-, tripotassium, trihydrate, (*OC*-6-11)-, [70366-25-5], 16:80

$CrLiN_6O_{12}C_{14}H_{32}.3H_2O$, Chromium(3+), tris(1,2-ethanediamine-*N,N'*)-, (*OC*-6-11-Λ)-, lithium salt with [*R*-(*R**,*R**)]-2,3-dihydroxybutanedioic acid (1:1:2), trihydrate, [59388-89-5], 12:274

$CrLiO_2$, Chromate (CrO_2^{1-}), lithium, [12017-96-8], 20:50

$CrNO_3C_7H_5$, Chromium, dicarbonyl(η^5-2,4-cyclopentadien-1-yl)nitrosyl-, [36312-04-6], 18:127;28:196

$CrNO_3C_{11}H_{11}$, Chromium, tricarbonyl [(1,2,3,4,5,6-η)-*N,N*-dimethylbenzenamine]-, [12109-10-3], 19:157;28:139

$CrNO_5C_{10}H_9$, Chromium, pentacarbonyl (2-isocyano-2-methylpropane)-, (*OC*-6-21)-, [37017-55-3], 28:143

$CrNO_5C_{18}H_{13}$, Chromium, (benzoyl isocyanide)dicarbonyl[(1,2,3,4,5,6-η)-methyl benzoate]-, [67359-46-0], 26:32

$CrNO_5P_2C_{41}H_{31}$, Phosphorus(1+), triphenyl(*P,P,P*-triphenylphosphine imidato-*N*)-, (*T*-4)-, (*OC*-6-21)-pentacarbonylhydrochromate(1-), [78362-94-4], 22:183

$CrNO_6C_{12}H_{15}$, Chromium, pentacarbonyl [(diethylamino)ethoxymethylene]-, (*OC*-6-21)-, [28471-37-6], 19:168

$CrNO_6C_{13}H_5$, Chromium, pentacarbonyl (isocyanophenylmethanone)-, (*OC*-6-21)-, [15365-59-0], 26:34,35

$CrNO_7P_2C_{43}H_{33}$, Phosphorus(1+), triphenyl(*P,P,P*-triphenylphosphine imidato-*N*)-, (*T*-4)-, (*OC*-6-22)-(acetato-*O*)pentacarbonylchromate(1-), [99016-85-0], 27:297

$CrN_2O_2C_9H_{14}$, Chromium, (η^5-2,4-cyclopentadien-1-yl)(2-methylpropyl) dinitrosyl-, [57034-51-2], 19:209

$CrN_2O_3C_{10}H_{10}$, Chromium, trioxobis (pyridine)-, [20492-50-6], 4:94

$CrN_2O_3C_{12}H_{14}$, Chromium, bis(3-methylpyridine)trioxo-, [149165-81-1], 4:95

———, Chromium, bis(4-methylpyridine) trioxo-, [149165-82-2], 4:95

$CrN_2O_4C_{14}H_{18}$, Chromium, tetracarbonylbis(2-isocyano-2-methyl-

propane)-, (*OC*-6-22)-, [37017-56-4], 28:143
$CrN_2O_5SC_6H_4$, Chromium, pentacarbonyl (thiourea-*S*)-, (*OC*-6-22)-, [69244-58-2], 23:2
$CrN_2O_5SC_{10}H_{12}$, Chromium, pentacarbonyl(tetramethylthiourea-*S*)-, (*OC*-6-22)-, [76829-58-8], 23:2
$CrN_2O_5SC_{14}H_{20}$, Chromium, [*N,N'*-bis (1,1-dimethylethyl)thiourea-*S*] pentacarbonyl-, (*OC*-6-22)-, [69244-61-7], 23:3
$CrN_2O_5SC_{20}H_{16}$, Chromium, [*N,N'*-bis (4-methylphenyl)thiourea-*S*] pentacarbonyl-, (*OC*-6-22)-, [69244-62-8], 23:3
CrN_2O_8, Chromium, bis(nitrato-*O*)dioxo-, (*T*-4)-, [16017-38-2], 9:83
$CrN_2O_{10}S_2C_{14}H_{16}.2H_2O$, Chromium, tetraaquabis(1,2-benzisothiazol-3 (2*H*)-one 1,1-dioxidato-N^2)-, dihydrate, (*OC*-6-11)-, [92763-66-1], 27:309
$CrN_3O_3C_{12}H_{15}$, Chromium, tricarbonyltris(propanenitrile)-, [91513-88-1], 28:32
$CrN_3O_3C_{18}H_{27}$, Chromium, tricarbonyltris (2-isocyano-2-methylpropane)-, (*OC*-6-22)-, [37017-57-5], 28:143
$CrN_3O_3C_{36}H_{42}$, Chromium, tris[4-[(4-methylphenyl)imino]-2-pentanonato-*N,O*]-, [15636-01-8], 8:149
$CrN_3O_5C_{21}H_{19}$, Chromium, tricarbonyl [oxo[(1-phenylethyl)amino]acetic acid [[(1,2,3,4,5,6-η)-2-methylphenyl] methylene]hydrazide]-, [71243-08-8], 23:87
$CrN_3O_6C_{21}H_{19}$, Chromium, tricarbonyl [oxo[(1-phenylethyl)amino]acetic acid [[(1,2,3,4,5,6-η)-2-methoxyphenyl] methylene]hydrazide]-, [71250-01-6], 23:88
$CrN_3O_6C_{21}H_{24}$, Chromium, tris(3-acetyl-4-oxopentanenitrilato-*O,O'*)-, (*OC*-6-11)-, [31224-14-3], 12:85
$CrN_3O_7C_{22}H_{21}$, Chromium, tricarbonyl [oxo[(1-phenylethyl)amino]acetic acid [[(1,2,3,4,5,6-η)-2,3-dimethoxyphenyl]methylene]hydrazide]-, [71250-02-7], 23:88
$CrN_3S_6C_{15}H_{30}$, Chromium, tris (diethylcarbamodithioato-*S,S'*)-, (*OC*-6-11)-, [18898-57-2], 10:44
$CrN_3Si_6C_{18}H_{57}$, Silanamine, 1,1,1-trimethyl-*N*-(trimethylsilyl)-, chromium(3+) salt, [37512-31-5], 18:118
CrN_4O_4, Chromium nitrosyl ($Cr(NO)_4$), [37355-72-9], 16:2
$CrN_4O_8S_2C_4H_{19}$, Chromium(2+), aquabis (1,2-ethanediamine-*N,N'*)hydroxy-, (*OC*-6-33)-, dithionate (1:1), [34076-61-4], 18:84
$CrN_5OS_2C_{12}H_8$, Chromium, (2,2'-bipyridine-*N,N'*)nitrosylbis (thiocyanato-*N*)-, [80557-37-5], 23:183
$CrN_5OS_2C_{14}H_8$, Chromium, nitrosyl (1,10-phenanthroline-N^1,N^{10})bis (thiocyanato-*N*)-, [80557-38-6], 23:185
$CrN_6S_6C_{12}$, Chromate(1-), tris[2,3-dimercapto-2-butenedinitrilato(2-)-*S,S'*]-, (*OC*-6-11)-, [21559-23-9], 10:9
———, Chromate(2-), tris[2,3-dimercapto-2-butenedinitrilato(2-)-*S,S'*]-, (*OC*-6-11)-, [47383-09-5], 10:9
———, Chromate(3-), tris[2,3-dimercapto-2-butenedinitrilato(2-)-*S,S'*]-, (*OC*-6-11)-, [47383-08-4], 10:9
$CrN_7S_3C_7H_{16}.H_2O$, Chromium(1+), bis(1,2-ethanediamine-*N,N'*)bis (thiocyanato-*N*)-, (*OC*-6-12)-, thiocyanate, monohydrate, [150124-43-9], 2:200
$CrN_{10}O_6SC_4H_{17}$, Chromium(2+), aquahydroxybis(imidodicarbonimidic diamide-*N'',N'''*)-, sulfate (1:1), [127688-31-7], 6:70

- CrN₁₁NiC₅H₁₈.2H₂O, Chromium(3+), hexaammine-, (*OC*-6-11)-, pentakis (cyano-*C*)nickelate(3-) (1:1), dihydrate, [21588-91-0], 11:51
- CrN₁₅C₆H₁₈.H₂O, Chromium, tris (imidodicarbonimidic diamidato-N",N"')-, monohydrate, (*OC*-6-11)-, [59136-96-8], 6:68
- $\text{CrNaO}_3\text{C}_8\text{H}_5$, Chromate(1-), tricarbonyl (η^5 -2,4-cyclopentadien-1-yl)-, sodium, [12203-12-2], 7:104
- CrNaO₇C₁₂H₂₀, Chromate(1-), bis[2-ethyl-2-hydroxybutanoato(2-)-*O*¹,*O*²]oxo-, sodium, [70132-29-5], 20:63
- ${
 m CrNaO_7C_{16}H_{25}, Sodium(1+), bis(1,2-dimethoxyethane-<math>O,O'$)-, (T-4)-, tricarbonyl(η^5 -2,4-cyclopentadien-1-yl)chromate(1-), [128476-10-8], 26:343
- CrNaO₈C₁₂H₂₂, Chromate(1-), aquabis [2-ethyl-2-hydroxybutanoato(2-)- O^1 , O^2]oxo-, sodium, [106208-16-6], 20:63
- CrNgS₃C₉H₂₄·H₂O, Chromium(3+), tris (1,2-ethanediamine-*N*,*N*)-, (*OC*-6-11)-, trithiocyanate, monohydrate, [22309-23-5], 2:199
- $\text{CrO}_2\text{P}_3\text{C}_7\text{H}_5$, Chromium, dicarbonyl(η^5 -2,4-cyclopentadien-1-yl)[(2,3- η)-1*H*-triphosphirenato- P^1]-, [126183-04-8], 29:247
- CrO₂SC₁₁H₁₀, Chromium, (carbonothioyl) dicarbonyl[(1,2,3,4,5,6-η)-1,2-dimethylbenzene]-, [70112-66-2], 19:197,198
- CrO₂SeC₉H₆, Chromium, (η⁶-benzene) (carbonoselenoyl)dicarbonyl-, [63356-85-4], 21:1,2
- CrO₃C₈H₆, Chromium, tricarbonyl(η⁵-2,4-cyclopentadien-1-yl)hydro-, [36495-37-1], 7:136
- CrO₃C₉H₆, Chromium, (η⁶-benzene)tricarbonyl-, [12082-08-5], 19:157;28:139
- CrO₃S6C₆H₉, Chromium, tris(*O*-methyl carbonodithioato-*S*,*S*')-, (*OC*-6-11)-, [34803-25-3], 10:44

- CrO₃S₆C₉H₁₅, Chromium, tris(*O*-ethyl carbonodithioato-*S*,*S*')-, (*OC*-6-11)-, [15276-08-1], 10:42
- CrO₃S₆C₁₅H₂₇, Chromium, tris(*O*-butyl carbonodithioato-*S*,*S*')-, (*OC*-6-11)-, [150124-44-0], 10:44
- ——, Chromium, tris[*O*-(2-methyl-propyl) carbonodithioato-*S*,*S*']-, (*OC*-6-11)-, [68026-09-5], 10:44
- CrO₃S₆C₂₁H₃₃, Chromium, tris(*O*-cyclohexyl carbonodithioato-*S*,*S*')-, (*OC*-6-11)-, [149165-83-3], 10:44
- CrO₃SiC₈H₈, Chromium, tricarbonyl(η⁵-2,4-cyclopentadien-1-yl)silyl-, [32732-02-8], 17:104
- CrO₄C₄H₂·H₂O, Acetic acid, chromium (2+) salt, monohydrate, [14976-80-8], 8:125
- CrO₄C₄H₆, Acetic acid, chromium(2+) salt, [628-52-4], 1:122;3:148; 6:145;8:125
- $\text{CrO}_4\text{C}_{10}\text{H}_8$, Chromium, tricarbonyl [(1,2,3,4,5,6- η)-methoxybenzene]-, [12116-44-8], 19:155;28:137
- CrO₄C₁₀H₁₄, Chromium, bis(2,4-pentane-dionato-*O*,*O*')-, (*SP*-4-1)-, [14024-50-1], 8:125;8:130
- CrO₄P₂C₃₄H₄₂, Chromium, tetracarbonyl (tributylphosphine)(triphenylphosphine)-, (*OC*-6-23)-, [17652-69-6], 23:38
- CrO₄S.5H₂O, Sulfuric acid, chromium (2+) salt (1:1), pentahydrate, [15928-77-5], 10:27
- $\text{CrO}_4\text{SC}_{11}\text{H}_8$, Chromium, (carbonothioyl)dicarbonyl[(1,2,3,4,5,6- η)-methyl benzoate]-, [52140-27-9], 19:200
- CrO₄SC₁₂H₁₀, Chromium, (carbonothioyl)dicarbonyl[(1,2,3,4,5,6-η)-methyl 3-methylbenzoate]-, [70144-76-2], 19:201
- ——, Chromium, (carbonothioyl) dicarbonyl[(1,2,3,4,5,6-η)-methyl 3-methylbenzoate]-, stereoisomer, [70112-62-8], 19:201

$CrO_5C_{11}H_8$, Chromium, tricarbonyl [(1,2,3,4,5,6-η)-methyl benzoate]-, [12125-87-0], 19:157;28:139
$(CrO_5P_2C_{14}H_{17})_x$, Chromium, hydroxybis (methylphenylphosphinato-*O,O'*)-, homopolymer, [34521-01-2], 16:91
$(CrO_5P_2C_{24}H_{21})_x$, Chromium, bis (diphenylphosphinato-*O*)hydroxy-, homopolymer, [60097-26-9], 16:91
$(CrO_5P_2C_{24}H_{21})_x$, Chromium, bis (diphenylphosphinato-*O,O'*)hydroxy-, homopolymer, [34133-95-4], 16:91
$(CrO_5P_2C_{32}H_{69})_x$, Chromium, bis (dioctylphosphinato-*O*)hydroxy-, homopolymer, [59946-34-8], 16:91
$(CrO_5P_2C_{32}H_{69})_x$, Chromium, bis (dioctylphosphinato-*O,O'*)hydroxy-, homopolymer, [35226-87-0], 16:91
$CrO_5SC_{13}H_8$, Chromium, pentacarbonyl [1-(phenylthio)ethylidene]-, (*OC*-6-22)-, [23626-10-0], 17:98
CrO_5SeC_6, Chromium, (carbonoselenoyl) pentacarbonyl-, (*OC*-6-22)-, [63356-87-6], 21:1,4
CrO_6C_6, Chromium carbonyl ($Cr(CO)_6$), (*OC*-6-11)-, [13007-92-6], 3:156;7:104;15:88
$CrO_6C_8H_6$, Chromium, pentacarbonyl(1-methoxyethylidene)-, (*OC*-6-21)-, [20540-69-6], 17:96
$CrO_6C_9H_6$, Chromium, pentacarbonyl (dihydro-2(3*H*)-furanylidene)-, (*OC*-6-21)-, [54040-15-2], 19:178,179
$CrO_6C_9H_9$, Chromium, tris(propanedialato-*O,O'*)-, (*OC*-6-11)-, [15636-02-9], 8:141
$CrO_6C_{12}H_{15}$, Chromium, tris(3-oxobutanalato-*O,O'*)-, (*OC*-6-21)-, [15710-84-6], 8:144
———, Chromium, tris(3-oxobutanalato-*O,O'*)-, (*OC*-6-22)-, [14282-03-2], 8:144
$CrO_6C_{15}H_{21}$, Chromium, tris(2,4-pentanedionato-*O,O'*)-, (*OC*-6-11)-, [21679-31-2], 5:130
$CrO_6C_{33}H_{57}$, Chromium, tris(2,2,6,6-tetramethyl-3,5-heptanedionato-*O,O'*)-, (*OC*-6-11)-, [14434-47-0], 24:183
$CrO_6C_{45}H_{33}$, Chromium, tris(1,3-diphenyl-1,3-propanedionato-*O,O'*)-, (*OC*-6-11)-, [21679-35-6], 8:135
$CrO_6PSC_{29}H_{25}$, Chromium, (carbonothioyl)carbonyl[(1,2,3,4,5,6-η)-methyl 3-methylbenzoate](triphenyl phosphite-*P*)-, stereoisomer, [70112-63-9], 19:202
———, Chromium, (carbonothioyl) carbonyl[(1,2,3,4,5,6-η)-methyl 3-methylbenzoate](triphenyl phosphite-*P*)-, stereoisomer, [70144-74-0], 19:202
$(CrO_6P_2C_{14}H_{19})_x$, Chromium, aquahydroxybis(methylphenylphosphinato-*O,O'*)-, homopolymer, [26893-96-9], 16:90
$(CrO_6P_2C_{24}H_{23})_x$, Chromium, aquabis (diphenylphosphinato-*O*)hydroxy-, homopolymer, [28679-50-7], 12:258;16:90
$(CrO_6P_2C_{32}H_{71})_x$, Chromium, aquabis (dioctylphosphinato-*O*)hydroxy-, homopolymer, [29498-83-7], 16:90
$(CrO_6P_2C_{32}H_{71})_x$, Chromium, aquabis (dioctylphosphinato-*O,O'*)hydroxy-, homopolymer, [26893-97-0], 16:90
$CrO_6P_3S6C_{12}H_{30}$, Chromium, tris(*O,O*-diethyl phosphorodithioato-*S,S'*)-, (*OC*-6-11)-, [14177-95-8], 6:142
$CrO_7P_2C_{25}H_{24}$, Chromium, tetracarbonyl (trimethyl phosphite-*P*)(triphenylphosphine)-, (*OC*-6-23)-, [82613-92-1], 23:38
$CrO_7P_2C_{34}H_{42}$, Chromium, tetracarbonyl (tributylphosphine)(triphenyl phosphite-*P*)-, (*OC*-6-23)-, [17652-71-0], 23:38
$CrO_7P_2C_{40}H_{30}$, Chromium, tetracarbonyl (triphenylphosphine)(triphenyl phosphite-*P*)-, (*OC*-6-23)-, [82613-90-9], 23:38

$CrO_{10}P_2C_{25}H_{24}$, Chromium, tetracarbonyl (trimethyl phosphite-*P*)(triphenyl phosphite-*P*)-, (*OC*-6-23)-, [82613-94-3], 23:38

$CrO_{12}C_6$, Chromate(3-), tris[ethanedioato (2-)-*O,O'*]-, (*OC*-6-11)-, [15054-01-0], 25:139

$CrO_{12}S_3$, Sulfuric acid, chromium(3+) salt (3:2), [10101-53-8], 2:197

$CrS_6C_{42}H_{30}$, Chromate(1-), tris[1,2-diphenyl-1,2-ethenedithiolato(2-)-*S,S'*]-, (*OC*-6-11)-, [149165-85-5], 10:9

———, Chromate(2-), tris[1,2-diphenyl-1,2-ethenedithiolato(2-)-*S,S'*]-, (*OC*-6-11)-, [149165-84-4], 10:9

———, Chromium, tris[1,2-diphenyl-1,2-ethenedithiolato(2-)-*S,S'*]-, (*TP*-6-111)-, [12104-22-2], 10:9

$CrS_9C_6H_9$, Chromium, tris(monomethyl carbonotrithioato-*S',S''*)-, (*OC*-6-11)-, [68387-58-6], 10:44

$CrS_9C_9H_{15}$, Chromium, tris(monoethyl carbonotrithioato-*S',S''*)-, (*OC*-6-11)-, [31316-05-9], 10:44

$Cr_2Br_4H_{26}N_8O_2.4H_2O$, Chromium(4+), octaamminedi-μ-hydroxydi-, tetrabromide, tetrahydrate, [151085-69-7], 18:86

$Cr_2Br_4N_8O_2C_8H_{34}.2H_2O$, Chromium(4+), tetrakis(1,2-ethanediamine-*N,N'*)di-μ-hydroxydi-, tetrabromide, dihydrate, [43143-58-4], 18:90

$Cr_2Br_9Cs_3$, Chromate(3-), tri-μ-bromo-hexabromodi-, tricesium, [24354-98-1], 26:379

$Cr_2Br_2Rb_3$, Chromate(3-), tri-μ-bromo-hexabromodi-, trirubidium, [104647-27-0], 26:379

Cr_2CdSe_4, Cadmium chromium selenide ($CdCr_2Se_4$), [12139-08-1], 14:155

$Cr_2Cl_4H_{26}N_8O_{18}.2H_2O$, Chromium(4+), octaamminedi-μ-hydroxydi-, tetraperchlorate, dihydrate, [151120-15-9], 18:87

$Cr_2Cl_4N_8O_2C_8H_{34}.2H_2O$, Chromium(4+), tetrakis(1,2-ethanediamine-*N,N'*)di-μ-hydroxydi-, tetrachloride, dihydrate, [52542-66-2], 18:91

$Cr_2Cl_4N_8O_{18}C_8H_{34}$, Chromium(4+), tetrakis(1,2-ethanediamine-*N,N'*)di-μ-hydroxydi-, tetraperchlorate, [57159-02-1], 18:91

$Cr_2Cl_9Cs_3$, Chromate(3-), tri-μ-chloro-hexachlorodi-, tricesium, [21007-54-5], 26:379

Cr_2CoO_4, Chromium cobalt oxide (Cr_2CoO_4), [12016-69-2], 20:52

$Cr_2F_6N_6C_6H_{24}$, Chromium(1+), bis(1,2-ethanediamine-*N,N'*)difluoro-, (*OC*-6-22)-, (*OC*-6-22)-(1,2-ethanediamine-*N,N'*)tetrafluorochromate(1-), [13842-99-4], 24:185

$Cr_2HgO_6C_{16}H_{10}$, Chromium, hexacarbonylbis(η^5-2,4-cyclopentadien-1-yl)(mercury)di-, (2*Cr-Hg*), [12194-11-5], 7:104

$Cr_2KO_{10}C_{10}H$, Chromate(1-), decacarbonyl-μ-hydrodi-, potassium, [61453-56-3], 23:27

Cr_2MgO_4, Chromium magnesium oxide (Cr_2MgO_4), [12053-26-8], 14:134;20:52

Cr_2MnO_4, Chromium manganese oxide (Cr_2MnO_4), [12018-15-4], 20:52

$Cr_2N_4O_4C_{10}H_{10}$, Chromium, bis(η^5-2,4-cyclopentadien-1-yl)di-μ-nitrosyldinitrosyldi-, [36607-01-9], 19:211

$Cr_2N_8O_{14}S_4C_8H_{34}$, Chromium(4+), tetrakis(1,2-ethanediamine-*N,N'*)di-μ-hydroxydi-, dithionate (1:2), [15038-32-1], 18:90

$Cr_2N_{12}O_{12}S_3C_{12}H_{48}$, Chromium(3+), tris(1,2-ethanediamine-*N,N'*)-, (*OC*-6-11)-, sulfate (2:3), [13408-71-4], 2:198;13:233

$Cr_2N_{22}Ni_2C_{22}H_{48}.3H_2O$, Chromium(3+), tris(1,2-ethanediamine-*N,N'*)-, (*OC*-6-11)-, pentakis(cyano-*C*)nickelate(3-), hydrate (2:2:3), [20523-47-1], 11:51

Cr_2NiO_4, Chromium nickel oxide (Cr_2NiO_4), [12018-18-7], 20:52

$Cr_2O_3 \cdot {}_xH_2O$, Chromium oxide (Cr_2O_3), hydrate, [12182-82-0], 2:190; 8:138

$Cr_2O_4P_2C_{14}H_{10}$, Chromium, tetracarbonylbis(η^5-2,4-cyclopentadien-1-yl)[μ-(diphosphorus-*P,P′:P,P′*)]-di-, (*Cr-Cr*), [125396-01-2], 29:247

$Cr_2O_4SC_{14}H_{10}$, Chromium, tetracarbonylbis(η^5-2,4-cyclopentadien-1-yl)-μ-thioxodi-, [71549-26-3], 29:251

Cr_2O_4Zn, Chromium zinc oxide (Cr_2ZnO_4), [12018-19-8], 20:52

$Cr_2O_5S_2C_{15}H_{10}$, Chromium, pentacarbonylbis(η^5-2,4-cyclopentadien-1-yl)[μ-(disulfur-*S:S,S′*)]di-, [89401-43-4], 29:252

$Cr_2O_6C_{16}H_{10}$, Chromium, hexacarbonylbis(η^5-2,4-cyclopentadien-1-yl) di-, (*Cr-Cr*), [12194-12-6], 7:104;7:139;28:148

Cr_2O_6W, Chromium tungsten oxide (Cr_2WO_6), [13765-57-6], 14:135

$Cr_2O_8C_8H_{12}.2H_2O$, Chromium, tetrakis[μ-(acetato-*O:O′*)]di-, (*Cr-Cr*), dihydrate, [92141-39-4], 8:129

$Cr_2O_{10}C_{10}$, Chromate(2-), di-μ-carbonyloctacarbonyldi-, (*Cr-Cr*), [19495-14-8], 15:88

$Cr_2S_5C_{20}H_{30}$, Chromium, [μ-(disulfur-*S:S*)][μ-(disulfur-*S,S′:S,S′*)]bis[(1,2,3,4,5-η)-1,2,3,4,5-pentamethyl-2,4-cyclopentadien-1-yl]-μ-thioxodi-, (*Cr-Cr*), [80765-35-1], 27:69

Cr_5O_{12}, Chromic acid (H_2CrO_4), chromium(3+) salt (3:2), [24613-89-6], 2:192

$Cs_{0.6}S_2Ti$, Cesium titanium sulfide ($Cs_{0.6}TiS_2$), [158188-80-8], 30:167

$CsAlO_8S_2.12H_2O$, Sulfuric acid, aluminum cesium salt (2:1:1), dodecahydrate, [7784-17-0], 4:8

$CsB_9H_{12}S$, 6-Thiadecaborate(1-), dodecahydro-, cesium, [11092-86-7], 22:227

$CsBr_2I$, Iodate(1-), dibromo-, cesium, [18278-82-5], 5:172

$CsCl_2I$, Iodate(1-), dichloro-, cesium, [15605-42-2], 4:9;5:172

$CsCl_3Sc$, Scandate(1-), trichloro-, cesium, [65545-44-0], 22:23;30:81

$CsCl_6Nb$, Niobate(1-), hexachloro-, cesium, (*OC*-6-11)-, [16921-14-5], 9:89

$CsCl_7Pr_2$, Praseodymate(1-), μ-chlorohexachlorodi-, cesium, [71619-24-4], 22:2;30:73

$CsCoN_2O_8C_{10}H_{12}$, Cobaltate(1-), [[*N,N′*-1,2-ethanediylbis[*N*-(carboxymethyl) glycinato]](4-)-*N,N′,O,O′,O*^{N},*O*$^{N'}$]-, cesium, (*OC*-6-21)-, [64331-31-3], 23:99

$CsCoN_2O_8C_{11}H_{14}$, Cobaltate(1-), [[*N,N′*-(1-methyl-1,2-ethanediyl)bis[*N*-(carboxymethyl)glycinato]](4-)-*N,N′,O,O′,O*^{N},*O*$^{N'}$]-, cesium, (*OC*-6-42)-, [90443-37-1], 23:103

———, Cobaltate(1-), [[*N,N′*-(1-methyl-1,2-ethanediyl)bis[*N*-(carboxymethyl) glycinato]](4-)-*N,N′,O,O′,O*^{N},*O*$^{N'}$]-, cesium, [*OC*-6-42-*A*-(*R*)]-, [90463-09-5], 23:103

———, Cobaltate(1-), [[*N,N′*-(1-methyl-1,2-ethanediyl)bis[*N*-(carboxymethyl) glycinato]](4-)-*N,N′,O,O′,O*^{N},*O*$^{N'}$]-, cesium, [*OC*-6-42-*C*-(*S*)]-, [90443-36-0], 23:103

$CsCoN_2O_8C_{14}H_{18}$, Cobaltate(1-), [[*N,N′*-1,2-cyclohexanediylbis[*N*-(carboxymethyl)glycinato]](4-)-*N,N′*, *O,O′,O*^{N},*O*$^{N'}$]-, cesium, [*OC*-6-21-*A*-(1*R-trans*)]-, [72523-07-0], 23:97

———, Cobaltate(1-), [[*N,N′*-1,2-cyclohexanediylbis[*N*-(carboxymethyl)glycinato]](4-)-*N,N′,O,O′*, *O*^{N},*O*$^{N'}$]-, cesium, [*OC*-6-21-(*trans*)]-, [99527-41-0], 23:96

$CsCoO_8S_2.12H_2O$, Sulfuric acid, cesium cobalt(3+) salt (2:1:1), dodecahydrate, [19004-44-5], 10:61

$CsFHO_4S$, Hypofluorous acid, monoanhydride with sulfuric acid, cesium salt, [70806-67-6], 24:22

$CsF_2HNO_4S_2$, Imidodisulfuryl fluoride, cesium salt, [15060-34-1], 11:138

$CsHN_2O_6$, Nitric acid, cesium salt (2:1), [35280-89-8], 4:7

$CsHO.xS_2Ta$, Cesium hydroxide (Cs(OH)), compd. with tantalum sulfide (TaS_2), [34340-85-7], 30:164

CsI_3, Cesium iodide ($Cs(I_3)$), [12297-72-2], 5:172

$CsMo_2S_4$, Cesium molybdenum sulfide ($CsMo_2S_4$), [122493-98-5], 30:167

$CsNO_3$, Nitric acid, cesium salt, [7789-18-6], 4:6

CsN_3, Cesium azide ($Cs(N_3)$), [22750-57-8], 1:79

$CsO_8S_2Ti.12H_2O$, Sulfuric acid, cesium titanium(3+) salt (2:1:1), dodecahydrate, [16482-51-2], 6:50

Cs_2Cl_5Dy, Dysprosate(2-), pentachloro-, dicesium, [20523-27-7], 30:78

Cs_2Cl_5Er, Erbate(2-), pentachloro-, dicesium, [97252-99-8], 30:78

$Cs_2Cl_5H_2MoO$, Molybdate(2-), aquapentachloro-, dicesium, (*OC*-6-21)-, [33461-69-7], 13:171

Cs_2Cl_5Ho, Holmate(2-), pentachloro-, dicesium, [97252-98-7], 30:78

Cs_2Cl_5Lu, Lutetate(2-), pentachloro-, dicesium, [89485-40-5], 22:6;30:77,78

Cs_2Cl_5Tm, Thulate(2-), pentachloro-, dicesium, [97348-27-1], 30:78

Cs_2Cl_5Y, Yttrate(2-), pentachloro-, dicesium, [19633-62-6], 30:78

Cs_2Cl_5Yb, Ytterbate(2-), pentachloro-, dicesium, [97253-00-4], 30:78

Cs_2Cl_6LiTm, Thulate(3-), hexachloro-, dicesium lithium, (*OC*-6-11)-, [68933-88-0], 21:10;30:249

Cs_2F_6Mn, Manganate(2-), hexafluoro-, dicesium, (*OC*-6-11)-, [16962-46-2], 24:48

$Cs_2N_4PtC4.H_2O$, Platinate(2-), tetrakis(cyano-*C*)-, dicesium, monohydrate, (*SP*-4-1)-, [20449-75-6], 19:6

$Cs_3B_{12}ClH_{12}$, Dodecaborate(2-), dodecahydro-, cesium chloride (1:3:1), [12046-86-5], 11:30

$Cs_3B_{13}H_{16}$, Dodecaborate(2-), dodecahydro-, cesium tetrahydroborate(1-) (1:3:1), [150384-19-3], 11:30

$Cs_3Br_8HMo_2$, Molybdate(3-), di-μ-bromohexabromo-μ-hydrodi-, (*Mo-Mo*), tricesium, [57719-38-7], 19:130

$Cs_3Br_9Cr_2$, Chromate(3-), tri-μ-bromohexabromodi-, tricesium, [24354-98-1], 26:379

$Cs_3Br_9Dy_2$, Dysprosate(3-), tri-μ-bromohexabromodi-, tricesium, [73190-96-2], 30:79

$Cs_3Br_9Er_2$, Erbate(3-), tri-μ-bromohexabromodi-, tricesium, [73190-98-4], 30:79

$Cs_3Br_9Gd_2$, Gadolinate(3-), tri-μ-bromohexabromodi-, tricesium, [73190-94-0], 30:79

$Cs_3Br_9Ho_2$, Holmate(3-), tri-μ-bromohexabromodi-, tricesium, [73190-97-3], 30:79

$Cs_3Br_9Lu_2$, Lutetate(3-), tri-μ-bromohexabromodi-, tricesium, [73191-01-2], 30:79

$Cs_3Br_9Sc_2$, Scandate(3-), tri-μ-bromohexabromotri-, tricesium, [12431-61-7], 30:79

$Cs_3Br_9Sm_2$, Samarate(3-), tri-μ-bromohexabromodi-, tricesium, [73190-93-9], 30:79

$Cs_3Br_9Tb_2$, Terbate(3-), tri-μ-bromohexabromodi-, tricesium, [73190-95-1], 30:79

$Cs_3Br_9Ti_2$, Titanate(3-), tri-μ-bromohexabromodi-, tricesium, [12260-33-2], 26:379

$Cs_3Br_9Tm_2$, Thulate(3-), tri-μ-bromohexabromodi-, tricesium, [73190-99-5], 30:79

$Cs_3Br_9V_2$, Vanadate(3-), tri-μ-bromohexabromodi-, tricesium, [129982-53-2], 26:379

$Cs_3Br_9Yb_2$, Ytterbate(3-), tri-μ-bromohexabromodi-, tricesium, [73191-00-1], 30:79

Cs_3Cl_6Lu, Lutetate(3-), hexachloro-, tricesium, (*OC*-6-11)-, [89485-41-6], 22:6;30:77

Cs_3Cl_6Mo, Molybdate(3-), hexachloro-, tricesium, (*OC*-6-11)-, [33519-12-9], 13:172

$Cs_3Cl_8HMo_2$, Molybdate(3-), di-μ-chlorohexachloro-μ-hydrodi-, (*Mo-Mo*), tricesium, [57719-40-1], 19:129

$Cs_3Cl_9Cr_2$, Chromate(3-), tri-μ-chlorohexachlorodi-, tricesium, [21007-54-5], 26:379

$Cs_3Cl_9Er_2$, Erbate(3-), tri-μ-chlorohexachlorodi-, tricesium, [73191-14-7], 30:79

$Cs_3Cl_9Ho_2$, Holmate(3-), tri-μ-chlorohexachlorodi-, tricesium, [73191-13-6], 30:79

$Cs_3Cl_9Lu_2$, Lutetate(3-), tri-μ-chlorohexachlorodi-, tricesium, [73197-69-0], 22:6;30:77,79

$Cs_3Cl_9Sc_2$, Scandate(3-), tri-μ-chlorohexachlorodi-, tricesium, [12272-71-8], 22:25;30:79

$Cs_3Cl_9Ti_2$, Titanate(3-), tri-μ-chlorohexachlorodi-, tricesium, [12345-61-8], 26:379

$Cs_3Cl_9Tm_2$, Thulate(3-), tri-μ-chlorohexachlorodi-, tricesium, [73191-15-8], 30:79

$Cs_3Cl_9V_2$, Vanadate(3-), tri-μ-chlorohexachlorodi-, tricesium, [12052-07-2], 26:379

$Cs_3Cl_9Y_2$, Yttrate(3-), tri-μ-chlorohexachlorodi-, tricesium, [73191-12-5], 30:79

$Cs_3Cl_9Yb_2$, Ytterbate(3-), tri-μ-chlorohexachlorodi-, tricesium, [73191-16-9], 30:79

$Cs_5Cl_{11}Sb_2$, Stibine, trichloro-, compd. with cesium chloride (CsCl) (2:5), [14236-42-1], 4:6

$Cs_7N_{16}Pt_4C_{16}.8H_2O$, Platinate(2-), tetrakis(cyano-*C*)-, (*SP*-4-1)-, cesium (*SP*-4-1)-tetrakis(cyano-*C*)platinate (1-) (3:7:1), octahydrate, [153519-29-0], 19:6,7

$Cs_8N_{19}Pt_4C_{16}$, Platinate(7-), hexadecakis (cyano-*C*)tetra-, (3*Pt-Pt*), cesium azide (1:8:1), [83679-23-6], 21:149

$Cs_{20}Cl_3N_{40}Pt_{10}C_{40}$, Platinate(2-), tetrakis(cyano-*C*)-, (*SP*-4-1)-, cesium chloride (*SP*-4-1)-tetrakis(cyano-*C*)platinate(1-) (7:20:3:3), [152981-41-4], 21:142

$Cs_{100}F_{38}N_{200}Pt_{50}C_{200}H_{19}$, Platinate(2-), tetrakis(cyano-*C*)-, (*SP*-4-1)-, cesium (hydrogen difluoride) (*SP*-4-1)-tetrakis(cyano-*C*)platinate(1-) (62:200:38:38), [151085-72-2], 20:28

$Cs_{150}N_{200}O_{184}Pt_{50}S_{46}C_{200}H_{23}$, Platinate (2-), tetrakis(cyano-*C*)-, (*SP*-4-1)-, cesium hydrogen sulfate (*SP*-4-1)-tetrakis(cyano-*C*)platinate(1-) (31:150:23:46:19), [153608-94-7], 21:151

$Cs_{200}F_{19}N_{400}Pt_{100}C_{400}$, Platinate(2-), tetrakis(cyano-*C*)-, (*SP*-4-1)-, cesium fluoride (*SP*-4-1)-tetrakis(cyano-*C*)platinate(1-) (81:200:19:19), [151085-70-0], 20:29

$Cs_{200}F_{46}N_{400}Pt_{100}C_{400}H_{23}$, Platinate(2-), tetrakis(cyano-*C*)-, (*SP*-4-1)-, cesium (hydrogen difluoride) (*SP*-4-1)-tetrakis (cyano-*C*)platinate(1-) (77:200:23:23), [151085-71-1], 20:26

$CuAs_3NO_3C_{54}H_{45}$, Copper, (nitrato-*O*)tris(triphenylarsine)-, (*T*-4)-, [33989-05-8], 19:95

$CuBN_6OC_{10}H_{10}$, Copper, carbonyl [hydrotris(1*H*-pyrazolato-N^1)borato (1-)-N^2,$N^{2'}$,$N^{2''}$]-, (*T*-4)-, [52374-64-8], 21:108

$CuBN_6OC_{16}H_{22}$, Copper, carbonyl [tris(3,5-dimethyl-1*H*-pyrazolato-N^1)hydroborato(1-)-N^2,$N^{2'}$,$N^{2''}$]-, (*T*-4)-, [52374-73-9], 21:109

$CuBN_8OC_{13}H_{12}$, Copper, carbonyl[tetrakis (1*H*-pyrazolato-N^1)borato(1-)-N^2,$N^{2'}$, $N^{2''}$]-, (*T*-4)-, [55295-09-5], 21:110

$CuBP_2C_{36}H_{34}$, Copper, [tetrahydroborato (1-)-*H,H'*]bis(triphenylphosphine)-, (*T*-4)-, [16903-61-0], 19:96

$CuBa_2O_6Tl_2$, Barium copper thallium oxide ($Ba_2CuTl_2O_6$), [115866-06-3], 30:202

CuBr, Copper bromide (CuBr), [7787-70-4], 2:3

$CuBrSe_3$, Copper bromide selenide ($CuBrSe_3$), [12431-50-4], 14:170

CuBrTe, Copper bromide telluride (CuBrTe), [12409-54-0], 14:170

$CuBrTe_2$, Copper bromide telluride ($CuBrTe_2$), [12409-55-1], 14:170

$CuBr_2N_4C_{14}H_{12}$, Copper, [3,10-dibromo-3,6,7,10-tetrahydro-1,5,8,12-benzotetraazacyclotetradecinato(2-)-N^1,N^5, N^8,N^{12}]-, [67215-73-0], 18:50

$CuBr_4N_2C_{16}H_{40}$, Ethanaminium, *N,N,N*-triethyl-, tetrabromocuprate(2-) (2:1), [13927-35-0], 9:141

CuCl, Copper chloride (CuCl), [7758-89-6], 2:1;20:10

$CuClOC.2H_2O$, Copper, carbonylchloro-, dihydrate, [150220-20-5], 2:4

$CuClP_3C_{54}H_{45}$, Copper, chlorotris (triphenylphosphine)-, (*T*-4)-, [15709-76-9], 19:88

$CuClSe_2$, Copper chloride selenide ($CuClSe_2$), [12442-58-9], 14:170

CuClTe, Copper chloride telluride (CuClTe), [12410-11-6], 14:170

$CuClTe_2$, Copper chloride telluride ($CuClTe_2$), [12410 12 7], 14:170

$CuCl_2$, Copper chloride ($CuCl_2$), [7447-39-4], 5:154;29:110

$CuCl_2N_3C_{10}H_9$, Copper, dichloro(*N*-2-pyridinyl-2-pyridinamine-N^{N^2},N^1)-, (*T*-4)-, [58784-85-3], 5:14

$CuCl_2N_6C_{20}H_{18}$, Copper(2+), bis(*N*-2-pyridinyl-2-pyridinamine-N^{N^2},N^1)-, dichloride, [14642-89-8], 5:14

$CuCl_2N_{10}O_4C_8H_{22}$, Copper(2+), bis[2,2'-iminobis[*N*-hydroxyethanimidamide]]-, dichloride, [20675-39-2], 11:92

$CuCl_4N_2C_{16}H_{40}$, Ethanaminium, *N,N,N*-triethyl-, tetrachlorocuprate(2-) (2:1), [13927-32-7], 9:141

$CuCo_3NO_{12}RuC_{14}H_3$, Ruthenium, [(acetonitrile)copper]tricarbonyl(tri-μ-carbonylhexacarbonyltricobalt)-, (*3Co-Co*)(*3Co-Cu*)(*3Co-Ru*), [90636-15-0], 26:359

$CuF_6N_4PC_8H_{12}$, Copper(1+), tetrakis (acetonitrile)-, (*T*-4)-, hexafluorophosphate(1-), [64443-05-6], 19:90;28:68

$CuF_{12}N_4P_2C_{24}H_{28}$, Copper(2+), (2,9-dimethyl-3,10-diphenyl-1,4,8,11-tetraazacyclotetradeca-1,3,8,10-tetraene-N^1,N^4,N^8,N^{11})-, (*SP*-4-1)-, bis[hexafluorophosphate(1-)], [77154-14-4], 22:10

CuH_4MoNS_4, Molybdate(1-), tetrathioxocuprate-, ammonium, [27194-90-7], 14:95

CuI, Copper iodide (CuI), [7681-65-4], 6:3;22:101

$CuIN_2PC_{22}H_{35}$, Copper, (2,2'-bipyridine-*N,N'*)iodo(tributylphosphine)-, (*T*-4)-, [81201-03-8], 7:11

$CuISe_3$, Copper iodide selenide ($CuISe_3$), (*T*-4)-, [12410-62-7], 14:170

CuITe, Copper iodide telluride (CuITe), [12410-63-8], 14:170

$CuITe_2$, Copper iodide telluride ($CuITe_2$), [12410-64-9], 14:170

$CuI_2N_4C_4H_{16}$, Copper(2+), bis(1,2-ethanediamine-*N,N'*)-, diiodide, (*SP*-4-1)-, [32270-89-6], 5:18

$CuKS_4$, Cuprate(1-), tetrathioxo-, potassium, [12158-64-4], 30:88

$CuKSe_4$, Cuprate(1-), (tetraseleno)-, potassium, [128191-66-2], 30:89

$CuK_2O_8C_4$, Cuprate(2-), bis[ethanedioato (2-)-*O,O'*]-, dipotassium, [36431-92-2], 6:1

$CuK_3Nb_2Se_{12}$, Copper niobium potassium selenide ($CuNb_2K_3Se_3(Se_2)_3(Se_3)$), [135041-37-1], 30:86

$CuLaO_{2.5-2.57}$, Copper lanthanum oxide ($CuLaO_{2.5-2.57}$), [158188-95-5], 30:221

$CuLaO_{2.6-2.8}$, Copper lanthanum oxide ($CuLaO_{2.6-2.8}$), [158188-94-4], 30:221

$CuLaO_{2.8-3}$, Copper lanthanum oxide ($CuLaO_{2.8-3}$), [158188-93-3], 30:219

$CuLa_{1.85}O_4Sr_{0.15}$, Copper lanthanum strontium oxide ($CuLa_{1.85}Sr_{0.15}O_4$), [107472-96-8], 30:193

$CuNO_3P_2C_{36}H_{30}$, Copper, (nitrato-*O,O'*) bis(triphenylphosphine)-, (*T*-4)-, [23751-62-4], 19:93

$CuNO_3Sb_3C_{54}H_{45}$, Copper, (nitrato-*O*)tris (triphenylstibine)-, (*T*-4)-, [33989-06-9], 19:94

$CuN_2O_2C_{10}H_{16}$, Copper, bis(4-imino-2-pentanonato-*N,O*)-, [14404-35-4], 8:2

$CuN_2O_2C_{32}H_{28}$, Copper, bis[1-phenyl-3-(phenylimino)-1-butanonato-*N,O*]-, [14482-83-8], 8:2

$CuN_2O_4C_{16}H_{22}$, Copper, [[6,6'-(1,2-ethanediyldinitrilo)bis[2,4-heptanedionato]](2-)-$N,N^1,O^4,O^{4'}$]-, (*SP*-4-2)-, [38656-23-4], 20:93

$CuN_2O_5VC_{16}H_{20}.H_2O$, Vanadium, (copper)[μ-[[6,6'-(1,2-ethanediyldinitrilo)bis[2,4-heptanedionato]](4-)-$N^6,N^{6'},O^4,O^{4'}:O^2,O^{2'},O^4,O^{4'}$]]oxo-, monohydrate, [151085-73-3], 20:95

$CuN_4C_{44}H_{28}$, Copper, [5,10,15,20-tetraphenyl-21*H*,23*H*-porphinato(2-)-$N^{21},N^{22},N^{23},N^{24}$]-, (*SP*-4-1)-, [14172-91-9], 16:214

$CuN_4O_2C_{10}H_{18}$, Copper, [1,4,8,11-tetraazacyclotetradecane-5,7-dionato(2-)-N^1,N^4,N^8,N^{11}]-, [*SP*-4-4-(*R**,*S**)]-, [72547-88-7], 23:83

$CuN_4O_2C_{18}H_{26}$, Copper, [5,9,14,18-tetramethyl-1,4,10,13-tetraazacyclooctadeca-4,8,14,18-tetraene-7,16-dionato(2-)-N^1,N^4,O^7,O^{16}]-, (*SP*-4-2)-, [55238-11-4], 20:92

$CuN_4S_2C_{12}H_{10}$, Copper, bis(pyridine)bis (thiocyanato-*N*)-, [14881-12-0], 12:251,253

$CuN_4S_{12}C_{20}H_8$, Cuprate(2-), bis[2,3-dimercapto-2-butenedinitrilato(2-)-*S,S'*]-, (*SP*-4-1)-, salt with 2-(1,3-dithiol-2-ylidene)-1,3-dithiole (1:2), [55538-55-1], 19:31

$CuN_5S_4C_{24}H_{36}$, 1-Butanaminium, *N,N,N*-tributyl-, (*SP*-4-1)-bis[2,3-dimercapto-2-butenedinitrilato(2-)-*S,S'*]cuprate (1-), [19453-80-6], 10:17

$CuN_6O_6C_{28}H_{20}$, Copper(2+), (tetrabenzo [*b,f,j,n*][1,5,9,13]tetraazacyclohexadecine-N^5,N^{11},N^{17},N^{23})-, (*SP*-4-1)-, dinitrate, [51890-18-7], 18:32

$CuN_6S_4C_{40}H_{72}$, 1-Butanaminium, *N,N,N*-tributyl-, (*SP*-4-1)-bis[2,3-dimercapto-2-butenedinitrilato(2-)-*S,S'*]cuprate(2-) (2:1), [15077-49-3], 10:14

$(CuN_8S_2C_6H_6)x$, Copper, bis(thiocyanato-*N*)bis(1*H*-1,2,4-triazole)-, homopolymer, [63654-20-6], 23:159

$CuN_{10}O_6S_2C_{16}H_{20}$, Cuprate(2-), bis[4-[[[(aminoiminomethyl)amino] iminomethyl]amino]benzenesulfonato (2-)]-, dihydrogen, [59249-53-5], 7:6

$CuO_4C_{22}H_{38}$, Copper, bis(2,2,7-trimethyl-3,5-octanedionato-*O,O'*)-, [69701-39-9], 23:146

$CuO_5Pb_{0.5}Sr_2Tl_{0.5}$, Copper lead strontium thallium oxide ($CuPb_{0.5}Sr_2Tl_{0.5}O_5$), [122285-36-3], 30:207

$CuPC_{18}H_{16}$, Copper, hydro(triphenylphosphine)-, [70114-52-2], 19:87,88

$CuPC_{21}H_{22}$, Copper, hydro[tris(4-methylphenyl)phosphine]-, [70114-53-3], 19:89

$Cu_2Ba_2Ca_2O_8Tl_2$, Barium calcium copper thallium oxide ($Ba_2CaCu_2Tl_2O_8$), [115833-27-7], 30:203

$Cu_2BiCaO_7Sr_2Tl$, Bismuth calcium copper strontium thallium oxide ((Bi,Tl) $CaCu_2Sr_2O_7$), [158188-92-2], 30:204
$Cu_2Br_2C_4H_6$, Copper, dibromo[μ-[(1,2-η:3,4-η)-1,3-butadiene]]di-, [150220-21-6], 6:218
$Cu_2CaLa_{1.6}O_6Sr_{0.4}$, Calcium copper lanthanum strontium oxide ($CaCu_2La_{1.6}Sr_{0.4}O_6$), [129161-55-3], 30: 197
$Cu_2Cl_2C_4H_6$, Copper, [μ-[(1,2-η:3,4-η)-1,3-butadiene]]dichlorodi-, [33379-51-0], 6:217
$Cu_2I_2N_4C_{20}H_{16}$, Copper, bis(2,2'-bipyridine-*N,N'*)di-μ-iododi-, [39210-77-0], 7:12
$Cu_2N_2O_4C_{16}H_{20}$, Copper, [μ-[[6,6'-(1,2-ethanediyldinitrilo)bis[2,4-heptanedionato]](4-)-$N^6,N^{6'},O^4,O^{4'}:O^2,O^{2'},O^4,O^{4'}$]]di-, [61004-43-1], 20:94
$Cu_2N_6O_{10}SC_{30}H_{28}$, Copper(1+), (1,10-phenanthroline-N^1,N^{10})(L-serinato-N,O^1)-, sulfate (2:1), [74807-02-6], 21:115
$Cu_2O_4C_4H_6$, Copper, bis[μ-(acetato-*O:O'*)]di-, (*Cu-Cu*), [41367-42-4], 20:53
$Cu_3Ba_2Ca_2O_{10}Tl_2$, Barium calcium copper thallium oxide ($Ba_2Ca_2Cu_3Tl_2O_{10}$), [115866-07-4], 30:203
$Cu_3Ba_{263}O_7Y$, Barium copper yttrium oxide ($Ba_2{}^{63}Cu_3YO_7$), [143069-66-3], 30:210
$Cu_3I4N_4C_4H_{16}$, Copper(2+), bis(1,2-ethanediamine-*N,N'*)-, bis [diiodocuprate(1-)], [72842-04-7], 6:16
$Cu_4Ba_2ErO_8$, Barium copper erbium oxide ($Ba_2Cu_4ErO_8$), [122014-99-7], 30:193
$Cu_4Ba_2HoO_8$, Barium copper holmium oxide ($Ba_2Cu_4HoO_8$), [122015-02-5], 30:193
$Cu_4I_4P_4C_{48}H_{108}$, Copper, tetra-μ$_3$-iodotetrakis(tributylphosphine)tetra-, [59245-99-7], 7:10
DCl, Hydrochloric-^{36}*Cl* acid-*d*, [102960-03-2], 7:155
D_2O_4S, Sulfuric acid-d_2, [13813-19-9], 6:21;7:155
D_3As, Arsine-d_3, [13464-51-2], 13:14
D_3BNNaC, Borate(1-), (cyano-*C*)trihydro-d_3, sodium, (*T*-4)-, [25895-62-9], 21:167
D_3O_4P, Phosphoric acid-d_3, [14335-33-2], 6:81
D_4Ge, Germane-d_4, [13537-06-9], 11:170
D_4Si, Silane-d_4, [13537-07-0], 11:170
D_4Sn, Stannane-d_4, [14061-78-0], 11:170
D_5B_2Br, Diborane(6)-μ,μ,1,1,2-d_5, 2-bromo-, [67403-12-7], 18:146
D_5B_2I, Diborane(6)-μ,μ,1,1,2-d_5, 2-iodo-, [67403-13-8], 18:147
D_5BrC_6, Benzene-d_5, bromo-, [4165-57-5], 16:164
D_6Si_2, Disilane-d_6, [13537-08-1], 11:172
$D_{15}PC_{18}$, Phosphine, tri(phenyl-d_5)-, [24762-44-5], 16:163
$DyCl_3$, Dysprosium chloride ($DyCl_3$), [10025-74-8], 22:39
$DyCl_5Cs_2$, Dysprosate(2-), pentachloro-, dicesium, [20523-27-7], 30:78
$DyF_{18}N_6O_6P_9C_{72}H_{72}$, Dysprosium(3+), hexakis(*P,P*-diphenylphosphinic amide-*O*)-, (*OC*-6-11)-, tris [hexafluorophosphate(1-)], [59449-58-0], 23:180
$DyN_3O_{13}C_8H_{16}$, Dysprosium, tris(nitrato-*O*)(1,4,7,10-tetraoxacyclododecane-O^1,O^4,O^7,O^{10})-, [73288-74-1], 23:151
$DyN_3O_{14}C_{10}H_{20}$, Dysprosium, tris(nitrato-*O,O'*)(1,4,7,10,13-pentaoxacyclopentadecane-$O^1,O^4,O^7,O^{10},O^{13}$)-, [77371-98-3], 23:151
$DyN_3O_{15}C_{12}H_{24}$, Dysprosium, (1,4,7,10,13,16-hexaoxacyclooctadecane-$O^1,O^4,O^7,O^{10},O^{13},O^{16}$)tris(nitrato-*O,O'*)-, [77372-10-2], 23:153
$DyN_4O_2C_{49}H_{35}$, Dysprosium, (2,4-pentanedionato-*O,O'*)[5,10,15,20-tetraphenyl-21*H*,23*H*-porphinato

(2-)-N^{21},N^{22},N^{23},N^{24}]-, [61276-74-2], 22:166

$DyN_4O_2C_{55}H_{47}$, Dysprosium, (2,2,6,6-tetramethyl-3,5-heptanedionato-*O,O'*) [5,10,15,20-tetraphenyl-21*H*,23*H*-porphinato(2-)-N^{21},N^{22},N^{23},N^{24}]-, [89769-03-9], 22:160

$DyO_3C_{45}H_{69}$, Phenol, 2,6-bis(1,1-dimethylethyl)-4-methyl-, dysprosium (3+) salt, [89085-96-1], 27:167

$DyO_6C_{33}H_{57}$, Dysprosium, tris(2,2,6,6-tetramethyl-3,5-heptanedionato-*O,O'*)-, (*OC*-6-11)-, [15522-69-7], 11:96

$Dy_2Br_9Cs_3$, Dysprosate(3-), tri-μ-bromohexabromodi-, tricesium, [73190-96-2], 30:79

$Dy_2Cl_2Si_8C_{44}H_{84}$, Dysprosium, tetrakis [(1,2,3,4,5-η)-1,3-bis(trimethylsilyl)-2,4-cyclopentadien-1-yl]di-μ-chlorodi-, [81523-79-7], 27:171

Dy_2Cl_7K, Dysprosate(1-), μ-chlorohexachlorodi-, potassium, [71619-20-0], 22:2;30:73

Dy_2S_3, Dysprosium sulfide (Dy_2S_3), [12133-10-7], 14:154

$Dy_4N_{12}O_{51}C_{30}H_{60}$, Dysprosium(1+), bis(nitrato-*O,O'*)(1,4,7,10,13-pentaoxacyclopentadecane-O^1,O^4,O^7,O^{10},O^{13})-, hexakis(nitrato-*O,O'*)dysprosate(3-) (3:1), [94121-26-3], 23:153

$Dy_4N_{12}O_{54}C_{36}H_{72}$, Dysprosium(1+), (1,4,7,10,13,16-hexaoxacyclooctadecane-O^1,O^4,O^7,O^{10},O^{13},O^{16})bis (nitrato-*O,O'*)-, hexakis(nitrato-*O,O'*)dysprosate(3-) (3:1), [99352-30-4], 23:155

$ErBa_2Cu_4O_8$, Barium copper erbium oxide ($Ba_2Cu_4ErO_8$), [122014-99-7], 30:193

$ErCl_3$, Erbium chloride ($ErCl_3$), [10138-41-7], 22:39

$ErCl_5Cs_2$, Erbate(2-), pentachloro-, dicesium, [97252-99-8], 30:78

$ErCl_5Rb_2$, Erbate(2-), pentachloro-, dirubidium, [97252-87-4], 30:78

$ErF_4N_4O_2C_{49}H_{31}$, Erbium, (2,4-pentanedionato-*O,O'*)[5,10,15,20-tetrakis(3-fluorophenyl)-21*H*,23*H*-porphinato (2-)-N^{21},N^{22},N^{23},N^{24}]-, [89769-05-1], 22:160

$ErF_{18}N_6O_6P_9C_{72}H_{72}$, Erbium(3+), hexakis (*P,P*-diphenylphosphinic amide-*O*)-, (*OC*-6-11)-, tris[hexafluorophosphate (1-)], [59491-94-0], 23:180

$ErN_3O_{13}C_8H_{16}$, Erbium, tris(nitrato-*O*) (1,4,7,10-tetraoxacyclododecane-O^1,O^4,O^7,O^{10})-, [73297-44-6], 23:151

$ErN_3O_{14}C_{10}H_{20}$, Erbium, tris(nitrato-*O,O'*) (1,4,7,10,13-pentaoxacyclopentadecane-O^1,O^4,O^7,O^{10},O^{13})-, [77372-02-2], 23:151

$ErN_3O_{15}C_{12}H_{24}$, Erbium, (1,4,7,10,13,16-hexaoxacyclooctadecane-O^1,O^4,O^7, O^{10},O^{13},O^{16})tris(nitrato-*O,O'*)-, [77402-72-3], 23:153

$ErN_4O_2C_{49}H_{35}$, Erbium, (2,4-pentanedionato-*O,O'*)[5,10,15,20-tetraphenyl-21*H*,23*H*-porphinato(2-)-N^{21},N^{22},N^{23}, N^{24}]-, (*TP*-6-132)-, [61276-76-4], 22:160

$ErO_3C_{45}H_{69}$, Phenol, 2,6-bis(1,1-dimethylethyl)-4-methyl-, erbium(3+) salt, [89085-98-3], 27:167

$ErO_6C_{33}H_{57}$, Erbium, tris(2,2,6,6-tetramethyl-3,5-heptanedionato-*O,O'*)-, (*OC*-6-11)-, [35733-23-4], 11:96

$Er_2Br_9Cs_3$, Erbate(3-), tri-μ-bromohexabromodi-, tricesium, [73190-98-4], 30:79

$Er_2Br_9Rb_3$, Erbate(3-), tri-μ-bromohexabromodi-, trirubidium, [73556-93-1], 30:79

$Er_2Cl_2Si_8C_{44}H_{84}$, Erbium, tetrakis [(1,2,3,4,5-η)-1,3-bis(trimethylsilyl)-2,4-cyclopentadien-1-yl]di-μ-chlorodi-, [81523-81-1], 27:171

$Er_2Cl_6O_7C_{28}H_{56}$, Furan, tetrahydro-, compd. with erbium chloride ($ErCl_3$) (7:2), [14710-36-2], 27:140;28:290
$Er_2Cl_9Cs_3$, Erbate(3-), tri-μ-chlorohexachlorodi-, tricesium, [73191-14-7], 30:79
Er_2S_3, Erbium sulfide (Er_2S_3), [12159-66-9], 14:154
$Er_4N_{12}O_{51}C_{30}H_{60}$, Erbium(1+), bis (nitrato-*O,O'*)(1,4,7,10,13-pentaoxacyclopentadecane-$O^1,O^4,O^7,O^{10},O^{13}$)-, hexakis(nitrato-*O,O'*)erbate(3-) (3:1), [94121-32-1], 23:153
$Er_4N_{12}O_{54}C_{36}H_{72}$, Erbium(1+), (1,4,7,10,13,16-hexaoxacyclooctadecane-$O^1,O^4,O^7,O^{10},O^{13}O^{16}$)bis(nitrato-*O,O'*)-, (*OC*-6-11)-hexakis(nitrato-*O*)erbate(3-) (3:1), [77372-28-2], 23:155
Eu, Europium alloy, base, Eu 53,Hg 47, [149165-89-9], 2:68
Eu, Mercury alloy, base, Hg 97,Eu 3, [149165-88-8], 2:67
Eu, Mercury alloy, base, Hg,Eu, [61742-27-6], 2:65
$EuCl_2$, Europium chloride ($EuCl_2$), [13769-20-5], 2:68,71
$EuCl_3$, Europium chloride ($EuCl_3$), [10025-76-0], 22:39
$EuCl_8N_4O_2C_{49}H_{27}$, Europium, (2,4-pentanedionato-*O,O'*)[5,10,15,20-tetrakis(3,5-dichlorophenyl)-21*H*,23*H*-porphinato(2-)-$N^{21},N^{22},N^{23},N^{24}$]-, [89769-01-7], 22:160
$EuF_{18}N_6O_6P_9C_{72}H_{72}$, Europium(3+), hexakis(*P,P*-diphenylphosphinic amide-*O*)-, (*OC*-6-11)-, tris [hexafluorophosphate(1-)], [59449-55-7], 23:180
$EuN_3O_{13}C_8H_{16}$, Europium, tris(nitrato-*O*) (1,4,7,10-tetraoxacyclododecane-O^1, O^4,O^7,O^{10})-, [73288-72-9], 23:151
$EuN_3O_{14}C_{10}H_{20}$, Europium, tris(nitrato-*O*) (1,4,7,10,13-pentaoxacyclopentadecane-$O^1,O^4,O^7,O^{10},O^{13}$)-, [73798-11-5], 23:151
$EuN_3O_{15}C_{12}H_{24}$, Europium, (1,4,7,10,13,16-hexaoxacyclooctadecane-$O^1,O^4,O^7,O^{10},O^{13}O^{16}$)tris(nitrato-*O,O'*)-, [77372-07-7], 23:153
$EuN_4O_2C_{49}H_{35}$, Europium, (2,4-pentanedionato-*O,O'*)[5,10,15,20-tetraphenyl-21*H*,23*H*-porphinato(2-)-$N^{21},N^{22},N^{23},N^{24}$]-, [61301-63-1], 22:160
$EuN_4O_2C_{53}H_{43}$, Europium, (2,4-pentanedionato-*O,O'*)[5,10,15,20-tetrakis (4-methylphenyl)-21*H*,23*H*-porphinato(2-)-$N^{21},N^{22},N^{23},N^{24}$]-, [60911-12-8], 22:160
EuO_3C, Carbonic acid, europium(2+) salt (1:1), [5772-74-7], 2:71
$EuO_4C_4H_6$, Acetic acid, europium(2+) salt, [59823-94-8], 2:68
EuO_4S, Sulfuric acid, europium(2+) salt (1:1), [10031-54-6], 2:70
$EuO_6C_6H_9$, Acetic acid, europium(3+) salt, [1184-63-0], 2:66
$EuO_6C_{30}H_{27}$, Europium, tris(1-phenyl-1,3-butanedionato-*O,O'*)-, [14459-33-7], 9:39
$EuO_6C_{30}H_{27}.2H_2O$, Europium, tris(1-phenyl-1,3-butanedionato-*O,O'*)-, dihydrate, [15392-88-8], 9:37
$EuO_6C_{33}H_{57}$, Europium, tris(2,2,6,6-tetramethyl-3,5-heptanedionato-*O,O'*)-, (*OC*-6-11)-, [15522-71-1], 11:96
EuS, Europium sulfide (EuS), [12020-65-4], 10:77
$Eu_2Cl_2Si_8C_{44}H_{84}$, Europium, tetrakis [(1,2,3,4,5-η)-1,3-bis(trimethylsilyl)-2,4-cyclopentadien-1-yl]di-μ-chlorodi-, [81537-00-0], 27:171
Eu_2O_3, Europium oxide (Eu_2O_3), [1308-96-9], 2:66
$Eu_2O_{12}C_6.10H_2O$, Europium, [μ-[ethanedioato(2-)-*O,O''':O',O''*]] bis[ethanedioato(2-)-*O,O'*]di-, decahydrate, [51373-59-2], 2:66
$Eu_4N_{12}O_{54}C_{36}H_{72}$, Europium(1+), (1,4,7,10,13,16-hexaoxacyclooctadecane-$O^1,O^4,O^7,O^{10},O^{13}O^{16}$)bis(nitrato-

O,O')-, hexakis(nitrato-*O,O'*)europate (3-) (3:1), [75845-27-1], 23:155

FAg, Silver fluoride (AgF), [7775-41-9], 4:136;5:19-20
FAg_2, Silver fluoride (Ag_2F), [1302-01-8], 5:18
FAg_2O_3P, Phosphorofluoridic acid, disilver (1+) salt, [66904-72-1], 3:109
FBr, Bromine fluoride (BrF), [13863-59-7], 3:185
$FBrO_3$, Perbromyl fluoride ($(BrO_3)F$), [25251-03-0], 14:30
FBr_2PS, Phosphorothioic dibromide fluoride, [13706-10-0], 2:154
$FC_{19}H_{15}$, Benzene, 1,1',1"-(fluoromethylidyne)tris-, [427-36-1], 24:66
FCl, Chlorine fluoride (ClF), [7790-89-8], 24:1,2
$FClN_2P_2PtC_{18}H_{34}$, Platinum, chloro[(4-fluorophenyl)azo]bis(triethylphosphine)-, (*SP*-4-3)-, [16774-96-2], 12:31
$FClOPCH_3$, Phosphonic chloride fluoride, methyl-, [753-71-9], 4:141
$FClO_2$, Chloryl fluoride, [13637-83-7], 24:3
$FClO_2S$, Sulfuryl chloride fluoride, [13637-84-8], 9:111
$FClO_3$, Perchloryl fluoride ($(ClO_3)F$), [7616-94-6], 14:29
$FClO_3S$, Chlorine fluorosulfate (Cl (SFO_3)), [13997-90-5], 24:6
FCl_2OP, Phosphoric dichloride fluoride, [13769-76-1], 15:194
$FCoH_{15}N_7O_6$, Cobalt(2+), pentaamminefluoro-, (*OC*-6-22)-, dinitrate, [14240-02-9], 4:172
$FCrNO_3C_5H_6$, Chromate(1-), fluorotrioxo-, (*T*-4)-, hydrogen, compd. with pyridine (1:1), [83042-08-4], 27:310
$FCrO_3C_9H_5$, Chromium, tricarbonyl(η^6-fluorobenzene)-, [12082-05-2], 19:157;28:139
$FCsHO_4S$, Hypofluorous acid, monoanhydride with sulfuric acid, cesium salt, [70806-67-6], 24:22
FFeO, Iron fluoride oxide (FeFO), [13824-62-9], 14:124
$FGeC_2H_7$, Germane, fluorodimethyl-, [34117-35-6], 18:159
$FGeH_3$, Germane, fluoro-, [13537-30-9], 15:164
FH, Hydrofluoric acid, [7664-39-3], 1:134;3:112;4:136;7:123
———, Hydrofluoric-^{18}F acid, [19121-31-4], 7:154
FHO_3S, Fluorosulfuric acid, [7789-21-1], 7:127;11:139
$FH_8N_2O_3P$, Phosphorofluoridic acid, diammonium salt, [14312-45-9], 2:155
FHg, Mercury fluoride (HgF), [27575-47-9], 4:136
FInO, Indium fluoride oxide (InFO), [13766-54-6], 14:123
$FIrOP_2C_{37}H_{30}$, Iridium, carbonylfluorobis (triphenylphosphine)-, [34247-65-9], 15:67
FK, Potassium fluoride (KF), [7789-23-3], 11:196
FKO_2S, Fluorosulfurous acid, potassium salt, [14986-57-3], 9:113
FK_2O_3P, Phosphorofluoridic acid, dipotassium salt, [14104-28-0], 3:109
———, Potassium fluoride metaphosphate ($K_2F(PO_3)$), [12191-64-9], 3:109
FNC_2H_6, Methanamine, *N*-fluoro-*N*-methyl-, [14722-43-1], 24:66
FNO, Nitrosyl fluoride ((NO)F), [7789-25-5], 11:196
$FNO_3SC_{16}H_{36}$, 1-Butanaminium, *N,N,N*-tributyl-, fluorosulfate, [88504-81-8], 26:393
FNS, Thiazyl fluoride ((SN)F), [18820-63-8], 24:16
$FN_2O_3ReC_{13}H_8$, Rhenium, (2,2'-bipyridine-*N,N'*)tricarbonylfluoro-, (*OC*-6-33)-, [89087-44-5], 26:82
FNa, Sodium fluoride (NaF), [7681-49-4], 7:120
———, Sodium fluoride ($Na^{18}F$), [22554-99-0], 7:150

FNa_2O_3P, Phosphorofluoridic acid, disodium salt, [10163-15-2], 3:106
$FOP_2RhC_{37}H_{30}$, Rhodium, carbonylfluorobis(triphenylphosphine)-, [58167-05-8], 15:65
FOTl, Thallium fluoride oxide (TlFO), [29814-46-8], 14:124
$FO_3PC_4H_{10}$, Phosphorofluoridic acid, diethyl ester, [358-74-7], 24:65
$FO_3P_2RhC_{44}H_{34}$, Rhodium, carbonyl(3-fluorobenzoato-*O*)bis(triphenylphosphine)-, [103948-62-5], 27:292
$FO_3S_9C_{10}H_8$, Fluorosulfate, salt with 2-(5,6-dihydro-1,3-dithiolo[4,5-*b*][1,4]dithiin-2-ylidene)-5,6-dihydro-1,3-dithiolo[4,5-*b*][1,4]dithiin (1:1), [96022-58-1], 26:393
FPC_8H_{18}, Phosphinous fluoride, bis(1,1-dimethylethyl)-, [29146-24-5], 18:176
F_2Ag, Silver fluoride (AgF_2), [7783-95-1], 3:176
$F_2B_2CoN_6O_6C_{12}H_{18}$, Cobalt, [tris[μ-[(2,3-butanedione dioximato)(2-)-*O*:*O*']] difluorodiborato(2-)-*N*,*N*',*N*'',*N*''', *N*'''',*N*''''']-, [34248-47-0], 17:140
$F_2B_2FeN_6O_6C_{12}H_{18}$, Iron, [tris[μ-[(2,3-butanedione dioximato)(2-)-*O*:*O*']] difluorodiborato(2-)-*N*,*N*',*N*'',*N*''', *N*'''',*N*''''']-, (*TP*-6-11'1'')-, [39060-38-3], 17:142
$F_2B_2FeN_6O_6C_{18}H_{24}$, Iron, [tris[μ-[(1,2-cyclohexanedione dioximato)(2-)-*O*:*O*']]difluorodiborato(2-)-*N*,*N*',*N*'', *N*''',*N*'''',*N*''''']-, (*TP*-6-11'1'')-, [66060-48-8], 17:143
F_2BrNS, Imidosulfurous difluoride, bromo-, [25005-08-7], 24:20
F_2BrOP, Phosphoric bromide difluoride, [14014-18-7], 15:194
F_2BrP, Phosphorous bromide difluoride, [15597-40-7], 10:154
F_2BrPS, Phosphorothioic bromide difluoride, [13706-09-7], 2:154
$F_2Br_2NiP_2C_{16}H_{36}$, Nickel, bis[bis(1,1-dimethylethyl)phosphinous fluoride]dibromo-, (*SP*-4-1)-, [41509-46-0], 18:177
F_2Ca, Calcium fluoride (CaF_2), [7789-75-5], 4:137
$F_2ClFeO_4PC_4$, Iron, tetracarbonyl (phosphorous chloride difluoride)-, [60182-92-5], 16:66
F_2ClN, Nitrogen chloride fluoride ($NClF_2$), [13637-87-1], 14:34
F_2ClNS, Imidosulfurous difluoride, chloro-, [13816-65-4], 24:18
F_2ClOP, Phosphoric chloride difluoride, [13769-75-0], 15:194
F_2ClP, Phosphorous chloride difluoride, [14335-40-1], 10:153
$F_2Cl_2N_5P_3C_4H_{12}$, 1,3,5,2,4,6-Triazatriphosphorine, 2,2-dichloro-4,6-bis(dimethylamino)-4,6-difluoro-2,2,4,4,6,6-hexahydro-, [67283-78-7], 18:195
$F_2CrIN_4C_4H_{16}$, Chromium(1+), bis(1,2-ethanediamine-*N*,*N*')difluoro-, iodide, (*OC*-6-22)-, [15444-78-7], 24:186
F_2CrO_2, Chromium, difluorodioxo-, (*T*-4)-, [7788-96-7], 24:67
$F_2CsHNO_4S_2$, Imidodisulfuryl fluoride, cesium salt, [15060-34-1], 11:138
$F_2FeNO_4PC_8H_{10}$, Iron, tetracarbonyl (diethylphosphoramidous difluoride-*P*)-, [60182-91-4], 16:64
F_2HN, Fluorimide, [10405-27-3], 12:307,308,310
$F_2HNO_4S_2$, Imidodisulfuryl fluoride, [14984-73-7], 11:138
F_2HP, Phosphonous difluoride, [14984-74-8], 12:281,283
F_2Hg, Mercury fluoride (HgF_2), [7783-39-3], 4:136
F_2Hg_2, Mercury fluoride (Hg_2F_2), [13967-25-4], 4:136
F_2IP, Phosphorous difluoride iodide, [13819-11-9], 10:155
$F_2K_6N_{12}Pt_3C_{12}H.9H_2O$, Platinate(5-), dodecakis(cyano-*C*)tri-, (2*Pt*-*Pt*), potassium (hydrogen difluoride)

(1:6:1), nonahydrate, [67484-83-7], 21:147
F_2Kr, Krypton fluoride (KrF_2), [13773-81-4], 29:11
$F_2NPC_2H_6$, Phosphoramidous difluoride, dimethyl-, [814-97-1], 10:150
F_2N_2, Nitrogen fluoride (N_2F_2), [10578-16-2], 14:34
$F_2N_2OCH_2$, Urea, *N,N*-difluoro-, [1510-31-2], 12:307,310
$F_2N_2O_5PReC_{13}H_8$, Rhenium, (2,2'-bipyridine-*N,N'*)tricarbonyl (phosphorodifluoridato-*O*)-, (*OC*-6-33)-, [76501-25-2], 26:83
$F_2N_4NO_2P$, Phosphorodifluoridic acid, ammonium salt, [15252-72-9], 2:155,157
F_2Ni, Nickel fluoride (NiF_2), [10028-18-9], 3:173
F_2O, Oxygen fluoride (OF_2), [7783-41-7], 1:109
F_2OC, Carbonic difluoride, [353-50-4], 6:155;8:165
F_2OPCH_3, Phosphonic difluoride, methyl-, [676-99-3], 4:141;16:166
F_2OPCH_3, Phosphorodifluoridous acid, methyl ester, [381-65-7], 4:141; 16:166
F_2OS, Thionyl fluoride, [7783-42-8], 6:162;7:123;8:162
F_2OSe, Seleninyl fluoride, [7783-43-9], 24:28
F_2O_2S, Sulfuryl fluoride, [2699-79-8], 6:158;8:162;9:111
F_2O_2Se, Selenonyl fluoride, [14984-81-7], 20:36
F_2O_2U, Uranium, difluorodioxo-, (*T*-4)-, [13536-84-0], 25:144
F_2O_3S, Fluorine fluorosulfate ($F(SFO_3)$), [13536-85-1], 11:155
$F_2O_4TiC_{10}H_{14}$, Titanium, difluorobis(2,4-pentanedionato-*O,O'*)-, (*OC*-6-22)-, [16986-93-9], 19:145
$F_2O_5S_2$, Disulfuryl fluoride, [13036-75-4], 11:151
$F_2O_6S_2$, Peroxydisulfuryl fluoride, [13709-32-5], 7:124;11:155;29:10
$F_2PC_4H_9$, Phosphonous difluoride, (1,1-dimethylethyl)-, [29149-32-4], 18:174
$F_2PC_{12}H_{27}$, Phosphorane, tributyldifluoro-, [1111-96-2], 9:71
F_2Pb, Lead fluoride (PbF_2), [7783-46-2], 15:165
$F_2SiC_2H_6$, Silane, difluorodimethyl-, [353-66-2], 16:141
F_2V, Vanadium fluoride (VF_2), [13842-80-3], 7:91
F_2Xe, Xenon fluoride (XeF_2), [13709-36-9], 8:260;11:147;29:1
$F_3AgO_2C_{13}H_{12}$, Silver, [(1,2-η)-1,3,5,7-cyclooctatetraene](1,1,1-trifluoro-2,4-pentanedionato-*O,O'*)-, [39015-21-9], 16:118
$F_3AgO_2C_{13}H_{16}$, Silver, [(1,2-η)-1,5-cyclooctadiene](1,1,1-trifluoro-2,4-pentanedionato-*O,O'*)-, [38892-27-2], 16:118
F_3AgO_3SCH, Methanesulfonic acid, trifluoro-, silver(1+) salt, [2923-28-6], 24:247
F_3As, Arsenous trifluoride, [7784-35-2], 4:137;4:150
$F_3Au_2ClO_3P_4PtSC_{49}H_{60}$, Platinum(1+), [bis(triphenylphosphine)digold] chlorobis(triethylphosphine)-, (*Au-Au*)(2*Au-Pt*), stereoisomer, salt with trifluoromethanesulfonic acid (1:1), [89346-97-4], 27:218
F_3B, Borane, trifluoro-, [7637-07-2], 1:21
$F_3BNC_3H_9$, Boron, (*N,N*-dimethylmethanamine)trifluoro-, (*T*-4)-, [420-20-2], 5:26
$F_3BNSi_2C_6H_{19}$, Boron, trifluoro[1,1,1-trimethyl-*N*-(trimethylsilyl) silanamine]-, (*T*-4)-, [690-35-7], 5:58
$F_3BNSi_3C_9H_{27}$, Boron, trifluoro[1,1,1-trimethyl-*N,N*-bis(trimethylsilyl) silanamine]-, (*T*-4)-, [149165-86-6], 8:18
F_3Br, Bromine fluoride (BrF_3), [7787-71-5], 3:184;12:232

$F_3Br_3N_3P_3$, 1,3,5,2,4,6-Triazatriphosphorine, 2,4,6-tribromo-2,4,6-trifluoro-2,2,4,4,6,6-hexahydro-, [67336-18-9], 18:197,198
F_3ClOC, Hypochlorous acid, trifluoromethyl ester, [22082-78-6], 24:60
$F_3ClO_3OsP_3C_{57}H_{45}$, Osmium, carbonylchloro(trifluoroacetato-*O*)tris(triphenylphosphine)-, [38596-62-2], 17:128
$F_3ClO_3P_2PtSC_{13}H_{30}$, Platinum, chlorobis (triethylphosphine)(trifluoromethanesulfonato-*O*)-, (*SP*-4-2)-, [79826-48-5], 26:126;28:27
$F_3Cl_3K_2Pt$, Platinate(2-), trichlorotrifluoro-, dipotassium, [12051-20-6], 12:232,234
F_3Co, Cobalt fluoride (CoF_3), [10026-18-3], 3:175
$F_3CoO_4SiC_4$, Cobalt, tetracarbonyl (trifluorosilyl)-, (*TB*-5-12)-, [15693-79-5], 13:70
$F_3FeO_4PC_4$, Iron, tetracarbonyl (phosphorous trifluoride)-, [16388-47-9], 16:67
$F_3FeO_5S_2C_8H_5$, Iron(1+), (carbonothioyl) dicarbonyl(η^5-2,4-cyclopentadien-1-yl)-, salt with trifluoromethanesulfonic acid (1:1), [60817-01-8], 28:186
$F_3FeO_6SC_9H_5$, Iron(1+), tricarbonyl(η^5-2,4-cyclopentadien-1-yl)-, salt with trifluoromethanesulfonic acid (1:1), [76136-47-5], 24:161
$F_3HO_2U.2H_2O$, Uranate(1-), trifluorooxo-, hydrogen, dihydrate, (*TB*-5-22)-, [32408-74-5], 24:145
$F_3K_2MnO_4S$, Manganate(2-), trifluoro [sulfato(2-)-*O*]-, dipotassium, [51056-11-2], 27:312
$F_3MnO_8SC_6$, Manganese, pentacarbonyl (trifluoromethanesulfonato-*O*)-, (*OC*-6-22)-, [89689-95-2], 26:114
F_3NOC, Carbamic fluoride, difluoro-, [2368-32-3], 12:300
$F_3NOPSiC_7H_{17}$, Phosphinimidic acid, *P*,*P*-dimethyl-*N*-(trimethylsilyl)-, 2,2,2-trifluoroethyl ester, [73296-44-3], 25:71
$F_3NOPSiC_{12}H_{19}$, Phosphinimidic acid, *P*-methyl-*P*-phenyl-*N*-(trimethylsilyl)-, 2,2,2-trifluoroethyl ester, [88718-65-4], 25:72
F_3NOSC, Imidosulfurous difluoride, (fluorocarbonyl)-, [3855-41-2], 24:10
F_3NO_2S, Sulfamoyl fluoride, difluoro-, [13709-30-3], 12:303
F_3NO_3S, Hydroxylamine-*O*-sulfonyl fluoride, *N*,*N*-difluoro-, [6816-12-2], 12:304
$F_3NO_4S_2$, Imidodisulfuryl fluoride, fluoro-, [13709-40-5], 11:138
F_3NS, Nitrogen fluoride sulfide (NF_3S), [15930-75-3], 24:12
$F_3N_2PC_4H_{12}$, Phosphoranediamine, 1,1,1-trifluoro-*N*,*N*,*N'*,*N'*-tetramethyl-, [1735-83-7], 18:186
$F_3N_2PC_4H_{12}$, Phosphoranediamine, 1,1,1-trifluoro-*N*,*N*,*N'*,*N'*-tetramethyl-, (*TB*-5-11)-, [51922-01-1], 18:186
$F_3N_2PC_8H_{20}$, Phosphoranediamine, *N*,*N*,*N'*,*N'*-tetraethyl-1,1,1-trifluoro-, [1066-49-5], 18:187
$F_3N_5O_{10}OsS_3C_3H_{17}$, Osmium(3+), pentaammineaqua-, (*OC*-6-22)-, salt with trifluoromethanesulfonic acid (1:3), [83781-31-1], 24:273
$F_3N_6P_3C_6H_{18}$, 1,3,5,2,4,6-Triazatriphosphorine, 2,4,6-tris(dimethylamino)-2,4,6-trifluoro-2,2,4,4,6,6-hexahydro-, [29871-59-8], 18:195
$F_3OS_2C_8H_5$, 3-Buten-2-one, 1,1,1-trifluoro-4-mercapto-4-(2-thienyl)-, [4552-64-1], 16:206
F_3O_3SCH, Methanesulfonic acid, trifluoro-, [1493-13-6], 28:70
$F_3O_4P_2PtSC_{14}H_{35}$, Platinum(1+), hydro (methanol)bis(triethylphosphine)-, (*SP*-4-1)-, salt with trifluoromethanesulfonic acid (1:1), [129979-61-9], 26:135

$F_3O_8ReSC_6$, Rhenium, pentacarbonyl (trifluoromethanesulfonato-*O*)-, (*OC*-6-22)-, [96412-34-9], 26:115
F_3P, Phosphorous trifluoride, [7783-55-3], 4:149;5:95;26:12;28:
$F_3PC_2H_6$, Phosphorane, trifluorodimethyl-, [811-79-0], 9:67
$F_3PC_{12}H_{10}$, Phosphorane, trifluorodiphenyl-, [1138-99-4], 9:69
F_3PS, Phosphorothioic trifluoride, [2404-52-6], 1:154
F_3Sb, Stibine, trifluoro-, [7783-56-4], 4:134
F_3SiCH_3, Silane, trifluoromethyl-, [373-74-0], 16:139
F_3V, Vanadium fluoride (VF_3), [10049-12-4], 7:87
F_4AgB, Borate(1-), tetrafluoro-, silver(1+), [14104-20-2], 13:57
$F_4AsBClPtC_{26}H_{27}$, Platinum(1+), chloro [(1,2,5,6-η)-1,5-cyclooctadiene] (triphenylarsine)-, tetrafluoroborate (1-), [31940-97-3], 13:64
$F_4AuBIr_3NO_3P_6C_{78}H_{78}$, Iridium(1+), tris[1,2-ethanediylbis[diphenylphosphine]-*P*,*P*']tri-μ-hydrotrihydro [(nitrato-*O*,*O*')gold]tri-, (3*Au-Ir*)(3*Ir-Ir*), tetrafluoroborate(1-), [86854-49-1], 29:290
$F_4AuBIr_3NO_3P_7C_{96}H_{93}$, Iridium(2+), tris[1,2-ethanediylbis[diphenylphosphine]-*P*,*P*']tri-μ-hydrotrihydro [(triphenylphosphine)gold]tri-, (3*Au-Ir*)(3*Ir-Ir*), tetrafluoroborate (1-) nitrate, [146249-36-7], 29:291
$F_4Au_2BIrNO_3P_4C_{72}H_{61}$, Iridium(1+), [bis(triphenylphosphine)digold]hydro (nitrato-*O*,*O*')bis(triphenylphosphine)-, (*Au-Au*)(2*Au-Ir*), stereoisomer, tetrafluoroborate(1-), [93895-71-7], 29:284
$F_4Au_3BIrNO_3P_5C_{90}H_{75}$, Iridium(1+), (nitrato-*O*,*O*')bis(triphenylphosphine) [tris(triphenylphosphine)trigold]-, (2*Au-Au*)(3*Au-Ir*), tetrafluoroborate (1-), [93895-69-3], 29:285
$F_4Au_3BOP_3C_{54}H_{45}$, Gold(1+), μ3-oxotris(triphenylphosphine)tri-, tetrafluoroborate(1-), [53317-87-6], 26:326
$F_4Au_4BIrP_6C_{108}H_{92}$, Iridium(1+), di-μ-hydro[tetrakis(triphenylphosphine) tetragold]bis(triphenylphosphine)-, (5*Au-Au*)(4*Au-Ir*), tetrafluoroborate (1-), [96705-41-8], 29:296
$F_4BBrIrNOP_2C_{36}H_{30}$, Iridium(1+), bromonitrosylbis(triphenylphosphine)-, (*SP*-4-3)-, tetrafluoroborate(1-), [38302-39-5], 16:42
$F_4BClFe_2O_4C_{14}H_{10}$, Iron(1+), tetracarbonyl-μ-chlorobis(η^5-2,4-cyclopentadien-1-yl)di-, tetrafluoroborate(1-), [12212-36-1], 12:40
$F_4BClIrNOP_2C_{36}H_{30}$, Iridium(1+), chloronitrosylbis(triphenylphosphine)-, (*SP*-4-3)-, tetrafluoroborate(1-), [38302-38-4], 16:41
$F_4BClIrN_2P_2C_{36}H_{31}$, Iridium, chloro (dinitrogen)hydro[tetrafluoroborato (1-)-*F*]bis(triphenylphosphine)-, (*OC*-6-42)-, [79470-05-6], 26:119;28:25
$F_4BClIrOP_2C_{37}H_{31}$, Iridium, carbonylchlorohydro[tetrafluoroborato(1-)-*F*] bis(triphenylphosphine)-, [106062-66-2], 26:117;28:23
$F_4BClIrOP_2C_{38}H_{33}$, Iridium, carbonylchloromethyl[tetrafluoroborato(1-)-*F*] bis(triphenylphosphine)-, (*OC*-6-52)-, [82474-47-3], 26:118;28:24
$F_4BClN_2O_2P_2RuC_{36}H_{30}$, Ruthenium(1+), chlorodinitrosylbis(triphenylphosphine)-, tetrafluoroborate(1-), [54890-53-8], 16:21
$F_4BClN_2P_2PtC_{18}H_{36}$, Platinum(1+), chloro (phenyldiazene-N^2)bis(triethylphosphine)-, (*SP*-4-3)-, tetrafluoroborate (1-), [16903-20-1], 12:31
$F_4BClN_3O_2P_2PtC_{18}H_{35}$, Platinum(1+), chloro[(4-nitrophenyl)diazene-N^2]bis(triethylphosphine)-, (*SP*-4-3)-, tetrafluoroborate(1-), [153379-38-5], 12:31

$F_4BClPtS_3C_6H_{18}$, Platinum(1+), chlorotris [thiobis[methane]]-, (*SP*-4-2)-, tetrafluoroborate(1-), [37976-72-0], 22:126

$F_4BFeNO_2C_9H_8$, Iron(1+), (acetonitrile) dicarbonyl(η^5-2,4-cyclopentadien-1-yl)-, tetrafluoroborate(1-), [32824-71-8], 12:41

$F_4BFeO_2C_{11}H_{13}$, Iron(1+), dicarbonyl (η^5-2,4-cyclopentadien-1-yl)[(1,2-η)-2-methyl-1-propene]-, tetrafluoroborate(1-), [41707-16-8], 24:166; 28:210

F_4BH, Borate(1-), tetrafluoro-, hydrogen, [16872-11-0], 1:25

F_4BH_4N, Borate(1-), tetrafluoro-, ammonium, [13826-83-0], 2:23

$F_4BI_2IrP_2C_{42}H_{36}$, Iridium(1+), (1,2-diiodobenzene-*I,I'*)dihydrobis (triphenylphosphine)-, (*OC*-6-33)-, tetrafluoroborate(1-), [82582-50-1], 26:125;28:59

$F_4BIrO_2P_2C_{36}H_{36}$, Iridium(1+), diaquadihydrobis(triphenylphosphine)-, tetrafluoroborate(1-), [79792-57-7], 26:124;28:58

$F_4BIrO_2P_2C_{42}H_{44}$, Iridium(1+), dihydrobis (2-propanone)bis(triphenylphosphine)-, tetrafluoroborate(1-), [72414-17-6], 26:123;28:57;29:283

$F_4BIrP_2C_{35}H_{38}$, Iridium(1+), [(1,2,5,6-η)-1,5-cyclooctadiene][1,3-propanediylbis[diphenylphosphine]-*P,P'*]-, tetrafluoroborate(1-), [73178-89-9], 27:23

$F_4BIrP_2C_{44}H_{42}$, Iridium(1+), [(1,2,5,6-η)-1,5-cyclooctadiene]bis(triphenylphosphine)-, tetrafluoroborate(1-), [38834-40-1], 29:283

$F_4BIr_2P_4C_{54}H_{57}$, Iridium(1+), tri-μ-hydrodihydrobis[1,3-propanediylbis [diphenylphosphine]-*P,P'*]di-, (*Ir-Ir*), stereoisomer, tetrafluoroborate(1-), [73178-84-4], 27:22

$F_4BIr_2P_4C_{56}H_{61}$, Iridium(1+), bis[1,4-butanediylbis[diphenylphosphine]-*P,P'*]tri-μ-hydrodihydrodi-, (*Ir-Ir*), tetrafluoroborate(1-), [133197-93-0], 27:26

F_4BK, Borate(1-), tetrafluoro-, potassium, [14075-53-7], 1:24

$F_4BMoN_2P_4C_{56}H_{55}$, Molybdenum(1+), bis[1,2-ethanediylbis[diphenylphosphine]-*P,P'*](isocyanomethane) [(methylamino)methylidyne]-, (*OC*-6-11)-, tetrafluoroborate(1-), [73464-16-1], 23:12

$F_4BMoOC_{34}H_{25}$, Molybdenum(1+), carbonyl(η^5-2,4-cyclopentadien-1-yl)bis[1,1'-(η^2-1,2-ethynediyl) bis[benzene]]-, tetrafluoroborate(1-), [66615-17-6], 26:102;28:11

$F_4BMoOPC_{38}H_{30}$, Molybdenum(1+), carbonyl(η^5-2,4-cyclopentadien-1-yl)[1,1'-(η^2-1,2-ethynediyl)bis [benzene]](triphenylphosphine)-, tetrafluoroborate(1-), [78090-78-5], 26:104;28:13

$F_4BMoO_2PC_{25}H_{20}$, Molybdenum, dicarbonyl(η^5-2,4-cyclopentadien-1-yl) [tetrafluoroborato(1-)-*F*](triphenylphosphine)-, [79197-56-1], 26:98; 28:7

$F_4BMoO_3C_8H_5$, Molybdenum, tricarbonyl(η^5-2,4-cyclopentadien-1-yl) [tetrafluoroborato(1-)-*F*]-, [68868-78-0], 26:96;28:5

$F_4BMoO_3C_{10}H_9$, Molybdenum(1+), tricarbonyl(η^5-2,4-cyclopentadien-1-yl)(η^2-ethene)-, tetrafluoroborate(1-), [62866-16-4], 26:102;28:11

$F_4BMoO_4C_{11}H_{11}$, Molybdenum(1+), tricarbonyl(η^5-2,4-cyclopentadien-1-yl)(2-propanone)-, tetrafluoroborate (1-), [68868-66-6], 26:105;28:14

$F_4BNC_{16}H_{36}$, 1-Butanaminium, *N,N,N*-tributyl-, tetrafluoroborate(1-), [429-42-5], 24:139

$F_4BNO_2PReC_{24}H_{20}$, Rhenium(1+), carbonyl(η^5-2,4-cyclopentadien-1-yl)nitrosyl(triphenylphosphine)-, stereoisomer, tetrafluoroborate(1-), [82336-21-8], 29:219

———, Rhenium(1+), carbonyl(η^5-2,4-cyclopentadien-1-yl)nitrosyl(triphenylphosphine)-, tetrafluoroborate(1-), [70083-73-7], 29:214

$F_4BNO_3ReC_7H_5$, Rhenium(1+), dicarbonyl(η^5-2,4-cyclopentadien-1-yl) nitrosyl-, tetrafluoroborate(1-), [31960-40-4], 29:213

$F_4BNO_5WC_{10}H_{10}$, Tungsten(1+), pentacarbonyl[(diethylamino)methylidyne]-, (*OC*-6-21)-, tetrafluoroborate(1-), [83827-38-7], 26:40

$F_4BN_2P_4WC_{56}H_{55}$, Tungsten(1+), bis[1,2-ethanediylbis[diphenylphosphine]-*P,P'*](isocyanomethane)[(methylamino)methylidyne]-, (*OC*-6-11)-, tetrafluoroborate(1-), [73470-09-4], 23:11

$F_4BN_2P_4WC_{59}H_{61}$, Tungsten(1+), bis[1,2-ethanediylbis[diphenylphosphine]-*P,P'*](2-isocyano-2-methylpropane) [(methylamino)methylidyne]-, (*OC*-6-11)-, tetrafluoroborate(1-), [152227-32-2], 23:12

$F_4BNbPC_{18}H_{23}$, Niobium(1+), bis(η^5-2,4-cyclopentadien-1-yl)(dimethylphenylphosphine)dihydro-, tetrafluoroborate(1-), [37298-80-9], 16:111

$F_4BO_2PWC_{25}H_{20}$, Tungsten, dicarbonyl (η^5-2,4-cyclopentadien-1-yl)[tetrafluoroborato(1-)-*F*](triphenylphosphine)-, [101163-07-9], 26:98;28:7

$F_4BO_2PdC_{13}H_{19}$, Palladium(1+), [(1,2,5,6-η)-1,5-cyclooctadiene](2,4-pentanedionato-*O,O'*)-, tetrafluoroborate(1-), [31724-99-9], 13:56

$F_4BO_2PtC_{13}H_{19}$, Platinum(1+), [(1,2,5,6-η)-1,5-cyclooctadiene](2,4-pentanedionato-*O,O'*)-, tetrafluoroborate(1-), [31725-00-5], 13:57

$F_4BO_3Ru_2C_{15}H_{13}$, Ruthenium(1+), μ-carbonyldicarbonylbis(η^5-2,4-cyclopentadien-1-yl)-μ-ethylidynedi-, (*Ru-Ru*), stereoisomer, tetrafluoroborate(1-), [75952-48-6], 25:184

$F_4BO_3WC_8H_5$, Tungsten, tricarbonyl(η^5-2,4-cyclopentadien-1-yl)[tetrafluoroborato(1-)-*F*]-, [68868-79-1], 26:96;28:5

$F_4BO_4WC_{11}H_{11}$, Tungsten(1+), tricarbonyl(η^5-2,4-cyclopentadien-1-yl)(2-propanone)-, tetrafluoroborate(1-), [101190-10-7], 26:105;28:14

$F_4BO_5ReC_5$, Rhenium, pentacarbonyl [tetrafluoroborato(1-)-*F*]-, (*OC*-6-22)-, [78670-75-4], 26:108;28:15,17

$F_4BO_5ReC_7H_4$, Rhenium(1+), pentacarbonyl(η^2-ethene)-, tetrafluoroborate (1-), [78670-77-6], 26:110;28:19

$F_4BP_3RuC_{54}H_{46}$, Ruthenium(1+), hydro [(η^6-phenyl)diphenylphosphine]bis (triphenylphosphine)-, tetrafluoroborate(1-), [41392-83-0], 17:77

$F_4BPdC_{11}H_{17}$, Palladium(1+), [(1,2,5,6-η)-1,5-cyclooctadiene](η^3-2-propenyl)-, tetrafluoroborate(1-), [32915-11-0], 13:61

$F_4BPdC_{13}H_{17}$, Palladium(1+), [(1,2,5,6-η)-1,5-cyclooctadiene](η^5-2,4-cyclopentadien-1-yl)-, tetrafluoroborate(1-), [35828-71-8], 13:59

$F_4BS_2C_3H_3$, 1,3-Dithiol-1-ium, tetrafluoroborate(1-), [53059-75-9], 19:28

$F_4BSe_8C_{20}H_{24}$, 1,3-Diselenole, 2-(4,5-dimethyl-1,3-diselenol-2-ylidene)-4,5-dimethyl-, radical ion(1+), tetrafluoroborate(1-), salt with 2-(4,5-dimethyl-1,3-diselenol-2-ylidene)-4,5-dimethyl-1,3-diselenole (1:1), [73731-79-0], 24:139

$F_4B_2CoN_4O_5C_9H_{17}$, Cobalt, aqua[bis[μ-[(2,3-butanedione dioximato)(2-)-*O:O'*]]tetrafluorodiborato(2-)-*N,N',N'',N'''*]methyl-, (*OC*-6-32)-, [53729-64-9], 11:68

$F_4Br_2N_3P_3$, 1,3,5,2,4,6-Triazatriphosphorine, 2,4-dibromo-2,4,6,6-tetrafluoro-2,2,4,4,6,6-hexahydro-, [29871-63-4], 18:198

F_4C, Methane, tetrafluoro-, [75-73-0], 1:34;3:178

F_4ClPCH_2, Phosphorane, (chloromethyl) tetrafluoro-, [1111-95-1], 9:66
F_4CrO, Chromium fluoride oxide (CrF_4O), (*SP*-5-21)-, [23276-90-6], 29:125
$F_4ErN_4O_2C_{49}H_{31}$, Erbium, (2,4-pentanedionato-*O,O'*)[5,10,15,20-tetrakis(3-fluorophenyl)-21*H*,23*H*-porphinato (2-)-N^{21},N^{22},N^{23},N^{24}]-, [89769-05-1], 22:160
F_4Ge, Germane, tetrafluoro-, [7783-58-6], 4:147
$F_4HgN_2S_2$, Imidosulfurous difluoride, mercury(2+) salt, [23303-78-8], 24:14
$F_4MoO_4P_2C_{12}H_{18}$, Molybdenum, tetracarbonylbis[(1,1-dimethylethyl) phosphonous difluoride]-, (*OC*-6-22)-, [34324-45-3], 18:175
$F_4NPC_2H_6$, Phosphoranamine, 1,1,1,1-tetrafluoro-*N,N*-dimethyl-, [2353-98-2], 18:181
$F_4NPC_4H_{10}$, Phosphoranamine, *N,N*-diethyl-1,1,1,1-tetrafluoro-, [1068-66-2], 18:85
$F_4N_3P_3C_{12}H_{10}$, 1,3,5,2,4,6-Triazatriphosphorine, 2,2,4,4-tetrafluoro-2,2,4,4,6,6-hexahydro-6,6-diphenyl-, [18274-73-2], 12:296
$F_4N_4O_2YbC_{55}H_{43}$, Ytterbium, [5,10,15,20-tetrakis(3-fluorophenyl)-21*H*,23*H*-porphinato(2-)-N^{21},N^{22},N^{23},N^{24}] (2,2,6,6-tetramethyl-3,5-heptanedionato-*O,O'*)-, [89780-87-0], 22:160
$F_4N_5P_3C_4H_{12}$, 1,3,5,2,4,6-Triazatriphosphorine, 2,4-bis(dimethylamino)-2,4,6,6-tetrafluoro-2,2,4,4,6,6-hexahydro-, [30004-14-9], 18:197
F_4Nb, Niobium fluoride (NbF_4), [13842-88-1], 14:105
$F_4NiOV.7H_2O$, Vanadate(2-), tetrafluorooxo-, nickel(2+) (1:1), heptahydrate, [60004-23-1], 16:87
F_4OC, Hypofluorous acid, trifluoromethyl ester, [373-91-1], 8:165
F_4OP_2, Diphosphorous tetrafluoride, [13812-07-2], 12:281,285
F_4OS, Sulfur fluoride oxide (SF_4O), (*SP*-5-21)-, [13709-54-1], 11:131;20:34
F_4OW, Tungsten fluoride oxide (WF_4O), [13520-79-1], 24:37
F_4OXe, Xenon fluoride oxide (XeF_4O), (*SP*-5-21)-, [13774-85-1], 8:251,260
F_4O_2C, Hypofluorous acid, difluoromethylene ester, [16282-67-0], 11:143
$F_4O_{12}Re_4C_{12.4}H_2O$, Rhenium, dodecacarbonyltetra-μ_3-fluorotetra-, tetrahydrate, [130006-12-1], 26:82
F_4PCH_3, Phosphorane, tetrafluoromethyl-, [420-64-4], 13:37
$F_4PC_2H_3$, Phosphorane, ethenyltetrafluoro-, [3583-99-1], 13:39
$F_4PC_2H_5$, Phosphorane, ethyltetrafluoro-, [753-82-2], 13:39
$F_4PC_3H_7$, Phosphorane, tetrafluoropropyl-, [3584-00-7], 13:39
$F_4PC_6H_5$, Phosphorane, tetrafluorophenyl-, [666-23-9], 9:64
F_4P_2, Hypodiphosphorous tetrafluoride, [13824-74-3], 12:281,282
F_4S, Sulfur fluoride (SF_4), (*T*-4)-, [7783-60-0], 7:119;8:162
F_4Se, Selenium fluoride (SeF_4), (*T*-4)-, [13465-66-2], 24:28
F_4Si, Silane, tetrafluoro-, [7783-61-1], 4:145
F_4Te, Tellurium fluoride (TeF_4), (*T*-4)-, [15192-26-4], 20:33
F_4Xe, Xenon fluoride (XeF_4), (*T*-4)-, [13709-61-0], 8:254;8:261;11:150;2
$F_5AsC_8H_6$, Arsine, dimethyl(pentafluorophenyl)-, [60575-47-5], 16:183
$F_5AuClPC_{31}H_{22}$, Phosphonium, triphenyl (phenylmethyl)-, chloro(pentafluorophenyl)aurate(1-), [78637-46-4], 26:88
$F_5AuSC_{10}H_8$, Gold, (pentafluorophenyl) (tetrahydrothiophene)-, [60748-77-8], 26:86
$F_5Au_2NPSC_{25}H_{15}$, Gold, (pentafluorophenyl)[μ-(thiocyanato-*N:S*)](triphenylphosphine)di-, [128265-18-9], 26:90

$F_5BClN_2P_2PtC_{18}H_{35}$, Platinum(1+), chloro[(3-fluorophenyl)diazene-N^2]bis(triethylphosphine)-, (*SP*-4-3)-, tetrafluoroborate(1-), [16902-62-8], 12:29,31

———, Platinum(1+), chloro[(4-fluorophenyl)diazene-N^2]bis(triethylphosphine)-, (*SP*-4-3)-, tetrafluoroborate (1-), [31484-73-8], 12:29,31

$F_5BClN_2P_2PtC_{18}H_{37}$, Platinum(1+), chloro[(4-fluorophenyl)hydrazine-N^2]bis(triethylphosphine)-, (*SP*-4-3), tetrafluoroborate(1-), [16774-97-3], 12:32

$F_5BN_2C_6H_4$, Benzenediazonium, 4-fluoro-, tetrafluoroborate(1-), [459-45-0], 12:29

F_5Br, Bromine fluoride (BrF_5), [7789-30-2], 3:185

$F_5BrSC_2H_2$, Sulfur, (2-bromoethenyl) pentafluoro-, (*OC*-6-21)-, [58636-82-1], 27:330

F_5Cl, Chlorine fluoride (ClF_5), [13637-63-3], 29:7

F_5ClS, Sulfur chloride fluoride ($SClF_5$), (*OC*-6-22)-, [13780-57-9], 8:160; 24:8

F_5ClTe, Tellurium chloride fluoride ($TeClF_5$), [21975-44-0], 24:31

$F_5CoO_2P_2C_{44}H_{30}$, Cobalt, dicarbonyl (pentafluorophenyl)bis(triphenylphosphine)-, (*TB*-5-23)-, [89198-92-5], 23:25

$F_5CoO_3PC_{27}H_{15}$, Cobalt, tricarbonyl (pentafluorophenyl)(triphenylphosphine)-, (*TB*-5-13)-, [78220-27-6], 23:24

$F_5CoO_4C_{10}$, Cobalt, tetracarbonyl(pentafluorophenyl)-, [15671-73-5], 23:23

F_5Cr, Chromium fluoride (CrF_5), [14884-42-5], 29:124

F_5HOSe, Fluoroselenic acid ($HSeF_5O$), (*OC*-6-21)-, [38989-47-8], 20:38

F_5HOTe, Tellurium fluoride hydroxide ($TeF_5(OH)$), (*OC*-6-21)-, [57458-27-2], 24:34

$F_5H_8MnN_2$, Manganate(2-), pentafluoro-, diammonium, [15214-13-8], 24:51

$F_5K_2Mn.H_2O$, Manganate(2-), pentafluoro-, dipotassium, monohydrate, [14873-03-1], 24:51

F_5K_2MoO, Molybdate(2-), pentafluorooxo-, dipotassium, (*OC*-6-21)-, [35788-80-8], 21:170

F_5LiC_6, Lithium, (pentafluorophenyl)-, [1076-44-4], 21:72

F_5Mo, Molybdenum fluoride (MoF_5), [13819-84-6], 13:146;19:137,138,13

F_5NOSC, Sulfur, pentafluoro(isocyanato)-, (*OC*-6-21)-, [2375-30-6], 29:38

$F_5N_3P_3C_6H_5$, 1,3,5,2,4,6-Triazatriphosphorine, 2,2,4,4,6-pentafluoro-2,2,4,4,6,6-hexahydro-6-phenyl-, [2713-48-6], 12:294

F_5Nb, Niobium fluoride (NbF_5), (*TB*-5-11)-, [7783-68-8], 3:179;14:105

F_5Os, Osmium fluoride (OsF_5), [31576-40-6], 19:137,138,139

$F_5PC_8H_6$, Phosphine, dimethyl(pentafluorophenyl)-, [5075-61-6], 16:181

F_5Re, Rhenium fluoride (ReF_5), [30937-52-1], 19:137,138,139

F_5SC_2H, Sulfur, ethynylpentafluoro-, (*OC*-6-21)-, [917-89-5], 27:329

F_5Ta, Tantalum fluoride (TaF_5), [7783-71-3], 3:179

F_5U, Uranium fluoride (UF_5), [13775-07-0], 19:137,138,139;21:16

F_6AgAs, Arsenate(1-), hexafluoro-, silver (1+), [12005-82-2], 24:74

F_6AgAsS_{16}, Silver(1+), bis(octasulfur-S^1,S^3)-, (*T*-4)-, hexafluoroarsenate(1-), [83779-62-8], 24:74

$F_6AgO_2C_{11}H_{11}$, Silver, [(1,2-η)-cyclohexene](1,1,1,5,5,5-hexafluoro-2,4-pentanedionato-*O,O'*)-, [38892-26-1], 16:18

$F_6AgO_2C_{12}H_{13}$, Silver, [(1,2-η)-cycloheptene](1,1,1,5,5,5-hexafluoro-2,4-pentanedionato-*O,O'*)-, [38882-89-2], 16:118

$F_6AgO_2C_{13}H_9$, Silver, [(1,2-η)-1,3,5,7-cyclooctatetraene](1,1,1,5,5,5-hexafluoro-2,4-pentanedionato-*O,O'*)-, [38892-24-9], 16:117
$F_6AgO_2C_{13}H_{13}$, Silver, [(1,2-η)-1,5-cyclooctadiene](1,1,1,5,5,5-hexafluoro-2,4-pentanedionato-*O,O'*)-, [38892-25-0], 16:117
$F_6AgO_2C_{13}H_{15}$, Silver, [(1,2-η)-cyclooctene](1,1,1,5,5,5-hexafluoro-2,4-pentanedionato-*O,O'*)-, [39015-19-5], 16:118
F_6AsBrS_7, Sulfur(1+), bromo(hexathio)-, hexafluoroarsenate(1-), [98650-09-0], 27:336
F_6AsBr_3S, Sulfur(1+), tribromo-, hexafluoroarsenate(1-), [66142-09-4], 24:76
F_6AsIS_7, Sulfur(1+), (hexathio)iodo-, hexafluoroarsenate(1-), [61459-17-4], 27:333
$F_6AsMnO_5C_{26}H_{16}$, Manganese, tricarbonyl(1,1,1,5,5,5-hexafluoro-2,4-pentanedionato-*O,O'*)(triphenylarsine)-, [15444-36-7], 12:84
$F_6AsNC_{16}H_{36}$, 1-Butanaminium, *N,N,N*-tributyl-, hexafluoroarsenate(1-), [22505-56-2], 24:138
F_6AsNO, Arsenate(1-), hexafluoro-, nitrosyl, [18535-07-4], 24:69
F_6AsO_2, Arsenate(1-), hexafluoro-, dioxygenyl, [12370-43-3], 14:39;29:8
$F_6AsSe_8C_{20}H_{24}$, Arsenate(1-), hexafluoro-, salt with 2-(4,5-dimethyl-1,3-diselenol-2-ylidene)-4,5-dimethyl-1,3-diselenole (1:2), [73731-75-6], 24:138
$F_6AuOP_5RuC_{73}H_{62}$, Ruthenium(1+), carbonyldi-μ-hydrotris(triphenylphosphine)[(triphenylphosphine)gold]-, (*Au-Ru*), stereoisomer, hexafluorophosphate(1-), [116053-37-3], 29:281
$F_6Au_2NO_3P_5PtC_{72}H_{60}$, Platinum(1+), [bis(triphenylphosphine)digold](nitrato-*O,O'*)bis(triphenylphosphine)-, (*Au-Au*)(2*Au-Pt*), stereoisomer, hexafluorophosphate(1-), [107796-04-3], 29:293
$F_6Au_2OsP_6C_{90}H_{78}$, Osmium(1+), tri-μ-hydrotris(triphenylphosphine)bis[(triphenylphosphine)gold]-, (2*Au-Os*), hexafluorophosphate(1-), [116053-41-9], 29:286
$F_6Au_2P_6RuC_{90}H_{78}$, Ruthenium(1+), tri-μ-hydrotris(triphenylphosphine)bis[(triphenylphosphine)gold]-, (2*Au-Ru*), hexafluorophosphate(1-), [116053-35-1], 29:286
$F_6Au_4P_7ReC_{114}H_{106}$, Rhenium(1+), tetra-μ-hydro[tetrakis(triphenylphosphine)tetragold]bis[tris(4-methylphenyl)phosphine]-, (4*Au-Au*)(4*Au-Re*), hexafluorophosphate(1-), [107712-41-4], 29:292
$F_6BN_2PC_9H_{18}$, Boron(1+), (*N,N*-dimethylmethanamine)dihydro(4-methylpyridine)-, (*T*-4)-, hexafluorophosphate(1-), [17439-16-6], 12:134
F_6BaGe, Germanate(2-), hexafluoro-, barium (1:1), (*OC*-6-11)-, [60897-63-4], 4:147
F_6BaSi, Silicate(2-), hexafluoro-, barium (1:1), [17125-80-3], 4:145
$F_6BrN_3PRuC_{14}H_{21}$, Ruthenium(1+), tris(acetonitrile)bromo[(1,2,5,6-η)-1,5-cyclooctadiene]-, stereoisomer, hexafluorophosphate(1-), [115203-19-5], 26:72
F_6BrS_7Sb, Sulfur(1+), bromo(hexathio)-, (*OC*-6-11)-hexafluoroantimonate(1-), [98650-10-3], 27:336
$F_6CdN_2C_{12}H_{10}$, Cadmium, bis(pyridine)bis(trifluoromethyl)-, (*T*-4)-, [78274-34-7], 24:57
$F_6CdO_2C_6H_{10}$, Cadmium, (1,2-dimethoxyethane-*O,O'*)bis(trifluoromethyl)-, (*T*-4)-, [76256-47-8], 24:55
$F_6CdO_2C_{10}H_{16}$, Cadmium, bis(tetrahydrofuran)bis(trifluoromethyl)-, (*T*-4)-, [78274-33-6], 24:57
$F_6ClIrN_4O_6S_2C_6H_{16}$, Iridium(1+), chlorobis(1,2-ethanediamine-*N,N'*)(trifluoromethanesulfonato-*O*)-, (*OC*-6-23)-, salt with trifluoro-

methanesulfonic acid (1:1), [90065-99-9], 24:289
$F_6ClN_3PRuC_{14}H_{21}$, Ruthenium(1+), tris(acetonitrile)chloro[(1,2,5,6-η)-1,5-cyclooctadiene]-, hexafluorophosphate(1-), [54071-75-9], 26:71
$F_6ClN_4O_6RhS_2C_6H_{16}$, Rhodium(1+), chlorobis(1,2-ethanediamine-*N,N'*)(trifluoromethanesulfonato-*O*)-, (*OC*-6-23)-, salt with trifluoromethanesulfonic acid (1:1), [90065-97-7], 24:285
$F_6ClN_4PZnC_{24}H_{28}$, Zinc(1+), chloro(2,9-dimethyl-3,10-diphenyl-1,4,8,11-tetraazacyclotetradeca-1,3,8,10-tetraene-N^1,N^4,N^8,N^{11})-, (*SP*-5-12)-, hexafluorophosphate(1-), [77153-92-5], 22:111
$F_6Cl_2N_4PRuC_4H_{16}$, Ruthenium, dichlorobis(1,2-ethanediamine-*N,N'*)-, (*OC*-6-12)-, hexafluorophosphate(1-), [146244-13-5], 29:164
$F_6Cl_2N_4PRuC_7H_{20}$, Ruthenium(1+), [*N,N'*-bis(2-aminoethyl)-1,3-propanediamine-*N,N',N'',N'''*]dichloro-, [*OC*-6-15-(*R**,*S**)]-, hexafluorophosphate (1-), [152981-38-9], 29:165
$F_6Cr_2N_6C_6H_{24}$, Chromium(1+), bis(1,2-ethanediamine-*N,N'*)difluoro-, (*OC*-6-22)-, (*OC*-6-22)-(1,2-ethanediamine-*N,N'*)tetrafluorochromate(1-), [13842-99-4], 24:185
F_6Cs_2Mn, Manganate(2-), hexafluoro-, dicesium, (*OC*-6-11)-, [16962-46-2], 24:48
$F_6CuN_4PC_8H_{12}$, Copper(1+), tetrakis (acetonitrile)-, (*T*-4)-, hexafluorophosphate(1-), [64443-05-6], 19:90;28:68
$F_6FeMoO_5P_2C_{34}H_{28}$, Molybdenum(1+), [μ-(acetyl-*C:O*)]tricarbonyl[carbonyl (η^5-2,4-cyclopentadien-1-yl)(triphenylphosphine)iron](η^5-2,4-cyclopentadien-1-yl)-, hexafluorophosphate(1-), [81133-03-1], 26:241
$F_6FeMoO_6PC_{17}H_{13}$, Molybdenum(1+), [μ-(acetyl-*C:O*)]tricarbonyl(η^5-2,4-cyclopentadien-1-yl)[dicarbonyl(η^5-2,4-cyclopentadien-1-yl)iron]-, hexafluorophosphate(1-), [81133-01-9], 26:239
$F_6FeN_6O_6S_2C_{22}H_{38}$, Iron(2+), bis(acetonitrile)(5,7,7,12,14,14-hexamethyl-1,4,8,11-tetraazacyclotetradeca-4,11-diene-N^1,N^4,N^8,N^{11})-, (*OC*-6-12)-, salt with trifluoromethanesulfonic acid (1:2), [57139-47-6], 18:6
$F_6FeN_6O_6S_2C_{22}H_{42}$, Iron(2+), bis(acetonitrile)(5,5,7,12,12,14-hexamethyl-1,4,8,11-tetraazacyclotetradecane-N^1,N^4,N^8,N^{11})-, [*OC*-6-13-(*R**,*S**)]-, salt with trifluoromethanesulfonic acid (1:2), [67143-08-2], 18:15
$F_6FeO_2PC_{13}H_{15}$, Iron(1+), dicarbonyl [(1,2-η)-cyclohexene](η^5-2,4-cyclopentadien-1-yl)-, hexafluorophosphate(1-), [12085-92-6], 12:38
$F_6FeO_2pSC_8H_5$, Iron(1+), (carbonothioyl) dicarbonyl(η^5-2,4-cyclopentadien-1-yl)-, hexafluorophosphate(1-), [33154-56-2], 17:100
$F_6FeO_3PC_{11}H_{13}$, Iron(1+), dicarbonyl(η^5-2,4-cyclopentadien-1-yl)(tetrahydrofuran)-, hexafluorophosphate(1-), [72303-22-1], 26:232
$F_6Fe_2O_4P_2C_{33}H_{28}$, Iron(1+), [μ-(acetyl-*C:O*)]tricarbonylbis(η^5-2,4-cyclopentadien-1-yl)(triphenylphosphine) di-, hexafluorophosphate(1-), [81132-99-2], 26:237
$F_6Fe_2O_5PC_{16}H_{13}$, Iron(1+), [μ-(acetyl-*C:O*)]tetracarbonylbis(η^5-2,4-cyclopentadien-1-yl)di-, hexafluorophosphate(1-), [81141-29-9], 26:235
F_6HN, Nitrogen(1+), tetrafluoro-, (*T*-4)-, (hydrogen difluoride), [71485-49-9], 24:43
F_6H_4NP, Phosphate(1-), hexafluoro-, ammonium, [16941-11-0], 3:111
$F_6H_{12}N_3V$, Vanadate(3-), hexafluoro-, triammonium, (*OC*-6-11)-, [13815-31-1], 7:88
F_6HgC_2, Mercury, bis(trifluoromethyl)-, [371-76-6], 24:52

$F_6Hg_{2.91}Sb$, Antimony mercury fluoride ($SbHg_{2.91}F_6$), [153481-21-1], 19:26

F_6IS_7Sb, Sulfur(1+), (hexathio)iodo-, (*OC*-6-11)-hexafluoroantimonate(1-), [61459-18-5], 27:333

$F_6IrNP_2C_{31}H_{50}$, Iridium(1+), [(1,2,5,6-η)-1,5-cyclooctadiene](pyridine)(tricyclohexylphosphine)-, hexafluorophosphate(1-), [64536-78-3], 24:173,175

$F_6IrN_2PC_{18}H_{22}$, Iridium(1+), [(1,2,5,6-η)-1,5-cyclooctadiene]bis(pyridine)-, hexafluorophosphate(1-), [56678-60-5], 24:174

$F_6IrO_7P_2S_2C_{39}H_{31}$, Iridium, carbonylhydrobis(trifluoromethanesulfonato-*O*) bis(triphenylphosphine)-, [105811-97-0], 26:120;28:26

F_6KP, Phosphate(1-), hexafluoro-, potassium, [17084-13-8], 3:111

F_6KU, Uranate(1-), hexafluoro-, potassium, (*OC*-6-11)-, [18918-88-2], 21:166

F_6K_2Pt, Platinate(2-), hexafluoro-, dipotassium, (*OC*-6-11)-, [16949-75-0], 12:232,236

$F_6MnNO_3PC_7H_5$, Manganese(1+), dicarbonyl($η^5$-2,4-cyclopentadien-1-yl)nitrosyl-, hexafluorophosphate(1-), [31921-90-1], 15:91

$F_6MnNO_5C_{13}H_6$, Manganese, tricarbonyl (1,1,1,5,5,5-hexafluoro-2,4-pentanedionato-*O,O'*)(pyridine)-, [15444-35-6], 12:84

$F_6MnO_4P_2C_{31}H_{55}$, Manganese, dicarbonyl(1,1,1,5,5,5-hexafluoro-2,4-pentanedionato-*O,O'*)bis(tributylphosphine)-, (*OC*-6-13)-, [15444-40-3], 12:84

$F_6MnO_4P_2C_{33}H_{27}$, Manganese, dicarbonyl (1,1,1,5,5,5-hexafluoro-2,4-pentanedionato-*O,O'*)bis(methyldiphenylphosphine)-, (*OC*-6-13)-, [15444-42-5], 12:84

$F_6MnO_4P_2C_{43}H_{31}$, Manganese, dicarbonyl(1,1,1,5,5,5-hexafluoro-2,4-pentanedionato-*O,O'*)bis(triphenylphosphine)-, (*OC*-6-13)-, [15412-97-2], 12:84

$F_6MnO_6C_9H$, Manganese, tetracarbonyl (1,1,1,5,5,5-hexafluoro-2,4-pentanedionato-*O,O'*)-, (*OC*-6-22)-, [15214-14-9], 12:81,83

$F_6MoP_4C_{30}H_{40}$, Molybdenum(1+), ($η^6$-benzene)tris(dimethylphenylphosphine)hydro-, hexafluorophosphate (1-), [35004-34-3], 17:58

$F_6NPC_{16}H_{36}$, 1-Butanaminium, *N,N,N*-tributyl-, hexafluorophosphate(1-), [3109-63-5], 24:141

$F_6NPSe_2C_7H_{12}$, Methanaminium, *N*-(4,5-dimethyl-1,3-diselenol-2-ylidene)-*N*-methyl-, hexafluorophosphate(1-), [84041-23-6], 24:133

$F_6NP_2C_{18}H_{17}$, Phosphorus(1+), amidotriphenyl-, hexafluorophosphate(1-), [858-12-8], 7:69

$F_6NP_2UC_{36}H_{30}$, Phosphorus(1+), triphenyl(*P,P,P*-triphenylphosphine imidato-*N*)-, (*T*-4)-, (*OC*-6-11)-hexafluorouranate(1-), [71032-37-6], 21:166

$F_6N_3P_3$, 1,3,5,2,4,6-Triazatriphosphorine, 2,2,4,4,6,6-hexafluoro-2,2,4,4,6,6-hexahydro-, [15599-91-4], 9:76

$F_6N_4O_6S_2C_{18}H_{34}$, Methanesulfonic acid, trifluoro-, compd. with 5,7,7,12,14,14-hexamethyl-1,4,8,11-tetraazacyclotetradeca-4,11-diene (2:1), [57139-53-4], 18:3

$F_6N_5O_6OsS_2C_{27}H_{19}$, Osmium(1+), (2,2'-bipyridine-*N,N'*)(2,2':6',2''-terpyridine-*N,N',N''*)(trifluoromethanesulfonato-*O*)-, (*OC*-6-44)-, salt with trifluoromethanesulfonic acid (1:1), [104475-06-1], 24:303

$F_6N_5O_6RuS_2C_{27}H_{19}$, Ruthenium(1+), (2,2'-bipyridine-*N,N'*)(2,2':6',2''-terpyridine-*N,N',N''*)(trifluoromethanesulfonato-*O*)-, (*OC*-6-44)-, salt with trifluoromethanesulfonic acid (1:1), [104475-04-9], 24:302

$F_6N_5O_7OsS_2C_{27}H_{21}.H_2O$, Osmium(2+), aqua(2,2'-bipyridine-*N,N'*)(2,2':6',2''-terpyridine-*N,N',N''*)-, (*OC*-6-44)-, salt with trifluoromethanesulfonic acid (1:2), monohydrate, [153608-95-8], 24:304

$F_6N_9PRuC_4H_{16}$, Ruthenium(1+), azidobis (1,2-ethanediamine-*N,N'*)(dinitrogen)-, (*OC*-6-33)-, hexafluorophosphate(1-), [31088-36-5], 12:23

$F_6N_{10}PRuC_4H_{16}$, Ruthenium(1+), diazidobis(1,2-ethanediamine-*N,N'*)-, (*OC*-6-22)-(-)-, hexafluorophosphate (1-), [30649-47-9], 12:24

F_6NaP, Phosphate(1-), hexafluoro-, sodium, [21324-39-0], 3:111

F_6NaU, Uranate(1-), hexafluoro-, sodium, (*OC*-6-11)-, [18918-89-3], 21:166

$F_6NbP_2C_{18}H_{23}$, Niobium(1+), bis(η^5-2,4-cyclopentadien-1-yl)(dimethylphenylphosphine)dihydro-, hexafluorophosphate(1-), [37298-81-0], 16:111

F_6OC_2, Methane, oxybis[trifluoro-, [1479-49-8], 14:42

F_6OS, Sulfur fluoride hypofluorite (SF_5 (OF)), (*OC*-6-21)-, [15179-32-5], 11:131

$F_6O_2C_2$, Peroxide, bis(trifluoromethyl), [927-84-4], 6:157;8:165

$F_6O_2SC_3$, Ethane(thioperoxoic) acid, trifluoro-, *OS*-(trifluoromethyl) ester, [22398-86-3], 14:43

F_6O_2Sb, Antimonate(1-), hexafluoro-, (*OC*-6-11)-, dioxygenyl, [12361-66-9], 14:39

$F_6O_2TlC_5H$, Thallium, (1,1,1,5,5,5-hexafluoro-2,4-pentanedionato-*O,O'*)-, [15444-43-6], 12:82

$F_6O_3C_2$, Trioxide, bis(trifluoromethyl), [1718-18-9], 12:312

$F_6O_4PtC_{10}H_8$, Platinum, bis(1,1,1-trifluoro-2,4-pentanedionato-*O,O'*)-, [63742-53-0], 20:67

$F_6O_5OsP_2C_{41}H_{30}$, Osmium, carbonylbis (trifluoroacetato-*O*)bis(triphenylphosphine)-, [61160-36-9], 17:128

———, Osmium, carbonyl(trifluoroacetato-*O*)(trifluoroacetato-*O,O'*)bis(triphenylphosphine)-, [38596-63-3], 17:128

$F_6O_5P_2RuC_{41}H_{30}$, Ruthenium, carbonyl (trifluoroacetato-*O*)(trifluoroacetato-*O,O'*)bis(triphenylphosphine)-, [38596-61-1], 17:127

F_6Os, Osmium fluoride (OsF_6), (*OC*-6-11)-, [13768-38-2], 24:79

$F_6PSe_8C_{20}H_{24}$, 1,3-Diselenole, 2-(4,5-dimethyl-1,3-diselenol-2-ylidene)-4,5-dimethyl-, radical ion(1+), hexafluorophosphate(1-), compd. with 2-(4,5-dimethyl-1,3-diselenol-2-ylidene)-4,5-dimethyl-1,3-diselenole (1:1), [73261-24-2], 24:142

$F_6P_3RuC_{49}H_{41}$, Ruthenium(1+), (η^5-2,4-cyclopentadien-1-yl)(phenylethenylidene)bis(triphenylphosphine)-, hexafluorophosphate(1-), [69134-34-5], 21:80

F_6S, Sulfur fluoride (SF_6), (*OC*-6-11)-, [2551-62-4], 1:121;3:119; 8:162

F_6SC_2, Methane, thiobis[trifluoro-, [371-78-8], 14:44

$F_6S_2C_4$, 1,2-Dithiete, 3,4-bis(trifluoromethyl)-, [360-91-8], 10:19

F_6Se, Selenium fluoride (SeF_6), (*OC*-6-11)-, [7783-79-1], 1:121

F_6Te, Tellurium fluoride (TeF_6), (*OC*-6-11)-, [7783-80-4], 1:121

F_6U, Uranate(1-), hexafluoro-, (*OC*-6-11)-, [48021-45-0], 15:240

F_6W, Tungsten fluoride (WF_6), (*OC*-6-11)-, [7783-82-6], 3:181

F_6Xe, Xenon fluoride (XeF_6), (*OC*-6-11)-, [13693-09-9], 8:257;8:258;11:205

$F_7BrSC_2H_2$, Sulfur, (2-bromo-2,2-difluoroethyl)pentafluoro-, (*OC*-6-21)-, [18801-67-7], 29:35

F_7KOC_3, 2-Propanol, 1,1,1,2,3,3,3-heptafluoro-, potassium salt, [7459-60-1], 11:197

$F_7MoO_2P_5C_{54}H_{48}$, Molybdenum(1+), dicarbonylbis[1,2-ethanediylbis [diphenylphosphine]-*P,P'*]fluoro-, (*TPS*-7-2-1311'31')-, hexafluorophosphate(1-), [61542-55-0], 26:84

F_7NS, Sulfur, (fluorimidato)pentafluoro-, (*OC*-6-21)-, [13693-10-2], 12:305

$F_7O_2C_{10}H_{11}$, 4-Octen-3-one, 6,6,7,7,8,8,8-heptafluoro-5-hydroxy-2,2-dimethyl-, [62773-05-1], 12:72-77

$F_7O_3S_2C_2H$, Sulfur, (4,4-difluoro-1,2-oxathietan-3-yl)pentafluoro-, *S,S*-dioxide, (*OC*-6-21)-, [113591-65-4], 29:36

F_7SC_2H, Sulfur, (2,2-difluoroethenyl) pentafluoro-, (*OC*-6-21)-, [58636-78-5], 29:35

$F_8AuB_2IrP_5C_{70}H_{63}$, Iridium(2+), bis[1,2-ethanediylbis[diphenylphosphine]-*P,P'*][(triphenylphosphine)gold]-, (*Au-Ir*), stereoisomer, bis[tetrafluoroborate(1-)], [93895-63-7], 29:296

F_8BN, Nitrogen(1+), tetrafluoro-, (*T*-4)-, tetrafluoroborate(1-), [15640-93-4], 24:42

$F_8B_2CoN_{12}C_{18}H_{30}$, Cobalt(2+), (5,6,15,16,20,21-hexamethyl-1,3,4,7,8,10,12,13,16,17,19,22-dodecaazatetracyclo [8.8.4.1^{3,17}.1^{8,12}]tetracosa-4,6,13,15,19,21-hexaene-$N^4,N^7,N^{13},N^{16},N^{19},N^{22}$)-, (*OC*-6-11)-, bis[tetrafluoroborate(1-)], [151085-59-5], 20:89

$F_8B_2FeN_{12}C_{12}H_{30}$, Iron(2+), tris(2,3-butanedione dihydrazone)-, (*OC*-6-11)-, bis[tetrafluoroborate(1-)], [151085-57-3], 20:88

$F_8B_2FeN_{12}C_{18}H_{30}$, Iron(2+), (5,6,14,15,20,21-hexamethyl-1,3,4,7,8,10,12,13,16,17,19,22-dodecaazatetracyclo [8.8.4.1^{3,17}.1^{8,12}]tetracosa-4,6,13,15,19,21-hexaene-$N^4,N^7,N^{13},N^{16},N^{19},N^{22}$)-, (*TP*-6-111)-, bis[tetrafluoroborate(1-)], [151124-35-5], 20:88

$F_8B_2H_{15}N_7Ru$, Ruthenium(2+), pentaammine(dinitrogen)-, (*OC*-6-22)-, bis[tetrafluoroborate(1-)], [15283-53-1], 12:5

$F_8B_2Ir_3P_6C_{78}H_{79}$, Iridium(2+), tris[1,2-ethanediylbis[diphenylphosphine]-*P,P'*]tri-μ-hydro-μ_3-hydrotrihydrotri-, *triangulo*, bis[tetrafluoroborate(1-)], [86854-47-9], 27:25

$F_8B_2Ir_3P_6C_{81}H_{85}$, Iridium(2+), tri-μ-hydro-μ_3-hydrotrihydrotris[1,3-propanediylbis[diphenylphosphine]-*P,P'*]tri-, *triangulo*, stereoisomer, bis[tetrafluoroborate(1-)], [73178-86-6], 27:22

$F_8B_2MoN_2P_4C_{56}H_{56}$, Molybdenum(2+), bis[1,2-ethanediylbis[diphenylphosphine]-*P,P'*]bis[(methylamino) methylidyne]-, (*OC*-6-11)-, bis[tetrafluoroborate(1-)], [57749-21-0], 23:14

$F_8B_2MoN_6O_2C_8H_{12}$, Molybdenum(2+), tetrakis(acetonitrile)dinitrosyl-, (*OC*-6-22)-, bis[tetrafluoroborate(1-)], [82583-10-6], 26:132;28:65

$F_8B_2N_2P_4WC_{56}H_{56}$, Tungsten(2+), bis [1,2-ethanediylbis[diphenylphosphine]-*P,P'*]bis[(methylamino)methylidyne]-, (*OC*-6-11)-, bis[tetrafluoroborate(1-)], [73508-17-5], 23:12

$F_8B_2N_2P_4WC_{68}H_{64}$, Tungsten(2+), bis[1,2-ethanediylbis[diphenylphosphine]-*P,P'*]bis[[(4-methylphenyl) amino]methylidyne]-, (*OC*-6-11)-, bis[tetrafluoroborate(1-)], [73848-73-4], 23:14

$F_8B_2N_4PdC_8H_{12}$, Palladium(2+), tetrakis (acetonitrile)-, (*SP*-4-1)-, bis[tetrafluoroborate(1-)], [21797-13-7], 26:128;28:63

$F_8B_2N_6O_2WC_8H_{12}$, Tungsten(2+), tetrakis (acetonitrile)dinitrosyl-, (*OC*-6-22)-, bis[tetrafluoroborate(1-)], [82583-08-2], 26:133;28:66

$F_8B_2N_7RuC_4H_{19}$, Ruthenium(2+), pentaammine(pyrazine-N^1)-, (*OC*-6-22)-, bis[tetrafluoroborate(1-)], [41481-91-8], 24:259

$F_8B_2N_{12}NiC_{18}H_{30}$, Nickel(2+), (5,6,15,16,20,21-hexamethyl-1,3,4,7,8,10,12,13,16,17,19,22-dodecaazatetracyclo[8.8.4.$1^{3,17}$.$1^{8,12}$]tetracosa-4,6,13,15,19,21-hexaene-N^4,N^7,N^{13},N^{16},N^{19},N^{22})-, (*OC*-6-11)-, bis[tetrafluoroborate(1-)], [151085-63-1], 20:89

$F_8B_2NiO_6C_{12}H_{36}$, Nickel(2+), hexakis(ethanol)-, (*OC*-6-11)-, bis[tetrafluoroborate(1-)], [15007-74-6], 29:115

$F_8B_2NiO_6S_6C_{72}H_{60}$, Nickel(2+), hexakis[1,1'-sulfinylbis[benzene]-*O*]-, (*OC*-6-11)-, bis[tetrafluoroborate(1-)], [13963-83-2], 29:116

$F_8B_2S_{12}C_{18}H_{12}$, 1,3-Dithiole, 2-(1,3-dithiol-2-ylidene)-, radical ion(1+), tetrafluoroborate(1-), compd. with 2-(1,3-dithiol-2-ylidene)-1,3-dithiole (2:1), [55492-86-9], 19:31

F_8BrSC_2H, Sulfur, (2-bromo-1,2,2-trifluoroethyl)pentafluoro-, (*OC*-6-21)-, [18801-68-8], 29:34

$F_8ClTlC_{12}H_2$, Thallium, chlorobis(2,3,4,6-tetrafluorophenyl)-, [84356-31-0], 21:73

$F_8ClTlC_{12}H_2$, Thallium, chlorobis(2,3,5,6-tetrafluorophenyl)-, [76077-07-1], 21:73

$F_8N_4P_4$, 1,3,5,7,2,4,6,8-Tetrazatetraphosphocine, 2,2,4,4,6,6,8,8-octafluoro-2,2,4,4,6,6,8,8-octahydro-, [14700-00-6], 9:78

$F_8O_3S_2C_2$, Sulfur, pentafluoro(3,4,4-trifluoro-1,2-oxathietan-3-yl)-, *S,S*-dioxide, (*OC*-6-21)-, [93474-29-4], 29:36

F_8SC_2, Sulfur, difluorobis(trifluoromethyl)-, (*T*-4)-, [30341-38-9], 14:45

———, Sulfur, pentafluoro(trifluoroethenyl)-, (*OC*-6-21)-, [1186-51-2], 29:35

F_9ClOC_4, Hypochlorous acid, 2,2,2-trifluoro-1,1-bis(trifluoromethyl)ethyl ester, [27579-40-4], 24:61

$F_9CoN_3O_9S_3C_7H_{13}$, Cobalt, [*N*-(2-aminoethyl)-1,2-ethanediamine-*N*,*N*',*N*'']tris(trifluoromethanesulfonato-*O*)-, (*OC*-6-33)-, [75522-53-1], 22:106

$F_9CoN_4O_9S_3C_7H_{16}$, Cobalt(1+), bis(1,2-ethanediamine-*N*,*N*')bis(trifluoromethanesulfonato-*O*)-, (*OC*-6-22)-, salt with trifluoromethanesulfonic acid (1:1), [75522-52-0], 22:105

$F_9CoN_5O_9S_3C_3H_{15}$, Cobalt(2+), pentaammine(trifluoromethanesulfonato-*O*)-, (*OC*-6-22)-, salt with trifluoromethanesulfonic acid (1:2), [75522-50-8], 22:104

$F_9CoN_5O_9S_3C_8H_{25}$, Cobalt(2+), pentakis(methanamine)(trifluoromethanesulfonato-*O*)-, (*OC*-6-22)-, salt with trifluoromethanesulfonic acid (1:2), [90065-88-6], 24:281

$F_9CrN_4O_9S_3C_7H_{16}$, Chromium(1+), bis(1,2-ethanediamine-*N*,*N*')bis(trifluoromethanesulfonato-*O*)-, (*OC*-6-22)-, salt with trifluoromethanesulfonic acid (1:1), [90065-91-1], 24:251

$F_9CrN_5O_9S_3C_3H_{15}$, Chromium(2+), pentaammine(trifluoromethanesulfonato-*O*)-, (*OC*-6-22)-, salt with trifluoromethanesulfonic acid (1:2), [84254-61-5], 24:250

$F_9CrN_5O_9S_3C_8H_{25}$, Chromium(2+), pentakis(methanamine)(trifluoromethanesulfonato-*O*)-, (*OC*-6-22)-, salt with trifluoromethanesulfonic acid (1:2), [90065-87-5], 24:280

$F_9CrO_6C_{15}H_{12}$, Chromium, tris(1,1,1-trifluoro-2,4-pentanedionato-*O*,*O*')-, [14592-89-3], 8:138

$F_9IrN_4O_9S_3C_7H_{16}$, Iridium(1+), bis(1,2-ethanediamine-*N*,*N*')bis(trifluoromethanesulfonato-*O*)-, (*OC*-6-22)-, salt with trifluoromethanesulfonic acid (1:1), [90065-95-5], 24:290

$F_9IrN_5O_9S_2C_3H_{15}$, Iridium(2+), pentaammine(trifluoromethanesulfonato-*O*)-, (*OC*-6-22)-, salt with trifluoromethanesulfonic acid (1:2), [84254-59-1], 24:164

$F_9IrN_5O_{10}S_3C_3H_{17}$, Iridium(3+), pentaammineaqua-, (*OC*-6-22)-, salt with trifluoromethanesulfonic acid (1:3), [90084-46-1], 24:265

$F_9IrN_6O_9S_3C_3H_{18}$, Iridium(3+), hexaammine-, (*OC*-6-11)-, salt with trifluoromethanesulfonic acid (1:3), [90066-04-9], 24:267

F_9NOW, Nitrogen(1+), tetrafluoro-, (*T*-4)-, (*OC*-6-21)-pentafluorooxotungstate (1-), [79028-46-9], 24:47

$F_9NO_7P_2RuC_{42}H_{30}$, Ruthenium, nitrosyltris(trifluoroacetato-*O*)bis(triphenylphosphine)-, [38657-10-2], 17:127

$F_9N_4O_9OsS_3C_{23}H_{16}$, Osmium(1+), bis(2,2'-bipyridine-*N,N'*)bis(trifluoromethanesulfonato-*O*)-, (*OC*-6-22)-, salt with trifluoromethanesulfonic acid (1:1), [104474-98-8], 24:295

$F_9N_4O_9RhS_3C_7H_{16}$, Rhodium(1+), bis(1,2-ethanediamine-*N,N'*)bis(trifluoromethanesulfonato-*O*)-, (*OC*-6-22)-, salt with trifluoromethanesulfonic acid (1:1), [90065-93-3], 24:285

$F_9N_4O_9RuS_3C_{23}H_{16}$, Ruthenium(1+), bis(2,2'-bipyridine-*N,N'*)bis(trifluoromethanesulfonato-*O*)-, (*OC*-6-22)-, salt with trifluoromethanesulfonic acid (1:1), [104474-96-6], 24:295

$F_9N_4O_{11}OsS_3C_{23}H_{20}$, Osmium(3+), diaquabis(2,2'-bipyridine-*N,N'*)-, (*OC*-6-22)-, salt with trifluoromethanesulfonic acid (1:3), [104474-99-9], 24:296

$F_9N_5O_9OsS_3C_3H_{15}$, Osmium(2+), pentaammine(trifluoromethanesulfonato-*O*)-, (*OC*-6-22)-, salt with trifluoromethanesulfonic acid (1:2), [83781-30-0], 24:271

$F_9N_5O_9OsS_3C_{28}H_{19}$, Osmium(2+), (2,2'-bipyridine-*N,N'*)(2,2':6',2''-terpyridine-*N,N',N''*)(trifluoromethanesulfonato-*O*)-, (*OC*-6-44)-, salt with trifluoromethanesulfonic acid (1:2), [104475-02-7], 24:301

$F_9N_5O_9RhS_3C_3H_{15}$, Rhodium(2+), pentaammine(trifluoromethanesulfonato-*O*)-, (*OC*-6-22)-, salt with trifluoromethanesulfonic acid (1:2), [84254-57-9], 24:253

$F_9N_5O_9RhS_3C_8H_{25}$, Rhodium(2+), pentakis(methanamine)(trifluoromethanesulfonato-*O*)-, (*OC*-6-22)-, salt with trifluoromethanesulfonic acid (1:2), [90065-89-7], 24:281

$F_9N_5O_9RuS_3C_3H_{15}$, Ruthenium(2+), pentaammine(trifluoromethanesulfonato-*O*)-, (*OC*-6-22)-, salt with trifluoromethanesulfonic acid (1:2), [84278-98-8], 24:258

$F_9N_5O_9RuS_3C_{28}H_{19}$, Ruthenium(2+), (2,2'-bipyridine-*N,N'*)(2,2':6',2''-terpyridine-*N,N',N''*)(trifluoromethanesulfonato-*O*)-, (*OC*-6-44)-, salt with trifluoromethanesulfonic acid (1:2), [104475-01-6], 24:301

$F_9N_5O_{10}OsS_3C_{28}H_{21.2}H_2O$, Osmium(3+), aqua(2,2'-bipyridine-*N,N'*)(2,2':6',2''-terpyridine-*N,N',N''*)-, (*OC*-6-44)-, salt with trifluoromethanesulfonic acid (1:3), dihydrate, [152981-33-4], 24:304

$F_9N_5O_{10}RuS_3C_{28}H_{21.3}H_2O$, Ruthenium (3+), aqua(2,2'-bipyridine-*N,N'*) (2,2':6',2''-terpyridine-*N,N',N''*)-, (*OC*-6-44)-, salt with trifluoromethanesulfonic acid (1:3), trihydrate, [152981-34-5], 24:304

$F_9N_6O_9OsS_3C_3H_{18}$, Osmium(3+), hexaammine-, (*OC*-6-11)-, salt with trifluoromethanesulfonic acid (1:3), [103937-69-5], 24:273

$F_9N_6O_9OsS_3C_5H_{18}$, Osmium(3+), (acetonitrile)pentaammine-, (*OC*-6-

22)-, salt with trifluoromethanesulfonic acid (1:3), [83781-33-3], 24:275

$F_9N_6O_9RhS_3C_3H_{18}$, Rhodium(3+), hexaammine-, (*OC*-6-11)-, salt with trifluoromethanesulfonic acid (1:3), [90084-45-0], 24:255

$F_{10}As_4Au_2C_{32}H_{32}$, Gold(1+), bis[1,2-phenylenebis[dimethylarsine]-*As*,*As*']-, (*T*-4)-, bis(pentafluorophenyl) aurate(1-), [77674-45-4], 26:89

$F_{10}ClTlC_{12}$, Thallium, chlorobis(pentafluorophenyl)-, [1813-39-4], 21:71,72

$F_{10}NSb$, Nitrogen(1+), tetrafluoro-, (*T*-4)-, (*OC*-6-11)-hexafluoroantimonate(1-), [16871-76-4], 24:41

$F_{10}NiC_{19}H_8$, Nickel, [(1,2,3,4,5,6-η)-methylbenzene]bis(pentafluorophenyl)-, [66197-14-6], 19:72

$F_{10}O_2Se_2Xe$, Xenon fluoroselenate ($Xe(SeF_5O)_2$), [38344-58-0], 24:29

$F_{10}O_2Te_2Xe$, Xenon, bis[pentafluorohydroxytellurato(1-)-*O*]-, [25005-56-5], 24:36

$F_{11}O_3PC_6H_6$, Phosphorane, difluorotris (2,2,2-trifluoroethoxy)-, [71181-74-3], 24:63

$F_{12}As_2Hg_3$, Arsenate(1-), hexafluoro-, (trimercury)(2+) (2:1), [34738-00-6], 19:24

$F_{12}As_2NiS_4C_{56}H_{40}$, Arsonium, tetraphenyl-, bis[1,1,1,4,4,4-hexafluoro-2-butene-2,3-dithiolato(2-)-*S*,*S*'] nickelate(2-) (2:1), [14589-08-3], 10:20

$F_{12}As_2S_8$, Arsenate(1-), hexafluoro-, (octasulfur)(2+) (2:1), [12429-02-6], 15:213

$F_{12}As_2Se_4$, Arsenate(1-), hexafluoro-, selenium ion (Se_4^{2+}) (2:1), [53513-64-7], 15:213

$F_{12}As_2Se_8$, Arsenate(1-), hexafluoro-, (octaselenium)(2+) (2:1), [52374-78-4], 15:213

$F_{12}As_2Te_4$, Arsenate(1-), hexafluoro-, (tetratellurium)(2+) (2:1), [12536-35-5], 15:213

$F_{12}Au_5P_9ReC_{126}H_{109}$, Rhenium(2+), tetra-μ-hydro[pentakis(triphenylphosphine) pentagold]bis(triphenylphosphine)-, (6*Au-Au*)(5*Au-Re*), bis[hexafluorophosphate(1-)], [99595-13-8], 29:288

$F_{12}Au_5P_9ReC_{132}H_{121}$, Rhenium(2+), tetra-μ-hydro[pentakis(triphenylphosphine) pentagold]bis[tris(4-methylphenyl) phosphine]-, (6*Au-Au*)(5*Au-Re*), bis[hexafluorophosphate(1-)], [107742-34-7], 29:289

$F_{12}BN_3P_2C_{15}H_{16}$, Boron(2+), hydrotris (pyridine)-, (*T*-4)-, bis[hexafluorophosphate(1-)], [25447-31-8], 12:139

$F_{12}B_3CoN_{12}C_{18}H_{30}$, Cobalt(3+), (5,6,15,16,20,21-hexamethyl-1,3,4,7,8,10,12,13,16,17,19,22-dodecaazatetracyclo [8.8.4.$1^{3,17}$.$1^{8,12}$]tetracosa-4,6,13,15,19,21-hexaene-N^4,N^7,N^{13},N^{16},N^{19},N^{22})-, (*OC*-6-11)-, tris[tetrafluoroborate(1-)], [151085-61-9], 20:89

$F_{12}B_3H_{18}N_6Ru$, Ruthenium(3+), hexaammine-, (*OC*-6-11)-, tris[tetrafluoroborate(1-)], [16455-57-5], 12:7

$F_{12}CeO_8C_{20}H_{16}$, Cerium, tetrakis(1,1,1-trifluoro-2,4-pentanedionato-*O*,*O*')-, [18078-37-0], 12:77,79

$F_{12}CoN_2O_6C_{16}H_{16}$, Cobalt, bis(*N*,*N*-dimethylformamide-*O*)bis(1,1,1,5,5,5-hexafluoro-2,4-pentanedionato-*O*,*O*')-, [53513-61-4], 15:96

$F_{12}CoN_6P_2C_{26}H_{44}$, Cobalt(2+), (2,3,10,11,13,19-hexamethyl-3,10,14,18,21,25-hexaazabicyclo[10.7.7] hexacosa-1,11,13,18,20,25-hexaene-N^{14},N^{18},N^{21},N^{25})-, [*SP*-4-2-(*Z*,*Z*)]-, bis[hexafluorophosphate(1-)], [73914-18-8], 27:270

$F_{12}CoS_4C_8$, Cobaltate(1-), bis[1,1,1,4,4,4-hexafluoro-2-butene-2,3-dithiolato (2-)-*S*,*S*']-, [47450-97-5], 10:9

———, Cobaltate(2-), bis[1,1,1,4,4,4-hexafluoro-2-butene-2,3-dithiolato (2-)-*S*,*S*']-, (*SP*-4-1)-, [14879-13-1], 10:9

———, Cobalt, bis[1,1,1,4,4,4-hexafluoro-2-butene-2,3-dithiolato(2-)-*S,S'*]-, (*SP*-4-1)-, [31052-36-5], 10:9

$F_{12}CrC_{16}H_8$, Chromium, bis[(1,2,3,4,5,6-η)-1,3-bis(trifluoromethyl)benzene]-, [53966-05-5], 19:70

$F_{12}CuN_4P_2C_{24}H_{28}$, Copper(2+), (2,9-dimethyl-3,10-diphenyl-1,4,8,11-tetraazacyclotetradeca-1,3,8,10-tetraene-N^1,N^4,N^8,N^{11})-, (*SP*-4-1)-, bis[hexafluorophosphate(1-)], [77154-14-4], 22:10

$F_{12}FeN_6P_2C_{28}H_{34}$, Iron(2+), bis(acetonitrile)(2,9-dimethyl-3,10-diphenyl-1,4,8,11-tetraazacyclotetradeca-1,3,8,10-tetraene-N^1,N^4,N^8,N^{11})-, (*OC*-6-12)-, bis[hexafluorophosphate (1-)], [70369-01-6], 22:108

$F_{12}FeN_6P_2C_{50}H_{52}$, Iron(2+), [14,20-dimethyl-2,12-diphenyl-3,11-bis(phenylmethyl)-3,11,15,19,22,26-hexaazatricyclo[11.7.7.1^{5,9}]octacosa-1,5,7,9(28),12,14,19,21,26-nonaene-$N^{15},N^{19},N^{22},N^{26}$]-, (*SP*-4-2)-, bis[hexafluorophosphate(1-)], [153019-55-7], 27:280

$F_{12}FeS_4C_8$, Ferrate(1-), bis[1,1,1,4,4,4-hexafluoro-2-butene-2,3-dithiolato (2-)-*S,S'*]-, [47421-85-2], 10:9

$F_{12}Fe_2N_2P_2S_2C_{18}H_{26}$, Iron(2+), bis (acetonitrile)bis(η^5-2,4-cyclopenta dien-1-yl)bis[μ-(ethanethiolato)]di-, (*Fe-Fe*), bis[hexafluorophosphate(1-)], [64743-11-9], 21:39

$F_{12}Fe_4P_2S_5C_{20}H_{20}$, Iron(2+), tetrakis($\eta^5$-2,4-cyclopentadien-1-yl)[μ_3-(disulfur-*S:S:S'*)]tri-μ^3-thioxotetra-, bis[hexafluorophosphate(1-)], [77924-71-1], 21:44

$F_{12}H_{15}N_7P_2Ru$, Ruthenium(2+), pentaammine(dinitrogen)-, (*OC*-6-22)-, bis [hexafluorophosphate(1-)]-, [18532-86-0], 12:5

$F_{12}HfO_8C_{20}H_{16}$, Hafnium, tetrakis(1,1,1-trifluoro-2,4-pentanedionato-*O,O'*)-, [17475-68-2], 9:50

$F_{12}IrN_3P_2C_{16}H_{24}$, Iridium(2+), tris (acetonitrile)[(1,2,3,4,5-η)-1,2,3,4,5-pentamethyl-2,4-cyclopentadien-1-yl]-, bis[hexafluorophosphate(1-)], [59738-32-8], 29:232

$F_{12}IrN_4OP_4C_{42}H_{39}$, Iridium(2+), tris (acetonitrile)nitrosylbis(triphenylphosphine)-, (*OC*-6-13)-, bis[hexafluorophosphate(1-)], [73381-68-7], 21:104

$F_{12}IrO_3P_2C_{19}H_{33}$, Iridium(2+), [(1,2,3,4,5-η)-1,2,3,4,5-pentamethyl-2,4-cyclopentadien-1-yl]tris(2-propanone)-, bis[hexafluorophosphate(1-)], [60936-92-7], 29:232

$F_{12}IrP_2C_{23}H_{25}$, Iridium(2+), [(1,2,3,4,4a, 9a-η)-9*H*-fluorene][(1,2,3,4,5-η)-1,2,3,4,5-pentamethyl-2,4-cyclopentadien-1-yl]-, bis[hexafluorophosphate(1-)], [65074-02-4], 29:232

$F_{12}MoP_5C_{30}H_{41}$, Molybdenum(2+), (η^6-benzene)tris(dimethylphenylphosphine)dihydro-, bis[hexafluorophosphate(1-)], [36354-39-9], 17:60

$F_{12}N_2NiO_6C_{16}H_{16}$, Nickel, bis(*N,N*-dimethylformamide-*O*)bis(1,1,1,5,5,5-hexafluoro-2,4-pentanedionato-*O,O'*)-, [53513-62-5], 15:96

$F_{12}N_2O_4PdC_{20}H_{10}$, Palladium(1+), (2,2'-bipyridine-*N,N'*)(1,1,1,5,5,5-hexafluoro-2,4-pentanedionato-*O,O'*)-, (*SP*-4-2)-, salt with 1,1,1,5,5,5-hexafluoro-2,4-pentanedione (1:1), [65353-89-1], 27:319

$(F_{12}N_3O_4P_3C_{10}H_{14})_x$, Poly[nitrilo [bis(2,2,2-trifluoroethoxy)phosphoranylidyne]nitrilo[bis(2,2,2-trifluoroethoxy)phosphoranylidyne]nitrilo (dimethylphosphoranylidyne)], [153569-07-4], 25:67

$(F_{12}N_3O_4P_3SiC_{13}H_{22})_x$, Poly[nitrilo [bis(2,2,2-trifluoroethoxy)phosphoranylidyne]nitrilo[bis(2,2,2-trifluoroethoxy)phosphoranylidyne]nitrilo [methyl[(trimethylsilyl)methyl]phosphoranylidyne]], [153569-08-5], 25:64

$F_{12}N_3P_2RhC_{16}H_{24}$, Rhodium(2+), tris(acetonitrile)[(1,2,3,4,5-η)-1,2,3,4,5-pentamethyl-2,4-cyclopentadien-1-yl]-, bis[hexafluorophosphate(1-)], [59738-28-2], 29:231

$F_{12}N_4NiO_2P_2C_{20}H_{32}$, Nickel(2+), [3,11-bis(1-methoxyethylidene)-2,12-dimethyl-1,5,9,13-tetraazacyclohexadeca-1,4,9,12-tetraene-N^1,N^5,N^9,N^{13}]-, [*SP*-4-2-(*Z,Z*)]-, bis[hexafluorophosphate(1-)], [70021-28-2], 27:264

$F_{12}N_4NiO_2P_2C_{30}H_{36}$, Nickel(2+), [3,11-bis(methoxyphenylmethylene)-2,12-dimethyl-1,5,9,13-tetraazacyclohexadeca-1,4,9,12-tetraene-N^1,N^5,N^9,N^{13}]-, (*SP*-4-2)-, bis[hexafluorophosphate(1-)], [88610-99-5], 27:275

$F_{12}N_4P_2C_{12}H_{22}$, Phosphate(1-), hexafluoro-, hydrogen, compd. with 5,14-dimethyl-1,4,8,11-tetraazacyclotetradeca-4,6,11,13-tetraene (2:1), [59219-09-9], 18:40

$F_{12}N_4P_2PdC_{12}H_{30}$, Palladium(2+), [*N,N'*-bis[2-(dimethylamino)ethyl]-*N,N'*-dimethyl-1,2-ethanediamine-*N,N'*,*N''*,*N'''*]-, (*SP*-4-2)-, bis[hexafluorophosphate(1-)], [70128-96-0], 21:133

$F_{12}N_4P_2RuC_{16}H_{24}$, Ruthenium(2+), tetrakis(acetonitrile)[(1,2,5,6-η)-1,5-cyclooctadiene]-, bis[hexafluorophosphate(1-)], [54071-76-0], 26:72

$F_{12}N_5O_{12}PtS_4C_4H_{15}$, Platinum(3+), pentaammine(trifluoromethanesulfonato-*O*)-, (*OC*-6-22)-, salt with trifluoromethanesulfonic acid (1:3), [84254-63-7], 24:278

$F_{12}N_6NiP_2C_{20}H_{34}$, Nickel(2+), [1,1'-(2,12-dimethyl-1,5,9,13-tetraazacyclohexadeca-1,4,9,12-tetraene-3,11-diylidene)bis[*N*-methylethanamine]]-, [*SP*-4-2-(*Z,Z*)]-, bis[hexafluorophosphate(1-)], [74466-02-7], 27:266

$F_{12}N_6NiP_2C_{26}H_{44}$, Nickel(2+), (2,3,10,11,13,19-hexamethyl-3,10,14,18,21,25-hexaazabicyclo[10.7.7]hexacosa-1,11,13,18,20,25-hexaene-$N^{14},N^{18},N^{21},N^{25}$)-, (*SP*-4-2)-, bis[hexafluorophosphate(1-)], [73914-16-6], 27:268

$F_{12}N_6NiP_2C_{42}H_{46}$, Nickel(2+), [α,α'-(2,12-dimethyl-1,5,9,13-tetraazacyclohexadeca-1,4,9,12-tetraene-3,11-diyl)bis[*N*-(phenylmethyl)benzenemethanamine]]-, (*SP*-4-2)-, bis[hexafluorophosphate(1-)], [88611-05-6], 27:276

$F_{12}N_6NiP_2C_{50}H_{52}$, Nickel(2+), [14,20-dimethyl-2,12-diphenyl-3,11-bis(phenylmethyl)-3,11,15,19,22,26-hexaazatricyclo[11.7.7.1^{5,9}]octacosa-1,5,7,9(28),12,14,19,21,26-nonaene-$N^{15},N^{19},N^{22},N^{26}$]-, (*SP*-4-2)-, bis[hexafluorophosphate(1-)], [88635-37-4], 27:277

$F_{12}N_6P_2RuC_{30}H_{24}$, Ruthenium(2+), tris(2,2'-bipyridine-*N,N'*)-, (*OC*-6-11)-, bis[hexafluorophosphate(1-)], [60804-74-2], 25:109

$F_{12}N_6P_2RuC_{32}H_{24}$, Ruthenium(2+), bis(2,2'-bipyridine-*N,N'*)(1,10-phenanthroline-N^1,N^{10})-, (*OC*-6-22)-, bis[hexafluorophosphate(1-)], [60828-38-8], 25:108

$F_{12}N_8P_2RuC_{12}H_{36}$, Ruthenium(2+), [(1,2,5,6-η)-1,5-cyclooctadiene]tetrakis(methylhydrazine-N^2)-, bis[hexafluorophosphate(1-)], [81923-54-8], 26:74

$F_{12}NiS_4C_8$, Nickelate(1-), bis[1,1,1,4,4,4-hexafluoro-2-butene-2,3-dithiolato(2-)-*S,S'*]-, (*SP*-4-1)-, [16674-52-5], 10:18-20

———, Nickelate(2-), bis[1,1,1,4,4,4-hexafluoro-2-butene-2,3-dithiolato(2-)-*S,S'*]-, (*SP*-4-1)-, [50762-68-0], 10:18-20

———, Nickel, bis[1,1,1,4,4,4-hexafluoro-2-butene-2,3-dithiolato(2-)-*S,S'*]-, (*SP*-4-1)-, [18820-78-5], 10:18-20

$F_{12}O_4P_3PdC_{44}H_{35}$, Palladium(1+), [bis[2-(diphenylphosphino)ethyl]phenylphosphine-*P,P',P''*](1,1,1,5,5,5-hexafluoro-4-hydroxy-3-penten-2-onato-O^4)-, (*SP*-4-1)-, salt with 1,1,1,5,5,5-hexafluoro-2,4-pentanedione, [78261-05-9], 27:320

$F_{12}O_4PdC_{10}H_2$, Palladium, bis(1,1,1,5,5,5-hexafluoro-2,4-pentanedionato-*O,O'*)-, (*SP*-4-1)-, [64916-48-9], 27:318

$F_{12}O_4PtC_{10}H_2$, Platinum, bis(1,1,1,5,5,5-hexafluoro-2,4-pentanedionato-*O,O'*)-, (*SP*-4-1)-, [65353-51-7], 20:67

$F_{12}O_8W_2C_8$, Tungsten, tetrakis[μ-(trifluoroacetato-*O:O'*)]di-, (*W-W*), [77479-85-7], 26:222

$F_{12}O_8ZrC_{20}H_{16}$, Zirconium, tetrakis(1,1,1-trifluoro-2,4-pentanedionato-*O,O'*)-, [17499-68-2], 9:50

$F_{12}O_9Ru_2C_{24}H_{26}$, Ruthenium, μ-aquabis [(1,2,5,6-η)-1,5-cyclooctadiene]bis[μ-(trifluoroacetato-*O:O'*)]bis(trifluoroacetato-*O*)di-, stereoisomer, [93582-31-1], 26:254

$F_{12}PdS_4C_8$, Palladate(1-), bis[1,1,1,4,4,4-hexafluoro-2-butene-2,3-dithiolato (2-)-*S,S'*]-, (*SP*-4-1)-, [19570-30-0], 10:9

———, Palladate(2-), bis[1,1,1,4,4,4-hexafluoro-2-butene-2,3-dithiolato (2-)-*S,S'*]-, (*SP*-4-1)-, [19555-34-1], 10:9

———, Palladium, bis[1,1,1,4,4,4-hexafluoro-2-butene-2,3-dithiolato(2-)-*S,S'*]-, (*SP*-4-1)-, [19280-17-2], 10:9

$F_{12}PtS_4C_8$, Platinate(1-), bis[1,1,1,4,4,4-hexafluoro-2-butene-2,3-dithiolato (2-)-*S,S'*]-, (*SP*-4-1)-, [19570-31-1], 10:9

———, Platinate(2-), bis[1,1,1,4,4,4-hexafluoro-2-butene-2,3-dithiolato (2-)-*S,S'*]-, (*SP*-4-1)-, [19555-35-2], 10:9

———, Platinum, bis[1,1,1,4,4,4-hexafluoro-2-butene-2,3-dithiolato(2-)-*S,S'*]-, (*SP*-4-1)-, [19280-18-3], 10:9

$F_{14}MnN_2$, Nitrogen(1+), tetrafluoro-, (*T*-4)-, (*OC*-6-11)-hexafluoromanganate(2-) (2:1), [74449-37-9], 24:45

$F_{14}N_2Si$, Nitrogen(1+), tetrafluoro-, (*T*-4)-, hexafluorosilicate(2-) (2:1), [81455-78-9], 24:46

$F_{14}O_4PbC_{20}H_{20}$, Lead, bis(6,6,7,7,8,8,8-heptafluoro-2,2-dimethyl-3,5-octanedionato-*O,O'*)-, (*T*-4)-, [21600-78-2], 12:74

$F_{15}AuSC_{22}H_8$, Gold, tris(pentafluorophenyl)(tetrahydrothiophene)-, (*SP*-4-2)-, [77188-25-1], 26:87

$F_{15}BO_3Te_3$, Tellurium borate fluoride ($Te_3(BO_3)F_{15}$), [40934-88-1], 24:35

$F_{16}B_4Mo_2N_{10}C_{20}H_{30}$, Molybdenum(4+), decakis(acetonitrile)di-, (*Mo-Mo*), tetrakis[tetrafluoroborate(1-)], [132461-50-8], 29:134

$F_{16}B_4N_{10}Rh_2C_{20}H_{30}$, Rhodium(4+), decakis(acetonitrile)di-, (*Rh-Rh*), tetrakis[tetrafluoroborate(1-)], [117686-94-9], 29:182

$F_{18}AlO_6C_{15}H_3$, Aluminum, tris (1,1,1,5,5,5-hexafluoro-2,4-pentanedionato-*O,O'*)-, (*OC*-6-11)-, [15306-18-0], 9:28

$F_{18}AsCrS_6C_{36}H_{20}$, Arsonium, tetraphenyl-, tris[1,1,1,4,4,4-hexafluoro-2-butene-2,3-dithiolato(2-)-*S,S'*]chromate(1-), [19453-77-1], 10:25

$F_{18}AsMoSeC_{36}H_{20}$, Arsonium, tetraphenyl-, (*OC*-6-11)-tris[1,1,1,4,4,4-hexafluoro-2-butene-2,3-dithiolato (2-)-*S,S'*]molybdate(1-), [18958-54-8], 10:24

$F_{18}AsS_6VC_{36}H_{20}$, Arsonium, tetraphenyl-, tris[1,1,1,4,4,4-hexafluoro-2-butene-2,3-dithiolato(2-)-*S,S'*]vanadate(1-), [19052-34-7], 10:25

$F_{18}AsS_6WC_{36}H_{20}$, Arsonium, tetraphenyl-, tris[1,1,1,4,4,4-hexafluoro-2-butene-

2,3-dithiolato(2-)-*S,S'*]tungstate(1-), [18958-53-7], 10:25

$F_{18}As_2CrS_6C_{60}H_{40}$, Arsonium, tetraphenyl-, tris[1,1,1,4,4,4-hexafluoro-2-butene-2,3-dithiolato(2-)-*S,S'*] chromate(2-) (2:1), [20219-50-5], 10:24

$F_{18}As_2MoS_6C_{60}H_{40}$, Arsonium, tetraphenyl-, (*TP*-6-11'1")-tris[1,1,1,4,4,4-hexafluoro-2-butene-2,3-dithiolato (2-)-*S,S'*]molybdate(2-) (2:1), [20941-70-2], 10:23

$F_{18}As_2S_6VC_{60}H_{40}$, Arsonium, tetraphenyl-, tris[1,1,1,4,4,4-hexafluoro-2-butene-2,3-dithiolato(2-)-*S,S'*]vanadate(2-) (2:1), [19052-36-9], 10:20

$F_{18}As_2S_6WC_{60}H_{40}$, Arsonium, tetraphenyl-, (*OC*-6-11)-tris[1,1,1,4,4,4-hexafluoro-2-butene-2,3-dithiolato (2-)-*S,S'*]tungstate(2-) (2:1), [19998-42-6], 10:20

$F_{18}BN_4P_3C_{24}H_{28}$, Boron(3+), tetrakis(4-methylpyridine)-, (*T*-4)-, tris[hexafluorophosphate(1-)], [27764-46-1], 12:143

$F_{18}CeN_6O_6P_9C_{72}H_{72}$, Cerium(3+), hexakis(*P,P*-diphenylphosphinic amide-*O*)-, (*OC*-6-11)-, tris[hexafluorophosphate(1-)], [59449-51-3], 23:180

$F_{18}CrS_6C_{12}$, Chromate(1-), tris[1,1,1,4,4,4-hexafluoro-2-butene-2,3-dithiolato (2-)-*S,S'*]-, (*OC*-6-11)-, [47784-50-9], 10:23,24,25

———, Chromate(2-), tris[1,1,1,4,4,4-hexafluoro-2-butene-2,3-dithiolato (2-)-*S,S'*]-, (*OC*-6-11)-, [47784-48-5], 10:23,24,25

———, Chromium, tris[1,1,1,4,4,4-hexafluoro-2-butene-2,3-dithiolato (2-)-*S,S'*]-, (*OC*-6-11)-, [18832-56-9], 10:23,24,25

$F_{18}DyN_6O_6P_9C_{72}H_{72}$, Dysprosium(3+), hexakis(*P,P*-diphenylphosphinic amide-*O*)-, (*OC*-6-11)-, tris[hexafluorophosphate(1-)], [59449-58-0], 23:180

$F_{18}ErN_6O_6P_9C_{72}H_{72}$, Erbium(3+), hexakis(*P,P*-diphenylphosphinic amide-*O*)-, (*OC*-6-11)-, tris[hexafluorophosphate(1-)], [59491-94-0], 23:180

$F_{18}EuN_6O_6P_9C_{72}H_{72}$, Europium(3+), hexakis(*P,P*-diphenylphosphinic amide-*O*)-, (*OC*-6-11)-, tris[hexafluorophosphate(1-)], [59449-55-7], 23:180

$F_{18}GdN_6O_6P_9C_{72}H_{72}$, Gadolinium(3+), hexakis(*P,P*-diphenylphosphinic amide-*O*)-, (*OC*-6-11)-, tris[hexafluorophosphate(1-)], [59449-56-8], 23:180

$F_{18}HoN_6O_6P_9C_{72}H_{72}$, Holmium(3+), hexakis(*P,P*-diphenylphosphinic amide-*O*)-, (*OC*-6-11)-, tris[hexafluorophosphate(1-)], [59449-59-1], 23:180

$F_{18}LaN_6O_6P_9C_{72}H_{72}$, Lanthanum(3+), hexakis(*P,P*-diphenylphosphinic amide-*O*)-, (*OC*-6-11)-, tris[hexafluorophosphate(1-)], [59449-50-2], 23:180

$F_{18}LuN_6O_6P_9C_{72}H_{72}$, Lutetium(3+), hexakis(*P,P*-diphenylphosphinic amide-*O*)-, (*OC*-6-11)-, tris[hexafluorophosphate(1-)], [59449-62-6], 23:180

$F_{18}MoS_6C_{12}$, Molybdate(1-), tris[1,1,1,4,4,4-hexafluoro-2-butene-2,3-dithiolato (2-)-*S,S'*]-, (*OC*-6-11)-, [47784-53-2], 10:22-24

———, Molybdate(2-), tris[1,1,1,4,4,4-hexafluoro-2-butene-2,3-dithiolato (2-)-*S,S'*]-, (*TP*-6-11'1")-, [47784-51-0], 10:22-24

———, Molybdenum, tris[1,1,1,4,4,4-hexafluoro-2-butene-2,3-dithiolato (2-)-*S,S'*]-, (*OC*-6-11)-, [1494-07-1], 10:22-24

$F_{18}N_6NdO_6P_9C_{72}H_{72}$, Neodymium(3+), hexakis(*P,P*-diphenylphosphinic amide-*O*)-, (*OC*-6-11)-, tris[hexafluorophosphate(1-)], [59449-53-5], 23:180

$F_{18}N_6O_6P_9PrC_{72}H_{72}$, Praseodymium(3+), hexakis(*P,P*-diphenylphosphinic amide-*O*)-, (*OC*-6-11)-, tris[hexafluorophosphate(1-)], [59449-52-4], 23:180

$F_{18}N_6O_6P_9SmC_{72}H_{72}$, Samarium(3+), hexakis(*P,P*-diphenylphosphinic amide-*O*)-, (*OC*-6-11)-, tris[hexafluorophosphate(1-)], [59449-54-6], 23:180

$F_{18}N_6O_6P_9TbC_{72}H_{72}$, Terbium(3+), hexakis(*P,P*-diphenylphosphinic amide-*O*)-, (*OC*-6-11)-, tris[hexafluorophosphate(1-)], [59449-57-9], 23:180

$F_{18}N_6O_6P_9TmC_{72}H_{72}$, Thulium(3+), hexakis(*P,P*-diphenylphosphinic amide-*O*)-, (*OC*-6-11)-, tris[hexafluorophosphate(1-)], [59449-60-4], 23:180

$F_{18}N_6O_6P_9YbC_{72}H_{72}$, Ytterbium(3+), hexakis(*P,P*-diphenylphosphinic amide-*O*)-, (*OC*-6-11)-, tris[hexafluorophosphate(1-)], [59449-61-5], 23:180

$F_{18}N_6P_3C_{26}H_{47}$, Phosphate(1-), hexafluoro-, hydrogen, compd. with 2,3,10,11,13,19-hexamethyl-3,10,14,18,21,25-hexaazabicyclo[10.7.7]hexacosa-1,11,13,18,20,25-hexaene (3:1), [76863-25-7], 27:269

$F_{18}N_6P_3C_{50}H_{55}$, 3,11,15,19,22,26-Hexaazatricyclo[11.7.7.$1^{5,9}$]octacosa-1,5,7,9(28),12,14,19,21,26-nonanene, 14,20-dimethyl-2,12-diphenyl-3,11-bis(phenylmethyl)-, tris[hexafluorophosphate(1-)], [132850-80-7], 27:278

$F_{18}S_6VC_{12}$, Vanadate(1-), tris[1,1,1,4,4,4-hexafluoro-2-butene-2,3-dithiolato (2-)-*S,S'*]-, (*OC*-6-11)-, [47784-56-5], 10:24,25

———, Vanadate(2-), tris[1,1,1,4,4,4-hexafluoro-2-butene-2,3-dithiolato (2-)-*S,S'*]-, (*OC*-6-11)-, [47784-55-4], 10:24,25

$F_{18}S_6WC_{12}$, Tungstate(1-), tris[1,1,1,4,4,4-hexafluoro-2-butene-2,3-dithiolato (2-)-*S,S'*]-, (*OC*-6-11)-, [47784-61-2], 10:23-25

———, Tungstate(2-), tris[1,1,1,4,4,4-hexafluoro-2-butene-2,3-dithiolato (2-)-*S,S'*]-, (*OC*-6-11)-, [47784-60-1], 10:23-25

———, Tungsten, tris[1,1,1,4,4,4-hexafluoro-2-butene-2,3-dithiolato(2-)-*S,S'*]-, (*OC*-6-11)-, [18832-57-0], 10:23-25

$F_{19}Cs_{200}N_{400}Pt_{100}C_{400}$, Platinate(2-), tetrakis(cyano-*C*)-, (*SP*-4-1)-, cesium fluoride (*SP*-4-1)-tetrakis(cyano-*C*) platinate(1-) (81:200:19:19), [151085-70-0], 20:29

$F_{20}Mo_4$, Molybdenum, tetra-μ-fluorohexadecafluorotetra-, [57327-37-4], 13:150

$F_{21}CrO_6C_{30}H_{30}$, Chromium, tris(6,6,7,7,8,8,8-heptafluoro-2,2-dimethyl-3,5-octanedionato-*O,O'*)-, [17966-86-8], 12:74

$F_{21}FeO_6C_{30}H_{30}$, Iron, tris(6,6,7,7,8,8,8-heptafluoro-2,2-dimethyl-3,5-octanedionato-*O,O'*)-, [30304-08-6], 12:72

$F_{21}GaO_6C_{30}H_{30}$, Gallium, tris(6,6,7,7,8,8,8-heptafluoro-2,2-dimethyl-3,5-octanedionato-*O,O'*)-, [30983-39-2], 12:74

$F_{21}InO_6C_{30}H_{30}$, Indium, tris(6,6,7,7,8,8,8-heptafluoro-2,2-dimethyl-3,5-octanedionato-*O,O'*)-, [30983-38-1], 12:74

$F_{21}MnO_6C_{30}H_{30}$, Manganese, tris (6,6,7,7,8,8,8-heptafluoro-2,2-dimethyl-3,5-octanedionato-*O,O'*)-, [30983-41-6], 12:74

$F_{21}O_6ScC_{30}H_{30}.NOC_3H_7$, Scandium, tris(6,6,7,7,8,8,8-heptafluoro-2,2-dimethyl-3,5-octanedionato-*O,O'*)-, compd. with *N,N*-dimethylformamide (1:1), [31126-00-8], 12:72-77

$F_{21}O_6ScC_{30}H_{30}$, Scandium, tris(6,6,7,7,8,8,8-heptafluoro-2,2-dimethyl-3,5-

octanedionato-*O,O'*)-, [18323-95-0], 12:74

$F_{21}O_6VC_{30}H_{30}$, Vanadium, tris(6,6,7,7, 8,8,8-heptafluoro-2,2-dimethyl-3,5-octanedionato-*O,O'*)-, [31183-12-7], 12:74

$F_{22}Hg_3Sb_4$, Antimonate(1-), μ-fluorodecafluorodi-, (trimercury)(2+) (2:1), [38832-79-0], 19:23

$F_{22}S_8Sb_4$, Antimonate(1-), μ-fluorodecafluorodi-, (octasulfur)(2+) (2:1), [33152-43-1], 15:216

$F_{22}Sb_4Se_4$, Antimonate(1-), μ-fluorodecafluorodi-, selenium ion (Se_4^{2+}) (2:1), [53513-63-6], 15:213

$F_{22}Sb_4Se_8$, Antimonate(1-), μ-fluorodecafluorodi-, (octaselenium)(2+) (2:1), [52374-79-5], 15:213

$F_{22}Sb_4Te_4$, Antimonate(1-), μ-fluorodecafluorodi-, (tetratellurium)(2+) (2:1), [12449-63-7], 15:213

$F_{30}As_4I_3S_{14}Sb_{3.2}AsF_3$, Iodine(3+), bis[μ-(heptasulfur)]tri-, tris[(*OC*-6-11)-hexafluoroantimonate(1-)], compd. with arsenous trifluoride (1:2), [73381-83-6], 27:335

$F_{36}As_6Br_4S_{32}$, Sulfur(1+), bromo (hexathio)-, (tetrasulfur)(2+) hexafluoroarsenate(1-) (4:1:6), [98650-11-4], 27:338

$F_{36}As_6I_4S_{32}$, Sulfur(1+), (hexathio)iodo-, (tetrasulfur)(2+) hexafluoroarsenate (1-) (4:1:6), [74823-90-8], 27:337

$F_{38}Cs_{100}N_{200}Pt_{50}C_{200}H_{19}$, Platinate(2-), tetrakis(cyano-*C*)-, (*SP*-4-1)-, cesium (hydrogen difluoride) (*SP*-4-1)-tetrakis(cyano-*C*)platinate(1-) (62:200:38:38), [151085-72-2], 20:28

$F_{38}N_{200}Pt_{50}Rb_{100}C_{200}H_{19}$, Platinate(2-), tetrakis(cyano-*C*)-, (*SP*-4-1)-, rubidium (hydrogen difluoride) (*SP*-4-1)-tetrakis(cyano-*C*)platinate (1-) (62:200:38:38), [151085-75-5], 20:25

$F_{46}Cs_{200}N_{400}Pt_{100}C_{400}H_{23}$, Platinate(2-), tetrakis(cyano-*C*)-, (*SP*-4-1)-, cesium (hydrogen difluoride) (*SP*-4-1)-tetrakis(cyano-*C*)platinate(1-) (77:200:23:23), [151085-71-1], 20:26

$F_{54}N_{1000}Pt_{100}C_{600}H_{1227}.xH_2O$, Platinate (2-), tetrakis(cyano-*C*)-, (*SP*-4-1)-, hydrogen (hydrogen difluoride) (*SP*-4-1)-tetrakis(cyano-*C*)platinate(1-), compd. with guanidine (73:200:27:27:200), hydrate, [152693-32-8], 21:146

$F_{58}N_{400}Pt_{100}Rb_{200}C_{400}H_{29}$, Platinate(2-), tetrakis(cyano-*C*)-, (*SP*-4-1)-, rubidium (hydrogen difluoride) *SP*-4-1)-tetrakis(cyano-*C*)platinate(1-) (71:200:29:29), [151085-74-4], 20:24

$F_{58}N_{400}Pt_{100}Rb_{200}C_{400}H_{29}.167H_2O$, Platinate(2-), tetrakis(cyano-*C*)-, (*SP*-4-1)-, rubidium (hydrogen difluoride) (*SP*-4-1)-tetrakis(cyano-*C*)platinate (1-) (71:200:29:29), heptahexacontahectahydrate, [151120-22-8], 20:24

$FeAgO_2$, Iron silver oxide ($FeAgO_2$), [12321-59-4], 14:139

$FeAgS_2$, Iron silver sulfide ($FeAgS_2$), [60861-26-9], 6:171

$FeAl_2Cl_8N_6C_{12}H_{18}$, Iron(2+), hexakis (acetonitrile)-, (*OC*-6-11)-, bis[(*T*-4)-tetrachloroaluminate(1-)], [21374-09-4], 29:116

$FeAsO_4C_{22}H_{15}$, Iron, tetracarbonyl (triphenylarsine)-, [14375-84-9], 8:187;26:61;28:171

$FeAs_2O_3C_{39}H_{30}$, Iron, tricarbonylbis (triphenylarsine)-, [14375-85-0], 8:187

$FeAuCo_3O_{12}PC_{30}H_{15}$, Iron, tricarbonyl(tri-μ-carbonylhexacarbonyltricobalt) [(triphenylphosphine)gold]-, (*3Au-Co*)(*3Co-Co*)(*3Co-Fe*), [79829-47-3], 27:188

$FeBF_4NO_2C_9H_8$, Iron(1+), (acetonitrile) dicarbonyl(η^5-2,4-cyclopentadien-1-yl)-, tetrafluoroborate(1-), [32824-71-8], 12:41

$FeBF_4O_2C_{11}H_{13}$, Iron(1+), dicarbonyl(η5-2,4-cyclopentadien-1-yl)[(1,2-η)-2-methyl-1-propene]-, tetrafluoroborate (1-), [41707-16-8], 24:166;28:210

$FeBNO_2C_{31}H_{28}$, Iron(1+), amminedicarbonyl(η5-2,4-cyclopentadien-1-yl)-, tetraphenylborate(1-), [12203-82-6], 12:37

$FeBN_2P_4C_{44}H_{69}$, Iron(1+), (dinitrogen)bis [1,2-ethanediylbis[diethylphosphine]-*P*,*P*']hydro-, (*OC*-6-11)-, tetraphenylborate(1-), [26061-40-5], 15:21

$FeBP_4C_{76}H_{69}$, Iron(1+), bis[1,2-ethanediylbis[diphenylphosphine]-*P*,*P*'] hydro-, (*SP*-5-21)-, tetraphenylborate (1-), [38928-62-0], 17:70

$FeB_2F_2N_6O_6C_{12}H_{18}$, Iron, [tris[μ-[(2,3-butanedione dioximato)(2-)-*O*:*O*']] difluorodiborato(2-)-*N*,*N*',*N*'',*N*''', *N*'''',*N*''''']-, (*TP*-6-11'1'')-, [39060-38-3], 17:142

$FeB_2F_2N_6O_6C_{18}H_{24}$, Iron, [tris[μ-[(1,2-cyclohexanedione dioximato)(2-)-*O*:*O*']]difluorodiborato(2-)-*N*,*N*',*N*'', *N*''',*N*'''',*N*''''']-, (*TP*-6-11'1'')-, [66060-48-8], 17:143

$FeB_2F_8N_{12}C_{12}H_{30}$, Iron(2+), tris(2,3-butanedione dihydrazone)-, (*OC*-6-11)-, bis[tetrafluoroborate(1-)], [151085-57-3], 20:88

$FeB_2F_8N_{12}C_{18}H_{30}$, Iron(2+), (5,6,14,15, 20,21-hexamethyl-1,3,4,7,8,10,12, 13,16,17,19,22-dodecaazatetracyclo [8.8.4.1^{3,17}.1^{8,12}]tetracosa-4,6,13,15, 19,21-hexaene-*N*^{4},*N*^{7},*N*^{13},*N*^{16},*N*^{19}, *N*^{22})-, (*TP*-6-111)-, bis[tetrafluoroborate(1-)], [151124-35-5], 20:88

$FeB_2N_6O_6C_{30}H_{34}$, Iron, [[1,2-cyclohexanedione *O*,*O*'-bis[[[[2-(hydroxyimino) cyclohexylidene]amino]oxy]phenylboryl]dioximato](2-)-*N*,*N*',*N*'',*N*''', *N*'''',*N*''''']-, (*OC*-6-11)-, [83356-87-0], 21:112

$FeB_2N_6O_8C_{18}H_{26}$, Iron, [tris[μ-[(1,2-cyclohexanedione dioximato)(2-)-*O*:*O*']]dihydroxydiborato(2-)-*N*,*N*',*N*'',*N*''',*N*'''',*N*''''']-, (*TP*-6-11'1'')-, [66060-49-9], 17:144

$FeB_2N_6O_8C_{20}H_{36}$, Iron, [tris[μ-[(2,3-butanedione dioximato)(2-)-*O*:*O*']] dibutoxydiborato(2-)-*N*,*N*',*N*'',*N*''', *N*'''',*N*''''']-, (*OC*-6-11)-, [39060-39-4], 17:144

$FeB_2N_6O_8C_{50}H_{48}$, Iron, [dibutoxytris[μ-[(diphenylethanedione dioximato)(2-)-*O*:*O*']]diborato(2-)-*N*,*N*',*N*'',*N*''', *N*'''',*N*''''']-, (*OC*-6-11)-, [66060-50-2], 17:145

$FeB_8C_{12}H_{30}$, Iron, bis[(2,3,4,5,6-η)-2,3-diethyl-1,4,5,6-tetrahydro-2,3-dicarbahexaborato(2-)]dihydro-, [83096-05-3], 22:215

$FeB_{18}C_4H_{22}$, Ferrate(1-), bis[(7,8,9,10,11-η)-undecahydro-7,8-dicarbaundecaborato(2-)]-, [65465-56-7], 10:111

———, Ferrate(2-), bis[(7,8,9,10,11-η)-undecahydro-7,8-dicarbaundecaborato(2-)]-, [51868-94-1], 10:113

$FeB_{18}C_8H_{30}$, Ferrate(1-), bis[(7,8,9,10,11-η)-1,2,3,4,5,6,9,10,11-nonahydro-7,8-dimethyl-7,8-dicarbaundecaborato (2-)]-, [11070-28-3], 10:111

$FeB_{18}C_{16}H_{30}$, Ferrate(1-), bis[(7,8,9, 10,11-η)-1,2,3,4,5,6,7,9,10,11-decahydro-8-phenyl-7,8-dicarbaundecaborato(2-)]-, [51868-93-0], 10:111

$FeB_{20}C_2H_{22}$, Ferrate(3-), bis[(7,8,9,10,11-η)-undecahydro-7-carbaundecaborato (2-)]-, [65392-01-0], 11:42

$FeB_{20}N_2C_2H_{26}$, Ferrate(1-), bis[(7,8,9,10, 11-η)-7-ammine-1,2,3,4,5,6,8,9,10,11-decahydro-7-carbaundecaborato(2-)]-, [150422-10-9], 11:42

FeBr, Iron bromide (FeBr), [12514-32-8], 14:102

$FeBrMgO_2P_2C_{39}H_{45}$, Magnesium, bromo [(η5-2,4-cyclopentadien-1-yl)[1,2-ethanediylbis[diphenylphosphine]-*P*,*P*']iron]bis(tetrahydrofuran)-, (*Fe-Mg*), [52649-44-2], 24:172

$FeBrN_8O_4C_{64}H_{64}$, Iron, bromo[[*N*,*N*',*N*'', *N*'''-(21*H*,23*H*-porphine-5,10,15,20-

tetrayltetra-2,1-phenylene)tetrakis[2,2-dimethylpropanamidato]](2-)-N^{21},N^{22},N^{23},N^{24}]-, (*SP*-5-12)-, [52215-70-0], 20:166

$FeBrO_2C_7H_5$, Iron, bromodicarbonyl(η^5-2,4-cyclopentadien-1-yl)-, [12078-20-5], 12:36

$FeBrP_2C_{31}H_{29}$, Iron, bromo(η^5-2,4-cyclopentadien-1-yl)[1,2-ethanediylbis[diphenylphosphine]-*P*,*P'*]-, [32843-50-8], 24:170

$FeBr_2H_{18}N_6$, Iron(2+), hexaammine-, dibromide, (*OC*-6-11)-, [13601-50-8], 4:161

$FeBr_4N_2C_{16}H_{40}$, Ethanaminium, *N*,*N*,*N*-triethyl-, (*T*-4)-tetrabromoferrate(2-) (2:1), [14768-36-6], 9:138

$FeC_{10}H_{10}$, Ferrocene, [102-54-5], 6:11,15

———, Ferrocene-^{55}*Fe*, [94387-53-8], 7:201,202

———, Ferrocene-^{59}*Fe*, [12261-19-7], 7:201,202

$FeC_{16}H_{16}$, Iron, [(1,2,3,4-η)-1,3,5,7-cyclooctatetraene][(1,2,3,4,5,6-η)-1,3,5,7-cyclooctatetraene]-, [12184-52-0], 15:2

$FeClF_2O_4PC_4$, Iron, tetracarbonyl(phosphorous chloride difluoride)-, [60182-92-5], 16:66

$FeClNOC_5H_5$, Iron chloride oxide (FeClO), compd. with pyridine (1:1), [158188-73-9], 30:182

$FeClN_4C_{36}H_{44}$, Iron, chloro[2,3,7,8,12,13,17,18-octaethyl-21*H*,23*H*-porphinato (2-)-N^{21},N^{22},N^{23},N^{24}]-, (*SP*-5-12)-, [28755-93-3], 20:151

$FeClN_4O_4C_{34}H_{36}$, Ferrate(2-), chloro [7,12-diethyl-3,8,13,17-tetramethyl-21*H*,23*H*-porphine-2,18-dipropanoato (4-)-N^{21},N^{22},N^{23},N^{24}]-, dihydrogen, (*SP*-5-13)-, [21007-37-4], 20:152

$FeClN_4O_4C_{36}H_{36}$, Iron, chloro[dimethyl 7,12-diethenyl-3,8,13,17-tetramethyl-21*H*,23*H*-porphine-2,18-dipropanoato(2-)-N^{21},N^{22},N^{23},N^{24}]-, (*SP*-5-13)-, [15741-03-4], 20:148

$FeClN_4O_6C_{36}H_{40}$, Iron, chloro[dimethyl 7,12-bis(1-hydroxyethyl)-3,8,13,17-tetramethyl-21*H*,23*H*-porphine-2,18-dipropanoato(2-)-N^{21},N^{22},N^{23},N^{24}]-, (*SP*-5-13)-, [16591-59-6], 16:216

$FeClO_2C_7H_5$, Iron, dicarbonylchloro(η^5-2,4-cyclopentadien-1-yl)-, [12107-04-9], 12:36

$FeClO_4C_{10}H_{10}$, Ferrocenium-^{55}*Fe*, perchlorate, [94351-83-4], 7:203,205

———, Ferrocenium-^{59}*Fe*, perchlorate, [94351-81-2], 7:203,205

$FeClP_4C_{20}H_{49}$, Iron, chlorobis[1,2-ethanediylbis[diethylphosphine]-*P*,*P'*]hydro-, (*OC*-6-32)-, [22763-25-3], 15:21

$FeClP_4C_{52}H_{49}$, Iron, chlorobis[1,2-ethanediylbis[diphenylphosphine]-*P*,*P'*]hydro-, [32490-70-3], 17:69

$FeCl_2N_4C_{20}H_{20}$, Iron(2+), tetrakis (pyridine)-, dichloride, [152782-80-4], 1:184

$FeCl_2P_2C_6H_{18}$, Iron, dichlorobis(trimethylphosphine)-, (*T*-4)-, [55853-16-2], 20:70

$FeCl_2P_4C_{20}H_{48}$, Iron, dichlorobis[1,2-ethanediylbis[diethylphosphine]-*P*,*P'*]-, (*OC*-6-22)-, [123931-96-4], 15:21

$FeCl_2$, Iron chloride ($FeCl_2$), [7758-94-3], 6:172;14:102

$FeCl_2.H_2O$, Iron chloride ($FeCl_2$), monohydrate, [20049-66-5], 5:181;10:112

$FeCl_{2.2}H_2O$, Iron chloride ($FeCl_2$), dihydrate, [16399-77-2], 5:179

$FeCl_3$, Iron chloride ($FeCl_3$), [7705-08-0], 3:190;4:124;5:24,154

$FeCl_4$, Ferrate(1-), tetrachloro-, (*T*-4)-, [14946-92-0], 15:231

$FeCl_4N_2C_{16}H_{40}$, Ethanaminium, *N*,*N*,*N*-triethyl-, (*T*-4)-tetrachloroferrate(2-) (2:1), [15050-84-7], 9:138

$FeCl_4N_5S_5$, Ferrate(1-), tetrachloro-, (*T*-4)-, pentathiazyl, [36509-71-4], 17:190

$FeCl_4O_6SiC_{15}H_{21}$, Silicon(1+), tris(2,4-pentanedionato-*O,O'*)-, (*OC*-6-11)-, (*T*-4)-tetrachloroferrate(1-), [17348-25-3], 7:32

$FeCl_4O_6TiC_{15}H_{21}$, Titanium(1+), tris(2,4-pentanedionato-*O,O'*)-, tetrachloroferrate(1-), [17409-56-2], 2:120

$FeCl_6CoH_{18}N_6$, Cobalt(3+), hexaammine-, (*OC*-6-11)-, (*OC*-6-11)-hexachloroferrate(3-) (1:1), [15928-89-9], 11:48

$FeCl_6CoN_6C_9H_{30}$, Cobalt(3+), tris(1,2-propanediamine-*N,N'*)-, (*OC*-6-11)-hexachloroferrate(3-) (1:1), [20519-29-3], 11:49

$FeCl_9OC_{20}H_{12}$, Perylene, compd. with iron chloride oxide (FeClO) (1:9), [125641-50-1], 30:179

$FeCo_2O_9PC_{15}H_5$, Iron, tricarbonyl (hexacarbonyldicobalt)[μ$_3$-(phenylphosphinidene)]-, (*Co-Co*)(2*Co-Fe*), [69569-55-7], 26:353

$FeCo_2O_9SC_9$, Iron, tricarbonyl(hexacarbonyldicobalt)-μ$_3$-thioxo-, (*Co-Co*)(2*Co-Fe*), [22364-22-3], 26:245,352

$FeCo_3O_{12}NC_{20}H_{20}$, Ethanaminium, *N,N,N*-triethyl-, tricarbonyl(tri-μ-carbonylhexacarbonyltricobaltate) ferrate(1-) (3*Co-Co*)(3*Co-Fe*), [53509-36-7], 27:188

$FeCrNO_9P_2C_{45}H_{31}$, Phosphorus(1+), triphenyl(*P,P,P*-triphenylphosphine imidato-*N*)-, (*T*-4)-, stereoisomer of pentacarbonyl(tetracarbonylhydroferrate)chromate(1-) (*Cr-Fe*), [101420-33-1], 26:338

$FeCrN_2O_9P_4C_{81}H_{60}$, Phosphorus(1+), triphenyl(*P,P,P*-triphenylphosphine imidato-*N*)-, (*T*-4)-, stereoisomer of pentacarbonyl(tetracarbonylferrate) chromate(2-) (*Cr-Fe*) (2:1), [101540-70-9], 26:339

FeFO, Iron fluoride oxide (FeFO), [13824-62-9], 14:124

$FeF_2NO_4PC_8H_{10}$, Iron, tetracarbonyl (diethylphosphoramidous difluoride-*P*)-, [60182-91-4], 16:64

$FeF_3O_4PC_4$, Iron, tetracarbonyl(phosphorous trifluoride)-, [16388-47-9], 16:67

$FeF_3O_5S_2C_8H_5$, Iron(1+), (carbonothioyl) dicarbonyl(η^5-2,4-cyclopentadien-1-yl)-, salt with trifluoromethanesulfonic acid (1:1), [60817-01-8], 28:186

$FeF_3O_6SC_9H_5$, Iron(1+), tricarbonyl(η^5-2,4-cyclopentadien-1-yl)-, salt with trifluoromethanesulfonic acid (1:1), [76136-47-5], 24:161

$FeF_6MoO_5P_2C_{34}H_{28}$, Molybdenum(1+), [μ-(acetyl-*C:O*)]tricarbonyl [carbonyl(η^5-2,4-cyclopentadien-1-yl) (triphenylphosphine)iron](η^5-2,4-cyclopentadien-1-yl)-, hexafluorophosphate(1-), [81133-03-1], 26:241

$FeF_6MoO_6PC_{17}H_{13}$, Molybdenum(1+), [μ-(acetyl-*C:O*)]tricarbonyl(η^5-2,4-cyclopentadien-1-yl)[dicarbonyl(η^5-2,4-cyclopentadien-1-yl)iron]-, hexafluorophosphate(1-), [81133-01-9], 26:239

$FeF_6N_6O_6S_2C_{22}H_{38}$, Iron(2+), bis (acetonitrile)(5,7,7,12,14,14-hexamethyl-1,4,8,11-tetraazacyclotetradeca-4,11-diene-N^1,N^4,N^8,N^{11})-, (*OC*-6-12)-, salt with trifluoromethanesulfonic acid (1:2), [57139-47-6], 18:6

$FeF_6N_6O_6S_2C_{22}H_{42}$, Iron(2+), bis(acetonitrile)(5,5,7,12,12,14-hexamethyl-1,4,8,11-tetraazacyclotetradecane-N^1,N^4,N^8,N^{11})-, [*OC*-6-13-(*R**,*S**)]-, salt with trifluoromethanesulfonic acid (1:2), [67143-08-2], 18:15

$FeF_6O_2PC_{13}H_{15}$, Iron(1+), dicarbonyl [(1,2-η)-cyclohexene](η^5-2,4-cyclopentadien-1-yl)-, hexafluorophosphate(1-), [12085-92-6], 12:38

$FeF_6O_2pSC_8H_5$, Iron(1+), (carbonothioyl) dicarbonyl(η^5-2,4-cyclopentadien-1-

yl)-, hexafluorophosphate(1-), [33154-56-2], 17:100

$FeF_6O_3PC_{11}H_{13}$, Iron(1+), dicarbonyl (η^5-2,4-cyclopentadien-1-yl) (tetrahydrofuran)-, hexafluorophosphate(1-), [72303-22-1], 26:232

$FeF_{12}N_6P_2C_{28}H_{34}$, Iron(2+), bis(acetonitrile)(2,9-dimethyl-3,10-diphenyl-1,4,8,11-tetraazacyclotetradeca-1,3,8,10-tetraene-N^1,N^4,N^8,N^{11})-, (*OC*-6-12)-, bis[hexafluorophosphate(1-)], [70369-01-6], 22:108

$FeF_{12}N_6P_2C_{50}H_{52}$, Iron(2+), [14,20-dimethyl-2,12-diphenyl-3,11-bis (phenylmethyl)-3,11,15,19,22,26-hexaazatricyclo[11.7.7.$1^{5,9}$]octacosa-1,5,7,9(28),12,14,19,21,26-nonaene-$N^{15},N^{19},N^{22},N^{26}$]-, (*SP*-4-2)-, bis[hexafluorophosphate(1-)], [153019-55-7], 27:280

$FeF_{12}S_4C_8$, Ferrate(1-), bis[1,1,1,4,4,4-hexafluoro-2-butene-2,3-dithiolato (2-)-*S,S'*]-, [47421-85-2], 10:9

$FeF_{21}O_6C_{30}H_{30}$, Iron, tris(6,6,7,7,8,8,8-heptafluoro-2,2-dimethyl-3,5-octanedionato-*O,O'*)-, [30304-08-6], 12:72

$FeGeO_2C_{10}H_{14}$, Iron, dicarbonyl(η^5-2,4-cyclopentadien-1-yl)(trimethylgermyl)-, [32054-63-0], 12:64,65

$FeH_{1.94}Ti$, Iron titanium hydride ($FeTiH_{1.94}$), [153608-96-9], 22:90

$FeH_3Na_3O_3S$, Ferrate(3-), trihydroxythioxo-, trisodium, [149165-87-7], 6:170

$FeIN_2O_2$, Iron, iododinitrosyl-, [67486-38-8], 14:82

$FeIO_2C_7H_5$, Iron, dicarbonyl(η^5-2,4-cyclopentadien-1-yl)iodo-, [12078-28-3], 7:110;12:36

FeI_2, Iron iodide (FeI_2), [7783-86-0], 14:102,104

FeI_4, Ferrate(1-), tetraiodo-, (*T*-4)-, [44006-51-1], 15:233

$FeI_5O_2P_2C_{38}H_{30}$, Iron, dicarbonyl (pentaiodide-I^1,I^5)bis(triphenylphosphine)-, [148898-71-9], 8:190

$FeKO_4C_4H$, Ferrate(1-), tetracarbonylhydro-, potassium, (*TB*-5-12)-, [17857-24-8], 29:152

$FeKS_2$, Ferrate(1-), dithioxo-, potassium, [12022-42-3], 6:170;30:92

$FeKSe_2$, Ferrate(1-), diselenoxo-, potassium, [12265-84-8], 30:93

$FeK_2O_4C_4$, Ferrate(2-), tetracarbonyl-, dipotassium, (*T*-4)-, [16182-63-1], 2:244

FeK_2O_4, Ferrate (FeO_4^{2-}), dipotassium, (*T*-4)-, [13718-66-6], 4:164

$FeK_3O_{12}C_{6.3}H_2O$, Ferrate(3-), tris[ethanedioato(2-)-*O,O'*]-, tripotassium, trihydrate, (*OC*-6-11)-, [5936-11-8], 1:36

$FeMoNO_9P_2C_{45}H_{31}$, Phosphorus(1+), triphenyl(*P,P,P*-triphenylphosphine imidato-*N*)-, (*T*-4)-, stereoisomer of pentacarbonyl-μ-hydro(tetracarbonylferrate)molybdate(1-), [88326-13-0], 26:338

$FeMoN_2O_9P_4C_{81}H_{60}$, Phosphorus(1+), triphenyl(*P,P,P*-triphenylphosphine imidato-*N*)-, (*T*-4)-, stereoisomer of pentacarbonyl(tetracarbonylferrate) molybdate(2-) (*Fe-Mo*) (2:1), [130638-17-4], 26:339

$FeNO_4C_{13}H_9$, Iron, tetracarbonyl(2-isocyano-1,3-dimethylbenzene)-, (*TB*-5-12)-, [63866-73-9], 26:53; 28:180

$FeNO_4P_2C_{40}H_{31}$, Phosphorus(1+), triphenyl(*P,P,P*-triphenylphosphine imidato-*N*)-, (*T*-4)-, (*TB*-5-12)-tetracarbonylhydroferrate(1-), [56791-54-9], 26:336

$FeNO_9P_2WC_{45}H_{31}$, Phosphorus(1+), triphenyl(*P,P,P*-triphenylphosphine imidato-*N*)-, (*T*-4)-, stereoisomer of pentacarbonyl-μ-hydro(tetracarbonylferrate)tungstate(1-), [88326-15-2], 26:336

$FeNO_{13}P_2Ru_3C_{49}H_{31}$, Phosphorus(1+), triphenyl(*P,P,P*-triphenylphosphine imidato-*N*)-, (*T*-4)-, di-μ-carbonyl-nonacarbonyl(dicarbonylferrate)-μ-hydrotriruthenate(1-) (3*Fe-Ru*)(3*Ru-Ru*), [78571-90-1], 21:60

$FeN_2O_3C_{21}H_{18}$, Iron, tricarbonylbis(2-isocyano-1,3-dimethylbenzene)-, (*TB*-5-22)-, [75517-50-9], 28:181

$FeN_2O_4P_2C_{39}H_{30}$, Phosphorus(1+), triphenyl(*P,P,P*-triphenylphosphine imidato-*N*)-, (*T*-4)-, (*T*-4)-tricarbonyl-nitrosylferrate(1-), [61003-17-6], 22:163,165

$FeN_2O_9C_{10}H_{15}.H_2O$, Ferrate(1-), aqua[[*N,N'*-1,2-ethanediylbis[*N*-(carboxymethyl)glycinato]](4-)-*N,N',O,O',O^N,O^{N'}*]-, hydrogen, monohydrate, (*PB*-7-11'-121'3'3)-, [103130-21-8], 24:207

$FeN_2O_9P_4WC_{81}H_{60}$, Phosphorus(1+), triphenyl(*P,P,P*-triphenylphosphine imidato-*N*)-, (*T*-4)-, stereoisomer of pentacarbonyl(tetracarbonylferrate) tungstate(2-) (*Fe-W*) (2:1), [99604-07-6], 26:339

$FeN_2O_{10}S_2C_{14}H_{16}.2H_2O$, Iron, tetraaqua-bis(1,2-benzisothiazol-3(2*H*)-one 1,1-dioxidato-N^2)-, dihydrate, [81780-36-1], 23:49

$FeN_3OS_4C_{10}H_{20}$, Iron, bis(diethylcar-bamodithioato-*S,S'*)nitrosyl-, [14239-50-0], 16:5

$FeN_3O_2C_{29}H_{27}$, Iron, dicarbonyltris(2-isocyano-1,3-dimethylbenzene)-, [75517-51-0], 26:56;28:182

$FeN_3Si_6C_{18}H_{57}$, Silanamine, 1,1,1-trimethyl-*N*-(trimethylsilyl)-, iron(3+) salt, [22999-67-3], 18:18

$FeN_4Na_2O_8C_{10}H_{12}.2H_2O$, Ferrate(2-), (dinitrogen)[[*N,N'*-1,2-ethanediylbis [*N*-(carboxymethyl)glycinato]](4-)-*N,N',O,O',O^N*]-, disodium dihydrate, [91185-44-3], 24:208

$FeN_4Na_2O_8C_{14}H_{18}.2H_2O$, Ferrate(2-), [[*N,N'*-1,2-cyclohexanediylbis[*N*-(carboxymethyl)glycinato]](4-)-*N,N',O,O',O^N*](dinitrogen)-, disodium, dihydrate, [91171-69-6], 24:210

$FeN_4OC_{37}H_{36}$, Iron, carbonyltetrakis(2-isocyano-1,3-dimethylbenzene)-, [75517-52-1], 26:57;28:183

$FeN_4S_4C_8$, Ferrate(1-), bis[2,3-dimer-capto-2-butenedinitrilato(2-)-*S,S'*]-, [14874-43-2], 10:9

$FeN_5C_{45}H_{45}$, Iron, pentakis(2-isocyano-1,3-dimethylbenzene)-, (*TB*-5-11)-, [71895-18-6], 26:57;28:184

$FeN_6C_{22}H_{16}.3H_2O$, Iron, bis(2,2'-bipyridine-*N,N'*)bis(cyano-*C*)-, trihy-drate, [15603-10-8], 12:247,249

$FeN_6C_{26}H_{16}.2H_2O$, Iron, bis(cyano-*C*)bis(1,10-phenanthroline-N^1,N^{10})-, dihydrate, [23425-29-8], 12:247

$FeN_6S_2C_{22}H_{20}$, Iron, tetrakis(pyridine) bis(thiocyanato-*N*)-, [15154-78-6], 12:251,253

$FeN_6SmC_6.4H_2O$, Ferrate(3-), hexakis (cyano-*C*)-, samarium(3+) (1:1), tetrahydrate, (*OC*-6-11)-, [57430-99-6], 20:13

$FeN_8C_{32}H_{16}$, Iron, [29*H*,31*H*-phthalocyan-inato(2-)-$N^{29},N^{30},N^{31},N^{32}$]-, (*SP*-4-1)-, [132-16-1], 20:159

$FeN_8OP_2C_{41}H_{34}$, Phosphorus(1+), amidot-riphenyl-, pentakis(cyano-*C*)nitrosyl-ferrare(2-) (2:1), [107780-92-7], 7:69

$(FeN_8S_2C_6H_6)_x$, Iron, bis(thiocyanato-*N*) bis(1*H*-1,2,4-triazole)-, homopolymer, [63654-19-3], 23:185

$FeN_{10}O_6C_{68}H_{70}$, Iron, (1-methyl-1*H*-imidazole-N^3)[[*N,N',N'',N'''*-(21*H*,23*H*-porphine-5,10,15,20-tetrayltetra-2,1-phenylene)tetrakis[2,2-dimethylpro-panamidato]](2-)-$N^{21},N^{22},N^{23},N^{24}$] superoxido-, (*OC*-6-23)-, [55449-22-4], 20:168

$FeN_{12}O_4C_{72}H_{76}$, Iron, bis(1-methyl-1*H*-imidazole-N^3)[[*N,N',N'',N'''*-(21*H*,23*H*-

porphine-5,10,15,20-tetrayltetra-2,1-phenylene)tetrakis[2,2-dimethylpropanamidato]](2-)-*N*[21],*N*[22],*N*[23],*N*[24]]-, stereoisomer, [75557-96-9], 20:167

$FeNaO_2C_7H_5$, Ferrate(1-), dicarbonyl(η^5-2,4-cyclopentadien-1-yl)-, sodium, [12152-20-4], 7:112

$FeNa_2O_4C_4$, Ferrate(2-), tetracarbonyl-, disodium, (*T*-4)-, [14878-31-0], 7:197;24:157;28:203

FeO_2, Iron oxide (FeO_2), [12411-15-3], 22:43

FeO_2CH_3, Iron, methoxyoxo-, [59473-94-8], 22:87;30:182

$FeO_2C_{11}H_{12}$, Iron, dicarbonyl(η^5-2,4-cyclopentadien-1-yl)(2-methyl-1-propenyl)-, [111101-50-9], 24:164;28:208

$FeO_2P_4C_{13}H_{36}$, Iron, [(*C*,*O*-η)-carbon dioxide]tetrakis(trimethylphosphine)-, stereoisomer, [63835-24-5], 20:73

$FeO_2S_2C_9H_8$, Iron, dicarbonyl(η^5-2,4-cyclopentadien-1-yl)[(methylthio)thioxomethyl]-, [59654-63-6], 28:186

$FeO_3C_9H_8$, Iron, acetyldicarbonyl(η^5-2,4-cyclopentadien-1-yl)-, [12108-22-4], 26:239

$FeO_3C_{11}H_8$, Iron, tricarbonyl[(1,2,3,4-η)-1,3,5,7-cyclooctatetraene]-, [12093-05-9], 8:184

$FeO_3C_{11}H_9$, Iron(1+), [(2,3,4,5,6-η)-bicyclo[5.1.0]octadienylium]tricarbonyl-, [32798-89-3], 8:185

$FeO_3PC_{21}H_{15}$, Iron, tricarbonyl(triphenylphosphine)-, [70460-14-9], 8:186

$FeO_3P_2C_9H_{18}$, Iron, tricarbonylbis(trimethylphosphine)-, [25921-55-5], 25:155;28:177

$FeO_3P_2C_{27}H_{54}$, Iron, tricarbonylbis(tributylphosphine)-, [23540-33-2], 25:155;28:177;29:153

———, Iron, tricarbonylbis(tributylphosphine)-, (*TB*-5-11)-, [49655-14-3], 29:153

$FeO_3P_2C_{39}H_{30}$, Iron, tricarbonylbis(triphenylphosphine)-, [14741-34-5], 8:186;25:154;28:176

———, Iron, tricarbonylbis(triphenylphosphine)-, (*TB*-5-11)-, [21255-52-7], 29:153

$FeO_3P_2C_{39}H_{66}$, Iron, tricarbonylbis(tricyclohexylphosphine)-, [25921-51-1], 25:154;28:176;29:154

$FeO_3P_5C_{55}H_{57}$, Iron, bis[1,2-ethanediylbis[diphenylphosphine]-*P*,*P'*](trimethyl phosphite-*P*)-, (*TB*-5-12)-, [62613-13-2], 21:93

$FeO_3Sb_2C_{39}H_{30}$, Iron, tricarbonylbis(triphenylstibine)-, [14375-86-1], 8:188

$FeO_4C_4H_2$, Iron, tetracarbonyldihydro-, [12002-28-7], 2:243

$FeO_4C_2H_2.2H_2O$, Formic acid, iron(2+) salt, dihydrate, [13266-73-4], 4:159

$FeO_4C_{13}H_{10}$, Iron, tricarbonyl[(*O*,2,3,4-η)-4-phenyl-3-buten-2-one]-, [38333-35-6], 16:104;28:52

$FeO_4PC_{12}H_{11}$, Iron, tetracarbonyl(dimethylphenylphosphine)-, [37410-37-0], 26:61;28:171

$FeO_4PC_{16}H_{27}$, Iron, tetracarbonyl(tributylphosphine)-, (*TB*-5-12)-, [18474-82-3], 26:61;28:171

———, Iron, tetracarbonyl[tris(1,1-dimethylethyl)phosphine]-, [60134-68-1], 28:177

———, Iron, tetracarbonyl[tris(1,1-dimethylethyl)phosphine]-, (*TB*-5-22)-, [31945-67-2], 25:155

$FeO_4PC_{17}H_{13}$, Iron, tetracarbonyl(methyldiphenylphosphine)-, [37410-36-9], 26:61;28:171

$FeO_4PC_{22}H_{15}$, Iron, tetracarbonyl(triphenylphosphine)-, [14649-69-5], 8:186;26:61;28:170

$FeO_4PC_{22}H_{33}$, Iron, tetracarbonyl(tricyclohexylphosphine)-, (*TB*-5-12)-, [18474-81-2], 26:61;28:171

$FeO_4P_2C_{36}H_{38}$, Iron, [1,2-ethanediylbis [diphenylphosphine]-*P,P'*]bis(2,4-pentanedionato-*O,O'*)-, (*OC*-6-22)-, [61827-21-2], 21:94

$FeO_4SbC_{22}H_{15}$, Iron, tetracarbonyl(triphenylstibine)-, [20516-78-3], 8:188;26:61;28:171

FeO_5C_5, Iron carbonyl (Fe(CO)$_5$), (*TB*-5-11)-, [13463-40-6], 29:151

$FeO_6C_{15}H_{21}$, Iron, tris(2,4-pentanedionato-*O,O'*)-, (*OC*-6-11)-, [14024-18-1], 15:2

$FeO_7PC_7H_9$, Iron, tetracarbonyl(trimethyl phosphite-*P*)-, [14878-71-8], 26:61;28:171

$FeO_7PC_{10}H_{15}$, Iron, tetracarbonyl(triethyl phosphite-*P*)-, [21494-36-0], 26:61;28:171

$FeO_7PC_{22}H_{15}$, Iron, tetracarbonyl (triphenyl phosphite-*P*)-, [18475-06-4], 26:61;28:171

$FeO_8P_2C_8H_{20}$, Iron, dicarbonyldihydrobis (trimethylphosphite-*P*)-, (*OC*-6-13)-, [77482-07-6], 29:158

$FeO_8P_2C_{14}H_{32}$, Iron, dicarbonyldihydrobis (triethylphosphite-*P*)-, (*OC*-6-13)-, [129314-82-5], 29:159

$FeO_8P_2C_{38}H_{32}$, Iron, dicarbonyldihydrobis (triphenylphosphite-*P*)-, (*OC*-6-13)-, [72573-42-3], 29:159

$FeO_8P_4C_{40}H_{62}$, Iron, tetrakis(diethylphenylphosphonite-*P*)dihydro-, [28755-83-1], 13:119

$FeO_{13}Os_3C_{13}H_2$, Osmium, di-μ-carbonylnonacarbonyl(dicarbonyliron)di-μ-hydrotri-, (3*Fe-Os*)(3*Os-Os*), [12563-74-5], 21:63

$FeO_{13}Ru_3C_{13}H_2$, Ruthenium, tridecacarbonyldihydroirontri-, [12375-24-5], 21:58

$FeO_{15}P_5C_{15}H_{45}$, Iron, pentakis(trimethyl phosphite-*P*)-, [55102-04-0], 20:79

FeP, Iron phosphide (FeP), [26508-33-8], 14:176

$FeP_2S_4C_{72}H_{60}$, Phosphonium, tetraphenyl-, (*T*-4)-tetrakis(benzenethiolato)ferrate (2-) (2:1), [57763-34-5], 21:24

$FeP_4C_{12}H_{36}$, Iron, [(dimethylphosphino) methyl-*C,P*]hydrotris(trimethylphosphine)-, [55853-15-1], 20:71

———, Iron, tetrakis(trimethylphosphine)-, [63835-22-3], 20:71

$FeP_4C_{52}H_{48}$, Iron, [2-[[2-(diphenylphosphino)ethyl]phenylphosphino]phenyl-*C,P,P'*][1,2-ethanediylbis[diphenylphosphine]-*P,P'*]hydro-, [19392-92-8], 21:92

$FeP_4C_{52}H_{49}$, Iron, bis[1,2-ethanediylbis [diphenylphosphine]-*P,P'*]hydro-, [41021-83-4], 17:71

$FeP_4C_{52}H_{50}$, Iron, bis[1,2-ethanediylbis [diphenylphosphine]-*P,P'*]dihydro-, (*OC*-6-21)-, [32490-69-0], 15:39

$FeP_4C_{54}H_{52}$, Iron, bis[1,2-ethanediylbis [diphenylphosphine]-*P,P'*](η^2-ethene)-, [36222-39-6], 21:91

$Fe_2BClF_4O_4C_{14}H_{10}$, Iron(1+), tetracarbonyl-μ-chlorobis(η^5-2,4-cyclopentadien-1-yl)di-, tetrafluoroborate(1-), [12212-36-1], 12:40

$Fe_2B_2O_6C_6H_6$, Iron, hexacarbonyl[μ-[(1,2-η:1,2-η)-hexahydrodiborato(2-)-H^1:H^1,H^2]]di-, (*Fe-Fe*), [67517-57-1], 29:269

Fe_2CoO_4, Cobalt iron oxide ($CoFe_2O_4$), [12052-28-7], 9:154

$Fe_2F_6O_4P_2C_{33}H_{28}$, Iron(1+), [μ-(acetyl-*C:O*)]tricarbonylbis(η^5-2,4-cyclopentadien-1-yl)(triphenylphosphine)di-, hexafluorophosphate(1-), [81132-99-2], 26:237

$Fe_2F_6O_5PC_{16}H_{13}$, Iron(1+), [μ-(acetyl-*C:O*)]tetracarbonylbis(η^5-2,4-cyclopentadien-1-yl)di-, hexafluorophosphate(1-), [81141-29-9], 26:235

$Fe_2F_{12}N_2P_2S_2C_{18}H_{26}$, Iron(2+), bis (acetonitrile)bis(η^5-2,4-cyclopentadien-1-yl)bis[μ-(ethanethiolato)]di-, (*Fe-Fe*), bis[hexafluorophosphate(1-)], [64743-11-9], 21:39

$Fe_2K_2S_3$, Iron potassium sulfide ($Fe_2K_2S_3$), [149337-97-3], 6:171

Fe_2MgO_4, Iron magnesium oxide (Fe_2MgO_4), [12068-86-9], 9:153

$Fe_2MgO_6C_{22}H_{26}$, Magnesium(2+), bis(tetrahydrofuran)-, bis[dicarbonyl (η^5-2,4-cyclopentadien-1-yl)ferrate (1-)], [62402-59-9], 16:56

Fe_2MnO_4, Iron manganese oxide (Fe_2MnO_4), [12063-10-4], 9:154

$Fe_2N_8PS_8C_{64}H_{40}$, Phosphonium, tetraphenyl-, bis[μ-[2,3-dimercapto-2-butenedinitrilato(2-)-*S*:*S*,*S*']]bis[2,3-dimercapto-2-butenedinitrilato(2-)-*S*,*S*']diferrate(2-) (2:1), [151183-11-8], 13:193

$Fe_2N_{10}S_8C_{32}H_{40}$, Ethanaminium, *N*,*N*,*N*-triethyl-, bis[μ-[2,3-dimercapto-2-butenedinitrilato(2-)-*S*:*S*,*S*']]bis[2,3-dimercapto-2-butenedinitrilato(2-)-*S*,*S*']diferrate(2-) (2:1), [22918-56-5], 13:192

$Fe_2N_{10}S_8C_{48}H_{72}$, 1-Butanaminium, *N*,*N*,*N*-tributyl-, bis[μ-[2,3-dimercapto-2-butenedinitrilato(2-)-*S*:*S*,*S*']]bis[2,3-dimercapto-2-butenedinitrilato(2-)-*S*,*S*']diferrate(2-) (2:1), [20559-29-9], 13:193

$Fe_2Na_2O_8C_8$, Ferrate(2-), octacarbonyldi-, (*Fe-Fe*), disodium, [64913-30-0], 24:157;28:203

Fe_2NiO_4, Iron nickel oxide (Fe_2NiO_4), [12168-54-6], 9:154;11:11

$Fe_2O_2P_2S_6C_{72}H_{24}$, Phosphonium, tetraphenyl-, tetrakis(benzenethiolato)di-μ-thioxodiferrate(2-) (2:1), [84032-42-8], 21:26

Fe_2O_3, Iron oxide (Fe_2O_3), [1309-37-1], 1:185

$Fe_2O_3.H_2O$, Iron oxide (Fe_2O_3), monohydrate, [12168-55-7], 2:215

$Fe_2O_4C_2H_4$, Iron, [μ-[1,2-ethanediolato (2-)-*O*:*O*']]dioxodi-, [71411-55-7], 22:88;30:183

$Fe_2O_4C_{14}H_{10}$, Iron, di-μ-carbonyldicarbonylbis(η^5-2,4-cyclopentadien-1-yl)di-, (*Fe-Fe*), [12154-95-9], 7:110;12:36

Fe_2O_4Zn, Iron zinc oxide (Fe_2ZnO_4), [12063-19-3], 9:154

$Fe_2O_6C_{14}H_8$, Iron, hexacarbonyl[μ-[(1,2,3,4-η:5,6,7,8-η)-1,3,5,7-cyclooctatetraene]]di-, [36561-99-6], 8:184

$Fe_2O_7C_{15}H_8$, Iron, μ-carbonylhexacarbonyl[μ-[(1,2,3,4-η:5,6,7,8-η)-1,3,5,7-cyclooctatetraene]]di-, [36548-54-6], 8:184

$Fe_2O_9C_9$, Iron, tri-μ-carbonylhexacarbonyldi-, (*Fe-Fe*), [15321-51-4], 8:178

$Fe_2S_4C_{14}H_{20}$, Iron, bis(η^5-2,4-cyclopentadien-1-yl)[μ-(disulfur-*S*:*S*')]bis[μ-(ethanethiolato)]di-, [39796-99-1], 21:40,41

$Fe_{2.65}O_4Zn_{0.35}$, Iron zinc oxide ($Fe_{2.65}Zn_{0.35}O_4$), [158188-75-1], 30:127

$Fe_{2.9}O_4Zn_{0.1}$, Iron zinc oxide ($Fe_{2.9}Zn_{0.1}O_4$), [116392-27-9], 30:127

$Fe_3BO_9C_9H_5$, Iron, nonacarbonyl-μ-hydro[μ^3-[tetrahydroborato(1-)-*H*:*H*':*H*'']]tri-, *triangulo*, [91128-40-4], 29:273

$Fe_3BO_{10}C_{10}H_3$, Iron, μ-boryl-μ-carbonylnonacarbonyl-μ-hydrotri-, *triangulo*, [92055-44-2], 29:269

$Fe_3NO_{11}C_{17}H_{17}$, Ferrate(1-), μ-carbonyldecacarbonyl-μ-hydrotri-, *triangulo*, hydrogen, compd. with *N*,*N*-diethylethanamine (1:1), [56048-18-1], 8:182

$Fe_3NO_{11}P_2C_{47}H_{31}$, Phosphorus(1+), triphenyl(*P*,*P*,*P*-triphenylphosphine imidato-*N*)-, (*T*-4)-, μ-carbonyldecacarbonyl-μ-hydrotriferrate(1-) *triangulo*, [23254-21-9], 20:218

$Fe_3N_2O_{11}P_4C_{83}H_{60}$, Phosphorus(1+), triphenyl(*P*,*P*,*P*-triphenylphosphine imidato-*N*)-, (*T*-4)-, di-μ_3-carbonylnonacarbonyltriferrate(2-) *triangulo* (2:1), [66039-65-4], 20:222;24:157;28:203

$Fe_3Na_2O_{11}C_{11}$, Ferrate(2-), di-μ_3-carbonylnonacarbonyltri-, *triangulo*, disodium, [83966-11-4], 24:157;28:203

- Fe₃O₄, Iron oxide (Fe₃O₄), [1317-61-9], 11:10:22:43
- $\text{Fe}_3\text{O}_9\text{SC}_9\text{H}_2$, Iron, nonacarbonyldi- μ -hydro- μ_3 -thioxotri-, *triangulo*, [78547-62-3], 26:244
- Fe₃O₁₂C₁₂, Iron, di-μ-carbonyldecacarbonyltri-, *triangulo*, [17685-52-8], 8:181
- Fe₄Cl₄NO₄C₅H₅, Iron, tetrachlorotetraoxo (pyridine)tetra-, [51978-35-9], 22:86
- Fe₄Cl₄N₂O₄C₅H₆, 4-Pyridinamine, compd. with iron chloride oxide (FeClO) (1:4), [63986-26-5], 22:86;30:182
- $$\label{eq:Fe4F12P2S5C20H20} \begin{split} &\text{Fe}_4\text{F}_{12}\text{P}_2\text{S}_5\text{C}_{20}\text{H}_{20}, \, \text{Iron}(2+), \, \text{tetrakis}(\eta^5-2,4\text{-cyclopentadien-1-yl})[\mu_3\text{-(disulfur-}S:S:S')]\text{tri-}\mu_3\text{-thioxotetra-}, \, \text{bis[hexafluorophosphate}(1-)], \, [77924-71-1], \\ &21:44 \end{split}$$
- Fe₄NO₁₂C₂₁H₂₁, Ethanaminium, *N*,*N*,*N*-triethyl-, dodecacarbonyl- μ -hydro- μ ₄-methanetetrayltetraſerrate(1-) (5*Fe*-*Fe*), [79723-27-6], 27:186
- Fe₄NO₁₄C₂₃H₂₃, Ethanaminium, N,N,Ntriethyl-, dodecacarbonyl[μ_4 (methoxyoxoethylidyne)]tetraferrate
 (1-) (5Fe-Fe), [72872-04-9], 27:184
- ${
 m Fe_4N_2O_{12}C_{29}H_{40}}$, Ethanaminium, *N,N,N*-triethyl-, dodecacarbonyl- μ_4 -methanetetrayltetraferrate(2-) (5*Fe-Fe*) (2:1), [83270-11-5], 27:187
- Fe₄N₂O₁₂P₄C₈₅H₆₀, Phosphorus(1+), triphenyl(P,P,P-triphenylphosphine imidato-N)-, (T-4)-, dodecacarbonyl- μ_4 -methanetetrayltetraferrate(2-) (5Fe-Fe) (2:1), [74792-05-5], 26:246
- Fe₄N₂O₁₃P₄C₈₅H₆₀, Phosphorus(1+), triphenyl(P,P,P-triphenylphosphine imidato-N)-, (T-4)-, μ_3 -carbonyldode-cacarbonyltetrafcrrate(2-) tetrahedro (2:1), [69665-30-1], 21:66,68
- $Fe_4N_2S_4Se_4C_{48}H_{108}, \ 1\text{-Butanaminium}, \\ \textit{N,N,N-tributyl-, tetrakis(2-methyl-2-propanethiolato)tetra-}\mu_3\text{-selenoxotetra-ferrate(2-) (2:1), [84159-21-7],} \\ 21:37$

- Fe₄N₂S₄Se₄C₅₆H₉₂, 1-Butanaminium, *N*,*N*,*N*-tributyl-, tetrakis(benzenethiolato)tetra-µ₃-selenoxotetraferrate(2-) (2:1), [69347-38-2], 21:36
- $Fe_4N_2S_8C_{24}H_{60}, Methanaminium, \textit{N,N,N-trimethyl-, tetrakis} (2-methyl-2-propanethiolato) tetra-\mu_3-thioxotetra-ferrate (2-) (2:1), [52678-92-9], 21:30$
- $\text{Fe}_4 N_2 S_8 C_{56} H_{92}$, 1-Butanaminium, *N,N,N*-tributyl-, tetrakis(benzenethiolato) tetra- μ_3 -thioxotetraferrate(2-) (2:1), [52586-83-1], 21:35
- Fe₄O₁₃C₁₄, Iron, μ-carbonyldodecacarbonyl-μ₄-methanetetrayltetra-, (5Fe-Fe), [79061-73-7], 27:185
- $\text{Fe}_4\text{P}_2\text{S}_8\text{C}_{72}\text{H}_{60}$, Phosphonium, tetraphenyl-, tetrakis(benzenethiolato)tetra μ_3 -thioxotetraferrate(2-) (2:1), [80765-13-5], 21:27
- Fe₄S₅C₂₀H₂₀, Iron, tetrakis(η^5 -2,4-cyclopentadien-1-yl)[μ_3 -(disulfur-S:S:S')]tri- μ_3 -thioxotetra-, [77589-78-7], 21:45
- $$\label{eq:feq_substitute} \begin{split} & \text{Fe}_4 \text{S}_6 \text{C}_{20} \text{H}_{20}, \text{Iron, tetrakis} (\eta^5\text{-}2,4\text{-}\\ & \text{cyclopentadien-1-yl}) \text{bis} [\mu_3\text{-}(\text{disulfur-}\\ & \textit{S:S:S'})] \text{di-}\mu_3\text{-thioxotetra-, } (2\textit{Fe-Fe}), \\ & [72256\text{-}41\text{-}8], 21\text{:}42 \end{split}$$
- Fe₆AsHg_{2.86}, Arsenic mercury fluoride (AsHg_{2.86}Fe₆), [153420-98-5], 19:25
- Fe₆Cl₆NO₆C₈H₁₁, Pyridine, 2,4,6trimethyl-, compd. with iron chloride oxide (FeClO) (1:6), [64020-68-4], 22:86;30:182
- ${
 m Fe_6N_2O_{16}C_{33}H_{40}}$, Ethanaminium, *N,N,N*-triethyl-, hexadecacarbonyl- μ_6 -methanetetraylhexaferrate(2-) (2:1), [11087-55-1], 27:183
- Fe₁₇Cl₁₇O₁₇S₈C₁₂H₈, 1,3-Dithiole, 2-(1,3-dithiol-2-ylidene)-, compd. with iron chloride oxide (FeClO) (2:17), [158188-72-8], 30:177
- Fe₁₇Cl₁₇O₁₇Se₈C₁₂H₈, 1,3-Diselenole, 2-(1,3-diselenol-2-ylidene)-, compd. with iron chloride oxide (FeClO) (2:17), [124505-64-2], 30:179

$GaAl_{11}O_{17}$, Aluminum gallium oxide ($Al_{11}GaO_{17}$), [12399-86-9], 19:56;30:239
$GaBr_4NC_8H_{20}$, Ethanaminium, *N,N,N*-triethyl-, (*T*-4)-tetrabromogallate(1-), [33896-84-3], 22:141
$GaBr_4NC_{16}H_{36}$, 1-Butanaminium, *N,N,N*-tributyl-, (*T*-4)-tetrabromogallate(1-), [34249-07-5], 22:139
GaC_3H_9, Gallium, trimethyl-, [1445-79-0], 15:203
$GaCl_2$, Gallium chloride ($GaCl_2$), [128579-09-9], 4:111
$GaCl_3$, Gallium chloride ($GaCl_3$), [13450-90-3], 1:26;17:167
$GaCl_3H_{12}O_{18}.7/2H_2O$, Gallium(3+), hexaaqua-, (*OC*-6-11)-, triperchlorate, hydrate (2:7), [150124-39-3], 2:26;2:28
$GaCl_3H_{12}O_{18}$, Gallium(3+), hexaaqua-, triperchlorate, [14637-59-3], 2:26; 2:28
$GaCl_4NC_{16}H_{36}$, 1-Butanaminium, *N,N,N*-tributyl-, (*T*-4)-tetrachlorogallate(1-), [38555-81-6], 22:139
$GaCl_8P$, Phosphorane, pentachloro-, compd. with gallium chloride (1:1), [127735-01-7], 7:81
$GaF_{21}O_6C_{30}H_{30}$, Gallium, tris(6,6,7,7,8,8,8-heptafluoro-2,2-dimethyl-3,5-octanedionato-*O,O'*)-, [30983-39-2], 12:74
GaH_4K, Gallate(1-), tetrahydro-, potassium, (*T*-4)-, [32106-52-8], 17:50
GaH_4Li, Gallate(1-), tetrahydro-, lithium, (*T*-4)-, [17836-90-7], 17:45
GaH_4Na, Gallate(1-), tetrahydro-, sodium, (*T*-4)-, [32106-51-7], 17:50
GaN, Gallium nitride (GaN), [25617-97-4], 7:16
$GaNC_3H_{12}$, Gallium, (*N,N*-dimethylmethanamine)trihydro-, (*T*-4)-, [19528-13-3], 17:42
Ga_2Br_4, Gallate(1-), tetrabromo-, gallium (1+), (*T*-4)-, [18897-61-5], 6:33
Ga_2Br_6, Gallium, di-μ-bromotetrabromodi-, [18897-68-2], 6:31
$Ga_2Br_6P_2C_{36}H_{32}$, Gallate(2-), hexabromo-, (*Ga-Ga*), dihydrogen, compd. with triphenylphosphine (1:2), [77187-71-4], 22:135,138
$Ga_2Br_6P_2C_{48}H_{40}$, Phosphonium, tetraphenyl-, hexabromodigallate(2-) (*Ga-Ga*) (2:1), [89420-55-3], 22:139
Ga_2CdS_4, Cadmium gallium sulfide ($CdGa_2S_4$), [12139-13-8], 11:5
$Ga_2Cl_6P_2C_{36}H_{31}$, Gallate(2-), hexachlorodi-, (*Ga-Ga*), dihydrogen, compd. with triphenylphosphine (1:2), [77187-67-8], 22:135,138
$Ga_2I_6PC_{36}H_{32}$, Gallate(2-), hexaiododi-, (*Ga-Ga*), dihydrogen, compd. with triphenylphosphine (1:2), [77187-69-0], 22:135
Ga_2O_3, Gallium oxide (Ga_2O_3), [12024-21-4], 2:29
Ga_2S_3, Gallium sulfide (Ga_2S_3), [12024-22-5], 11:6
$Ga_4O_4C_8H_{28}$, Gallium, tetra-μ-hydroxyoctamethyltetra-, *cyclo,* [21825-70-7], 12:67
$GdCl_3$, Gadolinium chloride ($GdCl_3$), [10138-52-0], 22:39
$GdF_{18}N_6O_6P_9C_{72}H_{72}$, Gadolinium(3+), hexakis(*P,P*-diphenylphosphinic amide-*O*)-, (*OC*-6-11)-, tris[hexafluorophosphate(1-)], [59449-56-8], 23:180
GdN_3O_9, Nitric acid, gadolinium(3+) salt, [10168-81-7], 5:41
$GdN_3O_{13}C_8H_{16}$, Gadolinium, tris(nitrato-*O*)(1,4,7,10-tetraoxacyclododecane-O^1,O^4,O^7,O^{10})-, [73297-43-5], 23:151
$GdN_3O_{14}C_{10}H_{20}$, Gadolinium, tris(nitrato-*O,O'*)(1,4,7,10,13-pentaoxacyclopentadecane-$O^1,O^4,O^7,O^{10},O^{13}$)-, [67269-15-2], 23:151
$GdN_4O_2C_{49}H_{35}$, Gadolinium, (2,4-pentanedionato-*O,O'*)[5,10,15,20-tetraphenyl-21*H*,23*H*-porphinato(2-)-N^{21}, N^{22},N^{23},N^{24}]-, [88646-27-9], 22:160

$GdO_6C_{33}H_{57}$, Gadolinium, tris(2,2,6,6-tetramethyl-3,5-heptanedionato-*O,O'*)-, (*OC*-6-11)-, [14768-15-1], 11:96

$Gd_2Br_9Cs_3$, Gadolinate(3-), tri-μ-bromohexabromodi-, tricesium, [73190-94-0], 30:79

$Gd_2Cl_2Si_8C_{44}H_{84}$, Gadolinium, tetrakis [(1,2,3,4,5-η)-1,3-bis(trimethylsilyl)-2,4-cyclopentadien-1-yl]di-μ-chlorodi-, [81523-77-5], 27:171

Gd_2S_3, Gadolinium sulfide (Gd_2S_3), [12134-77-9], 14:153;30:21

$Gd_4N_{12}O_{51}C_{30}H_{60}$, Gadolinium(3+), bis(nitrato-*O,O'*)(1,4,7,10,13-pentaoxacyclopentadecane-O^1,O^4,O^7,O^{10},O^{13})-, hexakis(nitrato-*O,O'*) gadolinate(3-) (3:1), [94121-20-7], 23:151

$Gd_4N_{12}O_{54}C_{36}H_{72}$, Gadolinium(1+), (1,4,7,10,13,16-hexaoxacyclooctadecane-O^1,O^4,O^7,O^{10},O^{13},O^{16})bis (nitrato-*O,O'*)-, hexakis(nitrato-*O,O'*)gadolinate(3-) (3:1), [75845-30-6], 23:155

$GeBaF_6$, Germanate(2-), hexafluoro-, barium (1:1), (*OC*-6-11)-, [60897-63-4], 4:147

$GeBrC_2H_7$, Germane, bromodimethyl-, [53445-65-1], 18:157

$GeBrC_3H_9$, Germane, bromotrimethyl-, [1066-37-1], 12:64;18:153

$GeBrC_{18}H_{15}$, Germane, bromotriphenyl-, [3005-32-1], 5:74-76;8:34

$GeBrH_3$, Germane, bromo-, [13569-43-2], 15:157,164,174,177

$GeBr_2C_{12}H_{10}$, Germane, dibromodiphenyl-, [1080-42-8], 5:76;8:34

$GeBr_2H_2$, Germane, dibromo-, [13769-36-3], 15:157

$GeCH_6$, Germane, methyl-, [1449-65-6], 11:128

GeC_2H_8, Germane, dimethyl-, [1449-64-5], 11:130;18:154,156

GeC_4H_{12}, Germane, tetramethyl-, [865-52-1], 12:58;18:153

GeC_5H_8, Germane, 2,4-cyclopentadien-1-yl-, [35682-28-1], 17:176

$GeC_{12}H_{12}$, Germane, diphenyl-, [1675-58-7], 5:74-78

$GeC_{12}H_{20}$, Germane, tetra-2-propenyl-, [1793-91-5], 13:76

$GeC_{18}H_{16}$, Germane, triphenyl-, [2816-43-5], 5:76

$GeC_{24}H_{20}$, Germane, tetraphenyl-, [1048-05-1], 5:70,73,78;8:31

$GeClC_2H_7$, Germane, chlorodimethyl-, [21961-73-9], 18:157

$GeClH_3$, Germane, chloro-, [13637-65-5], 15:161

$GeCl_2$, Germanium chloride ($GeCl_2$), [10060-11-4], 15:223

$GeCl_3$, Germanate(1-), trichloro-, [19717-84-1], 15:222

$GeCl_4$, Germane, tetrachloro-, [10038-98-9], 2:109

———, Germane, tetra(chloro-^{36}*Cl*)-, [149165-60-6], 7:160

$GeCl_4CH_2$, Germane, trichloro(chloromethyl)-, [21572-18-9], 6:39

$GeCl_4C_2H_4$, Germane, dichlorobis(chloromethyl)-, [21572-21-4], 6:40

GeD_4, Germane-d_4, [13537-06-9], 11:170

$GeFC_2H_7$, Germane, fluorodimethyl-, [34117-35-6], 18:159

$GeFH_3$, Germane, fluoro-, [13537-30-9], 15:164

GeF_4, Germane, tetrafluoro-, [7783-58-6], 4:147

$GeFeO_2C_{10}H_{14}$, Iron, dicarbonyl(η^5-2,4-cyclopentadien-1-yl)(trimethylgermyl)-, [32054-63-0], 12:64,65

GeHN, Germanium imide (Ge(NH)), [26257-00-1], 2:108

GeH_2N_2, Germanediimine, [19465-96-4], 2:114

GeH_3I, Germane, iodo-, [13573-02-9], 15:161;18:162

GeH_4, Germane, [7782-65-2], 7:36; 11:171;15:157,1

GeH_5P, Phosphine, germyl-, [13573-06-3], 15:177

$GeIC_2H_7$, Germane, iododimethyl-, [33129-32-7], 18:158
GeI_2, Germanium iodide (GeI_2), [13573-08-5], 2:106;3:63
GeI_3CH_3, Germane, triiodomethyl-, [1111-91-7], 3:64
$GeKC_{18}H_{15}$, Potassium, (triphenylgermyl)-, [57482-41-4], 8:34
$GeK_2O_{12}C_6.H_2O$, Germanate(2-), tris[ethanedioato(2-)-*O*,*O*']-, dipotassium, monohydrate, (*OC*-6-11)-, [17374-62-8], 8:34
$GeLiC_{18}H_{15}$, Lithium, (triphenylgermyl)-, [3839-32-5], 8:34
$GeMnO_5C_5H_3$, Manganese, pentacarbonylgermyl-, (*OC*-6-22)-, [25069-08-3], 15:174
$GeNO_3C_8H_{17}$, 2,8,9-Trioxa-5-aza-1-germabicyclo[3.3.3]undecane, 1-ethyl-, [21410-53-7], 16:229
$GeN_4C_{24}H_{24}$, Germanetetramine, *N*,*N*',*N*'',*N*'''-tetraphenyl-, [149165-61-7], 5:61
$GeNaC_{18}H_{15}$, Sodium, (triphenylgermyl)-, [34422-60-1], 5:72-74
$GeNa_2C_{12}H_{10}$, Sodium, [μ-(diphenylgermylene)]di-, [148832-11-5], 5:72
GeS, Germanium sulfide (GeS), [12025-32-0], 2:102
$GeSCH_6$, Germane, (methylthio)-, [16643-16-6], 18:165
$GeSC_6H_8$, Germane, (phenylthio)-, [21737-95-1], 18:165
Ge_2CH_8, Digermane, methyl-, [20420-08-0], 15:172
$Ge_2C_{36}H_{30}$, Digermane, hexaphenyl-, [2816-39-9], 5:72,78;8:31
Ge_2ClH_5, Digermane, chloro-, [13825-03-1], 15:171
Ge_2H_5I, Digermane, iodo-, [19021-93-3], 15:169
Ge_2H_6, Digermane, [13818-89-8], 7:36;15:169
Ge_2H_6O, Digermoxane, [14939-17-4], 20:176,178
Ge_2H_6S, Digermathiane, [18852-54-5], 15:182;18:164
Ge_2H_6Se, Digermaselenane, [24254-18-0], 20:175
Ge_2H_6Te, Digermatellurane, [24312-07-0], 20:175
$Ge_2N_2CH_6$, Germanamine, *N*,*N*'-methanetetraylbis-, [10592-53-7], 18:163
$Ge_2OC_2H_{10}$, Digermoxane, 1,3-dimethyl-, [33129-29-2], 20:176,179
$Ge_2OC_4H_{14}$, Digermoxane, 1,1,3,3-tetramethyl-, [33129-30-5], 20:176,179
$Ge_2OC_6H_{18}$, Digermoxane, hexamethyl-, [2237-93-6], 20:176,179
$Ge_2OC_{36}H_{30}$, Digermoxane, hexaphenyl-, [2181-40-0], 5:78
Ge_3H_8, Trigermane, [14691-44-2], 7:37
$Ge_3NC_{54}H_{45}$, Germanamine, 1,1,1-triphenyl-*N*,*N*-bis(triphenylgermyl)-, [149165-59-3], 5:78

HAs_2, Diarsenyl, [149165-58-2], 7:42
$HAuCl_4$, Aurate(1-), tetrachloro-, hydrogen, (*SP*-4-1)-, [16903-35-8], 4:14
HBF_4, Borate(1-), tetrafluoro-, hydrogen, [16872-11-0], 1:25
HBr, Hydrobromic acid, [10035-10-6], 1:114;1:149
$HBrO_4$, Perbromic acid, [19445-25-1], 13:1
HBr_2N, Bromimide, [14519-03-0], 1:62
HBr_3Si, Silane, tribromo-, [7789-57-3], 1:38
$HBr_8Cs_3Mo_2$, Molybdate(3-), di-μ-bromohexabromo-μ-hydrodi-, (*Mo-Mo*), tricesium, [57719-38-7], 19:130
$HCaO_4P$, Phosphoric acid, calcium salt (1:1), [7757-93-9], 4:19;6:16-17
$HCaO_4P.2H_2O$, Phosphoric acid, calcium salt (1:1), dihydrate, [7789-77-7], 4:19,22;6:16-17
$HCa_5O_{13}P_3$, Calcium hydroxide phosphate ($Ca_5(OH)(PO_4)_3$), [12167-74-7], 6:16;7:63

———, Hydroxylapatite ($Ca_5(OH)(PO_4)_3$), [1306-06-5], 6:16;7:63
HCl, Hydrochloric acid, [7647-01-0], 1:147;2:72;3:14;3:131;4:57;4:58; 5:25;6:55
HClO, Hypochlorous acid, [7790-92-3], 5:160
$HClO.2H_2O$, Hypochlorous acid, dihydrate, [67689-22-9], 5:161
$HClO_3$, Chloric acid, [7790-93-4], 5:161;5:164
$HClO_3S$, Chlorosulfuric acid, [7790-94-5], 4:52
$HClO_4$, Perchloric acid, [7601-90-3], 2:28
$HCl_2NO_4S_2$, Imidodisulfuryl chloride, [15873-42-4], 8:105
HCl_3SSi, Silanethiol, trichloro-, [13465-79-7], 7:28
$HCl_8Cs_3Mo_2$, Molybdate(3-), di-μ-chlorohexachloro-μ-hydrodi-, (*Mo-Mo*), tricesium, [57719-40-1], 19:129
$HCsFO_4S$, Hypofluorous acid, monoanhydride with sulfuric acid, cesium salt, [70806-67-6], 24:22
$HCsF_2NO_4S_2$, Imidodisulfuryl fluoride, cesium salt, [15060-34-1], 11:138
$HCsN_2O_6$, Nitric acid, cesium salt (2:1), [35280-89-8], 4:7
$HCsO.xS_2Ta$, Cesium hydroxide (Cs(OH)), compd. with tantalum sulfide (TaS_2), [34340-85-7], 30:164
HF, Hydrofluoric acid, [7664-39-3], 1:134;3:112;4:136;7:123
———, Hydrofluoric-^{18}F acid, [19121-31-4], 7:154
HFO_3S, Fluorosulfuric acid, [7789-21-1], 7:127;11:139
HF_2N, Fluorimide, [10405-27-3], 12:307,308,310
$HF_2NO_4S_2$, Imidodisulfuryl fluoride, [14984-73-7], 11:138
HF_2P, Phosphonous difluoride, [14984-74-8], 12:281,283
$HF_3O_2U.2H_2O$, Uranate(1-), trifluorooxo-, hydrogen, dihydrate, (*TB*-5-22)-, [32408-74-5], 24:145
HF_5OSe, Fluoroselenic acid ($HSeF_5O$), (*OC*-6-21)-, [38989-47-8], 20:38
HF_5OTe, Tellurium fluoride hydroxide ($TeF_5(OH)$), (*OC*-6-21)-, [57458-27-2], 24:34
HF_6N, Nitrogen(1+), tetrafluoro-, (*T*-4)-, (hydrogen difluoride), [71485-49-9], 24:43
$HFe_{1.94}Ti$, Iron titanium hydride ($FeTiH_{1.94}$), [153608-96-9], 22:90
HGeN, Germanium imide (Ge(NH)), [26257-00-1], 2:108
HI, Hydriodic acid, [10034-85-2], 1:157;2:210;7:180
HKO, Potassium hydroxide (K(OH)), [1310-58-3], 11:113-116
HLiO, Lithium hydroxide (Li(OH)), [1310-65-2], 7:1
$HLiO_2.H_2O$, Lithium peroxide ($Li(O_2H)$), monohydrate, [54637-08-0], 5:1
$HMoO_3$, Molybdenum(1+), hydroxydioxo-, [39335-76-7], 23:139
HMo_2O_6, Molybdenum(1+), hydroxypentaoxodi-, [119618-11-0], 23:139
$HNNa_4O_6P_2$, Imidodiphosphoric acid, tetrasodium salt, [26039-10-1], 6:101
HNO_3, Nitric acid, [7697-37-2], 3:13; 4:52
HNO_5S, Sulfuric acid, monoanhydride with nitrous acid, [7782-78-7], 1:55
HNS_7, Heptathiazocine, [293-42-5], 6:124;8:103;9:99;11:
HN_3, Hydrazoic acid, [7782-79-8], 1:77
HN_3NiS_5, Nickel, (mercaptosulfur diimidato-N',S^N)(mononitrogen trisulfidato)-, [67143-06-0], 18:124
HNa, Sodium hydride (NaH), [7646-69-7], 5:10;10:112
$HNaO_3S$, Sulfurous acid, monosodium salt, [7631-90-5], 2:164
HNaS, Sodium sulfide (Na(SH)), [16721-80-5], 7:128

$HNbO_5Ti$, Niobium titanium hydroxide oxide ($NbTi(OH)O_4$), [118955-75-2], 30:184
$HNbO_5Ti$, Titanate(1-), pentaoxoniobate-, hydrogen, [72381-49-8], 22:89
HO_4Re, Rhenate (ReO_4^{1-}), hydrogen, (*T*-4)-, [13768-11-1], 9:145
HO_4Xe, Xenonate, hydroxytrioxo-, (*T*-4)-, [26891-42-9], 11:210
$HO_5PV.1/2H_2O$, Vanadate(1-), oxo [phosphato(3-)-*O*]-, hydrogen, hydrate (2:1), [93280-40-1], 30:243
$HO_6PU.4H_2O$, Uranate(1-), dioxo [phosphato(3-)-*O*]-, hydrogen, tetrahydrate, [1310-86-7], 5:150
HO_6Xe, Xenonate ($Xe(OH)O_5^{3-}$), (*OC*-6-22)-, [33598-83-3], 11:212
H_2Br_2Ge, Germane, dibromo-, [13769-36-3], 15:157
H_2Br_2Si, Silane, dibromo-, [13768-94-0], 1:38
H_2Br_6Pt, Platinate(2-), hexabromo-, dihydrogen, (*OC*-6-11)-, [20596-34-3], 19:2
H_2Ce, Cerium hydride (CeH_2), [13569-50-1], 14:184
H_2ClN, Chloramide, [10599-90-3], 1:59;5:92
$H_2Cl_2O_2Se$, Selenium chloride hydroxide ($SeCl_2(OH)_2$), (*T*-4)-, [108723-91-7], 3:132
$H_2Cl_3H_{15}N_6OOs_3O$, Osmium(3+), pentaamminenitrosyl-, trichloride, monohydrate, (*OC*-6-22)-, [151120-21-7], 16:11
H_2Cl_4Pd, Palladate(2-), tetrachloro-, dihydrogen, (*SP*-4-1)-, [16970-55-1], 8:235
H_2Cl_4Pt, Platinate(2-), tetrachloro-, dihydrogen, (*SP*-4-1)-, [17083-70-4], 2:251;5:208
$H_2Cl_5Cs_2MoO$, Molybdate(2-), aquapentachloro-, dicesium, (*OC*-6-21)-, [33461-69-7], 13:171
$H_2Cl_5K_2MoO$, Molybdate(2-), aquapentachloro-, dipotassium, [15629-45-5], 4:97
$H_2Cl_5K_2NOs$, Osmate(2-), amidopentachloro-, dipotassium, (*OC*-6-21)-, [148864-77-1], 6:207
$H_2Cl_5K_2ORh$, Rhodate(2-), aquapentachloro-, dipotassium, (*OC*-6-21)-, [15306-82-8], 7:215
$H_2Cl_5MoORb_2$, Molybdate(2-), aquapentachloro-, derubidium, (*OC*-6-21)-, [33461-70-0], 13:171
$H_2Cl_5N_4P_3$, 1,3,5,2,4,6-Triazatriphosphorine, 2-amino-2,4,4,6,6-pentachloro-2,2,4,4,6,6-hexahydro-, [13569-74-9], 14:25
H_2Cl_5ORh, Rhodate(2-), aquapentachloro-, (*OC*-6-21)-, [15276-84-3], 8:220,222
$H_2Cl_6Pt.xH_2O$, Platinate(2-), hexachloro-, dihydrogen, hydrate, (*OC*-6-11)-, [26023-84-7], 8:239
H_2CoO_2, Cobalt hydroxide ($Co(OH)_2$), [21041-93-0], 9:158
H_2GeN_2, Germanediimine, [19465-96-4], 2:114
$H_2INa_3O_6$, Periodic acid (H_5IO_6), trisodium salt, [13940-38-0], 1:169-170;2:212
H_2KN, Potassium amide ($K(NH_2)$), [17242-52-3], 2:135;6:168
H_2KO_3S, Sulfurous acid, monopotassium salt, [7773-03-7], 2:167
H_2LiN, Lithium amide ($Li(NH_2)$), [7782-89-0], 2:135
H_2LiP, Lithium phosphide ($Li(H_2P)$), [24167-79-1], 27:228
H_2Mg, Magnesium hydride (MgH_2), [7693-27-8], 17:2
H_2NNa, Sodium amide ($Na(NH_2)$), [7782-92-5], 1:74;2:128
$H_2NNa_2O_3P$, Phosphoramidic acid, disodium salt, [3076-34-4], 6:100
$H_2N_2Na_3O_7P_3$, Diimidotrimetaphosphoric acid ($(HN)_2P_3(OH)_3O_4$), trisodium salt, [29018-09-5], 6:105,106

$H_2N_2Na_5O_8P_3.6H_2O$, Diimidotriphosphoric acid, pentasodium salt, hexahydrate, [31072-79-4], 6:104
$H_2N_2O_2$, Nitramide, [7782-94-7], 1:68
$H_2N_2S_2$, Sulfur diimide, mercapto-, [67144-19-8], 18:124
$H_2N_2S_6$, 1,2,3,4,5,7,6,8-Hexathiadiazocine, [1003-75-4], 11:184
———, 1,2,3,5,6,7,4,8-Hexathiadiazocine, [3925-67-5], 11:184
$H_2N_3Na_4O_6P_3.8H_2O$, Metaphosphimic acid ($H_6P_3O_6N_3$), tetrasodium salt, octahydrate, [149165-72-0], 6:80
$H_2N_4NiS_4$, Nickel, bis(mercaptosulfur diimidato-*N*′,*S*^{N})-, (*SP*-4-2)-, [50726-53-9], 18:124
$H_2Na_2O_6P_2.6H_2O$, Hypophosphoric acid, disodium salt, hexahydrate, [13466-13-2], 4:68
$H_2Na_2O_7P_2$, Diphosphoric acid, disodium salt, [7758-16-9], 3:99
H_2O_2V, Vanadium hydroxide ($V(OH)_2$), [39096-97-4], 7:97
H_2O_3Pb, Lead hydroxide oxide ($Pb(OH)_2O$), [93936-18-6], 1:46
$H_2O_3Si_2$, Disiloxane, dioxo-, [44234-98-2], 1:42
H_2O_4Se, Selenic acid, [7783-08-6], 3:137;20:37
H_2S, Hydrogen sulfide (H_2S), [7783-06-4], 1:111;3:14,15
H_2Se, Hydrogen selenide (H_2Se), [7783-07-5], 2:183
H_2Zn, Zinc hydride (ZnH_2), [14018-82-7], 17:6
$H_{2.5}N_{0.5}NbO_5Ti$, Ammonium niobium titanium hydroxide oxide ($(NH_4)_{0.5}NbTi(OH)_{0.5}O_{4.5}$), [158188-91-1], 30:184
H_3AgNO_3S, Sulfamic acid, monosilver (1+) salt, [14325-99-6], 18:201
$H_3Al.1/3OC_4H_{10}$, Ethane, 1,1'-oxybis-, compd. with aluminum hydride (AlH_3) (1:3), [13149-89-8], 14:47
H_3As, Arsine, [7784-42-1], 7:34,41;13:14
$H_3B_3Cl_3N_3$, Borazine, 2,4,6-trichloro-, [933-18-6], 10:139;13:41
H_3BrGe, Germane, bromo-, [13569-43-2], 15:157,164,174,177
H_3BrSi, Silane, bromo-, [13465-73-1], 11:159
H_3ClGe, Germane, chloro-, [13637-65-5], 15:161
H_3Cl_6Rh, Rhodate(3-), hexachloro-, trihydrogen, (*OC*-6-11)-, [16970-54-0], 8:220
H_3CrO_3, Chromium hydroxide ($Cr(OH)_3$), [1308-14-1], 8:138
H_3FGe, Germane, fluoro-, [13537-30-9], 15:164
$H_3FeNa_3O_3S$, Ferrate(3-), trihydroxythioxo-, trisodium, [149165-87-7], 6:170
H_3GeI, Germane, iodo-, [13573-02-9], 15:161;18:162
H_3ISi, Silane, iodo-, [13598-42-0], 11:159;19:268,270
$H_3K_3N_3O_6P_3$, Metaphosphimic acid ($H_6P_3O_6N_3$), tripotassium salt, [18466-18-7], 6:97
H_3LiZn, Zincate(1-), trihydro-, lithium, [38829-83-3], 17:10
$H_3Mo_2O_6$, Molybdenum(3+), trihydroxytrioxodi-, [39335-78-9], 23:139
H_3N, Ammonia, [7664-41-7], 1:75;2:76,128,134;3:
$H_3N.xS_2Ta$, Tantalum sulfide (TaS_2), ammoniate, [34340-90-4], 30:164
H_3NO, Hydroxylamine, [7803-49-8], 1:87
H_3NO_3S, Sulfamic acid, [5329-14-6], 2:176,178
H_3NO_4S, Hydroxylamine-*O*-sulfonic acid, [2950-43-8], 5:122
H_3NS_2Ta, Tantalum, amminedithioxo-, [73689-97-1], 19:42
———, Tantalum sulfide (TaS_2), monoammoniate, [34312-63-5], 30:162
$(H_3N_2OP)_x$, Phosphenimidic amide, homopolymer, [72198-94-8], 6:111

$H_3N_3Na_3O_6P_3.H_2O$, Metaphosphimic acid ($H_6P_3O_6N_3$), trisodium salt, monohydrate, [150124-49-5], 6:99
$H_3N_3Na_3O_6P_3.4H_2O$, Metaphosphimic acid (($H_6P_3O_6N_3$)), trisodium salt, tetrahydrate, [27379-16-4], 6:15
$H_3N_3S_5$, 1,2,3,5,7,4,6,8-Pentathia-triazocine, [638-50-6], 11:184
———, 1,2,4,5,7,3,6,8-Pentathia-triazocine, [334-35-0], 11:184
H_3NaZn, Zincate(1-), trihydro-, sodium, [34397-46-1], 17:15
$H_3Na_3P_{21}$, 6,15-Phosphinidene-2,3,17:9,10,13-diphosphinidyne-1*H*,6*H*,11*H*,13*H*,15*H*,17*H*-bispentaphospholo[1',2':3,4]pentaphospholo[1,2-*a*:2',1'-*d*]hexaphosphorin, trisodium salt, [89462-41-9], 27:227
H_3O_3P, Phosphorous acid, [10294-56-1], 4:55
$H_3O_3Rh.H_2O$, Rhodium hydroxide ($Rh(OH)_3$), monohydrate, [150124-33-7], 7:215
H_3O_4P, Phosphoric acid, [7664-38-2], 1:101;19:278
H_3P, Phosphine, [7803-51-2], 9:56;11:124; 14:1
H_3Sb, Stibine, [7803-52-3], 7:43
$H_4AlLaNi_4$, Aluminum lanthanum nickel hydride ($AlLaNi_4H_4$), [66457-10-1], 22:96
$H_4Al_{11}NO_{17}$, Aluminum ammonium oxide ($Al_{11}(NH_4)O_{17}$), [12505-58-7], 19:56;30:239
$H_4As_2O_{70}Rb_4W_{21}.34H_2O$, Tungstate(6-), aquabis[arsenito(3-)]trihexacontaoxo-heneicosa-, tetrarubidium dihydrogen, tetratriacontahydrate, [79198-04-2], 27:113
H_4BF_4N, Borate(1-), tetrafluoro-, ammonium, [13826-83-0], 2:23
H_4BK, Borate(1-), tetrahydro-, potassium, [13762-51-1], 7:34
$H_4Ba_3I_2O_{12}$, Periodic acid (H_5IO_6), barium salt (2:3), [149189-78-6], 1:171
$H_4CaO_6P_2.H_2O$, Phosphonic acid, calcium salt (2:1), monohydrate, [24968-68-1], 4:18
$H_4CaO_8P_2.H_2O$, Phosphoric acid, calcium salt (2:1), monohydrate, [10031-30-8], 4:18
H_4ClNO, Hydroxylamine, hydrochloride, [5470-11-1], 1:89
$H_4Cl_4N_5P_3$, 1,3,5,2,4,6-Triazatriphos-phorine, 2,4-diamino-2,4,6,6-tetrachloro-2,2,4,4,6,6-hexahydro-, [7382-17-4], 14:24
$H_4CuMoNS_4$, Molybdate(1-), tetrathioxocuprate-, ammonium, [27194-90-7], 14:95
H_4F_6NP, Phosphate(1-), hexafluoro-, ammonium, [16941-11-0], 3:111
H_4GaK, Gallate(1-), tetrahydro-, potassium, (*T*-4)-, [32106-52-8], 17:50
H_4GaLi, Gallate(1-), tetrahydro-, lithium, (*T*-4)-, [17836-90-7], 17:45
H_4GaNa, Gallate(1-), tetrahydro-, sodium, (*T*-4)-, [32106-51-7], 17:50
H_4Ge, Germane, [7782-65-2], 7:36;11:171;15:157,1
H_4IP, Phosphonium iodide ((PH_4)I), [12125-09-6], 2:141;6:91
H_4KNO_3P, Phosphoramidic acid, monopotassium salt, [13823-49-9], 13:25
$H_4K_2O_6Os$, Osmate ($Os(OH)_4O_2^{2-}$), dipotassium, (*OC*-6-11)-, [77347-87-6], 20:61
$H_4K_6O_{17}S_6$, Potassium disulfite sulfite ($K_6(S_2O_5)(HSO_3)_4$), [129002-36-4], 2:167
H_4Li_2Zn, Zincate(2-), tetrahydro-, dilithium, (*T*-4)-, [38829-84-4], 17:12
H_4NNbO_5Ti, Ammonium niobium titanium oxide ((NH_4)$NbTiO_5$), [72528-68-8], 22:89

H_4NO_3P, Phosphoramidic acid, [2817-45-0], 13:24;19:281

H_4NO_3V, Vanadate (VO_3^{1-}), ammonium, [7803-55-6], 3:117;9:82

H_4NO_4Re, Rhenate (ReO_4^{1-}), ammonium, (*T*-4)-, [13598-65-7], 8:171

H_4N_2, Hydrazine, [302-01-2], 1:90,92;5:124

$H_4N_2.xS_2Ta$, Hydrazine, compd. with tantalum sulfide (TaS_2), [34200-77-6], 30:164

H_4N_2NaOPS, Phosphorodiamidothioic acid, monosodium salt, [13766-94-4], 6:112

H_4N_4, Ammonium azide ($(NH_4)(N_3)$), [12164-94-2], 2:136;8:53

$H_4O_7P_2$, Diphosphoric acid, [2466-09-3], 3:96

H_4Si, Silane, [7803-62-5], 11:170

H_4Sn, Stannane, [2406-52-2], 7:39;11:170

$H_5Ag_2IO_6$, Periodic acid (H_5IO_6), disilver(1+) salt, [14014-59-6], 20:15

H_5B_2Br, Diborane(6), bromo-, [23834-96-0], 18:146

H_5B_2I, Diborane(6), iodo-, [20436-27-5], 18:147

H_5ClGe_2, Digermane, chloro-, [13825-03-1], 15:171

H_5ClN_2, Hydrazine, monohydrochloride, [2644-70-4], 12:7

H_5GeP, Phosphine, germyl-, [13573-06-3], 15:177

H_5Ge_2I, Digermane, iodo-, [19021-93-3], 15:169

H_5IO_6, Periodic acid (H_5IO_6), [10450-60-9], 1:172

$H_6AgCoN_6O_8$, Cobaltate(1-), diamminetetrakis(nitrito-*N*)-, silver(1+), [15489-99-3], 9:172

$H_6As_2O_{69}W_{21}.xH_2O$, Tungsten arsenate hydroxide oxide ($W_{21}(AsO_4)_2(OH)_6O_{55}$), hydrate, [135434-87-6], 27:112

H_6B_2, Diborane(6), [19287-45-7], 10:83;11:15;15:142;2

$H_6B_3N_3$, Borazine, [6569-51-3], 10:142

H_6ClIN_2Pt, Platinum, diamminechloroiodo-, (*SP*-4-2)-, [15559-60-1], 22:124

$H_6Cl_2CoN_2$, Cobalt, diamminedichloro-, (*T*-4)-, [13931-88-9], 9:159

$H_6Cl_2N_2$, Hydrazine, dihydrochloride, [5341-61-7], 1:92

$H_6Cl_2N_2O_2Zn$, Zinc, dichlorobis (hydroxylamine-*N*)-, (*T*-4)-, [15333-32-1], 9:2

$H_6Cl_2N_2Pd$, Palladium, diamminedichloro-, (*SP*-4-1)-, [13782-33-7], 8:234

$H_6Cl_2N_2Pt$, Platinum, diamminedichloro-, (*SP*-4-1)-, [14913-33-8], 7:239

———, Platinum, diamminedichloro-, (*SP*-4-2)-, [15663-27-1], 7:239

$H_6Cl_4N_2Pt$, Platinum, diamminetetrachloro-, (*OC*-6-11)-, [16893-06-4], 7:236

———, Platinum, diamminetetrachloro-, (*OC*-6-22)-, [16893-05-3], 7:236

$H_6Cl_{14}Mo_6O_2.6H_2O$, Molybdate(2-), octa-μ_3-chlorohexachlorohexa-, *octahedro*, dioxonium, hexahydrate, [63828-61-5], 12:174

$H_6CoHgN_6O_8$, Cobaltate(1-), diamminetetrakis(nitrito-*N*)-, mercury(1+), [15490-00-3], 9:172

$H_6CoKN_6O_8$, Cobaltate(1-), diamminetetrakis(nitrito-*N*)-, potassium, [14285-97-3], 9:170

H_6Ge_2, Digermane, [13818-89-8], 7:36;15:169

H_6Ge_2O, Digermoxane, [14939-17-4], 20:176,178

H_6Ge_2S, Digermathiane, [18852-54-5], 15:182;18:164

H_6Ge_2Se, Digermaselenane, [24254-18-0], 20:175

H_6Ge_2Te, Digermatellurane, [24312-07-0], 20:175

$H_6N_2O_3S$, Sulfamic acid, monoammonium salt, [7773-06-0], 2:180

$H_6N_2O_4S$, Hydrazine, sulfate (1:1), [10034-93-2], 1:90,92,94

H_6N_3OP, Phosphoric triamide, [13597-72-3], 6:108
$H_6N_3O_6P_3$, Metaphosphimic acid ($H_6P_3O_6N_3$), [14097-18-8], 6:79
H_6N_3PS, Phosphorothioic triamide, [13455-05-5], 6:111
$H_6N_4O_4Pd$, Palladium, diamminebis (nitrito-*N*)-, (*SP*-4-1)-, [14409-60-0], 4:179
H_6O_6Te, Telluric acid (H_6TeO_6), [7803-68-1], 3:145
H_6SSi_2, Disilathiane, [16544-95-9], 19:275
H_6SeSi_2, Disilaselenane, [14939-45-8], 24:127
H_6Si_2, Disilane, [1590-87-0], 11:172
H_6Sn_2, Distannane, [32745-15-6], 7:39
H_7BN_2, Boron, (hydrazine-*N*)trihydro-, (*T*-4)-, [14931-40-9], 9:13
H_7B_3Br, Triborate(1-), bromoheptahydro-, [57405-81-9], 15:118
$H_7CoN_6O_8$, Cobaltate(1-), diammine-tetrakis(nitrito-*N*)-, hydrogen, [33677-11-1], 9:172
$H_7N_2O_3P$, Phosphoramidic acid, monoammonium salt, [13566-20-6], 6:110;13:23
H_8AlLiP_4, Aluminate(1-), tetrakis (phosphino)-, lithium, (*T*-4)-, [25248-80-0], 15:178
H_8B_2Ca, Borate(1-), tetrahydro-, calcium (2:1), [17068-95-0], 17:17
H_8B_3, Triborate(1-), octahydro-, [12429-74-2], 10:82;11:27;15:111
$H_8B_3Na.3O_2C_4H_8$, Triborate(1-), octahydro-, sodium, compd. with 1,4-dioxane (1:3), [33220-35-8], 10:85
H_8B_5Br, Pentaborane(9), 1-bromo-, [23753-67-5], 19:247,248
H_8B_8, Octaborate(2-), octahydro-, [12430-13-6], 11:24
$H_8Br_6N_2Os$, Osmate(2-), hexabromo-, diammonium, (*OC*-6-11)-, [24598-62-7], 5:204
$H_8ClN_3O_4Pt$, Platinum(1+), diammineaquachloro-, (*SP*-4-2)-, nitrate, [15559-61-2], 22:125
$H_8Cl_3CoN_{6.6}H_3N$, Cobalt(3+), hexaammine-, trichloride, hexaammoniate, (*OC*-6-11)-, [149189-77-5], 2:220
$H_8Cl_5MoN_2O$, Molybdate(2-), pentachlorooxo-, diammonium, (*OC*-6-21)-, [17927-44-5], 26:36
$H_8Cl_6IrN_2$, Iridate(2-), hexachloro-, diammonium, (*OC*-6-11)-, [16940-92-4], 8:223;18:132
$H_8Cl_6N_2Os$, Osmate(2-), hexachloro-, diammonium, (*OC*-6-11)-, [12125-08-5], 5:206
$H_8Cl_6N_2Pt$, Platinate(2-), hexachloro-, diammonium, (*OC*-6-11)-, [16919-58-7], 7:235;9:182
$H_8Cl_6N_2Te$, Tellurate(2-), hexachloro-, diammonium, [16893-14-4], 2:189
$H_8FN_2O_3P$, Phosphorofluoridic acid, diammonium salt, [14312-45-9], 2:155
$H_8F_5MnN_2$, Manganate(2-), pentafluoro-, diammonium, [15214-13-8], 24:51
H_8Ge_3, Trigermane, [14691-44-2], 7:37
$H_8K_4O_{20}P_8Pt_2.2H_2O$, Platinate(12-), tetrakis[μ-[diphosphito(4-)-*P*:*P*']]di-, tetrapotassium octahydrogen, dihydrate, [73588-97-3], 24:211
$H_8MoN_2O_4$, Molybdate (MoO_4^{2-}), diammonium, (*T*-4)-, [13106-76-8], 11:2
$H_8Mo_2N_2S_{12}.2H_2O$, Molybdate(2-), bis[μ-(disulfur-*S*,*S*':*S*,*S*')]tetrakis (dithio)di-, (*Mo-Mo*), diammonium, dihydrate, [65878-95-7], 27:48,49
$H_8Mo_3N_2S_{13}.xH_2O$, Molybdate(2-), tris[μ-(disulfur-*S*,*S*':*S*,*S*')]tris (dithio)-μ_3-thioxotri-, *triangulo*, diammonium, hydrate, [79950-09-7], 27:48,49
$H_8N_2PdS_{11}$, Palladate(2-), (hexathio-S^1) (pentathio)-, diammonium, [83853-39-8], 21:14
$H_8N_2PtS_{15}$, Platinate(2-), tris(pentathio)-, diammonium, (*OC*-6-11)-(+)-, [95976-59-3], 21:12,13
$H_8N_2S_5$, Ammonium sulfide ($(NH_4)_2(S_5)$), [12135-77-2], 21:12

$H_8N_4O_5S$, Sulfamic acid, hydroxynitroso-, diammonium salt, [66375-30-2], 5:121
$H_8N_4O_8P_{4.2}H_2O$, Metaphosphimic acid ($H_8P_4O_8N_4$), dihydrate, [15168-31-7], 9:79
H_8O_4Pt, Platinum(2+), tetraaqua-, (*SP*-4-1)-, [60911-98-0], 21:192
H_9B_5, Pentaborane(9), [19624-22-7], 15:118
H_9B_9, Nonaborate(2-), nonahydro-, [12430-24-9], 11:24
H_9B_9S, 1-Thiadecaborane(9), [41646-56-4], 22:22
$H_9B_9Se_2$, 7,9-Diselenaundecaborane(9), [146687-12-9], 29:103
$H_9ClCoN_5O_4$, Cobalt, triamminechlorobis (nitrito-*N*)-, [13601-65-5], 6:191
$H_9Cl_2N_3Pt$, Platinum(1+), triamminechloro-, chloride, (*SP*-4-2)-, [13815-16-2], 22:124
$H_9Cl_3CoN_3$, Cobalt, triamminetrichloro-, [30217-13-1], 6:182
$H_9CoN_6O_6$, Cobalt, triamminetris (nitrito-*N*)-, [13600-88-9], 6:189
———, Cobalt, triamminetris(nitrito-*N*)-, (*OC*-6-21)-, [20749-21-7], 23:109
$H_9CrN_3O_4$, Chromium, triamminediperoxy-, (*PB*-7-22-111'1'2)-, [17168-85-3], 8:132
H_9NSi_3, Silanamine, *N,N*-disilyl-, [13862-16-3], 11:159
$H_9N_2O_3PS$, Phosphorothioic acid, diammonium salt, [15792-81-1], 6:112
$H_9N_5O_2P_2$, Imidodiphosphoramide, [27596-84-5], 6:110,111
H_9Na_2Re, Rhenate(2-), nonahydro-, disodium, (*TPS*-9-111111111)-, [25396-43-4], 13:219
$H_{10}B_2N_2$, Boron, [μ-(hydrazine-*N*:*N'*)] hexahydrodi-, [13730-91-1], 9:13
$H_{10}B_6$, Hexaborane(10), [23777-80-2], 19:247,248
$H_{10}B_8Se_2$, 6,9-Diselenadecaborane(10), [69550-87-4], 29:105
$H_{10}B_{10}$, Decaborate(2-), decahydro-, [12356-12-6], 11:28,30
$H_{10}Cl_5MoN_2O$, Molybdate(2-), aquapentachloro-, diammonium, (*OC*-6-21)-, [13820-59-2], 13:171
$H_{10}N_2O_7P_2$, Diphosphoric acid, diammonium salt, [13597-86-9], 7:66
$H_{11}B_9S$, 6-Thiadecaborane(11), [12447-77-7], 22:228
$H_{11}B_{11}$, Undecaborate(2-), undecahydro-, [12430-44-3], 11:24
$H_{11}Cl_3CoN_3O$, Cobalt(1+), triammineaquadichloro-, chloride, (*OC*-6-13)-, [60966-27-0], 23:110
$H_{11}IN_2O_6$, Periodic acid (H_5IO_6), diammonium salt, [22077-17-4], 20:15
$H_{12}AsN_{05}$, Arsenic acid (H_3AsO_4), compd. with hydroxylamine (1:3), [149165-65-1], 3:83
$H_{12}B_2N_2$, Boron(1+), diamminedihydro-, (*T*-4)-, tetrahydroborate(1-), [36425-60-2], 9:4
$H_{12}B_9CsS$, 6-Thiadecaborate(1-), dodecahydro-, cesium, [11092-86-7], 22:227
$H_{12}B_{12}$, Dodecaborate(2-), dodecahydro-, [12356-13-7], 10:87,88;11:28,30
$H_{12}B_{12}ClCs_3$, Dodecaborate(2-), dodecahydro-, cesium chloride (1:3:1), [12046-86-5], 11:30
$H_{12}Br_3N_4Ru$, Ruthenium(1+), tetraamminedibromo-, bromide, (*OC*-6-22)-, [53024-85-4], 26:67
$H_{12}Br_3N_5OOs$, Osmium(2+), tetraamminebromonitrosyl-, dibromide, [39733-95-4], 16:12
$H_{12}Cl_2ClN_4Rh$, Rhodium(1+), tetraamminedichloro-, chloride, (*OC*-6-22)-, [71382-19-9], 24:223
$H_{12}Cl_2ClN_4Ru$, Ruthenium(1+), tetraamminedichloro-, chloride, (*OC*-6-22)-, [22327-28-2], 26:66
$H_{12}Cl_2N_4Pt$, Platinum(2+), tetraammine-, dichloride, (*SP*-4-1)-, [13933-32-9], 2:250;5:210
$H_{12}Cl_2N_4Pt.H_2O$, Platinum(2+), tetraammine-, dichloride,

monohydrate, (*SP*-4-1)-, [13933-33-0], 2:252
$H_{12}Cl_3GaO_{18}$, Gallium(3+), hexaaqua-, triperchlorate, [14637-59-3], 2:26; 2:28
$H_{12}Cl_3GaO_{18}.7/2H_2O$, Gallium(3+), hexa-aqua-, (*OC*-6-11)-, triperchlorate, hydrate (2:7), [150124-39-3], 2:26;2:28
$H_{12}Cl_3N_4Rh$, Rhodium(1+), tetraammine-dichloro-, chloride, (*OC*-6-12)-, [37488-14-5], 7:216
$H_{12}Cl_3N_5OOs$, Osmium(2+), tetraamminechloronitrosyl-, dichloride, [39733-94-3], 16:12
$H_{12}Cl_3N_5ORu$, Ruthenium(2+), tetraamminechloronitrosyl-, dichloride, [22615-60-7], 16:13
$H_{12}Cl_4N_4Pd_2$, Palladium(2+), tetra-ammine-, (*SP*-4-1)-, (*SP*-4-1)-tetrachloropalladate(2-) (1:1), [13820-44-5], 8:234
$H_{12}Cl_4N_4Pt_2$, Platinum(2+), tetraammine-, (*SP*-4-1)-, (*SP*-4-1)-tetrachloro-platinate(2-) (1:1), [13820-46-7], 2:251;7:241
$H_{12}Cl_6IrN_3$, Iridate(3-), hexachloro-, triammonium, (*OC*-6-11)-, [15752-05-3], 8:226
$H_{12}Cl_6MoN_3$, Molybdate(3-), hexachloro-, triammonium, (*OC*-6-11)-, [18747-24-5], 13:172;29:127
$H_{12}CoN_7O_7$, Cobalt(1+), tetraamminebis (nitrito-*N*)-, (*OC*-6-12)-, nitrate, [13782-04-2], 18:70,71
———, Cobalt(1+), tetraamminebis (nitrito-*N*)-, (*OC*-6-22)-, nitrate, [13782-03-1], 18:70,71
$H_{12}CrI_2O_6$, Chromium(2+), hexaaqua-, diiodide, (*OC*-6-11)-, [15221-15-5], 10:27
$H_{12}F_6N_3V$, Vanadate(3-), hexafluoro-, triammonium, (*OC*-6-11)-, [13815-31-1], 7:88
$H_{12}I_3N_5OOs$, Osmium(2+), tetraammine-iodonitrosyl-, diiodide, [39733-96-5], 16:12
$H_{12}MoO_6$, Molybdenum(3+), hexaaqua-, (*OC*-6-11)-, [34054-31-4], 23:133
$H_{12}Mo_2O_{10}$, Molybdenum(2+), hexa-aquadi-μ-oxodioxodi-, (*Mo-Mo*), [40804-49-7], 23:137
$H_{12}Mo_2O_{10}$, Molybdenum, hexaaquadi-μ-oxodioxodi-, [50440-19-2], 23:137
$H_{12}N_3O_7P$, Hydroxylamine, phosphate (3:1) (salt), [20845-01-6], 3:82
$H_{12}N_3RhS_{15}$, Rhodate(3-), tris(pentathio)-, triammonium, (*OC*-6-11)-, [33897-08-4], 21:15
$H_{12}N_4O_6S_2.H_2O$, Imidodisulfuric acid, triammonium salt, monohydrate, [148832-17-1], 2:179
$H_{12}N_7O_3P_3$, Diimidotriphosphoramide, [27712-38-5], 6:110
$H_{13}B_{11}$, Undecaborate(2-), tridecahydro-, [12448-04-3], 11:25
$H_{13}Br_2N_5O_2Os$, Osmium(2+), tetraamminehydroxynitrosyl-, dibromide, [60104-35-0], 16:11
$H_{13}Cl_2N_5O_2Os$, Osmium(2+), tetra-amminehydroxynitrosyl-, dichloride, [60104-36-1], 16:11
$H_{13}I_2N_5O_2Os$, Osmium(2+), tetra-amminehydroxynitrosyl-, diiodide, [60104-34-9], 16:11
$H_{14}B_9K$, Nonaborate(1-), tetradecahydro-, potassium, [39296-28-1], 26:1
$H_{14}B_{10}$, Decaborane(14), [17702-41-9], 9:17; 10:94;11:20,34
$H_{14}B_{11}$, Undecaborate(1-), tetra-decahydro-, [12448-05-4], 10:86;11:26
$H_{14}ClCoN_4O_5S$, Cobalt(2+), tetraammine-aquachloro-, (*OC*-6-33)-, sulfate (1:1), [67752-80-1], 6:178
$H_{14}ClCrN_4O_5S$, Chromium(2+), tetra-ammineaquachloro-, (*OC*-6-33)-, sulfate (1:1), [67345-16-8], 18:78
$H_{14}Cl_3CoN_4O$, Cobalt(2+), tetra-ammineaquachloro-, dichloride, (*OC*-6-33)-, [13820-78-5], 6:178

$H_{15}B_2F_8N_7Ru$, Ruthenium(2+), pentaammine(dinitrogen)-, (*OC*-6-22)-, bis [tetrafluoroborate(1-)], [15283-53-1], 12:5

$H_{15}BrIrN_5$, Iridium(2+), pentaamminebromo-, (*OC*-6-22)-, [35884-02-7], 12:245,246

$H_{15}Br_2N_7ORu$, Ruthenium(2+), pentaammine(dinitrogen monooxide)-, dibromide, (*OC*-6-22)-, [60133-59-7], 16:75

$H_{15}Br_2N_7Ru$, Ruthenium(2+), pentaammine(dinitrogen)-, dibromide, (*OC*-6-22)-, [15246-25-0], 12:5

$H_{15}Br_3CoN_5$, Cobalt(2+), pentaamminebromo-, dibromide, (*OC*-6-22)-, [14283-12-6], 1:186

$H_{15}Br_3CrN_5$, Chromium(2+), pentaamminebromo-, dibromide, (*OC*-6-22)-, [13601-60-0], 5:134

$H_{15}Br_3N_5Ru$, Ruthenium(2+), pentaamminebromo-, dibromide, (*OC*-6-22)-, [16446-65-4], 12:4

$H_{15}Br_3N_6OOs.H_2O$, Osmium(3+), pentaamminenitrosyl-, tribromide, monohydrate, (*OC*-6-22)-, [151247-06-2], 16:11

$H_{15}Cl_2CoN_5O_4Re$, Rhenium(2+), μ-oxotrioxo(pentaamminecobalt)-, dichloride, [31237-66-8], 12:216

$H_{15}Cl_2CoN_5O_{12}Re$, Rhenium(2+), μ-oxotrioxo(pentaamminecobalt)-, diperchlorate, [31085-10-6], 12:216

$H_{15}Cl_2CoN_6O$, Cobalt(2+), pentaamminenitrosyl-, dichloride, (*OC*-6-22)-, [13931-89-0], 4:168;5:185;8:191

$H_{15}Cl_2N_7ORu$, Ruthenium(2+), pentaammine(dinitrogen monooxide)-, dichloride, (*OC*-6-22)-, [60182-89-0], 16:75

$H_{15}Cl_2N_7Os$, Osmium(2+), pentaammine (dinitrogen)-, dichloride, (*OC*-6-22)-, [20611-50-1], 24:270

$H_{15}Cl_2N_7Ru$, Ruthenium(2+), pentaammine(dinitrogen)-, dichloride, (*OC*-6-22)-, [15392-92-4], 12:5

$H_{15}Cl_3CoN_5$, Cobalt(2+), pentaamminechloro-, dichloride, (*OC*-6-22)-, [13859-51-3], 5:185;6:182;9:160

$H_{15}Cl_3CrN_5$, Chromium(2+), pentaamminechloro-, dichloride, (*OC*-6-22)-, [13820-89-8], 2:196;6:138

$H_{15}Cl_3IrN_5$, Iridium(2+), pentaamminechloro-, dichloride, (*OC*-6-22)-, [15742-38-8], 7:227;12:243

$H_{15}Cl_3N_5Rh$, Rhodium(2+), pentaamminechloro-, dichloride, (*OC*-6-22)-, [13820-95-6], 7:216;13:213;24:222

$H_{15}Cl_3N_5Ru$, Ruthenium(2+), pentaamminechloro-, dichloride, (*OC*-6-22)-, [18532-87-1], 12:3;13:210; 24:255

$H_{15}Cl_3N_6OOs_3.H_2O$, Osmium(3+), pentaamminenitrosyl-, trichloride, monohydrate, (*OC*-6-22)-, [151120-21-7], 16:11

$H_{15}Cl_4N_5Pt$, Platinum(3+), pentaamminechloro-, trichloride, (*OC*-6-22)-, [16893-11-1], 24:277

$H_{15}Cl_9CoHg_3N_5$, Cobalt(2+), pentaamminechloro-, (*OC*-6-22)-, dichloride, compd. with mercury chloride ($HgCl_2$) (1:3), [149165-66-2], 9:162

$H_{15}CoFN_7O_6$, Cobalt(2+), pentaamminefluoro-, (*OC*-6-22)-, dinitrate, [14240-02-9], 4:172

$H_{15}CoIN_7O_6$, Cobalt(2+), pentaammineiodo-, (*OC*-6-22)-, dinitrate, [36395-86-5], 4:173

$H_{15}CoN_4O_8S_2$, Cobalt(2+), tetraammineaquahydroxy-, (*OC*-6-33)-, dithionate (1:1), [67326-97-0], 18:81

$H_{15}CoN_5O_{12}Re_3$, Rhenium(2+), μ-oxotrioxo(pentaamminecobalt)-, bis[(*T*-4)-tetraoxorhenate(1-)], [31031-09-1], 12:215

$H_{15}CoN_6O_{12}$, Cobalt(3+), triamminetriaqua-, trinitrate, [14640-49-4], 6:191

$H_{15}CoN_7O_{10}Re.H_2O$, Rhenium(2+), μ-oxotrioxo(pentaamminecobalt)-,

dinitrate, monohydrate, [150384-23-9], 12:216
$H_{15}CoN_8O_8$, Cobalt(2+), pentaammine (nitrito-*O*)-, (*OC*-6-21)-, dinitrate, [13600-94-7], 4:174
$H_{15}CoN_8O_9$, Cobalt(2+), pentaammine (nitrato-*O*)-, (*OC*-6-22)-, dinitrate, [14404-36-5], 4:174
$H_{15}Co_4I_3O_{24}.xH_2O$, Cobaltate(3-), hexa-aquatris[μ_3-[orthoperiodato(5-)-*O,O'*:*O,O''*:*O',O'''*]]tetra-, trihydrogen, hydrate, [149165-79-7], 9:142
$H_{15}CrN_4O_8S_2$, Chromium(2+), tetra-ammineaquahydroxy-, (*OC*-6-33)-, dithionate (1:1), [67327-07-5], 18:80
$H_{15}CrN_8O_8$, Chromium(2+), pentaammine (nitrito-*O*)-, (*OC*-6-22)-, dinitrate, [15040-45-6], 5:133
$H_{15}CrN_8O_9$, Chromium(2+), pentaammine (nitrato-*O*)-, (*OC*-6-22)-, dinitrate, [31255-93-3], 5:133
$H_{15}F_{12}N_7P_2Ru$, Ruthenium(2+), penta-ammine(dinitrogen)-, (*OC*-6-22)-, bis [hexafluorophosphate(1-)]-, [18532-86-0], 12:5
$H_{15}IIrN_5$, Iridium(2+), pentaammineiodo-, (*OC*-6-22)-, [25590-44-7], 12:245,246
$H_{15}I_2N_7ORu$, Ruthenium(2+), penta-ammine(dinitrogen monooxide)-, diiodide, (*OC*-6-22)-, [60182-90-3], 16:75
$H_{15}I_2N_7Os$, Osmium(2+), pentaammine (dinitrogen)-, diiodide, (*OC*-6-22)-, [20611-52-3], 16:9
$H_{15}I_2N_7Ru$, Ruthenium(2+), pentaammine (dinitrogen)-, diiodide, (*OC*-6-22)-, [15651-39-5], 12:5
$H_{15}I_3N_5Os$, Osmium(2+), pentaammine-iodo-, diiodide, (*OC*-6-22)-, [39733-97-6], 16:10
$H_{15}I_3N_5Ru$, Ruthenium(2+), penta-ammineiodo-, diiodide, (*OC*-6-22)-, [16455-58-6], 12:4
$H_{15}I_3N_6OOs.H_2O$, Osmium(3+), penta-amminenitrosyl-, triiodide, monohydrate, (*OC*-6-22)-, [43039-38-9], 16:11
$H_{15}IrN_6O_3$, Iridium(2+), pentaammine (nitrato-*O*)-, (*OC*-6-22)-, [42482-42-8], 12:245,246
$H_{15}IrN_8$, Iridium(2+), pentaammineazido-, (*OC*-6-22)-, [34412-11-8], 12:245,246
$H_{15}N_4O_8RhS_2$, Rhodium(2+), tetra-ammineaquahydroxy-, (*OC*-6-33)-, dithionate (1:1), [72902-00-2], 24:225
$H_{16}Al_4Na_4O_{16}Si_4.9H_2O$, Silicic acid ($H_4SiO_4$), aluminum sodium salt, hydrate (4:4:4:9), [151567-94-1], 22:61;30:228
$H_{16}B_{13}Cs_3$, Dodecaborate(2-), dodeca-hydro-, cesium tetrahydroborate(1-) (1:3:1), [150384-19-3], 11:30
$H_{16}Cl_3CoN_4O_{14}$, Cobalt(3+), tetra-amminediaqua-, (*OC*-6-22)-, triperchlorate, [15040-53-6], 18:83
$H_{16}Cl_3CrN_4O_{14}$, Chromium(3+), tetra-amminediaqua-, (*OC*-6-22)-, triperchlorate, [41733-15-7], 18:82
$H_{16}IrN_5O$, Iridium(2+), pentaammine-hydroxy-, (*OC*-6-22)-, [44439-82-9], 12:245,246
$H_{16}Mo_2O_8$, Molybdenum(4+), octaaquadi-, (*Mo-Mo*), [91798-52-6], 23:131
$H_{16}N_4O_7P_2$, Diphosphoric acid, tetra-ammonium salt, [13765-35-0], 7:65;21:157
$H_{16}N_5O_4RhS$, Rhodium(2+), penta-amminehydro-, (*OC*-6-21)-, sulfate (1:1), [19440-32-5], 13:214
$H_{17}Br_3CoN_5O$, Cobalt(3+), pentaammine-aqua-, tribromide, (*OC*-6-22)-, [14404-37-6], 1:188
$H_{17}Br_3CrN_5O$, Chromium(3+), penta-ammineaqua-, tribromide, (*OC*-6-22)-, [19706-92-4], 5:134
$H_{17}Cl_3CrN_5O$, Chromium(3+), penta-ammineaqua-, trichloride, (*OC*-6-22)-, [15203-78-8], 6:141
$H_{17}Cl_3IrN_5O_{13}$, Iridium(3+), pentaammineaqua-, (*OC*-6-22)-, triperchlorate, [31285-82-2], 12:244

$H_{17}Cl_3N_5O_{13}Rh$, Rhodium(3+), pentaammineaqua-, (*OC*-6-22)-, triperchlorate, [15611-81-1], 24:254
$H_{17}CoN_5O_{13}Re_3.2H_2O$, Cobalt(3+), pentaammineaqua-, (*OC*-6-22)-, tris[(*T*-4)-tetraoxorhenate(1-)], dihydrate, [20774-10-1], 12:214
$H_{17}CrN_8O_{10}$, Chromium(3+), pentaammineaqua-, (*OC*-6-22)-, trinitrate, [19683-62-6], 5:134
$H_{17}IrN_5O$, Iridium(3+), pentaammineaqua-, (*OC*-6-22)-, [29589-08-0], 12:245,246
$H_{18}B_3F_{12}N_6Ru$, Ruthenium(3+), hexaammine-, (*OC*-6-11)-, tris[tetrafluoroborate(1-)], [16455-57-5], 12:7
$H_{18}Br_2FeN_6$, Iron(2+), hexaammine-, dibromide, (*OC*-6-11)-, [13601-50-8], 4:161
$H_{18}Br_2N_6Ni$, Nickel(2+), hexaammine-, dibromide, (*OC*-6-11)-, [13601-55-3], 3:194
$H_{18}Br_3CoN_6$, Cobalt(3+), hexaammine-, tribromide, (*OC*-6-11)-, [10534-85-7], 2:219
$H_{18}Br_3N_6Ru$, Ruthenium(3+), hexaammine-, tribromide, (*OC*-6-11)-, [16455-56-4], 13:211
$H_{18}Cl_2CoN_6$, Cobalt(2+), hexaammine-, dichloride, (*OC*-6-11)-, [13874-13-0], 8:191;9:157
$H_{18}Cl_2N_6Ru$, Ruthenium(2+), hexaammine-, dichloride, (*OC*-6-11)-, [15305-72-3], 13:208,209
$H_{18}Cl_3CoN_6$, Cobalt(3+), hexaammine-, trichloride, (*OC*-6-11)-, [10534-89-1], 2:217;18:68
$H_{18}Cl_3CrN_6$, Chromium(3+), hexaammine-, trichloride, (*OC*-6-11)-, [13820-25-2], 2:196;10:37
$H_{18}Cl_3IrN_6$, Iridium(3+), hexaammine-, trichloride, (*OC*-6-11)-, [14282-93-0], 24:267
$H_{18}Cl_3N_6O_{12}Rh$, Rhodium(3+), hexaammine-, (*OC*-6-11)-, triperchlorate, [60245-92-3], 24:255
$H_{18}Cl_3N_6Os$, Osmium(3+), hexaammine-, trichloride, (*OC*-6-11)-, [42055-53-8], 24:273
$H_{18}Cl_3N_6V$, Vanadium(3+), hexaammine-, trichloride, (*OC*-6-11)-, [148832-36-4], 4:130
$H_{18}Cl_4N_6Pt$, Platinum(4+), hexaammine-, tetrachloride, (*OC*-6-11)-, [16893-12-2], 15:93
$H_{18}Cl_4N_6RuZn$, Ruthenium(2+), hexaammine-, (*OC*-6-11)-, (*T*-4)-tetrachlorozincate(2-) (1:1), [25534-93-4], 13:210
$H_{18}Cl_6CoFeN_6$, Cobalt(3+), hexaammine-, (*OC*-6-11)-, (*OC*-6-11)-hexachloroferrate(3-) (1:1), [15928-89-9], 11:48
$H_{18}CoN_9O_9$, Cobalt(3+), hexaammine-, (*OC*-6-11)-, trinitrate, [10534-86-8], 2:218
$H_{18}CrN_9O_9$, Chromium(3+), hexaammine-, (*OC*-6-11)-, trinitrate, [15363-28-7], 3:153
$H_{18}I_2N_6Ni$, Nickel(2+), hexaammine-, diiodide, (*OC*-6-11)-, [13859-68-2], 3:194
$H_{18}I_3N_6Os$, Osmium(3+), hexaammine-, triiodide, (*OC*-6-11)-, [42055-55-0], 16:10
$H_{18}I_3N_6Ru$, Ruthenium(3+), hexaammine-, triiodide, (*OC*-6-11)-, [16446-62-1], 12:7
$H_{18}Mo_2O_{10}$, Molybdenum(4+), octaaquadi-μ-hydroxydi-, [51567-86-3], 23:135
$H_{18}Mo_3O_{13}$, Molybdenum(4+), nonaaquatri-μ-oxo-μ^3-oxotri-, *triangulo*, [74353-85-8], 23:136
$H_{18}N_6O_8PtS_2$, Platinum(4+), hexaammine-, (*OC*-6-11)-, sulfate (1:2), [49730-82-7], 15:94
$H_{20}Cl_9Mo_2N_5.H_2O$, Molybdate(5-), tri-μ-chlorohexachlorodi-, (*Mo-Mo*), pentaammonium, monohydrate, [123711-64-8], 19:129
$H_{21}Cl_3Co_2N_6O_7.2H_2O$, Cobalt(3+), hexaamminetri-μ-hydroxydi-,

triperchlorate, dihydrate, [37540-75-3], 23:100

$H_{21}CrN_{10}O_{13}$, Chromium(3+), pentaammineaqua-, (*OC*-6-22)-, ammonium nitrate (1:1:4), [41729-31-1], 5:132

$H_{24}Cl_4Co_2N_6O_{20}.5H_2O$, Cobalt(4+), hexaamminediaquadi-μ-hydroxydi-, tetraperchlorate, pentahydrate, [153590-09-1], 23:111

$H_{24}N_6O_{28}V_{10}.6H_2O$, Vanadate ($V_{10}O_{28}{}^{6-}$), hexaammonium, hexahydrate, [37355-92-3], 19:140,143

$H_{26}Br_4Co_2N_8O_2.4H_2O$, Cobalt(4+), octaamminedi-μ-hydroxydi-, tetrabromide, tetrahydrate, [151085-68-6], 18:88

$H_{26}Br_4Cr_2N_8O_2.4H_2O$, Chromium(4+), octaamminedi-μ-hydroxydi-, tetrabromide, tetrahydrate, [151085-69-7], 18:86

$H_{26}Br_4N_8O_2Rh_2$, Rhodium(4+), octaamminedi-μ-hydroxydi-, tetrabromide, [72902-02-4], 24:226

$H_{26}Cl_4Co_2N_8O_{18}.2H_2O$, Cobalt(4+), octaamminedi-μ-hydroxydi-, tetraperchlorate, dihydrate, [151120-14-8], 18:88

$H_{26}Cl_4Cr_2N_8O_{18}.2H_2O$, Chromium(4+), octaamminedi-μ-hydroxydi-, tetraperchlorate, dihydrate, [151120-15-9], 18:87

$H_{26}Cl_5Co_2N_9.4H_2O$, Cobalt(4+), μ-amidooctaammine-μ-chlorodi-, tetrachloride, tetrahydrate, [24833-05-4], 12:209

$H_{26}Co_2N_{12}O_{11}.H_2O$, Cobalt(3+), μ-amidooctaammine[μ-(peroxy-*O*:*O*')]di-, trinitrate, monohydrate, [19454-33-2], 12:203

$H_{26}Co_2N_{13}O_{14}$, Cobalt(4+), μ-amidooctaammine[μ-(superoxido-*O*:*O*')]di-, tetranitrate, [12139-90-1], 12:206

$H_{27}Cl_4Co_2N_9O.4H_2O$, Cobalt(4+), μ-amidooctaammine-μ-hydroxydi-, tetrachloride, tetrahydrate, [15771-94-5], 12:210

$H_{30}Cl_5Co_2N_{10}O_2.H_2O$, Cobalt(5+), decaammine[μ-(superoxido-*O*:*O*')]di-, pentachloride, monohydrate, [150399-25-0], 12:199

$H_{30}Co_2N_{14}O_{14}$, Cobalt(4+), decaammine [μ-(peroxy-*O*:*O*')]di-, tetranitrate, [16632-71-6], 12:198

$H_{32}Cl_5Co_2N_{11}O_{20}.H_2O$, Cobalt(5+), μ-amidodecaamminedi-, pentaperchlorate, monohydrate, [150384-26-2], 12:212

$H_{32}Co_2N_8O_{16}S_3$, Cobalt(3+), tetraamminediaqua-, (*OC*-6-22)-, sulfate (2:3), [41333-33-9], 6:179

$H_{42}Br_6Co_4N_{12}O_6$, Cobalt(6+), dodecaamminehexa-μ-hydroxytetra-, hexabromide, stereoisomer, [125994-43-6], 29:170-172

$H_{42}Br_6Co_4N_{12}O_6$, Cobalt(6+), dodecaamminehexa-μ-hydroxytetra-, hexabromide, stereoisomer, [126060-35-3], 29:170-172

$H_{42}Co_4I_6N_{12}O_6.4H_2O$, Cobalt(6+), dodecaamminehexa-μ-hydroxytetra-, hexaiodide, tetrahydrate, [153771-78-9], 29:170

$H_{42}Co_4N_{12}O_{18}S_3.4H_2O$, Cobalt(6+), dodecaamminehexa-μ-hydroxytetra-, sulfate (1:3), tetrahydrate, [108652-73-9], 6:176;6:179

$H_{48}Li_{25}N_{16}S_{25}Ti_{25}$, Lithium titanium sulfide ($Li_{0.22}TiS_2$), ammoniate (25:16), [158188-77-3], 30:170

$H_{72}N_{18}NaO_{86}Sb_9W_{21}$, Tungstate(19-), hexaoctacontaoxononaantimonatehene icosa-, octadecaammonium sodium, [64104-53-6], 27:120

$HfCl_2C_{20}H_{30}$, Hafnium, dichlorobis [(1,2,3,4,5-η)-1,2,3,4,5-pentamethyl-2,4-cyclopentadien-1-yl]-, [85959-83-7], 24:154

$HfCl_4$, Hafnium chloride ($HfCl_4$), (*T*-4)-, [13499-05-3], 4:121

$HfCl_4O_2C_8H_{16}$, Hafnium, tetrachlorobis (tetrahydrofuran)-, [21959-05-7], 21:137

$HfF_{12}O_8C_{20}H_{16}$, Hafnium, tetrakis(1,1,1-trifluoro-2,4-pentanedionato-*O*,*O*')-, [17475-68-2], 9:50

$HfK_4O_{16}C_{8.5}H_2O$, Hafnate(4-), tetrakis [ethanedioato(2-)-*O,O'*]-, tetrapotassium, pentahydrate, (*DD*-8-111"1"1'1'1'"1'"')-, [64998-59-0], 8:42

$HfO_2C_{12}H_{10}$, Hafnium, dicarbonylbis(η^5-2,4-cyclopentadien-1-yl)-, [59487-86-4], 24:151;28:252

$HfO_2C_{22}H_{30}$, Hafnium, dicarbonylbis [(1,2,3,4,5-η)-1,2,3,4,5-pentamethyl-2,4-cyclopentadien-1-yl]-, [76830-38-1], 24:151;28:255

HfS_2, Hafnium sulfide (HfS_2), [18855-94-2], 12:158,163;30:26

$Hf_3K_4Te_{17}$, Hafnium potassium telluride ($Hf_3K_4(Te_2)_7(Te_3)$), [132938-07-9], 30:86

$HgBrO_9Ru_3C_{15}H_9$, Ruthenium, (bromomercury)nonacarbonyl[μ_3-[(1-η:1,2-η:1,2-η)-3,3-dimethyl-1-butynyl]]tri-, (*2Hg-Ru*)(*3Ru-Ru*), [74870-34-1], 26:332

$HgBr_2N_4Se_2C_2H_8$, Mercury, dibromobis (selenourea-*Se*)-, (*T*-4)-, [60004-25-3], 16:86

$HgClMn_2O_8PC_{20}H_{10}$, Manganese, octacarbonyl(chloromercury)[μ-(diphenylphosphino)]di-, (*2Hg-Mn*)(*Mn-Mn*), [90739-58-5], 26:230

$HgCl_2$, Mercury chloride ($HgCl_2$), [7487-94-7], 6:90

$HgCl_2N_2SCH_4$, Mercury(1+), chloro (thiourea-*S*)-, chloride, [149165-67-3], 6:26

$HgCl_2N_4S_2C_2H_8$, Mercury(2+), bis (thiourea-*S*)-, dichloride, [150124-45-1], 6:27

$HgCl_2N_4Se_2C_2H_8$, Mercury, dichlorobis (selenourea-*Se*)-, (*T*-4)-, [39039-14-0], 16:85

$HgCl_2N_6S_3C_3H_{12}$, Mercury(2+), tris (thiourea-*S*)-, dichloride, [150124-46-2], 6:28

$HgCl_2N_8S_4C_4H_{16}$, Mercury(2+), tetrakis (thiourea-*S*)-, dichloride, (*T*-4)-, [15695-44-0], 6:28

$HgCl_2P_2C_8H_{22}$, Mercury(2+), bis [(trimethylphosphonio)methyl]-, dichloride, [51523-31-0], 18:140

$HgCl_2P_2C_{24}H_{54}$, Mercury, dichlorobis (tributylphosphine)-, (*T*-4)-, [41665-91-2], 6:90

$HgCoH_6N_6O_8$, Cobaltate(1-), diamminetetrakis(nitrito-*N*)-, mercury(1+), [15490-00-3], 9:172

$HgCoN_4O_8C_4H_8$, Cobaltate(1-), bis (glyciato-*N,O*)bis(nitrito-*N*)-, mercury(1+), [15490-09-2], 9:173

$HgCr_2O_6C_{16}H_{10}$, Chromium, hexacarbonylbis(η^5-2,4-cyclopentadien-1-yl)(mercury)di-, (*2Cr-Hg*), [12194-11-5], 7:104

HgF, Mercury fluoride (HgF), [27575-47-9], 4:136

HgF_2, Mercury fluoride (HgF_2), [7783-39-3], 4:136

$HgF_4N_2S_2$, Imidosulfurous difluoride, mercury(2+) salt, [23303-78-8], 24:14

HgF_6C_2, Mercury, bis(trifluoromethyl)-, [371-76-6], 24:52

$HgICH_3$, Mercury, iodomethyl-, [143-36-2], 24:143

$HgIO_9Ru_3C_{15}H_9$, Ruthenium, nonacarbonyl[μ_3-[(1-η:1,2-η:1,2-η)-3,3-dimethyl-1-butynyl]](iodomercury)tri-, (*2Hg-Ru*)(*3Ru-Ru*), [74870-35-2], 26:330

$HgMoO_{12}Ru_3C_{23}H_{14}$, Molybdenum, tricarbonyl(η^5-2,4-cyclopentadien-1-yl)mercurate[nonacarbonyl[μ_3-[(1-η:1,2-η:1,2-η)-3,3-dimethyl-1-butynyl]]triruthenate]-, (*Hg-Mo*) (*2Hg-Ru*)(*3Ru-Ru*), [84802-27-7], 26:333

$HgNO_3CH_3$, Mercury, methyl(nitrato-*O*)-, [2374-27-8], 24:144

$HgN_3O_6S_2$, Imidodisulfuric acid, diammonium salt, [13597-84-7], 2:180

HgO, Mercury oxide (HgO), [21908-53-2], 5:157,159

$HgO_2C_3H_6$, Mercury, (acetato-*O*)methyl-, [108-07-6], 24:145

$HgO_{18}Ru_6C_{30}H_{18}$, Ruthenium, octadecacarbonylbis[μ$_3$-[(1-η:1,2-η:1,2-η)-3,3-dimethyl-1-butynyl]](mercury)hexa-, (4*Hg-Ru*)(6*Ru-Ru*), [84802-26-6], 26:333

HgS, Mercury sulfide (HgS), [1344-48-5], 1:19

$Hg_{2.86}AsFe_6$, Arsenic mercury fluoride ($AsHg_{2.86}Fe_6$), [153420-98-5], 19:25

$Hg_2Cl_4N_4Se_2C_2H_8$, Mercury, di-μ-chloro-dichlorobis(selenourea-*Se*)di-, [38901-81-4], 16:86

Hg_2F_2, Mercury fluoride (Hg_2F_2), [13967-25-4], 4:136

$Hg_{2.91}F_6Sb$, Antimony mercury fluoride ($SbHg_{2.91}F_6$), [153481-21-1], 19:26

$Hg_3As_2F_{12}$, Arsenate(1-), hexafluoro-, (trimercury)(2+) (2:1), [34738-00-6], 19:24

$Hg_3Cl_2S_2$, Mercury chloride sulfide ($Hg_3Cl_2S_2$), [12051-13-7], 14:171

$Hg_3Cl_9CoH_{15}N_5$, Cobalt(2+), pentaamminechloro-, (*OC*-6-22)-, dichloride, compd. with mercury chloride ($HgCl_2$) (1:3), [149165-66-2], 9:162

$Hg_3F_{22}Sb_4$, Antimonate(1-), μ-fluoro-decafluorodi-, (trimercury)(2+) (2:1), [38832-79-0], 19:23

HLiO.H_2O, Lithium hydroxide (Li(OH)), monohydrate, [1310-66-3], 5:3

$HoBa_2Cu_4O_8$, Barium copper holmium oxide ($Ba_2Cu_4HoO_8$), [122015-02-5], 30:193

$HoCl_3$, Holmium chloride ($HoCl_3$), [10138-62-2], 22:39

$HoCl_5Cs_2$, Holmate(2-), pentachloro-, dicesium, [97252-98-7], 30:78

$HoF_{18}N_6O_6P_9C_{72}H_{72}$, Holmium(3+), hexakis(*P*,*P*-diphenylphosphinic amide-*O*)-, (*OC*-6-11)-, tris[hexafluorophosphate(1-)], [59449-59-1], 23:180

$HoN_3O_{13}C_8H_{16}$, Holmium, tris (nitrato-*O*)(1,4,7,10-tetraoxacyclododecane-O^1,O^4,O^7,O^{10})-, [73288-75-2], 23:151

$HoN_3O_{14}C_{10}H_{20}$, Holmium, tris (nitrato-*O*,*O*')(1,4,7,10,13-pentaoxacyclopentadecane-O^1,O^4,O^7,O^{10},O^{13})-, [77372-00-0], 23:151

$HoN_3O_{15}C_{12}H_{24}$, Holmium, (1,4,7,10,13,16-hexaoxacyclooctadecane-O^1,O^4,O^7,O^{10},O^{13},O^{16})tris (nitrato-*O*,*O*')-, [77372-11-3], 23:152

$HoN_4O_2C_{49}H_{35}$, Holmium, (2,4-pentanedionato-*O*,*O*')[5,10,15,20-tetraphenyl-21*H*,23*H*-porphinato(2-)-N^{21},N^{22},N^{23},N^{24}]-, [61276-75-3], 22:160

$HoN_4O_2C_{55}H_{47}$, Holmium, (2,2,6,6-tetramethyl-3,5-heptanedionato-*O*,*O*')[5,10,15,20-tetraphenyl-21*H*,23*H*-porphinato(2-)-N^{21},N^{22},N^{23},N^{24}]-, [89769-04-0], 22:160

$HoO_3C_{45}H_{69}$, Phenol, 2,6-bis(1,1-dimethylethyl)-4-methyl-, holmium (3+) salt, [89085-97-2], 27:167

$HoO_6C_{33}H_{57}$, Holmium, tris(2,2,6,6-tetramethyl-3,5-heptanedionato-*O*,*O*')-, (*OC*-6-11)-, [15522-73-3], 11:96

$Ho_2Br_9Cs_3$, Holmate(3-), tri-μ-bromohexabromodi-, tricesium, [73190-97-3], 30:79

$Ho_2Cl_2Si_8C_{44}H_{84}$, Holmium, tetrakis [(1,2,3,4,5-η)-1,3-bis(trimethylsilyl)-2,4-cyclopentadien-1-yl]di-μ-chlorodi-, [81523-80-0], 27:171

$Ho_2Cl_9Cs_3$, Holmate(3-), tri-μ-chloro-hexachlorodi-, tricesium, [73191-13-6], 30:79

Ho_2S_3, Holmium sulfide (Ho_2S_3), [12162-59-3], 14:154

$Ho_4N_{12}O_{51}C_{30}H_{60}$, Holmium(1+), bis (nitrato-*O*,*O*')(1,4,7,10,13-pentaoxacyclopentadecane-O^1,O^4,O^7,O^{10},O^{13})-, hexakis(nitrato-*O*,*O*')holmate (3-) (3:1), [94121-29-6], 23:153

$Ho_4N_{12}O_{54}C_{36}H_{72}$, Holmium(1+), (1,4,7,10,13,16-hexaoxacyclooctadecane-O^1,O^4,O^7,O^{10},O^{13},O^{16})bis (nitrato-*O*,*O*')-, hexakis(nitrato-*O*,*O*') holmate(3-) (3:1), [99352-32-6], 23:155

IAg, Silver iodide (AgI), [7783-96-2], 2:6
$IAg_2H_5O_6$, Periodic acid (H_5IO_6), disilver (1+) salt, [14014-59-6], 20:15
$IAsC_2H_6$, Arsinous iodide, dimethyl-, [676-75-5], 6:116;7:85
$IAsF_6S_7$, Sulfur(1+), (hexathio)iodo-, hexafluoroarsenate(1-), [61459-17-4], 27:333
IAuTe, Gold iodide telluride (AuITe), [29814-43-5], 14:170
$IAuTe_2$, Gold iodide telluride ($AuITe_2$), [12393-71-4], 14:170
$IBMoN_7O_2C_{17}H_{27}$, Molybdenum, ethoxyiodonitrosyl[tris(3,5-dimethyl-1*H*-pyrazolato-N^1)hydroborato (1-)-N^2,$N^{2'}$,$N^{2''}$]-, (*OC*-6-44)-, [60106-31-2], 23:7
$IBMoN_8OC_{17}H_{28}$, Molybdenum, (ethanaminato)iodonitrosyl[tris(3,5-dimethyl-1*H*-pyrazolato-N^1) hydroborato(1-)-N^2,$N^{2'}$,$N^{2''}$]-, (*OC*-6-33)-, [70114-01-1], 23:8
$IBNC_3H_{11}$, Boron, (*N*,*N*-dimethylmethanamine)dihydroiodo-, (*T*-4)-, [25741-81-5], 12:120
$IBN_2C_9H_{18}$, Boron(1+), (*N*,*N*-dimethylmethanamine)dihydro(4-methylpyridine)-, iodide, (*T*-4)-, [22807-52-9], 12:132
$IBP_2C_6H_{20}$, Boron(1+), dihydrobis (trimethylphosphine)-, iodide, (*T*-4)-, [32842-92-5], 12:135
IB_2D_5, Diborane(6)-μ,μ,1,1,2-d_5, 2-iodo-, [67403-13-8], 18:147
IB_2H_5, Diborane(6), iodo-, [20436-27-5], 18:147
IBiS, Bismuthine, iodothioxo-, [15060-32-9], 14:172
$IBrClNC_4H_{12}$, Methanaminium, *N*,*N*,*N*-trimethyl-, bromochloroiodate(1-), [15695-49-5], 5:172
IBr_2Cs, Iodate(1-), dibromo-, cesium, [18278-82-5], 5:172
$IBr_2NC_4H_{12}$, Methanaminium, *N*,*N*,*N*-trimethyl-, dibromoiodate(1-), [15801-99-7], 5:172
$IBr_2NC_{12}H_{28}$, 1-Propanaminium, *N*,*N*,*N*-tripropyl-, dibromoiodate(1-), [149165-62-8], 5:172
$IBr_2NC_{16}H_{36}$, 1-Butanaminium, *N*,*N*,*N*-tributyl-, dibromoiodate(1-), [15802-00-3], 29:44
$IBr_2S_{16}C_{20}H_{16}$, Iodate(1-), dibromo-, salt with 2-(5,6-dihydro-1,3-dithiolo [4,5-*b*][1,4]dithiin-2-ylidene)-5,6-dihydro-1,3-dithiolo[4,5-*b*][1,4]dithiin (1:2), [92671-60-8], 29:45
$ICdC_2H_5$, Cadmium, ethyliodo-, [17068-35-8], 19:78
ICl, Iodine chloride (ICl), [7790-99-0], 9:130
$IClH_6N_2Pt$, Platinum, diamminechloroiodo-, (*SP*-4-2)-, [15559-60-1], 22:124
$IClNC_5H_5$, Iodine, chloro(pyridine)-, [60442-73-1], 7:176
$IClSiC_6H_6$, Silane, chloroiodophenyl-, [18163-26-3], 11:160
ICl_2Cs, Iodate(1-), dichloro-, cesium, [15605-42-2], 4:9;5:172
$ICl_2NC_4H_{12}$, Methanaminium, *N*,*N*,*N*-trimethyl-, dichloroiodate(1-), [1838-41-1], 5:176
$ICl_2NC_8H_{20}$, Ethanaminium, *N*,*N*,*N*-triethyl-, dichloroiodate(1-), [53280-40-3], 5:172
$ICl_2NC_{12}H_{28}$, 1-Propanaminium, *N*,*N*,*N*-tripropyl-, dichloroiodate(1-), [54763-33-6], 5:172
$ICl_2NC_{16}H_{36}$, 1-Butanaminium, *N*,*N*,*N*-tributyl-, dichloroiodate(1-), [54763-34-7], 5:172
ICl_2Rb, Iodate(1-), dichloro-, rubidium, [15859-81-1], 5:172
$ICl_2SC_3H_9$, Sulfonium, trimethyl-, dichloroiodate(1-), [149165-63-9], 5:172
ICl_3, Iodine chloride (ICl_3), [865-44-1], 1:167;9:130-132
ICl_3Si, Silane, trichloroiodo-, [13465-85-5], 4:41
$ICl_4NC_4H_{12}$, Methanaminium, *N*,*N*,*N*-trimethyl-, tetrachloroiodate(1-), [15625-60-2], 5:172

$ICl_4NC_{16}H_{36}$, 1-Butanaminium, *N,N,N*-tributyl-, tetrachloroiodate(1-), [15625-59-9], 5:176
$ICl_4SC_3H_9$, Sulfonium, trimethyl-, tetrachloroiodate(1-), [149250-79-3], 5:172
$ICoH_{15}N_7O_6$, Cobalt(2+), pentaammineiodo-, (*OC*-6-22)-, dinitrate, [36395-86-5], 4:173
$ICoN_2O_2$, Cobalt, iododinitrosyl-, [44387-12-4], 14:86
$ICoN_4OC_{14}H_{26}$, Cobalt(1+), [2-[1-[(2-aminoethyl)imino]ethyl] phenolato-*N,N'*,*O*](1,2-ethanediamine-*N,N'*)ethyl-, iodide, (*OC*-6-34)-, [103881-04-5], 23:167
$ICoN_4OC_{15}H_{28}$, Cobalt(1+), [2-[1-[(3-aminopropyl)imino]ethyl] phenolato-*N,N'*,*O*]methyl(1,3-propanediamine-*N,N'*)-, iodide, (*OC*-6-34)-, [103925-36-6], 23:170
$ICoN_4OC_{16}H_{30}$, Cobalt(1+), ethyl[2-[1-[(3-aminopropyl)imino]ethyl] phenolato-*N,N'*,*O*](1,3-propanediamine-*N,N'*)-, iodide, (*OC*-6-34)-, [103925-35-5], 23:169
$ICoN_4O_4C_6H_{16}$, Cobalt(1+), bis(1,2-ethanediamine-*N,N'*)[ethanedioato(2-)-*O,O'*]-, iodide, (*OC*-6-22-Λ)-, [40028-98-6], 18:99
$ICrC_{12}H_{12}$, Chromium(1+), bis(η^6-benzene)-, iodide, [12089-29-1], 6:132
$ICrF_2N_4C_4H_{16}$, Chromium(1+), bis(1,2-ethanediamine-*N,N'*)difluoro-, iodide, (*OC*-6-22)-, [15444-78-7], 24:186
ICu, Copper iodide (CuI), [7681-65-4], 6:3;22:101
$ICuN_2PC_{22}H_{35}$, Copper, (2,2'-bipyridine-*N,N'*)iodo(tributylphosphine)-, (*T*-4)-, [81201-03-8], 7:11
$ICuSe_3$, Copper iodide selenide ($CuISe_3$), (*T*-4)-, [12410-62-7], 14:170
ICuTe, Copper iodide telluride (CuITe), [12410-63-8], 14:170
$ICuTe_2$, Copper iodide telluride ($CuITe_2$), [12410-64-9], 14:170
IF_2P, Phosphorous difluoride iodide, [13819-11-9], 10:155
IF_6S_7Sb, Sulfur(1+), (hexathio)iodo-, (*OC*-6-11)-hexafluoroantimonate(1-), [61459-18-5], 27:333
$IFeN_2O_2$, Iron, iododinitrosyl-, [67486-38-8], 14:82
$IFeO_2C_7H_5$, Iron, dicarbonyl(η^5-2,4-cyclopentadien-1-yl)iodo-, [12078-28-3], 7:110;12:36
$IGeC_2H_7$, Germane, iododimethyl-, [33129-32-7], 18:158
$IGeH_3$, Germane, iodo-, [13573-02-9], 15:161;18:162
IGe_2H_5, Digermane, iodo-, [19021-93-3], 15:169
IH, Hydriodic acid, [10034-85-2], 1:157;2:210;7:180
$IH_2Na_3O_6$, Periodic acid (H_5IO_6), trisodium salt, [13940-38-0], 1:169-170;2:212
IH_3Si, Silane, iodo-, [13598-42-0], 11:159;19:268,270
IH_4P, Phosphonium iodide ((PH_4)I), [12125-09-6], 2:141;6:91
IH_5O_6, Periodic acid (H_5IO_6), [10450-60-9], 1:172
$IH_{11}N_2O_6$, Periodic acid (H_5IO_6), diammonium salt, [22077-17-4], 20:15
$IH_{15}IrN_5$, Iridium(2+), pentaammineiodo-, (*OC*-6-22)-, [25590-44-7], 12:245,246
$IHgCH_3$, Mercury, iodomethyl-, [143-36-2], 24:143
$IHgO_9Ru_3C_{15}H_9$, Ruthenium, nonacarbonyl[μ_3-[(1-η:1,2-η:1,2-η)-3,3-dimethyl-1-butynyl]](iodomercury)tri-, (*2Hg-Ru*)(*3Ru-Ru*), [74870-35-2], 26:330
IIn, Indium iodide (InI), [13966-94-4], 7:19,20
$IInS_2C_{12}H_{10}$, Indium, bis(benzenethiolato) iodo-, [115169-34-1], 29:17
IK, Potassium iodide (KI), [7681-11-0], 1:163
IKO_4, Periodic acid (HIO_4), potassium salt, [7790-21-8], 1:171

$IMgCH_3$, Magnesium, iodomethyl-, [917-64-6], 9:92,93

$IMnO_3C_8H_4$, Manganese, tricarbonyl(η^5-1-iodo-2,4-cyclopentadien-1-yl)-, [12079-63-9], 20:193

$IMnO_5C_5$, Manganese, pentacarbonyliodo-, (*OC*-6-22)-, [14879-42-6], 19:161,162;28:157,15

$IMoC_{11}H_{11}$, Molybdenum, (η^6-benzene) (η^5-2,4-cyclopentadien-1-yl)iodo-, [57398-77-3], 20:199

INNiO, Nickel, iodonitrosyl-, [47962-79-8], 14:88

$INO_2C_{16}H_{12}$, Iodine, (benzoato-*O*) (quinoline-*N*)-, [97436-76-5], 7:170

$INO_4PC_{18}H_{17}$, Phosphorus(1+), amidotriphenyl-, (*T*-4)-, salt with periodic acid (HIO_4), [32740-42-4], 7:69

$INO_4SWC_{21}H_{36}$, 1-Butanaminium, *N,N,N*-tributyl-, (*OC*-6-23)-(carbonothioyl) tetracarbonyliodotungstate(1-), [56031-00-6], 19:186

$IN_2PC_{15}H_{20}$, Hydrazine, 2-(iodomethyldiphenylphosphoranyl)-1,1-dimethyl-, [15477-40-4], 8:76

$IN_2PC_{15}H_{20}$, Phosphorus(1+), (1,1-dimethylhydrazinato-N^1)methyldiphenyl-, [13703-24-7], 8:76

IN_3S_4, Thiotrithiazyl iodide ((N_3S_4)I), [83753-25-7], 9:107

$IN_4O_2ReC_4H_{16}$, Rhenium(1+), bis(1,2-ethanediamine-*N,N*)dioxo-, iodide, [92272-01-0], 8:176

$IN_6P_4C_7H_{21}$, 2,4,6,8,9,10-Hexaaza-1,3,5,7-tetraphosphatricyclo[3.3.1.$1^{3,7}$]decane, 1,1-dihydro-1-iodo-1,2,4,6,8,9,10-heptamethyl-, [51329-59-0], 8:68

$INaNiO_6.H_2O$, Periodic acid (H_5IO_6), nickel(4+) sodium salt (1:1:1), monohydrate, [149189-76-4], 5:201

$INaO_3$, Iodic acid (HIO_3), sodium salt, [7681-55-2], 1:168

$INaO_4$, Periodic acid (HIO_4), sodium salt, [7790-28-5], 1:170

$IOP_2RhC_{37}H_{66}$, Rhodium, carbonyliodobis (tricyclohexylphosphine)-, (*SP*-4-3)-, [59092-46-5], 27:292

$IO_2OsC_7H_5$, Osmium, dicarbonyl(η^5-2,4-cyclopentadien-1-yl)iodo-, [81554-97-4], 25:191

$IO_2OsC_{12}H_{15}$, Osmium, dicarbonyliodo [(1,2,3,4,5-η)-1,2,3,4,5-pentamethyl-2,4-cyclopentadien-1-yl]-, [81554-98-5], 25:191

$IO_2P_2ReC_{36}H_{30}$, Rhenium, iododioxobis (triphenylphosphine)-, [23032-93-1], 29:149

IO_5ReC_5, Rhenium, pentacarbonyliodo-, (*OC*-6-22)-, [13821-00-6], 23:44;28:163

$IO_6ZrC_{15}H_{21}$, Zirconium, iodotris(2,4-pentanedionato-*O,O'*)-, [25375-95-5], 12:88,95

IPC_3H_{10}, Phosphine, trimethyl-, hydriodide, [150384-18-2], 11:128

$IPtC_3H_9$, Platinum, iodotrimethyl-, [14364-93-3], 10:71

ISSb, Stibine, iodothioxo-, [13816-38-1], 14:161,172

$ISiCH_5$, Silane, iodomethyl-, [18089-64-0], 19:271

$ISiC_2H_7$, Silane, iododimethyl-, [2441-21-6], 19:271

$ISiC_3H_9$, Silane, iodotrimethyl-, [16029-98-4], 19:272

I_2AsCH_3, Arsonous diiodide, methyl-, [7207-97-8], 6:113;7:85

$I_2AuNC_{16}H_{36}$, 1-Butanaminium, *N,N,N*-tributyl-, diiodoaurate(1-), [50481-03-3], 29:47

$I_2AuS_{16}C_{20}H_{16}$, Aurate(1-), diiodo-, salt with 2-(5,6-dihydro-1,3-dithiolo [4,5-*b*][1,4]dithiin-2-ylidene)-5,6-dihydro-1,3-dithiolo[4,5-*b*][1,4]dithiin (1:2), [97012-32-3], 29:48

$I_2BF_4IrP_2C_{42}H_{36}$, Iridium(1+), (1,2-diiodobenzene-*I,I'*)dihydrobis (triphenylphosphine)-, (*OC*-6-33)-, tetrafluoroborate(1-), [82582-50-1], 26:125;28:59

$I_2BMoN_7OC_{15}H_{22}$, Molybdenum, diiodonitrosyl[tris(3,5-dimethyl-1*H*-pyrazolato-*N*[1])hydroborato(1-)-*N*[2], *N*[2'],*N*[2'']]-, (*OC*-6-33)-, [60106-46-9], 23:6 ($(I_2BPC_{12}H_{10})_2$, Phosphine, (diiodoboryl)diphenyl-, dimer, [6841-99-2], 9:19;9:22

$I_2BaO_6.H_2O$, Iodic acid (HIO_3), barium salt, monohydrate, [7787-34-0], 7:13

$I_2Ba_3H_4O_{12}$, Periodic acid (H_5IO_6), barium salt (2:3), [149189-78-6], 1:171

$I_2BrNC_4H_{12}$, Methanaminium, *N,N,N*-trimethyl-, bromoiodoiodate(1-), [50725-69-4], 5:172

I_2Ce, Cerium iodide (CeI_2), [19139-47-0], 30:19

$I_2ClNC_4H_{12}$, Methanaminium, *N,N,N*-trimethyl-, chloroiodoiodate(1-), [50685-50-2], 5:172

I_2Cl_2Si, Silane, dichlorodiiodo-, [13977-54-3], 4:41

$I_2CoN_4O_2C_9H_{23}$, Cobalt(2+), bis(1,2-ethanediamine-*N,N'*)(2,4-pentanedionato-*O,O'*)-, diiodide, (*OC*-6-22-Δ)-, [16702-65-1], 9:167,168

———, Cobalt(2+), bis(1,2-ethanediamine-*N,N'*)(2,4-pentanedionato-*O,O'*)-, diiodide, (*OC*-6-22-Λ)-, [36186-04-6], 9:167,168

$I_2CoN_5O_2C_8H_{22}.H_2O$, Cobalt(2+), ammine (glycinato-*N,O*)(octahydro-1*H*-1,4,7-triazonine-*N*[1],*N*[4],*N*[7])-, diiodide, monohydrate, (*OC*-6-24)-, [152227-42-4], 23:78

$I_2CoOC_{11}H_{15}$, Cobalt, carbonyldiiodo [(1,2,3,4,5-η)-1,2,3,4,5-pentamethyl-2,4-cyclopentadien-1-yl]-, [35886-64-7], 23:16;28:275

$I_2Co_4N_{12}O_{30}Wb_4C_{16}H_{50}$, Cobalt(6+), dodecaamminehexa-μ-hydroxytetra-, stereoisomer, stereoisomer of bis[μ-[2,3-dihydroxybutanedioato (4-)-*O*[1],*O*[2]:*O*[3],*O*[4]]]diantimonate(2-) iodide (1:2:2), [146805-98-3], 29:170

I_2Cr, Chromium iodide (CrI_2), [13478-28-9], 5:130

$I_2CrH_{12}O_6$, Chromium(2+), hexaaqua-, diiodide, (*OC*-6-11)-, [15221-15-5], 10:27

$I_2CrN_4C_{20}H_{20}$, Chromium, diiodotetrakis (pyridine)-, [14515-54-9], 10:32

$I_2CrN_6C_{30}H_{30}$, Chromium(2+), hexakis (pyridine)-, diiodide, (*OC*-6-11)-, [14768-45-7], 10:32

$I_2CuN_4C_4H_{16}$, Copper(2+), bis(1,2-ethanediamine-*N,N'*)-, diiodide, (*SP*-4-1)-, [32270-89-6], 5:18

$I_2Cu_2N_4C_{20}H_{16}$, Copper, bis(2,2'-bipyridine-*N,N'*)di-μ-iododi-, [39210-77-0], 7:12

I_2Fe, Iron iodide (FeI_2), [7783-86-0], 14:102,104

I_2Ge, Germanium iodide (GeI_2), [13573-08-5], 2:106;3:63

$I_2H_{13}N_5O_2Os$, Osmium(2+), tetraamminehydroxynitrosyl-, diiodide, [60104-34-9], 16:11

$I_2H_{15}N_7ORu$, Ruthenium(2+), pentaammine(dinitrogen monooxide)-, diiodide, (*OC*-6-22)-, [60182-90-3], 16:75

$I_2H_{15}N_7Os$, Osmium(2+), pentaammine (dinitrogen)-, diiodide, (*OC*-6-22)-, [20611-52-3], 16:9

$I_2H_{15}N_7Ru$, Ruthenium(2+), pentaammine (dinitrogen)-, diiodide, (*OC*-6-22)-, [15651-39-5], 12:5

$I_2H_{18}N_6Ni$, Nickel(2+), hexaammine-, diiodide, (*OC*-6-11)-, [13859-68-2], 3:194

I_2In, Indium iodide (InI_2), [13779-78-7], 7:17,20

$I_2K_2Ni_2O_{12}.H_2O$, Periodic acid (H_5IO_6), nickel(4+) potassium salt, hydrate (2:2:2:1), [149189-75-3], 5:202

I_2La, Lanthanum iodide (LaI_2), [19214-98-3], 22:36;30:17

$I_2Mn_2O_8C_8$, Manganate(2-), octacarbonyldiiododi-, (*Mn-Mn*), [105764-85-0], 23:34

$I_2N_2PtC_6H_{14}$, Platinum, (1,2-cyclohexanediamine-*N,N'*)diiodo-, [*SP*-4-2-(1*R-trans*)]-, [66845-32-7], 27:284
$I_2N_4PdC_{12}H_{30}$, Palladium(1+), [*N,N*-bis[2-(dimethylamino)ethyl]-*N',N'*-dimethyl-1,2-ethanediamine-*N*N1,*N*1,*N*2]iodo-, iodide, (*SP*-4-2)-, [83418-08-0], 21:130
$I_2N_6NiC_6H_{24}$, Nickel(2+), tris(1,2-ethanediamine-*N,N'*)-, diiodide, (*OC*-6-11)-, [37488-13-4], 14:61
$I_2N_6NiC_8H_{26}$, Nickel(2+), bis[*N*-(2-aminoethyl)-1,2-ethanediamine-*N,N',N''*]-, diiodide, [49606-27-1], 14:61
$I_2N_6NiC_9H_{30}$, Nickel(2+), tris(1,2-propanediamine-*N,N'*)-, diiodide, [49562-50-7], 14:61
$I_2N_6NiC_{18}H_{42}$, Nickel(2+), tris(1,2-cyclohexanediamine-*N,N'*)-, diiodide, [*OC*-6-11-(*trans*),(*trans*),(*trans*)]-, [49562-51-8], 14:61
$I_2N_6NiC_{36}H_{24}$, Nickel(2+), tris(1,10-phenanthroline-*N*1,*N*10)-, diiodide, (*OC*-6-11-Δ)-, [59952-83-9], 8:209
$I_2NiO_4C_8H_{20}.2C_6F_4I_2$, Nickel, bis(1,2-dimethoxyethane-*O,O'*)diiodo-, (*OC*-6-12)-, compd. with 1,2,3,4-tetrafluoro-5,6-diiodobenzene (1:2), [71272-16-7], 13:163
$I_2O_2P_2ReC_{38}H_{35}$, Rhenium, ethoxydiiodooxobis(triphenylphosphine)-, [12103-81-0], 29:148
———, Rhenium, ethoxydiiodooxobis (triphenylphosphine)-, (*OC*-6-12)-, [86421-28-5], 27:15
I_2O_2W, Tungsten iodide oxide (WI_2O_2), [14447-89-3], 14:121
$I_2O_6Os_2C_6$, Osmium, hexacarbonyldi-μ-iododi-, (*Os-Os*), [22391-77-1], 25:188
$I_2O_8Os_2C_8$, Osmium, octacarbonyldiiododi-, (*Os-Os*), stereoisomer, [22587-71-9], 25:190
I_2Pr, Praseodymium iodide (PrI_2), [65530-47-4], 30:19
$I_2PtC_7H_8$, Platinum, [(2,3,5,6-η)-bicyclo[2.2.1]hepta-2,5-diene]diiodo-, [53789-85-8], 13:51
$I_2PtC_8H_8$, Platinum, [(1,2,5,6-η)-1,3,5,7-cyclooctatetraene]diiodo-, [12266-70-5], 13:51
$I_2PtC_8H_{12}$, Platinum, [(1,2,5,6-η)-1,5-cyclooctadiene]diiodo-, [12266-72-7], 13:50
$I_2SbC_3H_9$, Antimony, diiodotrimethyl-, (*TB*-5-11)-, [13077-53-7], 9:96
$I_2Si_4UC_{22}H_{42}$, Uranium, bis[(1,2,3,4,5-η)-1,3-bis(trimethylsilyl)-2,4-cyclopentadien-1-yl]diiodo-, [109168-48-1], 27:176
I_2Yb, Ytterbium iodide (YbI_2), [19357-86-9], 27:147
$I_3AlN_3C_{15}H_{15}$, Aluminum, triiodotris (pyridine)-, [15244-11-8], 20:83
I_3As, Arsenous triiodide, [7784-45-4], 1:103
$I_3As_4F_{30}S_{14}Sb_3.2AsF_3$, Iodine(3+), bis [μ-(heptasulfur)]tri-, tris[(*OC*-6-11)-hexafluoroantimonate(1-)], compd. with arsenous trifluoride (1:2), [73381-83-6], 27:335
I_3Bi, Bismuthine, triiodo-, [7787-64-6], 4:114
$I_3CoN_6C_6H_{24}.H_2O$, Cobalt(3+), tris(1,2-ethanediamine-*N,N'*)-, triiodide, monohydrate, (*OC*-6-11-Δ)-, [37433-43-5], 6:185,186
———, Cobalt(3+), tris(1,2-ethanediamine-*N,N'*)-, triiodide, monohydrate, (*OC*-6-11-Λ)-, [20468-63-7], 6:185,186
$I_3CoN_6C_6H_{24}$, Cobalt(3+), tris(1,2-ethanediamine-*N,N'*)-, triiodide, (*OC*-6-11)-, [15375-81-2], 14:58
$I_3CoN_6C_8H_{26}$, Cobalt(3+), bis[*N*-(2-aminoethyl)-1,2-ethanediamine-*N,N',N''*]-, triiodide, [49564-74-1], 14:58
$I_3CoN_6C_9H_{30}$, Cobalt(3+), tris(1,2-propanediamine-*N,N'*)-, triiodide, [43223-45-6], 14:58

$I_3CoN_6C_{18}H_{42}$, Cobalt(3+), tris(1,2-cyclohexanediamine-*N,N'*)-, triiodide, [*OC*-6-11-(*trans*),(*trans*),(*trans*)]-, [43223-47-8], 14:58

$I_3Co_4H_{15}O_{24}.xH_2O$, Cobaltate(3-), hexaaquatris[μ_3-[orthoperiodato(5-)-*O,O'*:*O,O''*:*O',O'''*]]tetra-, trihydrogen, hydrate, [149165-79-7], 9:142

I_3Cr, Chromium iodide (CrI_3), [13569-75-0], 5:128;5:129

$I_3CrN_6C_6H_{24}.H_2O$, Chromium(3+), tris(1,2-ethanediamine-*N,N'*)-, triiodide, monohydrate, (*OC*-6-11)-, [33702-30-6], 2:199

I_3Cs, Cesium iodide ($Cs(I_3)$), [12297-72-2], 5:172

I_3GeCH_3, Germane, triiodomethyl-, [1111-91-7], 3:64

$I_3H_{12}N_5OOs$, Osmium(2+), tetraammineiodonitrosyl-, diiodide, [39733-96-5], 16:12

$I_3H_{15}N_5Os$, Osmium(2+), pentaammineiodo-, diiodide, (*OC*-6-22)-, [39733-97-6], 16:10

$I_3H_{15}N_5Ru$, Ruthenium(2+), pentaammineiodo-, diiodide, (*OC*-6-22)-, [16455-58-6], 12:4

$I_3H_{15}N_6OOs.H_2O$, Osmium(3+), pentaamminenitrosyl-, triiodide, monohydrate, (*OC*-6-22)-, [43039-38-9], 16:11

$I_3H_{18}N_6Os$, Osmium(3+), hexaammine-, triiodide, (*OC*-6-11)-, [42055-55-0], 16:10

$I_3H_{18}N_6Ru$, Ruthenium(3+), hexaammine-, triiodide, (*OC*-6-11)-, [16446-62-1], 12:7

I_3In, Indium iodide (InI_3), [13510-35-5], 24:87

I_3La, Lanthanum iodide (LaI_3), [13813-22-4], 22:31;30:11

$I_3NC_4H_{12}$, Methanaminium, *N,N,N*-trimethyl-, (triiodide), [4337-68-2], 5:172

$I_3NC_{12}H_{28}$, 1-Propanaminium, *N,N,N*-tripropyl-, (triiodide), [13311-46-1], 5:172

$I_3NC_{16}H_{36}$, 1-Butanaminium, *N,N,N*-tributyl-, (triiodide), [13311-45-0], 5:172;29:42

I_3Re, Rhenium iodide (ReI_3), [15622-42-1], 7:185

$I_3S_{16}C_{20}H_{16}$, Iodide (I_3^{1-}), salt with 2-(5,6-dihydro-1,3-dithiolo[4,5-*b*][1,4]dithiin-2-ylidene)-5,6-dihydro-1,3-dithiolo[4,5-*b*][1,4]dithiin (1:2), [89061-06-3], 29:42

I_3Sb, Stibine, triiodo-, [7790-44-5], 1:104

$I_4Ag_4P_4C_{12}H_{36}$, Silver, tetra-μ_3-iodotetrakis(trimethylphosphine)tetra-, [12389-34-3], 9:62

$I_4As_6F_{36}S_{32}$, Sulfur(1+), (hexathio)iodo-, (tetrasulfur)(2+) hexafluoroarsenate (1-) (4:1:6), [74823-90-8], 27:337

I_4Au, Aurate(1-), tetraiodo-, (*SP*-4-1)-, [14349-64-5], 15:223

$I_4B_2P_2C_{24}H_{20}$, Diborane(6), bis[μ-(diphenylphosphino)]tetraiodo-, [3325-73-3], 9:19,22

I_4C, Methane, tetraiodo-, [507-25-5], 3:37

$I_4ClNC_4H_{12}$, Methanaminium, *N,N,N*-trimethyl-, chlorotriiodoiodate(1-), [12547-25-0], 5:172

$I_4CoN_2C_{16}H_{40}$, Ethanaminium, *N,N,N*-triethyl-, (*T*-4)-tetraiodocobaltate(2-) (2:1), [5893-73-2], 9:140

$I_4Co_2C_{20}H_{30}$, Cobalt, di-μ-iododiiodobis[(1,2,3,4,5-η)-1,2,3,4,5-pentamethyl-2,4-cyclopentadien-1-yl]di-, [72339-52-7], 23:17;28:276

$I_4Cu_3N_4C_4H_{16}$, Copper(2+), bis(1,2-ethanediamine-*N,N'*)-, bis[diiodocuprate(1-)], [72842-04-7], 6:16

$I_4Cu_4P_4C_{48}H_{108}$, Copper, tetra-μ_3-iodotetrakis(tributylphosphine)tetra-, [59245-99-7], 7:10

I_4Fe, Ferrate(1-), tetraiodo-, (*T*-4)-, [44006-51-1], 15:233

$I_4K_2Pt.2H_2O$, Platinate(2-), tetraiodo-, dipotassium, dihydrate, (*SP*-4-1)-, [153608-97-0], 25:98

$I_4MnN_2C_{16}H_{20}$, Ethanaminium, *N,N,N*-triethyl-, (*T*-4)-tetraiodomanganate(2-) (2:1), [6019-89-2], 9:137
$I_4Mo_2N_2O_2C_{10}H_{10}$, Molybdenum, bis($\eta^5$-2,4-cyclopentadien-1-yl)di-μ-iodod-iiododinitrosyldi-, [12203-25-7], 16:28
$I_4N_4ThC_8H_{12}$, Thorium, tetrakis(acetonitrile)tetraiodo-, [30262-23-8], 12:226
$I_4O_2Pt_2C_2$, Platinum, dicarbonyldi-μ-iododiiododi-, stereoisomer, [106863-40-5], 29:188
I_4Re, Rhenium iodide (ReI_4), [59301-47-2], 7:188
I_4Sn, Stannane, tetraiodo-, [7790-47-8], 4:119
I_4Ti, Titanium iodide (TiI_4), (*T*-4)-, [7720-83-4], 10:1
I_4Zr, Zirconium iodide (ZrI_4), [13986-26-0], 7:52
$I_5FeO_2P_2C_{38}H_{30}$, Iron, dicarbonyl (pentaiodide-I^1,I^5)bis(triphenylphosphine)-, [148898-71-9], 8:190
$I_5NC_4H_{12}$, Methanaminium, *N,N,N*-trimethyl-, (pentaiodide), [19269-48-8], 5:172
$I_5NC_{12}H_{28}$, 1-Propanaminium, *N,N,N*-tripropyl-, (pentaiodide), [29220-00-6], 5:172
$I_5N_{12}Ru_2C_4H_{34}$, Ruthenium(5+), decaammine[μ-(pyrazine-N^1:N^4)]di-, pentaiodide, [104626-97-3], 24:261
I_6Al_2, Aluminum, di-μ-iodotetraiododi-, [18898-35-6], 4:117
$I_6As_2ThC_{48}H_{40}$, Arsonium, tetraphenyl-, (*OC*-6-11)-hexaiodothorate(2-) (2:1), [7337-84-0], 12:229
$I_6As_2UC_{48}H_{40}$, Arsonium, tetraphenyl-, (*OC*-6-11)-hexaiodouranate(2-) (2:1), [7069-02-5], 12:230
$I_6Co_4H_{42}N_{12}O_6.4H_2O$, Cobalt(6+), dodecaamminehexa-μ-hydroxytetra-, hexaiodide, tetrahydrate, [153771-78-9], 29:170
$I_6Ga_2PC_{36}H_{32}$, Gallate(2-), hexaiododi-, (*Ga-Ga*), dihydrogen, compd. with triphenylphosphine (1:2), [77187-69-0], 22:135
I_6K_2Re, Rhenate(2-), hexaiodo-, dipotassium, (*OC*-6-11)-, [19710-22-6], 7:191;27:294
$I_6N_6NiC_{36}H_{24}$, Nickel(2+), tris(1,10-phenanthroline-N^1,N^{10})-, (*OC*-6-11-Δ)-, bis(triiodide), [148832-23-9], 8:209
$I_6Pb_5S_2$, Lead iodide sulfide ($Pb_5I_6S_2$), [12337-11-0], 14:171
$I_7NC_{12}H_{28}$, 1-Propanaminium, *N,N,N*-tripropyl-, (heptaiodide), [30009-53-1], 5:172
$I_8S_{44}C_{66}H_{44}$, 1,3-Dithiole, 2-(1,3-dithiol-2-ylidene)-, radical ion(1+), iodide, compd. with 2-(1,3-dithiol-2-ylidene)-1,3-dithiole (8:3), [55492-87-0], 19:31
$I_9NC_4H_{12}$, Methanaminium, *N,N,N*-trimethyl-, (nonaiodide), [3345-37-7], 5:172
I_9Re_3, Rhenium, tri-μ-iodohexaiodotri-, *triangulo*, [52587-94-7], 20:47
$I_{15}S_{32}C_{48}H_{32}$, Iodide (I_3^{1-}), salt with 2-(1,3-dithiol-2-ylidene)-1,3-dithiole (5:8), [55492-90-5], 19:31
$I_{21}S_{32}C_{48}H_{32}$, Iodide (I_3^{1-}), salt with 2-(1,3-dithiol-2-ylidene)-1,3-dithiole (7:8), [55492-89-2], 19:31
InBr, Indium bromide (InBr), [14280-53-6], 7:18
$InBr_3$, Indium bromide ($InBr_3$), [13465-09-3], 19:259
$InBr_3O_3S_3C_6H_{18}$, Indium, tribromotris [sulfinylbis[methane]-*O*]-, [15663-52-2], 19:260
InCl, Indium chloride (InCl), [13465-10-6], 7:19,20
$InCl_2$, Indium chloride ($InCl_2$), [13465-11-7], 7:19,20
$InCl_3$, Indium chloride ($InCl_3$), [10025-82-8], 19:258
$InCl_3O_3S_3C_6H_{18}$, Indium, trichlorotris [sulfinylbis[methane]]-, [55187-79-6], 19:259

$InCl_5N_2C_{16}H_{40}$, Ethanaminium, *N,N,N*-triethyl-, pentachloroindate(2-) (2:1), [21029-46-9], 19:260

$InCl_5N_8O_{20}C_{44}H_{36}$, Indium(5+), [[4,4',4'',4'''-(21*H*,23*H*-porphine-5,10,15,20-tetrayl)tetrakis[1-methylpyridiniumato]](2-)-N^{21},N^{22},N^{23},N^{24}]-, (*SP*-4-1)-, pentaperchlorate, [84009-26-7], 23:55,57

$InCl_6CoN_6C_9H_{30}$, Cobalt(3+), tris(1,2-propanediamine-*N,N'*)-, (*OC*-6-11)-hexachloroindate(3-) (1:1), [21350-66-3], 11:50

InFO, Indium fluoride oxide (InFO), [13766-54-6], 14:123

$InF_{21}O_6C_{30}H_{30}$, Indium, tris(6,6,7,7,8,8,8-heptafluoro-2,2-dimethyl-3,5-octanedionato-*O,O'*)-, [30983-38-1], 12:74

InI, Indium iodide (InI), [13966-94-4], 7:19,20

$InIS_2C_{12}H_{10}$, Indium, bis(benzenethiolato)iodo-, [115169-34-1], 29:17

InI_2, Indium iodide (InI_2), [13779-78-7], 7:17,20

InI_3, Indium iodide (InI_3), [13510-35-5], 24:87

$InO_3S_6C_9H_{15}$, Indium, tris(*O*-ethyl carbonodithioato-*S,S'*)-, (*OC*-6-11)-, [21630-86-4], 10:44

$InO_6C_{15}H_{21}$, Indium, tris(2,4-pentanedionato-*O,O'*)-, (*OC*-6-11)-, [14405-45-9], 19:261

$InS_3C_{18}H_{15}$, Benzenethiol, indium(3+) salt, [112523-51-0], 29:15

$InSe_3C_{18}H_{15}$, Benzeneselenol, indium(3+) salt, [115399-94-5], 29:16

$InSi_3C_{12}H_{33}$, Indium, tris[(trimethylsilyl)methyl]-, [69833-15-4], 24:89

In_5S_4, Indium sulfide (In_5S_4), [75757-67-4], 23:161

Ir, Iridium, [7439-88-5], 18:131

$IrAuB_2F_8P_5C_{70}H_{63}$, Iridium(2+), bis[1,2-ethanediylbis[diphenylphosphine]-*P,P'*][(triphenylphosphine)gold]-, (*Au-Ir*), stereoisomer, bis[tetrafluoroborate(1-)], [93895-63-7], 29:296

$IrAu_2BF_4NO_3P_4C_{72}H_{61}$, Iridium(1+), [bis(triphenylphosphine)digold]hydro(nitrato-*O,O'*)bis(triphenylphosphine)-, (*Au-Au*)(2*Au-Ir*), stereoisomer, tetrafluoroborate(1-), [93895-71-7], 29:284

$IrAu_3BF_4NO_3P_5C_{90}H_{75}$, Iridium(1+), (nitrato-*O,O'*)bis(triphenylphosphine)[tris(triphenylphosphine)trigold]-, (2*Au-Au*)(3*Au-Ir*), tetrafluoroborate(1-), [93895-69-3], 29:285

$IrAu_4BF_4P_6C_{108}H_{92}$, Iridium(1+), di-μ-hydro[tetrakis(triphenylphosphine)tetragold]bis(triphenylphosphine)-, (5*Au-Au*)(4*Au-Ir*), tetrafluoroborate(1-), [96705-41-8], 29:296

$IrBBrF_4NOP_2C_{36}H_{30}$, Iridium(1+), bromonitrosylbis(triphenylphosphine)-, (*SP*-4-3)-, tetrafluoroborate(1-), [38302-39-5], 16:42

$IrBClF_4NOP_2C_{36}H_{30}$, Iridium(1+), chloronitrosylbis(triphenylphosphine)-, (*SP*-4-3)-, tetrafluoroborate(1-), [38302-38-4], 16:41

$IrBClF_4N_2P_2C_{36}H_{31}$, Iridium, chloro(dinitrogen)hydro[tetrafluoroborato(1-)-*F*]bis(triphenylphosphine)-, (*OC*-6-42)-, [79470-05-6], 26:119;28:25

$IrBClF_4OP_2C_{37}H_{31}$, Iridium, carbonylchlorohydro[tetrafluoroborato(1-)-*F*]bis(triphenylphosphine)-, [106062-66-2], 26:117;28:23

$IrBClF_4OP_2C_{38}H_{33}$, Iridium, carbonylchloromethyl[tetrafluoroborato(1-)-*F*]bis(triphenylphosphine)-, (*OC*-6-52)-, [82474-47-3], 26:118;28:24

$IrBF_4I_2P_2C_{42}H_{36}$, Iridium(1+), (1,2-diiodobenzene-*I,I'*)dihydrobis(triphenylphosphine)-, (*OC*-6-33)-, tetrafluoroborate(1-), [82582-50-1], 26:125;28:59

$IrBF_4O_2P_2C_{36}H_{36}$, Iridium(1+), diaqua-dihydrobis(triphenylphosphine)-, tetrafluoroborate(1-), [79792-57-7], 26:124;28:58

$IrBF_4O_2P_2C_{42}H_{44}$, Iridium(1+), dihydrobis (2-propanone)bis(triphenylphosphine)-, tetrafluoroborate(1-), [72414-17-6], 26:123;28:57;29:283

$IrBF_4P_2C_{35}H_{38}$, Iridium(1+), [(1,2,5,6-η)-1,5-cyclooctadiene][1,3-propanediylbis[diphenylphosphine]-*P,P'*]-, tetrafluoroborate(1-), [73178-89-9], 27:23

$IrBF_4P_2C_{44}H_{42}$, Iridium(1+), [(1,2,5,6-η)-1,5-cyclooctadiene]bis(triphenylphosphine)-, tetrafluoroborate(1-), [38834-40-1], 29:283

$IrBO_{15}P_5C_{39}H_{65}$, Iridium(1+), pentakis (trimethyl phosphite-*P*)-, tetraphenylborate(1-), [35083-20-6], 20:79

$IrBrH_{15}N_5$, Iridium(2+), pentaamminebromo-, (*OC*-6-22)-, [35884-02-7], 12:245,246

$IrBrN_2P_2C_{36}H_{30}$, Iridium, bromo (dinitrogen)bis(triphenylphosphine)-, (*SP*-4-3)-, [25036-66-2], 16:42

$IrC_{10}H_{19}$, Iridium, tetrahydro[(1,2,3,4,5-η)-1,2,3,4,5-pentamethyl-2,4-cyclopentadien-1-yl]-, [86747-87-7], 27:19

$IrClF_6N_4O_6S_2C_6H_{16}$, Iridium(1+), chlorobis(1,2-ethanediamine-*N,N'*)(trifluoromethanesulfonato-*O*)-, (*OC*-6-23)-, salt with trifluoromethanesulfonic acid (1:1), [90065-99-9], 24:289

$IrClNO_2C_9H_9$, Iridium, dicarbonylchloro (4-methylbenzenamine)-, [14243-22-2], 15:82

$IrClN_2P_2C_{36}H_{30}$, Iridium, chloro (dinitrogen)bis(triphenylphosphine)-, [15695-36-0], 16:42

$IrClN_2P_2C_{36}H_{30}$, Iridium, chloro (dinitrogen)bis(triphenylphosphine)-, (*SP*-4-3)-, [21414-18-6], 12:8

$IrClN_3C_{15}H_{16}$, Iridate(1-), tetrachlorobis (pyridine)-, (*OC*-6-22)-, hydrogen, compd. with pyridine (1:1), [12083-50-0], 7:228

$IrClN_5O_7CH_{15}$, Iridium(1+), pentaammine [carbonato(2-)-*O*]-, (*OC*-6-22)-, perchlorate, [50600-92-5], 17:152

$IrClOP_2C_7H_{18}$, Iridium, carbonylchlorobis (trimethylphosphine)-, (*SP*-4-3)-, [21209-86-9], 18:64

$IrClOP_2C_{17}H_{22}$, Iridium, carbonylchlorobis(dimethylphenylphosphine)-, (*SP*-4-3)-, [21209-82-5], 21:97

$IrClOP_2C_{37}H_{30}$, Iridium, carbonylchlorobis(triphenylphosphine)-, (*SP*-4-3)-, [15318-31-7], 11:101; 13:129;15:67

$IrClOP_4C_{13}H_{36}$, Iridium(1+), carbonyltetrakis(trimethylphosphine)-, chloride, [67215-74-1], 18:63

$IrClO_2P_4C_{13}H_{32}$, Iridium, (carbon dioxide-*O*)chlorobis[1,2-ethanediylbis [dimethylphosphine]-*P,P'*]-, [62793-14-0], 21:100

$IrClO_4P_3C_{11}H_{27}$, Iridium, [(carbonic formic monoanhydridato)(2-)] chlorotris(trimethylphosphine)-, (*OC*-6-43)-, [59390-94-2], 21:102

$IrClO_5P_2C_{37}H_{30}$, Iridium, carbonyl (perchlorato-*O*)bis(triphenylphosphine)-, [55821-24-4], 15:68

$IrClP_2SC_{37}H_{30}$, Iridium, (carbonothioyl) chlorobis(triphenylphosphine)-, (*SP*-4-3)-, [30106-92-4], 19:206

$IrClP_3C_{17}H_{41}$, Iridium, chloro[(1,2-η)-cyclooctene]tris(trimethylphosphine)-, [59390-28-2], 21:102

$IrClP_3C_{54}H_{45}$, Iridium, chloro[2-(diphenylphosphino)phenyl-*C,P*] hydrobis(triphenylphosphine)-, (*OC*-6-53)-, [24846-80-8], 26:202

———, Iridium, chlorotris(triphenylphosphine)-, (*SP*-4-2)-, [16070-58-9], 26:201

$IrClP_4C_{12}H_{32}$, Iridium(1+), bis[1,2-ethanediylbis[dimethylphosphine]-*P,P'*]-, chloride, (*SP*-4-1)-, [60314-45-6], 21:100

$IrCl_2NOP_2C_{36}H_{30}$, Iridium, dichloronitrosylbis(triphenylphosphine)-, [27411-12-7], 15:62

$IrCl_2O_2C_2$, Iridate(1-), dicarbonyldichloro-, [44513-92-0], 15:82

$IrCl_3H_{15}N_5$, Iridium(2+), pentaamminechloro-, dichloride, (*OC*-6-22)-, [15742-38-8], 7:227;12:243

$IrCl_3H_{17}N_5O_{13}$, Iridium(3+), pentaammineaqua-, (*OC*-6-22)-, triperchlorate, [31285-82-2], 12:244

$IrCl_3H_{18}N_6$, Iridium(3+), hexaammine-, trichloride, (*OC*-6-11)-, [14282-93-0], 24:267

$IrCl_3NS_2C_8H_{23}$, Iridium, amminetrichlorobis[1,1'-thiobis[ethane]]-, [149189-74-2], 7:227

$IrCl_3NS_2C_{13}H_{25}$, Iridium, trichloro (pyridine)bis[1,1'-thiobis[ethane]]-, (*OC*-6-32)-, [149165-69-5], 7:227

$IrCl_3N_2SC_4H_{16}$, Iridium, diamminetrichloro[1,1'-thiobis[ethane]]-, [149165-71-9], 7:227

$IrCl_3N_2SC_{14}H_{20}$, Iridium, trichlorobis (pyridine)[1,1'-thiobis[ethane]]-, (*OC*-6-33)-, [149165-68-4], 7:227

$IrCl_3N_3C_{15}H_{15}$, Iridium, trichlorotris (pyridine)-, (*OC*-6-21)-, [13928-32-0], 7:229,231

———, Iridium, trichlorotris(pyridine)-, (*OC*-6-22)-, [13927-98-5], 7:229,231

$IrCl_3N_4C_4H_{16}.H_2O$, Iridium(1+), dichlorobis(1,2-ethanediamine-*N,N'*)-, chloride, monohydrate, (*OC*-6-22)-, [152227-40-2], 24:287

$IrCl_3N_5C_{10}H_{35}$, Iridium(2+), chloropentakis(ethanamine)-, dichloride, (*OC*-6-22)-, [150124-47-3], 7:227

$IrCl_3P_3C_9H_{27}$, Iridium, trichlorotris (trimethylphosphine)-, (*OC*-6-21)-, [36385-96-3], 15:35

$IrCl_3S_3C_{12}H_{30}$, Iridium, trichlorotris(1,1'-thiobis[ethane])-, (*OC*-6-21)-, [34177-65-6], 7:228

———, Iridium, trichlorotris[1,1'-thiobis [ethane]]-, (*OC*-6-22)-, [53403-09-1], 7:228

$IrCl_3S_3C_{12}H_{30}.CHCl_3$, Iridium, trichlorotris(1,1'-thiobis[ethane])-, (*OC*-6-21)-, compd. with trichloromethane (1:1), [149165-70-8], 7:228

$IrCl_4N_2C_{10}H_{10}$, Iridium, tetrachlorobis (pyridine)-, (*OC*-6-11)-, [39210-66-7], 7:220,231

———, Iridium, tetrachlorobis (pyridine)-, (*OC*-6-22)-, [53199-34-1], 7:220,231

$IrCl_4N_3C_{15}H_{16}$, Iridate(1-), tetrachlorobis (pyridine)-, (*OC*-6-11)-, hydrogen, compd. with pyridine (1:1), [12083-51-1], 7:221,223,231

$IrCl_4N_4C_4H_{17.2}H_2O$, Iridium(1+), dichlorobis(1,2-ethanediamine-*N,N'*)-, chloride, monohydrochloride, dihydrate, (*OC*-6-12)-, [152227-39-9], 24:287

$IrCl_4P_2C_6H_{18}$, Iridate(1-), tetrachlorobis (trimethylphosphine)-, (*OC*-6-11)-, [48060-59-9], 15:35

$IrCl_6H_8N_2$, Iridate(2-), hexachloro-, diammonium, (*OC*-6-11)-, [16940-92-4], 8:223;18:132

$IrCl_6H_{12}N_3$, Iridate(3-), hexachloro-, triammonium, (*OC*-6-11)-, [15752-05-3], 8:226

$IrCl_6Na_2$, Iridate(2-), hexachloro-, disodium, (*OC*-6-11)-, [16941-25-6], 8:225

$IrCl_6Na_3$, Iridate(3-), hexachloro-, trisodium, (*OC*-6-11)-, [15702-05-3], 8:224-225

$IrFOP_2C_{37}H_{30}$, Iridium, carbonylfluorobis (triphenylphosphine)-, [34247-65-9], 15:67

$IrF_6NP_2C_{31}H_{50}$, Iridium(1+), [(1,2,5,6-η)-1,5-cyclooctadiene](pyridine)(tricyclohexylphosphine)-, hexafluorophosphate(1-), [64536-78-3], 24:173,175

$IrF_6N_2PC_{18}H_{22}$, Iridium(1+), [(1,2,5,6-η)-1,5-cyclooctadiene]bis(pyridine)-, hexafluorophosphate(1-), [56678-60-5], 24:174

$IrF_6O_7P_2S_2C_{39}H_{31}$, Iridium, carbonylhydrobis(trifluoromethanesulfonato-*O*)bis(triphenylphosphine)-, [105811-97-0], 26:120;28:26

$IrF_9N_4O_9S_3C_7H_{16}$, Iridium(1+), bis(1,2-ethanediamine-*N,N'*)bis(trifluoromethanesulfonato-*O*)-, (*OC*-6-22)-, salt with trifluoromethanesulfonic acid (1:1), [90065-95-5], 24:290

$IrF_9N_5O_9S_2C_3H_{15}$, Iridium(2+), pentaammine(trifluoromethanesulfonato-*O*)-, (*OC*-6-22)-, salt with trifluoromethanesulfonic acid (1:2), [84254-59-1], 24:164

$IrF_9N_5O_{10}S_3C_3H_{17}$, Iridium(3+), pentaammineaqua-, (*OC*-6-22)-, salt with trifluoromethanesulfonic acid (1:3), [90084-46-1], 24:265

$IrF_9N_6O_9S_3C_3H_{18}$, Iridium(3+), hexaammine-, (*OC*-6-11)-, salt with trifluoromethanesulfonic acid (1:3), [90066-04-9], 24:267

$IrF_{12}N_3P_2C_{16}H_{24}$, Iridium(2+), tris(acetonitrile)[(1,2,3,4,5-η)-1,2,3,4,5-pentamethyl-2,4-cyclopentadien-1-yl]-, bis[hexafluorophosphate(1-)], [59738-32-8], 29:232

$IrF_{12}N_4OP_4C_{42}H_{39}$, Iridium(2+), tris(acetonitrile)nitrosylbis(triphenylphosphine)-, (*OC*-6-13)-, bis[hexafluorophosphate(1-)], [73381-68-7], 21:104

$IrF_{12}O_3P_2C_{19}H_{33}$, Iridium(2+), [(1,2,3,4,5-η)-1,2,3,4,5-pentamethyl-2,4-cyclopentadien-1-yl]tris(2-propanone)-, bis[hexafluorophosphate(1-)], [60936-92-7], 29:232

$IrF_{12}P_2C_{23}H_{25}$, Iridium(2+), [(1,2,3,4,4a,9a-η)-9*H*-fluorene][(1,2,3,4,5-η)-1,2,3,4,5-pentamethyl-2,4-cyclopentadien-1-yl]-, bis[hexafluorophosphate(1-)], [65074-02-4], 29:232

$IrH_{15}IN_5$, Iridium(2+), pentaammineiodo-, (*OC*-6-22)-, [25590-44-7], 12:245,246

$IrH_{15}N_6O_3$, Iridium(2+), pentaammine(nitrato-*O*)-, (*OC*-6-22)-, [42482-42-8], 12:245,246

$IrH_{15}N_8$, Iridium(2+), pentaammineazido-, (*OC*-6-22)-, [34412-11-8], 12:245,246

$IrH_{16}N_5O$, Iridium(2+), pentaamminehydroxy-, (*OC*-6-22)-, [44439-82-9], 12:245,246

$IrH_{17}N_5O$, Iridium(3+), pentaammineaqua-, (*OC*-6-22)-, [29589-08-0], 12:245,246

$IrNO_4P_2C_{40}H_{30}$, Phosphorus(1+), triphenyl(*P,P,P*-triphenylphosphine imidato-*N*)-, (*T*-4)-, (*T*-4)-tetracarbonyliridate(1-), [56557-01-8], 28:214

$IrN_5O_2CH_{16}$, Iridium(2+), pentaammine(formato-*O*)-, (*OC*-6-22)-, [52795-08-1], 12:245,246

$IrN_5O_2C_2H_{18}$, Iridium(2+), (acetato-*O*)pentaammine-, (*OC*-6-22)-, [44915-90-4], 12:245,246

$IrN_6O_8SCH_{15}$, Iridium(2+), pentaammine(thiocyanato-*N*)-, (*OC*-6-22)-, diperchlorate, [15691-81-3], 12:245

$IrOP_3C_{55}H_{46}$, Iridium, carbonylhydrotris(triphenylphosphine)-, [17250-25-8], 13:126,128

IrO_2, Iridium oxide (IrO_2), [12030-49-8], 13:137;30:97

$IrO_2P_3C_{56}H_{50}$, Iridium, (acetato-*O*)dihydrotris(triphenylphosphine)-, [12104-91-5], 17:129

$IrPC_{32}H_{38}$, Iridium, 1,4-butanediyl[(1,2,3,4,5-η)-1,2,3,4,5-pentamethyl-2,4-cyclopentadien-1-yl](triphenylphosphine)-, [66416-07-7], 22:174

$IrP_3C_9H_{32}$, Iridium, pentahydrotris(trimethylphosphine)-, [150575-56-7], 15:34

$Ir_2BF_4P_4C_{54}H_{57}$, Iridium(1+), tri-μ-hydrodihydrobis[1,3-propanediylbis [diphenylphosphine]-*P*,*P'*]di-, (*Ir-Ir*), stereoisomer, tetrafluoroborate(1-), [73178-84-4], 27:22

$Ir_2BF_4P_4C_{56}H_{61}$, Iridium(1+), bis[1,4-butanediylbis[diphenylphosphine]-*P*,*P'*]tri-μ-hydrodihydrodi-, (*Ir-Ir*), tetrafluoroborate(1-), [133197-93-0], 27:26

$Ir_2Cl_2C_{16}H_{24}$, Iridium, di-μ-chlorobis[(1,2,5,6-η)-1,5-cyclooctadiene]di-, [12112-67-3], 15:18

$Ir_2Cl_2C_{32}H_{56}$, Iridium, di-μ-chlorotetrakis [(1,2-η)-cyclooctene]di-, [12246-51-4], 14:94;15:18;28:91

$Ir_2Cl_4C_{20}H_{30}$, Iridium, di-μ-chlorodi-chlorobis[(1,2,3,4,5-η)-1,2,3,4,5-pentamethyl-2,4-cyclopentadien-1-yl]di-, [12354-84-6], 29:230

$Ir_2O_2C_{18}H_{30}$, Iridium, bis[(1,2,5,6-η)-1,5-cyclooctadiene]di-μ-methoxydi-, [12148-71-9], 23:128

$Ir_2O_4S_2C_{12}H_{18}$, Iridium, tetracarbonylbis [μ-(2-methyl-2-propanethiolato)]di-, [63312-27-6], 20:237

$Ir_2O_4S_2C_{16}H_{10}$, Iridium, bis[μ-(benzene-thiolato)]tetracarbonyldi-, [63264-32-4], 20:238

$Ir_3AuBF_4NO_3P_6C_{78}H_{78}$, Iridium(1+), tris[1,2-ethanediylbis[diphenylphosphine]-*P*,*P'*]tri-μ-hydrotrihydro [(nitrato-*O*,*O'*)gold]tri-, (3*Au-Ir*) (3*Ir-Ir*), tetrafluoroborate(1-), [86854-49-1], 29:290

$Ir_3AuBF_4NO_3P_7C_{96}H_{93}$, Iridium(2+), tris[1,2-ethanediylbis[diphenylphosphine]-*P*,*P'*]tri-μ-hydrotrihydro [(triphenylphosphine)gold]tri-, (3*Au-Ir*)(3*Ir-Ir*), tetrafluoroborate(1-) nitrate, [146249-36-7], 29:291

$Ir_3B_2F_8P_6C_{78}H_{79}$, Iridium(2+), tris[1,2-ethanediylbis[diphenylphosphine]-*P*,*P'*]tri-μ-hydro-μ_3-hydrotrihydrotri-, *triangulo*, bis[tetrafluoroborate(1-)], [86854-47-9], 27:25

$Ir_3B_2F_8P_6C_{81}H_{85}$, Iridium(2+), tri-μ-hydro-μ_3-hydrotrihydrotris[1,3-propanediylbis[diphenylphosphine]-*P*,*P'*]tri-, *triangulo*, stereoisomer, bis [tetrafluoroborate(1-)], [73178-86-6], 27:22

$Ir_4O_{12}C_{12}$, Iridium, dodecacarbonyltetra-, tetrahedro, [18827-81-1], 13:95;28:245

$Ir_{10}Cl_{11}O_{30}C_{30}$, Iridium, tricarbonyl-chloro-, (*SP*-4-2)-, compd. with tricarbonyldichloroiridium (9:1), [153421-00-2], 19:19

$K_{0.3}MoO_3$, Molybdenum potassium oxide ($MoK_{0.3}O_3$), [106496-65-5], 30:119

$K_{0.5\text{-}0.6}CrO_2$, Chromium potassium oxide ($CrK_{0.5\text{-}0.6}O_2$), [152652-73-8], 22:59;30:153

$K_{0.5}MoSe_2$, Molybdenum potassium selenide ($MoK_{0.5}Se_2$), [158188-90-0], 30:167

$K_{0.6}MoS_2$, Molybdenum potassium sulfide ($MoK_{0.6}S_2$), [158188-89-7], 30:167

$K_{0.67}CoO_2$, Cobalt potassium oxide ($CoK_{0.67}O_2$), [121091-71-2], 30:151

$K_{0.7\text{-}0.77}CrO_2$, Chromium potassium oxide ($CrK_{0.7\text{-}0.77}O_2$), [152652-75-0], 22:59;30:153

$K_{0.7}S_2Ta$, Potassium tantalum sulfide ($K_{0.7}TaS_2$), [158188-83-1], 30:167

$K_{0.7}Se_2Ta$, Potassium tantalum selenide ($K_{0.7}TaSe_2$), [158188-85-3], 30:167

$K_{0.8}S_2Ti$, Potassium titanium sulfide ($K_{0.8}TiS_2$), [158188-79-5], 30:167

$KAl_{11}O_{17}$, Aluminum potassium oxide ($Al_{11}KO_{17}$), [12005-47-9], 19:55;30:238

$KAsO_5Ti$, Potassium titanium arsenate oxide ($KTi(AsO_4)O$), [59400-80-5], 30:143

$KAuBr_4$, Aurate(1-), tetrabromo-, potassium, (*SP*-4-1)-, [14323-32-1], 4:14;4:16

$KAuBr_4.2H_2O$, Aurate(1-), tetrabromo-, potassium, dihydrate, (*SP*-4-1)-, [13005-38-4], 4:14;4:16

KBC_8H_{16}, Borate(1-), 1,5-cyclooctanediyldihydro-, potassium, (*T*-4)-, [76448-06-1], 22:200
$KBC_{12}H_{28}$, Borate(1-), hydrotris(1-methylpropyl)-, potassium, (*T*-4)-, [54575-49-4], 17:26
KBF_4, Borate(1-), tetrafluoro-, potassium, [14075-53-7], 1:24
KBH_4, Borate(1-), tetrahydro-, potassium, [13762-51-1], 7:34
$KBN_4C_6H_8$, Borate(1-), dihydrobis(1*H*-pyrazolato-*N*[1])-, potassium, (*T*-4)-, [18583-59-0], 12:100
$KBN_6C_9H_{10}$, Borate(1-), hydrotris(1*H*-pyrazolato-*N*[1])-, potassium, (*T*-4)-, [18583-60-3], 12:102
$KBN_8C_{12}H_{12}$, Borate(1-), tetrakis(1*H*-pyrazolato-*N*[1])-, potassium, [14782-58-2], 12:103
$KB_9C_2H_{12}$, 7,8-Dicarbaundecaborate(1-), dodecahydro-, potassium, [12304-72-2], 22:231
KB_9H_{14}, Nonaborate(1-), tetradecahydro-, potassium, [39296-28-1], 26:1
$KBrO_4$, Perbromic acid, potassium salt, [22207-96-1], 13:1
$KClCrO_3$, Chromate(1-), chlorotrioxo-, potassium, (*T*-4)-, [16037-50-6], 2:208
$KCl_3PtC_2H_4$, Platinate(1-), trichloro(η^2-ethene)-, potassium, [12012-50-9], 14:90;28:349
$KCl_3PtC_2H_4.H_2O$, Platinate(1-), trichloro (η^2-ethene)-, potassium, monohydrate, [16405-35-9], 5:211,214
KCl_7Dy_2, Dysprosate(1-), μ-chlorohexachlorodi-, potassium, [71619-20-0], 22:2;30:73
$KCoH_6N_6O_8$, Cobaltate(1-), diamminetetrakis(nitrito-*N*)-, potassium, [14285-97-3], 9:170
$KCoN_2O_6C_2H_6$, Cobaltate(1-), diamminebis[carbonato(2-)-*O*,*O*']-, potassium, (*OC*-6-21)-, [26176-51-2], 23:62
$KCoN_2O_6C_4H_8$, Cobaltate(1-), bis [carbonato(2-)-*O*,*O*'](1,2-ethanediamine-*N*,*N*')-, potassium, (*OC*-6-21)-, [54992-64-2], 23:64
$KCoN_2O_8C_{10}H_{12}$, Cobaltate(1-), [[*N*,*N*'-1,2-ethanediylbis[*N*-(carboxymethyl) glycinato]](4-)-*N*,*N*',*O*,*O*',O^N,$O^{N'}$]-, potassium, (*OC*-6-21)-, [14240-00-7], 5:186;23:99
———, Cobaltate(1-), [[*N*,*N*'-1,2-ethanediylbis[*N*-(carboxymethyl) glycinato]](4-)-*N*,*N*',*O*,*O*',O^N,$O^{N'}$]-, potassium, (*OC*-6-21-*A*)-, [40029-01-4], 6:193,194
———, Cobaltate(1-), [[*N*,*N*'-1,2-ethanediylbis[*N*-(carboxymethyl) glycinato]](4-)-*N*,*N*',*O*,*O*',O^N,$O^{N'}$]-, potassium, (*OC*-6-21-*C*)-, [23594-44-7], 6:193,194
$KCoN_2O_8C_{10}H_{12}.2H_2O$, Cobaltate(1-), [[*N*,*N*'-1,2-ethanediylbis [*N*-(carboxymethyl)glycinato]] (4-)-*N*,*N*',*O*,*O*',O^N,$O^{N'}$]-, potassium, dihydrate, (*OC*-6-21)-, [15185-93-0], 18:100
———, Cobaltate(1-), [[*N*,*N*'-1,2-ethanediylbis[*N*-(carboxymethyl) glycinato]](4-)-*N*,*N*',*O*,*O*',O^N,$O^{N'}$]-, potassium, dihydrate, (*OC*-6-21-*A*)-, [19570-74-2], 18:100
———, Cobaltate(1-), [[*N*,*N*'-1,2-ethanediylbis[*N*-(carboxymethyl) glycinato]](4-)-*N*,*N*',*O*,*O*',O^N,$O^{N'}$]-, potassium, dihydrate, (*OC*-6-21-*C*)-, [53747-25-4], 18:100
$KCoN_2O_8C_{11}H_{14}$, Cobaltate(1-), [[*N*,*N*'-(1-methyl-1,2-ethanediyl)bis [*N*-(carboxymethyl)glycinato]] (4-)-*N*,*N*',*O*,*O*',O^N,$O^{N'}$]-, potassium, [*OC*-6-42-*A*-(*R*)]-, [86286-58-0], 23:101
$KCoN_2O_8C_{14}H_{18}$, Cobaltate(1-), [[*N*,*N*'-1,2-cyclohexanediylbis[*N*-(carboxymethyl)glycinato]](4-)-*N*,*N*',*O*,*O*', O^N,$O^{N'}$]-, potassium, [*OC*-6-21-*A*-(1*R*-*trans*)]-, [99527-38-5], 23:97
$KCoN_4O_7C_2H_6.\frac{1}{2}H_2O$, Cobaltate(1-), diammine[carbonato(2-)-*O*,*O*]bis

(nitrito-*N*)-, potassium, hydrate (2:1), (*OC*-6-32)-, [152227-43-5], 23:70

$KCoN_4O_8C_2H_6$, Cobaltate(1-), diammine [ethanedioato(2-)-*O*,*O*']bis(nitrito-*N*)-, potassium, (*OC*-6-22)-, [55529-41-4], 9:172

$KCoN_4O_8C_2H_6 \cdot ½H_2O$, Cobaltate(1-), diammine[ethanedioato(2-)-*O*,*O*']bis (nitrito-*N*)-, potassium, hydrate (2:1), (*OC*-6-32)-, [152227-44-6], 23:71

$KCoN_4O_8C_4H_8$, Cobaltate(1-), bis (glycinato-*N*,*O*)bis(nitrito-*N*)-, potassium, [15157-77-4], 9:173

$KCoN_4O_8C_6H_{10}$, Cobaltate(1-), [[*N*,*N*'-1,2-ethanediylbis[glycinato]](2-)-*N*,*N*',*O*,*O*']bis(nitrito-*N*)-, potassium, (*OC*-6-13)-, [37480-85-6], 18:100

———, Cobaltate(1-), [[*N*,*N*'-1,2-ethanediylbis[glycinato]](2-)-*N*,*N*',*O*,*O*']bis(nitrito-*N*)-, potassium, [*OC*-6-13-*C*-[*R*-(*R**,*R**)]]-, [53152-29-7], 18:101

$KCoO_2$, Cobaltate (CoO_2^{1-}), potassium, [55608-59-8], 22:58;30:151

$KCoO_4C_4$, Cobaltate(1-), tetracarbonyl-, potassium, (*T*-4)-, [14878-26-3], 2:238

KCo_2O_4, Cobalt potassium oxide (Co_2KO_4), [54065-18-8], 22:57,30:151

$KCrO_2$, Chromate (CrO_2^{1-}), potassium, [11073-34-0], 22:59;30:152

$KCrO_{10}C_4H_4 \cdot 2H_2O$, Chromate(1-), diaquabis[ethanedioato(2-)-*O*,*O*']-, potassium, dihydrate, (*OC*-6-21)-, [16483-17-3], 17:148

$KCrO_{10}C_4H_4 \cdot 3H_2O$, Chromate(1-), diaquabis[ethanedioato-*O*,*O*']-, potassium, trihydrate, (*OC*-6-11)-, [22289-32-3], 17:149

$KCrO_{10}C_6H_8 \cdot 3H_2O$, Chromate(1-), diaquabis[propanedioato(2-)-*O*,*O*']-, potassium, trihydrate, (*OC*-6-21)-, [61116-57-2], 16:81

$KCr_2O_{10}C_{10}H$, Chromate(1-), deca-carbonyl-μ-hydrodi-, potassium, [61453-56-3], 23:27

$KCuS_4$, Cuprate(1-), tetrathioxo-, potassium, [12158-64-4], 30:88

$KCuSe_4$, Cuprate(1-), (tetraseleno)-, potassium, [128191-66-2], 30:89

KF, Potassium fluoride (KF), [7789-23-3], 11:196

KFO_2S, Fluorosulfurous acid, potassium salt, [14986-57-3], 9:113

KF_6P, Phosphate(1-), hexafluoro-, potassium, [17084-13-8], 3:111

KF_6U, Uranate(1-), hexafluoro-, potassium, (*OC*-6-11)-, [18918-88-2], 21:166

KF_7OC_3, 2-Propanol, 1,1,1,2,3,3,3-heptafluoro-, potassium salt, [7459-60-1], 11:197

$KFeO_4C_4H$, Ferrate(1-), tetracarbonyl-hydro-, potassium, (*TB*-5-12)-, [17857-24-8], 29:152

$KFeS_2$, Ferrate(1-), dithioxo-, potassium, [12022-42-3], 6:170;30:92

$KFeSe_2$, Ferrate(1-), diselenoxo-, potassium, [12265-84-8], 30:93

$KGaH_4$, Gallate(1-), tetrahydro-, potassium, (*T*-4)-, [32106-52-8], 17:50

$KGeC_{18}H_{15}$, Potassium, (triphenyl-germyl)-, [57482-41-4], 8:34

KHO, Potassium hydroxide (K(OH)), [1310-58-3], 11:113-116

KH_2N, Potassium amide ($K(NH_2)$), [17242-52-3], 2:135;6:168

KH_2O_3S, Sulfurous acid, monopotassium salt, [7773-03-7], 2:167

KH_4NO_3P, Phosphoramidic acid, mono-potassium salt, [13823-49-9], 13:25

KI, Potassium iodide (KI), [7681-11-0], 1:163

KIO_4, Periodic acid (HIO_4), potassium salt, [7790-21-8], 1:171

$KMnO_4$, Permanganic acid ($HMnO_4$), potassium salt, [7722-64-7], 2:60-61

$KMoO_3C_8H_5$, Molybdate(1-), tricarbonyl (η^5-2,4-cyclopentadien-1-yl)-, potassium, [62866-01-7], 11:118

KNOC, Cyanic acid, potassium salt, [590-28-3], 2:87

KNO_3Os, Osmate(1-), nitridotrioxo-, potassium, (*T*-4)-, [21774-03-8], 6:204
KNSeC, Selenocyanic acid, potassium salt, [3425-46-5], 2:186
$KN_2O_6PC_{14}H_{24}$, Potassium(1+), (1,4,7, 10,13,16-hexaoxacyclooctadecane-$O^1,O^4,O^7,O^{10},O^{13},O^{16}$)-, (*OC*-6-11)-, salt with phosphonous dicyanide (1:1), [81043-01-8], 25:126
KN_3, Potassium azide ($K(N_3)$), [20762-60-1], 1:79;2:139
$KN_6NbS_6C_6$, Niobate(1-), hexakis (thiocyanato-*N*)-, potassium, (*OC*-6-11)-, [17979-22-5], 13:226
$KN_6S_6TaC_6$, Tantalate(1-), hexakis (thiocyanato-*N*)-, potassium, (*OC*-6-11)-, [16918-20-0], 13:230
$KNbO_5Ti$, Niobium potassium titanium oxide ($NbKTiO_5$), [61232-89-1], 22:89
$KNbO_{15}C_{24}H_{42}$, Potassium(1+), tris[1,1'-oxybis[2-methoxyethane]-*O,O',O''*]-, (*OC*-6-11)-hexacarbonylniobate(1-), [57304-94-6], 16:69
$KO_2CH_2.xS_2Ta$, Formic acid, potassium salt, compd. with tantalum sulfide (TaS_2), [34314-17-5], 30:164
$KO_{10}W_2C_{10}H$, Tungstate(1-), decacarbonyl-μ-hydrodi-, potassium, [98182-49-1], 23:27
$KO_{15}TaC_{24}H_{42}$, Potassium(1+), tris[1,1'-oxybis[2-methoxyethane]-*O,O',O''*]-, (*OC*-6-11)-hexacarbonyltantalate(1-), [59992-86-8], 16:71
$KPC_{12}H_{10}$, Potassium, (diphenylphosphino)-, [4346-39-8], 8:190
$KSnC_{12}H_{27}$, Potassium, (tributylstannyl)-, [76001-23-5], 25:112
$KSnC_{18}H_{15}$, Potassium, (triphenylstannyl)-, [61810-54-6], 25:111
$K_2Al_2NNaO_2Si_2C_4H_{12}.7H_2O$, Methanaminium, *N,N,N*-trimethyl-, potassium sodium octadecaoxoheptasilicatedialuminate(2-) (1:2:1:2), heptahydrate, [152473-73-9], 22:65
$K_2Bi_4N_4O_{12}C_{36}H_{72}$, Potassium(1+), (4,7,13,16,21,24-hexaoxa-1,10-diazabicyclo[8.8.8]hexacosane-$N^1,N^{10},O^4,O^7,O^{13},O^{16},O^{21},O^{24}$)-, (tetrabismuth)(2-) (2:1), [70320-09-1], 22:151
$K_2Br_2N_4PtC_4.2H_2O$, Platinate(2-), dibromotetrakis(cyano-*C*)-, dipotassium, dihydrate, [153519-30-3], 19:4
K_2Br_4Pt, Platinate(2-), tetrabromo-, dipotassium, (*SP*-4-1)-, [13826-94-3], 19:2
K_2Br_6Pt, Platinate(2-), hexabromo-, dipotassium, (*OC*-6-11)-, [16920-93-7], 19:2
K_2Br_6Re, Rhenate(2-), hexabromo-, dipotassium, (*OC*-6-11)-, [16903-70-1], 7:189
K_2Br_6Te, Tellurate(2-), hexabromo-, dipotassium, [16986-18-8], 2:189
$K_2Cl_3F_3Pt$, Platinate(2-), trichlorotrifluoro-, dipotassium, [12051-20-6], 12:232,234
K_2Cl_4Co, Cobaltate(2-), tetrachloro-, dipotassium, (*T*-4)-, [13877-26-4], 20:51
K_2Cl_4Mg, Magnesate(2-), tetrachloro-, dipotassium, (*T*-4)-, [16800-64-9], 20:51
K_2Cl_4Mn, Manganate(2-), tetrachloro-, dipotassium, (*T*-4)-, [31024-03-0], 20:51
K_2Cl_4Ni, Nickelate(2-), tetrachloro-, dipotassium, (*T*-4)-, [28480-11-7], 20:51
K_2Cl_4Pt, Platinate(2-), tetrachloro-, dipotassium, (*SP*-4-1)-, [10025-99-7], 2:247;7:240;8:242
K_2Cl_4Zn, Zincate(2-), tetrachloro-, dipotassium, (*T*-4)-, [15629-28-4], 20:51
$K_2Cl_5H_2MoO$, Molybdate(2-), aquapentachloro-, dipotassium, [15629-45-5], 4:97

$K_2Cl_5H_2NOs$, Osmate(2-), amidopentachloro-, dipotassium, (*OC*-6-21)-, [148864-77-1], 6:207

$K_2Cl_5H_2ORh$, Rhodate(2-), aquapentachloro-, dipotassium, (*OC*-6-21)-, [15306-82-8], 7:215

K_2Cl_5NOs, Osmate(2-), pentachloronitrido-, dipotassium, (*OC*-6-21)-, [23209-29-2], 6:206

$K_2Cl_6Pt_2C_4H_6$, Platinate(2-), [μ-[(1,2-η:3,4-η)-1,3-butadiene]] hexachlorodi-, dipotassium, [33480-42-1], 6:216

K_2Cl_6Re, Rhenate(2-), hexachloro-, dipotassium, (*OC*-6-11)-, [16940-97-9], 1:178;7:189

$K_2Co_3O_6$, Cobalt potassium oxide ($Co_3K_2O_6$), [55608-58-7], 22:57

$K_2CuO_8C_4$, Cuprate(2-), bis[ethanedioato (2-)-*O,O'*]-, dipotassium, [36431-92-2], 6:1

K_2FO_3P, Phosphorofluoridic acid, dipotassium salt, [14104-28-0], 3:109

———, Potassium fluoride metaphosphate ($K_2F(PO_3)$), [12191-64-9], 3:109

$K_2F_3MnO_4S$, Manganate(2-), trifluoro [sulfato(2-)-*O*]-, dipotassium, [51056-11-2], 27:312

$K_2F_5Mn.H_2O$, Manganate(2-), pentafluoro-, dipotassium, monohydrate, [14873-03-1], 24:51

K_2F_5MoO, Molybdate(2-), pentafluorooxo-, dipotassium, (*OC*-6-21)-, [35788-80-8], 21:170

K_2F_6Pt, Platinate(2-), hexafluoro-, dipotassium, (*OC*-6-11)-, [16949-75-0], 12:232,236

K_2FeO_4, Ferrate (FeO_4^{2-}), dipotassium, (*T*-4)-, [13718-66-6], 4:164

$K_2FeO_4C_4$, Ferrate(2-), tetracarbonyl-, dipotassium, (*T*-4)-, [16182-63-1], 2:244

$K_2Fe_2S_3$, Iron potassium sulfide ($Fe_2K_2S_3$), [149337-97-3], 6:171

$K_2GeO_{12}C_6.H_2O$, Germanate(2-), tris [ethanedioato(2-)-*O,O'*]-, dipotassium, monohydrate, (*OC*-6-11)-, [17374-62-8], 8:34

$K_2H_4O_6Os$, Osmate ($Os(OH)_4O_2^{2-}$), dipotassium, (*OC*-6-11)-, [77347-87-6], 20:61

$K_2I_2Ni_2O_{12}.H_2O$, Periodic acid (H_5IO_6), nickel(4+) potassium salt, hydrate (2:2:2:1), [149189-75-3], 5:202

$K_2I_4Pt.2H_2O$, Platinate(2-), tetraiodo-, dipotassium, dihydrate, (*SP*-4-1)-, [153608-97-0], 25:98

K_2I_6Re, Rhenate(2-), hexaiodo-, dipotassium, (*OC*-6-11)-, [19710-22-6], 7:191;27:294

K_2MnO_4, Manganic acid (H_2MnO_4), dipotassium salt, [10294-64-1], 11:57

$K_2MoN_6S_6C_6$, Molybdate(2-), hexakis (thiocyanato-*N*)-, dipotassium, (*OC*-6-11)-, [38741-59-2], 13:230

K_2NO_3Re, Rhenate(2-), nitridotrioxo-, dipotassium, [19630-35-4], 6:167

$K_2N_2O_4C$, Carbamic acid, nitro-, dipotassium salt, [86634-83-5], 1:68,70

$K_2N_2O_5S$, Sulfamic acid, hydroxynitroso-, dipotassium salt, [26241-10-1], 5:117,120

$K_2N_2O_{12}ZrC_{12}H_{12}$, Zirconate(2-), bis[*N,N*-bis(carboxymethyl)glycinato (3-)-*N,O,O',O''*]-, dipotassium, [12366-46-0], 10:7

$K_2N_4NiC_4.H_2O$, Nickelate(2-), tetrakis (cyano-*C*)-, dipotassium, monohydrate, (*SP*-4-1)-, [14323-41-2], 2:227

$K_2N_4PdC_4.H_2O$, Palladate(2-), tetrakis (cyano-*C*)-, dipotassium, monohydrate, (*SP*-4-1)-, [150124-50-8], 2:245,246

$K_2N_4PdC_{4.3}H_2O$, Palladate(2-), tetrakis (cyano-*C*)-, dipotassium, trihydrate, (*SP*-4-1)-, [145565-40-8], 2:245,246

$K_2N_4PtC_4$, Platinate(2-), tetrakis (cyano-*C*)-, dipotassium, (*SP*-4-1)-, [562-76-5], 5:215

$K_2N_4PtC_4.3H_2O$, Platinate(2-), tetrakis (cyano-*C*)-, dipotassium, trihydrate, (*SP*-4-1)-, [14323-36-5], 19:3

$K_2N_6S_6TiC_6$, Titanate(2-), hexakis (thiocyanato-*N*)-, dipotassium, (*OC*-6-11)-, [54216-80-7], 13:230

$K_2N_6S_6WC_6$, Tungstate(2-), hexakis (thiocyanato-*N*)-, dipotassium, (*OC*-6-11)-, [38741-61-6], 13:230

$K_2N_6S_6ZrC_6$, Thiocyanic acid, potassium zirconium(4+) salt (6:2:1), [147796-84-7], 13:230

K_2O_3S, Sulfurous acid, dipotassium salt, [10117-38-1], 2:165,166

K_2O_4W, Tungstate (WO_4^{2-}), dipotassium, (*T*-4)-, [7790-60-5], 6:149

$K_2O_5S_2$, Disulfurous acid, dipotassium salt, [16731-55-8], 2:165,166

$K_2O_8PtC_4.2H_2O$, Platinate(2-), bis [ethanedioato(2-)-*O,O'*]-, dipotassium, dihydrate, (*SP*-4-1)-, [14244-64-5], 19:16

$K_2O_{12}Sb_2C_8H_4$, Antimonate(2-), bis[μ-[2,3-dihydroxybutanedioato(4-)-$O^1,O^2:O^3,O^4$]]di-, dipotassium, stereoisomer, [11071-15-1], 23:76-81

$K_2O_{15}Rh_6C_{16}$, Rhodate(2-), nona-μ-carbonylhexacarbonyl-μ_6-methanetetraylhexa-, (9*Rh-Rh*), dipotassium, [53468-95-4], 20:212

$K_3AlO_{12}C_{6.3}H_2O$, Aluminate(3-), tris [ethanedioato(2-)-*O,O'*]-, tripotassium, trihydrate, (*OC*-6-11)-, [15242-51-0], 1:36

K_3Cl_6Mo, Molybdate(3-), hexachloro-, tripotassium, (*OC*-6-11)-, [13600-82-3], 4:97

K_3Cl_6Rh, Rhodate(3-), hexachloro-, tripotassium, (*OC*-6-11)-, [13845-07-3], 8:217,222

$K_3Cl_6Rh.H_2O$, Rhodate(3-), hexachloro-, tripotassium, monohydrate, (*OC*-6-11)-, [15077-95-9], 8:217,222

$K_3Cl_9W_2$, Tungstate(3-), tri-μ-chlorohexachlorodi-, (*W-W*), tripotassium, [23403-17-0], 5:139;6:149;7:143

$K_3CoN_6C_6$, Cobaltate(3-), hexakis (cyano-*C*)-, tripotassium, (*OC*-6-11)-, [13963-58-1], 2:225

$K_3CoO_9C_3$, Cobaltate(3-), tris[carbonato (2-)-*O,O'*]-, tripotassium, (*OC*-6-11)-, [15768-38-4], 23:62

$K_3CoO_{12}C_6$, Cobaltate(3-), tris[ethanedioato(2-)-*O,O'*]-, tripotassium, (*OC*-6-11)-, [14239-07-7], 1:37

———, Cobaltate(3-), tris[ethanedioato (2-)-*O,O'*]-, tripotassium, (*OC*-6-11-Δ)-, [15631-50-2], 8:209

———, Cobaltate(3-), tris[ethanedioato (2-)-*O,O'*]-, tripotassium, (*OC*-6-11-Λ)-, [15631-51-3], 1:37

$K_3CoO_{12}C_6.3H_2O$, Cobaltate(3-), tris [ethanedioato(2-)-*O,O'*]-, tripotassium, trihydrate, (*OC*-6-11)-, [15275-08-8], 8:208;8:209

$K_3CrN_6C_6$, Chromate(3-), hexakis (cyano-*C*)-, tripotassium, (*OC*-6-11)-, [13601-11-1], 2:203

$K_3CrN_6OC_5$, Chromate(3-), pentakis (cyano-*C*)nitrosyl-, tripotassium, (*OC*-6-22)-, [14100-08-4], 23:184

$K_3CrO_{12}C_6.H_2O$, Chromate(3-), tris [ethanedioato(2-)-*O,O'*]-, tripotassium, monohydrate, (*OC*-6-11-Δ)-, [152693-30-6], 25:141

$K_3CrO_{12}C_6.2H_2O$, Chromate(3-), tris [ethanedioato(2-)-*O,O'*]-, tripotassium, dihydrate, (*OC*-6-11-Λ)-, [19413-85-5], 25:141

$K_3CrO_{12}C_6.3H_2O$, Chromate(3-), tris [ethanedioato(2-)-*O,O'*]-, tripotassium, trihydrate, (*OC*-6-11)-, [15275-09-9], 1:37;19:127

$K_3CrO_{12}C_9H_6.3H_2O$, Chromate(3-), tris [propanedioato(2-)-*O,O'*]-, tripotassium, trihydrate, (*OC*-6-11)-, [70366-25-5], 16:80

$K_3CuNb_2Se_{12}$, Copper niobium potassium selenide ($CuNb_2K_3Se_3(Se_2)_3(Se_3)$), [135041-37-1], 30:86

$K_3FeO_{12}C_6.3H_2O$, Ferrate(3-), tris [ethanedioato(2-)-*O,O'*]-, tripotassium, trihydrate, (*OC*-6-11)-, [5936-11-8], 1:36

$K_3H_3N_3O_6P_3$, Metaphosphimic acid ($H_6P_3O_6N_3$), tripotassium salt, [18466-18-7], 6:97
$K_3MnN_6C_6$, Manganate(3-), hexakis (cyano-*C*)-, tripotassium, (*OC*-6-11)-, [14023-90-6], 2:213
$K_3NO_9S_3$, Nitridotrisulfuric acid, tripotassium salt, [63504-30-3], 2:182
$K_3N_8WC_8$, Tungstate(3-), octakis (cyano-*C*)-, tripotassium, (*DD*-8-11111111)-, [18347-84-7], 7:145
K_3O_3PS, Phosphorothioic acid, tripotassium salt, [148832-25-1], 5:102
$K_4Cl_{10}ORu_2.H_2O$, Ruthenate(4-), decachloro-μ-oxodi-, tetrapotassium, monohydrate, [18786-01-1], 11:70
$K_4Co_2O_8C_8H_2.3H_2O$, Cobaltate(4-), tetrakis[ethanedioato(2-)-*O,O*']di-μ-hydroxydi-, tetrapotassium, trihydrate, [15684-38-5], 8:204
$K_4H_8O_{20}P_8Pt_2.2H_2O$, Platinate(12-), tetrakis[μ-[diphosphito(4-)-*P*:*P*']]di-, tetrapotassium octahydrogen, dihydrate, [73588-97-3], 24:211
$K_4HfO_{16}C_8.5H_2O$, Hafnate(4-), tetrakis [ethanedioato(2-)-*O,O*']-, tetrapotassium, pentahydrate, (*DD*-8-111"1"1'1'1'"1'")-, [64998-59-0], 8:42
$K_4Hf_3Te_{17}$, Hafnium potassium telluride ($Hf_3K_4(Te_2)_7(Te_3)$), [132938-07-9], 30:86
$K_4MnN_6C_6$, Manganate(4-), hexakis (cyano-*C*)-, tetrapotassium, (*OC*-6-11)-, [14874-32-9], 2:214
$K_4MoN_8C_8.2H_2O$, Molybdate(4-), octakis (cyano-*C*)-, tetrapotassium, dihydrate, (*SA*-8-11111111)-, [17457-89-5], 3:160;11:53
$K_4N_6Ni_2C_6$, Nickelate(4-), hexakis (cyano-*C*)di-, (*Ni-Ni*), tetrapotassium, [40810-33-1], 5:197
$K_4N_6Ni_2O_2C_8$, Nickelate(4-), dicarbonylbis[μ-(cyano-*C,N*)]tetrakis(cyano-*C*) di-, tetrapotassium, [12556-88-6], 5:201
$K_4N_8WC_8.2H_2O$, Tungstate(4-), octakis (cyano-*C*)-, tetrapotassium, dihydrate, (*DD*-8-11111111)-, [17457-90-8], 7:142
$K_4O_{16}ThC_8.4H_2O$, Thorate(4-), tetrakis [ethanedioato(2-)-*O,O*']-, tetrapotassium, tetrahydrate, [21029-51-6], 8:43
$K_4O_{16}UC_8$, Uranate(4-), tetrakis[ethanedioato(2-)-*O,O*']-, tetrapotassium, [12107-69-6], 8:158
$K_4O_{16}UC_8.5H_2O$, Uranate(4-), tetrakis [ethanedioato(2-)-*O,O*']-, tetrapotassium, pentahydrate, [21135-81-9], 3:169;8:157
$K_4O_{16}ZrC_8.5H_2O$, Zirconate(4-), tetrakis [ethanedioato(2-)-*O,O*']-, (*DD*-8-111"1"1'1'1'"1'")-, tetrapotassium, pentahydrate, [51716-89-3], 8:40
$K_4S_{14}Ti_3$, Titanate(4-), hexakis [μ-(disulfur-*S*:*S,S*')]dithioxotri-, tetrapotassium, [110354-75-1], 30:84
$K_4Te_{17}Zr_3$, Potassium zirconium telluride ($K_4Zr_3(Te_2)_7(Te_3)$), [132938-08-0], 30:86
$K_5Cl_{14}W_3$, Potassium tungsten chloride ($K_5W_3Cl_{14}$), [128057-81-8], 6:149
$K_5Co_2N_{10}O_2C_{10}.H_2O$, Cobaltate(5-), decakis(cyano-*C*)-μ-superoxidodi-, pentapotassium, monohydrate, [12145-87-8], 12:202
$K_6Be_4O_{19}C_6$, Beryllate(6-), hexakis [μ-[carbonato(2-)-*O*:*O*']]-μ_4-oxotetra-, hexapotassium, [14875-90-2], 8:9
$K_6BrN_{12}Pt_3C_{12}.9H_2O$, Platinate(2-), tetrakis(cyano-*C*)-, (*SP*-4-1)-, potassium bromide (*SP*-4-1)-tetrakis (cyano-*C*)platinate(1-) (2:6:1:1), nonahydrate, [151085-54-0], 19:14,15
$K_6ClN_{12}Pt_3C_{12}.9H_2O$, Platinate(2-), tetrakis(cyano-*C*)-, (*SP*-4-1)-, potassium chloride (*SP*-4-1)-tetrakis (cyano-*C*)platinate(1-) (2:6:1:1), nonahydrate, [151151-21-2], 19:15
$K_6F_2N_{12}Pt_3C_{12}H.9H_2O$, Platinate(5-), dodecakis(cyano-*C*)tri-, (2*Pt-Pt*), potassium (hydrogen difluoride) (1:6:1), nonahydrate, [67484-83-7], 21:147

$K_6H_4O_{17}S_6$, Potassium disulfite sulfite ($K_6(S_2O_5)(HSO_3)_4$), [129002-36-4], 2:167

$K_6O_{15}S_6.2H_2O$, Disulfurous acid, dipotassium salt, hydrate (3:2), [148832-20-6], 2:165,167

$K_7N_{16}Pt_4C_{16}.6H_2O$, Platinate(2-), tetrakis (cyano-*C*)-, (*SP*-4-1)-, potassium (*SP*-4-1)-tetrakis(cyano-*C*)platinate(1-) (3:7:1), hexahydrate, [151120-20-6], 19:8,14

$K_7NiO_{38}V_{13}$, Vanadate(7-), nickelatedeca-μ-oxohexa-μ_3-oxodi-μ_4-oxodi-μ_5-oxodi-μ_6-oxohexadecaoxotrideca-, heptapotassium, [93300-78-8], 15:108

$K_{16}O_{122}P_4ThW_{34}$, Potassium thorium tungsten oxide phosphate ($K_{16}ThW_{34}O_{106}(PO_4)_4$), [63144-49-0], 23:190

$K_{16}O_{122}P_4UW_{34}$, Potassium tungsten uranium oxide phosphate ($K_{16}W_{34}UO_{106}(PO_4)_4$), [66403-22-3], 23:188

$K_{20}Al_{40}N_{12}Na_{16}O_{393}Si_{154}C_{48}H_{144}.168H_2O$, Methanaminium, *N,N,N*-trimethyl-, potassium sodium heptaoxohepta-heptacontakis[μ-oxotetraoxodisilicato (2-)]tetracontaaluminate(48-) (12:20:16:1), dotetracontahecta-hydrate, [158210-03-8], 30:231

$K_{41}O_{200}Pt_{25}C_{100}.50H_2O$, Platinate(2-), bis [ethanedioato(2-)-*O,O'*]-, (*SP*-4-1)-, potassium (*SP*-4-1)-bis[ethanedioato (2-)-*O,O'*]platinate(1-) (16:41:9), pentacontahydrate, [151151-24-5], 19:16,17

KrF_2, Krypton fluoride (KrF_2), [13773-81-4], 29:11

$LaAlH_4Ni_4$, Aluminum lanthanum nickel hydride ($AlLaNi_4H_4$), [66457-10-1], 22:96

$La_{1.6}CaCu_2O_6Sr_{0.4}$, Calcium copper lanthanum strontium oxide ($CaCu_2La_{1.6}Sr_{0.4}O_6$), [129161-55-3], 30:197

$LaCl_2LiO_2Si_4C_{30}H_{58}$, Lithium(1+), bis (tetrahydrofuran)-, bis[(1,2,3,4,5-η)-1,3-bis(trimethylsilyl)-2,4-cyclopentadien-1-yl]dichloro-lanthanate(1-), [81507-27-9], 27:170

$LaCl_3$, Lanthanum chloride ($LaCl_3$), [10099-58-8], 1:32;7:168;22:39

$LaCuO_{2.5-2.57}$, Copper lanthanum oxide ($CuLaO_{2.5-2.57}$), [158188-95-5], 30:221

$LaCuO_{2.6-2.8}$, Copper lanthanum oxide ($CuLaO_{2.6-2.8}$), [158188-94-4], 30:221

$LaCuO_{2.8-3}$, Copper lanthanum oxide ($CuLaO_{2.8-3}$), [158188-93-3], 30:219

$La_{1.85}CuO_4Sr_{0.15}$, Copper lanthanum strontium oxide ($CuLa_{1.85}Sr_{0.15}O_4$), [107472-96-8], 30:193

$LaF_{18}N_6O_6P_9C_{72}H_{72}$, Lanthanum(3+), hexakis(*P,P*-diphenylphosphinic amide-*O*)-, (*OC*-6-11)-, tris [hexafluorophosphate(1-)], [59449 -50-2], 23:180

LaI_2, Lanthanum iodide (LaI_2), [19214-98-3], 22:36;30:17

LaI_3, Lanthanum iodide (LaI_3), [13813-22-4], 22:31;30:11

LaN_3O_9, Lanthanum, tris(nitrato-*O,O'*)-, (*OC*-6-11)-, [24925-50-6], 5:41

$LaN_3O_{13}C_8H_{16}$, Lanthanum, tris (nitrato-*O*)(1,4,7,10-tetraoxacyclodo-decane-O^1,O^4,O^7,O^{10})-, [73288-70-7], 23:151

$LaN_3O_{14}C_{10}H_{20}$, Lanthanum, tris (nitrato-*O*)(1,4,7,10,13-pentaoxacyclo-pentadecane-$O^1,O^4,O^7,O^{10},O^{13}$)-, [73798-09-1], 23:151

$LaN_3O_{15}C_{12}H_{24}$, Lanthanum, (1,4,7,10,13,16-hexaoxacyclooctadecane-$O^1,O^4,O^7,O^{10},O^{13},O^{16}$)tris (nitrato-*O*)-, [73817-12-6], 23:153

$LaN_4O_2C_{49}H_{35}$, Lanthanum, (2,4-pentanedionato-*O,O'*)[5,10,15,20-tetraphenyl-21*H*,23*H*-porphinato (2-)-$N^{21},N^{22},N^{23},N^{24}$]-, [89768-95-6], 22:160

$LaN_4O_2C_{55}H_{47}$, Lanthanum, (2,2,6,6-tetramethyl-3,5-heptanedionato-*O,O'*)

[5,10,15,20-tetraphenyl-21*H*,23*H*-porphinato(2-)-N^{21},N^{22},N^{23},N^{24}]-, [89768-96-7], 22:160
$LaO_3C_{42}H_{63}$, Phenol, 2,6-bis(1,1-dimethylethyl)-, lanthanum(3+) salt, [121118-91-0], 27:167
$LaO_3C_{45}H_{69}$, Phenol, 2,6-bis(1,1-dimethylethyl)-4-methyl-, lanthanum (3+) salt, [89085-93-8], 27:166
$LaO_6C_{33}H_{57}$, Lanthanum, tris(2,2,6,6-tetramethyl-3,5-heptanedionato-*O*,*O*')-, (*OC*-6-11)-, [14319-13-2], 11:96
$La_2B_6MgO_{18}Sr_5$, Boric acid (H_3BO_3), lanthanum(3+) magnesium strontium salt (6:2:1:5), [158188-97-7], 30:257
$La_2Cl_2Si_8C_{44}H_{84}$, Lanthanum, tetrakis[(1,2,3,4,5-η)-1,3-bis (trimethylsilyl)-2,4-cyclopentadien-1-yl]di-μ-chlorodi-, [81523-75-3], 27:171
La_2NiO_4, Lanthanum nickel oxide (La_2NiO_4), [12031-41-3], 30:133
$La_2O_8Se_2Ta_3$, Lanthanum tantalum oxide selenide ($La_2Ta_3O_8Se_2$), [134853-92-2], 30:146
La_2S_3, Lanthanum sulfide (La_2S_3), [12031-49-1], 14:154
$La_4N_{12}O_{54}C_{36}H_{72}$, Lanthanum(1+), (1,4,7,10,13,16-hexaoxacyclooctadecane-O^1,O^4,O^7,O^{10},O^{13},O^{16})bis (nitrato-*O*,*O*')-, hexakis(nitrato-*O*,*O*') lanthanate(3-) (3:1), [94121-36-5], 23:155
$Li_{0.2}O_3Re$, Lithium rhenium oxide ($Li_{0.2}ReO_3$), [144833-17-0], 24:203,206;30:187
$Li_{0.22}S_2Ti$, Lithium titanium sulfide ($Li_{0.22}TiS_2$), [158188-76-2], 30:170
$Li_{0.45}NbO_2$, Lithium niobium oxide ($Li_{0.45}NbO_2$), [128798-92-5], 30:222
$Li_{0.5}NbO_2$, Lithium niobium oxide ($Li_{0.5}NbO_2$), [128812-41-9], 30:222
$Li_{0.6}NbO_2$, Lithium niobium oxide ($Li_{0.6}NbO_2$), [158188-96-6], 30:222
$Li_{0.6}S_2Ti$, Lithium titanium sulfide ($Li_{0.6}TiS_2$), [115004-99-4], 30:167
$Li_{0.7}S_2Ta$, Lithium tantalum sulfide ($Li_{0.7}TaS_2$), [158188-82-0], 30:167
$Li_{0.8}MoS_2.4/5H_3N$, Lithium molybdenum sulfide ($Li_{0.8}MoS_2$), ammoniate (5:4), [158188-87-5], 30:167
$LiAlH_8P_4$, Aluminate(1-), tetrakis (phosphino)-, lithium, (*T*-4)-, [25248-80-0], 15:178
$LiAl_{11}O_{17}$, Aluminum lithium oxide ($Al_{11}LiO_{17}$), [12505-59-8], 19:54;30:237
$LiBC_8H_{16}$, Borate(1-), 1,5-cyclooctanediyldihydro-, lithium, (*T*-4)-, [76448-08-3], 22:199
$LiB_4NaSi_2C_8H_{22}$, 2,3-Dicarbahexaborate(2-), 1,4,5,6-tetrahydro-2,3-bis (trimethylsilyl)-, lithium sodium, [109031-63-2], 29:97
$LiB_4Si_2C_8H_{22}$, 2,3-Dicarbahexaborate(2-), 1,4,5,6-tetrahydro-2,3-bis(trimethylsilyl)-, dilithium, [137627-93-1], 29:99
LiC_4H_9, Lithium, butyl-, [109-72-8], 8:20
$LiCeCl_2O_2Si_4C_{30}H_{58}$, Lithium(1+), bis (tetrahydrofuran)-, bis[(1,2,3,4,5-η)-1,3-bis(trimethylsilyl)-2,4-cyclopentadien-1-yl]dichlorocerate (1-), [81507-29-1], 27:170
LiCl, Lithium chloride (LiCl), [7447-41-8], 5:154;28:322
$LiClC_5H_4$, Lithium, (1-chloro-2,4-cyclopentadien-1-yl)-, [144838-23-3], 29:200
$LiCl_2LaO_2Si_4C_{30}H_{58}$, Lithium(1+), bis (tetrahydrofuran)-, bis[(1,2,3,4,5-η)-1,3-bis(trimethylsilyl)-2,4-cyclopentadien-1-yl]dichlorolanthanate(1-), [81507-27-9], 27:170
$LiCl_2NdO_2Si_4C_{30}H_{58}$, Lithium(1+), bis (tetrahydrofuran)-, bis[(1,2,3,4,5-η)-1,3-bis(trimethylsilyl)-2,4-cyclopentadien-1-yl]dichloroneodymate(1-), [81507-33-7], 27:170

$LiCl_2O_2PrSi_4C_{30}H_{58}$, Lithium(1+), bis (tetrahydrofuran)-, bis[(1,2,3,4,5-η)-1,3-bis(trimethylsilyl)-2,4-cyclopentadien-1-yl]dichloropraseodymate (1-), [81507-31-5], 27:170

$LiCl_2O_2ScSi_4C_{30}H_{58}$, Lithium(1+), bis (tetrahydrofuran)-, bis[(1,2,3,4,5-η)-1,3-bis(trimethylsilyl)-2,4-cyclopentadien-1-yl]dichloroscandate(1-), [81519-28-0], 27:170

$LiCl_2O_2Si_4YC_{30}H_{58}$, Lithium(1+), bis (tetrahydrofuran)-, bis[(1,2,3,4,5-η)-1,3-bis(trimethylsilyl)-2,4-cyclopentadien-1-yl]dichloroyttrate(1-), [81507-25-7], 27:170

$LiCl_2O_2Si_4YbC_{30}H_{58}$, Lithium(1+), bis (tetrahydrofuran)-, bis[(1,2,3,4,5-η)-1,3-bis(trimethylsilyl)-2,4-cyclopentadien-1-yl]dichloroytterbate(1-), [81507-35-9], 27:170

$LiCl_6Cs_2Tm$, Thulate(3-), hexachloro-, dicesium lithium, (*OC*-6-11)-, [68933-88-0], 21:10;30:249

$LiCoN_2O_6C_2H_6$, Cobaltate(1-), diamminebis[carbonato(2-)-*O,O'*]-, lithium, (*OC*-6-21)-, [65521-08-6], 23:63

$LiCrN_6O_{12}C_{14}H_{32}.3H_2O$, Chromium(3+), tris(1,2-ethanediamine-*N,N'*)-, (*OC*-6-11-Λ)-, lithium salt with [*R*-(*R**,*R**)]-2,3-dihydroxybutanedioic acid (1:1:2), trihydrate, [59388-89-5], 12:274

$LiCrO_2$, Chromate (CrO_2^{1-}), lithium, [12017-96-8], 20:50

LiF_5C_6, Lithium, (pentafluorophenyl)-, [1076-44-4], 21:72

$LiGaH_4$, Gallate(1-), tetrahydro-, lithium, (*T*-4)-, [17836-90-7], 17:45

$LiGeC_{18}H_{15}$, Lithium, (triphenylgermyl)-, [3839-32-5], 8:34

LiHO, Lithium hydroxide (Li(OH)), [1310-65-2], 7:1

$LiHO_2.H_2O$, Lithium peroxide ($Li(O_2H)$), monohydrate, [54637-08-0], 5:1

LiH_2N, Lithium amide ($Li(NH_2)$), [7782-89-0], 2:135

LiH_2P, Lithium phosphide ($Li(H_2P)$), [24167-79-1], 27:228

LiH_3Zn, Zincate(1-), trihydro-, lithium, [38829-83-3], 17:10

LiN, Lithium nitride (LiN), [32746-31-9], 4:1

$LiNC_9H_{12}$, Lithium, [2-[(dimethylamino) methyl]phenyl]-, [27171-81-9], 26:152

———, Lithium, [[2-(dimethylamino) phenyl]methyl-*C,N*]-, [64308-58-3], 26:153

$LiNC_{10}H_{14}$, Lithium, [2-[(dimethylamino) methyl]-5-methylphenyl]-, [54877-64-4], 26:152

$LiNOC_{16}H_{22}$, Lithium, [8-(dimethylamino)-1-naphthalenyl-*C,N*][1,1'-oxybis[ethane]]-, [86526-70-7], 26:154

$LiNSi_2C_6H_{19}$, Silanamine, 1,1,1-trimethyl-*N*-(trimethylsilyl)-, lithium salt, [4039-32-1], 8:19;18:115

$LiN_6O_{12}RhC_{14}H_{32.3}H_2O$, Rhodium(3+), tris(1,2-ethanediamine-*N,N'*)-, (*OC*-6-11-Λ)-, lithium salt with [*R*-(*R**,*R**)]-2,3-dihydroxybutanedioic acid (1:1:2), trihydrate, [151208-25-2], 12:272

$LiNbO_2$, Niobate (NbO_2^{1-}), lithium, [53320-08-4], 30:222

LiO_2, Lithium superoxide ($Li(O_2)$), [12136-56-0], 5:1;7:1

$LiO_2PSi_2C_{14}H_{34}$, Lithium, bis(tetrahydrofuran)[bis(trimethylsilyl)phosphino]-, [59610-41-2], 27:243,248

LiO_3Re, Rhenate (ReO_3^{1-}), lithium, [80233-76-7], 24:205;30:189

LiO_5V_2, Lithium vanadium oxide (LiV_2O_5), [12162-92-4], 24:202;30:186

$LiPC_2H_7$, Phosphine, dimethyl-, lithium salt, [21743-25-9], 13:27

$LiPC_9H_{12}$, Lithium, [(methylmethylenephenylphosphoranyl)methyl]-, [59983-61-8], 27:178

$LiPC_{12}H_{11}$, Phosphine, diphenyl-, lithium salt, [4541-02-0], 17:186

$LiSC_7H_7$, Lithium, [2-(methylthio) phenyl]-, [51894-94-1], 16:170
$LiSiC_4H_{11}$, Lithium, [(trimethylsilyl) methyl]-, [1822-00-0], 24:95
$LiSi_2C_{11}H_{21}$, Lithium, [1,3-bis (trimethylsilyl)-1,4-cyclopentadien-1-yl]-, [56742-80-4], 27:170
$Li_2C_8H_8$, Lithium, μ-2,4,6-cyclo-octatriene-1,2-diyldi-, [40698-91-7], 19:214
———, Lithium, μ-cyclooctatrienediyldi-, [37609-69-1], 28:127
Li_2Cl_4Pt, Platinate(2-), tetrachloro-, dilithium, (*SP*-4-1)-, [34630-68-7], 15:80
Li_2H_4Zn, Zincate(2-), tetrahydro-, dilithium, (*T*-4)-, [38829-84-4], 17:12
$Li_2N_4Si_2C_{26}H_{56}$, Lithium, [μ-[1,2-phenylenebis[(trimethylsilyl) methylene]]]bis(*N,N,N',N'*-tetramethyl-1,2-ethanediamine-*N,N'*)di-, [76933-93-2], 26:148
$Li_2N_8C_{32}H_{18}$, 29*H*,31*H*-Phthalocyanine, dilithium salt, [25510-41-2], 20:159
Li_2O_2, Lithium peroxide ($Li_2(O_2)$), [12031-80-0], 5:1
Li_2O_3C, Carbonic acid, dilithium salt, [554-13-2], 1:1;5:3
Li_2O_3Re, Rhenate (ReO_3^{2-}), dilithium, [80233-77-8], 24:203;30:188
Li_2P_{16}, 2,3,13:7,8,11-Diphosphinidyne-1*H*,9*H*,11*H*,13*H*-pentaphospholo[*a*] pentaphospholo[4,5]pentaphospholo [1,2-*c*]pentaphosphole, dilithium salt, [85482-14-0], 27:227
Li_2S, Lithium sulfide (Li_2S), [12136-58-2], 15:182
Li_3N, Lithium nitride (Li_3N), [26134-62-3], 22:48;30:38
Li_3P_7, Heptaphosphatricyclo[2.2.1.$0^{2,6}$] heptane, trilithium salt, [72976-70-6], 27:153
$Li_{25}H_{48}N_{16}S_{25}Ti_{25}$, Lithium titanium sulfide ($Li_{0.22}TiS_2$), ammoniate (25:16), [158188-77-3], 30:170
$LuClOC_{12}H_{16}$, Lutetium, chloro(η^8-1,3,5,7-cyclooctatetraene) (tetrahydrofuran)-, [96504-50-6], 27:152
$LuCl_3$, Lutetium chloride ($LuCl_3$), [10099-66-8], 22:39
$LuCl_5Cs_2$, Lutetate(2-), pentachloro-, dicesium, [89485-40-5], 22:6;30:77,78
$LuCl_5Rb_2$, Lutetate(2-), pentachloro-, dirubidium, [97252-89-6], 30:78
$LuCl_6Cs_3$, Lutetate(3-), hexachloro-, tricesium, (*OC*-6-11)-, [89485-41-6], 22:6;30:77
$LuF_{18}N_6O_6P_9C_{72}H_{72}$, Lutetium(3+), hexakis(*P,P*-diphenylphosphinic amide-*O*)-, (*OC*-6-11)-, tris[hexa-fluorophosphate(1-)], [59449-62-6], 23:180
$LuNOC_{21}H_{28}$, Lutetium, (η^8-1,3,5,7-cyclooctatetraene)[2-[(dimethylamino) methyl]phenyl-*C,N*](tetrahydrofuran)-, [84582-81-0], 27:153
$LuN_3O_{13}C_8H_{16}$, Lutetium, tris(nitrato-*O*) (1,4,7,10-tetraoxacyclododecane-O^1,O^4,O^7,O^{10})-, [73288-78-5], 23:151
$LuN_3O_{14}C_{10}H_{20}$, Lutetium, tris(nitrato-*O,O'*)(1,4,7,10,13-pentaoxacyclopenta-decane-$O^1,O^4,O^7,O^{10},O^{13}$)-, [99352-14-4], 23:151
$LuN_3O_{15}C_{12}H_{24}$, Lutetium, (1,4,7,10,13,16-hexaoxacyclooctadecane-$O^1,O^4,O^7,O^{10},O^{13},O^{16}$)tris(nitrato-*O,O'*)-, [77372-18-0], 23:153
$LuN_4O_2C_{49}H_{35}$, Lutetium, (2,4-pentanedionato-*O,O'*)[5,10,15,20-tetraphenyl-21*H*,23*H*-porphinato (2-)-$N^{21},N^{22},N^{23},N^{24}$]-, [60909-91-3], 22:160
$LuOC_{21}H_{25}$, Lutetium, bis(η^5-2,4-cyclopentadien-1-yl)(4-methylphenyl) (tetrahydrofuran)-, [76207-12-0], 27:162
$LuOSiC_{18}H_{29}$, Lutetium, bis(η^5-2,4-cyclopentadien-1-yl)(tetrahydrofuran) [(trimethylsilyl)methyl]-, [76207-10-8], 27:161

$LuO_6C_{33}H_{57}$, Lutetium, tris(2,2,6,6-tetramethyl-3,5-heptanedionato-*O,O'*)-, (*OC*-6-11)-, [15492-45-2], 11:96

$Lu_2Br_9Cs_3$, Lutetate(3-), tri-μ-bromohexabromodi-, tricesium, [73191-01-2], 30:79

$Lu_2Br_9Rb_3$, Lutetate(3-), tri-μ-bromohexabromodi-, trirubidium, [158210-00-5], 30:79

$Lu_2Cl_2Si_8C_{44}H_{84}$, Lutetium, tetrakis[(1,2,3,4,5-η)-1,3-bis(trimethylsilyl)-2,4-cyclopentadien-1-yl]di-μ-chlorodi-, [81536-98-3], 27:171

$Lu_2Cl_9Cs_3$, Lutetate(3-), tri-μ-chlorohexachlorodi-, tricesium, [73197-69-0], 22:6;30:77,79

Lu_2S_3, Lutetium sulfide (Lu_2S_3), [12163-20-1], 14:154

$Lu_4N_{12}O_{51}C_{30}H_{60}$, Lutetium(1+), bis(nitrato-*O,O'*)(1,4,7,10,13-pentaoxacyclopentadecane-$O^1,O^4,O^7,O^{10},O^{13}$)-, (*OC*-6-11)-hexakis(nitrato-*O*)lutetate(3-) (3:1), [153019-54-6], 23:153

$Lu_4N_{12}O_{54}C_{36}H_{72}$, Lutetium(1+), (1,4,7,10,13,16-hexaoxacyclooctadecane-$O^1,O^4,O^7,O^{10},O^{13},O^{16}$)bis(nitrato-*O,O'*)-, hexakis(nitrato-*O,O'*)lutetate(3-) (3:1), [99352-42-8], 23:155

$MgB_6La_2O_{18}Sr_5$, Boric acid (H_3BO_3), lanthanum(3+) magnesium strontium salt (6:2:1:5), [158188-97-7], 30:257

$MgBrFeO_2P_2C_{39}H_{45}$, Magnesium, bromo[(η^5-2,4-cyclopentadien-1-yl)[1,2-ethanediylbis[diphenylphosphine]-*P,P'*]iron]bis(tetrahydrofuran)-, (*Fe-Mg*), [52649-44-2], 24:172

$MgC_{12}H_{10}$, Magnesium, diphenyl-, [555-54-4], 6:11

$MgC_{18}H_{14}$, Magnesium, di-1*H*-inden-1-yl-, [53042-25-4], 16:137

$MgClCH_3$, Magnesium, chloromethyl-, [676-58-4], 9:60

$MgClC_3H_5$, Magnesium, chloro-2-propenyl-, [2622-05-1], 13:74

$MgClC_5H_{11}$, Magnesium, chloro(2,2-dimethylpropyl)-, [13132-23-5], 26:46

$MgCl_2$, Magnesium chloride ($MgCl_2$), [7786-30-3], 1:29;5:154;6:9

$MgCl_4K_2$, Magnesate(2-), tetrachloro-, dipotassium, (*T*-4)-, [16800-64-9], 20:51

$MgCo_2N_4O_6P_2C_{44}H_{58}$, Magnesium, bis[μ-(carbonyl-*C:O*)]bis[dicarbonyl(methyldiphenylphosphine)cobalt]bis[*N,N,N',N'*-tetramethyl-1,2-ethanediamine-*N,N'*]-, [55701-41-2], 16:59

$MgCo_2N_4O_8C_{28}H_{20}$, Magnesium(2+), tetrakis(pyridine)-, (*T*-4)-, bis[(*T*-4)-tetracarbonylcobaltate(1-)], [62390-43-6], 16:58

$MgCo_2N_4O_8C_{28}H_{20}$, Magnesium, bis[μ-(carbonyl-*C:O*)]tetrakis(pyridine)bis(tricarbonylcobalt)-, [51006-26-9], 16:58

$MgCo_2O_{10}P_2C_{46}H_{86}$, Magnesium, bis[μ-(carbonyl-*C:O*)]bis[dicarbonyl(tributylphosphine)cobalt]tetrakis(tetrahydrofuran)-, [55701-42-3], 16:58

$MgCr_2O_4$, Chromium magnesium oxide (Cr_2MgO_4), [12053-26-8], 14:134;20:52

$MgFe_2O_4$, Iron magnesium oxide (Fe_2MgO_4), [12068-86-9], 9:153

$MgFe_2O_6C_{22}H_{26}$, Magnesium(2+), bis(tetrahydrofuran)-, bis[dicarbonyl(η^5-2,4-cyclopentadien-1-yl)ferrate(1-)], [62402-59-9], 16:56

$MgFe_2O_6C_{22}H_{26}$, Magnesium(2+), bis(tetrahydrofuran)-, bis[dicarbonyl(η^5-2,4-cyclopentadien-1-yl)ferrate(1-)], [62402-59-9], 16:56

MgH_2, Magnesium hydride (MgH_2), [7693-27-8], 17:2

$MgICH_3$, Magnesium, iodomethyl-, [917-64-6], 9:92,93

$MgMo_2N_2O_{11}SC_{10}H_{12}.6H_2O$, Molybdate(2-), [μ-[[*N,N'*-1,2-ethanediylbis[*N*-(carboxymethyl)glycinato]](4-)-

N,O,O^{N}:*N',O',O*$^{N'}$]]-μ-oxodioxo-μ-thioxodi-, (*Mo-Mo*), magnesium (1:1), hexahydrate, [153062-84-1], 29:256

$MgMo_2O_8P_2C_{54}H_{96}$, Magnesium, bis[μ-(carbonyl-*C:O*)]bis[carbonyl(η^5-2,4-cyclopentadien-1-yl)(tributylphosphine)molybdenum]tetrakis(tetrahydrofuran)-, [55800-06-1], 16:59

$MgN_4C_{36}H_{44}$, Magnesium, [2,3,7,8,12,13,17,18-octaethyl-21*H*,23*H*-porphinato(2-)-*N*^{21},*N*^{22},*N*^{23},*N*^{24}]-, (*SP*-4-1)-, [20910-35-4], 20:145

$MgN_6C_{54}H_{46}$, Magnesium, [1,4,8,11,15,18,22,25-octamethyl-29*H*,31*H*-tetrabenzo[*b,g,l,q*]porphinato-*N*^{29},*N*^{30},*N*^{31},*N*^{32}]bis(pyridine)-, (*OC*-6-12)-, [23065-32-9], 20:158

$MgSi_2C_8H_{22}$, Magnesium, bis[(trimethylsilyl)methyl]-, [51329-17-0], 19:262

$Mg_3Bi_2N_{12}O_{36}.24H_2O$, Nitric acid, bismuth (3+) magnesium salt (12:2:3), tetracosahydrate, [20741-82-6], 2:57

$Mg_3Ce_2N_{12}O_{36}.24H_2O$, Nitric acid, cerium(3+) magnesium salt (12:2:3), tetracosahydrate, [13550-46-4], 2:57

$Mg_3O_6C_{48}H_{72}$, Magnesium, tris[μ-[1,2-phenylenebis(methylene)]]hexakis (tetrahydrofuran)tri-, *cyclo,* [84444-42-8], 26:147

$Mg_4N_4O_{60}C_{96}H_{136}$, Magnesate(4-), hexakis[μ-[tetraethyl 2,3-dioxo-1,1,4,4-butanetetracarboxylato(2-)]]tetra-, tetraammonium, [114446-10-5], 29:277

$MnAsF_6O_5C_{26}H_{16}$, Manganese, tricarbonyl(1,1,1,5,5,5-hexafluoro-2,4-pentanedionato-*O,O'*)(triphenylarsine)-, [15444-36-7], 12:84

$MnB_2N_{16}C_{24}H_{24}$, Manganese, bis[tetrakis(1*H*-pyrazolato-*N*^{1})borato(1-)-*N*^{2},*N*$^{2'}$,*N*$^{2''}$]-, [14728-59-7], 12:106

$MnB_3O_4C_4H_8$, Manganese, tetracarbonyl [octahydrotriborato(1-)]-, [53801-97-1], 19:227,228

$MnBaO_4$, Manganic acid (H_2MnO_4), barium salt (1:1), [7787-35-1], 11:58

$MnBrCl_4O_3C_8$, Manganese, (η^5-1-bromo-2,3,4,5-tetrachloro-2,4-cyclopentadien-1-yl)tricarbonyl-, [56282-22-5], 20:194,195

$MnBrCl_4O_5C_{10}$, Manganese, (1-bromo-2,3,4,5-tetrachloro-2,4-cyclopentadien-1-yl)pentacarbonyl-, (*OC*-6-22)-, [56282-18-9], 20:194

$MnBrO_3C_8H_4$, Manganese, (η^5-1-bromo-2,4-cyclopentadien-1-yl)tricarbonyl-, [12079-86-6], 20:193

$MnBrO_5C_5$, Manganese, bromopentacarbonyl-, (*OC*-6-22)-, [14516-54-2], 19:160;28:156

$MnBr_4N_2C_{16}H_{40}$, Ethanaminium, *N,N,N*-triethyl-, (*T*-4)-tetrabromomanganate (2-) (2:1), [2536-14-3], 9:137

$MnClO_3C_8H_4$, Manganese, tricarbonyl(η^5-1-chloro-2,4-cyclopentadien-1-yl)-, [12079-90-2], 20:192

$MnClO_5C_5$, Manganese, pentacarbonylchloro-, (*OC*-6-22)-, [14100-30-2], 19:159;28:155

$MnCl_2$, Manganese chloride ($MnCl_2$), [7773-01-5], 1:29

$MnCl_2N_{10}O_4C_8H_{22}$, Manganese(2+), bis[2,2'-iminobis[*N*-hydroxye thanimidamide]]-, dichloride, [20675-38-1], 11:91

$MnCl_4K_2$, Manganate(2-), tetrachloro-, dipotassium, (*T*-4)-, [31024-03-0], 20:51

$MnCl_4N_2C_{16}H_{40}$, Ethanaminium, *N,N,N*-triethyl-, (*T*-4)-tetrachloromanganate (2-) (2:1), [6667-73-8], 9:137

$MnCl_5O_3C_8$, Manganese, tricarbonyl(η^5-1,2,3,4,5-pentachloro-2,4-cyclopentadien-1-yl)-, [56282-21-4], 20:194

$MnCl_5O_5C_{10}$, Manganese, pentacarbonyl(1,2,3,4,5-pentachloro-2,4-cyclopentadien-1-yl)-, (*OC*-6-22)-, [53158-67-1], 20:193

$MnCl_6CoN_6C_9H_{30}$, Cobalt(3+), tris(1,2-propanediamine-*N,N'*)-, (*OC*-6-11)-hexachloromanganate(3-) (1:1), [20678-75-5], 11:48

$MnCr_2O_4$, Chromium manganese oxide (Cr_2MnO_4), [12018-15-4], 20:52
$MnCs_2F_6$, Manganate(2-), hexafluoro-, dicesium, (*OC*-6-11)-, [16962-46-2], 24:48
$MnF_3K_2O_4S$, Manganate(2-), trifluoro [sulfato(2-)-*O*]-, dipotassium, [51056-11-2], 27:312
$MnF_3O_8SC_6$, Manganese, pentacarbonyl (trifluoromethanesulfonato-*O*)-, (*OC*-6-22)-, [89689-95-2], 26:114
$MnF_5H_8N_2$, Manganate(2-), pentafluoro-, diammonium, [15214-13-8], 24:51
$MnF_5K_2.H_2O$, Manganate(2-), pentafluoro-, dipotassium, monohydrate, [14873-03-1], 24:51
$MnF_6NO_3PC_7H_5$, Manganese(1+), dicarbonyl(η^5-2,4-cyclopentadien-1-yl)nitrosyl-, hexafluorophosphate(1-), [31921-90-1], 15:91
$MnF_6NO_5C_{13}H_6$, Manganese, tricarbonyl (1,1,1,5,5,5-hexafluoro-2,4-pentanedionato-*O,O'*)(pyridine)-, [15444-35-6], 12:84
$MnF_6O_4P_2C_{31}H_{55}$, Manganese, dicarbonyl (1,1,1,5,5,5-hexafluoro-2,4-pentanedionato-*O,O'*)bis(tributylphosphine)-, (*OC*-6-13)-, [15444-40-3], 12:84
$MnF_6O_4P_2C_{33}H_{27}$, Manganese, dicarbonyl (1,1,1,5,5,5-hexafluoro-2,4-pentanedionato-*O,O'*)bis(methyldiphenylphosphine)-, (*OC*-6-13)-, [15444-42-5], 12:84
$MnF_6O_4P_2C_{43}H_{31}$, Manganese, dicarbonyl (1,1,1,5,5,5-hexafluoro-2,4-pentanedionato-*O,O'*)bis(triphenylphosphine)-, (*OC*-6-13)-, [15412-97-2], 12:84
$MnF_6O_6C_9H$, Manganese, tetracarbonyl (1,1,1,5,5,5-hexafluoro-2,4-pentanedionato-*O,O'*)-, (*OC*-6-22)-, [15214-14-9], 12:81,83
$MnF_{14}N_2$, Nitrogen(1+), tetrafluoro-, (*T*-4)-, (*OC*-6-11)-hexafluoromanganate(2-) (2:1), [74449-37-9], 24:45
$MnF_{21}O_6C_{30}H_{30}$, Manganese, tris (6,6,7,7,8,8,8-heptafluoro-2,2-dimethyl-3,5-octanedionato-*O,O'*)-, [30983-41-6], 12:74
$MnFe_2O_4$, Iron manganese oxide (Fe_2MnO_4), [12063-10-4], 9:154
$MnGeO_5C_5H_3$, Manganese, pentacarbonylgermyl-, (*OC*-6-22)-, [25069-08-3], 15:174
$MnIO_3C_8H_4$, Manganese, tricarbonyl(η^5-1-iodo-2,4-cyclopentadien-1-yl)-, [12079-63-9], 20:193
$MnIO_5C_5$, Manganese, pentacarbonyliodo-, (*OC*-6-22)-, [14879-42-6], 19:161,162;28:157,15
$MnI_4N_2C_{16}H_{20}$, Ethanaminium, *N,N,N*-triethyl-, (*T*-4)-tetraiodomanganate(2-) (2:1), [6019-89-2], 9:137
$MnKO_4$, Permanganic acid ($HMnO_4$), potassium salt, [7722-64-7], 2:60-61
MnK_2O_4, Manganic acid (K_2MnO_4), dipotassium salt, [10294-64-1], 11:57
$MnK_3N_6C_6$, Manganate(3-), hexakis (cyano-*C*)-, tripotassium, (*OC*-6-11)-, [14023-90-6], 2:213
———, Manganate(4-), hexakis (cyano-*C*)-, tetrapotassium, (*OC*-6-11)-, [14874-32-9], 2:214
$MnN_2O_4C_{16}H_9$, Manganese, tetracarbonyl [2-(phenylazo)phenyl]-, (*OC*-6-23)-, [19528-32-6], 26:173
MnN_3O_4C, Manganese, carbonyltrinitrosyl-, (*T*-4)-, [14951-98-5], 16:4
$MnN_6S_2C_{22}H_{20}$, Manganese, tetrakis (pyridine)bis(thiocyanato-*N*)-, (*OC*-6-11)-, [65732-55-0], 12:251,253
$MnN_8C_{26}H_{14}$, Manganese, [5,26:13,18-diimino-7,11:20,24-dinitrilodibenzo [*c,n*][1,6,12,17]tetraazacyclodocosinato(2-)-N^{27},N^{28},N^{29},N^{30}]-, (*SP*-4-1)-, [54686-87-2], 18:48
$(MnN_8S_2C_6H_6)_x$, Manganese, bis (thiocyanato-*N*)bis(1*H*-1,2,4-triazole)-, homopolymer, [63654-18-2], 23:158
$MnNaO_5C_5$, Manganate(1-), pentacarbonyl-, sodium, [13859-41-1], 7:198

- MnOPSC₂₅H₂₀, Manganese, (carbonothioyl)carbonyl(η⁵-2,4-cyclopentadien-1-yl)(triphenylphosphine)-, [49716-54-3], 19:189
- MnO₂, Manganese oxide (MnO₂), [1313-13-9], 7:194;11:59
- MnO₂.xH₂O, Manganese oxide (MnO₂), hydrate, [26088-58-4], 2:168
- MnO₂SC₈H₅, Manganese, (carbonothioyl) dicarbonyl(η⁵-2,4-cyclopentadien-1-yl)-, [31741-76-1], 16:53
- MnO₂SeC₈H₅, Manganese, (carbonoselenoyl)dicarbonyl(η⁵-2,4-cyclopentadien-1-yl)-, [55987-17-2], 19:193, 195
- MnO₃C₈H₅, Manganese, tricarbonyl(η⁵-2,4-cyclopentadien-1-yl)-, [12079-65-1], 7:100;15:91
- MnO₄C₁₀H₁₄, Manganese, bis(2,4-pentane-dionato-*O*,*O*')-, [14024-58-9], 6:164
- MnO₄P, Phosphoric acid, manganese(3+) salt (1:1), [14986-93-7], 2:213
- MnO₄Sr₂, Manganate (MnO₄⁴⁻), strontium (1:2), (*T*-4)-, [12438-63-0], 11:59
- MnO₅C₅H, Manganese, pentacarbonylhydro-, (*OC*-6-21)-, [16972-33-1], 7:198
- MnO₅C₆H₃, Manganese, pentacarbonylmethyl-, (*OC*-6-21)-, [13601-24-6], 26:156
- MnO₅C₁₂H₇, Manganese, (2-acetyl-phenyl-*C*,*O*)tetracarbonyl-, (*OC*-6-23)-, [50831-23-7], 26:156
- ———, Manganese, pentacarbonyl (phenylmethyl)-, (*OC*-6-21)-, [14049-86-6], 26:172
- MnO₅PC₂₃H₁₆, Manganese, tetracarbonyl [[2-(diphenylphosphino)phenyl] hydroxymethyl-*C*,*P*]-, (*OC*-6-23)-, [79452-37-2], 26:169
- MnO₅SnC₈H₉, Manganese, pentacarbonyl (trimethylstannyl)-, (*OC*-6-22)-, [14126-94-4], 12:61
- MnO₆C₇H₃, Manganese, acetylpentacarbonyl-, (*OC*-6-21)-, [13963-91-2], 18:57;29:199

- MnO₆C₁₅H₂₁, Manganese, tris(2,4-pentanedionato-*O*,*O*')-, (*OC*-6-11)-, [14284-89-0], 7:183
- MnO₆C₃₃H₅₇, Manganese, tris(2,2,7-trimethyl-3,5-octanedionato-*O*,*O*')-, [97138-66-4], 23:148
- MnO₈PSC₁₂H₁₂, Manganese, tetracarbonyl[2-(dimethylphosphinothioyl)-3-methoxy-1-(methoxycarbonyl)-3-oxo-1-propenyl-*C,S*]-, (*OC*-6-23)-, [78857-08-6], 26:163
- MnO $_{11}$ PC $_{17}$ H $_{18}$, Manganese, tricarbonyl [(2,3,4,5- η)-2,3,4,5-tetrakis(methoxy-carbonyl)-1,1-dimethyl-1*H*-phospholium]-, [78857-04-2], 26:167
- MnO₁₁PSC₁₇H₁₈, Manganese, tricarbonyl [(3,4,5,6-η)-3,4,5,6-tetrakis(methoxy-carbonyl)-2,2-dimethyl-2*H*-1,2-thiaphosphorinium]-, [70644-07-4], 26:165
- MnO₃₈V₁₃, Vanadate(7-), manganatedeca- μ -oxohexa- μ ₃-oxodi- μ ₄oxodi- μ ₅-oxodi- μ ₆-oxohexadecaoxotrideca-, [97649-01-9], 15:105,107
- MnP₂SC₃₂H₂₉, Manganese, (carbonothioyl)(η⁵-2,4-cyclopentadien-1-yl) [1,2-ethanediylbis[diphenylphosphine]-*P*,*P*']-, [49716-56-5], 19:191
- MnP₂S₄C₇₂H₆₀, Phosphonium, tetraphenyl-, (*T*-4)-tetrakis(benzenethiolato)manganate(2-) (2:1), [57763-32-3], 21:25
- MnSi, Manganese silicide (MnSi), [12032-85-8], 14:182
- Mn₂AuO₈P₂C₃₈H₂₅, Manganese, octacarbonyl[μ-(diphenylphosphino)][(triphenylphosphine)gold]di-, (2Au-Mn)(Mn-Mn), [91032-61-0], 26:229
- Mn₂Br₂O₈C₈, Manganese, di-μ-bromooctacarbonyldi-, [18535-44-9], 23:33
- Mn₂ClHgO₈PC₂₀H₁₀, Manganese, octacarbonyl(chloromercury)[μ-(diphenylphosphino)]di-, (2*Hg-Mn*) (*Mn-Mn*), [90739-58-5], 26:230

$Mn_2I_2O_8C_8$, Manganate(2-), octacarbonyldiiododi-, (*Mn-Mn*), [105764-85-0], 23:34

$Mn_2NO_6S_3C_{32}H_{35}$, Ethanaminium, *N,N,N*-triethyl-, tris[μ-(benzenethiolato)] hexacarbonyldimanganate(1-), [96212-29-2], 25:118

$Mn_2NO_8P_3C_{56}H_{40}$, Phosphorus(1+), triphenyl(*P,P,P*-triphenylphosphine imidato-*N*)-, (*T*-4)-, octacarbonyl [μ-(diphenylphosphino)]dimanganate (1-) (*Mn-Mn*), [90739-53-0], 26:228

$Mn_2N_2O_8C_{20}H_8$, Manganese, [μ-(azodi-2,1-phenylene)]octacarbonyldi-, [54545-26-5], 26:173

$Mn_2O_7P_2$, Diphosphoric acid, manganese (2+) salt (1:2), [13446-44-1], 19:121

$Mn_2O_8PC_{20}H_{11}$, Manganese, octacarbonyl [μ-(diphenylphosphino)]-μ-hydrodi-, (*Mn-Mn*), [85458-48-6], 26:226

$Mn_2O_8P_2S_2C_{12}H_{12}$, Manganese, octacarbonylbis[μ-(dimethylphosphinothioito-*P*:*S*)]di-, [58411-24-8], 26:162

$Mn_2O_8S_2C_{20}H_{10}$, Manganese, bis[μ-(benzenethiolato)]octacarbonyldi-, [21240-14-2], 25:116,118

$Mn_2O_9PC_{27}H_{13}$, Manganese, octacarbonyl[μ-[carbonyl[6-(diphenyl phosphino)-1,2-phenylene]]]di-, [41880-45-9], 26:158

$Mn_2O_{10}C_{10}$, Manganese, decacarbonyldi-, (*Mn-Mn*), [10170-69-1], 7:198

$Mn_3AlO_{18}C_{24}H_{18}$, Manganese, hexakis [μ-(acetyl-*C*:*O*)](aluminum)dodecacarbonyltri-, [58034-11-0], 18:56,58

$Mn_3B_2O_{10}C_{10}H_7$, Manganese, decacarbonyl[μ_3-[hexahydrodiborato(2-)]]-μ-hydrotri-, [20982-73-4], 20:240

$Mn_3Ca_2O_8$, Calcium manganese oxide ($Ca_2Mn_3O_8$), [65099-59-4], 22:73

$Mn_3O_{12}C_{12}H_3$, Manganese, dodecacarbonyltri-μ-hydrotri-, *triangulo*, [51160-01-1], 12:43

$Mn_3O_{15}TlC_{15}$, Manganese, pentadecacarbonyl(thallium)tri-, (3*Mn-Tl*), [26669-84-1], 16:61

$Mn_4N_4O_{60}C_{96}H_{136}$, Manganate(4-), hexakis[μ-[tetraethyl 2,3-dioxo-1,1,4,4-butanetetracarboxylato(2-)]] tetra-, tetraammonium, [125568-26-5], 29:277

$Mn_4O_{12}S_4C_{36}H_{20}$, Manganese, tetrakis[$\mu_3$-(benzenethiolato)] dodecacarbonyltetra-, [24819-02-1], 25:117

$MoAsF_{18}SeC_{36}H_{20}$, Arsonium, tetraphenyl-, (*OC*-6-11)-tris[1,1,1, 4,4,4-hexafluoro-2-butene-2,3-dithiolato(2-)-*S,S'*]molybdate(1-), [18958-54-8], 10:24

$MoAs_2F_{18}S_6C_{60}H_{40}$, Arsonium, tetraphenyl-, (*TP*-6-11'1'')-tris[1,1,1,4,4,4-hexafluoro-2-butene-2,3-dithiolato (2-)-*S,S'*]molybdate(2-) (2:1), [20941-70-2], 10:23

$MoBF_4N_2P_4C_{56}H_{55}$, Molybdenum(1+), bis[1,2-ethanediylbis[diphenylphosphine]-*P,P'*](isocyanomethane) [(methylamino)methylidyne]-, (*OC*-6-11)-, tetrafluoroborate(1-), [73464-16-1], 23:12

$MoBF_4OC_{34}H_{25}$, Molybdenum(1+), carbonyl(η^5-2,4-cyclopentadien-1-yl) bis[1,1'-(η^2-1,2-ethynediyl)bis [benzene]]-, tetrafluoroborate(1-), [66615-17-6], 26:102;28:11

$MoBF_4OPC_{38}H_{30}$, Molybdenum(1+), carbonyl(η^5-2,4-cyclopentadien-1-yl)[1,1'-(η^2-1,2-ethynediyl)bis [benzene]](triphenylphosphine)-, tetrafluoroborate(1-), [78090-78-5], 26:104;28:13

$MoBF_4O_2PC_{25}H_{20}$, Molybdenum, dicarbonyl(η^5-2,4-cyclopentadien-1-yl)[tetrafluoroborato(1-)-*F*](triphenylphosphine)-, [79197-56-1], 26:98;28:7

$MoBF_4O_3C_8H_5$, Molybdenum, tricarbonyl (η^5-2,4-cyclopentadien-1-yl)[tetrafluoroborato(1-)-*F*]-, [68868-78-0], 26:96;28:5

$MoBF_4O_3C_{10}H_9$, Molybdenum(1+), tricarbonyl(η^5-2,4-cyclopentadien-1-

- yl)(η²-ethene)-, tetrafluoroborate(1-), [62866-16-4], 26:102;28:11
- ${
 m MoBF_4O_4C_{11}H_{11}}, {
 m Molybdenum(1+)},$ tricarbonyl(${
 m \eta}^5$ -2,4-cyclopentadien-1-yl)(2-propanone)-, tetrafluoroborate (1-), [68868-66-6], 26:105;28:14
- MoBIN₇O₂C₁₇H₂₇, Molybdenum, ethoxyiodonitrosyl[tris(3,5-dimethyl-1*H*-pyrazolato- N^1)hydroborato(1-)- N^2 , N^2 ', N^2 "]-, (OC-6-44)-, [60106-31-2], 23:7
- MoBIN₈OC₁₇H₂₈, Molybdenum, (ethanamiato)iodonitrosyl[tris(3,5-dimethyl-1*H*-pyrazolato- N^1) hydroborato(1-)- N^2 , N^2 ', N^2 "]-, (*OC*-6-33)-, [70114-01-1], 23:8
- MoBI₂N₇OC₁₅H₂₂, Molybdenum, diiodonitrosyl[tris(3,5-dimethyl-1*H*pyrazolato- N^1)hydroborato(1-)- N^2 , N^2 ', N^2 "]-, (*OC*-6-33)-, [60106-46-9], 23:6
- MoBN₇O₃C₁₇H₂₂, Molybdenum, dicarbonylnitrosyl[tris(3,5-dimethyl-1*H*-pyrazolato- N^1)hydroborato (1-)- N^2 , N^2 ', N^2 "]-, (OC-6-23)-, [24899-04-5], 23:4
- MoB₂F₈N₂P₄C₅₆H₅₆, Molybdenum(2+), bis[1,2-ethanediylbis[diphenylphosphine]-*P*,*P*']bis[(methylamino) methylidyne]-, (*OC*-6-11)-, bis [tetrafluoroborate(1-)], [57749-21-0], 23:14
- MoB₂F₈N₆O₂C₈H₁₂, Molybdenum(2+), tetrakis(acetonitrile)dinitrosyl-, (*OC*-6-22)-, bis[tetrafluoroborate(1-)], [82583-10-6], 26:132;28:65
- MoBaO₃, Molybdate (MoO₃²-), barium (1:1), [12323-01-2], 11:1
- MoBaO₄, Molybdate (MoO₄²⁻), barium (1:1), (*T*-4)-, [7787-37-3], 11:2
- MoBrC₁₁H₁₁, Molybdenum, (η^6 -benzene) bromo(η^5 -2,4-cyclopentadien-1-yl)-, [66985-24-8], 20:199
- $(\text{MoBr}_2\text{N}_2\text{O}_2)_x$, Molybdenum, dibromodinitrosyl-, (*T*-4)-, homopolymer, [30731-19-2], 12:264

- MoBr₂O₄C₄, Molybdenum, dibromotetracarbonyl-, [22172-30-1], 28:145
- MoBr₃, Molybdenum bromide (MoBr₃), [13446-57-6], 10:50
- MoBr₄, Molybdenum bromide (MoBr₄), [13520-59-7], 10:49
- MoBr₅O, Molybdate(2-), pentabromooxo-, (*OC*-6-21)-, [17523-72-7], 15:102
- MoC₁₀H₁₂, Molybdenum, bis(η⁵-2,4cyclopentadien-1-yl)dihydro-, [1291-40-3], 29:205
- MoC₁₁H₁₁, Molybdenum, (η⁶-benzene) (η⁵-2,4-cyclopentadien-1-yl)-, [12153-25-2], 20:196,197
- $MoC_{12}H_{12}$, Molybdenum, bis(η^6 -benzene)-, [12129-68-9], 17:54
- ${
 m MoC_{12}H_{16}}, {
 m Molybdenum, dihydrobis} \ [(1,2,3,4,5-\eta)-1-methyl-2,4-cyclopentadien-1-yl]-, [61112-91-2], \ 29:206$
- MoClC₁₁H₁₁, Molybdenum, (η⁶-benzene) chloro(η⁵-2,4-cyclopentadien-1-yl)-, [57398-78-4], 20:198
- MoClN₂O₂C₅H₅, Molybdenum, chloro(η⁵-2,4-cyclopentadien-1-yl)dinitrosyl-, [12305-00-9], 18:129
- MoCl₂C₁₀H₁₀, Molybdenum, dichlorobis (η⁵-2,4-cyclopentadien-1-yl)-, [12184-22-4], 29:208
- MoCl₂C₁₂H₁₀, Molybdenum, bis(η⁶-chlorobenzene)-, [52346-34-6], 19:81,82
- MoCl₂C₁₂H₁₄, Molybdenum, dichlorobis [(1,2,3,4,5-η)-1-methyl-2,4-cyclopentadien-1-yl]-, [63374-10-7], 29:208
- (MoCl₂N₂O₂)_x, Molybdenum, dichlorodinitrosyl-, homopolymer, [30731-17-0], 12:264
- MoCl₂N₂P₄C₆₆H₅₆, Molybdenum, bis(1-chloro-4-isocyanobenzene)bis[1,2-ethanediylbis[diphenylphosphine]-*P,P*']-, (*OC*-6-11)-, [66862-30-4], 23:10
- MoCl₂O₂, Molybdenum chloride oxide (MoCl₂O₂), (*T*-4)-, [13637-68-8], 7:168

$MoCl_3$, Molybdenum chloride ($MoCl_3$), [13478-18-7], 12:178

$MoCl_3N_2OC_{10}H_8$, Molybdenum, (2,2'-bipyridine-*N,N'*)trichlorooxo-, [12116-37-9], 19:135,136

———, Molybdenum, (2,2'-bipyridine-*N,N'*)trichlorooxo-, (*OC*-6-31)-, [35408-54-9], 19:135,136

———, Molybdenum, (2,2'-bipyridine-*N,N'*)trichlorooxo-, (*OC*-6-33)-, [35408-53-8], 19:135,136

$MoCl_3N_3C_6H_9$, Molybdenum, tris (acetonitrile)trichloro-, [45047-76-5], 28:37

$MoCl_3N_3C_{15}H_{15}$, Molybdenum, trichlorotris(pyridine)-, [13927-99-6], 7:40

$MoCl_3O$, Molybdenum chloride oxide ($MoCl_3O$), [13814-74-9], 12:190

$MoCl_3O_3C_{12}H_{24}$, Molybdenum, trichlorotris(tetrahydrofuran)-, [31355-55-2], 20:121;24:193;28:36

$MoCl_4$, Molybdenum chloride ($MoCl_4$), [13320-71-3], 12:181

$MoCl_4N_2C_4H_6$, Molybdenum, bis (acetonitrile)tetrachloro-, [19187-82-7], 20:120;28:34

$MoCl_4N_2C_6H_{10}$, Molybdenum, tetrachlorobis(propanenitrile)-, [12012-97-4], 15:43

$MoCl_4N_2P_4C_{66}H_{54}$, Molybdenum, bis(1,3-dichloro-2-isocyanobenzene)bis[1,2-ethanediylbis[diphenylphosphine]-*P,P'*]-, (*OC*-6-11)-, [66862-31-5], 23:10

$MoCl_4O$, Molybdenum chloride oxide ($MoCl_4O$), [13814-75-0], 10:54;23:195;28:325

$MoCl_4O_2C_8H_{16}$, Molybdenum, tetrachlorobis(tetrahydrofuran)-, [16998-75-7], 20:121;28:35

$MoCl_4P_2C_{26}H_{26}$, Molybdenum, tetrachlorobis(methyldiphenylphosphine)-, [30411-57-5], 15:42

$MoCl_5$, Molybdenum chloride ($MoCl_5$), [10241-05-1], 3:165;7:167;9:135;12

$MoCl_5H_2Cs_2O$, Molybdate(2-), aquapentachloro-, dicesium, (*OC*-6-21)-, [33461-69-7], 13:171

$MoCl_5H_2K_2O$, Molybdate(2-), aquapentachloro-, dipotassium, [15629-45-5], 4:97

$MoCl_5H_2ORb_2$, Molybdate(2-), aquapentachloro-, derubidium, (*OC*-6-21)-, [33461-70-0], 13:171

$MoCl_5H_8N_2O$, Molybdate(2-), pentachlorooxo-, diammonium, (*OC*-6-21)-, [17927-44-5], 26:36

$MoCl_5H_{10}N_2O$, Molybdate(2-), aquapentachloro-, diammonium, (*OC*-6-21)-, [13820-59-2], 13:171

$MoCl_5N_2OC_{10}H_{10}$, Molybdate(2-), pentachlorooxo-, (*OC*-6-21)-, dihydrogen, compd. with 2,2'-bipyridine (1:1), [18662-75-4], 19:135

$MoCl_5O$, Molybdate(2-), pentachlorooxo-, (*OC*-6-21)-, [17523-68-1], 15:100

$MoCl_6Cs_3$, Molybdate(3-), hexachloro-, tricesium, (*OC*-6-11)-, [33519-12-9], 13:172

$MoCl_6H_{12}N_3$, Molybdate(3-), hexachloro-, triammonium, (*OC*-6-11)-, [18747-24-5], 13:172;29:127

$MoCl_6K_3$, Molybdate(3-), hexachloro-, tripotassium, (*OC*-6-11)-, [13600-82-3], 4:97

$MoCl_6Rb_3$, Molybdate(3-), hexachloro-, trirubidium, (*OC*-6-11)-, [33519-11-8], 13:172

$MoCoNiO_5C_{17}H_{13}$, Molybdenum, dicarbonyl(η^5-2,4-cyclopentadien-1-yl)[(η^5-2,4-cyclopentadien-1-yl) nickel]-μ_3-ethylidyne(tricarbonylcobalt)-, (*Co-Mo*)(*Co-Ni*)(*Mo-Ni*), [76206-99-0], 27:192

$MoCoO_8RuC_{17}H_{11}$, Molybdenum, dicarbonyl(η^5-2,4-cyclopentadien-1-yl)[μ_3-[(1-η:1,2-η:2-η)-1,2-dimethyl-1,2-ethenediyl]](tricarbonylcobalt)(tricarbonylruthenium)-, (*Co-Mo*)

- (*Co-Ru*)(*Mo-Ru*), [126329-01-9], 27:194
- MoCo₂O₈C₁₅H₈, Molybdenum, dicarbonyl (η^5 -2,4-cyclopentadien-1-yl)- μ_3 ethylidyne(hexacarbonyldicobalt)-, (*Co-Co*)(2*Co-Mo*), [68185-42-2], 27:193
- MoCuH₄NS₄, Molybdate(1-), tetrathioxocuprate-, ammonium, [27194-90-7], 14:95
- MoF₄O₄P₂C₁₂H₁₈, Molybdenum, tetracarbonylbis[(1,1-dimethylethyl) phosphonous difluoride]-, (*OC*-6-22)-, [34324-45-3], 18:175
- MoF₅, Molybdenum fluoride (MoF₅), [13819-84-6], 13:146;19:137,138,13
- MoF₅K₂O, Molybdate(2-), pentafluorooxo-, dipotassium, (*OC*-6-21)-, [35788-80-8], 21:170
- MoF₆FeO₅P₂C₃₄H₂₈, Molybdenum(1+), [μ-(acetyl-*C*:*O*)]tricarbonyl [carbonyl(η⁵-2,4-cyclopentadien-1-yl)(triphenylphosphine)iron](η⁵-2,4-cyclopentadien-1-yl)-, hexafluoro-phosphate(1-), [81133-03-1], 26:241
- MoF₆FeO₆PC₁₇H₁₃, Molybdenum(1+), [μ-(acetyl-*C*:*O*)]tricarbonyl(η⁵-2,4-cyclopentadien-1-yl)[dicarbonyl(η⁵-2,4-cyclopentadien-1-yl)iron]-, hexafluorophosphate(1-), [81133-01-9], 26:239
- MoF₆P₄C₃₀H₄₀, Molybdenum(1+), (η⁶-benzene)tris(dimethylphenylphos-phine)hydro-, hexafluorophosphate (1-), [35004-34-3], 17:58
- MoF₇O₂P₅C₅₄H₄₈, Molybdenum(1+), dicarbonylbis[1,2-ethanediylbis [diphenylphosphine]-*P*,*P*']fluoro-, (*TPS*-7-2-1311'31')-, hexafluorophosphate(1-), [61542-55-0], 26:84
- MoF₁₂P₅C₃₀H₄₁, Molybdenum(2+), (η⁶-benzene)tris(dimethylphenylphos-phine)dihydro-, bis[hexafluoro-phosphate(1-)], [36354-39-9], 17:60

- MoF₁₈S₆C₁₂, Molybdate(1-), tris [1,1,1,4,4,4-hexafluoro-2-butene-2,3-dithiolato(2-)-*S*,*S*"]-, (*OC*-6-11)-, [47784-53-2], 10:22-24
- MoF₁₈S₆C₁₂, Molybdate(2-), tris [1,1,1,4,4,4-hexafluoro-2-butene-2,3-dithiolato(2-)-*S*,*S*']-, (*TP*-6-11'1")-, [47784-51-0], 10:22-24
- ———, Molybdenum, tris[1,1,1,4,4,4-hexafluoro-2-butene-2,3-dithiolato (2-)-S,S']-, (OC-6-11)-, [1494-07-1], 10:22-24
- MoFeNO₉P₂C₄₅H₃₁, Phosphorus(1+), triphenyl(*P*,*P*,*P*-triphenylphosphine imidato-*N*)-, (*T*-4)-, stereoisomer of pentacarbonyl-μ-hydro(tetracarbonylferrate)molybdate(1-), [88326-13-0], 26:338
- MoFeN₂O₉P₄C₈₁H₆₀, Phosphorus(1+), triphenyl(*P*,*P*,*P*-triphenylphosphine imidato-*N*)-, (*T*-4)-, stereoisomer of pentacarbonyl(tetracarbonylferrate) molybdate(2-) (*Fe-Mo*) (2:1), [130638-17-4], 26:339
- MoHO₃, Molybdenum(1+), hydroxydioxo-, [39335-76-7], 23:139
- MoH₈N₂O₄, Molybdate (MoO₄²⁻), diammonium, (*T*-4)-, [13106-76-8], 11:2
- MoH₁₂O₆, Molybdenum(3+), hexaaqua-, (OC-6-11)-, [34054-31-4], 23:133
- MoHgO₁₂Ru₃C₂₃H₁₄, Molybdenum, tricarbonyl(η^5 -2,4-cyclopentadien-1-yl)mercurate[nonacarbonyl[μ_3 -[(1- η :1,2- η :1,2- η)-3,3-dimethyl-1-butynyl]]triruthenate]-, (*Hg-Mo*) (2*Hg-Ru*)(3*Ru-Ru*), [84802-27-7], 26:333
- MoIC₁₁H₁₁, Molybdenum, (η^6 -benzene) (η^5 -2,4-cyclopentadien-1-yl)iodo-, [57398-77-3], 20:199
- MoKO₃C₈H₅, Molybdate(1-), tricarbonyl(η⁵-2,4-cyclopentadien-1-yl)-, potassium, [62866-01-7], 11:118

$MoK_2N_6S_6C_6$, Molybdate(2-), hexakis (thiocyanato-*N*)-, dipotassium, (*OC*-6-11)-, [38741-59-2], 13:230

$MoK_4N_8C_8.2H_2O$, Molybdate(4-), octakis (cyano-*C*)-, tetrapotassium, dihydrate, (*SA*-8-11111111)-, [17457-89-5], 3:160;11:53

$MoLi_{0.8}S_2.4/5H_3N$, Lithium molybdenum sulfide ($Li_{0.8}MoS_2$), ammoniate (5:4), [158188-87-5], 30:167

$MoNO_3C_7H_5$, Molybdenum, dicarbonyl (η^5-2,4-cyclopentadien-1-yl)nitrosyl-, [12128-13-1], 16:24;18:127;28:196

$MoNO_5C_{10}H_9$, Molybdenum, pentacarbonyl(2-isocyano-2-methylpropane)-, (*OC*-6-21)-, [42401-88-7], 28:143

$MoNO_5P_2C_{41}H_{31}$, Phosphorus(1+), triphenyl(*P*,*P*,*P*-triphenylphosphine imidato-*N*)-, (*T*-4)-, (*OC*-6-21)-pentacarbonylhydromolybdate(1-), [78709-75-8], 22:183

$MoNO_7P_2C_{43}H_{33}$, Phosphorus(1+), triphenyl(*P*,*P*,*P*-triphenylphosphine imidato-*N*)-, (*T*-4)-, (*OC*-6-22)-(acetato-*O*)pentacarbonylmolybdate (1-), [76107-32-9], 27:297

$MoN_2C_{16}H_{22}$, Molybdenum, bis[(1,2,3,4,5,6-η)-*N*,*N*-dimethylbenzenamine]-, [52346-32-4], 19:81

$MoN_2O_2C_7H_{10}$, Molybdenum, (η^5-2,4-cyclopentadien-1-yl)ethyldinitrosyl-, [57034-47-6], 19:210

$MoN_2O_2C_{11}H_{10}$, Molybdenum, (η^5-2,4-cyclopentadien-1-yl)dinitrosylphenyl-, [57034-49-8], 19:209

$MoN_2O_2P_4C_{68}H_{62}$, Molybdenum, bis[1,2-ethanediylbis[diphenylphosphine]-*P*,*P*'](1-isocyano-4-methoxybenzene)-, (*OC*-6-11)-, [66862-29-1], 23:10

$MoN_2O_3S_4C_{13}H_{20}$, Molybdenum, tricarbonylbis(diethylcarbamodithioato-*S*,*S*')-, (*TPS*-7-1-121'1'22)-, [18866-21-2], 28:145

$MoN_2O_4C_{14}H_{18}$, Molybdenum, tetracarbonylbis(2-isocyano-2-methylpropane)-, (*OC*-6-22)-, [37584-08-0], 28:143

$MoN_2P_4C_{56}H_{54}$, Molybdenum(2+), bis[1,2-ethanediylbis[diphenylphosphine]-*P*,*P*']bis(isocyanomethane)-, (*OC*-6-11)-, [73047-16-2], 23:10

$MoN_2P_4C_{62}H_{66}$, Molybdenum, bis[1,2-ethanediylbis[diphenylphosphine]-*P*,*P*']bis(2-isocyano-2-methylpropane)-, (*OC*-6-11)-, [66862-26-8], 23:10

$MoN_2P_4C_{66}H_{58}$, Molybdenum, bis[1,2-ethanediylbis[diphenylphosphine]-*P*,*P*']bis(isocyanobenzene)-, (*OC*-6-11)-, [66862-27-9], 23:10

$MoN_2P_4C_{68}H_{62}$, Molybdenum, bis[1,2-ethanediylbis[diphenylphosphine]-*P*,*P*']bis(1-isocyano-4-methylbenzene)-, (*OC*-6-11)-, [66862-28-0], 23:10

$MoN_3O_3C_{12}H_{15}$, Molybdenum, tricarbonyltris(propanenitrile)-, [103933-26-2], 28:31

$MoN_3O_3C_{18}H_{27}$, Molybdenum, tricarbonyltris(2-isocyano-2-methylpropane)-, (*OC*-6-22)-, [37017-63-3], 28:143

$MoN_4O_2S_4C_{10}H_{20}$, Molybdenum, bis (diethylcarbamodithioato-*S*,*S*') dinitrosyl-, [18810-45-2], 16:235;28:145

———, Molybdenum, bis(diethylcarbamodithioato-*S*,*S*')dinitrosyl-, (*OC*-6-21)-, [39797-80-3], 16:235

$MoN_4P_4C_{52}H_{48}$, Molybdenum, bis (dinitrogen)bis[1,2-ethanediylbis [diphenylphosphine]-*P*,*P*']-, (*OC*-6-11)-, [25145-64-6], 15:25;20:122; 28:38

$MoNa_{0.6}S_2$, Molybdenum sodium sulfide ($MoNa_{0.6}S_2$), [158188-88-6], 30:167

$MoNaO_7C_{16}H_{25}$, Sodium(1+), bis(1,2-dimethoxyethane-*O*,*O*')-, (*T*-4)-, tricarbonyl(η^5-2,4-cyclopentadien-1-

yl)molybdate(1-), [104033-92-3], 26:343

$MoOC_{10}H_{10}$, Molybdenum, bis(η^5-2,4-cyclopentadien-1-yl)oxo-, [37298-36-5], 29:209

$MoOC_{12}H_{14}$, Molybdenum, bis[(1,2,3,4,5-η)-1-methyl-2,4-cyclopentadien-1-yl]oxo-, [98525-67-8], 29:210

$MoOP_2S_4C_{15}H_{30}$, Molybdenum, bis[bis(1-methylethyl)phosphinodithioato-*S,S'*] carbonyl(η^2-ethyne)-, [55948-21-5], 18:55

MoO_2, Molybdenum oxide (MoO_2), [18868-43-4], 14:149;30:105

$MoO_2PC_{25}H_{21}$, Molybdenum, dicarbonyl (η^5-2,4-cyclopentadien-1-yl)hydro (triphenylphosphine)-, [33519-69-6], 26:98

$MoO_2P_2S_4C_{14}H_{28}$, Molybdenum, bis [bis(1-methylethyl)phosphino-dithioato-*S,S'*]dicarbonyl-, [60965-90-4], 18:53

$MoO_2P_3C_7H_5$, Molybdenum, dicarbonyl (η^5-2,4-cyclopentadien-1-yl)[(2,3-η)-1*H*-triphosphirenato-*P*^1]-, [92719-86-3], 27:224

$MoO_2P_4C_{57}H_{56}$, Molybdenum, bis[1,2-ethanediylbis[diphenylphosphine]-*P,P'*]hydro(2,4-pentanedionato-*O,O'*)-, [53337-52-3], 17:61

$MoO_{3.2}H_2O$, Molybdenum oxide (MoO_3), dihydrate, [25942-34-1], 24:191

$MoO_3C_8H_6$, Molybdenum, tricarbonyl(η^5-2,4-cyclopentadien-1-yl)hydro-, [12176-06-6], 7:107,136

$MoO_3C_9H_8$, Molybdenum, tricarbonyl(η^5-2,4-cyclopentadien-1-yl)methyl-, [12082-25-6], 11:116

$MoO_3C_{10}H_8$, Molybdenum, tricarbonyl [(1,2,3,4,5,6-η)-1,3,5-cycloheptatriene]-, [12125-77-8], 9:121;28:45

$MoO_3P_2C_{39}H_{68}$, Molybdenum, tricarbonyl (dihydrogen-*H,H'*)bis(tricyclohexylphosphine)-, stereoisomer, [104198-76-7], 27:3

$MoO_3SiC_8H_8$, Molybdenum, tricarbonyl (η^5-2,4-cyclopentadien-1-yl)silyl-, [32965-47-2], 17:104

$MoO_3SnC_{11}H_{14}$, Molybdenum, tricarbonyl (η^5-2,4-cyclopentadien-1-yl) (trimethylstannyl)-, [12214-92-5], 12:63

MoO_3Sr, Molybdate (MoO_3^{2-}), strontium (1:1), [12163-67-6], 11:1

MoO_4Sr, Molybdate (MoO_4^{2-}), strontium (1:1), (*T*-4)-, [13470-04-7], 11:2

MoO_6C_6, Molybdenum carbonyl ($Mo(CO)_6$), (*OC*-6-11)-, [13939-06-5], 11:118;15:88

$MoO_6C_{10}H_{14}$, Molybdenum, dioxobis(2,4-pentanedionato-*O,O'*)-, (*OC*-6-21)-, [17524-05-9], 6:147;29:130

$MoO_6C_{15}H_{21}$, Molybdenum, tris(2,4-pentanedionato-*O,O'*)-, (*OC*-6-11)-, [14284-90-3], 8:153

$MoP_2C_{42}H_{38}$, Molybdenum, (η^6-benzene) dihydrobis(triphenylphosphine)-, [33306-76-2], 17:57

$MoP_2S_4C_{48}H_{40}$, Phosphonium, tetraphenyl-, (*T*-4)-tetrathioxomolybdate (2-) (2:1), [14348-10-8], 27:41

$MoP_3C_{54}H_{105}$, Molybdenum, hexahydrotris(tricyclohexylphosphine)-, [84430-71-7], 27:13

$MoP_4C_{52}H_{56}$, Molybdenum, tetrahydrotetrakis(methyldiphenylphosphine)-, [32109-07-2], 15:42;27:9

$MoP_4C_{55}H_{54}$, Molybdenum, bis[1,2-ethanediylbis[diphenylphosphine]-*P,P'*]hydro(η^3-2-propenyl)-, [56307-57-4], 29:201

MoS_2, Molybdenum sulfide (MoS_2), [1317-33-5], 30:33,167

$MoS_4C_{10}H_{10}$, Molybdenum, bis(η^5-2,4-cyclopentadien-1-yl)(tetrathio)-, [54955-47-4], 27:63

$MoS_6C_{42}H_{30}$, Molybdate(1-), tris[1,2-diphenyl-1,2-ethenedithiolato (2-)-*S,S'*]-, (*OC*-6-11)-, [150124-48-4], 10:9

———, Molybdate(2-), tris[1,2-diphenyl-1,2-ethenedithiolato(2-)-*S,S'*]-, (*TP*-6-111)-, [47873-74-5], 10:9
———, Molybdenum, tris[1,2-diphenyl-1,2-ethenedithiolato(2-)-*S,S'*]-, (*OC*-6-11)-, [15701-94-7], 10:9
$MoSe_2$, Molybdenum selenide ($MoSe_2$), [12058-18-3], 30:167
$Mo_2AsO_4C_{16}H_{17}$, Molybdenum, tetracarbonylbis(η^5-2,4-cyclopentadien-1-yl)[μ-(dimethylarsino)]-μ-hydrodi-, (*Mo-Mo*), [64542-62-7], 25:169
$Mo_2B_4F_{16}N_{10}C_{20}H_{30}$, Molybdenum(4+), decakis(acetonitrile)di-, (*Mo-Mo*), tetrakis[tetrafluoroborate(1-)], [132461-50-8], 29:134
$Mo_2Br_2O_4P_2C_{38}H_{64}$, Molybdenum, bis[μ-(benzoato-*O:O'*)]dibromobis (tributylphosphine)di-, (*Mo-Mo*), stereoisomer, [59493-09-3], 19:133
$Mo_2Br_4N_2O_2C_{10}H_{10}$, Molybdenum, di-μ-bromodibromobis(η^5-2,4-cyclopentadien-1-yl)dinitrosyldi-, [40671-96-3], 16:27
$Mo_2Br_4N_4C_{20}H_{20}$, Molybdenum, tetrabromotetrakis(pyridine)di-, [53850-66-1], 19:131
$Mo_2Br_4P_4C_{48}H_{108}$, Molybdenum, tetrabromotetrakis(tributylphosphine) di-, (*Mo-Mo*), stereoisomer, [51731-44-3], 19:131
$Mo_2Br_8Cs_3H$, Molybdate(3-), di-μ-bromohexabromo-μ-hydrodi-, (*Mo-Mo*), tricesium, [57719-38-7], 19:130
$Mo_2Cl_2N_4C_8H_{24}$, Molybdenum, dichlorotetrakis(*N*-methylmethanaminato)di-, (*Mo-Mo*), [63301-82-6], 21:56
$Mo_2Cl_4N_2O_2C_{10}H_{10}$, Molybdenum, di-μ-chlorodichlorobis(η^5-2,4-cyclopentadien-1-yl)dinitrosyldi-, [41395-41-9], 16:26
$Mo_2Cl_4O_8C_{28}H_{16}$, Molybdenum, tetrakis[μ-(4-chlorobenzoato-*O:O'*)]di-, (*Mo-Mo*), [33637-85-3], 13:89
$Mo_2Cl_4S_4C_8H_{20}$, Molybdenum, bis[1,2-bis (methylthio)ethane-*S,S'*]tetrachlorodi-, (*Mo-Mo*), stereoisomer, [51731-34-1], 19:131
Mo_2Cl_8, Molybdate(4-), octachlorodi-, (*Mo-Mo*), [34767-26-5], 19:129
$Mo_2Cl_8HCs_3$, Molybdate(3-), di-μ-chlorohexachloro-μ-hydrodi-, (*Mo-Mo*), tricesium, [57719-40-1], 19:129
$Mo_2Cl_9H_{20}N_5.H_2O$, Molybdate(5-), tri-μ-chlorohexachlorodi-, (*Mo-Mo*), pentaammonium, monohydrate, [123711-64-8], 19:129
Mo_2CsS_4, Cesium molybdenum sulfide ($CsMo_2S_4$), [122493-98-5], 30:167
Mo_2HO_6, Molybdenum(1+), hydroxypentaoxodi-, [119618-11-0], 23:139
$Mo_2H_3O_6$, Molybdenum(3+), trihydroxytrioxodi-, [39335-78-9], 23:139
$Mo_2H_8N_2S_{12}.2H_2O$, Molybdate(2-), bis[μ-(disulfur-*S,S':S,S'*)]tetrakis (dithio)di-, (*Mo-Mo*), diammonium, dihydrate, [65878-95-7], 27:48,49
$Mo_2H_{12}O_{10}$, Molybdenum(2+), hexaaquadi-μ-oxodioxodi-, (*Mo-Mo*), [40804-49-7], 23:137
$Mo_2H_{16}O_8$, Molybdenum(4+), octaaquadi-, (*Mo-Mo*), [91798-52-6], 23:131
$Mo_2H_{18}O_{10}$, Molybdenum(4+), octaaquadi-μ-hydroxydi-, [51567-86-3], 23:135
$Mo_2I_4N_2O_2C_{10}H_{10}$, Molybdenum, bis($\eta^5$-2,4-cyclopentadien-1-yl)di-μ-iododiiododinitrosyldi-, [12203-25-7], 16:28
$Mo_2MgN_2O_{11}SC_{10}H_{12}.6H_2O$, Molybdate(2-), [μ-[[*N,N'*-1,2-ethanediylbis [*N*-(carboxymethyl)glycinato]] (4-)-*N,O,O^N:N',O',O^{N'}*]]-μ-oxodioxo-μ-thioxodi-, (*Mo-Mo*), magnesium (1:1), hexahydrate, [153062-84-1], 29:256

$Mo_2MgO_8P_2C_{54}H_{96}$, Magnesium, bis[μ-(carbonyl-*C*:*O*)]bis[carbonyl(η^5-2,4-cyclopentadien-1-yl)(tributylphosphine)molybdenum]tetrakis(tetrahydrofuran)-, [55800-06-1], 16:59

$Mo_2N_2Na_2O_6S_4C_6H_{10}.4H_2O$, Molybdate(2-), bis[L-cysteinato(2-)-*N*,*O*,*S*]dioxodi-μ-thioxodi-, (*Mo-Mo*), disodium, tetrahydrate, stereoisomer, [88765-05-3], 29:258

$Mo_2N_2Na_2O_7S_3C_6H_{10}.4H_2O$, Molybdate(2-), bis[L-cysteinato(2-)-*N*,*O*,*S*]-μ-oxodioxo-μ-thioxodi-, (*Mo-Mo*), disodium, tetrahydrate, stereoisomer, [153924-79-9], 29:255

$Mo_2N_2Na_2O_{10}S_2C_{10}H_{12}.H_2O$, Molybdate(2-), [μ-[[*N*,*N*'-1,2-ethanediylbis[*N*-(carboxymethyl)glycinato]](4-)-*N*,*O*,O^N:*N*',*O*',$O^{N'}$]]dioxodi-μ-thioxodi-, (*Mo-Mo*), disodium, monohydrate, [153062-85-2], 29:259

$Mo_2N_2O_6PtC_{30}H_{20}$, Molybdenum, [bis(benzonitrile)platinum]hexacarbonylbis(η^5-2,4-cyclopentadien-1-yl)di-, (2*Mo-Pt*), stereoisomer, [83704-68-1], 26:345

$Mo_2N_2O_7C_{32}H_{72}$, 1-Butanaminium, *N*,*N*,*N*-tributyl-, μ-oxohexaoxodimolybdate(2-) (2:1), [64444-05-9], 27:79

$Mo_2N_6C_{12}H_{36}$, Molybdenum, hexakis(*N*-methylmethanaminato)di-, (*Mo-Mo*), [51956-20-8], 21:43

$Mo_2N_{12}O_{12}P_6C_{24}H_{36}$, Molybdenum, hexacarbonyltris[μ-(1,3,5,7-tetramethyl-1*H*,5*H*-[1,4,2,3]diazadiphospholo[2,3-*b*][1,4,2,3]diazadiphosphole-2,6(3*H*,7*H*)-dione-P^4:P^8)]di-, [86442-02-6], 24:124

$Mo_2O_4C_{14}H_{10}$, Molybdenum, tetracarbonylbis(η^5-2,4-cyclopentadien-1-yl)di-, (*Mo-Mo*), [56200-27-2], 28:152

$Mo_2O_4PC_{22}H_{29}$, Molybdenum, [μ-[bis(1,1-dimethylethyl)phosphino]]tetracarbonylbis(η^5-2,4-cyclopentadien-1-yl)-μ-hydrodi-, (*Mo-Mo*), [125225-75-4], 25:168

$Mo_2O_4P_2C_{14}H_{10}$, Molybdenum, tetracarbonylbis(η^5-2,4-cyclopentadien-1-yl)[μ-(diphosphorus-*P*,*P*':*P*,*P*')]di-, (*Mo-Mo*), [93474-07-8], 27:224

$Mo_2O_6C_{16}H_{10}$, Molybdenum, hexacarbonylbis(η^5-2,4-cyclopentadien-1-yl)di-, (*Mo-Mo*), [12091-64-4], 7:107,139; 28:148,151

$Mo_2O_6P_2Pd_2C_{52}H_{40}$, Molybdenum, hexa-μ-carbonylbis(η^5-2,4-cyclopentadien-1-yl)bis[(triphenylphosphine)palladium]di-, (2*Mo-Mo*)(4*Mo-Pd*), [58640-56-5], 26:348

$Mo_2O_6P_2Pt_2C_{52}H_{40}$, Molybdenum, hexa-μ-carbonylbis(η^5-2,4-cyclopentadien-1-yl)bis[(triphenylphosphine)platinum]di-, (*Mo-Mo*)(4*Mo-Pt*), [56591-78-7], 26:347

$Mo_2O_8C_8H_{12}$, Molybdenum, tetrakis[μ-(acetato-*O*:*O*')]di-, (*Mo-Mo*), [14221-06-8], 13:88

$Mo_2O_8C_{16}H_{28}$, Molybdenum, tetrakis[μ-(butanoato-*O*:*O*')]di-, (*Mo-Mo*), [41772-56-9], 19:133

$Mo_2O_8C_{28}H_{20}$, Molybdenum, tetrakis[μ-(benzoato-*O*:*O*')]di-, (*Mo-Mo*), [24378-22-1], 13:89

$Mo_2O_8C_{32}H_{28}$, Molybdenum, tetrakis[μ-(4-methylbenzoato-*O*:*O*')]di-, (*Mo-Mo*), [33637-86-4], 13:89

$Mo_2O_{10}C_{10}$, Molybdate(2-), decacarbonyldi-, (*Mo-Mo*), [45264-14-0], 15:89

$Mo_2O_{11}C_{20}H_{28}$, Molybdenum, μ-oxodioxotetrakis(2,4-pentanedionato-*O*,*O*')di-, [18285-19-3], 8:156;29:131

$Mo_2O_{12}C_{32}H_{28}$, Molybdenum, tetrakis[μ-(4-methoxybenzoato-O^1:$O^{1'}$)]di-, (*Mo-Mo*), [33637-87-5], 13:89

$Mo_2P_2S_6C_{48}H_{40}$, Phosphonium, tetraphenyl-, di-μ-thioxotetrathioxodimolybdate(2-) (2:1), [104834-14-2], 27:43
$Mo_2P_2S_7C_{48}H_{40}$, Phosphonium, tetraphenyl-, stereoisomer of (dithio)di-μ-thioxotrithioxodimolybdate(2-) (2:1), [104834-16-4], 27:44
$Mo_2P_2S_8C_{48}H_{40}$, Phosphonium, tetraphenyl-, stereoisomer of bis(dithio) di-μ-thioxodithioxodimolybdate(2-) (2:1), [88303-92-8], 27:45
$Mo_2P_2S_{10.56}C_{48}H_{40}.1/2NOC_3H_7$, Phosphonium, tetraphenyl-, stereoisomer of bis(tetrathio)di-μ-thioxodithioxodimolybdate(2-) stereoisomer of (dithio)(tetrathio)di-μ-thioxodithioxodimolybdate(2-), compd. with *N,N*-dimethylformamide (1:2), [153829-17-5], 27:42
$Mo_3H_8N_2S_{13}.xH_2O$, Molybdate(2-), tris[μ-(disulfur-*S,S'*:*S,S'*)]tris (dithio)-μ_3-thioxotri-, *triangulo*, diammonium, hydrate, [79950-09-7], 27:48,49
$Mo_3H_{18}O_{13}$, Molybdenum(4+), nonaaquatri-μ-oxo-μ_3-oxotri-, *triangulo*, [74353-85-8], 23:136
$Mo_3O_{21}S_8C_{28}H_{46}$, Molybdenum(4+), nonaaquatri-μ-thioxo-μ_3-thioxotri-, salt with 4-methylbenzenesulfonic acid (1:4), [131378-31-9], 29:268
$Mo_3P_3S_{13}C_{12}H_{30}.C_4H_{10}PS_2$, Molybdenum (1+), tris(diethylphosphinodithioato-*S,S'*)tris[μ-(disulfur-*S,S'*:*S,S'*)]-μ_3-thioxotri-, *triangulo*, diethylphosphinodithioate, [79594-15-3], 23:120
$Mo_3P_4S_{12}C_{16}H_{40}$, Molybdenum, [μ-(diethylphosphinodithioato-*S*:*S'*)] tris(diethylphosphinodithioato-*S,S'*) tri-μ-thioxo-μ_3-thioxotri-, *triangulo*, [83664-61-3], 23:121
Mo_4F_{20}, Molybdenum, tetra-μ-fluorohexadecafluorotetra-, [57327-37-4], 13:150
$Mo_4O_{27}S_9C_{35}H_{59}$, Molybdenum(5+), dodecaaquatetra-μ_3-thioxotetra-, salt with 4-methylbenzenesulfonic acid (1:5), [119726-79-3], 29:266
$Mo_5N_3NaO_{21}P_2C_8H_{26}.5H_2O$, Methanaminium, *N,N,N*-trimethyl-, sodium hydrogen heneicosaoxobis [2,2'-phosphinidenebis[ethanaminato]] pentamolybdate(4-) (1:1:2:1), pentahydrate, [152981-40-3], 27:126
Mo_6Br_{12}, Molybdenum, octa-μ_3-bromotetrabromohexa-, *octahedro*, [12234-30-9], 12:176
$Mo_6Cl_8Na_2O_6C_6H_{18}$, Molybdate(2-), octa-μ_3-chlorohexamethoxyhexa-, *octahedro*, disodium, [12374-26-4], 13:100
$Mo_6Cl_8Na_2O_6C_{12}H_{30}$, Molybdate(2-), octa-$\mu_3$-chlorohexaethoxyhexa-, *octahedro*, disodium, [12375-20-1], 13:101,102
Mo_6Cl_{12}, Molybdenum, octa-μ_3-chlorotetrachlorohexa-, *octahedro*, [11062-51-4], 12:172
$Mo_6Cl_{14}H_6O_2.6H_2O$, Molybdate(2-), octa-μ_3-chlorohexachlorohexa-, *octahedro*, dioxonium, hexahydrate, [63828-61-5], 12:174
$Mo_6N_2O_{19}C_{32}H_{72}$, 1-Butanaminium, *N,N,N*-tributyl-, dodeca-μ-oxo-μ_6-oxohexaoxohexamolybdate(2-) (2:1), [12390-22-6], 27:77
$Mo_8N_4O_{26}C_{64}H_{144}$, 1-Butanaminium, *N,N,N*-tributyl-, hexa-μ-oxohexa-μ_3-oxotetradecaoxooctamolybdate(4-) (4:1), [59054-50-1], 27:78

$NAgH_3O_3S$, Sulfamic acid, monosilver (1+) salt, [14325-99-6], 18:201
NAgOC, Cyanic acid, silver(1+) salt, [3315-16-0], 8:23
$NAgO_2$, Nitrous acid, silver(1+) salt, [7783-99-5], 13:205
NAgSC, Thiocyanic acid, silver(1+) salt, [1701-93-5], 8:28

NAg_3O_3S, Silver nitrate sulfide ($Ag_3(NO_3)S$), [61027-62-1], 24:234
NAg_7O_{11}, Silver nitrate oxide ($Ag_7(NO_3)O_8$), [12258-22-9], 4:13
$NAlC_3H_{12}$, Aluminum, (*N,N*-dimethylmethanamine)trihydro-, (*T*-4)-, [16842-00-5], 9:30;17:37
$NAlC_4H_{12}$, Aluminum, (*N*-ethylethanaminato)dihydro-, [24848-99-5], 17:40
$NAlClC_3H_{11}$, Aluminum, chloro(*N,N*-dimethylmethanamine)dihydro-, (*T*-4)-, [6401-80-5], 9:30
NAl, Aluminum nitride (AlN), [24304-00-5], 30:46
$NAl_2K_2NaO_2Si_2C_4H_{12}.7H_2O$, Methanaminium, *N,N,N*-trimethyl-, potassium sodium octadecaoxoheptasilicatedialuminate(2-) (1:2:1:2), heptahydrate, [152473-73-9], 22:65
$NAl_{11}H_4O_{17}$, Aluminum ammonium oxide ($Al_{11}(NH_4)O_{17}$), [12505-58-7], 19:56;30:239
$NAl_{11}O_{18}$, Aluminum nitrosyl oxide ($Al_{11}(NO)O_{17}$), [12446-43-4], 19:56;30:240
$NAsC_{25}H_{20}$, Arsonium, tetraphenyl-, cyanide, [21154-65-4], 16:135
$NAsF_6C_{16}H_{36}$, 1-Butanaminium, *N,N,N*-tributyl-, hexafluoroarsenate(1-), [22505-56-2], 24:138
$NAsF_6O$, Arsenate(1-), hexafluoro-, nitrosyl, [18535-07-4], 24:69
$NAsOC_{25}H_{20}$, Arsonium, tetraphenyl-, cyanate, [21294-26-8], 16:134
$NAs_2Cl_3RuSC_{36}H_{30}$, Ruthenium, trichloro(thionitrosyl)bis(triphenylarsine)-, [132077-60-2], 29:162
$NAs_3C_{42}H_{42}$, Ethanamine, 2-(diphenylarsino)-*N,N*-bis[2-(diphenylarsino)ethyl]-, [15114-56-4], 16:177
$NAs_3CuO_3C_{54}H_{45}$, Copper, (nitrato-*O*)tris(triphenylarsine)-, (*T*-4)-, [33989-05-8], 19:95
$NAuBF_4Ir_3O_3P_6C_{78}H_{78}$, Iridium(1+), tris[1,2-ethanediylbis[diphenylphosphine]-*P,P'*]tri-μ-hydrotrihydro[(nitrato-*O,O'*)gold]tri-, (3*Au-Ir*)(3*Ir-Ir*), tetrafluoroborate(1-), [86854-49-1], 29:290
$NAuBF_4Ir_3O_3P_7C_{96}H_{93}$, Iridium(2+), tris[1,2-ethanediylbis[diphenylphosphine]-*P,P'*]tri-μ-hydrotrihydro[(triphenylphosphine)gold]tri-, (3*Au-Ir*)(3*Ir-Ir*), tetrafluoroborate(1-) nitrate, [146249-36-7], 29:291
$NAuBr_2C_{16}H_{36}$, 1-Butanaminium, *N,N,N*-tributyl-, dibromoaurate(1-), [50481-01-1], 29:47
$NAuI_2C_{16}H_{36}$, 1-Butanaminium, *N,N,N*-tributyl-, diiodoaurate(1-), [50481-03-3], 29:47
$NAuO_2SC_3H_6$, Aurate(1-), [L-cysteinato(2-)-*N,O,S*]-, hydrogen, [74921-06-5], 21:31
$NAuO_3PC_{18}H_{15}$, Gold, (nitrato-*O*)(triphenylphosphine)-, [14897-32-6], 29:280
$NAu_2BF_4IrO_3P_4C_{72}H_{61}$, Iridium(1+), [bis(triphenylphosphine)digold]hydro(nitrato-*O,O'*)bis(triphenylphosphine)-, (*Au-Au*)(2*Au-Ir*), stereoisomer, tetrafluoroborate(1-), [93895-71-7], 29:284
$NAu_2F_5PSC_{25}H_{15}$, Gold, (pentafluorophenyl)[μ-(thiocyanato-*N:S*)](triphenyl phosphine)di-, [128265-18-9], 26:90
$NAu_2F_6O_3P_5PtC_{72}H_{60}$, Platinum(1+), [bis(triphenylphosphine)digold](nitrato-*O,O'*)bis(triphenylphosphine)-, (*Au-Au*)(2*Au-Pt*), stereoisomer, hexafluorophosphate(1-), [107796-04-3], 29:293
$NAu_3BF_4IrO_3P_5C_{90}H_{75}$, Iridium(1+), (nitrato-*O,O'*)bis(triphenylphosphine)[tris(triphenylphosphine)trigold]-, (2*Au-Au*)(3*Au-Ir*), tetrafluoroborate(1-), [93895-69-3], 29:285
$NBBrC_3H_{11}$, Boron, bromo(*N,N*-dimethylmethanamine)dihydro-, (*T*-4)-, [5275-42-3], 12:118

$NBBrF_4IrOP_2C_{36}H_{30}$, Iridium(1+), bromonitrosylbis(triphenylphosphine)-, (*SP*-4-3)-, tetrafluoroborate (1-), [38302-39-5], 16:42

$NBBr_2C_3H_{10}$, Boron, dibromo(*N*,*N*-dimethylmethanamine)hydro-, (*T*-4)-, [32805-31-5], 12:123

$NBBr_3C_2H_7$, Boron, tribromo(*N*-methylmethanamine)-, (*T*-4)-, [54067-18-4], 15:125

$NBBr_3C_3H_9$, Boron, tribromo(*N*,*N*-dimethylmethanamine)-, (*T*-4)-, [1516-54-7], 12:141,142;29:51

$NBCH_3$, Borate(1-), (cyano-*C*)trihydro-, (*T*-4)-, [33195-00-5], 15:72

NBC_2H_8, Boranamine, *N*,*N*-dimethyl-, [1838-13-7], 9:8

NBC_2H_{10}, Boron, trihydro(*N*-methylmethanamine)-, (*T*-4)-, [74-94-2], 15:122

NBC_3H_{12}, Boron, (*N*,*N*-dimethylmethanamine)trihydro-, (*T*-4)-, [75-22-9], 9:8

NBC_6H_{16}, Boranamine, 1,1-diethyl-*N*,*N*-dimethyl-, [7397-47-9], 22:209

NBC_6H_{18}, Boron, (*N*,*N*-diethylethanamine)trihydro-, (*T*-4)-, [1722-26-5], 12:109-115

$NBC_{10}H_{22}$, Boron, (*N*,*N*-dimethylmethanamine)diethyl-1-propynyl-, (*T*-4)-, [22528-72-9], 29:77

$NBC_{16}H_{40}$, 1-Butanaminium, *N*,*N*,*N*-tributyl-, tetrahydroborate(1-), [33725-74-5], 17:23

$NBC_{27}H_{30}$, Borate(1-), tetraphenyl-, hydrogen, compd. with *N*,*N*-dimethylmethanamine (1:1), [51016-92-3], 14:52

$NBClC_3H_{11}$, Boron, chloro(*N*,*N*-dimethylmethanamine)dihydro-, (*T*-4)-, [5353-44-6], 12:117

$NBClF_4IrOP_2C_{36}H_{30}$, Iridium(1+), chloronitrosylbis(triphenylphosphine)-, (*SP*-4-3)-, tetrafluoroborate (1-), [38302-38-4], 16:41

$NBCl_3C_2H_3$, Boron, (acetonitrile) trichloro-, (*T*-4)-, [7305-15-9], 13:42

$NBCl_3C_3H_9$, Boron, trichloro(*N*,*N*-dimethylmethanamine)-, (*T*-4)-, [1516-55-8], 5:27

NBD_3NaC, Borate(1-), (cyano-*C*) trihydro-d_3-, sodium, (*T*-4)-, [25895-62-9], 21:167

$NBF_3C_3H_9$, Boron, (*N*,*N*-dimethylmethanamine)trifluoro-, (*T*-4)-, [420-20-2], 5:26

$NBF_3Si_2C_6H_{19}$, Boron, trifluoro[1,1,1-trimethyl-*N*-(trimethylsilyl) silanamine]-, (*T*-4)-, [690-35-7], 5:58

$NBF_3Si_3C_9H_{27}$, Boron, trifluoro[1,1,1-trimethyl-*N*,*N*-bis(trimethylsilyl) silanamine]-, (*T*-4)-, [149165-86-6], 8:18

$NBF_4C_{16}H_{36}$, 1-Butanaminium, *N*,*N*,*N*-tributyl-, tetrafluoroborate(1-), [429-42-5], 24:139

$NBF_4FeO_2C_9H_8$, Iron(1+), (acetonitrile) dicarbonyl(η^5-2,4-cyclopentadien-1-yl)-, tetrafluoroborate(1-), [32824-71-8], 12:41

NBF_4H_4, Borate(1-), tetrafluoro-, ammonium, [13826-83-0], 2:23

$NBF_4O_2PReC_{24}H_{20}$, Rhenium(1+), carbonyl(η^5-2,4-cyclopentadien-1-yl) nitrosyl(triphenylphosphine)-, stereoisomer, tetrafluoroborate(1-), [82336-21-8], 29:219

$NBF_4O_2PReC_{24}H_{20}$, Rhenium(1+), carbonyl(η^5-2,4-cyclopentadien-1-yl) nitrosyl(triphenylphosphine)-, tetrafluoroborate(1-), [70083-73-7], 29:214

$NBF_4O_3ReC_7H_5$, Rhenium(1+), dicarbonyl(η^5-2,4-cyclopentadien-1-yl)nitrosyl-, tetrafluoroborate(1-), [31960-40-4], 29:213

$NBF_4O_5WC_{10}H_{10}$, Tungsten(1+), pentacarbonyl[(diethylamino) methylidyne]-, (*OC*-6-21)-, tetrafluoroborate(1-), [83827-38-7], 26:40

NBF_8, Nitrogen(1+), tetrafluoro-, (*T*-4)-, tetrafluoroborate(1-), [15640-93-4], 24:42

$NBFeO_2C_{31}H_{28}$, Iron(1+), ammine-dicarbonyl(η^5-2,4-cyclopentadien-1-yl)-, tetraphenylborate(1-), [12203-82-6], 12:37

$NBIC_3H_{11}$, Boron, (*N*,*N*-dimethylmethanamine)dihydroiodo-, (*T*-4)-, [25741-81-5], 12:120

$NBOC_4H_{12}$, Boron, trihydro(morpholine-N^4)-, (*T*-4)-, [4856-95-5], 12:109-115

$NBOP_2RhC_{38}H_{33}$, Rhodium, carbonyl [(cyano-*C*)trihydroborato(1-)-*N*]bis (triphenylphosphine)-, (*SP*-4-1)-, [36606-39-0], 15:72

$NBO_2C_4H_{12}$, Borate(1-), (carboxylato) (*N*,*N*-dimethylmethanamine)dihydro-, hydrogen, (*T*-4)-, [60788-33-2], 25:81

$NBO_2C_5H_{14}$, Boron, (*N*,*N*-dimethylmethanamine)dihydro(methoxycarbonyl)-, (*T*-4)-, [91993-52-1], 25:84

$NB_2C_2H_{11}$, Diborane(6), [μ-(dimethylamino)]-, [23273-02-1], 17:34

$NB_2C_{16}H_{43}$, 1-Butanaminium, *N*,*N*,*N*-tributyl-, μ-hydrohexahydrodiborate (1-), [40001-25-0], 17:25

$NB_2C_{24}H_{55}$, 1-Butanaminium, *N*,*N*,*N*-tributyl-, di-μ-1,4-butanediyl-μ-hydrodihydrodiborate(1-), [42582-75-2], 19:243

$NB_{10}CH_{15}$, 7-Carbaundecaborane(12), 7-ammine-, [12373-10-3], 11:33

$NB_{10}C_4H_{21}$, 7-Carbaundecaborane(12), 7-(*N*,*N*-dimethylmethanamine)-, [31117-16-5], 11:35

$NB_{10}C_4H_{21}$, 7-Carbaundecaborane(12), 7-(1-propanamine)-, [150384-21-7], 11:36

$NB_{10}C_6H_{25}$, 7-Carbaundecaborane(12), 7-(*N*,*N*-dimethyl-1-propanamine)-, [150384-20-6], 11:37

$NBrClIC_4H_{12}$, Methanaminium, *N*,*N*,*N*-trimethyl-, bromochloroiodate(1-), [15695-49-5], 5:172

$NBrCl_2C_4H_{12}$, Methanaminium, *N*,*N*,*N*-trimethyl-, dichlorobromate(1-), [1863-68-9], 5:172

$NBrF_2S$, Imidosulfurous difluoride, bromo-, [25005-08-7], 24:20

$NBrI_2C_4H_{12}$, Methanaminium, *N*,*N*,*N*-trimethyl-, bromoiodoiodate(1-), [50725-69-4], 5:172

NBrO, Nitrosyl bromide ((NO)Br), [13444-87-6], 11:199

$NBrO_2C_4H_4$, 2,5-Pyrrolidinedione, 1-bromo-, [128-08-5], 7:135

$NBrO_3C_{10}H_{14}$, Bicyclo[2.2.1]heptan-2-one, 3-bromo-1,7,7-trimethyl-3-nitro-, (1*R*-*endo*)-, [122921-54-4], 25:132

$NBrO_4SC_{10}H_{18}$, Bicyclo[2.2.1]heptane-7-methanesulfonic acid, 3-bromo-1,7-dimethyl-2-oxo-, ammonium salt, [1*R*-(*endo,anti*)]-, [14575-84-9], 26:24

$NBrPSiC_5H_{15}$, Phosphinimidic bromide, *P*,*P*-dimethyl-*N*-(trimethylsilyl)-, [73296-38-5], 25:70

NBr_2H, Bromimide, [14519-03-0], 1:62

$NBr_2IC_4H_{12}$, Methanaminium, *N*,*N*,*N*-trimethyl-, dibromoiodate(1-), [15801-99-7], 5:172

$NBr_2IC_{12}H_{28}$, 1-Propanaminium, *N*,*N*,*N*-tripropyl-, dibromoiodate(1-), [149165-62-8], 5:172

$NBr_2IC_{16}H_{36}$, 1-Butanaminium, *N*,*N*,*N*-tributyl-, dibromoiodate(1-), [15802-00-3], 29:44

$NBr_3C_4H_{12}$, Methanaminium, *N*,*N*,*N*-trimethyl-, (tribromide), [15625-56-6], 5:172

$NBr_3C_{16}H_{36}$, 1-Butanaminium, *N*,*N*,*N*-tributyl-, (tribromide), [38932-80-8], 5:177

$NBr_4GaC_8H_{20}$, Ethanaminium, *N*,*N*,*N*-triethyl-, (*T*-4)-tetrabromogallate(1-), [33896-84-3], 22:141

$NBr_4GaC_{16}H_{36}$, 1-Butanaminium, *N*,*N*,*N*-tributyl-, (*T*-4)-tetrabromogallate(1-), [34249-07-5], 22:139

$NBr_4VC_8H_{20}$, Ethanaminium, *N,N,N*-triethyl-, (*T*-4)-tetrabromovanadate (1-), [15636-55-2], 13:168

$NBr_5NbC_2H_3$, Niobium, (acetonitrile) pentabromo-, (*OC*-6-21)-, [21126-01-2], 12:227

$NBr_5TaC_2H_3$, Tantalum, (acetonitrile) pentabromo-, (*OC*-6-21)-, [12012-46-3], 12:227

$NBr_5TaC_3H_5$, Tantalum, pentabromo (propanenitrile)-, (*OC*-6-21)-, [30056-29-2], 12:228

$NBr_5TaC_4H_7$, Tantalum, (butanenitrile) pentabromo-, (*OC*-6-21)-, [92225-93-9], 12:228

$NBr_6NbC_8H_{20}$, Ethanaminium, *N,N,N*-triethyl-, (*OC*-6-11)-hexabromoniobate(1-), [16853-63-7], 12:230

$NBr_6PaC_8H_{20}$, Ethanaminium, *N,N,N*-triethyl-, (*OC*-6-11)-hexabromoprotoactinate(1-), [21999-80-4], 12:230

$NBr_6TaC_4H_{12}$, Methanaminium, *N,N,N*-trimethyl-, (*OC*-6-11)-hexabromotantalate(1-), [20581-20-8], 12:229

NBr_7P_2, Phosphorimidic tribromide, (tetrabromophosphoranyl)-, [58477-46-6], 7:77

$(NC)_x$, Cyanide, homopolymer, [30729-95-4], 2:92

$NCH_5.xS_2Ta$, Methanamine, compd. with tantalum sulfide (TaS_2), [34340-91-5], 30:164

NC_2H_3, Acetonitrile, [75-05-8], 10:101;18:6

$NC_2H_7.xS_2Ta$, Ethanamine, compd. with tantalum sulfide (TaS_2), [34340-92-6], 30:164

$NC_3H_9.xS_2Ta$, 1-Propanamine, compd. with tantalum sulfide (TaS_2), [34340-93-7], 30:164

NC_3H_9, Methanamine, *N,N*-dimethyl-, [75-50-3], 2:159

$NC_4H_{11}.xS_2Ta$, 1-Butanamine, compd. with tantalum sulfide (TaS_2), [34200-71-0], 30:164

NC_5H_5, Pyridine, [110-86-1], 7:175, 178

$NC_6H_7.xS_2Ta$, Benzenamine, compd. with tantalum sulfide (TaS_2), [34200-78-7], 30:164

$NC_8H_{11}.xS_2Ta$, Benzenamine, *N,N*-dimethyl-, compd. with tantalum sulfide (TaS_2), [34200-80-1], 30:164

NC_8H_{11}, Benzenamine, *N,N*-dimethyl-, [121-69-7], 2:174

$NC_9H_7.xS_2Ta$, Quinoline, compd. with tantalum sulfide (TaS_2), [34312-58-8], 30:164

$NC_{10}H_{23}.xS_2Ta$, 1-Decanamine, compd. with tantalum sulfide (TaS_2), [51030-96-7], 30:164

$NC_{12}H_{27}.xS_2Ta$, 1-Butanamine, *N,N*-dibutyl-, compd. with tantalum sulfide (TaS_2), [34340-99-3], 30:164

———, 1-Dodecanamine, compd. with tantalum sulfide (TaS_2), [34200-73-2], 30:164

$NC_{13}H_{29}.xS_2Ta$, 1-Tridecanamine, compd. with tantalum sulfide (TaS_2), [34366-36-4], 30:164

$NC_{14}H_{31}.xS_2Ta$, 1-Tetradecanamine, compd. with tantalum sulfide (TaS_2), [34340-96-0], 30:164

$NC_{15}H_{33}.xS_2Ta$, 1-Pentadecanamine, compd. with tantalum sulfide (TaS_2), [34340-97-1], 30:164

$NC_{16}H_{35}.xS_2Ta$, 1-Hexadecanamine, compd. with tantalum sulfide (TaS_2), [34200-74-3], 30:164

$NC_{17}H_{37}.xS_2Ta$, 1-Heptadecanamine, compd. with tantalum sulfide (TaS_2), [34340-98-2], 30:164

$NC_{18}H_{15}$, Benzenamine, *N,N*-diphenyl-, [603-34-9], 8:189

$NC_{18}H_{39}.xS_2Ta$, 1-Octadecanamine, compd. with tantalum sulfide (TaS_2), [34200-75-4], 30:164

NClC, Cyanogen chloride ((CN)Cl), [506-77-4], 2:90

$NClCH_6$, Methanamine, hydrochloride, [593-51-1], 8:66

$NClC_2H_8$, Methanamine, *N*-methyl-, hydrochloride, [506-59-2], 7:70,72

$NClC_5H_6.xS_2Ta$, Pyridine, hydrochloride, compd. with tantalum sulfide (TaS_2), [34314-18-6], 30:164

$NClC_7H_4$, Benzene, 1-chloro-4-isocyano-, [1885-81-0], 23:10

$NClF_2$, Nitrogen chloride fluoride ($NClF_2$), [13637-87-1], 14:34

$NClF_2S$, Imidosulfurous difluoride, chloro-, [13816-65-4], 24:18

$NClFeOC_5H_5$, Iron chloride oxide (FeClO), compd. with pyridine (1:1), [158188-73-9], 30:182

$NClH_2$, Chloramide, [10599-90-3], 1:59; 5:92

$NClH_4O$, Hydroxylamine, hydrochloride, [5470-11-1], 1:89

$NClIC_5H_5$, Iodine, chloro(pyridine)-, [60442-73-1], 7:176

$NClI_2C_4H_{12}$, Methanaminium, *N,N,N*-trimethyl-, chloroiodoiodate(1-), [50685-50-2], 5:172

$NClI_4C_4H_{12}$, Methanaminium, *N,N,N*-trimethyl-, chlorotriiodoiodate(1-), [12547-25-0], 5:172

$NClIrO_2C_9H_9$, Iridium, dicarbonylchloro (4-methylbenzenamine)-, [14243-22-2], 15:82

$NClNiPSe_2C_{11}H_{25}$, Nickel, chloro (diethylcarbamodiselenoato-*Se,Se'*)(tri ethylphosphine)-, (*SP*-4-3)-, [67994-91-6], 21:9

NClO, Nitrosyl chloride ((NO)Cl), [2696-92-6], 1:55;4:48;11:199

$NClO_2$, Nitryl chloride ((NO_2)Cl), [13444-90-1], 4:52

$NClO_2PSC_{18}H_{15}$, Sulfamoyl chloride, (triphenylphosphoranylidene)-, [41309-06-2], 29:27

$NClO_2SC_2H_6$, Sulfamoyl chloride, dimethyl-, [13360-57-1], 8:109

$NClO_2SC_4H_{10}$, Sulfamoyl chloride, diethyl-, [20588-68-5], 8:110

$NClO_2SC_5H_{10}$, 1-Piperidinesulfonyl chloride, [35856-62-3], 8:110

$NClO_2SC_6H_{14}$, Sulfamoyl chloride, dipropyl-, [35877-27-1], 8:110

$NClO_2SC_8H_{18}$, Sulfamoyl chloride, dibutyl-, [41483-67-4], 8:110

$NClO_2SC_{12}H_{22}$, Sulfamoyl chloride, dicyclohexyl-, [99700-74-0], 8:110

$NClO_3$, Nitryl hypochlorite ((NO_2)(OCl)), [14545-72-3], 9:127

$NClO_3SC_4H_8$, 4-Morpholinesulfonyl chloride, [1828-66-6], 8:109

$NClO_4C_{16}H_{36}$, 1-Butanaminium, *N,N,N*-tributyl-, perchlorate, [1923-70-2], 24:135

$NClO_4PC_{18}H_{17}$, Phosphorus(1+), amido-triphenyl-, (*T*-4)-, perchlorate, [55099-54-2], 7:69

$NClPC_{10}H_{15}$, Phospholanium, 1-amino-1-phenyl-, chloride, [114306-38-6], 7:67

$NClPC_{11}H_{17}$, Phosphorinanium, 1-amino-1-phenyl-, chloride, [115229-50-0], 7:67

$NClPC_{12}H_{29}$, Phosphoranamine, 1,1,1-tributyl-1-chloro-, [7283-54-7], 7:67

$NClPC_{18}H_{17}$, Phosphorus(1+), amido-triphenyl-, chloride, [15729-44-9], 7:67

$NClPC_{24}H_{21}$, Phosphonium, (2-aminophenyl)triphenyl-, chloride, [124843-09-0], 25:130

$NClPPdSe_2C_{23}H_{25}$, Palladium, chloro (diethylcarbamodiselenoato-*Se,Se'*)(tri phenylphosphine)-, (*SP*-4-3)-, [76136-20-4], 21:10

$NClPPtSe_2C_{23}H_{25}$, Platinum, chloro (diethylcarbamodiselenoato-*Se,Se'*) (triphenylphosphine)-, (*SP*-4-3)-, [68011-59-6], 21:10

$NClP_2RhC_{38}H_{33}$, Rhodium, (acetonitrile) chlorobis(triphenylphosphine)-, [70765-24-1], 10:69

$NClP_2RhC_{41}H_{37}$, Rhodium, chlorodihydro (pyridine)bis(triphenylphosphine)-, (*OC*-6-42)-, [12120-40-0], 10:69

$NCl_2CoOP_2C_{26}H_{26}$, Cobalt, dichlorobis (methyldiphenylphosphine)nitrosyl-, [36237-01-1], 16:29

———, Cobalt, dichlorobis (methyldiphenylphosphine)nitrosyl-, (*TB*-5-22)-, [38402-84-5], 16:29

$NCl_2HO_4S_2$, Imidodisulfuryl chloride, [15873-42-4], 8:105

$NCl_2IC_4H_{12}$, Methanaminium, *N,N,N*-trimethyl-, dichloroiodate(1-), [1838-41-1], 5:176

$NCl_2IC_8H_{20}$, Ethanaminium, *N,N,N*-triethyl-, dichloroiodate(1-), [53280-40-3], 5:172

$NCl_2IC_{12}H_{28}$, 1-Propanaminium, *N,N,N*-tripropyl-, dichloroiodate(1-), [54763-33-6], 5:172

$NCl_2IC_{16}H_{36}$, 1-Butanaminium, *N,N,N*-tributyl-, dichloroiodate(1-), [54763-34-7], 5:172

$NCl_2IrOP_2C_{36}H_{30}$, Iridium, dichloronitrosylbis(triphenylphosphine)-, [27411-12-7], 15:62

$NCl_2OPC_2H_6$, Phosphoramidic dichloride, dimethyl-, [677-43-0], 7:69

$NCl_2OPPtC_{15}H_{26}$, Platinum, dichloro [ethoxy(phenylamino)methylene] (triethylphosphine)-, (*SP*-4-3)-, [30394-37-7], 19:175

$NCl_2OP_2RhC_{36}H_{30}$, Rhodium, dichloronitrosylbis(triphenylphosphine)-, [20097-11-4], 15:60

$NCl_2O_2PtC_9H_9$, Platinum, dichloro[2-(2-nitrophenyl)-1,3-propanediyl]-, (*SP*-4-2)-, [38922-10-0], 16:114

$NCl_2PC_2H_6$, Phosphoramidous dichloride, dimethyl-, [683-85-2], 10:149

$NCl_2PPtC_{13}H_{20}$, Platinum, dichloro (isocyanobenzene)(triethylphosphine)-, (*SP*-4-3)-, [30376-90-0], 19:174

$NCl_2P_2ReC_{36}H_{30}$, Rhenium, dichloronitridobis(triphenylphosphine)-, [25685-08-9], 29:146

$NCl_2P_3WC_{15}H_{32}$, Tungsten, [benzenaminato(2-)]dichlorotris (trimethylphosphine)-, [126109-15-7], 24:198

$NCl_2P_3WC_{24}H_{50}$, Tungsten, [benzenaminato(2-)]dichlorotris(triethylphosphine)-, (*OC*-6-32)-, [104475-13-0], 24:198

$NCl_2P_3WC_{30}H_{38}$, Tungsten, [benzenaminato(2-)]dichlorotris (dimethylphenylphosphine)-, (*OC*-6-32)-, [104475-11-8], 24:198

$NCl_2P_3WC_{45}H_{44}$, Tungsten, [benzenaminato(2-)]dichlorotris (methyldiphenylphosphine)-, (*OC*-6-32)-, [104475-12-9], 24:198

$NCl_2PtC_7H_9$, Platinum, dichloro(η^2-ethene)(pyridine)-, stereoisomer, [12078-66-9], 20:181

NCl_3, Nitrogen chloride (NCl_3), [10025-85-1], 1:65

$NCl_3IrS_2C_8H_{23}$, Iridium, ammine-trichlorobis[1,1'-thiobis[ethane]]-, [149189-74-2], 7:227

$NCl_3IrS_2C_{13}H_{25}$, Iridium, trichloro (pyridine)bis[1,1'-thiobis[ethane]]-, (*OC*-6-32)-, [149165-69-5], 7:227

$NCl_3OOsP_2C_{36}H_{30}$, Osmium, trichloronitrosylbis(triphenylphosphine)-, [22180-41-2], 15:57

$NCl_3OP_2RuC_{36}H_{30}$, Ruthenium, trichloronitrosylbis(triphenylphosphine)-, [15349-78-7], 15:51

$NCl_3O_6Re_2C_5$, Rhenium, pentacarbonyltri-μ-chloronitrosyldi-, [37402-69-0], 16:36

$NCl_3P_2ReC_{42}H_{35}$, Rhenium, [benzenaminato(2-)]trichlorobis(triphenylphosphine)-, (*OC*-6-31)-, [62192-31-8], 24:196

$NCl_3P_2RuSC_{36}H_{30}$, Ruthenium, trichloro (thionitrosyl)bis(triphenylphosphine)-, (*OC*-6-31)-, [90580-82-8], 29:161

$NCl_3P_2WC_{12}H_{23}$, Tungsten, [benzenaminato(2-)]trichlorobis(trimethylphosphine)-, (*OC*-6-31)-, [86142-37-2], 24:196

$NCl_3P_2WC_{18}H_{35}$, Tungsten, [benzenaminato(2-)]trichlorobis(triethylphosphine)-, (*OC*-6-31)-, [104475-10-7], 24:196

$NCl_3P_2WC_{22}H_{27}$, Tungsten, [benzenaminato(2-)]trichlorobis(dimethylphenylphosphine)-, (*OC*-6-31)-, [89189-70-8], 24:196

$NCl_3P_2WC_{42}H_{35}$, Tungsten, [benzenaminato(2-)]trichlorobis(triphenylphosphine)-, (*OC*-6-31)-, [89189-71-9], 24:196

$NCl_3PtSC_{18}H_{42}$, 1-Butanaminium, *N,N,N*-tributyl-, (*SP*-4-2)-trichloro[thiobis[methane]]platinate(1-), [59474-86-1], 22:128

$NCl_4Fe_4O_4C_5H_5$, Iron, tetrachlorotetraoxo(pyridine)tetra-, [51978-35-9], 22:86

$NCl_4GaC_{16}H_{36}$, 1-Butanaminium, *N,N,N*-tributyl-, (*T*-4)-tetrachlorogallate(1-), [38555-81-6], 22:139

$NCl_4IC_4H_{12}$, Methanaminium, *N,N,N*-trimethyl-, tetrachloroiodate(1-), [15625-60-2], 5:172

$NCl_4IC_{16}H_{36}$, 1-Butanaminium, *N,N,N*-tributyl-, tetrachloroiodate(1-), [15625-59-9], 5:176

$NCl_4OTcC_{16}H_{36}$, 1-Butanaminium, *N,N,N*-tributyl-, (*SP*-5-21)-tetrachlorooxotechnetate(1-)-^{99}Tc, [92622-25-8], 21:160

NCl_4O_2PS, Sulfamoyl chloride, (trichlorophosphoranylidene)-, [14700-21-1], 13:10

$NCl_4P_2C_{13}H_{13}$, Phosphorus(1+), dichloro(*P,P*-diphenylphosphinimidic chloridato-*N*)methyl-, chloride, (*T*-4)-, [122577-16-6], 25:26

$NCl_4VC_8H_{20}$, Ethanaminium, *N,N,N*-triethyl-, (*T*-4)-tetrachlorovanadate(1-), [15642-23-6], 11:79;13:168

$NCl_4WC_6H_5$, Tungsten, [benzenaminato(2-)]tetrachloro-, [78409-02-6], 24:195

$NCl_5H_2K_2Os$, Osmate(2-), amidopentachloro-, dipotassium, (*OC*-6-21)-, [148864-77-1], 6:207

NCl_5K_2Os, Osmate(2-), pentachloronitrido-, dipotassium, (*OC*-6-21)-, [23209-29-2], 6:206

$NCl_5NbC_2H_3$, Niobium, (acetonitrile)pentachloro-, (*OC*-6-21)-, [21126-02-3], 12:227;13:226

NCl_5OP_2, Phosphorimidic trichloride, (dichlorophosphinyl)-, [13966-08-0], 8:92

$NCl_5O_2SbCH_3$, Antimony, pentachloro(nitromethane-*O*)-, (*OC*-6-21)-, [52082-00-5], 29:113

$NCl_5TaC_2H_3$, Tantalum, (acetonitrile)pentachloro-, (*OC*-6-21)-, [12012-49-6], 12:227

$NCl_5TaC_3H_5$, Tantalum, pentachloro(propanenitrile)-, (*OC*-6-21)-, [91979-69-0], 12:228

$NCl_5TaC_4H_7$, Tantalum, (butanenitrile)pentachloro-, (*OC*-6-21)-, [92225-90-6], 12:228

$NCl_6Fe_6O_6C_8H_{11}$, Pyridine, 2,4,6-trimethyl-, compd. with iron chloride oxide (FeClO) (1:6), [64020-68-4], 22:86;30:182

$NCl_6PaC_4H_{12}$, Methanaminium, *N,N,N*-trimethyl-, (*OC*-6-11)-hexachloroprotactinate(1-), [17275-45-5], 12:230

$NCl_7P_2.Cl_4C_2H_4$, Phosphorus(1+), trichloro(phosphorimidic trichloridato-*N*)-, chloride, compd. with 1,1,2,2-tetrachloroethane (1:1), [15531-38-1], 8:96

$NCl_{12}P_2Sb$, Phosphorus(1+), trichloro(phosphorimidic trichloridato-*N*)-, (*T*-4)-, (*OC*-6-11)-hexachloroantimonate, [108538-57-4], 25:25

$NCl_{12}P_3$, Phosphorus(1+), trichloro(phosphorimidic trichloridato-*N*)-, (*T*-4)-, hexachlorophosphate(1-), [18828-06-3], 8:94

$NCoOP_3C_{54}H_{45}$, Cobalt, nitrosyltris(triphenylphosphine)-, (*T*-4)-, [18712-92-0], 16:33

$NCoO_4C_3$, Cobalt, tricarbonylnitrosyl-, (*T*-4)-, [14096-82-3], 2:238

$NCoO_4C_9H_6$, Cobaltate(1-), tetracarbonyl-, (*T*-4)-, hydrogen, compd. with pyridine (1:1), [64537-27-5], 5:94

$NCoO_{13}P_2Ru_3C_{49}H_{30}$, Phosphorus(1+), triphenyl(*P,P,P*-triphenylphosphine imidato-*N*)-, (*T*-4), tri-μ-carbonylnonacarbonyl(carbonylcobaltate) triruthenate(1-) (3*Co-Ru*)(3*Ru-Ru*), [72152-11-5], 21:61,63

$NCo_3CuO_{12}RuC_{14}H_3$, Ruthenium, [(acetonitrile)copper]tricarbonyl(tri-μ-carbonylhexacarbonyltricobalt)-, (3*Co-Co*)(3*Co-Cu*)(3*Co-Ru*), [90636-15-0], 26:359

$NCo_3FeO_{12}C_{20}H_{20}$, Ethanaminium, *N,N,N*-triethyl-, tricarbonyl(tri-μ-carbonylhexacarbonyltricobaltate) ferrate(1-) (3*Co-Co*)(3*Co-Fe*), [53509-36-7], 27:188

$NCo_3O_{10}C_{12}H_4$, Cobalt, nonacarbonyl [μ_3-[(methylamino)oxoethylidyne]] tri-, *triangulo*-, [52519-00-3], 20:230,232

$NCo_3O_{12}RuC_{20}H_{20}$, Ethanaminium, *N,N,N*-triethyl-, tricarbonyl(tri-μ-carbonylhexacarbonyltricobaltate) ruthenate(1-) (3*Co-Co*)(3*Co-Ru*), [78081-30-8], 26:358

$NCrFO_3C_5H_6$, Chromate(1-), fluorotrioxo-, (*T*-4)-, hydrogen, compd. with pyridine (1:1), [83042-08-4], 27:310

$NCrFeO_9P_2C_{45}H_{31}$, Phosphorus(1+), triphenyl(*P,P,P*-triphenylphosphine imidato-*N*)-, (*T*-4)-, stereoisomer of pentacarbonyl(tetracarbonylhydroferrate)chromate(1-) (*Cr-Fe*), [101420-33-1], 26:338

$NCrO_3C_7H_5$, Chromium, dicarbonyl(η^5-2,4-cyclopentadien-1-yl)nitrosyl-, [36312-04-6], 18:127;28:196

$NCrO_3C_{11}H_{11}$, Chromium, tricarbonyl [(1,2,3,4,5,6-η)-*N,N*-dimethylbenzenamine]-, [12109-10-3], 19:157;28:139

$NCrO_5C_{10}H_9$, Chromium, pentacarbonyl (2-isocyano-2-methylpropane)-, (*OC*-6-21)-, [37017-55-3], 28:143

$NCrO_5C_{18}H_{13}$, Chromium, (benzoyl isocyanide)dicarbonyl[(1,2,3,4,5,6-η)-methyl benzoate]-, [67359-46-0], 26:32

$NCrO_5P_2C_{41}H_{31}$, Phosphorus(1+), triphenyl(*P,P,P*-triphenylphosphine imidato-*N*)-, (*T*-4)-, (*OC*-6-21)-pentacarbonylhydrochromate(1-), [78362-94-4], 22:183

$NCrO_6C_{12}H_{15}$, Chromium, pentacarbonyl[(diethylamino)ethoxymethylene]-, (*OC*-6-21)-, [28471-37-6], 19:168

$NCrO_6C_{13}H_5$, Chromium, pentacarbonyl (isocyanophenylmethanone)-, (*OC*-6-21)-, [15365-59-0], 26:34,35

$NCrO_7P_2C_{43}H_{33}$, Phosphorus(1+), triphenyl(*P,P,P*-triphenylphosphine imidato-*N*)-, (*T*-4)-, (*OC*-6-22)-(acetato-*O*)pentacarbonylchromate(1-), [99016-85-0], 27:297

$NCsF_2HO_4S_2$, Imidodisulfuryl fluoride, cesium salt, [15060-34-1], 11:138

$NCsO_3$, Nitric acid, cesium salt, [7789-18-6], 4:6

$NCuH_4MoS_4$, Molybdate(1-), tetrathioxocuprate-, ammonium, [27194-90-7], 14:95

$NCuO_3P_2C_{36}H_{30}$, Copper, (nitrato-*O,O'*) bis(triphenylphosphine)-, (*T*-4)-, [23751-62-4], 19:93

$NCuO_3Sb_3C_{54}H_{45}$, Copper, (nitrato-*O*)tris (triphenylstibine)-, (*T*-4)-, [33989-06-9], 19:94

NFC_2H_6, Methanamine, *N*-fluoro-*N*-methyl-, [14722-43-1], 24:66

NFO, Nitrosyl fluoride ((NO)F), [7789-25-5], 11:196

$NFO_3SC_{16}H_{36}$, 1-Butanaminium, *N,N,N*-tributyl-, fluorosulfate, [88504-81-8], 26:393

NFS, Thiazyl fluoride ((SN)F), [18820-63-8], 24:16

$NF_2FeO_4PC_8H_{10}$, Iron, tetracarbonyl (diethylphosphoramidous difluoride-*P*)-, [60182-91-4], 16:64

$NF_2HO_4S_2$, Imidodisulfuryl fluoride, [14984-73-7], 11:138

NF_2H, Fluorimide, [10405-27-3], 12:307,308,310

$NF_2N_4O_2P$, Phosphorodifluoridic acid, ammonium salt, [15252-72-9], 2:155,157

$NF_2PC_2H_6$, Phosphoramidous difluoride, dimethyl-, [814-97-1], 10:150

NF_3OC, Carbamic fluoride, difluoro-, [2368-32-3], 12:300

$NF_3OPSiC_7H_{17}$, Phosphinimidic acid, *P*,*P*-dimethyl-*N*-(trimethylsilyl)-, 2,2,2-trifluoroethyl ester, [73296-44-3], 25:71

$NF_3OPSiC_{12}H_{19}$, Phosphinimidic acid, *P*-methyl-*P*-phenyl-*N*-(trimethylsilyl)-, 2,2,2-trifluoroethyl ester, [88718-65-4], 25:72

NF_3OSC, Imidosulfurous difluoride, (fluorocarbonyl)-, [3855-41-2], 24:10

NF_3O_2S, Sulfamoyl fluoride, difluoro-, [13709-30-3], 12:303

NF_3O_3S, Hydroxylamine-*O*-sulfonyl fluoride, *N*,*N*-difluoro-, [6816-12-2], 12:304

$NF_3O_4S_2$, Imidodisulfuryl fluoride, fluoro-, [13709-40-5], 11:138

NF_3S, Nitrogen fluoride sulfide (NF_3S), [15930-75-3], 24:12

$NF_4PC_2H_6$, Phosphoranamine, 1,1,1,1-tetrafluoro-*N*,*N*-dimethyl-, [2353-98-2], 18:181

$NF_4PC_4H_{10}$, Phosphoranamine, *N*,*N*-diethyl-1,1,1,1-tetrafluoro-, [1068-66-2], 18:85

NF_5OSC, Sulfur, pentafluoro(isocyanato)-, (*OC*-6-21)-, [2375-30-6], 29:38

NF_6H, Nitrogen(1+), tetrafluoro-, (*T*-4)-, (hydrogen difluoride), [71485-49-9], 24:43

NF_6H_4P, Phosphate(1-), hexafluoro-, ammonium, [16941-11-0], 3:111

$NF_6IrP_2C_{31}H_{50}$, Iridium(1+), [(1,2,5,6-η)-1,5-cyclooctadiene](pyridine)(tricyclohexylphosphine)-, hexafluorophosphate(1-), [64536-78-3], 24:173,175

$NF_6MnO_3PC_7H_5$, Manganese(1+), dicarbonyl(η[5]-2,4-cyclopentadien-1-yl)nitrosyl-, hexafluorophosphate(1-), [31921-90-1], 15:91

$NF_6MnO_5C_{13}H_6$, Manganese, tricarbonyl (1,1,1,5,5,5-hexafluoro-2,4-pentanedionato-*O*,*O'*)(pyridine)-, [15444-35-6], 12:84

$NF_6PC_{16}H_{36}$, 1-Butanaminium, *N*,*N*,*N*-tributyl-, hexafluorophosphate(1-), [3109-63-5], 24:141

$NF_6PSe_2C_7H_{12}$, Methanaminium, *N*-(4,5-dimethyl-1,3-diselenol-2-ylidene)-*N*-methyl-, hexafluorophosphate(1-), [84041-23-6], 24:133

$NF_6P_2C_{18}H_{17}$, Phosphorus(1+), amidotriphenyl-, hexafluorophosphate(1-), [858-12-8], 7:69

$NF_6P_2UC_{36}H_{30}$, Phosphorus(1+), triphenyl(*P*,*P*,*P*-triphenylphosphine imidato-*N*)-, (*T*-4)-, (*OC*-6-11)-hexafluorouranate(1-), [71032-37-6], 21:166

NF_7S, Sulfur, (fluorimidato)pentafluoro-, (*OC*-6-21)-, [13693-10-2], 12:305

NF_9OW, Nitrogen(1+), tetrafluoro-, (*T*-4)-, (*OC*-6-21)-pentafluorooxotungstate (1-), [79028-46-9], 24:47

$NF_9O_7P_2RuC_{42}H_{30}$, Ruthenium, nitrosyltris(trifluoroacetato-*O*)bis(triphenylphosphine)-, [38657-10-2], 17:127

$NF_{10}Sb$, Nitrogen(1+), tetrafluoro-, (*T*-4)-, (*OC*-6-11)-hexafluoroantimonate(1-), [16871-76-4], 24:41

$NFeMoO_9P_2C_{45}H_{31}$, Phosphorus(1+), triphenyl(*P*,*P*,*P*-triphenylphosphine imidato-*N*)-, (*T*-4)-, stereoisomer of pentacarbonyl-μ-hydro(tetracarbonylferrate)molybdate(1-), [88326-13-0], 26:338

$NFeO_4C_{13}H_9$, Iron, tetracarbonyl(2-isocyano-1,3-dimethylbenzene)-, (*TB*-5-12)-, [63866-73-9], 26:53; 28:180

$NFeO_4P_2C_{40}H_{31}$, Phosphorus(1+), triphenyl(*P,P,P*-triphenylphosphine imidato-*N*)-, (*T*-4)-, (*TB*-5-12)-tetracarbonylhydroferrate(1-), [56791-54-9], 26:336
$NFeO_9P_2WC_{45}H_{31}$, Phosphorus(1+), triphenyl(*P,P,P*-triphenylphosphine imidato-*N*)-, (*T*-4)-, stereoisomer of pentacarbonyl-μ-hydro (tetracarbonylferrate)tungstate(1-), [88326-15-2], 26:336
$NFeO_{13}P_2Ru_3C_{49}H_{31}$, Phosphorus(1+), triphenyl(*P,P,P*-triphenylphosphine imidato-*N*)-, (*T*-4)-, di-μ-carbonyl-nonacarbonyl(dicarbonylferrate)-μ-hydrotriruthenate(1-) (3*Fe-Ru*) (3*Ru-Ru*), [78571-90-1], 21:60
$NFe_3O_{11}C_{17}H_{17}$, Ferrate(1-), μ-carbonyl-decacarbonyl-μ-hydrotri-, *triangulo*, hydrogen, compd. with *N,N*-diethylethanamine (1:1), [56048-18-1], 8:182
$NFe_3O_{11}P_2C_{47}H_{31}$, Phosphorus(1+), triphenyl(*P,P,P*-triphenylphosphine imidato-*N*)-, (*T*-4)-, μ-carbonyldeca-carbonyl-μ-hydrotriferrate(1-) *triangulo*, [23254-21-9], 20:218
$NFe_4O_{12}C_{21}H_{21}$, Ethanaminium, *N,N,N*-triethyl-, dodecacarbonyl-μ-hydro-μ_4-methanetetrayltetraferrate(1-) (5*Fe-Fe*), [79723-27-6], 27:186
$NFe_4O_{14}C_{23}H_{23}$, Ethanaminium, *N,N,N*-triethyl-, dodecacarbonyl[μ_4-(methoxyoxoethylidyne)]tetra-ferrate(1-) (5*Fe-Fe*), [72872-04-9], 27:184
$NGaC_3H_{12}$, Gallium, (*N,N*-dimethylmeth-anamine)trihydro-, (*T*-4)-, [19528-13-3], 17:42
NGa, Gallium nitride (GaN), [25617-97-4], 7:16
NGeH, Germanium imide (Ge(NH)), [26257-00-1], 2:108
$NGeO_3C_8H_{17}$, 2,8,9-Trioxa-5-aza-1-germabicyclo[3.3.3]undecane, 1-ethyl-, [21410-53-7], 16:229
$NGe_3C_{54}H_{45}$, Germanamine, 1,1,1-triphenyl-*N,N*-bis(triphenylgermyl)-, [149165-59-3], 5:78
$NHNa_4O_6P_2$, Imidodiphosphoric acid, tetrasodium salt, [26039-10-1], 6:101
NHO_3, Nitric acid, [7697-37-2], 3:13; 4:52
NHO_5S, Sulfuric acid, monoanhydride with nitrous acid, [7782-78-7], 1:55
NHS_7, Heptathiazocine, [293-42-5], 6:124;8:103;9:99;11:
NH_2K, Potassium amide ($K(NH_2)$), [17242-52-3], 2:135;6:168
NH_2Li, Lithium amide ($Li(NH_2)$), [7782-89-0], 2:135
NH_2Na, Sodium amide ($Na(NH_2)$), [7782-92-5], 1:74;2:128
$NH_2Na_2O_3P$, Phosphoramidic acid, disodium salt, [3076-34-4], 6:100
NH_3, Ammonia, [7664-41-7], 1:75; 2:76,128,134;3:
NH_3O, Hydroxylamine, [7803-49-8], 1:87
$NH_3.xS_2Ta$, Tantalum sulfide (TaS_2), ammoniate, [34340-90-4], 30:164
NH_3O_3S, Sulfamic acid, [5329-14-6], 2:176,178
NH_3O_4S, Hydroxylamine-*O*-sulfonic acid, [2950-43-8], 5:122
NH_3S_2Ta, Tantalum, amminedithioxo-, [73689-97-1], 19:42
———, Tantalum sulfide (TaS_2), mono-ammoniate, [34312-63-5], 30:162
NH_4KO_3P, Phosphoramidic acid, monopotassium salt, [13823-49-9], 13:25
NH_4NbO_5Ti, Ammonium niobium titanium oxide ($(NH_4)NbTiO_5$), [72528-68-8], 22:89
NH_4O_3P, Phosphoramidic acid, [2817-45-0], 13:24;19:281
NH_4O_3V, Vanadate (VO_3^{1-}), ammonium, [7803-55-6], 3:117;9:82
NH_4O_4Re, Rhenate (ReO_4^{1-}), ammonium, (*T*-4)-, [13598-65-7], 8:171
NH_9Si_3, Silanamine, *N,N*-disilyl-, [13862-16-3], 11:159

$NHgO_3CH_3$, Mercury, methyl(nitrato-*O*)-, [2374-27-8], 24:144

NINiO, Nickel, iodonitrosyl-, [47962-79-8], 14:88

$NIO_2C_{16}H_{12}$, Iodine, (benzoato-*O*) (quinoline-*N*)-, [97436-76-5], 7:170

$NIO_4PC_{18}H_{17}$, Phosphorus(1+), amidotriphenyl-, (*T*-4)-, salt with periodic acid (HIO_4), [32740-42-4], 7:69

$NIO_4SWC_{21}H_{36}$, 1-Butanaminium, *N,N,N*-tributyl-, (*OC*-6-23)-(carbonothioyl) tetracarbonyliodotungstate(1-), [56031-00-6], 19:186

$NI_3C_4H_{12}$, Methanaminium, *N,N,N*-trimethyl-, (triiodide), [4337-68-2], 5:172

$NI_3C_{12}H_{28}$, 1-Propanaminium, *N,N,N*-tripropyl-, (triiodide), [13311-46-1], 5:172

$NI_3C_{16}H_{36}$, 1-Butanaminium, *N,N,N*-tributyl-, (triiodide), [13311-45-0], 5:172;29:42

$NI_5C_4H_{12}$, Methanaminium, *N,N,N*-trimethyl-, (pentaiodide), [19269-48-8], 5:172

$NI_5C_{12}H_{28}$, 1-Propanaminium, *N,N,N*-tripropyl-, (pentaiodide), [29220-00-6], 5:172

$NI_7C_{12}H_{28}$, 1-Propanaminium, *N,N,N*-tripropyl-, (heptaiodide), [30009-53-1], 5:172

$NI_9C_4H_{12}$, Methanaminium, *N,N,N*-trimethyl-, (nonaiodide), [3345-37-7], 5:172

$NIrO_4P_2C_{40}H_{30}$, Phosphorus(1+), triphenyl(*P,P,P*-triphenylphosphine imidato-*N*)-, (*T*-4)-, (*T*-4)-tetracarbonyliridate(1-), [56557-01-8], 28:214

NKOC, Cyanic acid, potassium salt, [590-28-3], 2:87

NKO_3Os, Osmate(1-), nitridotrioxo-, potassium, (*T*-4)-, [21774-03-8], 6:204

NKSeC, Selenocyanic acid, potassium salt, [3425-46-5], 2:186

NK_2O_3Re, Rhenate(2-), nitridotrioxo-, dipotassium, [19630-35-4], 6:167

$NK_3O_9S_3$, Nitridotrisulfuric acid, tripotassium salt, [63504-30-3], 2:182

NLi, Lithium nitride (LiN), [32746-31-9], 4:1

$NLiC_9H_{12}$, Lithium, [2-[(dimethylamino) methyl]phenyl]-, [27171-81-9], 26:152

———, Lithium, [[2-(dimethylamino) phenyl]methyl-*C,N*]-, [64308-58-3], 26:153

$NLiC_{10}H_{14}$, Lithium, [2-[(dimethylamino) methyl]-5-methylphenyl]-, [54877-64-4], 26:152

$NLiOC_{16}H_{22}$, Lithium, [8-(dimethylamino)-1-naphthalenyl-*C,N*][1,1'-oxybis[ethane]]-, [86526-70-7], 26:154

$NLiSi_2C_6H_{19}$, Silanamine, 1,1,1-trimethyl-*N*-(trimethylsilyl)-, lithium salt, [4039-32-1], 8:19;18:115

NLi_3, Lithium nitride (Li_3N), [26134-62-3], 22:48;30:38

$NLuOC_{21}H_{28}$, Lutetium, (η^8-1,3,5,7-cyclooctatetraene)[2-[(dimethylamino) methyl]phenyl-*C,N*](tetrahydrofuran)-, [84582-81-0], 27:153

$NMn_2O_6S_3C_{32}H_{35}$, Ethanaminium, *N,N,N*-triethyl-, tris[μ-(benzenethiolato)] hexacarbonyldimanganate(1-), [96212-29-2], 25:118

$NMn_2O_8P_3C_{56}H_{40}$, Phosphorus(1+), triphenyl(*P,P,P*-triphenylphosphine imidato-*N*)-, (*T*-4)-, octacarbonyl [μ-(diphenylphosphino)]dimanganate (1-) (*Mn-Mn*), [90739-53-0], 26:228

$NMoO_3C_7H_5$, Molybdenum, dicarbonyl (η^5-2,4-cyclopentadien-1-yl)nitrosyl-, [12128-13-1], 16:24;18:127;28:196

$NMoO_5C_{10}H_9$, Molybdenum, pentacarbonyl(2-isocyano-2-methylpropane)-, (*OC*-6-21)-, [42401-88-7], 28:143

$NMoO_5P_2C_{41}H_{31}$, Phosphorus(1+), triphenyl(*P,P,P*-triphenylphosphine imidato-*N*)-, (*T*-4)-, (*OC*-6-21)-pentacarbonylhydromolybdate(1-), [78709-75-8], 22:183

$NMoO_7P_2C_{43}H_{33}$, Phosphorus(1+), triphenyl(*P,P,P*-triphenylphosphine imidato-*N*)-, (*T*-4)-, (*OC*-6-22)-(acetato-*O*)pentacarbonylmolybdate (1-), [76107-32-9], 27:297
NNaOC, Cyanic acid, sodium salt, [917-61-3], 2:88
$NNaO_3C_{10}H_{14}$, Bicyclo[2.2.1]heptan-2-one, 1,7,7-trimethyl-3-nitro-, ion(1-), sodium, (1*R*)-, [122921-55-5], 25:133
$NNaS_2C_2.3NOC_3H_7$, Carbonocyanidodithioic acid, sodium salt, compd. with *N,N*-dimethylformamide (1:3), [35585-70-7], 10:12
NNaSeC, Selenocyanic acid, sodium salt, [4768-87-0], 2:186
$NNaSi_2C_6H_{19}$, Silanamine, 1,1,1-trimethyl-*N*-(trimethylsilyl)-, sodium salt, [1070-89-9], 8:15
$NNa_6O_9P_3$, Nitridotriphosphoric acid, hexasodium salt, [127795-76-0], 6:103
$NNbO_5TiCH_6$, Titanate(1-), pentaoxoniobate-, hydrogen, compd. with methanamine (1:1), [74499-97-1], 22:89
$NNbO_5TiC_2H_8$, Titanate(1-), pentaoxoniobate-, hydrogen, compd. with ethanamine (1:1), [74500-04-2], 22:89
$NNbO_5TiC_3H_{10}$, Titanate(1-), pentaoxoniobate-, hydrogen, compd. with 1-propanamine (1:1), [74499-98-2], 22:89
$NNbO_5TiC_4H_{12}$, Titanate(1-), pentaoxoniobate-, hydrogen, compd. with 1-butanamine (1:1), [74499-99-3], 22:89
$NNb_2O_{10}Ti_2CH_7$, Titanate(1-), pentaoxoniobate-, hydrogen, compd. with methanamine (2:1), [158282-30-5], 30:184
$NNb_2O_{10}Ti_2C_2H_9$, Titanate(1-), pentaoxoniobate-, hydrogen, compd. with ethanamine (2:1), [158282-31-6], 30:184
$NNb_2O_{10}Ti_2C_4H_{13}$, Titanate(1-), pentaoxoniobate-, hydrogen, compd. with 1-butanamine (2:1), [158282-33-8], 30:184
$NNb_2O_{10}Ti_2C_3H_{11}$,Titanate(1-), pentaoxoniobate-, hydrogen, compd. with 1-propanamine (2:1), [158282-32-7], 30:184
NNiC, Nickel cyanide (Ni(CN)), [73963-97-0], 5:200
$NNiOPC_{22}H_{40}$, Nickel, [butanamidato (2-)-C^4,N^1](tricyclohexylphosphine)-, [82840-51-5], 26:206
———, Nickel, [2-methylpropanamidato (2-)-C^3,*N*](tricyclohexylphosphine)-, [72251-37-7], 26:205
$NOC_4H_9.xS_2Ta$, Butanamide, compd. with tantalum sulfide (TaS_2), [34294-09-2], 30:164
$NOC_5H_5.xS_2Ta$, Pyridine, 1-oxide, compd. with tantalum sulfide (TaS_2), [34340-84-6], 30:164
NOC_6H_{11}, 3-Penten-2-one, 4-(methylamino)-, [14092-14-9], 11:74
$NOC_6H_{13}.xS_2Ta$, Hexanamide, compd. with tantalum sulfide (TaS_2), [34294-11-6], 30:164
NOC_7H_7, Benzaldehyde, 2-amino-, [529-23-7], 18:31
$NOC_{10}H_{17}.xS_2Ta$, Benzenemethanaminium, *N,N,N*-trimethyl-, hydroxide, compd. with tantalum sulfide (TaS_2), [34370-10-0], 30:164
$NOC_{12}H_{15}$, 3-Penten-2-one, 4-[(4-methylphenyl)amino]-, [13074-74-3], 8:150
$NOC_{18}H_{37}.xS_2Ta$, Octadecanamide, compd. with tantalum sulfide (TaS_2), [34200-66-3], 30:164
$NOPC_2H_6$, Phosphine oxide, ethylimino-, [148832-15-9], 4:65
$NOPC_{25}H_{20}$, Benzamide, 2-(diphenylphosphino)-*N*-phenyl-, [91410-02-5], 27:324
———, Benzamide, *N*-[2-(diphenylphosphino)phenyl]-, [91409-99-3], 27:323

$NOPReC_{24}H_{23}$, Rhenium, (η^5-2,4-cyclopentadien-1-yl)methylnitrosyl (triphenylphosphine)-, stereoisomer, [82336-24-1], 29:220
$NOP_3RhC_{54}H_{45}$, Rhodium, nitrosyltris (triphenylphosphine)-, (*T*-4)-, [21558-94-1], 15:61;16:33
$NOP_3RuC_{54}H_{46}$, Ruthenium, hydronitrosyltris(triphenylphosphine)-, [33991-11-6], 17:73
———, Ruthenium, hydronitrosyltris (triphenylphosphine)-, (*TB*-5-23)-, [33153-14-9], 17:73
$NOSSiC_3H_9$, Silanamine, 1,1,1-trimethyl-*N*-sulfinyl-, [7522-26-1], 25:48
NOS_7CH_3, Heptathiazocinemethanol, [69446-59-9], 8:105
$NOS_7C_2H_3$, Heptathiazocine, acetyl-, [15761-42-9], 8:105
$NOSe_2C_7H_{13}$, Carbamodiselenoic acid, dimethyl-, 1-methyl-2-oxopropyl ester, [76371-67-0], 24:132
$NOSiC_4H_9$, Silane, isocyanatotrimethyl-, [1118-02-1], 8:26
NO, Nitrogen oxide (NO), [10102-43-9], 2:126;5:118,119;8:19
NO_2, Nitrogen oxide (NO_2), [10102-44-0], 5:90
$NO_2C_2H_7.xS_2Ta$, Acetic acid, ammonium salt, compd. with tantalum sulfide (TaS_2), [34370-11-1], 30:164
$NO_2C_4H_9$, Nitrous acid, butyl ester, [544-16-1], 2:139
$NO_2C_9H_9$, Ethanone, 1,1'-(2,6-pyridinediyl)bis-, [1129-30-2], 18:18
$NO_2PReC_{24}H_{21}$, Rhenium, (η^5-2,4-cyclopentadien-1-yl)formylnitrosyl (triphenylphosphine)-, [70083-74-8], 29:222
$NO_2P_2C_{38}H_{33}$, Phosphorus(1+), triphenyl (*P*,*P*,*P*-triphenylphosphine imidato-*N*)-, (*T*-4)-, acetate, [59386-05-9], 27:296
$NO_2SC_3H_9$, Methanamine, *N*,*N*-dimethyl-, compd. with sulfur dioxide (1:1), [17634-55-8], 2:159
$NO_3OsC_4H_9$, Osmium, [2-methyl-2-propanaminato(2-)]trioxo-, (*T*-4)-, [50381-48-1], 6:207
$NO_3PC_4H_{12}$, Phosphoramidic acid, diethyl ester, [1068-21-9], 4:77
$NO_3PReC_{25}H_{23}$, Rhenium, (η^5-2,4-cyclopentadien-1-yl)(methoxycarbonyl)nitrosyl(triphenylphosphine)-, [82293-79-6], 29:216
$NO_3P_2RhC_{25}H_{46}$, Rhodium, carbonyl(4-pyridinecarboxylato-N^1)bis[tris(1-methylethyl)phosphine]-, (*SP*-4-1)-, [112784-16-4], 27:292
NO_3SCH_5, Methanesulfonic acid, amino-, [13881-91-9], 8:121
$NO_3SC_5H_5$, Sulfur trioxide, compd. with pyridine (1:1), [26412-87-3], 2:173
$NO_3SC_6H_7.NC_5H_5$, Sulfamic acid, phenyl-, compd. with pyridine (1:1), [56710-38-4], 2:175
$NO_3SC_8H_{11}$, Benzenamine, *N*,*N*-dimethyl-, compd. with sulfur trioxide (1:1), [82604-34-0], 2:174
———, Sulfamic acid, dimethyl-, phenyl ester, [66950-63-8], 2:174
$NO_3SnC_8H_{17}$, Tin, ethyl[[2,2',2''-nitrilotris [ethanolato]](3-)-*N*,*O*,*O*',*O*'']-, (*TB*-5-23)-, [38856-31-4], 16:230
———, 2,8,9-Trioxa-5-aza-1-stannabicyclo[3.3.3]undecane, 1-ethyl-, [41766-05-6], 16:230
$NO_3WC_7H_5$, Tungsten, dicarbonyl(η^5-2,4-cyclopentadien-1-yl)nitrosyl-, [12128-14-2], 18:127;28:196
$NO_4PC_8H_{18}$, Phosphonic acid, [2-(diethylamino)-2-oxoethyl]-, dimethyl ester, [104584-00-1], 24:101
$NO_4PC_{10}H_{22}$, Phosphonic acid, [2-(diethylamino)-2-oxoethyl]-, diethyl ester, [3699-76-1], 24:101
$NO_4PC_{12}H_{26}$, Phosphonic acid, [2-(diethylamino)-2-oxoethyl]-, bis(1-methylethyl) ester, [82749-97-1], 24:101

$NO_4PC_{14}H_{30}$, Phosphonic acid, [2-(diethylamino)-2-oxoethyl]-, dibutyl ester, [7439-68-1], 24:101
$NO_4PC_{16}H_{34}$, Phosphonic acid, [2-(dimethylamino)-2-oxoethyl]-, dihexyl ester, [66271-52-1], 24:101
$NO_4P_2RhC_{40}H_{30}$, Phosphorus(1+), triphenyl(*P*,*P*,*P*-triphenylphosphine imidato-*N*)-, (*T*-4)-, (*T*-4)-tetracarbonylrhodate(1-), [74364-66-2], 28:213
$NO_4ReC_{16}H_{36}$, 1-Butanaminium, *N*,*N*,*N*-tributyl-, (*T*-4)-tetraoxorhenate(1-), [16385-59-4], 26:391
$NO_5P_2RhC_{40}H_{36}$, Rhodium, bis(acetato-*O*)nitrosylbis(triphenylphosphine)-, [50661-88-6], 17:129
$NO_5P_2WC_{41}H_{31}$, Phosphorus(1+), triphenyl(*P*,*P*,*P*-triphenylphosphine imidato-*N*)-, (*T*-4)-, (*OC*-6-21)-pentacarbonylhydrotungstate(1-), [78709-76-9], 22:182
$NO_5ReC_8H_8$, Rhenate(1-), acetyltetracarbonyl(1-iminoethyl)-, hydrogen, (*OC*-6-32)-, [66808-78-4], 20:204
———, Rhenium, acetyl(1-aminoethylidene)tetracarbonyl-, (*OC*-6-32)-, [151120-12-6], 20:204
$NO_5WC_{10}H_9$, Tungsten, pentacarbonyl(2-isocyano-2-methylpropane)-, (*OC*-6-21)-, [42401-89-8], 28:143
$NO_5WC_{14}H_{11}$, Tungsten, pentacarbonyl [(dimethylamino)phenylmethylene]-, (*OC*-6-21)-, [52394-38-4], 19:169
$NO_6P_3C_{21}H_{24}$, Phosphinic acid, [nitrilotris (methylene)]tris[phenyl-, [60703-83-5], 16:202
$NO_7P_2WC_{43}H_{33}$, Phosphorus(1+), triphenyl(*P*,*P*,*P*-triphenylphosphine imidato-*N*)-, (*T*-4)-, (*OC*-6-22)-(acetato-*O*)pentacarbonyltungstate(1-), [36515-92-1], 27:297
$NO_{10}PRu_3C_{23}H_{20}$, Ruthenium, decacarbonyl(dimethylphenylphosphine)(2-isocyano-2-methylpropane) tri-, *triangulo*, [84330-39-2], 26:275;28:224
$NO_{10}P_2Ru_3Si_2C_{58}H_{61}$, Phosphorus(1+), triphenyl(*P*,*P*,*P*-triphenylphosphine imidato-*N*)-, (*T*-4)-, stereoisomer of decacarbonyl-μ-hydrobis(triethylsilyl) triruthenate(1-) *triangulo*, [80376-22-3], 26:269
$NO_{11}Os_3C_{13}H_3$, Osmium, (acetonitrile) undecacarbonyltri-, *triangulo*, [65702-94-5], 26:290;28:232
$NO_{11}Os_3C_{16}H_5$, Osmium, undecacarbonyl (pyridine)tri-, *triangulo*, [65892-11-7], 26:291;28:234
$NO_{11}Os_3P_2C_{47}H_{31}$, Phosphorus(1+), triphenyl(*P*,*P*,*P*-triphenylphosphine imidato-*N*)-, (*T*-4)-, μ-carbonyldecacarbonyl-μ-hydrotriosmate(1-) *triangulo*, [61182-08-9], 25:193; 28:236
$NO_{11}Ru_3C_{19}H_{21}$, Ethanaminium, *N*,*N*,*N*-triethyl-, μ-carbonyldecacarbonyl-μ-hydrotriruthenate(1-) *triangulo*, [12693-45-7], 24:168
$(NPC_2H_6)x$, Poly[nitrilo(dimethylphosphoranylidyne)], [32007-38-8], 25:69,71
$(NPC_7H_8)_x$, Poly[nitrilo(methylphenylphosphoranylidyne)], [88733-82-8], 25:69,72-73
NPC_7H_{18}, 1-Propanamine, 3-(dimethylphosphino)-*N*,*N*-dimethyl-, [50518-38-2], 14:21
$NPC_{18}H_{16}$, Benzenamine, 2-(diphenylphosphino)-, [65423-44-1], 25:129
$NPC_{18}H_{24}$, Ethanamine, 2-(diphenylphosphino)-*N*,*N*-diethyl-, [2359-97-9], 16:160
$NPPtSe_2C_{24}H_{28}$, Platinum, (diethylcarbamodiselenoato-*Se*,*Se*')methyl (triphenylphosphine)-, (*SP*-4-3)-, [68252-95-9], 21:10,20:10
$NPSeC_{17}H_{22}$, 1-Propanamine, 3-(diphenylphosphinoselenoyl)-*N*,*N*-dimethyl-, [13289-84-4], 10:159
$NPSi_2C_8H_{24}$, Phosphinous amide, *P*,*P*-dimethyl-*N*,*N*-bis(trimethylsilyl)-, [63744-11-6], 25:69

$NPSi_2C_{13}H_{26}$, Phosphinous amide, *P*-methyl-*P*-phenyl-*N,N*-bis(trimethylsilyl)-, [68437-87-6], 25:72
$NP_2C_{36}H_{30}$, Phosphorus(1+), triphenyl (*P,P,P*-triphenylphosphine imidato-*N*)-, (*T*-4)-, [48236-06-2], 15:84
$NP_3C_{42}H_{42}$, Ethanamine, 2-(diphenylphosphino)-*N,N*-bis[2-(diphenylphosphino) ethyl]-, [15114-55-3], 16:176
$(NS)_x$, Nitrogen sulfide (NS), homopolymer, [56422-03-8], 6:127; 22:143
———, Nitrogen sulfide (NS), homopolymer, (*E*)-, [91280-08-9], 6:127
$NSC_7H_7.xS_2Ta$, Benzenecarbothioamide, compd. with tantalum sulfide (TaS_2), [34200-70-9], 30:164
NSC_7H_9, Benzenamine, 2-(methylthio)-, [2987-53-3], 16:169
$NSSiC_4H_9$, Silane, isothiocyanatotrimethyl-, [2290-65-5], 8:30
NS_3, Thionitrate (NS_3^{1-}), [53596-70-6], 18:124
———, Trithiazetidinyl, [88574-94-1], 18:124
$NS_4Ta_2C_5H_5$, Tantalum sulfide (TaS_2), compd. with pyridine (2:1), [33975-87-0], 19:40;30:161
$NSiC_5H_{15}$, Silanamine, pentamethyl-, [2083-91-2], 18:180
$NSiC_7H_{19}$, Silanamine, *N*-(1,1-dimethylethyl)-1,1,1-trimethyl-, [5577-67-3], 25:8;27:327
$NSiC_9H_{15}$, Silanamine, 1,1,1-trimethyl-*N*-phenyl-, [3768-55-6], 5:59
$NSi_2C_6H_{19}$, Silanamine, 1,1,1-trimethyl-*N*-(trimethylsilyl)-, [999-97-3], 5:58;18:12
$NSi_2C_7H_{21}$, Silanamine, *N*,1,1,1-tetramethyl-*N*-(trimethylsilyl)-, [920-68-3], 5:58
$NSnC_7H_{19}$, Stannanamine, *N,N*-diethyl-1,1,1-trimethyl-, [1068-74-2], 10:137
$NUC_{19}H_{25}$, Uranium, tris(η^5-2,4-cyclopentadien-1-yl)(*N*-ethylethanaminato)-, [77507-92-7], 29:236
$N_2AgClO_4C_{10}H_{10}$, Silver(2+), bis (pyridine)-, perchlorate, [116820-68-9], 6:6
N_2Ag_2C, Cyanamide, disilver(1+) salt, [3384-87-0], 1:98;15:167
$N_2AlC_8H_{21}$, Aluminum, bis(*N*-ethylethanaminato)hydro-, [17039-99-5], 17:41
$N_2As_2PdS_2C_{38}H_{30}$, Palladium, bis (thiocyanato-*N*)bis(triphenylarsine)-, [15709-50-9], 12:221
———, Palladium, bis(thiocyanato-*S*)bis (triphenylarsine)-, [15709-51-0], 12:221
$N_2BC_2H_{11}$, Boron, (1,2-ethanediamine-*N*) trihydro-, (*T*-4)-, [127088-52-2], 12:109-115
$N_2BC_4H_{11}$, Boron, (cyano-*C*)(*N,N*-dimethylmethanamine)dihydro-, (*T*-4)-, [30353-61-8], 19:233,234; 25:80
———, Boron, (cyano-*N*)(*N,N*-dimethylmethanamine)dihydro-, (*T*-4)-, [60045-36-5], 19:233,234
———, 1,3,2-Diazaborolidine, 1,3-dimethyl-, [38151-26-7], 17:165
$N_2BC_4H_{13}$, Boranediamine, *N,N,N',N'*-tetramethyl-, [2386-98-3], 17:30
$N_2BC_5H_{13}$, 1,3,2-Diazaborine, hexahydro-1,3-dimethyl-, [38151-20-1], 17:166
$N_2BClF_4IrP_2C_{36}H_{31}$, Iridium, chloro (dinitrogen)hydro[tetrafluoroborato (1-)-*F*]bis(triphenylphosphine)-, (*OC*-6-42)-, [79470-05-6], 26:119;28:25
$N_2BClF_4O_2P_2RuC_{36}H_{30}$, Ruthenium(1+), chlorodinitrosylbis(triphenylphosphine)-, tetrafluoroborate(1-), [54890-53-8], 16:21
$N_2BClF_4P_2PtC_{18}H_{36}$, Platinum(1+), chloro (phenyldiazene-N^2)bis(triethylphosphine)-, (*SP*-4-3)-, tetrafluoroborate (1-), [16903-20-1], 12:31
$N_2BClF_5P_2PtC_{18}H_{35}$, Platinum(1+), chloro[(3-fluorophenyl)diazene-N^2]bis (triethylphosphine)-, (*SP*-4-3)-, tetrafluoroborate(1-), [16902-62-8], 12:29,31

———, Platinum(1+), chloro[(4-fluorophenyl)diazene-N^2]bis(triethylphosphine)-, (*SP*-4-3)-, tetrafluoroborate(1-), [31484-73-8], 12:29,31

$N_2BClF_5P_2PtC_{18}H_{37}$, Platinum(1+), chloro[(4-fluorophenyl)hydrazine-N^2] bis(triethylphosphine)-, (*SP*-4-3), tetrafluoroborate(1-), [16774-97-3], 12:32

$N_2BCoO_2P_2C_{50}H_{44}$, Cobalt(1+), [1,2-ethanediylbis[diphenylphosphine]-*P,P'*]dinitrosyl-, (*T*-4)-, tetraphenylborate(1-), [24533-59-3], 16:19

$N_2BCoO_2P_2C_{60}H_{50}$, Cobalt(1+), dinitrosylbis(triphenylphosphine)-, tetraphenylborate(1-), [24507-62-8], 16:18

$N_2BF_4MoP_4C_{56}H_{55}$, Molybdenum(1+), bis[1,2-ethanediylbis[diphenylphosphine]-*P,P'*](isocyanomethane) [(methylamino)methylidyne]-, (*OC*-6-11)-, tetrafluoroborate(1-), [73464-16-1], 23:12

$N_2BF_4P_4WC_{56}H_{55}$, Tungsten(1+), bis[1,2-ethanediylbis[diphenylphosphine]-*P, P'*](isocyanomethane)[(methylamino) methylidyne]-, (*OC*-6-11)-, tetrafluoroborate(1-), [73470-09-4], 23:11

$N_2BF_4P_4WC_{59}H_{61}$, Tungsten(1+), bis[1,2-ethanediylbis[diphenylphosphine]-*P,P'*](2-isocyano-2-methylpropane) [(methylamino)methylidyne]-, (*OC*-6-11)-, tetrafluoroborate(1-), [152227-32-2], 23:12

$N_2BF_5C_6H_4$, Benzenediazonium, 4-fluoro-, tetrafluoroborate(1-), [459-45-0], 12:29

$N_2BF_6PC_9H_{18}$, Boron(1+), (*N,N*-dimethylmethanamine)dihydro(4-methylpyridine)-, (*T*-4)-, hexafluorophosphate (1-), [17439-16-6], 12:134

$N_2BFeP_4C_{44}H_{69}$, Iron(1+), (dinitrogen) bis[1,2-ethanediylbis[diethylphosphine]-*P,P'*]hydro-, (*OC*-6-11)-, tetraphenylborate(1-), [26061-40-5], 15:21

N_2BH_7, Boron, (hydrazine-*N*)trihydro-, (*T*-4)-, [14931-40-9], 9:13

$N_2BIC_9H_{18}$, Boron(1+), (*N,N*-dimethylmethanamine)dihydro(4-methylpyridine)-, iodide, (*T*-4)-, [22807-52-9], 12:132

$N_2BOC_6H_{17}$, Boron, (*N,N*-dimethylmethanamine)[(ethylamino)carbonyl] dihydro-, (*T*-4)-, [60788-35-4], 25:83

$N_2B_2C_2H_{14}$, Boron, [μ-(1,2-ethanediamine-*N:N'*)]hexahydrodi-, [15165-88-5], 12:109

$N_2B_2C_4H_{16}$, Diborane(6), bis[μ-(dimethylamino)]-, [23884-11-9], 17:32

$N_2B_2F_8MoP_4C_{56}H_{56}$, Molybdenum(2+), bis[1,2-ethanediylbis[diphenylphosphine]-*P,P'*]bis[(methylamino) methylidyne]-, (*OC*-6-11)-, bis[tetrafluoroborate(1-)], [57749-21-0], 23:14

$N_2B_2F_8P_4WC_{56}H_{56}$, Tungsten(2+), bis[1,2-ethanediylbis[diphenylphosphine]-*P,P'*]bis[(methylamino) methylidyne]-, (*OC*-6-11)-, bis [tetrafluoroborate(1-)], [73508-17-5], 23:12

$N_2B_2F_8P_4WC_{68}H_{64}$, Tungsten(2+), bis[1,2-ethanediylbis[diphenylphosphine]-*P,P'*]bis[[(4-methylphenyl) amino]methylidyne]-, (*OC*-6-11)-, bis[tetrafluoroborate(1-)], [73848-73-4], 23:14

$N_2B_2H_{10}$, Boron, [μ-(hydrazine-*N:N'*)] hexahydrodi-, [13730-91-1], 9:13

$N_2B_2H_{12}$, Boron(1+), diamminedihydro-, (*T*-4)-, tetrahydroborate(1-), [36425-60-2], 9:4

$N_2B_2O_8C_8H_{16}$, Diborane(6), tetrakis (acetyloxy)di-μ-amino-, [49606-25-9], 14:55

$N_2B_4Si_2C_{20}H_{50}$, 1,2-Diazahexaborane(6), 3,6-bis(1,1-dimethylethyl)-4,5-bis(1-methylethyl)-1,2-bis(trimethylsilyl)-, [145247-43-4], 29:54

$N_2B_{10}C_{12}H_{42}$, Decaborane(12), 6,9-bis (*N,N*-diethylethanamine)-, [12551-36-9], 9:17

———, Decaborate(2-), decahydro-, dihydrogen, compd. with *N,N*-diethylethanamine (1:2), [12075-73-9], 9:16

$N_2B_{20}CoC_2H_{26}$, Cobaltate(1-), bis[(7,8,9,10,11-η)-7-ammine-1,2,3,4,5,6,8,9,10,11-decahydro-7-carbaundecaborato(2-)]-, [150399-24-9], 11:42

$N_2B_{20}FeC_2H_{26}$, Ferrate(1-), bis[(7,8,9,10,11-η)-7-ammine-1,2,3,4,5,6,8,9,10,11-decahydro-7-carbaundecaborato(2-)]-, [150422-10-9], 11:42

$N_2B_{20}NiC_2H_{24}$, Nickelate(2-), bis[(7,8,9,10,11-η)-7-amido-1,2,3,4,5,6,8,9,10,11-decahydro-7-carbaundecaborato(2-)]-, [65378-48-5], 11:44

$N_2B_{20}NiC_2H_{26}$, Nickelate(2-), bis[(7,8,9,10,11-η)-7-amido-1,2,3,4,5,6,8,9,10,11-decahydro-7-carbaundecaborato(2-)]-, dihydrogen, [12373-34-1], 11:43

$N_2B_{20}NiC_6H_{32}$, Nickelate(2-), bis[(7,8,9,10,11-η)-1,2,3,4,5,6,8,9,10,11-decahydro-7-(*N*-methylmethanaminato)-7-carbaundecaborato(2-)]-, [65504-42-9], 11:45

$N_2B_{20}NiC_6H_{34}$, Nickel, bis[(7,8,9,10,11-η)-1,2,3,4,5,6,8,9,10,11-decahydro-7-(*N*-methylmethanamine)-7-carbaundecaborato(1-)]-, [12404-28-3], 11:45

$N_2BaS_2C_2$, Thiocyanic acid, barium salt, [2092-17-3], 3:24

$N_2BrClO_4C_{10}H_{10}$, Bromine(1+), bis(pyridine)-, perchlorate, [53514-32-2], 7:173

$N_2BrIrP_2C_{36}H_{30}$, Iridium, bromo(dinitrogen)bis(triphenylphosphine)-, (*SP*-4-3)-, [25036-66-2], 16:42

$N_2Br_2CrC_{10}H_{10}$, Chromium, dibromobis(pyridine)-, [18737-60-5], 10:32

$(N_2Br_2MoO_2)_x$, Molybdenum, dibromodinitrosyl-, (*T*-4)-, homopolymer, [30731-19-2], 12:264

$N_2Br_2O_2W$, Tungsten, dibromodinitrosyl-, (*T*-4)-, [44518-81-2], 12:264

$N_2Br_2PtC_{12}H_{16}$, Platinum, dibromodimethylbis(pyridine)-, [32010-51-8], 20:186

$N_2Br_2RuC_{22}H_{22}$, Ruthenium, bis(benzonitrile)dibromo[(1,2,5,6-η)-1,5-cyclooctadiene]-, stereoisomer, [115203-17-3], 26:71

$N_2Br_4CoC_{16}H_{40}$, Ethanaminium, *N,N,N*-triethyl-, (*T*-4)-tetrabromocobaltate(2-) (2:1), [2041-04-5], 9:140

$N_2Br_4CuC_{16}H_{40}$, Ethanaminium, *N,N,N*-triethyl-, tetrabromocuprate(2-) (2:1), [13927-35-0], 9:141

$N_2Br_4FeC_{16}H_{40}$, Ethanaminium, *N,N,N*-triethyl-, (*T*-4)-tetrabromoferrate(2-) (2:1), [14768-36-6], 9:138

$N_2Br_4MnC_{16}H_{40}$, Ethanaminium, *N,N,N*-triethyl-, (*T*-4)-tetrabromomanganate (2-) (2:1), [2536-14-3], 9:137

$N_2Br_4Mo_2O_2C_{10}H_{10}$, Molybdenum, di-μ-bromodibromobis(η^5-2,4-cyclopentadien-1-yl)dinitrosyldi-, [40671-96-3], 16:27

$N_2Br_4NiC_{16}H_{40}$, Ethanaminium, *N,N,N*-triethyl-, (*T*-4)-tetrabromonickelate(2-) (2:1), [35063-90-2], 9:140

$N_2Br_4TiC_4H_6$, Titanate(1-), bis(acetonitrile)tetrabromo-, [44966-17-8], 12:229

$N_2Br_4TiC_6H_{10}$, Titanium, tetrabromobis(propanenitrile)-, [92656-71-8], 12:229

$N_2Br_4TiC_8H_{14}$, Titanium, tetrabromobis(butanenitrile)-, [151183-13-0], 12:229

$N_2Br_4ZrC_4H_6$, Zirconium, bis(acetonitrile)tetrabromo-, (*OC*-6-22)-, [65531-82-0], 12:227

$N_2Br_4ZrC_6H_{10}$, Zirconium, tetrabromobis(propanenitrile)-, [92656-72-9], 12:228

$N_2Br_4ZrC_8H_{14}$, Zirconium, dibromobis(butanenitrile)-, [151183-15-2], 12:228

$N_2Br_6H_8Os$, Osmate(2-), hexabromo-, diammonium, (*OC*-6-11)-, [24598-62-7], 5:204

$N_2Br_6ThC_8H_{24}$, Methanaminium, *N,N,N*-trimethyl-, (*OC*-6-11)-hexabromothorate(2-) (2:1), [12074-06-5], 12:230

$N_2Br_6TiC_8H_{24}$, Titanate(2-), hexabromo-, (*OC*-6-11)-, dihydrogen, compd. with *N*-ethylethanamine (1:2), [16970-02-8], 12:231

$N_2Br_6UC_{16}H_{40}$, Ethanaminium, *N,N,N*-triethyl-, (*OC*-6-11)-hexabromouranate(2-), [12080-72-7], 12:230;15:237

$N_2Br_6ZrC_8H_{24}$, Zirconate(2-), hexabromo-, (*OC*-6-11)-, dihydrogen, compd. with *N*-ethylethanamine (1:2), [18007-83-5], 12:231

$N_2Br_8Re_2C_{32}H_{72}$, 1-Butanaminium, *N,N,N*-tributyl-, octabromodirhenate (2-) (*Re-Re*) (2:1), [14049-60-6], 13:84

N_2C_2, Ethanedinitrile, [460-19-5], 5:43

N_2CH_2, Cyanamide, [420-04-2], 3:39;3:41

———, Methane, diazo-, [334-88-3], 6:38

$N_2C_2H_8$, 1,2-Ethanediamine, [107-15-3], 2:197;18:37

$N_2C_3H_{10}$, 1,3-Propanediamine, [109-76-2], 18:23

$N_2C_5H_4$, 1,3-Cyclopentadiene, 5-diazo-, [1192-27-4], 20:191

$N_2C_6H_8$, 1,2-Benzenediamine, [95-54-5], 18:51

$N_2C_8H_4$, 1,2-Benzenedicarbonitrile, [91-15-6], 18:47

$N_2C_9H_{20}$, Ethanaminium, *N,N,N*-triethyl-, cyanide, [13435-20-6], 16:133

$N_2C_{10}H_8.xS_2Ta$, 4,4'-Bipyridine, compd. with tantalum sulfide (TaS_2), [34340-81-3], 30:164

$N_2C_{10}H_{16}.xS_2Ta$, 1,4-Benzenediamine, *N,N,N',N'*-tetramethyl-, compd. with tantalum sulfide (TaS_2), [34340-80-2], 30:164

$N_2C_{14}H_{12}$, Benzaldehyde, (phenylmethylene)hydrazone, [588-68-1], 1:92

$N_2CdF_6C_{12}H_{10}$, Cadmium, bis(pyridine) bis(trifluoromethyl)-, (*T*-4)-, [78274-34-7], 24:57

$N_2ClC_2H_{10}$, 1,2-Ethanediamine, dihydrochloride, [333-18-6], 7:217

$N_2ClC_3H_{11}$, Hydrazinium, 1,1,1-trimethyl-, chloride, [5675-48-9], 5:92,94

$N_2ClC_6H_{17}$, Hydrazinium, 1,1,1-triethyl-, chloride, [1185-54-2], 5:92,94

$N_2ClC_8H_{13}$, Hydrazinium, 1,1-dimethyl-1-phenyl-, chloride, [3288-78-6], 5:92

$N_2ClC_9H_{15}$, Hydrazinium, 1,1-dimethyl-1-(4-methylphenyl)-, chloride, [112864-71-8], 5:92

$N_2ClC_9H_{23}$, Hydrazinium, 1,1,1-tris(1-methylethyl)-, chloride, [120087-70-9], 5:92

$N_2ClC_{10}H_{17}$, Hydrazinium, 1,1-diethyl-1-phenyl-, chloride, [118923-73-2], 5:92

$N_2ClC_{10}H_{23}$, Hydrazinium, 1-cyclohexyl-1,1-diethyl-, chloride, [115986-01-1], 5:92

$N_2ClC_{21}H_{47}$, Hydrazinium, 1,1,1-triheptyl-, chloride, [113510-10-4], 5:92

$N_2ClCrO_2C_5H_5$, Chromium, chloro(η^5-2,4-cyclopentadien-1-yl)dinitrosyl-, [12071-51-1], 18:129

$N_2ClFP_2PtC_{18}H_{34}$, Platinum, chloro[(4-fluorophenyl)azo]bis(triethylphosphine)-, (*SP*-4-3)-, [16774-96-2], 12:31

N_2ClH_5, Hydrazine, monohydrochloride, [2644-70-4], 12:7

N_2ClH_6IPt, Platinum, diamminechloroiodo-, (*SP*-4-2)-, [15559-60-1], 22:124

$N_2ClIrP_2C_{36}H_{30}$, Iridium, chloro (dinitrogen)bis(triphenylphosphine)-, [15695-36-0], 16:42

———, Iridium, chloro(dinitrogen)bis (triphenylphosphine)-, (*SP*-4-3)-, [21414-18-6], 12:8

$N_2ClMoO_2C_5H_5$, Molybdenum, chloro(η^5-2,4-cyclopentadien-1-yl)dinitrosyl-, [12305-00-9], 18:129

$N_2ClOC_4H_{13}$, Hydrazinium, 1-(2-hydroxyethyl)-1,1-dimethyl-, chloride, [64298-51-7], 5:92
$N_2ClOC_6H_{17}$, Hydrazinium, 1,1-diethyl-1-(2-hydroxyethyl)-, chloride, [119076-25-4], 5:92
$N_2ClOPC_4H_{12}$, Phosphorodiamidic chloride, tetramethyl-, [1605-65-8], 7:71
$N_2ClOC_7H_{19}$, Hydrazinium, 1,1-diethyl-1-(3-hydroxypropyl)-, chloride, [118870-24-9], 5:92
$N_2ClO_2WC_5H_5$, Tungsten, chloro(η^5-2,4-cyclopentadien-1-yl)dinitrosyl-, [53419-14-0], 18:129
$N_2ClPdC_{19}H_{19}$, Palladium, chloro(3,5-dimethylpyridine)[2-(2-pyridinylmethyl)phenyl-*C*,*N*]-, (*SP*-4-4)-, [79272-90-5], 26:210
$N_2Cl_2CoH_6$, Cobalt, diamminedichloro-, (*T*-4)-, [13931-88-9], 9:159
$N_2Cl_2CrC_4H_6$, Chromium, bis(acetonitrile) dichloro-, [15281-36-4], 10:31
$N_2Cl_2CrC_{10}H_{10}$, Chromium, dichlorobis (pyridine)-, [14320-05-9], 10:32
$N_2Cl_2H_6O_2Zn$, Zinc, dichlorobis(hydroxylamine)-, [59165-16-1], 9:2
———, Zinc, dichlorobis(hydroxylamine-*N*)-, (*T*-4)-, [15333-32-1], 9:2
$N_2Cl_2H_6Pd$, Palladium, diamminedichloro-, (*SP*-4-1)-, [13782-33-7], 8:234
$N_2Cl_2H_6Pt$, Platinum, diamminedichloro-, (*SP*-4-1)-, [14913-33-8], 7:239
———, Platinum, diamminedichloro-, (*SP*-4-2)-, [15663-27-1], 7:239
$N_2Cl_2H_6$, Hydrazine, dihydrochloride, [5341-61-7], 1:92
$N_2Cl_2HgSCH_4$, Mercury(1+), chloro (thiourea-*S*)-, chloride, [149165-67-3], 6:26
$(N_2Cl_2MoO_2)_x$, Molybdenum, dichlorodinitrosyl-, homopolymer, [30731-17-0], 12:264
$N_2Cl_2MoP_4C_{66}H_{56}$, Molybdenum, bis(1-chloro-4-isocyanobenzene)bis[1,2-ethanediylbis[diphenylphosphine]-*P*,*P*']-, (*OC*-6-11)-, [66862-30-4], 23:10
$N_2Cl_2O_2RuC_{12}H_8$, Ruthenium, (2,2'-bipyridine-*N*,*N*')dicarbonyldichloro-, [53729-70-7], 25:108
$(N_2Cl_2O_2W)_x$, Tungsten, dichlorodinitrosyl-, homopolymer, [42912-10-7], 12:264
$N_2Cl_2O_4P_2C_{18}H_{28}$, Phosphinic acid, [1,2-ethanediylbis[(methylimino) methylene]]bis[phenyl-, dihydrochloride, [60703-82-4], 16:202
$N_2Cl_2O_4P_2PtC_{21}H_{42}$, Platinum(1+), chloro[(ethylamino)(phenylamino) methylene]bis(triethylphosphine)-, (*SP*-4-3)-, perchlorate, [38857-02-2], 19:176
$N_2Cl_2PPtC_{19}H_{27}$, Platinum, [bis (phenylamino)methylene]dichloro (triethylphosphine)-, (*SP*-4-3)-, [30394-41-3], 19:176
$N_2Cl_2P_2C_6H_{14}$, 1,3,2,4-Diazadiphosphetidine, 2,4-dichloro-1,3-bis(1-methylethyl)-, [49774-19-8], 25:10
$N_2Cl_2P_2C_8H_{18}$, 1,3,2,4-Diazadiphosphetidine, 2,4-dichloro-1,3-bis(1,1-dimethylethyl)-, [24335-35-1], 25:8
———, 1,3,2,4-Diazadiphosphetidine, 2,4-dichloro-1,3-bis(1,1-dimethylethyl)-, *cis*-, [35107-68-7], 27:258
$N_2Cl_2P_2WC_{16}H_{32}$, Tungsten, [benzenaminato(2-)]dichloro[2-methyl-2-propanaminato(2-)]bis (trimethylphosphine)-, (*OC*-6-43)-, [107766-60-9], 27:304
$N_2Cl_2P_4WC_{66}H_{56}$, Tungsten, bis(1-chloro-4-isocyanobenzene)bis[1,2-ethanediylbis[diphenylphosphine]-*P*,*P*']-, (*OC*-6-11)-, [66862-24-6], 23:10
$N_2Cl_2PdC_2H_8$, Palladium, dichloro(1,2-ethanediamine-*N*,*N*')-, (*SP*-4-2)-, [15020-99-2], 13:216
$N_2Cl_2PdC_{10}H_8$, Palladium, (2,2'-bipyridine-*N*,*N*')dichloro-, (*SP*-4-2)-, [14871-92-2], 13:217;29:186

$N_2Cl_2PdC_{14}H_{10}$, Palladium, bis(benzonitrile)dichloro-, [14220-64-5], 15:79;28:61

$N_2Cl_2Pd_2C_{18}H_{24}$, Palladium, di-μ-chlorobis[2-[(dimethylamino)methyl]phenyl-*C,N*]di-, [18987-59-2], 26:212

$N_2Cl_2Pd_2C_{20}H_{16}$, Palladium, di-μ-chlorobis(8-quinolinylmethyl-*C,N*)di-, [28377-73-3], 26:213

$N_2Cl_2Pd_2C_{24}H_{20}$, Palladium, di-μ-chlorobis[2-(2-pyridinylmethyl)phenyl-*C,N*]di-, [105369-55-9], 26:209

$N_2Cl_2PtC_2H_8$, Platinum, dichloro(1,2-ethanediamine-*N,N'*)-, (*SP*-4-2)-, [14096-51-6], 8:242

$N_2Cl_2PtC_{10}H_{10}$, Platinum, dichlorobis(pyridine)-, (*SP*-4-1)-, [14024-97-6], 7:249

———, Platinum, dichlorobis(pyridine)-, (*SP*-4-2)-, [15227-42-6], 7:249

$N_2Cl_2PtC_{10}H_{24}$, Platinum, [*N,N'*-bis(1-methylethyl)-1,2-ethanediamine-*N,N'*]dichloro(η^2-ethene)-, stereoisomer, [66945-62-8], 21:87

$N_2Cl_2PtC_{12}H_{28}$, Platinum, dichloro(η^2-ethene)(*N,N,N',N'*-tetraethyl-1,2-ethanediamine-*N,N'*)-, stereoisomer, [66945-61-7], 21:86,87

———, Platinum, dichloro[*N,N'*-dimethyl-*N,N'*-bis(1-methylethyl)-1,2-ethanediamine-*N,N'*](η^2-ethene)-, stereoisomer, [66945-51-5], 21:87

$N_2Cl_2PtC_{13}H_{16}$, Platinum, dichloro-1,3-propanediylbis(pyridine)-, (*OC*-6-13)-, [36569-03-6], 16:115

$N_2Cl_2PtC_{14}H_{10}$, Platinum, bis(benzonitrile)dichloro-, [14873-63-3], 26:345;28:62

$N_2Cl_2PtC_{19}H_{20}$, Platinum, dichloro(2-phenyl-1,3-propanediyl)bis(pyridine)-, [34056-26-3], 16:115, 116

$N_2Cl_2PtC_{19}H_{26}$, Platinum, dichloro(2-cyclohexyl-1,3-propanediyl)bis(pyridine)-, [34056-29-6], 16:115

$N_2Cl_2PtC_{20}H_{22}$, Platinum, dichloro[1-(4-methylphenyl)-1,3-propanediyl]bis(pyridine)-, [34056-31-0], 16:115

———, Platinum, dichloro[2-(phenylmethyl)-1,3-propanediyl]bis(pyridine)-, (*OC*-6-13)-, [38889-65-5], 16:115

$N_2Cl_2PtC_{20}H_{28}$, Platinum, [*N,N'*-bis(1-phenylethyl)-1,2-ethanediamine-*N,N'*]dichloro(η^2-ethene)-, stereoisomer, [66945-54-8], 21:87

$N_2Cl_2PtC_{22}H_{32}$, Platinum, dichloro[*N,N'*-dimethyl-*N,N'*-bis(1-phenylethyl)-1,2-ethanediamine-*N,N'*](η^2-ethene)-, stereoisomer, [66945-55-9], 21:87

$N_2Cl_2PtC_{25}H_{24}$, Platinum, dichloro(1,2-diphenyl-1,3-propanediyl)bis(pyridine)-, [34056-30-9], 16:115

$N_2Cl_2RuC_{12}H_{18}$, Ruthenium, bis(acetonitrile)dichloro[(1,2,5,6-η)-1,5-cyclooctadiene]-, stereoisomer, [115226-43-2], 26:69

$N_2Cl_2RuC_{22}H_{22}$, Ruthenium, bis(benzonitrile)dichloro[(1,2,5,6-η)-1,5-cyclooctadiene]-, stereoisomer, [115203-16-2], 26:70

$N_2Cl_2S_3$, Chlorothiodithiazyl chloride ((ClS_3N_2)Cl), [12051-16-0], 9:103

$N_2Cl_3IrSC_4H_{16}$, Iridium, diamminetrichloro[1,1'-thiobis[ethane]]-, [149165-71-9], 7:227

$N_2Cl_3IrSC_{14}H_{20}$, Iridium, trichlorobis(pyridine)[1,1'-thiobis[ethane]]-, (*OC*-6-33)-, [149165-68-4], 7:227

$N_2Cl_3MoOC_{10}H_8$, Molybdenum, (2,2'-bipyridine-*N,N'*)trichlorooxo-, [12116-37-9], 19:135,136

———, Molybdenum, (2,2' bipyridine-*N,N'*)trichlorooxo-, (*OC*-6-31)-, [35408-54-9], 19:135,136

———, Molybdenum, (2,2'-bipyridine-*N,N'*)trichlorooxo-, (*OC*-6-33)-, [35408-53-8], 19:135,136

$N_2Cl_3O_2PSC_2H_6$, Phosphorimidic trichloride, [(dimethylamino) sulfonyl]-, [14621-78-4], 8:118
$N_2Cl_3O_2PSC_4H_{10}$, Phosphorimidic trichloride, [(diethylamino)sulfonyl]-, [14204-65-0], 8:118
$N_2Cl_3O_2PSC_6H_{14}$, Phosphorimidic trichloride, [(dipropylamino) sulfonyl]-, [14204-66-1], 8:118
$N_2Cl_3O_2PSC_8H_{18}$, Phosphorimidic trichloride, [(dibutylamino)sulfonyl]-, [14204-67-2], 8:118
$N_2Cl_3O_3PSC_4H_8$, Phosphorimidic trichloride, (4-morpholinylsulfonyl)-, [14204-64-9], 8:116
$N_2Cl_3VC_6H_{18}$, Vanadium, trichlorobis (*N*,*N*-dimethylmethanamine)-, [20538-61-8], 13:179
$N_2Cl_4C_5H_2$, 2,4-Cyclopentadien-1-one, 2,3,4,5-tetrachloro-, hydrazone, [17581-52-1], 20:190
$N_2Cl_4C_5$, 1,3-Cyclopentadiene, 1,2,3,4-tetrachloro-5-diazo-, [21572-61-2], 20:189,190
$N_2Cl_4CoC_{16}H_{40}$, Ethanaminium, *N*,*N*,*N*-triethyl-, tetrachlorocobaltate(2-) (2:1), [6667-75-0], 9:139
$N_2Cl_4CrC_2H_{11}$, Chromate(2-), tetrachloro-, (*T*-4)-, dihydrogen, compd. with methanamine (1:2), [62212-03-7], 24:188
$N_2Cl_4CrC_4H_{15}$, Chromate(2-), tetrachloro-, (*T*-4)-, dihydrogen, compd. with ethanamine (1:2), [62212-04-8], 24:188
$N_2Cl_4CuC_{16}H_{40}$, Ethanaminium, *N*,*N*,*N*-triethyl-, tetrachlorocuprate(2-) (2:1), [13927-32-7], 9:141
$N_2Cl_4FeC_{16}H_{40}$, Ethanaminium, *N*,*N*,*N*-triethyl-, (*T*-4)-tetrachloroferrate (2-) (2:1), [15050-84-7], 9:138
$N_2Cl_4Fe_4O_4C_5H_6$, 4-Pyridinamine, compd. with iron chloride oxide (FeClO) (1:4), [63986-26-5], 22:86; 30:182
$N_2Cl_4H_6Pt$, Platinum, diamminetetrachloro-, (*OC*-6-11)-, [16893-06-4], 7:236
———, Platinum, diamminetetrachloro-, (*OC*-6-22)-, [16893-05-3], 7:236
$N_2Cl_4IrC_{10}H_{10}$, Iridium, tetrachlorobis (pyridine)-, (*OC*-6-11)-, [39210-66-7], 7:220,231
———, Iridium, tetrachlorobis(pyridine)-, (*OC*-6-22)-, [53199-34-1], 7:220, 231
$N_2Cl_4MnC_{16}H_{40}$, Ethanaminium, *N*,*N*,*N*-triethyl-, (*T*-4)-tetrachloromanganate (2-) (2:1), [6667-73-8], 9:137
$N_2Cl_4MoC_4H_6$, Molybdenum, bis (acetonitrile)tetrachloro-, [19187-82-7], 20:120;28:34
$N_2Cl_4MoC_6H_{10}$, Molybdenum, tetrachlorobis(propanenitrile)-, [12012-97-4], 15:43
$N_2Cl_4MoP_4C_{66}H_{54}$, Molybdenum, bis(1,3-dichloro-2-isocyanobenzene)bis[1,2-ethanediylbis[diphenylphosphine]-*P*,*P'*]-, (*OC*-6-11)-, [66862-31-5], 23:10
$N_2Cl_4Mo_2O_2C_{10}H_{10}$, Molybdenum, di-μ-chlorodichlorobis(η^5-2,4-cyclopentadien-1-yl)dinitrosyldi-, [41395-41-9], 16:26
$N_2Cl_4NiC_{16}H_{40}$, Ethanaminium, *N*,*N*,*N*-triethyl-, (*T*-4)-tetrachloronickelate(2-) (2:1), [5964-71-6], 9:140
$N_2Cl_4O_6Re_2C_4$, Rhenium, tetracarbonyldi-μ-chlorodichlorodinitrosyldi-, [25360-92-3], 16:37
$N_2Cl_4P_4WC_{66}H_{54}$, Tungsten, bis(1,3-dichloro-2-isocyanobenzene)bis[1,2-ethanediylbis[diphenylphosphine]-*P*,*P'*]-, (*OC*-6-11)-, [66862-25-7], 23:10
$N_2Cl_4TiC_4H_6$, Titanate(1-), bis(acetonitrile)tetrachloro-, [44966-20-3], 12:229
$N_2Cl_4TiC_6H_{10}$, Titanium, tetrachlorobis (propanenitrile)-, [16921-00-9], 12:229

$N_2Cl_4TiC_8H_{14}$, Titanium, bis(butanenitrile)tetrachloro-, [151183-14-1], 12:229
$N_2Cl_4ZrC_4H_6$, Zirconium, bis(acetonitrile)tetrachloro-, [12073-21-1], 12:227
$N_2Cl_4ZrC_6H_{10}$, Zirconium, tetrachlorobis (propanenitrile)-, [92305-50-5], 12:228
$N_2Cl_5H_8MoO$, Molybdate(2-), pentachlorooxo-, diammonium, (*OC*-6-21)-, [17927-44-5], 26:36
$N_2Cl_5H_{10}MoO$, Molybdate(2-), aquapentachloro-, diammonium, (*OC*-6-21)-, [13820-59-2], 13:171
$N_2Cl_5InC_{16}H_{40}$, Ethanaminium, *N,N,N*-triethyl-, pentachloroindate(2-) (2:1), [21029-46-9], 19:260
$N_2Cl_5MoOC_{10}H_{10}$, Molybdate(2-), pentachlorooxo-, (*OC*-6-21)-, dihydrogen, compd. with 2,2'-bipyridine (1:1), [18662-75-4], 19:135
$N_2Cl_5ORhC_{10}H_{12}$, Rhodate(2-), aquapentachloro-, (*OC*-6-21)-, dihydrogen, compd. with pyridine (1:2), [148832-35-3], 10:65
$N_2Cl_6H_8Ir$, Iridate(2-), hexachloro-, diammonium, (*OC*-6-11)-, [16940-92-4], 8:223;18:132
$N_2Cl_6H_8Os$, Osmate(2-), hexachloro-, diammonium, (*OC*-6-11)-, [12125-08-5], 5:206
$N_2Cl_6H_8Pt$, Platinate(2-), hexachloro-, diammonium, (*OC*-6-11)-, [16919-58-7], 7:235;9:182
$N_2Cl_6H_8Te$, Tellurate(2-), hexachloro-, diammonium, [16893-14-4], 2:189
$N_2Cl_6O_2P_2S$, Phosphorimidic trichloride, sulfonylbis-, [14259-65-5], 8:119
$N_2Cl_6O_2Pt$, Platinate(2-), hexachloro-, (*OC*-6-11)-, dinitrosyl, [72107-04-1], 24:217
$N_2Cl_6P_2PtC_{36}H_{34}$, Phosphorus(1+), amidotriphenyl-, (*OC*-6-11)-hexachloroplatinate(2-) (2:1), [107132-64-9], 7:69
$N_2Cl_6ThC_8H_{24}$, Methanaminium, *N,N,N*-trimethyl-, (*OC*-6-11)-hexachlorothorate(2-) (2:1), [12074-52-1], 12:230
$N_2Cl_6ThC_{16}H_{40}$, Ethanaminium, *N,N,N*-triethyl-, (*OC*-6-11)-hexachlorothorate (2-) (2:1), [12081-47-9], 12:230
$N_2Cl_6TiC_8H_{24}$, Titanate(2-), hexachloro-, (*OC*-6-11)-, dihydrogen, compd. with *N*-ethylethanamine (1:2), [16970-01-7], 12:230
$N_2Cl_6ZrC_8H_{24}$, Zirconate(2-), hexachloro-, (*OC*-6-11)-, dihydrogen, compd. with *N*-ethylethanamine (1:2), [16970-03-9], 12:231
$N_2Cl_8Re_2C_{12}H_{10}$, Rhenium, bis [benzenaminato(2-)]di-μ-chlorohexachlorodi-, [104493-76-7], 24:195
$N_2Cl_8Re_2C_{32}H_{72}$, 1-Butanaminium, *N,N,N*-tributyl-, octachlorodirhenate (2-) (*Re-Re*) (2:1), [14023-10-0], 12:116;13:84;28:332
$N_2CoCsO_8C_{10}H_{12}$, Cobaltate(1-), [[*N,N'*-1,2-cthancdiylbis[*N*-(carboxymethyl) glycinato]](4-)-*N,N',O,O',O^N,O^{N'}*]-, cesium, (*OC*-6-21)-, [64331-31-3], 23:99
$N_2CoCsO_8C_{11}H_{14}$, Cobaltate(1-), [[*N,N'*-(1-methyl-1,2-ethanediyl)bis[*N*-(carboxymethyl)glycinato]](4-)-*N,N'*, *O,O',O^N,O^{N'}*]-, cesium, [*OC*-6-42-)-, [90443-37-1], 23:103
———, Cobaltate(1-), [[*N,N'*-(1-methyl-1,2-ethanediyl)bis[*N*-(carboxymethyl) glycinato]](4-)-*N,N',O,O',O^N,O^{N'}*]-, cesium, [*OC*-6-42-*A*-(*R*)]-, [90463-09-5], 23:103
———, Cobaltate(1-), [[*N,N'*-(1-methyl-1,2-ethanediyl)bis[*N*-(carboxymethyl) glycinato]](4-)-*N,N',O,O',O^N,O^{N'}*]-, cesium, [*OC*-6-42-*C*-(*S*)]-, [90443-36-0], 23:103
———, Cobaltate(1-), [[*N,N'*-1,2-cyclohexanediylbis[*N*-(carboxymethyl) glycinato]](4-)-*N,N',O,O',O^N,O^{N'}*]-, cesium, [*OC*-6-21-*A*-(1*R*-*trans*)]-, [72523-07-0], 23:97

———, Cobaltate(1-), [[*N,N'*-1,2-cyclohexanediylbis[*N*-(carboxymethyl) glycinato]](4-)-*N,N',O,O',O*^{N},*O*$^{N'}$]-, cesium, [*OC*-6-21-(*trans*)]-, [99527-41-0], 23:96

$N_2CoF_{12}O_6C_{16}H_{16}$, Cobalt, bis(*N,N*-dimethylformamide-*O*)bis(1,1,1,5,5,5-hexafluoro-2,4-pentanedionato-*O,O'*)-, [53513-61-4], 15:96

N_2CoIO_2, Cobalt, iododinitrosyl-, [44387-12-4], 14:86

$N_2CoI_4C_{16}H_{40}$, Ethanaminium, *N,N,N*-triethyl-, (*T*-4)-tetraiodocobaltate(2-) (2:1), [5893-73-2], 9:140

$N_2CoKO_6C_2H_6$, Cobaltate(1-), diamminebis[carbonato(2-)-*O,O'*]-, potassium, (*OC*-6-21)-, [26176-51-2], 23:62

$N_2CoKO_6C_4H_8$, Cobaltate(1-), bis [carbonato(2-)-*O,O'*](1,2-ethanediamine-*N,N'*)-, potassium, (*OC*-6-21)-, [54992-64-2], 23:64

$N_2CoKO_8C_{10}H_{12}$, Cobaltate(1-), [[*N,N'*-1,2-ethanediylbis[*N*-(carboxymethyl) glycinato]](4-)-*N,N',O,O',O*^{N},*O*$^{N'}$]-, potassium, (*OC*-6-21)-, [14240-00-7], 5:186;23:99

———, Cobaltate(1-), [[*N,N'*-1,2-ethanediylbis[*N*-(carboxymethyl) glycinato]](4-)-*N,N',O,O',O*^{N},*O*$^{N'}$]-, potassium, (*OC*-6-21-*A*)-, [40029-01-4], 6:193,194

———, Cobaltate(1-), [[*N,N'*-1,2-ethanediylbis[*N*-(carboxymethyl) glycinato]](4-)-*N,N',O,O',O*^{N},*O*$^{N'}$]-, potassium, (*OC*-6-21-*C*)-, [23594-44-7], 6:193,194

$N_2CoKO_8C_{10}H_{12}.2H_2O$, Cobaltate(1-), [[*N,N'*-1,2-ethanediylbis[*N*-(carboxymethyl)glycinato]](4-)-*N,N'*, *O,O',O*^{N},*O*$^{N'}$]-, potassium, dihydrate, (*OC*-6-21)-, [15185-93-0], 18:100

———, Cobaltate(1-), [[*N,N'*-1,2-ethanediylbis[*N*-(carboxymethyl) glycinato]](4-)-*N,N',O,O',O*^{N},*O*$^{N'}$]-, potassium, dihydrate, (*OC*-6-21-*A*)-, [19570-74-2], 18:100

———, Cobaltate(1-), [[*N,N'*-1,2-ethanediylbis[*N*-(carboxymethyl) glycinato]](4-)-*N,N',O,O',O*^{N},*O*$^{N'}$]-, potassium, dihydrate, (*OC*-6-21-*C*)-, [53747-25-4], 18:100

$N_2CoKO_8C_{11}H_{14}$, Cobaltate(1-), [[*N,N'*-(1-methyl-1,2-ethanediyl)bis[*N*-(carboxymethyl)glycinato]](4-)-*N,N'*, *O,O',O*^{N},*O*$^{N'}$]-, potassium, [*OC*-6-42-*A*-(*R*)]-, [86286-58-0], 23:101

$N_2CoKO_8C_{14}H_{18}$, Cobaltate(1-), [[*N,N'*-1,2-cyclohexanediylbis[*N*-(carboxymethyl)glycinato]](4-)-*N,N',O,O',O*^{N}, *O*$^{N'}$]-, potassium, [*OC*-6-21-*A*-(1*R*-*trans*)]-, [99527-38-5], 23:97

$N_2CoLiO_6C_2H_6$, Cobaltate(1-), diamminebis[carbonato(2-)-*O,O'*]-, lithium, (*OC*-6-21)-, [65521-08-6], 23:63

$N_2CoNaO_7C_7H_{10}$, Cobaltate(1-), [carbonato(2-)-*O,O'*][[*N,N'*-1,2-ethanediylbis[glycinato]](2-)-*N,N',O,O'*]-, sodium, (*OC*-6-33)-, [99083-95-1], 18:104

$N_2CoNaO_8C_6H_8$, Cobaltate(1-), (1,2-ethanediamine-*N,N'*)bis[ethanedioato(2-)-*O,O'*]-, sodium, (*OC*-6-21-Δ)-, [33516-80-2], 13:198

———, Cobaltate(1-), (1,2-ethanediamine-*N,N'*)bis[ethanedioato (2-)-*O,O'*]-, sodium, (*OC*-6-21-Λ)-, [33516-79-9], 13:198

$N_2CoNaO_8C_{10}H_{12}$, Cobaltate(1-), [[*N,N'*-1,2-ethanediylbis[*N*-(carboxymethyl) glycinato]](4-)-*N,N',O,O',O*^{N},*O*$^{N'}$]-, sodium, (*OC*-6-21)-, [14025-11-7], 5:186

$N_2CoO_2C_{12}H_{20}$, Cobalt, bis[4-(methylimino)-2-pentanonato-*N,O*]-, (*T*-4)-, [15225-82-8], 11:76

$N_2CoO_3C_{15}H_9$, Cobalt, tricarbonyl[2-(phenylazo)phenyl]-, [19528-27-9], 26:176

$N_2CoO_4C_{16}H_{22}$, Cobalt, bis(2,4-pentanedionato-*O,O'*)(2-pyridinemethanamine-*N*^{1},*N*^{2})-, (*OC*-6-31)-, [21007-64-7], 11:85

$N_2CoO_4C_{20}H_{22}$, Cobalt, (2,2'-bipyridine-*N,N'*)bis(2,4-pentanedionato-*O,O'*)-, (*OC*-6-21)-, [20106-05-2], 11:86

$N_2CoO_4C_{22}H_{22}$, Cobalt, bis(2,4-pentanedionato-*O,O'*)(1,10-phenanthroline-N^1,N^{10})-, (*OC*-6-21)-, [20106-04-1], 11:86

$N_2CoO_6C_6H_{14}$, Cobalt, diaqua[[*N,N'*-1,2-ethanediylbis[glycinato]](2-)-*N,N'*, *O,O'*]-, [42573-16-0], 18:100

$N_2CoO_8C_6H_8$, Cobaltate(1-), (1,2-ethanediamine-*N,N'*)bis[ethanedioato(2-)-*O,O'*]-, (*OC*-6-21)-, [23603-95-4], 13:195;23:74

$N_2CoO_8C_{10}H_{14}$, Cobaltate(2-), [[*N,N'*-1,2-ethanediylbis[*N*-(carboxymethyl)glycinato]](4-)-*N,N',O,O'*,$O^N,O^{N'}$]-, dihydrogen, (*OC*-6-21)-, [24704-41-4], 5:187

$N_2CoO_8RbC_{10}H_{12}$, Cobaltate(1-), [[1,2-ethanediylbis[*N*-(carboxymethyl)glycinato]](4-)-*N,N',O,O'*,$O^N,O^{N'}$]-, rubidium, (*OC*-6-21)-, [14323-71-8], 23:100

$N_2CoO_8RbC_{11}H_{14}$, Cobaltate(1-), [[*N,N'*-(1-methyl-1,2-ethanediyl)bis[*N*-(carboxymethyl)glycinato]](4-)-*N,N',O,O'*,$O^N,O^{N'}$]-, rubidium, [*OC*-6-42-*A*-(*R*)]-, [90443-38-2], 23:101

$N_2CoO_8RbC_{14}H_{18}$, Cobaltate(1-), [[*N,N'*-1,2-cyclohexanediylbis[*N*-(carboxymethyl)glycinato]](4-)-*N,N',O,O'*,O^N, $O^{N'}$]-, rubidium, [*OC*-6-21-*A*-(1*R*-*trans*)]-, [99527-40-9], 23:97

$N_2CoO_{10}S_2C_{14}H_{16}.2H_2O$, Cobalt, tetraaquabis(1,2-benzisothiazol-3(2*H*)-one 1,1-dioxidato-N^2)-, dihydrate, [81780-35-0], 23:49

$N_2CoP_3C_{54}H_{46}$, Cobalt, (dinitrogen)hydrotris(triphenylphosphine)-, (*TB*-5-23)-, [21373-88-6], 12:12,18,21

$N_2CoS_2C_{12}H_{18}$, Cobalt, [[4,4'-(1,2-ethanediyldinitrilo)bis[2-pentanethionato]](2-)-*N,N',S,S'*]-, (*SP*-4-2)-, [41254-15-3], 16:227

$N_2CrFeO_9P_4C_{81}H_{60}$, Phosphorus(1+), triphenyl(*P,P,P*-triphenylphosphine imidato-*N*)-, (*T*-4)-, stereoisomer of pentacarbonyl(tetracarbonylferrate)chromate(2-) (*Cr-Fe*) (2:1), [101540-70-9], 26:339

$N_2CrO_2C_9H_{14}$, Chromium, (η^5-2,4-cyclopentadien-1-yl)(2-methylpropyl)dinitrosyl-, [57034-51-2], 19:209

$N_2CrO_3C_{10}H_{10}$, Chromium, trioxobis(pyridine)-, [20492-50-6], 4:94

$N_2CrO_3C_{12}H_{14}$, Chromium, bis(3-methylpyridine)trioxo-, [149165-81-1], 4:95

———, Chromium, bis(4-methylpyridine)trioxo-, [149165-82-2], 4:95

$N_2CrO_4C_{14}H_{18}$, Chromium, tetracarbonylbis(2-isocyano-2-methylpropane)-, (*OC*-6-22)-, [37017-56-4], 28:143

$N_2CrO_5SC_6H_4$, Chromium, pentacarbonyl(thiourea-*S*)-, (*OC*-6-22)-, [69244-58-2], 23:2

$N_2CrO_5SC_{10}H_{12}$, Chromium, pentacarbonyl(tetramethylthiourea-*S*)-, (*OC*-6-22)-, [76829-58-8], 23:2

$N_2CrO_5SC_{14}H_{20}$, Chromium, [*N,N'*-bis(1,1-dimethylethyl)thiourea-*S*]pentacarbonyl-, (*OC*-6-22)-, [69244-61-7], 23:3

$N_2CrO_5SC_{20}H_{16}$, Chromium, [*N,N'*-bis(4-methylphenyl)thiourea-*S*]pentacarbonyl-, (*OC*-6-22)-, [69244-62-8], 23:3

N_2CrO_8, Chromium, bis(nitrato-*O*)dioxo-, (*T*-4)-, [16017-38-2], 9:83

$N_2CrO_{10}S_2C_{14}H_{16}.2H_2O$, Chromium, tetraaquabis(1,2-benzisothiazol-3(2*H*)-one 1,1-dioxidato-N^2)-, dihydrate, (*OC*-6-11)-, [92763-66-1], 27:309

N_2CsHO_6, Nitric acid, cesium salt (2:1), [35280-89-8], 4:7

$N_2CuIPC_{22}H_{35}$, Copper, (2,2'-bipyridine-*N,N'*)iodo(tributylphosphine)-, (*T*-4)-, [81201-03-8], 7:11

$N_2CuO_2C_{10}H_{16}$, Copper, bis(4-imino-2-pentanonato-*N,O*)-, [14404-35-4], 8:2
$N_2CuO_2C_{32}H_{28}$, Copper, bis[1-phenyl-3-(phenylimino)-1-butanonato-*N,O*]-, [14482-83-8], 8:2
$N_2CuO_4C1_6H_{22}$, Copper, [[6,6'-(1,2-ethanediyldinitrilo)bis[2,4-heptanedionato]](2-)-*N*,N^1,O^4,$O^{4'}$]-, (*SP*-4-2)-, [38656-23-4], 20:93
$N_2CuO_5VC1_6H_{20}.H_2O$, Vanadium, (copper)[μ-[[6,6'-(1,2-ethanediyldinitrilo)bis[2,4-heptanedionato]](4-)-N^6,$N^{6'}$,O^4,$O^{4'}$:O^2,$O^{2'}$,O^4,$O^{4'}$]]oxo-, monohydrate, [151085-73-3], 20:95
$N_2Cu_2O_4C_{16}H_{20}$, Copper, [μ-[[6,6'-(1,2-ethanediyldinitrilo)bis[2,4-heptanedionato]](4-)-N^6,$N^{6'}$,O^4,$O^{4'}$:O^2,$O^{2'}$, O^4,$O^{4'}$]]di-, [61004-43-1], 20:94
$N_2FH_8O_3P$, Phosphorofluoridic acid, diammonium salt, [14312-45-9], 2:155
$N_2FO_3ReC1_3H_8$, Rhenium, (2,2'-bipyridine-*N,N'*)tricarbonylfluoro-, (*OC*-6-33)-, [89087-44-5], 26:82
$N_2F_2OCH_2$, Urea, *N,N*-difluoro-, [1510-31-2], 12:307,310
$N_2F_2O_5PReC1_3H_8$, Rhenium, (2,2'-bipyridine-*N,N'*)tricarbonyl (phosphorodifluoridato-*O*)-, (*OC*-6-33)-, [76501-25-2], 26:83
N_2F_2, Nitrogen fluoride (N_2F_2), [10578-16-2], 14:34
$N_2F_3PC_4H_{12}$, Phosphoranediamine, 1,1,1-trifluoro-*N,N,N',N'*-tetramethyl-, [1735-83-7], 18:186
———, Phosphoranediamine, 1,1,1-trifluoro-*N,N,N',N'*-tetramethyl-, (*TB*-5-11)-, [51922-01-1], 18:186
$N_2F_3PC_8H_{20}$, Phosphoranediamine, *N,N,N',N'*-tetraethyl-1,1,1-trifluoro-, [1066-49-5], 18:187
$N_2F_4HgS_2$, Imidosulfurous difluoride, mercury(2+) salt, [23303-78-8], 24:14
$N_2F_5H_8Mn$, Manganate(2-), pentafluoro-, diammonium, [15214-13-8], 24:51
$N_2F_6IrPC_{18}H_{22}$, Iridium(1+), [(1,2,5,6-η)-1,5-cyclooctadiene]bis(pyridine)-, hexafluorophosphate(1-), [56678-60-5], 24:174
$N_2F_{12}Fe_2P_2S_2C_{18}H_{26}$, Iron(2+), bis (acetonitrile)bis(η^5-2,4-cyclopentadien-1-yl)bis[μ-(ethanethiolato)]di-, (*Fe-Fe*), bis[hexafluorophosphate(1-)], [64743-11-9], 21:39
$N_2F_{12}NiO_6C1_6H_{16}$, Nickel, bis(*N,N*-dimethylformamide-*O*)bis(1,1,1,5,5,5-hexafluoro-2,4-pentanedionato-*O,O'*)-, [53513-62-5], 15:96
$N_2F_{12}O_4PdC_{20}H_{10}$, Palladium(1+), (2,2'-bipyridine-*N,N'*)(1,1,1,5,5,5-hexafluoro-2,4-pentanedionato-*O,O'*)-, (*SP*-4-2)-, salt with 1,1,1,5,5,5-hexafluoro-2,4-pentanedione (1:1), [65353-89-1], 27:319
$N_2F_{14}Mn$, Nitrogen(1+), tetrafluoro-, (*T*-4)-, (*OC*-6-11)-hexafluoromanganate(2-) (2:1), [74449-37-9], 24:45
$N_2F_{14}Si$, Nitrogen(1+), tetrafluoro-, (*T*-4)-, hexafluorosilicate(2-) (2:1), [81455-78-9], 24:46
N_2FeIO_2, Iron, iododinitrosyl-, [67486-38-8], 14:82
$N_2FeMoO_9P_4C_{81}H_{60}$, Phosphorus(1+), triphenyl(*P,P,P*-triphenylphosphine imidato-*N*)-, (*T*-4)-, stereoisomer of pentacarbonyl(tetracarbonylferrate) molybdate(2-) (*Fe-Mo*) (2:1), [130638-17-4], 26:339
$N_2FeO_3C_{21}H_{18}$, Iron, tricarbonylbis(2-isocyano-1,3-dimethylbenzene)-, (*TB*-5-22)-, [75517-50-9], 28:181
$N_2FeO_4P_2C_{39}H_{30}$, Phosphorus(1+), triphenyl(*P,P,P*-triphenylphosphine imidato-*N*)-, (*T*-4)-, (*T*-4)-tricarbonylnitrosylferrate(1-), [61003-17-6], 22:163,165
$N_2FeO_9C_{10}H_{15}.H_2O$, Ferrate(1-), aqua[[*N,N'*-1,2-ethanediylbis[*N*-(carboxymethyl)glycinato]](4-)-*N,N',O,O'*,O^N,$O^{N'}$]-, hydrogen, monohydrate, (*PB*-7-11'-121'3'3)-, [103130-21-8], 24:207

$N_2FeO_9P_4WC_{81}H_{60}$, Phosphorus(1+), triphenyl(*P,P,P*-triphenylphosphine imidato-*N*)-, (*T*-4)-, stereoisomer of pentacarbonyl(tetracarbonylferrate) tungstate(2-) (*Fe-W*) (2:1), [99604-07-6], 26:339

$N_2FeO_{10}S_2C_{14}H_{16}.2H_2O$, Iron, tetra-aquabis(1,2-benzisothiazol-3(2*H*)-one 1,1-dioxidato-N^2)-, dihydrate, [81780-36-1], 23:49

$N_2Fe_3O_{11}P_4C_{83}H_{60}$, Phosphorus(1+), triphenyl(*P,P,P*-triphenylphosphine imidato-*N*)-, (*T*-4)-, di-μ_3-carbonylnonacarbonyltriferrate(2-) *triangulo* (2:1), [66039-65-4], 20:222;24:157;28:203

$N_2Fe_4O_{12}C_{29}H_{40}$, Ethanaminium, *N,N,N*-triethyl-, dodecacarbonyl-μ_4-methanetetrayltetraferrate(2-) (5*Fe-Fe*) (2:1), [83270-11-5], 27:187

$N_2Fe_4O_{12}P_4C_{85}H_{60}$, Phosphorus(1+), triphenyl(*P,P,P*-triphenylphosphine imidato-*N*)-, (*T*-4)-, dodecacarbonyl-μ_4-methanetetrayltetraferrate(2-) (5*Fe-Fe*) (2:1), [74792-05-5], 26:246

$N_2Fe_4O_{13}P_4C_{85}H_{60}$, Phosphorus(1+), triphenyl(*P,P,P*-triphenylphosphine imidato-*N*)-, (*T*-4)-, μ_3-carbonyl-dodecacarbonyltetraferrate(2-) *tetrahedro* (2:1), [69665-30-1], 21:66,68

$N_2Fe_4S_4Se_4C_{48}H_{108}$, 1-Butanaminium, *N,N,N*-tributyl-, tetrakis(2-methyl-2-propanethiolato)tetra-μ_3-selenoxo-tetraferrate(2-) (2:1), [84159-21-7], 21:37

$N_2Fe_4S_4Se_4C_{56}H_{92}$, 1-Butanaminium, *N,N,N*-tributyl-, tetrakis(benzene-thiolato)tetra-μ_3-selenoxotetraferrate (2-) (2:1), [69347-38-2], 21:36

$N_2Fe_4S_8C_{24}H_{60}$, Methanaminium, *N,N,N*-trimethyl-, tetrakis(2-methyl-2-propanethiolato)tetra-μ_3-thioxotetra-ferrate(2-) (2:1), [52678-92-9], 21:30

$N_2Fe_4S_8C_{56}H_{92}$, 1-Butanaminium, *N,N,N*-tributyl-, tetrakis(benzenethiolato) tetra-μ_3-thioxotetraferrate(2-) (2:1), [52586-83-1], 21:35

$N_2Fe_6O_{16}C_{33}H_{40}$, Ethanaminium, *N,N,N*-triethyl-, hexadecacarbonyl-μ_6-methanetetraylhexaferrate(2-) (2:1), [11087-55-1], 27:183

N_2GeH_2, Germanediimine, [19465-96-4], 2:114

$N_2Ge_2CH_6$, Germanamine, *N,N'*-methane-tetraylbis-, [10592-53-7], 18:163

$N_2H_2Na_3O_7P_3$, Diimidotrimetaphosphoric acid $((HN)_2P_3(OH)_3O_4)$, trisodium salt, [29018-09-5], 6:105,106

$N_2H_2Na_5O_8P_3.6H_2O$, Diimidotriphos-phoric acid, pentasodium salt, hexahydrate, [31072-79-4], 6:104

$N_2H_2O_2$, Nitramide, [7782-94-7], 1:68

$N_2H_2S_2$, Sulfur diimide, mercapto-, [67144-19-8], 18:124

$N_2H_2S_6$, 1,2,3,4,5,7,6,8-Hexa-thiadiazocine, [1003-75-4], 11:184

———, 1,2,3,4,6,7,5,8-Hexathiadiazocine, [1003-76-5], 11:184

———, 1,2,3,5,6,7,4,8-Hexathiadiazocine, [3925-67-5], 11:184

$(N_2H_3OP)_x$, Phosphenimidic amide, homopolymer, [72198-94-8], 6:111

N_2H_4, Hydrazine, [302-01-2], 1:90,92; 5:124

$N_2H_4.xS_2Ta$, Hydrazine, compd. with tantalum sulfide (TaS_2), [34200-77-6], 30:164

N_2H_4NaOPS, Phosphorodiamidothioic acid, monosodium salt, [13766-94-4], 6:112

$N_2H_6O_3S$, Sulfamic acid, monoammonium salt, [7773-06-0], 2:180

$N_2H_6O_4S$, Hydrazine, sulfate (1:1), [10034-93-2], 1:90,92,94

$N_2H_7O_3P$, Phosphoramidic acid, monoammonium salt, [13566-20-6], 6:110;13:23

$N_2H_8MoO_4$, Molybdate (MoO_4^{2-}), diammonium, (*T*-4)-, [13106-76-8], 11:2

$N_2H_8Mo_2S_{12}.2H_2O$, Molybdate(2-), bis[μ-(disulfur-*S,S'*:*S,S'*)]tetrakis (dithio)di-, (*Mo-Mo*), diammonium, dihydrate, [65878-95-7], 27:48,49

$N_2H_8Mo_3S_{13}.xH_2O$, Molybdate(2-), tris[μ-(disulfur-*S,S'*:*S,S'*)]tris (dithio)-μ_3-thioxotri-, *triangulo*, diammonium, hydrate, [79950-09-7], 27:48,49

$N_2H_8PdS_{11}$, Palladate(2-), (hexathio-S_1)(pentathio)-, diammonium, [83853-39-8], 21:14

$N_2H_8PtS_{15}$, Platinate(2-), tris(pentathio)-, diammonium, (*OC*-6-11)-(+)-, [95976-59-3], 21:12,13

$N_2H_8S_5$, Ammonium sulfide ($(NH_4)_2(S_5)$), [12135-77-2], 21:12

$N_2H_9O_3PS$, Phosphorothioic acid, diammonium salt, [15792-81-1], 6:112

$N_2H_{10}O_7P_2$, Diphosphoric acid, diammonium salt, [13597-86-9], 7:66

$N_2H_{11}IO_6$, Periodic acid (H_5IO_6), diammonium salt, [22077-17-4], 20:15

$N_2IPC_{15}H_{20}$, Hydrazine, 2-(iodomethyldiphenylphosphoranyl)-1,1-dimethyl-, [15477-40-4], 8:76

———, Phosphorus(1+), (1,1-dimethylhydrazinato-*N*[1])methyldiphenyl-, [13703-24-7], 8:76

$N_2I_2PtC_6H_{14}$, Platinum, (1,2-cyclohexanediamine-*N,N'*)diiodo-, [*SP*-4-2-(1*R*-*trans*)]-, [66845-32-7], 27:284

$N_2I_4MnC_{16}H_{20}$, Ethanaminium, *N,N,N*-triethyl-, (*T*-4)-tetraiodomanganate(2-) (2:1), [6019-89-2], 9:137

$N_2I_4Mo_2O_2C_{10}H_{10}$, Molybdenum, bis($\eta^5$-2,4-cyclopentadien-1-yl)di-μ-iododiiododinitrosyldi-, [12203-25-7], 16:28

$N_2KO_6PC_{14}H_{24}$, Potassium(1+), (1,4,7,10,13,16-hexaoxacyclooctadecane-$O^1,O^4,O^7,O^{10},O^{13},O^{16}$)-, (*OC*-6-11)-, salt with phosphonous dicyanide (1:1), [81043-01-8], 25:126

$N_2K_2O_4C$, Carbamic acid, nitro-, dipotassium salt, [86634-83-5], 1:68,70

$N_2K_2O_5S$, Sulfamic acid, hydroxynitroso-, dipotassium salt, [26241-10-1], 5:117,120

$N_2K_2O_{12}ZrC_{12}H_{12}$, Zirconate(2-), bis[*N,N*-bis(carboxymethyl)glycinato (3-)-*N,O,O',O''*]-, dipotassium, [12366-46-0], 10:7

$N_2MgMo_2O_{11}SC_{10}H_{12}.6H_2O$, Molybdate (2-), [μ-[[*N,N'*-1,2-ethanediylbis [*N*-(carboxymethyl)glycinato]](4-)-*N,O,O*^{N}:*N',O',O*$^{N'}$]]-μ-oxodioxo-μ-thioxodi-, (*Mo-Mo*), magnesium (1:1), hexahydrate, [153062-84-1], 29:256

$N_2MnO_4C_{16}H_9$, Manganese, tetracarbonyl [2-(phenylazo)phenyl]-, (*OC*-6-23)-, [19528-32-6], 26:173

$N_2Mn_2O_8C_{20}H_8$, Manganese, [μ-(azodi-2,1-phenylene)]octacarbonyldi-, [54545-26-5], 26:173

$N_2MoC_{16}H_{22}$, Molybdenum, bis[(1,2,3,4,5,6-η)-*N,N*-dimethylbenzenamine]-, [52346-32-4], 19:81

$N_2MoO_2C_7H_{10}$, Molybdenum, (η^5-2,4-cyclopentadien-1-yl)ethyldinitrosyl-, [57034-47-6], 19:210

$N_2MoO_2C_{11}H_{10}$, Molybdenum, (η^5-2,4-cyclopentadien-1-yl)dinitrosylphenyl-, [57034-49-8], 19:209

$N_2MoO_2P_4C_{68}H_{62}$, Molybdenum, bis[1,2-ethanediylbis[diphenylphosphine]-*P,P'*](1-isocyano-4-methoxybenzene)-, (*OC*-6-11)-, [66862-29-1], 23:10

$N_2MoO_3S_4C_{13}H_{20}$, Molybdenum, tricarbonylbis(diethylcarbamodithioato-*S,S'*)-, (*TPS*-7-1-121'1'22)-, [18866-21-2], 28:145

$N_2MoO_4C_{14}H_{18}$, Molybdenum, tetracarbonylbis(2-isocyano-2-methylpropane)-, (*OC*-6-22)-, [37584-08-0], 28:143

$N_2MoP_4C_{56}H_{54}$, Molybdenum(2+), bis[1,2-ethanediylbis[diphenylphosphine]-*P,P'*]bis(isocyanomethane)-, (*OC*-6-11)-, [73047-16-2], 23:10

$N_2MoP_4C_{62}H_{66}$, Molybdenum, bis[1,2-ethanediylbis[diphenylphosphine]-*P,P'*]bis(2-isocyano-2-methylpropane)-, (*OC*-6-11)-, [66862-26-8], 23:10

$N_2MoP_4C_{66}H_{58}$, Molybdenum, bis[1,2-ethanediylbis[diphenylphosphine]-*P,P'*]bis(isocyanobenzene)-, (*OC*-6-11)-, [66862-27-9], 23:10

$N_2MoP_4C_{68}H_{62}$, Molybdenum, bis[1,2-ethanediylbis[diphenylphosphine]-*P,P'*]bis(1-isocyano-4-methylbenzene)-, (*OC*-6-11)-, [66862-28-0], 23:10

$N_2Mo_2Na_2O_6S_4C_6H_{10}.4H_2O$, Molybdate (2-), bis[L-cysteinato(2-)-*N,O,S*] dioxodi-μ-thioxodi-, (*Mo-Mo*), disodium, tetrahydrate, stereoisomer, [88765-05-3], 29:258

$N_2Mo_2Na_2O_7S_3C_6H_{10}.4H_2O$, Molybdate (2-), bis[L-cysteinato(2-)-*N,O,S*]-μ-oxodioxo-μ-thioxodi-, (*Mo-Mo*), disodium, tetrahydrate, stereoisomer, [153924-79-9], 29:255

$N_2Mo_2Na_2O_{10}S_2C_{10}H_{12}.H_2O$, Molybdate(2-), [μ-[[*N,N'*-1,2-ethanediylbis[*N*-(carboxymethyl) glycinato]](4-)-*N,O,O*^{N}:*N',O',O*$^{N'}$]] dioxodi-μ-thioxodi-, (*Mo-Mo*), disodium, monohydrate, [153062-85-2], 29:259

$N_2Mo_2O_6PtC_{30}H_{20}$, Molybdenum, [bis (benzonitrile)platinum]hexacarbonylbis(η^5-2,4-cyclopentadien-1-yl)di-, (*2Mo-Pt*), stereoisomer, [83704-68-1], 26:345

$N_2Mo_2O_7C_{32}H_{72}$, 1 Butanaminium, *N,N,N*-tributyl-, μ-oxohexaoxodimolybdate (2-) (2:1), [64444-05-9], 27:79

$N_2Mo_6O_{19}C_{32}H_{72}$, 1-Butanaminium, *N,N,N*-tributyl-, dodeca-μ-oxo-μ_6-oxohexaoxohexamolybdate(2-) (2:1), [12390-22-6], 27:77

$N_2Na_2O_5S$, Sulfamic acid, hydroxynitroso-, disodium salt, [127795-71-5], 5:119

$N_2Na_2S_2C_4H_2$, 2-Butenedinitrile, 2,3-dimercapto-, disodium salt, (*Z*)-, [5466-54-6], 10:11;13:188

N_2NiC_2, Nickel cyanide ($Ni(CN)_2$), [557-19-7], 2:228

$N_2NiC_{24}H_{28}$, Nickel, [1,1'-(η^2-1,2-ethenediyl)bis[benzene]](2-isocyano-2-methylpropane)-, [32802-08-7], 17:122

$N_2NiO_2C_{10}H_{16}$, Nickel, bis(4-imino-2-pentanonato-*N,O*)-, [15170-64-6], 8:232

$N_2NiO_2C_{12}H_{20}$, Nickel, bis[4-(methylimino)-2-pentanonato-*N,O*]-, [14782-73-1], 11:74

$N_2NiO_4C_{14}H_{18}$, Nickel, [[3,3'-[1,2-ethanediylbis(nitrilomethylidyne)] bis[2,4-pentanedionato]] (2-)-*N*^{3},*N*$^{3'}$,*O*^{2},*O*$^{2'}$]-, (*SP*-4-2)-, [53385-23-2], 18:38

N_2NiO_4, Nitrous acid, nickel(2+) salt, [17861-62-0], 13:203

$N_2NiO_{10}S_2C_{14}H_{16}.2H_2O$, Nickel, tetraaquabis(1,2-benzisothiazol-3(2*H*)-one 1,1-dioxidato-*N*^{2})-, dihydrate, [81780-34-9], 23:48

$N_2NiP_2C_{24}H_{40}$, Nickel, [(*N,N'*-η)-diphenyldiazene]bis(triethylphosphine)-, [65981-84-2], 17:123

$N_2NiP_2C_{48}H_{40}$, Nickel, (diphenyldiazene-*N,N'*)bis(triphenylphosphine)-, [32015-52-4], 17:121

N_2NiS_6, Nickel, bis(mononitrogen trisulfidato)-, [67143-07-1], 18:124

$N_2Ni_2P_4C_{72}H_{132}$, Nickel, [μ-(dinitrogen-*N:N'*)]tetrakis(tricyclohexylphosphine)di-, [21729-50-0], 15:29

$N_2Ni_6O_{12}C_{20}H_{24}$, Methanaminium, *N,N,N*-trimethyl-, hexa-μ-carbonylhexacarbonylhexanickelate(2-) *octahedro* (2:1), [60464-19-9], 26:312

N_2OCH_4, Cyanic acid, ammonium salt, [22981-32-4], 13:17;16:136
———, Urea, [57-13-6], 2:89
$N_2OC_9H_{20}$, Ethanaminium, *N,N,N*-triethyl-, cyanate, [18218-04-7], 16:131
$N_2OPC_{14}H_{17}$, Phosphinic hydrazide, 2,2-dimethyl-*P,P*-diphenyl-, [13703-22-5], 8:76
N_2OS_2C, 5*H*-1,3,2,4-Dithia(3-S^{IV})diazol-5-one, [55590-17-5], 25:53
N_2OS_3, 1,2,4,3,5-Trithia(4-S^{IV})diazole, 1-oxide, [54460-74-1], 25:52
$N_2OSi_2C_9H_{24}$, Urea, *N,N'*-dimethyl-*N,N'*-bis(trimethylsilyl)-, [10218-17-4], 24:120
$N_2O_2CH_6$, Carbamic acid, monoammonium salt, [1111-78-0], 2:85
$N_2O_2C_{16}H_{16}$, Phenol, 2,2'-[1,2-ethanediylbis(nitrilomethylidyne)]bis-, [94-93-9], 3:198
$N_2O_2PReC_{36}H_{32}$, Rhenium, (η^5-2,4-cyclopentadien-1-yl)[[[1-(1-naphthalenyl)ethyl]amino] carbonyl]nitrosyl(triphenylphosphine)-, stereoisomer, [82372-77-8], 29:217
$N_2O_2PSC_{22}H_{25}$, Sulfamide, diethyl (triphenylphosphoranylidene)-, [13882-24-1], 9:119
$N_2O_2P_2C_{36}H_{30}$, Phosphorus(1+), triphenyl (*P,P,P*-triphenylphosphine imidato-*N*)-, (*T*-4)-, nitrite, [65300-05-2], 22:164
$N_2O_2P_2RuC_{36}H_{30}$, Ruthenium, dinitrosylbis(triphenylphosphine)-, [30352-63-7], 15:52
$N_2O_2P_2SC_{36}H_{30}$, Sulfamide, bis(triphenylphosphoranylidene)-, [14908-67-9], 9:118
$N_2O_2P_4WC_{68}H_{62}$, Tungsten, bis[1,2-ethanediylbis[diphenylphosphine]-*P,P'*](1-isocyano-4-methoxybenzene)-, (*OC*-6-11)-, [66862-23-5], 23:10
$N_2O_2PbC_2$, Cyanic acid, lead(2+) salt, [13453-58-2], 8:23
$N_2O_2PtC_{10}H_{12}$, Platinum, dihydroxybis (pyridine)-, (*SP*-4-1)-, [150124-34-8], 7:253
———, Platinum, dihydroxybis(pyridine)-, (*SP*-4-2)-, [150199-80-7], 7:253
$N_2O_2RuC_{28}H_{16}$, Ruthenium, bis(benzo[*h*] quinolin-10-yl-C^{10},N^1)dicarbonyl-, (*OC*-6-22)-, [88494-52-4], 26:177
$N_2O_2SC_2H_8$, Sulfamide, *N,N*-dimethyl-, [3984-14-3], 8:114
$N_2O_2SC_4H_{12}$, Sulfamide, *N,N'*-diethyl-, [6104-21-8], 8:114
———, Sulfamide, *N,N*-diethyl-, [4841-33-2], 8:114
$N_2O_2SC_5H_{12}$, 1-Piperidinesulfonamide, [4108-90-1], 8:114
$N_2O_2SC_6H_{16}$, Sulfamide, *N,N*-dipropyl-, [55665-94-6], 8:112
$N_2O_2SC_8H_{20}$, Sulfamide, *N,N'*-dibutyl-, [763-11-1], 8:114
———, Sulfamide, *N,N*-dibutyl-, [53892-25-4], 8:114
$N_2O_2SC_{10}H_{16}$, Sulfamide, *N,N*-diethyl-*N'*-phenyl-, [53660-22-3], 8:114
$N_2O_2SC_{10}H_{20}$, Piperidine, 1,1'-sulfonylbis-, [3768-65-8], 8:114
$N_2O_2SC_{10}H_{22}$, Sulfamide, *N'*-cyclohexyl-*N,N*-diethyl-, [37407-75-3], 8:114
$N_2O_2SC_{11}H_{22}$, 1-Piperidinesulfonamide, *N*-cyclohexyl-, [5430-49-9], 8:114
$N_2O_2SC_{12}H_{18}$, 1-Piperidinesulfonamide, *N*-(2-methylphenyl)-, [5430-50-2], 8:114
———, 1-Piperidinesulfonamide, *N*-(3-methylphenyl)-, [5432-36-0], 8:114
———, 1-Piperidinesulfonamide, *N*-(4-methylphenyl)-, [5450-07-7], 8:114
$N_2O_2SC_{12}H_{28}$, Sulfamide, *N,N*-dibutyl-*N',N'*-diethyl-, [100454-63-5], 8:114
$N_2O_2SiC_4H_6$, Silane, diisocyanatodimethyl-, [5587-62-2], 8:25
$N_2O_2Si_4YbC_{20}H_{56}$, Ytterbium, bis[1,1'-oxybis[ethane]]bis[1,1,1-trimethyl-*N*-(trimethylsilyl)silanaminato]-, (*T*-4)-, [81770-53-8], 27:148

$N_2O_2WC_6H_8$, Tungsten, (η^5-2,4-cyclopentadien-1-yl)methyldinitrosyl-, [57034-45-4], 19:210

$N_2O_3C_3H_6$, Carbamic acid, (aminocarbonyl)-, methyl ester, [761-89-7], 5:49,52

$N_2O_3C_4H_8$, Carbamic acid, (aminocarbonyl)-, ethyl ester, [626-36-8], 5:49,52

$N_2O_3SC_4H_{10}$, 4-Morpholinesulfonamide, [25999-04-6], 8:114

$N_2O_3SC_9H_{18}$, Morpholine, 4-(1-piperidinylsulfonyl)-, [71173-07-4], 8:113

$N_2O_3S_4WC_{13}H_{20}$, Tungsten, tricarbonylbis (diethylcarbamodithioato-*S,S'*)-, (*TPS*-7-1-121'1'22)-, [72827-54-4], 25:157

$N_2O_4C_3H_6$, Carbamic acid, nitro-, ethyl ester, [626-37-9], 1:69

$N_2O_4C_{14}H_{20}$, 2,4-Pentanedione, 3,3'-[1,2-ethanediylbis(iminomethylidyne)]bis-, [67326-56-1], 18:37

$N_2O_4Pd_2C_{28}H_{26}$, Palladium, bis[μ-(acetato-*O:O'*)]bis[2-(2-pyridinylmethyl)phenyl-*C,N*]di-, stereoisomer, [79272-89-2], 26:208

$N_2O_4UC_{18}H_{12}$, Uranium, dioxobis(8-quinolinolato-N^1,O^8)-, [17442-25-0], 4:100

$N_2O_4WC_{14}H_{18}$, Tungsten, tetracarbonylbis (2-isocyano-2-methylpropane)-, [123050-94-2], 28:143

N_2O_4, Nitrogen oxide (N_2O_4), [10544-72-6], 5:87

$N_2O_5WC_{10}H_{10}$, Tungsten, tetracarbonyl (cyanato-*N*)[(diethylamino) methylidyne]-, (*OC*-6-32)-, [83827-44-5], 26:42

N_2O_5, Nitrogen oxide (N_2O_5), [10102-03-1], 3:78;9:83,84

$N_2O_6C_2H_8$, Hydroxylamine, ethanedioate (2:1) (salt), [4682-08-0], 3:83

$N_2O_6PtC_{12}H_{20}$, Platinum, (1,2-cyclohexanediamine-*N,N'*)[D-ribo-3-hexulosonic acid γ-lactonato(2-)-C^2,O^5]-, [*SP*-4-3-(*cis*)]-, [106160-54-7], 27:283

———, Platinum, (1,2-cyclohexanediamine-*N,N'*)[L-*lyxo*-3-hexulosonic acid γ-lactonato(2-)-C^2,O^5]-, [*SP*-4-2-(1*R-trans*)]-, [91897-69-7], 27:283

———, Platinum, (1,2-cyclohexanediamine-*N,N'*)[L-*lyxo*-3-hexulosonic acid γ-lactonato(2-)-C^2,O^5]-, [*SP*-4-2-(1*S-trans*)]-, [106160-56-9], 27:283

N_2O_6Sr, Nitric acid, strontium salt, [10042-76-9], 3:17

$N_2O_8P_4C_{30}H_{36}$, Phosphinic acid, [1,2-ethanediylbis[nitrilobis(methylene)]] tetrakis[phenyl-, [60703-84-6], 16:199

$N_2O_{10}Os_3C_{14}H_6$, Osmium, bis(acetonitrile)decacarbonyltri-, *triangulo*, [61817-93-4], 26:292;28:234

$N_2O_{10}S_2VC_{14}H_{16}.2H_2O$, Vanadium, bis(1,2-benzisothiazol-3(2*H*)-one 1,1-dioxidato-N^2)-, dihydrate, (*OC*-6-11)-, [103563-29-7], 27:307

$N_2O_{10}S_2ZnC_{14}H_{16}.2H_2O$, Zinc, tetraaquabis(1,2-benzisothiazol-3(2*H*)-one 1,1-dioxidato-N^2)-, dihydrate, [81780-33-8], 23:49

$N_2O_{11}P_2Ru_3C_{46}H_{30}$, Phosphorus(1+), triphenyl(*P,P,P*-triphenylphosphine imidato-*N*)-, (*T*-4)-, decacarbonyl-μ-nitrosyltriruthenate(1-) *triangulo*, [79085-63-5], 22:163,165

$N_2O_{12}Os_3C_{10}$, Osmium, decacarbonyldi-μ-nitrosyl-, (2*Os-Os*), [36583-25-2], 16:40

$N_2O_{12}P_4PtRh_4C_{84}H_{60}$, Phosphorus(1+), triphenyl(*P,P,P*-triphenylphosphine imidato-*N*)-, (*T*-4)-, hexa-μ-carbonylpentacarbonyl(carbonylplatinate) tetrarhodate(2-) (3*Pt-Rh*)(6*Rh-Rh*) (2:1), [77906-02-6], 26:375

$N_2O_{12}Pt_6C_{44}H_{72}$, 1-Butanaminium, *N,N,N*-tributyl-, hexa-μ-carbonylhexacarbonylhcxaplatinatc(2-) (9*Pt-Pt*) (2:1), [72264-20-1], 26:316

$N_2O_{12}Ru_3C_{10}$, Ruthenium, decacarbonyldi-μ-nitrosyltri-, (2*Ru-Ru*), [36583-24-1], 16:39

$N_2O_{14}P_2Ru_5C_{50}H_{30}$, Phosphorus(1+), triphenyl(*P*,*P*,*P*-triphenylphosphine imidato-*N*)-, (*T*-4)-, μ-carbonyltridecacarbonyl-μ_5-nitridopentaruthenate (1-) (8*Ru-Ru*), [83312-28-1], 26:288

$N_2O_{14}P_4PtRh_4C_{86}H_{60}$, Phosphorus(1+), triphenyl(*P*,*P*,*P*-triphenylphosphine imidato-*N*)-, (*T*-4)-, penta-μ-carbonyl-octacarbonyl(carbonylplatinate) tetrarhodate(2-) (4*Pt-Rh*)(5*Rh-Rh*) (2:1), [78179-93-8], 26:373

$N_2O_{14}P_4Ru_5C_{87}H_{60}$, Phosphorus(1+), triphenyl(*P*,*P*,*P*-triphenylphosphine imidato-*N*)-, (*T*-4)-, μ-carbonyltridecacarbonyl-μ_5-methanetetraylpentaruthenate(2-) (8*Ru-Ru*) (2:1), [88567-84-4], 26:284

$N_2O_{15}Os_5P_4C_{87}H_{60}$, Phosphorus(1+), triphenyl(*P*,*P*,*P*-triphenylphosphine imidato-*N*)-, (*T*-4)-, pentadecacarbonylpentaosmate(2-) (9*Os-Os*) (2:1), [62414-47-5], 26:299

$N_2O_{16}P_2Ru_6C_{52}H_{30}$, Phosphorus(1+), triphenyl(*P*,*P*,*P*-triphenylphosphine imidato-*N*)-, (*T*-4)-, di-μ-carbonyl-tetradecacarbonyl-μ_6-nitridohexaruthenate(1-) *octahedro*, [84809-76-7], 26:287

$N_2O_{18}Os_6P_4C_{90}H_{60}$, Phosphorus(1+), triphenyl(*P*,*P*,*P*-triphenylphosphine imidato-*N*)-, (*T*-4)-, octadecacarbonylhexaosmate(2-) *octahedro* (2:1), [87851-12-5], 26:300

$N_2O_{18}Pt_9C_{34}H_{40}$, Ethanaminium, *N*,*N*,*N*-triethyl-, nona-μ-carbonylnonacarbonylnonaplatinate(2-) (15*Pt-Pt*) (2:1), [59451-61-5], 26:322

$N_2O_{19}W_6C_{32}H_{72}$, 1-Butanaminium, *N*,*N*,*N*-tributyl-, salt with tungstic acid ($H_2W_6O_{19}$) (2:1), [12329-10-1], 27:80

$N_2O_{24}Pt_{12}C_{40}H_{40}$, Ethanaminium, *N*,*N*,*N*-triethyl-, dodeca-μ-carbonyldodecacarbonyldodecaplatinate(2-) (24*Pt-Pt*) (2:1), [59451-60-4], 26:321

$N_2O_{30}Pt_{15}C_{46}H_{40}$, Ethanaminium, *N*,*N*,*N*-triethyl-, pentadeca-μ-carbonylpentadecacarbonylpentadecaplatinate(2-) (27*Pt-Pt*) (2:1), [59451-62-6], 26:320

$N_2PC_{14}H_{17}$, Phosphinous hydrazide, 2,2-dimethyl-*P*,*P*-diphenyl-, [3999-13-1], 8:74

$N_2PC_{18}H_{25}$, 1,2-Ethanediamine, *N*-[(diphenylphosphino)methyl]-*N*,*N'*,*N'*-trimethyl-, [43133-27-3], 16:199

$N_2PSC_{14}H_{17}$, Phosphinothioic hydrazide, 2,2-dimethyl-*P*,*P*-diphenyl-, [13703-23-6], 8:76

$N_2PSiC_{14}H_{27}$, Phosphonous diamide, *N*,*N*,*N'*,*N'*-tetramethyl-*P*-[phenyl (trimethylsilyl)methyl]-, [104584-01-2], 24:110

$N_2P_2C_{30}H_{34}$, 1,2-Ethanediamine, *N*,*N'*-bis[(diphenylphosphino)methyl]-*N*,*N'*-dimethyl-, [43133-28-4], 16:199

———, 1,2-Ethanediamine, *N*,*N*-bis[(diphenylphosphino)methyl]-*N'*,*N'*-dimethyl-, [43133-29-5], 16:199

$N_2P_2S_3C_{36}H_{30}$, Phosphorus(1+), triphenyl (*P*,*P*,*P*-triphenylphosphine imidato-*N*)-, (*T*-4)-, salt with thioperoxynitrous acid (HNS(S_2)) (1:1), [76468-84-3], 25:37

$N_2P_2S_4C_{36}H_{30}$, Phosphorus(1+), triphenyl(*P*,*P*,*P*-triphenylphosphine imidato-*N*)-, (*T*-4)-, salt with thioperoxynitrous acid (HNS(S_2)) *thiono*-sulfide (1:1), [72884-87-8], 25:35

$N_2P_3C_{42}H_{43}$, 1,2-Ethanediamine, *N*,*N*,*N'*-tris[(diphenylphosphino)methyl]-*N'*-methyl-, [43133-30-8], 16:199

$N_2P_3RuC_{54}H_{47}$, Ruthenium, (dinitrogen) dihydrotris(triphenylphosphine)-, [22337-84-4], 15:31

$N_2P_4C_{54}H_{52}$, 1,2-Ethanediamine, *N*,*N*,*N'*,*N'*-tetrakis[(diphenylphosphino)methyl]-, [43133-31-9], 16:198

$N_2P_4WC_{56}H_{54}$, Tungsten, bis[1,2-ethanediylbis[diphenylphosphine]-

P,P']bis(isocyanomethane)-, (*OC*-6-11)-, [57749-22-1], 23:10;28:43
$N_2P_4WC_{62}H_{66}$, Tungsten, bis[1,2-ethanediylbis[diphenylphosphine]-*P,P'*]bis(2-isocyano-2-methylpropane)-, (*OC*-6-11)-, [66862-32-6], 23:10
$N_2P_4WC_{66}H_{58}$, Tungsten, bis[1,2-ethanediylbis[diphenylphosphine]-*P,P'*]bis(isocyanobenzene)-, (*OC*-6-11)-, [66862-33-7], 23:10
$N_2P_4WC_{68}H_{62}$, Tungsten, bis[1,2-ethanediylbis[diphenylphosphine]-*P,P'*] bis(1-isocyano-4-methylbenzene)-, (*OC*-6-11)-, [66862-34-8], 23:10
$N_2PbS_2C_2$, Thiocyanic acid, lead(2+) salt, [592-87-0], 1:85
$N_2PdC_{10}H_{24}$, Palladium, 1,4-butanediyl (*N,N,N',N'*-tetramethyl-1,2-ethanediamine-*N,N'*)-, (*SP*-4-2)-, [75563-44-9], 22:168
$N_2PdC_{14}H_{16}$, Palladium, (2,2'-bipyridine-*N,N'*)-1,4-butanediyl-, (*SP*-4-2)-, [75949-87-0], 22:170
$N_2PtS_{10}C_{24}H_{59}$, 1-Propanaminium, *N,N,N*-tripropyl-, (*SP*-4-1)-bis(pentathio) platinate(2-) (2:1), [22668-81-1], 21:13
$N_2ReC_{16}H_{49}$, Ethanaminium, *N,N,N*-triethyl-, (*TPS*-9-111111111)-nonahydrorhenate(2-) (2:1), [25396-44-5], 13:223
N_2SC_2, Sulfur cyanide (S(CN)$_2$), [627-52-1], 24:125
$N_2SSi_2C_6H_{18}$, Sulfur diimide, bis (trimethylsilyl)-, [18156-25-7], 25:44
$N_2SSn_2C_6H_{18}$, Sulfur diimide, bis (trimethylstannyl)-, [50518-65-5], 25:44
N_2S_2, Nitrogen sulfide (N_2S_2), [25474-92-4], 6:126
$N_2S_2CH_6$, Carbamodithioic acid, monoammonium salt, [513-74-6], 3:48
$N_2S_2C_2$, Sulfur cyanide (S_2(CN)$_2$), [505-14-6], 1:84
$N_2S_2C_4H_2$, 2-Butenedinitrile, 2,3-dimercapto-, [20654-67-5], 19:31
$N_2S_2C_{12}H_{20}$, 2-Pentanethione, 4,4'-(1,2-ethanediyldinitrilo)bis-, [40006-83-5], 16:226
$N_2S_2SiC_4H_6$, Silane, diisothiocyanatodimethyl-, [13125-51-4], 8:30
$N_2S_2SnC_2H_6$, 5*H*-1,3,2,4,5-Dithia(3-S^{IV}) diazastannole, 5,5-dimethyl-, [50485-31-9], 25:53
N_2S_4, Nitrogen sulfide (N_2S_4), [148898-70-8], 6:128
$N_2S_4C_{16}H_{36}$, 1-Butanaminium, *N,N,N*-tributyl-, salt with thioperoxynitrous acid (HNS(S_2)) thiono-sulfide (1:1), [51185-47-8], 18:203,205
$N_2S_4SeC_6H_{12}$, 2,4-Dithia-3-selena-6-azaheptanethioamide, *N,N*,6-trimethyl-5-thioxo-, [18228-25-6], 4:93
$N_2S_4SeC_{10}H_{20}$, 2,4-Dithia-3-selena-6-azaoctanethioamide, *N,N*,6-triethyl-5-thioxo-, [136-92-5], 4:93
$N_2S_4TeC_6H_{12}$, 2,4-Dithia-3-tellura-6-azaheptanethioamide, *N,N*,6-trimethyl-5-thioxo-, [15925-58-3], 4:93
$N_2S_4TeC_{10}H_{20}$, Methanethioamide, 1,1'-[tellurobis(thio)]bis[*N,N*-diethyl-, [136-93-6], 4:93
$N_2UC_{18}H_{30}$, Uranium, bis(η^5-2,4-cyclopentadien-1-yl)bis(*N*-ethylethanaminato)-, [54068-37-0], 29:234
$N_3AgO_3C_{10}H_{10}$, Silver(1+), bis(pyridine)-, nitrate, [39716-70-6], 7:172
$N_3AlI_3C_{15}H_{15}$, Aluminum, triiodotris (pyridine)-, [15244-11-8], 20:83
$N_3AsC_6H_{18}$, Arsenous triamide, hexamethyl-, [6596-96-9], 10:133
$N_3BBr_2C_{15}H_{16}$, Boron(2+), hydrotris (pyridine)-, dibromide, (*T*-4)-, [25397-28-8], 12:139
$N_3BC_6H_{18}$, Boranetriamine, hexamethyl-, [4375-83-1], 10:135
$N_3BC_{12}H_{30}$, Boranetriamine, hexaethyl-, [867-97-0], 17:159
———, Boranetriamine, *N,N',N''*-tris(1-methylpropyl)-, [28049-72-1], 17:160

$N_3BC_{21}H_{24}$, Boranetriamine, *N,N',N''*-trimethyl-*N,N',N''*-triphenyl-, [10311-59-8], 17:162
$N_3BClF_4O_2P_2PtC_{18}H_{35}$, Platinum(1+), chloro[(4-nitrophenyl)diazene-N^2]bis(triethylphosphine)-, (*SP*-4-3)-, tetrafluoroborate(1-), [153379-38-5], 12:31
$N_3BF_{12}P_2C_{15}H_{16}$, Boron(2+), hydrotris(pyridine)-, (*T*-4)-, bis[hexafluorophosphate(1-)], [25447-31-8], 12:139
$N_3B_3C_3H_{12}$, Borazine, 1,3,5-trimethyl-, [1004-35-9], 9:8
———, Borazine, 2,4,6-trimethyl-, [5314-85-2], 9:8
$N_3B_3Cl_3C_3H_9$, Borazine, 2,4,6-trichloro-1,3,5-trimethyl-, [703-86-6], 13:43
$N_3B_3Cl_3H_3$, Borazine, 2,4,6-trichloro-, [933-18-6], 10:139;13:41
$N_3B_3H_6$, Borazine, [6569-51-3], 10:142
$N_3BrCoO_3C_5H_{19}.1/2H_2O$, Cobalt(3+), ammine[carbonato(2-)-*O*]bis(1,2-ethanediamine-*N,N'*)-, bromide, hydrate (2:1), (*OC*-6-23)-, [151120-16-0], 17:152
$N_3BrF_6PRuC_{14}H_{21}$, Ruthenium(1+), tris(acetonitrile)bromo[(1,2,5,6-η)-1,5-cyclooctadiene]-, stereoisomer, hexafluorophosphate(1-), [115203-19-5], 26:72
$N_3BrO_3C_{10}H_{10}$, Bromine(1+), bis(pyridine)-, nitrate, [53514-33-3], 7:172
$N_3Br_2F_4P_3$, 1,3,5,2,4,6-Triazatriphosphorine, 2,4-dibromo-2,4,6,6-tetrafluoro-2,2,4,4,6,6-hexahydro-, [29871-63-4], 18:198
$N_3Br_3F_3P_3$, 1,3,5,2,4,6-Triazatriphosphorine, 2,4,6-tribromo-2,4,6-trifluoro-2,2,4,4,6,6-hexahydro-, [67336-18-9], 18:197,198
$N_3Br_3P_3C_{18}H_{15}$, 1,3,5,2,4,6-Triazatriphosphorine, 2,4,6-tribromo-2,2,4,4,6,6-hexahydro-2,4,6-triphenyl-, (2α,4α,6α)-, [19322-22-6], 11:201
$N_3Br_5PaC_6H_9$, Protactinium, tris(acetonitrile)pentabromo-, [22043-44-3], 12:227
$N_3Br_6P_3$, 1,3,5,2,4,6-Triazatriphosphorine, 2,2,4,4,6,6-hexabromo-2,2,4,4,6,6-hexahydro-, [13701-85-4], 7:76
$N_3CH_5.xS_2Ta$, Guanidine, compd. with tantalum sulfide (TaS_2), [53327-76-7], 30:164
$N_3C_5H_7$, 2,6-Pyridinediamine, [141-86-6], 18:47
$N_3C_6H_{17}$, 1,3-Propanediamine, *N*-(3-aminopropyl)-, [56-18-8], 18:18
$N_3C_{10}H_9$, 2-Pyridinamine, *N*-2-pyridinyl-, [1202-34-2], 5:14
N_3CeO_9, Nitric acid, cerium(3+) salt, [10108-73-3], 2:51
$N_3CeO_{13}C_8H_{16}$, Cerium, tris(nitrato-*O*)(1,4,7,10-tetraoxacyclododecane-O^1,O^4,O^7,O^{10})-, [73297-41-3], 23:151
$N_3CeO_{14}C_{10}H_{20}$, Cerium, tris(nitrato-*O,O'*)(1,4,7,10,13-pentaoxacyclopentadecane-$O^1,O^4,O^7,O^{10},O^{13}$)-, [67216-25-5], 23:151
$N_3CeO_{15}C_{12}H_{24}$, Cerium, (1,4,7,10,13,16-hexaoxacyclooctadecane-$O^1,O^4,O^7,O^{10},O^{13},O^{16}$)tris(nitrato-*O,O'*)-, [67216-31-3], 23:153
$N_3ClC_2H_{10}$, Triazanium, 2,2-dimethyl-, chloride, [13166-44-4], 10:129
$N_3ClC_4H_{12}$, Pyrrolidinium, 1,1-diamino-, chloride, [13006-15-0], 10:130
$N_3ClC_4H_{14}$, Triazanium, 2,2-diethyl-, chloride, [13018-68-3], 10:130
$N_3ClCoOC_{12}H_{11}$, Cobalt(1+), triammineaquadichloro-, chloride, [13820-77-4], 6:180;6:191
$N_3ClCoO_4C_2H_9$, Cobalt, triamminechloro[ethanedioato(2-)-*O,O'*]-, [31237-99-7], 6:182
$N_3ClF_6PRuC_{14}H_{21}$, Ruthenium(1+), tris(acetonitrile)chloro[(1,2,5,6-η)-1,5-cyclooctadiene]-, hexafluorophosphate(1-), [54071-75-9], 26:71

$N_3ClH_8O_4Pt$, Platinum(1+), diammine-aquachloro-, (*SP*-4-2)-, nitrate, [15559-61-2], 22:125

$N_3ClIrC_{15}H_{16}$, Iridate(1-), tetrachlorobis (pyridine)-, (*OC*-6-22)-, hydrogen, compd. with pyridine (1:1), [12083-50-0], 7:228

$N_3ClPC_{14}H_{19}$, Phosphoranamine, 1-chloro-1-(2,2-dimethylhydrazino)-1,1-diphenyl-, [15477-41-5], 8:76

$N_3ClP_2C_{20}H_{18}$, 1,3,5,2,4-Triazadiphosphorine, 2-chloro-2,2,4,4-tetrahydro-2-methyl-4,4,6-triphenyl-, [152227-48-0], 25:29

$N_3ClP_2SC_{24}H_{20}$, 1λ^4-1,2,4,6,3,5-Thiatriazadiphosphorine, 1-chloro-3,3,5,5-tetrahydro-3,3,5,5-tetraphenyl-, [84247-67-6], 25:40

$N_3ClP_2SiC_{12}H_{30}$, 1,3,2,4-Diazadiphosphetidin-2-amine, 4-chloro-*N*,1,3-tris(1-methylethyl)-*N*-(trimethylsilyl)-, [74465-50-2], 25:10

N_3ClS_4, Thiotrithiazyl chloride, [12015-30-4], 9:106

$N_3Cl_2CoC_{10}H_9$, Cobalt, dichloro(*N*-2-pyridinyl-2-pyridinamine-N^{N^2},N^1)-, (*T*-4)-, [14872-02-7], 5:184

$N_3Cl_2CuC_{10}H_9$, Copper, dichloro(*N*-2-pyridinyl-2-pyridinamine-N^{N^2},N^1)-, (*T*-4)-, [58784-85-3], 5:14

$N_3Cl_2H_9Pt$, Platinum(1+), triammine-chloro-, chloride, (*SP*-4-2)-, [13815-16-2], 22:124

$N_3Cl_2O_2PtC_{19}H_{19}$, Platinum, dichloro [2-(2-nitrophenyl)-1,3-propanediyl]bis (pyridine)-, (*OC*-6-13)-, [38889-64-4], 16:115,116

$N_3Cl_2P_2C_{19}H_{15}$, 1,3,5,2,4-Triazadiphosphorine, 2,4-dichloro-2,2,4,4-tetrahydro-2,4,6-triphenyl-, *cis*-, [21689-00-9], 25:28

———, 1,3,5,2,4-Triazadiphosphorine, 2,4-dichloro-2,2,4,4-tetrahydro-2,4,6-triphenyl-, *trans*-, [21689-01-0], 25:28

$N_3Cl_2PdC_4H_{13}$, Palladium(1+), [*N*-(2-aminoethyl)-1,2-ethanediamine-*N*,*N'*,*N''*]chloro-, chloride, (*SP*-4-2)-, [23041-96-5], 29:187

$N_3Cl_2PtC_{15}H_{11}.2H_2O$, Platinum(1+), chloro(2,2':6',2''-terpyridine-*N*,*N'*,*N''*)-, chloride, dihydrate, (*SP*-4-2)-, [151120-25-1], 20:101

$N_3Cl_2ZnC_{10}H_9$, Zinc, dichloro(*N*-2-pyridinyl-2-pyridinamine-N^{N^2},N^1)-, (*T*-4)-, [14169-18-7], 8:10

$N_3Cl_3C_3$, 1,3,5-Triazine, 2,4,6-trichloro-, [108-77-0], 2:94

$N_3Cl_3CoC_4H_{13}$, Cobalt, [*N*-(2-aminoethyl)-1,2-ethanediamine-*N*,*N'*,*N''*] trichloro-, [14215-59-9], 7:211

$N_3Cl_3CoH_9$, Cobalt, triamminetrichloro-, [30217-13-1], 6:182

$N_3Cl_3CoH_{11}O$, Cobalt(1+), triammine-aquadichloro-, chloride, (*OC*-6-13)-, [60966-27-0], 23:110

$N_3Cl_3CrC_{15}H_{15}$, Chromium, trichlorotris (pyridine)-, [14284-76-5], 7:132

$N_3Cl_3IrC_{15}H_{15}$, Iridium, trichlorotris (pyridine)-, (*OC*-6-21)-, [13928-32-0], 7:229,231

———, Iridium, trichlorotris(pyridine)-, (*OC*-6-22)-, [13927-98-5], 7:229,231

$N_3Cl_3MoC_6H_9$, Molybdenum, tris (acetonitrile)trichloro-, [45047-76-5], 28:37

$N_3Cl_3MoC_{15}H_{15}$, Molybdenum, trichlorotris(pyridine)-, [13927-99-6], 7:40

$N_3Cl_3O_3S_3$, 1,3,5,2,4,6-Trithiatriazine, 2,4,6-trichloro-, 1,3,5-trioxide, [21095-45-4], 13:10

———, 1λ^4,3λ^4,5λ^4-1,3,5,2,4,6-Trithiatriazine, 1,3,5-trichloro-, 1,3,5-trioxide, [13955-01-6], 13:9

$N_3Cl_3P_3C_6H_{15}$, 1,3,5,2,4,6-Triazatriphosphorine, 2,4,6-trichloro-1,3,5-triethylhexahydro-, [1679-92-1], 25:13

$N_3Cl_3RhC_{15}H_{15}$, Rhodium, trichlorotris (pyridine)-, (*OC*-6-21)-, [14267-66-4], 10:65

$N_3Cl_3S_3$, 1λ⁴,3λ⁴,5λ⁴-1,3,5,2,4,6-Trithiatriazine, 1,3,5-trichloro-, [5964-00-1], 9:107

$N_3Cl_3VC_6H_9$, Vanadium, tris(acetonitrile) trichloro-, [20512-79-2], 13:167

$N_3Cl_4IrC_{15}H_{16}$, Iridate(1-), tetrachlorobis (pyridine)-, (*OC*-6-11)-, hydrogen, compd. with pyridine (1:1), [12083-51-1], 7:221,223,231

$N_3Cl_4P_3S_2C_4H_{10}$, 1,3,5,2,4,6-Triazatriphosphorine, 2,2,4,4-tetrachloro-6,6-bis(ethylthio)-2,2,4,4,6,6-hexahydro-, [7652-85-9], 8:86

$N_3Cl_4P_3S_2C_{12}H_{10}$, 1,3,5,2,4,6-Triazatriphosphorine, 2,2,4,4-tetrachloro-2,2,4,4,6,6-hexahydro-6,6-bis (phenylthio)-, [7655-02-9], 8:88

$N_3Cl_4P_3SiC_5H_{14}$, 1,3,5,2,4,6-Triazatriphosphorine, 2,2,4,4-tetrachloro-2,2,4,4,6,6-hexahydro-6-methyl-6-[(trimethylsilyl)methyl]-, [104738-14-9], 25:61

$(N_3Cl_4P_3SiC_5H_{14})_x$, 1,3,5,2,4,6-Triazatriphosphorine, 2,2,4,4-tetrachloro-2,2,4,4,6,6-hexahydro-6-methyl-6-[(trimethylsilyl)methyl]-, homopolymer, [110718-16-6], 25:63

$N_3Cl_4RuC_{12}H_{26}$, Ethanaminium, *N,N,N*-triethyl-, (*OC*-6-11)-bis(acetonitrile) tetrachlororuthenate(1-), [74077-58-0], 26:356

$N_3Cl_5OP_3C_2H_3$, 1,3,5,2,4,6-Triazatriphosphorine, 2,2,4,4,6-pentachloro-6-(ethenyloxy)-2,2,4,4,6,6-hexahydro-, [82056-02-8], 25:75

$(N_3Cl_5OP_3C_2H_3)_x$, 1,3,5,2,4,6-Triazatriphosphorine, 2,2,4,4,6-pentachloro-6-(ethenyloxy)-2,2,4,4,6,6-hexahydro-, homopolymer, [87006-53-9], 25:77

$N_3Cl_6H_{12}Ir$, Iridate(3-), hexachloro-, triammonium, (*OC*-6-11)-, [15752-05-3], 8:226

$N_3Cl_6H_{12}Mo$, Molybdate(3-), hexachloro-, triammonium, (*OC*-6-11)-, [18747-24-5], 13:172;29:127

$N_3Cl_6P_3$, 1,3,5,2,4,6-Triazatriphosphorine, 2,2,4,4,6,6-hexachloro-2,2,4,4,6,6-hexahydro-, [940-71-6], 6:94

$N_3Cl_9V_2C_{24}H_{60}$, Ethanaminium, *N,N,N*-triethyl-, tri-μ-chlorohexachlorodivanadate(3-) (3:1), [33461-68-6], 13:168

$N_3CoF_9O_9S_3C_7H_{13}$, Cobalt, [*N*-(2-aminoethyl)-1,2-ethanediamine-*N,N',N''*]tris(trifluoromethanesulfonato-*O*)-, (*OC*-6-33)-, [75522-53-1], 22:106

$N_3CoOS_4C_6H_{12}$, Cobalt, bis(dimethylcarbamodithioato-*S,S'*)nitrosyl-, (*SP*-5-21)-, [36434-42-1], 16:7

$N_3CoO_6C_6H_{12}$, Cobalt, tris(glycinato-*N,O*)-, (*OC*-6-21)-, [30364-77-3], 25:135

———, Cobalt, tris(glycinato-*N,O*)-, (*OC*-6-22)-, [21520-57-0], 25:135

$N_3CoO_6C_9H_{18}$, Cobalt, tris(L-alaninato-*N,O*)-, (*OC*-6-21)-, [55328-27-3], 25:137

———, Cobalt, tris(L-alaninato-*N,O*)-, (*OC*-6-22)-, [55448-50-5], 25:137

$N_3CoO_{12}C_{15}H_{18}$, Cobalt, tris(3-nitro-2,4-pentanedionato-O^2,O^4)-, (*OC*-6-11)-, [15169-25-2], 7:205

$N_3CoS_6C_{15}H_{30}$, Cobalt, tris(diethylcarbamodithioato-*S,S'*)-, (*OC*-6-11)-, [13963-60-5], 10:47

$N_3CrH_9O_4$, Chromium, triamminediperoxy-, (*PB*-7-22-111'1'2)-, [17168-85-3], 8:132

$N_3CrO_3C_{12}H_{15}$, Chromium, tricarbonyltris (propanenitrile)-, [91513-88-1], 28:32

$N_3CrO_3C_{18}H_{27}$, Chromium, tricarbonyltris (2-isocyano-2-methylpropane)-, (*OC*-6-22)-, [37017-57-5], 28:143

$N_3CrO_3C_{36}H_{42}$, Chromium, tris[4-[(4-methylphenyl)imino]-2-pentanonato-*N,O*]-, [15636-01-8], 8:149

$N_3CrO_5C_{21}H_{19}$, Chromium, tricarbonyl [oxo[(1-phenylethyl)amino]acetic acid [[(1,2,3,4,5,6-η)-2-methylphenyl] methylene]hydrazide]-, [71243-08-8], 23:87

$N_3CrO_6C_{21}H_{19}$, Chromium, tricarbonyl [oxo[(1-phenylethyl)amino]acetic acid [[(1,2,3,4,5,6-η)-2-methoxyphenyl] methylene]hydrazide]-, [71250-01-6], 23:88

$N_3CrO_6C_{21}H_{24}$, Chromium, tris(3-acetyl-4-oxopentanenitrilato-*O,O'*)-, (*OC*-6-11)-, [31224-14-3], 12:85

$N_3CrO_7C_{22}H_{21}$, Chromium, tricarbonyl [oxo[(1-phenylethyl)amino]acetic acid [[(1,2,3,4,5,6-η)-2,3-dimethoxyphenyl]methylene] hydrazide]-, [71250-02-7], 23:88

———, Chromium, tricarbonyl[oxo [(1-phenylethyl)amino]acetic acid [[(1,2,3,4,5,6-η)-3,4-dimethoxy-phenyl]methylene]hydrazide]-, [71250-03-8], 23:88

$N_3CrS_6C_{15}H_{30}$, Chromium, tris (diethylcarbamodithioato-*S,S'*)-, (*OC*-6-11)-, [18898-57-2], 10:44

$N_3CrSi_6C_{18}H_{57}$, Silanamine, 1,1,1-trimethyl-*N*-(trimethylsilyl)-, chromium(3+) salt, [37512-31-5], 18:118

N_3Cs, Cesium azide ($Cs(N_3)$), [22750-57-8], 1:79

$N_3DyO_{13}C_8H_{16}$, Dysprosium, tris (nitrato-*O*)(1,4,7,10-tetraoxacyclo-dodecane-O^1,O^4,O^7,O^{10})-, [73288-74-1], 23:151

$N_3DyO_{14}C_{10}H_{20}$, Dysprosium, tris (nitrato-*O,O'*)(1,4,7,10,13-pentaoxacyclopentadecane-$O^1,O^4,O^7,O^{10},O^{13}$)-, [77371-98-3], 23:151

$N_3DyO_{15}C_{12}H_{24}$, Dysprosium, (1,4,7,10,13,16-hexaoxacyclooctadecane-$O^1,O^4,O^7,O^{10},O^{13},O^{16}$)tris(nitrato-*O,O'*)-, [77372-10-2], 23:153

$N_3ErO_{13}C_8H_{16}$, Erbium, tris(nitrato-*O*) (1,4,7,10-tetraoxacyclododecane-O^1,O^4,O^7,O^{10})-, [73297-44-6], 23:151

$N_3ErO_{14}C_{10}H_{20}$, Erbium, tris (nitrato-*O,O'*)(1,4,7,10,13-pentaoxacyclopentadecane-$O^1,O^4,O^7,O^{10},O^{13}$)-, [77372-02-2], 23:151

$N_3ErO_{15}C_{12}H_{24}$, Erbium, (1,4,7,10,13,16-hexaoxacyclooctadecane-$O^1,O^4,O^7,O^{10},O^{13},O^{16}$)tris(nitrato-*O,O'*)-, [77402-72-3], 23:153

$N_3EuO_{13}C_8H_{16}$, Europium, tris(nitrato-*O*) (1,4,7,10-tetraoxacyclododecane-O^1,O^4,O^7,O^{10})-, [73288-72-9], 23:151

$N_3EuO_{14}C_{10}H_{20}$, Europium, tris (nitrato-*O*)(1,4,7,10,13-pentaoxacyclo-pentadecane-$O^1,O^4,O^7,O^{10},O^{13}$)-, [73798-11-5], 23:151

$N_3EuO_{15}C_{12}H_{24}$, Europium, (1,4,7,10,13,16-hexaoxacyclo-octadecane-$O^1,O^4,O^7,O^{10},O^{13},O^{16}$)tris (nitrato-*O,O'*)-, [77372-07-7], 23:153

$N_3F_4P_3C_{12}H_{10}$, 1,3,5,2,4,6-Triazatriphosphorine, 2,2,4,4-tetrafluoro-2,2,4,4,6,6-hexahydro-6,6-diphenyl-, [18274-73-2], 12:296

$N_3F_5P_3C_6H_5$, 1,3,5,2,4,6-Triazatriphosphorine, 2,2,4,4,6-pentafluoro-2,2,4,4,6,6-hexahydro-6-phenyl-, [2713-48-6], 12:294

$N_3F_6H_{12}V$, Vanadate(3-), hexafluoro-, triammonium, (*OC*-6-11)-, [13815-31-1], 7:88

$N_3F_6P_3$, 1,3,5,2,4,6-Triazatriphosphorine, 2,2,4,4,6,6-hexafluoro-2,2,4,4,6,6-hexahydro-, [15599-91-4], 9:76

$N_3F_{12}IrP_2C_{16}H_{24}$, Iridium(2+), tris (acetonitrile)[(1,2,3,4,5-η)-1,2,3,4,5-pentamethyl-2,4-cyclopentadien-1-yl]-, bis[hexafluorophosphate(1-)], [59738-32-8], 29:232

$(N_3F_{12}O_4P_3C_{10}H_{14})_x$, Poly[nitrilo [bis(2,2,2-trifluoroethoxy) phosphoranylidyne]nitrilo[bis(2,2,2-trifluoroethoxy)phosphoranylidyne]

nitrilo(dimethylphosphoranylidyne)], [153569-07-4], 25:67
$(N_3F_{12}O_4P_3SiC_{13}H_{22})_x$, Poly[nitrilo[bis(2,2,2-trifluoroethoxy)phosphoranylidyne]nitrilo[bis(2,2,2-trifluoroethoxy)phosphoranylidyne]nitrilo[methyl[(trimethylsilyl)methyl]phosphoranylidyne]], [153569-08-5], 25:64
$N_3F_{12}P_2RhC_{16}H_{24}$, Rhodium(2+), tris(acetonitrile)[(1,2,3,4,5-η)-1,2,3,4,5-pentamethyl-2,4-cyclopentadien-1-yl]-, bis[hexafluorophosphate(1-)], [59738-28-2], 29:231
$N_3FeOS_4C_{10}H_{20}$, Iron, bis(diethylcarbamodithioato-*S,S'*)nitrosyl-, [14239-50-0], 16:5
$N_3FeO_2C_{29}H_{27}$, Iron, dicarbonyltris(2-isocyano-1,3-dimethylbenzene)-, [75517-51-0], 26:56;28:182
$N_3FeSi_6C_{18}H_{57}$, Silanamine, 1,1,1-trimethyl-*N*-(trimethylsilyl)-, iron(3+) salt, [22999-67-3], 18:18
N_3GdO_9, Nitric acid, gadolinium(3+) salt, [10168-81-7], 5:41
$N_3GdO_{13}C_8H_{16}$, Gadolinium, tris(nitrato-*O*)(1,4,7,10-tetraoxacyclododecane-O^1,O^4,O^7,O^{10})-, [73297-43-5], 23:151
$N_3GdO_{14}C_{10}H_{20}$, Gadolinium, tris(nitrato-*O,O'*)(1,4,7,10,13-pentaoxacyclopentadecane-$O^1,O^4,O^7,O^{10},O^{13}$)-, [67269-15-2], 23:151
N_3H, Hydrazoic acid, [7782-79-8], 1:77
N_3HNiS_5, Nickel, (mercaptosulfur diimidato-N',S^N)(mononitrogen trisulfidato)-, [67143-06-0], 18:124
$N_3H_2Na_4O_6P_3.8H_2O$, Metaphosphimic acid ($H_6P_3O_6N_3$), tetrasodium salt, octahydrate, [149165-72-0], 6:80
$N_3H_3K_3O_6P_3$, Metaphosphimic acid ($H_6P_3O_6N_3$), tripotassium salt, [18466-18-7], 6:97
$N_3H_3Na_3O_6P_3.H_2O$, Metaphosphimic acid ($H_6P_3O_6N_3$), trisodium salt, monohydrate, [150124-49-5], 6:99
$N_3H_3Na_3O_6P_{3.4}H_2O$, Metaphosphimic acid (($H_6P_3O_6N_3$)), trisodium salt, tetrahydrate, [27379-16-4], 6:15
$N_3H_3S_5$, 1,2,3,5,7,4,6,8-Pentathiatriazocine, [638-50-6], 11:184
———, 1,2,4,5,7,3,6,8-Pentathiatriazocine, [334-35-0], 11:184
N_3H_6OP, Phosphoric triamide, [13597-72-3], 6:108
$N_3H_6O_6P_3$, Metaphosphimic acid ($H_6P_3O_6N_3$), [14097-18-8], 6:79
N_3H_6PS, Phosphorothioic triamide, [13455-05-5], 6:111
$N_3H_{12}O_7P$, Hydroxylamine, phosphate (3:1) (salt), [20845-01-6], 3:82
$N_3H_{12}RhS_{15}$, Rhodate(3-), tris(pentathio)-, triammonium, (*OC*-6-11)-, [33897-08-4], 21:15
$N_3HgO_6S_2$, Imidodisulfuric acid, diammonium salt, [13597-84-7], 2:180
$N_3HoO_{13}C_8H_{16}$, Holmium, tris(nitrato-*O*)(1,4,7,10-tetraoxacyclododecane-O^1,O^4,O^7,O^{10})-, [73288-75-2], 23:151
$N_3HoO_{14}C_{10}H_{20}$, Holmium, tris(nitrato-*O,O'*)(1,4,7,10,13-pentaoxacyclopentadecane-$O^1,O^4,O^7,O^{10},O^{13}$)-, [77372-00-0], 23:151
$N_3HoO_{15}C_{12}H_{24}$, Holmium, (1,4,7,10,13,16-hexaoxacyclooctadecane-$O^1,O^4,O^7,O^{10},O^{13},O^{16}$)tris(nitrato-*O,O'*)-, [77372-11-3], 23:152
N_3IS_4, Thiotrithiazyl iodide ((N_3S_4)I), [83753-25-7], 9:107
N_3K, Potassium azide (K(N_3)), [20762-60-1], 1:79;2:139
N_3LaO_9, Lanthanum, tris(nitrato-*O,O'*)-, (*OC*-6-11)-, [24925-50-6], 5:41
$N_3LaO_{13}C_8H_{16}$, Lanthanum, tris(nitrato-*O*)(1,4,7,10-tetraoxacyclododecane-O^1,O^4,O^7,O^{10})-, [73288-70-7], 23:151
$N_3LaO_{14}C_{10}H_{20}$, Lanthanum, tris(nitrato-*O*)(1,4,7,10,13-pentaoxacyclopentadecane-$O^1,O^4,O^7,O^{10},O^{13}$)-, [73798-09-1], 23:151

$N_3LaO_{15}C_{12}H_{24}$, Lanthanum, (1,4,7,10,13,16-hexaoxacyclooctadecane-$O^1,O^4,O^7,O^{10},O^{13},O^{16}$)tris (nitrato-*O*)-, [73817-12-6], 23:153
$N_3LuO_{13}C_8H_{16}$, Lutetium, tris(nitrato-*O*) (1,4,7,10-tetraoxacyclododecane-O^1,O^4,O^7,O^{10})-, [73288-78-5], 23:151
$N_3LuO_{14}C_{10}H_{20}$, Lutetium, tris (nitrato-*O,O'*)(1,4,7,10,13-pentaoxacyclopentadecane-$O^1,O^4,O^7,O^{10},O^{13}$)-, [99352-14-4], 23:151
$N_3LuO_{15}C_{12}H_{24}$, Lutetium, (1,4,7,10,13,16-hexaoxacyclooctadecane-$O^1,O^4,O^7,O^{10},O^{13},O^{16}$)tris (nitrato-*O,O'*)-, [77372-18-0], 23:153
N_3MnO_4C, Manganese, carbonyltrinitrosyl-, (*T*-4)-, [14951-98-5], 16:4
$N_3MoO_3C_{12}H_{15}$, Molybdenum, tricarbonyltris(propanenitrile)-, [103933-26-2], 28:31
$N_3MoO_3C_{18}H_{27}$, Molybdenum, tricarbonyltris(2-isocyano-2-methylpropane)-, (*OC*-6-22)-, [37017-63-3], 28:143
$N_3Mo_5NaO_{21}P_2C_8H_{26}.5H_2O$, Methanaminium, *N,N,N*-trimethyl-, sodium hydrogen heneicosaoxobis [2,2'-phosphinidenebis[ethanaminato]] pentamolybdate(4-) (1:1:2:1), pentahydrate, [152981-40-3], 27:126
N_3Na, Sodium azide ($Na(N_3)$), [26628-22-8], 1:79;2:139
N_3NaS_2C, Carbonazidodithioic acid, sodium salt, [38093-88-8], 1:82
N_3NdO_9, Nitric acid, neodymium(3+) salt, [10045-95-1], 5:41
$N_3NdO_{13}C_8H_{16}$, Neodymium, tris (nitrato-*O*)(1,4,7,10-tetraoxacyclododecane-O^1,O^4,O^7,O^{10})-, [71534-52-6], 23:151
$N_3NdO_{14}C_{10}H_{20}$, Neodymium, tris (nitrato-*O,O'*)(1,4,7,10,13-pentaoxacyclopentadecane-$O^1,O^4,O^7,O^{10},O^{13}$)-, [67216-27-7], 23:151
$N_3NdO_{15}C_{12}H_{24}$, Neodymium, (1,4,7,10,13,16-hexaoxacyclooctadecane-$O^1,O^4,O^7,O^{10},O^{13},O^{16}$)tris (nitrato-*O,O'*)-, [67216-33-5], 23:151
$N_3OC_{18}H_{17}$, 3*H*-Pyrazol-3-one, 2,4-dihydro-5-methyl-4-[(methylphenylamino)methylene]-2-phenyl-, [65699-59-4], 30:68
$N_3O_2C_2H_3$, 1,2,4-Triazolidine-3,5-dione, [3232-84-6], 5:52-54
$N_3O_2P_2C_3H_9$, Phosphenimidic amide, *N,N'*-dimethyl-*N*-[(methylimino) phosphinyl]-, [148832-16-0], 8:68
$N_3O_3PC_3$, Phosphorous triisocyanate, [1782-09-8], 13:20
$N_3O_3SiC_4H_3$, Silane, triisocyanatomethyl-, [5587-61-1], 8:25
$N_3O_3VC_{18}H_{30}$, Vanadium, tris[4-(methylimino)-2-pentanonato-*N,O*]-, [18533-30-7], 11:81
$N_3O_3WC_{12}H_{15}$, Tungsten, tricarbonyltris (propanenitrile)-, [84580-21-2], 27:4;28:30
$N_3O_3WC_{18}H_{27}$, Tungsten, tricarbonyltris (2-isocyano-2-methylpropane)-, (*OC*-6-22)-, [42401-95-6], 28:143
$N_3O_4C_3H_9$, Carbamic acid, nitro-, ethyl ester, ammonium salt, [62258-40-6], 1:69
$N_3O_4ZnC_{14}H_{15}$, Zinc, bis(acetato-*O,O'*)(*N*-2-pyridinyl-2-pyridinamine-N^N,N^1)-, [14166-94-0], 8:10
$N_3O_6P_3C_{12}H_{30}$, 1,3,5,2,4,6-Triazatriphosphorine, 2,2,4,4,6,6-hexaethoxy-2,2,4,4,6,6-hexahydro-, [799-83-7], 8:77
$N_3O_6P_3C_{36}H_{30}$, 1,3,5,2,4,6-Triazatriphosphorine, 2,2,4,4,6,6-hexahydro-2,2,4,4,6,6-hexaphenoxy-, [1184-10-7], 8:81
N_3O_9Pr, Nitric acid, praseodymium(3+) salt, [10361-80-5], 5:41
N_3O_9Sm, Nitric acid, samarium(3+) salt, [10361-83-8], 5:41
N_3O_9Y, Nitric acid, yttrium(3+) salt, [10361-93-0], 5:41
$N_3O_9Yb.3H_2O$, Nitric acid, ytterbium(3+) salt, trihydrate, [81201-59-4], 11:95

$N_3O_9Yb.4H_2O$, Nitric acid, ytterbium(3+) salt, tetrahydrate, [10035-00-4], 11:95
$N_3O_9Yb.5H_2O$, Nitric acid, ytterbium(3+) salt, pentahydrate, [35725-34-9], 11:95
$N_3O_{10}V$, Vanadium, tris(nitrato-*O*)oxo-, (*T*-4)-, [16017-37-1], 9:83
$N_3O_{13}PrC_8H_{16}$, Praseodymium, tris (nitrato-*O*,*O*')(1,4,7,10-tetraoxacyclo-dodecane-*O*1,*O*4,*O*7,*O*10)-, [73288-71-8], 23:152
$N_3O_{13}SmC_8H_{16}$, Samarium, tris(nitrato-*O*,*O*')(1,4,7,10-tetraoxacyclododecane-*O*1,*O*4,*O*7,*O*10)-, [73297-42-4], 23:151
$N_3O_{13}TbC_8H_{16}$, Terbium, tris(nitrato-*O*) (1,4,7,10-tetraoxacyclododecane-*O*1,*O*4,*O*7,*O*10)-, [73288-73-0], 23:151
$N_3O_{13}TmC_8H_{16}$, Thulium, tris(nitrato-*O*) (1,4,7,10-tetraoxacyclododecane-*O*1,*O*4,*O*7,*O*10)-, [73288-76-3], 23:151
$N_3O_{13}YbC_8H_{16}$, Ytterbium, tris(nitrato-*O*) (1,4,7,10-tetraoxacyclododecane-*O*1,*O*4,*O*7,*O*10)-, [73288-77-4], 23:151
$N_3O_{14}PrC_{10}H_{20}$, Praseodymium, tris (nitrato-*O*,*O*')(1,4,7,10,13-pentaoxacyclopentadecane-*O*1,*O*4,*O*7,*O*10,*O*13)-, [67216-26-6], 23:151
$N_3O_{14}SmC_{10}H_{20}$, Samarium, tris (nitrato-*O*,*O*')(1,4,7,10,13-pentaoxacyclopentadecane-*O*1,*O*4,*O*7,*O*10,*O*13)-, [67216-28-8], 23:151
$N_3O_{14}TbC_{10}H_{20}$, Terbium, tris (nitrato-*O*,*O*')(1,4,7,10,13-pentaoxacyclopentadecane-*O*1,*O*4,*O*7,*O*10,*O*13)-, [77371-96-1], 23:151
$N_3O_{14}TmC_{10}H_{20}$, Thulium, tris (nitrato-*O*,*O*')(1,4,7,10,13-pentaoxacyclopentadecane-*O*1,*O*4,*O*7,*O*10,*O*13)-, [99352-13-3], 23:151
$N_3O_{14}YbC_{10}H_{20}.xH_2O$, Ytterbium, tris (nitrato-*O*,*O*')(1,4,7,10,13-pentaoxa-cyclopentadecane-*O*1,*O*4,*O*7,*O*10,*O*13)-, hydrate, [94152-75-7], 23:151
$N_3O_{15}PrC_{12}H_{24}$, Praseodymium, (1,4,7,10,13,16-hexaoxacyclooctadecane-*O*1,*O*4,*O*7,*O*10,*O*13,*O*16)tris (nitrato-*O*,*O*')-, [67216-32-4], 23:153
$N_3O_{15}TbC_{12}H_{24}$, Terbium, (1,4,7,10,13,16-hexaoxacyclooctadecane-*O*1,*O*4,*O*7,*O*10,*O*13,*O*16)tris (nitrato-*O*,*O*')-, [77372-08-8], 23:153
$N_3O_{15}TmC_{12}H_{24}$, Thulium, (1,4,7,10,13,16-hexaoxacyclooctadecane-*O*1,*O*4,*O*7,*O*10,*O*13,*O*16)tris (nitrato-*O*,*O*')-, [77372-14-6], 23:153
$N_3O_{15}YbC_{12}H_{24}$, Ytterbium, (1,4,7,10,13,16-hexaoxacyclooctadecane-*O*1,*O*4,*O*7,*O*10,*O*13,*O*16)tris (nitrato-*O*,*O*')-, [77372-16-8], 23:153
$N_3O_{28}V_{10}C_{48}H_{111}$, 1-Butanaminium, *N*,*N*,*N*-tributyl-, hydrogen tetradeca-μ-oxotetra-μ_3-oxodi-μ_6-oxooctaoxodecavanadate(6-) (3:3:1), [12329-09-8], 27:83
N_3PC_3, Phosphorous tricyanide, [1116-01-4], 6:84
$N_3PC_{18}H_{18}$, Phosphorous triamide, *N*,*N*',*N*''-triphenyl-, [15159-51-0], 5:61
$N_3P_3S_6C_{12}H_{30}$, 1,3,5,2,4,6-Triazatriphosphorine, 2,2,4,4,6,6-hexakis(ethylthio)-2,2,4,4,6,6-hexahydro-, [974-70-9], 8:87
$N_3P_3S_6C_{36}H_{30}$, 1,3,5,2,4,6-Triazatriphosphorine, 2,2,4,4,6,6-hexahydro-2,2,4,4,6,6-hexakis (phenylthio)-, [1065-77-6], 8:88
$N_3PbC_{18}H_{15}$, Plumbane, azidotriphenyl-, [14127-50-5], 8:57
N_3Rb, Rubidium azide ($Rb(N_3)$), [22756-36-1], 1:79
N_3SCH_5, Hydrazinecarbothioamide, [79-19-6], 4:39;6:42
N_3S_2CH, Carbonazidodithioic acid, [4472-06-4], 1:81
$N_3S_3SiC_4H_3$, Silane, triisothiocyanatomethyl-, [10584-95-9], 8:30
$N_3ScSi_6C_{18}H_{57}$, Silanamine, 1,1,1-trimethyl-*N*-(trimethylsilyl)-, scandium(3+) salt, [37512-28-0], 18:115

$N_3Si_3C_6H_{21}$, Cyclotrisilazane, 2,2,4,4,6,6-hexamethyl-, [1009-93-4], 5:61
$N_3Si_3C_{12}H_{33}$, Cyclotrisilazane, 2,2,4,4,6,6-hexaethyl-, [15458-87-4], 5:62
$N_3Si_6TiC_{18}H_{57}$, Silanamine, 1,1,1-trimethyl-*N*-(trimethylsilyl)-, titanium(3+) salt, [37512-29-1], 18:116
$N_3Si_6VC_{18}H_{57}$, Silanamine, 1,1,1-trimethyl-*N*-(trimethylsilyl)-, vanadium(3+) salt, [37512-30-4], 18:117
$N_4AgCoO_8C_4H_8$, Cobaltate(1-), bis(glycinato-*N,O*)bis(nitrito-*N*)-, silver(1+), [15614-17-2], 9:174;23:92
$N_4AgCoO_8C_4H_8$, Cobaltate(1-), bis(glycinato-*N,O*)bis(nitrito-*N*)-, silver(1+), (*OC*-6-22)-, [99527-42-1], 23:92
$N_4As_2CoO_{14}C_{17}H_{27}$, Cobalt(2+), bis(1,2-ethanediamine-*N,N'*)(2,4-pentanedionato-*O,O'*)-, (*OC*-6-22-Λ)-, bis[μ-[2,3-dihydroxybutanedioato(2-)-$O^1,O^2:O^3,O^4$]]diarsenate(2-) (1:1), [12266-75-0], 9:168
$N_4AuS_4C_8$, Aurate(1-), bis[2,3-dimercapto-2-butenedinitrilato(2-)-*S,S'*]-, (*SP*-4-1)-, [14896-06-1], 10:9
$N_4BBr_3C_{24}H_{28}$, Boron(3+), tetrakis(4-methylpyridine)-, tribromide, (*T*-4)-, [31279-95-5], 12:141
$N_4BCoO_2C_{30}H_{36}$, Cobalt(1+), dinitrosyl(*N,N,N',N'*-tetramethyl-1,2-ethanediamine-*N,N'*)-, (*T*-4)-, tetraphenylborate(1-), [40804-51-1], 16:17
$N_4BF_{18}P_3C_{24}H_{28}$, Boron(3+), tetrakis(4-methylpyridine)-, (*T*-4)-, tris[hexafluorophosphate(1-)], [27764-46-1], 12:143
$N_4BKC_6H_8$, Borate(1-), dihydrobis(1*H*-pyrazolato-N^1)-, potassium, (*T*-4)-, [18583-59-0], 12:100
$N_4BRhC_{44}H_{56}$, Rhodium(1+), tetrakis(1-isocyanobutane)-, (*SP*-4-1)-, tetraphenylborate(1-), [61160-72-3], 21:50
$N_4B_2C_6H_{10}$, Boron, tetrahydrobis[μ-(1*H*-pyrazolato-$N^1:N^2$)]di-, [16998-91-7], 12:107
$N_4B_2CoF_4O_5C_9H_{17}$, Cobalt, aqua[bis[μ-[(2,3-butanedione dioximato)(2-)-*O:O'*]]tetrafluorodiborato(2-)-*N,N',N'',N'''*]methyl-, (*OC*-6-32)-, [53729-64-9], 11:68
$N_4B_2F_8PdC_8H_{12}$, Palladium(2+), tetrakis(acetonitrile)-, (*SP*-4-1)-, bis[tetrafluoroborate(1-)], [21797-13-7], 26:128;28:63
$N_4B_2P_4Rh_2C_{118}H_{120}$, Rhodium(2+), tetrakis(1-isocyanobutane)bis[μ-[methylenebis[diphenylphosphine]-*P:P'*]]di-, bis[tetraphenylborate(1-)], [61160-70-1], 21:49
$N_4B_4Cl_4C_{16}H_{36}$, 1,3,5,7,2,4,6,8-Tetrazatetraborocine, 2,4,6,8-tetrachloro-1,3,5,7-tetrakis(1,1-dimcthylcthyl)octahydro-, [4262-38-8], 10:144
$N_4BaCo_2O_{16}C_{20}H_{24}$, Cobaltate(1-), [[*N,N'*-1,2-ethanediylbis[*N*-(carboxymethyl)glycinato]](4-)-*N,N',O,O'*,$O^N,O^{N'}$]-, barium (2:1), (*OC*-6-21)-, [92641-28-6], 5:186
$N_4BaPtC_4.3H_2O$, Platinate(2-), tetrakis(cyano-*C*)-, barium (1:1), trihydrate, (*SP*-4-1)-, [87824-97-3], 19:112
$N_4BaPtC_4.4H_2O$, Platinate(2-), tetrakis(cyano-*C*)-, barium (1:1), tetrahydrate, [13755-32-3], 20:243
$N_4Bi_4K_2O_{12}C_{36}H_{72}$, Potassium(1+), (4,7,13,16,21,24-hexaoxa-1,10-diazabicyclo[8.8.8]hexacosane-$N^1,N^{10},O^4,O^7,O^{13},O^{16},O^{21},O^{24}$)-, (tetrabismuth)(2-) (2:1), [70320-09-1], 22:151
$N_4BrCoOC_{14}H_{26}$, Cobalt(1+), [2-[1-[(2-aminoethyl)imino]ethyl]phenolato-*N,N',O*](1,2-ethanediamine-*N,N'*)ethyl-, bromide, (*OC*-6-34)-, [76375-20-7], 23:165

$N_4BrCoO_3C_5H_{16}$, Cobalt(1+), [carbonato(2-)-*O,O'*]bis(1,2-ethanediamine-*N,N'*)-, bromide, [31055-39-7], 14:64;21:120

$N_4BrCoO_4SC_{10}H_{20}$, Cobalt, bromobis [(2,3-butanedione dioximato)(1-)-*N,N'*][thiobis[methane]]-, (*OC*-6-23)-, [79680-14-1], 20:128

$N_4BrCoO_7S_2C_4H_{18}.H_2O$, Cobalt(2+), aquabromobis(1,2-ethanediamine-*N,N'*)-, (*OC*-6-23)-, dithionate (1:1), monohydrate, [153569-10-9], 21:124

$N_4BrCoO_8SC_{18}H_{32}$, Cobalt(1+), (1,2-ethanediamine-*N,N'*)[[*N,N'*-1,2-ethanediylbis[glycinato]](2-)-*N,N',O,O'*]-, (*OC*-6-32-*A*)-, salt with [1*R*-(*endo,anti*)]-3-bromo-1,7-dimethyl-2-oxobicyclo[2.2.1]heptane-7-methanesulfonic acid (1:1), [51920-86-6], 18:106

———, Cobalt(1+), (1,2-ethanediamine-*N,N'*)[[*N,N'*-1,2-ethanediylbis [glycinato]](2-)-*N,N',O,O'*]-, (*OC*-6-32-*C*)-, salt with [1*R*-(*endo,anti*)]-3-bromo-1,7-dimethyl-2-oxobicyclo [2.2.1]heptane-7-methanesulfonic acid (1:1), [51921-55-2], 18:106

$N_4Br_2ClCoC_4H_{16}$, Cobalt(1+), bromochlorobis(1,2-ethanediamine-*N,N'*)-, bromide, (*OC*-6-33)-, [15352-28-0], 9:163-165

———, Cobalt(1+), bromochlorobis(1,2-ethanediamine-*N,N'*)-, bromide, (*OC*-6-23)-, [16853-40-0], 9:163-165

$N_4Br_2ClCoOC_4H_{18}.H_2O$, Cobalt(2+), aquachlorobis(1,2-ethanediamine-*N,N'*)-, dibromide, monohydrate, (*OC*-6-33)-, [16773-98-1], 9:165

$N_4Br_2ClCoO_4C_{12}H_{24}$, Cobalt(1+), dibromo(2,3-dimethyl-1,4,8,11-tetraazacyclotetradeca-1,3-diene-N^1,N^4,N^8,N^{11})-, (*OC*-6-13)-, perchlorate, [39483-62-0], 18:28

$N_4Br_2ClCoO_4C_{16}H_{36}$, Cobalt(1+), dibromo(5,5,7,12,12,14-hexamethyl-1,4,8,11-tetraazacyclotetradecane-N^1,N^4,N^8,N^{11})-, stereoisomer, perchlorate, [14284-51-6], 18:14

$N_4Br_2CoC_{15}H_{22}.H_2O$, Cobalt(1+), bromo(2,12-dimethyl-3,7,11,17-tetraazabicyclo[11.3.1]heptadeca-1(17),2,11,13,15-pentaene-N^3,N^7,N^{11},N^{17})-, bromide, monohydrate, [28301-11-3], 18:19

$N_4Br_2CuC_{14}H_{12}$, Copper, [3,10-dibromo-3,6,7,10-tetrahydro-1,5,8,12-benzo-tetraazacyclotetradecinato(2-)-N^1,N^5, N^8,N^{12}]-, [67215-73-0], 18:50

$N_4Br_2HgSe_2C_2H_8$, Mercury, dibromobis (selenourea-*Se*)-, (*T*-4)-, [60004-25-3], 16:86

$N_4Br_2K_2PtC_4.2H_2O$, Platinate(2-), dibromotetrakis(cyano-*C*)-, dipotassium, dihydrate, [153519-30-3], 19:4

$N_4Br_2PdC_{12}H_{30}$, Palladium(1+), [*N,N*-bis[2-(dimethylamino)ethyl]-*N,N'*-dimethyl-1,2-ethanediamine-NN^1,N^1,N^2]bromo-, bromide, (*SP*-4-2)-, [83418-09-1], 21:131

$N_4Br_2PtC_4H_2$, Platinate(2-), dibromo-tetrakis(cyano-*C*)-, dihydrogen, [151434-47-8], 19:11

$N_4Br_3CoC_4H_{16}$, Cobalt(1+), dibromobis (1,2-ethanediamine-*N,N'*)-, bromide, (*OC*-6-12)-, [15005-14-8], 21:120

$N_4Br_3CoC_4H_{16}.H_2O$, Cobalt(1+), dibromobis(1,2-ethanediamine-*N,N'*)-, bromide, monohydrate, (*OC*-6-22)-, [17631-53-7], 21:121

$N_4Br_3CoC_{14}H_{24}$, Cobalt(1+), dibromo (2,3,9,10-tetramethyl-1,4,8,11-tetraazacyclotetradeca-1,3,8,10-tetraene-N^1,N^4,N^8,N^{11})-, bromide, (*OC*-6-12)-, [39177-15-6], 18:25

$N_4Br_3CoC_{15}H_{22}.H_2O$, Cobalt(1+), dibromo(2,12-dimethyl-3,7,11,17-tetraazabicyclo[11.3.1]heptadeca-1(17),2,11,13,15-pentaene-N^3,N^7,N^{11},N^{17})-, bromide, monohydrate, (*OC*-6-12)-, [151151-19-8], 18:21

$N_4Br_3CoC_{28}H_{20}$, Cobalt(1+), dibromo (tetrabenzo[*b,f,j,n*][1,5,9,13]tetra-azacyclohexadecine-N^5,N^{11},N^{17},N^{23})-, bromide, (*OC*-6-12)-, [32371-06-5], 18:34

$N_4Br_3CoOC_4H_{18}.H_2O$, Cobalt, aquabromobis(1,2-ethanediamine-*N,N'*)-, dibromide, monohydrate, (*OC*-6-33)-, [30103-63-0], 21:123

$N_4Br_3CoO_2C_4H_{20}.H_2O$, Cobalt(3+), diaquabis(1,2-ethanediamine-*N,N'*)-, tribromide, monohydrate, (*OC*-6-22)-, [150384-22-8], 14:75

$N_4Br_3CrO_2C_4H_{20}$, Chromium(3+), diaquabis(1,2-ethanediamine-*N,N'*)-, tribromide, (*OC*-6-22)-, [15040-49-0], 18:85

$N_4Br_3H_{12}Ru$, Ruthenium(1+), tetra-amminedibromo-, bromide, (*OC*-6-22)-, [53024-85-4], 26:67

$N_4Br_3RhC_4H_{16}$, Rhodium(1+), dibromobis(1,2-ethanediamine-*N,N'*)-, bromide, (*OC*-6-22)-, [65761-17-3], 20:60

$N_4Br_3RhC_{20}H_{20}$, Rhodium(1+), dibromotetrakis(pyridine)-, bromide, (*OC*-6-12)-, [14267-74-4], 10:66

$N_4Br_4Cl_2NiO_8C_{20}H_{16}$, Nickel, tetrakis(3-bromopyridine)bis(perchlorato-*O*)-, [14406-80-5], 9:179

$N_4Br_4Mo_2C_{20}H_{20}$, Molybdenum, tetrabromotetrakis(pyridine)di-, [53850-66-1], 19:131

———, Molybdenum, tetrabromotetrakis (pyridine)di-, (*Mo-Mo*), stereoisomer, [51731-40-9], 19:131

$N_4Br_4PaC_8H_{12}$, Protactinium, tetrakis (acetonitrile)tetrabromo-, [17457-77-1], 12:226

$N_4Br_4ThC_8H_{12}$, Thorium, tetrakis (acetonitrile)tetrabromo-, [17499-64-8], 12:226

$N_4Br_4UC_8H_{12}$, Uranium, tetrakis(acetonitrile)tetrabromo-, [17499-65-9], 12:227

$N_4Br_8P_4$, 1,3,5,7,2,4,6,8-Tetrazatetraphosphocine, 2,2,4,4,6,6,8,8-octabromo-2,2,4,4,6,6,8,8-octahydro-, [14621-11-5], 7:76

$N_4C_2H_4$, Guanidine, cyano-, [461-58-5], 3:43

$N_4C_4H_{10}$, 2,3-Butanedione, dihydrazone, [3457-52-1], 20:88

$N_4C_9H_{22}$, 1,4,7,10-Tetraazacyclotridecane, [295-14-7], 20:106

$N_4C_{10}H_{24}$, 1,4,8,11-Tetraazacyclotetradecane, [295-37-4], 16:223

$N_4C_{11}H_{26}$, 1,4,8,12-Tetraazacyclopentadecane, [15439-16-4], 20:108

$N_4C_{12}H_4.C_6H_4S_4$, Propanedinitrile, 2,2'-(2,5-cyclohexadiene-1,4-diylidene)bis-, compd. with 2-(1,3-dithiol-2-ylidene)-1,3-dithiole (1:1), [40210-84-2], 19:32

$N_4C_{12}H_{20}$, 1,4,8,11-Tetraazacyclotetradeca-4,6,11,13-tetraene, 5,14-dimethyl-, [59129-94-1], 18:42

$N_4C_{12}H_{24}$, 1,4,8,11-Tetraazacyclotetradeca-1,3-diene, 2,3-dimethyl-, [61799-45-9], 18:27

$N_4C_{12}H_{28}$, 1,5,9,13-Tetraazacyclohexadecane, [24772-41-6], 20:109

$N_4C_{14}H_{24}$, 1,4,8,11-Tetraazacyclotetradeca-1,3,8,10-tetraene, 2,3,9,10-tetramethyl-, [59969-61-8], 18:22

$N_4C_{15}H_{22}$, 3,7,11,17-Tetraazabicyclo [11.3.1]heptadeca-1(17),2,11,13,15-pentaene, 2,12-dimethyl-, [52897-26-4], 18:17

$N_4C_{16}H_{32}$, 1,4,8,11-Tetraazacyclotetradeca-4,11-diene, 5,7,7,12,14,14-hexamethyl-, [37933-61-2], 18:2

———, 1,4,8,11-Tetraazacyclotetradeca-4,11-diene, 5,7,7,12,14,14-hexamethyl-, (*E,E*)-, [29419-92-9], 18:2

$N_4C_{16}H_{36}.xH_2O$, 1,4,8,11-Tetraazacyclotetradecane, 5,5,7,12,12,14-hexamethyl-, hydrate, [151433-16-8], 18:10

$N_4C_{18}H_{16}$, Dibenzo[*b,i*][1,4,8,11] tetraazacyclotetradecine, 5,14-dihydro-, [22119-35-3], 18:45

$N_4C_{22}H_{24}$, Dibenzo[*b,i*][1,4,8,11] tetraazacyclotetradecine, 7,16-dihydro-6,8,15,17-tetramethyl-, [42883-96-5], 20:117

$N_4C_{24}H_{28}$, 1,4,8,11-Tetraazacyclotetradeca-1,3,8,10-tetraene, 2,9-dimethyl-3,10-diphenyl-, [111114-39-7], 22:107

$N_4C_{28}H_{20}$, Tetrabenzo[*b,f,j,n*][1,5,9,13] tetraazacyclohexadecine, [450-32-8], 18:30

$N_4C_{44}H_{38}$, 29*H*,31*H*-Tetrabenzo[*b,g,l,q*] porphine, 1,4,8,11,15,18,22,25-octamethyl-, [23019-52-5], 20:158

$N_4CeO_4C_{54}H_{42}$, Cerium, bis(2,4-pentanedionato-*O,O'*)[5,10,15,20-tetraphenyl-21*H*,23*H*-porphinato (2-)-N^{21},N^{22},N^{23},N^{24}]-, [89768-97-8], 22:160

$N_4CeO_{14}P_2C_{36}H_{30}$, Cerium, tetrakis (nitrato-*O*)bis(triphenylphosphine oxide-*O*)-, [99300-97-7], 23:178

$N_4Cl_{0.3}PtRb_2C_4.3H_2O$, Platinate(2-), tetrakis(cyano-*C*)-, (*SP*-4-1)-, rubidium chloride (*SP*-4-1)-tetrakis (cyano-*C*)platinate(1-) (7:20:3:3), triacontahydrate, [152981-43-6], 21:145

$N_4ClCoH_{14}O_5S$, Cobalt(2+), tetraammine-aquachloro-, (*OC*-6-33)-, sulfate (1:1), [67752-80-1], 6:178

$N_4ClCoNa_2O_{10}S_2C_4H_{16}$, Cobaltate(1-), bis(1,2-ethanediamine-*N,N'*)bis [sulfito(2-)-*O*]-, (*OC*-6-22)-, disodium perchlorate, [42921-87-9], 14:77

$N_4ClCoO_3CH_{12}$, Cobalt(1+), tetraammine [carbonato(2-)-*O,O'*]-, chloride, (*OC*-6-22)-, [13682-55-8], 6:177

$N_4ClCoO_3C_5H_{16}$, Cobalt(1+), [carbonato (2-)-*O,O'*]bis(1,2-ethanediamine-*N,N'*)-, chloride, (*OC*-6-22)-, [15842-50-9], 14:64

$N_4ClCoO_3C_{11}H_{16}.H_2O$, Cobalt(1+), diammine[carbonato(2-)-*O,O'*]bis (pyridine)-, chloride, monohydrate, (*OC*-6-32)-, [152227-33-3], 23:77

$N_4ClCoO_4C_8H_{18}$, Cobalt(1+), (1,2-ethanediamine-*N,N'*)[[*N,N'*-1,2-ethanediylbis[glycinato]](2-)-*N,N',O,O'*]-, chloride, (*OC*-6-32)-, [56792-92-8], 18:105

$N_4ClCoO_4C_8H_{18}.3H_2O$, Cobalt(1+), (1,2-ethanediamine-*N,N'*)[[*N,N'*-1,2-ethanediylbis[glycinato]](2-)-*N,N',O,O'*]-, chloride, trihydrate, (*OC*-6-32-*A*)-, [151120-13-7], 18:106

———, Cobalt(1+), (1,2-ethanediamine-*N,N'*)[[*N,N'*-1,2-ethanediylbis [glycinato]](2-)-*N,N',O,O'*]-, chloride, trihydrate, (*OC*-6-32-*C*)-, [151151-18-7], 18:106

$N_4ClCoO_5C_{14}H_{26}$, Cobalt(1+), [2-[1-[(2-aminoethyl)imino]ethyl]phenolato-*N,N',O*](1,2-ethanediamine-*N,N'*) ethyl-, (*OC*-6-34)-, perchlorate, [79199-99-8], 23:169

$N_4ClCoO_5SC_4H_{18}.2H_2O$, Cobalt(2+), aquachlorobis(1,2-ethanediamine-*N,N'*)-, sulfate (1:1), dihydrate, (*OC*-6-33)-, [16773-97-0], 9:163-165; 14:71

$N_4ClCoO_6SC_6H_{18}$, Cobalt(1+), bis(1,2-ethanediamine-*N,N'*)[mercaptoacetato (2-)-*O,S*]-, (*OC*-6-33)-, perchlorate, [26743-67-9], 21:21

$N_4ClCoO_7S_2C_4H_{18}.H_2O$, Cobalt(2+), aquachlorobis(1,2-ethanediamine-*N,N'*)-, (*OC*-6-23)-, dithionate (1:1), monohydrate, [152981-37-8], 25321:125

$N_4ClCoO_{19}C_{53}H_{78}$, Cobyrinic acid, *Co*-methyl deriv., perchlorate, monohydrate, heptamethyl ester, [104002-78-0], 20:141

$N_4ClCrH_{14}O_5S$, Chromium(2+), tetraammineaquachloro-, (*OC*-6-33)-, sulfate (1:1), [67345-16-8], 18:78

$N_4ClF_6IrO_6S_2C_6H_{16}$, Iridium(1+), chlorobis(1,2-ethanediamine-*N,N'*)(trifluoromethanesulfonato-*O*)-, (*OC*-6-23)-, salt with trifluoromethanesulfonic acid (1:1), [90065-99-9], 24:289

$N_4ClF_6O_6RhS_2C_6H_{16}$, Rhodium(1+), chlorobis(1,2-ethanediamine-*N,N'*)(trifluoromethanesulfonato-*O*)-, (*OC*-6-23)-, salt with trifluoromethanesulfonic acid (1:1), [90065-97-7], 24:285

$N_4ClF_6PZnC_{24}H_{28}$, Zinc(1+), chloro(2,9-dimethyl-3,10-diphenyl-1,4,8,11-tetraazacyclotetradeca-1,3,8,10-tetraene-*N*[1],*N*[4],*N*[8],*N*[11])-, (*SP*-5-12)-, hexafluorophosphate(1-), [77153-92-5], 22:111

$N_4ClFeC_{36}H_{44}$, Iron, chloro[2,3,7,8,12,13,17,18-octaethyl-21*H*,23*H*-porphinato(2-)-*N*[21],*N*[22],*N*[23],*N*[24]]-, (*SP*-5-12)-, [28755-93-3], 20:151

$N_4ClFeO_4C_{34}H_{36}$, Ferrate(2-), chloro[7,12-diethyl-3,8,13,17-tetramethyl-21*H*,23*H*-porphine-2,18-dipropanoato(4-)-*N*[21],*N*[22],*N*[23],*N*[24]]-, dihydrogen, (*SP*-5-13)-, [21007-37-4], 20:152

$N_4ClFeO_4C_{36}H_{36}$, Iron, chloro[dimethyl 7,12-diethenyl-3,8,13,17-tetramethyl-21*H*,23*H*-porphine-2,18-dipropanoato(2-)-*N*[21],*N*[22],*N*[23],*N*[24]]-, (*SP*-5-13)-, [15741-03-4], 20:148

$N_4ClFeO_6C_{36}H_{40}$, Iron, chloro[dimethyl 7,12-bis(1-hydroxyethyl)-3,8,13,17-tetramethyl-21*H*,23*H*-porphine-2,18-dipropanoato(2-)-*N*[21],*N*[22],*N*[23],*N*[24]]-, (*SP*-5-13)-, [16591-59-6], 16:216

$N_4ClNiO_4C_{14}H_{24}$, Nickel(2+), (2,3,9,10-tetramethyl-1,4,8,11-tetraazacyclotetradeca-1,3,8,10 tetraene *N*[1],*N*[4],*N*[8],*N*[11])-, (*SP*-4-1)-, perchlorate, [131636-01-6], 18:23

$N_4ClO_2ReC_4H_{16}$, Rhenium(1+), bis(1,2-ethanediamine-*N,N'*)dioxo-, chloride, [14587-92-9], 8:173

$N_4ClO_2ReC_6H_{20}$, Rhenium(1+), dioxobis(1,2-propanediamine-*N,N'*)-, chloride, [67709-52-8], 8:176

———, Rhenium(1+), dioxobis(1,3-propanediamine-*N,N'*)-, chloride, (*OC*-6-12)-, [93192-00-8], 8:176

$N_4ClO_2ReC_{20}H_{20}$, Rhenium(1+), dioxotetrakis(pyridine)-, chloride, (*OC*-6-12)-, [31429-86-4], 21:116

$N_4ClO_6ReC_4H_{16}$, Rhenium(1+), bis(1,2-ethanediamine-*N,N'*)dioxo-, (*OC*-6-12)-, perchlorate, [148832-34-2], 8:176

$N_4ClO_6ReC_{20}H_{20}$, Rhenium(1+), dioxotetrakis(pyridine)-, (*OC*-6-12)-, perchlorate, [83311-31-3], 21:117

$N_4ClO_8RhC_6H_{16}$, Rhodium(1+), bis(1,2-ethanediamine-*N,N'*)[ethanedioato(2-)-*O,O'*]-, (*OC*-6-22)-, perchlorate, [52729-89-2], 20:58;24:227

$N_4Cl_2CoO_{11}C_8H_{21}.2H_2O$, Cobalt(2+), aqua(glycinato-*N,O*)(octahydro-1*H*-1,4,7-triazonine-*N*[1],*N*[4],*N*[7])-, (*OC*-6-33)-, diperchlorate, dihydrate, [152227-34-4], 23:76

$N_4Cl_2F_6PRuC_4H_{16}$, Ruthenium, dichlorobis(1,2-ethanediamine-*N,N'*)-, (*OC*-6-12)-, hexafluorophosphate(1-), [146244-13-5], 29:164

$N_4Cl_2F_6PRuC_7H_{20}$, Ruthenium(1+), [*N,N'*-bis(2-aminoethyl)-1,3-propanediamine-*N,N',N'',N'''*]dichloro-, [*OC*-6-15-(*R**,*S**)]-, hexafluorophosphate (1-), [152981-38-9], 29:165

$N_4Cl_2FeC_{20}H_{20}$, Iron(2+), tetrakis (pyridine)-, dichloride, [152782-80-4], 1:184

$N_4Cl_2H_{12}ClRh$, Rhodium(1+), tetraamminedichloro-, chloride, (*OC*-6-22)-, [71382-19-9], 24:223

$N_4Cl_2H_{12}ClRu$, Ruthenium(1+), tetraamminedichloro-, chloride, (*OC*-6-22)-, [22327-28-2], 26:66

$N_4Cl_2H_{12}Pt$, Platinum(2+), tetraammine-, dichloride, (*SP*-4-1)-, [13933-32-9], 2:250;5:210

$N_4Cl_2H_{12}Pt.H_2O$, Platinum(2+), tetraammine-, dichloride, monohydrate, (*SP*-4-1)-, [13933-33-0], 2:252

$N_4Cl_2HgS_2C_2H_8$, Mercury(2+), bis (thiourea-*S*)-, dichloride, [150124-45-1], 6:27

$N_4Cl_2HgSe_2C_2H_8$, Mercury, dichlorobis (selenourea-*Se*)-, (*T*-4)-, [39039-14-0], 16:85

$N_4Cl_2Mo_2C_8H_{24}$, Molybdenum, dichlorotetrakis(*N*-methylmethanaminato)di-, (*Mo-Mo*), [63301-82-6], 21:56

$N_4Cl_2NiC_4H_{16}$, Nickel(2+), bis(1,2-ethanediamine-*N,N'*)-, dichloride, [15522-51-7], 6:198

$N_4Cl_2NiO_8C_{10}H_{24}$, Nickel(2+), (1,4,8,11-tetraazacyclotetradecane-N^1,N^4,N^8,N^{11})-, (*SP*-4-1)-, diperchlorate, [15220-72-1], 16:221

$N_4Cl_2NiO_8C_{14}H_{24}$, Nickel(2+), (2,3,9,10-tetramethyl-1,4,8,11-tetraazacyclotetradeca-1,3,8,10-tetraene-N^1,N^4,N^8,N^{11})-, (*SP*-4-1)-, diperchlorate, [67326-87-8], 18:23

$N_4Cl_2NiO_8C_{15}H_{22}$, Nickel(2+), (2,12-dimethyl-3,7,11,17-tetraazabicyclo [11.3.1]heptadeca-1(17),2,11,13,15-pentaene-N^3,N^7,N^{11},N^{17})-, diperchlorate, (*SP*-4-3)-, [35270-39-4], 18:18

$N_4Cl_2NiO_8C_{16}H_{30}$, Nickel(2+), (5,5,7,12,14,14-hexamethyl-1,4,8,11-tetraazacyclotetradeca-1,7,11-triene-N^1,N^4,N^8,N^{11})-, (*SP*-4-4)-, diperchlorate, [33916-12-0], 18:5

$N_4Cl_2NiO_8C_{16}H_{32}$, Nickel(2+), (5,7,7,12,14,14-hexamethyl-1,4,8,11-tetraazacyclotetradeca-4,11-diene-N^1,N^4,N^8,N^{11})-, stereoisomer, diperchlorate, [15392-94-6], 18:5

———, Nickel(2+), (5,7,7,12,14,14-hexamethyl-1,4,8,11-tetraazacyclotetradeca-4,11-diene-N^1,N^4,N^8,N^{11})-, stereoisomer, diperchlorate, [15392-95-7], 18:5

$N_4Cl_2NiO_8C_{16}H_{36}$, Nickel(2+), (5,5,7,12,12,14-hexamethyl-1,4,8,11-tetraazacyclotetradecane-N^1,N^4,N^8,N^{11})-, [*SP*-4-2-(*R**,*S**)]-, diperchlorate, [25504-25-0], 18:12

$N_4Cl_2NiO_8C_{28}H_{20}$, Nickel(2+), (tetrabenzo[*b,f,j,n*][1,5,9,13] tetraazacyclohexadecine-N^5,N^{11},N^{17},N^{23})-, (*SP*-4-1)-, diperchlorate, [36539-87-4], 18:31

$N_4Cl_2NiO_8C_{28}H_{36}$, Nickel, tetrakis(3,5-dimethylpyridine)bis(perchlorato-*O*)-, [14839-22-6], 9:179

$N_4Cl_2O_2OsC_4H_{16}$, Osmium(2+), bis(1,2-ethanediamine-*N,N'*)dioxo-, dichloride, (*OC*-6-12)-, [65468-15-7], 20:62

$N_4Cl_2O_8C_{16}H_{34}$, 1,4,8,11-Tetraazacyclotetradeca-4,11-diene, 5,7,7,12,14,14-hexamethyl-, diperchlorate, [7713-23-7], 18:4

$N_4Cl_2O_8Re_2C_{28}H_{24}$, Rhenium, tetrakis [μ-(4-aminobenzoato-*O:O'*)] dichlorodi-, (*Re-Re*), [33540-84-0], 13:86

$N_4Cl_2O_{10}ReC_4H_{17}$, Rhenium(2+), bis(1,2-ethanediamine-*N,N'*)hydroxyoxo-, diperchlorate, [19267-68-6], 8:174

$N_4Cl_2O_{10}ReC_6H_{21}$, Rhenium(2+), hydroxyoxobis(1,2-propanediamine-*N,N'*)-, diperchlorate, [93063-22-0], 8:176

———, Rhenium(2+), hydroxyoxobis (1,3-propanediamine-*N,N'*)-, (*OC*-6-23)-, diperchlorate, [148832-33-1], 8:76

$N_4Cl_2OsC_{20}H_{16}$, Osmium, bis(2,2'-bipyridine-*N,N'*)dichloro-, (*OC*-6-22)-, [79982-56-2], 24:294

$N_4Cl_2PdC_{12}H_{30}$, Palladium(1+), [*N,N*-bis[2-(dimethylamino)ethyl]-*N',N'*-dimethyl-1,2-ethanediamine-N^{N^1},N^1,N^2]chloro-, chloride, (*SP*-4-2)-, [83418-07-9], 21:129

$N_4Cl_2Pd_2C_{20}H_{36}$, Palladium, di-μ-chlorotetrakis(2-isocyano-2-methylpropane)di-, [34742-93-3], 17:134;28:110

$N_4Cl_2Pd_2C_{24}H_{18}$, Palladium, di-μ-chlorobis[2-(phenylazo)phenyl]di-, [14873-53-1], 26:175

$N_4Cl_2PtC_{20}H_{20}$, Platinum(2+), dichlorotetrakis(pyridine)-, (*OC*-6-12)-, [22455-25-0], 7:251

$N_4Cl_2RuC_{20}H_{16}.2H_2O$, Ruthenium, bis(2,2'-bipyridine-*N,N'*)dichloro-, dihydrate, (*OC*-6-22)-, [152227-36-6], 24:292

$N_4Cl_2S_6$, Dithiotetrathiazyl chloride $((N_4S_6)Cl_2)$, [92462-65-2], 9:109

$N_4Cl_2WC_{20}H_{22}$, Tungsten, [benzenaminato(2-)](2,2'-bipyridine-*N,N'*) dichloro[2-methyl-2-propanaminato (2-)]-, (*OC*-6-14)-, [114075-31-9], 27:303

$N_4Cl_2WC_{21}H_{32}$, Tungsten, [benzenaminato(2-)]dichlorotris(2-isocyano-2-methylpropane)-, [89189-76-4], 24:198

$N_4Cl_2WC_{30}H_{26}$, Tungsten, [benzenaminato(2-)]dichlorotris(1-isocyano-4-methylbenzene)-, [104475-14-1], 24:198

$N_4Cl_3CoC_4H_{16}$, Cobalt(1+), dichlorobis (1,2-ethanediamine-*N,N'*)-, chloride, (*OC*-6-12)-, [14040-33-6], 2:222;14:68;29:176

———, Cobalt(1+), dichlorobis(1,2-ethanediamine-*N,N'*)-, chloride, (*OC*-6-22)-, [14040-32-5], 2:224

———, Cobalt(1+), dichlorobis(1,2-ethanediamine-*N,N'*)-, chloride, (*OC*-6-22-Δ)-, [20594-11-0], 2:224

$N_4Cl_3CoC_4H_{16}.H_2O$, Cobalt(1+), dichlorobis(1,2-ethanediamine-*N,N'*)-, chloride, monohydrate, (*OC*-6-22)-, [15603-31-3], 14:70

$N_4Cl_3CoC_9H_{22}$, Cobalt(1+), dichloro (1,4,7,10-tetraazacyclotridecane-N^1,N^4,N^7,N^{10})-, chloride, (*OC*-6-13)-, [63781-89-5], 20:111

$N_4Cl_3CoC_{11}H_{26}$, Cobalt(1+), dichloro (1,4,8,12-tetraazacyclopentadecane-N^1,N^4,N^8,N^{12})-, chloride, (*OC*-6-13)-, [153420-97-4], 20:112

$N_4Cl_3CoH_{14}O$, Cobalt(2+), tetraammineaquachloro-, dichloride, (*OC*-6-33)-, [13820-78-5], 6:178

$N_4Cl_3CoH_{16}O_{14}$, Cobalt(3+), tetraamminediaqua-, (*OC*-6-22)-, triperchlorate, [15040-53-6], 18:83

$N_4Cl_3CoO_4C_{12}H_{28}$, Cobalt(1+), dichloro (1,5,9,13-tetraazacyclohexadecane-N^1,N^5,N^9,N^{13})-, stereoisomer, perchlorate, [63865-12-3], 20:113

———, Cobalt(1+), dichloro(1,5,9,13-tetraazacyclohexadecane-N^1,N^5,N^9,N^{13})-, stereoisomer, perchlorate, [63865-14-5], 20:113

$N_4Cl_3CrC_4H_{16}.H_2O$, Chromium(1+), dichlorobis(1,2-ethanediamine-*N,N'*)-, chloride, monohydrate, (*OC*-6-22)-, [20713-30-8], 2:200;26:24,27,28

———, Chromium(1+), dichlorobis(1,2-ethanediamine-*N,N'*)-, chloride, monohydrate, (*OC*-6-22-Λ)-, [153744-06-0], 26:28

$N_4Cl_3CrC_4H_{16}$, Chromium(1+), dichlorobis(1,2-ethanediamine-*N,N'*)-, chloride, (*OC*-6-22)-, [14240-29-0], 26:24,27

$N_4Cl_3CrH_{16}O_{14}$, Chromium(3+), tetraamminediaqua-, (*OC*-6-22)-, triperchlorate, [41733-15-7], 18:82

$N_4Cl_3H_{12}Rh$, Rhodium(1+), tetraamminedichloro-, chloride, (*OC*-6-12)-, [37488-14-5], 7:216

$N_4Cl_3IrC_4H_{16}.H_2O$, Iridium(1+), dichlorobis(1,2-ethanediamine-*N,N'*)-, chloride, monohydrate, (*OC*-6-22)-, [152227-40-2], 24:287

$N_4Cl_3O_2ReC_4H_{18}$, Rhenium(3+), bis(1,2-ethanediamine-*N,N'*)dihydroxy-, trichloride, [18793-71-0], 8:176

$N_4Cl_3O_4RhC_{20}H_{20}$, Rhodium(1+), dichlorotetrakis(pyridine)-, (*OC*-6-12)-, perchlorate, [22933-86-4], 10:66

$N_4Cl_3OsC_{20}H_{16}$, Osmium(1+), bis(2,2'-bipyridine-*N,N'*)dichloro-, chloride, (*OC*-6-22)-, [105063-69-2], 24:293

$N_4Cl_3OsC_{20}H_{16}.2H_2O$, Osmium(1+), bis(2,2'-bipyridine-*N,N'*)dichloro-, chloride, dihydrate, (*OC*-6-22)-, [35082-97-4], 24:293

$N_4Cl_3RhC_4H_{16}$, Rhodium(1+), dichlorobis (1,2-ethanediamine-*N,N'*)-, chloride, (*OC*-6-12)-, [15444-63-0], 7:218

———, Rhodium(1+), dichlorobis(1,2-ethanediamine-*N,N'*)-, chloride, (*OC*-6-22)-, [15444-62-9], 7:218;20:60

$N_4Cl_3RhC_4H_{16}.H_2O$, Rhodium(1+), dichlorobis(1,2-ethanediamine-*N,N'*)-, chloride, monohydrate, (*OC*-6-22)-, [30793-03-4], 24:283

$N_4Cl_3RhC_{20}H_{20}.H_2O$, Rhodium(1+), dichlorotetrakis(pyridine)-, chloride, monohydrate, (*OC*-6-12)-, [150124-36-0], 10:64

$N_4Cl_3RhC_{20}H_{20}.5H_2O$, Rhodium(1+), dichlorotetrakis(pyridine)-, chloride, pentahydrate, (*OC*-6-12)-, [19538-05-7], 10:64

$N_4Cl_3RhC_{20}H_{20}$, Rhodium(1+), dichloro-tetrakis(pyridine)-, chloride, (*OC*-6-12)-, [14077-30-6], 10:64

$N_4Cl_3RuC_{10}H_{24}.2H_2O$, Ruthenium(1+), dichloro(1,4,8,11-tetraazacyclotetradecane-*N*[1],*N*[4],*N*[8],*N*[11])-, chloride, dihydrate, (*OC*-6-12)-, [152981-39-0], 29:166

$N_4Cl_3RuC_{20}H_{16}.2H_2O$, Ruthenium(1+), bis(2,2'-bipyridine-*N,N'*)dichloro-, chloride, dihydrate, (*OC*-6-22)-, [98014-15-4], 24:293

$N_4Cl_4CoO_5C_4H_{26}$, Hydrogen(1+), diaqua-, (*OC*-6-12)-dichlorobis(1,2-ethanediamine-*N,N'*)cobalt(1+) chloride (1:1:2), [58298-19-4], 13:232

$N_4Cl_4H_{12}Pd_2$, Palladium(2+), tetraammine-, (*SP*-4-1)-, (*SP*-4-1)-tetrachloropalladate(2-) (1:1), [13820-44-5], 8:234

$N_4Cl_4H_{12}Pt_2$, Platinum(2+), tetraammine-, (*SP*-4-1)-, (*SP*-4-1)-tetrachloroplatinate(2-) (1:1), [13820-46-7], 2:251;7:241

$N_4Cl_4Hg_2Se_2C_2H_8$, Mercury, di-μ-chlorodichlorobis(selenourea-*Se*)di-, [38901-81-4], 16:86

$N_4Cl_4IrC_4H_{17}.2H_2O$, Iridium(1+), dichlorobis(1,2-ethanediaminē-*N,N'*)-, chloride, monohydrochloride, dihydrate, (*OC*-6-12)-, [152227-39-9], 24:287

$N_4Cl_4NiZnC_{12}H_{24}$, Nickel(2+), (2,3-dimethyl-1,4,8,11-tetraazacyclotetradeca-1,3-diene-*N*[1],*N*[4],*N*[8],*N*[11])-, (*SP*-4-2)-, (*T*-4)-tetrachlorozincate(2-) (1:1), [67326-86-7], 18:27

$N_4Cl_4P_2C_3H_6$, 1,3,5,2,4-Triazadiphosphorin-6-amine, 2,2,4,4-tetrachloro-2,2,4,4-tetrahydro-*N,N*-dimethyl-, [21600-07-7], 25:27

$N_4Cl_4P_4S_4C_8H_{20}$, 1,3,5,7,2,4,6,8-Tetrazatetraphosphocine, 2,2,4,4-tetrachloro-6,6,8,8-tetrakis(ethylthio)-2,2,4,4,6,6,8,8-octahydro-, [15503-57-8], 8:90

———, 1,3,5,7,2,4,6,8-Tetrazatetraphosphocine, 2,2,6,6-tetrachloro-4,4,8,8-tetrakis(ethylthio)-2,2,4,4,6,6,8,8-octahydro-, [13801-31-5], 8:90

$N_4Cl_4P_4S_4C_{24}H_{20}$, 1,3,5,7,2,4,6,8-Tetrazatetraphosphocine, 2,2,4,4-tetrachloro-2,2,4,4,6,6,8,8-octahydro-6,6,8,8-tetrakis(phenylthio)-, [13801-66-6], 8:91

———, 1,3,5,7,2,4,6,8-Tetrazatetraphosphocine, 2,2,6,6-tetrachloro-2,2,4,4,6,6,8,8-octahydro-4,4,8,8-tetrakis (phenylthio)-, [13801-32-6], 8:91

$N_4Cl_4PaC_8H_{12}$, Protactinium, tetrakis (acetonitrile)tetrachloro-, [17457-76-0], 12:226

$N_4Cl_4Pd_2C_4H_{16}$, Palladium(2+), bis(1,2-ethanediamine-*N,N'*)-, (*SP*-4-1)-, (*SP*-4-1)-tetrachloropalladate(2-) (1:1), [14099-33-3], 13:217

$N_4Cl_4PtC_4H_{16}$, Platinum(2+), dichlorobis (1,2-ethanediamine-*N,N'*)-, dichloride, (*OC*-6-12)-, [16924-88-2], 27:314

$N_4Cl_4PtC_4H_{18}$, Platinum, dichlorobis(1,2-ethanediamine-*N*)-, dihydrochloride, (*SP*-4-1)-, [134587-77-2], 27:315

$N_4Cl_4PtC_4H_{20}$, Platinum(2+), dichlorotetrakis(methanamine)-, dichloride, [53406-73-8], 15:93

$N_4Cl_4Pt_2C_4H_{16}$, Platinate(2-), bis(1,2-ethanediamine-*N,N'*)-, (*SP*-4-1)-, (*SP*-4-1)-tetrachloroplatinate(2-) (1:1), [14099-34-4], 8:243

$N_4Cl_4RhC_4H_{17}.2H_2O$, Rhodium(1+), dichlorobis(1,2-ethanediamine-*N,N'*)-, (*OC*-6-12)-, (hydrogen dichloride), dihydrate, [91230-96-5], 24:283

$N_4Cl_4ThC_8H_{12}$, Thorium, tetrakis (acetonitrile)tetrachloro-, [17499-62-6], 12:226

$N_4Cl_4UC_8H_{12}$, Uranium, tetrakis (acetonitrile)tetrachloro-, (*DD*-8-21122112)-, [17499-63-7], 12:227

$N_4Cl_4Zn_2C_{28}H_{20}$, Zinc(2+), (tetrabenzo [*b,f,j,n*][1,5,9,13]tetraazacyclohexadecine-N^5,N^{11},N^{17},N^{23})-, (*SP*-4-1)-, (*T*-4)-tetrachlorozincate(2-) (1:1), [62571-24-8], 18:33

$N_4Cl_5H_2P_3$, 1,3,5,2,4,6-Triazatriphosphorine, 2-amino-2,4,4,6,6-pentachloro-2,2,4,4,6,6-hexahydro-, [13569-74-9], 14:25

$N_4Cl_5P_3C_2H_4$, 1,3,5,2,4,6-Triazatriphosphorine, 2-(1-aziridinyl)-2,4,4,6,6-pentachloro-2,2,4,4,6,6-hexahydro-, [3776-28-1], 25:87

$N_4Cl_8EuO_2C_{49}H_{27}$, Europium, (2,4-pentanedionato-*O,O'*)[5,10,15,20-tetrakis(3,5-dichlorophenyl)-21*H*,23*H*-porphinato(2-)-$N^{21},N^{22},N^{23},N^{24}$]-, [89769-01-7], 22:160

$N_4Cl_8P_4$, 1,3,5,7,2,4,6,8-Tetrazatetraphosphocine, 2,2,4,4,6,6,8,8-octachloro-2,2,4,4,6,6,8,8-octahydro-, [2950-45-0], 6:94

$N_4CoC_{18}H_{14}$, Cobalt, [7,16-dihydrodibenzo[*b,i*][1,4,8,11]tetraazacyclotetradecinato(2-)-N^5,N^9,N^{14},N^{18}]-, (*SP*-4-1)-, [41283-94-7], 18:46

$N_4CoC_{44}H_{36}$, Cobalt, [1,4,8,11,15,18,22,25-octamethyl-29*H*,31*H*-tetrabenzo[*b,g,l,q*]porphinato(2-)-$N^{29},N^{30},N^{31},N^{32}$]-, (*SP*-4-1)-, [27662-34-6], 20:156

$N_4CoF_9O_9S_3C_7H_{16}$, Cobalt(1+), bis(1,2-ethanediamine-*N,N'*)bis(trifluoromethanesulfonato-*O*)-, (*OC*-6-22)-, salt with trifluoromethanesulfonic acid (1:1), [75522-52-0], 22:105

$N_4CoH_{15}O_8S_2$, Cobalt(2+), tetraammineaquahydroxy-, (*OC*-6-33)-, dithionate (1:1), [67326-97-0], 18:81

$N_4CoHgO_8C_4H_8$, Cobaltate(1-), bis (glyciato-*N,O*)bis(nitrito-*N*)-, mercury(1+), [15490-09-2], 9:173

$N_4CoIOC_{14}H_{26}$, Cobalt(1+), [2-[1-[(2-aminoethyl)imino]ethyl] phenolato-*N,N',O*](1,2-ethanediamine-*N,N'*)ethyl-, iodide, (*OC*-6-34)-, [103881-04-5], 23:167

$N_4CoIOC_{15}H_{28}$, Cobalt(1+), [2-[1-[(3-aminopropyl)imino]ethyl] phenolato-*N,N',O*]methyl(1,3-propanediamine-*N,N'*)-, iodide, (*OC*-6-34)-, [103925-36-6], 23:170

$N_4CoIOC_{16}H_{30}$, Cobalt(1+), ethyl [2-[1-[(3-aminopropyl)imino]ethyl] phenolato-*N,N',O*](1,3-propanediamine-*N,N'*)-, iodide, (*OC*-6-34)-, [103925-35-5], 23:169

$N_4CoIO_4C_6H_{16}$, Cobalt(1+), bis(1,2-ethanediamine-*N,N'*)[ethanedioato(2-)-*O,O'*]-, iodide, (*OC*-6-22-Λ)-, [40028-98-6], 18:99

$N_4CoI_2O_2C_9H_{23}$, Cobalt(2+), bis(1,2-ethanediamine-*N,N'*)(2,4-pentanedionato-*O,O'*)-, diiodide, (*OC*-6-22-Δ)-, [16702-65-1], 9:167,168

———, Cobalt(2+), bis(1,2-ethanediamine-*N,N'*)(2,4-

pentanedionato-*O*,*O*')-, diiodide, (*OC*-6-22-Λ)-, [36186-04-6], 9:167,168

$N_4CoKO_7CH_6.½H_2O$, Cobaltate(1-), diammine[carbonato(2-)-*O*,*O*]bis (nitrito-*N*)-, potassium, hydrate (2:1), (*OC*-6-32)-, [152227-43-5], 23:70

$N_4CoKO_8C_2H_6$, Cobaltate(1-), diammine [ethanedioato(2-)-*O*,*O*']bis(nitrito-*N*)-, potassium, (*OC*-6-22)-, [55529-41-4], 9:172

$N_4CoK_2O_8C_2H_6.½H_2O$, Cobaltate(1-), diammine[ethanedioato(2-)-*O*,*O*']bis (nitrito-*N*)-, potassium, hydrate (2:1), (*OC*-6-32)-, [152227-44-6], 23:71

$N_4CoKO_8C_4H_8$, Cobaltate(1-), bis (glycinato-*N*,*O*)bis(nitrito-*N*)-, potassium, [15157-77-4], 9:173

$N_4CoKO_8C_6H_{10}$, Cobaltate(1-), [[*N*,*N*'-1,2-ethanediylbis[glycinato]](2-)-*N*,*N*',*O*,*O*']bis(nitrito-*N*)-, potassium, (*OC*-6-13)-, [37480-85-6], 18:100

———, Cobaltate(1-), [[*N*,*N*'-1,2-ethanediylbis[glycinato]](2-)-*N*,*N*',*O*,*O*']bis(nitrito-*N*)-, potassium, [*OC*-6-13-*C*-[*R*-(*R**,*R**)]]-, [53152-29-7], 18:101

$N_4CoNaO_3C_3H_6.2H_2O$, Cobaltate(1-), diammine[carbonato(2-)-*O*,*O*']bis (cyano-*C*)-, sodium, dihydrate, (*OC*-6-32)-, [53129-53-6], 23:67

$N_4CoNaO_4C_4H_6.2H_2O$, Cobaltate(1-), diamminebis(cyano-*C*)[ethanedioato (2-)-*O*,*O*']-, sodium, dihydrate, (*OC*-6-32)-, [152227-45-7], 23:69

$N_4CoNaO_6S_2C_4H_{16}$, Cobaltate(1-), bis(1,2-ethanediamine-*N*,*N*')bis [sulfito(2-)-*O*]-, sodium, (*OC*-6-12)-, [15638-71-8], 14:79

$N_4CoO_4C_6H_{16}$, Cobalt(1+), bis(1,2-ethanediamine-*N*,*N*')[ethanedioato(2-)-*O*,*O*']-, (*OC*-6-22)-, [17835-71-1], 18:96;23:65

$N_4CoO_4C_8H_{14}$, Cobalt, bis[(2,3-butanedione dioximato)(1-)-*N*,*N*']-, (*SP*-4-1)-, [3252-99-1], 11:64

$N_4CoO_4C_9H_{17}$, Cobalt, bis[(2,3-butanedione dioximato)(1-)-*N*,*N*']methyl-, (*SP*-5-31)-, [36609-02-6], 11:68

$N_4CoO_4P_2C_{44}H_{44}$, Cobalt, bis[(2,3-butanedione dioximato)(1-)-*N*,*N*']bis (triphenylphosphine)-, (*OC*-6-12)-, [25970-64-3], 11:65

$N_4CoO_4SC_{11}H_{23}$, Cobalt, bis[(2,3-butanedione dioximato)(1-)-*N*,*N*'] methyl[thiobis[methane]]-, (*OC*-6-42)-, [25482-40-0], 11:67

$N_4CoO_5C_9H_{19}$, Cobalt, aquabis[(2,3-butanedione dioximato)(1-)-*N*,*N*'] methyl-, (*OC*-6-42)-, [25360-55-8], 11:66

$N_4CoO_6C_2H_9$, Cobalt, tetraammine [ethanedioato(2-)-*O*,*O*'](nitrito-*N*)-, [93843-61-9], 6:191

$N_4CoO_6C_8H_{18}$, Cobalt, diaquabis[(2,3-butanedione dioximato)(1-)-*N*,*N*']-, (*OC*-6-12)-, [37115-10-9], 11:64

$N_4CoO_6C_{14}H_{18}$, Cobalt, bis(2,6-dimethylpyridine 1-oxide-*O*)bis (nitrato-*O*,*O*')-, [16986-68-8], 13:204

$N_4CoO_6C_{16}H_{22}$, Cobalt, bis(nitrito-*O*,*O*') bis(2,4,6-trimethylpyridine 1-oxide-*O*)-, [18601-24-6], 13:205

$N_4CoO_6C_{20}H_{18}$, Cobalt, bis(4-methylquinoline 1-oxide-*O*)bis (nitrito-*O*,*O*')-, [16986-69-9], 13:206

$N_4CoO_8S_2C_4H_{19}$, Cobalt(2+), aquabis (1,2-ethanediamine-*N*,*N*')hydroxy-, (*OC*-6-33)-, dithionate (1:1), [42844-99-5], 14:74

$N_4CoO_{10}C_{10}H_{21}$, Cobalt(1+), bis(1,2-ethanediamine-*N*,*N*')[ethanedioato(2-)-*O*,*O*']-, (*OC*-6-22-Δ)-, salt with [*R*-(*R**,*R**)]-2,3-dihydroxybutanedioic acid (1:1), [60954-75-8], 18:98

———, Cobalt(1+), bis(1,2-ethanediamine-*N*,*N*')[ethanedioato(2-)-*O*,*O*']-, (*OC*-6-22-Λ)-, salt with [*R*-(*R**,*R**)]-2,3-dihydroxybutanedioic acid (1:1), [40031-95-6], 18:98

$N_4CoO_{10}C_{12}H_{23}$, Cobalt(1+), (1,2-ethanediamine-*N,N'*)[[*N,N'*-1,2-ethanediylbis[glycinato]](2-)-*N,N',O,O'*]-, [*OC*-6-13-*A*-[*S*-(*R**,*R**)]]-, salt with [*R*-(*R**,*R**)]-2,3-dihydroxybutanedioic acid (1:1), [67403-56-9], 18:109
———, Cobalt(1+), (1,2-ethanediamine-*N,N'*)[[*N,N'*-1,2-ethanediylbis[glycinato]](2-)-*N,N',O,O'*]-, [*OC*-6-13-*C*-[*R*-(*R**,*R**)]]-, salt with [*R*-(*R**,*R**)]-2,3-dihydroxybutanedioic acid (1:1), [63448-73-7], 18:109
$N_4CoP_2S_4C_{56}H_{40}$, Phosphonium, tetraphenyl-, (*SP*-4-1)-bis[2,3-dimercapto-2-butenedinitrilato(2-)-*S,S'*]cobaltate (2-) (2:1), [33519-88-9], 13:189
$N_4CoS_4C_8$, Cobaltate(1-), bis[2,3-dimercapto-2-butenedinitrilato(2-)-*S,S'*]-, (*SP*-4-1)-, [46760-70-7], 10:14;10:17
———, Cobaltate(2-), bis[2,3-dimercapto-2-butenedinitrilato(2-)-*S,S'*]-, (*SP*-4-1)-, [40706-01-2], 10:14;10:17
$N_4Co_2MgO_6P_2C_{44}H_{58}$, Magnesium, bis[μ-(carbonyl-*C:O*)]bis[dicarbonyl (methyldiphenylphosphine)cobalt] bis[*N,N,N',N'*-tetramethyl-1,2-ethanediamine-*N,N'*]-, [55701-41-2], 16:59
$N_4Co_2MgO_8C_{28}H_{20}$, Magnesium(2+), tetrakis(pyridine)-, (*T*-4)-, bis[(*T*-4)-tetracarbonylcobaltate(1-)], [62390-43-6], 16:58
———, Magnesium, bis[μ-(carbonyl-*C:O*)]tetrakis(pyridine)bis (tricarbonylcobalt)-, [51006-26-9], 16:58
$N_4Co_2O_5C_{32}H_{30}$, Cobalt, aquabis[[2,2'-[1,2-ethanediylbis(nitrilomethylidyne)]bis[phenolato]](2-)]di-, [108652-70-6], 3:196
$N_4Co_4O_{60}C_{96}H_{136}$, Cobaltate(4-), hexakis[μ-[tetraethyl 2,3-dioxo-1,1,4,4-butanetetracarboxylato(2-)]] tetra-, tetraammonium, [125591-67-5], 29:277
$N_4CrF_2IC_4H_{16}$, Chromium(1+), bis (1,2-ethanediamine-*N,N'*)difluoro-, iodide, (*OC*-6-22)-, [15444-78-7], 24:186
$N_4CrF_9O_9S_3C_7H_{16}$, Chromium(1+), bis (1,2-ethanediamine-*N,N'*)bis(trifluoromethanesulfonato-*O*)-, (*OC*-6-22)-, salt with trifluoromethanesulfonic acid (1:1), [90065-91-1], 24:251
$N_4CrH_{15}O_8S_2$, Chromium(2+), tetraammineaquahydroxy-, (*OC*-6-33)-, dithionate (1:1), [67327-07-5], 18:80
$N_4CrI_2C_{20}H_{20}$, Chromium, diiodotetrakis (pyridine)-, [14515-54-9], 10:32
N_4CrO_4, Chromium nitrosyl ($Cr(NO)_4$), [37355-72-9], 16:2
$N_4CrO_8S_2C_4H_{19}$, Chromium(2+), aquabis(1,2-ethanediamine-*N,N'*) hydroxy-, (*OC*-6-33)-, dithionate (1:1), [34076-61-4], 18:84
$N_4Cr_2O_4C_{10}H_{10}$, Chromium, bis(η^5-2,4-cyclopentadien-1-yl)di-μ-nitrosyldinitrosyldi-, [36607-01-9], 19:211
$N_4Cs_2PtC_4.H_2O$, Platinate(2-), tetrakis (cyano-*C*)-, dicesium, monohydrate, (*SP*-4-1)-, [20449-75-6], 19:6
$N_4CuC_{44}H_{28}$, Copper, [5,10,15,20-tetraphenyl-21*H*,23*H*-porphinato (2-)-$N^{21},N^{22},N^{23},N^{24}$]-, (*SP*-4-1)-, [14172-91-9], 16:214
$N_4CuF_6PC_8H_{12}$, Copper(1+), tetrakis (acetonitrile)-, (*T*-4)-, hexafluorophosphate(1-), [64443-05-6], 19:90;28:68
$N_4CuF_{12}P_2C_{24}H_{28}$, Copper(2+), (2,9-dimethyl-3,10-diphenyl-1,4,8,11-tetraazacyclotetradeca-1,3,8,10-tetraene-N^1,N^4,N^8,N^{11})-, (*SP*-4-1)-, bis [hexafluorophosphate(1-)], [77154-14-4], 22:10
$N_4CuI_2C_4H_{16}$, Copper(2+), bis(1,2-ethanediamine-*N,N'*)-, diiodide, (*SP*-4-1)-, [32270-89-6], 5:18

$N_4CuO_2C_{10}H_{18}$, Copper, [1,4,8,11-tetraazacyclotetradecane-5,7-dionato(2-)-*N*^{1},*N*^{4},*N*^{8},*N*^{11}]-, [*SP*-4-4-(*R**,*S**)]-, [72547-88-7], 23:83

$N_4CuO_2C_{18}H_{26}$, Copper, [5,9,14,18-tetramethyl-1,4,10,13-tetraazacyclooctadeca-4,8,14,18-tetraene-7,16-dionato(2-)-*N*^{1},*N*^{4},*O*^{7},*O*^{16}]-, (*SP*-4-2)-, [55238-11-4], 20:92

$N_4CuS_2C_{12}H_{10}$, Copper, bis(pyridine)bis(thiocyanato-*N*)-, [14881-12-0], 12:251,253

$N_4CuS_{12}C_{20}H_8$, Cuprate(2-), bis[2,3-dimercapto-2-butenedinitrilato(2-)-*S,S'*]-, (*SP*-4-1)-, salt with 2-(1,3-dithiol-2-ylidene)-1,3-dithiole (1:2), [55538-55-1], 19:31

$N_4Cu_2I_2C_{20}H_{16}$, Copper, bis(2,2'-bipyridine-*N,N'*)di-μ-iododi-, [39210-77-0], 7:12

$N_4Cu_3I_4C_4H_{16}$, Copper(2+), bis(1,2-ethanediamine-*N,N'*)-, bis[diiodocuprate(1-)], [72842-04-7], 6:16

$N_4DyO_2C_{49}H_{35}$, Dysprosium, (2,4-pentanedionato-*O,O'*)[5,10,15,20-tetraphenyl-21*H*,23*H*-porphinato(2-)-*N*^{21},*N*^{22},*N*^{23},*N*^{24}]-, [61276-74-2], 22:166

$N_4DyO_2C_{55}H_{47}$, Dysprosium, (2,2,6,6-tetramethyl-3,5-heptanedionato-*O,O'*)[5,10,15,20-tetraphenyl-21*H*,23*H*-porphinato(2-)-*N*^{21},*N*^{22},*N*^{23},*N*^{24}]-, [89769-03-9], 22:160

$N_4ErF_4O_2C_{49}H_{31}$, Erbium, (2,4-pentanedionato-*O,O'*)[5,10,15,20-tetrakis(3-fluorophenyl)-21*H*,23*H*-porphinato(2-)-*N*^{21},*N*^{22},*N*^{23},*N*^{24}]-, [89769-05-1], 22:160

$N_4ErO_2C_{49}H_{35}$, Erbium, (2,4-pentanedionato-*O,O'*)[5,10,15,20-tetraphenyl-21*H*,23*H*-porphinato(2-)-*N*^{21},*N*^{22},*N*^{23},*N*^{24}]-, (*TP*-6-132)-, [61276-76-4], 22:160

$N_4EuO_2C_{49}H_{35}$, Europium, (2,4-pentanedionato-*O,O'*)[5,10,15,20-tetraphenyl-21*H*,23*H*-porphinato(2-)-*N*^{21},*N*^{22},*N*^{23},*N*^{24}]-, [61301-63-1], 22:160

$N_4EuO_2C_{53}H_{43}$, Europium, (2,4-pentanedionato-*O,O'*)[5,10,15,20-tetrakis(4-methylphenyl)-21*H*,23*H*-porphinato(2-)-*N*^{21},*N*^{22},*N*^{23},*N*^{24}]-, [60911-12-8], 22:160

$N_4F_2NO_2P$, Phosphorodifluoridic acid, ammonium salt, [15252-72-9], 2:155,157

$N_4F_4O_2YbC_{55}H_{43}$, Ytterbium, [5,10,15,20-tetrakis(3-fluorophenyl)-21*H*,23*H*-porphinato(2-)-*N*^{21},*N*^{22},*N*^{23},*N*^{24}](2,2,6,6-tetramethyl-3,5-heptanedionato-*O,O'*)-, [89780-87-0], 22:160

$N_4F_6O_6S_2C_{18}H_{34}$, Methanesulfonic acid, trifluoro-, compd. with 5,7,7,12,14,14-hexamethyl-1,4,8,11-tetraazacyclotetradeca-4,11-diene (2:1), [57139-53-4], 18:3

$N_4F_8P_4$, 1,3,5,7,2,4,6,8-Tetrazatetraphosphocine, 2,2,4,4,6,6,8,8-octafluoro-2,2,4,4,6,6,8,8-octahydro-, [14700-00-6], 9:78

$N_4F_9IrO_9S_3C_7H_{16}$, Iridium(1+), bis(1,2-ethanediamine-*N,N'*)bis(trifluoromethanesulfonato-*O*)-, (*OC*-6-22)-, salt with trifluoromethanesulfonic acid (1:1), [90065-95-5], 24:290

$N_4F_9O_9OsS_3C_{23}H_{16}$, Osmium(1+), bis(2,2'-bipyridine-*N,N'*)bis(trifluoromethanesulfonato-*O*)-, (*OC*-6-22)-, salt with trifluoromethanesulfonic acid (1:1), [104474-98-8], 24:295

$N_4F_9O_9RhS_3C_7H_{16}$, Rhodium(1+), bis(1,2-ethanediamine-*N,N'*)bis(trifluoromethanesulfonato-*O*)-, (*OC*-6-22)-, salt with trifluoromethanesulfonic acid (1:1), [90065-93-3], 24:285

$N_4F_9O_9RuS_3C_{23}H_{16}$, Ruthenium(1+), bis(2,2'-bipyridine-*N,N'*)bis(trifluoromethanesulfonato-*O*)-, (*OC*-6-22)-, salt with trifluoromethanesulfonic acid (1:1), [104474-96-6], 24:295

$N_4F_9O_{11}OsS_3C_{23}H_{20}$, Osmium(3+), diaquabis(2,2'-bipyridine-*N,N'*)-, (*OC*-6-22)-, salt with trifluoromethanesulfonic acid (1:3), [104474-99-9], 24:296

$N_4F_{12}IrOP_4C_{42}H_{39}$, Iridium(2+), tris (acetonitrile)nitrosylbis(triphenylphosphine)-, (*OC*-6-13)-, bis[hexafluorophosphate(1-)], [73381-68-7], 21:104

$N_4F_{12}NiO_2P_2C_{20}H_{32}$, Nickel(2+), [3,11-bis(1-methoxyethylidene)-2,12-dimethyl-1,5,9,13-tetraazacyclohexadeca-1,4,9,12-tetraene-N^1,N^5,N^9,N^{13}]-, [*SP*-4-2-(Z,Z)]-, bis[hexafluorophosphate(1-)], [70021-28-2], 27:264

$N_4F_{12}NiO_2P_2C_{30}H_{36}$, Nickel(2+), [3,11-bis(methoxyphenylmethylene)-2,12-dimethyl-1,5,9,13-tetraazacyclohexadeca-1,4,9,12-tetraene-N^1,N^5,N^9,N^{13}]-, (*SP*-4-2)-, bis[hexafluorophosphate (1-)], [88610-99-5], 27:275

$N_4F_{12}P_2C_{12}H_{22}$, Phosphate(1-), hexafluoro-, hydrogen, compd. with 5,14-dimethyl-1,4,8,11-tetraazacyclotetradeca-4,6,11,13-tetraene (2:1), [59219-09-9], 18:40

$N_4F_{12}P_2PdC_{12}H_{30}$, Palladium(2+), [*N,N'*-bis[2-(dimethylamino)ethyl]-*N,N'*-dimethyl-1,2-ethanediamine-*N,N'*, *N'',N'''*]-, (*SP*-4-2)-, bis[hexafluorophosphate(1-)], [70128-96-0], 21:133

$N_4F_{12}P_2RuC_{16}H_{24}$, Ruthenium(2+), tetrakis(acetonitrile)[(1,2,5,6-η)-1,5-cyclooctadiene]-, bis[hexafluorophosphate(1-)], [54071-76-0], 26:72

$N_4FeNa_2O_8C_{10}H_{12}.2H_2O$, Ferrate(2-), (dinitrogen)[[*N,N'*-1,2-ethanediylbis [*N*-(carboxymethyl)glycinato]](4-)-*N,N',O,O',O*^{N}]-, disodium dihydrate, [91185-44-3], 24:208

$N_4FeNa_2O_8C_{14}H_{18}.2H_2O$, Ferrate(2-), [[*N,N'*-1,2-cyclohexanediylbis[*N*-(carboxymethyl)glycinato]](4-)-*N,N',O,O',O*^{N}](dinitrogen)-, disodium, dihydrate, [91171-69-6], 24:210

$N_4FeOC_{37}H_{36}$, Iron, carbonyltetrakis(2-isocyano-1,3-dimethylbenzene)-, [75517-52-1], 26:57;28:183

$N_4FeS_4C_8$, Ferrate(1-), bis[2,3-dimercapto-2-butenedinitrilato(2-)-*S,S'*]-, [14874-43-2], 10:9

$N_4GdO_2C_{49}H_{35}$, Gadolinium, (2,4-pentanedionato-*O,O'*)[5,10,15,20-tetraphenyl-21*H*,23*H*-porphinato (2-)-$N^{21},N^{22},N^{23},N^{24}$]-, [88646-27-9], 22:160

$N_4GeC_{24}H_{24}$, Germanetetramine, *N,N'*, *N'',N'''*-tetraphenyl-, [149165-61-7], 5:61

$N_4H_2NiS_4$, Nickel, bis(mercaptosulfur diimidato-*N'*,S^N)-, (*SP*-4-2)-, [50726-53-9], 18:124

N_4H_4, Ammonium azide ((NH_4)(N_3)), [12164-94-2], 2:136;8:53

$N_4H_6O_4Pd$, Palladium, diamminebis (nitrito-*N*)-, (*SP*-4-1)-, [14409-60-0], 4:179

$N_4H_8O_5S$, Sulfamic acid, hydroxynitroso-, diammonium salt, [66375-30-2], 5:121

$N_4H_8O_8P_4.2H_2O$, Metaphosphimic acid ($H_8P_4O_8N_4$), dihydrate, [15168-31-7], 9:79

$N_4H_{12}O_6S_2.H_2O$, Imidodisulfuric acid, triammonium salt, monohydrate, [148832-17-1], 2:179

$N_4H_{15}O_8RhS_2$, Rhodium(2+), tetraammineaquahydroxy-, (*OC*-6-33)-, dithionate (1:1), [72902-00-2], 24:225

$N_4H_{16}O_7P_2$, Diphosphoric acid, tetraammonium salt, [13765-35-0], 7:65;21:157

$N_4HoO_2C_{49}H_{35}$, Holmium, (2,4-pentanedionato-*O,O'*)[5,10,15,20-tetraphenyl-21*H*,23*H*-porphinato (2-)-$N^{21},N^{22},N^{23},N^{24}$]-, [61276-75-3], 22:160

$N_4HoO_2C_{55}H_{47}$, Holmium, (2,2,6,6-tetramethyl-3,5-heptanedionato-*O,O'*) [5,10,15,20-tetraphenyl-21*H*,23*H*-porphinato(2-)-$N^{21},N^{22},N^{23},N^{24}$]-, [89769-04-0], 22:160

$N_4IO_2ReC_4H_{16}$, Rhenium(1+), bis(1,2-ethanediamine-*N*,*N*')dioxo-, iodide, [92272-01-0], 8:176

$N_4I_2PdC_{12}H_{30}$, Palladium(1+), [*N*,*N*-bis[2-(dimethylamino)ethyl]-*N*',*N*'-dimethyl-1,2-ethanediamine-*N*^{N1}, *N*^{1},*N*^{2}]iodo-, iodide, (*SP*-4-2)-, [83418-08-0], 21:130

$N_4I_4ThC_8H_{12}$, Thorium, tetrakis(acetonitrile)tetraiodo-, [30262-23-8], 12:226

$N_4K_2NiC_4.H_2O$, Nickelate(2-), tetrakis(cyano-*C*)-, dipotassium, monohydrate, (*SP*-4-1)-, [14323-41-2], 2:227

$N_4K_2PdC_4.H_2O$, Palladate(2-), tetrakis(cyano-*C*)-, dipotassium, monohydrate, (*SP*-4-1)-, [150124-50-8], 2:245,246

$N_4K_2PdC_4.3H_2O$, Palladate(2-), tetrakis(cyano-*C*)-, dipotassium, trihydrate, (*SP*-4-1)-, [145565-40-8], 2:245,246

$N_4K_2PtC_4$, Platinate(2-), tetrakis(cyano-*C*)-, dipotassium, (*SP*-4-1)-, [562-76-5], 5:215

$N_4K_2PtC_4.3H_2O$, Platinate(2-), tetrakis(cyano-*C*)-, dipotassium, trihydrate, (*SP*-4-1)-, [14323-36-5], 19:3

$N_4LaO_2C_{49}H_{35}$, Lanthanum, (2,4-pentanedionato-*O*,*O*')[5,10,15,20-tetraphenyl-21*H*,23*H*-porphinato(2-)-*N*^{21},*N*^{22},*N*^{23},*N*^{24}]-, [89768-95-6], 22:160

$N_4LaO_2C_{55}H_{47}$, Lanthanum, (2,2,6,6-tetramethyl-3,5-heptanedionato-*O*,*O*')[5,10,15,20-tetraphenyl-21*H*,23*H*-porphinato(2-)-*N*^{21},*N*^{22},*N*^{23},*N*^{24}]-, [89768-96-7], 22:160

$N_4Li_2Si_2C_{26}H_{56}$, Lithium, [μ-[1,2-phenylenebis[(trimethylsilyl)methylene]]]bis(*N*,*N*,*N*',*N*'-tetramethyl-1,2-ethanediamine-*N*,*N*')di-, [76933-93-2], 26:148

$N_4LuO_2C_{49}H_{35}$, Lutetium, (2,4-pentanedionato-*O*,*O*')[5,10,15,20-tetraphenyl-21*H*,23*H*-porphinato(2-)-*N*^{21},*N*^{22},*N*^{23},*N*^{24}]-, [60909-91-3], 22:160

$N_4MgC_{36}H_{44}$, Magnesium, [2,3,7,8,12,13,17,18-octaethyl-21*H*,23*H*-porphinato(2-)-*N*^{21},*N*^{22},*N*^{23},*N*^{24}]-, (*SP*-4-1)-, [20910-35-4], 20:145

$N_4Mg_4O_{60}C_{96}H_{136}$, Magnesate(4-), hexakis[μ-[tetraethyl 2,3-dioxo-1,1,4,4-butanetetracarboxylato(2-)]]tetra-, tetraammonium, [114446-10-5], 29:277

$N_4Mn_4O_{60}C_{96}H_{136}$, Manganate(4-), hexakis[μ-[tetraethyl 2,3-dioxo-1,1,4,4-butanetetracarboxylato(2-)]]tetra-, tetraammonium, [125568-26-5], 29:277

$N_4MoO_2S_4C_{10}H_{20}$, Molybdenum, bis(diethylcarbamodithioato-*S*,*S*')dinitrosyl-, [18810-45-2], 16:235; 28:145

———, Molybdenum, bis(diethylcarbamodithioato-*S*,*S*')dinitrosyl-, (*OC*-6-21)-, [39797-80-3], 16:235

$N_4MoP_4C_{52}H_{48}$, Molybdenum, bis(dinitrogen)bis[1,2-ethanediylbis[diphenylphosphine]-*P*,*P*']-, (*OC*-6-11)-, [25145-64-6], 15:25;20:122; 28:38

$N_4Mo_8O_{26}C_{64}H_{144}$, 1-Butanaminium, *N*,*N*,*N*-tributyl-, hexa-μ-oxohexa-μ_3-oxotetradecaoxooctamolybdate(4-) (4:1), [59054-50-1], 27:78

$N_4NdO_2C_{49}H_{35}$, Neodymium, (2,4-pentanedionato-*O*,*O*')[5,10,15,20-tetraphenyl-21*H*,23*H*-porphinato(2-)-*N*^{21},*N*^{22},*N*^{23},*N*^{24}]-, [61301-64-2], 22:160

$N_4NdO_2C_{55}H_{47}$, Neodymium, (2,2,6,6-tetramethyl-3,5-heptanedionato-*O*,*O*')[5,10,15,20-tetraphenyl-21*H*,23*H*-porphinato(2-)-*N*^{21},*N*^{22},*N*^{23},*N*^{24}]-, [89768-99-0], 22:160

$N_4NiC_{12}H_{18}$, Nickel, [5,14-dimethyl-1,4,8,11-tetraazacyclotetradeca-4,7,11,14-tetraenato(2-)-*N*^{1},*N*^{4},*N*^{8},*N*^{11}]-, (*SP*-4-2)-, [67326-88-9], 18:42

$N_4NiC_{14}H_{20}$, Nickel, [(2,3-η)-2-butenedinitrile]bis(2-isocyano-2-

methylpropane)-, stereoisomer, [32612-10-5], 17:122
$N_4NiC_{14}H_{22}$, Nickel, [2,12-dimethyl-1,5,9,13-tetraazacyclohexadeca-1,4,9,12-tetraenato(2-)-*N*[1],*N*[5],*N*[9],*N*[13]]-, (*SP*-4-2)-, [74466-59-4], 27:272
$N_4NiC_{20}H_{16}$, Nickel, bis(2,2'-bipyridine-*N,N'*)-, (*T*-4)-, [15186-68-2], 17:121;28:103
$N_4NiC_{20}H_{36}$, Nickel, tetrakis(2-isocyano-2-methylpropane)-, [19068-11-2], 17:118;28:99
$N_4NiC_{22}H_{22}$, Nickel, [7,16-dihydro-6,8,15,17-tetramethyldibenzo[*b,i*][1,4,8,11]tetraazacyclotetradecinato(2-)-*N*[5],*N*[9],*N*[14],*N*[18]]-, (*SP*-4-1)-, [51223-51-9], 20:115
$N_4NiC_{22}H_{28}$, Nickel, (diphenyldiazene-*N,N'*)(2-isocyano-2-methylpropane)-, [32714-19-5], 17:122
$N_4NiC_{24}H_{16}$, Nickel, bis(1,10-phenanthroline-*N*[1],*N*[10])-, [15609-57-1], 28:103
———, Nickel, bis(1,10-phenanthroline-*N*[1],*N*[10])-, (*T*-4)-, [10170-11-3], 17:121
$N_4NiC_{28}H_{44}$, Nickel, tetrakis(isocyanocyclohexane)-, [24917-34-8], 17:119;28:101
$N_4NiC_{44}H_{28}$, Nickel, [5,10,15,20-tetraphenyl-21*H*,23*H*-porphinato(2-)-*N*[21],*N*[22],*N*[23],*N*[24]]-, (*SP*-4-1)-, [14172-92-0], 20:143
$N_4NiO_2C_{16}H_{22}$, Nickel, [[1,1'-(5,14-dimethyl-1,4,8,11-tetraazacyclotetradeca-4,7,11,14-tetraene-6,13-diyl)bis[ethanonato]](2-)-*N,N',N'',N'''*]-, (*SP*-4-2)-, [20123-01-7], 18:39
$N_4NiO_2C_{28}H_{30}$, Nickel, [[(2,12-dimethyl-1,5,9,13-tetraazacyclohexadeca-1,4,9,12-tetraene-3,11-diyl)bis[phenylmethanonato]](2-)-*N*[1],*N*[5],*N*[9],*N*[13]]-, (*SP*-4-2)-, [74466-43-6], 27:273
$N_4NiO_6P_2C_{36}H_{32}$, Nickel(2+), bis[2-(diphenylphosphino)benzenamine-*N,P*]-, dinitrate, [125100-70-1], 25:132
$N_4NiS_4C_8$, Nickelate(1-), bis[2,3-dimercapto-2-butenedinitrilato(2-)-*S,S'*]-, (*SP*-4-1)-, [46761-25-5], 10:13,15,16
———, Nickelate(2-), bis[2,3-dimercapto-2-butenedinitrilato(2-)-*S,S'*]-, (*SP*-4-1)-, [14876-79-0], 10:13,15,16
$N_4NiS_{12}C_{20}H_8$, Nickelate(2-), bis[2,3-dimercapto-2-butenedinitrilato(2-)-*S,S'*]-, (*SP*-4-1)-, salt with 2-(1,3-dithiol-2-ylidene)-1,3-dithiole (1:2), [55520-22-4], 19:31
$N_4Ni_4O_{60}C_{96}H_{136}$, Nickelate(4-), hexakis[μ-[tetraethyl 2,3-dioxo-1,1,4,4-butanetetracarboxylato(2-)]]tetra-, tetraammonium, [125591-68-6], 29:277
N_4OCH_2, 5*H*-Tetrazol-5-one, 1,2-dihydro-, [16421-52-6], 6:62
N_4OCH_6, Carbonic dihydrazide, [497-18-7], 4:32
$N_4OVC_{44}H_{28}$, Vanadium, oxo[5,10,15,20-tetraphenyl-21*H*,23*H*-porphinato(2-)-*N*[21],*N*[22],*N*[23],*N*[24]]-, (*SP*-5-12)-, [14705-63-6], 20:144
$N_4O_2C_2H_4$, 1,2,4,5-Tetrazine-3,6-dione, tetrahydro-, [624-40-8], 4:29
$N_4O_2C_2H_6$, Hydrazinecarboxamide, *N*-(aminocarbonyl)-, [5328-32-5], 5:48
———, 1,2-Hydrazinedicarboxamide, [110-21-4], 4:26;5:53,54
$N_4O_2C_{16}H_{24}$, Ethanone, 1,1'-(5,14-dimethyl-1,4,8,11-tetraazacyclotetradeca-4,6,12,14-tetraene-6,13-diyl)bis-, [21227-58-7], 18:39
$N_4O_2C_{18}H_{28}$, 1,4,10,13-Tetraazacyclooctadeca-5,8,14,17-tetraene-7,16-dione, 5,9,14,18-tetramethyl-, [38627-20-2], 20:91
$N_4O_2P_2C_6H_{12}$, 1*H*,5*H*-[1,4,2,3]Diazadiphospholo[2,3-*b*][1,4,2,3]diazadiphosphole-2,6(3*H*,7*H*)-dione, 1,3,5,7-tetramethyl-, [77507-69-8], 24:122
$N_4O_2PrC_{49}H_{35}$, Praseodymium, (2,4-pentanedionato-*O,O'*)[5,10,15,20-tetraphenyl-21*H*,23*H*-porphinato

(2-)-N^{21},N^{22},N^{23},N^{24}]-, [61301-62-0], 22:160
$N_4O_2PrC_{53}H_{43}$, Praseodymium, (2,4-pentanedionato-*O*,*O*')[5,10,15,20-tetrakis(4-methylphenyl)-21*H*,23*H*-porphinato(2-)-N^{21},N^{22},N^{23},N^{24}]-, [89768-98-9], 22:160
$N_4O_2S_4$, Nitrogen oxide sulfide ($N_4O_2S_4$), [57932-64-6], 25:50
$N_4O_2SmC_{49}H_{35}$, Samarium, (2,4-pentanedionato-*O*,*O*')[5,10,15,20-tetraphenyl-21*H*,23*H*-porphinato (2-)-N^{21},N^{22},N^{23},N^{24}]-, [61301-65-3], 22:160
$N_4O_2SmC_{55}H_{47}$, Samarium, (2,2,6,6-tetramethyl-3,5-heptanedionato-*O*,*O*') [5,10,15,20-tetraphenyl-21*H*,23*H*-porphinato(2-)-N^{21},N^{22},N^{23},N^{24}]-, [89769-00-6], 22:160
$N_4O_2TbC_{49}H_{35}$, Terbium, (2,4-pentanedionato-*O*,*O*')[5,10,15,20-tetraphenyl-21*H*,23*H*-porphinato (2-)-N^{21},N^{22},N^{23},N^{24}]-, [61276-73-1], 22:160
$N_4O_2TbC_{55}H_{47}$, Terbium, (2,2,6,6-tetramethyl-3,5-heptanedionato-*O*,*O*') [5,10,15,20-tetraphenyl-21*H*,23*H*-porphinato(2-)-N^{21},N^{22},N^{23},N^{24}]-, [89769-02-8], 22:160
$N_4O_2TmC_{55}H_{47}$, Thulium, (2,2,6,6-tetramethyl-3,5-heptanedionato-*O*,*O*') [5,10,15,20-tetraphenyl-21*H*,23*H*-porphinato(2-)-N^{21},N^{22},N^{23},N^{24}]-, [89769-06-2], 22:160
$N_4O_2YC_{49}H_{35}$, Yttrium, (2,4-pentanedionato-*O*,*O*')[5,10,15,20-tetraphenyl-21*H*,23*H*-porphinato(2-)-N^{21},N^{22},N^{23},N^{24}]-, (*TP*-6-132)-, [57327-04-5], 22:160
$N_4O_2YbC_{53}H_{43}$, Ytterbium, (2,4-pentanedionato-*O*,*O*')[5,10,15,20-tetrakis(4-methylphenyl)-21*H*,23*H*-porphinato(2-)-N^{21},N^{22},N^{23},N^{24}]-, [61276-72-0], 22:156
$N_4O_2YbC_{59}H_{55}$, Ytterbium, [5,10,15,20-tetrakis(4-methylphenyl)-21*H*,23*H*-porphinato(2-)-N^{21},N^{22},N^{23},N^{24}](2,2,6,6-tetramethyl-3,5-heptanedionato-*O*,*O*')-, [60911-13-9], 22:156
$N_4O_3CH_6$, Guanidine, mononitrate, [506-93-4], 1:94
$N_4O_3C_2H_8$, Carbonic acid, compd. with hydrazinecarboximidamide (1:1), [2582-30-1], 3:45
$N_4O_3P_2C_8H_{24}$, Diphosphoramide, octamethyl-, [152-16-9], 7:73
$N_4O_3PtTl_4C_5$, Platinate(2-), tetrakis (cyano-*C*)-, (*SP*-4-1)-, thallium(1+) carbonate (1:4:1), [76880-00-7], 21:153,154
$N_4O_4PtSC_{17}H_{16}$, Platinum(1+), (2-mercaptoethanolato-*S*)(2,2':6',2''-terpyridine-*N*,*N*',*N*'')-, (*SP*-4-2)-, nitrate, [60829-45-0], 20:103
$N_4O_4SiC_4$, Silane, tetraisocyanato-, [3410-77-3], 8:23;24:99
$N_4O_4ThC_{54}H_{42}$, Thorium, bis(2,4-pentanedionato-*O*,*O*')[5,10,15,20-tetraphenyl-21*H*,23*H*-porphinato(2-)-N^{21},N^{22},N^{23},N^{24}]-, (*SA*-8-12131'21'3)-, [57372-87-9], 22:160
$N_4O_8P_4C_{16}H_{40}$, 1,3,5,7,2,4,6,8-Tetrazatetraphosphocine, 2,2,4,4,6,6,8,8-octaethoxy-2,2,4,4,6,6,8,8-octahydro-, [1256-55-9], 8:79
$N_4O_8P_4C_{48}H_{40}$, 1,3,5,7,2,4,6,8-Tetrazatetraphosphocine, 2,2,4,4,6,6,8,8-octahydro-2,2,4,4,6,6,8,8-octaphenoxy-, [992-79-0], 8:83
$N_4O_8RhS_2C_4H_{19}$, Rhodium(2+), aquabis(1,2-ethanediamine-*N*,*N*') hydroxy-, (*OC*-6-33)-, dithionate (1:1), [72902-01-3], 24:230
$N_4O_{32}W_{10}C_{64}H_{144}$, 1-Butanaminium, *N*,*N*,*N*-tributyl-, eicosa-μ-oxodi-μ_5-oxodecaoxodecatungstate(4-) (4:1), [68109-03-5], 27:81
$N_4O_{60}Zn_4C_{96}H_{136}$, Zincate(4-), hexakis [μ-[tetraethyl 2,3-dioxo-1,1,4,4-butanetetracarboxylato(2-)]]tetra-, tetraammonium, [114466-56-7], 29:277

$N_4P_2C_{36}H_{30}$, Phosphorus(1+), triphenyl (*P,P,P*-triphenylphosphine imidato-*N*)-, (*T*-4)-, azide, [38011-36-8], 26:286
$N_4P_2S_3C_{36}H_{30}$, Phosphorus(1+), triphenyl (*P,P,P*-triphenylphosphine imidato-*N*)-, (*T*-4)-, salt with 1,3,5,2,4,6-trithia(5-S^{IV})triazine (1:1), [72884-86-7], 25:32
$N_4P_4S_8C_{16}H_{48}$, Ethanamine, *N*-ethyl-, compd. with tetramercaptotetraphosphetane 1,2,3,4-tetrasulfide (4:1), [120675-55-0], 25:5
$N_4P_4WC_{52}H_{48}$, Tungsten, bis(dinitrogen) bis[1,2-ethanediylbis[diphenylphosphine]-*P,P'*]-, (*OC*-6-11)-, [28915-54-0], 20:126;28:41
$N_4PdS_2C_{12}H_8$, Palladium, (2,2'-bipyridine-*N,N'*)bis(thiocyanato-*N*)-, (*SP*-4-2)-, [15613-05-5], 12:223
———, Palladium, (2,2'-bipyridine-*N,N'*) bis(thiocyanato-*S*)-, (*SP*-4-2)-, [23672-08-4], 12:222
$N_4PdS_4C_8$, Palladate(1-), bis[2,3-dimercapto-2-butenedinitrilato(2-)-*S,S'*]-, (*SP*-4-1)-, [19570-29-7], 10:14,16
———, Palladate(2-), bis[2,3-dimercapto-2-butenedinitrilato(2-)-*S,S'*]-, (*SP*-4-1)-, [19555-33-0], 10:14,16
$N_4PtS_4C_8$, Platinate(1-), bis[2,3-dimercapto-2-butenedinitrilato(2-)-*S,S'*]-, (*SP*-4-1)-, [14977-45-8], 10:14,16
———, Platinate(2-), bis[2,3-dimercapto-2-butenedinitrilato(2-)-*S,S'*]-, (*SP*-4-1)-, [15152-99-5], 10:14,16
$N_4PtS_8C_{14}H_4$, 2,2'-Bi-1,3-dithiol-1-ium, (*SP*-4-1)-bis[2,3-dimercapto-2-butenedinitrilato(2-)-*S,S'*]platinate(2-) (1:1), [58784-67-1], 19:31
———, Platinate(1-), bis[2,3-dimercapto 2-butenedinitrilato(2-)-*S,S'*]-, (*SP*-4-1)-, salt with 2-(1,3-dithiol-2-ylidene)-1,3-dithiole (1:1), [55520-24-6], 19:31
$N_4PtS_8C_{16}H_8$, Platinate(2-), tetrakis (cyano-*C*)-, (*SP*-4-1)-, salt with 2-(1,3-dithiol-2-ylidene)-1,3-dithiole (1:2), [55520-25-7], 19:31
$N_4PtS_{12}C_{20}H_8$, Platinate(2-), bis[2,3-dimercapto-2-butenedinitrilato(2-)-*S,S'*]-, (*SP*-4-1)-, salt with 2-(1,3-dithiol-2-ylidene)-1,3-dithiole (1:2), [55520-23-5], 19:31
$N_4PtTl_2C_4$, Platinate(2-), tetrakis (cyano-*C*)-, dithallium(1+), (*SP*-4-1)-, [79502-39-9], 21:153
$N_4RhS_4C_8$, Rhodate(2-), bis[2,3-dimercapto-2-butenedinitrilato(2-)-*S,S'*]-, (*SP*-4-1)-, [46761-36-8], 10:9
N_4SCH_2, 1,2,3,4-Thiatriazol-5-amine, [6630-99-5], 6:42
$N_4SC_7H_6$, Carbamothioic azide, phenyl-, [120613-66-3], 6:45
———, 1,2,3,4-Thiatriazol-5-amine, *N*-phenyl-, [13078-30-3], 6:45
$N_4S_2ZnC_{12}H_{10}$, Zinc, bis(pyridine)bis (thiocyanato-*N*)-, (*T*-4)-, [13878-20-1], 12:251,253
$N_4S_3C_4H_{12}$, Methanaminium, *N,N,N*-trimethyl-, salt with 1,3,5,2,4,6-trithia(5-S^{IV})triazine (1:1), [65207-98-9], 25:32
N_4S_4, Nitrogen sulfide (N_4S_4), [28950-34-7], 6:124;8:104;9:98;17:
$N_4S_4SiC_4$, Silane, tetraisothiocyanato-, [6544-02-1], 8:27
$N_4S_4Sn_2C_4H_{12}$, Tin, bis[μ-[mercaptosulfur diimidato(2-)-*N'*,S^N:S^N]]tetramethyldi-, [50661-48-8], 25:46
$N_4S_{28}Se_4C_{46}H_{28}$, 1,3-Dithiole, 2-(1,3-dithiol-2-ylidene)-, radical ion(1+), selenocyanate, compd. with 2-(1,3-dithiol-2-ylidene)-1,3-dithiole (4:3), [151085-48-2], 19:31
$N_4S_{32}C_{46}H_{28}$, 1,3-Dithiole, 2-(1,3-dithiol-2-ylidene)-, radical ion(1+), thiocyanate, compd. with 2-(1,3-dithiol-2-ylidene)-1,3-dithiole (4:3), [151085-47-1], 19:31
$N_4SiC_{24}H_{24}$, Silanetetramine, *N,N',N'',N'''*-tetraphenyl-, [5700-43-6], 5:61

$N_4Si_4C_8H_{28}$, Cyclotetrasilazane, 2,2,4,4,6,6,8,8-octamethyl-, [1020-84-4], 5:61

$N_4Si_4C_{16}H_{44}$, Cyclotetrasilazane, 2,2,4,4,6,6,8,8-octaethyl-, [17379-63-4], 5:62

$N_5AlCl_4S_5$, Aluminate(1-), tetrachloro-, (*T*-4)-, pentathiazyl, [12588-12-4], 17:190

$N_5AsS_4C_{24}H_{20}$, Arsonium, tetraphenyl-, salt with 1,3,5,7-tetrathia(1,5-S^{IV})-2,4,6,8,9-pentaazabicyclo[3.3.1]nona-1,4,6,7-tetraene (1:1), [79233-90-2], 25:31

$N_5BrClCoO_3C_4H_{16}$, Cobalt(1+), bromochlorobis(1,2-ethanediamine-*N,N'*)-, (*OC*-6-23)-, nitrate, [15656-44-7], 9:163;9:165

$N_5BrCl_2CoC_4H_{19}$, Cobalt(2+), amminebromobis(1,2-ethanediamine-*N,N'*)-, dichloride, (*OC*-6-23)-, [53539-19-8], 16:93,95,96

$N_5BrCoO_4C_{17}H_{27}$, Cobalt, bromobis[(2,3-butanedione dioximato)(1-)-*N,N'*][4-(1,1-dimethylethyl)pyridine]-, (*OC*-6-42)-, [51194-57-1], 20:130

$N_5BrCoO_6S_2C_4H_{19}$, Cobalt(2+), amminebromobis(1,2-ethanediamine-*N,N'*)-, (*OC*-6-32)-, (disulfate) (1:1), [15306-91-9], 16:94

$N_5BrH_{15}Ir$, Iridium(2+), pentaamminebromo-, (*OC*-6-22)-, [35884-02-7], 12:245,246

$N_5Br_2CoO_3C_4H_{16}$, Cobalt(1+), dibromobis(1,2-ethanediamine-*N,N'*)-, (*OC*-6-12)-, nitrate, [15352-31-5], 9:166

$N_5Br_2H_{13}O_2Os$, Osmium(2+), tetraamminehydroxynitrosyl-, dibromide, [60104-35-0], 16:11

$N_5Br_3CoC_4H_{19}$, Cobalt(2+), amminebromobis(1,2-ethanediamine-*N,N'*)-, dibromide, (*OC*-6-23)-, [15306-93-1], 8:198;16:93

$N_5Br_3CoC_8H_{23}$, Cobalt(2+), bromo[*N*-(2-aminoethyl)-*N'*-[2-(2-aminoethyl)ethyl]-1,2-ethanediamine-*N,N',N'',N''',N''''*]-, dibromide, [17251-19-3], 9:176

$N_5Br_3CoH_{15}$, Cobalt(2+), pentaamminebromo-, dibromide, (*OC*-6-22)-, [14283-12-6], 1:186

$N_5Br_3CoH_{17}O$, Cobalt(3+), pentaammineaqua-, tribromide, (*OC*-6-22)-, [14404-37-6], 1:188

$N_5Br_3CoOC_4H_{21}.H_2O$, Cobalt(3+), ammineaquabis(1,2-ethanediamine-*N,N'*)-, tribromide, monohydrate, (*OC*-6-23)-, [15307-17-2], 8:198

———, Cobalt(3+), ammineaquabis(1,2-ethanediamine-*N,N'*)-, tribromide, monohydrate, (*OC*-6-32)-, [15307-24-1], 8:198

$N_5Br_3CoO_8S_2C_{24}H_{47}$, Cobalt(2+), amminebromobis(1,2-ethanediamine-*N,N'*)-, (*OC*-6-23-Λ)-, salt with [1*R*-(*endo,anti*)]-3-bromo-1,7-dimethyl-2-oxobicyclo[2.2.1]heptane-7-methanesulfonic acid (1:2), [60103-84-6], 16:93

$N_5Br_3CrH_{15}$, Chromium(2+), pentaamminebromo-, dibromide, (*OC*-6-22)-, [13601-60-0], 5:134

$N_5Br_3CrH_{17}O$, Chromium(3+), pentaammineaqua-, tribromide, (*OC*-6-22)-, [19706-92-4], 5:134

$N_5Br_3H_{12}OOs$, Osmium(2+), tetraamminebromonitrosyl-, dibromide, [39733-95-4], 16:12

$N_5Br_3H_{15}Ru$, Ruthenium(2+), pentaamminebromo-, dibromide, (*OC*-6-22)-, [16446-65-4], 12:4

$N_5C_2H_7$, Imidodicarbonimidic diamide, [56-03-1], 7:58

$N_5ClCoH_9O_4$, Cobalt, triamminechlorobis(nitrito-*N*)-, [13601-65-5], 6:191

$N_5ClCoO_4C_4H_{13}$, Cobalt, [*N*-(2-aminoethyl)-1,2-ethanediamine-*N,N',N''*]chlorobis(nitrito-*N*)-, [19445-77-3], 7:210

$N_5ClCoO_4C_{13}H_{19}$, Cobalt, bis[(2,3-butanedione dioximato)(1-)-*N,N'*]chloro(pyridine)-, (*OC*-6-42)-, [23295-32-1], 11:62

$N_5ClCoO_5C_8H_{19}.H_2O$, Cobalt(1+), (glycinato-*N,O*)(nitrato-*O*)(octahydro-1*H*-1,4,7-triazonine-N^1,N^4,N^7)-, chloride, monohydrate, (*OC*-6-33)-, [152227-35-5], 23:77

$N_5ClCoO_7CH_{15}.H_2O$, Cobalt(1+), pentaammine[carbonato(2-)-*O*]-, (*OC*-6-22)-, perchlorate, monohydrate, [153481-20-0], 17:152

$N_5ClCoO_7C_5H_{19}$, Cobalt(1+), ammine [carbonato(2-)-*O*]bis(1,2-ethanediamine-*N,N'*)-, (*OC*-6-32)-, perchlorate, [65795-20-2], 17:152

$N_5ClCoO_7C_9H_{23}$, Cobalt(1+), [*N*-(2-aminoethyl)-*N'*-[2-[(2-aminoethyl) amino]ethyl]-1,2-ethanediamine-*N,N',N'',N''',N''''*][carbonato(2-)-*O*]-, (*OC*-6-34)-, perchlorate, [65774-51-8], 17:152

$N_5ClCoO_{19}C_{53}H_{75}$, Cobyrinic acid, cyanide perchlorate, monohydrate, heptamethyl ester, [74428-12-9], 20:141

$N_5ClIrO_7CH_{15}$, Iridium(1+), pentaammine [carbonato(2-)-*O*]-, (*OC*-6-22)-, perchlorate, [50600-92-5], 17:152

$N_5ClO_7RhCH_{15}.H_2O$, Rhodium(1+), pentaammine[carbonato(2-)-*O*]-, (*OC*-6-22)-, perchlorate, monohydrate, [151120-26-2], 17:152

N_5ClS_4, 1,3,5,7-Tetrathia(1,5-S^{IV})-2,4,6,8,9-pentaazabicyclo[3.3.1]nona-1,4,6,7-tetraene, 9-chloro-, [67954-28-3], 25:38

$N_5Cl_2CoH_{15}O_4Re$, Rhenium(2+), μ-oxotrioxo(pentaamminecobalt)-, dichloride, [31237-66-8], 12:216

$N_5Cl_2CoH_{15}O_{12}Re$, Rhenium(2+), μ-oxotrioxo(pentaamminecobalt)-, diperchlorate, [31085-10-6], 12:216

$N_5Cl_2CoO_3C_4H_{16}$, Cobalt(1+), dichlorobis(1,2-ethanediamine-*N,N'*)-, (*OC*-6-12)-, nitrate, [14587-94-1], 18:73

$N_5Cl_2CoO_8SC_6H_{22}$, Cobalt(2+), (2-aminoethanethiolato-*N,S*)bis(1,2-ethanediamine-*N,N'*)-, (*OC*-6-33)-, diperchlorate, [40330-50-5], 21:19

$N_5Cl_2F_2P_3C_4H_{12}$, 1,3,5,2,4,6-Triazatriphosphorine, 2,2-dichloro-4,6-bis (dimethylamino)-4,6-difluoro-2,2,4,4,6,6-hexahydro-, [67283-78-7], 18:195

$N_5Cl_2H_{13}O_2Os$, Osmium(2+), tetraamminehydroxynitrosyl-, dichloride, [60104-36-1], 16:11

$N_5Cl_2O_3RhC_4H_{16}$, Rhodium(1+), dichlorobis(1,2-ethanediamine-*N,N'*)-, (*OC*-6-12)-, nitrate, [15529-88-1], 7:217

———, Rhodium(1+), dichlorobis(1,2-ethanediamine-*N,N'*)-, (*OC*-6-22)-, nitrate, [39561-32-5], 7:217

$N_5Cl_2O_3RhC_{20}H_{20}$, Rhodium(1+), dichlorotetrakis(pyridine)-, (*OC*-6-12)-, nitrate, [22933-85-3], 10:66

$N_5Cl_2O_{11}RuC_2H_{15}$, Ruthenium(2+), (acetato-*O*)tetraamminenitrosyl-, diperchlorate, [60133-61-1], 16:14

$N_5Cl_3CoH_{15}$, Cobalt(2+), pentaammine-chloro-, dichloride, (*OC*-6-22)-, [13859-51-3], 5:185;6:182;9:160

$N_5Cl_3CrH_{15}$, Chromium(2+), pentaamminechloro-, dichloride, (*OC*-6-22)-, [13820-89-8], 2:196;6:138

$N_5Cl_3CrH_{17}O$, Chromium(3+), pentaammineaqua-, trichloride, (*OC*-6-22)-, [15203-78-8], 6:141

$N_5Cl_3H_{12}OOs$, Osmium(2+), tetraamminechloronitrosyl-, dichloride, [39733-94-3], 16:12

$N_5Cl_3H_{12}ORu$, Ruthenium(2+), tetraamminechloronitrosyl-, dichloride, [22615-60-7], 16:13

$N_5Cl_3H_{15}Ir$, Iridium(2+), pentaammine-chloro-, dichloride, (*OC*-6-22)-, [15742-38-8], 7:227;12:243

$N_5Cl_3H_{15}Rh$, Rhodium(2+), pentaammine-chloro-, dichloride, (*OC*-6-22)-, [13820-95-6], 7:216;13:213;24:222

$N_5Cl_3H_{15}Ru$, Ruthenium(2+), pentaamminechloro-, dichloride, (*OC*-6-22)-, [18532-87-1], 12:3;13:210;24:255
$N_5Cl_3H_{17}IrO_{13}$, Iridium(3+), pentaammineaqua-, (*OC*-6-22)-, triperchlorate, [31285-82-2], 12:244
$N_5Cl_3H_{17}O_{13}Rh$, Rhodium(3+), pentaammineaqua-, (*OC*-6-22)-, triperchlorate, [15611-81-1], 24:254
$N_5Cl_3IrC_{10}H_{35}$, Iridium(2+), chloropentakis(ethanamine)-, dichloride, (*OC*-6-22)-, [150124-47-3], 7:227
$N_5Cl_4FeS_5$, Ferrate(1-), tetrachloro-, (*T*-4)-, pentathiazyl, [36509-71-4], 17:190
$N_5Cl_4H_4P_3$, 1,3,5,2,4,6-Triazatriphosphorine, 2,4-diamino-2,4,6,6-tetrachloro-2,2,4,4,6,6-hexahydro-, [7382-17-4], 14:24
$N_5Cl_4H_{15}Pt$, Platinum(3+), pentaamminechloro-, trichloride, (*OC*-6-22)-, [16893-11-1], 24:277
$N_5Cl_4P_3C_4H_8$, 1,3,5,2,4,6-Triazatriphosphorine, 2,2-bis(1-aziridinyl)-4,4,6,6-tetrachloro-2,2,4,4,6,6-hexahydro-, [3808-49-9], 25:87
———, 1,3,5,2,4,6-Triazatriphosphorine, 2,4-bis(1-aziridinyl)-2,4,6,6-tetrachloro-2,2,4,4,6,6-hexahydro-, *cis*-, [79935-97-0], 25:87
———, 1,3,5,2,4,6-Triazatriphosphorine, 2,4-bis(1-aziridinyl)-2,4,6,6-tetrachloro-2,2,4,4,6,6-hexahydro-, *trans*-, [79935-98-1], 25:87
$N_5Cl_4P_3C_4H_{12}$, 1,3,5,2,4,6-Triazatriphosphorine, 2,2,4,6-tetrachloro-4,6-bis (dimethylamino)-2,2,4,4,6,6-hexahydro-, [2203-74-9], 18:194
$N_5Cl_6S_5Sb$, Antimonate(1-), hexachloro-, (*OC*-6-11)-, pentathiazyl, [39928-97-7], 17:189
$N_5Cl_7P_4C_2H_4$, 1,3,5,7,2,4,6,8-Tetrazatetraphosphocine, 2-(1-aziridinyl)-2,4,4,6,6,8,8-heptachloro-2,2,4,4,6,6,8,8-octahydro-, [96357-56-1], 25:91
$N_5Cl_9CoH_{15}Hg_3$, Cobalt(2+), pentaamminechloro-, (*OC*-6-22)-, dichloride, compd. with mercury chloride ($HgCl_2$) (1:3), [149165-66-2], 9:162
$N_5Cl_9H_{20}Mo_2.H_2O$, Molybdate(5-), tri-μ-chlorohexachlorodi-, (*Mo-Mo*), pentaammonium, monohydrate, [123711-64-8], 19:129
$N_5CoF_9O_9S_3C_3H_{15}$, Cobalt(2+), pentaammine(trifluoromethanesulfonato-*O*)-, (*OC*-6-22)-, salt with trifluoromethanesulfonic acid (1:2), [75522-50-8], 22:104
$N_5CoF_9O_9S_3C_8H_{25}$, Cobalt(2+), pentakis (methanamine)(trifluoromethanesulfon ato-*O*)-, (*OC*-6-22)-, salt with trifluoromethanesulfonic acid (1:2), [90065-88-6], 24:281
$N_5CoH_{15}O_{12}Re_3$, Rhenium(2+), μ-oxotrioxo(pentaamminecobalt)-, bis[(*T*-4)-tetraoxorhenate(1-)], [31031-09-1], 12:215
$N_5CoH_{17}O_{13}Re_3.2H_2O$, Cobalt(3+), pentaammineaqua-, (*OC*-6-22)-, tris[(*T*-4)-tetraoxorhenate(1-)], dihydrate, [20774-10-1], 12:214
$N_5CoI_2O_2C_8H_{22}.H_2O$, Cobalt(2+), ammine (glycinato-*N*,*O*)(octahydro-1*H*-1,4,7-triazonine-N^1,N^4,N^7)-, diiodide, monohydrate, (*OC*-6-24)-, [152227-42-4], 23:78
$N_5CoNa_2O_9S_2C_4H_{16}$, Cobaltate(1-), bis(1,2-ethanediamine-*N*,*N*')bis [sulfito(2-)-*O*]-, (*OC*-6-22)-, disodium nitrate, [42921-86-8], 14:77
$N_5CoOC_8H_{24}$, Cobalt(2+), [*N*-(2-aminoethyl)-*N*'-[2-[(2-aminoethyl) amino]ethyl]-1,2-ethanediamine-*N*,*N*',*N*'',*N*''',*N*'''']hydroxy-, [149250-81-7], 9:178
$N_5CoOC_8H_{25}$, Cobalt(3+), [*N*-(2-aminoethyl)-*N*'-[2-[(2-aminoethyl) amino]ethyl]-1,2-ethanediamine-*N*,*N*',*N*'',*N*''',*N*'''']aqua-, [149250-80-6], 9:178

$N_5CoOS_2C_6H_{14}$, Cobalt, [*N*-(2-aminoethyl)-1,2-ethanediamine-*N*,*N'*,*N''*] hydroxybis(thiocyanato-*S*)-, [93219-91-1], 7:208

$N_5CoO_4C_{14}H_{22}$, Cobalt, bis[(2,3-butanedione dioximato)(1-)-*N*,*N'*] methyl(pyridine)-, (*OC*-6-12)-, [23642-14-0], 11:65

$N_5CoO_4C_{19}H_{24}$, Cobalt, bis[(2,3-butanedione dioximato)(1-)-*N*,*N'*] phenyl(pyridine)-, (*OC*-6-12)-, [29130-85-6], 11:68

$N_5CoO_5C_{20}H_{34}$, Cobalt, bis[(2,3-butanedione dioximato)(1-)-*N*,*N'*][4-(1,1-dimethylethyl)pyridine](ethoxymethyl)-, (*OC*-6-12)-, [151085-55-1], 20:131

$N_5CoO_5C_{21}H_{36}$, Cobalt, bis[(2,3-butanedione dioximato)(1-)-*N*,*N'*][4-(1,1-dimethylethyl)pyridine](2-ethoxyethyl)-, (*OC*-6-12)-, [151120-18-2], 20:131

$N_5CoO_6CH_{12}$, Cobalt(1+), tetraammine [carbonato(2-)-*O*,*O'*]-, (*OC*-6-22)-, nitrate, [15040-52-5], 6:173

$N_5CoO_7C_8H_{18}$, Cobalt(1+), (1,2-ethanediamine-*N*,*N'*)[[*N*,*N'*-1,2-ethanediylbis[glycinato]](2-)-*N*,*N'*, *O*,*O'*]-, [*OC*-6-13-*A*-[*S*-(*R**,*R**)]]-, nitrate, [22785-38-2], 18:109

———, Cobalt(1+), (1,2-ethanediamine-*N*,*N'*)[[*N*,*N'*-1,2-ethanediylbis [glycinato]](2-)-*N*,*N'*,*O*,*O'*]-, [*OC*-6-13-*C*-[*R*-(*R**,*R**)]]-, nitrate, [49726-01-4], 18:109

$N_5CrF_9O_9S_3C_3H_{15}$, Chromium(2+), pentaammine(trifluoromethanesulfonato-*O*)-, (*OC*-6-22)-, salt with trifluoromethanesulfonic acid (1:2), [84254-61-5], 24:250

$N_5CrF_9O_9S_3C_8H_{25}$, Chromium(2+), pentakis(methanamine)(trifluoromethanesulfonato-*O*)-, (*OC*-6-22)-, salt with trifluoromethanesulfonic acid (1:2), [90065-87-5], 24:280

$N_5CrOS_2C_{12}H_8$, Chromium, (2,2'-bipyridine-*N*,*N'*)nitrosylbis (thiocyanato-*N*)-, [80557-37-5], 23:183

$N_5CrOS_2C_{14}H_8$, Chromium, nitrosyl(1,10-phenanthroline-N^1,N^{10})bis (thiocyanato-*N*)-, [80557-38-6], 23:185

$N_5CuS_4C_{24}H_{36}$, 1-Butanaminium, *N*,*N*,*N*-tributyl-, (*SP*-4-1)-bis[2,3-dimercapto-2-butenedinitrilato(2-)-*S*,*S'*] cuprate(1-), [19453-80-6], 10:17

$N_5F_3O_{10}OsS_3C_3H_{17}$, Osmium(3+), pentaammineaqua-, (*OC*-6-22)-, salt with trifluoromethanesulfonic acid (1:3), [83781-31-1], 24:273

$N_5F_4P_3C_4H_{12}$, 1,3,5,2,4,6-Triazatriphosphorine, 2,4-bis(dimethylamino)-2,4,6,6-tetrafluoro-2,2,4,4,6,6-hexahydro-, [30004-14-9], 18:197

$N_5F_6O_6OsS_2C_{27}H_{19}$, Osmium(1+), (2,2'-bipyridine-*N*,*N'*)(2,2':6',2''-terpyridine-*N*,*N'*,*N''*)(trifluoromethanesulfonato-*O*)-, (*OC*-6-44)-, salt with trifluoromethanesulfonic acid (1:1), [104475-06-1], 24:303

$N_5F_6O_6RuS_2C_{27}H_{19}$, Ruthenium(1+), (2,2'-bipyridine-*N*,*N'*)(2,2':6',2''-terpyridine-*N*,*N'*,*N''*)(trifluoromethanes ulfonato-*O*)-, (*OC*-6-44)-, salt with trifluoromethanesulfonic acid (1:1), [104475-04-9], 24:302

$N_5F_6O_7OsS_2C_{27}H_{21}.H_2O$, Osmium(2+), aqua(2,2'-bipyridine-*N*,*N'*)(2,2':6',2''-terpyridine-*N*,*N'*,*N''*)-, (*OC*-6-44)-, salt with trifluoromethanesulfonic acid (1:2), monohydrate, [153608-95-8], 24:304

$N_5F_9IrO_9S_2C_3H_{15}$, Iridium(2+), pentaammine(trifluoromethanesulfonato-*O*)-, (*OC*-6-22)-, salt with trifluoromethanesulfonic acid (1:2), [84254-59-1], 24:164

$N_5F_9IrO_{10}S_3C_3H_{17}$, Iridium(3+), pentaammineaqua-, (*OC*-6-22)-, salt with trifluoromethanesulfonic acid (1:3), [90084-46-1], 24:265

$N_5F_9O_9OsS_3C_3H_{15}$, Osmium(2+), pentaammine(trifluoromethanesulfonato-*O*)-, (*OC*-6-22)-, salt with trifluoromethanesulfonic acid (1:2), [83781-30-0], 24:271

$N_5F_9O_9OsS_3C_{28}H_{19}$, Osmium(2+), (2,2'-bipyridine-*N,N'*)(2,2':6',2"-terpyridine-*N,N',N"*)(trifluoromethanesulfonato-*O*)-, (*OC*-6-44)-, salt with trifluoromethanesulfonic acid (1:2), [104475-02-7], 24:301

$N_5F_9O_9RhS_3C_3H_{15}$, Rhodium(2+), pentaammine(trifluoromethanesulfonato-*O*)-, (*OC*-6-22)-, salt with trifluoromethanesulfonic acid (1:2), [84254-57-9], 24:253

$N_5F_9O_9RhS_3C_8H_{25}$, Rhodium(2+), pentakis(methanamine)(trifluoromethanesulfonato-*O*)-, (*OC*-6-22)-, salt with trifluoromethanesulfonic acid (1:2), [90065-89-7], 24:281

$N_5F_9O_9RuS_3C_3H_{15}$, Ruthenium(2+), pentaammine(trifluoromethanesulfonato-*O*)-, (*OC*-6-22)-, salt with trifluoromethanesulfonic acid (1:2), [84278-98-8], 24:258

$N_5F_9O_9RuS_3C_{28}H_{19}$, Ruthenium(2+), (2,2'-bipyridine-*N,N'*)(2,2':6',2"-terpyridine-*N,N',N"*)(trifluoromethanesulfonato-*O*)-, (*OC*-6-44)-, salt with trifluoromethanesulfonic acid (1:2), [104475-01-6], 24:301

$N_5F_9O_{10}OsS_3C_{28}H_{21}.2H_2O$, Osmium(3+), aqua(2,2'-bipyridine-*N,N'*)(2,2':6',2"-terpyridine-*N,N',N"*)-, (*OC*-6-44)-, salt with trifluoromethanesulfonic acid (1:3), dihydrate, [152981-33-4], 24:304

$N_5F_9O_{10}RuS_3C_{28}H_{21}.3H_2O$, Ruthenium (3+), aqua(2,2'-bipyridine-*N,N'*) (2,2':6',2"-terpyridine-*N,N',N"*)-, (*OC*-6-44)-, salt with trifluoromethanesulfonic acid (1:3), trihydrate, [152981-34-5], 24:304

$N_5F_{12}O_{12}PtS_4C_4H_{15}$, Platinum(3+), pentaammine(trifluoromethanesulfonato-*O*)-, (*OC*-6-22)-, salt with trifluoromethanesulfonic acid (1:3), [84254-63-7], 24:278

$N_5FeC_{45}H_{45}$, Iron, pentakis(2-isocyano-1,3-dimethylbenzene)-, (*TB*-5-11)-, [71895-18-6], 26:57;28:184

$N_5H_9O_2P_2$, Imidodiphosphoramide, [27596-84-5], 6:110,111

$N_5H_{12}I_3OOs$, Osmium(2+), tetraammineiodonitrosyl-, diiodide, [39733-96-5], 16:12

$N_5H_{13}I_2O_2Os$, Osmium(2+), tetraamminehydroxynitrosyl-, diiodide, [60104-34-9], 16:11

$N_5H_{15}IIr$, Iridium(2+), pentaammineiodo-, (*OC*-6-22)-, [25590-44-7], 12:245, 246

$N_5H_{15}I_3Os$, Osmium(2+), pentaammineiodo-, diiodide, (*OC*-6-22)-, [39733-97-6], 16:10

$N_5H_{15}I_3Ru$, Ruthenium(2+), pentaammineiodo-, diiodide, (*OC*-6-22)-, [16455-58-6], 12:4

$N_5H_{16}IrO$, Iridium(2+), pentaamminehydroxy-, (*OC*-6-22)-, [44439-82-9], 12:245,246

$N_5H_{16}O_4RhS$, Rhodium(2+), pentaamminehydro-, (*OC*-6-21)-, sulfate (1:1), [19440-32-5], 13:214

$N_5H_{17}IrO$, Iridium(3+), pentaammineaqua-, (*OC*-6-22)-, [29589-08-0], 12:245,246

$N_5IrO_2CH_{16}$, Iridium(2+), pentaammine (formato-*O*)-, (*OC*-6-22)-, [52795-08-1], 12:245,246

$N_5IrO_2C_2H_{18}$, Iridium(2+), (acetato-*O*) pentaammine-, (*OC*-6-22)-, [44915-90-4], 12:245,246

$N_5O_2C_2H_3$, Carbamic azide, (aminocarbonyl)-, [149165-64-0], 5:51

$N_5O_2C_2H_7$, Carbonic dihydrazide, 2-(aminocarbonyl)-, [4381-07-1], 4:36

———, 1,2,4-Triazolidine-3,5-dione, compd. with hydrazine (1:1), [63467-96-9], 5:53

$N_5O_2C_4H_{11}$, Ethanimidamide, 2,2'-imino-bis[*N*-hydroxy-, [20004-00-6], 11:90

$N_5O_4SC_2H_9$, Imidodicarbonimidic diamide, sulfate (1:1), [6945-23-9], 7:56

$N_5ZnC_{12}H_9$, Zinc, bis(cyano-*C*)(*N*-2-pyridinyl-2-pyridinamine-N^N,N^1)-, [14695-99-9], 8:10

$N_6AgCoH_6O_8$, Cobaltate(1-), diammine-tetrakis(nitrito-*N*)-, silver(1+), [15489-99-3], 9:172

$N_6Al_2Cl_8FeC_{12}H_{18}$, Iron(2+), hexakis (acetonitrile)-, (*OC*-6-11)-, bis[(*T*-4)-tetrachloroaluminate(1-)], [21374-09-4], 29:116

$N_6BCuOC_{10}H_{10}$, Copper, carbonyl [hydrotris(1*H*-pyrazolato-N^1) borato(1-)-N^2,$N^{2'}$,$N^{2''}$]-, (*T*-4)-, [52374-64-8], 21:108

$N_6BCuOC_{16}H_{22}$, Copper, carbonyl [tris(3,5-dimethyl-1*H*-pyrazolato-N^1) hydroborato(1-)-N^2,$N^{2'}$,$N^{2''}$]-, (*T*-4)-, [52374-73-9], 21:109

$N_6BKC_9H_{10}$, Borate(1-), hydrotris(1*H*-pyrazolato-N^1)-, potassium, (*T*-4)-, [18583-60-3], 12:102

$N_6BP_3C_{36}H_{56}$, Diphosphinium, 1,1,1-tris (dimethylamino)-2-[tris(dimethyl-amino)phosphoranylidene]-, tetra-phenylborate(1-), [86197-01-5], 27:256

$N_6B_2CoF_2O_6C_{12}H_{18}$, Cobalt, [tris[μ-[(2,3-butanedione dioximato)(2-)-*O*:*O*']] difluorodiborato(2-)-*N*,*N*',*N*'',*N*''',*N*'''', *N*''''']-, [34248-47-0], 17:140

$N_6B_2F_2FeO_6C_{12}H_{18}$, Iron, [tris[μ-[(2,3-butanedione dioximato)(2-)-*O*:*O*']] difluorodiborato(2-)-*N*,*N*',*N*'',*N*''',*N*'''', *N*''''']-, (*TP*-6-11'1'')-, [39060-38-3], 17:142

$N_6B_2F_2FeO_6C_{18}H_{24}$, Iron, [tris[μ-[(1,2-cyclohexanedione dioximato)(2-)-*O*:*O*']]difluorodiborato(2-)-*N*,*N*',*N*'', *N*''',*N*'''',*N*''''']-, (*TP*-6-11'1'')-, [66060-48-8], 17:143

$N_6B_2F_8MoO_2C_8H_{12}$, Molybdenum(2+), tetrakis(acetonitrile)dinitrosyl-, (*OC*-6-22)-, bis[tetrafluoroborate(1-)], [82583-10-6], 26:132;28:65

$N_6B_2F_8O_2WC_8H_{12}$, Tungsten(2+), tetrakis (acetonitrile)dinitrosyl-, (*OC*-6-22)-, bis[tetrafluoroborate(1-)], [82583-08-2], 26:133;28:66

$N_6B_2FeO_6C_{30}H_{34}$, Iron, [[1,2-cyclohexa-nedione *O*,*O*'-bis[[[[2-(hydroxyimino) cyclohexylidene]amino]oxy] phenylboryl]dioximato](2-)-*N*,*N*',*N*'', *N*''',*N*'''',*N*''''']-, (*OC*-6-11)-, [83356-87-0], 21:112

$N_6B_2FeO_8C_{18}H_{26}$, Iron, [tris[μ-[(1,2-cyclohexanedione dioximato)(2-)-*O*:*O*']]dihydroxydiborato(2-)-*N*,*N*',*N*'', *N*''',*N*'''',*N*''''']-, (*TP*-6-11'1'')-, [66060-49-9], 17:144

$N_6B_2FeO_8C_{20}H_{36}$, Iron, [tris[μ-[(2,3-butanedione dioximato)(2-)-*O*:*O*']] dibutoxydiborato(2-)-*N*,*N*',*N*'',*N*''',*N*'''', *N*''''']-, (*OC*-6-11)-, [39060-39-4], 17:144

$N_6B_2FeO_8C_{50}H_{48}$, Iron, [dibutoxytris[μ-[(diphenylethanedione dioximato) (2-)-*O*:*O*']]diborato(2-)-*N*,*N*',*N*'',*N*''', *N*'''',*N*''''']-, (*OC*-6-11)-, [66060-50-2], 17:145

$N_6B_3C_9H_{21}$, 1*H*,6*H*,11*H*-Tris[1,3,2] diazaborolo[1,2-*a*:1',2'-*c*:1'',2''-*e*] [1,3,5,2,4,6]triazatriborine, hexahydro-1,6,11-trimethyl-, [52813-38-4], 29:59

———, Tris[1,3,2]diazaborino[1,2-*a*:1',2'-*c*:1'',2''-*e*][1,3,5,2,4,6] triazatriborine, dodecahydro-, [6063-61-2], 29:59

$N_6B_3C_{12}H_{27}$, Tris[1,3,2]diazaborino [1,2-*a*:1',2'-*c*:1'',2''-*e*][1,3,5,2,4,6] triazatriborine, dodecahydro-1,7,13-trimethyl-, [57907-40-1], 29:59

$N_6B_3F_{12}H_{18}Ru$, Ruthenium(3+), hexaammine-, (*OC*-6-11)-, tris [tetrafluoroborate(1-)], [16455-57-5], 12:7

$N_6BaCl_2O_4C_{26}H_{18}$, Barium(2+), (7,11:20, 24-dinitrilodibenzo[*b,m*][1,4,12,15] tetraazacyclodocosine-N^5,N^{13},N^{18},N^{26}, N^{27},N^{28})-, diperchlorate, [133270-20-9], 23:174

$N_6Be_4O_{19}C_6H_{24}$, Beryllate(6-), hexakis (carbonato)oxotetra-, hexaammonium, [12105-78-1], 8:9

$N_6BrCoO_4C_4H_{16}$, Cobalt(1+), bis(1,2-ethanediamine-*N,N'*)bis(nitrito-*N*)-, bromide, (*OC*-6-22)-, [20298-24-2], 6:196

$N_6Br_2CrC_{30}H_{30}$, Chromium(2+), hexakis (pyridine)-, dibromide, (*OC*-6-11)-, [14726-37-5], 10:32

$N_6Br_2FeH_{18}$, Iron(2+), hexaammine-, dibromide, (*OC*-6-11)-, [13601-50-8], 4:161

$N_6Br_2H_{18}Ni$, Nickel(2+), hexaammine-, dibromide, (*OC*-6-11)-, [13601-55-3], 3:194

$N_6Br_2NiC_6H_{24}$, Nickel(2+), tris(1,2-ethanediamine-*N,N'*)-, dibromide, (*OC*-6-11)-, [14896-63-0], 14:61

$N_6Br_2NiC_8H_{26}$, Nickel, bis[*N*-(2-aminoethyl)-1,2-ethanediamine-*N,N',N''*]-, dibromide, [22470-20-8], 14:61

$N_6Br_2NiC_9H_{30}$, Nickel(2+), tris(1,2-propanediamine-*N,N'*)-, dibromide, [49562-49-4], 14:61

$N_6Br_2NiC_{18}H_{42}$, Nickel(2+), tris(1,2-cyclohexanediamine-*N,N'*)-, dibromide, [*OC*-6-11-(*trans*),(*trans*), (*trans*)]-, [53748-68-8], 14:61

$N_6Br_2NiP_2C_{18}H_{24}$, Nickel, dibromobis [3,3',3''-phosphinidynetris[propane-nitrile]-*P*]-, (*SP*-4-1)-, [19979-87-4], 22:113,115

$(N_6Br_2NiP_2C_{18}H_{24})_x$, Nickel, dibromobis [3,3',3''-phosphinidynetris[propane-nitrile]-*P*]-, (*SP*-4-1)-, homopolymer, [29591-65-9], 22:115

$N_6Br_3CoC_6H_{24}$, Cobalt(3+), tris(1,2-ethanediamine-*N,N'*)-, tribromide, (*OC*-6-11)-, [13963-67-2], 14:58

$N_6Br_3CoC_9H_{30}$, Cobalt(3+), tris(1,2-propanediamine-*N,N'*)-, tribromide, [15627-71-1], 14:58

$N_6Br_3CoC_{18}H_{42}$, Cobalt(3+), tris(1,2-cyclohexanediamine-*N,N'*)-, tribromide, [*OC*-6-11-(*trans*),(*trans*), (*trans*)]-, [43223-46-7], 14:58

$N_6Br_3CoH_{18}$, Cobalt(3+), hexaammine-, tribromide, (*OC*-6-11)-, [10534-85-7], 2:219

$N_6Br_3CrC_6H_{24}$, Chromium(3+), tris(1,2-ethanediamine-*N,N'*)-, tribromide, (*OC*-6-11)-, [14267-09-5], 19:125

$N_6Br_3CrC_6H_{24}.4H_2O$, Chromium(3+), tris(1,2-ethanediamine-*N,N'*)-, tribromide, tetrahydrate, (*OC*-6-11)-, [149165-80-0], 2:199

$N_6Br_3H_{15}OOs.H_2O$, Osmium(3+), pentaamminenitrosyl-, tribromide, monohydrate, (*OC*-6-22)-, [151247-06-2], 16:11

$N_6Br_3H_{18}Ru$, Ruthenium(3+), hexa-ammine-, tribromide, (*OC*-6-11)-, [16455-56-4], 13:211

$N_6CdCl_2O_9C_{26}H_{20}$, Cadmium(1+), aqua(7,11:20,24-dinitrilodibenzo [*b,m*][1,4,12,15]tetraazacyclodo-cosine-N^5,N^{13},N^{18},N^{26},N^{27},N^{28}) (perchlorato-*O*)-, (*HB*-8-12-33'4'3'34)-, perchlorate, [73202-81-0], 23:175

$N_6CeF_{18}O_6P_9C_{72}H_{72}$, Cerium(3+), hexakis(*P,P*-diphenylphosphinic amide-*O*)-, (*OC*-6-11)-, tris [hexafluorophosphate(1-)], [59449-51-3], 23:180

$N_6ClCoO_4C_4H_{16}$, Cobalt(1+), bis(1,2-ethanediamine-*N,N'*)bis(nitrito-*N*)-, chloride, (*OC*-6-22)-, [15079-78-4], 6:192

———, Cobalt(1+), [*N*-(2-aminoethyl)-1,2-ethanediamine-*N*,*N'*,*N''*]amminebis (nitrito-*N*)-, chloride, [65166-48-5], 7:211

$N_6ClCoO_6C_{10}H_{28}.5H_2O$, Cobalt(3+), tris(1,2-ethanediamine-*N*,*N'*)-, (*OC*-6-11-Λ)-, chloride salt with [*R*-(*R**,*R**)]-2,3-dihydroxybutanedioic acid (1:1:1), pentahydrate, [71129-32-3], 6:183,186

$N_6Cl_2CoH_{15}O$, Cobalt(2+), pentaammine-nitrosyl-, dichloride, (*OC*-6-22)-, [13931-89-0], 4:168;5:185;8:191

$N_6Cl_2CoH_{18}$, Cobalt(2+), hexaammine-, dichloride, (*OC*-6-11)-, [13874-13-0], 8:191;9:157

$N_6Cl_2CoO_{11}C_{28}H_{28}$, Cobalt(2+), aqua (5,5*a*-dihydro-24-methoxy-24*H*-6,10:19,23-dinitrilo-10*H*-benzimidazo [2,1-*h*][1,9,17]benzotriazacyclononadecine-N^{12},N^{17},N^{25},N^{26},N^{27})(methanol)-, (*PB*-7-12-3,6,4,5,7)-, diperchlorate, [73202-97-8], 23:176

$N_6Cl_2Co_2O_{13}CH_{20}$, Cobalt(2+), hexaammine[μ-[carbonato(2-)-*O*:*O'*]]di-μ-hydroxydi-, diperchlorate, [103621-42-7], 23:107,112

$N_6Cl_2CrO_8C_{30}H_{24}$, Chromium(2+), tris(2,2'-bipyridine-*N*,*N'*)-, (*OC*-6-11)-, diperchlorate, [15388-46-2], 10:33

$N_6Cl_2CuC_{20}H_{18}$, Copper(2+), bis(*N*-2-pyridinyl-2-pyridinamine-N^{N^2},N^1)-, dichloride, [14642-89-8], 5:14

$N_6Cl_2H_{18}Ru$, Ruthenium(2+), hexaammine-, dichloride, (*OC*-6-11)-, [15305-72-3], 13:208,209

$N_6Cl_2HgS_3C_3H_{12}$, Mercury(2+), tris (thiourea-*S*)-, dichloride, [150124-46-2], 6:28

$N_6Cl_2NiC_6H_{24}.2H_2O$, Nickel(2+), tris(1,2-ethanediamine-*N*,*N'*)-, dichloride, dihydrate, (*OC*-6-11)-, [33908-61-1], 6:200

$N_6Cl_2NiC_9H_{30}.2H_2O$, Nickel(2+), tris(1,2-propanediamine-*N*,*N'*)-, dichloride, dihydrate, (*OC*-6-11)-, [15282-51-6], 6:200

$N_6Cl_2NiC_{36}H_{24}$, Nickel(2+), tris(1,10-phenanthroline-N^1,N^{10})-, dichloride, (*OC*-6-11)-, [14356-44-6], 8:228

$N_6Cl_2NiO_8C_{36}H_{24}.3H_2O$, Nickel(2+), tris(1,10-phenanthroline-N^1,N^{10})-, (*OC*-6-11-Δ)-, diperchlorate, trihydrate, [148832-22-8], 8:229-230

———, Nickel(2+), tris(1,10-phenanthroline-N^1,N^{10})-, (*OC*-6-11-Λ)-, diperchlorate, trihydrate, [148832-21-7], 8:229-230

$N_6Cl_2NiP_2C_{18}H_{24}$, Nickel, dichlorobis [3,3',3''-phosphinidynetris[propanenitrile]-*P*]-, [20994-35-8], 22:113

$N_6Cl_2O_{10}RuCH_{12}$, Ruthenium(2+), tetraammine(cyanato-*N*)nitrosyl-, diperchlorate, [60133-63-3], 16:15

$N_6Cl_2P_2PdC_{12}H_{36}$, Palladium, dichlorobis (hexamethylphosphorous triamide)-, (*SP*-4-1)-, [17569-71-0], 11:110

$N_6Cl_2P_2PdC_{16}H_{36}$, Palladium, dichlorobis(2,4,6,7-tetramethyl-2,6,7-triaza-1-phosphabicyclo[2.2.2]octane-P^1)-, (*SP*-4-2)-, [20332-83-6], 11:109

$N_6Cl_2RuC_6H_{24}$, Ruthenium(2+), tris(1,2-ethanediamine-*N*,*N'*)-, dichloride, (*OC*-6-11)-, [31894-75-4], 19:118

$N_6Cl_2RuC_{30}H_{24}.6H_2O$, Ruthenium(2+), tris(2,2'-bipyridine-*N*,*N'*)-, dichloride, hexahydrate, (*OC*-6-11)-, [50525-27-4], 21:127;28:338

$N_6Cl_3CoC_6H_{24}$, Cobalt(3+), tris(1,2-ethanediamine-*N*,*N'*)-, trichloride, (*OC*-6-11)-, [13408-73-6], 2:221; 9:162

$N_6Cl_3CoH_8.6H_3N$, Cobalt(3+), hexaammine-, trichloride, hexaammoniate, (*OC*-6-11)-, [149189-77-5], 2:220

$N_6Cl_3CoH_{18}$, Cobalt(3+), hexaammine-, trichloride, (*OC*-6-11)-, [10534-89-1], 2:217;18:68

$N_6Cl_3Co_2H_{21}O_{7.2}H_2O$, Cobalt(3+), hexaamminetri-μ-hydroxydi-, triperchlorate, dihydrate, [37540-75-3], 23:100

$N_6Cl_3Co_2O_{16}C_2H_{23}.2H_2O$, Cobalt(3+), [μ-(acetato-*O*:*O*')]hexaamminedi-μ-hydroxydi-, triperchlorate, dihydrate, [152227-37-7], 23:112

$N_6Cl_3CrC_6H_{24}.7/2H_2O$, Chromium(3+), tris(1,2-ethanediamine-*N,N*')-, trichloride, hydrate (2:7), (*OC*-6-11)-, [16165-32-5], 2:198

$N_6Cl_3CrC_6H_{24}$, Chromium(3+), tris(1,2-ethanediamine-*N,N*')-, trichloride, (*OC*-6-11-Δ)-, [31125-86-7], 12:269,274

———, Chromium(3+), tris(1,2-ethanediamine-*N,N*')-, trichloride, (*OC*-6-11-Λ)-, [30983-64-3], 12:269,274

$N_6Cl_3CrC_6H_{24}.3H_2O$, Chromium(3+), tris(1,2-ethanediamine-*N,N*')-, trichloride, trihydrate, (*OC*-6-11)-, [23686-22-8], 10:40;13:184

$N_6Cl_3CrC_9H_{30}$, Chromium(3+), tris(1,2-propanediamine-*N,N*')-, trichloride, [14949-95-2], 10:41

$N_6Cl_3CrC_9H_{30}.2H_2O$, Chromium(3+), tris(1,2-propanediamine-*N,N*')-, trichloride, dihydrate, [150384-25-1], 13:186

$N_6Cl_3CrH_{18}$, Chromium(3+), hexaammine-, trichloride, (*OC*-6-11)-, [13820-25-2], 2:196;10:37

$N_6Cl_3H_{15}OOs_3.H_2O$, Osmium(3+), pentaamminenitrosyl-, trichloride, monohydrate, (*OC*-6-22)-, [151120-21-7], 16:11

$N_6Cl_3H_{18}Ir$, Iridium(3+), hexaammine-, trichloride, (*OC*-6-11)-, [14282-93-0], 24:267

$N_6Cl_3H_{18}O_{12}Rh$, Rhodium(3+), hexaammine-, (*OC*-6-11)-, triperchlorate, [60245-92-3], 24:255

$N_6Cl_3H_{18}Os$, Osmium(3+), hexaammine-, trichloride, (*OC*-6-11)-, [42055-53-8], 24:273

$N_6Cl_3H_{18}V$, Vanadium(3+), hexaammine-, trichloride, (*OC*-6-11)-, [148832-36-4], 4:130

$N_6Cl_3P_3C_6H_{12}$, 1,3,5,2,4,6-Triazatriphosphorine, 2,2,4-tris(1-aziridinyl)-4,6,6-trichloro-2,2,4,4,6,6-hexahydro-, [3776-23-6], 25:87

$N_6Cl_3P_3C_6H_{18}$, 1,3,5,2,4,6-Triazatriphosphorine, 2,4,6-trichloro-2,4,6-tris (dimethylamino)-2,2,4,4,6,6-hexahydro-, [3721-13-9], 18:194

$N_6Cl_3RhC_6H_{24}$, Rhodium(3+), tris(1,2-ethanediamine-*N,N*')-, trichloride, (*OC*-6-11)-, [14023-02-0], 12:269,272

———, Rhodium(3+), tris(1,2-ethanediamine-*N,N*')-, trichloride, (*OC*-6-11-Δ)-, [30983-68-7], 12:276-279

———, Rhodium(3+), tris(1,2-ethanediamine-*N,N*')-, trichloride, (*OC*-6-11-Λ)-, [31125-87-8], 12:269,272

$N_6Cl_3RhC_6H_{24}.3H_2O$, Rhodium(3+), tris(1,2-ethanediamine-*N,N*')-, trichloride, trihydrate, (*OC*-6-11)-, [15004-86-1], 12:276-279

$N_6Cl_3RuC_6H_{24}$, Ruthenium(3+), tris(1,2-ethanediamine-*N,N*')-, trichloride, (*OC*-6-11)-, [70132-30-8], 19:119

$N_6Cl_4Co_2H_{24}O_{20}.5H_2O$, Cobalt(4+), hexaamminediaquadi-μ-hydroxydi-, tetraperchlorate, pentahydrate, [153590-09-1], 23:111

$N_6Cl_4H_{18}Pt$, Platinum(4+), hexaammine-, tetrachloride, (*OC*-6-11)-, [16893-12-2], 15:93

$N_6Cl_4H_{18}RuZn$, Ruthenium(2+), hexaammine-, (*OC*-6-11)-, (*T*-4)-tetrachlorozincate(2-) (1:1), [25534-93-4], 13:210

$N_6Cl_4PtC_6H_{24}$, Platinum(4+), tris(1,2-ethanediamine-*N,N*')-, tetrachloride, (*OC*-6-11)-(-)-, [16960-94-4], 8:239

$N_6Cl_4RuZnC_6H_{24}$, Ruthenium(2+), tris(1,2-ethanediamine-*N,N*')-, (*OC*-6-11)-, (*T*-4)-tetrachlorozincate(2-) (1:1), [23726-39-8], 19:118

$N_6Cl_4W_2C_{28}H_{50}$, Tungsten, bis[μ-[benzenaminato(2-)]]tetrachlorobis[2-methyl-2-propanaminato(2-)]bis(2-methyl-2-propanamine)di-, stereoisomer, [87208-54-6], 27:301
$N_6Cl_6CoFeC_9H_{30}$, Cobalt(3+), tris(1,2-propanediamine-*N,N'*)-, (*OC*-6-11)-hexachloroferrate(3-) (1:1), [20519-29-3], 11:49
$N_6Cl_6CoFeH_{18}$, Cobalt(3+), hexaammine-, (*OC*-6-11)-, (*OC*-6-11)-hexachloroferrate(3-) (1:1), [15928-89-9], 11:48
$N_6Cl_6CoInC_9H_{30}$, Cobalt(3+), tris(1,2-propanediamine-*N,N'*)-, (*OC*-6-11)-hexachloroindate(3-) (1:1), [21350-66-3], 11:50
$N_6Cl_6CoMnC_9H_{30}$, Cobalt(3+), tris(1,2-propanediamine-*N,N'*)-, (*OC*-6-11)-hexachloromanganate(3-) (1:1), [20678-75-5], 11:48
$N_6Cl_6P_4C_4H_8$, 1,3,5,7,2,4,6,8-Tetrazatetraphosphocine, 2,2-bis(1-aziridinyl)-4,4,6,6,8,8-hexachloro-2,2,4,4,6,6,8,8-octahydro-, [96357-71-0], 25:91
———, 1,3,5,7,2,4,6,8-Tetrazatetraphosphocine, 2,4-bis(1-aziridinyl)-4,4,6,6,8,8-hexachloro-2,2,4,4,6,6,8,8-octahydro-, *cis*-, [96357-70-9], 25:91
———, 1,3,5,7,2,4,6,8-Tetrazatetraphosphocine, 2,6-bis(1-aziridinyl)-2,4,4,6,8,8-hexachloro-2,2,4,4,6,6,8,8-octahydro-, *cis*-, [96357-68-5], 25:91
———, 1,3,5,7,2,4,6,8-Tetrazatetraphosphocine, 2,4-bis(1-aziridinyl)-4,4,6,6,8,8-hexachloro-2,2,4,4,6,6,8,8-octahydro-, *trans*-, [96357-69-6], 25:91
———, 1,3,5,7,2,4,6,8-Tetrazatetraphosphocine, 2,6-bis(1-aziridinyl)-2,4,4,6,8,8-hexachloro-2,2,4,4,6,6,8,8-octahydro-, *trans*-, [96357-67-4], 25:91
$N_6Cl_6P_4C_4H_{12}$, 1,3,5,7,2,4,6,8-Tetrazatetraphosphocine, 2,2,4,6,6,8-hexachloro-4,8-bis(ethylamino)-2,2,4,4,6,6,8,8-octahydro-, *trans*-, [60998-10-9], 25:16
$N_6Cl_6P_4C_8H_{20}$, 1,3,5,7,2,4,6,8-Tetrazatetraphosphocine, 2,2,4,4,6,8-hexachloro-6,8-bis[(1,1-dimethylethyl)amino]-2,2,4,4,6,6,8,8-octahydro-, [66310-00-7], 25:21
———, 1,3,5,7,2,4,6,8-Tetrazatetraphosphocine, 2,2,4,6,6,8-hexachloro-4,8-bis[(1,1-dimethylethyl)amino]-2,2,4,4,6,6,8,8-octahydro-, [6944-49-6], 25:21
$N_6Cl_{12}CoO_{12}Sb_2C_6H_{18}$, Cobalt(2+), hexakis(nitromethane-*O*)-, (*OC*-6-11)-, bis[(*OC*-6-11)-hexachloroantimonate(1-)], [25973-90-4], 29:114
$N_6CoC_6H_{24}$, Cobalt(3+), diammine[*N,N'*-bis(2-aminoethyl)-1,2-ethanediamine-*N,N',N'',N'''*]-, [*OC*-6-22-(*R**,*R**)]-, [97133-90-9], 23:79
———, Cobalt(3+), diammine[*N,N'*-bis(2-aminoethyl)-1,2-ethanediamine-*N,N',N'',N'''*]-, [*OC*-6-43-(*R**,*S**)]-, [75365-35-4], 23:79
———, Cobalt(3+), diammine[*N,N'*-bis(2-aminoethyl)-1,2-ethanediamine-*N,N',N'',N'''*]-, [*OC*-6-22-[*S*-(*R**,*R**)]]-, [75365-37-6], 23:79
$N_6CoF_{12}P_2C_{26}H_{44}$, Cobalt(2+), (2,3,10,11,13,19-hexamethyl-3,10,14,18,21,25-hexaazabicyclo[10.7.7]hexacosa-1,11,13,18,20,25-hexaene-$N^{14},N^{18},N^{21},N^{25}$)-, [*SP*-4-2-(*Z,Z*)]-, bis[hexafluorophosphate(1-)], [73914-18-8], 27:270
$N_6CoH_6HgO_8$, Cobaltate(1-), diamminetetrakis(nitrito-*N*)-, mercury(1+), [15490-00-3], 9:172
$N_6CoH_6KO_8$, Cobaltate(1-), diamminetetrakis(nitrito-*N*)-, potassium, [14285-97-3], 9:170
$N_6CoH_7O_8$, Cobaltate(1-), diamminetetrakis(nitrito-*N*)-, hydrogen, [33677-11-1], 9:172

$N_6CoH_9O_6$, Cobalt, triamminetris (nitrito-*N*)-, [13600-88-9], 6:189
———, Cobalt, triamminetris(nitrito-*N*)-, (*OC*-6-21)-, [20749-21-7], 23:109
$N_6CoH_{15}O_{12}$, Cobalt(3+), triammine-triaqua-, trinitrate, [14640-49-4], 6:191
$N_6CoI_3C_6H_{24}.H_2O$, Cobalt(3+), tris(1,2-ethanediamine-*N,N'*)-, triiodide, monohydrate, (*OC*-6-11-Δ)-, [37433-43-5], 6:185,186
———, Cobalt(3+), tris(1,2-ethane-diamine-*N,N'*)-, triiodide, mono-hydrate, (*OC*-6-11-Λ)-, [20468-63-7], 6:185,186
$N_6CoI_3C_6H_{24}$, Cobalt(3+), tris(1,2-ethanediamine-*N,N'*)-, triiodide, (*OC*-6-11)-, [15375-81-2], 14:58
$N_6CoI_3C_8H_{26}$, Cobalt(3+), bis[*N*-(2-aminoethyl)-1,2-ethanediamine-*N,N',N''*]-, triiodide, [49564-74-1], 14:58
$N_6CoI_3C_9H_{30}$, Cobalt(3+), tris(1,2-propanediamine-*N,N'*)-, triiodide, [43223-45-6], 14:58
$N_6CoI_3C_{18}H_{42}$, Cobalt(3+), tris(1,2-cyclohexanediamine-*N,N'*)-, triiodide, [*OC*-6-11-(*trans*),(*trans*),(*trans*)]-, [43223-47-8], 14:58
$N_6CoK_3C_6$, Cobaltate(3-), hexakis (cyano-*C*)-, tripotassium, (*OC*-6-11)-, [13963-58-1], 2:225
$N_6CoO_4SSe_3C_3H_{12}$, Cobalt, tris (selenourea-*Se*)[sulfato(2-)-*O*]-, (*T*-4)-, [38901-18-7], 16:85
$N_6CoO_6CH_{15}$, Cobalt(1+), pentaammine [carbonato(2-)-*O*]-, (*OC*-6-22)-, nitrate, [15244-74-3], 4:171
$N_6CoO_6C_2H_{11}$, Cobalt, ammine(1,2-ethanediamine-*N,N'*)tris(nitrito-*N*)-, (*OC*-6-21)-, [29327-41-1], 9:172
$N_6CoO_6C_4H_{13}$, Cobalt, [*N*-(2-aminoethyl)-1,2-ethanediamine-*N,N',N''*]tris (nitrito-*N*)-, [14971-76-7], 7:209
$N_6CoO_6C_6H_{27}$, Cobalt(3+), hexaammine-, (*OC*-6-11)-, triacetate, [14023-85-9], 18:68
$N_6CoO_6S_2C_8H_{12}$, Cobalt, bis(1,3-dihydro-1-methyl-2*H*-imidazole-2-thione-*S*)bis (nitrato-*O*)-, (*T*-4)-, [76614-27-2], 23:171
$N_6CoO_9C_4H_{13}$, Cobalt, [*N*-(2-aminoethyl)-1,2-ethanediamine-*N,N',N''*]tris (nitrato-*O*)-, [25426-85-1], 7:212
$N_6CoO_{14}C_{54}H_{73}$, Cobyrinic acid, dicyanide, heptamethyl ester, [36522-80-2], 20:139
$N_6CoS_2C_{22}H_{20}$, Cobalt, tetrakis(pyridine) bis(thiocyanato-*N*)-, [14882-22-5], 13:204
$N_6CoS_3C_7H_{13}$, Cobalt, [*N*-(2-aminoethyl)-1,2-ethanediamine-*N,N',N''*]tris (thiocyanato-*S*)-, (*OC*-6-21)-, [90078-32-3], 7:209
$N_6CoS_4C_{24}H_{40}$, Ethanaminium, *N,N,N*-triethyl-, (*SP*-4-1)-bis[2,3-dimercapto-2-butenedinitrilato(2-)-*S,S'*] cobaltate(2-) (2:1), [15665-96-0], 13:190
$N_6Co_2NiO_8C_{44}H_{24}$, Nickel(2+), tris(1,10-phenanthroline-N^1,N^{10})-, (*OC*-6-11)-, bis[(*T*-4)-tetracarbonylcobaltate(1-)], [87183-61-7], 5:193;5:195
$N_6Co_2O_{12}C_{16}H_{28}.3H_2O$, Cobalt(1+), bis(1,2-ethanediamine-*N,N'*) [ethanedioato(2-)-*O,O'*]-, (*OC*-6-22-Δ)-, (*OC*-6-21-*A*)-[[*N,N'*-1,2-ethanediylbis[*N*-(carboxymethyl) glycinato]](4-)-$N,N',O,O',O^N,O^{N'}$] cobaltate(1-), trihydrate, [151085-67-5], 18:100
$N_6Co_3O_8C_{38}H_{30}$, Cobalt(2+), hexakis (pyridine)-, (*OC*-6-11)-, bis[(*T*-4)-tetracarbonylcobaltate(1-)], [24476-89-9], 5:192
$N_6CrI_2C_{30}H_{30}$, Chromium(2+), hexakis (pyridine)-, diiodide, (*OC*-6-11)-, [14768-45-7], 10:32
$N_6CrI_3C_6H_{24}.H_2O$, Chromium(3+), tris(1,2-ethanediamine-*N,N'*)-, triiodide, monohydrate, (*OC*-6-11)-, [33702-30-6], 2:199

$N_6CrK_3C_6$, Chromate(3-), hexakis (cyano-*C*)-, tripotassium, (*OC*-6-11)-, [13601-11-1], 2:203

$N_6CrK_3OC_5$, Chromate(3-), pentakis (cyano-*C*)nitrosyl-, tripotassium, (*OC*-6-22)-, [14100-08-4], 23:184

$N_6CrLiO_{12}C_{14}H_{32}.3H_2O$, Chromium(3+), tris(1,2-ethanediamine-*N,N'*)-, (*OC*-6-11-Λ)-, lithium salt with [*R*-(*R**,*R**)]-2,3-dihydroxybutanedioic acid (1:1:2), trihydrate, [59388-89-5], 12:274

$N_6CrS_6C_{12}$, Chromate(1-), tris[2,3-dimercapto-2-butenedinitrilato(2-)-*S,S'*]-, (*OC*-6-11)-, [21559-23-9], 10:9

———, Chromate(2-), tris[2,3-dimercapto-2-butenedinitrilato(2-)-*S,S'*]-, (*OC*-6-11)-, [47383-09-5], 10:9

———, Chromate(3-), tris[2,3-dimercapto-2-butenedinitrilato(2-)-*S,S'*]-, (*OC*-6-11)-, [47383-08-4], 10:9

$N_6Cr_2F_6C_6H_{24}$, Chromium(1+), bis(1,2-ethanediamine-*N,N'*)difluoro-, (*OC*-6-22)-, (*OC*-6-22)-(1,2-ethanediamine-*N,N'*)tetrafluorochromate(1-), [13842-99-4], 24:185

$N_6CuO_6C_{28}H_{20}$, Copper(2+), (tetrabenzo [*b,f,j,n*][1,5,9,13]tetraazacyclohexadecine-N^5,N^{11},N^{17},N^{23})-, (*SP*-4-1)-, dinitrate, [51890-18-7], 18:32

$N_6CuS_4C_{40}H_{72}$, 1-Butanaminium, *N,N,N*-tributyl-, (*SP*-4-1)-bis[2,3-dimercapto-2-butenedinitrilato(2-)-*S,S'*]cuprate (2-) (2:1), [15077-49-3], 10:14

$N_6Cu_2O_{10}SC_{30}H_{28}$, Copper(1+), (1,10-phenanthroline-N^1,N^{10})(L-serinato-N,O^1)-, sulfate (2:1), [74807-02-6], 21:115

$N_6DyF_{18}O_6P_9C_{72}H_{72}$, Dysprosium(3+), hexakis(*P,P*-diphenylphosphinic amide-*O*)-, (*OC*-6-11)-, tris [hexafluorophosphate(1-)], [59449-58-0], 23:180

$N_6ErF_{18}O_6P_9C_{72}H_{72}$, Erbium(3+), hexakis(*P,P*-diphenylphosphinic amide-*O*)-, (*OC*-6-11)-, tris [hexafluorophosphate(1-)], [59491-94-0], 23:180

$N_6EuF_{18}O_6P_9C_{72}H_{72}$, Europium(3+), hexakis(*P,P*-diphenylphosphinic amide-*O*)-, (*OC*-6-11)-, tris [hexafluorophosphate(1-)], [59449-55-7], 23:180

$N_6F_3P_3C_6H_{18}$, 1,3,5,2,4,6-Triazatriphosphorine, 2,4,6-tris(dimethylamino)-2,4,6-trifluoro-2,2,4,4,6,6-hexahydro-, [29871-59-8], 18:195

$N_6F_6FeO_6S_2C_{22}H_{38}$, Iron(2+), bis (acetonitrile)(5,7,7,12,14,14-hexamethyl-1,4,8,11-tetraazacyclotetradeca-4,11-diene-N^1,N^4,N^8,N^{11})-, (*OC*-6-12)-, salt with trifluoromethanesulfonic acid (1:2), [57139-47-6], 18:6

$N_6F_6FeO_6S_2C_{22}H_{42}$, Iron(2+), bis(acetonitrile)(5,5,7,12,12,14-hexamethyl-1,4,8,11-tetraazacyclotetradecane-N^1,N^4,N^8,N^{11})-, [*OC*-6-13-(*R**,*S**)]-, salt with trifluoromethanesulfonic acid (1:2), [67143-08-2], 18:15

$N_6F_9IrO_9S_3C_3H_{18}$, Iridium(3+), hexaammine-, (*OC*-6-11)-, salt with trifluoromethanesulfonic acid (1:3), [90066-04-9], 24:267

$N_6F_9O_9OsS_3C_3H_{18}$, Osmium(3+), hexaammine-, (*OC*-6-11)-, salt with trifluoromethanesulfonic acid (1:3), [103937-69-5], 24:273

$N_6F_9O_9OsS_3C_5H_{18}$, Osmium(3+), (acetonitrile)pentaammine-, (*OC*-6-22)-, salt with trifluoromethanesulfonic acid (1:3), [83781-33-3], 24:275

$N_6F_9O_9RhS_3C_3H_{18}$, Rhodium(3+), hexaammine-, (*OC*-6-11)-, salt with trifluoromethanesulfonic acid (1:3), [90084-45-0], 24:255

$N_6F_{12}FeP_2C_{28}H_{34}$, Iron(2+), bis (acetonitrile)(2,9-dimethyl-3,10-diphenyl-1,4,8,11-tetraazacyclotetradeca-1,3,8,10-tetraene-N^1,N^4,N^8,N^{11})-,

(*OC*-6-12)-, bis[hexafluorophosphate (1-)], [70369-01-6], 22:108

$N_6F_{12}FeP_2C_{50}H_{52}$, Iron(2+), [14,20-dimethyl-2,12-diphenyl-3,11-bis (phenylmethyl)-3,11,15,19,22,26-hexaazatricyclo[11.7.7.1^{5,9}]octacosa-1,5,7,9(28),12,14,19,21,26-nonaene-N^{15},N^{19},N^{22},N^{26}]-, (*SP*-4-2)-, bis [hexafluorophosphate(1-)], [153019-55-7], 27:280

$N_6F_{12}NiP_2C_{20}H_{34}$, Nickel(2+), [1,1'-(2,12-dimethyl-1,5,9,13-tetraazacyclo-hexadeca-1,4,9,12-tetraene-3,11-diylidene)bis[*N*-methylethanamine]]-, [*SP*-4-2-(*Z,Z*)]-, bis[hexafluorophosphate(1-)], [74466-02-7], 27:266

$N_6F_{12}NiP_2C_{26}H_{44}$, Nickel(2+), (2,3,10,11,13,19-hexamethyl-3,10,14,18,21,25-hexaazabicyclo[10.7.7]hexacosa-1,11,13,18,20,25-hexaene-N^{14},N^{18},N^{21},N^{25})-, (*SP*-4-2)-, bis[hexafluorophosphate(1-)], [73914-16-6], 27:268

$N_6F_{12}NiP_2C_{42}H_{46}$, Nickel(2+), [α,α'-(2,12-dimethyl-1,5,9,13-tetraazacyclo-hexadeca-1,4,9,12-tetraene-3,11-diyl) bis[*N*-(phenylmethyl)benzenemethanamine]]-, (*SP*-4-2)-, bis[hexafluorophosphate(1-)], [88611-05-6], 27:276

$N_6F_{12}NiP_2C_{50}H_{52}$, Nickel(2+), [14,20-dimethyl-2,12-diphenyl-3,11-bis (phenylmethyl)-3,11,15,19,22,26-hexaazatricyclo[11.7.7.1^{5,9}]octacosa-1,5,7,9(28),12,14,19,21,26-nonaene-N^{15},N^{19},N^{22},N^{26}]-, (*SP*-4-2)-, bis[hexafluorophosphate(1-)], [88635-37-4], 27:277

$N_6F_{12}P_2RuC_{30}H_{24}$, Ruthenium(2+), tris(2,2'-bipyridine-*N,N'*)-, (*OC*-6-11)-, bis[hexafluorophosphate(1-)], [60804-74-2], 25:109

$N_6F_{12}P_2RuC_{32}H_{24}$, Ruthenium(2+), bis(2,2'-bipyridine-*N,N'*)(1,10-phenanthroline-N^1,N^{10})-, (*OC*-6-22)-, bis[hexafluorophosphate(1-)], [60828-38-8], 25:108

$N_6F_{18}GdO_6P_9C_{72}H_{72}$, Gadolinium(3+), hexakis(*P,P*-diphenylphosphinic amide-*O*)-, (*OC*-6-11)-, tris [hexafluorophosphate(1-)], [59449-56-8], 23:180

$N_6F_{18}HoO_6P_9C_{72}H_{72}$, Holmium(3+), hexakis(*P,P*-diphenylphosphinic amide-*O*)-, (*OC*-6-11)-, tris [hexafluorophosphate(1-)], [59449-59-1], 23:180

$N_6F_{18}LaO_6P_9C_{72}H_{72}$, Lanthanum(3+), hexakis(*P,P*-diphenylphosphinic amide-*O*)-, (*OC*-6-11)-, tris [hexafluorophosphate(1-)], [59449-50-2], 23:180

$N_6F_{18}LuO_6P_9C_{72}H_{72}$, Lutetium(3+), hexakis(*P,P*-diphenylphosphinic amide-*O*)-, (*OC*-6-11)-, tris [hexafluorophosphate(1-)], [59449-62-6], 23:180

$N_6F_{18}NdO_6P_9C_{72}H_{72}$, Neodymium(3+), hexakis(*P,P*-diphenylphosphinic amide-*O*)-, (*OC*-6-11)-, tris [hexafluorophosphate(1-)], [59449-53-5], 23:180

$N_6F_{18}O_6P_9PrC_{72}H_{72}$, Praseodymium(3+), hexakis(*P,P*-diphenylphosphinic amide-*O*)-, (*OC*-6-11)-, tris [hexafluorophosphate(1-)], [59449-52-4], 23:180

$N_6F_{18}O_6P_9SmC_{72}H_{72}$, Samarium(3+), hexakis(*P,P*-diphenylphosphinic amide-*O*)-, (*OC*-6-11)-, tris [hexafluorophosphate(1-)], [59449-54-6], 23:180

$N_6F_{18}O_6P_9TbC_{72}H_{72}$, Terbium(3+), hexakis(*P,P*-diphenylphosphinic amide-*O*)-, (*OC*-6-11)-, tris [hexafluorophosphate(1-)], [59449-57-9], 23:180

$N_6F_{18}O_6P_9TmC_{72}H_{72}$, Thulium(3+), hexakis(*P,P*-diphenylphosphinic amide-*O*)-, (*OC*-6-11)-, tris [hexafluorophosphate(1-)], [59449-60-4], 23:180

$N_6F_{18}O_6P_9YbC_{72}H_{72}$, Ytterbium(3+), hexakis(*P*,*P*-diphenylphosphinic amide-*O*)-, (*OC*-6-11)-, tris [hexafluorophosphate(1-)], [59449-61-5], 23:180

$N_6F_{18}P_3C_{26}H_{47}$, Phosphate(1-), hexafluoro-, hydrogen, compd. with 2,3,10,11,13,19-hexamethyl-3,10,14,18,21,25-hexaazabicyclo [10.7.7]hexacosa-1,11,13,18,20,25-hexaene (3:1), [76863-25-7], 27:269

$N_6F_{18}P_3C_{50}H_{55}$, 3,11,15,19,22,26-Hexaazatricyclo[11.7.7.$1^{5,9}$]octacosa-1,5,7,9(28),12,14,19,21,26-nonanene, 14,20-dimethyl-2,12-diphenyl-3,11-bis (phenylmethyl)-, tris[hexafluorophosphate(1-)], [132850-80-7], 27:278

$N_6FeC_{22}H_{16}.3H_2O$, Iron, bis(2,2'-bipyridine-*N*,*N'*)bis(cyano-*C*)-, trihydrate, [15603-10-8], 12:247,249

$N_6FeC_{26}H_{16}.2H_2O$, Iron, bis(cyano-*C*) bis(1,10-phenanthroline-N^1,N^{10})-, dihydrate, [23425-29-8], 12:247

$N_6FeS_2C_{22}H_{20}$, Iron, tetrakis(pyridine)bis (thiocyanato-*N*)-, [15154-78-6], 12:251,253

$N_6FeSmC_6.4H_2O$, Ferrate(3-), hexakis (cyano-*C*)-, samarium(3+) (1:1), tetrahydrate, (*OC*-6-11)-, [57430-99-6], 20:13

$N_6H_{15}I_3OOs.H_2O$, Osmium(3+), pentaamminenitrosyl-, triiodide, monohydrate, (*OC*-6-22)-, [43039-38-9], 16:11

$N_6H_{15}IrO_3$, Iridium(2+), pentaammine (nitrato-*O*)-, (*OC*-6-22)-, [42482-42-8], 12:245,246

$N_6H_{18}I_2Ni$, Nickel(2+), hexaammine-, diiodide, (*OC*-6-11)-, [13859-68-2], 3:194

$N_6H_{18}I_3Os$, Osmium(3+), hexaammine-, triiodide, (*OC*-6-11)-, [42055-55-0], 16:10

$N_6H_{18}I_3Ru$, Ruthenium(3+), hexaammine-, triiodide, (*OC*-6-11)-, [16446-62-1], 12:7

$N_6H_{18}O_8PtS_2$, Platinum(4+), hexaammine-, (*OC*-6-11)-, sulfate (1:2), [49730-82-7], 15:94

$N_6H_{24}O_{28}V_{10}.6H_2O$, Vanadate ($V_{10}O_{28}^{6-}$), hexaammonium, hexahydrate, [37355-92-3], 19:140,143

$N_6IP_4C_7H_{21}$, 2,4,6,8,9,10-Hexaaza-1,3,5,7-tetraphosphatricyclo[3.3.1.$1^{3,7}$]decane, 1,1-dihydro-1-iodo-1,2,4,6,8,9,10-heptamethyl-, [51329-59-0], 8:68

$N_6I_2NiC_6H_{24}$, Nickcl(2+), tris(1,2-ethanediamine-*N*,*N'*)-, diiodide, (*OC*-6-11)-, [37488-13-4], 14:61

$N_6I_2NiC_8H_{26}$, Nickel(2+), bis[*N*-(2-aminoethyl)-1,2-ethanediamine-*N*,*N'*,*N''*]-, diiodide, [49606-27-1], 14:61

$N_6I_2NiC_9H_{30}$, Nickel(2+), tris(1,2-propanediamine-*N*,*N'*)-, diiodide, [49562-50-7], 14:61

$N_6I_2NiC_{18}H_{42}$, Nickel(2+), tris(1,2-cyclohexanediamine-*N*,*N'*)-, diiodide, [*OC*-6-11-(*trans*),(*trans*),(*trans*)]-, [49562-51-8], 14:61

$N_6I_2NiC_{36}H_{24}$, Nickel(2+), tris(1,10-phenanthroline-N^1,N^{10})-, diiodide, (*OC*-6-11-Δ)-, [59952-83-9], 8:209

$N_6I_6NiC_{36}H_{24}$, Nickel(2+), tris(1,10-phenanthroline-N^1,N^{10})-, (*OC*-6-11-Δ)-, bis(triiodide), [148832-23-9], 8:209

$N_6IrO_8SCH_{15}$, Iridium(2+), pentaammine (thiocyanato-*N*)-, (*OC*-6-22)-, diperchlorate, [15691-81-3], 12:245

$N_6KNbS_6C_6$, Niobate(1-), hexakis (thiocyanato-*N*)-, potassium, (*OC*-6-11)-, [17979-22-5], 13:226

$N_6KS_6TaC_6$, Tantalate(1-), hexakis (thiocyanato-*N*)-, potassium, (*OC*-6-11)-, [16918-20-0], 13:230

$N_6K_2MoS_6C_6$, Molybdate(2-), hexakis (thiocyanato-*N*)-, dipotassium, (*OC*-6-11)-, [38741-59-2], 13:230

$N_6K_2S_6TiC_6$, Titanate(2-), hexakis (thiocyanato-*N*)-, dipotassium, (*OC*-6-11)-, [54216-80-7], 13:230

$N_6K_2S_6WC_6$, Tungstate(2-), hexakis (thiocyanato-*N*)-, dipotassium, (*OC*-6-11)-, [38741-61-6], 13:230
$N_6K_2S_6ZrC_6$, Thiocyanic acid, potassium zirconium(4+) salt (6:2:1), [147796-84-7], 13:230
$N_6K_3MnC_6$, Manganate(3-), hexakis (cyano-*C*)-, tripotassium, (*OC*-6-11)-, [14023-90-6], 2:213
$N_6K_4MnC_6$, Manganate(4-), hexakis (cyano-*C*)-, tetrapotassium, (*OC*-6-11)-, [14874-32-9], 2:214
$N_6K_4Ni_2C_6$, Nickelate(4-), hexakis (cyano-*C*)di-, (*Ni-Ni*), tetrapotassium, [40810-33-1], 5:197
$N_6K_4Ni_2O_2C_8$, Nickelate(4-), dicarbonylbis[μ-(cyano-*C,N*)]tetrakis(cyano-*C*) di-, tetrapotassium, [12556-88-6], 5:201
$N_6LiO_{12}RhC_{14}H_{32}.3H_2O$, Rhodium(3+), tris(1,2-ethanediamine-*N,N'*)-, (*OC*-6-11-Λ)-, lithium salt with [*R*-(*R**,*R**)]-2,3-dihydroxybutanedioic acid (1:1:2), trihydrate, [151208-25-2], 12:272
$N_6MgC_{54}H_{46}$, Magnesium, [1,4,8,11,15,18,22,25-octamethyl-29*H*,31*H*-tetrabenzo[*b,g,l,q*]porphinato-N^{29},N^{30},N^{31},N^{32}]bis(pyridine)-, (*OC*-6-12)-, [23065-32-9], 20:158
$N_6MnS_2C_{22}H_{20}$, Manganese, tetrakis (pyridine)bis(thiocyanato-*N*)-, (*OC*-6-11)-, [65732-55-0], 12:251,253
$N_6Mo_2C_{12}H_{36}$, Molybdenum, hexakis(*N*-methylmethanaminato)di-, (*Mo-Mo*), [51956-20-8], 21:43
$N_6Nd_4O_{54}C_{36}H_{72}$, Neodymium(1+), (1,4,7,10,13,16-hexaoxacyclooctadecane-O^1,O^4,O^7,O^{10},O^{13},O^{16})bis (nitrato-*O,O'*)-, hexakis(nitrato-*O,O'*) neodymate(3-) (3:1), [75845-21-5], 23:150;23:155
$N_6NiC_{16}H_{18}$, Nickel, [(1,2-η)-ethenetetracarbonitrile]bis(2-isocyano-2-methylpropane)-, [24917-37-1], 17:122
$N_6NiO_4C_{14}H_{20}$, Nickel, bis(*N*-methyl-2-pyridinemethanamine-N^1,N^2)bis (nitrito-*O*)-, [33516-81-3], 13:203
$N_6NiO_4C_{14}H_{32}$, Nickel, bis(*N*-methyl-2-piperidinemethanamine-N^{α},N^1)bis (nitrito-*O*)-, [33516-82-4], 13:204
$N_6NiS_2C_{16}H_{24}$, Nickel, (2,3,9,10-tetramethyl-1,4,8,11-tetraazacyclotetradeca-1,3,8,10-tetraene-N^1,N^4,N^8,N^{11})bis(thiocyanato-*N*)-, (*OC*-6-11)-, [62905-14-0], 18:24
$N_6NiS_2C_{22}H_{20}$, Nickel(2+), tetrakis (pyridine)-, dithiocyanate, [56508-32-8], 12:251,253
$N_6NiS_2C_{30}H_{20}$, Nickel, (tetrabenzo[*b,f,j,n*] [1,5,9,13]tetraazacyclohexadecine-N^5,N^{11},N^{17},N^{23})bis(thiocyanato-*N*)-, (*OC*-6-11)-, [62905-16-2], 18:31
N_6OC, Carbonic diazide, [14435-92-8], 4:35
$N_6O_3C_3H_8$, Carbonic dihydrazide, 2,2'-bis (aminocarbonyl)-, [4468-90-0], 4:38
$N_6O_4SCH_2$, 1*H*-Tetrazole-5-diazonium, sulfate (1:1), [148832-10-4], 6:64
$N_6O_6PtSC_{17}H_{18}$, Platinum(1+), (2-aminoethanethiolato-*S*)(2,2':6',2"-terpyridine-*N,N',N"*)-, (*SP*-4-2)-, nitrate, mononitrate, [151183-10-7], 20:104
$N_6P_2C_{13}H_{36}$, Phosphoranetriamine, 1,1'-methanetetraylbis[*N,N,N',N',N",N"*-hexamethyl-, [87163-02-8], 24:114
$N_6P_2S_4C_{36}H_{30}$, Phosphorus(1+), triphenyl(*P,P,P*-triphenylphosphine imidato-*N*)-, (*T*-4)-, salt with 1,3,5,7-tetrathia(1,5-S^{IV})-2,4,6,8,9-pentaazabicyclo[3.3.1]nona-1,4,6,7-tetraene (1:1), [72884-88-9], 25:31
$N_6P_4C_6H_{18}$, 2,4,6,8,9,10-Hexaaza-1,3,5,7-tetraphosphatricyclo[3.3.1.1^{3,7}]decane, 2,4,6,8,9,10-hexamethyl-, [10369-17-2], 8:63
$N_6P_4C_{18}H_{42}$, 2,4,6,8,9,10-Hexaaza-1,3,5,7-tetraphosphatricyclo[5.1.1.1^{3,5}] decane, 2,4,6,8,9,10-hexakis(1-methylethyl)-, [74465-51-3], 25:9

$N_6PbC_{12}H_{10}$, Plumbane, diazidodiphenyl-, [14127-48-1], 8:60

$N_6PdS_2C_{13}H_{30}$, Palladium(1+), [*N,N*-bis[2-(dimethylamino)ethyl]-*N',N'*-dimethyl-1,2-ethanediamine-*N,N',NN*](thiocyanato-*N*)-, (*SP*-4-3)-, thiocyanate, [71744-83-7], 21:132

$N_6S_4C_2$, Disulfide, bis(azidothioxomethyl), [148832-09-1], 1:81,82

$N_6S_4ZnC_{40}H_{72}$, 1-Butanaminium, *N,N,N*-tributyl-, (*T*-4)-bis[2,3-dimercapto-2-butenedinitrilato(2-)-*S,S'*]zincate(2-) (2:1), [18958-61-7], 10:14

$N_6S_6VC_{12}$, Vanadate(1-), tris[2,3-dimercapto-2-butenedinitrilato(2-)-*S,S'*]-, (*OC*-6-11)-, [20589-26-8], 10:9

———, Vanadate(2-), tris[2,3-dimercapto-2-butenedinitrilato(2-)-*S,S'*]-, (*TP*-6-111)-, [47383-42-6], 10:9

———, Vanadate(3-), tris[2,3-dimercapto-2-butenedinitrilato(2-)-*S,S'*]-, (*OC*-6-11)-, [20589-29-1], 10:9

$N_6W_2C_{12}H_{36}$, Tungsten, hexakis(*N*-methylmethanaminato)di-, (*W-W*), [54935-70-5], 29:139

$N_7BIMoO_2C_{17}H_{27}$, Molybdenum, ethoxyiodonitrosyl[tris(3,5-dimethyl-1*H*-pyrazolato-N^1)hydroborato(1-)-$N^2,N^{2'},N^{2''}$]-, (*OC*-6-44)-, [60106-31-2], 23:7

$N_7BI_2MoOC_{15}H_{22}$, Molybdenum, diiodonitrosyl[tris(3,5-dimethyl-1*H*-pyrazolato-N^1)hydroborato(1-)-N^2, $N^{2'},N^{2''}$]-, (*OC*-6-33)-, [60106-46-9], 23:6

$N_7BMoO_3C_{17}H_{22}$, Molybdenum, dicarbonylnitrosyl[tris(3,5-dimethyl-1*H*-pyrazolato-N^1)hydroborato(1-)-$N^2,N^{2'},N^{2''}$]-, (*OC*-6-23)-, [24899-04-5], 23:4

$N_7B_2F_8H_{15}Ru$, Ruthenium(2+), pentaammine(dinitrogen)-, (*OC*-6-22)-, bis[tetrafluoroborate(1-)], [15283-53-1], 12:5

$N_7B_2F_8RuC_4H_{19}$, Ruthenium(2+), pentaammine(pyrazine-N^1)-, (*OC*-6-22)-, bis[tetrafluoroborate(1-)], [41481-91-8], 24:259

$N_7BrCoO_6C_4H_{19}$, Cobalt(2+), amminebromobis(1,2-ethanediamine-*N,N'*)-, (*OC*-6-23)-, dinitrate, [151085-64-2], 16:93

$N_7Br_2H_{15}ORu$, Ruthenium(2+), pentaammine(dinitrogen monooxide)-, dibromide, (*OC*-6-22)-, [60133-59-7], 16:75

$N_7Br_2H_{15}Ru$, Ruthenium(2+), pentaammine(dinitrogen)-, dibromide, (*OC*-6-22)-, [15246-25-0], 12:5

$N_7Cl_2H_{15}ORu$, Ruthenium(2+), pentaammine(dinitrogen monooxide)-, dichloride, (*OC*-6-22)-, [60182-89-0], 16:75

$N_7Cl_2H_{15}Os$, Osmium(2+), pentaammine (dinitrogen)-, dichloride, (*OC*-6-22)-, [20611-50-1], 24:270

$N_7Cl_2H_{15}Ru$, Ruthenium(2+), pentaammine(dinitrogen)-, dichloride, (*OC*-6-22)-, [15392-92-4], 12:5

$N_7Cl_2RuC_4H_{19}$, Ruthenium(2+), pentaammine(pyrazine-N^1)-, dichloride, (*OC*-6-22)-, [104626-96-2], 24:259

$N_7Cl_4Co_2O_{20}C_6H_{25}$, Cobalt(3+), hexaamminedi-μ-hydroxy[μ-(4-pyridinecarboxylato-*O:O'*)]di-, hydrogen perchlorate (1:1:4), [52375-41-4], 23:113

$N_7Cl_5P_4C_6H_{12}$, 1,3,5,7,2,4,6,8-Tetrazatetraphosphocine, 2,2,6-tris(1-aziridinyl)-4,4,6,8,8-pentachloro-2,2,4,4,6,6,8,8-octahydro-, [106722-76-3], 25:91

———, 1,3,5,7,2,4,6,8-Tetrazatetraphosphocine, 2,4,6-tris(1-aziridinyl)-2,4,6,8,8-pentachloro-2,2,4,4,6,6,8,8-octahydro-, (2α,4α,6β)-, [106760-42-3], 25:91

———, 1,3,5,7,2,4,6,8-Tetrazatetraphosphocine, 2,4,6-tris(1-aziridinyl)-2,4,6,8,8-pentachloro-2,2,4,4,6,6,8,8-

octahydro-, (2α,4β,6α)-, [106722-77-4], 25:91
$N_7CoFH_{15}O_6$, Cobalt(2+), pentaammine-fluoro-, (*OC*-6-22)-, dinitrate, [14240-02-9], 4:172
$N_7CoH_{12}O_7$, Cobalt(1+), tetraamminebis (nitrito-*N*)-, (*OC*-6-12)-, nitrate, [13782-04-2], 18:70,71
———, Cobalt(1+), tetraamminebis (nitrito-*N*)-, (*OC*-6-22)-, nitrate, [13782-03-1], 18:70,71
$N_7CoH_{15}IO_6$, Cobalt(2+), penta-ammineiodo-, (*OC*-6-22)-, dinitrate, [36395-86-5], 4:173
$N_7CoH_{15}O_{10}Re.H_2O$, Rhenium(2+), μ-oxotrioxo(pentaamminecobalt)-, dinitrate, monohydrate, [150384-23-9], 12:216
$N_7CoO_3SC_4H_{16}$, Cobalt, azidobis(1,2-ethanediamine-*N,N'*)[sulfito(2-)-*O*]-, (*OC*-6-33)-, [15656-42-5], 14:78
$N_7CoO_6C_4H_{16}$, Cobalt(1+), bis(1,2-ethanediamine-*N,N'*)bis(nitrito-*N*)-, (*OC*-6-22)-, nitrite, [15304-27-5], 4:178;8:196;13:196;14:72
$N_7CoO_7C_4H_{16}$, Cobalt(1+), bis(1,2-ethanediamine-*N,N'*)bis(nitrito-*N*)-, (*OC*-6-12)-, nitrate, [14240-12-1], 4:176,177
———, Cobalt(1+), bis(1,2-ethane-diamine-*N,N'*)bis(nitrito-*N*)-, (*OC*-6-22)-, nitrate, [17967-25-8], 8:196
$N_7CoO_8C_2H_{18}$, Cobalt(2+), (acetato-*O*) pentaammine-, (*OC*-6-22)-, dinitrate, [14854-63-8], 4:175
$N_7CrS_3C_7H_{16}.H_2O$, Chromium(1+), bis(1,2-ethanediamine-*N,N'*)bis (thiocyanato-*N*)-, (*OC*-6-12)-, thiocyanate, monohydrate, [150124-43-9], 2:200
$N_7F_{12}H_{15}P_2Ru$, Ruthenium(2+), penta-ammine(dinitrogen)-, (*OC*-6-22)-, bis [hexafluorophosphate(1-)]-, [18532-86-0], 12:5
$N_7H_{12}O_3P_3$, Diimidotriphosphoramide, [27712-38-5], 6:110
$N_7H_{15}I_2ORu$, Ruthenium(2+), penta-ammine(dinitrogen monooxide)-, diiodide, (*OC*-6-22)-, [60182-90-3], 16:75
$N_7H_{15}I_2Os$, Osmium(2+), pentaammine (dinitrogen)-, diiodide, (*OC*-6-22)-, [20611-52-3], 16:9
$N_7H_{15}I_2Ru$, Ruthenium(2+), pentaammine (dinitrogen)-, diiodide, (*OC*-6-22)-, [15651-39-5], 12:5
$N_7O_7RhC_4H_{16}$, Rhodium(1+), bis(1,2-ethanediamine-*N,N'*)bis(nitrito-*N*)-, (*OC*-6-22)-, nitrate, [63088-83-5], 20:59
$N_8BCuOC_{13}H_{12}$, Copper, carbonyl [tetrakis(1*H*-pyrazolato-N^1) borato(1-)-N^2,$N^{2'}$,$N^{2''}$]-, (*T*-4)-, [55295-09-5], 21:110
$N_8BIMoOC_{17}H_{28}$, Molybdenum, (ethanaminato)iodonitrosyl[tris(3,5-dimethyl-1*H*-pyrazolato-N^1) hydroborato(1-)-N^2,$N^{2'}$,$N^{2''}$]-, (*OC*-6-33)-, [70114-01-1], 23:8
$N_8BKC_{12}H_{12}$, Borate(1-), tetrakis(1*H*-pyrazolato-N^1)-, potassium, [14782-58-2], 12:103
$N_8B_2NiC_{12}H_{16}$, Nickel, bis[dihydrobis (1*H*-pyrazolato-N^1)borato(1-)-N^2,$N^{2'}$]-, (*SP*-4-1)-, [18131-13-0], 12:104
$N_8B_2RuC_{56}H_{68}$, Ruthenium(2+), [(1,2,5,6-η)-1,5-cyclooctadiene] tetrakis(hydrazine-*N*)-, bis [tetraphenylborate(1-)], [37684-73-4], 26:73
$N_8B_2RuC_{60}H_{76}$, Ruthenium(2+), [(1,2,5,6-η)-1,5-cyclooctadiene] tetrakis(methylhydrazine-N^2)-, bis [tetraphenylborate(1-)], [128476-13-1], 26:74
$N_8BrFeO_4C_{64}H_{64}$, Iron, bromo[[*N,N'*,*N''*,*N'''*-(21*H*,23*H*-porphine-5,10,15,20-tetrayltetra-2,1-phenylene)tetrakis [2,2-dimethylpropanamidato]](2-)-N^{21},N^{22},N^{23},N^{24}]-, (*SP*-5-12)-, [52215-70-0], 20:166

$N_8Br_4Co_2H_{26}O_2.4H_2O$, Cobalt(4+), octaamminedi-μ-hydroxydi-, tetrabromide, tetrahydrate, [151085-68-6], 18:88

$N_8Br_4Co_2O_2C_8H_{34}.2H_2O$, Cobalt(4+), tetrakis(1,2-ethanediamine-*N,N'*)di-μ-hydroxydi-, tetrabromide, dihydrate, [151434-49-0], 18:92

$N_8Br_4Cr_2H_{26}O_2.4H_2O$, Chromium(4+), octaamminedi-μ-hydroxydi-, tetrabromide, tetrahydrate, [151085-69-7], 18:86

$N_8Br_4Cr_2O_2C_8H_{34}.2H_2O$, Chromium(4+), tetrakis(1,2-ethanediamine-*N,N'*)di-μ-hydroxydi-, tetrabromide, dihydrate, [43143-58-4], 18:90

$N_8Br_4H_{26}O_2Rh_2$, Rhodium(4+), octaamminedi-μ-hydroxydi-, tetrabromide, [72902-02-4], 24:226

$N_8Br_4O_2Rh_2C_8H_{34}$, Rhodium(4+), tetrakis(1,2-ethanediamine-*N,N'*) di-μ-hydroxydi-, tetrabromide, stereoisomer, [72938-03-5], 24:231

$N_8C_{12}H_{30}$, 1,3,6,8,10,13,16,19-Octaazabicyclo[6.6.6]eicosane, [63413-08-1], 20:86

$N_8C_{26}H_{16}$, 5,26:13,18-Diimino-7,11:20,24-dinitrilodibenzo[*c,n*][1,6,12,17]tetraazacyclodocosine, [343-44-2], 18:47

$N_8C_{40}H_{26}$, 21*H*,23*H*-Porphine, 5,10,15,20-tetra-4-pyridinyl-, [16834-13-2], 23:56

$N_8C_{44}H_{34}$, Benzenamine, 2,2',2'',2'''-(21*H*,23*H*-porphine-5,10,15,20-tetrayl)tetrakis-, [52199-35-6], 20:163

———, Benzenamine, 2,2',2'',2'''-(21*H*,23*H*-porphine-5,10,15,20-tetrayl)tetrakis-, stereoisomer, [68070-27-9], 20:164

$N_8Cl_2CoO_8Se_4C_4H_{16}$, Cobalt(2+), tetrakis (selenourea-*Se*)-, (*T*-4)-, diperchlorate, [38901-14-3], 16:84

$N_8Cl_2HgS_4C_4H_{16}$, Mercury(2+), tetrakis (thiourea-*S*)-, dichloride, (*T*-4)-, [15695-44-0], 6:28

$N_8Cl_2O_{10}PdC_{20}H_{24}$, Palladium, dichlorobis(inosine-N^7)-, (*SP*-4-1)-, [64753-39-5], 23:52,53

———, Palladium, dichlorobis(inosine-N^7)-, (*SP*-4-2)-, [64715-03-3], 23:52,53

$N_8Cl_3CoC_{12}H_{30}$, Cobalt(3+), (1,3,6,8,10,13,16,19-octaazabicyclo[6.6.6]eicosane-N^3,N^6,N^{10},N^{16},N^{19})-, trichloride, (*OC*-6-11)-, [71963-57-0], 20:85,86

$N_8Cl_4Co_2H_{26}O_{18}.2H_2O$, Cobalt(4+), octaamminedi-μ-hydroxydi-, tetraperchlorate, dihydrate, [151120-14-8], 18:88

$N_8Cl_4Co_2O_2C_8H_{34}.4H_2O$, Cobalt(4+), tetrakis(1,2-ethanediamine-*N,N'*)di-μ-hydroxydi-, tetrachloride, tetrahydrate, [151434-51-4], 18:93

$N_8Cl_4Co_2O_2C_8H_{34}.5H_2O$, Cobalt(4+), tetrakis(1,2-ethanediamine-*N,N'*)di-μ-hydroxydi-, tetrachloride, pentahydrate, [151434-50-3], 18:93

$N_8Cl_4Co_2O_{18}C_8H_{34}$, Cobalt(4+), tetrakis(1,2-ethanediamine-*N,N'*)di-μ-hydroxydi-, tetraperchlorate, [67327-03-1], 18:94

$N_8Cl_4Co_2O_{20}C_5H_{24}.H_2O$, Cobalt(3+), hexaamminedi-μ-hydroxy[μ-(pyrazinecarboxylato-*O*:*O'*)]di-, triperchlorate, monoperchlorate, monohydrate, [152227-41-3], 23:114

$N_8Cl_4Cr_2H_{26}O_{18}.2H_2O$, Chromium(4+), octaamminedi-μ-hydroxydi-, tetraperchlorate, dihydrate, [151120-15-9], 18:87

$N_8Cl_4Cr_2O_2C_8H_{34}.2H_2O$, Chromium(4+), tetrakis(1,2-ethanediamine-*N,N'*)di-μ-hydroxydi-, tetrachloride, dihydrate, [52542-66-2], 18:91

$N_8Cl_4Cr_2O_{18}C_8H_{34}$, Chromium(4+), tetrakis(1,2-ethanediamine-*N,N'*)di-μ-hydroxydi-, tetraperchlorate, [57159-02-1], 18:91

$N_8Cl_5InO_{20}C_{44}H_{36}$, Indium(5+), [[4,4',4'',4'''-(21*H*,23*H*-porphine-

5,10,15,20-tetrayl)tetrakis[1-methylpyridiniumato]](2-)-N^{21},N^{22},N^{23},N^{24}]-, (*SP*-4-1)-, pentaperchlorate, [84009-26-7], 23:55,57

$N_8Cl_6O_4PtRe_2C_8H_{32}$, Rhenium(1+), bis(1,2-ethanediamine-*N,N'*)dioxo-, (*OC*-6-12)-, (*OC*-6-11)-hexachloroplatinate(2-) (2:1), [148832-28-4], 8:176

$N_8Cl_6O_4Rh_2C_8H_{32}$, Rhodium(1+), dichlorobis(1,2-ethanediamine-*N,N'*)-, (*OC*-6-22)-, chloride perchlorate (2:1:1), [103937-70-8], 24:229

$N_8Cl_{18}O_4Pt_3Re_2C_8H_{36}$, Rhenium(3+), bis(1,2-ethanediamine-*N,N'*)dihydroxy-, (*OC*-6-11)-hexachloroplatinate(2-) (2:3), [12074-83-8], 8:175

$N_8Cl_{18}O_4Pt_3Re_2C_{12}H_{44}$, Rhenium(3+), dihydroxybis(1,2-propanediamine-*N,N'*)-, (*OC*-6-11)-hexachloroplatinate(2-) (2:3), [148832-31-9], 8:176

$N_8Cl_{18}O_4Pt_3Re_2C_{12}H_{44}$, Rhenium(3+), dihydroxybis(1,3-propanediamine-*N,N'*)-, (*OC*-6-12)-, (*OC*-6-11)-hexachloroplatinate(2-) (2:3), [148832-29-5], 8:176

$N_8CoH_{15}O_8$, Cobalt(2+), pentaammine(nitrito-*O*)-, (*OC*-6-21)-, dinitrate, [13600-94-7], 4:174

$N_8CoH_{15}O_9$, Cobalt(2+), pentaammine(nitrato-*O*)-, (*OC*-6-22)-, dinitrate, [14404-36-5], 4:174

$N_8CoO_4C_4H_{21}$, Cobalt(3+), ammineaquabis(1,2-ethanediamine-*N,N'*)-, (*OC*-6-32)-, trinitrate, [22398-31-8], 8:198

———, Cobalt(3+), ammineaquabis(1,2-ethanediamine-*N,N'*)-, (*OC*-6-23)-, trinitrate, [18660-70-3], 8:198

$(N_8CoS_2C_6H_6)_x$, Cobalt, bis(thiocyanato-*N*)bis(1*H*-1,2,4-triazole-N^2)-, homopolymer, [63654-21-7], 23:159

$N_8Co_2H_{32}O_{16}S_3$, Cobalt(3+), tetraamminediaqua-, (*OC*-6-22)-, sulfate (2:3), [41333-33-9], 6:179

$N_8Co_2O_6C_{10}H_{24}$, Cobalt(3+), tris(1,2-ethanediamine-*N,N'*)-, (*OC*-6-11)-, (*OC*-6-21)-bis[carbonato(2-)-*O,O'*]bis(cyano-*C*)cobaltate(3-) (1:1), [54967-60-1], 23:66

$N_8Co_2O_6C_{10}H_{24}.2H_2O$, Cobalt(3+), tris(1,2-ethanediamine-*N,N'*)-, (*OC*-6-11)-, (*OC*-6-21)-bis[carbonato(2-)-*O,O'*]bis(cyano-*C*)cobaltate(3-) (1:1), dihydrate, [152227-46-8], 23:66

$N_8Co_2O_{12}C_{10}H_{24}$, Cobalt(1+), bis(1,2-ethanediamine-*N,N'*)bis(nitrito-*O*)-, (*OC*-6-22-Λ)-, (*OC*-6-21-Δ)-(1,2-ethanediamine-*N,N'*)bis[ethanedioato(2-)-*O,O'*]cobaltate(1-), [31916-64-0], 13:197

———, Cobalt(1+), bis(1,2-ethanediamine-*N,N'*)bis(nitrito-*O*)-, (*OC*-6-22-Λ)-, (*OC*-6-21-Λ)-(1,2-ethanediamine-*N,N'*)bis[ethanedioato(2-)-*O,O'*]cobaltate(1-), [31916-63-9], 13:197

$N_8Co_2O_{12}C_{12}H_{26}$, Cobalt(1+), bis(1,2-ethanediamine-*N,N'*)[ethanedioato(2-)-*O,O'*]-, (*OC*-6-22-Δ)-, [*OC*-6-13-*C*-[*R*-(*R**,*R**)]]-[[*N,N'*-1,2-ethanediylbis[glycinato]](2-)-*N,N'*,*O,O'*]bis(nitrito-*N*)cobaltate(1-), [151085-66-4], 18:101

$N_8Co_2O_{12}C_{14}H_{28}.3H_2O$, Cobalt(1+), bis(1,2-ethanediamine-*N,N'*)bis(nitrito-*N*)-, (*OC*-6-22-Δ)-, (*OC*-6-21)-[[*N,N'*-1,2-ethanediylbis[*N*-(carboxymethyl)glycinato]](4-)-*N,N'*,*O,O'*,O^N,$O^{N'}$]cobaltate(1-), trihydrate, [150124-41-7], 6:193

$N_8Co_2O_{14}S_4C_8H_{34}$, Cobalt(4+), tetrakis(1,2-ethanediamine-*N,N'*)di-μ-hydroxydi-, dithionate (1:2), [67327-01-9], 18:92

$N_8Co_2P_2S_8C_{64}H_{40}$, Phosphonium, tetraphenyl-, bis[μ-[2,3-dimercapto-2-butenedinitrilato(2-)-*S*:*S,S'*]]bis[2,3-dimercapto-2-butenedinitrilato

(2-)-*S*,*S'*]dicobaltate(2-) (2:1), [150384-24-0], 13:191

$N_8Co_3O_{14}S_2C_8H_{40}.7H_2O$, Cobalt(4+), diaquatetrakis(1,2-ethanediamine-*N*,*N'*)tetra-μ-hydroxytri-, sulfate (1:2), heptahydrate, [60270-46-4], 8:199

$N_8CrH_{15}O_8$, Chromium(2+), pentaammine (nitrito-*O*)-, (*OC*-6-22)-, dinitrate, [15040-45-6], 5:133

$N_8CrH_{15}O_9$, Chromium(2+), pentaammine (nitrato-*O*)-, (*OC*-6-22)-, dinitrate, [31255-93-3], 5:133

$N_8CrH_{17}O_{10}$, Chromium(3+), pentaammineaqua-, (*OC*-6-22)-, trinitrate, [19683-62-6], 5:134

$N_8Cr_2O_{14}S_4C_8H_{34}$, Chromium(4+), tetrakis(1,2-ethanediamine-*N*,*N'*)di-μ-hydroxydi-, dithionate (1:2), [15038-32-1], 18:90

$(N_8CuS_2C_6H_6)_x$, Copper, bis(thiocyanato-*N*)bis(1*H*-1,2,4-triazole)-, homopolymer, [63654-20-6], 23:159

$N_8F_{12}P_2RuC_{12}H_{36}$, Ruthenium(2+), [(1,2,5,6-η)-1,5-cyclooctadiene] tetrakis(methylhydrazine-*N*^{2})-, bis [hexafluorophosphate(1-)], [81923-54-8], 26:74

$N_8FeC_{32}H_{16}$, Iron, [29*H*,31*H*-phthalocyaninato(2-)-*N*^{29},*N*^{30},*N*^{31},*N*^{32}]-, (*SP*-4-1)-, [132-16-1], 20:159

$N_8FeOP_2C_{41}H_{34}$, Phosphorus(1+), amidotriphenyl-, pentakis(cyano-*C*) nitrosylferrare(2-) (2:1), [107780-92-7], 7:69

$(N_8FeS_2C_6H_6)_x$, Iron, bis(thiocyanato-*N*) bis(1*H*-1,2,4-triazole)-, homopolymer, [63654-19-3], 23:185

$N_8Fe_2PS_8C_{64}H_{40}$, Phosphonium, tetraphenyl-, bis[μ-[2,3-dimercapto-2-butenedinitrilato(2-)-*S*:*S*,*S'*]]bis[2,3-dimercapto-2-butenedinitrilato (2-)-*S*,*S'*]diferrate(2-) (2:1), [151183-11-8], 13:193

$N_8H_{15}Ir$, Iridium(2+), pentaammineazido-, (*OC*-6-22)-, [34412-11-8], 12:245,246

$N_8K_3WC_8$, Tungstate(3-), octakis (cyano-*C*)-, tripotassium, (*DD*-8-11111111)-, [18347-84-7], 7:145

$N_8K_4MoC_8.2H_2O$, Molybdate(4-), octakis (cyano-*C*)-, tetrapotassium, dihydrate, (*SA*-8-11111111)-, [17457-89-5], 3:160;11:53

$N_8K_4WC_8.2H_2O$, Tungstate(4-), octakis (cyano-*C*)-, tetrapotassium, dihydrate, (*DD*-8-11111111)-, [17457-90-8], 7:142

$N_8Li_2C_{32}H_{18}$, 29*H*,31*H*-Phthalocyanine, dilithium salt, [25510-41-2], 20:159

$N_8MnC_{26}H_{14}$, Manganese, [5,26:13,18-diimino-7,11:20,24-dinitrilodibenzo [*c*,*n*][1,6,12,17]tetraazacyclodocosinato(2-)-*N*^{27},*N*^{28},*N*^{29},*N*^{30}]-, (*SP*-4-1)-, [54686-87-2], 18:48

$(N_8MnS_2C_6H_6)_x$, Manganese, bis (thiocyanato-*N*)bis(1*H*-1,2,4-triazole)-, homopolymer, [63654-18-2], 23:158

$N_8NbS_4C_{24}H_{16}$, Niobium, bis(2,2'-bipyridine-*N*,*N'*)tetrakis(thiocyanato-*N*)-, [38669-93-1], 16:78

$(N_8NiS_2C_6H_6)_x$, Nickel, bis(thiocyanato-*N*)bis(1*H*-1,2,4-triazole)-, homopolymer, [63654-17-1], 23:159

$N_8OVC_{26}H_{14}$, Vanadium, [5,26:13,18-diimino-7,11:20,24-dinitrilodibenzo [*c*,*n*][1,6,12,17]tetraazacyclodocosinato(2-)-*N*^{27},*N*^{28},*N*^{29},*N*^{30}]oxo-, (*SP*-5-12)-, [67327-06-4], 18:48

$N_8O_4C_{64}H_{66}$, Propanamide, *N*,*N'*,*N''*,*N'''*-(21*H*,23*H*-porphine-5,10,15,20-tetrayltetra-2,1-phenylene)tetrakis [2,2-dimethyl-, stereoisomer, [55253-62-8], 20:165

$N_8O_6S_2VC_{44}H_{38}$, Vanadium, bis(1,2-benzisothiazol-3(2*H*)-one 1,1-dioxidato-*O*^{3})tetrakis(pyridine)-, (*OC*-6-12)-, compd. with pyridine (1:2), [103563-31-1], 27:308

$N_8O_8C_{44}H_{26}$, 21*H*,23*H*-Porphine, 5,10,15,20-tetrakis(2-nitrophenyl)-, [37116-82-8], 20:162

$N_8O_{10}PdC_{20}H_{22}$, Palladium, bis (inosinato-*N*^{7},*O*^{6})-, (*SP*-4-1)-, [64753-38-4], 23:52,53
———, Palladium, bis(inosinato-*N*^{7},*O*^{6})-, (*SP*-4-2)-, [64715-04-4], 23:52,53
$N_8O_{12}S_4C_{72}H_{52}$, Pyridinium, 4,4',4'',4'''-(21*H*,23*H*-porphine-5,10,15,20-tetrayl)tetrakis[1-methyl-, salt with 4-methylbenzenesulfonic acid (1:4), [36951-72-1], 23:57
$N_8PrC_{96}H_{72}$, Praseodymium, bis[5,10,15,20-tetrakis(4-methylphenyl)-21*H*,23*H*-porphinato(2-)-*N*^{21},*N*^{22},*N*^{23},*N*^{24}]-, [109460-21-1], 22:160
$(N_8S_2ZnC_6H_6)_x$, Zinc, bis(thiocyanato-*N*) bis(1*H*-1,2,4-triazole)-, homopolymer, [63654-16-0], 23:160
$N_8WC_8H_4$, Tungstate(4-), octakis (cyano-*C*)-, tetrahydrogen, (*DD*-8-11111111)-, [34849-71-3], 7:145
$N_8ZnC_{40}H_{24}$, Zinc, [5,10,15,20-tetra-4-pyridinyl-21*H*,23*H*-porphinato (2-)-*N*^{21},*N*^{22},*N*^{23},*N*^{24}]-, (*SP*-4-1)-, [31183-11-6], 12:256
$N_9Cl_4Co_2H_{27}O.4H_2O$, Cobalt(4+), μ-amidooctaammine-μ-hydroxydi-, tetrachloride, tetrahydrate, [15771-94-5], 12:210
$N_9Cl_5Co_2H_{26}.4H_2O$, Cobalt(4+), μ-amidooctaammine-μ-chlorodi-, tetrachloride, tetrahydrate, [24833-05-4], 12:209
$N_9CoH_{18}O_9$, Cobalt(3+), hexaammine-, (*OC*-6-11)-, trinitrate, [10534-86-8], 2:218
$N_9CrH_{18}O_9$, Chromium(3+), hexaammine-, (*OC*-6-11)-, trinitrate, [15363-28-7], 3:153
$N_9CrS_3C_9H_{24}.H_2O$, Chromium(3+), tris(1,2-ethanediamine-*N*,*N*')-, (*OC*-6-11)-, trithiocyanate, monohydrate, [22309-23-5], 2:199
$N_9F_6PRuC_4H_{16}$, Ruthenium(1+), azidobis (1,2-ethanediamine-*N*,*N*')(dinitrogen)-, (*OC*-6-33)-, hexafluorophosphate(1-), [31088-36-5], 12:23
$N_9P_3C_8H_{24}$, 1,3,5,2,4,6-Triazatriphosphorine, 2,2-bis(1-aziridinyl)-2,2,4,4,6,6-hexahydro-4,4,6,6-tetrakis (methylamino)-, [89631-67-4], 25:89
———, 1,3,5,2,4,6-Triazatriphosphorine, 2,4-bis(1-aziridinyl)-2,2,4,4,6,6-hexahydro-2,4,6,6-tetrakis(methylamino)-, *cis*-, [89631-65-2], 25:89
———, 1,3,5,2,4,6-Triazatriphosphorine, 2,4-bis(1-aziridinyl)-2,2,4,4,6,6-hexahydro-2,4,6,6-tetrakis(methylamino)-, *trans*-, [89631-66-3], 25:89
$N_{05}AsH_{12}$, Arsenic acid (H_3AsO_4), compd. with hydroxylamine (1:3), [149165-65-1], 3:83
$N_{10}AgCl_3O_{12}C_6H_{16}$, Silver(3+), (3,8-diimino-2,4,7,9-tetraazadecanediimidamide-*N*',*N*''',*N*^{4},*N*^{7})-, (*SP*-4-2)-, triperchlorate, [15890-99-0], 6:78
$N_{10}AgO_3C_6H_{19}$, Silver(3+), (3,8-diimino-2,4,7,9-tetraazadecanediimidamide-*N*',*N*''',*N*^{4},*N*^{7})-, trihydroxide, [127493-74-7], 6:78
$N_{10}B_4F_{16}Mo_2C_{20}H_{30}$, Molybdenum(4+), decakis(acetonitrile)di-, (*Mo-Mo*), tetrakis[tetrafluoroborate(1-)], [132461-50-8], 29:134
$N_{10}B_4F_{16}Rh_2C_{20}H_{30}$, Rhodium(4+), decakis(acetonitrile)di-, (*Rh-Rh*), tetrakis[tetrafluoroborate(1-)], [117686-94-9], 29:182
$N_{10}Br_2PtC_6H_{12}.xH_2O$, Platinate(2-), dibromotetrakis(cyano-*C*)-, dihydrogen, compd. with guanidine (1:2), hydrate, [151434-48-9], 19:11
$N_{10}ClCoO_8C_{12}H_{28}$, Cobaltate(1-), bis(L-argininato-*N*^{2},*O*^{1})bis(nitrito-*N*)-, hydrogen, monohydrochloride, (*OC*-6-22-Λ)-, [75936-48-0], 23:91

$N_{10}Cl_2CuO_4C_8H_{22}$, Copper(2+), bis[2,2'-iminobis[*N*-hydroxyethanimidamide]]-, dichloride, [20675-39-2], 11:92

$N_{10}Cl_2MnO_4C_8H_{22}$, Manganese(2+), bis[2,2'-iminobis[*N*-hydroxyethanimidamide]]-, dichloride, [20675-38-1], 11:91

$N_{10}Cl_2NiO_4C_8H_{22}.2H_2O$, Nickel(2+), bis[2,2'-iminobis[*N*-hydroxyethanimidamide]]-, dichloride, dihydrate, (*OC*-6-1'1')-, [28903-66-4], 11:93

$N_{10}Cl_2NiO_4C_8H_{22}$, Nickel(2+), bis[2,2'-iminobis[*N*-hydroxyethanimidamide]]-, dichloride, [20675-37-0], 11:91

$N_{10}Cl_2O_{10}PdC_{20}H_{26}$, Palladium, dichlorobis(guanosine-N^7)-, (*SP*-4-1)-, [64753-34-0], 23:52,53

———, Palladium, dichlorobis (guanosine-N^7)-, (*SP*-4-2)-, [62800-79-7], 23:52,53

$N_{10}Cl_4Ru_2C_{50}H_{38}.5H_2O$, Ruthenium(1+), (2,2'-bipyridine-*N,N'*)chloro(2,2':6',2''-terpyridine-*N,N',N''*)-, chloride, hydrate (2:5), (*OC*-6-44)-, [153569-09-6], 24:300

$N_{10}Cl_5Co_2H_{30}O_2.H_2O$, Cobalt(5+), decaammine[μ-(superoxido-*O*:*O'*)]di-, pentachloride, monohydrate, [150399-25-0], 12:199

$N_{10}CoO_6S_4C_{16}H_{24}$, Cobalt, tetrakis(1,3-dihydro-1-methyl-2*H*-imidazole-2-thione-*S*)bis(nitrato-*O*)-, [99374-10-4], 23:171

$N_{10}Co_2K_5O_2C_{10}.H_2O$, Cobaltate(5-), decakis(cyano-*C*)-μ-superoxidodi-, pentapotassium, monohydrate, [12145-87-8], 12:202

$N_{10}Co_2O_8C_{26}H_{38}$, Cobalt, tetrakis[(2,3-butanedione dioximato)(1-)-*N,N'*]bis (pyridine)di-, (*Co-Co*), [25971-15-7], 11:65

$N_{10}CrH_{21}O_{13}$, Chromium(3+), pentaammineaqua-, (*OC*-6-22)-, ammonium nitrate (1:1:4), [41729-31-1], 5:132

$N_{10}CrO_6SC_4H_{17}$, Chromium(2+), aquahydroxybis(imidodicarbonimidic diamide-*N'',N'''*)-, sulfate (1:1), [127688-31-7], 6:70

$N_{10}CuO_6S_2C_{16}H_{20}$, Cuprate(2-), bis[4-[[[(aminoiminomethyl)amino] iminomethyl]amino]benzenesulfonato(2-)]-, dihydrogen, [59249-53-5], 7:6

$N_{10}F_6PRuC_4H_{16}$, Ruthenium(1+), diazidobis(1,2-ethanediamine-*N,N'*)-, (*OC*-6-22)-(-)-, hexafluorophosphate (1-), [30649-47-9], 12:24

$N_{10}FeO_6C_{68}H_{70}$, Iron, (1-methyl-1*H*-imidazole-N^3)[[*N,N',N'',N'''*-(21*H*,23*H*-porphine-5,10,15,20-tetrayltetra-2,1-phenylene)tetrakis[2,2-dimethylpropanamidato]](2-)-N^{21},N^{22},N^{23},N^{24}] superoxido-, (*OC*-6-23)-, [55449-22-4], 20:168

$N_{10}Fe_2S_8C_{32}H_{40}$, Ethanaminium, *N,N,N*-triethyl-, bis[μ-[2,3-dimercapto-2-butenedinitrilato(2-)-*S*:*S,S'*]]bis[2,3-dimercapto-2-butenedinitrilato(2-)-*S,S'*]diferrate(2-) (2:1), [22918-56-5], 13:192

$N_{10}Fe_2S_8C_{48}H_{72}$, 1-Butanaminium, *N,N,N*-tributyl-, bis[μ-[2,3-dimercapto-2-butenedinitrilato(2-)-*S*:*S,S'*]]bis[2,3-dimercapto-2-butenedinitrilato(2-)-*S,S'*]diferrate(2-) (2:1), [20559-29-9], 13:193

$N_{10}O_2UC_{40}H_{20}$, Uranium, [5,35:14,19-diimino-12,7:21,26:28,33-trinitrilo-7*H*-pentabenzo[*c,h,m,r,w*] [1,6,11,16,21]pentaazacyclopentacosinato(2-)-N^{36},N^{37},N^{38},N^{39},N^{40}] dioxo-, (*PB*-7-11-22'4'34)-, [56174-38-0], 20:97

$N_{10}O_8S_2C_6H_{20}.5H_2O$, 2,4,7,9-Tetraazadecanediimidamide, 3,8-diimino-, sulfate (1:2), pentahydrate, [141381-60-4], 6:75

$N_{10}O_{10}PdC_{20}H_{24}$, Palladium, bis (guanosinato-N^7,O^6)-, [64753-35-1], 23:52,53

———, Palladium, bis(guanosinato-N^7,O^6)-, (*SP*-4-2)-, [62850-22-0], 23:52,53

$N_{10}PtC_6H_{12}$, Platinate(2-), tetrakis (cyano-*C*)-, (*SP*-4-1)-, dihydrogen, compd. with guanidine (1:2), [62048-47-9], 19:11

$N_{11}Cl_5Co_2H_{32}O_{20}.H_2O$, Cobalt(5+), μ-amidodecaamminedi-, pentaperchlorate, monohydrate, [150384-26-2], 12:212

$N_{11}CrNiC_5H_{18}.2H_2O$, Chromium(3+), hexaammine-, (*OC*-6-11)-, pentakis (cyano-*C*)nickelate(3-) (1:1), dihydrate, [21588-91-0], 11:51

$N_{11}P_4C_{14}H_{41}$, 2,4,6,8,9-Pentaaza-1λ^5,3,5λ^5,7-tetraphosphabicyclo [3.3.1]nona-1,3,5,7-tetraene-1,5-diamine, *N*,*N'*,9-triethyl-3,3,7,7-tetrakis(ethylamino)-3,3,7,7-tetrahydro-, [62763-55-7], 25:20

———, 2,4,6,8,9-Pentaaza-1λ^5,3,5λ^5,7-tetraphosphabicyclo[3.3.1]nona-1,3,5,7-tetraene-1,5-diamine, 3,3,7,7-tetrakis(dimethylamino)-N^5,9-diethyl-3,3,7,7-tetrahydro-N^1,N^1-dimethyl-, [58752-23-1], 25:18

$N_{12}Al_{40}K_{20}Na_{16}O_{393}Si_{154}C_{48}H_{144}.168H_2O$, Methanaminium, *N*,*N*,*N*-trimethyl-, potassium sodium heptaoxoheptaheptacontakis[μ-oxotetraoxodisilicato (2-)]tetracontaaluminate(48-) (12:20:16:1), dotetracontahectahydrate, [158210-03-8], 30:231

$N_{12}B_2CoC_{18}H_{20}$, Cobalt, bis[hydrotris (1*H*-pyrazolato-N^1)borato(1-)-N^2, $N^{2'}$,$N^{2''}$]-, (*OC*-6-11)-, [16842-05-0], 12:105

$N_{12}B_2CoF_8C_{18}H_{30}$, Cobalt(2+), (5,6,15, 16,20,21-hexamethyl-1,3,4,7,8,10, 12,13,16,17,19,22-dodecaazatetracyclo[8.8.4.^{13,17}.^{18,12}]tetracosa-4,6,13,15,19,21-hexaene-N^4,N^7, N^{13},N^{16},N^{19},N^{22})-, (*OC*-6-11)-, bis [tetrafluoroborate(1-)], [151085-59-5], 20:89

$N_{12}B_2F_8FeC_{12}H_{30}$, Iron(2+), tris(2,3-butanedione dihydrazone)-, (*OC*-6-11)-, bis[tetrafluoroborate(1-)], [151085-57-3], 20:88

$N_{12}B_2F_8FeC_{18}H_{30}$, Iron(2+), (5,6,14, 15,20,21-hexamethyl-1,3,4,7, 8,10,12,13,16,17,19,22-dodecaazatetracyclo[8.8.4.^{13,17}.^{18,12}]tetracosa-4,6,13,15,19,21-hexaene-N^4,N^7,N^{13}, N^{16},N^{19},N^{22})-, (*TP*-6-111)-, bis [tetrafluoroborate(1-)], [151124-35-5], 20:88

$N_{12}B_2F_8NiC_{18}H_{30}$, Nickel(2+), (5,6,15, 16,20,21-hexamethyl-1,3,4,7,8,10, 12,13,16,17,19,22-dodecaazatetracyclo[8.8.4.^{13,17}.^{18,12}]tetracosa-4,6,13,15,19,21-hexaene-N^4,N^7,N^{13}, N^{16},N^{19},N^{22})-, (*OC*-6-11)-, bis [tetrafluoroborate(1-)], [151085-63-1], 20:89

$N_{12}B_3CoF_{12}C_{18}H_{30}$, Cobalt(3+), (5,6,15, 16,20,21-hexamethyl-1,3,4,7,8,10,12, 13,16,17,19,22-dodecaazatetracyclo [8.8.4.^{13,17}.^{18,12}]tetracosa-4,6,13, 15,19,21-hexaene-N^4,N^7,N^{13},N^{16}, N^{19},N^{22})-, (*OC*-6-11)-, tris[tetrafluoroborate(1-)], [151085-61-9], 20:89

$N_{12}Be_4Co_2O_{19}C_6H_{36}.10H_2O$, Cobalt(3+), hexaammine-, (*OC*-6-11)-, hexakis[μ-[carbonato(2-)-*O*:*O'*]]-μ_4-oxotetraberyllate(6-) (2:1), decahydrate, [12192-43-7], 8:6

$N_{12}Be_4Co_2O_{19}C_6H_{36}.11H_2O$, Cobalt(3+), hexaammine-, (*OC*-6-11)-, hexakis[μ-[carbonato(2-)]]-μ_4-oxotetraberyllate(6-) (2:1), undecahydrate, [12128-08-4], 8:6

$N_{12}Bi_2Mg_3O_{36}.24H_2O$, Nitric acid, bismuth(3+) magnesium salt (12:2:3), tetracosahydrate, [20741-82-6], 2:57

$N_{12}BrK_6Pt_3C_{12}.9H_2O$, Platinate(2-), tetrakis(cyano-*C*)-, (*SP*-4-1)-, potassium bromide (*SP*-4-1)-tetrakis (cyano-*C*)platinate(1-) (2:6:1:1), nonahydrate, [151085-54-0], 19:14,15

$N_{12}Br_6Co_4H_{42}O_6$, Cobalt(6+), dodecaamminehexa-μ-hydroxytetra-, hexabromide, stereoisomer, [125994-43-6], 29:170-172

———, Cobalt(6+), dodecaamminehexa-μ-hydroxytetra-, hexabromide, stereoisomer, [126060-35-3], 29:170-172

$N_{12}C_{18}H_{30}$, 1,3,4,7,8,10,12,13,16,17,19,22-Dodecaazatetracyclo [8.8.4.^{13,17}.^{18,12}]tetracosa-4,6,13,15,19,21-hexaene, 5,6,14,15,20,21-hexamethyl-, [151085-49-3], 20:88

$N_{12}CeO_{20}C_{40}H_{32}$, Cerium(4+), tetrakis (2,2'-bipyridine 1,1'-dioxide-*O,O'*)-, tetranitrate, [54204-15-8], 23:179

$N_{12}Ce_2Mg_3O_{36}.24H_2O$, Nitric acid, cerium(3+) magnesium salt (12:2:3), tetracosahydrate, [13550-46-4], 2:57

$N_{12}Ce_4O_{54}C_{36}H_{72}$, Cerium(1+), (1,4,7,10,13,16-hexaoxacyclooctadecane-$O^1,O^4,O^7,O^{10},O^{13},O^{16}$)bis(nitrato-*O,O'*)-, hexakis(nitrato-*O,O'*)cerate (3-) (3:1), [99352-24-6], 23:155

$N_{12}ClK_6Pt_3C_{12}.9H_2O$, Platinate(2-), tetrakis(cyano-*C*)-, (*SP*-4-1)-, potassium chloride (*SP*-4-1)-tetrakis (cyano-*C*)platinate(1-) (2:6:1:1), [151151-21-2], 19:15

$N_{12}Cl_3O_{18}TiC_6H_{24}$, Titanium(3+), hexakis (urea-*O*)-, (*OC*-6-11)-, triperchlorate, [15189-70-5], 9:44

$N_{12}Cl_6Co_4O_{36}C_4H_{42}.H_2O$, Cobalt(2+), hexaammine[μ-[ethanedioato(2-)-*O*:*O*'']]di-μ-hydroxydi-, hydrogen perchlorate, hydrate (2:2:6:1), [152227-38-8], 23:113

$N_{12}Co_2H_{26}O_{11}.H_2O$, Cobalt(3+), μ-amidooctaammine[μ-(peroxy-*O*:*O'*)] di-, trinitrate, monohydrate, [19454-33-2], 12:203

$N_{12}Co_2O_{12}C_6H_{36}.4H_2O$, Cobalt(3+), hexaammine-, (*OC*-6-11)-, ethanedioate (2:3), tetrahydrate, [73849-01-1], 2:220

$N_{12}Co_2O_{20}Sb_2C_{16}H_{36}$, Cobalt(1+), bis(1,2-ethanediamine-*N,N'*)bis (nitrito-*N*)-, (*OC*-6-22-Δ)-, stereoisomer of bis[μ-[2,3-dihydroxybutanedioato(4-)-O^1,O^2:O^3,O^4]]diantimonate(2-) (2:1), [12075-00-2], 6:95

———, Cobalt(1+), bis(1,2-ethanediamine-*N,N'*)bis(nitrito-*N*)-, (*OC*-6-22-Λ)-, stereoisomer of bis[μ-[2,3-dihydroxybutanedioato(4-)-O^1,O^2:O^3,O^4]]diantimonate(2-) (2:1), [149189-79-7], 6:195

$N_{12}Co_3CrO_{24}C_{24}H_{48}.6H_2O$, Cobalt(1+), bis(1,2-ethanediamine-*N,N'*) [ethanedioato(2-)-*O,O'*]-, (*OC*-6-22-Λ)-, (*OC*-6-11-Λ)-tris[ethanedioato(2-)-*O,O'*]chromate(3-) (3:1), hexahydrate, [152227-47-9], 25-140

$N_{12}Co_4H_{42}I_6O_6.4H_2O$, Cobalt(6+), dodecaamminehexa-μ-hydroxytetra-, hexaiodide, tetrahydrate, [153771-78-9], 29:170

$N_{12}Co_4H_{42}O_{18}S_3.4H_2O$, Cobalt(6+), dodecaamminehexa-μ-hydroxytetra-, sulfate (1:3), tetrahydrate, [108652-73-9], 6:176;6:179

$N_{12}Co_4I_2O_{30}Wb_4C_{16}H_{50}$, Cobalt(6+), dodecaamminehexa-μ-hydroxytetra-, stereoisomer, stereoisomer of bis[μ-[2,3-dihydroxybutanedioato (4-)-O^1,O^2:O^3,O^4]]diantimonate(2-) iodide (1:2:2), [146805-98-3], 29:170

$N_{12}Cr_2O_{12}S_3C_{12}H_{48}$, Chromium(3+), tris(1,2-ethanediamine-*N,N'*)-, (*OC*-6-11)-, sulfate (2:3), [13408-71-4], 2:198;13:233

$N_{12}Dy_4O_{51}C_{30}H_{60}$, Dysprosium(1+), bis (nitrato-*O,O'*)(1,4,7,10,13-pentaoxacyclopentadecane-$O^1,O^4,O^7,O^{10},O^{13}$)-, hexakis(nitrato-*O,O'*)dysprosate(3-) (3:1), [94121-26-3], 23:153

$N_{12}Dy_4O_{54}C_{36}H_{72}$, Dysprosium(1+), (1,4,7,10,13,16-hexaoxacyclooctadecane-$O^1,O^4,O^7,O^{10},O^{13},O^{16}$)bis (nitrato-*O,O'*)-, hexakis(nitrato-*O,O'*) dysprosate(3-) (3:1), [99352-30-4], 23:155

$N_{12}Er_4O_{51}C_{30}H_{60}$, Erbium(1+), bis(nitrato-*O*,*O*')(1,4,7,10,13-pentaoxacyclopentadecane-*O*[1],*O*[4],*O*[7],*O*[10],*O*[13])-, hexakis(nitrato-*O*,*O*')erbate(3-) (3:1), [94121-32-1], 23:153

$N_{12}Er_4O_{54}C_{36}H_{72}$, Erbium(1+), (1,4,7,10,13,16-hexaoxacyclooctadecane-*O*[1],*O*[4],*O*[7],*O*[10],*O*[13],*O*[16])bis(nitrato-*O*,*O*')-, (*OC*-6-11)-hexakis(nitrato-*O*)erbate(3-) (3:1), [77372-28-2], 23:155

$N_{12}Eu_4O_{54}C_{36}H_{72}$, Europium(1+), (1,4,7,10,13,16-hexaoxacyclooctadecane-*O*[1],*O*[4],*O*[7],*O*[10],*O*[13],*O*[16])bis(nitrato-*O*,*O*')-, hexakis(nitrato-*O*,*O*')europate(3-) (3:1), [75845-27-1], 23:155

$N_{12}F_2K_6Pt_3C_{12}H.9H_2O$, Platinate(5-), dodecakis(cyano-*C*)tri-, (2*Pt*-*Pt*), potassium (hydrogen difluoride) (1:6:1), nonahydrate, [67484-83-7], 21:147

$N_{12}FeO_4C_{72}H_{76}$, Iron, bis(1-methyl-1*H*-imidazole-*N*[3])[[*N*,*N*',*N*'',*N*'''-(21*H*,23*H*-porphine-5,10,15,20-tetrayltetra-2,1-phenylene)tetrakis[2,2-dimethylpropanamidato]](2-)-*N*[21],*N*[22],*N*[23],*N*[24]]-, stereoisomer, [75557-96-9], 20:167

$N_{12}Gd_4O_{51}C_{30}H_{60}$, Gadolinium(3+), bis(nitrato-*O*,*O*')(1,4,7,10,13-pentaoxacyclopentadecane-*O*[1],*O*[4],*O*[7],*O*[10],*O*[13])-, hexakis(nitrato-*O*,*O*')gadolinate(3-) (3:1), [94121-20-7], 23:151

$N_{12}Gd_4O_{54}C_{36}H_{72}$, Gadolinium(1+), (1,4,7,10,13,16-hexaoxacyclooctadecane-*O*[1],*O*[4],*O*[7],*O*[10],*O*[13],*O*[16])bis(nitrato-*O*,*O*')-, hexakis(nitrato-*O*,*O*')gadolinate(3-) (3:1), [75845-30-6], 23:155

$N_{12}Ho_4O_{51}C_{30}H_{60}$, Holmium(1+), bis(nitrato-*O*,*O*')(1,4,7,10,13-pentaoxacyclopentadecane-*O*[1],*O*[4],*O*[7],*O*[10],*O*[13])-, hexakis(nitrato-*O*,*O*')holmate(3-) (3:1), [94121-29-6], 23:153

$N_{12}Ho_4O_{54}C_{36}H_{72}$, Holmium(1+), (1,4,7,10,13,16-hexaoxacyclooctadecane-*O*[1],*O*[4],*O*[7],*O*[10],*O*[13],*O*[16])bis(nitrato-*O*,*O*')-, hexakis(nitrato-*O*,*O*')holmate(3-) (3:1), [99352-32-6], 23:155

$N_{12}I_5Ru_2C_4H_{34}$, Ruthenium(5+), decaammine[μ-(pyrazine-*N*[1]:*N*[4])]di-, pentaiodide, [104626-97-3], 24:261

$N_{12}La_4O_{54}C_{36}H_{72}$, Lanthanum(1+), (1,4,7,10,13,16-hexaoxacyclooctadecane-*O*[1],*O*[4],*O*[7],*O*[10],*O*[13],*O*[16])bis(nitrato-*O*,*O*')-, hexakis(nitrato-*O*,*O*')lanthanate(3-) (3:1), [94121-36-5], 23:155

$N_{12}Lu_4O_{51}C_{30}H_{60}$, Lutetium(1+), bis(nitrato-*O*,*O*')(1,4,7,10,13-pentaoxacyclopentadecane-*O*[1],*O*[4],*O*[7],*O*[10],*O*[13])-, (*OC*-6-11)-hexakis(nitrato-*O*)lutetate(3-) (3:1), [153019-54-6], 23:153

$N_{12}Lu_4O_{54}C_{36}H_{72}$, Lutetium(1+), (1,4,7,10,13,16-hexaoxacyclooctadecane-*O*[1],*O*[4],*O*[7],*O*[10],*O*[13],*O*[16])bis(nitrato-*O*,*O*')-, hexakis(nitrato-*O*,*O*')lutetate(3-) (3:1), [99352-42-8], 23:155

$N_{12}Mo_2O_{12}P_6C_{24}H_{36}$, Molybdenum, hexacarbonyltris[μ-(1,3,5,7-tetramethyl-1*H*,5*H*-[1,4,2,3]diazadiphospholo[2,3-*b*][1,4,2,3]diazadiphosphole-2,6(3*H*,7*H*)-dione-*P*[4]:*P*[8])]di-, [86442-02-6], 24:124

$N_{12}O_{51}Tb_4C_{30}H_{60}$, Terbium(1+), bis(nitrato-*O*,*O*')(1,4,7,10,13-pentaoxacyclopentadecane-*O*[1],*O*[4],*O*[7],*O*[10],*O*[13])-, hexakis(nitrato-*O*,*O*')terbate(3-) (3:1), [94121-23-0], 23:153

$N_{12}O_{51}Tm_4C_{30}H_{60}$, Thulium(1+), bis(nitrato-*O*,*O*')(1,4,7,10,13-pentaoxacyclopentadecane-*O*[1],*O*[4],*O*[7],*O*[10],*O*[13])-, (*OC*-6-11)-hexakis(nitrato-*O*)thulate(3-) (3:1), [152981-36-7], 23:153

$N_{12}O_{51}Yb_4C_{30}H_{60}$, Ytterbium(1+), bis(nitrato-*O*,*O*')(1,4,7,10,13-pentaoxacyclopentadecane-*O*[1],*O*[4],*O*[7],*O*[10],*O*[13])-, hexakis(nitrato-*O*,*O*')ytterbate(3-) (3:1), [94121-35-4], 23:153

$N_{12}O_{54}Pr_4C_{36}H_{72}$, Praseodymium(1+), (1,4,7,10,13,16-hexaoxacyclooctadecane-*O*[1],*O*[4],*O*[7],*O*[10],*O*[13],*O*[16])bis (nitrato-*O*,*O*')-, hexakis(nitrato-*O*,*O*') praseodymate(3-) (3:1), [94121-38-7], 23:155

$N_{12}O_{54}Sm_4C_{36}H_{72}$, Samarium(1+), (1,4,7,10,13,16-hexaoxacyclooctadecane-*O*[1],*O*[4],*O*[7],*O*[10],*O*[13],*O*[16])bis(nitrato-*O*,*O*')-, hexakis(nitrato-*O*,*O*')samarate (3-) (3:1), [75845-24-8], 23:155

$N_{12}O_{54}Tb_4C_{36}H_{72}$, Terbium(1+), (1,4,7,10,13,16-hexaoxacyclooctadecane-*O*[1],*O*[4],*O*[7],*O*[10],*O*[13],*O*[16])bis (nitrato-*O*,*O*')-, hexakis(nitrato-*O*,*O*') terbate(3-) (3:1), [94121-39-8], 23:155

$N_{12}O_{54}Tm_4C_{36}H_{72}$, Thulium(1+), (1,4,7,10,13,16-hexaoxacyclooctadecane-*O*[1],*O*[4],*O*[7],*O*[10],*O*[13],*O*[16])bis (nitrato-*O*,*O*')-, hexakis(nitrato-*O*,*O*') thulate(3-) (3:1), [99352-39-3], 23:155

$N_{12}O_{54}Yb_4C_{36}H_{72}$, Ytterbium(1+), (1,4,7,10,13,16-hexaoxacyclooctadecane-*O*[1],*O*[4],*O*[7],*O*[10],*O*[13],*O*[16])bis(nitrato-*O*,*O*')-, hexakis(nitrato-*O*,*O*')ytterbate(3-) (3:1), [94121-41-2], 23:155

$N_{12}P_4C_{10}H_{32}$, 1,3,5,7,2,4,6,8-Tetrazatetraphosphocine, 2,6-bis(1-aziridinyl)-2,2,4,4,6,6,8,8-octahydro-2,4,4,6,8,8-hexakis(methylamino)-, *trans*-, [96381-07-6], 25:91

$N_{12}P_4C_{16}H_{48}$, 1,3,5,7,2,4,6,8-Tetrazatetraphosphocine, 2,2,4,6,6,8-hexakis (dimethylamino)-4,8-bis(ethylamino)-2,2,4,4,6,6,8,8-octahydro-, *trans*-, [60998-15-4], 25:19

$N_{12}P_4C_{32}H_{80}$, 1,3,5,7,2,4,6,8-Tetrazatetraphosphocine, 2,2,4,4,6,6,8,8-octakis[(1,1-dimethylethyl)amino]-2,2,4,4,6,6,8,8-octahydro-, [2283-15-0], 25:23

$N_{13}AgO_9C_6H_{16}$, Silver(3+), (3,8-diimino-2,4,7,9-tetraazadecanediimidamide-*N*',*N*''',*N*[4],*N*[7])-, (*SP*-4-2)-, trinitrate, [15891-00-6], 6:78

$N_{13}CoO_{14}PC_{63}H_{91}$, Cobinamide, *Co*-methyl deriv., dihydrogen phosphate (ester), inner salt, 3'-ester with 5,6-dimethyl-1-α-D-ribofuranosyl-1*H*-benzimidazole, [13422-55-4], 20:136

$N_{13}CoO_{15}PC_{62}H_{89}$, Cobinamide, hydroxide, dihydrogen phosphate (ester), inner salt, 3'-ester with 5,6-dimethyl-1-α-D-ribofuranosyl-1*H*-benzimidazole, [13422-51-0], 20:138

$N_{13}CoO_{16}PC_{68}H_{101}$, Cobinamide, *Co*-(2,2-diethoxyethyl) deriv., dihydrogen phosphate (ester), inner salt, 3'-ester with 5,6-dimethyl-1-α-D-ribofuranosyl-1*H*-benzimidazole, [41871-64-1], 20:138

$N_{13}Co_2H_{26}O_{14}$, Cobalt(4+), μ-amidooctaammine[μ-(superoxido-*O*:*O*')]di-, tetranitrate, [12139-90-1], 12:206

$N_{13}Co_2O_{14}C_8H_{34}$, Cobalt(4+), μ-amidotetrakis(1,2-ethanediamine-*N*,*N*')-μ-superoxidodi-, tetranitrate, [53433-46-8], 12:205,208

$N_{14}Co_2H_{30}O_{14}$, Cobalt(4+), decaammine [μ-(peroxy-*O*:*O*')]di-, tetranitrate, [16632-71-6], 12:198

$N_{15}Cl_3CoC_{24}H_{33}.5/2H_2O$, Cobalt(3+), tris(*N*-phenylimidodicarbonimidic diamide-*N*'',*N*''')-, trichloride, hydrate (2:5), [150124-42-8], 6:73

$N_{15}Cl_3CrC_6H_{21}$, Chromium(3+), tris (imidodicarbonimidic diamide-*N*'',*N*''')-, trichloride, (*OC*-6-11)-, [27075-85-0], 6:69

$N_{15}CoO_3C_{24}H_{36}$, Cobalt(3+), tris(*N*-phenylimidodicarbonimidic diamide-*N*'',*N*''')-, trihydroxide, [127794-88-1], 6:72

$N_{15}CrC_6H_{18}.H_2O$, Chromium, tris (imidodicarbonimidic diamidato-*N*'',*N*''')-, monohydrate, (*OC*-6-11)-, [59136-96-8], 6:68

$N_{16}B_2MnC_{24}H_{24}$, Manganese, bis [tetrakis(1*H*-pyrazolato-*N*[1]) borato(1-)-N^2,$N^{2'}$,$N^{2''}$]-, [14728-59-7], 12:106

$N_{16}Cs_7Pt_4C_{16}.8H_2O$, Platinate(2-), tetrakis (cyano-*C*)-, (*SP*-4-1)-, cesium (*SP*-4-1)-tetrakis(cyano-*C*)platinate(1-) (3:7:1), octahydrate, [153519-29-0], 19:6,7

$N_{16}H_{48}Li_{25}S_{25}Ti_{25}$, Lithium titanium sulfide ($Li_{0.22}TiS_2$), ammoniate (25:16), [158188-77-3], 30:170

$N_{16}K_7Pt_4C_{16}.6H_2O$, Platinate(2-), tetrakis (cyano-*C*)-, (*SP*-4-1)-, potassium (*SP*-4-1)-tetrakis(cyano-*C*)platinate(1-) (3:7:1), hexahydrate, [151120-20-6], 19:8,14

$N_{17}O_{19}Pt_4C_{20}H_{40}.H_2O$, Platinum(5+), octaamminetetrakis[μ-(2(1*H*)-pyridinonato-N^1:O^2)]tetra-, (3*Pt-Pt*), stereoisomer, pentanitrate, monohydrate, [71611-15-9], 25:95

$N_{18}H_{72}NaO_{86}Sb_9W_{21}$, Tungstate(19-), hexaoctacontaoxononaantimonatehene icosa-, octadecaammonium sodium, [64104-53-6], 27:120

$N_{18}O_{13}P_4C_6H_{36}.H_2O$, Tetraphosphoric acid, compd. with guanidine (1:6), monohydrate, [66591-48-8], 5:97

$N_{18}O_{13}P_4C_6H_{36}$, Guanidine, tetraphosphate (6:1), [26903-01-5], 5:97

$N_{19}Cs_8Pt_4C_{16}$, Platinate(7-), hexadecakis (cyano-*C*)tetra-, (3*Pt-Pt*), cesium azide (1:8:1), [83679-23-6], 21:149

$N_{20}Ag_2O_{12}S_3C_{12}H_{32}$, Silver(3+), (3,8-diimino-2,4,7,9-tetraazadecanediimidamide-*N'*,*N'''*,N^4,N^7)-, (*SP*-4-2)-, sulfate (2:3), [16037-61-9], 6:77

$N_{20}Pt_5Rb_8C_{20}.10H_2O$, Platinate(2-), tetrakis(cyano-*C*)-, (*SP*-4-1)-, rubidium (*SP*-4-1)-tetrakis(cyano-*C*) platinate(1-) (3:8:2), decahydrate, [153519-32-5], 19:9

$N_{22}Cr_2Ni_2C_{22}H_{48}.3H_2O$, Chromium(3+), tris(1,2-ethanediamine-*N*,*N'*)-, (*OC*-6-11)-, pentakis(cyano-*C*)nickelate (3-), trihydrate (2:2:3), [20523-47-1], 11:51

$N_{24}Ni_3S_6C_{18}H_{18}$, Nickel, hexakis(thiocyanato-*N*)hexakis[μ-(4*H*-1,2,4-triazole-N^1:N^2)]tri-, [63161-69-3], 23:160

$N_{30}ClC_4H_{12}$, Morpholinium, 4,4-diamino-, chloride, [20621-22-1], 10:130

$N_{36}Al_{26}Na_{24}O_{2069}Si_{1000}C_{432}H_{1008}.70H_2O$, 1-Propanaminium, *N*,*N*,*N*-tripropyl-, sodium nonahexacontadiliaoxokiliasilicatehexacosaaluminate(60-) (36:24:1), heptacontahydrate, [158249-06-0], 30:232,233

$N_{40}BrPt_4C_{24}H_{48}.4H_2O$, Platinate(2-), tetrakis(cyano-*C*)-, (*SP*-4-1)-, hydrogen (*SP*-4-1)-tetrakis(cyano-*C*)platinate (1-), compd. with guanidine hydrobromide (3:7:1:8:1), tetrahydrate, [151085-52-8], 19:10,12;19:19,2

$N_{40}Cl_3Cs_{20}Pt_{10}C_{40}$, Platinate(2-), tetrakis (cyano-*C*)-, (*SP*-4-1)-, cesium chloride (*SP*-4-1)-tetrakis(cyano-*C*)platinate (1-) (7:20:3:3), [152981-41-4], 21:142

$N_{1000}F_{54}Pt_{100}C_{600}H_{1227}.xH_2O$, Platinate (2-), tetrakis(cyano-*C*)-, (*SP*-4-1)-, hydrogen (hydrogen difluoride) (*SP*-4-1)-tetrakis(cyano-*C*)platinate(1-), compd. with guanidine (73:200:27:27:200), hydrate, [152693-32-8], 21:146

$N_{200}Cs_{100}F_{38}Pt_{50}C_{200}H_{19}$, Platinate(2-), tetrakis(cyano-*C*)-, (*SP*-4-1)-, cesium (hydrogen difluoride) (*SP*-4-1)-tetrakis (cyano-*C*)platinate(1-) (62:200:38:38), [151085-72-2], 20:28

$N_{200}Cs_{150}O_{184}Pt_{50}S_{46}C_{200}H_{23}$, Platinate (2-), tetrakis(cyano-*C*)-, (*SP*-4-1)-, cesium hydrogen sulfate (*SP*-4-1)-tetrakis(cyano-*C*)platinate(1-) (31:150:23:46:19), [153608-94-7], 21:151

$N_{200}F_{38}Pt_{50}Rb_{100}C_{200}H_{19}$, Platinate(2-), tetrakis(cyano-*C*)-, (*SP*-4-1)-, rubidium (hydrogen difluoride) (*SP*-4-1)-tetrakis(cyano-*C*)platinate(1-) (62:200:38:38), [151085-75-5], 20:25

$N_{200}O_{184}Pt_{50}Rb_{150}S_{46}C_{200}H_{23}.50H_2O$, Platinate(2-), tetrakis(cyano-*C*)-, (*SP*-4-1)-, rubidium hydrogen sulfate (*SP*-4-1)-tetrakis(cyano-*C*)platinate(1-) (31:150:23:46:19), pentacontahydrate, [151120-24-0], 20:20

$N_{400}Cs_{200}F_{19}Pt_{100}C_{400}$, Platinate(2-), tetrakis(cyano-*C*)-, (*SP*-4-1)-, cesium fluoride (*SP*-4-1)-tetrakis(cyano-*C*) platinate(1-) (81:200:19:19), [151085-70-0], 20:29

$N_{400}Cs_{200}F_{46}Pt_{100}C_{400}H_{23}$, Platinate(2-), tetrakis(cyano-*C*)-, (*SP*-4-1)-, cesium (hydrogen difluoride) (*SP*-4-1)-tetrakis (cyano-*C*)platinate(1-) (77:200:23:23), [151085-71-1], 20:26

$N_{400}F_{58}Pt_{100}Rb_{200}C_{400}H_{29}$, Platinate(2-), tetrakis(cyano-*C*)-, (*SP*-4-1)-, rubidium (hydrogen difluoride) (*SP*-4-1)-tetrakis(cyano-*C*)platinate(1-) (71:200:29:29), [151085-74-4], 20:24

$N_{400}F_{58}Pt_{100}Rb_{200}C_{400}H_{29}.167H_2O$, Platinate(2-), tetrakis(cyano-*C*)-, (*SP*-4-1)-, rubidium (hydrogen difluoride) (*SP*-4-1)-tetrakis(cyano-*C*)platinate (1-) (71:200:29:29), heptahexacontahectahydrate, [151120-22-8], 20:24

$Na_{0.4}S_2Ta$, Sodium tantalum sulfide ($Na_{0.4}TaS_2$), [107114-65-8], 30:163

$Na_{0.58}O_3W$, Sodium tungsten oxide ($Na_{0.58}WO_3$), [151286-51-0], 12:153;30:115

$Na_{0.59}O_3W$, Sodium tungsten oxide ($Na_{0.59}WO_3$), [151286-52-1], 12:153;30:115

$Na_{0.6}CoO_2$, Cobalt sodium oxide ($CoNa_{0.6}O_2$), [108159-17-7], 22:56;30:149

$Na_{0.6}MoS_2$, Molybdenum sodium sulfide ($MoNa_{0.6}S_2$), [158188-88-6], 30:167

$Na_{0.64-0.74}CoO_2$, Cobalt sodium oxide ($CoNa_{0.64-0.74}O_2$), [118392-28-2], 22:56;30:149

$Na_{0.7}S_2Ta$, Sodium tantalum sulfide ($Na_{0.7}TaS_2$), [156664-48-1], 30:163,167

$Na_{0.7}Se_2Ta$, Sodium tantalum selenide ($Na_{0.7}TaSe_2$), [158188-84-2], 30:167

$Na_{0.77}CoO_2$, Cobalt sodium oxide ($CoNa_{0.77}O_2$), [153590-08-0], 22:56;30:149

$Na_{0.79}O_3W$, Sodium tungsten oxide ($Na_{0.79}WO_3$), [151286-53-2], 12:153;30:115

$Na_{0.8}S_2Ti$, Sodium titanium sulfide ($Na_{0.8}TiS_2$), [158188-78-4], 30:167

$Na_{0.95}Se_2Ti$, Sodium titanium selenide ($Na_{0.95}TiSe_2$), [158188-81-9], 30:167

$Na.xS_2Ta$, Sodium, compd. with tantalum sulfide (TaS_2), [78971-14-9], 19:42,44

$NaAlO_4C_6H_{16}$, Aluminate(1-), dihydrobis (2-methoxyethanolato-*O,O'*)-, sodium, [22722-98-1], 18:149

$NaAl_2K_2NO_2Si_2C_4H_{12}.7H_2O$, Methanaminium, *N,N,N*-trimethyl-, potassium sodium octadecaoxoheptasilicatedialuminate(2-) (1:2:1:2), heptahydrate, [152473-73-9], 22:65

$NaAsO_7C_4H_4$, Arsenate(1-), [2,3-dihydroxybutanedioato(2-)-O^1,O^4] oxo-, sodium, [*R*-(*R**,*R**)]-, [31312-91-1], 12:267

$NaBC_8H_{16}$, Borate(1-), 1,5-cyclooctanediyldihydro-, sodium, (*T*-4)-, [76448-07-2], 22:200

$NaBC_9H_{18}$, Borate(1-), triethyl-1-propynyl-, sodium, (*T*-4)-, [14949-99-6], 15:139

$NaBD_3NC$, Borate(1-), (cyano-*C*) trihydro-d_3-, sodium, (*T*-4)-, [25895-62-9], 21:167

$NaB_3H_{8.3}O_2C_4H_8$, Triborate(1-), octahydro-, sodium, compd. with 1,4-dioxane (1:3), [33220-35-8], 10:85

$NaB_4LiSi_2C_8H_{22}$, 2,3-Dicarbahexaborate (2-), 1,4,5,6-tetrahydro-2,3-bis (trimethylsilyl)-, lithium sodium, [109031-63-2], 29:97

$NaBiS_2$, Bismuthate(1-), dithioxo-, sodium, [12506-14-8], 30:91

NaC_2H, Sodium acetylide ($Na(C_2H)$), [1066-26-8], 2:75

NaC_5H_5, Sodium, 2,4-cyclopentadien-1-yl-, [4984-82-1], 7:101;7:108; 7:113

NaClO, Hypochlorous acid, sodium salt, [7681-52-9], 1:90;5:159

$NaClO_2$, Chlorous acid, sodium salt, [7758-19-2], 4:152;4:156

$NaClO_3$, Chloric acid, sodium salt, [7775-09-9], 5:159

$NaCoN_2O_7C_7H_{10}$, Cobaltate(1-), [carbonato(2-)-*O*,*O*'][[*N*,*N*'-1,2-ethanediylbis[glycinato]](2-)-*N*,*N*',*O*,*O*']-, sodium, (*OC*-6-33)-, [99083-95-1], 18:104

$NaCoN_2O_8C_6H_8$, Cobaltate(1-), (1,2-ethanediamine-*N*,*N*')bis[ethanedioato(2-)-*O*,*O*']-, sodium, (*OC*-6-21-Δ)-, [33516-80-2], 13:198

———, Cobaltate(1-), (1,2-ethanediamine-*N*,*N*')bis[ethanedioato(2-)-*O*,*O*']-, sodium, (*OC*-6-21-Λ)-, [33516-79-9], 13:198

$NaCoN_2O_8C_{10}H_{12}$, Cobaltate(1-), [[*N*,*N*'-1,2-ethanediylbis[*N*-(carboxymethyl)glycinato]](4-)-*N*,*N*',*O*,*O*',O^N,$O^{N'}$]-, sodium, (*OC*-6-21)-, [14025-11-7], 5:186

$NaCoN_4O_3C_3H_6.2H_2O$, Cobaltate(1-), diammine[carbonato(2-)-*O*,*O*']bis(cyano-*C*)-, sodium, dihydrate, (*OC*-6-32)-, [53129-53-6], 23:67

$NaCoN_4O_4C_4H_6.2H_2O$, Cobaltate(1-), diamminebis(cyano-*C*)[ethanedioato(2-)-*O*,*O*']-, sodium, dihydrate, (*OC*-6-32)-, [152227-45-7], 23:69

$NaCoN_4O_6S_2C_4H_{16}$, Cobaltate(1-), bis(1,2-ethanediamine-*N*,*N*')bis[sulfito(2-)-*O*]-, sodium, (*OC*-6-12)-, [15638-71-8], 14:79

$NaCoO_2$, Cobaltate (CoO_2^{1-}), sodium, [37216-69-6], 22:56;30:149

$NaCoO_6C_{15}H_{21}$, Cobaltate(1-), tris(2,4-pentanedionato-*O*,*O*')-, sodium, (*OC*-6-11)-, [20106-06-3], 11:87

$NaCrO_3C_8H_5$, Chromate(1-), tricarbonyl(η^5-2,4-cyclopentadien-1-yl)-, sodium, [12203-12-2], 7:104

$NaCrO_7C_{12}H_{20}$, Chromate(1-), bis[2-ethyl-2-hydroxybutanoato(2-)-O^1,O^2]oxo-, sodium, [70132-29-5], 20:63

$NaCrO_7C_{16}H_{25}$, Sodium(1+), bis(1,2-dimethoxyethane-*O*,*O*')-, (*T*-4)-, tricarbonyl(η^5-2,4-cyclopentadien-1-yl)chromate(1-), [128476-10-8], 26:343

$NaCrO_8C_{12}H_{22}$, Chromate(1-), aquabis[2-ethyl-2-hydroxybutanoato(2-)-O^1,O^2]oxo-, sodium, [106208-16-6], 20:63

NaF, Sodium fluoride (NaF), [7681-49-4], 7:120

———, Sodium fluoride ($Na^{18}F$), [22554-99-0], 7:150

NaF_6P, Phosphate(1-), hexafluoro-, sodium, [21324-39-0], 3:111

NaF_6U, Uranate(1-), hexafluoro-, sodium, (*OC*-6-11)-, [18918-89-3], 21:166

$NaFeO_2C_7H_5$, Ferrate(1-), dicarbonyl(η^5-2,4-cyclopentadien-1-yl)-, sodium, [12152-20-4], 7:112

$NaGaH_4$, Gallate(1-), tetrahydro-, sodium, (*T*-4)-, [32106-51-7], 17:50

$NaGeC_{18}H_{15}$, Sodium, (triphenylgermyl)-, [34422-60-1], 5:72-74

NaH, Sodium hydride (NaH), [7646-69-7], 5:10;10:112

$NaHO_3S$, Sulfurous acid, monosodium salt, [7631-90-5], 2:164

NaHS, Sodium sulfide (Na(SH)), [16721-80-5], 7:128

NaH_2N, Sodium amide ($Na(NH_2)$), [7782-92-5], 1:74;2:128

NaH_3Zn, Zincate(1-), trihydro-, sodium, [34397-46-1], 17:15

NaH_4N_2OPS, Phosphorodiamidothioic acid, monosodium salt, [13766-94-4], 6:112

$NaH_{72}N_{18}O_{86}Sb_9W_{21}$, Tungstate(19-), hexaoctacontaoxononaantimonatehenicosa-, octadecaammonium sodium, [64104-53-6], 27:120

$NaINiO_6.H_2O$, Periodic acid (H_5IO_6), nickel(4+) sodium salt (1:1:1), monohydrate, [149189-76-4], 5:201
$NaIO_3$, Iodic acid (HIO_3), sodium salt, [7681-55-2], 1:168
$NaIO_4$, Periodic acid (HIO_4), sodium salt, [7790-28-5], 1:170
$NaMnO_5C_5$, Manganate(1-), pentacarbonyl-, sodium, [13859-41-1], 7:198
$NaMoO_7C_{16}H_{25}$, Sodium(1+), bis(1,2-dimethoxyethane-*O,O'*)-, (*T*-4)-, tricarbonyl(η^5-2,4-cyclopentadien-1-yl)molybdate(1-), [104033-92-3], 26:343
$NaMo_5N_3O_{21}P_2C_8H_{26}.5H_2O$, Methanaminium, *N,N,N*-trimethyl-, sodium hydrogen heneicosaoxobis[2,2'-phosphinidenebis[ethanaminato]] pentamolybdate(4-) (1:1:2:1), pentahydrate, [152981-40-3], 27:126
NaNOC, Cyanic acid, sodium salt, [917-61-3], 2:88
$NaNO_3C_{10}H_{14}$, Bicyclo[2.2.1]heptan-2-one, 1,7,7-trimethyl-3-nitro-, ion(1-), sodium, (1*R*)-, [122921-55-5], 25:133
$NaNS_2C_{2.3}NOC_3H_7$, Carbonocyanidodithioic acid, sodium salt, compd. with *N,N*-dimethylformamide (1:3), [35585-70-7], 10:12
NaNSeC, Selenocyanic acid, sodium salt, [4768-87-0], 2:186
$NaNSi_2C_6H_{19}$, Silanamine, 1,1,1-trimethyl-*N*-(trimethylsilyl)-, sodium salt, [1070-89-9], 8:15
NaN_3, Sodium azide ($Na(N_3)$), [26628-22-8], 1:79;2:139
NaN_3S_2C, Carbonazidodithioic acid, sodium salt, [38093-88-8], 1:82
$NaNbO_6C_6$, Niobate(1-), hexacarbonyl-, sodium, (*OC*-6-11)-, [15602-39-8], 23:34;28:192
$NaOC_2H_5$, Ethanol, sodium salt, [141-52-6], 7:129
$NaOC_4H_9$, 1-Butanol, sodium salt, [2372-45-4], 1:88
NaO_2, Sodium superoxide ($Na(O_2)$), [12034-12-7], 4:82
$NaO_2C_4H_5$, Butanal, 3-oxo-, ion(1-), sodium, [926-59-0], 8:145
$NaO_2C_9H_{15}$, Sodium, 2,4-cyclopentadien-1-yl(1,2-dimethoxyethane-*O,O'*)-, [62228-16-4], 26:341
NaO_4Re, Rhenate (ReO_4^{1-}), sodium, (*T*-4)-, [13472-33-8], 13:219
NaO_4SCH_3, Methanesulfonic acid, hydroxy-, monosodium salt, [870-72-4], 8:122
$NaO_7WC_{16}H_{25}$, Sodium(1+), bis(1,2-dimethoxyethane-*O,O'*)-, (*T*-4)-, tricarbonyl(η^5-2,4-cyclopentadien-1-yl) tungstate(1-), [104033-93-4], 26:343
$NaPC_{12}H_{11}$, Phosphine, diphenyl-, sodium salt, [4376-01-6], 13:28
$NaZn_2C_2H_9$, Zincate(1-), trihydrodimethyldi-, sodium, [11090-43-0], 17:13
$Na_2Al_2O_{14}Si_5.xH_2O$, Aluminum silicon sodium oxide ($Al_2Si_5Na_2O_{14}$), hydrate, [117314-29-1], 22:64;30:229
Na_2C_2, Sodium acetylide ($Na_2(C_2)$), [2881-62-1], 2:79-80
$Na_2ClCoN_4O_{10}S_2C_4H_{16}$, Cobaltate(1-), bis(1,2-ethanediamine-*N,N'*)bis [sulfito(2-)-*O*]-, (*OC*-6-22)-, disodium perchlorate, [42921-87-9], 14:77
Na_2Cl_4Pd, Palladate(2-), tetrachloro-, disodium, (*SP*-4-1)-, [13820-53-6], 8:236
Na_2Cl_6Ir, Iridate(2-), hexachloro-, disodium, (*OC*-6-11)-, [16941-25-6], 8:225
Na_2Cl_6Pt, Platinate(2-), hexachloro-, disodium, (*OC*-6-11)-, [16923-58-3], 13:173
$Na_2Cl_8Mo_6O_6C_6H_{18}$, Molybdate(2-), octa-μ_3-chlorohexamethoxyhexa-, octahedro, disodium, [12374-26-4], 13:100
$Na_2Cl_8Mo_6O_6C_{12}H_{30}$, Molybdate(2-), octa-$\mu_3$-chlorohexaethoxyhexa-,

octahedro, disodium, [12375-20-1], 13:101,102

$Na_2CoN_5O_9S_2C_4H_{16}$, Cobaltate(1-), bis(1,2-ethanediamine-*N,N'*)bis [sulfito(2-)-*O*]-, (*OC*-6-22)-, disodium nitrate, [42921-86-8], 14:77

Na_2FO_3P, Phosphorofluoridic acid, disodium salt, [10163-15-2], 3:106

$Na_2FeN_4O_8C_{10}H_{12}.2H_2O$, Ferrate(2-), (dinitrogen)[[*N,N'*-1,2-ethanediylbis [*N*-(carboxymethyl)glycinato]](4-)-*N,N',O,O',O*^{N}]-, disodium dihydrate, [91185-44-3], 24:208

$Na_2FeN_4O_8C_{14}H_{18}.2H_2O$, Ferrate(2-), [[*N,N'*-1,2-cyclohexanediylbis [*N*-(carboxymethyl)glycinato]] (4-)-*N,N',O,O',O*^{N}](dinitrogen)-, disodium, dihydrate, [91171-69-6], 24:210

$Na_2FeO_4C_4$, Ferrate(2-), tetracarbonyl-, disodium, (*T*-4)-, [14878-31-0], 7:197;24:157;28:203

$Na_2Fe_2O_8C_8$, Ferrate(2-), octacarbonyldi-, (*Fe-Fe*), disodium, [64913-30-0], 24:157;28:203

$Na_2Fe_3O_{11}C_{11}$, Ferrate(2-), di-μ$_3$-carbonylnonacarbonyltri-, *triangulo*, disodium, [83966-11-4], 24:157; 28:203

$Na_2GeC_{12}H_{10}$, Sodium, [μ-(diphenylgermylene)]di-, [148832-11-5], 5:72

$Na_2H_2NO_3P$, Phosphoramidic acid, disodium salt, [3076-34-4], 6:100

$Na_2H_2O_6P_2.6H_2O$, Hypophosphoric acid, disodium salt, hexahydrate, [13466-13-2], 4:68

$Na_2H_2O_7P_2$, Diphosphoric acid, disodium salt, [7758-16-9], 3:99

Na_2H_9Re, Rhenate(2-), nonahydro-, disodium, (*TPS*-9-111111111)-, [25396-43-4], 13:219

$Na_2Mo_2N_2O_6S_4C_6H_{10}.4H_2O$, Molybdate (2-), bis[L-cysteinato(2-)-*N,O,S*] dioxodi-μ-thioxodi-, (*Mo-Mo*), disodium, tetrahydrate, stereoisomer, [88765-05-3], 29:258

$Na_2Mo_2N_2O_7S_3C_6H_{10}.4H_2O$, Molybdate (2-), bis[L-cysteinato(2-)-*N,O,S*]-μ-oxodioxo-μ-thioxodi-, (*Mo-Mo*), disodium, tetrahydrate, stereoisomer, [153924-79-9], 29:255

$Na_2Mo_2N_2O_{10}S_2C_{10}H_{12}.H_2O$, Molybdate (2-), [μ-[[*N,N'*-1,2-ethanediylbis[*N*-(carboxymethyl)glycinato]](4-)-*N,O,O*^{N}:*N',O',O*$^{N'}$]]dioxodi-μ-thioxodi-, (*Mo-Mo*), disodium, monohydrate, [153062-85-2], 29:259

$Na_2N_2O_5S$, Sulfamic acid, hydroxynitroso-, disodium salt, [127795-71-5], 5:119

$Na_2N_2S_2C_4H_2$, 2-Butenedinitrile, 2,3-dimercapto-, disodium salt, (*Z*)-, [5466-54-6], 10:11;13:188

$Na_2O_2.8H_2O$, Sodium peroxide ($Na_2(O_2)$), octahydrate, [12136-94-6], 3:1

Na_2O_3C, Carbonic acid disodium salt, [497-19-8], 5:159

Na_2O_3S, Sulfurous acid, disodium salt, [7757-83-7], 2:162,165

$Na_2O_3S.7H_2O$, Sulfurous acid, disodium salt, heptahydrate, [10102-15-5], 2:162,165

Na_2O_4S, Sulfuric acid disodium salt, [7757-82-6], 5:119

$Na_2O_5S_2$, Disulfurous acid, disodium salt, [7681-57-4], 2:162,165

$Na_2O_5S_2.7H_2O$, Disulfurous acid, disodium salt, heptahydrate, [91498-96-3], 2:162,165

$Na_2O_6S_2.2H_2O$, Dithionic acid, disodium salt, dihydrate, [10101-85-6], 2:170

$Na_2O_6S_4Se.3H_2O$, Selenopentathionic acid ($[(HO)S(O)_2S]_2Se$), disodium salt, trihydrate, [148832-37-5], 4:88

$Na_2O_6S_4Te.2H_2O$, Telluropentathionic acid, disodium salt, dihydrate, [23715-88-0], 4:88

$Na_2O_{14}Ru_5C_{15}$, Ruthenate(2-), μ-carbonyltridecacarbonyl-μ$_5$-methanetetraylpenta-, (8*Ru-Ru*), disodium, [130449-52-4], 26:284

$Na_2O_{30}Rh_{12}C_{30}$, Rhodate(2-), di-μ-carbonylocta-μ_3-carbonyleicosacarbonyldodeca-, (25*Rh-Rh*), disodium, [12576-08-8], 20:215

Na_2S, Sodium sulfide ($Na_2{}^{35}S$), [12136-96-8], 7:117

Na_3As, Sodium arsenide (Na_3As), [12044-25-6], 13:15

Na_3Cl_6Ir, Iridate(3-), hexachloro-, trisodium, (*OC*-6-11)-, [15702-05-3], 8:224-225

Na_3Cl_6Rh, Rhodate(3-), hexachloro-, trisodium, (*OC*-6-11)-, [14972-70-4], 8:217

$Na_3CoO_9C_3.3H_2O$, Cobaltate(3-), tris [carbonato(2-)-*O,O'*]-, trisodium, trihydrate, (*OC*-6-11)-, [15684-40-9], 8:202

$Na_3FeH_3O_3S$, Ferrate(3-), trihydroxythioxo-, trisodium, [149165-87-7], 6:170

$Na_3H_2IO_6$, Periodic acid (H_5IO_6), trisodium salt, [13940-38-0], 1:169-170;2:212

$Na_3H_2N_2O_7P_3$, Diimidotrimetaphosphoric acid ($(HN)_2P_3(OH)_3O_4$), trisodium salt, [29018-09-5], 6:105,106

$Na_3H_3N_3O_6P_3.H_2O$, Metaphosphimic acid ($H_6P_3O_6N_3$), trisodium salt, monohydrate, [150124-49-5], 6:99

$Na_3H_3N_3O_6P_3.4H_2O$, Metaphosphimic acid (($H_6P_3O_6N_3$)), trisodium salt, tetrahydrate, [27379-16-4], 6:15

$Na_3H_3P_{21}$, 6,15-Phosphinidene-2,3,17:9,10,13-diphosphinidyne-1*H*,6*H*,11*H*,13*H*,15*H*,17*H*-bispentaphospholo [1',2':3,4]pentaphospholo [1,2-*a*:2',1'-*d*]hexaphosphorin, trisodium salt, [89462-41-9], 27:227

Na_3O_3PS, Phosphorothioic acid, trisodium salt, [10101-88-9], 5:102;17:193

$Na_3O_9P_3.6H_2O$, Metaphosphoric acid ($H_3P_3O_9$), trisodium salt, hexahydrate, [29856-33-5], 3:104

Na_3P_7, Heptaphosphatricyclo[2.2.1.0^{2,6}] heptane, trisodium salt, [82584-48-3], 30:56

Na_3P_{11}, 2*H*,4*H*,6*H*-1,3,5-Phosphinidyne-decaphosphacyclopenta[*cd*]pentalene, trisodium salt, [39343-85-6], 30:56

$Na_4Al_4H_{16}O_{16}Si_4.9H_2O$, Silicic acid ($H_4SiO_4$), aluminum sodium salt, hydrate (4:4:4:9), [151567-94-1], 22:61;30:228

$Na_4Co_2O_{18}C_8H_2.5H_2O$, Cobaltate(4-), tetrakis[ethanedioato(2-)-*O,O'*]di-μ-hydroxydi-, tetrasodium, pentahydrate, [15684-39-6], 8:204

$Na_4HNO_6P_2$, Imidodiphosphoric acid, tetrasodium salt, [26039-10-1], 6:101

$Na_4H_2N_3O_6P_3.8H_2O$, Metaphosphimic acid ($H_6P_3O_6N_3$), tetrasodium salt, octahydrate, [149165-72-0], 6:80

Na_4O_6Xe, Xenonate(4-), hexaoxo-, tetrasodium, (*OC*-6-11)-, [13721-44-3], 8:252

$Na_4O_6Xe.xH_2O$, Xenonate ($XeO_6{}^{4-}$), tetrasodium, hydrate, (*OC*-6-11)-, [67001-79-0], 11:210

$Na_4O_7P_2$, Diphosphoric acid, tetrasodium salt, [7722-88-5], 3:100

$Na_4O_{12}P_4.4H_2O$, Metaphosphoric acid ($H_4P_4O_{12}$), tetrasodium salt, tetrahydrate, [17031-96-8], 5:98

$Na_5H_2N_2O_8P_3.6H_2O$, Diimidotriphosphoric acid, pentasodium salt, hexahydrate, [31072-79-4], 6:104

$Na_5O_{10}P_3$, Triphosphoric acid, pentasodium salt, [7758-29-4], 3:101

$Na_5O_{10}P_3.6H_2O$, Triphosphoric acid, pentasodium salt, hexahydrate, [15091-98-2], 3:103

$Na_6NO_9P_3$, Nitridotriphosphoric acid, hexasodium salt, [127795-76-0], 6:103

$Na_6O_{13}P_4$, Tetraphosphoric acid, hexasodium salt, [14986-84-6], 5:99

$Na_6O_{28}V_{10}.xH_2O$, Vanadate ($V_{10}O_{28}{}^{6-}$), hexasodium, hydrate, [12315-57-0], 19:140,142

$Na_{16}Al_{40}K_{20}N_{12}O_{393}Si_{154}C_{48}H_{144}.168H_2O$, Methanaminium, *N,N,N*-trimethyl-, potassium sodium heptaoxohepta-heptacontakis[μ-oxotetraoxodisilicato (2-)]tetracontaaluminate(48-) (12:20:16:1), octahexacontahecta-hydrate, [158210-03-8], 30:231

$Na_{24}Al_{26}N_{36}O_{2069}Si_{1000}C_{432}H_{1008}.70H_2O$, 1-Propanaminium, *N,N,N*-tripropyl-, sodium nonahexacontadiliaoxo-kiliasilicatehexacosaaluminate(60-) (36:24:1), heptacontahydrate, [158249-06-0], 30:232,233

$NbAsO_6C_{30}H_{20}$, Arsonium, tetraphenyl-, (*OC*-6-11)-hexacarbonylniobate(1-), [60119-18-8], 16:72

$NbBC_{10}H_{14}$, Niobium, bis(η^5-2,4-cyclopentadien-1-yl)[tetrahydroborato (1-)-*H,H'*]-, [37298-41-2], 16:109

$NbBF_4PC_{18}H_{23}$, Niobium(1+), bis(η^5-2,4-cyclopentadien-1-yl)(dimethylphenyl-phosphine)dihydro-, tetrafluoroborate (1-), [37298-80-9], 16:111

$NbBrPC_{18}H_{21}$, Niobium, bromobis(η^5-2,4-cyclopentadien-1-yl)(dimethylphenyl-phosphine)-, [37298-77-4], 16:112

$NbBr_3O_2C_4H_{10}$, Niobium, tribromo(1,2-dimethoxyethane-*O,O'*)-, [126083-88-3], 29:122

$NbBr_4O_2C_8H_{16}$, Niobium, tetrabromobis (tetrahydrofuran)-, [146339-45-9], 29:121

$NbBr_5NC_2H_3$, Niobium, (acetonitrile) pentabromo-, (*OC*-6-21)-, [21126-01-2], 12:227

$NbBr_5$, Niobium bromide ($NbBr_5$), [13478-45-0], 12:187

$NbBr_6NC_8H_{20}$, Ethanaminium, *N,N,N*-triethyl-, (*OC*-6-11)-hexabromo-niobate(1-), [16853-63-7], 12:230

$NbCl_2C_{10}H_{10}$, Niobium, dichlorobis(η^5-2,4-cyclopentadien-1-yl)-, [12793-14-5], 16:107;28:267

$NbCl_3O_2C_4H_{10}$, Niobium, trichloro(1,2-dimethoxyethane-*O,O'*)-, [110615-13-9], 29:120

$NbCl_4$, Niobium chloride ($NbCl_4$), [13569-70-5], 12:185

$NbCl_4O_2C_8H_{16}$, Niobium, tetrachlorobis (tetrahydrofuran)-, [61247-57-2], 21:138;29:120

$NbCl_5$, Niobium chloride ($NbCl_5$), [10026-12-7], 7:167;9:88,135;20:42

$NbCl_5NC_2H_3$, Niobium, (acetonitrile) pentachloro-, (*OC*-6-21)-, [21126-02-3], 12:227;13:226

$NbCl_6Cs$, Niobate(1-), hexachloro-, cesium, (*OC*-6-11)-, [16921-14-5], 9:89

NbF_4, Niobium fluoride (NbF_4), [13842-88-1], 14:105

NbF_5, Niobium fluoride (NbF_5), (*TB*-5-11)-, [7783-68-8], 3:179;14:105

$NbF_6P_2C_{18}H_{23}$, Niobium(1+), bis(η^5-2,4-cyclopentadien-1-yl)(dimethylphenyl-phosphine)dihydro-, hexafluoro-phosphate(1-), [37298-81-0], 16:111

$NbHO_5Ti$, Niobium titanium hydroxide oxide ($NbTi(OH)O_4$), [118955-75-2], 30:184

———, Titanate(1-), pentaoxoniobate-, hydrogen, [72381-49-8], 22:89

NbH_4NO_5Ti, Ammonium niobium titanium oxide ($(NH_4)NbTiO_5$), [72528-68-8], 22:89

$NbKN_6S_6C_6$, Niobate(1-), hexakis (thiocyanato-*N*)-, potassium, (*OC*-6-11)-, [17979-22-5], 13:226

$NbKO_5Ti$, Niobium potassium titanium oxide ($NbKTiO_5$), [61232-89-1], 22:89

$NbKO_{15}C_{24}H_{42}$, Potassium(1+), tris[1,1'-oxybis[2-methoxyethane]-*O,O',O''*]-, (*OC*-6-11)-hexacarbonylniobate(1-), [57304-94-6], 16:69

$NbLiO_2$, Niobate (NbO_2^{1-}), lithium, [53320-08-4], 30:222

$NbNO_5TiCH_6$, Titanate(1-), pentaoxo-niobate-, hydrogen, compd. with methanamine (1:1), [74499-97-1], 22:89

$NbNO_5TiC_2H_8$, Titanate(1-), pentaoxoniobate-, hydrogen, compd. with ethanamine (1:1), [74500-04-2], 22:89

$NbNO_5TiC_3H_{10}$, Titanate(1-), pentaoxoniobate-, hydrogen, compd. with 1-propanamine (1:1), [74499-98-2], 22:89

$NbNO_5TiC_4H_{12}$, Titanate(1-), pentaoxoniobate-, hydrogen, compd. with 1-butanamine (1:1), [74499-99-3], 22:89

$NbN_8S_4C_{24}H_{16}$, Niobium, bis(2,2'-bipyridine-*N,N'*)tetrakis (thiocyanato-*N*)-, [38669-93-1], 16:78

$NbNaO_6C_6$, Niobate(1-), hexacarbonyl-, sodium, (*OC*-6-11)-, [15602-39-8], 23:34;28:192

NbO, Niobium oxide (NbO), [12034-57-0], 14:131;30:108

$NbPC_{18}H_{22}$, Niobium, bis(η^5-2,4-cyclopentadien-1-yl)(dimethylphenylphosphine)hydro-, [37298-78-5], 16:110

$Nb_2As_4Cl_6C_{20}H_{32}$, Niobium, di-μ-chlorotetrachlorobis[1,2-phenylenebis [dimethylarsine]-*As,As'*]di-, (*Nb-Nb*), stereoisomer, [61069-53-2], 21:18

$Nb_2As_6Cl_6C_{22}H_{54}$, Niobium, di-μ-chlorotetrachlorobis[[2-[(dimethylarsino) methyl]-2-methyl-1,3-propanediyl]bis [dimethylarsine]-*As,As'*]di-, (*Nb-Nb*), stereoisomer, [61069-52-1], 21:18

$Nb_2Cl_6P_4C_{52}H_{48}$, Niobium, di-μ-chlorotetrachlorobis[1,2-ethanediylbis [diphenylphosphine]-*P,P'*]di-, [86390-13-8], 21:18

$Nb_2Cl_6S_3C_6H_{18}$, Niobium, di-μ-chlorotetrachloro[μ-[thiobis[methane]]]bis [thiobis[methane]]di-, [83311-32-4], 21:16

$Nb_2CuK_3Se_{12}$, Copper niobium potassium selenide ($CuNb_2K_3Se_3(Se_2)_3(Se_3)$), [135041-37-1], 30:86

$Nb_2NO_{10}Ti_2CH_7$, Titanate(1-), pentaoxoniobate-, hydrogen, compd.with methanamine (2:1), [158282-30-5], 30:184

$Nb_2NO_{10}Ti_2C_2H_9$, Titanate(1-), pentaoxoniobate-, hydrogen, compd. with ethanamine (2:1), [158282-31-6], 30:184

$Nb_2NO_{10}Ti_2C_4H_{13}$, Titanate(1-), pentaoxoniobate-, hydrogen, compd. with 1-butanamine (2:1), [158282-33-8], 30:184

$Nb_2NO_{10}Ti_2C_3H_{11}$,Titanate(1-), pentaoxoniobate-, hydrogen, compd. with 1-propanamine (2:1), [158282-32-7], 30:184

$NdCl_2LiO_2Si_4C_{30}H_{58}$, Lithium(1+), bis (tetrahydrofuran)-, bis[(1,2,3,4,5-η)-1,3-bis(trimethylsilyl)-2,4-cyclopentadien-1-yl]dichloroneodymate(1-), [81507-33-7], 27:170

$NdCl_3$, Neodymium chloride ($NdCl_3$), [10024-93-8], 1:32;5:154;22:39

$NdCl_3O_2C_8H_{16}$, Neodymium, trichlorobis (tetrahydrofuran)-, [81009-70-3], 27:140;28:290

$NdF_{18}N_6O_6P_9C_{72}H_{72}$, Neodymium(3+), hexakis(*P,P*-diphenylphosphinic amide-*O*)-, (*OC*-6-11)-, tris [hexafluorophosphate(1-)], [59449-53-5], 23:180

NdN_3O_9, Nitric acid, neodymium(3+) salt, [10045-95-1], 5:41

$NdN_3O_{13}C_8H_{16}$, Neodymium, tris (nitrato-*O*)(1,4,7,10-tetraoxacyclododecane-O^1,O^4,O^7,O^{10})-, [71534-52-6], 23:151

$NdN_3O_{14}C_{10}H_{20}$, Neodymium, tris (nitrato-*O,O'*)(1,4,7,10,13-pentaoxacyclopentadecane-$O^1,O^4,O^7,O^{10},O^{13}$)-, [67216-27-7], 23:151

$NdN_3O_{15}C_{12}H_{24}$, Neodymium, (1,4,7,10,13,16-hexaoxacyclooctadecane-$O^1,O^4,O^7,O^{10},O^{13},O^{16}$)tris (nitrato-*O,O'*)-, [67216-33-5], 23:151

$NdN_4O_2C_{49}H_{35}$, Neodymium, (2,4-pentanedionato-*O,O'*)[5,10,15,20-tetraphenyl-21*H*,23*H*-porphinato

(2-)-N^{21},N^{22},N^{23},N^{24}]-, [61301-64-2], 22:160
$NdN_4O_2C_{55}H_{47}$, Neodymium, (2,2,6,6-tetramethyl-3,5-heptanedionato-*O,O'*) [5,10,15,20-tetraphenyl-21*H*,23*H*-porphinato(2-)-N^{21},N^{22},N^{23},N^{24}]-, [89768-99-0], 22:160
$NdOC_{18}H_{27}$, Neodymium, bis(η^5-2,4-cyclopentadien-1-yl)(1,1-dimethylethyl)(tetrahydrofuran)-, [95274-94-5], 27:158
$NdOC_{19}H_{23}$, Neodymium, tris(η^5-2,4-cyclopentadien-1-yl)(tetrahydrofuran)-, [84270-65-5], 28:293
$NdO_3C_{45}H_{72}$, Phenol, 2,6-bis(1,1-dimethylethyl)-4-methyl-, neodymium (3+) salt, [89085-95-0], 27:167
$NdO_6C_{33}H_{57}$, Neodymium, tris(2,2,6,6-tetramethyl-3,5-heptanedionato-*O,O'*)-, (*OC*-6-11)-, [15492-47-4], 11:96
$Nd_2Cl_2Si_8C_{44}H_{84}$, Neodymium, tetrakis [(1,2,3,4,5-η)-1,3-bis(trimethylsilyl)-2,4-cyclopentadien-1-yl]di-μ-chlorodi-, [81507-57-5], 27:171
$Nd_2O_{12}C_6.10H_2O$, Ethanedioic acid, neodymium(3+) salt (3:2), decahydrate, [14551-74-7], 2:60
Nd_2S_3, Neodymium sulfide (Nd_2S_3), [12035-32-4], 14:154
$Nd_4N_6O_{54}C_{36}H_{72}$, Neodymium(1+), (1,4,7,10,13,16-hexaoxacyclooctadecane-O^1,O^4,O^7,O^{10},O^{13},O^{16})bis (nitrato-*O,O'*)-, hexakis(nitrato-*O,O'*) neodymate(3-) (3:1), [75845-21-5], 23:150;23:155
$NiAs_2F_{12}S_4C_{56}H_{40}$, Arsonium, tetraphenyl-, bis[1,1,1,4,4,4-hexafluoro-2-butene-2,3-dithiolato(2-)-*S,S'*] nickelate(2-) (2:1), [14589-08-3], 10:20
$NiAs_4C_{20}H_{32}$, Nickel, bis[1,2-phenylenebis[dimethylarsine]-*As,As'*]-, (*T*-4)-, [65876-45-1], 17:121;28:103
$NiAs_4C_{72}H_{60}$, Nickel, tetrakis(triphenylarsine)-, (*T*-4)-, [14564-53-5], 17:121;28:103
$NiBP_2C_{36}H_{71}$, Nickel, hydro[tetrahydroborato(1-)-*H,H'*]bis(tricyclohexylphosphine)-, (*TB*-5-11)-, [24899-12-5], 17:89
$NiB_2F_8N_{12}C_{18}H_{30}$, Nickel(2+), (5,6,15,16,20,21-hexamethyl-1,3,4,7,8,10,12,13,16,17,19,22-dodecaazatetracyclo[8.8.4.$1^{3,17}$.$1^{8,12}$]tetracosa-4,6,13,15,19,21-hexaene-N^4,N^7,N^{13},N^{16},N^{19},N^{22})-, (*OC*-6-11)-, bis [tetrafluoroborate(1-)], [151085-63-1], 20:89
$NiB_2F_8O_6C_{12}H_{36}$, Nickel(2+), hexakis (ethanol)-, (*OC*-6-11)-, bis[tetrafluoroborate(1-)], [15007-74-6], 29:115
$NiB_2F_8O_6S_6C_{72}H_{60}$, Nickel(2+), hexakis [1,1'-sulfinylbis[benzene]-*O*]-, (*OC*-6-11)-, bis[tetrafluoroborate(1-)], [13963-83-2], 29:116
$NiB_2N_8C_{12}H_{16}$, Nickel, bis[dihydrobis (1*H*-pyrazolato-N^1)borato(1-)-N^2,$N^{2'}$]-, (*SP*-4-1)-, [18131-13-0], 12:104
$NiB_2O_{15}P_5C_{63}H_{85}$, Nickel(2+), pentakis (trimethyl phosphite-*P*)-, (*TB*-5-11)-, bis[tetraphenylborate(1-)], [53701-88-5], 20:76
$NiB_{20}C_2H_{22}$, Nickelate(2-), bis[(7,8,9,10,11-η)-undecahydro-7-carbaundecaborato(2-)]-, [65404-75-3], 11:42
$NiB_{20}N_2C_2H_{24}$, Nickelate(2-), bis [(7,8,9,10,11-η)-7-amido-1,2,3,4,5,6,8,9,10,11-decahydro-7-carbaundecaborato(2-)]-, [65378-48-5], 11:44
$NiB_{20}N_2C_2H_{26}$, Nickelate(2-), bis[(7,8,9,10,11-η)-7-amido-1,2,3,4,5,6,8,9,10,11-decahydro-7-carbaundecaborato(2-)]-, dihydrogen, [12373-34-1], 11:43
$NiB_{20}N_2C_6H_{32}$, Nickelate(2-), bis[(7,8,9,10,11-η)-1,2,3,4,5,6,8,9,10,11-decahydro-7-(*N*-methylmethanaminato)-7-carbaundecaborato(2-)]-, [65504-42-9], 11:45

$NiB_{20}N_2C_6H_{34}$, Nickel, bis[(7,8,9,10,11-η)-1,2,3,4,5,6,8,9,10,11-decahydro-7-(*N*-methylmethanamine)-7-carbaundecaborato(1-)]-, [12404-28-3], 11:45
$NiB_{20}O_2C_2H_{22}$, Nickelate(2-), bis[(7,8,9,10,11-η)-decahydro-7-hydroxy-7-carbaundecaborato(3-)]-, [51151-70-3], 11:44
$NiBr_2.2H_2O$, Nickel bromide ($NiBr_2$), dihydrate, [13596-19-5], 13:156
$NiBr_2F_2P_2C_{16}H_{36}$, Nickel, bis[bis(1,1-dimethylethyl)phosphinous fluoride] dibromo-, (*SP*-4-1)-, [41509-46-0], 18:177
$NiBr_2H_{18}N_6$, Nickel(2+), hexaammine-, dibromide, (*OC*-6-11)-, [13601-55-3], 3:194
$NiBr_2N_6C_6H_{24}$, Nickel(2+), tris(1,2-ethanediamine-*N,N'*)-, dibromide, (*OC*-6-11)-, [14896-63-0], 14:61
$NiBr_2N_6C_8H_{26}$, Nickel, bis[*N*-(2-aminoethyl)-1,2-ethanediamine-*N,N',N''*]-, dibromide, [22470-20-8], 14:61
$NiBr_2N_6C_9H_{30}$, Nickel(2+), tris(1,2-propanediamine-*N,N'*)-, dibromide, [49562-49-4], 14:61
$NiBr_2N_6C_{18}H_{42}$, Nickel(2+), tris(1,2-cyclohexanediamine-*N,N'*)-, dibromide, [*OC*-6-11-(*trans*),(*trans*),(*trans*)]-, [53748-68-8], 14:61
$NiBr_2N_6P_2C_{18}H_{24}$, Nickel, dibromobis[3,3',3''-phosphinidynetris[propanenitrile]-*P*]-, (*SP*-4-1)-, [19979-87-4], 22:113,115
$(NiBr_2N_6P_2C_{18}H_{24})_x$, Nickel, dibromobis[3,3',3''-phosphinidynetris[propanenitrile]-*P*]-, (*SP*-4-1)-, homopolymer, [29591-65-9], 22:115
$NiBr_2O_2C_4H_{10}$, Nickel, dibromo(1,2-dimethoxyethane-*O,O'*)-, [28923-39-9], 13:162
$NiBr_2O_4C_8H_{24}$, Nickel, dibromotetrakis(ethanol)-, [15696-85-2], 13:160
$NiBr_4Cl_2N_4O_8C_{20}H_{16}$, Nickel, tetrakis(3-bromopyridine)bis(perchlorato-*O*)-, [14406-80-5], 9:179
$NiBr_4N_2C_{16}H_{40}$, Ethanaminium, *N,N,N*-triethyl-, (*T*-4)-tetrabromonickelate(2-) (2:1), [35063-90-2], 9:140
NiC_6H_{10}, Nickel, bis($η^3$-2-propenyl)-, [12077-85-9], 13:79
$NiC_{10}H_{10}$, Nickelocene, [1271-28-9], 11:122
$NiC_{12}H_{18}$, Nickel, [(1,2,3,6,7,10,11,12-η)-2,6,10-dodecatriene-1,12-diyl]-, [12090-21-0], 19:85
$NiC_{16}H_{24}$, Nickelate(2-), bis(1,5-cyclooctadiene)-, [58640-58-7], 28:94
———, Nickel, bis[(1,2,5,6-η)-1,5-cyclooctadiene]-, [1295-35-8], 15:5
$NiClNPSe_2C_{11}H_{25}$, Nickel, chloro(diethylcarbamodiselenoato-*Se,Se'*)(triethylphosphine)-, (*SP*-4-3)-, [67994-91-6], 21:9
$NiClN_4O_4C_{14}H_{24}$, Nickel(2+), (2,3,9,10-tetramethyl-1,4,8,11-tetraazacyclotetradeca-1,3,8,10-tetraene-N^1,N^4,N^8,N^{11})-, (*SP*-4-1)-, perchlorate, [131636-01-6], 18:23
$NiClP_2C_{18}H_{43}$, Nickel, chlorohydrobis[tris(1-methylethyl)phosphine]-, [52021-75-7], 17:86
$NiClP_2C_{36}H_{67}$, Nickel, chlorohydrobis(tricyclohexylphosphine)-, [25703-57-5], 17:84
$NiCl_2$, Nickel chloride ($NiCl_2$), [7718-54-9], 5:154,196;28:322
$NiCl_2.2H_2O$, Nickel chloride ($NiCl_2$), dihydrate, [17638-48-1], 13:156
$NiCl_2N_4C_4H_{16}$, Nickel(2+), bis(1,2-ethanediamine-*N,N'*)-, dichloride, [15522-51-7], 6:198
$NiCl_2N_4O_8C_{10}H_{24}$, Nickel(2+), (1,4,8,11-tetraazacyclotetradecane-N^1,N^4,N^8,N^{11})-, (*SP*-4-1)-, diperchlorate, [15220-72-1], 16:221
$NiCl_2N_4O_8C_{14}H_{24}$, Nickel(2+), (2,3,9,10-tetramethyl-1,4,8,11-tetraazacyclo-

tetradeca-1,3,8,10-tetraene-*N*^{1},*N*^{4}, *N*^{8},*N*^{11})-, (*SP*-4-1)-, diperchlorate, [67326-87-8], 18:23

$NiCl_2N_4O_8C_{15}H_{22}$, Nickel(2+), (2,12-dimethyl-3,7,11,17-tetraazabicyclo [11.3.1]heptadeca-1(17),2,11,13,15-pentaene-*N*^{3},*N*^{7},*N*^{11},*N*^{17})-, diperchlorate, (*SP*-4-3)-, [35270-39-4], 18:18

$NiCl_2N_4O_8C_{16}H_{30}$, Nickel(2+), (5,5,7,12, 14,14-hexamethyl-1,4,8,11-tetraazacyclotetradeca-1,7,11-triene-*N*^{1},*N*^{4}, *N*^{8},*N*^{11})-, (*SP*-4-4)-, diperchlorate, [33916-12-0], 18:5

$NiCl_2N_4O_8C_{16}H_{32}$, Nickel(2+), (5,7,7, 12,14,14-hexamethyl-1,4,8,11-tetraazacyclotetradeca-4,11-diene-*N*^{1},*N*^{4},*N*^{8},*N*^{11})-, stereoisomer, diperchlorate, [15392-94-6], 18:5

———, Nickel(2+), (5,7,7,12,14,14-hexamethyl-1,4,8,11-tetraazacyclotetradeca-4,11-diene-*N*^{1},*N*^{4},*N*^{8},*N*^{11})-, stereoisomer, diperchlorate, [15392-95-7], 18:5

$NiCl_2N_4O_8C_{16}H_{36}$, Nickel(2+), (5,5,7,12, 12,14-hexamethyl-1,4,8,11-tetraazacyclotetradecane-*N*^{1},*N*^{4},*N*^{8},*N*^{11})-, [*SP*-4-2-(*R**,*S**)]-, diperchlorate, [25504-25-0], 18:12

$NiCl_2N_4O_8C_{28}H_{20}$, Nickel(2+), (tetrabenzo[*b,f,j,n*][1,5,9,13]tetraazacyclohexadecine-*N*^{5},*N*^{11},*N*^{17},*N*^{23})-, (*SP*-4-1)-, diperchlorate, [36539-87-4], 18:31

$NiCl_2N_4O_8C_{28}H_{36}$, Nickel, tetrakis(3,5-dimethylpyridine)bis(perchlorato-*O*)-, [14839-22-6], 9:179

$NiCl_2N_6C_6H_{24}.2H_2O$, Nickel(2+), tris(1,2-ethanediamine-*N,N'*)-, dichloride, dihydrate, (*OC*-6-11)-, [33908-61-1], 6:200

$NiCl_2N_6C_9H_{30}.2H_2O$, Nickel(2+), tris(1,2-propanediamine-*N,N'*)-, dichloride, dihydrate, (*OC*-6-11)-, [15282-51-6], 6:200

$NiCl_2N_6C_{36}H_{24}$, Nickel(2+), tris(1,10-phenanthroline-*N*^{1},*N*^{10})-, dichloride, (*OC*-6-11)-, [14356-44-6], 8:228

$NiCl_2N_6O_8C_{36}H_{24}.3H_2O$, Nickel(2+), tris(1,10-phenanthroline-*N*^{1},*N*^{10})-, (*OC*-6-11-Δ)-, diperchlorate, trihydrate, [148832-22-8], 8:229-230

———, Nickel(2+), tris(1,10-phenanthroline-*N*^{1},*N*^{10})-, (*OC*-6-11-Λ)-, diperchlorate, trihydrate, [148832-21-7], 8:229-230

$NiCl_2N_6P_2C_{18}H_{24}$, Nickel, dichlorobis [3,3',3''-phosphinidynetris [propanenitrile]-*P*]-, [20994-35-8], 22:113

$NiCl_2N_{10}O_4C_8H_{22}$, Nickel(2+), bis[2,2'-iminobis[*N*-hydroxyethanimidamide]]-, dichloride, [20675-37-0], 11:91

$NiCl_2N_{10}O_4C_8H_{22}.2H_2O$, Nickel(2+), bis[2,2'-iminobis[*N*-hydroxyethanimidamide]]-, dichloride, dihydrate, (*OC*-6-1'1')-, [28903-66-4], 11:93

$NiCl_2O_2C_4H_{10}$, Nickel, dichloro(1,2-dimethoxyethane-*O,O'*)-, [29046-78-4], 13:160

$NiCl_2O_4C_8H_{24}$, Nickel, dichlorotetrakis (ethanol)-, [15696-86-3], 13:158

$NiCl_4K_2$, Nickelate(2-), tetrachloro-, dipotassium, (*T*-4)-, [28480-11-7], 20:51

$NiCl_4N_2C_{16}H_{40}$, Ethanaminium, *N,N,N*-triethyl-, (*T*-4)-tetrachloronickelate(2-) (2:1), [5964-71-6], 9:140

$NiCl_4N_4ZnC_{12}H_{24}$, Nickel(2+), (2,3-dimethyl-1,4,8,11-tetraazacyclotetradeca-1,3-diene-*N*^{1},*N*^{4},*N*^{8},*N*^{11})-, (*SP*-4-2)-, (*T*-4)-tetrachlorozincate(2-) (1:1), [67326-86-7], 18:27

$NiCl_4S_4C_{28}H_{16}$, Nickel, bis[1,2-bis(4-chlorophenyl)-1,2-ethenedithiolato (2-)-*S,S'*]-, (*SP*-4-1)-, [14376-66-0], 10:9

$NiCl_{12}P_4$, Nickel, tetrakis(phosphorous trichloride)-, (*T*-4)-, [36421-86-0], 6:201
$NiCoMoO_5C_{17}H_{13}$, Molybdenum, dicarbonyl(η^5-2,4-cyclopentadien-1-yl) [(η^5-2,4-cyclopentadien-1-yl) nickel]-μ$_3$-ethylidyne(tricarbonylcobalt)-, (*Co-Mo*)(*Co-Ni*)(*Mo-Ni*), [76206-99-0], 27:192
$NiCo_2N_6O_8C_{44}H_{24}$, Nickel(2+), tris(1,10-phenanthroline-N^1,N^{10})-, (*OC*-6-11)-, bis[(*T*-4)-tetracarbonylcobaltate(1-)], [87183-61-7], 5:193;5:195
$NiCrN_{11}C_5H_{18}.2H_2O$, Chromium(3+), hexaammine-, (*OC*-6-11)-, pentakis (cyano-*C*)nickelate(3-) (1:1), dihydrate, [21588-91-0], 11:51
$NiCr_2O_4$, Chromium nickel oxide (Cr_2NiO_4), [12018-18-7], 20:52
NiF_2, Nickel fluoride (NiF_2), [10028-18-9], 3:173
$NiF_4OV.7H_2O$, Vanadate(2-), tetrafluorooxo-, nickel(2+) (1:1), heptahydrate, [60004-23-1], 16:87
$NiF_{10}C_{19}H_8$, Nickel, [(1,2,3,4,5,6-η)-methylbenzene]bis(pentafluorophenyl)-, [66197-14-6], 19:72
$NiF_{12}N_2O_6C_{16}H_{16}$, Nickel, bis(*N,N*-dimethylformamide-*O*)bis(1,1,1,5,5,5-hexafluoro-2,4-pentanedionato-*O,O'*)-, [53513-62-5], 15:96
$NiF_{12}N_4O_2P_2C_{20}H_{32}$, Nickel(2+), [3,11-bis(1-methoxyethylidene)-2,12-dimethyl-1,5,9,13-tetraazacyclohexadeca-1,4,9,12-tetraene-N^1,N^5, N^9,N^{13}]-, [*SP*-4-2-(*Z,Z*)]-, bis [hexafluorophosphate(1-)], [70021-28-2], 27:264
$NiF_{12}N_4O_2P_2C_{30}H_{36}$, Nickel(2+), [3,11-bis(methoxyphenylmethylene)-2,12-dimethyl-1,5,9,13-tetraazacyclohexadeca-1,4,9,12-tetraene-N^1,N^5, N^9,N^{13}]-, (*SP*-4-2)-, bis[hexafluorophosphate(1-)], [88610-99-5], 27:275
$NiF_{12}N_6P_2C_{20}H_{34}$, Nickel(2+), [1,1'-(2,12-dimethyl-1,5,9,13-tetraazacyclohexadeca-1,4,9,12-tetraene-3,11-diylidene)bis[*N*-methylethanamine]]-, [*SP*-4-2-(*Z,Z*)]-, bis[hexafluorophosphate(1-)], [74466-02-7], 27:266
$NiF_{12}N_6P_2C_{26}H_{44}$, Nickel(2+), (2,3, 10,11,13,19-hexamethyl-3,10,14, 18,21,25-hexaazabicyclo[10.7.7] hexacosa-1,11,13,18,20,25-hexaene-N^{14},N^{18},N^{21},N^{25})-, (*SP*-4-2)-, bis [hexafluorophosphate(1-)], [73914-16-6], 27:268
$NiF_{12}N_6P_2C_{42}H_{46}$, Nickel(2+), [α,α'-(2,12-dimethyl-1,5,9,13-tetraazacyclohexadeca-1,4,9,12-tetraene-3,11-diyl) bis[*N*-(phenylmethyl)benzenemethanamine]]-, (*SP*-4-2)-, bis[hexafluorophosphate(1-)], [88611-05-6], 27:276
$NiF_{12}N_6P_2C_{50}H_{52}$, Nickel(2+), [14,20-dimethyl-2,12-diphenyl-3,11-bis (phenylmethyl)-3,11,15,19,22,26-hexaazatricyclo[11.7.7.1^{5,9}]octacosa-1,5,7,9(28),12,14,19,21,26-nonaene-N^{15},N^{19},N^{22},N^{26}]-, (*SP*-4-2)-, bis[hexafluorophosphate(1-)], [88635-37-4], 27:277
$NiF_{12}S_4C_8$, Nickelate(1-), bis[1,1,1,4,4,4-hexafluoro-2-butene-2,3-dithiolato (2-)-*S,S'*]-, (*SP*-4-1)-, [16674-52-5], 10:18-20
———, Nickelate(2-), bis[1,1,1,4,4,4-hexafluoro-2-butene-2,3-dithiolato(2-)-*S,S'*]-, (*SP*-4-1)-, [50762-68-0], 10:18-20
———, Nickel, bis[1,1,1,4,4,4-hexafluoro-2-butene-2,3-dithiolato (2-)-*S,S'*]-, (*SP*-4-1)-, [18820-78-5], 10:18-20
$NiFe_2O_4$, Iron nickel oxide (Fe_2NiO_4), [12168-54-6], 9:154;11:11
$NiHN_3S_5$, Nickel, (mercaptosulfur diimidato-*N'*,S^N)(mononitrogen trisulfidato)-, [67143-06-0], 18:124
$NiH_2N_4S_4$, Nickel, bis(mercaptosulfur diimidato-*N'*,S^N)-, (*SP*-4-2)-, [50726-53-9], 18:124

$NiH_{18}I_2N_6$, Nickel(2+), hexaammine-, diiodide, (*OC*-6-11)-, [13859-68-2], 3:194

$NiIKO_{12}.½H_2O$, Periodic acid (H_5IO_6), nickel(4+) potassium salt, hydrate (2:2:2:1), [149189-75-3], 5:202

NiINO, Nickel, iodonitrosyl-, [47962-79-8], 14:88

$NiINaO_6.H_2O$, Periodic acid (H_5IO_6), nickel(4+) sodium salt (1:1:1), monohydrate, [149189-76-4], 5:201

$NiI_2N_6C_6H_{24}$, Nickel(2+), tris(1,2-ethanediamine-*N,N'*)-, diiodide, (*OC*-6-11)-, [37488-13-4], 14:61

$NiI_2N_6C_8H_{26}$, Nickel(2+), bis[*N*-(2-aminoethyl)-1,2-ethanediamine-*N,N',N''*]-, diiodide, [49606-27-1], 14:61

$NiI_2N_6C_9H_{30}$, Nickel(2+), tris(1,2-propanediamine-*N,N'*)-, diiodide, [49562-50-7], 14:61

$NiI_2N_6C_{18}H_{42}$, Nickel(2+), tris(1,2-cyclohexanediamine-*N,N'*)-, diiodide, [*OC*-6-11-(*trans*),(*trans*),(*trans*)]-, [49562-51-8], 14:61

$NiI_2N_6C_{36}H_{24}$, Nickel(2+), tris(1,10-phenanthroline-N^1,N^{10})-, diiodide, (*OC*-6-11-Δ)-, [59952-83-9], 8:209

$NiI_2O_4C_8H_{20}.2C_6F_4I_2$, Nickel, bis(1,2-dimethoxyethane-*O,O'*)diiodo-, (*OC*-6-12)-, compd. with 1,2,3,4-tetrafluoro-5,6-diiodobenzene (1:2), [71272-16-7], 13:163

$NiI_6N_6C_{36}H_{24}$, Nickel(2+), tris(1,10-phenanthroline-N^1,N^{10})-, (*OC*-6-11-Δ)-, bis(triiodide), [148832-23-9], 8:209

$NiK_2N_4C_4.H_2O$, Nickelate(2-), tetrakis (cyano-*C*)-, dipotassium, monohydrate, (*SP*-4-1)-, [14323-41-2], 2:227

$NiK_7O_{38}V_{13}$, Vanadate(7-), nickelatedeca-μ-oxohexa-μ_3-oxodi-μ_4-oxodi-μ_5-oxodi-μ_6-oxohexadecaoxotrideca-, heptapotassium, [93300-78-8], 15:108

$NiLa_2O_4$, Lanthanum nickel oxide (La_2NiO_4), [12031-41-3], 30:133

NiNC, Nickel cyanide (Ni(CN)), [73963-97-0], 5:200

$NiNOPC_{22}H_{40}$, Nickel, [butanamidato (2-)-C^4,N^1](tricyclohexylphosphine)-, [82840-51-5], 26:206

———, Nickel, [2-methylpropanamidato (2-)-C^3,*N*](tricyclohexylphosphine)-, [72251-37-7], 26:205

NiN_2C_2, Nickel cyanide ($Ni(CN)_2$), [557-19-7], 2:228

$NiN_2C_{24}H_{28}$, Nickel, [1,1'-(η^2-1,2-ethenediyl)bis[benzene]](2-isocyano-2-methylpropane)-, [32802-08-7], 17:122

$NiN_2O_2C_{10}H_{16}$, Nickel, bis(4-imino-2-pentanonato-*N,O*)-, [15170-64-6], 8:232

$NiN_2O_2C_{12}H_{20}$, Nickel, bis[4-(methylimino)-2-pentanonato-*N,O*]-, [14782-73-1], 11:74

$NiN_2O_4C_{14}H_{18}$, Nickel, [[3,3'-[1,2-ethanediylbis(nitrilomethylidyne)] bis[2,4-pentanedionato]] (2-)-N^3,$N^{3'}$,O^2,$O^{2'}$]-, (*SP*-4-2)-, [53385-23-2], 18:38

NiN_2O_4, Nitrous acid, nickel(2+) salt, [17861-62-0], 13:203

$NiN_2O_{10}S_2C_{14}H_{16}.2H_2O$, Nickel, tetraaquabis(1,2-benzisothiazol-3(2*H*)-one 1,1-dioxidato-N^2)-, dihydrate, [81780-34-9], 23:48

$NiN_2P_2C_{24}H_{40}$, Nickel, [(*N,N'*-η)-diphenyldiazene]bis(triethylphosphine)-, [65981-84-2], 17:123

$NiN_2P_2C_{48}H_{40}$, Nickel, (diphenyldiazene-*N,N'*)bis(triphenylphosphine)-, [32015-52-4], 17:121

NiN_2S_6, Nickel, bis(mononitrogen trisulfidato)-, [67143-07-1], 18:124

$NiN_4C_{12}H_{18}$, Nickel, [5,14-dimethyl-1,4,8,11-tetraazacyclotetradeca-4,7,11,14-tetraenato(2-)-N^1,N^4,N^8,N^{11}]-, (*SP*-4-2)-, [67326-88-9], 18:42

$NiN_4C_{14}H_{20}$, Nickel, [(2,3-η)-2-butenedinitrile]bis(2-isocyano-2-methylpropane)-, stereoisomer, [32612-10-5], 17:122

$NiN_4C_{14}H_{22}$, Nickel, [2,12-dimethyl-1,5,9,13-tetraazacyclohexadeca-1,4,9,12-tetraenato(2-)-N^1,N^5,N^9,N^{13}]-, (*SP*-4-2)-, [74466-59-4], 27:272

$NiN_4C_{20}H_{16}$, Nickel, bis(2,2'-bipyridine-*N,N'*)-, (*T*-4)-, [15186-68-2], 17:121; 28:103

$NiN_4C_{20}H_{36}$, Nickel, tetrakis(2-isocyano-2-methylpropane)-, [19068-11-2], 17:118;28:99

$NiN_4C_{22}H_{22}$, Nickel, [7,16-dihydro-6,8,15,17-tetramethyldibenzo [*b,i*][1,4,8,11]tetraazacyclotetradecinato(2-)-N^5,N^9,N^{14},N^{18}]-, (*SP*-4-1)-, [51223-51-9], 20:115

$NiN_4C_{22}H_{28}$, Nickel, (diphenyldiazene-*N,N'*)(2-isocyano-2-methylpropane)-, [32714-19-5], 17:122

$NiN_4C_{24}H_{16}$, Nickel, bis(1,10-phenanthroline-N^1,N^{10})-, [15609-57-1], 28:103

$NiN_4C_{24}H_{16}$, Nickel, bis(1,10-phenanthroline-N^1,N^{10})-, (*T*-4)-, [10170-11-3], 17:121

$NiN_4C_{28}H_{44}$, Nickel, tetrakis(isocyanocyclohexane)-, [24917-34-8], 17:119;28:101

$NiN_4C_{44}H_{28}$, Nickel, [5,10,15,20-tetraphenyl-21*H*,23*H*-porphinato (2-)-$N^{21},N^{22},N^{23},N^{24}$]-, (*SP*-4-1)-, [14172-92-0], 20:143

$NiN_4O_2C_{16}H_{22}$, Nickel, [[1,1'-(5,14-dimethyl-1,4,8,11-tetraazacyclotetradeca-4,7,11,14-tetraene-6,13-diyl) bis[ethanonato]](2-)-*N,N',N'',N'''*]-, (*SP*-4-2)-, [20123-01-7], 18:39

$NiN_4O_2C_{28}H_{30}$, Nickel, [[(2,12-dimethyl-1,5,9,13-tetraazacyclohexadeca-1,4,9,12-tetraene-3,11-diyl)bis [phenylmethanonato]](2-)-N^1,N^5,N^9, N^{13}]-, (*SP*-4-2)-, [74466-43-6], 27:273

$NiN_4O_6P_2C_{36}H_{32}$, Nickel(2+), bis [2-(diphenylphosphino)benzenamine-*N,P*]-, dinitrate, [125100-70-1], 25:132

$NiN_4S_4C_8$, Nickelate(1-), bis[2,3-dimercapto-2-butenedinitrilato(2-)-*S,S'*]-, (*SP*-4-1)-, [46761-25-5], 10:13,15,16

———, Nickelate(2-), bis[2,3-dimercapto-2-butenedinitrilato(2-)-*S,S'*]-, (*SP*-4-1)-, [14876-79-0], 10:13,15,16

$NiN_4S_{12}C_{20}H_8$, Nickelate(2-), bis[2,3-dimercapto-2-butenedinitrilato(2-)-*S,S'*]-, (*SP*-4-1)-, salt with 2-(1,3-dithiol-2-ylidene)-1,3-dithiole (1:2), [55520-22-4], 19:31

$NiN_6C_{16}H_{18}$, Nickel, [(1,2-η)-ethenetetracarbonitrile]bis(2-isocyano-2-methylpropane)-, [24917-37-1], 17:122

$NiN_6O_4C_{14}H_{20}$, Nickel, bis(*N*-methyl-2-pyridinemethanamine-N^1,N^2)bis (nitrito-*O*)-, [33516-81-3], 13:203

$NiN_6O_4C_{14}H_{32}$, Nickel, bis(*N*-methyl-2-piperidinemethanamine-N^{α},N^1)bis (nitrito-*O*)-, [33516-82-4], 13:204

$NiN_6S_2C_{16}H_{24}$, Nickel, (2,3,9,10-tetramethyl-1,4,8,11-tetraazacyclotetradeca-1,3,8,10-tetraene-N^1,N^4, N^8,N^{11})bis(thiocyanato-*N*)-, (*OC*-6-11)-, [62905-14-0], 18:24

$NiN_6S_2C_{22}H_{20}$, Nickel(2+), tetrakis (pyridine)-, dithiocyanate, [56508-32-8], 12:251,253

$NiN_6S_2C_{30}H_{20}$, Nickel, (tetrabenzo[*b,f,j,n*] [1,5,9,13]tetraazacyclohexadecine-N^5,N^{11},N^{17},N^{23})bis(thiocyanato-*N*)-, (*OC*-6-11)-, [62905-16-2], 18:31

$(NiN_8S_2C_6H_6)_x$, Nickel, bis(thiocyanato-*N*)bis(1*H*-1,2,4-triazole)-, homopolymer, [63654-17-1], 23:159

NiO_4C_4, Nickel carbonyl ($Ni(CO)_4$), (*T*-4)-, [13463-39-3], 2:234

$NiO_4C_{10}H_{14}$, Nickel, bis(2,4-pentanedionato-*O,O'*)-, (*SP*-4-1)-, [3264-82-2], 15:5,10,29

$NiO_4P_2S_4C_8H_{20}$, Nickel, bis(*O,O*-diethyl phosphorodithioato-*S,S'*)-, (*SP*-4-1)-, [16743-23-0], 6:142

$NiO_4P_4C_{52}H_{52}$, Nickel, tetrakis(methyl diphenylphosphinite-*P*)-, (*T*-4)-, [41685-57-8], 17:119;28:101

$NiO_4S_4C_{32}H_{28}$, Nickel, bis[1,2-bis(4-methoxyphenyl)-1,2-ethene-dithiolato(2-)-*S,S'*]-, (*SP*-4-1)-, [38951-97-2], 10:9

$NiO_6P_2C_{44}H_{46}$, Nickel, (η^2-ethene)bis [tris(2-methylphenyl) phosphite-*P*]-, [31666-47-4], 15:10

$NiO_8P_4C_{40}H_{60}$, Nickel, tetrakis(diethyl phenylphosphonite-*P*)-, [22655-01-2], 13:118

$NiO_9Os_3C_{14}H_8$, Osmium, nonacarbonyl [(η^5-2,4-cyclopentadien-1-yl)nickel] tri-μ-hydrotri-, (3*Ni-Os*)(3*Os-Os*), [82678-96-4], 26:362

$NiO_9P_3C_{63}H_{63}$, Nickel, tris[tris(4-methyl-phenyl) phosphite-*P*]-, [87482-65-3], 15:11

$NiO_9Ru_3C_{14}H_8$, Ruthenium, nonacarbonyl [(η^5-2,4-cyclopentadien-1-yl)nickel] tri-μ-hydrotri-, (3*Ni-Ru*)(3*Ru-Ru*), [85191-96-4], 26:363

$NiO_{12}P_4C_{12}H_{36}$, Nickel, tetrakis(trimethyl phosphite-*P*)-, (*T*-4)-, [14881-35-7], 17:119;28:101

$NiO_{12}P_4C_{24}H_{60}$, Nickel, tetrakis(triethyl phosphite-*P*)-, (*T*-4)-, [14839-39-5], 13:112;17:119;28:101

$NiO_{12}P_4C_{36}H_{84}$, Nickel, tetrakis[tris(1-methylethyl) phosphite-*P*]-, (*T*-4)-, [36700-07-9], 17:119;28:101

$NiO_{12}P_4C_{72}H_{60}$, Nickel, tetrakis(triphenyl phosphite-*P*)-, (*T*-4)-, [14221-00-2], 9:181;13:108,116;17:

$NiP_2C_{38}H_{70}$, Nickel, (η^2-ethene)bis (tricyclohexylphosphine)-, [41685-59-0], 15:29

$NiP_2C_{50}H_{42}$, Nickel, [1,1'-(η^2-1,2-ethene-diyl)bis[benzene]]bis(triphenyl-phosphine)-, [12151-25-6], 17:121

$NiP_4C_{12}H_{32}$, Nickel, bis[1,2-ethanediylbis [dimethylphosphine]-*P,P'*]-, (*T*-4)-, [32104-66-8], 17:119;28:101

$NiP_4C_{12}H_{36}$, Nickel, tetrakis(trimethyl-phosphine)-, (*T*-4)-, [28069-69-4], 17:119;28:101

$NiP_4C_{24}H_{60}$, Nickel, tetrakis(triethyl-phosphine)-, (*T*-4)-, [51320-65-1], 17:119;28:101

$NiP_4C_{40}H_{60}$, Nickel, tetrakis(diethyl-phenylphosphine)-, (*T*-4)-, [55293-69-1], 17:119;28:101

$NiP_4C_{48}H_{108}$, Nickel, tetrakis(tributyl-phosphine)-, (*T*-4)-, [28101-79-3], 17:119;28:101

$NiP_4C_{52}H_{48}$, Nickel, bis[1,2-ethanediylbis [diphenylphosphine]-*P,P'*]-, (*T*-4)-, [15628-25-8], 17:121;28:103

$NiP_4C_{52}H_{52}$, Nickel, tetrakis(methyl-diphenylphosphine)-, (*T*-4)-, [25037-29-0], 17:119;28:101

$NiP_4C_{72}H_{60}$, Nickel, tetrakis(triphenyl-phosphine)-, (*T*-4)-, [15133-82-1], 13:124;17:120;28:102

$NiS_4C_4H_4$, Nickelate(1-), bis[1,2-ethenedithiolato(2-)-*S,S'*]-, (*SP*-4-1)-, [19555-32-9], 10:9

———, Nickelate(2-), bis[1,2-ethene-dithiolato(2-)-*S,S'*]-, (*SP*-4-1)-, [54992-70-0], 10:9

———, Nickel, bis[1,2-ethenedithiolato (2-)-*S,S'*]-, (*SP*-4-1)-, [19042-52-5], 10:9

$NiS_4C_8H_{12}$, Nickelate(1-), bis[2-butene-2,3-dithiolato(2-)-*S,S'*]-, (*SP*-4-1)-, [20004-27-7], 10:9

———, Nickelate(2-), bis[2-butene-2,3-dithiolato(2-)-*S,S'*]-, (*SP*-4-1)-, [21283-60-3], 10:9

———, Nickel, bis[2-butene-2,3-dithiolato(2-)-*S,S'*]-, (*SP*-4-1)-, [38951-94-9], 10:9

$NiS_4C_{12}H_{20}$, Nickel, bis[3-hexene-3,4-dithiolato(2-)-*S,S'*]-, (*SP*-4-1)-, [107701-92-8], 10:9

$NiS_4C_{28}H_{20}$, Nickelate(1-), bis[1,2-diphenyl-1,2-ethenedithiolato(2-)-*S,S'*]-, (*SP*-4-1)-, [14879-11-9], 10:9
———, Nickelate(2-), bis[1,2-diphenyl-1,2-ethenedithiolato(2-)-*S,S'*]-, (*SP*-4-1)-, [15683-67-7], 10:9
———, Nickel, bis[1,2-diphenyl-1,2-ethenedithiolato(2-)-*S,S'*]-, (*SP*-4-1)-, [28984-20-5], 10:9
$NiS_4C_{32}H_{28}$, Nickel, bis[1,2-bis(4-methylphenyl)-1,2-ethenedithiolato(2-)-*S,S'*]-, (*SP*-4-1)-, [89918-29-6], 10:9
$NiSb_4C_{72}H_{60}$, Nickel, tetrakis(triphenylstibine)-, (*T*-4)-, [15555-80-3], 28:103
$Ni_2Cr_2N_{22}C_{22}H_{48}.3H_2O$, Chromium(3+), tris(1,2-ethanediamine-*N,N'*)-, (*OC*-6-11)-, pentakis(cyano-*C*)nickelate(3-), hydrate (2:2:3), [20523-47-1], 11:51
$Ni_2K_4N_6C_6$, Nickelate(4-), hexakis(cyano-*C*)di-, (*Ni-Ni*), tetrapotassium, [40810-33-1], 5:197
$Ni_2K_4N_6O_2C_8$, Nickelate(4-), dicarbonylbis[μ-(cyano-*C,N*)]tetrakis(cyano-*C*)di-, tetrapotassium, [12556-88-6], 5:201
$Ni_2N_2P_4C_{72}H_{132}$, Nickel, [μ-(dinitrogen-*N:N'*)]tetrakis(tricyclohexylphosphine)di-, [21729-50-0], 15:29
$Ni_2P_6C_{20}H_{56}$, Nickel, bis[μ-[(1,1-dimethylethyl)phosphino]]tetrakis(trimethylphosphine)di-, (*Ni-Ni*), stereoisomer, [87040-42-4], 25:176
$Ni_3N_{24}S_6C_{18}H_{18}$, Nickel, hexakis(thiocyanato-*N*)hexakis[μ-(4*H*-1,2,4-triazole-N^1:N^2)]tri-, [63161-69-3], 23:160
$Ni_3O_9Os_3C_{24}H_{15}$, Osmium, nonacarbonyl[tris(η^5-2,4-cyclopentadien-1-yl)trinickel]tri-, (*Ni-Ni*)(8*Ni-Os*)(3*Os-Os*), [81210-80-2], 26:365
Ni_4AlH_4La, Aluminum lanthanum nickel hydride ($AlLaNi_4H_4$), [66457-10-1], 22:96
$Ni_4N_4O_{60}C_{96}H_{136}$, Nickelate(4-), hexakis[μ-[tetraethyl 2,3-dioxo-1,1,4,4-butanetetracarboxylato(2-)]]tetra-, tetraammonium, [125591-68-6], 29:277
$Ni_6N_2O_{12}C_{20}H_{24}$, Methanaminium, *N,N,N*-trimethyl-, hexa-μ-carbonylhexacarbonylhexanickelate(2-) *octahedro* (2:1), [60464-19-9], 26:312

OAg, Silver oxide (AgO), [1301-96-8], 4:12;30:54
OAgNC, Cyanic acid, silver(1+) salt, [3315-16-0], 8:23
$OAsF_6N$, Arsenate(1-), hexafluoro-, nitrosyl, [18535-07-4], 24:69
$OAsNC_{25}H_{20}$, Arsonium, tetraphenyl-, cyanate, [21294-26-8], 16:134
$OAs_2ClRhC_{37}H_{30}$, Rhodium, carbonylchlorobis(triphenylarsine)-, [14877-90-8], 8:214
$OAs_2ClRhC_{37}H_{30}$, Rhodium, carbonylchlorobis(triphenylarsine)-, (*SP*-4-1)-, [16970-35-7], 11:100
OAuClC, Gold, carbonylchloro-, [50960-82-2], 24:236
$OAuF_6P_5RuC_{73}H_{62}$, Ruthenium(1+), carbonyldi-μ-hydrotris(triphenylphosphine)[(triphenylphosphine)gold]-, (*Au-Ru*), stereoisomer, hexafluorophosphate(1-), [116053-37-3], 29:281
$OAu_3BF_4P_3C_{54}H_{45}$, Gold(1+), μ_3-oxotris(triphenylphosphine)tri-, tetrafluoroborate(1-), [53317-87-6], 26:326
$OBBrF_4IrNP_2C_{36}H_{30}$, Iridium(1+), bromonitrosylbis(triphenylphosphine)-, (*SP*-4-3)-, tetrafluoroborate(1-), [38302-39-5], 16:42
OBC_4H_{11}, Borinic acid, diethyl-, [4426-31-7], 22:193
———, Boron, trihydro(tetrahydrofuran)-, (*T*-4)-, [14044-65-6], 12:109-115
OBC_5H_{13}, Borinic acid, diethyl-, methyl ester, [7397-46-8], 22:190
$OBClF_4IrNP_2C_{36}H_{30}$, Iridium(1+), chloronitrosylbis(triphenylphosphine)-, (*SP*-

4-3)-, tetrafluoroborate(1-), [38302-38-4], 16:41

$OBClF_4IrP_2C_{37}H_{31}$, Iridium, carbonylchlorohydro[tetrafluoroborato(1-)-*F*] bis(triphenylphosphine)-, [106062-66-2], 26:117;28:23

$OBClF_4IrP_2C_{38}H_{33}$, Iridium, carbonylchloromethyl[tetrafluoroborato(1-)-*F*] bis(triphenylphosphine)-, (*OC*-6-52)-, [82474-47-3], 26:118;28:24

$OBCl_2C_2H_5$, Borane, dichloroethoxy-, [16339-28-9], 5:30

$OBCuN_6C_{10}H_{10}$, Copper, carbonyl [hydrotris(1*H*-pyrazolato-N^1) borato(1-)-N^2,$N^{2'}$,$N^{2''}$]-, (*T*-4)-, [52374-64-8], 21:108

$OBCuN_6C_{16}H_{22}$, Copper, carbonyl [tris(3,5-dimethyl-1*H*-pyrazolato-N^1) hydroborato(1-)-N^2,$N^{2'}$,$N^{2''}$]-, (*T*-4)-, [52374-73-9], 21:109

$OBCuN_8C_{13}H_{12}$, Copper, carbonyl [tetrakis(1*H*-pyrazolato-N^1) borato(1-)-N^2,$N^{2'}$,$N^{2''}$]-, (*T*-4)-, [55295-09-5], 21:110

$OBF_4MoC_{34}H_{25}$, Molybdenum(1+), carbonyl(η^5-2,4-cyclopentadien-1-yl) bis[1,1'-(η^2-1,2-ethynediyl)bis [benzene]]-, tetrafluoroborate(1-), [66615-17-6], 26:102;28:11

$OBF_4MoPC_{38}H_{30}$, Molybdenum(1+), carbonyl(η^5-2,4-cyclopentadien-1-yl)[1,1'-(η^2-1,2-ethynediyl)bis [benzene]](triphenylphosphine)-, tetrafluoroborate(1-), [78090-78-5], 26:104;28:13

$OBIMoN_8C_{17}H_{28}$, Molybdenum, (ethanaminato)iodonitrosyl[tris(3,5-dimethyl-1*H*-pyrazolato-N^1) hydroborato(1-)-N^2,$N^{2'}$,$N^{2''}$]-, (*OC*-6-33)-, [70114-01-1], 23:8

$OBI_2MoN_7C_{15}H_{22}$, Molybdenum, diiodonitrosyl[tris(3,5-dimethyl-1*H*-pyrazolato-N^1)hydroborato(1-)-N^2,$N^{2'}$,$N^{2''}$]-, (*OC*-6-33)-, [60106-46-9], 23:6

$OBNC_4H_{12}$, Boron, trihydro(morpholine-N^4)-, (*T*-4)-, [4856-95-5], 12:109-115

$OBNP_2RhC_{38}H_{33}$, Rhodium, carbonyl [(cyano-*C*)trihydroborato(1-)-*N*]bis (triphenylphosphine)-, (*SP*-4-1)-, [36606-39-0], 15:72

$OBN_2C_6H_{17}$, Boron, (*N*,*N*-dimethyl methanamine)[(ethylamino)carbonyl] dihydro-, (*T*-4)-, [60788-35-4], 25:83

$OBP_3RhS_2C_{66}H_{59}$, Rhodium(1+), [carbonodithioato(2-)-*S*,*S*'][[2-[(diphenylphosphino)methyl]-2-methyl-1,3-propanediyl]bis[diphenylphosphine]-*P*,*P*',*P*'']-, (*SP*-5-22)-, tetraphenylborate(1-), [99955-64-3], 27:287

$OB_2C_8H_{20}$, Borane, oxybis[diethyl-, [7318-84-5], 22:188

$OBrCoN_4C_{14}H_{26}$, Cobalt(1+), [2-[1-[(2-aminoethyl)imino]ethyl]phenolato-*N*,*N*',*O*](1,2-ethanediamine-*N*,*N*') ethyl-, bromide, (*OC*-6-34)-, [76375-20-7], 23:165

$OBrF_2P$, Phosphoric bromide difluoride, [14014-18-7], 15:194

OBrN, Nitrosyl bromide ((NO)Br), [13444-87-6], 11:199

$OBr_2ClCoN_4C_4H_{18}.H_2O$, Cobalt(2+), aquachlorobis(1,2-ethanediamine-*N*,*N*')-, dibromide, monohydrate, (*OC*-6-33)-, [16773-98-1], 9:165

$OBr_2H_{15}N_7Ru$, Ruthenium(2+), pentaammine(dinitrogen monooxide)-, dibromide, (*OC*-6-22)-, [60133-59-7], 16:75

OBr_2S, Thionyl bromide, [507-16-4], 1:113

OBr_2Th, Thorium bromide oxide ($ThBr_2O$), [13596-00-4], 1:54

OBr_2W, Tungsten bromide oxide (WBr_2O), [22445-32-5], 14:120

OBr_2Zr, Zirconium, dibromooxo-, [33712-61-7], 1:51

$OBr_3CoH_{17}N_5$, Cobalt(3+), pentaammineaqua-, tribromide, (*OC*-6-22)-, [14404-37-6], 1:188

$OBr_3CoN_4C_4H_{18}.H_2O$, Cobalt, aquabromobis(1,2-ethanediamine-*N,N'*)-, dibromide, monohydrate, (*OC*-6-33)-, [30103-63-0], 21:123

$OBr_3CoN_5C_4H_{21}.H_2O$, Cobalt(3+), ammineaquabis(1,2-ethanediamine-*N,N'*)-, tribromide, monohydrate, (*OC*-6-23)-, [15307-17-2], 8:198

$OBr_3CoN_5C_4H_{21}.H_2O$, Cobalt(3+), ammineaquabis(1,2-ethanediamine-*N,N'*)-, tribromide, monohydrate, (*OC*-6-32)-, [15307-24-1], 8:198

$OBr_3CrH_{17}N_5$, Chromium(3+), pentaammineaqua-, tribromide, (*OC*-6-22)-, [19706-92-4], 5:134

$OBr_3H_{12}N_5Os$, Osmium(2+), tetraamminebromonitrosyl-, dibromide, [39733-95-4], 16:12

$OBr_3H_{15}N_6Os.H_2O$, Osmium(3+), pentaamminenitrosyl-, tribromide, monohydrate, (*OC*-6-22)-, [151247-06-2], 16:11

OBr_3P, Phosphoric tribromide, [7789-59-5], 2:151

$OBr_3P_2ReC_{36}H_{30}$, Rhenium, tribromooxobis(triphenylphosphine)-, [18703-07-6], 9:145,146

OBr_3W, Tungsten bromide oxide (WBr_3O), [20213-56-3], 14:118

OBr_4W, Tungsten bromide oxide (WBr_4O), [13520-77-9], 14:117

OBr_5Mo, Molybdate(2-), pentabromooxo-, (*OC*-6-21)-, [17523-72-7], 15:102

OC, Carbon monoxide, [630-08-0], 2:81;6:157

OC_3H_6, Methylene, ethoxy-, [60141-19-7], 18:37

OC_4H_8, Furan, tetrahydro-, [109-99-9], 10:106

OC_6H_{14}, Propane, 1,1'-oxybis-, [111-43-3], 10:98

OC_9H_{14}, 2-Cyclopenten-1-one, 2,3,4,5-tetramethyl-, [54458-61-6], 29:195

$OClCoN_3C_{12}H_{11}$, Cobalt(1+), triammineaquadichloro-, chloride, [13820-77-4], 6:180;6:191

$OClCuC.2H_2O$, Copper, carbonylchloro-, dihydrate, [150220-20-5], 2:4

$OClFPCH_3$, Phosphonic chloride fluoride, methyl-, [753-71-9], 4:141

$OClF_2P$, Phosphoric chloride difluoride, [13769-75-0], 15:194

$OClF_3C$, Hypochlorous acid, trifluoromethyl ester, [22082-78-6], 24:60

$OClF_9C_4$, Hypochlorous acid, 2,2,2-trifluoro-1,1-bis(trifluoromethyl)ethyl ester, [27579-40-4], 24:61

$OClFeNC_5H_5$, Iron chloride oxide (FeClO), compd. with pyridine (1:1), [158188-73-9], 30:182

OClH, Hypochlorous acid, [7790-92-3], 5:160

$OClH.2H_2O$, Hypochlorous acid, dihydrate, [67689-22-9], 5:161

$OClH_4N$, Hydroxylamine, hydrochloride, [5470-11-1], 1:89

$OClIrP_2C_7H_{18}$, Iridium, carbonylchlorobis(trimethylphosphine)-, (*SP*-4-3)-, [21209-86-9], 18:64

$OClIrP_2C_{17}H_{22}$, Iridium, carbonylchlorobis(dimethylphenylphosphine)-, (*SP*-4-3)-, [21209-82-5], 21:97

$OClIrP_2C_{37}H_{30}$, Iridium, carbonylchlorobis(triphenylphosphine)-, (*SP*-4-3)-, [15318-31-7], 11:101;13:129;15:67

$OClIrP_4C_{13}H_{36}$, Iridium(1+), carbonyltetrakis(trimethylphosphine)-, chloride, [67215-74-1], 18:63

$OClLuC_{12}H_{16}$, Lutetium, chloro(η^8-1,3,5,7-cyclooctatetraene)(tetrahydrofuran)-, [96504-50-6], 27:152

OClN, Nitrosyl chloride ((NO)Cl), [2696-92-6], 1:55;4:48;11:199

$OClN_2C_4H_{13}$, Hydrazinium, 1-(2-hydroxyethyl)-1,1-dimethyl-, chloride, [64298-51-7], 5:92

$OClN_2C_6H_{17}$, Hydrazinium, 1,1-diethyl-1-(2-hydroxyethyl)-, chloride, [119076-25-4], 5:92

$OClN_2C_7H_{19}$, Hydrazinium, 1,1-diethyl-1-(3-hydroxypropyl)-, chloride, [118870-24-9], 5:92

$OClN_2PC_4H_{12}$, Phosphorodiamidic chloride, tetramethyl-, [1605-65-8], 7:71

OClNa, Hypochlorous acid, sodium salt, [7681-52-9], 1:90;5:159

$OClOsP_3C_{55}H_{46}$, Osmium, carbonylchlorohydrotris(triphenylphosphine)-, [16971-31-6], 15:53

$OClP_2RhC_{37}H_{30}$, Rhodium, carbonylchlorobis(triphenylphosphine)-, [13938-94-8], 8:214;10:69;15:65,71

———, Rhodium, carbonylchlorobis (triphenylphosphine)-, (*SP*-4-3)-, [15318-33-9], 11:99;28:79

$OClP_2RhSC_{38}H_{36}$, Rhodium, chloro [sulfinylbis[methane]-*S*]bis (triphenylphosphine)-, (*SP*-4-2)-, [29826-67-3], 10:69

$OClP_3RhS_2C_{42}H_{39}$, Rhodium, [carbonodithioato(2-)-*S*,*S*'] chloro[[2-[(diphenylphosphino) methyl]-2-methyl-1,3-propanediyl]bis [diphenylphosphine]-*P*,*P*',*P*'']-, (*OC*-6-33)-, [100044-11-9], 27:289

$OClP_3RuC_{55}H_{46}$, Ruthenium, carbonylchlorohydrotris(triphenylphosphine)-, [16971-33-8], 15:48

OCl_2, Chlorine oxide (Cl_2O), [7791-21-1], 5:156;5:158

$OCl_2CoH_{15}N_6$, Cobalt(2+), pentaamminenitrosyl-, dichloride, (*OC*-6-22)-, [13931-89-0], 4:168;5:185;8:191

$OCl_2CoNP_2C_{26}H_{26}$, Cobalt, dichlorobis (methyldiphenylphosphine)nitrosyl-, [36237-01-1], 16:29

———, Cobalt, dichlorobis(methyldiphenylphosphine)nitrosyl-, (*TB*-5-22)-, [38402-84-5], 16:29

OCl_2FP, Phosphoric dichloride fluoride, [13769-76-1], 15:194

$OCl_2H_{15}N_7Ru$, Ruthenium(2+), pentaammine(dinitrogen monooxide)-, dichloride, (*OC*-6-22)-, [60182-89-0], 16:75

$OCl_2IrNP_2C_{36}H_{30}$, Iridium, dichloronitrosylbis(triphenylphosphine)-, [27411-12-7], 15:62

$OCl_2NPC_2H_6$, Phosphoramidic dichloride, dimethyl-, [677-43-0], 7:69

$OCl_2NPPtC_{15}H_{26}$, Platinum, dichloro [ethoxy(phenylamino)methylene] (triethylphosphine)-, (*SP*-4-3)-, [30394-37-7], 19:175

$OCl_2NP_2RhC_{36}H_{30}$, Rhodium, dichloronitrosylbis(triphenylphosphine)-, [20097-11-4], 15:60

OCl_2PCH_3, Phosphonic dichloride, methyl-, [676-97-1], 4:63

$OCl_2PC_2H_5$, Phosphonic dichloride, ethyl-, [1066-50-8], 4:63

$OCl_2PC_6H_5$, Phosphonic dichloride, phenyl-, [824-72-6], 8:70

$OCl_2PSC_2H_5$, Phosphorodichloridothioic acid, *O*-ethyl ester, [1498-64-2], 4:75

$OCl_2P_4Pd_2C_{51}H_{44}$, Palladium, μ-carbonyldichlorobis[μ-[methylenebis [diphenylphosphine]-*P*:*P*']di-, [64345-32-0], 21:49

OCl_2S, Thionyl chloride, [7719-09-7], 9:88,91

———, Thionyl chloride-$^{36}Cl_2$, [55207-92-6], 7:160

OCl_2Se, Seleninyl chloride, [7791-23-3], 3:130

OCl_2W, Tungsten chloride oxide (WCl_2O), [22550-09-0], 14:115

OCl_2Zr, Zirconium, dichlorooxo-, [7699-43-6], 3:76

$OCl_2Zr.8H_2O$, Zirconium, dichlorooxo-, octahydrate, [13520-92-8], 2:121

$OCl_2Zr_2C_{20}H_{20}$, Zirconium, dichlorotetrakis(η^5-2,4-cyclopentadien-1-yl)-μ-oxodi-, [12097-04-0], 19:224

$OCl_3CoH_{11}N_3$, Cobalt(1+), triammine-aquadichloro-, chloride, (*OC*-6-13)-, [60966-27-0], 23:110

$OCl_3CoH_{14}N_4$, Cobalt(2+), tetraammine-aquachloro-, dichloride, (*OC*-6-33)-, [13820-78-5], 6:178

$OCl_3CrH_{17}N_5$, Chromium(3+), penta-ammineaqua-, trichloride, (*OC*-6-22)-, [15203-78-8], 6:141

$OCl_3H_{12}N_5Os$, Osmium(2+), tetraammine-chloronitrosyl-, dichloride, [39733-94-3], 16:12

$OCl_3H_{12}N_5Ru$, Ruthenium(2+), tetra-amminechloronitrosyl-, dichloride, [22615-60-7], 16:13

$OCl_3H_{15}N_6OOs_3H_2$, Osmium(3+), pentaamminenitrosyl-, trichloride, monohydrate, (*OC*-6-22)-, [151120-21-7], 16:11

$OCl_3H_{15}N_6Os_3.H_2O$, Osmium(3+), pentaamminenitrosyl-, trichloride, monohydrate, (*OC*-6-22)-, [151120-21-7], 16:11

OCl_3Mo, Molybdenum chloride oxide ($MoCl_3O$), [13814-74-9], 12:190

$OCl_3MoN_2C_{10}H_8$, Molybdenum, (2,2'-bipyridine-*N,N'*)trichlorooxo-, [12116-37-9], 19:135,136

———, Molybdenum, (2,2'-bipyridine-*N,N'*)trichlorooxo-, (*OC*-6-31)-, [35408-54-9], 19:135,136

———, Molybdenum, (2,2'-bipyridine-*N,N'*)trichlorooxo-, (*OC*-6-33)-, [35408-53-8], 19:135,136

$OCl_3NOsP_2C_{36}H_{30}$, Osmium, trichloro-nitrosylbis(triphenylphosphine)-, [22180-41-2], 15:57

$OCl_3NP_2RuC_{36}H_{30}$, Ruthenium, trichloro-nitrosylbis(triphenylphosphine)-, [15349-78-7], 15:51

$OCl_3PC_2H_4$, Phosphonic dichloride, (2-chloroethyl)-, [690-12-0], 4:66

$OCl_3P_2ReC_{36}H_{30}$, Rhenium, trichloro-oxobis(triphenylphosphine)-, [17442-18-1], 9:145;17:110

OCl_3V, Vanadium, trichlorooxo-, (*T*-4)-, [7727-18-6], 1:106;4:80;6:119;9:8

OCl_3W, Tungsten chloride oxide (WCl_3O), [14249-98-0], 14:113

$OCl_4Co_2H_{27}N_9.4H_2O$, Cobalt(4+), μ-amidooctaammine-μ-hydroxydi-, tetrachloride, tetrahydrate, [15771-94-5], 12:210

OCl_4Mo, Molybdenum chloride oxide ($MoCl_4O$), [13814-75-0], 10:54; 23:195;28:325

$OCl_4NTcC_{16}H_{36}$, 1-Butanaminium, *N,N,N*-tributyl-, (*SP*-5-21)-tetrachlorooxotechnetate(1-)-^{99}*Tc*, [92622-25-8], 21:160

$OCl_4P_4Ru_2C_{73}H_{60}.2OC_3H_6$, Ruthenium, carbonyltri-μ-chlorochlorotetrakis (triphenylphosphine)di-, compd. with 2-propanone (1:2), [83242-25-5], 21:30

$OCl_4SiC_2H_4$, Silane, trichloro(2-chloro-ethoxy)-, [18077-24-2], 4:85

OCl_4W, Tungsten chloride oxide (WCl_4O), [13520-78-0], 9:123;14:112;23:195;

$OCl_5H_2Cs_2Mo$, Molybdate(2-), aquapenta-chloro-, dicesium, (*OC*-6-21)-, [33461-69-7], 13:171

$OCl_5H_2K_2Mo$, Molybdate(2-), aquapenta-chloro-, dipotassium, [15629-45-5], 4:97

$OCl_5H_2K_2Rh$, Rhodate(2-), aquapenta-chloro-, dipotassium, (*OC*-6-21)-, [15306-82-8], 7:215

$OCl_5H_2MoRb_2$, Molybdate(2-), aqua-pentachloro-, derubidium, (*OC*-6-21)-, [33461-70-0], 13:171

OCl_5H_2Rh, Rhodate(2-), aquapenta-chloro-, (*OC*-6-21)-, [15276-84-3], 8:220,222

$OCl_5H_8MoN_2$, Molybdate(2-), penta-chlorooxo-, diammonium, (*OC*-6-21)-, [17927-44-5], 26:36

$OCl_5H_{10}MoN_2$, Molybdate(2-), aquapenta-chloro-, diammonium, (*OC*-6-21)-, [13820-59-2], 13:171

$OCl_5MoN_2C_{10}H_{10}$, Molybdate(2-), pentachlorooxo-, (*OC*-6-21)-, dihydrogen, compd. with 2,2'-bipyridine (1:1), [18662-75-4], 19:135
OCl_5Mo, Molybdate(2-), pentachlorooxo-, (*OC*-6-21)-, [17523-68-1], 15:100
OCl_5NP_2, Phosphorimidic trichloride, (dichlorophosphinyl)-, [13966-08-0], 8:92
$OCl_5N_2RhC_{10}H_{12}$, Rhodate(2-), aquapentachloro-, (*OC*-6-21)-, dihydrogen, compd. with pyridine (1:2), [148832-35-3], 10:65
$OCl_5N_3P_3C_2H_3$, 1,3,5,2,4,6-Triazatriphosphorine, 2,2,4,4,6-pentachloro-6-(ethenyloxy)-2,2,4,4,6,6-hexahydro-, [82056-02-8], 25:75
$(OCl_5N_3P_3C_2H_3)_x$, 1,3,5,2,4,6-Triazatriphosphorine, 2,2,4,4,6-pentachloro-6-(ethenyloxy)-2,2,4,4,6,6-hexahydro-, homopolymer, [87006-53-9], 25:77
OCl_6Si_2, Disiloxane, hexachloro-, [14986-21-1], 7:23
$OCl_9FeC_{20}H_{12}$, Perylene, compd. with iron chloride oxide (FeClO) (1:9), [125641-50-1], 30:179
OCl_9UC_3, Uranium, pentachloro(2,3,3-trichloro-2-propenoyl chloride)-, (*OC*-6-21)-, [20574-41-8], 15:243
$OCl_{10}K_4Ru_2.H_2O$, Ruthenate(4-), decachloro-μ-oxodi-, tetrapotassium, monohydrate, [18786-01-1], 11:70
$OCoIN_4C_{14}H_{26}$, Cobalt(1+), [2-[1-[(2-aminoethyl)imino]ethyl]phenolato-*N,N',O*](1,2-ethanediamine-*N,N'*) ethyl-, iodide, (*OC*-6-34)-, [103881-04-5], 23:167
$OCoIN_4C_{15}H_{28}$, Cobalt(1+), [2-[1-[(3-aminopropyl)imino]ethyl]phenolato-*N,N',O*]methyl(1,3-propanediamine-*N,N'*)-, iodide, (*OC*-6-34)-, [103925-36-6], 23:170
$OCoIN_4C_{16}H_{30}$, Cobalt(1+), ethyl[2-[1-[(3-aminopropyl)imino]ethyl] phenolato-*N,N',O*](1,3-propanediamine-*N,N'*)-, iodide, (*OC*-6-34)-, [103925-35-5], 23:169
$OCoI_2C_{11}H_{15}$, Cobalt, carbonyldiiodo [(1,2,3,4,5-η)-1,2,3,4,5-pentamethyl-2,4-cyclopentadien-1-yl]-, [35886-64-7], 23:16;28:275
$OCoNP_3C_{54}H_{45}$, Cobalt, nitrosyltris (triphenylphosphine)-, (*T*-4)-, [18712-92-0], 16:33
$OCoN_3S_4C_6H_{12}$, Cobalt, bis(dimethylcarbamodithioato-*S,S'*)nitrosyl-, (*SP*-5-21)-, [36434-42-1], 16:7
$OCoN_5C_8H_{24}$, Cobalt(2+), [*N*-(2-aminoethyl)-*N'*-[2-[(2-aminoethyl) amino]ethyl]-1,2-ethanediamine-*N,N',N'',N''',N''''*]hydroxy-, [149250-81-7], 9:178
$OCoN_5C_8H_{25}$, Cobalt(3+), [*N*-(2-aminoethyl)-*N'*-[2-[(2-aminoethyl) amino]ethyl]-1,2-ethanediamine-*N,N',N'',N''',N''''*]aqua-, [149250-80-6], 9:178
$OCoN_5S_2C_6H_{14}$, Cobalt, [*N*-(2-aminoethyl)-1,2-ethanediamine-*N,N',N''*] hydroxybis(thiocyanato-*S*)-, [93219-91-1], 7:208
$OCrF_4$, Chromium fluoride oxide (CrF_4O), (*SP*-5-21)-, [23276-90-6], 29:125
$OCrK_3N_6C_5$, Chromate(3-), pentakis (cyano-*C*)nitrosyl-, tripotassium, (*OC*-6-22)-, [14100-08-4], 23:184
$OCrN_5S_2C_{12}H_8$, Chromium, (2,2'-bipyridine-*N,N'*)nitrosylbis (thiocyanato-*N*)-, [80557-37-5], 23:183
$OCrN_5S_2C_{14}H_8$, Chromium, nitrosyl (1,10-phenanthroline-N^1,N^{10})bis (thiocyanato-*N*)-, [80557-38-6], 23:185
$OCsH.xS_2Ta$, Cesium hydroxide (Cs(OH)), compd. with tantalum sulfide (TaS_2), [34340-85-7], 30:164
OFFe, Iron fluoride oxide (FeFO), [13824-62-9], 14:124

OFIn, Indium fluoride oxide (InFO), [13766-54-6], 14:123
$OFIrP_2C_{37}H_{30}$, Iridium, carbonylfluorobis (triphenylphosphine)-, [34247-65-9], 15:67
OFN, Nitrosyl fluoride ((NO)F), [7789-25-5], 11:196
$OFP_2RhC_{37}H_{30}$, Rhodium, carbonylfluorobis(triphenylphosphine)-, [58167-05-8], 15:65
OFTl, Thallium fluoride oxide (TlFO), [29814-46-8], 14:124
OF_2, Oxygen fluoride (OF_2), [7783-41-7], 1:109
OF_2C, Carbonic difluoride, [353-50-4], 6:155;8:165
$OF_2N_2CH_2$, Urea, *N,N*-difluoro-, [1510-31-2], 12:307,310
OF_2PCH_3, Phosphonic difluoride, methyl-, [676-99-3], 4:141;16:166
———, Phosphorodifluoridous acid, methyl ester, [381-65-7], 4:141;16:166
OF_2S, Thionyl fluoride, [7783-42-8], 6:162;7:123;8:162
OF_2Se, Seleninyl fluoride, [7783-43-9], 24:28
OF_3NC, Carbamic fluoride, difluoro-, [2368-32-3], 12:300
$OF_3NPSiC_7H_{17}$, Phosphinimidic acid, *P,P*-dimethyl-*N*-(trimethylsilyl)-, 2,2,2-trifluoroethyl ester, [73296-44-3], 25:71
$OF_3NPSiC_{12}H_{19}$, Phosphinimidic acid, *P*-methyl-*P*-phenyl-*N*-(trimethylsilyl)-, 2,2,2-trifluoroethyl ester, [88718-65-4], 25:72
OF_3NSC, Imidosulfurous difluoride, (fluorocarbonyl)-, [3855-41-2], 24:10
$OF_3S_2C_8H_5$, 3-Buten-2-one, 1,1,1-trifluoro-4-mercapto-4-(2-thienyl)-, [4552-64-1], 16:206
OF_4C, Hypofluorous acid, trifluoromethyl ester, [373-91-1], 8:165
$OF_4NiV.7H_2O$, Vanadate(2-), tetrafluorooxo-, nickel(2+) (1:1), heptahydrate, [60004-23-1], 16:87
OF_4P_2, Diphosphorous tetrafluoride, [13812-07-2], 12:281,285
OF_4S, Sulfur fluoride oxide (SF_4O), (*SP*-5-21)-, [13709-54-1], 11:131;20:34
OF_4W, Tungsten fluoride oxide (WF_4O), [13520-79-1], 24:37
OF_4Xe, Xenon fluoride oxide (XeF_4O), (*SP*-5-21)-, [13774-85-1], 8:251,260
OF_5HSe, Fluoroselenic acid ($HSeF_5O$), (*OC*-6-21)-, [38989-47-8], 20:38
OF_5HTe, Tellurium fluoride hydroxide ($TeF_5(OH)$), (*OC*-6-21)-, [57458-27-2], 24:34
OF_5K_2Mo, Molybdate(2-), pentafluorooxo-, dipotassium, (*OC*-6-21)-, [35788-80-8], 21:170
OF_5NSC, Sulfur, pentafluoro(isocyanato)-, (*OC*-6-21)-, [2375-30-6], 29:38
OF_6C_2, Methane, oxybis[trifluoro-, [1479-49-8], 14:42
OF_6S, Sulfur fluoride hypofluorite (SF_5 (OF)), (*OC*-6-21)-, [15179-32-5], 11:131
OF_9NW, Nitrogen(1+), tetrafluoro-, (*T*-4)-, (*OC*-6-21)-pentafluorooxotungstate (1-), [79028-46-9], 24:47
$OF_{12}IrN_4P_4C_{42}H_{39}$, Iridium(2+), tris (acetonitrile)nitrosylbis(triphenylphosphine)-, (*OC*-6-13)-, bis [hexafluorophosphate(1-)], [73381-68-7], 21:104
$OFeN_3S_4C_{10}H_{20}$, Iron, bis(diethylcarbamodithioato-*S,S'*)nitrosyl-, [14239-50-0], 16:5
$OFeN_4C_{37}H_{36}$, Iron, carbonyltetrakis(2-isocyano-1,3-dimethylbenzene)-, [75517-52-1], 26:57;28:183
$OFeN_8P_2C_{41}H_{34}$, Phosphorus(1+), amidotriphenyl-, pentakis(cyano-*C*) nitrosylferrare(2-) (2:1), [107780-92-7], 7:69
$OGe_2C_2H_{10}$, Digermoxane, 1,3-dimethyl-, [33129-29-2], 20:176,179
$OGe_2C_4H_{14}$, Digermoxane, 1,1,3,3-tetramethyl-, [33129-30-5], 20:176,179

$OGe_2C_6H_{18}$, Digermoxane, hexamethyl-, [2237-93-6], 20:176,179

$OGe_2C_{36}H_{30}$, Digermoxane, hexaphenyl-, [2181-40-0], 5:78

OGe_2H_6, Digermoxane, [14939-17-4], 20:176,178

OHK, Potassium hydroxide (K(OH)), [1310-58-3], 11:113-116

OHLi, Lithium hydroxide (Li(OH)), [1310-65-2], 7:1

OH_3N, Hydroxylamine, [7803-49-8], 1:87

$(OH_3N_2P)_x$, Phosphenimidic amide, homopolymer, [72198-94-8], 6:111

OH_4N_2NaPS, Phosphorodiamidothioic acid, monosodium salt, [13766-94-4], 6:112

OH_6N_3P, Phosphoric triamide, [13597-72-3], 6:108

$OH_{12}I_3N_5Os$, Osmium(2+), tetraammineiodonitrosyl-, diiodide, [39733-96-5], 16:12

$OH_{15}I_2N_7Ru$, Ruthenium(2+), pentaammine(dinitrogen monooxide)-, diiodide, (*OC*-6-22)-, [60182-90-3], 16:75

$OH_{15}I_3N_6Os.H_2O$, Osmium(3+), pentaamminenitrosyl-, triiodide, monohydrate, (*OC*-6-22)-, [43039-38-9], 16:11

$OH_{16}IrN_5$, Iridium(2+), pentaamminehydroxy-, (*OC*-6-22)-, [44439-82-9], 12:245,246

$OH_{17}IrN_5$, Iridium(3+), pentaammineaqua-, (*OC*-6-22)-, [29589-08-0], 12:245,246

OHg, Mercury oxide (HgO), [21908-53-2], 5:157,159

$OHLi.H_2O$, Lithium hydroxide (Li(OH)), monohydrate, [1310-66-3], 5:3

OINNi, Nickel, iodonitrosyl-, [47962-79-8], 14:88

$OIP_2RhC_{37}H_{66}$, Rhodium, carbonyliodobis (tricyclohexylphosphine)-, (*SP*-4-3)-, [59092-46-5], 27:292

$OIrP_3C_{55}H_{46}$, Iridium, carbonylhydrotris (triphenylphosphine)-, [17250-25-8], 13:126,128

OKF_7C_3, 2-Propanol, 1,1,1,2,3,3,3-heptafluoro-, potassium salt, [7459-60-1], 11:197

OKNC, Cyanic acid, potassium salt, [590-28-3], 2:87

$OLiNC_{16}H_{22}$, Lithium, [8-(dimethylamino)-1-naphthalenyl-*C*,*N*][1,1'-oxybis[ethane]]-, [86526-70-7], 26:154

$OLuC_{21}H_{25}$, Lutetium, bis(η^5-2,4-cyclopentadien-1-yl)(4-methylphenyl)(tetrahydrofuran)-, [76207-12-0], 27:162

$OLuNC_{21}H_{28}$, Lutetium, (η^8-1,3,5,7-cyclooctatetraene)[2-[(dimethylamino) methyl]phenyl-*C*,*N*](tetrahydrofuran)-, [84582-81-0], 27:153

$OLuSiC_{18}H_{29}$, Lutetium, bis(η^5-2,4-cyclopentadien-1-yl)(tetrahydrofuran)[(trimethylsilyl)methyl]-, [76207-10-8], 27:161

$OMnPSC_{25}H_{20}$, Manganese, (carbonothioyl)carbonyl(η^5-2,4-cyclopentadien-1-yl)(triphenylphosphine)-, [49716-54-3], 19:189

$OMoC_{10}H_{10}$, Molybdenum, bis(η^5-2,4-cyclopentadien-1-yl)oxo-, [37298-36-5], 29:209

$OMoC_{12}H_{14}$, Molybdenum, bis[(1,2,3,4,5-η)-1-methyl-2,4-cyclopentadien-1-yl]oxo-, [98525-67-8], 29:210

$OMoP_2S_4C_{15}H_{30}$, Molybdenum, bis[bis(1-methylethyl)phosphinodithioato-*S*,*S*'] carbonyl(η^2-ethyne)-, [55948-21-5], 18:55

$ONC_4H_9.xS_2Ta$, Butanamide, compd. with tantalum sulfide (TaS_2), [34294-09-2], 30:164

$ONC_5H_5.xS_2Ta$, Pyridine, 1-oxide, compd. with tantalum sulfide (TaS_2), [34340-84-6], 30:164

ONC_6H_{11}, 3-Penten-2-one, 4-(methylamino)-, [14092-14-9], 11:74

$ONC_6H_{13}.xS_2Ta$, Hexanamide, compd. with tantalum sulfide (TaS_2), [34294-11-6], 30:164

ONC_7H_7, Benzaldehyde, 2-amino-, [529-23-7], 18:31

$ONC_{10}H_{17}.xS_2Ta$, Benzenemethanaminium, *N,N,N*-trimethyl-, hydroxide, compd. with tantalum sulfide (TaS_2), [34370-10-0], 30:164

$ONC_{12}H_{15}$, 3-Penten-2-one, 4-[(4-methylphenyl)amino]-, [13074-74-3], 8:150

$ONC_{18}H_{37}.xS_2Ta$, Octadecanamide, compd. with tantalum sulfide (TaS_2), [34200-66-3], 30:164

ONNaC, Cyanic acid, sodium salt, [917-61-3], 2:88

$ONNiPC_{22}H_{40}$, Nickel, [butanamidato(2-)-C^4,N^1](tricyclohexylphosphine)-, [82840-51-5], 26:206

———, Nickel, [2-methylpropanamidato (2-)-C^3,*N*](tricyclohexylphosphine)-, [72251-37-7], 26:205

$ONPC_2H_6$, Phosphine oxide, ethylimino-, [148832-15-9], 4:65

$ONPC_{25}H_{20}$, Benzamide, 2-(diphenylphosphino)-*N*-phenyl-, [91410-02-5], 27:324

———, Benzamide, *N*-[2-(diphenylphosphino)phenyl]-, [91409-99-3], 27:323

$ONPReC_{24}H_{23}$, Rhenium, (η^5-2,4-cyclopentadien-1-yl)methylnitrosyl (triphenylphosphine)-, stereoisomer, [82336-24-1], 29:220

$ONP_3RhC_{54}H_{45}$, Rhodium, nitrosyltris (triphenylphosphine)-, (*T*-4)-, [21558-94-1], 15:61;16:33

$ONP_3RuC_{54}H_{46}$, Ruthenium, hydronitrosyltris(triphenylphosphine)-, [33991-11-6], 17:73

———, Ruthenium, hydronitrosyltris (triphenylphosphine)-, (*TB*-5-23)-, [33153-14 9], 17:73

$ONSSiC_3H_9$, Silanamine, 1,1,1-trimethyl-*N*-sulfinyl-, [7522-26-1], 25:48

ONS_7CH_3, Heptathiazocinemethanol, [69446-59-9], 8:105

$ONS_7C_2H_3$, Heptathiazocine, acetyl-, [15761-42-9], 8:105

$ONSe_2C_7H_{13}$, Carbamodiselenoic acid, dimethyl-, 1-methyl-2-oxopropyl ester, [76371-67-0], 24:132

$ONSiC_4H_9$, Silane, isocyanatotrimethyl-, [1118-02-1], 8:26

ON, Nitrogen oxide (NO), [10102-43-9], 2:126;5:118,119;8:19

ON_2CH_4, Cyanic acid, ammonium salt, [22981-32-4], 13:17;16:136

———, Urea, [57-13-6], 2:89

$ON_2C_9H_{20}$, Ethanaminium, *N,N,N*-triethyl-, cyanate, [18218-04-7], 16:131

$ON_2PC_{14}H_{17}$, Phosphinic hydrazide, 2,2-dimethyl-*P,P*-diphenyl-, [13703-22-5], 8:76

ON_2S_2C, 5*H*-1,3,2,4-Dithia(3-S^{IV})diazol-5-one, [55590-17-5], 25:53

ON_2S_3, 1,2,4,3,5-Trithia(4-S^{IV})diazole, 1-oxide, [54460-74-1], 25:52

$ON_2Si_2C_9H_{24}$, Urea, *N,N*'-dimethyl-*N,N*'-bis(trimethylsilyl)-, [10218-17-4], 24:120

$ON_3C_{18}H_{17}$, 3*H*-Pyrazol-3-one, 2,4-dihydro-5-methyl-4-[(methylphenylamino)methylene]-2-phenyl-, [65699-59-4], 30:68

ON_4CH_2, 5*H*-Tetrazol-5-one, 1,2-dihydro-, [16421-52-6], 6:62

ON_4CH_6, Carbonic dihydrazide, [497-18-7], 4:32

$ON_4VC_{44}H_{28}$, Vanadium, oxo[5,10,15,20-tetraphenyl-21*H*,23*H*-porphinato(2-)-N^{21},N^{22},N^{23},N^{24}]-, (*SP*-5-12)-, [14705-63-6], 20:144

ON_6C, Carbonic diazide, [14435-92-8], 4:35

$ON_8VC_{26}H_{14}$, Vanadium, [5,26:13,18-diimino-7,11:20,24-dinitrilodibenzo [*c,n*][1,6,12,17]tetraazacyclodocosinato(2-)-N^{27},N^{28},N^{29},N^{30}]oxo-, (*SP*-5-12)-, [67327-06-4], 18:48

$ONaC_2H_5$, Ethanol, sodium salt, [141-52-6], 7:129

$ONaC_4H_9$, 1-Butanol, sodium salt, [2372-45-4], 1:88

ONb, Niobium oxide (NbO), [12034-57-0], 14:131;30:108

$ONdC_{18}H_{27}$, Neodymium, bis(η^5-2,4-cyclopentadien-1-yl)(1,1-dimethylethyl)(tetrahydrofuran)-, [95274-94-5], 27:158

$ONdC_{19}H_{23}$, Neodymium, tris(η^5-2,4-cyclopentadien-1-yl)(tetrahydrofuran)-, [84270-65-5], 28:293

$OOsP_2SC_{42}H_{34}$, Osmium, carbonyl [(*S*,1,5-η)-5-thioxo-2,4-pentadienylidene]bis(triphenylphosphine)-, stereoisomer, [84411-69-8], 26:188

$OOsP_3C_{55}H_{47}$, Osmium, carbonyldihydrotris(triphenylphosphine)-, [12104-84-6], 15:54

$OOsP_3SC_{56}H_{45}$, Osmium, (carbonothioyl) carbonyltris(triphenylphosphine)-, [64883-46-1], 26:187

OPC_8H_{11}, Phosphine oxide, dimethylphenyl-, [10311-08-7], 17:185

$OPC_{12}H_{19}$, 1-Butanol, 4-(ethylphenylphosphino)-, [54807-90-8], 18:189,190

$OPC_{12}H_{27}$, Phosphine oxide, tributyl-, [814-29-9], 6:90

$OPC_{13}H_{13}$, Phosphine oxide, methyldiphenyl-, [2129-89-7], 17:184

———, Phosphinous acid, diphenyl-, methyl ester, [4020-99-9], 17:184

$OPC_{19}H_{15}$, Benzaldehyde, 2-(diphenylphosphino)-, [50777-76-9], 21:176

$OPSi_2C_{11}H_{27}$, 3-Oxa-5-phospha-2,6-disilahept-4-ene, 4-(1,1-dimethylethyl)-2,2,6,6-tetramethyl-, [78114-26-8], 27:250

$OP_2PtC_{18}H_{36}$, Platinum, hydroxyphenylbis (triethylphosphine)-, (*SP*-4-1)-, [76124-93-1], 25:102

$OP_2PtC_{28}H_{30}$, Platinum, hydroxymethyl [1,3-propanediylbis[diphenylphosphine]-*P*,*P*']-, (*SP*-4-3)-, [76137-65-0], 25:105

$OP_2PtC_{37}H_{70}$, Platinum, hydroxymethylbis (tricyclohexylphosphine)-, (*SP*-4-1)-, [98839-53-3], 25:104

$OP_2PtC_{42}H_{36}$, Platinum, hydroxyphenylbis (triphenylphosphine)-, (*SP*-4-1)-, [60399-83-9], 25:103

$OP_3RhC_{55}H_{46}$, Rhodium, carbonylhydrotris(triphenylphosphine)-, (*TB*-5-23)-, [17185-29-4], 15:59;28:82

$OP_3RuC_{55}H_{47}$, Ruthenium, carbonyldihydrotris(triphenylphosphine)-, (*OC*-6-31)-, [22337-78-6], 15:48

$OPbC_{12}H_{10}$, Plumbane, oxodiphenyl-, [14127-49-2], 8:61

$OPbC_{18}H_{16}$, Plumbane, hydroxytriphenyl-, [894-08-6], 8:58

$OPdC_{14}H_{20}$, Palladium, (η^5-2,4-cyclopentadien-1-yl)(8-methoxy-4-cycloocten-1-yl)-, [97197-50-7], 13:60

OSC_2H_6, Methane, sulfinylbis-, [67-68-5], 11:116,124

OS_2CH_2, Carbonodithioic acid, [4741-30-4], 27:287

OS_8, Sulfur oxide (S_8O), [35788-51-3], 21:172

$OSiC_3H_{10}$, Silanol, trimethyl-, [1066-40-6], 5:58

$OSiC_4H_{12}$, Silane, methoxytrimethyl-, [1825-61-2], 26:44

$OSi_2C_6H_{18}$, Disiloxane, hexamethyl-, [107-46-0], 5:58

$OSmC_{19}H_{23}$, Samarium, tris(η^5-2,4-cyclopentadien-1-yl)(tetrahydrofuran)-, [84270-64-4], 28:294

$OSn_2C_6H_{18}$, Distannoxane, hexamethyl-, [1692-18-8], 17:181

OTi, Titanium oxide (TiO), [12137-20-1], 14:131

OV, Vanadium oxide (VO), [12035-98-2], 14:131

$OYbC_{24}H_{40}$, Ytterbium, [1,1'-oxybis [ethane]]bis[(1,2,3,4,5-η)-1,2,3,4,5-pentamethyl-2,4-cyclopentadien-1-yl]-, [74282-47-6], 27:148

OZn, Zinc oxide (ZnO), [1314-13-2], 30:262

$O_2AgF_3C_{13}H_{12}$, Silver, [(1,2-η)-1,3,5,7-cyclooctatetraene](1,1,1-trifluoro-2,4-pentanedionato-*O*,*O*')-, [39015-21-9], 16:118

$O_2AgF_3C_{13}H_{16}$, Silver, [(1,2-η)-1,5-cyclooctadiene](1,1,1-trifluoro-2,4-pentanedionato-*O,O'*)-, [38892-27-2], 16:118

$O_2AgF_6C_{11}H_{11}$, Silver, [(1,2-η)-cyclohexene](1,1,1,5,5,5-hexafluoro-2,4-pentanedionato-*O,O'*)-, [38892-26-1], 16:18

$O_2AgF_6C_{12}H_{13}$, Silver, [(1,2-η)-cycloheptene](1,1,1,5,5,5-hexafluoro-2,4-pentanedionato-*O,O'*)-, [38882-89-2], 16:118

$O_2AgF_6C_{13}H_9$, Silver, [(1,2-η)-1,3,5,7-cyclooctatetraene](1,1,1,5,5,5-hexafluoro-2,4-pentanedionato-*O,O'*)-, [38892-24-9], 16:117

$O_2AgF_6C_{13}H_{13}$, Silver, [(1,2-η)-1,5-cyclooctadiene](1,1,1,5,5,5-hexafluoro-2,4-pentanedionato-*O,O'*)-, [38892-25-0], 16:117

$O_2AgF_6C_{13}H_{15}$, Silver, [(1,2-η)-cyclooctene](1,1,1,5,5,5-hexafluoro-2,4-pentanedionato-*O,O'*)-, [39015-19-5], 16:118

O_2AgFe, Iron silver oxide ($FeAgO_2$), [12321-59-4], 14:139

O_2AgN, Nitrous acid, silver(1+) salt, [7783-99-5], 13:205

$O_2Al_2K_2NNaSi_2C_4H_{12}.7H_2O$, Methanaminium, *N,N,N*-trimethyl-, potassium sodium octadecaoxoheptasilicatedi-aluminate(2-) (1:2:1:2), heptahydrate, [152473-73-9], 22:65

$O_2AsClPtC_{31}H_{34}$, Platinum, [8-(1-acetyl-2-oxopropyl)-4-cycloocten-1-yl]chloro (triphenylarsine)-, [11141-96-1], 13:63

O_2AsF_6, Arsenate(1-), hexafluoro-, dioxygenyl, [12370-43-3], 14:39;29:8

$O_2As_4ClRhC_{21}H_{32}$, Rhodium, (carboxylato)chlorobis[1,2-phenylenebis [dimethylarsine]-*As,As'*]-, (*OC*-6-11)-, [83853-75-2], 21:101

$O_2AuNSC_3H_6$, Aurate(1-), [L-cysteinato (2-)-*N,O,S*]-, hydrogen, [74921-06-5], 21:31

$O_2Au_2Cl_2P_2C_{30}H_{32}$, Gold, dichloro[μ-[[1,2-ethanediylbis(oxy-2,1-ethanediyl)]bis[diphenylphosphine]-*O,P:O',P'*]]di-, [99791-78-3], 23:193

$O_2BC_2H_7$, Boronic acid, ethyl-, [4433-63-0], 24:83

$O_2BC_9H_{19}$, Propanoic acid, 2,2-dimethyl-, anhydride with diethylborinic acid, [34574-27-1], 22:185

$O_2BClC_4H_{10}$, Borane, chlorodiethoxy-, [20905-32-2], 5:30

$O_2BClF_4N_2P_2RuC_{36}H_{30}$, Ruthenium(1+), chlorodinitrosylbis(triphenylphosphine)-, tetrafluoroborate(1-), [54890-53-8], 16:21

$O_2BClF_4N_3P_2PtC_{18}H_{35}$, Platinum(1+), chloro[(4-nitrophenyl)diazene-N^2]bis (triethylphosphine)-, (*SP*-4-3)-, tetrafluoroborate(1-), [153379-38-5], 12:31

$O_2BCoN_2P_2C_{50}H_{44}$, Cobalt(1+), [1,2-ethanediylbis[diphenylphosphine]-*P,P'*]dinitrosyl-, (*T*-4)-, tetraphenylborate(1-), [24533-59-3], 16:19

$O_2BCoN_2P_2C_{60}H_{50}$, Cobalt(1+), dinitrosylbis(triphenylphosphine)-, tetraphenylborate(1-), [24507-62-8], 16:18

$O_2BCoN_4C_{30}H_{36}$, Cobalt(1+), dinitrosyl (*N,N,N',N'*-tetramethyl-1,2-ethanediamine-*N,N'*)-, (*T*-4)-, tetraphenylborate(1-), [40804-51-1], 16:17

$O_2BF_4FeC_{11}H_{13}$, Iron(1+), dicarbonyl(η^5-2,4-cyclopentadien-1-yl)[(1,2-η)-2-methyl-1-propene]-, tetrafluoroborate (1-), [41707-16-8], 24:166;28:210

$O_2BF_4FeNC_9H_8$, Iron(1+), (acetonitrile) dicarbonyl(η^5-2,4-cyclopentadien-1-yl)-, tetrafluoroborate(1-), [32824-71-8], 12:41

$O_2BF_4IrP_2C_{36}H_{36}$, Iridium(1+), diaquadihydrobis(triphenylphosphine)-, tetrafluoroborate(1-), [79792-57-7], 26:124;28:58

$O_2BF_4IrP_2C_{42}H_{44}$, Iridium(1+), dihydrobis(2-propanone)bis

- (triphenylphosphine)-, tetrafluoroborate(1-), [72414-17-6], 26:123;28:57;29:283
- O₂BF₄MoPC₂₅H₂₀, Molybdenum, dicarbonyl(η⁵-2,4-cyclopentadien-1yl)[tetrafluoroborato(1-)-*F*](triphenylphosphine)-, [79197-56-1], 26:98;28:7
- O₂BF₄NPReC₂₄H₂₀, Rhenium(1+), carbonyl(η⁵-2,4-cyclopentadien-1-yl) nitrosyl(triphenylphosphine)-, stereoisomer, tetrafluoroborate(1-), [82336-21-8], 29:219
- ———, Rhenium(1+), carbonyl(η⁵-2,4-cyclopentadien-1-yl)nitrosyl(triphenyl-phosphine)-, tetrafluoroborate(1-), [70083-73-7], 29:214
- O₂BF₄PWC₂₅H₂₀, Tungsten, dicarbonyl (η⁵-2,4-cyclopentadien-1-yl)[tetrafluoroborato(1-)-F](triphenylphosphine)-, [101163-07-9], 26:98;28:7
- O₂BF₄PdC₁₃H₁₉, Palladium(1+), [(1,2, 5,6-η)-1,5-cyclooctadiene](2,4-pentanedionato-*O*,*O*')-, tetrafluoroborate(1-), [31724-99-9], 13:56
- O₂BF₄PtC₁₃H₁₉, Platinum(1+), [(1,2, 5,6-η)-1,5-cyclooctadiene](2,4-pentanedionato-*O*,*O*')-, tetrafluoroborate(1-), [31725-00-5], 13:57
- O₂BFeNC₃₁H₂₈, Iron(1+), amminedicarbonyl(η⁵-2,4-cyclopentadien-1-yl)-, tetraphenylborate(1-), [12203-82-6], 12:37
- O₂BIMoN₇C₁₇H₂₇, Molybdenum, ethoxyiodonitrosyl[tris(3,5-dimethyl-1*H*-pyrazolato- N^1)hydroborato(1-)- N^2 , N^2 ', N^2 "]-, (OC-6-44)-, [60106-31-2], 23:7
- O₂BNC₄H₁₂, Borate(1-), (carboxylato) (*N*,*N*-dimethylmethanamine)dihydro-, hydrogen, (*T*-4)-, [60788-33-2], 25:81
- O₂BNC₅H₁₄, Boron, (*N*,*N*-dimethyl-methanamine)dihydro(methoxycar-bonyl)-, (*T*-4)-, [91993-52-1], 25:84
- O₂BP₂PtC₄₀H₅₇, Platinum(1+), (3methoxy-3-oxopropyl)bis (triethylphosphine)-, (*SP*-4-3)-,

- tetraphenylborate(1-), [129951-70-8], 26:138
- O₂B₂F₈MoN₆C₈H₁₂, Molybdenum(2+), tetrakis(acetonitrile)dinitrosyl-, (*OC*-6-22)-, bis[tetrafluoroborate(1-)], [82583-10-6], 26:132;28:65
- O₂B₂F₈N₆WC₈H₁₂, Tungsten(2+), tetrakis (acetonitrile)dinitrosyl-, (*OC*-6-22)-, bis[tetrafluoroborate(1-)], [82583-08-2], 26:133;28:66
- $O_2B_{20}NiC_2H_{22}$, Nickelate(2-), bis[(7,8,9,10,11- η)-decahydro-7hydroxy-7-carbaundecaborato(3-)]-, [51151-70-3], 11:44
- O₂BrC₃H₃, Propanedial, bromo-, [2065-75-0], 18:50
- O_2 BrFe C_7 H₅, Iron, bromodicarbonyl(η^5 -2,4-cyclopentadien-1-yl)-, [12078-20-5], 12:36
- O₂BrFeMgP₂C₃₉H₄₅, Magnesium, bromo [(η⁵-2,4-cyclopentadien-1-yl)[1,2-ethanediylbis[diphenylphosphine]-*P*,*P*']iron]bis(tetrahydrofuran)-, (*Fe-Mg*), [52649-44-2], 24:172
- O₂BrNC₄H₄, 2,5-Pyrrolidinedione, 1bromo-, [128-08-5], 7:135
- O₂Br₂H₁₃N₅Os, Osmium(2+), tetraamminehydroxynitrosyl-, dibromide, [60104-35-0], 16:11
- (O₂Br₂MoN₂)_x, Molybdenum, dibromodinitrosyl-, (*T*-4)-, homopolymer, [30731-19-2], 12:264
- O₂Br₂N₂W, Tungsten, dibromodinitrosyl-, (*T*-4)-, [44518-81-2], 12:264
- O₂Br₂NiC₄H₁₀, Nickel, dibromo(1,2-dimethoxyethane-*O*,*O*')-, [28923-39-9], 13:162
- O₂Br₂P₂ReC₃₈H₃₅, Rhenium, dibromoethoxyoxobis(triphenylphosphine)-, [18703-08-7], 9:145,147
- O₂Br₂W, Tungsten bromide oxide (WBr₂O₂), [13520-75-7], 14:116
- O₂Br₃CoN₄C₄H₂₀.H₂O, Cobalt(3+), diaquabis(1,2-ethanediamine-*N*,*N*')-, tribromide, monohydrate, (*OC*-6-22)-, [150384-22-8], 14:75

$O_2Br_3CrN_4C_4H_{20}$, Chromium(3+), diaquabis(1,2-ethanediamine-*N,N'*)-, tribromide, (*OC*-6-22)-, [15040-49-0], 18:85

$O_2Br_3NbC_4H_{10}$, Niobium, tribromo(1,2-dimethoxyethane-*O,O'*)-, [126083-88-3], 29:122

$O_2Br_4Co_2H_{26}N_8.4H_2O$, Cobalt(4+), octaamminedi-μ-hydroxydi-, tetrabromide, tetrahydrate, [151085-68-6], 18:88

$O_2Br_4Co_2N_8C_8H_{34}.2H_2O$, Cobalt(4+), tetrakis(1,2-ethanediamine-*N,N'*)di-μ-hydroxydi-, tetrabromide, dihydrate, [151434-49-0], 18:92

$O_2Br_4Cr_2H_{26}N_8.4H_2O$, Chromium(4+), octaamminedi-μ-hydroxydi-, tetrabromide, tetrahydrate, [151085-69-7], 18:86

$O_2Br_4Cr_2N_8C_8H_{34}.2H_2O$, Chromium(4+), tetrakis(1,2-ethanediamine-*N,N'*)di-μ-hydroxydi-, tetrabromide, dihydrate, [43143-58-4], 18:90

$O_2Br_4H_{26}N_8Rh_2$, Rhodium(4+), octaamminedi-μ-hydroxydi-, tetrabromide, [72902-02-4], 24:226

$O_2Br_4Mo_2N_2C_{10}H_{10}$, Molybdenum, di-μ-bromodibromobis(η^5-2,4-cyclopentadien-1-yl)dinitrosyldi-, [40671-96-3], 16:27

$O_2Br_4N_8Rh_2C_8H_{34}$, Rhodium(4+), tetrakis (1,2-ethanediamine-*N,N'*)di-μ-hydroxydi-, tetrabromide, stereoisomer, [72938-03-5], 24:231

$O_2Br_4NbC_8H_{16}$, Niobium, tetrabromobis (tetrahydrofuran)-, [146339-45-9], 29:121

O_2C, Carbon dioxide, [124-38-9], 5:44; 6:157;7:40;7:41

$O_2C_2H_4$, Acetic acid, [64-19-7], 1:85; 2:119

$O_2C_2H_6$, 1,2-Ethanediol, [107-21-1], 22:86

$O_2C_3H_8$, Ethanol, 2-methoxy-, [109-86-4], 18:145

$O_2C_4H_6$, 2,3-Butanedione, [431-03-8], 18:23

$O_2C_5H_8$, 2,4-Pentanedione, [123-54-6], 2:10;18:37

$O_2C_5H_{10}$, Acetic acid, 1-methylethyl ester, [108-21-4], 3:48

$O_2C_9H_{16}$, *4H*-Pyran-4-one, tetrahydro-2,3,5,6-tetramethyl-, [54458-60-5], 29:193

O_2CaCl_2, Hypochlorous acid, calcium salt, [7778-54-3], 5:161

$O_2CdF_6C_6H_{10}$, Cadmium, (1,2-dimethoxyethane-*O,O'*)bis(trifluoromethyl)-, (*T*-4)-, [76256-47-8], 24:55

$O_2CdF_6C_{10}H_{16}$, Cadmium, bis(tetrahydrofuran)bis(trifluoromethyl)-, (*T*-4)-, [78274-33-6], 24:57

$O_2CeCl_2LiSi_4C_{30}H_{58}$, Lithium(1+), bis (tetrahydrofuran)-, bis[(1,2,3,4,5-η)-1,3-bis(trimethylsilyl)-2,4-cyclopentadien-1-yl]dichlorocerate (1-), [81507-29-1], 27:170

$O_2CeCl_4P_2C_{36}H_{30}$, Cerium, tetrachlorobis (triphenylphosphine oxide)-, [33989-88-7], 23:178

O_2Cl, Chlorine oxide (ClO_2), [10049-04-4], 4:152;8:265

$O_2ClCrN_2C_5H_5$, Chromium, chloro(η^5-2,4-cyclopentadien-1-yl)dinitrosyl-, [12071-51-1], 18:129

O_2ClF, Chloryl fluoride, [13637-83-7], 24:3

O_2ClFS, Sulfuryl chloride fluoride, [13637-84-8], 9:111

$O_2ClFeC_7H_5$, Iron, dicarbonylchloro(η^5-2,4-cyclopentadien-1-yl)-, [12107-04-9], 12:36

$O_2ClIrNC_9H_9$, Iridium, dicarbonylchloro (4-methylbenzenamine)-, [14243-22-2], 15:82

$O_2ClIrP_4C_{13}H_{32}$, Iridium, (carbon dioxide-*O*)chlorobis[1,2-ethanediylbis [dimethylphosphine]-*P,P'*]-, [62793-14-0], 21:100

$O_2ClMoN_2C_5H_5$, Molybdenum, chloro(η^5-2,4-cyclopentadien-1-yl)dinitrosyl-, [12305-00-9], 18:129

O_2ClN, Nitryl chloride ((NO_2)Cl), [13444-90-1], 4:52

$O_2ClNPSC_{18}H_{15}$, Sulfamoyl chloride, (triphenylphosphoranylidene)-, [41309-06-2], 29:27

$O_2ClNSC_2H_6$, Sulfamoyl chloride, dimethyl-, [13360-57-1], 8:109

$O_2ClNSC_4H_{10}$, Sulfamoyl chloride, diethyl-, [20588-68-5], 8:110

$O_2ClNSC_5H_{10}$, 1-Piperidinesulfonyl chloride, [35856-62-3], 8:110

$O_2ClNSC_6H_{14}$, Sulfamoyl chloride, dipropyl-, [35877-27-1], 8:110

$O_2ClNSC_8H_{18}$, Sulfamoyl chloride, dibutyl-, [41483-67-4], 8:110

$O_2ClNSC_{12}H_{22}$, Sulfamoyl chloride, dicyclohexyl-, [99700-74-0], 8:110

$O_2ClN_2WC_5H_5$, Tungsten, chloro(η^5-2,4-cyclopentadien-1-yl)dinitrosyl-, [53419-14-0], 18:129

$O_2ClN_4ReC_4H_{16}$, Rhenium(1+), bis(1,2-ethanediamine-*N,N'*)dioxo-, chloride, [14587-92-9], 8:173

$O_2ClN_4ReC_6H_{20}$, Rhenium(1+), dioxobis(1,2-propanediamine-*N,N'*)-, chloride, [67709-52-8], 8:176

———, Rhenium(1+), dioxobis(1,3-propanediamine-*N,N'*)-, chloride, (*OC*-6-12)-, [93192-00-8], 8:176

$O_2ClN_4ReC_{20}H_{20}$, Rhenium(1+), dioxotetrakis(pyridine)-, chloride, (*OC*-6-12)-, [31429-86-4], 21:116

O_2ClNa, Chlorous acid, sodium salt, [7758-19-2], 4:152;4:156

$O_2ClPC_{12}H_{10}$, Phosphorochloridous acid, diphenyl ester, [5382-00-3], 8:68

$O_2ClP_2RhC_{36}H_{30}$, Rhodium, chloro(dioxygen)bis(triphenylphosphine)-, [59561-97-6], 10:69

$O_2ClRhC_{31}H_{20}$, Rhodium, dicarbonyl[(1,2,3,4,5-η)-1-chloro-2,3,4,5-tetraphenyl-2,4-cyclopentadien-1-yl]-, [52394-68-0], 20:192

O_2Cl_2Cr, Chromium, dichlorodioxo-, (*T*-4)-, [14977-61-8], 2:205

$O_2Cl_2H_2Se$, Selenium chloride hydroxide ($SeCl_2(OH)_2$), (*T*-4)-, [108723-91-7], 3:132

$O_2Cl_2H_6N_2Zn$, Zinc, dichlorobis(hydroxylamine)-, [59165-16-1], 9:2

———, Zinc, dichlorobis(hydroxylamine-*N*)-, (*T*-4)-, [15333-32-1], 9:2

$O_2Cl_2H_{13}N_5Os$, Osmium(2+), tetraamminehydroxynitrosyl-, dichloride, [60104-36-1], 16:11

$O_2Cl_2IrC_2$, Iridate(1-), dicarbonyldichloro-, [44513-92-0], 15:82

$O_2Cl_2LaLiSi_4C_{30}H_{58}$, Lithium(1+), bis(tetrahydrofuran)-, bis[(1,2,3,4,5-η)-1,3-bis(trimethylsilyl)-2,4-cyclopentadien-1-yl]dichlorolanthanate(1-), [81507-27-9], 27:170

$O_2Cl_2LiNdSi_4C_{30}H_{58}$, Lithium(1+), bis(tetrahydrofuran)-, bis[(1,2,3,4,5-η)-1,3-bis(trimethylsilyl)-2,4-cyclopentadien-1-yl]dichloroneodymate(1-), [81507-33-7], 27:170

$O_2Cl_2LiPrSi_4C_{30}H_{58}$, Lithium(1+), bis(tetrahydrofuran)-, bis[(1,2,3,4,5-η)-1,3-bis(trimethylsilyl)-2,4-cyclopentadien-1-yl]dichloropraseodymate(1-), [81507-31-5], 27:170

$O_2Cl_2LiScSi_4C_{30}H_{58}$, Lithium(1+), bis(tetrahydrofuran)-, bis[(1,2,3,4,5-η)-1,3-bis(trimethylsilyl)-2,4-cyclopentadien-1-yl]dichloroscandate(1-), [81519-28-0], 27:170

$O_2Cl_2LiSi_4YC_{30}H_{58}$, Lithium(1+), bis(tetrahydrofuran)-, bis[(1,2,3,4,5-η)-1,3-bis(trimethylsilyl)-2,4-cyclopentadien-1-yl]dichloroyttrate(1-), [81507-25-7], 27:170

$O_2Cl_2LiSi_4YbC_{30}H_{58}$, Lithium(1+), bis(tetrahydrofuran)-, bis[(1,2,3,4,5-η)-1,3-bis(trimethylsilyl)-2,4-cyclopentadien-1-yl]dichloroytterbate(1-), [81507-35-9], 27:170

O_2Cl_2Mo, Molybdenum chloride oxide ($MoCl_2O_2$), (*T*-4)-, [13637-68-8], 7:168

$(O_2Cl_2MoN_2)_x$, Molybdenum, dichlorodinitrosyl-, homopolymer, [30731-17-0], 12:264

$O_2Cl_2NPtC_9H_9$, Platinum, dichloro[2-(2-nitrophenyl)-1,3-propanediyl]-, (*SP*-4-2)-, [38922-10-0], 16:114

$O_2Cl_2N_2RuC_{12}H_8$, Ruthenium, (2,2'-bipyridine-*N,N'*)dicarbonyldichloro-, [53729-70-7], 25:108

$(O_2Cl_2N_2W)_x$, Tungsten, dichlorodinitrosyl-, homopolymer, [42912-10-7], 12:264

$O_2Cl_2N_3PtC_{19}H_{19}$, Platinum, dichloro [2-(2-nitrophenyl)-1,3-propanediyl]bis (pyridine)-, (*OC*-6-13)-, [38889-64-4], 16:115,116

$O_2Cl_2N_4OsC_4H_{16}$, Osmium(2+), bis(1,2-ethanediamine-*N,N'*)dioxo-, dichloride, (*OC*-6-12)-, [65468-15-7], 20:62

$O_2Cl_2NiC_4H_{10}$, Nickel, dichloro(1,2-dimethoxyethane-*O,O'*)-, [29046-78-4], 13:160

$O_2Cl_2P_2ReC_{38}H_{35}$, Rhenium, dichloroethoxyoxobis(triphenylphosphine)-, [17442-19-2], 9:145,147

$O_2Cl_2Pd_2C_{12}H_{22}$, Palladium, di-μ-chlorobis[(1,2,3-η)-4-hydroxy-1-methyl-2-pentenyl]di-, [41649-55-2], 15:78

$O_2Cl_2Pd_2C_{18}H_{30}$, Palladium, di-μ-chlorobis[(1,4,5-η)-8-methoxy-4-cycloocten-1-yl]di-, [12096-15-0], 13:60

O_2Cl_2S, Sulfuryl chloride, [7791-25-5], 1:114

O_2Cl_2U, Uranium, dichlorodioxo-, (*T*-4)-, [7791-26-6], 5:148

$O_2Cl_2U.H_2O$, Uranium, dichlorodioxo-, monohydrate, (*T*-4)-, [18696-33-8], 7:146

O_2Cl_2W, Tungsten chloride oxide (WCl_2O_2), (*T*-4)-, [13520-76-8], 14:110

$O_2Cl_3N_2PSC_2H_6$, Phosphorimidic trichloride, [(dimethylamino) sulfonyl]-, [14621-78-4], 8:118

$O_2Cl_3N_2PSC_4H_{10}$, Phosphorimidic trichloride, [(diethylamino)sulfonyl]-, [14204-65-0], 8:118

$O_2Cl_3N_2PSC_6H_{14}$, Phosphorimidic trichloride, [(dipropylamino) sulfonyl]-, [14204-66-1], 8:118

$O_2Cl_3N_2PSC_8H_{18}$, Phosphorimidic trichloride, [(dibutylamino)sulfonyl]-, [14204-67-2], 8:118

$O_2Cl_3N_4ReC_4H_{18}$, Rhenium(3+), bis(1,2-ethanediamine-*N,N'*)dihydroxy-, trichloride, [18793-71-0], 8:176

$O_2Cl_3NbC_4H_{10}$, Niobium, trichloro(1,2-dimethoxyethane-*O,O'*)-, [110615-13-9], 29:120

$O_2Cl_3NdC_8H_{16}$, Neodymium, trichlorobis (tetrahydrofuran)-, [81009-70-3], 27:140;28:290

$O_2Cl_3SmC_8H_{16}$, Samarium, trichlorobis (tetrahydrofuran)-, [97785-15-4], 27:140;28:290

$O_2Cl_3WC_9H_{19}$, Tungsten, trichloro(1,2-dimethoxyethane-*O,O'*)(2,2-dimethylpropylidyne)-, [83542-12-5], 26:50

$O_2Cl_4Co_2N_8C_8H_{34}.5H_2O$, Cobalt(4+), tetrakis(1,2-ethanediamine-*N,N'*)di-μ-hydroxydi-, tetrachloride, pentahydrate, [151434-50-3], 18:93

$O_2Cl_4Co_2N_8C_8H_{34}.4H_2O$, Cobalt(4+), tetrakis(1,2-ethanediamine-*N,N'*)di-μ-hydroxydi-, tetrachloride, tetrahydrate, [151434-51-4], 18:93

$O_2Cl_4Cr_2N_8C_8H_{34}.2H_2O$, Chromium(4+), tetrakis(1,2-ethanediamine-*N,N'*)di-μ-hydroxydi-, tetrachloride, dihydrate, [52542-66-2], 18:91

$O_2Cl_4HfC_8H_{16}$, Hafnium, tetrachlorobis (tetrahydrofuran)-, [21959-05-7], 21:137

$O_2Cl_4MoC_8H_{16}$, Molybdenum, tetrachlorobis(tetrahydrofuran)-, [16998-75-7], 20:121;28:35

$O_2Cl_4Mo_2N_2C_{10}H_{10}$, Molybdenum, di-μ-chlorodichlorobis(η^5-2,4-cyclopentadien-1-yl)dinitrosyldi-, [41395-41-9], 16:26

O_2Cl_4NPS, Sulfamoyl chloride, (trichlorophosphoranylidene)-, [14700-21-1], 13:10

$O_2Cl_4NbC_8H_{16}$, Niobium, tetrachlorobis (tetrahydrofuran)-, [61247-57-2], 21:138;29:120
$O_2Cl_4TiC_8H_{16}$, Titanium, tetrachlorobis (tetrahydrofuran)-, [31011-57-1], 21:135
$O_2Cl_4ZrC_8H_{16}$, Zirconium, tetrachlorobis (tetrahydrofuran)-, [21959-01-3], 21:136
$O_2Cl_5Co_2H_{30}N_{10}.H_2O$, Cobalt(5+), decaammine[μ-(superoxido-*O*:*O*')]di-, pentachloride, monohydrate, [150399-25-0], 12:199
$O_2Cl_5NSbCH_3$, Antimony, pentachloro (nitromethane-*O*)-, (*OC*-6-21)-, [52082-00-5], 29:113
$O_2Cl_6N_2P_2S$, Phosphorimidic trichloride, sulfonylbis-, [14259-65-5], 8:119
$O_2Cl_6N_2Pt$, Platinate(2-), hexachloro-, (*OC*-6-11)-, dinitrosyl, [72107-04-1], 24:217
$O_2Cl_8EuN_4C_{49}H_{27}$, Europium, (2,4-pentanedionato-*O*,*O*')[5,10,15,20-tetrakis(3,5-dichlorophenyl)-21*H*,23*H*-porphinato(2-)-N^{21},N^{22},N^{23},N^{24}]-, [89769-01-7], 22:160
$O_2Cl_{14}H_6Mo_6.6H_2O$, Molybdate(2-), octa-μ_3-chlorohexachlorohexa-, octahedro, dioxonium, hexahydrate, [63828-61-5], 12:174
$O_2CoC_7H_5$, Cobalt, dicarbonyl(η^5-2,4-cyclopentadien-1-yl)-, [12078-25-0], 7:112
$O_2CoC_{12}H_{15}$, Cobalt, dicarbonyl [(1,2,3,4,5-η)-1,2,3,4,5-pentamethyl-2,4-cyclopentadien-1-yl]-, [12129-77-0], 23:15;28:273
$O_2CoF_5P_2C_{44}H_{30}$, Cobalt, dicarbonyl (pentafluorophenyl)bis(triphenylphosphine)-, (*TB*-5-23)-, [89198-92-5], 23:25
O_2CoH_2, Cobalt hydroxide ($Co(OH)_2$), [21041-93-0], 9:158
O_2CoIN_2, Cobalt, iododinitrosyl-, [44387-12-4], 14:86
$O_2CoI_2N_4C_9H_{23}$, Cobalt(2+), bis(1,2-ethanediamine-*N*,*N*')(2,4-pentanedionato-*O*,*O*')-, diiodide, (*OC*-6-22-Δ)-, [16702-65-1], 9:167,168
———, Cobalt(2+), bis(1,2-ethanediamine-*N*,*N*')(2,4-pentanedionato-*O*,*O*')-, diiodide, (*OC*-6-22-Λ)-, [36186-04-6], 9:167,168
$O_2CoI_2N_5C_8H_{22}.H_2O$, Cobalt(2+), ammine (glycinato-*N*,*O*)(octahydro-1*H*-1,4,7-triazonine-N^1,N^4,N^7)-, diiodide, monohydrate, (*OC*-6-24)-, [152227-42-4], 23:78
O_2CoK, Cobaltate (CoO_2^{1-}), potassium, [55608-59-8], 22:58;30:151
$O_2CoN_2C_{12}H_{20}$, Cobalt, bis[4-(methylimino)-2-pentanonato-*N*,*O*]-, (*T*-4)-, [15225-82-8], 11:76
O_2CoNa, Cobaltate (CoO_2^{1-}), sodium, [37216-69-6], 22:56;30:149
$O_2CoPC_{33}H_{28}$, Cobalt, (η^5-2,4-cyclopentadien-1-yl)[(2,3-η)-methyl 3-phenyl-2-propynoate](triphenylphosphine)-, [53469-97-9], 26:192
$O_2Co_2K_5N_{10}C_{10}.H_2O$, Cobaltate(5-), decakis(cyano-*C*)-μ-superoxidodi-, pentapotassium, monohydrate, [12145-87-8], 12:202
O_2CrF_2, Chromium, difluorodioxo-, (*T*-4)-, [7788-96-7], 24:67
O_2CrK, Chromate (CrO_2^{1-}), potassium, [11073-34-0], 22:59;30:152
O_2CrLi, Chromate (CrO_2^{1-}), lithium, [12017-96-8], 20:50
$O_2CrN_2C_9H_{14}$, Chromium, (η^5-2,4-cyclopentadien-1-yl)(2-methylpropyl) dinitrosyl-, [57034-51-2], 19:209
$O_2CrP_3C_7H_5$, Chromium, dicarbonyl(η^5-2,4-cyclopentadien-1-yl)[(2,3-η)-1*H*-triphosphirenato-P^1]-, [126183-04-8], 29:247
$O_2CrSC_{11}H_{10}$, Chromium, (carbonothioyl) dicarbonyl[(1,2,3,4,5,6-η)-1,2-dimethylbenzene]-, [70112-66-2], 19:197,198

$O_2CrSeC_9H_6$, Chromium, (η^6-benzene) (carbonoselenoyl)dicarbonyl-, [63356-85-4], 21:1,2

$O_{2.5\text{-}2.57}CuLa$, Copper lanthanum oxide ($CuLaO_{2.5\text{-}2.57}$), [158188-95-5], 30:221

$O_{2.6\text{-}2.8}CuLa$, Copper lanthanum oxide ($CuLaO_{2.6\text{-}2.8}$), [158188-94-4], 30:221

$O_{2.8\text{-}3}CuLa$, Copper lanthanum oxide ($CuLaO_{2.8\text{-}3}$), [158188-93-3], 30:219

$O_2CuN_2C_{10}H_{16}$, Copper, bis(4-imino-2-pentanonato-*N*,*O*)-, [14404-35-4], 8:2

$O_2CuN_2C_{32}H_{28}$, Copper, bis[1-phenyl-3-(phenylimino)-1-butanonato-*N*,*O*]-, [14482-83-8], 8:2

$O_2CuN_4C_{10}H_{18}$, Copper, [1,4,8,11-tetraazacyclotetradecane-5,7-dionato(2-)-N^1,N^4,N^8,N^{11}]-, [*SP*-4-4-(*R**,*S**)]-, [72547-88-7], 23:83

$O_2CuN_4C_{18}H_{26}$, Copper, [5,9,14,18-tetramethyl-1,4,10,13-tetraazacyclo-octadeca-4,8,14,18-tetraene-7,16-dionato(2-)-N^1,N^4,O^7,O^{16}]-, (*SP*-4-2)-, [55238-11-4], 20:92

$O_2DyN_4C_{49}H_{35}$, Dysprosium, (2,4-pentanedionato-*O*,*O'*)[5,10,15,20-tetraphenyl-21*H*,23*H*-porphinato (2-)-N^{21},N^{22},N^{23},N^{24}]-, [61276-74-2], 22:166

$O_2DyN_4C_{55}H_{47}$, Dysprosium, (2,2,6,6-tetramethyl-3,5-heptanedionato-*O*,*O'*)[5,10,15,20-tetraphenyl-21*H*,23*H*-porphinato(2-)-N^{21},N^{22}, N^{23},N^{24}]-, [89769-03-9], 22:160

$O_2ErF_4N_4C_{49}H_{31}$, Erbium, (2,4-pentanedionato-*O*,*O'*)[5,10,15,20-tetrakis(3-fluorophenyl)-21*H*,23*H*-porphinato(2-)-N^{21},N^{22},N^{23},N^{24}]-, [89769-05-1], 22:160

$O_2ErN_4C_{49}H_{35}$, Erbium, (2,4-pentane-dionato-*O*,*O'*)[5,10,15,20-tetraphenyl-21*H*,23*H*-porphinato(2-)-N^{21},N^{22}, N^{23},N^{24}]-, (*TP*-6-132)-, [61276-76-4], 22:160

$O_2EuN_4C_{49}H_{35}$, Europium, (2,4-pentanedionato-*O*,*O'*)[5,10,15,20-tetraphenyl-21*H*,23*H*-porphinato (2-)-N^{21},N^{22},N^{23},N^{24}]-, [61301-63-1], 22:160

$O_2EuN_4C_{53}H_{43}$, Europium, (2,4-pentanedionato-*O*,*O'*)[5,10,15,20-tetrakis(4-methylphenyl)-21*H*,23*H*-porphinato(2-)-N^{21},N^{22},N^{23},N^{24}]-, [60911-12-8], 22:160

O_2FKS, Fluorosulfurous acid, potassium salt, [14986-57-3], 9:113

$O_2F_2N_4NP$, Phosphorodifluoridic acid, ammonium salt, [15252-72-9], 2:155,157

O_2F_2S, Sulfuryl fluoride, [2699-79-8], 6:158;8:162;9:111

O_2F_2Se, Selenonyl fluoride, [14984-81-7], 20:36

O_2F_2U, Uranium, difluorodioxo-, (*T*-4)-, [13536-84-0], 25:144

$O_2F_3HU.2H_2O$, Uranate(1-), trifluorooxo-, hydrogen, dihydrate, (*TB*-5-22)-, [32408-74-5], 24:145

O_2F_3NS, Sulfamoyl fluoride, difluoro-, [13709-30-3], 12:303

O_2F_4C, Hypofluorous acid, difluoro-methylene ester, [16282-67-0], 11:143

$O_2F_4N_4YbC_{55}H_{43}$, Ytterbium, [5,10,15,20-tetrakis(3-fluorophenyl)-21*H*,23*H*-porphinato(2-)-N^{21},N^{22},N^{23},N^{24}](2,2,6, 6-tetramethyl-3,5-heptanedionato-*O*,*O'*)-, [89780-87-0], 22:160

$O_2F_6C_2$, Peroxide, bis(trifluoromethyl), [927-84-4], 6:157;8:165

$O_2F_6FePC_{13}H_{15}$, Iron(1+), dicarbonyl [(1,2-η)-cyclohexene](η^5-2,4-cyclopentadien-1-yl)-, hexafluoro-phosphate(1-), [12085-92-6], 12:38

$O_2F_6SC_3$, Ethane(thioperoxoic) acid, trifluoro-, *OS*-(trifluoromethyl) ester, [22398-86-3], 14:43

O_2F_6Sb, Antimonate(1-), hexafluoro-, (*OC*-6-11)-, dioxygenyl, [12361-66-9], 14:39

$O_2F_6TlC_5H$, Thallium, (1,1,1,5,5,5-hexafluoro-2,4-pentanedionato-*O*,*O'*)-, [15444-43-6], 12:82

$O_2F_7C_{10}H_{11}$, 4-Octen-3-one, 6,6,7,7,8,8,8-heptafluoro-5-hydroxy-2,2-dimethyl-, [62773-05-1], 12:72-77

$O_2F_7MoP_5C_{54}H_{48}$, Molybdenum(1+), dicarbonylbis[1,2-ethanediylbis [diphenylphosphine]-*P*,*P*']fluoro-, (*TPS*-7-2-1311'31')-, hexafluorophosphate(1-), [61542-55-0], 26:84

$O_2F_{10}Se_2Xe$, Xenon fluoroselenate (Xe $(SeF_5O)_2$), [38344-58-0], 24:29

$O_2F_{10}Te_2Xe$, Xenon, bis[pentafluorohydroxytellurato(1-)-*O*]-, [25005-56-5], 24:36

$O_2F_{12}N_4NiP_2C_{20}H_{32}$, Nickel(2+), [3,11-bis(1-methoxyethylidene)-2,12-dimethyl-1,5,9,13-tetraazacyclohexadeca-1,4,9,12-tetraene-N^1,N^5,N^9,N^{13}]-, [*SP*-4-2-(Z,*Z*)]-, bis [hexafluorophosphate(1-)], [70021-28-2], 27:264

$O_2F_{12}N_4NiP_2C_{30}H_{36}$, Nickel(2+), [3,11-bis(methoxyphenylmethylene)-2,12-dimethyl-1,5,9,13-tetraazacyclohexadeca-1,4,9,12-tetraene-N^1,N^5,N^9,N^{13}]-, (*SP*-4-2)-, bis[hexafluorophosphate(1-)], [88610-99-5], 27:275

O_2Fe, Iron oxide (FeO_2), [12411-15-3], 22:43

O_2FeCH_3, Iron, methoxyoxo-, [59473-94-8], 22:87;30:182

$O_2FeC_{11}H_{12}$, Iron, dicarbonyl(η^5-2,4-cyclopentadien-1-yl)(2-methyl-1-propenyl)-, [111101-50-9], 24:164;28:208

$O_2FeGeC_{10}H_{14}$, Iron, dicarbonyl(η^5-2,4-cyclopentadien-1-yl)(trimethylgermyl)-, [32054-63-0], 12:64,65

$O_2FeIC_7H_5$, Iron, dicarbonyl(η^5-2,4-cyclopentadien-1-yl)iodo-, [12078-28-3], 7:110;12:36

O_2FeIN_2, Iron, iododinitrosyl-, [67486-38-8], 14:82

$O_2FeI_5P_2C_{38}H_{30}$, Iron, dicarbonyl (pentaiodide-I^1,I^5)bis(triphenylphosphine)-, [148898-71-9], 8:190

$O_2FeN_3C_{29}H_{27}$, Iron, dicarbonyltris(2-isocyano-1,3-dimethylbenzene)-, [75517-51-0], 26:56;28:182

$O_2FeNaC_7H_5$, Ferrate(1-), dicarbonyl(η^5-2,4-cyclopentadien-1-yl)-, sodium, [12152-20-4], 7:112

$O_2FeP_4C_{13}H_{36}$, Iron, [(*C*,*O*-η)-carbon dioxide]tetrakis(trimethylphosphine)-, stereoisomer, [63835-24-5], 20:73

$O_2FeS_2C_9H_8$, Iron, dicarbonyl(η^5-2,4-cyclopentadien-1-yl)[(methylthio) thioxomethyl]-, [59654-63-6], 28:186

$O_2Fe_2P_2S_6C_{72}H_{24}$, Phosphonium, tetraphenyl-, tetrakis(benzenethiolato)di-μ-thioxodiferrate(2-) (2:1), [84032-42-8], 21:26

$O_2GdN_4C_{49}H_{35}$, Gadolinium, (2,4-pentanedionato-*O*,*O*')[5,10,15,20-tetraphenyl-21*H*,23*H*-porphinato (2-)-N^{21},N^{22},N^{23},N^{24}]-, [88646-27-9], 22:160

$O_2HLi.H_2O$, Lithium peroxide (Li(O_2H)), monohydrate, [54637-08-0], 5:1

$O_2H_2N_2$, Nitramide, [7782-94-7], 1:68

O_2H_2V, Vanadium hydroxide ($V(OH)_2$), [39096-97-4], 7:97

$O_2H_9N_5P_2$, Imidodiphosphoramide, [27596-84-5], 6:110,111

$O_2H_{13}I_2N_5Os$, Osmium(2+), tetraamminehydroxynitrosyl-, diiodide, [60104-34-9], 16:11

$O_2HfC_{12}H_{10}$, Hafnium, dicarbonylbis(η^5-2,4-cyclopentadien-1-yl)-, [59487-86-4], 24:151;28:252

$O_2HfC_{22}H_{30}$, Hafnium, dicarbonylbis [(1,2,3,4,5-η)-1,2,3,4,5-pentamethyl-2,4-cyclopentadien-1-yl]-, [76830-38-1], 24:151;28:255

$O_2HgC_3H_6$, Mercury, (acetato-*O*)methyl-, [108-07-6], 24:145

$O_2HoN_4C_{49}H_{35}$, Holmium, (2,4-pentanedionato-*O*,*O*')[5,10,15,20-tetraphenyl-21*H*,23*H*-porphinato(2-)-N^{21},N^{22},N^{23},N^{24}]-, [61276-75-3], 22:160

- O₂HoN₄C₅₅H₄₇, Holmium, (2,2,6,6-tetramethyl-3,5-heptanedionato-O,O')[5,10,15,20-tetraphenyl-21H,23H-porphinato(2-)-N²¹,N²², N²³,N²⁴]-, [89769-04-0], 22:160
- O₂INC₁₆H₁₂, Iodine, (benzoato-*O*) (quinoline-*N*)-, [97436-76-5], 7:170
- O₂IN₄ReC₄H₁₆, Rhenium(1+), bis(1,2ethanediamine-*N*,*N*)dioxo-, iodide, [92272-01-0], 8:176
- O₂IOsC₇H₅, Osmium, dicarbonyl(η⁵-2,4cyclopentadien-1-yl)iodo-, [81554-97-4], 25:191
- $O_2IOsC_{12}H_{15}$, Osmium, dicarbonyliodo [(1,2,3,4,5- η)-1,2,3,4,5-pentamethyl-2,4-cyclopentadien-1-yl]-, [81554-98-5], 25:191
- O₂IP₂ReC₃₆H₃₀, Rhenium, iododioxobis (triphenylphosphine)-, [23032-93-1], 29:149
- O₂I₂P₂ReC₃₈H₃₅, Rhenium, ethoxydiiodooxobis(triphenylphosphine)-, [12103-81-0], 29:148
- O₂I₂P₂ReC₃₈H₃₅, Rhenium, ethoxydiiodooxobis(triphenylphosphine)-, (*OC*-6-12)-, [86421-28-5], 27:15
- O_2I_2W , Tungsten iodide oxide (WI_2O_2), [14447-89-3], 14:121
- O₂I₄Mo₂N₂C₁₀H₁₀, Molybdenum, bis(η⁵-2,4-cyclopentadien-1-yl)di-μ-iododiiododinitrosyldi-, [12203-25-7], 16:28
- O₂I₄Pt₂C₂, Platinum, dicarbonyldi-µiododiiododi-, stereoisomer, [106863-40-5], 29:188
- O₂Ir, Iridium oxide (IrO₂), [12030-49-8], 13:137;30:97
- O₂IrN₅CH₁₆, Iridium(2+), pentaammine (formato-*O*)-, (*OC*-6-22)-, [52795-08-1], 12:245,246
- O₂IrN₅C₂H₁₈, Iridium(2+), (acetato-*O*) pentaammine-, (*OC*-6-22)-, [44915-90-4], 12:245,246
- O₂IrP₃C₅₆H₅₀, Iridium, (acetato-*O*) dihydrotris(triphenylphosphine)-, [12104-91-5], 17:129

- $O_2Ir_2C_{18}H_{30}$, Iridium, bis[(1,2,5,6- η)-1,5-cyclooctadiene]di- μ -methoxydi-, [12148-71-9], 23:128
- O₂KCH₂.xS₂Ta, Formic acid, potassium salt, compd. with tantalum sulfide (TaS₂), [34314-17-5], 30:164
- $O_2K_4N_6\bar{N}_1_2C_8$, Nickelate(4-), dicarbonylbis[μ -(cyano-C,N)]tetrakis (cyano-C)di-, tetrapotassium, [12556-88-6], 5:201
- O₂LaN₄C₄₉H₃₅, Lanthanum, (2,4-pentanedionato-*O*,*O*')[5,10,15,20-tetraphenyl-21*H*,23*H*-porphinato(2-)-*N*²¹, *N*²²,*N*²³,*N*²⁴]-, [89768-95-6], 22:160
- ${
 m O_2LaN_4C_{55}H_{47}}$, Lanthanum, (2,2,6,6-tetramethyl-3,5-heptanedionato-O,O')[5,10,15,20-tetraphenyl-21H,23H-porphinato(2-)- N^{21} , N^{22} , N^{23} , N^{24}]-, [89768-96-7], 22:160
- O_2Li , Lithium superoxide (Li(O_2)), [12136-56-0], 5:1;7:1
- O₂LiNb, Niobate (NbO₂¹⁻), lithium, [53320-08-4], 30:222
- O₂LiPSi₂C₁₄H₃₄, Lithium, bis (tetrahydrofuran)[bis(trimethylsilyl) phosphino]-, [59610-41-2], 27:243,248
- O_2Li_2 , Lithium peroxide ($Li_2(O_2)$), [12031-80-0], 5:1
- $\begin{array}{c} {\rm O_2LuN_4C_{49}H_{35},\ Lutetium,\ (2,4-pentanedionato-\textit{O,O'})[5,10,15,20-tetraphenyl-21\textit{H,23H-porphinato(2-)-N^{21},N^{22},N^{23},N^{24}]-,\ [60909-91-3],}\\ 22:160 \end{array}$
- O₂Mn, Manganese oxide (MnO₂), [1313-13-9], 7:194;11:59
- O₂Mn.xH₂O, Manganese oxide (MnO₂), hydrate, [26088-58-4], 2:168
- O₂MnSC₈H₅, Manganese, (carbonothioyl) dicarbonyl(η⁵-2,4-cyclopentadien-1-yl)-, [31741-76-1], 16:53
- O_2 MnSe C_8 H₅, Manganese, (carbonoselenoyl)dicarbonyl(η^5 -2,4-cyclopentadien-1-yl)-, [55987-17-2], 19:193,195

O_2Mo, Molybdenum oxide (MoO_2), [18868-43-4], 14:149;30:105

$O_2MoN_2C_7H_{10}$, Molybdenum, (η^5-2,4-cyclopentadien-1-yl)ethyldinitrosyl-, [57034-47-6], 19:210

$O_2MoN_2C_{11}H_{10}$, Molybdenum, (η^5-2,4-cyclopentadien-1-yl)dinitrosylphenyl-, [57034-49-8], 19:209

$O_2MoN_2P_4C_{68}H_{62}$, Molybdenum, bis [1,2-ethanediylbis[diphenylphosphine]-*P,P'*](1-isocyano-4-methoxybenzene)-, (*OC*-6-11)-, [66862-29-1], 23:10

$O_2MoN_4S_4C_{10}H_{20}$, Molybdenum, bis (diethylcarbamodithioato-*S,S'*) dinitrosyl-, [18810-45-2], 16:235;28:145

$O_2MoN_4S_4C_{10}H_{20}$, Molybdenum, bis (diethylcarbamodithioato-*S,S'*) dinitrosyl-, (*OC*-6-21)-, [39797-80-3], 16:235

$O_2MoPC_{25}H_{21}$, Molybdenum, dicarbonyl(η^5-2,4-cyclopentadien-1-yl)hydro(triphenylphosphine)-, [33519-69-6], 26:98

$O_2MoP_2S_4C_{14}H_{28}$, Molybdenum, bis [bis(1-methylethyl)phosphinodithioato-*S,S'*]dicarbonyl-, [60965-90-4], 18:53

$O_2MoP_3C_7H_5$, Molybdenum, dicarbonyl (η^5-2,4-cyclopentadien-1-yl)[(2,3-η)-1*H*-triphosphirenato-P^1]-, [92719-86-3], 27:224

$O_2MoP_4C_{57}H_{56}$, Molybdenum, bis[1,2-ethanediylbis[diphenylphosphine]-*P,P'*]hydro(2,4-pentanedionato-*O,O'*)-, [53337-52-3], 17:61

O_2N, Nitrogen oxide (NO_2), [10102-44-0], 5:90

$O_2NC_2H_7.xS_2Ta$, Acetic acid, ammonium salt, compd. with tantalum sulfide (TaS_2), [34370-11-1], 30:164

$O_2NC_4H_9$, Nitrous acid, butyl ester, [544-16-1], 2:139

$O_2NC_9H_9$, Ethanone, 1,1'-(2,6-pyridinediyl)bis-, [1129-30-2], 18:18

$O_2NPReC_{24}H_{21}$, Rhenium, (η^5-2,4-cyclopentadien-1-yl)formylnitrosyl (triphenylphosphine)-, [70083-74-8], 29:222

$O_2NP_2C_{38}H_{33}$, Phosphorus(1+), triphenyl(*P,P,P*-triphenylphosphine imidato-*N*)-, (*T*-4)-, acetate, [59386-05-9], 27:296

$O_2NSC_3H_9$, Methanamine, *N,N*-dimethyl-, compd. with sulfur dioxide (1:1), [17634-55-8], 2:159

$O_2N_2CH_6$, Carbamic acid, monoammonium salt, [1111-78-0], 2:85

$O_2N_2C_{16}H_{16}$, Phenol, 2,2'-[1,2-ethanediylbis(nitrilomethylidyne)]bis-, [94-93-9], 3:198

$O_2N_2NiC_{10}H_{16}$, Nickel, bis(4-imino-2-pentanonato-*N,O*)-, [15170-64-6], 8:232

$O_2N_2NiC_{12}H_{20}$, Nickel, bis[4-(methylimino)-2-pentanonato-*N,O*]-, [14782-73-1], 11:74

$O_2N_2PReC_{36}H_{32}$, Rhenium, (η^5-2,4-cyclopentadien-1-yl)[[[1-(1-naphthalenyl)ethyl]amino]carbonyl] nitrosyl(triphenylphosphine)-, stereoisomer, [82372-77-8], 29:217

$O_2N_2PSC_{22}H_{25}$, Sulfamide, diethyl (triphenylphosphoranylidene)-, [13882-24-1], 9:119

$O_2N_2P_2C_{36}H_{30}$, Phosphorus(1+), triphenyl (*P,P,P*-triphenylphosphine imidato-*N*)-, (*T*-4)-, nitrite, [65300-05-2], 22:164

$O_2N_2P_2RuC_{36}H_{30}$, Ruthenium, dinitrosylbis(triphenylphosphine)-, [30352-63-7], 15:52

$O_2N_2P_2SC_{36}H_{30}$, Sulfamide, bis (triphenylphosphoranylidene)-, [14908-67-9], 9:118

$O_2N_2P_4WC_{68}H_{62}$, Tungsten, bis[1,2-ethanediylbis[diphenylphosphine]-*P,P'*](1-isocyano-4-methoxybenzene)-, (*OC*-6-11)-, [66862-23-5], 23:10

$O_2N_2PbC_2$, Cyanic acid, lead(2+) salt, [13453-58-2], 8:23
$O_2N_2PtC_{10}H_{12}$, Platinum, dihydroxybis (pyridine)-, (*SP*-4-1)-, [150124-34-8], 7:253
———, Platinum, dihydroxybis (pyridine)-, (*SP*-4-2)-, [150199-80-7], 7:253
$O_2N_2RuC_{28}H_{16}$, Ruthenium, bis(benzo[*h*] quinolin-10-yl-C^{10},N^1)dicarbonyl-, (*OC*-6-22)-, [88494-52-4], 26:177
$O_2N_2SC_2H_8$, Sulfamide, *N,N*-dimethyl-, [3984-14-3], 8:114
$O_2N_2SC_4H_{12}$, Sulfamide, *N,N'*-diethyl-, [6104-21-8], 8:114
———, Sulfamide, *N,N*-diethyl-, [4841-33-2], 8:114
$O_2N_2SC_5H_{12}$, 1-Piperidinesulfonamide, [4108-90-1], 8:114
$O_2N_2SC_6H_{16}$, Sulfamide, *N,N*-dipropyl-, [55665-94-6], 8:112
$O_2N_2SC_8H_{20}$, Sulfamide, *N,N'*-dibutyl-, [763-11-1], 8:114
———, Sulfamide, *N,N*-dibutyl-, [53892-25-4], 8:114
$O_2N_2SC_{10}H_{16}$, Sulfamide, *N,N*-diethyl-*N'*-phenyl-, [53660-22-3], 8:114
$O_2N_2SC_{10}H_{20}$, Piperidine, 1,1'-sulfonylbis-, [3768-65-8], 8:114
$O_2N_2SC_{10}H_{22}$, Sulfamide, *N'*-cyclohexyl-*N,N*-diethyl-, [37407-75-3], 8:114
$O_2N_2SC_{11}H_{22}$, 1-Piperidinesulfonamide, *N*-cyclohexyl-, [5430-49-9], 8:114
$O_2N_2SC_{12}H_{18}$, 1-Piperidinesulfonamide, *N*-(2-methylphenyl)-, [5430-50-2], 8:114
———, 1-Piperidinesulfonamide, *N*-(3-methylphenyl)-, [5432-36-0], 8:114
———, 1-Piperidinesulfonamide, *N*-(4-methylphenyl)-, [5450-07-7], 8:114
$O_2N_2SC_{12}H_{28}$, Sulfamide, *N,N*-dibutyl-*N',N'*-diethyl-, [100454-63-5], 8:114
$O_2N_2SiC_4H_6$, Silane, diisocyanatodimethyl-, [5587-62-2], 8:25
$O_2N_2Si_4YbC_{20}H_{56}$, Ytterbium, bis[1,1'-oxybis[ethane]]bis[1,1,1-trimethyl-*N*-(trimethylsilyl)silanaminato]-, (*T*-4)-, [81770-53-8], 27:148
$O_2N_2WC_6H_8$, Tungsten, (η^5-2,4-cyclopentadien-1-yl)methyldinitrosyl-, [57034-45-4], 19:210
$O_2N_3C_2H_3$, 1,2,4-Triazolidine-3,5-dione, [3232-84-6], 5:52-54
$O_2N_3P_2C_3H_9$, Phosphenimidic amide, *N,N'*-dimethyl-*N*-[(methylimino) phosphinyl]-, [148832-16-0], 8:68
$O_2N_4C_2H_4$, 1,2,4,5-Tetrazine-3,6-dione, tetrahydro-, [624-40-8], 4:29
$O_2N_4C_2H_6$, Hydrazinecarboxamide, *N*-(aminocarbonyl)-, [5328-32-5], 5:48
———, 1,2-Hydrazinedicarboxamide, [110-21-4], 4:26;5:53,54
$O_2N_4C_{16}H_{24}$, Ethanone, 1,1'-(5,14-dimethyl-1,4,8,11-tetraazacyclotetradeca-4,6,12,14-tetraene-6,13-diyl) bis-, [21227-58-7], 18:39
$O_2N_4C_{18}H_{28}$, 1,4,10,13-Tetraazacyclooctadeca-5,8,14,17-tetraene-7,16-dione, 5,9,14,18-tetramethyl-, [38627-20-2], 20:91
$O_2N_4NdC_{49}H_{35}$, Neodymium, (2,4-pentanedionato-*O,O'*)[5,10,15,20-tetraphenyl-21*H*,23*H*-porphinato (2-)-N^{21},N^{22},N^{23},N^{24}]-, [61301-64-2], 22:160
$O_2N_4NdC_{55}H_{47}$, Neodymium, (2,2,6,6-tetramethyl-3,5-heptanedionato-*O,O'*)[5,10,15,20-tetraphenyl-21*H*,23*H*-porphinato(2-)-N^{21}, N^{22},N^{23},N^{24}]-, [89768-99-0], 22:160
$O_2N_4NiC_{16}H_{22}$, Nickel, [[1,1'-(5,14-dimethyl-1,4,8,11-tetraazacyclotetradeca-4,7,11,14-tetraene-6,13-diyl) bis[ethanonato]](2-)-*N,N',N'',N'''*]-, (*SP*-4-2)-, [20123-01-7], 18:39
$O_2N_4NiC_{28}H_{30}$, Nickel, [[(2,12-dimethyl-1,5,9,13-tetraazacyclohexadeca-1,4,9,12-tetraene-3,11-diyl)bis [phenylmethanonato]](2-)-N^1,N^5,N^9, N^{13}]-, (*SP*-4-2)-, [74466-43-6], 27:273

$O_2N_4P_2C_6H_{12}$, 1*H*,5*H*-[1,4,2,3] Diazadiphospholo[2,3-*b*][1,4,2,3] diazadiphosphole-2,6(3*H*,7*H*)-dione, 1,3,5,7-tetramethyl-, [77507-69-8], 24:122
$O_2N_4PrC_{49}H_{35}$, Praseodymium, (2,4-pentanedionato-*O*,*O'*)[5,10,15,20-tetraphenyl-21*H*,23*H*-porphinato (2-)-N^{21},N^{22},N^{23},N^{24}]-, [61301-62-0], 22:160
$O_2N_4PrC_{53}H_{43}$, Praseodymium, (2,4-pentanedionato-*O*,*O'*)[5,10,15,20-tetrakis(4-methylphenyl)-21*H*,23*H*-porphinato(2-)-N^{21},N^{22},N^{23},N^{24}]-, [89768-98-9], 22:160
$O_2N_4S_4$, Nitrogen oxide sulfide ($N_4O_2S_4$), [57932-64-6], 25:50
$O_2N_4SmC_{49}H_{35}$, Samarium, (2,4-pentanedionato-*O*,*O'*)[5,10,15,20-tetraphenyl-21*H*,23*H*-porphinato (2-)-N^{21},N^{22},N^{23},N^{24}]-, [61301-65-3], 22:160
$O_2N_4SmC_{55}H_{47}$, Samarium, (2,2,6,6-tetramethyl-3,5-heptanedionato-*O*,*O'*) [5,10,15,20-tetraphenyl-21*H*,23*H*-porphinato(2-)-N^{21},N^{22},N^{23},N^{24}]-, [89769-00-6], 22:160
$O_2N_4TbC_{49}H_{35}$, Terbium, (2,4-pentanedionato-*O*,*O'*)[5,10,15,20-tetraphenyl-21*H*,23*H*-porphinato(2-)-N^{21},N^{22}, N^{23},N^{24}]-, [61276-73-1], 22:160
$O_2N_4TbC_{55}H_{47}$, Terbium, (2,2,6,6-tetramethyl-3,5-heptanedionato-*O*,*O'*) [5,10,15,20-tetraphenyl-21*H*,23*H*-porphinato(2-)-N^{21},N^{22},N^{23},N^{24}]-, [89769-02-8], 22:160
$O_2N_4TmC_{55}H_{47}$, Thulium, (2,2,6,6-tetramethyl-3,5-heptanedionato-*O*,*O'*) [5,10,15,20-tetraphenyl-21*H*,23*H*-porphinato(2-)-N^{21},N^{22},N^{23},N^{24}]-, [89769-06-2], 22:160
$O_2N_4YC_{49}H_{35}$, Yttrium, (2,4-pentanedionato-*O*,*O'*)[5,10,15,20-tetraphenyl-21*H*,23*H*-porphinato(2-)-N^{21},N^{22}, N^{23},N^{24}]-, (*TP*-6-132)-, [57327-04-5], 22:160
$O_2N_4YbC_{53}H_{43}$, Ytterbium, (2,4-pentanedionato-*O*,*O'*)[5,10,15,20-tetrakis(4-methylphenyl)-21*H*,23*H*-porphinato(2-)-N^{21},N^{22},N^{23},N^{24}]-, [61276-72-0], 22:156
$O_2N_4YbC_{59}H_{55}$, Ytterbium, [5,10,15,20-tetrakis(4-methylphenyl)-21*H*,23*H*-porphinato(2-)-N^{21},N^{22},N^{23},N^{24}](2,2,6,6-tetramethyl-3,5-heptanedionato-*O*,*O'*)-, [60911-13-9], 22:156
$O_2N_5C_2H_3$, Carbamic azide, (aminocarbonyl)-, [149165-64-0], 5:51
$O_2N_5C_2H_7$, Carbonic dihydrazide, 2-(aminocarbonyl)-, [4381-07-1], 4:36
———, 1,2,4-Triazolidine-3,5-dione, compd. with hydrazine (1:1), [63467-96-9], 5:53
$O_2N_5C_4H_{11}$, Ethanimidamide, 2,2'-iminobis[*N*-hydroxy-, [20004-00-6], 11:90
$O_2N_{10}UC_{40}H_{20}$, Uranium, [5,35:14,19-diimino-12,7:21,26:28,33-trinitrilo-7*H*-pentabenzo[*c*,*h*,*m*,*r*,*w*] [1,6,11,16,21]pentaazacyclopentacosinato(2-)-N^{36},N^{37},N^{38},N^{39},N^{40}] dioxo-, (*PB*-7-11-22'4'34)-, [56174-38-0], 20:97
O_2Na, Sodium superoxide ($Na(O_2)$), [12034-12-7], 4:82
$O_2NaC_4H_5$, Butanal, 3-oxo-, ion(1-), sodium, [926-59-0], 8:145
$O_2NaC_9H_{15}$, Sodium, 2,4-cyclopentadien-1-yl(1,2-dimethoxyethane-*O*,*O'*)-, [62228-16-4], 26:341
$O_2Na_2.8H_2O$, Sodium peroxide ($Na_2(O_2)$), octahydrate, [12136-94-6], 3:1
O_2Os, Osmium oxide (OsO_2), [12036-02-1], 5:206;13:140;30:100
$O_2OsP_2C_{38}H_{32}$, Osmium, dicarbonyldihydrobis(triphenylphosphine)-, [18974-23-7], 15:55
$O_2PC_{10}H_{15}$, Phosphonous acid, phenyl-, diethyl ester, [1638-86-4], 13:117
$O_2PC_{11}H_{15}$, Phosphinic acid, ethenylphenyl-, 1-methylethyl ester, [40392-41-4], 16:203

$O_2PC_{12}H_{11}$, Phosphinic acid, diphenyl-, [1707-03-5], 8:71

$O_2PC_{19}H_{15}$, Benzoic acid, 2-(diphenylphosphino)-, [17261-28-8], 21:178

$O_2PF_6FeSC_8H_5$, Iron(1+), (carbonothioyl) dicarbonyl(η^5-2,4-cyclopentadien-1-yl)-, hexafluorophosphate(1-), [33154-56-2], 17:100

$O_2PWC_{25}H_{21}$, Tungsten, dicarbonyl(η^5-2,4-cyclopentadien-1-yl)hydro (triphenylphosphine)-, [33085-24-4], 26:98

$O_2P_2RhC_{25}H_{47}$, Rhodium, carbonylphenoxybis[tris(1-methylethyl)phosphine]-, [113472-84-7], 27:292

$O_2P_3RhC_{56}H_{48}$, Rhodium, (acetato-*O*)tris (triphenylphosphine)-, (*SP*-4-2)-, [34731-03-8], 17:129

$O_2P_3Rh_2C_{26}H_{57}$, Rhodium, bis[bis(1,1-dimethylethyl)phosphine][μ-[bis(1,1-dimethylethyl)phosphino]] dicarbonyl-μ-hydrodi-, (*Rh-Rh*), stereoisomer, [106070-74-0], 25:171

$O_2P_3RuC_{56}H_{49}$, Ruthenium, (acetato-*O,O'*) hydrotris(triphenylphosphine)-, (*OC*-6-21)-, [25087-75-6], 17:79

O_2Pb, Lead oxide (PbO_2), [1309-60-0], 1:45;22:69

$O_2PdC_{34}H_{28}$, Palladium, bis[(1,2,4,5-η)-1,5-diphenyl-1,4-pentadien-3-one]-, [32005-36-0], 28:110

$O_2PtS_2C_8H_{22}$, Platinum, dihydroxybis [1,1'-thiobis[ethane]]-, [148832-26-2], 6:215

O_2Re, Rhenium oxide (ReO_2), [12036-09-8], 13:142;30:102,105

$O_2RhC_9H_{15}$, Rhodium, bis(η^2-ethene)(2,4-pentanedionato-*O,O'*)-, [12082-47-2], 15:16

$O_2Rh_2C_{16}H_{26}$, Rhodium, bis[(1,2,5,6-η)-1,5-cyclooctadiene]di-μ-hydroxydi-, [73468-85-6], 23:129

$O_2Rh_2C_{18}H_{30}$, Rhodium, bis[(1,2,5,6-η)-1,5-cyclooctadiene]di-μ-methoxydi-, [12148-72-0], 23:127

O_2Ru, Ruthenium oxide (RuO_2), [12036-10-1], 13:137;30:97

$O_2Ru_2C_{22}H_{36}$, Ruthenium, di-μ-methoxybis[(1,2,3,4,5-η)-1,2,3,4,5-pentamethyl-2,4-cyclopentadien-1-yl]di-, [120883-04-7], 29:225

O_2S, Sulfur dioxide, [7446-09-5], 2:160

$O_2S_3C_8H_{18}$, Ethanol, 2,2'-[thiobis(2,1-ethanediylthio)]bis-, [14440-77-8], 25:123

$O_2S_4SeC_4H_6$, 6-Oxa-2,4-dithia-3-selenaheptanethioic acid, 5-thioxo-, *S*-methyl ester, [41515-91-7], 4:93

$O_2S_4SeC_6H_{10}$, 6-Oxa-2,4-dithia-3-selenaoctanethioic acid, 5-thioxo-, *O*-ethyl ester, [148832-18-2], 4:93

$O_2S_4TeC_4H_6$, Tellurium, bis(*O*-methyl carbonodithioato-*S,S'*)-, (*SP*-4-1)-, [41756-91-6], 4:93

$O_2S_4TeC_6H_{10}$, Tellurium, bis(*O*-ethyl carbonodithioato-*S,S'*)-, (*SP*-4-1)-, [100654-35-1], 4:93

O_2Se, Selenium oxide (SeO_2), [7446-08-4], 1:117;3:13,15,127,13

O_2Si, Silica, [7631-86-9], 2:95;5:55; 20:2

$O_2SiC_{12}H_{12}$, Silanediol, diphenyl-, [947-42-2], 3:62

$O_2SmC_{28}H_{46}$, Samarium, bis[(1,2,3,4,5-η)-1,2,3,4,5-pentamethyl-2,4-cyclopentadien-1-yl]bis(tetrahydrofuran)-, [79372-14-8], 28:297

O_2Te, Tellurium oxide (TeO_2), [7446-07-3], 3:143

O_2Ti, Titanium oxide (TiO_2), [13463-67-7], 5:79;6:47

$O_2TiC_{12}H_{10}$, Titanium, dicarbonylbis(η^5-2,4-cyclopentadien-1-yl)-, [12129-51-0], 24:149;28:250

$O_2TiC_{22}H_{30}$, Titanium, dicarbonylbis [(1,2,3,4,5-η)-1,2,3,4,5-pentamethyl-2,4-cyclopentadien-1-yl]-, [11136-40-6], 28:253

$O_2TlC_{10}H_9$, 1,3-Butanedione, 1-phenyl-, ion(1-), thallium(1+), [36366-81-1], 9:53

O_2U, Uranium oxide (UO_2), [1344-57-6], 5:149

O_2W, Tungsten oxide (WO_2), [12036-22-5], 13:142;14:149;30:102

$O_2YbC_{14}H_{20}$, Ytterbium, bis(η^5-2,4-cyclopentadien-1-yl)(1,2-dimethoxyethane-*O,O'*)-, [84270-63-3], 26:22;28:295

O_2Zr, Zirconium oxide (ZrO_2), [1314-23-4], 3:76;30:262

$O_2ZrC_{12}H_{10}$, Zirconium, dicarbonylbis(η^5-2,4-cyclopentadien-1-yl)-, [59487-85-3], 24:150;28:251

$O_2ZrC_{22}H_{30}$, Zirconium, dicarbonylbis[(1,2,3,4,5-η)-1,2,3,4,5-pentamethyl-2,4-cyclopentadien-1-yl]-, [61396-31-4], 24:153;28:254

O_3AgCl, Chloric acid, silver(1+) salt, [7783-92-8], 2:4

O_3AgF_3SCH, Methanesulfonic acid, trifluoro-, silver(1+) salt, [2923-28-6], 24:247

O_3AgH_3NS, Sulfamic acid, monosilver (1+) salt, [14325-99-6], 18:201

$O_3AgN_3C_{10}H_{10}$, Silver(1+), bis (pyridine)-, nitrate, [39716-70-6], 7:172

$O_3AgN_{10}C_6H_{19}$, Silver(3+), (3,8-diimino-2,4,7,9-tetraazadecanediimidamide-*N',N''',N^4,N^7*)-, trihydroxide, [127493-74-7], 6:78

O_3Ag_2, Silver oxide (Ag_2O_3), [12002-97-0], 30:52

O_3Ag_2C, Carbonic acid, disilver(1+) salt, [534-16-7], 5:19

O_3Ag_2FP, Phosphorofluoridic acid, disilver(1+) salt, [66904-72-1], 3:109

O_3Ag_3NS, Silver nitrate sulfide ($Ag_3(NO_3)S$), [61027-62-1], 24:234

$O_3AsC_3H_9$, Arsenous acid, trimethyl ester, [6596-95-8], 11:182

$O_3AsC_6H_{15}$, Arsenous acid, triethyl ester, [3141-12-6], 11:183

$O_3AsC_{12}H_{27}$, Arsenous acid, tributyl ester, [3141-10-4], 11:183

$O_3AsCoSnC_{24}H_{24}$, Cobalt, tricarbonyl (trimethylstannyl)(triphenylarsine)-, (*SP*-5-12)-, [138766-49-1], 29:180

$O_3AsS_6C_9H_{15}$, Arsenic, tris(*O*-ethyl carbonodithioato-*S,S'*)-, (*OC*-6-11)-, [31386-55-7], 10:45

$O_3As_2FeC_{39}H_{30}$, Iron, tricarbonylbis (triphenylarsine)-, [14375-85-0], 8:187

$O_3As_3CuNC_{54}H_{45}$, Copper, (nitrato-*O*)tris (triphenylarsine)-, (*T*-4)-, [33989-05-8], 19:95

$O_3AuBF_4Ir_3NP_6C_{78}H_{78}$, Iridium(1+), tris[1,2-ethanediylbis[diphenylphosphine]-*P,P'*]tri-μ-hydrotrihydro [(nitrato-*O,O'*)gold]tri-, (3*Au-Ir*) (3*Ir-Ir*), tetrafluoroborate(1-), [86854-49-1], 29:290

$O_3AuBF_4Ir_3NP_7C_{96}H_{93}$, Iridium(2+), tris[1,2-ethanediylbis[diphenylphosphine]-*P,P'*]tri-μ-hydrotrihydro [(triphenylphosphine)gold]tri-, (3*Au-Ir*)(3*Ir-Ir*), tetrafluoroborate(1-) nitrate, [146249-36-7], 29:291

$O_3AuNPC_{18}H_{15}$, Gold, (nitrato-*O*) (triphenylphosphine)-, [14897-32-6], 29:280

$O_3Au_2BF_4IrNP_4C_{72}H_{61}$, Iridium(1+), [bis (triphenylphosphine)digold]hydro (nitrato-*O,O'*)bis(triphenylphosphine)-, (*Au-Au*)(2*Au-Ir*), stereoisomer, tetrafluoroborate(1-), [93895-71-7], 29:284

$O_3Au_2ClF_3P_4PtSC_{49}H_{60}$, Platinum(1+), [bis(triphenylphosphine)digold] chlorobis(triethylphosphine)-, (*Au-Au*)(2*Au-Pt*), stereoisomer, salt with trifluoromethanesulfonic acid (1:1), [89346-97-4], 27:218

$O_3Au_2F_6NP_5PtC_{72}H_{60}$, Platinum(1+), [bis (triphenylphosphine)digold](nitrato-*O,O'*)bis(triphenylphosphine)-, (*Au-Au*)(2*Au-Pt*), stereoisomer, hexafluorophosphate(1-), [107796-04-3], 29:293

$O_3Au_3BF_4IrNP_5C_{90}H_{75}$, Iridium(1+), (nitrato-*O,O'*)bis(triphenylphosphine) [tris(triphenylphosphine)trigold]-, (2*Au-Au*)(3*Au-Ir*), tetrafluoroborate (1-), [93895-69-3], 29:285

$O_3BC_6H_{15}$, Boric acid (H_3BO_3), triethyl ester, [150-46-9], 5:29

$O_3BF_4MoC_8H_5$, Molybdenum, tricarbonyl (η^5-2,4-cyclopentadien-1-yl)[tetrafluoroborato(1-)-*F*]-, [68868-78-0], 26:96;28:5

$O_3BF_4MoC_{10}H_9$, Molybdenum(1+), tricarbonyl(η^5-2,4-cyclopentadien-1-yl)(η^2-ethene)-, tetrafluoroborate(1-), [62866-16-4], 26:102;28:11

$O_3BF_4NReC_7H_5$, Rhenium(1+), dicarbonyl(η^5-2,4-cyclopentadien-1-yl)nitrosyl-, tetrafluoroborate(1-), [31960-40-4], 29:213

$O_3BF_4Ru_2C_{15}H_{13}$, Ruthenium(1+), μ-carbonyldicarbonylbis(η^5-2,4-cyclopentadien-1-yl)-μ-ethylidynedi-, (*Ru-Ru*), stereoisomer, tetrafluoroborate(1-), [75952-48-6], 25:184

$O_3BF_4WC_8H_5$, Tungsten, tricarbonyl(η^5-2,4-cyclopentadien-1-yl)[tetrafluoroborato(1-)-*F*]-, [68868-79-1], 26:96;28:5

$O_3BF_{15}Te_3$, Tellurium borate fluoride ($Te_3(BO_3)F_{15}$), [40934-88-1], 24:35

$O_3BMoN_7C_{17}H_{22}$, Molybdenum, dicarbonylnitrosyl[tris(3,5-dimethyl-1*H*-pyrazolato-N^1)hydroborato(1-)-$N^2,N^{2'},N^{2''}$]-, (*OC*-6-23)-, [24899-04-5], 23:4

O_3B_2, Boron oxide (B_2O_3), [1303-86-2], 2:22

$O_3B_3C_6H_{15}$, Boroxin, triethyl-, [3043-6 0-5], 24:85

$O_3B_{10}SC_{11}H_{22}$, 1,2-Dicarbadodecaborane (12)-1-ethanol, 4-methylbenzenesulfonate, [120085-61-2], 29:102

O_3BaMo, Molybdate (MoO_3^{2-}), barium (1:1), [12323-01-2], 11:1

$O_3BaPb_{0.75}Sb_{0.25}$, Antimony barium lead oxide ($Sb_{0.25}BaPb_{0.75}O_3$), [123010-39-9], 30:200

O_3BaTi, Barium titanium oxide ($BaTiO_3$), [12047-27-7], 14:142;30:111

$O_3BrClCoN_5C_4H_{16}$, Cobalt(1+), bromochlorobis(1,2-ethanediamine-*N,N'*)-, (*OC*-6-23)-, nitrate, [15656-44-7], 9:163;9:165

$O_3BrCl_4MnC_8$, Manganese, (η^5-1-bromo-2,3,4,5-tetrachloro-2,4-cyclopentadien-1-yl)tricarbonyl-, [56282-22-5], 20:194,195

$O_3BrCoN_3C_5H_{19}.1/2H_2O$, Cobalt(3+), ammine[carbonato(2-)-*O*]bis(1,2-ethanediamine-*N,N'*)-, bromide, hydrate (2:1), (*OC*-6-23)-, [151120-16-0], 17:152

$O_3BrCoN_4C_5H_{16}$, Cobalt(1+), [carbonato (2-)-*O,O'*]bis(1,2-ethanediamine-*N,N'*)-, bromide, [31055-39-7], 14:64;21:120

O_3BrF, Perbromyl fluoride ((BrO_3)F), [25251-03-0], 14:30

$O_3BrMnC_8H_4$, Manganese, (η^5-1-bromo-2,4-cyclopentadien-1-yl)tricarbonyl-, [12079-86-6], 20:193

$O_3BrNC_{10}H_{14}$, Bicyclo[2.2.1]heptan-2-one, 3-bromo-1,7,7-trimethyl-3-nitro-, (1*R-endo*)-, [122921-54-4], 25:132

$O_3BrN_3C_{10}H_{10}$, Bromine(1+), bis(pyridine)-, nitrate, [53514-33-3], 7:172

$O_3Br_2CoN_5C_4H_{16}$, Cobalt(1+), dibromobis (1,2-ethanediamine-*N,N'*)-, (*OC*-6-12)-, nitrate, [15352-31-5], 9:166

$O_3Br_3InS_3C_6H_{18}$, Indium, tribromotris [sulfinylbis[methane]-*O*]-, [15663-52-2], 19:260

$O_3C_8H_{12}$, 2,4-Pentanedione, 3-(ethoxymethylene)-, [33884-41-2], 18:37

O_3CaC, Carbonic acid calcium salt (1:1), [471-34-1], 2:49

$O_3ClCoN_4CH_{12}$, Cobalt(1+), tetraammine [carbonato(2-)-*O,O'*]-, chloride, (*OC*-6-22)-, [13682-55-8], 6:177

$O_3ClCoN_4C_5H_{16}$, Cobalt(1+), [carbonato (2-)-*O*,*O*']bis(1,2-ethanediamine-*N*,*N*')-, chloride, (*OC*-6-22)-, [15842-50-9], 14:64
$O_3ClCoN_4C_{11}H_{16}.H_2O$, Cobalt(1+), diammine[carbonato(2-)-*O*,*O*']bis (pyridine)-, chloride, monohydrate, (*OC*-6-32)-, [152227-33-3], 23:77
$O_3ClCrC_9H_5$, Chromium, tricarbonyl(η^6-chlorobenzene)-, [12082-03-0], 19:157;28:139
O_3ClCrK, Chromate(1-), chlorotrioxo-, potassium, (*T*-4)-, [16037-50-6], 2:208
O_3ClF, Perchloryl fluoride ((ClO$_3$)F), [7616-94-6], 14:29
O_3ClFS, Chlorine fluorosulfate (Cl (SFO$_3$)), [13997-90-5], 24:6
$O_3ClF_3OsP_3C_{57}H_{45}$, Osmium, carbonylchloro(trifluoroacetato-*O*)tris(triphenylphosphine)-, [38596-62-2], 17:128
$O_3ClF_3P_2PtSC_{13}H_{30}$, Platinum, chlorobis (triethylphosphine)(trifluoromethanesulfonato-*O*)-, (*SP*-4-2)-, [79826-48-5], 26:126;28:27
O_3ClH, Chloric acid, [7790-93-4], 5:161; 5:164
O_3ClHS, Chlorosulfuric acid, [7790-94-5], 4:52
$O_3ClMnC_8H_4$, Manganese, tricarbonyl(η^5-1-chloro-2,4-cyclopentadien-1-yl)-, [12079-90-2], 20:192
O_3ClN, Nitryl hypochlorite ((NO$_2$)(OCl)), [14545-72-3], 9:127
$O_3ClNSC_4H_8$, 4-Morpholinesulfonyl chloride, [1828-66-6], 8:109
O_3ClNa, Chloric acid, sodium salt, [7775-09-9], 5:159
$O_3ClPC_4H_{10}$, Phosphorochloridic acid, diethyl ester, [814-49-3], 4:78
$O_3ClP_2RuC_{39}H_{33}$, Ruthenium, (acetato-*O*,*O*')carbonylchlorobis (triphenylphosphine)-, [50661-66-0], 17:126
$O_3Cl_2CoN_5C_4H_{16}$, Cobalt(1+), dichlorobis (1,2-ethanediamine-*N*,*N*')-, (*OC*-6-12)-, nitrate, [14587-94-1], 18:73
$O_3Cl_2N_5RhC_4H_{16}$, Rhodium(1+), dichlorobis(1,2-ethanediamine-*N*,*N*')-, (*OC*-6-12)-, nitrate, [15529-88-1], 7:217
———, Rhodium(1+), dichlorobis(1,2-ethanediamine-*N*,*N*')-, (*OC*-6-22)-, nitrate, [39561-32-5], 7:217
$O_3Cl_2N_5RhC_{20}H_{20}$, Rhodium(1+), dichlorotetrakis(pyridine)-, (*OC*-6-12)-, nitrate, [22933-85-3], 10:66
$O_3Cl_2RuC_3$, Ruthenium, tricarbonyldichloro-, [61003-62-1], 16:51
$O_3Cl_2SC_2H_4$, Chlorosulfuric acid, 2-chloroethyl ester, [13891-58-2], 4:85
$O_3Cl_3CrC_{12}H_{24}$, Chromium, trichlorotris (tetrahydrofuran)-, [10170-68-0], 8:150
$O_3Cl_3InS_3C_6H_{18}$, Indium, trichlorotris [sulfinylbis[methane]]-, [55187-79-6], 19:259
$O_3Cl_3MoC_{12}H_{24}$, Molybdenum, trichlorotris(tetrahydrofuran)-, [31355-55-2], 20:121;24:193;28:36
$O_3Cl_3N_2PSC_4H_8$, Phosphorimidic trichloride, (4-morpholinylsulfonyl)-, [14204-64-9], 8:116
$O_3Cl_3N_3S_3$, 1,3,5,2,4,6-Trithiatriazine, 2,4,6-trichloro-, 1,3,5-trioxide, [21095-45-4], 13:10
———, $1\lambda^4,3\lambda^4,5\lambda^4$-1,3,5,2,4,6-Trithiatriazine, 1,3,5-trichloro-, 1,3,5-trioxide, [13955-01-6], 13:9
$O_3Cl_3ScC_{12}H_{24}$, Scandium, trichlorotris (tetrahydrofuran)-, [14782-78-6], 21:139
$O_3Cl_3TiC_{12}H_{24}$, Titanium, trichlorotris (tetrahydrofuran)-, [18039-90-2], 21:137
$O_3Cl_3VC_{12}H_{24}$, Vanadium, trichlorotris (tetrahydrofuran)-, [19559-06-9], 21:138

$O_3Cl_3WC_3H_9$, Tungsten, trichlorotrimethoxy-, (*OC*-6-21)-, [35869-29-5], 26:45
$O_3Cl_3YbC_{12}H_{24}$, Ytterbium, trichlorotris (tetrahydrofuran)-, [14782-79-7], 27:139;28:289
$O_3Cl_3YbC_{12}H_{24}$, Ytterbium, trichlorotris (tetrahydrofuran)-, [14782-79-7], 27:139;28:289
$O_3Cl_5MnC_8$, Manganese, tricarbonyl(η^5-1,2,3,4,5-pentachloro-2,4-cyclopentadien-1-yl)-, [56282-21-4], 20:194
O_3CoC, Carbonic acid, cobalt(2+) salt (1:1), [513-79-1], 6:189
$O_3CoF_5PC_{27}H_{15}$, Cobalt, tricarbonyl (pentafluorophenyl)(triphenylphosphin e)-, (*TB*-5-13)-, [78220-27-6], 23:24
$O_3CoN_2C_{15}H_9$, Cobalt, tricarbonyl [2-(phenylazo)phenyl]-, [19528-27-9], 26:176
$O_3CoN_4NaC_3H_6.2H_2O$, Cobaltate(1-), diammine[carbonato(2-)-*O*,*O*']bis (cyano-*C*)-, sodium, dihydrate, (*OC*-6-32)-, [53129-53-6], 23:67
$O_3CoN_7SC_4H_{16}$, Cobalt, azidobis(1,2-ethanediamine-*N*,*N*')[sulfito(2-)-*O*]-, (*OC*-6-33)-, [15656-42-5], 14:78
$O_3CoN_{15}C_{24}H_{36}$, Cobalt(3+), tris(*N*-phenylimidodicarbonimidic diamide-*N*'',*N*''')-, trihydroxide, [127794-88-1], 6:72
$O_3CoPSnC_{24}H_{24}$, Cobalt, tricarbonyl(trimethylstannyl)(triphenylphosphine)-, [52611-18-4], 29:175
$O_3CoS_6C_6H_9$, Cobalt, tris(*O*-methyl carbonodithioato-*S*,*S*')-, (*OC*-6-11)-, [17632-87-0], 10:47
$O_3CoS_6C_9H_{15}$, Cobalt, tris(*O*-ethyl carbonodithioato-*S*,*S*')-, (*OC*-6-11)-, [14916-47-3], 10:45
$O_3CoS_6C_{15}H_{27}$, Cobalt, tris(*O*-butyl carbonodithioato-*S*,*S*')-, (*OC*-6-11)-, [61160-29-0], 10:47
———, Cobalt, tris[*O*-(2-methylpropyl) carbonodithioato-*S*,*S*']-, (*OC*-6-11)-, [68026-11-9], 10:47
$O_3CoS_6C_{21}H_{33}$, Cobalt, tris(*O*-cyclohexyl carbonodithioato-*S*,*S*')-, (*OC*-6-11)-, [149165-78-6], 10:47
$O_3CrC_8H_6$, Chromium, tricarbonyl(η^5-2,4-cyclopentadien-1-yl)hydro-, [36495-37-1], 7:136
$O_3CrC_9H_6$, Chromium, (η^6-benzene) tricarbonyl-, [12082-08-5], 19:157;28:139
$O_3CrFC_9H_5$, Chromium, tricarbonyl(η^6-fluorobenzene)-, [12082-05-2], 19:157;28:139
$O_3CrFNC_5H_6$, Chromate(1-), fluorotrioxo-, (*T*-4)-, hydrogen, compd.with pyridine (1:1), [83042-08-4], 27:310
O_3CrH_3, Chromium hydroxide ($Cr(OH)_3$), [1308-14-1], 8:138
$O_3CrNC_7H_5$, Chromium, dicarbonyl(η^5-2,4-cyclopentadien-1-yl)nitrosyl-, [36312-04-6], 18:127;28:196
$O_3CrNC_{11}H_{11}$, Chromium, tricarbonyl[(1,2,3,4,5,6-η)-*N*,*N*-dimethylbenzenamine]-, [12109-10-3], 19:157;28:139
$O_3CrN_2C_{10}H_{10}$, Chromium, trioxobis (pyridine)-, [20492-50-6], 4:94
$O_3CrN_2C_{12}H_{14}$, Chromium, bis(3-methylpyridine)trioxo-, [149165-81-1], 4:95
———, Chromium, bis(4-methylpyridine) trioxo-, [149165-82-2], 4:95
$O_3CrN_3C_{12}H_{15}$, Chromium, tricarbonyltris (propanenitrile)-, [91513-88-1], 28:32
$O_3CrN_3C_{18}H_{27}$, Chromium, tricarbonyltris (2-isocyano-2-methylpropane)-, (*OC*-6-22)-, [37017-57-5], 28:143
$O_3CrN_3C_{36}H_{42}$, Chromium, tris[4-[(4-methylphenyl)imino]-2-pentanonato-*N*,*O*]-, [15636-01-8], 8:149
$O_3CrNaC_8H_5$, Chromate(1-), tricarbonyl(η^5-2,4-cyclopentadien-1-yl)-, sodium, [12203-12-2], 7:104
$O_3CrS_6C_6H_9$, Chromium, tris(*O*-methyl carbonodithioato-*S*,*S*')-, (*OC*-6-11)-, [34803-25-3], 10:44

$O_3CrS_6C_9H_{15}$, Chromium, tris(*O*-ethyl carbonodithioato-*S,S'*)-, (*OC*-6-11)-, [15276-08-1], 10:42
$O_3CrS_6C_{15}H_{27}$, Chromium, tris(*O*-butyl carbonodithioato-*S,S'*)-, (*OC*-6-11)-, [150124-44-0], 10:44
———, Chromium, tris[*O*-(2-methylpropyl) carbonodithioato-*S,S'*]-, (*OC*-6-11)-, [68026-09-5], 10:44
$O_3CrS_6C_{21}H_{33}$, Chromium, tris(*O*-cyclohexyl carbonodithioato-*S,S'*)-, (*OC*-6-11)-, [149165-83-3], 10:44
$O_3CrSiC_8H_8$, Chromium, tricarbonyl(η^5-2,4-cyclopentadien-1-yl)silyl-, [32732-02-8], 17:104
$O_3Cr_2.xH_2O$, Chromium oxide (Cr_2O_3), hydrate, [12182-82-0], 2:190;8:138
O_3CsN, Nitric acid, cesium salt, [7789-18-6], 4:6
$O_3CuNP_2C_{36}H_{30}$, Copper, (nitrato-*O,O'*) bis(triphenylphosphine)-, (*T*-4)-, [23751-62-4], 19:93
$O_3CuNSb_3C_{54}H_{45}$, Copper, (nitrato-*O*)tris (triphenylstibine)-, (*T*-4)-, [33989-06-9], 19:94
$O_3DyC_{45}H_{69}$, Phenol, 2,6-bis(1,1-dimethylethyl)-4-methyl-, dysprosium(3+) salt, [89085-96-1], 27:167
$O_3ErC_{45}H_{69}$, Phenol, 2,6-bis(1,1-dimethylethyl)-4-methyl-, erbium(3+) salt, [89085-98-3], 27:167
O_3EuC, Carbonic acid, europium(2+) salt (1:1), [5772-74-7], 2:71
O_3Eu_2, Europium oxide (Eu_2O_3), [1308-96-9], 2:66
O_3FHS, Fluorosulfuric acid, [7789-21-1], 7:127;11:139
$O_3FH_8N_2P$, Phosphorofluoridic acid, diammonium salt, [14312-45-9], 2:155
O_3FK_2P, Phosphorofluoridic acid, dipotassium salt, [14104-28-0], 3:109
———, Potassium fluoride metaphosphate ($K_2F(PO_3)$), [12191-64-9], 3:109
$O_3FNSC_{16}H_{36}$, 1-Butanaminium, *N,N,N*-tributyl-, fluorosulfate, [88504-81-8], 26:393
$O_3FN_2ReC_{13}H_8$, Rhenium, (2,2'-bipyridine-*N,N'*)tricarbonylfluoro-, (*OC*-6-33)-, [89087-44-5], 26:82
O_3FNa_2P, Phosphorofluoridic acid, disodium salt, [10163-15-2], 3:106
$O_3FPC_4H_{10}$, Phosphorofluoridic acid, diethyl ester, [358-74-7], 24:65
$O_3FP_2RhC_{44}H_{34}$, Rhodium, carbonyl(3-fluorobenzoato-*O*)bis(triphenylphosphine)-, [103948-62-5], 27:292
$O_3FS_9C_{10}H_8$, Fluorosulfate, salt with 2-(5,6-dihydro-1,3-dithiolo[4,5-*b*][1,4] dithiin-2-ylidene)-5,6-dihydro-1,3-dithiolo[4,5-*b*][1,4]dithiin (1:1), [96022-58-1], 26:393
O_3F_2S, Fluorine fluorosulfate ($F(SFO_3)$), [13536-85-1], 11:155
———, Hypofluorous acid, dianhydride with sulfurous acid, [13847-51-3], 11:155
O_3F_3NS, Hydroxylamine-*O*-sulfonyl fluoride, *N,N*-difluoro-, [6816-12-2], 12:304
O_3F_3SCH, Methanesulfonic acid, trifluoro-, [1493-13-6], 28:70
$O_3F_6C_2$, Trioxide, bis(trifluoromethyl), [1718-18-9], 12:312
$O_3F_6FePC_{11}H_{13}$, Iron(1+), dicarbonyl(η^5-2,4-cyclopentadien-1-yl)(tetrahydrofuran)-, hexafluorophosphate(1-), [72303-22-1], 26:232
$O_3F_6MnNPC_7H_5$, Manganese(1+), dicarbonyl(η^5-2,4-cyclopentadien-1-yl)nitrosyl-, hexafluorophosphate(1-), [31921-90-1], 15:91
$O_3F_7S_2C_2H$, Sulfur, (4,4-difluoro-1,2-oxathietan-3-yl)pentafluoro-, *S,S*-dioxide, (*OC*-6-21)-, [113591-65-4], 29:36
$O_3F_8S_2C_2$, Sulfur, pentafluoro(3,4,4-trifluoro-1,2-oxathietan-3-yl)-, *S,S*-dioxide, (*OC*-6-21)-, [93474-29-4], 29:36

$O_3F_{11}PC_6H_6$, Phosphorane, difluorotris (2,2,2-trifluoroethoxy)-, [71181-74-3], 24:63
$O_3F_{12}IrP_2C_{19}H_{33}$, Iridium(2+), [(1,2,3,4,5-η)-1,2,3,4,5-pentamethyl-2,4-cyclopentadien-1-yl]tris(2-propanone)-, bis[hexafluorophosphate (1-)], [60936-92-7], 29:232
$O_3FeC_9H_8$, Iron, acetyldicarbonyl(η^5-2,4-cyclopentadien-1-yl)-, [12108-22-4], 26:239
$O_3FeC_{11}H_8$, Iron, tricarbonyl[(1,2,3,4-η)-1,3,5,7-cyclooctatetraene]-, [12093-05-9], 8:184
$O_3FeC_{11}H_9$, Iron(1+), [(2,3,4,5,6-η)-bicyclo[5.1.0]octadienylium] tricarbonyl-, [32798-89-3], 8:185
$O_3FeH_3Na_3S$, Ferrate(3-), trihydroxythioxo-, trisodium, [149165-87-7], 6:170
$O_3FeN_2C_{21}H_{18}$, Iron, tricarbonylbis(2-isocyano-1,3-dimethylbenzene)-, (*TB*-5-22)-, [75517-50-9], 28:181
$O_3FePC_{21}H_{15}$, Iron, tricarbonyl(triphenylphosphine)-, [70460-14-9], 8:186
$O_3FeP_2C_9H_{18}$, Iron, tricarbonylbis (trimethylphosphine)-, [25921-55-5], 25:155;28:177
$O_3FeP_2C_{27}H_{54}$, Iron, tricarbonylbis (tributylphosphine)-, [23540-33-2], 25:155;28:177;29:153
———, Iron, tricarbonylbis(tributylphosphine)-, (*TB*-5-11)-, [49655-14-3], 29:153
$O_3FeP_2C_{39}H_{30}$, Iron, tricarbonylbis (triphenylphosphine)-, [14741-34-5], 8:186;25:154;28:176
———, Iron, tricarbonylbis(triphenylphosphine)-, (*TB*-5-11)-, [21255-52-7], 29:153
$O_3FeP_2C_{39}H_{66}$, Iron, tricarbonylbis (tricyclohexylphosphine)-, [25921-51-1], 25:154;28:176;29:154
$O_3FeP_5C_{55}H_{57}$, Iron, bis[1,2-ethanediylbis [diphenylphosphine]-*P*,*P*'](trimethyl phosphite-*P*)-, (*TB*-5-12)-, [62613-13-2], 21:93
$O_3FeSb_2C_{39}H_{30}$, Iron, tricarbonylbis (triphenylstibine)-, [14375-86-1], 8:188
O_3Fe_2, Iron oxide (Fe_2O_3), [1309-37-1], 1:185
$O_3Fe_2.H_2O$, Iron oxide (Fe_2O_3), monohydrate, [12168-55-7], 2:215
O_3Ga_2, Gallium oxide (Ga_2O_3), [12024-21-4], 2:29
$O_3GeNC_8H_{17}$, 2,8,9-Trioxa-5-aza-1-germabicyclo[3.3.3]undecane, 1-ethyl-, [21410-53-7], 16:229
O_3HMo, Molybdenum(1+), hydroxydioxo-, [39335-76-7], 23:139
O_3HMo, Molybdenum(1+), hydroxydioxo-, [39335-76-7], 23:139
O_3HN, Nitric acid, [7697-37-2], 3:13; 4:52
O_3HNaS, Sulfurous acid, monosodium salt, [7631-90-5], 2:164
O_3H_2KS, Sulfurous acid, monopotassium salt, [7773-03-7], 2:167
$O_3H_2NNa_2P$, Phosphoramidic acid, disodium salt, [3076-34-4], 6:100
O_3H_2Pb, Lead hydroxide oxide ($Pb(OH)_2O$), [93936-18-6], 1:46
$O_3H_2Si_2$, Disiloxane, dioxo-, [44234-98-2], 1:42
O_3H_3NS, Sulfamic acid, [5329-14-6], 2:176,178
O_3H_3P, Phosphorous acid, [10294-56-1], 4:55
$O_3H_3Rh.H_2O$, Rhodium hydroxide (Rh $(OH)_3$), monohydrate, [150124-33-7], 7:215
O_3H_4KNP, Phosphoramidic acid, monopotassium salt, [13823-49-9], 13:25
O_3H_4NP, Phosphoramidic acid, [2817-45-0], 13:24;19:281
O_3H_4NV, Vanadate (VO_3^{1-}), ammonium, [7803-55-6], 3:117;9:82
$O_3H_6N_2S$, Sulfamic acid, monoammonium salt, [7773-06-0], 2:180

$O_3H_7N_2P$, Phosphoramidic acid, monoammonium salt, [13566-20-6], 6:110; 13:23

$O_3H_9N_2PS$, Phosphorothioic acid, diammonium salt, [15792-81-1], 6:112

$O_3H_{12}N_7P_3$, Diimidotriphosphoramide, [27712-38-5], 6:110

$O_3H_{15}IrN_6$, Iridium(2+), pentaammine (nitrato-*O*)-, (*OC*-6-22)-, [42482-42-8], 12:245,246

O_3HgNCH_3, Mercury, methyl(nitrato-*O*)-, [2374-27-8], 24:144

$O_3HoC_{45}H_{69}$, Phenol, 2,6-bis(1,1-dimethylethyl)-4-methyl-, holmium (3+) salt, [89085-97-2], 27:167

$O_3IMnC_8H_4$, Manganese, tricarbonyl(η^5-1-iodo-2,4-cyclopentadien-1-yl)-, [12079-63-9], 20:193

O_3INa, Iodic acid (HIO_3), sodium salt, [7681-55-2], 1:168

$O_3InS_6C_9H_{15}$, Indium, tris(*O*-ethyl carbonodithioato-*S,S'*)-, (*OC*-6-11)-, [21630-86-4], 10:44

$O_3KMoC_8H_5$, Molybdate(1-), tricarbonyl (η^5-2,4-cyclopentadien-1-yl)-, potassium, [62866-01-7], 11:118

O_3KNOs, Osmate(1-), nitridotrioxo-, potassium, (*T*-4)-, [21774-03-8], 6:204

O_3K_2NRe, Rhenate(2-), nitridotrioxo-, dipotassium, [19630-35-4], 6:167

O_3K_2S, Sulfurous acid, dipotassium salt, [10117-38-1], 2:165,166

O_3K_3PS, Phosphorothioic acid, tripotassium salt, [148832-25-1], 5:102

$O_3LaC_{42}H_{63}$, Phenol, 2,6-bis(1,1-dimethylethyl)-, lanthanum(3+) salt, [121118-91-0], 27:167

$O_3LaC_{45}H_{69}$, Phenol, 2,6-bis(1,1-dimethylethyl)-4-methyl-, lanthanum(3+) salt, [89085-93-8], 27:166

O_3LiRe, Rhenate (ReO_3^{1-}), lithium, [80233-76-7], 24:205;30:189

O_3Li_2C, Carbonic acid, dilithium salt, [554-13-2], 1:1;5:3

O_3Li_2Re, Rhenate (ReO_3^{2-}), dilithium, [80233-77-8], 24:203;30:188

$O_3MnC_8H_5$, Manganese, tricarbonyl(η^5-2,4-cyclopentadien-1-yl)-, [12079-65-1], 7:100;15:91

$O_3Mo.2H_2O$, Molybdenum oxide (MoO_3), dihydrate, [25942-34-1], 24:191

$O_3MoC_8H_6$, Molybdenum, tricarbonyl(η^5-2,4-cyclopentadien-1-yl)hydro-, [12176-06-6], 7:107,136

$O_3MoC_9H_8$, Molybdenum, tricarbonyl(η^5-2,4-cyclopentadien-1-yl)methyl-, [12082-25-6], 11:116

$O_3MoC_{10}H_8$, Molybdenum, tricarbonyl [(1,2,3,4,5,6-η)-1,3,5-cycloheptatriene]-, [12125-77-8], 9:121;28:45

$O_3MoNC_7H_5$, Molybdenum, dicarbonyl (η^5-2,4-cyclopentadien-1-yl)nitrosyl-, [12128-13-1], 16:24;18:127;28:196

$O_3MoN_2S_4C_{13}H_{20}$, Molybdenum, tricarbonylbis(diethylcarbamodithioato-*S,S'*)-, (*TPS*-7-1-121'1'22)-, [18866-21-2], 28:145

$O_3MoN_3C_{12}H_{15}$, Molybdenum, tricarbonyltris(propanenitrile)-, [103933-26-2], 28:31

$O_3MoN_3C_{18}H_{27}$, Molybdenum, tricarbonyltris(2-isocyano-2-methylpropane)-, (*OC*-6-22)-, [37017-63-3], 28:143

$O_3MoP_2C_{39}H_{68}$, Molybdenum, tricarbonyl (dihydrogen-*H,H'*)bis(tricyclohexylphosphine)-, stereoisomer, [104198-76-7], 27:3

$O_3MoSiC_8H_8$, Molybdenum, tricarbonyl (η^5-2,4-cyclopentadien-1-yl)silyl-, [32965-47-2], 17:104

$O_3MoSnC_{11}H_{14}$, Molybdenum, tricarbonyl(η^5-2,4-cyclopentadien-1-yl) (trimethylstannyl)-, [12214-92-5], 12:63

O_3MoSr, Molybdate (MoO_3^{2-}), strontium (1:1), [12163-67-6], 11:1

$O_3NNaC_{10}H_{14}$, Bicyclo[2.2.1]heptan-2-one, 1,7,7-trimethyl-3-nitro-, ion(1-), sodium, (1*R*)-, [122921-55-5], 25:133

$O_3NOsC_4H_9$, Osmium, [2-methyl-2-propanaminato(2-)]trioxo-, (*T*-4)-, [50381-48-1], 6:207
$O_3NPC_4H_{12}$, Phosphoramidic acid, diethyl ester, [1068-21-9], 4:77
$O_3NPReC_{25}H_{23}$, Rhenium, (η^5-2,4-cyclopentadien-1-yl)(methoxycarbonyl) nitrosyl(triphenylphosphine)-, [82293-79-6], 29:216
$O_3NP_2RhC_{25}H_{46}$, Rhodium, carbonyl(4-pyridinecarboxylato-N^1)bis[tris(1-methylethyl)phosphine]-, (*SP*-4-1)-, [112784-16-4], 27:292
O_3NSCH_5, Methanesulfonic acid, amino-, [13881-91-9], 8:121
$O_3NSC_5H_5$, Sulfur trioxide, compd. with pyridine (1:1), [26412-87-3], 2:173
$O_3NSC_6H_7.NC_5H_5$, Sulfamic acid, phenyl-, compd. with pyridine (1:1), [56710-38-4], 2:175
$O_3NSC_8H_{11}$, Benzenamine, *N,N*-dimethyl-, compd. with sulfur trioxide (1:1), [82604-34-0], 2:174
———, Sulfamic acid, dimethyl-, phenyl ester, [66950-63-8], 2:174
$O_3NSnC_8H_{17}$, Tin, ethyl[[2,2',2''-nitrilotris [ethanolato]](3-)-*N,O,O',O''*]-, (*TB*-5-23)-, [38856-31-4], 16:230
———, 2,8,9-Trioxa-5-aza-1-stannabicyclo[3.3.3]undecane, 1-ethyl-, [41766-05-6], 16:230
$O_3NWC_7H_5$, Tungsten, dicarbonyl(η^5-2,4-cyclopentadien-1-yl)nitrosyl-, [12128-14-2], 18:127;28:196
$O_3N_2C_3H_6$, Carbamic acid, (aminocarbonyl)-, methyl ester, [761-89-7], 5:49,52
$O_3N_2C_4H_8$, Carbamic acid, (aminocarbonyl)-, ethyl ester, [626-36-8], 5:49,52
$O_3N_2SC_4H_{10}$, 4-Morpholinesulfonamide, [25999-04-6], 8:114
$O_3N_2SC_9H_{18}$, Morpholine, 4-(1-piperidinylsulfonyl)-, [71173-07-4], 8:113
$O_3N_2S_4WC_{13}H_{20}$, Tungsten, tricarbonylbis (diethylcarbamodithioato-*S,S'*)-, (*TPS*-7-1-121'1'22)-, [72827-54-4], 25:157
$O_3N_3PC_3$, Phosphorous triisocyanate, [1782-09-8], 13:20
$O_3N_3SiC_4H_3$, Silane, triisocyanatomethyl-, [5587-61-1], 8:25
$O_3N_3VC_{18}H_{30}$, Vanadium, tris[4-(methylimino)-2-pentanonato-*N,O*]-, [18533-30-7], 11:81
$O_3N_3WC_{12}H_{15}$, Tungsten, tricarbonyltris (propanenitrile)-, [84580-21-2], 27:4;28:30
$O_3N_3WC_{18}H_{27}$, Tungsten, tricarbonyltris (2-isocyano-2-methylpropane)-, (*OC*-6-22)-, [42401-95-6], 28:143
$O_3N_4CH_6$, Guanidine, mononitrate, [506-93-4], 1:94
$O_3N_4C_2H_8$, Carbonic acid, compd. with hydrazinecarboximidamide (1:1), [2582-30-1], 3:45
$O_3N_4P_2C_8H_{24}$, Diphosphoramide, octamethyl-, [152-16-9], 7:73
$O_3N_4PtTl_4C_5$, Platinate(2-), tetrakis (cyano-*C*)-, (*SP*-4-1)-, thallium(1+) carbonate (1:4:1), [76880-00-7], 21:153,154
$O_3N_6C_3H_8$, Carbonic dihydrazide, 2,2'-bis (aminocarbonyl)-, [4468-90-0], 4:38
O_3Na_2C, Carbonic acid disodium salt, [497-19-8], 5:159
O_3Na_2S, Sulfurous acid, disodium salt, [7757-83-7], 2:162,165
$O_3Na_2S.7H_2O$, Sulfurous acid, disodium salt, heptahydrate, [10102-15-5], 2:162,165
O_3Na_3PS, Phosphorothioic acid, trisodium salt, [10101-88-9], 5:102;17:193
$O_3NdC_{45}H_{72}$, Phenol, 2,6-bis(1,1-dimethylethyl)-4-methyl-, neodymium (3+) salt, [89085-95-0], 27:167
$O_3PC_4H_{11}$, Phosphonic acid, diethyl ester, [762-04-9], 4:58
$O_3PC_{16}H_{35}$, Phosphonic acid, dioctyl ester, [1809-14-9], 4:61
$O_3PC_{18}H_{15}$, Phosphorous acid, triphenyl ester, [101-02-0], 8:69

- O₃P₂PtC₃₇H₃₀, Platinum, [carbonato(2-)-O,O']bis(triphenylphosphine)-, (SP-4-2)-, [17030-86-3], 18:120
- O₃P₂RhC₂₁H₄₅, Rhodium, (acetato-*O*) carbonylbis[tris(1-methylethyl) phosphine]-, (*SP*-4-1)-, [112761-20-3], 27:292
- O₃P₂RhC₄₄H₇₁, Rhodium, (benzoato-*O*) carbonylbis(tricyclohexylphosphine)-, (*SP*-4-1)-, [112837-60-2], 27:292
- O₃P₂RuC₃₉H₃₀, Ruthenium, tricarbonylbis (triphenylphosphine)-, [14741-36-7], 15:50
- O₃P₂RuC₃₉H₃₄, Ruthenium, (acetato-*O*,*O*') carbonylhydrobis(triphenylphosphine)-, (*OC*-6-14)-, [50661-73-9], 17:126
- O₃P₂WC₂₁H₄₄, Tungsten, tricarbonyl (dihydrogen-*H*,*H*')bis[tris(1-methylethyl)phosphine]-, [104198-77-8], 27:7
- O₃P₂WC₃₇H₃₀, Tungsten, tricarbonyl[1,2-ethanediylbis[diphenylphosphine]-P,P'](phenylethenylidene)-, (OC-6-32)-, [88035-90-9], 29:144
- O₃P₂WC₃₉H₆₈, Tungsten, tricarbonyl (dihydrogen-*H*,*H*')bis(tricyclohexylphosphine)-, (*PB*-7-11-22233)-, [104198-75-6], 27:6
- O₃PrC₄₅H₆₉, Phenol, 2,6-bis(1,1-dimethylethyl)-4-methyl-, praseodymium(3+) salt, [89085-94-9], 27:167
- O₃Pr₂, Praseodymium oxide (Pr₂O₃), [12036-32-7], 5:39
- O₃Re, Rhenium oxide (ReO₃), [1314-28-9], 3:186
- $O_3ReC_8H_5$, Rhenium, tricarbonyl(η^5 -2,4-cyclopentadien-1-yl)-, [12079-73-1], 29:211
- O₃Rh₂.5H₂O, Rhodium oxide (Rh₂O₃), pentahydrate, [39373-27-8], 7:215
- O₃RuC₁₁H₁₂, Ruthenium, tricarbonyl [(1,2,5,6-η)-1,5-cyclooctadiene]-, [32874-17-2], 16:105;28:54
- O₃Ru₂, Ruthenium oxide (Ru₂O₃), [12060-06-9], 22:69

- O₃Ru₂C₁₄H₁₂, Ruthenium, μcarbonyldicarbonylbis(η⁵-2,4cyclopentadien-1-yl)-μ-methylenedi-, (*Ru-Ru*), [86993-13-7], 25:182
- O₃Ru₂C₁₅H₁₂, Ruthenium, μ-carbonyldicarbonylbis(η⁵-2,4-cyclopentadien-1-yl)-μ-ethenylidenedi-, (*Ru-Ru*), stereoisomer, [75952-49-7], 25:183
- ——, Ruthenium, μ-carbonyldicarbonylbis(η⁵-2,4-cyclopentadien-1yl)-μ-ethenylidenedi-, (*Ru-Ru*), stereoisomer, [89460-54-8], 25:183
- O₃Ru₂C₁₅H₁₄, Ruthenium, μ-carbonyldicarbonylbis(η⁵-2,4-cyclopentadien-1-yl)-μ-ethylidenedi-, (*Ru-Ru*), stereoisomer, [75811-61-9], 25:185
- ———, Ruthenium, μ-carbonyldicarbonylbis(η⁵-2,4-cyclopentadien-1yl)-μ-ethylidenedi-, (*Ru-Ru*), stereoisomer, [75829-78-6], 25:185
- ${
 m O_3Ru_2C_{27}H_{20}},$ Ruthenium, μ -carbonylcarbonylbis(η^5 -2,4-cyclopentadien-1-yl)[μ -[(1- η :1,2,3- η)-3-oxo-1,2-diphenyl-2-propenylidene]]di-, (Ru-Ru), [75812-29-2], 25:181
- O₃S, Sulfur trioxide, [7446-11-9], 7:156 O₃S₆SbC₉H₁₅, Antimony, tris(*O*-ethyl carbonodithioato-*S*,*S*')-, (*OC*-6-11)-, [21757-53-9], 10:45
- O₃ScC₄₂H₆₃, Phenol, 2,6-bis(1,1dimethylethyl)-, scandium(3+) salt, [132709-52-5], 27:167
- O₃ScC₄₅H₆₉, Phenol, 2,6-bis(1,1dimethylethyl)-4-methyl-, scandium(3+) salt, [89085-91-6], 27:167
- O₃SeSr, Selenious acid, strontium salt (1:1), [14590-38-6], 3:20
- O₃SiWC₈H₈, Tungsten, tricarbonyl(η⁵-2,4cyclopentadien-1-yl)silyl-, [33520-53-5], 17:104
- O₃SmC₄₂H₆₃, Phenol, 2,6-bis(1,1-dimethylethyl)-, samarium(3+) salt, [121118-90-9], 27:166
- O₃Ti₂, Titanium oxide (Ti₂O₃), [1344-54-3], 14:131

O_3V, Vanadate (VO_3^{1-}), [13981-20-9], 15:104
O_3V_2, Vanadium oxide (V_2O_3), [1314-34-7], 1:106;4:80;14:131
O_3W, Tungsten oxide (WO_3), [1314-35-8], 9:123,125
$O_3WC_8H_6$, Tungsten, tricarbonyl(η^5-2,4-cyclopentadien-1-yl)hydro-, [12128-26-6], 7:136
$O_3WC_{10}H_8$, Tungsten, tricarbonyl[(1,2,3,4,5,6-η)-1,3,5-cycloheptatriene]-, [12128-81-3], 27:4
O_3Xe, Xenon oxide (XeO_3), [13776-58-4], 8:251,254,258,260;11
$O_3YC_{42}H_{63}$, Phenol, 2,6-bis(1,1-dimethylethyl)-, yttrium(3+) salt, [113266-70-9], 27:167
$O_3YC_{45}H_{69}$, Phenol, 2,6-bis(1,1-dimethylethyl)-4-methyl-, yttrium(3+) salt, [89085-92-7], 27:167
$O_3YbC_{45}H_{69}$, Phenol, 2,6-bis(1,1-dimethylethyl)-4-methyl-, ytterbium (3+) salt, [89085-99-4], 27:167
$O_4AgClN_2C_{10}H_{10}$, Silver(2+), bis (pyridine)-, perchlorate, [116820-68-9], 6:6
O_4AgRe, Rhenium silver oxide ($ReAgO_4$), [7784-00-1], 9:150
O_4Ag_2W, Silver tungsten oxide (Ag_2WO_4), [13465-93-5], 22:76
O_4Ag_3, Silver oxide (Ag_3O_4), [99883-72-4], 30:54
$O_4AlNaC_6H_{16}$, Aluminate(1-), dihydrobis (2-methoxyethanolato-*O,O*')-, sodium, [22722-98-1], 18:149
$O_4AsCrPC_{34}H_{42}$, Chromium, tetracarbonyl (tributylphosphine)(triphenylarsine)-, (*OC*-6-23)-, [82613-95-4], 23:38
$O_4AsFeC_{22}H_{15}$, Iron, tetracarbonyl (triphenylarsine)-, [14375-84-9], 8:187;26:61;28:171
$O_4AsMo_2C_{16}H_{17}$, Molybdenum, tetracarbonylbis(η^5-2,4-cyclopentadien-1-yl)[μ-(dimethylarsino)]-μ-hydrodi-, (*Mo-Mo*), [64542-62-7], 25:169
$O_4BClF_4Fe_2C_{14}H_{10}$, Iron(1+), tetracarbonyl-μ-chlorobis(η^5-2,4-cyclopentadien-1-yl)di-, tetrafluoroborate(1-), [12212-36-1], 12:40
$O_4BCl_2C_{10}H_{15}$, Boron(1+), bis(2,4-pentanedionato-*O,O*')-, (*T*-4)-, (hydrogen dichloride), [23336-07-4], 12:128
$O_4BCl_6SbC_{10}H_{14}$, Boron(1+), bis(2,4-pentanedionato-*O,O*')-, (*T*-4)-, (*OC*-6-11)-hexachloroantimonate(1-), [18924-18-0], 12:130
$O_4BF_4MoC_{11}H_{11}$, Molybdenum(1+), tricarbonyl(η^5-2,4-cyclopentadien-1-yl)(2-propanone)-, tetrafluoroborate (1-), [68868-66-6], 26:105;28:14
$O_4BF_4WC_{11}H_{11}$, Tungsten(1+), tricarbonyl(η^5-2,4-cyclopentadien-1-yl)(2-propanone)-, tetrafluoroborate (1-), [101190-10-7], 26:105;28:14
$O_4B_3MnC_4H_8$, Manganese, tetracarbonyl [octahydrotriborato(1-)]-, [53801-97-1], 19:227,228
$O_4B_{10}C_8H_{20}$, 1,2-Dicarbadodecaborane (12)-1,2-dimethanol, diacetate, [19610-38-9], 11:20
$O_4BaCl_2N_6C_{26}H_{18}$, Barium(2+), (7,11:20,24-dinitrilodibenzo[*b,m*] [1,4,12,15]tetraazacyclodocosine-$N^5,N^{13},N^{18},N^{26},N^{27},N^{28}$)-, diperchlorate, [133270-20-9], 23:174
O_4BaMn, Manganic acid (H_2MnO_4), barium salt (1:1), [7787-35-1], 11:58
O_4BaMo, Molybdate (MoO_4^{2-}), barium (1:1), (*T*-4)-, [7787-37-3], 11:2
$O_4BeC_{10}H_{14}$, Beryllium, bis(2,4-pentanedionato-*O,O*')-, (*T*-4)-, [10210-64-7], 2:17
$O_4BrClN_2C_{10}H_{10}$, Bromine(1+), bis (pyridine)-, perchlorate, [53514-32-2], 7:173
$O_4BrCoN_4SC_{10}H_{20}$, Cobalt, bromobis [(2,3-butanedione dioximato) (1-)-*N,N*'][thiobis[methane]]-, (*OC*-6-23)-, [79680-14-1], 20:128

$O_4BrCoN_5C_{17}H_{27}$, Cobalt, bromobis[(2,3-butanedione dioximato)(1-)-*N,N'*] [4-(1,1-dimethylethyl)pyridine]-, (*OC*-6-42)-, [51194-57-1], 20:130

$O_4BrCoN_6C_4H_{16}$, Cobalt(1+), bis(1,2-ethanediamine-*N,N'*)bis(nitrito-*N*)-, bromide, (*OC*-6-22)-, [20298-24-2], 6:196

$O_4BrFeN_8C_{64}H_{64}$, Iron, bromo[[*N,N'*, *N'',N'''*-(21*H*,23*H*-porphine-5,10,15,20-tetrayltetra-2,1-phenylene)tetrakis[2,2-dimethylpropanamidato]] (2-)-N^{21},N^{22},N^{23},N^{24}]-, (*SP*-5-12)-, [52215-70-0], 20:166

O_4BrH, Perbromic acid, [19445-25-1], 13:1

O_4BrK, Perbromic acid, potassium salt, [22207-96-1], 13:1

$O_4BrNSC_{10}H_{18}$, Bicyclo[2.2.1]heptane-7-methanesulfonic acid, 3-bromo-1,7-dimethyl-2-oxo-, ammonium salt, [1*R*-(*endo,anti*)]-, [14575-84-9], 26:24

$O_4BrWC_{11}H_5$, Tungsten, bromotetracarbonyl(phenylmethylidyne)-, (*OC*-6-32)-, [50726-27-7], 19:172,173

$O_4Br_2ClCoN_4C_{12}H_{24}$, Cobalt(1+), dibromo(2,3-dimethyl-1,4,8,11-tetraazacyclotetradeca-1,3-diene-N^1,N^4,N^8,N^{11})-, (*OC*-6-13)-, perchlorate, [39483-62-0], 18:28

$O_4Br_2ClCoN_4C_{16}H_{36}$, Cobalt(1+), dibromo(5,5,7,12,12,14-hexamethyl-1,4,8,11-tetraazacyclotetradecane-N^1,N^4,N^8,N^{11})-, stereoisomer, perchlorate, [14284-51-6], 18:14

$O_4Br_2MoC_4$, Molybdenum, dibromotetracarbonyl-, [22172-30-1], 28:145

$O_4Br_2Mo_2P_2C_{38}H_{64}$, Molybdenum, bis[μ-(benzoato-*O*:*O'*)]dibromobis (tributylphosphine)di-, (*Mo-Mo*), stereoisomer, [59493-09-3], 19:133

$O_4Br_2NiC_8H_{24}$, Nickel, dibromotetrakis (ethanol)-, [15696-85-2], 13:160

$O_4Br_2TiC_{10}H_{14}$, Titanium, dibromobis (2,4-pentanedionato-*O,O'*)-, (*OC*-6-22)-, [16986-95-1], 19:146

$O_4C_2H_2$, Ethanedioic acid, [144-62-7], 19:16

$O_4C_8H_{10}$, 2-Butyne-1,4-diol, diacetate, [1573-17-7], 11:20

O_4CaHP, Phosphoric acid, calcium salt (1:1), [7757-93-9], 4:19;6:16-17

$O_4CaHP.2H_2O$, Phosphoric acid, calcium salt (1:1), dihydrate, [7789-77-7], 4:19,22;6:16-17

$O_4CeN_4C_{54}H_{42}$, Cerium, bis(2,4-pentanedionato-*O,O'*)[5,10,15,20-tetraphenyl-21*H*,23*H*-porphinato(2-)-N^{21},N^{22}, N^{23},N^{24}]-, [89768-97-8], 22:160

$O_4ClCoH_9N_5$, Cobalt, triamminechlorobis (nitrito-*N*)-, [13601-65-5], 6:191

$O_4ClCoN_3C_2H_9$, Cobalt, triamminechloro [ethanedioato(2-)-*O,O'*]-, [31237-99-7], 6:182

$O_4ClCoN_4C_8H_{18}.3H_2O$, Cobalt(1+), (1,2-ethanediamine-*N,N'*)[[*N,N'*-1,2-ethanediylbis[glycinato]] (2-)-*N,N',O,O'*]-, chloride, trihydrate, (*OC*-6-32-*A*)-, [151120-13-7], 18:106

———, Cobalt(1+), (1,2-ethanediamine-*N,N'*)[[*N,N'*-1,2-ethanediylbis [glycinato]](2-)-*N,N',O,O'*]-, chloride, trihydrate, (*OC*-6-32-*C*)-, [151151-18-7], 18:106

$O_4ClCoN_4C_8H_{18}$, Cobalt(1+), (1,2-ethanediamine-*N,N'*)[[*N,N'*-1,2-ethanediylbis [glycinato]](2-)-*N,N',O,O'*]-, chloride, (*OC*-6-32)-, [56792-92-8], 18:105

$O_4ClCoN_5C_4H_{13}$, Cobalt, [*N*-(2-aminoethyl)-1,2-ethanediamine-*N,N',N''*] chlorobis(nitrito-*N*)-, [19445-77-3], 7:210

$O_4ClCoN_5C_{13}H_{19}$, Cobalt, bis[(2,3-butanedione dioximato)(1-)-*N,N'*] chloro(pyridine)-, (*OC*-6-42)-, [23295-32-1], 11:62

$O_4ClCoN_6C_4H_{16}$, Cobalt(1+), bis(1,2-ethanediamine-*N,N'*)bis(nitrito-*N*)-, chloride, (*OC*-6-22)-, [15079-78-4], 6:192

———, Cobalt(1+), [*N*-(2-aminoethyl)-1,2-ethanediamine-*N*,*N*',*N*'']amminebis (nitrito-*N*)-, chloride, [65166-48-5], 7:211

$O_4ClF_2FePC_4$, Iron, tetracarbonyl (phosphorous chloride difluoride)-, [60182-92-5], 16:66

$O_4ClFeC_{10}H_{10}$, Ferrocenium-^{55}*Fe*, perchlorate, [94351-83-4], 7:203,205

———, Ferrocenium-^{59}*Fe*, perchlorate, [94351-81-2], 7:203,205

$O_4ClFeN_4C_{34}H_{36}$, Ferrate(2-), chloro [7,12-diethyl-3,8,13,17-tetramethyl-21*H*,23*H*-porphine-2,18-dipropanoato (4-)-N^{21},N^{22},N^{23},N^{24}]-, dihydrogen, (*SP*-5-13)-, [21007-37-4], 20:152

$O_4ClFeN_4C_{36}H_{36}$, Iron, chloro[dimethyl 7,12-diethenyl-3,8,13,17-tetramethyl-21*H*,23*H*-porphine-2,18-dipropanoato (2-)-N^{21},N^{22},N^{23},N^{24}]-, (*SP*-5-13)-, [15741-03-4], 20:148

O_4ClH, Perchloric acid, [7601-90-3], 2:28

$O_4ClH_8N_3Pt$, Platinum(1+), diammineaquachloro-, (*SP*-4-2)-, nitrate, [15559-61-2], 22:125

$O_4ClIrP_3C_{11}H_{27}$, Iridium, [(carbonic formic monoanhydridato)(2-)] chlorotris(trimethylphosphine)-, (*OC*-6-43)-, [59390-94-2], 21:102

$O_4ClNC_{16}H_{36}$, 1-Butanaminium, *N*,*N*,*N*-tributyl-, perchlorate, [1923-70-2], 24:135

$O_4ClNPC_{18}H_{17}$, Phosphorus(1+), amidotriphenyl-, (*T*-4)-, perchlorate, [55099-54-2], 7:69

$O_4ClN_4NiC_{14}H_{24}$, Nickel(2+), (2,3,9,10-tetramethyl-1,4,8,11-tetraazacyclotetradeca-1,3,8,10-tetraene-N^1,N^4,N^8,N^{11})-, (*SP*-4-1)-, perchlorate, [131636-01-6], 18:23

$O_4ClPC_{12}H_{18}$, Phospholanium, 1-ethyl-1-phenyl-, perchlorate, [55759-69-8], 18:189,191

$O_4ClSe_8C_{20}H_{24}$, 1,3-Diselenole, 2-(4,5-dimethyl-1,3-diselenol-2-ylidene)-4,5-dimethyl-, radical ion(1+), perchlorate, compd. with 2-(4,5-dimethyl-1,3-diselenol-2-ylidene)-4,5-dimethyl-1,3-diselenole (1:1), [77273-54-2], 24:136

O_4ClSr_2V, Vanadate(4-), chlorotetraoxo-, strontium (1:2), [12410-18-3], 14:126

$O_4Cl_2CoH_{15}N_5Re$, Rhenium(2+), μ-oxotrioxo(pentaamminecobalt)-, dichloride, [31237-66-8], 12:216

$O_4Cl_2CuN_{10}C_8H_{22}$, Copper(2+), bis[2,2'-iminobis[*N*-hydroxyethanimidamide]]-, dichloride, [20675-39-2], 11:92

$O_4Cl_2HNS_2$, Imidodisulfuryl chloride, [15873-42-4], 8:105

$O_4Cl_2MnN_{10}C_8H_{22}$, Manganese(2+), bis[2,2'-iminobis[*N*-hydroxyethanimidamide]]-, dichloride, [20675-38-1], 11:91

$O_4Cl_2N_2P_2C_{18}H_{28}$, Phosphinic acid, [1,2-ethanediylbis[(methylimino) methylene]]bis[phenyl-, dihydrochloride, [60703-82-4], 16:202

$O_4Cl_2N_2P_2PtC_{21}H_{42}$, Platinum(1+), chloro[(ethylamino)(phenylamino) methylene]bis(triethylphosphine)-, (*SP*-4-3)-, perchlorate, [38857-02-2], 19:176

$O_4Cl_2N_{10}NiC_8H_{22}$, Nickel(2+), bis[2,2'-iminobis[*N*-hydroxyethanimidamide]]-, dichloride, [20675-37-0], 11:91

$O_4Cl_2N_{10}NiC_8H_{22}.2H_2O$, Nickel(2+), bis[2,2'-iminobis[*N*-hydroxyethanimidamide]]-, dichloride, dihydrate, (*OC*-6-1'1')-, [28903-66-4], 11:93

$O_4Cl_2NiC_8H_{24}$, Nickel, dichlorotetrakis (ethanol)-, [15696-86-3], 13:158

$O_4Cl_2Rh_2C_4$, Rhodium, tetracarbonyldi-μ-chlorodi-, [14523-22-9], 8:211;15:14; 28:84

$O_4Cl_2TiC_{10}H_{14}$, Titanium, dichlorobis(2,4-pentanedionato-*O*,*O*')-, [17099-86-4], 8:37

———, Titanium, dichlorobis(2,4-pentanedionato-*O,O'*)-, (*OC*-6-22)-, [16986-94-0], 19:146

$O_4Cl_2ZrC_{10}H_{14}$, Zirconium, dichlorobis(2,4-pentanedionato-*O,O'*)-, [18717-38-9], 12:88,93

$O_4Cl_3CoN_4C_{12}H_{28}$, Cobalt(1+), dichloro(1,5,9,13-tetraazacyclohexadecane-N^1,N^5,N^9,N^{13})-, stereoisomer, perchlorate, [63865-12-3], 20:113

———, Cobalt(1+), dichloro(1,5,9,13-tetraazacyclohexadecane-N^1,N^5,N^9,N^{13})-, stereoisomer, perchlorate, [63865-14-5], 20:113

$O_4Cl_3CoSiC_4$, Cobalt, tetracarbonyl(trichlorosilyl)-, [14239-21-5], 13:67

$O_4Cl_3N_4RhC_{20}H_{20}$, Rhodium(1+), dichlorotetrakis(pyridine)-, (*OC*-6-12)-, perchlorate, [22933-86-4], 10:66

$O_4Cl_3VC_{12}H_{32}$, Vanadium(1+), dichlorotetrakis(2-propanol)-, chloride, [33519-90-3], 13:177

$O_4Cl_4Fe_4NC_5H_5$, Iron, tetrachlorotetraoxo(pyridine)tetra-, [51978-35-9], 22:86

$O_4Cl_4Fe_4N_2C_5H_6$, 4-Pyridinamine, compd. with iron chloride oxide (FeClO) (1:4), [63986-26-5], 22:86;30:182

$O_4Cl_6N_8PtRe_2C_8H_{32}$, Rhenium(1+), bis(1,2-ethanediamine-*N,N'*)dioxo-, (*OC*-6-12)-, (*OC*-6-11)-hexachloroplatinate(2-) (2:1), [148832-28-4], 8:176

$O_4Cl_6N_8Rh_2C_8H_{32}$, Rhodium(1+), dichlorobis(1,2-ethanediamine-*N,N'*)-, (*OC*-6-22)-, chloride perchlorate (2:1:1), [103937-70-8], 24:229

$O_4Cl_{18}N_8Pt_3Re_2C_8H_{36}$, Rhenium(3+), bis(1,2-ethanediamine-*N,N'*)dihydroxy-, (*OC*-6-11)-hexachloroplatinate(2-) (2:3), [12074-83-8], 8:175

$O_4Cl_{18}N_8Pt_3Re_2C_{12}H_{44}$, Rhenium(3+), dihydroxybis(1,2-propanediamine-*N,N'*)-, (*OC*-6-11)-hexachloroplatinate(2-) (2:3), [148832-31-9], 8:176

———, Rhenium(3+), dihydroxybis(1,3-propanediamine-*N,N'*)-, (*OC*-6-12)-, (*OC*-6-11)-hexachloroplatinate(2-) (2:3), [148832-29-5], 8:176

O_4CoC_4, Cobaltate(1-), tetracarbonyl-, (*T*-4)-, [14971-27-8], 15:87

O_4CoC_4H, Cobalt, tetracarbonylhydro-, [16842-03-8], 2:238;5:190;5:192

$O_4CoC_{10}H_{14}$, Cobalt, bis(2,4-pentanedionato-*O,O'*)-, (*T*-4)-, [14024-48-7], 11:84

O_4CoCr_2, Chromium cobalt oxide (Cr_2CoO_4), [12016-69-2], 20:52

$O_4CoF_3SiC_4$, Cobalt, tetracarbonyl(trifluorosilyl)-, (*TB*-5-12)-, [15693-79-5], 13:70

$O_4CoF_5C_{10}$, Cobalt, tetracarbonyl(pentafluorophenyl)-, [15671-73-5], 23:23

O_4CoFe_2, Cobalt iron oxide ($CoFe_2O_4$), [12052-28-7], 9:154

$O_4CoIN_4C_6H_{16}$, Cobalt(1+), bis(1,2-ethanediamine-*N,N'*)[ethanedioato(2-)-*O,O'*]-, iodide, (*OC*-6-22-Λ)-, [40028-98-6], 18:99

O_4CoKC_4, Cobaltate(1-), tetracarbonyl-, potassium, (*T*-4)-, [14878-26-3], 2:238

O_4CoNC_3, Cobalt, tricarbonylnitrosyl-, (*T*-4)-, [14096-82-3], 2:238

$O_4CoNC_9H_6$, Cobaltate(1-), tetracarbonyl-, (*T*-4)-, hydrogen, compd. with pyridine (1:1), [64537-27-5], 5:94

$O_4CoN_2C_{16}H_{22}$, Cobalt, bis(2,4-pentanedionato-*O,O'*)(2-pyridinemethanamine-N^1,N^2)-, (*OC*-6-31)-, [21007-64-7], 11:85

$O_4CoN_2C_{20}H_{22}$, Cobalt, (2,2'-bipyridine-*N,N'*)bis(2,4-pentanedionato-*O,O'*)-, (*OC*-6-21)-, [20106-05-2], 11:86

$O_4CoN_2C_{22}H_{22}$, Cobalt, bis(2,4-pentanedionato-*O,O'*)(1,10-phenanthroline-N^1,N^{10})-, (*OC*-6-21)-, [20106-04-1], 11:86

$O_4CoN_4C_6H_{16}$, Cobalt(1+), bis(1,2-ethanediamine-*N,N'*)[ethanedioato(2-)-*O,O'*]-, (*OC*-6-22)-, [17835-71-1], 18:96;23:65

$O_4CoN_4C_8H_{14}$, Cobalt, bis[(2,3-butanedione dioximato)(1-)-*N,N'*]-, (*SP*-4-1)-, [3252-99-1], 11:64
$O_4CoN_4C_9H_{17}$, Cobalt, bis[(2,3-butanedione dioximato)(1-)-*N,N'*] methyl-, (*SP*-5-31)-, [36609-02-6], 11:68
$O_4CoN_4NaC_4H_6.2H_2O$, Cobaltate(1-), diamminebis(cyano-*C*)[ethanedioato (2-)-*O,O'*]-, sodium, dihydrate, (*OC*-6-32)-, [152227-45-7], 23:69
$O_4CoN_4P_2C_{44}H_{44}$, Cobalt, bis[(2,3-butanedione dioximato)(1-)-*N,N'*]bis (triphenylphosphine)-, (*OC*-6-12)-, [25970-64-3], 11:65
$O_4CoN_4SC_{11}H_{23}$, Cobalt, bis[(2,3-butanedione dioximato)(1-)-*N,N'*] methyl[thiobis[methane]]-, (*OC*-6-42)-, [25482-40-0], 11:67
$O_4CoN_5C_{14}H_{22}$, Cobalt, bis[(2,3-butanedione dioximato)(1-)-*N,N'*] methyl(pyridine)-, (*OC*-6-12)-, [23642-14-0], 11:65
$O_4CoN_5C_{19}H_{24}$, Cobalt, bis[(2,3-butanedione dioximato)(1-)-*N,N'*] phenyl(pyridine)-, (*OC*-6-12)-, [29130-85-6], 11:68
$O_4CoN_6SSe_3C_3H_{12}$, Cobalt, tris (selenourea-*Se*)[sulfato(2-)-*O*]-, (*T*-4)-, [38901-18-7], 16:85
$O_4CoN_8C_4H_{21}$, Cobalt(3+), ammineaquabis(1,2-ethanediamine-*N,N'*)-, (*OC*-6-32)-, trinitrate, [22398-31-8], 8:198
———, Cobalt(3+), ammineaquabis(1,2-ethanediamine-*N,N'*)-, (*OC*-6-23)-, trinitrate, [18660-70-3], 8:198
$O_4CoPC_{38}H_{34}$, Cobalt, [1,3-bis (methoxycarbonyl)-2-methyl-4-phenyl-1,3-butadiene-1,4-diyl](η^5-2,4-cyclopcntadicn-1-yl)(triphcnylphosphine)-, [55410-87-2], 26:197
———, Cobalt, [1,4-bis(methoxycarbonyl)-2-methyl-3-phenyl-1,3-butadiene-1,4-diyl](η^5-2,4-cyclopentadien-1-yl)(triphenylphosphine)-, [55410-86-1], 26:197
$O_4CoS.xH_2O$, Sulfuric acid, cobalt(2+) salt (1:1), hydrate, [60459-08-7], 8:198
$O_4CoSiC_7H_9$, Cobalt, tetracarbonyl(trimethylsilyl)-, [15693-82-0], 13:69
O_4Co_2K, Cobalt potassium oxide (Co_2KO_4), [54065-18-8], 22:57,30:151
$O_4Co_2P_2C_{20}H_{36}$, Cobalt, bis[μ-[bis(1,1-dimethylethyl)phosphino]]tetracarbonyldi-, (*Co-Co*), [86632-56-6], 25:177
$O_4CrC_4H_2.H_2O$, Acetic acid, chromium (2+) salt, monohydrate, [14976-80-8], 8:125
$O_4CrC_4H_6$, Acetic acid, chromium(2+) salt, [628-52-4], 1:122;3:148; 6:145;8:125
$O_4CrC_{10}H_8$, Chromium, tricarbonyl [(1,2,3,4,5,6-η)-methoxybenzene]-, [12116-44-8], 19:155;28:137
$O_4CrC_{10}H_{14}$, Chromium, bis(2,4-pentanedionato-*O,O'*)-, (*SP*-4-1)-, [14024-50-1], 8:125;8:130
$O_4CrH_9N_3$, Chromium, triamminediperoxy-, (*PB*-7-22-111'1'2)-, [17168-85-3], 8:132
$O_4CrN_2C_{14}H_{18}$, Chromium, tetracarbonylbis(2-isocyano-2-methylpropane)-, (*OC*-6-22)-, [37017-56-4], 28:143
O_4CrN_4, Chromium nitrosyl ($Cr(NO)_4$), [37355-72-9], 16:2
$O_4CrP_2C_{34}H_{42}$, Chromium, tetracarbonyl (tributylphosphine)(triphenylphosphine)-, (*OC*-6-23)-, [17652-69-6], 23:38
$O_4CrS.5H_2O$, Sulfuric acid, chromium(2+) salt (1:1), pentahydrate, [15928-77-5], 10:27
$O_4CrSC_{11}H_8$, Chromium, (carbonothioyl) dicarbonyl[(1,2,3,4,5,6-η)-methyl benzoate]-, [52140-27-9], 19:200
$O_4CrSC_{12}H_{10}$, Chromium, (carbonothioyl) dicarbonyl[(1,2,3,4,5,6-η)-methyl 3-

methylbenzoate]-, [70144-76-2], 19:201
$O_4CrSC_{12}H_{10}$, Chromium, (carbonothioyl) dicarbonyl[(1,2,3,4,5,6-η)-methyl 3-methylbenzoate]-, stereoisomer, [70112-62-8], 19:201
O_4Cr_2Mg, Chromium magnesium oxide (Cr_2MgO_4), [12053-26-8], 14:134;20:52
O_4Cr_2Mn, Chromium manganese oxide (Cr_2MnO_4), [12018-15-4], 20:52
$O_4Cr_2N_4C_{10}H_{10}$, Chromium, bis(η^5-2,4-cyclopentadien-1-yl)di-μ-nitrosyldinitrosyldi-, [36607-01-9], 19:211
O_4Cr_2Ni, Chromium nickel oxide (Cr_2NiO_4), [12018-18-7], 20:52
$O_4Cr_2P_2C_{14}H_{10}$, Chromium, tetracarbonylbis(η^5-2,4-cyclopentadien-1-yl)[μ-(diphosphorus-*P*,*P'*:*P*,*P'*)]-di-, (*Cr-Cr*), [125396-01-2], 29:247
$O_4Cr_2SC_{14}H_{10}$, Chromium, tetracarbonylbis(η^5-2,4-cyclopentadien-1-yl)-μ-thioxodi-, [71549-26-3], 29:251
O_4Cr_2Zn, Chromium zinc oxide (Cr_2ZnO_4), [12018-19-8], 20:52
O_4CsFHS, Hypofluorous acid, monoanhydride with sulfuric acid, cesium salt, [70806-67-6], 24:22
$O_4CsF_2HNS_2$, Imidodisulfuryl fluoride, cesium salt, [15060-34-1], 11:138
$O_4CuC_{22}H_{38}$, Copper, bis(2,2,7-trimethyl-3,5-octanedionato-*O*,*O'*)-, [69701-39-9], 23:146
$O_4CuN_2C_{16}H_{22}$, Copper, [[6,6'-(1,2-ethanediyldinitrilo)bis[2,4-heptanedionato]](2-)-N^6,$N^{6'}$,O^4,$O^{4'}$]-, (*SP*-4-2)-, [38656-23-4], 20:93
$O_4Cu_2C_4H_6$, Copper, bis[μ-(acetato-*O*:*O'*)] di-, (*Cu-Cu*), [41367-42-4], 20:53
$O_4Cu_2N_2C_{16}H_{20}$, Copper, [μ-[[6,6'-(1,2-ethanediyldinitrilo)bis[2,4-heptanedionato]](4-)-N^6,$N^{6'}$,O^4,$O^{4'}$:O^2,$O^{2'}$,O^4,$O^{4'}$]]di-, [61004-43-1], 20:94
O_4D_2S, Sulfuric acid-d_2, [13813-19-9], 6:21;7:155
O_4D_3P, Phosphoric acid-d_3, [14335-33-2], 6:81
$O_4EuC_4H_6$, Acetic acid, europium(2+) salt, [59823-94-8], 2:68
O_4EuS, Sulfuric acid, europium(2+) salt (1:1), [10031-54-6], 2:70
$O_4F_2FeNPC_8H_{10}$, Iron, tetracarbonyl (diethylphosphoramidous difluoride-*P*)-, [60182-91-4], 16:64
$O_4F_2HNS_2$, Imidodisulfuryl fluoride, [14984-73-7], 11:138
$O_4F_2TiC_{10}H_{14}$, Titanium, difluorobis(2,4-pentanedionato-*O*,*O'*)-, (*OC*-6-22)-, [16986-93-9], 19:145
$O_4F_3FePC_4$, Iron, tetracarbonyl(phosphorous trifluoride)-, [16388-47-9], 16:67
$O_4F_3K_2MnS$, Manganate(2-), trifluoro [sulfato(2-)-*O*]-, dipotassium, [51056-11-2], 27:312
$O_4F_3NS_2$, Imidodisulfuryl fluoride, fluoro-, [13709-40-5], 11:138
$O_4F_3P_2PtSC_{14}H_{35}$, Platinum(1+), hydro (methanol)bis(triethylphosphine)-, (*SP*-4-1)-, salt with trifluoromethanesulfonic acid (1:1), [129979-61-9], 26:135
$O_4F_4MoP_2C_{12}H_{18}$, Molybdenum, tetracarbonylbis[(1,1-dimethylethyl) phosphonous difluoride]-, (*OC*-6-22)-, [34324-45-3], 18:175
$O_4F_6Fe_2P_2C_{33}H_{28}$, Iron(1+), [μ-(acetyl-*C*:*O*)]tricarbonylbis(η^5-2,4-cyclopentadien-1-yl)(triphenylphosphine) di-, hexafluorophosphate(1-), [81132-99-2], 26:237
$O_4F_6MnP_2C_{31}H_{55}$, Manganese, dicarbonyl (1,1,1,5,5,5-hexafluoro-2,4-pentanedionato-*O*,*O'*)bis(tributylphosphine)-, (*OC*-6-13)-, [15444-40-3], 12:84
$O_4F_6MnP_2C_{33}H_{27}$, Manganese, dicarbonyl (1,1,1,5,5,5-hexafluoro-2,4-pentanedionato-*O*,*O'*)bis(methyldiphenylphosphine)-, (*OC*-6-13)-, [15444-42-5], 12:84

$O_4F_6MnP_2C_{43}H_{31}$, Manganese, dicarbonyl (1,1,1,5,5,5-hexafluoro-2,4-pentanedionato-*O,O'*)bis(triphenylphosphine)-, (*OC*-6-13)-, [15412-97-2], 12:84

$O_4F_6PtC_{10}H_8$, Platinum, bis(1,1,1-trifluoro-2,4-pentanedionato-*O,O'*)-, [63742-53-0], 20:67

$O_4F_{12}N_2PdC_{20}H_{10}$, Palladium(1+), (2,2'-bipyridine-*N,N'*)(1,1,1,5,5,5-hexafluoro-2,4-pentanedionato-*O,O'*)-, (*SP*-4-2)-, salt with 1,1,1,5,5,5-hexafluoro-2,4-pentanedione (1:1), [65353-89-1], 27:319

$(O_4F_{12}N_3P_3C_{10}H_{14})_x$, Poly[nitrilo [bis(2,2,2-trifluoroethoxy) phosphoranylidyne]nitrilo[bis(2,2,2-trifluoroethoxy)phosphoranylidyne] nitrilo(dimethylphosphoranylidyne)], [153569-07-4], 25:67

$(O_4F_{12}N_3P_3SiC_{13}H_{22})_x$, Poly[nitrilo [bis(2,2,2-trifluoroethoxy)phosphoranylidyne]nitrilo[bis(2,2,2-trifluoroethoxy)phosphoranylidyne] nitrilo[methyl[(trimethylsilyl)methyl] phosphoranylidyne]], [153569-08-5], 25:64

$O_4F_{12}P_3PdC_{44}H_{35}$, Palladium(1+), [bis[2-(diphenylphosphino)ethyl] phenylphosphine-*P,P',P''*](1,1,1,5,5,5-hexafluoro-4-hydroxy-3-penten-2-onato-O^4)-, (*SP*-4-1)-, salt with 1,1,1,5,5,5-hexafluoro-2,4-pentanedione, [78261-05-9], 27:320

$O_4F_{12}PdC_{10}H_2$, Palladium, bis(1,1,1,5,5,5-hexafluoro-2,4-pentanedionato-*O,O'*)-, (*SP*-4-1)-, [64916-48-9], 27:318

$O_4F_{12}PtC_{10}H_2$, Platinum, bis(1,1,1,5,5,5-hexafluoro-2,4-pentanedionato-*O,O'*)-, (*SP*-4-1)-, [65353-51-7], 20:67

$O_4F_{14}PbC_{20}H_{20}$, Lead, bis(6,6,7,7,8,8,8-heptafluoro-2,2-dimethyl-3,5-octanedionato-*O,O'*)-, (*T*-4)-, [21600-78-2], 12:74

$O_4FeC_2H_2.2H_2O$, Formic acid, iron(2+) salt, dihydrate, [13266-73-4], 4:159

$O_4FeC_4H_2$, Iron, tetracarbonyldihydro-, [12002-28-7], 2:243

$O_4FeC_{13}H_{10}$, Iron, tricarbonyl[(*O*,2,3,4-η)-4-phenyl-3-buten-2-one]-, [38333-35-6], 16:104;28:52

O_4FeKC_4H, Ferrate(1-), tetracarbonylhydro-, potassium, (*TB*-5-12)-, [17857-24-8], 29:152

O_4FeK_2, Ferrate (FeO_4^{2-}), dipotassium, (*T*-4)-, [13718-66-6], 4:164

$O_4FeK_2C_4$, Ferrate(2-), tetracarbonyl-, dipotassium, (*T*-4)-, [16182-63-1], 2:244

$O_4FeNC_{13}H_9$, Iron, tetracarbonyl(2-isocyano-1,3-dimethylbenzene)-, (*TB*-5-12)-, [63866-73-9], 26:53;28:180

$O_4FeNP_2C_{40}H_{31}$, Phosphorus(1+), triphenyl(*P,P,P*-triphenylphosphine imidato-*N*)-, (*T*-4)-, (*TB*-5-12)-tetracarbonylhydroferrate(1-), [56791-54-9], 26:336

$O_4FeN_2P_2C_{39}H_{30}$, Phosphorus(1+), triphenyl(*P,P,P*-triphenylphosphine imidato-*N*)-, (*T*-4)-, (*T*-4)-tricarbonylnitrosylferrate(1-), [61003-17-6], 22:163,165

$O_4FeN_{12}C_{72}H_{76}$, Iron, bis(1-methyl-1*H*-imidazole-N^3)[[*N,N',N'',N'''*-(21*H*,23*H*-porphine-5,10,15,20-tetrayltetra-2,1-phenylene)tetrakis[2,2-dimethylpropanamidato]](2-)-N^{21},N^{22},N^{23},N^{24}]-, stereoisomer, [75557-96-9], 20:167

$O_4FeNa_2C_4$, Ferrate(2-), tetracarbonyl-, disodium, (*T*-4)-, [14878-31-0], 7:197;24:157;28:203

$O_4FePC_{12}H_{11}$, Iron, tetracarbonyl (dimethylphenylphosphine)-, [37410-37-0], 26:61;28:171

$O_4FePC_{16}H_{27}$, Iron, tetracarbonyl (tributylphosphine)-, (*TB*-5-12)-, [18474-82-3], 26:61;28:171

———, Iron, tetracarbonyl[tris(1,1-dimethylethyl)phosphine]-, [60134-68-1], 28:177

———, Iron, tetracarbonyl[tris(1,1-dimethylethyl)phosphine]-, (*TB*-5-22)-, [31945-67-2], 25:155

$O_4FePC_{17}H_{13}$, Iron, tetracarbonyl(methyldiphenylphosphine)-, [37410-36-9], 26:61;28:171

$O_4FePC_{22}H_{15}$, Iron, tetracarbonyl (triphenylphosphine)-, [14649-69-5], 8:186;26:61;28:170

$O_4FePC_{22}H_{33}$, Iron, tetracarbonyl (tricyclohexylphosphine)-, (*TB*-5-12)-, [18474-81-2], 26:61;28:171

$O_4FeP_2C_{36}H_{38}$, Iron, [1,2-ethanediylbis [diphenylphosphine]-*P*,*P*']bis(2,4-pentanedionato-*O*,*O*')-, (*OC*-6-22)-, [61827-21-2], 21:94

$O_4FeSbC_{22}H_{15}$, Iron, tetracarbonyl (triphenylstibine)-, [20516-78-3], 8:188;26:61;28:171

$O_4Fe_2C_2H_4$, Iron, [μ-[1,2-ethanediolato (2-)-*O*:*O*']]dioxodi-, [71411-55-7], 22:88;30:183

$O_4Fe_2C_{14}H_{10}$, Iron, di-μ-carbonyldicarbonylbis(η^5-2,4-cyclopentadien-1-yl)di-, (*Fe-Fe*), [12154-95-9], 7:110;12:36

O_4Fe_2Mg, Iron magnesium oxide (Fe_2MgO_4), [12068-86-9], 9:153

O_4Fe_2Mn, Iron manganese oxide (Fe_2MnO_4), [12063-10-4], 9:154

O_4Fe_2Ni, Iron nickel oxide (Fe_2NiO_4), [12168-54-6], 9:154;11:11

O_4Fe_2Zn, Iron zinc oxide (Fe_2ZnO_4), [12063-19-3], 9:154

O_4Fe_3, Iron oxide (Fe_3O_4), [1317-61-9], 11:10;22:43

$O_4Ga_4C_8H_{28}$, Gallium, tetra-μ-hydroxyoctamethyltetra-, cyclo, [21825-70-7], 12:67

O_4HRe, Rhenate (ReO_4^{1-}), hydrogen, (*T*-4)-, [13768-11-1], 9:145

O_4HXe, Xenonate, hydroxytrioxo-, (*T*-4)-, [26891-42-9], 11:210

O_4H_2Se, Selenic acid, [7783-08-6], 3:137; 20:37

O_4H_3NS, Hydroxylamine-*O*-sulfonic acid, [2950-43-8], 5:122

O_4H_3P, Phosphoric acid, [7664-38-2], 1:101;19:278

O_4H_4NRe, Rhenate (ReO_4^{1-}), ammonium, (*T*-4)-, [13598-65-7], 8:171

$O_4H_6N_2S$, Hydrazine, sulfate (1:1), [10034-93-2], 1:90,92,94

$O_4H_6N_4Pd$, Palladium, diamminebis (nitrito-*N*)-, (*SP*-4-1)-, [14409-60-0], 4:179

$O_4H_8MoN_2$, Molybdate (MoO_4^{2-}), diammonium, (*T*-4)-, [13106-76-8], 11:2

O_4H_8Pt, Platinum(2+), tetraaqua-, (*SP*-4-1)-, [60911-98-0], 21:192

$O_4H_{16}N_5RhS$, Rhodium(2+), pentaamminehydro-, (*OC*-6-21)-, sulfate (1:1), [19440-32-5], 13:214

O_4IK, Periodic acid (HIO_4), potassium salt, [7790-21-8], 1:171

$O_4INPC_{18}H_{17}$, Phosphorus(1+), amidotriphenyl-, (*T*-4)-, salt with periodic acid (HIO_4), [32740-42-4], 7:69

$O_4INSWC_{21}H_{36}$, 1-Butanaminium, *N*,*N*,*N*-tributyl-, (*OC*-6-23)-(carbonothioyl) tetracarbonyliodotungstate(1-), [56031-00-6], 19:186

O_4INa, Periodic acid (HIO_4), sodium salt, [7790-28-5], 1:170

$O_4I_2NiC_8H_{20}.2C_6F_4I_2$, Nickel, bis(1,2-dimethoxyethane-*O*,*O*')diiodo-, (*OC*-6-12)-, compd. with 1,2,3,4-tetrafluoro-5,6-diiodobenzene (1:2), [71272-16-7], 13:163

$O_4IrNP_2C_{40}H_{30}$, Phosphorus(1+), triphenyl(*P*,*P*,*P*-triphenylphosphine imidato-*N*)-, (*T*-4)-, (*T*-4)-tetracarbonyliridate(1-), [56557-01-8], 28:214

$O_4Ir_2S_2C_{12}H_{18}$, Iridium, tetracarbonylbis[μ-(2-methyl-2-propanethiolato)]di-, [63312-27-6], 20:237

$O_4Ir_2S_2C_{16}H_{10}$, Iridium, bis[μ-(benzenethiolato)]tetracarbonyldi-, [63264-32-4], 20:238

O_4KMn, Permanganic acid ($HMnO_4$), potassium salt, [7722-64-7], 2:60-61

O_4K_2Mn, Manganic acid (H_2MnO_4), dipotassium salt, [10294-64-1], 11:57
$O_4K_2N_2C$, Carbamic acid, nitro-, dipotassium salt, [86634-83-5], 1:68,70
O_4K_2W, Tungstate (WO_4^{2-}), dipotassium, (*T*-4)-, [7790-60-5], 6:149
O_4La_2Ni, Lanthanum nickel oxide (La_2NiO_4), [12031-41-3], 30:133
$O_4MnC_{10}H_{14}$, Manganese, bis(2,4-pentanedionato-*O*,*O*')-, [14024-58-9], 6:164
$O_4MnN_2C_{16}H_9$, Manganese, tetracarbonyl [2-(phenylazo)phenyl]-, (*OC*-6-23)-, [19528-32-6], 26:173
O_4MnN_3C, Manganese, carbonyltrinitrosyl-, (*T*-4)-, [14951-98-5], 16:4
O_4MnP, Phosphoric acid, manganese(3+) salt (1:1), [14986-93-7], 2:213
O_4MnSr_2, Manganate (MnO_4^{4-}), strontium (1:2), (*T*-4)-, [12438-63-0], 11:59
$O_4MoN_2C_{14}H_{18}$, Molybdenum, tetracarbonylbis(2-isocyano-2-methylpropane)-, (*OC*-6-22)-, [37584-08-0], 28:143
O_4MoSr, Molybdate (MoO_4^{2-}), strontium (1:1), (*T*-4)-, [13470-04-7], 11:2
$O_4Mo_2C_{14}H_{10}$, Molybdenum, tetracarbonylbis(η^5-2,4-cyclopentadien-1-yl)di-, (*Mo-Mo*), [56200-27-2], 28:152
$O_4Mo_2PC_{22}H_{29}$, Molybdenum, [μ-[bis(1,1-dimethylethyl)phosphino]]tetracarbonylbis(η^5-2,4-cyclopentadien-1-yl)-μ-hydrodi-, (*Mo-Mo*), [125225-75-4], 25:168
$O_4Mo_2P_2C_{14}H_{10}$, Molybdenum, tetracarbonylbis(η^5-2,4-cyclopentadien-1-yl)[μ-(diphosphorus-*P*,*P*':*P*,*P*')]di-, (*Mo-Mo*), [93474-07-8], 27:224
$O_4NPC_8H_{18}$, Phosphonic acid, [2-(diethylamino)-2-oxoethyl]-, dimethyl ester, [104584-00-1], 24:101
$O_4NPC_{10}H_{22}$, Phosphonic acid, [2-(diethylamino)-2-oxoethyl]-, diethyl ester, [3699-76-1], 24:101
$O_4NPC_{12}H_{26}$, Phosphonic acid, [2-(diethylamino)-2-oxoethyl]-, bis(1-methylethyl) ester, [82749-97-1], 24:101
$O_4NPC_{14}H_{30}$, Phosphonic acid, [2-(diethylamino)-2-oxoethyl]-, dibutyl ester, [7439-68-1], 24:101
$O_4NPC_{16}H_{34}$, Phosphonic acid, [2-(dimethylamino)-2-oxoethyl]-, dihexyl ester, [66271-52-1], 24:101
$O_4NP_2RhC_{40}H_{30}$, Phosphorus(1+), triphenyl(*P*,*P*,*P*-triphenylphosphine imidato-*N*)-, (*T*-4)-, (*T*-4)-tetracarbonylrhodate(1-), [74364-66-2], 28:213
$O_4NReC_{16}H_{36}$, 1-Butanaminium, *N*,*N*,*N*-tributyl-, (*T*-4)-tetraoxorhenate(1-), [16385-59-4], 26:391
$O_4N_2C_3H_6$, Carbamic acid, nitro-, ethyl ester, [626-37-9], 1:69
$O_4N_2C_{14}H_{20}$, 2,4-Pentanedione, 3,3'-[1,2-ethanediylbis(iminomethylidyne)]bis-, [67326-56-1], 18:37
$O_4N_2NiC_{14}H_{18}$, Nickel, [[3,3'-[1,2-ethanediylbis(nitrilomethylidyne)]bis[2,4-pentanedionato]](2-)-N^3,$N^{3'}$,O^2,$O^{2'}$]-, (*SP*-4-2)-, [53385-23-2], 18:38
O_4N_2Ni, Nitrous acid, nickel(2+) salt, [17861-62-0], 13:203
$O_4N_2Pd_2C_{28}H_{26}$, Palladium, bis[μ-(acetato-*O*:*O*')]bis[2-(2-pyridinylmethyl)phenyl-*C*,*N*]di-, stereoisomer, [79272-89-2], 26:208
$O_4N_2UC_{18}H_{12}$, Uranium, dioxobis(8-quinolinolato-N^1,O^8)-, [17442-25-0], 4:100
$O_4N_2WC_{14}H_{18}$, Tungsten, tetracarbonylbis(2-isocyano-2-methylpropane)-, [123050-94-2], 28:143
O_4N_2, Nitrogen oxide (N_2O_4), [10544-72-6], 5:87
$O_4N_3C_3H_9$, Carbamic acid, nitro-, ethyl ester, ammonium salt, [62258-40-6], 1:69
$O_4N_3ZnC_{14}H_{15}$, Zinc, bis(acetato-*O*,*O*')(*N*-2-pyridinyl-2-pyridinamine-N^N,N^1)-, [14166-94-0], 8:10

$O_4N_4PtSC_{17}H_{16}$, Platinum(1+), (2-mercaptoethanolato-*S*)(2,2':6',2"-terpyridine-*N,N',N"*)-, (*SP*-4-2)-, nitrate, [60829-45-0], 20:103
$O_4N_4SiC_4$, Silane, tetraisocyanato-, [3410-77-3], 8:23;24:99
$O_4N_4ThC_{54}H_{42}$, Thorium, bis(2,4-pentanedionato-*O,O'*)[5,10,15,20-tetraphenyl-21*H*,23*H*-porphinato(2-)-$N^{21},N^{22},N^{23},N^{24}$]-, (*SA*-8-12131'21'3)-, [57372-87-9], 22:160
$O_4N_5SC_2H_9$, Imidodicarbonimidic diamide, sulfate (1:1), [6945-23-9], 7:56
$O_4N_6NiC_{14}H_{20}$, Nickel, bis(*N*-methyl-2-pyridinemethanamine-N^1,N^2)bis(nitrito-*O*)-, [33516-81-3], 13:203
$O_4N_6NiC_{14}H_{32}$, Nickel, bis(*N*-methyl-2-piperidinemethanamine-N^{α},N^1)bis(nitrito-*O*)-, [33516-82-4], 13:204
$O_4N_6SCH_2$, 1*H*-Tetrazole-5-diazonium, sulfate (1:1), [148832-10-4], 6:64
$O_4N_8C_{64}H_{66}$, Propanamide, *N,N',N",N'"*-(21*H*,23*H*-porphine-5,10,15,20-tetrayltetra-2,1-phenylene)tetrakis[2,2-dimethyl-, stereoisomer, [55253-62-8], 20:165
O_4NaRe, Rhenate ($ReO_4{}^{1-}$), sodium, (*T*-4)-, [13472-33-8], 13:219
O_4NaSCH_3, Methanesulfonic acid, hydroxy-, monosodium salt, [870-72-4], 8:122
O_4Na_2S, Sulfuric acid disodium salt, [7757-82-6], 5:119
O_4NiC_4, Nickel carbonyl ($Ni(CO)_4$), (*T*-4)-, [13463-39-3], 2:234
$O_4NiC_{10}H_{14}$, Nickel, bis(2,4-pentanedionato-*O,O'*)-, (*SP*-4-1)-, [3264-82-2], 15:5,10,29
$O_4NiP_2S_4C_8H_{20}$, Nickel, bis(*O,O*-diethyl phosphorodithioato-*S,S'*)-, (*SP*-4-1)-, [16743-23-0], 6:142
$O_4NiP_4C_{52}H_{52}$, Nickel, tetrakis(methyl diphenylphosphinite-*P*)-, (*T*-4)-, [41685-57-8], 17:119;28:101
$O_4NiS_4C_{32}H_{28}$, Nickel, bis[1,2-bis(4-methoxyphenyl)-1,2-ethenedithiolato(2-)-*S,S'*]-, (*SP*-4-1)-, [38951-97-2], 10:9
O_4Os, Osmium oxide (OsO_4), (*T*-4)-, [20816-12-0], 5:205
$O_4PVC_6H_5.OC_2H_6.H_2O$, Vanadium, oxo[phenylphosphonato(2-)-*O*]-, compd. with ethanol (1:1), monohydrate, [158188-70-6], 30:245
$O_4PVC_6H_5.2H_2O$, Vanadium, oxo[phenylphosphonato(2-)-*O*]-, dihydrate, [152545-41-0], 30:246
$O_4PVC_6H_{13}.OC_7H_8.H_2O$, Vanadium, [hexylphosphonato(2-)-*O*]oxo-, compd. with benzenemethanol (1:1), monohydrate, [158188-71-7], 30:247
$O_4P_2PbS_4C_8H_{20}$, Phosphorodithioic acid, *O,O*-diethyl ester, lead(2+) salt, [1068-23-1], 6:142
$O_4P_2PtC_{40}H_{36}$, Platinum, bis(acetato-*O*)bis(triphenylphosphine)-, [20555-30-0], 17:130
$O_4P_2RhC_{24}H_{49}$, Rhodium, carbonyl(methyl 3-oxobutanoato-O^3)bis[tris(1-methylethyl)phosphine]-, (*SP*-4-1)-, [112784-15-3], 27:292
$O_4P_2RhSC_{44}H_{73}$, Rhodium, carbonyl(4-methylbenzenesulfonato-*O*)bis(tricyclohexylphosphine)-, (*SP*-4-1)-, [112837-62-4], 27:292
$O_4P_2WC_{30}H_{24}$, Tungsten, tetracarbonyl[1,2-ethanediylbis[diphenylphosphine]-*P,P'*]-, (*OC*-6-22)-, [29890-05-9], 29:142
$O_4P_2WC_{32}H_{30}$, Tungsten, tricarbonyl[1,2-ethanediylbis[diphenylphosphine]-*P,P'*](2-propanone)-, (*OC*-6-33)-, [84411-66-5], 29:143
$O_4P_4RhC_{62}H_{65}$, Rhodium, bis[[(2,2-dimethyl-1,3-dioxolane-4,5-diyl)bis(methylene)]bis[diphenylphosphine]-*P,P'*]hydro-, [*TB*-5-12-(4*S*-*trans*),(4*S*-*trans*)]-, [65573-60-6], 17:81
$O_4PtC_{10}H_{14}$, Platinum, bis(2,4-pentanedionato-*O,O'*)-, (*SP*-4-1)-, [15170-57-7], 20:66

$O_4Pt_2C_4H_{16}.3H_2O$, Platinum, dihydroxydimethyl-, hydrate (2:3), [151085-56-2], 20:185,186

$O_4ReS_{16}C_{20}H_{16}$, Rhenate (ReO_4^{1-}), (*T*-4)-, salt with 2-(5,6-dihydro-1,3-dithiolo[4,5-*b*][1,4]dithiin-2-ylidene)-5,6-dihydro-1,3-dithiolo[4,5-*b*][1,4] dithiin (1:2), [87825-70-5], 26:391

$O_4ReSiC_3H_9$, Rhenium, trioxo(trimethylsilanolato)-, (*T*-4)-, [16687-12-0], 9:149

$O_4Ru_2C_{14}H_{10}$, Ruthenium, tetracarbonylbis(η[5]-2,4-cyclopentadien-1-yl)di-, (*Ru-Ru*), [12132-88-6], 25:180;28:189

O_4SSr, Sulfuric acid, strontium salt (1:1), [7759-02-6], 3:19

$O_4SV.7H_2O$, Sulfuric acid, vanadium(2+) salt (1:1), heptahydrate, [36907-42-3], 7:96

$O_4SnC_{32}H_{28}$, Tin, diphenylbis(1-phenyl-1,3-butanedionato-*O,O'*)-, [12118-86-4], 9:52

$O_4VC_9H_5$, Vanadium, tetracarbonyl(η[5]-2,4-cyclopentadien-1-yl)-, [12108-04-2], 7:100

$O_4W_2C_{14}H_{10}$, Tungsten, tetracarbonylbis (η[5]-2,4-cyclopentadien-1-yl)di-, (*W-W*), [62853-03-6], 28:1535

O_4Xe, Xenon oxide (XeO_4), (*T*-4)-, [12340-14-6], 8:251

$O_4ZnC_{10}H_{14}.H_2O$, Zinc, bis(2,4-pentanedionato-*O,O'*)-, monohydrate, (*T*-4)-, [14363-15-6], 10:74

$O_4ZnC_{10}H_{14}$, Zinc, bis(2,4-pentanedionato-*O,O'*)-, (*T*-4)-, [14024-63-6], 10:74

$O_5AsF_6MnC_{26}H_{16}$, Manganese, tricarbonyl(1,1,1,5,5,5-hexafluoro-2,4-pentanedionato-*O,O'*)(triphenylarsine)-, [15444-36-7], 12:84

O_5AsKTi, Potassium titanium arsenate oxide ($KTi(AsO_4)O$), [59400-80-5], 30:143

$O_5BF_4NWC_{10}H_{10}$, Tungsten(1+), pentacarbonyl[(diethylamino) methylidyne]-, (*OC*-6-21)-, tetrafluoroborate(1-), [83827-38-7], 26:40

$O_5BF_4ReC_5$, Rhenium, pentacarbonyl [tetrafluoroborato(1-)-*F*]-, (*OC*-6-22)-, [78670-75-4], 26:108;28:15,17

$O_5BF_4ReC_7H_4$, Rhenium(1+), pentacarbonyl(η[2]-ethene)-, tetrafluoroborate (1-), [78670-77-6], 26:110;28:19

$O_5B_2C_{14}H_{28}$, Boron, bis[μ-(2,2-dimethylpropanoato-*O:O'*)]diethyl-μ-oxodi-, [52242-42-9], 22:196

$O_5B_2CoF_4N_4C_9H_{17}$, Cobalt, aqua[bis[μ-[(2,3-butanedione dioximato)(2-)-*O:O'*]]tetrafluorodiborato(2-)-*N,N'*, *N'',N'''*]methyl-, (*OC*-6-32)-, [53729-64-9], 11:68

$O_5BrCl_4MnC_{10}$, Manganese, (1-bromo-2,3,4,5-tetrachloro-2,4-cyclopentadien-1-yl)pentacarbonyl-, (*OC*-6-22)-, [56282-18-9], 20:194

O_5BrMnC_5, Manganese, bromopentacarbonyl-, (*OC*-6-22)-, [14516-54-2], 19:160;28:156

O_5BrReC_5, Rhenium, bromopentacarbonyl-, (*OC*-6-22)-, [14220-21-4], 23:44;28:162

$O_5ClCoH_{14}N_4S$, Cobalt(2+), tetraammineaquachloro-, (*OC*-6-33)-, sulfate (1:1), [67752-80-1], 6:178

$O_5ClCoN_4C_{14}H_{26}$, Cobalt(1+), [2-[1-[(2-aminoethyl)imino]ethyl]phenolato-*N,N',O*](1,2-ethanediamine-*N,N'*) ethyl-, (*OC*-6-34)-, perchlorate, [79199-99-8], 23:169

$O_5ClCoN_4SC_4H_{18}.2H_2O$, Cobalt(2+), aquachlorobis(1,2-ethanediamine-*N,N'*)-, sulfate (1:1), dihydrate, (*OC*-6-33)-, [16773-97-0], 9:163-165;14:71

$O_5ClCoN_5C_8H_{19}.H_2O$, Cobalt(1+), (glycinato-*N,O*)(nitrato-*O*)(octahydro-1*H*-1,4,7-triazonine-N^1,N^4,N^7)-, chloride, monohydrate, (*OC*-6-33)-, [152227-35-5], 23:77

$O_5ClCrH_{14}N_4S$, Chromium(2+), tetraammineaquachloro-, (*OC*-6-33)-, sulfate (1:1), [67345-16-8], 18:78

$O_5ClIrP_2C_{37}H_{30}$, Iridium, carbonyl (perchlorato-*O*)bis(triphenylphosphine)-, [55821-24-4], 15:68
O_5ClMnC_5, Manganese, pentacarbonylchloro-, (*OC*-6-22)-, [14100-30-2], 19:159;28:155
$O_5ClP_2RhC_{37}H_{30}$, Rhodium, carbonyl (perchlorato-*O*)bis(triphenylphosphine)-, (*SP*-4-1)-, [32354-26-0], 15:71
O_5ClReC_5, Rhenium, pentacarbonylchloro-, (*OC*-6-22)-, [14099-01-5], 23:42,43;28:161
$O_5Cl_2S_2$, Disulfuryl chloride, [7791-27-7], 3:124
$O_5Cl_4CoN_4C_4H_{26}$, Hydrogen(1+), diaqua-, (*OC*-6-12)-dichlorobis(1,2-ethanediamine-*N,N'*)cobalt(1+) chloride (1:1:2), [58298-19-4], 13:232
$O_5Cl_5MnC_{10}$, Manganese, pentacarbonyl (1,2,3,4,5-pentachloro-2,4-cyclopentadien-1-yl)-, (*OC*-6-22)-, [53158-67-1], 20:193
$O_5CoMoNiC_{17}H_{13}$, Molybdenum, dicarbonyl(η^5-2,4-cyclopentadien-1-yl)[(η^5-2,4-cyclopentadien-1-yl) nickel]-μ_3-ethylidyne(tricarbonylcobalt)-, (*Co-Mo*)(*Co-Ni*)(*Mo-Ni*), [76206-99-0], 27:192
$O_5CoN_4C_9H_{19}$, Cobalt, aquabis[(2,3-butanedione dioximato)(1-)-*N,N'*] methyl-, (*OC*-6-42)-, [25360-55-8], 11:66
$O_5CoN_5C_{20}H_{34}$, Cobalt, bis[(2,3-butanedione dioximato)(1-)-*N,N'*][4-(1,1-dimethylethyl)pyridine](ethoxymethyl)-, (*OC*-6-12)-, [151085-55-1], 20:131
$O_5CoN_5C_{21}H_{36}$, Cobalt, bis[(2,3-butanedione dioximato)(1-)-*N,N'*][4-(1,1-dimethylethyl)pyridine](2-ethoxyethyl)-, (*OC*-6-12)-, [151120-18-2], 20:131
$O_5Co_2N_4C_{32}H_{30}$, Cobalt, aquabis [[2,2'-[1,2-ethanediylbis(nitrilomethylidyne)]bis[phenolato]](2-)]di-, [108652-70-6], 3:196
$O_5CrC_{11}H_8$, Chromium, tricarbonyl [(1,2,3,4,5,6-η)-methyl benzoate]-, [12125-87-0], 19:157;28:139
$O_5CrNC_{10}H_9$, Chromium, pentacarbonyl (2-isocyano-2-methylpropane)-, (*OC*-6-21)-, [37017-55-3], 28:143
$O_5CrNC_{18}H_{13}$, Chromium, (benzoyl isocyanide)dicarbonyl[(1,2,3,4,5,6-η)-methyl benzoate]-, [67359-46-0], 26:32
$O_5CrNP_2C_{41}H_{31}$, Phosphorus(1+), triphenyl(*P,P,P*-triphenylphosphine imidato-*N*)-, (*T*-4)-, (*OC*-6-21)-pentacarbonylhydrochromate(1-), [78362-94-4], 22:183
$O_5CrN_2SC_6H_4$, Chromium, pentacarbonyl (thiourea-*S*)-, (*OC*-6-22)-, [69244-58-2], 23:2
$O_5CrN_2SC_{10}H_{12}$, Chromium, pentacarbonyl(tetramethylthiourea-*S*)-, (*OC*-6-22)-, [76829-58-8], 23:2
$O_5CrN_2SC_{14}H_{20}$, Chromium, [*N,N'*-bis(1,1-dimethylethyl)thiourea-*S*] pentacarbonyl-, (*OC*-6-22)-, [69244-61-7], 23:3
$O_5CrN_2SC_{20}H_{16}$, Chromium, [*N,N'*-bis(4-methylphenyl)thiourea-*S*]pentacarbonyl-, (*OC*-6-22)-, [69244-62-8], 23:3
$O_5CrN_3C_{21}H_{19}$, Chromium, tricarbonyl [oxo[(1-phenylethyl)amino]acetic acid [[(1,2,3,4,5,6-η)-2-methylphenyl] methylene]hydrazide]-, [71243-08-8], 23:87
$(O_5CrP_2C_{14}H_{17})_x$, Chromium, hydroxybis (methylphenylphosphinato-*O,O'*)-, homopolymer, [34521-01-2], 16:91
$(O_5CrP_2C_{24}H_{21})_x$, Chromium, bis (diphenylphosphinato-*O*)hydroxy-, homopolymer, [60097-26-9], 16:91
$(O_5CrP_2C_{24}H_{21})_x$, Chromium, bis (diphenylphosphinato-*O,O'*)hydroxy-, homopolymer, [34133-95-4], 16:91
$(O_5CrP_2C_{32}H_{69})_x$, Chromium, bis (dioctylphosphinato-*O*)hydroxy-, homopolymer, [59946-34-8], 16:91

$(O_5CrP_2C_{32}H_{69})_x$, Chromium, bis (dioctylphosphinato-*O,O'*)hydroxy-, homopolymer, [35226-87-0], 16:91
$O_5CrSC_{13}H_8$, Chromium, pentacarbonyl [1-(phenylthio)ethylidene]-, (*OC*-6-22)-, [23626-10-0], 17:98
O_5CrSeC_6, Chromium, (carbonoselenoyl) pentacarbonyl-, (*OC*-6-22)-, [63356-87-6], 21:1,4
$O_5Cr_2S_2C_{15}H_{10}$, Chromium, pentacarbonylbis(η^5-2,4-cyclopentadien-1-yl)[μ-(disulfur-*S:S,S'*)]di-, [89401-43-4], 29:252
$O_5CuN_2VC_{16}H_{20}.H_2O$, Vanadium, (copper)[μ-[[6,6'-(1,2-ethanediyldinitrilo)bis[2,4-heptanedionato]] (4-)-$N^6,N^{6'},O^4,O^{4'}:O^2,O^{2'},O^4,O^{4'}$]] oxo-, monohydrate, [151085-73-3], 20:95
$O_5CuPb_{0.5}Sr_2Tl_{0.5}$, Copper lead strontium thallium oxide ($CuPb_{0.5}Sr_2Tl_{0.5}O_5$), [122285-36-3], 30:207
$O_5F_2N_2PReC_{13}H_8$, Rhenium, (2,2'-bipyridine-*N,N'*)tricarbonyl (phosphorodifluoridato-*O*)-, (*OC*-6-33)-, [76501-25-2], 26:83
$O_5F_2S_2$, Disulfuryl fluoride, [13036-75-4], 11:151
$O_5F_3FeS_2C_8H_5$, Iron(1+), (carbonothioyl) dicarbonyl(η^5-2,4-cyclopentadien-1-yl)-, salt with trifluoromethanesulfonic acid (1:1), [60817-01-8], 28:186
$O_5F_6FeMoP_2C_{34}H_{28}$, Molybdenum(1+), [μ-(acetyl-*C:O*)]tricarbonyl [carbonyl(η^5-2,4-cyclopentadien-1-yl)(triphenylphosphine)iron](η^5-2,4-cyclopentadien-1-yl)-, hexafluorophosphate(1-), [81133-03-1], 26:241
$O_5F_6Fe_2PC_{16}H_{13}$, Iron(1+), [μ-(acetyl-*C:O*)]tetracarbonylbis(η^5-2,4-cyclopentadien-1-yl)di , hexafluorophosphate(1-), [81141-29-9], 26:235
$O_5F_6MnNC_{13}H_6$, Manganese, tricarbonyl (1,1,1,5,5,5-hexafluoro-2,4-pentanedionato-*O,O'*)(pyridine)-, [15444-35-6], 12:84
$O_5F_6OsP_2C_{41}H_{30}$, Osmium, carbonylbis (trifluoroacetato-*O*)bis(triphenylphosphine)-, [61160-36-9], 17:128
———, Osmium, carbonyl(trifluoroacetato-*O*)(trifluoroacetato-*O,O'*)bis (triphenylphosphine)-, [38596-63-3], 17:128
$O_5F_6P_2RuC_{41}H_{30}$, Ruthenium, carbonyl (trifluoroacetato-*O*)(trifluoroacetato-*O,O'*)bis(triphenylphosphine)-, [38596-61-1], 17:127
O_5FeC_5, Iron carbonyl ($Fe(CO)_5$), (*TB*-5-11)-, [13463-40-6], 29:151
$O_5GeMnC_5H_3$, Manganese, pentacarbonylgermyl-, (*OC*-6-22)-, [25069-08-3], 15:174
O_5HNS, Sulfuric acid, monoanhydride with nitrous acid, [7782-78-7], 1:55
O_5HNbTi, Niobium titanium hydroxide oxide ($NbTi(OH)O_4$), [118955-75-2], 30:184
O_5HNbTi, Titanate(1-), pentaoxoniobate-, hydrogen, [72381-49-8], 22:89
$O_5HPV.1/2H_2O$, Vanadate(1-), oxo [phosphato(3-)-*O*]-, hydrogen, hydrate (2:1), [93280-40-1], 30:243
O_5H_4NNbTi, Ammonium niobium titanium oxide ($(NH_4)NbTiO_5$), [72528-68-8], 22:89
$O_5H_8N_4S$, Sulfamic acid, hydroxynitroso-, diammonium salt, [66375-30-2], 5:121
O_5IMnC_5, Manganese, pentacarbonyliodo-, (*OC*-6-22)-, [14879-42-6], 19:161,162;28:157,15
O_5IReC_5, Rhenium, pentacarbonyliodo-, (*OC*-6-22)-, [13821-00-6], 23:44;28:163
O_5KNbTi, Niobium potassium titanium oxide ($NbKTiO_5$), [61232-89-1], 22:89
$O_5K_2N_2S$, Sulfamic acid, hydroxynitroso-, dipotassium salt, [26241-10-1], 5:117,120
$O_5K_2S_2$, Disulfurous acid, dipotassium salt, [16731-55-8], 2:165,166

O_5LiV_2, Lithium vanadium oxide (LiV_2O_5), [12162-92-4], 24:202;30:186
O_5MnC_5H, Manganese, pentacarbonylhydro-, (*OC*-6-21)-, [16972-33-1], 7:198
$O_5MnC_6H_3$, Manganese, pentacarbonylmethyl-, (*OC*-6-21)-, [13601-24-6], 26:156
$O_5MnC_{12}H_7$, Manganese, (2-acetylphenyl-*C,O*)tetracarbonyl-, (*OC*-6-23)-, [50831-23-7], 26:156
———, Manganese, pentacarbonyl (phenylmethyl)-, (*OC*-6-21)-, [14049-86-6], 26:172
O_5MnNaC_5, Manganate(1-), pentacarbonyl-, sodium, [13859-41-1], 7:198
$O_5MnPC_{23}H_{16}$, Manganese, tetracarbonyl [[2-(diphenylphosphino)phenyl] hydroxymethyl-*C,P*]-, (*OC*-6-23)-, [79452-37-2], 26:169
$O_5MnSnC_8H_9$, Manganese, pentacarbonyl (trimethylstannyl)-, (*OC*-6-22)-, [14126-94-4], 12:61
$O_5MoNC_{10}H_9$, Molybdenum, pentacarbonyl(2-isocyano-2-methylpropane)-, (*OC*-6-21)-, [42401-88-7], 28:143
$O_5MoNP_2C_{41}H_{31}$, Phosphorus(1+), triphenyl(*P,P,P*-triphenylphosphine imidato-*N*)-, (*T*-4)-, (*OC*-6-21)-pentacarbonylhydromolybdate(1-), [78709-75-8], 22:183
$O_5NNbTiCH_6$, Titanate(1-), pentaoxoniobate-, hydrogen, compd. with methanamine (1:1), [74499-97-1], 22:89
$O_5NNbTiC_2H_8$, Titanate(1-), pentaoxoniobate-, hydrogen, compd. with ethanamine (1:1), [74500-04-2], 22:89
$O_5NNbTiC_3H_{10}$, Titanate(1-), pentaoxoniobate-, hydrogen, compd. with 1-propanamine (1:1), [74499-98-2], 22:89
$O_5NNbTiC_4H_{12}$, Titanate(1-), pentaoxoniobate-, hydrogen, compd. with 1-butanamine (1:1), [74499-99-3], 22:89
$O_5NP_2RhC_{40}H_{36}$, Rhodium, bis(acetato-*O*)nitrosylbis(triphenylphosphine)-, [50661-88-6], 17:129
$O_5NP_2WC_{41}H_{31}$, Phosphorus(1+), triphenyl(*P,P,P*-triphenylphosphine imidato-*N*)-, (*T*-4)-, (*OC*-6-21)-pentacarbonylhydrotungstate(1-), [78709-76-9], 22:182
$O_5NReC_8H_8$, Rhenate(1-), acetyltetracarbonyl(1-iminoethyl)-, hydrogen, (*OC*-6-32)-, [66808-78-4], 20:204
———, Rhenium, acetyl(1-aminoethylidene)tetracarbonyl-, (*OC*-6-32)-, [151120-12-6], 20:204
$O_5NWC_{10}H_9$, Tungsten, pentacarbonyl(2-isocyano-2-methylpropane)-, (*OC*-6-21)-, [42401-89-8], 28:143
$O_5NWC_{14}H_{11}$, Tungsten, pentacarbonyl [(dimethylamino)phenylmethylene]-, (*OC*-6-21)-, [52394-38-4], 19:169
O_5N_2, Nitrogen oxide (N_2O_5), [10102-03-1], 3:78;9:83,84
$O_5N_2Na_2S$, Sulfamic acid, hydroxynitroso-, disodium salt, [127795-71-5], 5:119
$O_5N_2WC_{10}H_{10}$, Tungsten, tetracarbonyl (cyanato-*N*)[(diethylamino) methylidyne]-, (*OC*-6-32)-, [83827-44-5], 26:42
$O_5Na_2S_2$, Disulfurous acid, disodium salt, [7681-57-4], 2:162,165
$O_5Na_2S_2.7H_2O$, Disulfurous acid, disodium salt, heptahydrate, [91498-96-3], 2:162,165
$O_5PV.2H_2O$, Vanadium, oxo[phosphato (3-)-*O*]-, dihydrate, [12293-87-7], 30:242
O_5P_2, Phosphorus oxide (P_2O_5), [1314-56-3], 6:81
$O_5P_2RhC_{45}H_{71}$, Rhodate(1-), [1,2-benzenedicarboxylato(2-)-*O*]carbonylbis(tricyclohexylphosphine)-, hydrogen, (*SP*-4-1)-, [112836-48-3], 27:291
O_5ReC_5H, Rhenium, pentacarbonylhydro-, (*OC*-6-21)-, [16457-30-0], 26:77;28:165

$O_5ReC_6H_3$, Rhenium, pentacarbonylmethyl-, (*OC*-6-21)-, [14524-92-6], 26:107;28:16

$O_5SC_4H_8$, 1,4-Dioxane, compd. with sulfur trioxide (1:1), [20769-58-8], 2:174

O_5SV, Vanadium, oxo[sulfato(2-)-*O*]-, [27774-13-6], 7:94

O_5SWC_6, Tungsten, (carbonothioyl) pentacarbonyl-, (*OC*-6-22)-, [50358-92-4], 19:183,187

$O_5SWC_{13}H_8$, Tungsten, pentacarbonyl [1-(phenylthio)ethylidene]-, (*OC*-6-22)-, [52843-33-1], 17:99

O_5Ti_3, Titanium oxide (Ti_3O_5), [12065-65-5], 14:131

$O_5UC_{10}H_{25}$, Ethanol, uranium(5+) salt, [10405-34-2], 21:165,166

$O_5VC_4H_6$, Vanadium, bis(acetato-*O*)oxo-, [3473-84-5], 13:181

$O_5VC_{10}H_{14}$, Vanadium, oxobis(2,4-pentanedionato-*O,O'*)-, (*SP*-5-21)-, [3153-26-2], 5:113

O_5V_2, Vanadium oxide (V_2O_5), [1314-62-1], 9:80

$O_5WC_{18}H_{10}$, Tungsten, pentacarbonyl (diphenylmethylene)-, (*OC*-6-21)-, [50276-12-5], 19:180

$O_5ZnC_{11}H_{18}$, Zinc, (methanol)bis(2,4-pentanedionato-*O,O'*)-, [150124-38-2], 10:74

$O_6Ag_2H_5I$, Periodic acid (H_5IO_6), disilver(1+) salt, [14014-59-6], 20:15

$O_6AlC_{15}H_{21}$, Aluminum, tris(2,4-pentanedionato-*O,O'*)-, (*OC*-6-11)-, [13963-57-0], 2:25

$O_6AlF_{18}C_{15}H_3$, Aluminum, tris(1,1,1,5,5,5-hexafluoro-2,4-pentanedionato-*O,O'*)-, (*OC*-6-11)-, [15306-18-0], 9:28

$O_6AsNbC_{30}H_{20}$, Arsonium, tetraphenyl-, (*OC*-6-11)-hexacarbonylniobate(1-), [60119-18-8], 16:72

$O_6AsTaC_{30}H_{20}$, Arsonium, tetraphenyl-, (*OC*-6-11)-hexacarbonyltantalate(1-), [57288-89-8], 16:71

$O_6As_2P_2PtC_{14}H_{28}$, Platinum, bis(dimethyl phosphito-*P*)[1,2-phenylenebis [dimethylarsine]-*As,As'*]-, (*SP*-4-2)-, [63264-39-1], 19:100

$O_6B_2CoF_2N_6C_{12}H_{18}$, Cobalt, [tris[μ-[(2,3-butanedione dioximato)(2-)-*O:O'*]] difluorodiborato(2-)-*N,N',N'',N''',N''''* ,*N'''''*]-, [34248-47-0], 17:140

$O_6B_2F_2FeN_6C_{12}H_{18}$, Iron, [tris[μ-[(2,3-butanedione dioximato)(2-)-*O:O'*]] difluorodiborato(2-)-*N,N',N'',N''',N''''*, *N'''''*]-, (*TP*-6-11'1'')-, [39060-38-3], 17:142

$O_6B_2F_2FeN_6C_{18}H_{24}$, Iron, [tris[μ-[(1,2-cyclohexanedione dioximato)(2-)-*O:O'*]]difluorodiborato(2-)-*N,N',N'',N''',N'''',N'''''*]-, (*TP*-6-11'1'')-, [66060-48-8], 17:143

$O_6B_2F_8NiC_{12}H_{36}$, Nickel(2+), hexakis (ethanol)-, (*OC*-6-11)-, bis [tetrafluoroborate(1-)], [15007-74-6], 29:115

$O_6B_2F_8NiS_6C_{72}H_{60}$, Nickel(2+), hexakis [1,1'-sulfinylbis[benzene]-*O*]-, (*OC*-6-11)-, bis[tetrafluoroborate(1-)], [13963-83-2], 29:116

$O_6B_2FeN_6C_{30}H_{34}$, Iron, [[1,2-cyclohexanedione *O,O'*-bis[[[[2-(hydroxyimino) cyclohexylidene]amino]oxy] phenylboryl]dioximato](2-)-*N,N',N''*, *N''',N'''',N'''''*]-, (*OC*-6-11)-, [83356-87-0], 21:112

$O_6B_2Fe_2C_6H_6$, Iron, hexacarbonyl [μ-[(1,2-η:1,2-η)-hexahydrodiborato (2-)-*H*[1]:*H*[1],*H*[2]]]di-, (*Fe-Fe*), [67517-57-1], 29:269

$O_6BaBr_2.H_2O$, Bromic acid, barium salt, monohydrate, [10326-26-8], 2:20

$O_6BaC_4H_4$, Butanedioic acid, 2,3-dihydroxy- [*R*-(*R**,*R**)]-, barium salt (1:1), [5908-81-6], 6:184

$O_6BaI_2.H_2O$, Iodic acid (HIO_3), barium salt, monohydrate, [7787-34-0], 7:13

$O_6BaS_2.2H_2O$, Dithionic acid, barium salt (1:1), dihydrate, [7787-43-1], 2:170

$O_6Ba_2CuTl_2$, Barium copper thallium oxide ($Ba_2CuTl_2O_6$), [115866-06-3], 30:202

$O_6BrCoN_5S_2C_4H_{19}$, Cobalt(2+), amminebromobis(1,2-ethanediamine-*N,N'*)-, (*OC*-6-32)-, (disulfate) (1:1), [15306-91-9], 16:94

$O_6BrCoN_7C_4H_{19}$, Cobalt(2+), amminebromobis(1,2-ethanediamine-*N,N'*)-, (*OC*-6-23)-, dinitrate, [151085-64-2], 16:93

$O_6BrZrC_{15}H_{21}$, Zirconium, bromotris(2,4-pentanedionato-*O,O'*)-, [19610-19-6], 12:88,94

$O_6Br_3CrC_{15}H_{18}$, Chromium, tris(3-bromo-2,4-pentanedionato-*O,O'*)-, (*OC*-6-11)-, [15025-13-5], 7:134

$O_6Br_3CrS_6C_{12}H_{36}$, Chromium(3+), hexakis[sulfinylbis[methane]-*O*]-, tribromide, (*OC*-6-11)-, [21097-70-1], 19:126

$O_6Br_6Co_4H_{42}N_{12}$, Cobalt(6+), dodecaamminehexa-μ-hydroxytetra-, hexabromide, stereoisomer, [125994-43-6], 29:170-172

———, Cobalt(6+), dodecaamminehexa-μ-hydroxytetra-, hexabromide, stereoisomer, [126060-35-3], 29:170-172

$O_6CaC_4H_4$, Butanedioic acid, 2,3-dihydroxy- [*R*-(*R**,*R**)]-, calcium salt (1:1), [3164-34-9], 20:9

$O_6CaH_4P_2.H_2O$, Phosphonic acid, calcium salt (2:1), monohydrate, [24968-68-1], 4:18

$O_6CaS_2.4H_2O$, Dithionic acid, calcium salt (1:1), tetrahydrate, [13477-31-1], 2:168

$O_6CeF_{18}N_6P_9C_{72}H_{72}$, Cerium(3+), hexakis (*P,P*-diphenylphosphinic amide-*O*)-, (*OC*-6-11)-, tris[hexafluorophosphate (1-)], [59449-51-3], 23:180

$O_6ClCoN_4SC_6H_{18}$, Cobalt(1+), bis(1,2-ethanediamine-*N,N'*)[mercaptoacetato (2-)-*O,S*]-, (*OC*-6-33)-, perchlorate, [26743-67-9], 21:21

$O_6ClCoN_6C_{10}H_{28}.5H_2O$, Cobalt(3+), tris(1,2-ethanediamine-*N,N'*)-, (*OC*-6-11-Λ)-, chloride salt with [*R*-(*R**,*R**)]-2,3-dihydroxybutanedioic acid (1:1:1), pentahydrate, [71129-32-3], 6:183,186

$O_6ClF_6IrN_4S_2C_6H_{16}$, Iridium(1+), chlorobis(1,2-ethanediamine-*N,N'*)(trifluoromethanesulfonato-*O*)-, (*OC*-6-23)-, salt with trifluoromethanesulfonic acid (1:1), [90065-99-9], 24:289

$O_6ClF_6N_4RhS_2C_6H_{16}$, Rhodium(1+), chlorobis(1,2-ethanediamine-*N,N'*) (trifluoromethanesulfonato-*O*)-, (*OC*-6-23)-, salt with trifluoromethanesulfonic acid (1:1), [90065-97-7], 24:285

$O_6ClFeN_4C_{36}H_{40}$, Iron, chloro[dimethyl 7,12-bis(1-hydroxyethyl)-3,8,13,17-tetramethyl-21*H*,23*H*-porphine-2,18-dipropanoato(2-)-N^{21},N^{22},N^{23},N^{24}]-, (*SP*-5-13)-, [16591-59-6], 16:216

$O_6ClN_4ReC_4H_{16}$, Rhenium(1+), bis(1,2-ethanediamine-*N,N'*)dioxo-, (*OC*-6-12)-, perchlorate, [148832-34-2], 8:176

$O_6ClN_4ReC_{20}H_{20}$, Rhenium(1+), dioxotetrakis(pyridine)-, (*OC*-6-12)-, perchlorate, [83311-31-3], 21:117

$O_6ClZrC_{15}H_{21}$, Zirconium, chlorotris(2,4-pentanedionato-*O,O'*)-, [17211-55-1], 8:38;12:88,93

$O_6Cl_2P_2PdC_6H_{18}$, Palladium, dichlorobis (trimethyl phosphite-*P*)-, (*SP*-4-2)-, [17787-26-7], 11:109

$O_6Cl_2P_2PdC_{10}H_{18}$, Palladium, dichlorobis (4-methyl-2,6,7-trioxa-1-phosphabicyclo[2.2.2]octane-P^1)-, (*SP*-4-2)-, [20332-82-5], 11:109

———, Palladium, dichlorobis(4-methyl-3,5,8-trioxa-1-phosphabicyclo[2.2.2] octane-P^1)-, (*SP*-4-2)-, [17569-70-9], 11:109

$O_6Cl_2SiC_{15}H_{22}$, Silicon(1+), tris(2,4-pentanedionato-*O,O'*)-, (*OC*-6-11)-, (hydrogen dichloride), [16871-35-5], 7:30

$O_6Cl_3NRe_2C_5$, Rhenium, pentacarbonyltri-μ-chloronitrosyldi-, [37402-69-0], 16:36

$O_6Cl_3SiZnC_{15}H_{21}$, Silicon(1+), tris(2,4-pentanedionato-*O,O'*)-, (*OC*-6-11)-, trichlorozincate(1-), [19680-74-1], 7:33

$O_6Cl_4FeSiC_{15}H_{21}$, Silicon(1+), tris(2,4-pentanedionato-*O,O'*)-, (*OC*-6-11)-, (*T*-4)-tetrachloroferrate(1-), [17348-25-3], 7:32

$O_6Cl_4FeTiC_{15}H_{21}$, Titanium(1+), tris(2,4-pentanedionato-*O,O'*)-, tetrachloroferrate(1-), [17409-56-2], 2:120

$O_6Cl_4N_2Re_2C_4$, Rhenium, tetracarbonyldi-μ-chlorodichlorodinitrosyldi-, [25360-92-3], 16:37

$O_6Cl_4Ru_2C_6$, Ruthenium, hexacarbonyldi-μ-chlorodichlorodi-, [22594-69-0], 16:51;28:334

$O_6Cl_6Fe_6NC_8H_{11}$, Pyridine, 2,4,6-trimethyl-, compd. with iron chloride oxide (FeClO) (1:6), [64020-68-4], 22:86;30:182

$O_6Cl_8Mo_6Na_2C_6H_{18}$, Molybdate(2-), octa-μ_3-chlorohexamethoxyhexa-, octahedro, disodium, [12374-26-4], 13:100

$O_6Cl_8Mo_6Na_2C_{12}H_{30}$, Molybdate(2-), octa-$\mu_3$-chlorohexaethoxyhexa-, octahedro, disodium, [12375-20-1], 13:101,102

$O_6Cl_{12}CoSb_2C_{18}H_{36}$, Cobalt(2+), hexakis(2-propanone)-, (*OC*-6-11)-, bis[(*OC*-6-11)-hexachloroantimonate(1-)], [146249-37-8], 29:114

$O_6CoC_4H_4$, Butanedioic acid, 2,3-dihydroxy- [*R*-(*R**,*R**)]-, cobalt(2+) salt (1:1), [815-80-5], 6:187

$O_6CoC_{10}H_{18}$, Cobalt, diaquabis(2,4-pentanedionato-*O,O'*)-, [15077-39-1], 11:83

$O_6CoC_{15}H_{21}$, Cobalt, tris(2,4-pentanedionato-*O,O'*)-, (*OC*-6-11)-, [21679-46-9], 5:188;23:94

$O_6CoFH_{15}N_7$, Cobalt(2+), pentaamminefluoro-, (*OC*-6-22)-, dinitrate, [14240-02-9], 4:172

$O_6CoF_{12}N_2C_{16}H_{16}$, Cobalt, bis(*N,N*-dimethylformamide-*O*)bis(1,1,1,5,5,5-hexafluoro-2,4-pentanedionato-*O,O'*)-, [53513-61-4], 15:96

$O_6CoH_9N_6$, Cobalt, triamminetris (nitrito-*N*)-, [13600-88-9], 6:189

$O_6CoH_9N_6$, Cobalt, triamminetris (nitrito-*N*)-, (*OC*-6-21)-, [20749-21-7], 23:109

$O_6CoH_{15}IN_7$, Cobalt(2+), pentaammineiodo-, (*OC*-6-22)-, dinitrate, [36395-86-5], 4:173

$O_6CoKN_2C_2H_6$, Cobaltate(1-), diamminebis[carbonato(2-)-*O,O'*]-, potassium, (*OC*-6-21)-, [26176-51-2], 23:62

$O_6CoKN_2C_4H_8$, Cobaltate(1-), bis [carbonato(2-)-*O,O'*](1,2-ethanediamine-*N,N'*)-, potassium, (*OC*-6-21)-, [54992-64-2], 23:64

$O_6CoLiN_2C_2H_6$, Cobaltate(1-), diamminebis[carbonato(2-)-*O,O'*]-, lithium, (*OC*-6-21)-, [65521-08-6], 23:63

$O_6CoN_2C_6H_{14}$, Cobalt, diaqua[[*N,N'*-1,2-ethanediylbis[glycinato]](2-)-*N,N',O,O'*]-, [42573-16-0], 18:100

$O_6CoN_3C_6H_{12}$, Cobalt, tris(glycinato-*N,O*)-, (*OC*-6-21)-, [30364-77-3], 25:135

$O_6CoN_3C_6H_{12}$, Cobalt, tris(glycinato-*N,O*)-, (*OC*-6-22)-, [21520-57-0], 25:135

$O_6CoN_3C_9H_{18}$, Cobalt, tris(L-alaninato-*N,O*)-, (*OC*-6-21)-, [55328-27-3], 25:137

———, Cobalt, tris(L-alaninato-*N,O*)-, (*OC*-6-22)-, [55448-50-5], 25:137

$O_6CoN_4C_2H_9$, Cobalt, tetraammine [ethanedioato(2-)-*O,O'*](nitrito-*N*)-, [93843-61-9], 6:191

$O_6CoN_4C_8H_{18}$, Cobalt, diaquabis[(2,3-butanedione dioximato)(1-)-*N,N'*]-, (*OC*-6-12)-, [37115-10-9], 11:64
$O_6CoN_4C_{14}H_{18}$, Cobalt, bis(2,6-dimethylpyridine 1-oxide-*O*)bis(nitrato-*O,O'*)-, [16986-68-8], 13:204
$O_6CoN_4C_{16}H_{22}$, Cobalt, bis(nitrito-*O,O'*)bis(2,4,6-trimethylpyridine 1-oxide-*O*)-, [18601-24-6], 13:205
$O_6CoN_4C_{20}H_{18}$, Cobalt, bis(4-methylquinoline 1-oxide-*O*)bis(nitrito-*O,O'*)-, [16986-69-9], 13:206
$O_6CoN_4NaS_2C_4H_{16}$, Cobaltate(1-), bis(1,2-ethanediamine-*N,N'*)bis[sulfito(2-)-*O*]-, sodium, (*OC*-6-12)-, [15638-71-8], 14:79
$O_6CoN_5CH_{12}$, Cobalt(1+), tetraammine[carbonato(2-)-*O,O'*]-, (*OC*-6-22)-, nitrate, [15040-52-5], 6:173
$O_6CoN_6CH_{15}$, Cobalt(1+), pentaammine[carbonato(2-)-*O*]-, (*OC*-6-22)-, nitrate, [15244-74-3], 4:171
$O_6CoN_6C_2H_{11}$, Cobalt, ammine(1,2-ethanediamine-*N,N'*)tris(nitrito-*N*)-, (*OC*-6-21)-, [29327-41-1], 9:172
$O_6CoN_6C_4H_{13}$, Cobalt, [*N*-(2-aminoethyl)-1,2-ethanediamine-*N,N',N''*]tris(nitrito-*N*)-, [14971-76-7], 7:209
$O_6CoN_6C_6H_{27}$, Cobalt(3+), hexaammine-, (*OC*-6-11)-, triacetate, [14023-85-9], 18:68
$O_6CoN_6S_2C_8H_{12}$, Cobalt, bis(1,3-dihydro-1-methyl-2*H*-imidazole-2-thione-*S*)bis(nitrato-*O*)-, (*T*-4)-, [76614-27-2], 23:171
$O_6CoN_7C_4H_{16}$, Cobalt(1+), bis(1,2-ethanediamine-*N,N'*)bis(nitrito-*N*)-, (*OC*-6-22)-, nitrite, [15304-27-5], 4:178;8:196;13:196;14:72
$O_6CoN_{10}S_4C_{16}H_{24}$, Cobalt, tetrakis(1,3-dihydro-1-methyl-2*H*-imidazole-2-thione-*S*)bis(nitrato-*O*)-, [99374-10-4], 23:171
$O_6CoNaC_{15}H_{21}$, Cobaltate(1-), tris(2,4-pentanedionato-*O,O'*)-, sodium, (*OC*-6-11)-, [20106-06-3], 11:87
$O_6CoPSnC_{24}H_{24}$, Cobalt, tricarbonyl(trimethylstannyl)(triphenyl phosphite-*P*)-, (*TB*-5-12)-, [42989-56-0], 29:178
$O_6CoP_2C_{11}H_{23}$, Cobalt, (η^5-2,4-cyclopentadien-1-yl)bis(trimethyl phosphite-*P*)-, [32677-72-8], 25:162;28:283
$O_6CoP_3S_6C_{12}H_{30}$, Cobalt, tris(*O,O*-diethyl phosphorodithioato-*S,S'*)-, (*OC*-6-11)-, [14177-94-7], 6:142
$O_6Co_2MgN_4P_2C_{44}H_{58}$, Magnesium, bis[μ-(carbonyl-*C*:*O*)]bis[dicarbonyl(methyldiphenylphosphine)cobalt]bis[*N,N,N',N'*-tetramethyl-1,2-ethanediamine-*N,N'*]-, [55701-41-2], 16:59
$O_6Co_2N_8C_{10}H_{24}.2H_2O$, Cobalt(3+), tris(1,2-ethanediamine-*N,N'*)-, (*OC*-6-11)-, (*OC*-6-21)-bis[carbonato(2-)-*O,O'*]bis(cyano-*C*)cobaltate(3-) (1:1), dihydrate, [152227-46-8], 23:66
$O_6Co_2N_8C_{10}H_{24}$, Cobalt(3+), tris(1,2-ethanediamine-*N,N'*)-, (*OC*-6-11)-, (*OC*-6-21)-bis[carbonato(2-)-*O,O'*]bis(cyano-*C*)cobaltate(3-) (1:1), [54967-60-1], 23:66
$O_6Co_3K_2$, Cobalt potassium oxide ($Co_3K_2O_6$), [55608-58-7], 22:57
$O_6Co_4H_{42}I_6N_{12}.4H_2O$, Cobalt(6+), dodecaamminehexa-μ-hydroxytetra-, hexaiodide, tetrahydrate, [153771-78-9], 29:170
O_6CrC_6, Chromium carbonyl ($Cr(CO)_6$), (*OC*-6-11)-, [13007-92-6], 3:156; 7:104;15:88
$O_6CrC_8H_6$, Chromium, pentacarbonyl(1-methoxyethylidene)-, (*OC*-6-21)-, [20540-69-6], 17:96
$O_6CrC_9H_6$, Chromium, pentacarbonyl(dihydro-2(3*H*)-furanylidene)-, (*OC*-6-21)-, [54040-15-2], 19:178,179

$O_6CrC_9H_9$, Chromium, tris(propanedialato-*O,O'*)-, (*OC*-6-11)-, [15636-02-9], 8:141

$O_6CrC_{12}H_{15}$, Chromium, tris(3-oxobutanalato-*O,O'*)-, (*OC*-6-21)-, [15710-84-6], 8:144

———, Chromium, tris(3-oxobutanalato-*O,O'*)-, (*OC*-6-22)-, [14282-03-2], 8:144

$O_6CrC_{15}H_{21}$, Chromium, tris(2,4-pentanedionato-*O,O'*)-, (*OC*-6-11)-, [21679-31-2], 5:130

$O_6CrC_{33}H_{57}$, Chromium, tris(2,2,6,6-tetramethyl-3,5-heptanedionato-*O,O'*)-, (*OC*-6-11)-, [14434-47-0], 24:183

$O_6CrC_{45}H_{33}$, Chromium, tris(1,3-diphenyl-1,3-propanedionato-*O,O'*)-, (*OC*-6-11)-, [21679-35-6], 8:135

$O_6CrF_9C_{15}H_{12}$, Chromium, tris(1,1,1-trifluoro-2,4-pentanedionato-*O,O'*)-, [14592-89-3], 8:138

$O_6CrF_{21}C_{30}H_{30}$, Chromium, tris(6,6,7,7,8,8,8-heptafluoro-2,2-dimethyl-3,5-octanedionato-*O,O'*)-, [17966-86-8], 12:74

$O_6CrH_{12}I_2$, Chromium(2+), hexaaqua-, diiodide, (*OC*-6-11)-, [15221-15-5], 10:27

$O_6CrNC_{12}H_{15}$, Chromium, pentacarbonyl [(diethylamino)ethoxymethylene]-, (*OC*-6-21)-, [28471-37-6], 19:168

$O_6CrNC_{13}H_5$, Chromium, pentacarbonyl (isocyanophenylmethanone)-, (*OC*-6-21)-, [15365-59-0], 26:34,35

$O_6CrN_3C_{21}H_{19}$, Chromium, tricarbonyl [oxo[(1-phenylethyl)amino]acetic acid [[(1,2,3,4,5,6-η)-2-methoxyphenyl] methylene]hydrazide]-, [71250-01-6], 23:88

$O_6CrN_3C_{21}H_{24}$, Chromium, tris(3-acetyl-4-oxopentanenitrilato-*O,O'*)-, (*OC*-6-11)-, [31224-14-3], 12:85

$O_6CrN_{10}SC_4H_{17}$, Chromium(2+), aquahydroxybis(imidodicarbonimidic diamide-*N'',N'''*)-, sulfate (1:1), [127688-31-7], 6:70

$O_6CrPSC_{29}H_{25}$, Chromium, (carbonothioyl)carbonyl[(1,2,3,4,5,6-η)-methyl 3-methylbenzoate](triphenyl phosphite-*P*)-, stereoisomer, [70112-63-9], 19:202

———, Chromium, (carbonothioyl) carbonyl[(1,2,3,4,5,6-η)-methyl 3-methylbenzoate](triphenyl phosphite-*P*)-, stereoisomer, [70144-74-0], 19:202

$(O_6CrP_2C_{14}H_{19})_x$, Chromium, aquahydroxybis(methylphenylphosphinato-*O,O'*)-, homopolymer, [26893-96-9], 16:90

$(O_6CrP_2C_{24}H_{23})_x$, Chromium, aquabis (diphenylphosphinato-*O*)hydroxy-, homopolymer, [28679-50-7], 12:258;16:90

$(O_6CrP_2C_{32}H_{71})_x$, Chromium, aquabis (dioctylphosphinato-*O*)hydroxy-, homopolymer, [29498-83-7], 16:90

$(O_6CrP_2C_{32}H_{71})_x$, Chromium, aquabis (dioctylphosphinato-*O,O'*)hydroxy-, homopolymer, [26893-97-0], 16:90

$O_6CrP_3S_6C_{12}H_{30}$, Chromium, tris(*O,O*-diethyl phosphorodithioato-*S,S'*)-, (*OC*-6-11)-, [14177-95-8], 6:142

$O_6Cr_2C_{16}H_{10}$, Chromium, hexacarbonylbis(η[5]-2,4-cyclopentadien-1-yl)di-, (*Cr-Cr*), [12194-12-6], 7:104;7:139;28:148

$O_6Cr_2HgC_{16}H_{10}$, Chromium, hexacarbonylbis(η[5]-2,4-cyclopentadien-1-yl)(mercury)di-, (2*Cr-Hg*), [12194-11-5], 7:104

O_6Cr_2W, Chromium tungsten oxide (Cr_2WO_6), [13765-57-6], 14:135

O_6CsHN_2, Nitric acid, cesium salt (2:1), [35280-89-8], 4:7

$O_6CuN_6C_{28}H_{20}$, Copper(2+), (tetrabenzo [*b,f,j,n*][1,5,9,13]tetraazacyclohexadecine-N^5,N^{11},N^{17},N^{23})-, (*SP*-4-1)-, dinitrate, [51890-18-7], 18:32

$O_6CuN_{10}S_2C_{16}H_{20}$, Cuprate(2-), bis[4-[[[(aminoiminomethyl)amino]

iminomethyl]amino]benzenesulfonato(2-)]-, dihydrogen, [59249-53-5], 7:6
$O_6DyC_{33}H_{57}$, Dysprosium, tris(2,2,6,6-tetramethyl-3,5-heptanedionato-*O,O'*)-, (*OC*-6-11)-, [15522-69-7], 11:96
$O_6DyF_{18}N_6P_9C_{72}H_{72}$, Dysprosium(3+), hexakis(*P,P*-diphenylphosphinic amide-*O*)-, (*OC*-6-11)-, tris [hexafluorophosphate(1-)], [59449-58-0], 23:180
$O_6ErC_{33}H_{57}$, Erbium, tris(2,2,6,6-tetramethyl-3,5-heptanedionato-*O,O'*)-, (*OC*-6-11)-, [35733-23-4], 11:96
$O_6ErF_{18}N_6P_9C_{72}H_{72}$, Erbium(3+), hexakis (*P,P*-diphenylphosphinic amide-*O*)-, (*OC*-6-11)-, tris[hexafluorophosphate(1-)], [59491-94-0], 23:180
$O_6EuC_6H_9$, Acetic acid, europium(3+) salt, [1184-63-0], 2:66
$O_6EuC_{30}H_{27}$, Europium, tris(1-phenyl-1,3-butanedionato-*O,O'*)-, [14459-33-7], 9:39
$O_6EuC_{30}H_{27}.2H_2O$, Europium, tris(1-phenyl-1,3-butanedionato-*O,O'*)-, dihydrate, [15392-88-8], 9:37
$O_6EuC_{33}H_{57}$, Europium, tris(2,2,6,6-tetramethyl-3,5-heptanedionato-*O,O'*)-, (*OC*-6-11)-, [15522-71-1], 11:96
$O_6EuF_{18}N_6P_9C_{72}H_{72}$, Europium(3+), hexakis(*P,P*-diphenylphosphinic amide-*O*)-, (*OC*-6-11)-, tris [hexafluorophosphate(1-)], [59449-55-7], 23:180
$O_6F_2S_2$, Peroxydisulfuryl fluoride, [13709-32-5], 7:124;11:155;29:10
$O_6F_3FeSC_9H_5$, Iron(1+), tricarbonyl(η^5-2,4-cyclopentadien-1-yl)-, salt with trifluoromethanesulfonic acid (1:1), [76136-47-5], 24:161
$O_6F_6FeMoPC_{17}H_{13}$, Molybdenum(1+), [μ-(acetyl-*C:O*)]tricarbonyl(η^5-2,4-cyclopentadien-1-yl)[dicarbonyl(η^5-2,4-cyclopentadien-1-yl)iron]-, hexafluorophosphate(1-), [81133-01-9], 26:239
$O_6F_6FeN_6S_2C_{22}H_{38}$, Iron(2+), bis(acetonitrile)(5,7,7,12,14,14-hexamethyl-1,4,8,11-tetraazacyclotetradeca-4,11-diene-N^1,N^4,N^8,N^{11})-, (*OC*-6-12)-, salt with trifluoromethanesulfonic acid (1:2), [57139-47-6], 18:6
$O_6F_6FeN_6S_2C_{22}H_{42}$, Iron(2+), bis(acetonitrile)(5,5,7,12,12,14-hexamethyl-1,4,8,11-tetraazacyclotetradecane-N^1,N^4,N^8,N^{11})-, [*OC*-6-13-(*R**,*S**)]-, salt with trifluoromethanesulfonic acid (1:2), [67143-08-2], 18:15
$O_6F_6MnC_9H$, Manganese, tetracarbonyl (1,1,1,5,5,5-hexafluoro-2,4-pentanedionato-*O,O'*)-, (*OC*-6-22)-, [15214-14-9], 12:81,83
$O_6F_6N_4S_2C_{18}H_{34}$, Methanesulfonic acid, trifluoro-, compd. with 5,7,7,12,14,14-hexamethyl-1,4,8,11-tetraazacyclotetradeca-4,11-diene (2:1), [57139-53-4], 18:3
$O_6F_6N_5OsS_2C_{27}H_{19}$, Osmium(1+), (2,2'-bipyridine-*N,N'*)(2,2':6',2''-terpyridine-*N,N',N''*)(trifluoromethanesulfonato-*O*)-, (*OC*-6-44)-, salt with trifluoromethanesulfonic acid (1:1), [104475-06-1], 24:303
$O_6F_6N_5RuS_2C_{27}H_{19}$, Ruthenium(1+), (2,2'-bipyridine-*N,N'*)(2,2':6',2''-terpyridine-*N,N',N''*)(trifluoromethanes ulfonato-*O*)-, (*OC*-6-44)-, salt with trifluoromethanesulfonic acid (1:1), [104475-04-9], 24:302
$O_6F_{12}N_2NiC_{16}H_{16}$, Nickel, bis(*N,N*-dimethylformamide-*O*)bis(1,1,1,5,5,5-hexafluoro-2,4-pentanedionato-*O,O'*)-, [53513-62-5], 15:96
$O_6F_{18}GdN_6P_9C_{72}H_{72}$, Gadolinium(3+), hexakis(*P,P*-diphenylphosphinic amide-*O*)-, (*OC*-6-11)-, tris [hexafluorophosphate(1-)], [59449-56-8], 23:180

$O_6F_{18}HoN_6P_9C_{72}H_{72}$, Holmium(3+), hexakis(*P*,*P*-diphenylphosphinic amide-*O*)-, (*OC*-6-11)-, tris[hexafluorophosphate(1-)], [59449-59-1], 23:180

$O_6F_{18}LaN_6P_9C_{72}H_{72}$, Lanthanum(3+), hexakis(*P*,*P*-diphenylphosphinic amide-*O*)-, (*OC*-6-11)-, tris [hexafluorophosphate(1-)], [59449-50-2], 23:180

$O_6F_{18}LuN_6P_9C_{72}H_{72}$, Lutetium(3+), hexakis(*P*,*P*-diphenylphosphinic amide-*O*)-, (*OC*-6-11)-, tris [hexafluorophosphate(1-)], [59449-62-6], 23:180

$O_6F_{18}N_6NdP_9C_{72}H_{72}$, Neodymium(3+), hexakis(*P*,*P*-diphenylphosphinic amide-*O*)-, (*OC*-6-11)-, tris [hexafluorophosphate(1-)], [59449-53-5], 23:180

$O_6F_{18}N_6P_9PrC_{72}H_{72}$, Praseodymium(3+), hexakis(*P*,*P*-diphenylphosphinic amide-*O*)-, (*OC*-6-11)-, tris [hexafluorophosphate(1-)], [59449-52-4], 23:180

$O_6F_{18}N_6P_9SmC_{72}H_{72}$, Samarium(3+), hexakis(*P*,*P*-diphenylphosphinic amide-*O*)-, (*OC*-6-11)-, tris [hexafluorophosphate(1-)], [59449-54-6], 23:180

$O_6F_{18}N_6P_9TbC_{72}H_{72}$, Terbium(3+), hexakis(*P*,*P*-diphenylphosphinic amide-*O*)-, (*OC*-6-11)-, tris [hexafluorophosphate(1-)], [59449-57-9], 23:180

$O_6F_{18}N_6P_9TmC_{72}H_{72}$, Thulium(3+), hexakis(*P*,*P*-diphenylphosphinic amide-*O*)-, (*OC*-6-11)-, tris [hexafluorophosphate(1-)], [59449-60-4], 23:180

$O_6F_{18}N_6P_9YbC_{72}H_{72}$, Ytterbium(3+), hexakis(*P*,*P*-diphenylphosphinic amide-*O*)-, (*OC*-6-11)-, tris [hexafluorophosphate(1-)], [59449-61-5], 23:180

$O_6F_{21}FeC_{30}H_{30}$, Iron, tris(6,6,7,7,8,8,8-heptafluoro-2,2-dimethyl-3,5-octanedionato-*O*,*O*')-, [30304-08-6], 12:72

$O_6F_{21}GaC_{30}H_{30}$, Gallium, tris (6,6,7,7,8,8,8-heptafluoro-2,2-dimethyl-3,5-octanedionato-*O*,*O*')-, [30983-39-2], 12:74

$O_6F_{21}InC_{30}H_{30}$, Indium, tris(6,6,7,7,8,8,8-heptafluoro-2,2-dimethyl-3,5-octanedionato-*O*,*O*')-, [30983-38-1], 12:74

$O_6F_{21}MnC_{30}H_{30}$, Manganese, tris (6,6,7,7,8,8,8-heptafluoro-2,2-dimethyl-3,5-octanedionato-*O*,*O*')-, [30983-41-6], 12:74

$O_6F_{21}ScC_{30}H_{30}$, Scandium, tris(6,6,7,7,8,8,8-heptafluoro-2,2-dimethyl-3,5-octanedionato-*O*,*O*')-, [18323-95-0], 12:74

$O_6F_{21}ScC_{30}H_{30}.NOC_3H_7$, Scandium, tris(6,6,7,7,8,8,8-heptafluoro-2,2-dimethyl-3,5-octanedionato-*O*,*O*')-, compd. with *N*,*N*-dimethylformamide (1:1), [31126-00-8], 12:72-77

$O_6F_{21}VC_{30}H_{30}$, Vanadium, tris(6,6,7,7,8,8,8-heptafluoro-2,2-dimethyl-3,5-octanedionato-*O*,*O*')-, [31183-12-7], 12:74

$O_6FeC_{15}H_{21}$, Iron, tris(2,4-pentanedionato-*O*,*O*')-, (*OC*-6-11)-, [14024-18-1], 15:2

$O_6FeN_{10}C_{68}H_{70}$, Iron, (1-methyl-1*H*-imidazole-N^3)[[*N*,*N*',*N*'',*N*'''-(21*H*,23*H*-porphine-5,10,15,20-tetrayltetra-2,1-phenylene)tetrakis[2,2-dimethylpropanamidato]](2-)-N^{21},N^{22},N^{23},N^{24}] superoxido-, (*OC*-6-23)-, [55449-22-4], 20:168

$O_6Fe_2C_{14}H_8$, Iron, hexacarbonyl[μ-[(1,2,3,4-η:5,6,7,8-η)-1,3,5,7-cyclooctatetraene]]di-, [36561-99-6], 8:184

$O_6Fe_2MgC_{22}H_{26}$, Magnesium(2+), bis (tetrahydrofuran)-, bis[dicarbonyl(η^5-

2,4-cyclopentadien-1-yl)ferrate(1-)], [62402-59-9], 16:56

$O_6GdC_{33}H_{57}$, Gadolinium, tris(2,2,6,6-tetramethyl-3,5-heptanedionato-*O,O'*)-, (*OC*-6-11)-, [14768-15-1], 11:96

O_6HMo_2, Molybdenum(1+), hydroxypentaoxodi-, [119618-11-0], 23:139

$O_6HNNa_4P_2$, Imidodiphosphoric acid, tetrasodium salt, [26039-10-1], 6:101

$O_6HPU.4H_2O$, Uranate(1-), dioxo [phosphato(3-)-*O*]-, hydrogen, tetrahydrate, [1310-86-7], 5:150

O_6HXe, Xenonate ($Xe(OH)O_5^{3-}$), (*OC*-6-22)-, [33598-83-3], 11:212

$O_6H_2INa_3$, Periodic acid (H_5IO_6), trisodium salt, [13940-38-0], 1:169-170;2:212

$O_6H_2N_3Na_4P_3.8H_2O$, Metaphosphimic acid ($H_6P_3O_6N_3$), tetrasodium salt, octahydrate, [149165-72-0], 6:80

$O_6H_2Na_2P_2.6H_2O$, Hypophosphoric acid, disodium salt, hexahydrate, [13466-13-2], 4:68

$O_6H_3K_3N_3P_3$, Metaphosphimic acid ($H_6P_3O_6N_3$), tripotassium salt, [18466-18-7], 6:97

$O_6H_3Mo_2$, Molybdenum(3+), trihydroxytrioxodi-, [39335-78-9], 23:139

$O_6H_3N_3Na_3P_3.H_2O$, Metaphosphimic acid ($H_6P_3O_6N_3$), trisodium salt, monohydrate, [150124-49-5], 6:99

$O_6H_3N_3Na_3P_3.4H_2O$, Metaphosphimic acid (($H_6P_3O_6N_3$)), trisodium salt, tetrahydrate, [27379-16-4], 6:15

$O_6H_4K_2Os$, Osmate ($Os(OH)_4O_2^{2-}$), dipotassium, (*OC*-6-11)-, [77347-87-6], 20:61

O_6H_5I, Periodic acid (H_5IO_6), [10450-60-9], 1:172

$O_6H_6N_3P_3$, Metaphosphimic acid ($H_6P_3O_6N_3$), [14097-18-8], 6:79

O_6H_6Te, Telluric acid (H_6TeO_6), [7803-68-1], 3:145

$O_6H_{11}IN_2$, Periodic acid (H_5IO_6), diammonium salt, [22077-17-4], 20:15

$O_6H_{12}Mo$, Molybdenum(3+), hexaaqua-, (*OC*-6-11)-, [34054-31-4], 23:133

$O_6H_{12}N_4S_2.H_2O$, Imidodisulfuric acid, triammonium salt, monohydrate, [148832-17-1], 2:179

$O_6HgN_3S_2$, Imidodisulfuric acid, diammonium salt, [13597-84-7], 2:180

$O_6HoC_{33}H_{57}$, Holmium, tris(2,2,6,6-tetramethyl-3,5-heptanedionato-*O,O'*)-, (*OC*-6-11)-, [15522-73-3], 11:96

$O_6INaNi.H_2O$, Periodic acid (H_5IO_6), nickel(4+) sodium salt (1:1:1), monohydrate, [149189-76-4], 5:201

$O_6IZrC_{15}H_{21}$, Zirconium, iodotris(2,4-pentanedionato-*O,O'*)-, [25375-95-5], 12:88,95

$O_6I_2Os_2C_6$, Osmium, hexacarbonyldi-μ-iododi-, (*Os-Os*), [22391-77-1], 25:188

$O_6InC_{15}H_{21}$, Indium, tris(2,4-pentanedionato-*O,O'*)-, (*OC*-6-11)-, [14405-45-9], 19:261

$O_6KN_2PC_{14}H_{24}$, Potassium(1+), (1,4,7,10,13,16-hexaoxacyclooctadecane-$O^1,O^4,O^7,O^{10},O^{13},O^{16}$)-, (*OC*-6-11)-, salt with phosphonous dicyanide (1:1), [81043-01-8], 25:126

$O_6LaC_{33}H_{57}$, Lanthanum, tris(2,2,6,6-tetramethyl-3,5-heptanedionato-*O,O'*)-, (*OC*-6-11)-, [14319-13-2], 11:96

$O_6LuC_{33}H_{57}$, Lutetium, tris(2,2,6,6-tetramethyl-3,5-heptanedionato-*O,O'*)-, (*OC*-6-11)-, [15492-45-2], 11:96

$O_6Mg_3C_{48}H_{72}$, Magnesium, tris[μ-[1,2-phenylenebis(methylene)]]hexakis (tetrahydrofuran)tri-, *cyclo,* [84444-42-8], 26:147

$O_6MnC_7H_3$, Manganese, acetylpentacarbonyl-, (*OC*-6-21)-, [13963-91-2], 18:57;29:199

$O_6MnC_{15}H_{21}$, Manganese, tris(2,4-pentanedionato-*O,O'*)-, (*OC*-6-11)-, [14284-89-0], 7:183

$O_6MnC_{33}H_{57}$, Manganese, tris(2,2,7-trimethyl-3,5-octanedionato-*O,O'*)-, [97138-66-4], 23:148

$O_6Mn_2NS_3C_{32}H_{35}$, Ethanaminium, *N,N,N*-triethyl-, tris[μ-(benzenethiolato)] hexacarbonyldimanganate(1-), [96212-29-2], 25:118

O_6MoC_6, Molybdenum carbonyl ($Mo(CO)_6$), (*OC*-6-11)-, [13939-06-5], 11:118;15:88

$O_6MoC_{10}H_{14}$, Molybdenum, dioxobis(2,4-pentanedionato-*O,O'*)-, (*OC*-6-21)-, [17524-05-9], 6:147;29:130

$O_6MoC_{15}H_{21}$, Molybdenum, tris(2,4-pentanedionato-*O,O'*)-, (*OC*-6-11)-, [14284-90-3], 8:153

$O_6Mo_2C_{16}H_{10}$, Molybdenum, hexacarbonylbis(η^5-2,4-cyclopentadien-1-yl)di-, (*Mo-Mo*), [12091-64-4], 7:107,139; 28:148,151

$O_6Mo_2N_2Na_2S_4C_6H_{10}.4H_2O$, Molybdate (2-), bis[L-cysteinato(2-)-*N,O,S*] dioxodi-μ-thioxodi-, (*Mo-Mo*), disodium, tetrahydrate, stereoisomer, [88765-05-3], 29:258

$O_6Mo_2N_2PtC_{30}H_{20}$, Molybdenum, [bis (benzonitrile)platinum]hexacarbonylbis(η^5-2,4-cyclopentadien-1-yl)di-, (2*Mo-Pt*), stereoisomer, [83704-68-1], 26:345

$O_6Mo_2P_2Pd_2C_{52}H_{40}$, Molybdenum, hexa-μ-carbonylbis(η^5-2,4-cyclopentadien-1-yl)bis[(triphenylphosphine) palladium]di-, (2*Mo-Mo*)(4*Mo-Pd*), [58640-56-5], 26:348

$O_6Mo_2P_2Pt_2C_{52}H_{40}$, Molybdenum, hexa-μ-carbonylbis(η^5-2,4-cyclopentadien-1-yl)bis[(triphenylphosphine) platinum]di-, (*Mo-Mo*)(4*Mo-Pt*), [56591-78-7], 26:347

$O_6NP_3C_{21}H_{24}$, Phosphinic acid, [nitrilotris (methylene)]tris[phenyl-, [60703-83-5], 16:202

$O_6N_2C_2H_8$, Hydroxylamine, ethanedioate (2:1) (salt), [4682-08-0], 3:83

$O_6N_2PtC_{12}H_{20}$, Platinum, (1,2-cyclohexanediamine-*N,N'*)[D-*ribo*-3-hexulosonic acid γ-lactonato(2-)-C^2,O^5]-, [*SP*-4-3-(*cis*)]-, [106160-54-7], 27:283

———, Platinum, (1,2-cyclohexanediamine-*N,N'*)[L-*lyxo*-3-hexulosonic acid γ-lactonato(2-)-C^2,O^5]-, [*SP*-4-2-(1*R*-*trans*)]-, [91897-69-7], 27:283

———, Platinum, (1,2-cyclohexanediamine-*N,N'*)[L-*lyxo*-3-hexulosonic acid γ-lactonato(2-)-C^2,O^5]-, [*SP*-4-2-(1*S*-*trans*)]-, [106160-56-9], 27:283

O_6N_2Sr, Nitric acid, strontium salt, [10042-76-9], 3:17

$O_6N_3P_3C_{12}H_{30}$, 1,3,5,2,4,6-Triazatriphosphorine, 2,2,4,4,6,6-hexaethoxy-2,2,4,4,6,6-hexahydro-, [799-83-7], 8:77

$O_6N_3P_3C_{36}H_{30}$, 1,3,5,2,4,6-Triazatriphosphorine, 2,2,4,4,6,6-hexahydro-2,2,4,4,6,6-hexaphenoxy-, [1184-10-7], 8:81

$O_6N_4NiP_2C_{36}H_{32}$, Nickel(2+), bis[2-(diphenylphosphino)benzenamine-*N,P*]-, dinitrate, [125100-70-1], 25:132

$O_6N_6PtSC_{17}H_{18}$, Platinum(1+), (2-aminoethanethiolato-*S*)(2,2':6',2''-terpyridine-*N,N',N''*)-, (*SP*-4-2)-, nitrate, mononitrate, [151183-10-7], 20:104

$O_6N_8S_2VC_{44}H_{38}$, Vanadium, bis(1,2-benzisothiazol-3(2*H*)-one 1,1-dioxidato-O^3)tetrakis(pyridine)-, (*OC*-6-12)-, compd. with pyridine (1:2), [103563 31 1], 27:308

O_6NaNbC_6, Niobate(1-), hexacarbonyl-, sodium, (*OC*-6-11)-, [15602-39-8], 23:34;28:192

$O_6Na_2S_2.2H_2O$, Dithionic acid, disodium salt, dihydrate, [10101-85-6], 2:170

$O_6Na_2S_4Se.3H_2O$, Selenopentathionic acid ([(HO)S(O)$_2$S]$_2$Se), disodium salt, trihydrate, [148832-37-5], 4:88

$O_6Na_2S_4Te.2H_2O$, Telluropentathionic acid, disodium salt, dihydrate, [23715-88-0], 4:88

$O_6Na_4Xe.xH_2O$, Xenonate (XeO_6^{4-}), tetrasodium, hydrate, (*OC*-6-11)-, [67001-79-0], 11:210

O_6Na_4Xe, Xenonate(4-), hexaoxo-, tetrasodium, (*OC*-6-11)-, [13721-44-3], 8:252

$O_6NdC_{33}H_{57}$, Neodymium, tris(2,2,6,6-tetramethyl-3,5-heptanedionato-*O,O'*)-, (*OC*-6-11)-, [15492-47-4], 11:96

$O_6NiP_2C_{44}H_{46}$, Nickel, (η^2-ethene)bis [tris(2-methylphenyl) phosphite-*P*]-, [31666-47-4], 15:10

$O_6P_2PdC_{44}H_{46}$, Palladium, (η^2-ethene)bis [tris(2-methylphenyl) phosphite-*P*]-, [33395-49-2], 16:129

$O_6P_2RhC_{11}H_{23}$, Rhodium, (η^5-2,4-cyclopentadien-1-yl)bis(trimethyl phosphite-*P*)-, [12176-46-4], 25:163;28:284

$O_6P_2RuC_{41}H_{34}$, Ruthenium, (η^5-2,4-cyclopentadien-1-yl)[2-[(diphenoxy-phosphino)oxy]phenyl-*C,P*](triphenyl phosphite-*P*)-, [37668-63-6], 26:178

$O_6P_2RuC_{42}H_{36}$, Ruthenium, bis(acetato-*O*)dicarbonylbis(triphenylphosphine)-, [65914-73-0], 17:126

$O_6PrC_{33}H_{57}$, Praseodymium, tris(2,2,6,6-tetramethyl-3,5-heptanedionato-*O,O'*)-, (*OC*-6-11)-, [15492-48-5], 11:96

O_6ReC_5H, Rhenate(1-), tetracarbonyl (carboxylato)-, hydrogen, [101048-91-3], 26:112;28:21

$O_6ReC_7H_3$, Rhenium, acetylpentacarbonyl-, (*OC*-6-21)-, [23319-44-0], 20:201;28:201

$O_6ReC_8H_7$, Rhenate(1-), diacetyltetracarbonyl-, hydrogen, (*OC*-6-22)-, [59299-78-4], 20:200,202

$O_6RuC_8H_6$, Ruthenium, tetracarbonyl [(2,3-η)-methyl 2-propenoate]-, stereoisomer, [78319-35-4], 24:176;28:47

$O_6ScC_{33}H_{57}$, Scandium, tris(2,2,6,6-tetramethyl-3,5-heptanedionato-*O,O'*)-, (*OC*-6-11)-, [15492-49-6], 11:96

$O_6SiWC_{16}H_{16}$, Tungsten, pentacarbonyl [(4-methylphenyl)[(trimethylsilyl)oxy] methylene]-, (*OC*-6-21)-, [64365-78-2], 19:167

$O_6SmC_{33}H_{57}$, Samarium, tris(2,2,6,6-tetramethyl-3,5-heptanedionato-*O,O'*)-, (*OC*-6-11)-, [15492-50-9], 11:96

$O_6TbC_{33}H_{57}$, Terbium, tris(2,2,6,6-tetramethyl-3,5-heptanedionato-*O,O'*)-, (*OC*-6-11)-, [15492-51-0], 11:96

$O_6TmC_{33}H_{57}$, Thulium, tris(2,2,6,6-tetramethyl-3,5-heptanedionato-*O,O'*)-, (*OC*-6-11)-, [15631-58-0], 11:96

O_6WC_6, Tungsten carbonyl ($W(CO)_6$), (*OC*-6-11)-, [14040-11-0], 5:135;15:89

$O_6WC_8H_6$, Tungsten, pentacarbonyl(1-methoxyethylidene)-, (*OC*-6-21)-, [20540-70-9], 17:97

$O_6WC_{13}H_8$, Tungsten, pentacarbonyl (methoxyphenylmethylene)-, (*OC*-6-21)-, [37823-96-4], 19:165

$O_6W_2C_{16}H_{10}$, Tungsten, hexacarbonylbis(η^5-2,4-cyclopentadien-1-yl)di-, (*W-W*), [12091-65-5], 7:139;28:148

$O_6YC_{33}H_{57}$, Yttrium, tris(2,2,6,6-tetramethyl-3,5-heptanedionato-*O,O'*)-, (*OC*-6-11)-, [15632-39-0], 11:96

$O_6YbC_{33}H_{57}$, Ytterbium, tris(2,2,6,6-tetramethyl-3,5-heptanedionato-*O,O'*)-, (*OC*-6-11)-, [15492-52-1], 11:94

$O_{6.5}Pb_{2.67}Ru_{1.33}$, Lead ruthenium oxide ($Pb_{2.67}Ru_{1.33}O_{6.5}$), [134854-67-4], 22:69;30:65

$O_7AsCrPC_{25}H_{24}$, Chromium, tetracarbonyl (trimethyl phosphite-*P*)(triphenylarsine)-, (*OC*-6-23)-, [82659-77-6], 23:38

$O_7AsCrPC_{40}H_{30}$, Chromium, tetracarbonyl (triphenylarsine)(triphenyl phosphite-*P*)-, (*OC*-6-23)-, [82613-91-0], 23:38

$O_7AsNaC_4H_4$, Arsenate(1-), [2,3-dihydroxybutanedioato(2-)-O^1,O^4] oxo-, sodium, [*R*-(*R**,*R**)]-, [31312-91-1], 12:267

$O_7Ba_{263}Cu_3Y$, Barium copper yttrium oxide ($Ba_{263}Cu_3YO_7$), [143069-66-3], 30:210

$O_7BiCaCu_2Sr_2Tl$, Bismuth calcium copper strontium thallium oxide ((Bi,Tl) $CaCu_2Sr_2O_7$), [158188-92-2], 30:204

$O_7BrCoN_4S_2C_4H_{18}.H_2O$, Cobalt(2+), aquabromobis(1,2-ethanediamine-*N,N'*)-, (*OC*-6-23)-, dithionate (1:1), monohydrate, [153569-10-9], 21:124

$O_7Cd_2Re_2$, Cadmium rhenium oxide ($Cd_2Re_2O_7$), [12139-31-0], 14:146

$O_7ClCoN_4S_2C_4H_{18}.H_2O$, Cobalt(2+), aquachlorobis(1,2-ethanediamine-*N,N'*)-, (*OC*-6-23)-, dithionate (1:1), monohydrate, [152981-37-8], 25321:125

$O_7ClCoN_5CH_{15}.H_2O$, Cobalt(1+), pentaammine[carbonato(2-)-*O*]-, (*OC*-6-22)-, perchlorate, monohydrate, [153481-20-0], 17:152

$O_7ClCoN_5C_5H_{19}$, Cobalt(1+), ammine [carbonato(2-)-*O*]bis(1,2-ethanediamine-*N,N'*)-, (*OC*-6-32)-, perchlorate, [65795-20-2], 17:152

$O_7ClCoN_5C_9H_{23}$, Cobalt(1+), [*N*-(2-aminoethyl)-*N'*-[2-[(2-aminoethyl) amino]ethyl]-1,2-ethanediamine-*N,N',N'',N''',N''''*][carbonato(2-)-*O*]-, (*OC*-6-34)-, perchlorate, [65774-51-8], 17:152

$O_7ClIrN_5CH_{15}$, Iridium(1+), pentaammine [carbonato(2-)-*O*]-, (*OC*-6-22)-, perchlorate, [50600-92-5], 17:152

$O_7ClN_5RhCH_{15}.H_2O$, Rhodium(1+), pentaammine[carbonato(2-)-*O*]-, (*OC*-6-22)-, perchlorate, monohydrate, [151120-26-2], 17:152

$O_7Cl_3Co_2H_{21}N_6.2H_2O$, Cobalt(3+), hexaamminetri-μ-hydroxydi-, triperchlorate, dihydrate, [37540-75-3], 23:100

$O_7Cl_6Er_2C_{28}H_{56}$, Furan, tetrahydro-, compd. with erbium chloride ($ErCl_3$) (7:2), [14710-36-2], 27:140;28:290

$O_7CoH_{12}N_7$, Cobalt(1+), tetraamminebis (nitrito-*N*)-, (*OC*-6-12)-, nitrate, [13782-04-2], 18:70,71

———, Cobalt(1+), tetraamminebis (nitrito-*N*)-, (*OC*-6-22)-, nitrate, [13782-03-1], 18:70,71

$O_7CoN_2NaC_7H_{10}$, Cobaltate(1-), [carbonato(2-)-*O,O'*][[*N,N'*-1,2-ethanediylbis[glycinato]](2-)-*N,N',O,O'*]-, sodium, (*OC*-6-33)-, [99083-95-1], 18:104

$O_7CoN_5C_8H_{18}$, Cobalt(1+), (1,2-ethanediamine-*N,N'*)[[*N,N'*-1,2-ethanediylbis[glycinato]](2-)-*N,N'*, *O,O'*]-, [*OC*-6-13-*A*-[*S*-(*R**,*R**)]]-, nitrate, [22785-38-2], 18:109

———, Cobalt(1+), (1,2-ethanediamine-*N,N'*)[[*N,N'*-1,2-ethanediylbis [glycinato]](2-)-*N,N',O,O'*]-, [*OC*-6-13-*C*-[*R*-(*R**,*R**)]]-, nitrate, [49726-01-4], 18:109

$O_7CoN_7C_4H_{16}$, Cobalt(1+), bis(1,2-ethanediamine-*N,N'*)bis(nitrito-*N*)-, (*OC*-6-12)-, nitrate, [14240-12-1], 4:176,177

———, Cobalt(1+), bis(1,2-ethanediamine-*N,N'*)bis(nitrito-*N*)-, (*OC*-6-22)-, nitrate, [17967-25-8], 8:196

$O_7Co_2P_2PtC_{33}H_{24}$, Cobalt, μ-carbonylhexacarbonyl[[1,2-ethanediylbis [diphenylphosphine]-*P,P'*] platinum]di-, (*Co-Co*)(2*Co-Pt*), [53322-14-8], 26:370

$O_7CrNP_2C_{43}H_{33}$, Phosphorus(1+), triphenyl(*P*,*P*,*P*-triphenylphosphine imidato-*N*)-, (*T*-4)-, (*OC*-6-22)-(acetato-*O*)pentacarbonylchromate (1-), [99016-85-0], 27:297

$O_7CrN_3C_{22}H_{21}$, Chromium, tricarbonyl [oxo[(1-phenylethyl)amino]acetic acid [[(1,2,3,4,5,6-η)-2,3-dimethoxy-phenyl]methylene]hydrazide]-, [71250-02-7], 23:88

———, Chromium, tricarbonyl[oxo[(1-phenylethyl)amino]acetic acid [[(1,2,3,4,5,6-η)-3,4-dimethoxy-phenyl]methylene]hydrazide]-, [71250-03-8], 23:88

$O_7CrNaC_{12}H_{20}$, Chromate(1-), bis[2-ethyl-2-hydroxybutanoato(2-)-O^1,O^2]oxo-, sodium, [70132-29-5], 20:63

$O_7CrNaC_{16}H_{25}$, Sodium(1+), bis(1,2-dimethoxyethane-*O*,*O*')-, (*T*-4)-, tricarbonyl(η^5-2,4-cyclopentadien-1-yl)chromate(1-), [128476-10-8], 26:343

$O_7CrP_2C_{25}H_{24}$, Chromium, tetracarbonyl (trimethyl phosphite-*P*)(triphenyl-phosphine)-, (*OC*-6-23)-, [82613-92-1], 23:38

$O_7CrP_2C_{34}H_{42}$, Chromium, tetracarbonyl (tributylphosphine)(triphenyl phosphite-*P*)-, (*OC*-6-23)-, [17652-71-0], 23:38

$O_7CrP_2C_{40}H_{30}$, Chromium, tetracarbonyl (triphenylphosphine)(triphenyl phosphite-*P*)-, (*OC*-6-23)-, [82613-90-9], 23:38

$O_7F_6IrP_2S_2C_{39}H_{31}$, Iridium, carbonyl-hydrobis(trifluoromethanesulfonato-*O*)bis(triphenylphosphine)-, [105811-97-0], 26:120;28:26

$O_7F_6N_5OsS_2C_{27}H_{21}.H_2O$, Osmium(2+), aqua(2,2'-bipyridine-*N*,*N*')(2,2':6',2"-terpyridine-*N*,*N*',*N*")-, (*OC*-6-44)-, salt with trifluoromethanesulfonic acid (1:2), monohydrate, [153608-95-8], 24:304

$O_7F_9NP_2RuC_{42}H_{30}$, Ruthenium, nitro-syltris(trifluoroacetato-*O*)bis (triphenylphosphine)-, [38657-10-2], 17:127

$O_7FePC_7H_9$, Iron, tetracarbonyl(trimethyl phosphite-*P*)-, [14878-71-8], 26:61;28:171

$O_7FePC_{10}H_{15}$, Iron, tetracarbonyl(triethyl phosphite-*P*)-, [21494-36-0], 26:61;28:171

$O_7FePC_{22}H_{15}$, Iron, tetracarbonyl (triphenyl phosphite-*P*)-, [18475-06-4], 26:61;28:171

$O_7Fe_2C_{15}H_8$, Iron, μ-carbonylhexacarbo-nyl[μ-[(1,2,3,4-η:5,6,7,8-η)-1,3,5,7-cyclooctatetraene]]di-, [36548-54-6], 8:184

$O_7H_2N_2Na_3P_3$, Diimidotrimetaphosphoric acid ($(HN)_2P_3(OH)_3O_4$), trisodium salt, [29018-09-5], 6:105,106

$O_7H_2Na_2P_2$, Diphosphoric acid, disodium salt, [7758-16-9], 3:99

$O_7H_4P_2$, Diphosphoric acid, [2466-09-3], 3:96

$O_7H_{10}N_2P_2$, Diphosphoric acid, diam-monium salt, [13597-86-9], 7:66

$O_7H_{12}N_3P$, Hydroxylamine, phosphate (3:1) (salt), [20845-01-6], 3:82

$O_7H_{16}N_4P_2$, Diphosphoric acid, tetraammonium salt, [13765-35-0], 7:65;21:157

$O_7Mn_2P_2$, Diphosphoric acid, manganese (2+) salt (1:2), [13446-44-1], 19:121

$O_7MoNP_2C_{43}H_{33}$, Phosphorus(1+), triphenyl(*P*,*P*,*P*-triphenylphosphine imidato-*N*)-, (*T*-4)-, (*OC*-6-22)-(acetato-*O*)pentacarbonylmolyb-date(1-), [76107-32-9], 27:297

$O_7MoNaC_{16}H_{25}$, Sodium(1+), bis(1,2-dimethoxyethane-*O*,*O*')-, (*T*-4)-, tricarbonyl(η^5-2,4-cyclopentadien-1-yl)molybdate(1-), [104033-92-3], 26:343

$O_7Mo_2N_2C_{32}H_{72}$, 1-Butanaminium, *N,N,N*-tributyl-, μ-oxohexaoxodimolybdate(2-) (2:1), [64444-05-9], 27:79

$O_7Mo_2N_2Na_2S_3C_6H_{10}.4H_2O$, Molybdate (2-), bis[L-cysteinato(2-)-*N,O,S*]-μ-oxodioxo-μ-thioxodi-, (*Mo-Mo*), disodium, tetrahydrate, stereoisomer, [153924-79-9], 29:255

$O_7NP_2WC_{43}H_{33}$, Phosphorus(1+), triphenyl(*P,P,P*-triphenylphosphine imidato-*N*)-, (*T*-4)-, (*OC*-6-22)-(acetato-*O*)pentacarbonyltungstate (1-), [36515-92-1], 27:297

$O_7N_7RhC_4H_{16}$, Rhodium(1+), bis(1,2-ethanediamine-*N,N'*)bis(nitrito-*N*)-, (*OC*-6-22)-, nitrate, [63088-83-5], 20:59

$O_7NaWC_{16}H_{25}$, Sodium(1+), bis(1,2-dimethoxyethane-*O,O'*)-, (*T*-4)-, tricarbonyl(η^5-2,4-cyclopentadien-1-yl)tungstate(1-), [104033-93-4], 26:343

$O_7Na_4P_2$, Diphosphoric acid, tetrasodium salt, [7722-88-5], 3:100

O_7P_2, Diphosphate, [14000-31-8], 21:157

O_7Re_2, Rhenium oxide (Re_2O_7), [1314-68-7], 3:188;9:149

O_7Tc_2, Technetium oxide (Tc_2O_7), [12165-21-8], 17:155

$O_8AgCoH_6N_6$, Cobaltate(1-), diamminetetrakis(nitrito-*N*)-, silver(1+), [15489-99-3], 9:172

$O_8AgCoN_4C_4H_8$, Cobaltate(1-), bis (glycinato-*N,O*)bis(nitrito-*N*)-, silver(1+), [15614-17-2], 9:174;23:92

———, Cobaltate(1-), bis(glycinato-*N,O*) bis(nitrito-*N*)-, silver(1+), (*OC*-6-22)-, [99527-42-1], 23:92

$O_8AlCsS_2.12H_2O$, Sulfuric acid, aluminum cesium salt (2:1:1), dodecahydrate, [7784-17-0], 4:8

$O_8AuMn_2P_2C_{38}H_{25}$, Manganese, octacarbonyl[μ-(diphenylphosphino)][(triphenylphosphine)gold]di-, (*2Au-Mn*)(*Mn-Mn*), [91032-61-0], 26:229

$O_8B_2FeN_6C_{18}H_{26}$, Iron, [tris[μ-[(1,2-cyclohexanedione dioximato)(2-)-*O:O'*]]dihydroxydiborato (2-)-*N,N',N'',N''',N'''',N'''''*]-, (*TP*-6-11'1'')-, [66060-49-9], 17:144

$O_8B_2FeN_6C_{20}H_{36}$, Iron, [tris[μ-[(2,3-butanedione dioximato)(2-)-*O:O'*]] dibutoxydiborato(2-)-*N,N',N'',N''',N'''', N'''''*]-, (*OC*-6-11)-, [39060-39-4], 17:144

$O_8B_2FeN_6C_{50}H_{48}$, Iron, [dibutoxytris [μ-[(diphenylethanedione dioximato) (2-)-*O:O'*]]diborato(2-)-*N,N',N'',N''', N'''',N'''''*]-, (*OC*-6-11)-, [66060-50-2], 17:145

$O_8B_2N_2C_8H_{16}$, Diborane(6), tetrakis (acetyloxy)di-μ-amino-, [49606-25-9], 14:55

$O_8Ba_2Ca_2Cu_2Tl_2$, Barium calcium copper thallium oxide ($Ba_2CaCu_2Tl_2O_8$), [115833-27-7], 30:203

$O_8Ba_2Cu_4Er$, Barium copper erbium oxide ($Ba_2Cu_4ErO_8$), [122014-99-7], 30:193

$O_8Ba_2Cu_4Ho$, Barium copper holmium oxide ($Ba_2Cu_4HoO_8$), [122015-02-5], 30:193

$O_8BrCoN_4SC_{18}H_{32}$, Cobalt(1+), (1,2-ethanediamine-*N,N'*)[[*N,N'*-1,2-ethanediylbis[glycinato]](2-)-*N,N',O,O'*]-, (*OC*-6-32-*A*)-, salt with [1*R*-(*endo,anti*)]-3-bromo-1,7-dimethyl-2-oxobicyclo[2.2.1]heptane-7-methanesulfonic acid (1:1), [51920-86-6], 18:106

———, Cobalt(1+), (1,2-ethanediamine-*N,N'*)[[*N,N'*-1,2-ethanediylbis [glycinato]](2-)-*N,N',O,O'*]-, (*OC*-6-32-*C*)-, salt with [1*R*-(*endo,anti*)]-3-bromo-1,7-dimethyl-2-oxobicyclo [2.2.1]heptane-7-methanesulfonic acid (1:1), [51921-55-2], 18:106

$O_8Br_2Cl_4Re_2C_{28}H_{16}$, Rhenium, dibromotetrakis[μ-(4-

chlorobenzoato-*O*:*O*')]di-, (*Re-Re*), [33540-85-1], 13:86

$O_8Br_2Mn_2C_8$, Manganese, di-μ-bromo-octacarbonyldi-, [18535-44-9], 23:33

$O_8Br_2Re_2C_8H_{12}$, Rhenium, tetrakis [μ-(acetato-*O*:*O*')]dibromodi-, [15628-95-2], 13:85

$O_8Br_2Re_2C_{28}H_{20}$, Rhenium, tetrakis[μ-(benzoato-*O*:*O*')]dibromodi-, (*Re-Re*), [15654-35-0], 13:86

$O_8Br_3CoN_5S_2C_{24}H_{47}$, Cobalt(2+), amminebromobis(1,2-ethanediamine-*N,N'*)-, (*OC*-6-23-Λ)-, salt with [1*R*-(*endo,anti*)]-3-bromo-1,7-dimethyl-2-oxobicyclo[2.2.1]heptane-7-methane-sulfonic acid (1:2), [60103-84-6], 16:93

$O_8Br_4Cl_2N_4NiC_{20}H_{16}$, Nickel, tetrakis(3-bromopyridine)bis(perchlorato-*O*)-, [14406-80-5], 9:179

$O_8Br_4Cl_2Re_2C_{28}H_{16}$, Rhenium, tetrakis [μ-(4-bromobenzoato-*O*:*O*')] dichlorodi-, (*Re-Re*), [33540-86-2], 13:86

$O_8Br_6Re_2C_{28}H_{16}$, Rhenium, dibromo-tetrakis[μ-(4-bromobenzoato-*O*:*O*')]di-, (*Re-Re*), [33540-87-3], 13:86

$O_8CaH_4P_2.H_2O$, Phosphoric acid, calcium salt (2:1), monohydrate, [10031-30-8], 4:18

$O_8Ca_2Mn_3$, Calcium manganese oxide ($Ca_2Mn_3O_8$), [65099-59-4], 22:73

$O_8Ca_3P_2$, Phosphoric acid, calcium salt (2:3), [7758-87-4], 6:17

$O_8CeC_{20}H_{28}$, Cerium, tetrakis(2,4-pentanedionato-*O,O'*)-, (*SA*-8-11''11'' 1'1'''1'1''')-, [65137-04-4], 12:77

$O_8CeC_{44}H_{76}$, Cerium, tetrakis(2,2,7-trimethyl-3,5-octanedionato-*O,O'*)-, [77649-30-0], 23:147

$O_8CeF_{12}C_{20}H_{16}$, Cerium, tetrakis(1,1,1-trifluoro-2,4-pentanedionato-*O,O'*)-, [18078-37-0], 12:77,79

$O_8ClCoN_{10}C_{12}H_{28}$, Cobaltate(1-), bis(L-argininato-N^2,O^1)bis(nitrito-*N*)-, hydrogen, monohydrochloride, (*OC*-6-22-Λ)-, [75936-48-0], 23:91

$O_8ClHgMn_2PC_{20}H_{10}$, Manganese, octacarbonyl(chloromercury)[μ-(diphenylphosphino)]di-, (*2Hg-Mn*) (*Mn-Mn*), [90739-58-5], 26:230

$O_8ClN_4RhC_6H_{16}$, Rhodium(1+), bis(1,2-ethanediamine-*N,N'*)[ethanedioato(2-)-*O,O'*]-, (*OC*-6-22)-, perchlorate, [52729-89-2], 20:58;24:227

$O_8Cl_2CoN_5SC_6H_{22}$, Cobalt(2+), (2-aminoethanethiolato-*N,S*)bis(1,2-ethanediamine-*N,N'*)-, (*OC*-6-33)-, diperchlorate, [40330-50-5], 21:19

$O_8Cl_2CoN_8Se_4C_4H_{16}$, Cobalt(2+), tetrakis (selenourea-*Se*)-, (*T*-4)-, diperchlorate, [38901-14-3], 16:84

$O_8Cl_2CrN_6C_{30}H_{24}$, Chromium(2+), tris(2,2'-bipyridine-*N,N'*)-, (*OC*-6-11)-, diperchlorate, [15388-46-2], 10:33

$O_8Cl_2Cr.6H_2O$, Perchloric acid, chromium(2+) salt, hexahydrate, [15168-38-4], 10:27

$O_8Cl_2N_4C_{16}H_{34}$, 1,4,8,11-Tetraazacyclo-tetradeca-4,11-diene, 5,7,7,12,14,14-hexamethyl-, diperchlorate, [7713-23-7], 18:4

$O_8Cl_2N_4NiC_{10}H_{24}$, Nickel(2+), (1,4,8,11-tetraazacyclotetradecane-N^1,N^4,N^8, N^{11})-, (*SP*-4-1)-, diperchlorate, [15220-72-1], 16:221

$O_8Cl_2N_4NiC_{14}H_{24}$, Nickel(2+), (2,3,9,10-tetramethyl-1,4,8,11-tetraazacyclo-tetradeca-1,3,8,10-tetraene-N^1,N^4, N^8,N^{11})-, (*SP*-4-1)-, diperchlorate, [67326-87-8], 18:23

$O_8Cl_2N_4NiC_{15}H_{22}$, Nickel(2+), (2,12-dimethyl-3,7,11,17-tetraazabicyclo [11.3.1]heptadeca-1(17),2,11,13,15-pentaene-N^3,N^7,N^{11},N^{17})-, diper-chlorate, (*SP*-4-3)-, [35270-39-4], 18:18

$O_8Cl_2N_4NiC_{16}H_{30}$, Nickel(2+), (5,5,7,12,14,14-hexamethyl-1,4,8,11-tetraazacyclotetradeca-1,7,11-triene-*N*[1],*N*[4],*N*[8],*N*[11])-, (*SP*-4-4)-, diperchlorate, [33916-12-0], 18:5

$O_8Cl_2N_4NiC_{16}H_{32}$, Nickel(2+), (5,7,7,12,14,14-hexamethyl-1,4,8,11-tetraazacyclotetradeca-4,11-diene-*N*[1],*N*[4],*N*[8],*N*[11])-, stereoisomer, diperchlorate, [15392-94-6], 18:5

———, Nickel(2+), (5,7,7,12,14,14-hexamethyl-1,4,8,11-tetraazacyclotetradeca-4,11-diene-*N*[1],*N*[4],*N*[8],*N*[11])-, stereoisomer, diperchlorate, [15392-95-7], 18:5

$O_8Cl_2N_4NiC_{16}H_{36}$, Nickel(2+), (5,5,7,12,12,14-hexamethyl-1,4,8,11-tetraazacyclotetradecane-*N*[1],*N*[4],*N*[8],*N*[11])-, [*SP*-4-2-(*R**,*S**)]-, diperchlorate, [25504-25-0], 18:12

$O_8Cl_2N_4NiC_{28}H_{20}$, Nickel(2+), (tetrabenzo[*b,f,j,n*][1,5,9,13]tetraazacyclohexadecine-*N*[5],*N*[11],*N*[17],*N*[23])-, (*SP*-4-1)-, diperchlorate, [36539-87-4], 18:31

$O_8Cl_2N_4NiC_{28}H_{36}$, Nickel, tetrakis(3,5-dimethylpyridine)bis(perchlorato-*O*)-, [14839-22-6], 9:179

$O_8Cl_2N_4Re_2C_{28}H_{24}$, Rhenium, tetrakis[μ-(4-aminobenzoato-*O*:*O*')]dichlorodi-, (*Re-Re*), [33540-84-0], 13:86

$O_8Cl_2N_6NiC_{36}H_{24}.3H_2O$, Nickel(2+), tris(1,10-phenanthroline-*N*[1],*N*[10])-, (*OC*-6-11-Δ)-, diperchlorate, trihydrate, [148832-22-8], 8:229-230

———, Nickel(2+), tris(1,10-phenanthroline-*N*[1],*N*[10])-, (*OC*-6-11-Λ)-, diperchlorate, trihydrate, [148832-21-7], 8:229-230

$O_8Cl_2Re_2C_8H_{12}$, Rhenium, tetrakis(acetato-*O*)dichlorodi-, (*Re-Re*), [33612-87-2], 20:46

———, Rhenium, tetrakis[μ-(acetato-*O*:*O*')]dichlorodi-, (*Re-Re*), [14126-96-6], 13:85

$O_8Cl_2Re_2C_8$, Rhenium, octacarbonyldi-μ-chlorodi-, [15189-52-3], 16:35

$O_8Cl_2Re_2C_{28}H_{20}$, Rhenium, tetrakis[μ-(benzoato-*O*:*O*')]dichlorodi-, (*Re-Re*), [15654-34-9], 13:86

$O_8Cl_2Re_2C_{32}H_{28}$, Rhenium, dichlorotetrakis[μ-(3-methylbenzoato-*O*:*O*')]di-, (*Re-Re*), [15727-37-4], 13:86

$O_8Cl_2Re_2C_{32}H_{28}$, Rhenium, dichlorotetrakis[μ-(4-methylbenzoato-*O*[1]:*O*[1']]di-, (*Re-Re*), [15663-73-7], 13:86

$O_8Cl_2Re_2C_{40}H_{44}$, Rhenium, dichlorotetrakis[μ-(2,4,6-trimethylbenzoato-*O*:*O*')]di-, (*Re-Re*), [33540-81-7], 13:86

$O_8Cl_4Mo_2C_{28}H_{16}$, Molybdenum, tetrakis[μ-(4-chlorobenzoato-*O*:*O*')]di-, (*Mo-Mo*), [33637-85-3], 13:89

$O_8Cl_6Re_2C_{28}H_{16}$, Rhenium, dichlorotetrakis[μ-(4-chlorobenzoato-*O*:*O*')]di-, (*Re-Re*), [33700-36-6], 13:86

$O_8CoCsN_2C_{10}H_{12}$, Cobaltate(1-), [[*N,N*'-1,2-ethanediylbis[*N*-(carboxymethyl)glycinato]](4-)-*N,N*',*O,O*',*O*[N],*O*[N']]-, cesium, (*OC*-6-21)-, [64331-31-3], 23:99

$O_8CoCsN_2C_{11}H_{14}$, Cobaltate(1-), [[*N,N*'-(1-methyl-1,2-ethanediyl)bis[*N*-(carboxymethyl)glycinato]](4-)-*N,N*',*O,O*',*O*[N],*O*[N']]-, cesium, (*OC*-6-42)-, [90443-37-1], 23:103

———, Cobaltate(1-), [[*N,N*'-(1-methyl-1,2-ethanediyl)bis[*N*-(carboxymethyl)glycinato]](4-)-*N,N*',*O,O*',*O*[N],*O*[N']]-, cesium, [*OC*-6-42-*A*-(*R*)]-, [90463-09-5], 23:103

———, Cobaltate(1-), [[*N,N*'-(1-methyl-1,2-ethanediyl)bis[*N*-(carboxymethyl)glycinato]](4-)-*N,N*',*O,O*',*O*[N],*O*[N']]-, cesium, [*OC*-6-42-*C*-(*S*)]-, [90443-36-0], 23:103

$O_8CoCsN_2C_{14}H_{18}$, Cobaltate(1-), [[*N*,*N'*-1,2-cyclohexanediylbis[*N*-(carboxymethyl)glycinato]](4-)-*N*,*N'*,*O*,*O'*,O^N,$O^{N'}$]-, cesium, [*OC*-6-21-*A*-(1*R*-*trans*)]-, [72523-07-0], 23:97
———, Cobaltate(1-), [[*N*,*N'*-1,2-cyclohexanediylbis[*N*-(carboxymethyl)glycinato]](4-)-*N*,*N'*,*O*,*O'*,O^N,$O^{N'}$]-, cesium, [*OC*-6-21-(*trans*)]-, [99527-41-0], 23:96
$O_8CoCsS_2.12H_2O$, Sulfuric acid, cesium cobalt(3+) salt (2:1:1), dodecahydrate, [19004-44-5], 10:61
$O_8CoH_6HgN_6$, Cobaltate(1-), diamminetetrakis(nitrito-*N*)-, mercury(1+), [15490-00-3], 9:172
$O_8CoH_6KN_6$, Cobaltate(1-), diamminetetrakis(nitrito-*N*)-, potassium, [14285-97-3], 9:170
$O_8CoH_7N_6$, Cobaltate(1-), diamminetetrakis(nitrito-*N*)-, hydrogen, [33677-11-1], 9:172
$O_8CoH_{15}N_4S_2$, Cobalt(2+), tetraammineaquahydroxy-, (*OC*-6-33)-, dithionate (1:1), [67326-97-0], 18:81
$O_8CoH_{15}N_8$, Cobalt(2+), pentaammine (nitrito-*O*)-, (*OC*-6-21)-, dinitrate, [13600-94-7], 4:174
$O_8CoHgN_4C_4H_8$, Cobaltate(1-), bis (glyciato-*N*,*O*)bis(nitrito-*N*)-, mercury(1+), [15490-09-2], 9:173
$O_8CoKN_2C_{10}H_{12}.2H_2O$, Cobaltate(1-), [[*N*,*N'*-1,2-ethanediylbis[*N*-(carboxymethyl)glycinato]](4-)-*N*,*N'*,*O*,*O'*,O^N,$O^{N'}$]-, potassium, dihydrate, (*OC*-6-21)-, [15185-93-0], 18:100
———, Cobaltate(1-), [[*N*,*N'*-1,2-ethanediylbis[*N*-(carboxymethyl)glycinato]](4-)-*N*,*N'*,*O*,*O'*,O^N,$O^{N'}$]-, potassium, dihydrate, (*OC*-6-21-*A*)-, [19570-74-2], 18:100
———, Cobaltate(1-), [[*N*,*N'*-1,2-ethanediylbis[*N*-(carboxymethyl)glycinato]](4-)-*N*,*N'*,*O*,*O'*,O^N,$O^{N'}$]-, potassium, dihydrate, (*OC*-6-21-*C*)-, [53747-25-4], 18:100
$O_8CoKN_2C_{10}H_{12}$, Cobaltate(1-), [[*N*,*N'*-1,2-ethanediylbis[*N*-(carboxymethyl)glycinato]](4-)-*N*,*N'*,*O*,*O'*,O^N,$O^{N'}$]-, potassium, (*OC*-6-21)-, [14240-00-7], 5:186;23:99
———, Cobaltate(1-), [[*N*,*N'*-1,2-ethanediylbis[*N*-(carboxymethyl)glycinato]](4-)-*N*,*N'*,*O*,*O'*,O^N,$O^{N'}$]-, potassium, (*OC*-6-21-*A*)-, [40029-01-4], 6:193,194
———, Cobaltate(1-), [[*N*,*N'*-1,2-ethanediylbis[*N*-(carboxymethyl)glycinato]](4-)-*N*,*N'*,*O*,*O'*,O^N,$O^{N'}$]-, potassium, (*OC*-6-21-*C*)-, [23594-44-7], 6:193,194
$O_8CoKN_2C_{11}H_{14}$, Cobaltate(1-), [[*N*,*N'*-(1-methyl-1,2-ethanediyl)bis[*N*-(carboxymethyl)glycinato]](4-)-*N*,*N'*,*O*,*O'*,O^N,$O^{N'}$]-, potassium, [*OC*-6-42-*A*-(*R*)]-, [86286-58-0], 23:101
$O_8CoKN_2C_{14}H_{18}$, Cobaltate(1-), [[*N*,*N'*-1,2-cyclohexanediylbis[*N*-(carboxymethyl)glycinato]](4-)-*N*,*N'*,*O*,*O'*,O^N,$O^{N'}$]-, potassium, [*OC*-6-21-*A*-(1*R*-*trans*)]-, [99527-38-5], 23:97
$O_8CoKN_4C_2H_6$, Cobaltate(1-), diammine [ethanedioato(2-)-*O*,*O'*]bis(nitrito-*N*)-, potassium, (*OC*-6-22)-, [55529-41-4], 9:172
$O_8CoKN_4C_4H_8$, Cobaltate(1-), bis (glycinato-*N*,*O*)bis(nitrito-*N*)-, potassium, [15157-77-4], 9:173
$O_8CoKN_4C_6H_{10}$, Cobaltate(1-), [[*N*,*N'*-1,2-ethanediylbis[glycinato]](2-)-*N*,*N'*,*O*,*O'*]bis(nitrito-*N*)-, potassium, (*OC*-6-13)-, [37480-85-6], 18:100
———, Cobaltate(1-), [[*N*,*N'*-1,2-ethanediylbis[glycinato]](2-)-*N*,*N'*,*O*,*O'*]bis(nitrito-*N*)-, potassium, [*OC*-6-13-*C*-[*R*-(*R**,*R**)]]-, [53152-29-7], 18:101

$O_8CoMoRuC_{17}H_{11}$, Molybdenum, dicarbonyl(η^5-2,4-cyclopentadien-1-yl)[μ_3-[(1-η:1,2-η:2-η)-1,2-dimethyl-1,2-ethenediyl]](tricarbonylcobalt)(tricarbonylruthenium)-, (*Co-Mo*)(*Co-Ru*)(*Mo-Ru*), [126329-01-9], 27:194

$O_8CoN_2C_6H_8$, Cobaltate(1-), (1,2-ethanediamine-*N,N'*)bis[ethanedioato(2-)-*O,O'*]-, (*OC*-6-21)-, [23603-95-4], 13:195;23:74

$O_8CoN_2C_{10}H_{14}$, Cobaltate(2-), [[*N,N'*-1,2-ethanediylbis[*N*-(carboxymethyl)glycinato]](4-)-*N,N',O,O',O^N,O^{N'}*]-, dihydrogen, (*OC*-6-21)-, [24704-41-4], 5:187

$O_8CoN_2NaC_6H_8$, Cobaltate(1-), (1,2-ethanediamine-*N,N'*)bis[ethanedioato(2-)-*O,O'*]-, sodium, (*OC*-6-21-Δ)-, [33516-80-2], 13:198

———, Cobaltate(1-), (1,2-ethanediamine-*N,N'*)bis[ethanedioato(2-)-*O,O'*]-, sodium, (*OC*-6-21-Λ)-, [33516-79-9], 13:198

$O_8CoN_2NaC_{10}H_{12}$, Cobaltate(1-), [[*N,N'*-1,2-ethanediylbis[*N*-(carboxymethyl)glycinato]](4-)-*N,N',O,O',O^N,O^{N'}*]-, sodium, (*OC*-6-21)-, [14025-11-7], 5:186

$O_8CoN_2RbC_{10}H_{12}$, Cobaltate(1-), [[1,2-ethanediylbis[*N*-(carboxymethyl)glycinato]](4-)-*N,N',O,O',O^N,O^{N'}*]-, rubidium, (*OC*-6-21)-, [14323-71-8], 23:100

$O_8CoN_2RbC_{11}H_{14}$, Cobaltate(1-), [[*N,N'*-(1-methyl-1,2-ethanediyl)bis[*N*-(carboxymethyl)glycinato]](4-)-*N,N',O,O',O^N,O^{N'}*]-, rubidium, [*OC*-6-42-*A*-(*R*)]-, [90443-38-2], 23:101

$O_8CoN_2RbC_{14}H_{18}$, Cobaltate(1-), [[*N,N'*-1,2-cyclohexanediylbis[*N*-(carboxymethyl)glycinato]](4-)-*N,N',O,O',O^N,O^{N'}*]-, rubidium, [*OC*-6-21-*A*-(1*R-trans*)]-, [99527-40-9], 23:97

$O_8CoN_4S_2C_4H_{19}$, Cobalt(2+), aquabis(1,2-ethanediamine-*N,N'*)hydroxy-, (*OC*-6-33)-, dithionate (1:1), [42844-99-5], 14:74

$O_8CoN_7C_2H_{18}$, Cobalt(2+), (acetato-*O*)pentaammine-, (*OC*-6-22)-, dinitrate, [14854-63-8], 4:175

$O_8CoP_4C_{40}H_{61}$, Cobalt, hydrotetrakis(diethyl phenylphosphonite-*P*)-, [33516-93-7], 13:118

$O_8Co_2C_8$, Cobalt, di-μ-carbonylhexacarbonyldi-, (*Co-Co*), [10210-68-1], 2:238;5:190;15:87

$O_8Co_2K_4C_8H_2.3H_2O$, Cobaltate(4-), tetrakis[ethanedioato(2-)-*O,O'*]di-μ-hydroxydi-, tetrapotassium, trihydrate, [15684-38-5], 8:204

$O_8Co_2MgN_4C_{28}H_{20}$, Magnesium(2+), tetrakis(pyridine)-, (*T*-4)-, bis[(*T*-4)-tetracarbonylcobaltate(1-)], [62390-43-6], 16:58

———, Magnesium, bis[μ-(carbonyl-*C:O*)]tetrakis(pyridine)bis(tricarbonylcobalt)-, [51006-26-9], 16:58

$O_8Co_2MoC_{15}H_8$, Molybdenum, dicarbonyl(η^5-2,4-cyclopentadien-1-yl)-μ_3-ethylidyne(hexacarbonyldicobalt)-, (*Co-Co*)(2*Co-Mo*), [68185-42-2], 27:193

$O_8Co_2N_6NiC_{44}H_{24}$, Nickel(2+), tris(1,10-phenanthroline-N^1,N^{10})-, (*OC*-6-11)-, bis[(*T*-4)-tetracarbonylcobaltate(1-)], [87183-61-7], 5:193;5:195

$O_8Co_2N_{10}C_{26}H_{38}$, Cobalt, tetrakis[(2,3-butanedione dioximato)(1-)-*N,N'*]bis(pyridine)di-, (*Co-Co*), [25971-15-7], 11:65

$O_8Co_3N_6C_{38}H_{30}$, Cobalt(2+), hexakis(pyridine)-, (*OC*-6-11)-, bis[(*T*-4)-tetracarbonylcobaltate(1-)], [24476-89-9], 5:192

$O_8CrH_{15}N_4S_2$, Chromium(2+), tetraammineaquahydroxy-, (*OC*-6-33)-, dithionate (1:1), [67327-07-5], 18:80

$O_8CrH_{15}N_8$, Chromium(2+), pentaammine (nitrito-*O*)-, (*OC*-6-22)-, dinitrate, [15040-45-6], 5:133

O_8CrN_2, Chromium, bis(nitrato-*O*)dioxo-, (*T*-4)-, [16017-38-2], 9:83

$O_8CrN_4S_2C_4H_{19}$, Chromium(2+), aquabis(1,2-ethanediamine-*N,N'*) hydroxy-, (*OC*-6-33)-, dithionate (1:1), [34076-61-4], 18:84

$O_8CrNaC_{12}H_{22}$, Chromate(1-), aquabis[2-ethyl-2-hydroxybutanoato(2-)-*O*[1],*O*[2]] oxo-, sodium, [106208-16-6], 20:63

$O_8Cr_2C_8H_{12}.2H_2O$, Chromium, tetrakis [μ-(acetato-*O:O'*)]di-, (*Cr-Cr*), dihydrate, [92141-39-4], 8:129

$O_8CsS_2Ti.12H_2O$, Sulfuric acid, cesium titanium(3+) salt (2:1:1), dodecahydrate, [16482-51-2], 6:50

$O_8CuK_2C_4$, Cuprate(2-), bis[ethanedioato (2-)-*O,O'*]-, dipotassium, [36431-92-2], 6:1

$O_8F_3MnSC_6$, Manganese, pentacarbonyl (trifluoromethanesulfonato-*O*)-, (*OC*-6-22)-, [89689-95-2], 26:114

$O_8F_3ReSC_6$, Rhenium, pentacarbonyl (trifluoromethanesulfonato-*O*)-, (*OC*-6-22)-, [96412-34-9], 26:115

$O_8F_{12}HfC_{20}H_{16}$, Hafnium, tetrakis(1,1,1-trifluoro-2,4-pentanedionato-*O,O'*)-, [17475-68-2], 9:50

$O_8F_{12}W_2C_8$, Tungsten, tetrakis[μ-(trifluoroacetato-*O:O'*)]di-, (*W-W*), [77479-85-7], 26:222

$O_8F_{12}ZrC_{20}H_{16}$, Zirconium, tetrakis(1,1,1-trifluoro-2,4-pentanedionato-*O,O'*)-, [17499-68-2], 9:50

$O_8FeN_4Na_2C_{10}H_{12}.2H_2O$, Ferrate(2-), (dinitrogen)[[*N,N'*-1,2-ethanediylbis [*N*-(carboxymethyl)glycinato]](4-)-*N,N',O,O',O*[N]]-, disodium dihydrate, [91185-44-3], 24:208

$O_8FeN_4Na_2C_{14}H_{18}.2H_2O$, Ferrate(2-), [[*N,N'*-1,2-cyclohexanediylbis [*N*-(carboxymethyl)glycinato]](4-)-*N,N',O,O',O*[N]](dinitrogen)-, disodium, dihydrate, [91171-69-6], 24:210

$O_8FeP_2C_8H_{20}$, Iron, dicarbonyldihydrobis (trimethyl phosphite-*P*)-, (*OC*-6-13)-, [77482-07-6], 29:158

$O_8FeP_2C_{14}H_{32}$, Iron, dicarbonyldihydrobis (triethyl phosphite-*P*)-, (*OC*-6-13)-, [129314-82-5], 29:159

$O_8FeP_2C_{38}H_{32}$, Iron, dicarbonyldihydrobis (triphenyl phosphite-*P*)-, (*OC*-6-13)-, [72573-42-3], 29:159

$O_8FeP_4C_{40}H_{62}$, Iron, tetrakis(diethyl phenylphosphonite-*P*)dihydro-, [28755-83-1], 13:119

$O_8Fe_2Na_2C_8$, Ferrate(2-), octacarbonyldi-, (*Fe-Fe*), disodium, [64913-30-0], 24:157;28:203

$O_8H_2N_2Na_5P_3.6H_2O$, Diimidotriphosphoric acid, pentasodium salt, hexahydrate, [31072-79-4], 6:104

$O_8H_8N_4P_4.2H_2O$, Metaphosphimic acid ($H_8P_4O_8N_4$), dihydrate, [15168-31-7], 9:79

$O_8H_{15}N_4RhS_2$, Rhodium(2+), tetraammineaquahydroxy-, (*OC*-6-33)-, dithionate (1:1), [72902-00-2], 24:225

$O_8H_{16}Mo_2$, Molybdenum(4+), octaaquadi-, (*Mo-Mo*), [91798-52-6], 23:131

$O_8H_{18}N_6PtS_2$, Platinum(4+), hexaammine-, (*OC*-6-11)-, sulfate (1:2), [49730-82-7], 15:94

$O_8I_2Mn_2C_8$, Manganate(2-), octacarbonyldiiododi-, (*Mn-Mn*), [105764-85-0], 23:34

$O_8I_2Os_2C_8$, Osmium, octacarbonyldiiododi-, (*Os-Os*), stereoisomer, [22587-71-9], 25:190

$O_8IrN_6SCH_{15}$, Iridium(2+), pentaammine (thiocyanato-*N*)-, (*OC*-6-22)-, diperchlorate, [15691-81-3], 12:245

$O_8K_2PtC_4.2H_2O$, Platinate(2-), bis [ethanedioato(2-)-*O,O'*]-, dipotassium, dihydrate, (*SP*-4-1)-, [14244-64-5], 19:16

$O_8La_2Se_2Ta_3$, Lanthanum tantalum oxide selenide ($La_2Ta_3O_8Se_2$), [134853-92-2], 30:146

$O_8MgMo_2P_2C_{54}H_{96}$, Magnesium, bis[μ-(carbonyl-*C*:*O*)]bis[carbonyl(η^5-2,4-cyclopentadien-1-yl)(tributylphosphine)molybdenum]tetrakis (tetrahydrofuran)-, [55800-06-1], 16:59

$O_8MnPSC_{12}H_{12}$, Manganese, tetracarbonyl[2-(dimethylphosphinothioyl) -3-methoxy-1-(methoxycarbonyl)-3-oxo-1-propenyl-*C*,*S*]-, (*OC*-6-23)-, [78857-08-6], 26:163

$O_8Mn_2NP_3C_{56}H_{40}$, Phosphorus(1+), triphenyl(*P*,*P*,*P*-triphenylphosphine imidato-*N*)-, (*T*-4)-, octacarbonyl[μ-(diphenylphosphino)]dimanganate(1-) (*Mn-Mn*), [90739-53-0], 26:228

$O_8Mn_2N_2C_{20}H_8$, Manganese, [μ-(azodi-2,1-phenylene)]octacarbonyldi-, [54545-26-5], 26:173

$O_8Mn_2PC_{20}H_{11}$, Manganese, octacarbonyl [μ-(diphenylphosphino)]-μ-hydrodi-, (*Mn-Mn*), [85458-48-6], 26:226

$O_8Mn_2P_2S_2C_{12}H_{12}$, Manganese, octacarbonylbis[μ-(dimethylphosphinothioito-*P*:*S*)]di-, [58411-24-8], 26:162

$O_8Mn_2S_2C_{20}H_{10}$, Manganese, bis[μ-(benzenethiolato)]octacarbonyldi-, [21240-14-2], 25:116,118

$O_8Mo_2C_8H_{12}$, Molybdenum, tetrakis [μ-(acetato-*O*:*O*')]di-, (*Mo-Mo*), [14221-06-8], 13:88

$O_8Mo_2C_{16}H_{28}$, Molybdenum, tetrakis [μ-(butanoato-*O*:*O*')]di-, (*Mo-Mo*), [41772-56-9], 19:133

$O_8Mo_2C_{28}H_{20}$, Molybdenum, tetrakis [μ-(benzoato-*O*:*O*')]di-, (*Mo-Mo*), [24378-22-1], 13:89

$O_8Mo_2C_{32}H_{28}$, Molybdenum, tetrakis [μ-(4-methylbenzoato-*O*:*O*')]di-, (*Mo-Mo*), [33637-86-4], 13:89

$O_8N_2P_4C_{30}H_{36}$, Phosphinic acid, [1,2-ethanediylbis[nitrilobis(methylene)]] tetrakis[phenyl-, [60703-84-6], 16:199

$O_8N_4P_4C_{16}H_{40}$, 1,3,5,7,2,4,6,8-Tetrazatetraphosphocine, 2,2,4,4,6,6,8,8-octaethoxy-2,2,4,4, 6,6,8,8-octahydro-, [1256-55-9], 8:79

$O_8N_4P_4C_{48}H_{40}$, 1,3,5,7,2,4,6,8-Tetrazatetraphosphocine, 2,2,4,4,6,6,8,8-octahydro-2,2,4,4,6,6,8,8-octaphenoxy-, [992-79-0], 8:83

$O_8N_4RhS_2C_4H_{19}$, Rhodium(2+), aquabis(1,2-ethanediamine-*N*,*N*') hydroxy-, (*OC*-6-33)-, dithionate (1:1), [72902-01-3], 24:230

$O_8N_8C_{44}H_{26}$, 21*H*,23*H*-Porphine, 5,10,15,20-tetrakis(2-nitrophenyl)-, [37116-82-8], 20:162

$O_8N_{10}S_2C_6H_{20}.5H_2O$, 2,4,7,9-Tetraazadecanediimidamide, 3,8-diimino-, sulfate (1:2), pentahydrate, [141381-60-4], 6:75

$O_8NiP_4C_{40}H_{60}$, Nickel, tetrakis(diethyl phenylphosphonite-*P*)-, [22655-01-2], 13:118

$O_8P_2Rh_2S_2C_{16}H_{36}$, Rhodium, dicarbonylbis[μ-(2-methyl-2-propanethiolato)]bis(trimethyl phosphite-*P*) di-, [71301-64-9], 23:124

$O_8PbC_8H_{12}$, Acetic acid, lead(4+) salt, [546-67-8], 1:47

$O_8Re_2C_8H_{12}$, Rhenium(2+), tetrakis [μ-(acetato-*O*:*O*')]di-, (*Re-Re*), [66943-63-3], 13:90

$O_8SC_{12}H_{12}$, Thiophenetetracarboxylic acid, tetramethyl ester, [6579-15-3], 26:166

$O_8S_2C_4H_8$, 1,4-Dioxane, compd. with sulfur trioxide (1:2), [52922-31-3], 2:174

$O_8SiC_8H_{12}$, Acetic acid, tetraanhydride with silicic acid (H_4SiO_4), [562-90-3], 4:45

$O_8ThC_{20}H_{28}$, Thorium, tetrakis(2,4-pentanedionato-*O*,*O*')-, (*SA*-8-11''11''1'1'''1'1''')-, [17499-48-8], 2:123

$O_8UC_4.6H_2O$, Ethanedioic acid, uranium(4+) salt (2:1), hexahydrate, [5563-06-4], 3:166

$O_8UC_8H_{12}$, Acetic acid, uranium(4+) salt, [3053-46-1], 9:41

O_8U_3, Uranium oxide (U_3O_8), [1344-59-8], 5:149

$O_8W_2C_8H_{12}$, Tungsten, tetrakis[μ-(acetato-*O*:*O*')]di-, (*W*-*W*), [88921-50-0], 26:224

$O_8W_2C_{20}H_{36}$, Tungsten, tetrakis[μ-(2,2-dimethylpropanoato-*O*:*O*')]di-, (*W*-*W*), [86728-84-9], 26:223

$O_8Zn_2C_{17}H_{24}$, Zinc, (acetato)tris(2,4-pentanedionato)di-, [12568-45-5], 10:75

$O_8ZrC_{20}H_{28}$, Zirconium, tetrakis(2,4-pentanedionato-*O*,*O*')-, (*SA*-8-11"11"1'1'"1'1'")-, [17501-44-9], 2:121

$O_8ZrC_{20}H_{28}.2H_2O$, Zirconium, tetrakis(2,4-pentanedionato-*O*,*O*')-, decahydrate, (*SA*-8-11"11"1'1'"1'1'")-, [150135-38-9], 2:121

$O_9AgN_{13}C_6H_{16}$, Silver(3+), (3,8-diimino-2,4,7,9-tetraazadecanediimidamide-*N*',*N*''',N^4,N^7)-, (*SP*-4-2)-, trinitrate, [15891-00-6], 6:78

$O_9AlC_{18}H_{27}$, Aluminum, tris(ethyl 3-oxobutanoato-$O^{1'}$,O^3)-, [15306-17-9], 9:25

$O_9BFe_3C_9H_5$, Iron, nonacarbonyl-μ-hydro[μ_3-[tetrahydroborato(1-)-*H*:*H*':*H*'']]tri-, *triangulo*, [91128-40-4], 29:273

$O_9B_3ScSr_3$, Boric acid (H_3BO_3), scandium (3+) strontium salt (3:1:3), [120525-55-5], 30:257

$O_9BrHgRu_3C_{15}H_9$, Ruthenium, (bromomercury)nonacarbonyl[μ_3-[(1-η:1,2-η:1,2-η)-3,3-dimethyl-1-butynyl]]tri-, (2*Hg*-*Ru*)(3*Ru*-*Ru*), [74870-34-1], 26:332

$O_9BrOs_3C_{10}H_3$, Osmium, [μ_3-(bromomethylidyne)]nonacarbonyltri-μ-hydrotri-, *triangulo*, [73746-96-0], 27:205

$O_9BrRu_3C_{10}H_3$, Ruthenium, [μ_3-(bromomethylidyne)]nonacarbonyltri-μ-hydrotri-, *triangulo*, [73746-95-9], 27:201

$O_9CdCl_2N_6C_{26}H_{20}$, Cadmium(1+), aqua(7,11:20,24-dinitrilodibenzo[*b*,*m*][1,4,12,15]tetraazacyclodocosine-N^5,N^{13},N^{18},N^{26},N^{27},N^{28})(perchlorato-*O*)-, (*HB*-8-12-33'4'3'34)-, perchlorate, [73202-81-0], 23:175

O_9CeN_3, Nitric acid, cerium(3+) salt, [10108-73-3], 2:51

$O_9ClCo_3C_{10}$, Cobalt, nonacarbonyl[μ_3-(chloromethylidyne)]tri-, *triangulo*, [13682-02-5], 20:234

$O_9ClOs_3C_{10}H_3$, Osmium, nonacarbonyl[μ_3-(chloromethylidyne)]tri-μ-hydrotri-, *triangulo*, [90911-10-7], 27:205

$O_9Cl_4Ru_2C_{24}H_{34}$, Ruthenium, μ-aquabis[μ-(chloroacetato-*O*:*O*')]bis(chloroacetato-*O*)bis[(1,2,5,6-η)-1,5-cyclooctadiene]di-, stereoisomer, [93582-33-3], 26:256

$O_9Cl_{12}Ru_2C_{22}H_{18}$, Ruthenium, μ-aquabis[(2,3,5,6-η)-bicyclo[2.2.1]hepta-2,5-diene]bis[μ-(trichloroacetato-*O*:*O*')]bis(trichloroacetato-*O*)di-, [105848-78-0], 26:256

$O_9CoF_9N_3S_3C_7H_{13}$, Cobalt, [*N*-(2-aminoethyl)-1,2-ethanediamine-*N*,*N*',*N*'']tris(trifluoromethanesulfonato-*O*)-, (*OC*-6-33)-, [75522-53-1], 22:106

$O_9CoF_9N_4S_3C_7H_{16}$, Cobalt(1+), bis(1,2-ethanediamine-*N*,*N*')bis(trifluoromethanesulfonato-*O*)-, (*OC*-6-22)-, salt with trifluoromethanesulfonic acid (1:1), [75522-52-0], 22:105

$O_9CoF_9N_5S_3C_3H_{15}$, Cobalt(2+), pentaammine(trifluoromethanesulfonato-*O*)-, (*OC*-6-22)-, salt with trifluoromethanesulfonic acid (1:2), [75522-50-8], 22:104

$O_9CoF_9N_5S_3C_8H_{25}$, Cobalt(2+), pentakis(methanamine)(trifluoromethanesulfonato-*O*)-, (*OC*-6-22)-, salt with trifluoromethanesulfonic acid (1:2), [90065-88-6], 24:281

$O_9CoH_{15}N_8$, Cobalt(2+), pentaammine (nitrato-*O*)-, (*OC*-6-22)-, dinitrate, [14404-36-5], 4:174

$O_9CoH_{18}N_9$, Cobalt(3+), hexaammine-, (*OC*-6-11)-, trinitrate, [10534-86-8], 2:218

$O_9CoK_3C_3$, Cobaltate(3-), tris[carbonato (2-)-*O,O'*]-, tripotassium, (*OC*-6-11)-, [15768-38-4], 23:62

$O_9CoN_5Na_2S_2C_4H_{16}$, Cobaltate(1-), bis(1,2-ethanediamine-*N,N'*)bis [sulfito(2-)-*O*]-, (*OC*-6-22)-, disodium nitrate, [42921-86-8], 14:77

$O_9CoN_6C_4H_{13}$, Cobalt, [*N*-(2-aminoethyl)-1,2-ethanediamine-*N,N',N''*]tris (nitrato-*O*)-, [25426-85-1], 7:212

$O_9CoNa_3C_3.3H_2O$, Cobaltate(3-), tris [carbonato(2-)-*O,O'*]-, trisodium, trihydrate, (*OC*-6-11)-, [15684-40-9], 8:202

$O_9CoOs_3C_{14}H_8$, Osmium, nonacarbonyl [(η^5-2,4-cyclopentadien-1-yl)cobalt] tri-μ-hydrotri-, (3*Co-Os*)(3*Os-Os*), [82678-94-2], 25:197

$O_9CoOs_3C_{14}H_9$, Osmium, nonacarbonyl [(η^5-2,4-cyclopentadien-1-yl)cobalt] tetra-μ-hydrotri-, (3*Co-Os*)(3*Os-Os*), [82678-95-3], 25:197

$O_9Co_2FePC_{15}H_5$, Iron, tricarbonyl (hexacarbonyldicobalt)[μ_3-(phenylpho sphinidene)]-, (*Co-Co*)(2*Co-Fe*), [69569-55-7], 26:353

$O_9Co_2FeSC_9$, Iron, tricarbonyl (hexacarbonyldicobalt)-μ_3-thioxo-, (*Co-Co*)(2*Co-Fe*), [22364-22-3], 26:245,352

$O_9Co_2RuC_{13}H_6$, Ruthenium, μ-carbonyltricarbonyl[μ_3-[(1-η:1,2-η:2-η)-1,2-dimethyl-1,2-ethenediyl]] (pentacarbonyldicobalt)-, (*Co-Co*) (2*Co-Ru*), [98419-59-1], 27:194

$O_9Co_2RuSC_9$, Ruthenium, tricarbonyl (hexacarbonyldicobalt)-μ_3-thioxo-, (*Co-Co*)(2*Co-Ru*), [86272-87-9], 26:352

$O_9Co_3C_{10}H$, Cobalt, nonacarbonyl-μ_3-methylidynetri-, *triangulo*, [15664-75-2], 20:226,227

$O_9Co_3C_{16}H_5$, Cobalt, nonacarbonyl[μ_3-(phenylmethylidyne)]tri-, *triangulo*, [13682-03-6], 20:226,228

$O_9CrF_9N_4S_3C_7H_{16}$, Chromium(1+), bis(1,2-ethanediamine-*N,N'*)bis (trifluoromethanesulfonato-*O*)-, (*OC*-6-22)-, salt with trifluoromethanesulfonic acid (1:1), [90065-91-1], 24:251

$O_9CrF_9N_5S_3C_3H_{15}$, Chromium(2+), pentaammine(trifluoromethanesulfonato-*O*)-, (*OC*-6-22)-, salt with trifluoromethanesulfonic acid (1:2), [84254-61-5], 24:250

$O_9CrF_9N_5S_3C_8H_{25}$, Chromium(2+), pentakis(methanamine)(trifluoromethanesulfonato-*O*)-, (*OC*-6-22)-, salt with trifluoromethanesulfonic acid (1:2), [90065-87-5], 24:280

$O_9CrFeNP_2C_{45}H_{31}$, Phosphorus(1+), triphenyl(*P,P,P*-triphenylphosphine imidato-*N*)-, (*T*-4)-, stereoisomer of pentacarbonyl(tetracarbonylhydroferrate)chromate(1-) (*Cr-Fe*), [101420-33-1], 26:338

$O_9CrFeN_2P_4C_{81}H_{60}$, Phosphorus(1+), triphenyl(*P,P,P*-triphenylphosphine imidato-*N*)-, (*T*-4)-, stereoisomer of pentacarbonyl(tetracarbonylferrate) chromate(2-) (*Cr-Fe*) (2:1), [101540-70-9], 26:339

$O_9CrH_{15}N_8$, Chromium(2+), pentaammine (nitrato-*O*)-, (*OC*-6-22)-, dinitrate, [31255-93-3], 5:133

$O_9CrH_{18}N_9$, Chromium(3+), hexaammine-, (*OC*-6-11)-, trinitrate, [15363-28-7], 3:153

$O_9F_9IrN_4S_3C_7H_{16}$, Iridium(1+), bis(1,2-ethanediamine-*N,N'*)bis(trifluoromethanesulfonato-*O*)-, (*OC*-6-22)-, salt with trifluoromethanesulfonic acid (1:1), [90065-95-5], 24:290

$O_9F_9IrN_5S_2C_3H_{15}$, Iridium(2+), pentaammine(trifluoromethanesulfonato-*O*)-, (*OC*-6-22)-, salt with trifluoromethanesulfonic acid (1:2), [84254-59-1], 24:164

$O_9F_9IrN_6S_3C_3H_{18}$, Iridium(3+), hexaammine-, (*OC*-6-11)-, salt with trifluoromethanesulfonic acid (1:3), [90066-04-9], 24:267

$O_9F_9N_4OsS_3C_{23}H_{16}$, Osmium(1+), bis(2,2'-bipyridine-*N,N'*)bis(trifluoromethanesulfonato-*O*)-, (*OC*-6-22)-, salt with trifluoromethanesulfonic acid (1:1), [104474-98-8], 24:295

$O_9F_9N_4RhS_3C_7H_{16}$, Rhodium(1+), bis(1,2-ethanediamine-*N,N'*)bis(trifluoromethanesulfonato-*O*)-, (*OC*-6-22)-, salt with trifluoromethanesulfonic acid (1:1), [90065-93-3], 24:285

$O_9F_9N_4RuS_3C_{23}H_{16}$, Ruthenium(1+), bis(2,2'-bipyridine-*N,N'*)bis(trifluoromethanesulfonato-*O*)-, (*OC*-6-22)-, salt with trifluoromethanesulfonic acid (1:1), [104474-96-6], 24:295

$O_9F_9N_5OsS_3C_3H_{15}$, Osmium(2+), pentaammine(trifluoromethanesulfonato-*O*)-, (*OC*-6-22)-, salt with trifluoromethanesulfonic acid (1:2), [83781-30-0], 24:271

$O_9F_9N_5OsS_3C_{28}H_{19}$, Osmium(2+), (2,2'-bipyridine-*N,N'*)(2,2':6',2''-terpyridine-*N,N',N''*)(trifluoromethanesulfonato-*O*)-, (*OC*-6-44)-, salt with trifluoromethanesulfonic acid (1:2), [104475-02-7], 24:301

$O_9F_9N_5RhS_3C_3H_{15}$, Rhodium(2+), pentaammine(trifluoromethanesulfonato-*O*)-, (*OC*-6-22)-, salt with trifluoromethanesulfonic acid (1:2), [84254-57-9], 24:253

$O_9F_9N_5RhS_3C_8H_{25}$, Rhodium(2+), pentakis(methanamine)(trifluoromethanesulfonato-*O*)-, (*OC*-6-22)-, salt with trifluoromethanesulfonic acid (1:2), [90065-89-7], 24:281

$O_9F_9N_5RuS_3C_3H_{15}$, Ruthenium(2+), pentaammine(trifluoromethanesulfonato-*O*)-, (*OC*-6-22)-, salt with trifluoromethanesulfonic acid (1:2), [84278-98-8], 24:258

$O_9F_9N_5RuS_3C_{28}H_{19}$, Ruthenium(2+), (2,2'-bipyridine-*N,N'*)(2,2':6',2''-terpyridine-*N,N',N''*)(trifluoromethanesulfonato-*O*)-, (*OC*-6-44)-, salt with trifluoromethanesulfonic acid (1:2), [104475-01-6], 24:301

$O_9F_9N_6OsS_3C_3H_{18}$, Osmium(3+), hexaammine-, (*OC*-6-11)-, salt with trifluoromethanesulfonic acid (1:3), [103937-69-5], 24:273

$O_9F_9N_6OsS_3C_5H_{18}$, Osmium(3+), (acetonitrile)pentaammine-, (*OC*-6-22)-, salt with trifluoromethanesulfonic acid (1:3), [83781-33-3], 24:275

$O_9F_9N_6RhS_3C_3H_{18}$, Rhodium(3+), hexaammine-, (*OC*-6-11)-, salt with trifluoromethanesulfonic acid (1:3), [90084-45-0], 24:255

$O_9F_{12}Ru_2C_{24}H_{26}$, Ruthenium, μ-aquabis[(1,2,5,6-η)-1,5-cyclooctadiene]bis[μ-(trifluoroacetato-*O:O'*)]bis(trifluoroacetato-*O*)di-, stereoisomer, [93582-31-1], 26:254

$O_9FeMoNP_2C_{45}H_{31}$, Phosphorus(1+), triphenyl(*P,P,P*-triphenylphosphine imidato-*N*)-, (*T*-4)-, stereoisomer of pentacarbonyl-μ-hydro(tetracarbonylferrate)molybdate(1-), [88326-13-0], 26:338

$O_9FeMoN_2P_4C_{81}H_{60}$, Phosphorus(1+), triphenyl(*P,P,P*-triphenylphosphine imidato-*N*)-, (*T*-4)-, stereoisomer of pentacarbonyl(tetracarbonylferrate)molybdate(2-) (*Fe-Mo*) (2:1), [130638-17-4], 26:339

$O_9FeNP_2WC_{45}H_{31}$, Phosphorus(1+), triphenyl(*P,P,P*-triphenylphosphine imidato-*N*)-, (*T*-4)-, stereoisomer of pentacarbonyl-μ-hydro(tetracarbonylferrate)tungstate(1-), [88326-15-2], 26:336

$O_9FeN_2C_{10}H_{15}.H_2O$, Ferrate(1-), aqua [[*N*,*N'*-1,2-ethanediylbis[*N*-(carboxymethyl)glycinato]](4-)-*N*,*N'*,*O*,*O'*, O^N,$O^{N'}$]-, hydrogen, monohydrate, (*PB*-7-11'-121'3'3)-, [103130-21-8], 24:207

$O_9FeN_2P_4WC_{81}H_{60}$, Phosphorus(1+), triphenyl(*P*,*P*,*P*-triphenylphosphine imidato-*N*)-, (*T*-4)-, stereoisomer of pentacarbonyl(tetracarbonylferrate) tungstate(2-) (*Fe-W*) (2:1), [99604-07-6], 26:339

$O_9Fe_2C_9$, Iron, tri-μ-carbonylhexacarbonyldi-, (*Fe-Fe*), [15321-51-4], 8:178

$O_9Fe_3SC_9H_2$, Iron, nonacarbonyldi-μ-hydro-μ_3-thioxotri-, *triangulo*, [78547-62-3], 26:244

O_9GdN_3, Nitric acid, gadolinium(3+) salt, [10168-81-7], 5:41

$O_9HgIRu_3C_{15}H_9$, Ruthenium, nonacarbonyl[μ_3-[(1-η:1,2-η:1,2-η)-3,3-dimethyl-1-butynyl]](iodomercury)tri-, (2*Hg-Ru*)(3*Ru-Ru*), [74870-35-2], 26:330

$O_9K_3NS_3$, Nitridotrisulfuric acid, tripotassium salt, [63504-30-3], 2:182

O_9LaN_3, Lanthanum, tris(nitrato-*O*,*O'*)-, (*OC*-6-11)-, [24925-50-6], 5:41

$O_9Mn_2PC_{27}H_{13}$, Manganese, octacarbonyl [μ-[carbonyl[6-(diphenylphosphino)-1,2-phenylene]]]di-, [41880-45-9], 26:158

$O_9NNa_6P_3$, Nitridotriphosphoric acid, hexasodium salt, [127795-76-0], 6:103

O_9N_3Nd, Nitric acid, neodymium(3+) salt, [10045-95-1], 5:41

O_9N_3Pr, Nitric acid, praseodymium(3+) salt, [10361-80-5], 5:41

O_9N_3Sm, Nitric acid, samarium(3+) salt, [10361-83-8], 5:41

O_9N_3Y, Nitric acid, yttrium(3+) salt, [10361-93-0], 5:41

$O_9N_3Yb.3H_2O$, Nitric acid, ytterbium(3+) salt, trihydrate, [81201-59-4], 11:95

$O_9N_3Yb.4H_2O$, Nitric acid, ytterbium(3+) salt, tetrahydrate, [10035-00-4], 11:95

$O_9N_3Yb.5H_2O$, Nitric acid, ytterbium(3+) salt, pentahydrate, [35725-34-9], 11:95

$O_9Na_3P_3.6H_2O$, Metaphosphoric acid ($H_3P_3O_9$), trisodium salt, hexahydrate, [29856-33-5], 3:104

$O_9NiOs_3C_{14}H_8$, Osmium, nonacarbonyl [(η^5-2,4-cyclopentadien-1-yl)nickel] tri-μ-hydrotri-, (3*Ni-Os*)(3*Os-Os*), [82678-96-4], 26:362

$O_9NiP_3C_{63}H_{63}$, Nickel, tris[tris(4-methylphenyl) phosphite-*P*]-, [87482-65-3], 15:11

$O_9NiRu_3C_{14}H_8$, Ruthenium, nonacarbonyl [(η^5-2,4-cyclopentadien-1-yl)nickel] tri-μ-hydrotri-, (3*Ni-Ru*)(3*Ru-Ru*), [85191-96-4], 26:363

$O_9Ni_3Os_3C_{24}H_{15}$, Osmium, nonacarbonyl [tris(η^5-2,4-cyclopentadien-1-yl) trinickel]tri-, (*Ni-Ni*)(8*Ni-Os*) (3*Os-Os*), [81210-80-2], 26:365

$O_9Os_3S_2C_9$, Osmium, nonacarbonyldi-μ_3-thioxotri-, (2*Os-Os*), [72282-40-7], 26:306

$O_9PRu_3C_{21}H_{11}$, Ruthenium, nonacarbonyl [μ-(diphenylphosphino)]-μ-hydrotri-, *triangulo*, [82055-65-0], 26:264

$O_9Ru_3C_{15}H_{11}$, Ruthenium(1+), nonacarbonyl[μ-[(1-η:1,2-η:1,2-η)-3,3-dimethyl-1-butynyl]]di-μ-hydrotri-, *triangulo*, [76861-93-3], 26:329

$O_{10}AuOs_3PC_{16}H_{16}$, Osmium, decacarbonyl-μ-hydro[(triethylphosphine) gold]tri-, (2*Au-Os*)(3*Os-Os*), [80302-57-4], 27:210

$O_{10}AuOs_3PC_{28}H_{16}$, Osmium, decacarbonyl-μ-hydro[(triphenylphosphine) gold]tri-, (2*Au-Os*)(3*Os-Os*), [72381-07-8], 27:209

$O_{10}Au_2Os_3P_2C_{22}H_{30}$, Osmium, decacarbonylbis[(triethylphosphine)gold]tri-, (4*Au-Os*)(3*Os-Os*), [88006-40-0], 27:211

$O_{10}Au_2Os_3P_2C_{46}H_{30}$, Osmium, decacarbonylbis[(triphenylphosphine)gold] tri-, (4*Au-Os*)(3*Os-Os*), [88006-39-7], 27:211

$O_{10}BFe_3C_{10}H_3$, Iron, μ-boryl-μ-carbonylnonacarbonyl-μ-hydrotri-, *triangulo*, [92055-44-2], 29:269

$O_{10}B_2Mn_3C_{10}H_7$, Manganese, decacarbonyl[μ_3-[hexahydrodiborato(2-)]]-μ-hydrotri-, [20982-73-4], 20:240

$O_{10}Ba_2Ca_2Cu_3Tl_2$, Barium calcium copper thallium oxide ($Ba_2Ca_2Cu_3Tl_2O_{10}$), [115866-07-4], 30:203

$O_{10}ClCoN_4Na_2S_2C_4H_{16}$, Cobaltate(1-), bis(1,2-ethanediamine-*N,N'*)bis [sulfito(2-)-*O*]-, (*OC*-6-22)-, disodium perchlorate, [42921-87-9], 14:77

$O_{10}Cl_2N_4ReC_4H_{17}$, Rhenium(2+), bis(1,2-ethanediamine-*N,N'*)hydroxyoxo-, diperchlorate, [19267-68-6], 8:174

$O_{10}Cl_2N_4ReC_6H_{21}$, Rhenium(2+), hydroxyoxobis(1,2-propanediamine-*N,N'*)-, diperchlorate, [93063-22-0], 8:176

———, Rhenium(2+), hydroxyoxobis (1,3-propanediamine-*N,N'*)-, (*OC*-6-23)-, diperchlorate, [148832-33-1], 8:76

$O_{10}Cl_2N_6RuCH_{12}$, Ruthenium(2+), tetraammine(cyanato-*N*)nitrosyl-, diperchlorate, [60133-63-3], 16:15

$O_{10}Cl_2N_8PdC_{20}H_{24}$, Palladium, dichlorobis(inosine-N^7)-, (*SP*-4-1)-, [64753-39-5], 23:52,53

———, Palladium, dichlorobis(inosine-N^7)-, (*SP*-4-2)-, [64715-03-3], 23:52,53

$O_{10}Cl_2N_{10}PdC_{20}H_{26}$, Palladium, dichlorobis(guanosine-N^7)-, (*SP*-4-1)-, [64753-34-0], 23:52,53

$O_{10}Cl_2N_{10}PdC_{20}H_{26}$, Palladium, dichlorobis(guanosine-N^7)-, (*SP*-4-2)-, [62800-79-7], 23:52,53

$O_{10}CoH_{15}N_7Re.H_2O$, Rhenium(2+), μ-oxotrioxo(pentaamminecobalt)-, dinitrate, monohydrate, [150384-23-9], 12:216

$O_{10}CoN_2S_2C_{14}H_{16}.2H_2O$, Cobalt, tetraaquabis(1,2-benzisothiazol-3(2*H*)-one 1,1-dioxidato-N^2)-, dihydrate, [81780-35-0], 23:49

$O_{10}CoN_4C_{10}H_{21}$, Cobalt(1+), bis(1,2-ethanediamine-*N,N'*)[ethanedioato(2-)-*O,O'*]-, (*OC*-6-22-Δ)-, salt with [*R*-(*R**,*R**)]-2,3-dihydroxybutanedioic acid (1:1), [60954-75-8], 18:98

———, Cobalt(1+), bis(1,2-ethanediamine-*N,N'*)[ethanedioato(2-)-*O,O'*]-, (*OC*-6-22-Λ)-, salt with [*R*-(*R**,*R**)]-2,3-dihydroxybutanedioic acid (1:1), [40031-95-6], 18:98

$O_{10}CoN_4C_{12}H_{23}$, Cobalt(1+), (1,2-ethanediamine-*N,N'*)[[*N,N'*-1,2-ethanediylbis [glycinato]](2-)-*N,N',O,O'*]-, [*OC*-6-13-*A*-[*S*-(*R**,*R**)]]-, salt with [*R*-(*R**,*R**)]-2,3-dihydroxybutanedioic acid (1:1), [67403-56-9], 18:109

———, Cobalt(1+), (1,2-ethanediamine-*N,N'*)[[*N,N'*-1,2-ethanediylbis [glycinato]](2-)-*N,N',O,O'*]-, [*OC*-6-13-*C*-[*R*-(*R**,*R**)]]-, salt with [*R*-(*R**,*R**)]-2,3-dihydroxybutanedioic acid (1:1), [63448-73-7], 18:109

$O_{10}CoOs_3C_{15}H_7$, Osmium, μ-carbonyl-nonacarbonyl[(η^5-2,4-cyclopentadien-1-yl)cobalt]di-μ-hydrotri-, (3*Co-Os*) (3*Os-Os*), [74594-41-5], 25:195

$O_{10}Co_2MgP_2C_{46}H_{86}$, Magnesium, bis[μ-(carbonyl-*C:O*)]bis[dicarbonyl (tributylphosphine)cobalt]tetrakis (tetrahydrofuran)-, [55701-42-3], 16:58

$O_{10}Co_3C_{12}H_3$, Cobalt, nonacarbonyl [μ_3-(2-oxopropylidyne)]tri-, *triangulo*, [36834-97-6], 20:234,235

$O_{10}Co_3NC_{12}H_4$, Cobalt, nonacarbonyl [μ_3-[(methylamino)oxoethylidyne]] tri-, *triangulo*-, [52519-00-3], 20:230,232

$O_{10}CrH_{17}N_8$, Chromium(3+), pentaammineaqua-, (*OC*-6-22)-, trinitrate, [19683-62-6], 5:134

$O_{10}CrKC_4H_4.2H_2O$, Chromate(1-), diaquabis[ethanedioato(2-)-*O*,*O*']-, potassium, dihydrate, (*OC*-6-21)-, [16483-17-3], 17:148

$O_{10}CrKC_4H_4.3H_2O$, Chromate(1-), diaquabis[ethanedioato-*O*,*O*']-, potassium, trihydrate, (*OC*-6-11)-, [22289-32-3], 17:149

$O_{10}CrKC_6H_8.3H_2O$, Chromate(1-), diaquabis[propanedioato(2-)-*O*,*O*']-, potassium, trihydrate, (*OC*-6-21)-, [61116-57-2], 16:81

$O_{10}CrN_2S_2C_{14}H_{16}.2H_2O$, Chromium, tetraaquabis(1,2-benzisothiazol-3(2*H*)-one 1,1-dioxidato-N^2)-, dihydrate, (*OC*-6-11)-, [92763-66-1], 27:309

$O_{10}CrP_2C_{25}H_{24}$, Chromium, tetracarbonyl (trimethyl phosphite-*P*)(triphenyl phosphite-*P*)-, (*OC*-6-23)-, [82613-94-3], 23:38

$O_{10}Cr_2C_{10}$, Chromate(2-), di-μ-carbonyl-octacarbonyldi-, (*Cr*-*Cr*), [19495-14-8], 15:88

$O_{10}Cr_2KC_{10}H$, Chromate(1-), decacarbonyl-μ-hydrodi-, potassium, [61453-56-3], 23:27

$O_{10}Cu_2N_6SC_{30}H_{28}$, Copper(1+), (1,10-phenanthroline-N^1,N^{10})(L-serinato-N,O^1)-, sulfate (2:1), [74807-02-6], 21:115

$O_{10}F_3N_5OsS_3C_3H_{17}$, Osmium(3+), pentaammineaqua-, (*OC*-6-22)-, salt with trifluoromethanesulfonic acid (1:3), [83781-31-1], 24:273

$O_{10}F_9IrN_5S_3C_3H_{17}$, Iridium(3+), pentaammineaqua-, (*OC*-6-22)-, salt with trifluoromethanesulfonic acid (1:3), [90084-46-1], 24:265

$O_{10}F_9N_5OsS_3C_{28}H_{21}.2H_2O$, Osmium(3+), aqua(2,2'-bipyridine-*N*,*N*')(2,2':6',2"-terpyridine-*N*,*N*',*N*")-, (*OC*-6-44)-, salt with trifluoromethanesulfonic acid (1:3), dihydrate, [152981-33-4], 24:304

$O_{10}F_9N_5RuS_3C_{28}H_{21}.3H_2O$, Ruthenium (3+), aqua(2,2'-bipyridine-*N*,*N*') (2,2':6',2"-terpyridine-*N*,*N*',*N*")-, (*OC*-6-44)-, salt with trifluoromethanesulfonic acid (1:3), trihydrate, [152981-34-5], 24:304

$O_{10}FeN_2S_2C_{14}H_{16}.2H_2O$, Iron, tetraaquabis(1,2-benzisothiazol-3(2*H*)-one 1,1-dioxidato-N^2)-, dihydrate, [81780-36-1], 23:49

$O_{10}H_{12}Mo_2$, Molybdenum(2+), hexaaquadi-μ-oxodioxodi-, (*Mo*-*Mo*), [40804-49-7], 23:137

$O_{10}H_{18}Mo_2$, Molybdenum(4+), octaaquadi-μ-hydroxydi-, [51567-86-3], 23:135

$O_{10}KW_2C_{10}H$, Tungstate(1-), decacarbonyl-μ-hydrodi-, potassium, [98182-49-1], 23:27

$O_{10}Mn_2C_{10}$, Manganese, decacarbonyldi-, (*Mn*-*Mn*), [10170-69-1], 7:198

$O_{10}Mo_2C_{10}$, Molybdate(2-), decacarbonyldi-, (*Mo*-*Mo*), [45264-14-0], 15:89

$O_{10}Mo_2N_2Na_2S_2C_{10}H_{12}.H_2O$, Molybdate(2-), [μ-[[*N*,*N*'-1,2-ethanediylbis[*N*-(carboxymethyl) glycinato]](4-)-N,O,O^N:N',O',$O^{N'}$]] dioxodi-μ-thioxodi-, (*Mo*-*Mo*), disodium, monohydrate, [153062-85-2], 29:259

$O_{10}NNb_2Ti_2CH_7$, Titanate(1-), pentaoxoniobate-, hydrogen, compd. with methanamine (2:1), [158282-30-5], 30:184

$O_{10}NNb_2Ti_2C_2H_9$, Titanate(1-), pentaoxoniobate-, hydrogen, compd. with ethanamine (2:1), [158282-31-6], 30:184

$O_{10}NNb_2Ti_2C_4H_{13}$, Titanate(1-), pentaoxoniobate-, hydrogen, compd. with 1-butanamine (2:1), [158282-33-8], 30:184

$O_{10}NPRu_3C_{23}H_{20}$, Ruthenium, decacarbonyl (dimethylphenylphosphine)(2-isocyano-2-methylpropane) tri-, *triangulo*, [84330-39-2], 26:275;28:224

$O_{10}NP_2Ru_3Si_2C_{58}H_{61}$, Phosphorus(1+), triphenyl(*P,P,P*-triphenylphosphine imidato-*N*)-, (*T*-4)-, stereoisomer of decacarbonyl-μ-hydrobis (triethylsilyl) triruthenate(1-) *triangulo*, [80376-22-3], 26:269

$O_{10}N_2NiS_2C_{14}H_{16}.2H_2O$, Nickel, tetraaquabis(1,2-benzisothiazol-3(2*H*)-one 1,1-dioxidato-N^2)-, dihydrate, [81780-34-9], 23:48

$O_{10}N_2Os_3C_{14}H_6$, Osmium, bis (acetonitrile) decacarbonyltri-, *triangulo*, [61817-93-4], 26:292;28:234

$O_{10}N_2S_2VC_{14}H_{16}.2H_2O$, Vanadium, bis(1,2-benzisothiazol-3(2*H*)-one 1,1-dioxidato-N^2)-, dihydrate, (*OC*-6-11)-, [103563-29-7], 27:307

$O_{10}N_2S_2ZnC_{14}H_{16}.2H_2O$, Zinc, tetraaquabis(1,2-benzisothiazol-3(2*H*)-one 1,1-dioxidato-N^2)-, dihydrate, [81780-33-8], 23:49

$O_{10}N_3V$, Vanadium, tris (nitrato-*O*) oxo-, (*T*-4)-, [16017-37-1], 9:83

$O_{10}N_8PdC_{20}H_{22}$, Palladium, bis (inosinato-N^7,O^6)-, (*SP*-4-1)-, [64753-38-4], 23:52,53

———, Palladium, bis (inosinato-N^7,O^6)-, (*SP*-4-2)-, [64715-04-4], 23:52,53

$O_{10}N_{10}PdC_{20}H_{24}$, Palladium, bis (guanosinato-N^7,O^6)-, [64753-35-1], 23:52,53

———, Palladium, bis (guanosinato-N^7,O^6)-, (*SP*-4-2)-, [62850-22-0], 23:52,53

$O_{10}Na_5P_3$, Triphosphoric acid, pentasodium salt, [7758-29-4], 3:101

$O_{10}Na_5P_3.6H_2O$, Triphosphoric acid, pentasodium salt, hexahydrate, [15091-98-2], 3:103

$O_{10}Os_3C_{10}H_2$, Osmium, decacarbonyldi-μ-hydrotri-, *triangulo*, [41766-80-7], 26:367;28:238

$O_{10}Os_3C_{11}H_4$, Osmium, decacarbonyldi-μ-hydro-μ-methylenetri-, *triangulo*, [64041-67-4], 27:206

———, Osmium, decacarbonyl-μ-hydro-μ-methyltri-, *triangulo*, [64052-01-3], 27:206

$O_{10}Os_3C_{11}H_6$, Osmium, nonacarbonyltri-μ-hydro[μ_3-(methoxymethylidyne)] tri-, *triangulo*, [71562-48-6], 27:203

$O_{10}Os_3SC_{10}$, Osmium, μ_3-carbonylnonacarbonyl-μ_3-thioxotri-, *triangulo*, [88746-45-6], 26:305

$O_{10}Os_3SC_{16}H_6$, Osmium, [μ-(benzenethiolato)] decacarbonyl-μ-hydrotri-, *triangulo*, [23733-19-9], 26:304

$O_{10}P_2Ru_3C_{35}H_{22}$, Ruthenium, decacarbonyl[μ-[methylenebis [diphenylphosphine]-*P*:*P*']] tri-, *triangulo*, [64364-79-0], 26:276;28:225

$O_{10}Ru_3C_{11}H_6$, Ruthenium, nonacarbonyltri-μ-hydro[μ_3-(methoxymethylidyne)] tri-, *triangulo*, [71562-47-5], 27:200

$O_{10}W_2C_{10}$, Tungstate(2-), decacarbonyldi-, (*W-W*), [45264-18-4], 15:88

$O_{10}i_2NNb_2C_3H_{11}$,Titanate(1-), pentaoxoniobate-, hydrogen, compd. with 1-propanamine (2:1), [158282-32-7], 30:184

$O_{11}Ag_7N$, Silver nitrate oxide ($Ag_7(NO_3)O_8$), [12258-22-9], 4:13

$O_{11}Cl_2CoN_4C_8H_{21}.2H_2O$, Cobalt(2+), aqua (glycinato-*N,O*)(octahydro-1*H*-1,4,7-triazonine-N^1,N^4,N^7)-, (*OC*-6-33)-, diperchlorate, dihydrate, [152227-34-4], 23:76

$O_{11}Cl_2CoN_6C_{28}H_{28}$, Cobalt(2+), aqua (5,5*a*-dihydro-24-methoxy-24*H*-6,10:19,23-dinitrilo-10*H*-benzimidazo[2,1-*h*][1,9,17] benzotriazacyclononadecine-N^{12},N^{17},N^{25},N^{26},N^{27})(methanol)-, (*PB*-7-12-3,6,4,5,7)-, diperchlorate, [73202-97-8], 23:176

$O_{11}Cl_2N_5RuC_2H_{15}$, Ruthenium(2+), (acetato-*O*) tetraamminenitrosyl-, diperchlorate, [60133-61-1], 16:14

$O_{11}Co_2H_{26}N_{12}.H_2O$, Cobalt(3+), μ-amidooctaammine[μ-(peroxy-*O*:*O*')] di-, trinitrate, monohydrate, [19454-33-2], 12:203

$O_{11}Co_2RuC_{11}$, Ruthenium, tetracarbonyl (μ-carbonylhexacarbonyldicobalt)-, (*Co-Co*)(2*Co-Ru*), [78456-89-0], 26:354

$O_{11}Co_3C_{13}H_5$, Cobalt, nonacarbonyl [μ_3-(ethoxyoxoethylidyne)] tri-, *triangulo*, [19425-32-2], 20:230

$O_{11}Co_3C_{15}H_9$, Cobalt, nonacarbonyl [μ_3-[(1,1-dimethylethoxy) oxoethylidyne]] tri-, *triangulo*, [36834-87-4], 20:234,235

$O_{11}F_9N_4OsS_3C_{23}H_{20}$, Osmium(3+), diaquabis(2,2'-bipyridine-*N*,*N*')-, (*OC*-6-22)-, salt with trifluoromethanesulfonic acid (1:3), [104474-99-9], 24:296

$O_{11}Fe_3NC_{17}H_{17}$, Ferrate(1-), μ-carbonyldecacarbonyl-μ-hydrotri-, *triangulo*, hydrogen, compd. with *N*,*N*-diethylethanamine (1:1), [56048-18-1], 8:182

$O_{11}Fe_3NP_2C_{47}H_{31}$, Phosphorus(1+), triphenyl(*P*,*P*,*P*-triphenylphosphine imidato-*N*)-, (*T*-4)-, μ-carbonyldecacarbonyl-μ-hydrotriferrate(1-) *triangulo*, [23254-21-9], 20:218

$O_{11}Fe_3N_2P_4C_{83}H_{60}$, Phosphorus(1+), triphenyl(*P*,*P*,*P*-triphenylphosphine imidato-*N*)-, (*T*-4)-, di-μ_3-carbonylnonacarbonyltriferrate(2-) *triangulo* (2:1), [66039-65-4], 20:222;24:157; 28:203

$O_{11}Fe_3Na_2C_{11}$, Ferrate(2-), di-μ_3-carbonylnonacarbonyltri-, *triangulo*, disodium, [83966-11-4], 24:157; 28:203

$O_{11}MgMo_2N_2SC_{10}H_{12}.6H_2O$, Molybdate (2-), [μ-[[*N*,*N*'-1,2-ethanediylbis[*N*-(carboxymethyl) glycinato]](4-)-*N*,*O*,O^N:*N*',*O*',$O^{N'}$]]-μ-oxodioxo-μ-thioxodi-, (*Mo-Mo*), magnesium (1:1), hexahydrate, [153062-84-1], 29:256

$O_{11}MnPC_{17}H_{18}$, Manganese, tricarbonyl [(2,3,4,5-η)-2,3,4,5-tetrakis (methoxycarbonyl)-1,1-dimethyl-1*H*-phospholium]-, [78857-04-2], 26:167

$O_{11}MnPSC_{17}H_{18}$, Manganese, tricarbonyl [(3,4,5,6-η)-3,4,5,6-tetrakis (methoxycarbonyl)-2,2-dimethyl-2*H*-1,2-thiaphosphorinium]-, [70644-07-4], 26:165

$O_{11}Mo_2C_{20}H_{28}$, Molybdenum, μ-oxo-dioxotetrakis(2,4-pentanedionato-*O*,*O*')di-, [18285-19-3], 8:156;29:131

$O_{11}NOs_3C_{13}H_3$, Osmium, (acetonitrile) undecacarbonyltri-, *triangulo*, [65702-94-5], 26:290;28:232

$O_{11}NOs_3C_{16}H_5$, Osmium, undecacarbonyl (pyridine) tri-, *triangulo*, [65892-11-7], 26:291;28:234

$O_{11}NOs_3P_2C_{47}H_{31}$, Phosphorus(1+), triphenyl(*P*,*P*,*P*-triphenylphosphine imidato-*N*)-, (*T*-4)-, μ-carbonyldecacarbonyl-μ-hydrotriosmate(1-) *triangulo*, [61182-08-9], 25:193; 28:236

$O_{11}NRu_3C_{19}H_{21}$, Ethanaminium, *N*,*N*,*N*-triethyl-, μ-carbonyldecacarbonyl-μ-hydrotriruthenate(1-) *triangulo*, [12693-45-7], 24:168

$O_{11}N_2P_2Ru_3C_{46}H_{30}$, Phosphorus(1+), triphenyl(*P*,*P*,*P*-triphenylphosphine imidato-*N*)-, (*T*-4)-, decacarbonyl-μ-nitrosyltriruthenate(1-) *triangulo*, [79085-63-5], 22:163,165

$O_{11}Os_3C_{12}H_4$, Osmium, decacarbonyl-μ-hydro[μ-(methoxymethylidyne)] tri-, *triangulo*, [69048-01-7], 27:202

$O_{11}Os_3C_{12}H_6$, Osmium, nonacarbonyltri-μ-hydro[μ_3-(methoxyoxoethylidyne)] tri-, *triangulo*, [78697-98-0], 27:204

$O_{11}PRu_3C_{19}H_{11}$, Ruthenium, undecacarbonyl (dimethylphenylphosphine) tri-,

triangulo, [38686-57-6], 26:273; 28:223

$O_{11}Ru_3C_{12}H_4$, Ruthenium, decacarbonyl-μ-hydro[μ-(methoxymethylidyne)] tri-, *triangulo*, [71737-42-3], 27:198

$O_{12}AgCl_3N_{10}C_6H_{16}$, Silver(3+), (3,8-diimino-2,4,7,9-tetraazadecanediimidamide-*N*',*N*''',*N*^{4},*N*^{7})-, (*SP*-4-2)-, triperchlorate, [15890-99-0], 6:78

$O_{12}Ag_2N_{20}S_3C_{12}H_{32}$, Silver(3+), (3,8-diimino-2,4,7,9-tetraazadecanediimidamide-*N*',*N*''',*N*^{4},*N*^{7})-, (*SP*-4-2)-, sulfate (2:3), [16037-61-9], 6:77

$O_{12}AlK_3C_6.3H_2O$, Aluminate(3-), tris [ethanedioato(2-)-*O*,*O*']-, tripotassium, trihydrate, (*OC*-6-11)-, [15242-51-0], 1:36

$O_{12}AuCo_3FePC_{30}H_{15}$, Iron, tricarbonyl (tri-μ-carbonylhexacarbonyltricobalt) [(triphenylphosphine) gold]-, (3*Au-Co*)(3*Co-Co*)(3*Co-Fe*), [79829-47-3], 27:188

$O_{12}Au_3CoP_3Ru_3C_{66}H_{45}$, Ruthenium, di-μ-carbonylnonacarbonyl (carbonylcobalt)[tris (triphenylphosphine) trigold] tri-, (2*Au-Au*)(2*Au-Co*) (5*Au-Ru*)(3*Co-Ru*)(3*Ru-Ru*), [84699-82-1], 26:327

$O_{12}Ba_3H_4I_2$, Periodic acid (H_5IO_6), barium salt (2:3), [149189-78-6], 1:171

$O_{12}Ba_4BiPb_{1.95-2.1}Tl_{0.9-1.05}$, Barium bismuth lead thallium oxide ($Ba_4BiPb_{1.95-2.1}Tl_{0.9-1.05}O_{12}$), [133494-87-8], 30:208

$O_{12}Bi_4K_2N_4C_{36}H_{72}$, Potassium(1+), (4,7,13,16,21,24-hexaoxa-1,10-diazabicyclo[8.8.8] hexacosane-*N*^{1},*N*^{10},*O*^{4},*O*^{7},*O*^{13},*O*^{16},*O*^{21},*O*^{24})-, (tetrabismuth)(2-) (2:1), [70320-09-1], 22:151

$O_{12}Bi_4Ti_3$, Bismuth titanium oxide ($Bi_4Ti_3O_{12}$), [12010-77-4], 14:144; 30:112

$O_{12}Br_2Re_2C_{32}H_{28}$, Rhenium, dibromotetrakis[μ-(4-methoxybenzoato-*O*^{1}:*O*$^{1'}$)]di-, (*Re-Re*), [33700-35-5], 13:86

$O_{12}ClP_3Sr_5$, Strontium chloride phosphate ($Sr_5Cl(PO_4)_3$), [11088-40-7], 14:126

$O_{12}Cl_2CoH_{15}N_5Re$, Rhenium(2+), μ-oxotrioxo (pentaamminecobalt)-, diperchlorate, [31085-10-6], 12:216

$O_{12}Cl_2P_4RuC_{24}H_{60}$, Ruthenium, dichlorotetrakis (triethyl phosphite-*P*)-, [53433-15-1], 15:40

$O_{12}Cl_2Re_2C_{32}H_{28}$, Rhenium, dichlorotetrakis[μ-(4-methoxybenzoato-*O*^{1}:*O*$^{1'}$)]di-, (*Re-Re*), [33540-83-9], 13:86

$O_{12}Cl_3H_{18}N_6Rh$, Rhodium(3+), hexaammine-, (*OC*-6-11)-, triperchlorate, [60245-92-3], 24:255

$O_{12}Cl_6Ti_3C_{30}H_{42}$, Titanium(1+), tris(2,4-pentanedionato-*O*,*O*')-, (*OC*-6-11)-, (*OC*-6-11)-hexachlorotitanate(2-) (2:1), [12088-57-2], 2:119;7:50; 8:37

$O_{12}Cl_{12}CoN_6Sb_2C_6H_{18}$, Cobalt(2+), hexakis (nitromethane-*O*)-, (*OC*-6-11)-, bis[(*OC*-6-11)-hexachloroantimonate(1-)], [25973-90-4], 29:114

$O_{12}CoH_{15}N_5Re_3$, Rhenium(2+), μ-oxotrioxo (pentaamminecobalt)-, bis[(*T*-4)-tetraoxorhenate(1-)], [31031-09-1], 12:215

$O_{12}CoH_{15}N_6$, Cobalt(3+), triammine-triaqua-, trinitrate, [14640-49-4], 6:191

$O_{12}CoK_3C_6$, Cobaltate(3-), tris [ethanedioato(2-)-*O*,*O*']-, tripotassium, (*OC*-6-11)-, [14239-07-7], 1:37

———, Cobaltate(3-), tris [ethanedioato (2-)-*O*,*O*']-, tripotassium, (*OC*-6-11-Δ)-, [15631-50-2], 8:209

———, Cobaltate(3-), tris [ethanedioato (2-)-*O*,*O*']-, tripotassium, (*OC*-6-11-Λ)-, [15631-51-3], 1:37

$O_{12}CoK_3C_6.3H_2O$, Cobaltate(3-), tris [ethanedioato(2-)-*O*,*O*']-, tripotassium, trihydrate, (*OC*-6-11)-, [15275-08-8], 8:208;8:209

$O_{12}CoN_3C_{15}H_{18}$, Cobalt, tris(3-nitro-2,4-pentanedionato-O^2,O^4)-, (*OC*-6-11)-, [15169-25-2], 7:205

$O_{12}CoP_4C_{72}H_{61}$, Cobalt, hydrotetrakis (triphenyl phosphite-*P*)-, [24651-64-7], 13:107

$O_{12}Co_2N_6C_{16}H_{28}.3H_2O$, Cobalt(1+), bis(1,2-ethanediamine-*N*,*N*') [ethanedioato(2-)-*O*,*O*']-, (*OC*-6-22-Δ)-, (*OC*-6-21-*A*)-[[*N*,*N*'-1,2-ethanediylbis[*N*-(carboxymethyl) glycinato]](4-)-*N*,*N*',*O*,*O*',O^N,$O^{N'}$] cobaltate(1-), trihydrate, [151085-67-5], 18:100

$O_{12}Co_2N_8C_{10}H_{24}$, Cobalt(1+), bis(1,2-ethanediamine-*N*,*N*') bis (nitrito-*O*)-, (*OC*-6-22-Λ)-, (*OC*-6-21-Δ)-(1,2-ethanediamine-*N*,*N*') bis [ethanedioato (2-)-*O*,*O*'] cobaltate(1-), [31916-64-0], 13:197

———, Cobalt(1+), bis(1,2-ethanediamine-*N*,*N*') bis (nitrito-*O*)-, (*OC*-6-22-Λ)-, (*OC*-6-21-Λ)-(1,2-ethanediamine-*N*,*N*') bis [ethanedioato (2-)-*O*,*O*'] cobaltate(1-), [31916-63-9], 13:197

$O_{12}Co_2N_8C_{12}H_{26}$, Cobalt(1+), bis(1,2-ethanediamine-*N*,*N*')[ethanedioato (2-)-*O*,*O*']-, (*OC*-6-22-Δ)-, [*OC*-6-13-*C*-[*R*-(*R**,*R**)]]-[[*N*,*N*'-1,2-ethanediylbis [glycinato]](2-)-*N*,*N*',*O*,*O*'] bis (nitrito-*N*) cobaltate(1-), [151085-66-4], 18:101

$O_{12}Co_2N_8C_{14}H_{28}.3H_2O$, Cobalt(1+), bis(1,2-ethanediamine-*N*,*N*') bis (nitrito-*N*)-, (*OC*-6-22-Δ)-, (*OC*-6-21)-[[*N*,*N*'-1,2-ethanediylbis [*N*-(carboxymethyl) glycinato]](4-)-*N*,*N*',*O*,*O*',O^N,$O^{N'}$] cobaltate(1-), trihydrate, [150124-41-7], 6:193

$O_{12}Co_2N_{12}C_6H_{36}.4H_2O$, Cobalt(3+), hexaammine-, (*OC*-6-11)-, ethanedioate (2:3), tetrahydrate, [73849-01-1], 2:220

$O_{12}Co_2S_3.18H_2O$, Sulfuric acid, cobalt(3+) salt (3:2), octadecahydrate, [13494-89-8], 5:181

$O_{12}Co_3CuNRuC_{14}H_3$, Ruthenium, [(acetonitrile) copper] tricarbonyl (tri-μ-carbonylhexacarbonyltricobalt)-, (3*Co-Co*)(3*Co-Cu*)(3*Co-Ru*), [90636-15-0], 26:359

$O_{12}Co_3FeNC_{20}H_{20}$, Ethanaminium, *N*,*N*,*N*-triethyl-, tricarbonyl (tri-μ-carbonylhexacarbonyltricobaltate) ferrate(1-) (3*Co-Co*)(3*Co-Fe*), [53509-36-7], 27:188

$O_{12}Co_3NRuC_{20}H_{20}$, Ethanaminium, *N*,*N*,*N*-triethyl-, tricarbonyl (tri-μ-carbonylhexacarbonyltricobaltate) ruthenate(1-) (3*Co-Co*)(3*Co-Ru*), [78081-30-8], 26:358

$O_{12}Co_3RuC_{12}H$, Ruthenium, tricarbonyl (tri-μ-carbonylhexacarbonyl-μ_3-hydrotricobalt)-, (3*Co-Co*)(3*Co-Ru*), [24013-40-9], 25:164

$O_{12}Co_4C_{12}$, Cobalt, dodecacarbonyltetra-, tetrahedro, [15041-50-6], 2:243; 5:191

$O_{12}CrC_6$, Chromate(3-), tris [ethanedioato (2-)-*O*,*O*']-, (*OC*-6-11)-, [15054-01-0], 25:139

$O_{12}CrK_3C_6.H_2O$, Chromate(3-), tris [ethanedioato(2-)-*O*,*O*']-, tripotassium, monohydrate, (*OC*-6-11-Δ)-, [152693-30-6], 25:141

$O_{12}CrK_3C_6.2H_2O$, Chromate(3-), tris [ethanedioato(2-)-*O*,*O*']-, tripotassium, dihydrate, (*OC*-6-11-Λ)-, [19413-85-5], 25:141

$O_{12}CrK_3C_6.3H_2O$, Chromate(3-), tris [ethanedioato(2-)-*O*,*O*']-, tripotassium, trihydrate, (*OC*-6-11)-, [15275-09-9], 1:37;19:127

$O_{12}CrK_3C_9H_6.3H_2O$, Chromate(3-), tris [propanedioato(2-)-*O*,*O*']-, tripotassium, trihydrate, (*OC*-6-11)-, [70366-25-5], 16:80

$O_{12}CrLiN_6C_{14}H_{32}.3H_2O$, Chromium(3+), tris(1,2-ethanediamine-*N,N'*)-, (*OC*-6-11-Λ)-, lithium salt with [*R*-(*R**,*R**)]-2,3-dihydroxybutanedioic acid (1:1:2), trihydrate, [59388-89-5], 12:274

$O_{12}CrS_3$, Sulfuric acid, chromium(3+) salt (3:2), [10101-53-8], 2:197

$O_{12}Cr_2N_{12}S_3C_{12}H_{48}$, Chromium(3+), tris(1,2-ethanediamine-*N,N'*)-, (*OC*-6-11)-, sulfate (2:3), [13408-71-4], 2:198;13:233

$O_{12}Cr_5$, Chromic acid (H_2CrO_4), chromium(3+) salt (3:2), [24613-89-6], 2:192

$O_{12}Eu_2C_6.10H_2O$, Europium, [μ-[ethanedioato(2-)-*O,O'''*:*O',O''*]] bis [ethanedioato(2-)-*O,O'*]di-, decahydrate, [51373-59-2], 2:66

$O_{12}F_4Re_4C_{12}.4H_2O$, Rhenium, dodecacarbonyltetra-μ_3-fluorotetra-, tetrahydrate, [130006-12-1], 26:82

$O_{12}F_{12}N_5PtS_4C_4H_{15}$, Platinum(3+), pentaammine (trifluoromethanesulfonato-*O*)-, (*OC*-6-22)-, salt with trifluoromethanesulfonic acid (1:3), [84254-63-7], 24:278

$O_{12}FeK_3C_6.3H_2O$, Ferrate(3-), tris [ethanedioato(2-)-*O,O'*]-, tripotassium, trihydrate, (*OC*-6-11)-, [5936-11-8], 1:36

$O_{12}Fe_3C_{12}$, Iron, di-μ-carbonyldecacarbonyltri-, *triangulo*, [17685-52-8], 8:181

$O_{12}Fe_4NC_{21}H_{21}$, Ethanaminium, *N,N,N*-triethyl-, dodecacarbonyl-μ-hydro-μ_4-methanetetrayltetraferrate(1-) (5*Fe-Fe*), [79723-27-6], 27:186

$O_{12}Fe_4N_2C_{29}H_{40}$, Ethanaminium, *N,N,N*-triethyl-, dodecacarbonyl-μ_4-methanetetrayltetraferrate(2-) (5*Fe-Fe*) (2:1), [83270-11-5], 27:187

$O_{12}Fe_4N_2P_4C_{85}H_{60}$, Phosphorus(1+), triphenyl(*P,P,P*-triphenylphosphine imidato-*N*)-, (*T*-4)-, dodecacarbonyl-μ_4-methanetetrayltetraferrate(2-) (5*Fe-Fe*) (2:1), [74792-05-5], 26:246

$O_{12}GeK_2C_6.H_2O$, Germanate(2-), tris [ethanedioato(2-)-*O,O'*]-, dipotassium, monohydrate, (*OC*-6-11)-, [17374-62-8], 8:34

$O_{12}HgMoRu_3C_{23}H_{14}$, Molybdenum, tricarbonyl(η^5-2,4-cyclopentadien-1-yl) mercurate [nonacarbonyl[μ_3-[(1-η:1,2-η:1,2-η)-3,3-dimethyl-1-butynyl]] triruthenate]-, (*Hg-Mo*) (2*Hg-Ru*)(3*Ru-Ru*), [84802-27-7], 26:333

$O_{12}I_2K_2Ni_2.H_2O$, Periodic acid (H_5IO_6), nickel(4+) potassium salt, hydrate (2:2:2:1), [149189-75-3], 5:202

$O_{12}Ir_4C_{12}$, Iridium, dodecacarbonyltetra-, tetrahedro, [18827-81-1], 13:95;28:245

$O_{12}K_2N_2ZrC_{12}H_{12}$, Zirconate(2-), bis[*N,N*-bis (carboxymethyl) glycinato(3-)-*N,O,O',O''*]-, dipotassium, [12366-46-0], 10:7

$O_{12}K_2Sb_2C_8H_4$, Antimonate(2-), bis [μ-[2,3-dihydroxybutanedioato(4-)-O^1,O^2:O^3,O^4]]di-, dipotassium, stereoisomer, [11071-15-1], 23:76-81

$O_{12}LiN_6RhC_{14}H_{32}.3H_2O$, Rhodium(3+), tris(1,2-ethanediamine-*N,N'*)-, (*OC*-6-11-Λ)-, lithium salt with [*R*-(*R**,*R**)]-2,3-dihydroxybutanedioic acid (1:1:2), trihydrate, [151208-25-2], 12:272

$O_{12}Mn_3C_{12}H_3$, Manganese, dodecacarbonyltri-μ-hydrotri-, *triangulo*, [51160-01-1], 12:43

$O_{12}Mn_4S_4C_{36}H_{20}$, Manganese, tetrakis [$\mu_3$-(benzenethiolato)] dodecacarbonyltetra-, [24819-02-1], 25:117

$O_{12}Mo_2C_{32}H_{28}$, Molybdenum, tetrakis[μ-(4-methoxybenzoato-O^1:$O^{1'}$)]di-, (*Mo-Mo*), [33637-87-5], 13:89

$O_{12}Mo_2N_{12}P_6C_{24}H_{36}$, Molybdenum, hexacarbonyltris[μ-(1,3,5,7-tetramethyl-1*H*,5*H*-[1,4,2,3] diazadiphospholo[2,3-*b*][1,4,2,3] diazadiphosphole-2,6(3*H*,7*H*)-dione-P^4:P^8)]di-, [86442-02-6], 24:124

$O_{12}N_2Ni_6C_{20}H_{24}$, Methanaminium, *N,N,N*-trimethyl-, hexa-μ-carbonylhexacarbonylhexanickelate(2-) *octahedro* (2:1), [60464-19-9], 26:312

$O_{12}N_2Os_3C_{10}$, Osmium, decacarbonyldi-μ-nitrosyl-, (2*Os-Os*), [36583-25-2], 16:40

$O_{12}N_2P_4PtRh_4C_{84}H_{60}$, Phosphorus(1+), triphenyl(*P,P,P*-triphenylphosphine imidato-*N*)-, (*T*-4)-, hexa-μ-carbonylpentacarbonyl (carbonylplatinate) tetrarhodate(2-) (3*Pt-Rh*)(6*Rh-Rh*) (2:1), [77906-02-6], 26:375

$O_{12}N_2Pt_6C_{44}H_{72}$, 1-Butanaminium, *N,N,N*-tributyl-, hexa-μ-carbonylhexacarbonylhexaplatinate(2-) (9*Pt-Pt*) (2:1), [72264-20-1], 26:316

$O_{12}N_2Ru_3C_{10}$, Ruthenium, decacarbonyldi-μ-nitrosyltri-, (2*Ru-Ru*), [36583-24-1], 16:39

$O_{12}N_8S_4C_{72}H_{52}$, Pyridinium, 4,4',4'',4'''-(21*H*,23*H*-porphine-5,10,15,20-tetrayl) tetrakis[1-methyl-, salt with 4-methylbenzenesulfonic acid (1:4), [36951-72-1], 23:57

$O_{12}Na_4P_4.4H_2O$, Metaphosphoric acid ($H_4P_4O_{12}$), tetrasodium salt, tetrahydrate, [17031-96-8], 5:98

$O_{12}Nd_2C_6.10H_2O$, Ethanedioic acid, neodymium(3+) salt (3:2), decahydrate, [14551-74-7], 2:60

$O_{12}NiP_4C_{12}H_{36}$, Nickel, tetrakis (trimethyl phosphite-*P*)-, (*T*-4)-, [14881-35-7], 17:119;28:101

$O_{12}NiP_4C_{24}H_{60}$, Nickel, tetrakis (triethyl phosphite-*P*)-, (*T*-4)-, [14839-39-5], 13:112;17:119;28:101

$O_{12}NiP_4C_{36}H_{84}$, Nickel, tetrakis [tris(1-methylethyl) phosphite-*P*]-, (*T*-4)-, [36700-07-9], 17:119;28:101

$O_{12}NiP_4C_{72}H_{60}$, Nickel, tetrakis (triphenyl phosphite-*P*)-, (*T*-4)-, [14221-00-2], 9:181;13:108,116;17:

$O_{12}Os_3C_{12}$, Osmium, dodecacarbonyltri-, *triangulo*, [15696-40-9], 13:93;28:230

$O_{12}Os_4C_{12}H_4$, Osmium, dodecacarbonyltetra-μ-hydrotetra-, *tetrahedro,* [12375-04-1], 28:240

$O_{12}Os_4S_2C_{12}$, Osmium, dodecacarbonyldi-μ_3-thioxotetra-, (5*Os-Os*), [82093-50-3], 26:307

$O_{12}P_4PdC_{24}H_{60}$, Palladium, tetrakis (triethyl phosphite-*P*)-, (*T*-4)-, [23066-14-0], 13:113;28:105

$O_{12}P_4PtC_{24}H_{60}$, Platinum(2+), tetrakis (triethyl phosphite-*P*)-, (*SP*-4-1)-, [38162-00-4], 13:115

———, Platinum, tetrakis (triethyl phosphite-*P*)-, (*T*-4)-, [23066-15-1], 28:106

$O_{12}P_4PtC_{72}H_{60}$, Platinum, tetrakis (triphenyl phosphite-*P*)-, (*T*-4)-, [22372-53-8], 13:109

$O_{12}P_4RhC_{72}H_{61}$, Rhodium, hydrotetrakis (triphenyl phosphite-*P*)-, [24651-65-8], 13:109

$O_{12}P_4Rh_2S_2C_{20}H_{54}$, Rhodium, bis[μ-(2-methyl-2-propanethiolato)] tetrakis (trimethyl phosphite-*P*)di-, [71269-63-1], 23:123

$O_{12}P_4RuC_{24}H_{62}$, Ruthenium, dihydrotetrakis (triethyl phosphite-*P*)-, [53495-34-4], 15:40

$O_{12}P_4Sn_3C_{60}H_{70}$, Tin(1+), tributyltris[μ-(diphenylphosphinato-*O*:*O*')] tri-μ-hydroxy-μ_3-oxotri-, diphenylphosphinate, [106710-10-5], 29:25

$O_{12}P_4Sn_4C_{64}H_{76}$, Tin, tetrabutyltetrakis [μ-(diphenylphosphinato-*O*:*O*')] tetra-μ_3-oxotetra-, [145381-26-6], 29:25

$O_{12}Re_3C_{12}H_3$, Rhenium, dodecacarbonyltri-μ-hydrotri-, *triangulo*, [73463-62-4], 17:66

$O_{12}Re_4C_{12}H_4$, Rhenium, dodecacarbonyltetrahydrotetra-, [11064-22-5], 18:60

$O_{12}Rh_4C_{12}$, Rhodium, tri-μ-carbonylnonacarbonyltetra-, tetrahedro, [19584-30-6], 17:115;20:209;28:242

$O_{12}Ru_3C_{12}$, Ruthenium, dodecacarbonyltri-, *triangulo*, [15243-33-1], 13:92;16:45,47;26:25

$O_{12}Ru_4C_{12}H_4$, Ruthenium, dodecacarbonyltetra-μ-hydrotetra-, *tetrahedro*, [34438-91-0], 26:262;28:219

$O_{12}SV_2$, Sulfuric acid, vanadium(3+) salt (3:2), [13701-70-7], 7:92

$O_{12}UZnC_{12}H_{18}$, Acetic acid, uranium(4+) zinc salt (6:1:1), [66922-96-1], 9:42

———, Uranate(2-), hexakis (acetato-*O*)-, [12090-29-8], 9:42

$O_{13}Be_4C_6H_6$, Beryllium, hexakis[μ-(formato-*O*:*O*')]-μ_4-oxotetra-, [42556-30-9], 3:7,8

$O_{13}Be_4C_{12}H_{18}$, Beryllium, hexakis[μ-(acetato-*O*:*O*')]-μ_4-oxotetra-, [19049-40-2], 3:4;3:7-9

$O_{13}Be_4C_{15}H_{24}$, Beryllium, tris[μ-(acetato-*O*:*O*')]-μ_4-oxotris[μ-(propanoato-*O*:*O*')] tetra-, [149165-74-2], 3:7,8

$O_{13}Be_4C_{18}H_{30}$, Beryllium, μ_4-oxohexakis [μ-(propanoato-*O*:*O*')] tetra-, [36593-61-0], 3:7-9

$O_{13}Be_4C_{20}H_{34}$, Beryllium, bis[μ-(acetato-*O*:*O*')] tetrakis[μ-(2-methylpropanoato-*O*:*O*')]-μ_4-oxotetra-, [149165-73-1], 3:7

$O_{13}Be_4C_{24}H_{42}$, Beryllium, hexakis[μ-(butanoato-*O*:*O*')]-μ_4-oxotetra-, [56377-89-0], 3:7;3:8

———, Beryllium, hexakis[μ-(2-methylpropanoato-*O*:*O*')]-μ_4-oxotetra-, [56377-90-3], 3:7;3:8

$O_{13}Be_4C_{30}H_{54}$, Beryllium, hexakis[μ-(2,2-dimethylpropanoato-*O*:*O*')]-μ_4-oxotetra-, [56377-82-3], 3:7;3:8

———, Beryllium, hexakis[μ-(3-methylbutanoato-*O*:*O*')]-μ_4-oxotetra-, [56377-83-4], 3:7;3:8

$O_{13}Be_4C_{42}H_{30}$, Beryllium, hexakis[μ-(benzoato-*O*:*O*')]-μ_4-oxotetra-, tetrahedro, [12216-77-2], 3:7

$O_{13}Be_4Cl_6C_{42}H_{24}$, Beryllium, hexakis [μ-(2-chlorobenzoato-*O*:*O*')]-μ_4-oxotetra-, [149165-75-3], 3:7

$O_{13}Ca_5HP_3$, Calcium hydroxide phosphate ($Ca_5(OH)(PO_4)_3$), [12167-74-7], 6:16;7:63

———, Hydroxylapatite ($Ca_5(OH)(PO_4)_3$), [1306-06-5], 6:16;7:63

$O_{13}CeN_3C_8H_{16}$, Cerium, tris (nitrato-*O*) (1,4,7,10-tetraoxacyclododecane-O^1,O^4,O^7,O^{10})-, [73297-41-3], 23:151

$O_{13}Cl_2Co_2N_6CH_{20}$, Cobalt(2+), hexaammine[μ-[carbonato(2-)-*O*:*O*']]di-μ-hydroxydi-, diperchlorate, [103621-42-7], 23:107,112

$O_{13}Cl_3H_{17}IrN_5$, Iridium(3+), pentaammineaqua-, (*OC*-6-22)-, triperchlorate, [31285-82-2], 12:244

$O_{13}Cl_3H_{17}N_5Rh$, Rhodium(3+), pentaammineaqua-, (*OC*-6-22)-, triperchlorate, [15611-81-1], 24:254

$O_{13}CoH_{17}N_5Re_3.2H_2O$, Cobalt(3+), pentaammineaqua-, (*OC*-6-22)-, tris[(*T*-4)-tetraoxorhenate(1-)], dihydrate, [20774-10-1], 12:214

$O_{13}CoNP_2Ru_3C_{49}H_{30}$, Phosphorus(1+), triphenyl(*P*,*P*,*P*-triphenylphosphine imidato-*N*)-, (*T*-4), tri-μ-carbonylnonacarbonyl (carbonylcobaltate) triruthenate(1-) (3*Co-Ru*)(3*Ru-Ru*), [72152-11-5], 21:61,63

$O_{13}CrH_{21}N_{10}$, Chromium(3+), pentaammineaqua-, (*OC*-6-22)-, ammonium nitrate (1:1:4), [41729-31-1], 5:132

$O_{13}DyN_3C_8H_{16}$, Dysprosium, tris (nitrato-*O*)(1,4,7,10-tetraoxacyclododecane-O^1,O^4,O^7,O^{10})-, [73288-74-1], 23:151

$O_{13}ErN_3C_8H_{16}$, Erbium, tris (nitrato-*O*) (1,4,7,10-tetraoxacyclododecane-O^1,O^4,O^7,O^{10})-, [73297-44-6], 23:151

$O_{13}EuN_3C_8H_{16}$, Europium, tris (nitrato-*O*) (1,4,7,10-tetraoxacyclododecane-O^1,O^4,O^7,O^{10})-, [73288-72-9], 23:151

$O_{13}FeNP_2Ru_3C_{49}H_{31}$, Phosphorus(1+), triphenyl(*P*,*P*,*P*-triphenylphosphine imidato-*N*)-, (*T*-4)-, di-μ-carbonylnonacarbonyl (dicarbonylferrate)-μ-hydrotriruthenate(1-) (3*Fe-Ru*) (3*Ru-Ru*), [78571-90-1], 21:60

$O_{13}FeOs_3C_{13}H_2$, Osmium, di-μ-carbonylnonacarbonyl (dicarbonyliron)di-μ-hydrotri-, (3*Fe-Os*)(3*Os-Os*), [12563-74-5], 21:63

$O_{13}FeRu_3C_{13}H_2$, Ruthenium, tridecacarbonyldihydroirontri-, [12375-24-5], 21:58

$O_{13}Fe_4C_{14}$, Iron, μ-carbonyldodecacarbonyl-μ_4-methanetetrayltetra-, (5*Fe-Fe*), [79061-73-7], 27:185

$O_{13}Fe_4N_2P_4C_{85}H_{60}$, Phosphorus(1+), triphenyl(*P*,*P*,*P*-triphenylphosphine imidato-*N*)-, (*T*-4)-, μ_3-carbonyldodecacarbonyltetraferrate(2-) tetrahedro (2:1), [69665-30-1], 21:66,68

$O_{13}GdN_3C_8H_{16}$, Gadolinium, tris (nitrato-*O*)(1,4,7,10-tetraoxacyclododecane-O^1,O^4,O^7,O^{10})-, [73297-43-5], 23:151

$O_{13}H_{18}Mo_3$, Molybdenum(4+), nonaaquatri-μ-oxo-μ_3-oxotri-, *triangulo*, [74353-85-8], 23:136

$O_{13}HoN_3C_8H_{16}$, Holmium, tris (nitrato-*O*) (1,4,7,10-tetraoxacyclododecane-O^1,O^4,O^7,O^{10})-, [73288-75-2], 23:151

$O_{13}LaN_3C_8H_{16}$, Lanthanum, tris (nitrato-*O*)(1,4,7,10-tetraoxacyclododecane-O^1,O^4,O^7,O^{10})-, [73288-70-7], 23:151

$O_{13}LuN_3C_8H_{16}$, Lutetium, tris (nitrato-*O*) (1,4,7,10-tetraoxacyclododecane-O^1,O^4,O^7,O^{10})-, [73288-78-5], 23:151

$O_{13}N_3NdC_8H_{16}$, Neodymium, tris (nitrato-*O*)(1,4,7,10-tetraoxacyclododecane-O^1,O^4,O^7,O^{10})-, [71534-52-6], 23:151

$O_{13}N_3PrC_8H_{16}$, Praseodymium, tris (nitrato-*O*,*O*')(1,4,7,10-tetraoxacyclododecane-O^1,O^4,O^7,O^{10})-, [73288-71-8], 23:152

$O_{13}N_3SmC_8H_{16}$, Samarium, tris (nitrato-*O*,*O*')(1,4,7,10-tetraoxacyclododecane-O^1,O^4,O^7,O^{10})-, [73297-42-4], 23:151

$O_{13}N_3TbC_8H_{16}$, Terbium, tris (nitrato-*O*) (1,4,7,10-tetraoxacyclododecane-O^1,O^4,O^7,O^{10})-, [73288-73-0], 23:151

$O_{13}N_3TmC_8H_{16}$, Thulium, tris (nitrato-*O*) (1,4,7,10-tetraoxacyclododecane-O^1,O^4,O^7,O^{10})-, [73288-76-3], 23:151

$O_{13}N_3YbC_8H_{16}$, Ytterbium, tris (nitrato-*O*) (1,4,7,10-tetraoxacyclododecane-O^1,O^4,O^7,O^{10})-, [73288-77-4], 23:151

$O_{13}N_{18}P_4C_6H_{36}$, Guanidine, tetraphosphate (6:1), [26903-01-5], 5:97

$O_{13}N_{18}P_4C_6H_{36}.H_2O$, Tetraphosphoric acid, compd. with guanidine (1:6), monohydrate, [66591-48-8], 5:97

$O_{13}Na_6P_4$, Tetraphosphoric acid, hexasodium salt, [14986-84-6], 5:99

$O_{13}Os_3RuC_{13}H_2$, Osmium, di-μ-carbonylnonacarbonyl (dicarbonylruthenium)di-μ-hydrotri-, (3*Os-Os*) (3*Os-Ru*), [75901-26-7], 21:64

$O_{13}Os_4S_2C_{13}$, Osmium, tridecacarbonyldi-μ_3-thioxotetra-, (3*Os-Os*), [83928-37-4], 26:307

$O_{13}P_2Ru_4C_{39}H_{36}$, Ruthenium, decacarbonyl (dimethylphenylphosphine) tetra-μ-hydro [tris(4-methylphenyl) phosphite-*P*] tetra-, tetrahedro, [86277-05-6], 26:278;28:229

$O_{14}Al_2Na_2Si_5.xH_2O$, Aluminum silicon sodium oxide ($Al_2Si_5Na_2O_{14}$), hydrate, [117314-29-1], 22:64;30:229

$O_{14}As_2CoN_4C_{17}H_{27}$, Cobalt(2+), bis(1,2-ethanediamine-*N*,*N*')(2,4-pentanedionato-*O*,*O*')-, (*OC*-6-22-Λ)-, bis[μ-[2,3-dihydroxybutanedioato (2-)-$O^1,O^2:O^3,O^4$]] diarsenate(2-) (1:1), [12266-75-0], 9:168

$O_{14}CeN_3C_{10}H_{20}$, Cerium, tris (nitrato-*O*,*O*')(1,4,7,10,13-pentaoxacyclopentadecane-$O^1,O^4,O^7,O^{10},O^{13}$)-, [67216-25-5], 23:151

$O_{14}CeN_4P_2C_{36}H_{30}$, Cerium, tetrakis (nitrato-*O*) bis (triphenylphosphine oxide-*O*)-, [99300-97-7], 23:178

$O_{14}Cl_3CoH_{16}N_4$, Cobalt(3+), tetraamminediaqua-, (*OC*-6-22)-, triperchlorate, [15040-53-6], 18:83
$O_{14}Cl_3CrH_{16}N_4$, Chromium(3+), tetraamminediaqua-, (*OC*-6-22)-, triperchlorate, [41733-15-7], 18:82
$O_{14}CoN_6C_{54}H_{73}$, Cobyrinic acid, dicyanide, heptamethyl ester, [36522-80-2], 20:139
$O_{14}CoN_{13}PC_{63}H_{91}$, Cobinamide, *Co*-methyl deriv., dihydrogen phosphate (ester), inner salt, 3'-ester with 5,6-dimethyl-1-α-D-ribofuranosyl-1*H*-benzimidazole, [13422-55-4], 20:136
$O_{14}Co_2H_{26}N_{13}$, Cobalt(4+), μ-amidooctaammine[μ-(superoxido-*O*:*O*')]di-, tetranitrate, [12139-90-1], 12:206
$O_{14}Co_2H_{30}N_{14}$, Cobalt(4+), decaammine [μ-(peroxy-*O*:*O*')]di-, tetranitrate, [16632-71-6], 12:198
$O_{14}Co_2K_2N_8C_2H_{12}.H_2O$, Cobaltate(1-), diammine [carbonato(2-)-*O*,*O*] bis (nitrito-*N*)-, potassium, hydrate (2:1), (*OC*-6-32)-, [152227-43-5], 23:70
$O_{14}Co_2N_8S_4C_8H_{34}$, Cobalt(4+), tetrakis (1,2-ethanediamine-*N*,*N*')di-μ-hydroxydi-, dithionate (1:2), [67327-01-9], 18:92
$O_{14}Co_2N_{13}C_8H_{34}$, Cobalt(4+), μ-amido-tetrakis(1,2-ethanediamine-*N*,*N*')-μ-superoxidodi-, tetranitrate, [53433-46-8], 12:205,208
$O_{14}Co_3N_8S_2C_8H_{40}.7H_2O$, Cobalt(4+), diaquatetrakis(1,2-ethanediamine-*N*,*N*') tetra-μ-hydroxytri-, sulfate (1:2), heptahydrate, [60270-46-4], 8:199
$O_{14}Cr_2N_8S_4C_8H_{34}$, Chromium(4+), tetrakis(1,2-ethanediamine-*N*,*N*')di-μ-hydroxydi-, dithionate (1:2), [15038-32-1], 18:90
$O_{14}DyN_3C_{10}H_{20}$, Dysprosium, tris (nitrato-*O*,*O*')(1,4,7,10,13-pentaoxacyclopentadecane-$O^1,O^4,O^7,O^{10},O^{13}$)-, [77371-98-3], 23:151
$O_{14}ErN_3C_{10}H_{20}$, Erbium, tris (nitrato-*O*,*O*')(1,4,7,10,13-pentaoxacyclopentadecane-$O^1,O^4,O^7,O^{10},O^{13}$)-, [77372-02-2], 23:151
$O_{14}EuN_3C_{10}H_{20}$, Europium, tris (nitrato-*O*)(1,4,7,10,13-pentaoxacyclopentadecane-$O^1,O^4,O^7,O^{10},O^{13}$)-, [73798-11-5], 23:151
$O_{14}Fe_4NC_{23}H_{23}$, Ethanaminium, *N*,*N*,*N*-triethyl-, dodecacarbonyl[μ_4-(methoxyoxoethylidyne)] tetraferrate(1-) (5*Fe-Fe*), [72872-04-9], 27:184
$O_{14}GdN_3C_{10}H_{20}$, Gadolinium, tris (nitrato-*O*,*O*')(1,4,7,10,13-pentaoxacyclopentadecane-$O^1,O^4,O^7,O^{10},O^{13}$)-, [67269-15-2], 23:151
$O_{14}HoN_3C_{10}H_{20}$, Holmium, tris (nitrato-*O*,*O*')(1,4,7,10,13-pentaoxacyclopentadecane-$O^1,O^4,O^7,O^{10},O^{13}$)-, [77372-00-0], 23:151
$O_{14}LaN_3C_{10}H_{20}$, Lanthanum, tris (nitrato-*O*)(1,4,7,10,13-pentaoxacyclopentadecane-$O^1,O^4,O^7,O^{10},O^{13}$)-, [73798-09-1], 23:151
$O_{14}LuN_3C_{10}H_{20}$, Lutetium, tris (nitrato-*O*,*O*')(1,4,7,10,13-pentaoxacyclopentadecane-$O^1,O^4,O^7,O^{10},O^{13}$)-, [99352-14-4], 23:151
$O_{14}N_2P_2Ru_5C_{50}H_{30}$, Phosphorus(1+), triphenyl(*P*,*P*,*P*-triphenylphosphine imidato-*N*)-, (*T*-4)-, μ-carbonyltridecacarbonyl-μ_5-nitridopentaruthenate(1-) (8*Ru-Ru*), [83312-28-1], 26:288
$O_{14}N_2P_4PtRh_4C_{86}H_{60}$, Phosphorus(1+), triphenyl(*P*,*P*,*P*-triphenylphosphine imidato-*N*)-, (*T*-4)-, penta-μ-carbonyloctacarbonyl (carbonylplatinate) tetrarhodate(2-) (4*Pt-Rh*)(5*Rh-Rh*) (2:1), [78179-93-8], 26:373
$O_{14}N_2P_4Ru_5C_{87}H_{60}$, Phosphorus(1+), triphenyl(*P*,*P*,*P*-triphenylphosphine imidato-*N*)-, (*T*-4)-, μ-carbonyltridecacarbonyl-μ_5-methanetetraylpentaruthenate(2-) (8*Ru-Ru*) (2:1), [88567-84-4], 26:284

$O_{14}N_3NdC_{10}H_{20}$, Neodymium, tris (nitrato-*O*,*O*')(1,4,7,10,13-pentaoxacyclopentadecane-O^1,O^4,O^7,O^{10},O^{13})-, [67216-27-7], 23:151

$O_{14}N_3PrC_{10}H_{20}$, Praseodymium, tris (nitrato-*O*,*O*')(1,4,7,10,13-pentaoxacyclopentadecane-O^1,O^4,O^7,O^{10},O^{13})-, [67216-26-6], 23:151

$O_{14}N_3SmC_{10}H_{20}$, Samarium, tris (nitrato-*O*,*O*')(1,4,7,10,13-pentaoxacyclopentadecane-O^1,O^4,O^7,O^{10},O^{13})-, [67216-28-8], 23:151

$O_{14}N_3TbC_{10}H_{20}$, Terbium, tris (nitrato-*O*,*O*')(1,4,7,10,13-pentaoxacyclopentadecane-O^1,O^4,O^7,O^{10},O^{13})-, [77371-96-1], 23:151

$O_{14}N_3TmC_{10}H_{20}$, Thulium, tris (nitrato-*O*,*O*')(1,4,7,10,13-pentaoxacyclopentadecane-O^1,O^4,O^7,O^{10},O^{13})-, [99352-13-3], 23:151

$O_{14}N_3YbC_{10}H_{20}.xH_2O$, Ytterbium, tris (nitrato-*O*,*O*')(1,4,7,10,13-pentaoxacyclopentadecane-O^1,O^4,O^7, O^{10},O^{13})-, hydrate, [94152-75-7], 23:151

$O_{14}Na_2Ru_5C_{15}$, Ruthenate(2-), μ-carbonyltridecacarbonyl-μ_5-methanetetraylpenta-, (8*Ru-Ru*), disodium, [130449-52-4], 26:284

$O_{14}PRu_4C_{32}H_{25}$, Ruthenium, undecacarbonyltetra-μ-hydro [tris(4-methylphenyl) phosphite-*P*] tetra-, tetrahedro, [86292-13-9], 26:277;28:227

$O_{15}BCoP_5C_{39}H_{65}$, Cobalt(1+), pentakis (trimethyl phosphite-*P*)-, tetraphenylborate(1-), [22323-14-4], 20:81

$O_{15}BIrP_5C_{39}H_{65}$, Iridium(1+), pentakis (trimethyl phosphite-*P*)-, tetraphenylborate(1-), [35083-20-6], 20:79

$O_{15}BP_5RhC_{39}H_{65}$, Rhodium(1+), pentakis (trimethyl phosphite-*P*)-, tetraphenylborate(1-), [33336-87-7], 20:78

$O_{15}B_2NiP_5C_{63}H_{85}$, Nickel(2+), pentakis (trimethyl phosphite-*P*)-, (*TB*-5-11)-, bis [tetraphenylborate(1-)], [53701-88-5], 20:76

$O_{15}B_2P_5PdC_{63}H_{85}$, Palladium(2+), pentakis (trimethyl phosphite-*P*)-, (*TB*-5-11)-, bis [tetraphenylborate (1-)], [53701-82-9], 20:77

$O_{15}B_2P_5PtC_{63}H_{85}$, Platinum(2+), pentakis (trimethyl phosphite-*P*)-, (*TB*-5-11)-, bis [tetraphenylborate(1-)], [53701-86-3], 20:78

$O_{15}CeN_3C_{12}H_{24}$, Cerium, (1,4,7,10,13,16-hexaoxacyclooctadecane-O^1,O^4,O^7, O^{10},O^{13},O^{16}) tris (nitrato-*O*,*O*')-, [67216-31-3], 23:153

$O_{15}CoN_{13}PC_{62}H_{89}$, Cobinamide, hydroxide, dihydrogen phosphate (ester), inner salt, 3'-ester with 5,6-dimethyl-1-α-D-ribofuranosyl-1*H*-benzimidazole, [13422-51-0], 20:138

$O_{15}DyN_3C_{12}H_{24}$, Dysprosium, (1,4,7, 10,13,16-hexaoxacyclooctadecane-O^1,O^4,O^7,O^{10},O^{13},O^{16}) tris (nitrato-*O*,*O*')-, [77372-10-2], 23:153

$O_{15}ErN_3C_{12}H_{24}$, Erbium, (1,4,7,10,13,16 hexaoxacyclooctadecane-O^1,O^4,O^7, O^{10},O^{13},O^{16}) tris (nitrato-*O*,*O*')-, [77402-72-3], 23:153

$O_{15}EuN_3C_{12}H_{24}$, Europium, (1,4,7, 10,13,16-hexaoxacyclooctadecane-O^1,O^4,O^7,O^{10},O^{13},O^{16}) tris (nitrato-*O*,*O*')-, [77372-07-7], 23:153

$O_{15}FeP_5C_{15}H_{45}$, Iron, pentakis (trimethyl phosphite-*P*)-, [55102-04-0], 20:79

$O_{15}HoN_3C_{12}H_{24}$, Holmium, (1,4,7, 10,13,16-hexaoxacyclooctadecane-O^1,O^4,O^7,O^{10},O^{13},O^{16}) tris (nitrato-*O*,*O*')-, [77372-11-3], 23:152

$O_{15}KNbC_{24}H_{42}$, Potassium(1+), tris[1,1'-oxybis[2-methoxyethane]-*O*,*O*',*O*'']-, (*OC*-6-11)-hexacarbonylniobate(1-), [57304-94-6], 16:69

$O_{15}KTaC_{24}H_{42}$, Potassium(1+), tris[1,1'-oxybis[2-methoxyethane]-*O*,*O*',*O*'']-, (*OC*-6-11)-hexacarbonyltantalate(1-), [59992-86-8], 16:71

$O_{15}K_2Rh_6C_{16}$, Rhodate(2-), nona-μ-carbonylhexacarbonyl-μ_6-

methanetetraylhexa-, (9*Rh-Rh*), dipotassium, [53468-95-4], 20:212
$O_{15}K_6S_6.2H_2O$, Disulfurous acid, dipotassium salt, hydrate (3:2), [148832-20-6], 2:165,167
$O_{15}LaN_3C_{12}H_{24}$, Lanthanum, (1,4,7, 10,13,16-hexaoxacyclooctadecane-$O^1,O^4,O^7,O^{10},O^{13},O^{16}$) tris (nitrato-*O*)-, [73817-12-6], 23:153
$O_{15}LuN_3C_{12}H_{24}$, Lutetium, (1,4,7,10, 13,16-hexaoxacyclooctadecane-$O^1,O^4,O^7,O^{10},O^{13},O^{16}$) tris (nitrato-*O,O'*)-, [77372-18-0], 23:153
$O_{15}Mn_3TlC_{15}$, Manganese, pentadecacarbonyl (thallium) tri-, (3*Mn-Tl*), [26669-84-1], 16:61
$O_{15}N_2Os_5P_4C_{87}H_{60}$, Phosphorus(1+), triphenyl(*P,P,P*-triphenylphosphine imidato-*N*)-, (*T*-4)-, pentadecacarbonylpentaosmate(2-) (9*Os-Os*) (2:1), [62414-47-5], 26:299
$O_{15}N_3NdC_{12}H_{24}$, Neodymium, (1,4,7, 10,13,16-hexaoxacyclooctadecane-$O^1,O^4,O^7,O^{10},O^{13},O^{16}$) tris (nitrato-*O,O'*)-, [67216-33-5], 23:151
$O_{15}N_3PrC_{12}H_{24}$, Praseodymium, (1,4,7, 10,13,16-hexaoxacyclooctadecane-$O^1,O^4,O^7,O^{10},O^{13},O^{16}$) tris (nitrato-*O,O'*)-, [67216-32-4], 23:153
$O_{15}N_3TbC_{12}H_{24}$, Terbium, (1,4,7,10, 13,16-hexaoxacyclooctadecane-$O^1,O^4,O^7,O^{10},O^{13},O^{16}$) tris (nitrato-*O,O'*)-, [77372-08-8], 23:153
$O_{15}N_3TmC_{12}H_{24}$, Thulium, (1,4,7,10, 13,16-hexaoxacyclooctadecane-$O^1,O^4,O^7,O^{10},O^{13},O^{16}$) tris (nitrato-*O,O'*)-, [77372-14-6], 23:153
$O_{15}N_3YbC_{12}H_{24}$, Ytterbium, (1,4,7, 10,13,16-hexaoxacyclooctadecane-$O^1,O^4,O^7,O^{10},O^{13},O^{16}$) tris (nitrato-*O,O'*)-, [77372-16-8], 23:153
$O_{15}P_5RuC_{15}H_{45}$, Ruthenium, pentakis (trimethyl phosphite-*P*)-, (*TB*-5-11)-, [61839-26-7], 20:80
$O_{15}Ru_5C_{16}$, Ruthenium, pentadecacarbonyl-μ_4-methanetetraylpenta-, (8*Ru-Ru*), [51205-07-3], 26:283
$O_{16}Al_4H_{16}Na_4Si_4.9H_2O$, Silicic acid ($H_4SiO_4$), aluminum sodium salt, hydrate (4:4:4:9), [151567-94-1], 22:61;30:228
$O_{16}BaCo_2N_4C_{20}H_{24}$, Cobaltate(1-), [[*N,N'*-1,2-ethanediylbis[*N*-(carboxymethyl) glycinato]](4-)-*N,N',O,O'*,$O^N,O^{N'}$]-, barium (2:1), (*OC*-6-21)-, [92641-28-6], 5:186
$O_{16}Cl_3Co_2N_6C_2H_{23}.2H_2O$, Cobalt(3+), [$\mu$-(acetato-*O:O'*)] hexaamminedi-μ-hydroxydi-, triperchlorate, dihydrate, [152227-37-7], 23:112
$O_{16}CoN_{13}PC_{68}H_{101}$, Cobinamide, *Co*-(2,2-diethoxyethyl) deriv., dihydrogen phosphate (ester), inner salt, 3'-ester with 5,6-dimethyl-1-α-D-ribofuranosyl-1*H*-benzimidazole, [41871-64-1], 20:138
$O_{16}Co_2H_{32}N_8S_3$, Cobalt(3+), tetraamminediaqua-, (*OC*-6-22)-, sulfate (2:3), [41333-33-9], 6:179
$O_{16}Co_2K_2N_8C_4H_{12}.H_2O$, Cobaltate(1-), diammine [ethanedioato(2-)-*O,O'*] bis (nitrito-*N*)-, potassium, hydrate (2:1), (*OC*-6-32)-, [152227-44-6], 23:71
$O_{16}Fe_6N_2C_{33}H_{40}$, Ethanaminium, *N,N,N*-triethyl-, hexadecacarbonyl-μ_6-methanetetraylhexaferrate(2-) (2:1), [11087-55-1], 27:183
$O_{16}HfK_4C_8.5H_2O$, Hafnate(4-), tetrakis [ethanedioato(2-)-*O,O'*]-, tetrapotassium, pentahydrate, (*DD*-8-111"1"1'1'1'"1'")-, [64998-59-0], 8:42
$O_{16}K_4ThC_8.4H_2O$, Thorate(4-), tetrakis [ethanedioato(2-)-*O,O'*]-, tetrapotassium, tetrahydrate, [21029-51-6], 8:43
$O_{16}K_4UC_8$, Uranate(4-), tetrakis [ethanedioato(2-)-*O,O'*]-, tetrapotassium, [12107-69-6], 8:158

$O_{16}K_4UC_8.5H_2O$, Uranate(4-), tetrakis [ethanedioato(2-)-*O,O'*]-, tetrapotassium, pentahydrate, [21135-81-9], 3:169;8:157

$O_{16}K_4ZrC_8.5H_2O$, Zirconate(4-), tetrakis [ethanedioato(2-)-*O,O'*]-, (*DD*-8-111"1"1'1'1'"1'")-, tetrapotassium, pentahydrate, [51716-89-3], 8:40

$O_{16}N_2P_2Ru_6C_{52}H_{30}$, Phosphorus(1+), triphenyl(*P,P,P*-triphenylphosphine imidato-*N*)-, (*T*-4)-, di-μ-carbonyltetradecacarbonyl-μ_6-nitridohexaruthenate(1-) *octahedro*, [84809-76-7], 26:287

$O_{16}Rh_6C_{16}$, Rhodium, tetra-μ_3-carbonyldodecacarbonylhexa-, *octahedro*, [28407-51-4], 16:49

$O_{17}AgAl_{11}$, Aluminum silver oxide ($Al_{11}AgO_{17}$), [12505-20-3], 30:236

$O_{17}Al_{11}Ga$, Aluminum gallium oxide ($Al_{11}GaO_{17}$), [12399-86-9], 19:56;30:239

$O_{17}Al_{11}H_4N$, Aluminum ammonium oxide ($Al_{11}(NH_4)O_{17}$), [12505-58-7], 19:56;30:239

$O_{17}Al_{11}K$, Aluminum potassium oxide ($Al_{11}KO_{17}$), [12005-47-9], 19:55;30:238

$O_{17}Al_{11}Li$, Aluminum lithium oxide ($Al_{11}LiO_{17}$), [12505-59-8], 19:54;30:237

$O_{17}Al_{11}Rb$, Aluminum rubidium oxide ($Al_{11}RbO_{17}$), [12588-72-6], 19:55;30:238

$O_{17}Al_{11}Tl$, Aluminum thallium oxide ($Al_{11}TlO_{17}$), [12505-60-1], 19:53;30:236

$O_{17}Cl_{17}Fe_{17}S_8C_{12}H_8$, 1,3-Dithiole, 2-(1,3-dithiol-2-ylidene)-, compd. with iron chloride oxide (FeClO) (2:17), [158188-72-8], 30:177

$O_{17}Cl_{17}Fe_{17}Se_8C_{12}H_8$, 1,3-Diselenole, 2-(1,3-diselenol-2-ylidene)-, compd. with iron chloride oxide (FeClO) (2:17), [124505-64-2], 30:179

$O_{17}H_4K_6S_6$, Potassium disulfite sulfite ($K_6(S_2O_5)(HSO_3)_4$), [129002-36-4], 2:167

$O_{17}Ru_6C_{18}$, Ruthenium, μ-carbonylhexadecacarbonyl-μ_6-methanetetraylhexa-, *octahedro*, [27475-39-4], 26:281

$O_{18}AlB_6Sr_6Y$, Boric acid (H_3BO_3), aluminum strontium yttrium salt (6:1:6:1), [129265-37-8], 30:257

$O_{18}AlMn_3C_{24}H_{18}$, Manganese, hexakis [μ-(acetyl-*C*:*O*)](aluminum) dodecacarbonyltri-, [58034-11-0], 18:56,58

$O_{18}Al_{11}N$, Aluminum nitrosyl oxide ($Al_{11}(NO)O_{17}$), [12446-43-4], 19:56;30:240

$O_{18}B_6La_2MgSr_5$, Boric acid (H_3BO_3), lanthanum(3+) magnesium strontium salt (6:2:1:5), [158188-97-7], 30:257

$O_{18}Cl_3Co_2N_{12}C_2H_{21}.½H_2O$, Cobalt(2+), hexaammine[μ-[ethanedioato(2-)-*O*:*O*"]]di-μ-hydroxydi-, hydrogen perchlorate, hydrate (2:2:6:1), [152227-38-8], 23:113

$O_{18}Cl_3GaH_{12}.7/2H_2O$, Gallium(3+), hexaaqua-, (*OC*-6-11)-, triperchlorate, hydrate (2:7), [150124-39-3], 2:26;2:28

$O_{18}Cl_3GaH_{12}$, Gallium(3+), hexaaqua-, triperchlorate, [14637-59-3], 2:26;2:28

$O_{18}Cl_3N_{12}TiC_6H_{24}$, Titanium(3+), hexakis (urea-*O*)-, (*OC*-6-11)-, triperchlorate, [15189-70-5], 9:44

$O_{18}Cl_4Co_2H_{26}N_8.2H_2O$, Cobalt(4+), octaamminedi-μ-hydroxydi-, tetraperchlorate, dihydrate, [151120-14-8], 18:88

$O_{18}Cl_4Co_2N_8C_8H_{34}$, Cobalt(4+), tetrakis (1,2-ethanediamine-*N,N'*)di-μ-hydroxydi-, tetraperchlorate, [67327-03-1], 18:94

$O_{18}Cl_4Cr_2H_{26}N_8.2H_2O$, Chromium(4+), octaamminedi-μ-hydroxydi-, tetraperchlorate, dihydrate, [151120-15-9], 18:87

$O_{18}Cl_4Cr_2N_8C_8H_{34}$, Chromium(4+), tetrakis(1,2-ethanediamine-*N,N'*)di-μ-hydroxydi-, tetraperchlorate, [57159-02-1], 18:91

$O_{18}Co_2Na_4C_8H_2.5H_2O$, Cobaltate(4-), tetrakis [ethanedioato(2-)-*O,O'*]di-μ-hydroxydi-, tetrasodium, pentahydrate, [15684-39-6], 8:204

$O_{18}Co_4H_{42}N_{12}S_3.4H_2O$, Cobalt(6+), dodecaamminehexa-μ-hydroxytetra-, sulfate (1:3), tetrahydrate, [108652-73-9], 6:176;6:179

$O_{18}HgRu_6C_{30}H_{18}$, Ruthenium, octadecacarbonylbis[μ_3-[(1-η:1,2-η:1,2-η)-3,3-dimethyl-1-butynyl]](mercury) hexa-, (4*Hg-Ru*)(6*Ru-Ru*), [84802-26-6], 26:333

$O_{18}N_2Os_6P_4C_{90}H_{60}$, Phosphorus(1+), triphenyl(*P,P,P*-triphenylphosphine imidato-*N*)-, (*T*-4)-, octadecacarbonylhexaosmate(2-) *octahedro* (2:1), [87851-12-5], 26:300

$O_{18}N_2Pt_9C_{34}H_{40}$, Ethanaminium, *N,N,N*-triethyl-, nona-μ-carbonylnonacarbonylnonaplatinate(2-) (15*Pt-Pt*) (2:1), [59451-61-5], 26:322

$O_{18}Os_6C_{18}$, Osmium, octadecacarbonylhexa-, (12*Os-Os*), [37216-50-5], 36:295

$O_{18}Os_6C_{18}H_2$, Osmium, octadecacarbonyldihydrohexa-, [50648-30-1], 26:301

$O_{19}Be_4Co_2N_{12}C_6H_{36}.10H_2O$, Cobalt(3+), hexaammine-, (*OC*-6-11)-, hexakis [μ-[carbonato(2-)-*O:O'*]]-μ_4-oxotetraberyllate(6-) (2:1), decahydrate, [12192-43-7], 8:6

$O_{19}Be_4Co_2N_{12}C_6H_{36}.11H_2O$, Cobalt(3+), hexaammine-, (*OC*-6-11)-, hexakis[μ-[carbonato(2-)]]-μ_4-oxotetraberyllate(6-) (2:1), undecahydrate, [12128-08-4], 8:6

$O_{19}Be_4K_6C_6$, Beryllate(6-), hexakis [μ-[carbonato(2-)-*O:O'*]]-μ_4-oxotetra-, hexapotassium, [14875-90-2], 8:9

$O_{19}Be_4N_6C_6H_{24}$, Beryllate(6-), hexakis (carbonato) oxotetra-, hexaammonium, [12105-78-1], 8:9

$O_{19}ClCoN_4C_{53}H_{78}$, Cobyrinic acid, *Co*-methyl deriv., perchlorate, monohydrate, heptamethyl ester, [104002-78-0], 20:141

$O_{19}ClCoN_5C_{53}H_{75}$, Cobyrinic acid, cyanide perchlorate, monohydrate, heptamethyl ester, [74428-12-9], 20:141

$O_{19}Mo_6N_2C_{32}H_{72}$, 1-Butanaminium, *N,N,N*-tributyl-, dodeca-μ-oxo-μ_6-oxohexaoxohexamolybdate(2-) (2:1), [12390-22-6], 27:77

$O_{19}N_2W_6C_{32}H_{72}$, 1-Butanaminium, *N,N,N*-tributyl-, salt with tungstic acid ($H_2W_6O_{19}$) (2:1), [12329-10-1], 27:80

$O_{19}N_{17}Pt_4C_{20}H_{40}.H_2O$, Platinum(5+), octaamminetetrakis[μ-(2(1*H*)-pyridinonato-N^1:O^2)] tetra-, (3*Pt-Pt*), stereoisomer, pentanitrate, monohydrate, [71611-15-9], 25:95

$O_{20}CeN_{12}C_{40}H_{32}$, Cerium(4+), tetrakis (2,2'-bipyridine 1,1'-dioxide-*O,O'*)-, tetranitrate, [54204-15-8], 23:179

$O_{20}Cl_4Co_2H_{24}N_6.5H_2O$, Cobalt(4+), hexaamminediaquadi-μ-hydroxydi-, tetraperchlorate, pentahydrate, [153590-09-1], 23:111

$O_{20}Cl_4Co_2N_7C_6H_{25}$, Cobalt(3+), hexaamminedi-μ-hydroxy[μ-(4-pyridinecarboxylato-*O:O'*)]di-, hydrogen perchlorate (1:1:4), [52375-41-4], 23:113

$O_{20}Cl_4Co_2N_8C_5H_{24}.H_2O$, Cobalt(3+), hexaamminedi-μ-hydroxy[μ-(pyrazinecarboxylato-*O:O'*)]di-, triperchlorate, monoperchlorate, monohydrate, [152227-41-3], 23:114

$O_{20}Cl_5Co_2H_{32}N_{11}.H_2O$, Cobalt(5+), μ-amidodecaamminedi-, pentaperchlorate, monohydrate, [150384-26-2], 12:212

$O_{20}Cl_5InN_8C_{44}H_{36}$, Indium(5+), [[4,4',4'',4'''-(21*H*,23*H*-porphine-5,10,15,20-tetrayl) tetrakis[1-methylpyridiniumato]](2-)-N^{21},N^{22},N^{23},N^{24}]-, (*SP*-4-1)-, pentaperchlorate, [84009-26-7], 23:55,57

$O_{20}Co_2N_{12}Sb_2C_{16}H_{36}$, Cobalt(1+), bis (1,2-ethanediamine-*N,N'*) bis (nitrito-*N*)-, (*OC*-6-22-Δ)-, stereoisomer of bis[μ-[2,3-dihydroxybutanedioato(4-)-*O*^{1},*O*^{2}:*O*^{3},*O*^{4}]] diantimonate(2-) (2:1), [12075-00-2], 6:95

———, Cobalt(1+), bis(1,2-ethane-diamine-*N,N'*) bis (nitrito-*N*)-, (*OC*-6-22-Λ)-, stereoisomer of bis[μ-[2,3-dihydroxybutanedioato(4-)-*O*^{1},*O*^{2}:*O*^{3}, *O*^{4}]] diantimonate(2-) (2:1), [149189-79-7], 6:195

$O_{20}H_8K_4P_8Pt_2.2H_2O$, Platinate(12-), tetrakis[μ-[diphosphito(4-)-*P*:*P'*]]di-, tetrapotassium octahydrogen, dihydrate, [73588-97-3], 24:211

$O_{21}Mo_3S_8C_{28}H_{46}$, Molybdenum(4+), nonaaquatri-μ-thioxo-μ_3-thioxotri-, salt with 4-methylbenzenesulfonic acid (1:4), [131378-31-9], 29:268

$O_{21}Mo_5N_3NaP_2C_8H_{26}.5H_2O$, Methanaminium, *N,N,N*-trimethyl-, sodium hydrogen heneicosaoxobis [2,2'-phosphinidenebis [ethanaminato]] pentamolybdate(4-) (1:1:2:1), pentahydrate, [152981-40-3], 27:126

$O_{22}P_2Ru_6C_{48}H_{20}$, Ruthenium, docosacarbonyl[μ-[1,2-ethynediylbis [diphenylphosphine]-*P*:*P'*]] hexa-, (6*Ru-Ru*), [98240-95-0], 26:277;28:226

$O_{22}Re_4C_{20}$, Rhenium, octadecacarbonylbis [μ_3-(carboxylato-*C*:*O*:*O'*)] tetra-, [101065-12-7], 28:20

$O_{24}Co_3CrN_{12}C_{24}H_{48}.6H_2O$, Cobalt(1+), bis(1,2-ethanediamine-*N,N'*) [ethanedioato(2-)-*O,O'*]-, (*OC*-6-22-Λ)-, (*OC*-6-11-Λ)-tris [ethanedioato(2-)-*O,O'*] chromate(3-) (3:1), hexahydrate, [152227-47-9], 25-140

$O_{24}Co_4H_{15}I_3.xH_2O$, Cobaltate(3-), hexaaquatris[μ_3-[orthoperiodato(5-)-*O,O'*:*O,O''*:*O',O'''*]] tetra-, trihydrogen, hydrate, [149165-79-7], 9:142

$O_{24}N_2Pt_{12}C_{40}H_{40}$, Ethanaminium, *N,N,N*-triethyl-, dodeca-μ-carbonyldodecacarbonyldodecaplatinate(2-) (24*Pt-Pt*) (2:1), [59451-60-4], 26:321

$O_{26}Mo_8N_4C_{64}H_{144}$, 1-Butanaminium, *N,N,N*-tributyl-, hexa-μ-oxohexa-μ_3-oxotetradecaoxooctamolybdate(4-) (4:1), [59054-50-1], 27:78

$O_{27}Mo_4S_9C_{35}H_{59}$, Molybdenum(5+), dodecaaquatetra-μ_3-thioxotetra-, salt with 4-methylbenzenesulfonic acid (1:5), [119726-79-3], 29:266

$O_{28}H_{24}N_6V_{10}.6H_2O$, Vanadate ($V_{10}O_{28}{}^{6-}$), hexaammonium, hexahydrate, [37355-92-3], 19:140,143

$O_{28}N_3V_{10}C_{48}H_{111}$, 1-Butanaminium, *N,N,N*-tributyl-, hydrogen tetradeca-μ-oxotetra-μ_3-oxodi-μ_6-oxooctaoxodecavanadate(6-) (3:3:1), [12329-09-8], 27:83

$O_{28}Na_6V_{10}.xH_2O$, Vanadate ($V_{10}O_{28}{}^{6-}$), hexasodium, hydrate, [12315-57-0], 19:140,142

$O_{30}Cl_{11}Ir_{10}C_{30}$, Iridium, tricarbonylchloro-, (*SP*-4-2)-, compd. with tricarbonyldichloroiridium (9:1), [153421-00-2], 19:19

$O_{30}Co_4I_2N_{12}Wb_4C_{16}H_{50}$, Cobalt(6+), dodecaamminehexa-μ-hydroxytetra-, stereoisomer, stereoisomer of bis[μ-[2,3-dihydroxybutanedioato(4-)-*O*^{1},*O*^{2}:*O*^{3},*O*^{4}]] diantimonate(2-) iodide (1:2:2), [146805-98-3], 29:170

$O_{30}N_2Pt_{15}C_{46}H_{40}$, Ethanaminium, *N,N,N*-triethyl-, pentadeca-μ-carbonylpentadecacarbonylpentadecaplatinate(2-) (27*Pt-Pt*) (2:1), [59451-62-6], 26:320

$O_{30}Na_2Rh_{12}C_{30}$, Rhodate(2-), di-μ-carbonylocta-μ_3-carbonyleicosacarbonyldodeca-, (25*Rh-Rh*), disodium, [12576-08-8], 20:215

$O_{32}N_4W_{10}C_{64}H_{144}$, 1-Butanaminium, *N,N,N*-tributyl-, eicosa-μ-oxodi-μ_5-oxodecaoxodecatungstate(4-) (4:1), [68109-03-5], 27:81

$O_{36}Bi_2Mg_3N_{12}.24H_2O$, Nitric acid, bismuth(3+) magnesium salt (12:2:3), tetracosahydrate, [20741-82-6], 2:57

$O_{36}Ce_2Mg_3N_{12}.24H_2O$, Nitric acid, cerium(3+) magnesium salt (12:2:3), tetracosahydrate, [13550-46-4], 2:57

$O_{38}K_7NiV_{13}$, Vanadate(7-), nickelatedeca-μ-oxohexa-$μ_3$-oxodi-$μ_4$-oxodi-$μ_5$-oxodi-$μ_6$-oxohexadecaoxotrideca-, heptapotassium, [93300-78-8], 15:108

$O_{38}MnV_{13}$, Vanadate(7-), manganatedeca-μ-oxohexa-$μ_3$-oxodi-$μ_4$-oxodi-$μ_5$-oxodi-$μ_6$-oxohexadecaoxotrideca-, [97649-01-9], 15:105,107

$O_{51}Dy_4N_{12}C_{30}H_{60}$, Dysprosium(1+), bis (nitrato-*O,O'*)(1,4,7,10,13-pentaoxacyclopentadecane-$O^1,O^4,O^7,O^{10},O^{13}$)-, hexakis (nitrato-*O,O'*) dysprosate(3-) (3:1), [94121-26-3], 23:153

$O_{51}Er_4N_{12}C_{30}H_{60}$, Erbium(1+), bis (nitrato-*O,O'*)(1,4,7,10,13-pentaoxacyclopentadecane-$O^1,O^4,O^7,O^{10},O^{13}$)-, hexakis (nitrato-*O,O'*) erbate(3-) (3:1), [94121-32-1], 23:153

$O_{51}Gd_4N_{12}C_{30}H_{60}$, Gadolinium(3+), bis (nitrato-*O,O'*)(1,4,7,10,13-pentaoxacyclopentadecane-O^1,O^4,O^7,O^{10}, O^{13})-, hexakis (nitrato-*O,O'*) gadolinate(3-) (3:1), [94121-20-7], 23:151

$O_{51}Ho_4N_{12}C_{30}H_{60}$, Holmium(1+), bis (nitrato-*O,O'*)(1,4,7,10,13-pentaoxacyclopentadecane-O^1,O^4,O^7, O^{10},O^{13})-, hexakis (nitrato-*O,O'*) holmate(3-) (3:1), [94121-29-6], 23:153

$O_{51}Lu_4N_{12}C_{30}H_{60}$, Lutetium(1+), bis (nitrato-*O,O'*)(1,4,7,10,13-pentaoxacyclopentadecane-$O^1,O^4,O^7,O^{10},O^{13}$)-, (*OC*-6-11)-hexakis (nitrato-*O*) lutetate (3-) (3:1), [153019-54-6], 23:153

$O_{51}N_{12}Tb_4C_{30}H_{60}$, Terbium(1+), bis (nitrato-*O,O'*)(1,4,7,10,13-pentaoxacyclopentadecane-O^1,O^4,O^7, O^{10},O^{13})-, hexakis (nitrato-*O,O'*) terbate(3-) (3:1), [94121-23-0], 23:153

$O_{51}N_{12}Tm_4C_{30}H_{60}$, Thulium(1+), bis (nitrato-*O,O'*)(1,4,7,10,13-pentaoxacyclopentadecane-O^1,O^4,O^7, O^{10},O^{13})-, (*OC*-6-11)-hexakis (nitrato-*O*) thulate(3-) (3:1), [152981-36-7], 23:153

$O_{51}N_{12}Yb_4C_{30}H_{60}$, Ytterbium(1+), bis (nitrato-*O,O'*)(1,4,7,10,13-pentaoxacyclopentadecane-O^1,O^4,O^7, O^{10},O^{13})-, hexakis (nitrato-*O,O'*) ytterbate(3-) (3:1), [94121-35-4], 23:153

$O_{54}Ce_4N_{12}C_{36}H_{72}$, Cerium(1+), (1,4,7,10,13,16-hexaoxacyclooctadecane-$O^1,O^4,O^7,O^{10},O^{13},O^{16}$) bis (nitrato-*O,O'*)-, hexakis (nitrato-*O,O'*) cerate(3-) (3:1), [99352-24-6], 23:155

$O_{54}Dy_4N_{12}C_{36}H_{72}$, Dysprosium(1+), (1,4,7,10,13,16-hexaoxacyclooctadecane-$O^1,O^4,O^7,O^{10},O^{13},O^{16}$) bis (nitrato-*O,O'*)-, hexakis (nitrato-*O,O'*) dysprosate(3-) (3:1), [99352-30-4], 23:155

$O_{54}Er_4N_{12}C_{36}H_{72}$, Erbium(1+), (1,4,7,10,13,16-hexaoxacyclooctadecane-$O^1,O^4,O^7,O^{10},O^{13},O^{16}$) bis (nitrato-*O,O'*)-, (*OC*-6-11)-hexakis (nitrato-*O*) erbate(3-) (3:1), [77372-28-2], 23:155

$O_{54}Eu_4N_{12}C_{36}H_{72}$, Europium(1+), (1,4,7,10,13,16-hexaoxacyclooctadecane-$O^1,O^4,O^7,O^{10},O^{13},O^{16}$) bis (nitrato-*O,O'*)-, hexakis (nitrato-*O,O'*) europate (3-) (3:1), [75845-27-1], 23:155

$O_{54}Gd_4N_{12}C_{36}H_{72}$, Gadolinium(1+), (1,4,7,10,13,16-hexaoxacyclooctadecane-$O^1,O^4,O^7,O^{10},O^{13},O^{16}$) bis (nitrato-*O,O'*)-, hexakis (nitrato-*O,O'*) gadolinate(3-) (3:1), [75845-30-6], 23:155

$O_{54}Ho_4N_{12}C_{36}H_{72}$, Holmium(1+), (1,4,7,10,13,16-hexaoxacyclooctadecane-$O^1,O^4,O^7,O^{10},O^{13},O^{16}$) bis (nitrato-*O,O'*)-, hexakis (nitrato-*O,O'*) holmate(3-) (3:1), [99352-32-6], 23:155

$O_{54}La_4N_{12}C_{36}H_{72}$, Lanthanum(1+), (1,4,7,10,13,16-hexaoxacyclooctadecane-$O^1,O^4,O^7,O^{10},O^{13},O^{16}$) bis (nitrato-*O,O'*)-, hexakis (nitrato-*O,O'*) lanthanate(3-) (3:1), [94121-36-5], 23:155

$O_{54}Lu_4N_{12}C_{36}H_{72}$, Lutetium(1+), (1,4,7,10,13,16-hexaoxacyclooctadecane-$O^1,O^4,O^7,O^{10},O^{13},O^{16}$) bis (nitrato-*O,O'*)-, hexakis (nitrato-*O,O'*) lutetate (3-) (3:1), [99352-42-8], 23:155

$O_{54}N_6Nd_4C_{36}H_{72}$, Neodymium(1+), (1,4,7,10,13,16-hexaoxacyclooctadecane-$O^1,O^4,O^7,O^{10},O^{13},O^{16}$) bis (nitrato-*O,O'*)-, hexakis (nitrato-*O,O'*) neodymate(3-) (3:1), [75845-21-5], 23:150;23:155

$O_{54}N_{12}Pr_4C_{36}H_{72}$, Praseodymium(1+), (1,4,7,10,13,16-hexaoxacyclooctadecane-$O^1,O^4,O^7,O^{10},O^{13},O^{16}$) bis (nitrato-*O,O'*)-, hexakis (nitrato-*O,O'*) praseodymate(3-) (3:1), [94121-38-7], 23:155

$O_{54}N_{12}Sm_4C_{36}H_{72}$, Samarium(1+), (1,4,7,10,13,16-hexaoxacyclooctadecane-$O^1,O^4,O^7,O^{10},O^{13},O^{16}$) bis (nitrato-*O,O'*)-, hexakis (nitrato-*O,O'*) samarate(3-) (3:1), [75845-24-8], 23:155

$O_{54}N_{12}Tb_4C_{36}H_{72}$, Terbium(1+), (1,4,7,10,13,16-hexaoxacyclooctadecane-$O^1,O^4,O^7,O^{10},O^{13},O^{16}$) bis (nitrato-*O,O'*)-, hexakis (nitrato-*O,O'*) terbate(3-) (3:1), [94121-39-8], 23:155

$O_{54}N_{12}Tm_4C_{36}H_{72}$, Thulium(1+), (1,4,7,10,13,16-hexaoxacyclooctadecane-$O^1,O^4,O^7,O^{10},O^{13},O^{16}$) bis (nitrato-*O,O'*)-, hexakis (nitrato-*O,O'*) thulate(3-) (3:1), [99352-39-3], 23:155

$O_{54}N_{12}Yb_4C_{36}H_{72}$, Ytterbium(1+), (1,4,7,10,13,16-hexaoxacyclooctadecane-$O^1,O^4,O^7,O^{10},O^{13},O^{16}$) bis (nitrato-*O,O'*)-, hexakis (nitrato-*O,O'*) ytterbate (3-) (3:1), [94121-41-2], 23:155

$O_{60}Co_4N_4C_{96}H_{136}$, Cobaltate(4-), hexakis[μ-[tetraethyl 2,3-dioxo-1,1,4,4-butanetetracarboxylato(2-)]] tetra-, tetraammonium, [125591-67-5], 29:277

$O_{60}Mg_4N_4C_{96}H_{136}$, Magnesate(4-), hexakis[μ-[tetraethyl 2,3-dioxo-1,1,4,4-butanetetracarboxylato(2-)]] tetra-, tetraammonium, [114446-10-5], 29:277

$O_{60}Mn_4N_4C_{96}H_{136}$, Manganate(4-), hexakis[μ-[tetraethyl 2,3-dioxo-1,1,4,4-butanetetracarboxylato(2-)]] tetra-, tetraammonium, [125568-26-5], 29:277

$O_{60}N_4Ni_4C_{96}H_{136}$, Nickelate(4-), hexakis [μ-[tetraethyl 2,3-dioxo-1,1,4,4-butanetetracarboxylato(2-)]] tetra-, tetraammonium, [125591-68-6], 29:277

$O_{60}N_4Zn_4C_{96}H_{136}$, Zincate(4-), hexakis[μ-[tetraethyl 2,3-dioxo-1,1,4,4-butanetetracarboxylato(2-)]] tetra-, tetraammonium, [114466-56-7], 29:277

$O_{69}As_2H_6W_{21}.xH_2O$, Tungsten arsenate hydroxide oxide ($W_{21}(AsO_4)_2(OH)_6O_{55}$), hydrate, [135434-87-6], 27:112

$O_{70}As_2H_4Rb_4W_{21}.34H_2O$, Tungstate(6-), aquabis [arsenito(3-)] trihexacontaoxoheneicosa-, tetrarubidium dihydrogen, tetratriacontahydrate, [79198-04-2], 27:113

$O_{86}H_{72}N_{18}NaSb_9W_{21}$, Tungstate(19-), hexaoctacontaoxononaantimonatehene icosa-, octadecaammonium sodium, [64104-53-6], 27:120

$O_{122}K_{16}P_4ThW_{34}$, Potassium thorium tungsten oxide phosphate ($K_{16}ThW_{34}O_{106}(PO_4)_4$), [63144-49-0], 23:190

$O_{122}K_{16}P_4UW_{34}$, Potassium tungsten uranium oxide phosphate ($K_{16}W_{34}UO_{106}(PO_4)_4$), [66403-22-3], 23:188

$O_{184}Cs_{150}N_{200}Pt_{50}S_{46}C_{200}H_{23}$, Platinate (2-), tetrakis (cyano-*C*)-, (*SP*-4-1)-, cesium hydrogen sulfate (*SP*-4-1)-tetrakis (cyano-*C*) platinate(1-) (31:150:23:46:19), [153608-94-7], 21:151

$O_{184}N_{200}Pt_{50}Rb_{150}S_{46}C_{200}H_{23}.50H_2O$, Platinate(2-), tetrakis (cyano-*C*)-, (*SP*-4-1)-, rubidium hydrogen sulfate (*SP*-4-1)-tetrakis (cyano-*C*) platinate(1-) (31:150:23:46:19), pentacontahydrate, [151120-24-0], 20:20

$O_{200}K_{41}Pt_{25}C_{100}.50H_2O$, Platinate(2-), bis [ethanedioato(2-)-*O,O'*]-, (*SP*-4-1)-, potassium (*SP*-4-1)-bis [ethanedioato (2-)-*O,O'*] platinate(1-) (16:41:9), pentacontahydrate, [151151-24-5], 19:16,17

$O_{2069}Al_{26}N_{36}Na_{24}Si_{1000}C_{432}H_{1008}.70H_2O$, 1-Propanaminium, *N,N,N*-tripropyl-, sodium nonahexacontadiliaoxokilia-silicatehexacosaaluminate(60-) (36:24:1), heptacontahydrate, [158249-06-0], 30:232,233

$O_{393}Al_{40}K_{20}N_{12}Na_{16}Si_{154}C_{48}H_{144}.168 H_2O$, Methanaminium, *N,N,N*-trimethyl-, potassium sodium heptaoxoheptaheptacontakis[μ-oxotetraoxodisilicato (2-)] tetracontaaluminate(48-) (12:20:16:1), octahexacontahecta-hydrate, [158210-03-8], 30:231

$OsAu_2F_6P_6C_{90}H_{78}$, Osmium(1+), tri-μ-hydrotris (triphenylphosphine) bis[(triphenylphosphine) gold]-, (2*Au-Os*), hexafluorophosphate(1-), [116053-41-9], 29:286

$OsBr_2H_{13}N_5O_2$, Osmium(2+), tetraam-minehydroxynitrosyl-, dibromide, [60104-35-0], 16:11

$OsBr_3H_{12}N_5O$, Osmium(2+), tetraammine-bromonitrosyl-, dibromide, [39733-95-4], 16:12

$OsBr_3H_{15}N_6O.H_2O$, Osmium(3+), penta-amminenitrosyl-, tribromide, monohydrate, (*OC*-6-22)-, [151247-06-2], 16:11

$OsBr_6H_8N_2$, Osmate(2-), hexabromo-, diammonium, (*OC*-6-11)-, [24598-62-7], 5:204

$OsClF_3O_3P_3C_{57}H_{45}$, Osmium, carbonyl-chloro (trifluoroacetato-*O*) tris (triphenylphosphine)-, [38596-62-2], 17:128

$OsClOP_3C_{55}H_{46}$, Osmium, carbonyl-chlorohydrotris (triphenylphosphine)-, [16971-31-6], 15:53

$OsCl_2H_{13}N_5O_2$, Osmium(2+), tetraam-minehydroxynitrosyl-, dichloride, [60104-36-1], 16:11

$OsCl_2H_{15}N_7$, Osmium(2+), pentaammine (dinitrogen)-, dichloride, (*OC*-6-22)-, [20611-50-1], 24:270

$OsCl_2N_4C_{20}H_{16}$, Osmium, bis(2,2'-bipyridine-*N,N'*) dichloro-, (*OC*-6-22)-, [79982-56-2], 24:294

$OsCl_2N_4O_2C_4H_{16}$, Osmium(2+), bis(1,2-ethanediamine-*N,N'*) dioxo-, dichloride, (*OC*-6-12)-, [65468-15-7], 20:62

$OsCl_2P_3C_{54}H_{45}$, Osmium, dichlorotris (triphenylphosphine)-, [40802-32-2], 26:184

$OsCl_2P_3SC_{55}H_{45}$, Osmium, (carbono-thioyl) dichlorotris (triphenylphos-phine)-, (*OC*-6-32)-, [64888-66-0], 26:185

$OsCl_3H_{12}N_5O$, Osmium(2+), tetraammine-chloronitrosyl-, dichloride, [39733-94-3], 16:12

$OsCl_3H_{18}N_6$, Osmium(3+), hexaammine-, trichloride, (*OC*-6-11)-, [42055-53-8], 24:273

$OsCl_3NOP_2C_{36}H_{30}$, Osmium, trichloro-nitrosylbis (triphenylphosphine)-, [22180-41-2], 15:57

$OsCl_3N_4C_{20}H_{16}$, Osmium(1+), bis(2,2'-bipyridine-*N,N'*) dichloro-, chloride, (*OC*-6-22)-, [105063-69-2], 24:293

$OsCl_3N_4C_{20}H_{16}.2H_2O$, Osmium(1+), bis(2,2'-bipyridine-*N,N'*) dichloro-, chloride, dihydrate, (*OC*-6-22)-, [35082-97-4], 24:293
$OsCl_3P_3C_{24}H_{33}$, Osmium, trichlorotris (dimethylphenylphosphine)-, (*OC*-6-21)-, [22670-97-9], 27:27
$OsCl_5H_2K_2N$, Osmate(2-), amidopentachloro-, dipotassium, (*OC*-6-21)-, [148864-77-1], 6:207
$OsCl_5K_2N$, Osmate(2-), pentachloronitrido-, dipotassium, (*OC*-6-21)-, [23209-29-2], 6:206
$OsCl_6H_8N_2$, Osmate(2-), hexachloro-, diammonium, (*OC*-6-11)-, [12125-08-5], 5:206
$OsF_3N_5O_{10}S_3C_3H_{17}$, Osmium(3+), pentaammineaqua-, (*OC*-6-22)-, salt with trifluoromethanesulfonic acid (1:3), [83781-31-1], 24:273
OsF_5, Osmium fluoride (OsF_5), [31576-40-6], 19:137,138,139
OsF_6, Osmium fluoride (OsF_6), (*OC*-6-11)-, [13768-38-2], 24:79
$OsF_6N_5O_6S_2C_{27}H_{19}$, Osmium(1+), (2,2'-bipyridine-*N,N'*)(2,2':6',2"-terpyridine-*N,N',N"*)(trifluoromethanesulfonato-*O*)-, (*OC*-6-44)-, salt with trifluoromethanesulfonic acid (1:1), [104475-06-1], 24:303
$OsF_6N_5O_7S_2C_{27}H_{21}.H_2O$, Osmium(2+), aqua(2,2'-bipyridine-*N,N'*)(2,2':6',2"-terpyridine-*N,N',N"*)-, (*OC*-6-44)-, salt with trifluoromethanesulfonic acid (1:2), monohydrate, [153608-95-8], 24:304
$OsF_6O_5P_2C_{41}H_{30}$, Osmium, carbonylbis (trifluoroacetato-*O*) bis (triphenylphosphine)-, [61160-36-9], 17:128
———, Osmium, carbonyl (trifluoroacetato-*O*)(trifluoroacetato-*O,O'*) bis (triphenylphosphine)-, [38596-63-3], 17:128
$OsF_9N_4O_9S_3C_{23}H_{16}$, Osmium(1+), bis (2,2'-bipyridine-*N,N'*) bis (trifluoromethanesulfonato-*O*)-, (*OC*-6-22)-, salt with trifluoromethanesulfonic acid (1:1), [104474-98-8], 24:295
$OsF_9N_4O_{11}S_3C_{23}H_{20}$, Osmium(3+), diaquabis(2,2'-bipyridine-*N,N'*)-, (*OC*-6-22)-, salt with trifluoromethanesulfonic acid (1:3), [104474-99-9], 24:296
$OsF_9N_5O_9S_3C_3H_{15}$, Osmium(2+), pentaammine (trifluoromethanesulfonato-*O*)-, (*OC*-6-22)-, salt with trifluoromethanesulfonic acid (1:2), [83781-30-0], 24:271
$OsF_9N_5O_9S_3C_{28}H_{19}$, Osmium(2+), (2,2'-bipyridine-*N,N'*)(2,2':6',2"-terpyridine-*N,N',N"*)(trifluoromethanesulfonato-*O*)-, (*OC*-6-44)-, salt with trifluoromethanesulfonic acid (1:2), [104475-02-7], 24:301
$OsF_9N_5O_{10}S_3C_{28}H_{21}.2H_2O$, Osmium(3+), aqua(2,2'-bipyridine-*N,N'*)(2,2':6',2"-terpyridine-*N,N',N"*)-, (*OC*-6-44)-, salt with trifluoromethanesulfonic acid (1:3), dihydrate, [152981-33-4], 24:304
$OsF_9N_6O_9S_3C_3H_{18}$, Osmium(3+), hexaammine-, (*OC*-6-11)-, salt with trifluoromethanesulfonic acid (1:3), [103937-69-5], 24:273
$OsF_9N_6O_9S_3C_5H_{18}$, Osmium(3+), (acetonitrile) pentaammine-, (*OC*-6-22)-, salt with trifluoromethanesulfonic acid (1:3), [83781-33-3], 24:275
$OsH_4K_2O_6$, Osmate ($Os(OH)_4O_2^{2-}$), dipotassium, (*OC*-6-11)-, [77347-87-6], 20:61
$OsH_{12}I_3N_5O$, Osmium(2+), tetraammineiodonitrosyl-, diiodide, [39733-96-5], 16:12
$OsH_{13}I_2N_5O_2$, Osmium(2+), tetraamminehydroxynitrosyl-, diiodide, [60104-34-9], 16:11
$OsH_{15}I_2N_7$, Osmium(2+), pentaammine (dinitrogen)-, diiodide, (*OC*-6-22)-, [20611-52-3], 16:9

$OsH_{15}I_3N_5$, Osmium(2+), pentaammineiodo-, diiodide, (*OC*-6-22)-, [39733-97-6], 16:10

$OsH_{15}I_3N_6O.H_2O$, Osmium(3+), pentaamminenitrosyl-, triiodide, monohydrate, (*OC*-6-22)-, [43039-38-9], 16:11

$OsH_{18}I_3N_6$, Osmium(3+), hexaammine-, triiodide, (*OC*-6-11)-, [42055-55-0], 16:10

$OsIO_2C_7H_5$, Osmium, dicarbonyl(η^5-2,4-cyclopentadien-1-yl) iodo-, [81554-97-4], 25:191

$OsIO_2C_{12}H_{15}$, Osmium, dicarbonyliodo [(1,2,3,4,5-η)-1,2,3,4,5-pentamethyl-2,4-cyclopentadien-1-yl]-, [81554-98-5], 25:191

$OsKNO_3$, Osmate(1-), nitridotrioxo-, potassium, (*T*-4)-, [21774-03-8], 6:204

$OsNO_3C_4H_9$, Osmium, [2-methyl-2-propanaminato(2-)] trioxo-, (*T*-4)-, [50381-48-1], 6:207

$OsOP_2SC_{42}H_{34}$, Osmium, carbonyl [(*S*,1,5-η)-5-thioxo-2,4-pentadienylidene] bis (triphenylphosphine)-, stereoisomer, [84411-69-8], 26:188

$OsOP_3C_{55}H_{47}$, Osmium, carbonyldihydrotris (triphenylphosphine)-, [12104-84-6], 15:54

$OsOP_3SC_{56}H_{45}$, Osmium, (carbonothioyl) carbonyltris (triphenylphosphine)-, [64883-46-1], 26:187

OsO_2, Osmium oxide (OsO_2), [12036-02-1], 5:206;13:140;30:100

$OsO_2P_2C_{38}H_{32}$, Osmium, dicarbonyldihydrobis (triphenylphosphine)-, [18974-23-7], 15:55

OsO_4, Osmium oxide (OsO_4), (*T*-4)-, [20816-12-0], 5:205

$OsP_3C_{54}H_{49}$, Osmium, tetrahydrotris (triphenylphosphine)-, [24228-59-9], 15:56

$OsP_3RhC_{32}H_{48}$, Osmium, [[(1,2,5,6-η)-1,5-cyclooctadiene] rhodium] tris (dimethylphenylphosphine) tri-μ-hydro-, (*Os-Rh*), [106017-48-5], 27:29

$OsP_3SC_{55}H_{47}$, Osmium, (carbonothioyl) dihydrotris (triphenylphosphine)-, (*OC*-6-31)-, [64883-48-3], 26:186

$OsP_3ZrC_{34}H_{47}$, Zirconium, bis(η^5-2,4-cyclopentadien-1-yl) tri-μ-hydrohydro [tris (dimethylphenylphosphine) osmium]-, (*Os-Zr*), [93895-83-1], 27:27

$OsS_6C_{42}H_{30}$, Osmium, tris[1,2-diphenyl-1,2-ethenedithiolato(2-)-*S,S*]-, [15697-32-2], 10:9

$Os_2I_2O_6C_6$, Osmium, hexacarbonyldi-μ-iododi-, (*Os-Os*), [22391-77-1], 25:188

$Os_2I_2O_8C_8$, Osmium, octacarbonyldiiododi-, (*Os-Os*), stereoisomer, [22587-71-9], 25:190

$Os_3AuO_{10}PC_{16}H_{16}$, Osmium, decacarbonyl-μ-hydro[(triethylphosphine) gold] tri-, (2*Au-Os*)(3*Os-Os*), [80302-57-4], 27:210

$Os_3AuO_{10}PC_{28}H_{16}$, Osmium, decacarbonyl-μ-hydro[(triphenylphosphine) gold] tri-, (2*Au-Os*)(3*Os-Os*), [72381-07-8], 27:209

$Os_3Au_2O_{10}P_2C_{22}H_{30}$, Osmium, decacarbonylbis[(triethylphosphine) gold] tri-, (4*Au-Os*)(3*Os-Os*), [88006-40-0], 27:211

$Os_3Au_2O_{10}P_2C_{46}H_{30}$, Osmium, decacarbonylbis[(triphenylphosphine) gold] tri-, (4*Au-Os*)(3*Os-Os*), [88006-39-7], 27:211

$Os_3BrO_9C_{10}H_3$, Osmium, [μ_3-(bromomethylidyne)] nonacarbonyltri-μ-hydrotri-, *triangulo*, [73746-96-0], 27:205

$Os_3ClO_9C_{10}H_3$, Osmium, nonacarbonyl [μ_3-(chloromethylidyne)] tri-μ-hydrotri-, *triangulo*, [90911-10-7], 27:205

$Os_3Cl_3H_{15}N_6OH_2O$, Osmium(3+), pentaamminenitrosyl-, trichloride, monohydrate, (*OC*-6-22)-, [151120-21-7], 16:11

$Os_3CoO_9C_{14}H_8$, Osmium, nonacarbonyl [(η^5-2,4-cyclopentadien-1-yl) cobalt] tri-μ-hydrotri-, (3*Co-Os*)(3*Os-Os*), [82678-94-2], 25:197

$Os_3CoO_9C_{14}H_9$, Osmium, nonacarbonyl [(η^5-2,4-cyclopentadien-1-yl) cobalt] tetra-μ-hydrotri-, (3*Co-Os*)(3*Os-Os*), [82678-95-3], 25:197

$Os_3CoO_{10}C_{15}H_7$, Osmium, μ-carbonyl-nonacarbonyl[(η^5-2,4-cyclopentadien-1-yl) cobalt]di-μ-hydrotri-, (3*Co-Os*) (3*Os-Os*), [74594-41-5], 25:195

$Os_3FeO_{13}C_{13}H_2$, Osmium, di-μ-carbonyl-nonacarbonyl (dicarbonyliron)di-μ-hydrotri-, (3*Fe-Os*)(3*Os-Os*), [12563-74-5], 21:63

$Os_3NO_{11}C_{13}H_3$, Osmium, (acetonitrile) undecacarbonyltri-, *triangulo*, [65702-94-5], 26:290;28:232

$Os_3NO_{11}C_{16}H_5$, Osmium, undecacarbonyl (pyridine) tri-, *triangulo*, [65892-11-7], 26:291;28:234

$Os_3NO_{11}P_2C_{47}H_{31}$, Phosphorus(1+), triphenyl(*P,P,P*-triphenylphosphine imidato-*N*)-, (*T*-4)-, μ-carbonyldeca-carbonyl-μ-hydrotriosmate(1-) *tri-angulo*, [61182-08-9], 25:193;28:236

$Os_3N_2O_{10}C_{14}H_6$, Osmium, bis (aceto-nitrile) decacarbonyltri-, *triangulo*, [61817-93-4], 26:292;28:234

$Os_3N_2O_{12}C_{10}$, Osmium, decacarbonyldi-μ-nitrosyl-, (2*Os-Os*), [36583-25-2], 16:40

$Os_3NiO_9C_{14}H_8$, Osmium, nonacarbonyl [(η^5-2,4-cyclopentadien-1-yl) nickel] tri-μ-hydrotri-, (3*Ni-Os*)(3*Os-Os*), [82678-96-4], 26:362

$Os_3Ni_3O_9C_{24}H_{15}$, Osmium, nonacarbonyl [tris(η^5-2,4-cyclopentadien-1-yl) trinickel] tri-, (*Ni-Ni*)(8*Ni-Os*) (3*Os-Os*), [81210-80-2], 26:365

$Os_3O_9S_2C_9$, Osmium, nonacarbonyldi-μ_3-thioxotri-, (2*Os-Os*), [72282-40-7], 26:306

$Os_3O_{10}C_{10}H_2$, Osmium, decacarbonyldi-μ-hydrotri-, *triangulo*, [41766-80-7], 26:367;28:238

$Os_3O_{10}C_{11}H_4$, Osmium, decacarbonyldi-μ-hydro-μ-methylenetri-, *triangulo*, [64041-67-4], 27:206

$Os_3O_{10}C_{11}H_4$, Osmium, decacarbonyl-μ-hydro-μ-methyltri-, *triangulo*, [64052-01-3], 27:206

$Os_3O_{10}C_{11}H_6$, Osmium, nonacarbonyltri-μ-hydro[μ_3-(methoxymethylidyne)] tri-, *triangulo*, [71562-48-6], 27:203

$Os_3O_{10}SC_{10}$, Osmium, μ_3-carbonylnona-carbonyl-μ_3-thioxotri-, *triangulo*, [88746-45-6], 26:305

$Os_3O_{10}SC_{16}H_6$, Osmium, [μ-(benzene-thiolato)] decacarbonyl-μ-hydrotri-, *triangulo*, [23733-19-9], 26:304

$Os_3O_{11}C_{12}H_4$, Osmium, decacarbonyl-μ-hydro[μ-(methoxymethylidyne)] tri-, *triangulo*, [69048-01-7], 27:202

$Os_3O_{11}C_{12}H_6$, Osmium, nonacarbonyltri-μ-hydro[μ_3-(methoxyoxoethylidyne)] tri-, *triangulo*, [78697-98-0], 27:204

$Os_3O_{12}C_{12}$, Osmium, dodecacarbonyltri-, *triangulo*, [15696-40-9], 13:93; 28:230

$Os_3O_{13}RuC_{13}H_2$, Osmium, di-μ-carbonyl-nonacarbonyl (dicarbonylruthenium) di-μ-hydrotri-, (3*Os-Os*)(3*Os-Ru*), [75901-26-7], 21:64

$Os_4O_{12}C_{12}H_4$, Osmium, dodecacarbonyl-tetra-μ-hydrotetra-, *tetrahedro,* [12375-04-1], 28:240

$Os_4O_{12}S_2C_{12}$, Osmium, dodecacarbonyldi-μ_3-thioxotetra-, (5*Os-Os*), [82093-50-3], 26:307

$Os_4O_{13}S_2C_{13}$, Osmium, tridecacarbonyldi-μ_3-thioxotetra-, (3*Os-Os*), [83928-37-4], 26:307

$Os_5N_2O_{15}P_4C_{87}H_{60}$, Phosphorus(1+), triphenyl(*P,P,P*-triphenylphosphine imidato-*N*)-, (*T*-4)-, pentadecacarbo-nylpentaosmate(2-) (9*Os-Os*) (2:1), [62414-47-5], 26:299

$Os_6N_2O_{18}P_4C_{90}H_{60}$, Phosphorus(1+), triphenyl(*P,P,P*-triphenylphosphine imidato-*N*)-, (*T*-4)-, octadecacarbonyl-hexaosmate(2-) *octahedro* (2:1), [87851-12-5], 26:300

$Os_6O_{18}C_{18}H_2$, Osmium, octadecacarbonyl-dihydrohexa-, [50648-30-1], 26:301

$Os_6O_{18}C_{18}$, Osmium, octadecacarbonylhexa-, (12*Os-Os*), [37216-50-5], 36:295

PAg_2FO_3, Phosphorofluoridic acid, disilver(1+) salt, [66904-72-1], 3:109
PAl, Aluminum phosphide (AlP), [20859-73-8], 4:23
$PAsC_7H_{18}$, Phosphine, [3-(dimethylarsino) propyl] dimethyl-, [50518-34-8], 14:20
$PAsC_{26}H_{22}$, Phosphine, [2-(diphenylarsino) ethenyl] diphenyl-, (*Z*)-, [39705-75-4], 16:189
$PAsC_{26}H_{24}$, Phosphine, [2-(diphenylarsino) ethyl] diphenyl-, [23582-06-1], 16:191
$PAsCrO_4C_{34}H_{42}$, Chromium, tetracarbonyl (tributylphosphine)(triphenylarsine)-, (*OC*-6-23)-, [82613-95-4], 23:38
$PAsCrO_7C_{25}H_{24}$, Chromium, tetracarbonyl (trimethyl phosphite-*P*)(triphenylarsine)-, (*OC*-6-23)-, [82659-77-6], 23:38
$PAsCrO_7C_{40}H_{30}$, Chromium, tetracarbonyl (triphenylarsine)(triphenyl phosphite-*P*)-, (*OC*-6-23)-, [82613-91-0], 23:38
$PAuC_5H_{14}$, Gold, methyl (trimethylphosphonium η-methylide)-, [55804-42-7], 18:141
$PAuClC_{18}H_{15}$, Gold, chloro (triphenylphosphine)-, [14243-64-2], 26:325;27:218
$PAuClF_5C_{31}H_{22}$, Phosphonium, triphenyl (phenylmethyl)-, chloro (pentafluorophenyl) aurate(1-), [78637-46-4], 26:88
$PAuCo_3FeO_{12}C_{30}H_{15}$, Iron, tricarbonyl (tri-μ-carbonylhexacarbonyltricobalt) [(triphenylphosphine) gold]-, (3*Au-Co*)(3*Co-Co*)(3*Co-Fe*), [79829-47-3], 27:188
$PAuNO_3C_{18}H_{15}$, Gold, (nitrato-*O*) (triphenylphosphine)-, [14897-32-6], 29:280
$PAuO_{10}Os_3C_{16}H_{16}$, Osmium, decacarbonyl-μ-hydro[(triethylphosphine) gold] tri-, (2*Au-Os*)(3*Os-Os*), [80302-57-4], 27:210
$PAuO_{10}Os_3C_{28}H_{16}$, Osmium, decacarbonyl-μ-hydro[(triphenylphosphine) gold] tri-, (2*Au-Os*)(3*Os-Os*), [72381-07-8], 27:209
$PAu_2F_5NSC_{25}H_{15}$, Gold, (pentafluorophenyl)[μ-(thiocyanato-*N*:*S*)](triphenyl phosphine)di-, [128265-18-9], 26:90
$(PBBr_2C_{12}H_{10})_2$, Phosphine, (dibromoboryl) diphenyl-, dimer, [6841-98-1], 9:24
PBC_3H_{12}, Boron, trihydro (trimethylphosphine)-, (*T*-4)-, [1898-77-7], 12:135-136
PBC_6H_{18}, Boron, trihydro (triethylphosphine)-, (*T*-4)-, [1838-12-6], 12:109-115
PBC_8H_{14}, Boron, (dimethylphenylphosphine) trihydro-, (*T*-4)-, [35512-87-9], 15:132
$PBC_{13}H_{16}$, Boron, trihydro (methyldiphenylphosphine)-, (*T*-4)-, [54067-17-3], 15:128
$PBC_{18}H_{18}$, Boron, trihydro (triphenylphosphine)-, (*T*-4)-, [2049-55-0], 12:109-115
$PBC_{19}H_{22}$, Phosphonium, methyltriphenyl-, tetrahydroborate(1-), [40001-26-1], 17:22
$PBCl_8$, Phosphorus(1+), tetrachloro-, tetrachloroborate(1-), [18460-54-3], 7:79
$PBF_4MoOC_{38}H_{30}$, Molybdenum(1+), carbonyl(η^5-2,4-cyclopentadien-1-yl)[1,1'-(η^2-1,2-ethynediyl) bis [benzene]] (triphenylphosphine)-, tetrafluoroborate(1-), [78090-78-5], 26:104;28:13
$PBF_4MoO_2C_{25}H_{20}$, Molybdenum, dicarbonyl(η^5-2,4-cyclopentadien-1-yl)[tetrafluoroborato(1-)-*F*](triphenyl$_3$ phosphine)-, [79197-56-1], 26:98;28:7
$PBF_4NO_2ReC_{24}H_{20}$, Rhenium(1+), carbonyl(η^5-2,4-cyclopentadien-1-yl) nitrosyl (triphenylphosphine)-, stereoisomer, tetrafluoroborate(1-), [82336-21-8], 29:219

———, Rhenium(1+), carbonyl(η^5-2,4-cyclopentadien-1-yl) nitrosyl (triphenylphosphine)-, tetrafluoroborate(1-), [70083-73-7], 29:214
$PBF_4NbC_{18}H_{23}$, Niobium(1+), bis(η^5-2,4-cyclopentadien-1-yl)(dimethylphenylphosphine) dihydro-, tetrafluoroborate(1-), [37298-80-9], 16:111
$PBF_4O_2WC_{25}H_{20}$, Tungsten, dicarbonyl (η^5-2,4-cyclopentadien-1-yl) [tetrafluoroborato(1-)-*F*](triphenylphosphine)-, [101163-07-9], 26:98;28:7
$PBF_6N_2C_9H_{18}$, Boron(1+), (*N,N*-dimethylmethanamine) dihydro(4-methylpyridine)-, (*T*-4)-, hexafluorophosphate(1-), [17439-16-6], 12:134
$(PBI_2C_{12}H_{10})_2$, Phosphine, (diiodoboryl) diphenyl-, dimer, [6841-99-2], 9:19;9:22
$PB_2C_{19}H_{25}$, Phosphonium, methyltriphenyl-, μ-hydrohexahydrodiborate (1-), [40001-24-9], 17:24
$PBrC_2H_6$, Phosphinous bromide, dimethyl-, [2240-31-5], 7:85
$PBrC_4H_{10}$, Phosphinous bromide, diethyl-, [20472-46-2], 7:85
$PBrC_4H_{12}$, Phosphonium, tetramethyl-, bromide, [4519-28-2], 18:138
$PBrC_{24}H_{20}$, Phosphorane, bromotetraphenyl-, [24038-30-0], 13:190
$PBrF_2O$, Phosphoric bromide difluoride, [14014-18-7], 15:194
$PBrF_2S$, Phosphorothioic bromide difluoride, [13706-09-7], 2:154
$PBrF_2$, Phosphorous bromide difluoride, [15597-40-7], 10:154
$PBrF_6N_3RuC_{14}H_{21}$, Ruthenium(1+), tris (acetonitrile) bromo[(1,2,5,6-η)-1,5-cyclooctadiene]-, stereoisomer, hexafluorophosphate(1-), [115203-19-5], 26:72
$PBrNSiC_5H_{15}$, Phosphinimidic bromide, *P,P*-dimethyl-*N*-(trimethylsilyl)-, [73296-38-5], 25:70
$PBrNbC_{18}H_{21}$, Niobium, bromobis(η^5-2,4-cyclopentadien-1-yl)(dimethylphenylphosphine)-, [37298-77-4], 16:112
$PBrSC_2H_6$, Phosphinothioic bromide, dimethyl-, [6839-93-6], 12:287
PBr_2CH_3, Phosphonous dibromide, methyl-, [1066-34-8], 7:85
$PBr_2C_2H_5$, Phosphonous dibromide, ethyl-, [1068-59-3], 7:85
$PBr_2C_6H_5$, Phosphonous dibromide, phenyl-, [1073-47-8], 9:73
PBr_2FS, Phosphorothioic dibromide fluoride, [13706-10-0], 2:154
PBr_3, Phosphorous tribromide, [7789-60-8], 2:147
PBr_3O, Phosphoric tribromide, [7789-59-5], 2:151
PBr_3S, Phosphorothioic tribromide, [3931-89-3], 2:153
PCH_5, Phosphine, methyl-, [593-54-4], 11:124
PC_2H_6, Phosphine, dimethyl-, ion(1-), [31386-70-6], 13:27;15:188
PC_2H_7, Phosphine, dimethyl-, [676-59-5], 11:126,157
PC_3H_9, Phosphine, trimethyl-, [594-09-2], 7:85;9:59;11:128;15:
PC_4H_{11}, Phosphorane, trimethylmethylene-, [14580-91-7], 18:137
PC_5H_9, Phosphine, (2,2-dimethylpropylidyne)-, [78129-68-7], 27:249, 251
PC_8H_{11}, Phosphine, dimethylphenyl-, [672-66-2], 15:132
$PC_{10}H_{15}$, Phosphine, diethylphenyl-, [1605-53-4], 18:170
$PC_{12}H_{11}$, Phosphine, diphenyl-, [829-85-6], 9:19;16:161
$PC_{12}H_{27}$, Phosphine, tributyl-, [998-40-3], 6:87
———, Phosphine, tris(1,1-dimethylethyl)-, [13716-12-6], 25:155
$PC_{13}H_{13}$, Phosphine, methyldiphenyl-, [1486-28-8], 15:128;16:157
$PC_{14}H_{15}$, Phosphine, ethyldiphenyl-, [607-01-2], 16:158

$PC_{14}H_{23}$, Phosphine, dibutylphenyl-, [6372-44-7], 18:171
$PC_{16}H_{19}$, Phosphine, butyldiphenyl-, [6372-41-4], 16:158
$PC_{18}H_{15}$, Phosphine, triphenyl-, [603-35-0], 18:120
$PC_{18}H_{21}$, Phosphine, cyclohexyldiphenyl-, [6372-42-5], 16:159
$PC_{18}H_{27}$, Phosphine, dicyclohexylphenyl-, [6476-37-5], 18:171
$PC_{18}H_{31}$, Phosphine, [2,4,6-tris(1,1-dimethylethyl) phenyl]-, [83115-12-2], 27:237
$PC_{18}H_{33}$, Phosphine, tricyclohexyl-, [2622-14-2], 15:39
$PC_{19}H_{17}$, Phosphine, diphenyl (phenylmethyl)-, [7650-91-1], 16:159
$PC_{20}H_{19}$, Phosphine, phenylbis (phenylmethyl)-, [7650-90-0], 18:172
$PCaHO_4$, Phosphoric acid, calcium salt (1:1), [7757-93-9], 4:19;6:16-17
$PCaHO_4.2H_2O$, Phosphoric acid, calcium salt (1:1), dihydrate, [7789-77-7], 4:19,22;6:16-17
$PClC_2H_6$, Phosphinous chloride, dimethyl-, [811-62-1], 7:85;15:191
$PClC_8H_{18}$, Phosphinous chloride, dibutyl-, [4323-64-2], 14:4
$PClFOCH_3$, Phosphonic chloride fluoride, methyl-, [753-71-9], 4:141
$PClF_2$, Phosphorous chloride difluoride, [14335-40-1], 10:153
$PClF_2FeO_4C_4$, Iron, tetracarbonyl (phosphorous chloride difluoride)-, [60182-92-5], 16:66
$PClF_2O$, Phosphoric chloride difluoride, [13769-75-0], 15:194
$PClF_4CH_2$, Phosphorane, (chloromethyl) tetrafluoro-, [1111-95-1], 9:66
$PClF_6N_3RuC_{14}H_{21}$, Ruthenium(1+), tris (acetonitrile) chloro[(1,2,5,6-η)-1,5-cyclooctadiene]-, hexafluorophosphate (1-), [54071-75-9], 26:71
$PClF_6N_4ZnC_{24}H_{28}$, Zinc(1+), chloro(2,9-dimethyl-3,10-diphenyl-1,4,8,11-tetraazacyclotetradeca-1,3,8,10-tetraene-N^1,N^4,N^8,N^{11})-, (*SP*-5-12)-, hexafluorophosphate(1-), [77153-92-5], 22:111
$PClHgMn_2O_8C_{20}H_{10}$, Manganese, octacarbonyl (chloromercury)[μ-(diphenylphosphino)]di-, (*2Hg-Mn*)(*Mn-Mn*), [90739-58-5], 26:230
$PClNC_{10}H_{15}$, Phospholanium, 1-amino-1-phenyl-, chloride, [114306-38-6], 7:67
$PClNC_{11}H_{17}$, Phosphorinanium, 1-amino-1-phenyl-, chloride, [115229-50-0], 7:67
$PClNC_{12}H_{29}$, Phosphoranamine, 1,1,1-tributyl-1-chloro-, [7283-54-7], 7:67
$PClNC_{18}H_{17}$, Phosphorus(1+), amidotriphenyl-, chloride, [15729-44-9], 7:67
$PClNC_{24}H_{21}$, Phosphonium, (2-aminophenyl) triphenyl-, chloride, [124843-09-0], 25:130
$PClNNiSe_2C_{11}H_{25}$, Nickel, chloro (diethylcarbamodiselenoato-*Se,Se'*)(tri ethylphosphine)-, (*SP*-4-3)-, [67994-91-6], 21:9
$PClNO_2SC_{18}H_{15}$, Sulfamoyl chloride, (triphenylphosphoranylidene)-, [41309-06-2], 29:27
$PClNO_4C_{18}H_{17}$, Phosphorus(1+), amidotriphenyl-, (*T*-4)-, perchlorate, [55099-54-2], 7:69
$PClNPdSe_2C_{23}H_{25}$, Palladium, chloro (diethylcarbamodiselenoato-*Se,Se'*)(tri phenylphosphine)-, (*SP*-4-3)-, [76136-20-4], 21:10
$PClNPtSe_2C_{23}H_{25}$, Platinum, chloro (diethylcarbamodiselenoato-*Se,Se'*)(tri phenylphosphine)-, (*SP*-4-3)-, [68011-59-6], 21:10
$PClN_2OC_4H_{12}$, Phosphorodiamidic chloride, tetramethyl-, [1605-65-8], 7:71
$PClN_3C_{14}H_{19}$, Phosphoranamine, 1-chloro-1-(2,2-dimethylhydrazino)-1,1-diphenyl-, [15477-41-5], 8:76

$PClO_2C_{12}H_{10}$, Phosphorochloridous acid, diphenyl ester, [5382-00-3], 8:68
$PClO_3C_4H_{10}$, Phosphorochloridic acid, diethyl ester, [814-49-3], 4:78
$PClO_4C_{12}H_{18}$, Phospholanium, 1-ethyl-1-phenyl-, perchlorate, [55759-69-8], 18:189,191
$PClRh_2C_{24}H_{42}$, Rhodium, [μ-[bis(1,1-dimethylethyl) phosphino]]-μ-chlorobis[(1,2,5,6-η)-1,5-cyclooctadiene]di-, [104114-33-2], 25:172
$PClRuC_{30}H_{34}$, Ruthenium, chloro[(1,2,3,4,5,6-η)-hexamethylbenzene] hydro (triphenylphosphine)-, [75182-14-8], 26:181
$PClSiC_{10}H_{14}$, Phosphinous chloride, [phenyl (trimethylsilyl) methylene]-, [74483-17-3], 24:111
$PClSi_4C_{14}H_{36}$, Phosphine, [bis (trimethylsilyl) methylene][chlorobis (trimethylsilyl) methyl]-, [83438-71-5], 24:119
———, Phosphorane, bis [bis(trimethylsilyl) methylene] chloro-, [83438-72-6], 24:120
PCl_2CH_3, Phosphonous dichloride, methyl-, [676-83-5], 7:85
$PCl_2C_4H_9$, Phosphonous dichloride, butyl-, [6460-27-1], 14:4
$PCl_2C_{18}H_{15}$, Phosphorane, dichlorotriphenyl-, [2526-64-9], 15:85
$PCl_2C_{18}H_{29}$, Phosphonous dichloride, [2,4,6-tris(1,1-dimethylethyl) phenyl]-, [79074-00-3], 27:236
$PCl_2C_{19}H_{15}$, Phosphorane, (dichloromethylene) triphenyl-, [6779-08-4], 24:108
PCl_2FO, Phosphoric dichloride fluoride, [13769-76-1], 15:194
$PCl_2F_6N_4RuC_4H_{16}$, Ruthenium, dichlorobis(1,2-ethanediamine-*N,N'*)-, (*OC*-6-12)-, hexafluorophosphate(1-), [146244-13-5], 29:164
$PCl_2F_6N_4RuC_7H_{20}$, Ruthenium(1+), [*N,N'*-bis(2-aminoethyl)-1,3-propanediamine-*N,N',N'',N'''*] dichloro-, [*OC*-6-15-(*R**,*S**)]-, hexafluorophosphate (1-), [152981-38-9], 29:165
$PCl_2NC_2H_6$, Phosphoramidous dichloride, dimethyl-, [683-85-2], 10:149
$PCl_2NOC_2H_6$, Phosphoramidic dichloride, dimethyl-, [677-43-0], 7:69
$PCl_2NOPtC_{15}H_{26}$, Platinum, dichloro [ethoxy (phenylamino) methylene] (triethylphosphine)-, (*SP*-4-3)-, [30394-37-7], 19:175
$PCl_2NPtC_{13}H_{20}$, Platinum, dichloro (isocyanobenzene)(triethylphosphine)-, (*SP*-4-3)-, [30376-90-0], 19:174
$PCl_2N_2PtC_{19}H_{27}$, Platinum, [bis (phenylamino) methylene] dichloro (triethylphosphine)-, (*SP*-4-3)-, [30394-41-3], 19:176
PCl_2OCH_3, Phosphonic dichloride, methyl-, [676-97-1], 4:63
$PCl_2OC_2H_5$, Phosphonic dichloride, ethyl-, [1066-50-8], 4:63
$PCl_2OC_6H_5$, Phosphonic dichloride, phenyl-, [824-72-6], 8:70
$PCl_2OSC_2H_5$, Phosphorodichloridothioic acid, *O*-ethyl ester, [1498-64-2], 4:75
$PCl_2Si_3C_{10}H_{27}$, Phosphonous dichloride, [tris (trimethylsilyl) methyl]-, [75235-85-7], 27:239
PCl_3, Phosphorous trichloride, [7719-12-2], 2:145
———, Phosphorous tri (chloride-^{36}*Cl*), [148832-14-8], 7:160
$PCl_3C_{12}H_{10}$, Phosphorane, trichlorodiphenyl-, [1017-89-6], 15:199
$PCl_3N_2O_2SC_2H_6$, Phosphorimidic trichloride, [(dimethylamino) sulfonyl]-, [14621-78-4], 8:118
$PCl_3N_2O_2SC_4H_{10}$, Phosphorimidic trichloride, [(diethylamino) sulfonyl]-, [14204-65-0], 8:118
$PCl_3N_2O_2SC_6H_{14}$, Phosphorimidic trichloride, [(dipropylamino) sulfonyl]-, [14204-66-1], 8:118

$PCl_3N_2O_2SC_8H_{18}$, Phosphorimidic trichloride, [(dibutylamino) sulfonyl]-, [14204-67-2], 8:118
$PCl_3N_2O_3SC_4H_8$, Phosphorimidic trichloride, (4-morpholinylsulfonyl)-, [14204-64-9], 8:116
$PCl_3OC_2H_4$, Phosphonic dichloride, (2-chloroethyl)-, [690-12-0], 4:66
PCl_3S, Phosphorothioic trichloride, [3982-91-0], 4:71
$PCl_4C_{19}H_{15}$, Phosphonium, triphenyl (trichloromethyl)-, chloride, [57557-88-7], 24:107
PCl_4NO_2S, Sulfamoyl chloride, (trichlorophosphoranylidene)-, [14700-21-1], 13:10
PCl_5, Phosphorane, pentachloro-, [10026-13-8], 1:99
PCl_5C, Phosphonous dichloride, (trichloromethyl)-, [3582-11-4], 12:290
PCl_8Ga, Phosphorane, pentachloro-, compd. with gallium chloride (1:1), [127735-01-7], 7:81
$PCoC_{27}H_{28}$, Cobalt, 1,4-butanediyl(η^5-2,4-cyclopentadien-1-yl)(triphenylphosphine)-, [66416-06-6], 22:171
$PCoC_{37}H_{30}$, Cobalt, (η^5-2,4-cyclopentadien-1-yl)[1,1'-(η^2-1,2-ethynediyl) bis [benzene]](triphenylphosphine)-, [12172-41-7], 26:192
$PCoC_{41}H_{36}$, Cobalt, (η^5-2,4-cyclopentadien-1-yl)(2,3-dimethyl-1,4-diphenyl-1,3-butadiene-1,4-diyl)(triphenylphosphine)-, [55410-91-8], 26:195
$PCoF_5O_3C_{27}H_{15}$, Cobalt, tricarbonyl (pentafluorophenyl)(triphenylphosphine)-, (*TB*-5-13)-, [78220-27-6], 23:24
$PCoN_{13}O_{14}C_{63}H_{91}$, Cobinamide, *Co*-methyl deriv., dihydrogen phosphate (ester), inner salt, 3'-ester with 5,6-dimethyl-1-α-D-ribofuranosyl-1*H*-benzimidazole, [13422-55-4], 20:136
$PCoN_{13}O_{15}C_{62}H_{89}$, Cobinamide, hydroxide, dihydrogen phosphate (ester), inner salt, 3'-ester with 5,6-dimethyl-1-α-D-ribofuranosyl-1*H*-benzimidazole, [13422-51-0], 20:138
$PCoN_{13}O_{16}C_{68}H_{101}$, Cobinamide, *Co*-(2,2-diethoxyethyl) deriv., dihydrogen phosphate (ester), inner salt, 3'-ester with 5,6-dimethyl-1-α-D-ribofuranosyl-1*H*-benzimidazole, [41871-64-1], 20:138
$PCoO_2C_{33}H_{28}$, Cobalt, (η^5-2,4-cyclopentadien-1-yl)[(2,3-η)-methyl 3-phenyl-2-propynoate](triphenylphosphine)-, [53469-97-9], 26:192
$PCoO_3SnC_{24}H_{24}$, Cobalt, tricarbonyl (trimethylstannyl)(triphenylphosphine)-, [52611-18-4], 29:175
$PCoO_4C_{38}H_{34}$, Cobalt, [1,3-bis (methoxycarbonyl)-2-methyl-4-phenyl-1,3-butadiene-1,4-diyl](η^5-2,4-cyclopentadien-1-yl)(triphenylphosphine)-, [55410-87-2], 26:197
———, Cobalt, [1,4-bis (methoxycarbonyl)-2-methyl-3-phenyl-1,3-butadiene-1,4-diyl](η^5-2,4-cyclopentadien-1-yl)(triphenylphosphine)-, [55410-86-1], 26:197
$PCoO_6SnC_{24}H_{24}$, Cobalt, tricarbonyl (trimethylstannyl)(triphenyl phosphite-*P*)-, (*TB*-5-12)-, [42989-56-0], 29:178
$PCo_2FeO_9C_{15}H_5$, Iron, tricarbonyl (hexacarbonyldicobalt)[μ_3-(phenylphosphinidene)]-, (*Co-Co*)(2*Co-Fe*), [69569-55-7], 26:353
$PCrO_6SC_{29}H_{25}$, Chromium, (carbonothioyl) carbonyl[(1,2,3,4,5,6-η)-methyl 3-methylbenzoate](triphenyl phosphite-*P*)-, stereoisomer, [70112-63-9], 19:202
$PCrO_6SC_{29}H_{25}$, Chromium, (carbonothioyl) carbonyl[(1,2,3,4,5,6-η)-methyl 3-methylbenzoate](triphenyl phosphite-*P*)-, stereoisomer, [70144-74-0], 19:202
$PCuC_{18}H_{16}$, Copper, hydro (triphenylphosphine)-, [70114-52-2], 19:87,88

$PCuC_{21}H_{22}$, Copper, hydro [tris(4-methylphenyl) phosphine]-, [70114-53-3], 19:89
$PCuF_6N_4C_8H_{12}$, Copper(1+), tetrakis (acetonitrile)-, (*T*-4)-, hexafluorophosphate(1-), [64443-05-6], 19:90;28:68
$PCuIN_2C_{22}H_{35}$, Copper, (2,2'-bipyridine-*N,N'*) iodo (tributylphosphine)-, (*T*-4)-, [81201-03-8], 7:11
PD_3O_4, Phosphoric acid-d_3, [14335-33-2], 6:81
$PD_{15}C_{18}$, Phosphine, tri (phenyl-d_5)-, [24762-44-5], 16:163
PFC_8H_{18}, Phosphinous fluoride, bis(1,1-dimethylethyl)-, [29146-24-5], 18:176
$PFH_8N_2O_3$, Phosphorofluoridic acid, diammonium salt, [14312-45-9], 2:155
PFK_2O_3, Phosphorofluoridic acid, dipotassium salt, [14104-28-0], 3:109
———, Potassium fluoride metaphosphate ($K_2F(PO_3)$), [12191-64-9], 3:109
$PFNa_2O_3$, Phosphorofluoridic acid, disodium salt, [10163-15-2], 3:106
$PFO_3C_4H_{10}$, Phosphorofluoridic acid, diethyl ester, [358-74-7], 24:65
$PF_2C_4H_9$, Phosphonous difluoride, (1,1-dimethylethyl)-, [29149-32-4], 18:174
$PF_2C_{12}H_{27}$, Phosphorane, tributyldifluoro-, [1111-96-2], 9:71
$PF_2FeNO_4C_8H_{10}$, Iron, tetracarbonyl (diethylphosphoramidous difluoride-*P*)-, [60182-91-4], 16:64
PF_2H, Phosphonous difluoride, [14984-74-8], 12:281,283
PF_2I, Phosphorous difluoride iodide, [13819-11-9], 10:155
$PF_2NC_2H_6$, Phosphoramidous difluoride, dimethyl-, [814-97-1], 10:150
$PF_2N_2O_5ReC_{13}H_8$, Rhenium, (2,2'-bipyridine-*N,N'*) tricarbonyl (phosphorodifluoridato-*O*)-, (*OC*-6-33)-, [76501-25-2], 26:83
$PF_2N_4NO_2$, Phosphorodifluoridic acid, ammonium salt, [15252-72-9], 2:155,157
PF_2OCH_3, Phosphonic difluoride, methyl-, [676-99-3], 4:141;16:166
———, Phosphorodifluoridous acid, methyl ester, [381-65-7], 4:141;16:166
PF_3, Phosphorous trifluoride, [7783-55-3], 4:149;5:95;26:12;28:
$PF_3C_2H_6$, Phosphorane, trifluorodimethyl-, [811-79-0], 9:67
$PF_3C_{12}H_{10}$, Phosphorane, trifluorodiphenyl-, [1138-99-4], 9:69
$PF_3FeO_4C_4$, Iron, tetracarbonyl (phosphorous trifluoride)-, [16388-47-9], 16:67
$PF_3NOSiC_7H_{17}$, Phosphinimidic acid, *P,P*-dimethyl-*N*-(trimethylsilyl)-, 2,2,2-trifluoroethyl ester, [73296-44-3], 25:71
$PF_3NOSiC_{12}H_{19}$, Phosphinimidic acid, *P*-methyl-*P*-phenyl-*N*-(trimethylsilyl)-, 2,2,2-trifluoroethyl ester, [88718-65-4], 25:72
$PF_3N_2C_4H_{12}$, Phosphoranediamine, 1,1,1-trifluoro-*N,N,N',N'*-tetramethyl-, [1735-83-7], 18:186
———, Phosphoranediamine, 1,1,1-trifluoro-*N,N,N',N'*-tetramethyl-, (*TB*-5-11)-, [51922-01-1], 18:186
$PF_3N_2C_8H_{20}$, Phosphoranediamine, *N,N,N',N'*-tetraethyl-1,1,1-trifluoro-, [1066-49-5], 18:187
PF_3S, Phosphorothioic trifluoride, [2404-52-6], 1:154
PF_4CH_3, Phosphorane, tetrafluoromethyl-, [420-64-4], 13:37
$PF_4C_2H_3$, Phosphorane, ethenyltetrafluoro-, [3583-99-1], 13:39
$PF_4C_2H_5$, Phosphorane, ethyltetrafluoro-, [753-82-2], 13:39
$PF_4C_3H_7$, Phosphorane, tetrafluoropropyl-, [3584-00-7], 13:39
$PF_4C_6H_5$, Phosphorane, tetrafluorophenyl-, [666-23-9], 9:64
$PF_4NC_2H_6$, Phosphoranamine, 1,1,1,1-tetrafluoro-*N,N*-dimethyl-, [2353-98-2], 18:181

$PF_4NC_4H_{10}$, Phosphoranamine, *N,N*-diethyl-1,1,1,1-tetrafluoro-, [1068-66-2], 18:85
$PF_5C_8H_6$, Phosphine, dimethyl (pentafluorophenyl)-, [5075-61-6], 16:181
$PF_6FeMoO_6C_{17}H_{13}$, Molybdenum(1+), [μ-(acetyl-*C*:*O*)] tricarbonyl(η5-2,4-cyclopentadien-1-yl)[dicarbonyl(η5-2,4-cyclopentadien-1-yl) iron]-, hexafluorophosphate(1-), [81133-01-9], 26:239
$PF_6FeO_2C_{13}H_{15}$, Iron(1+), dicarbonyl [(1,2-η)-cyclohexene](η5-2,4-cyclopentadien-1-yl)-, hexafluorophosphate(1-), [12085-92-6], 12:38
$PF_6FeO_3C_{11}H_{13}$, Iron(1+), dicarbonyl(η5-2,4-cyclopentadien-1-yl)(tetrahydrofuran)-, hexafluorophosphate(1-), [72303-22-1], 26:232
$PF_6Fe_2O_5C_{16}H_{13}$, Iron(1+), [μ-(acetyl-*C*:*O*)] tetracarbonylbis(η5-2,4-cyclopentadien-1-yl)di-, hexafluorophosphate(1-), [81141-29-9], 26:235
PF_6H_4N, Phosphate(1-), hexafluoro-, ammonium, [16941-11-0], 3:111
$PF_6IrN_2C_{18}H_{22}$, Iridium(1+), [(1,2,5,6-η)-1,5-cyclooctadiene] bis (pyridine)-, hexafluorophosphate(1-), [56678-60-5], 24:174
PF_6K, Phosphate(1-), hexafluoro-, potassium, [17084-13-8], 3:111
$PF_6MnNO_3C_7H_5$, Manganese(1+), dicarbonyl(η5-2,4-cyclopentadien-1-yl) nitrosyl-, hexafluorophosphate(1-), [31921-90-1], 15:91
$PF_6NC_{16}H_{36}$, 1-Butanaminium, *N,N,N*-tributyl-, hexafluorophosphate(1-), [3109-63-5], 24:141
$PF_6NSe_2C_7H_{12}$, Methanaminium, *N*-(4,5-dimethyl-1,3-diselenol-2-ylidene)-*N*-methyl-, hexafluorophosphate(1-), [84041-23-6], 24:133
$PF_6N_9RuC_4H_{16}$, Ruthenium(1+), azidobis (1,2-ethanediamine-*N,N'*)(dinitrogen)-, (*OC*-6-33)-, hexafluorophosphate(1-), [31088-36-5], 12:23
$PF_6N_{10}RuC_4H_{16}$, Ruthenium(1+), diazidobis(1,2-ethanediamine-*N,N'*)-, (*OC*-6-22)-(-)-, hexafluorophosphate (1-), [30649-47-9], 12:24
PF_6Na, Phosphate(1-), hexafluoro-, sodium, [21324-39-0], 3:111
$PF_6Se_8C_{20}H_{24}$, 1,3-Diselenole, 2-(4,5-dimethyl-1,3-diselenol-2-ylidene)-4,5-dimethyl-, radical ion(1+), hexafluorophosphate(1-), compd. with 2-(4,5-dimethyl-1,3-diselenol-2-ylidene)-4,5-dimethyl-1,3-diselenole (1:1), [73261-24-2], 24:142
$PF_{11}O_3C_6H_6$, Phosphorane, difluorotris(2,2,2-trifluoroethoxy)-, [71181-74-3], 24:63
PFe, Iron phosphide (FeP), [26508-33-8], 14:176
$PFeO_3C_{21}H_{15}$, Iron, tricarbonyl (triphenylphosphine)-, [70460-14-9], 8:186
$PFeO_4C_{12}H_{11}$, Iron, tetracarbonyl (dimethylphenylphosphine)-, [37410-37-0], 26:61;28:171
$PFeO_4C_{16}H_{27}$, Iron, tetracarbonyl (tributylphosphine)-, (*TB*-5-12)-, [18474-82-3], 26:61;28:171
———, Iron, tetracarbonyl [tris(1,1-dimethylethyl) phosphine]-, [60134-68-1], 28:177
———, Iron, tetracarbonyl [tris(1,1-dimethylethyl) phosphine]-, (*TB*-5-22)-, [31945-67-2], 25:155
$PFeO_4C_{17}H_{13}$, Iron, tetracarbonyl (methyldiphenylphosphine)-, [37410-36-9], 26:61;28:171
$PFeO_4C_{22}H_{15}$, Iron, tetracarbonyl (triphenylphosphine)-, [14649-69-5], 8:186;26:61;28:170
$PFeO_4C_{22}H_{33}$, Iron, tetracarbonyl (tricyclohexylphosphine)-, (*TB*-5-12)-, [18474-81-2], 26:61;28:171
$PFeO_7C_7H_9$, Iron, tetracarbonyl (trimethyl phosphite-*P*)-, [14878-71-8], 26:61;28:171

$PFeO_7C_{10}H_{15}$, Iron, tetracarbonyl (triethyl phosphite-*P*)-, [21494-36-0], 26:61;28:171

$PFeO_7C_{22}H_{15}$, Iron, tetracarbonyl (triphenyl phosphite-*P*)-, [18475-06-4], 26:61;28:171

$PFe_2N_8S_8C_{64}H_{40}$, Phosphonium, tetraphenyl-, bis[μ-[2,3-dimercapto-2-butenedinitrilato(2-)-*S*:*S*,*S*']] bis[2,3-dimercapto-2-butenedinitrilato(2-)-*S*,*S*'] diferrate(2-) (2:1), [151183-11-8], 13:193

$PGa_2I_6C_{36}H_{32}$, Gallate(2-), hexaiododi-, (*Ga-Ga*), dihydrogen, compd. with triphenylphosphine (1:2), [77187-69-0], 22:135

$PGeH_5$, Phosphine, germyl-, [13573-06-3], 15:177

$PHO_5V.1/2H_2O$, Vanadate(1-), oxo [phosphato(3-)-*O*]-, hydrogen, hydrate (2:1), [93280-40-1], 30:243

$PHO_6U.4H_2O$, Uranate(1-), dioxo [phosphato(3-)-*O*]-, hydrogen, tetrahydrate, [1310-86-7], 5:150

PH_2Li, Lithium phosphide ($Li(H_2P)$), [24167-79-1], 27:228

$PH_2NNa_2O_3$, Phosphoramidic acid, disodium salt, [3076-34-4], 6:100

PH_3, Phosphine, [7803-51-2], 9:56; 11:124;14:1

$(PH_3N_2O)_x$, Phosphenimidic amide, homopolymer, [72198-94-8], 6:111

PH_3O_3, Phosphorous acid, [10294-56-1], 4:55

PH_3O_4, Phosphoric acid, [7664-38-2], 1:101;19:278

PH_4I, Phosphonium iodide ($(PH_4)I$), [12125-09-6], 2:141;6:91

PH_4KNO_3, Phosphoramidic acid, monopotassium salt, [13823-49-9], 13:25

PH_4NO_3, Phosphoramidic acid, [2817-45-0], 13:24;19:281

PH_4N_2NaOS, Phosphorodiamidothioic acid, monosodium salt, [13766-94-4], 6:112

PH_6N_3O, Phosphoric triamide, [13597-72-3], 6:108

PH_6N_3S, Phosphorothioic triamide, [13455-05-5], 6:111

$PH_7N_2O_3$, Phosphoramidic acid, monoammonium salt, [13566-20-6], 6:110;13:23

$PH_9N_2O_3S$, Phosphorothioic acid, diammonium salt, [15792-81-1], 6:112

$PH_{12}N_3O_7$, Hydroxylamine, phosphate (3:1) (salt), [20845-01-6], 3:82

PIC_3H_{10}, Phosphine, trimethyl-, hydriodide, [150384-18-2], 11:128

$PINO_4C_{18}H_{17}$, Phosphorus(1+), amidotriphenyl-, (*T*-4)-, salt with periodic acid (HIO_4), [32740-42-4], 7:69

$PIN_2C_{15}H_{20}$, Hydrazine, 2-(iodomethyldiphenylphosphoranyl)-1,1-dimethyl-, [15477-40-4], 8:76

$PIN_2C_{15}H_{20}$, Phosphorus(1+), (1,1-dimethylhydrazinato-N^1) methyldiphenyl-, [13703-24-7], 8:76

$PIrC_{32}H_{38}$, Iridium, 1,4-butanediyl [(1,2,3,4,5-η)-1,2,3,4,5-pentamethyl-2,4-cyclopentadien-1-yl](triphenylphosphine)-, [66416-07-7], 22:174

$PKC_{12}H_{10}$, Potassium, (diphenylphosphino)-, [4346-39-8], 8:190

$PKN_2O_6C_{14}H_{24}$, Potassium(1+), (1,4,7,10,13,16-hexaoxacyclooctadecane-$O^1,O^4,O^7,O^{10},O^{13},O^{16}$)-, (*OC*-6-11)-, salt with phosphonous dicyanide (1:1), [81043-01-8], 25:126

PK_3O_3S, Phosphorothioic acid, tripotassium salt, [148832-25-1], 5:102

$PLiC_2H_7$, Phosphine, dimethyl-, lithium salt, [21743-25-9], 13:27

$PLiC_9H_{12}$, Lithium, [(methylmethylenephenylphosphoranyl) methyl]-, [59983-61-8], 27:178

$PLiC_{12}H_{11}$, Phosphine, diphenyl-, lithium salt, [4541-02-0], 17:186

$PLiO_2Si_2C_{14}H_{34}$, Lithium, bis (tetrahydrofuran)[bis (trimethylsilyl) phosphino]-, [59610-41-2], 27:243,248

- PMnOSC₂₅H₂₀, Manganese, (carbonothioyl) carbonyl(η⁵-2,4-cyclopentadien-1-yl)(triphenylphosphine)-, [49716-54-3], 19:189
- PMnO₄, Phosphoric acid, manganese(3+) salt (1:1), [14986-93-7], 2:213
- PMnO₅C₂₃H₁₆, Manganese, tetracarbonyl [[2-(diphenylphosphino) phenyl] hydroxymethyl-*C*,*P*]-, (*OC*-6-23)-, [79452-37-2], 26:169
- PMnO₈SC₁₂H₁₂, Manganese, tetracarbonyl[2-(dimethylphosphinothioyl)-3-methoxy-1-(methoxycarbonyl)-3-oxo-1-propenyl-*C*,*S*]-, (*OC*-6-23)-, [78857-08-6], 26:163
- PMnO $_{11}$ C $_{17}$ H $_{18}$, Manganese, tricarbonyl [(2,3,4,5- η)-2,3,4,5-tetrakis (methoxy-carbonyl)-1,1-dimethyl-1H-phospholium]-, [78857-04-2], 26:167
- PMnO $_{11}$ SC $_{17}$ H $_{18}$, Manganese, tricarbonyl [(3,4,5,6- η)-3,4,5,6-tetrakis (methoxy-carbonyl)-2,2-dimethyl-2H-1,2-thia-phosphorinium]-, [70644-07-4], 26:165
- PMn₂O₈C₂₀H₁₁, Manganese, octacarbonyl [μ-(diphenylphosphino)]-μ-hydrodi-, (*Mn-Mn*), [85458-48-6], 26:226
- PMn₂O₉C₂₇H₁₃, Manganese, octacarbonyl [μ-[carbonyl[6-(diphenylphosphino)-1,2-phenylene]]]di-, [41880-45-9], 26:158
- PMoO₂C₂₅H₂₁, Molybdenum, dicarbonyl (η⁵-2,4-cyclopentadien-1-yl) hydro (triphenylphosphine)-, [33519-69-6], 26:98
- PMo₂O₄C₂₂H₂₉, Molybdenum, [μ-[bis (1,1-dimethylethyl) phosphino]] tetracarbonylbis(η⁵-2,4-cyclopentadien-1-yl)-μ-hydrodi-, (*Mo-Mo*), [125225-75-4], 25:168
- (PNC₂H₆)_x, Poly [nitrilo (dimethylphosphoranylidyne)], [32007-38-8], 25:69,71
- (PNC₇H₈)_x, Poly [nitrilo (methylphenylphosphoranylidyne)], [88733-82-8], 25:69,72-73

- PNC₇H₁₈, 1-Propanamine, 3-(dimethylphosphino)-*N*,*N*-dimethyl-, [50518-38-2], 14:21
- PNC₁₈H₁₆, Benzenamine, 2-(diphenyl-phosphino)-, [65423-44-1], 25:129
- PNC₁₈H₂₄, Ethanamine, 2-(diphenylphosphino)-*N*,*N*-diethyl-, [2359-97-9], 16:160
- PNNiOC₂₂H₄₀, Nickel, [butanamidato(2-)-C⁴,N¹](tricyclohexylphosphine)-, [82840-51-5], 26:206
- PNNiOC₂₂H₄₀, Nickel, [2-methylpropanamidato(2-)-C³,N](tricyclohexylphosp hine)-, [72251-37-7], 26:205
- PNOC₂H₆, Phosphine oxide, ethylimino-, [148832-15-9], 4:65
- PNOC₂₅H₂₀, Benzamide, 2-(diphenylphosphino)-*N*-phenyl-, [91410-02-5], 27:324
- PNOC₂₅H₂₀, Benzamide, *N*-[2-(diphenyl-phosphino) phenyl]-, [91409-99-3], 27:323
- PNOReC₂₄H₂₃, Rhenium, (η⁵-2,4cyclopentadien-1-yl) methylnitrosyl (triphenylphosphine)-, stereoisomer, [82336-24-1], 29:220
- PNO₂ReC₂₄H₂₁, Rhenium, (η⁵-2,4cyclopentadien-1-yl) formylnitrosyl (triphenylphosphine)-, [70083-74-8], 29:222
- PNO₃C₄H₁₂, Phosphoramidic acid, diethyl ester, [1068-21-9], 4:77
- PNO₃ReC₂₅H₂₃, Rhenium, (η⁵-2,4-cyclopentadien-1-yl)(methoxycarbonyl) nitrosyl (triphenylphosphine)-, [82293-79-6], 29:216
- PNO₄C₈H₁₈, Phosphonic acid, [2-(diethylamino)-2-oxoethyl]-, dimethyl ester, [104584-00-1], 24:101
- PNO₄C₁₀H₂₂, Phosphonic acid, [2-(diethylamino)-2-oxoethyl]-, diethyl ester, [3699-76-1], 24:101
- PNO₄C₁₂H₂₆, Phosphonic acid, [2-(diethylamino)-2-oxoethyl]-, bis(1methylethyl) ester, [82749-97-1], 24:101

$PNO_4C_{14}H_{30}$, Phosphonic acid, [2-(diethylamino)-2-oxoethyl]-, dibutyl ester, [7439-68-1], 24:101

$PNO_4C_{16}H_{34}$, Phosphonic acid, [2-(dimethylamino)-2-oxoethyl]-, dihexyl ester, [66271-52-1], 24:101

$PNO_{10}Ru_3C_{23}H_{20}$, Ruthenium, decacarbonyl (dimethylphenylphosphine)(2-isocyano-2-methylpropane) tri-, *triangulo*, [84330-39-2], 26:275;28:224

$PNPtSe_2C_{24}H_{28}$, Platinum, (diethylcarbamodiselenoato-*Se,Se'*) methyl (triphenylphosphine)-, (*SP*-4-3)-, [68252-95-9], 21:10,20:10

$PNSeC_{17}H_{22}$, 1-Propanamine, 3-(diphenylphosphinoselenoyl)-*N,N*-dimethyl-, [13289-84-4], 10:159

$PNSi_2C_8H_{24}$, Phosphinous amide, *P,P*-dimethyl-*N,N*-bis (trimethylsilyl)-, [63744-11-6], 25:69

$PNSi_2C_{13}H_{26}$, Phosphinous amide, *P*-methyl-*P*-phenyl-*N,N*-bis (trimethylsilyl)-, [68437-87-6], 25:72

$PN_2C_{14}H_{17}$, Phosphinous hydrazide, 2,2-dimethyl-*P,P*-diphenyl-, [3999-13-1], 8:74

$PN_2C_{18}H_{25}$, 1,2-Ethanediamine, *N*-[(diphenylphosphino) methyl]-*N,N',N'*-trimethyl-, [43133-27-3], 16:199

$PN_2OC_{14}H_{17}$, Phosphinic hydrazide, 2,2-dimethyl-*P,P*-diphenyl-, [13703-22-5], 8:76

$PN_2O_2ReC_{36}H_{32}$, Rhenium, (η^5-2,4-cyclopentadien-1-yl)[[[1-(1-naphthalenyl) ethyl] amino] carbonyl] nitrosyl (triphenylphosphine)-, stereoisomer, [82372-77-8], 29:217

$PN_2O_2SC_{22}H_{25}$, Sulfamide, diethyl (triphenylphosphoranylidene)-, [13882-24-1], 9:119

$PN_2SC_{14}H_{17}$, Phosphinothioic hydrazide, 2,2-dimethyl-*P,P*-diphenyl-, [13703-23-6], 8:76

$PN_2SiC_{14}H_{27}$, Phosphonous diamide, *N,N,N',N'*-tetramethyl-*P*-[phenyl (trimethylsilyl) methyl]-, [104584-01-2], 24:110

PN_3C_3, Phosphorous tricyanide, [1116-01-4], 6:84

$PN_3C_{18}H_{18}$, Phosphorous triamide, *N,N',N''*-triphenyl-, [15159-51-0], 5:61

$PN_3O_3C_3$, Phosphorous triisocyanate, [1782-09-8], 13:20

$PNaC_{12}H_{11}$, Phosphine, diphenyl-, sodium salt, [4376-01-6], 13:28

PNa_3O_3S, Phosphorothioic acid, trisodium salt, [10101-88-9], 5:102;17:193

$PNbC_{18}H_{22}$, Niobium, bis(η^5-2,4-cyclopentadien-1-yl)(dimethylphenylphosphine) hydro-, [37298-78-5], 16:110

POC_8H_{11}, Phosphine oxide, dimethylphenyl-, [10311-08-7], 17:185

$POC_{12}H_{19}$, 1-Butanol, 4-(ethylphenylphosphino)-, [54807-90-8], 18:189,190

$POC_{12}H_{27}$, Phosphine oxide, tributyl-, [814-29-9], 6:90

$POC_{13}H_{13}$, Phosphine oxide, methyldiphenyl-, [2129-89-7], 17:184

$POC_{13}H_{13}$, Phosphinous acid, diphenyl-, methyl ester, [4020-99-9], 17:184

$POC_{19}H_{15}$, Benzaldehyde, 2-(diphenylphosphino)-, [50777-76-9], 21:176

$POSi_2C_{11}H_{27}$, 3-Oxa-5-phospha-2,6-disilahept-4-ene, 4-(1,1-dimethylethyl)-2,2,6,6-tetramethyl-, [78114-26-8], 27:250

$PO_2C_{10}H_{15}$, Phosphonous acid, phenyl-, diethyl ester, [1638-86-4], 13:117

$PO_2C_{11}H_{15}$, Phosphinic acid, ethenylphenyl-, 1-methylethyl ester, [40392-41-4], 16:203

$PO_2C_{12}H_{11}$, Phosphinic acid, diphenyl-, [1707-03-5], 8:71

$PO_2C_{19}H_{15}$, Benzoic acid, 2-(diphenylphosphino)-, [17261-28-8], 21:178

$PO_2WC_{25}H_{21}$, Tungsten, dicarbonyl(η^5-2,4-cyclopentadien-1-yl) hydro (triphenylphosphine)-, [33085-24-4], 26:98

$PO_3C_4H_{11}$, Phosphonic acid, diethyl ester, [762-04-9], 4:58

$PO_3C_{16}H_{35}$, Phosphonic acid, dioctyl ester, [1809-14-9], 4:61

$PO_3C_{18}H_{15}$, Phosphorous acid, triphenyl ester, [101-02-0], 8:69

$PO_4VC_6H_5.OC_2H_6.H_2O$, Vanadium, oxo [phenylphosphonato(2-)-*O*]-, compd. with ethanol (1:1), monohydrate, [158188-70-6], 30:245

$PO_4VC_6H_5.2H_2O$, Vanadium, oxo [phenylphosphonato(2-)-*O*]-, dihydrate, [152545-41-0], 30:246

$PO_4VC_6H_{13}.OC_7H_8.H_2O$, Vanadium, [hexylphosphonato(2-)-*O*] oxo-, compd. with benzenemethanol (1:1), monohydrate, [158188-71-7], 30:247

$PO_5V.2H_2O$, Vanadium, oxo [phosphato (3-)-*O*]-, dihydrate, [12293-87-7], 30:242

$PO_9Ru_3C_{21}H_{11}$, Ruthenium, nonacarbonyl [μ-(diphenylphosphino)]-μ-hydrotri-, *triangulo*, [82055-65-0], 26:264

$PO_{11}Ru_3C_{19}H_{11}$, Ruthenium, undecacarbonyl (dimethylphenylphosphine) tri-, *triangulo*, [38686-57-6], 26:273; 28:223

$PO_{14}Ru_4C_{32}H_{25}$, Ruthenium, undecacarbonyltetra-μ-hydro [tris(4-methylphenyl) phosphite-*P*] tetra-, *tetrahedro,* [86292-13-9], 26:277;28:227

$PPtC_{22}H_{41}$, Platinum, bis(η^2-ethene) (tricyclohexylphosphine)-, [57158-83-5], 19:216;28:130

$PRhC_{32}H_{38}$, Rhodium, 1,4-butanediyl [(1,2,3,4,5-η)-1,2,3,4,5-pentamethyl-2,4-cyclopentadien-1-yl](triphenylphosphine)-, [63162-06-1], 22:173

$PRuC_{30}H_{33}$, Ruthenium, [2-(diphenylphosphino) phenyl-*C,P*][(1,2,3,4,5,6-η)-hexamethylbenzene] hydro-, [75182-15-9], 36:182

PSC_2H_7, Phosphine sulfide, dimethyl-, [6591-05-5], 26:162

$PSC_{12}H_{27}$, Phosphine sulfide, tributyl-, [3084-50-2], 9:71

$PSC_{19}H_{17}$, Phosphine, [2-(methylthio) phenyl] diphenyl-, [14791-94-7], 16:171

$PS_2C_{13}H_{27}$, Phosphine, tributyl-, compd. with carbon disulfide (1:1), [35049-92-4], 6:90

$PS_2C_{13}H_{27}$, Phosphonium, tributyl (dithiocarboxy)-, inner salt, [58758-29-5], 6:90

$PS_2C_{20}H_{19}$, Phosphine, bis[2-(methylthio) phenyl] phenyl-, [14791-95-8], 16:172

$PS_3C_{12}H_{27}$, Phosphorotrithious acid, tributyl ester, [150-50-5], 22:131

$PS_3C_{21}H_{21}$, Phosphine, tris[2-(methylthio) phenyl]-, [17617-66-2], 16:173

$PSeC_{18}H_{15}$, Phosphine selenide, triphenyl-, [3878-44-2], 10:157

$PSeC_{21}H_{21}$, Phosphine selenide, tris(3-methylphenyl)-, [10061-85-5], 10:159

$PSeC_{21}H_{21}$, Phosphine selenide, tris(4-methylphenyl)-, [10089-43-7], 10:159

$PSiC_5H_{15}$, Phosphine, dimethyl (trimethylsilyl)-, [26464-99-3], 13:26

$PSiC_7H_{19}$, Phosphorane, trimethyl [(trimethylsilyl) methylene]-, [3272-86-4], 18:137

$PSiC_{15}H_{19}$, Phosphine, diphenyl (trimethylsilyl)-, [17154-34-6], 13:26;17:187

$PSiC_{21}H_{39}$, Phosphine, (trimethylsilyl) [2,4,6-tris(1,1-dimethylethyl) phenyl]-, [91425-17-1], 27:238

$PSi_3C_9H_{27}$, Phosphine, tris (trimethylsilyl)-, [15573-38-3], 27:243

$PUC_{24}H_{27}$, Uranium, tris(η^5-2,4-cyclopentadien-1-yl)[(dimethylphenylphosphoranylidene) methyl]-, [77357-85-8], 27:177

$P_2Ag_2C_8H_{20}$, Silver, bis[μ-[(dimethylphosphinidenio) bis (methylene)]]di-, *cyclo,* [43064-38-6], 18:142

$P_2As_2O_6PtC_{14}H_{28}$, Platinum, bis (dimethyl phosphito-*P*)[1,2-phenylenebis [dimethylarsine]-*As,As'*]-, (*SP*-4-2)-, [63264-39-1], 19:100

$P_2AuMn_2O_8C_{38}H_{25}$, Manganese, octacarbonyl[μ-(diphenylphosphino)] [(triphenylphosphine) gold]di-, (2*Au-Mn*)(*Mn-Mn*), [91032-61-0], 26:229

$P_2Au_2Cl_2O_2C_{30}H_{32}$, Gold, dichloro [μ-[[1,2-ethanediylbis (oxy-2,1-ethanediyl)] bis [diphenylphosphine]-*O,P:O',P'*]]di-, [99791-78-3], 23:193

$P_2Au_2O_{10}Os_3C_{22}H_{30}$, Osmium, decacarbonylbis[(triethylphosphine) gold] tri-, (4*Au-Os*)(3*Os-Os*), [88006-40-0], 27:211

$P_2Au_2O_{10}Os_3C_{46}H_{30}$, Osmium, decacarbonylbis[(triphenylphosphine) gold] tri-, (4*Au-Os*)(3*Os-Os*), [88006-39-7], 27:211

$P_2BBrF_4IrNOC_{36}H_{30}$, Iridium(1+), bromonitrosylbis (triphenylphosphine)-, (*SP*-4-3)-, tetrafluoroborate(1-), [38302-39-5], 16:42

$P_2BClF_4IrNOC_{36}H_{30}$, Iridium(1+), chloronitrosylbis (triphenylphosphine)-, (*SP*-4-3)-, tetrafluoroborate(1-), [38302-38-4], 16:41

$P_2BClF_4IrN_2C_{36}H_{31}$, Iridium, chloro (dinitrogen) hydro [tetrafluoroborato(1-)-*F*] bis (triphenylphosphine)-, (*OC*-6-42)-, [79470-05-6], 26:119;28:25

$P_2BClF_4IrOC_{37}H_{31}$, Iridium, carbonylchlorohydro [tetrafluoroborato(1-)-*F*] bis (triphenylphosphine)-, [106062-66-2], 26:117;28:23

$P_2BClF_4IrOC_{38}H_{33}$, Iridium, carbonylchloromethyl [tetrafluoroborato(1-)-*F*] bis (triphenylphosphine)-, (*OC*-6-52)-, [82474-47-3], 26:118;28:24

$P_2BClF_4N_2O_2RuC_{36}H_{30}$, Ruthenium(1+), chlorodinitrosylbis (triphenylphosphine)-, tetrafluoroborate(1-), [54890-53-8], 16:21

$P_2BClF_4N_2PtC_{18}H_{36}$, Platinum(1+), chloro (phenyldiazene-N^2) bis (triethylphosphine)-, (*SP*-4-3)-, tetrafluoroborate (1-), [16903-20-1], 12:31

$P_2BClF_4N_3O_2PtC_{18}H_{35}$, Platinum(1+), chloro[(4-nitrophenyl) diazene-N^2] bis (triethylphosphine)-, (*SP*-4-3)-, tetrafluoroborate(1-), [153379-38-5], 12:31

$P_2BClF_5N_2PtC_{18}H_{35}$, Platinum(1+), chloro[(3-fluorophenyl) diazene-N^2] bis (triethylphosphine)-, (*SP*-4-3)-, tetrafluoroborate(1-), [16902-62-8], 12:29,31

$P_2BClF_5N_2PtC_{18}H_{35}$, Platinum(1+), chloro[(4-fluorophenyl) diazene-N^2] bis (triethylphosphine)-, (*SP*-4-3)-, tetrafluoroborate(1-), [31484-73-8], 12:29,31

$P_2BClF_5N_2PtC_{18}H_{37}$, Platinum(1+), chloro[(4-fluorophenyl) hydrazine-N^2] bis (triethylphosphine)-, (*SP*-4-3), tetrafluoroborate(1-), [16774-97-3], 12:32

$P_2BCoN_2O_2C_{50}H_{44}$, Cobalt(1+), [1,2-ethanediylbis [diphenylphosphine]-*P,P'*] dinitrosyl-, (*T*-4)-, tetraphenylborate(1-), [24533-59-3], 16:19

$P_2BCoN_2O_2C_{60}H_{50}$, Cobalt(1+), dinitrosylbis (triphenylphosphine)-, tetraphenylborate(1-), [24507-62-8], 16:18

$P_2BCuC_{36}H_{34}$, Copper, [tetrahydroborato (1-)-*H,H'*] bis (triphenylphosphine)-, (*T*-4)-, [16903-61-0], 19:96

$P_2BF_4I_2IrC_{42}H_{36}$, Iridium(1+), (1,2-diiodobenzene-*I,I'*) dihydrobis (triphenylphosphine)-, (*OC*-6-33)-, tetrafluoroborate(1-), [82582-50-1], 26:125;28:59

$P_2BF_4IrC_{35}H_{38}$, Iridium(1+), [(1,2,5,6-η)-1,5-cyclooctadiene][1,3 propanediylbis [diphenylphosphine]-*P,P'*]-, tetrafluoroborate(1-), [73178-89-9], 27:23

$P_2BF_4IrC_{44}H_{42}$, Iridium(1+), [(1,2,5,6-η)-1,5-cyclooctadiene] bis (triphenylphosphine)-, tetrafluoroborate(1-), [38834-40-1], 29:283

$P_2BF_4IrO_2C_{36}H_{36}$, Iridium(1+), diaquadihydrobis (triphenylphosphine)-, tetrafluoroborate(1-), [79792-57-7], 26:124;28:58

$P_2BF_4IrO_2C_{42}H_{44}$, Iridium(1+), dihydrobis(2-propanone) bis (triphenylphosphine)-, tetrafluoroborate(1-), [72414-17-6], 26:123;28:57;29:283

$P_2BF_{12}N_3C_{15}H_{16}$, Boron(2+), hydrotris (pyridine)-, (*T*-4)-, bis [hexafluorophosphate(1-)], [25447-31-8], 12:139

$P_2BIC_6H_{20}$, Boron(1+), dihydrobis (trimethylphosphine)-, iodide, (*T*-4)-, [32842-92-5], 12:135

$P_2BNORhC_{38}H_{33}$, Rhodium, carbonyl [(cyano-*C*) trihydroborato(1-)-*N*] bis (triphenylphosphine)-, (*SP*-4-1)-, [36606-39-0], 15:72

$P_2BNiC_{36}H_{71}$, Nickel, hydro [tetrahydroborato(1-)-*H,H'*] bis (tricyclohexylphosphine)-, (*TB*-5-11)-, [24899-12-5], 17:89

$P_2BO_2PtC_{40}H_{57}$, Platinum(1+), (3-methoxy-3-oxopropyl) bis (triethylphosphine)-, (*SP*-4-3)-, tetraphenylborate(1-), [129951-70-8], 26:138

$P_2BPdC_{36}H_{71}$, Palladium, hydro [tetrahydroborato(1-)-*H,H'*] bis (tricyclohexylphosphine)-, (*TB*-5-11)-, [30916-06-4], 17:90

$P_2BPtC_{44}H_{63}$, Platinum(1+), [(1,4,5-η)-4-cycloocten-1-yl] bis (triethylphosphine)-, tetraphenylborate(1-), [51177-62-9], 26:139

$P_2B_2Br_4C_{24}H_{20}$, Diborane(6), tetrabromobis[μ-(diphenylphosphino)]-, [3325-72-2], 9:24

$P_2B_2I_4C_{24}H_{20}$, Diborane(6), bis[μ-(diphenylphosphino)] tetraiodo-, [3325-73-3], 9:19,22

$P_2BrFeC_{31}H_{29}$, Iron, bromo(η^5-2,4-cyclopentadien-1-yl)[1,2-ethanediylbis [diphenylphosphine]-*P,P'*]-, [32843-50-8], 24:170

$P_2BrFeMgO_2C_{39}H_{45}$, Magnesium, bromo [(η^5-2,4-cyclopentadien-1-yl)[1,2-ethanediylbis [diphenylphosphine]-*P,P'*] iron] bis (tetrahydrofuran)-, (*Fe-Mg*), [52649-44-2], 24:172

$P_2BrIrN_2C_{36}H_{30}$, Iridium, bromo (dinitrogen) bis (triphenylphosphine)-, (*SP*-4-3)-, [25036-66-2], 16:42

$P_2BrRhC_{36}H_{30}$, Rhodium, bromobis (triphenylphosphine)-, [148832-24-0], 10:70

$P_2Br_2F_2NiC_{16}H_{36}$, Nickel, bis [bis(1,1-dimethylethyl) phosphinous fluoride] dibromo-, (*SP*-4-1)-, [41509-46-0], 18:177

$P_2Br_2Mo_2O_4C_{38}H_{64}$, Molybdenum, bis[μ-(benzoato-*O*:*O'*)] dibromobis (tributylphosphine)di-, (*Mo-Mo*), stereoisomer, [59493-09-3], 19:133

$P_2Br_2N_6NiC_{18}H_{24}$, Nickel, dibromobis [3,3',3''-phosphinidynetris [propanenitrile]-*P*]-, (*SP*-4-1)-, [19979-87-4], 22:113,115

$(P_2Br_2N_6NiC_{18}H_{24})_x$, Nickel, dibromobis [3,3',3''-phosphinidynetris [propanenitrile]-*P*]-, (*SP*-4-1)-, homopolymer, [29591-65-9], 22:115

$P_2Br_2O_2ReC_{38}H_{35}$, Rhenium, dibromoethoxyoxobis (triphenylphosphine)-, [18703-08-7], 9:145,147

$P_2Br_3OReC_{36}H_{30}$, Rhenium, tribromooxobis (triphenylphosphine)-, [18703-07-6], 9:145,146

$P_2Br_6Ga_2C_{36}H_{32}$, Gallate(2-), hexabromo-, (*Ga-Ga*), dihydrogen, compd. with triphenylphosphine (1:2), [77187-71-4], 22:135,138

$P_2Br_6Ga_2C_{48}H_{40}$, Phosphonium, tetraphenyl-, hexabromodigallate(2-) (*Ga-Ga*) (2:1), [89420-55-3], 22:139

P_2Br_7N, Phosphorimidic tribromide, (tetrabromophosphoranyl)-, [58477-46-6], 7:77

$P_2C_2H_8$, Phosphine, 1,2-ethanediylbis-, [5518-62-7], 14:10
$P_2C_4H_{12}$, Diphosphine, tetramethyl-, [3676-91-3], 13:30;14:14;15:187
$P_2C_5H_{14}$, Phosphine, methylenebis [dimethyl-, [64065-08-3], 25:121
$P_2C_6H_{16}$, Phosphine, 1,2-ethanediylbis [dimethyl-, [23936-60-9], 23:199
$P_2C_7H_{18}$, Phosphine, 1,3-propanediylbis [dimethyl-, [39564-18-6], 14:17
$P_2C_{20}H_{20}$, Phosphine, diphenyl[2-(phenylphosphino) ethyl]-, [33355-58-7], 16:202
$P_2C_{23}H_{26}$, Phosphine, [2-(diphenylphosphino) ethyl](1-methylethyl) phenyl-, [29955-04-2], 16:192
$P_2C_{23}H_{26}$, Phosphine, [2-(diphenylphosphino) ethyl] phenylpropyl-, [29955-03-1], 16:192
$P_2C_{36}H_{58}$, Diphosphene, bis[2,4,6-tris(1,1-dimethylethyl) phenyl]-, [79073-99-7], 27:241
$P_2C_{37}H_{30}$, Phosphorane, methanetetraylbis [triphenyl-, [7533-52-0], 24:115
$P_2CaH_4O_6.H_2O$, Phosphonic acid, calcium salt (2:1), monohydrate, [24968-68-1], 4:18
$P_2CaH_4O_8.H_2O$, Phosphoric acid, calcium salt (2:1), monohydrate, [10031-30-8], 4:18
$P_2Ca_3O_8$, Phosphoric acid, calcium salt (2:3), [7758-87-4], 6:17
$P_2CdS_4C_{72}H_{60}$, Phosphonium, tetraphenyl-, (*T*-4)-tetrakis (benzenethiolato) cadmate(2-) (2:1), [66281-86-5], 21:26
$P_2CeCl_4O_2C_{36}H_{30}$, Cerium, tetrachlorobis (triphenylphosphine oxide)-, [33989-88-7], 23:178
$P_2CeN_4O_{14}C_{36}H_{30}$, Cerium, tetrakis (nitrato-*O*) bis (triphenylphosphine oxide-*O*)-, [99300-97-7], 23:178
$P_2ClFN_2PtC_{18}H_{34}$, Platinum, chloro[(4-fluorophenyl) azo] bis (triethylphosphine)-, (*SP*-4-3)-, [16774-96-2], 12:31
$P_2ClF_3O_3PtSC_{13}H_{30}$, Platinum, chlorobis (triethylphosphine)(trifluoromethanesu lfonato-*O*)-, (*SP*-4-2)-, [79826-48-5], 26:126;28:27
$P_2ClIrN_2C_{36}H_{30}$, Iridium, chloro (dinitrogen) bis (triphenylphosphine)-, [15695-36-0], 16:42
$P_2ClIrN_2C_{36}H_{30}$, Iridium, chloro (dinitrogen) bis (triphenylphosphine)-, (*SP*-4-3)-, [21414-18-6], 12:8
$P_2ClIrOC_7H_{18}$, Iridium, carbonylchlorobis (trimethylphosphine)-, (*SP*-4-3)-, [21209-86-9], 18:64
$P_2ClIrOC_{17}H_{22}$, Iridium, carbonylchlorobis (dimethylphenylphosphine)-, (*SP*-4-3)-, [21209-82-5], 21:97
$P_2ClIrOC_{37}H_{30}$, Iridium, carbonylchlorobis (triphenylphosphine)-, (*SP*-4-3)-, [15318-31-7], 11:101;13:129;15:67
$P_2ClIrO_5C_{37}H_{30}$, Iridium, carbonyl (perchlorato-*O*) bis (triphenylphosphine)-, [55821-24-4], 15:68
$P_2ClIrSC_{37}H_{30}$, Iridium, (carbonothioyl) chlorobis (triphenylphosphine)-, (*SP*-4-3)-, [30106-92-4], 19:206
$P_2ClNRhC_{38}H_{33}$, Rhodium, (acetonitrile) chlorobis (triphenylphosphine)-, [70765-24-1], 10:69
$P_2ClNRhC_{41}H_{37}$, Rhodium, chlorodihydro (pyridine) bis (triphenylphosphine)-, (*OC*-6-42)-, [12120-40-0], 10:69
$P_2ClN_3C_{20}H_{18}$, 1,3,5,2,4-Triazadiphosphorine, 2-chloro-2,2,4,4-tetrahydro-2-methyl-4,4,6-triphenyl-, [152227-48-0], 25:29
$P_2ClN_3SC_{24}H_{20}$, 1λ^4-1,2,4,6,3,5-Thiatriazadiphosphorine, 1-chloro-3,3,5,5-tetrahydro-3,3,5,5-tetraphenyl-, [84247-67-6], 25:40
$P_2ClN_3SiC_{12}H_{30}$, 1,3,2,4-Diazadiphosphetidin-2-amine, 4-chloro-*N*,1,3-tris(1-methylethyl)-*N*-(trimethylsilyl)-, [74465-50-2], 25:10

$P_2ClNiC_{18}H_{43}$, Nickel, chlorohydrobis [tris(1-methylethyl) phosphine]-, [52021-75-7], 17:86

$P_2ClNiC_{36}H_{67}$, Nickel, chlorohydrobis (tricyclohexylphosphine)-, [25703-57-5], 17:84

$P_2ClORhC_{37}H_{30}$, Rhodium, carbonylchlorobis (triphenylphosphine)-, [13938-94-8], 8:214;10:69;15:65,71

$P_2ClORhC_{37}H_{30}$, Rhodium, carbonylchlorobis (triphenylphosphine)-, (*SP*-4-3)-, [15318-33-9], 11:99; 28:79

$P_2ClORhSC_{38}H_{36}$, Rhodium, chloro [sulfinylbis [methane]-*S*] bis (triphenylphosphine)-, (*SP*-4-2)-, [29826-67-3], 10:69

$P_2ClO_2RhC_{36}H_{30}$, Rhodium, chloro (dioxygen) bis (triphenylphosphine)-, [59561-97-6], 10:69

$P_2ClO_3RuC_{39}H_{33}$, Ruthenium, (acetato-*O,O'*) carbonylchlorobis (triphenylphosphine)-, [50661-66-0], 17:126

$P_2ClO_5RhC_{37}H_{30}$, Rhodium, carbonyl (perchlorato-*O*) bis (triphenylphosphine)-, (*SP*-4-1)-, [32354-26-0], 15:71

$P_2ClPdC_{36}H_{67}$, Palladium, chlorohydrobis (tricyclohexylphosphine)-, (*SP*-4-3)-, [28016-71-9], 17:87

$P_2ClPtC_6H_{19}$, Platinum, chlorohydrobis (trimethylphosphine)-, (*SP*-4-3)-, [91760-38-2], 29:190

$P_2ClPtC_{12}H_{31}$, Platinum, chlorohydrobis (triethylphosphine)-, (*SP*-4-3)-, [16842-17-4], 12:28;29:191

$P_2ClPtC_{14}H_{35}$, Platinum, chloroethylbis (triethylphosphine)-, (*SP*-4-3)-, [54657-72-6], 17:132

$P_2ClPtC_{26}H_{41}$, Platinum, chloro(1,2-diphenylethenyl) bis (triethylphosphine)-, [*SP*-4-3-(*E*)]-, [57127-78-3], 26:140

$P_2ClRhC_{36}H_{30}$, Rhodium, chlorobis (triphenylphosphine)-, [68932-69-4], 10:68

$P_2ClRhC_{36}H_{32}$, Rhodium, chlorodihydrobis (triphenylphosphine)-, [12119-41-4], 10:69

$P_2ClRhSC_{37}H_{30}$, Rhodium, (carbonothioyl) chlorobis (triphenylphosphine)-, (*SP*-4-3)-, [59349-68-7], 19:204

$P_2ClRuC_{41}H_{35}$, Ruthenium, chloro(η^5-2,4-cyclopentadien-1-yl) bis (triphenylphosphine)-, [32993-05-8], 21:78;28:270

$P_2Cl_2CoNOC_{26}H_{26}$, Cobalt, dichlorobis (methyldiphenylphosphine) nitrosyl-, [36237-01-1], 16:29

$P_2Cl_2CoNOC_{26}H_{26}$, Cobalt, dichlorobis (methyldiphenylphosphine) nitrosyl-, (*TB*-5-22)-, [38402-84-5], 16:29

$P_2Cl_2FeC_6H_{18}$, Iron, dichlorobis (trimethylphosphine)-, (*T*-4)-, [55853-16-2], 20:70

$P_2Cl_2HgC_8H_{22}$, Mercury(2+), bis [(trimethylphosphonio) methyl]-, dichloride, [51523-31-0], 18:140

$P_2Cl_2HgC_{24}H_{54}$, Mercury, dichlorobis (tributylphosphine)-, (*T*-4)-, [41665-91-2], 6:90

$P_2Cl_2IrNOC_{36}H_{30}$, Iridium, dichloronitrosylbis (triphenylphosphine)-, [27411-12-7], 15:62

$P_2Cl_2NORhC_{36}H_{30}$, Rhodium, dichloronitrosylbis (triphenylphosphine)-, [20097-11-4], 15:60

$P_2Cl_2NReC_{36}H_{30}$, Rhenium, dichloronitridobis (triphenylphosphine)-, [25685-08-9], 29:146

$P_2Cl_2N_2C_6H_{14}$, 1,3,2,4-Diazadiphosphetidine, 2,4-dichloro-1,3-bis(1-methylethyl)-, [49774-19-8], 25:10

$P_2Cl_2N_2C_8H_{18}$, 1,3,2,4-Diazadiphosphetidine, 2,4-dichloro-1,3-bis(1,1-dimethylethyl)-, [24335-35-1], 25:8

$P_2Cl_2N_2C_8H_{18}$, 1,3,2,4-Diazadiphosphetidine, 2,4-dichloro-1,3-bis(1,1-dimethylethyl)-, *cis*-, [35107-68-7], 27:258

$P_2Cl_2N_2O_4C_{18}H_{28}$, Phosphinic acid, [1,2-ethanediylbis[(methylimino) methylene]] bis [phenyl-, dihydrochloride, [60703-82-4], 16:202
$P_2Cl_2N_2O_4PtC_{21}H_{42}$, Platinum(1+), chloro[(ethylamino)(phenylamino) methylene] bis (triethylphosphine)-, (*SP*-4-3)-, perchlorate, [38857-02-2], 19:176
$P_2Cl_2N_2WC_{16}H_{32}$, Tungsten, [benzenaminato(2-)] dichloro[2-methyl-2-propanaminato(2-)] bis (trimethylphosphine)-, (*OC*-6-43)-, [107766-60-9], 27:304
$P_2Cl_2N_3C_{19}H_{15}$, 1,3,5,2,4-Triazadiphosphorine, 2,4-dichloro-2,2,4,4-tetrahydro-2,4,6-triphenyl-, *cis*-, [21689-00-9], 25:28
$P_2Cl_2N_3C_{19}H_{15}$, 1,3,5,2,4-Triazadiphosphorine, 2,4-dichloro-2,2,4,4-tetrahydro-2,4,6-triphenyl-, *trans*-, [21689-01-0], 25:28
$P_2Cl_2N_6NiC_{18}H_{24}$, Nickel, dichlorobis [3,3',3''-phosphinidynetris [propanenitrile]-*P*]-, [20994-35-8], 22:113
$P_2Cl_2N_6PdC_{12}H_{36}$, Palladium, dichlorobis (hexamethylphosphorous triamide)-, (*SP*-4-1)-, [17569-71-0], 11:110
$P_2Cl_2N_6PdC_{16}H_{36}$, Palladium, dichlorobis(2,4,6,7-tetramethyl-2,6,7-triaza-1-phosphabicyclo[2.2.2] octane-P^1)-, (*SP*-4-2)-, [20332-83-6], 11:109
$P_2Cl_2O_2ReC_{38}H_{35}$, Rhenium, dichloroethoxyoxobis (triphenylphosphine)-, [17442-19-2], 9:145,147
$P_2Cl_2O_6PdC_6H_{18}$, Palladium, dichlorobis (trimethyl phosphite-*P*)-, (*SP*-4-2)-, [17787-26-7], 11:109
$P_2Cl_2O_6PdC_{10}H_{18}$, Palladium, dichlorobis (4-methyl-2,6,7-trioxa-1-phosphabicyclo[2.2.2] octane-P^1)-, (*SP*-4-2)-, [20332-82-5], 11:109
$P_2Cl_2O_6PdC_{10}H_{18}$, Palladium, dichlorobis (4-methyl-3,5,8-trioxa-1-phosphabicyclo[2.2.2] octane-P^1)-, (*SP*-4-2)-, [17569-70-9], 11:109
$P_2Cl_2PtC_{12}H_{30}$, Platinum, dichlorobis (triethylphosphine)-, (*SP*-4-2)-, [15692-07-6], 12:27
$P_2Cl_2PtC_{18}H_{42}$, Platinum, dichlorobis [tris(1-methylethyl) phosphine]-, (*SP*-4-1)-, [59967-54-3], 19:108
$P_2Cl_2PtC_{24}H_{54}$, Platinum, dichlorobis (tributylphosphine)-, (*SP*-4-1)-, [15391-01-2], 7:245;19:116
$P_2Cl_2PtC_{24}H_{54}$, Platinum, dichlorobis (tributylphosphine)-, (*SP*-4-2)-, [15390-92-8], 7:245
$P_2Cl_2PtC_{26}H_{24}$, Platinum, dichloro[1,2-ethanediylbis [diphenylphosphine]-*P,P'*]-, (*SP*-4-2)-, [14647-25-7], 26:370
$P_2Cl_2PtC_{36}H_{30}$, Platinum, dichlorobis (triphenylphosphine)-, (*SP*-4-1)-, [14056-88-3], 19:115
$P_2Cl_2PtC_{36}H_{42}$, Platinum, dichlorobis (cyclohexyldiphenylphosphine)-, (*SP*-4-1)-, [150578-15-7], 12:241
$P_2Cl_2PtC_{36}H_{42}$, Platinum, dichlorobis (cyclohexyldiphenylphosphine)-, (*SP*-4-2)-, [109131-39-7], 12:241
$P_2Cl_2PtC_{36}H_{66}$, Platinum, dichlorobis (tricyclohexylphosphine)-, (*SP*-4-1)-, [60158-99-8], 19:105
$P_2Cl_2TiC_{21}H_{27}$, Titanium, dichloro(η^5-2,4-cyclopentadien-1-yl) bis (dimethylphenylphosphine)-, [54056-31-4], 16:239
$P_2Cl_3NOOsC_{36}H_{30}$, Osmium, trichloronitrosylbis (triphenylphosphine)-, [22180-41-2], 15:57
$P_2Cl_3NORuC_{36}H_{30}$, Ruthenium, trichloronitrosylbis (triphenylphosphine)-, [15349-78-7], 15:51
$P_2Cl_3NReC_{42}H_{35}$, Rhenium, [benzenaminato(2-)] trichlorobis (triphenylphosphine)-, (*OC*-6-31)-, [62192-31-8], 24:196
$P_2Cl_3NRuSC_{36}H_{30}$, Ruthenium, trichloro (thionitrosyl) bis (triphenylphosphine)-, (*OC*-6-31)-, [90580-82-8], 29:161

$P_2Cl_3NWC_{12}H_{23}$, Tungsten, [benzenaminato(2-)] trichlorobis (trimethylphosphine)-, (*OC*-6-31)-, [86142-37-2], 24:196

$P_2Cl_3NWC_{18}H_{35}$, Tungsten, [benzenaminato(2-)] trichlorobis (triethylphosphine)-, (*OC*-6-31)-, [104475-10-7], 24:196

$P_2Cl_3NWC_{22}H_{27}$, Tungsten, [benzenaminato(2-)] trichlorobis (dimethylphenylphosphine)-, (*OC*-6-31)-, [89189-70-8], 24:196

$P_2Cl_3NWC_{42}H_{35}$, Tungsten, [benzenaminato(2-)] trichlorobis (triphenylphosphine)-, (*OC*-6-31)-, [89189-71-9], 24:196

$P_2Cl_3OReC_{36}H_{30}$, Rhenium, trichlorooxobis (triphenylphosphine)-, [17442-18-1], 9:145;17:110

$P_2Cl_3TiC_2H_{10}$, Titanium, trichlorobis (methylphosphine)-, [38685-15-3], 16:98

$P_2Cl_3TiC_4H_{14}$, Titanium, trichlorobis (dimethylphosphine)-, [38685-16-4], 16:100

$P_2Cl_3TiC_6H_{18}$, Titanium, trichlorobis (trimethylphosphine)-, [38685-17-5], 16:100

$P_2Cl_3TiC_{12}H_{30}$, Titanium, trichlorobis (triethylphosphine)-, [38685-18-6], 16:101

$P_2Cl_4CH_2$, Phosphonous dichloride, methylenebis-, [28240-68-8], 25:121

$P_2Cl_4C_2H_4$, Phosphonous dichloride, 1,2-ethanediylbis-, [28240-69-9], 23:141

$P_2Cl_4IrC_6H_{18}$, Iridate(1-), tetrachlorobis (trimethylphosphine)-, (*OC*-6-11)-, [48060-59-9], 15:35

$P_2Cl_4MoC_{26}H_{26}$, Molybdenum, tetrachlorobis (methyldiphenylphosphine)-, [30411-57-5], 15:42

$P_2Cl_4NC_{13}H_{13}$, Phosphorus(1+), dichloro (*P,P*-diphenylphosphinimidic chloridato-*N*) methyl-, chloride, (*T*-4)-, [122577-16-6], 25:26

$P_2Cl_4N_4C_3H_6$, 1,3,5,2,4-Triazadiphosphorin-6-amine, 2,2,4,4-tetrachloro-2,2,4,4-tetrahydro-*N,N*-dimethyl-, [21600-07-7], 25:27

$P_2Cl_4Pt_2C_{16}H_{22}$, Platinum, di-μ-chlorodichlorobis (dimethylphenylphosphine) di-, [15699-79-3], 12:242

$P_2Cl_4Pt_2C_{24}H_{54}$, Platinum, di-μ-chlorodichlorobis (tributylphosphine)di-, [15670-38-9], 12:242

$P_2Cl_4Pt_2C_{36}H_{30}$, Platinum, di-μ-chlorodichlorobis (triphenylphosphine)di-, [15349-80-1], 12:242

$P_2Cl_4Pt_2C_{36}H_{42}$, Platinum, di-μ-dichlorodichlorobis (cyclohexyldiphenylphosphine)di-, [20611-44-3], 12:240,242

$P_2Cl_4Pt_2C_{36}H_{54}$, Platinum, di-μ-chlorodichlorobis (dicyclohexylphenylphosphine)di-, [20611-43-2], 12:242

$P_2Cl_4WC_{26}H_{24}$, Tungsten, tetrachloro[1,2-ethanediylbis [diphenylphosphine]-*P,P'*]-, [21712-53-8], 20:125;28:41

$P_2Cl_4WC_{26}H_{26}$, Tungsten, tetrachlorobis (methyldiphenylphosphine)-, [75598-29-7], 28:328

$P_2Cl_4WC_{36}H_{30}$, Tungsten, tetrachlorobis (triphenylphosphine)-, [36216-20-3], 20:124;28:40

P_2Cl_5NO, Phosphorimidic trichloride, (dichlorophosphinyl)-, [13966-08-0], 8:92

$P_2Cl_6Ga_2C_{36}H_{31}$, Gallate(2-), hexachlorodi-, (*Ga-Ga*), dihydrogen, compd. with triphenylphosphine (1:2), [77187-67-8], 22:135,138

$P_2Cl_6N_2O_2S$, Phosphorimidic trichloride, sulfonylbis-, [14259-65-5], 8:119

$P_2Cl_6N_2PtC_{36}H_{34}$, Phosphorus(1+), amidotriphenyl-, (*OC*-6-11)-hexachloroplatinate(2-) (2:1), [107132-64-9], 7:69

$P_2Cl_7N.Cl_4C_2H_4$, Phosphorus(1+), trichloro (phosphorimidic trichloridato-*N*)-, chloride, compd. with 1,1,2,2-tetrachloroethane (1:1), [15531-38-1], 8:96

$P_2Cl_{12}NSb$, Phosphorus(1+), trichloro (phosphorimidic trichloridato-*N*)-, (*T*-4)-, (*OC*-6-11)-hexachloroantimonate, [108538-57-4], 25:25

$P_2CoC_{11}H_{23}$, Cobalt, (η^5-2,4-cyclopentadien-1-yl) bis (trimethylphosphine)-, [63413-01-4], 25:160;28:281

$P_2CoC_{41}H_{35}$, Cobalt, (η^5-2,4-cyclopentadien-1-yl) bis (triphenylphosphine)-, [32993-07-0], 26:191

$P_2CoF_5O_2C_{44}H_{30}$, Cobalt, dicarbonyl (pentafluorophenyl) bis (triphenylphosphine)-, (*TB*-5-23)-, [89198-92-5], 23:25

$P_2CoF_{12}N_6C_{26}H_{44}$, Cobalt(2+), (2,3,10, 11,13,19-hexamethyl-3,10,14,18,21, 25-hexaazabicyclo[10.7.7] hexacosa-1,11,13,18,20,25-hexaene-N^{14},N^{18}, N^{21},N^{25})-, [*SP*-4-2-(*Z*,*Z*)]-, bis [hexafluorophosphate(1-)], [73914-18-8], 27:270

$P_2CoNO_{13}Ru_3C_{49}H_{30}$, Phosphorus(1+), triphenyl(*P*,*P*,*P*-triphenylphosphine imidato-*N*)-, (*T*-4), tri-μ-carbonyl-nonacarbonyl (carbonylcobaltate) triruthenate(1-) (3*Co-Ru*)(3*Ru-Ru*), [72152-11-5], 21:61,63

$P_2CoN_4O_4C_{44}H_{44}$, Cobalt, bis[(2,3-butanedione dioximato)(1-)-*N*,*N'*] bis (triphenylphosphine)-, (*OC*-6-12)-, [25970-64-3], 11:65

$P_2CoN_4S_4C_{56}H_{40}$, Phosphonium, tetraphenyl-, (*SP*-4-1)-bis[2,3-dimercapto-2-butenedinitrilato(2-)-*S*,*S'*] cobaltate (2-) (2:1), [33519-88-9], 13:189

$P_2CoO_6C_{11}H_{23}$, Cobalt, (η^5-2,4-cyclopentadien-1-yl) bis (trimethyl phosphite-*P*)-, [32677-72-8], 25:162;28:283

$P_2CoS_4C_{72}H_{60}$, Phosphonium, tetraphenyl-, (*T*-4)-tetrakis (benzenethiolato) cobaltate(2-) (2:1), [57763-37-8], 21:24

$P_2Co_2MgN_4O_6C_{44}H_{58}$, Magnesium, bis[μ-(carbonyl-*C*:*O*)] bis [dicarbonyl (methyldiphenylphosphine) cobalt] bis[*N*,*N*,*N'*,*N'*-tetramethyl-1,2-ethanediamine-*N*,*N'*]-, [55701-41-2], 16:59

$P_2Co_2MgO_{10}C_{46}H_{86}$, Magnesium, bis [μ-(carbonyl-*C*:*O*)] bis [dicarbonyl (tributylphosphine) cobalt] tetrakis (tetrahydrofuran)-, [55701-42-3], 16:58

$P_2Co_2N_8S_8C_{64}H_{40}$, Phosphonium, tetraphenyl-, bis[μ-[2,3-dimercapto-2-butenedinitrilato(2-)-*S*:*S*,*S'*]] bis[2,3-dimercapto-2-butenedinitrilato (2-)-*S*,*S'*] dicobaltate(2-) (2:1), [150384-24-0], 13:191

$P_2Co_2O_4C_{20}H_{36}$, Cobalt, bis[μ-[bis(1,1-dimethylethyl) phosphino]] tetracarbonyldi-, (*Co-Co*), [86632-56-6], 25:177

$P_2Co_2O_7PtC_{33}H_{24}$, Cobalt, μ-carbonyl-hexacarbonyl[[1,2-ethanediylbis [diphenylphosphine]-*P*,*P'*] platinum]di-, (*Co-Co*)(2*Co-Pt*), [53322-14-8], 26:370

$P_2CrFeNO_9C_{45}H_{31}$, Phosphorus(1+), triphenyl(*P*,*P*,*P*-triphenylphosphine imidato-*N*)-, (*T*-4)-, stereoisomer of pentacarbonyl (tetracarbonylhydroferrate) chromate(1-) (*Cr-Fe*), [101420-33-1], 26:338

$P_2CrNO_5C_{41}H_{31}$, Phosphorus(1+), triphenyl(*P*,*P*,*P*-triphenylphosphine imidato-*N*)-, (*T*-4)-, (*OC*-6-21)-pentacarbonylhydrochromate(1-), [78362-94-4], 22:183

$P_2CrNO_7C_{43}H_{33}$, Phosphorus(1+), triphenyl(*P*,*P*,*P*-triphenylphosphine imidato-*N*)-, (*T*-4)-, (*OC*-6-22)-(acetato-*O*) pentacarbonylchromate (1-), [99016-85-0], 27:297

$P_2CrO_4C_{34}H_{42}$, Chromium, tetracarbonyl (tributylphosphine)(triphenylphosphin e)-, (*OC*-6-23)-, [17652-69-6], 23:38

$(P_2CrO_5C_{14}H_{17})_x$, Chromium, hydroxybis (methylphenylphosphinato-*O*,*O'*)-, homopolymer, [34521-01-2], 16:91

$(P_2CrO_5C_{24}H_{21})_x$, Chromium, bis (diphenylphosphinato-*O*) hydroxy-, homopolymer, [60097-26-9], 16:91
$(P_2CrO_5C_{24}H_{21})_x$, Chromium, bis (diphenylphosphinato-*O,O'*) hydroxy-, homopolymer, [34133-95-4], 16:91
$(P_2CrO_5C_{32}H_{69})_x$, Chromium, bis (dioctylphosphinato-*O*) hydroxy-, homopolymer, [59946-34-8], 16:91
$(P_2CrO_5C_{32}H_{69})_x$, Chromium, bis (dioctylphosphinato-*O,O'*) hydroxy-, homopolymer, [35226-87-0], 16:91
$(P_2CrO_6C_{14}H_{19})_x$, Chromium, aquahydroxybis (methylphenylphosphinato-*O,O'*)-, homopolymer, [26893-96-9], 16:90
$(P_2CrO_6C_{24}H_{23})_x$, Chromium, aquabis (diphenylphosphinato-*O*) hydroxy-, homopolymer, [28679-50-7], 12:258;16:90
$(P_2CrO_6C_{32}H_{71})_x$, Chromium, aquabis (dioctylphosphinato-*O*) hydroxy-, homopolymer, [29498-83-7], 16:90
$(P_2CrO_6C_{32}H_{71})_x$, Chromium, aquabis (dioctylphosphinato-*O,O'*) hydroxy-, homopolymer, [26893-97-0], 16:90
$P_2CrO_7C_{25}H_{24}$, Chromium, tetracarbonyl (trimethyl phosphite-*P*)(triphenylphosphine)-, (*OC*-6-23)-, [82613-92-1], 23:38
$P_2CrO_7C_{34}H_{42}$, Chromium, tetracarbonyl (tributylphosphine)(triphenyl phosphite-*P*)-, (*OC*-6-23)-, [17652-71-0], 23:38
$P_2CrO_7C_{40}H_{30}$, Chromium, tetracarbonyl (triphenylphosphine)(triphenyl phosphite-*P*)-, (*OC*-6-23)-, [82613-90-9], 23:38
$P_2CrO_{10}C_{25}H_{24}$, Chromium, tetracarbonyl (trimethyl phosphite-*P*)(triphenyl phosphite-*P*)-, (*OC*-6-23)-, [82613-94-3], 23:38
$P_2Cr_2O_4C_{14}H_{10}$, Chromium, tetracarbonylbis(η^5-2,4-cyclopentadien-1-yl) [μ-(diphosphorus-*P,P'*:*P,P'*)]-di-, (*Cr-Cr*), [125396-01-2], 29:247
$P_2CuF_{12}N_4C_{24}H_{28}$, Copper(2+), (2,9-dimethyl-3,10-diphenyl-1,4,8,11-tetraazacyclotetradeca-1,3,8,10-tetraene-N^1,N^4,N^8,N^{11})-, (*SP*-4-1)-, bis [hexafluorophosphate(1-)], [77154-14-4], 22:10
$P_2CuNO_3C_{36}H_{30}$, Copper, (nitrato-*O,O'*) bis (triphenylphosphine)-, (*T*-4)-, [23751-62-4], 19:93
$P_2FIrOC_{37}H_{30}$, Iridium, carbonylfluorobis (triphenylphosphine)-, [34247-65-9], 15:67
$P_2FORhC_{37}H_{30}$, Rhodium, carbonylfluorobis (triphenylphosphine)-, [58167-05-8], 15:65
$P_2FO_3RhC_{44}H_{34}$, Rhodium, carbonyl(3-fluorobenzoato-*O*) bis (triphenylphosphine)-, [103948-62-5], 27:292
$P_2F_3O_4PtSC_{14}H_{35}$, Platinum(1+), hydro (methanol) bis (triethylphosphine)-, (*SP*-4-1)-, salt with trifluoromethanesulfonic acid (1:1), [129979-61-9], 26:135
P_2F_4, Hypodiphosphorous tetrafluoride, [13824-74-3], 12:281,282
$P_2F_4MoO_4C_{12}H_{18}$, Molybdenum, tetracarbonylbis[(1,1-dimethylethyl) phosphonous difluoride]-, (*OC*-6-22)-, [34324-45-3], 18:175
P_2F_4O, Diphosphorous tetrafluoride, [13812-07-2], 12:281,285
$P_2F_6FeMoO_5C_{34}H_{28}$, Molybdenum(1+), [μ-(acetyl-*C*:*O*)] tricarbonyl [carbonyl(η^5-2,4-cyclopentadien-1-yl)(triphenylphosphine) iron](η^5-2,4-cyclopentadien-1-yl)-, hexafluorophosphate(1-), [81133-03-1], 26:241
$P_2F_6Fe_2O_4C_{33}H_{28}$, Iron(1+), [μ-(acetyl-*C*:*O*)] tricarbonylbis(η^5-2,4-cyclopentadien-1-yl)(triphenylphosphine) di-, hexafluorophosphate(1-), [81132-99-2], 26:237

$P_2F_6IrNC_{31}H_{50}$, Iridium(1+), [(1,2,5,6-η)-1,5-cyclooctadiene](pyridine)(tricyclohexylphosphine)-, hexafluorophosphate(1-), [64536-78-3], 24:173,175

$P_2F_6IrO_7S_2C_{39}H_{31}$, Iridium, carbonylhydrobis (trifluoromethanesulfonato-*O*) bis (triphenylphosphine)-, [105811-97-0], 26:120;28:26

$P_2F_6MnO_4C_{31}H_{55}$, Manganese, dicarbonyl (1,1,1,5,5,5-hexafluoro-2,4-pentanedionato-*O,O'*) bis (tributylphosphine)-, (*OC*-6-13)-, [15444-40-3], 12:84

$P_2F_6MnO_4C_{33}H_{27}$, Manganese, dicarbonyl(1,1,1,5,5,5-hexafluoro-2,4-pentanedionato-*O,O'*) bis (methyldiphenylphosphine)-, (*OC*-6-13)-, [15444-42-5], 12:84

$P_2F_6MnO_4C_{43}H_{31}$, Manganese, dicarbonyl (1,1,1,5,5,5-hexafluoro-2,4-pentanedionato-*O,O'*) bis (triphenylphosphine)-, (*OC*-6-13)-, [15412-97-2], 12:84

$P_2F_6NC_{18}H_{17}$, Phosphorus(1+), amidotriphenyl-, hexafluorophosphate(1-), [858-12-8], 7:69

$P_2F_6NUC_{36}H_{30}$, Phosphorus(1+), triphenyl(*P,P,P*-triphenylphosphine imidato-*N*)-, (*T*-4)-, (*OC*-6-11)-hexafluorouranate(1-), [71032-37-6], 21:166

$P_2F_6NbC_{18}H_{23}$, Niobium(1+), bis(η⁵-2,4-cyclopentadien-1-yl)(dimethylphenylphosphine) dihydro-, hexafluorophosphate(1-), [37298-81-0], 16:111

$P_2F_6O_5OsC_{41}H_{30}$, Osmium, carbonylbis (trifluoroacetato-*O*) bis (triphenylphosphine)-, [61160-36-9], 17:128

$P_2F_6O_5OsC_{41}H_{30}$, Osmium, carbonyl (trifluoroacetato-*O*)(trifluoroacetato-*O,O'*) bis (triphenylphosphine)-, [38596-63-3], 17:128

$P_2F_6O_5RuC_{41}H_{30}$, Ruthenium, carbonyl (trifluoroacetato-*O*)(trifluoroacetato-*O,O'*) bis (triphenylphosphine)-, [38596-61-1], 17:127

$P_2F_9NO_7RuC_{42}H_{30}$, Ruthenium, nitrosyltris (trifluoroacetato-*O*) bis (triphenylphosphine)-, [38657-10-2], 17:127

$P_2F_{12}FeN_6C_{28}H_{34}$, Iron(2+), bis (acetonitrile)(2,9-dimethyl-3,10-diphenyl-1,4,8,11-tetraazacyclotetradeca-1,3,8,10-tetraene-N^1,N^4,N^8,N^{11})-, (*OC*-6-12)-, bis [hexafluorophosphate(1-)], [70369-01-6], 22:108

$P_2F_{12}FeN_6C_{50}H_{52}$, Iron(2+), [14,20-dimethyl-2,12-diphenyl-3,11-bis (phenylmethyl)-3,11,15,19,22,26-hexaazatricyclo[11.7.7.1^{5,9}] octacosa-1,5,7,9(28),12,14,19,21,26-nonaene-$N^{15},N^{19},N^{22},N^{26}$]-, (*SP*-4-2)-, bis [hexafluorophosphate(1-)], [153019-55-7], 27:280

$P_2F_{12}Fe_2N_2S_2C_{18}H_{26}$, Iron(2+), bis (acetonitrile) bis(η⁵-2,4-cyclopentadien-1-yl) bis[μ-(ethanethiolato)]di-, (*Fe-Fe*), bis [hexafluorophosphate (1-)], [64743-11-9], 21:39

$P_2F_{12}Fe_4S_5C_{20}H_{20}$, Iron(2+), tetrakis(η⁵-2,4-cyclopentadien-1-yl)[μ_3-(disulfur-*S:S:S'*)] tri-μ_3-thioxotetra-, bis [hexafluorophosphate(1-)], [77924-71-1], 21:44

$P_2F_{12}H_{15}N_7Ru$, Ruthenium(2+), pentaammine (dinitrogen)-, (*OC*-6-22)-, bis [hexafluorophosphate(1-)]-, [18532-86-0], 12:5

$P_2F_{12}IrC_{23}H_{25}$, Iridium(2+), [(1,2,3,4,4a,9a-η)-9*H*-fluorene][(1,2,3,4,5-η)-1,2,3,4,5-pentamethyl-2,4-cyclopentadien-1-yl]-, bis [hexafluorophosphate(1-)], [65074-02-4], 29:232

$P_2F_{12}IrN_3C_{16}H_{24}$, Iridium(2+), tris (acetonitrile)[(1,2,3,4,5-η)-1,2,3,4,5-pentamethyl-2,4-cyclopentadien-1-yl]-, bis [hexafluorophosphate(1-)], [59738-32-8], 29:232

$P_2F_{12}IrO_3C_{19}H_{33}$, Iridium(2+), [(1,2,3,4,5-η)-1,2,3,4,5-pentamethyl-2,4-cyclopentadien-1-yl] tris(2-

propanone)-, bis [hexafluorophosphate(1-)], [60936-92-7], 29:232

$P_2F_{12}N_3RhC_{16}H_{24}$, Rhodium(2+), tris (acetonitrile)[(1,2,3,4,5-η)-1,2,3,4,5-pentamethyl-2,4-cyclopentadien-1-yl]-, bis [hexafluorophosphate(1-)], [59738-28-2], 29:231

$P_2F_{12}N_4C_{12}H_{22}$, Phosphate(1-), hexafluoro-, hydrogen, compd. with 5,14-dimethyl-1,4,8,11-tetraazacyclotetradeca-4,6,11,13-tetraene (2:1), [59219-09-9], 18:40

$P_2F_{12}N_4NiO_2C_{20}H_{32}$, Nickel(2+), [3,11-bis(1-methoxyethylidene)-2,12-dimethyl-1,5,9,13-tetraazacyclohexadeca-1,4,9,12-tetraene-N^1,N^5,N^9,N^{13}]-, [*SP*-4-2-(*Z,Z*)]-, bis [hexafluorophosphate(1-)], [70021-28-2], 27:264

$P_2F_{12}N_4NiO_2C_{30}H_{36}$, Nickel(2+), [3,11-bis (methoxyphenylmethylene)-2,12-dimethyl-1,5,9,13-tetraazacyclohexadeca-1,4,9,12-tetraene-N^1,N^5,N^9,N^{13}]-, (*SP*-4-2)-, bis [hexafluorophosphate(1-)], [88610-99-5], 27:275

$P_2F_{12}N_4PdC_{12}H_{30}$, Palladium(2+), [*N,N'*-bis[2-(dimethylamino) ethyl]-*N,N'*-dimethyl-1,2-ethanediamine-*N,N',N'',N'''*]-, (*SP*-4-2)-, bis [hexafluorophosphate(1-)], [70128-96-0], 21:133

$P_2F_{12}N_4RuC_{16}H_{24}$, Ruthenium(2+), tetrakis (acetonitrile)[(1,2,5,6-η)-1,5-cyclooctadiene]-, bis [hexafluorophosphate(1-)], [54071-76-0], 26:72

$P_2F_{12}N_6NiC_{20}H_{34}$, Nickel(2+), [1,1'-(2,12-dimethyl-1,5,9,13-tetraazacyclohexadeca-1,4,9,12-tetraene-3,11-diylidene) bis[*N*-methylethanamine]]-, [*SP*-4-2-(*Z,Z*)]-, bis [hexafluorophosphate (1-)], [74466-02-7], 27:266

$P_2F_{12}N_6NiC_{26}H_{44}$, Nickel(2+), (2,3,10,11,13,19-hexamethyl-3,10,14,18,21,25-hexaazabicyclo[10.7.7] hexacosa-1,11,13,18,20,25-hexaene-N^{14},N^{18},N^{21},N^{25})-, (*SP*-4-2)-, bis [hexafluorophosphate(1-)], [73914-16-6], 27:268

$P_2F_{12}N_6NiC_{42}H_{46}$, Nickel(2+), [α,α'-(2,12-dimethyl-1,5,9,13-tetraazacyclohexadeca-1,4,9,12-tetraene-3,11-diyl) bis[*N*-(phenylmethyl) benzenemethanamine]]-, (*SP*-4-2)-, bis [hexafluorophosphate(1-)], [88611-05-6], 27:276

$P_2F_{12}N_6NiC_{50}H_{52}$, Nickel(2+), [14,20-dimethyl-2,12-diphenyl-3,11-bis (phenylmethyl)-3,11,15,19,22,26-hexaazatricyclo[11.7.7.$1^{5,9}$] octacosa-1,5,7,9(28),12,14,19,21,26-nonaene-N^{15},N^{19},N^{22},N^{26}]-, (*SP*-4-2)-, bis [hexafluorophosphate(1-)], [88635-37-4], 27:277

$P_2F_{12}N_6RuC_{30}H_{24}$, Ruthenium(2+), tris(2,2'-bipyridine-*N,N'*)-, (*OC*-6-11)-, bis [hexafluorophosphate(1-)], [60804-74-2], 25:109

$P_2F_{12}N_6RuC_{32}H_{24}$, Ruthenium(2+), bis(2,2'-bipyridine-*N,N'*)(1,10-phenanthroline-N^1,N^{10})-, (*OC*-6-22)-, bis [hexafluorophosphate(1-)], [60828-38-8], 25:108

$P_2F_{12}N_8RuC_{12}H_{36}$, Ruthenium(2+), [(1,2,5,6-η)-1,5-cyclooctadiene] tetrakis (methylhydrazine-N^2)-, bis [hexafluorophosphate(1-)], [81923-54-8], 26:74

$P_2FeI_5O_2C_{38}H_{30}$, Iron, dicarbonyl (pentaiodide-I^1,I^5) bis (triphenylphosphine)-, [148898-71-9], 8:190

$P_2FeMoNO_9C_{45}H_{31}$, Phosphorus(1+), triphenyl(*P,P,P*-triphenylphosphine imidato-*N*)-, (*T*-4)-, stereoisomer of pentacarbonyl-μ-hydro (tetracarbonylferrate) molybdate(1-), [88326-13-0], 26:338

$P_2FeNO_4C_{40}H_{31}$, Phosphorus(1+), triphenyl(*P,P,P*-triphenylphosphine imidato-*N*)-, (*T*-4)-, (*TB*-5-12)-tetracarbonylhydroferrate(1-), [56791-54-9], 26:336

$P_2FeNO_9WC_{45}H_{31}$, Phosphorus(1+), triphenyl(*P*,*P*,*P*-triphenylphosphine imidato-*N*)-, (*T*-4)-, stereoisomer of pentacarbonyl-μ-hydro (tetracarbonylferrate) tungstate(1-), [88326-15-2], 26:336

$P_2FeNO_{13}Ru_3C_{49}H_{31}$, Phosphorus(1+), triphenyl(*P*,*P*,*P*-triphenylphosphine imidato-*N*)-, (*T*-4)-, di-μ-carbonyl-nonacarbonyl (dicarbonylferrate)-μ-hydrotriruthenate(1-) (3*Fe-Ru*) (3*Ru-Ru*), [78571-90-1], 21:60

$P_2FeN_2O_4C_{39}H_{30}$, Phosphorus(1+), triphenyl(*P*,*P*,*P*-triphenylphosphine imidato-*N*)-, (*T*-4)-, (*T*-4)-tricarbonylnitrosylferrate(1-), [61003-17-6], 22:163,165

$P_2FeN_8OC_{41}H_{34}$, Phosphorus(1+), amidotriphenyl-, pentakis (cyano-*C*) nitrosylferrare(2-) (2:1), [107780-92-7], 7:69

$P_2FeO_3C_9H_{18}$, Iron, tricarbonylbis (trimethylphosphine)-, [25921-55-5], 25:155;28:177

$P_2FeO_3C_{27}H_{54}$, Iron, tricarbonylbis (tributylphosphine)-, [23540-33-2], 25:155;28:177;29:153

$P_2FeO_3C_{27}H_{54}$, Iron, tricarbonylbis (tributylphosphine)-, (*TB*-5-11)-, [49655-14-3], 29:153

$P_2FeO_3C_{39}H_{30}$, Iron, tricarbonylbis (triphenylphosphine)-, [14741-34-5], 8:186;25:154;28:176

$P_2FeO_3C_{39}H_{30}$, Iron, tricarbonylbis (triphenylphosphine)-, (*TB*-5-11)-, [21255-52-7], 29:153

$P_2FeO_3C_{39}H_{66}$, Iron, tricarbonylbis (tricyclohexylphosphine)-, [25921-51-1], 25:154;28:176;29:154

$P_2FeO_4C_{36}H_{38}$, Iron, [1,2-ethanediylbis [diphenylphosphine]-*P*,*P*'] bis(2,4-pentanedionato-*O*,*O*')-, (*OC*-6-22)-, [61827-21-2], 21:94

$P_2FeO_8C_8H_{20}$, Iron, dicarbonyldihydrobis (trimethyl phosphite-*P*)-, (*OC*-6-13)-, [77482-07-6], 29:158

$P_2FeO_8C_{14}H_{32}$, Iron, dicarbonyldihydrobis (triethyl phosphite-*P*)-, (*OC*-6-13)-, [129314-82-5], 29:159

$P_2FeO_8C_{38}H_{32}$, Iron, dicarbonyldihydrobis (triphenyl phosphite-*P*)-, (*OC*-6-13)-, [72573-42-3], 29:159

$P_2FeS_4C_{72}H_{60}$, Phosphonium, tetraphenyl-, (*T*-4)-tetrakis (benzenethiolato) ferrate(2-) (2:1), [57763-34-5], 21:24

$P_2Fe_2O_2S_6C_{72}H_{24}$, Phosphonium, tetraphenyl-, tetrakis (benzenethiolato) di-μ-thioxodiferrate(2-) (2:1), [84032-42-8], 21:26

$P_2Fe_3NO_{11}C_{47}H_{31}$, Phosphorus(1+), triphenyl(*P*,*P*,*P*-triphenylphosphine imidato-*N*)-, (*T*-4)-, μ-carbonyl-decacarbonyl-μ-hydrotriferrate(1-) *triangulo*, [23254-21-9], 20:218

$P_2Fe_4S_8C_{72}H_{60}$, Phosphonium, tetraphenyl-, tetrakis (benzenethiolato) tetra-μ_3-thioxotetraferrate(2-) (2:1), [80765-13-5], 21:27

$P_2HNNa_4O_6$, Imidodiphosphoric acid, tetrasodium salt, [26039-10-1], 6:101

$P_2H_2Na_2O_6.6H_2O$, Hypophosphoric acid, disodium salt, hexahydrate, [13466-13-2], 4:68

$P_2H_2Na_2O_7$, Diphosphoric acid, disodium salt, [7758-16-9], 3:99

$P_2H_4O_7$, Diphosphoric acid, [2466-09-3], 3:96

$P_2H_9N_5O_2$, Imidodiphosphoramide, [27596-84-5], 6:110,111

$P_2H_{10}N_2O_7$, Diphosphoric acid, diammonium salt, [13597-86-9], 7:66

$P_2H_{16}N_4O_7$, Diphosphoric acid, tetraammonium salt, [13765-35-0], 7:65;21:157

$P_2IORhC_{37}H_{66}$, Rhodium, carbonyliodobis (tricyclohexylphosphine)-, (*SP*-4-3)-, [59092-46-5], 27:292

$P_2IO_2ReC_{36}H_{30}$, Rhenium, iododioxobis (triphenylphosphine)-, [23032-93-1], 29:149

$P_2I_2O_2ReC_{38}H_{35}$, Rhenium, ethoxydiiodooxobis (triphenylphosphine)-, [12103-81-0], 29:148

$P_2I_2O_2ReC_{38}H_{35}$, Rhenium, ethoxydiiodooxobis (triphenylphosphine)-, (*OC*-6-12)-, [86421-28-5], 27:15

$P_2IrNO_4C_{40}H_{30}$, Phosphorus(1+), triphenyl(*P,P,P*-triphenylphosphine imidato-*N*)-, (*T*-4)-, (*T*-4)-tetracarbonyliridate(1-), [56557-01-8], 28:214

$P_2MgMo_2O_8C_{54}H_{96}$, Magnesium, bis[μ-(carbonyl-*C*:*O*)] bis [carbonyl(η^5-2,4-cyclopentadien-1-yl)(tributylphosphine) molybdenum] tetrakis (tetrahydrofuran)-, [55800-06-1], 16:59

$P_2MnSC_{32}H_{29}$, Manganese, (carbonothioyl)(η^5-2,4-cyclopentadien-1-yl)[1,2-ethanediylbis [diphenylphosphine]-*P,P'*]-, [49716-56-5], 19:191

$P_2MnS_4C_{72}H_{60}$, Phosphonium, tetraphenyl-, (*T*-4)-tetrakis (benzenethiolato) manganate(2-) (2:1), [57763-32-3], 21:25

$P_2Mn_2O_7$, Diphosphoric acid, manganese (2+) salt (1:2), [13446-44-1], 19:121

$P_2Mn_2O_8S_2C_{12}H_{12}$, Manganese, octacarbonylbis[μ-(dimethylphosphinothioito-*P*:*S*)]di-, [58411-24-8], 26:162

$P_2MoC_{42}H_{38}$, Molybdenum, (η^6-benzene) dihydrobis (triphenylphosphine)-, [33306-76-2], 17:57

$P_2MoNO_5C_{41}H_{31}$, Phosphorus(1+), triphenyl(*P,P,P*-triphenylphosphine imidato-*N*)-, (*T*-4)-, (*OC*-6-21)-pentacarbonylhydromolybdate(1-), [78709-75-8], 22:183

$P_2MoNO_7C_{43}H_{33}$, Phosphorus(1+), triphenyl(*P,P,P*-triphenylphosphine imidato-*N*)-, (*T*-4)-, (*OC*-6-22)-(acetato-*O*) pentacarbonylmolybdate (1-), [76107-32-9], 27:297

$P_2MoOS_4C_{15}H_{30}$, Molybdenum, bis [bis(1-methylethyl) phosphinodithioato-*S,S'*] carbonyl(η^2-ethyne)-, [55948-21-5], 18:55

$P_2MoO_2S_4C_{14}H_{28}$, Molybdenum, bis [bis(1-methylethyl) phosphinodithioato-*S,S'*] dicarbonyl-, [60965-90-4], 18:53

$P_2MoO_3C_{39}H_{68}$, Molybdenum, tricarbonyl (dihydrogen-*H,H'*) bis (tricyclohexylphosphine)-, stereoisomer, [104198-76-7], 27:3

$P_2MoS_4C_{48}H_{40}$, Phosphonium, tetraphenyl-, (*T*-4)-tetrathioxomolybdate(2-) (2:1), [14348-10-8], 27:41

$P_2Mo_2O_4C_{14}H_{10}$, Molybdenum, tetracarbonylbis(η^5-2,4-cyclopentadien-1-yl)[μ-(diphosphorus-*P,P'*:*P,P'*)]di-, (*Mo-Mo*), [93474-07-8], 27:224

$P_2Mo_2O_6Pd_2C_{52}H_{40}$, Molybdenum, hexa-μ-carbonylbis(η^5-2,4-cyclopentadien-1-yl) bis[(triphenylphosphine) palladium]di-, (2*Mo-Mo*) (4*Mo-Pd*), [58640-56-5], 26:348

$P_2Mo_2O_6Pt_2C_{52}H_{40}$, Molybdenum, hexa-μ-carbonylbis(η^5-2,4-cyclopentadien-1-yl) bis[(triphenylphosphine) platinum]di-, (*Mo-Mo*) (4*Mo-Pt*), [56591-78-7], 26:347

$P_2Mo_2S_6C_{48}H_{40}$, Phosphonium, tetraphenyl-, di-μ-thioxotetrathioxodimolybdate(2-) (2:1), [104834-14-2], 27:43

$P_2Mo_2S_7C_{48}H_{40}$, Phosphonium, tetraphenyl-, stereoisomer of (dithio)di-μ-thioxotrithioxodimolybdate(2-) (2:1), [104834-16-4], 27:44

$P_2Mo_2S_8C_{48}H_{40}$, Phosphonium, tetraphenyl-, stereoisomer of bis (dithio) di-μ-thioxodithioxodimolybdate(2-) (2:1), [88303-92-8], 27:45

$P_2Mo_2S_{10.56}C_{48}H_{40}\cdot ½NOC_3H_7$, Phosphonium, tetraphenyl-, stereoisomer of bis (tetrathio)di-μ-thioxodithioxodimolybdate(2-) stereoisomer of (dithio)(tetrathio)di-μ-thioxodithioxodimolybdate(2-), compd. with *N,N*-dimethylformamide (100:14:36:25), [153829-17-5], 27:42

$P_2Mo_5N_3NaO_{21}C_8H_{26}.5H_2O$, Methanaminium, *N,N,N*-trimethyl-, sodium hydrogen heneicosaoxobis [2,2'-phosphinidenebis [ethanaminato]] pentamolybdate(4-) (1:1:2:1), pentahydrate, [152981-40-3], 27:126

$P_2NC_{36}H_{30}$, Phosphorus(1+), triphenyl (*P,P,P*-triphenylphosphine imidato-*N*)-, (*T*-4)-, [48236-06-2], 15:84

$P_2NO_2C_{38}H_{33}$, Phosphorus(1+), triphenyl(*P,P,P*-triphenylphosphine imidato-*N*)-, (*T*-4)-, acetate, [59386-05-9], 27:296

$P_2NO_3RhC_{25}H_{46}$, Rhodium, carbonyl(4-pyridinecarboxylato-*N*[1]) bis [tris(1-methylethyl) phosphine]-, (*SP*-4-1)-, [112784-16-4], 27:292

$P_2NO_4RhC_{40}H_{30}$, Phosphorus(1+), triphenyl(*P,P,P*-triphenylphosphine imidato-*N*)-, (*T*-4)-, (*T*-4)-tetracarbonylrhodate(1-), [74364-66-2], 28:213

$P_2NO_5RhC_{40}H_{36}$, Rhodium, bis (acetato-*O*) nitrosylbis (triphenylphosphine)-, [50661-88-6], 17:129

$P_2NO_5WC_{41}H_{31}$, Phosphorus(1+), triphenyl(*P,P,P*-triphenylphosphine imidato-*N*)-, (*T*-4)-, (*OC*-6-21)-pentacarbonylhydrotungstate(1-), [78709-76-9], 22:182

$P_2NO_7WC_{43}H_{33}$, Phosphorus(1+), triphenyl(*P,P,P*-triphenylphosphine imidato-*N*)-, (*T*-4)-, (*OC*-6-22)-(acetato-*O*) pentacarbonyltungstate (1-), [36515-92-1], 27:297

$P_2NO_{10}Ru_3Si_2C_{58}H_{61}$, Phosphorus(1+), triphenyl(*P,P,P*-triphenylphosphine imidato-*N*)-, (*T*-4)-, stereoisomer of decacarbonyl-μ-hydrobis (triethylsilyl) triruthenate(1-) *triangulo*, [80376-22-3], 26:269

$P_2NO_{11}Os_3C_{47}H_{31}$, Phosphorus(1+), triphenyl(*P,P,P*-triphenylphosphine imidato-*N*)-, (*T*-4)-, μ-carbonyldecacarbonyl-μ-hydrotriosmate(1-) *triangulo*, [61182-08-9], 25:193;28:236

$P_2N_2C_{30}H_{34}$, 1,2-Ethanediamine, *N,N'*-bis[(diphenylphosphino) methyl]-*N,N'*-dimethyl-, [43133-28-4], 16:199

$P_2N_2C_{30}H_{34}$, 1,2-Ethanediamine, *N,N*-bis[(diphenylphosphino) methyl]-*N',N'*-dimethyl-, [43133-29-5], 16:199

$P_2N_2NiC_{24}H_{40}$, Nickel, [(*N,N'*-η)-diphenyldiazene] bis (triethylphosphine)-, [65981-84-2], 17:123

$P_2N_2NiC_{48}H_{40}$, Nickel, (diphenyldiazene-*N,N'*) bis (triphenylphosphine)-, [32015-52-4], 17:121

$P_2N_2O_2C_{36}H_{30}$, Phosphorus(1+), triphenyl(*P,P,P*-triphenylphosphine imidato-*N*)-, (*T*-4)-, nitrite, [65300-05-2], 22:164

$P_2N_2O_2RuC_{36}H_{30}$, Ruthenium, dinitrosylbis (triphenylphosphine)-, [30352-63-7], 15:52

$P_2N_2O_2SC_{36}H_{30}$, Sulfamide, bis (triphenylphosphoranylidene)-, [14908-67-9], 9:118

$P_2N_2O_{11}Ru_3C_{46}H_{30}$, Phosphorus(1+), triphenyl(*P,P,P*-triphenylphosphine imidato-*N*)-, (*T*-4)-, decacarbonyl-μ-nitrosyltriruthenate(1-) *triangulo*, [79085-63-5], 22:163,165

$P_2N_2O_{14}Ru_5C_{50}H_{30}$, Phosphorus(1+), triphenyl(*P,P,P*-triphenylphosphine imidato-*N*)-, (*T*-4)-, μ-carbonyltridecacarbonyl-μ_5-nitridopentaruthenate(1-) (8*Ru-Ru*), [83312-28-1], 26:288

$P_2N_2O_{16}Ru_6C_{52}H_{30}$, Phosphorus(1+), triphenyl(*P,P,P*-triphenylphosphine imidato-*N*)-, (*T*-4)-, di-μ-carbonyltetradecacarbonyl-μ_6-nitridohexaruthenate(1-) *octahedro*, [84809-76-7], 26:287

$P_2N_2S_3C_{36}H_{30}$, Phosphorus(1+), triphenyl(*P,P,P*-triphenylphosphine imidato-*N*)-, (*T*-4)-, salt with thioperoxynitrous acid ($HNS(S_2)$) (1:1), [76468-84-3], 25:37

$P_2N_2S_4C_{36}H_{30}$, Phosphorus(1+), triphenyl(*P,P,P*-triphenylphosphine imidato-*N*)-, (*T*-4)-, salt with thioperoxynitrous acid (HNS(S_2)) thiono-sulfide (1:1), [72884-87-8], 25:35

$P_2N_3O_2C_3H_9$, Phosphenimidic amide, *N,N'*-dimethyl-*N*-[(methylimino) phosphinyl]-, [148832-16-0], 8:68

$P_2N_4C_{36}H_{30}$, Phosphorus(1+), triphenyl(*P,P,P*-triphenylphosphine imidato-*N*)-, (*T*-4)-, azide, [38011-36-8], 26:286

$P_2N_4NiO_6C_{36}H_{32}$, Nickel(2+), bis[2-(diphenylphosphino) benzenamine-*N,P*]-, dinitrate, [125100-70-1], 25:132

$P_2N_4O_2C_6H_{12}$, 1*H*,5*H*-[1,4,2,3] Diazadiphospholo[2,3-*b*][1,4,2,3] diazadiphosphole-2,6(3*H*,7*H*)-dione, 1,3,5,7-tetramethyl-, [77507-69-8], 24:122

$P_2N_4O_3C_8H_{24}$, Diphosphoramide, octamethyl-, [152-16-9], 7:73

$P_2N_4S_3C_{36}H_{30}$, Phosphorus(1+), triphenyl (*P,P,P*-triphenylphosphine imidato-*N*)-, (*T*-4)-, salt with 1,3,5,2,4,6-trithia(5-S^{IV}) triazine (1:1), [72884-86-7], 25:32

$P_2N_6C_{13}H_{36}$, Phosphoranetriamine, 1,1'-methanetetraylbis[*N,N,N',N',N'',N''*-hexamethyl-, [87163-02-8], 24:114

$P_2N_6S_4C_{36}H_{30}$, Phosphorus(1+), triphenyl(*P,P,P*-triphenylphosphine imidato-*N*)-, (*T*-4)-, salt with 1,3,5,7-tetrathia(1,5-S^{IV})-2,4,6,8,9-penta-azabicyclo[3.3.1] nona-1,4,6,7-tetraene (1:1), [72884-88-9], 25:31

$P_2Na_4O_7$, Diphosphoric acid, tetrasodium salt, [7722-88-5], 3:100

$P_2NiC_{38}H_{70}$, Nickel, (η^2-ethene) bis (tricyclohexylphosphine)-, [41685-59-0], 15:29

$P_2NiC_{50}H_{42}$, Nickel, [1,1'-(η^2-1,2-ethenediyl) bis [benzene]] bis (triphenylphosphine)-, [12151-25-6], 17:121

$P_2NiO_4S_4C_8H_{20}$, Nickel, bis(*O,O*-diethyl phosphorodithioato-*S,S'*)-, (*SP*-4-1)-, [16743-23-0], 6:142

$P_2NiO_6C_{44}H_{46}$, Nickel, (η^2-ethene) bis [tris(2-methylphenyl) phosphite-*P*]-, [31666-47-4], 15:10

$P_2OOsSC_{42}H_{34}$, Osmium, carbonyl [(*S*,1,5-η)-5-thioxo-2,4-penta-dienylidene] bis (triphenylphosphine)-, stereoisomer, [84411-69-8], 26:188

$P_2OPtC_{18}H_{36}$, Platinum, hydroxyphenylbis (triethylphosphine)-, (*SP*-4-1)-, [76124-93-1], 25:102

$P_2OPtC_{28}H_{30}$, Platinum, hydroxymethyl [1,3-propanediylbis [diphenylphos-phine]-*P,P'*]-, (*SP*-4-3)-, [76137-65-0], 25:105

$P_2OPtC_{37}H_{70}$, Platinum, hydroxymethylbis (tricyclohexylphosphine)-, (*SP*-4-1)-, [98839-53-3], 25:104

$P_2OPtC_{42}H_{36}$, Platinum, hydroxyphenylbis (triphenylphosphine)-, (*SP*-4-1)-, [60399-83-9], 25:103

$P_2O_2OsC_{38}H_{32}$, Osmium, dicarbonyldi-hydrobis (triphenylphosphine)-, [18974-23-7], 15:55

$P_2O_2RhC_{25}H_{47}$, Rhodium, carbonyl-phenoxybis [tris(1-methylethyl) phosphine]-, [113472-84-7], 27:292

$P_2O_3PtC_{37}H_{30}$, Platinum, [carbonato (2-)-*O,O'*] bis (triphenylphosphine)-, (*SP*-4-2)-, [17030-86-3], 18:120

$P_2O_3RhC_{21}H_{45}$, Rhodium, (acetato-*O*) carbonylbis [tris(1-methylethyl) phosphine]-, (*SP*-4-1)-, [112761-20-3], 27:292

$P_2O_3RhC_{44}H_{71}$, Rhodium, (benzoato-*O*) carbonylbis (tricyclohexylphosphine)-, (*SP*-4-1)-, [112837-60-2], 27:292

$P_2O_3RuC_{39}H_{30}$, Ruthenium, tricarbonylbis (triphenylphosphine)-, [14741-36-7], 15:50

$P_2O_3RuC_{39}H_{34}$, Ruthenium, (acetato-*O,O'*) carbonylhydrobis (triphenylphos-phine)-, (*OC*-6-14)-, [50661-73-9], 17:126

$P_2O_3WC_{21}H_{44}$, Tungsten, tricarbonyl (dihydrogen-*H*,*H*') bis [tris(1-methylethyl) phosphine]-, [104198-77-8], 27:7

$P_2O_3WC_{37}H_{30}$, Tungsten, tricarbonyl[1,2-ethanediylbis [diphenylphosphine]-*P*,*P*'](phenylethenylidene)-, (*OC*-6-32)-, [88035-90-9], 29:144

$P_2O_3WC_{39}H_{68}$, Tungsten, tricarbonyl (dihydrogen-*H*,*H*') bis (tricyclohexylphosphine)-, (*PB*-7-11-22233)-, [104198-75-6], 27:6

$P_2O_4PbS_4C_8H_{20}$, Phosphorodithioic acid, *O*,*O*-diethyl ester, lead(2+) salt, [1068-23-1], 6:142

$P_2O_4PtC_{40}H_{36}$, Platinum, bis (acetato-*O*) bis (triphenylphosphine)-, [20555-30-0], 17:130

$P_2O_4RhC_{24}H_{49}$, Rhodium, carbonyl (methyl 3-oxobutanoato-O^3) bis [tris(1-methylethyl) phosphine]-, (*SP*-4-1)-, [112784-15-3], 27:292

$P_2O_4RhSC_{44}H_{73}$, Rhodium, carbonyl(4-methylbenzenesulfonato-*O*) bis (tricyclohexylphosphine)-, (*SP*-4-1)-, [112837-62-4], 27:292

$P_2O_4WC_{30}H_{24}$, Tungsten, tetracarbonyl [1,2-ethanediylbis [diphenylphosphine]-*P*,*P*']-, (*OC*-6-22)-, [29890-05-9], 29:142

$P_2O_4WC_{32}H_{30}$, Tungsten, tricarbonyl[1,2-ethanediylbis [diphenylphosphine]-*P*,*P*'](2-propanone)-, (*OC*-6-33)-, [84411-66-5], 29:143

P_2O_5, Phosphorus oxide (P_2O_5), [1314-56-3], 6:81

$P_2O_5RhC_{45}H_{71}$, Rhodate(1-), [1,2-benzenedicarboxylato(2-)-*O*] carbonylbis (tricyclohexylphosphine)-, hydrogen, (*SP*-4-1)-, [112836-48-3], 27:291

$P_2O_6PdC_{44}H_{46}$, Palladium, (η^2-ethene) bis [tris(2-methylphenyl) phosphite-*P*]-, [33395-49-2], 16:129

$P_2O_6RhC_{11}H_{23}$, Rhodium, (η^5-2,4-cyclopentadien-1-yl) bis (trimethyl phosphite-*P*)-, [12176-46-4], 25:163;28:284

$P_2O_6RuC_{41}H_{34}$, Ruthenium, (η^5-2,4-cyclopentadien-1-yl)[2-[(diphenoxy-phosphino) oxy] phenyl-*C*,*P*](triphenyl phosphite-*P*)-, [37668-63-6], 26:178

$P_2O_6RuC_{42}H_{36}$, Ruthenium, bis (acetato-*O*) dicarbonylbis (triphenylphosphine)-, [65914-73-0], 17:126

P_2O_7, Diphosphate, [14000-31-8], 21:157

$P_2O_8Rh_2S_2C_{16}H_{36}$, Rhodium, dicarbonylbis[μ-(2-methyl-2-propanethiolato)] bis (trimethyl phosphite-*P*)di-, [71301-64-9], 23:124

$P_2O_{10}Ru_3C_{35}H_{22}$, Ruthenium, decacarbonyl[μ-[methylenebis [diphenylphosphine]-*P*:*P*']] tri-, *triangulo*, [64364-79-0], 26:276;28:225

$P_2O_{13}Ru_4C_{39}H_{36}$, Ruthenium, decacarbonyl (dimethylphenylphosphine) tetra-μ-hydro [tris(4-methylphenyl) phosphite-*P*] tetra-, *tetrahedro,* [86277-05-6], 26:278;28:229

$P_2O_{22}Ru_6C_{48}H_{20}$, Ruthenium, docosacarbonyl[μ-[1,2-ethynediylbis [diphenylphosphine]-*P*:*P*']] hexa-, (6*Ru-Ru*), [98240-95-0], 26:277;28:226

$P_2PdC_{24}H_{54}$, Palladium, bis [tris(1,1-dimethylethyl) phosphine]-, [53199-31-8], 19:103;28:115

$P_2PdC_{28}H_{46}$, Palladium, bis [bis(1,1-dimethylethyl) phenylphosphine]-, [52359-17-8], 19:102;28:114

$P_2PdC_{30}H_{32}$, Palladium, 1,4-butanediyl[1,2-ethanediylbis [diphenylphosphine]-*P*,*P*']-, (*SP*-4-2)-, [69503-12-4], 22:167

$P_2PdC_{36}H_{66}$, Palladium, bis (tricyclohexylphosphine)-, [33309-88-5], 19:103;28:116

$P_2PdC_{38}H_{34}$, Palladium, (η^2-ethene) bis (triphenylphosphine)-, [33395-22-1], 16:127

$P_2PdC_{38}H_{70}$, Palladium, (η^2-ethene) bis (tricyclohexylphosphine)-, [33395-48-1], 16:129
$P_2PdC_{40}H_{38}$, Palladium, 1,4-butanediylbis (triphenylphosphine)-, (*SP*-4-2)-, [75563-45-0], 22:169
$P_2PtC_{14}H_{34}$, Platinum, (η^2-ethene) bis (triethylphosphine)-, [76136-93-1], 24:214;28:133
$P_2PtC_{20}H_{46}$, Platinum, (η^2-ethene) bis [tris(1-methylethyl) phosphine]-, [83571-72-6], 24:215;28:135
$P_2PtC_{22}H_{34}$, Platinum, bis (diethylphenylphosphine)(η^2-ethene)-, [83571-73-7], 24:216;28:135
$P_2PtC_{28}H_{28}$, Platinum, [1,2-ethanediylbis [diphenylphosphine]-*P*,*P*'](η^2-ethene)-, [83571-74-8], 24:216; 28:135
$P_2PtC_{28}H_{46}$, Platinum, bis [bis(1,1-dimethylethyl) phenylphosphine]-, [59765-06-9], 19:104;28:116
$P_2PtC_{36}H_{66}$, Platinum, bis (tricyclohexylphosphine)-, [55664-33-0], 19:105;28:116
$P_2PtC_{38}H_{34}$, Platinum, (η^2-ethene) bis (triphenylphosphine)-, [12120-15-9], 18:121;24:216;28:135
$P_2PtC_{50}H_{40}$, Platinum, [1,1'-(η^2-1,2-ethynediyl) bis [benzene]] bis (triphenylphosphine)-, [15308-61-9], 18:122
$P_2RhC_{11}H_{23}$, Rhodium, (η^5-2,4-cyclopentadien-1-yl) bis (trimethylphosphine)-, [69178-15-0], 25:159; 28:280
$P_2RuC_{49}H_{44}$, Ruthenium, (η^5-2,4-cyclopentadien-1-yl)(2-phenylethyl) bis (triphenylphosphine)-, [93081-72-2], 21:82
$P_2SC_{22}H_{24}$, Phosphine sulfide, [[(1-methylethyl) phenylphosphino] methyl] diphenyl-, [54006-27-8], 16:195
$P_2S_2C_4H_{12}$, Diphosphine, tetramethyl-, 1,2-disulfide, [3676-97-9], 15:185;23:199
$P_2S_4ZnC_{72}H_{60}$, Phosphonium, tetraphenyl-, (*T*-4)-tetrakis (benzenethiolato) zincate(2-) (2:1), [57763-43-6], 21:25
$P_2Se_2C_{26}H_{24}$, Phosphine selenide, 1,2-ethanediylbis [diphenyl-, [10061-88-8], 10:159
P_2Si, Silicon phosphide (SiP_2), [12137-68-7], 14:173
$P_2Si_6C_{20}H_{54}$, Diphosphene, bis [tris (trimethylsilyl) methyl]-, [83115-11-1], 27:241,242
$P_3AlCl_4C_{36}H_{30}$, Diphosphinium, 1,1,1-triphenyl-2-(triphenylphosphoranylidene)-, (*T*-4)-tetrachloroaluminate(1-), [91068-15-4], 27:254
$P_3Au_3BF_4OC_{54}H_{45}$, Gold(1+), μ_3-oxotris (triphenylphosphine) tri-, tetrafluoroborate(1-), [53317-87-6], 26:326
$P_3Au_3CoO_{12}Ru_3C_{66}H_{45}$, Ruthenium, di-$\mu$-carbonylnonacarbonyl (carbonylcobalt)[tris (triphenylphosphine) trigold] tri-, (2*Au-Au*)(2*Au-Co*)(5*Au-Ru*)(3*Co-Ru*)(3*Ru-Ru*), [84699-82-1], 26:327
$P_3BF_4RuC_{54}H_{46}$, Ruthenium(1+), hydro [(η^6-phenyl) diphenylphosphine] bis (triphenylphosphine)-, tetrafluoroborate(1-), [41392-83-0], 17:77
$P_3BF_{18}N_4C_{24}H_{28}$, Boron(3+), tetrakis(4-methylpyridine)-, (*T*-4)-, tris [hexafluorophosphate(1-)], [27764-46-1], 12:143
$P_3BN_6C_{36}H_{56}$, Diphosphinium, 1,1,1-tris (dimethylamino)-2-[tris (dimethylamino) phosphoranylidene]-, tetraphenylborate(1-), [86197-01-5], 27:256
$P_3BORhS_2C_{66}H_{59}$, Rhodium(1+), [carbonodithioato(2-)-*S*,*S*'][[2-[(diphen ylphosphino) methyl]-2-methyl-1,3-propanediyl] bis [diphenylphosphine]-*P*,*P*',*P*'']-, (*SP*-5-22)-, tetraphenylborate(1-), [99955-64-3], 27:287

$P_3Br_2F_4N_3$, 1,3,5,2,4,6-Triazatriphosphorine, 2,4-dibromo-2,4,6,6-tetrafluoro-2,2,4,4,6,6-hexahydro-, [29871-63-4], 18:198

$P_3Br_3F_3N_3$, 1,3,5,2,4,6-Triazatriphosphorine, 2,4,6-tribromo-2,4,6-trifluoro-2,2,4,4,6,6-hexahydro-, [67336-18-9], 18:197,198

$P_3Br_3N_3C_{18}H_{15}$, 1,3,5,2,4,6-Triazatriphosphorine, 2,4,6-tribromo-2,2,4,4,6,6-hexahydro-2,4,6-triphenyl-, (2α,4α,6α)-, [19322-22-6], 11:201

$P_3Br_6N_3$, 1,3,5,2,4,6-Triazatriphosphorine, 2,2,4,4,6,6-hexabromo-2,2,4,4,6,6-hexahydro-, [13701-85-4], 7:76

$P_3C_{12}H_{27}$, Triphosphirane, tris(1,1-dimethylethyl)-, [61695-12-3], 25:2

$P_3Ca_5HO_{13}$, Calcium hydroxide phosphate ($Ca_5(OH)(PO_4)_3$), [12167-74-7], 6:16;7:63

$P_3Ca_5HO_{13}$, Hydroxylapatite ($Ca_5(OH)(PO_4)_3$), [1306-06-5], 6:16;7:63

$P_3ClCoC_{54}H_{45}$, Cobalt, chlorotris (triphenylphosphine)-, [26305-75-9], 26:190

$P_3ClCuC_{54}H_{45}$, Copper, chlorotris (triphenylphosphine)-, (*T*-4)-, [15709-76-9], 19:88

$P_3ClF_3O_3OsC_{57}H_{45}$, Osmium, carbonylchloro (trifluoroacetato-*O*) tris (triphenylphosphine)-, [38596-62-2], 17:128

$P_3ClIrC_{17}H_{41}$, Iridium, chloro[(1,2-η)-cyclooctene] tris (trimethylphosphine)-, [59390-28-2], 21:102

$P_3ClIrC_{54}H_{45}$, Iridium, chloro[2-(diphenylphosphino) phenyl-*C,P*] hydrobis (triphenylphosphine)-, (*OC*-6-53)-, [24846-80-8], 26:202

$P_3ClIrC_{54}H_{45}$, Iridium, chlorotris (triphenylphosphine)-, (*SP*-4-2)-, [16070-58-9], 26:201

$P_3ClIrO_4C_{11}H_{27}$, Iridium, [(carbonic formic monoanhydridato)(2-)] chlorotris (trimethylphosphine)-, (*OC*-6-43)-, [59390-94-2], 21:102

$P_3ClOOsC_{55}H_{46}$, Osmium, carbonylchlorohydrotris (triphenylphosphine)-, [16971-31-6], 15:53

$P_3ClORhS_2C_{42}H_{39}$, Rhodium, [carbonodithioato(2-)-*S,S'*] chloro[[2-[(diphenylphosphino) methyl]-2-methyl-1,3-propanediyl] bis [diphenylphosphine]-*P,P',P''*]-, (*OC*-6-33)-, [100044-11-9], 27:289

$P_3ClORuC_{55}H_{46}$, Ruthenium, carbonylchlorohydrotris (triphenylphosphine)-, [16971-33-8], 15:48

$P_3ClO_{12}Sr_5$, Strontium chloride phosphate ($Sr_5Cl(PO_4)_3$), [11088-40-7], 14:126

$P_3ClRhC_{54}H_{45}$, Rhodium, chlorotris (triphenylphosphine)-, (*SP*-4-2)-, [14694-95-2], 28:77

$P_3ClRuC_{54}H_{46}$, Ruthenium, chlorohydrotris (triphenylphosphine)-, (*TB*-5-13)-, [55102-19-7], 13:131

$P_3Cl_2F_2N_5C_4H_{12}$, 1,3,5,2,4,6-Triazatriphosphorine, 2,2-dichloro-4,6-bis (dimethylamino)-4,6-difluoro-2,2,4,4,6,6-hexahydro-, [67283-78-7], 18:195

$P_3Cl_2NWC_{15}H_{32}$, Tungsten, [benzenaminato(2-)] dichlorotris (trimethylphosphine)-, [126109-15-7], 24:198

$P_3Cl_2NWC_{24}H_{50}$, Tungsten, [benzenaminato(2-)] dichlorotris (triethylphosphine)-, (*OC*-6-32)-, [104475-13-0], 24:198

$P_3Cl_2NWC_{30}H_{38}$, Tungsten, [benzenaminato(2-)] dichlorotris (dimethylphenylphosphine)-, (*OC*-6-32)-, [104475-11-8], 24:198

$P_3Cl_2NWC_{45}H_{44}$, Tungsten, [benzenaminato(2-)] dichlorotris (methyldiphenylphosphine)-, (*OC*-6-32)-, [104475-12-9], 24:198

$P_3Cl_2OsC_{54}H_{45}$, Osmium, dichlorotris (triphenylphosphine)-, [40802-32-2], 26:184

$P_3Cl_2OsSC_{55}H_{45}$, Osmium, (carbonothioyl) dichlorotris (triphenyl-

phosphine)-, (*OC*-6-32)-, [64888-66-0], 26:185
$P_3Cl_2RuC_{54}H_{45}$, Ruthenium, dichlorotris (triphenylphosphine)-, [15529-49-4], 12:237,238
$P_3Cl_3IrC_9H_{27}$, Iridium, trichlorotris (trimethylphosphine)-, (*OC*-6-21)-, [36385-96-3], 15:35
$P_3Cl_3N_3C_6H_{15}$, 1,3,5,2,4,6-Triazatriphosphorine, 2,4,6-trichloro-1,3,5-triethylhexahydro-, [1679-92-1], 25:13
$P_3Cl_3N_6C_6H_{12}$, 1,3,5,2,4,6-Triazatriphosphorine, 2,2,4-tris(1-aziridinyl)-4,6,6-trichloro-2,2,4,4,6,6-hexahydro-, [3776-23-6], 25:87
$P_3Cl_3N_6C_6H_{18}$, 1,3,5,2,4,6-Triazatriphosphorine, 2,4,6-trichloro-2,4,6-tris (dimethylamino)-2,2,4,4,6,6-hexahydro-, [3721-13-9], 18:194
$P_3Cl_3OsC_{24}H_{33}$, Osmium, trichlorotris (dimethylphenylphosphine)-, (*OC*-6-21)-, [22670-97-9], 27:27
$P_3Cl_3ReC_{24}H_{33}$, Rhenium, trichlorotris (dimethylphenylphosphine)-, [15613-32-8], 17:111
$P_3Cl_4H_4N_5$, 1,3,5,2,4,6-Triazatriphosphorine, 2,4-diamino-2,4,6,6-tetrachloro-2,2,4,4,6,6-hexahydro-, [7382-17-4], 14:24
$P_3Cl_4N_3S_2C_4H_{10}$, 1,3,5,2,4,6-Triazatriphosphorine, 2,2,4,4-tetrachloro-6,6-bis (ethylthio)-2,2,4,4,6,6-hexahydro-, [7652-85-9], 8:86
$P_3Cl_4N_3S_2C_{12}H_{10}$, 1,3,5,2,4,6-Triazatriphosphorine, 2,2,4,4-tetrachloro-2,2,4,4,6,6-hexahydro-6,6-bis (phenylthio)-, [7655-02-9], 8:88
$P_3Cl_4N_3SiC_5H_{14}$, 1,3,5,2,4,6-Triazatriphosphorine, 2,2,4,4-tetrachloro-2,2,4,4,6,6-hexahydro-6-methyl-6-[(trimethylsilyl) methyl]-, [104738-14-9], 25:61
$(P_3Cl_4N_3SiC_5H_{14})x$, 1,3,5,2,4,6-Triazatriphosphorine, 2,2,4,4-tetrachloro-2,2,4,4,6,6-hexahydro-6-methyl-6-[(trimethylsilyl) methyl]-, homopolymer, [110718-16-6], 25:63
$P_3Cl_4N_5C_4H_8$, 1,3,5,2,4,6-Triazatriphosphorine, 2,2-bis(1-aziridinyl)-4,4,6,6-tetrachloro-2,2,4,4,6,6-hexahydro-, [3808-49-9], 25:87
$P_3Cl_4N_5C_4H_8$, 1,3,5,2,4,6-Triazatriphosphorine, 2,4-bis(1-aziridinyl)-2,4,6,6-tetrachloro-2,2,4,4,6,6-hexahydro-, *cis*-, [79935-97-0], 25:87
$P_3Cl_4N_5C_4H_8$, 1,3,5,2,4,6-Triazatriphosphorine, 2,4-bis(1-aziridinyl)-2,4,6,6-tetrachloro-2,2,4,4,6,6-hexahydro-, *trans*-, [79935-98-1], 25:87
$P_3Cl_4N_5C_4H_{12}$, 1,3,5,2,4,6-Triazatriphosphorine, 2,2,4,6-tetrachloro-4,6-bis (dimethylamino)-2,2,4,4,6,6-hexahydro-, [2203-74-9], 18:194
$P_3Cl_4WC_9H_{27}$, Tungsten, tetrachlorotris (trimethylphosphine)-, [73133-10-5], 28:327
$P_3Cl_5C_2H_4$, Phosphonous dichloride, [(chlorophosphinidene) bis (methylene)] bis-, [81626-07-5], 25:121
$P_3Cl_5H_2N_4$, 1,3,5,2,4,6-Triazatriphosphorine, 2-amino-2,4,4,6,6-pentachloro-2,2,4,4,6,6-hexahydro-, [13569-74-9], 14:25
$P_3Cl_5N_3OC_2H_3$, 1,3,5,2,4,6-Triazatriphosphorine, 2,2,4,4,6-pentachloro-6-(ethenyloxy)-2,2,4,4,6,6-hexahydro-, [82056-02-8], 25:75
$(P_3Cl_5N_3OC_2H_3)_x$, 1,3,5,2,4,6-Triazatriphosphorine, 2,2,4,4,6-pentachloro-6-(ethenyloxy)-2,2,4,4,6,6-hexahydro-, homopolymer, [87006-53-9], 25:77
$P_3Cl_5N_4C_2H_4$, 1,3,5,2,4,6-Triazatriphosphorine, 2-(1-aziridinyl)-2,4,4,6,6-pentachloro-2,2,4,4,6,6-hexahydro-, [3776-28-1], 25:87
$P_3Cl_6N_3$, 1,3,5,2,4,6-Triazatriphosphorine, 2,2,4,4,6,6-hexachloro-2,2,4,4,6,6-hexahydro-, [940-71-6], 6:94

$P_3Cl_{12}N$, Phosphorus(1+), trichloro (phosphorimidic trichloridato-*N*)-, (*T*-4)-, hexachlorophosphate(1-), [18828-06-3], 8:94

$P_3CoC_{54}H_{48}$, Cobalt, trihydrotris (triphenylphosphine)-, [21329-68-0], 12:18,19

$P_3CoNOC_{54}H_{45}$, Cobalt, nitrosyltris (triphenylphosphine)-, (*T*-4)-, [18712-92-0], 16:33

$P_3CoN_2C_{54}H_{46}$, Cobalt, (dinitrogen) hydrotris (triphenylphosphine)-, (*TB*-5-23)-, [21373-88-6], 12:12,18,21

$P_3CoO_6S_6C_{12}H_{30}$, Cobalt, tris(*O,O*-diethyl phosphorodithioato-*S,S'*)-, (*OC*-6-11)-, [14177-94-7], 6:142

$P_3CrO_2C_7H_5$, Chromium, dicarbonyl(η^5-2,4-cyclopentadien-1-yl)[(2,3-η)-1*H*-triphosphirenato-P^1]-, [126183-04-8], 29:247

$P_3CrO_6S_6C_{12}H_{30}$, Chromium, tris(*O,O*-diethyl phosphorodithioato-*S,S'*)-, (*OC*-6-11)-, [14177-95-8], 6:142

$P_3F_3N_6C_6H_{18}$, 1,3,5,2,4,6-Triazatriphosphorine, 2,4,6-tris (dimethylamino)-2,4,6-trifluoro-2,2,4,4,6,6-hexahydro-, [29871-59-8], 18:195

$P_3F_4N_3C_{12}H_{10}$, 1,3,5,2,4,6-Triazatriphosphorine, 2,2,4,4-tetrafluoro-2,2,4,4,6,6-hexahydro-6,6-diphenyl-, [18274-73-2], 12:296

$P_3F_4N_5C_4H_{12}$, 1,3,5,2,4,6-Triazatriphosphorine, 2,4-bis (dimethylamino)-2,4,6,6-tetrafluoro-2,2,4,4,6,6-hexahydro-, [30004-14-9], 18:197

$P_3F_5N_3C_6H_5$, 1,3,5,2,4,6-Triazatriphosphorine, 2,2,4,4,6-pentafluoro-2,2,4,4,6,6-hexahydro-6-phenyl-, [2713-48-6], 12:294

$P_3F_6N_3$, 1,3,5,2,4,6-Triazatriphosphorine, 2,2,4,4,6,6-hexafluoro-2,2,4,4,6,6-hexahydro-, [15599-91-4], 9:76

$P_3F_6RuC_{49}H_{41}$, Ruthenium(1+), (η^5-2,4-cyclopentadien-1-yl)(phenylethenylidene) bis (triphenylphosphine)-, hexafluorophosphate(1-), [69134-34-5], 21:80

$(P_3F_{12}N_3O_4C_{10}H_{14})x$, Poly [nitrilo [bis (2,2,2-trifluoroethoxy) phosphoranylidyne] nitrilo [bis(2,2,2-trifluoroethoxy) phosphoranylidyne] nitrilo (dimethylphosphoranylidyne)], [153569-07-4], 25:67

$(P_3F_{12}N_3O_4SiC_{13}H_{22})_x$, Poly [nitrilo [bis(2,2,2-trifluoroethoxy) phosphoranylidyne] nitrilo [bis(2,2,2-trifluoroethoxy) phosphoranylidyne] nitrilo [methyl[(trimethylsilyl) methyl] phosphoranylidyne]], [153569-08-5], 25:64

$P_3F_{12}O_4PdC_{44}H_{35}$, Palladium(1+), [bis[2-(diphenylphosphino) ethyl] phenylphosphine-*P,P',P''*](1,1,1,5,5,5-hexafluoro-4-hydroxy-3-penten-2-onato-O^4)-, (*SP*-4-1)-, salt with 1,1,1,5,5,5-hexafluoro-2,4-pentanedione, [78261-05-9], 27:320

$P_3F_{18}N_6C_{26}H_{47}$, Phosphate(1-), hexafluoro-, hydrogen, compd. with 2,3,10,11,13,19-hexamethyl-3,10,14,18,21,25-hexaazabicyclo [10.7.7] hexacosa-1,11,13,18,20,25-hexaene (3:1), [76863-25-7], 27:269

$P_3F_{18}N_6C_{50}H_{55}$, 3,11,15,19,22,26-Hexaazatricyclo[11.7.7.1^{5,9}] octacosa-1,5,7,9(28),12,14,19,21,26-nonanene, 14,20-dimethyl-2,12-diphenyl-3,11-bis (phenylmethyl)-, tris [hexafluorophosphate(1-)], [132850-80-7], 27:278

$P_3H_2N_2Na_3O_7$, Diimidotrimetaphosphoric acid ($(HN)_2P_3(OH)_3O_4$), trisodium salt, [29018-09-5], 6:105,106

$P_3H_2N_2Na_5O_8.6H_2O$, Diimidotriphosphoric acid, pentasodium salt, hexahydrate, [31072-79-4], 6:104

$P_3H_2N_3Na_4O_6.8H_2O$, Metaphosphimic acid ($H_6P_3O_6N_3$), tetrasodium salt, octahydrate, [149165-72-0], 6:80

$P_3H_3K_3N_3O_6$, Metaphosphimic acid ($H_6P_3O_6N_3$), tripotassium salt, [18466-18-7], 6:97

$P_3H_3N_3Na_3O_6.H_2O$, Metaphosphimic acid ($H_6P_3O_6N_3$), trisodium salt, monohydrate, [150124-49-5], 6:99
$P_3H_3N_3Na_3O_6.4H_2O$, Metaphosphimic acid (($H_6P_3O_6N_3$)), trisodium salt, tetrahydrate, [27379-16-4], 6:15
$P_3H_6N_3O_6$, Metaphosphimic acid ($H_6P_3O_6N_3$), [14097-18-8], 6:79
$P_3H_{12}N_7O_3$, Diimidotriphosphoramide, [27712-38-5], 6:110
$P_3IrC_9H_{32}$, Iridium, pentahydrotris (trimethylphosphine)-, [150575-56-7], 15:34
$P_3IrOC_{55}H_{46}$, Iridium, carbonylhydrotris (triphenylphosphine)-, [17250-25-8], 13:126,128
$P_3IrO_2C_{56}H_{50}$, Iridium, (acetato-*O*) dihydrotris (triphenylphosphine)-, [12104-91-5], 17:129
$P_3Mn_2NO_8C_{56}H_{40}$, Phosphorus(1+), triphenyl(*P*,*P*,*P*-triphenylphosphine imidato-*N*)-, (*T*-4)-, octacarbonyl [μ-(diphenylphosphino)] dimanganate (1-) (*Mn-Mn*), [90739-53-0], 26:228
$P_3MoC_{54}H_{105}$, Molybdenum, hexahydrotris (tricyclohexylphosphine)-, [84430-71-7], 27:13
$P_3MoO_2C_7H_5$, Molybdenum, dicarbonyl (η^5-2,4-cyclopentadien-1-yl)[(2,3-η)-1*H*-triphosphirenato-P^1]-, [92719-86-3], 27:224
$P_3NC_{42}H_{42}$, Ethanamine, 2-(diphenylphosphino)-*N*,*N*-bis[2-(diphenylphosphino) ethyl]-, [15114-55-3], 16:176
$P_3NNa_6O_9$, Nitridotriphosphoric acid, hexasodium salt, [127795-76-0], 6:103
$P_3NORhC_{54}H_{45}$, Rhodium, nitrosyltris (triphenylphosphine)-, (*T*-4)-, [21558-94-1], 15:61;16:33
$P_3NORuC_{54}H_{46}$, Ruthenium, hydronitrosyltris (triphenylphosphine)-, [33991-11-6], 17:73
———, Ruthenium, hydronitrosyltris (triphenylphosphine)-, (*TB*-5-23)-, [33153-14-9], 17:73
$P_3NO_6C_{21}H_{24}$, Phosphinic acid, [nitrilotris (methylene)] tris [phenyl-, [60703-83-5], 16:202
$P_3N_2C_{42}H_{43}$, 1,2-Ethanediamine, *N*,*N*,*N'*-tris[(diphenylphosphino) methyl]-*N'*-methyl-, [43133-30-8], 16:199
$P_3N_2RuC_{54}H_{47}$, Ruthenium, (dinitrogen) dihydrotris (triphenylphosphine)-, [22337-84-4], 15:31
$P_3N_3O_6C_{12}H_{30}$, 1,3,5,2,4,6-Triazatriphosphorine, 2,2,4,4,6,6-hexaethoxy-2,2,4,4,6,6-hexahydro-, [799-83-7], 8:77
$P_3N_3O_6C_{36}H_{30}$, 1,3,5,2,4,6-Triazatriphosphorine, 2,2,4,4,6,6-hexahydro-2,2,4,4,6,6-hexaphenoxy-, [1184-10-7], 8:81
$P_3N_3S_6C_{12}H_{30}$, 1,3,5,2,4,6-Triazatriphosphorine, 2,2,4,4,6,6-hexakis (ethylthio)-2,2,4,4,6,6-hexahydro-, [974-70-9], 8:87
$P_3N_3S_6C_{36}H_{30}$, 1,3,5,2,4,6-Triazatriphosphorine, 2,2,4,4,6,6-hexahydro-2,2,4,4,6,6-hexakis (phenylthio)-, [1065-77-6], 8:88
$P_3N_9C_8H_{24}$, 1,3,5,2,4,6-Triazatriphosphorine, 2,2-bis(1-aziridinyl)-2,2,4,4,6,6-hexahydro-4,4,6,6-tetrakis (methylamino)-, [89631-67-4], 25:89
———, 1,3,5,2,4,6-Triazatriphosphorine, 2,4-bis(1-aziridinyl)-2,2,4,4,6,6-hexahydro-2,4,6,6-tetrakis (methylamino)-, *cis*-, [89631-65-2], 25:89
———, 1,3,5,2,4,6-Triazatriphosphorine, 2,4-bis(1-aziridinyl)-2,2,4,4,6,6-hexahydro-2,4,6,6-tetrakis (methylamino)-, *trans*-, [89631-66-3], 25:89
$P_3Na_3O_9.6H_2O$, Metaphosphoric acid ($H_3P_3O_9$), trisodium salt, hexahydrate, [29856-33-5], 3:104
$P_3Na_5O_{10}$, Triphosphoric acid, pentasodium salt, [7758-29-4], 3:101
$P_3Na_5O_{10}.6H_2O$, Triphosphoric acid, pentasodium salt, hexahydrate, [15091-98-2], 3:103

$P_3NiO_9C_{63}H_{63}$, Nickel, tris [tris(4-methylphenyl) phosphite-*P*]-, [87482-65-3], 15:11
$P_3OOsC_{55}H_{47}$, Osmium, carbonyldihydrotris (triphenylphosphine)-, [12104-84-6], 15:54
$P_3OOsSC_{56}H_{45}$, Osmium, (carbonothioyl) carbonyltris (triphenylphosphine)-, [64883-46-1], 26:187
$P_3ORhC_{55}H_{46}$, Rhodium, carbonylhydrotris (triphenylphosphine)-, (*TB*-5-23)-, [17185-29-4], 15:59;28:82
$P_3ORuC_{55}H_{47}$, Ruthenium, carbonyldihydrotris (triphenylphosphine)-, (*OC*-6-31)-, [22337-78-6], 15:48
$P_3O_2RhC_{56}H_{48}$, Rhodium, (acetato-*O*) tris (triphenylphosphine)-, (*SP*-4-2)-, [34731-03-8], 17:129
$P_3O_2Rh_2C_{26}H_{57}$, Rhodium, bis [bis(1,1-dimethylethyl) phosphine][μ-[bis(1,1-dimethylethyl) phosphino]] dicarbonyl-μ-hydrodi-, (*Rh-Rh*), stereoisomer, [106070-74-0], 25:171
$P_3O_2RuC_{56}H_{49}$, Ruthenium, (acetato-*O,O'*) hydrotris (triphenylphosphine)-, (*OC*-6-21)-, [25087-75-6], 17:79
$P_3OsC_{54}H_{49}$, Osmium, tetrahydrotris (triphenylphosphine)-, [24228-59-9], 15:56
$P_3OsRhC_{32}H_{48}$, Osmium, [[(1,2,5,6-η)-1,5-cyclooctadiene] rhodium] tris (dimethylphenylphosphine) tri-μ-hydro-, (*Os-Rh*), [106017-48-5], 27:29
$P_3OsSC_{55}H_{47}$, Osmium, (carbonothioyl) dihydrotris (triphenylphosphine)-, (*OC*-6-31)-, [64883-48-3], 26:186
$P_3OsZrC_{34}H_{47}$, Zirconium, bis(η^5-2,4-cyclopentadien-1-yl) tri-μ-hydrohydro [tris (dimethylphenylphosphine) osmium]-, (*Os-Zr*), [93895-83-1], 27:27
$P_3PtC_{18}H_{45}$, Platinum, tris (triethylphosphine)-, [39045-37-9], 19:108;28:120
$P_3PtC_{27}H_{63}$, Platinum, tris [tris(1-methylethyl) phosphine]-, [60648-72-8], 19:108;28:120
$P_3PtC_{54}H_{45}$, Platinum, tris (triphenylphosphine)-, [13517-35-6], 11:105; 28:125
$P_3ReC_{24}H_{38}$, Rhenium, tris (dimethylphenylphosphine) pentahydro-, (*DD*-8-21122212)-, [65816-70-8], 17:64
$P_3RuC_{54}H_{49}$, Ruthenium, tetrahydrotris (triphenylphosphine)-, [31275-06-6], 15:31
$P_3WC_{24}H_{39}$, Tungsten, tris (dimethylphenylphosphine) hexahydro-, [20540-07-2], 27:11
$P_4Ag_4I_4C_{12}H_{36}$, Silver, tetra-μ_3-iodotetrakis (trimethylphosphine) tetra-, [12389-34-3], 9:62
P_4AlH_8Li, Aluminate(1-), tetrakis (phosphino)-, lithium, (*T*-4)-, [25248-80-0], 15:178
$P_4Au_2BF_4IrNO_3C_{72}H_{61}$, Iridium(1+), [bis (triphenylphosphine) digold] hydro (nitrato-*O,O'*) bis (triphenylphosphine)-, (*Au-Au*)(2*Au-Ir*), stereoisomer, tetrafluoroborate(1-), [93895-71-7], 29:284
$P_4Au_2ClF_3O_3PtSC_{49}H_{60}$, Platinum(1+), [bis (triphenylphosphine) digold] chlorobis (triethylphosphine)-, (*Au-Au*)(2*Au-Pt*), stereoisomer, salt with trifluoromethanesulfonic acid (1:1), [89346-97-4], 27:218
$P_4BF_4Ir_2C_{54}H_{57}$, Iridium(1+), tri-μ-hydrodihydrobis[1,3-propanediylbis [diphenylphosphine]-*P,P'*]di-, (*Ir-Ir*), stereoisomer, tetrafluoroborate(1-), [73178-84-4], 27:22
$P_4BF_4Ir_2C_{56}H_{61}$, Iridium(1+), bis[1,4-butanediylbis [diphenylphosphine]-*P,P'*] tri-μ-hydrodihydrodi-, (*Ir-Ir*), tetrafluoroborate(1-), [133197-93-0], 27:26
$P_4BF_4MoN_2C_{56}H_{55}$, Molybdenum(1+), bis[1,2-ethanediylbis [diphenylphosphine]-*P,P'*](isocyanomethane) [(methylamino) methylidyne]-, (*OC*-6-11)-, tetrafluoroborate(1-), [73464-16-1], 23:12

$P_4BF_4N_2WC_{56}H_{55}$, Tungsten(1+), bis[1,2-ethanediylbis [diphenylphosphine]-*P*,*P'*](isocyanomethane)[(methylamino) methylidyne]-, (*OC*-6-11)-, tetrafluoroborate(1-), [73470-09-4], 23:11

$P_4BF_4N_2WC_{59}H_{61}$, Tungsten(1+), bis[1,2-ethanediylbis [diphenylphosphine]-*P*,*P'*](2-isocyano-2-methylpropane) [(methylamino) methylidyne]-, (*OC*-6-11)-, tetrafluoroborate(1-), [152227-32-2], 23:12

$P_4BFeC_{76}H_{69}$, Iron(1+), bis[1,2-ethanediylbis [diphenylphosphine]-*P*,*P'*] hydro-, (*SP*-5-21)-, tetraphenylborate(1-), [38928-62-0], 17:70

$P_4BFeN_2C_{44}H_{69}$, Iron(1+), (dinitrogen) bis[1,2-ethanediylbis [diethylphosphine]-*P*,*P'*] hydro-, (*OC*-6-11)-, tetraphenylborate(1-), [26061-40-5], 15:21

$P_4BPt_2C_{48}H_{83}$, Platinum(1+), di-μ-hydrohydrotetrakis (triethylphosphine)di-, stereoisomer, tetraphenylborate(1-), [81800-05-7], 27:34

———, Platinum(1+), μ-hydrodihydrotetrakis (triethylphosphine)di-, (*Pt-Pt*), tetraphenylborate(1-), [84624-72-6], 27:32

$P_4BPt_2C_{54}H_{87}$, Platinum(1+), μ-hydrohydrophenyltetrakis (triethylphosphine)di-, stereoisomer, tetraphenylborate(1-), [67891-25-2], 26:136

$P_4BPt_2C_{96}H_{83}$, Platinum(1+), di-μ-hydrohydrotetrakis (triphenylphosphine)di-, stereoisomer, tetraphenylborate(1-), [132832-04-3], 27:36

$P_4B_2F_8MoN_2C_{56}H_{56}$, Molybdenum(2+), bis[1,2-ethanediylbis [diphenylphosphine]-*P*,*P'*] bis[(methylamino) methylidyne]-, (*OC*-6-11)-, bis [tetrafluoroborate(1-)], [57749-21-0], 23:14

$P_4B_2F_8N_2WC_{56}H_{56}$, Tungsten(2+), bis [1,2-ethanediylbis [diphenylphosphine]-*P*,*P'*] bis[(methylamino) methylidyne]-, (*OC*-6-11)-, bis [tetrafluoroborate(1-)], [73508-17-5], 23:12

$P_4B_2F_8N_2WC_{68}H_{64}$, Tungsten(2+), bis [1,2-ethanediylbis [diphenylphosphine]-*P*,*P'*] bis[[(4-methylphenyl) amino] methylidyne]-, (*OC*-6-11)-, bis [tetrafluoroborate(1-)], [73848-73-4], 23:14

$P_4B_2N_4Rh_2C_{118}H_{120}$, Rhodium(2+), tetrakis(1-isocyanobutane) bis[μ-[methylenebis [diphenylphosphine]-*P*:*P'*]]di-, bis [tetraphenylborate(1-)], [61160-70-1], 21:49

$P_4Br_4Mo_2C_{48}H_{108}$, Molybdenum, tetrabromotetrakis (tributylphosphine)di-, (*Mo-Mo*), stereoisomer, [51731-44-3], 19:131

$P_4Br_8N_4$, 1,3,5,7,2,4,6,8-Tetrazatetraphosphocine, 2,2,4,4,6,6,8,8-octabromo-2,2,4,4,6,6,8,8-octahydro-, [14621-11-5], 7:76

$P_4ClFeC_{20}H_{49}$, Iron, chlorobis[1,2-ethanediylbis [diethylphosphine]-*P*,*P'*] hydro-, (*OC*-6-32)-, [22763-25-3], 15:21

$P_4ClFeC_{52}H_{49}$, Iron, chlorobis[1,2-ethanediylbis [diphenylphosphine]-*P*,*P'*] hydro-, [32490-70-3], 17:69

$P_4ClIrC_{12}H_{32}$, Iridium(1+), bis[1,2-ethanediylbis [dimethylphosphine]-*P*,*P'*]-, chloride, (*SP*-4-1)-, [60314-45-6], 21:100

$P_4ClIrOC_{13}H_{36}$, Iridium(1+), carbonyltetrakis (trimethylphosphine)-, chloride, [67215-74-1], 18:63

$P_4ClIrO_2C_{13}H_{32}$, Iridium, (carbon dioxide-*O*) chlorobis[1,2-ethanediylbis [dimethylphosphine]-*P*,*P'*]-, [62793-14-0], 21:100

$P_4ClRhS_2C_{48}H_{54}$, Rhodium, chloro[[2-[(diphenylphosphino) methyl]-2-methyl-1,3-propanediyl] bis [diphenylphosphine]-*P*,*P'*,*P''*][(triethyl phosphoranylidene) methanedithiolato (2-)-*S*]-, [100044-10-8], 27:288

$P_4Cl_2FeC_{20}H_{48}$, Iron, dichlorobis[1,2-ethanediylbis [diethylphosphine]-*P*,*P*']-, (*OC*-6-22)-, [123931-96-4], 15:21

$P_4Cl_2MoN_2C_{66}H_{56}$, Molybdenum, bis(1-chloro-4-isocyanobenzene) bis[1,2-ethanediylbis [diphenylphosphine]-*P*,*P*']-, (*OC*-6-11)-, [66862-30-4], 23:10

$P_4Cl_2N_2WC_{66}H_{56}$, Tungsten, bis(1-chloro-4-isocyanobenzene) bis[1,2-ethanediylbis [diphenylphosphine]-*P*,*P*']-, (*OC*-6-11)-, [66862-24-6], 23:10

$P_4Cl_2OPd_2C_{51}H_{44}$, Palladium, μ-carbonyldichlorobis[μ-[methylenebis [diphenylphosphine]-*P*:*P*']di-, [64345-32-0], 21:49

$P_4Cl_2O_{12}RuC_{24}H_{60}$, Ruthenium, dichlorotetrakis (triethyl phosphite-*P*)-, [53433-15-1], 15:40

$P_4Cl_2Pd_2C_{50}H_{44}$, Palladium, dichlorobis [μ-[methylenebis [diphenylphosphine]-*P*:*P*']]di-, (*Pd-Pd*), [64345-29-5], 21:48;28:340

$P_4Cl_2PtC_{48}H_{108}$, Platinum(2+), tetrakis (tributylphosphine)-, dichloride, (*SP*-4-1)-, [148832-27-3], 7:248

$P_4Cl_2Rh_2C_{72}H_{60}$, Rhodium, di-μ-chlorotetrakis (triphenylphosphine)di-, [14653-50-0], 10:69

$P_4Cl_2RuC_{72}H_{60}$, Ruthenium, dichlorotetrakis (triphenylphosphine)-, [15555-77-8], 12:237,238

$P_4Cl_2WC_{12}H_{36}$, Tungsten, dichlorotetrakis (trimethylphosphine)-, [76624-80-1], 28:329

$P_4Cl_2WC_{32}H_{44}$, Tungsten, dichlorotetrakis (dimethylphenylphosphine)-, (*OC*-6-12)-, [39049-86-0], 28:330

$P_4Cl_2WC_{52}H_{52}$, Tungsten, dichlorotetrakis (methyldiphenylphosphine)-, (*OC*-6-12)-, [90245-62-8], 28:331

$P_4Cl_4MoN_2C_{66}H_{54}$, Molybdenum, bis(1,3-dichloro-2-isocyanobenzene) bis[1,2-ethanediylbis [diphenylphosphine]-*P*,*P*']-, (*OC*-6-11)-, [66862-31-5], 23:10

$P_4Cl_4N_2WC_{66}H_{54}$, Tungsten, bis(1,3-dichloro-2-isocyanobenzene) bis[1,2-ethanediylbis [diphenylphosphine]-*P*,*P*']-, (*OC*-6-11)-, [66862-25-7], 23:10

$P_4Cl_4N_4S_4C_8H_{20}$, 1,3,5,7,2,4,6,8-Tetrazatetraphosphocine, 2,2,4,4-tetrachloro-6,6,8,8-tetrakis (ethylthio)-2,2,4,4,6,6,8,8-octahydro-, [15503-57-8], 8:90

———, 1,3,5,7,2,4,6,8-Tetrazatetraphosphocine, 2,2,6,6-tetrachloro-4,4,8,8-tetrakis (ethylthio)-2,2,4,4,6,6,8,8-octahydro-, [13801-31-5], 8:90

$P_4Cl_4N_4S_4C_{24}H_{20}$, 1,3,5,7,2,4,6,8-Tetrazatetraphosphocine, 2,2,4,4-tetrachloro-2,2,4,4,6,6,8,8-octahydro-6,6,8,8-tetrakis (phenylthio)-, [13801-66-6], 8:91

———, 1,3,5,7,2,4,6,8-Tetrazatetraphosphocine, 2,2,6,6-tetrachloro-2,2,4,4,6,6,8,8-octahydro-4,4,8,8-tetrakis (phenylthio)-, [13801-32-6], 8:91

$P_4Cl_4ORu_2C_{73}H_{60}.2OC_3H_6$, Ruthenium, carbonyltri-μ-chlorochlorotetrakis (triphenylphosphine)di-, compd. with 2-propanone (1:2), [83242-25-5], 21:30

$P_4Cl_4Ru_2SC_{73}H_{60}.OC_3H_6$, Ruthenium, (carbonothioyl) tri-μ-chlorochlorotetrakis (triphenylphosphine)di-, compd. with 2-propanone (1:1), [83242-24-4], 21:29

$P_4Cl_5N_7C_6H_{12}$, 1,3,5,7,2,4,6,8-Tetrazatetraphosphocine, 2,2,6-tris(1-aziridinyl)-4,4,6,8,8-pentachloro-2,2,4,4,6,6,8,8-octahydro-, [106722-76-3], 25:91

———, 1,3,5,7,2,4,6,8-Tetrazatetraphosphocine, 2,4,6-tris(1-aziridinyl)-2,4,6,8,8-pentachloro-2,2,4,4,6,6,8,8-octahydro-, (2α,4α,6β)-, [106760-42-3], 25:91

———, 1,3,5,7,2,4,6,8-Tetrazatetraphosphocine, 2,4,6-tris(1-aziridinyl)-

2,4,6,8,8-pentachloro-2,2,4,4,6,6,8,8-octahydro-, (2α,4β,6α)-, [106722-77-4], 25:91

$P_4Cl_6N_6C_4H_8$, 1,3,5,7,2,4,6,8-Tetrazatetraphosphocine, 2,2-bis(1-aziridinyl)-4,4,6,6,8,8-hexachloro-2,2,4,4,6,6,8,8-octahydro-, [96357-71-0], 25:91

———, 1,3,5,7,2,4,6,8-Tetrazatetraphosphocine, 2,4-bis(1-aziridinyl)-4,4,6,6,8,8-hexachloro-2,2,4,4,6,6,8,8-octahydro-, *cis*-, [96357-70-9], 25:91

———, 1,3,5,7,2,4,6,8-Tetrazatetraphosphocine, 2,6-bis(1-aziridinyl)-2,4,4,6,8,8-hexachloro-2,2,4,4,6,6,8,8-octahydro-, *cis*-, [96357-68-5], 25:91

———, 1,3,5,7,2,4,6,8-Tetrazatetraphosphocine, 2,4-bis(1-aziridinyl)-4,4,6,6,8,8-hexachloro-2,2,4,4,6,6,8,8-octahydro-, *trans*-, [96357-69-6], 25:91

———, 1,3,5,7,2,4,6,8-Tetrazatetraphosphocine, 2,6-bis(1-aziridinyl)-2,4,4,6,8,8-hexachloro-2,2,4,4,6,6,8,8-octahydro-, *trans*-, [96357-67-4], 25:91

$P_4Cl_6N_6C_4H_{12}$, 1,3,5,7,2,4,6,8-Tetrazatetraphosphocine, 2,2,4,6,6,8-hexachloro-4,8-bis (ethylamino)-2,2,4,4,6,6,8,8-octahydro-, *trans*-, [60998-10-9], 25:16

$P_4Cl_6N_6C_8H_{20}$, 1,3,5,7,2,4,6,8-Tetrazatetraphosphocine, 2,2,4,4,6,8-hexachloro-6,8-bis[(1,1-dimethylethyl) amino]-2,2,4,4,6,6,8,8-octahydro-, [66310-00-7], 25:21

———, 1,3,5,7,2,4,6,8-Tetrazatetraphosphocine, 2,2,4,6,6,8-hexachloro-4,8-bis[(1,1-dimethylethyl) amino]-2,2,4,4,6,6,8,8-octahydro-, [6944-49-6], 25:21

$P_4Cl_6Nb_2C_{52}H_{48}$, Niobium, di-μ-chloro-tetrachlorobis[1,2-ethanediylbis [diphenylphosphine]-*P*,*P*']di-, [86390-13-8], 21:18

$P_4Cl_7N_5C_2H_4$, 1,3,5,7,2,4,6,8-Tetrazatetraphosphocine, 2-(1-aziridinyl)-2,4,4,6,6,8,8-heptachloro-2,2,4,4,6,6,8,8-octahydro-, [96357-56-1], 25:91

$P_4Cl_8N_4$, 1,3,5,7,2,4,6,8-Tetrazatetraphosphocine, 2,2,4,4,6,6,8,8-octachloro-2,2,4,4,6,6,8,8-octahydro-, [2950-45-0], 6:94

$P_4Cl_{12}Ni$, Nickel, tetrakis (phosphorous trichloride)-, (*T*-4)-, [36421-86-0], 6:201

$P_4CoC_{52}H_{45}$, Cobalt, bis[1,2-ethenediylbis [diphenylphosphine]-*P*,*P*'] hydro-, [70252-14-1], 20:207

$P_4CoC_{52}H_{49}$, Cobalt, bis[1,2-ethanediylbis [diphenylphosphine]-*P*,*P*'] hydro-, [18433-72-2], 20:208

$P_4CoO_8C_{40}H_{61}$, Cobalt, hydrotetrakis (diethyl phenylphosphonite-*P*)-, [33516-93-7], 13:118

$P_4CoO_{12}C_{72}H_{61}$, Cobalt, hydrotetrakis (triphenyl phosphite-*P*)-, [24651-64-7], 13:107

$P_4CrFeN_2O_9C_{81}H_{60}$, Phosphorus(1+), triphenyl(*P*,*P*,*P*-triphenylphosphine imidato-*N*)-, (*T*-4)-, stereoisomer of pentacarbonyl (tetracarbonylferrate) chromate(2-) (*Cr-Fe*) (2:1), [101540-70-9], 26:339

$P_4Cu_4I_4C_{48}H_{108}$, Copper, tetra-μ_3-iodotetrakis (tributylphosphine) tetra-, [59245-99-7], 7:10

$P_4F_6MoC_{30}H_{40}$, Molybdenum(1+), (η^6-benzene) tris (dimethylphenylphosphine) hydro-, hexafluorophosphate (1-), [35004-34-3], 17:58

$P_4F_8N_4$, 1,3,5,7,2,4,6,8-Tetrazatetraphosphocine, 2,2,4,4,6,6,8,8-octafluoro-2,2,4,4,6,6,8,8-octahydro-, [14700-00-6], 9:78

$P_4F_{12}IrN_4OC_{42}H_{39}$, Iridium(2+), tris (acetonitrile) nitrosylbis (triphenylphosphine)-, (*OC*-6-13)-, bis [hexafluorophosphate(1-)], [73381-68-7], 21:104

$P_4FeC_{12}H_{36}$, Iron, [(dimethylphosphino) methyl-*C,P*] hydrotris (trimethylphosphine)-, [55853-15-1], 20:71
———, Iron, tetrakis (trimethylphosphine)-, [63835-22-3], 20:71
$P_4FeC_{52}H_{48}$, Iron, [2-[[2-(diphenylphosphino) ethyl] phenylphosphino] phenyl-*C,P,P'*][1,2-ethanediylbis [diphenylphosphine]-*P,P'*] hydro-, [19392-92-8], 21:92
$P_4FeC_{52}H_{49}$, Iron, bis[1,2-ethanediylbis [diphenylphosphine]-*P,P'*] hydro-, [41021-83-4], 17:71
$P_4FeC_{52}H_{50}$, Iron, bis[1,2-ethanediylbis [diphenylphosphine]-*P,P'*] dihydro-, (*OC*-6-21)-, [32490-69-0], 15:39
$P_4FeC_{54}H_{52}$, Iron, bis[1,2-ethanediylbis [diphenylphosphine]-*P,P'*](η^2-ethene)-, [36222-39-6], 21:91
$P_4FeMoN_2O_9C_{81}H_{60}$, Phosphorus(1+), triphenyl(*P,P,P*-triphenylphosphine imidato-*N*)-, (*T*-4)-, stereoisomer of pentacarbonyl (tetracarbonylferrate) molybdate(2-) (*Fe-Mo*) (2:1), [130638-17-4], 26:339
$P_4FeN_2O_9WC_{81}H_{60}$, Phosphorus(1+), triphenyl(*P,P,P*-triphenylphosphine imidato-*N*)-, (*T*-4)-, stereoisomer of pentacarbonyl (tetracarbonylferrate) tungstate(2-) (*Fe-W*) (2:1), [99604-07-6], 26:339
$P_4FeO_2C_{13}H_{36}$, Iron, [(*C,O*-η)-carbon dioxide] tetrakis (trimethylphosphine)-, stereoisomer, [63835-24-5], 20:73
$P_4FeO_8C_{40}H_{62}$, Iron, tetrakis (diethyl phenylphosphonite-*P*) dihydro-, [28755-83-1], 13:119
$P_4Fe_3N_2O_{11}C_{83}H_{60}$, Phosphorus(1+), triphenyl(*P,P,P*-triphenylphosphine imidato-*N*)-, (*T*-4)-, di-μ_3-carbonylnonacarbonyltriferrate(2-) *triangulo* (2:1), [66039-65-4], 20:222;24:157; 28:203
$P_4Fe_4N_2O_{12}C_{85}H_{60}$, Phosphorus(1+), triphenyl(*P,P,P*-triphenylphosphine imidato-*N*)-, (*T*-4)-, dodecacarbonyl-μ_4-methanetetrayltetraferrate(2-) (*5Fe-Fe*) (2:1), [74792-05-5], 26:246
$P_4Fe_4N_2O_{13}C_{85}H_{60}$, Phosphorus(1+), triphenyl(*P,P,P*-triphenylphosphine imidato-*N*)-, (*T*-4)-, μ_3-carbonyldodecacarbonyltetraferrate(2-) *tetrahedro* (2:1), [69665-30-1], 21:66,68
$P_4H_8N_4O_8.2H_2O$, Metaphosphimic acid ($H_8P_4O_8N_4$), dihydrate, [15168-31-7], 9:79
$P_4IN_6C_7H_{21}$, 2,4,6,8,9,10-Hexaaza-1,3,5,7-tetraphosphatricyclo[3.3.1.1^{3,7}] decane, 1,1-dihydro-1-iodo-1,2,4,6,8,9,10-heptamethyl-, [51329-59-0], 8:68
$P_4K_{16}O_{122}ThW_{34}$, Potassium thorium tungsten oxide phosphate ($K_{16}ThW_{34}O_{106}(PO_4)_4$), [63144-49-0], 23:190
$P_4K_{16}O_{122}UW_{34}$, Potassium tungsten uranium oxide phosphate ($K_{16}W_{34}UO_{106}(PO_4)_4$), [66403-22-3], 23:188
$P_4MoC_{52}H_{56}$, Molybdenum, tetrahydrotetrakis (methyldiphenylphosphine)-, [32109-07-2], 15:42;27:9
$P_4MoC_{55}H_{54}$, Molybdenum, bis[1,2-ethanediylbis [diphenylphosphine]-*P,P'*] hydro(η^3-2-propenyl)-, [56307-57-4], 29:201
$P_4MoN_2C_{56}H_{54}$, Molybdenum(2+), bis [1,2-ethanediylbis [diphenylphosphine]-*P,P'*] bis (isocyanomethane)-, (*OC*-6-11)-, [73047-16-2], 23:10
$P_4MoN_2C_{62}H_{66}$, Molybdenum, bis[1,2-ethanediylbis [diphenylphosphine]-*P,P'*] bis(2-isocyano-2-methylpropane)-, (*OC*-6-11)-, [66862-26-8], 23:10
$P_4MoN_2C_{66}H_{58}$, Molybdenum, bis[1,2-ethanediylbis [diphenylphosphine]-*P,P'*] bis (isocyanobenzene)-, (*OC*-6-11)-, [66862-27-9], 23:10
$P_4MoN_2C_{68}H_{62}$, Molybdenum, bis[1,2-ethanediylbis [diphenylphosphine]-

P,P'] bis(1-isocyano-4-methylbenzene)-, (*OC*-6-11)-, [66862-28-0], 23:10

$P_4MoN_2O_2C_{68}H_{62}$, Molybdenum, bis[1,2-ethanediylbis [diphenylphosphine]-*P,P'*](1-isocyano-4-methoxybenzene)-, (*OC*-6-11)-, [66862-29-1], 23:10

$P_4MoN_4C_{52}H_{48}$, Molybdenum, bis (dinitrogen) bis[1,2-ethanediylbis [diphenylphosphine]-*P,P'*]-, (*OC*-6-11)-, [25145-64-6], 15:25;20:122; 28:38

$P_4MoO_2C_{57}H_{56}$, Molybdenum, bis[1,2-ethanediylbis [diphenylphosphine]-*P,P'*] hydro(2,4-pentanedionato-*O,O'*)-, [53337-52-3], 17:61

$P_4Mo_3S_{12}C_{16}H_{40}$, Molybdenum, [μ-(diethylphosphinodithioato-*S:S'*)] tris (diethylphosphinodithioato-*S,S'*) tri-μ-thioxo-μ_3-thioxotri-, *triangulo*, [83664-61-3], 23:121

$P_4Mo_3S_{15}C_{16}H_{40}$, Molybdenum(1+), tris (diethylphosphinodithioato-*S,S'*) tris[μ-(disulfur-*S,S'*:*S,S'*)]-μ_3-thioxotri-, *triangulo*, diethylphosphinodithioate, [79594-15-3], 23:120

$P_4N_2C_{54}H_{52}$, 1,2-Ethanediamine, *N,N,N',N'*-tetrakis[(diphenylphosphino) methyl]-, [43133-31-9], 16:198

$P_4N_2Ni_2C_{72}H_{132}$, Nickel, [μ-(dinitrogen-*N:N'*)] tetrakis (tricyclohexylphosphine)di-, [21729-50-0], 15:29

$P_4N_2O_2WC_{68}H_{62}$, Tungsten, bis[1,2-ethanediylbis [diphenylphosphine]-*P,P'*](1-isocyano-4-methoxybenzene)-, (*OC*-6-11)-, [66862-23-5], 23:10

$P_4N_2O_8C_{30}H_{36}$, Phosphinic acid, [1,2-ethanediylbis [nitrilobis (methylene)]] tetrakis [phenyl-, [60703-84-6], 16:199

$P_4N_2O_{12}PtRh_4C_{84}H_{60}$, Phosphorus(1+), triphenyl(*P,P,P*-triphenylphosphine imidato-*N*)-, (*T*-4)-, hexa-μ-carbonylpentacarbonyl (carbonylplatinate) tetrarhodate(2-) (3*Pt-Rh*) (6*Rh-Rh*) (2:1), [77906-02-6], 26:375

$P_4N_2O_{14}PtRh_4C_{86}H_{60}$, Phosphorus(1+), triphenyl(*P,P,P*-triphenylphosphine imidato-*N*)-, (*T*-4)-, penta-μ-carbonyloctacarbonyl (carbonylplatinate) tetrarhodate(2-) (4*Pt-Rh*)(5*Rh-Rh*) (2:1), [78179-93-8], 26:373

$P_4N_2O_{14}Ru_5C_{87}H_{60}$, Phosphorus(1+), triphenyl(*P,P,P*-triphenylphosphine imidato-*N*)-, (*T*-4)-, μ-carbonyltridecacarbonyl-μ_5-methanetetrayl-pentaruthenate(2-) (8*Ru-Ru*) (2:1), [88567-84-4], 26:284

$P_4N_2O_{15}Os_5C_{87}H_{60}$, Phosphorus(1+), triphenyl(*P,P,P*-triphenylphosphine imidato-*N*)-, (*T*-4)-, pentadecacarbonylpentaosmate(2-) (9*Os-Os*) (2:1), [62414-47-5], 26:299

$P_4N_2O_{18}Os_6C_{90}H_{60}$, Phosphorus(1+), triphenyl(*P,P,P*-triphenylphosphine imidato-*N*)-, (*T*-4)-, octadecacarbonylhexaosmate(2-) *octahedro* (2:1), [87851-12-5], 26:300

$P_4N_2WC_{56}H_{54}$, Tungsten, bis[1,2-ethanediylbis [diphenylphosphine]-*P,P'*] bis (isocyanomethane)-, (*OC*-6-11)-, [57749-22-1], 23:10;28:43

$P_4N_2WC_{62}H_{66}$, Tungsten, bis[1,2-ethanediylbis [diphenylphosphine]-*P,P'*] bis(2-isocyano-2-methylpropane)-, (*OC*-6-11)-, [66862-32-6], 23:10

$P_4N_2WC_{66}H_{58}$, Tungsten, bis[1,2-ethanediylbis [diphenylphosphine]-*P,P'*] bis (isocyanobenzene)-, (*OC*-6-11)-, [66862-33-7], 23:10

$P_4N_2WC_{68}H_{62}$, Tungsten, bis[1,2-ethanediylbis [diphenylphosphine]-*P,P'*] bis(1-isocyano-4-methylbenzene)-, (*OC*-6-11)-, [66862-34-8], 23:10

$P_4N_4O_8C_{16}H_{40}$, 1,3,5,7,2,4,6,8-Tetrazatetraphosphocine, 2,2,4,4,6,6,8,8-octaethoxy-2,2,4,4,6,6,8,8-octahydro-, [1256-55-9], 8:79

$P_4N_4O_8C_{48}H_{40}$, 1,3,5,7,2,4,6,8-Tetrazatetraphosphocine, 2,2,4,4,6,6,8,8-octahydro-2,2,4,4,6,6,8,8-octaphenoxy-, [992-79-0], 8:83

$P_4N_4S_8C_{16}H_{48}$, Ethanamine, *N*-ethyl-, compd. with tetramercaptotetraphosphetane 1,2,3,4-tetrasulfide (4:1), [120675-55-0], 25:5

$P_4N_4WC_{52}H_{48}$, Tungsten, bis (dinitrogen) bis[1,2-ethanediylbis [diphenylphosphine]-*P,P'*]-, (*OC*-6-11)-, [28915-54-0], 20:126;28:41

$P_4N_6C_6H_{18}$, 2,4,6,8,9,10-Hexaaza-1,3,5,7-tetraphosphatricyclo[3.3.1.1^{3,7}] decane, 2,4,6,8,9,10-hexamethyl-, [10369-17-2], 8:63

$P_4N_6C_{18}H_{42}$, 2,4,6,8,9,10-Hexaaza-1,3,5,7-tetraphosphatricyclo [5.1.1.1^{3,5}] decane, 2,4,6,8,9,10-hexakis(1-methylethyl)-, [74465-51-3], 25:9

$P_4N_{11}C_{14}H_{41}$, 2,4,6,8,9-Pentaaza-1λ^5, 3,5λ^5,7-tetraphosphabicyclo[3.3.1] nona-1,3,5,7-tetraene-1,5-diamine, *N,N'*,9-triethyl-3,3,7,7-tetrakis (ethylamino)-3,3,7,7-tetrahydro-, [62763-55-7], 25:20

———, 2,4,6,8,9-Pentaaza-1λ^5, 3,5λ^5,7-tetraphosphabicyclo[3.3.1] nona-1,3,5,7-tetraene-1,5-diamine, 3,3,7,7-tetrakis (dimethylamino)-N^5, 9-diethyl-3,3,7,7-tetrahydro-N^1,N^1-dimethyl-, [58752-23-1], 25:18

$P_4N_{12}C_{10}H_{32}$, 1,3,5,7,2,4,6,8-Tetrazatetraphosphocine, 2,6-bis(1-aziridinyl)-2,2,4,4,6,6,8,8-octahydro-2,4,4,6,8,8-hexakis (methylamino)-, *trans*-, [96381-07-6], 25:91

$P_4N_{12}C_{16}H_{48}$, 1,3,5,7,2,4,6,8-Tetrazatetraphosphocine, 2,2,4,6,6,8-hexakis (dimethylamino)-4,8-bis (ethylamino)-2,2,4,4,6,6,8,8-octahydro-, *trans*-, [60998-15-4], 25:19

$P_4N_{12}C_{32}H_{80}$, 1,3,5,7,2,4,6,8-Tetrazatetraphosphocine, 2,2,4,4,6,6,8,8-octakis [(1,1-dimethylethyl) amino]-2,2,4,4, 6,6,8,8-octahydro-, [2283-15-0], 25:23

$P_4N_{18}O_{13}C_6H_{36}$, Guanidine, tetraphosphate (6:1), [26903-01-5], 5:97

$P_4N_{18}O_{13}C_6H_{36}.H_2O$, Tetraphosphoric acid, compd. with guanidine (1:6), monohydrate, [66591-48-8], 5:97

$P_4Na_4O_{12}.4H_2O$, Metaphosphoric acid ($H_4P_4O_{12}$), tetrasodium salt, tetrahydrate, [17031-96-8], 5:98

$P_4Na_6O_{13}$, Tetraphosphoric acid, hexasodium salt, [14986-84-6], 5:99

$P_4NiC_{12}H_{32}$, Nickel, bis[1,2-ethanediylbis [dimethylphosphine]-*P,P'*]-, (*T*-4)-, [32104-66-8], 17:119;28:101

$P_4NiC_{12}H_{36}$, Nickel, tetrakis (trimethylphosphine)-, (*T*-4)-, [28069-69-4], 17:119;28:101

$P_4NiC_{24}H_{60}$, Nickel, tetrakis (triethylphosphine)-, (*T*-4)-, [51320-65-1], 17:119;28:101

$P_4NiC_{40}H_{60}$, Nickel, tetrakis (diethylphenylphosphine)-, (*T*-4)-, [55293-69-1], 17:119;28:101

$P_4NiC_{48}H_{108}$, Nickel, tetrakis (tributylphosphine)-, (*T*-4)-, [28101-79-3], 17:119;28:101

$P_4NiC_{52}H_{48}$, Nickel, bis[1,2-ethanediylbis [diphenylphosphine]-*P,P'*]-, (*T*-4)-, [15628-25-8], 17:121;28:103

$P_4NiC_{52}H_{52}$, Nickel, tetrakis (methyldiphenylphosphine)-, (*T*-4)-, [25037-29-0], 17:119;28:101

$P_4NiC_{72}H_{60}$, Nickel, tetrakis (triphenylphosphine)-, (*T*-4)-, [15133-82-1], 13:124;17:120;28:102

$P_4NiO_4C_{52}H_{52}$, Nickel, tetrakis (methyl diphenylphosphinite-*P*)-, (*T*-4)-, [41685-57-8], 17:119;28:101

$P_4NiO_8C_{40}H_{60}$, Nickel, tetrakis (diethyl phenylphosphonite-*P*)-, [22655-01-2], 13:118

$P_4NiO_{12}C_{12}H_{36}$, Nickel, tetrakis (trimethyl phosphite-*P*)-, (*T*-4)-, [14881-35-7], 17:119;28:101

$P_4NiO_{12}C_{24}H_{60}$, Nickel, tetrakis (triethyl phosphite-*P*)-, (*T*-4)-, [14839-39-5], 13:112;17:119;28:101

$P_4NiO_{12}C_{36}H_{84}$, Nickel, tetrakis [tris(1-methylethyl) phosphite-*P*]-, (*T*-4)-, [36700-07-9], 17:119;28:101

$P_4NiO_{12}C_{72}H_{60}$, Nickel, tetrakis (triphenyl phosphite-*P*)-, (*T*-4)-, [14221-00-2], 9:181;13:108,116;17:

$P_4O_4RhC_{62}H_{65}$, Rhodium, bis[[(2,2-dimethyl-1,3-dioxolane-4,5-diyl) bis (methylene)] bis [diphenylphosphine]-*P,P'*] hydro-, [*TB*-5-12-(4*S*-*trans*), (4*S*-*trans*)]-, [65573-60-6], 17:81

$P_4O_{12}PdC_{24}H_{60}$, Palladium, tetrakis (triethyl phosphite-*P*)-, (*T*-4)-, [23066-14-0], 13:113;28:105

$P_4O_{12}PtC_{24}H_{60}$, Platinum(2+), tetrakis (triethyl phosphite-*P*)-, (*SP*-4-1)-, [38162-00-4], 13:115

$P_4O_{12}PtC_{24}H_{60}$, Platinum, tetrakis (triethyl phosphite-*P*)-, (*T*-4)-, [23066-15-1], 28:106

$P_4O_{12}PtC_{72}H_{60}$, Platinum, tetrakis (triphenyl phosphite-*P*)-, (*T*-4)-, [22372-53-8], 13:109

$P_4O_{12}RhC_{72}H_{61}$, Rhodium, hydrotetrakis (triphenyl phosphite-*P*)-, [24651-65-8], 13:109

$P_4O_{12}Rh_2S_2C_{20}H_{54}$, Rhodium, bis[μ-(2-methyl-2-propanethiolato)] tetrakis (trimethyl phosphite-*P*)di-, [71269-63-1], 23:123

$P_4O_{12}RuC_{24}H_{62}$, Ruthenium, dihydrotetrakis (triethyl phosphite-*P*)-, [53495-34-4], 15:40

$P_4O_{12}Sn_3C_{60}H_{70}$, Tin(1+), tributyltris[μ-(diphenylphosphinato-*O:O'*)] tri-μ-hydroxy-μ_3-oxotri-, diphenylphosphinate, [106710-10-5], 29:25

$P_4O_{12}Sn_4C_{64}H_{76}$, Tin, tetrabutyltetrakis[μ-(diphenylphosphinato-*O:O'*)] tetra-μ_3-oxotetra-, [145381-26-6], 29:25

$P_4PdC_{72}H_{60}$, Palladium, tetrakis (triphenylphosphine)-, (*T*-4)-, [14221-01-3], 13:121;28:107

$P_4PtC_{24}H_{60}$, Platinum, tetrakis (triethylphosphine)-, (*T*-4)-, [33937-26-7], 19:110;28:122

$P_4PtC_{72}H_{60}$, Platinum, tetrakis (triphenylphosphine)-, (*T*-4)-, [14221-02-4], 11:105;18:120;28:124

$P_4Re_2C_{72}H_{68}$, Rhenium, tetra-μ-hydrotetrahydrotetrakis (triphenylphosphine)di-, (*Re-Re*), [66984-37-0], 27:16

$P_4RhC_{72}H_{61}$, Rhodium, hydrotetrakis (triphenylphosphine)-, [18284-36-1], 15:58;28:81

$P_4RuC_{72}H_{62}$, Ruthenium, dihydrotetrakis (triphenylphosphine)-, [19529-00-1], 17:75;28:337

$P_4WC_{52}H_{56}$, Tungsten, tetrahydrotetrakis (methyldiphenylphosphine)-, [36351-36-7], 27:10

$P_5AuB_2F_8IrC_{70}H_{63}$, Iridium(2+), bis[1,2-ethanediylbis [diphenylphosphine]-*P,P'*][(triphenylphosphine) gold]-, (*Au-Ir*), stereoisomer, bis [tetrafluoroborate(1-)], [93895-63-7], 29:296

$P_5AuF_6ORuC_{73}H_{62}$, Ruthenium(1+), carbonyldi-μ-hydrotris (triphenylphosphine)[(triphenylphosphine) gold]-, (*Au-Ru*), stereoisomer, hexafluorophosphate(1-), [116053-37-3], 29:281

$P_5Au_2F_6NO_3PtC_{72}H_{60}$, Platinum(1+), [bis (triphenylphosphine) digold](nitrato-*O,O'*) bis (triphenylphosphine)-, (*Au-Au*)(2*Au-Pt*), stereoisomer, hexafluorophosphate(1-), [107796-04-3], 29:293

$P_5Au_3BF_4IrNO_3C_{90}H_{75}$, Iridium(1+), (nitrato-*O,O'*) bis (triphenylphosphine) [tris (triphenylphosphine) trigold]-, (2*Au-Au*)(3*Au-Ir*), tetrafluoroborate (1-), [93895-69-3], 29:285

$P_5BCoO_{15}C_{39}H_{65}$, Cobalt(1+), pentakis (trimethyl phosphite-*P*)-, tetraphenylborate(1-), [22323-14-4], 20:81

$P_5BIrO_{15}C_{39}H_{65}$, Iridium(1+), pentakis (trimethyl phosphite-*P*)-, tetraphenylborate(1-), [35083-20-6], 20:79

$P_5BO_{15}RhC_{39}H_{65}$, Rhodium(1+), pentakis (trimethyl phosphite-*P*)-, tetraphenylborate(1-), [33336-87-7], 20:78

$P_5B_2NiO_{15}C_{63}H_{85}$, Nickel(2+), pentakis (trimethyl phosphite-*P*)-, (*TB*-5-11)-, bis [tetraphenylborate(1-)], [53701-88-5], 20:76

$P_5B_2O_{15}PdC_{63}H_{85}$, Palladium(2+), pentakis (trimethyl phosphite-*P*)-, (*TB*-5-11)-, bis [tetraphenylborate (1-)], [53701-82-9], 20:77

$P_5B_2O_{15}PtC_{63}H_{85}$, Platinum(2+), pentakis (trimethyl phosphite-*P*)-, (*TB*-5-11)-, bis [tetraphenylborate(1-)], [53701-86-3], 20:78

$P_5C_5H_{15}$, Pentaphospholane, pentamethyl-, [1073-98-9], 25:4

$P_5F_7MoO_2C_{54}H_{48}$, Molybdenum(1+), dicarbonylbis[1,2-ethanediylbis [diphenylphosphine]-*P*,*P'*] fluoro-, (*TPS*-7-2-1311'31')-, hexafluorophosphate(1-), [61542-55-0], 26:84

$P_5F_{12}MoC_{30}H_{41}$, Molybdenum(2+), (η^6-benzene) tris (dimethylphenylphosphine) dihydro-, bis [hexafluorophosphate(1-)], [36354-39-9], 17:60

$P_5FeO_3C_{55}H_{57}$, Iron, bis[1,2-ethanediylbis [diphenylphosphine]-*P*,*P'*](trimethyl phosphite-*P*)-, (*TB*-5-12)-, [62613-13-2], 21:93

$P_5FeO_{15}C_{15}H_{45}$, Iron, pentakis (trimethyl phosphite-*P*)-, [55102-04-0], 20:79

$P_5O_{15}RuC_{15}H_{45}$, Ruthenium, pentakis (trimethyl phosphite-*P*)-, (*TB*-5-11)-, [61839-26-7], 20:80

$P_6AuBF_4Ir_3NO_3C_{78}H_{78}$, Iridium(1+), tris[1,2-ethanediylbis [diphenylphosphine]-*P*,*P'*] tri-μ-hydrotrihydro [(nitrato-*O*,*O'*) gold] tri-, (3*Au-Ir*) (3*Ir-Ir*), tetrafluoroborate(1-), [86854-49-1], 29:290

$P_6Au_2BRe_2C_{132}H_{116}$, Rhenium(1+), di-μ-hydrotetrahydrotetrakis (triphenylphosphine) bis[(triphenylphosphine) gold]di-, (4*Au-Re*)(*Re-Re*), tetraphenylborate(1-), [107712-44-7], 29:291

$P_6Au_2F_6OsC_{90}H_{78}$, Osmium(1+), tri-μ-hydrotris (triphenylphosphine) bis[(triphenylphosphine) gold]-, (2*Au-Os*), hexafluorophosphate(1-), [116053-41-9], 29:286

$P_6Au_2F_6RuC_{90}H_{78}$, Ruthenium(1+), tri-μ-hydrotris (triphenylphosphine) bis[(triphenylphosphine) gold]-, (2*Au-Ru*), hexafluorophosphate(1-), [116053-35-1], 29:286

$P_6Au_4BF_4IrC_{108}H_{92}$, Iridium(1+), di-μ-hydro [tetrakis (triphenylphosphine) tetragold] bis (triphenylphosphine)-, (5*Au-Au*)(4*Au-Ir*), tetrafluoroborate (1-), [96705-41-8], 29:296

$P_6B_2F_8Ir_3C_{78}H_{79}$, Iridium(2+), tris[1,2-ethanediylbis [diphenylphosphine]-*P*,*P'*] tri-μ-hydro-μ_3-hydrotrihydrotri-, *triangulo*, bis [tetrafluoroborate(1-)], [86854-47-9], 27:25

$P_6B_2F_8Ir_3C_{81}H_{85}$, Iridium(2+), tri-μ-hydro-μ_3-hydrotrihydrotris[1,3-propanediylbis [diphenylphosphine]-*P*,*P'*] tri-, *triangulo*, stereoisomer, bis [tetrafluoroborate(1-)], [73178-86-6], 27:22

$P_6ClRhC_{36}H_{30}$, Rhodium, chloro (tetraphosphorus-*P*,*P'*) bis (triphenylphosphine)-, (*TB*-5-33)-, [34390-31-3], 27:222

$P_6Cl_6SnC_{52}H_{48}$, 1*H*-1,2,3-Triphospholium, 3,3,4,5-tetrahydro-1,1,3,3-tetraphenyl-, (*OC*-6-11)-hexachlorostannate(2-) (2:1), [80583-60-4], 27:255

$P_6Mo_2N_{12}O_{12}C_{24}H_{36}$, Molybdenum, hexacarbonyltris[μ-(1,3,5,7-tetramethyl-1*H*,5*H*-[1,4,2,3] diazadiphospholo[2,3-*b*][1,4,2,3] diazadiphosphole-2,6(3*H*,7*H*)-dione-P^4:P^8)]di-, [86442-02-6], 24:124

$P_6Ni_2C_{20}H_{56}$, Nickel, bis[μ-[(1,1-dimethylethyl) phosphino]] tetrakis (trimethylphosphine)di-, (*Ni-Ni*), stereoisomer, [87040-42-4], 25:176

$P_6Rh_2C_{20}H_{56}$, Rhodium, bis[μ-[(1,1-dimethylethyl) phosphino]] tetrakis (trimethylphosphine)di-, (*Rh-Rh*), stereoisomer, [87040-41-3], 25:174

P_7, Heptaphosphatricyclo[2.2.1.0^{2,6}] heptane, ion(3-), [39040-22-7], 27:228

$P_7AuBF_4Ir_3NO_3C_{96}H_{93}$, Iridium(2+), tris[1,2-ethanediylbis [diphenylphosphine]-*P*,*P*'] tri-μ-hydrotrihydro [(triphenylphosphine) gold] tri-, (3*Au-Ir*)(3*Ir-Ir*), tetrafluoroborate(1-) nitrate, [146249-36-7], 29:291

$P_7Au_4F_6ReC_{114}H_{106}$, Rhenium(1+), tetra-μ-hydro [tetrakis (triphenylphosphine) tetragold] bis [tris(4-methylphenyl) phosphine]-, (4*Au-Au*) (4*Au-Re*), hexafluorophosphate(1-), [107712-41-4], 29:292

$P_7Au_6B_2PtC_{174}H_{145}$, Platinum(2+), [hexakis (triphenylphosphine) hexagold](triphenylphosphine)-, (8*Au-Au*)(6*Au-Pt*), bis [tetraphenylborate(1-)], [107712-39-0], 29:295

P_7Li_3, Heptaphosphatricyclo[2.2.1.0^{2,6}] heptane, trilithium salt, [72976-70-6], 27:153

P_7Na_3, Heptaphosphatricyclo[2.2.1.0^{2,6}] heptane, trisodium salt, [82584-48-3], 30:56

$P_8H_8K_4O_{20}Pt_2.2H_2O$, Platinate(12-), tetrakis[μ-[diphosphito(4-)-*P*:*P*']]di-, tetrapotassium octahydrogen, dihydrate, [73588-97-3], 24:211

$P_9Au_5F_{12}ReC_{126}H_{109}$, Rhenium(2+), tetra-μ-hydro [pentakis (triphenylphosphine) pentagold] bis (triphenylphosphine)-, (6*Au-Au*)(5*Au-Re*), bis [hexafluorophosphate(1-)], [99595-13-8], 29:288

$P_9Au_5F_{12}ReC_{132}H_{121}$, Rhenium(2+), tetra-μ-hydro [pentakis (triphenylphosphine) pentagold] bis [tris(4-methylphenyl) phosphine]-, (6*Au-Au*) (5*Au-Re*), bis [hexafluorophosphate (1-)], [107742-34-7], 29:289

$P_9CeF_{18}N_6O_6C_{72}H_{72}$, Cerium(3+), hexakis(*P*,*P*-diphenylphosphinic amide-*O*)-, (*OC*-6-11)-, tris [hexafluorophosphate(1-)], [59449-51-3], 23:180

$P_9DyF_{18}N_6O_6C_{72}H_{72}$, Dysprosium(3+), hexakis(*P*,*P*-diphenylphosphinic amide-*O*)-, (*OC*-6-11)-, tris [hexafluorophosphate(1-)], [59449-58-0], 23:180

$P_9ErF_{18}N_6O_6C_{72}H_{72}$, Erbium(3+), hexakis(*P*,*P*-diphenylphosphinic amide-*O*)-, (*OC*-6-11)-, tris [hexafluorophosphate(1-)], [59491-94-0], 23:180

$P_9EuF_{18}N_6O_6C_{72}H_{72}$, Europium(3+), hexakis(*P*,*P*-diphenylphosphinic amide-*O*)-, (*OC*-6-11)-, tris [hexafluorophosphate(1-)], [59449-55-7], 23:180

$P_9F_{18}GdN_6O_6C_{72}H_{72}$, Gadolinium(3+), hexakis(*P*,*P*-diphenylphosphinic amide-*O*)-, (*OC*-6-11)-, tris [hexafluorophosphate(1-)], [59449-56-8], 23:180

$P_9F_{18}HoN_6O_6C_{72}H_{72}$, Holmium(3+), hexakis(*P*,*P*-diphenylphosphinic amide-*O*)-, (*OC*-6-11)-, tris [hexafluorophosphate(1-)], [59449-59-1], 23:180

$P_9F_{18}LaN_6O_6C_{72}H_{72}$, Lanthanum(3+), hexakis(*P*,*P*-diphenylphosphinic amide-*O*)-, (*OC*-6-11)-, tris [hexafluorophosphate(1-)], [59449-50-2], 23:180

$P_9F_{18}LuN_6O_6C_{72}H_{72}$, Lutetium(3+), hexakis(*P*,*P*-diphenylphosphinic amide-*O*)-, (*OC*-6-11)-, tris [hexafluorophosphate(1-)], [59449-62-6], 23:180

$P_9F_{18}N_6NdO_6C_{72}H_{72}$, Neodymium(3+), hexakis(*P*,*P*-diphenylphosphinic amide-*O*)-, (*OC*-6-11)-, tris [hexafluorophosphate(1-)], [59449-53-5], 23:180

$P_9F_{18}N_6O_6PrC_{72}H_{72}$, Praseodymium(3+), hexakis(*P*,*P*-diphenylphosphinic amide-*O*)-, (*OC*-6-11)-, tris [hexafluorophosphate(1-)], [59449-52-4], 23:180

$P_9F_{18}N_6O_6SmC_{72}H_{72}$, Samarium(3+), hexakis(*P*,*P*-diphenylphosphinic amide-*O*)-, (*OC*-6-11)-, tris [hexafluorophosphate(1-)], [59449-54-6], 23:180

$P_9F_{18}N_6O_6TbC_{72}H_{72}$, Terbium(3+), hexakis(*P*,*P*-diphenylphosphinic amide-*O*)-, (*OC*-6-11)-, tris [hexafluorophosphate(1-)], [59449-57-9], 23:180

$P_9F_{18}N_6O_6TmC_{72}H_{72}$, Thulium(3+), hexakis(*P*,*P*-diphenylphosphinic amide-*O*)-, (*OC*-6-11)-, tris [hexafluorophosphate(1-)], [59449-60-4], 23:180

$P_9F_{18}N_6O_6YbC_{72}H_{72}$, Ytterbium(3+), hexakis(*P*,*P*-diphenylphosphinic amide-*O*)-, (*OC*-6-11)-, tris [hexafluorophosphate(1-)], [59449-61-5], 23:180

$P_{11}Na_3$, 2*H*,4*H*,6*H*-1,3,5-Phosphinidyne-decaphosphacyclopenta[*cd*] pentalene, trisodium salt, [39343-85-6], 30:56

$P_{12}Au_{55}Cl_6C_{216}H_{180}$, Gold, hexa-μ-chlorododecakis (triphenylphosphine) pentapentaconta-, (216*Au-Au*), [104619-10-5], 27:214

P_{16}, 2,3,13:7,8,11-Diphosphinidyne-1*H*,9*H*,11*H*,13*H*-pentaphospholo[*a*] pentaphospholo[4,5] pentaphospholo [1,2-*c*] pentaphosphole, ion(2-), [78245-19-9], 27:228

$P_{16}Li_2$, 2,3,13:7,8,11-Diphosphinidyne-1*H*,9*H*,11*H*,13*H*-pentaphospholo[*a*] pentaphospholo[4,5] pentaphospholo [1,2-*c*] pentaphosphole, dilithium salt, [85482-14-0], 27:227

P_{21}, 6,15-Phosphinidene-2,3,17:9,10,13-diphosphinidyne-1*H*,6*H*,11*H*,13*H*, 15*H*,17*H*-bispentaphospholo[1',2':3,4] pentaphospholo[1,2-*a*:2',1'-*d*] hexaphosphorin, ion(3-), [116047-64-4], 27:228

$P_{21}H_3Na_3$, 6,15-Phosphinidene-2,3,17:9, 10,13-diphosphinidyne-1*H*,6*H*,11*H*, 13*H*,15*H*,17*H*-bispentaphospholo [1',2':3,4] pentaphospholo [1,2-*a*:2',1'-*d*] hexaphosphorin, trisodium salt, [89462-41-9], 27:227

$PaBr_4N_4C_8H_{12}$, Protactinium, tetrakis (acetonitrile) tetrabromo-, [17457-77-1], 12:226

$PaBr_5N_3C_6H_9$, Protactinium, tris (acetonitrile) pentabromo-, [22043-44-3], 12:227

$PaBr_6NC_8H_{20}$, Ethanaminium, *N*,*N*,*N*-triethyl-, (*OC*-6-11)-hexabromo-protoactinate(1-), [21999-80-4], 12:230

$PaCl_4N_4C_8H_{12}$, Protactinium, tetrakis (acetonitrile) tetrachloro-, [17457-76-0], 12:226

$PaCl_6NC_4H_{12}$, Methanaminium, *N*,*N*,*N*-trimethyl-, (*OC*-6-11)-hexachloro-protactinate(1-), [17275-45-5], 12:230

$Pb_{0.5}CuO_5Sr_2Tl_{0.5}$, Copper lead strontium thallium oxide ($CuPb_{0.5}Sr_2Tl_{0.5}O_5$), [122285-36-3], 30:207

$Pb_{0.75}BaO_3Sb_{0.25}$, Antimony barium lead oxide ($Sb_{0.25}BaPb_{0.75}O_3$), [123010-39-9], 30:200

$Pb_{1.95-2.1}Ba_4BiO_{12}Tl_{0.9-1.05}$, Barium bismuth lead thallium oxide ($Ba_4BiPb_{1.95-2.1}Tl_{0.9-1.05}O_{12}$), [133494-87-8], 30:208

$PbC_6H.2NC_5H_5$, Plumbate(2-), hexa-chloro-, (*OC*-6-11)-, dihydrogen, compd. with pyridine (1:2), [19401-50-4], 22:149

$PbClC_{18}H_{15}$, Plumbane, chlorotriphenyl-, [1153-06-6], 8:57

$PbCl_2C_{12}H_{10}$, Plumbane, dichlorodi-phenyl-, [2117-69-3], 8:60

PbF_2, Lead fluoride (PbF_2), [7783-46-2], 15:165

$PbF_{14}O_4C_{20}H_{20}$, Lead, bis(6,6,7,7,8,8,8-heptafluoro-2,2-dimethyl-3,5-octanedionato-*O,O'*)-, (*T*-4)-, [21600-78-2], 12:74

PbH_2O_3, Lead hydroxide oxide ($Pb(OH)_2O$), [93936-18-6], 1:46

$PbN_2O_2C_2$, Cyanic acid, lead(2+) salt, [13453-58-2], 8:23

$PbN_2S_2C_2$, Thiocyanic acid, lead(2+) salt, [592-87-0], 1:85

$PbN_3C_{18}H_{15}$, Plumbane, azidotriphenyl-, [14127-50-5], 8:57

$PbN_6C_{12}H_{10}$, Plumbane, diazidodiphenyl-, [14127-48-1], 8:60

$PbOC_{12}H_{10}$, Plumbane, oxodiphenyl-, [14127-49-2], 8:61

$PbOC_{18}H_{16}$, Plumbane, hydroxytriphenyl-, [894-08-6], 8:58

PbO_2, Lead oxide (PbO_2), [1309-60-0], 1:45;22:69

$PbO_4P_2S_4C_8H_{20}$, Phosphorodithioic acid, *O,O*-diethyl ester, lead(2+) salt, [1068-23-1], 6:142

$PbO_8C_8H_{12}$, Acetic acid, lead(4+) salt, [546-67-8], 1:47

Pb_4Br_6Se, Lead bromide selenide (Pb_4Br_6Se), [12441-82-6], 14:171

$Pb_5I_6S_2$, Lead iodide sulfide ($Pb_5I_6S_2$), [12337-11-0], 14:171

$Pb_7Br_{10}S_2$, Lead bromide sulfide ($Pb_7Br_{10}S_2$), [12336-90-2], 14:171

$PdAs_2N_2S_2C_{38}H_{30}$, Palladium, bis (thiocyanato-*N*) bis (triphenylarsine)-, [15709-50-9], 12:221

$PdAs_2N_2S_2C_{38}H_{30}$, Palladium, bis (thiocyanato-*S*) bis (triphenylarsine)-, [15709-51-0], 12:221

$PdBF_4C_{11}H_{17}$, Palladium(1+), [(1,2,5,6-η)-1,5-cyclooctadiene](η^3-2-propenyl)-, tetrafluoroborate(1-), [32915-11-0], 13:61

$PdBF_4C_{13}H_{17}$, Palladium(1+), [(1,2,5,6-η)-1,5-cyclooctadiene](η^5-2,4-cyclopentadien-1-yl)-, tetrafluoroborate(1-), [35828-71-8], 13:59

$PdBF_4O_2C_{13}H_{19}$, Palladium(1+), [(1,2,5,6-η)-1,5-cyclooctadiene](2,4-pentanedionato-*O,O'*)-, tetrafluoroborate(1-), [31724-99-9], 13:56

$PdBP_2C_{36}H_{71}$, Palladium, hydro [tetrahydroborato(1-)-*H,H'*] bis (tricyclohexylphosphine)-, (*TB*-5-11)-, [30916-06-4], 17:90

$PdB_2F_8N_4C_8H_{12}$, Palladium(2+), tetrakis (acetonitrile)-, (*SP*-4-1)-, bis [tetrafluoroborate(1-)], [21797-13-7], 26:128;28:63

$PdB_2O_{15}P_5C_{63}H_{85}$, Palladium(2+), pentakis (trimethyl phosphite-*P*)-, (*TB*-5-11)-, bis [tetraphenylborate (1-)], [53701-82-9], 20:77

$PdBr_2C_7H_8$, Palladium, [(2,3,5,6-η)-bicyclo[2.2.1] hepta-2,5-diene] dibromo-, [42765-77-5], 13:53

$PdBr_2C_8H_{12}$, Palladium, dibromo [(1,2,5,6-η)-1,5-cyclooctadiene]-, [12145-47-0], 13:53

$PdBr_2N_4C_{12}H_{30}$, Palladium(1+), [*N,N*-bis[2-(dimethylamino) ethyl]-*N,N'*-dimethyl-1,2-ethanediamine-N^{N^1},N^1,N^2] bromo-, bromide, (*SP*-4-2)-, [83418-09-1], 21:131

PdC_8H_{10}, Palladium, (η^5-2,4-cyclopentadien-1-yl)(η^3-2-propenyl)-, [1271-03-0], 19:221;28:343

$PdClNPSe_2C_{23}H_{25}$, Palladium, chloro (diethylcarbamodiselenoato-*Se,Se'*) (triphenylphosphine)-, (*SP*-4-3)-, [76136-20-4], 21:10

$PdClN_2C_{19}H_{19}$, Palladium, chloro(3,5-dimethylpyridine)[2-(2-pyridinylmethyl) phenyl-*C,N*]-, (*SP*-4-4)-, [79272-90-5], 26:210

$PdClP_2C_{36}H_{67}$, Palladium, chlorohydrobis (tricyclohexylphosphine)-, (*SP*-4-3)-, [28016-71-9], 17:87

$PdCl_2C_4H_6$, Palladium, (η^4-1,3-butadiene) dichloro-, [31902-25-7], 6:218; 11:216

$PdCl_2C_7H_8$, Palladium, [(2,3,5,6-η)-bicyclo[2.2.1] hepta-2,5-diene] dichloro-, [12317-46-3], 13:52
$PdCl_2C_8H_{12}$, Palladium, dichloro [(1,2,5,6-η)-1,5-cyclooctadiene]-, [12107-56-1], 13:52;28:348
$PdCl_2H_6N_2$, Palladium, diammine-dichloro-, (*SP*-4-1)-, [13782-33-7], 8:234
$PdCl_2N_2C_2H_8$, Palladium, dichloro(1,2-ethanediamine-*N,N'*)-, (*SP*-4-2)-, [15020-99-2], 13:216
$PdCl_2N_2C_{10}H_8$, Palladium, (2,2'-bipyridine-*N,N'*) dichloro-, (*SP*-4-2)-, [14871-92-2], 13:217;29:186
$PdCl_2N_2C_{14}H_{10}$, Palladium, bis (benzo-nitrile) dichloro-, [14220-64-5], 15:79;28:61
$PdCl_2N_3C_4H_{13}$, Palladium(1+), [*N*-(2-aminoethyl)-1,2-ethanediamine-*N,N',N''*] chloro-, chloride, (*SP*-4-2)-, [23041-96-5], 29:187
$PdCl_2N_4C_{12}H_{30}$, Palladium(1+), [*N,N*-bis[2-(dimethylamino) ethyl]-*N',N'*-dimethyl-1,2-ethanediamine-N^{N^1},N^1,N^2] chloro-, chloride, (*SP*-4-2)-, [83418-07-9], 21:129
$PdCl_2N_6P_2C_{12}H_{36}$, Palladium, dichlorobis (hexamethylphosphorous triamide)-, (*SP*-4-1)-, [17569-71-0], 11:110
$PdCl_2N_6P_2C_{16}H_{36}$, Palladium, dichlorobis (2,4,6,7-tetramethyl-2,6,7-triaza-1-phosphabicyclo[2.2.2] octane-P^1)-, (*SP*-4-2)-, [20332-83-6], 11:109
$PdCl_2N_8O_{10}C_{20}H_{24}$, Palladium, dichlorobis (inosine-N^7)-, (*SP*-4-1)-, [64753-39-5], 23:52,53
$PdCl_2N_8O_{10}C_{20}H_{24}$, Palladium, dichlorobis (inosine-N^7)-, (*SP*-4-2)-, [64715-03-3], 23:52,53
$PdCl_2N_{10}O_{10}C_{20}H_{26}$, Palladium, dichlorobis (guanosine-N^7)-, (*SP*-4-1)-, [64753-34-0], 23:52,53
$PdCl_2N_{10}O_{10}C_{20}H_{26}$, Palladium, dichlorobis (guanosine-N^7)-, (*SP*-4-2)-, [62800-79-7], 23:52,53
$PdCl_2O_6P_2C_6H_{18}$, Palladium, dichlorobis (trimethyl phosphite-*P*)-, (*SP*-4-2)-, [17787-26-7], 11:109
$PdCl_2O_6P_2C_{10}H_{18}$, Palladium, dichlorobis (4-methyl-2,6,7-trioxa-1-phosphabi-cyclo[2.2.2] octane-P^1)-, (*SP*-4-2)-, [20332-82-5], 11:109
$PdCl_2O_6P_2C_{10}H_{18}$, Palladium, dichloro-bis(4-methyl-3,5,8-trioxa-1-phosphabicyclo[2.2.2] octane-P^1)-, (*SP*-4-2)-, [17569-70-9], 11:109
$PdCl_4H_2$, Palladate(2-), tetrachloro-, dihydrogen, (*SP*-4-1)-, [16970-55-1], 8:235
$PdCl_4Na_2$, Palladate(2-), tetrachloro-, di-sodium, (*SP*-4-1)-, [13820-53-6], 8:236
$PdF_{12}N_2O_4C_{20}H_{10}$, Palladium(1+), (2,2'-bipyridine-*N,N'*)(1,1,1,5,5,5-hexafluoro-2,4-pentanedionato-*O,O'*)-, (*SP*-4-2)-, salt with 1,1,1,5,5,5-hexafluoro-2,4-pentanedione (1:1), [65353-89-1], 27:319
$PdF_{12}N_4P_2C_{12}H_{30}$, Palladium(2+), [*N,N'*-bis[2-(dimethylamino) ethyl]-*N,N'*-dimethyl-1,2-ethanediamine-*N,N',N'',N'''*]-, (*SP*-4-2)-, bis [hexafluorophosphate(1-)], [70128-96-0], 21:133
$PdF_{12}O_4C_{10}H_2$, Palladium, bis(1,1,1,5,5,5-hexafluoro-2,4-pentanedionato-*O,O'*)-, (*SP*-4-1)-, [64916-48-9], 27:318
$PdF_{12}O_4P_3C_{44}H_{35}$, Palladium(1+), [bis[2-(diphenylphosphino) ethyl] phenylphosphine-*P,P',P''*](1,1,1,5,5,5-hexafluoro-4-hydroxy-3-penten-2-onato-O^4)-, (*SP*-4-1)-, salt with 1,1,1,5,5,5-hexafluoro-2,4-pentane-dione, [78261-05-9], 27:320
$PdF_{12}S_4C_8$, Palladate(1-), bis[1,1,1,4,4,4-hexafluoro-2-butene-2,3-dithiolato (2-)-*S,S'*]-, (*SP*-4-1)-, [19570-30-0], 10:9
———, Palladate(2-), bis[1,1,1,4,4,4-hexafluoro-2-butene-2,3-dithiolato (2-)-*S,S'*]-, (*SP*-4-1)-, [19555-34-1], 10:9

———, Palladium, bis[1,1,1,4,4,4-hexafluoro-2-butene-2,3-dithiolato(2-)-*S,S'*]-, (*SP*-4-1)-, [19280-17-2], 10:9

$PdH_6N_4O_4$, Palladium, diamminebis (nitrito-*N*)-, (*SP*-4-1)-, [14409-60-0], 4:179

$PdH_8N_2S_{11}$, Palladate(2-), (hexathio-S^1) (pentathio)-, diammonium, [83853-39-8], 21:14

$PdI_2N_4C_{12}H_{30}$, Palladium(1+), [*N,N*-bis[2-(dimethylamino) ethyl]-*N',N'*-dimethyl-1,2-ethanediamine-N^{N^1},N^1,N^2] iodo-, iodide, (*SP*-4-2)-, [83418-08-0], 21:130

$PdK_2N_4C_4.H_2O$, Palladate(2-), tetrakis (cyano-*C*)-, dipotassium, monohydrate, (*SP*-4-1)-, [150124-50-8], 2:245,246

$PdK_2N_4C_4.3H_2O$, Palladate(2-), tetrakis (cyano-*C*)-, dipotassium, trihydrate, (*SP*-4-1)-, [145565-40-8], 2:245,246

$PdN_2C_{10}H_{24}$, Palladium, 1,4-butanediyl (*N,N,N',N'*-tetramethyl-1,2-ethanediamine-*N,N'*)-, (*SP*-4-2)-, [75563-44-9], 22:168

$PdN_2C_{14}H_{16}$, Palladium, (2,2'-bipyridine-*N,N'*)-1,4-butanediyl-, (*SP*-4-2)-, [75949-87-0], 22:170

$PdN_4S_2C_{12}H_8$, Palladium, (2,2'-bipyridine-*N,N'*) bis (thiocyanato-*N*)-, (*SP*-4-2)-, [15613-05-5], 12:223

———, Palladium, (2,2'-bipyridine-*N,N'*) bis (thiocyanato-*S*)-, (*SP*-4-2)-, [23672-08-4], 12:222

$PdN_4S_4C_8$, Palladate(1-), bis[2,3-dimercapto-2-butenedinitrilato(2-)-*S,S'*]-, (*SP*-4-1)-, [19570-29-7], 10:14,16

———, Palladate(2-), bis[2,3-dimercapto-2-butenedinitrilato(2-)-*S,S'*]-, (*SP*-4-1)-, [19555-33-0], 10:14,16

$PdN_6S_2C_{13}H_{30}$, Palladium(1+), [*N,N*-bis[2-(dimethylamino) ethyl]-*N',N'*-dimethyl-1,2-ethanediamine-*N,N'*,N^N] (thiocyanato-*N*)-, (*SP*-4-3)-, thiocyanate, [71744-83-7], 21:132

$PdN_8O_{10}C_{20}H_{22}$, Palladium, bis (inosinato-N^7,O^6)-, (*SP*-4-1)-, [64753-38-4], 23:52,53

———, Palladium, bis (inosinato-N^7, O^6)-, (*SP*-4-2)-, [64715-04-4], 23:52,53

$PdN_{10}O_{10}C_{20}H_{24}$, Palladium, bis (guanosinato-N^7,O^6)-, [64753-35-1], 23:52,53

———, Palladium, bis (guanosinato-N^7,O^6)-, (*SP*-4-2)-, [62850-22-0], 23:52,53

$PdOC_{14}H_{20}$, Palladium, (η^5-2,4-cyclopentadien-1-yl)(8-methoxy-4-cycloocten-1-yl)-, [97197-50-7], 13:60

$PdO_2C_{34}H_{28}$, Palladium, bis[(1,2,4,5-η)-1,5-diphenyl-1,4-pentadien-3-one]-, [32005-36-0], 28:110

$PdO_6P_2C_{44}H_{46}$, Palladium, (η^2-ethene) bis [tris(2-methylphenyl) phosphite-*P*]-, [33395-49-2], 16:129

$PdO_{12}P_4C_{24}H_{60}$, Palladium, tetrakis (triethyl phosphite-*P*)-, (*T*-4)-, [23066-14-0], 13:113;28:105

$PdP_2C_{24}H_{54}$, Palladium, bis [tris(1,1-dimethylethyl) phosphine]-, [53199-31-8], 19:103;28:115

$PdP_2C_{28}H_{46}$, Palladium, bis [bis(1,1-dimethylethyl) phenylphosphine]-, [52359-17-8], 19:102;28:114

$PdP_2C_{30}H_{32}$, Palladium, 1,4-butanediyl [1,2-ethanediylbis [diphenylphosphine]-*P,P'*]-, (*SP*-4-2)-, [69503-12-4], 22:167

$PdP_2C_{36}H_{66}$, Palladium, bis (tricyclohexylphosphine)-, [33309-88-5], 19:103; 28:116

$PdP_2C_{38}H_{34}$, Palladium, (η^2-ethene) bis (triphenylphosphine)-, [33395-22-1], 16:127

$PdP_2C_{38}H_{70}$, Palladium, (η^2-ethene) bis (tricyclohexylphosphine)-, [33395-48-1], 16:129

$PdP_2C_{40}H_{38}$, Palladium, 1,4-butanediylbis (triphenylphosphine)-, (*SP*-4-2)-, [75563-45-0], 22:169

$PdP_4C_{72}H_{60}$, Palladium, tetrakis (triphenylphosphine)-, (*T*-4)-, [14221-01-3], 13:121;28:107

$PdS_4C_{28}H_{20}$, Palladate(1-), bis[1,2-diphenyl-1,2-ethenedithiolato(2-)-*S,S'*]-, (*SP*-4-1)-, [30662-72-7], 10:9

———, Palladate(2-), bis[1,2-diphenyl-1,2-ethenedithiolato(2-)-*S,S'*]-, (*SP*-4-1)-, [21246-00-4], 10:9

———, Palladium, bis[1,2-diphenyl-1,2-ethenedithiolato(2-)-*S,S'*]-, (*SP*-4-1)-, [21954-15-4], 10:9

$Pd_2Cl_2C_6H_{10}$, Palladium, di-μ-chlorobis (η^3-2-propenyl)di-, [12012-95-2], 19:220;28:342

$Pd_2Cl_2C_{12}H_{22}$, Palladium, di-μ-chlorobis[(1,2,3-η)-2-methyl-2-pentenyl]di-, [31666-77-0], 15:77

$Pd_2Cl_2N_2C_{18}H_{24}$, Palladium, di-μ-chlorobis[2-[(dimethylamino) methyl] phenyl-*C,N*]di-, [18987-59-2], 26:212

$Pd_2Cl_2N_2C_{20}H_{16}$, Palladium, di-μ-chlorobis(8-quinolinylmethyl-*C,N*)di-, [28377-73-3], 26:213

$Pd_2Cl_2N_2C_{24}H_{20}$, Palladium, di-μ-chlorobis[2-(2-pyridinylmethyl) phenyl-*C,N*]di-, [105369-55-9], 26:209

$Pd_2Cl_2N_4C_{20}H_{36}$, Palladium, di-μ-chlorotetrakis(2-isocyano-2-methylpropane)di-, [34742-93-3], 17:134;28:110

$Pd_2Cl_2N_4C_{24}H_{18}$, Palladium, di-μ-chlorobis[2-(phenylazo) phenyl]di-, [14873-53-1], 26:175

$Pd_2Cl_2OP_4C_{51}H_{44}$, Palladium, μ-carbonyldichlorobis[μ-[methylenebis [diphenylphosphine]-*P:P'*]di-, [64345-32-0], 21:49

$Pd_2Cl_2O_2C_{12}H_{22}$, Palladium, di-μ-chlorobis[(1,2,3-η)-4-hydroxy-1-methyl-2-pentenyl]di-, [41649-55-2], 15:78

$Pd_2Cl_2O_2C_{18}H_{30}$, Palladium, di-μ-chloro-bis[(1,4,5-η)-8-methoxy-4-cycloocten-1-yl]di-, [12096-15-0], 13:60

$Pd_2Cl_2P_4C_{50}H_{44}$, Palladium, dichlorobis [μ-[methylenebis [diphenylphosphine]-*P:P'*]]di-, (*Pd-Pd*), [64345-29-5], 21:48;28:340

$Pd_2Cl_4C_8H_{12}$, Palladium, di-μ-chloro-bis[(1,2,3-η)-1-(chloromethyl)-2-propenyl]di-, [12193-13-4], 11:216

$Pd_2Cl_4H_{12}N_4$, Palladium(2+), tetraammine-, (*SP*-4-1)-, (*SP*-4-1)-tetrachloropalladate(2-) (1:1), [13820-44-5], 8:234

$Pd_2Cl_4N_4C_4H_{16}$, Palladium(2+), bis(1,2-ethanediamine-*N,N'*)-, (*SP*-4-1)-, (*SP*-4-1)-tetrachloropalladate(2-) (1:1), [14099-33-3], 13:217

$Pd_2Mo_2O_6P_2C_{52}H_{40}$, Molybdenum, hexa-μ-carbonylbis(η^5-2,4-cyclopentadien-1-yl) bis[(triphenylphosphine) palladium]di-, (2*Mo-Mo*)(4*Mo-Pd*), [58640-56-5], 26:348

$Pd_2N_2O_4C_{28}H_{26}$, Palladium, bis[μ-(acetato-*O:O'*)] bis[2-(2-pyridinylmethyl) phenyl-*C,N*]di-, stereoisomer, [79272-89-2], 26:208

$PrCl_2LiO_2Si_4C_{30}H_{58}$, Lithium(1+), bis (tetrahydrofuran)-, bis[(1,2,3,4,5-η)-1,3-bis (trimethylsilyl)-2,4-cyclopentadien-1-yl] dichloropraseodymate (1-), [81507-31-5], 27:170

$PrCl_3$, Praseodymium chloride ($PrCl_3$), [10361-79-2], 22:39

$PrF_{18}N_6O_6P_9C_{72}H_{72}$, Praseodymium(3+), hexakis(*P,P*-diphenylphosphinic amide-*O*)-, (*OC*-6-11)-, tris [hexafluorophosphate(1-)], [59449-52-4], 23:180

PrI_2, Praseodymium iodide (PrI_2), [65530-47-4], 30:19

PrN_3O_9, Nitric acid, praseodymium(3+) salt, [10361-80-5], 5:41

$PrN_3O_{13}C_8H_{16}$, Praseodymium, tris (nitrato-*O,O'*)(1,4,7,10-tetraoxacyclododecane-O^1,O^4,O^7,O^{10})-, [73288-71-8], 23:152

$PrN_3O_{14}C_{10}H_{20}$, Praseodymium, tris (nitrato-*O,O'*)(1,4,7,10,13-

pentaoxacyclopentadecane-$O^1,O^4,O^7,O^{10},O^{13}$)-, [67216-26-6], 23:151

$PrN_3O_{15}C_{12}H_{24}$, Praseodymium, (1,4,7,10,13,16-hexaoxacyclooctadecane-$O^1,O^4,O^7,O^{10},O^{13},O^{16}$) tris (nitrato-*O,O'*)-, [67216-32-4], 23:153

$PrN_4O_2C_{49}H_{35}$, Praseodymium, (2,4-pentanedionato-*O,O'*)[5,10,15,20-tetraphenyl-21*H*,23*H*-porphinato (2-)-$N^{21},N^{22},N^{23},N^{24}$]-, [61301-62-0], 22:160

$PrN_4O_2C_{53}H_{43}$, Praseodymium, (2,4-pentanedionato-*O,O'*)[5,10,15,20-tetrakis(4-methylphenyl)-21*H*,23*H*-porphinato(2-)-$N^{21},N^{22},N^{23},N^{24}$]-, [89768-98-9], 22:160

$PrN_8C_{96}H_{72}$, Praseodymium, bis[5,10,15,20-tetrakis(4-methylphenyl)-21*H*,23*H*-porphinato(2-)-$N^{21},N^{22},N^{23},N^{24}$]-, [109460-21-1], 22:160

$PrO_3C_{45}H_{69}$, Phenol, 2,6-bis(1,1-dimethylethyl)-4-methyl-, praseodymium(3+) salt, [89085-94-9], 27:167

$PrO_6C_{33}H_{57}$, Praseodymium, tris(2,2,6,6-tetramethyl-3,5-heptanedionato-*O,O'*)-, (*OC*-6-11)-, [15492-48-5], 11:96

$Pr_2Cl_2Si_8C_{44}H_{84}$, Praseodymium, tetrakis [(1,2,3,4,5-η)-1,3-bis (trimethylsilyl)-2,4-cyclopentadien-1-yl]di-μ-chlorodi-, [81507-56-4], 27:171

Pr_2Cl_7Cs, Praseodymate(1-), μ-chloro-hexachlorodi-, cesium, [71619-24-4], 22:2;30:73

Pr_2O_3, Praseodymium oxide (Pr_2O_3), [12036-32-7], 5:39

Pr_2S_3, Praseodymium sulfide (Pr_2S_3), [12038-13-0], 14:154

$Pr_4N_{12}O_{54}C_{36}H_{72}$, Praseodymium(1+), (1,4,7,10,13,16-hexaoxacyclooctadecane-$O^1,O^4,O^7,O^{10},O^{13},O^{16}$) bis (nitrato-*O,O'*)-, hexakis (nitrato-*O,O'*) praseodymate(3-) (3:1), [94121-38-7], 23:155

Pt, Platinum, [7440-06-4], 24:238

$PtAsBClF_4C_{26}H_{27}$, Platinum(1+), chloro[(1,2,5,6-η)-1,5-cyclooctadiene](triphenylarsine)-, tetrafluoroborate(1-), [31940-97-3], 13:64

$PtAsClO_2C_{31}H_{34}$, Platinum, [8-(1-acetyl-2-oxopropyl)-4-cycloocten-1-yl] chloro (triphenylarsine)-, [11141-96-1], 13:63

$PtAs_2O_6P_2C_{14}H_{28}$, Platinum, bis (dimethyl phosphito-*P*)[1,2-phenylenebis [dimethylarsine]-*As,As'*]-, (*SP*-4-2)-, [63264-39-1], 19:100

$PtAu_2ClF_3O_3P_4SC_{49}H_{60}$, Platinum(1+), [bis (triphenylphosphine) digold] chlorobis (triethylphosphine)-, (*Au-Au*)(2*Au-Pt*), stereoisomer, salt with trifluoromethanesulfonic acid (1:1), [89346-97-4], 27:218

$PtAu_2F_6NO_3P_5C_{72}H_{60}$, Platinum(1+), [bis (triphenylphosphine) digold](nitrato-*O,O'*) bis (triphenylphosphine)-, (*Au-Au*)(2*Au-Pt*), stereoisomer, hexafluorophosphate(1-), [107796-04-3], 29:293

$PtAu_6B_2P_7C_{174}H_{145}$, Platinum(2+), [hexakis (triphenylphosphine) hexagold](triphenylphosphine)-, (8*Au-Au*)(6*Au-Pt*), bis [tetraphenylborate(1-)], [107712-39-0], 29:295

$PtBClF_4N_2P_2C_{18}H_{36}$, Platinum(1+), chloro (phenyldiazene-N^2) bis (triethylphosphine)-, (*SP*-4-3)-, tetrafluoroborate (1-), [16903-20-1], 12:31

$PtBClF_4N_3O_2P_2C_{18}H_{35}$, Platinum(1+), chloro[(4-nitrophenyl) diazene-N^2] bis (triethylphosphine)-, (*SP*-4-3)-, tetrafluoroborate(1-), [153379-38-5], 12:31

$PtBClF_4S_3C_6H_{18}$, Platinum(1+), chlorotris [thiobis [methane]]-, (*SP*-4-2)-, tetrafluoroborate(1-), [37976-72-0], 22:126

$PtBClF_5N_2P_2C_{18}H_{35}$, Platinum(1+), chloro[(3-fluorophenyl) diazene-N^2] bis (triethylphosphine)-, (*SP*-4-3)-, tetrafluoroborate(1-), [16902-62-8], 12:29,31

$PtBClF_5N_2P_2C_{18}H_{35}$, Platinum(1+), chloro [(4-fluorophenyl) diazene-N^2] bis (triethylphosphine)-, (*SP*-4-3)-, tetrafluoroborate(1-), [31484-73-8], 12:29,31

$PtBClF_5N_2P_2C_{18}H_{37}$, Platinum(1+), chloro[(4-fluorophenyl) hydrazine-N^2] bis (triethylphosphine)-, (*SP*-4-3), tetrafluoroborate(1-), [16774-97-3], 12:32

$PtBF_4O_2C_{13}H_{19}$, Platinum(1+), [(1,2, 5,6-η)-1,5-cyclooctadiene](2,4-pentanedionato-*O*,*O*')-, tetrafluoroborate(1-), [31725-00-5], 13:57

$PtBO_2P_2C_{40}H_{57}$, Platinum(1+), (3-methoxy-3-oxopropyl) bis (triethylphosphine)-, (*SP*-4-3)-, tetraphenylborate(1-), [129951-70-8], 26:138

$PtBP_2C_{44}H_{63}$, Platinum(1+), [(1,4,5-η)-4-cycloocten-1-yl] bis (triethylphosphine)-, tetraphenylborate(1-), [51177-62-9], 26:139

$PtB_2O_{15}P_5C_{63}H_{85}$, Platinum(2+), pentakis (trimethyl phosphite-*P*)-, (*TB*-5-11)-, bis [tetraphenylborate(1-)], [53701-86-3], 20:78

$PtBaN_4C_4.3H_2O$, Platinate(2-), tetrakis (cyano-*C*)-, barium (1:1), trihydrate, (*SP*-4-1)-, [87824-97-3], 19:112

$PtBaN_4C_4.4H_2O$, Platinate(2-), tetrakis (cyano-*C*)-, barium (1:1), tetrahydrate, [13755-32-3], 20:243

$PtBr_2C_2H_6$, Platinum, dibromodimethyl-, [31926-36-0], 20:185

$PtBr_2C_7H_8$, Platinum, [(2,3,5,6-η)-bicyclo[2.2.1] hepta-2,5-diene] dibromo-, [58356-22-2], 13:50

$PtBr_2C_8H_8$, Platinum, dibromo[(1,2,5, 6-η)-1,3,5,7-cyclooctatetraene]-, [12266-68-1], 13:50

$PtBr_2C_8H_{12}$, Platinum, dibromo [(1,2,5,6-η)-1,5-cyclooctadiene]-, [12145-48-1], 13:49

$PtBr_2C_{10}H_{12}$, Platinum, dibromo[(2,3, 5,6-η)-3a,4,7,7a-tetrahydro-4,7-methano-1*H*-indene]-, [150533-45-2], 13:50

$PtBr_2K_2N_4C_4.2H_2O$, Platinate(2-), dibromotetrakis (cyano-*C*)-, dipotassium, dihydrate, [153519-30-3], 19:4

$PtBr_2N_2C_{12}H_{16}$, Platinum, dibromodimethylbis (pyridine)-, [32010-51-8], 20:186

$PtBr_2N_4C_4H_2$, Platinate(2-), dibromotetrakis (cyano-*C*)-, dihydrogen, [151434-47-8], 19:11

$PtBr_2N_{10}C_6H_{12}.xH_2O$, Platinate(2-), dibromotetrakis (cyano-*C*)-, dihydrogen, compd. with guanidine (1:2), hydrate, [151434-48-9], 19:11

$PtBr_4K_2$, Platinate(2-), tetrabromo-, dipotassium, (*SP*-4-1)-, [13826-94-3], 19:2

$PtBr_6H_2$, Platinate(2-), hexabromo-, dihydrogen, (*OC*-6-11)-, [20596-34-3], 19:2

$PtBr_6K_2$, Platinate(2-), hexabromo-, dipotassium, (*OC*-6-11)-, [16920-93-7], 19:2

PtC_6H_{12}, Platinum, tris(η^2-ethene)-, [56009-87-1], 19:215;28:129

$PtC_{16}H_{24}$, Platinum, bis[(1,2,5,6-η)-1,5-cyclooctadiene]-, [12130-66-4], 19:213,214;28:126

$PtC_{21}H_{30}$, Platinum, tris[(2,3-η)-bicyclo [2.2.1] hept-2-ene]-, stereoisomer, [57158-98-2], 28:127

$PtCl_{0.3}N_4Rb_2C_4.3H_2O$, Platinate(2-), tetrakis (cyano-*C*)-, (*SP*-4-1)-, rubidium chloride (*SP*-4-1)-tetrakis (cyano-*C*) platinate(1-) (7:20:3:3), triacontahydrate, [152981-43-6], 21:145

$PtClFN_2P_2C_{18}H_{34}$, Platinum, chloro[(4-fluorophenyl) azo] bis (triethylphosphine)-, (*SP*-4-3)-, [16774-96-2], 12:31

$PtClF_3O_3P_2SC_{13}H_{30}$, Platinum, chlorobis (triethylphosphine)(trifluoromethane-

sulfonato-*O*)-, (*SP*-4-2)-, [79826-48-5], 26:126;28:27
$PtClH_6IN_2$, Platinum, diamminechloroiodo-, (*SP*-4-2)-, [15559-60-1], 22:124
$PtClH_8N_3O_4$, Platinum(1+), diammineaquachloro-, (*SP*-4-2)-, nitrate, [15559-61-2], 22:125
$PtClNPSe_2C_{23}H_{25}$, Platinum, chloro (diethylcarbamodiselenoato-*Se,Se'*)(tri phenylphosphine)-, (*SP*-4-3)-, [68011-59-6], 21:10
$PtClP_2C_6H_{19}$, Platinum, chlorohydrobis (trimethylphosphine)-, (*SP*-4-3)-, [91760-38-2], 29:190
$PtClP_2C_{12}H_{31}$, Platinum, chlorohydrobis (triethylphosphine)-, (*SP*-4-3)-, [16842-17-4], 12:28;29:191
$PtClP_2C_{14}H_{35}$, Platinum, chloroethylbis (triethylphosphine)-, (*SP*-4-3)-, [54657-72-6], 17:132
$PtClP_2C_{26}H_{41}$, Platinum, chloro(1,2-diphenylethenyl) bis (triethylphosphine)-, [*SP*-4-3-(*E*)]-, [57127-78-3], 26:140
$PtCl_2$, Platinum chloride ($PtCl_2$), [10025-65-7], 5:208;6:209;20:48
$PtCl_2C_3H_6$, Platinum, dichloro(1,3-propanediyl)-, [24818-07-3], 16:114
$PtCl_2C_4H_8$, Platinum, dichlorobis(η^2-ethene)-, [31781-68-7], 5:215
———, Platinum, dichlorobis(η^2-ethene)-, stereoisomer, [71423-58-0], 5:215
$PtCl_2C_7H_8$, Platinum, [(2,3,5,6-η)-bicyclo[2.2.1] hepta-2,5-diene] dichloro-, [12152-26-0], 13:48
$PtCl_2C_8H_8$, Platinum, dichloro[(1,2,5,6-η)-1,3,5,7-cyclooctatetraene]-, [12266-69-2], 13:48
$PtCl_2C_8H_{12}$, Platinum, dichloro [(1,2,5,6-η)-1,5-cyclooctadiene]-, [12080-32-9], 13:48;28:346
$PtCl_2C_8H_{16}$, Platinum, (1-butyl-2-methyl-1,3-propanediyl) dichloro-, [*SP*-4-3-(*R**,*S**)]-, [38922-14-4], 16:114
$PtCl_2C_9H_{10}$, Platinum, dichloro(2-phenyl-1,3-propanediyl)-, (*SP*-4-2)-, [38922-09-7], 16:114
$PtCl_2C_9H_{18}$, Platinum, dichloro(2-hexyl-1,3-propanediyl)-, (*SP*-4-2)-, [38922-13-3], 16:114
$PtCl_2C_{10}H_{12}$, Platinum, dichloro [(2,3,5,6-η)-3a,4,7,7a-tetrahydro-4,7-methano-1*H*-indene]-, [12083-92-0], 13:48;16:114
———, Platinum, dichloro[2-(4-methylphenyl)-1,3-propanediyl]-, (*SP*-4-2)-, [38922-12-2], 16:114
$PtCl_2C_{15}H_{14}$, Platinum, dichloro(1,2-diphenyl-1,3-propanediyl)-, [*SP*-4-3-(*R**,*R**)]-, [38831-85-5], 16:114
$PtCl_2H_6N_2$, Platinum, diamminedichloro-, (*SP*-4-1)-, [14913-33-8], 7:239
———, Platinum, diamminedichloro-, (*SP*-4-2)-, [15663-27-1], 7:239
$PtCl_2H_9N_3$, Platinum(1+), triamminechloro-, chloride, (*SP*-4-2)-, [13815-16-2], 22:124
$PtCl_2H_{12}N_4$, Platinum(2+), tetraammine-, dichloride, (*SP*-4-1)-, [13933-32-9], 2:250;5:210
$PtCl_2H_{12}N_4.H_2O$, Platinum(2+), tetraammine-, dichloride, monohydrate, (*SP*-4-1)-, [13933-33-0], 2:252
$PtCl_2NC_7H_9$, Platinum, dichloro(η^2-ethene)(pyridine)-, stereoisomer, [12078-66-9], 20:181
$PtCl_2NOPC_{15}H_{26}$, Platinum, dichloro [ethoxy (phenylamino) methylene] (triethylphosphine)-, (*SP*-4-3)-, [30394-37-7], 19:175
$PtCl_2NO_2C_9H_9$, Platinum, dichloro[2-(2-nitrophenyl)-1,3-propanediyl]-, (*SP*-4-2)-, [38922-10-0], 16:114
$PtCl_2NPC_{13}H_{20}$, Platinum, dichloro (isocyanobenzene)(triethylphosphine)-, (*SP*-4-3)-, [30376-90-0], 19:174
$PtCl_2N_2C_2H_8$, Platinum, dichloro(1,2-ethanediamine-*N,N'*)-, (*SP*-4-2)-, [14096-51-6], 8:242

$PtCl_2N_2C_{10}H_{10}$, Platinum, dichlorobis (pyridine)-, (*SP*-4-1)-, [14024-97-6], 7:249

———, Platinum, dichlorobis (pyridine)-, (*SP*-4-2)-, [15227-42-6], 7:249

$PtCl_2N_2C_{10}H_{24}$, Platinum, [*N*,*N*'-bis(1-methylethyl)-1,2-ethanediamine-*N*,*N*'] dichloro(η^2-ethene)-, stereoisomer, [66945-62-8], 21:87

$PtCl_2N_2C_{12}H_{28}$, Platinum, dichloro(η^2-ethene)(*N*,*N*,*N*',*N*'-tetraethyl-1,2-ethanediamine-*N*,*N*')-, stereoisomer, [66945-61-7], 21:86,87

———, Platinum, dichloro[*N*,*N*'-dimethyl-*N*,*N*'-bis(1-methylethyl)-1,2-ethanediamine-*N*,*N*'](η^2-ethene)-, stereoisomer, [66945-51-5], 21:87

$PtCl_2N_2C_{13}H_{16}$, Platinum, dichloro-1,3-propanediylbis (pyridine)-, (*OC*-6-13)-, [36569-03-6], 16:115

$PtCl_2N_2C_{14}H_{10}$, Platinum, bis (benzonitrile) dichloro-, [14873-63-3], 26:345;28:62

$PtCl_2N_2C_{19}H_{20}$, Platinum, dichloro(2-phenyl-1,3-propanediyl) bis (pyridine)-, [34056-26-3], 16:115, 116

$PtCl_2N_2C_{19}H_{26}$, Platinum, dichloro(2-cyclohexyl-1,3-propanediyl) bis (pyridine)-, [34056-29-6], 16:115

$PtCl_2N_2C_{20}H_{22}$, Platinum, dichloro[1-(4-methylphenyl)-1,3-propanediyl] bis (pyridine)-, [34056-31-0], 16:115

———, Platinum, dichloro[2-(phenylmethyl)-1,3-propanediyl] bis (pyridine)-, (*OC*-6-13)-, [38889-65-5], 16:115

$PtCl_2N_2C_{20}H_{28}$, Platinum, [*N*,*N*'-bis(1-phenylethyl)-1,2-ethanediamine-*N*,*N*'] dichloro(η^2-ethene)-, stereoisomer, [66945-54-8], 21:87

$PtCl_2N_2C_{22}H_{32}$, Platinum, dichloro[*N*,*N*'-dimethyl-*N*,*N*'-bis(1-phenylethyl)-1,2-ethanediamine-*N*,*N*'](η^2-ethene)-, stereoisomer, [66945-55-9], 21:87

$PtCl_2N_2C_{25}H_{24}$, Platinum, dichloro(1,2-diphenyl-1,3-propanediyl) bis (pyridine)-, [34056-30-9], 16:115

$PtCl_2N_2O_4P_2C_{21}H_{42}$, Platinum(1+), chloro[(ethylamino)(phenylamino) methylene] bis (triethylphosphine)-, (*SP*-4-3)-, perchlorate, [38857-02-2], 19:176

$PtCl_2N_2PC_{19}H_{27}$, Platinum, [bis (phenylamino) methylene] dichloro (triethylphosphine)-, (*SP*-4-3)-, [30394-41-3], 19:176

$PtCl_2N_3C_{15}H_{11}.2H_2O$, Platinum(1+), chloro(2,2':6',2''-terpyridine-*N*,*N*',*N*'')-, chloride, dihydrate, (*SP*-4-2)-, [151120-25-1], 20:101

$PtCl_2N_3O_2C_{19}H_{19}$, Platinum, dichloro [2-(2-nitrophenyl)-1,3-propanediyl] bis (pyridine)-, (*OC*-6-13)-, [38889-64-4], 16:115,116

$PtCl_2N_4C_{20}H_{20}$, Platinum(2+), dichlorotetrakis (pyridine)-, (*OC*-6-12)-, [22455-25-0], 7:251

$PtCl_2P_2C_{12}H_{30}$, Platinum, dichlorobis (triethylphosphine)-, (*SP*-4-2)-, [15692-07-6], 12:27

$PtCl_2P_2C_{18}H_{42}$, Platinum, dichlorobis [tris(1-methylethyl) phosphine]-, (*SP*-4-1)-, [59967-54-3], 19:108

$PtCl_2P_2C_{24}H_{54}$, Platinum, dichlorobis (tributylphosphine)-, (*SP*-4-1)-, [15391-01-2], 7:245;19:116

$PtCl_2P_2C_{24}H_{54}$, Platinum, dichlorobis (tributylphosphine)-, (*SP*-4-2)-, [15390-92-8], 7:245

$PtCl_2P_2C_{26}H_{24}$, Platinum, dichloro[1,2-ethanediylbis [diphenylphosphine]-*P*,*P*']-, (*SP*-4-2)-, [14647-25-7], 26:370

$PtCl_2P_2C_{36}H_{30}$, Platinum, dichlorobis (triphenylphosphine)-, (*SP*-4-1)-, [14056-88-3], 19:115

$PtCl_2P_2C_{36}H_{42}$, Platinum, dichlorobis (cyclohexyldiphenylphosphine)-, (*SP*-4-1)-, [150578-15-7], 12:241

———, Platinum, dichlorobis (cyclohexyldiphenylphosphine)-, (*SP*-4-2)-, [109131-39-7], 12:241

$PtCl_2P_2C_{36}H_{66}$, Platinum, dichlorobis (tricyclohexylphosphine)-, (*SP*-4-1)-, [60158-99-8], 19:105

$PtCl_2P_4C_{48}H_{108}$, Platinum(2+), tetrakis (tributylphosphine)-, dichloride, (*SP*-4-1)-, [148832-27-3], 7:248

$PtCl_2S_2C_8H_{20}$, Platinum, dichlorobis[1,1'-thiobis [ethane]]-, (*SP*-4-1)-, [15337-84-5], 6:211

———, Platinum, dichlorobis[1,1'-thiobis [ethane]]-, (*SP*-4-2)-, [15442-57-6], 6:211

$PtCl_3F_3K_2$, Platinate(2-), trichlorotrifluoro-, dipotassium, [12051-20-6], 12:232,234

$PtCl_3KC_2H_4$, Platinate(1-), trichloro(η^2-ethene)-, potassium, [12012-50-9], 14:90;28:349

$PtCl_3KC_2H_4.H_2O$, Platinate(1-), trichloro (η^2-ethene)-, potassium, monohydrate, [16405-35-9], 5:211,214

$PtCl_3NSC_{18}H_{42}$, 1-Butanaminium, *N,N,N*-tributyl-, (*SP*-4-2)-trichloro [thiobis [methane]] platinate(1-), [59474-86-1], 22:128

$PtCl_4$, Platinum chloride ($PtCl_4$), (*SP*-4-1)-, [13454-96-1], 2:253

$PtCl_4H_2$, Platinate(2-), tetrachloro-, dihydrogen, (*SP*-4-1)-, [17083-70-4], 2:251;5:208

$PtCl_4H_6N_2$, Platinum, diamminetetrachloro-, (*OC*-6-11)-, [16893-06-4], 7:236

———, Platinum, diamminetetrachloro-, (*OC*-6-22)-, [16893-05-3], 7:236

$PtCl_4H_{15}N_5$, Platinum(3+), pentaamminechloro-, trichloride, (*OC*-6-22)-, [16893-11-1], 24:277

$PtCl_4H_{18}N_6$, Platinum(4+), hexaammine-, tetrachloride, (*OC*-6-11)-, [16893-12-2], 15:93

$PtCl_4K_2$, Platinate(2-), tetrachloro-, dipotassium, (*SP*-4-1)-, [10025-99-7], 2:247;7:240;8:242

$PtCl_4Li_2$, Platinate(2-), tetrachloro-, dilithium, (*SP*-4-1)-, [34630-68-7], 15:80

$PtCl_4N_4C_4H_{16}$, Platinum(2+), dichlorobis (1,2-ethanediamine-*N,N'*)-, dichloride, (*OC*-6-12)-, [16924-88-2], 27:314

$PtCl_4N_4C_4H_{18}$, Platinum, dichlorobis(1,2-ethanediamine-*N*)-, dihydrochloride, (*SP*-4-1)-, [134587-77-2], 27:315

$PtCl_4N_4C_4H_{20}$, Platinum(2+), dichlorotetrakis (methanamine)-, dichloride, [53406-73-8], 15:93

$PtCl_4N_6C_6H_{24}$, Platinum(4+), tris(1,2-ethanediamine-*N,N'*)-, tetrachloride, (*OC*-6-11)-(-)-, [16960-94-4], 8:239

$PtCl_4S_2C_8H_{20}$, Platinum, tetrachlorobis [1,1'-thiobis [ethane]]-, (*OC*-6-11)-, [18976-92-6], 8:245

———, Platinum, tetrachlorobis[1,1'-thiobis [ethane]]-, (*OC*-6-22)-, [12080-89-6], 8:245

$PtCl_6H_2.xH_2O$, Platinate(2-), hexachloro-, dihydrogen, hydrate, (*OC*-6-11)-, [26023-84-7], 8:239

$PtCl_6H_8N_2$, Platinate(2-), hexachloro-, diammonium, (*OC*-6-11)-, [16919-58-7], 7:235;9:182

$PtCl_6N_2O_2$, Platinate(2-), hexachloro-, (*OC*-6-11)-, dinitrosyl, [72107-04-1], 24:217

$PtCl_6N_2P_2C_{36}H_{34}$, Phosphorus(1+), amidotriphenyl-, (*OC*-6-11)-hexachloroplatinate(2-) (2:1), [107132-64-9], 7:69

$PtCl_6N_8O_4Re_2C_8H_{32}$, Rhenium(1+), bis(1,2-ethanediamine-*N,N'*) dioxo-, (*OC*-6-12)-, (*OC*-6-11)-hexachloroplatinate(2-) (2:1), [148832-28-4], 8:176

$PtCl_6Na_2$, Platinate(2-), hexachloro-, disodium, (*OC*-6-11)-, [16923-58-3], 13:173

$PtCo_2O_7P_2C_{33}H_{24}$, Cobalt, μ-carbonylhexacarbonyl[[1,2-ethanediylbis [diphenylphosphine]-*P,P'*] platinum]di-, (*Co-Co*)(2*Co-Pt*), [53322-14-8], 26:370
$PtCs_2N_4C_4.H_2O$, Platinate(2-), tetrakis (cyano-*C*)-, dicesium, monohydrate, (*SP*-4-1)-, [20449-75-6], 19:6
$PtF_3O_4P_2SC_{14}H_{35}$, Platinum(1+), hydro (methanol) bis (triethylphosphine)-, (*SP*-4-1)-, salt with trifluoromethanesulfonic acid (1:1), [129979-61-9], 26:135
PtF_6K_2, Platinate(2-), hexafluoro-, dipotassium, (*OC*-6-11)-, [16949-75-0], 12:232,236
$PtF_6O_4C_{10}H_8$, Platinum, bis(1,1,1-trifluoro-2,4-pentanedionato-*O,O'*)-, [63742-53-0], 20:67
$PtF_{12}N_5O_{12}S_4C_4H_{15}$, Platinum(3+), pentaammine (trifluoromethanesulfonato-*O*)-, (*OC*-6-22)-, salt with trifluoromethanesulfonic acid (1:3), [84254-63-7], 24:278
$PtF_{12}O_4C_{10}H_2$, Platinum, bis(1,1,1,5,5,5-hexafluoro-2,4-pentanedionato-*O,O'*)-, (*SP*-4-1)-, [65353-51-7], 20:67
$PtF_{12}S_4C_8$, Platinate(1-), bis[1,1,1,4,4,4-hexafluoro-2-butene-2,3-dithiolato (2-)-*S,S'*]-, (*SP*-4-1)-, [19570-31-1], 10:9
———, Platinate(2-), bis[1,1,1,4,4,4-hexafluoro-2-butene-2,3-dithiolato(2-)-*S,S'*]-, (*SP*-4-1)-, [19555-35-2], 10:9
———, Platinum, bis[1,1,1,4,4,4-hexafluoro-2-butene-2,3-dithiolato(2-)-*S,S'*]-, (*SP*-4-1)-, [19280-18-3], 10:9
$PtH_8N_2S_{15}$, Platinate(2-), tris (pentathio)-, diammonium, (*OC*-6-11)-(+)-, [95976-59-3], 21:12,13
PtH_8O_4, Platinum(2+), tetraaqua-, (*SP*-4-1)-, [60911-98-0], 21:192
$PtH_{18}N_6O_8S_2$, Platinum(4+), hexaammine-, (*OC*-6-11)-, sulfate (1:2), [49730-82-7], 15:94
$PtIC_3H_9$, Platinum, iodotrimethyl-, [14364-93-3], 10:71
$PtI_2C_7H_8$, Platinum, [(2,3,5,6-η)-bicyclo[2.2.1] hepta-2,5-diene] diiodo-, [53789-85-8], 13:51
$PtI_2C_8H_8$, Platinum, [(1,2,5,6-η)-1,3,5,7-cyclooctatetraene] diiodo-, [12266-70-5], 13:51
$PtI_2C_8H_{12}$, Platinum, [(1,2,5,6-η)-1,5-cyclooctadiene] diiodo-, [12266-72-7], 13:50
$PtI_2N_2C_6H_{14}$, Platinum, (1,2-cyclohexanediamine-*N,N'*) diiodo-, [*SP*-4-2-(1*R-trans*)]-, [66845-32-7], 27:284
$PtI_4K_2.2H_2O$, Platinate(2-), tetraiodo-, dipotassium, dihydrate, (*SP*-4-1)-, [153608-97-0], 25:98
$PtK_2N_4C_4$, Platinate(2-), tetrakis (cyano-*C*)-, dipotassium, (*SP*-4-1)-, [562-76-5], 5:215
$PtK_2N_4C_4.3H_2O$, Platinate(2-), tetrakis (cyano-*C*)-, dipotassium, trihydrate, (*SP*-4-1)-, [14323-36-5], 19:3
$PtK_2O_8C_4.2H_2O$, Platinate(2-), bis [ethanedioato(2-)-*O,O'*]-, dipotassium, dihydrate, (*SP*-4-1)-, [14244-64-5], 19:16
$PtMo_2N_2O_6C_{30}H_{20}$, Molybdenum, [bis (benzonitrile) platinum] hexacarbonylbis(η^5-2,4-cyclopentadien-1-yl)di-, (2*Mo-Pt*), stereoisomer, [83704-68-1], 26:345
$PtNPSe_2C_{24}H_{28}$, Platinum, (diethylcarbamodiselenoato-*Se,Se'*) methyl (triphenylphosphine)-, (*SP*-4-3)-, [68252-95-9], 21:10,20:10
$PtN_2O_2C_{10}H_{12}$, Platinum, dihydroxybis (pyridine)-, (*SP*-4-1)-, [150124-34-8], 7:253
———, Platinum, dihydroxybis (pyridine)-, (*SP*-4-2)-, [150199-80-7], 7:253
$PtN_2O_6C_{12}H_{20}$, Platinum, (1,2-cyclohexanediamine-*N,N'*)[D-ribo-3-hexulosonic acid γ-lactonato(2-)-

C^2,O^5]-, [*SP*-4-3-*(cis)*]-, [106160-54-7], 27:283
———, Platinum, (1,2-cyclohexanediamine-*N,N'*)[L-*lyxo*-3-hexulosonic acid γ-lactonato(2-)-C^2,O^5]-, [*SP*-4-2-(1*R-trans*)]-, [91897-69-7], 27:283
———, Platinum, (1,2-cyclohexanediamine-*N,N'*)[L-*lyxo*-3-hexulosonic acid γ-lactonato(2-)-C^2,O^5]-, [*SP*-4-2-(1*S-trans*)]-, [106160-56-9], 27:283
$PtN_2O_{12}P_4Rh_4C_{84}H_{60}$, Phosphorus(1+), triphenyl(*P,P,P*-triphenylphosphine imidato-*N*)-, (*T*-4)-, hexa-μ-carbonylpentacarbonyl(carbonylplatinate) tetrarhodate(2-) (3*Pt-Rh*)(6*Rh-Rh*) (2:1), [77906-02-6], 26:375
$PtN_2O_{14}P_4Rh_4C_{86}H_{60}$, Phosphorus(1+), triphenyl(*P,P,P*-triphenylphosphine imidato-*N*)-, (*T*-4)-, penta-μ-carbonyloctacarbonyl(carbonylplatinate) tetrarhodate(2-) (4*Pt-Rh*)(5*Rh-Rh*) (2:1), [78179-93-8], 26:373
$PtN_2S_{10}C_{24}H_{59}$, 1-Propanaminium, *N,N,N*-tripropyl-, (*SP*-4-1)-bis(pentathio) platinate(2-) (2:1), [22668-81-1], 21:13
$PtN_4O_3Tl_4C_5$, Platinate(2-), tetrakis (cyano-*C*)-, (*SP*-4-1)-, thallium(1+) carbonate (1:4:1), [76880-00-7], 21:153,154
$PtN_4O_4SC_{17}H_{16}$, Platinum(1+), (2-mercaptoethanolato-*S*)(2,2':6',2"-terpyridine-*N,N',N"*)-, (*SP*-4-2)-, nitrate, [60829-45-0], 20:103
$PtN_4S_4C_8$, Platinate(1-), bis[2,3-dimercapto-2-butenedinitrilato(2-)-*S,S'*]-, (*SP*-4-1)-, [14977-45-8], 10:14,16
———, Platinate(2-), bis[2,3-dimercapto-2-butenedinitrilato(2-)-*S,S'*]-, (*SP*-4-1)-, [15152-99-5], 10:14,16
$PtN_4S_8C_{14}H_4$, 2,2'-*Bi*-1,3-dithiol-1-ium, (*SP*-4-1)-bis[2,3-dimercapto-2-butenedinitrilato(2-)-*S,S'*]platinate(2-) (1:1), [58784-67-1], 19:31
———, Platinate(1-), bis[2,3-dimercapto-2-butenedinitrilato(2-)-*S,S'*]-, (*SP*-4-1)-, salt with 2-(1,3-dithiol-2-ylidene)-1,3-dithiole (1:1), [55520-24-6], 19:31
$PtN_4S_8C_{16}H_8$, Platinate(2-), tetrakis (cyano-*C*)-, (*SP*-4-1)-, salt with 2-(1,3-dithiol-2-ylidene)-1,3-dithiole (1:2), [55520-25-7], 19:31
$PtN_4S_{12}C_{20}H_8$, Platinate(2-), bis[2,3-dimercapto-2-butenedinitrilato(2-)-*S,S'*]-, (*SP*-4-1)-, salt with 2-(1,3-dithiol-2-ylidene)-1,3-dithiole (1:2), [55520-23-5], 19:31
$PtN_4Tl_2C_4$, Platinate(2-), tetrakis (cyano-*C*)-, dithallium(1+), (*SP*-4-1)-, [79502-39-9], 21:153
$PtN_6O_6SC_{17}H_{18}$, Platinum(1+), (2-aminoethanethiolato-*S*)(2,2':6',2"-terpyridine-*N,N',N"*)-, (*SP*-4-2)-, nitrate, mononitrate, [151183-10-7], 20:104
$PtN_{10}C_6H_{12}$, Platinate(2-), tetrakis (cyano-*C*)-, (*SP*-4-1)-, dihydrogen, compd. with guanidine (1:2), [62048-47-9], 19:11
$PtOP_2C_{18}H_{36}$, Platinum, hydroxyphenylbis (triethylphosphine)-, (*SP*-4-1)-, [76124-93-1], 25:102
$PtOP_2C_{28}H_{30}$, Platinum, hydroxymethyl [1,3-propanediylbis[diphenylphosphine]-*P,P'*]-, (*SP*-4-3)-, [76137-65-0], 25:105
$PtOP_2C_{37}H_{70}$, Platinum, hydroxymethylbis (tricyclohexylphosphine)-, (*SP*-4-1)-, [98839-53-3], 25:104
$PtOP_2C_{42}H_{36}$, Platinum, hydroxyphenylbis (triphenylphosphine)-, (*SP*-4-1)-, [60399-83-9], 25:103
$PtO_2S_2C_8H_{22}$, Platinum, dihydroxybis [1,1'-thiobis[ethane]]-, [148832-26-2], 6:215
$PtO_3P_2C_{37}H_{30}$, Platinum, [carbonato (2-)-*O,O'*]bis(triphenylphosphine)-, (*SP*-4-2)-, [17030-86-3], 18:120

$PtO_4C_{10}H_{14}$, Platinum, bis(2,4-pentanedionato-*O,O'*)-, (*SP*-4-1)-, [15170-57-7], 20:66

$PtO_4P_2C_{40}H_{36}$, Platinum, bis(acetato-*O*)bis(triphenylphosphine)-, [20555-30-0], 17:130

$PtO_{12}P_4C_{24}H_{60}$, Platinum(2+), tetrakis(triethyl phosphite-*P*)-, (*SP*-4-1)-, [38162-00-4], 13:115

———, Platinum, tetrakis(triethyl phosphite-*P*)-, (*T*-4)-, [23066-15-1], 28:106

$PtO_{12}P_4C_{72}H_{60}$, Platinum, tetrakis(triphenyl phosphite-*P*)-, (*T*-4)-, [22372-53-8], 13:109

$PtPC_{22}H_{41}$, Platinum, bis(η^2-ethene)(tricyclohexylphosphine)-, [57158-83-5], 19:216;28:130

$PtP_2C_{14}H_{34}$, Platinum, (η^2-ethene)bis(triethylphosphine)-, [76136-93-1], 24:214;28:133

$PtP_2C_{20}H_{46}$, Platinum, (η^2-ethene)bis[tris(1-methylethyl)phosphine]-, [83571-72-6], 24:215;28:135

$PtP_2C_{22}H_{34}$, Platinum, bis(diethylphenylphosphine)(η^2-ethene)-, [83571-73-7], 24:216;28:135

$PtP_2C_{28}H_{28}$, Platinum, [1,2-ethanediylbis[diphenylphosphine]-*P,P'*](η^2-ethene)-, [83571-74-8], 24:216; 28:135

$PtP_2C_{28}H_{46}$, Platinum, bis[bis(1,1-dimethylethyl)phenylphosphine]-, [59765-06-9], 19:104;28:116

$PtP_2C_{36}H_{66}$, Platinum, bis(tricyclohexylphosphine)-, [55664-33-0], 19:105; 28:116

$PtP_2C_{38}H_{34}$, Platinum, (η^2-ethene)bis(triphenylphosphine)-, [12120-15-9], 18:121;24:216;28:135

$PtP_2C_{50}H_{40}$, Platinum, [1,1'-(η^2-1,2-ethynediyl)bis[benzene]]bis(triphenylphosphine)-, [15308-61-9], 18:122

$PtP_3C_{18}H_{45}$, Platinum, tris(triethylphosphine)-, [39045-37-9], 19:108;28:120

$PtP_3C_{27}H_{63}$, Platinum, tris[tris(1-methylethyl)phosphine]-, [60648-72-8], 19:108;28:120

$PtP_3C_{54}H_{45}$, Platinum, tris(triphenylphosphine)-, [13517-35-6], 11:105;28:125

$PtP_4C_{24}H_{60}$, Platinum, tetrakis(triethylphosphine)-, (*T*-4)-, [33937-26-7], 19:110;28:122

$PtP_4C_{72}H_{60}$, Platinum, tetrakis(triphenylphosphine)-, (*T*-4)-, [14221-02-4], 11:105;18:120;28:124

PtS_2, Platinum sulfide (PtS_2), [12038-21-0], 19:49

$PtS_4C_8H_{12}$, Platinate(1-), bis[2-butene-2,3-dithiolato(2-)-*S,S'*]-, (*SP*-4-1)-, [60764-38-7], 10:9

———, Platinate(2-), bis[2-butene-2,3-dithiolato(2-)-*S,S'*]-, (*SP*-4-1)-, [150124-35-9], 10:9

———, Platinum, bis[2-butene-2,3-dithiolato(2-)-*S,S'*]-, (*SP*-4-1)-, [14263-04-8], 10:9

$PtS_4C_{28}H_{20}$, Platinate(1-), bis[1,2-diphenyl-1,2-ethenedithiolato(2-)-*S,S'*]-, (*SP*-4-1)-, [30662-73-8], 10:9

———, Platinate(2-), bis[1,2-diphenyl-1,2-ethenedithiolato(2-)-*S,S'*]-, (*SP*-4-1)-, [21246-01-5], 10:9

———, Platinum, bis[1,2-diphenyl-1,2-ethenedithiolato(2-)-*S,S'*]-, (*SP*-4-1)-, [15607-55-3], 10:9

$PtTe_2$, Platinum telluride ($PtTe_2$), [12038-29-8], 19:49

$Pt_2BP_4C_{48}H_{83}$, Platinum(1+), di-μ-hydrohydrotetrakis(triethylphosphine)di-, stereoisomer, tetraphenylborate(1-), [81800-05-7], 27:34

———, Platinum(1+), μ-hydrodihydrotetrakis(triethylphosphine)di-, (*Pt-Pt*), tetraphenylborate(1-), [84624-72-6], 27:32

$Pt_2BP_4C_{54}H_{87}$, Platinum(1+), μ-hydrohydrophenyltetrakis(triethylphosphine)di-, stereoisomer, tetraphenylborate(1-), [67891-25-2], 26:136

$Pt_2BP_4C_{96}H_{83}$, Platinum(1+), di-μ-hydrohydrotetrakis(triphenylphosphine)di-, stereoisomer, tetraphenylborate(1-), [132832-04-3], 27:36

$Pt_2Cl_4C_4H_8$, Platinum, di-μ-chlorodichlorobis(η^2-ethene)di-, [12073-36-8], 5:210;20:181,182

$Pt_2Cl_4C_6H_{12}$, Platinum, di-μ-chlorodichlorobis[(1,2-η)-1-propene]di-, [31922-29-9], 5:214

$Pt_2Cl_4C_{16}H_{16}$, Platinum, di-μ-chlorodichlorobis[(η^2-ethenyl)benzene] di-, [12212-59-8], 5:214;20:181, 182

$Pt_2Cl_4C_{24}H_{48}$, Platinum, di-μ-chlorodichlorobis[(1,2-η)-1-dodecene]di-, [129153-28-2], 20:181,183

$Pt_2Cl_4H_{12}N_4$, Platinum(2+), tetraammine-, (*SP*-4-1)-, (*SP*-4-1)-tetrachloroplatinate(2-) (1:1), [13820-46-7], 2:251;7:241

$Pt_2Cl_4N_4C_4H_{16}$, Platinate(2-), bis(1,2-ethanediamine-*N,N'*)-, (*SP*-4-1)-, (*SP*-4-1)-tetrachloroplatinate(2-) (1:1), [14099-34-4], 8:243

$Pt_2Cl_4P_2C_{16}H_{22}$, Platinum, di-μ-chlorodichlorobis(dimethylphenylphosphine)di-, [15699-79-3], 12:242

$Pt_2Cl_4P_2C_{24}H_{54}$, Platinum, di-μ-chlorodichlorobis(tributylphosphine)di-, [15670-38-9], 12:242

$Pt_2Cl_4P_2C_{36}H_{30}$, Platinum, di-μ-chlorodichlorobis(triphenylphosphine)di-, [15349-80-1], 12:242

$Pt_2Cl_4P_2C_{36}H_{42}$, Platinum, di-μ-dichlorodichlorobis(cyclohexyldiphenylphosphine)di-, [20611-44-3], 12:240,242

$Pt_2Cl_4P_2C_{36}H_{54}$, Platinum, di-μ-chlorodichlorobis(dicyclohexylphenylphosphine)di-, [20611-43-2], 12:242

$Pt_2Cl_4S_2C_4H_{12}$, Platinum, di-μ-chlorodichlorobis[thiobis[methane]]di-, [60817-02-9], 22:128

$Pt_2Cl_6K_2C_4H_6$, Platinate(2-), [μ-[(1,2-η:3,4-η)-1,3-butadiene]]hexachlorodi-, dipotassium, [33480-42-1], 6:216

$Pt_2H_8K_4O_{20}P_8.2H_2O$, Platinate(12-), tetrakis[μ-[diphosphito(4-)-*P:P'*]]di-, tetrapotassium octahydrogen, dihydrate, [73588-97-3], 24:211

$Pt_2I_4O_2C_2$, Platinum, dicarbonyldi-μ-iododiiododi-, stereoisomer, [106863-40-5], 29:188

$Pt_2Mo_2O_6P_2C_{52}H_{40}$, Molybdenum, hexa-μ-carbonylbis(η^5-2,4-cyclopentadien-1-yl)bis[(triphenylphosphine) platinum]di-, (*Mo-Mo*)(4*Mo-Pt*), [56591-78-7], 26:347

$Pt_2O_4C_4H_{16}.3H_2O$, Platinum, dihydroxydimethyl-, hydrate (2:3), [151085-56-2], 20:185,186

$Pt_3BrK_6N_{12}C_{12}.9H_2O$, Platinate(2-), tetrakis(cyano-*C*)-, (*SP*-4-1)-, potassium bromide (*SP*-4-1)-tetrakis (cyano-*C*)platinate(1-) (2:6:1:1), nonahydrate, [151085-54-0], 19:14,15

$Pt_3ClK_6N_{12}C_{12}.9H_2O$, Platinate(2-), tetrakis (cyano-*C*)-, (*SP*-4-1)-, potassium chloride (*SP*-4-1)-tetrakis(cyano-*C*) platinate(1-) (2:6:1:1), [151151-21-2], 19:15

$Pt_3Cl_{18}N_8O_4Re_2C_8H_{36}$, Rhenium(3+), bis-(1,2-ethanediamine-*N,N'*)dihydroxy-, (*OC*-6-11)-hexachloroplatinate(2-) (2:3), [12074-83-8], 8:175

$Pt_3Cl_{18}N_8O_4Re_2C_{12}H_{44}$, Rhenium(3+), dihydroxybis(1,2-propanediamine-*N,N'*)-, (*OC*-6-11)-hexachloroplatinate(2-) (2:3), [148832-31-9], 8:176

———, Rhenium(3+), dihydroxybis(1,3-propanediamine-*N,N'*)-, (*OC*-6-12)-, (*OC*-6-11)-hexachloroplatinate(2-) (2:3), [148832-29-5], 8:176

$Pt_3F_2K_6N_{12}C_{12}H.9H_2O$, Platinate(5-), dodecakis(cyano-*C*)tri-, (2*Pt-Pt*), potassium (hydrogen difluoride) (1:6:1), nonahydrate, [67484-83-7], 21:147

$Pt_4BrN_{40}C_{24}H_{48}.4H_2O$, Platinate(2-), tetrakis(cyano-*C*)-, (*SP*-4-1)-, hydrogen (*SP*-4-1)-tetrakis(cyano-*C*) platinate(1-), compd. with guanidine hydrobromide (3:7:1:8:1), tetrahydrate, [151085-52-8], 19:10,12;19:19,2

$Pt_4Cl_4C_{12}H_{20}$, Platinum, tetra-μ-chloro-tetrakis[μ-[(1-η:2,3-η)-2-propenyl]] tetra-, [32216-28-7], 15:79

$Pt_4Cs_7N_{16}C_{16}.8H_2O$, Platinate(2-), tetrakis (cyano-*C*)-, (*SP*-4-1)-, cesium (*SP*-4-1)-tetrakis(cyano-*C*)platinate(1-) (3:7:1), octahydrate, [153519-29-0], 19:6,7

$Pt_4Cs_8N_{19}C_{16}$, Platinate(7-), hexadecakis (cyano-*C*)tetra-, (3*Pt-Pt*), cesium azide (1:8:1), [83679-23-6], 21:149

$Pt_4K_7N_{16}C_{16}.6H_2O$, Platinate(2-), tetrakis (cyano-*C*)-, (*SP*-4-1)-, potassium (*SP*-4-1)-tetrakis(cyano-*C*)platinate(1-) (3:7:1), hexahydrate, [151120-20-6], 19:8,14

$Pt_4N_{17}O_{19}C_{20}H_{40}.H_2O$, Platinum(5+), octaamminetetrakis[μ-(2(1*H*)-pyridinonato-N^1:O^2)]tetra-, (3*Pt-Pt*), stereoisomer, pentanitrate, monohydrate, [71611-15-9], 25:95

$Pt_5N_{20}Rb_8C_{20}.10H_2O$, Platinate(2-), tetrakis(cyano-*C*)-, (*SP*-4-1)-, rubidium (*SP*-4-1)-tetrakis(cyano-*C*) platinate(1-) (3:8:2), decahydrate, [153519-32-5], 19:9

$Pt_6N_2O_{12}C_{44}H_{72}$, 1-Butanaminium, *N,N,N*-tributyl-, hexa-μ-carbonylhexacarbonylhexaplatinate(2-) (9*Pt-Pt*) (2:1), [72264-20-1], 26:316

$Pt_9N_2O_{18}C_{34}H_{40}$, Ethanaminium, *N,N,N*-triethyl-, nona-μ-carbonylnonacarbonylnonaplatinate(2-) (15*Pt-Pt*) (2:1), [59451-61-5], 26:322

$Pt_{10}Cl_3Cs_{20}N_{40}C_{40}$, Platinate(2-), tetrakis (cyano-*C*)-, (*SP*-4-1)-, cesium chloride (*SP*-4-1)-tetrakis(cyano-*C*)platinate(1-) (7:20:3:3), [152981-41-4], 21:142

$Pt_{12}N_2O_{24}C_{40}H_{40}$, Ethanaminium, *N,N,N*-triethyl-, dodeca-μ-carbonyldodecacarbonyldodecaplatinate(2-) (24*Pt-Pt*) (2:1), [59451-60-4], 26:321

$Pt_{15}N_2O_{30}C_{46}H_{40}$, Ethanaminium, *N,N,N*-triethyl-, pentadeca-μ-carbonylpentadecacarbonylpentadecaplatinate(2-) (27*Pt-Pt*) (2:1), [59451-62-6], 26:320

$Pt_{25}K_{41}O_{200}C_{100}.50H_2O$, Platinate(2-), bis [ethanedioato(2-)-*O,O'*]-, (*SP*-4-1)-, potassium (*SP*-4-1)-bis[ethanedioato(2-)-*O,O'*]platinate(1-) (16:41:9), pentacontahydrate, [151151-24-5], 19:16,17

$Pt_{50}Cs_{100}F_{38}N_{200}C_{200}H_{19}$, Platinate(2-), tetrakis(cyano-*C*)-, (*SP*-4-1)-, cesium (hydrogen difluoride) (*SP*-4-1)-tetrakis (cyano-*C*)platinate(1-) (62:200:38:38), [151085-72-2], 20:28

$Pt_{50}Cs_{150}N_{200}O_{184}S_{46}C_{200}H_{23}$, Platinate(2-), tetrakis(cyano-*C*)-, (*SP*-4-1)-, cesium hydrogen sulfate (*SP*-4-1)-tetrakis(cyano-*C*)platinate(1-) (31:150:23:46:19), [153608-94-7], 21:151

$Pt_{50}F_{38}N_{200}Rb_{100}C_{200}H_{19}$, Platinate(2-), tetrakis(cyano-*C*)-, (*SP*-4-1)-, rubidium (hydrogen difluoride) (*SP*-4-1)-tetrakis(cyano-*C*)platinate(1-) (62:200:38:38), [151085-75-5], 20:25

$Pt_{50}N_{200}O_{184}Rb_{150}S_{46}C_{200}H_{23}.50H_2O$, Platinate(2-), tetrakis(cyano-*C*)-, (*SP*-4-1)-, rubidium hydrogen sulfate (*SP*-4-1)-tetrakis(cyano-*C*)platinate(1-) (31:150:23:46:19), pentacontahydrate, [151120-24-0], 20:20

$Pt_{100}Cs_{200}F_{19}N_{400}C_{400}$, Platinate(2-), tetrakis(cyano-*C*)-, (*SP*-4-1)-, cesium fluoride (*SP*-4-1)-tetrakis(cyano-*C*) platinate(1-) (81:200:19:19), [151085-70-0], 20:29

$Pt_{100}Cs_{200}F_{46}N_{400}C_{400}H_{23}$, Platinate(2-), tetrakis(cyano-*C*)-, (*SP*-4-1)-, cesium (hydrogen difluoride) (*SP*-4-1)-tetrakis (cyano-*C*)platinate(1-) (77:200:23:23), [151085-71-1], 20:26

$Pt_{100}F_{54}N_{1000}C_{600}H_{1227}.xH_2O$, Platinate(2-), tetrakis(cyano-*C*)-, (*SP*-4-1)-, hydrogen (hydrogen difluoride) (*SP*-4-1)-tetrakis(cyano-*C*)platinate(1-), compd. with guanidine (73:200:27:27:200), hydrate, [152693-32-8], 21:146

$Pt_{100}F_{58}N_{400}Rb_{200}C_{400}H_{29}.167H_2O$, Platinate(2-), tetrakis(cyano-*C*)-, (*SP*-4-1)-, rubidium (hydrogen difluoride) (*SP*-4-1)-tetrakis(cyano-*C*) platinate(1-) (71:200:29:29), heptahexacontahectahydrate, [151120-22-8], 20:24

$Pt_{100}F_{58}N_{400}Rb_{200}C_{400}H_{29}$, Platinate(2-), tetrakis(cyano-*C*)-, (*SP*-4-1)-, rubidium (hydrogen difluoride) (*SP*-4-1)-tetrakis(cyano-*C*)platinate(1-) (71:200:29:29), [151085-74-4], 20:24

$RbAl_{11}O_{17}$, Aluminum rubidium oxide ($Al_{11}RbO_{17}$), [12588-72-6], 19:55;30:238

$RbCl_{0.3}N_4Pt_2C_4.3H_2O$, Platinate(2-), tetrakis(cyano-*C*)-, (*SP*-4-1)-, rubidium chloride (*SP*-4-1)-tetrakis (cyano-*C*)platinate(1-) (7:20:3:3), triacontahydrate, [152981-43-6], 21:145

$RbCl_2I$, Iodate(1-), dichloro-, rubidium, [15859-81-1], 5:172

$RbCoN_2O_8C_{10}H_{12}$, Cobaltate(1-), [[1,2-ethanediylbis[*N*-(carboxymethyl) glycinato]](4-)-*N*,*N*',*O*,*O*',O^N,$O^{N'}$]-, rubidium, (*OC*-6-21)-, [14323-71-8], 23:100

$RbCoN_2O_8C_{11}H_{14}$, Cobaltate(1-), [[*N*,*N*'-(1-methyl-1,2-ethanediyl) bis[*N*-(carboxymethyl)glycinato]]-(4-)-*N*,*N*',*O*,*O*',O^N,$O^{N'}$]-, rubidium, [*OC*-6-42-*A*-(*R*)]-, [90443-38-2], 23:101

$RbCoN_2O_8C_{14}H_{18}$, Cobaltate(1-), [[*N*,*N*'-1,2-cyclohexanediylbis[*N*-(carboxymethyl)glycinato]](4-)-*N*,*N*',*O*,*O*',O^N,$O^{N'}$]-, rubidium, [*OC*-6-21-*A*-(1*R*-*trans*)]-, [99527-40-9], 23:97

RbN_3, Rubidium azide ($Rb(N_3)$), [22756-36-1], 1:79

Rb_2Cl_5Er, Erbate(2-), pentachloro-, dirubidium, [97252-87-4], 30:78

$Rb_2Cl_5H_2MoO$, Molybdate(2-), aquapentachloro-, derubidium, (*OC*-6-21)-, [33461-70-0], 13:171

Rb_2Cl_5Lu, Lutetate(2-), pentachloro-, dirubidium, [97252-89-6], 30:78

Rb_2Cl_5Tm, Thulate(2-), pentachloro-, dirubidium, [97252-88-5], 30:78

$Rb_3Br_9Cr_2$, Chromate(3-), tri-μ-bromo-hexabromodi-, trirubidium, [104647-27-0], 26:379

$Rb_3Br_9Er_2$, Erbate(3-), tri-μ-bromohexabromodi-, trirubidium, [73556-93-1], 30:79

$Rb_3Br_9Lu_2$, Lutetate(3-), tri-μ-bromohexabromodi-, trirubidium, [158210-00-5], 30:79

$Rb_3Br_9Sc_2$, Scandate(3-), tri-μ-bromohexabromodi-, trirubidium, [12431-62-8], 30:79

$Rb_3Br_9Ti_2$, Titanate(3-), tri-μ-bromohexabromodi-, trirubidium, [12260-35-4], 26:379

$Rb_3Br_9Tm_2$, Thulate(3-), tri-μ-bromohexabromodi-, trirubidium, [79502-29-7], 30:79

$Rb_3Br_9V_2$, Vanadate(3-), tri-μ-bromohexabromodi-, trirubidium, [102682-48-4], 26:379

$Rb_3Br_9Yb_2$, Ytterbate(3-), tri-μ-bromohexabromodi-, trirubidium, [158188-74-0], 30:79

Rb_3Cl_6Mo, Molybdate(3-), hexachloro-, trirubidium, (*OC*-6-11)-, [33519-11-8], 13:172

$Rb_3Cl_9Sc_2$, Scandate(3-), tri-μ-chlorohexachlorodi-, trirubidium, [12272-72-9], 30:79

$Rb_3Cl_9Ti_2$, Titanate(3-), tri-μ-chlorohexachlorodi-, trirubidium, [12360-92-8], 26:379

$Rb_3Cl_9V_2$, Vanadate(3-), tri-μ-chlorohexachlorodi-, trirubidium, [12139-46-7], 26:379

$Rb_4As_2H_4O_{70}W_{21}.34H_2O$, Tungstate(6-), aquabis[arsenito(3-)]trihexacontaoxoheneicosa-, tetrarubidium dihydrogen, tetratriacontahydrate, [79198-04-2], 27:113

$Rb_8N_{20}Pt_5C_{20}.10H_2O$, Platinate(2-), tetrakis(cyano-*C*)-, (*SP*-4-1)-, rubidium (*SP*-4-1)-tetrakis(cyano-*C*) platinate(1-) (3:8:2), decahydrate, [153519-32-5], 19:9

$Rb_{100}F_{38}N_{200}Pt_{50}C_{200}H_{19}$, Platinate(2-), tetrakis(cyano-*C*)-, (*SP*-4-1)-, rubidium (hydrogen difluoride) (*SP*-4-1)-tetrakis(cyano-*C*) platinate(1-) (62:200:38:38), [151085-75-5], 20:25

$Rb_{150}N_{200}O_{184}Pt_{50}S_{46}C_{200}H_{23}.50H_2O$, Platinate(2-), tetrakis(cyano-*C*)-, (*SP*-4-1)-, rubidium hydrogen sulfate (*SP*-4-1)-tetrakis(cyano-*C*) platinate(1-) (31:150:23:46:19), pentacontahydrate, [151120-24-0], 20:20

$Rb_{200}F_{58}N_{400}Pt_{100}C_{400}H_{297}.167H_2O$, Platinate(2-), tetrakis(cyano-*C*)-, (*SP*-4-1)-, rubidium (hydrogen difluoride) (*SP*-4-1)-tetrakis(cyano-*C*) platinate(1-) (71:200:29:29), heptahexacontahectahydrate, [151120-22-8], 20:24

$Rb_{200}F_{58}N_{400}Pt_{100}C_{400}H_{29}$, Platinate(2-), tetrakis(cyano-*C*)-, (*SP*-4-1)-, rubidium (hydrogen difluoride) (*SP*-4-1)-tetrakis(cyano-*C*)platinate(1-) (71:200:29:29), [151085-74-4], 20:24

$ReAgO_4$, Rhenium silver oxide ($ReAgO_4$), [7784-00-1], 9:150

$ReAu_4F_6P_7C_{114}H_{106}$, Rhenium(1+), tetra-μ-hydro[tetrakis(triphenylphosphine) tetragold]bis[tris(4-methylphenyl) phosphine]-, (4*Au-Au*)(4*Au-Re*), hexafluorophosphate(1-), [107712-41-4], 29:292

$ReAu_5F_{12}P_9C_{126}H_{109}$, Rhenium(2+), tetra-μ-hydro[pentakis(triphenylphosphine) pentagold]bis(triphenylphosphine)-, (6*Au-Au*)(5*Au-Re*), bis[hexafluorophosphate(1-)], [99595-13-8], 29:288

$ReAu_5F_{12}P_9C_{132}H_{121}$, Rhenium(2+), tetra-μ-hydro[pentakis(triphenylphosphine)pentagold]bis[tris(4-methylphenyl)phosphine]-, (6*Au-Au*)(5*Au-Re*), bis [hexafluorophosphate(1-)], [107742-34-7], 29:289

$ReBF_4NO_2PC_{24}H_{20}$, Rhenium(1+), carbonyl(η^5-2,4-cyclopentadien-1-yl) nitrosyl(triphenylphosphine)-, stereoisomer, tetrafluoroborate(1-), [82336-21-8], 29:219

———, Rhenium(1+), carbonyl(η^5-2,4-cyclopentadien-1-yl)nitrosyl (triphenylphosphine)-, tetrafluoroborate(1-), [70083-73-7], 29:214

$ReBF_4NO_3C_7H_5$, Rhenium(1+), dicarbonyl(η^5-2,4-cyclopentadien-1-yl) nitrosyl-, tetrafluoroborate(1-), [31960-40-4], 29:213

$ReBF_4O_5C_5$, Rhenium, pentacarbonyl [tetrafluoroborato(1-)-*F*]-, (*OC*-6-22)-, [78670-75-4], 26:108;28:15,17

$ReBF_4O_5C_7H_4$, Rhenium(1+), pentacarbonyl(η^2-ethene)-, tetrafluoroborate(1-), [78670-77-6], 26:110;28:19

$ReBrO_5C_5$, Rhenium, bromopentacarbonyl-, (*OC*-6-22)-, [14220-21-4], 23:44;28:162

$ReBr_2O_2P_2C_{38}H_{35}$, Rhenium, dibromoethoxyoxobis(triphenylphosphine)-, [18703-08-7], 9:145,147

$ReBr_3OP_2C_{36}H_{30}$, Rhenium, tribromooxobis(triphenylphosphine)-, [18703-07-6], 9:145,146

$ReBr_6K_2$, Rhenate(2-), hexabromo-, dipotassium, (*OC*-6-11)-, [16903-70-1], 7:189
$ReClN_4O_2C_4H_{16}$, Rhenium(1+), bis(1,2-ethanediamine-*N,N'*)dioxo-, chloride, [14587-92-9], 8:173
$ReClN_4O_2C_6H_{20}$, Rhenium(1+), dioxobis-(1,2-propanediamine-*N,N'*)-, chloride, [67709-52-8], 8:176
———, Rhenium(1+), dioxobis(1,3-propanediamine-*N,N'*)-, chloride, (*OC*-6-12)-, [93192-00-8], 8:176
$ReClN_4O_2C_{20}H_{20}$, Rhenium(1+), dioxotetrakis(pyridine)-, chloride, (*OC*-6-12)-, [31429-86-4], 21:116
$ReClN_4O_6C_4H_{16}$, Rhenium(1+), bis(1,2-ethanediamine-*N,N'*)dioxo-, (*OC*-6-12)-, perchlorate, [148832-34-2], 8:176
$ReClN_4O_6C_{20}H_{20}$, Rhenium(1+), dioxotetrakis(pyridine)-, (*OC*-6-12)-, perchlorate, [83311-31-3], 21:117
$ReClO_5C_5$, Rhenium, pentacarbonylchloro-, (*OC*-6-22)-, [14099-01-5], 23:42,43;28:161
$ReCl_2CoH_{15}N_5O_4$, Rhenium(2+), μ-oxotrioxo(pentaamminecobalt)-, dichloride, [31237-66-8], 12:216
$ReCl_2CoH_{15}N_5O_{12}$, Rhenium(2+), μ-oxotrioxo(pentaamminecobalt)-, diperchlorate, [31085-10-6], 12:216
$ReCl_2NP_2C_{36}H_{30}$, Rhenium, dichloronitridobis(triphenylphosphine)-, [25685-08-9], 29:146
$ReCl_2N_4O_{10}C_4H_{17}$, Rhenium(2+), bis(1,2-ethanediamine-*N,N'*)hydroxyoxo-, diperchlorate, [19267-68-6], 8:174
$ReCl_2N_4O_{10}C_6H_{21}$, Rhenium(2+), hydroxyoxobis(1,2-propanediamine-*N,N'*)-, diperchlorate, [93063-22-0], 8:176
$ReCl_2N_4O_{10}C_6H_{21}$, Rhenium(2+), hydroxyoxobis(1,3-propanediamine-*N,N'*)-, (*OC*-6-23)-, diperchlorate, [148832-33-1], 8:76
$ReCl_2O_2P_2C_{38}H_{35}$, Rhenium, dichloroethoxyoxobis(triphenylphosphine)-, [17442-19-2], 9:145,147
$ReCl_3$, Rhenium chloride ($ReCl_3$), [13569-63-6], 1:182
$ReCl_3NP_2C_{42}H_{35}$, Rhenium, [benzenaminato(2-)]trichlorobis(triphenylphosphine)-, (*OC*-6-31)-, [62192-31-8], 24:196
$ReCl_3N_4O_2C_4H_{18}$, Rhenium(3+), bis(1,2-ethanediamine-*N,N'*)dihydroxy-, trichloride, [18793-71-0], 8:176
$ReCl_3OP_2C_{36}H_{30}$, Rhenium, trichlorooxobis (triphenylphosphine)-, [17442-18-1], 9:145;17:110
$ReCl_3P_3C_{24}H_{33}$, Rhenium, trichlorotris (dimethylphenylphosphine)-, [15613-32-8], 17:111
$ReCl_5$, Rhenium chloride ($ReCl_5$), [13596-35-5], 1:180;7:167;12:193;2
$ReCl_6K_2$, Rhenate(2-), hexachloro-, dipotassium, (*OC*-6-11)-, [16940-97-9], 1:178;7:189
$ReCoH_{15}N_7O_{10}.H_2O$, Rhenium(2+), μ-oxotrioxo(pentaamminecobalt)-, dinitrate, monohydrate, [150384-23-9], 12:216
$ReFN_2O_3C_{13}H_8$, Rhenium, (2,2'-bipyridine-*N,N'*)tricarbonylfluoro-, (*OC*-6-33)-, [89087-44-5], 26:82
$ReF_2N_2O_5PC_{13}H_8$, Rhenium, (2,2'-bipyridine-*N,N'*)tricarbonyl (phosphorodifluoridato-*O*)-, (*OC*-6-33)-, [76501-25-2], 26:83
$ReF_3O_8SC_6$, Rhenium, pentacarbonyl (trifluoromethanesulfonato-*O*)-, (*OC*-6-22)-, [96412-34-9], 26:115
ReF_5, Rhenium fluoride (ReF_5), [30937-52-1], 19:137,138,139
$ReHO_4$, Rhenate (ReO_4^{1-}), hydrogen, (*T*-4)-, [13768-11-1], 9:145
ReH_4NO_4, Rhenate (ReO_4^{1-}), ammonium, (*T*-4)-, [13598-65-7], 8:171
ReH_9Na_2, Rhenate(2-), nonahydro-, disodium, (*TPS*-9-111111111)-, [25396-43-4], 13:219

$ReIN_4O_2C_4H_{16}$, Rhenium(1+), bis(1,2-ethanediamine-*N*,*N*)dioxo-, iodide, [92272-01-0], 8:176
$ReIO_2P_2C_{36}H_{30}$, Rhenium, iododioxobis (triphenylphosphine)-, [23032-93-1], 29:149
$ReIO_5C_5$, Rhenium, pentacarbonyliodo-, (*OC*-6-22)-, [13821-00-6], 23:44;28:163
$ReI_2O_2P_2C_{38}H_{35}$, Rhenium, ethoxydiiodooxobis(triphenylphosphine)-, [12103-81-0], 29:148
———, Rhenium, ethoxydiiodooxobis (triphenylphosphine)-, (*OC*-6-12)-, [86421-28-5], 27:15
ReI_3, Rhenium iodide (ReI_3), [15622-42-1], 7:185
ReI_4, Rhenium iodide (ReI_4), [59301-47-2], 7:188
ReI_6K_2, Rhenate(2-), hexaiodo-, dipotassium, (*OC*-6-11)-, [19710-22-6], 7:191;27:294
ReK_2NO_3, Rhenate(2-), nitridotrioxo-, dipotassium, [19630-35-4], 6:167
$ReLiO_3$, Rhenate (ReO_3^{1-}), lithium, [80233-76-7], 24:205;30:189
$ReLi_2O_3$, Rhenate (ReO_3^{2-}), dilithium, [80233-77-8], 24:203;30:188
$ReNOPC_{24}H_{23}$, Rhenium, (η^5-2,4-cyclopentadien-1-yl)methylnitrosyl (triphenylphosphine)-, stereoisomer, [82336-24-1], 29:220
$ReNO_2PC_{24}H_{21}$, Rhenium, (η^5-2,4-cyclopentadien-1-yl)formylnitrosyl (triphenylphosphine)-, [70083-74-8], 29:222
$ReNO_3PC_{25}H_{23}$, Rhenium, (η^5-2,4-cyclopentadien-1-yl)(methoxycarbonyl) nitrosyl(triphenylphosphine)-, [82293-79-6], 29:216
$ReNO_4C_{16}H_{36}$, 1-Butanaminium, *N*,*N*,*N*-tributyl-, (*T*-4)-tetraoxorhenate(1-), [16385-59-4], 26:391
$ReNO_5C_8H_8$, Rhenate(1-), acetyltetracarbonyl(1-iminoethyl)-, hydrogen, (*OC*-6-32)-, [66808-78-4], 20:204
———, Rhenium, acetyl(1-aminoethylidene)tetracarbonyl-, (*OC*-6-32)-, [151120-12-6], 20:204
$ReN_2C_{16}H_{49}$, Ethanaminium, *N*,*N*,*N*-triethyl-, (*TPS*-9-111111111)-nonahydrorhenate(2-) (2:1), [25396-44-5], 13:223
$ReN_2O_2PC_{36}H_{32}$, Rhenium, (η^5-2,4-cyclopentadien-1-yl)[[[1-(1-naphthalenyl) ethyl]amino]carbonyl]nitrosyl (triphenylphosphine)-, stereoisomer, [82372-77-8], 29:217
$ReNaO_4$, Rhenate (ReO_4^{1-}), sodium, (*T*-4)-, [13472-33-8], 13:219
ReO_2, Rhenium oxide (ReO_2), [12036-09-8], 13:142;30:102,105
ReO_3, Rhenium oxide (ReO_3), [1314-28-9], 3:186
$ReO_3C_8H_5$, Rhenium, tricarbonyl(η^5-2,4-cyclopentadien-1-yl)-, [12079-73-1], 29:211
$ReO_4S_{16}C_{20}H_{16}$, Rhenate (ReO_4^{1-}), (*T*-4)-, salt with 2-(5,6-dihydro-1,3-dithiolo-[4,5-*b*][1,4]dithiin-2-ylidene)-5,6-dihydro-1,3-dithiolo[4,5-*b*][1,4]dithiin (1:2), [87825-70-5], 26:391
$ReO_4SiC_3H_9$, Rhenium, trioxo(trimethylsilanolato)-, (*T*-4)-, [16687-12-0], 9:149
ReO_5C_5H, Rhenium, pentacarbonylhydro-, (*OC*-6-21)-, [16457-30-0], 26:77;28:165
$ReO_5C_6H_3$, Rhenium, pentacarbonylmethyl-, (*OC*-6-21)-, [14524-92-6], 26:107;28:16
ReO_6C_5H, Rhenate(1-), tetracarbonyl (carboxylato)-, hydrogen, [101048-91-3], 26:112;28:21
$ReO_6C_7H_3$, Rhenium, acetylpentacarbonyl-, (*OC*-6-21)-, [23319-44-0], 20:201;28:201
$ReO_6C_8H_7$, Rhenate(1-), diacetyltetracarbonyl-, hydrogen, (*OC*-6-22)-, [59299-78-4], 20:200,202
$ReP_3C_{24}H_{38}$, Rhenium, tris(dimethylphenylphosphine)pentahydro-, (*DD*-8-21122212)-, [65816-70-8], 17:64

$ReS_6C_{42}H_{30}$, Rhenium, tris[1,2-diphenyl-1,2-ethenedithiolato(2-)-*S,S'*]-, (*TP*-6-111)-, [14264-08-5], 10:9

$Re_2Au_2BP_6C_{132}H_{116}$, Rhenium(1+), di-μ-hydrotetrahydrotetrakis(triphenylphosphine)bis[(triphenylphosphine)gold]di-, (*4Au-Re*)(*Re-Re*), tetraphenylborate(1-), [107712-44-7], 29:291

$Re_2Br_2Cl_4O_8C_{28}H_{16}$, Rhenium, dibromotetrakis[μ-(4-chlorobenzoato-*O:O'*)]di-, (*Re-Re*), [33540-85-1], 13:86

$Re_2Br_2O_8C_8H_{12}$, Rhenium, tetrakis[μ-(acetato-*O:O'*)]dibromodi-, [15628-95-2], 13:85

$Re_2Br_2O_8C_{28}H_{20}$, Rhenium, tetrakis[μ-(benzoato-*O:O'*)]dibromodi-, (*Re-Re*), [15654-35-0], 13:86

$Re_2Br_2O_{12}C_{32}H_{28}$, Rhenium, dibromotetrakis[μ-(4-methoxybenzoato-$O^1:O^{1'}$)]di-, (*Re-Re*), [33700-35-5], 13:86

$Re_2Br_4Cl_2O_8C_{28}H_{16}$, Rhenium, tetrakis[μ-(4-bromobenzoato-*O:O'*)]dichlorodi-, (*Re-Re*), [33540-86-2], 13:86

$Re_2Br_6O_8C_{28}H_{16}$, Rhenium, dibromotetrakis[μ-(4-bromobenzoato-*O:O'*)]di-, (*Re-Re*), [33540-87-3], 13:86

$Re_2Br_8N_2C_{32}H_{72}$, 1-Butanaminium, *N,N,N*-tributyl-, octabromodirhenate(2-) (*Re-Re*) (2:1), [14049-60-6], 13:84

$Re_2Cd_2O_7$, Cadmium rhenium oxide ($Cd_2Re_2O_7$), [12139-31-0], 14:146

$Re_2Cl_2N_4O_8C_{28}H_{24}$, Rhenium, tetrakis[μ-(4-aminobenzoato-*O:O'*)] dichlorodi-, (*Re-Re*), [33540-84-0], 13:86

$Re_2Cl_2O_8C_8H_{12}$, Rhenium, tetrakis (acetato-*O*)dichlorodi-, (*Re-Re*), [33612-87-2], 20:46

———, Rhenium, tetrakis[μ-(acetato-*O:O'*)]dichlorodi-, (*Re-Re*), [14126-96-6], 13:85

$Re_2Cl_2O_8C_8$, Rhenium, octacarbonyldi-μ-chlorodi-, [15189-52-3], 16:35

$Re_2Cl_2O_8C_{28}H_{20}$, Rhenium, tetrakis[μ-(benzoato-*O:O'*)]dichlorodi-, (*Re-Re*), [15654-34-9], 13:86

$Re_2Cl_2O_8C_{32}H_{28}$, Rhenium, dichlorotetrakis[μ-(3-methylbenzoato-*O:O'*)]di-, (*Re-Re*), [15727-37-4], 13:86

———, Rhenium, dichlorotetrakis[μ-(4-methylbenzoato-$O^1:O^{1'}$)]di-, (*Re-Re*), [15663-73-7], 13:86

$Re_2Cl_2O_8C_{40}H_{44}$, Rhenium, dichlorotetrakis[μ-(2,4,6-trimethylbenzoato-*O:O'*)]di-, (*Re-Re*), [33540-81-7], 13:86

$Re_2Cl_2O_{12}C_{32}H_{28}$, Rhenium, dichlorotetrakis[μ-(4-methoxybenzoato-$O^1:O^{1'}$)]di-, (*Re-Re*), [33540-83-9], 13:86

$Re_2Cl_3NO_6C_5$, Rhenium, pentacarbonyltri-μ-chloronitrosyldi-, [37402-69-0], 16:36

$Re_2Cl_4N_2O_6C_4$, Rhenium, tetracarbonyldi-μ-chlorodichlorodinitrosyldi-, [25360-92-3], 16:37

$Re_2Cl_6N_8O_4PtC_8H_{32}$, Rhenium(1+), bis(1,2-ethanediamine-*N,N'*)dioxo-, (*OC*-6-12)-, (*OC*-6-11)-hexachloroplatinate(2-) (2:1), [148832-28-4], 8:176

$Re_2Cl_6O_8C_{28}H_{16}$, Rhenium, dichlorotetrakis[μ-(4-chlorobenzoato-*O:O'*)]di-, (*Re-Re*), [33700-36-6], 13:86

$Re_2Cl_8N_2C_{12}H_{10}$, Rhenium, bis[benzenaminato(2-)]di-μ-chlorohexachlorodi-, [104493-76-7], 24:195

$Re_2Cl_8N_2C_{32}H_{72}$, 1-Butanaminium, *N,N,N*-tributyl-, octachlorodirhenate(2-) (*Re-Re*) (2:1), [14023-10-0], 12:116;13:84;28:332

$Re_2Cl_{18}N_8O_4Pt_3C_8H_{36}$, Rhenium(3+), bis(1,2-ethanediamine-*N,N'*)dihydroxy-, (*OC*-6-11)-hexachloroplatinate(2-) (2:3), [12074-83-8], 8:175

$Re_2Cl_{18}N_8O_4Pt_3C_{12}H_{44}$, Rhenium(3+), dihydroxybis(1,2-propane-diamine-*N,N'*)-, (*OC*-6-11)-hexachloroplatinate(2-) (2:3), [148832-31-9], 8:176

$Re_2Cl_{18}N_8O_4Pt_3C_{12}H_{44}$, Rhenium(3+), dihydroxybis(1,3-propanediamine-*N,N'*)-, (*OC*-6-12)-, (*OC*-6-11)-hexachloroplatinate(2-) (2:3), [148832-29-5], 8:176

Re_2O_7, Rhenium oxide (Re_2O_7), [1314-68-7], 3:188;9:149

$Re_2O_8C_8H_{12}$, Rhenium(2+), tetrakis[μ-(acetato-*O:O'*)]di-, (*Re-Re*), [66943-63-3], 13:90

$Re_2P_4C_{72}H_{68}$, Rhenium, tetra-μ-hydro-tetrahydrotetrakis(triphenylphosphine)di-, (*Re-Re*), [66984-37-0], 27:16

Re_2S_7, Rhenium sulfide (Re_2S_7), [12038-67-4], 1:177

Re_3Br_9, Rhenium, tri-μ-bromohexabromotri-, *triangulo*, [33517-16-7], 10:58;20:47

Re_3Cl_9, Rhenium, tri-μ-chlorohexachlorotri-, *triangulo*, [14973-59-2], 12:193;20:44,47

$Re_3CoH_{15}N_5O_{12}$, Rhenium(2+), μ-oxotrioxo(pentaamminecobalt)-, bis[(*T*-4)-tetraoxorhenate(1-)], [31031-09-1], 12:215

$Re_3CoH_{17}N_5O_{13}.2H_2O$, Cobalt(3+), pentaammineaqua-, (*OC*-6-22)-, tris[(*T*-4)-tetraoxorhenate(1-)], dihydrate, [20774-10-1], 12:214

Re_3I_9, Rhenium, tri-μ-iodohexaiodotri-, *triangulo*, [52587-94-7], 20:47

$Re_3O_{12}C_{12}H_3$, Rhenium, dodecacarbonyltri-μ-hydrotri-, *triangulo*, [73463-62-4], 17:66

$Re_4F_4O_{12}C_{12}.4H_2O$, Rhenium, dodecacarbonyltetra-μ_3-fluorotetra-, tetrahydrate, [130006-12-1], 26:82

$Re_4O_{12}C_{12}H_4$, Rhenium, dodecacarbonyltetrahydrotetra-, [11064-22-5], 18:60

$Re_4O_{22}C_{20}$, Rhenium, octadecacarbonylbis[μ_3-(carboxylato-*C:O:O'*)]tetra-, [101065-12-7], 28:20

$RhAs_2ClOC_{37}H_{30}$, Rhodium, carbonylchlorobis(triphenylarsine)-, [14877-90-8], 8:214

———, Rhodium, carbonylchlorobis (triphenylarsine)-, (*SP*-4-1)-, [16970-35-7], 11:100

$RhAs_4ClC_{20}H_{32}$, Rhodium(1+), bis[1,2-phenylenebis[dimethylarsine]-*As,As'*]-, chloride, (*SP*-4-1)-, [38337-86-9], 21:101

$RhAs_4ClO_2C_{21}H_{32}$, Rhodium, (carboxylato)chlorobis[1,2-phenylenebis [dimethylarsine]-*As,As'*]-, (*OC*-6-11)-, [83853-75-2], 21:101

$RhBNOP_2C_{38}H_{33}$, Rhodium, carbonyl-[(cyano-*C*)trihydroborato(1-)-*N*]bis (triphenylphosphine)-, (*SP*-4-1)-, [36606-39-0], 15:72

$RhBN_4C_{44}H_{56}$, Rhodium(1+), tetrakis(1-isocyanobutane)-, (*SP*-4-1)-, tetraphenylborate(1-), [61160-72-3], 21:50

$RhBOP_3S_2C_{66}H_{59}$, Rhodium(1+), [carbonodithioato(2-)-*S,S'*][[2-[(diphenylphosphino)methyl]-2-methyl-1,3-propanediyl]bis [diphenylphosphine]-*P,P',P''*]-, (*SP*-5-22)-, tetraphenylborate(1-), [99955-64-3], 27:287

$RhBO_{15}P_5C_{39}H_{65}$, Rhodium(1+), pentakis (trimethyl phosphite-*P*)-, tetraphenylborate(1-), [33336-87-7], 20:78

$RhBrC_{37}H_{32}$, Rhodium, [(1,2,3,4,5-η)-1-bromo-2,3,4,5-tetraphenyl-2,4-cyclopentadien-1-yl][(1,2,5,6-η)-1,5-cyclooctadiene]-, [52394-65-7], 20:192

$RhBrP_2C_{36}H_{30}$, Rhodium, bromobis (triphenylphosphine)-, [148832-24-0], 10:70

$RhBr_3N_4C_4H_{16}$, Rhodium(1+), dibromobis(1,2-ethanediamine-*N,N'*)-, bromide, (*OC*-6-22)-, [65761-17-3], 20:60

$RhBr_3N_4C_{20}H_{20}$, Rhodium(1+), dibromotetrakis(pyridine)-, bromide, (*OC*-6-12)-, [14267-74-4], 10:66
$RhClC_{16}H_{28}$, Rhodium, chlorobis[(1,2-η)-cyclooctene]-, [74850-79-6], 28:90
$RhClC_{37}H_{32}$, Rhodium, [(1,2,3,4,5-η)-1-chloro-2,3,4,5-tetraphenyl-2,4-cyclopentadien-1-yl][(1,2,5,6-η)-1,5-cyclooctadiene]-, [52410-07-8], 20:191
$RhClF_6N_4O_6S_2C_6H_{16}$, Rhodium(1+), chlorobis(1,2-ethanediamine-*N,N'*)-(trifluoromethanesulfonato-*O*)-, (*OC*-6-23)-, salt with trifluoromethanesulfonic acid (1:1), [90065-97-7], 24:285
$RhClNP_2C_{38}H_{33}$, Rhodium, (acetonitrile) chlorobis(triphenylphosphine)-, [70765-24-1], 10:69
$RhClNP_2C_{41}H_{37}$, Rhodium, chlorodihydro (pyridine)bis(triphenylphosphine)-, (*OC*-6-42)-, [12120-40-0], 10:69
$RhClN_4O_8C_6H_{16}$, Rhodium(1+), bis(1,2-ethanediamine-*N,N'*)[ethanedioato(2-)-*O,O'*]-, (*OC*-6-22)-, perchlorate, [52729-89-2], 20:58;24:227
$RhClN_5O_7CH_{15}.H_2O$, Rhodium(1+), pentaammine[carbonato(2-)-*O*]-, (*OC*-6-22)-, perchlorate, monohydrate, [151120-26-2], 17:152
$RhClOP_2C_{37}H_{30}$, Rhodium, carbonylchlorobis(triphenylphosphine)-, [13938-94-8], 8:214;10:69;15:65,71
———, Rhodium, carbonylchlorobis (triphenylphosphine)-, (*SP*-4-3)-, [15318-33-9], 11:99;28:79
$RhClOP_2SC_{38}H_{36}$, Rhodium, chloro [sulfinylbis[methane]-*S*]bis (triphenylphosphine)-, (*SP*-4-2)-, [29826-67-3], 10:69
$RhClOP_3S_2C_{42}H_{39}$, Rhodium, [carbonodithioato(2-)-*S,S'*] chloro[[2-[(diphenylphosphino) methyl]-2-methyl-1,3-propanediyl] bis[diphenylphosphine]-*P,P',P''*]-, (*OC*-6-33)-, [100044-11-9], 27:289
$RhClO_2C_{31}H_{20}$, Rhodium, dicarbonyl-[(1,2,3,4,5-η)-1-chloro-2,3,4,5-tetraphenyl-2,4-cyclopentadien-1-yl]-, [52394-68-0], 20:192
$RhClO_2P_2C_{36}H_{30}$, Rhodium, chloro (dioxygen)bis(triphenylphosphine)-, [59561-97-6], 10:69
$RhClO_5P_2C_{37}H_{30}$, Rhodium, carbonyl (perchlorato-*O*)bis(triphenylphosphine)-, (*SP*-4-1)-, [32354-26-0], 15:71
$RhClP_2C_{36}H_{30}$, Rhodium, chlorobis (triphenylphosphine)-, [68932-69-4], 10:68
$RhClP_2C_{36}H_{32}$, Rhodium, chlorodihydrobis(triphenylphosphine)-, [12119-41-4], 10:69
$RhClP_2SC_{37}H_{30}$, Rhodium, (carbonothioyl) chlorobis(triphenylphosphine)-, (*SP*-4-3)-, [59349-68-7], 19:204
$RhClP_3C_{54}H_{45}$, Rhodium, chlorotris (triphenylphosphine)-, (*SP*-4-2)-, [14694-95-2], 28:77
$RhClP_4S_2C_{48}H_{54}$, Rhodium, chloro[[2-[(diphenylphosphino)methyl]-2-methyl-1,3-propanediyl]bis[diphenylphosphine]-*P,P',P''*][(triethylphosphor anylidene)methanedithiolato(2-)-*S*]-, [100044-10-8], 27:288
$RhClP_6C_{36}H_{30}$, Rhodium, chloro(tetraphosphorus-*P,P'*)bis(triphenylphosphine)-, (*TB*-5-33)-, [34390-31-3], 27:222
$RhCl_2H_{12}ClN_4$, Rhodium(1+), tetraamminedichloro-, chloride, (*OC*-6-22)-, [71382-19-9], 24:223
$RhCl_2NOP_2C_{36}H_{30}$, Rhodium, dichloronitrosylbis(triphenylphosphine)-, [20097-11-4], 15:60
$RhCl_2N_5O_3C_4H_{16}$, Rhodium(1+), dichlorobis(1,2-ethanediamine-*N,N'*)-, (*OC*-6-12)-, nitrate, [15529-88-1], 7:217
———, Rhodium(1+), dichlorobis(1,2-ethanediamine-*N,N'*)-, (*OC*-6-22)-, nitrate, [39561-32-5], 7:217

$RhCl_2N_5O_3C_{20}H_{20}$, Rhodium(1+), dichlorotetrakis(pyridine)-, (*OC*-6-12)-, nitrate, [22933-85-3], 10:66
$RhCl_3.3H_2O$, Rhodium chloride ($RhCl_3$), trihydrate, [13569-65-8], 7:214
$RhCl_3H_{12}N_4$, Rhodium(1+), tetraamminedichloro-, chloride, (*OC*-6-12)-, [37488-14-5], 7:216
$RhCl_3H_{15}N_5$, Rhodium(2+), pentaamminechloro-, dichloride, (*OC*-6-22)-, [13820-95-6], 7:216;13:213;24:222
$RhCl_3H_{17}N_5O_{13}$, Rhodium(3+), pentaammineaqua-, (*OC*-6-22)-, triperchlorate, [15611-81-1], 24:254
$RhCl_3H_{18}N_6O_{12}$, Rhodium(3+), hexaammine-, (*OC*-6-11)-, triperchlorate, [60245-92-3], 24:255
$RhCl_3N_3C_{15}H_{15}$, Rhodium, trichlorotris (pyridine)-, (*OC*-6-21)-, [14267-66-4], 10:65
$RhCl_3N_4C_4H_{16}$, Rhodium(1+), dichlorobis(1,2-ethanediamine-*N,N'*)-, chloride, (*OC*-6-12)-, [15444-63-0], 7:218
———, Rhodium(1+), dichlorobis(1,2-ethanediamine-*N,N'*)-, chloride, (*OC*-6-22)-, [15444-62-9], 7:218;20:60
$RhCl_3N_4C_4H_{16}.H_2O$, Rhodium(1+), dichlorobis(1,2-ethanediamine-*N,N'*)-, chloride, monohydrate, (*OC*-6-22)-, [30793-03-4], 24:283
$RhCl_3N_4C_{20}H_{20}.H_2O$, Rhodium(1+), dichlorotetrakis(pyridine)-, chloride, monohydrate, (*OC*-6-12)-, [150124-36-0], 10:64
$RhCl_3N_4C_{20}H_{20}.5H_2O$, Rhodium(1+), dichlorotetrakis(pyridine)-, chloride, pentahydrate, (*OC*-6-12)-, [19538-05-7], 10:64
$RhCl_3N_4C_{20}H_{20}$, Rhodium(1+), dichlorotetrakis(pyridine)-, chloride, (*OC*-6-12)-, [14077-30-6], 10:64
$RhCl_3N_4O_4C_{20}H_{20}$, Rhodium(1+), dichlorotetrakis(pyridine)-, (*OC*-6-12)-, perchlorate, [22933-86-4], 10:66
$RhCl_3N_6C_6H_{24}.3H_2O$, Rhodium(3+), tris(1,2-ethanediamine-*N,N'*)-, trichloride, trihydrate, (*OC*-6-11)-, [15004-86-1], 12:276-279
$RhCl_3N_6C_6H_{24}$, Rhodium(3+), tris(1,2-ethanediamine-*N,N'*)-, trichloride, (*OC*-6-11)-, [14023-02-0], 12:269,272
$RhCl_3N_6C_6H_{24}$, Rhodium(3+), tris(1,2-ethanediamine-*N,N'*)-, trichloride, (*OC*-6-11-Δ)-, [30983-68-7], 12:276-279
$RhCl_3N_6C_6H_{24}$, Rhodium(3+), tris(1,2-ethanediamine-*N,N'*)-, trichloride, (*OC*-6-11-Λ)-, [31125-87-8], 12:269,272
$RhCl_4N_4C_4H_{17}.2H_2O$, Rhodium(1+), dichlorobis(1,2-ethanediamine-*N,N'*)-, (*OC*-6-12)-, (hydrogen dichloride), dihydrate, [91230-96-5], 24:283
$RhCl_5C_{13}H_{12}$, Rhodium, [(1,2,5,6-η)-1,5-cyclooctadiene](η^5-1,2,3,4,5-pentachloro-2,4-cyclopentadien-1-yl)-, [56282-20-3], 20:194
$RhCl_5H_2K_2O$, Rhodate(2-), aquapentachloro-, dipotassium, (*OC*-6-21)-, [15306-82-8], 7:215
$RhCl_5H_2O$, Rhodate(2-), aquapentachloro-, (*OC*-6-21)-, [15276-84-3], 8:220,222
$RhCl_5N_2OC_{10}H_{12}$, Rhodate(2-), aquapentachloro-, (*OC*-6-21)-, dihydrogen, compd. with pyridine (1:2), [148832-35-3], 10:65
$RhCl_6H_3$, Rhodate(3-), hexachloro-, trihydrogen, (*OC*-6-11)-, [16970-54-0], 8:220
$RhCl_6K_3$, Rhodate(3-), hexachloro-, tripotassium, (*OC*-6-11)-, [13845-07-3], 8:217,222
$RhCl_6K_3.H_2O$, Rhodate(3-), hexachloro-, tripotassium, monohydrate, (*OC* 6-11)-, [15077-95-9], 8:217,222
$RhCl_6Na_3$, Rhodate(3-), hexachloro-, trisodium, (*OC*-6-11)-, [14972-70-4], 8:217

$RhFOP_2C_{37}H_{30}$, Rhodium, carbonylfluorobis(triphenylphosphine)-, [58167-05-8], 15:65

$RhFO_3P_2C_{44}H_{34}$, Rhodium, carbonyl(3-fluorobenzoato-*O*)bis(triphenylphosphine)-, [103948-62-5], 27:292

$RhF_9N_4O_9S_3C_7H_{16}$, Rhodium(1+), bis(1,2-ethanediamine-*N,N'*)bis(trifluoromethanesulfonato-*O*)-, (*OC*-6-22)-, salt with trifluoromethanesulfonic acid (1:1), [90065-93-3], 24:285

$RhF_9N_5O_9S_3C_3H_{15}$, Rhodium(2+), pentaammine(trifluoromethanesulfonato-*O*)-, (*OC*-6-22)-, salt with trifluoromethanesulfonic acid (1:2), [84254-57-9], 24:253

$RhF_9N_5O_9S_3C_8H_{25}$, Rhodium(2+), pentakis(methanamine)(trifluoromethanesulfonato-*O*)-, (*OC*-6-22)-, salt with trifluoromethanesulfonic acid (1:2), [90065-89-7], 24:281

$RhF_9N_6O_9S_3C_3H_{18}$, Rhodium(3+), hexaammine-, (*OC*-6-11)-, salt with trifluoromethanesulfonic acid (1:3), [90084-45-0], 24:255

$RhF_{12}N_3P_2C_{16}H_{24}$, Rhodium(2+), tris(acetonitrile)[(1,2,3,4,5-η)-1,2,3,4,5-pentamethyl-2,4-cyclopentadien-1-yl]-, bis[hexafluorophosphate(1-)], [59738-28-2], 29:231

$RhH_3O_3.H_2O$, Rhodium hydroxide ($Rh(OH)_3$), monohydrate, [150124-33-7], 7:215

$RhH_{12}N_3S_{15}$, Rhodate(3-), tris(pentathio)-, triammonium, (*OC*-6-11)-, [33897-08-4], 21:15

$RhH_{15}N_4O_8S_2$, Rhodium(2+), tetraammineaquahydroxy-, (*OC*-6-33)-, dithionate (1:1), [72902-00-2], 24:225

$RhH_{16}N_5O_4S$, Rhodium(2+), pentaamminehydro-, (*OC*-6-21)-, sulfate (1:1), [19440-32-5], 13:214

$RhIOP_2C_{37}H_{66}$, Rhodium, carbonyliodobis(tricyclohexylphosphine)-, (*SP*-4-3)-, [59092-46-5], 27:292

$RhLiN_6O_{12}C_{14}H_{32}.3H_2O$, Rhodium(3+), tris(1,2-ethanediamine-*N,N'*)-, (*OC*-6-11-Λ)-, lithium salt with [*R*-(*R**,*R**)]-2,3-dihydroxybutanedioic acid (1:1:2), trihydrate, [151208-25-2], 12:272

$RhNOP_3C_{54}H_{45}$, Rhodium, nitrosyltris(triphenylphosphine)-, (*T*-4)-, [21558-94-1], 15:61;16:33

$RhNO_3P_2C_{25}H_{46}$, Rhodium, carbonyl(4-pyridinecarboxylato-N^1)bis[tris(1-methylethyl)phosphine]-, (*SP*-4-1)-, [112784-16-4], 27:292

$RhNO_4P_2C_{40}H_{30}$, Phosphorus(1+), triphenyl(*P,P,P*-triphenylphosphine imidato-*N*)-, (*T*-4)-, (*T*-4)-tetracarbonylrhodate(1-), [74364-66-2], 28:213

$RhNO_5P_2C_{40}H_{36}$, Rhodium, bis(acetato-*O*)nitrosylbis(triphenylphosphine)-, [50661-88-6], 17:129

$RhN_4O_8S_2C_4H_{19}$, Rhodium(2+), aquabis(1,2-ethanediamine-*N,N'*)hydroxy-, (*OC*-6-33)-, dithionate (1:1), [72902-01-3], 24:230

$RhN_4S_4C_8$, Rhodate(2-), bis[2,3-dimercapto-2-butenedinitrilato(2-)-*S,S'*]-, (*SP*-4-1)-, [46761-36-8], 10:9

$RhN_7O_7C_4H_{16}$, Rhodium(1+), bis(1,2-ethanediamine-*N,N'*)bis(nitrito-*N*)-, (*OC*-6-22)-, nitrate, [63088-83-5], 20:59

$RhOP_3C_{55}H_{46}$, Rhodium, carbonylhydrotris(triphenylphosphine)-, (*TB*-5-23)-, [17185-29-4], 15:59;28:82

$RhO_2C_9H_{15}$, Rhodium, bis(η^2-ethene)(2,4-pentanedionato-*O,O'*)-, [12082-47-2], 15:16

$RhO_2P_2C_{25}H_{47}$, Rhodium, carbonylphenoxybis[tris(1-methylethyl)phosphine]-, [113472-84-7], 27:292

$RhO_2P_3C_{56}H_{48}$, Rhodium, (acetato-*O*)tris(triphenylphosphine)-, (*SP*-4-2)-, [34731-03-8], 17:129

- RhO₃P₂C₂₁H₄₅, Rhodium, (acetato-*O*) carbonylbis[tris(1-methylethyl) phosphine]-, (*SP*-4-1)-, [112761-20-3], 27:292
- RhO₃P₂C₄₄H₇₁, Rhodium, (benzoato-*O*) carbonylbis(tricyclohexylphosphine)-, (*SP*-4-1)-, [112837-60-2], 27:292
- RhO₄P₂C₂₄H₄₉, Rhodium, carbonyl (methyl 3-oxobutanoato-O³)bis[tris(1-methylethyl)phosphine]-, (SP-4-1)-, [112784-15-3], 27:292
- RhO₄P₂SC₄₄H₇₃, Rhodium, carbonyl(4-methylbenzenesulfonato-*O*)bis (tricyclohexylphosphine)-, (*SP*-4-1)-, [112837-62-4], 27:292
- RhO₄P₄C₆₂H₆₅, Rhodium, bis[[(2,2-dimethyl-1,3-dioxolane-4,5-diyl)bis (methylene)]bis[diphenylphosphine]-*P*,*P*']hydro-, [*TB*-5-12-(4*S*-*trans*), (4*S*-*trans*)]-, [65573-60-6], 17:81
- RhO₅P₂C₄₅H₇₁, Rhodate(1-), [1,2-benzenedicarboxylato(2-)-O] carbonylbis(tricyclohexylphosphine)-, hydrogen, (*SP*-4-1)-, [112836-48-3], 27:291
- RhO₆P₂C₁₁H₂₃, Rhodium, (η^5 -2,4-cyclopentadien-1-yl)bis(trimethyl phosphite-*P*)-, [12176-46-4], 25:163;28:284
- $RhO_{12}P_4C_{72}H_{61}$, Rhodium, hydrotetrakis (triphenyl phosphite-P)-, [24651-65-8], 13:109
- RhOsP₃C₃₂H₄₈, Osmium, [[(1,2,5,6-η)-1,5-cyclooctadiene]rhodium]tris (dimethylphenylphosphine)tri-μ-hydro-, (*Os-Rh*), [106017-48-5], 27:29
- RhPC₃₂H₃₈, Rhodium, 1,4-butanediyl-[(1,2,3,4,5-η)-1,2,3,4,5-pentamethyl-2,4-cyclopentadien-1-yl](triphenylphosphine)-, [63162-06-1], 22:173
- RhP₂C₁₁H₂₃, Rhodium, (η^5 -2,4-cyclopentadien-1-yl)bis(trimethylphosphine)-, [69178-15-0], 25:159;28:280

- RhP₄C₇₂H₆₁, Rhodium, hydrotetrakis (triphenylphosphine)-, [18284-36-1], 15:58;28:81
- Rh₂B₂N₄P₄C₁₁₈H₁₂₀, Rhodium(2+), tetrakis(1-isocyanobutane)bis[μ-[methylenebis[diphenylphosphine]-*P:P'*]]di-, bis[tetraphenylborate(1-)], [61160-70-1], 21:49
- Rh₂B₄F₁₆N₁₀C₂₀H₃₀, Rhodium(4+), decakis(acetonitrile)di-, (*Rh-Rh*), tetrakis[tetrafluoroborate(1-)], [117686-94-9], 29:182
- Rh₂Br₄H₂₆N₈O₂, Rhodium(4+), octaamminedi-μ-hydroxydi-, tetrabromide, [72902-02-4], 24:226
- Rh₂Br₄N₈O₂C₈H₃₄, Rhodium(4+), tetrakis(1,2-ethanediamine-*N*,*N*) di-μ-hydroxydi-, tetrabromide, stereoisomer, [72938-03-5], 24:231
- Rh₂ClPC₂₄H₄₂, Rhodium, [μ-[bis(1,1-dimethylethyl)phosphino]]-μ-chlorobis[(1,2,5,6-η)-1,5-cycloocta diene]di-, [104114-33-2], 25:172
- Rh₂Cl₂C₈H₁₆, Rhodium, di-μ-chlorotetrakis(η²-ethene)di-, [12081-16-2], 15:14;28:86
- Rh₂Cl₂C₁₂H₂₀, Rhodium, di- μ -chlorobis-[(1,2,5,6- η)-1,5-hexadiene]di-, [32965-49-4], 19:219
- $Rh_2Cl_2C_{16}H_{24}$, Rhodium, di- μ -chlorobis-[(1,2,5,6- η)-1,5-cyclooctadiene]di-, [12092-47-6], 19:218;28:88
- $Rh_2Cl_2C_{24}H_{48}$, Rhodium, di- μ -chlorotetrakis[(2,3- η)-2,3-dimethyl-2-butene]di-, [69997-66-6], 19:219
- $Rh_2Cl_2C_{32}H_{56}$, Rhodium, di- μ -chlorotetrakis[(1,2- η)-cyclooctene]di-, [12279-09-3], 14:93
- Rh₂Cl₂O₄C₄, Rhodium, tetracarbonyldi-μchlorodi-, [14523-22-9], 8:211;15:14;28:84
- Rh₂Cl₂P₄C₇₂H₆₀, Rhodium, di-μ-chlorotetrakis(triphenylphosphine)di-, [14653-50-0], 10:69

$Rh_2Cl_4C_{20}H_{30}$, Rhodium, di-μ-chloro-dichlorobis[(1,2,3,4,5-η)-1,2,3,4,5-pentamethyl-2,4-cyclopentadien-1-yl]di-, [12354-85-7], 29:229

$Rh_2Cl_6N_8O_4C_8H_{32}$, Rhodium(1+), dichlorobis(1,2-ethanediamine-*N,N'*)-, (*OC*-6-22)-, chloride perchlorate (2:1:1), [103937-70-8], 24:229

$Rh_2O_2C_{16}H_{26}$, Rhodium, bis[(1,2,5,6-η)-1,5-cyclooctadiene]di-μ-hydroxydi-, [73468-85-6], 23:129

$Rh_2O_2C_{18}H_{30}$, Rhodium, bis[(1,2,5,6-η)-1,5-cyclooctadiene]di-μ-methoxydi-, [12148-72-0], 23:127

$Rh_2O_2P_3C_{26}H_{57}$, Rhodium, bis[bis(1,1-dimethylethyl)phosphine][μ-[bis(1,1-dimethylethyl)phosphino]] dicarbonyl-μ-hydrodi-, (*Rh-Rh*), stereoisomer, [106070-74-0], 25:171

$Rh_2O_3.5H_2O$, Rhodium oxide (Rh_2O_3), pentahydrate, [39373-27-8], 7:215

$Rh_2O_8P_2S_2C_{16}H_{36}$, Rhodium, dicarbonyl-bis[μ-(2-methyl-2-propanethiolato)]bis (trimethyl phosphite-*P*)di-, [71301-64-9], 23:124

$Rh_2O_{12}P_4S_2C_{20}H_{54}$, Rhodium, bis[μ-(2-methyl-2-propanethiolato)]tetrakis (trimethyl phosphite-*P*)di-, [71269-63-1], 23:123

$Rh_2P_6C_{20}H_{56}$, Rhodium, bis[μ-[(1,1-dimethylethyl)phosphino]]tetrakis (trimethylphosphine)di-, (*Rh-Rh*), stereoisomer, [87040-41-3], 25:174

$Rh_4N_2O_{12}P_4PtC_{84}H_{60}$, Phosphorus(1+), triphenyl(*P,P,P*-triphenylphosphine imidato-*N*)-, (*T*-4)-, hexa-μ-carbonyl-pentacarbonyl(carbonylplatinate) tetrarhodate(2-) (3*Pt-Rh*)(6*Rh-Rh*) (2:1), [77906-02-6], 26:375

$Rh_4N_2O_{14}P_4PtC_{86}H_{60}$, Phosphorus(1+), triphenyl(*P,P,P*-triphenylphosphine imidato-*N*)-, (*T*-4)-, penta-μ-carbonyl-octacarbonyl(carbonylplatinate) tetrarhodate(2-) (4*Pt-Rh*)(5*Rh-Rh*) (2:1), [78179-93-8], 26:373

$Rh_4O_{12}C_{12}$, Rhodium, tri-μ-carbonylnona-carbonyltetra-, *tetrahedro,* [19584-30-6], 17:115;20:209;28:242

$Rh_6K_2O_{15}C_{16}$, Rhodate(2-), nona-μ-car-bonylhexacarbonyl-μ_6-methanetetrayl-hexa-, (9*Rh-Rh*), dipotassium, [53468-95-4], 20:212

$Rh_6O_{16}C_{16}$, Rhodium, tetra-μ_3-carbonyl-dodecacarbonylhexa-, *octahedro*, [28407-51-4], 16:49

$Rh_{12}Na_2O_{30}C_{30}$, Rhodate(2-), di-μ-car-bonylocta-μ_3-carbonyleicosacarbonyl-dodeca-, (25*Rh-Rh*), disodium, [12576-08-8], 20:215

$RuAs_2Cl_3NSC_{36}H_{30}$, Ruthenium, trichloro (thionitrosyl)bis(triphenylarsine)-, [132077-60-2], 29:162

$RuAuF_6OP_5C_{73}H_{62}$, Ruthenium(1+), carbonyldi-μ-hydrotris(triphenyl-phosphine)[(triphenylphosphine) gold]-, (*Au-Ru*), stereoisomer, hexafluorophosphate(1-), [116053-37-3], 29:281

$RuAu_2F_6P_6C_{90}H_{78}$, Ruthenium(1+), tri-μ-hydrotris(triphenylphosphine) bis[(triphenylphosphine)gold]-, (2*Au-Ru*), hexafluorophosphate(1-), [116053-35-1], 29:286

$RuBClF_4N_2O_2P_2C_{36}H_{30}$, Ruthenium(1+), chlorodinitrosylbis(triphenyl-phosphine)-, tetrafluoroborate(1-), [54890-53-8], 16:21

$RuBF_4P_3C_{54}H_{46}$, Ruthenium(1+), hydro-[(η^6-phenyl)diphenylphosphine]bis (triphenylphosphine)-, tetrafluoro-borate(1-), [41392-83-0], 17:77

$RuB_2F_8H_{15}N_7$, Ruthenium(2+), pentaam-mine(dinitrogen)-, (*OC*-6-22)-, bis [tetrafluoroborate(1-)], [15283-53-1], 12:5

$RuB_2F_8N_7C_4H_{19}$, Ruthenium(2+), penta-ammine(pyrazine-N^1)-, (*OC*-6-22)-, bis[tetrafluoroborate(1-)], [41481-91-8], 24:259

$RuB_2N_8C_{56}H_{68}$, Ruthenium(2+), [(1,2,5,6-η)-1,5-cyclooctadiene]tetrakis(hydrazine-*N*)-, bis[tetraphenylborate(1-)], [37684-73-4], 26:73

$RuB_2N_8C_{60}H_{76}$, Ruthenium(2+), [(1,2,5,6-η)-1,5-cyclooctadiene] tetrakis(methylhydrazine-N^2)-, bis [tetraphenylborate(1-)], [128476-13-1], 26:74

$RuB_3F_{12}H_{18}N_6$, Ruthenium(3+), hexaammine-, (*OC*-6-11)-, tris[tetrafluoroborate(1-)], [16455-57-5], 12:7

$RuBrF_6N_3PC_{14}H_{21}$, Ruthenium(1+), tris (acetonitrile)bromo[(1,2,5,6-η)-1,5-cyclooctadiene]-, stereoisomer, hexafluorophosphate(1-), [115203-19-5], 26:72

$RuBr_2H_{15}N_7O$, Ruthenium(2+), pentaammine(dinitrogen monooxide)-, dibromide, (*OC*-6-22)-, [60133-59-7], 16:75

$RuBr_2H_{15}N_7$, Ruthenium(2+), pentaammine(dinitrogen)-, dibromide, (*OC*-6-22)-, [15246-25-0], 12:5

$RuBr_2N_2C_{22}H_{22}$, Ruthenium, bis (benzonitrile)dibromo[(1,2,5,6-η)-1,5-cyclooctadiene]-, stereoisomer, [115203-17-3], 26:71

$RuBr_3H_{12}N_4$, Ruthenium(1+), tetraamminedibromo-, bromide, (*OC*-6-22)-, [53024-85-4], 26:67

$RuBr_3H_{15}N_5$, Ruthenium(2+), pentaamminebromo-, dibromide, (*OC*-6-22)-, [16446-65-4], 12:4

$RuBr_3H_{18}N_6$, Ruthenium(3+), hexaammine-, tribromide, (*OC*-6-11)-, [16455-56-4], 13:211

$RuC_{10}H_{10}$, Ruthenocene, [1287-13-4], 22:180

$RuC_{12}H_{14}$, Ruthenium, ($η^6$-benzene)-[(1,2,3,4-η)-1,3-cyclohexadiene]-, [12215-07-5], 22:177

$RuC_{13}H_{18}$, Ruthenium, [(2,3,5,6-η)-bicyclo[2.2.1]hepta-2,5-diene]bis($η^3$-2-propenyl)-, [12289-15-5], 26:251

$RuC_{14}H_{18}$, Ruthenium, bis[(1,2,3,4,5-η)-2,4-cycloheptadien-1-yl]-, [54873-26-6], 22:179

$RuC_{14}H_{22}$, Ruthenium, [(1,2,5,6-η)-1,5-cyclooctadiene]bis($η^3$-2-propenyl)-, stereoisomer, [12289-52-0], 26:254

$RuC_{16}H_{22}$, Ruthenium, [(1,2,5,6-η)-1,5-cyclooctadiene][(1,2,3,4,5,6-η)-1,3,5-cyclooctatriene]-, [42516-72-3], 22:178

$RuC_{16}H_{26}$, Ruthenium, bis($η^2$-ethene)-[(1,2,3,4,5,6-η)-hexamethylbenzene]-, [67420-77-3], 21:76

$RuC_{18}H_{26}$, Ruthenium, [(1,2,3,4-η)-1,3-cyclohexadiene][(1,2,3,4,5,6-η)-hexamethylbenzene]-, [67421-01-6], 21:77

$RuClF_6N_3PC_{14}H_{21}$, Ruthenium(1+), tris (acetonitrile)chloro[(1,2,5,6-η)-1,5-cyclooctadiene]-, hexafluorophosphate(1-), [54071-75-9], 26:71

$RuClOP_3C_{55}H_{46}$, Ruthenium, carbonylchlorohydrotris(triphenylphosphine)-, [16971-33-8], 15:48

$RuClO_3P_2C_{39}H_{33}$, Ruthenium, (acetato-*O,O'*)carbonylchlorobis(triphenylphosphine)-, [50661-66-0], 17:126

$RuClPC_{30}H_{34}$, Ruthenium, chloro-[(1,2,3,4,5,6-η)-hexamethylbenzene] hydro(triphenylphosphine)-, [75182-14-8], 26:181

$RuClP_2C_{41}H_{35}$, Ruthenium, chloro($η^5$-2,4-cyclopentadien-1-yl)bis(triphenylphosphine)-, [32993-05-8], 21:78;28:270

$RuClP_3C_{54}H_{46}$, Ruthenium, chlorohydrotris(triphenylphosphine)-, (*TB*-5-13)-, [55102-19-7], 13:131

$RuCl_2C_7H_8$, Ruthenium, [(2,3,5,6-η)-bicyclo[2.2.1]hepta-2,5-diene] dichloro-, [48107-17-1], 26:250

$RuCl_2C_8H_{12}$, Ruthenium, dichloro-[(1,2,5,6-η)-1,5-cyclooctadiene]-, [50982-12-2], 26:253

$(RuCl_2C_8H_{12})x$, Ruthenium, dichloro-[(1,2,5,6-η)-1,5-cyclooctadiene]-, homopolymer, [50982-13-3], 26:69

$RuCl_2F_6N_4PC_4H_{16}$, Ruthenium, dichlorobis(1,2-ethanediamine-*N,N'*)-, (*OC*-6-12)-, hexafluorophosphate(1-), [146244-13-5], 29:164

$RuCl_2F_6N_4PC_7H_{20}$, Ruthenium(1+), [*N,N'*-bis(2-aminoethyl)-1,3-propanediamine-*N,N',N'',N'''*]dichloro-, [*OC*-6-15-(*R**,*S**)]-, hexafluorophosphate(1-), [152981-38-9], 29:165

$RuCl_2H_{12}ClN_4$, Ruthenium(1+), tetraamminedichloro-, chloride, (*OC*-6-22)-, [22327-28-2], 26:66

$RuCl_2H_{15}N_7O$, Ruthenium(2+), pentaammine(dinitrogen monooxide)-, dichloride, (*OC*-6-22)-, [60182-89-0], 16:75

$RuCl_2H_{15}N_7$, Ruthenium(2+), pentaammine(dinitrogen)-, dichloride, (*OC*-6-22)-, [15392-92-4], 12:5

$RuCl_2H_{18}N_6$, Ruthenium(2+), hexaammine-, dichloride, (*OC*-6-11)-, [15305-72-3], 13:208,209

$RuCl_2N_2C_{12}H_{18}$, Ruthenium, bis(acetonitrile)dichloro[(1,2,5,6-η)-1,5-cyclooctadiene]-, stereoisomer, [115226-43-2], 26:69

$RuCl_2N_2C_{22}H_{22}$, Ruthenium, bis(benzonitrile)dichloro[(1,2,5,6-η)-1,5-cyclooctadiene]-, stereoisomer, [115203-16-2], 26:70

$RuCl_2N_2O_2C_{12}H_8$, Ruthenium, (2,2'-bipyridine-*N,N'*)dicarbonyldichloro-, [53729-70-7], 25:108

$RuCl_2N_4C_{20}H_{16}.2H_2O$, Ruthenium, bis(2,2'-bipyridine-*N,N'*)dichloro-, dihydrate, (*OC*-6-22)-, [152227-36-6], 24:292

$RuCl_2N_5O_{11}C_2H_{15}$, Ruthenium(2+), (acetato-*O*)tetraamminenitrosyl-, diperchlorate, [60133-61-1], 16:14

$RuCl_2N_6C_6H_{24}$, Ruthenium(2+), tris(1,2-ethanediamine-*N,N'*)-, dichloride, (*OC*-6-11)-, [31894-75-4], 19:118

$RuCl_2N_6C_{30}H_{24}.6H_2O$, Ruthenium(2+), tris(2,2'-bipyridine-*N,N'*)-, dichloride, hexahydrate, (*OC*-6-11)-, [50525-27-4], 21:127;28:338

$RuCl_2N_6O_{10}CH_{12}$, Ruthenium(2+), tetraammine(cyanato-*N*)nitrosyl-, diperchlorate, [60133-63-3], 16:15

$RuCl_2N_7C_4H_{19}$, Ruthenium(2+), pentaammine(pyrazine-N^1)-, dichloride, (*OC*-6-22)-, [104626-96-2], 24:259

$RuCl_2O_3C_3$, Ruthenium, tricarbonyldichloro-, [61003-62-1], 16:51

$RuCl_2O_{12}P_4C_{24}H_{60}$, Ruthenium, dichlorotetrakis(triethyl phosphite-*P*)-, [53433-15-1], 15:40

$RuCl_2P_3C_{54}H_{45}$, Ruthenium, dichlorotris (triphenylphosphine)-, [15529-49-4], 12:237,238

$RuCl_2P_4C_{72}H_{60}$, Ruthenium, dichlorotetrakis(triphenylphosphine)-, [15555-77-8], 12:237,238

$RuCl_3H_{12}N_5O$, Ruthenium(2+), tetraamminechloronitrosyl-, dichloride, [22615-60-7], 16:13

$RuCl_3H_{15}N_5$, Ruthenium(2+), pentaamminechloro-, dichloride, (*OC*-6-22)-, [18532-87-1], 12:3;13:210;24:255

$RuCl_3NOP_2C_{36}H_{30}$, Ruthenium, trichloronitrosylbis(triphenylphosphine)-, [15349-78-7], 15:51

$RuCl_3NP_2SC_{36}H_{30}$, Ruthenium, trichloro (thionitrosyl)bis(triphenylphosphine)-, (*OC*-6-31)-, [90580-82-8], 29:161

$RuCl_3N_4C_{10}H_{24}.2H_2O$, Ruthenium(1+), dichloro(1,4,8,11-tetraazacyclotetradecane-N^1,N^4,N^8,N^{11})-, chloride, dihydrate, (*OC*-6-12)-, [152981-39-0], 29:166

$RuCl_3N_4C_{20}H_{16}.2H_2O$, Ruthenium(1+), bis(2,2'-bipyridine-*N,N'*)dichloro-, chloride, dihydrate, (*OC*-6-22)-, [98014-15-4], 24:293

- RuCl₃N₆C₆H₂₄, Ruthenium(3+), tris(1,2-ethanediamine-*N*,*N*')-, trichloride, (*OC*-6-11)-, [70132-30-8], 19:119
- RuCl₄H₁₈N₆Zn, Ruthenium(2+), hexaammine-, (*OC*-6-11)-, (*T*-4)tetrachlorozincate(2-) (1:1), [25534-93-4], 13:210
- RuCl₄N₃C₁₂H₂₆, Ethanaminium, *N,N,N*-triethyl-, (*OC*-6-11)-bis(acetonitrile) tetrachlororuthenate(1-), [74077-58-0], 26:356
- RuCl₄N₆ZnC₆H₂₄, Ruthenium(2+), tris(1,2-ethanediamine-*N*,*N*')-, (*OC*-6-11)-, (*T*-4)-tetrachlorozincate(2-) (1:1), [23726-39-8], 19:118
- RuCoMoO₈C₁₇H₁₁, Molybdenum, dicarbonyl(η^5 -2,4-cyclopentadien-1-yl)[μ_3 -[(1- η :1,2- η :2- η)-1,2-dimethyl-1,2-ethenediyl]](tricarbonylcobalt)-(tricarbonylruthenium)-, (*Co-Mo*) (*Co-Ru*)(*Mo-Ru*), [126329-01-9], 27:194
- RuCo₂O₉C₁₃H₆, Ruthenium, μ -carbonyltricarbonyl[μ ₃-[(1- η :1,2- η :2- η)-1,2-dimethyl-1,2-ethenediyl]]-(pentacarbonyldicobalt)-, (*Co-Co*) (2*Co-Ru*), [98419-59-1], 27:194
- RuCo₂O₉SC₉, Ruthenium, tricarbonyl (hexacarbonyldicobalt)- μ_3 -thioxo-, (*Co-Co*)(2*Co-Ru*), [86272-87-9], 26:352
- RuCo₂O₁₁C₁₁, Ruthenium, tetracarbonyl(μ-carbonylhexacarbonyldicobalt)-, (*Co-Co*)(2*Co-Ru*), [78456-89-0], 26:354
- RuCo₃CuNO₁₂C₁₄H₃, Ruthenium, [(acetonitrile)copper]tricarbonyl(tri-μ-carbonylhexacarbonyltricobalt)-, (3Co-Co)(3Co-Cu)(3Co-Ru), [90636-15-0], 26:359
- RuCo₃NO₁₂C₂₀H₂₀, Ethanaminium, N,N,N-triethyl-, tricarbonyl(tri-μcarbonylhexacarbonyltricobaltate) ruthenate(1-) (3Co-Co)(3Co-Ru), [78081-30-8], 26:358

- RuCo₃O₁₂C₁₂H, Ruthenium, tricarbonyl (tri-μ-carbonylhexacarbonyl-μ₃-hydrotricobalt)-, (3*Co-Co*)(3*Co-Ru*), [24013-40-9], 25:164
- $RuF_6N_5O_6S_2C_{27}H_{19}, Ruthenium(1+),\\ (2,2'-bipyridine-<math>N$,N')(2,2':6',2"-terpyridine-N,N',N'')(trifluoromethanes ulfonato-O)-, (OC-6-44)-, salt with trifluoromethanesulfonic acid (1:1), [104475-04-9], 24:302
- $RuF_6N_9PC_4H_{16}$, Ruthenium(1+), azidobis(1,2-ethanediamine-N,N')(dinitrogen)-, (OC-6-33)-, hexafluorophosphate(1-), [31088-36-5], 12:23
- RuF₆N₁₀PC₄H₁₆, Ruthenium(1+), diazidobis(1,2-ethanediamine-*N*,*N*)-, (*OC*-6-22)-(-)-, hexafluorophosphate(1-), [30649-47-9], 12:24
- RuF₆O₅P₂C₄₁H₃₀, Ruthenium, carbonyl (trifluoroacetato-*O*)(trifluoroacetato-*O*,*O*')bis(triphenylphosphine)-, [38596-61-1], 17:127
- RuF₆P₃C₄₉H₄₁, Ruthenium(1+), (η⁵-2,4-cyclopentadien-1-yl)(phenylethenylidene)bis(triphenylphosphine)-, hexafluorophosphate(1-), [69134-34-5], 21:80
- RuF₉NO₇P₂C₄₂H₃₀, Ruthenium, nitrosyltris(trifluoroacetato-*O*)bis(triphenylphosphine)-, [38657-10-2], 17:127
- RuF₉N₄O₉S₃C₂₃H₁₆, Ruthenlum(1+), bis-(2,2'-bipyridine-*N*,*N'*)bis(trifluoromethanesulfonato-*O*)-, (*OC*-6-22)-, salt with trifluoromethanesulfonic acid (1:1), [104474-96-6], 24:295
- RuF₉N₅O₉S₃C₃H₁₅, Ruthenium(2+), pentaammine(trifluoromethanesulfonato-*O*)-, (*OC*-6-22)-, salt with trifluoromethanesulfonic acid (1:2), [84278-98-8], 24:258
- $\begin{aligned} \text{RuF}_9\text{N}_5\text{O}_9\text{S}_3\text{C}_{28}\text{H}_{19}, & \text{Ruthenium}(2+), \\ & (2,2'\text{-bipyridine-}\textit{N},\textit{N}')(2,2'\text{:}6',2''\text{-}\\ & \text{terpyridine-}\textit{N},\textit{N}',\textit{N}'') (\text{trifluoromethanes}\\ & \text{ulfonato-}\textit{O}\text{-}, (\textit{OC-}6\text{-}44)\text{-}, \text{salt with} \end{aligned}$

trifluoromethanesulfonic acid (1:2), [104475-01-6], 24:301

$RuF_9N_5O_{10}S_3C_{28}H_{21}.3H_2O$, Ruthenium (3+), aqua(2,2'-bipyridine-*N,N'*)-(2,2':6',2''-terpyridine-*N,N',N''*)-, (*OC*-6-44)-, salt with trifluoromethanesulfonic acid (1:3), trihydrate,[152981-34-5], 24:304

$RuF_{12}H_{15}N_7P_2$, Ruthenium(2+), pentaammine(dinitrogen)-, (*OC*-6-22)-, bis[hexafluorophosphate(1-)]-, [18532-86-0], 12:5

$RuF_{12}N_4P_2C_{16}H_{24}$, Ruthenium(2+), tetrakis(acetonitrile)[(1,2,5,6-η)-1,5-cyclooctadiene]-, bis[hexafluorophosphate(1-)], [54071-76-0], 26:72

$RuF_{12}N_6P_2C_{30}H_{24}$, Ruthenium(2+), tris(2,2'-bipyridine-*N,N'*)-, (*OC*-6-11)-, bis[hexafluorophosphate(1-)], [60804-74-2], 25:109

$RuF_{12}N_6P_2C_{32}H_{24}$, Ruthenium(2+), bis(2,2'-bipyridine-*N,N'*)(1,10-phenanthroline-N^1,N^{10})-, (*OC*-6-22)-, bis[hexafluorophosphate(1-)], [60828-38-8], 25:108

$RuF_{12}N_8P_2C_{12}H_{36}$, Ruthenium(2+), [(1,2,5,6-η)-1,5-cyclooctadiene]tetrakis(methylhydrazine-N^2)-, bis[hexafluorophosphate(1-)], [81923-54-8], 26:74

$RuH_{15}I_2N_7$, Ruthenium(2+), pentaammine(dinitrogen)-, diiodide, (*OC*-6-22)-, [15651-39-5], 12:5

$RuH_{15}I_2N_7O$, Ruthenium(2+), pentaammine(dinitrogen monooxide)-, diiodide, (*OC*-6-22)-, [60182-90-3], 16:75

$RuH_{15}I_3N_5$, Ruthenium(2+), pentaammineiodo-, diiodide, (*OC*-6-22)-, [16455-58-6], 12:4

$RuH_{18}I_3N_6$, Ruthenium(3+), hexaammine-, triiodide, (*OC*-6-11)-, [16446-62-1], 12:7

$RuNOP_3C_{54}H_{46}$, Ruthenium, hydronitrosyltris(triphenylphosphine)-, [33991-11-6], 17:73

———, Ruthenium, hydronitrosyltris(triphenylphosphine)-, (*TB*-5-23)-, [33153-14-9], 17:73

$RuN_2O_2C_{28}H_{16}$, Ruthenium, bis(benzo[*h*]quinolin-10-yl-C^{10},N^1)dicarbonyl-, (*OC*-6-22)-, [88494-52-4], 26:177

$RuN_2O_2P_2C_{36}H_{30}$, Ruthenium, dinitrosylbis(triphenylphosphine)-, [30352-63-7], 15:52

$RuN_2P_3C_{54}H_{47}$, Ruthenium, (dinitrogen)dihydrotris(triphenylphosphine)-, [22337-84-4], 15:31

$RuOP_3C_{55}H_{47}$, Ruthenium, carbonyldihydrotris(triphenylphosphine)-, (*OC*-6-31)-, [22337-78-6], 15:48

RuO_2, Ruthenium oxide (RuO_2), [12036-10-1], 13:137;30:97

$RuO_2P_3C_{56}H_{49}$, Ruthenium, (acetato-*O,O'*)hydrotris(triphenylphosphine)-, (*OC*-6-21)-, [25087-75-6], 17:79

$RuO_3C_{11}H_{12}$, Ruthenium, tricarbonyl-[(1,2,5,6-η)-1,5-cyclooctadiene]-, [32874-17-2], 16:105;28:54

$RuO_3P_2C_{39}H_{30}$, Ruthenium, tricarbonylbis(triphenylphosphine)-, [14741-36-7], 15:50

$RuO_3P_2C_{39}H_{34}$, Ruthenium, (acetato-*O,O'*)carbonylhydrobis(triphenylphosphine)-, (*OC*-6-14)-, [50661-73-9], 17:126

$RuO_6C_8H_6$, Ruthenium, tetracarbonyl-[(2,3-η)-methyl-2-propenoate]-, stereoisomer, [78319-35-4], 24:176;28:47

$RuO_6P_2C_{41}H_{34}$, Ruthenium, (η^5-2,4-cyclopentadien-1-yl)[2-[(diphenoxyphosphino)oxy]phenyl-*C,P*](triphenyl phosphite-*P*)-, [37668-63-6], 26:178

$RuO_6P_2C_{42}H_{36}$, Ruthenium, bis(acetato-*O*)dicarbonylbis(triphenylphosphine)-, [65914-73-0], 17:126

$RuO_{12}P_4C_{24}H_{62}$, Ruthenium, dihydrotetrakis(triethyl phosphite-*P*)-, [53495-34-4], 15:40

$RuO_{13}Os_3C_{13}H_2$, Osmium, di-μ-carbonylnonacarbonyl(dicarbonylruthenium)-di-μ-hydrotri-, (3*Os-Os*)(3*Os-Ru*), [75901-26-7], 21:64

$RuO_{15}P_5C_{15}H_{45}$, Ruthenium, pentakis (trimethyl phosphite-*P*)-, (*TB*-5-11)-, [61839-26-7], 20:80

$RuPC_{30}H_{33}$, Ruthenium, [2-(diphenylphosphino)phenyl-*C,P*][(1,2,3,4,5,6-η)-hexamethylbenzene]hydro-, [75182-15-9], 36:182

$RuP_2C_{49}H_{44}$, Ruthenium, (η[5]-2,4-cyclopentadien-1-yl)(2-phenylethyl)bis (triphenylphosphine)-, [93081-72-2], 21:82

$RuP_3C_{54}H_{49}$, Ruthenium, tetrahydrotris (triphenylphosphine)-, [31275-06-6], 15:31

$RuP_4C_{72}H_{62}$, Ruthenium, dihydrotetrakis (triphenylphosphine)-, [19529-00-1], 17:75;28:337

$RuS_6C_{42}H_{30}$, Ruthenium, tris[1,2-diphenyl-1,2-ethenedithiolato(2-)-*S,S'*]-, (*OC*-6-11)-, [106545-69-1], 10:9

$Ru_2BF_4O_3C_{15}H_{13}$, Ruthenium(1+), μ-carbonyldicarbonylbis(η[5]-2,4-cyclopentadien-1-yl)-μ-ethylidynedi-, (*Ru-Ru*), stereoisomer, tetrafluoroborate(1-), [75952-48-6], 25:184

$Ru_2Cl_4C_{20}H_{28}$, Ruthenium, di-μ-chlorodichlorobis[(1,2,3,4,5,6-η)-1-methyl-4-(1-methylethyl)benzene]di-, [52462-29-0], 21:75

$Ru_2Cl_4C_{20}H_{30}$, Ruthenium, di-μ-chlorodichlorobis[(1,2,3,4,5-η)-1,2,3,4,5-pentamethyl-2,4-cyclopentadien-1-yl]di-, [82091-73-4], 29:225

$Ru_2Cl_4C_{24}H_{36}$, Ruthenium, di-μ-chlorodichlorobis[(1,2,3,4,5,6-η)-hexamethylbenzene]di-, [67421-02-7], 21:75

$Ru_2Cl_4N_{10}C_{50}H_{38}.5H_2O$, Ruthenium(1+), (2,2'-bipyridine-*N,N'*)chloro(2,2':6',2''-terpyridine-*N,N',N''*)-, chloride, hydrate (2:5), (*OC*-6-44)-, [153569-09-6], 24:300

$Ru_2Cl_4OP_4C_{73}H_{60}.2OC_3H_6$, Ruthenium, carbonyltri-μ-chlorochlorotetrakis (triphenylphosphine)di-, compd. with 2-propanone (1:2), [83242-25-5], 21:30

$Ru_2Cl_4O_6C_6$, Ruthenium, hexacarbonyldi-μ-chlorodichlorodi-, [22594-69-0], 16:51;28:334

$Ru_2Cl_4O_9C_{24}H_{34}$, Ruthenium, μ-aquabis[μ-(chloroacetato-*O:O'*)]bis (chloroacetato-*O*)bis[(1,2,5,6-η)-1,5-cyclooctadiene]di-, stereoisomer, [93582-33-3], 26:256

$Ru_2Cl_4P_4SC_{73}H_{60}.OC_3H_6$, Ruthenium, (carbonothioyl)tri-μ-chlorochlorotetrakis(triphenylphosphine)di-, compd. with 2-propanone (1:1), [83242-24-4], 21:29

$Ru_2Cl_{10}K_4O.H_2O$, Ruthenate(4-), decachloro-μ-oxodi-, tetrapotassium, monohydrate, [18786-01-1], 11:70

$Ru_2Cl_{12}O_9C_{22}H_{18}$, Ruthenium, μ-aquabis-[(2,3,5,6-η)-bicyclo[2.2.1]hepta-2,5-diene]bis[μ-(trichloroacetato-*O:O'*)]bis (trichloroacetato-*O*)di-, [105848-78-0], 26:256

$Ru_2F_{12}O_9C_{24}H_{26}$, Ruthenium, μ-aquabis-[(1,2,5,6-η)-1,5-cyclooctadiene] bis[μ-(trifluoroacetato-*O:O'*)]bis (trifluoroacetato-*O*)di-, stereoisomer, [93582-31-1], 26:254

$Ru_2I_5N_{12}C_4H_{34}$, Ruthenium(5+), decaammine[μ-(pyrazine-N^1:N^4)]di-, pentaiodide, [104626-97-3], 24:261

$Ru_2O_2C_{22}H_{36}$, Ruthenium, di-μ-methoxybis[(1,2,3,4,5-η)-1,2,3,4,5-pentamethyl-2,4-cyclopentadien-1-yl]di-, [120883-04-7], 29:225

Ru_2O_3, Ruthenium oxide (Ru_2O_3), [12060-06-9], 22:69

$Ru_2O_3C_{14}H_{12}$, Ruthenium, μ-carbonyldicarbonylbis(η[5]-2,4-cyclopentadien-1-yl)-μ-methylenedi-, (*Ru-Ru*), [86993-13-7], 25:182

$Ru_2O_3C_{15}H_{12}$, Ruthenium, μ-carbonyldicarbonylbis(η^5-2,4-cyclopentadien-1-yl)-μ-ethenylidenedi-, (*Ru-Ru*), stereoisomer, [75952-49-7], 25:183
———, Ruthenium, μ-carbonyldicarbonylbis(η^5-2,4-cyclopentadien-1-yl)-μ-ethenylidenedi-, (*Ru-Ru*), stereoisomer, [89460-54-8], 25:183
$Ru_2O_3C_{15}H_{14}$, Ruthenium, μ-carbonyldicarbonylbis(η^5-2,4-cyclopentadien-1-yl)-μ-ethylidenedi-, (*Ru-Ru*), stereoisomer, [75811-61-9], 25:185
———, Ruthenium, μ-carbonyldicarbonylbis(η^5-2,4-cyclopentadien-1-yl)-μ-ethylidenedi-, (*Ru-Ru*), stereoisomer, [75829-78-6], 25:185
$Ru_2O_3C_{27}H_{20}$, Ruthenium, μ-carbonylcarbonylbis(η^5-2,4-cyclopentadien-1-yl)[μ-[(1-η:1,2,3-η)-3-oxo-1,2-diphenyl-2-propenylidene]]di-, (*Ru-Ru*), [75812-29-2], 25:181
$Ru_2O_4C_{14}H_{10}$, Ruthenium, tetracarbonylbis(η^5-2,4-cyclopentadien-1-yl)di-, (*Ru-Ru*), [12132-88-6], 25:180;28:189
$Ru_3Au_3CoO_{12}P_3C_{66}H_{45}$, Ruthenium, di-μ-carbonylnonacarbonyl(carbonylcobalt)-[tris(triphenylphosphine)trigold]tri-, (2*Au-Au*)(2*Au-Co*)(5*Au-Ru*)(3*Co-Ru*)-(3*Ru-Ru*), [84699-82-1], 26:327
$Ru_3BrHgO_9C_{15}H_9$, Ruthenium, (bromomercury)nonacarbonyl[$μ_3$-[(1-η:1,2-η:1,2-η)-3,3-dimethyl-1-butynyl]]tri-, (2*Hg-Ru*)(3*Ru-Ru*), [74870-34-1], 26:332
$Ru_3BrO_9C_{10}H_3$, Ruthenium, [$μ_3$-(bromomethylidyne)]nonacarbonyltri-μ-hydrotri-, *triangulo*, [73746-95-9], 27:201
$Ru_3CoNO_{13}P_2C_{49}H_{30}$, Phosphorus(1+), triphenyl(*P*,*P*,*P*-triphenylphosphine imidato-*N*)-, (*T*-4), tri-μ-carbonylnonacarbonyl(carbonylcobaltate) triruthenate(1-) (3*Co-Ru*)(3*Ru-Ru*), [72152-11-5], 21:61,63
$Ru_3FeNO_{13}P_2C_{49}H_{31}$, Phosphorus(1+), triphenyl(*P*,*P*,*P*-triphenylphosphine imidato-*N*)-, (*T*-4)-, di-μ-carbonylnonacarbonyl(dicarbonylferrate)-μ-hydrotriruthenate(1-) (3*Fe-Ru*)-(3*Ru-Ru*), [78571-90-1], 21:60
$Ru_3FeO_{13}C_{13}H_2$, Ruthenium, tridecacarbonyldihydroirontri-, [12375-24-5], 21:58
$Ru_3HgIO_9C_{15}H_9$, Ruthenium, nonacarbonyl[$μ_3$-[(1-η:1,2-η:1,2-η)-3,3-dimethyl-1-butynyl]](iodomercury)tri-, (2*Hg-Ru*)(3*Ru-Ru*), [74870-35-2], 26:330
$Ru_3HgMoO_{12}C_{23}H_{14}$, Molybdenum, tricarbonyl(η^5-2,4-cyclopentadien-1-yl)mercurate[nonacarbonyl[$μ_3$-[(1-η:1,2-η:1,2-η)-3,3-dimethyl-1-butynyl]] triruthenate]-, (*Hg-Mo*)(2*Hg-Ru*)-(3*Ru-Ru*), [84802-27-7], 26:333
$Ru_3NO_{10}PC_{23}H_{20}$, Ruthenium, decacarbonyl(dimethylphenylphosphine)(2-isocyano-2-methylpropane)tri-, *triangulo*, [84330-39-2], 26:275;28:224
$Ru_3NO_{10}P_2Si_2C_{58}H_{61}$, Phosphorus(1+), triphenyl(*P*,*P*,*P*-triphenylphosphine imidato-*N*)-, (*T*-4)-, stereoisomer of decacarbonyl-μ-hydrobis(triethylsilyl) triruthenate(1-) *triangulo*, [80376-22-3], 26:269
$Ru_3NO_{11}C_{19}H_{21}$, Ethanaminium, *N*,*N*,*N*-triethyl-, μ-carbonyldecacarbonyl-μ-hydrotriruthenate(1-) *triangulo*, [12693-45-7], 24:168
$Ru_3N_2O_{11}P_2C_{46}H_{30}$, Phosphorus(1+), triphenyl(*P*,*P*,*P*-triphenylphosphine imidato-*N*)-, (*T*-4)-, decacarbonyl-μ-nitrosyltriruthenate(1-) *triangulo*, [79085-63-5], 22:163,165
$Ru_3N_2O_{12}C_{10}$, Ruthenium, decacarbonyldi-μ-nitrosyltri-, (2*Ru-Ru*), [36583-24-1], 16:39
$Ru_3NiO_9C_{14}H_8$, Ruthenium, nonacarbonyl[(η^5-2,4-cyclopentadien-1-yl) nickel]tri-μ-hydrotri-, (3*Ni-Ru*)-(3*Ru-Ru*), [85191-96-4], 26:363

$Ru_3O_9C_{15}H_{11}$, Ruthenium(1+), nonacarbonyl[μ-[(1-η:1,2-η:1,2-η)-3,3-dimethyl-1-butynyl]]di-μ-hydrotri-, *triangulo*, [76861-93-3], 26:329

$Ru_3O_9PC_{21}H_{11}$, Ruthenium, nonacarbonyl[μ-(diphenylphosphino)]-μ-hydrotri-, *triangulo*, [82055-65-0], 26:264

$Ru_3O_{10}C_{11}H_6$, Ruthenium, nonacarbonyltri-μ-hydro[μ_3-(methoxymethylidyne)] tri-, *triangulo*, [71562-47-5], 27:200

$Ru_3O_{10}P_2C_{35}H_{22}$, Ruthenium, decacarbonyl[μ-[methylenebis[diphenylphosphine]-*P*:*P*']]tri-, *triangulo*, [64364-79-0], 26:276;28:225

$Ru_3O_{11}C_{12}H_4$, Ruthenium, decacarbonyl-μ-hydro[μ-(methoxymethylidyne)]tri-, *triangulo*, [71737-42-3], 27:198

$Ru_3O_{11}PC_{19}H_{11}$, Ruthenium, undecacarbonyl(dimethylphenylphosphine)tri-, *triangulo*, [38686-57-6], 26:273;28:223

$Ru_3O_{12}C_{12}$, Ruthenium, dodecacarbonyltri-, *triangulo*, [15243-33-1], 13:92;16:45,47;26:25

$Ru_4O_{12}C_{12}H_4$, Ruthenium, dodecacarbonyltetra-μ-hydrotetra-, *tetrahedro,* [34438-91-0], 26:262;28:219

$Ru_4O_{13}P_2C_{39}H_{36}$, Ruthenium, decacarbonyl (dimethylphenylphosphine)tetra-μ-hydro[tris(4-methylphenyl) phosphite-*P*]tetra-, *tetrahedro,* [86277-05-6], 26:278;28:229

$Ru_4O_{14}PC_{32}H_{25}$, Ruthenium, undecacarbonyltetra-μ-hydro[tris(4-methylphenyl) phosphite-*P*]tetra-, *tetrahedro,* [86292-13-9], 26:277;28:227

$Ru_5N_2O_{14}P_2C_{50}H_{30}$, Phosphorus(1+), triphenyl(*P*,*P*,*P*-triphenylphosphine imidato-*N*)-, (*T*-4)-, μ-carbonyltridecacarbonyl-μ_5-nitridopentaruthenatc(1-) (8*Ru-Ru*), [83312-28-1], 26:288

$Ru_5N_2O_{14}P_4C_{87}H_{60}$, Phosphorus(1+), triphenyl(*P*,*P*,*P*-triphenylphosphine imidato-*N*)-, (*T*-4)-, μ-carbonyltridecacarbonyl-μ_5-methanetetrayl-pentaruthenate(2-) (8*Ru-Ru*) (2:1), [88567-84-4], 26:284

$Ru_5Na_2O_{14}C_{15}$, Ruthenate(2-), μ-carbonyltridecacarbonyl-μ_5-methanetetraylpenta-, (8*Ru-Ru*), disodium, [130449-52-4], 26:284

$Ru_5O_{15}C_{16}$, Ruthenium, pentadecacarbonyl-μ_4-methanetetraylpenta-, (8*Ru-Ru*), [51205-07-3], 26:283

$Ru_6HgO_{18}C_{30}H_{18}$, Ruthenium, octadecacarbonylbis[μ_3-[(1-η:1,2-η:1,2-η)-3,3-dimethyl-1-butynyl]](mercury) hexa-, (4*Hg-Ru*)(6*Ru-Ru*), [84802-26-6], 26:333

$Ru_6N_2O_{16}P_2C_{52}H_{30}$, Phosphorus(1+), triphenyl(*P*,*P*,*P*-triphenylphosphine imidato-*N*)-, (*T*-4)-, di-μ-carbonyltetradecacarbonyl-μ_6-nitridohexaruthenate (1-) *octahedro*, [84809-76-7], 26:287

$Ru_6O_{17}C_{18}$, Ruthenium, μ-carbonylhexadecacarbonyl-μ_6-methanetetraylhexa-, *octahedro*, [27475-39-4], 26:281

$Ru_6O_{22}P_2C_{48}H_{20}$, Ruthenium, docosacarbonyl[μ-[1,2-ethynediylbis[diphenylphosphine]-*P*:*P*']]hexa-, (6*Ru-Ru*), [98240-95-0], 26:277;28:226

$SAgF_3O_3CH$, Methanesulfonic acid, trifluoro-, silver(1+) salt, [2923-28-6], 24:247

$SAgH_3NO_3$, Sulfamic acid, monosilver(1+) salt, [14325-99-6], 18:201

SAgNC, Thiocyanic acid, silver(1+) salt, [1701-93-5], 8:28

SAg_3NO_3, Silver nitrate sulfide ($Ag_3(NO_3)S$), [61027-62-1], 24:234

$SAsBr_3F_6$, Sulfur(1+), tribromo-, hexafluoroarsenate(1-), [66142-09-4], 24:76

$SAs_2Cl_3NRuC_{36}H_{30}$, Ruthenium, trichloro (thionitrosyl)bis(triphenylarsine)-, [132077-60-2], 29:162

$SAuC_8H_{10}$, Benzenethiol, 4-ethyl-, gold(1+) salt, [93410-45-8], 23:192

$SAuClC_4H_8$, Gold, chloro(tetrahydrothiophene)-, [39929-21-0], 26:86

$SAuF_5C_{10}H_8$, Gold, (pentafluorophenyl)(tetrahydrothiophene)-, [60748-77-8], 26:86

$SAuF_{15}C_{22}H_8$, Gold, tris (pentafluorophenyl)(tetrahydrothiophene)-, (*SP*-4-2)-, [77188-25-1], 26:87

$SAuNO_2C_3H_6$, Aurate(1-), [L-cysteinato-(2-)-*N,O,S*]-, hydrogen, [74921-06-5], 21:31

$SAu_2ClF_3O_3P_4PtC_{49}H_{60}$, Platinum(1+), [bis(triphenylphosphine)digold] chlorobis(triethylphosphine)-, (*Au-Au*)(2*Au-Pt*), stereoisomer, salt with trifluoromethanesulfonic acid (1:1), [89346-97-4], 27:218

$SAu_2F_5NPC_{25}H_{15}$, Gold, (pentafluorophenyl)[μ-(thiocyanato-*N*:*S*)](triphenylphosphine)di-, [128265-18-9], 26:90

SBC_6H_{17}, Boron, trihydro[1,1'-thiobis [propane]]-, (*T*-4)-, [151183-12-9], 12:115

SBC_8H_{15}, 9-Borabicyclo[3.3.1]nonane, 9-mercapto-, [120885-91-8], 29:64

$SB_2C_{16}H_{28}$, 9-Borabicyclo[3.3.1]nonane, 9,9'-thiobis-, [116928-43-9], 29:62

$SB_9C_4H_{17}$, 7,8-Dicarbaundecaborane(11), 9-[thiobis[methane]]-, [54481-98-0], 22:239

SB_9CsH_{12}, 6-Thiadecaborate(1-), dodecahydro-, cesium, [11092-86-7], 22:227

SB_9H_9, 1-Thiadecaborane(9), [41646-56-4], 22:22

SB_9H_{11}, 6-Thiadecaborane(11), [12447-77-7], 22:228

$SB_{10}C_2H_{12}$, 1,2-Dicarbadodecaborane(12), 9-mercapto-, [64493-43-2], 22:241

$SB_{10}O_3C_{11}H_{22}$, 1,2-Dicarbadodecaborane(12)-1-ethanol, 4-methylbenzenesulfonate, [120085-61-2], 29:102

SBiBr, Bismuthine, bromothioxo-, [14794-86-6], 14:172

SBiI, Bismuthine, iodothioxo-, [15060-32-9], 14:172

$SBrC_7H_7$, Benzene, 1-bromo-2-(methylthio)-, [19614-16-5], 16:169

$SBrC_7H_7$, Benzenemethanethiol, 4-bromo-, [19552-10-4], 16:169

$SBrCoN_4O_4C_{10}H_{20}$, Cobalt, bromobis-[(2,3-butanedione dioximato)(1-)-*N,N'*][thiobis[methane]]-, (*OC*-6-23)-, [79680-14-1], 20:128

$SBrCoN_4O_8C_{18}H_{32}$, Cobalt(1+), (1,2-ethanediamine-*N,N'*)[[*N,N'*-1,2-ethanediylbis[glycinato]](2-)-*N,N',O,O'*]-, (*OC*-6-32-*A*)-, salt with [1*R*-(*endo, anti*)]-3-bromo-1,7-dimethyl-2-oxo-bicyclo[2.2.1]heptane-7-methane-sulfonic acid (1:1), [51920-86-6], 18:106

———, Cobalt(1+), (1,2-ethanediamine-*N,N'*)[[*N,N'*-1,2-ethanediylbis[glycinato]](2-)-*N,N',O,O'*]-, (*OC*-6-32-*C*)-, salt with [1*R*-(*endo,anti*)]-3-bromo-1,7-dimethyl-2-oxobicyclo[2.2.1] heptane-7-methanesulfonic acid (1:1), [51921-55-2], 18:106

$SBrF_2N$, Imidosulfurous difluoride, bromo-, [25005-08-7], 24:20

$SBrF_2P$, Phosphorothioic bromide difluoride, [13706-09-7], 2:154

$SBrF_5C_2H_2$, Sulfur, (2-bromoethenyl) pentafluoro-, (*OC*-6-21)-, [58636-82-1], 27:330

$SBrF_7C_2H_2$, Sulfur, (2-bromo-2,2-difluoroethyl)pentafluoro-, (*OC*-6-21)-, [18801-67-7], 29:35

$SBrF_8C_2H$, Sulfur, (2-bromo-1,2,2-trifluoroethyl)pentafluoro-, (*OC*-6-21)-, [18801-68-8], 29:34

$SBrNO_4C_{10}H_{18}$, Bicyclo[2.2.1]heptane-7-methanesulfonic acid, 3-bromo-1,7-dimethyl-2-oxo-, ammonium salt, [1*R*-(*endo,anti*)]-, [14575-84-9], 26:24

$SBrPC_2H_6$, Phosphinothioic bromide, dimethyl-, [6839-93-6], 12:287

SBrSb, Antimony bromide sulfide (SbBrS), [14794-85-5], 14:172

SBr_2FP, Phosphorothioic dibromide fluoride, [13706-10-0], 2:154
SBr_2O, Thionyl bromide, [507-16-4], 1:113
SBr_3P, Phosphorothioic tribromide, [3931-89-3], 2:153
$SClCoH_{14}N_4O_5$, Cobalt(2+), tetraammineaquachloro-, (*OC*-6-33)-, sulfate (1:1), [67752-80-1], 6:178
$SClCoN_4O_5C_4H_{18}.2H_2O$, Cobalt(2+), aquachlorobis(1,2-ethanediamine-*N,N'*)-, sulfate (1:1), dihydrate, (*OC*-6-33)-, [16773-97-0], 9:163-165;14:71
$SClCoN_4O_6C_6H_{18}$, Cobalt(1+), bis(1,2-ethanediamine-*N,N'*)[mercaptoacetato-(2-)-*O,S*]-, (*OC*-6-33)-, perchlorate, [26743-67-9], 21:21
$SClCrH_{14}N_4O_5$, Chromium(2+), tetraammineaquachloro-, (*OC*-6-33)-, sulfate (1:1), [67345-16-8], 18:78
$SClFO_2$, Sulfuryl chloride fluoride, [13637-84-8], 9:111
$SClFO_3$, Chlorine fluorosulfate (Cl (SFO_3)), [13997-90-5], 24:6
$SClF_2N$, Imidosulfurous difluoride, chloro-, [13816-65-4], 24:18
$SClF_3O_3P_2PtC_{13}H_{30}$, Platinum, chlorobis (triethylphosphine)(trifluoromethanesu lfonato-*O*)-, (*SP*-4-2)-, [79826-48-5], 26:126;28:27
$SClF_5$, Sulfur chloride fluoride ($SClF_5$), (*OC*-6-22)-, [13780-57-9], 8:160;24:8
$SClHO_3$, Chlorosulfuric acid, [7790-94-5], 4:52
$SClIrP_2C_{37}H_{30}$, Iridium, (carbonothioyl) chlorobis(triphenylphosphine)-, (*SP*-4-3)-, [30106-92-4], 19:206
$SClNO_2C_2H_6$, Sulfamoyl chloride, dimethyl-, [13360-57-1], 8:109
$SClNO_2C_4H_{10}$, Sulfamoyl chloride, diethyl-, [20588-68-5], 8:110
$SClNO_2C_5H_{10}$, 1-Piperidinesulfonyl chloride, [35856-62-3], 8:110
$SClNO_2C_6H_{14}$, Sulfamoyl chloride, dipropyl-, [35877-27-1], 8:110
$SClNO_2C_8H_{18}$, Sulfamoyl chloride, dibutyl-, [41483-67-4], 8:110
$SClNO_2C_{12}H_{22}$, Sulfamoyl chloride, dicyclohexyl-, [99700-74-0], 8:110
$SClNO_2PC_{18}H_{15}$, Sulfamoyl chloride, (triphenylphosphoranylidene)-, [41309-06-2], 29:27
$SClNO_3C_4H_8$, 4-Morpholinesulfonyl chloride, [1828-66-6], 8:109
$SClN_3P_2C_{24}H_{20}$, $1\lambda^4$-1,2,4,6,3,5-Thiatriazadiphosphorine, 1-chloro-3,3,5,5-tetrahydro-3,3,5,5-tetraphenyl-, [84247-67-6], 25:40
$SClOP_2RhC_{38}H_{36}$, Rhodium, chloro [sulfinylbis[methane]-*S*]bis (triphenylphosphine)-, (*SP*-4-2)-, [29826-67-3], 10:69
$SClP_2RhC_{37}H_{30}$, Rhodium, (carbonothioyl)chlorobis (triphenylphosphine)-, (*SP*-4-3)-, [59349-68-7], 19:204
SCl_2, Sulfur chloride (SCl_2), [10545-99-0], 7:120
$SCl_2CoN_5O_8C_6H_{22}$, Cobalt(2+), (2-aminoethanethiolato-*N,S*)bis(1,2-ethanediamine-*N,N'*)-, (*OC*-6-33)-, diperchlorate, [40330-50-5], 21:19
$SCl_2HgN_2CH_4$, Mercury(1+), chloro (thiourea-*S*)-, chloride, [149165-67-3], 6:26
$SCl_2IC_3H_9$, Sulfonium, trimethyl-, dichloroiodate(1-), [149165-63-9], 5:172
SCl_2O, Thionyl chloride, [7719-09-7], 9:88,91
———, Thionyl chloride-$^{36}Cl_2$, [55207-92-6], 7:160
$SCl_2OPC_2H_5$, Phosphorodichloridothioic acid, *O*-ethyl ester, [1498-64-2], 4:75
SCl_2O_2, Sulfuryl chloride, [7791-25-5], 1:114
$SCl_2O_3C_2H_4$, Chlorosulfuric acid, 2-chloroethyl ester, [13891-58-2], 4:85
$SCl_2OsP_3C_{55}H_{45}$, Osmium, (carbonothioyl)dichlorotris(triphenylphos-

phine)-, (*OC*-6-32)-, [64888-66-0], 26:185
SCl_2Si, Silane, dichlorothioxo-, [13492-46-1], 7:30
SCl_3HSi, Silanethiol, trichloro-, [13465-79-7], 7:28
$SCl_3IrN_2C_4H_{16}$, Iridium, diammine-trichloro[1,1'-thiobis[ethane]]-, [149165-71-9], 7:227
$SCl_3IrN_2C_{14}H_{20}$, Iridium, trichlorobis (pyridine)[1,1'-thiobis[ethane]]-, (*OC*-6-33)-, [149165-68-4], 7:227
$SCl_3NP_2RuC_{36}H_{30}$, Ruthenium, trichloro (thionitrosyl)bis(triphenylphosphine)-, (*OC*-6-31)-, [90580-82-8], 29:161
$SCl_3NPtC_{18}H_{42}$, 1-Butanaminium, *N,N,N*-tributyl-, (*SP*-4-2)-trichloro[thiobis [methane]]platinate(1-), [59474-86-1], 22:128
$SCl_3N_2O_2PC_2H_6$, Phosphorimidic trichloride, [(dimethylamino)sulfonyl]-, [14621-78-4], 8:118
$SCl_3N_2O_2PC_4H_{10}$, Phosphorimidic trichloride, [(diethylamino)sulfonyl]-, [14204-65-0], 8:118
$SCl_3N_2O_2PC_6H_{14}$, Phosphorimidic trichloride, [(dipropylamino) sulfonyl]-, [14204-66-1], 8:118
$SCl_3N_2O_2PC_8H_{18}$, Phosphorimidic trichloride, [(dibutylamino)sulfonyl]-, [14204-67-2], 8:118
$SCl_3N_2O_3PC_4H_8$, Phosphorimidic trichloride, (4-morpholinylsulfonyl)-, [14204-64-9], 8:116
SCl_3P, Phosphorothioic trichloride, [3982-91-0], 4:71
$SCl_4IC_3H_9$, Sulfonium, trimethyl-, tetrachloroiodate(1-), [149250-79-3], 5:172
SCl_4NO_2P, Sulfamoyl chloride, (trichlorophosphoranylidene)-, [14700-21-1], 13:10
$SCl_4P_4Ru_2C_{73}H_{60}.OC_3H_6$, Ruthenium, (carbonothioyl)tri-μ-chlorochlorotetrakis(triphenylphosphine)di-, compd. with 2-propanone (1:1), [83242-24-4], 21:29
$SCl_6N_2O_2P_2$, Phosphorimidic trichloride, sulfonylbis-, [14259-65-5], 8:119
SCl_6Si_2, Disilathiane, hexachloro-, [104824-18-2], 7:30
$SCoN_4O_4C_{11}H_{23}$, Cobalt, bis[(2,3-butanedione dioximato)(1-)-*N,N'*] methyl[thiobis[methane]]-, (*OC*-6-42)-, [25482-40-0], 11:67
$SCoN_6O_4Se_3C_3H_{12}$, Cobalt, tris(selenourea-*Se*)[sulfato(2-)-*O*]-, (*T*-4)-, [38901-18-7], 16:85
$SCoN_7O_3C_4H_{16}$, Cobalt, azidobis(1,2-ethanediamine-*N,N'*)[sulfito(2-)-*O*]-, (*OC*-6-33)-, [15656-42-5], 14:78
$SCoO_4.xH_2O$, Sulfuric acid, cobalt(2+) salt (1:1), hydrate, [60459-08-7], 8:198
$SCo_2FeO_9C_9$, Iron, tricarbonyl(hexacarbonyldicobalt)-μ_3-thioxo-, (*Co-Co*)(2*Co-Fe*), [22364-22-3], 26:245,352
$SCo_2O_9RuC_9$, Ruthenium, tricarbonyl (hexacarbonyldicobalt)-μ_3-thioxo-, (*Co-Co*)(2*Co-Ru*), [86272-87-9], 26:352
$SCrN_2O_5C_6H_4$, Chromium, pentacarbonyl (thiourea-*S*)-, (*OC*-6-22)-, [69244-58-2], 23:2
$SCrN_2O_5C_{10}H_{12}$, Chromium, pentacarbonyl (tetramethylthiourea-*S*)-, (*OC*-6-22)-, [76829-58-8], 23:2
$SCrN_2O_5C_{14}H_{20}$, Chromium, [*N,N'*-bis(1,1-dimethylethyl)thiourea-*S*] pentacarbonyl-, (*OC*-6-22)-, [69244-61-7], 23:3
$SCrN_2O_5C_{20}H_{16}$, Chromium, [*N,N'*-bis(4-methylphenyl)thiourea-*S*]pentacarbonyl-, (*OC*-6-22)-, [69244-62-8], 23:3
$SCrN_{10}O_6C_4H_{17}$, Chromium(2+), aquahydroxybis(imidodicarbonimidic diamide-*N'',N'''*)-, sulfate (1:1), [127688-31-7], 6:70
$SCrO_2C_{11}H_{10}$, Chromium, (carbonothioyl) dicarbonyl[(1,2,3,4,5,6-η)-1,2-dimethylbenzene]-, [70112-66-2], 19:197,198

$SCrO_4 \cdot 5H_2O$, Sulfuric acid, chromium(2+) salt (1:1), pentahydrate, [15928-77-5], 10:27

$SCrO_4C_{11}H_8$, Chromium, (carbonothioyl) dicarbonyl[(1,2,3,4,5,6-η)-methyl benzoate]-, [52140-27-9], 19:200

$SCrO_4C_{12}H_{10}$, Chromium, (carbonothioyl) dicarbonyl[(1,2,3,4,5,6-η)-methyl 3-methylbenzoate]-, [70144-76-2], 19:201

———, Chromium, (carbonothioyl)dicarbonyl[(1,2,3,4,5,6-η)-methyl 3-methylbenzoate]-, stereoisomer, [70112-62-8], 19:201

$SCrO_5C_{13}H_8$, Chromium, pentacarbonyl[1-(phenylthio)ethylidene]-, (*OC*-6-22)-, [23626-10-0], 17:98

$SCrO_6PC_{29}H_{25}$, Chromium, (carbonothioyl) carbonyl[(1,2,3,4,5,6-η)-methyl 3-methylbenzoate](triphenyl phosphite-*P*)-, stereoisomer, [70112-63-9], 19:202

———, Chromium, (carbonothioyl) carbonyl[(1,2,3,4,5,6-η)-methyl 3-methylbenzoate](triphenyl phosphite-*P*)-, stereoisomer, [70144-74-0], 19:202

$SCr_2O_4C_{14}H_{10}$, Chromium, tetracarbonylbis(η^5-2,4-cyclopentadien-1-yl)-μ-thioxodi-, [71549-26-3], 29:251

$SCsFHO_4$, Hypofluorous acid, monoanhydride with sulfuric acid, cesium salt, [70806-67-6], 24:22

$SCu_2N_6O_{10}C_{30}H_{28}$, Copper(1+), (1,10-phenanthroline-N^1,N^{10})(L-serinato-N,O^1)-, sulfate (2:1), [74807-02-6], 21:115

SD_2O_4, Sulfuric acid-d_2, [13813-19-9], 6:21;7:155

SEu, Europium sulfide (EuS), [12020-65-4], 10:77

$SEuO_4$, Sulfuric acid, europium(2+) salt (1:1), [10031-54-6], 2:70

$SFHO_3$, Fluorosulfuric acid, [7789-21-1], 7:127;11:139

$SFKO_2$, Fluorosulfurous acid, potassium salt, [14986-57-3], 9:113

SFN, Thiazyl fluoride ((SN)F), [18820-63-8], 24:16

$SFNO_3C_{16}H_{36}$, 1-Butanaminium, *N,N,N*-tributyl-, fluorosulfate, [88504-81-8], 26:393

SF_2O, Thionyl fluoride, [7783-42-8], 6:162;7:123;8:162

SF_2O_2, Sulfuryl fluoride, [2699-79-8], 6:158;8:162;9:111

SF_2O_3, Fluorine fluorosulfate ($F(SFO_3)$), [13536-85-1], 11:155

———, Hypofluorous acid, dianhydride with sulfurous acid, [13847-51-3], 11:155

$SF_3FeO_6C_9H_5$, Iron(1+), tricarbonyl(η^5-2,4-cyclopentadien-1-yl)-, salt with trifluoromethanesulfonic acid (1:1), [76136-47-5], 24:161

$SF_3K_2MnO_4$, Manganate(2-), trifluoro [sulfato(2-)-*O*]-, dipotassium, [51056-11-2], 27:312

$SF_3MnO_8C_6$, Manganese, pentacarbonyl (trifluoromethanesulfonato-*O*)-, (*OC*-6-22)-, [89689-95-2], 26:114

SF_3N, Nitrogen fluoride sulfide (NF_3S), [15930-75-3], 24:12

SF_3NOC, Imidosulfurous difluoride, (fluorocarbonyl)-, [3855-41-2], 24:10

SF_3NO_2, Sulfamoyl fluoride, difluoro-, [13709-30-3], 12:303

SF_3NO_3, Hydroxylamine-*O*-sulfonyl fluoride, *N,N*-difluoro-, [6816-12-2], 12:304

SF_3O_3CH, Methanesulfonic acid, trifluoro-, [1493-13-6], 28:70

$SF_3O_4P_2PtC_{14}H_{35}$, Platinum(1+), hydro (methanol)bis(triethylphosphine)-, (*SP*-4-1)-, salt with trifluoromethanesulfonic acid (1:1), [129979-61-9], 26:135

$SF_3O_8ReC_6$, Rhenium, pentacarbonyl (trifluoromethanesulfonato-*O*)-, (*OC*-6-22)-, [96412-34-9], 26:115

SF_3P, Phosphorothioic trifluoride, [2404-52-6], 1:154
SF_4, Sulfur fluoride (SF_4), (*T*-4)-, [7783-60-0], 7:119;8:162
SF_4O, Sulfur fluoride oxide (SF_4O), (*SP*-5-21)-, [13709-54-1], 11:131;20:34
SF_5C_2H, Sulfur, ethynylpentafluoro-, (*OC*-6-21)-, [917-89-5], 27:329
SF_5NOC, Sulfur, pentafluoro(isocyanato)-, (*OC*-6-21)-, [2375-30-6], 29:38
SF_6, Sulfur fluoride (SF_6), (*OC*-6-11)-, [2551-62-4], 1:121;3:119;8:162
SF_6C_2, Methane, thiobis[trifluoro-, [371-78-8], 14:44
$SF_6FeO_2pC_8H_5$, Iron(1+), (carbonothioyl) dicarbonyl(η^5-2,4-cyclopentadien-1-yl)-, hexafluorophosphate(1-), [33154-56-2], 17:100
SF_6O, Sulfur fluoride hypofluorite ($SF_5(OF)$), (*OC*-6-21)-, [15179-32-5], 11:131
$SF_6O_2C_3$, Ethane(thioperoxoic) acid, trifluoro-, *OS*-(trifluoromethyl) ester, [22398-86-3], 14:43
SF_7C_2H, Sulfur, (2,2-difluoroethenyl) pentafluoro-, (*OC*-6-21)-, [58636-78-5], 29:35
SF_7N, Sulfur, (fluorimidato)pentafluoro-, (*OC*-6-21)-, [13693-10-2], 12:305
SF_8C_2, Sulfur, difluorobis(trifluoromethyl)-, (*T*-4)-, [30341-38-9], 14:45
———, Sulfur, pentafluoro(trifluoroethenyl)-, (*OC*-6-21)-, [1186-51-2], 29:35
$SFeH_3Na_3O_3$, Ferrate(3-), trihydroxythioxo-, trisodium, [149165-87-7], 6:170
$SFe_3O_9C_9H_2$, Iron, nonacarbonyldi-μ-hydro-μ_3-thioxotri-, *triangulo*, [78547-62-3], 26:244
$SGeCH_6$, Germane, (methylthio)-, [16643-16-6], 18:165
$SGeC_6H_8$, Germane, (phenylthio)-, [21737-95-1], 18:165
SGe, Germanium sulfide (GeS), [12025-32-0], 2:102
SGe_2H_6, Digermathiane, [18852-54-5], 15:182;18:164
$SHNO_5$, Sulfuric acid, monoanhydride with nitrous acid, [7782-78-7], 1:55
$SHNaO_3$, Sulfurous acid, monosodium salt, [7631-90-5], 2:164
SHNa, Sodium sulfide (Na(SH)), [16721-80-5], 7:128
SH_2, Hydrogen sulfide (H_2S), [7783-06-4], 1:111;3:14,15
SH_2KO_3, Sulfurous acid, monopotassium salt, [7773-03-7], 2:167
SH_3NO_3, Sulfamic acid, [5329-14-6], 2:176,178
SH_3NO_4, Hydroxylamine-*O*-sulfonic acid, [2950-43-8], 5:122
SH_4N_2NaOP, Phosphorodiamidothioic acid, monosodium salt, [13766-94-4], 6:112
$SH_6N_2O_3$, Sulfamic acid, monoammonium salt, [7773-06-0], 2:180
$SH_6N_2O_4$, Hydrazine, sulfate (1:1), [10034-93-2], 1:90,92,94
SH_6N_3P, Phosphorothioic triamide, [13455-05-5], 6:111
SH_6Si_2, Disilathiane, [16544-95-9], 19:275
$SH_8N_4O_5$, Sulfamic acid, hydroxynitroso-, diammonium salt, [66375-30-2], 5:121
$SH_9N_2O_3P$, Phosphorothioic acid, diammonium salt, [15792-81-1], 6:112
$SH_{16}N_5O_4Rh$, Rhodium(2+), pentaamminehydro-, (*OC*-6-21)-, sulfate (1:1), [19440-32-5], 13:214
SHg, Mercury sulfide (HgS), [1344-48-5], 1:19
$SINO_4WC_{21}H_{36}$, 1-Butanaminium, *N,N,N*-tributyl-, (*OC*-6-23)-(carbonothioyl) tetracarbonyliodotungstate(1-), [56031-00-6], 19:186
SISb, Stibine, iodothioxo-, [13816-38-1], 14:161,172

$SIrN_6O_8CH_{15}$, Iridium(2+), pentaammine (thiocyanato-*N*)-, (*OC*-6-22)-, diperchlorate, [15691-81-3], 12:245
$SK_2N_2O_5$, Sulfamic acid, hydroxynitroso-, dipotassium salt, [26241-10-1], 5:117,120
SK_2O_3, Sulfurous acid, dipotassium salt, [10117-38-1], 2:165,166
SK_3O_3P, Phosphorothioic acid, tripotassium salt, [148832-25-1], 5:102
$SLi_{0.8}Mo_2.4/5H_3N$, Lithium molybdenum sulfide ($Li_{0.8}MoS_2$), ammoniate (5:4), [158188-87-5], 30:167
$SLiC_7H_7$, Lithium, [2-(methylthio)phenyl]-, [51894-94-1], 16:170
SLi_2, Lithium sulfide (Li_2S), [12136-58-2], 15:182
$SMgMo_2N_2O_{11}C_{10}H_{12}.6H_2O$, Molybdate (2-), [μ-[[*N*,*N*'-1,2-ethanediylbis[*N*-(carboxymethyl)glycinato]](4-)-*N*,*O*, O^N:*N*',*O*',$O^{N'}$]]-μ-oxodioxo-μ-thioxodi-, (*Mo-Mo*), magnesium (1:1), hexahydrate, [153062-84-1], 29:256
$SMnOPC_{25}H_{20}$, Manganese, (carbonothioyl)carbonyl(η^5-2,4-cyclopentadien-1-yl)(triphenylphosphine)-, [49716-54-3], 19:189
$SMnO_2C_8H_5$, Manganese, (carbonothioyl) dicarbonyl(η^5-2,4-cyclopentadien-1-yl)-, [31741-76-1], 16:53
$SMnO_8PC_{12}H_{12}$, Manganese, tetracarbonyl[2-(dimethylphosphinothioyl)-3-methoxy-1-(methoxycarbonyl)-3-oxo-1-propenyl-*C*,*S*]-, (*OC*-6-23)-, [78857-08-6], 26:163
$SMnO_{11}PC_{17}H_{18}$, Manganese, tricarbonyl[(3,4,5,6-η)-3,4,5,6-tetrakis (methoxycarbonyl)-2,2-dimethyl-2*H*-1,2-thiaphosphorinium]-, [70644-07-4], 26:165
$SMnP_2C_{32}H_{29}$, Manganese, (carbonothioyl)(η^5-2,4-cyclopentadien-1-yl)[1,2-ethanediylbis[diphenylphosphine]-*P*,*P*']-, [49716-56-5], 19:191
$(SN)_x$, Nitrogen sulfide (NS), homopolymer, [56422-03-8], 6:127;22:143
———, Nitrogen sulfide (NS), homopolymer, (*E*)-, [91280-08-9], 6:127
$SNC_7H_7.xS_2Ta$, Benzenecarbothioamide, compd. with tantalum sulfide (TaS_2), [34200-70-9], 30:164
SNC_7H_9, Benzenamine, 2-(methylthio)-, [2987-53-3], 16:169
$SNOSiC_3H_9$, Silanamine, 1,1,1-trimethyl-*N*-sulfinyl-, [7522-26-1], 25:48
$SNO_2C_3H_9$, Methanamine, *N*,*N*-dimethyl-, compd. with sulfur dioxide (1:1), [17634-55-8], 2:159
SNO_3CH_5, Methanesulfonic acid, amino-, [13881-91-9], 8:121
$SNO_3C_5H_5$, Sulfur trioxide, compd. with pyridine (1:1), [26412-87-3], 2:173
$SNO_3C_6H_7.NC_5H_5$, Sulfamic acid, phenyl-, compd. with pyridine (1:1), [56710-38-4], 2:175
$SNO_3C_8H_{11}$, Benzenamine, *N*,*N*-dimethyl-, compd. with sulfur trioxide (1:1), [82604-34-0], 2:174
———, Sulfamic acid, dimethyl-, phenyl ester, [66950-63-8], 2:174
$SNSiC_4H_9$, Silane, isothiocyanatotrimethyl-, [2290-65-5], 8:30
SN_2C_2, Sulfur cyanide ($S(CN)_2$), [627-52-1], 24:125
$SN_2Na_2O_5$, Sulfamic acid, hydroxynitroso-, disodium salt, [127795-71-5], 5:119
$SN_2O_2C_2H_8$, Sulfamide, *N*,*N*-dimethyl-, [3984-14-3], 8:114
$SN_2O_2C_4H_{12}$, Sulfamide, *N*,*N*'-diethyl-, [6104-21-8], 8:114
———, Sulfamide, *N*,*N*-diethyl-, [4841-33-2], 8:114
$SN_2O_2C_5H_{12}$, 1-Piperidinesulfonamide, [4108-90-1], 8:114
$SN_2O_2C_6H_{16}$, Sulfamide, *N*,*N*-dipropyl-, [55665-94-6], 8:112
$SN_2O_2C_8H_{20}$, Sulfamide, *N*,*N*-dibutyl-, [53892-25-4], 8:114
———, Sulfamide, *N*,*N*'-dibutyl-, [763-11-1], 8:114
$SN_2O_2C_{10}H_{16}$, Sulfamide, *N*,*N*-diethyl-*N*'-phenyl-, [53660-22-3], 8:114

$SN_2O_2C_{10}H_{20}$, Piperidine, 1,1'-sulfonylbis-, [3768-65-8], 8:114
$SN_2O_2C_{10}H_{22}$, Sulfamide, *N'*-cyclohexyl-*N,N*-diethyl-, [37407-75-3], 8:114
$SN_2O_2C_{11}H_{22}$, 1-Piperidinesulfonamide, *N*-cyclohexyl-, [5430-49-9], 8:114
$SN_2O_2C_{12}H_{18}$, 1-Piperidinesulfonamide, *N*-(2-methylphenyl)-, [5430-50-2], 8:114
———, 1-Piperidinesulfonamide, *N*-(3-methylphenyl)-, [5432-36-0], 8:114
$SN_2O_2C_{12}H_{18}$, 1-Piperidinesulfonamide, *N*-(4-methylphenyl)-, [5450-07-7], 8:114
$SN_2O_2C_{12}H_{28}$, Sulfamide, *N,N*-dibutyl-*N',N'*-diethyl-, [100454-63-5], 8:114
$SN_2O_2PC_{22}H_{25}$, Sulfamide, diethyl (triphenylphosphoranylidene)-, [13882-24-1], 9:119
$SN_2O_2P_2C_{36}H_{30}$, Sulfamide, bis (triphenylphosphoranylidene)-, [14908-67-9], 9:118
$SN_2O_3C_4H_{10}$, 4-Morpholinesulfonamide, [25999-04-6], 8:114
$SN_2O_3C_9H_{18}$, Morpholine, 4-(1-piperidinylsulfonyl)-, [71173-07-4], 8:113
$SN_2PC_{14}H_{17}$, Phosphinothioic hydrazide, 2,2-dimethyl-*P,P*-diphenyl-, [13703-23-6], 8:76
$SN_2Si_2C_6H_{18}$, Sulfur diimide, bis(trimethylsilyl)-, [18156-25-7], 25:44
$SN_2Sn_2C_6H_{18}$, Sulfur diimide, bis (trimethylstannyl)-, [50518-65-5], 25:44
SN_3CH_5, Hydrazinecarbothioamide, [79-19-6], 4:39;6:42
SN_4CH_2, 1,2,3,4-Thiatriazol-5-amine, [6630-99-5], 6:42
$SN_4C_7H_6$, Carbamothioic azide, phenyl-, [120613-66-3], 6:45
$SN_4C_7H_6$, 1,2,3,4-Thiatriazol-5-amine, *N*-phenyl-, [13078-30-3], 6:45
$SN_4O_4PtC_{17}H_{16}$, Platinum(1+), (2-mercaptoethanolato-*S*)(2,2':6',2"-terpyridine-*N,N',N"*)-, (*SP*-4-2)-, nitrate, [60829-45-0], 20:103
$SN_5O_4C_2H_9$, Imidodicarbonimidic diamide, sulfate (1:1), [6945-23-9], 7:56
$SN_6O_4CH_2$, 1*H*-Tetrazole-5-diazonium, sulfate (1:1), [148832-10-4], 6:64
$SN_6O_6PtC_{17}H_{18}$, Platinum(1+), (2-aminoethanethiolato-*S*)(2,2':6',2"-terpyridine-*N,N',N"*)-, (*SP*-4-2)-, nitrate, mononitrate, [151183-10-7], 20:104
$SNaO_4CH_3$, Methanesulfonic acid, hydroxy-, monosodium salt, [870-72-4], 8:122
SNa_2, Sodium sulfide ($Na_2{}^{35}S$), [12136-96-8], 7:117
SNa_2O_3, Sulfurous acid, disodium salt, [7757-83-7], 2:162,165
$SNa_2O_3.7H_2O$, Sulfurous acid, disodium salt, heptahydrate, [10102-15-5], 2:162,165
SNa_2O_4, Sulfuric acid disodium salt, [7757-82-6], 5:119
SNa_3O_3P, Phosphorothioic acid, trisodium salt, [10101-88-9], 5:102;17:193
SOC_2H_6, Methane, sulfinylbis-, [67-68-5], 11:116,124
$SOOsP_2C_{42}H_{34}$, Osmium, carbonyl-[(*S*,1,5-η)-5-thioxo-2,4-pentadienylidene]bis(triphenylphosphine)-, stereoisomer, [84411-69-8], 26:188
$SOOsP_3C_{56}H_{45}$, Osmium, (carbonothioyl) carbonyltris(triphenylphosphine)-, [64883-46-1], 26:187
SO_2, Sulfur dioxide, [7446-09-5], 2:160
SO_3, Sulfur trioxide, [7446-11-9], 7:156
$SO_4P_2RhC_{44}H_{73}$, Rhodium, carbonyl(4-methylbenzenesulfonato-*O*)bis (tricyclohexylphosphine)-, (*SP*-4-1)-, [112837-62-4], 27:292
SO_4Sr, Sulfuric acid, strontium salt (1:1), [7759-02-6], 3:19
$SO_4V.7H_2O$, Sulfuric acid, vanadium(2+) salt (1:1), heptahydrate, [36907-42-3], 7:96
$SO_5C_4H_8$, 1,4-Dioxane, compd. with sulfur trioxide (1:1), [20769-58-8], 2:174

SO_5V, Vanadium, oxo[sulfato(2-)-*O*]-, [27774-13-6], 7:94
SO_5WC_6, Tungsten, (carbonothioyl) pentacarbonyl-, (*OC*-6-22)-, [50358-92-4], 19:183,187
$SO_5WC_{13}H_8$, Tungsten, pentacarbonyl[1-(phenylthio)ethylidene]-, (*OC*-6-22)-, [52843-33-1], 17:99
$SO_8C_{12}H_{12}$, Thiophenetetracarboxylic acid, tetramethyl ester, [6579-15-3], 26:166
$SO_{10}Os_3C_{10}$, Osmium, μ_3-carbonylnonacarbonyl-μ_3-thioxotri-, *triangulo*, [88746-45-6], 26:305
$SO_{10}Os_3C_{16}H_6$, Osmium, [μ-(benzenethiolato)]decacarbonyl-μ-hydrotri-, *triangulo*, [23733-19-9], 26:304
$SO_{12}V_2$, Sulfuric acid, vanadium(3+) salt (3:2), [13701-70-7], 7:92
$SOsP_3C_{55}H_{47}$, Osmium, (carbonothioyl) dihydrotris(triphenylphosphine)-, (*OC*-6-31)-, [64883-48-3], 26:186
SPC_2H_7, Phosphine sulfide, dimethyl-, [6591-05-5], 26:162
$SPC_{12}H_{27}$, Phosphine sulfide, tributyl-, [3084-50-2], 9:71
$SPC_{19}H_{17}$, Phosphine, [2-(methylthio) phenyl]diphenyl-, [14791-94-7], 16:171
$SP_2C_{22}H_{24}$, Phosphine sulfide, [[(1-methylethyl)phenylphosphino] methyl]diphenyl-, [54006-27-8], 16:195
$SSi_2C_2H_{10}$, Disilathiane, 1,3-dimethyl-, [14396-23-7], 19:276
$SSi_2C_4H_{14}$, Disilathiane, 1,1,3,3-tetramethyl-, [16642-70-9], 19:276
$SSi_2C_6H_{18}$, Disilathiane, hexamethyl-, [3385-94-2], 15:207;19:276;29:30
$SSnC_{18}H_{32}$, Stannane, tributyl (phenylthio)-, [17314-33-9], 25:114
SSr, Strontium sulfide (SrS), [1314-96-1], 3:11,20,21,23
SZn, Zinc sulfide (ZnS), [1314-98-3], 30:262
S_2AgFe, Iron silver sulfide ($FeAgS_2$), [60861-26-9], 6:171
$S_2AlCsO_8.12H_2O$, Sulfuric acid, aluminum cesium salt (2:1:1), dodecahydrate, [7784-17-0], 4:8
$S_2As_2N_2PdC_{38}H_{30}$, Palladium, bis (thiocyanato-*N*)bis(triphenylarsine)-, [15709-50-9], 12:221
$S_2As_2N_2PdC_{38}H_{30}$, Palladium, bis(thiocyanato-*S*)bis(triphenylarsine)-, [15709-51-0], 12:221
$S_2BF_4C_3H_3$, 1,3-Dithiol-1-ium, tetrafluoroborate(1-), [53059-75-9], 19:28
$S_2BOP_3RhC_{66}H_{59}$, Rhodium(1+), [carbonodithioato(2-)-*S*,*S*'][[2-[(diphenylphos phino)methyl]-2-methyl-1,3-propanediyl]bis[diphenylphosphine]-*P*,*P*',*P*'']-, (*SP*-5-22)-, tetraphenylborate(1-), [99955-64-3], 27:287
$S_2B_2C_{16}H_{28}$, 9-Borabicyclo[3.3.1]nonane, 9,9'-dithiobis-, [120885-90-7], 29:76
$S_2BaN_2C_2$, Thiocyanic acid, barium salt, [2092-17-3], 3:24
$S_2BaO_6.2H_2O$, Dithionic acid, barium salt (1:1), dihydrate, [7787-43-1], 2:170
S_2BiNa, Bismuthate(1-), dithioxo-, sodium, [12506-14-8], 30:91
$S_2BrCoN_4O_7C_4H_{18}.H_2O$, Cobalt(2+), aquabromobis(1,2-ethanediamine-*N*,*N*')-, (*OC*-6-23)-, dithionate (1:1), monohydrate, [153569-10-9], 21:124
$S_2BrCoN_5O_6C_4H_{19}$, Cobalt(2+), amminebromobis(1,2-ethanediamine-*N*,*N*')-, (*OC*-6-32)-, (disulfate) (1:1), [15306-91-9], 16:94
$S_2Br_3CoN_5O_8C_{24}H_{47}$, Cobalt(2+), amminebromobis(1,2-ethanediamine-*N*,*N*')-, (*OC*-6-23-Λ)-, salt with [1*R*-(*endo,anti*)]-3-bromo-1,7-dimethyl-2-oxobicyclo[2.2.1] heptane-7-methanesulfonic acid (1:2), [60103-84-6], 16:93
$S_2Br_{10}Pb_7$, Lead bromide sulfide ($Pb_7Br_{10}S_2$), [12336-90-2], 14:171
S_2C, Carbon disulfide, [75-15-0], 11:187

$S_2C_2H_4$, Methane(dithioic) acid, methyl ester, [59065-19-9], 28:186

$S_2CaO_6.4H_2O$, Dithionic acid, calcium salt (1:1), tetrahydrate, [13477-31-1], 2:168

$S_2ClCoN_4Na_2O_{10}C_4H_{16}$, Cobaltate(1-), bis(1,2-ethanediamine-*N,N'*)bis [sulfito(2-)-*O*]-, (*OC*-6-22)-, disodium perchlorate, [42921-87-9], 14:77

$S_2ClCoN_4O_7C_4H_{18}.H_2O$, Cobalt(2+), aquachlorobis(1,2-ethanediamine-*N,N'*)-, (*OC*-6-23)-, dithionate (1:1), monohydrate, [152981-37-8], 25321:125

$S_2ClF_6IrN_4O_6C_6H_{16}$, Iridium(1+), chlorobis(1,2-ethanediamine-*N,N'*)(trifluoromethanesulfonato-*O*)-, (*OC*-6-23)-, salt with trifluoromethanesulfonic acid (1:1), [90065-99-9], 24:289

$S_2ClF_6N_4O_6RhC_6H_{16}$, Rhodium(1+), chlorobis(1,2-ethanediamine-*N,N'*)(trifluoromethanesulfonato-*O*)-, (*OC*-6-23)-, salt with trifluoromethanesulfonic acid (1:1), [90065-97-7], 24:285

$S_2ClOP_3RhC_{42}H_{39}$, Rhodium, [carbonodithioato(2-)-*S,S'*]chloro[[2-[(diphenylphosphino)methyl]-2-methyl-1,3-propanediyl]bis[diphenylphosphine]-*P,P',P''*]-, (*OC*-6-33)-, [100044-11-9], 27:289

$S_2ClP_4RhC_{48}H_{54}$, Rhodium, chloro[[2-[(diphenylphosphino)methyl]-2-methyl-1,3-propanediyl]bis [diphenylphosphine]-*P,P',P''*]-[(triethylphosphoranylidene) methanedithiolato(2-)-*S*]-, [100044-10-8], 27:288

$S_2Cl_2HNO_4$, Imidodisulfuryl chloride, [15873-42-4], 8:105

$S_2Cl_2HgN_4C_2H_8$, Mercury(2+), bis (thiourea-*S*)-, dichloride, [150124-45-1], 6:27

$S_2Cl_2Hg_3$, Mercury chloride sulfide ($Hg_3Cl_2S_2$), [12051-13-7], 14:171

$S_2Cl_2O_5$, Disulfuryl chloride, [7791-27-7], 3:124

$S_2Cl_2PtC_8H_{20}$, Platinum, dichlorobis[1,1'-thiobis[ethane]]-, (*SP*-4-1)-, [15337-84-5], 6:211

———, Platinum, dichlorobis[1,1'-thiobis [ethane]]-, (*SP*-4-2)-, [15442-57-6], 6:211

$S_2Cl_3IrNC_8H_{23}$, Iridium, amminetrichlorobis[1,1'-thiobis[ethane]]-, [149189-74-2], 7:227

$S_2Cl_3IrNC_{13}H_{25}$, Iridium, trichloro (pyridine)bis[1,1'-thiobis[ethane]]-, (*OC*-6-32)-, [149165-69-5], 7:227

$S_2Cl_4N_3P_3C_4H_{10}$, 1,3,5,2,4,6-Triazatriphosphorine, 2,2,4,4-tetrachloro-6,6-bis(ethylthio)-2,2,4,4,6,6-hexahydro-, [7652-85-9], 8:86

$S_2Cl_4N_3P_3C_{12}H_{10}$, 1,3,5,2,4,6-Triazatriphosphorine, 2,2,4,4-tetrachloro-2,2,4,4,6,6-hexahydro-6,6-bis(phenylthio)-, [7655-02-9], 8:88

$S_2Cl_4PtC_8H_{20}$, Platinum, tetrachlorobis-[1,1'-thiobis[ethane]]-, (*OC*-6-11)-, [18976-92-6], 8:245

———, Platinum, tetrachlorobis[1,1'-thiobis[ethane]]-, (*OC*-6-22)-, [12080-89-6], 8:245

$S_2Cl_4Pt_2C_4H_{12}$, Platinum, di-μ-chlorodichlorobis[thiobis[methane]]di-, [60817-02-9], 22:128

$S_2Cl_4Si_2$, Cyclodisilathiane, tetrachloro-, [121355-79-1], 7:29,30

S_2Co, Cobalt sulfide (CoS_2), [12013-10-4], 14:157

$S_2CoCsO_8{\cdot}_{12}H_2O$, Sulfuric acid, cesium cobalt(3+) salt (2:1:1), dodecahydrate, [19004-44-5], 10:61

$S_2CoH_{15}N_4O_8$, Cobalt(2+), tetraammineaquahydroxy-, (*OC*-6-33)-, dithionate (1:1), [67326-97-0], 18:81

$S_2CoN_2C_{12}H_{18}$, Cobalt, [[4,4'-(1,2-ethanediyldinitrilo)bis[2-pentanethionato]]-(2-)-*N,N',S,S'*]-, (*SP*-4-2)-, [41254-15-3], 16:227

$S_2CoN_2O_{10}C_{14}H_{16}.2H_2O$, Cobalt, tetraaquabis(1,2-benzisothiazol-3(2*H*)-one 1,1-dioxidato-*N*^{2})-, dihydrate, [81780-35-0], 23:49

$S_2CoN_4NaO_6C_4H_{16}$, Cobaltate(1-), bis(1,2-ethanediamine-*N,N'*)bis [sulfito(2-)-*O*]-, sodium, (*OC*-6-12)-, [15638-71-8], 14:79

$S_2CoN_4O_8C_4H_{19}$, Cobalt(2+), aquabis(1,2-ethanediamine-*N,N'*)hydroxy-, (*OC*-6-33)-, dithionate (1:1), [42844-99-5], 14:74

$S_2CoN_5Na_2O_9C_4H_{16}$, Cobaltate(1-), bis(1,2-ethanediamine-*N,N'*)bis[sulfito(2-)-*O*]-, (*OC*-6-22)-, disodium nitrate, [42921-86-8], 14:77

$S_2CoN_5OC_6H_{14}$, Cobalt, [*N*-(2-aminoethyl)-1,2-ethanediamine-*N,N',N''*]hydroxybis (thiocyanato-*S*)-, [93219-91-1], 7:208

$S_2CoN_6C_{22}H_{20}$, Cobalt, tetrakis(pyridine) bis(thiocyanato-*N*)-, [14882-22-5], 13:204

$S_2CoN_6O_6C_8H_{12}$, Cobalt, bis(1,3-dihydro-1-methyl-2*H*-imidazole-2-thione-*S*)bis (nitrato-*O*)-, (*T*-4)-, [76614-27-2], 23:171

$(S_2CoN_8C_6H_6)_x$, Cobalt, bis(thiocyanato-*N*)bis(1*H*-1,2,4-triazole-*N*^{2})-, homopolymer, [63654-21-7], 23:159

$S_2Co_3N_8O_{14}C_8H_{40}.7H_2O$, Cobalt(4+), diaquatetrakis(1,2-ethanediamine-*N,N'*)tetra-μ-hydroxytri-, sulfate (1:2), heptahydrate, [60270-46-4], 8:199

$S_2CrH_{15}N_4O_8$, Chromium(2+), tetraammineaquahydroxy-, (*OC*-6-33)-, dithionate (1:1), [67327-07-5], 18:80

$S_2CrN_2O_{10}C_{14}H_{16}.2H_2O$, Chromium, tetraaquabis(1,2-benzisothiazol-3(2*H*)-one 1,1-dioxidato-*N*^{2})-, dihydrate, (*OC*-6-11)-, [92763-66-1], 27:309

$S_2CrN_4O_8C_4H_{19}$, Chromium(2+), aquabis-(1,2-ethanediamine-*N,N'*)hydroxy-, (*OC*-6-33)-, dithionate (1:1), [34076-61-4], 18:84

$S_2CrN_5OC_{12}H_8$, Chromium, (2,2'-bipyridine-*N,N'*)nitrosylbis (thiocyanato-*N*)-, [80557-37-5], 23:183

$S_2CrN_5OC_{14}H_8$, Chromium, nitrosyl(1,10-phenanthroline-*N*^{1},*N*^{10})bis (thiocyanato-*N*)-, [80557-38-6], 23:185

$S_2Cr_2O_5C_{15}H_{10}$, Chromium, pentacarbonylbis(η^5-2,4-cyclopentadien-1-yl)[μ-(disulfur-*S:S,S'*)]di-, [89401-43-4], 29:252

$S_2CsF_2HNO_4$, Imidodisulfuryl fluoride, cesium salt, [15060-34-1], 11:138

$S_2CsO_8Ti.12H_2O$, Sulfuric acid, cesium titanium(3+) salt (2:1:1), dodecahydrate, [16482-51-2], 6:50

$S_2CuN_4C_{12}H_{10}$, Copper, bis(pyridine)bis (thiocyanato-*N*)-, [14881-12-0], 12:251,253

$(S_2CuN_8C_6H_6)_x$, Copper, bis(thiocyanato-*N*)bis(1*H*-1,2,4-triazole)-, homopolymer, [63654-20-6], 23:159

$S_2CuN_{10}O_6C_{16}H_{20}$, Cuprate(2-), bis[4-[[[(aminoiminomethyl)amino] iminomethyl]amino]benzenesulfonato(2-)]-, dihydrogen, [59249-53-5], 7:6

$S_2F_2HNO_4$, Imidodisulfuryl fluoride, [14984-73-7], 11:138

$S_2F_2O_5$, Disulfuryl fluoride, [13036-75-4], 11:151

$S_2F_2O_6$, Peroxydisulfuryl fluoride, [13709-32-5], 7:124;11:155;29:10

$S_2F_3FeO_5C_8H_5$, Iron(1+), (carbonothioyl) dicarbonyl(η^5-2,4-cyclopentadien-1-yl)-, salt with trifluoromethanesulfonic acid (1:1), [60817-01-8], 28:186

$S_2F_3NO_4$, Imidodisulfuryl fluoride, fluoro-, [13709-40-5], 11:138

$S_2F_3OC_8H_5$, 3-Buten-2-one, 1,1,1-trifluoro-4-mercapto-4-(2-thienyl)-, [4552-64-1], 16:206

$S_2F_4HgN_2$, Imidosulfurous difluoride, mercury(2+) salt, [23303-78-8], 24:14

$S_2F_6C_4$, 1,2-Dithiete, 3,4-bis(trifluoromethyl)-, [360-91-8], 10:19
$S_2F_6FeN_6O_6C_{22}H_{38}$, Iron(2+), bis(acetonitrile)(5,7,7,12,14,14-hexamethyl-1,4,8,11-tetraazacyclotetradeca-4,11-diene-N^1,N^4,N^8,N^{11})-, (*OC*-6-12)-, salt with trifluoromethanesulfonic acid (1:2), [57139-47-6], 18:6
$S_2F_6FeN_6O_6C_{22}H_{42}$, Iron(2+), bis(acetonitrile)(5,5,7,12,12,14-hexamethyl-1,4,8,11-tetraazacyclotetradecane-N^1,N^4,N^8,N^{11})-, [*OC*-6-13-(*R**,*S**)]-, salt with trifluoromethanesulfonic acid (1:2), [67143-08-2], 18:15
$S_2F_6IrO_7P_2C_{39}H_{31}$, Iridium, carbonylhydrobis(trifluoromethanesulfonato-*O*) bis(triphenylphosphine)-, [105811-97-0], 26:120;28:26
$S_2F_6N_4O_6C_{18}H_{34}$, Methanesulfonic acid, trifluoro-, compd. with 5,7,7,12,14,14-hexamethyl-1,4,8,11-tetraazacyclotetradeca-4,11-diene (2:1), [57139-53-4], 18:3
$S_2F_6N_5O_6OsC_{27}H_{19}$, Osmium(1+), (2,2'-bipyridine-*N*,*N*')(2,2':6',2"-terpyridine-*N*,*N*',*N*")(trifluoromethanesulfonato-*O*)-, (*OC*-6-44)-, salt with trifluoromethanesulfonic acid (1:1), [104475-06-1], 24:303
$S_2F_6N_5O_6RuC_{27}H_{19}$, Ruthenium(1+), (2,2'-bipyridine-*N*,*N*')(2,2':6',2"-terpyridine-*N*,*N*',*N*")(trifluoromethanesulfonato-*O*)-, (*OC*-6-44)-, salt with trifluoromethanesulfonic acid (1:1), [104475-04-9], 24:302
$S_2F_6N_5O_7OsC_{27}H_{21}.H_2O$, Osmium(2+), aqua(2,2'-bipyridine-*N*,*N*')(2,2':6',2"-terpyridine-*N*,*N*',*N*")-, (*OC*-6-44)-, salt with trifluoromethanesulfonic acid (1:2), monohydrate, [153608-95-8], 24:304
$S_2F_7O_3C_2H$, Sulfur, (4,4-difluoro-1,2-oxathietan-3-yl)pentafluoro-, *S*,*S*-dioxide, (*OC*-6-21)-, [113591-65-4], 29:36
$S_2F_8O_3C_2$, Sulfur, pentafluoro(3,4,4-trifluoro-1,2-oxathietan-3-yl)-, *S*,*S*-dioxide, (*OC*-6-21)-, [93474-29-4], 29:36
$S_2F_9IrN_5O_9C_3H_{15}$, Iridium(2+), pentaammine(trifluoromethanesulfonato-*O*)-, (*OC*-6-22)-, salt with trifluoromethanesulfonic acid (1:2), [84254-59-1], 24:164
$S_2F_{12}Fe_2N_2P_2C_{18}H_{26}$, Iron(2+), bis(acetonitrile)bis(η^5-2,4-cyclopentadien-1-yl)bis[μ-(ethanethiolato)]di-, (*Fe-Fe*), bis[hexafluorophosphate(1-)], [64743-11-9], 21:39
S_2FeK, Ferrate(1-), dithioxo-, potassium, [12022-42-3], 6:170;30:92
$S_2FeN_2O_{10}C_{14}H_{16}.2H_2O$, Iron, tetraaquabis(1,2-benzisothiazol-3(2*H*)-one 1,1-dioxidato-N^2)-, dihydrate, [81780-36-1], 23:49
$S_2FeN_6C_{22}H_{20}$, Iron, tetrakis(pyridine)bis (thiocyanato-*N*)-, [15154-78-6], 12:251,253
$(S_2FeN_8C_6H_6)_x$, Iron, bis(thiocyanato-*N*) bis(1*H*-1,2,4-triazole)-, homopolymer, [63654-19-3], 23:185
$S_2FeO_2C_9H_8$, Iron, dicarbonyl(η^5-2,4-cyclopentadien-1-yl)[(methylthio) thioxomethyl]-, [59654-63-6], 28:186
$S_2H_2N_2$, Sulfur diimide, mercapto-, [67144-19-8], 18:124
S_2H_3NTa, Tantalum, amminedithioxo-, [73689-97-1], 19:42
———, Tantalum sulfide (TaS_2), monoammoniate, [34312-63-5], 30:162
$S_2H_{12}N_4O_6.H_2O$, Imidodisulfuric acid, triammonium salt, monohydrate, [148832-17-1], 2:179
$S_2H_{15}N_4O_8Rh$, Rhodium(2+), tetraammineaquahydroxy-, (*OC*-6-33)-, dithionate (1:1), [72902-00-2], 24:225
$S_2H_{18}N_6O_8Pt$, Platinum(4+), hexaammine-, (*OC*-6-11)-, sulfate (1:2), [49730-82-7], 15:94

S_2Hf, Hafnium sulfide (HfS_2), [18855-94-2], 12:158,163;30:26

$S_2HgN_3O_6$, Imidodisulfuric acid, diammonium salt, [13597-84-7], 2:180

$S_2IInC_{12}H_{10}$, Indium, bis(benzenethiolato) iodo-, [115169-34-1], 29:17

$S_2I_6Pb_5$, Lead iodide sulfide ($Pb_5I_6S_2$), [12337-11-0], 14:171

$S_2Ir_2O_4C_{12}H_{18}$, Iridium, tetracarbonylbis-[μ-(2-methyl-2-propanethiolato)]di-, [63312-27-6], 20:237

$S_2Ir_2O_4C_{16}H_{10}$, Iridium, bis[μ-(benzene-thiolato)]tetracarbonyldi-, [63264-32-4], 20:238

$S_2K_2O_5$, Disulfurous acid, dipotassium salt, [16731-55-8], 2:165,166

$S_2MnN_6C_{22}H_{20}$, Manganese, tetrakis (pyridine)bis(thiocyanato-*N*)-, (*OC*-6-11)-, [65732-55-0], 12:251,253

($S_2MnN_8C_6H_6$)x, Manganese, bis (thiocyanato-*N*)bis(1*H*-1,2,4-triazole)-, homopolymer, [63654-18-2], 23:158

$S_2Mn_2O_8C_{20}H_{10}$, Manganese, bis[μ-(benzenethiolato)] octacarbonyldi-, [21240-14-2], 25:116,118

$S_2Mn_2O_8P_2C_{12}H_{12}$, Manganese, octacarbonylbis[μ-(dimethylphosphino thioito-*P*:*S*)]di-, [58411-24-8], 26:162

S_2Mo, Molybdenum sulfide (MoS_2), [1317-33-5], 30:33,167

$S_2Mo_2N_2Na_2O_{10}C_{10}H_{12}.H_2O$, Molybdate(2-), [μ-[[*N*,*N*'-1,2-ethanediylbis[*N*-(carboxymethyl) glycinato]](4-)-*N*,*O*,*O*^{N}:*N*',*O*',*O*$^{N'}$]] dioxodi-μ-thioxodi-, (*Mo*-*Mo*), disodium, monohydrate, [153062-85-2], 29:259

$S_2NNaC_2.3NOC_3H_7$, Carbonocyanidodithioic acid, sodium salt, compd. with *N*,*N*-dimethylformamide (1:3), [35585-70-7], 10:12

S_2N_2, Nitrogen sulfide (N_2S_2), [25474-92-4], 6:126

$S_2N_2CH_6$, Carbamodithioic acid, monoammonium salt, [513-74-6], 3:48

$S_2N_2C_2$, Sulfur cyanide ($S_2(CN)_2$), [505-14-6], 1:84

$S_2N_2C_4H_2$, 2-Butenedinitrile, 2,3-dimercapto-, [20654-67-5], 19:31

$S_2N_2C_{12}H_{20}$, 2-Pentanethione, 4,4'-(1,2-ethanediyldinitrilo)bis-, [40006-83-5], 16:226

$S_2N_2Na_2C_4H_2$, 2-Butenedinitrile, 2,3-dimercapto-, disodium salt, (*Z*)-, [5466-54-6], 10:11;13:188

$S_2N_2NiO_{10}C_{14}H_{16}.2H_2O$, Nickel, tetraaquabis(1,2-benzisothiazol-3(2*H*)-one 1,1-dioxidato-*N*^{2})-, dihydrate, [81780-34-9], 23:48

S_2N_2OC, 5*H*-1,3,2,4-Dithia(3-*S*^{IV})diazol-5-one, [55590-17-5], 25:53

$S_2N_2O_{10}VC_{14}H_{16}.2H_2O$, Vanadium, bis(1,2-benzisothiazol-3(2*H*)-one 1,1-dioxidato-*N*^{2})-, dihydrate, (*OC*-6-11)-, [103563-29-7], 27:307

$S_2N_2O_{10}ZnC_{14}H_{16}.2H_2O$, Zinc, tetraaquabis(1,2-benzisothiazol-3(2*H*)-one 1,1-dioxidato-*N*^{2})-, dihydrate, [81780-33-8], 23:49

$S_2N_2PbC_2$, Thiocyanic acid, lead(2+) salt, [592-87-0], 1:85

$S_2N_2SiC_4H_6$, Silane, diisothiocyanatodimethyl-, [13125-51-4], 8:30

$S_2N_2SnC_2H_6$, 5*H*-1,3,2,4,5-Dithia(3-*S*^{IV}) diazastannole, 5,5-dimethyl-, [50485-31-9], 25:53

S_2N_3CH, Carbonazidodithioic acid, [4472-06-4], 1:81

S_2N_3NaC, Carbonazidodithioic acid, sodium salt, [38093-88-8], 1:82

$S_2N_4O_8RhC_4H_{19}$, Rhodium(2+), aquabis(1,2-ethanediamine-*N*,*N*') hydroxy-, (*OC*-6-33)-, dithionate (1:1), [72902-01-3], 24:230

$S_2N_4PdC_{12}H_8$, Palladium, (2,2'-bipyridine-*N*,*N*')bis(thiocyanato-*N*)-, (*SP*-4-2)-, [15613-05-5], 12:223

———, Palladium, (2,2'-bipyridine-*N*,*N'*) bis(thiocyanato-*S*)-, (*SP*-4-2)-, [23672-08-4], 12:222

$S_2N_4ZnC_{12}H_{10}$, Zinc, bis(pyridine)bis (thiocyanato-*N*)-, (*T*-4)-, [13878-20-1], 12:251,253

$S_2N_6NiC_{16}H_{24}$, Nickel, (2,3,9,10-tetramethyl-1,4,8,11-tetraazacyclotetradeca-1,3,8,10-tetraene-N^1,N^4,N^8,N^{11})bis (thiocyanato-*N*)-, (*OC*-6-11)-, [62905-14-0], 18:24

$S_2N_6NiC_{22}H_{20}$, Nickel(2+), tetrakis (pyridine)-, dithiocyanate, [56508-32-8], 12:251,253

$S_2N_6NiC_{30}H_{20}$, Nickel, (tetrabenzo[*b*,*f*,*j*,*n*][1,5,9,13] tetraazacyclohexadecine-N^5,N^{11},N^{17}, N^{23})bis(thiocyanato-*N*)-, (*OC*-6-11)-, [62905-16-2], 18:31

$S_2N_6PdC_{13}H_{30}$, Palladium(1+), [*N*,*N*-bis[2-(dimethylamino)ethyl]-*N'*,*N'*-dimethyl-1,2-ethanediamine-*N*,*N'*, N^N](thiocyanato-*N*)-, (*SP*-4-3)-, thiocyanate, [71744-83-7], 21:132

$(S_2N_8NiC_6H_6)x$, Nickel, bis(thiocyanato-*N*) bis(1*H*-1,2,4-triazole)-, homopolymer, [63654-17-1], 23:159

$S_2N_8O_6VC_{44}H_{38}$, Vanadium, bis(1,2-benzisothiazol-3(2*H*)-one 1,1-dioxidato-O^3)tetrakis(pyridine)-, (*OC*-6-12)-, compd. with pyridine (1:2), [103563-31-1], 27:308

$(S_2N_8ZnC_6H_6)_x$, Zinc, bis(thiocyanato-*N*) bis(1*H*-1,2,4-triazole)-, homopolymer, [63654-16-0], 23:160

$S_2N_{10}O_8C_6H_{20}.5H_2O$, 2,4,7,9-Tetraazadecanediimidamide, 3,8-diimino-, sulfate (1:2), pentahydrate, [141381-60-4], 6:75

$S_2Na_2O_5$, Disulfurous acid, disodium salt, [7681-57-4], 2:162,165

$S_2Na_2O_5.7H_2O$, Disulfurous acid, disodium salt, heptahydrate, [91498-96-3], 2:162,165

$S_2Na_2O_6.2H_2O$, Dithionic acid, disodium salt, dihydrate, [10101-85-6], 2:170

S_2OCH_2, Carbonodithioic acid, [4741-30-4], 27:287

$S_2O_2PtC_8H_{22}$, Platinum, dihydroxybis-[1,1'-thiobis[ethane]]-, [148832-26-2], 6:215

$S_2O_8C_4H_8$, 1,4-Dioxane, compd. with sulfur trioxide (1:2), [52922-31-3], 2:174

$S_2O_8P_2Rh_2C_{16}H_{36}$, Rhodium, dicarbonylbis[μ-(2-methyl-2-propanethiolato)]bis (trimethyl phosphite-*P*)di-, [71301-64-9], 23:124

$S_2O_9Os_3C_9$, Osmium, nonacarbonyldi-μ_3-thioxotri-, (2*Os*-*Os*), [72282-40-7], 26:306

$S_2O_{12}Os_4C_{12}$, Osmium, dodecacarbonyl-di-μ_3-thioxotetra-, (5*Os*-*Os*), [82093-50-3], 26:307

$S_2O_{12}P_4Rh_2C_{20}H_{54}$, Rhodium, bis[μ-(2-methyl-2-propanethiolato)]tetrakis (trimethyl phosphite-*P*)di-, [71269-63-1], 23:123

$S_2O_{13}Os_4C_{13}$, Osmium, tridecacarbonyl-di-μ_3-thioxotetra-, (3*Os*-*Os*), [83928-37-4], 26:307

$S_2PC_{13}H_{27}$, Phosphine, tributyl-, compd. with carbon disulfide (1:1), [35049-92-4], 6:90

———, Phosphonium, tributyl(dithiocarboxy)-, inner salt, [58758-29-5], 6:90

$S_2PC_{20}H_{19}$, Phosphine, bis[2-(methylthio) phenyl]phenyl-, [14791-95-8], 16:172

$S_2P_2C_4H_{12}$, Diphosphine, tetramethyl-, 1,2-disulfide, [3676-97-9], 15:185;23:199

S_2Pt, Platinum sulfide (PtS_2), [12038-21-0], 19:49

S_2Sn, Tin sulfide (SnS_2), [1315-01-1], 12:158,163;30:26

S_2SnTa, Tantalum tin sulfide ($TaSnS_2$), [50645-38-0], 19:47;30:168

S_2Ta, Tantalum sulfide (TaS_2), [12143-72-5], 19:35;30:157

- S₂Ta₂C, Tantalum carbide sulfide (Ta₂CS₂), [12539-81-0], 30:255
- S₂Ti, Titanium sulfide (TiS₂), [12039-13-3], 5:82;12:158,160;30:2
- $S_2TiC_{10}H_{12}$, Titanium, bis(η^5 -2,4-cyclopentadien-1-yl)dimercapto-, [12170-34-2], 27:66
- S₂V, Vanadium sulfide (VS₂), [12166-28-8], 24:201;30:185
- $S_2WC_{10}H_{12}$, Tungsten, bis(η^5 -2,4-cyclopentadien-1-yl)dimercapto-, [12245-02-2], 27:67
- S₂Zr, Zirconium sulfide (ZrS₂), [12039-15-5], 12:158,162;30:25
- $S_3Ag_2N_{20}O_{12}C_{12}H_{32}$, Silver(3+), (3,8-diimino-2,4,7,9-tetraazadecanediimidamide-N,N",N4,N7)-, (SP-4-2)-, sulfate (2:3), [16037-61-9], 6:77
- S₃BClF₄PtC₆H₁₈, Platinum(1+), chlorotris [thiobis[methane]]-, (SP-4-2)-, tetra-fluoroborate(1-), [37976-72-0], 22:126
- ${
 m S_3B_2C_2H_6}, 1,2,4,3,5$ -Trithiadiborolane-3,5- ${
 m ^{10}B_2}, 3,5$ -dimethyl-, [90830-08-3], 22:225
- $S_3Br_3InO_3C_6H_{18}$, Indium, tribromotris [sulfinylbis[methane]-O]-, [15663-52-2], 19:260
- S₃Ce₂, Cerium sulfide (Ce₂S₃), [12014-93-6], 14:154
- S₃Cl₂C₈H₁₆, Ethane, 1,1'-thiobis[2-[(2chloroethyl)thio]-, [51472-73-2], 25:124
- S₃Cl₂HgN₆C₃H₁₂, Mercury(2+), tris (thiourea-S)-, dichloride, [150124-46-2], 6:28
- $S_3Cl_2N_2$, Chlorothiodithiazyl chloride ((ClS₃N₂)Cl), [12051-16-0], 9:103
- S₃Cl₃InO₃C₆H₁₈, Indium, trichlorotris [sulfinylbis[methane]]-, [55187-79-6], 19:259
- S₃Cl₃IrC₁₂H₃₀, Iridium, trichlorotris(1,1'thiobis[ethane])-, (*OC*-6-21)-, [34177-65-6], 7:228
- ———, Iridium, trichlorotris[1,1'-thiobis [ethane]]-, (OC-6-22)-, [53403-09-1], 7:228

- S₃Cl₃IrC₁₂H₃₀.CHCl₃, Iridium, trichlorotris(1,1'-thiobis[ethane])-, (*OC*-6-21)-, compd. with trichloromethane (1:1), [149165-70-8], 7:228
- S₃Cl₃N₃O₃, 1,3,5,2,4,6-Trithiatriazine, 2,4,6-trichloro-, 1,3,5-trioxide, [21095-45-4], 13:10
- S₃Cl₃N₃O₃, 1λ⁴,3λ⁴,5λ⁴-1,3,5,2,4,6-Trithiatriazine, 1,3,5-trichloro-, 1,3,5trioxide, [13955-01-6], 13:9
- S₃Cl₃N₃, 1λ⁴,3λ⁴,5λ⁴-1,3,5,2,4,6-Trithiatriazine, 1,3,5-trichloro-, [5964-00-1], 9:107
- $S_3Cl_6Nb_2C_6H_{18}$, Niobium, di- μ -chlorotetrachloro[μ -[thiobis[methane]]]bis [thiobis[methane]]di-, [83311-32-4], 21:16
- S₃CoF₉N₃O₉C₇H₁₃, Cobalt, [*N*-(2-aminoethyl)-1,2-ethanediamine-*N*,*N*',*N*'']tris (trifluoromethanesulfonato-*O*)-, (*OC*-6-33)-, [75522-53-1], 22:106
- S₃CoF₉N₄O₉C₇H₁₆, Cobalt(1+), bis(1,2-ethanediamine-*N*,*N*')bis(trifluoromethanesulfonato-*O*)-, (*OC*-6-22)-, salt with trifluoromethanesulfonic acid (1:1), [75522-52-0], 22:105
- S₃CoF₉N₅O₉C₃H₁₅, Cobalt(2+), pentaammine(trifluoromethanesulfonato-*O*)-, (*OC*-6-22)-, salt with trifluoromethanesulfonic acid (1:2), [75522-50-8], 22:104
- S₃CoF₉N₅O₉C₈H₂₅, Cobalt(2+), pentakis (methanamine)(trifluoromethanesulfon ato-O)-, (OC-6-22)-, salt with trifluoromethanesulfonic acid (1:2), [90065-88-6], 24:281
- S₃CoN₆C₇H₁₃, Cobalt, [*N*-(2-aminoethyl)-1,2-ethanediamine-*N*,*N*',*N*"]tris (thiocyanato-*S*)-, (*OC*-6-21)-, [90078-32-3], 7:209
- S₃Co₂H₃₂N₈O₁₆, Cobalt(3+), tetraam minediaqua-, (*OC*-6-22)-, sulfate (2:3), [41333-33-9], 6:179
- S₃Co₂O₁₂.18H₂O, Sulfuric acid, cobalt(3+) salt (3:2), octadecahydrate, [13494-89-8], 5:181

$S_3Co_4H_{42}N_{12}O_{18}.4H_2O$, Cobalt(6+), dodecaamminehexa-μ-hydroxytetra-, sulfate (1:3), tetrahydrate, [108652-73-9], 6:176;6:179

$S_3CrF_9N_4O_9C_7H_{16}$, Chromium(1+), bis(1,2-ethanediamine-*N*,*N*')bis (trifluoromethanesulfonato-*O*)-, (*OC*-6-22)-, salt with trifluoromethanesulfonic acid (1:1), [90065-91-1], 24:251

$S_3CrF_9N_5O_9C_3H_{15}$, Chromium(2+), pentaammine(trifluoromethanesulfonato-*O*)-, (*OC*-6-22)-, salt with trifluoromethanesulfonic acid (1:2), [84254-61-5], 24:250

$S_3CrF_9N_5O_9C_8H_{25}$, Chromium(2+), pentakis(methanamine)(trifluoromethanesulfonato-*O*)-, (*OC*-6-22)-, salt with trifluoromethanesulfonic acid (1:2), [90065-87-5], 24:280

$S_3CrN_7C_7H_{16}.H_2O$, Chromium(1+), bis(1,2-ethanediamine-*N*,*N*')bis (thiocyanato-*N*)-, (*OC*-6-12)-, thiocyanate, monohydrate, [150124-43-9], 2:200

$S_3CrNgC_9H_{24}.H_2O$, Chromium(3+), tris-(1,2-ethanediamine-*N*,*N*')-, (*OC*-6-11)-, trithiocyanate, monohydrate, [22309-23-5], 2:199

S_3CrO_{12}, Sulfuric acid, chromium(3+) salt (3:2), [10101-53-8], 2:197

$S_3Cr_2N_{12}O_{12}C_{12}H_{48}$, Chromium(3+), tris-(1,2-ethanediamine-*N*,*N*')-, (*OC*-6-11)-, sulfate (2:3), [13408-71-4], 2:198;13:233

S_3Dy_2, Dysprosium sulfide (Dy_2S_3), [12133-10-7], 14:154

S_3Er_2, Erbium sulfide (Er_2S_3), [12159-66-9], 14:154

$S_3F_3N_5O_{10}OsC_3H_{17}$, Osmium(3+), pentaammineaqua-, (*OC*-6-22)-, salt with trifluoromethanesulfonic acid (1:3), [83781-31-1], 24:273

$S_3F_9IrN_4O_9C_7H_{16}$, Iridium(1+), bis(1,2-ethanediamine-*N*,*N*')bis(trifluoromethanesulfonato-*O*)-, (*OC*-6-22)-, salt with trifluoromethanesulfonic acid (1:1), [90065-95-5], 24:290

$S_3F_9IrN_5O_{10}C_3H_{17}$, Iridium(3+), pentaammineaqua-, (*OC*-6-22)-, salt with trifluoromethanesulfonic acid (1:3), [90084-46-1], 24:265

$S_3F_9IrN_6O_9C_3H_{18}$, Iridium(3+), hexaammine-, (*OC*-6-11)-, salt with trifluoromethanesulfonic acid (1:3), [90066-04-9], 24:267

$S_3F_9N_4O_9OsC_{23}H_{16}$, Osmium(1+), bis-(2,2'-bipyridine-*N*,*N*')bis(trifluoromethanesulfonato-*O*)-, (*OC*-6-22)-, salt with trifluoromethanesulfonic acid (1:1), [104474-98-8], 24:295

$S_3F_9N_4O_9RhC_7H_{16}$, Rhodium(1+), bis(1,2-ethanediamine-*N*,*N*')bis(trifluoromethanesulfonato-*O*)-, (*OC*-6-22)-, salt with trifluoromethanesulfonic acid (1:1), [90065-93-3], 24:285

$S_3F_9N_4O_9RuC_{23}H_{16}$, Ruthenium(1+), bis (2,2'-bipyridine-*N*,*N*')bis(trifluoromethanesulfonato-*O*)-, (*OC*-6-22)-, salt with trifluoromethanesulfonic acid (1:1), [104474-96-6], 24:295

$S_3F_9N_4O_{11}OsC_{23}H_{20}$, Osmium(3+), diaquabis(2,2'-bipyridine-*N*,*N*')-, (*OC*-6-22)-, salt with trifluoromethanesulfonic acid (1:3), [104474-99-9], 24:296

$S_3F_9N_5O_9OsC_3H_{15}$, Osmium(2+), pentaammine(trifluoromethanesulfonato-*O*)-, (*OC*-6-22)-, salt with trifluoromethanesulfonic acid (1:2), [83781-30-0], 24:271

$S_3F_9N_5O_9OsC_{28}H_{19}$, Osmium(2+), (2,2'-bipyridine-*N*,*N*')(2,2':6',2"-terpyridine-*N*,*N*',*N*")(trifluoromethanesulfonato-*O*)-, (*OC*-6-44)-, salt with trifluoromethanesulfonic acid (1:2), [104475-02-7], 24:301

$S_3F_9N_5O_9RhC_3H_{15}$, Rhodium(2+), pentaammine(trifluoromethanesulfonato-*O*)-, (*OC*-6-22)-, salt with trifluoromethanesulfonic acid (1:2), [84254-57-9], 24:253

$S_3F_9N_5O_9RhC_8H_{25}$, Rhodium(2+), pentakis(methanamine)(trifluoromethanesulfonato-*O*)-, (*OC*-6-22)-, salt with trifluoromethanesulfonic acid (1:2), [90065-89-7], 24:281

$S_3F_9N_5O_9RuC_3H_{15}$, Ruthenium(2+), pentaammine(trifluoromethanesulfonato-*O*)-, (*OC*-6-22)-, salt with trifluoromethanesulfonic acid (1:2), [84278-98-8], 24:258

$S_3F_9N_5O_9RuC_{28}H_{19}$, Ruthenium(2+), (2,2'-bipyridine-*N,N'*)(2,2':6',2"-terpyridine-*N,N',N"*)(trifluoromethanes ulfonato-*O*)-, (*OC*-6-44)-, salt with trifluoromethanesulfonic acid (1:2), [104475-01-6], 24:301

$S_3F_9N_5O_{10}OsC_{28}H_{21}.2H_2O$, Osmium(3+), aqua(2,2'-bipyridine-*N,N'*)(2,2':6',2"-terpyridine-*N,N',N"*)-, (*OC*-6-44)-, salt with trifluoromethanesulfonic acid (1:3), dihydrate, [152981-33-4], 24:304

$S_3F_9N_5O_{10}RuC_{28}H_{21}.3H_2O$, Ruthenium(3+), aqua(2,2'-bipyridine-*N,N'*)(2,2':6',2"-terpyridine-*N,N',N"*)-, (*OC*-6-44)-, salt with trifluoromethanesulfonic acid (1:3), trihydrate, [152981-34-5], 24:304

$S_3F_9N_6O_9OsC_3H_{18}$, Osmium(3+), hexaammine-, (*OC*-6-11)-, salt with trifluoromethanesulfonic acid (1:3), [103937-69-5], 24:273

$S_3F_9N_6O_9OsC_5H_{18}$, Osmium(3+), (acetonitrile)pentaammine-, (*OC*-6-22)-, salt with trifluoromethanesulfonic acid (1:3), [83781-33-3], 24:275

$S_3F_9N_6O_9RhC_3H_{18}$, Rhodium(3+), hexaammine-, (*OC*-6-11)-, salt with trifluoromethanesulfonic acid (1:3), [90084-45-0], 24:255

$S_3Fe_2K_2$, Iron potassium sulfide ($Fe_2K_2S_3$), [149337-97-3], 6:171

S_3Ga_2, Gallium sulfide (Ga_2S_3), [12024-22-5], 11:6

S_3Gd_2, Gadolinium sulfide (Gd_2S_3), [12134-77-9], 14:153;30:21

S_3Ho_2, Holmium sulfide (Ho_2S_3), [12162-59-3], 14:154

$S_3InC_{18}H_{15}$, Benzenethiol, indium(3+) salt, [112523-51-0], 29:15

$S_3K_3NO_9$, Nitridotrisulfuric acid, tripotassium salt, [63504-30-3], 2:182

S_3La_2, Lanthanum sulfide (La_2S_3), [12031-49-1], 14:154

S_3Lu_2, Lutetium sulfide (Lu_2S_3), [12163-20-1], 14:154

$S_3Mn_2NO_6C_{32}H_{35}$, Ethanaminium, *N,N,N*-triethyl-, tris[μ-(benzenethiolato)] hexacarbonyldimanganate(1-), [96212-29-2], 25:118

$S_3Mo_2N_2Na_2O_7C_6H_{10}.4H_2O$, Molybdate(2-), bis[L-cysteinato(2-)-*N,O,S*]-μ-oxodioxo-μ-thioxodi-, (*Mo-Mo*), disodium, tetrahydrate, stereoisomer, [153924-79-9], 29:255

S_3N, Thionitrate (NS_3^{1-}), [53596-70-6], 18:124

———, Trithiazetidinyl, [88574-94-1], 18:124

S_3N_2O, 1,2,4,3,5-Trithia(4-S^{IV})diazole, 1-oxide, [54460-74-1], 25:52

$S_3N_2P_2C_{36}H_{30}$, Phosphorus(1+), triphenyl(*P,P,P*-triphenylphosphine imidato-*N*)-, (*T*-4)-, salt with thioperoxynitrous acid ($HNS(S_2)$) (1:1), [76468-84-3], 25:37

$S_3N_3SiC_4H_3$, Silane, triisothiocyanatomethyl-, [10584-95-9], 8:30

$S_3N_4C_4H_{12}$, Methanaminium, *N,N,N*-trimethyl-, salt with 1,3,5,2,4,6-trithia(5-S^{IV})triazine (1:1), [65207-98-9], 25:32

$S_3N_4P_2C_{36}H_{30}$, Phosphorus(1+), triphenyl-(*P,P,P*-triphenylphosphine imidato-*N*)-, (*T*-4)-, salt with 1,3,5,2,4,6-trithia(5-S^{IV})triazine (1:1), [72884-86-7], 25:32

S_3Nd_2, Neodymium sulfide (Nd_2S_3), [12035-32-4], 14:154

$S_3O_2C_8H_{18}$, Ethanol, 2,2'-[thiobis(2,1-ethanediylthio)]bis-, [14440-77-8], 25:123

$S_3PC_{12}H_{27}$, Phosphorotrithious acid, tributyl ester, [150-50-5], 22:131

$S_3PC_{21}H_{21}$, Phosphine, tris[2-(methylthio)phenyl]-, [17617-66-2], 16:173

S_3Pr_2, Praseodymium sulfide (Pr_2S_3), [12038-13-0], 14:154

$S_3Si_3C_6H_{18}$, Cyclotrisilathiane, hexamethyl-, [3574-04-7], 15:212

S_3Sm_2, Samarium sulfide (Sm_2S_3), [12067-22-0], 14:154

S_3Tb_2, Terbium sulfide (Tb_2S_3), [12138-11-3], 14:154

$S_3TiC_{20}H_{30}$, Titanium, bis[(1,2,3,4,5-η)-1,2,3,4,5-pentamethyl-2,4-cyclopentadien-1-yl](trithio)-, [81626-27-9], 27:62

S_3Tm_2, Thulium sulfide (Tm_2S_3), [12166-30-2], 14:154

S_3Y_2, Yttrium sulfide (Y_2S_3), [12039-19-9], 14:154

S_3Yb_2, Ytterbium sulfide (Yb_2S_3), [12039-20-2], 14:154

$S_4AsN_5C_{24}H_{20}$, Arsonium, tetraphenyl-, salt with 1,3,5,7-tetrathia(1,5-S^{IV})-2,4,6,8,9-pentaazabicyclo[3.3.1]nona-1,4,6,7-tetraene (1:1), [79233-90-2], 25:31

$S_4As_2F_{12}NiC_{56}H_{40}$, Arsonium, tetraphenyl-, bis[1,1,1,4,4,4-hexafluoro-2-butene-2,3-dithiolato(2-)-*S,S'*]nickelate(2-) (2:1), [14589-08-3], 10:20

$S_4AuN_4C_8$, Aurate(1-), bis[2,3-dimercapto-2-butenedinitrilato(2-)-*S,S'*]-, (*SP*-4-1)-, [14896-06-1], 10:9

$S_4C_6H_4$, 1,3-Dithiole, 2-(1,3-dithiol-2-ylidene)-, [31366-25-3], 19:28

S_4CdGa_2, Cadmium gallium sulfide ($CdGa_2S_4$), [12139-13-8], 11:5

$S_4CdP_2C_{72}H_{60}$, Phosphonium, tetraphenyl-, (*T*-4)-tetrakis(benzenethiolato)cadmate(2-) (2:1), [66281-86-5], 21:26

S_4ClN_3, Thiotrithiazyl chloride, [12015-30-4], 9:106

S_4ClN_5, 1,3,5,7-Tetrathia(1,5-S^{IV})-2,4,6,8,9-pentaazabicyclo[3.3.1]nona-1,4,6,7-tetraene, 9-chloro-, [67954-28-3], 25:38

$S_4Cl_2HgN_8C_4H_{16}$, Mercury(2+), tetrakis(thiourea-*S*)-, dichloride, (*T*-4)-, [15695-44-0], 6:28

$S_4Cl_4Mo_2C_8H_{20}$, Molybdenum, bis[1,2-bis(methylthio)ethane-*S,S'*]tetrachlorodi-, (*Mo-Mo*), stereoisomer, [51731-34-1], 19:131

$S_4Cl_4N_4P_4C_8H_{20}$, 1,3,5,7,2,4,6,8-Tetrazatetraphosphocine, 2,2,4,4-tetrachloro-6,6,8,8-tetrakis(ethylthio)-2,2,4,4,6,6,8,8-octahydro-, [15503-57-8], 8:90

———, 1,3,5,7,2,4,6,8-Tetrazatetraphosphocine, 2,2,6,6-tetrachloro-4,4,8,8-tetrakis(ethylthio)-2,2,4,4,6,6,8,8-octahydro-, [13801-31-5], 8:90

$S_4Cl_4N_4P_4C_{24}H_{20}$, 1,3,5,7,2,4,6,8-Tetrazatetraphosphocine, 2,2,4,4-tetrachloro-2,2,4,4,6,6,8,8-octahydro-6,6,8,8-tetrakis(phenylthio)-, [13801-66-6], 8:91

———, 1,3,5,7,2,4,6,8-Tetrazatetraphosphocine, 2,2,6,6-tetrachloro-2,2,4,4,6,6,8,8-octahydro-4,4,8,8-tetrakis(phenylthio)-, [13801-32-6], 8:91

$S_4Cl_4NiC_{28}H_{16}$, Nickel, bis[1,2-bis(4-chlorophenyl)-1,2-ethenedithiolato(2-)-*S,S'*]-, (*SP*-4-1)-, [14376-66-0], 10:9

$S_4CoF_{12}C_8$, Cobaltate(1-), bis[1,1,1,4,4,4-hexafluoro-2-butene-2,3-dithiolato-(2-)-*S,S'*]-, [47450-97-5], 10:9

———, Cobaltate(2-), bis[1,1,1,4,4,4-hexafluoro-2-butene-2,3-dithiolato-(2-)-*S,S'*]-, (*SP*-4-1)-, [14879-13-1], 10:9

———, Cobalt, bis[1,1,1,4,4,4-hexafluoro-2-butene-2,3-dithiolato(2-)-*S,S'*]-, (*SP*-4-1)-, [31052-36-5], 10:9

$S_4CoN_3OC_6H_{12}$, Cobalt, bis(dimethylcarbamodithioato-*S,S'*)nitrosyl-, (*SP*-5-21)-, [36434-42-1], 16:7

$S_4CoN_4C_8$, Cobaltate(1-), bis[2,3-dimercapto-2-butenedinitrilato(2-)-*S,S'*]-, (*SP*-4-1)-, [46760-70-7], 10:14;10:17
———, Cobaltate(2-), bis[2,3-dimercapto-2-butenedinitrilato(2-)-*S,S'*]-, (*SP*-4-1)-, [40706-01-2], 10:14;10:17
$S_4CoN_4P_2C_{56}H_{40}$, Phosphonium, tetraphenyl-, (*SP*-4-1)-bis[2,3-dimercapto-2-butenedinitrilato(2-)-*S,S'*] cobaltate(2-) (2:1), [33519-88-9], 13:189
$S_4CoN_6C_{24}H_{40}$, Ethanaminium, *N,N,N*-triethyl-, (*SP*-4-1)-bis[2,3-dimercapto-2-butenedinitrilato(2-)-*S,S'*] cobaltate(2-) (2:1), [15665-96-0], 13:190
$S_4CoN_{10}O_6C_{16}H_{24}$, Cobalt, tetrakis(1,3-dihydro-1-methyl-2*H*-imidazole-2-thione-*S*)bis(nitrato-*O*)-, [99374-10-4], 23:171
$S_4CoP_2C_{72}H_{60}$, Phosphonium, tetraphenyl-, (*T*-4)-tetrakis(benzenethiolato)cobaltate(2-) (2:1), [57763-37-8], 21:24
$S_4Co_2N_8O_{14}C_8H_{34}$, Cobalt(4+), tetrakis (1,2-ethanediamine-*N,N'*)di-μ-hydroxydi-, dithionate (1:2), [67327-01-9], 18:92
$S_4Cr_2N_8O_{14}C_8H_{34}$, Chromium(4+), tetrakis(1,2-ethanediamine-*N,N'*)di-μ-hydroxydi-, dithionate (1:2), [15038-32-1], 18:90
S_4CsMo_2, Cesium molybdenum sulfide ($CsMo_2S_4$), [122493-98-5], 30:167
S_4CuH_4MoN, Molybdate(1-), tetrathioxocuprate-, ammonium, [27194-90-7], 14:95
S_4CuK, Cuprate(1-), tetrathioxo-, potassium, [12158-64-4], 30:88
$S_4CuN_5C_{24}H_{36}$, 1-Butanaminium, *N,N,N*-tributyl-, (*SP*-4-1)-bis[2,3-dimercapto-2-butenedinitrilato(2-)-*S,S'*]cuprate-(1-), [19453-80-6], 10:17
$S_4CuN_6C_{40}H_{72}$, 1-Butanaminium, *N,N,N*-tributyl-, (*SP*-4-1)-bis[2,3-dimercapto-2-butenedinitrilato(2-)-*S,S'*]cuprate (2-) (2:1), [15077-49-3], 10:14
$S_4F_{12}FeC_8$, Ferrate(1-), bis[1,1,1,4,4,4-hexafluoro-2-butene-2,3-dithiolato-(2-)-*S,S'*]-, [47421-85-2], 10:9
$S_4F_{12}N_5O_{12}PtC_4H_{15}$, Platinum(3+), pentaammine(trifluoromethanesulfonato-*O*)-, (*OC*-6-22)-, salt with trifluoromethanesulfonic acid (1:3), [84254-63-7], 24:278
$S_4F_{12}NiC_8$, Nickelate(1-), bis[1,1,1,4,4,4-hexafluoro-2-butene-2,3-dithiolato-(2-)-*S,S'*]-, (*SP*-4-1)-, [16674-52-5], 10:18-20
———, Nickelate(2-), bis[1,1,1,4,4,4-hexafluoro-2-butene-2,3-dithiolato(2-)-*S,S'*]-, (*SP*-4-1)-, [50762-68-0], 10:18-20
———, Nickel, bis[1,1,1,4,4,4-hexafluoro-2-butene-2,3-dithiolato (2-)-*S,S'*]-, (*SP*-4-1)-, [18820-78-5], 10:18-20
$S_4F_{12}PdC_8$, Palladate(1-), bis[1,1,1,4,4,4-hexafluoro-2-butene-2,3-dithiolato(2-)-*S,S'*]-, (*SP*-4-1)-, [19570-30-0], 10:9
———, Palladate(2-), bis[1,1,1,4,4,4-hexafluoro-2-butene-2,3-dithiolato(2-)-*S,S'*]-, (*SP*-4-1)-, [19555-34-1], 10:9
———, Palladium, bis[1,1,1,4,4,4-hexafluoro-2-butene-2,3-dithiolato(2-)-*S,S'*]-, (*SP*-4-1)-, [19280-17-2], 10:9
$S_4F_{12}PtC_8$, Platinate(1-), bis[1,1,1,4,4,4-hexafluoro-2-butene-2,3-dithiolato(2-)-*S,S'*]-, (*SP*-4-1)-, [19570-31-1], 10:9
———, Platinate(2-), bis[1,1,1,4,4,4-hexafluoro-2-butene-2,3-dithiolato(2-)-*S,S'*]-, (*SP*-4-1)-, [19555-35-2], 10:9
———, Platinum, bis[1,1,1,4,4,4-hexafluoro-2-butene-2,3-dithiolato(2-)-*S,S'*]-, (*SP*-4-1)-, [19280-18-3], 10:9

$S_4FeN_3OC_{10}H_{20}$, Iron, bis (diethylcarbamodithioato-*S,S'*) nitrosyl-, [14239-50-0], 16:5

$S_4FeN_4C_8$, Ferrate(1-), bis[2,3-dimercapto-2-butenedinitrilato-(2-)-*S,S'*]-, [14874-43-2], 10:9

$S_4FeP_2C_{72}H_{60}$, Phosphonium, tetraphenyl-, (*T*-4)-tetrakis(benzenethiolato)ferrate-(2-) (2:1), [57763-34-5], 21:24

$S_4Fe_2C_{14}H_{20}$, Iron, bis(η^5-2,4-cyclopentadien-1-yl)[μ-(disulfur-*S:S'*)] bis[μ-(ethanethiolato)]di-, [39796-99-1], 21:40,41

$S_4Fe_4N_2Se_4C_{48}H_{108}$, 1-Butanaminium, *N,N,N*-tributyl-, tetrakis(2-methyl-2-propanethiolato)tetra-μ_3-selenoxotetraferrate(2-) (2:1), [84159-21-7], 21:37

$S_4Fe_4N_2Se_4C_{56}H_{92}$, 1-Butanaminium, *N,N,N*-tributyl-, tetrakis (benzenethiolato)tetra-μ_3-selenoxotetraferrate(2-) (2:1), [69347-38-2], 21:36

$S_4H_2N_4Ni$, Nickel, bis(mercaptosulfur diimidato-*N',S*^{N})-, (*SP*-4-2)-, [50726-53-9], 18:124

S_4IN_3, Thiotrithiazyl iodide ((N_3S_4)I), [83753-25-7], 9:107

S_4In_5, Indium sulfide (In_5S_4), [75757-67-4], 23:161

$S_4MnP_2C_{72}H_{60}$, Phosphonium, tetraphenyl-, (*T*-4)-tetrakis (benzenethiolato)manganate(2-) (2:1), [57763-32-3], 21:25

$S_4Mn_4O_{12}C_{36}H_{20}$, Manganese, tetrakis[$\mu_3$-(benzenethiolato)] dodecacarbonyltetra-, [24819-02-1], 25:117

$S_4MoC_{10}H_{10}$, Molybdenum, bis(η^5-2,4-cyclopentadien-1-yl)(tetrathio)-, [54955-47-4], 27:63

$S_4MoN_2O_3C_{13}H_{20}$, Molybdenum, tricarbonylbis(diethylcarbamodithioato-*S,S'*)-, (*TPS*-7-1-121'1'22)-, [18866-21-2], 28:145

$S_4MoN_4O_2C_{10}H_{20}$, Molybdenum, bis (diethylcarbamodithioato-*S,S'*) dinitrosyl-, [18810-45-2], 16:235;28:145

———, Molybdenum, bis (diethylcarbamodithioato-*S,S'*) dinitrosyl-, (*OC*-6-21)-, [39797-80-3], 16:235

$S_4MoOP_2C_{15}H_{30}$, Molybdenum, bis[bis(1-methylethyl)phosphinodithioato-*S,S'*] carbonyl(η^2-ethyne)-, [55948-21-5], 18:55

$S_4MoO_2P_2C_{14}H_{28}$, Molybdenum, bis[bis-(1-methylethyl)phosphinodithioato-*S,S'*]dicarbonyl-, [60965-90-4], 18:53

$S_4MoP_2C_{48}H_{40}$, Phosphonium, tetraphenyl-, (*T*-4)-tetrathioxomolybdate(2-) (2:1), [14348-10-8], 27:41

$S_4Mo_2N_2Na_2O_6C_6H_{10}.4H_2O$, Molybdate-(2-), bis[L-cysteinato(2-)-*N,O,S*] dioxodi-μ-thioxodi-, (*Mo-Mo*), disodium, tetrahydrate, stereoisomer, [88765-05-3], 29:258

$S_4NTa_2C_5H_5$, Tantalum sulfide (TaS_2), compd. with pyridine (2:1), [33975-87-0], 19:40;30:161

$S_4N_2C_{16}H_{36}$, 1-Butanaminium, *N,N,N*-tributyl-, salt with thioperoxynitrous acid (HNS(S_2)) thiono-sulfide (1:1), [51185-47-8], 18:203,205

$S_4N_2O_3WC_{13}H_{20}$, Tungsten, tricarbonylbis (diethylcarbamodithioato-*S,S'*)-, (*TPS*-7-1-121'1'22)-, [72827-54-4], 25:157

$S_4N_2P_2C_{36}H_{30}$, Phosphorus(1+), triphenyl-(*P,P,P*-triphenylphosphine imidato-*N*)-, (*T*-4)-, salt with thioperoxynitrous acid (HNS(S_2)) thiono-sulfide (1:1), [72884-87-8], 25:35

$S_4N_2SeC_6H_{12}$, 2,4-Dithia-3-selena-6-azaheptanethioamide, *N,N*,6-trimethyl-5-thioxo-, [18228-25-6], 4:93

$S_4N_2SeC_{10}H_{20}$, 2,4-Dithia-3-selena-6-azaoctanethioamide, *N,N*,6-triethyl-5-thioxo-, [136-92-5], 4:93

$S_4N_2TeC_6H_{12}$, 2,4-Dithia-3-tellura-6-azaheptanethioamide, *N,N*,6-trimethyl-5-thioxo-, [15925-58-3], 4:93

$S_4N_2TeC_{10}H_{20}$, Methanethioamide, 1,1'-[tellurobis(thio)]bis[*N,N*-diethyl-, [136-93-6], 4:93

S_4N_2, Nitrogen sulfide (N_2S_4), [148898-70-8], 6:128

S_4N_4, Nitrogen sulfide (N_4S_4), [28950-34-7], 6:124;8:104;9:98;17:

$S_4N_4NiC_8$, Nickelate(1-), bis[2,3-dimercapto-2-butenedinitrilato(2-)-*S,S'*]-, (*SP*-4-1)-, [46761-25-5], 10:13,15,16

———, Nickelate(2-), bis[2,3-dimercapto-2-butenedinitrilato(2-)-*S,S'*]-, (*SP*-4-1)-, [14876-79-0], 10:13,15,16

$S_4N_4O_2$, Nitrogen oxide sulfide ($N_4O_2S_4$), [57932-64-6], 25:50

$S_4N_4PdC_8$, Palladate(1-), bis[2,3-dimercapto-2-butenedinitrilato(2-)-*S,S'*]-, (*SP*-4-1)-, [19570-29-7], 10:14,16

———, Palladate(2-), bis[2,3-dimercapto-2-butenedinitrilato(2-)-*S,S'*]-, (*SP*-4-1)-, [19555-33-0], 10:14,16

$S_4N_4PtC_8$, Platinate(1-), bis[2,3-dimercapto-2-butenedinitrilato(2-)-*S,S'*]-, (*SP*-4-1)-, [14977-45-8], 10:14,16

———, Platinate(2-), bis[2,3-dimercapto-2-butenedinitrilato(2-)-*S,S'*]-, (*SP*-4-1)-, [15152-99-5], 10:14,16

$S_4N_4RhC_8$, Rhodate(2-), bis[2,3-dimercapto-2-butenedinitrilato(2-)-*S,S'*]-, (*SP*-4-1)-, [46761-36-8], 10:9

$S_4N_4SiC_4$, Silane, tetraisothiocyanato-, [6544-02-1], 8:27

$S_4N_4Sn_2C_4H_{12}$, Tin, bis[μ-[mercaptosulfur diimidato(2-)-*N',S*^{N}:*S*^{N}]]tetramethyldi-, [50661-48-8], 25:46

$S_4N_6C_2$, Disulfide, bis(azidothioxomethyl), [148832-09-1], 1:81,82

$S_4N_6P_2C_{36}H_{30}$, Phosphorus(1+), triphenyl-(*P,P,P*-triphenylphosphine imidato-*N*)-, (*T*-4)-, salt with 1,3,5,7-tetrathia(1,5-*S*^{IV})-2,4,6,8,9-pentaazabicyclo[3.3.1]nona-1,4,6,7-tetraene (1:1), [72884-88-9], 25:31

$S_4N_6ZnC_{40}H_{72}$, 1-Butanaminium, *N,N,N*-tributyl-, (*T*-4)-bis[2,3-dimercapto-2-butenedinitrilato(2-)-*S,S'*]zincate(2-) (2:1), [18958-61-7], 10:14

$S_4N_8NbC_{24}H_{16}$, Niobium, bis(2,2'-bipyridine-*N,N'*)tetrakis(thiocyanato-*N*)-, [38669-93-1], 16:78

$S_4N_8O_{12}C_{72}H_{52}$, Pyridinium, 4,4',4'',4'''-(21*H*,23*H*-porphine-5,10,15,20-tetrayl)tetrakis[1-methyl-, salt with 4-methylbenzenesulfonic acid (1:4), [36951-72-1], 23:57

$S_4Na_2O_6Se.3H_2O$, Selenopentathionic acid ([(HO)S(O)$_2$S]$_2$Se), disodium salt, trihydrate, [148832-37-5], 4:88

$S_4Na_2O_6Te.2H_2O$, Telluropentathionic acid, disodium salt, dihydrate, [23715-88-0], 4:88

$S_4NiC_4H_4$, Nickelate(1-), bis[1,2-ethenedithiolato(2-)-*S,S'*]-, (*SP*-4-1)-, [19555-32-9], 10:9

———, Nickelate(2-), bis[1,2-ethenedithiolato(2-)-*S,S'*]-, (*SP*-4-1)-, [54992-70-0], 10:9

———, Nickel, bis[1,2-ethenedithiolato-(2-)-*S,S'*]-, (*SP*-4-1)-, [19042-52-5], 10:9

$S_4NiC_8H_{12}$, Nickelate(1-), bis[2-butene-2,3-dithiolato(2-)-*S,S'*]-, (*SP*-4-1)-, [20004-27-7], 10:9

———, Nickelate(2-), bis[2-butene-2,3-dithiolato(2-)-*S,S'*]-, (*SP*-4-1)-, [21283-60-3], 10:9

———, Nickel, bis[2-butene-2,3-dithiolato(2-)-*S,S'*]-, (*SP*-4-1)-, [38951-94-9], 10:9

$S_4NiC_{12}H_{20}$, Nickel, bis[3-hexene-3,4-dithiolato(2-)-*S,S'*]-, (*SP*-4-1)-, [107701-92-8], 10:9

$S_4NiC_{28}H_{20}$, Nickelate(1-), bis[1,2-diphenyl-1,2-ethenedithiolato(2-)-*S,S'*]-, (*SP*-4-1)-, [14879-11-9], 10:9

———, Nickelate(2-), bis[1,2-diphenyl-1,2-ethenedithiolato(2-)-*S,S'*]-, (*SP*-4-1)-, [15683-67-7], 10:9

———, Nickel, bis[1,2-diphenyl-1,2-ethenedithiolato(2-)-*S,S'*]-, (*SP*-4-1)-, [28984-20-5], 10:9
$S_4NiC_{32}H_{28}$, Nickel, bis[1,2-bis(4-methylphenyl)-1,2-ethenedithiolato(2-)-*S,S'*]-, (*SP*-4-1)-, [89918-29-6], 10:9
$S_4NiO_4C_{32}H_{28}$, Nickel, bis[1,2-bis(4-methoxyphenyl)-1,2-ethenedithiolato-(2-)-*S,S'*]-, (*SP*-4-1)-, [38951-97-2], 10:9
$S_4NiO_4P_2C_8H_{20}$, Nickel, bis(*O,O*-diethyl phosphorodithioato-*S,S'*)-, (*SP*-4-1)-, [16743-23-0], 6:142
$S_4O_2SeC_4H_6$, 6-Oxa-2,4-dithia-3-selenaheptanethioic acid, 5-thioxo-, *S*-methyl ester, [41515-91-7], 4:93
$S_4O_2SeC_6H_{10}$, 6-Oxa-2,4-dithia-3-selenaoctanethioic acid, 5-thioxo-, *O*-ethyl ester, [148832-18-2], 4:93
$S_4O_2TeC_4H_6$, Tellurium, bis(*O*-methyl carbonodithioato-*S,S'*)-, (*SP*-4-1)-, [41756-91-6], 4:93
$S_4O_2TeC_6H_{10}$, Tellurium, bis(*O*-ethyl carbonodithioato-*S,S'*)-, (*SP*-4-1)-, [100654-35-1], 4:93
$S_4O_4P_2PbC_8H_{20}$, Phosphorodithioic acid, *O,O*-diethyl ester, lead(2+) salt, [1068-23-1], 6:142
$S_4P_2ZnC_{72}H_{60}$, Phosphonium, tetraphenyl-, (*T*-4)-tetrakis(benzenethiolato)zincate-(2-) (2:1), [57763-43-6], 21:25
$S_4PdC_{28}H_{20}$, Palladate(1-), bis[1,2-diphenyl-1,2-ethenedithiolato(2-)-*S,S'*]-, (*SP*-4-1)-, [30662-72-7], 10:9
———, Palladate(2-), bis[1,2-diphenyl-1,2-ethenedithiolato(2-)-*S,S'*]-, (*SP*-4-1)-, [21246-00-4], 10:9
———, Palladium, bis[1,2-diphenyl-1,2-ethenedithiolato(2-)-*S,S'*]-, (*SP*-4-1)-, [21954-15-4], 10:9
$S_4PtC_8H_{12}$, Platinate(1-), bis[2-butene-2,3-dithiolato(2-)-*S,S'*]-, (*SP*-4-1)-, [60764-38-7], 10:9
———, Platinate(2-), bis[2-butene-2,3-dithiolato(2-)-*S,S'*]-, (*SP*-4-1)-, [150124-35-9], 10:9
———, Platinum, bis[2-butene-2,3-dithiolato(2-)-*S,S'*]-, (*SP*-4-1)-, [14263-04-8], 10:9
$S_4PtC_{28}H_{20}$, Platinate(1-), bis[1,2-diphenyl-1,2-ethenedithiolato(2-)-*S,S'*]-, (*SP*-4-1)-, [30662-73-8], 10:9
———, Platinate(2-), bis[1,2-diphenyl-1,2-ethenedithiolato(2-)-*S,S'*]-, (*SP*-4-1)-, [21246-01-5], 10:9
———, Platinum, bis[1,2-diphenyl-1,2-ethenedithiolato(2-)-*S,S'*]-, (*SP*-4-1)-, [15607-55-3], 10:9
$S_4SnC_{24}H_{20}$, Benzenethiol, tin(4+) salt, [16528-57-7], 29:18
$S_4V_2C_{12}H_{14}$, Vanadium, [μ-(disulfur-*S:S'*)]bis[(1,2,3,4,5-η)-1-methyl-2,4-cyclopentadien-1-yl]di-μ-thioxodi-, (*V-V*), [87174-39-8], 27:55
$S_5AlCl_4N_5$, Aluminate(1-), tetrachloro-, (*T*-4)-, pentathiazyl, [12588-12-4], 17:190
$S_5C_5H_4$, 1,3-Dithiolo[4,5-*b*][1,4]dithiin-2-thione, 5,6-dihydro-, [59089-89-3], 26:389
$S_5Cl_2Sb_4$, Antimony chloride sulfide ($Sb_4Cl_2S_5$), [39473-80-8], 14:172
$S_5Cl_4FeN_5$, Ferrate(1-), tetrachloro-, (*T*-4)-, pentathiazyl, [36509-71-4], 17:190
$S_5Cl_6N_5Sb$, Antimonate(1-), hexachloro-, (*OC*-6-11)-, pentathiazyl, [39928-97-7], 17:189
$S_5Cr_2C_{20}H_{30}$, Chromium, [μ-(disulfur-*S:S*)][μ-(disulfur-*S,S':S,S'*)]bis-[(1,2,3,4,5-η)-1,2,3,4,5-pentamethyl-2,4-cyclopentadien-1-yl]-μ-thioxodi-, (*Cr-Cr*), [80765-35-1], 27:69
$S_5F_{12}Fe_4P_2C_{20}H_{20}$, Iron(2+), tetrakis($\eta^5$-2,4-cyclopentadien-1-yl)[μ_3-(disulfur-*S:S:S'*)]tri-μ_3-thioxotetra-, bis[hexafluorophosphate(1-)], [77924-71-1], 21:44

$S_5Fe_4C_{20}H_{20}$, Iron, tetrakis(η^5-2,4-cyclopentadien-1-yl)[μ_3-(disulfur-*S*:*S*:*S*')] tri-μ_3-thioxotetra-, [77589-78-7], 21:45

S_5HN_3Ni, Nickel, (mercaptosulfur diimidato-*N'*,S^N)(mononitrogen trisulfidato)-, [67143-06-0], 18:124

$S_5H_3N_3$, 1,2,4,5,7,3,6,8-Pentathiatriazocine, [334-35-0], 11:184

———, 1,2,3,5,7,4,6,8-Pentathiatriazocine, [638-50-6], 11:184

$S_5H_8N_2$, Ammonium sulfide ($(NH_4)_2(S_5)$), [12135-77-2], 21:12

$S_5TiC_{10}H_{10}$, Titanium, bis(η^5-2,4-cyclopentadien-1-yl)(pentathio)-, [12116-82-4], 27:60

$S_5TiC_{12}H_{14}$, Titanium, bis[(1,2,3,4,5-η)-1-methyl-2,4-cyclopentadien-1-yl](pentathio)-, [78614-86-5], 27:52

$S_5V_2C_{12}H_{14}$, Vanadium, [μ-(disulfur-*S*:*S*')][μ-(disulfur-*S*,*S*':*S*,*S*')] bis[(1,2,3,4,5-η)-1-methyl-2,4-cyclopentadien-1-yl]-μ-thioxodi , (*V-V*), [82978-84-5], 27:54

$S_6AsCrF_{18}C_{36}H_{20}$, Arsonium, tetraphenyl-, tris[1,1,1,4,4,4-hexafluoro-2-butene-2,3-dithiolato(2-)-*S*,*S*']chromate(1-), [19453-77-1], 10:25

$S_6AsF_{18}VC_{36}H_{20}$, Arsonium, tetraphenyl-, tris[1,1,1,4,4,4-hexafluoro-2-butene-2,3-dithiolato(2-)-*S*,*S*']vanadate(1-), [19052-34-7], 10:25

$S_6AsF_{18}WC_{36}H_{20}$, Arsonium, tetraphenyl-, tris[1,1,1,4,4,4-hexafluoro-2-butene-2,3-dithiolato(2-)-*S*,*S*']tungstate(1-), [18958-53-7], 10:25

$S_6AsO_3C_9H_{15}$, Arsenic, tris(*O*-ethyl carbonodithioato-*S*,*S*')-, (*OC*-6-11)-, [31386-55-7], 10:45

$S_6As_2CrF_{18}C_{60}H_{40}$, Arsonium, tetraphenyl-, tris[1,1,1,4,4,4-hexafluoro-2-butene-2,3-dithiolato(2-)-*S*,*S*']chromate(2-) (2:1), [20219-50-5], 10:24

$S_6As_2F_{18}MoC_{60}H_{40}$, Arsonium, tetraphenyl-, (*TP*-6-11'1'')-tris[1,1,1,4,4,4-hexafluoro-2-butene-2,3-dithiolato(2-)-*S*,*S*']molybdate(2-) (2:1), [20941-70-2], 10:23

$S_6As_2F_{18}VC_{60}H_{40}$, Arsonium, tetraphenyl-, tris[1,1,1,4,4,4-hexafluoro-2-butene-2,3-dithiolato(2-)-*S*,*S*']vanadate(2-) (2:1), [19052-36-9], 10:20

$S_6As_2F_{18}WC_{60}H_{40}$, Arsonium, tetraphenyl-, (*OC*-6-11)-tris[1,1,1,4,4,4-hexafluoro-2-butene-2,3-dithiolato(2-)-*S*,*S*']tungstate(2-) (2:1), [19998-42-6], 10:20

$S_6B_2F_8NiO_6C_{72}H_{60}$, Nickel(2+), hexakis-[1,1'-sulfinylbis[benzene]-*O*]-, (*OC*-6-11)-, bis[tetrafluoroborate(1-)], [13963-83-2], 29:116

$S_6Br_3CrO_6C_{12}H_{36}$, Chromium(3+), hexakis[sulfinylbis[methane]-*O*]-, tribromide, (*OC*-6-11)-, [21097-70-1], 19:126

$S_6C_{12}H_{24}$, 1,4,7,10,13,16-Hexathiacyclooctadecane, [296-41-3], 25:123

$S_6Cl_2N_4$, Dithiotetrathiazyl chloride ($(N_4S_6)Cl_2$), [92462-65-2], 9:109

$S_6CoN_3C_{15}H_{30}$, Cobalt, tris(diethylcarbamodithioato-*S*,*S*')-, (*OC*-6-11)-, [13963-60-5], 10:47

$S_6CoO_3C_6H_9$, Cobalt, tris(*O*-methyl carbonodithioato-*S*,*S*')-, (*OC*-6-11)-, [17632-87-0], 10:47

$S_6CoO_3C_9H_{15}$, Cobalt, tris(*O*-ethyl carbonodithioato-*S*,*S*')-, (*OC*-6-11)-, [14916-47-3], 10:45

$S_6CoO_3C_{15}H_{27}$, Cobalt, tris(*O*-butyl carbonodithioato-*S*,*S*')-, (*OC*-6-11)-, [61160-29-0], 10:47

———, Cobalt, tris[*O*-(2-methylpropyl) carbonodithioato-*S*,*S*']-, (*OC*-6-11)-, [68026-11-9], 10:47

$S_6CoO_3C_{21}H_{33}$, Cobalt, tris(*O*-cyclohexyl carbonodithioato-*S*,*S*')-, (*OC*-6-11)-, [149165-78-6], 10:47

$S_6CoO_6P_3C_{12}H_{30}$, Cobalt, tris(*O*,*O*-diethyl phosphorodithioato-*S*,*S*')-, (*OC*-6-11)-, [14177-94-7], 6:142

$S_6CrC_{42}H_{30}$, Chromate(1-), tris[1,2-diphenyl-1,2-ethenedithiolato(2-)-*S*,*S*']-, (*OC*-6-11)-, [149165-85-5], 10:9

———, Chromate(2-), tris[1,2-diphenyl-1,2-ethenedithiolato(2-)-*S,S'*]-, (*OC*-6-11)-, [149165-84-4], 10:9

———, Chromium, tris[1,2-diphenyl-1,2-ethenedithiolato(2-)-*S,S'*]-, (*TP*-6-111)-, [12104-22-2], 10:9

$S_6CrF_{18}C_{12}$, Chromate(1-), tris[1,1,1,4,4,4-hexafluoro-2-butene-2,3-dithiolato-(2-)-*S,S'*]-, (*OC*-6-11)-, [47784-50-9], 10:23,24,25

———, Chromate(2-), tris[1,1,1,4,4,4-hexafluoro-2-butene-2,3-dithiolato-(2-)-*S,S'*]-, (*OC*-6-11)-, [47784-48-5], 10:23,24,25

———, Chromium, tris[1,1,1,4,4,4-hexafluoro-2-butene-2,3-dithiolato-(2-)-*S,S'*]-, (*OC*-6-11)-, [18832-56-9], 10:23,24,25

$S_6CrN_3C_{15}H_{30}$, Chromium, tris(diethylcarbamodithioato-*S,S'*)-, (*OC*-6-11)-, [18898-57-2], 10:44

$S_6CrN_6C_{12}$, Chromate(1-), tris[2,3-dimercapto-2-butenedinitrilato(2-)-*S,S'*]-, (*OC*-6-11)-, [21559-23-9], 10:9

———, Chromate(2-), tris[2,3-dimercapto-2-butenedinitrilato(2-)-*S,S'*]-, (*OC*-6-11)-, [47383-09-5], 10:9

———, Chromate(3-), tris[2,3-dimercapto-2-butenedinitrilato(2-)-*S,S'*]-, (*OC*-6-11)-, [47383-08-4], 10:9

$S_6CrO_3C_6H_9$, Chromium, tris(*O*-methyl carbonodithioato-*S,S'*)-, (*OC*-6-11)-, [34803-25-3], 10:44

$S_6CrO_3C_9H_{15}$, Chromium, tris(*O*-ethyl carbonodithioato-*S,S'*)-, (*OC*-6-11)-, [15276-08-1], 10:42

$S_6CrO_3C_{15}H_{27}$, Chromium, tris(*O*-butyl carbonodithioato-*S,S'*)-, (*OC*-6-11)-, [150124-44-0], 10:44

———, Chromium, tris[*O*-(2-methylpropyl) carbonodithioato-*S,S'*]-, (*OC*-6-11)-, [68026-09-5], 10:44

$S_6CrO_3C_{21}H_{33}$, Chromium, tris(*O*-cyclohexyl carbonodithioato-*S,S'*)-, (*OC*-6-11)-, [149165-83-3], 10:44

$S_6CrO_6P_3C_{12}H_{30}$, Chromium, tris(*O,O*-diethyl phosphorodithioato-*S,S'*)-, (*OC*-6-11)-, [14177-95-8], 6:142

$S_6F_{18}MoC_{12}$, Molybdate(1-), tris[1,1,1,4,4,4-hexafluoro-2-butene-2,3-dithiolato (2-)-*S,S'*]-, (*OC*-6-11)-, [47784-53-2], 10:22-24

———, Molybdate(2-), tris[1,1,1,4,4,4-hexafluoro-2-butene-2,3-dithiolato-(2-)-*S,S'*]-, (*TP*-6-11'1")-, [47784-51-0], 10:22-24

$S_6F_{18}MoC_{12}$, Molybdenum, tris[1,1,1,4,4,4-hexafluoro-2-butene-2,3-dithiolato-(2-)-*S,S'*]-, (*OC*-6-11)-, [1494-07-1], 10:22-24

$S_6F_{18}VC_{12}$, Vanadate(1-), tris[1,1,1,4,4,4-hexafluoro-2-butene-2,3-dithiolato-(2-)-*S,S'*]-, (*OC*-6-11)-, [47784-56-5], 10:24,25

———, Vanadate(2-), tris[1,1,1,4,4,4-hexafluoro-2-butene-2,3-dithiolato-(2-)-*S,S'*]-, (*OC*-6-11)-, [47784-55-4], 10:24,25

$S_6F_{18}WC_{12}$, Tungstate(1-), tris[1,1,1,4,4,4-hexafluoro-2-butene-2,3-dithiolato-(2-)-*S,S'*]-, (*OC*-6-11)-, [47784-61-2], 10:23-25

———, Tungstate(2-), tris[1,1,1,4,4,4-hexafluoro-2-butene-2,3-dithiolato-(2-)-*S,S'*]-, (*OC*-6-11)-, [47784-60-1], 10:23-25

———, Tungsten, tris[1,1,1,4,4,4-hexafluoro-2-butene-2,3-dithiolato-(2-)-*S,S'*]-, (*OC*-6-11)-, [18832-57-0], 10:23-25

$S_6Fe_2O_2P_2C_{72}H_{24}$, Phosphonium, tetraphenyl-, tetrakis(benzenethiolato)di-μ-thioxodiferrate(2-) (2:1), [84032-42-8], 21:26

$S_6Fe_4C_{20}H_{20}$, Iron, tetrakis(η^5-2,4-cyclopentadien-1-yl)bis[μ_3-(disulfur-*S:S:S'*)]di-μ_3-thioxotetra-, (*2Fe-Fe*), [72256-41-8], 21:42

$S_6H_2N_2$, 1,2,3,4,5,7,6,8-Hexathiadiazocine, [1003-75-4], 11:184

———, 1,2,3,4,6,7,5,8-Hexathiadiazocine, [1003-76-5], 11:184
———, 1,2,3,5,6,7,4,8-Hexathiadiazocine, [3925-67-5], 11:184
$S_6H_4K_6O_{17}$, Potassium disulfite sulfite ($K_6(S_2O_5)(HSO_3)_4$), [129002-36-4], 2:167
$S_6InO_3C_9H_{15}$, Indium, tris(*O*-ethyl carbonodithioato-*S,S'*)-, (*OC*-6-11)-, [21630-86-4], 10:44
$S_6KN_6NbC_6$, Niobate(1-), hexakis(thiocyanato-*N*)-, potassium, (*OC*-6-11)-, [17979-22-5], 13:226
$S_6KN_6TaC_6$, Tantalate(1-), hexakis(thiocyanato-*N*)-, potassium, (*OC*-6-11)-, [16918-20-0], 13:230
$S_6K_2MoN_6C_6$, Molybdate(2-), hexakis(thiocyanato-*N*)-, dipotassium, (*OC*-6-11)-, [38741-59-2], 13:230
$S_6K_2N_6TiC_6$, Titanate(2-), hexakis(thiocyanato-*N*)-, dipotassium, (*OC*-6-11)-, [54216-80-7], 13:230
$S_6K_2N_6WC_6$, Tungstate(2-), hexakis(thiocyanato-*N*)-, dipotassium, (*OC*-6-11)-, [38741-61-6], 13:230
$S_6K_2N_6ZrC_6$, Thiocyanic acid, potassium zirconium(4+) salt (6:2:1), [147796-84-7], 13:230
$S_6K_6O_{15}.2H_2O$, Disulfurous acid, dipotassium salt, hydrate (3:2), [148832-20-6], 2:165,167
$S_6MoC_{42}H_{30}$, Molybdate(1-), tris[1,2-diphenyl-1,2-ethenedithiolato(2-)-*S,S'*]-, (*OC*-6-11)-, [150124-48-4], 10:9
———, Molybdate(2-), tris[1,2-diphenyl-1,2-ethenedithiolato(2-)-*S,S'*]-, (*TP*-6-111)-, [47873-74-5], 10:9
———, Molybdenum, tris[1,2-diphenyl-1,2-ethenedithiolato(2-)-*S,S'*]-, (*OC*-6-11)-, [15701-94-7], 10:9
$S_6Mo_2P_2C_{48}H_{40}$, Phosphonium, tetraphenyl-, di-μ-thioxotetrathioxodimolybdate(2-) (2:1), [104834-14-2], 27:43
S_6N_2Ni, Nickel, bis(mononitrogen trisulfidato)-, [67143-07-1], 18:124
$S_6N_3P_3C_{12}H_{30}$, 1,3,5,2,4,6-Triazatriphosphorine, 2,2,4,4,6,6-hexakis (ethylthio)-2,2,4,4,6,6-hexahydro-, [974-70-9], 8:87
$S_6N_3P_3C_{36}H_{30}$, 1,3,5,2,4,6-Triazatriphosphorine, 2,2,4,4,6,6-hexahydro-2,2,4,4,6,6-hexakis(phenylthio)-, [1065-77-6], 8:88
$S_6N_6VC_{12}$, Vanadate(1-), tris[2,3-dimercapto-2-butenedinitrilato(2-)-*S,S'*]-, (*OC*-6-11)-, [20589-26-8], 10:9
———, Vanadate(2-), tris[2,3-dimercapto-2-butenedinitrilato(2-)-*S,S'*]-, (*TP*-6-111)-, [47383-42-6], 10:9
———, Vanadate(3-), tris[2,3-dimercapto-2-butenedinitrilato(2-)-*S,S'*]-, (*OC*-6-11)-, [20589-29-1], 10:9
$S_6N_{24}Ni_3C_{18}H_{18}$, Nickel, hexakis(thiocyanato-*N*)hexakis[μ-(4*H*-1,2,4-triazole-N^1:N^2)]tri-, [63161-69-3], 23:160
$S_6O_3SbC_9H_{15}$, Antimony, tris(*O*-ethyl carbonodithioato-*S,S'*)-, (*OC*-6-11)-, [21757-53-9], 10:45
$S_6OsC_{42}H_{30}$, Osmium, tris[1,2-diphenyl-1,2-ethenedithiolato(2-)-*S,S*]-, [15697-32-2], 10:9
$S_6ReC_{42}H_{30}$, Rhenium, tris[1,2-diphenyl-1,2-ethenedithiolato(2-)-*S,S'*]-, (*TP*-6-111)-, [14264-08-5], 10:9
$S_6RuC_{42}H_{30}$, Ruthenium, tris[1,2-diphenyl-1,2-ethenedithiolato(2-)-*S,S'*]-, (*OC*-6-11)-, [106545-69-1], 10:9
$S_6VC_{42}H_{30}$, Vanadate(1-), tris[1,2-diphenyl-1,2-ethenedithiolato(2-)-*S,S'*]-, (*OC*-6-11)-, [47873-80-3], 10:9
———, Vanadate(2-), tris[1,2-diphenyl-1,2-ethenedithiolato(2-)-*S,S'*]-, (*OC*-6-11)-, [47873-79-0], 10:9
———, Vanadium, tris[1,2-diphenyl-1,2-ethenedithiolato(2-)-*S,S'*]-, (*TP*-6-11'1")-, [15697-34-4], 10:9
$S_6WC_{42}H_{30}$, Tungstate(1-), tris[1,2-diphenyl-1,2-ethenedithiolato-

(2-)-*S,S'*]-, (*OC*-6-11)-, [150124-37-1], 10:9
———, Tungstate(2-), tris[1,2-diphenyl-1,2-ethenedithiolato(2-)-*S,S'*]-, [25031-38-3], 10:9
———, Tungsten, tris[1,2-diphenyl-1,2-ethenedithiolato(2-)-*S,S'*]-, (*OC*-6-11)-, [10507-74-1], 10:9
S_7AsBrF_6, Sulfur(1+), bromo(hexathio)-, hexafluoroarsenate(1-), [98650-09-0], 27:336
S_7AsF_6I, Sulfur(1+), (hexathio)iodo-, hexafluoroarsenate(1-), [61459-17-4], 27:333
S_7BrF_6Sb, Sulfur(1+), bromo(hexathio)-, (*OC*-6-11)-hexafluoroantimonate(1-), [98650-10-3], 27:336
S_7F_6ISb, Sulfur(1+), (hexathio)iodo-, (*OC*-6-11)-hexafluoroantimonate(1-), [61459-18-5], 27:333
S_7HN, Heptathiazocine, [293-42-5], 6:124;8:103;9:99;11:
$S_7Mo_2P_2C_{48}H_{40}$, Phosphonium, tetraphenyl-, stereoisomer of (dithio)di-μ-thioxotrithioxodimolybdate(2-) (2:1), [104834-16-4], 27:44
S_7NOCH_3, Heptathiazocinemethanol, [69446-59-9], 8:105
$S_7NOC_2H_3$, Heptathiazocine, acetyl-, [15761-42-9], 8:105
S_7Re_2, Rhenium sulfide (Re_2S_7), [12038-67-4], 1:177
$S_8As_2F_{12}$, Arsenate(1-), hexafluoro-, (octasulfur)(2+) (2:1), [12429-02-6], 15:213
$S_8C_{10}H_8$, 1,3-Dithiolo[4,5-*b*][1,4]dithiin, 2-(5,6-dihydro-1,3-dithiolo[4,5-*b*][1,4]dithiin-2-ylidene)-5,6-dihydro-, [66946-48-3], 26:386
$S_8Cl_{17}Fe_{17}O_{17}C_{12}H_8$, 1,3-Dithiole, 2-(1,3-dithiol-2-ylidene)-, compd. with iron chloride oxide (FeClO) (2:17), [158188-72-8], 30:177
$S_8Co_2N_8P_2C_{64}H_{40}$, Phosphonium, tetraphenyl-, bis[μ-[2,3-dimercapto-2-butenedinitrilato(2-)-*S*:*S,S'*]]bis[2,3-dimercapto-2-butenedinitrilato(2-)-*S,S'*]dicobaltate(2-) (2:1), [150384-24-0], 13:191
$S_8F_{22}Sb_4$, Antimonate(1-), μ-fluorodecafluorodi-, (octasulfur)(2+) (2:1), [33152-43-1], 15:216
$S_8Fe_2N_8PC_{64}H_{40}$, Phosphonium, tetraphenyl-, bis[μ-[2,3-dimercapto-2-butenedinitrilato(2-)-*S*:*S,S'*]]bis[2,3-dimercapto-2-butenedinitrilato(2-)-*S,S'*]diferrate(2-) (2:1), [151183-11-8], 13:193
$S_8Fe_2N_{10}C_{32}H_{40}$, Ethanaminium, *N,N,N*-triethyl-, bis[μ-[2,3-dimercapto-2-butenedinitrilato(2-)-*S*:*S,S'*]]bis[2,3-dimercapto-2-butenedinitrilato(2-)-*S,S'*]diferrate(2-) (2:1), [22918-56-5], 13:192
$S_8Fe_2N_{10}C_{48}H_{72}$, 1-Butanaminium, *N,N,N*-tributyl-, bis[μ-[2,3-dimercapto-2-butenedinitrilato(2-)-*S*:*S,S'*]]bis[2,3-dimercapto-2-butenedinitrilato(2-)-*S,S'*]diferrate(2-) (2:1), [20559-29-9], 13:193
$S_8Fe_4N_2C_{24}H_{60}$, Methanaminium, *N,N,N*-trimethyl-, tetrakis(2-methyl-2-propanethiolato)tetra-μ_3-thioxotetraferrate(2-) (2:1), [52678-92-9], 21:30
$S_8Fe_4N_2C_{56}H_{92}$, 1-Butanaminium, *N,N,N*-tributyl-, tetrakis(benzenethiolato) tetra-μ_3-thioxotetraferrate(2-) (2:1), [52586-83-1], 21:35
$S_8Fe_4P_2C_{72}H_{60}$, Phosphonium, tetraphenyl-, tetrakis(benzenethiolato)tetra-μ_3-thioxotetraferrate(2-) (2:1), [80765-13-5], 21:27
$S_8Mo_2P_2C_{48}H_{40}$, Phosphonium, tetraphenyl-, stereoisomer of bis(dithio)-di-μ-thioxodithioxodimolybdate(2-) (2:1), [88303-92-8], 27:45
$S_8Mo_3O_{21}C_{28}H_{46}$, Molybdenum(4+), nonaaquatri-μ-thioxo-μ_3-thioxotri-, salt with 4-methylbenzenesulfonic acid (1:4), [131378-31-9], 29:268

$S_8N_4P_4C_{16}H_{48}$, Ethanamine, *N*-ethyl-, compd. with tetramercaptotetraphosphetane 1,2,3,4-tetrasulfide (4:1), [120675-55-0], 25:5

$S_8N_4PtC_{14}H_4$, 2,2'-Bi-1,3-dithiol-1-ium, (*SP*-4-1)-bis[2,3-dimercapto-2-butenedinitrilato(2-)-*S,S'*]platinate(2-) (1:1), [58784-67-1], 19:31

———, Platinate(1-), bis[2,3-dimercapto-2-butenedinitrilato(2-)-*S,S'*]-, (*SP*-4-1)-, salt with 2-(1,3-dithiol-2-ylidene)-1,3-dithiole (1:1), [55520-24-6], 19:31

$S_8N_4PtC_{16}H_8$, Platinate(2-), tetrakis (cyano-*C*)-, (*SP*-4-1)-, salt with 2-(1,3-dithiol-2-ylidene)-1,3-dithiole (1:2), [55520-25-7], 19:31

S_8O, Sulfur oxide (S_8O), [35788-51-3], 21:172

$S_9CoC_6H_9$, Cobalt, tris(monomethyl carbonotrithioato-*S',S''*)-, (*OC*-6-11)-, [35785-06-9], 10:47

$S_9CoC_9H_{15}$, Cobalt, tris(monoethyl carbonotrithioato-*S',S''*)-, (*OC*-6-11)-, [15277-79-9], 10:47

$S_9CrC_6H_9$, Chromium, tris(monomethyl carbonotrithioato-*S',S''*)-, (*OC*-6-11)-, [68387-58-6], 10:44

$S_9CrC_9H_{15}$, Chromium, tris(monoethyl carbonotrithioato-*S',S''*)-, (*OC*-6-11)-, [31316-05-9], 10:44

$S_9FO_3C_{10}H_8$, Fluorosulfate, salt with 2-(5,6-dihydro-1,3-dithiolo[4,5-*b*][1,4]dithiin-2-ylidene)-5,6-dihydro-1,3-dithiolo[4,5-*b*][1,4]dithiin (1:1), [96022-58-1], 26:393

$S_9Mo_4O_{27}C_{35}H_{59}$, Molybdenum(5+), dodecaaquatetra-μ$_3$-thioxotetra-, salt with 4-methylbenzenesulfonic acid (1:5), [119726-79-3], 29:266

$S_{10}N_2PtC_{24}H_{59}$, 1-Propanaminium, *N,N,N*-tripropyl-, (*SP*-4-1)-bis(pentathio) platinate(2-) (2:1), [22668-81-1], 21:13

$S_{10.56}Mo_2P_2C_{48}H_{40}$.½$NOC_3H_7$, Phosphonium, tetraphenyl-, stereoisomer of bis (tetrathio)di-μ-thioxodithioxodimolybdate(2-) stereoisomer of (dithio)(tetrathio)di-μ-thioxodithioxodimolybdate(2-), compd. with *N,N*-dimethylformamide (100:14:36:25), [153829-17-5], 27:42

$S_{11}H_8N_2Pd$, Palladate(2-), (hexathio-*S*[1])-(pentathio)-, diammonium, [83853-39-8], 21:14

$S_{12}B_2F_8C_{18}H_{12}$, 1,3-Dithiole, 2-(1,3-dithiol-2-ylidene)-, radical ion(1+), tetrafluoroborate(1-), compd. with 2-(1,3-dithiol-2-ylidene)-1,3-dithiole (2:1), [55492-86-9], 19:31

$S_{12}CuN_4C_{20}H_8$, Cuprate(2-), bis[2,3-dimercapto-2-butenedinitrilato(2-)-*S,S'*]-, (*SP*-4-1)-, salt with 2-(1,3-dithiol-2-ylidene)-1,3-dithiole (1:2), [55538-55-1], 19:31

$S_{12}H_8Mo_2N_2.2H_2O$, Molybdate(2-), bis[μ-(disulfur-*S,S':S,S'*)]tetrakis (dithio)di-, (*Mo-Mo*), diammonium, dihydrate, [65878-95-7], 27:48,49

$S_{12}Mo_3P_4C_{16}H_{40}$, Molybdenum, [μ-(diethylphosphinodithioato-*S:S'*)] tris(diethylphosphinodithioato-*S,S'*) tri-μ-thioxo-μ$_3$-thioxotri-, *triangulo*, [83664-61-3], 23:121

$S_{12}N_4NiC_{20}H_8$, Nickelate(2-), bis[2,3-dimercapto-2-butenedinitrilato(2-)-*S,S'*]-, (*SP*-4-1)-, salt with 2-(1,3-dithiol-2-ylidene)-1,3-dithiole (1:2), [55520-22-4], 19:31

$S_{12}N_4PtC_{20}H_8$, Platinate(2-), bis[2,3-dimercapto-2-butenedinitrilato(2-)-*S,S'*]-, (*SP*-4-1)-, salt with 2-(1,3-dithiol-2-ylidene)-1,3-dithiole (1:2), [55520-23-5], 19:31

$S_{13}H_8Mo_3N_2.xH_2O$, Molybdate(2-), tris[μ-(disulfur-*S,S':S,S'*)]tris (dithio)-μ$_3$-thioxotri-, *triangulo*, diammonium, hydrate, [79950-09-7], 27:48,49

$S_{13}Mo_3P_4S_2C_{16}H_{40}$, Molybdenum(1+), tris(diethylphosphino-dithioato-*S,S'*)tris[μ-(disulfur-*S,S':S, S'*)]-μ$_3$-thioxotri-, *triangulo*, diethylphosphinodithioate, [79594-15-3], 23:120

$S_{14}As_4F_{30}I_3Sb_{3.2}AsF_3$, Iodine(3+), bis[μ-(heptasulfur)]tri-, tris[(*OC*-6-11)-hexafluoroantimonate(1-)], compd. with arsenous trifluoride (1:2), [73381-83-6], 27:335

$S_{14}K_4Ti_3$, Titanate(4-), hexakis[μ-(disulfur-*S*:*S*,*S*')]dithioxotri-, tetrapotassium, [110354-75-1], 30:84

$S_{15}H_8N_2Pt$, Platinate(2-), tris(pentathio)-, diammonium, (*OC*-6-11)-(+)-, [95976-59-3], 21:12,13

$S_{15}H_{12}N_3Rh$, Rhodate(3-), tris(pentathio)-, triammonium, (*OC*-6-11)-, [33897-08-4], 21:15

$S_{16}AgAsF_6$, Silver(1+), bis(octasulfur-S^1,S^3)-, (*T*-4)-, hexafluoroarsenate(1-), [83779-62-8], 24:74

$S_{16}AuI_2C_{20}H_{16}$, Aurate(1-), diiodo-, salt with 2-(5,6-dihydro-1,3-dithiolo-[4,5-*b*][1,4]dithiin-2-ylidene)-5,6-dihydro-1,3-dithiolo[4,5-*b*][1,4] dithiin (1:2), [97012-32-3], 29:48

$S_{16}Br_2IC_{20}H_{16}$, Iodate(1-), dibromo-, salt with 2-(5,6-dihydro-1,3-dithiolo-[4,5-*b*][1,4]dithiin-2-ylidene)-5,6-dihydro-1,3-dithiolo[4,5-*b*][1,4]dithiin (1:2), [92671-60-8], 29:45

$S_{16}I_3C_{20}H_{16}$, Iodide (I_3^{1-}), salt with 2-(5,6-dihydro-1,3-dithiolo[4,5-*b*][1,4] dithiin-2-ylidene)-5,6-dihydro-1,3-dithiolo[4,5-*b*][1,4]dithiin (1:2), [89061-06-3], 29:42

$S_{16}O_4ReC_{20}H_{16}$, Rhenate (ReO_4^{1-}), (*T*-4)-, salt with 2-(5,6-dihydro-1,3-dithiolo[4,5-*b*][1,4]dithiin-2-ylidene)-5,6-dihydro-1,3-dithiolo[4,5-*b*][1,4] dithiin (1:2), [87825-70-5], 26:391

$S_{25}H_{48}Li_{25}N_{16}Ti_{25}$, Lithium titanium sulfide ($Li_{0.22}TiS_2$), ammoniate (25:16), [158188-77-3], 30:170

$S_{28}N_4Se_4C_{46}H_{28}$, 1,3-Dithiole, 2-(1,3-dithiol-2-ylidene)-, radical ion(1+), selenocyanate, compd. with 2-(1,3-dithiol-2-ylidene)-1,3-dithiole (4:3), [151085-48-2], 19:31

$S_{32}As_6Br_4F_{36}$, Sulfur(1+), bromo(hexathio)-, (tetrasulfur)(2+) hexafluoroarsenate(1-) (4:1:6), [98650-11-4], 27:338

$S_{32}As_6F_{36}I_4$, Sulfur(1+), (hexathio)iodo-, (tetrasulfur)(2+) hexafluoroarsenate (1-) (4:1:6), [74823-90-8], 27:337

$S_{32}I_{15}C_{48}H_{32}$, Iodide (I_3^{1-}), salt with 2-(1,3-dithiol-2-ylidene)-1,3-dithiole (5:8), [55492-90-5], 19:31

$S_{32}I_{21}C_{48}H_{32}$, Iodide (I_3^{1-}), salt with 2-(1,3-dithiol-2-ylidene)-1,3-dithiole (7:8), [55492-89-2], 19:31

$S_{32}N_4C_{46}H_{28}$, 1,3-Dithiole, 2-(1,3-dithiol-2-ylidene)-, radical ion(1+), thiocyanate, compd. with 2-(1,3-dithiol-2-ylidene)-1,3-dithiole (4:3), [151085-47-1], 19:31

$S_{44}I_8C_{66}H_{44}$, 1,3-Dithiole, 2-(1,3-dithiol-2-ylidene)-, radical ion(1+), iodide, compd. with 2-(1,3-dithiol-2-ylidene)-1,3-dithiole (8:3), [55492-87-0], 19:31

$S_{46}Cs_{150}N_{200}O_{184}Pt_{50}C_{200}H_{23}$, Platinate-(2-), tetrakis(cyano-*C*)-, (*SP*-4-1)-, cesium hydrogen sulfate (*SP*-4-1)-tetrakis(cyano-*C*)platinate(1-) (31:150:23:46:19), [153608-94-7], 21:151

$S_{46}N_{200}O_{184}Pt_{50}Rb_{150}C_{200}H_{23\cdot50}H_2O$, Platinate(2-), tetrakis(cyano-*C*)-, (*SP*-4-1)-, rubidium hydrogen sulfate (*SP*-4-1)-tetrakis(cyano-*C*)platinate(1-) (31:150:23:46:19), pentacontahydrate, [151120-24-0], 20:20

$SbAs_3C_{24}H_{30}$, Arsine, (stibylidynetri-2,1-phenylene)tris[dimethyl-, [35880-02-5], 16:187

$SbBCl_6O_4C_{10}H_{14}$, Boron(1+), bis(2,4-pentanedionato-*O*,*O*')-, (*T*-4)-, (*OC*-6-11)-hexachloroantimonate(1-), [18924-18-0], 12:130

$SbBrC_2H_6$, Stibine, bromodimethyl-, [53234-94-9], 7:85

$SbBrF_6S_7$, Sulfur(1+), bromo(hexathio)-, (*OC*-6-11)-hexafluoroantimonate(1-), [98650-10-3], 27:336
SbBrS, Antimony bromide sulfide (SbBrS), [14794-85-5], 14:172
$SbBr_2CH_3$, Stibine, dibromomethyl-, [54553-06-9], 7:85
$SbBr_2C_3H_9$, Antimony, dibromotrimethyl-, [5835-64-3], 9:95
SbC_3H_9, Stibine, trimethyl-, [594-10-5], 9:92,93
$SbClC_2H_6$, Stibine, chlorodimethyl-, [18380-68-2], 7:85
$SbCl_2CH_3$, Stibine, dichloromethyl-, [42496-23-1], 7:85
$SbCl_2C_3H_9$, Antimony, dichlorotrimethyl-, [13059-67-1], 9:93
$SbCl_3$, Stibine, trichloro-, [10025-91-9], 9:93-94
$SbCl_3C_{12}H_{10}$, Antimony, trichlorodiphenyl-, [21907-22-2], 23:194
$SbCl_5NO_2CH_3$, Antimony, pentachloro (nitromethane-*O*)-, (*OC*-6-21)-, [52082-00-5], 29:113
$SbCl_6N_5S_5$, Antimonate(1-), hexachloro-, (*OC*-6-11)-, pentathiazyl, [39928-97-7], 17:189
$SbCl_{12}NP_2$, Phosphorus(1+), trichloro (phosphorimidic trichloridato-*N*)-, (*T*-4)-, (*OC*-6-11)-hexachloroantimonate, [108538-57-4], 25:25
SbF_3, Stibine, trifluoro-, [7783-56-4], 4:134
SbF_6IS_7, Sulfur(1+), (hexathio)iodo-, (*OC*-6-11)-hexafluoroantimonate(1-), [61459-18-5], 27:333
SbF_6O_2, Antimonate(1-), hexafluoro-, (*OC*-6-11)-, dioxygenyl, [12361-66-9], 14:39
$SbF_{10}N$, Nitrogen(1+), tetrafluoro-, (*T*-4)-, (*OC*-6-11)-hexafluoroantimonate(1-), [16871-76-4], 24:41
$SbFeO_4C_{22}H_{15}$, Iron, tetracarbonyl (triphenylstibine)-, [20516-78-3], 8:188;26:61;28:171
SbH_3, Stibine, [7803-52-3], 7:43
SbIS, Stibine, iodothioxo-, [13816-38-1], 14:161,172
$SbI_2C_3H_9$, Antimony, diiodotrimethyl-, (*TB*-5-11)-, [13077-53-7], 9:96
SbI_3, Stibine, triiodo-, [7790-44-5], 1:104
$SbO_3S_6C_9H_{15}$, Antimony, tris(*O*-ethyl carbonodithioato-*S,S'*)-, (*OC*-6-11)-, [21757-53-9], 10:45
$Sb_2Cl_{11}Cs_5$, Stibine, trichloro-, compd. with cesium chloride (CsCl) (2:5), [14236-42-1], 4:6
$Sb_2Cl_{12}CoN_6O_{12}C_6H_{18}$, Cobalt(2+), hexakis(nitromethane-*O*)-, (*OC*-6-11)-, bis[(*OC*-6-11)-hexachloroantimonate(1-)], [25973-90-4], 29:114
$Sb_2Cl_{12}CoO_6C_{18}H_{36}$, Cobalt(2+), hexakis(2-propanone)-, (*OC*-6-11)-, bis[(*OC*-6-11)-hexachloroantimonate(1-)], [146249-37-8], 29:114
$Sb_2Co_2N_{12}O_{20}C_{16}H_{36}$, Cobalt(1+), bis-(1,2-ethanediamine-*N,N'*)bis (nitrito-*N*)-, (*OC*-6-22-Δ)-, stereoisomer of bis[μ-[2,3-dihydroxybutanedioato(4-)-$O^1,O^2:O^3,O^4$]]diantimonate(2-) (2:1), [12075-00-2], 6:95
———, Cobalt(1+), bis(1,2-ethanediamine-*N,N'*)bis(nitrito-*N*)-, (*OC*-6-22-Λ)-, stereoisomer of bis[μ-[2,3-dihydroxybutanedioato(4-)-$O^1,O^2:O^3,O^4$]]diantimonate(2-) (2:1), [149189-79-7], 6:195
$Sb_2FeO_3C_{39}H_{30}$, Iron, tricarbonylbis (triphenylstibine)-, [14375-86-1], 8:188
$Sb_2K_2O_{12}C_8H_4$, Antimonate(2-), bis[μ-[2,3-dihydroxybutanedioato(4-)-$O^1,O^2:O^3,O^4$]]di-, dipotassium, stereoisomer, [11071-15-1], 23:76-81
$Sb_3CuNO_3C_{54}H_{45}$, Copper, (nitrato-*O*)tris (triphenylstibine)-, (*T*-4)-, [33989-06-9], 19:94
$Sb_3F_{24}I_3S_{14}\cdot\frac{1}{2}A_2F_3$, Iodine(3+), bis-[μ-(heptasulfur)]tri-, tris[(*OC*-6-11)-

hexafluoroantimonate(1-)], compd. with arsenous trifluoride (1:2), [73381-83-6], 27:335

$Sb_4Cl_2S_5$, Antimony chloride sulfide ($Sb_4Cl_2S_5$), [39473-80-8], 14:172

$Sb_4F_{22}Hg_3$, Antimonate(1-), μ-fluorodecafluorodi-, (trimercury)(2+) (2:1), [38832-79-0], 19:23

$Sb_4F_{22}S_8$, Antimonate(1-), μ-fluorodecafluorodi-, (octasulfur)(2+) (2:1), [33152-43-1], 15:216

$Sb_4F_{22}Se_4$, Antimonate(1-), μ-fluorodecafluorodi-, selenium ion (Se_4^{2+}) (2:1), [53513-63-6], 15:213

$Sb_4F_{22}Se_8$, Antimonate(1-), μ-fluorodecafluorodi-, (octaselenium)(2+) (2:1), [52374-79-5], 15:213

$Sb_4F_{22}Te_4$, Antimonate(1-), μ-fluorodecafluorodi-, (tetratellurium)(2+) (2:1), [12449-63-7], 15:213

$Sb_4NiC_{72}H_{60}$, Nickel, tetrakis(triphenylstibine)-, (*T*-4)-, [15555-80-3], 28:103

$Sb_9H_{72}N_{18}NaO_{86}W_{21}$, Tungstate(19-), hexaoctacontaoxononaantimonatehene icosa-, octadecaammonium sodium, [64104-53-6], 27:120

$ScB_3O_9Sr_3$, Boric acid (H_3BO_3), scandium(3+) strontium salt (3:1:3), [120525-55-5], 30:257

$ScCl_2LiO_2Si_4C_{30}H_{58}$, Lithium(1+), bis (tetrahydrofuran)-, bis[(1,2,3,4,5-η)-1,3-bis(trimethylsilyl)-2,4-cyclopentadien-1-yl]dichloroscandate(1-), [81519-28-0], 27:170

$ScCl_3$, Scandium chloride ($ScCl_3$), [10361-84-9], 22:39

$ScCl_3Cs$, Scandate(1-), trichloro-, cesium, [65545-44-0], 22:23;30:81

$ScCl_3O_3C_{12}H_{24}$, Scandium, trichlorotris (tetrahydrofuran)-, [14782-78-6], 21:139

$ScF_{21}O_6C_{30}H_{30}$, Scandium, tris-(6,6,7,7,8,8,8-heptafluoro-2,2-dimethyl-3,5-octanedionato-*O,O'*)-, [18323-95-0], 12:74

$ScF_{21}O_6C_{30}H_{30}.NOC_3H_7$, Scandium, tris(6,6,7,7,8,8,8-heptafluoro-2,2-dimethyl-3,5-octanedionato-*O,O'*)-, compd. with *N,N*-dimethylformamide (1:1), [31126-00-8], 12:72-77

$ScN_3Si_6C_{18}H_{57}$, Silanamine, 1,1,1-trimethyl-*N*-(trimethylsilyl)-, scandium(3+) salt, [37512-28-0], 18:115

$ScO_3C_{42}H_{63}$, Phenol, 2,6-bis(1,1-dimethylethyl)-, scandium(3+) salt, [132709-52-5], 27:167

$ScO_3C_{45}H_{69}$, Phenol, 2,6-bis(1,1-dimethylethyl)-4-methyl-, scandium(3+) salt, [89085-91-6], 27:167

$ScO_6C_{33}H_{57}$, Scandium, tris(2,2,6,6-tetramethyl-3,5-heptanedionato-*O,O'*)-, (*OC*-6-11)-, [15492-49-6], 11:96

$Sc_2Br_9Cs_3$, Scandate(3-), tri-μ-bromohexabromotri-, tricesium, [12431-61-7], 30:79

$Sc_2Br_9Rb_3$, Scandate(3-), tri-μ-bromohexabromodi-, trirubidium, [12431-62-8], 30:79

$Sc_2Cl_2Si_8C_{44}H_{84}$, Scandium, tetrakis-[(1,2,3,4,5-η)-1,3-bis(trimethylsilyl)-2,4-cyclopentadien-1-yl]di-μ-chlorodi-, [81507-53-1], 27:171

$Sc_2Cl_9Cs_3$, Scandate(3-), tri-μ-chlorohexachlorodi-, tricesium, [12272-71-8], 22:25;30:79

$Sc_2Cl_9Rb_3$, Scandate(3-), tri-μ-chlorohexachlorodi-, trirubidium, [12272-72-9], 30:79

$Se_{0.65}CdTe_{0.35}$, Cadmium selenide telluride ($CdSe_{0.65}Te_{0.35}$), [106390-40-3], 22:81

$SeAsF_{18}MoC_{36}H_{20}$, Arsonium, tetraphenyl-, (*OC*-6-11)-tris[1,1,1,4,4,4-hexafluoro-2-butene-2,3-dithiolato(2-)-*S,S'*] molybdate(1-), [18958-54-8], 10:24

$SeBC_8H_{15}$, 9-Borabicyclo[3.3.1]nonane, 9-selenyl-, [120789-37-9], 29:73

$SeB_2C_{16}H_{28}$, 9-Borabicyclo[3.3.1]nonane, 9,9'-selenobis-, [116951-81-6], 29:71

$SeBr_6Pb_4$, Lead bromide selenide (Pb_4Br_6Se), [12441-82-6], 14:171

SeCd, Cadmium selenide (CdSe), [1306-24-7], 22:82
SeCdTe, Cadmium selenide telluride (Cd(Se,Te)), [106769-84-0], 22:84
$SeCl_2$, Selenium chloride ($SeCl_2$), [14457-70-6], 5:127
$SeCl_2H_2O_2$, Selenium chloride hydroxide ($SeCl_2(OH)_2$), (*T*-4)-, [108723-91-7], 3:132
$SeCl_2O$, Seleninyl chloride, [7791-23-3], 3:130
$SeCl_4$, Selenium chloride ($SeCl_4$), (*T*-4)-, [10026-03-6], 5:125,126
$SeCrO_2C_9H_6$, Chromium, (η^6-benzene)(carbonoselenoyl)dicarbonyl-, [63356-85-4], 21:1,2
$SeCrO_5C_6$, Chromium, (carbonoselenoyl) pentacarbonyl-, (*OC*-6-22)-, [63356-87-6], 21:1,4
SeF_2O, Seleninyl fluoride, [7783-43-9], 24:28
SeF_2O_2, Selenonyl fluoride, [14984-81-7], 20:36
SeF_4, Selenium fluoride (SeF_4), (*T*-4)-, [13465-66-2], 24:28
SeF_5HO, Fluoroselenic acid ($HSeF_5O$), (*OC*-6-21)-, [38989-47-8], 20:38
SeF_6, Selenium fluoride (SeF_6), (*OC*-6-11)-, [7783-79-1], 1:121
$SeGe_2H_6$, Digermaselenane, [24254-18-0], 20:175
SeH_2, Hydrogen selenide (H_2Se), [7783-07-5], 2:183
SeH_2O_4, Selenic acid, [7783-08-6], 3:137;20:37
SeH_6Si_2, Disilaselenane, [14939-45-8], 24:127
SeKNC, Selenocyanic acid, potassium salt, [3425-46-5], 2:186
$SeMnO_2C_8H_5$, Manganese, (carbonoselenoyl)dicarbonyl(η^5-2,4-cyclopentadien-1-yl)-, [55987-17-2], 19:193,195
SeNNaC, Selenocyanic acid, sodium salt, [4768-87-0], 2:186
$SeNPC_{17}H_{22}$, 1-Propanamine, 3-(diphenylphosphinoselenoyl)-*N*,*N*-dimethyl-, [13289-84-4], 10:159
$SeN_2S_4C_6H_{12}$, 2,4-Dithia-3-selena-6-azaheptanethioamide, *N*,*N*,6-trimethyl-5-thioxo-, [18228-25-6], 4:93
$SeN_2S_4C_{10}H_{20}$, 2,4-Dithia-3-selena-6-azaoctanethioamide, *N*,*N*,6-triethyl-5-thioxo-, [136-92-5], 4:93
$SeNa_2O_6S_4.3H_2O$, Selenopentathionic acid ($[(HO)S(O)_2S]_2Se$), disodium salt, trihydrate, [148832-37-5], 4:88
SeO_2, Selenium oxide (SeO_2), [7446-08-4], 1:117;3:13,15,127,13
$SeO_2S_4C_4H_6$, 6-Oxa-2,4-dithia-3-selenaheptanethioic acid, 5-thioxo-, *S*-methyl ester, [41515-91-7], 4:93
$SeO_2S_4C_6H_{10}$, 6-Oxa-2,4-dithia-3-selenaoctanethioic acid, 5-thioxo-, *O*-ethyl ester, [148832-18-2], 4:93
SeO_3Sr, Selenious acid, strontium salt (1:1), [14590-38-6], 3:20
$SePC_{18}H_{15}$, Phosphine selenide, triphenyl-, [3878-44-2], 10:157
$SePC_{21}H_{21}$, Phosphine selenide, tris(3-methylphenyl)-, [10061-85-5], 10:159
———, Phosphine selenide, tris(4-methylphenyl)-, [10089-43-7], 10:159
$SeSi_2C_6H_{18}$, Disilaselenane, hexamethyl-, [4099-46-1], 20:173
SeSr, Strontium selenide (SrSe), [1315-07-7], 3:11,20,22
$Se_2B_2C_{16}H_{28}$, 9-Borabicyclo[3.3.1] nonane, 9,9'-diselenobis-, [120789-32-4], 29:75
$Se_2B_8H_{10}$, 6,9-Diselenadecaborane(10), [69550-87-4], 29:105
$Se_2B_9H_9$, 7,9-Diselenaundecaborane(9), [146687-12-9], 29:103
$Se_2Br_2HgN_4C_2H_8$, Mercury, dibromobis (selenourea-*Se*)-, (*T*-4)-, [60004-25-3], 16:86
Se_2C, Carbon selenide (CSe_2), [506-80-9], 21:6,7

Se_2ClCu, Copper chloride selenide ($CuClSe_2$), [12442-58-9], 14:170

$Se_2ClNNiPC_{11}H_{25}$, Nickel, chloro (diethylcarbamodiselenoato-*Se,Se*')-(triethylphosphine)-, (*SP*-4-3)-, [67994-91-6], 21:9

$Se_2ClNPPdC_{23}H_{25}$, Palladium, chloro (diethylcarbamodiselenoato-*Se,Se*')-(triphenylphosphine)-, (*SP*-4-3)-, [76136-20-4], 21:10

$Se_2ClNPPtC_{23}H_{25}$, Platinum, chloro (diethylcarbamodiselenoato-*Se,Se*')-(triphenylphosphine)-, (*SP*-4-3)-, [68011-59-6], 21:10

$Se_2Cl_2HgN_4C_2H_8$, Mercury, dichlorobis (selenourea-*Se*)-, (*T*-4)-, [39039-14-0], 16:85

$Se_2Cl_4Hg_2N_4C_2H_8$, Mercury, di-μ-chlorodichlorobis(selenourea-*Se*)di-, [38901-81-4], 16:86

$Se_2F_6NPC_7H_{12}$, Methanaminium, *N*-(4,5-dimethyl-1,3-diselenol-2-ylidene)-*N*-methyl-, hexafluorophosphate(1-), [84041-23-6], 24:133

$Se_2F_{10}O_2Xe$, Xenon fluoroselenate (Xe ($SeF_5O)_2$), [38344-58-0], 24:29

Se_2FeK, Ferrate(1-), diselenoxo-, potassium, [12265-84-8], 30:93

$Se_2La_2O_8Ta_3$, Lanthanum tantalum oxide selenide ($La_2Ta_3O_8Se_2$), [134853-92-2], 30:146

Se_2Mo, Molybdenum selenide ($MoSe_2$), [12058-18-3], 30:167

$Se_2NOC_7H_{13}$, Carbamodiselenoic acid, dimethyl-, 1-methyl-2-oxopropyl ester, [76371-67-0], 24:132

$Se_2NPPtC_{24}H_{28}$, Platinum, (diethylcarbamodiselenoato-*Se,Se*') methyl(triphenylphosphine)-, (*SP*-4-3)-, [68252-95-9], 21:10,20:10

$Se_2P_2C_{26}H_{24}$, Phosphine selenide, 1,2-ethanediylbis[diphenyl-, [10061-88-8], 10:159

Se_2Ta, Tantalum selenide ($TaSe_2$), [12039-55-3], 30:167

Se_2Ti, Titanium selenide ($TiSe_2$), [12067-45-7], 30:167

Se_3Al_2, Aluminum selenide (Al_2Se_3), [1302-82-5], 2:183

Se_3BrCu, Copper bromide selenide ($CuBrSe_3$), [12431-50-4], 14:170

$Se_3C_5H_6$, 1,3-Diselenole-2-selone, 4,5-dimethyl-, [53808-62-1], 24:133

$Se_3CoN_6O_4SC_3H_{12}$, Cobalt, tris(selenourea-*Se*)[sulfato(2-)-*O*]-, (*T*-4)-, [38901-18-7], 16:85

Se_3CuI, Copper iodide selenide ($CuISe_3$), (*T*-4)-, [12410-62-7], 14:170

$Se_3InC_{18}H_{15}$, Benzeneselenol, indium(3+) salt, [115399-94-5], 29:16

$Se_4As_2F_{12}$, Arsenate(1-), hexafluoro-, selenium ion (Se_4^{2+}) (2:1), [53513-64-7], 15:213

$Se_4C_{10}H_{12}$, 1,3-Diselenole, 2-(4,5-dimethyl-1,3-diselenol-2-ylidene)-4,5-dimethyl-, [55259-49-9], 24:131,134

Se_4CdCr_2, Cadmium chromium selenide ($CdCr_2Se_4$), [12139-08-1], 14:155

$Se_4Cl_2CoN_8O_8C_4H_{16}$, Cobalt(2+), tetrakis (selenourea-*Se*)-, (*T*-4)-, diperchlorate, [38901-14-3], 16:84

Se_4CuK, Cuprate(1-), (tetraseleno)-, potassium, [128191-66-2], 30:89

$Se_4F_{22}Sb_4$, Antimonate(1-), μ-fluorodecafluorodi-, selenium ion (Se_4^{2+}) (2:1), [53513-63-6], 15:213

$Se_4Fe_4N_2S_4C_{48}H_{108}$, 1-Butanaminium, *N,N,N*-tributyl-, tetrakis(2-methyl-2-propanethiolato)tetra-μ_3-selenoxotetraferrate(2-) (2:1), [84159-21-7], 21:37

$Se_4Fe_4N_2S_4C_{56}H_{92}$, 1-Butanaminium, *N,N,N*-tributyl-, tetrakis(benzenethiolato)tetra-μ_3-selenoxotetraferrate(2-) (2:1), [69347-38-2], 21:36

$Se_4N_4S_{28}C_{46}H_{28}$, 1,3-Dithiole, 2-(1,3-dithiol-2-ylidene)-, radical ion(1+), selenocyanate, compd. with 2-(1,3-dithiol-2-ylidene)-1,3-dithiole (4:3), [151085-48-2], 19:31

$Se_5TiC_{10}H_{10}$, Titanium, bis(η[5]-2,4-cyclopentadien-1-yl)(pentaseleno)-, [12307-22-1], 27:61

$Se_8AsF_6C_{20}H_{24}$, Arsenate(1-), hexafluoro-, salt with 2-(4,5-dimethyl-1,3-diselenol-2-ylidene)-4,5-dimethyl-1,3-diselenole (1:2), [73731-75-6], 24:138

$Se_8As_2F_{12}$, Arsenate(1-), hexafluoro-, (octaselenium)(2+) (2:1), [52374-78-4], 15:213

$Se_8BF_4C_{20}H_{24}$, 1,3-Diselenole, 2-(4,5-dimethyl-1,3-diselenol-2-ylidene)-4,5-dimethyl-, radical ion(1+), tetrafluoroborate(1-), salt with 2-(4,5-dimethyl-1,3-diselenol-2-ylidene)-4,5-dimethyl-1,3-diselenole (1:1), [73731-79-0], 24:139

$Se_8ClO_4C_{20}H_{24}$, 1,3-Diselenole, 2-(4,5-dimethyl-1,3-diselenol-2-ylidene)-4,5-dimethyl-, radical ion(1+), perchlorate, compd. with 2-(4,5-dimethyl-1,3-diselenol-2-ylidene)-4,5-dimethyl-1,3-diselenole (1:1), [77273-54-2], 24:136

$Se_8Cl_{17}Fe_{17}O_{17}C_{12}H_8$, 1,3-Diselenole, 2-(1,3-diselenol-2-ylidene)-, compd. with iron chloride oxide (FeClO) (2:17), [124505-64-2], 30:179

$Se_8F_6PC_{20}H_{24}$, 1,3-Diselenole, 2-(4,5-dimethyl-1,3-diselenol-2-ylidene)-4,5-dimethyl-, radical ion(1+), hexafluorophosphate(1-), compd. with 2-(4,5-dimethyl-1,3-diselenol-2-ylidene)-4,5-dimethyl-1,3-diselenole (1:1), [73261-24-2], 24:142

$Se_8F_{22}Sb_4$, Antimonate(1-), μ-fluorodecafluorodi-, (octaselenium)(2+) (2:1), [52374-79-5], 15:213

$Se_{12}CuK_3Nb_2$, Copper niobium potassium selenide ($CuNb_2K_3Se_3(Se_2)_3(Se_3)$), [135041-37-1], 30:86

$SiB_4C_5H_{16}$, 2,3-Dicarbahexaborane(8), 2-(trimethylsilyl)-, [31259-72-0], 29:95

$SiBaF_6$, Silicate(2-), hexafluoro-, barium (1:1), [17125-80-3], 4:145

$SiBrC_3H_9$, Silane, bromotrimethyl-, [2857-97-8], 26:4

$SiBrCl_3$, Silane, bromotrichloro-, [13465-74-2], 7:30

$SiBrH_3$, Silane, bromo-, [13465-73-1], 11:159

$SiBrNPC_5H_{15}$, Phosphinimidic bromide, *P,P*-dimethyl-*N*-(trimethylsilyl)-, [73296-38-5], 25:70

$SiBr_2H_2$, Silane, dibromo-, [13768-94-0], 1:38

$SiBr_3H$, Silane, tribromo-, [7789-57-3], 1:38

$SiBr_4$, Silane, tetrabromo-, [7789-66-4], 1:38

SiC_3H_{10}, Silane, trimethyl-, [993-07-7], 5:61

SiC_5H_8, Silane, 2,4-cyclopentadien-1-yl-, [33618-25-6], 17:172

SiC_5H_{12}, Silane, ethenyltrimethyl-, [754-05-2], 3:61

SiC_6H_8, Silane, phenyl-, [694-53-1], 11:162

SiC_6H_{10}, Silane, (1-methyl-2,4-cyclopentadien-1-yl)-, [65734-37-4], 17:174

$(SiC_7H_8)_x$, Poly(methylphenylsilylene), [76188-55-1], 25:56

$SiC_{12}H_{20}$, Silane, tetra-2-propenyl-, [1112-66-9], 13:76

$SiClC_3H_9$, Silane, chlorotrimethyl-, [75-77-4], 3:58;29:108

$SiClC_6H_7$, Silane, (4-chlorophenyl)-, [3724-36-5], 11:166

$SiClIC_6H_6$, Silane, chloroiodophenyl-, [18163-26-3], 11:160

$SiClN_3P_2C_{12}H_{30}$, 1,3,2,4-Diazadiphosphetidin-2-amine, 4-chloro-*N*,1,3-tris(1-methylethyl)-*N*-(trimethylsilyl)-, [74465-50-2], 25:10

$SiClPC_{10}H_{14}$, Phosphinous chloride, [phenyl(trimethylsilyl)methylene]-, [74483-17-3], 24:111

$SiCl_2CH_4$, Silane, dichloromethyl-, [75-54-7], 3:58

$SiCl_2C_2H_6$, Silane, dichlorodimethyl-, [75-78-5], 3:56

$SiCl_2C_3H_6$, Silane, dichloroethenylmethyl-, [124-70-9], 3:61
$SiCl_2C_4H_6$, Silane, dichlorodiethenyl-, [1745-72-8], 3:61
$SiCl_2I_2$, Silane, dichlorodiiodo-, [13977-54-3], 4:41
$SiCl_2O_6C_{15}H_{22}$, Silicon(1+), tris(2,4-pentanedionato-*O,O'*)-, (*OC*-6-11)-, (hydrogen dichloride), [16871-35-5], 7:30
$SiCl_2S$, Silane, dichlorothioxo-, [13492-46-1], 7:30
$SiCl_3CH_3$, Silane, dichloro(chloromethyl)-, [18170-89-3], 6:39
———, Silane, trichloromethyl-, [75-79-6], 3:58
$SiCl_3C_2H_3$, Silane, trichloroethenyl-, [75-94-5], 3:58
$SiCl_3C_6H_{11}$, Silane, trichlorocyclohexyl-, [98-12-4], 4:43
$SiCl_3CoO_4C_4$, Cobalt, tetracarbonyl (trichlorosilyl)-, [14239-21-5], 13:67
$SiCl_3HS$, Silanethiol, trichloro-, [13465-79-7], 7:28
$SiCl_3I$, Silane, trichloroiodo-, [13465-85-5], 4:41
$SiCl_3O_6ZnC_{15}H_{21}$, Silicon(1+), tris(2,4-pentanedionato-*O,O'*)-, (*OC*-6-11)-, trichlorozincate(1-), [19680-74-1], 7:33
$SiCl_4C_2H_4$, Silane, trichloro(2-chloroethyl)-, [6233-20-1], 3:60
$SiCl_4C_6H_4$, Silane, trichloro(2-chlorophenyl)-, [2003-90-9], 11:166
———, Silane, trichloro(3-chlorophenyl)-, [2003-89-6], 11:166
———, Silane, trichloro(4-chlorophenyl)-, [825-94-5], 11:166
$SiCl_4FeO_6C_{15}H_{21}$, Silicon(1+), tris(2,4-pentanedionato-*O,O'*)-, (*OC*-6-11)-, (*T*-4)-tetrachloroferrate(1-), [17348-25-3], 7:32
$SiCl_4N_3P_3C_5H_{14}$, 1,3,5,2,4,6-Triazatriphosphorine, 2,2,4,4-tetrachloro-2,2,4,4,6,6-hexahydro-6-methyl-6-[(trimethylsilyl)methyl]-, [104738-14-9], 25:61
$(SiCl_4N_3P_3C_5H_{14})x$, 1,3,5,2,4,6-Triazatriphosphorine, 2,2,4,4-tetrachloro-2,2,4,4,6,6-hexahydro-6-methyl-6-[(trimethylsilyl)methyl]-, homopolymer, [110718-16-6], 25:63
$SiCl_4OC_2H_4$, Silane, trichloro(2-chloroethoxy)-, [18077-24-2], 4:85
$SiCl_4$, Silane, tetrachloro-, [10026-04-7], 1:44;7:25
———, Silane, tetra(chloro-^{36}*Cl*)-, [148832-19-3], 7:160
$SiCoF_3O_4C_4$, Cobalt, tetracarbonyl (trifluorosilyl)-, (*TB*-5-12)-, [15693-79-5], 13:70
$SiCoO_4C_7H_9$, Cobalt, tetracarbonyl(trimethylsilyl)-, [15693-82-0], 13:69
$SiCrO_3C_8H_8$, Chromium, tricarbonyl(η^5-2,4-cyclopentadien-1-yl)silyl-, [32732-02-8], 17:104
SiD_4, Silane-d_4, [13537-07-0], 11:170
$SiF_2C_2H_6$, Silane, difluorodimethyl-, [353-66-2], 16:141
SiF_3CH_3, Silane, trifluoromethyl-, [373-74-0], 16:139
$SiF_3NOPC_7H_{17}$, Phosphinimidic acid, *P,P*-dimethyl-*N*-(trimethylsilyl)-, 2,2,2-trifluoroethyl ester, [73296-44-3], 25:71
$SiF_3NOPC_{12}H_{19}$, Phosphinimidic acid, *P*-methyl-*P*-phenyl-*N*-(trimethylsilyl)-, 2,2,2-trifluoroethyl ester, [88718-65-4], 25:72
SiF_4, Silane, tetrafluoro-, [7783-61-1], 4:145
$(SiF_{12}N_3O_4P_3C_{13}H_{22})_x$, Poly[nitrilo [bis(2,2,2-trifluoroethoxy)phosphoranylidyne]nitrilo[bis(2,2,2-trifluoroethoxy)phosphoranylidyne]nitrilo [methyl[(trimethylsilyl)methyl]phosphoranylidyne]], [153569-08-5], 25:64
$SiF_{14}N_2$, Nitrogen(1+), tetrafluoro-, (*T*-4)-, hexafluorosilicate(2-) (2:1), [81455-78-9], 24:46

SiH_3I, Silane, iodo-, [13598-42-0], 11:159;19:268,270
SiH_4, Silane, [7803-62-5], 11:170
$SiICH_5$, Silane, iodomethyl-, [18089-64-0], 19:271
$SiIC_2H_7$, Silane, iododimethyl-, [2441-21-6], 19:271
$SiIC_3H_9$, Silane, iodotrimethyl-, [16029-98-4], 19:272
$SiLiC_4H_{11}$, Lithium, [(trimethylsilyl) methyl]-, [1822-00-0], 24:95
$SiLuOC_{18}H_{29}$, Lutetium, bis(η^5-2,4-cyclopentadien-1-yl)(tetrahydrofuran)[(trimethylsilyl)methyl]-, [76207-10-8], 27:161
SiMn, Manganese silicide (MnSi), [12032-85-8], 14:182
$SiMoO_3C_8H_8$, Molybdenum, tricarbonyl-(η^5-2,4-cyclopentadien-1-yl)silyl-, [32965-47-2], 17:104
$SiNC_5H_{15}$, Silanamine, pentamethyl-, [2083-91-2], 18:180
$SiNC_7H_{19}$, Silanamine, *N*-(1,1-dimethylethyl)-1,1,1-trimethyl-, [5577-67-3], 25:8;27:327
$SiNC_9H_{15}$, Silanamine, 1,1,1-trimethyl-*N*-phenyl-, [3768-55-6], 5:59
$SiNOC_4H_9$, Silane, isocyanatotrimethyl-, [1118-02-1], 8:26
$SiNOSC_3H_9$, Silanamine, 1,1,1-trimethyl-*N*-sulfinyl-, [7522-26-1], 25:48
$SiNSC_4H_9$, Silane, isothiocyanatotrimethyl-, [2290-65-5], 8:30
$SiN_2O_2C_4H_6$, Silane, diisocyanatodimethyl-, [5587-62-2], 8:25
$SiN_2PC_{14}H_{27}$, Phosphonous diamide, *N,N,N',N'*-tetramethyl-*P*-[phenyl (trimethylsilyl)methyl]-, [104584-01-2], 24:110
$SiN_2S_2C_4H_6$, Silane, diisothiocyanatodimethyl-, [13125-51-4], 8:30
$SiN_3O_3C_4H_3$, Silane, triisocyanatomethyl-, [5587-61-1], 8:25
$SiN_3S_3C_4H_3$, Silane, triisothiocyanatomethyl-, [10584-95-9], 8:30
$SiN_4C_{24}H_{24}$, Silanetetramine, *N,N',N'',N'''*-tetraphenyl-, [5700-43-6], 5:61
$SiN_4O_4C_4$, Silane, tetraisocyanato-, [3410-77-3], 8:23;24:99
$SiN_4S_4C_4$, Silane, tetraisothiocyanato-, [6544-02-1], 8:27
$SiOC_3H_{10}$, Silanol, trimethyl-, [1066-40-6], 5:58
$SiOC_4H_{12}$, Silane, methoxytrimethyl-, [1825-61-2], 26:44
SiO_2, Silica, [7631-86-9], 2:95;5:55; 20:2
$SiO_2C_{12}H_{12}$, Silanediol, diphenyl-, [947-42-2], 3:62
$SiO_3WC_8H_8$, Tungsten, tricarbonyl(η^5-2,4-cyclopentadien-1-yl)silyl-, [33520-53-5], 17:104
$SiO_4ReC_3H_9$, Rhenium, trioxo(trimethylsilanolato)-, (*T*-4)-, [16687-12-0], 9:149
$SiO_6WC_{16}H_{16}$, Tungsten, pentacarbonyl-[(4-methylphenyl)[(trimethylsilyl)oxy] methylene]-, (*OC*-6-21)-, [64365-78-2], 19:167
$SiO_8C_8H_{12}$, Acetic acid, tetraanhydride with silicic acid (H_4SiO_4), [562-90-3], 4:45
$SiPC_5H_{15}$, Phosphine, dimethyl(trimethylsilyl)-, [26464-99-3], 13:26
$SiPC_7H_{19}$, Phosphorane, trimethyl[(trimethylsilyl)methylene]-, [3272-86-4], 18:137
$SiPC_{15}H_{19}$, Phosphine, diphenyl(trimethylsilyl)-, [17154-34-6], 13:26;17:187
$SiPC_{21}H_{39}$, Phosphine, (trimethylsilyl)[2,4,6-tris(1,1-dimethylethyl) phenyl]-, [91425-17-1], 27:238
SiP_2, Silicon phosphide (SiP_2), [12137-68-7], 14:173
$Si_2AlBrC_8H_{22}$, Aluminum, bromobis-[(trimethylsilyl)methyl]-, [85004-93-9], 24:94
$Si_2Al_2K_2NNaO_2C_4H_{12}.7H_2O$, Methanaminium, *N,N,N*-trimethyl-, potassium sodium octadecaoxoheptasilicatedi-

aluminate(2-) (1:2:1:2), heptahydrate, [152473-73-9], 22:65
$Si_2BF_3NC_6H_{19}$, Boron, trifluoro[1,1,1-trimethyl-*N*-(trimethylsilyl)silanamine]-, (*T*-4)-, [690-35-7], 5:58
$Si_2B_4C_8H_{24}$, 2,3-Dicarbahexaborane(8), 2,3-bis(trimethylsilyl)-, [91686-41-8], 29:92
$Si_2B_4LiC_8H_{22}$, 2,3-Dicarbahexaborate(2-), 1,4,5,6-tetrahydro-2,3-bis(trimethylsilyl)-, dilithium, [137627-93-1], 29:99
$Si_2B_4LiNaC_8H_{22}$, 2,3-Dicarbahexaborate(2-), 1,4,5,6-tetrahydro-2,3-bis (trimethylsilyl)-, lithium sodium, [109031-63-2], 29:97
$Si_2B_4N_2C_{20}H_{50}$, 1,2-Diazahexaborane(6), 3,6-bis(1,1-dimethylethyl)-4,5-bis(1-methylethyl)-1,2-bis(trimethylsilyl)-, [145247-43-4], 29:54
Si_2Br_6, Disilane, hexabromo-, [13517-13-0], 2:98
$Si_2C_{14}H_{26}$, Silane, [1,2-phenylenebis (methylene)]bis[trimethyl-, [18412-14-1], 26:148
$Si_2C_{36}H_{44}$, Disilene, tetrakis(2,4,6-trimethylphenyl)-, [80785-72-4], 29:19,21
$Si_2Cl_2C_7H_{18}$, Silane, (dichloromethylene) bis[trimethyl-, [15951-41-4], 24:118
$Si_2Cl_4S_2$, Cyclodisilathiane, tetrachloro-, [121355-79-1], 7:29,30
Si_2Cl_6O, Disiloxane, hexachloro-, [14986-21-1], 7:23
Si_2Cl_6S, Disilathiane, hexachloro-, [104824-18-2], 7:30
Si_2Cl_6, Disilane, hexachloro-, [13465-77-5], 1:44
Si_2D_6, Disilane-d_6, [13537-08-1], 11:172
$Si_2H_2O_3$, Disiloxane, dioxo-, [44234-98-2], 1:42
Si_2H_6S, Disilathiane, [16544-95-9], 19:275
Si_2H_6Se, Disilaselenane, [14939-45-8], 24:127
Si_2H_6, Disilane, [1590-87-0], 11:172
$Si_2LiC_{11}H_{21}$, Lithium, [1,3-bis(trimethylsilyl)-1,4-cyclopentadien-1-yl]-, [56742-80-4], 27:170
$Si_2LiNC_6H_{19}$, Silanamine, 1,1,1-trimethyl-*N*-(trimethylsilyl)-, lithium salt, [4039-32-1], 8:19;18:115
$Si_2LiO_2PC_{14}H_{34}$, Lithium, bis(tetrahydrofuran)[bis(trimethylsilyl)phosphino]-, [59610-41-2], 27:243,248
$Si_2Li_2N_4C_{26}H_{56}$, Lithium, [μ-[1,2-phenylenebis[(trimethylsilyl)methylene]]] bis(*N*,*N*,*N'*,*N'*-tetramethyl-1,2-ethanediamine-*N*,*N'*)di-, [76933-93-2], 26:148
$Si_2MgC_8H_{22}$, Magnesium, bis[(trimethylsilyl)methyl]-, [51329-17-0], 19:262
$Si_2NC_6H_{19}$, Silanamine, 1,1,1-trimethyl-*N*-(trimethylsilyl)-, [999-97-3], 5:58;18:12
$Si_2NC_7H_{21}$, Silanamine, *N*,1,1,1-tetramethyl-*N*-(trimethylsilyl)-, [920-68-3], 5:58
$Si_2NNaC_6H_{19}$, Silanamine, 1,1,1-trimethyl-*N*-(trimethylsilyl)-, sodium salt, [1070-89-9], 8:15
$Si_2NO_{10}P_2Ru_3C_{58}H_{61}$, Phosphorus(1+), triphenyl(*P*,*P*,*P*-triphenylphosphine imidato-*N*)-, (*T*-4)-, stereoisomer of decacarbonyl-μ-hydrobis(triethylsilyl) triruthenate(1-) *triangulo*, [80376-22-3], 26:269
$Si_2NPC_8H_{24}$, Phosphinous amide, *P*,*P*-dimethyl-*N*,*N*-bis(trimethylsilyl)-, [63744-11-6], 25:69
$Si_2NPC_{13}H_{26}$, Phosphinous amide, *P*-methyl-*P*-phenyl-*N*,*N*-bis(trimethylsilyl)-, [68437-87-6], 25:72
$Si_2N_2OC_9H_{24}$, Urea, *N*,*N'*-dimethyl-*N*,*N'*-bis(trimethylsilyl)-, [10218-17-4], 24:120
$Si_2N_2SC_6H_{18}$, Sulfur diimide, bis(trimethylsilyl)-, [18156-25-7], 25:44
$Si_2OC_6H_{18}$, Disiloxane, hexamethyl-, [107-46-0], 5:58

$Si_2OPC_{11}H_{27}$, 3-Oxa-5-phospha-2,6-disilahept-4-ene, 4-(1,1-dimethylethyl)-2,2,6,6-tetramethyl-, [78114-26-8], 27:250
$Si_2SC_2H_{10}$, Disilathiane, 1,3-dimethyl-, [14396-23-7], 19:276
$Si_2SC_4H_{14}$, Disilathiane, 1,1,3,3-tetramethyl-, [16642-70-9], 19:276
$Si_2SC_6H_{18}$, Disilathiane, hexamethyl-, [3385-94-2], 15:207;19:276;29:30
$Si_2SeC_6H_{18}$, Disilaselenane, hexamethyl-, [4099-46-1], 20:173
$Si_2TeC_6H_{18}$, Disilatellurane, hexamethyl-, [4551-16-0], 20:173
$Si_3AlC_{12}H_{33}$, Aluminum, tris[(trimethylsilyl)methyl]-, [41924-27-0], 24:92
$Si_3BF_3NC_9H_{27}$, Boron, trifluoro[1,1,1-trimethyl-*N,N*-bis(trimethylsilyl) silanamine]-, (*T*-4)-, [149165-86-6], 8:18
$Si_3C_{10}H_{28}$, Silane, methylidynetris [trimethyl-, [1068-69-5], 27:238
$Si_3Cl_2PC_{10}H_{27}$, Phosphonous dichloride, [tris(trimethylsilyl)mcthyl]-, [75235-85-7], 27:239
Si_3Cl_8, Trisilane, octachloro-, [13596-23-1], 1:44
Si_3H_9N, Silanamine, *N,N*-disilyl-, [13862-16-3], 11:159
$Si_3InC_{12}H_{33}$, Indium, tris[(trimethylsilyl) methyl]-, [69833-15-4], 24:89
$Si_3N_3C_6H_{21}$, Cyclotrisilazane, 2,2,4,4,6,6-hexamethyl-, [1009-93-4], 5:61
$Si_3N_3C_{12}H_{33}$, Cyclotrisilazane, 2,2,4,4,6,6-hexaethyl-, [15458-87-4], 5:62
$Si_3PC_9H_{27}$, Phosphine, tris(trimethylsilyl)-, [15573-38-3], 27:243
$Si_3S_3C_6H_{18}$, Cyclotrisilathiane, hexamethyl-, [3574-04-7], 15:212
$Si_4Al_4H_{16}Na_4O_{16}.9H_2O$, Silicic acid ($H_4SiO_4$), aluminum sodium salt, hydrate (4:4:4:9), [151567-94-1], 22:61;30:228
$Si_4Br_2UC_{22}H_{42}$, Uranium, bis[(1,2,3,4,5-η)-1,3-bis(trimethylsilyl)-2,4-cyclopentadien-1-yl]dibromo-, [109168-47-0], 27:174
$Si_4CeCl_2LiO_2C_{30}H_{58}$, Lithium(1+), bis (tetrahydrofuran)-, bis[(1,2,3,4,5-η)-1,3-bis(trimethylsilyl)-2,4-cyclopentadien-1-yl]dichlorocerate(1-), [81507-29-1], 27:170
$Si_4ClPC_{14}H_{36}$, Phosphine, [bis(trimethylsilyl)methylene][chlorobis(trimethylsilyl)methyl]-, [83438-71-5], 24:119
$Si_4ClPC_{14}H_{36}$, Phosphorane, bis[bis(trimethylsilyl)methylene]chloro-, [83438-72-6], 24:120
$Si_4Cl_2LaLiO_2C_{30}H_{58}$, Lithium(1+), bis (tetrahydrofuran)-, bis[(1,2,3,4,5-η)-1,3-bis(trimethylsilyl)-2,4-cyclopentadien-1-yl]dichlorolanthanate(1-), [81507-27-9], 27:170
$Si_4Cl_2LiNdO_2C_{30}H_{58}$, Lithium(1+), bis (tetrahydrofuran)-, bis[(1,2,3,4,5-η)-1,3-bis(trimethylsilyl)-2,4-cyclopentadien-1-yl]dichloroneodymate(1-), [81507-33-7], 27:170
$Si_4Cl_2LiO_2PrC_{30}H_{58}$, Lithium(1+), bis (tetrahydrofuran)-, bis[(1,2,3,4,5-η)-1,3-bis(trimethylsilyl)-2,4-cyclopentadien-1-yl]dichloropraseodymate(1-), [81507-31-5], 27:170
$Si_4Cl_2LiO_2ScC_{30}H_{58}$, Lithium(1+), bis (tetrahydrofuran)-, bis[(1,2,3,4,5-η)-1,3-bis(trimethylsilyl)-2,4-cyclopentadien-1-yl]dichloroscandate(1-), [81519-28-0], 27:170
$Si_4Cl_2LiO_2YC_{30}H_{58}$, Lithium(1+), bis (tetrahydrofuran)-, bis[(1,2,3,4,5-η)-1,3-bis(trimethylsilyl)-2,4-cyclopentadien-1-yl]dichloroyttrate(1-), [81507-25-7], 27:170
$Si_4Cl_2LiO_2YbC_{30}H_{58}$, Lithium(1+), bis (tetrahydrofuran)-, bis[(1,2,3,4,5-η)-1,3-bis(trimethylsilyl)-2,4-cyclopentadien-1-yl]dichloroytterbate(1-), [81507-35-9], 27:170
$Si_4Cl_2ThC_{22}H_{42}$, Thorium, bis-[(1,2,3,4,5-η)-1,3-bis(trimethylsilyl)-

2,4-cyclopentadien-1-yl]dichloro-, [87654-17-9], 27:173
$Si_4Cl_2UC_{22}H_{42}$, Uranium, bis-[(1,2,3,4,5-η)-1,3-bis(trimethylsilyl)-2,4-cyclopentadien-1-yl]dichloro-, [87654-18-0], 27:174
$Si_4I_2UC_{22}H_{42}$, Uranium, bis[(1,2,3,4,5-η)-1,3-bis(trimethylsilyl)-2,4-cyclopentadien-1-yl]diiodo-, [109168-48-1], 27:176
$Si_4N_2O_2YbC_{20}H_{56}$, Ytterbium, bis[1,1'-oxybis[ethane]]bis[1,1,1-trimethyl-*N*-(trimethylsilyl)silanaminato]-, (*T*-4)-, [81770-53-8], 27:148
$Si_4N_4C_8H_{28}$, Cyclotetrasilazane, 2,2,4,4,6,6,8,8-octamethyl-, [1020-84-4], 5:61
$Si_4N_4C_{16}H_{44}$, Cyclotetrasilazane, 2,2,4,4,6,6,8,8-octaethyl-, [17379-63-4], 5:62
$Si_5Al_2Na_2O_{14}.xH_2O$, Aluminum silicon sodium oxide ($Al_2Si_5Na_2O_{14}$), hydrate, [117314-29-1], 22:64;30:229
$Si_5C_{10}H_{30}$, Cyclopentasilane, decamethyl-, [13452-92-1], 19:265
$Si_6C_{12}H_{36}$, Cyclohexasilane, dodecamethyl-, [4098-30-0], 19:265
$Si_6CrN_3C_{18}H_{57}$, Silanamine, 1,1,1-trimethyl-*N*-(trimethylsilyl)-, chromium(3+) salt, [37512-31-5], 18:118
$Si_6FeN_3C_{18}H_{57}$, Silanamine, 1,1,1-trimethyl-*N*-(trimethylsilyl)-, iron (3+) salt, [22999-67-3], 18:18
$Si_6N_3ScC_{18}H_{57}$, Silanamine, 1,1,1-trimethyl-*N*-(trimethylsilyl)-, scandium(3+) salt, [37512-28-0], 18:115
$Si_6N_3TiC_{18}H_{57}$, Silanamine, 1,1,1-trimethyl-*N*-(trimethylsilyl)-, titanium(3+) salt, [37512-29-1], 18:116
$Si_6N_3VC_{18}H_{57}$, Silanamine, 1,1,1-trimethyl-*N*-(trimethylsilyl)-, vanadium(3+) salt, [37512-30-4], 18:117
$Si_6P_2C_{20}H_{54}$, Diphosphene, bis[tris(trimethylsilyl)methyl]-, [83115-11-1], 27:241,242
$Si_8Ce_2Cl_2C_{44}H_{84}$, Cerium, tetrakis-[(1,2,3,4,5-η)-1,3-bis(trimethylsilyl)-2,4-cyclopentadien-1-yl]di-μ-chlorodi-, [81507-55-3], 27:171
$Si_8Cl_2Dy_2C_{44}H_{84}$, Dysprosium, tetrakis-[(1,2,3,4,5-η)-1,3-bis(trimethylsilyl)-2,4-cyclopentadien-1-yl]di-μ-chlorodi-, [81523-79-7], 27:171
$Si_8Cl_2Er_2C_{44}H_{84}$, Erbium, tetrakis-[(1,2,3,4,5-η)-1,3-bis(trimethylsilyl)-2,4-cyclopentadien-1-yl]di-μ-chlorodi-, [81523-81-1], 27:171
$Si_8Cl_2Eu_2C_{44}H_{84}$, Europium, tetrakis-[(1,2,3,4,5-η)-1,3-bis(trimethylsilyl)-2,4-cyclopentadien-1-yl]di-μ-chlorodi-, [81537-00-0], 27:171
$Si_8Cl_2Gd_2C_{44}H_{84}$, Gadolinium, tetrakis-[(1,2,3,4,5-η)-1,3-bis(trimethylsilyl)-2,4-cyclopentadien-1-yl]di-μ-chlorodi-, [81523-77-5], 27:171
$Si_8Cl_2Ho_2C_{44}H_{84}$, Holmium, tetrakis-[(1,2,3,4,5-η)-1,3-bis(trimethylsilyl)-2,4-cyclopentadien-1-yl]di-μ-chlorodi-, [81523-80-0], 27:171
$Si_8Cl_2La_2C_{44}H_{84}$, Lanthanum, tetrakis-[(1,2,3,4,5-η)-1,3-bis(trimethylsilyl)-2,4-cyclopentadien-1-yl]di-μ-chlorodi-, [81523-75-3], 27:171
$Si_8Cl_2Lu_2C_{44}H_{84}$, Lutetium, tetrakis-[(1,2,3,4,5-η)-1,3-bis(trimethylsilyl)-2,4-cyclopentadien-1-yl]di-μ-chlorodi-, [81536-98-3], 27:171
$Si_8Cl_2Nd_2C_{44}H_{84}$, Neodymium, tetrakis-[(1,2,3,4,5-η)-1,3-bis(trimethylsilyl)-2,4-cyclopentadien-1-yl]di-μ-chlorodi-, [81507-57-5], 27:171
$Si_8Cl_2Pr_2C_{44}H_{84}$, Praseodymium, tetrakis [(1,2,3,4,5-η)-1,3-bis(trimethylsilyl)-2,4-cyclopentadien-1-yl]di-μ-chlorodi-, [81507-56-4], 27:171

$Si_8Cl_2Sc_2C_{44}H_{84}$, Scandium, tetrakis-[(1,2,3,4,5-η)-1,3-bis(trimethylsilyl)-2,4-cyclopentadien-1-yl]di-μ-chlorodi-, [81507-53-1], 27:171
$Si_8Cl_2Sm_2C_{44}H_{84}$, Samarium, tetrakis-[(1,2,3,4,5-η)-1,3-bis(trimethylsilyl)-2,4-cyclopentadien-1-yl]di-μ-chlorodi-, [81523-76-4], 27:171
$Si_8Cl_2Tb_2C_{44}H_{84}$, Terbium, tetrakis-[(1,2,3,4,5-η)-1,3-bis(trimethylsilyl)-2,4-cyclopentadien-1-yl]di-μ-chlorodi-, [81523-78-6], 27:171
$Si_8Cl_2Tm_2C_{44}H_{84}$, Thulium, tetrakis-[(1,2,3,4,5-η)-1,3-bis(trimethylsilyl)-2,4-cyclopentadien-1-yl]di-μ-chlorodi-, [81523-82-2], 27:171
$Si_8Cl_2Y_2C_{44}H_{84}$, Yttrium, tetrakis-[(1,2,3,4,5-η)-1,3-bis(trimethylsilyl)-2,4-cyclopentadien-1-yl]di-μ-chlorodi-, [81507-54-2], 27:171
$Si_8Cl_2Yb_2C_{44}H_{84}$, Ytterbium, tetrakis-[(1,2,3,4,5-η)-1,3-bis(trimethylsilyl)-2,4-cyclopentadien-1-yl]di-μ-chlorodi-, [81536-99-4], 27:171
$Si_{1000}Al_{26}N_{36}Na_{24}O_{2069}C_{432}H_{1008}.70H_2O$, 1-Propanaminium, *N,N,N*-tripropyl-, sodium nonahexacontadiliaoxokiliasilicatehexacosaaluminate(60-) (36:24:1), heptacontahydrate, [158249-06-0], 30:232,233
$Si_{154}Al_{40}K_{20}N_{12}Na_{16}O_{393}C_{48}H_{144}.168H_2O$, Methanaminium, *N,N,N*-trimethyl-, potassium sodium heptaoxoheptaheptacontakis[μ-oxotetraoxodisilicato(2-)] tetracontaaluminate(48-) (12:20:16:1), octahexacontahectahydrate, [158210-03-8], 30:231
$SmCl_3$, Samarium chloride ($SmCl_3$), [10361-82-7], 22:39
$SmCl_3O_2C_8H_{16}$, Samarium, trichlorobis (tetrahydrofuran)-, [97785-15-4], 27:140;28:290
$SmCl_3O_2C_8H_{16}$, Samarium, trichlorobis (tetrahydrofuran)-, [97785-15-4], 28:290
$SmF_{18}N_6O_6P_9C_{72}H_{72}$, Samarium(3+), hexakis(*P,P*-diphenylphosphinic amide-*O*)-, (*OC*-6-11)-, tris [hexafluorophosphate(1-)], [59449-54-6], 23:180
$SmFeN_6C_6.4H_2O$, Ferrate(3-), hexakis (cyano-*C*)-, samarium(3+) (1:1), tetrahydrate, (*OC*-6-11)-, [57430-99-6], 20:13
SmN_3O_9, Nitric acid, samarium(3+) salt, [10361-83-8], 5:41
$SmN_3O_{13}C_8H_{16}$, Samarium, tris(nitrato-*O,O'*)(1,4,7,10-tetraoxacyclododecane-O^1,O^4,O^7,O^{10})-, [73297-42-4], 23:151
$SmN_3O_{14}C_{10}H_{20}$, Samarium, tris(nitrato-*O,O'*)(1,4,7,10,13-pentaoxacyclopentadecane-$O^1,O^4,O^7,O^{10},O^{13}$)-, [67216-28-8], 23:151
$SmN_4O_2C_{49}H_{35}$, Samarium, (2,4-pentanedionato-*O,O'*)[5,10,15,20-tetraphenyl-21*H*,23*H*-porphinato(2-)-$N^{21},N^{22},N^{23},N^{24}$]-, [61301-65-3], 22:160
$SmN_4O_2C_{55}H_{47}$, Samarium, (2,2,6,6-tetramethyl-3,5-heptanedionato-*O,O'*)-[5,10,15,20-tetraphenyl-21*H*,23*H*-porphinato(2-)-$N^{21},N^{22},N^{23},N^{24}$]-, [89769-00-6], 22:160
$SmOC_{19}H_{23}$, Samarium, tris(η^5-2,4-cyclopentadien-1-yl)(tetrahydrofuran)-, [84270-64-4], 28:294
$SmO_2C_{28}H_{46}$, Samarium, bis[(1,2,3,4,5-η)-1,2,3,4,5-pentamethyl-2,4-cyclopentadien-1-yl]bis(tetrahydrofuran)-, [79372-14-8], 28:297
$SmO_3C_{42}H_{63}$, Phenol, 2,6-bis(1,1-dimethylethyl)-, samarium(3+) salt, [121118-90-9], 27:166
$SmO_6C_{33}H_{57}$, Samarium, tris(2,2,6,6-tetramethyl-3,5-heptanedionato-*O,O'*)-, (*OC*-6-11)-, [15492-50-9], 11:96
$Sm_2Br_9Cs_3$, Samarate(3-), tri-μ-bromohexabromodi-, tricesium, [73190-93-9], 30:79

$Sm_2Cl_2Si_8C_{44}H_{84}$, Samarium, tetrakis-[(1,2,3,4,5-η)-1,3-bis(trimethylsilyl)-2,4-cyclopentadien-1-yl]di-μ-chlorodi-, [81523-76-4], 27:171
Sm_2S_3, Samarium sulfide (Sm_2S_3), [12067-22-0], 14:154
$Sm_4N_{12}O_{54}C_{36}H_{72}$, Samarium(1+), (1,4,7,10,13,16-hexaoxacyclooctadecane-$O^1,O^4,O^7,O^{10},O^{13},O^{16}$)bis(nitrato-*O,O'*)-, hexakis(nitrato-*O,O'*)samarate(3-) (3:1), [75845-24-8], 23:155
$SnAsCoO_3C_{24}H_{24}$, Cobalt, tricarbonyl (trimethylstannyl)(triphenylarsine)-, (*SP*-5-12)-, [138766-49-1], 29:180
Sn, Tin, [7440-31-5], 23:161
$SnBr_2C_{12}H_{10}$, Stannane, dibromodiphenyl-, [4713-59-1], 23:21
SnC_2H_8, Stannane, dimethyl-, [2067-76-7], 12:50,54
SnC_3H_{10}, Stannane, trimethyl-, [1631-73-8], 12:52
SnC_8H_{14}, Stannane, 2,4-cyclopentadien-1-yltrimethyl-, [2726-34-3], 17:178
$SnC_{12}H_{20}$, Stannane, tetra-1-propenyl-, [77626-11-0], 13:75
$SnC_{12}H_{28}$, Stannane, tributyl-, [688-73-3], 12:47
$SnC_{18}H_{16}$, Stannane, triphenyl-, [892-20-6], 12:49
$SnCl_2C_3H_8$, Stannane, chloro (chloromethyl)dimethyl-, [21354-15-4], 6:40
$SnCl_3$, Stannate(1-), trichloro-, [15529-74-5], 15:224
$SnCl_6P_6C_{52}H_{48}$, 1*H*-1,2,3-Triphospholium, 3,3,4,5-tetrahydro-1,1,3,3-tetraphenyl-, (*OC*-6-11)-hexachlorostannate(2-) (2:1), [80583-60-4], 27:255
$SnCoO_3PC_{24}H_{24}$, Cobalt, tricarbonyl (trimethylstannyl)(triphenylphosphine)-, [52611-18-4], 29:175
$SnCoO_6PC_{24}H_{24}$, Cobalt, tricarbonyl (trimethylstannyl)(triphenylphosphite-*P*)-, (*TB*-5-12)-, [42989-56-0], 29:178
SnD_4, Stannane-d_4, [14061-78-0], 11:170
SnH_4, Stannane, [2406-52-2], 7:39;11:170
SnI_4, Stannane, tetraiodo-, [7790-47-8], 4:119
$SnKC_{12}H_{27}$, Potassium, (tributylstannyl)-, [76001-23-5], 25:112
$SnKC_{18}H_{15}$, Potassium, (triphenylstannyl)-, [61810-54-6], 25:111
$SnMnO_5C_8H_9$, Manganese, pentacarbonyl (trimethylstannyl)-, (*OC*-6-22)-, [14126-94-4], 12:61
$SnMoO_3C_{11}H_{14}$, Molybdenum, tricarbonyl(η^5-2,4-cyclopentadien-1-yl)(trimethylstannyl)-, [12214-92-5], 12:63
$SnNC_7H_{19}$, Stannanamine, *N,N*-diethyl-1,1,1-trimethyl-, [1068-74-2], 10:137
$SnNO_3C_8H_{17}$, Tin, ethyl[[2,2',2''-nitrilotris [ethanolato]](3-)-*N,O,O',O''*]-, (*TB*-5-23)-, [38856-31-4], 16:230
$SnNO_3C_8H_{17}$, 2,8,9-Trioxa-5-aza-1-stannabicyclo[3.3.3]undecane, 1-ethyl-, [41766-05-6], 16:230
$SnO_4C_{32}H_{28}$, Tin, diphenylbis(1-phenyl-1,3-butanedionato-*O,O'*)-, [12118-86-4], 9:52
$SnSC_{18}H_{32}$, Stannane, tributyl(phenylthio)-, [17314-33-9], 25:114
SnS_2, Tin sulfide (SnS_2), [1315-01-1], 12:158,163;30:26
SnS_2Ta, Tantalum tin sulfide ($TaSnS_2$), [50645-38-0], 19:47;30:168
$SnS_4C_{24}H_{20}$, Benzenethiol, tin(4+) salt, [16528-57-7], 29:18
Sn_2H_6, Distannane, [32745-15-6], 7:39
$Sn_2N_2SC_6H_{18}$, Sulfur diimide, bis (trimethylstannyl)-, [50518-65-5], 25:44
$Sn_2N_4S_4C_4H_{12}$, Tin, bis[μ-[mercaptosulfur diimidato(2-)-*N'*,S^N:S^N]]tetramethyldi-, [50661-48-8], 25:46
$Sn_2OC_6H_{18}$, Distannoxane, hexamethyl-, [1692-18-8], 17:181
$Sn_3O_{12}P_4C_{60}H_{70}$, Tin(1+), tributyltris[μ-(diphenylphosphinato-*O:O'*)]tri-μ-hydroxy-μ_3-oxotri-, diphenylphosphinate, [106710-10-5], 29:25

$Sn_4O_{12}P_4C_{64}H_{76}$, Tin, tetrabutyltetrakis-[μ-(diphenylphosphinato-*O*:*O*')] tetra-μ_3-oxotetra-, [145381-26-6], 29:25

$SrCl_2$, Strontium chloride ($SrCl_2$), [10476-85-4], 3:21

$SrMoO_3$, Molybdate (MoO_3^{2-}), strontium (1:1), [12163-67-6], 11:1

$SrMoO_4$, Molybdate (MoO_4^{2-}), strontium (1:1), (*T*-4)-, [13470-04-7], 11:2

SrN_2O_6, Nitric acid, strontium salt, [10042-76-9], 3:17

SrO_3Se, Selenious acid, strontium salt (1:1), [14590-38-6], 3:20

SrO_4S, Sulfuric acid, strontium salt (1:1), [7759-02-6], 3:19

SrS, Strontium sulfide (SrS), [1314-96-1], 3:11,20,21,23

SrSe, Strontium selenide (SrSe), [1315-07-7], 3:11,20,22

$Sr_2BiCaCu_2O_7Tl$, Bismuth calcium copper strontium thallium oxide((Bi,Tl) $CaCu_2Sr_2O_7$), [158188-92-2], 30:204

Sr_2ClO_4V, Vanadate(4-), chlorotetraoxo-, strontium (1:2), [12410-18-3], 14:126

Sr_2MnO_4, Manganate (MnO_4^{4-}), strontium (1:2), (*T*-4)-, [12438-63-0], 11:59

$Sr_3B_3O_9Sc$, Boric acid (H_3BO_3), scandium(3+) strontium salt (3:1:3), [120525-55-5], 30:257

$Sr_5B_6La_2MgO_{18}$, Boric acid (H_3BO_3), lanthanum(3+) magnesium strontium salt (6:2:1:5), [158188-97-7], 30:257

$Sr_5ClO_{12}P_3$, Strontium chloride phosphate ($Sr_5Cl(PO_4)_3$), [11088-40-7], 14:126

$Sr_6AlB_6O_{18}Y$, Boric acid (H_3BO_3), aluminum strontium yttrium salt (6:1:6:1), [129265-37-8], 30:257

$TaAsO_6C_{30}H_{20}$, Arsonium, tetraphenyl-, (*OC*-6-11)-hexacarbonyltantalate(1-), [57288-89-8], 16:71

$TaBr_5$, Tantalum bromide ($TaBr_5$), [13451-11-1], 4:130;12:187

$TaBr_5NC_2H_3$, Tantalum, (acetonitrile) pentabromo-, (*OC*-6-21)-, [12012-46-3], 12:227

$TaBr_5NC_3H_5$, Tantalum, pentabromo(propanenitrile)-, (*OC*-6-21)-, [30056-29-2], 12:228

$TaBr_5NC_4H_7$, Tantalum, (butanenitrile) pentabromo-, (*OC*-6-21)-, [92225-93-9], 12:228

$TaBr_6NC_4H_{12}$, Methanaminium, *N*,*N*,*N*-trimethyl-, (*OC*-6-11)-hexabromotantalate(1-), [20581-20-8], 12:229

$TaCl_5$, Tantalum chloride ($TaCl_5$), [7721-01-9], 7:167;20:42

$TaCl_5NC_2H_3$, Tantalum, (acetonitrile) pentachloro-, (*OC*-6-21)-, [12012-49-6], 12:227

$TaCl_5NC_3H_5$, Tantalum, pentachloro(propanenitrile)-, (*OC*-6-21)-, [91979-69-0], 12:228

$TaCl_5NC_4H_7$, Tantalum, (butanenitrile) pentachloro-, (*OC*-6-21)-, [92225-90-6], 12:228

TaF_5, Tantalum fluoride (TaF_5), [7783-71-3], 3:179

TaH_3NS_2, Tantalum, amminedithioxo-, [73689-97-1], 19:42

TaH_3NS_2, Tantalum sulfide (TaS_2), monoammoniate, [34312-63-5], 30:162

$TaKN_6S_6C_6$, Tantalate(1-), hexakis(thiocyanato-*N*)-, potassium, (*OC*-6-11)-, [16918-20-0], 13:230

$TaKO_{15}C_{24}H_{42}$, Potassium(1+), tris[1,1'-oxybis[2-methoxyethane]-*O*,*O*',*O*'']-, (*OC*-6-11)-hexacarbonyltantalate(1-), [59992-86-8], 16:71

TaS_2, Tantalum sulfide (TaS_2), [12143-72-5], 19:35;30:157

TaS_2Sn, Tantalum tin sulfide ($TaSnS_2$), [50645-38-0], 19:47;30:168

$TaSe_2$, Tantalum selenide ($TaSe_2$), [12039-55-3], 30:167

$Ta_2NS_4C_5H_5$, Tantalum sulfide (TaS_2), compd. with pyridine (2:1), [33975-87-0], 19:40;30:161

Ta_2S_2C, Tantalum carbide sulfide (Ta_2CS_2), [12539-81-0], 30:255
$Ta_3La_2O_8Se_2$, Lanthanum tantalum oxide selenide ($La_2Ta_3O_8Se_2$), [134853-92-2], 30:146
$TbCl_3$, Terbium chloride ($TbCl_3$), [10042-88-3], 22:39
$TbF_{18}N_6O_6P_9C_{72}H_{72}$, Terbium(3+), hexakis(*P*,*P*-diphenylphosphinic amide-*O*)-, (*OC*-6-11)-, tris [hexafluorophosphate(1-)], [59449-57-9], 23:180
$TbN_3O_{13}C_8H_{16}$, Terbium, tris(nitrato-*O*)-(1,4,7,10-tetraoxacyclo-dodecane-O^1,O^4,O^7,O^{10})-, [73288-73-0], 23:151
$TbN_3O_{14}C_{10}H_{20}$, Terbium, tris(nitrato-*O*,*O'*)(1,4,7,10,13-pentaoxacyclo-pentadecane-$O^1,O^4,O^7,O^{10},O^{13}$)-, [77371-96-1], 23:151
$TbN_3O_{15}C_{12}H_{24}$, Terbium, (1,4,7,10,13,16-hexaoxacyclooctadecane-$O^1,O^4,O^7,O^{10},O^{13},O^{16}$)tris (nitrato-*O*,*O'*)-, [77372-08-8], 23:153
$TbN_4O_2C_{49}H_{35}$, Terbium, (2,4-pentanedionato-*O*,*O'*)[5,10,15,20-tetraphenyl-21*H*,23*H*-porphinato(2-)-$N^{21},N^{22},N^{23},N^{24}$]-, [61276-73-1], 22:160
$TbN_4O_2C_{55}H_{47}$, Terbium, (2,2,6,6-tetramethyl-3,5-heptanedionato-*O*,*O'*)[5,10,15,20-tetraphenyl-21*H*,23*H*-porphinato(2-)-$N^{21},N^{22},N^{23},N^{24}$]-, [89769-02-8], 22:160
$TbO_6C_{33}H_{57}$, Terbium, tris(2,2,6,6-tetramethyl-3,5-heptanedionato-*O*,*O'*)-, (*OC*-6-11)-, [15492-51-0], 11:96
$Tb_2Br_9Cs_3$, Terbate(3-), tri-μ-bromo-hexabromodi-, tricesium, [73190-95-1], 30:79
$Tb_2Cl_2Si_8C_{44}H_{84}$, Terbium, tetrakis-[(1,2,3,4,5-η)-1,3-bis(trimethylsilyl)-2,4-cyclopentadien-1-yl]di-μ-chlorodi-, [81523-78-6], 27:171
Tb_2S_3, Terbium sulfide (Tb_2S_3), [12138-11-3], 14:154
$Tb_4N_{12}O_{51}C_{30}H_{60}$, Terbium(1+), bis (nitrato-*O*,*O'*)(1,4,7,10,13-pentaoxa-cyclopentadecane-$O^1,O^4,O^7,O^{10},O^{13}$)-, hexakis(nitrato-*O*,*O'*)terbate(3-) (3:1), [94121-23-0], 23:153
$Tb_4N_{12}O_{54}C_{36}H_{72}$, Terbium(1+), (1,4,7,10,13,16-hexaoxacyclo-octadecane-$O^1,O^4,O^7,O^{10},O^{13},O^{16}$)bis (nitrato-*O*,*O'*)-, hexakis(nitrato-*O*,*O'*) terbate(3-) (3:1), [94121-39-8], 23:155
$TcCl_4NOC_{16}H_{36}$, 1-Butanaminium, *N*,*N*,*N*-tributyl-, (*SP*-5-21)-tetrachlorooxotechnetate(1-)-^{99}Tc, [92622-25-8], 21:160
Tc_2O_7, Technetium oxide (Tc_2O_7), [12165-21-8], 17:155
TeAuI, Gold iodide telluride (AuITe), [29814-43-5], 14:170
TeBrCu, Copper bromide telluride (CuBrTe), [12409-54-0], 14:170
$TeBr_6K_2$, Tellurate(2-), hexabromo-, dipotassium, [16986-18-8], 2:189
TeCdSe, Cadmium selenide telluride (Cd(Se,Te)), [106769-84-0], 22:84
TeClCu, Copper chloride telluride (CuClTe), [12410-11-6], 14:170
$TeClF_5$, Tellurium chloride fluoride ($TeClF_5$), [21975-44-0], 24:31
$TeCl_4$, Tellurium chloride ($TeCl_4$), (*T*-4)-, [10026-07-0], 3:140
$TeCl_6H_8N_2$, Tellurate(2-), hexachloro-, diammonium, [16893-14-4], 2:189
TeCuI, Copper iodide telluride (CuITe), [12410-63-8], 14:170
TeF_4, Tellurium fluoride (TeF_4), (*T*-4)-, [15192-26-4], 20:33
TeF_5HO, Tellurium fluoride hydroxide ($TeF_5(OH)$), (*OC*-6-21)-, [57458-27-2], 24:34
TeF_6, Tellurium fluoride (TeF_6), (*OC*-6-11)-, [7783-80-4], 1:121

$TeGe_2H_6$, Digermatellurane, [24312-07-0], 20:175
TeH_6O_6, Telluric acid (H_6TeO_6), [7803-68-1], 3:145
$TeN_2S_4C_6H_{12}$, 2,4-Dithia-3-tellura-6-azaheptanethioamide, *N*,*N*,6-trimethyl-5-thioxo-, [15925-58-3], 4:93
$TeN_2S_4C_{10}H_{20}$, Methanethioamide, 1,1'-[tellurobis(thio)]bis[*N*,*N*-diethyl-, [136-93-6], 4:93
$TeNa_2O_6S_4 \cdot 2H_2O$, Telluropentathionic acid, disodium salt, dihydrate, [23715-88-0], 4:88
TeO_2, Tellurium oxide (TeO_2), [7446-07-3], 3:143
$TeO_2S_4C_4H_6$, Tellurium, bis(*O*-methyl carbonodithioato-*S*,*S*')-, (*SP*-4-1)-, [41756-91-6], 4:93
$TeO_2S_4C_6H_{10}$, Tellurium, bis(*O*-ethyl carbonodithioato-*S*,*S*')-, (*SP*-4-1)-, [100654-35-1], 4:93
$TeSi_2C_6H_{18}$, Disilatellurane, hexamethyl-, [4551-16-0], 20:173
Te_2AuBr, Gold bromide telluride ($AuBrTe_2$), [12523-40-9], 14:170
Te_2AuCl, Gold chloride telluride ($AuClTe_2$), [12523-42-1], 14:170
Te_2AuI, Gold iodide telluride ($AuITe_2$), [12393-71-4], 14:170
Te_2BrCu, Copper bromide telluride ($CuBrTe_2$), [12409-55-1], 14:170
Te_2ClCu, Copper chloride telluride ($CuClTe_2$), [12410-12-7], 14:170
Te_2CuI, Copper iodide telluride ($CuITe_2$), [12410-64-9], 14:170
$Te_2F_{10}O_2Xe$, Xenon, bis[pentafluorohydroxytellurato(1-)-*O*]-, [25005-56-5], 24:36
Te_2Pt, Platinum telluride ($PtTe_2$), [12038-29-8], 19:49
$Te_3BF_{15}O_3$, Tellurium borate fluoride ($Te_3(BO_3)F_{15}$), [40934-88-1], 24:35
$Te_4As_2F_{12}$, Arsenate(1-), hexafluoro-, (tetratellurium)(2+) (2:1), [12536-35-5], 15:213
$Te_4F_{22}Sb_4$, Antimonate(1-), μ-fluorodecafluorodi-, (tetratellurium)(2+) (2:1), [12449-63-7], 15:213
$Te_{17}Hf_3K_4$, Hafnium potassium telluride ($Hf_3K_4(Te_2)_7(Te_3)$), [132938-07-9], 30:86
$Te_{17}K_4Zr_3$, Potassium zirconium telluride ($K_4Zr_3(Te_2)_7(Te_3)$), [132938-08-0], 30:86
$ThAs_2I_6C_{48}H_{40}$, Arsonium, tetraphenyl-, (*OC*-6-11)-hexaiodothorate(2-) (2:1), [7337-84-0], 12:229
$ThBr_2O$, Thorium bromide oxide ($ThBr_2O$), [13596-00-4], 1:54
$ThBr_4$, Thorium bromide ($ThBr_4$), [13453-49-1], 1:51
$ThBr_4N_4C_8H_{12}$, Thorium, tetrakis (acetonitrile)tetrabromo-, [17499-64-8], 12:226
$ThBr_6N_2C_8H_{24}$, Methanaminium, *N*,*N*,*N*-trimethyl-, (*OC*-6-11)-hexabromothorate(2-) (2:1), [12074-06-5], 12:230
$ThClC_{15}H_{15}$, Thorium, chlorotris(η^5-2,4-cyclopentadien-1-yl)-, [1284-82-8], 16:149;28:302
$ThCl_2Si_4C_{22}H_{42}$, Thorium, bis-[(1,2,3,4,5-η)-1,3-bis(trimethylsilyl)-2,4-cyclopentadien-1-yl]dichloro-, [87654-17-9], 27:173
$ThCl_4$, Thorium chloride ($ThCl_4$), [10026-08-1], 5:154;7:168;28:322
$ThCl_4N_4C_8H_{12}$, Thorium, tetrakis (acetonitrile)tetrachloro-, [17499-62-6], 12:226
$ThCl_6N_2C_8H_{24}$, Methanaminium, *N*,*N*,*N*-trimethyl-, (*OC*-6-11)-hexachlorothorate(2-) (2:1), [12074-52-1], 12:230
$ThCl_6N_2C_{16}H_{40}$, Ethanaminium, *N*,*N*,*N*-triethyl-, (*OC*-6-11)-hexachlorothorate(2-) (2:1), [12081-47-9], 12:230
$ThI_4N_4C_8H_{12}$, Thorium, tetrakis (acetonitrile)tetraiodo-, [30262-23-8], 12:226

$ThK_4O_{16}C_8.4H_2O$, Thorate(4-), tetrakis [ethanedioato(2-)-*O,O'*]-, tetrapotassium, tetrahydrate, [21029-51-6], 8:43

$ThK_{16}O_{122}P_4W_{34}$, Potassium thorium tungsten oxide phosphate ($K_{16}ThW_{34}O_{106}(PO_4)_4$), [63144-49-0], 23:190

$ThN_4O_4C_{54}H_{42}$, Thorium, bis(2,4-pentanedionato-*O,O'*)[5,10,15,20-tetraphenyl-21*H*,23*H*-porphinato-(2-)-$N^{21},N^{22},N^{23},N^{24}$]-, (*SA*-8-12131'21'3)-, [57372-87-9], 22:160

$ThO_8C_{20}H_{28}$, Thorium, tetrakis(2,4-pentanedionato-*O,O'*)-, (*SA*-8-11"11"1'1'"1'1'")-, [17499-48-8], 2:123

$TiAsKO_5$, Potassium titanium arsenate oxide ($KTi(AsO_4)O$), [59400-80-5], 30:143

$TiBC_{10}H_{14}$, Titanium, bis(η^5-2,4-cyclopentadien-1-yl)[tetrahydroborato (1-)-*H,H'*]-, [12772-20-2], 17:91

$TiBaO_3$, Barium titanium oxide ($BaTiO_3$), [12047-27-7], 14:142;30:111

$TiBr_2O_4C_{10}H_{14}$, Titanium, dibromobis(2,4-pentanedionato-*O,O'*)-, (*OC*-6-22)-, [16986-95-1], 19:146

$TiBr_3$, Titanium bromide ($TiBr_3$), [13135-31-4], 2:116;6:57;26:382

$TiBr_3CH_3$, Titanium, tribromomethyl-, (*T*-4)-, [30043-33-5], 16:124

$TiBr_4$, Titanium bromide ($TiBr_4$), (*T*-4)-, [7789-68-6], 2:114;6:60;9:46

$TiBr_4N_2C_4H_6$, Titanate(1-), bis(acetonitrile)tetrabromo-, [44966-17-8], 12:229

$TiBr_4N_2C_6H_{10}$, Titanium, tetrabromobis (propanenitrile)-, [92656-71-8], 12:229

$TiBr_4N_2C_8H_{14}$, Titanium, tetrabromobis (butanenitrile)-, [151183-13-0], 12:229

$TiBr_6N_2C_8H_{24}$, Titanate(2-), hexabromo-, (*OC*-6-11)-, dihydrogen, compd. with *N*-ethylethanamine (1:2), [16970-02-8], 12:231

$TiClC_{10}H_{10}$, Titanium, chlorobis(η^5-2,4-cyclopentadien-1-yl)-, [60955-54-6], 21:84;28:261

$TiCl_2$, Titanium chloride ($TiCl_2$), [10049-06-6], 6:56,61;24:181

$TiCl_2C_5H_5$, Titanium, dichloro(η^5-2,4-cyclopentadien-1-yl)-, [31781-62-1], 16:238

$TiCl_2O_4C_{10}H_{14}$, Titanium, dichlorobis(2,4-pentanedionato-*O,O'*)-, [17099-86-4], 8:37

———, Titanium, dichlorobis(2,4-pentanedionato-*O,O'*)-, (*OC*-6-22)-, [16986-94-0], 19:146

$TiCl_2P_2C_{21}H_{27}$, Titanium, dichloro(η^5-2,4-cyclopentadien-1-yl)bis(dimethylphenylphosphine)-, [54056-31-4], 16:239

$TiCl_3$, Titanium chloride ($TiCl_3$), [7705-07-9], 6:52,57;7:45

$TiCl_3CH_3$, Titanium, trichloromethyl-, (*T*-4)-, [2747-38-8], 16:122

$TiCl_3N_{12}O_{18}C_6H_{24}$, Titanium(3+), hexakis (urea-*O*)-, (*OC*-6-11)-, triperchlorate, [15189-70-5], 9:44

$TiCl_3O_3C_{12}H_{24}$, Titanium, trichlorotris (tetrahydrofuran)-, [18039-90-2], 21:137

$TiCl_3P_2C_2H_{10}$, Titanium, trichlorobis (methylphosphine)-, [38685-15-3], 16:98

$TiCl_3P_2C_4H_{14}$, Titanium, trichlorobis (dimethylphosphine)-, [38685-16-4], 16:100

$TiCl_3P_2C_6H_{18}$, Titanium, trichlorobis (trimethylphosphine)-, [38685-17-5], 16:100

$TiCl_3P_2C_{12}H_{30}$, Titanium, trichlorobis (triethylphosphine)-, [38685-18-6], 16:101

$TiCl_4$, Titanium chloride ($TiCl_4$) (*T*-4)-, [7550-45-0], 6:52,57; 7:45

$TiCl_4C_{10}H_8$, Titanium, dichlorobis(η^5-1-chloro-2,4-cyclopentadien-1-yl)-, [94890-70-7], 29:200
$TiCl_4FeO_6C_{15}H_{21}$, Titanium(1+), tris(2,4-pentanedionato-*O,O'*)-, tetrachloroferrate(1-), [17409-56-2], 2:120
$TiCl_4N_2C_4H_6$, Titanate(1-), bis(acetonitrile)tetrachloro-, [44966-20-3], 12:229
$TiCl_4N_2C_6H_{10}$, Titanium, tetrachlorobis (propanenitrile)-, [16921-00-9], 12:229
$TiCl_4N_2C_8H_{14}$, Titanium, bis(butanenitrile) tetrachloro-, [151183-14-1], 12:229
$TiCl_4O_2C_8H_{16}$, Titanium, tetrachlorobis (tetrahydrofuran)-, [31011-57-1], 21:135
$TiCl_6N_2C_8H_{24}$, Titanate(2-), hexachloro-, (*OC*-6-11)-, dihydrogen, compd. with *N*-ethylethanamine (1:2), [16970-01-7], 12:230
$TiCsO_8S_2.12H_2O$, Sulfuric acid, cesium titanium(3+) salt (2:1:1), dodecahydrate, [16482-51-2], 6:50
$TiF_2O_4C_{10}H_{14}$, Titanium, difluorobis(2,4-pentanedionato-*O,O'*)-, (*OC*-6-22)-, [16986-93-9], 19:145
$TiHNbO_5$, Niobium titanium hydroxide oxide ($NbTi(OH)O_4$), [118955-75-2], 30:184
$TiHNbO_5$, Titanate(1-), pentaoxoniobate-, hydrogen, [72381-49-8], 22:89
TiH_4NNbO_5, Ammonium niobium titanium oxide ($(NH_4)NbTiO_5$), [72528-68-8], 22:89
TiI_4, Titanium iodide (TiI_4), (*T*-4)-, [7720-83-4], 10:1
$TiKNbO_5$, Niobium potassium titanium oxide ($NbKTiO_5$), [61232-89-1], 22:89
$TiK_2N_6S_6C_6$, Titanate(2-), hexakis(thiocyanato-*N*)-, dipotassium, (*OC*-6-11)-, [54216-80-7], 13:230
$TiNNbO_5CH_6$, Titanate(1-), pentaoxoniobate-, hydrogen, compd. with methanamine (1:1), [74499-97-1], 22:89
$TiNNbO_5C_2H_8$, Titanate(1-), pentaoxoniobate-, hydrogen, compd. with ethanamine (1:1), [74500-04-2], 22:89
$TiNNbO_5C_3H_{10}$, Titanate(1-), pentaoxoniobate-, hydrogen, compd. with 1-propanamine (1:1), [74499-98-2], 22:89
$TiNNbO_5C_4H_{12}$, Titanate(1-), pentaoxoniobate-, hydrogen, compd. with 1-butanamine (1:1), [74499-99-3], 22:89
$TiN_3Si_6C_{18}H_{57}$, Silanamine, 1,1,1-trimethyl-*N*-(trimethylsilyl)-, titanium(3+) salt, [37512-29-1], 18:116
TiO, Titanium oxide (TiO), [12137-20-1], 14:131
TiO_2, Titanium oxide (TiO_2), [13463-67-7], 5:79;6:47
$TiO_2C_{12}H_{10}$, Titanium, dicarbonylbis(η^5-2,4-cyclopentadien-1-yl)-, [12129-51-0], 24:149;28:250
$TiO_2C_{22}H_{30}$, Titanium, dicarbonylbis-[(1,2,3,4,5-η)-1,2,3,4,5-pentamethyl-2,4-cyclopentadien-1-yl]-, [11136-40-6], 28:253
TiO_2, Titanium oxide (TiO_2), [13463-67-7], 5:79;6:47
TiS_2, Titanium sulfide (TiS_2), [12039-13-3], 5:82;12:158,160;30:2
$TiS_2C_{10}H_{12}$, Titanium, bis(η^5-2,4-cyclopentadien-1-yl)dimercapto-, [12170-34-2], 27:66
$TiS_3C_{20}H_{30}$, Titanium, bis[(1,2,3,4,5-η)-1,2,3,4,5-pentamethyl-2,4-cyclopentadien-1-yl](trithio)-, [81626-27-9], 27:62
$TiS_5C_{10}H_{10}$, Titanium, bis(η^5-2,4-cyclopentadien-1-yl)(pentathio)-, [12116-82-4], 27:60
$TiS_5C_{12}H_{14}$, Titanium, bis[(1,2,3,4,5-η)-1-methyl-2,4-cyclopentadien-1-yl](pentathio)-, [78614-86-5], 27:52

$TiSe_2$, Titanium selenide ($TiSe_2$), [12067-45-7], 30:167
$TiSe_5C_{10}H_{10}$, Titanium, bis(η^5-2,4-cyclopentadien-1-yl)(pentaseleno)-, [12307-22-1], 27:61
$Ti_2Br_9Cs_3$, Titanate(3-), tri-μ-bromohexabromodi-, tricesium, [12260-33-2], 26:379
$Ti_2Br_9Rb_3$, Titanate(3-), tri-μ-bromohexabromodi-, trirubidium, [12260-35-4], 26:379
$Ti_2Cl_9Cs_3$, Titanate(3-), tri-μ-chlorohexachlorodi-, tricesium, [12345-61-8], 26:379
$Ti_2Cl_9Rb_3$, Titanate(3-), tri-μ-chlorohexachlorodi-, trirubidium, [12360-92-8], 26:379
$Ti_2NNb_2O_{10}CH_7$, Titanate(1-), pentaoxoniobate-, hydrogen, compd. with methanamine (2:1), [158282-30-5], 30:184
$Ti_2NNb_2O_{10}C_2H_9$, Titanate(1-), pentaoxoniobate-, hydrogen, compd. with ethanamine (2:1), [158282-31-6], 30:184
$Ti_2NNb_2O_{10}C_4H_{13}$, Titanate(1-), pentaoxoniobate-, hydrogen, compd. with 1-butanamine (2:1), [158282-33-8], 30:184
Ti_2O_3, Titanium oxide (Ti_2O_3), [1344-54-3], 14:131
$Ti_3Bi_4O_{12}$, Bismuth titanium oxide ($Bi_4Ti_3O_{12}$), [12010-77-4], 14:144;30:112
$Ti_3Cl_6O_{12}C_{30}H_{42}$, Titanium(1+), tris(2,4-pentanedionato-*O,O'*)-, (*OC*-6-11)-, (*OC*-6-11)-hexachlorotitanate(2-) (2:1), [12088-57-2], 2:119;7:50;8:37
$Ti_3K_4S_{14}$, Titanate(4-), hexakis[μ-(disulfur-*S:S,S'*)]dithioxotri-, tetrapotassium, [110354-75-1], 30:84
Ti_3O_5, Titanium oxide (Ti_3O_5), [12065-65-5], 14:131
$Ti_{25}H_{48}Li_{25}N_{16}S_{25}$, Lithium titanium sulfide ($Li_{0.22}TiS_2$), ammoniate (25:16), [158188-77-3], 30:170
$TlAl_{11}O_{17}$, Aluminum thallium oxide ($Al_{11}TlO_{17}$), [12505-60-1], 19:53;30:236
$TlBiCaCu_2O_7Sr_2$, Bismuth calcium copper strontium thallium oxide ((Bi,Tl) $CaCu_2Sr_2O_7$), [158188-92-2], 30:204
TlC_5H_5, Thallium, 2,4-cyclopentadien-1-yl-, [34822-90-7], 24:97;28:315
$TlClF_8C_{12}H_2$, Thallium, chlorobis(2,3,4,6-tetrafluorophenyl)-, [84356-31-0], 21:73
———, Thallium, chlorobis(2,3,5,6-tetrafluorophenyl)-, [76077-07-1], 21:73
$TlClF_{10}C_{12}$, Thallium, chlorobis(pentafluorophenyl)-, [1813-39-4], 21:71,72
$TlCl_3$, Thallium chloride ($TlCl_3$), [13453-32-2], 21:72
TlFO, Thallium fluoride oxide (TlFO), [29814-46-8], 14:124
$TlF_6O_2C_5H$, Thallium, (1,1,1,5,5,5-hexafluoro-2,4-pentanedionato-*O,O'*)-, [15444-43-6], 12:82
$TlMn_3O_{15}C_{15}$, Manganese, pentadecacarbonyl(thallium)tri-, (3*Mn-Tl*), [26669-84-1], 16:61
$TlO_2C_{10}H_9$, 1,3-Butanedione, 1-phenyl-, ion(1-), thallium(1+), [36366-81-1], 9:53
$Tl_2Ba_2Ca_2Cu_2O_8$, Barium calcium copper thallium oxide ($Ba_2CaCu_2Tl_2O_8$), [115833-27-7], 30:203
$Tl_2Ba_2Ca_2Cu_3O_{10}$, Barium calcium copper thallium oxide ($Ba_2Ca_2Cu_3Tl_2O_{10}$), [115866-07-4], 30:203
$Tl_2Ba_2CuO_6$, Barium copper thallium oxide ($Ba_2CuTl_2O_6$), [115866-06-3], 30:202
$Tl_2N_4PtC_4$, Platinate(2-), tetrakis(cyano-*C*)-, dithallium(1+), (*SP*-4-1)-, [79502-39-9], 21:153
$Tl_4N_4O_3PtC_5$, Platinate(2-), tetrakis (cyano-*C*)-, (*SP*-4-1)-, thallium(1+) carbonate (1:4:1), [76880-00-7], 21:153,154

$TmCl_3$, Thulium chloride ($TmCl_3$), [13537-18-3], 22:39

$TmCl_5Cs_2$, Thulate(2-), pentachloro-, dicesium, [97348-27-1], 30:78

$TmCl_5Rb_2$, Thulate(2-), pentachloro-, dirubidium, [97252-88-5], 30:78

$TmCl_6Cs_2Li$, Thulate(3-), hexachloro-, dicesium lithium, (*OC*-6-11)-, [68933-88-0], 21:10;30:249

$TmF_{18}N_6O_6P_9C_{72}H_{72}$, Thulium(3+), hexakis(*P*,*P*-diphenylphosphinic amide-*O*)-, (*OC*-6-11)-, tris[hexafluorophosphate(1-)], [59449-60-4], 23:180

$TmN_3O_{13}C_8H_{16}$, Thulium, tris(nitrato-*O*)(1,4,7,10-tetraoxacyclododecane-O^1,O^4,O^7,O^{10})-, [73288-76-3], 23:151

$TmN_3O_{14}C_{10}H_{20}$, Thulium, tris(nitrato-*O*,*O*')(1,4,7,10,13-pentaoxacyclopentadecane-$O^1,O^4,O^7,O^{10},O^{13}$)-, [99352-13-3], 23:151

$TmN_3O_{15}C_{12}H_{24}$, Thulium, (1,4,7,10,13,16-hexaoxacyclooctadecane-$O^1,O^4,O^7,O^{10},O^{13},O^{16}$)tris (nitrato-*O*,*O*')-, [77372-14-6], 23:153

$TmN_4O_2C_{55}H_{47}$, Thulium, (2,2,6,6-tetramethyl-3,5-heptanedionato-*O*,*O*')[5,10,15,20-tetraphenyl-21*H*,23*H*-porphinato(2-)-$N^{21},N^{22},N^{23},N^{24}$]-, [89769-06-2], 22:160

$TmO_6C_{33}H_{57}$, Thulium, tris(2,2,6,6-tetramethyl-3,5-heptanedionato-*O*,*O*')-, (*OC*-6-11)-, [15631-58-0], 11:96

$Tm_2Br_9Cs_3$, Thulate(3-), tri-μ-bromohexabromodi-, tricesium, [73190-99-5], 30:79

$Tm_2Br_9Rb_3$, Thulate(3-), tri-μ-bromohexabromodi-, trirubidium, [79502-29-7], 30:79

$Tm_2Cl_2Si_8C_{44}H_{84}$, Thulium, tetrakis-[(1,2,3,4,5-η)-1,3-bis(trimethylsilyl)-2,4-cyclopentadien-1-yl]di-μ-chlorodi-, [81523-82-2], 27:171

$Tm_2Cl_9Cs_3$, Thulate(3-), tri-μ-chlorohexachlorodi-, tricesium, [73191-15-8], 30:79

Tm_2S_3, Thulium sulfide (Tm_2S_3), [12166-30-2], 14:154

$Tm_4N_{12}O_{51}C_{30}H_{60}$, Thulium(1+), bis (nitrato-*O*,*O*')(1,4,7,10,13-pentaoxacyclopentadecane-$O^1,O^4,O^7,O^{10},O^{13}$)-, (*OC*-6-11)-hexakis(nitrato-*O*)thulate (3-) (3:1), [152981-36-7], 23:153

$Tm_4N_{12}O_{54}C_{36}H_{72}$, Thulium(1+), (1,4,7,10,13,16-hexaoxacyclooctadecane-$O^1,O^4,O^7,O^{10},O^{13},O^{16}$) bis(nitrato-*O*,*O*')-, hexakis(nitrato-*O*,*O*')thulate(3-) (3:1), [99352-39-3], 23:155

$UAs_2I_6C_{48}H_{40}$, Arsonium, tetraphenyl-, (*OC*-6-11)-hexaiodouranate(2-) (2:1), [7069-02-5], 12:230

$UBr_2Si_4C_{22}H_{42}$, Uranium, bis[(1,2,3,4,5-η)-1,3-bis(trimethylsilyl)-2,4-cyclopentadien-1-yl]dibromo-, [109168-47-0], 27:174

$UBr_4N_4C_8H_{12}$, Uranium, tetrakis(acetonitrile)tetrabromo-, [17499-65-9], 12:227

UBr_6, Uranate(1-), hexabromo-, (*OC*-6-11)-, [44491-06-7], 15:239

$UBr_6N_2C_{16}H_{40}$, Ethanaminium, *N*,*N*,*N*-triethyl-, (*OC*-6-11)-hexabromouranate(2-), [12080-72-7], 12:230;15:237

$UC_{16}H_{16}$, Uranium, bis(η^8-1,3,5,7-cyclooctatetraene)-, [11079-26-8], 19:149,150

$UClC_{15}H_{15}$, Uranium, chlorotris(η^5-2,4-cyclopentadien-1-yl)-, [1284-81-7], 16:148;28:301

UCl_2O_2, Uranium, dichlorodioxo-, (*T*-4)-, [7791-26-6], 5:148

$UCl_2O_2.H_2O$, Uranium, dichlorodioxo-, monohydrate, (*T*-4)-, [18696-33-8], 7:146

$UCl_2Si_4C_{22}H_{42}$, Uranium, bis[(1,2,3,4,5-η)-1,3-bis(trimethylsilyl)-2,4-

cyclopentadien-1-yl]dichloro-, [87654-18-0], 27:174

UCl_3, Uranium chloride (UCl_3), [10025-93-1], 5:145

UCl_4, Uranium chloride (UCl_4), [10026-10-5], 5:143,148;21:187

$UCl_4N_4C_8H_{12}$, Uranium, tetrakis (acetonitrile)tetrachloro-, (*DD*-8-21122112)-, [17499-63-7], 12:227

UCl_5, Uranium chloride (UCl_5), [13470-21-8], 5:144

UCl_6, Uranate(1-), hexachloro-, (*OC*-6-11)-, [44491-58-9], 15:237

———, Uranate(2-), hexachloro-, (*OC*-6-11)-, [21294-68-8], 12:230;15:236

———, Uranium chloride (UCl_6), (*OC*-6-11)-, [13763-23-0], 16:143

UCl_9OC_3, Uranium, pentachloro(2,3,3-trichloro-2-propenoyl chloride)-, (*OC*-6-21)-, [20574-41-8], 15:243

UF_2O_2, Uranium, difluorodioxo-, (*T*-4)-, [13536-84-0], 25:144

$UF_3HO_2.2H_2O$, Uranate(1-), trifluorooxo-, hydrogen, dihydrate, (*TB*-5-22)-, [32408-74-5], 24:145

UF_5, Uranium fluoride (UF_5), [13775-07-0], 19:137,138,139;21:16

UF_6, Uranate(1-), hexafluoro-, (*OC*-6-11)-, [48021-45-0], 15:240

UF_6K, Uranate(1-), hexafluoro-, potassium, (*OC*-6-11)-, [18918-88-2], 21:166

$UF_6NP_2C_{36}H_{30}$, Phosphorus(1+), triphenyl(*P,P,P*-triphenylphosphine imidato-*N*)-, (*T*-4)-, (*OC*-6-11)-hexafluorouranate(1-), [71032-37-6], 21:166

UF_6Na, Uranate(1-), hexafluoro-, sodium, (*OC*-6-11)-, [18918-89-3], 21:166

$UHO_6P.4H_2O$, Uranate(1-), dioxo [phosphato(3-)-*O*]-, hydrogen, tetrahydrate, [1310-86-7], 5:150

$UI_2Si_4C_{22}H_{42}$, Uranium, bis[(1,2,3,4,5-η)-1,3-bis(trimethylsilyl)-2,4-cyclopentadien-1-yl]diiodo-, [109168-48-1], 27:176

$UK_4O_{16}C_8$, Uranate(4-), tetrakis[ethanedioato(2-)-*O,O'*]-, tetrapotassium, [12107-69-6], 8:158

$UK_4O_{16}C_8.5H_2O$, Uranate(4-), tetrakis [ethanedioato(2-)-*O,O'*]-, tetrapotassium, pentahydrate, [21135-81-9], 3:169;8:157

$UK_{16}O_{122}P_4W_{34}$, Potassium tungsten uranium oxide phosphate ($K_{16}W_{34}UO_{106}(PO_4)_4$), [66403-22-3], 23:188

$UNC_{19}H_{25}$, Uranium, tris(η^5-2,4-cyclopentadien-1-yl)(*N*-ethylethanaminato)-, [77507-92-7], 29:236

$UN_2C_{18}H_{30}$, Uranium, bis(η^5-2,4-cyclopentadien-1-yl)bis(*N*-ethylethanaminato)-, [54068-37-0], 29:234

$UN_2O_4C_{18}H_{12}$, Uranium, dioxobis(8-quinolinolato-N^1,O^8)-, [17442-25-0], 4:100

$UN_{10}O_2C_{40}H_{20}$, Uranium, [5,35:14,19-diimino-12,7:21,26:28,33-trinitrilo-7*H*-pentabenzo[*c,h,m,r,w*][1,6,11,16,21] pentaazacyclopentacosinato(2-)-N^{36},N^{37},N^{38},N^{39},N^{40}]dioxo-, (*PB*-7-11-22'4'34)-, [56174-38-0], 20:97

UO_2, Uranium oxide (UO_2), [1344-57-6], 5:149

$UO_5C_{10}H_{25}$, Ethanol, uranium(5+) salt, [10405-34-2], 21:165,166

$UO_8C_4.6H_2O$, Ethanedioic acid, uranium-(4+) salt (2:1), hexahydrate, [5563-06-4], 3:166

$UO_8C_8H_{12}$, Acetic acid, uranium(4+) salt, [3053-46-1], 9:41

$UO_{12}ZnC_{12}H_{18}$, Acetic acid, uranium(4+) zinc salt (6:1:1), [66922-96-1], 9:42

$UPC_{24}H_{27}$, Uranium, tris(η^5-2,4-cyclopentadien-1-yl)[(dimethylphenylphosphoranylidene)methyl]-, [77357-85-8], 27:177

U_3O_8, Uranium oxide (U_3O_8), [1344-59-8], 5:149

$VAsBr_4C_{24}H_{20}$, Arsonium, tetraphenyl-, (*T*-4)-tetrabromovanadate(1-), [151379-63-4], 13:168

$VAsCl_4C_{24}H_{20}$, Arsonium, tetraphenyl-, (*T*-4)-tetrachlorovanadate(1-), [15647-16-2], 13:165

$VAsF_{18}S_6C_{36}H_{20}$, Arsonium, tetraphenyl-, tris[1,1,1,4,4,4-hexafluoro-2-butene-2,3-dithiolato(2-)-*S,S'*]vanadate(1-), [19052-34-7], 10:25

$VAs_2F_{18}S_6C_{60}H_{40}$, Arsonium, tetraphenyl-, tris[1,1,1,4,4,4-hexafluoro-2-butene-2,3-dithiolato(2-)-*S,S'*]vanadate(2-) (2:1), [19052-36-9], 10:20

$VBr_4NC_8H_{20}$, Ethanaminium, *N,N,N*-triethyl-, (*T*-4)-tetrabromovanadate(1-), [15636-55-2], 13:168

$VC_{10}H_{10}$, Vanadocene, [1277-47-0], 7:102

$VClC_{10}H_{10}$, Vanadium, chlorobis(η^5-2,4-cyclopentadien-1-yl)-, [12701-79-0], 21:85;28:262

$VClO_4Sr_2$, Vanadate(4-), chlorotetraoxo-, strontium (1:2), [12410-18-3], 14:126

VCl_2, Vanadium chloride (VCl_2), [10580-52-6], 4:126;21:185

VCl_3, Vanadium chloride (VCl_3), [7718-98-1], 4:128;7:100;9:135

$VCl_3H_{18}N_6$, Vanadium(3+), hexaammine-, trichloride, (*OC*-6-11)-, [148832-36-4], 4:130

$VCl_3N_2C_6H_{18}$, Vanadium, trichlorobis-(*N,N*-dimethylmethanamine)-, [20538-61-8], 13:179

$VCl_3N_3C_6H_9$, Vanadium, tris(acetonitrile) trichloro-, [20512-79-2], 13:167

VCl_3O, Vanadium, trichlorooxo-, (*T*-4)-, [7727-18-6], 1:106;4:80;6:119;9:8

$VCl_3O_3C_{12}H_{24}$, Vanadium, trichlorotris (tetrahydrofuran)-, [19559-06-9], 21:138

$VCl_3O_4C_{12}H_{32}$, Vanadium(1+), dichlorotetrakis(2-propanol)-, chloride, [33519-90-3], 13:177

$VCl_3{\cdot}_6H_2O$, Vanadium chloride (VCl_3), hexahydrate, [15168-15-7], 4:130

VCl_4, Vanadium chloride (VCl_4), (*T*-4)-, [7632-51-1], 1:107;20:42

$VCl_4NC_8H_{20}$, Ethanaminium, *N,N,N*-triethyl-, (*T*-4)-tetrachlorovanadate(1-), [15642-23-6], 11:79;13:168

$VCuN_2O_5C_{16}H_{20}.H_2O$, Vanadium, (copper)-[μ-[[6,6'-(1,2-ethanediyldinitrilo) bis[2,4-heptanedionato]](4-)-$N^6,N^{6'},O^4,O^{4'}:O^2,O^{2'},O^4,O^{4'}$]]oxo-, monohydrate, [151085-73-3], 20:95

VF_2, Vanadium fluoride (VF_2), [13842-80-3], 7:91

VF_3, Vanadium fluoride (VF_3), [10049-12-4], 7:87

$VF_4NiO.7H_2O$, Vanadate(2-), tetrafluorooxo-, nickel(2+) (1:1), heptahydrate, [60004-23-1], 16:87

$VF_6H_{12}N_3$, Vanadate(3-), hexafluoro-, triammonium, (*OC*-6-11)-, [13815-31-1], 7:88

$VF_{18}S_6C_{12}$, Vanadate(1-), tris[1,1,1,4,4,4-hexafluoro-2-butene-2,3-dithiolato-(2-)-*S,S'*]-, (*OC*-6-11)-, [47784-56-5], 10:24,25

———, Vanadate(2-), tris[1,1,1,4,4,4-hexafluoro-2-butene-2,3-dithiolato-(2-)-*S,S'*]-, (*OC*-6-11)-, [47784-55-4], 10:24,25

$VF_{21}O_6C_{30}H_{30}$, Vanadium, tris(6,6,7,7,8,8,8-heptafluoro-2,2-dimethyl-3,5-octanedionato-*O,O'*)-, [31183-12-7], 12:74

$VHO_5P.1/2H_2O$, Vanadate(1-), oxo [phosphato(3-)-*O*]-, hydrogen, hydrate (2:1), [93280-40-1], 30:243

VH_2O_2, Vanadium hydroxide ($V(OH)_2$), [39096-97-4], 7:97

VH_4NO_3, Vanadate (VO_3^{1-}), ammonium, [7803-55-6], 3:117;9:82

$VN_2O_{10}S_2C_{14}H_{16}.2H_2O$, Vanadium, bis(1,2-benzisothiazol-3(2*H*)-one 1,1-dioxidato-N^2)-, dihydrate, (*OC*-6-11)-, [103563-29-7], 27:307

$VN_3O_3C_{18}H_{30}$, Vanadium, tris[4-(methylimino)-2-pentanonato-*N,O*]-, [18533-30-7], 11:81

VN_3O_{10}, Vanadium, tris(nitrato-*O*)oxo-, (*T*-4)-, [16017-37-1], 9:83
$VN_3Si_6C_{18}H_{57}$, Silanamine, 1,1,1-trimethyl-*N*-(trimethylsilyl)-, vanadium(3+) salt, [37512-30-4], 18:117
$VN_4OC_{44}H_{28}$, Vanadium, oxo[5,10,15,20-tetraphenyl-21*H*,23*H*-porphinato-(2-)-N^{21},N^{22},N^{23},N^{24}]-, (*SP*-5-12)-, [14705-63-6], 20:144
$VN_6S_6C_{12}$, Vanadate(1-), tris[2,3-dimercapto-2-butenedinitrilato(2-)-*S*,*S*']-, (*OC*-6-11)-, [20589-26-8], 10:9
———, Vanadate(2-), tris[2,3-dimercapto-2-butenedinitrilato(2-)-*S*,*S*']-, (*TP*-6-111)-, [47383-42-6], 10:9
———, Vanadate(3-), tris[2,3-dimercapto-2-butenedinitrilato(2-)-*S*,*S*']-, (*OC*-6-11)-, [20589-29-1], 10:9
$VN_8OC_{26}H_{14}$, Vanadium, [5,26:13,18-diimino-7,11:20,24-dinitrilodibenzo[*c*,*n*][1,6,12,17]tetraazacyclodocosinato(2-)-N^{27},N^{28},N^{29},N^{30}] oxo-, (*SP*-5-12)-, [67327-06-4], 18:48
$VN_8O_6S_2C_{44}H_{38}$, Vanadium, bis(1,2-benzisothiazol-3(2*H*)-one 1,1-dioxidato-O^3)tetrakis(pyridine)-, (*OC*-6-12)-, compd. with pyridine (1:2), [103563-31-1], 27:308
VO, Vanadium oxide (VO), [12035-98-2], 14:131
VO_3, Vanadate ($VO_3{}^{1-}$), [13981-20-9], 15:104
$VO_4C_9H_5$, Vanadium, tetracarbonyl(η^5-2,4-cyclopentadien-1-yl)-, [12108-04-2], 7:100
$VO_4PC_6H_5.OC_2H_6.H_2O$, Vanadium, oxo [phenylphosphonato(2-)-*O*]-, compd. with ethanol (1:1), monohydrate, [158188-70-6], 30:245
$VO_4PC_6H_5.2H_2O$, Vanadium, oxo[phenylphosphonato(2-)-*O*]-, dihydrate, [152545-41-0], 30:246
$VO_4PC_6H_{13}.OC_7H_8.H_2O$, Vanadium, [hexylphosphonato(2-)-*O*]oxo-, compd. with benzenemethanol (1:1), monohydrate, [158188-71-7], 30:247
$VO_4S.7H_2O$, Sulfuric acid, vanadium(2+) salt (1:1), heptahydrate, [36907-42-3], 7:96
$VO_5C_4H_6$, Vanadium, bis(acetato-*O*)oxo-, [3473-84-5], 13:181
$VO_5C_{10}H_{14}$, Vanadium, oxobis(2,4-pentanedionato-*O*,*O*')-, (*SP*-5-21)-, [3153-26-2], 5:113
$VO_5P.2H_2O$, Vanadium, oxo[phosphato-(3-)-*O*]-, dihydrate, [12293-87-7], 30:242
VO_5S, Vanadium, oxo[sulfato(2-)-*O*]-, [27774-13-6], 7:94
VS_2, Vanadium sulfide (VS_2), [12166-28-8], 24:201;30:185
$VS_6C_{42}H_{30}$, Vanadate(1-), tris[1,2-diphenyl-1,2-ethenedithiolato(2-)-*S*,*S*']-, (*OC*-6-11)-, [47873-80-3], 10:9
———, Vanadate(2-), tris[1,2-diphenyl-1,2-ethenedithiolato(2-)-*S*,*S*']-, (*OC*-6-11)-, [47873-79-0], 10:9
———, Vanadium, tris[1,2-diphenyl-1,2-ethenedithiolato(2-)-*S*,*S*']-, (*TP*-6-11'1")-, [15697-34-4], 10:9
V_2, Vanadium, mol. (V_2), [12597-60-3], 22:116
$V_2Br_9Cs_3$, Vanadate(3-), tri-μ-bromohexabromodi-, tricesium, [129982-53-2], 26:379
$V_2Br_9Rb_3$, Vanadate(3-), tri-μ-bromohexabromodi-, trirubidium, [102682-48-4], 26:379
$V_2Cl_9Cs_3$, Vanadate(3-), tri-μ-chlorohexachlorodi-, tricesium, [12052-07-2], 26:379
$V_2Cl_9N_3C_{24}H_{60}$, Ethanaminium, *N*,*N*,*N*-triethyl-, tri-μ-chlorohexachlorodivanadate(3-) (3:1), [33461-68-6], 13:168
$V_2Cl_9Rb_3$, Vanadate(3-), tri-μ-chlorohexachlorodi-, trirubidium, [12139-46-7], 26:379

V_2LiO_5, Lithium vanadium oxide (LiV_2O_5), [12162-92-4], 24:202;30:186

V_2O_3, Vanadium oxide (V_2O_3), [1314-34-7], 1:106;4:80;14:131

V_2O_5, Vanadium oxide (V_2O_5), [1314-62-1], 9:80

$V_2O_{12}S$, Sulfuric acid, vanadium(3+) salt (3:2), [13701-70-7], 7:92

$V_2S_4C_{12}H_{14}$, Vanadium, [μ-(disulfur-*S*:*S*')] bis[(1,2,3,4,5-η)-1-methyl-2,4-cyclopentadien-1-yl]di-μ-thioxodi-, (*V*-*V*), [87174-39-8], 27:55

$V_2S_5C_{12}H_{14}$, Vanadium, [μ-(disulfur-*S*:*S*')][μ-(disulfur-*S*,*S*':*S*,*S*')] bis[(1,2,3,4,5-η)-1-methyl-2,4-cyclopentadien-1-yl]-μ-thioxodi-, (*V*-*V*), [82978-84-5], 27:54

$V_{10}H_{24}N_6O_{28}.6H_2O$, Vanadate ($V_{10}O_{28}{}^{6-}$), hexaammonium, hexahydrate, [37355-92-3], 19:140,143

$V_{10}N_3O_{28}C_{48}H_{111}$, 1-Butanaminium, *N*,*N*,*N*-tributyl-, hydrogen tetradeca-μ-oxotetra-$μ_3$-oxodi-$μ_6$-oxooctaoxo-decavanadate(6-) (3:3:1), [12329-09-8], 27:83

$V_{10}Na_6O_{28}.xH_2O$, Vanadate ($V_{10}O_{28}{}^{6-}$), hexasodium, hydrate, [12315-57-0], 19:140,142

$V_{13}K_7NiO_{38}$, Vanadate(7-), nickelatedeca-μ-oxohexa-$μ_3$-oxodi-$μ_4$-oxodi-$μ_5$-oxodi-$μ_6$-oxohexadecaoxotrideca-, heptapotassium, [93300-78-8], 15:108

$V_{13}MnO_{38}$, Vanadate(7-), manganatedeca-μ-oxohexa-$μ_3$-oxodi-$μ_4$-oxodi-$μ_5$-oxodi-$μ_6$-oxohexadecaoxotrideca-, [97649-01-9], 15:105,107

WAg_2O_4, Silver tungsten oxide (Ag_2WO_4), [13465-93-5], 22:76

$WAsF_{18}S_6C_{36}H_{20}$, Arsonium, tetraphenyl-, tris[1,1,1,4,4,4-hexafluoro-2-butene-2,3-dithiolato(2-)-*S*,*S*']tungstate(1-), [18958-53-7], 10:25

$WAs_2F_{18}S_6C_{60}H_{40}$, Arsonium, tetraphenyl-, (*OC*-6-11)-tris[1,1,1,4,4,4-hexafluoro-2-butene-2,3-dithiolato(2-)-*S*,*S*'] tungstate(2-) (2:1), [19998-42-6], 10:20

$WBF_4NO_5C_{10}H_{10}$, Tungsten(1+), pentacarbonyl[(diethylamino)methylidyne]-, (*OC*-6-21)-, tetrafluoroborate(1-), [83827-38-7], 26:40

$WBF_4N_2P_4C_{56}H_{55}$, Tungsten(1+), bis[1,2-ethanediylbis[diphenylphosphine]-*P*,*P*'](isocyanomethane)[(methylamino) methylidyne]-, (*OC*-6-11)-, tetrafluoroborate(1-), [73470-09-4], 23:11

$WBF_4N_2P_4C_{59}H_{61}$, Tungsten(1+), bis[1,2-ethanediylbis[diphenylphosphine]-*P*,*P*'](2-isocyano-2-methylpropane)-[(methylamino)methylidyne]-, (*OC*-6-11)-, tetrafluoroborate(1-), [152227-32-2], 23:12

$WBF_4O_2PC_{25}H_{20}$, Tungsten, dicarbonyl-($η^5$-2,4-cyclopentadien-1-yl)[tetrafluoroborato(1-)-*F*](triphenylphosphine)-, [101163-07-9], 26:98; 28:7

$WBF_4O_3C_8H_5$, Tungsten, tricarbonyl($η^5$-2,4-cyclopentadien-1-yl)[tetrafluoroborato(1-)-*F*]-, [68868-79-1], 26:96;28:5

$WBF_4O_4C_{11}H_{11}$, Tungsten(1+), tricarbonyl($η^5$-2,4-cyclopentadien-1-yl)(2-propanone)-, tetrafluoroborate(1-), [101190-10-7], 26:105;28:14

$WB_2F_8N_2P_4C_{56}H_{56}$, Tungsten(2+), bis[1,2-ethanediylbis[diphenylphosphine]-*P*,*P*'] bis[(methylamino)methylidyne]-, (*OC*-6-11)-, bis[tetrafluoroborate(1-)], [73508-17-5], 23:12

$WB_2F_8N_2P_4C_{68}H_{64}$, Tungsten(2+), bis[1,2-ethanediylbis[diphenylphosphine]-*P*,*P*'] bis[[(4-methylphenyl)amino] methylidyne]-, (*OC*-6-11)-, bis [tetrafluoroborate(1-)], [73848-73-4], 23:14

$WB_2F_8N_6O_2C_8H_{12}$, Tungsten(2+), tetrakis (acetonitrile)dinitrosyl-, (*OC*-6-22)-, bis[tetrafluoroborate(1-)], [82583-08-2], 26:133;28:66

$WBrO_4C_{11}H_5$, Tungsten, bromotetracarbonyl(phenylmethylidyne)-, (*OC*-6-32)-, [50726-27-7], 19:172, 173
$WBr_2N_2O_2$, Tungsten, dibromodinitrosyl-, (*T*-4)-, [44518-81-2], 12:264
WBr_2O, Tungsten bromide oxide (WBr_2O), [22445-32-5], 14:120
WBr_2O_2, Tungsten bromide oxide (WBr_2O_2), [13520-75-7], 14:116
WBr_3O, Tungsten bromide oxide (WBr_3O), [20213-56-3], 14:118
WBr_4O, Tungsten bromide oxide (WBr_4O), [13520-77-9], 14:117
WBr_5, Tungsten bromide (WBr_5), [13470-11-6], 20:42
$WC_{20}H_{42}$, Tungsten, tris(2,2-dimethylpropyl)(2,2-dimethylpropylidyne)-, (*T*-4)-, [68490-69-7], 26:47
$WClN_2O_2C_5H_5$, Tungsten, chloro(η^5-2,4-cyclopentadien-1-yl)dinitrosyl-, [53419-14-0], 18:129
WCl_2, Tungsten chloride (WCl_2), [13470-12-7], 30:1
$WCl_2NP_3C_{15}H_{32}$, Tungsten, [benzenaminato(2-)]dichlorotris(trimethylphosphine)-, [126109-15-7], 24:198
$WCl_2NP_3C_{24}H_{50}$, Tungsten, [benzenaminato(2-)]dichlorotris(triethylphosphine)-, (*OC*-6-32)-, [104475-13-0], 24:198
$WCl_2NP_3C_{30}H_{38}$, Tungsten, [benzenaminato(2-)]dichlorotris(dimethylphenylphosphine)-, (*OC*-6-32)-, [104475-11-8], 24:198
$WCl_2NP_3C_{45}H_{44}$, Tungsten, [benzenaminato(2-)]dichlorotris(methyldiphenylphosphine)-, (*OC*-6-32)-, [104475-12-9], 24:198
$(WCl_2N_2O_2)_x$, Tungsten, dichlorodinitrosyl-, homopolymer, [42912-10-7], 12:264
$WCl_2N_2P_2C_{16}H_{32}$, Tungsten, [benzenaminato(2-)]dichloro[2-methyl-2-propanaminato(2-)]bis(trimethylphosphine)-, (*OC*-6-43)-, [107766-60-9], 27:304
$WCl_2N_2P_4C_{66}H_{56}$, Tungsten, bis(1-chloro-4-isocyanobenzene)bis[1,2-ethanediylbis[diphenylphosphine]-*P*,*P*']-, (*OC*-6-11)-, [66862-24-6], 23:10
$WCl_2N_4C_{20}H_{22}$, Tungsten, [benzenaminato(2-)](2,2'-bipyridine-*N*,*N*')dichloro-[2-methyl-2-propanaminato(2-)]-, (*OC*-6-14)-, [114075-31-9], 27:303
$WCl_2N_4C_{21}H_{32}$, Tungsten, [benzenaminato(2-)]dichlorotris(2-isocyano-2-methylpropane)-, [89189-76-4], 24:198
$WCl_2N_4C_{30}H_{26}$, Tungsten, [benzenaminato(2-)]dichlorotris(1-isocyano-4-methylbenzene)-, [104475-14-1], 24:198
WCl_2O, Tungsten chloride oxide (WCl_2O), [22550-09-0], 14:115
WCl_2O_2, Tungsten chloride oxide (WCl_2O_2), (*T*-4)-, [13520-76-8], 14:110
$WCl_2P_4C_{12}H_{36}$, Tungsten, dichlorotetrakis (trimethylphosphine)-, [76624-80-1], 28:329
$WCl_2P_4C_{32}H_{44}$, Tungsten, dichlorotetrakis (dimethylphenylphosphine)-, (*OC*-6-12)-, [39049-86-0], 28:330
$WCl_2P_4C_{52}H_{52}$, Tungsten, dichlorotetrakis (methyldiphenylphosphine)-, (*OC*-6-12)-, [90245-62-8], 28:331
$WCl_3NP_2C_{12}H_{23}$, Tungsten, [benzenaminato(2-)]trichlorobis(trimethylphosphine)-, (*OC*-6-31)-, [86142-37-2], 24:196
$WCl_3NP_2C_{18}H_{35}$, Tungsten, [benzenaminato(2-)]trichlorobis(triethylphosphine)-, (*OC*-6-31)-, [104475-10-7], 24:196
$WCl_3NP_2C_{22}H_{27}$, Tungsten, [benzenaminato(2-)]trichlorobis(dimethylphenylphosphine)-, (*OC*-6-31)-, [89189-70-8], 24:196

$WCl_3NP_2C_{42}H_{35}$, Tungsten, [benzenaminato(2-)]trichlorobis(triphenylphosphine)-, (*OC*-6-31)-, [89189-71-9], 24:196

WCl_3O, Tungsten chloride oxide (WCl_3O), [14249-98-0], 14:113

$WCl_3O_2C_9H_{19}$, Tungsten, trichloro(1,2-dimethoxyethane-*O,O'*)(2,2-dimethylpropylidyne)-, [83542-12-5], 26:50

$WCl_3O_3C_3H_9$, Tungsten, trichlorotrimethoxy-, (*OC*-6-21)-, [35869-29-5], 26:45

WCl_4, Tungsten chloride (WCl_4), [13470-13-8], 12:185;26:221;29:138

$WCl_4NC_6H_5$, Tungsten, [benzenaminato(2-)]tetrachloro-, [78409-02-6], 24:195

$WCl_4N_2P_4C_{66}H_{54}$, Tungsten, bis(1,3-dichloro-2-isocyanobenzene)bis[1,2-ethanediylbis[diphenylphosphine]-*P,P'*]-, (*OC*-6-11)-, [66862-25-7], 23:10

WCl_4O, Tungsten chloride oxide (WCl_4O), [13520-78-0], 9:123;14:112;23:195;

$WCl_4P_2C_{26}H_{24}$, Tungsten, tetrachloro[1,2-ethanediylbis[diphenylphosphine]-*P,P'*]-, [21712-53-8], 20:125;28:41

$WCl_4P_2C_{26}H_{26}$, Tungsten, tetrachlorobis (methyldiphenylphosphine)-, [75598-29-7], 28:328

$WCl_4P_2C_{36}H_{30}$, Tungsten, tetrachlorobis (triphenylphosphine)-, [36216-20-3], 20:124;28:40

$WCl_4P_3C_9H_{27}$, Tungsten, tetrachlorotris (trimethylphosphine)-, [73133-10-5], 28:327

WCl_5, Tungsten chloride (WCl_5), [13470-14-9], 13:150

WCl_6, Tungsten chloride (WCl_6), (*OC*-6-11)-, [13283-01-7], 3:136;7:169;9:135-13

WCr_2O_6, Chromium tungsten oxide (Cr_2WO_6), [13765-57-6], 14:135

WF_4O, Tungsten fluoride oxide (WF_4O), [13520-79-1], 24:37

WF_6, Tungsten fluoride (WF_6), (*OC*-6-11)-, [7783-82-6], 3:181

WF_9NO, Nitrogen(1+), tetrafluoro-, (*T*-4)-, (*OC*-6-21)-pentafluorooxotungstate(1-), [79028-46-9], 24:47

$WF_{18}S_6C_{12}$, Tungstate(1-), tris[1,1,1,4,4,4-hexafluoro-2-butene-2,3-dithiolato(2-)-*S,S'*]-, (*OC*-6-11)-, [47784-61-2], 10:23-25

———, Tungstate(2-), tris[1,1,1,4,4,4-hexafluoro-2-butene-2,3-dithiolato-(2-)-*S,S'*]-, (*OC*-6-11)-, [47784-60-1], 10:23-25

$WF_{18}S_6C_{12}$, Tungsten, tris[1,1,1,4,4,4-hexafluoro-2-butene-2,3-dithiolato-(2-)-*S,S'*]-, (*OC*-6-11)-, [18832-57-0], 10:23-25

$WFeNO_9P_2C_{45}H_{31}$, Phosphorus(1+), triphenyl(*P,P,P*-triphenylphosphine imidato-*N*)-, (*T*-4)-, stereoisomer of pentacarbonyl-μ-hydro(tetracarbonylferrate)tungstate(1-), [88326-15-2], 26:336

$WFeN_2O_9P_4C_{81}H_{60}$, Phosphorus(1+), triphenyl(*P,P,P*-triphenylphosphine imidato-*N*)-, (*T*-4)-, stereoisomer of pentacarbonyl(tetracarbonylferrate) tungstate(2-) (*Fe-W*) (2:1), [99604-07-6], 26:339

$WINO_4SC_{21}H_{36}$, 1-Butanaminium, *N,N,N*-tributyl-, (*OC*-6-23)-(carbonothioyl) tetracarbonyliodotungstate(1-), [56031-00-6], 19:186

WI_2O_2, Tungsten iodide oxide (WI_2O_2), [14447-89-3], 14:121

$WK_2N_6S_6C_6$, Tungstate(2-), hexakis (thiocyanato-*N*)-, dipotassium, (*OC*-6-11)-, [38741-61-6], 13:230

WK_2O_4, Tungstate (WO_4^{2-}), dipotassium, (*T*-4)-, [7790-60-5], 6:149

$WK_3N_8C_8$, Tungstate(3-), octakis (cyano-*C*)-, tripotassium, (*DD*-8-11111111)-, [18347-84-7], 7:145

$WK_4N_8C_8.2H_2O$, Tungstate(4-), octakis (cyano-*C*)-, tetrapotassium, dihydrate, (*DD*-8-11111111)-, [17457-90-8], 7:142

$WNO_3C_7H_5$, Tungsten, dicarbonyl(η^5-2,4-cyclopentadien-1-yl)nitrosyl-, [12128-14-2], 18:127;28:196

$WNO_5C_{10}H_9$, Tungsten, pentacarbonyl(2-isocyano-2-methylpropane)-, (*OC*-6-21)-, [42401-89-8], 28:143

$WNO_5C_{14}H_{11}$, Tungsten, pentacarbonyl-[(dimethylamino)phenylmethylene]-, (*OC*-6-21)-, [52394-38-4], 19:169

$WNO_5P_2C_{41}H_{31}$, Phosphorus(1+), triphenyl(*P,P,P*-triphenylphosphine imidato-*N*)-, (*T*-4)-, (*OC*-6-21)-pentacarbonylhydrotungstate(1-), [78709-76-9], 22:182

$WNO_7P_2C_{43}H_{33}$, Phosphorus(1+), triphenyl(*P,P,P*-triphenylphosphine imidato-*N*)-, (*T*-4)-, (*OC*-6-22)-(acetato-*O*)pentacarbonyltungstate(1-), [36515-92-1], 27:297

$WN_2O_2C_6H_8$, Tungsten, (η^5-2,4-cyclopentadien-1-yl)methyldinitrosyl-, [57034-45-4], 19:210

$WN_2O_2P_4C_{68}H_{62}$, Tungsten, bis[1,2-ethanediylbis[diphenylphosphine]-*P,P'*](1-isocyano-4-methoxybenzene)-, (*OC*-6-11)-, [66862-23-5], 23:10

$WN_2O_3S_4C_{13}H_{20}$, Tungsten, tricarbonylbis (diethylcarbamodithioato-*S,S'*)-, (*TPS*-7-1-121'1'22)-, [72827-54-4], 25:157

$WN_2O_4C_{14}H_{18}$, Tungsten, tetracarbonylbis(2-isocyano-2-methylpropane)-, [123050-94-2], 28:143

$WN_2O_5C_{10}H_{10}$, Tungsten, tetracarbonyl (cyanato-*N*)[(diethylamino)methylidyne]-, (*OC*-6-32)-, [83827-44-5], 26:42

$WN_2P_4C_{56}H_{54}$, Tungsten, bis[1,2-ethanediylbis[diphenylphosphine]-*P,P'*]bis (isocyanomethane)-, (*OC*-6-11)-, [57749-22-1], 23:10;28:43

$WN_2P_4C_{62}H_{66}$, Tungsten, bis[1,2-ethanediylbis[diphenylphosphine]-*P,P'*]bis(2-isocyano-2-methylpropane)-, (*OC*-6-11)-, [66862-32-6], 23:10

$WN_2P_4C_{66}H_{58}$, Tungsten, bis[1,2-ethanediylbis[diphenylphosphine]-*P,P'*]bis(isocyanobenzene)-, (*OC*-6-11)-, [66862-33-7], 23:10

$WN_2P_4C_{68}H_{62}$, Tungsten, bis[1,2-ethanediylbis[diphenylphosphine]-*P,P'*]bis(1-isocyano-4-methylbenzene)-, (*OC*-6-11)-, [66862-34-8], 23:10

$WN_3O_3C_{12}H_{15}$, Tungsten, tricarbonyltris (propanenitrile)-, [84580-21-2], 27:4;28:30

$WN_3O_3C_{18}H_{27}$, Tungsten, tricarbonyltris-(2-isocyano-2-methylpropane)-, (*OC*-6-22)-, [42401-95-6], 28:143

$WN_4P_4C_{52}H_{48}$, Tungsten, bis(dinitrogen) bis[1,2-ethanediylbis[diphenylphosphine]-*P,P'*]-, (*OC*-6-11)-, [28915-54-0], 20:126;28:41

$WN_8C_8H_4$, Tungstate(4-), octakis (cyano-*C*)-, tetrahydrogen, (*DD*-8-11111111)-, [34849-71-3], 7:145

$WNaO_7C_{16}H_{25}$, Sodium(1+), bis(1,2-dimethoxyethane-*O,O'*)-, (*T*-4)-, tricarbonyl(η^5-2,4-cyclopentadien-1-yl)tungstate(1-), [104033-93-4], 26:343

WO_2, Tungsten oxide (WO_2), [12036-22-5], 13:142;14:149;30:102

$WO_2PC_{25}H_{21}$, Tungsten, dicarbonyl(η^5-2,4-cyclopentadien-1-yl)hydro (triphenylphosphine)-, [33085-24-4], 26:98

WO_3, Tungsten oxide (WO_3), [1314-35-8], 9:123,125

$WO_3C_8H_6$, Tungsten, tricarbonyl(η^5-2,4-cyclopentadien-1-yl)hydro-, [12128-26-6], 7:136

$WO_3C_{10}H_8$, Tungsten, tricarbonyl-[(1,2,3,4,5,6-η)-1,3,5-cycloheptatriene]-, [12128-81-3], 27:4

$WO_3P_2C_{21}H_{44}$, Tungsten, tricarbonyl (dihydrogen-*H,H'*)bis[tris(1-methylethyl)phosphine]-, [104198-77-8], 27:7

$WO_3P_2C_{37}H_{30}$, Tungsten, tricarbonyl[1,2-ethanediylbis[diphenylphosphine]-*P,P'*](phenylethenylidene)-, (*OC*-6-32)-, [88035-90-9], 29:144

$WO_3P_2C_{39}H_{68}$, Tungsten, tricarbonyl (dihydrogen-*H,H'*)bis(tricyclohexylphosphine)-, (*PB*-7-11-22233)-, [104198-75-6], 27:6

$WO_3SiC_8H_8$, Tungsten, tricarbonyl(η^5-2,4-cyclopentadien-1-yl)silyl-, [33520-53-5], 17:104

$WO_4P_2C_{30}H_{24}$, Tungsten, tetracarbonyl-[1,2-ethanediylbis[diphenylphosphine]-*P,P'*]-, (*OC*-6-22)-, [29890-05-9], 29:142

$WO_4P_2C_{32}H_{30}$, Tungsten, tricarbonyl[1,2-ethanediylbis[diphenylphosphine]-*P,P'*](2-propanone)-, (*OC*-6-33)-, [84411-66-5], 29:143

$WO_5C_{18}H_{10}$, Tungsten, pentacarbonyl (diphenylmethylene)-, (*OC*-6-21)-, [50276-12-5], 19:180

WO_5SC_6, Tungsten, (carbonothioyl) pentacarbonyl-, (*OC*-6-22)-, [50358-92-4], 19:183,187

$WO_5SC_{13}H_8$, Tungsten, pentacarbonyl[1-(phenylthio)ethylidene]-, (*OC*-6-22)-, [52843-33-1], 17:99

WO_6C_6, Tungsten carbonyl ($W(CO)_6$), (*OC*-6-11)-, [14040-11-0], 5:135;15:89

$WO_6C_8H_6$, Tungsten, pentacarbonyl(1-methoxyethylidene)-, (*OC*-6-21)-, [20540-70-9], 17:97

$WO_6C_{13}H_8$, Tungsten, pentacarbonyl (methoxyphenylmethylene)-, (*OC*-6-21)-, [37823-96-4], 19:165

$WO_6SiC_{16}H_{16}$, Tungsten, pentacarbonyl[(4-methylphenyl)-[(trimethylsilyl)oxy]methylene]-, (*OC*-6-21)-, [64365-78-2], 19:167

$WP_3C_{24}H_{39}$, Tungsten, tris(dimethylphenylphosphine)hexahydro-, [20540-07-2], 27:11

$WP_4C_{52}H_{56}$, Tungsten, tetrahydrotetrakis (methyldiphenylphosphine)-, [36351-36-7], 27:10

$WS_2C_{10}H_{12}$, Tungsten, bis(η^5-2,4-cyclopentadien-1-yl)dimercapto-, [12245-02-2], 27:67

$WS_6C_{42}H_{30}$, Tungstate(2-), tris[1,2-diphenyl-1,2-ethenedithiolato(2-)-*S,S'*]-, [25031-38-3], 10:9

$WS_6C_{42}H_{30}$, Tungstate(1-), tris[1,2-diphenyl-1,2-ethenedithiolato(2-)-*S,S'*]-, (*OC*-6-11)-, [150124-37-1], 10:9

$WS_6C_{42}H_{30}$, Tungsten, tris[1,2-diphenyl-1,2-ethenedithiolato(2-)-*S,S'*]-, (*OC*-6-11)-, [10507-74-1], 10:9

$W_2Cl_4N_6C_{28}H_{50}$, Tungsten, bis[μ-[benzenaminato(2-)]]tetrachlorobis[2-methyl-2-propanaminato(2-)]bis(2-methyl-2-propanamine)di-, stereoisomer, [87208-54-6], 27:301

$W_2Cl_9K_3$, Tungstate(3-), tri-μ-chlorohexachlorodi-, (*W-W*), tripotassium, [23403-17-0], 5:139;6:149;7:143

$W_2F_{12}O_8C_8$, Tungsten, tetrakis[μ-(trifluoroacetato-*O:O'*)]di-, (*W-W*), [77479-85-7], 26:222

$W_2KO_{10}C_{10}H$, Tungstate(1-), decacarbonyl-μ-hydrodi-, potassium, [98182-49-1], 23:27

$W_2N_6C_{12}H_{36}$, Tungsten, hexakis(*N*-methylmethanaminato)di-, (*W-W*), [54935-70-5], 29:139

$W_2O_4C_{14}H_{10}$, Tungsten, tetracarbonylbis(η^5-2,4-cyclopentadien-1-yl)di-, (*W-W*), [62853-03-6], 28:153

$W_2O_6C_{16}H_{10}$, Tungsten, hexacarbonylbis(η^5-2,4-cyclopentadien-1-yl)di-, (*W-W*), [12091-65-5], 7:139; 28:148

$W_2O_8C_8H_{12}$, Tungsten, tetrakis[μ-(acetato-*O*:*O*')]di-, (*W-W*), [88921-50-0], 26:224
$W_2O_8C_{20}H_{36}$, Tungsten, tetrakis[μ-(2,2-dimethylpropanoato-*O*:*O*')]di-, (*W-W*), [86728-84-9], 26:223
$W_2O_{10}C_{10}$, Tungstate(2-), decacarbonyldi-, (*W-W*), [45264-18-4], 15:88
$W_3Cl_{14}K_5$, Potassium tungsten chloride ($K_5W_3Cl_{14}$), [128057-81-8], 6:149
$W_6N_2O_{19}C_{32}H_{72}$, 1-Butanaminium, *N*,*N*,*N*-tributyl-, salt with tungstic acid ($H_2W_6O_{19}$) (2:1), [12329-10-1], 27:80
$W_{10}N_4O_{32}C_{64}H_{144}$, 1-Butanaminium, *N*,*N*,*N*-tributyl-, eicosa-μ-oxodi-μ_5-oxodecaoxodecatungstate(4-) (4:1), [68109-03-5], 27:81
$W_{21}As_2H_4O_{70}Rb_4.34H_2O$, Tungstate(6-), aquabis[arsenito(3-)]trihexacontaoxoheneicosa-, tetrarubidium dihydrogen, tetratriacontahydrate, [79198-04-2], 27:113
$W_{21}As_2H_6O_{69}.xH_2O$, Tungsten arsenate hydroxide oxide ($W_{21}(AsO_4)_2(OH)_6O_{55}$), hydrate, [135434-87-6], 27:112
$W_{21}H_{72}N_{18}NaO_{86}Sb_9$, Tungstate(19-), hexaoctacontaoxononaantimonatehene icosa-, octadecaammonium sodium, [64104-53-6], 27:120
$W_{34}K_{16}O_{122}P_4Th$, Potassium thorium tungsten oxide phosphate ($K_{16}ThW_{34}O_{106}(PO_4)_4$), [63144-49-0], 23:190
$W_{34}K_{16}O_{122}P_4U$, Potassium tungsten uranium oxide phosphate ($K_{16}W_{34}UO_{106}(PO_4)_4$), [66403-22-3], 23:188
$Wb_4Co_4I_2N_{12}O_{30}C_{16}H_{50}$, Cobalt(6+), dodecaamminehexa-μ-hydroxytetra-, stereoisomer, stereoisomer of bis[μ-[2,3-dihydroxybutanedioato(4-)-O^1,O^2:O^3,O^4]] diantimonate(2-) iodide (1:2:2), [146805-98-3], 29:170

XeF_2, Xenon fluoride (XeF_2), [13709-36-9], 8:260;11:147;29:1
XeF_4, Xenon fluoride (XeF_4), (*T*-4)-, [13709-61-0], 8:254;8:261; 11:150;2
XeF_4O, Xenon fluoride oxide (XeF_4O), (*SP*-5-21)-, [13774-85-1], 8:251, 260
XeF_6, Xenon fluoride (XeF_6), (*OC*-6-11)-, [13693-09-9], 8:257;8:258;11:205
$XeF_{10}O_2Se_2$, Xenon fluoroselenate (Xe($SeF_5O)_2$), [38344-58-0], 24:29
$XeF_{10}O_2Te_2$, Xenon, bis[pentafluorohydroxytellurato(1-)-*O*]-, [25005-56-5], 24:36
$XeHO_4$, Xenonate, hydroxytrioxo-, (*T*-4)-, [26891-42-9], 11:210
$XeHO_6$, Xenonate ($Xe(OH)O_5^{3-}$), (*OC*-6-22)-, [33598-83-3], 11:212
$XeNa_4O_6$, Xenonate(4-), hexaoxo-, tetrasodium, (*OC*-6-11)-, [13721-44-3], 8:252
$XeNa_4O_6.xH_2O$, Xenonate (XeO_6^{4-}), tetrasodium, hydrate, (*OC*-6-11)-, [67001-79-0], 11:210
XeO_3, Xenon oxide (XeO_3), [13776-58-4], 8:251,254,258,260;11
XeO_4, Xenon oxide (XeO_4), (*T*-4)-, [12340-14-6], 8:251

$YAlB_6O_{18}Sr_6$, Boric acid (H_3BO_3), aluminum strontium yttrium salt (6:1:6:1), [129265-37-8], 30:257
$YBa_2{}^{63}Cu_3O_7$, Barium copper yttrium oxide ($Ba_2{}^{63}Cu_3YO_7$), [143069-66-3], 30:210
$YCl_2LiO_2Si_4C_{30}H_{58}$, Lithium(1+), bis(tetrahydrofuran)-, bis[(1,2,3,4,5-η)-1,3-bis(trimethylsilyl)-2,4-cyclopentadien-1-yl]dichloroyttrate(1-), [81507-25-7], 27:170
YCl_3, Yttrium chloride (YCl_3), [10361-92-9], 22:39;25:146
YCl_5Cs_2, Yttrate(2-), pentachloro-, dicesium, [19633-62-6], 30:78
YN_3O_9, Nitric acid, yttrium(3+) salt, [10361-93-0], 5:41

$YN_4O_2C_{49}H_{35}$, Yttrium, (2,4-pentanedionato-*O,O'*)[5,10,15,20-tetraphenyl-21*H*,23*H*-porphinato(2-)-*N*[21],*N*[22],*N*[23],*N*[24]]-, (*TP*-6-132)-, [57327-04-5], 22:160

$YO_3C_{42}H_{63}$, Phenol, 2,6-bis(1,1-dimethylethyl)-, yttrium(3+) salt, [113266-70-9], 27:167

$YO_3C_{45}H_{69}$, Phenol, 2,6-bis(1,1-dimethylethyl)-4-methyl-, yttrium(3+) salt, [89085-92-7], 27:167

$YO_6C_{33}H_{57}$, Yttrium, tris(2,2,6,6-tetramethyl-3,5-heptanedionato-*O,O'*)-, (*OC*-6-11)-, [15632-39-0], 11:96

$Y_2Cl_2Si_8C_{44}H_{84}$, Yttrium, tetrakis-[(1,2,3,4,5-η)-1,3-bis(trimethylsilyl)-2,4-cyclopentadien-1-yl]di-μ-chlorodi-, [81507-54-2], 27:171

$Y_2Cl_9Cs_3$, Yttrate(3-), tri-μ-chlorohexachlorodi-, tricesium, [73191-12-5], 30:79

Y_2S_3, Yttrium sulfide (Y_2S_3), [12039-19-9], 14:154

$YbC_{16}H_{10}$, Ytterbium, bis(phenylethynyl)-, [66080-21-5], 27:143

$YbCl_2LiO_2Si_4C_{30}H_{58}$, Lithium(1+), bis(tetrahydrofuran)-, bis[(1,2,3,4,5-η)-1,3-bis(trimethylsilyl)-2,4-cyclopentadien-1-yl]dichloroytterbate(1-), [81507-35-9], 27:170

$YbCl_3$, Ytterbium chloride ($YbCl_3$), [10361-91-8], 22:39

$YbCl_3O_3C_{12}H_{24}$, Ytterbium, trichlorotris(tetrahydrofuran)-, [14782-79-7], 27:139;28:289

$YbCl_5Cs_2$, Ytterbate(2-), pentachloro-, dicesium, [97253-00-4], 30:78

$YbF_4N_4O_2C_{55}H_{43}$, Ytterbium, [5,10,15,20-tetrakis(3-fluorophenyl)-21*H*,23*H*-porphinato(2-)-*N*[21],*N*[22],*N*[23],*N*[24]](2,2,6,6-tetramethyl-3,5-heptanedionato-*O,O'*)-, [89780-87-0], 22:160

$YbF_{18}N_6O_6P_9C_{72}H_{72}$, Ytterbium(3+), hexakis(*P,P*-diphenylphosphinic amide-*O*)-, (*OC*-6-11)-, tris[hexafluorophosphate(1-)], [59449-61-5], 23:180

YbI_2, Ytterbium iodide (YbI_2), [19357-86-9], 27:147

$YbN_2O_2Si_4C_{20}H_{56}$, Ytterbium, bis[1,1'-oxybis[ethane]]bis[1,1,1-trimethyl-*N*-(trimethylsilyl)silanaminato]-, (*T*-4)-, [81770-53-8], 27:148

$YbN_3O_9.3H_2O$, Nitric acid, ytterbium(3+) salt, trihydrate, [81201-59-4], 11:95

$YbN_3O_9.4H_2O$, Nitric acid, ytterbium(3+) salt, tetrahydrate, [10035-00-4], 11:95

$YbN_3O_9.5H_2O$, Nitric acid, ytterbium(3+) salt, pentahydrate, [35725-34-9], 11:95

$YbN_3O_{13}C_8H_{16}$, Ytterbium, tris(nitrato-*O*)(1,4,7,10-tetraoxacyclododecane-*O*[1],*O*[4],*O*[7],*O*[10])-, [73288-77-4], 23:151

$YbN_3O_{14}C_{10}H_{20}.xH_2O$, Ytterbium, tris(nitrato-*O,O'*)(1,4,7,10,13-pentaoxacyclopentadecane-*O*[1],*O*[4],*O*[7],*O*[10],*O*[13])-, hydrate, [94152-75-7], 23:151

$YbN_3O_{15}C_{12}H_{24}$, Ytterbium, (1,4,7,10,13,16-hexaoxacyclooctadecane-*O*[1],*O*[4],*O*[7],*O*[10],*O*[13],*O*[16])tris(nitrato-*O,O'*)-, [77372-16-8], 23:153

$YbN_4O_2C_{53}H_{43}$, Ytterbium, (2,4-pentanedionato-*O,O'*)[5,10,15,20-tetrakis(4-methylphenyl)-21*H*,23*H*-porphinato(2-)-*N*[21],*N*[22],*N*[23],*N*[24]]-, [61276-72-0], 22:156

$YbN_4O_2C_{59}H_{55}$, Ytterbium, [5,10,15,20-tetrakis(4-methylphenyl)-21*H*,23*H*-porphinato(2-)-*N*[21],*N*[22],*N*[23],*N*[24]](2,2,6,6-tetramethyl-3,5-heptanedionato-*O,O'*)-, [60911-13-9], 22:156

$YbOC_{24}H_{40}$, Ytterbium, [1,1'-oxybis[ethane]]bis[(1,2,3,4,5-η)-1,2,3,4,5-pentamethyl-2,4-cyclopentadien-1-yl]-, [74282-47-6], 27:148

$YbO_2C_{14}H_{20}$, Ytterbium, bis(η^5-2,4-cyclopentadien-1-yl)(1,2-dimethoxyethane-*O,O'*)-, [84270-63-3], 26:22;28:295

$YbO_3C_{45}H_{69}$, Phenol, 2,6-bis(1,1-dimethylethyl)-4-methyl-, ytterbium(3+) salt, [89085-99-4], 27:167

$YbO_6C_{33}H_{57}$, Ytterbium, tris(2,2,6,6-tetramethyl-3,5-heptanedionato-*O,O'*)-, (*OC*-6-11)-, [15492-52-1], 11:94

$Yb_2Br_9Cs_3$, Ytterbate(3-), tri-μ-bromohexabromodi-, tricesium, [73191-00-1], 30:79

$Yb_2Br_9Rb_3$, Ytterbate(3-), tri-μ-bromohexabromodi-, trirubidium, [158188-74-0], 30:79

$Yb_2Cl_2Si_8C_{44}H_{84}$, Ytterbium, tetrakis[(1,2,3,4,5-η)-1,3-bis(trimethylsilyl)-2,4-cyclopentadien-1-yl]di-μ-chlorodi-, [81536-99-4], 27:171

$Yb_2Cl_9Cs_3$, Ytterbate(3-), tri-μ-chlorohexachlorodi-, tricesium, [73191-16-9], 30:79

Yb_2S_3, Ytterbium sulfide (Yb_2S_3), [12039-20-2], 14:154

$Yb_4N_{12}O_{51}C_{30}H_{60}$, Ytterbium(1+), bis(nitrato-*O,O'*)(1,4,7,10,13-pentaoxacyclopentadecane-$O^1,O^4,O^7,O^{10},O^{13}$)-, hexakis(nitrato-*O,O'*) ytterbate(3-) (3:1), [94121-35-4], 23:153

$Yb_4N_{12}O_{54}C_{36}H_{72}$, Ytterbium(1+), (1,4,7,10,13,16-hexaoxacyclooctadecane-$O^1,O^4,O^7,O^{10},O^{13},O^{16}$)bis(nitrato-*O,O'*)-, hexakis(nitrato-*O,O'*) ytterbate(3-) (3:1), [94121-41-2], 23:155

ZnC_2H_6, Zinc, dimethyl-, [544-97-8], 19:253

$ZnClF_6N_4PC_{24}H_{28}$, Zinc(1+), chloro(2,9-dimethyl-3,10-diphenyl-1,4,8,11-tetraazacyclotetradeca-1,3,8,10-tetraene-N^1,N^4,N^8,N^{11})-, (*SP*-5-12)-, hexafluorophosphate(1-), [77153-92-5], 22:111

$ZnCl_2$, Zinc chloride ($ZnCl_2$), [7646-85-7], 5:154;7:168;28:322;2

$ZnCl_2H_6N_2O_2$, Zinc, dichlorobis(hydroxylamine-*N*)-, (*T*-4)-, [15333-32-1], 9:2

$ZnCl_2N_3C_{10}H_9$, Zinc, dichloro(*N*-2-pyridinyl-2-pyridinamine-N^{N^2},N^1)-, (*T*-4)-, [14169-18-7], 8:10

$ZnCl_3O_6SiC_{15}H_{21}$, Silicon(1+), tris(2,4-pentanedionato-*O,O'*)-, (*OC*-6-11)-, trichlorozincate(1-), [19680-74-1], 7:33

$ZnCl_4H_{18}N_6Ru$, Ruthenium(2+), hexaammine-, (*OC*-6-11)-, (*T*-4)-tetrachlorozincate(2-) (1:1), [25534-93-4], 13:210

$ZnCl_4K_2$, Zincate(2-), tetrachloro-, dipotassium, (*T*-4)-, [15629-28-4], 20:51

$ZnCl_4N_4NiC_{12}H_{24}$, Nickel(2+), (2,3-dimethyl-1,4,8,11-tetraazacyclotetradeca-1,3-diene-N^1,N^4,N^8,N^{11})-, (*SP*-4-2)-, (*T*-4)-tetrachlorozincate(2-) (1:1), [67326-86-7], 18:27

$ZnCl_4N_6RuC_6H_{24}$, Ruthenium(2+), tris(1,2-ethanediamine-*N,N'*)-, (*OC*-6-11)-, (*T*-4)-tetrachlorozincate(2-) (1:1), [23726-39-8], 19:118

$ZnCr_2O_4$, Chromium zinc oxide (Cr_2ZnO_4), [12018-19-8], 20:52

$ZnFe_2O_4$, Iron zinc oxide (Fe_2ZnO_4), [12063-19-3], 9:154

ZnH_2, Zinc hydride (ZnH_2), [14018-82-7], 17:6

ZnH_3Li, Zincate(1-), trihydro-, lithium, [38829-83-3], 17:10

ZnH_3Na, Zincate(1-), trihydro-, sodium, [34397-46-1], 17:15

ZnH_4Li_2, Zincate(2-), tetrahydro-, dilithium, (*T*-4)-, [38829-84-4], 17:12

$ZnN_2O_{10}S_2C_{14}H_{16}.2H_2O$, Zinc, tetraaquabis(1,2-benzisothiazol-3(2*H*)-one 1,1-dioxidato-N^2)-, dihydrate, [81780-33-8], 23:49

$ZnN_3O_4C_{14}H_{15}$, Zinc, bis(acetato-*O,O'*)(*N*-2-pyridinyl-2-pyridinamine-N^{N^2},N^1)-, [14166-94-0], 8:10

$ZnN_4S_2C_{12}H_{10}$, Zinc, bis(pyridine)bis (thiocyanato-*N*)-, (*T*-4)-, [13878-20-1], 12:251,253

$ZnN_5C_{12}H_9$, Zinc, bis(cyano-*C*)(*N*-2-pyridinyl-2-pyridinamine-N^N,N^1)-, [14695-99-9], 8:10

$ZnN_6S_4C_{40}H_{72}$, 1-Butanaminium, *N*,*N*,*N*-tributyl-, (*T*-4)-bis[2,3-dimercapto-2-butenedinitrilato(2-)-*S*,*S'*]zincate(2-) (2:1), [18958-61-7], 10:14

$ZnN_8C_{40}H_{24}$, Zinc, [5,10,15,20-tetra-4-pyridinyl-21*H*,23*H*-porphinato(2-)-N^{21},N^{22},N^{23},N^{24}]-, (*SP*-4-1)-, [31183-11-6], 12:256

$(ZnN_8S_2C_6H_6)_x$, Zinc, bis(thiocyanato-*N*) bis(1*H*-1,2,4-triazole)-, homopolymer, [63654-16-0], 23:160

ZnO, Zinc oxide (ZnO), [1314-13-2], 30:262

$ZnO_4C_{10}H_{14}$, Zinc, bis(2,4-pentanedi-onato-*O*,*O'*)-, (*T*-4)-, [14024-63-6], 10:74

$ZnO_4C_{10}H_{14}.H_2O$, Zinc, bis(2,4-pentanedionato-*O*,*O'*)-, monohydrate, (*T*-4)-, [14363-15-6], 10:74

$ZnO_5C_{11}H_{18}$, Zinc, (methanol)bis(2,4-pentanedionato-*O*,*O'*)-, [150124-38-2], 10:74

$ZnO_{12}UC_{12}H_{18}$, Acetic acid, uranium(4+) zinc salt (6:1:1), [66922-96-1], 9:42

$ZnP_2S_4C_{72}H_{60}$, Phosphonium, tetra-phenyl-, (*T*-4)-tetrakis(benzenethi-olato)zincate(2-) (2:1), [57763-43-6], 21:25

ZnS, Zinc sulfide (ZnS), [1314-98-3], 30:262

$Zn_2Cl_4N_4C_{28}H_{20}$, Zinc(2+), (tetraben-zo[*b*,*f*,*j*,*n*][1,5,9,13]tetraazacyclo-hexadecine-N^5,N^{11},N^{17},N^{23})-, (*SP*-4-1)-, (*T*-4)-tetrachlorozincate(2-) (1:1), [62571-24-8], 18:33

$Zn_2NaC_2H_9$, Zincate(1-), trihydrodi-methyldi-, sodium, [11090-43-0], 17:13

$Zn_2O_8C_{17}H_{24}$, Zinc, (acetato)tris(2,4-pentanedionato)di-, [12568-45-5], 10:75

$Zn_4N_4O_{60}C_{96}H_{136}$, Zincate(4-), hexakis-[μ-[tetraethyl 2,3-dioxo-1,1,4,4-butanetetracarboxylato(2-)]]tetra-, tetraammonium, [114466-56-7], 29:277

ZrBr, Zirconium bromide (ZrBr), [31483-18-8], 22:26;30:6

$ZrBrO_6C_{15}H_{21}$, Zirconium, bromotris(2,4-pentanedionato-*O*,*O'*)-, [19610-19-6], 12:88,94

$ZrBr_2O$, Zirconium, dibromooxo-, [33712-61-7], 1:51

$ZrBr_4$, Zirconium bromide ($ZrBr_4$), (*T*-4)-, [13777-25-8], 1:49

$ZrBr_4N_2C_4H_6$, Zirconium, bis(acetonitrile) tetrabromo-, (*OC*-6-22)-, [65531-82-0], 12:227

$ZrBr_4N_2C_6H_{10}$, Zirconium, tetrabromobis (propanenitrile)-, [92656-72-9], 12:228

$ZrBr_4N_2C_8H_{14}$, Zirconium, dibromobis (butanenitrile)-, [151183-15-2], 12:228

$ZrBr_6N_2C_8H_{24}$, Zirconate(2-), hexabromo-, (*OC*-6-11)-, dihydrogen, compd. with *N*-ethylethanamine (1:2), [18007-83-5], 12:231

$ZrC_{10}H_{12}$, Zirconium, bis(η^5-2,4-cyclopentadien-1-yl)dihydro-, [37342-98-6], 19:224,225;28:257

ZrCl, Zirconium chloride (ZrCl), [14989-34-5], 30:6

$ZrClC_{10}H_{11}$, Zirconium, chlorobis(η^5-2,4-cyclopentadien-1-yl)hydro-, [37342-97-5], 19:226;28:259

$ZrClO_6C_{15}H_{21}$, Zirconium, chlorotris(2,4-pentanedionato-*O*,*O'*)-, [17211-55-1], 8:38;12:88,93

$ZrCl_2O$, Zirconium, dichlorooxo-, [7699-43-6], 3:76

$ZrCl_2O.8H_2O$, Zirconium, dichlorooxo-, octahydrate, [13520-92-8], 2:121

$ZrCl_2O_4C_{10}H_{14}$, Zirconium, dichlorobis(2,4-pentanedionato-*O*,*O'*)-, [18717-38-9], 12:88,93

$ZrCl_4N_2C_4H_6$, Zirconium, bis(acetonitrile) tetrachloro-, [12073-21-1], 12:227

$ZrCl_4N_2C_6H_{10}$, Zirconium, tetrachlorobis (propanenitrile)-, [92305-50-5], 12:228

$ZrCl_4O_2C_8H_{16}$, Zirconium, tetrachlorobis (tetrahydrofuran)-, [21959-01-3], 21:136

$ZrCl_4$, Zirconium chloride ($ZrCl_4$), (*T*-4)-, [10026-11-6], 4:121;7:167

$ZrCl_6N_2C_8H_{24}$, Zirconate(2-), hexachloro-, (*OC*-6-11)-, dihydrogen, compd. with *N*-ethylethanamine (1:2), [16970-03-9], 12:231

$ZrF_{12}O_8C_{20}H_{16}$, Zirconium, tetrakis(1,1,1-trifluoro-2,4-pentanedionato-*O,O'*)-, [17499-68-2], 9:50

$ZrIO_6C_{15}H_{21}$, Zirconium, iodotris(2,4-pentanedionato-*O,O'*)-, [25375-95-5], 12:88,95

ZrI_4, Zirconium iodide (ZrI_4), [13986-26-0], 7:52

$ZrK_2N_2O_{12}C_{12}H_{12}$, Zirconate(2-), bis[*N,N*-bis(carboxymethyl)glycinato(3-)-*N,O,O',O''*]-, dipotassium, [12366-46-0], 10:7

$ZrK_2N_6S_6C_6$, Thiocyanic acid, potassium zirconium(4+) salt (6:2:1), [147796-84-7], 13:230

$ZrK_4O_{16}C_8.5H_2O$, Zirconate(4-), tetrakis [ethanedioato(2-)-*O,O'*]-, (*DD*-8-111''1''1'1'1'''1''')-, tetrapotassium, pentahydrate, [51716-89-3], 8:40

ZrO_2, Zirconium oxide (ZrO_2), [1314-23-4], 3:76;30:262

$ZrO_2C_{12}H_{10}$, Zirconium, dicarbonylbis(η^5-2,4-cyclopentadien-1-yl)-, [59487-85-3], 24:150;28:251

$ZrO_2C_{22}H_{30}$, Zirconium, dicarbonylbis[(1,2,3,4,5-η)-1,2,3,4,5-pentamethyl-2,4-cyclopentadien-1-yl]-, [61396-31-4], 24:153;28:254

$ZrO_8C_{20}H_{28}$, Zirconium, tetrakis(2,4-pentanedionato-*O,O'*)-, (*SA*-8-11''11''1'1'''1'1''')-, [17501-44-9], 2:121

$ZrO_8C_{20}H_{28}.2H_2O$, Zirconium, tetrakis(2,4-pentanedionato-*O,O'*)-, decahydrate, (*SA*-8-11''11''1'1'''1'1''')-, [150135-38-9], 2:121

$ZrOsP_3C_{34}H_{47}$, Zirconium, bis(η^5-2,4-cyclopentadien-1-yl)tri-μ-hydrohydro [tris(dimethylphenylphosphine) osmium]-, (*Os-Zr*), [93895-83-1], 27:27

ZrS_2, Zirconium sulfide (ZrS_2), [12039-15-5], 12:158,162;30:25

$Zr_2Cl_2OC_{20}H_{20}$, Zirconium, dichloro-tetrakis(η^5-2,4-cyclopentadien-1-yl)-μ-oxodi-, [12097-04-0], 19:224

$Zr_3K_4Te_{17}$, Potassium zirconium telluride ($K_4Zr_3(Te_2)_7(Te_3)$), [132938-08-0], 30:86

CHEMICAL ABSTRACTS SERVICE REGISTRY NUMBER INDEX

[56-03-1], Imidodicarbonimidic diamide, 7:58
[56-18-8], 1,3-Propanediamine, *N*-(3-aminopropyl)-, 18:18
[57-13-6], Urea, 2:89
[64-19-7], Acetic acid, 1:85; 2:119
[67-68-5], Methane, sulfinylbis-, 11:116,124
[71-43-2], Benzene, 10:101
[74-86-2], Ethyne, 2:76; 10:97
[74-94-2], Boron, trihydro(*N*-methylmethanamine)-, (*T*-4)-, 15:122
[75-05-8], Acetonitrile, 10:101; 18:6
[75-15-0], Carbon disulfide, 11:187
[75-22-9], Boron, (*N*,*N*-dimethylmethanamine)trihydro-, (*T*-4)-, 9:8
[75-50-3], Methanamine, *N*,*N*-dimethyl-, 2:159
[75-54-7], Silane, dichloromethyl-, 3:58
[75-73-0], Methane, tetrafluoro-, 1:34; 3:178
[75-77-4], Silane, chlorotrimethyl-, 3:58; 29:108
[75-78-5], Silane, dichlorodimethyl-, 3:56
[75-79-6], Silane, trichloromethyl-, 3:58
[75-94-5], Silane, trichloroethenyl-, 3:58
[79-19-6], Hydrazinecarbothioamide, 4:39; 6:42
[86-73-7], 9*H*-Fluorene, 11:115
[91-15-6], 1,2-Benzenedicarbonitrile, 18:47
[94-93-9], Phenol, 2,2'-[1,2-ethanediylbis(nitrilomethylidyne)]bis-, 3:198
[95-54-5], 1,2-Benzenediamine, 18:51
[96-39-9], 1,3-Cyclopentadiene, 1-methyl-, 27:52
[97-93-8], Aluminum, triethyl-, 13:124; 15:2,5,10,25
[97-94-9], Borane, triethyl-, 15:137,142,149
[98-12-4], Silane, trichlorocyclohexyl-, 4:43
[100-42-5], Benzene, ethenyl-, 21:80
[101-02-0], Phosphorous acid, triphenyl ester, 8:69
[102-54-5], Ferrocene, 6:11,15
[103-29-7], Benzene, 1,1'-(1,2-ethanediyl)bis-, 26:192
[106-96-7], 1-Propyne, 3-bromo-, 10:101
[107-15-3], 1,2-Ethanediamine, 2:197; 18:37
[107-21-1], 1,2-Ethanediol, 22:86
[107-46-0], Disiloxane, hexamethyl-, 5:58
[108-07-6], Mercury, (acetato-*O*)methyl-, 24:145
[108-21-4], Acetic acid, 1-methylethyl ester, 3:48
[108-77-0], 1,3,5-Triazine, 2,4,6-trichloro-, 2:94
[109-72-8], Lithium, butyl-, 8:20
[109-76-2], 1,3-Propanediamine, 18:23
[109-86-4], Ethanol, 2-methoxy-, 18:145
[109-99-9], Furan, tetrahydro-, 10:106
[110-21-4], 1,2-Hydrazinedicarboxamide, 4:26; 5:53,54
[110-86-1], Pyridine, 7:175,178
[111-43-3], Propane, 1,1'-oxybis-, 10:98
[121-69-7], Benzenamine, *N*,*N*-dimethyl-, 2:174
[123-54-6], 2,4-Pentanedione, 2:10; 18:37
[124-38-9], Carbon dioxide, 5:44; 6:157; 7:40; 7:41
[124-70-9], Silane, dichloroethenylmethyl-, 3:61

[128-08-5], 2,5-Pyrrolidinedione, 1-bromo-, 7:135
[132-16-1], Iron, [29*H*,31*H*-phthalocyaninato(2-)-N^{29},N^{30},N^{31},N^{32}]-, (*SP*-4-1)-, 20:159
[136-92-5], 2,4-Dithia-3-selena-6-azaoctanethioamide, *N*,*N*,6-triethyl-5-thioxo-, 4:93
[136-93-6], Methanethioamide, 1,1'-[tellurobis(thio)]bis[*N*,*N*-diethyl-, 4:93
[141-52-6], Ethanol, sodium salt, 7:129
[141-86-6], 2,6-Pyridinediamine, 18:47
[143-36-2], Mercury, iodomethyl-, 24:143
[144-62-7], Ethanedioic acid, 19:16
[150-46-9], Boric acid (H_3BO_3), triethyl ester, 5:29
[150-50-5], Phosphorotrithious acid, tributyl ester, 22:131
[152-16-9], Diphosphoramide, octamethyl-, 7:73
[293-42-5], Heptathiazocine, 6:124; 8:103; 9:99; 11:184; 18:203,204
[295-14-7], 1,4,7,10-Tetraazacyclotridecane, 20:106
[295-37-4], 1,4,8,11-Tetraazacyclotetradecane, 16:223
[296-41-3], 1,4,7,10,13,16-Hexathiacyclooctadecane, 25:123
[302-01-2], Hydrazine, 1:90,92; 5:124
[333-18-6], 1,2-Ethanediamine, dihydrochloride, 7:217
[334-35-0], 1,2,4,5,7,3,6,8-Pentathiatriazocine, 11:184
[334-88-3], Methane, diazo-, 6:38
[343-44-2], 5,26:13,18-Diimino-7,11:20,24-dinitrilodibenzo[*c*,*n*][1,6,12,17]tetraazacyclodocosine, 18:47
[353-50-4], Carbonic difluoride, 6:155; 8:165
[353-66-2], Silane, difluorodimethyl-, 16:141
[358-74-7], Phosphorofluoridic acid, diethyl ester, 24:65
[360-91-8], 1,2-Dithiete, 3,4-bis(trifluoromethyl)-, 10:19
[371-76-6], Mercury, bis(trifluoromethyl)-, 24:52
[371-78-8], Methane, thiobis[trifluoro-, 14:44
[373-74-0], Silane, trifluoromethyl-, 16:139
[373-91-1], Hypofluorous acid, trifluoromethyl ester, 8:165
[381-65-7], Phosphorodifluoridous acid, methyl ester, 4:141; 16:166
[420-04-2], Cyanamide, 3:39; 3:41
[420-20-2], Boron, (*N*,*N*-dimethylmethanamine)trifluoro-, (*T*-4)-, 5:26
[420-64-4], Phosphorane, tetrafluoromethyl-, 13:37
[427-36-1], Benzene, 1,1',1"-(fluoromethylidyne)tris-, 24:66
[429-42-5], 1-Butanaminium, *N*,*N*,*N*-tributyl-, tetrafluoroborate(1-), 24:139
[431-03-8], 2,3-Butanedione, 18:23
[450-32-8], Tetrabenzo[*b*,*f*,*j*,*n*][1,5,9,13]tetraazacyclohexadecine, 18:30
[459-45-0], Benzenediazonium, 4-fluoro-, tetrafluoroborate(1-), 12:29
[460-19-5], Ethanedinitrile, 5:43
[461-58-5], Guanidine, cyano-, 3:43
[471-34-1], Carbonic acid calcium salt (1:1), 2:49
[497-18-7], Carbonic dihydrazide, 4:32
[497-19-8], Carbonic acid disodium salt, 5:159
[505-14-6], Sulfur cyanide ($S_2(CN)_2$), 1:84
[506-59-2], Methanamine, *N*-methyl-, hydrochloride, 7:70,72
[506-77-4], Cyanogen chloride ((CN)Cl), 2:90
[506-80-9], Carbon selenide (CSe_2), 21:6,7
[506-93-4], Guanidine, mononitrate, 1:94
[507-16-4], Thionyl bromide, 1:113
[507-25-5], Methane, tetraiodo-, 3:37
[513-74-6], Carbamodithioic acid, monoammonium salt, 3:48

[513-79-1], Carbonic acid, cobalt(2+) salt (1:1), 6:189
[519-73-3], Benzene, 1,1',1"-methylidynetris-, 11:115
[529-23-7], Benzaldehyde, 2-amino-, 18:31
[534-16-7], Carbonic acid, disilver(1+) salt, 5:19
[542-92-7], 1,3-Cyclopentadiene, 6:11; 7:101
[544-16-1], Nitrous acid, butyl ester, 2:139
[544-97-8], Zinc, dimethyl-, 19:253
[546-67-8], Acetic acid, lead(4+) salt, 1:47
[554-13-2], Carbonic acid, dilithium salt, 1:1; 5:3
[555-54-4], Magnesium, diphenyl-, 6:11
[557-19-7], Nickel cyanide ($Ni(CN)_2$), 2:228
[557-89-1], Arsinous chloride, dimethyl-, 7:85
[562-76-5], Platinate(2-), tetrakis(cyano-*C*)-, dipotassium, (*SP*-4-1)-, 5:215
[562-90-3], Acetic acid, tetraanhydride with silicic acid (H_4SiO_4), 4:45
[588-68-1], Benzaldehyde, (phenylmethylene)hydrazone, 1:92
[590-28-3], Cyanic acid, potassium salt, 2:87
[592-87-0], Thiocyanic acid, lead(2+) salt, 1:85
[593-51-1], Methanamine, hydrochloride, 8:66
[593-54-4], Phosphine, methyl-, 11:124
[593-57-7], Arsine, dimethyl-, 10:160
[593-88-4], Arsine, trimethyl-, 7:84
[593-89-5], Arsonous dichloride, methyl-, 7:85
[593-90-8], Borane, trimethyl-, 27:339
[594-09-2], Phosphine, trimethyl-, 7:85; 9:59; 11:128; 15:35; 16:153; 28:305
[594-10-5], Stibine, trimethyl-, 9:92,93
[598-14-1], Arsonous dichloride, ethyl-, 7:85
[603-33-8], Bismuthine, triphenyl-, 8:189
[603-34-9], Benzenamine, *N,N*-diphenyl-, 8:189
[603-35-0], Phosphine, triphenyl-, 18:120
[607-01-2], Phosphine, ethyldiphenyl-, 16:158
[624-40-8], 1,2,4,5-Tetrazine-3,6-dione, tetrahydro-, 4:29
[626-36-8], Carbamic acid, (aminocarbonyl)-, ethyl ester, 5:49,52
[626-37-9], Carbamic acid, nitro-, ethyl ester, 1:69
[627-52-1], Sulfur cyanide ($S(CN)_2$), 24:125
[628-52-4], Acetic acid, chromium(2+) salt, 1:122; 3:148; 6:145; 8:125
[630-08-0], Carbon monoxide, 2:81; 6:157
[638-50-6], 1,2,3,5,7,4,6,8-Pentathiatriazocine, 11:184
[666-23-9], Phosphorane, tetrafluorophenyl-, 9:64
[672-66-2], Phosphine, dimethylphenyl-, 15:132
[676-58-4], Magnesium, chloromethyl-, 9:60
[676-59-5], Phosphine, dimethyl-, 11:126,157
[676-70-0], Arsonous dibromide, methyl-, 7:82
[676-71-1], Arsinous bromide, dimethyl-, 7:82
[676-75-5], Arsinous iodide, dimethyl-, 6:116; 7:85
[676-83-5], Phosphonous dichloride, methyl-, 7:85
[676-97-1], Phosphonic dichloride, methyl-, 4:63
[676-99-3], Phosphonic difluoride, methyl-, 4:141; 16:166
[677-43-0], Phosphoramidic dichloride, dimethyl-, 7:69
[683-85-2], Phosphoramidous dichloride, dimethyl-, 10:149
[686-61-3], Arsinous chloride, diethyl-, 7:85
[688-73-3], Stannane, tributyl-, 12:47
[690-12-0], Phosphonic dichloride, (2-chloroethyl)-, 4:66

[690-35-7], Boron, trifluoro[1,1,1-trimethyl-*N*-(trimethylsilyl)silanamine]-, (*T*-4)-, 5:58
[694-53-1], Silane, phenyl-, 11:162
[696-24-2], Arsonous dibromide, phenyl-, 7:85
[703-86-6], Borazine, 2,4,6-trichloro-1,3,5-trimethyl-, 13:43
[753-71-9], Phosphonic chloride fluoride, methyl-, 4:141
[753-82-2], Phosphorane, ethyltetrafluoro-, 13:39
[754-05-2], Silane, ethenyltrimethyl-, 3:61
[761-89-7], Carbamic acid, (aminocarbonyl)-, methyl ester, 5:49,52
[762-04-9], Phosphonic acid, diethyl ester, 4:58
[763-11-1], Sulfamide, *N,N'*-dibutyl-, 8:114
[799-83-7], 1,3,5,2,4,6-Triazatriphosphorine, 2,2,4,4,6,6-hexaethoxy-2,2,4,4,6,6-hexahydro-, 8:77
[811-62-1], Phosphinous chloride, dimethyl-, 7:85; 15:191
[811-79-0], Phosphorane, trifluorodimethyl-, 9:67
[814-29-9], Phosphine oxide, tributyl-, 6:90
[814-49-3], Phosphorochloridic acid, diethyl ester, 4:78
[814-97-1], Phosphoramidous difluoride, dimethyl-, 10:150
[815-80-5], Butanedioic acid, 2,3-dihydroxy- [*R*-(*R**,*R**)]-, cobalt(2+) salt (1:1), 6:187
[824-72-6], Phosphonic dichloride, phenyl-, 8:70
[825-94-5], Silane, trichloro(4-chlorophenyl)-, 11:166
[829-85-6], Phosphine, diphenyl-, 9:19; 16:161
[858-12-8], Phosphorus(1+), amidotriphenyl-, hexafluorophosphate(1-), 7:69
[865-44-1], Iodine chloride (ICl_3), 1:167; 9:130-132
[865-52-1], Germane, tetramethyl-, 12:58; 18:153
[867-97-0], Boranetriamine, hexaethyl-, 17:159
[870-72-4], Methanesulfonic acid, hydroxy-, monosodium salt, 8:122
[873-51-8], Borane, dichlorophenyl-, 13:35; 15:152; 22:207
[892-20-6], Stannane, triphenyl-, 12:49
[894-08-6], Plumbane, hydroxytriphenyl-, 8:58
[917-61-3], Cyanic acid, sodium salt, 2:88
[917-64-6], Magnesium, iodomethyl-, 9:92,93
[917-89-5], Sulfur, ethynylpentafluoro-, (*OC*-6-21)-, 27:329
[920-68-3], Silanamine, *N*,1,1,1-tetramethyl-*N*-(trimethylsilyl)-, 5:58
[926-59-0], Butanal, 3-oxo-, ion(1-), sodium, 8:145
[927-84-4], Peroxide, bis(trifluoromethyl), 6:157; 8:165
[933-18-6], Borazine, 2,4,6-trichloro-, 10:139; 13:41
[940-71-6], 1,3,5,2,4,6-Triazatriphosphorine, 2,2,4,4,6,6-hexachloro-2,2,4,4,6,6-hexahydro-, 6:94
[947-42-2], Silanediol, diphenyl-, 3:62
[960-71-4], Borane, triphenyl-, 14:52; 15:134
[974-70-9], 1,3,5,2,4,6-Triazatriphosphorine, 2,2,4,4,6,6-hexakis(ethylthio)-2,2,4,4,6,6-hexahydro-, 8:87
[992-79-0], 1,3,5,7,2,4,6,8-Tetrazatetraphosphocine, 2,2,4,4,6,6,8,8-octahydro-2,2,4,4,6,6,8,8-octaphenoxy-, 8:83
[993-07-7], Silane, trimethyl-, 5:61
[998-40-3], Phosphine, tributyl-, 6:87
[999-97-3], Silanamine, 1,1,1-trimethyl-*N*-(trimethylsilyl)-, 5:58; 18:12
[1003-75-4], 1,2,3,4,5,7,6,8-Hexathiadiazocine, 11:184
[1003-76-5], 1,2,3,4,6,7,5,8-Hexathiadiazocine, 11:184
[1004-35-9], Borazine, 1,3,5-trimethyl-, 9:8
[1009-93-4], Cyclotrisilazane, 2,2,4,4,6,6-hexamethyl-, 5:61

[1017-89-6], Phosphorane, trichlorodiphenyl-, 15:199
[1020-84-4], Cyclotetrasilazane, 2,2,4,4,6,6,8,8-octamethyl-, 5:61
[1048-05-1], Germane, tetraphenyl-, 5:70,73,78; 8:31
[1065-77-6], 1,3,5,2,4,6-Triazatriphosphorine, 2,2,4,4,6,6-hexahydro-2,2,4,4,6,6-hexakis(phenylthio)-, 8:88
[1066-26-8], Sodium acetylide ($Na(C_2H)$), 2:75
[1066-34-8], Phosphonous dibromide, methyl-, 7:85
[1066-37-1], Germane, bromotrimethyl-, 12:64; 18:153
[1066-40-6], Silanol, trimethyl-, 5:58
[1066-49-5], Phosphoranediamine, *N,N,N',N'*-tetraethyl-1,1,1-trifluoro-, 18:187
[1066-50-8], Phosphonic dichloride, ethyl-, 4:63
[1068-21-9], Phosphoramidic acid, diethyl ester, 4:77
[1068-23-1], Phosphorodithioic acid, *O,O*-diethyl ester, lead(2+) salt, 6:142
[1068-59-3], Phosphonous dibromide, ethyl-, 7:85
[1068-66-2], Phosphoranamine, *N,N*-diethyl-1,1,1,1-tetrafluoro-, 18:85
[1068-69-5], Silane, methylidynetris[trimethyl-, 27:238
[1068-74-2], Stannanamine, *N,N*-diethyl-1,1,1-trimethyl-, 10:137
[1070-89-9], Silanamine, 1,1,1-trimethyl-*N*-(trimethylsilyl)-, sodium salt, 8:15
[1073-47-8], Phosphonous dibromide, phenyl-, 9:73
[1073-98-9], Pentaphospholane, pentamethyl-, 25:4
[1076-44-4], Lithium, (pentafluorophenyl)-, 21:72
[1080-42-8], Germane, dibromodiphenyl-, 5:76; 8:34
[1111-78-0], Carbamic acid, monoammonium salt, 2:85
[1111-91-7], Germane, triiodomethyl-, 3:64
[1111-95-1], Phosphorane, (chloromethyl) tetrafluoro-, 9:66
[1111-96-2], Phosphorane, tributyldifluoro-, 9:71
[1112-66-9], Silane, tetra-2-propenyl-, 13:76
[1116-01-4], Phosphorous tricyanide, 6:84
[1118-02-1], Silane, isocyanatotrimethyl-, 8:26
[1129-30-2], Ethanone, 1,1'-(2,6-pyridinediyl)bis-, 18:18
[1138-99-4], Phosphorane, trifluorodiphenyl-, 9:69
[1153-06-6], Plumbane, chlorotriphenyl-, 8:57
[1184-10-7], 1,3,5,2,4,6-Triazatriphosphorine, 2,2,4,4,6,6-hexahydro-2,2,4,4,6,6-hexaphenoxy-, 8:81
[1184-63-0], Acetic acid, europium(3+) salt, 2:66
[1185-54-2], Hydrazinium, 1,1,1-triethyl-, chloride, 5:92,94
[1186-51-2], Sulfur, pentafluoro(trifluoroethenyl)-, (*OC*-6-21)-, 29:35
[1192-27-4], 1,3-Cyclopentadiene, 5-diazo-, 20:191
[1202-34-2], 2-Pyridinamine, *N*-2-pyridinyl-, 5:14
[1256-55-9], 1,3,5,7,2,4,6,8-Tetrazatetraphosphocine, 2,2,4,4,6,6,8,8-octaethoxy-2,2,4,4,6,6,8,8-octahydro-, 8:79
[1271-03-0], Palladium, (η^5-2,4-cyclopentadien-1-yl)(η^3-2-propenyl)-, 19:221; 28:343
[1271-28-9], Nickelocene, 11:122
[1277-43-6], Cobaltocene, 7:113
[1277-47-0], Vanadocene, 7:102
[1284-81-7], Uranium, chlorotris(η^5-2,4-cyclopentadien-1-yl)-, 16:148; 28:301
[1284-82-8], Thorium, chlorotris(η^5-2,4-cyclopentadien-1-yl)-, 16:149; 28:302
[1287-13-4], Ruthenocene, 22:180

[1291-40-3], Molybdenum, bis(η^5-2,4-cyclopentadien-1-yl)dihydro-, 29:205
[1295-35-8], Nickel, bis[(1,2,5,6-η)-1,5-cyclooctadiene]-, 15:5
[1301-96-8], Silver oxide (AgO), 4:12; 30:54
[1302-01-8], Silver fluoride (Ag_2F), 5:18
[1302-82-5], Aluminum selenide (Al_2Se_3), 2:183
[1303-86-2], Boron oxide (B_2O_3), 2:22
[1306-06-5], Hydroxylapatite ($Ca_5(OH)(PO_4)_3$), 6:16; 7:63
[1306-24-7], Cadmium selenide (CdSe), 22:82
[1308-14-1], Chromium hydroxide ($Cr(OH)_3$), 8:138
[1308-96-9], Europium oxide (Eu_2O_3), 2:66
[1309-37-1], Iron oxide (Fe_2O_3), 1:185
[1309-60-0], Lead oxide (PbO_2), 1:45; 22:69
[1310-58-3], Potassium hydroxide (K(OH)), 11:113-116
[1310-65-2], Lithium hydroxide (Li(OH)), 7:1
[1310-66-3], Lithium hydroxide (Li(OH)), monohydrate, 5:3
[1310-86-7], Uranate(1-), dioxo[phosphato(3-)-*O*]-, hydrogen, tetrahydrate, 5:150
[1313-13-9], Manganese oxide (MnO_2), 7:194; 11:59
[1314-13-2], Zinc oxide (ZnO), 30:262
[1314-23-4], Zirconium oxide (ZrO_2), 3:76; 30:262
[1314-28-9], Rhenium oxide (ReO_3), 3:186
[1314-34-7], Vanadium oxide (V_2O_3), 1:106; 4:80; 14:131
[1314-35-8], Tungsten oxide (WO_3), 9:123,125
[1314-56-3], Phosphorus oxide (P_2O_5), 6:81
[1314-62-1], Vanadium oxide (V_2O_5), 9:80
[1314-68-7], Rhenium oxide (Re_2O_7), 3:188; 9:149
[1314-96-1], Strontium sulfide (SrS), 3:11,20,21,23
[1314-98-3], Zinc sulfide (ZnS), 30:262
[1315-01-1], Tin sulfide (SnS_2), 12:158,163; 30:26
[1315-07-7], Strontium selenide (SrSe), 3:11,20,22
[1317-33-5], Molybdenum sulfide (MoS_2), 30:33,167
[1317-61-9], Iron oxide (Fe_3O_4), 11:10; 22:43
[1319-43-3], Carbonic acid, beryllium salt, basic, 3:10
[1343-98-2], Silicic acid, 2:101
[1344-48-5], Mercury sulfide (HgS), 1:19
[1344-54-3], Titanium oxide (Ti_2O_3), 14:131
[1344-57-6], Uranium oxide (UO_2), 5:149
[1344-59-8], Uranium oxide (U_3O_8), 5:149
[1445-79-0], Gallium, trimethyl-, 15:203
[1449-64-5], Germane, dimethyl-, 11:130; 18:154,156
[1449-65-6], Germane, methyl-, 11:128
[1479-49-8], Methane, oxybis[trifluoro-, 14:42
[1486-28-8], Phosphine, methyldiphenyl-, 15:128; 16:157
[1493-13-6], Methanesulfonic acid, trifluoro-, 28:70
[1494-07-1], Molybdenum, tris[1,1,1,4,4,4-hexafluoro-2-butene-2,3-dithiolato(2-)-*S,S'*]-, (*OC*-6-11)-, 10:22-24
[1498-64-2], Phosphorodichloridothioic acid, *O*-ethyl ester, 4:75
[1510-31-2], Urea, *N,N*-difluoro-, 12:307,310
[1516-54-7], Boron, tribromo(*N,N*-dimethylmethanamine)-, (*T*-4)-, 12:141,142; 29:51
[1516-55-8], Boron, trichloro(*N,N*-dimethylmethanamine)-, (*T*-4)-, 5:27
[1573-17-7], 2-Butyne-1,4-diol, diacetate, 11:20
[1590-87-0], Disilane, 11:172

[1605-53-4], Phosphine, diethylphenyl-, 18:170
[1605-65-8], Phosphorodiamidic chloride, tetramethyl-, 7:71
[1631-73-8], Stannane, trimethyl-, 12:52
[1638-86-4], Phosphonous acid, phenyl-, diethyl ester, 13:117
[1675-58-7], Germane, diphenyl-, 5:74-78
[1679-92-1], 1,3,5,2,4,6-Triazatriphosphorine, 2,4,6-trichloro-1,3,5-triethylhexahydro-, 25:13
[1692-18-8], Distannoxane, hexamethyl-, 17:181
[1701-93-5], Thiocyanic acid, silver(1+) salt, 8:28
[1707-03-5], Phosphinic acid, diphenyl-, 8:71
[1718-18-9], Trioxide, bis(trifluoromethyl), 12:312
[1722-26-5], Boron, (*N*,*N*-diethylethanamine)trihydro-, (*T*-4)-, 12:109-115
[1735-83-7], Phosphoranediamine, 1,1,1-trifluoro-*N*,*N*,*N*',*N*'-tetramethyl-, 18:186
[1745-72-8], Silane, dichlorodiethenyl-, 3:61
[1782-09-8], Phosphorous triisocyanate, 13:20
[1793-91-5], Germane, tetra-2-propenyl-, 13:76
[1809-14-9], Phosphonic acid, dioctyl ester, 4:61
[1813-39-4], Thallium, chlorobis(pentafluorophenyl)-, 21:71,72
[1822-00-0], Lithium, [(trimethylsilyl)-methyl]-, 24:95
[1825-61-2], Silane, methoxytrimethyl-, 26:44
[1828-66-6], 4-Morpholinesulfonyl chloride, 8:109
[1838-12-6], Boron, trihydro(triethylphosphine)-, (*T*-4)-, 12:109-115
[1838-13-7], Boranamine, *N*,*N*-dimethyl-, 9:8
[1838-41-1], Methanaminium, *N*,*N*,*N*-trimethyl-, dichloroiodate(1-), 5:176
[1863-68-9], Methanaminium, *N*,*N*,*N*-trimethyl-, dichlorobromate(1-), 5:172
[1885-81-0], Benzene, 1-chloro-4-isocyano-, 23:10
[1898-77-7], Boron, trihydro(trimethylphosphine)-, (*T*-4)-, 12:135-136
[1923-70-2], 1-Butanaminium, *N*,*N*,*N*-tributyl-, perchlorate, 24:135
[2003-89-6], Silane, trichloro(3-chlorophenyl)-, 11:166
[2003-90-9], Silane, trichloro(2-chlorophenyl)-, 11:166
[2041-04-5], Ethanaminium, *N*,*N*,*N*-triethyl-, (*T*-4)-tetrabromocobaltate(2-) (2:1), 9:140
[2049-55-0], Boron, trihydro(triphenylphosphine)-, (*T*-4)-, 12:109-115
[2065-75-0], Propanedial, bromo-, 18:50
[2067-76-7], Stannane, dimethyl-, 12:50,54
[2083-91-2], Silanamine, pentamethyl-, 18:180
[2092-17-3], Thiocyanic acid, barium salt, 3:24
[2117-69-3], Plumbane, dichlorodiphenyl-, 8:60
[2129-89-7], Phosphine oxide, methyldiphenyl-, 17:184
[2181-40-0], Digermoxane, hexaphenyl-, 5:78
[2203-74-9], 1,3,5,2,4,6-Triazatriphosphorine, 2,2,4,6-tetrachloro-4,6-bis(dimethylamino)-2,2,4,4,6,6-hexahydro-, 18:194
[2237-93-6], Digermoxane, hexamethyl-, 20:176,179
[2240-31-5], Phosphinous bromide, dimethyl-, 7:85
[2283-15-0], 1,3,5,7,2,4,6,8-Tetrazatetraphosphocine, 2,2,4,4,6,6,8,8-octakis[(1,1-dimethylethyl)amino]-2,2,4,4,6,6,8,8-octahydro-, 25:23
[2290-65-5], Silane, isothiocyanatotrimethyl-, 8:30
[2353-98-2], Phosphoranamine, 1,1,1,1-tetrafluoro-*N*,*N*-dimethyl-, 18:181

[2359-97-9], Ethanamine, 2-(diphenylphosphino)-*N*,*N*-diethyl-, 16:160
[2368-32-3], Carbamic fluoride, difluoro-, 12:300
[2372-45-4], 1-Butanol, sodium salt, 1:88
[2374-27-8], Mercury, methyl(nitrato-*O*)-, 24:144
[2375-30-6], Sulfur, pentafluoro(isocyanato)-, (*OC*-6-21)-, 29:38
[2386-98-3], Boranediamine, *N*,*N*,*N'*,*N'*-tetramethyl-, 17:30
[2404-52-6], Phosphorothioic trifluoride, 1:154
[2406-52-2], Stannane, 7:39; 11:170
[2441-21-6], Silane, iododimethyl-, 19:271
[2466-09-3], Diphosphoric acid, 3:96
[2526-64-9], Phosphorane, dichlorotriphenyl-, 15:85
[2536-14-3], Ethanaminium, *N*,*N*,*N*-triethyl-, (*T*-4)-tetrabromomanganate(2-) (2:1), 9:137
[2551-62-4], Sulfur fluoride (SF_6), (*OC*-6-11)-, 1:121; 3:119; 8:162
[2582-30-1], Carbonic acid, compd. with hydrazinecarboximidamide (1:1), 3:45
[2622-05-1], Magnesium, chloro-2-propenyl-, 13:74
[2622-14-2], Phosphine, tricyclohexyl-, 15:39
[2644-70-4], Hydrazine, monohydrochloride, 12:7
[2696-92-6], Nitrosyl chloride ((NO)Cl), 1:55; 4:48; 11:199
[2699-79-8], Sulfuryl fluoride, 6:158; 8:162; 9:111
[2713-48-6], 1,3,5,2,4,6-Triazatriphosphorine, 2,2,4,4,6-pentafluoro-2,2,4,4,6,6-hexahydro-6-phenyl-, 12:294
[2726-34-3], Stannane, 2,4-cyclopentadien-1-yltrimethyl-, 17:178
[2747-38-8], Titanium, trichloromethyl-, (*T*-4)-, 16:122
[2816-39-9], Digermane, hexaphenyl-, 5:72,78; 8:31
[2816-43-5], Germane, triphenyl-, 5:76
[2817-45-0], Phosphoramidic acid, 13:24; 19:281
[2857-97-8], Silane, bromotrimethyl-, 26:4
[2881-62-1], Sodium acetylide ($Na_2(C_2)$), 2:79-80
[2923-28-6], Methanesulfonic acid, trifluoro-, silver(1+) salt, 24:247
[2950-43-8], Hydroxylamine-*O*-sulfonic acid, 5:122
[2950-45-0], 1,3,5,7,2,4,6,8-Tetrazatetraphosphocine, 2,2,4,4,6,6,8,8-octachloro-2,2,4,4,6,6,8,8-octahydro-, 6:94
[2987-53-3], Benzenamine, 2-(methylthio)-, 16:169
[3005-32-1], Germane, bromotriphenyl-, 5:74-76; 8:34
[3043-60-5], Boroxin, triethyl-, 24:85
[3053-46-1], Acetic acid, uranium(4+) salt, 9:41
[3076-34-4], Phosphoramidic acid, disodium salt, 6:100
[3084-50-2], Phosphine sulfide, tributyl-, 9:71
[3109-63-5], 1-Butanaminium, *N*,*N*,*N*-tributyl-, hexafluorophosphate(1-), 24:141
[3141-10-4], Arsenous acid, tributyl ester, 11:183
[3141-12-6], Arsenous acid, triethyl ester, 11:183
[3153-26-2], Vanadium, oxobis(2,4-pentanedionato-*O*,*O'*)-, (*SP*-5-21)-, 5:113
[3164-34-9], Butanedioic acid, 2,3-dihydroxy- [*R*-(*R**,*R**)]-, calcium salt (1:1), 20:9
[3232-84-6], 1,2,4-Triazolidine-3,5-dione, 5:52-54
[3252-99-1], Cobalt, bis[(2,3-butanedione dioximato)(1-)-*N*,*N'*]-, (*SP*-4-1)-, 11:64
[3264-82-2], Nickel, bis(2,4-pentanedionato-*O*,*O'*)-, (*SP*-4-1)-, 15:5,10,29
[3272-86-4], Phosphorane, trimethyl[(trimethylsilyl)methylene]-, 18:137
[3288-78-6], Hydrazinium, 1,1-dimethyl-1-phenyl-, chloride, 5:92

[3315-16-0], Cyanic acid, silver(1+) salt, 8:23
[3325-72-2], Diborane(6), tetrabromobis[μ-(diphenylphosphino)]-, 9:24
[3325-73-3], Diborane(6), bis[μ-(diphenylphosphino)]tetraiodo-, 9:19,22
[3345-37-7], Methanaminium, *N*,*N*,*N*-trimethyl-, (nonaiodide), 5:172
[3384-87-0], Cyanamide, disilver(1+) salt, 1:98; 15:167
[3385-94-2], Disilathiane, hexamethyl-, 15:207; 19:276; 29:30
[3410-77-3], Silane, tetraisocyanato-, 8:23; 24:99
[3425-46-5], Selenocyanic acid, potassium salt, 2:186
[3457-52-1], 2,3-Butanedione, dihydrazone, 20:88
[3473-84-5], Vanadium, bis(acetato-*O*)oxo-, 13:181
[3574-04-7], Cyclotrisilathiane, hexamethyl-, 15:212
[3582-11-4], Phosphonous dichloride, (trichloromethyl)-, 12:290
[3583-99-1], Phosphorane, ethenyltetrafluoro-, 13:39
[3584-00-7], Phosphorane, tetrafluoropropyl-, 13:39
[3676-91-3], Diphosphine, tetramethyl-, 13:30; 14:14; 15:187
[3676-97-9], Diphosphine, tetramethyl-, 1,2-disulfide, 15:185; 23:199
[3677-81-4], Borane, chlorodiphenyl-, 13:36; 15:149
[3699-76-1], Phosphonic acid, [2-(diethylamino)-2-oxoethyl]-, diethyl ester, 24:101
[3721-13-9], 1,3,5,2,4,6-Triazatriphosphorine, 2,4,6-trichloro-2,4,6-tris (dimethylamino)-2,2,4,4,6,6-hexahydro-, 18:194
[3724-36-5], Silane, (4-chlorophenyl)-, 11:166
[3768-55-6], Silanamine, 1,1,1-trimethyl-*N*-phenyl-, 5:59
[3768-65-8], Piperidine, 1,1'-sulfonylbis-, 8:114
[3776-23-6], 1,3,5,2,4,6-Triazatriphosphorine, 2,2,4-tris(1-aziridinyl)-4,6,6-trichloro-2,2,4,4,6,6-hexahydro-, 25:87
[3776-28-1], 1,3,5,2,4,6-Triazatriphosphorine, 2-(1-aziridinyl)-2,4,4,6,6-pentachloro-2,2,4,4,6,6-hexahydro-, 25:87
[3808-49-9], 1,3,5,2,4,6-Triazatriphosphorine, 2,2-bis(1-aziridinyl)-4,4,6,6-tetrachloro-2,2,4,4,6,6-hexahydro-, 25:87
[3839-32-5], Lithium, (triphenylgermyl)-, 8:34
[3855-41-2], Imidosulfurous difluoride, (fluorocarbonyl)-, 24:10
[3878-44-2], Phosphine selenide, triphenyl-, 10:157
[3925-67-5], 1,2,3,5,6,7,4,8-Hexathiadiazocine, 11:184
[3931-89-3], Phosphorothioic tribromide, 2:153
[3975-77-7], Benzene, 2-bromo-1,3,5-tris(1,1-dimethylethyl)-, 27:236
[3982-91-0], Phosphorothioic trichloride, 4:71
[3984-14-3], Sulfamide, *N*,*N*-dimethyl-, 8:114
[3999-13-1], Phosphinous hydrazide, 2,2-dimethyl-*P*,*P*-diphenyl-, 8:74
[4020-99-9], Phosphinous acid, diphenyl-, methyl ester, 17:184
[4039-32-1], Silanamine, 1,1,1-trimethyl-*N*-(trimethylsilyl)-, lithium salt, 8:19; 18:115
[4045-44-7], 1,3-Cyclopentadiene, 1,2,3,4,5-pentamethyl-, 21:181
[4098-30-0], Cyclohexasilane, dodecamethyl-, 19:265
[4099-46-1], Disilaselenane, hexamethyl-, 20:173
[4108-90-1], 1-Piperidinesulfonamide, 8:114
[4165-57-5], Benzene-d_5, bromo-, 16:164

[4262-38-8], 1,3,5,7,2,4,6,8-Tetrazatetraborocine, 2,4,6,8-tetrachloro-1,3,5,7-tetrakis(1,1-dimethylethyl)octahydro-, 10:144
[4323-64-2], Phosphinous chloride, dibutyl-, 14:4
[4337-68-2], Methanaminium, *N,N,N*-trimethyl-, (triiodide), 5:172
[4346-39-8], Potassium, (diphenylphosphino)-, 8:190
[4375-83-1], Boranetriamine, hexamethyl-, 10:135
[4376-01-6], Phosphine, diphenyl-, sodium salt, 13:28
[4381-07-1], Carbonic dihydrazide, 2-(aminocarbonyl)-, 4:36
[4426-31-7], Borinic acid, diethyl-, 22:193
[4433-63-0], Boronic acid, ethyl-, 24:83
[4457-88-9], Arsine, (2-bromophenyl)-dimethyl-, 16:185
[4468-90-0], Carbonic dihydrazide, 2,2'-bis(aminocarbonyl)-, 4:38
[4472-06-4], Carbonazidodithioic acid, 1:81
[4519-28-2], Phosphonium, tetramethyl-, bromide, 18:138
[4541-02-0], Phosphine, diphenyl-, lithium salt, 17:186
[4551-16-0], Disilatellurane, hexamethyl-, 20:173
[4552-64-1], 3-Buten-2-one, 1,1,1-trifluoro-4-mercapto-4-(2-thienyl)-, 16:206
[4646-69-9], Bicyclo[4.1.0]hepta-1,3,5-triene, 7:106
[4682-08-0], Hydroxylamine, ethanedioate (2:1) (salt), 3:83
[4713-59-1], Stannane, dibromodiphenyl-, 23:21
[4741-30-4], Carbonodithioic acid, 27:287
[4768-87-0], Selenocyanic acid, sodium salt, 2:186
[4841-33-2], Sulfamide, *N,N*-diethyl-, 8:114
[4856-95-5], Boron, trihydro(morpholine-N^4)-, (*T*-4)-, 12:109-115
[4984-82-1], Sodium, 2,4-cyclopentadien-1-yl-, 7:101; 7:108; 7:113
[5075-61-6], Phosphine, dimethyl(pentafluorophenyl)-, 16:181
[5275-42-3], Boron, bromo(*N,N*-dimethylmethanamine)dihydro-, (*T*-4)-, 12:118
[5314-83-0], Borane, chlorodiethyl-, 15:149
[5314-85-2], Borazine, 2,4,6-trimethyl-, 9:8
[5328-32-5], Hydrazinecarboxamide, *N*-(aminocarbonyl)-, 5:48
[5329-14-6], Sulfamic acid, 2:176,178
[5341-61-7], Hydrazine, dihydrochloride, 1:92
[5353-44-6], Boron, chloro(*N,N*-dimethylmethanamine)dihydro-, (*T*-4)-, 12:117
[5376-03-4], Cycloheptatrienylium, bromide, 7:105
[5382-00-3], Phosphorochloridous acid, diphenyl ester, 8:68
[5430-49-9], 1-Piperidinesulfonamide, *N*-cyclohexyl-, 8:114
[5430-50-2], 1-Piperidinesulfonamide, *N*-(2-methylphenyl)-, 8:114
[5432-36-0], 1-Piperidinesulfonamide, *N*-(3-methylphenyl)-, 8:114
[5450-07-7], 1-Piperidinesulfonamide, *N*-(4-methylphenyl)-, 8:114
[5466-54-6], 2-Butenedinitrile, 2,3-dimercapto-, disodium salt, (*Z*)-, 10:11; 13:188
[5470-11-1], Hydroxylamine, hydrochloride, 1:89
[5518-62-7], Phosphine, 1,2-ethanediylbis-, 14:10
[5563-06-4], Ethanedioic acid, uranium(4+) salt (2:1), hexahydrate, 3:166
[5577-67-3], Silanamine, *N*-(1,1-dimethylethyl)-1,1,1-trimethyl-, 25:8; 27:327
[5587-61-1], Silane, triisocyanatomethyl-, 8:25
[5587-62-2], Silane, diisocyanatodimethyl-, 8:25
[5626-20-0], 1,6-Diborecane, 19:239,241

[5675-48-9], Hydrazinium, 1,1,1-trimethyl-, chloride, 5:92,94
[5700-43-6], Silanetetramine, *N*,*N*',*N*'',*N*'''-tetraphenyl-, 5:61
[5772-74-7], Carbonic acid, europium(2+) salt (1:1), 2:71
[5835-64-3], Antimony, dibromotrimethyl-, 9:95
[5893-73-2], Ethanaminium, *N*,*N*,*N*-triethyl-, (*T*-4)-tetraiodocobaltate(2-) (2:1), 9:140
[5908-81-6], Butanedioic acid, 2,3-dihydroxy- [*R*-(*R**,*R**)]-, barium salt (1:1), 6:184
[5936-11-8], Ferrate(3-), tris[ethanedioato-(2-)-*O*,*O*']-, tripotassium, trihydrate, (*OC*-6-11)-, 1:36
[5964-00-1], $1\lambda^4,3\lambda^4,5\lambda^4$-1,3,5,2,4,6-Trithiatriazine, 1,3,5-trichloro-, 9:107
[5964-71-6], Ethanaminium, *N*,*N*,*N*-triethyl-, (*T*-4)-tetrachloronickelate(2-) (2:1), 9:140
[6019-89-2], Ethanaminium, *N*,*N*,*N*-triethyl-, (*T*-4)-tetraiodomanganate(2-) (2:1), 9:137
[6063-61-2], Tris[1,3,2]diazaborino[1,2-*a*:1',2'-*c*:1'',2''-*e*][1,3,5,2,4,6]triazatriborine, dodecahydro-, 29:59
[6104-21-8], Sulfamide, *N*,*N*'-diethyl-, 8:114
[6233-20-1], Silane, trichloro(2-chloroethyl)-, 3:60
[6372-41-4], Phosphine, butyldiphenyl-, 16:158
[6372-42-5], Phosphine, cyclohexyldiphenyl-, 16:159
[6372-44-7], Phosphine, dibutylphenyl-, 18:171
[6401-80-5], Aluminum, chloro(*N*,*N*-dimethylmethanamine)dihydro-, (*T*-4)-, 9:30
[6460-27-1], Phosphonous dichloride, butyl-, 14:4
[6476-37-5], Phosphine, dicyclohexylphenyl-, 18:171
[6544-02-1], Silane, tetraisothiocyanato-, 8:27
[6569-51-3], Borazine, 10:142
[6579-15-3], Thiophenetetracarboxylic acid, tetramethyl ester, 26:166
[6591-05-5], Phosphine sulfide, dimethyl-, 26:162
[6596-95-8], Arsenous acid, trimethyl ester, 11:182
[6596-96-9], Arsenous triamide, hexamethyl-, 10:133
[6630-99-5], 1,2,3,4-Thiatriazol-5-amine, 6:42
[6667-73-8], Ethanaminium, *N*,*N*,*N*-triethyl-, (*T*-4)-tetrachloromanganate(2-) (2:1), 9:137
[6667-75-0], Ethanaminium, *N*,*N*,*N*-triethyl-, tetrachlorocobaltate(2-) (2:1), 9:139
[6779-08-4], Phosphorane, (dichloromethylene)triphenyl-, 24:108
[6816-12-2], Hydroxylamine-*O*-sulfonyl fluoride, *N*,*N*-difluoro-, 12:304
[6839-93-6], Phosphinothioic bromide, dimethyl-, 12:287
[6841-98-1], Phosphine, (dibromoboryl)-diphenyl-, dimer, 9:24
[6841-99-2], Phosphine, (diiodoboryl)-diphenyl-, dimer, 9:19; 9:22
[6944-49-6], 1,3,5,7,2,4,6,8-Tetrazatetraphosphocine, 2,2,4,6,6,8-hexachloro-4,8-bis[(1,1-dimethylethyl)amino]-2,2,4,4,6,6,8,8-octahydro-, 25:21
[6945-23-9], Imidodicarbonimidic diamide, sulfate (1:1), 7:56
[7069-02-5], Arsonium, tetraphenyl-, (*OC*-6-11)-hexaiodouranate(2-) (2:1), 12:230
[7207-97-8], Arsonous diiodide, methyl-, 6:113; 7:85
[7283-54-7], Phosphoranamine, 1,1,1-tributyl-1-chloro-, 7:67
[7305-15-9], Boron, (acetonitrile)trichloro-, (*T*-4)-, 13:42
[7318-84-5], Borane, oxybis[diethyl-, 22:188

[7337-84-0], Arsonium, tetraphenyl-, (*OC*-6-11)-hexaiodothorate(2-) (2:1), 12:229
[7382-17-4], 1,3,5,2,4,6-Triazatriphosphorine, 2,4-diamino-2,4,6,6-tetrachloro-2,2,4,4,6,6-hexahydro-, 14:24
[7397-46-8], Borinic acid, diethyl-, methyl ester, 22:190
[7397-47-9], Boranamine, 1,1-diethyl-*N*,*N*-dimethyl-, 22:209
[7439-68-1], Phosphonic acid, [2-(diethylamino)-2-oxoethyl]-, dibutyl ester, 24:101
[7439-88-5], Iridium, 18:131
[7440-06-4], Platinum, 24:238
[7440-31-5], Tin, 23:161
[7446-07-3], Tellurium oxide (TeO_2), 3:143
[7446-08-4], Selenium oxide (SeO_2), 1:117; 3:13,15,127,131
[7446-09-5], Sulfur dioxide, 2:160
[7446-11-9], Sulfur trioxide, 7:156
[7446-70-0], Aluminum chloride ($AlCl_3$), 7:167
[7447-39-4], Copper chloride ($CuCl_2$), 5:154; 29:110
[7447-41-8], Lithium chloride (LiCl), 5:154; 28:322
[7459-60-1], 2-Propanol, 1,1,1,2,3,3,3-heptafluoro-, potassium salt, 11:197
[7487-94-7], Mercury chloride ($HgCl_2$), 6:90
[7522-26-1], Silanamine, 1,1,1-trimethyl-*N*-sulfinyl-, 25:48
[7533-52-0], Phosphorane, methanetetraylbis[triphenyl-, 24:115
[7550-45-0], Titanium chloride ($TiCl_4$) (*T*-4)-, 6:52,57; 7:45
[7601-90-3], Perchloric acid, 2:28
[7616-94-6], Perchloryl fluoride ((ClO_3)F), 14:29
[7631-86-9], Silica, 2:95; 5:55; 20:2
[7631-90-5], Sulfurous acid, monosodium salt, 2:164
[7632-51-1], Vanadium chloride (VCl_4), (*T*-4)-, 1:107; 20:42
[7637-07-2], Borane, trifluoro-, 1:21
[7646-69-7], Sodium hydride (NaH), 5:10; 10:112
[7646-79-9], Cobalt chloride ($CoCl_2$), 5:154; 7:113; 29:110
[7646-85-7], Zinc chloride ($ZnCl_2$), 5:154; 7:168; 28:322; 29:110
[7647-01-0], Hydrochloric acid, 1:147; 2:72; 3:14,131; 4:57-58; 5:25; 6:55
[7650-90-0], Phosphine, phenylbis(phenylmethyl)-, 18:172
[7650-91-1], Phosphine, diphenyl(phenylmethyl)-, 16:159
[7652-85-9], 1,3,5,2,4,6-Triazatriphosphorine, 2,2,4,4-tetrachloro-6,6-bis(ethylthio)-2,2,4,4,6,6-hexahydro-, 8:86
[7655-02-9], 1,3,5,2,4,6-Triazatriphosphorine, 2,2,4,4-tetrachloro-2,2,4,4,6,6-hexahydro-6,6-bis(phenylthio)-, 8:88
[7664-38-2], Phosphoric acid, 1:101; 19:278
[7664-39-3], Hydrofluoric acid, 1:134; 3:112; 4:136; 7:123
[7664-41-7], Ammonia, 1:75; 2:76,128,134; 3:48
[7681-11-0], Potassium iodide (KI), 1:163
[7681-49-4], Sodium fluoride (NaF), 7:120
[7681-52-9], Hypochlorous acid, sodium salt, 1:90; 5:159
[7681-55-2], Iodic acid (HIO_3), sodium salt, 1:168
[7681-57-4], Disulfurous acid, disodium salt, 2:162,165
[7681-65-4], Copper iodide (CuI), 6:3; 22:101
[7693-27-8], Magnesium hydride (MgH_2), 17:2
[7697-37-2], Nitric acid, 3:13; 4:52
[7699-43-6], Zirconium, dichlorooxo-, 3:76

[7705-07-9], Titanium chloride ($TiCl_3$), 6:52,57; 7:45
[7705-08-0], Iron chloride ($FeCl_3$), 3:190; 4:124; 5:24,154; 7:167; 28:322; 29:110
[7713-23-7], 1,4,8,11-Tetraazacyclotetradeca-4,11-diene, 5,7,7,12,14,14-hexamethyl-, diperchlorate, 18:4
[7718-54-9], Nickel chloride ($NiCl_2$), 5:154,196; 28:322
[7718-98-1], Vanadium chloride (VCl_3), 4:128; 7:100; 9:135
[7719-09-7], Thionyl chloride, 9:88,91
[7719-12-2], Phosphorous trichloride, 2:145
[7720-83-4], Titanium iodide (TiI_4), (*T*-4)-, 10:1
[7721-01-9], Tantalum chloride ($TaCl_5$), 7:167; 20:42
[7722-64-7], Permanganic acid ($HMnO_4$), potassium salt, 2:60-61
[7722-88-5], Diphosphoric acid, tetrasodium salt, 3:100
[7727-15-3], Aluminum bromide ($AlBr_3$), 3:30,33
[7727-18-6], Vanadium, trichlorooxo-, (*T*-4)-, 1:106; 4:80; 6:119; 9:80
[7757-82-6], Sulfuric acid disodium salt, 5:119
[7757-83-7], Sulfurous acid, disodium salt, 2:162,165
[7757-93-9], Phosphoric acid, calcium salt (1:1), 4:19; 6:16-17
[7758-16-9], Diphosphoric acid, disodium salt, 3:99
[7758-19-2], Chlorous acid, sodium salt, 4:152; 4:156
[7758-29-4], Triphosphoric acid, pentasodium salt, 3:101
[7758-87-4], Phosphoric acid, calcium salt (2:3), 6:17
[7758-89-6], Copper chloride (CuCl), 2:1; 20:10
[7758-94-3], Iron chloride ($FeCl_2$), 6:172; 14:102
[7759-02-6], Sulfuric acid, strontium salt (1:1), 3:19
[7773-01-5], Manganese chloride ($MnCl_2$), 1:29
[7773-03-7], Sulfurous acid, monopotassium salt, 2:167
[7773-06-0], Sulfamic acid, monoammonium salt, 2:180
[7775-09-9], Chloric acid, sodium salt, 5:159
[7775-41-9], Silver fluoride (AgF), 4:136; 5:19-20
[7778-54-3], Hypochlorous acid, calcium salt, 5:161
[7782-65-2], Germane, 7:36; 11:171; 15:157,161
[7782-78-7], Sulfuric acid, monoanhydride with nitrous acid, 1:55
[7782-79-8], Hydrazoic acid, 1:77
[7782-89-0], Lithium amide ($Li(NH_2)$), 2:135
[7782-92-5], Sodium amide ($Na(NH_2)$), 1:74; 2:128
[7782-94-7], Nitramide, 1:68
[7783-06-4], Hydrogen sulfide (H_2S), 1:111; 3:14,15
[7783-07-5], Hydrogen selenide (H_2Se), 2:183
[7783-08-6], Selenic acid, 3:137; 20:37
[7783-39-3], Mercury fluoride (HgF_2), 4:136
[7783-41-7], Oxygen fluoride (OF_2), 1:109
[7783-42-8], Thionyl fluoride, 6:162; 7:123; 8:162
[7783-43-9], Seleninyl fluoride, 24:28
[7783-46-2], Lead fluoride (PbF_2), 15:165
[7783-55-3], Phosphorous trifluoride, 4:149; 5:95; 26:12; 28:310
[7783-56-4], Stibine, trifluoro-, 4:134
[7783-58-6], Germane, tetrafluoro-, 4:147
[7783-60-0], Sulfur fluoride (SF_4), (*T*-4)-, 7:119; 8:162
[7783-61-1], Silane, tetrafluoro-, 4:145
[7783-68-8], Niobium fluoride (NbF_5), (*TB*-5-11)-, 3:179; 14:105

[7783-71-3], Tantalum fluoride (TaF_5), 3:179
[7783-79-1], Selenium fluoride (SeF_6), (*OC*-6-11)-, 1:121
[7783-80-4], Tellurium fluoride (TeF_6), (*OC*-6-11)-, 1:121
[7783-82-6], Tungsten fluoride (WF_6), (*OC*-6-11)-, 3:181
[7783-86-0], Iron iodide (FeI_2), 14:102,104
[7783-90-6], Silver chloride (AgCl), 1:3; 20:18
[7783-92-8], Chloric acid, silver(1+) salt, 2:4
[7783-95-1], Silver fluoride (AgF_2), 3:176
[7783-96-2], Silver iodide (AgI), 2:6
[7783-99-5], Nitrous acid, silver(1+) salt, 13:205
[7784-00-1], Rhenium silver oxide ($ReAgO_4$), 9:150
[7784-17-0], Sulfuric acid, aluminum cesium salt (2:1:1), dodecahydrate, 4:8
[7784-35-2], Arsenous trifluoride, 4:137; 4:150
[7784-42-1], Arsine, 7:34,41; 13:14
[7784-45-4], Arsenous triiodide, 1:103
[7786-30-3], Magnesium chloride ($MgCl_2$), 1:29; 5:154; 6:9
[7787-34-0], Iodic acid (HIO_3), barium salt, monohydrate, 7:13
[7787-35-1], Manganic acid (H_2MnO_4), barium salt (1:1), 11:58
[7787-37-3], Molybdate (MoO_4^{2-}), barium (1:1), (*T*-4)-, 11:2
[7787-43-1], Dithionic acid, barium salt (1:1), dihydrate, 2:170
[7787-47-5], Beryllium chloride ($BeCl_2$), 5:22
[7787-64-6], Bismuthine, triiodo-, 4:114
[7787-70-4], Copper bromide (CuBr), 2:3
[7787-71-5], Bromine fluoride (BrF_3), 3:184; 12:232
[7788-96-7], Chromium, difluorodioxo-, (*T*-4)-, 24:67
[7789-18-6], Nitric acid, cesium salt, 4:6
[7789-21-1], Fluorosulfuric acid, 7:127; 11:139
[7789-23-3], Potassium fluoride (KF), 11:196
[7789-25-5], Nitrosyl fluoride ((NO)F), 11:196
[7789-30-2], Bromine fluoride (BrF_5), 3:185
[7789-57-3], Silane, tribromo-, 1:38
[7789-59-5], Phosphoric tribromide, 2:151
[7789-60-8], Phosphorous tribromide, 2:147
[7789-66-4], Silane, tetrabromo-, 1:38
[7789-68-6], Titanium bromide ($TiBr_4$), (*T*-4)-, 2:114; 6:60; 9:46
[7789-75-5], Calcium fluoride (CaF_2), 4:137
[7789-77-7], Phosphoric acid, calcium salt (1:1), dihydrate, 4:19,22; 6:16-17
[7790-21-8], Periodic acid (HIO_4), potassium salt, 1:171
[7790-28-5], Periodic acid (HIO_4), sodium salt, 1:170
[7790-44-5], Stibine, triiodo-, 1:104
[7790-47-8], Stannane, tetraiodo-, 4:119
[7790-60-5], Tungstate (WO_4^{2-}), dipotassium, (*T*-4)-, 6:149
[7790-86-5], Cerium chloride ($CeCl_3$), 22:39
[7790-89-8], Chlorine fluoride (ClF), 24:1,2
[7790-92-3], Hypochlorous acid, 5:160
[7790-93-4], Chloric acid, 5:161; 5:164
[7790-94-5], Chlorosulfuric acid, 4:52
[7790-99-0], Iodine chloride (ICl), 9:130
[7791-21-1], Chlorine oxide (Cl_2O), 5:156; 5:158
[7791-23-3], Seleninyl chloride, 3:130
[7791-25-5], Sulfuryl chloride, 1:114
[7791-26-6], Uranium, dichlorodioxo-, (*T*-4)-, 5:148
[7791-27-7], Disulfuryl chloride, 3:124
[7803-49-8], Hydroxylamine, 1:87
[7803-51-2], Phosphine, 9:56; 11:124; 14:1
[7803-52-3], Stibine, 7:43

[7803-55-6], Vanadate (VO_3^{1-}), ammonium, 3:117; 9:82
[7803-62-5], Silane, 11:170
[7803-68-1], Telluric acid (H_6TeO_6), 3:145
[9088-17-9], Germanium hydride, homopolymer, 7:37
[10024-93-8], Neodymium chloride ($NdCl_3$), 1:32; 5:154; 22:39
[10025-65-7], Platinum chloride ($PtCl_2$), 5:208; 6:209; 20:48
[10025-73-7], Chromium chloride ($CrCl_3$), 2:193; 5:154; 6:129; 28:322; 29:110
[10025-74-8], Dysprosium chloride ($DyCl_3$), 22:39
[10025-76-0], Europium chloride ($EuCl_3$), 22:39
[10025-82-8], Indium chloride ($InCl_3$), 19:258
[10025-85-1], Nitrogen chloride (NCl_3), 1:65
[10025-91-9], Stibine, trichloro-, 9:93-94
[10025-93-1], Uranium chloride (UCl_3), 5:145
[10025-99-7], Platinate(2-), tetrachloro-, dipotassium, (*SP*-4-1)-, 2:247; 7:240; 8:242
[10026-03-6], Selenium chloride ($SeCl_4$), (*T*-4)-, 5:125,126
[10026-04-7], Silane, tetrachloro-, 1:44; 7:25
[10026-07-0], Tellurium chloride ($TeCl_4$), (*T*-4)-, 3:140
[10026-08-1], Thorium chloride ($ThCl_4$), 5:154; 7:168; 28:322
[10026-10-5], Uranium chloride (UCl_4), 5:143,148; 21:187
[10026-11-6], Zirconium chloride ($ZrCl_4$), (*T*-4)-, 4:121; 7:167
[10026-12-7], Niobium chloride ($NbCl_5$), 7:167; 9:88,135; 20:42
[10026-13-8], Phosphorane, pentachloro-, 1:99
[10026-18-3], Cobalt fluoride (CoF_3), 3:175
[10028-18-9], Nickel fluoride (NiF_2), 3:173
[10031-25-1], Chromium bromide ($CrBr_3$), 19:123,124
[10031-30-8], Phosphoric acid, calcium salt (2:1), monohydrate, 4:18
[10031-54-6], Sulfuric acid, europium(2+) salt (1:1), 2:70
[10034-85-2], Hydriodic acid, 1:157; 2:210; 7:180
[10034-93-2], Hydrazine, sulfate (1:1), 1:90,92,94
[10035-00-4], Nitric acid, ytterbium(3+) salt, tetrahydrate, 11:95
[10035-10-6], Hydrobromic acid, 1:114; 1:149
[10038-98-9], Germane, tetrachloro-, 2:109
[10042-76-9], Nitric acid, strontium salt, 3:17
[10042-88-3], Terbium chloride ($TbCl_3$), 22:39
[10043-52-4], Calcium chloride ($CaCl_2$), 6:20
[10045-95-1], Nitric acid, neodymium(3+) salt, 5:41
[10049-04-4], Chlorine oxide (ClO_2), 4:152; 8:265
[10049-05-5], Chromium chloride ($CrCl_2$), 1:124,125; 3:150; 10:37
[10049-06-6], Titanium chloride ($TiCl_2$), 6:56,61; 24:181
[10049-12-4], Vanadium fluoride (VF_3), 7:87
[10060-11-4], Germanium chloride ($GeCl_2$), 15:223
[10061-85-5], Phosphine selenide, tris(3-methylphenyl)-, 10:159
[10061-88-8], Phosphine selenide, 1,2-ethanediylbis[diphenyl-, 10:159
[10089-43-7], Phosphine selenide, tris(4-methylphenyl)-, 10:159
[10099-58-8], Lanthanum chloride ($LaCl_3$), 1:32; 7:168; 22:39
[10099-66-8], Lutetium chloride ($LuCl_3$), 22:39

[10101-53-8], Sulfuric acid, chromium(3+) salt (3:2), 2:197
[10101-85-6], Dithionic acid, disodium salt, dihydrate, 2:170
[10101-88-9], Phosphorothioic acid, trisodium salt, 5:102; 17:193
[10102-03-1], Nitrogen oxide (N_2O_5), 3:78; 9:83,84
[10102-15-5], Sulfurous acid, disodium salt, heptahydrate, 2:162,165
[10102-43-9], Nitrogen oxide (NO), 2:126; 5:118,119; 8:192
[10102-44-0], Nitrogen oxide (NO_2), 5:90
[10108-64-2], Cadmium chloride ($CdCl_2$), 5:154; 7:168; 28:322
[10108-73-3], Nitric acid, cerium(3+) salt, 2:51
[10117-38-1], Sulfurous acid, dipotassium salt, 2:165,166
[10138-41-7], Erbium chloride ($ErCl_3$), 22:39
[10138-52-0], Gadolinium chloride ($GdCl_3$), 22:39
[10138-62-2], Holmium chloride ($HoCl_3$), 22:39
[10163-15-2], Phosphorofluoridic acid, disodium salt, 3:106
[10168-81-7], Nitric acid, gadolinium(3+) salt, 5:41
[10170-11-3], Nickel, bis(1,10-phenanthroline-N^1,N^{10})-, (*T*-4)-, 17:121
[10170-68-0], Chromium, trichlorotris(tetrahydrofuran)-, 8:150
[10170-69-1], Manganese, decacarbonyldi-, (*Mn-Mn*), 7:198
[10210-64-7], Beryllium, bis(2,4-pentanedionato-*O*,*O*')-, (*T*-4)-, 2:17
[10210-68-1], Cobalt, di-μ-carbonylhexacarbonyldi-, (*Co-Co*), 2:238; 5:190; 15:87
[10218-17-4], Urea, *N*,*N*'-dimethyl-*N*,*N*'-bis(trimethylsilyl)-, 24:120
[10241-05-1], Molybdenum chloride ($MoCl_5$), 3:165; 7:167; 9:135; 12:187
[10294-33-4], Borane, tribromo-, 3:27; 12:146
[10294-34-5], Borane, trichloro-, 10:121; 124
[10294-56-1], Phosphorous acid, 4:55
[10294-64-1], Manganic acid (H_2MnO_4), dipotassium salt, 11:57
[10311-08-7], Phosphine oxide, dimethylphenyl-, 17:185
[10311-59-8], Boranetriamine, *N*,*N*',*N*''-trimethyl-*N*,*N*',*N*''-triphenyl-, 17:162
[10326-26-8], Bromic acid, barium salt, monohydrate, 2:20
[10361-37-2], Barium chloride ($BaCl_2$), 29:110
[10361-79-2], Praseodymium chloride ($PrCl_3$), 22:39
[10361-80-5], Nitric acid, praseodymium (3+) salt, 5:41
[10361-82-7], Samarium chloride ($SmCl_3$), 22:39
[10361-83-8], Nitric acid, samarium(3+) salt, 5:41
[10361-84-9], Scandium chloride ($ScCl_3$), 22:39
[10361-91-8], Ytterbium chloride ($YbCl_3$), 22:39
[10361-92-9], Yttrium chloride (YCl_3), 22:39; 25:146
[10361-93-0], Nitric acid, yttrium(3+) salt, 5:41
[10369-17-2], 2,4,6,8,9,10-Hexaaza-1,3,5,7-tetraphosphatricyclo-[3.3.1.1^{3,7}]decane, 2,4,6,8,9,10-hexamethyl-, 8:63
[10405-27-3], Fluorimide, 12:307,308,310
[10405-34-2], Ethanol, uranium(5+) salt, 21:165,166
[10450-60-9], Periodic acid (H_5IO_6), 1:172
[10476-85-4], Strontium chloride ($SrCl_2$), 3:21
[10507-74-1], Tungsten, tris[1,2-diphenyl-1,2-ethenedithiolato(2-)-*S*,*S*']-, (*OC*-6-11)-, 10:9
[10534-85-7], Cobalt(3+), hexaammine-, tribromide, (*OC*-6-11)-, 2:219
[10534-86-8], Cobalt(3+), hexaammine-, (*OC*-6-11)-, trinitrate, 2:218

[10534-89-1], Cobalt(3+), hexaammine-, trichloride, (*OC*-6-11)-, 2:217; 18:68
[10544-72-6], Nitrogen oxide (N_2O_4), 5:87
[10545-99-0], Sulfur chloride (SCl_2), 7:120
[10578-16-2], Nitrogen fluoride (N_2F_2), 14:34
[10580-52-6], Vanadium chloride (VCl_2), 4:126; 21:185
[10584-95-9], Silane, triisothiocyanatomethyl-, 8:30
[10592-53-7], Germanamine, *N,N'*-methanetetraylbis-, 18:163
[10599-90-3], Chloramide, 1:59; 5:92
[11062-51-4], Molybdenum, octa-μ_3-chlorotetrachlorohexa-, octahedro, 12:172
[11064-22-5], Rhenium, dodecacarbonyltetrahydrotetra-, 18:60
[11070-28-3], Ferrate(1-), bis[(7,8,9,10,11-η)-1,2,3,4,5,6,9,10,11-nonahydro-7,8-dimethyl-7,8-dicarbaundecaborato(2-)]-, 10:111
[11071-15-1], Antimonate(2-), bis[μ-[2,3-dihydroxybutanedioato(4-)-$O^1,O^2:O^3,O^4$]]di-, dipotassium, stereoisomer, 23:76-81
[11073-34-0], Chromate (CrO_2^{1-}), potassium, 22:59; 30:152
[11078-84-5], Cobaltate(1-), bis[(7,8,9,10,11-η)-undecahydro-7,8-dicarbaundecaborato(2-)]-, 10:111
[11079-26-8], Uranium, bis(η^8-1,3,5,7-cyclooctatetraene)-, 19:149,150
[11084-09-6], 7,8-Dicarbaundecaborate(1-), decahydro-7,8-dimethyl-, 10:108
[11087-55-1], Ethanaminium, *N,N,N*-triethyl-, hexadecacarbonyl-μ_6-methanetetraylhexaferrate(2-) (2:1), 27:183
[11088-40-7], Strontium chloride phosphate ($Sr_5Cl(PO_4)_3$), 14:126
[11089-20-6], Molybdate(4-), [μ_{12}-[orthosilicato(4-)-*O*:*O*:*O*:*O'*:*O'*:*O'*:*O''*:*O''*:*O''*:*O'''*:*O'''*:*O'''*]]tetracosa-μ-oxododecaoxododeca-, tetrahydrogen, hydrate, 1:127
[11090-43-0], Zincate(1-), trihydrodimethyldi-, sodium, 17:13
[11092-86-7], 6-Thiadecaborate(1-), dodecahydro-, cesium, 22:227
[11126-30-0], Zirconium chloride, 22:26
[11130-95-3], 7,8-Dicarbaundecaborate(1-), dodecahydro-, 10:109
[11136-40-6], Titanium, dicarbonylbis[(1,2,3,4,5-η)-1,2,3,4,5-pentamethyl-2,4-cyclopentadien-1-yl]-, 28:253
[11141-96-1], Platinum, [8-(1-acetyl-2-oxopropyl)-4-cycloocten-1-yl]chloro-(triphenylarsine)-, 13:63
[12002-28-7], Iron, tetracarbonyldihydro-, 2:243
[12002-97-0], Silver oxide (Ag_2O_3), 30:52
[12005-47-9], Aluminum potassium oxide ($Al_{11}KO_{17}$), 19:55; 30:238
[12005-82-2], Arsenate(1-), hexafluoro-, silver(1+), 24:74
[12010-77-4], Bismuth titanium oxide ($Bi_4Ti_3O_{12}$), 14:144; 30:112
[12012-46-3], Tantalum, (acetonitrile)-pentabromo-, (*OC*-6-21)-, 12:227
[12012-49-6], Tantalum, (acetonitrile)pentachloro-, (*OC*-6-21)-, 12:227
[12012-50-9], Platinate(1-), trichloro(η^2-ethene)-, potassium, 14:90; 28:349
[12012-95-2], Palladium, di-μ-chlorobis-(η^3-2-propenyl)di-, 19:220; 28:342
[12012-97-4], Molybdenum, tetrachlorobis(propanenitrile)-, 15:43
[12013-10-4], Cobalt sulfide (CoS_2), 14:157
[12014-93-6], Cerium sulfide (Ce_2S_3), 14:154
[12015-30-4], Thiotrithiazyl chloride, 9:106
[12016-69-2], Chromium cobalt oxide (Cr_2CoO_4), 20:52
[12017-96-8], Chromate (CrO_2^{1-}), lithium, 20:50
[12018-15-4], Chromium manganese oxide (Cr_2MnO_4), 20:52
[12018-18-7], Chromium nickel oxide (Cr_2NiO_4), 20:52

[12018-19-8], Chromium zinc oxide (Cr_2ZnO_4), 20:52
[12020-65-4], Europium sulfide (EuS), 10:77
[12022-42-3], Ferrate(1-), dithioxo-, potassium, 6:170; 30:92
[12024-21-4], Gallium oxide (Ga_2O_3), 2:29
[12024-22-5], Gallium sulfide (Ga_2S_3), 11:6
[12025-32-0], Germanium sulfide (GeS), 2:102
[12027-43-9], Tungstate(4-), [μ_{12}-[orthosilicato(4-)-*O*:*O*:*O*:*O*':*O*':*O*':*O*'':*O*'':*O*'':*O*''':*O*''':*O*''']] tetracosa-μ-oxododecaoxododeca-, tetrahydrogen, hydrate, 1:129; 27:93,94
[12030-49-8], Iridium oxide (IrO_2), 13:137; 30:97
[12031-41-3], Lanthanum nickel oxide (La_2NiO_4), 30:133
[12031-49-1], Lanthanum sulfide (La_2S_3), 14:154
[12031-80-0], Lithium peroxide ($Li_2(O_2)$), 5:1
[12032-85-8], Manganese silicide (MnSi), 14:182
[12034-12-7], Sodium superoxide ($Na(O_2)$), 4:82
[12034-57-0], Niobium oxide (NbO), 14:131; 30:108
[12035-32-4], Neodymium sulfide (Nd_2S_3), 14:154
[12035-98-2], Vanadium oxide (VO), 14:131
[12036-02-1], Osmium oxide (OsO_2), 5:206; 13:140; 30:100
[12036-09-8], Rhenium oxide (ReO_2), 13:142; 30:102,105
[12036-10-1], Ruthenium oxide (RuO_2), 13:137; 30:97
[12036-22-5], Tungsten oxide (WO_2), 13:142; 14:149; 30:102
[12036-32-7], Praseodymium oxide (Pr_2O_3), 5:39
[12038-13-0], Praseodymium sulfide (Pr_2S_3), 14:154
[12038-21-0], Platinum sulfide (PtS_2), 19:49
[12038-29-8], Platinum telluride ($PtTe_2$), 19:49
[12038-67-4], Rhenium sulfide (Re_2S_7), 1:177
[12039-13-3], Titanium sulfide (TiS_2), 5:82; 12:158,160; 30:23,28
[12039-15-5], Zirconium sulfide (ZrS_2), 12:158,162; 30:25
[12039-19-9], Yttrium sulfide (Y_2S_3), 14:154
[12039-20-2], Ytterbium sulfide (Yb_2S_3), 14:154
[12039-55-3], Tantalum selenide ($TaSe_2$), 30:167
[12044-25-6], Sodium arsenide (Na_3As), 13:15
[12046-86-5], Dodecaborate(2-), dodecahydro-, cesium chloride (1:3:1), 11:30
[12047-27-7], Barium titanium oxide ($BaTiO_3$), 14:142; 30:111
[12051-13-7], Mercury chloride sulfide ($Hg_3Cl_2S_2$), 14:171
[12051-16-0], Chlorothiodithiazyl chloride ($(ClS_3N_2)Cl$), 9:103
[12051-20-6], Platinate(2-), trichlorotrifluoro-, dipotassium, 12:232,234
[12052-07-2], Vanadate(3-), tri-μ-chlorohexachlorodi-, tricesium, 26:379
[12052-28-7], Cobalt iron oxide ($CoFe_2O_4$), 9:154
[12053-26-8], Chromium magnesium oxide (Cr_2MgO_4), 14:134; 20:52
[12058-18-3], Molybdenum selenide ($MoSe_2$), 30:167
[12060-06-9], Ruthenium oxide (Ru_2O_3), 22:69
[12063-10-4], Iron manganese oxide (Fe_2MnO_4), 9:154
[12063-19-3], Iron zinc oxide (Fe_2ZnO_4), 9:154
[12065-65-5], Titanium oxide (Ti_3O_5), 14:131

- [12067-22-0], Samarium sulfide (Sm_2S_3) , 14:154
- [12067-45-7], Titanium selenide (TiSe₂), 30:167
- [12068-86-9], Iron magnesium oxide (Fe_2MgO_4) , 9:153
- [12071-51-1], Chromium, chloro(η⁵-2,4-cyclopentadien-1-yl)dinitrosyl-, 18:129
- [12073-21-1], Zirconium, bis(acetonitrile)tetrachloro-, 12:227
- [12073-36-8], Platinum, di-μchlorodichlorobis(η²-ethene)di-, 5:210; 20:181,182
- [12074-06-5], Methanaminium, *N*,*N*,*N*-trimethyl-, (*OC*-6-11)-hexabromothorate(2-) (2:1), 12:230
- [12074-52-1], Methanaminium, *N*,*N*,*N*-trimethyl-, (*OC*-6-11)-hexachlorothorate(2-) (2:1), 12:230
- [12074-83-8], Rhenium(3+), bis(1,2-ethane-diamine-*N*,*N*)dihydroxy-, (*OC*-6-11)-hexachloroplatinate(2-) (2:3), 8:175
- [12075-00-2], Cobalt(1+), bis(1,2-ethane-diamine-N,N')bis(nitrito-N)-, (OC-6-22- Δ)-, stereoisomer of bis[μ -[2,3-dihydroxy butanedioato(4-)- O^1 , O^2 : O^3 , O^4]]diantimonate(2-) (2:1), 6:95
- [12075-73-9], Decaborate(2-), decahydro-, dihydrogen, compd. with *N,N*-diethylethanamine (1:2), 9:16
- [12077-85-9], Nickel, bis(η^3 -2-propenyl)-, 13:79
- [12078-20-5], Iron, bromodicarbonyl(η^5 -2,4-cyclopentadien-1-yl)-, 12:36
- [12078-25-0], Cobalt, dicarbonyl(η^5 -2,4-cyclopentadien-1-yl)-, 7:112
- [12078-28-3], Iron, dicarbonyl(η⁵-2,4-cyclopentadien-1-yl)iodo-, 7:110; 12:36
- [12078-66-9], Platinum, dichloro(η²ethene)(pyridine)-, stereoisomer, 20:181
- [12079-63-9], Manganese, tricarbonyl(η⁵-1-iodo-2,4-cyclopentadien-1-yl)-, 20:193
- [12079-65-1], Manganese, tricarbonyl(η^5 -2,4-cyclopentadien-1-yl)-, 7:100; 15:91

- [12079-73-1], Rhenium, tricarbonyl(η⁵-2,4-cyclopentadien-1-yl)-, 29:211
- [12079-86-6], Manganese, (η⁵-1-bromo-2,4-cyclopentadien-1-yl)tricarbonyl-, 20:193
- [12079-90-2], Manganese, tricarbonyl(η⁵-1-chloro-2,4-cyclopentadien-1-yl)-, 20:192
- [12080-32-9], Platinum, dichloro[(1,2,5,6η)-1,5-cyclooctadiene]-, 13:48; 28:346
- [12080-72-7], Ethanaminium, *N*,*N*,*N*-triethyl-, (*OC*-6-11)-hexabromouranate(2-), 12:230; 15:237
- [12080-89-6], Platinum, tetrachlorobis[1,1'-thiobis[ethane]]-, (*OC*-6-22)-, 8:245
- [12081-16-2], Rhodium, di-μ-chlorottrakis(η²-ethene)di-, 15:14; 28:86
- [12081-47-9], Ethanaminium, *N*,*N*,*N*-triethyl-, (*OC*-6-11)-hexachlorothorate(2-) (2:1), 12:230
- [12081-54-8], Diborane(6), tetraethyl-, 15:141
- [12082-03-0], Chromium, tricarbonyl(η^6 -chlorobenzene)-, 19:157; 28:139
- [12082-05-2], Chromium, tricarbonyl(η^6 -fluorobenzene)-, 19:157; 28:139
- [12082-08-5], Chromium, (η⁶-benzene)tricarbonyl-, 19:157; 28:139
- [12082-25-6], Molybdenum, tricarbonyl-(η⁵-2,4-cyclopentadien-1-yl)methyl-, 11:116
- [12082-46-1], Chromium, tris(η^3 -2-propenyl)-, 13:77
- [12082-47-2], Rhodium, bis(η^2 -ethene)-(2,4-pentanedionato-O,O')-, 15:16
- [12083-50-0], Iridate(1-), tetrachlorobis-(pyridine)-, (*OC*-6-22)-, hydrogen, compd. with pyridine (1:1), 7:228
- [12083-51-1], Iridate(1-), tetrachlorobis-(pyridine)-, (*OC*-6-11)-, hydrogen, compd. with pyridine (1:1), 7:221,223,231
- [12083-92-0], Platinum, dichloro[(2,3,5,6-η)-3a,4,7,7a-tetrahydro-4,7-methano-1*H*-indene]-, 13:48; 16:114

[12085-92-6], Iron(1+), dicarbonyl[(1,2-η)-cyclohexene](η^5-2,4-cyclopentadien-1-yl)-, hexafluorophosphate(1-), 12:38
[12088-57-2], Titanium(1+), tris(2,4-pentanedionato-*O,O'*)-, (*OC*-6-11)-, (*OC*-6-11)-hexachlorotitanate(2-) (2:1), 2:119; 7:50; 8:37
[12089-29-1], Chromium(1+), bis(η^6-benzene)-, iodide, 6:132
[12090-21-0], Nickel, [(1,2,3,6,7,10,11,12-η)-2,6,10-dodecatriene-1,12-diyl]-, 19:85
[12090-29-8], Uranate(2-), hexakis(acetato-*O*)-, 9:42
[12090-97-0], 1,5-Dicarbapentaborane(5), 1,2,3,4,5-pentaethyl-, 29:92
[12091-64-4], Molybdenum, hexacarbonylbis(η^5-2,4-cyclopentadien-1-yl)di-, (*Mo-Mo*), 7:107,139; 28:148,151
[12091-65-5], Tungsten, hexacarbonylbis-(η^5-2,4-cyclopentadien-1-yl)di-, (*W-W*), 7:139; 28:148
[12092-47-6], Rhodium, di-μ-chlorobis [(1,2,5,6-η)-1,5-cyclooctadiene]di-, 19:218; 28:88
[12093-05-9], Iron, tricarbonyl[(1,2,3,4-η)-1,3,5,7-cyclooctatetraene]-, 8:184
[12096-15-0], Palladium, di-μ-chlorobis [(1,4,5-η)-8-methoxy-4-cycloocten-1-yl]di-, 13:60
[12097-04-0], Zirconium, dichlorotetrakis (η^5-2,4-cyclopentadien-1-yl)-μ-oxodi-, 19:224
[12103-81-0], Rhenium, ethoxydiiodooxobis(triphenylphosphine)-, 29:148
[12104-22-2], Chromium, tris[1,2-diphenyl-1,2-ethenedithiolato(2-)-*S,S'*]-, (*TP*-6-111)-, 10:9
[12104-84-6], Osmium, carbonyldihydrotris(triphenylphosphine)-, 15:54
[12104-91-5], Iridium, (acetato-*O*)dihydrotris(triphenylphosphine)-, 17:129
[12105-78-1], Beryllate(6-), hexakis(carbonato)oxotetra-, hexaammonium, 8:9
[12107-04-9], Iron, dicarbonylchloro(η^5-2,4-cyclopentadien-1-yl)-, 12:36
[12107-56-1], Palladium, dichloro[(1,2,5,6-η)-1,5-cyclooctadiene]-, 13:52; 28:348
[12107-69-6], Uranate(4-), tetrakis[ethanedioato(2-)-*O,O'*]-, tetrapotassium, 8:158
[12108-04-2], Vanadium, tetracarbonyl (η^5-2,4-cyclopentadien-1-yl)-, 7:100
[12108-22-4], Iron, acetyldicarbonyl(η^5-2,4-cyclopentadien-1-yl)-, 26:239
[12109-10-3], Chromium, tricarbonyl-[(1,2,3,4,5,6-η)-*N,N*-dimethylbenzenamine]-, 19:157; 28:139
[12112-67-3], Iridium, di-μ-chlorobis-[(1,2,5,6-η)-1,5-cyclooctadiene]di-, 15:18
[12116-37-9], Molybdenum, (2,2'-bipyridine-*N,N'*)trichlorooxo-, 19:135,136
[12116-44-8], Chromium, tricarbonyl[(1,2,3,4,5,6-η)-methoxybenzene]-, 19:155; 28:137
[12116-82-4], Titanium, bis(η^5-2,4-cyclopentadien-1-yl)(pentathio)-, 27:60
[12118-86-4], Tin, diphenylbis(1-phenyl-1,3-butanedionato-*O,O'*)-, 9:52
[12119-41-4], Rhodium, chlorodihydrobis(triphenylphosphine)-, 10:69
[12120-15-9], Platinum, (η^2-ethene)bis(triphenylphosphine)-, 18:121; 24:216; 28:135
[12120-40-0], Rhodium, chlorodihydro(pyridine)bis(triphenylphosphine)-, (*OC*-6-42)-, 10:69
[12125-08-5], Osmate(2-), hexachloro-, diammonium, (*OC*-6-11)-, 5:206
[12125-09-6], Phosphonium iodide ((PH_4)I), 2:141; 6:91
[12125-77-8], Molybdenum, tricarbonyl[(1,2,3,4,5,6-η)-1,3,5-cycloheptatriene]-, 9:121; 28:45
[12125-87-0], Chromium, tricarbonyl-[(1,2,3,4,5,6-η)-methyl benzoate]-, 19:157; 28:139

[12128-08-4], Cobalt(3+), hexaammine-, (*OC*-6-11)-, hexakis[μ-[carbonato-(2-)]]-μ_4-oxotetraberyllate(6-) (2:1), undecahydrate, 8:6
[12128-13-1], Molybdenum, dicarbonyl-(η^5-2,4-cyclopentadien-1-yl)nitrosyl-, 16:24; 18:127; 28:196
[12128-14-2], Tungsten, dicarbonyl(η^5-2,4-cyclopentadien-1-yl)nitrosyl-, 18:127; 28:196
[12128-26-6], Tungsten, tricarbonyl(η^5-2,4-cyclopentadien-1-yl)hydro-, 7:136
[12128-81-3], Tungsten, tricarbonyl-[(1,2,3,4,5,6-η)-1,3,5-cycloheptatriene]-, 27:4
[12129-51-0], Titanium, dicarbonylbis(η^5-2,4-cyclopentadien-1-yl)-, 24:149; 28:250
[12129-68-9], Molybdenum, bis(η^6-benzene)-, 17:54
[12129-77-0], Cobalt, dicarbonyl[(1,2,3,4,5-η)-1,2,3,4,5-pentamethyl-2,4-cyclopentadien-1-yl]-, 23:15; 28:273
[12130-66-4], Platinum, bis[(1,2,5,6-η)-1,5-cyclooctadiene]-, 19:213,214; 28:126
[12132-88-6], Ruthenium, tetracarbonylbis(η^5-2,4-cyclopentadien-1-yl)di-, (*Ru-Ru*), 25:180; 28:189
[12133-10-7], Dysprosium sulfide (Dy_2S_3), 14:154
[12134-77-9], Gadolinium sulfide (Gd_2S_3), 14:153; 30:21
[12135-77-2], Ammonium sulfide ($(NH_4)_2(S_5)$), 21:12
[12136-56-0], Lithium superoxide ($Li(O_2)$), 5:1; 7:1
[12136-58-2], Lithium sulfide (Li_2S), 15:182
[12136-94-6], Sodium peroxide ($Na_2(O_2)$), octahydrate, 3:1
[12136-96-8], Sodium sulfide ($Na_2{}^{35}S$), 7:117
[12137-20-1], Titanium oxide (TiO), 14:131
[12137-68-7], Silicon phosphide (SiP_2), 14:173
[12138-11-3], Terbium sulfide (Tb_2S_3), 14:154
[12139-08-1], Cadmium chromium selenide ($CdCr_2Se_4$), 14:155
[12139-13-8], Cadmium gallium sulfide ($CdGa_2S_4$), 11:5
[12139-31-0], Cadmium rhenium oxide ($Cd_2Re_2O_7$), 14:146
[12139-46-7], Vanadate(3-), tri-μ-chloro-hexachlorodi-, trirubidium, 26:379
[12139-90-1], Cobalt(4+), μ-amidooctaammine[μ-(superoxido-*O*:*O*')]di-, tetranitrate, 12:206
[12143-72-5], Tantalum sulfide (TaS_2), 19:35; 30:157
[12145-47-0], Palladium, dibromo[(1,2,5,6-η)-1,5-cyclooctadiene]-, 13:53
[12145-48-1], Platinum, dibromo[(1,2,5,6-η)-1,5-cyclooctadiene]-, 13:49
[12145-87-8], Cobaltate(5-), decakis(cyano-*C*)-μ-superoxidodi-, pentapotassium, monohydrate, 12:202
[12148-71-9], Iridium, bis[(1,2,5,6-η)-1,5-cyclooctadiene]di-μ-methoxydi-, 23:128
[12148-72-0], Rhodium, bis[(1,2,5,6-η)-1,5-cyclooctadiene]di-μ-methoxydi-, 23:127
[12151-25-6], Nickel, [1,1'-(η^2-1,2-ethenediyl)bis[benzene]]bis(triphenylphosphine)-, 17:121
[12152-20-4], Ferrate(1-), dicarbonyl(η^5-2,4-cyclopentadien-1-yl)-, sodium, 7:112
[12152-26-0], Platinum, [(2,3,5,6-η)-bicyclo[2.2.1]hepta-2,5-diene]dichloro-, 13:48
[12153-25-2], Molybdenum, (η^6-benzene)(η^5-2,4-cyclopentadien-1-yl)-, 20:196,197
[12154-95-9], Iron, di-μ-carbonyldicarbonylbis(η^5-2,4-cyclopentadien-1-yl)di-, (*Fe-Fe*), 7:110; 12:36
[12158-64-4], Cuprate(1-), tetrathioxo-, potassium, 30:88

- [12159-66-9], Erbium sulfide (Er₂S₃), 14:154
- [12162-59-3], Holmium sulfide (Ho₂S₃), 14:154
- [12162-92-4], Lithium vanadium oxide (LiV₂O₅), 24:202; 30:186
- [12163-20-1], Lutetium sulfide (Lu_2S_3), 14:154
- [12163-67-6], Molybdate (MoO₃²⁻), strontium (1:1), 11:1
- [12164-94-2], Ammonium azide ((NH₄)(N₃)), 2:136; 8:53
- [12165-21-8], Technetium oxide (Tc_2O_7), 17:155
- [12166-28-8], Vanadium sulfide (VS₂), 24:201; 30:185
- [12166-30-2], Thulium sulfide (Tm_2S_3) , 14:154
- [12167-74-7], Calcium hydroxide phosphate $(Ca_5(OH)(PO_4)_3)$, 6:16; 7:63
- [12168-54-6], Iron nickel oxide (Fe₂NiO₄), 9:154; 11:11
- [12168-55-7], Iron oxide (Fe₂O₃), monohydrate, 2:215
- [12170-34-2], Titanium, bis(η^5 -2,4-cyclopentadien-1-yl)dimercapto-, 27:66
- [12172-41-7], Cobalt, (η⁵-2,4-cyclopentadien-1-yl)[1,1'-(η²-1,2ethynediyl)bis[benzene]](triphenylphosphine)-, 26:192
- [12176-06-6], Molybdenum, tricarbonyl-(η⁵-2,4-cyclopentadien-1-yl)hydro-, 7:107,136
- [12176-46-4], Rhodium, (η⁵-2,4-cyclopentadien-1-yl)bis(trimethyl phosphite-*P*)-, 25:163; 28:284
- [12182-82-0], Chromium oxide (Cr₂O₃), hydrate, 2:190; 8:138
- [12184-22-4], Molybdenum, dichlorobis-(η⁵-2,4-cyclopentadien-1-yl)-, 29:208
- [12184-52-0], Iron, [(1,2,3,4-η)-1,3,5,7-cyclooctatetraene][(1,2,3,4,5,6-η)-1,3,5,7-cyclooctatetraene]-, 15:2
- [12191-64-9], Potassium fluoride metaphosphate (K₂F(PO₃)), 3:109

- [12192-43-7], Cobalt(3+), hexaammine-, (OC-6-11)-, hexakis[μ -[carbonato(2-)-O:O']]- μ ₄-oxotetraberyllate(6-) (2:1), decahydrate, 8:6
- [12193-13-4], Palladium, di-μ-chlorobis[(1,2,3-η)-1-(chloromethyl)-2-propenyl]di-, 11:216
- [12194-11-5], Chromium, hexacarbonylbis(η⁵-2,4-cyclopentadien-1-yl)(mercury)di-, (2*Cr-Hg*), 7:104
- [12194-12-6], Chromium, hexacarbonylbis(η⁵-2,4-cyclopentadien-1-yl)di-, (*Cr-Cr*), 7:104; 7:139; 28:148
- [12203-12-2], Chromate(1-), tricarbonyl(η⁵-2,4-cyclopentadien-1yl)-, sodium, 7:104
- [12203-25-7], Molybdenum, bis(η⁵-2,4-cyclopentadien-1-yl)di-μ-iododi-iododinitrosyldi-, 16:28
- [12203-82-6], Iron(1+), amminedicarbonyl(η⁵-2,4-cyclopentadien-1-yl)-, tetraphenylborate(1-), 12:37
- [12212-36-1], Iron(1+), tetracarbonyl-μ-chlorobis(η⁵-2,4-cyclopentadien-1-yl)di-, tetrafluoroborate(1-), 12:40
- [12212-59-8], Platinum, di- μ -chloro-dichlorobis[(η^2 -ethenyl)benzene]di-, 5:214; 20:181,182
- [12214-92-5], Molybdenum, tricarbon-yl(η⁵-2,4-cyclopentadien-1-yl)(trimethylstannyl)-, 12:63
- [12215-07-5], Ruthenium, (η^6 -benzene)-[(1,2,3,4- η)-1,3-cyclohexadiene]-, 22:177
- [12216-77-2], Beryllium, hexakis[μ -(benzoato-O:O')]- μ_4 -oxotetra-, tetrahedro, 3:7
- [12234-30-9], Molybdenum, octa-µ₃bromotetrabromohexa-, octahedro, 12:176
- [12245-02-2], Tungsten, bis(η^5 -2,4-cyclopentadien-1-yl)dimercapto-, 27:67
- [12246-51-4], Iridium, di-μ-chlorotettrakis[(1,2-η)-cyclooctene]di-, 14:94; 15:18; 28:91

[12258-22-9], Silver nitrate oxide ($Ag_7(NO_3)O_8$), 4:13
[12260-33-2], Titanate(3-), tri-μ-bromo-hexabromodi-, tricesium, 26:379
[12260-35-4], Titanate(3-), tri-μ-bromo-hexabromodi-, trirubidium, 26:379
[12261-19-7], Ferrocene-^{59}*Fe*, 7:201,202
[12265-84-8], Ferrate(1-), diselenoxo-, potassium, 30:93
[12266-68-1], Platinum, dibromo[(1,2,5,6-η)-1,3,5,7-cyclooctatetraene]-, 13:50
[12266-69-2], Platinum, dichloro[(1,2,5,6-η)-1,3,5,7-cyclooctatetraene]-, 13:48
[12266-70-5], Platinum, [(1,2,5,6-η)-1,3,5,7-cyclooctatetraene]diiodo-, 13:51
[12266-72-7], Platinum, [(1,2,5,6-η)-1,5-cyclooctadiene]diiodo-, 13:50
[12266-75-0], Cobalt(2+), bis(1,2-ethanediamine-*N,N'*)(2,4-pentanedionato-*O,O'*)-, (*OC*-6-22-Λ)-, bis[μ-[2,3-dihydroxy butanedioato(2-)-$O^1,O^2:O^3,O^4$]]diarsenate(2-) (1:1), 9:168
[12272-71-8], Scandate(3-), tri-μ-chloro-hexachlorodi-, tricesium, 22:25; 30:79
[12272-72-9], Scandate(3-), tri-μ-chloro-hexachlorodi-, trirubidium, 30:79
[12279-09-3], Rhodium, di-μ-chloro-tetrakis[(1,2-η)-cyclooctene]di-, 14:93
[12289-15-5], Ruthenium, [(2,3,5,6-η)-bicyclo[2.2.1]hepta-2,5-diene]bis(η^3-2-propenyl)-, 26:251
[12289-52-0], Ruthenium, [(1,2,5,6-η)-1,5-cyclooctadiene]bis(η^3-2-propenyl)-, stereoisomer, 26:254
[12293-87-7], Vanadium, oxo[phosphato(3-)-*O*]-, dihydrate, 30:242
[12297-72-2], Cesium iodide ($Cs(I_3)$), 5:172
[12304-72-2], 7,8-Dicarbaundecaborate(1-), dodecahydro-, potassium, 22:231
[12305-00-9], Molybdenum, chloro(η^5-2,4-cyclopentadien-1-yl)dinitrosyl-, 18:129
[12307-22-1], Titanium, bis(η^5-2,4-cyclopentadien-1-yl)(pentaseleno)-, 27:61
[12315-57-0], Vanadate ($V_{10}O_{28}{}^{6-}$), hexasodium, hydrate, 19:140,142
[12317-46-3], Palladium, [(2,3,5,6-η)-bicyclo[2.2.1]hepta-2,5-diene]dichloro-, 13:52
[12321-59-4], Iron silver oxide ($FeAgO_2$), 14:139
[12323-01-2], Molybdate ($MoO_3{}^{2-}$), barium (1:1), 11:1
[12329-09-8], 1-Butanaminium, *N,N,N*-tributyl-, hydrogen tetradeca-μ-oxotetra-μ_3-oxodi-μ_6-oxooctaoxodecavanadate(6-) (3:3:1), 27:83
[12329-10-1], 1-Butanaminium, *N,N,N*-tributyl-, salt with tungstic acid ($H_2W_6O_{19}$) (2:1), 27:80
[12336-90-2], Lead bromide sulfide ($Pb_7Br_{10}S_2$), 14:171
[12337-11-0], Lead iodide sulfide ($Pb_5I_6S_2$), 14:171
[12340-14-6], Xenon oxide (XeO_4), (*T*-4)-, 8:251
[12345-61-8], Titanate(3-), tri-μ-chloro-hexachlorodi-, tricesium, 26:379
[12354-84-6], Iridium, di-μ-chlorodichlorobis[(1,2,3,4,5-η)-1,2,3,4,5-pentamethyl-2,4-cyclopentadien-1-yl]di-, 29:230
[12354-85-7], Rhodium, di-μ-chlorodichlorobis[(1,2,3,4,5-η)-1,2,3,4,5-pentamethyl-2,4-cyclopentadien-1-yl]di-, 29:229
[12356-12-6], Decaborate(2-), decahydro-, 11:28,30
[12356-13-7], Dodecaborate(2-), dodecahydro-, 10:87,88; 11:28,30
[12360-92-8], Titanate(3-), tri-μ-chloro-hexachlorodi-, trirubidium, 26:379
[12361-66-9], Antimonate(1-), hexafluoro-, (*OC*-6-11)-, dioxygenyl, 14:39
[12366-46-0], Zirconate(2-), bis[*N,N*-bis(carboxymethyl)glycinato(3-)-*N,O,O',O''*]-, dipotassium, 10:7

[12370-43-3], Arsenate(1-), hexafluoro-, dioxygenyl, 14:39; 29:8
[12373-10-3], 7-Carbaundecaborane(12), 7-ammine-, 11:33
[12373-34-1], Nickelate(2-), bis[(7,8,9,10,11-η)-7-amido-1,2,3,4,5,6,8,9,10,11-decahydro-7-carbaundecaborato(2-)]-, dihydrogen, 11:43
[12374-26-4], Molybdate(2-), octa-μ_3-chlorohexamethoxyhexa-, octahedro, disodium, 13:100
[12375-04-1], Osmium, dodecacarbonyltetra-μ-hydrotetra-, tetrahedro, 28:240
[12375-20-1], Molybdate(2-), octa-μ_3-chlorohexaethoxyhexa-, octahedro, disodium, 13:101,102
[12375-24-5], Ruthenium, tridecacarbonyldihydroirontri-, 21:58
[12389-34-3], Silver, tetra-μ_3-iodotetrakis (trimethylphosphine)tetra-, 9:62
[12390-22-6], 1-Butanaminium, *N*,*N*,*N*-tributyl-, dodeca-μ-oxo-μ_6-oxohexaoxohexamolybdate(2-) (2:1), 27:77
[12393-71-4], Gold iodide telluride ($AuITe_2$), 14:170
[12399-86-9], Aluminum gallium oxide ($Al_{11}GaO_{17}$), 19:56; 30:239
[12404-28-3], Nickel, bis[(7,8,9,10,11-η)-1,2,3,4,5,6,8,9,10,11-decahydro-7-(*N*-methylmethanamine)-7-carbaundecaborato(1-)]-, 11:45
[12409-54-0], Copper bromide telluride (CuBrTe), 14:170
[12409-55-1], Copper bromide telluride ($CuBrTe_2$), 14:170
[12410-11-6], Copper chloride telluride (CuClTe), 14:170
[12410-12-7], Copper chloride telluride ($CuClTe_2$), 14:170
[12410-18-3], Vanadate(4-), chlorotetraoxo-, strontium (1:2), 14:126
[12410-62-7], Copper iodide selenide ($CuISe_3$), (*T*-4)-, 14:170
[12410-63-8], Copper iodide telluride (CuITe), 14:170
[12410-64-9], Copper iodide telluride ($CuITe_2$), 14:170
[12411-15-3], Iron oxide (FeO_2), 22:43
[12429-02-6], Arsenate(1-), hexafluoro-, (octasulfur)(2+) (2:1), 15:213
[12429-74-2], Triborate(1-), octahydro-, 10:82; 11:27; 15:111
[12430-13-6], Octaborate(2-), octahydro-, 11:24
[12430-24-9], Nonaborate(2-), nonahydro-, 11:24
[12430-44-3], Undecaborate(2-), undecahydro-, 11:24
[12431-50-4], Copper bromide selenide ($CuBrSe_3$), 14:170
[12431-61-7], Scandate(3-), tri-μ-bromohexabromotri-, tricesium, 30:79
[12431-62-8], Scandate(3-), tri-μ-bromohexabromodi-, trirubidium, 30:79
[12438-63-0], Manganate (MnO_4^{4-}), strontium (1:2), (*T*-4)-, 11:59
[12441-82-6], Lead bromide selenide (Pb_4Br_6Se), 14:171
[12442-58-9], Copper chloride selenide ($CuClSe_2$), 14:170
[12446-43-4], Aluminum nitrosyl oxide ($Al_{11}(NO)O_{17}$), 19:56; 30:240
[12447-77-7], 6-Thiadecaborane(11), 22:228
[12448-04-3], Undecaborate(2-), tridecahydro-, 11:25
[12448-05-4], Undecaborate(1-), tetradecahydro-, 10:86; 11:26
[12449-63-7], Antimonate(1-), μ-fluorodecafluorodi-, (tetratellurium)(2+) (2:1), 15:213
[12501-23-4], Tungstate(3-), tetracosa-μ-oxododecaoxo[μ_{12}-[phosphato(3-)-*O*:*O*:*O*:*O*':*O*':*O*':*O*'':*O*'':*O*'':*O*''':*O*''':*O*''']] dodeca-, trihydrogen, hydrate, 1:132
[12501-39-2], Tungstate(4-), [μ_{12}-[orthosilicato(4-)-*O*:*O*:*O*:*O*':*O*':*O*':*O*'':*O*'':*O*'':*O*''':*O*''':*O*''']] tetracosa-μ-oxododecaoxododeca-, tetrapotassium, hydrate, 27:93
[12505-20-3], Aluminum silver oxide ($Al_{11}AgO_{17}$), 30:236

[12505-58-7], Aluminum ammonium oxide ($Al_{11}(NH_4)O_{17}$), 19:56; 30:239
[12505-59-8], Aluminum lithium oxide ($Al_{11}LiO_{17}$), 19:54; 30:237
[12505-60-1], Aluminum thallium oxide ($Al_{11}TlO_{17}$), 19:53; 30:236
[12506-14-8], Bismuthate(1-), dithioxo-, sodium, 30:91
[12514-32-8], Iron bromide (FeBr), 14:102
[12523-40-9], Gold bromide telluride ($AuBrTe_2$), 14:170
[12523-42-1], Gold chloride telluride ($AuClTe_2$), 14:170
[12536-35-5], Arsenate(1-), hexafluoro-, (tetratellurium)(2+) (2:1), 15:213
[12539-81-0], Tantalum carbide sulfide (Ta_2CS_2), 30:255
[12545-00-5], Undecaborate(1-), tetradecahydro-, sodium, compd. with 1,4-dioxane (1:3), 10:87
[12547-25-0], Methanaminium, *N,N,N*-trimethyl-, chlorotriiodoiodate(1-), 5:172
[12551-36-9], Decaborane(12), 6,9-bis(*N,N*-diethylethanamine)-, 9:17
[12556-88-6], Nickelate(4-), dicarbonylbis[μ-(cyano-*C,N*)]tetrakis(cyano-*C*)di-, tetrapotassium, 5:201
[12563-74-5], Osmium, di-μ-carbonylnonacarbonyl(dicarbonyliron)di-μ-hydrotri-, (3*Fe-Os*) (3*Os-Os*), 21:63
[12568-45-5], Zinc, (acetato)tris(2,4-pentanedionato)di-, 10:75
[12576-08-8], Rhodate(2-), di-μ-carbonylocta-μ_3-carbonyleicosacarbonyldodeca-, (25*Rh-Rh*), disodium, 20:215
[12588-12-4], Aluminate(1-), tetrachloro-, (*T*-4)-, pentathiazyl, 17:190
[12588-72-6], Aluminum rubidium oxide ($Al_{11}RbO_{17}$), 19:55; 30:238
[12597-60-3], Vanadium, mol. (V_2), 22:116
[12693-45-7], Ethanaminium, *N,N,N*-triethyl-, μ-carbonyldecacarbonyl-μ-hydrotriruthenate(1-) *triangulo*, 24:168
[12701-79-0], Vanadium, chlorobis(η^5-2,4-cyclopentadien-1-yl)-, 21:85; 28:262
[12772-20-2], Titanium, bis(η^5-2,4-cyclopentadien-1-yl)[tetrahydroborato(1-)-*H,H'*]-, 17:91
[12793-14-5], Niobium, dichlorobis(η^5-2,4-cyclopentadien-1-yl)-, 16:107; 28:267
[13005-38-4], Aurate(1-), tetrabromo-, potassium, dihydrate, (*SP*-4-1)-, 4:14; 4:16
[13006-15-0], Pyrrolidinium, 1,1-diamino-, chloride, 10:130
[13007-92-6], Chromium carbonyl ($Cr(CO)_6$), (*OC*-6-11)-, 3:156; 7:104; 15:88
[13018-68-3], Triazanium, 2,2-diethyl-, chloride, 10:130
[13036-75-4], Disulfuryl fluoride, 11:151
[13059-67-1], Antimony, dichlorotrimethyl-, 9:93
[13074-74-3], 3-Penten-2-one, 4-[(4-methylphenyl)amino]-, 8:150
[13077-53-7], Antimony, diiodotrimethyl-, (*TB*-5-11)-, 9:96
[13078-30-3], 1,2,3,4-Thiatriazol-5-amine, *N*-phenyl-, 6:45
[13106-76-8], Molybdate (MoO_4^{2-}), diammonium, (*T*-4)-, 11:2
[13125-51-4], Silane, diisothiocyanatodimethyl-, 8:30
[13132-23-5], Magnesium, chloro(2,2-dimethylpropyl)-, 26:46
[13135-31-4], Titanium bromide ($TiBr_3$), 2:116; 6:57; 26:382
[13149-89-8], Ethane, 1,1'-oxybis-, compd. with aluminum hydride (AlH_3) (1:3), 14:47
[13166-44-4], Triazanium, 2,2-dimethyl-, chloride, 10:129
[13246-32-7], Arsine, 1,2-phenylenebis-[dimethyl-, 10:159
[13266-73-4], Formic acid, iron(2+) salt, dihydrate, 4:159

[13283-01-7], Tungsten chloride (WCl_6), (*OC*-6-11)-, 3:136; 7:169; 9:135-136; 12:187

[13289-84-4], 1-Propanamine, 3-(diphenylphosphinoselenoyl)-*N,N*-dimethyl-, 10:159

[13311-45-0], 1-Butanaminium, *N,N,N*-tributyl-, (triiodide), 5:172; 29:42

[13311-46-1], 1-Propanaminium, *N,N,N*-tripropyl-, (triiodide), 5:172

[13320-71-3], Molybdenum chloride ($MoCl_4$), 12:181

[13360-57-1], Sulfamoyl chloride, dimethyl-, 8:109

[13408-71-4], Chromium(3+), tris(1,2-ethanediamine-*N,N'*)-, (*OC*-6-11)-, sulfate (2:3), 2:198; 13:233

[13408-73-6], Cobalt(3+), tris(1,2-ethanediamine-*N,N'*)-, trichloride, (*OC*-6-11)-, 2:221; 9:162

[13422-51-0], Cobinamide, hydroxide, dihydrogen phosphate (ester), inner salt, 3'-ester with 5,6-dimethyl-1-α-D-ribofuranosyl- 1*H*-benzimidazole, 20:138

[13422-55-4], Cobinamide, *Co*-methyl deriv., dihydrogen phosphate (ester), inner salt, 3'-ester with 5,6-dimethyl-1-α-D-ribofuranosyl- 1*H*-benzimidazole, 20:136

[13435-20-6], Ethanaminium, *N,N,N*-triethyl-, cyanide, 16:133

[13444-87-6], Nitrosyl bromide ((NO)Br), 11:199

[13444-90-1], Nitryl chloride ($(NO_2)Cl$), 4:52

[13446-44-1], Diphosphoric acid, manganese(2+) salt (1:2), 19:121

[13446-57-6], Molybdenum bromide ($MoBr_3$), 10:50

[13450-90-3], Gallium chloride ($GaCl_3$), 1:26; 17:167

[13451-11-1], Tantalum bromide ($TaBr_5$), 4:130; 12:187

[13452-92-1], Cyclopentasilane, decamethyl-, 19:265

[13453-32-2], Thallium chloride ($TlCl_3$), 21:72

[13453-49-1], Thorium bromide ($ThBr_4$), 1:51

[13453-58-2], Cyanic acid, lead(2+) salt, 8:23

[13454-96-1], Platinum chloride ($PtCl_4$), (*SP*-4-1)-, 2:253

[13455-05-5], Phosphorothioic triamide, 6:111

[13463-39-3], Nickel carbonyl ($Ni(CO)_4$), (*T*-4)-, 2:234

[13463-40-6], Iron carbonyl ($Fe(CO)_5$), (*TB*-5-11)-, 29:151

[13463-67-7], Titanium oxide (TiO_2), 5:79; 6:47

[13464-51-2], Arsine-d_3, 13:14

[13465-09-3], Indium bromide ($InBr_3$), 19:259

[13465-10-6], Indium chloride (InCl), 7:19,20

[13465-11-7], Indium chloride ($InCl_2$), 7:19,20

[13465-66-2], Selenium fluoride (SeF_4), (*T*-4)-, 24:28

[13465-73-1], Silane, bromo-, 11:159

[13465-74-2], Silane, bromotrichloro-, 7:30

[13465-77-5], Disilane, hexachloro-, 1:44

[13465-79-7], Silanethiol, trichloro-, 7:28

[13465-85-5], Silane, trichloroiodo-, 4:41

[13465-93-5], Silver tungsten oxide (Ag_2WO_4), 22:76

[13466-13-2], Hypophosphoric acid, disodium salt, hexahydrate, 4:68

[13470-04-7], Molybdate (MoO_4^{2-}), strontium (1:1), (*T*-4)-, 11:2

[13470-11-6], Tungsten bromide (WBr_5), 20:42

[13470-12-7], Tungsten chloride (WCl_2), 30:1

[13470-13-8], Tungsten chloride (WCl_4), 12:185; 26:221; 29:138

[13470-14-9], Tungsten chloride (WCl_5), 13:150

[13470-21-8], Uranium chloride (UCl_5), 5:144
[13472-33-8], Rhenate (ReO_4^{1-}), sodium, (*T*-4)-, 13:219
[13477-31-1], Dithionic acid, calcium salt (1:1), tetrahydrate, 2:168
[13478-18-7], Molybdenum chloride ($MoCl_3$), 12:178
[13478-28-9], Chromium iodide (CrI_2), 5:130
[13478-45-0], Niobium bromide ($NbBr_5$), 12:187
[13492-46-1], Silane, dichlorothioxo-, 7:30
[13494-89-8], Sulfuric acid, cobalt(3+) salt (3:2), octadecahydrate, 5:181
[13499-05-3], Hafnium chloride ($HfCl_4$), (*T*-4)-, 4:121
[13510-35-5], Indium iodide (InI_3), 24:87
[13517-13-0], Disilane, hexabromo-, 2:98
[13517-35-6], Platinum, tris(triphenylphosphine)-, 11:105; 28:125
[13520-59-7], Molybdenum bromide ($MoBr_4$), 10:49
[13520-75-7], Tungsten bromide oxide (WBr_2O_2), 14:116
[13520-76-8], Tungsten chloride oxide (WCl_2O_2), (*T*-4)-, 14:110
[13520-77-9], Tungsten bromide oxide (WBr_4O), 14:117
[13520-78-0], Tungsten chloride oxide (WCl_4O), 9:123; 14:112; 23:195; 28:324
[13520-79-1], Tungsten fluoride oxide (WF_4O), 24:37
[13520-92-8], Zirconium, dichlorooxo-, octahydrate, 2:121
[13536-84-0], Uranium, difluorodioxo-, (*T*-4)-, 25:144
[13536-85-1], Fluorine fluorosulfate ($F(SFO_3)$), 11:155
[13537-06-9], Germane-d_4, 11:170
[13537-07-0], Silane-d_4, 11:170
[13537-08-1], Disilane-d_6, 11:172
[13537-18-3], Thulium chloride ($TmCl_3$), 22:39
[13537-30-9], Germane, fluoro-, 15:164
[13550-46-4], Nitric acid, cerium(3+) magnesium salt (12:2:3), tetracosahydrate, 2:57
[13566-20-6], Phosphoramidic acid, monoammonium salt, 6:110; 13:23
[13569-43-2], Germane, bromo-, 15:157,164,174,177
[13569-50-1], Cerium hydride (CeH_2), 14:184
[13569-63-6], Rhenium chloride ($ReCl_3$), 1:182
[13569-65-8], Rhodium chloride ($RhCl_3$), trihydrate, 7:214
[13569-70-5], Niobium chloride ($NbCl_4$), 12:185
[13569-74-9], 1,3,5,2,4,6-Triazatriphosphorine, 2-amino-2,4,4,6,6-pentachloro-2,2,4,4,6,6-hexahydro-, 14:25
[13569-75-0], Chromium iodide (CrI_3), 5:128; 5:129
[13573-02-9], Germane, iodo-, 15:161; 18:162
[13573-06-3], Phosphine, germyl-, 15:177
[13573-08-5], Germanium iodide (GeI_2), 2:106; 3:63
[13596-00-4], Thorium bromide oxide ($ThBr_2O$), 1:54
[13596-19-5], Nickel bromide ($NiBr_2$), dihydrate, 13:156
[13596-23-1], Trisilane, octachloro-, 1:44
[13596-35-5], Rhenium chloride ($ReCl_5$), 1:180; 7:167; 12:193; 20:41
[13597-72-3], Phosphoric triamide, 6:108
[13597-84-7], Imidodisulfuric acid, diammonium salt, 2:180
[13597-86-9], Diphosphoric acid, diammonium salt, 7:66
[13598-42-0], Silane, iodo-, 11:159; 19:268,270
[13598-65-7], Rhenate (ReO_4^{1-}), ammonium, (*T*-4)-, 8:171
[13600-82-3], Molybdate(3-), hexachloro-, tripotassium, (*OC*-6-11)-, 4:97

[13600-88-9], Cobalt, triamminetris(nitrito-*N*)-, 6:189
[13600-94-7], Cobalt(2+), pentaammine-(nitrito-*O*)-, (*OC*-6-21)-, dinitrate, 4:174
[13601-11-1], Chromate(3-), hexakis(cyano-*C*)-, tripotassium, (*OC*-6-11)-, 2:203
[13601-24-6], Manganese, pentacarbonylmethyl-, (*OC*-6-21)-, 26:156
[13601-50-8], Iron(2+), hexaammine-, dibromide, (*OC*-6-11)-, 4:161
[13601-55-3], Nickel(2+), hexaammine-, dibromide, (*OC*-6-11)-, 3:194
[13601-60-0], Chromium(2+), pentaamminebromo-, dibromide, (*OC*-6-22)-, 5:134
[13601-65-5], Cobalt, triamminechlorobis-(nitrito-*N*)-, 6:191
[13637-63-3], Chlorine fluoride (ClF_5), 29:7
[13637-65-5], Germane, chloro-, 15:161
[13637-68-8], Molybdenum chloride oxide ($MoCl_2O_2$), (*T*-4)-, 7:168
[13637-83-7], Chloryl fluoride, 24:3
[13637-84-8], Sulfuryl chloride fluoride, 9:111
[13637-87-1], Nitrogen chloride fluoride ($NClF_2$), 14:34
[13682-02-5], Cobalt, nonacarbonyl[μ_3-(chloromethylidyne)]tri-, *triangulo*, 20:234
[13682-03-6], Cobalt, nonacarbonyl[μ_3-(phenylmethylidyne)]tri-, *triangulo*, 20:226,228
[13682-55-8], Cobalt(1+), tetraammine-[carbonato(2-)-*O*,*O*']-, chloride, (*OC*-6-22)-, 6:177
[13693-09-9], Xenon fluoride (XeF_6), (*OC*-6-11)-, 8:257; 8:258; 11:205
[13693-10-2], Sulfur, (fluorimidato)pentafluoro-, (*OC*-6-21)-, 12:305
[13701-67-2], Diborane(4), tetrachloro-, 10:118; 19:74
[13701-70-7], Sulfuric acid, vanadium(3+) salt (3:2), 7:92
[13701-85-4], 1,3,5,2,4,6-Triazatriphosphorine, 2,2,4,4,6,6-hexabromo-2,2,4,4,6,6-hexahydro-, 7:76
[13703-22-5], Phosphinic hydrazide, 2,2-dimethyl-*P*,*P*-diphenyl-, 8:76
[13703-23-6], Phosphinothioic hydrazide, 2,2-dimethyl-*P*,*P*-diphenyl-, 8:76
[13703-24-7], Phosphorus(1+), (1,1-dimethylhydrazinato-N^1)methyldiphenyl-, 8:76
[13706-09-7], Phosphorothioic bromide difluoride, 2:154
[13706-10-0], Phosphorothioic dibromide fluoride, 2:154
[13709-30-3], Sulfamoyl fluoride, difluoro-, 12:303
[13709-32-5], Peroxydisulfuryl fluoride, 7:124; 11:155; 29:10
[13709-36-9], Xenon fluoride (XeF_2), 8:260; 11:147; 29:1
[13709-40-5], Imidodisulfuryl fluoride, fluoro-, 11:138
[13709-54-1], Sulfur fluoride oxide (SF_4O), (*SP*-5-21)-, 11:131; 20:34
[13709-61-0], Xenon fluoride (XeF_4), (*T*-4)-, 8:254; 8:261; 11:150; 29:4
[13716-12-6], Phosphine, tris(1,1-dimethylethyl)-, 25:155
[13718-66-6], Ferrate (FeO_4^{2-}), dipotassium, (*T*-4)-, 4:164
[13721-44-3], Xenonate(4-), hexaoxo-, tetrasodium, (*OC*-6-11)-, 8:252
[13730-91-1], Boron, [μ-(hydrazine-*N*:*N*')]hexahydrodi-, 9:13
[13755-32-3], Platinate(2-), tetrakis(cyano-*C*)-, barium (1:1), tetrahydrate, 20:243
[13762-51-1], Borate(1-), tetrahydro-, potassium, 7:34
[13763-23-0], Uranium chloride (UCl_6), (*OC*-6-11)-, 16:143
[13765-35-0], Diphosphoric acid, tetraammonium salt, 7:65; 21:157
[13765-57-6], Chromium tungsten oxide (Cr_2WO_6), 14:135

[13766-54-6], Indium fluoride oxide (InFO), 14:123

[13766-94-4], Phosphorodiamidothioic acid, monosodium salt, 6:112

[13768-11-1], Rhenate (ReO_4^{1-}), hydrogen, (*T*-4)-, 9:145

[13768-38-2], Osmium fluoride (OsF_6), (*OC*-6-11)-, 24:79

[13768-94-0], Silane, dibromo-, 1:38

[13769-20-5], Europium chloride ($EuCl_2$), 2:68,71

[13769-36-3], Germane, dibromo-, 15:157

[13769-75-0], Phosphoric chloride difluoride, 15:194

[13769-76-1], Phosphoric dichloride fluoride, 15:194

[13773-81-4], Krypton fluoride (KrF_2), 29:11

[13774-85-1], Xenon fluoride oxide (XeF_4O), (*SP*-5-21)-, 8:251,260

[13775-07-0], Uranium fluoride (UF_5), 19:137,138,139; 21:163

[13776-58-4], Xenon oxide (XeO_3), 8:251,254,258,260; 11:205

[13777-25-8], Zirconium bromide ($ZrBr_4$), (*T*-4)-, 1:49

[13779-78-7], Indium iodide (InI_2), 7:17,20

[13780-57-9], Sulfur chloride fluoride ($SClF_5$), (*OC*-6-22)-, 8:160; 24:8

[13782-03-1], Cobalt(1+), tetraamminebis(nitrito-*N*)-, (*OC*-6-22)-, nitrate, 18:70,71

[13782-04-2], Cobalt(1+), tetraamminebis(nitrito-*N*)-, (*OC*-6-12)-, nitrate, 18:70,71

[13782-33-7], Palladium, diamminedichloro-, (*SP*-4-1)-, 8:234

[13801-31-5], 1,3,5,7,2,4,6,8-Tetrazatetraphosphocine, 2,2,6,6-tetrachloro-4,4,8,8-tetrakis(ethylthio)-2,2,4,4,6,6,8,8-octahydro-, 8:90

[13801-32-6], 1,3,5,7,2,4,6,8-Tetrazatetraphosphocine, 2,2,6,6-tetrachloro-2,2,4,4,6,6,8,8-octahydro-4,4,8,8-tetrakis(phenylthio)-, 8:91

[13801-66-6], 1,3,5,7,2,4,6,8-Tetrazatetraphosphocine, 2,2,4,4-tetrachloro-2,2,4,4,6,6,8,8-octahydro-6,6,8,8-tetrakis(phenylthio)-, 8:91

[13812-07-2], Diphosphorous tetrafluoride, 12:281,285

[13813-19-9], Sulfuric acid-d_2, 6:21; 7:155

[13813-22-4], Lanthanum iodide (LaI_3), 22:31; 30:11

[13814-74-9], Molybdenum chloride oxide ($MoCl_3O$), 12:190

[13814-75-0], Molybdenum chloride oxide ($MoCl_4O$), 10:54; 23:195; 28:325

[13815-16-2], Platinum(1+), triamminechloro-, chloride, (*SP*-4-2)-, 22:124

[13815-31-1], Vanadate(3-), hexafluoro-, triammonium, (*OC*-6-11)-, 7:88

[13816-38-1], Stibine, iodothioxo-, 14:161,172

[13816-65-4], Imidosulfurous difluoride, chloro-, 24:18

[13818-89-8], Digermane, 7:36; 15:169

[13819-11-9], Phosphorous difluoride iodide, 10:155

[13819-84-6], Molybdenum fluoride (MoF_5), 13:146; 19:137,138,139

[13820-25-2], Chromium(3+), hexaammine-, trichloride, (*OC*-6-11)-, 2:196; 10:37

[13820-44-5], Palladium(2+), tetraammine-, (*SP*-4-1)-, (*SP*-4-1)-tetrachloropalladate(2-) (1:1), 8:234

[13820-46-7], Platinum(2+), tetraammine-, (*SP*-4-1)-, (*SP*-4-1)-tetrachloroplatinate(2-) (1:1), 2:251; 7:241

[13820-53-6], Palladate(2-), tetrachloro-, disodium, (*SP*-4-1)-, 8:236

[13820-59-2], Molybdate(2-), aquapentachloro-, diammonium, (*OC*-6-21)-, 13:171

[13820-77-4], Cobalt(1+), triammineaquadichloro-, chloride, 6:180; 6:191

[13820-78-5], Cobalt(2+), tetraammineaquachloro-, dichloride, (*OC*-6-33)-, 6:178

[13820-89-8], Chromium(2+), pentaamminechloro-, dichloride, (*OC*-6-22)-, 2:196; 6:138
[13820-95-6], Rhodium(2+), pentaamminechloro-, dichloride, (*OC*-6-22)-, 7:216; 13:213; 24:222
[13821-00-6], Rhenium, pentacarbonyliodo-, (*OC*-6-22)-, 23:44; 28:163
[13823-49-9], Phosphoramidic acid, monopotassium salt, 13:25
[13824-62-9], Iron fluoride oxide (FeFO), 14:124
[13824-74-3], Hypodiphosphorous tetrafluoride, 12:281,282
[13825-03-1], Digermane, chloro-, 15:171
[13826-83-0], Borate(1-), tetrafluoro-, ammonium, 2:23
[13826-94-3], Platinate(2-), tetrabromo-, dipotassium, (*SP*-4-1)-, 19:2
[13842-80-3], Vanadium fluoride (VF_2), 7:91
[13842-88-1], Niobium fluoride (NbF_4), 14:105
[13842-99-4], Chromium(1+), bis(1,2-ethanediamine-*N,N'*)difluoro-, (*OC*-6-22)-, (*OC*-6-22)-(1,2-ethanediamine-*N,N'*)tetrafluorochromate(1-), 24:185
[13845-07-3], Rhodate(3-), hexachloro-, tripotassium, (*OC*-6-11)-, 8:217,222
[13847-51-3], Hypofluorous acid, dianhydride with sulfurous acid, 11:155
[13859-41-1], Manganate(1-), pentacarbonyl-, sodium, 7:198
[13859-51-3], Cobalt(2+), pentaamminechloro-, dichloride, (*OC*-6-22)-, 5:185; 6:182; 9:160
[13859-68-2], Nickel(2+), hexaammine-, diiodide, (*OC*-6-11)-, 3:194
[13862-16-3], Silanamine, *N,N*-disilyl-, 11:159
[13863-59-7], Bromine fluoride (BrF), 3:185
[13874-13-0], Cobalt(2+), hexaammine-, dichloride, (*OC*-6-11)-, 8:191; 9:157
[13877-26-4], Cobaltate(2-), tetrachloro-, dipotassium, (*T*-4)-, 20:51
[13878-20-1], Zinc, bis(pyridine)bis(thiocyanato-*N*)-, (*T*-4)-, 12:251,253
[13881-91-9], Methanesulfonic acid, amino-, 8:121
[13882-24-1], Sulfamide, diethyl(triphenylphosphoranylidene)-, 9:119
[13891-58-2], Chlorosulfuric acid, 2-chloroethyl ester, 4:85
[13927-32-7], Ethanaminium, *N,N,N*-triethyl-, tetrachlorocuprate(2-) (2:1), 9:141
[13927-35-0], Ethanaminium, *N,N,N*-triethyl-, tetrabromocuprate(2-) (2:1), 9:141
[13927-98-5], Iridium, trichlorotris(pyridine)-, (*OC*-6-22)-, 7:229,231
[13927-99-6], Molybdenum, trichlorotris(pyridine)-, 7:40
[13928-32-0], Iridium, trichlorotris(pyridine)-, (*OC*-6-21)-, 7:229,231
[13931-88-9], Cobalt, diamminedichloro-, (*T*-4)-, 9:159
[13931-89-0], Cobalt(2+), pentaamminenitrosyl-, dichloride, (*OC*-6-22)-, 4:168; 5:185; 8:191
[13931-94-7], Chromium chloride ($CrCl_2$), tetrahydrate, 1:126
[13933-32-9], Platinum(2+), tetraammine-, dichloride, (*SP*-4-1)-, 2:250; 5:210
[13933-33-0], Platinum(2+), tetraammine-, dichloride, monohydrate, (*SP*-4-1)-, 2:252
[13938-94-8], Rhodium, carbonylchlorobis(triphenylphosphine)-, 8:214; 10:69; 15:65,71
[13939-06-5], Molybdenum carbonyl ($Mo(CO)_6$), (*OC*-6-11)-, 11:118; 15:88
[13940-38-0], Periodic acid (H_5IO_6), trisodium salt, 1:169-170; 2:212
[13955-01-6], $1\lambda^4,3\lambda^4,5\lambda^4$-1,3,5,2,4,6-Trithiatriazine, 1,3,5-trichloro-, 1,3,5-trioxide, 13:9
[13963-57-0], Aluminum, tris(2,4-pentanedionato-*O,O'*)-, (*OC*-6-11)-, 2:25

[13963-58-1], Cobaltate(3-), hexakis(cyano-*C*)-, tripotassium, (*OC*-6-11)-, 2:225
[13963-60-5], Cobalt, tris(diethylcarbamodithioato-*S,S'*)-, (*OC*-6-11)-, 10:47
[13963-67-2], Cobalt(3+), tris(1,2-ethanediamine-*N,N'*)-, tribromide, (*OC*-6-11)-, 14:58
[13963-83-2], Nickel(2+), hexakis[1,1'-sulfinylbis[benzene]-*O*]-, (*OC*-6-11)-, bis[tetrafluoroborate(1-)], 29:116
[13963-91-2], Manganese, acetylpentacarbonyl-, (*OC*-6-21)-, 18:57; 29:199
[13966-08-0], Phosphorimidic trichloride, (dichlorophosphinyl)-, 8:92
[13966-94-4], Indium iodide (InI), 7:19,20
[13967-25-4], Mercury fluoride (Hg_2F_2), 4:136
[13977-54-3], Silane, dichlorodiiodo-, 4:41
[13981-20-9], Vanadate (VO_3^{1-}), 15:104
[13986-26-0], Zirconium iodide (ZrI_4), 7:52
[13997-90-5], Chlorine fluorosulfate ($Cl(SFO_3)$), 24:6
[14000-31-8], Diphosphate, 21:157
[14014-18-7], Phosphoric bromide difluoride, 15:194
[14014-59-6], Periodic acid (H_5IO_6), disilver(1+) salt, 20:15
[14018-82-7], Zinc hydride (ZnH_2), 17:6
[14023-02-0], Rhodium(3+), tris(1,2-ethanediamine-*N,N'*)-, trichloride, (*OC*-6-11)-, 12:269,272
[14023-10-0], 1-Butanaminium, *N,N,N*-tributyl-, octachlorodirhenate(2-) (*Re-Re*) (2:1), 12:116; 13:84; 28:332
[14023-85-9], Cobalt(3+), hexaammine-, (*OC*-6-11)-, triacetate, 18:68
[14023-90-6], Manganate(3-), hexakis (cyano-*C*)-, tripotassium, (*OC*-6-11)-, 2:213
[14024-18-1], Iron, tris(2,4-pentanedionato-*O,O'*)-, (*OC*-6-11)-, 15:2
[14024-48-7], Cobalt, bis(2,4-pentanedionato-*O,O'*)-, (*T*-4)-, 11:84
[14024-50-1], Chromium, bis(2,4-pentanedionato-*O,O'*)-, (*SP*-4-1)-, 8:125; 8:130
[14024-58-9], Manganese, bis(2,4-pentanedionato-*O,O'*)-, 6:164
[14024-63-6], Zinc, bis(2,4-pentanedionato-*O,O'*)-, (*T*-4)-, 10:74
[14024-97-6], Platinum, dichlorobis(pyridine)-, (*SP*-4-1)-, 7:249
[14025-11-7], Cobaltate(1-), [[*N,N'*-1,2-ethanediylbis[*N*-(carboxymethyl)-glycinato]](4-)-*N,N',O,O',O^{N},O$^{N'}$*]-, sodium, (*OC*-6-21)-, 5:186
[14040-11-0], Tungsten carbonyl ($W(CO)_6$), (*OC*-6-11)-, 5:135; 15:89
[14040-32-5], Cobalt(1+), dichlorobis(1,2-ethanediamine-*N,N'*)-, chloride, (*OC*-6-22)-, 2:224
[14040-33-6], Cobalt(1+), dichlorobis(1,2-ethanediamine-*N,N'*)-, chloride, (*OC*-6-12)-, 2:222; 14:68; 29:176
[14044-65-6], Boron, trihydro(tetrahydrofuran)-, (*T*-4)-, 12:109-115
[14049-60-6], 1-Butanaminium, *N,N,N*-tributyl-, octabromodirhenate(2-) (*Re-Re*) (2:1), 13:84
[14049-86-6], Manganese, pentacarbonyl(phenylmethyl)-, (*OC*-6-21)-, 26:172
[14056-88-3], Platinum, dichlorobis(triphenylphosphine)-, (*SP*-4-1)-, 19:115
[14061-78-0], Stannane-d_4, 11:170
[14075-53-7], Borate(1-), tetrafluoro-, potassium, 1:24
[14077-30-6], Rhodium(1+), dichlorotetrakis(pyridine)-, chloride, (*OC*-6-12)-, 10:64
[14090-22-3], Borane, butyldichloro-, 10:126
[14092-14-9], 3-Penten-2-one, 4-(methylamino)-, 11:74
[14096-51-6], Platinum, dichloro(1,2-ethanediamine-*N,N'*)-, (*SP*-4-2)-, 8:242
[14096-82-3], Cobalt, tricarbonylnitrosyl-, (*T*-4)-, 2:238

[14097-18-8], Metaphosphimic acid ($H_6P_3O_6N_3$), 6:79
[14099-01-5], Rhenium, pentacarbonylchloro-, (*OC*-6-22)-, 23:42,43; 28:161
[14099-33-3], Palladium(2+), bis(1,2-ethanediamine-*N*,*N*')-, (*SP*-4-1)-, (*SP*-4-1)-tetrachloropalladate(2-) (1:1), 13:217
[14099-34-4], Platinate(2-), bis(1,2-ethanediamine-*N*,*N*')-, (*SP*-4-1)-, (*SP*-4-1)-tetrachloroplatinate(2-) (1:1), 8:243
[14100-08-4], Chromate(3-), pentakis-(cyano-*C*)nitrosyl-, tripotassium, (*OC*-6-22)-, 23:184
[14100-30-2], Manganese, pentacarbonylchloro-, (*OC*-6-22)-, 19:159; 28:155
[14104-20-2], Borate(1-), tetrafluoro-, silver(1+), 13:57
[14104-28-0], Phosphorofluoridic acid, dipotassium salt, 3:109
[14126-94-4], Manganese, pentacarbonyl-(trimethylstannyl)-, (*OC*-6-22)-, 12:61
[14126-96-6], Rhenium, tetrakis[μ-(acetato-*O*:*O*')]dichlorodi-, (*Re*-*Re*), 13:85
[14127-48-1], Plumbane, diazidodiphenyl-, 8:60
[14127-49-2], Plumbane, oxodiphenyl-, 8:61
[14127-50-5], Plumbane, azidotriphenyl-, 8:57
[14166-94-0], Zinc, bis(acetato-*O*,*O*')(*N*-2-pyridinyl-2-pyridinamine-N^N,N^1)-, 8:10
[14169-18-7], Zinc, dichloro(*N*-2-pyridinyl-2-pyridinamine-N^{N^2},N^1)-, (*T*-4)-, 8:10
[14172-91-9], Copper, [5,10,15,20-tetraphenyl-21*H*,23*H*-porphinato(2-)-N^{21},N^{22},N^{23},N^{24}]-, (*SP*-4-1)-, 16:214
[14172-92-0], Nickel, [5,10,15,20-tetraphenyl-21*H*,23*H*-porphinato(2-)-N^{21},N^{22},N^{23},N^{24}]-, (*SP*-4-1)-, 20:143
[14177-94-7], Cobalt, tris(*O*,*O*-diethyl phosphorodithioato-*S*,*S*')-, (*OC*-6-11)-, 6:142
[14177-95-8], Chromium, tris(*O*,*O*-diethyl phosphorodithioato-*S*,*S*')-, (*OC*-6-11)-, 6:142
[14204-64-9], Phosphorimidic trichloride, (4-morpholinylsulfonyl)-, 8:116
[14204-65-0], Phosphorimidic trichloride, [(diethylamino)sulfonyl]-, 8:118
[14204-66-1], Phosphorimidic trichloride, [(dipropylamino)sulfonyl]-, 8:118
[14204-67-2], Phosphorimidic trichloride, [(dibutylamino)sulfonyl]-, 8:118
[14215-59-9], Cobalt, [*N*-(2-aminoethyl)-1,2-ethanediamine-*N*,*N*',*N*'']trichloro-, 7:211
[14220-21-4], Rhenium, bromopentacarbonyl-, (*OC*-6-22)-, 23:44; 28:162
[14220-64-5], Palladium, bis(benzonitrile)dichloro-, 15:79; 28:61
[14221-00-2], Nickel, tetrakis(triphenyl phosphite-*P*)-, (*T*-4)-, 9:181; 13:108,116; 17:119; 28:101
[14221-01-3], Palladium, tetrakis (triphenylphosphine)-, (*T*-4)-, 13:121; 28:107
[14221-02-4], Platinum, tetrakis(triphenylphosphine)-, (*T*-4)-, 11:105; 18:120; 28:124
[14221-06-8], Molybdenum, tetrakis[μ-(acetato-*O*:*O*')]di-, (*Mo*-*Mo*), 13:88
[14236-42-1], Stibine, trichloro-, compd. with cesium chloride (CsCl) (2:5), 4:6
[14239-07-7], Cobaltate(3-), tris[ethanedioato(2-)-*O*,*O*']-, tripotassium, (*OC*-6-11)-, 1:37
[14239-21-5], Cobalt, tetracarbonyl(trichlorosilyl)-, 13:67
[14239-50-0], Iron, bis(diethylcarbamodithioato-*S*,*S*')nitrosyl-, 16:5
[14240-00-7], Cobaltate(1-), [[*N*,*N*'-1,2-ethanediylbis[*N*-(carboxymethyl)-glycinato]](4-)-*N*,*N*',*O*,*O*',O^N,$O^{N'}$]-, potassium, (*OC*-6-21)-, 5:186; 23:99
[14240-02-9], Cobalt(2+), pentaamminefluoro-, (*OC*-6-22)-, dinitrate, 4:172

[14240-12-1], Cobalt(1+), bis(1,2-ethanediamine-*N,N'*)bis(nitrito-*N*)-, (*OC*-6-12)-, nitrate, 4:176,177

[14240-29-0], Chromium(1+), dichlorobis(1,2-ethanediamine-*N,N'*)-, chloride, (*OC*-6-22)-, 26:24,27

[14243-22-2], Iridium, dicarbonylchloro-(4-methylbenzenamine)-, 15:82

[14243-64-2], Gold, chloro(triphenylphosphine)-, 26:325; 27:218

[14244-64-5], Platinate(2-), bis[ethanedioato(2-)-*O,O'*]-, dipotassium, dihydrate, (*SP*-4-1)-, 19:16

[14249-98-0], Tungsten chloride oxide (WCl_3O), 14:113

[14259-65-5], Phosphorimidic trichloride, sulfonylbis-, 8:119

[14263-04-8], Platinum, bis[2-butene-2,3-dithiolato(2-)-*S,S'*]-, (*SP*-4-1)-, 10:9

[14264-08-5], Rhenium, tris[1,2-diphenyl-1,2-ethenedithiolato(2-)-*S,S'*]-, (*TP*-6-111)-, 10:9

[14267-09-5], Chromium(3+), tris(1,2-ethanediamine-*N,N'*)-, tribromide, (*OC*-6-11)-, 19:125

[14267-66-4], Rhodium, trichlorotris(pyridine)-, (*OC*-6-21)-, 10:65

[14267-74-4], Rhodium(1+), dibromotetrakis(pyridine)-, bromide, (*OC*-6-12)-, 10:66

[14280-53-6], Indium bromide (InBr), 7:18

[14282-03-2], Chromium, tris(3-oxobutanalato-*O,O'*)-, (*OC*-6-22)-, 8:144

[14282-93-0], Iridium(3+), hexaammine-, trichloride, (*OC*-6-11)-, 24:267

[14283-12-6], Cobalt(2+), pentaamminebromo-, dibromide, (*OC*-6-22)-, 1:186

[14284-51-6], Cobalt(1+), dibromo-(5,5,7,12,12,14-hexamethyl-1,4,8,11-tetraazacyclotetradecane-N^1,N^4,N^8,N^{11})-, stereoisomer, perchlorate, 18:14

[14284-76-5], Chromium, trichlorotris (pyridine)-, 7:132

[14284-89-0], Manganese, tris(2,4-pentanedionato-*O,O'*)-, (*OC*-6-11)-, 7:183

[14284-90-3], Molybdenum, tris(2,4-pentanedionato-*O,O'*)-, (*OC*-6-11)-, 8:153

[14285-97-3], Cobaltate(1-), diamminetetrakis(nitrito-*N*)-, potassium, 9:170

[14312-45-9], Phosphorofluoridic acid, diammonium salt, 2:155

[14319-13-2], Lanthanum, tris(2,2,6,6-tetramethyl-3,5-heptanedionato-*O,O'*)-, (*OC*-6-11)-, 11:96

[14320-05-9], Chromium, dichlorobis (pyridine)-, 10:32

[14323-32-1], Aurate(1-), tetrabromo-, potassium, (*SP*-4-1)-, 4:14; 4:16

[14323-36-5], Platinate(2-), tetrakis (cyano-*C*)-, dipotassium, trihydrate, (*SP*-4-1)-, 19:3

[14323-41-2], Nickelate(2-), tetrakis (cyano-*C*)-, dipotassium, monohydrate, (*SP*-4-1)-, 2:227

[14323-71-8], Cobaltate(1-), [[1,2-ethanediylbis[*N*-(carboxymethyl)-glycinato]](4-)-$N,N',O,O',O^N,O^{N'}$]-, rubidium, (*OC*-6-21)-, 23:100

[14325-99-6], Sulfamic acid, monosilver(1+) salt, 18:201

[14335-33-2], Phosphoric acid-d_3, 6:81

[14335-40-1], Phosphorous chloride difluoride, 10:153

[14337-12-3], Aurate(1-), tetrachloro-, (*SP*-4-1)-, 15:231

[14348-10-8], Phosphonium, tetraphenyl-, (*T*-4)-tetrathioxomolybdate(2-) (2:1), 27:41

[14349-64-5], Aurate(1-), tetraiodo-, (*SP*-4-1)-, 15:223

[14356-44-6], Nickel(2+), tris(1,10-phenanthroline-N^1,N^{10})-, dichloride, (*OC*-6-11)-, 8:228

[14363-15-6], Zinc, bis(2,4-pentanedionato-*O,O'*)-, monohydrate, (*T*-4)-, 10:74

[14364-93-3], Platinum, iodotrimethyl-, 10:71

[14375-84-9], Iron, tetracarbonyl(triphenylarsine)-, 8:187; 26:61; 28:171

[14375-85-0], Iron, tricarbonylbis(triphenylarsine)-, 8:187

[14375-86-1], Iron, tricarbonylbis(triphenylstibine)-, 8:188
[14376-66-0], Nickel, bis[1,2-bis(4-chlorophenyl)-1,2-ethenedithiolato-(2-)-*S,S'*]-, (*SP*-4-1)-, 10:9
[14396-23-7], Disilathiane, 1,3-dimethyl-, 19:276
[14404-35-4], Copper, bis(4-imino-2-pentanonato-*N,O*)-, 8:2
[14404-36-5], Cobalt(2+), pentaammine (nitrato-*O*)-, (*OC*-6-22)-, dinitrate, 4:174
[14404-37-6], Cobalt(3+), pentaammineaqua-, tribromide, (*OC*-6-22)-, 1:188
[14405-45-9], Indium, tris(2,4-pentanedionato-*O,O'*)-, (*OC*-6-11)-, 19:261
[14406-80-5], Nickel, tetrakis(3-bromopyridine)bis(perchlorato-*O*)-, 9:179
[14409-60-0], Palladium, diamminebis(nitrito-*N*)-, (*SP*-4-1)-, 4:179
[14434-47-0], Chromium, tris(2,2,6,6-tetramethyl-3,5-heptanedionato-*O,O'*)-, (*OC*-6-11)-, 24:183
[14435-92-8], Carbonic diazide, 4:35
[14440-77-8], Ethanol, 2,2'-[thiobis(2,1-ethanediylthio)]bis-, 25:123
[14447-89-3], Tungsten iodide oxide (WI_2O_2), 14:121
[14457-70-6], Selenium chloride ($SeCl_2$), 5:127
[14459-33-7], Europium, tris(1-phenyl-1,3-butanedionato-*O,O'*)-, 9:39
[14482-83-8], Copper, bis[1-phenyl-3-(phenylimino)-1-butanonato-*N,O*]-, 8:2
[14515-54-9], Chromium, diiodotetrakis(pyridine)-, 10:32
[14516-54-2], Manganese, bromopentacarbonyl-, (*OC*-6-22)-, 19:160; 28:156
[14519-03-0], Bromimide, 1:62
[14523-22-9], Rhodium, tetracarbonyldi-μ-chlorodi-, 8:211; 15:14; 28:84
[14524-92-6], Rhenium, pentacarbonylmethyl-, (*OC*-6-21)-, 26:107; 28:16
[14545-72-3], Nitryl hypochlorite ((NO_2)(OCl)), 9:127
[14551-74-7], Ethanedioic acid, neodymium(3+) salt (3:2), decahydrate, 2:60
[14564-53-5], Nickel, tetrakis(triphenylarsine)-, (*T*-4)-, 17:121; 28:103
[14575-84-9], Bicyclo[2.2.1]heptane-7-methanesulfonic acid, 3-bromo-1,7-dimethyl-2-oxo-, ammonium salt, [1*R*-(*endo,anti*)]-, 26:24
[14580-91-7], Phosphorane, trimethylmethylene-, 18:137
[14587-92-9], Rhenium(1+), bis(1,2-ethanediamine-*N,N'*)dioxo-, chloride, 8:173
[14587-94-1], Cobalt(1+), dichlorobis(1,2-ethanediamine-*N,N'*)-, (*OC*-6-12)-, nitrate, 18:73
[14589-08-3], Arsonium, tetraphenyl-, bis[1,1,1,4,4,4-hexafluoro-2-butene-2,3-dithiolato(2-)-*S,S'*]nickelate(2-) (2:1), 10:20
[14590-38-6], Selenious acid, strontium salt (1:1), 3:20
[14592-89-3], Chromium, tris(1,1,1-trifluoro-2,4-pentanedionato-*O,O'*)-, 8:138
[14621-11-5], 1,3,5,7,2,4,6,8-Tetrazatetraphosphocine, 2,2,4,4,6,6,8,8-octabromo-2,2,4,4,6,6,8,8-octahydro-, 7:76
[14621-78-4], Phosphorimidic trichloride, [(dimethylamino)sulfonyl]-, 8:118
[14637-59-3], Gallium(3+), hexaaqua-, triperchlorate, 2:26; 2:28
[14640-49-4], Cobalt(3+), triamminetriaqua-, trinitrate, 6:191
[14642-89-8], Copper(2+), bis(*N*-2-pyridinyl-2-pyridinamine-N^{N^2},N^1)-, dichloride, 5:14
[14647-25-7], Platinum, dichloro[1,2-ethanediylbis[diphenylphosphine]-*P,P'*]-, (*SP*-4-2)-, 26:370
[14649-69-5], Iron, tetracarbonyl(triphenylphosphine)-, 8:186; 26:61; 28:170
[14653-50-0], Rhodium, di-μ-chlorotetrakis(triphenylphosphine)di-, 10:69
[14691-44-2], Trigermane, 7:37

[14694-95-2], Rhodium, chlorotris(triphenylphosphine)-, (*SP*-4-2)-, 28:77
[14695-99-9], Zinc, bis(cyano-*C*)(*N*-2-pyridinyl-2-pyridinamine-N^{N^2},N^1)-, 8:10
[14700-00-6], 1,3,5,7,2,4,6,8-Tetrazatetraphosphocine, 2,2,4,4,6,6,8,8-octafluoro-2,2,4,4,6,6,8,8-octahydro-, 9:78
[14700-21-1], Sulfamoyl chloride, (trichlorophosphoranylidene)-, 13:10
[14705-63-6], Vanadium, oxo[5,10,15,20-tetraphenyl-21*H*,23*H*-porphinato(2-)-N^{21},N^{22},N^{23},N^{24}]-, (*SP*-5-12)-, 20:144
[14710-36-2], Furan, tetrahydro-, compd. with erbium chloride ($ErCl_3$) (7:2), 27:140; 28:290
[14722-43-1], Methanamine, *N*-fluoro-*N*-methyl-, 24:66
[14726-37-5], Chromium(2+), hexakis(pyridine)-, dibromide, (*OC*-6-11)-, 10:32
[14728-59-7], Manganese, bis[tetrakis(1*H*-pyrazolato-N^1)borato(1-)-N^2,$N^{2'}$,$N^{2''}$]-, 12:106
[14741-34-5], Iron, tricarbonylbis(triphenylphosphine)-, 8:186; 25:154; 28:176
[14741-36-7], Ruthenium, tricarbonylbis-(triphenylphosphine)-, 15:50
[14768-15-1], Gadolinium, tris(2,2,6,6-tetramethyl-3,5-heptanedionato-*O,O'*)-, (*OC*-6-11)-, 11:96
[14768-36-6], Ethanaminium, *N,N,N*-triethyl-, (*T*-4)-tetrabromoferrate(2-) (2:1), 9:138
[14768-45-7], Chromium(2+), hexakis-(pyridine)-, diiodide, (*OC*-6-11)-, 10:32
[14782-58-2], Borate(1-), tetrakis(1*H*-pyrazolato-N^1)-, potassium, 12:103
[14782-73-1], Nickel, bis[4-(methylimino)-2-pentanonato-*N,O*]-, 11:74
[14782-78-6], Scandium, trichlorotris-(tetrahydrofuran)-, 21:139
[14782-79-7], Ytterbium, trichlorotris-(tetrahydrofuran)-, 27:139; 28:289
[14791-94-7], Phosphine, [2-(methylthio)phenyl]diphenyl-, 16:171
[14791-95-8], Phosphine, bis[2-(methylthio)phenyl]phenyl-, 16:172
[14794-85-5], Antimony bromide sulfide (SbBrS), 14:172
[14794-86-6], Bismuthine, bromothioxo-, 14:172
[14839-22-6], Nickel, tetrakis(3,5-dimethylpyridine)bis(perchlorato-*O*)-, 9:179
[14839-39-5], Nickel, tetrakis(triethyl phosphite-*P*)-, (*T*-4)-, 13:112; 17:119; 28:101,104
[14854-63-8], Cobalt(2+), (acetato-*O*)pentaammine-, (*OC*-6-22)-, dinitrate, 4:175
[14871-92-2], Palladium, (2,2'-bipyridine-*N,N'*)dichloro-, (*SP*-4-2)-, 13:217; 29:186
[14872-02-7], Cobalt, dichloro(*N*-2-pyridinyl-2-pyridinamine-N^{N^2},N^1)-, (*T*-4)-, 5:184
[14873-03-1], Manganate(2-), pentafluoro-, dipotassium, monohydrate, 24:51
[14873-53-1], Palladium, di-μ-chlorobis[2-(phenylazo)phenyl]di-, 26:175
[14873-63-3], Platinum, bis(benzonitrile)dichloro-, 26:345; 28:62
[14874-32-9], Manganate(4-), hexakis-(cyano-*C*)-, tetrapotassium, (*OC*-6-11)-, 2:214
[14874-43-2], Ferrate(1-), bis[2,3-dimercapto-2-butenedinitrilato(2-)-*S,S'*]-, 10:9
[14875-90-2], Beryllate(6-), hexakis[μ-[carbonato(2-)-*O:O'*]]-μ_4-oxotetra-, hexapotassium, 8:9
[14876-79-0], Nickelate(2-), bis[2,3-dimercapto-2-butenedinitrilato(2-)-*S,S'*]-, (*SP*-4-1)-, 10:13,15,16
[14877-90-8], Rhodium, carbonylchlorobis(triphenylarsine)-, 8:214
[14878-26-3], Cobaltate(1-), tetracarbonyl-, potassium, (*T*-4)-, 2:238

[14878-31-0], Ferrate(2-), tetracarbonyl-, disodium, (*T*-4)-, 7:197; 24:157; 28:203
[14878-71-8], Iron, tetracarbonyl(trimethyl phosphite-*P*)-, 26:61; 28:171
[14879-11-9], Nickelate(1-), bis[1,2-diphenyl-1,2-ethenedithiolato(2-)-*S*,*S*']-, (*SP*-4-1)-, 10:9
[14879-13-1], Cobaltate(2-), bis[1,1,1,4,4,4-hexafluoro-2-butene-2,3-dithiolato(2-)-*S*,*S*']-, (*SP*-4-1)-, 10:9
[14879-42-6], Manganese, pentacarbonyliodo-, (*OC*-6-22)-, 19:161,162; 28:157,158
[14881-12-0], Copper, bis(pyridine) bis(thiocyanato-*N*)-, 12:251, 253
[14881-35-7], Nickel, tetrakis(trimethyl phosphite-*P*)-, (*T*-4)-, 17:119; 28:101
[14882-22-5], Cobalt, tetrakis(pyridine) bis(thiocyanato-*N*)-, 13:204
[14884-42-5], Chromium fluoride (CrF_5), 29:124
[14896-06-1], Aurate(1-), bis[2,3-dimercapto-2-butenedinitrilato(2-)-*S*,*S*']-, (*SP*-4-1)-, 10:9
[14896-63-0], Nickel(2+), tris(1,2-ethanediamine-*N*,*N*')-, dibromide, (*OC*-6-11)-, 14:61
[14897-32-6], Gold, (nitrato-*O*)(triphenylphosphine)-, 29:280
[14908-67-9], Sulfamide, bis(triphenylphosphoranylidene)-, 9:118
[14913-33-8], Platinum, diamminedichloro-, (*SP*-4-1)-, 7:239
[14916-47-3], Cobalt, tris(*O*-ethyl carbonodithioato-*S*,*S*')-, (*OC*-6-11)-, 10:45
[14931-40-9], Boron, (hydrazine-*N*)trihydro-, (*T*-4)-, 9:13
[14939-17-4], Digermoxane, 20:176,178
[14939-45-8], Disilaselenane, 24:127
[14946-92-0], Ferrate(1-), tetrachloro-, (*T*-4)-, 15:231
[14949-95-2], Chromium(3+), tris(1,2-propanediamine-*N*,*N*')-, trichloride, 10:41
[14949-99-6], Borate(1-), triethyl-1-propynyl-, sodium, (*T*-4)-, 15:139
[14951-98-5], Manganese, carbonyltrinitrosyl-, (*T*-4)-, 16:4
[14971-27-8], Cobaltate(1-), tetracarbonyl-, (*T*-4)-, 15:87
[14971-76-7], Cobalt, [*N*-(2-aminoethyl)-1,2-ethanediamine-*N*,*N*',*N*'']tris(nitrito-*N*)-, 7:209
[14972-70-4], Rhodate(3-), hexachloro-, trisodium, (*OC*-6-11)-, 8:217
[14973-59-2], Rhenium, tri-μ-chlorohexachlorotri-, *triangulo*, 12:193; 20:44,47
[14976-80-8], Acetic acid, chromium(2+) salt, monohydrate, 8:125
[14977-45-8], Platinate(1-), bis[2,3-dimercapto-2-butenedinitrilato(2-)-*S*,*S*']-, (*SP*-4-1)-, 10:14,16
[14977-61-8], Chromium, dichlorodioxo-, (*T*-4)-, 2:205
[14984-73-7], Imidodisulfuryl fluoride, 11:138
[14984-74-8], Phosphonous difluoride, 12:281,283
[14984-81-7], Selenonyl fluoride, 20:36
[14986-21-1], Disiloxane, hexachloro-, 7:23
[14986-57-3], Fluorosulfurous acid, potassium salt, 9:113
[14986-84-6], Tetraphosphoric acid, hexasodium salt, 5:99
[14986-93-7], Phosphoric acid, manganese(3+) salt (1:1), 2:213
[14989-34-5], Zirconium chloride (ZrCl), 30:6
[15004-86-1], Rhodium(3+), tris(1,2-ethanediamine-*N*,*N*')-, trichloride, trihydrate, (*OC*-6-11)-, 12:276-279
[15005-14-8], Cobalt(1+), dibromobis(1,2-ethanediamine-*N*,*N*')-, bromide, (*OC*-6-12)-, 21:120
[15007-74-6], Nickel(2+), hexakis (ethanol)-, (*OC*-6-11)-, bis[tetrafluoroborate(1-)], 29:115

[15020-99-2], Palladium, dichloro(1,2-ethanediamine-*N,N'*)-, (*SP*-4-2)-, 13:216
[15025-13-5], Chromium, tris(3-bromo-2,4-pentanedionato-*O,O'*)-, (*OC*-6-11)-, 7:134
[15038-32-1], Chromium(4+), tetrakis(1,2-ethanediamine-*N,N'*)di-μ-hydroxydi-, dithionate (1:2), 18:90
[15040-45-6], Chromium(2+), pentaammine(nitrito-*O*)-, (*OC*-6-22)-, dinitrate, 5:133
[15040-49-0], Chromium(3+), diaquabis (1,2-ethanediamine-*N,N'*)-, tribromide, (*OC*-6-22)-, 18:85
[15040-52-5], Cobalt(1+), tetraammine [carbonato(2-)-*O,O'*]-, (*OC*-6-22)-, nitrate, 6:173
[15040-53-6], Cobalt(3+), tetraamminediaqua-, (*OC*-6-22)-, triperchlorate, 18:83
[15041-50-6], Cobalt, dodecacarbonyltetra-, tetrahedro, 2:243; 5:191
[15050-84-7], Ethanaminium, *N,N,N*-triethyl-, (*T*-4)-tetrachloroferrate(2-) (2:1), 9:138
[15054-01-0], Chromate(3-), tris[ethanedioato(2-)-*O,O'*]-, (*OC*-6-11)-, 25:139
[15060-32-9], Bismuthine, iodothioxo-, 14:172
[15060-34-1], Imidodisulfuryl fluoride, cesium salt, 11:138
[15077-39-1], Cobalt, diaquabis(2,4-pentanedionato-*O,O'*)-, 11:83
[15077-49-3], 1-Butanaminium, *N,N,N*-tributyl-, (*SP*-4-1)-bis[2,3-dimercapto-2-butenedinitrilato(2-)-*S,S'*]cuprate(2-) (2:1), 10:14
[15077-95-9], Rhodate(3-), hexachloro-, tripotassium, monohydrate, (*OC*-6-11)-, 8:217,222
[15079-78-4], Cobalt(1+), bis(1,2-ethanediamine-*N,N'*)bis(nitrito-*N*)-, chloride, (*OC*-6-22)-, 6:192
[15091-98-2], Triphosphoric acid, pentasodium salt, hexahydrate, 3:103
[15114-55-3], Ethanamine, 2-(diphenylphosphino)-*N,N*-bis[2-(diphenylphosphino)ethyl]-, 16:176
[15114-56-4], Ethanamine, 2-(diphenylarsino)-*N,N*-bis[2-(diphenylarsino) ethyl]-, 16:177
[15133-82-1], Nickel, tetrakis(triphenylphosphine)-, (*T*-4)-, 13:124; 17:120; 28:102
[15152-99-5], Platinate(2-), bis[2,3-dimercapto-2-butenedinitrilato(2-)-*S,S'*]-, (*SP*-4-1)-, 10:14,16
[15154-78-6], Iron, tetrakis(pyridine) bis(thiocyanato-*N*)-, 12:251,253
[15157-77-4], Cobaltate(1-), bis(glycinato-*N,O*)bis(nitrito-*N*)-, potassium, 9:173
[15159-51-0], Phosphorous triamide, *N,N',N''*-triphenyl-, 5:61
[15165-88-5], Boron, [μ-(1,2-ethanediamine-*N:N'*)]hexahydrodi-, 12:109
[15168-15-7], Vanadium chloride (VCl_3), hexahydrate, 4:130
[15168-31-7], Metaphosphimic acid ($H_8P_4O_8N_4$), dihydrate, 9:79
[15168-38-4], Perchloric acid, chromium(2+) salt, hexahydrate, 10:27
[15169-25-2], Cobalt, tris(3-nitro-2,4-pentanedionato-O^2,O^4)-, (*OC*-6-11)-, 7:205
[15170-57-7], Platinum, bis(2,4-pentanedionato-*O,O'*)-, (*SP*-4-1)-, 20:66
[15170-64-6], Nickel, bis(4-imino-2-pentanonato-*N,O*)-, 8:232
[15179-32-5], Sulfur fluoride hypofluorite ($SF_5(OF)$), (*OC*-6-21)-, 11:131
[15185-93-0], Cobaltate(1-), [[*N,N'*-1,2-ethanediylbis[*N*-(carboxymethyl)glycinato]](4-)-*N,N',O,O'*,O^N,$O^{N'}$]-, potassium, dihydrate, (*OC*-6-21)-, 18:100
[15186-68-2], Nickel, bis(2,2'-bipyridine-*N,N'*)-, (*T*-4)-, 17:121; 28:103
[15189-52-3], Rhenium, octacarbonyldi-μ-chlorodi-, 16:35
[15189-70-5], Titanium(3+), hexakis(urea-*O*)-, (*OC*-6-11)-, triperchlorate, 9:44

[15192-26-4], Tellurium fluoride (TeF_4), (*T*-4)-, 20:33
[15203-78-8], Chromium(3+), pentaammineaqua-, trichloride, (*OC*-6-22)-, 6:141
[15214-13-8], Manganate(2-), pentafluoro-, diammonium, 24:51
[15214-14-9], Manganese, tetracarbonyl-(1,1,1,5,5,5-hexafluoro-2,4-pentanedionato-*O*,*O*')-, (*OC*-6-22)-, 12:81,83
[15220-72-1], Nickel(2+), (1,4,8,11-tetraazacyclotetradecane-N^1,N^4,N^8,N^{11})-, (*SP*-4-1)-, diperchlorate, 16:221
[15221-15-5], Chromium(2+), hexaaqua-, diiodide, (*OC*-6-11)-, 10:27
[15225-82-8], Cobalt, bis[4-(methylimino)-2-pentanonato-*N*,*O*]-, (*T*-4)-, 11:76
[15227-42-6], Platinum, dichlorobis(pyridine)-, (*SP*-4-2)-, 7:249
[15242-51-0], Aluminate(3-), tris[ethanedioato(2-)-*O*,*O*']-, tripotassium, trihydrate, (*OC*-6-11)-, 1:36
[15243-33-1], Ruthenium, dodecacarbonyltri-, *triangulo*, 13:92; 16:45,47; 26:259; 28:216
[15244-11-8], Aluminum, triiodotris(pyridine)-, 20:83
[15244-74-3], Cobalt(1+), pentaammine [carbonato(2-)-*O*]-, (*OC*-6-22)-, nitrate, 4:171
[15246-25-0], Ruthenium(2+), pentaammine(dinitrogen)-, dibromide, (*OC*-6-22)-, 12:5
[15252-72-9], Phosphorodifluoridic acid, ammonium salt, 2:155,157
[15275-08-8], Cobaltate(3-), tris[ethanedioato(2-)-*O*,*O*']-, tripotassium, trihydrate, (*OC*-6-11)-, 8:208; 8:209
[15275-09-9], Chromate(3-), tris[ethanedioato(2-)-*O*,*O*']-, tripotassium, trihydrate, (*OC*-6-11)-, 1:37; 19:127
[15276-08-1], Chromium, tris(*O*-ethyl carbonodithioato-*S*,*S*')-, (*OC*-6-11)-, 10:42
[15276-84-3], Rhodate(2-), aquapentachloro-, (*OC*-6-21)-, 8:220,222
[15277-79-9], Cobalt, tris(monoethyl carbonotrithioato-*S*',*S*'')-, (*OC*-6-11)-, 10:47
[15281-36-4], Chromium, bis(acetonitrile)dichloro-, 10:31
[15282-51-6], Nickel(2+), tris(1,2-propanediamine-*N*,*N*')-, dichloride, dihydrate, (*OC*-6-11)-, 6:200
[15283-53-1], Ruthenium(2+), pentaammine(dinitrogen)-, (*OC*-6-22)-, bis[tetrafluoroborate(1-)], 12:5
[15304-27-5], Cobalt(1+), bis(1,2-ethanediamine-*N*,*N*')bis(nitrito-*N*)-, (*OC*-6-22)-, nitrite, 4:178; 8:196; 13:196; 14:72
[15305-72-3], Ruthenium(2+), hexaammine-, dichloride, (*OC*-6-11)-, 13:208,209
[15306-17-9], Aluminum, tris(ethyl 3-oxobutanoato-$O^{1'}$,O^3)-, 9:25
[15306-18-0], Aluminum, tris(1,1,1,5,5,5-hexafluoro-2,4-pentanedionato-*O*,*O*')-, (*OC*-6-11)-, 9:28
[15306-82-8], Rhodate(2-), aquapentachloro-, dipotassium, (*OC*-6-21)-, 7:215
[15306-91-9], Cobalt(2+), amminebromobis(1,2-ethanediamine-*N*,*N*')-, (*OC*-6-32)-, (disulfate) (1:1), 16:94
[15306-93-1], Cobalt(2+), amminebromobis(1,2-ethanediamine-*N*,*N*')-, dibromide, (*OC*-6-23)-, 8:198; 16:93
[15307-17-2], Cobalt(3+), ammineaquabis(1,2-ethanediamine-*N*,*N*')-, tribromide, monohydrate, (*OC*-6-23)-, 8:198
[15307-24-1], Cobalt(3+), ammineaquabis(1,2-ethanediamine-*N*,*N*')-, tribromide, monohydrate, (*OC*-6-32)-, 8:198
[15308-61-9], Platinum, [1,1'-(η^2-1,2-ethynediyl)bis[benzene]]bis(triphenylphosphine)-, 18:122

[15318-31-7], Iridium, carbonylchlorobis-(triphenylphosphine)-, (*SP*-4-3)-, 11:101; 13:129; 15:67,69; 28:92
[15318-33-9], Rhodium, carbonylchlorobis(triphenylphosphine)-, (*SP*-4-3)-, 11:99; 28:79
[15321-51-4], Iron, tri-μ-carbonylhexacarbonyldi-, (*Fe-Fe*), 8:178
[15333-32-1], Zinc, dichlorobis(hydroxylamine-*N*)-, (*T*-4)-, 9:2
[15337-84-5], Platinum, dichlorobis[1,1'-thiobis[ethane]]-, (*SP*-4-1)-, 6:211
[15349-78-7], Ruthenium, trichloronitrosylbis(triphenylphosphine)-, 15:51
[15349-80-1], Platinum, di-μ-chlorodichlorobis(triphenylphosphine)di-, 12:242
[15352-28-0], Cobalt(1+), bromochlorobis(1,2-ethanediamine-*N,N'*)-, bromide, (*OC*-6-33)-, 9:163-165
[15352-31-5], Cobalt(1+), dibromobis(1,2-ethanediamine-*N,N'*)-, (*OC*-6-12)-, nitrate, 9:166
[15363-28-7], Chromium(3+), hexaammine-, (*OC*-6-11)-, trinitrate, 3:153
[15365-59-0], Chromium, pentacarbonyl (isocyanophenylmethanone)-, (*OC*-6-21)-, 26:34,35
[15375-81-2], Cobalt(3+), tris(1,2-ethanediamine-*N,N'*)-, triiodide, (*OC*-6-11)-, 14:58
[15388-46-2], Chromium(2+), tris(2,2'-bipyridine-*N,N'*)-, (*OC*-6-11)-, diperchlorate, 10:33
[15390-92-8], Platinum, dichlorobis(tributylphosphine)-, (*SP*-4-2)-, 7:245
[15391-01-2], Platinum, dichlorobis(tributylphosphine)-, (*SP*-4-1)-, 7:245; 19:116
[15392-88-8], Europium, tris(1-phenyl-1,3-butanedionato-*O,O'*)-, dihydrate, 9:37
[15392-92-4], Ruthenium(2+), pentaammine(dinitrogen)-, dichloride, (*OC*-6-22)-, 12:5
[15392-94-6], Nickel(2+), (5,7,7,12,14,14-hexamethyl-1,4,8,11-tetraazacyclotetradeca-4,11-diene-N^1,N^4,N^8,N^{11})-, stereoisomer, diperchlorate, 18:5
[15392-95-7], Nickel(2+), (5,7,7,12,14,14-hexamethyl-1,4,8,11-tetraazacyclotetradeca-4,11-diene-N^1,N^4,N^8,N^{11})-, stereoisomer, diperchlorate, 18:5
[15412-97-2], Manganese, dicarbonyl-(1,1,1,5,5,5-hexafluoro-2,4-pentanedionato-*O,O'*)bis(triphenylphosphine)-, (*OC*-6-13)-, 12:84
[15439-16-4], 1,4,8,12-Tetraazacyclopentadecane, 20:108
[15442-57-6], Platinum, dichlorobis[1,1'-thiobis[ethane]]-, (*SP*-4-2)-, 6:211
[15444-35-6], Manganese, tricarbonyl(1,1,1,5,5,5-hexafluoro-2,4-pentanedionato-*O,O'*)(pyridine)-, 12:84
[15444-36-7], Manganese, tricarbonyl(1,1,1,5,5,5-hexafluoro-2,4-pentanedionato-*O,O'*)(triphenylarsine)-, 12:84
[15444-40-3], Manganese, dicarbonyl(1,1,1,5,5,5-hexafluoro-2,4-pentanedionato-*O,O'*)bis(tributylphosphine)-, (*OC*-6-13)-, 12:84
[15444-42-5], Manganese, dicarbonyl(1,1,1,5,5,5-hexafluoro-2,4-pentanedionato-*O,O'*)bis(methyldiphenylphosphine)-, (*OC*-6-13)-, 12:84
[15444-43-6], Thallium, (1,1,1,5,5,5-hexafluoro-2,4-pentanedionato-*O,O'*)-, 12:82
[15444-62-9], Rhodium(1+), dichlorobis(1,2-ethanediamine-*N,N'*)-, chloride, (*OC*-6-22)-, 7:218; 20:60
[15444-63-0], Rhodium(1+), dichlorobis(1,2-ethanediamine-*N,N'*)-, chloride, (*OC*-6-12)-, 7:218
[15444-78-7], Chromium(1+), bis(1,2-ethanediamine-*N,N'*)difluoro-, iodide, (*OC*-6-22)-, 24:186
[15458-87-4], Cyclotrisilazane, 2,2,4,4,6,6-hexaethyl-, 5:62

[15477-40-4], Hydrazine, 2-(iodomethyldiphenylphosphoranyl)-1,1-dimethyl-, 8:76
[15477-41-5], Phosphoranamine, 1-chloro-1-(2,2-dimethylhydrazino)-1,1-diphenyl-, 8:76
[15489-99-3], Cobaltate(1-), diamminetetrakis(nitrito-*N*)-, silver(1+), 9:172
[15490-00-3], Cobaltate(1-), doamminetetrakis(nitrito-*N*)-, mercury(1+), 9:172
[15490-09-2], Cobaltate(1-), bis(glyciato-*N,O*)bis(nitrito-*N*)-, mercury(1+), 9:173
[15492-45-2], Lutetium, tris(2,2,6,6-tetramethyl-3,5-heptanedionato-*O,O'*)-, (*OC*-6-11)-, 11:96
[15492-47-4], Neodymium, tris(2,2,6,6-tetramethyl-3,5-heptanedionato-*O,O'*)-, (*OC*-6-11)-, 11:96
[15492-48-5], Praseodymium, tris(2,2,6,6-tetramethyl-3,5-heptanedionato-*O,O'*)-, (*OC*-6-11)-, 11:96
[15492-49-6], Scandium, tris(2,2,6,6-tetramethyl-3,5-heptanedionato-*O,O'*)-, (*OC*-6-11)-, 11:96
[15492-50-9], Samarium, tris(2,2,6,6-tetramethyl-3,5-heptanedionato-*O,O'*)-, (*OC*-6-11)-, 11:96
[15492-51-0], Terbium, tris(2,2,6,6-tetramethyl-3,5-heptanedionato-*O,O'*)-, (*OC*-6-11)-, 11:96
[15492-52-1], Ytterbium, tris(2,2,6,6-tetramethyl-3,5-heptanedionato-*O,O'*)-, (*OC*-6-11)-, 11:94
[15503-57-8], 1,3,5,7,2,4,6,8-Tetrazatetraphosphocine, 2,2,4,4-tetrachloro-6,6,8,8-tetrakis(ethylthio)-2,2,4,4,6,6,8,8-octahydro-, 8:90
[15522-51-7], Nickel(2+), bis(1,2-ethanediamine-*N,N'*)-, dichloride, 6:198
[15522-69-7], Dysprosium, tris(2,2,6,6-tetramethyl-3,5-heptanedionato-*O,O'*)-, (*OC*-6-11)-, 11:96
[15522-71-1], Europium, tris(2,2,6,6-tetramethyl-3,5-heptanedionato-*O,O'*)-, (*OC*-6-11)-, 11:96
[15522-73-3], Holmium, tris(2,2,6,6-tetramethyl-3,5-heptanedionato-*O,O'*)-, (*OC*-6-11)-, 11:96
[15529-49-4], Ruthenium, dichlorotris (triphenylphosphine)-, 12:237,238
[15529-74-5], Stannate(1-), trichloro-, 15:224
[15529-88-1], Rhodium(1+), dichlorobis(1,2-ethanediamine-*N,N'*)-, (*OC*-6-12)-, nitrate, 7:217
[15531-38-1], Phosphorus(1+), trichloro(phosphorimidic trichloridato-*N*)-, chloride, compd. with 1,1,2,2-tetrachloroethane (1:1), 8:96
[15555-77-8], Ruthenium, dichlorotetrakis(triphenylphosphine)-, 12:237,238
[15555-80-3], Nickel, tetrakis(triphenylstibine)-, (*T*-4)-, 28:103
[15559-60-1], Platinum, diamminechloroiodo-, (*SP*-4-2)-, 22:124
[15559-61-2], Platinum(1+), diammineaquachloro-, (*SP*-4-2)-, nitrate, 22:125
[15573-38-3], Phosphine, tris(trimethylsilyl)-, 27:243
[15597-40-7], Phosphorous bromide difluoride, 10:154
[15599-91-4], 1,3,5,2,4,6-Triazatriphosphorine, 2,2,4,4,6,6-hexafluoro-2,2,4,4,6,6-hexahydro-, 9:76
[15602-39-8], Niobate(1-), hexacarbonyl-, sodium, (*OC*-6-11)-, 23:34; 28:192
[15603-10-8], Iron, bis(2,2'-bipyridine-*N,N'*)bis(cyano-*C*)-, trihydrate, 12:247,249
[15603-31-3], Cobalt(1+), dichlorobis(1,2-ethanediamine-*N,N'*)-, chloride, monohydrate, (*OC*-6-22)-, 14:70
[15605-42-2], Iodate(1-), dichloro-, cesium, 4:9; 5:172
[15607-55-3], Platinum, bis[1,2-diphenyl-1,2-ethenedithiolato(2-)-*S,S'*]-, (*SP*-4-1)-, 10:9
[15609-57-1], Nickel, bis(1,10-phenanthroline-N^1,N^{10})-, 28:103

[15611-81-1], Rhodium(3+), pentaammineaqua-, (*OC*-6-22)-, triperchlorate, 24:254
[15613-05-5], Palladium, (2,2'-bipyridine-*N,N'*)bis(thiocyanato-*N*)-, (*SP*-4-2)-, 12:223
[15613-32-8], Rhenium, trichlorotris-(dimethylphenylphosphine)-, 17:111
[15614-17-2], Cobaltate(1-), bis(glycinato-*N,O*)bis(nitrito-*N*)-, silver(1+), 9:174; 23:92
[15622-42-1], Rhenium iodide (ReI_3), 7:185
[15625-56-6], Methanaminium, *N,N,N*-trimethyl-, (tribromide), 5:172
[15625-59-9], 1-Butanaminium, *N,N,N*-tributyl-, tetrachloroiodate(1-), 5:176
[15625-60-2], Methanaminium, *N,N,N*-trimethyl-, tetrachloroiodate(1-), 5:172
[15627-71-1], Cobalt(3+), tris(1,2-propanediamine-*N,N'*)-, tribromide, 14:58
[15628-25-8], Nickel, bis[1,2-ethanediyl-bis[diphenylphosphine]-*P,P'*]-, (*T*-4)-, 17:121; 28:103
[15628-95-2], Rhenium, tetrakis[μ-(acetato-*O:O'*)]dibromodi-, 13:85
[15629-28-4], Zincate(2-), tetrachloro-, dipotassium, (*T*-4)-, 20:51
[15629-45-5], Molybdate(2-), aquapentachloro-, dipotassium, 4:97
[15631-50-2], Cobaltate(3-), tris[ethanedioato(2-)-*O,O'*]-, tripotassium, (*OC*-6-11-Δ)-, 8:209
[15631-51-3], Cobaltate(3-), tris[ethanedioato(2-)-*O,O'*]-, tripotassium, (*OC*-6-11-Λ)-, 1:37
[15631-58-0], Thulium, tris(2,2,6,6-tetramethyl-3,5-heptanedionato-*O,O'*)-, (*OC*-6-11)-, 11:96
[15632-39-0], Yttrium, tris(2,2,6,6-tetramethyl-3,5-heptanedionato-*O,O'*)-, (*OC*-6-11)-, 11:96
[15636-01-8], Chromium, tris[4-[(4-methylphenyl)imino]-2-pentanonato-*N,O*]-, 8:149
[15636-02-9], Chromium, tris(propanedialato-*O,O'*)-, (*OC*-6-11)-, 8:141
[15636-55-2], Ethanaminium, *N,N,N*-triethyl-, (*T*-4)-tetrabromovanadate(1-), 13:168
[15638-71-8], Cobaltate(1-), bis(1,2-ethanediamine-*N,N'*)bis[sulfito(2-)-*O*]-, sodium, (*OC*-6-12)-, 14:79
[15640-93-4], Nitrogen(1+), tetrafluoro-, (*T*-4)-, tetrafluoroborate(1-), 24:42
[15642-23-6], Ethanaminium, *N,N,N*-triethyl-, (*T*-4)-tetrachlorovanadate(1-), 11:79; 13:168
[15647-16-2], Arsonium, tetraphenyl-, (*T*-4)-tetrachlorovanadate(1-), 13:165
[15651-39-5], Ruthenium(2+), pentaammine(dinitrogen)-, diiodide, (*OC*-6-22)-, 12:5
[15654-34-9], Rhenium, tetrakis[μ-(benzoato-*O:O'*)]dichlorodi-, (*Re-Re*), 13:86
[15654-35-0], Rhenium, tetrakis[μ-(benzoato-*O:O'*)]dibromodi-, (*Re-Re*), 13:86
[15656-42-5], Cobalt, azidobis(1,2-ethanediamine-*N,N'*)[sulfito(2-)-*O*]-, (*OC*-6-33)-, 14:78
[15656-44-7], Cobalt(1+), bromochlorobis(1,2-ethanediamine-*N,N'*)-, (*OC*-6-23)-, nitrate, 9:163; 9:165
[15663-27-1], Platinum, diamminedichloro-, (*SP*-4-2)-, 7:239
[15663-52-2], Indium, tribromotris [sulfinylbis[methane]-*O*]-, 19:260
[15663-73-7], Rhenium, dichlorotetrakis[μ-(4-methylbenzoato-O^1:$O^{1'}$)]di-, (*Re-Re*), 13:86
[15664-75-2], Cobalt, nonacarbonyl-μ_3-methylidynetri-, *triangulo*, 20:226, 227
[15665-96-0], Ethanaminium, *N,N,N*-triethyl-, (*SP*-4-1)-bis[2,3-dimercapto-2-

butenedinitrilato(2-)-*S*,*S*']cobaltate(2-) (2:1), 13:190
[15670-38-9], Platinum, di-μ-chloro-dichlorobis(tributylphosphine)di-, 12:242
[15671-73-5], Cobalt, tetracarbonyl(pentafluorophenyl)-, 23:23
[15683-67-7], Nickelate(2-), bis[1,2-diphenyl-1,2-ethenedithiolato(2-)-*S*,*S*']-, (*SP*-4-1)-, 10:9
[15684-38-5], Cobaltate(4-), tetrakis[ethanedioato(2-)-*O*,*O*']di-μ-hydroxydi-, tetrapotassium, trihydrate, 8:204
[15684-39-6], Cobaltate(4-), tetrakis[ethanedioato(2-)-*O*,*O*']di-μ-hydroxydi-, tetrasodium, pentahydrate, 8:204
[15684-40-9], Cobaltate(3-), tris[carbonato(2-)-*O*,*O*']-, trisodium, trihydrate, (*OC*-6-11)-, 8:202
[15691-81-3], Iridium(2+), pentaammine(thiocyanato-*N*)-, (*OC*-6-22)-, diperchlorate, 12:245
[15692-07-6], Platinum, dichlorobis(triethylphosphine)-, (*SP*-4-2)-, 12:27
[15693-79-5], Cobalt, tetracarbonyl(trifluorosilyl)-, (*TB*-5-12)-, 13:70
[15693-82-0], Cobalt, tetracarbonyl-(trimethylsilyl)-, 13:69
[15695-36-0], Iridium, chloro-(dinitrogen)bis(triphenylphosphine)-, 16:42
[15695-44-0], Mercury(2+), tetrakis-(thiourea-*S*)-, dichloride, (*T*-4)-, 6:28
[15695-49-5], Methanaminium, *N*,*N*,*N*-trimethyl-, bromochloroiodate(1-), 5:172
[15696-40-9], Osmium, dodecacarbonyltri-, *triangulo*, 13:93; 28:230
[15696-85-2], Nickel, dibromotetrakis-(ethanol)-, 13:160
[15696-86-3], Nickel, dichlorotetrakis-(ethanol)-, 13:158
[15697-32-2], Osmium, tris[1,2-diphenyl-1,2-ethenedithiolato(2-)-*S*,*S*]-, 10:9
[15697-34-4], Vanadium, tris[1,2-diphenyl-1,2-ethenedithiolato(2-)-*S*,*S*']-, (*TP*-6-11'1")-, 10:9
[15699-79-3], Platinum, di-μ-chlorodichlorobis(dimethylphenylphosphine)di-, 12:242
[15701-94-7], Molybdenum, tris[1,2-diphenyl-1,2-ethenedithiolato(2-)-*S*,*S*']-, (*OC*-6-11)-, 10:9
[15702-05-3], Iridate(3-), hexachloro-, trisodium, (*OC*-6-11)-, 8:224-225
[15709-50-9], Palladium, bis(thiocyanato-*N*)bis(triphenylarsine)-, 12:221
[15709-51-0], Palladium, bis(thiocyanato-*S*)bis(triphenylarsine)-, 12:221
[15709-76-9], Copper, chlorotris(triphenylphosphine)-, (*T*-4)-, 19:88
[15710-84-6], Chromium, tris(3-oxobutanalato-*O*,*O*')-, (*OC*-6-21)-, 8:144
[15727-37-4], Rhenium, dichlorotetrakis[μ-(3-methylbenzoato-*O*:*O*')]di-, (*Re*-*Re*), 13:86
[15729-44-9], Phosphorus(1+), amidotriphenyl-, chloride, 7:67
[15741-03-4], Iron, chloro[dimethyl 7,12-diethenyl-3,8,13,17-tetramethyl-21*H*,23*H*-porphine-2,18-dipropanoato(2-)-N^{21},N^{22},N^{23},N^{24}]-, (*SP*-5-13)-, 20:148
[15742-38-8], Iridium(2+), pentaamminechloro-, dichloride, (*OC*-6-22)-, 7:227; 12:243
[15752-05-3], Iridate(3-), hexachloro-, triammonium, (*OC*-6-11)-, 8:226
[15761-42-9], Heptathiazocine, acetyl-, 8:105
[15768-38-4], Cobaltate(3-), tris[carbonato(2-)-*O*,*O*']-, tripotassium, (*OC*-6-11)-, 23:62
[15771-94-5], Cobalt(4+), μ-amidooctaammine-μ-hydroxydi-, tetrachloride, tetrahydrate, 12:210
[15792-81-1], Phosphorothioic acid, diammonium salt, 6:112

[15801-99-7], Methanaminium, *N,N,N*-trimethyl-, dibromoiodate(1-), 5:172
[15802-00-3], 1-Butanaminium, *N,N,N*-tributyl-, dibromoiodate(1-), 29:44
[15842-50-9], Cobalt(1+), [carbonato(2-)-*O,O'*]bis(1,2-ethanediamine-*N,N'*)-, chloride, (*OC*-6-22)-, 14:64
[15859-81-1], Iodate(1-), dichloro-, rubidium, 5:172
[15873-42-4], Imidodisulfuryl chloride, 8:105
[15890-99-0], Silver(3+), (3,8-diimino-2,4,7,9-tetraazadecanediimidamide-*N',N''',N*^{4},*N*^{7})-, (*SP*-4-2)-, triperchlorate, 6:78
[15891-00-6], Silver(3+), (3,8-diimino-2,4,7,9-tetraazadecanediimidamide-*N',N''',N*^{4},*N*^{7})-, (*SP*-4-2)-, trinitrate, 6:78
[15925-58-3], 2,4-Dithia-3-tellura-6-azaheptanethioamide, *N,N*,6-trimethyl-5-thioxo-, 4:93
[15928-77-5], Sulfuric acid, chromium(2+) salt (1:1), pentahydrate, 10:27
[15928-89-9], Cobalt(3+), hexaammine-, (*OC*-6-11)-, (*OC*-6-11)-hexachloroferrate(3-) (1:1), 11:48
[15930-75-3], Nitrogen fluoride sulfide (NF_3S), 24:12
[15951-41-4], Silane, (dichloromethylene)bis[trimethyl-, 24:118
[16017-37-1], Vanadium, tris(nitrato-*O*)oxo-, (*T*-4)-, 9:83
[16017-38-2], Chromium, bis(nitrato-*O*)dioxo-, (*T*-4)-, 9:83
[16029-98-4], Silane, iodotrimethyl-, 19:272
[16037-50-6], Chromate(1-), chlorotrioxo-, potassium, (*T*-4)-, 2:208
[16037-61-9], Silver(3+), (3,8-diimino-2,4,7,9-tetraazadecanediimidamide-*N',N''',N*^{4},*N*^{7})-, (*SP*-4-2)-, sulfate (2:3), 6:77
[16070-58-9], Iridium, chlorotris(triphenylphosphine)-, (*SP*-4-2)-, 26:201
[16165-32-5], Chromium(3+), tris(1,2-ethanediamine-*N,N'*)-, trichloride, hydrate (2:7), (*OC*-6-11)-, 2:198
[16182-63-1], Ferrate(2-), tetracarbonyl-, dipotassium, (*T*-4)-, 2:244
[16282-67-0], Hypofluorous acid, difluoromethylene ester, 11:143
[16339-28-9], Borane, dichloroethoxy-, 5:30
[16385-59-4], 1-Butanaminium, *N,N,N*-tributyl-, (*T*-4)-tetraoxorhenate(1-), 26:391
[16388-47-9], Iron, tetracarbonyl(phosphorous trifluoride)-, 16:67
[16399-77-2], Iron chloride ($FeCl_2$), dihydrate, 5:179
[16405-35-9], Platinate(1-), trichloro(η^2-ethene)-, potassium, monohydrate, 5:211,214
[16421-52-6], 5*H*-Tetrazol-5-one, 1,2-dihydro-, 6:62
[16446-62-1], Ruthenium(3+), hexaammine-, triiodide, (*OC*-6-11)-, 12:7
[16446-65-4], Ruthenium(2+), pentaamminebromo-, dibromide, (*OC*-6-22)-, 12:4
[16455-56-4], Ruthenium(3+), hexaammine-, tribromide, (*OC*-6-11)-, 13:211
[16455-57-5], Ruthenium(3+), hexaammine-, (*OC*-6-11)-, tris[tetrafluoroborate(1-)], 12:7
[16455-58-6], Ruthenium(2+), pentaammineiodo-, diiodide, (*OC*-6-22)-, 12:4
[16457-30-0], Rhenium, pentacarbonylhydro-, (*OC*-6-21)-, 26:77; 28:165
[16482-51-2], Sulfuric acid, cesium titanium(3+) salt (2:1:1), dodecahydrate, 6:50
[16483-17-3], Chromate(1-), diaquabis[ethanedioato(2-)-*O,O'*]-, potassium, dihydrate, (*OC*-6-21)-, 17:148
[16528-57-7], Benzenethiol, tin(4+) salt, 29:18
[16544-95-9], Disilathiane, 19:275

[16591-59-6], Iron, chloro[dimethyl 7,12-bis(1-hydroxyethyl)-3,8,13,17-tetramethyl-21*H*,23*H*-porphine-2,18-dipropanoato(2-)-N^{21},N^{22},N^{23},N^{24}]-, (*SP*-5-13)-, 16:216
[16632-71-6], Cobalt(4+), decaammine[μ-(peroxy-*O*:*O*')]di-, tetranitrate, 12:198
[16642-70-9], Disilathiane, 1,1,3,3-tetramethyl-, 19:276
[16643-16-6], Germane, (methylthio)-, 18:165
[16674-52-5], Nickelate(1-), bis[1,1,1,4,4,4-hexafluoro-2-butene-2,3-dithiolato(2-)-*S*,*S*']-, (*SP*-4-1)-, 10:18-20
[16687-12-0], Rhenium, trioxo(trimethylsilanolato)-, (*T*-4)-, 9:149
[16702-65-1], Cobalt(2+), bis(1,2-ethanediamine-*N*,*N*')(2,4-pentanedionato-*O*,*O*')-, diiodide, (*OC*-6-22-Δ)-, 9:167,168
[16721-80-5], Sodium sulfide (Na(SH)), 7:128
[16731-55-8], Disulfurous acid, dipotassium salt, 2:165,166
[16743-23-0], Nickel, bis(*O*,*O*-diethyl phosphorodithioato-*S*,*S*')-, (*SP*-4-1)-, 6:142
[16773-97-0], Cobalt(2+), aquachlorobis(1,2-ethanediamine-*N*,*N*')-, sulfate (1:1), dihydrate, (*OC*-6-33)-, 9:163-165; 14:71
[16773-98-1], Cobalt(2+), aquachlorobis(1,2-ethanediamine-*N*,*N*')-, dibromide, monohydrate, (*OC*-6-33)-, 9:165
[16774-96-2], Platinum, chloro[(4-fluorophenyl)azo]bis(triethylphosphine)-, (*SP*-4-3)-, 12:31
[16774-97-3], Platinum(1+), chloro[(4-fluorophenyl)hydrazine-N^2]bis(triethylphosphine)-, (*SP*-4-3), tetrafluoroborate(1-), 12:32
[16800-64-9], Magnesate(2-), tetrachloro-, dipotassium, (*T*-4)-, 20:51
[16834-13-2], 21*H*,23*H*-Porphine, 5,10,15,20-tetra-4-pyridinyl-, 23:56
[16842-00-5], Aluminum, (*N*,*N*-dimethylmethanamine)trihydro-, (*T*-4)-, 9:30; 17:37
[16842-03-8], Cobalt, tetracarbonylhydro-, 2:238; 5:190; 5:192
[16842-05-0], Cobalt, bis[hydrotris(1*H*-pyrazolato-N^1)borato(1-)-N^2,$N^{2'}$,$N^{2''}$]-, (*OC*-6-11)-, 12:105
[16842-17-4], Platinum, chlorohydrobis(triethylphosphine)-, (*SP*-4-3)-, 12:28; 29:191
[16853-40-0], Cobalt(1+), bromocholorobis(1,2-ethanediamine-*N*,*N*')-, bromide, (*OC*-6-23)-, 9:163-165
[16853-63-7], Ethanaminium, *N*,*N*,*N*-triethyl-, (*OC*-6-11)-hexabromoniobate(1-), 12:230
[16871-35-5], Silicon(1+), tris(2,4-pentanedionato-*O*,*O*')-, (*OC*-6-11)-, (hydrogen dichloride), 7:30
[16871-76-4], Nitrogen(1+), tetrafluoro-, (*T*-4)-, (*OC*-6-11)-hexafluoroantimonate(1-), 24:41
[16872-09-6], 1,2-Dicarbadodecaborane(12), 10:92; 10:95; 11:19
[16872-10-9], 1,2-Dicarbadodecaborane-(12), 1-methyl-, 10:104
[16872-11-0], Borate(1-), tetrafluoro-, hydrogen, 1:25
[16893-05-3], Platinum, diamminetetrachloro-, (*OC*-6-22)-, 7:236
[16893-06-4], Platinum, diamminetetrachloro-, (*OC*-6-11)-, 7:236
[16893-11-1], Platinum(3+), pentaamminechloro-, trichloride, (*OC*-6-22)-, 24:277
[16893-12-2], Platinum(4+), hexaammine-, tetrachloride, (*OC*-6-11)-, 15:93
[16893-14-4], Tellurate(2-), hexachloro-, diammonium, 2:189
[16902-62-8], Platinum(1+), chloro[(3-fluorophenyl)diazene-N^2]bis(tri-

ethylphosphine)-, (*SP*-4-3)-, tetrafluoroborate(1-), 12:29,31
[16903-20-1], Platinum(1+), chloro(phenyldiazene-N^2)bis(triethylphosphine)-, (*SP*-4-3)-, tetrafluoroborate(1-), 12:31
[16903-35-8], Aurate(1-), tetrachloro-, hydrogen, (*SP*-4-1)-, 4:14
[16903-61-0], Copper, [tetrahydroborato(1-)-*H*,*H'*]bis(triphenylphosphine)-, (*T*-4)-, 19:96
[16903-70-1], Rhenate(2-), hexabromo-, dipotassium, (*OC*-6-11)-, 7:189
[16918-20-0], Tantalate(1-), hexakis(thiocyanato-*N*)-, potassium, (*OC*-6-11)-, 13:230
[16919-58-7], Platinate(2-), hexachloro-, diammonium, (*OC*-6-11)-, 7:235; 9:182
[16920-93-7], Platinate(2-), hexabromo-, dipotassium, (*OC*-6-11)-, 19:2
[16921-00-9], Titanium, tetrachlorobis(propanenitrile)-, 12:229
[16921-14-5], Niobate(1-), hexachloro-, cesium, (*OC*-6-11)-, 9:89
[16923-58-3], Platinate(2-), hexachloro-, disodium, (*OC*-6-11)-, 13:173
[16924-88-2], Platinum(2+), dichlorobis(1,2-ethanediamine-*N*,*N'*)-, dichloride, (*OC*-6-12)-, 27:314
[16940-92-4], Iridate(2-), hexachloro-, diammonium, (*OC*-6-11)-, 8:223; 18:132
[16940-97-9], Rhenate(2-), hexachloro-, dipotassium, (*OC*-6-11)-, 1:178; 7:189
[16941-11-0], Phosphate(1-), hexafluoro-, ammonium, 3:111
[16941-25-6], Iridate(2-), hexachloro-, disodium, (*OC*-6-11)-, 8:225
[16949-75-0], Platinate(2-), hexafluoro-, dipotassium, (*OC*-6-11)-, 12:232,236
[16960-94-4], Platinum(4+), tris(1,2-ethanediamine-*N*,*N'*)-, tetrachloride, (*OC*-6-11)-(-)-, 8:239
[16962-46-2], Manganate(2-), hexafluoro-, dicesium, (*OC*-6-11)-, 24:48
[16970-01-7], Titanate(2-), hexachloro-, (*OC*-6-11)-, dihydrogen, compd. with *N*-ethylethanamine (1:2), 12:230
[16970-02-8], Titanate(2-), hexabromo-, (*OC*-6-11)-, dihydrogen, compd. with *N*-ethylethanamine (1:2), 12:231
[16970-03-9], Zirconate(2-), hexachloro-, (*OC*-6-11)-, dihydrogen, compd. with *N*-ethylethanamine (1:2), 12:231
[16970-35-7], Rhodium, carbonylchlorobis(triphenylarsine)-, (*SP*-4-1)-, 11:100
[16970-54-0], Rhodate(3-), hexachloro-, trihydrogen, (*OC*-6-11)-, 8:220
[16970-55-1], Palladate(2-), tetrachloro-, dihydrogen, (*SP*-4-1)-, 8:235
[16971-31-6], Osmium, carbonylchlorohydrotris(triphenylphosphine)-, 15:53
[16971-33-8], Ruthenium, carbonylchlorohydrotris(triphenylphosphine)-, 15:48
[16972-33-1], Manganese, pentacarbonylhydro-, (*OC*-6-21)-, 7:198
[16986-18-8], Tellurate(2-), hexabromo-, dipotassium, 2:189
[16986-68-8], Cobalt, bis(2,6-dimethylpyridine 1-oxide-*O*)bis(nitrato-*O*,*O'*)-, 13:204
[16986-69-9], Cobalt, bis(4-methylquinoline 1-oxide-*O*)bis(nitrito-*O*,*O'*)-, 13:206
[16986-93-9], Titanium, difluorobis(2,4-pentanedionato-*O*,*O'*)-, (*OC*-6-22)-, 19:145
[16986-94-0], Titanium, dichlorobis(2,4-pentanedionato-*O*,*O'*)-, (*OC*-6-22)-, 19:146
[16986-95-1], Titanium, dibromobis(2,4-pentanedionato-*O*,*O'*)-, (*OC*-6-22)-, 19:146
[16998-75-7], Molybdenum, tetrachlorobis(tetrahydrofuran)-, 20:121; 28:35
[16998-91-7], Boron, tetrahydrobis[μ-(1*H*-pyrazolato-N^1:N^2)]di-, 12:107
[17030-86-3], Platinum, [carbonato(2-)-*O*,*O'*]bis(triphenylphosphine)-, (*SP*-4-2)-, 18:120

[17031-96-8], Metaphosphoric acid ($H_4P_4O_{12}$), tetrasodium salt, tetrahydrate, 5:98
[17032-21-2], 1,2-Dicarbadodecaborane(12), 1,2-dimethyl-, 10:106
[17039-99-5], Aluminum, bis(*N*-ethylethanaminato)hydro-, 17:41
[17068-35-8], Cadmium, ethyliodo-, 19:78
[17068-95-0], Borate(1-), tetrahydro-, calcium (2:1), 17:17
[17083-70-4], Platinate(2-), tetrachloro-, dihydrogen, (*SP*-4-1)-, 2:251; 5:208
[17084-13-8], Phosphate(1-), hexafluoro-, potassium, 3:111
[17099-86-4], Titanium, dichlorobis(2,4-pentanedionato-*O,O'*)-, 8:37
[17125-80-3], Silicate(2-), hexafluoro-, barium (1:1), 4:145
[17154-34-6], Phosphine, diphenyl (trimethylsilyl)-, 13:26; 17:187
[17168-85-3], Chromium, triamminediperoxy-, (*PB*-7-22-111'1'2)-, 8:132
[17185-29-4], Rhodium, carbonylhydrotris(triphenylphosphine)-, (*TB*-5-23)-, 15:59; 28:82
[17211-55-1], Zirconium, chlorotris(2,4-pentanedionato-*O,O'*)-, 8:38; 12:88,93
[17242-52-3], Potassium amide ($K(NH_2)$), 2:135; 6:168
[17250-25-8], Iridium, carbonylhydrotris(triphenylphosphine)-, 13:126, 128
[17251-19-3], Cobalt(2+), bromo[*N*-(2-aminoethyl)-*N'*-[2-(2-aminoethyl) ethyl]-1,2-ethanediamine-*N,N',N''*, *N'''*,*N''''*]-, dibromide, 9:176
[17261-28-8], Benzoic acid, 2-(diphenylphosphino)-, 21:178
[17275-45-5], Methanaminium, *N,N,N*-trimethyl-, (*OC*-6-11)-hexachloroprotactinate(1-), 12:230
[17314-33-9], Stannane, tributyl (phenylthio)-, 25:114
[17348-25-3], Silicon(1+), tris(2,4-pentanedionato-*O,O'*)-, (*OC*-6-11)-, (*T*-4)-tetrachloroferrate(1-), 7:32
[17374-62-8], Germanate(2-), tris[ethanedioato(2-)-*O,O'*]-, dipotassium, monohydrate, (*OC*-6-11)-, 8:34
[17379-63-4], Cyclotetrasilazane, 2,2,4,4,6,6,8,8-octaethyl-, 5:62
[17409-56-2], Titanium(1+), tris(2,4-pentanedionato-*O,O'*)-, tetrachloroferrate(1-), 2:120
[17439-16-6], Boron(1+), (*N,N*-dimethylmethanamine)dihydro(4-methylpyridine)-, (*T*-4)-, hexafluorophosphate(1-), 12:134
[17442-18-1], Rhenium, trichlorooxobis (triphenylphosphine)-, 9:145; 17:110
[17442-19-2], Rhenium, dichloroethoxyoxobis(triphenylphosphine)-, 9:145,147
[17442-25-0], Uranium, dioxobis(8-quinolinolato-N^1,O^8)-, 4:100
[17457-76-0], Protactinium, tetrakis (acetonitrile)tetrachloro-, 12:226
[17457-77-1], Protactinium, tetrakis (acetonitrile)tetrabromo-, 12:226
[17457-89-5], Molybdate(4-), octakis(cyano-*C*)-, tetrapotassium, dihydrate, (*SA*-8-11111111)-, 3:160; 11:53
[17457-90-8], Tungstate(4-), octakis(cyano-*C*)-, tetrapotassium, dihydrate, (*DD*-8-11111111)-, 7:142
[17475-68-2], Hafnium, tetrakis(1,1,1-trifluoro-2,4-pentanedionato-*O,O'*)-, 9:50
[17499-48-8], Thorium, tetrakis(2,4-pentanedionato-*O,O'*)-, (*SA*-8-11''11''1'1'''1'1''')-, 2:123
[17499-62-6], Thorium, tetrakis(acetonitrile)tetrachloro-, 12:226
[17499-63-7], Uranium, tetrakis(acetonitrile)tetrachloro-, (*DD*-8-21122112)-, 12:227
[17499-64-8], Thorium, tetrakis(acetonitrile)tetrabromo-, 12:226

[17499-65-9], Uranium, tetrakis(acetonitrile)tetrabromo-, 12:227
[17499-68-2], Zirconium, tetrakis(1,1,1-trifluoro-2,4-pentanedionato-*O,O'*)-, 9:50
[17501-44-9], Zirconium, tetrakis(2,4-pentanedionato-*O,O'*)-, (*SA*-8-11"11"1'1'"1'1'")-, 2:121
[17523-68-1], Molybdate(2-), pentachlorooxo-, (*OC*-6-21)-, 15:100
[17523-72-7], Molybdate(2-), pentabromooxo-, (*OC*-6-21)-, 15:102
[17524-05-9], Molybdenum, dioxobis(2,4-pentanedionato-*O,O'*)-, (*OC*-6-21)-, 6:147; 29:130
[17569-70-9], Palladium, dichlorobis(4-methyl-3,5,8-trioxa-1-phosphabicyclo[2.2.2]octane-P^1)-, (*SP*-4-2)-, 11:109
[17569-71-0], Palladium, dichlorobis (hexamethylphosphorous triamide)-, (*SP*-4-1)-, 11:110
[17581-52-1], 2,4-Cyclopentadien-1-one, 2,3,4,5-tetrachloro-, hydrazone, 20:190
[17617-66-2], Phosphine, tris[2-(methylthio)phenyl]-, 16:173
[17631-53-7], Cobalt(1+), dibromobis(1,2-ethanediamine-*N,N'*)-, bromide, monohydrate, (*OC*-6-22)-, 21:121
[17632-87-0], Cobalt, tris(*O*-methyl carbonodithioato-*S,S'*)-, (*OC*-6-11)-, 10:47
[17634-55-8], Methanamine, *N,N*-dimethyl-, compd. with sulfur dioxide (1:1), 2:159
[17638-48-1], Nickel chloride ($NiCl_2$), dihydrate, 13:156
[17652-69-6], Chromium, tetracarbonyl (tributylphosphine)(triphenylphosphine)-, (*OC*-6-23)-, 23:38
[17652-71-0], Chromium, tetracarbonyl (tributylphosphine)(triphenyl phosphite-*P*)-, (*OC*-6-23)-, 23:38
[17685-52-8], Iron, di-μ-carbonyldecacarbonyltri-, *triangulo*, 8:181
[17702-41-9], Decaborane(14), 9:17; 10:94; 11:20,34; 22:202
[17787-26-7], Palladium, dichlorobis (trimethyl phosphite-*P*)-, (*SP*-4-2)-, 11:109
[17835-71-1], Cobalt(1+), bis(1,2-ethanediamine-*N,N'*)[ethanedioato(2-)-*O,O'*]-, (*OC*-6-22)-, 18:96; 23:65
[17836-90-7], Gallate(1-), tetrahydro-, lithium, (*T*-4)-, 17:45
[17857-24-8], Ferrate(1-), tetracarbonylhydro-, potassium, (*TB*-5-12)-, 29:152
[17861-62-0], Nitrous acid, nickel(2+) salt, 13:203
[17927-44-5], Molybdate(2-), pentachlorooxo-, diammonium, (*OC*-6-21)-, 26:36
[17966-86-8], Chromium, tris(6,6,7,7,8,8,8-heptafluoro-2,2-dimethyl-3,5-octanedionato-*O,O'*)-, 12:74
[17967-25-8], Cobalt(1+), bis(1,2-ethanediamine-*N,N'*)bis(nitrito-*N*)-, (*OC*-6-22)-, nitrate, 8:196
[17979-22-5], Niobate(1-), hexakis(thiocyanato-*N*)-, potassium, (*OC*-6-11)-, 13:226
[18007-83-5], Zirconate(2-), hexabromo-, (*OC*-6-11)-, dihydrogen, compd. with *N*-ethylethanamine (1:2), 12:231
[18039-90-2], Titanium, trichlorotris(tetrahydrofuran)-, 21:137
[18077-24-2], Silane, trichloro(2-chloroethoxy)-, 4:85
[18078-37-0], Cerium, tetrakis(1,1,1-trifluoro-2,4-pentanedionato-*O,O'*)-, 12:77,79
[18089-64-0], Silane, iodomethyl-, 19:271
[18131-13-0], Nickel, bis[dihydrobis(1*H*-pyrazolato-N^1)borato(1-)-$N^2,N^{2'}$]-, (*SP*-4-1)-, 12:104
[18156-25-7], Sulfur diimide, bis(trimethylsilyl)-, 25:44
[18163-26-3], Silane, chloroiodophenyl-, 11:160

[18170-89-3], Silane, dichloro(chloromethyl)-, 6:39
[18218-04-7], Ethanaminium, *N,N,N*-triethyl-, cyanate, 16:131
[18228-25-6], 2,4-Dithia-3-selena-6-azaheptanethioamide, *N,N*,6-trimethyl-5-thioxo-, 4:93
[18274-73-2], 1,3,5,2,4,6-Triazatriphosphorine, 2,2,4,4-tetrafluoro-2,2,4,4,6,6-hexahydro-6,6-diphenyl-, 12:296
[18278-82-5], Iodate(1-), dibromo-, cesium, 5:172
[18284-36-1], Rhodium, hydrotetrakis-(triphenylphosphine)-, 15:58; 28:81
[18285-19-3], Molybdenum, μ-oxodioxotetrakis(2,4-pentanedionato-*O,O'*)di-, 8:156; 29:131
[18323-95-0], Scandium, tris(6,6,7,7,8,8,8-heptafluoro-2,2-dimethyl-3,5-octanedionato-*O,O'*)-, 12:74
[18347-84-7], Tungstate(3-), octakis(cyano-*C*)-, tripotassium, (*DD*-8-11111111)-, 7:145
[18380-68-2], Stibine, chlorodimethyl-, 7:85
[18412-14-1], Silane, [1,2-phenylenebis-(methylene)]bis[trimethyl-, 26:148
[18433-72-2], Cobalt, bis[1,2-ethanediylbis[diphenylphosphine]-*P,P'*]hydro-, 20:208
[18460-54-3], Phosphorus(1+), tetrachloro-, tetrachloroborate(1-), 7:79
[18466-18-7], Metaphosphimic acid ($H_6P_3O_6N_3$), tripotassium salt, 6:97
[18474-81-2], Iron, tetracarbonyl(tricyclohexylphosphine)-, (*TB*-5-12)-, 26:61; 28:171
[18474-82-3], Iron, tetracarbonyl(tributylphosphine)-, (*TB*-5-12)-, 26:61; 28:171
[18475-06-4], Iron, tetracarbonyl(triphenyl phosphite-*P*)-, 26:61; 28:171
[18532-86-0], Ruthenium(2+), pentaammine(dinitrogen)-, (*OC*-6-22)-, bis[hexafluorophosphate(1-)]-, 12:5
[18532-87-1], Ruthenium(2+), pentaamminechloro-, dichloride, (*OC*-6-22)-, 12:3; 13:210; 24:255
[18533-30-7], Vanadium, tris[4-(methylimino)-2-pentanonato-*N,O*]-, 11:81
[18535-07-4], Arsenate(1-), hexafluoro-, nitrosyl, 24:69
[18535-44-9], Manganese, di-μ-bromooctacarbonyldi-, 23:33
[18583-59-0], Borate(1-), dihydrobis(1*H*-pyrazolato-N^1)-, potassium, (*T*-4)-, 12:100
[18583-60-3], Borate(1-), hydrotris(1*H*-pyrazolato-N^1)-, potassium, (*T*-4)-, 12:102
[18601-24-6], Cobalt, bis(nitrito-*O,O'*)bis(2,4,6-trimethylpyridine 1-oxide-*O*)-, 13:205
[18660-70-3], Cobalt(3+), ammineaquabis(1,2-ethanediamine-*N,N'*)-, trinitrate, (*OC*-6-23)-, 8:198
[18662-75-4], Molybdate(2-), pentachlorooxo-, (*OC*-6-21)-, dihydrogen, compd. with 2,2'-bipyridine (1:1), 19:135
[18696-33-8], Uranium, dichlorodioxo-, monohydrate, (*T*-4)-, 7:146
[18703-07-6], Rhenium, tribromooxobis(triphenylphosphine)-, 9:145,146
[18703-08-7], Rhenium, dibromoethoxyoxobis(triphenylphosphine)-, 9:145,147
[18712-92-0], Cobalt, nitrosyltris(triphenylphosphine)-, (*T*-4)-, 16:33
[18717-38-9], Zirconium, dichlorobis(2,4-pentanedionato-*O,O'*)-, 12:88,93
[18721-05-6], Chromium bromide ($CrBr_2$), hexahydrate, 10:27
[18737-60-5], Chromium, dibromobis(pyridine)-, 10:32
[18747-24-5], Molybdate(3-), hexachloro-, triammonium, (*OC*-6-11)-, 13:172; 29:127
[18786-01-1], Ruthenate(4-), decachloro-μ-oxodi-, tetrapotassium, monohydrate, 11:70

[18793-71-0], Rhenium(3+), bis(1,2-ethanediamine-*N*,*N*')dihydroxy-, trichloride, 8:176
[18801-67-7], Sulfur, (2-bromo-2,2-difluoroethyl)pentafluoro-, (*OC*-6-21)-, 29:35
[18801-68-8], Sulfur, (2-bromo-1,2,2-trifluoroethyl)pentafluoro-, (*OC*-6-21)-, 29:34
[18810-45-2], Molybdenum, bis(diethylcarbamodithioato-*S*,*S*')dinitrosyl-, 16:235; 28:145
[18820-63-8], Thiazyl fluoride ((SN)(F))F), 24:16
[18820-78-5], Nickel, bis[1,1,1,4,4,4-hexafluoro-2-butene-2,3-dithiolato(2-)-*S*,*S*']-, (*SP*-4-1)-, 10:18-20
[18827-81-1], Iridium, dodecacarbonyltetra-, tetrahedro, 13:95; 28:245
[18828-06-3], Phosphorus(1+), trichloro(phosphorimidic trichloridato-*N*)-, (*T*-4)-, hexachlorophosphate(1-), 8:94
[18832-56-9], Chromium, tris[1,1,1,4,4,4-hexafluoro-2-butene-2,3-dithiolato-(2-)-*S*,*S*']-, (*OC*-6-11)-, 10:23,24,25
[18832-57-0], Tungsten, tris[1,1,1,4,4,4-hexafluoro-2-butene-2,3-dithiolato-(2-)-*S*,*S*']-, (*OC*-6-11)-, 10:23-25
[18852-54-5], Digermathiane, 15:182; 18:164
[18855-94-2], Hafnium sulfide (HfS_2), 12:158,163; 30:26
[18866-21-2], Molybdenum, tricarbonylbis(diethylcarbamodithioato-*S*,*S*')-, (*TPS*-7-1-121'1'22)-, 28:145
[18868-43-4], Molybdenum oxide (MoO_2), 14:149; 30:105
[18897-61-5], Gallate(1-), tetrabromo-, gallium(1+), (*T*-4)-, 6:33
[18897-68-2], Gallium, di-μ-bromotetrabromodi-, 6:31
[18898-35-6], Aluminum, di-μ-iodotetraiododi-, 4:117
[18898-57-2], Chromium, tris(diethylcarbamodithioato-*S*,*S*')-, (*OC*-6-11)-, 10:44
[18918-88-2], Uranate(1-), hexafluoro-, potassium, (*OC*-6-11)-, 21:166
[18918-89-3], Uranate(1-), hexafluoro-, sodium, (*OC*-6-11)-, 21:166
[18924-18-0], Boron(1+), bis(2,4-pentanedionato-*O*,*O*')-, (*T*-4)-, (*OC*-6-11)-hexachloroantimonate(1-), 12:130
[18958-53-7], Arsonium, tetraphenyl-, tris[1,1,1,4,4,4-hexafluoro-2-butene-2,3-dithiolato(2-)-*S*,*S*']tungstate(1-), 10:25
[18958-54-8], Arsonium, tetraphenyl-, (*OC*-6-11)-tris[1,1,1,4,4,4-hexafluoro-2-butene-2,3-dithiolato(2-)-*S*,*S*']molybdate(1-), 10:24
[18958-61-7], 1-Butanaminium, *N*,*N*,*N*-tributyl-, (*T*-4)-bis[2,3-dimercapto-2-butenedinitrilato(2-)-*S*,*S*']zincate(2-) (2:1), 10:14
[18974-23-7], Osmium, dicarbonyldihydrobis(triphenylphosphine)-, 15:55
[18976-92-6], Platinum, tetrachlorobis[1,1'-thiobis[ethane]]-, (*OC*-6-11)-, 8:245
[18987-59-2], Palladium, di-μ-chlorobis[2-[(dimethylamino)methyl]phenyl-*C*,*N*]di-, 26:212
[19004-44-5], Sulfuric acid, cesium cobalt(3+) salt (2:1:1), dodecahydrate, 10:61
[19021-93-3], Digermane, iodo-, 15:169
[19042-52-5], Nickel, bis[1,2-ethenedithiolato(2-)-*S*,*S*']-, (*SP*-4-1)-, 10:9
[19049-40-2], Beryllium, hexakis[μ-(acetato-*O*:*O*')]-μ_4-oxotetra-, 3:4; 3:7-9
[19052-34-7], Arsonium, tetraphenyl-, tris[1,1,1,4,4,4-hexafluoro-2-butene-2,3-dithiolato(2-)-*S*,*S*']vanadate(1-), 10:25
[19052-36-9], Arsonium, tetraphenyl-, tris[1,1,1,4,4,4-hexafluoro-2-butene-2,3-dithiolato(2-)-*S*,*S*']vanadate(2-) (2:1), 10:20
[19068-11-2], Nickel, tetrakis(2-isocyano-2-methylpropane)-, 17:118; 28:99

[19121-31-4], Hydrofluoric-^{18}F acid, 7:154
[19139-47-0], Cerium iodide (CeI_2), 30:19
[19187-82-7], Molybdenum, bis(acetonitrile)tetrachloro-, 20:120; 28:34
[19214-98-3], Lanthanum iodide (LaI_2), 22:36; 30:17
[19267-68-6], Rhenium(2+), bis(1,2-ethanediamine-*N,N'*)hydroxyoxo-, diperchlorate, 8:174
[19269-48-8], Methanaminium, *N,N,N*-trimethyl-, (pentaiodide), 5:172
[19280-17-2], Palladium, bis[1,1,1,4,4,4-hexafluoro-2-butene-2,3-dithiolato(2-)-*S,S'*]-, (*SP*-4-1)-, 10:9
[19280-18-3], Platinum, bis[1,1,1,4,4,4-hexafluoro-2-butene-2,3-dithiolato(2-)-*S,S'*]-, (*SP*-4-1)-, 10:9
[19287-45-7], Diborane(6), 10:83; 11:15; 15:142; 27:215
[19322-22-6], 1,3,5,2,4,6-Triazatriphosphorine, 2,4,6-tribromo-2,2,4,4,6,6-hexahydro-2,4,6-triphenyl-, (2α,4α,6α)-, 11:201
[19357-86-9], Ytterbium iodide (YbI_2), 27:147
[19392-92-8], Iron, [2-[[2-(diphenylphosphino)ethyl]phenylphosphino]phenyl-*C,P,P'*][1,2-ethanediylbis[diphenylphosphine]-*P,P'*]hydro-, 21:92
[19401-50-4], Plumbate(2-), hexachloro-, (*OC*-6-11)-, dihydrogen, compd. with pyridine (1:2), 22:149
[19413-85-5], Chromate(3-), tris[ethanedioato(2-)-*O,O'*]-, tripotassium, dihydrate, (*OC*-6-11-Λ)-, 25:141
[19425-32-2], Cobalt, nonacarbonyl[μ_3-(ethoxyoxoethylidyne)]tri-, *triangulo*, 20:230
[19440-32-5], Rhodium(2+), pentaamminehydro-, (*OC*-6-21)-, sulfate (1:1), 13:214
[19445-25-1], Perbromic acid, 13:1
[19445-77-3], Cobalt, [*N*-(2-aminoethyl)-1,2-ethanediamine-*N,N',N''*]chlorobis(nitrito-*N*)-, 7:210
[19453-77-1], Arsonium, tetraphenyl-, tris[1,1,1,4,4,4-hexafluoro-2-butene-2,3-dithiolato(2-)-*S,S'*]chromate(1-), 10:25
[19453-80-6], 1-Butanaminium, *N,N,N*-tributyl-, (*SP*-4-1)-bis[2,3-dimercapto-2-butenedinitrilato(2-)-*S,S'*]cuprate(1-), 10:17
[19454-33-2], Cobalt(3+), μ-amidooctaammine[μ-(peroxy-*O:O'*)]di-, trinitrate, monohydrate, 12:203
[19465-96-4], Germanediimine, 2:114
[19495-14-8], Chromate(2-), di-μ-carbonyloctacarbonyldi-, (*Cr-Cr*), 15:88
[19496-84-5], 1,2-Dicarbadodecaborane-(12), 1-(bromomethyl)-, 10:100
[19528-13-3], Gallium, (*N,N*-dimethylmethanamine)trihydro-, (*T*-4)-, 17:42
[19528-27-9], Cobalt, tricarbonyl[2-(phenylazo)phenyl]-, 26:176
[19528-32-6], Manganese, tetracarbonyl[2-(phenylazo)phenyl]-, (*OC*-6-23)-, 26:173
[19529-00-1], Ruthenium, dihydrotetrakis(triphenylphosphine)-, 17:75; 28:337
[19538-05-7], Rhodium(1+), dichlorotetrakis(pyridine)-, chloride, pentahydrate, (*OC*-6-12)-, 10:64
[19552-10-4], Benzenemethanethiol, 4-bromo-, 16:169
[19555-32-9], Nickelate(1-), bis[1,2-ethenedithiolato(2-)-*S,S'*]-, (*SP*-4-1)-, 10:9
[19555-33-0], Palladate(2-), bis[2,3-dimercapto-2-butenedinitrilato(2-)-*S,S'*]-, (*SP*-4-1)-, 10:14,16
[19555-34-1], Palladate(2-), bis[1,1,1,4,4,4-hexafluoro-2-butene-2,3-dithiolato(2-)-*S,S'*]-, (*SP*-4-1)-, 10:9
[19555-35-2], Platinate(2-), bis[1,1,1,4,4,4-hexafluoro-2-butene-2,3-dithiolato(2-)-*S,S'*]-, (*SP*-4-1)-, 10:9
[19559-06-9], Vanadium, trichlorotris-(tetrahydrofuran)-, 21:138

[19570-29-7], Palladate(1-), bis[2,3-dimercapto-2-butenedinitrilato(2-)-*S,S'*]-, (*SP*-4-1)-, 10:14,16
[19570-30-0], Palladate(1-), bis[1,1,1,4,4,4-hexafluoro-2-butene-2,3-dithiolato(2-)-*S,S'*]-, (*SP*-4-1)-, 10:9
[19570-31-1], Platinate(1-), bis[1,1,1,4,4,4-hexafluoro-2-butene-2,3-dithiolato(2-)-*S,S'*]-, (*SP*-4-1)-, 10:9
[19570-74-2], Cobaltate(1-), [[*N,N'*-1,2-ethanediylbis[*N*-(carboxymethyl)glycinato]](4-)-*N,N',O,O',*O^N,$O^{N'}$]-, potassium, dihydrate, (*OC*-6-21-*A*)-, 18:100
[19584-30-6], Rhodium, tri-μ-carbonylnonacarbonyltetra-, tetrahedro, 17:115; 20:209; 28:242
[19610-19-6], Zirconium, bromotris(2,4-pentanedionato-*O,O'*)-, 12:88,94
[19610-38-9], 1,2-Dicarbadodecaborane-(12)-1,2-dimethanol, diacetate, 11:20
[19614-16-5], Benzene, 1-bromo-2-(methylthio)-, 16:169
[19624-22-7], Pentaborane(9), 15:118
[19630-35-4], Rhenate(2-), nitridotrioxo-, dipotassium, 6:167
[19633-62-6], Yttrate(2-), pentachloro-, dicesium, 30:78
[19680-74-1], Silicon(1+), tris(2,4-pentanedionato-*O,O'*)-, (*OC*-6-11)-, trichlorozincate(1-), 7:33
[19683-62-6], Chromium(3+), pentaammineaqua-, (*OC*-6-22)-, trinitrate, 5:134
[19706-92-4], Chromium(3+), pentaammineaqua-, tribromide, (*OC*-6-22)-, 5:134
[19710-22-6], Rhenate(2-), hexaiodo-, dipotassium, (*OC*-6-11)-, 7:191; 27:294
[19717-84-1], Germanate(1-), trichloro-, 15:222
[19979-87-4], Nickel, dibromobis[3,3',3''-phosphinidynetris[propanenitrile]-*P*]-, (*SP*-4-1)-, 22:113,115
[19998-42-6], Arsonium, tetraphenyl-, (*OC*-6-11)-tris[1,1,1,4,4,4-hexafluoro-2-butene-2,3-dithiolato(2-)-*S,S'*]tungstate(2-) (2:1), 10:20
[20004-00-6], Ethanimidamide, 2,2'-iminobis[*N*-hydroxy-, 11:90
[20004-27-7], Nickelate(1-), bis[2-butene-2,3-dithiolato(2-)-*S,S'*]-, (*SP*-4-1)-, 10:9
[20049-66-5], Iron chloride ($FeCl_2$), monohydrate, 5:181; 10:112
[20097-11-4], Rhodium, dichloronitrosylbis(triphenylphosphine)-, 15:60
[20106-04-1], Cobalt, bis(2,4-pentanedionato-*O,O'*)(1,10-phenanthroline-N^1,N^{10})-, (*OC*-6-21)-, 11:86
[20106-05-2], Cobalt, (2,2'-bipyridine-*N,N'*)bis(2,4-pentanedionato-*O,O'*)-, (*OC*-6-21)-, 11:86
[20106-06-3], Cobaltate(1-), tris(2,4-pentanedionato-*O,O'*)-, sodium, (*OC*-6-11)-, 11:87
[20123-01-7], Nickel, [[1,1'-(5,14-dimethyl-1,4,8,11-tetraazacyclotetradeca-4,7,11,14-tetraene-6,13-diyl)-bis[ethanonato]](2-)-*N,N',N'',N'''*]-, (*SP*-4-2)-, 18:39
[20213-56-3], Tungsten bromide oxide (WBr_3O), 14:118
[20219-50-5], Arsonium, tetraphenyl-, tris[1,1,1,4,4,4-hexafluoro-2-butene-2,3-dithiolato(2-)-*S,S'*]chromate(2-) (2:1), 10:24
[20298-24-2], Cobalt(1+), bis(1,2-ethanediamine-*N,N'*)bis(nitrito-*N*)-, bromide, (*OC*-6-22)-, 6:196
[20332-82-5], Palladium, dichlorobis(4-methyl-2,6,7-trioxa-1-phosphabicyclo[2.2.2]octane-P^1)-, (*SP*-4-2)-, 11:109
[20332-83-6], Palladium, dichlorobis(2,4,6,7-tetramethyl-2,6,7-triaza-1-phosphabicyclo[2.2.2]octane-P^1)-, (*SP*-4-2)-, 11:109
[20420-08-0], Digermane, methyl-, 15:172
[20436-27-5], Diborane(6), iodo-, 18:147

[20449-75-6], Platinate(2-), tetrakis-(cyano-*C*)-, dicesium, monohydrate, (*SP*-4-1)-, 19:6
[20468-63-7], Cobalt(3+), tris(1,2-ethanediamine-*N,N'*)-, triiodide, monohydrate, (*OC*-6-11-Λ)-, 6:185,186
[20472-46-2], Phosphinous bromide, diethyl-, 7:85
[20492-50-6], Chromium, trioxobis(pyridine)-, 4:94
[20512-79-2], Vanadium, tris (acetonitrile)trichloro-, 13:167
[20516-78-3], Iron, tetracarbonyl(triphenylstibine)-, 8:188; 26:61; 28:171
[20519-29-3], Cobalt(3+), tris(1,2-propanediamine-*N,N'*)-, (*OC*-6-11)-hexachloroferrate(3-) (1:1), 11:49
[20523-27-7], Dysprosate(2-), pentachloro-, dicesium, 30:78
[20523-47-1], Chromium(3+), tris(1,2-ethanediamine-*N,N'*)-, (*OC*-6-11)-, pentakis(cyano-*C*)nickelate(3-), hydrate (2:2:3), 11:51
[20538-61-8], Vanadium, trichlorobis(*N,N*-dimethylmethanamine)-, 13:179
[20540-07-2], Tungsten, tris(dimethylphenylphosphine)hexahydro-, 27:11
[20540-69-6], Chromium, pentacarbonyl(1-methoxyethylidene)-, (*OC*-6-21)-, 17:96
[20540-70-9], Tungsten, pentacarbonyl(1-methoxyethylidene)-, (*OC*-6-21)-, 17:97
[20555-30-0], Platinum, bis(acetato-*O*)bis(triphenylphosphine)-, 17:130
[20559-29-9], 1-Butanaminium, *N,N,N*-tributyl-, bis[μ-[2,3-dimercapto-2-butenedinitrilato(2-)-*S*:*S,S'*]]bis[2,3-dimercapto-2-butene dinitrilato(2-)-*S,S'*]diferrate(2-) (2:1), 13:193
[20574-41-8], Uranium, pentachloro(2,3,3-trichloro-2-propenoyl chloride)-, (*OC*-6-21)-, 15:243
[20581-20-8], Methanaminium, *N,N,N*-trimethyl-, (*OC*-6-11)-hexabromotantalate(1-), 12:229
[20588-68-5], Sulfamoyl chloride, diethyl-, 8:110
[20589-26-8], Vanadate(1-), tris[2,3-dimercapto-2-butenedinitrilato(2-)-*S,S'*]-, (*OC*-6-11)-, 10:9
[20589-29-1], Vanadate(3-), tris[2,3-dimercapto-2-butenedinitrilato(2-)-*S,S'*]-, (*OC*-6-11)-, 10:9
[20594-11-0], Cobalt(1+), dichlorobis(1,2-ethanediamine-*N,N'*)-, chloride, (*OC*-6-22-Δ)-, 2:224
[20596-34-3], Platinate(2-), hexabromo-, dihydrogen, (*OC*-6-11)-, 19:2
[20611-43-2], Platinum, di-μ-chlorodichlorobis(dicyclohexylphenylphosphine)di-, 12:242
[20611-44-3], Platinum, di-μ-dichlorodichlorobis(cyclohexyldiphenylphosphine)di-, 12:240,242
[20611-50-1], Osmium(2+), pentaammine(dinitrogen)-, dichloride, (*OC*-6-22)-, 24:270
[20611-52-3], Osmium(2+), pentaammine(dinitrogen)-, diiodide, (*OC*-6-22)-, 16:9
[20621-22-1], Morpholinium, 4,4-diamino-, chloride, 10:130
[20654-67-5], 2-Butenedinitrile, 2,3-dimercapto-, 19:31
[20675-37-0], Nickel(2+), bis[2,2'-iminobis[*N*-hydroxyethanimidamide]]-, dichloride, 11:91
[20675-38-1], Manganese(2+), bis[2,2'-iminobis[*N*-hydroxyethanimidamide]]-, dichloride, 11:91
[20675-39-2], Copper(2+), bis[2,2'-iminobis[*N*-hydroxyethanimidamide]]-, dichloride, 11:92
[20678-75-5], Cobalt(3+), tris(1,2-propanediamine-*N,N'*)-, (*OC*-6-11)-hexachloromanganate(3-) (1:1), 11:48

[20713-30-8], Chromium(1+), dichlorobis(1,2-ethanediamine-*N,N'*)-, chloride, monohydrate, (*OC*-6-22)-, 2:200; 26:24,27,28
[20741-82-6], Nitric acid, bismuth(3+) magnesium salt (12:2:3), tetracosahydrate, 2:57
[20749-21-7], Cobalt, triamminetris(nitrito-*N*)-, (*OC*-6-21)-, 23:109
[20762-60-1], Potassium azide ($K(N_3)$), 1:79; 2:139
[20769-58-8], 1,4-Dioxane, compd. with sulfur trioxide (1:1), 2:174
[20774-10-1], Cobalt(3+), pentaamminеaqua-, (*OC*-6-22)-, tris[(*T*-4)-tetraoxorhenate(1-)], dihydrate, 12:214
[20816-12-0], Osmium oxide (OsO_4), (*T*-4)-, 5:205
[20845-01-6], Hydroxylamine, phosphate (3:1) (salt), 3:82
[20859-73-8], Aluminum phosphide (AlP), 4:23
[20905-32-2], Borane, chlorodiethoxy-, 5:30
[20910-35-4], Magnesium, [2,3,7,8,12,13,17,18-octaethyl-21*H*,23*H*-porphinato(2-)-N^{21},N^{22},N^{23},N^{24}]-, (*SP*-4-1)-, 20:145
[20941-70-2], Arsonium, tetraphenyl-, (*TP*-6-11'1")-tris[1,1,1,4,4,4-hexafluoro-2-butene-2,3-dithiolato(2-)-*S,S'*]molybdate(2-) (2:1), 10:23
[20982-73-4], Manganese, decacarbonyl[μ_3-[hexahydrodiborato(2-)]]-μ-hydrotri-, 20:240
[20982-73-4], Manganese, decacarbonyl[μ_3-[hexahydrodiborato(2-)]]-μ-hydrotri-, 20:240
[20994-35-8], Nickel, dichlorobis[3,3',3"-phosphinidynetris[propanenitrile]-*P*]-, 22:113
[21007-37-4], Ferrate(2-), chloro[7,12-diethyl-3,8,13,17-tetramethyl-21*H*,23*H*-porphine-2,18-dipropanoato(4-)-N^{21},N^{22},N^{23},N^{24}]-, dihydrogen, (*SP*-5-13)-, 20:152
[21007-54-5], Chromate(3-), tri-μ-chlorohexachlorodi-, tricesium, 26:379
[21007-64-7], Cobalt, bis(2,4-pentanedionato-*O,O'*)(2-pyridinemethanamine-N^1,N^2)-, (*OC*-6-31)-, 11:85
[21029-46-9], Ethanaminium, *N,N,N*-triethyl-, pentachloroindate(2-) (2:1), 19:260
[21029-51-6], Thorate(4-), tetrakis[ethanedioato(2-)-*O,O'*]-, tetrapotassium, tetrahydrate, 8:43
[21041-93-0], Cobalt hydroxide ($Co(OH)_2$), 9:158
[21095-45-4], 1,3,5,2,4,6-Trithiatriazine, 2,4,6-trichloro-, 1,3,5-trioxide, 13:10
[21097-70-1], Chromium(3+), hexakis[sulfinylbis[methane]-*O*]-, tribromide, (*OC*-6-11)-, 19:126
[21126-01-2], Niobium, (acetonitrile) pentabromo-, (*OC*-6-21)-, 12:227
[21126-02-3], Niobium, (acetonitrile)pentachloro-, (*OC*-6-21)-, 12:227; 13:226
[21135-81-9], Uranate(4-), tetrakis[ethanedioato(2-)-*O,O'*]-, tetrapotassium, pentahydrate, 3:169; 8:157
[21154-65-4], Arsonium, tetraphenyl-, cyanide, 16:135
[21209-82-5], Iridium, carbonylchlorobis(dimethylphenylphosphine)-, (*SP*-4-3)-, 21:97
[21209-86-9], Iridium, carbonylchlorobis(trimethylphosphine)-, (*SP*-4-3)-, 18:64
[21227-58-7], Ethanone, 1,1'-(5,14-dimethyl-1,4,8,11-tetraazacyclotetradeca-4,6,12,14-tetraene-6,13-diyl)bis-, 18:39
[21240-14-2], Manganese, bis[μ-(benzenethiolato)]octacarbonyldi-, 25:116,118
[21246-00-4], Palladate(2-), bis[1,2-diphenyl-1,2-ethenedithiolato(2-)-*S,S'*]-, (*SP*-4-1)-, 10:9

[21246-01-5], Platinate(2-), bis[1,2-diphenyl-1,2-ethenedithiolato(2-)-*S,S'*]-, (*SP*-4-1)-, 10:9
[21255-52-7], Iron, tricarbonylbis(triphenylphosphine)-, (*TB*-5-11)-, 29:153
[21283-60-3], Nickelate(2-), bis[2-butene-2,3-dithiolato(2-)-*S,S'*]-, (*SP*-4-1)-, 10:9
[21294-26-8], Arsonium, tetraphenyl-, cyanate, 16:134
[21294-68-8], Uranate(2-), hexachloro-, (*OC*-6-11)-, 12:230; 15:236
[21324-39-0], Phosphate(1-), hexafluoro-, sodium, 3:111
[21329-68-0], Cobalt, trihydrotris(triphenylphosphine)-, 12:18,19
[21350-66-3], Cobalt(3+), tris(1,2-propanediamine-*N,N'*)-, (*OC*-6-11)-hexachloroindate(3-) (1:1), 11:50
[21354-15-4], Stannane, chloro (chloromethyl)dimethyl-, 6:40
[21373-88-6], Cobalt, (dinitrogen) hydrotris(triphenylphosphine)-, (*TB*-5-23)-, 12:12,18,21
[21374-09-4], Iron(2+), hexakis(acetonitrile)-, (*OC*-6-11)-, bis[(*T*-4)-tetrachloroaluminate(1-)], 29:116
[21410-53-7], 2,8,9-Trioxa-5-aza-1-germabicyclo[3.3.3]undecane, 1-ethyl-, 16:229
[21414-18-6], Iridium, chloro(dinitrogen)-bis(triphenylphosphine)-, (*SP*-4-3)-, 12:8
[21494-36-0], Iron, tetracarbonyl(triethyl phosphite-*P*)-, 26:61; 28:171
[21520-57-0], Cobalt, tris(glycinato-*N,O*)-, (*OC*-6-22)-, 25:135
[21558-94-1], Rhodium, nitrosyltris(triphenylphosphine)-, (*T*-4)-, 15:61; 16:33
[21559-23-9], Chromate(1-), tris[2,3-dimercapto-2-butenedinitrilato(2-)-*S,S'*]-, (*OC*-6-11)-, 10:9
[21572-18-9], Germane, trichloro (chloromethyl)-, 6:39
[21572-21-4], Germane, dichlorobis (chloromethyl)-, 6:40
[21572-61-2], 1,3-Cyclopentadiene, 1,2,3,4-tetrachloro-5-diazo-, 20:189,190
[21588-91-0], Chromium(3+), hexaammine-, (*OC*-6-11)-, pentakis(cyano-*C*)nickelate(3-) (1:1), dihydrate, 11:51
[21600-07-7], 1,3,5,2,4-Triazadiphosphorin-6-amine, 2,2,4,4-tetrachloro-2,2,4,4-tetrahydro-*N,N*-dimethyl-, 25:27
[21600-78-2], Lead, bis(6,6,7,7,8,8,8-heptafluoro-2,2-dimethyl-3,5-octanedionato-*O,O'*)-, (*T*-4)-, 12:74
[21630-86-4], Indium, tris(*O*-ethyl carbonodithioato-*S,S'*)-, (*OC*-6-11)-, 10:44
[21679-31-2], Chromium, tris(2,4-pentanedionato-*O,O'*)-, (*OC*-6-11)-, 5:130
[21679-35-6], Chromium, tris(1,3-diphenyl-1,3-propanedionato-*O,O'*)-, (*OC*-6-11)-, 8:135
[21679-46-9], Cobalt, tris(2,4-pentanedionato-*O,O'*)-, (*OC*-6-11)-, 5:188; 23:94
[21689-00-9], 1,3,5,2,4-Triazadiphosphorine, 2,4-dichloro-2,2,4,4-tetrahydro-2,4,6-triphenyl-, *cis*-, 25:28
[21689-01-0], 1,3,5,2,4-Triazadiphosphorine, 2,4-dichloro-2,2,4,4-tetrahydro-2,4,6-triphenyl-, *trans*-, 25:28
[21712-53-8], Tungsten, tetrachloro[1,2-ethanediylbis[diphenylphosphine]-*P,P'*]-, 20:125; 28:41
[21729-50-0], Nickel, [μ-(dinitrogen-*N:N'*)]tetrakis(tricyclohexylphosphine)di-, 15:29
[21737-95-1], Germane, (phenylthio)-, 18:165
[21743-25-9], Phosphine, dimethyl-, lithium salt, 13:27
[21757-53-9], Antimony, tris(*O*-ethyl carbonodithioato-*S,S'*)-, (*OC*-6-11)-, 10:45

[21774-03-8], Osmate(1-), nitridotrioxo-, potassium, (*T*-4)-, 6:204
[21797-13-7], Palladium(2+), tetrakis (acetonitrile)-, (*SP*-4-1)-, bis[tetrafluoroborate(1-)], 26:128; 28:63
[21825-70-7], Gallium, tetra-μ-hydroxy-octamethyltetra-, *cyclo*, 12:67
[21907-22-2], Antimony, trichlorodiphenyl-, 23:194
[21908-53-2], Mercury oxide (HgO), 5:157,159
[21954-15-4], Palladium, bis[1,2-diphenyl-1,2-ethenedithiolato(2-)-*S*,*S*']-, (*SP*-4-1)-, 10:9
[21959-01-3], Zirconium, tetrachlorobis-(tetrahydrofuran)-, 21:136
[21959-05-7], Hafnium, tetrachlorobis-(tetrahydrofuran)-, 21:137
[21961-73-9], Germane, chlorodimethyl-, 18:157
[21975-44-0], Tellurium chloride fluoride ($TeClF_5$), 24:31
[21999-80-4], Ethanaminium, *N*,*N*,*N*-triethyl-, (*OC*-6-11)-hexabromoprotoactinate(1-), 12:230
[22043-44-3], Protactinium, tris(acetonitrile)pentabromo-, 12:227
[22077-17-4], Periodic acid (H_5IO_6), diammonium salt, 20:15
[22082-78-6], Hypochlorous acid, trifluoromethyl ester, 24:60
[22119-35-3], Dibenzo[*b*,*i*][1,4,8,11]tetraazacyclotetradecine, 5,14-dihydro-, 18:45
[22172-30-1], Molybdenum, dibromotetracarbonyl-, 28:145
[22180-41-2], Osmium, trichloronitrosylbis(triphenylphosphine)-, 15:57
[22207-96-1], Perbromic acid, potassium salt, 13:1
[22289-32-3], Chromate(1-), diaquabis-[ethanedioato-*O*,*O*']-, potassium, trihydrate, (*OC*-6-11)-, 17:149
[22309-23-5], Chromium(3+), tris(1,2-ethanediamine-*N*,*N*')-, (*OC*-6-11)-, trithiocyanate, monohydrate, 2:199
[22323-14-4], Cobalt(1+), pentakis(trimethyl phosphite-*P*)-, tetraphenylborate(1-), 20:81
[22327-28-2], Ruthenium(1+), tetraamminedichloro-, chloride, (*OC*-6-22)-, 26:66
[22337-78-6], Ruthenium, carbonyldihydrotris(triphenylphosphine)-, (*OC*-6-31)-, 15:48
[22337-84-4], Ruthenium, (dinitrogen)-dihydrotris(triphenylphosphine)-, 15:31
[22364-22-3], Iron, tricarbonyl(hexacarbonyldicobalt)-μ_3-thioxo-, (*Co-Co*)(2*Co-Fe*), 26:245,352
[22372-53-8], Platinum, tetrakis(triphenyl phosphite-*P*)-, (*T*-4)-, 13:109
[22391-77-1], Osmium, hexacarbonyldi-μ-iododi-, (*Os-Os*), 25:188
[22398-31-8], Cobalt(3+), ammineaquabis(1,2-ethanediamine-*N*,*N*')-, (*OC*-6-32)-, trinitrate, 8:198
[22398-86-3], Ethane(thioperoxoic) acid, trifluoro-, *OS*-(trifluoromethyl) ester, 14:43
[22405-32-9], Borane, diethyl-1-propynyl-, 29:77
[22445-32-5], Tungsten bromide oxide (WBr_2O), 14:120
[22455-25-0], Platinum(2+), dichlorotetrakis(pyridine)-, (*OC*-6-12)-, 7:251
[22470-20-8], Nickel, bis[*N*-(2-aminoethyl)-1,2-ethanediamine-*N*,*N*',*N*'']-, dibromide, 14:61
[22505-56-2], 1-Butanaminium, *N*,*N*,*N*-tributyl-, hexafluoroarsenate(1-), 24:138
[22528-72-9], Boron, (*N*,*N*-dimethylmethanamine)diethyl-1-propynyl-, (*T*-4)-, 29:77
[22550-09-0], Tungsten chloride oxide (WCl_2O), 14:115
[22554-99-0], Sodium fluoride ($Na^{18}F$), 7:150
[22587-71-9], Osmium, octacarbonyldiiododi-, (*Os-Os*), stereoisomer, 25:190

[22594-69-0], Ruthenium, hexacarbonyldi-μ-chlorodichlorodi-, 16:51; 28:334
[22615-60-7], Ruthenium(2+), tetraamminechloronitrosyl-, dichloride, 16:13
[22655-01-2], Nickel, tetrakis(diethyl phenylphosphonite-*P*)-, 13:118
[22668-81-1], 1-Propanaminium, *N,N,N*-tripropyl-, (*SP*-4-1)-bis(pentathio) platinate(2-) (2:1), 21:13
[22670-91-3], Ferrate(1-), bis[1,1,1,4,4,4-hexafluoro-2-butene-2,3-dithiolato (2-)]-, 10:9
[22670-97-9], Osmium, trichlorotris (dimethylphenylphosphine)-, (*OC*-6-21)-, 27:27
[22722-98-1], Aluminate(1-), dihydrobis(2-methoxyethanolato-*O,O'*)-, sodium, 18:149
[22750-57-8], Cesium azide ($Cs(N_3)$), 1:79
[22756-36-1], Rubidium azide ($Rb(N_3)$), 1:79
[22763-25-3], Iron, chlorobis[1,2-ethanediylbis[diethylphosphine]-*P,P'*]hydro-, (*OC*-6-32)-, 15:21
[22784-01-6], Diborane(6), tetrapropyl-, 15:141
[22785-38-2], Cobalt(1+), (1,2-ethanediamine-*N,N'*)[[*N,N'*-1,2-ethanediylbis-[glycinato]](2-)-*N,N',O,O'*]-, [*OC*-6-13-*A*-[*S*-(*R**,*R**)]]-, nitrate, 18:109
[22807-52-9], Boron(1+), (*N,N*-dimethylmethanamine)dihydro(4-methylpyridine)-, iodide, (*T*-4)-, 12:132
[22918-56-5], Ethanaminium, *N,N,N*-triethyl-, bis[μ-[2,3-dimercapto-2-butenedinitrilato(2-)-*S:S,S'*]]bis[2,3-dimercapto-2-butenedi nitrilato(2-)-*S,S'*]diferrate(2-) (2:1), 13:192
[22933-85-3], Rhodium(1+), dichlorotetrakis(pyridine)-, (*OC*-6-12)-, nitrate, 10:66
[22933-86-4], Rhodium(1+), dichlorotetrakis(pyridine)-, (*OC*-6-12)-, perchlorate, 10:66
[22981-32-4], Cyanic acid, ammonium salt, 13:17; 16:136
[22999-67-3], Silanamine, 1,1,1-trimethyl-*N*-(trimethylsilyl)-, iron(3+) salt, 18:18
[23019-52-5], 29*H*,31*H*-Tetrabenzo[*b,g,l,q*]porphine, 1,4,8,11,15,18,22,25-octamethyl-, 20:158
[23032-93-1], Rhenium, iododioxobis-(triphenylphosphine)-, 29:149
[23041-96-5], Palladium(1+), [*N*-(2-aminoethyl)-1,2-ethanediamine-*N,N',N''*]chloro-, chloride, (*SP*-4-2)-, 29:187
[23065-32-9], Magnesium, [1,4,8,11,15,18,22,25-octamethyl-29*H*,31*H*-tetrabenzo[*b,g,l,q*]porphinato-N^{29},N^{30},N^{31},N^{32}]bis(pyridine)-, (*OC*-6-12)-, 20:158
[23066-14-0], Palladium, tetrakis(triethyl phosphite-*P*)-, (*T*-4)-, 13:113; 28:105
[23066-15-1], Platinum, tetrakis(triethyl phosphite-*P*)-, (*T*-4)-, 28:106
[23209-29-2], Osmate(2-), pentachloronitrido-, dipotassium, (*OC*-6-21)-, 6:206
[23254-21-9], Phosphorus(1+), triphenyl(*P,P,P*-triphenylphosphine imidato-*N*)-, (*T*-4)-, μ-carbonyldecacarbonyl-μ-hydrotriferrate(1-) *triangulo*, 20:218
[23273-02-1], Diborane(6), [μ-(dimethylamino)]-, 17:34
[23276-90-6], Chromium fluoride oxide (CrF_4O), (*SP*-5-21)-, 29:125
[23295-32-1], Cobalt, bis[(2,3-butanedione dioximato)(1-)-*N,N'*]chloro(pyridine)-, (*OC*-6-42)-, 11:62
[23303-78-8], Imidosulfurous difluoride, mercury(2+) salt, 24:14
[23319-44-0], Rhenium, acetylpentacarbonyl-, (*OC*-6-21)-, 20:201; 28:201
[23336-07-4], Boron(1+), bis(2,4-pentanedionato-*O,O'*)-, (*T*-4)-, (hydrogen dichloride), 12:128
[23403-17-0], Tungstate(3-), tri-μ-chlorohexachlorodi-, (*W-W*), tripotassium, 5:139; 6:149; 7:143

[23425-29-8], Iron, bis(cyano-*C*)bis(1,10-phenanthroline-N^1,N^{10})-, dihydrate, 12:247
[23540-33-2], Iron, tricarbonylbis(tributylphosphine)-, 25:155; 28:177; 29:153
[23582-06-1], Phosphine, [2-(diphenylarsino)ethyl]diphenyl-, 16:191
[23594-44-7], Cobaltate(1-), [[*N*,*N*'-1,2-ethanediylbis[*N*-(carboxymethyl)glycinato]](4-)-*N*,*N*',*O*,*O*',O^N,$O^{N'}$]-, potassium, (*OC*-6-21-*C*)-, 6:193,194
[23603-95-4], Cobaltate(1-), (1,2-ethanediamine-*N*,*N*')bis[ethanedioato(2-)-*O*,*O*']-, (*OC*-6-21)-, 13:195; 23:74
[23626-10-0], Chromium, pentacarbonyl[1-(phenylthio)ethylidene]-, (*OC*-6-22)-, 17:98
[23642-14-0], Cobalt, bis[(2,3-butanedione dioximato)(1-)-*N*,*N*']methyl(pyridine)-, (*OC*-6-12)-, 11:65
[23672-08-4], Palladium, (2,2'-bipyridine-*N*,*N*')bis(thiocyanato-*S*)-, (*SP*-4-2)-, 12:222
[23686-22-8], Chromium(3+), tris(1,2-ethanediamine-*N*,*N*')-, trichloride, trihydrate, (*OC*-6-11)-, 10:40; 13:184
[23715-88-0], Telluropentathionic acid, disodium salt, dihydrate, 4:88
[23726-39-8], Ruthenium(2+), tris(1,2-ethanediamine-*N*,*N*')-, (*OC*-6-11)-, (*T*-4)-tetrachlorozincate(2-) (1:1), 19:118
[23733-19-9], Osmium, [μ-(benzenethiolato)]decacarbonyl-μ-hydrotri-, *triangulo*, 26:304
[23751-62-4], Copper, (nitrato-*O*,*O*')bis(triphenylphosphine)-, (*T*-4)-, 19:93
[23753-67-5], Pentaborane(9), 1-bromo-, 19:247,248
[23777-55-1], Diborane(6), methyl-, 19:237
[23777-80-2], Hexaboranc(10), 19:247,248
[23834-96-0], Diborane(6), bromo-, 18:146
[23884-11-9], Diborane(6), bis[μ-(dimethylamino)]-, 17:32
[23936-60-9], Phosphine, 1,2-ethanediylbis[dimethyl-, 23:199
[24013-40-9], Ruthenium, tricarbonyl(tri-μ-carbonylhexacarbonyl-μ_3-hydrotricobalt)-, (3*Co*-*Co*)(3*Co*-*Ru*), 25:164
[24038-30-0], Phosphorane, bromotetraphenyl-, 13:190
[24167-79-1], Lithium phosphide ($Li(H_2P)$), 27:228
[24228-59-9], Osmium, tetrahydrotris(triphenylphosphine)-, 15:56
[24254-18-0], Digermaselenane, 20:175
[24304-00-5], Aluminum nitride (AlN), 30:46
[24312-07-0], Digermatellurane, 20:175
[24335-35-1], 1,3,2,4-Diazadiphosphetidine, 2,4-dichloro-1,3-bis(1,1-dimethylethyl)-, 25:8
[24354-98-1], Chromate(3-), tri-μ-bromohexabromodi-, tricesium, 26:379
[24378-22-1], Molybdenum, tetrakis[μ-(benzoato-*O*:*O*')]di-, (*Mo*-*Mo*), 13:89
[24476-89-9], Cobalt(2+), hexakis(pyridine)-, (*OC*-6-11)-, bis[(*T*-4)-tetracarbonylcobaltate(1-)], 5:192
[24507-62-8], Cobalt(1+), dinitrosylbis(triphenylphosphine)-, tetraphenylborate(1-), 16:18
[24533-59-3], Cobalt(1+), [1,2-ethanediylbis[diphenylphosphine]-*P*,*P*']dinitrosyl-, (*T*-4)-, tetraphenylborate(1-), 16:19
[24598-62-7], Osmate(2-), hexabromo-, diammonium, (*OC*-6-11)-, 5:204
[24613-89-6], Chromic acid (H_2CrO_4), chromium(3+) salt (3:2), 2:192
[24651-64-7], Cobalt, hydrotetrakis (triphenyl phosphite-*P*)-, 13:107
[24651-65-8], Rhodium, hydrotetrakis(triphenyl phosphite-*P*)-, 13:109
[24704-41-4], Cobaltate(2-), [[*N*,*N*'-1,2-ethanediylbis[*N*-(carboxymethyl)glycinato]](4-)-*N*,*N*',*O*,*O*',O^N,$O^{N'}$]-, dihydrogen, (*OC*-6-21)-, 5:187
[24762-44-5], Phosphine, tri(phenyl-d_5)-, 16:163

[24772-41-6], 1,5,9,13-Tetraazacyclohexadecane, 20:109
[24818-07-3], Platinum, dichloro(1,3-propanediyl)-, 16:114
[24819-02-1], Manganese, tetrakis[μ_3-(benzenethiolato)]dodecacarbonyltetra-, 25:117
[24833-05-4], Cobalt(4+), μ-amidooctaammine-μ-chlorodi-, tetrachloride, tetrahydrate, 12:209
[24846-80-8], Iridium, chloro[2-(diphenylphosphino)phenyl-*C*,*P*]hydrobis(triphenylphosphine)-, (*OC*-6-53)-, 26:202
[24848-99-5], Aluminum, (*N*-ethylethanaminato)dihydro-, 17:40
[24899-04-5], Molybdenum, dicarbonylnitrosyl[tris(3,5-dimethyl-1*H*-pyrazolato-N^1)hydroborato(1-)-N^2,$N^{2'}$,$N^{2''}$]-, (*OC*-6-23)-, 23:4
[24899-12-5], Nickel, hydro[tetrahydroborato(1-)-*H*,*H'*]bis(tricyclohexylphosphine)-, (*TB*-5-11)-, 17:89
[24917-34-8], Nickel, tetrakis(isocyanocyclohexane)-, 17:119; 28:101
[24917-37-1], Nickel, [(1,2-η)-ethenetetracarbonitrile]bis(2-isocyano-2-methylpropane)-, 17:122
[24925-50-6], Lanthanum, tris(nitrato-*O*,*O'*)-, (*OC*-6-11)-, 5:41
[24968-68-1], Phosphonic acid, calcium salt (2:1), monohydrate, 4:18
[25005-08-7], Imidosulfurous difluoride, bromo-, 24:20
[25005-56-5], Xenon, bis[pentafluorohydroxytellurato(1-)-*O*]-, 24:36
[25031-38-3], Tungstate(2-), tris[1,2-diphenyl-1,2-ethenedithiolato(2-)-*S*,*S'*]-, 10:9
[25036-66-2], Iridium, bromo(dinitrogen)-bis(triphenylphosphine)-, (*SP*-4-3)-, 16:42
[25037-29-0], Nickel, tetrakis(methyldiphenylphosphine)-, (*T*-4)-, 17:119; 28:101
[25069-08-3], Manganese, pentacarbonylgermyl-, (*OC*-6-22)-, 15:174
[25087-75-6], Ruthenium, (acetato-*O*,*O'*)hydrotris(triphenylphosphine)-, (*OC*-6-21)-, 17:79
[25145-64-6], Molybdenum, bis(dinitrogen)bis[1,2-ethanediylbis[diphenylphosphine]-*P*,*P'*]-, (*OC*-6-11)-, 15:25; 20:122; 28:38
[25248-80-0], Aluminate(1-), tetrakis-(phosphino)-, lithium, (*T*-4)-, 15:178
[25251-03-0], Perbromyl fluoride ((BrO_3)F), 14:30
[25360-55-8], Cobalt, aquabis[(2,3-butanedione dioximato)(1-)-*N*,*N'*]methyl-, (*OC*-6-42)-, 11:66
[25360-92-3], Rhenium, tetracarbonyldi-μ-chlorodichlorodinitrosyldi-, 16:37
[25375-95-5], Zirconium, iodotris(2,4-pentanedionato-*O*,*O'*)-, 12:88,95
[25396-43-4], Rhenate(2-), nonahydro-, disodium, (*TPS*-9-111111111)-, 13:219
[25396-44-5], Ethanaminium, *N*,*N*,*N*-triethyl-, (*TPS*-9-111111111)-nonahydrorhenate(2-) (2:1), 13:223
[25397-28-8], Boron(2+), hydrotris(pyridine)-, dibromide, (*T*-4)-, 12:139
[25426-85-1], Cobalt, [*N*-(2-aminoethyl)-1,2-ethanediamine-*N*,*N'*,*N''*]tris(nitrato-*O*)-, 7:212
[25447-31-8], Boron(2+), hydrotris(pyridine)-, (*T*-4)-, bis[hexafluorophosphate(1-)], 12:139
[25474-92-4], Nitrogen sulfide (N_2S_2), 6:126
[25482-40-0], Cobalt, bis[(2,3-butanedione dioximato)(1-)-*N*,*N'*]methyl[thiobis-[methane]]-, (*OC*-6-42)-, 11:67
[25504-25-0], Nickel(2+), (5,5,7,12,12,14-hexamethyl-1,4,8,11-tetraazacyclotetradecane-N^1,N^4,N^8,N^{11})-, [*SP*-4-2-(*R**,*S**)]-, diperchlorate, 18:12
[25510-41-2], 29*H*,31*H*-Phthalocyanine, dilithium salt, 20:159
[25534-93-4], Ruthenium(2+), hexaammine-, (*OC*-6-11)-, (*T*-4)-tetrachlorozincate(2-) (1:1), 13:210

[25590-44-7], Iridium(2+), pentaamminеiodo-, (*OC*-6-22)-, 12:245,246
[25617-97-4], Gallium nitride (GaN), 7:16
[25685-08-9], Rhenium, dichloronitridobis(triphenylphosphine)-, 29:146
[25703-57-5], Nickel, chlorohydrobis(tricyclohexylphosphine)-, 17:84
[25741-81-5], Boron, (*N*,*N*-dimethylmethanamine)dihydroiodo-, (*T*-4)-, 12:120
[25895-62-9], Borate(1-), (cyano-*C*)trihydro-d_3-, sodium, (*T*-4)-, 21:167
[25921-51-1], Iron, tricarbonylbis(tricyclohexylphosphine)-, 25:154; 28:176; 29:154
[25921-55-5], Iron, tricarbonylbis(trimethylphosphine)-, 25:155; 28:177
[25942-34-1], Molybdenum oxide (MoO_3), dihydrate, 24:191
[25970-64-3], Cobalt, bis[(2,3-butanedione dioximato)(1-)-*N*,*N*']bis(triphenylphosphine)-, (*OC*-6-12)-, 11:65
[25971-15-7], Cobalt, tetrakis[(2,3-butanedione dioximato)(1-)-*N*,*N*']bis(pyridine)di-, (*Co-Co*), 11:65
[25973-90-4], Cobalt(2+), hexakis(nitromethane-*O*)-, (*OC*-6-11)-, bis[(*OC*-6-11)-hexachloroantimonate(1-)], 29:114
[25999-04-6], 4-Morpholinesulfonamide, 8:114
[26023-84-7], Platinate(2-), hexachloro-, dihydrogen, hydrate, (*OC*-6-11)-, 8:239
[26039-10-1], Imidodiphosphoric acid, tetrasodium salt, 6:101
[26061-40-5], Iron(1+), (dinitrogen)bis[1,2-ethanediylbis[diethylphosphine]-*P*,*P*']hydro-, (*OC*-6-11)-, tetraphenylborate(1-), 15:21
[26088-58-4], Manganese oxide (MnO_2), hydrate, 2:168
[26134-62-3], Lithium nitride (Li_3N), 22:48; 30:38
[26176-51-2], Cobaltate(1-), diamminebis[carbonato(2-)-*O*,*O*']-, potassium, (*OC*-6-21)-, 23:62
[26241-10-1], Sulfamic acid, hydroxynitroso-, dipotassium salt, 5:117,120
[26257-00-1], Germanium imide (Ge(NH)), 2:108
[26305-75-9], Cobalt, chlorotris(triphenylphosphine)-, 26:190
[26412-87-3], Sulfur trioxide, compd. with pyridine (1:1), 2:173
[26464-99-3], Phosphine, dimethyl (trimethylsilyl)-, 13:26
[26508-33-8], Iron phosphide (FeP), 14:176
[26628-22-8], Sodium azide ($Na(N_3)$), 1:79; 2:139
[26669-84-1], Manganese, pentadecacarbonyl(thallium)tri-, (3*Mn-Tl*), 16:61
[26743-67-9], Cobalt(1+), bis(1,2-ethanediamine-*N*,*N*')[mercaptoacetato(2-)-*O*,*S*]-, (*OC*-6-33)-, perchlorate, 21:21
[26891-42-9], Xenonate, hydroxytrioxo-, (*T*-4)-, 11:210
[26893-96-9], Chromium, aquahydroxybis(methylphenylphosphinato-*O*,*O*')-, homopolymer, 16:90
[26893-97-0], Chromium, aquabis(dioctylphosphinato-*O*,*O*')hydroxy-, homopolymer, 16:90
[26903-01-5], Guanidine, tetraphosphate (6:1), 5:97
[27075-85-0], Chromium(3+), tris(imidodicarbonimidic diamide-*N*'',*N*''')-, trichloride, (*OC*-6-11)-, 6:69
[27171-81-9], Lithium, [2-[(dimethylamino)methyl]phenyl]-, 26:152
[27194-90-7], Molybdate(1-), tetrathioxocuprate-, ammonium, 14:95
[27379-16-4], Metaphosphimic acid (($H_6P_3O_6N_3$)), trisodium salt, tetrahydrate, 6:15
[27411-12-7], Iridium, dichloronitrosylbis(triphenylphosphine)-, 15:62
[27475-39-4], Ruthenium, μ-carbonylhexadecacarbonyl-μ_6-methanetetraylhexa-, octahedro, 26:281
[27575-47-9], Mercury fluoride (HgF), 4:136

[27579-40-4], Hypochlorous acid, 2,2,2-trifluoro-1,1-bis(trifluoromethyl)ethyl ester, 24:61
[27596-84-5], Imidodiphosphoramide, 6:110,111
[27638-21-7], Silane, (methylcyclopentadienyl)-, 17:174
[27662-34-6], Cobalt, [1,4,8,11,15,18,22,25-octamethyl-29*H*,31*H*-tetrabenzo[*b*,*g*,*l*,*q*]porphinato(2-)-N^{29},N^{30},N^{31},N^{32}]-, (*SP*-4-1)-, 20:156
[27712-38-5], Diimidotriphosphoramide, 6:110
[27764-46-1], Boron(3+), tetrakis(4-methylpyridine)-, (*T*-4)-, tris[hexafluorophosphate(1-)], 12:143
[27774-13-6], Vanadium, oxo[sulfato(2-)-*O*]-, 7:94
[27860-87-3], Silane, cyclopentadienyl-, 17:172
[28016-71-9], Palladium, chlorohydrobis (tricyclohexylphosphine)-, (*SP*-4-3)-, 17:87
[28049-72-1], Boranetriamine, *N*,*N*',*N*''-tris(1-methylpropyl)-, 17:160
[28069-69-4], Nickel, tetrakis (trimethylphosphine)-, (*T*-4)-, 17:119; 28:101
[28098-24-0], Borane-^{10}B, tribromo-, 22:219
[28101-79-3], Nickel, tetrakis(tributylphosphine)-, (*T*-4)-, 17:119; 28:101
[28240-68-8], Phosphonous dichloride, methylenebis-, 25:121
[28240-69-9], Phosphonous dichloride, 1,2-ethanediylbis-, 23:141
[28301-11-3], Cobalt(1+), bromo(2,12-dimethyl-3,7,11,17-tetraazabicyclo [11.3.1]heptadeca-1(17),2,11,13,15-pentaene-N^3,N^7,N^{11},N^{17})-, bromide, monohydrate, 18:19
[28377-73-3], Palladium, di-μ-chlorobis (8-quinolinylmethyl-*C*,*N*)di-, 26:213
[28407-51-4], Rhodium, tetra-μ_3-carbonyldodecacarbonylhexa-, octahedro, 16:49
[28471-37-6], Chromium, pentacarbonyl[(diethylamino)ethoxymethylene]-, (*OC*-6-21)-, 19:168
[28480-11-7], Nickelate(2-), tetrachloro-, dipotassium, (*T*-4)-, 20:51
[28679-50-7], Chromium, aquabis (diphenylphosphinato-*O*) hydroxy-, homopolymer, 12:258; 16:90
[28755-83-1], Iron, tetrakis(diethyl phenylphosphonite-*P*)dihydro-, 13:119
[28755-93-3], Iron, chloro [2,3,7,8,12,13,17,18-octaethyl-21*H*,23*H*-porphinato(2-)-N^{21},N^{22},N^{23},N^{24}]-, (*SP*-5-12)-, 20:151
[28903-66-4], Nickel(2+), bis[2,2'-iminobis[*N*-hydroxyethanimidamide]]-, dichloride, dihydrate, (*OC*-6-1'1')-, 11:93
[28915-54-0], Tungsten, bis(dinitrogen)bis [1,2-ethanediylbis[diphenylphosphine]-*P*,*P*']-, (*OC*-6-11)-, 20:126; 28:41
[28923-39-9], Nickel, dibromo(1,2-dimethoxyethane-*O*,*O*')-, 13:162
[28950-34-7], Nitrogen sulfide (N_4S_4), 6:124; 8:104; 9:98; 17:197
[28984-20-5], Nickel, bis[1,2-diphenyl-1,2-ethenedithiolato(2-)-*S*,*S*']-, (*SP*-4-1)-, 10:9
[29018-09-5], Diimidotrimetaphosphoric acid ($(HN)_2P_3(OH)_3O_4$), trisodium salt, 6:105,106
[29046-78-4], Nickel, dichloro(1,2-dimethoxyethane-*O*,*O*')-, 13:160
[29130-85-6], Cobalt, bis[(2,3-butanedione dioximato)(1-)-*N*,*N*']phenyl(pyridine)-, (*OC*-6-12)-, 11:68
[29146-24-5], Phosphinous fluoride, bis(1,1-dimethylethyl)-, 18:176
[29149-32-4], Phosphonous difluoride, (1,1-dimethylethyl)-, 18:174

[29220-00-6], 1-Propanaminium, *N,N,N*-tripropyl-, (pentaiodide), 5:172
[29327-41-1], Cobalt, ammine(1,2-ethanediamine-*N,N'*)tris(nitrito-*N*)-, (*OC*-6-21)-, 9:172
[29419-92-9], 1,4,8,11-Tetraazacyclotetradeca-4,11-diene, 5,7,7,12,14,14-hexamethyl-, (*E,E*)-, 18:2
[29498-83-7], Chromium, aquabis(dioctylphosphinato-*O*)hydroxy-, homopolymer, 16:90
[29589-08-0], Iridium(3+), pentaammineaqua-, (*OC*-6-22)-, 12:245,246
[29591-65-9], Nickel, dibromobis[3,3',3''-phosphinidynetris[propanenitrile]-*P*]-, (*SP*-4-1)-, homopolymer, 22:115
[29814-43-5], Gold iodide telluride (AuITe), 14:170
[29814-46-8], Thallium fluoride oxide (TlFO), 14:124
[29826-67-3], Rhodium, chloro[sulfinylbis[methane]-*S*]bis(triphenylphosphine)-, (*SP*-4-2)-, 10:69
[29856-33-5], Metaphosphoric acid ($H_3P_3O_9$), trisodium salt, hexahydrate, 3:104
[29871-59-8], 1,3,5,2,4,6-Triazatriphosphorine, 2,4,6-tris(dimethylamino)-2,4,6-trifluoro-2,2,4,4,6,6-hexahydro-, 18:195
[29871-63-4], 1,3,5,2,4,6-Triazatriphosphorine, 2,4-dibromo-2,4,6,6-tetrafluoro-2,2,4,4,6,6-hexahydro-, 18:198
[29890-05-9], Tungsten, tetracarbonyl[1,2-ethanediylbis[diphenylphosphine]-*P,P'*]-, (*OC*-6-22)-, 29:142
[29955-03-1], Phosphine, [2-(diphenylphosphino)ethyl]phenylpropyl-, 16:192
[29955-04-2], Phosphine, [2-(diphenylphosphino)ethyl](1-methylethyl)phenyl-, 16:192
[30004-14-9], 1,3,5,2,4,6-Triazatriphosphorine, 2,4-bis(dimethylamino)-2,4,6,6-tetrafluoro-2,2,4,4,6,6-hexahydro-, 18:197
[30009-53-1], 1-Propanaminium, *N,N,N*-tripropyl-, (heptaiodide), 5:172
[30043-33-5], Titanium, tribromomethyl-, (*T*-4)-, 16:124
[30056-29-2], Tantalum, pentabromo(propanenitrile)-, (*OC*-6-21)-, 12:228
[30103-63-0], Cobalt, aquabromobis(1,2-ethanediamine-*N,N'*)-, dibromide, monohydrate, (*OC*-6-33)-, 21:123
[30106-92-4], Iridium, (carbonothioyl)chlorobis(triphenylphosphine)-, (*SP*-4-3)-, 19:206
[30217-13-1], Cobalt, triamminetrichloro-, 6:182
[30262-23-8], Thorium, tetrakis(acetonitrile)tetraiodo-, 12:226
[30304-08-6], Iron, tris(6,6,7,7,8,8,8-heptafluoro-2,2-dimethyl-3,5-octanedionato-*O,O'*)-, 12:72
[30341-38-9], Sulfur, difluorobis(trifluoromethyl)-, (*T*-4)-, 14:45
[30352-63-7], Ruthenium, dinitrosylbis(triphenylphosphine)-, 15:52
[30353-61-8], Boron, (cyano-*C*)(*N,N*-dimethylmethanamine)dihydro-, (*T*-4)-, 19:233,234; 25:80
[30364-77-3], Cobalt, tris(glycinato-*N,O*)-, (*OC*-6-21)-, 25:135
[30376-90-0], Platinum, dichloro(isocyanobenzene)(triethylphosphine)-, (*SP*-4-3)-, 19:174
[30394-37-7], Platinum, dichloro[ethoxy(phenylamino)methylene](triethylphosphine)-, (*SP*-4-3)-, 19:175
[30394-41-3], Platinum, [bis(phenylamino)methylene]dichloro(triethylphosphine)-, (*SP*-4-3)-, 19:176
[30411-57-5], Molybdenum, tetrachlorobis(methyldiphenylphosphine)-, 15:42
[30649-47-9], Ruthenium(1+), diazidobis(1,2-ethanediamine-*N,N'*)-, (*OC*-6-22)-(-)-, hexafluorophosphate(1-), 12:24
[30662-72-7], Palladate(1-), bis[1,2-diphenyl-1,2-ethenedithiolato(2-)-*S,S'*]-, (*SP*-4-1)-, 10:9

[30662-73-8], Platinate(1-), bis[1,2-diphenyl-1,2-ethenedithiolato(2-)-*S,S'*]-, (*SP*-4-1)-, 10:9
[30729-95-4], Cyanide, homopolymer, 2:92
[30731-17-0], Molybdenum, dichlorodinitrosyl-, homopolymer, 12:264
[30731-19-2], Molybdenum, dibromodinitrosyl-, (*T*-4)-, homopolymer, 12:264
[30793-03-4], Rhodium(1+), dichlorobis(1,2-ethanediamine-*N,N'*)-, chloride, monohydrate, (*OC*-6-22)-, 24:283
[30916-06-4], Palladium, hydro[tetrahydroborato(1-)-*H,H'*]bis(tricyclohexylphosphine)-, (*TB*-5-11)-, 17:90
[30937-52-1], Rhenium fluoride (ReF_5), 19:137,138,139
[30983-38-1], Indium, tris(6,6,7,7,8,8,8-heptafluoro-2,2-dimethyl-3,5-octanedionato-*O,O'*)-, 12:74
[30983-39-2], Gallium, tris(6,6,7,7,8,8,8-heptafluoro-2,2-dimethyl-3,5-octanedionato-*O,O'*)-, 12:74
[30983-41-6], Manganese, tris(6,6,7,7,8,8,8-heptafluoro-2,2-dimethyl-3,5-octanedionato-*O,O'*)-, 12:74
[30983-64-3], Chromium(3+), tris(1,2-ethanediamine-*N,N'*)-, trichloride, (*OC*-6-11-Λ)-, 12:269,274
[30983-68-7], Rhodium(3+), tris(1,2-ethanediamine-*N,N'*)-, trichloride, (*OC*-6-11-Δ)-, 12:276-279
[31011-57-1], Titanium, tetrachlorobis-(tetrahydrofuran)-, 21:135
[31024-03-0], Manganate(2-), tetrachloro-, dipotassium, (*T*-4)-, 20:51
[31031-09-1], Rhenium(2+), μ-oxotrioxo(pentaamminecobalt)-, bis[(*T*-4)-tetraoxorhenate(1-)], 12:215
[31052-36-5], Cobalt, bis[1,1,1,4,4,4-hexafluoro-2-butene-2,3-dithiolato (2-)-*S,S'*]-, (*SP*-4-1)-, 10:9
[31055-39-7], Cobalt(1+), [carbonato(2-)-*O,O'*]bis(1,2-ethanediamine-*N,N'*)-, bromide, 14:64; 21:120
[31072-79-4], Diimidotriphosphoric acid, pentasodium salt, hexahydrate, 6:104
[31085-10-6], Rhenium(2+), μ-oxotrioxo(pentaamminecobalt)-, diperchlorate, 12:216
[31088-36-5], Ruthenium(1+), azidobis(1,2-ethanediamine-*N,N'*)(dinitrogen)-, (*OC*-6-33)-, hexafluorophosphate(1-), 12:23
[31117-16-5], 7-Carbaundecaborane(12), 7-(*N,N*-dimethylmethanamine)-, 11:35
[31125-86-7], Chromium(3+), tris(1,2-ethanediamine-*N,N'*)-, trichloride, (*OC*-6-11-Δ)-, 12:269,274
[31125-87-8], Rhodium(3+), tris(1,2-ethanediamine-*N,N'*)-, trichloride, (*OC*-6-11-Λ)-, 12:269,272
[31126-00-8], Scandium, tris(6,6,7,7,8,8,8-heptafluoro-2,2-dimethyl-3,5-octanedionato-*O,O'*)-, compd. with *N,N*-dimethylformamide (1:1), 12:72-77
[31183-11-6], Zinc, [5,10,15,20-tetra-4-pyridinyl-21*H*,23*H*-porphinato(2-)-$N^{21},N^{22},N^{23},N^{24}$]-, (*SP*-4-1)-, 12:256
[31183-12-7], Vanadium, tris(6,6,7,7,8,8,8-heptafluoro-2,2-dimethyl-3,5-octanedionato-*O,O'*)-, 12:74
[31224-14-3], Chromium, tris(3-acetyl-4-oxopentanenitrilato-*O,O'*)-, (*OC*-6-11)-, 12:85
[31237-66-8], Rhenium(2+), μ-oxotrioxo(pentaamminecobalt)-, dichloride, 12:216
[31237-99-7], Cobalt, triamminechloro[ethanedioato(2-)-*O,O'*]-, 6:182
[31255-93-3], Chromium(2+), pentaammine(nitrato-*O*)-, (*OC*-6-22)-, dinitrate, 5:133
[31259-72-0], 2,3-Dicarbahexaborane(8), 2-(trimethylsilyl)-, 29:95
[31275-06-6], Ruthenium, tetrahydrotris-(triphenylphosphine)-, 15:31
[31279-95-5], Boron(3+), tetrakis(4-methylpyridine)-, tribromide, (*T*-4)-, 12:141

[31285-82-2], Iridium(3+), pentaamminеaqua-, (*OC*-6-22)-, triperchlorate, 12:244
[31312-91-1], Arsenate(1-), [2,3-dihydroxybutanedioato(2-)-O^1,O^4]oxo-, sodium, [*R*-(*R**,*R**)]-, 12:267
[31316-05-9], Chromium, tris(monoethyl carbonotrithioato-*S'*,*S''*)-, (*OC*-6-11)-, 10:44
[31355-55-2], Molybdenum, trichlorotris-(tetrahydrofuran)-, 20:121; 24:193; 28:36
[31366-25-3], 1,3-Dithiole, 2-(1,3-dithiol-2-ylidene)-, 19:28
[31386-55-7], Arsenic, tris(*O*-ethyl carbonodithioato-*S,S'*)-, (*OC*-6-11)-, 10:45
[31386-70-6], Phosphine, dimethyl-, ion(1-), 13:27; 15:188
[31429-86-4], Rhenium(1+), dioxotetrakis (pyridine)-, chloride, (*OC*-6-12)-, 21:116
[31483-18-8], Zirconium bromide (ZrBr), 22:26; 30:6
[31484-73-8], Platinum(1+), chloro[(4-fluorophenyl)diazene-N^2]bis(triethylphosphine)-, (*SP*-4-3)-, tetrafluoroborate(1-), 12:29,31
[31576-40-6], Osmium fluoride (OsF_5), 19:137,138,139
[31666-47-4], Nickel, (η^2-ethene)bis [tris(2-methylphenyl) phosphite-*P*]-, 15:10
[31666-77-0], Palladium, di-μ-chloro-bis[(1,2,3-η)-2-methyl-2-pentenyl]di-, 15:77
[31724-99-9], Palladium(1+), [(1,2,5,6-η)-1,5-cyclooctadiene](2,4-pentanedionato-*O,O'*)-, tetrafluoroborate(1-), 13:56
[31725-00-5], Platinum(1+), [(1,2,5,6-η)-1,5-cyclooctadiene](2,4-pentanedionato-*O,O'*)-, tetrafluoroborate(1-), 13:57
[31741-76-1], Manganese, (carbonothioyl)dicarbonyl(η^5-2,4-cyclopentadien-1-yl)-, 16:53
[31781-62-1], Titanium, dichloro(η^5-2,4-cyclopentadien-1-yl)-, 16:238
[31781-68-7], Platinum, dichlorobis(η^2-ethene)-, 5:215
[31894-75-4], Ruthenium(2+), tris(1,2-ethanediamine-*N,N'*)-, dichloride, (*OC*-6-11)-, 19:118
[31902-25-7], Palladium, (η^4-1,3-butadiene)dichloro-, 6:218; 11:216
[31916-63-9], Cobalt(1+), bis(1,2-ethanediamine-*N,N'*)bis(nitrito-*O*)-, (*OC*-6-22-Λ)-, (*OC*-6-21-Λ)-(1,2-ethanediamine-*N,N'*) bis[ethanedioato(2-)-*O,O'*]cobaltate(1-), 13:197
[31916-64-0], Cobalt(1+), bis(1,2-ethanediamine-*N,N'*)bis(nitrito-*O*)-, (*OC*-6-22-Λ)-, (*OC*-6-21-Δ)-(1,2-ethanediamine-*N,N'*) bis[ethanedioato(2-)-*O,O'*]cobaltate(1-), 13:197
[31921-90-1], Manganese(1+), dicarbonyl(η^5-2,4-cyclopentadien-1-yl)nitrosyl-, hexafluorophosphate(1-), 15:91
[31922-29-9], Platinum, di-μ-chlorodichlorobis[(1,2-η)-1-propene]di-, 5:214
[31926-36-0], Platinum, dibromodimethyl-, 20:185
[31940-97-3], Platinum(1+), chloro-[(1,2,5,6-η)-1,5-cyclooctadiene](triphenylarsine)-, tetrafluoroborate(1-), 13:64
[31945-67-2], Iron, tetracarbonyl[tris(1,1-dimethylethyl)phosphine]-, (*TB*-5-22)-, 25:155
[31960-40-4], Rhenium(1+), dicarbonyl-(η^5-2,4-cyclopentadien-1-yl)nitrosyl-, tetrafluoroborate(1-), 29:213
[32005-36-0], Palladium, bis[(1,2,4,5-η)-1,5-diphenyl-1,4-pentadien-3-one]-, 28:110
[32007-38-8], Poly[nitrilo(dimethylphosphoranylidyne)], 25:69,71
[32010-51-8], Platinum, dibromodimethylbis(pyridine)-, 20:186
[32015-52-4], Nickel, (diphenyldiazene-*N,N'*)bis(triphenylphosphine)-, 17:121

- [32054-63-0], Iron, dicarbonyl(η⁵-2,4-cyclopentadien-1-yl)(trimethylgermyl)-, 12:64,65
- [32104-66-8], Nickel, bis[1,2-ethanediyl-bis[dimethylphosphine]-*P*,*P*']-, (*T*-4)-, 17:119; 28:101
- [32106-51-7], Gallate(1-), tetrahydro-, sodium, (*T*-4)-, 17:50
- [32106-52-8], Gallate(1-), tetrahydro-, potassium, (*T*-4)-, 17:50
- [32109-07-2], Molybdenum, tetrahydrotetrakis(methyldiphenylphosphine)-, 15:42; 27:9
- [32216-28-7], Platinum, tetra- μ -chloro-tetrakis[μ -[(1- η :2,3- η)-2-propenyl]]tetra-, 15:79
- [32270-89-6], Copper(2+), bis(1,2-ethane-diamine-*N*,*N*')-, diiodide, (*SP*-4-1)-, 5:18
- [32354-26-0], Rhodium, carbonyl(perchlorato-*O*)bis(triphenylphosphine)-, (*SP*-4-1)-, 15:71
- [32371-06-5], Cobalt(1+), dibromo(tetrabenzo[b,f,j,n][1,5,9,13]tetraazacyclohexadecine- N^5,N^{11},N^{17},N^{23})-, bromide, (OC-6-12)-, 18:34
- [32408-74-5], Uranate(1-), trifluorooxo-, hydrogen, dihydrate, (*TB*-5-22)-, 24:145
- [32490-69-0], Iron, bis[1,2-ethanediylbis [diphenylphosphine]-*P*,*P*']dihydro-, (*OC*-6-21)-, 15:39
- [32490-70-3], Iron, chlorobis[1,2-ethanediylbis[diphenylphosphine]-*P*,*P*']hydro-, 17:69
- [32612-10-5], Nickel, [(2,3-η)-2-butene-dinitrile]bis(2-isocyano-2-methyl-propane)-, stereoisomer, 17:122
- [32677-72-8], Cobalt, (η^5 -2,4-cyclopenta-dien-1-yl)bis(trimethyl phosphite-P)-, 25:162; 28:283
- [32714-19-5], Nickel, (diphenyldiazene-N,N')(2-isocyano-2-methylpropane)-, 17:122
- [32732-02-8], Chromium, tricarbonyl(η^5 -2,4-cyclopentadien-1-yl)silyl-, 17:104

- [32740-42-4], Phosphorus(1+), amidotriphenyl-, (*T*-4)-, salt with periodic acid (HIO₄), 7:69
- [32745-15-6], Distannane, 7:39
- [32746-31-9], Lithium nitride (LiN), 4:1
- [32798-89-3], Iron(1+), [(2,3,4,5,6-η)-bicyclo[5.1.0]octadienylium]tricar-bonyl-, 8:185
- [32802-08-7], Nickel, [1,1'-(η²-1,2-ethenediyl)bis[benzene]](2-isocyano-2-methylpropane)-, 17:122
- [32805-31-5], Boron, dibromo(*N*,*N*-dimethylmethanamine)hydro-, (*T*-4)-, 12:123
- [32824-71-8], Iron(1+), (acetonitrile) dicarbonyl(η^5 -2,4-cyclopentadien-1-yl)-, tetrafluoroborate(1-), 12:41
- [32842-92-5], Boron(1+), dihydrobis (trimethylphosphine)-, iodide, (*T*-4)-, 12:135
- [32843-50-8], Iron, bromo(η^5 -2,4-cyclopentadien-1-yl)[1,2-ethanediylbis [diphenylphosphine]-P,P']-, 24:170
- [32874-17-2], Ruthenium, tricarbonyl[(1,2,5,6-η)-1,5-cyclooctadiene]-, 16:105; 28:54
- [32915-11-0], Palladium(1+), [(1,2,5,6- η)-1,5-cyclooctadiene](η ³-2-propenyl)-, tetrafluoroborate(1-), 13:61
- [32965-47-2], Molybdenum, tricarbonyl (η⁵-2,4-cyclopentadien-1-yl)silyl-, 17:104
- [32965-49-4], Rhodium, di-μ-chlorobis[(1,2,5,6-η)-1,5-hexadiene]di-, 19:219
- [32993-05-8], Ruthenium, chloro(η⁵-2,4-cyclopentadien-1-yl)bis(triphenylphosphine)-, 21:78; 28:270
- [32993-07-0], Cobalt, (η^5 -2,4-cyclopenta-dien-1-yl)bis(triphenylphosphine)-, 26:191
- [33085-24-4], Tungsten, dicarbonyl(η⁵-2,4-cyclopentadien-1-yl)hydro(tri-phenylphosphine)-, 26:98
- [33129-29-2], Digermoxane, 1,3-dimethyl-, 20:176,179

[33129-30-5], Digermoxane, 1,1,3,3-tetramethyl-, 20:176,179

[33129-32-7], Germane, iododimethyl-, 18:158

[33152-43-1], Antimonate(1-), μ-fluoro-decafluorodi-, (octasulfur)(2+) (2:1), 15:216

[33153-14-9], Ruthenium, hydronitrosyltris(triphenylphosphine)-, (*TB*-5-23)-, 17:73

[33154-56-2], Iron(1+), (carbonothioyl)-dicarbonyl(η^5-2,4-cyclopentadien-1-yl)-, hexafluorophosphate(1-), 17:100

[33195-00-5], Borate(1-), (cyano-*C*)trihydro-, (*T*-4)-, 15:72

[33220-35-8], Triborate(1-), octahydro-, sodium, compd. with 1,4-dioxane (1:3), 10:85

[33306-76-2], Molybdenum, (η^6-benzene)dihydrobis(triphenylphosphine)-, 17:57

[33309-88-5], Palladium, bis(tricyclohexylphosphine)-, 19:103; 28:116

[33336-87-7], Rhodium(1+), pentakis(trimethyl phosphite-*P*)-, tetraphenylborate(1-), 20:78

[33355-58-7], Phosphine, diphenyl[2-(phenylphosphino)ethyl]-, 16:202

[33379-51-0], Copper, [μ-[(1,2-η:3,4-η)-1,3-butadiene]]dichlorodi-, 6:217

[33395-22-1], Palladium, (η^2-ethene)bis(triphenylphosphine)-, 16:127

[33395-48-1], Palladium, (η^2-ethene)bis-(tricyclohexylphosphine)-, 16:129

[33395-49-2], Palladium, (η^2-ethene)bis [tris(2-methylphenyl) phosphite-*P*]-, 16:129

[33461-68-6], Ethanaminium, *N,N,N*-triethyl-, tri-μ-chlorohexachlorodivanadate(3-) (3:1), 13:168

[33461-69-7], Molybdate(2-), aquapentachloro-, dicesium, (*OC*-6-21)-, 13:171

[33461-70-0], Molybdate(2-), aquapentachloro-, derubidium, (*OC*-6-21)-, 13:171

[33480-42-1], Platinate(2-), [μ-[(1,2-η:3,4-η)-1,3-butadiene]]hexachlorodi-, dipotassium, 6:216

[33516-79-9], Cobaltate(1-), (1,2-ethanediamine-*N,N'*)bis[ethanedioato(2-)-*O,O'*]-, sodium, (*OC*-6-21-Λ)-, 13:198

[33516-80-2], Cobaltate(1-), (1,2-ethanediamine-*N,N'*)bis[ethanedioato(2-)-*O,O'*]-, sodium, (*OC*-6-21-Δ)-, 13:198

[33516-81-3], Nickel, bis(*N*-methyl-2-pyridinemethanamine-N^1,N^2)bis(nitrito-*O*)-, 13:203

[33516-82-4], Nickel, bis(*N*-methyl-2-piperidinemethanamine-N^α,N^1)bis(nitrito-*O*)-, 13:204

[33516-93-7], Cobalt, hydrotetrakis (diethyl phenylphosphonite-*P*)-, 13:118

[33517-16-7], Rhenium, tri-μ-bromohexabromotri-, *triangulo*, 10:58; 20:47

[33519-11-8], Molybdate(3-), hexachloro-, trirubidium, (*OC*-6-11)-, 13:172

[33519-12-9], Molybdate(3-), hexachloro-, tricesium, (*OC*-6-11)-, 13:172

[33519-69-6], Molybdenum, dicarbonyl (η^5-2,4-cyclopentadien-1-yl)hydro (triphenylphosphine)-, 26:98

[33519-88-9], Phosphonium, tetraphenyl-, (*SP*-4-1)-bis[2,3-dimercapto-2-butenedinitrilato(2-)-*S,S'*]cobaltate(2-) (2:1), 13:189

[33519-90-3], Vanadium(1+), dichlorotetrakis(2-propanol)-, chloride, 13:177

[33520-53-5], Tungsten, tricarbonyl(η^5-2,4-cyclopentadien-1-yl)silyl-, 17:104

[33540-81-7], Rhenium, dichlorotetrakis [μ-(2,4,6-trimethylbenzoato-*O:O'*)]di-, (*Re-Re*), 13:86

[33540-83-9], Rhenium, dichlorotetrakis [μ-(4-methoxybenzoato-O^1:$O^{1'}$)]di-, (*Re-Re*), 13:86

[33540-84-0], Rhenium, tetrakis[μ-(4-aminobenzoato-*O:O'*)]dichlorodi-, (*Re-Re*), 13:86

[33540-85-1], Rhenium, dibromotetrakis[μ-(4-chlorobenzoato-*O*:*O*')]di-, (*Re-Re*), 13:86
[33540-86-2], Rhenium, tetrakis[μ-(4-bromobenzoato-*O*:*O*')]dichlorodi-, (*Re-Re*), 13:86
[33540-87-3], Rhenium, dibromotetrakis-[μ-(4-bromobenzoato-*O*:*O*')]di-, (*Re-Re*), 13:86
[33598-83-3], Xenonate ($Xe(OH)O_5^{3-}$), (*OC*-6-22)-, 11:212
[33612-87-2], Rhenium, tetrakis(acetato-*O*)dichlorodi-, (*Re-Re*), 20:46
[33618-25-6], Silane, 2,4-cyclopentadien-1-yl-, 17:172
[33637-85-3], Molybdenum, tetrakis[μ-(4-chlorobenzoato-*O*:*O*')]di-, (*Mo-Mo*), 13:89
[33637-86-4], Molybdenum, tetrakis[μ-(4-methylbenzoato-*O*:*O*')]di-, (*Mo-Mo*), 13:89
[33637-87-5], Molybdenum, tetrakis[μ-(4-methoxybenzoato-O^1:$O^{1'}$)]di-, (*Mo-Mo*), 13:89
[33677-11-1], Cobaltate(1-), diamminetetrakis(nitrito-*N*)-, hydrogen, 9:172
[33700-35-5], Rhenium, dibromotetrakis[μ-(4-methoxybenzoato-O^1:$O^{1'}$)]di-, (*Re-Re*), 13:86
[33700-36-6], Rhenium, dichlorotetrakis[μ-(4-chlorobenzoato-*O*:*O*')]di-, (*Re-Re*), 13:86
[33702-30-6], Chromium(3+), tris(1,2-ethanediamine-*N*,*N*')-, triiodide, monohydrate, (*OC*-6-11)-, 2:199
[33712-61-7], Zirconium, dibromooxo-, 1:51
[33725-74-5], 1-Butanaminium, *N*,*N*,*N*-tributyl-, tetrahydroborate(1-), 17:23
[33884-41-2], 2,4-Pentanedione, 3-(ethoxymethylene)-, 18:37
[33896-84-3], Ethanaminium, *N*,*N*,*N*-triethyl-, (*T*-4)-tetrabromogallate(1-), 22:141
[33897-08-4], Rhodate(3-), tris(pentathio)-, triammonium, (*OC*-6-11)-, 21:15
[33908-61-1], Nickel(2+), tris(1,2-ethanediamine-*N*,*N*')-, dichloride, dihydrate, (*OC*-6-11)-, 6:200
[33916-12-0], Nickel(2+), (5,5,7,12,14,14-hexamethyl-1,4,8,11-tetraazacyclotetradeca-1,7,11-triene-N^1,N^4,N^8,N^{11})-, (*SP*-4-4)-, diperchlorate, 18:5
[33937-26-7], Platinum, tetrakis(triethylphosphine)-, (*T*-4)-, 19:110; 28:122
[33975-87-0], Tantalum sulfide (TaS_2), compd. with pyridine (2:1), 19:40; 30:161
[33989-05-8], Copper, (nitrato-*O*)tris-(triphenylarsine)-, (*T*-4)-, 19:95
[33989-06-9], Copper, (nitrato-*O*)tris-(triphenylstibine)-, (*T*-4)-, 19:94
[33989-88-7], Cerium, tetrachlorobis-(triphenylphosphine oxide)-, 23:178
[33991-11-6], Ruthenium, hydronitrosyltris(triphenylphosphine)-, 17:73
[34054-31-4], Molybdenum(3+), hexaaqua-, (*OC*-6-11)-, 23:133
[34056-26-3], Platinum, dichloro(2-phenyl-1,3-propanediyl)bis(pyridine)-, 16:115,116
[34056-29-6], Platinum, dichloro(2-cyclohexyl-1,3-propanediyl)bis(pyridine)-, 16:115
[34056-30-9], Platinum, dichloro(1,2-diphenyl-1,3-propanediyl)bis(pyridine)-, 16:115
[34056-31-0], Platinum, dichloro[1-(4-methylphenyl)-1,3-propanediyl] bis(pyridine)-, 16:115
[34076-61-4], Chromium(2+), aquabis(1,2-ethanediamine-*N*,*N*')hydroxy-, (*OC*-6-33)-, dithionate (1:1), 18:84
[34117-35-6], Germane, fluorodimethyl-, 18:159
[34133-95-4], Chromium, bis(diphenylphosphinato-*O*,*O*')hydroxy-, homopolymer, 16:91
[34177-65-6], Iridium, trichlorotris(1,1'-thiobis[ethane])-, (*OC*-6-21)-, 7:228

[34200-66-3], Octadecanamide, compd. with tantalum sulfide (TaS_2), 30:164
[34200-70-9], Benzenecarbothioamide, compd. with tantalum sulfide (TaS_2), 30:164
[34200-71-0], 1-Butanamine, compd. with tantalum sulfide (TaS_2), 30:164
[34200-73-2], 1-Dodecanamine, compd. with tantalum sulfide (TaS_2), 30:164
[34200-74-3], 1-Hexadecanamine, compd. with tantalum sulfide (TaS_2), 30:164
[34200-75-4], 1-Octadecanamine, compd. with tantalum sulfide (TaS_2), 30:164
[34200-77-6], Hydrazine, compd. with tantalum sulfide (TaS_2), 30:164
[34200-78-7], Benzenamine, compd. with tantalum sulfide (TaS_2), 30:164
[34200-80-1], Benzenamine, *N,N*-dimethyl-, compd. with tantalum sulfide (TaS_2), 30:164
[34247-65-9], Iridium, carbonylfluorobis-(triphenylphosphine)-, 15:67
[34248-47-0], Cobalt, [tris[μ-[(2,3-butanedione dioximato)(2-)-*O*:*O*']]difluorodiborato(2-)-*N*,*N*',*N*'',*N*''',*N*'''',*N*''''']-, 17:140
[34249-07-5], 1-Butanaminium, *N,N,N*-tributyl-, (*T*-4)-tetrabromogallate(1-), 22:139
[34294-09-2], Butanamide, compd. with tantalum sulfide (TaS_2), 30:164
[34294-11-6], Hexanamide, compd. with tantalum sulfide (TaS_2), 30:164
[34312-58-8], Quinoline, compd. with tantalum sulfide (TaS_2), 30:164
[34312-63-5], Tantalum sulfide (TaS_2), monoammoniate, 30:162
[34314-17-5], Formic acid, potassium salt, compd. with tantalum sulfide (TaS_2), 30:164
[34314-18-6], Pyridine, hydrochloride, compd. with tantalum sulfide (TaS_2), 30:164
[34324-45-3], Molybdenum, tetracarbonylbis[(1,1-dimethylethyl)phosphonous difluoride]-, (*OC*-6-22)-, 18:175
[34340-80-2], 1,4-Benzenediamine, *N,N,N',N'*-tetramethyl-, compd. with tantalum sulfide (TaS_2), 30:164
[34340-81-3], 4,4'-Bipyridine, compd. with tantalum sulfide (TaS_2), 30:164
[34340-84-6], Pyridine, 1-oxide, compd. with tantalum sulfide (TaS_2), 30:164
[34340-85-7], Cesium hydroxide (Cs(OH)), compd. with tantalum sulfide (TaS_2), 30:164
[34340-90-4], Tantalum sulfide (TaS_2), ammoniate, 30:164
[34340-91-5], Methanamine, compd. with tantalum sulfide (TaS_2), 30:164
[34340-92-6], Ethanamine, compd. with tantalum sulfide (TaS_2), 30:164
[34340-93-7], 1-Propanamine, compd. with tantalum sulfide (TaS_2), 30:164
[34340-96-0], 1-Tetradecanamine, compd. with tantalum sulfide (TaS_2), 30:164
[34340-97-1], 1-Pentadecanamine, compd. with tantalum sulfide (TaS_2), 30:164
[34340-98-2], 1-Heptadecanamine, compd. with tantalum sulfide (TaS_2), 30:164
[34340-99-3], 1-Butanamine, *N,N*-dibutyl-, compd. with tantalum sulfide (TaS_2), 30:164
[34366-36-4], 1-Tridecanamine, compd. with tantalum sulfide (TaS_2), 30:164
[34370-10-0], Benzenemethanaminium, *N,N,N*-trimethyl-, hydroxide, compd. with tantalum sulfide (TaS_2), 30:164
[34370-11-1], Acetic acid, ammonium salt, compd. with tantalum sulfide (TaS_2), 30:164
[34390-31-3], Rhodium, chloro(tetraphosphorus-*P,P*')bis(triphenylphosphine)-, (*TB*-5-33)-, 27:222
[34397-46-1], Zincate(1-), trihydro-, sodium, 17:15
[34412-11-8], Iridium(2+), pentaammineazido-, (*OC*-6-22)-, 12:245,246
[34422-60-1], Sodium, (triphenylgermyl)-, 5:72-74

[34438-91-0], Ruthenium, dodecacarbonyltetra-μ-hydrotetra-, tetrahedro, 26:262; 28:219
[34521-01-2], Chromium, hydroxybis-(methylphenylphosphinato-*O*,*O*')-, homopolymer, 16:91
[34574-27-1], Propanoic acid, 2,2-dimethyl-, anhydride with diethylborinic acid, 22:185
[34630-68-7], Platinate(2-), tetrachloro-, dilithium, (*SP*-4-1)-, 15:80
[34731-03-8], Rhodium, (acetato-*O*)tris-(triphenylphosphine)-, (*SP*-4-2)-, 17:129
[34738-00-6], Arsenate(1-), hexafluoro-, (trimercury)(2+) (2:1), 19:24
[34742-93-3], Palladium, di-μ-chlorotetrakis(2-isocyano-2-methylpropane)di-, 17:134; 28:110
[34767-26-5], Molybdate(4-), octachlorodi-, (*Mo-Mo*), 19:129
[34803-25-3], Chromium, tris(*O*-methyl carbonodithioato-*S*,*S*')-, (*OC*-6-11)-, 10:44
[34822-90-7], Thallium, 2,4-cyclopentadien-1-yl-, 24:97; 28:315
[34829-55-5], Cobalt, [(1,2,5,6-η)-1,5-cyclooctadiene][(1,2,3-η)-2-cycloocten-1-yl]-, 17:112
[34849-71-3], Tungstate(4-), octakis (cyano-*C*)-, tetrahydrogen, (*DD*-8-11111111)-, 7:145
[35004-34-3], Molybdenum(1+), (η^6-benzene)tris(dimethylphenylphosphine) hydro-, hexafluorophosphate(1-), 17:58
[35049-92-4], Phosphine, tributyl-, compd. with carbon disulfide (1:1), 6:90
[35063-90-2], Ethanaminium, *N*,*N*,*N*-triethyl-, (*T*-4)-tetrabromonickelate(2-) (2:1), 9:140
[35082-97-4], Osmium(1+), bis(2,2'-bipyridine-*N*,*N*')dichloro-, chloride, dihydrate, (*OC*-6-22)-, 24:293
[35083-20-6], Iridium(1+), pentakis(trimethyl phosphite-*P*)-, tetraphenylborate(1-), 20:79
[35107-68-7], 1,3,2,4-Diazadiphosphetidine, 2,4-dichloro-1,3-bis(1,1-dimethylethyl)-, *cis*-, 27:258
[35226-87-0], Chromium, bis(dioctylphosphinato-*O*,*O*')hydroxy-, homopolymer, 16:91
[35270-39-4], Nickel(2+), (2,12-dimethyl-3,7,11,17-tetraazabicyclo[11.3.1] heptadeca-1(17),2,11,13,15-pentaene-N^3,N^7,N^{11},N^{17})-, diperchlorate, (*SP*-4-3)-, 18:18
[35280-89-8], Nitric acid, cesium salt (2:1), 4:7
[35408-53-8], Molybdenum, (2,2'-bipyridine-*N*,*N*')trichlorooxo-, (*OC*-6-33)-, 19:135,136
[35408-54-9], Molybdenum, (2,2'-bipyridine-*N*,*N*')trichlorooxo-, (*OC*-6-31)-, 19:135,136
[35512-87-9], Boron, (dimethylphenylphosphine)trihydro-, (*T*-4)-, 15:132
[35585-70-7], Carbonocyanidodithioic acid, sodium salt, compd. with *N*,*N*-dimethylformamide (1:3), 10:12
[35644-17-8], Cerate(2-), hexachloro-, (*OC*-6-11)-, 15:227
[35682-28-1], Germane, 2,4-cyclopentadien-1-yl-, 17:176
[35725-34-9], Nitric acid, ytterbium(3+) salt, pentahydrate, 11:95
[35733-23-4], Erbium, tris(2,2,6,6-tetramethyl-3,5-heptanedionato-*O*,*O*')-, (*OC*-6-11)-, 11:96
[35785-06-9], Cobalt, tris(monomethyl carbonotrithioato-*S*',*S*'')-, (*OC*-6-11)-, 10:47
[35788-51-3], Sulfur oxide (S_8O), 21:172
[35788-80-8], Molybdate(2-), pentafluorooxo-, dipotassium, (*OC*-6-21)-, 21:170
[35828-71-8], Palladium(1+), [(1,2,5,6-η)-1,5-cyclooctadiene](η^5-2,4-cyclopentadien-1-yl)-, tetrafluoroborate(1-), 13:59
[35856-62-3], 1-Piperidinesulfonyl chloride, 8:110

[35869-29-5], Tungsten, trichlorotrimethoxy-, (*OC*-6-21)-, 26:45
[35877-27-1], Sulfamoyl chloride, dipropyl-, 8:110
[35880-02-5], Arsine, (stibylidynetri-2,1-phenylene)tris[dimethyl-, 16:187
[35884-02-7], Iridium(2+), pentaamminebromo-, (*OC*-6-22)-, 12:245,246
[35886-64-7], Cobalt, carbonyldiiodo[(1,2,3,4,5-η)-1,2,3,4,5-pentamethyl-2,4-cyclopentadien-1-yl]-, 23:16; 28:275
[36186-04-6], Cobalt(2+), bis(1,2-ethanediamine-*N*,*N'*)(2,4-pentanedionato-*O*,*O'*)-, diiodide, (*OC*-6-22-Λ)-, 9:167; 168
[36216-20-3], Tungsten, tetrachlorobis(triphenylphosphine)-, 20:124; 28:40
[36222-39-6], Iron, bis[1,2-ethanediylbis[diphenylphosphine]-*P*,*P'*](η^2-ethene)-, 21:91
[36237-01-1], Cobalt, dichlorobis(methyldiphenylphosphine)nitrosyl-, 16:29
[36312-04-6], Chromium, dicarbonyl(η^5-2,4-cyclopentadien-1-yl)nitrosyl-, 18:127; 28:196
[36351-36-7], Tungsten, tetrahydrotetrakis(methyldiphenylphosphine)-, 27:10
[36354-39-9], Molybdenum(2+), (η^6-benzene)tris(dimethylphenylphosphine)dihydro-, bis[hexafluorophosphate(1-)], 17:60
[36366-81-1], 1,3-Butanedione, 1-phenyl-, ion(1-), thallium(1+), 9:53
[36385-96-3], Iridium, trichlorotris(trimethylphosphine)-, (*OC*-6-21)-, 15:35
[36395-86-5], Cobalt(2+), pentaammineiodo-, (*OC*-6-22)-, dinitrate, 4:173
[36421-86-0], Nickel, tetrakis(phosphorous trichloride)-, (*T*-4)-, 6:201
[36425-60-2], Boron(1+), diamminedihydro-, (*T*-4)-, tetrahydroborate(1-), 9:4
[36431-92-2], Cuprate(2-), bis[ethanedioato(2-)-*O*,*O'*]-, dipotassium, 6:1
[36434-42-1], Cobalt, bis(dimethylcarbamodithioato-*S*,*S'*)nitrosyl-, (*SP*-5-21)-, 16:7
[36495-37-1], Chromium, tricarbonyl(η^5-2,4-cyclopentadien-1-yl)hydro-, 7:136
[36509-71-4], Ferrate(1-), tetrachloro-, (*T*-4)-, pentathiazyl, 17:190
[36515-92-1], Phosphorus(1+), triphenyl(*P*,*P*,*P*-triphenylphosphine imidato-*N*)-, (*T*-4)-, (*OC*-6-22)-(acetato-*O*)pentacarbonyltungstate(1-), 27:297
[36522-80-2], Cobyrinic acid, dicyanide, heptamethyl ester, 20:139
[36539-87-4], Nickel(2+), (tetrabenzo[*b*,*f*,*j*,*n*][1,5,9,13]tetraazacyclohexadecine-N^5,N^{11},N^{17},N^{23})-, (*SP*-4-1)-, diperchlorate, 18:31
[36548-54-6], Iron, μ-carbonylhexacarbonyl[μ-[(1,2,3,4-η:5,6,7,8-η)-1,3,5,7-cyclooctatetraene]]di-, 8:184
[36561-99-6], Iron, hexacarbonyl[μ-[(1,2,3,4-η:5,6,7,8-η)-1,3,5,7-cyclooctatetraene]]di-, 8:184
[36569-03-6], Platinum, dichloro-1,3-propanediylbis(pyridine)-, (*OC*-6-13)-, 16:115
[36583-24-1], Ruthenium, decacarbonyldi-μ-nitrosyltri-, (2*Ru*-*Ru*), 16:39
[36583-25-2], Osmium, decacarbonyldi-μ-nitrosyl-, (2*Os*-*Os*), 16:40
[36593-61-0], Beryllium, μ_4-oxohexakis-[μ-(propanoato-*O*:*O'*)]tetra-, 3:7-9
[36606-39-0], Rhodium, carbonyl[(cyano-*C*)trihydroborato(1-)-*N*]bis(triphenylphosphine)-, (*SP*-4-1)-, 15:72
[36607-01-9], Chromium, bis(η^5-2,4-cyclopentadien-1-yl)di-μ-nitrosyldinitrosyldi-, 19:211
[36609-02-6], Cobalt, bis[(2,3-butanedione dioximato)(1-)-*N*,*N'*]methyl-, (*SP*-5-31)-, 11:68

- [36700-07-9], Nickel, tetrakis[tris(1-methylethyl) phosphite-*P*]-, (*T*-4)-, 17:119; 28:101
- [36834-87-4], Cobalt, nonacarbonyl[µ₃-[(1,1-dimethylethoxy)oxoethylidyne]]tri-, *triangulo*, 20:234,235
- [36834-97-6], Cobalt, nonacarbonyl[μ₃-(2-oxopropylidyne)]tri-, *triangulo*, 20:234,235
- [36907-42-3], Sulfuric acid, vanadium(2+) salt (1:1), heptahydrate, 7:96
- [36951-72-1], Pyridinium, 4,4',4",4"'-(21*H*,23*H*-porphine-5,10,15,20tetrayl)tetrakis[1-methyl-, salt with 4methylbenzenesulfonic acid (1:4), 23:57
- [37017-55-3], Chromium, pentacarbonyl(2-isocyano-2-methylpropane)-, (*OC*-6-21)-, 28:143
- [37017-56-4], Chromium, tetracarbonylbis(2-isocyano-2-methylpropane)-, (*OC*-6-22)-, 28:143
- [37017-57-5], Chromium, tricarbonyl-tris(2-isocyano-2-methylpropane)-, (OC-6-22)-, 28:143
- [37017-63-3], Molybdenum, tricarbonyltris(2-isocyano-2-methylpropane)-, (OC-6-22)-, 28:143
- [37100-20-2], Cobalt, (η^5 -2,4-cyclopenta-dien-1-yl)[(7,8,9,10,11- η)-undecahy-dro-7,8-dicarbaundecaborato(2-)]-, 22:235
- [37115-10-9], Cobalt, diaquabis[(2,3-butanedione dioximato)(1-)-*N*,*N*]-, (*OC*-6-12)-, 11:64
- [37116-82-8], 21*H*,23*H*-Porphine, 5,10,15,20-tetrakis(2-nitrophenyl)-, 20:162
- [37216-50-5], Osmium, octadecacarbonylhexa-, (12*Os-Os*), 36:295
- [37216-69-6], Cobaltate (CoO₂¹⁻), sodium, 22:56; 30:149
- [37298-36-5], Molybdenum, bis(η^5 -2,4-cyclopentadien-1-yl)oxo-, 29:209
- [37298-41-2], Niobium, bis(η^5 -2,4-cyclopentadien-1-yl)[tetrahydroborato (1-)-H,H']-, 16:109

- [37298-77-4], Niobium, bromobis(η⁵-2,4-cyclopentadien-1-yl)(dimethylphenyl-phosphine)-, 16:112
- [37298-78-5], Niobium, bis(η^5 -2,4-cyclopentadien-1-yl)(dimethylphenylphosphine)hydro-, 16:110
- [37298-80-9], Niobium(1+), bis(η⁵-2,4-cyclopentadien-1-yl)(dimethylphenyl-phosphine)dihydro-, tetrafluoro-borate(1-), 16:111
- [37298-81-0], Niobium(1+), bis(η⁵-2,4-cyclopentadien-1-yl)(dimethylphenyl-phosphine)dihydro-, hexafluorophosphate(1-), 16:111
- [37342-97-5], Zirconium, chlorobis(η⁵-2,4-cyclopentadien-1-yl)hydro-, 19:226; 28:259
- [37342-98-6], Zirconium, bis(η⁵-2,4-cyclopentadien-1-yl)dihydro-, 19:224,225; 28:257
- [37355-72-9], Chromium nitrosyl (Cr(NO)₄), 16:2
- [37355-92-3], Vanadate (V₁₀O₂₈⁶-), hexaammonium, hexahydrate, 19:140,143
- [37402-69-0], Rhenium, pentacarbonyltriµ-chloronitrosyldi-, 16:36
- [37407-75-3], Sulfamide, *N*'-cyclohexyl-*N*,*N*-diethyl-, 8:114
- [37410-36-9], Iron, tetracarbonyl(methyl-diphenylphosphine)-, 26:61; 28:171
- [37410-37-0], Iron, tetracarbonyl-(dimethylphenylphosphine)-, 26:61; 28:171
- [37433-43-5], Cobalt(3+), tris(1,2-ethane-diamine-*N*,*N*')-, triiodide, monohydrate, (*OC*-6-11- Δ)-, 6:185,186
- [37480-85-6], Cobaltate(1-), [[*N*,*N*'-1,2-ethanediylbis[glycinato]](2-)- *N*,*N*',*O*,*O*']bis(nitrito-*N*)-, potassium, (*OC*-6-13)-, 18:100
- [37488-13-4], Nickel(2+), tris(1,2-ethane-diamine-*N*,*N*')-, diiodide, (*OC*-6-11)-, 14:61
- [37488-14-5], Rhodium(1+), tetraamminedichloro-, chloride, (*OC*-6-12)-, 7:216

[37512-28-0], Silanamine, 1,1,1-trimethyl-*N*-(trimethylsilyl)-, scandium(3+) salt, 18:115
[37512-29-1], Silanamine, 1,1,1-trimethyl-*N*-(trimethylsilyl)-, titanium(3+) salt, 18:116
[37512-30-4], Silanamine, 1,1,1-trimethyl-*N*-(trimethylsilyl)-, vanadium(3+) salt, 18:117
[37512-31-5], Silanamine, 1,1,1-trimethyl-*N*-(trimethylsilyl)-, chromium(3+) salt, 18:118
[37540-67-3], Cobalt(6+), dodecaammine[μ_4-[ethanedioato(2-)-*O*:*O*':*O*'':*O*''']]tetra-μ-hydroxytetra-, hexaperchlorate, tetrahydrate, 23:114
[37540-75-3], Cobalt(3+), hexaamminetri-μ-hydroxydi-, triperchlorate, dihydrate, 23:100
[37584-08-0], Molybdenum, tetracarbonylbis(2-isocyano-2-methylpropane)-, (*OC*-6-22)-, 28:143
[37609-69-1], Lithium, μ-cyclooctatrienediyldi-, 28:127
[37668-63-6], Ruthenium, (η^5-2,4-cyclopentadien-1-yl)[2-[(diphenoxyphosphino)oxy]phenyl-*C*,*P*](triphenyl phosphite-*P*)-, 26:178
[37684-73-4], Ruthenium(2+), [(1,2,5,6-η)-1,5-cyclooctadiene]tetrakis(hydrazine-*N*)-, bis[tetraphenylborate(1-)], 26:73
[37823-96-4], Tungsten, pentacarbonyl(methoxyphenylmethylene)-, (*OC*-6-21)-, 19:165
[37933-61-2], 1,4,8,11-Tetraazacyclotetradeca-4,11-diene, 5,7,7,12,14,14-hexamethyl-, 18:2
[37976-72-0], Platinum(1+), chlorotris[thiobis[methane]]-, (*SP*-4-2)-, tetrafluoroborate(1-), 22:126
[38011-36-8], Phosphorus(1+), triphenyl(*P*,*P*,*P*-triphenylphosphine imidato-*N*)-, (*T*-4)-, azide, 26:286
[38093-88-8], Carbonazidodithioic acid, sodium salt, 1:82
[38151-20-1], 1,3,2-Diazaborine, hexahydro-1,3-dimethyl-, 17:166
[38151-26-7], 1,3,2-Diazaborolidine, 1,3-dimethyl-, 17:165
[38162-00-4], Platinum(2+), tetrakis(triethyl phosphite-*P*)-, (*SP*-4-1)-, 13:115
[38302-38-4], Iridium(1+), chloronitrosylbis(triphenylphosphine)-, (*SP*-4-3)-, tetrafluoroborate(1-), 16:41
[38302-39-5], Iridium(1+), bromonitrosylbis(triphenylphosphine)-, (*SP*-4-3)-, tetrafluoroborate(1-), 16:42
[38333-35-6], Iron, tricarbonyl[(*O*,2,3,4-η)-4-phenyl-3-buten-2-one]-, 16:104; 28:52
[38337-86-9], Rhodium(1+), bis[1,2-phenylenebis[dimethylarsine]-*As*,*As'*]-, chloride, (*SP*-4-1)-, 21:101
[38344-58-0], Xenon fluoroselenate ($Xe(SeF_5O)_2$), 24:29
[38402-84-5], Cobalt, dichlorobis(methyldiphenylphosphine)nitrosyl-, (*TB*-5-22)-, 16:29
[38555-81-6], 1-Butanaminium, *N*,*N*,*N*-tributyl-, (*T*-4)-tetrachlorogallate(1-), 22:139
[38596-61-1], Ruthenium, carbonyl(trifluoroacetato-*O*)(trifluoroacetato-*O*,*O*')bis(triphenylphosphine)-, 17:127
[38596-62-2], Osmium, carbonylchloro(trifluoroacetato-*O*)tris(triphenylphosphine)-, 17:128
[38596-63-3], Osmium, carbonyl(trifluoroacetato-*O*)(trifluoroacetato-*O*,*O*')bis(triphenylphosphine)-, 17:128
[38627-20-2], 1,4,10,13-Tetraazacyclooctadeca-5,8,14,17-tetraene-7,16-dione, 5,9,14,18-tetramethyl-, 20:91
[38656-23-4], Copper, [[6,6'-(1,2-ethanediyldinitrilo)bis[2,4-heptanedionato]](2-)-$N,N^1,O^4,O^{4'}$]-, (*SP*-4-2)-, 20:93
[38657-10-2], Ruthenium, nitrosyltris(trifluoroacetato-*O*)bis(triphenylphosphine)-, 17:127

[38669-93-1], Niobium, bis(2,2'-bipyridine-*N*,*N*')tetrakis(thiocyanato-*N*)-, 16:78
[38685-15-3], Titanium, trichlorobis-(methylphosphine)-, 16:98
[38685-16-4], Titanium, trichlorobis-(dimethylphosphine)-, 16:100
[38685-17-5], Titanium, trichlorobis-(trimethylphosphine)-, 16:100
[38685-18-6], Titanium, trichlorobis(triethylphosphine)-, 16:101
[38686-57-6], Ruthenium, undecacarbonyl(dimethylphenylphosphine)tri-, *triangulo*, 26:273; 28:223
[38741-59-2], Molybdate(2-), hexakis-(thiocyanato-*N*)-, dipotassium, (*OC*-6-11)-, 13:230
[38741-61-6], Tungstate(2-), hexakis(thiocyanato-*N*)-, dipotassium, (*OC*-6-11)-, 13:230
[38829-83-3], Zincate(1-), trihydro-, lithium, 17:10
[38829-84-4], Zincate(2-), tetrahydro-, dilithium, (*T*-4)-, 17:12
[38831-85-5], Platinum, dichloro(1,2-diphenyl-1,3-propanediyl)-, [*SP*-4-3-(*R**,*R**)]-, 16:114
[38832-79-0], Antimonate(1-), μ-fluoro-decafluorodi-, (trimercury)(2+) (2:1), 19:23
[38834-40-1], Iridium(1+), [(1,2,5,6-η)-1,5-cyclooctadiene]bis(triphenylphosphine)-, tetrafluoroborate(1-), 29:283
[38856-31-4], Tin, ethyl[[2,2',2"-nitrilotris[ethanolato]](3-)-*N*,*O*,*O*',*O*"]-, (*TB*-5-23)-, 16:230
[38857-02-2], Platinum(1+), chloro[(ethylamino)(phenylamino)methylene]bis(tri ethylphosphine)-, (*SP*-4-3)-, perchlorate, 19:176
[38882-89-2], Silver, [(1,2-η)-cycloheptene](1,1,1,5,5,5-hexafluoro-2,4-pentanedionato-*O*,*O*')-, 16:118
[38889-64-4], Platinum, dichloro[2-(2-nitrophenyl)-1,3-propanediyl]bis(pyridine)-, (*OC*-6-13)-, 16:115,116
[38889-65-5], Platinum, dichloro[2-(phenylmethyl)-1,3-propanediyl]bis-(pyridine)-, (*OC*-6-13)-, 16:115
[38892-24-9], Silver, [(1,2-η)-1,3,5,7-cyclooctatetraene](1,1,1,5,5,5-hexafluoro-2,4-pentanedionato-*O*,*O*')-, 16:117
[38892-25-0], Silver, [(1,2-η)-1,5-cyclooctadiene](1,1,1,5,5,5-hexafluoro-2,4-pentanedionato-*O*,*O*')-, 16:117
[38892-26-1], Silver, [(1,2-η)-cyclohexene](1,1,1,5,5,5-hexafluoro-2,4-pentanedionato-*O*,*O*')-, 16:18
[38892-27-2], Silver, [(1,2-η)-1,5-cyclooctadiene](1,1,1-trifluoro-2,4-pentanedionato-*O*,*O*')-, 16:118
[38901-14-3], Cobalt(2+), tetrakis(selenourea-*Se*)-, (*T*-4)-, diperchlorate, 16:84
[38901-18-7], Cobalt, tris(selenourea-*Se*)[sulfato(2-)-*O*]-, (*T*-4)-, 16:85
[38901-81-4], Mercury, di-μ-chloro-dichlorobis(selenourea-*Se*)di-, 16:86
[38922-09-7], Platinum, dichloro(2-phenyl-1,3-propanediyl)-, (*SP*-4-2)-, 16:114
[38922-10-0], Platinum, dichloro[2-(2-nitrophenyl)-1,3-propanediyl]-, (*SP*-4-2)-, 16:114
[38922-12-2], Platinum, dichloro[2-(4-methylphenyl)-1,3-propanediyl]-, (*SP*-4-2)-, 16:114
[38922-13-3], Platinum, dichloro(2-hexyl-1,3-propanediyl)-, (*SP*-4-2)-, 16:114
[38922-14-4], Platinum, (1-butyl-2-methyl-1,3-propanediyl)dichloro-, [*SP*-4-3-(*R**,*S**)]-, 16:114
[38928-62-0], Iron(1+), bis[1,2-ethanediylbis[diphenylphosphine]-*P*,*P*']hydro-, (*SP*-5-21)-, tetraphenylborate(1-), 17:70
[38932-80-8], 1-Butanaminium, *N*,*N*,*N*-tributyl-, (tribromide), 5:177
[38951-94-9], Nickel, bis[2-butene-2,3-dithiolato(2-)-*S*,*S*']-, (*SP*-4-1)-, 10:9

[38951-97-2], Nickel, bis[1,2-bis(4-methoxyphenyl)-1,2-ethenedithiolato(2-)-*S,S'*]-, (*SP*-4-1)-, 10:9
[38989-47-8], Fluoroselenic acid ($HSeF_5O$), (*OC*-6-21)-, 20:38
[39015-19-5], Silver, [(1,2-η)-cyclooctene](1,1,1,5,5,5-hexafluoro-2,4-pentanedionato-*O,O'*)-, 16:118
[39015-21-9], Silver, [(1,2-η)-1,3,5,7-cyclooctatetraene](1,1,1-trifluoro-2,4-pentanedionato-*O,O'*)-, 16:118
[39039-14-0], Mercury, dichlorobis(selenourea-*Se*)-, (*T*-4)-, 16:85
[39040-22-7], Heptaphosphatricyclo[$2.2.1.0^{2,6}$]heptane, ion(3-), 27:228
[39045-37-9], Platinum, tris(triethylphosphine)-, 19:108; 28:120
[39049-86-0], Tungsten, dichlorotetrakis-(dimethylphenylphosphine)-, (*OC*-6-12)-, 28:330
[39060-38-3], Iron, [tris[μ-[(2,3-butanedione dioximato)(2-)-*O:O'*]]difluorodiborato(2-)-*N,N',N'',N''',N'''',N'''''*]-, (*TP*-6-11'1'')-, 17:142
[39060-39-4], Iron, [tris[μ-[(2,3-butanedione dioximato)(2-)-*O:O'*]]dibutoxydiborato(2-)-*N,N',N'',N''',N'''',N'''''*]-, (*OC*-6-11)-, 17:144
[39096-97-4], Vanadium hydroxide ($V(OH)_2$), 7:97
[39177-15-6], Cobalt(1+), dibromo (2,3,9,10-tetramethyl-1,4,8,11-tetraazacyclotetradeca-1,3,8,10-tetraene-N^1,N^4,N^8,N^{11})-, bromide, (*OC*-6-12)-, 18:25
[39210-66-7], Iridium, tetrachlorobis(pyridine)-, (*OC*-6-11)-, 7:220,231
[39210-77-0], Copper, bis(2,2'-bipyridine-*N,N'*)di-μ-iododi-, 7:12
[39296-28-1], Nonaborate(1-), tetradecahydro-, potassium, 26:1
[39335-76-7], Molybdenum(1+), hydroxydioxo-, 23:139
[39335-76-7], Molybdenum(1+), hydroxydioxo-, 23:139
[39335-78-9], Molybdenum(3+), trihydroxytrioxodi-, 23:139
[39343-85-6], 2*H*,4*H*,6*H*-1,3,5-Phosphinidynedecaphosphacyclopenta [*cd*]pentalene, trisodium salt, 30:56
[39373-27-8], Rhodium oxide (Rh_2O_3), pentahydrate, 7:215
[39473-80-8], Antimony chloride sulfide ($Sb_4Cl_2S_5$), 14:172
[39483-62-0], Cobalt(1+), dibromo(2,3-dimethyl-1,4,8,11-tetraazacyclotetradeca-1,3-diene-N^1,N^4,N^8,N^{11})-, (*OC*-6-13)-, perchlorate, 18:28
[39561-32-5], Rhodium(1+), dichlorobis(1,2-ethanediamine-*N,N'*)-, (*OC*-6-22)-, nitrate, 7:217
[39564-18-6], Phosphine, 1,3-propanediylbis[dimethyl-, 14:17
[39705-75-4], Phosphine, [2-(diphenylarsino)ethenyl]diphenyl-, (*Z*)-, 16:189
[39716-70-6], Silver(1+), bis(pyridine)-, nitrate, 7:172
[39733-94-3], Osmium(2+), tetraamminechloronitrosyl-, dichloride, 16:12
[39733-95-4], Osmium(2+), tetraamminebromonitrosyl-, dibromide, 16:12
[39733-96-5], Osmium(2+), tetraammineiodonitrosyl-, diiodide, 16:12
[39733-97-6], Osmium(2+), pentaammineiodo-, diiodide, (*OC*-6-22)-, 16:10
[39796-99-1], Iron, bis(η^5-2,4-cyclopentadien-1-yl)[μ-(disulfur-*S:S'*)]bis[μ-(ethanethiolato)]di-, 21:40,41
[39797-80-3], Molybdenum, bis(diethylcarbamodithioato-*S,S'*)dinitrosyl-, (*OC*-6-21)-, 16:235
[39928-97-7], Antimonate(1-), hexachloro-, (*OC*-6-11)-, pentathiazyl, 17:189
[39929-21-0], Gold, chloro(tetrahydrothiophene)-, 26:86
[40001-24-9], Phosphonium, methyltriphenyl-, μ-hydrohexahydrodiborate(1-), 17:24

[40001-25-0], 1-Butanaminium, *N,N,N*-tributyl-, μ-hydrohexahydrodiborate(1-), 17:25

[40001-26-1], Phosphonium, methyltriphenyl-, tetrahydroborate(1-), 17:22

[40006-83-5], 2-Pentanethione, 4,4'-(1,2-ethanediyldinitrilo)bis-, 16:226

[40028-98-6], Cobalt(1+), bis(1,2-ethanediamine-*N,N'*)[ethanedioato(2-)-*O,O'*]-, iodide, (*OC*-6-22-Λ)-, 18:99

[40029-01-4], Cobaltate(1-), [[*N,N'*-1,2-ethanediylbis[*N*-(carboxymethyl)-glycinato]](4-)-*N,N',O,O'*,O^N,$O^{N'}$]-, potassium, (*OC*-6-21-*A*)-, 6:193,194

[40031-95-6], Cobalt(1+), bis(1,2-ethanediamine-*N,N'*)[ethanedioato(2-)-*O,O'*]-, (*OC*-6-22-Λ)-, salt with [*R*-(*R**,*R**)]-2,3-dihydroxy butanedioic acid (1:1), 18:98

[40210-84-2], Propanedinitrile, 2,2'-(2,5-cyclohexadiene-1,4-diylidene)bis-, compd. with 2-(1,3-dithiol-2-ylidene)-1,3-dithiole (1:1), 19:32

[40330-50-5], Cobalt(2+), (2-aminoethanethiolato-*N,S*)bis(1,2-ethanediamine-*N,N'*)-, (*OC*-6-33)-, diperchlorate, 21:19

[40392-41-4], Phosphinic acid, ethenylphenyl-, 1-methylethyl ester, 16:203

[40671-96-3], Molybdenum, di-μ-bromodibromobis(η^5-2,4-cyclopentadien-1-yl)dinitrosyldi-, 16:27

[40698-91-7], Lithium, μ-2,4,6-cyclooctatriene-1,2-diyldi-, 19:214

[40706-01-2], Cobaltate(2-), bis[2,3-dimercapto-2-butenedinitrilato(2-)-*S,S'*]-, (*SP*-4-1)-, 10:14; 10:17

[40802-32-2], Osmium, dichlorotris(triphenylphosphine)-, 26:184

[40804-49-7], Molybdenum(2+), hexaaquadi-μ-oxodioxodi-, (*Mo-Mo*), 23:137

[40804-51-1], Cobalt(1+), dinitrosyl(*N,N,N',N'*-tetramethyl-1,2-ethanediamine-*N,N'*)-, (*T*-4)-, tetraphenylborate(1-), 16:17

[40810-33-1], Nickelate(4-), hexakis(cyano-*C*)di-, (*Ni-Ni*), tetrapotassium, 5:197

[40934-88-1], Tellurium borate fluoride ($Te_3(BO_3)F_{15}$), 24:35

[41021-83-4], Iron, bis[1,2-ethanediylbis[diphenylphosphine]-*P,P'*]hydro-, 17:71

[41254-15-3], Cobalt, [[4,4'-(1,2-ethanediyldinitrilo)bis[2-pentanethionato]](2-)-*N,N',S,S'*]-, (*SP*-4-2)-, 16:227

[41283-94-7], Cobalt, [7,16-dihydrodibenzo[*b,i*][1,4,8,11]tetraazacyclotetradecinato(2-)-N^5,N^9,N^{14},N^{18}]-, (*SP*-4-1)-, 18:46

[41309-06-2], Sulfamoyl chloride, (triphenylphosphoranylidene)-, 29:27

[41333-33-9], Cobalt(3+), tetraamminediaqua-, (*OC*-6-22)-, sulfate (2:3), 6:179

[41367-42-4], Copper, bis[μ-(acetato-*O:O'*)]di-, (*Cu-Cu*), 20:53

[41392-83-0], Ruthenium(1+), hydro[(η^6-phenyl)diphenylphosphine]bis(triphenylphosphine)-, tetrafluoroborate(1-), 17:77

[41395-41-9], Molybdenum, di-μ-chlorodichlorobis(η^5-2,4-cyclopentadien-1-yl)dinitrosyldi-, 16:26

[41481-91-8], Ruthenium(2+), pentaammine(pyrazine-N^1)-, (*OC*-6-22)-, bis[tetrafluoroborate(1-)], 24:259

[41483-67-4], Sulfamoyl chloride, dibutyl-, 8:110

[41509-46-0], Nickel, bis[bis(1,1-dimethylethyl)phosphinous fluoride]dibromo-, (*SP*-4-1)-, 18:177

[41515-91-7], 6-Oxa-2,4-dithia-3-selenaheptanethioic acid, 5-thioxo-, *S*-methyl ester, 4:93

[41646-56-4], 1-Thiadecaborane(9), 22:22

[41649-55-2], Palladium, di-μ-chlorobis[(1,2,3-η)-4-hydroxy-1-methyl-2-pentenyl]di-, 15:78

[41665-91-2], Mercury, dichlorobis(tributylphosphine)-, (*T*-4)-, 6:90

[41685-57-8], Nickel, tetrakis(methyl diphenylphosphinite-*P*)-, (*T*-4)-, 17:119; 28:101
[41685-59-0], Nickel, (η^2-ethene)bis(tricyclohexylphosphine)-, 15:29
[41707-16-8], Iron(1+), dicarbonyl(η^5-2,4-cyclopentadien-1-yl)[(1,2-η)-2-methyl-1-propene]-, tetrafluoroborate(1-), 24:166; 28:210
[41729-31-1], Chromium(3+), pentaammineaqua-, (*OC*-6-22)-, ammonium nitrate (1:1:4), 5:132
[41733-15-7], Chromium(3+), tetraamminediaqua-, (*OC*-6-22)-, triperchlorate, 18:82
[41756-91-6], Tellurium, bis(*O*-methyl carbonodithioato-*S,S'*)-, (*SP*-4-1)-, 4:93
[41766-05-6], 2,8,9-Trioxa-5-aza-1-stannabicyclo[3.3.3]undecane, 1-ethyl-, 16:230
[41766-80-7], Osmium, decacarbonyldi-μ-hydrotri-, *triangulo*, 26:367; 28:238
[41772-56-9], Molybdenum, tetrakis[μ-(butanoato-*O*:*O'*)]di-, (*Mo-Mo*), 19:133
[41871-64-1], Cobinamide, *Co*-(2,2-diethoxyethyl) deriv., dihydrogen phosphate (ester), inner salt, 3'-ester with 5,6-dimethyl-1-α- D-ribofuranosyl-1*H*-benzimidazole, 20:138
[41880-45-9], Manganese, octacarbonyl[μ-[carbonyl[6-(diphenylphosphino)-1,2-phenylene]]]di-, 26:158
[41924-27-0], Aluminum, tris[(trimethylsilyl)methyl]-, 24:92
[42055-53-8], Osmium(3+), hexaammine-, trichloride, (*OC*-6-11)-, 24:273
[42055-55-0], Osmium(3+), hexaammine-, triiodide, (*OC*-6-11)-, 16:10
[42401-88-7], Molybdenum, pentacarbonyl(2-isocyano-2-methylpropane)-, (*OC*-6-21)-, 28:143
[42401-89-8], Tungsten, pentacarbonyl(2-isocyano-2-methylpropane)-, (*OC*-6-21)-, 28:143
[42401-95-6], Tungsten, tricarbonyltris(2-isocyano-2-methylpropane)-, (*OC*-6-22)-, 28:143
[42482-42-8], Iridium(2+), pentaammine(nitrato-*O*)-, (*OC*-6-22)-, 12:245,246
[42496-23-1], Stibine, dichloromethyl-, 7:85
[42516-72-3], Ruthenium, [(1,2,5,6-η)-1,5-cyclooctadiene][(1,2,3,4,5,6-η)-1,3,5-cyclooctatriene]-, 22:178
[42556-30-9], Beryllium, hexakis[μ-(formato-*O*:*O'*)]-μ_4-oxotetra-, 3:7,8
[42573-16-0], Cobalt, diaqua[[*N,N'*-1,2-ethanediylbis[glycinato]](2-)-*N,N',O,O'*]-, 18:100
[42582-75-2], 1-Butanaminium, *N,N,N*-tributyl-, di-μ-1,4-butanediyl-μ-hydrodihydrodiborate(1-), 19:243
[42765-77-5], Palladium, [(2,3,5,6-η)-bicyclo[2.2.1]hepta-2,5-diene]dibromo-, 13:53
[42844-99-5], Cobalt(2+), aquabis(1,2-ethanediamine-*N,N'*)hydroxy-, (*OC*-6-33)-, dithionate (1:1), 14:74
[42883-96-5], Dibenzo[*b,i*][1,4,8,11] tetraazacyclotetradecine, 7,16-dihydro-6,8,15,17-tetramethyl-, 20:117
[42912-10-7], Tungsten, dichlorodinitrosyl-, homopolymer, 12:264
[42921-86-8], Cobaltate(1-), bis(1,2-ethanediamine-*N,N'*)bis[sulfito(2-)-*O*]-, (*OC*-6-22)-, disodium nitrate, 14:77
[42921-87-9], Cobaltate(1-), bis(1,2-ethanediamine-*N,N'*)bis[sulfito(2-)-*O*]-, (*OC*-6-22)-, disodium perchlorate, 14:77
[42989-56-0], Cobalt, tricarbonyl(trimethylstannyl)(triphenyl phosphite-*P*)-, (*TB*-5-12)-, 29:178
[43039-38-9], Osmium(3+), pentaamminenitrosyl-, triiodide, monohydrate, (*OC*-6-22)-, 16:11
[43064-38-6], Silver, bis[μ-[(dimethylphosphinidenio)bis(methylene)]]di-, *cyclo*, 18:142

[43133-27-3], 1,2-Ethanediamine, *N*-[(diphenylphosphino)methyl]-*N*,*N'*,*N'*-trimethyl-, 16:199
[43133-28-4], 1,2-Ethanediamine, *N*,*N'*-bis[(diphenylphosphino)methyl]-*N*,*N'*-dimethyl-, 16:199
[43133-29-5], 1,2-Ethanediamine, *N*,*N*-bis[(diphenylphosphino)methyl]-*N'*,*N'*-dimethyl-, 16:199
[43133-30-8], 1,2-Ethanediamine, *N*,*N*,*N'*-tris[(diphenylphosphino)methyl]-*N'*-methyl-, 16:199
[43133-31-9], 1,2-Ethanediamine, *N*,*N*,*N'*,*N'*-tetrakis[(diphenylphosphino)methyl]-, 16:198
[43143-58-4], Chromium(4+), tetrakis(1,2-ethanediamine-*N*,*N'*)di-μ-hydroxydi-, tetrabromide, dihydrate, 18:90
[43223-45-6], Cobalt(3+), tris(1,2-propanediamine-*N*,*N'*)-, triiodide, 14:58
[43223-46-7], Cobalt(3+), tris(1,2-cyclohexanediamine-*N*,*N'*)-, tribromide, [*OC*-6-11-(*trans*),(*trans*),(*trans*)]-, 14:58
[43223-47-8], Cobalt(3+), tris(1,2-cyclohexanediamine-*N*,*N'*)-, triiodide, [*OC*-6-11-(*trans*),(*trans*),(*trans*)]-, 14:58
[44006-51-1], Ferrate(1-), tetraiodo-, (*T*-4)-, 15:233
[44234-98-2], Disiloxane, dioxo-, 1:42
[44387-12-4], Cobalt, iododinitrosyl-, 14:86
[44433-23-0], Cerate(2-), hexabromo-, (*OC*-6-11)-, 15:231
[44439-82-9], Iridium(2+), pentaamminehydroxy-, (*OC*-6-22)-, 12:245,246
[44491-06-7], Uranate(1-), hexabromo-, (*OC*-6-11)-, 15:239
[44491-58-9], Uranate(1-), hexachloro-, (*OC*-6-11)-, 15:237
[44513-92-0], Iridate(1-), dicarbonyldichloro-, 15:82
[44518-81-2], Tungsten, dibromodinitrosyl-, (*T*-4)-, 12:264
[44772-63-6], Borate(1-), tetraethyl-, 15:138
[44915-90-4], Iridium(2+), (acetato-*O*)pentaammine-, (*OC*-6-22)-, 12:245,246
[44966-17-8], Titanate(1-), bis(acetonitrile)tetrabromo-, 12:229
[44966-20-3], Titanate(1-), bis(acetonitrile)tetrachloro-, 12:229
[45047-76-5], Molybdenum, tris(acetonitrile)trichloro-, 28:37
[45264-14-0], Molybdate(2-), decacarbonyldi-, (*Mo*-*Mo*), 15:89
[45264-18-4], Tungstate(2-), decacarbonyldi-, (*W*-*W*), 15:88
[46760-70-7], Cobaltate(1-), bis[2,3-dimercapto-2-butenedinitrilato(2-)-*S*,*S'*]-, (*SP*-4-1)-, 10:14; 10:17
[46761-25-5], Nickelate(1-), bis[2,3-dimercapto-2-butenedinitrilato(2-)-*S*,*S'*]-, (*SP*-4-1)-, 10:13,15,16
[46761-36-8], Rhodate(2-), bis[2,3-dimercapto-2-butenedinitrilato(2-)-*S*,*S'*]-, (*SP*-4-1)-, 10:9
[47383-08-4], Chromate(3-), tris[2,3-dimercapto-2-butenedinitrilato(2-)-*S*,*S'*]-, (*OC*-6-11)-, 10:9
[47383-09-5], Chromate(2-), tris[2,3-dimercapto-2-butenedinitrilato(2-)-*S*,*S'*]-, (*OC*-6-11)-, 10:9
[47383-42-6], Vanadate(2-), tris[2,3-dimercapto-2-butenedinitrilato(2-)-*S*,*S'*]-, (*TP*-6-111)-, 10:9
[47421-85-2], Ferrate(1-), bis[1,1,1,4,4,4-hexafluoro-2-butene-2,3-dithiolato(2-)-*S*,*S'*]-, 10:9
[47450-97-5], Cobaltate(1-), bis[1,1,1,4,4,4-hexafluoro-2-butene-2,3-dithiolato(2-)-*S*,*S'*]-, 10:9
[47784-48-5], Chromate(2-), tris[1,1,1,4,4,4-hexafluoro-2-butene-2,3-dithiolato(2-)-*S*,*S'*]-, (*OC*-6-11)-, 10:23,24,25
[47784-50-9], Chromate(1-), tris[1,1,1,4,4,4-hexafluoro-2-butene-2,3-dithiolato(2-)-*S*,*S'*]-, (*OC*-6-11)-, 10:23,24,25

[47784-51-0], Molybdate(2-), tris[1,1,1,4,4,4-hexafluoro-2-butene-2,3-dithiolato(2-)-*S*,*S*']-, (*TP*-6-11'1")-, 10:22-24

[47784-53-2], Molybdate(1-), tris[1,1,1,4,4,4-hexafluoro-2-butene-2,3-dithiolato(2-)-*S*,*S*']-, (*OC*-6-11)-, 10:22-24

[47784-55-4], Vanadate(2-), tris[1,1,1,4,4,4-hexafluoro-2-butene-2,3-dithiolato(2-)-*S*,*S*']-, (*OC*-6-11)-, 10:24,25

[47784-56-5], Vanadate(1-), tris[1,1,1,4,4,4-hexafluoro-2-butene-2,3-dithiolato(2-)-*S*,*S*']-, (*OC*-6-11)-, 10:24,25

[47784-60-1], Tungstate(2-), tris[1,1,1,4,4,4-hexafluoro-2-butene-2,3-dithiolato(2-)-*S*,*S*']-, (*OC*-6-11)-, 10:23-25

[47784-61-2], Tungstate(1-), tris[1,1,1,4,4,4-hexafluoro-2-butene-2,3-dithiolato(2-)-*S*,*S*']-, (*OC*-6-11)-, 10:23-25

[47873-74-5], Molybdate(2-), tris[1,2-diphenyl-1,2-ethenedithiolato(2-)-*S*,*S*']-, (*TP*-6-111)-, 10:9

[47873-79-0], Vanadate(2-), tris[1,2-diphenyl-1,2-ethenedithiolato(2-)-*S*,*S*']-, (*OC*-6-11)-, 10:9

[47873-80-3], Vanadate(1-), tris[1,2-diphenyl-1,2-ethenedithiolato(2-)-*S*,*S*']-, (*OC*-6-11)-, 10:9

[47962-79-8], Nickel, iodonitrosyl-, 14:88

[48021-45-0], Uranate(1-), hexafluoro-, (*OC*-6-11)-, 15:240

[48060-59-9], Iridate(1-), tetrachlorobis(trimethylphosphine)-, (*OC*-6-11)-, 15:35

[48107-17-1], Ruthenium, [(2,3,5,6-η)-bicyclo[2.2.1]hepta-2,5-diene]dichloro-, 26:250

[48236-06-2], Phosphorus(1+), triphenyl(*P*,*P*,*P*-triphenylphosphine imidato-*N*)-, (*T*-4)-, 15:84

[49562-49-4], Nickel(2+), tris(1,2-propanediamine-*N*,*N*')-, dibromide, 14:61

[49562-50-7], Nickel(2+), tris(1,2-propanediamine-*N*,*N*')-, diiodide, 14:61

[49562-51-8], Nickel(2+), tris(1,2-cyclohexanediamine-*N*,*N*')-, diiodide, [*OC*-6-11-(*trans*),(*trans*),(*trans*)]-, 14:61

[49564-74-1], Cobalt(3+), bis[*N*-(2-aminoethyl)-1,2-ethanediamine-*N*,*N*',*N*'']-, triiodide, 14:58

[49606-25-9], Diborane(6), tetrakis(acetyloxy)di-μ-amino-, 14:55

[49606-27-1], Nickel(2+), bis[*N*-(2-aminoethyl)-1,2-ethanediamine-*N*,*N*',*N*'']-, diiodide, 14:61

[49655-14-3], Iron, tricarbonylbis(tributylphosphine)-, (*TB*-5-11)-, 29:153

[49716-54-3], Manganese, (carbonothioyl)carbonyl(η^5-2,4-cyclopentadien-1-yl)(triphenylphosphine)-, 19:189

[49716-56-5], Manganese, (carbonothioyl)(η^5-2,4-cyclopentadien-1-yl)[1,2-ethanediylbis[diphenylphosphine]-*P*,*P*']-, 19:191

[49726-01-4], Cobalt(1+), (1,2-ethanediamine-*N*,*N*')[[*N*,*N*'-1,2-ethanediylbis[glycinato]](2-)-*N*,*N*',*O*,*O*']-, [*OC*-6-13-*C*-[*R*-(*R**,*R**)]]-, nitrate, 18:109

[49730-82-7], Platinum(4+), hexaammine-, (*OC*-6-11)-, sulfate (1:2), 15:94

[49774-19-8], 1,3,2,4-Diazadiphosphetidine, 2,4-dichloro-1,3-bis(1-methylethyl)-, 25:10

[50276-12-5], Tungsten, pentacarbonyl-(diphenylmethylene)-, (*OC*-6-21)-, 19:180

[50358-92-4], Tungsten, (carbonothioyl)-pentacarbonyl-, (*OC*-6-22)-, 19:183,187

[50381-48-1], Osmium, [2-methyl-2-propanaminato(2-)]trioxo-, (*T*-4)-, 6:207

[50440-19-2], Molybdenum, hexaaquadi-μ-oxodioxodi-, 23:137
[50481-01-1], 1-Butanaminium, *N,N,N*-tributyl-, dibromoaurate(1-), 29:47
[50481-03-3], 1-Butanaminium, *N,N,N*-tributyl-, diiodoaurate(1-), 29:47
[50485-31-9], 5*H*-1,3,2,4,5-Dithia(3-S^{IV})diazastannole, 5,5-dimethyl-, 25:53
[50518-34-8], Phosphine, [3-(dimethylarsino)propyl]dimethyl-, 14:20
[50518-38-2], 1-Propanamine, 3-(dimethylphosphino)-*N,N*-dimethyl-, 14:21
[50518-65-5], Sulfur diimide, bis(trimethylstannyl)-, 25:44
[50525-27-4], Ruthenium(2+), tris(2,2'-bipyridine-*N,N'*)-, dichloride, hexahydrate, (*OC*-6-11)-, 21:127; 28:338
[50600-92-5], Iridium(1+), pentaammine-[carbonato(2-)-*O*]-, (*OC*-6-22)-, perchlorate, 17:152
[50645-38-0], Tantalum tin sulfide ($TaSnS_2$), 19:47; 30:168
[50648-30-1], Osmium, octadecacarbonyldihydrohexa-, 26:301
[50661-48-8], Tin, bis[μ-[mercaptosulfur diimidato(2-)-*N'*,S^N:S^N]]tetramethyldi-, 25:46
[50661-66-0], Ruthenium, (acetato-*O,O'*)-carbonylchlorobis(triphenylphosphine)-, 17:126
[50661-73-9], Ruthenium, (acetato-*O,O'*)-carbonylhydrobis(triphenylphosphine)-, (*OC*-6-14)-, 17:126
[50661-88-6], Rhodium, bis(acetato-*O*)-nitrosylbis(triphenylphosphine)-, 17:129
[50685-50-2], Methanaminium, *N,N,N*-trimethyl-, chloroiodoiodate(1-), 5:172
[50725-69-4], Methanaminium, *N,N,N*-trimethyl-, bromoiodoiodate(1-), 5:172
[50726-27-7], Tungsten, bromotetracarbonyl(phenylmethylidyne)-, (*OC*-6-32)-, 19:172,173
[50726-53-9], Nickel, bis(mercaptosulfur diimidato-*N'*,S^N)-, (*SP*-4-2)-, 18:124
[50762-68-0], Nickelate(2-), bis[1,1,1,4,4,4-hexafluoro-2-butene-2,3-dithiolato(2-)-*S,S'*]-, (*SP*-4-1)-, 10:18-20
[50777-76-9], Benzaldehyde, 2-(diphenylphosphino)-, 21:176
[50813-16-6], Metaphosphoric acid, sodium salt, 3:104
[50831-23-7], Manganese, (2-acetylphenyl-*C,O*)tetracarbonyl-, (*OC*-6-23)-, 26:156
[50960-82-2], Gold, carbonylchloro-, 24:236
[50982-12-2], Ruthenium, dichloro-[(1,2,5,6-η)-1,5-cyclooctadiene]-, 26:253
[50982-13-3], Ruthenium, dichloro-[(1,2,5,6-η)-1,5-cyclooctadiene]-, homopolymer, 26:69
[51006-26-9], Magnesium, bis[μ-(carbonyl-*C:O*)]tetrakis(pyridine)bis(tricarbonylcobalt)-, 16:58
[51016-92-3], Borate(1-), tetraphenyl-, hydrogen, compd. with *N,N*-dimethylmethanamine (1:1), 14:52
[51030-96-7], 1-Decanamine, compd. with tantalum sulfide (TaS_2), 30:164
[51056-11-2], Manganate(2-), trifluoro-[sulfato(2-)-*O*]-, dipotassium, 27:312
[51151-70-3], Nickelate(2-), bis[(7,8,9,10,11-η)-decahydro-7-hydroxy-7-carbaundecaborato(3-)]-, 11:44
[51160-01-1], Manganese, dodecacarbonyltri-μ-hydrotri-, *triangulo*, 12:43
[51177-62-9], Platinum(1+), [(1,4,5-η)-4-cycloocten-1-yl]bis(triethylphosphine)-, tetraphenylborate(1-), 26:139
[51185-47-8], 1-Butanaminium, *N,N,N*-tributyl-, salt with thioperoxynitrous acid ($HNS(S_2)$) thiono-sulfide (1:1), 18:203,205
[51194-57-1], Cobalt, bromobis[(2,3-butanedione dioximato)(1-)-*N,N'*][4-

(1,1-dimethylethyl)pyridine]-, (*OC*-6-42)-, 20:130
[51205-07-3], Ruthenium, pentadecacarbonyl-μ_4-methanetetraylpenta-, (8*Ru-Ru*), 26:283
[51223-51-9], Nickel, [7,16-dihydro-6,8,15,17-tetramethyldibenzo [*b,i*][1,4,8,11]tetraazacyclotetradecinato(2-)-N^5,N^9,N^{14},N^{18}]-, (*SP*-4-1)-, 20:115
[51320-65-1], Nickel, tetrakis(triethylphosphine)-, (*T*-4)-, 17:119; 28:101
[51329-17-0], Magnesium, bis[(trimethylsilyl)methyl]-, 19:262
[51329-59-0], 2,4,6,8,9,10-Hexaaza-1,3,5,7-tetraphosphatricyclo [3.3.1.1^{3,7}]decane, 1,1-dihydro-1-iodo-1,2,4,6,8,9,10-heptamethyl-, 8:68
[51373-59-2], Europium, [μ-[ethanedioato(2-)-*O,O‴*:*O′,O″*]]bis[ethanedioato(2-)-*O,O′*]di-, decahydrate, 2:66
[51434-77-6], Dicarbanonaborane(11), 22:237
[51472-73-2], Ethane, 1,1'-thiobis[2-[(2-chloroethyl)thio]-, 25:124
[51523-31-0], Mercury(2+), bis[(trimethylphosphonio)methyl]-, dichloride, 18:140
[51567-86-3], Molybdenum(4+), octaaquadi-μ-hydroxydi-, 23:135
[51716-89-3], Zirconate(4-), tetrakis[ethanedioato(2-)-*O,O′*]-, (*DD*-8-111"1"1'1'1"'1"')-, tetrapotassium, pentahydrate, 8:40
[51731-34-1], Molybdenum, bis[1,2-bis(methylthio)ethane-*S,S′*]tetrachlorodi-, (*Mo-Mo*), stereoisomer, 19:131
[51731-40-9], Molybdenum, tetrabromotetrakis(pyridine)di-, (*Mo-Mo*), stereoisomer, 19:131
[51731-44-3], Molybdenum, tetrabromotetrakis(tributylphosphine)di-, (*Mo-Mo*), stereoisomer, 19:131
[51868-92-9], Cobaltate(1-), bis[(7,8,9,10,11-η)-1,2,3,4,5,6,7,9,10,11-decahydro-8-phenyl-7,8-dicarbaundecaborato(2-)]-, 10:111
[51868-93-0], Ferrate(1-), bis[(7,8,9,10,11-η)-1,2,3,4,5,6,7,9,10,11-decahydro-8-phenyl-7,8-dicarbaundecaborato(2-)]-, 10:111
[51868-94-1], Ferrate(2-), bis[(7,8,9,10,11-η)-undecahydro-7,8-dicarbaundecaborato(2-)]-, 10:113
[51890-18-7], Copper(2+), (tetrabenzo-[*b,f,j,n*][1,5,9,13]tetraazacyclohexadecine-N^5,N^{11},N^{17},N^{23})-, (*SP*-4-1)-, dinitrate, 18:32
[51894-94-1], Lithium, [2-(methylthio)-phenyl]-, 16:170
[51920-86-6], Cobalt(1+), (1,2-ethanediamine-*N,N′*)[[*N,N′*-1,2-ethanediylbis-[glycinato]](2-)-*N,N′,O,O′*]-, (*OC*-6-32-*A*)-, salt with [1*R*-(*endo,anti*)]-3-bromo-1,7-dimethyl-2-oxobicyclo [2.2.1]heptane-7-methanesulfonic acid (1:1), 18:106
[51921-55-2], Cobalt(1+), (1,2-ethanediamine-*N,N′*)[[*N,N′*-1,2-ethanediylbis-[glycinato]](2-)-*N,N′,O,O′*]-, (*OC*-6-32-*C*)-, salt with [1*R*-(*endo,anti*)]-3-bromo-1,7-dimethyl-2-oxobicyclo [2.2.1]heptane-7-methanesulfonic acid (1:1), 18:106
[51922-01-1], Phosphoranediamine, 1,1,1-trifluoro-*N,N,N′,N′*-tetramethyl-, (*TB*-5-11)-, 18:186
[51956-20-8], Molybdenum, hexakis(*N*-methylmethanaminato)di-, (*Mo-Mo*), 21:43
[51978-35-9], Iron, tetrachlorotetraoxo(pyridine)tetra-, 22:86
[52021-75-7], Nickel, chlorohydrobis-[tris(1-methylethyl)phosphine]-, 17:86
[52082-00-5], Antimony, pentachloro(nitromethane-*O*)-, (*OC*-6-21)-, 29:113
[52140-27-9], Chromium, (carbonothioyl)dicarbonyl[(1,2,3,4,5,6-η)-methyl benzoate]-, 19:200

[52199-35-6], Benzenamine, 2,2',2'',2'''-(21*H*,23*H*-porphine-5,10,15,20-tetrayl)tetrakis-, 20:163
[52215-70-0], Iron, bromo[[*N*,*N*',*N*'',*N*'''-(21*H*,23*H*-porphine-5,10,15,20-tetrayltetra-2,1-phenylene)tetrakis[2,2-dimethylpropanamidato]] (2-)-N^{21},N^{22},N^{23},N^{24}]-, (*SP*-5-12)-, 20:166
[52242-42-9], Boron, bis[μ-(2,2-dimethylpropanoato-*O*:*O*')]diethyl-μ-oxodi-, 22:196
[52346-32-4], Molybdenum, bis[(1,2,3,4,5,6-η)-*N*,*N*-dimethylbenzenamine]-, 19:81
[52346-34-6], Molybdenum, bis(η^6-chlorobenzene)-, 19:81,82
[52359-17-8], Palladium, bis[bis(1,1-dimethylethyl)phenylphosphine]-, 19:102; 28:114
[52374-64-8], Copper, carbonyl [hydrotris(1*H*-pyrazolato-N^1)borato (1-)-N^2,$N^{2'}$,$N^{2''}$]-, (*T*-4)-, 21:108
[52374-73-9], Copper, carbonyl[tris(3,5-dimethyl-1*H*-pyrazolato-N^1)hydroborato(1-)-N^2,$N^{2'}$,$N^{2''}$]-, (*T*-4)-, 21:109
[52374-78-4], Arsenate(1-), hexafluoro-, (octaselenium)(2+) (2:1), 15:213
[52374-79-5], Antimonate(1-), μ-fluorodecafluorodi-, (octaselenium)(2+) (2:1), 15:213
[52375-41-4], Cobalt(3+), hexaamminedi-μ-hydroxy[μ-(4-pyridinecarboxylato-*O*:*O*')]di-, hydrogen perchlorate (1:1:4), 23:113
[52394-38-4], Tungsten, pentacarbonyl[(dimethylamino)phenyl methylene]-, (*OC*-6-21)-, 19:169
[52394-65-7], Rhodium, [(1,2,3,4,5-η)-1-bromo-2,3,4,5-tetraphenyl-2,4-cyclopentadien-1-yl][(1,2,5,6-η)-1,5-cyclooctadiene]-, 20:192
[52394-68-0], Rhodium, dicarbonyl[(1,2,3,4,5-η)-1-chloro-2,3,4,5-tetraphenyl-2,4-cyclopentadien-1-yl]-, 20:192
[52410-07-8], Rhodium, [(1,2,3,4,5-η)-1-chloro-2,3,4,5-tetraphenyl-2,4-cyclopentadien-1-yl][(1,2,5,6-η)-1,5-cyclooctadiene]-, 20:191
[52462-29-0], Ruthenium, di-μ-chlorodichlorobis[(1,2,3,4,5,6-η)-1-methyl-4-(1-methylethyl)benzene]di-, 21:75
[52519-00-3], Cobalt, nonacarbonyl[μ_3-[(methylamino)oxoethylidyne]]tri-, *triangulo*-, 20:230,232
[52542-66-2], Chromium(4+), tetrakis(1,2-ethanediamine-*N*,*N*')di-μ-hydroxydi-, tetrachloride, dihydrate, 18:91
[52586-83-1], 1-Butanaminium, *N*,*N*,*N*-tributyl-, tetrakis(benzenethiolato)tetra-μ_3-thioxotetraferrate(2-) (2:1), 21:35
[52587-94-7], Rhenium, tri-μ-iodohexaiodotri-, *triangulo*, 20:47
[52611-18-4], Cobalt, tricarbonyl-(trimethylstannyl)(triphenylphosphine)-, 29:175
[52649-44-2], Magnesium, bromo[(η^5-2,4-cyclopentadien-1-yl)[1,2-ethanediylbis[diphenylphosphine]-*P*,*P*']iron]-bis(tetrahydrofuran)-, (*Fe-Mg*), 24:172
[52678-92-9], Methanaminium, *N*,*N*,*N*-trimethyl-, tetrakis(2-methyl-2-propanethiolato)tetra-μ_3-thioxotetraferrate(2-) (2:1), 21:30
[52729-89-2], Rhodium(1+), bis(1,2-ethanediamine-*N*,*N*')[ethanedioato(2-)-*O*,*O*']-, (*OC*-6-22)-, perchlorate, 20:58; 24:227
[52795-08-1], Iridium(2+), pentaammine-(formato-*O*)-, (*OC*-6-22)-, 12:245,246
[52813-38-4], 1*H*,6*H*,11*H*-Tris[1,3,2]-diazaborolo[1,2-*a*:1',2'-*c*:1'',2''-*e*] [1,3,5,2,4,6]triazatriborine, hexahydro-1,6,11-trimethyl-, 29:59
[52843-33-1], Tungsten, pentacarbonyl[1-(phenylthio)ethylidene]-, (*OC*-6-22)-, 17:99

[52855-29-5], Cobaltate(1-), bis-[(7,8,9,10,11-η)-1,2,3,4,5,6,9,10,11-nonahydro-7,8-dimethyl-7,8-dicarbaundecaborato(2-)]-, 10:111
[52897-26-4], 3,7,11,17-Tetraazabicyclo[11.3.1]heptadeca-1(17),2,11,13,15-pentaene, 2,12-dimethyl-, 18:17
[52922-31-3], 1,4-Dioxane, compd. with sulfur trioxide (1:2), 2:174
[53024-85-4], Ruthenium(1+), tetraamminedibromo-, bromide, (*OC*-6-22)-, 26:67
[53042-25-4], Magnesium, di-1*H*-inden-1-yl-, 16:137
[53059-75-9], 1,3-Dithiol-1-ium, tetrafluoroborate(1-), 19:28
[53129-53-6], Cobaltate(1-), diammine[carbonato(2-)-*O*,*O*']bis(cyano-*C*)-, sodium, dihydrate, (*OC*-6-32)-, 23:67
[53152-29-7], Cobaltate(1-), [[*N*,*N*'-1,2-ethanediylbis[glycinato]](2-)-*N*,*N*',*O*,*O*']bis(nitrito-*N*)-, potassium, [*OC*-6-13-*C*-[*R*-(*R**,*R**)]]-, 18:101
[53158-67-1], Manganese, pentacarbonyl(1,2,3,4,5-pentachloro-2,4-cyclopentadien-1-yl)-, (*OC*-6-22)-, 20:193
[53199-31-8], Palladium, bis[tris(1,1-dimethylethyl)phosphine]-, 19:103; 28:115
[53199-34-1], Iridium, tetrachlorobis(pyridine)-, (*OC*-6-22)-, 7:220,231
[53234-94-9], Stibine, bromodimethyl-, 7:85
[53240-48-5], Sodium tantalum hydroxide sulfide, 30:164
[53280-40-3], Ethanaminium, *N*,*N*,*N*-triethyl-, dichloroiodate(1-), 5:172
[53317-87-6], Gold(1+), μ_3-oxotris(triphenylphosphine)tri-, tetrafluoroborate(1-), 26:326
[53320-08-4], Niobate (NbO_2^{1-}), lithium, 30:222
[53322-14-8], Cobalt, μ-carbonylhexacarbonyl[[1,2-ethanediylbis[diphenylphosphine]-*P*,*P*']platinum]di-, (*Co-Co*)(*2Co-Pt*), 26:370
[53327-76-7], Guanidine, compd. with tantalum sulfide (TaS_2), 30:164
[53337-52-3], Molybdenum, bis[1,2-ethanediylbis[diphenylphosphine]-*P*,*P*']hydro(2,4-pentanedionato-*O*,*O*')-, 17:61
[53385-23-2], Nickel, [[3,3'-[1,2-ethanediylbis(nitrilomethylidyne)]bis[2,4-pentanedionato]](2-)-N^3,$N^{3'}$,O^2,$O^{2'}$]-, (*SP*-4-2)-, 18:38
[53403-09-1], Iridium, trichlorotris[1,1'-thiobis[ethane]]-, (*OC*-6-22)-, 7:228
[53406-73-8], Platinum(2+), dichlorotetrakis(methanamine)-, dichloride, 15:93
[53419-14-0], Tungsten, chloro(η^5-2,4-cyclopentadien-1-yl)dinitrosyl-, 18:129
[53433-15-1], Ruthenium, dichlorotetrakis(triethyl phosphite-*P*)-, 15:40
[53433-46-8], Cobalt(4+), μ-amidotetrakis(1,2-ethanediamine-*N*,*N*')-μ-superoxidodi-, tetranitrate, 12:205,208
[53445-65-1], Germane, bromodimethyl-, 18:157
[53468-95-4], Rhodate(2-), nona-μ-carbonylhexacarbonyl-μ_6-methanetetraylhexa-, (*9Rh-Rh*), dipotassium, 20:212
[53469-97-9], Cobalt, (η^5-2,4-cyclopentadien-1-yl)[(2,3-η)-methyl 3-phenyl-2-propynoate](triphenylphosphine)-, 26:192
[53495-34-4], Ruthenium, dihydrotetrakis(triethyl phosphite-*P*)-, 15:40
[53509-36-7], Ethanaminium, *N*,*N*,*N*-triethyl-, tricarbonyl(tri-μ-carbonylhexacarbonyltricobaltate)ferrate(1-) (*3Co-Co*)(*3Co-Fe*), 27:188
[53513-61-4], Cobalt, bis(*N*,*N*-dimethylformamide-*O*)bis(1,1,1,5,5,5-hexafluoro-2,4-pentanedionato-*O*,*O*')-, 15:96
[53513-62-5], Nickel, bis(*N*,*N*-dimethylformamide-*O*)bis(1,1,1,5,5,5-hexafluoro-2,4-pentanedionato-*O*,*O*')-, 15:96

[53513-63-6], Antimonate(1-), μ-fluorodecafluorodi-, selenium ion (Se_4^{2+}) (2:1), 15:213

[53513-64-7], Arsenate(1-), hexafluoro-, selenium ion (Se_4^{2+}) (2:1), 15:213

[53514-32-2], Bromine(1+), bis(pyridine)-, perchlorate, 7:173

[53514-33-3], Bromine(1+), bis(pyridine)-, nitrate, 7:172

[53539-19-8], Cobalt(2+), amminebromobis(1,2-ethanediamine-*N,N'*)-, dichloride, (*OC*-6-23)-, 16:93,95,96

[53596-70-6], Thionitrate (NS_3^{1-}), 18:124

[53660-22-3], Sulfamide, *N,N*-diethyl-*N'*-phenyl-, 8:114

[53701-82-9], Palladium(2+), pentakis(trimethyl phosphite-*P*)-, (*TB*-5-11)-, bis[tetraphenylborate(1-)], 20:77

[53701-86-3], Platinum(2+), pentakis(trimethyl phosphite-*P*)-, (*TB*-5-11)-, bis[tetraphenylborate(1-)], 20:78

[53701-88-5], Nickel(2+), pentakis(trimethyl phosphite-*P*)-, (*TB*-5-11)-, bis[tetraphenylborate(1-)], 20:76

[53729-64-9], Cobalt, aqua[bis[μ-[(2,3-butanedione dioximato)(2-)-*O*:*O'*]]tetrafluorodiborato(2-)-*N,N',N'',N'''*]methyl-, (*OC*-6-32)-, 11:68

[53729-70-7], Ruthenium, (2,2'-bipyridine-*N,N'*)dicarbonyldichloro-, 25:108

[53747-25-4], Cobaltate(1-), [[*N,N'*-1,2-ethanediylbis[*N*-(carboxymethyl)glycinato]](4-)-*N,N',O,O',O*^{N},*O*$^{N'}$]-, potassium, dihydrate, (*OC*-6-21-*C*)-, 18:100

[53748-68-8], Nickel(2+), tris(1,2-cyclohexanediamine-*N,N'*)-, dibromide, [*OC*-6-11-(*trans*),(*trans*),(*trans*)]-, 14:61

[53789-85-8], Platinum, [(2,3,5,6-η)-bicyclo[2.2.1]hepta-2,5-diene]diiodo-, 13:51

[53801-97-1], Manganese, tetracarbonyl [octahydrotriborato(1-)]-, 19:227,228

[53808-62-1], 1,3-Diselenole-2-selone, 4,5-dimethyl-, 24:133

[53850-66-1], Molybdenum, tetrabromotetrakis(pyridine)di-, 19:131

[53892-25-4], Sulfamide, *N,N*-dibutyl-, 8:114

[53966-05-5], Chromium, bis[(1,2,3,4,5,6-η)-1,3-bis(trifluoromethyl)benzene]-, 19:70

[54006-27-8], Phosphine sulfide, [[(1-methylethyl)phenylphosphino]methyl] diphenyl-, 16:195

[54040-15-2], Chromium, pentacarbonyl(dihydro-2(3*H*)-furanylidene)-, (*OC*-6-21)-, 19:178,179

[54056-31-4], Titanium, dichloro(η^5-2,4-cyclopentadien-1-yl)bis(dimethylphenylphosphine)-, 16:239

[54065-18-8], Cobalt potassium oxide (Co_2KO_4), 22:57,30:151

[54067-17-3], Boron, trihydro(methyldiphenylphosphine)-, (*T*-4)-, 15:128

[54067-18-4], Boron, tribromo(*N*-methylmethanamine)-, (*T*-4)-, 15:125

[54068-37-0], Uranium, bis(η^5-2,4-cyclopentadien-1-yl)bis(*N*-ethylethanaminato)-, 29:234

[54071-75-9], Ruthenium(1+), tris(acetonitrile)chloro[(1,2,5,6-η)-1,5-cyclooctadiene]-, hexafluorophosphate(1-), 26:71

[54071-76-0], Ruthenium(2+), tetrakis(acetonitrile)[(1,2,5,6-η)-1,5-cyclooctadiene]-, bis[hexafluorophosphate(1-)], 26:72

[54183-26-5], Carbaundecaborate(3-), undecahydro-, 11:40,41

[54204-15-8], Cerium(4+), tetrakis(2,2'-bipyridine 1,1'-dioxide-*O,O'*)-, tetranitrate, 23:179

[54216-80-7], Titanate(2-), hexakis(thiocyanato-*N*)-, dipotassium, (*OC*-6-11)-, 13:230

[54458-60-5], 4*H*-Pyran-4-one, tetrahydro-2,3,5,6-tetramethyl-, 29:193

[54458-61-6], 2-Cyclopenten-1-one, 2,3,4,5-tetramethyl-, 29:195

[54460-74-1], 1,2,4,3,5-Trithia(4-S^{IV})diazole, 1-oxide, 25:52
[54481-98-0], 7,8-Dicarbaundecaborane(11), 9-[thiobis[methane]]-, 22:239
[54545-26-5], Manganese, [μ-(azodi-2,1-phenylene)]octacarbonyldi-, 26:173
[54553-06-9], Stibine, dibromomethyl-, 7:85
[54575-49-4], Borate(1-), hydrotris(1-methylpropyl)-, potassium, (*T*-4)-, 17:26
[54637-08-0], Lithium peroxide ($Li(O_2H)$), monohydrate, 5:1
[54657-72-6], Platinum, chloroethylbis(triethylphosphine)-, (*SP*-4-3)-, 17:132
[54686-87-2], Manganese, [5,26:13,18-diimino-7,11:20,24-dinitrilodibenzo [*c*,*n*][1,6,12,17]tetraazacyclodocosinato(2-)-N^{27},N^{28},N^{29},N^{30}]-, (*SP*-4-1)-, 18:48
[54763-33-6], 1-Propanaminium, *N*,*N*,*N*-tripropyl-, dichloroiodate(1-), 5:172
[54763-34-7], 1-Butanaminium, *N*,*N*,*N*-tributyl-, dichloroiodate(1-), 5:172
[54807-90-8], 1-Butanol, 4-(ethylphenylphosphino)-, 18:189,190
[54873-26-6], Ruthenium, bis[(1,2,3,4,5-η)-2,4-cycloheptadien-1-yl]-, 22:179
[54877-64-4], Lithium, [2-[(dimethylamino)methyl]-5-methylphenyl]-, 26:152
[54890-53-8], Ruthenium(1+), chlorodinitrosylbis(triphenylphosphine)-, tetrafluoroborate(1-), 16:21
[54935-70-5], Tungsten, hexakis(*N*-methylmethanaminato)di-, (*W-W*), 29:139
[54955-47-4], Molybdenum, bis(η^5-2,4-cyclopentadien-1-yl)(tetrathio)-, 27:63
[54967-60-1], Cobalt(3+), tris(1,2-ethanediamine-*N*,*N*')-, (*OC*-6-11)-, (*OC*-6-21)-bis[carbonato(2-)-*O*,*O*']bis(cyano-*C*)cobaltate(3-) (1:1), 23:66
[54992-64-2], Cobaltate(1-), bis[carbonato(2-)-*O*,*O*'](1,2-ethanediamine-*N*,*N*')-, potassium, (*OC*-6-21)-, 23:64
[54992-70-0], Nickelate(2-), bis[1,2-ethenedithiolato(2-)-*S*,*S*']-, (*SP*-4-1)-, 10:9
[55099-54-2], Phosphorus(1+), amidotriphenyl-, (*T*-4)-, perchlorate, 7:69
[55102-04-0], Iron, pentakis(trimethyl phosphite-*P*)-, 20:79
[55102-19-7], Ruthenium, chlorohydrotris(triphenylphosphine)-, (*TB*-5-13)-, 13:131
[55187-79-6], Indium, trichlorotris-[sulfinylbis[methane]]-, 19:259
[55207-92-6], Thionyl chloride-$^{36}Cl_2$, 7:160
[55238-11-4], Copper, [5,9,14,18-tetramethyl-1,4,10,13-tetraazacyclooctadeca-4,8,14,18-tetraene-7,16-dionato (2-)-N^1,N^4,O^7,O^{16}]-, (*SP*-4-2)-, 20:92
[55253-62-8], Propanamide, *N*,*N*',*N*'',*N*'''-(21*H*,23*H*-porphine-5,10,15,20-tetrayltetra-2,1-phenylene)tetrakis[2,2-dimethyl-, stereoisomer, 20:165
[55259-49-9], 1,3-Diselenole, 2-(4,5-dimethyl-1,3-diselenol-2-ylidene)-4,5-dimethyl-, 24:131,134
[55293-69-1], Nickel, tetrakis(diethylphenylphosphine)-, (*T*-4)-, 17:119; 28:101
[55295-09-5], Copper, carbonyl[tetrakis-(1*H*-pyrazolato-N^1)borato(1-)-N^2,$N^{2'}$,$N^{2''}$]-, (*T*-4)-, 21:110
[55328-27-3], Cobalt, tris(L-alaninato-*N*,*O*)-, (*OC*-6-21)-, 25:137
[55410-86-1], Cobalt, [1,4-bis(methoxycarbonyl)-2-methyl-3-phenyl-1,3-butadiene-1,4-diyl](η^5-2,4-cyclopentadien-1-yl)(triphenylphosphine)-, 26:197
[55410-87-2], Cobalt, [1,3-bis(methoxycarbonyl)-2-methyl-4-phenyl-1,3-butadiene-1,4-diyl](η^5-2,4-cyclopentadien-1-yl)(triphenylphosphine)-, 26:197
[55410-91-8], Cobalt, (η^5-2,4-cyclopentadien-1-yl)(2,3-dimethyl-1,4-diphenyl-

1,3-butadiene-1,4-diyl)(triphenylphosphine)-, 26:195
[55448-50-5], Cobalt, tris(L-alaninato-*N,O*)-, (*OC*-6-22)-, 25:137
[55449-22-4], Iron, (1-methyl-1*H*-imidazole-N^3)[[*N,N',N'',N'''*-(21*H*,23*H*-porphine-5,10,15,20-tetrayltetra-2,1-phenylene)tetrakis [2,2-dimethylpropanamidato]](2-)-N^{21},N^{22},N^{23},N^{24}]superoxido-, (*OC*-6-23)-, 20:168
[55492-86-9], 1,3-Dithiole, 2-(1,3-dithiol-2-ylidene)-, radical ion(1+), tetrafluoroborate(1-), compd. with 2-(1,3-dithiol-2-ylidene)-1,3-dithiole (2:1), 19:31
[55492-87-0], 1,3-Dithiole, 2-(1,3-dithiol-2-ylidene)-, radical ion(1+), iodide, compd. with 2-(1,3-dithiol-2-ylidene)-1,3-dithiole (8:3), 19:31
[55492-89-2], Iodide (I_3^{1-}), salt with 2-(1,3-dithiol-2-ylidene)-1,3-dithiole (7:8), 19:31
[55492-90-5], Iodide (I_3^{1-}), salt with 2-(1,3-dithiol-2-ylidene)-1,3-dithiole (5:8), 19:31
[55520-22-4], Nickelate(2-), bis[2,3-dimercapto-2-butenedinitrilato(2-)-*S,S'*]-, (*SP*-4-1)-, salt with 2-(1,3-dithiol-2-ylidene)-1,3-dithiole (1:2), 19:31
[55520-23-5], Platinate(2-), bis[2,3-dimercapto-2-butenedinitrilato(2-)-*S,S'*]-, (*SP*-4-1)-, salt with 2-(1,3-dithiol-2-ylidene)-1,3-dithiole (1:2), 19:31
[55520-24-6], Platinate(1-), bis[2,3-dimercapto-2-butenedinitrilato(2-)-*S,S'*]-, (*SP*-4-1)-, salt with 2-(1,3-dithiol-2-ylidene)-1,3-dithiole (1:1), 19:31
[55520-25-7], Platinate(2-), tetrakis (cyano-*C*)-, (*SP*-4-1)-, salt with 2-(1,3-dithiol-2-ylidene)-1,3-dithiole (1:2), 19:31
[55529-41-4], Cobaltate(1-), diammine[ethanedioato(2-)-*O,O'*]bis(nitrito-*N*)-, potassium, (*OC*-6-22)-, 9:172
[55538-55-1], Cuprate(2-), bis[2,3-dimercapto-2-butenedinitrilato(2-)-*S,S'*]-, (*SP*-4-1)-, salt with 2-(1,3-dithiol-2-ylidene)-1,3-dithiole (1:2), 19:31
[55590-17-5], 5*H*-1,3,2,4-Dithia(3-S^{IV})diazol-5-one, 25:53
[55608-58-7], Cobalt potassium oxide ($Co_3K_2O_6$), 22:57
[55608-59-8], Cobaltate (CoO_2^{1-}), potassium, 22:58; 30:151
[55664-33-0], Platinum, bis(tricyclohexylphosphine)-, 19:105; 28:116
[55665-94-6], Sulfamide, *N,N*-dipropyl-, 8:112
[55701-41-2], Magnesium, bis[μ-(carbonyl-*C:O*)]bis[dicarbonyl-(methyldiphenylphosphine)cobalt]bis [*N,N,N',N'*-tetramethyl-1,2- ethanediamine-*N,N'*]-, 16:59
[55701-42-3], Magnesium, bis[μ-(carbonyl-*C:O*)]bis[dicarbonyl(tributylphosphine)cobalt]tetrakis(tetrahydrofuran)-, 16:58
[55759-69-8], Phospholanium, 1-ethyl-1-phenyl-, perchlorate, 18:189,191
[55800-06-1], Magnesium, bis[μ-(carbonyl-*C:O*)]bis[carbonyl(η^5-2,4-cyclopentadien-1-yl)(tributylphosphine)molybdenum]tetrakis(tetrahydrofuran)-, 16:59
[55804-42-7], Gold, methyl(trimethylphosphonium η-methylide)-, 18:141
[55821-24-4], Iridium, carbonyl(perchlorato-*O*)bis(triphenylphosphine)-, 15:68
[55853-15-1], Iron, [(dimethylphosphino) methyl-*C,P*]hydrotris(trimethylphosphine)-, 20:71
[55853-16-2], Iron, dichlorobis-(trimethylphosphine)-, (*T*-4)-, 20:70
[55948-21-5], Molybdenum, bis[bis(1-methylethyl)phosphinodithioato-*S,S'*]carbonyl(η^2-ethyne)-, 18:55
[55987-17-2], Manganese, (carbonoselenoyl)dicarbonyl(η^5-2,4-cyclopentadien-1-yl)-, 19:193,195

- [56009-87-1], Platinum, tris(η^2 -ethene)-, 19:215; 28:129
- [56031-00-6], 1-Butanaminium, *N*,*N*,*N*-tributyl-, (*OC*-6-23)-(carbonothioyl)tetracarbonyliodotungstate (1-), 19:186
- [56048-18-1], Ferrate(1-), μ-carbonyldecacarbonyl-μ-hydrotri-, *triangulo*, hydrogen, compd. with *N*,*N*-diethylethanamine (1:1), 8:182
- [56174-38-0], Uranium, [5,35:14,19-diimino-12,7:21,26:28,33-trinitrilo-7*H*-pentabenzo[*c*,*h*,*m*,*r*,*w*][1,6,11,16,21] pentaazacyclopentacosinato (2-)- $N^{36},N^{37},N^{38},N^{39},N^{40}$]dioxo-, (*PB*-7-11-22'4'34)-, 20:97
- [56200-27-2], Molybdenum, tetracarbonylbis(η⁵-2,4-cyclopentadien-1yl)di-, (*Mo-Mo*), 28:152
- [56282-18-9], Manganese, (1-bromo-2,3,4,5-tetrachloro-2,4-cyclopenta-dien-1-yl)pentacarbonyl-, (*OC*-6-22)-, 20:194
- [56282-20-3], Rhodium, [(1,2,5,6- η)-1,5-cyclooctadiene](η ⁵-1,2,3,4,5-pentachloro-2,4-cyclopentadien-1-yl)-, 20:194
- [56282-21-4], Manganese, tricarbonyl(η^5 -1,2,3,4,5-pentachloro-2,4-cyclopentadien-1-yl)-, 20:194
- [56282-22-5], Manganese, (η⁵-1-bromo-2,3,4,5-tetrachloro-2,4-cyclopentadien-1-yl)tricarbonyl-, 20:194,195
- [56307-57-4], Molybdenum, bis[1,2-ethanediylbis[diphenylphosphine]-P,P']hydro(η ³-2-propenyl)-, 29:201
- [56377-82-3], Beryllium, hexakis[μ -(2,2-dimethylpropanoato-O:O')]- μ_4 -oxotetra-, 3:7; 3:8
- [56377-83-4], Beryllium, hexakis[μ-(3-methylbutanoato-*O*:*O*')]-μ₄-oxotetra , 3:7; 3:8
- [56377-89-0], Beryllium, hexakis[μ -(butanoato-O:O')]- μ_4 -oxotetra-, 3:7; 3:8

- [56377-90-3], Beryllium, hexakis[μ-(2-methylpropanoato-O:O')]-μ₄-oxotetra-, 3:7; 3:8
- [56422-03-8], Nitrogen sulfide (NS), homopolymer, 6:127; 22:143
- [56508-32-8], Nickel(2+), tetrakis(pyridine)-, dithiocyanate, 12:251,253
- [56557-01-8], Phosphorus(1+), triphenyl(*P*,*P*,*P*-triphenylphosphine imidato-*N*)-, (*T*-4)-, (*T*-4)-tetracarbonyliridate(1-), 28:214
- [56591-78-7], Molybdenum, hexa-μ-carbonylbis(η⁵-2,4-cyclopentadien-1-yl)bis[(triphenylphosphine)platinum] di-, (*Mo-Mo*)(4*Mo-Pt*), 26:347
- [56678-60-5], Iridium(1+), [(1,2,5,6-η)-1,5-cyclooctadiene]bis(pyridine)-, hexafluorophosphate(1-), 24:174
- [56710-38-4], Sulfamic acid, phenyl-, compd. with pyridine (1:1), 2:175
- [56742-80-4], Lithium, [1,3-bis(trimethylsilyl)-1,4-cyclopentadien-1-yl]-, 27:170
- [56791-54-9], Phosphorus(1+), triphenyl(*P*,*P*,*P*-triphenylphosphine imidato-*N*)-, (*T*-4)-, (*TB*-5-12)tetracarbonylhydroferrate(1-), 26:336
- [56792-92-8], Cobalt(1+), (1,2-ethanediamine-*N*,*N*')[[*N*,*N*'-1,2-ethanediylbis[glycinato]](2-)-*N*,*N*',*O*,*O*']-, chloride, (*OC*-6-32)-, 18:105
- [56902-43-3], 7,8-Dicarbaundecaborate (2-), undecahydro-, 10:111
- [57034-45-4], Tungsten, (η⁵-2,4-cyclopentadien-1-yl)methyldinitrosyl-, 19:210
- [57034-47-6], Molybdenum, (η⁵-2,4cyclopentadien-1-yl)ethyldinitrosyl-, 19:210
- [57034-49-8], Molybdenum, (η⁵-2,4-cyclopentadien-1-yl)dinitrosylphenyl-, 19:209
- [57034-51-2], Chromium, (η⁵-2,4-cyclopentadien-1-yl)(2-methylpropyl)dinitrosyl-, 19:209

[57127-78-3], Platinum, chloro(1,2-diphenylethenyl)bis(triethylphosphine)-, [*SP*-4-3-(*E*)]-, 26:140
[57139-47-6], Iron(2+), bis(acetonitrile)(5,7,7,12,14,14-hexamethyl-1,4,8,11-tetraazacyclotetradeca-4,11-diene-N^1,N^4,N^8,N^{11})-, (*OC*-6-12)-, salt with trifluoromethanesulfonic acid (1:2), 18:6
[57139-53-4], Methanesulfonic acid, trifluoro-, compd. with 5,7,7,12,14,14-hexamethyl-1,4,8,11-tetraazacyclotetradeca-4,11-diene (2:1), 18:3
[57158-83-5], Platinum, bis(η^2-ethene)(tricyclohexylphosphine)-, 19:216; 28:130
[57158-98-2], Platinum, tris[(2,3-η)-bicyclo[2.2.1]hept-2-ene]-, stereoisomer, 28:127
[57159-02-1], Chromium(4+), tetrakis(1,2-ethanediamine-*N*,*N*')di-μ-hydroxydi-, tetraperchlorate, 18:91
[57284-49-8], Molybdate(4-), bis[μ_5-[methylphosphonato(2-)-*O*:*O*:*O*':*O*':*O*'']]penta-μ-oxodecaoxopenta-, tetraammonium, 27:124
[57284-52-3], Molybdate(4-), bis[μ_5-[ethylphosphonato(2-)-*O*:*O*:*O*':*O*':*O*'']]penta-μ-oxodecaoxopenta-, tetraammonium, 27:125
[57288-89-8], Arsonium, tetraphenyl-, (*OC*-6-11)-hexacarbonyltantalate(1-), 16:71
[57304-94-6], Potassium(1+), tris[1,1'-oxybis[2-methoxyethane]-*O*,*O*',*O*'']-, (*OC*-6-11)-hexacarbonylniobate(1-), 16:69
[57327-04-5], Yttrium, (2,4-pentanedionato-*O*,*O*')[5,10,15,20-tetraphenyl-21*H*,23*H*-porphinato(2-)-N^{21},N^{22},N^{23},N^{24}]-, (*TP*-6-132)-, 22:160
[57327-37-4], Molybdenum, tetra-μ-fluorohexadecafluorotetra-, 13:150
[57372-87-9], Thorium, bis(2,4-pentanedionato-*O*,*O*')[5,10,15,20-tetraphenyl-21*H*,23*H*-porphinato(2-)-N^{21},N^{22},N^{23},N^{24}]-, (*SA*-8-12131'21'3)-, 22:160
[57398-77-3], Molybdenum, (η^6-benzene)(η^5-2,4-cyclopentadien-1-yl)iodo-, 20:199
[57398-78-4], Molybdenum, (η^6-benzene)chloro(η^5-2,4-cyclopentadien-1-yl)-, 20:198
[57405-81-9], Triborate(1-), bromoheptahydro-, 15:118
[57430-99-6], Ferrate(3-), hexakis(cyano-*C*)-, samarium(3+) (1:1), tetrahydrate, (*OC*-6-11)-, 20:13
[57458-27-2], Tellurium fluoride hydroxide ($TeF_5(OH)$), (*OC*-6-21)-, 24:34
[57482-41-4], Potassium, (triphenylgermyl)-, 8:34
[57557-88-7], Phosphonium, triphenyl-(trichloromethyl)-, chloride, 24:107
[57719-38-7], Molybdate(3-), di-μ-bromohexabromo-μ-hydrodi-, (*Mo-Mo*), tricesium, 19:130
[57719-40-1], Molybdate(3-), di-μ-chlorohexachloro-μ-hydrodi-, (*Mo-Mo*), tricesium, 19:129
[57749-21-0], Molybdenum(2+), bis[1,2-ethanediylbis[diphenylphosphine]-*P*,*P*']bis[(methylamino)methylidyne]-, (*OC*-6-11)-, bis[tetrafluoroborate(1-)], 23:14
[57749-22-1], Tungsten, bis[1,2-ethanediylbis[diphenylphosphine]-*P*,*P*']bis(isocyanomethane)-, (*OC*-6-11)-, 23:10; 28:43
[57763-32-3], Phosphonium, tetraphenyl-, (*T*-4)-tetrakis(benzenethiolato)manganate(2-) (2:1), 21:25
[57763-34-5], Phosphonium, tetraphenyl-, (*T*-4)-tetrakis(benzenethiolato)ferrate(2-) (2:1), 21:24
[57763-37-8], Phosphonium, tetraphenyl-, (*T*-4)-tetrakis(benzenethiolato)cobaltate(2-) (2:1), 21:24
[57763-43-6], Phosphonium, tetraphenyl-, (*T*-4)-tetrakis(benzenethiolato)zincate(2-) (2:1), 21:25

[57907-40-1], Tris[1,3,2]diazaborino[1,2-*a*:1',2'-*c*:1'',2''-*e*][1,3,5,2,4,6]triazatriborine, dodecahydro-1,7,13-trimethyl-, 29:59
[57932-64-6], Nitrogen oxide sulfide ($N_4O_2S_4$), 25:50
[58034-11-0], Manganese, hexakis[μ-(acetyl-*C*:*O*)](aluminum)dodecacarbonyltri-, 18:56,58
[58167-05-8], Rhodium, carbonylfluorobis(triphenylphosphine)-, 15:65
[58298-19-4], Hydrogen(1+), diaqua-, (*OC*-6-12)-dichlorobis(1,2-ethanediamine-*N*,*N*')cobalt(1+) chloride (1:1:2), 13:232
[58356-22-2], Platinum, [(2,3,5,6-η)-bicyclo[2.2.1]hepta-2,5-diene]dibromo-, 13:50
[58411-24-8], Manganese, octacarbonylbis[μ-(dimethylphosphinothioito-*P*:*S*)]di-, 26:162
[58477-46-6], Phosphorimidic tribromide, (tetrabromophosphoranyl)-, 7:77
[58636-78-5], Sulfur, (2,2-difluoroethenyl)pentafluoro-, (*OC*-6-21)-, 29:35
[58636-82-1], Sulfur, (2-bromoethenyl)pentafluoro-, (*OC*-6-21)-, 27:330
[58640-56-5], Molybdenum, hexa-μ-carbonylbis(η^5-2,4-cyclopentadien-1-yl)bis[(triphenylphosphine)palladium]di-, (2*Mo-Mo*)(4*Mo-Pd*), 26:348
[58640-58-7], Nickelate(2-), bis(1,5-cyclooctadiene)-, 28:94
[58752-23-1], 2,4,6,8,9-Pentaaza-1λ^5,3,5λ^5,7-tetraphosphabicyclo[3.3.1]nona-1,3,5,7-tetraene-1,5-diamine, 3,3,7,7-tetrakis (dimethylamino)-N^5,9-diethyl-3,3,7,7-tetrahydro-N^1,N^1-dimethyl-, 25:18
[58758-29-5], Phosphonium, tributyl-(dithiocarboxy)-, inner salt, 6:90
[58784-67-1], 2,2'-Bi-1,3-dithiol-1-ium, (*SP*-4-1)-bis[2,3-dimercapto-2-butenedinitrilato(2-)-*S*,*S*']platinate(2-) (1:1), 19:31
[58784-85-3], Copper, dichloro(*N*-2-pyridinyl-2-pyridinamine-N^{N^2},N^1)-, (*T*-4)-, 5:14
[58942-57-7], Tungstate(8-), [μ_{11}-[orthosilicato(4-)-*O*:*O*:*O*:*O*':*O*':*O*':*O*'':*O*'':*O*'':*O*''':*O*''']]tetracosa-μ-oxoundecaoxoundeca-, octapotassium, tridecahydrate, 27:89
[59054-50-1], 1-Butanaminium, *N*,*N*,*N*-tributyl-, hexa-μ-oxohexa-μ_3-oxo-tetradecaoxooctamolybdate(4-) (4:1), 27:78
[59065-19-9], Methane(dithioic) acid, methyl ester, 28:186
[59089-89-3], 1,3-Dithiolo[4,5-*b*][1,4]-dithiin-2-thione, 5,6-dihydro-, 26:389
[59092-46-5], Rhodium, carbonyliodobis-(tricyclohexylphosphine)-, (*SP*-4-3)-, 27:292
[59129-94-1], 1,4,8,11-Tetraaza-cyclotetradeca-4,6,11,13-tetraene, 5,14-dimethyl-, 18:42
[59136-96-8], Chromium, tris(imidodicarbonimidic diamidato-*N*'',*N*''')-, monohydrate, (*OC*-6-11)-, 6:68
[59165-16-1], Zinc, dichlorobis(hydroxylamine)-, 9:2
[59219-09-9], Phosphate(1-), hexafluoro-, hydrogen, compd. with 5,14-dimethyl-1,4,8,11-tetraazacyclotetradeca-4,6,11,13-tetraene (2:1), 18:40
[59245-99-7], Copper, tetra-μ_3-iodotetrakis(tributylphosphine)tetra-, 7:10
[59249-53-5], Cuprate(2-), bis[4-[[[(aminoiminomethyl)amino]iminomethyl]amino]benzenesulfonato-(2-)]-, dihydrogen, 7:6
[59299-78-4], Rhenate(1-), diacetyltetracarbonyl-, hydrogen, (*OC*-6-22)-, 20:200,202
[59301-47-2], Rhenium iodide (ReI_4), 7:188
[59349-68-7], Rhodium, (carbonothioyl)-chlorobis(triphenylphosphine)-, (*SP*-4-3)-, 19:204

[59386-05-9], Phosphorus(1+), triphenyl-(*P,P,P*-triphenylphosphine imidato-*N*)-, (*T*-4)-, acetate, 27:296
[59388-89-5], Chromium(3+), tris(1,2-ethanediamine-*N,N'*)-, (*OC*-6-11-Λ)-, lithium salt with [*R*-(*R**,*R**)]-2,3-dihydroxybutanedioic acid (1:1:2), trihydrate, 12:274
[59390-28-2], Iridium, chloro[(1,2-η)-cyclooctene]tris(trimethylphosphine)-, 21:102
[59390-94-2], Iridium, [(carbonic formic monoanhydridato)(2-)]chlorotris-(trimethylphosphine)-, (*OC*-6-43)-, 21:102
[59400-80-5], Potassium titanium arsenate oxide ($KTi(AsO_4)O$), 30:143
[59449-50-2], Lanthanum(3+), hexakis(*P,P*-diphenylphosphinic amide-*O*)-, (*OC*-6-11)-, tris[hexafluorophosphate(1-)], 23:180
[59449-51-3], Cerium(3+), hexakis(*P,P*-diphenylphosphinic amide-*O*)-, (*OC*-6-11)-, tris[hexafluorophosphate(1-)], 23:180
[59449-52-4], Praseodymium(3+), hexakis(*P,P*-diphenylphosphinic amide-*O*)-, (*OC*-6-11)-, tris[hexafluorophosphate(1-)], 23:180
[59449-53-5], Neodymium(3+), hexakis(*P,P*-diphenylphosphinic amide-*O*)-, (*OC*-6-11)-, tris[hexafluorophosphate(1-)], 23:180
[59449-54-6], Samarium(3+), hexakis(*P,P*-diphenylphosphinic amide-*O*)-, (*OC*-6-11)-, tris[hexafluorophosphate(1-)], 23:180
[59449-55-7], Europium(3+), hexakis(*P,P*-diphenylphosphinic amide-*O*)-, (*OC*-6-11)-, tris[hexafluorophosphate(1-)], 23:180
[59449-56-8], Gadolinium(3+), hexakis(*P,P*-diphenylphosphinic amide-*O*)-, (*OC*-6-11)-, tris[hexafluorophosphate(1-)], 23:180
[59449-57-9], Terbium(3+), hexakis(*P,P*-diphenylphosphinic amide-*O*)-, (*OC*-6-11)-, tris[hexafluorophosphate(1-)], 23:180
[59449-58-0], Dysprosium(3+), hexakis(*P,P*-diphenylphosphinic amide-*O*)-, (*OC*-6-11)-, tris[hexafluorophosphate(1-)], 23:180
[59449-59-1], Holmium(3+), hexakis(*P,P*-diphenylphosphinic amide-*O*)-, (*OC*-6-11)-, tris[hexafluorophosphate(1-)], 23:180
[59449-60-4], Thulium(3+), hexakis(*P,P*-diphenylphosphinic amide-*O*)-, (*OC*-6-11)-, tris[hexafluorophosphate(1-)], 23:180
[59449-61-5], Ytterbium(3+), hexakis(*P,P*-diphenylphosphinic amide-*O*)-, (*OC*-6-11)-, tris[hexafluorophosphate(1-)], 23:180
[59449-62-6], Lutetium(3+), hexakis(*P,P*-diphenylphosphinic amide-*O*)-, (*OC*-6-11)-, tris[hexafluorophosphate(1-)], 23:180
[59451-60-4], Ethanaminium, *N,N,N*-triethyl-, dodeca-μ-carbonyldodecacarbonyldodecaplatinate(2-) (24*Pt-Pt*) (2:1), 26:321
[59451-61-5], Ethanaminium, *N,N,N*-triethyl-, nona-μ-carbonylnonacarbonylnonaplatinate(2-) (15*Pt-Pt*) (2:1), 26:322
[59451-62-6], Ethanaminium, *N,N,N*-triethyl-, pentadeca-μ-carbonylpentadecacarbonylpentadecaplatinate(2-) (27*Pt-Pt*) (2:1), 26:320
[59473-94-8], Iron, methoxyoxo-, 22:87; 30:182
[59474-86-1], 1-Butanaminium, *N,N,N*-tributyl-, (*SP*-4-2)-trichloro[thiobis-[methane]]platinate(1-), 22:128
[59487-85-3], Zirconium, dicarbonylbis(η^5-2,4-cyclopentadien-1-yl)-, 24:150; 28:251
[59487-86-4], Hafnium, dicarbonylbis(η^5-2,4-cyclopentadien-1-yl)-, 24:151; 28:252

[59491-94-0], Erbium(3+), hexakis(*P*,*P*-diphenylphosphinic amide-*O*)-, (*OC*-6-11)-, tris[hexafluorophosphate(1-)], 23:180

[59493-09-3], Molybdenum, bis[μ-(benzoato-*O*:*O*')]dibromobis(tributylphosphine)di-, (*Mo*-*Mo*), stereoisomer, 19:133

[59519-72-1], Vanadate(4-), (eicosa-μ-oxoundecaoxoundecatungstate)tetra-μ-oxooxo[μ_{12}-[phosphato(3-)-*O*:*O*:*O*:*O*':*O*':*O*':*O*'':*O*'': *O*'':*O*''':*O*''':*O*''']]-, tetrapotassium, 27:99

[59561-97-6], Rhodium, chloro(dioxygen)bis(triphenylphosphine)-, 10:69

[59610-41-2], Lithium, bis(tetrahydrofuran)[bis(trimethylsilyl)phosphino]-, 27:243,248

[59654-63-6], Iron, dicarbonyl(η^5-2,4-cyclopentadien-1-yl)[(methylthio)-thioxomethyl]-, 28:186

[59738-28-2], Rhodium(2+), tris(acetonitrile)[(1,2,3,4,5-η)-1,2,3,4,5-pentamethyl-2,4-cyclopentadien-1-yl]-, bis[hexafluorophosphate(1-)], 29:231

[59738-32-8], Iridium(2+), tris(acetonitrile)[(1,2,3,4,5-η)-1,2,3,4,5-pentamethyl-2,4-cyclopentadien-1-yl]-, bis[hexafluorophosphate(1-)], 29:232

[59765-06-9], Platinum, bis[bis(1,1-dimethylethyl)phenylphosphine]-, 19:104; 28:116

[59823-94-8], Acetic acid, europium(2+) salt, 2:68

[59946-34-8], Chromium, bis(dioctylphosphinato-*O*)hydroxy-, homopolymer, 16:91

[59952-83-9], Nickel(2+), tris(1,10-phenanthroline-N^1,N^{10})-, diiodide, (*OC*-6-11-Δ)-, 8:209

[59967-54-3], Platinum, dichlorobis[tris(1-methylethyl)phosphine]-, (*SP*-4-1)-, 19:108

[59969-61-8], 1,4,8,11-Tetraazacyclotetradeca-1,3,8,10-tetraene, 2,3,9,10-tetramethyl-, 18:22

[59983-61-8], Lithium, [(methylmethylenephenylphosphoranyl)methyl]-, 27:178

[59992-86-8], Potassium(1+), tris[1,1'-oxybis[2-methoxyethane]-*O*,*O*',*O*'']-, (*OC*-6-11)-hexacarbonyltantalate(1-), 16:71

[60004-23-1], Vanadate(2-), tetrafluorooxo-, nickel(2+) (1:1), heptahydrate, 16:87

[60004-25-3], Mercury, dibromobis(selenourea-*Se*)-, (*T*-4)-, 16:86

[60045-36-5], Boron, (cyano-*N*)(*N*,*N*-dimethylmethanamine)dihydro-, (*T*-4)-, 19:233,234

[60097-26-9], Chromium, bis(diphenylphosphinato-*O*)hydroxy-, homopolymer, 16:91

[60103-84-6], Cobalt(2+), amminebromobis(1,2-ethanediamine-*N*,*N*')-, (*OC*-6-23-Λ)-, salt with [1*R*-(*endo,anti*)]-3-bromo-1,7-dimethyl-2-oxobicyclo[2.2.1]heptane-7-methanesulfonic acid (1:2), 16:93 2-oxobicyclo [2.2.1]heptane-7-methanesulfonic acid (1:2), 16:93

[60104-34-9], Osmium(2+), tetraamminehydroxynitrosyl-, diiodide, 16:11

[60104-35-0], Osmium(2+), tetraamminehydroxynitrosyl-, dibromide, 16:11

[60104-36-1], Osmium(2+), tetraamminehydroxynitrosyl-, dichloride, 16:11

[60106-31-2], Molybdenum, ethoxyiodonitrosyl[tris(3,5-dimethyl-1*H*-pyrazolato-N^1)hydroborato(1-)-N^2,$N^{2'}$,$N^{2''}$]-, (*OC*-6-44)-, 23:7

[60106-46-9], Molybdenum, diiodonitrosyl[tris(3,5-dimethyl-1*H*-pyrazolato-N^1)hydroborato(1-)-N^2,$N^{2'}$,$N^{2''}$]-, (*OC*-6-33)-, 23:6

[60119-18-8], Arsonium, tetraphenyl-, (*OC*-6-11)-hexacarbonylniobate(1-), 16:72

[60133-59-7], Ruthenium(2+), pentaammine(dinitrogen monooxide)-, dibromide, (*OC*-6-22)-, 16:75

[60133-61-1], Ruthenium(2+), (acetato-*O*)tetraamminenitrosyl-, diperchlorate, 16:14
[60133-63-3], Ruthenium(2+), tetraammine(cyanato-*N*)nitrosyl-, diperchlorate, 16:15
[60134-68-1], Iron, tetracarbonyl[tris(1,1-dimethylethyl)phosphine]-, 28:177
[60141-19-7], Methylene, ethoxy-, 18:37
[60158-99-8], Platinum, dichlorobis(tricyclohexylphosphine)-, (*SP*-4-1)-, 19:105
[60182-89-0], Ruthenium(2+), pentaammine(dinitrogen monooxide)-, dichloride, (*OC*-6-22)-, 16:75
[60182-90-3], Ruthenium(2+), pentaammine(dinitrogen monooxide)-, diiodide, (*OC*-6-22)-, 16:75
[60182-91-4], Iron, tetracarbonyl(diethylphosphoramidous difluoride-*P*)-, 16:64
[60182-92-5], Iron, tetracarbonyl(phosphorous chloride difluoride)-, 16:66
[60245-92-3], Rhodium(3+), hexaammine-, (*OC*-6-11)-, triperchlorate, 24:255
[60270-46-4], Cobalt(4+), diaquatetrakis(1,2-ethanediamine-*N*,*N*')tetra-μ-hydroxytri-, sulfate (1:2), heptahydrate, 8:199
[60314-45-6], Iridium(1+), bis[1,2-ethanediylbis[dimethylphosphine]-*P*,*P*']-, chloride, (*SP*-4-1)-, 21:100
[60399-83-9], Platinum, hydroxyphenylbis(triphenylphosphine)-, (*SP*-4-1)-, 25:103
[60442-73-1], Iodine, chloro(pyridine)-, 7:176
[60458-17-5], Bismuthine, dibromomethyl-, 7:85
[60459-08-7], Sulfuric acid, cobalt(2+) salt (1:1), hydrate, 8:198
[60464-19-9], Methanaminium, *N*,*N*,*N*-trimethyl-, hexa-μ-carbonylhexacarbonylhexanickelate(2-) octahedro (2:1), 26:312
[60575-47-5], Arsine, dimethyl(pentafluorophenyl)-, 16:183
[60593-36-4], Arsine, tris[2-(dimethylarsino)phenyl]-, 16:186
[60646-64-2], Tungstate(6-), hexatriaconta-μ-oxooctadecaoxobis[μ_9-[phosphato(3-)-*O*:*O*:*O*:*O*':*O*':*O*'':*O*'':*O*''':*O*''']]octadeca-, hexapotassium, tetradecahydrate, 27:105
[60648-72-8], Platinum, tris[tris(1-methylethyl)phosphine]-, 19:108; 28:120
[60703-82-4], Phosphinic acid, [1,2-ethanediylbis[(methylimino)methylene]]bis[phenyl-, dihydrochloride, 16:202
[60703-83-5], Phosphinic acid, [nitrilotris(methylene)]tris[phenyl-, 16:202
[60703-84-6], Phosphinic acid, [1,2-ethanediylbis[nitrilobis(methylene)]]tetrakis[phenyl-, 16:199
[60748-77-8], Gold, (pentafluorophenyl)(tetrahydrothiophene)-, 26:86
[60764-38-7], Platinate(1-), bis[2-butene-2,3-dithiolato(2-)-*S*,*S*']-, (*SP*-4-1)-, 10:9
[60788-33-2], Borate(1-), (carboxylato)-(*N*,*N*-dimethylmethanamine)dihydro-, hydrogen, (*T*-4)-, 25:81
[60788-35-4], Boron, (*N*,*N*-dimethylmethanamine)[(ethylamino)carbonyl]dihydro-, (*T*-4)-, 25:83
[60804-74-2], Ruthenium(2+), tris(2,2'-bipyridine-*N*,*N*')-, (*OC*-6-11)-, bis[hexafluorophosphate(1-)], 25:109
[60817-01-8], Iron(1+), (carbonothioyl)-dicarbonyl(η^5-2,4-cyclopentadien-1-yl)-, salt with trifluoromethanesulfonic acid (1:1), 28:186
[60817-02-9], Platinum, di-μ-chlorodichlorobis[thiobis[methane]]di-, 22:128
[60828-38-8], Ruthenium(2+), bis(2,2'-bipyridine-*N*,*N*')(1,10-phenanthroline-N^1,N^{10})-, (*OC*-6-22)-, bis[hexafluorophosphate(1-)], 25:108

[60829-45-0], Platinum(1+), (2-mercaptoethanolato-*S*)(2,2':6',2"-terpyridine-*N*,*N'*,*N"*)-, (*SP*-4-2)-, nitrate, 20:103
[60861-26-9], Iron silver sulfide ($FeAgS_2$), 6:171
[60897-63-4], Germanate(2-), hexafluoro-, barium (1:1), (*OC*-6-11)-, 4:147
[60909-91-3], Lutetium, (2,4-pentanedionato-*O*,*O'*)[5,10,15,20-tetraphenyl-21*H*,23*H*-porphinato(2-)-N^{21},N^{22},N^{23},N^{24}]-, 22:160
[60911-12-8], Europium, (2,4-pentanedionato-*O*,*O'*)[5,10,15,20-tetrakis(4-methylphenyl)-21*H*,23*H*-porphinato(2-)-N^{21},N^{22},N^{23},N^{24}]-, 22:160
[60911-13-9], Ytterbium, [5,10,15,20-tetrakis(4-methylphenyl)-21*H*,23*H*-porphinato(2-)-N^{21},N^{22},N^{23},N^{24}](2,2,6,6-tetramethyl-3,5-heptane dionato-*O*,*O'*)-, 22:156
[60911-98-0], Platinum(2+), tetraaqua-, (*SP*-4-1)-, 21:192
[60936-92-7], Iridium(2+), [(1,2,3,4,5-η)-1,2,3,4,5-pentamethyl-2,4-cyclopentadien-1-yl]tris(2-propanone)-, bis[hexafluorophosphate(1-)], 29:232
[60954-75-8], Cobalt(1+), bis(1,2-ethanediamine-*N*,*N'*)[ethanedioato(2-)-*O*,*O'*]-, (*OC*-6-22-Δ)-, salt with [*R*-(*R**,*R**)]-2,3-dihydroxy butanedioic acid (1:1), 18:98
[60955-54-6], Titanium, chlorobis(η^5-2,4-cyclopentadien-1-yl)-, 21:84; 28:261
[60965-90-4], Molybdenum, bis[bis(1-methylethyl)phosphinodithioato-*S*,*S'*]dicarbonyl-, 18:53
[60966-27-0], Cobalt(1+), triammineaquadichloro-, chloride, (*OC*-6-13)-, 23:110
[60998-10-9], 1,3,5,7,2,4,6,8-Tetrazatetraphosphocine, 2,2,4,6,6,8-hexachloro-4,8-bis(ethylamino)-2,2,4,4,6,6,8,8-octahydro-, *trans*-, 25:16
[60998-15-4], 1,3,5,7,2,4,6,8-Tetrazatetraphosphocine, 2,2,4,6,6,8-hexakis(dimethylamino)-4,8-bis(ethylamino)-2,2,4,4,6,6,8,8-octahydro-, *trans*-, 25:19
[61003-17-6], Phosphorus(1+), triphenyl(*P*,*P*,*P*-triphenylphosphine imidato-*N*)-, (*T*-4)-, (*T*-4)-tricarbonylnitrosylferrate(1-), 22:163,165
[61003-62-1], Ruthenium, tricarbonyldichloro-, 16:51
[61004-43-1], Copper, [μ-[[6,6'-(1,2-ethanediyldinitrilo)bis[2,4-heptanedionato]](4-)-N^6,$N^{6'}$,O^4,$O^{4'}$:O^2,$O^{2'}$,O^4,$O^{4'}$]]di-, 20:94
[61027-62-1], Silver nitrate sulfide ($Ag_3(NO_3)S$), 24:234
[61069-52-1], Niobium, di-μ-chlorotetrachlorobis[[2-[(dimethylarsino) methyl]-2-methyl-1,3-propanediyl] bis[dimethylarsine]-*As*,*As'*]di-, (*Nb*-*Nb*), stereoisomer, 21:18
[61069-53-2], Niobium, di-μ-chlorotetrachlorobis[1,2-phenylenebis[dimethylarsine]-*As*,*As'*]di-, (*Nb*-*Nb*), stereoisomer, 21:18
[61112-91-2], Molybdenum, dihydrobis[(1,2,3,4,5-η)-1-methyl-2,4-cyclopentadien-1-yl]-, 29:206
[61116-57-2], Chromate(1-), diaquabis-[propanedioato(2-)-*O*,*O'*]-, potassium, trihydrate, (*OC*-6-21)-, 16:81
[61160-29-0], Cobalt, tris(*O*-butyl carbonodithioato-*S*,*S'*)-, (*OC*-6-11)-, 10:47
[61160-36-9], Osmium, carbonylbis (trifluoroacetato-*O*)bis(triphenylphosphine)-, 17:128
[61160-70-1], Rhodium(2+), tetrakis(1-isocyanobutane)bis[μ-[methylenebis [diphenylphosphine]-*P*:*P'*]]di-, bis[tetraphenylborate(1-)], 21:49
[61160-72-3], Rhodium(1+), tetrakis(1-isocyanobutane)-, (*SP*-4-1)-, tetraphenylborate(1-), 21:50
[61182-08-9], Phosphorus(1+), triphenyl(*P*,*P*,*P*-triphenylphosphine

imidato-*N*)-, (*T*-4)-, μ-carbonyldecacarbonyl-μ-hydrotriosmate(1-) *triangulo*, 25:193; 28:236
[61232-89-1], Niobium potassium titanium oxide ($NbKTiO_5$), 22:89
[61247-57-2], Niobium, tetrachlorobis(tetrahydrofuran)-, 21:138; 29:120
[61276-72-0], Ytterbium, (2,4-pentanedionato-*O,O'*)[5,10,15,20-tetrakis(4-methylphenyl)-21*H*,23*H*-porphinato(2-)-N^{21},N^{22},N^{23},N^{24}]-, 22:156
[61276-73-1], Terbium, (2,4-pentanedionato-*O,O'*)[5,10,15,20-tetraphenyl-21*H*,23*H*-porphinato(2-)-N^{21},N^{22},N^{23},N^{24}]-, 22:160
[61276-74-2], Dysprosium, (2,4-pentanedionato-*O,O'*)[5,10,15,20-tetraphenyl-21*H*,23*H*-porphinato(2-)-N^{21},N^{22},N^{23},N^{24}]-, 22:166
[61276-75-3], Holmium, (2,4-pentanedionato-*O,O'*)[5,10,15,20-tetraphenyl-21*H*,23*H*-porphinato(2-)-N^{21},N^{22},N^{23},N^{24}]-, 22:160
[61276-76-4], Erbium, (2,4-pentanedionato-*O,O'*)[5,10,15,20-tetraphenyl-21*H*,23*H*-porphinato(2-)-N^{21},N^{22},N^{23},N^{24}]-, (*TP*-6-132)-, 22:160
[61301-62-0], Praseodymium, (2,4-pentanedionato-*O,O'*)[5,10,15,20-tetraphenyl-21*H*,23*H*-porphinato(2-)-N^{21},N^{22},N^{23},N^{24}]-, 22:160
[61301-63-1], Europium, (2,4-pentanedionato-*O,O'*)[5,10,15,20-tetraphenyl-21*H*,23*H*-porphinato(2-)-N^{21},N^{22},N^{23},N^{24}]-, 22:160
[61301-64-2], Neodymium, (2,4-pentanedionato-*O,O'*)[5,10,15,20-tetraphenyl-21*H*,23*H*-porphinato(2-)-N^{21},N^{22},N^{23},N^{24}]-, 22:160
[61301-65-3], Samarium, (2,4-pentanedionato-*O,O'*)[5,10,15,20-tetraphenyl-21*H*,23*H*-porphinato(2-)-N^{21},N^{22},N^{23},N^{24}]-, 22:160
[61396-31-4], Zirconium, dicarbonylbis[(1,2,3,4,5-η)-1,2,3,4,5-pentamethyl-2,4-cyclopentadien-1-yl]-, 24:153; 28:254
[61453-56-3], Chromate(1-), decacarbonyl-μ-hydrodi-, potassium, 23:27
[61459-17-4], Sulfur(1+), (hexathio)iodo-, hexafluoroarsenate(1-), 27:333
[61459-18-5], Sulfur(1+), (hexathio)iodo-, (*OC*-6-11)-hexafluoroantimonate(1-), 27:333
[61542-55-0], Molybdenum(1+), dicarbonylbis[1,2-ethanediylbis-[diphenylphosphine]-*P,P'*]fluoro-, (*TPS*-7-2-1311'31')-, hexafluorophosphate(1-), 26:84
[61695-12-3], Triphosphirane, tris(1,1-dimethylethyl)-, 25:2
[61742-27-6], Mercury alloy, base, Hg,Eu, 2:65
[61799-45-9], 1,4,8,11-Tetraazacyclotetradeca-1,3-diene, 2,3-dimethyl-, 18:27
[61810-54-6], Potassium, (triphenylstannyl)-, 25:111
[61817-93-4], Osmium, bis(acetonitrile)-decacarbonyltri-, *triangulo*, 26:292; 28:234
[61827-21-2], Iron, [1,2-ethanediylbis-[diphenylphosphine]-*P,P'*]bis(2,4-pentanedionato-*O,O'*)-, (*OC*-6-22)-, 21:94
[61839-26-7], Ruthenium, pentakis-(trimethyl phosphite-*P*)-, (*TB*-5-11)-, 20:80
[62048-47-9], Platinate(2-), tetrakis-(cyano-*C*)-, (*SP*-4-1)-, dihydrogen, compd. with guanidine (1:2), 19:11
[62192-31-8], Rhenium, [benzenaminato(2-)]trichlorobis(triphenylphosphine)-, (*OC*-6-31)-, 24:196
[62212-03-7], Chromate(2-), tetrachloro-, (*T*-4)-, dihydrogen, compd. with methanamine (1:2), 24:188

[62212-04-8], Chromate(2-), tetrachloro-, (*T*-4)-, dihydrogen, compd. with ethanamine (1:2), 24:188

[62228-16-4], Sodium, 2,4-cyclopentadien-1-yl(1,2-dimethoxyethane-*O*,*O'*)-, 26:341

[62258-40-6], Carbamic acid, nitro-, ethyl ester, ammonium salt, 1:69

[62390-43-6], Magnesium(2+), tetrakis(pyridine)-, (*T*-4)-, bis[(*T*-4)-tetracarbonylcobaltate(1-)], 16:58

[62402-59-9], Magnesium(2+), bis(tetrahydrofuran)-, bis[dicarbonyl(η^5-2,4-cyclopentadien-1-yl)ferrate(1-)], 16:56

[62414-47-5], Phosphorus(1+), triphenyl(*P*,*P*,*P*-triphenylphosphine imidato-*N*)-, (*T*-4)-, pentadecacarbonylpentaosmate(2-) (9*Os*-*Os*) (2:1), 26:299

[62571-24-8], Zinc(2+), (tetrabenzo-[*b*,*f*,*j*,*n*][1,5,9,13]tetraazacyclohexadecine-N^5,N^{11},N^{17},N^{23})-, (*SP*-4-1)-, (*T*-4)-tetrachlorozincate(2-) (1:1), 18:33

[62613-13-2], Iron, bis[1,2-ethanediylbis-[diphenylphosphine]-*P*,*P'*](trimethyl phosphite-*P*)-, (*TB*-5-12)-, 21:93

[62763-55-7], 2,4,6,8,9-Pentaaza-1λ^5,3,5λ^5,7-tetraphosphabicyclo [3.3.1]nona-1,3,5,7-tetraene-1,5-diamine, *N*,*N'*,9-triethyl- 3,3,7,7-tetrakis(ethylamino)-3,3,7,7-tetrahydro-, 25:20

[62773-05-1], 4-Octen-3-one, 6,6,7,7,8,8,8-heptafluoro-5-hydroxy-2,2-dimethyl-, 12:72-77

[62793-14-0], Iridium, (carbon dioxide-*O*)chlorobis[1,2-ethanediylbis [dimethylphosphine]-*P*,*P'*]-, 21:100

[62800-79-7], Palladium, dichlorobis-(guanosine-N^7)-, (*SP*-4-2)-, 23:52,53

[62850-22-0], Palladium, bis(guanosinato-N^7,O^6)-, (*SP*-4-2)-, 23:52,53

[62853-03-6], Tungsten, tetracarbonylbis-(η^5-2,4-cyclopentadien-1-yl)di-, (*W*-*W*), 28:1535

[62866-01-7], Molybdate(1-), tricarbonyl-(η^5-2,4-cyclopentadien-1-yl)-, potassium, 11:118

[62866-16-4], Molybdenum(1+), tricarbonyl(η^5-2,4-cyclopentadien-1-yl)(η^2-ethene)-, tetrafluoroborate(1-), 26:102; 28:11

[62905-14-0], Nickel, (2,3,9,10-tetramethyl-1,4,8,11-tetraazacyclotetradeca-1,3,8,10-tetraene-N^1,N^4,N^8,N^{11}) bis(thiocyanato-*N*)-, (*OC*-6-11)-, 18:24

[62905-16-2], Nickel, (tetrabenzo-[*b*,*f*,*j*,*n*][1,5,9,13]tetraazacyclohexadecine-N^5,N^{11},N^{17},N^{23})bis(thiocyanato-*N*)-, (*OC*-6-11)-, 18:31

[63088-83-5], Rhodium(1+), bis(1,2-ethanediamine-*N*,*N'*)bis(nitrito-*N*)-, (*OC*-6-22)-, nitrate, 20:59

[63144-45-6], Thorate(10-), bis[eicosa-μ-oxoundecaoxo[μ_{11}-[phosphato(3-)-*O*:*O*:*O*:*O'*:*O'*:*O'*:*O''*:*O''*:*O''*:*O'''*:*O'''*]] undecatungstate]octa- μ-oxo-, decapotassium, 23:189

[63144-46-7], Uranate(10-), bis[eicosa-μ-oxoundecaoxo[μ_{11}-[phosphato(3-)-*O*:*O*:*O*:*O'*:*O'*:*O'*:*O''*:*O''*:*O''*:*O'''*:*O'''*]] undecatungstate]octa- μ-oxo-, decapotassium, 23:186

[63144-49-0], Potassium thorium tungsten oxide phosphate ($K_{16}ThW_{34}O_{106}(PO_4)_4$), 23:190

[63161-69-3], Nickel, hexakis(thiocyanato-*N*)hexakis[μ-(4*H*-1,2,4-triazole-N^1:N^2)]tri-, 23:160

[63162-06-1], Rhodium, 1,4-butanediyl[(1,2,3,4,5-η)-1,2,3,4,5-pentamethyl-2,4-cyclopentadien-1-yl](triphenylphosphine)-, 22:173

[63264-32-4], Iridium, bis[μ-(benzenethiolato)]tetracarbonyldi-, 20:238

[63264-39-1], Platinum, bis(dimethyl phosphito-*P*)[1,2-

phenylenebis[dimethylarsine]-*As,As'*]-, (*SP*-4-2)-, 19:100
[63301-82-6], Molybdenum, dichlorotetrakis(*N*-methylmethanaminato)di-, (*Mo-Mo*), 21:56
[63312-27-6], Iridium, tetracarbonylbis[μ-(2-methyl-2-propanethiolato)]di-, 20:237
[63356-85-4], Chromium, (η^6-benzene)-(carbonoselenoyl)dicarbonyl-, 21:1,2
[63356-87-6], Chromium, (carbonoselenoyl)pentacarbonyl-, (*OC*-6-22)-, 21:1,4
[63374-10-7], Molybdenum, dichlorobis[(1,2,3,4,5-η)-1-methyl-2,4-cyclopentadien-1-yl]-, 29:208
[63413-01-4], Cobalt, (η^5-2,4-cyclopentadien-1-yl)bis(trimethylphosphine)-, 25:160; 28:281
[63413-08-1], 1,3,6,8,10,13,16,19-Octaazabicyclo[6.6.6]eicosane, 20:86
[63448-73-7], Cobalt(1+), (1,2-ethanediamine-*N,N'*)[[*N,N'*-1,2-ethanediylbis[glycinato]](2-)-*N,N',O,O'*]-, [*OC*-6-13-*C*-[*R*-(*R**,*R**)]]-, salt with [*R*-(*R**,*R**)]-2,3-dihydroxybutanedioic acid (1:1), 18:109
[63467-96-9], 1,2,4-Triazolidine-3,5-dione, compd. with hydrazine (1:1), 5:53
[63504-30-3], Nitridotrisulfuric acid, tripotassium salt, 2:182
[63654-16-0], Zinc, bis(thiocyanato-*N*)bis-(1*H*-1,2,4-triazole)-, homopolymer, 23:160
[63654-17-1], Nickel, bis(thiocyanato-*N*)bis(1*H*-1,2,4-triazole)-, homopolymer, 23:159
[63654-18-2], Manganese, bis(thiocyanato-*N*)bis(1*H*-1,2,4-triazolc)-, homopolymer, 23:158
[63654-19-3], Iron, bis(thiocyanato-*N*)bis(1*H*-1,2,4-triazole)-, homopolymer, 23:185
[63654-20-6], Copper, bis(thiocyanato-*N*)bis(1*H*-1,2,4-triazole)-, homopolymer, 23:159
[63654-21-7], Cobalt, bis(thiocyanato-*N*)bis(1*H*-1,2,4-triazole-N^2)-, homopolymer, 23:159
[63742-53-0], Platinum, bis(1,1,1-trifluoro-2,4-pentanedionato-*O,O'*)-, 20:67
[63744-11-6], Phosphinous amide, *P,P*-dimethyl-*N,N*-bis(trimethylsilyl)-, 25:69
[63781-89-5], Cobalt(1+), dichloro-(1,4,7,10-tetraazacyclotridecane-N^1,N^4,N^7,N^{10})-, chloride, (*OC*-6-13)-, 20:111
[63828-61-5], Molybdate(2-), octa-μ_3-chlorohexachlorohexa-, octahedro, dioxonium, hexahydrate, 12:174
[63835-22-3], Iron, tetrakis(trimethylphosphine)-, 20:71
[63835-24-5], Iron, [(*C,O*-η)-carbon dioxide]tetrakis(trimethylphosphine)-, stereoisomer, 20:73
[63865-12-3], Cobalt(1+), dichloro (1,5,9,13-tetraazacyclohexadecane-N^1,N^5,N^9,N^{13})-, stereoisomer, perchlorate, 20:113
[63865-14-5], Cobalt(1+), dichloro-(1,5,9,13-tetraazacyclohexadecane-N^1,N^5,N^9,N^{13})-, stereoisomer, perchlorate, 20:113
[63866-73-9], Iron, tetracarbonyl(2-isocyano-1,3-dimethylbenzene)-, (*TB*-5-12)-, 26:53; 28:180
[63986-26-5], 4-Pyridinamine, compd. with iron chloride oxide (FeClO) (1:4), 22:86; 30:182
[64020-68-4], Pyridine, 2,4,6-trimethyl-, compd. with iron chloride oxide (FeClO) (1:6), 22:86; 30:182
[64041-67-4], Osmium, decacarbonyldi-μ-hydro-μ-methylenetri-, *triangulo*, 27:206
[64052-01-3], Osmium, decacarbonyl-μ-hydro-μ-methyltri-, *triangulo*, 27:206

[64065-08-3], Phosphine, methylenebis[dimethyl-, 25:121
[64104-53-6], Tungstate(19-), hexaoctacontaoxononaantimonateheneicosa-, octadecaammonium sodium, 27:120
[64298-51-7], Hydrazinium, 1-(2-hydroxyethyl)-1,1-dimethyl-, chloride, 5:92
[64308-58-3], Lithium, [[2-(dimethylamino)phenyl]methyl-*C*,*N*]-, 26:153
[64331-31-3], Cobaltate(1-), [[*N*,*N'*-1,2-ethanediylbis[*N*-(carboxymethyl)glycinato]](4-)-*N*,*N'*,*O*,*O'*,O^{N},$O^{N'}$]-, cesium, (*OC*-6-21)-, 23:99
[64345-29-5], Palladium, dichlorobis[μ-[methylenebis[diphenylphosphine]-*P*:*P'*]]di-, (*Pd-Pd*), 21:48; 28:340
[64345-32-0], Palladium, μ-carbonyldichlorobis[μ-[methylenebis-[diphenylphosphine]-*P*:*P'*]di-, 21:49
[64364-79-0], Ruthenium, decacarbonyl[μ-[methylenebis-[diphenylphosphine]-*P*:*P'*]]tri-, *triangulo*, 26:276; 28:225
[64365-78-2], Tungsten, pentacarbonyl[(4-methylphenyl)[(trimethylsilyl)oxy] methylene]-, (*OC*-6-21)-, 19:167
[64443-05-6], Copper(1+), tetrakis(acetonitrile)-, (*T*-4)-, hexafluorophosphate(1-), 19:90; 28:68
[64444-05-9], 1-Butanaminium, *N*,*N*,*N*-tributyl-, μ-oxohexaoxodimolybdate(2-) (2:1), 27:79
[64493-43-2], 1,2-Dicarbadodecaborane(12), 9-mercapto-, 22:241
[64536-78-3], Iridium(1+), [(1,2,5,6-η)-1,5-cyclooctadiene](pyridine)(tricyclohexylphosphine)-, hexafluorophosphate(1-), 24:173,175
[64537-27-5], Cobaltate(1-), tetracarbonyl-, (*T*-4)-, hydrogen, compd. with pyridine (1:1), 5:94
[64542-62-7], Molybdenum, tetracarbonylbis(η^5-2,4-cyclopentadien-1-yl)[μ-(dimethylarsino)]-μ-hydrodi-, (*Mo-Mo*), 25:169
[64684-57-7], Tungstate(10-), [μ_9-[orthosilicato(4-)-*O*:*O*:*O*:*O'*:*O'*:*O''*:*O''*:*O'''*:*O'''*]]pentadeca-μ-oxopentadecaoxonona-, decasodium, 27:87
[64715-03-3], Palladium, dichlorobis(inosine-N^7)-, (*SP*-4-2)-, 23:52,53
[64715-04-4], Palladium, bis(inosinato-N^7,O^6)-, (*SP*-4-2)-, 23:52,53
[64743-11-9], Iron(2+), bis(acetonitrile)bis(η^5-2,4-cyclopentadien-1-yl)bis[μ-(ethanethiolato)]di-, (*Fe-Fe*), bis[hexafluorophosphate(1-)], 21:39
[64753-34-0], Palladium, dichlorobis(guanosine-N^7)-, (*SP*-4-1)-, 23:52,53
[64753-35-1], Palladium, bis(guanosinato-N^7,O^6)-, 23:52,53
[64753-38-4], Palladium, bis(inosinato-N^7,O^6)-, (*SP*-4-1)-, 23:52,53
[64753-39-5], Palladium, dichlorobis(inosine-N^7)-, (*SP*-4-1)-, 23:52,53
[64883-46-1], Osmium, (carbonothioyl)-carbonyltris(triphenylphosphine)-, 26:187
[64883-48-3], Osmium, (carbonothioyl)-dihydrotris(triphenylphosphine)-, (*OC*-6-31)-, 26:186
[64888-66-0], Osmium, (carbonothioyl)-dichlorotris(triphenylphosphine)-, (*OC*-6-32)-, 26:185
[64913-30-0], Ferrate(2-), octacarbonyldi-, (*Fe-Fe*), disodium, 24:157; 28:203
[64916-48-9], Palladium, bis(1,1,1,5,5,5-hexafluoro-2,4-pentanedionato-*O*,*O'*)-, (*SP*-4-1)-, 27:318
[64998-59-0], Hafnate(4-), tetrakis[ethanedioato(2-)-*O*,*O'*]-, tetrapotassium, pentahydrate, (*DD*-8-111"1"1'1'1'"1'")-, 8:42
[65074-02-4], Iridium(2+), [(1,2,3,4,4*a*,9*a*-η)-9*H*-fluorene] [(1,2,3,4,5-η)-1,2,3,4,5-pentamethyl-2,4-cyclopentadien-1-yl]-, bis[hexafluorophosphate(1-)], 29:232

[65099-59-4], Calcium manganese oxide ($Ca_2Mn_3O_8$), 22:73
[65137-04-4], Cerium, tetrakis(2,4-pentanedionato-*O,O'*)-, (*SA*-8-11"11"1'1'"1'1'")-, 12:77
[65166-48-5], Cobalt(1+), [*N*-(2-aminoethyl)-1,2-ethanediamine-*N,N',N"*]amminebis(nitrito-*N*)-, chloride, 7:211
[65207-98-9], Methanaminium, *N,N,N*-trimethyl-, salt with 1,3,5,2,4,6-trithia(5-S^{IV})triazine (1:1), 25:32
[65300-05-2], Phosphorus(1+), triphenyl(*P,P,P*-triphenylphosphine imidato-*N*)-, (*T*-4)-, nitrite, 22:164
[65353-51-7], Platinum, bis(1,1,1,5,5,5-hexafluoro-2,4-pentanedionato-*O,O'*)-, (*SP*-4-1)-, 20:67
[65353-89-1], Palladium(1+), (2,2'-bipyridine-*N,N'*)(1,1,1,5,5,5-hexafluoro-2,4-pentanedionato-*O,O'*)-, (*SP*-4-2)-, salt with 1,1,1,5,5,5- hexafluoro-2,4-pentanedione (1:1), 27:319
[65378-48-5], Nickelate(2-), bis[(7,8,9,10,11-η)-7-amido-1,2,3,4,5,6,8,9,10,11-decahydro-7-carbaundecaborato(2-)]-, 11:44
[65391-99-3], Cobaltate(3-), bis[(7,8,9,10,11-η)-undecahydro-7-carbaundecaborato(2-)]-, 11:42
[65392-01-0], Ferrate(3-), bis[(7,8,9,10,11-η)-undecahydro-7-carbaundecaborato(2-)]-, 11:42
[65404-75-3], Nickelate(2-), bis[(7,8,9,10,11-η)-undecahydro-7-carbaundecaborato(2-)]-, 11:42
[65423-44-1], Benzenamine, 2-(diphenylphosphino)-, 25:129
[65465-56-7], Ferrate(1-), bis[(7,8,9,10,11-η)-undecahydro-7,8-dicarbaundecaborato(2-)]-, 10:111
[65468-15-7], Osmium(2+), bis(1,2-ethanediamine-*N,N'*)dioxo-, dichloride, (*OC*-6-12)-, 20:62
[65504-42-9], Nickelate(2-), bis[(7,8,9,10,11-η)-1,2,3,4,5,6,8,9,10,11-decahydro-7-(*N*-methylmethanaminato)-7-carbaundecaborato(2-)]-, 11:45
[65521-08-6], Cobaltate(1-), diamminebis[carbonato(2-)-*O,O'*]-, lithium, (*OC*-6-21)-, 23:63
[65530-47-4], Praseodymium iodide (PrI_2), 30:19
[65531-82-0], Zirconium, bis(acetonitrile)tetrabromo-, (*OC*-6-22)-, 12:227
[65545-44-0], Scandate(1-), trichloro-, cesium, 22:23; 30:81
[65573-60-6], Rhodium, bis[[(2,2-dimethyl-1,3-dioxolane-4,5-diyl)bis(methylene)]bis[diphenylphosphine]-*P,P'*]hydro-, [*TB*-5-12-(4*S*-*trans*), (4*S*-*trans*)]-, 17:81
[65699-59-4], 3*H*-Pyrazol-3-one, 2,4-dihydro-5-methyl-4-[(methylphenylamino)methylene]-2-phenyl-, 30:68
[65702-94-5], Osmium, (acetonitrile) undecacarbonyltri-, *triangulo*, 26:290; 28:232
[65732-55-0], Manganese, tetrakis(pyridine)bis(thiocyanato-*N*)-, (*OC*-6-11)-, 12:251,253
[65734-37-4], Silane, (1-methyl-2,4-cyclopentadien-1-yl)-, 17:174
[65761-17-3], Rhodium(1+), dibromobis(1,2-ethanediamine-*N,N'*)-, bromide, (*OC*-6-22)-, 20:60
[65774-51-8], Cobalt(1+), [*N*-(2-aminoethyl)-*N'*-[2-[(2-aminoethyl)amino]ethyl]-1,2-ethanediamine-*N,N',N",N"',N""*][carbonato(2-)-*O*]-, (*OC*-6-34)-, perchlorate, 17:152
[65795-20-2], Cobalt(1+), ammine[carbonato(2-)-*O*]bis(1,2-ethanediamine-*N,N'*)-, (*OC*-6-32)-, perchlorate, 17:152
[65816-70-8], Rhenium, tris(dimethylphenylphosphine)pentahydro-, (*DD*-8-21122212)-, 17:64

[65876-45-1], Nickel, bis[1,2-phenylenebis[dimethylarsine]-*As*,*As*']-, (*T*-4)-, 17:121; 28:103

[65878-95-7], Molybdate(2-), bis[μ-(disulfur-*S*,*S*':*S*,*S*')]tetrakis(dithio)di-, (*Mo-Mo*), diammonium, dihydrate, 27:48,49

[65892-11-7], Osmium, undecacarbonyl(pyridine)tri-, *triangulo*, 26:291; 28:234

[65914-73-0], Ruthenium, bis(acetato-*O*)dicarbonylbis(triphenylphosphine)-, 17:126

[65981-84-2], Nickel, [(*N*,*N*'-η)-diphenyldiazene]bis(triethylphosphine)-, 17:123

[66039-65-4], Phosphorus(1+), triphenyl(*P*,*P*,*P*-triphenylphosphine imidato-*N*)-, (*T*-4)-, di-μ_3-carbonylnonacarbonyltriferrate(2-) *triangulo* (2:1), 20:222; 24:157; 28:203

[66060-48-8], Iron, [tris[μ-[(1,2-cyclohexanedione dioximato)(2-)-*O*:*O*']]difluorodiborato(2-)-*N*,*N*',*N*'',*N*''',*N*'''',*N*''''']-, (*TP*-6-11'1'')-, 17:143

[66060-49-9], Iron, [tris[μ-[(1,2-cyclohexanedione dioximato)(2-)-*O*:*O*']]dihydroxydiborato(2-)-*N*,*N*',*N*'',*N*''',*N*'''',*N*''''']-, (*TP*-6-11'1'')-, 17:144

[66060-50-2], Iron, [dibutoxytris[μ-[(diphenylethanedione dioximato)(2-)-*O*:*O*']]diborato(2-)-*N*,*N*',*N*'',*N*''',*N*'''',*N*''''']-, (*OC*-6-11)-, 17:145

[66080-21-5], Ytterbium, bis(phenylethynyl)-, 27:143

[66142-09-4], Sulfur(1+), tribromo-, hexafluoroarsenate(1-), 24:76

[66197-14-6], Nickel, [(1,2,3,4,5,6-η)-methylbenzene]bis(pentafluorophenyl)-, 19:72

[66271-52-1], Phosphonic acid, [2-(dimethylamino)-2-oxoethyl]-, dihexyl ester, 24:101

[66281-86-5], Phosphonium, tetraphenyl-, (*T*-4)-tetrakis(benzenethiolato)cadmate(2-) (2:1), 21:26

[66292-75-9], 7-Carbaundecaborate(1-), tridecahydro-, 11:39

[66310-00-7], 1,3,5,7,2,4,6,8-Tetrazatetraphosphocine, 2,2,4,4,6,8-hexachloro-6,8-bis[(1,1-dimethylethyl)amino]-2,2,4,4,6,6,8,8-octahydro-, 25:21

[66375-30-2], Sulfamic acid, hydroxynitroso-, diammonium salt, 5:121

[66403-22-3], Potassium tungsten uranium oxide phosphate ($K_{16}W_{34}UO_{106}(PO_4)_4$), 23:188

[66416-06-6], Cobalt, 1,4-butanediyl(η^5-2,4-cyclopentadien-1-yl)(triphenylphosphine)-, 22:171

[66416-07-7], Iridium, 1,4-butanediyl[(1,2,3,4,5-η)-1,2,3,4,5-pentamethyl-2,4-cyclopentadien-1-yl](triphenylphosphine)-, 22:174

[66457-10-1], Aluminum lanthanum nickel hydride ($AlLaNi_4H_4$), 22:96

[66591-48-8], Tetraphosphoric acid, compd. with guanidine (1:6), monohydrate, 5:97

[66615-17-6], Molybdenum(1+), carbonyl(η^5-2,4-cyclopentadien-1-yl)bis[1,1'-(η^2-1,2-ethynediyl)bis[benzene]]-, tetrafluoroborate(1-), 26:102; 28:11

[66808-78-4], Rhenate(1-), acetyltetracarbonyl(1-iminoethyl)-, hydrogen, (*OC*-6-32)-, 20:204

[66845-32-7], Platinum, (1,2-cyclohexanediamine-*N*,*N*')diiodo-, [*SP*-4-2-(1*R*-*trans*)]-, 27:284

[66862-23-5], Tungsten, bis[1,2-ethanediylbis[diphenylphosphine]-*P*,*P*'](1-isocyano-4-methoxybenzene)-, (*OC*-6-11)-, 23:10

[66862-24-6], Tungsten, bis(1-chloro-4-isocyanobenzene)bis[1,2-ethanediylbis[diphenylphosphine]-*P*,*P*']-, (*OC*-6-11)-, 23:10

[66862-25-7], Tungsten, bis(1,3-dichloro-2-isocyanobenzene)bis[1,2-ethanediylbis[diphenylphosphine]-*P*,*P*']-, (*OC*-6-11)-, 23:10

[66862-26-8], Molybdenum, bis[1,2-ethanediylbis[diphenylphosphine]-*P*,*P*']bis(2-isocyano-2-methylpropane)-, (*OC*-6-11)-, 23:10

[66862-27-9], Molybdenum, bis[1,2-ethanediylbis[diphenylphosphine]-*P*,*P*']bis(isocyanobenzene)-, (*OC*-6-11)-, 23:10

[66862-28-0], Molybdenum, bis[1,2-ethanediylbis[diphenylphosphine]-*P*,*P*']bis(1-isocyano-4-methylbenzene)-, (*OC*-6-11)-, 23:10

[66862-29-1], Molybdenum, bis[1,2-ethanediylbis[diphenylphosphine]-*P*,*P*'](1-isocyano-4-methoxybenzene)-, (*OC*-6-11)-, 23:10

[66862-30-4], Molybdenum, bis(1-chloro-4-isocyanobenzene)bis[1,2-ethanediylbis[diphenylphosphine]-*P*,*P*']-, (*OC*-6-11)-, 23:10

[66862-31-5], Molybdenum, bis(1,3-dichloro-2-isocyanobenzene)bis[1,2-ethanediylbis[diphenylphosphine]-*P*,*P*']-, (*OC*-6-11)-, 23:10

[66862-32-6], Tungsten, bis[1,2-ethanediylbis[diphenylphosphine]-*P*,*P*']bis(2-isocyano-2-methylpropane)-, (*OC*-6-11)-, 23:10

[66862-33-7], Tungsten, bis[1,2-ethanediylbis[diphenylphosphine]-*P*,*P*']bis(isocyanobenzene)-, (*OC*-6-11)-, 23:10

[66862-34-8], Tungsten, bis[1,2-ethanediylbis[diphenylphosphine]-*P*,*P*']bis(1-isocyano-4-methylbenzene)-, (*OC*-6-11)-, 23:10

[66904-72-1], Phosphorofluoridic acid, disilver(1+) salt, 3:109

[66922-96-1], Acetic acid, uranium(4+) zinc salt (6:1:1), 9:42

[66943-63-3], Rhenium(2+), tetrakis[μ-(acetato-*O*:*O*')]di-, (*Re-Re*), 13:90

[66945-51-5], Platinum, dichloro[*N*,*N*'-dimethyl-*N*,*N*'-bis(1-methylethyl)-1,2-ethanediamine-*N*,*N*'](η^2-ethene)-, stereoisomer, 21:87

[66945-54-8], Platinum, [*N*,*N*'-bis(1-phenylethyl)-1,2-ethanediamine-*N*,*N*']dichloro(η^2-ethene)-, stereoisomer, 21:87

[66945-55-9], Platinum, dichloro[*N*,*N*'-dimethyl-*N*,*N*'-bis(1-phenylethyl)-1,2-ethanediamine-*N*,*N*'](η^2-ethene)-, stereoisomer, 21:87

[66945-61-7], Platinum, dichloro(η^2-ethene)(*N*,*N*,*N*',*N*'-tetraethyl-1,2-ethanediamine-*N*,*N*')-, stereoisomer, 21:86,87

[66945-62-8], Platinum, [*N*,*N*'-bis(1-methylethyl)-1,2-ethanediamine-*N*,*N*']dichloro(η^2-ethene)-, stereoisomer, 21:87

[66946-48-3], 1,3-Dithiolo[4,5-*b*][1,4]dithiin, 2-(5,6-dihydro-1,3-dithiolo[4,5-*b*][1,4]dithiin-2-ylidene)-5,6-dihydro-, 26:386

[66950-63-8], Sulfamic acid, dimethyl-, phenyl ester, 2:174

[66984-37-0], Rhenium, tetra-μ-hydrotetrahydrotetrakis(triphenylphosphine)di-, (*Re-Re*), 27:16

[66985-24-8], Molybdenum, (η^6-benzene)bromo(η^5-2,4-cyclopentadien-1-yl)-, 20:199

[67001-79-0], Xenonate (XeO_6^{4-}), tetrasodium, hydrate, (*OC*-6-11)-, 11:210

[67143-06-0], Nickel, (mercaptosulfur diimidato-*N*',S^N)(mononitrogen trisulfidato)-, 18:124

[67143-07-1], Nickel, bis(mononitrogen trisulfidato)-, 18:124

[67143-08-2], Iron(2+), bis(acetonitrile)(5,5,7,12,12,14-hexamethyl-1,4,8,11-tetraazacyclotetradecane-N^1,N^4,N^8,N^{11})-, [*OC*-6-13-(*R**,*S**)]-, salt with trifluoromethanesulfonic acid (1:2), 18:15

[67144-19-8], Sulfur diimide, mercapto-, 18:124
[67215-73-0], Copper, [3,10-dibromo-3,6,7,10-tetrahydro-1,5,8,12-benzotetraazacyclotetradecinato(2-)-*N*^{1},*N*^{5},*N*^{8},*N*^{12}]-, 18:50
[67215-74-1], Iridium(1+), carbonyltetrakis(trimethylphosphine)-, chloride, 18:63
[67216-25-5], Cerium, tris(nitrato-*O*,*O*')(1,4,7,10,13-pentaoxacyclopentadecane-*O*^{1},*O*^{4},*O*^{7},*O*^{10},*O*^{13})-, 23:151
[67216-26-6], Praseodymium, tris(nitrato-*O*,*O*')(1,4,7,10,13-pentaoxacyclopentadecane-*O*^{1},*O*^{4},*O*^{7},*O*^{10},*O*^{13})-, 23:151
[67216-27-7], Neodymium, tris(nitrato-*O*,*O*')(1,4,7,10,13-pentaoxacyclopentadecane-*O*^{1},*O*^{4},*O*^{7},*O*^{10},*O*^{13})-, 23:151
[67216-28-8], Samarium, tris(nitrato-*O*,*O*')(1,4,7,10,13-pentaoxacyclopentadecane-*O*^{1},*O*^{4},*O*^{7},*O*^{10},*O*^{13})-, 23:151
[67216-31-3], Cerium, (1,4,7,10,13,16-hexaoxacyclooctadecane-*O*^{1},*O*^{4},*O*^{7},*O*^{10},*O*^{13},*O*^{16})tris(nitrato-*O*,*O*')-, 23:153
[67216-32-4], Praseodymium, (1,4,7,10,13,16-hexaoxacyclooctadecane-*O*^{1},*O*^{4},*O*^{7},*O*^{10},*O*^{13},*O*^{16})tris(nitrato-*O*,*O*')-, 23:153
[67216-33-5], Neodymium, (1,4,7,10,13,16-hexaoxacyclooctadecane-*O*^{1},*O*^{4},*O*^{7},*O*^{10},*O*^{13},*O*^{16})tris(nitrato-*O*,*O*')-, 23:151
[67269-15-2], Gadolinium, tris(nitrato-*O*,*O*')(1,4,7,10,13-pentaoxacyclopentadecane-*O*^{1},*O*^{4},*O*^{7},*O*^{10},*O*^{13})-, 23:151
[67283-78-7], 1,3,5,2,4,6-Triazatriphosphorine, 2,2-dichloro-4,6-bis(dimethylamino)-4,6-difluoro-2,2,4,4,6,6-hexahydro-, 18:195
[67326-56-1], 2,4-Pentanedione, 3,3'-[1,2-ethanediylbis(iminomethylidyne)]bis-, 18:37
[67326-86-7], Nickel(2+), (2,3-dimethyl-1,4,8,11-tetraazacyclotetradeca-1,3-diene-*N*^{1},*N*^{4},*N*^{8},*N*^{11})-, (*SP*-4-2)-, (*T*-4)-tetrachlorozincate(2-) (1:1), 18:27
[67326-87-8], Nickel(2+), (2,3,9,10-tetramethyl-1,4,8,11-tetraazacyclotetradeca-1,3,8,10-tetraene-*N*^{1},*N*^{4},*N*^{8},*N*^{11})-, (*SP*-4-1)-, diperchlorate, 18:23
[67326-88-9], Nickel, [5,14-dimethyl-1,4,8,11-tetraazacyclotetradeca-4,7,11,14-tetraenato(2-)-*N*^{1},*N*^{4},*N*^{8},*N*^{11}]-, (*SP*-4-2)-, 18:42
[67326-97-0], Cobalt(2+), tetraammineaquahydroxy-, (*OC*-6-33)-, dithionate (1:1), 18:81
[67327-01-9], Cobalt(4+), tetrakis(1,2-ethanediamine-*N*,*N*')di-μ-hydroxydi-, dithionate (1:2), 18:92
[67327-03-1], Cobalt(4+), tetrakis(1,2-ethanediamine-*N*,*N*')di-μ-hydroxydi-, tetraperchlorate, 18:94
[67327-06-4], Vanadium, [5,26:13,18-diimino-7,11:20,24-dinitrilodibenzo[*c*,*n*][1,6,12,17]tetraazacyclodocosinato(2-)-*N*^{27},*N*^{28},*N*^{29},*N*^{30}]oxo-, (*SP*-5-12)-, 18:48
[67327-07-5], Chromium(2+), tetraammineaquahydroxy-, (*OC*-6-33)-, dithionate (1:1), 18:80
[67336-18-9], 1,3,5,2,4,6-Triazatriphosphorine, 2,4,6-tribromo-2,4,6-trifluoro-2,2,4,4,6,6-hexahydro-, 18:197,198
[67345-16-8], Chromium(2+), tetraammineaquachloro-, (*OC*-6-33)-, sulfate (1:1), 18:78
[67359-46-0], Chromium, (benzoyl isocyanide)dicarbonyl[(1,2,3,4,5,6-η)-methyl benzoate]-, 26:32
[67403-12-7], Diborane(6)-μ,μ,1,1,2-d^5, 2-bromo-, 18:146
[67403-13-8], Diborane(6)-μ,μ,1,1,2-d^5, 2-iodo-, 18:147
[67403-56-9], Cobalt(1+), (1,2-ethanediamine-*N*,*N*')[[*N*,*N*'-1,2-ethanediylbis[glycinato]](2-)-

N,*N'*,*O*,*O'*]-, [*OC*-6-13-*A*-[*S*-(*R**,*R**)]]-, salt with [*R*-(*R**,*R**)]-2,3-dihydroxybutanedioic acid (1:1), 18:109
[67420-77-3], Ruthenium, bis(η^2-ethene)[(1,2,3,4,5,6-η)-hexamethylbenzene]-, 21:76
[67421-01-6], Ruthenium, [(1,2,3,4-η)-1,3-cyclohexadiene][(1,2,3,4,5,6-η)-hexamethylbenzene]-, 21:77
[67421-02-7], Ruthenium, di-μ-chlorodichlorobis[(1,2,3,4,5,6-η)-hexamethylbenzene]di-, 21:75
[67484-83-7], Platinate(5-), dodecakis(cyano-*C*)tri-, (2*Pt*-*Pt*), potassium (hydrogen difluoride) (1:6:1), nonahydrate, 21:147
[67486-38-8], Iron, iododinitrosyl-, 14:82
[67517-57-1], Iron, hexacarbonyl[μ-[(1,2-η:1,2-η)-hexahydrodiborato(2-)-H^1:H^1,H^2]]di-, (*Fe-Fe*), 29:269
[67689-22-9], Hypochlorous acid, dihydrate, 5:161
[67709-52-8], Rhenium(1+), dioxobis(1,2-propanediamine-*N*,*N'*)-, chloride, 8:176
[67752-80-1], Cobalt(2+), tetraammineaquachloro-, (*OC*-6-33)-, sulfate (1:1), 6:178
[67891-25-2], Platinum(1+), μ-hydrohydrophenyltetrakis(triethylphosphine)di-, stereoisomer, tetraphenylborate(1-), 26:136
[67954-28-3], 1,3,5,7-Tetrathia(1,5-S^{IV})-2,4,6,8,9-pentaazabicyclo[3.3.1]nona-1,4,6,7-tetraene, 9-chloro-, 25:38
[67994-91-6], Nickel, chloro(diethylcarbamodiselenoato-*Se*,Se')(triethylphosphine)-, (*SP*-4-3)-, 21:9
[68011-59-6], Platinum, chloro(diethylcarbamodiselenoato-*Se*,Se')(triphenylphosphine)-, (*SP*-4-3)-, 21:10
[68026-09-5], Chromium, tris[*O*-(2-methylpropyl) carbonodithioato-*S*,*S'*]-, (*OC*-6-11)-, 10:44
[68026-11-9], Cobalt, tris[*O*-(2-methylpropyl) carbonodithioato-*S*,*S'*]-, (*OC*-6-11)-, 10:47
[68070-27-9], Benzenamine, 2,2',2'',2'''-(21*H*,23*H*-porphine-5,10,15,20-tetrayl)tetrakis-, stereoisomer, 20:164
[68109-03-5], 1-Butanaminium, *N*,*N*,*N*-tributyl-, eicosa-μ-oxodi-μ_5-oxodecaoxodecatungstate(4-) (4:1), 27:81
[68185-42-2], Molybdenum, dicarbonyl(η^5-2,4-cyclopentadien-1-yl)-μ_3-ethylidyne(hexacarbonyldicobalt)-, (*Co-Co*)(2*Co-Mo*), 27:193
[68252-95-9], Platinum, (diethylcarbamodiselenoato-*Se*,*Se'*)methyl (triphenylphosphine)-, (*SP*-4-3)-, 21:10,20:10
[68387-58-6], Chromium, tris(monomethyl carbonotrithioato-*S'*,*S''*)-, (*OC*-6-11)-, 10:44
[68437-87-6], Phosphinous amide, *P*-methyl-*P*-phenyl-*N*,*N*-bis(trimethylsilyl)-, 25:72
[68490-69-7], Tungsten, tris(2,2-dimethylpropyl)(2,2-dimethylpropylidyne)-, (*T*-4)-, 26:47
[68868-66-6], Molybdenum(1+), tricarbonyl(η^5-2,4-cyclopentadien-1-yl)(2-propanone)-, tetrafluoroborate(1-), 26:105; 28:14
[68868-78-0], Molybdenum, tricarbonyl(η^5-2,4-cyclopentadien-1-yl)[tetrafluoroborato(1-)-*F*]-, 26:96; 28:5
[68868-79-1], Tungsten, tricarbonyl(η^5-2,4-cyclopentadien-1-yl)[tetrafluoroborato(1-)-*F*]-, 26:96; 28:5
[68932-69-4], Rhodium, chlorobis(triphenylphosphine)-, 10:68
[68933-88-0], Thulate(3-), hexachloro-, dicesium lithium, (*OC*-6-11)-, 21:10; 30:249
[69048-01-7], Osmium, decacarbonyl-μ-hydro[μ-(methoxymethylidyne)]tri-, *triangulo*, 27:202

- [69134-34-5], Ruthenium(1+), (η⁵-2,4-cyclopentadien-1-yl)(phenylethenylidene)bis(triphenylphosphine)-, hexafluorophosphate(1-), 21:80
- [69178-15-0], Rhodium, (η^5 -2,4-cyclopentadien-1-yl)bis(trimethylphosphine)-, 25:159; 28:280
- [69244-58-2], Chromium, pentacarbonyl-(thiourea-*S*)-, (*OC*-6-22)-, 23:2
- [69244-61-7], Chromium, [*N*,*N*'-bis(1,1-dimethylethyl)thiourea-*S*]pentacarbonyl-, (*OC*-6-22)-, 23:3
- [69244-62-8], Chromium, [*N*,*N*'-bis(4-methylphenyl)thiourea-*S*]pentacarbonyl-, (*OC*-6-22)-, 23:3
- [69347-38-2], 1-Butanaminium, *N*,*N*,*N*-tributyl-, tetrakis(benzenethiolato)tetra-μ₃-selenoxotetraferrate(2-) (2:1), 21:36
- [69446-59-9], Heptathiazocinemethanol, 8:105
- [69503-12-4], Palladium, 1,4-butanediyl-[1,2-ethanediylbis[diphenylphosphine]-*P*,*P*']-, (*SP*-4-2)-, 22:167
- [69550-87-4], 6,9-Diselenadecaborane-(10), 29:105
- [69569-55-7], Iron, tricarbonyl(hexacarbonyldicobalt)[μ_3 -(phenylphosphinidene)]-, (*Co-Co*)(2*Co-Fe*), 26:353
- [69665-30-1], Phosphorus(1+), triphenyl(*P*,*P*,*P*-triphenylphosphine imidato-*N*)-, (*T*-4)-, μ₃-carbonyldodecacarbonyltetraferrate(2-) tetrahedro (2:1), 21:66,68
- [69701-39-9], Copper, bis(2,2,7-trimethyl-3,5-octanedionato-*O*,*O*')-, 23:146
- [69833-15-4], Indium, tris[(trimethylsilyl)methyl]-, 24:89
- [69997-66-6], Rhodium, di- μ -chlorotetrakis[(2,3- η)-2,3-dimethyl-2-butene]di-, 19:219
- [70021-28-2], Nickel(2+), [3,11-bis(1-methoxyethylidene)-2,12-dimethyl-1,5,9,13-tetraazacyclohexadeca-1,4,9,12-tetraene-*N*¹,*N*⁵,*N*⁹,*N*¹³]-, [*SP*-

- 4-2-(Z,Z)]-, bis[hexafluorophosphate(1-)], 27:264
- [70083-73-7], Rhenium(1+), carbonyl(η⁵-2,4-cyclopentadien-1-yl)nitrosyl(tri-phenylphosphine)-, tetrafluoroborate(1-), 29:214
- [70083-74-8], Rhenium, (η⁵-2,4-cyclopentadien-1-yl)formylnitrosyl(triphenylphosphine)-, 29:222
- [70112-62-8], Chromium, (carbonothioyl)dicarbonyl[(1,2,3,4,5,6-η)-methyl 3-methylbenzoate]-, stereoisomer, 19:201
- [70112-63-9], Chromium, (carbonothioyl)carbonyl[(1,2,3,4,5,6-η)-methyl 3-methylbenzoate](triphenyl phosphite-*P*)-, stereoisomer, 19:202
- [70112-66-2], Chromium, (carbonothioyl)dicarbonyl[(1,2,3,4,5,6-η)-1,2-dimethylbenzene]-, 19:197,198
- [70114-01-1], Molybdenum, (ethanaminato)iodonitrosyl[tris(3,5-dimethyl-1*H*-pyrazolato-*N*¹)hydroborato(1-)-*N*²,*N*²',*N*²"]-, (*OC*-6-33)-, 23:8
- [70114-52-2], Copper, hydro(triphenyl-phosphine)-, 19:87,88
- [70114-53-3], Copper, hydro[tris(4-methylphenyl)phosphine]-, 19:89
- [70128-96-0], Palladium(2+), [N,N'-bis[2-(dimethylamino)ethyl]-N,N'-dimethyl-1,2-ethanediamine-N,N',N'',N''']-, (SP-4-2)-, bis[hexafluorophosphate(1-)], 21:133
- [70132-29-5], Chromate(1-), bis[2-ethyl-2-hydroxybutanoato(2-)-*O*¹,*O*²]oxo-, sodium, 20:63
- [70132-30-8], Ruthenium(3+), tris(1,2-ethanediamine-*N*,*N*')-, trichloride, (*OC*-6-11)-, 19:119
- [70144-74-0], Chromium, (carbonothioyl)carbonyl[(1,2,3,4,5,6-η)-methyl 3-methylbenzoate](triphenyl phosphite-*P*)-, stereoisomer, 19:202
- [70144-76-2], Chromium, (carbonothioyl)dicarbonyl[(1,2,3,4,5,6-η)-methyl 3-methylbenzoate]-, 19:201

[70252-14-1], Cobalt, bis[1,2-ethenediylbis[diphenylphosphine]-*P,P'*]hydro-, 20:207
[70320-09-1], Potassium(1+), (4,7,13,16,21,24-hexaoxa-1,10-diazabicyclo[8.8.8]hexacosane-$N^1,N^{10},O^4,O^7,O^{13},O^{16},O^{21},O^{24}$)-, (tetrabismuth)(2-) (2:1), 22:151
[70366-25-5], Chromate(3-), tris[propanedioato(2-)-*O,O'*]-, tripotassium, trihydrate, (*OC*-6-11)-, 16:80
[70369-01-6], Iron(2+), bis(acetonitrile)(2,9-dimethyl-3,10-diphenyl-1,4,8,11-tetraazacyclotetradeca-1,3,8,10-tetraene-N^1,N^4,N^8,N^{11})-, (*OC*-6-12)-, bis[hexafluorophosphate(1-)], 22:108
[70460-14-9], Iron, tricarbonyl(triphenylphosphine)-, 8:186
[70644-07-4], Manganese, tricarbonyl[(3,4,5,6-η)-3,4,5,6-tetrakis(methoxycarbonyl)-2,2-dimethyl-2*H*-1,2-thiaphosphorinium]-, 26:165
[70765-24-1], Rhodium, (acetonitrile)chlorobis(triphenylphosphine)-, 10:69
[70806-67-6], Hypofluorous acid, monoanhydride with sulfuric acid, cesium salt, 24:22
[71032-37-6], Phosphorus(1+), triphenyl(*P,P,P*-triphenylphosphine imidato-*N*)-, (*T*-4)-, (*OC*-6-11)-hexafluorouranate(1-), 21:166
[71129-32-3], Cobalt(3+), tris(1,2-ethanediamine-*N,N'*)-, (*OC*-6-11-Λ)-, chloride salt with [*R*-(*R**,*R**)]-2,3-dihydroxybutanedioic acid (1:1:1), pentahydrate, 6:183,186
[71173-07-4], Morpholine, 4-(1-piperidinylsulfonyl)-, 8:113
[71181-74-3], Phosphorane, difluorotris(2,2,2-trifluoroethoxy)-, 24:63
[71243-08-8], Chromium, tricarbonyl[oxo[(1-phenylethyl)amino]acetic acid [[(1,2,3,4,5,6-η)-2-methylphenyl]methylene]hydrazide]-, 23:87
[71250-01-6], Chromium, tricarbonyl[oxo[(1-phenylethyl)amino]acetic acid [[(1,2,3,4,5,6-η)-2-methoxyphenyl]methylene]hydrazide]-, 23:88
[71250-02-7], Chromium, tricarbonyl[oxo[(1-phenylethyl)amino]acetic acid [[(1,2,3,4,5,6-η)-2,3-dimethoxyphenyl]methylene]hydrazide]-, 23:88
[71250-03-8], Chromium, tricarbonyl[oxo[(1-phenylethyl)amino]acetic acid [[(1,2,3,4,5,6-η)-3,4-dimethoxyphenyl]methylene]hydrazide]-, 23:88
[71269-63-1], Rhodium, bis[μ-(2-methyl-2-propanethiolato)]tetrakis(trimethyl phosphite-*P*)di-, 23:123
[71272-16-7], Nickel, bis(1,2-dimethoxyethane-*O,O'*)diiodo-, (*OC*-6-12)-, compd. with 1,2,3,4-tetrafluoro-5,6-diiodobenzene (1:2), 13:163
[71301-64-9], Rhodium, dicarbonylbis[μ-(2-methyl-2-propanethiolato)]bis(trimethyl phosphite-*P*)di-, 23:124
[71382-19-9], Rhodium(1+), tetraamminedichloro-, chloride, (*OC*-6-22)-, 24:223
[71411-55-7], Iron, [μ-[1,2-ethanediolato(2-)-*O:O'*]]dioxodi-, 22:88; 30:183
[71423-58-0], Platinum, dichlorobis(η^2-ethene)-, stereoisomer, 5:215
[71485-49-9], Nitrogen(1+), tetrafluoro-, (*T*-4)-, (hydrogen difluoride), 24:43
[71534-52-6], Neodymium, tris(nitrato-*O*)(1,4,7,10-tetraoxacyclododecane-O^1,O^4,O^7,O^{10})-, 23:151
[71549-26-3], Chromium, tetracarbonylbis(η^5-2,4-cyclopentadien-1-yl)-μ-thioxodi-, 29:251
[71562-47-5], Ruthenium, nonacarbonyltri-μ-hydro[μ_3-(methoxymethylidyne)]tri-, *triangulo*, 27:200

[71562-48-6], Osmium, nonacarbonyltri-μ-hydro[μ_3-(methoxymethylidyne)]tri-, *triangulo*, 27:203
[71611-15-9], Platinum(5+), octaamminetetrakis[μ-(2(1*H*)-pyridinonato-N^1:O^2)]tetra-, (3*Pt-Pt*), stereoisomer, pentanitrate, monohydrate, 25:95
[71619-20-0], Dysprosate(1-), μ-chloro-hexachlorodi-, potassium, 22:2; 30:73
[71619-24-4], Praseodymate(1-), μ-chloro-hexachlorodi-, cesium, 22:2; 30:73
[71737-42-3], Ruthenium, decacarbonyl-μ-hydro[μ-(methoxymethylidyne)]tri-, *triangulo*, 27:198
[71744-83-7], Palladium(1+), [*N*,*N*-bis[2-(dimethylamino)ethyl]-*N*',*N*'-dimethyl-1,2-ethanediamine-*N*,*N*',N^N](thiocyanato-*N*)-, (*SP*-4-3)-, thiocyanate, 21:132
[71817-60-2], 1,2-Dicarbadodecaborane-(12), 1,2-(1,2-ethanediyl)-, 29:101
[71895-18-6], Iron, pentakis(2-isocyano-1,3-dimethylbenzene)-, (*TB*-5-11)-, 26:57; 28:184
[71963-57-0], Cobalt(3+), (1,3,6,8,10,13,16,19-octaazabicyclo [6.6.6]eicosane-N^3,N^6,N^{10},N^{16},N^{19})-, trichloride, (*OC*-6-11)-, 20:85,86
[72107-04-1], Platinate(2-), hexachloro-, (*OC*-6-11)-, dinitrosyl, 24:217
[72152-11-5], Phosphorus(1+), triphenyl(*P*,*P*,*P*-triphenylphosphine imidato-*N*)-, (*T*-4), tri-μ-carbonyl-nonacarbonyl(carbonylcobaltate) triruthenate(1-) (3*Co-Ru*)(3*Ru-Ru*), 21:61,63
[72198-94-8], Phosphenimidic amide, homopolymer, 6:111
[72251-37-7], Nickel, [2-methyl-propanamidato(2-)-C^3,*N*](tricyclo-hexylphosphine)-, 26:205
[72256-41-8], Iron, tetrakis(η^5-2,4-cyclo-pentadien-1-yl)bis[μ_3-(disulfur-*S*:*S*:*S*')]di-μ_3-thioxotetra-, (2*Fe-Fe*), 21:42
[72264-20-1], 1-Butanaminium, *N*,*N*,*N*-tri-butyl-, hexa-μ-carbonylhexacarbonyl-hexaplatinate(2-) (9*Pt-Pt*) (2:1), 26:316
[72271-50-2], Cobalt, tris(η^5-2,4-cyclo-pentadien-1-yl)bis[μ_3-(phenylmethylidyne)]tri-, *triangulo*, 26:309
[72282-40-7], Osmium, nonacarbonyldi-μ_3-thioxotri-, (2*Os-Os*), 26:306
[72303-22-1], Iron(1+), dicarbonyl(η^5-2,4-cyclopentadien-1-yl)(tetrahydrofuran)-, hexafluorophosphate(1-), 26:232
[72339-52-7], Cobalt, di-μ-iododi-iodobis[(1,2,3,4,5-η)-1,2,3,4,5-pen-tamethyl-2,4-cyclopentadien-1-yl]di-, 23:17; 28:276
[72381-07-8], Osmium, decacarbonyl-μ-hydro[(triphenylphosphine)gold]tri-, (2*Au-Os*)(3*Os-Os*), 27:209
[72381-49-8], Titanate(1-), pentaoxonio-bate-, hydrogen, 22:89
[72414-17-6], Iridium(1+), dihydrobis(2-propanone)bis(triphenylphosphine)-, tetrafluoroborate(1-), 26:123; 28:57; 29:283
[72523-07-0], Cobaltate(1-), [[*N*,*N*'-1,2-cyclohexanediylbis[*N*-(car-boxymethyl)glycinato]](4-)-*N*,*N*',*O*,*O*',O^N,$O^{N'}$]-, cesium, [*OC*-6-21-*A*- (1*R*-*trans*)]-, 23:97
[72528-68-8], Ammonium niobium titanium oxide ($(NH_4)NbTiO_5$), 22:89
[72547-88-7], Copper, [1,4,8,11-tetraaza-cyclotetradecane-5,7-dionato(2-)-N^1,N^4,N^8,N^{11}]-, [*SP*-4-4-(*R**,*S**)]-, 23:83
[72573-42-3], Iron, dicarbonyldihydrobis-(triphenyl phosphite-*P*)-, (*OC*-6-13)-, 29:159
[72827-54-4], Tungsten, tricarbonylbis-(diethylcarbamodithioato-*S*,*S*')-, (*TPS*-7-1-121'1'22)-, 25:157
[72842-04-7], Copper(2+), bis(1,2-ethane-diamine-*N*,*N*')-, bis[diiodocuprate(1-)], 6:16

[72872-04-9], Ethanaminium, *N,N,N*-triethyl-, dodecacarbonyl[μ_4-(methoxyoxoethylidyne)]tetraferrate(1-) (*5Fe-Fe*), 27:184
[72884-86-7], Phosphorus(1+), triphenyl-(*P,P,P*-triphenylphosphine imidato-*N*)-, (*T*-4)-, salt with 1,3,5,2,4,6-trithia(5-S^{IV})triazine (1:1), 25:32
[72884-87-8], Phosphorus(1+), triphenyl(*P,P,P*-triphenylphosphine imidato-*N*)-, (*T*-4)-, salt with thioperoxynitrous acid (HNS(S_2)) thionosulfide (1:1), 25:35
[72884-88-9], Phosphorus(1+), triphenyl(*P,P,P*-triphenylphosphine imidato-*N*)-, (*T*-4)-, salt with 1,3,5,7-tetrathia(1,5-S^{IV})-2,4,6,8,9- pentaazabicyclo[3.3.1]nona-1,4,6,7-tetraene (1:1), 25:31
[72902-00-2], Rhodium(2+), tetraamminеaquahydroxy-, (*OC*-6-33)-, dithionate (1:1), 24:225
[72902-01-3], Rhodium(2+), aquabis(1,2-ethanediamine-*N,N'*)hydroxy-, (*OC*-6-33)-, dithionate (1:1), 24:230
[72902-02-4], Rhodium(4+), octaammine-di-μ-hydroxydi-, tetrabromide, 24:226
[72938-03-5], Rhodium(4+), tetrakis(1,2-ethanediamine-*N,N'*)di-μ-hydroxydi-, tetrabromide, stereoisomer, 24:231
[72976-70-6], Heptaphosphatricyclo-[2.2.1.$0^{2,6}$]heptane, trilithium salt, 27:153
[73047-16-2], Molybdenum(2+), bis[1,2-ethanediylbis[diphenylphosphine]-*P,P'*]bis(isocyanomethane)-, (*OC*-6-11)-, 23:10
[73133-10-5], Tungsten, tetrachlorotris-(trimethylphosphine)-, 28:327
[73178-84-4], Iridium(1+), tri-μ-hydrodihydrobis[1,3-propanediylbis [diphenylphosphine]-*P,P'*]di-, (*Ir-Ir*), stereoisomer, tetrafluoroborate(1-), 27:22
[73178-86-6], Iridium(2+), tri-μ-hydro-μ_3-hydrotrihydrotris[1,3-propanediylbis-[diphenylphosphine]-*P,P'*]tri-, *triangulo*, stereoisomer, bis[tetrafluoroborate(1-)], 27:22
[73178-89-9], Iridium(1+), [(1,2,5,6-η)-1,5-cyclooctadiene][1,3-propanediylbis[diphenylphosphine]-*P,P'*]-, tetrafluoroborate(1-), 27:23
[73190-93-9], Samarate(3-), tri-μ-bromohexabromodi-, tricesium, 30:79
[73190-94-0], Gadolinate(3-), tri-μ-bromohexabromodi-, tricesium, 30:79
[73190-95-1], Terbate(3-), tri-μ-bromohexabromodi-, tricesium, 30:79
[73190-96-2], Dysprosate(3-), tri-μ-bromohexabromodi-, tricesium, 30:79
[73190-97-3], Holmate(3-), tri-μ-bromohexabromodi-, tricesium, 30:79
[73190-98-4], Erbate(3-), tri-μ-bromohexabromodi-, tricesium, 30:79
[73190-99-5], Thulate(3-), tri-μ-bromohexabromodi-, tricesium, 30:79
[73191-00-1], Ytterbate(3-), tri-μ-bromohexabromodi-, tricesium, 30:79
[73191-01-2], Lutetate(3-), tri-μ-bromohexabromodi-, tricesium, 30:79
[73191-12-5], Yttrate(3-), tri-μ-chlorohexachlorodi-, tricesium, 30:79
[73191-13-6], Holmate(3-), tri-μ-chlorohexachlorodi-, tricesium, 30:79
[73191-14-7], Erbate(3-), tri-μ-chlorohexachlorodi-, tricesium, 30:79
[73191-15-8], Thulate(3-), tri-μ-chlorohexachlorodi-, tricesium, 30:79
[73191-16-9], Ytterbate(3-), tri-μ-chlorohexachlorodi-, tricesium, 30:79
[73197-69-0], Lutetate(3-), tri-μ-chlorohexachlorodi-, tricesium, 22:6; 30:77,79
[73202-81-0], Cadmium(1+), aqua-(7,11:20,24-dinitrilodibenzo[*b,m*]-[1,4,12,15]tetraazacyclodocosine-$N^5,N^{13},N^{18},N^{26},N^{27},N^{28}$)(perchlorato-*O*)-, (*HB*-8-12-33'4'3'34)-, perchlorate, 23:175
[73202-97-8], Cobalt(2+), aqua(5,5*a*-dihydro-24-methoxy-24*H*-6,10:19,23-dini-

trilo-10*H*-benzimidazo[2,1-*h*][1,9,17]-benzotriazacyclononadecine-N^{12},N^{17},N^{25},N^{26},N^{27})(methanol)-, (*PB*-7-12-3,6,4,5,7)-, diperchlorate, 23:176
[73261-24-2], 1,3-Diselenole, 2-(4,5-dimethyl-1,3-diselenol-2-ylidene)-4,5-dimethyl-, radical ion(1+), hexafluorophosphate(1-), compd. with 2-(4,5-dimethyl-1,3-diselenol-2-ylidene)-4,5-dimethyl-1,3-diselenole (1:1), 24:142
[73261-70-8], Tungstate(24-), bis(aquacobaltate)tetrakis[μ_9-[arsenito(3-)-*O*:*O*:*O*:*O*':*O*':*O*':*O*'':*O*'':*O*'']]tetraocta-conta-μ- oxotetratetracontaoxotetraconta-, tetracosaammonium, nonadecahydrate, 27:119
[73288-70-7], Lanthanum, tris(nitrato-*O*)(1,4,7,10-tetraoxacyclododecane-O^1,O^4,O^7,O^{10})-, 23:151
[73288-71-8], Praseodymium, tris(nitrato-*O*,*O*')(1,4,7,10-tetraoxacyclododecane-O^1,O^4,O^7,O^{10})-, 23:152
[73288-72-9], Europium, tris(nitrato-*O*)(1,4,7,10-tetraoxacyclododecane-O^1,O^4,O^7,O^{10})-, 23:151
[73288-73-0], Terbium, tris(nitrato-*O*)(1,4,7,10-tetraoxacyclododecane-O^1,O^4,O^7,O^{10})-, 23:151
[73288-74-1], Dysprosium, tris(nitrato-*O*)(1,4,7,10-tetraoxacyclododecane-O^1,O^4,O^7,O^{10})-, 23:151
[73288-75-2], Holmium, tris(nitrato-*O*)(1,4,7,10-tetraoxacyclododecane-O^1,O^4,O^7,O^{10})-, 23:151
[73288-76-3], Thulium, tris(nitrato-*O*)(1,4,7,10-tetraoxacyclododecane-O^1,O^4,O^7,O^{10})-, 23:151
[73288-77-4], Ytterbium, tris(nitrato-*O*)(1,4,7,10-tetraoxacyclododecane-O^1,O^4,O^7,O^{10})-, 23:151
[73288-78-5], Lutetium, tris(nitrato-*O*)(1,4,7,10-tetraoxacyclododecane-O^1,O^4,O^7,O^{10})-, 23:151
[73296-38-5], Phosphinimidic bromide, *P*,*P*-dimethyl-*N*-(trimethylsilyl)-, 25:70
[73296-44-3], Phosphinimidic acid, *P*,*P*-dimethyl-*N*-(trimethylsilyl)-, 2,2,2-trifluoroethyl ester, 25:71
[73297-41-3], Cerium, tris(nitrato-*O*)(1,4,7,10-tetraoxacyclododecane-O^1,O^4,O^7,O^{10})-, 23:151
[73297-42-4], Samarium, tris(nitrato-*O*,*O*')(1,4,7,10-tetraoxacyclododecane-O^1,O^4,O^7,O^{10})-, 23:151
[73297-43-5], Gadolinium, tris(nitrato-*O*)(1,4,7,10-tetraoxacyclododecane-O^1,O^4,O^7,O^{10})-, 23:151
[73297-44-6], Erbium, tris(nitrato-*O*)(1,4,7,10-tetraoxacyclododecane-O^1,O^4,O^7,O^{10})-, 23:151
[73381-68-7], Iridium(2+), tris(acetonitrile)nitrosylbis(triphenylphosphine)-, (*OC*-6-13)-, bis[hexafluorophosphate(1-)], 21:104
[73381-83-6], Iodine(3+), bis[μ-(heptasulfur)]tri-, tris[(*OC*-6-11)-hexafluoroantimonate(1-)], compd. with arsenous trifluoride (1:2), 27:335
[73463-62-4], Rhenium, dodecacarbonyltri-μ-hydrotri-, *triangulo*, 17:66
[73464-16-1], Molybdenum(1+), bis[1,2-ethanediylbis[diphenylphosphine]-*P*,*P*'](isocyanomethane)[(methylamino)methylidyne]-, (*OC*-6-11)-, tetrafluoroborate(1-), 23:12
[73468-85-6], Rhodium, bis[(1,2,5,6-η)-1,5-cyclooctadiene]di-μ-hydroxydi-, 23:129
[73470-09-4], Tungsten(1+), bis[1,2-ethanediylbis[diphenylphosphine]-*P*,*P*'](isocyanomethane)[(methylamino)methylidyne]-, (*OC*-6-11)-, tetrafluoroborate(1-), 23:11
[73508-17-5], Tungsten(2+), bis[1,2-ethanediylbis[diphenylphosphine]-*P*,*P*']bis-[(methylamino)methylidyne]-, (*OC*-6-11)-, bis[tetrafluoroborate(1-)], 23:12
[73556-93-1], Erbate(3-), tri-μ-bromohexabromodi-, trirubidium, 30:79
[73588-97-3], Platinate(12-), tetrakis[μ-[diphosphito(4-)-*P*:*P*']]di-, tetrapotassium octahydrogen, dihydrate, 24:211

[73689-97-1], Tantalum, amminedithioxo-, 19:42
[73731-75-6], Arsenate(1-), hexafluoro-, salt with 2-(4,5-dimethyl-1,3-diselenol-2-ylidene)-4,5-dimethyl-1,3-diselenole (1:2), 24:138
[73731-79-0], 1,3-Diselenole, 2-(4,5-dimethyl-1,3-diselenol-2-ylidene)-4,5-dimethyl-, radical ion(1+), tetrafluoroborate(1-), salt with 2-(4,5-dimethyl-1,3-diselenol-2-ylidene)-4,5-dimethyl-1,3-diselenole (1:1), 24:139
[73746-95-9], Ruthenium, [μ_3-(bromomethylidyne)]nonacarbonyltri-μ-hydrotri-, *triangulo*, 27:201
[73746-96-0], Osmium, [μ_3-(bromomethylidyne)]nonacarbonyltri-μ-hydrotri-, *triangulo*, 27:205
[73798-09-1], Lanthanum, tris(nitrato-*O*)(1,4,7,10,13-pentaoxacyclopentadecane-$O^1,O^4,O^7,O^{10},O^{13}$)-, 23:151
[73798-11-5], Europium, tris(nitrato-*O*)(1,4,7,10,13-pentaoxacyclopentadecane-$O^1,O^4,O^7,O^{10},O^{13}$)-, 23:151
[73817-12-6], Lanthanum, (1,4,7,10,13,16-hexaoxacyclooctadecane-$O^1,O^4,O^7,O^{10},O^{13},O^{16}$)tris(nitrato-*O*)-, 23:153
[73848-73-4], Tungsten(2+), bis[1,2-ethanediylbis[diphenylphosphine]-*P*,*P*']bis[[(4-methylphenyl)-amino]methylidyne]-, (*OC*-6-11)-, bis[tetrafluoroborate(1-)], 23:14
[73849-01-1], Cobalt(3+), hexaammine-, (*OC*-6-11)-, ethanedioate (2:3), tetrahydrate, 2:220
[73914-16-6], Nickel(2+), (2,3,10,11,13,19-hexamethyl-3,10,14,18,21,25-hexaazabicyclo[10.7.7]hexacosa-1,11,13,18,20,25-hexaene- $N^{14},N^{18},N^{21},N^{25}$)-, (*SP*-4-2)-, bis[hexafluorophosphate(1-)], 27:268
[73914-18-8], Cobalt(2+), (2,3,10,11,13,19-hexamethyl-3,10,14,18,21,25-hexaazabicyclo[10.7.7]hexacosa-1,11,13,18,20,25-hexaene- $N^{14},N^{18},N^{21},N^{25}$)-, [*SP*-4-2-(*Z*,*Z*)]-, bis[hexafluorophosphate(1-)], 27:270
[73963-97-0], Nickel cyanide (Ni(CN)), 5:200
[74077-58-0], Ethanaminium, *N*,*N*,*N*-triethyl-, (*OC*-6-11)-bis(acetonitrile)-tetrachlororuthenate(1-), 26:356
[74282-47-6], Ytterbium, [1,1'-oxybis[ethane]]bis[(1,2,3,4,5-η)-1,2,3,4,5-pentamethyl-2,4-cyclopentadien-1-yl]-, 27:148
[74353-85-8], Molybdenum(4+), nonaaquatri-μ-oxo-μ_3-oxotri-, *triangulo*, 23:136
[74364-66-2], Phosphorus(1+), triphenyl(*P*,*P*,*P*-triphenylphosphine imidato-*N*)-, (*T*-4)-, (*T*-4)-tetracarbonylrhodate(1-), 28:213
[74428-12-9], Cobyrinic acid, cyanide perchlorate, monohydrate, heptamethyl ester, 20:141
[74449-37-9], Nitrogen(1+), tetrafluoro-, (*T*-4)-, (*OC*-6-11)-hexafluoromanganate(2-) (2:1), 24:45
[74465-50-2], 1,3,2,4-Diazadiphosphetidin-2-amine, 4-chloro-*N*,1,3-tris(1-methylethyl)-*N*-(trimethylsilyl)-, 25:10
[74465-51-3], 2,4,6,8,9,10-Hexaaza-1,3,5,7-tetraphosphatricyclo[5.1.1.1^{3,5}]decane, 2,4,6,8,9,10-hexakis(1-methylethyl)-, 25:9
[74466-02-7], Nickel(2+), [1,1'-(2,12-dimethyl-1,5,9,13-tetraazacyclohexadeca-1,4,9,12-tetraene-3,11-diylidene)bis[*N*-methylethanamine]]-, [*SP*-4-2-(*Z*,*Z*)]-, bis[hexafluorophosphate(1-)], 27:266
[74466-43-6], Nickel, [[(2,12-dimethyl-1,5,9,13-tetraazacyclohexadeca-1,4,9,12-tetraene-3,11-diyl)bis[phenylmethanonato]](2-)- N^1,N^5,N^9,N^{13}]-, (*SP*-4-2)-, 27:273
[74466-59-4], Nickel, [2,12-dimethyl-1,5,9,13-tetraazacyclohexadeca-

1,4,9,12-tetraenato(2-)-N^1,N^5,N^9,N^{13}]-, (*SP*-4-2)-, 27:272
[74483-17-3], Phosphinous chloride, [phenyl(trimethylsilyl)methylene]-, 24:111
[74499-97-1], Titanate(1-), pentaoxoniobate-, hydrogen, compd. with methanamine (1:1), 22:89
[74499-98-2], Titanate(1-), pentaoxoniobate-, hydrogen, compd. with 1-propanamine (1:1), 22:89
[74499-99-3], Titanate(1-), pentaoxoniobate-, hydrogen, compd. with 1-butanamine (1:1), 22:89
[74500-04-2], Titanate(1-), pentaoxoniobate-, hydrogen, compd. with ethanamine (1:1), 22:89
[74594-41-5], Osmium, μ-carbonylnonacarbonyl[(η^5-2,4-cyclopentadien-1-yl)cobalt]di-μ-hydrotri-, (3*Co-Os*)(3*Os-Os*), 25:195
[74792-05-5], Phosphorus(1+), triphenyl(*P*,*P*,*P*-triphenylphosphine imidato-*N*)-, (*T*-4)-, dodecacarbonyl-μ_4-methanetetrayltctraferrate(2-) (5*Fe-Fe*) (2:1), 26:246
[74807-02-6], Copper(1+), (1,10-phenanthroline-N^1,N^{10})(L-serinato-*N*,O^1)-, sulfate (2:1), 21:115
[74823-90-8], Sulfur(1+), (hexathio)iodo-, (tetrasulfur)(2+) hexafluoroarsenate(1-) (4:1:6), 27:337
[74850-79-6], Rhodium, chlorobis[(1,2-η)-cyclooctene]-, 28:90
[74870-34-1], Ruthenium, (bromomercury)nonacarbonyl[μ_3-[(1-η:1,2-η:1,2-η)-3,3-dimethyl-1-butynyl]]tri-, (2*Hg-Ru*)(3*Ru-Ru*), 26:332
[74870-35-2], Ruthenium, nonacarbonyl [μ_3-[(1-η:1,2-η:1,2-η)-3,3-dimethyl-1-butynyl]](iodomercury)tri-, (2*Hg-Ru*)(3*Ru Ru*), 26:330
[74921-06-5], Aurate(1-), [L-cysteinato (2-)-*N*,*O*,*S*]-, hydrogen, 21:31
[75182-14-8], Ruthenium, chloro [(1,2,3,4,5,6-η)-hexamethylbenzene] hydro(triphenylphosphine)-, 26:181
[75182-15-9], Ruthenium, [2-(diphenylphosphino)phenyl-*C*,*P*][(1,2,3,4,5,6-η)-hexamethylbenzene]hydro-, 36:182
[75235-85-7], Phosphonous dichloride, [tris(trimethylsilyl)methyl]-, 27:239
[75338-98-6], Borate(1-), triethylhydro-, (*T*-4)-, 15:137
[75365-35-4], Cobalt(3+), diammine[*N*,*N'*-bis(2-aminoethyl)-1,2-ethanediamine-*N*,*N'*,*N''*,*N'''*]-, [*OC*-6-43-(*R**,*S**)]-, 23:79
[75365-37-6], Cobalt(3+), diammine[*N*,*N'*-bis(2-aminoethyl)-1,2-ethanediamine-*N*,*N'*,*N''*,*N'''*]-, [*OC*-6-22-[*S*-(*R**,*R**)]]-, 23:79
[75517-50-9], Iron, tricarbonylbis(2-isocyano-1,3-dimethylbenzene)-, (*TB*-5-22)-, 28:181
[75517-51-0], Iron, dicarbonyltris(2-isocyano-1,3-dimethylbenzene)-, 26:56; 28:182
[75517-52-1], Iron, carbonyltetrakis(2-isocyano-1,3-dimethylbenzene)-, 26:57; 28:183
[75522-50-8], Cobalt(2+), pentaammine-(trifluoromethanesulfonato-*O*)-, (*OC*-6-22)-, salt with trifluoromethanesulfonic acid (1:2), 22:104
[75522-52-0], Cobalt(1+), bis(1,2-ethanediamine-*N*,*N'*)bis(trifluoromethanesulfonato-*O*)-, (*OC*-6-22)-, salt with trifluoromethanesulfonic acid (1:1), 22:105
[75522-53-1], Cobalt, [*N*-(2-aminoethyl)-1,2-ethanediamine-*N*,*N'*,*N''*]tris(trifluoromethanesulfonato-*O*)-, (*OC*-6-33)-, 22:106
[75557-96-9], Iron, bis(1-methyl-1*H*-imidazole-N^3)[[*N*,*N'*,*N''*,*N'''*-(21*H*,23*H*-porphine-5,10,15,20-tetrayltetra-2,1-phenylene)tetrakis [2,2-dimethylpropanamidato]](2-)-N^{21},N^{22},N^{23},N^{24}]-, stereoisomer, 20:167

[75563-44-9], Palladium, 1,4-butanediyl-(*N,N,N',N'*-tetramethyl-1,2-ethanediamine-*N,N'*)-, (*SP*-4-2)-, 22:168

[75563-45-0], Palladium, 1,4-butanediylbis(triphenylphosphine)-, (*SP*-4-2)-, 22:169

[75598-29-7], Tungsten, tetrachlorobis-(methyldiphenylphosphine)-, 28:328

[75757-67-4], Indium sulfide (In_5S_4), 23:161

[75811-61-9], Ruthenium, μ-carbonyldicarbonylbis(η^5-2,4-cyclopentadien-1-yl)-μ-ethylidenedi-, (*Ru-Ru*), stereoisomer, 25:185

[75812-29-2], Ruthenium, μ-carbonylcarbonylbis(η^5-2,4-cyclopentadien-1-yl)[μ-[(1-η:1,2,3-η)-3-oxo-1,2-diphenyl-2- propenylidene]]di-, (*Ru-Ru*), 25:181

[75829-78-6], Ruthenium, μ-carbonyldicarbonylbis(η^5-2,4-cyclopentadien-1-yl)-μ-ethylidenedi-, (*Ru-Ru*), stereoisomer, 25:185

[75845-21-5], Neodymium(1+), (1,4,7,10,13,16-hexaoxacyclooctadecane-$O^1,O^4,O^7,O^{10},O^{13},O^{16}$)bis (nitrato-*O,O'*)-, hexakis(nitrato-*O,O'*) neodymate(3-) (3:1), 23:150; 23:155

[75845-24-8], Samarium(1+), (1,4,7,10,13,16-hexaoxacyclooctadecane-$O^1,O^4,O^7,O^{10},O^{13},O^{16}$)bis (nitrato-*O,O'*)-, hexakis(nitrato-*O,O'*)samarate(3-) (3:1), 23:155

[75845-27-1], Europium(1+), (1,4,7,10,13,16-hexaoxacyclooctadecane-$O^1,O^4,O^7,O^{10},O^{13},O^{16}$)bis (nitrato-*O,O'*)-, hexakis(nitrato-*O,O'*)europate(3-) (3:1), 23:155

[75845-30-6], Gadolinium(1+), (1,4,7,10,13,16-hexaoxacyclooctadecane-$O^1,O^4,O^7,O^{10},O^{13},O^{16}$)bis (nitrato-*O,O'*)-, hexakis(nitrato-*O,O'*)gadolinate(3-) (3:1), 23:155

[75901-26-7], Osmium, di-μ-carbonylnonacarbonyl(dicarbonylruthenium)di-μ-hydrotri-, (3*Os-Os*)(3*Os-Ru*), 21:64

[75936-48-0], Cobaltate(1-), bis(L-argininato-N^2,O^1)bis(nitrito-*N*)-, hydrogen, monohydrochloride, (*OC*-6-22-Λ)-, 23:91

[75949-87-0], Palladium, (2,2'-bipyridine-*N,N'*)-1,4-butanediyl-, (*SP*-4-2)-, 22:170

[75952-48-6], Ruthenium(1+), μ-carbonyldicarbonylbis(η^5-2,4-cyclopentadien-1-yl)-μ-ethylidynedi-, (*Ru-Ru*), stereoisomer, tetrafluoroborate(1-), 25:184

[75952-49-7], Ruthenium, μ-carbonyldicarbonylbis(η^5-2,4-cyclopentadien-1-yl)-μ-ethenylidenedi-, (*Ru-Ru*), stereoisomer, 25:183

[76001-23-5], Potassium, (tributylstannyl)-, 25:112

[76077-07-1], Thallium, chlorobis(2,3,5,6-tetrafluorophenyl)-, 21:73

[76107-32-9], Phosphorus(1+), triphenyl(*P,P,P*-triphenylphosphine imidato-*N*)-, (*T*-4)-, (*OC*-6-22)-(acetato-*O*)pentacarbonylmolybdate(1-), 27:297

[76124-93-1], Platinum, hydroxyphenylbis(triethylphosphine)-, (*SP*-4-1)-, 25:102

[76136-20-4], Palladium, chloro(diethylcarbamodiselenoato-*Se,Se'*)(triphenylphosphine)-, (*SP*-4-3)-, 21:10

[76136-47-5], Iron(1+), tricarbonyl(η^5-2,4-cyclopentadien-1-yl)-, salt with trifluoromethanesulfonic acid (1:1), 24:161

[76136-93-1], Platinum, (η^2-ethene)bis (triethylphosphine)-, 24:214; 28:133

[76137-65-0], Platinum, hydroxymethyl[1,3-propanediylbis[diphenylphosphine]-*P,P'*]-, (*SP*-4-3)-, 25:105

[76188-55-1], Poly(methylphenylsilylene), 25:56

- [76206-99-0], Molybdenum, dicarbonyl (η⁵-2,4-cyclopentadien-1-yl)[(η⁵-2,4-cyclopentadien-1-yl)nickel]-μ₃-ethylidyne (tricarbonylcobalt)-, (*Co-Mo*) (*Co-Ni*)(*Mo-Ni*), 27:192
- [76207-10-8], Lutetium, bis(η⁵-2,4-cyclopentadien-1-yl)(tetrahydrofuran) [(trimethylsilyl)methyl]-, 27:161
- [76207-12-0], Lutetium, bis(η⁵-2,4-cyclopentadien-1-yl)(4-methylphenyl) (tetrahydrofuran)-, 27:162
- [76256-47-8], Cadmium, (1,2-dimethoxyethane-*O*,*O*')bis(trifluoromethyl)-, (*T*-4)-, 24:55
- [76371-67-0], Carbamodiselenoic acid, dimethyl-, 1-methyl-2-oxopropyl ester, 24:132
- [76375-20-7], Cobalt(1+), [2-[1-[(2-aminoethyl)imino]ethyl]phenolato-N,N',O](1,2-ethanediamine-N,N') ethyl-, bromide, (OC-6-34)-, 23:165
- [76448-06-1], Borate(1-), 1,5-cyclooctanediyldihydro-, potassium, (*T*-4)-, 22:200
- [76448-07-2], Borate(1-), 1,5-cyclooctanediyldihydro-, sodium, (*T*-4)-, 22:200
- [76448-08-3], Borate(1-), 1,5-cyclooctane-diyldihydro-, lithium, (*T*-4)-, 22:199
- [76468-84-3], Phosphorus(1+), triphenyl(*P*,*P*,*P*-triphenylphosphine imidato-*N*)-, (*T*-4)-, salt with thioperoxynitrous acid (HNS(S₂)) (1:1), 25:37
- [76501-25-2], Rhenium, (2,2'-bipyridine-N,N')tricarbonyl(phosphorodifluoridato-O)-, (OC-6-33)-, 26:83
- [76614-27-2], Cobalt, bis(1,3-dihydro-1-methyl-2*H*-imidazole-2-thione-*S*)bis(nitrato-*O*)-, (*T*-4)-, 23:171
- [76624-80-1], Tungsten, dichlorotetrakis (trimethylphosphine)-, 28:329
- [76829-58-8], Chromium, pentacarbonyl (tetramethylthiourea-S)-, (OC 6-22)-, 23:2
- [76830-38-1], Hafnium, dicarbonylbis[(1,2,3,4,5-n)-1,2,3,4,5-pen-

- tamethyl-2,4-cyclopentadien-1-yl]-, 24:151; 28:255
- [76861-93-3], Ruthenium(1+), nonacarbonyl[μ -[(1- η :1,2- η :1,2- η)-3,3-dimethyl-1-butynyl]]di- μ -hydrotri-, triangulo, 26:329
- [76863-25-7], Phosphate(1-), hexafluoro-, hydrogen, compd. with 2,3,10,11,13,19-hexamethyl-3,10,14,18,21,25-hexaazabicyclo [10.7.7] hexacosa-1,11,13,18,20,25-hexaene (3:1), 27:269
- [76880-00-7], Platinate(2-), tetrakis(cyano-*C*)-, (*SP*-4-1)-, thallium(1+) carbonate (1:4:1), 21:153,154
- [76933-93-2], Lithium, [μ-[1,2-phenylenebis[(trimethylsilyl)methylene]]]bis(*N*,*N*,*N*,*N*-tetramethyl-1,2-ethanediamine-*N*,*N*')di-, 26:148
- [77153-92-5], Zinc(1+), chloro(2,9-dimethyl-3,10-diphenyl-1,4,8,11-tetraazacyclotetradeca-1,3,8,10-tetraene-*N*¹,*N*⁴,*N*⁸,*N*¹¹)-, (*SP*-5-12)-, hexafluorophosphate(1-), 22:111
- [77154-14-4], Copper(2+), (2,9-dimethyl-3,10-diphenyl-1,4,8,11-tetraaza-cyclotetradeca-1,3,8,10-tetraene-*N*¹,*N*⁴,*N*⁸,*N*¹¹)-, (*SP*-4-1)-, bis[hexa-fluorophosphate(1-)], 22:10
- [77187-67-8], Gallate(2-), hexachlorodi-, (*Ga-Ga*), dihydrogen, compd. with triphenylphosphine (1:2), 22:135,138
- [77187-69-0], Gallate(2-), hexaiododi-, (*Ga-Ga*), dihydrogen, compd. with triphenylphosphine (1:2), 22:135
- [77187-71-4], Gallate(2-), hexabromo-, (*Ga-Ga*), dihydrogen, compd. with triphenylphosphine (1:2), 22:135,138
- [77188-25-1], Gold, tris(pentafluorophenyl)(tetrahydrothiophene)-, (*SP*-4-2)-, 26:87
- [77273-54-2], 1,3-Diselenole, 2-(4,5-dimethyl-1,3-diselenol-2-ylidene)-4,5-dimethyl-, radical ion(1+), perchlorate, compd. with 2-(4,5-dimethyl-1,3-

- diselenol-2-ylidene)-4,5-dimethyl-1,3-diselenole (1:1), 24:136
- [77347-87-6], Osmate $(Os(OH)_4O_2^{2-})$, dipotassium, (OC-6-11)-, 20:61
- [77357-85-8], Uranium, tris(η⁵-2,4-cyclopentadien-1-yl)[(dimethylphenylphosphoranylidene)methyl]-, 27:177
- [77371-96-1], Terbium, tris(nitrato-O,O')(1,4,7,10,13-pentaoxacyclopentadecane-O¹,O⁴,O⁷,O¹⁰,O¹³)-, 23:151
- [77371-98-3], Dysprosium, tris(nitrato-O,O')(1,4,7,10,13-pentaoxacyclopentadecane-O1,O4,O7,O10,O13)-, 23:151
- [77372-00-0], Holmium, tris(nitrato-O,O')(1,4,7,10,13-pentaoxacyclopentadecane-O1,O4,O7,O10,O13)-, 23:151
- [77372-02-2], Erbium, tris(nitrato-O,O')(1,4,7,10,13-pentaoxacyclopentadecane- $O^1,O^4,O^7,O^{10},O^{13}$)-, 23:151
- [77372-07-7], Europium, (1,4,7,10,13,16-hexaoxacyclooctadecane- $O^1, O^4, O^7, O^{10}, O^{13}, O^{16}$)tris(nitrato-O, O')-, 23:153
- [77372-08-8], Terbium, (1,4,7,10,13,16-hexaoxacyclooctadecane- $O^1,O^4,O^7,O^{10},O^{13},O^{16}$)tris(nitrato-O,O')-, 23:153
- [77372-10-2], Dysprosium, (1,4,7,10,13,16-hexaoxacyclooctadecane-*O*¹,*O*⁴,*O*⁷,*O*¹⁰,*O*¹³,*O*¹⁶)tris (nitrato-*O*,*O*')-, 23:153
- [77372-11-3], Holmium, (1,4,7,10,13,16-hexaoxacyclooctadecane- $O^1,O^4,O^7,O^{10},O^{13},O^{16}$)tris(nitrato-O,O')-, 23:152
- [77372-14-6], Thulium, (1,4,7,10,13,16-hexaoxacyclooctadecane- $O^1,O^4,O^7,O^{10},O^{13},O^{16}$)tris(nitrato-O,O')-, 23:153
- [77372-16-8], Ytterbium, (1,4,7,10,13,16-hexaoxacyclooctadecane-*O*¹,*O*⁴,*O*⁷, *O*¹⁰,*O*¹³,*O*¹⁶)tris(nitrato-*O*,*O*')-, 23:153
- [77372-18-0], Lutetium, (1,4,7,10,13,16-hexaoxacyclooctadecane-

- *O*¹,*O*⁴,*O*⁷,*O*¹⁰,*O*¹³,*O*¹⁶)tris(nitrato-*O*,*O*')-, 23:153
- [77372-28-2], Erbium(1+), (1,4,7,10,13,16-hexaoxacyclooctadecane- $O^1,O^4,O^7,O^{10},O^{13},O^{16}$)bis(nitrato-O,O')-, (OC-6-11)-hexakis(nitrato-O) erbate(3-) (3:1), 23:155
- [77402-72-3], Erbium, (1,4,7,10,13,16-hexaoxacyclooctadecane- $O^1, O^4, O^7, O^{10}, O^{13}, O^{16}$)tris(nitrato-O, O')-, 23:153
- [77479-85-7], Tungsten, tetrakis[μ -(tri-fluoroacetato-O:O')]di-, (W-W), 26:222
- [77482-07-6], Iron, dicarbonyldihydrobis(trimethyl phosphite-*P*)-, (*OC*-6-13)-, 29:158
- [77507-69-8], 1*H*,5*H*-[1,4,2,3]Diazadiphospholo[2,3-*b*][1,4,2,3]diazadiphosphole-2,6(3*H*,7*H*)-dione, 1,3,5,7-tetramethyl-, 24:122
- [77507-92-7], Uranium, tris(η^5 -2,4-cyclopentadien-1-yl)(*N*-ethylethanaminato)-, 29:236
- [77589-78-7], Iron, tetrakis(η^5 -2,4-cyclopentadien-1-yl)[μ_3 -(disulfur-S:S:S')]tri- μ_3 -thioxotetra-, 21:45
- [77626-11-0], Stannane, tetra-1-propenyl-, 13:75
- [77649-30-0], Cerium, tetrakis(2,2,7-trimethyl-3,5-octanedionato-*O*,*O*')-, 23:147
- [77674-45-4], Gold(1+), bis[1,2-phenylenebis[dimethylarsine]-*As*,*As*']-, (*T*-4)-, bis(pentafluorophenyl)-aurate(1-), 26:89
- [77906-02-6], Phosphorus(1+), triphenyl(*P*,*P*,*P*-triphenylphosphine imidato-*N*)-, (*T*-4)-, hexa-μ-carbonylpentacarbonyl(carbonylplatinate) tetrarhodate(2-) (3*Pt*-*Rh*)(6*Rh*-*Rh*) (2:1), 26:375
- [77924-71-1], Iron(2+), tetrakis(η^5 -2,4-cyclopentadien-1-yl)[μ_3 -(disulfur-S:S:S')]tri- μ_3 -thioxotetra-, bis[hexa-fluorophosphate(1-)], 21:44

[78081-30-8], Ethanaminium, *N,N,N*-triethyl-, tricarbonyl(tri-μ-carbonylhexacarbonyltricobaltate)ruthenate(1-) (3*Co-Co*)(3*Co-Ru*), 26:358
[78090-78-5], Molybdenum(1+), carbonyl(η^5-2,4-cyclopentadien-1-yl)[1,1'-(η^2-1,2-ethynediyl)bis[benzene]](triphenylphosphine)-, tetrafluoroborate(1-), 26:104; 28:13
[78114-26-8], 3-Oxa-5-phospha-2,6-disilahept-4-ene, 4-(1,1-dimethylethyl)-2,2,6,6-tetramethyl-, 27:250
[78129-68-7], Phosphine, (2,2-dimethylpropylidyne)-, 27:249,251
[78179-93-8], Phosphorus(1+), triphenyl(*P,P,P*-triphenylphosphine imidato-*N*)-, (*T*-4)-, penta-μ-carbonyloctacarbonyl(carbonylplatinate) tetrarhodate(2-) (4*Pt-Rh*)(5*Rh-Rh*) (2:1), 26:373
[78220-27-6], Cobalt, tricarbonyl(pentafluorophenyl)(triphenylphosphine)-, (*TB*-5-13)-, 23:24
[78245-19-9], 2,3,13:7,8,11-Diphosphinidyne-1*H*,9*H*,11*H*,13*H*-pentaphospholo[*a*]pentaphospholo[4,5]pentaphospholo[1,2-*c*]pentaphosphole, ion(2-), 27:228
[78261-05-9], Palladium(1+), [bis[2-(diphenylphosphino)ethyl]phenylphosphine-*P,P',P''*](1,1,1,5,5,5-hexafluoro-4-hydroxy-3-penten-2-onato-O^4)-, (*SP*-4-1)-, salt with 1,1,1,5,5,5-hexafluoro-2,4-pentanedione, 27:320
[78274-33-6], Cadmium, bis(tetrahydrofuran)bis(trifluoromethyl)-, (*T*-4)-, 24:57
[78274-34-7], Cadmium, bis(pyridine)-bis(trifluoromethyl)-, (*T*-4)-, 24:57
[78319-35-4], Ruthenium, tetracarbonyl[(2,3-η)-methyl 2-propenoate]-, stereoisomer, 24:176; 28:47
[78362-94-4], Phosphorus(1+), triphenyl(*P,P,P*-triphenylphosphine imidato-*N*)-, (*T*-4)-, (*OC*-6-21)-pentacarbonylhydrochromate(1-), 22:183
[78409-02-6], Tungsten, [benzenaminato(2-)]tetrachloro-, 24:195
[78456-89-0], Ruthenium, tetracarbonyl(μ-carbonylhexacarbonyldicobalt)-, (*Co-Co*)(2*Co-Ru*), 26:354
[78547-62-3], Iron, nonacarbonyldi-μ-hydro-μ_3-thioxotri-, *triangulo*, 26:244
[78571-90-1], Phosphorus(1+), triphenyl(*P,P,P*-triphenylphosphine imidato-*N*)-, (*T*-4)-, di-μ-carbonylnonacarbonyl(dicarbonylferrate)- μ-hydrotriruthenate(1-) (3*Fe-Ru*)(3*Ru-Ru*), 21:60
[78614-86-5], Titanium, bis[(1,2,3,4,5-η)-1-methyl-2,4-cyclopentadien-1-yl](pentathio)-, 27:52
[78637-46-4], Phosphonium, triphenyl-(phenylmethyl)-, chloro(pentafluorophenyl)aurate(1-), 26:88
[78670-75-4], Rhenium, pentacarbonyl[tetrafluoroborato(1-)-*F*]-, (*OC*-6-22)-, 26:108; 28:15,17
[78670-77-6], Rhenium(1+), pentacarbonyl(η^2-ethene)-, tetrafluoroborate(1-), 26:110; 28:19
[78697-98-0], Osmium, nonacarbonyltri-μ-hydro[μ_3-(methoxyoxoethylidyne)]-tri-, *triangulo*, 27:204
[78709-75-8], Phosphorus(1+), triphenyl(*P,P,P*-triphenylphosphine imidato-*N*)-, (*T*-4)-, (*OC*-6-21)-pentacarbonylhydromolybdate(1-), 22:183
[78709-76-9], Phosphorus(1+), triphenyl(*P,P,P*-triphenylphosphine imidato-*N*)-, (*T*-4)-, (*OC*-6-21)-pentacarbonylhydrotungstate(1-), 22:182
[78857-04-2], Manganese, tricarbonyl-[(2,3,4,5-η)-2,3,4,5-tetrakis(methoxycarbonyl)-1,1-dimethyl-1*H*-phospholium]-, 26:167
[78857-08-6], Manganese, tetracarbonyl[2-(dimethylphosphinothioyl)-3-methoxy-1-(methoxycarbonyl)-3-oxo-1-propenyl-*C,S*]-, (*OC*-6-23)-, 26:163
[78971-14-9], Sodium, compd. with tantalum sulfide (TaS_2), 19:42,44

[79028-46-9], Nitrogen(1+), tetrafluoro-, (*T*-4)-, (*OC*-6-21)-pentafluorooxotungstate(1-), 24:47
[79061-73-7], Iron, μ-carbonyldodecacarbonyl-μ_4-methanetetrayltetra-, (5*Fe-Fe*), 27:185
[79073-99-7], Diphosphene, bis[2,4,6-tris(1,1-dimethylethyl)phenyl]-, 27:241
[79074-00-3], Phosphonous dichloride, [2,4,6-tris(1,1-dimethylethyl)phenyl]-, 27:236
[79085-63-5], Phosphorus(1+), triphenyl(*P,P,P*-triphenylphosphine imidato-*N*)-, (*T*-4)-, decacarbonyl-μ-nitrosyltriruthenate(1-) *triangulo*, 22:163,165
[79197-56-1], Molybdenum, dicarbonyl(η^5-2,4-cyclopentadien-1-yl)[tetrafluoroborato(1-)-*F*](triphenylphosphine)-, 26:98; 28:7
[79198-04-2], Tungstate(6-), aquabis[arsenito(3-)]trihexacontaoxoheneicosa-, tetrarubidium dihydrogen, tetratriacontahydrate, 27:113
[79199-99-8], Cobalt(1+), [2-[1-[(2-aminoethyl)imino]ethyl]phenolato-*N,N',O*](1,2-ethanediamine-*N,N'*)ethyl-, (*OC*-6-34)-, perchlorate, 23:169
[79233-90-2], Arsonium, tetraphenyl-, salt with 1,3,5,7-tetrathia(1,5-S^{IV})-2,4,6,8,9-pentaazabicyclo[3.3.1]nona-1,4,6,7-tetraene (1:1), 25:31
[79272-89-2], Palladium, bis[μ-(acetato-*O:O'*)]bis[2-(2-pyridinylmethyl)-phenyl-*C,N*]di-, stereoisomer, 26:208
[79272-90-5], Palladium, chloro(3,5-dimethylpyridine)[2-(2-pyridinylmethyl)phenyl-*C,N*]-, (*SP*-4-4)-, 26:210
[79372-14-8], Samarium, bis[(1,2,3,4,5-η)-1,2,3,4,5-pentamethyl-2,4-cyclopentadien-1-yl]bis(tetrahydrofuran)-, 28:297
[79452-37-2], Manganese, tetracarbonyl[[2-(diphenylphosphino)-phenyl]hydroxymethyl-*C,P*]-, (*OC*-6-23)-, 26:169
[79470-05-6], Iridium, chloro(dinitrogen)-hydro[tetrafluoroborato(1-)-*F*]bis(triphenylphosphine)-, (*OC*-6-42)-, 26:119; 28:25
[79502-29-7], Thulate(3-), tri-μ-bromo-hexabromodi-, trirubidium, 30:79
[79502-39-9], Platinate(2-), tetrakis(cyano-*C*)-, dithallium(1+), (*SP*-4-1)-, 21:153
[79594-15-3], Molybdenum(1+), tris(diethylphosphinodithioato-*S,S'*)tris[μ-(disulfur-*S,S':S,S'*)]-μ_3-thioxotri-, *triangulo*, diethyl phosphinodithioate, 23:120
[79680-14-1], Cobalt, bromobis[(2,3-butanedione dioximato)(1-)-*N,N'*][thiobis[methane]]-, (*OC*-6-23)-, 20:128
[79723-27-6], Ethanaminium, *N,N,N*-triethyl-, dodecacarbonyl-μ-hydro-μ_4-methanetetrayltetraferrate(1-) (5*Fe-Fe*), 27:186
[79792-57-7], Iridium(1+), diaquadihydrobis(triphenylphosphine)-, tetrafluoroborate(1-), 26:124; 28:58
[79826-48-5], Platinum, chlorobis(triethylphosphine)(trifluoromethanesulfonato-*O*)-, (*SP*-4-2)-, 26:126; 28:27
[79829-47-3], Iron, tricarbonyl(tri-μ-carbonylhexacarbonyltricobalt)[(triphenylphosphine)gold]-, (3*Au-Co*) (3*Co-Co*)(3*Co-Fe*), 27:188
[79935-97-0], 1,3,5,2,4,6-Triazatriphosphorine, 2,4-bis(1-aziridinyl)-2,4,6,6-tetrachloro-2,2,4,4,6,6-hexahydro-, *cis*-, 25:87
[79935-98-1], 1,3,5,2,4,6-Triazatriphosphorine, 2,4-bis(1-aziridinyl)-2,4,6,6-tetrachloro-2,2,4,4,6,6-hexahydro-, *trans*-, 25:87
[79950-09-7], Molybdate(2-), tris[μ-(disulfur-*S,S':S,S'*)]tris(dithio)-μ_3-thioxotri-, *triangulo*, diammonium, hydrate, 27:48,49

[79982-56-2], Osmium, bis(2,2'-bipyridine-*N,N'*)dichloro-, (*OC*-6-22)-, 24:294
[80044-75-3], Tungstate(4-), penta-μ-oxodecaoxobis[μ_5-[phenylphosphonato(2-)-*O*:*O*:*O'*:*O'*:*O''*]]penta-, tetrahydrogen, compd. with *N,N*- dibutyl-1-butanamine (1:4), 27:127
[80233-76-7], Rhenate (ReO_3^{1-}), lithium, 24:205; 30:189
[80233-77-8], Rhenate (ReO_3^{2-}), dilithium, 24:203; 30:188
[80302-57-4], Osmium, decacarbonyl-μ-hydro[(triethylphosphine)gold]tri-, (2*Au-Os*)(3*Os-Os*), 27:210
[80376-22-3], Phosphorus(1+), triphenyl(*P,P,P*-triphenylphosphine imidato-*N*)-, (*T*-4)-, stereoisomer of decacarbonyl-μ-hydrobis (triethylsilyl)triruthenate(1-) *triangulo*, 26:269
[80557-37-5], Chromium, (2,2'-bipyridine-*N,N'*)nitrosylbis(thiocyanato-*N*)-, 23:183
[80557-38-6], Chromium, nitrosyl(1,10-phenanthroline-N^1,N^{10})bis(thiocyanato-*N*)-, 23:185
[80583-48-8], 2,3-Dicarbahexaborane(8), 2,3-diethyl-, 22:211
[80583-60-4], 1*H*-1,2,3-Triphospholium, 3,3,4,5-tetrahydro-1,1,3,3-tetraphenyl-, (*OC*-6-11)-hexachlorostannate(2-) (2:1), 27:255
[80765-13-5], Phosphonium, tetraphenyl-, tetrakis(benzenethiolato)tetra-μ_3-thioxotetraferrate(2-) (2:1), 21:27
[80765-35-1], Chromium, [μ-(disulfur-*S*:*S*)][μ-(disulfur-*S,S'*:*S,S'*)]bis [(1,2,3,4,5-η)-1,2,3,4,5-pentamethyl-2,4-cyclopentadien- 1-yl]-μ-thioxodi-, (*Cr-Cr*), 27:69
[80785-72-4], Disilene, tetrakis(2,4,6-trimethylphenyl)-, 29:19,21
[80848-36-8], Cobalt, bis(η^2-ethene)[(1,2,3,4,5-η)-1,2,3,4,5-pentamethyl-2,4-cyclopentadien-1-yl]-, 23:19; 28:278
[81009-70-3], Neodymium, trichlorobis-(tetrahydrofuran)-, 27:140; 28:290
[81043-01-8], Potassium(1+), (1,4,7,10,13,16-hexaoxacyclooctadecane-O^1,O^4,O^7,O^{10},O^{13},O^{16})-, (*OC*-6-11)-, salt with phosphonous dicyanide (1:1), 25:126
[81132-99-2], Iron(1+), [μ-(acetyl-*C*:*O*)]tricarbonylbis(η^5-2,4-cyclopentadien-1-yl)(triphenylphosphine)di-, hexafluorophosphate(1-), 26:237
[81133-01-9], Molybdenum(1+), [μ-(acetyl-*C*:*O*)]tricarbonyl(η^5-2,4-cyclopentadien-1-yl)[dicarbonyl(η^5-2,4-cyclopentadien-1-yl) iron]-, hexafluorophosphate(1-), 26:239
[81133-03-1], Molybdenum(1+), [μ-(acetyl-*C*:*O*)]tricarbonyl[carbonyl(η^5-2,4-cyclopentadien-1-yl)(triphenylphosphine)iron](η^5-2,4- cyclopentadien-1-yl)-, hexafluorophosphate(1-), 26:241
[81141-29-9], Iron(1+), [μ-(acetyl-*C*:*O*)]tetracarbonylbis(η^5-2,4-cyclopentadien-1-yl)di-, hexafluorophosphate(1-), 26:235
[81201-03-8], Copper, (2,2'-bipyridine-*N,N'*)iodo(tributylphosphine)-, (*T*-4)-, 7:11
[81201-59-4], Nitric acid, ytterbium(3+) salt, trihydrate, 11:95
[81210-80-2], Osmium, nonacarbonyl-[tris(η^5-2,4-cyclopentadien-1-yl)trinickel]tri-, (*Ni-Ni*)(8*Ni-Os*)(3*Os-Os*), 26:365
[81455-78-9], Nitrogen(1+), tetrafluoro-, (*T*-4)-, hexafluorosilicate(2-) (2:1), 24:46
[81507-25-7], Lithium(1+), bis(tetrahydrofuran)-, bis[(1,2,3,4,5-η)-1,3-bis(trimethylsilyl)-2,4-cyclopentadien-1-yl]dichloroyttrate(1-), 27:170
[81507-27-9], Lithium(1+), bis(tetrahydrofuran)-, bis[(1,2,3,4,5-η)-1,3-bis(trimethylsilyl)-2,4-cyclopentadien-1-yl]dichlorolanthanate(1-), 27:170

[81507-29-1], Lithium(1+), bis(tetrahydrofuran)-, bis[(1,2,3,4,5-η)-1,3-bis(trimethylsilyl)-2,4-cyclopentadien-1-yl]dichlorocerate(1-), 27:170
[81507-31-5], Lithium(1+), bis(tetrahydrofuran)-, bis[(1,2,3,4,5-η)-1,3-bis(trimethylsilyl)-2,4-cyclopentadien-1-yl]dichloropraseodymate(1-), 27:170
[81507-33-7], Lithium(1+), bis(tetrahydrofuran)-, bis[(1,2,3,4,5-η)-1,3-bis(trimethylsilyl)-2,4-cyclopentadien-1-yl]dichloroneodymate(1-), 27:170
[81507-35-9], Lithium(1+), bis(tetrahydrofuran)-, bis[(1,2,3,4,5-η)-1,3-bis(trimethylsilyl)-2,4-cyclopentadien-1-yl]dichloroytterbate(1-), 27:170
[81507-53-1], Scandium, tetrakis[(1,2,3,4,5-η)-1,3-bis(trimethylsilyl)-2,4-cyclopentadien-1-yl]di-μ-chlorodi-, 27:171
[81507-54-2], Yttrium, tetrakis[(1,2,3,4,5-η)-1,3-bis(trimethylsilyl)-2,4-cyclopentadien-1-yl]di-μ-chlorodi-, 27:171
[81507-55-3], Cerium, tetrakis[(1,2,3,4,5-η)-1,3-bis(trimethylsilyl)-2,4-cyclopentadien-1-yl]di-μ-chlorodi-, 27:171
[81507-56-4], Praseodymium, tetrakis-[(1,2,3,4,5-η)-1,3-bis(trimethylsilyl)-2,4-cyclopentadien-1-yl]di-μ-chlorodi-, 27:171
[81507-57-5], Neodymium, tetrakis-[(1,2,3,4,5-η)-1,3-bis(trimethylsilyl)-2,4-cyclopentadien-1-yl]di-μ-chlorodi-, 27:171
[81519-28-0], Lithium(1+), bis(tetrahydrofuran)-, bis[(1,2,3,4,5-η)-1,3-bis(trimethylsilyl)-2,4-cyclopentadien-1-yl]dichloroscandate(1-), 27:170
[81523-75-3], Lanthanum, tetrakis[(1,2,3,4,5-η)-1,3-bis(trimethylsilyl)-2,4-cyclopentadien-1-yl]di-μ-chlorodi-, 27:171
[81523-76-4], Samarium, tetrakis-[(1,2,3,4,5-η)-1,3-bis(trimethylsilyl)-2,4-cyclopentadien-1-yl]di-μ-chlorodi-, 27:171
[81523-77-5], Gadolinium, tetrakis-[(1,2,3,4,5-η)-1,3-bis(trimethylsilyl)-2,4-cyclopentadien-1-yl]di-μ-chlorodi-, 27:171
[81523-78-6], Terbium, tetrakis[(1,2,3,4,5-η)-1,3-bis(trimethylsilyl)-2,4-cyclopentadien-1-yl]di-μ-chlorodi-, 27:171
[81523-79-7], Dysprosium, tetrakis-[(1,2,3,4,5-η)-1,3-bis(trimethylsilyl)-2,4-cyclopentadien-1-yl]di-μ-chlorodi-, 27:171
[81523-80-0], Holmium, tetrakis[(1,2,3,4,5-η)-1,3-bis(trimethylsilyl)-2,4-cyclopentadien-1-yl]di-μ-chlorodi-, 27:171
[81523-81-1], Erbium, tetrakis[(1,2,3,4,5-η)-1,3-bis(trimethylsilyl)-2,4-cyclopentadien-1-yl]di-μ-chlorodi-, 27:171
[81523-82-2], Thulium, tetrakis[(1,2,3,4,5-η)-1,3-bis(trimethylsilyl)-2,4-cyclopentadien-1-yl]di-μ-chlorodi-, 27:171
[81536-98-3], Lutetium, tetrakis[(1,2,3,4,5-η)-1,3-bis(trimethylsilyl)-2,4-cyclopentadien-1-yl]di-μ-chlorodi-, 27:171
[81536-99-4], Ytterbium, tetrakis[(1,2,3,4,5-η)-1,3-bis(trimethylsilyl)-2,4-cyclopentadien-1-yl]di-μ-chlorodi-, 27:171
[81537-00-0], Europium, tetrakis[(1,2,3,4,5-η)-1,3-bis(trimethylsilyl)-2,4-cyclopentadien-1-yl]di-μ-chlorodi-, 27:171
[81554-97-4], Osmium, dicarbonyl(η^5-2,4-cyclopentadien-1-yl)iodo-, 25:191
[81554-98-5], Osmium, dicarbonyliodo[(1,2,3,4,5-η)-1,2,3,4,5-pentamethyl-2,4-cyclopentadien-1-yl]-, 25:191
[81626-07-5], Phosphonous dichloride, [(chlorophosphinidene)bis(methylene)]bis-, 25:121
[81626-27-9], Titanium, bis[(1,2,3,4,5-η)-1,2,3,4,5-pentamethyl-2,4-cyclopentadien-1-yl](trithio)-, 27:62

[81770-53-8], Ytterbium, bis[1,1'-oxybis-[ethane]]bis[1,1,1-trimethyl-*N*-(trimethylsilyl)silanaminato]-, (*T*-4)-, 27:148
[81780-33-8], Zinc, tetraaquabis(1,2-benzisothiazol-3(2*H*)-one 1,1-dioxidato-*N*2)-, dihydrate, 23:49
[81780-34-9], Nickel, tetraaquabis(1,2-benzisothiazol-3(2*H*)-one 1,1-dioxidato-*N*2)-, dihydrate, 23:48
[81780-35-0], Cobalt, tetraaquabis(1,2-benzisothiazol-3(2*H*)-one 1,1-dioxidato-*N*2)-, dihydrate, 23:49
[81780-36-1], Iron, tetraaquabis(1,2-benzisothiazol-3(2*H*)-one 1,1-dioxidato-*N*2)-, dihydrate, 23:49
[81800-05-7], Platinum(1+), di-μ-hydrohydrotetrakis(triethylphosphine)di-, stereoisomer, tetraphenylborate(1-), 27:34
[81923-54-8], Ruthenium(2+), [(1,2,5,6-η)-1,5-cyclooctadiene]tetrakis(methylhydrazine-*N*2)-, bis[hexafluorophosphate(1-)], 26:74
[82055-65-0], Ruthenium, nonacarbonyl-[μ-(diphenylphosphino)]-μ-hydrotri-, *triangulo*, 26:264
[82056-02-8], 1,3,5,2,4,6-Triazatriphosphorine, 2,2,4,4,6-pentachloro-6-(ethenyloxy)-2,2,4,4,6,6-hexahydro-, 25:75
[82091-73-4], Ruthenium, di-μ-chlorodichlorobis[(1,2,3,4,5-η)-1,2,3,4,5-pentamethyl-2,4-cyclopentadien-1-yl]di-, 29:225
[82093-50-3], Osmium, dodecacarbonyldi-μ_3-thioxotetra-, (5*Os*-*Os*), 26:307
[82293-79-6], Rhenium, (η^5-2,4-cyclopentadien-1-yl)(methoxycarbonyl)nitrosyl(triphenylphosphine)-, 29:216
[82336-21-8], Rhenium(1+), carbonyl-(η^5-2,4-cyclopentadien-1-yl)nitrosyl(triphenylphosphine)-, stereoisomer, tetrafluoroborate(1-), 29:219
[82336-24-1], Rhenium, (η^5-2,4-cyclopentadien-1-yl)methylnitrosyl(triphenylphosphine)-, stereoisomer, 29:220
[82372-77-8], Rhenium, (η^5-2,4-cyclopentadien-1-yl)[[[1-(1-naphthalenyl)ethyl]amino]carbonyl]nitrosyl(triphenylphosphine)-, stereoisomer, 29:217
[82474-47-3], Iridium, carbonylchloromethyl[tetrafluoroborato(1-)-*F*]bis-(triphenylphosphine)-, (*OC*-6-52)-, 26:118; 28:24
[82582-50-1], Iridium(1+), (1,2-diiodobenzene-*I*,*I'*)dihydrobis(triphenylphosphine)-, (*OC*-6-33)-, tetrafluoroborate(1-), 26:125; 28:59
[82583-08-2], Tungsten(2+), tetrakis(acetonitrile)dinitrosyl-, (*OC*-6-22)-, bis[tetrafluoroborate(1-)], 26:133; 28:66
[82583-10-6], Molybdenum(2+), tetrakis(acetonitrile)dinitrosyl-, (*OC*-6-22)-, bis[tetrafluoroborate(1-)], 26:132; 28:65
[82584-48-3], Heptaphosphatricyclo-[2.2.1.0^{2,6}]heptane, trisodium salt, 30:56
[82604-34-0], Benzenamine, *N*,*N*-dimethyl-, compd. with sulfur trioxide (1:1), 2:174
[82613-90-9], Chromium, tetracarbonyl (triphenylphosphine)(triphenyl phosphite-*P*)-, (*OC*-6-23)-, 23:38
[82613-91-0], Chromium, tetracarbonyl-(triphenylarsine)(triphenyl phosphite-*P*)-, (*OC*-6-23)-, 23:38
[82613-92-1], Chromium, tetracarbonyl (trimethyl phosphite-*P*)(triphenylphosphine)-, (*OC*-6-23)-, 23:38
[82613-94-3], Chromium, tetracarbonyl (trimethyl phosphite-*P*)(triphenyl phosphite-*P*)-, (*OC*-6-23)-, 23:38
[82613-95-4], Chromium, tetracarbonyl (tributylphosphine)(triphenylarsine)-, (*OC*-6-23)-, 23:38

[82659-77-6], Chromium, tetracarbonyl-(trimethyl phosphite-*P*)(triphenylarsine)-, (*OC*-6-23)-, 23:38

[82678-94-2], Osmium, nonacarbonyl[(η^5-2,4-cyclopentadien-1-yl)cobalt]tri-μ-hydrotri-, (3*Co-Os*)(3*Os-Os*), 25:197

[82678-95-3], Osmium, nonacarbonyl[(η^5-2,4-cyclopentadien-1-yl)cobalt]tetra-μ-hydrotri-, (3*Co-Os*)(3*Os-Os*), 25:197

[82678-96-4], Osmium, nonacarbonyl[(η^5-2,4-cyclopentadien-1-yl)nickel]tri-μ-hydrotri-, (3*Ni-Os*)(3*Os-Os*), 26:362

[82749-97-1], Phosphonic acid, [2-(diethylamino)-2-oxoethyl]-, bis (1-methylethyl) ester, 24:101

[82840-51-5], Nickel, [butanamidato(2-)-C^4,N^1](tricyclohexylphosphine)-, 26:206

[82978-84-5], Vanadium, [μ-(disulfur-*S*:*S*')][μ-(disulfur-*S*,*S*':*S*,*S*')]bis-[(1,2,3,4,5-η)-1-methyl-2,4-cyclopentadien-1-yl]-μ- thioxodi-, (*V-V*), 27:54

[83042-08-4], Chromate(1-), fluorotrioxo-, (*T*-4)-, hydrogen, compd. with pyridine (1:1), 27:310

[83045-20-9], Thorate(14-), bis[[μ_{11}-[tetrahydroxyborato(5-)-*O*:*O*:*O*:*O*':*O*':*O*':*O*":*O*":*O*":*O*'":*O*'"]] eicosa-μ-oxoundecaoxoundeca tungstate]octa-μ-oxo-, tetradecapotassium, 23:189

[83096-05-3], Iron, bis[(2,3,4,5,6-η)-2,3-diethyl-1,4,5,6-tetrahydro-2,3-dicarbahexaborato(2-)]dihydro-, 22:215

[83096-06-4], 1,2,3,4-Tetracarbadodecaborane(12), 1,2,3,4-tetraethyl-, 22:217

[83115-11-1], Diphosphene, bis[tris(trimethylsilyl)methyl]-, 27:241,242

[83115-12-2], Phosphine, [2,4,6-tris(1,1-dimethylethyl)phenyl]-, 27:237

[83242-24-4], Ruthenium, (carbonothioyl) tri-μ-chlorochlorotetrakis (triphenylphosphine)di-, compd. with 2-propanone (1:1), 21:29

[83242-25-5], Ruthenium, carbonyltri-μ-chlorochlorotetrakis(triphenylphosphine)di-, compd. with 2-propanone (1:2), 21:30

[83270-11-5], Ethanaminium, *N*,*N*,*N*-triethyl-, dodecacarbonyl-μ_4-methanetetrayltetraferrate(2-) (5*Fe-Fe*) (2:1), 27:187

[83311-31-3], Rhenium(1+), dioxotetrakis (pyridine)-, (*OC*-6-12)-, perchlorate, 21:117

[83311-32-4], Niobium, di-μ-chlorotetrachloro[μ-[thiobis[methane]]]bis[thiobis[methane]]di-, 21:16

[83312-28-1], Phosphorus(1+), triphenyl(*P*,*P*,*P*-triphenylphosphine imidato-*N*)-, (*T*-4)-, μ-carbonyltridecacarbonyl-μ_5-nitridopenta ruthenate(1-) (8*Ru-Ru*), 26:288

[83356-87-0], Iron, [[1,2-cyclohexanedione *O*,*O*'-bis[[[[2-(hydroxyimino)-cyclohexylidene]amino]oxy]-phenylboryl]dioximato](2-)-*N*,*N*',*N*",*N*'",*N*"",*N*""']-, (*OC*-6-11)-, 21:112

[83418-07-9], Palladium(1+), [*N*,*N*-bis[2-(dimethylamino)ethyl]-*N*',*N*'-dimethyl-1,2-ethanediamine-N^{N^1},N^1,N^2]chloro-, chloride, (*SP*-4-2)-, 21:129

[83418-08-0], Palladium(1+), [*N*,*N*-bis[2-(dimethylamino)ethyl]-*N*',*N*'-dimethyl-1,2-ethanediamine-N^{N^1},N^1,N^2]iodo-, iodide, (*SP*-4-2)-, 21:130

[83418-09-1], Palladium(1+), [*N*,*N*-bis[2-(dimethylamino)ethyl]-*N*,*N*'-dimethyl-1,2-ethanediamine-N^{N^1},N^1,N^2]bromo-, bromide, (*SP*-4-2)-, 21:131

[83438-71-5], Phosphine, [bis(trimethylsilyl)methylene][chlorobis(trimethylsilyl)methyl]-, 24:119

[83438-72-6], Phosphorane, bis[bis(trimethylsilyl)methylene]chloro-, 24:120

[83542-12-5], Tungsten, trichloro(1,2-dimethoxyethane-*O*,*O*')(2,2-dimethylpropylidyne)-, 26:50

- [83571-72-6], Platinum, (η²-ethene)bis-[tris(1-methylethyl)phosphine]-, 24:215; 28:135
- [83571-73-7], Platinum, bis(diethylphenylphosphine)(η²-ethene)-, 24:216; 28:135
- [83571-74-8], Platinum, [1,2-ethanediyl-bis[diphenylphosphine]-P,P'](η^2 -ethene)-, 24:216; 28:135
- [83664-61-3], Molybdenum, [µ-(diethylphosphinodithioato-S:S')]tris(diethylphosphinodithioato-S,S')tri-µ-thioxo-µ₃-thioxotri-, triangulo, 23:121
- [83679-23-6], Platinate(7-), hexadecakis-(cyano-*C*)tetra-, (3*Pt-Pt*), cesium azide (1:8:1), 21:149
- [83704-68-1], Molybdenum, [bis(benzonitrile)platinum]hexacarbonylbis(η⁵-2,4-cyclopentadien-1-yl)di-, (2*Mo-Pt*), stereoisomer, 26:345
- [83753-25-7], Thiotrithiazyl iodide $((N_3S_4)I)$, 9:107
- [83779-62-8], Silver(1+), bis(octasulfur-S¹,S³)-, (*T*-4)-, hexafluoroarsenate(1-), 24:74
- [83781-30-0], Osmium(2+), pentaammine(trifluoromethanesulfonato-*O*)-, (*OC*-6-22)-, salt with trifluoromethanesulfonic acid (1:2), 24:271
- [83781-31-1], Osmium(3+), pentaammineaqua-, (*OC*-6-22)-, salt with trifluoromethanesulfonic acid (1:3), 24:273
- [83781-33-3], Osmium(3+), (acetonitrile)-pentaammine-, (*OC*-6-22)-, salt with trifluoromethanesulfonic acid (1:3), 24:275
- [83827-38-7], Tungsten(1+), pentacarbonyl[(diethylamino)methylidyne]-, (*OC*-6-21)-, tetrafluoroborate(1-), 26:40
- [83827-44-5], Tungsten, tetracarbonyl-(cyanato-*N*)[(diethylamino)methylidyne]-, (*OC*-6-32)-, 26:42
- [83853-39-8], Palladate(2-), (hexathio- S^1)(pentathio)-, diammonium, 21:14

- [83853-75-2], Rhodium, (carboxylato)-chlorobis[1,2-phenylenebis[dimethylarsine]-*As*,*As*']-, (*OC*-6-11)-, 21:101
- [83928-37-4], Osmium, tridecacarbonyldi- μ_3 -thioxotetra-, (30s-0s), 26:307
- [83966-11-4], Ferrate(2-), di-μ₃-carbonylnonacarbonyltri-, *triangulo*, disodium, 24:157; 28:203
- [84009-26-7], Indium(5+), [[4,4',4",4"'-(21*H*,23*H*-porphine-5,10,15,20-tetrayl)tetrakis[1-methylpyridiniumato]](2-)-*N*²¹,*N*²²,*N*²³,*N*²⁴]-, (*SP*-4-1)-, pentaperchlorate, 23:55,57
- [84032-42-8], Phosphonium, tetraphenyl-, tetrakis(benzenethiolato)di-μ-thioxodi-ferrate(2-) (2:1), 21:26
- [84041-23-6], Methanaminium, *N*-(4,5-dimethyl-1,3-diselenol-2-ylidene)-*N*-methyl-, hexafluorophosphate(1-), 24:133
- [84159-21-7], 1-Butanaminium, *N*,*N*,*N*-tributyl-, tetrakis(2-methyl-2-propanethiolato)tetra-μ₃-selenoxotetraferrate(2-) (2:1), 21:37
- [84247-67-6], $1\lambda^4$ -1,2,4,6,3,5-Thiatriazadiphosphorine, 1-chloro-3,3,5,5-tetrahydro-3,3,5,5-tetraphenyl-, 25:40
- [84254-57-9], Rhodium(2+), pentaammine(trifluoromethanesulfonato-*O*)-, (*OC*-6-22)-, salt with trifluoromethanesulfonic acid (1:2), 24:253
- [84254-59-1], Iridium(2+), pentaammine(trifluoromethanesulfonato-*O*)-, (*OC*-6-22)-, salt with trifluoromethanesulfonic acid (1:2), 24:164
- [84254-61-5], Chromium(2+), pentaammine(trifluoromethanesulfonato-*O*)-, (*OC*-6-22)-, salt with trifluoromethanesulfonic acid (1:2), 24:250
- [84254-63-7], Platinum(3+), pentaammine(trifluoromethanesulfonato-*O*)-, (*OC*-6-22)-, salt with trifluoromethanesulfonic acid (1:3), 24:278

- [84270-63-3], Ytterbium, bis(η^5 -2,4-cyclopentadien-1-yl)(1,2-dimethoxyethane-O,O')-, 26:22; 28:295
- [84270-64-4], Samarium, tris(η^5 -2,4-cyclopentadien-1-yl)(tetrahydrofuran)-, 28:294
- [84270-65-5], Neodymium, tris(η⁵-2,4cyclopentadien-1-yl)(tetrahydrofuran)-, 28:293
- [84278-98-8], Ruthenium(2+), pentaammine(trifluoromethanesulfonato-*O*)-, (*OC*-6-22)-, salt with trifluoromethanesulfonic acid (1:2), 24:258
- [84330-39-2], Ruthenium, decacarbonyl(dimethylphenylphosphine)(2-isocyano-2-methylpropane)tri-, *triangulo*, 26:275; 28:224
- [84356-31-0], Thallium, chlorobis(2,3,4,6-tetrafluorophenyl)-, 21:73
- [84411-66-5], Tungsten, tricarbonyl[1,2-ethanediylbis[diphenylphosphine]-*P*,*P*'](2-propanone)-, (*OC*-6-33)-, 29:143
- [84411-69-8], Osmium, carbonyl[(*S*,1,5-η)-5-thioxo-2,4-pentadienyl-idene]bis(triphenylphosphine)-, stereoisomer, 26:188
- [84430-71-7], Molybdenum, hexahydrotris(tricyclohexylphosphine)-, 27:13
- [84444-42-8], Magnesium, tris[µ-[1,2-phenylenebis(methylene)]]hexakis (tetrahydrofuran)tri-, cyclo, 26:147
- [84580-21-2], Tungsten, tricarbonyltris-(propanenitrile)-, 27:4; 28:30
- [84582-81-0], Lutetium, (n⁸-1,3,5,7-cyclooctatetraene)[2-[(dimethylamino)methyl]phenyl-*C*,*N*](tetrahydrofuran)-, 27:153
- [84624-72-6], Platinum(1+), μ-hydrodihydrotetrakis(triethylphosphine)di-, (*Pt-Pt*), tetraphenylborate(1-), 27:32
- [84699-82-1], Ruthenium, di-µ-carbonyl-nonacarbonyl(carbonylcobalt)[tris(tri-

- phenylphosphine)trigold]tri-, (2Au-Au)(2Au-Co)(5Au-Ru) (3Co-Ru)(3Ru-Ru), 26:327
- [84802-26-6], Ruthenium, octadecacarbonylbis[μ_3 -[(1- η :1,2- η :1,2- η)-3,3-dimethyl-1-butynyl]](mercury)hexa-, (4Hg-Ru)(6Ru-Ru), 26:333
- [84802-27-7], Molybdenum, tricarbonyl(η^5 -2,4-cyclopentadien-1-yl)mercurate[nonacarbonyl[μ_3 -[(1- η :1,2- η :1,2- η)- 3,3-dimethyl-1-butynyl]]triruthenate]-, (Hg-Mo)(2Hg-Ru)(3Ru-Ru), 26:333
- [84809-76-7], Phosphorus(1+), triphenyl(*P*,*P*,*P*-triphenylphosphine imidato-*N*)-, (*T*-4)-, di-μ-carbonyltetradecacarbonyl-μ₆-nitrido hexaruthenate(1-) octahedro, 26:287
- [85004-93-9], Aluminum, bromobis-[(trimethylsilyl)methyl]-, 24:94
- [85191-96-4], Ruthenium, nonacarbonyl-[(η⁵-2,4-cyclopentadien-1yl)nickel]tri-μ-hydrotri-, (3*Ni-Ru*)(3*Ru-Ru*), 26:363
- [85458-48-6], Manganese, octacarbonyl[μ-(diphenylphosphino)]-μ-hydrodi-, (*Mn-Mn*), 26:226
- [85482-14-0], 2,3,13:7,8,11-Diphosphinidyne-1*H*,9*H*,11*H*,13*H*pentaphospholo[*a*]pentaphospholo [4,5]pentaphospholo[1,2-*c*]pentaphosphole, dilithium salt, 27:227
- [85959-83-7], Hafnium, dichlorobis[(1,2,3,4,5-η)-1,2,3,4,5-pentamethyl-2,4-cyclopentadien-1-yl]-, 24:154
- [86142-37-2], Tungsten, [benzenamina-to(2-)]trichlorobis(trimethylphos-phine)-, (*OC*-6-31)-, 24:196
- [86197-01-5], Diphosphinium, 1,1,1tris(dimethylamino)-2-[tris(dimethylamino)phosphoranylidene]-, tetraphenylborate(1-), 27:256
- [86272-87-9], Ruthenium, tricarbonyl(hexacarbonyldicobalt)-μ₃thioxo-, (Co-Co)(2Co-Ru), 26:352

[86277-05-6], Ruthenium, decacarbonyl-(dimethylphenylphosphine)tetra-μ-hydro[tris(4-methylphenyl) phosphite-*P*]tetra-, tetrahedro, 26:278; 28:229
[86286-58-0], Cobaltate(1-), [[*N*,*N'*-(1-methyl-1,2-ethanediyl)bis[*N*-(carboxymethyl)glycinato]](4-)-*N*,*N'*,*O*,*O'*,O^N,$O^{N'}$]-, potassium, [*OC*-6-42-*A*-(*R*)]-, 23:101
[86292-13-9], Ruthenium, undecacarbonyltetra-μ-hydro[tris(4-methylphenyl) phosphite-*P*]tetra-, tetrahedro, 26:277; 28:227
[86390-13-8], Niobium, di-μ-chlorotetrachlorobis[1,2-ethanediylbis[diphenylphosphine]-*P*,*P'*]di-, 21:18
[86421-28-5], Rhenium, ethoxydiiodooxobis(triphenylphosphine)-, (*OC*-6-12)-, 27:15
[86442-02-6], Molybdenum, hexacarbonyltris[μ-(1,3,5,7-tetramethyl-1*H*,5*H*-[1,4,2,3]diazadiphospholo-[2,3-*b*][1,4,2,3]diazadiphosphole-2,6(3*H*,7*H*)-dione-P^4:P^8)]di-, 24:124
[86526-70-7], Lithium, [8-(dimethylamino)-1-naphthalenyl-*C*,*N*][1,1'-oxybis[ethane]]-, 26:154
[86632-56-6], Cobalt, bis[μ-[bis(1,1-dimethylethyl)phosphino]]tetracarbonyldi-, (*Co-Co*), 25:177
[86634-83-5], Carbamic acid, nitro-, dipotassium salt, 1:68,70
[86728-84-9], Tungsten, tetrakis[μ-(2,2-dimethylpropanoato-*O*:*O'*)]di-, (*W-W*), 26:223
[86747-87-7], Iridium, tetrahydro[(1,2,3,4,5-η)-1,2,3,4,5-pentamethyl-2,4-cyclopentadien-1-yl]-, 27:19
[86854-47-9], Iridium(2+), tris[1,2-ethanediylbis[diphenylphosphine]-*P*,*P'*]tri-μ-hydro-μ_3-hydrotrihydrotri-, *triangulo*, bis[tetrafluoroborate(1-)], 27:25
[86854-49-1], Iridium(1+), tris[1,2-ethanediylbis[diphenylphosphine]-*P*,*P'*]tri-μ-hydrotrihydro[(nitrato-*O*,*O'*)gold]tri-, (3*Au-Ir*)(3*Ir-Ir*), tetrafluoroborate(1-), 29:290
[86993-13-7], Ruthenium, μ-carbonyl-dicarbonylbis(η^5-2,4-cyclopentadien-1-yl)-μ-methylenedi-, (*Ru-Ru*), 25:182
[87006-53-9], 1,3,5,2,4,6-Triazatriphosphorine, 2,2,4,4,6-pentachloro-6-(ethenyloxy)-2,2,4,4,6,6-hexahydro-, homopolymer, 25:77
[87040-41-3], Rhodium, bis[μ-[(1,1-dimethylethyl)phosphino]]tetrakis (trimethylphosphine)di-, (*Rh-Rh*), stereoisomer, 25:174
[87040-42-4], Nickel, bis[μ-[(1,1-dimethylethyl)phosphino]]tetrakis (trimethylphosphine)di-, (*Ni-Ni*), stereoisomer, 25:176
[87163-02-8], Phosphoranetriamine, 1,1'-methanetetraylbis[*N*,*N*,*N'*,*N'*,*N''*,*N''*-hexamethyl-, 24:114
[87174-39-8], Vanadium, [μ-(disulfur-*S*:*S'*)]bis[(1,2,3,4,5-η)-1-methyl-2,4-cyclopentadien-1-yl]di-μ-thioxodi-, (*V-V*), 27:55
[87183-61-7], Nickel(2+), tris(1,10-phenanthroline-N^1,N^{10})-, (*OC*-6-11)-, bis[(*T*-4)-tetracarbonylcobaltate(1-)], 5:193; 5:195
[87208-54-6], Tungsten, bis[μ-[benzenaminato(2-)]]tetrachlorobis[2-methyl-2-propanaminato(2-)]bis(2-methyl-2-propanamine)di-, stereoisomer, 27:301
[87482-65-3], Nickel, tris[tris(4-methylphenyl) phosphite-*P*]-, 15:11
[87654-17-9], Thorium, bis[(1,2,3,4,5-η)-1,3-bis(trimethylsilyl)-2,4-cyclopentadien-1-yl]dichloro-, 27:173
[87654-18-0], Uranium, bis[(1,2,3,4,5-η)-1,3-bis(trimethylsilyl)-2,4-cyclopentadien-1-yl]dichloro-, 27:174
[87824-97-3], Platinate(2-), tetrakis-(cyano-*C*)-, barium (1:1), trihydrate, (*SP*-4-1)-, 19:112
[87825-70-5], Rhenate (ReO_4^{1-}), (*T*-4)-, salt with 2-(5,6-dihydro-1,3-dithiolo[4,5-*b*][1,4]dithiin-2-ylidene)-5,6-

dihydro-1,3-dithiolo [4,5-*b*][1,4]dithiin (1:2), 26:391
[87851-12-5], Phosphorus(1+), triphenyl-(*P*,*P*,*P*-triphenylphosphine imidato-*N*)-, (*T*-4)-, octadecacarbonylhexaosmate(2-) octahedro (2:1), 26:300
[88006-39-7], Osmium, decacarbonylbis-[(triphenylphosphine)gold]tri-, (4*Au*-*Os*)(3*Os*-*Os*), 27:211
[88006-40-0], Osmium, decacarbonyl-bis[(triethylphosphine)gold]tri-, (4*Au*-*Os*)(3*Os*-*Os*), 27:211
[88035-90-9], Tungsten, tricarbonyl[1,2-ethanediylbis[diphenylphosphine]-*P*,*P'*](phenylethenylidene)-, (*OC*-6-32)-, 29:144
[88303-92-8], Phosphonium, tetraphenyl-, stereoisomer of bis(dithio)di-μ-thioxo-dithioxodimolybdate(2-) (2:1), 27:45
[88326-13-0], Phosphorus(1+), triphenyl(*P*,*P*,*P*-triphenylphosphine imidato-*N*)-, (*T*-4)-, stereoisomer of pentacarbonyl-μ-hydro (tetracarbonylferrate)molybdate(1-), 26:338
[88326-15-2], Phosphorus(1+), triphenyl(*P*,*P*,*P*-triphenylphosphine imidato-*N*)-, (*T*-4)-, stereoisomer of pentacarbonyl-μ-hydro (tetracarbonylferrate)tungstate(1-), 26:336
[88494-52-4], Ruthenium, bis(benzo-[*h*]quinolin-10-yl-C^{10},N^1)dicarbonyl-, (*OC*-6-22)-, 26:177
[88504-81-8], 1-Butanaminium, *N*,*N*,*N*-tributyl-, fluorosulfate, 26:393
[88567-84-4], Phosphorus(1+), triphenyl(*P*,*P*,*P*-triphenylphosphine imidato-*N*)-, (*T*-4)-, μ-carbonyltridecacarbonyl-μ_5-methane tetraylpentaruthenate(2-) (8*Ru*-*Ru*) (2:1), 26:284
[88574-94-1], Trithiazetidinyl, 18:124
[88610-99-5], Nickel(2+), [3,11-bis(methoxyphenylmethylene)-2,12-dimethyl-1,5,9,13-tetraazacyclohexadeca-1,4,9,12-tetraene-N^1,N^5,N^9,N^{13}]-, (*SP*-4-2)-, bis[hexafluorophosphate-(1-)], 27:275
[88611-05-6], Nickel(2+), [α,α'-(2,12-dimethyl-1,5,9,13-tetraazacyclohexadeca-1,4,9,12-tetraene-3,11-diyl)bis[*N*-(phenylmethyl) benzenemethanamine]]-, (*SP*-4-2)-, bis[hexafluorophosphate(1-)], 27:276
[88635-37-4], Nickel(2+), [14,20-dimethyl-2,12-diphenyl-3,11-bis(phenylmethyl)-3,11,15,19,22,26-hexaazatricyclo[11.7.7.$1^{5,9}$]octacosa-1,5,7,9(28),12,14,19,21,26-nonaene-N^{15},N^{19},N^{22},N^{26}]-, (*SP*-4-2)-, bis-[hexafluorophosphate(1-)], 27:277
[88646-27-9], Gadolinium, (2,4-pentanedionato-*O*,*O'*)[5,10,15,20-tetraphenyl-21*H*,23*H*-porphinato(2-)-N^{21},N^{22},N^{23},N^{24}]-, 22:160
[88718-65-4], Phosphinimidic acid, *P*-methyl-*P*-phenyl-*N*-(trimethylsilyl)-, 2,2,2-trifluoroethyl ester, 25:72
[88733-82-8], Poly[nitrilo(methylphenylphosphoranylidyne)], 25:69,72-73
[88746-45-6], Osmium, μ_3-carbonyl-nonacarbonyl-μ_3-thioxotri-, *triangulo*, 26:305
[88765-05-3], Molybdate(2-), bis[L-cysteinato(2-)-*N*,*O*,*S*]dioxodi-μ-thioxodi-, (*Mo*-*Mo*), disodium, tetrahydrate, stereoisomer, 29:258
[88921-50-0], Tungsten, tetrakis[μ-(acetato-*O*:*O'*)]di-, (*W*-*W*), 26:224
[89061-06-3], Iodide (I_3^{1-}), salt with 2-(5,6-dihydro-1,3-dithiolo[4,5-*b*][1,4]dithiin-2-ylidene)-5,6-dihydro-1,3-dithiolo[4,5-*b*][1,4]dithiin (1:2), 29:42
[89085-91-6], Phenol, 2,6-bis(1,1-dimethylethyl)-4-methyl-, scandium(3+) salt, 27:167
[89085-92-7], Phenol, 2,6-bis(1,1-dimethylethyl)-4-methyl-, yttrium(3+) salt, 27:167
[89085-93-8], Phenol, 2,6-bis(1,1-dimethylethyl)-4-methyl-, lanthanum(3+) salt, 27:166

[89085-94-9], Phenol, 2,6-bis(1,1-dimethylethyl)-4-methyl-, praseodymium(3+) salt, 27:167
[89085-95-0], Phenol, 2,6-bis(1,1-dimethylethyl)-4-methyl-, neodymium(3+) salt, 27:167
[89085-96-1], Phenol, 2,6-bis(1,1-dimethylethyl)-4-methyl-, dysprosium(3+) salt, 27:167
[89085-97-2], Phenol, 2,6-bis(1,1-dimethylethyl)-4-methyl-, holmium(3+) salt, 27:167
[89085-98-3], Phenol, 2,6-bis(1,1-dimethylethyl)-4-methyl-, erbium(3+) salt, 27:167
[89085-99-4], Phenol, 2,6-bis(1,1-dimethylethyl)-4-methyl-, ytterbium(3+) salt, 27:167
[89087-44-5], Rhenium, (2,2'-bipyridine-*N,N'*)tricarbonylfluoro-, (*OC*-6-33)-, 26:82
[89189-70-8], Tungsten, [benzenaminato(2-)]trichlorobis(dimethylphenylphosphine)-, (*OC*-6-31)-, 24:196
[89189-71-9], Tungsten, [benzenaminato(2-)]trichlorobis(triphenylphosphine)-, (*OC*-6-31)-, 24:196
[89189-76-4], Tungsten, [benzenaminato(2-)]dichlorotris(2-isocyano-2-methylpropane)-, 24:198
[89198-92-5], Cobalt, dicarbonyl(pentafluorophenyl)bis(triphenylphosphine)-, (*TB*-5-23)-, 23:25
[89346-97-4], Platinum(1+), [bis(triphenylphosphine)digold]chlorobis (triethylphosphine)-, (*Au-Au*)(2*Au-Pt*), stereoisomer, salt with trifluoromethanesulfonic acid (1:1), 27:218
[89401-43-4], Chromium, pentacarbonylbis(η^5-2,4-cyclopentadien-1-yl)[μ-(disulfur-*S:S,S'*)]di-, 29:252
[89420-55-3], Phosphonium, tetraphenyl-, hexabromodigallate(2-) (*Ga-Ga*) (2:1), 22:139
[89460-54-8], Ruthenium, μ-carbonyldicarbonylbis(η^5-2,4-cyclopentadien-1-yl)-μ-ethenylidenedi-, (*Ru-Ru*), stereoisomer, 25:183
[89462-41-9], 6,15-Phosphinidene-2,3,17:9,10,13-diphosphinidyne-1*H*,6*H*,11*H*,13*H*,15*H*,17*H*-bispentaphospholo[1',2':3,4]pentaphospholo [1,2-*a*:2',1'-*d*]hexaphosphorin, trisodium salt, 27:227
[89485-40-5], Lutetate(2-), pentachloro-, dicesium, 22:6; 30:77,78
[89485-41-6], Lutetate(3-), hexachloro-, tricesium, (*OC*-6-11)-, 22:6; 30:77
[89631-65-2], 1,3,5,2,4,6-Triazatriphosphorine, 2,4-bis(1-aziridinyl)-2,2,4,4,6,6-hexahydro-2,4,6,6-tetrakis(methylamino)-, *cis*-, 25:89
[89631-66-3], 1,3,5,2,4,6-Triazatriphosphorine, 2,4-bis(1-aziridinyl)-2,2,4,4,6,6-hexahydro-2,4,6,6-tetrakis(methylamino)-, *trans*-, 25:89
[89631-67-4], 1,3,5,2,4,6-Triazatriphosphorine, 2,2-bis(1-aziridinyl)-2,2,4,4,6,6-hexahydro-4,4,6,6-tetrakis(methylamino)-, 25:89
[89689-95-2], Manganese, pentacarbonyl(trifluoromethanesulfonato-*O*)-, (*OC*-6-22)-, 26:114
[89768-95-6], Lanthanum, (2,4-pentanedionato-*O,O'*)[5,10,15,20-tetraphenyl-21*H*,23*H*-porphinato(2-)-N^{21},N^{22},N^{23},N^{24}]-, 22:160
[89768-96-7], Lanthanum, (2,2,6,6-tetramethyl-3,5-heptanedionato-*O,O'*)[5,10,15,20-tetraphenyl-21*H*,23*H*-porphinato(2-)-N^{21},N^{22},N^{23},N^{24}]-, 22:160
[89768-97-8], Cerium, bis(2,4-pentanedionato-*O,O'*)[5,10,15,20-tetraphenyl-21*H*,23*H*-porphinato(2-)-N^{21},N^{22},N^{23},N^{24}]-, 22:160
[89768-98-9], Praseodymium, (2,4-pentanedionato-*O,O'*)[5,10,15,20-

tetrakis(4-methylphenyl)-21*H*,23*H*-porphinato(2-)-N^{21},N^{22},N^{23},N^{24}]-, 22:160
[89768-99-0], Neodymium, (2,2,6,6-tetramethyl-3,5-heptanedionato-*O*,*O*')[5,10,15,20-tetraphenyl-21*H*,23*H*-porphinato(2-)-N^{21},N^{22},N^{23},N^{24}]-, 22:160
[89769-00-6], Samarium, (2,2,6,6-tetramethyl-3,5-heptanedionato-*O*,*O*')[5,10,15,20-tetraphenyl-21*H*,23*H*-porphinato(2-)-N^{21},N^{22},N^{23},N^{24}]-, 22:160
[89769-01-7], Europium, (2,4-pentanedionato-*O*,*O*')[5,10,15,20-tetrakis(3,5-dichlorophenyl)-21*H*,23*H*-porphinato(2-)-N^{21},N^{22},N^{23},N^{24}]-, 22:160
[89769-02-8], Terbium, (2,2,6,6-tetramethyl-3,5-heptanedionato-*O*,*O*')[5,10,15,20-tetraphenyl-21*H*,23*H*-porphinato(2-)-N^{21},N^{22},N^{23},N^{24}]-, 22:160
[89769-03-9], Dysprosium, (2,2,6,6-tetramethyl-3,5-heptanedionato-*O*,*O*')[5,10,15,20-tetraphenyl-21*H*,23*H*-porphinato(2-)-N^{21},N^{22},N^{23},N^{24}]-, 22:160
[89769-04-0], Holmium, (2,2,6,6-tetramethyl-3,5-heptanedionato-*O*,*O*')[5,10,15,20-tetraphenyl-21*H*,23*H*-porphinato(2-)-N^{21},N^{22},N^{23},N^{24}]-, 22:160
[89769-05-1], Erbium, (2,4-pentanedionato-*O*,*O*')[5,10,15,20-tetrakis(3-fluorophenyl)-21*H*,23*H*-porphinato(2-)-N^{21},N^{22},N^{23},N^{24}]-, 22:160
[89769-06-2], Thulium, (2,2,6,6-tetramethyl-3,5-heptanedionato-*O*,*O*')[5,10,15,20-tetraphenyl-21*H*,23*H*-porphinato(2-)-N^{21},N^{22},N^{23},N^{24}]-, 22:160
[89780-87-0], Ytterbium, [5,10,15,20-tetrakis(3-fluorophenyl)-21*H*,23*H*-porphinato(2-)-N^{21},N^{22},N^{23},N^{24}](2,2,6,6-tetramethyl-3,5- heptanedionato-*O*,*O*')-, 22:160
[89918-29-6], Nickel, bis[1,2-bis(4-methylphenyl)-1,2-ethenedithiolato(2-)-*S*,*S*']-, (*SP*-4-1)-, 10:9
[90065-87-5], Chromium(2+), pentakis(methanamine)(trifluoromethanesulfonato-*O*)-, (*OC*-6-22)-, salt with trifluoromethanesulfonic acid (1:2), 24:280
[90065-88-6], Cobalt(2+), pentakis(methanamine)(trifluoromethanesulfonato-*O*)-, (*OC*-6-22)-, salt with trifluoromethanesulfonic acid (1:2), 24:281
[90065-89-7], Rhodium(2+), pentakis(methanamine)(trifluoromethanesulfonato-*O*)-, (*OC*-6-22)-, salt with trifluoromethanesulfonic acid (1:2), 24:281
[90065-91-1], Chromium(1+), bis(1,2-ethanediamine-*N*,*N*')bis(trifluoromethanesulfonato-*O*)-, (*OC*-6-22)-, salt with trifluoromethanesulfonic acid (1:1), 24:251
[90065-93-3], Rhodium(1+), bis(1,2-ethanediamine-*N*,*N*')bis(trifluoromethanesulfonato-*O*)-, (*OC*-6-22)-, salt with trifluoromethanesulfonic acid (1:1), 24:285
[90065-95-5], Iridium(1+), bis(1,2-ethanediamine-*N*,*N*')bis(trifluoromethanesulfonato-*O*)-, (*OC*-6-22)-, salt with trifluoromethanesulfonic acid (1:1), 24:290
[90065-97-7], Rhodium(1+), chlorobis(1,2-ethanediamine-*N*,*N*')(trifluoromethanesulfonato-*O*)-, (*OC*-6-23)-, salt with trifluoromethanesulfonic acid (1:1), 24:285
[90065-99-9], Iridium(1+), chlorobis(1,2-ethanediamine-*N*,*N*')(trifluoromethanesulfonato-*O*)-, (*OC*-6-23)-, salt with trifluoromethanesulfonic acid (1:1), 24:289
[90066-04-9], Iridium(3+), hexaammine-, (*OC*-6-11)-, salt with trifluoromethanesulfonic acid (1:3), 24:267

[90078-32-3], Cobalt, [*N*-(2-aminoethyl)-1,2-ethanediamine-*N*,*N*',*N*'']tris(thiocyanato-*S*)-, (*OC*-6-21)-, 7:209
[90084-45-0], Rhodium(3+), hexaammine-, (*OC*-6-11)-, salt with trifluoromethanesulfonic acid (1:3), 24:255
[90084-46-1], Iridium(3+), pentaammineaqua-, (*OC*-6-22)-, salt with trifluoromethanesulfonic acid (1:3), 24:265
[90245-62-8], Tungsten, dichlorotetrakis(methyldiphenylphosphine)-, (*OC*-6-12)-, 28:331
[90443-36-0], Cobaltate(1-), [[*N*,*N*'-(1-methyl-1,2-ethanediyl)bis[*N*-(carboxymethyl)glycinato]](4-)-*N*,*N*',*O*,*O*',O^N,$O^{N'}$]-, cesium, [*OC*-6-42-*C*-(*S*)]-, 23:103
[90443-37-1], Cobaltate(1-), [[*N*,*N*'-(1-methyl-1,2-ethanediyl)bis[*N*-(carboxymethyl)glycinato]](4-)-*N*,*N*',*O*,*O*',O^N,$O^{N'}$]-, cesium, (*OC*-6-42)-, 23:103
[90443-38-2], Cobaltate(1-), [[*N*,*N*'-(1-methyl-1,2-ethanediyl)bis[*N*-(carboxymethyl)glycinato]](4-)-*N*,*N*',*O*,*O*',O^N,$O^{N'}$]-, rubidium, [*OC*-6-42-*A*-(*R*)]-, 23:101
[90463-09-5], Cobaltate(1-), [[*N*,*N*'-(1-methyl-1,2-ethanediyl)bis[*N*-(carboxymethyl)glycinato]](4-)-*N*,*N*',*O*,*O*',O^N,$O^{N'}$]-, cesium, [*OC*-6-42-*A*-(*R*)]-, 23:103
[90580-82-8], Ruthenium, trichloro(thionitrosyl)bis(triphenylphosphine)-, (*OC*-6-31)-, 29:161
[90636-15-0], Ruthenium, [(acetonitrile) copper]tricarbonyl(tri-μ-carbonylhexacarbonyltricobalt)-, (3*Co*-*Co*)(3*Co*-*Cu*)(3*Co*-*Ru*), 26:359
[90739-53-0], Phosphorus(1+), triphenyl(*P*,*P*,*P*-triphenylphosphine imidato-*N*)-, (*T*-4)-, octacarbonyl[μ-(diphenylphosphino)]dimanganate(1-) (*Mn*-*Mn*), 26:228
[90739-58-5], Manganese, octacarbonyl-(chloromercury)[μ-(diphenylphosphino)]di-, (2*Hg*-*Mn*)(*Mn*-*Mn*), 26:230
[90830-07-2], Borane-^{10}B, dibromomethyl-, 22:223
[90830-08-3], 1,2,4,3,5-Trithiadiborolane-3,5-$^{10}B_2$, 3,5-dimethyl-, 22:225
[90911-10-7], Osmium, nonacarbonyl[μ_3-(chloromethylidyne)]tri-μ-hydrotri-, *triangulo*, 27:205
[91032-61-0], Manganese, octacarbonyl[μ-(diphenylphosphino)][(triphenylphosphine)gold]di-, (2*Au*-*Mn*)(*Mn*-*Mn*), 26:229
[91068-15-4], Diphosphinium, 1,1,1-triphenyl-2-(triphenylphosphoranylidene)-, (*T*-4)-tetrachloroaluminate (1-), 27:254
[91128-40-4], Iron, nonacarbonyl-μ-hydro[μ_3-[tetrahydroborato(1-)-*H*:*H*':*H*'']]tri-, *triangulo*, 29:273
[91171-69-6], Ferrate(2-), [[*N*,*N*'-1,2-cyclohexanediylbis[*N*-(carboxymethyl)glycinato]](4-)-*N*,*N*',*O*,*O*',O^N] (dinitrogen)-, disodium, dihydrate, 24:210
[91185-44-3], Ferrate(2-), (dinitrogen)-[[*N*,*N*'-1,2-ethanediylbis[*N*-(carboxymethyl)glycinato]](4-)-*N*,*N*',*O*,*O*',O^N]-, disodium dihydrate, 24:208
[91230-96-5], Rhodium(1+), dichlorobis(1,2-ethanediamine-*N*,*N*')-, (*OC*-6-12)-, (hydrogen dichloride), dihydrate, 24:283
[91280-08-9], Nitrogen sulfide (NS), homopolymer, (*E*)-, 6:127
[91409-99-3], Benzamide, *N*-[2-(diphenylphosphino)phenyl]-, 27:323
[91410-02-5], Benzamide, 2-(diphenylphosphino)-*N*-phenyl-, 27:324
[91425-17-1], Phosphine, (trimethylsilyl)[2,4,6-tris(1,1-dimethylethyl)-phenyl]-, 27:238
[91498-96-3], Disulfurous acid, disodium salt, heptahydrate, 2:162,165

[91513-88-1], Chromium, tricarbonyltris(propanenitrile)-, 28:32

[91686-41-8], 2,3-Dicarbahexaborane(8), 2,3-bis(trimethylsilyl)-, 29:92

[91760-38-2], Platinum, chlorohydrobis(trimethylphosphine)-, (*SP*-4-3)-, 29:190

[91798-52-6], Molybdenum(4+), octaaquadi-, (*Mo-Mo*), 23:131

[91897-69-7], Platinum, (1,2-cyclohexanediamine-*N,N'*)[L-lyxo-3-hexulosonic acid γ-lactonato(2-)-C^2,O^5]-, [*SP*-4-2-(1*R-trans*)]-, 27:283

[91979-69-0], Tantalum, pentachloro(propanenitrile)-, (*OC*-6-21)-, 12:228

[91993-52-1], Boron, (*N,N*-dimethylmethanamine)dihydro(methoxycarbonyl)-, (*T*-4)-, 25:84

[92055-44-2], Iron, μ-boryl-μ-carbonylnonacarbonyl-μ-hydrotri-, *triangulo*, 29:269

[92141-39-4], Chromium, tetrakis[μ-(acetato-*O*:*O'*)]di-, (*Cr-Cr*), dihydrate, 8:129

[92225-90-6], Tantalum, (butanenitrile)pentachloro-, (*OC*-6-21)-, 12:228

[92225-93-9], Tantalum, (butanenitrile)pentabromo-, (*OC*-6-21)-, 12:228

[92272-01-0], Rhenium(1+), bis(1,2-ethanediamine-*N,N*)dioxo-, iodide, 8:176

[92305-50-5], Zirconium, tetrachlorobis(propanenitrile)-, 12:228

[92462-65-2], Dithiotetrathiazyl chloride ((N_4S_6)Cl_2), 9:109

[92622-25-8], 1-Butanaminium, *N,N,N*-tributyl-, (*SP*-5-21)-tetrachlorooxotechnetate(1-)-^{99}Tc, 21:160

[92641-28-6], Cobaltate(1-), [[*N,N'*-1,2-ethanediylbis[*N*-(carboxymethyl)glycinato]](4-)-*N,N',O,O'*,O^N,$O^{N'}$]-, barium (2:1), (*OC*-6-21)-, 5:186

[92656-71-8], Titanium, tetrabromobis(propanenitrile)-, 12:229

[92656-72-9], Zirconium, tetrabromobis(propanenitrile)-, 12:228

[92671-60-8], Iodate(1-), dibromo-, salt with 2-(5,6-dihydro-1,3-dithiolo[4,5-*b*][1,4]dithiin-2-ylidene)-5,6-dihydro-1,3-dithiolo [4,5-*b*][1,4]dithiin (1:2), 29:45

[92719-86-3], Molybdenum, dicarbonyl(η^5-2,4-cyclopentadien-1-yl)[(2,3-η)-1*H*-triphosphirenato-P^1]-, 27:224

[92763-66-1], Chromium, tetraaquabis(1,2-benzisothiazol-3(2*H*)-one 1,1-dioxidato-N^2)-, dihydrate, (*OC*-6-11)-, 27:309

[92786-65-7], 1-Butanaminium, *N,N,N*-tributyl-, (η^5-2,4-cyclopentadien-1-yl)[μ_{12}-[orthosilicato(4-)-*O*:*O*:*O*:*O'*:*O'*:*O'*:*O''*:*O''*:*O''*:*O'''*:*O'''*:*O'''*]]penta-μ-oxodi-μ_3-oxo(pentadeca-μ-oxononaoxononatungstate)(tri-μ-oxodioxotrivanadate)titanate(4-) (4:1), 27:132

[92844-06-9], 1-Butanaminium, *N,N,N*-tributyl-, hydrogen bis[μ_{12}-[orthosilicato(4-)-*O*:*O*:*O*:*O'*:*O'*:*O'*:*O''*:*O''*:*O''*:*O'''*:*O'''*:*O'''*]] heneicosa-μ-oxo(triaconta-μ-oxooctadecaoxooctadecatungstate)hexaniobate(8-) (6:2:1), 29:240

[93063-22-0], Rhenium(2+), hydroxyoxobis(1,2-propanediamine-*N,N'*)-, diperchlorate, 8:176

[93081-72-2], Ruthenium, (η^5-2,4-cyclopentadien-1-yl)(2-phenylethyl)bis(triphenylphosphine)-, 21:82

[93192-00-8], Rhenium(1+), dioxobis(1,3-propanediamine-*N,N'*)-, chloride, (*OC*-6-12)-, 8:176

[93219-91-1], Cobalt, [*N*-(2-aminoethyl)-1,2-ethanediamine-*N,N',N''*]hydroxybis(thiocyanato-*S*)-, 7:208

[93222-18-5], Vanadate(6-), nona-μ-oxotrioxo(pentadeca-μ-oxononaoxononatungstate)[μ_{12}-[phosphato(3-)-*O*:*O*:*O*:*O'*:*O'*:*O'*:*O''*:*O''*:*O''*:*O'''*:*O'''*:*O'''*]]tri-, hexacesium, 27:100

[93280-40-1], Vanadate(1-), oxo[phosphato(3-)-*O*]-, hydrogen, hydrate (2:1), 30:243
[93300-78-8], Vanadate(7-), nickelatedeca-μ-oxohexa-μ_3-oxodi-μ_4-oxodi-μ_5-oxodi-μ_6-oxohexadecaoxotrideca-, heptapotassium, 15:108
[93410-45-8], Benzenethiol, 4-ethyl-, gold(1+) salt, 23:192
[93474-07-8], Molybdenum, tetracarbonylbis(η^5-2,4-cyclopentadien-1-yl)[μ-(diphosphorus-*P*,*P*':*P*,*P*')]di-, (*Mo-Mo*), 27:224
[93474-29-4], Sulfur, pentafluoro(3,4,4-trifluoro-1,2-oxathietan-3-yl)-, *S*,*S*-dioxide, (*OC*-6-21)-, 29:36
[93582-31-1], Ruthenium, μ-aquabis-[(1,2,5,6-η)-1,5-cyclooctadiene]-bis[μ-(trifluoroacetato-*O*:*O*')]bis-(trifluoroacetato-*O*)di-, stereoisomer, 26:254
[93582-33-3], Ruthenium, μ-aquabis[μ-(chloroacetato-*O*:*O*')]bis(chloroacetato-*O*)bis[(1,2,5,6-η)-1,5-cyclooctadiene]di-, stereoisomer, 26:256
[93843-61-9], Cobalt, tetraammine[ethanedioato(2-)-*O*,*O*'](nitrito-*N*)-, 6:191
[93895-63-7], Iridium(2+), bis[1,2-ethanediylbis[diphenylphosphine]-*P*,*P*'][(triphenylphosphine)gold]-, (*Au-Ir*), stereoisomer, bis[tetrafluoroborate(1-)], 29:296
[93895-69-3], Iridium(1+), (nitrato-*O*,*O*')bis(triphenylphosphine)[tris(triphenylphosphine)trigold]-, (2*Au-Au*)(3*Au-Ir*), tetrafluoroborate(1-), 29:285
[93895-71-7], Iridium(1+), [bis(triphenylphosphine)digold]hydro(nitrato-*O*,*O*')bis(triphenylphosphine)-, (*Au-Au*)(2*Au-Ir*), stereoisomer, tetrafluoroborate(1-), 29:284
[93895-83-1], Zirconium, bis(η^5-2,4-cyclopentadien-1-yl)tri-μ-hydrohydro[tris(dimethylphenylphosphine)osmium]-, (*Os-Zr*), 27:27
[93936-18-6], Lead hydroxide oxide ($Pb(OH)_2O$), 1:46
[94121-20-7], Gadolinium(3+), bis(nitrato-*O*,*O*')(1,4,7,10,13-pentaoxacyclopentadecane-$O^1,O^4,O^7,O^{10},O^{13}$)-, hexakis(nitrato-*O*,*O*')gadolinate(3-) (3:1), 23:151
[94121-23-0], Terbium(1+), bis(nitrato-*O*,*O*')(1,4,7,10,13-pentaoxacyclopentadecane-$O^1,O^4,O^7,O^{10},O^{13}$)-, hexakis(nitrato-*O*,*O*')terbate(3-) (3:1), 23:153
[94121-26-3], Dysprosium(1+), bis(nitrato-*O*,*O*')(1,4,7,10,13-pentaoxacyclopentadecane-$O^1,O^4,O^7,O^{10},O^{13}$)-, hexakis(nitrato-*O*,*O*')dysprosate(3-) (3:1), 23:153
[94121-29-6], Holmium(1+), bis(nitrato-*O*,*O*')(1,4,7,10,13-pentaoxacyclopentadecane-$O^1,O^4,O^7,O^{10},O^{13}$)-, hexakis(nitrato-*O*,*O*')holmate(3-) (3:1), 23:153
[94121-32-1], Erbium(1+), bis(nitrato-*O*,*O*')(1,4,7,10,13-pentaoxacyclopentadecane-$O^1,O^4,O^7,O^{10},O^{13}$)-, hexakis(nitrato-*O*,*O*')erbate(3-) (3:1), 23:153
[94121-35-4], Ytterbium(1+), bis(nitrato-*O*,*O*')(1,4,7,10,13-pentaoxacyclopentadecane-$O^1,O^4,O^7,O^{10},O^{13}$)-, hexakis(nitrato-*O*,*O*')ytterbate(3-) (3:1), 23:153
[94121-36-5], Lanthanum(1+), (1,4,7,10,13,16-hexaoxacyclooctadecane-$O^1,O^4,O^7,O^{10},O^{13},O^{16}$)bis(nitrato-*O*,*O*')-, hexakis(nitrato-*O*,*O*')lanthanate(3-) (3:1), 23:155
[94121-38-7], Praseodymium(1+), (1,4,7,10,13,16-hexaoxacyclooctadecane-$O^1,O^4,O^7,O^{10},O^{13},O^{16}$)bis(nitrato-*O*,*O*')-, hexakis(nitrato-*O*,*O*')praseodymate(3-) (3:1), 23:155
[94121-39-8], Terbium(1+), (1,4,7,10,13,16-hexaoxacyclooctadecane-$O^1,O^4,O^7,O^{10},O^{13},O^{16}$)bis(nitrato-

O,O')-, hexakis(nitrato-*O,O'*)terbate (3-) (3:1), 23:155
[94121-41-2], Ytterbium(1+), (1,4,7,10,13,16-hexaoxacyclooctadecane-$O^1,O^4,O^7,O^{10},O^{13},O^{16}$)bis (nitrato-*O,O'*)-, hexakis(nitrato-*O,O'*)ytterbate(3-) (3:1), 23:155
[94152-75-7], Ytterbium, tris(nitrato-*O,O'*)(1,4,7,10,13-pentaoxacyclopentadecane-$O^1,O^4,O^7,O^{10},O^{13}$)-, hydrate, 23:151
[94351-81-2], Ferrocenium-^{59}Fe, perchlorate, 7:203,205
[94351-83-4], Ferrocenium-^{55}Fe, perchlorate, 7:203,205
[94387-53-8], Ferrocene-^{55}Fe, 7:201,202
[94890-70-7], Titanium, dichlorobis(η^5-1-chloro-2,4-cyclopentadien-1-yl)-, 29:200
[95274-94-5], Neodymium, bis(η^5-2,4-cyclopentadien-1-yl)(1,1-dimethylethyl)(tetrahydrofuran)-, 27:158
[95797-73-2], Tungstate(15-), hexaconta-μ-oxotriacontaoxopentakis[μ_6-[phosphato(3-)-*O:O:O':O':O":O'"*]]triaconta-, tetradecaammonium sodium, hydrate, 27:115
[95976-59-3], Platinate(2-), tris(pentathio)-, diammonium, (*OC*-6-11)-(+)-, 21:12,13
[96022-58-1], Fluorosulfate, salt with 2-(5,6-dihydro-1,3-dithiolo[4,5-*b*][1,4]dithiin-2-ylidene)-5,6-dihydro-1,3-dithiolo[4,5-*b*][1,4]dithiin (1:1), 26:393
[96212-29-2], Ethanaminium, *N,N,N*-triethyl-, tris[μ-(benzenethiolato)]-hexacarbonyldimanganate(1-), 25:118
[96357-56-1], 1,3,5,7,2,4,6,8-Tetrazatetraphosphocine, 2-(1-aziridinyl)-2,4,4,6,6,8,8-heptachloro-2,2,4,4,6,6,8,8-octahydro-, 25:91
[96357-67-4], 1,3,5,7,2,4,6,8-Tetrazatetraphosphocine, 2,6-bis(1-aziridinyl)-2,4,4,6,8,8-hexachloro-2,2,4,4,6,6,8,8-octahydro-, *trans*-, 25:91
[96357-68-5], 1,3,5,7,2,4,6,8-Tetrazatetraphosphocine, 2,6-bis(1-aziridinyl)-2,4,4,6,8,8-hexachloro-2,2,4,4,6,6,8,8-octahydro-, *cis*-, 25:91
[96357-69-6], 1,3,5,7,2,4,6,8-Tetrazatetraphosphocine, 2,4-bis(1-aziridinyl)-4,4,6,6,8,8-hexachloro-2,2,4,4,6,6,8,8-octahydro-, *trans*-, 25:91
[96357-70-9], 1,3,5,7,2,4,6,8-Tetrazatetraphosphocine, 2,4-bis(1-aziridinyl)-4,4,6,6,8,8-hexachloro-2,2,4,4,6,6,8,8-octahydro-, *cis*-, 25:91
[96357-71-0], 1,3,5,7,2,4,6,8-Tetrazatetraphosphocine, 2,2-bis(1-aziridinyl)-4,4,6,6,8,8-hexachloro-2,2,4,4,6,6,8,8-octahydro-, 25:91
[96381-07-6], 1,3,5,7,2,4,6,8-Tetrazatetraphosphocine, 2,6-bis(1-aziridinyl)-2,2,4,4,6,6,8,8-octahydro-2,4,4,6,8,8-hexakis(methylamino)-, *trans*-, 25:91
[96412-34-9], Rhenium, pentacarbonyl(trifluoromethanesulfonato-*O*)-, (*OC*-6-22)-, 26:115
[96504-50-6], Lutetium, chloro(η^8-1,3,5,7-cyclooctatetraene)(tetrahydrofuran)-, 27:152
[96705-41-8], Iridium(1+), di-μ-hydro-[tetrakis(triphenylphosphine)tetragold] bis(triphenylphosphine)-, (*5Au-Au*)-(*4Au-Ir*), tetrafluoroborate(1-), 29:296
[97012-32-3], Aurate(1-), diiodo-, salt with 2-(5,6-dihydro-1,3-dithiolo[4,5-*b*][1,4]dithiin-2-ylidene)-5,6-dihydro-1,3-dithiolo[4,5-*b*] [1,4]dithiin (1:2), 29:48
[97133-90-9], Cobalt(3+), diammine[*N,N'*-bis(2-aminoethyl)-1,2-ethanediamine-*N,N',N",N'"*]-, [*OC*-6-22-(*R**,*R**)]-, 23:79
[97138-66-4], Manganese, tris(2,2,7-trimethyl-3,5-octanedionato-*O,O'*)-, 23:148

[97197-50-7], Palladium, (η^5-2,4-cyclopentadien-1-yl)(8-methoxy-4-cycloocten-1-yl)-, 13:60
[97252-87-4], Erbate(2-), pentachloro-, dirubidium, 30:78
[97252-88-5], Thulate(2-), pentachloro-, dirubidium, 30:78
[97252-89-6], Lutetate(2-), pentachloro-, dirubidium, 30:78
[97252-98-7], Holmate(2-), pentachloro-, dicesium, 30:78
[97252-99-8], Erbate(2-), pentachloro-, dicesium, 30:78
[97253-00-4], Ytterbate(2-), pentachloro-, dicesium, 30:78
[97348-27-1], Thulate(2-), pentachloro-, dicesium, 30:78
[97436-76-5], Iodine, (benzoato-*O*)(quinoline-*N*)-, 7:170
[97649-01-9], Vanadate(7-), manganatedeca-μ-oxohexa-μ_3-oxodi-μ_4-oxodi-μ_5-oxodi-μ_6-oxohexadecaoxotrideca-, 15:105,107
[97785-15-4], Samarium, trichlorobis(tetrahydrofuran)-, 27:140; 28:290
[98014-15-4], Ruthenium(1+), bis(2,2'-bipyridine-*N,N'*)dichloro-, chloride, dihydrate, (*OC*-6-22)-, 24:293
[98182-49-1], Tungstate(1-), decacarbonyl-μ-hydrodi-, potassium, 23:27
[98240-95-0], Ruthenium, docosacarbonyl[μ-[1,2-ethynediylbis[diphenylphosphine]-*P*:*P'*]]hexa-, (6*Ru-Ru*), 26:277; 28:226
[98419-59-1], Ruthenium, μ-carbonyltricarbonyl[μ_3-[(1-η:1,2-η:2-η)-1,2-dimethyl-1,2-ethenediyl]](pentacarbonyldicobalt)-, (*Co-Co*)(2*Co-Ru*), 27:194
[98525-67-8], Molybdenum, bis[(1,2,3,4,5-η)-1-methyl-2,4-cyclopentadien-1-yl]oxo-, 29:210
[98650-09-0], Sulfur(1+), bromo(hexathio)-, hexafluoroarsenate(1-), 27:336
[98650-10-3], Sulfur(1+), bromo(hexathio)-, (*OC*-6-11)-hexafluoroantimonate(1-), 27:336
[98650-11-4], Sulfur(1+), bromo(hexathio)-, (tetrasulfur)(2+) hexafluoroarsenate(1-) (4:1:6), 27:338
[98839-53-3], Platinum, hydroxymethylbis(tricyclohexylphosphine)-, (*SP*-4-1)-, 25:104
[99016-85-0], Phosphorus(1+), triphenyl(*P,P,P*-triphenylphosphine imidato-*N*)-, (*T*-4)-, (*OC*-6-22)-(acetato-*O*)pentacarbonylchromate(1-), 27:297
[99083-95-1], Cobaltate(1-), [carbonato-(2-)-*O,O'*][[*N,N'*-1,2-ethanediylbis-[glycinato]](2-)-*N,N',O,O'*]-, sodium, (*OC*-6-33)-, 18:104
[99300-97-7], Cerium, tetrakis(nitrato-*O*)bis(triphenylphosphine oxide-*O*)-, 23:178
[99352-13-3], Thulium, tris(nitrato-*O,O'*)(1,4,7,10,13-pentaoxacyclopentadecane-$O^1,O^4,O^7,O^{10},O^{13}$)-, 23:151
[99352-14-4], Lutetium, tris(nitrato-*O,O'*)(1,4,7,10,13-pentaoxacyclopentadecane-$O^1,O^4,O^7,O^{10},O^{13}$)-, 23:151
[99352-24-6], Cerium(1+), (1,4,7,10,13,16-hexaoxacyclooctadecane-$O^1,O^4,O^7,O^{10},O^{13},O^{16}$)bis(nitrato-*O,O'*)-, hexakis(nitrato-*O,O'*)cerate (3-) (3:1), 23:155
[99352-30-4], Dysprosium(1+), (1,4,7,10,13,16-hexaoxacyclooctadecane-$O^1,O^4,O^7,O^{10},O^{13},O^{16}$)bis(nitrato-*O,O'*)-, hexakis(nitrato-*O,O'*) dysprosate(3-) (3:1), 23:155
[99352-32-6], Holmium(1+), (1,4,7,10,13,16-hexaoxacyclooctadecane-$O^1,O^4,O^7,O^{10},O^{13},O^{16}$)bis(nitrato-*O,O'*)-, hexakis(nitrato-*O,O'*) holmate(3-) (3:1), 23:155
[99352-39-3], Thulium(1+), (1,4,7,10,13,16-hexaoxacyclooctadecane-$O^1,O^4,O^7,O^{10},O^{13},O^{16}$)bis(nitrato-

O,O')-, hexakis(nitrato-*O,O'*)thulate (3-) (3:1), 23:155
[99352-42-8], Lutetium(1+), (1,4,7, 10,13,16-hexaoxacyclooctadecane-$O^1,O^4,O^7,O^{10},O^{13},O^{16}$)bis(nitrato-*O,O'*)-, hexakis(nitrato-*O,O'*) lutetate(3-) (3:1), 23:155
[99374-10-4], Cobalt, tetrakis(1,3-dihydro-1-methyl-2*H*-imidazole-2-thione-*S*)bis(nitrato-*O*)-, 23:171
[99397-48-5], Tungstate(40-), octaoctaconta-μ-oxotetrahexacontaoxo-octakis[μ_6-[phosphato(3-)-*O:O:O':O':O":O'"*]]octatetraconta-, pentalithium octacosapotassium heptahydrogen, dononacontahydrate, 27:110
[99527-38-5], Cobaltate(1-), [[*N,N'*-1,2-cyclohexanediylbis[*N*-(carboxymethyl)glycinato]](4-)-*N,N',O,O'*,O^N,$O^{N'}$]-, potassium, [*OC*-6-21-*A*- (1*R*-*trans*)]-, 23:97
[99527-40-9], Cobaltate(1-), [[*N,N'*-1,2-cyclohexanediylbis[*N*-(carboxymethyl)glycinato]](4-)-*N,N',O,O'*,O^N,$O^{N'}$]-, rubidium, [*OC*-6-21-*A*- (1*R*-*trans*)]-, 23:97
[99527-41-0], Cobaltate(1-), [[*N,N'*-1,2-cyclohexanediylbis[*N*-(carboxymethyl)glycinato]](4-)-*N,N',O,O'*,O^N,$O^{N'}$]-, cesium, [*OC*-6-21-(*trans*)]-, 23:96
[99527-42-1], Cobaltate(1-), bis(glycinato-*N,O*)bis(nitrito-*N*)-, silver(1+), (*OC*-6-22)-, 23:92
[99595-13-8], Rhenium(2+), tetra-μ-hydro[pentakis(triphenylphosphine) pentagold]bis(triphenylphosphine)-, (6*Au-Au*)(5*Au-Re*), bis[hexafluorophosphate(1-)], 29:288
[99604-07-6], Phosphorus(1+), triphenyl(*P,P,P*-triphenylphosphine imidato-*N*)-, (*T*-4)-, stereoisomer of pentacarbonyl(tetracarbonylferrate) tungstate(2-) (*Fe-W*) (2:1), 26:339
[99700-74-0], Sulfamoyl chloride, dicyclohexyl-, 8:110
[99791-78-3], Gold, dichloro[μ-[[1,2-ethanediylbis(oxy-2,1-ethanediyl)]bis-[diphenylphosphine]-*O,P:O',P'*]]di-, 23:193
[99883-72-4], Silver oxide (Ag_3O_4), 30:54
[99955-64-3], Rhodium(1+), [carbonodithioato(2-)-*S,S'*][[2-[(diphenylphosphino)methyl]-2-methyl-1,3-propanediyl]bis[diphenylphosphine]-*P,P',P"*]-, (*SP*-5-22)-, tetraphenylborate(1-), 27:287
[100044-10-8], Rhodium, chloro[[2-[(diphenylphosphino)methyl]-2-methyl-1,3-propanediyl]bis-[diphenylphosphine]-*P,P',P"*][(triethyl phosphoranylidene)methanedithiolato(2-)-*S*]-, 27:288
[100044-11-9], Rhodium, [carbonodithioato(2-)-*S,S'*]chloro[[2-[(diphenylphosphino)methyl]-2-methyl-1,3-propanediyl]bis[diphenylphosphine]-*P,P',P"*]-, (*OC*-6-33)-, 27:289
[100454-63-5], Sulfamide, *N,N*-dibutyl-*N',N'*-diethyl-, 8:114
[100513-52-8], Tungstate(7-), octadeca-μ-oxotetradecaoxo[μ_{10}-[phosphato(3-)-*O:O:O:O':O':O':O":O":O'":O'"*]]deca-, heptacesium, 27:101
[100654-35-1], Tellurium, bis(*O*-ethyl carbonodithioato-*S,S'*)-, (*SP*-4-1)-, 4:93
[101048-91-3], Rhenate(1-), tetracarbonyl(carboxylato)-, hydrogen, 26:112; 28:21
[101056-07-9], Vanadate(7-), [μ_{12}-[orthosilicato(4-)-*O:O:O:O':O':O':O":O":O":O'":O'":O'"*]]nona-μ-oxotrioxo(pentadeca-μ- oxononaoxononatungstate)tri-, hexapotassium hydrogen, trihydrate, 27:129
[101065-12-7], Rhenium, octadecacarbonylbis[μ_3-(carboxylato-*C:O:O'*)]tetra-, 28:20
[101163-07-9], Tungsten, dicarbonyl(η^5-2,4-cyclopentadien-1-yl)[tetrafluoro-

borato(1-)-*F*](triphenylphosphine)-, 26:98; 28:7

[101190-10-7], Tungsten(1+), tricarbonyl(η^5-2,4-cyclopentadien-1-yl)(2-propanone)-, tetrafluoroborate(1-), 26:105; 28:14

[101225-31-4], Tungstate(9-), pentadeca-μ-oxopentadecaoxo[μ_9-[phosphato(3-)-*O*:*O*:*O*:*O*':*O*':*O*':*O*":*O*":*O*"]]nona-, nonasodium, 27:100

[101420-33-1], Phosphorus(1+), triphenyl(*P*,*P*,*P*-triphenylphosphine imidato-*N*)-, (*T*-4)-, stereoisomer of pentacarbonyl(tetracarbonylhydro ferrate)chromate(1-) (*Cr-Fe*), 26:338

[101540-70-9], Phosphorus(1+), triphenyl(*P*,*P*,*P*-triphenylphosphine imidato-*N*)-, (*T*-4)-, stereoisomer of pentacarbonyl(tetracarbonylferrate) chromate(2-) (*Cr-Fe*) (2:1), 26:339

[102682-48-4], Vanadate(3-), tri-μ-bromo-hexabromodi-, trirubidium, 26:379

[102960-03-2], Hydrochloric-^{36}*Cl* acid-*d*, 7:155

[103130-21-8], Ferrate(1-), aqua[[*N*,*N*'-1,2-ethanediylbis[*N*-(carboxy-methyl)glycinato]](4-)-*N*,*N*',*O*,*O*',O^N,$O^{N'}$]-, hydrogen, monohydrate, (*PB*-7-11'-121'3'3)-, 24:207

[103563-29-7], Vanadium, bis(1,2-benzisothiazol-3(2*H*)-one 1,1-dioxidato-N^2)-, dihydrate, (*OC*-6-11)-, 27:307

[103563-31-1], Vanadium, bis(1,2-benzisothiazol-3(2*H*)-one 1,1-dioxidato-O^3)tetrakis(pyridine)-, (*OC*-6-12)-, compd. with pyridine (1:2), 27:308

[103621-42-7], Cobalt(2+), hexaammine[μ-[carbonato(2-)-*O*:*O*']]di-μ-hydroxydi-, diperchlorate, 23:107,112

[103881-04-5], Cobalt(1+), [2-[1-[(2-aminoethyl)imino]ethyl]phenolato-*N*,*N*',*O*](1,2-ethanediamine-*N*,*N*')ethyl-, iodide, (*OC*-6-34)-, 23:167

[103925-35-5], Cobalt(1+), ethyl[2-[1-[(3-aminopropyl)imino]ethyl]phenolato-*N*,*N*',*O*](1,3-propanediamine-*N*,*N*')-, iodide, (*OC*-6-34)-, 23:169

[103925-36-6], Cobalt(1+), [2-[1-[(3-aminopropyl)imino]ethyl]phenolato-*N*,*N*',*O*]methyl(1,3-propanediamine-*N*,*N*')-, iodide, (*OC*-6-34)-, 23:170

[103933-26-2], Molybdenum, tricarbonyl-tris(propanenitrile)-, 28:31

[103937-69-5], Osmium(3+), hexaammine-, (*OC*-6-11)-, salt with trifluoromethanesulfonic acid (1:3), 24:273

[103937-70-8], Rhodium(1+), dichloro-bis(1,2-ethanediamine-*N*,*N*')-, (*OC*-6-22)-, chloride perchlorate (2:1:1), 24:229

[103948-62-5], Rhodium, carbonyl(3-fluorobenzoato-*O*)bis(triphenylphosphine)-, 27:292

[104002-78-0], Cobyrinic acid, *Co*-methyl deriv., perchlorate, monohydrate, heptamethyl ester, 20:141

[104033-92-3], Sodium(1+), bis(1,2-dimethoxyethane-*O*,*O*')-, (*T*-4)-, tricarbonyl(η^5-2,4-cyclopentadien-1-yl)molybdate(1-), 26:343

[104033-93-4], Sodium(1+), bis(1,2-dimethoxyethane-*O*,*O*')-, (*T*-4)-, tricarbonyl(η^5-2,4-cyclopentadien-1-yl)tungstate(1-), 26:343

[104114-33-2], Rhodium, [μ-[bis(1,1-dimethylethyl)phosphino]]-μ-chloro-bis[(1,2,5,6-η)-1,5-cyclooctadiene]di-, 25:172

[104198-75-6], Tungsten, tricarbonyl-(dihydrogen-*H*,*H*')bis(tricyclo-hexylphosphine)-, (*PB*-7-11-22233)-, 27:6

[104198-76-7], Molybdenum, tricarbonyl(dihydrogen-*H*,*H*')bis(tricyclo-hexylphosphine)-, stereoisomer, 27:3

[104198-77-8], Tungsten, tricarbonyl-(dihydrogen-*H*,*H*')bis[tris(1-methylethyl)phosphine]-, 27:7

[104474-96-6], Ruthenium(1+), bis(2,2'-bipyridine-*N*,*N*')bis(trifluoromethane-sulfonato-*O*)-, (*OC*-6-22)-, salt with

trifluoromethanesulfonic acid (1:1), 24:295
[104474-98-8], Osmium(1+), bis(2,2'-bipyridine-*N*,*N*')bis(trifluoromethanesulfonato-*O*)-, (*OC*-6-22)-, salt with trifluoromethanesulfonic acid (1:1), 24:295
[104474-99-9], Osmium(3+), diaquabis(2,2'-bipyridine-*N*,*N*')-, (*OC*-6-22)-, salt with trifluoromethanesulfonic acid (1:3), 24:296
[104475-01-6], Ruthenium(2+), (2,2'-bipyridine-*N*,*N*')(2,2':6',2"-terpyridine-*N*,*N*',*N*")(trifluoromethanesulfonato-*O*)-, (*OC*-6-44)-, salt with trifluoromethanesulfonic acid (1:2), 24:301
[104475-02-7], Osmium(2+), (2,2'-bipyridine-*N*,*N*')(2,2':6',2"-terpyridine-*N*,*N*',*N*")(trifluoromethanesulfonato-*O*)-, (*OC*-6-44)-, salt with trifluoromethanesulfonic acid (1:2), 24:301
[104475-04-9], Ruthenium(1+), (2,2'-bipyridine-*N*,*N*')(2,2':6',2"-terpyridine-*N*,*N*',*N*")(trifluoromethanesulfonato-*O*)-, (*OC*-6-44)-, salt with trifluoromethanesulfonic acid (1:1), 24:302
[104475-06-1], Osmium(1+), (2,2'-bipyridine-*N*,*N*')(2,2':6',2"-terpyridine-*N*,*N*',*N*")(trifluoromethanesulfonato-*O*)-, (*OC*-6-44)-, salt with trifluoromethanesulfonic acid (1:1), 24:303
[104475-10-7], Tungsten, [benzenaminato(2-)]trichlorobis(triethylphosphine)-, (*OC*-6-31)-, 24:196
[104475-11-8], Tungsten, [benzenaminato(2-)]dichlorotris(dimethylphenylphosphine)-, (*OC*-6-32)-, 24:198
[104475-12-9], Tungsten, [benzenaminato(2-)]dichlorotris(methyldiphenylphosphine)-, (*OC*-6-32)-, 24:198
[104475-13-0], Tungsten, [benzenaminato(2-)]dichlorotris(triethylphosphine)-, (*OC*-6-32)-, 24:198
[104475-14-1], Tungsten, [benzenaminato(2-)]dichlorotris(1-isocyano-4-methylbenzene)-, 24:198
[104493-76-7], Rhenium, bis[benzenaminato(2-)]di-μ-chlorohexachlorodi-, 24:195
[104584-00-1], Phosphonic acid, [2-(diethylamino)-2-oxoethyl]-, dimethyl ester, 24:101
[104584-01-2], Phosphonous diamide, *N*,*N*,*N*',*N*'-tetramethyl-*P*-[phenyl(trimethylsilyl)methyl]-, 24:110
[104619-10-5], Gold, hexa-μ-chlorododecakis(triphenylphosphine)pentapentaconta-, (216*Au-Au*), 27:214
[104626-96-2], Ruthenium(2+), pentaammine(pyrazine-N^1)-, dichloride, (*OC*-6-22)-, 24:259
[104626-97-3], Ruthenium(5+), decaammine[μ-(pyrazine-N^1:N^4)]di-, pentaiodide, 24:261
[104647-27-0], Chromate(3-), tri-μ-bromohexabromodi-, trirubidium, 26:379
[104738-14-9], 1,3,5,2,4,6-Triazatriphosphorine, 2,2,4,4-tetrachloro-2,2,4,4,6,6-hexahydro-6-methyl-6-[(trimethylsilyl)methyl]-, 25:61
[104824-18-2], Disilathiane, hexachloro-, 7:30
[104834-14-2], Phosphonium, tetraphenyl-, di-μ-thioxotetrathioxodimolybdate(2-) (2:1), 27:43
[104834-16-4], Phosphonium, tetraphenyl-, stereoisomer of (dithio)di-μ-thioxotrithioxodimolybdate(2-) (2:1), 27:44
[105063-69-2], Osmium(1+), bis(2,2'-bipyridine-*N*,*N*')dichloro-, chloride, (*OC*-6-22)-, 24:293
[105369-55-9], Palladium, di-μ-chlorobis[2-(2-pyridinylmethyl)phenyl-*C*,*N*]di-, 26:209
[105764-85-0], Manganate(2-), octacarbonyldiiododi-, (*Mn-Mn*), 23:34
[105811-97-0], Iridium, carbonylhydrobis(trifluoromethanesulfonato-*O*)bis(triphenylphosphine)-, 26:120; 28:26
[105848-78-0], Ruthenium, μ-aquabis[(2,3,5,6-η)-bicyclo[2.2.1]hepta-2,5-

diene]bis[μ-(trichloroacetato-*O*:*O*')]-bis(trichloroacetato-*O*)di-, 26:256
[106017-48-5], Osmium, [[(1,2,5,6-η)-1,5-cyclooctadiene]rhodium]tris(dimethyl phenylphosphine)tri-μ-hydro-, (*Os-Rh*), 27:29
[106062-66-2], Iridium, carbonylchlorohydro[tetrafluoroborato(1-)-*F*]bis-(triphenylphosphine)-, 26:117; 28:23
[106070-74-0], Rhodium, bis[bis(1,1-dimethylethyl)phosphine][μ-[bis(1,1-dimethylethyl)phosphino]]dicarbonyl-μ-hydrodi-, (*Rh-Rh*), stereoisomer, 25:171
[106160-54-7], Platinum, (1,2-cyclohexanediamine-*N*,*N*')[D-*ribo*-3-hexulosonic acid γ-lactonato(2-)-C^2,O^5]-, [*SP*-4-3-(*cis*)]-, 27:283
[106160-56-9], Platinum, (1,2-cyclohexanediamine-*N*,*N*')[L-*lyxo*-3-hexulosonic acid γ-lactonato(2-)-C^2,O^5]-, [*SP*-4-2-(1*S*-*trans*)]-, 27:283
[106208-16-6], Chromate(1-), aquabis[2-ethyl-2-hydroxybutanoato(2-)-O^1,O^2]oxo-, sodium, 20:63
[106390-40-3], Cadmium selenide telluride ($CdSe_{0.65}Te_{0.35}$), 22:81
[106496-65-5], Molybdenum potassium oxide ($MoK_{0.3}O_3$), 30:119
[106545-69-1], Ruthenium, tris[1,2-diphenyl-1,2-ethenedithiolato(2-)-*S*,*S*']-, (*OC*-6-11)-, 10:9
[106710-10-5], Tin(1+), tributyltris[μ-(diphenylphosphinato-*O*:*O*')]tri-μ-hydroxy-μ_3-oxotri-, diphenylphosphinate, 29:25
[106722-76-3], 1,3,5,7,2,4,6,8-Tetrazatetraphosphocine, 2,2,6-tris(1-aziridinyl)-4,4,6,8,8-pentachloro-2,2,4,4,6,6,8,8-octahydro-, 25:91
[106722-77-4], 1,3,5,7,2,4,6,8-Tetrazatetraphosphocine, 2,4,6-tris(1-aziridinyl)-2,4,6,8,8-pentachloro-2,2,4,4,6,6,8,8-octahydro-, (2α,4β,6α)-, 25:91
[106760-42-3], 1,3,5,7,2,4,6,8-Tetrazatetraphosphocine, 2,4,6-tris(1-aziridinyl)-2,4,6,8,8-pentachloro-2,2,4,4,6,6,8,8-octahydro-, (2α,4α,6β)-, 25:91
[106769-84-0], Cadmium selenide telluride (Cd(Se,Te)), 22:84
[106863-40-5], Platinum, dicarbonyldi-μ-iododiiododi-, stereoisomer, 29:188
[107114-65-8], Sodium tantalum sulfide ($Na_{0.4}TaS_2$), 30:163
[107132-64-9], Phosphorus(1+), amidotriphenyl-, (*OC*-6-11)-hexachloroplatinate(2-) (2:1), 7:69
[107472-96-8], Copper lanthanum strontium oxide ($CuLa_{1.85}Sr_{0.15}O_4$), 30:193
[107701-92-8], Nickel, bis[3-hexene-3,4-dithiolato(2-)-*S*,*S*']-, (*SP*-4-1)-, 10:9
[107712-39-0], Platinum(2+), [hexakis(triphenylphosphine)hexagold](triphenylphosphine)-, (8*Au-Au*)(6*Au-Pt*), bis[tetraphenylborate(1-)], 29:295
[107712-41-4], Rhenium(1+), tetra-μ-hydro[tetrakis(triphenylphosphine) tetragold]bis[tris(4-methylphenyl) phosphine]-, (4*Au-Au*)(4*Au-Re*), hexafluorophosphate(1-), 29:292
[107712-44-7], Rhenium(1+), di-μ-hydrotetrahydrotetrakis(triphenylphosphine) bis[(triphenylphosphine)gold]di-, (4*Au-Re*)(*Re-Re*), tetraphenylborate(1-), 29:291
[107742-34-7], Rhenium(2+), tetra-μ-hydro[pentakis(triphenylphosphine) pentagold]bis[tris(4-methylphenyl) phosphine]-, (6*Au-Au*)(5*Au-Re*), bis[hexafluorophosphate(1-)], 29:289
[107766-60-9], Tungsten, [benzenaminato(2-)]dichloro[2-methyl-2-propanaminato(2-)]bis(trimethylphosphine)-, (*OC*-6-43)-, 27:304
[107780-92-7], Phosphorus(1+), amidotriphenyl-, pentakis(cyano-*C*)nitrosylferrare(2-) (2:1), 7:69

[107796-04-3], Platinum(1+), [bis(triphenylphosphine)digold](nitrato-*O,O'*)bis(triphenylphosphine)-, (*Au-Au*)(2*Au-Pt*), stereoisomer, hexafluorophosphate(1-), 29:293

[108159-17-7], Cobalt sodium oxide ($CoNa_{0.6}O_2$), 22:56; 30:149

[108538-57-4], Phosphorus(1+), trichloro(phosphorimidic trichloridato-*N*)-, (*T*-4)-, (*OC*-6-11)-hexachloroantimonate, 25:25

[108652-70-6], Cobalt, aquabis[[2,2'-[1,2-ethanediylbis(nitrilomethylidyne)]bis-[phenolato]](2-)]di-, 3:196

[108652-73-9], Cobalt(6+), dodecaamminehexa-μ-hydroxytetra-, sulfate (1:3), tetrahydrate, 6:176; 6:179

[108723-91-7], Selenium chloride hydroxide ($SeCl_2(OH)_2$), (*T*-4)-, 3:132

[108834-35-1], Tungstate(8-), [μ_{11}-[orthosilicato(4-)-*O:O:O:O':O':O':O'':O'':O'':O''':O'''*]]eicosa-μ-oxopentadecaoxoundeca-, octasodium, 27:90

[109031-63-2], 2,3-Dicarbahexaborate(2-), 1,4,5,6-tetrahydro-2,3-bis(trimethylsilyl)-, lithium sodium, 29:97

[109131-39-7], Platinum, dichlorobis-(cyclohexyldiphenylphosphine)-, (*SP*-4-2)-, 12:241

[109168-47-0], Uranium, bis[(1,2,3,4,5-η)-1,3-bis(trimethylsilyl)-2,4-cyclopentadien-1-yl]dibromo-, 27:174

[109168-48-1], Uranium, bis[(1,2,3,4,5-η)-1,3-bis(trimethylsilyl)-2,4-cyclopentadien-1-yl]diiodo-, 27:176

[109460-21-1], Praseodymium, bis[5,10,15,20-tetrakis(4-methylphenyl)-21*H*,23*H*-porphinato(2-)-N^{21},N^{22},N^{23},N^{24}]-, 22:160

[110354-75-1], Titanate(4-), hexakis[μ-(disulfur-*S:S,S'*)]dithioxotri-, tetrapotassium, 30:84

[110615-13-9], Niobium, trichloro(1,2-dimethoxyethane-*O,O'*)-, 29:120

[110718-16-6], 1,3,5,2,4,6-Triazatriphosphorine, 2,2,4,4-tetrachloro-2,2,4,4,6,6-hexahydro-6-methyl-6-[(trimethylsilyl)methyl]-, homopolymer, 25:63

[111101-50-9], Iron, dicarbonyl(η^5-2,4-cyclopentadien-1-yl)(2-methyl-1-propenyl)-, 24:164; 28:208

[111114-39-7], 1,4,8,11-Tetraazacyclotetradeca-1,3,8,10-tetraene, 2,9-dimethyl-3,10-diphenyl-, 22:107

[112523-51-0], Benzenethiol, indium(3+) salt, 29:15

[112761-20-3], Rhodium, (acetato-*O*)carbonylbis[tris(1-methylethyl)phosphine]-, (*SP*-4-1)-, 27:292

[112784-15-3], Rhodium, carbonyl(methyl 3-oxobutanoato-O^3)bis[tris(1-methylethyl)phosphine]-, (*SP*-4-1)-, 27:292

[112784-16-4], Rhodium, carbonyl(4-pyridinecarboxylato-N^1)bis[tris(1-methylethyl)phosphine]-, (*SP*-4-1)-, 27:292

[112836-48-3], Rhodate(1-), [1,2-benzenedicarboxylato(2-)-*O*]carbonylbis(tricyclohexylphosphine)-, hydrogen, (*SP*-4-1)-, 27:291

[112837-60-2], Rhodium, (benzoato-*O*)carbonylbis(tricyclohexylphosphine)-, (*SP*-4-1)-, 27:292

[112837-62-4], Rhodium, carbonyl(4-methylbenzenesulfonato-*O*)bis(tricyclohexylphosphine)-, (*SP*-4-1)-, 27:292

[112864-71-8], Hydrazinium, 1,1-dimethyl-1-(4-methylphenyl)-, chloride, 5:92

[113266-70-9], Phenol, 2,6-bis(1,1-dimethylethyl)-, yttrium(3+) salt, 27:167

[113471-17-3], Tungstate(6-), hexatriaconta-μ-oxooctadecaoxobis[μ_9-[phosphato(3-)-*O:O:O:O':O':O'':O'':O''':O'''*]]octadeca-, hexapotassium, hydrate, 27:105

[113472-84-7], Rhodium, carbonylphenoxybis[tris(1-methylethyl)phosphine]-, 27:292
[113510-10-4], Hydrazinium, 1,1,1-triheptyl-, chloride, 5:92
[113591-65-4], Sulfur, (4,4-difluoro-1,2-oxathietan-3-yl)pentafluoro-, *S,S*-dioxide, (*OC*-6-21)-, 29:36
[114075-31-9], Tungsten, [benzenaminato(2-)](2,2'-bipyridine-*N,N'*)dichloro [2-methyl-2-propanaminato(2-)]-, (*OC*-6-14)-, 27:303
[114306-38-6], Phospholanium, 1-amino-1-phenyl-, chloride, 7:67
[114446-10-5], Magnesate(4-), hexakis[μ-[tetraethyl 2,3-dioxo-1,1,4,4-butanetetracarboxylato(2-)]]tetra-, tetraammonium, 29:277
[114466-56-7], Zincate(4-), hexakis[μ-[tetraethyl 2,3-dioxo-1,1,4,4-butanetetracarboxylato(2-)]]tetra-, tetraammonium, 29:277
[114714-81-7], Tungstate(12-), heptacosa-μ-oxoheneicosaoxo[μ_6-[phosphato(3-)-*O:O:O':O':O'':O''*]][μ_9-[phosphato(3-)-*O:O:O:O':O':O'':O'':O''':O'''*]]pentadeca-, dodecasodium, hydrate, 27:108
[115004-99-4], Lithium titanium sulfide ($Li_{0.6}TiS_2$), 30:167
[115169-34-1], Indium, bis(benzenethiolato)iodo-, 29:17
[115203-16-2], Ruthenium, bis(benzonitrile)dichloro[(1,2,5,6-η)-1,5-cyclooctadiene]-, stereoisomer, 26:70
[115203-17-3], Ruthenium, bis(benzonitrile)dibromo[(1,2,5,6-η)-1,5-cyclooctadiene]-, stereoisomer, 26:71
[115203-19-5], Ruthenium(1+), tris(acetonitrile)bromo[(1,2,5,6-η)-1,5-cyclooctadiene]-, stereoisomer, hexafluorophosphate(1-), 26:72
[115226-43-2], Ruthenium, bis(acetonitrile)dichloro[(1,2,5,6-η)-1,5-cyclo octadiene]-, stereoisomer, 26:69
[115229-50-0], Phosphorinanium, 1-amino-1-phenyl-, chloride, 7:67
[115399-94-5], Benzeneselenol, indium(3+) salt, 29:16
[115833-27-7], Barium calcium copper thallium oxide ($Ba_2CaCu_2Tl_2O_8$), 30:203
[115866-06-3], Barium copper thallium oxide ($Ba_2CuTl_2O_6$), 30:202
[115866-07-4], Barium calcium copper thallium oxide ($Ba_2Ca_2Cu_3Tl_2O_{10}$), 30:203
[115986-01-1], Hydrazinium, 1-cyclohexyl-1,1-diethyl-, chloride, 5:92
[116047-64-4], 6,15-Phosphinidene-2,3,17:9,10,13-diphosphinidyne-1*H*,6*H*,11*H*,13*H*,15*H*,17*H*-bispentaphospholo[1',2':3,4]pentaphospholo [1,2-*a*:2',1'-*d*]hexaphosphorin, ion(3-), 27:228
[116053-35-1], Ruthenium(1+), tri-μ-hydrotris(triphenylphosphine)bis[(triphenylphosphine)gold]-, (2*Au-Ru*), hexafluorophosphate(1-), 29:286
[116053-37-3], Ruthenium(1+), carbonyldi-μ-hydrotris(triphenylphosphine)-[(triphenylphosphine)gold]-, (*Au-Ru*), stereoisomer, hexafluorophosphate(1-), 29:281
[116053-41-9], Osmium(1+), tri-μ-hydrotris(triphenylphosphine)bis[(triphenylphosphine)gold]-, (2*Au-Os*), hexafluorophosphate(1-), 29:286
[116231-28-8], Tungstate(10-), dotriaconta-μ-oxoheneicosaoxo[μ_8-[phosphato(3-)-*O:O:O:O':O':O'':O'':O'''*]] [μ_9-[phosphato(3-)- *O:O:O:O':O': O'':O'':O''':O'''*]]heptadeca-, decapotassium, hydrate, 27:107
[116392-27-9], Iron zinc oxide ($Fe_{2.9}Zn_{0.1}O_4$), 30:127
[116820-68-9], Silver(2+), bis(pyridine)-, perchlorate, 6:6
[116928-43-9], 9-Borabicyclo[3.3.1]-nonane, 9,9'-thiobis-, 29:62
[116951-81-6], 9-Borabicyclo[3.3.1]-nonane, 9,9'-selenobis-, 29:71

[117004-16-7], Barium bismuth potassium oxide ($Ba_{0.6}BiK_{0.4}O_3$), 30:198
[117314-29-1], Aluminum silicon sodium oxide ($Al_2Si_5Na_2O_{14}$), hydrate, 22:64; 30:229
[117686-94-9], Rhodium(4+), decakis(acetonitrile)di-, (*Rh-Rh*), tetrakis[tetrafluoroborate(1-)], 29:182
[118392-28-2], Cobalt sodium oxide ($CoNa_{0.64\text{-}0.74}O_2$), 22:56; 30:149
[118557-22-5], Calcium copper lead strontium yttrium oxide ($Ca_{0.5}Cu_3Pb_2Sr_2Y_{0.5}O_8$), 30:197
[118870-24-9], Hydrazinium, 1,1-diethyl-1-(3-hydroxypropyl)-, chloride, 5:92
[118923-73-2], Hydrazinium, 1,1-diethyl-1-phenyl-, chloride, 5:92
[118955-75-2], Niobium titanium hydroxide oxide ($NbTi(OH)O_4$), 30:184
[119076-25-4], Hydrazinium, 1,1-diethyl-1-(2-hydroxyethyl)-, chloride, 5:92
[119618-11-0], Molybdenum(1+), hydroxypentaoxodi-, 23:139
[119726-79-3], Molybdenum(5+), dodecaaquatetra-μ_3-thioxotetra-, salt with 4-methylbenzenesulfonic acid (1:5), 29:266
[120085-61-2], 1,2-Dicarbadodecaborane(12)-1-ethanol, 4-methylbenzenesulfonate, 29:102
[120087-70-9], Hydrazinium, 1,1,1-tris(1-methylethyl)-, chloride, 5:92
[120525-55-5], Boric acid (H_3BO_3), scandium(3+) strontium salt (3:1:3), 30:257
[120613-66-3], Carbamothioic azide, phenyl-, 6:45
[120675-55-0], Ethanamine, *N*-ethyl-, compd. with tetramercaptotetraphosphetane 1,2,3,4-tetrasulfide (4:1), 25:5
[120789-32-4], 9-Borabicyclo[3.3.1]nonane, 9,9'-diselenobis-, 29:75
[120789-37-9], 9-Borabicyclo[3.3.1]nonane, 9-selenyl-, 29:73
[120883-04-7], Ruthenium, di-μ-methoxybis[(1,2,3,4,5-η)-1,2,3,4,5-pentamethyl-2,4-cyclopentadien-1-yl]di-, 29:225
[120885-90-7], 9-Borabicyclo[3.3.1]nonane, 9,9'-dithiobis-, 29:76
[120885-91-8], 9-Borabicyclo[3.3.1]nonane, 9-mercapto-, 29:64
[121091-71-2], Cobalt potassium oxide ($CoK_{0.67}O_2$), 30:151
[121118-90-9], Phenol, 2,6-bis(1,1-dimethylethyl)-, samarium(3+) salt, 27:166
[121118-91-0], Phenol, 2,6-bis(1,1-dimethylethyl)-, lanthanum(3+) salt, 27:167
[121355-79-1], Cyclodisilathiane, tetrachloro-, 7:29,30
[121796-03-0], Tungstate(10-), [μ_9-[orthosilicato(4-)-*O*:*O*:*O*:*O*':*O*':*O*':*O*'':*O*'':*O*'']]pentadeca-μ-oxopentadecaoxonona-, nonasodium hydrogen, hydrate, 27:88
[122014-99-7], Barium copper erbium oxide ($Ba_2Cu_4ErO_8$), 30:193
[122015-02-5], Barium copper holmium oxide ($Ba_2Cu_4HoO_8$), 30:193
[122285-36-3], Copper lead strontium thallium oxide ($CuPb_{0.5}Sr_2Tl_{0.5}O_5$), 30:207
[122493-98-5], Cesium molybdenum sulfide ($CsMo_2S_4$), 30:167
[122577-16-6], Phosphorus(1+), dichloro (*P*,*P*-diphenylphosphinimidic chloridato-*N*)methyl-, chloride, (*T*-4)-, 25:26
[122921-54-4], Bicyclo[2.2.1]heptan-2-one, 3-bromo-1,7,7-trimethyl-3-nitro-, (1*R*-*endo*)-, 25:132
[122921-55-5], Bicyclo[2.2.1]heptan-2-one, 1,7,7-trimethyl-3-nitro-, ion(1-), sodium, (1*R*)-, 25:133
[123010-39-9], Antimony barium lead oxide ($Sb_{0.25}BaPb_{0.75}O_3$), 30:200
[123050-94-2], Tungsten, tetracarbonylbis(2-isocyano-2-methylpropane)-, 28:143

[123711-64-8], Molybdate(5-), tri-μ-chlorohexachlorodi-, (*Mo-Mo*), pentaammonium, monohydrate, 19:129
[123931-96-4], Iron, dichlorobis[1,2-ethanediylbis[diethylphosphine]-*P*,*P'*]-, (*OC*-6-22)-, 15:21
[124375-00-4], 1-Butanaminium, *N*,*N*,*N*-tributyl-, hydrogen [μ_{12}-[orthosilicato(4-)-*O*:*O*:*O*:*O'*:*O'*:*O'*:*O''*:*O''*:*O''*:*O'''*:*O'''*:*O'''*]] nona- μ-oxotrioxo(pentadeca-μ-oxononaoxononatungstate)trivanadate(7-) (4:3:1), 27:131
[124505-64-2], 1,3-Diselenole, 2-(1,3-diselenol-2-ylidene)-, compd. with iron chloride oxide (FeClO) (2:17), 30:179
[124843-09-0], Phosphonium, (2-aminophenyl)triphenyl-, chloride, 25:130
[125100-70-1], Nickel(2+), bis[2-(diphenylphosphino)benzenamine-*N*,*P*]-, dinitrate, 25:132
[125225-75-4], Molybdenum, [μ-[bis(1,1-dimethylethyl)phosphino]]tetracarbonylbis(η^5-2,4-cyclopentadien-1-yl)-μ-hydrodi-, (*Mo-Mo*), 25:168
[125396-01-2], Chromium, tetracarbonylbis(η^5-2,4-cyclopentadien-1-yl)[μ-(diphosphorus-*P*,*P'*:*P*,*P'*)]-di-, (*Cr-Cr*), 29:247
[125568-26-5], Manganate(4-), hexakis[μ-[tetraethyl 2,3-dioxo-1,1,4,4-butanetetracarboxylato(2-)]]tetra-, tetraammonium, 29:277
[125591-67-5], Cobaltate(4-), hexakis[μ-[tetraethyl 2,3-dioxo-1,1,4,4-butanetetracarboxylato(2-)]]tetra-, tetraammonium, 29:277
[125591-68-6], Nickelate(4-), hexakis[μ-[tetraethyl 2,3-dioxo-1,1,4,4-butanetetracarboxylato(2-)]]tetra-, tetraammonium, 29:277
[125641-50-1], Perylene, compd. with iron chloride oxide (FeClO) (1:9), 30:179
[125994-43-6], Cobalt(6+), dodecaamminehexa-μ-hydroxytetra-, hexabromide, stereoisomer, 29:170-172
[126060-35-3], Cobalt(6+), dodecaamminehexa-μ-hydroxytetra-, hexabromide, stereoisomer, 29:170-172
[126083-88-3], Niobium, tribromo(1,2-dimethoxyethane-*O*,*O'*)-, 29:122
[126109-15-7], Tungsten, [benzenaminato(2-)]dichlorotris(trimethylphosphine)-, 24:198
[126183-04-8], Chromium, dicarbonyl(η^5-2,4-cyclopentadien-1-yl)[(2,3-η)-1*H*-triphosphirenato-P^1]-, 29:247
[126329-01-9], Molybdenum, dicarbonyl(η^5-2,4-cyclopentadien-1-yl)[μ_3-[(1-η:1,2-η:2-η)-1,2-dimethyl-1,2-ethenediyl]] (tricarbonylcobalt)-(tricarbonylruthenium)-, (*Co-Mo*)(*Co-Ru*)(*Mo-Ru*), 27:194
[127088-52-2], Boron, (1,2-ethanediamine-*N*)trihydro-, (*T*-4)-, 12:109-115
[127493-74-7], Silver(3+), (3,8-diimino-2,4,7,9-tetraazadecanediimidamide-*N'*,*N'''*,N^4,N^7)-, trihydroxide, 6:78
[127688-31-7], Chromium(2+), aquahydroxybis(imidodicarbonimidic diamide-*N''*,*N'''*)-, sulfate (1:1), 6:70
[127735-01-7], Phosphorane, pentachloro-, compd. with gallium chloride (1:1), 7:81
[127794-88-1], Cobalt(3+), tris(*N*-phenylimidodicarbonimidic diamide-*N''*,*N'''*)-, trihydroxide, 6:72
[127795-71-5], Sulfamic acid, hydroxynitroso-, disodium salt, 5:119
[127795-76-0], Nitridotriphosphoric acid, hexasodium salt, 6:103
[128057-81-8], Potassium tungsten chloride ($K_5W_3Cl_{14}$), 6:149
[128191-66-2], Cuprate(1-), (tetraseleno)-, potassium, 30:89
[128265-18-9], Gold, (pentafluorophenyl)-[μ-(thiocyanato-*N*:*S*)](triphenylphosphine)di-, 26:90

- [128357-37-9], Chromium(2+), bis(η^6 -benzene)-, 6:132
- [128476-10-8], Sodium(1+), bis(1,2-dimethoxyethane-O,O')-, (T-4)-, tricarbonyl(η^5 -2,4-cyclopentadien-1-yl)chromate(1-), 26:343
- [128476-13-1], Ruthenium(2+), [(1,2,5,6-η)-1,5-cyclooctadiene]tetrakis(methylhydrazine-*N*²)-, bis[tetraphenylborate(1-)], 26:74
- [128579-09-9], Gallium chloride (GaCl₂), 4:111
- [128798-92-5], Lithium niobium oxide (Li_{0.45}NbO₂), 30:222
- [128812-41-9], Lithium niobium oxide (Li_{0.5}NbO₂), 30:222
- [129002-36-4], Potassium disulfite sulfite $(K_6(S_2O_5)(HSO_3)_4)$, 2:167
- [129153-28-2], Platinum, di-μ-chlorodichlorobis[(1,2-η)-1-dodecene]di-, 20:181,183
- [129161-55-3], Calcium copper lanthanum strontium oxide (CaCu₂La_{1.6}Sr_{0.4}O₆), 30:197
- [129265-37-8], Boric acid (H₃BO₃), aluminum strontium yttrium salt (6:1:6:1), 30:257
- [129314-82-5], Iron, dicarbonyldihydrobis(triethyl phosphite-*P*)-, (*OC*-6-13)-, 29:159
- [129951-70-8], Platinum(1+), (3-methoxy-3-oxopropyl)bis(triethylphosphine)-, (*SP*-4-3)-, tetraphenylborate(1-), 26:138
- [129979-61-9], Platinum(1+), hydro(methanol)bis(triethylphosphine)-, (*SP*-4-1)-, salt with trifluoromethanesulfonic acid (1:1), 26:135
- [129982-53-2], Vanadate(3-), tri-µ-bromohexabromodi-, tricesium, 26:379
- [130006-12-1], Rhenium, dodecacarbonyltetra-µ₃-fluorotetra-, tetrahydrate, 26:82
- [130449-52-4], Ruthenate(2-), μ -carbonyl-tridecacarbonyl- μ_5 -methanetetraylpenta-, (8Ru-Ru), disodium, 26:284

- [130638-17-4], Phosphorus(1+), triphenyl(*P*,*P*,*P*-triphenylphosphine imidato-*N*)-, (*T*-4)-, stereoisomer of pentacarbonyl(tetracarbonylferrate) molybdate(2-) (*Fe-Mo*) (2:1), 26:339
- [131378-31-9], Molybdenum(4+), nonaaquatri-μ-thioxo-μ₃-thioxotri-, salt with 4-methylbenzenesulfonic acid (1:4), 29:268
- [131636-01-6], Nickel(2+), (2,3,9,10-tetramethyl-1,4,8,11-tetraazacyclo-tetradeca-1,3,8,10-tetraene-*N*¹,*N*⁴, *N*⁸,*N*¹¹)-, (*SP*-4-1)-, perchlorate, 18:23
- [132077-60-2], Ruthenium, trichloro(thio-nitrosyl)bis(triphenylarsine)-, 29:162
- [132461-50-8], Molybdenum(4+), decakis(acetonitrile)di-, (*Mo-Mo*), tetrakis[tetrafluoroborate(1-)], 29:134
- [132709-52-5], Phenol, 2,6-bis(1,1-dimethylethyl)-, scandium(3+) salt, 27:167
- [132832-04-3], Platinum(1+), di-μ-hydrohydrotetrakis(triphenylphosphine)di-, stereoisomer, tetraphenylborate(1-), 27:36
- [132850-80-7], 3,11,15,19,22,26-Hexaazatricyclo[11.7.7.1^{5,9}]octacosa-1,5,7,9(28),12,14,19,21,26-nonanene, 14,20-dimethyl-2,12-diphenyl- 3,11bis(phenylmethyl)-, tris[hexafluorophosphate(1-)], 27:278
- [132851-65-1], Bismuth copper strontium thallium oxide (Bi_{0.5}CuSr₂Tl_{0.5}O₅), 30:205
- [132852-09-6], Bismuth copper strontium thallium oxide (Bi_{0.2}CuSr₂Tl_{0.8}O₅), 30:205
- [132938-07-9], Hafnium potassium telluride ($Hf_3K_4(Te_2)_7(Te_3)$), 30:86
- [132938-08-0], Potassium zirconium telluride $(K_4Zr_3(Te_2)_7(Te_3))$, 30:86
- [133190-62-2], Tungstate(8-), [μ_{10} [orthosilicato(4-)-O:O:O':O':

O':*O''*:*O''*:*O'''*:*O'''*]]octadeca-μ-oxo-tetradecaoxodeca-, octapotassium, dodecahydrate, 27:88

[133197-93-0], Iridium(1+), bis[1,4-butanediylbis[diphenylphosphine]-*P*,*P'*]tri-μ-hydrodihydrodi-, (*Ir-Ir*), tetrafluoroborate(1-), 27:26

[133270-20-9], Barium(2+), (7,11:20,24-dinitrilodibenzo[*b*,*m*][1,4,12,15]-tetraazacyclodocosine-N^5,N^{13},N^{18},N^{26}, N^{27},N^{28})-, diperchlorate, 23:174

[133419-34-8], Tungstate(8-), [μ_{11}-[orthosilicato(4-)-*O*:*O*:*O*:*O'*: *O'*:*O'*:*O''*:*O''*:*O''*:*O'''*:*O'''*]]eicosa-μ-oxopentadecaoxoundeca-, octapotassium, tetradecahydrate, 27:92

[133470-41-4], Tungstate(8-), [μ_{11}-[orthosilicato(4-)-*O*:*O*:*O*:*O'*: *O'*:*O'*:*O''*:*O''*:*O''*:*O'''*:*O'''*]]eicosa-μ-oxopentadecaoxoundeca-, octapotassium, tetradecahydrate, 27:91,92

[133470-43-6], 1-Butanaminium, *N*,*N*,*N*-tributyl-, [μ_{11}-[orthosilicato(4-)-*O*:*O*:*O*:*O'*:*O'*:*O'*:*O''*:*O''*:*O''*:*O'''*:*O'''*]] tetracosa-μ-oxododecaoxododecatungstate(4-) (4:1), 27:95

[133494-87-8], Barium bismuth lead thallium oxide ($Ba_4BiPb_{1.95-2.1}Tl_{0.9-1.05}O_{12}$), 30:208

[133515-28-3], Tungstate(4-), [μ_{12}-[orthosilicato(4-)-*O*:*O*:*O*: *O'*:*O'*:*O'*:*O''*:*O''*:*O''*:*O'''*:*O'''*:*O'''*]]tetracosa-μ-oxododecaoxododeca-, tetrahydrogen, hydrate, 27:93,94

[133515-29-4], Tungstate(4-), [μ_{12}-[orthosilicato(4-)-*O*:*O*:*O*:*O'*: *O'*:*O'*:*O''*:*O''*:*O''*:*O'''*:*O'''*:*O'''*]]tetracosa-μ-oxododecaoxododeca-, tetrapotassium, nonahydrate, 27:94

[133625-19-1], Tungstate(10-), dotriaconta-μ-oxoheneicosaoxo[μ_8-[phosphato(3-)-*O*:*O*:*O*:*O'*:*O'*:*O''*:*O''*:*O'''*]][μ_9-[phosphato(3-)- *O*:*O*:*O*:*O'*:*O'*: *O''*:*O''*:*O'''*:*O'''*]]heptadeca-, lithium nonapotassium, hydrate, 27:109

[133644-76-5], Vanadate(5-), (heptadeca-μ-oxodecaoxodecatungstate)hepta-μ-oxodioxo[μ_{12}-[phosphato(3-)-*O*:*O*:*O*:*O'*:*O'*:*O'*:*O''*:*O''*:*O''*:*O'''*:*O'''*:*O'''*]] di-, pentacesium, 27:102; 27:103

[133756-81-7], Vanadate(5-), (heptadeca-μ-oxodecaoxodecatungstate)hepta-μ-oxodioxo[μ_{12}-[phosphato(3-)-*O*:*O*:*O*:*O'*:*O'*:*O'*:*O''*:*O''*:*O''*:*O'''*: *O'''*:*O'''*]]di-, pentacesium, 27:102; 27:103

[134107-05-4], Tungstate(6-), penta-μ-oxodecaoxobis[μ_5-[phosphato(3-)-*O*:*O*:*O'*:*O'*:*O''*]]penta-, hexacesium, 27:101

[134107-08-7], Molybdate(4-), penta-μ-oxodecaoxobis[μ_5-[phenylphosphonato(2-)-*O*:*O*:*O'*:*O'*:*O''*]]penta-, tetraammonium, 27:125

[134107-09-8], Molybdate(4-), penta-μ-oxodecaoxobis[μ_5-[phosphonato(2-)-*O*:*O*:*O'*:*O'*:*O''*]]penta-, tetraammonium, 27:123

[134586-96-2], Bismuth copper strontium thallium oxide ($Bi_{0.4}CuSr_2Tl_{0.6}O_5$), 30:205

[134587-77-2], Platinum, dichlorobis(1,2-ethanediamine-*N*)-, dihydrochloride, (*SP*-4-1)-, 27:315

[134741-16-5], Bismuth copper strontium thallium oxide ($Bi_{0.3}CuSr_2Tl_{0.7}O_5$), 30:205

[134853-92-2], Lanthanum tantalum oxide selenide ($La_2Ta_3O_8Se_2$), 30:146

[134854-67-4], Lead ruthenium oxide ($Pb_{2.67}Ru_{1.33}O_{6.5}$), 22:69; 30:65

[135041-37-1], Copper niobium potassium selenide ($CuNb_2K_3Se_3(Se_2)_3(Se_3)$), 30:86

[135434-87-6], Tungsten arsenate hydroxide oxide ($W_{21}(AsO_4)_2(OH)_6O_{55}$), hydrate, 27:112

[136862-68-5], 2,6,8,10-Tetracarbadecaborane(10), 1,2,3,4,5,6,7,8,9,10-decaethyl-, 29:82

[137531-06-7], Molybdate(4-), bis[μ_5-[[(4-aminophenyl)methyl]phosphonato(2-)-*O*:*O*:*O*':*O*':*O*'']]penta-μ-oxodecaoxopenta-, diammonium dihydrogen, 27:126
[137627-93-1], 2,3-Dicarbahexaborate(2-), 1,4,5,6-tetrahydro-2,3-bis(trimethylsilyl)-, dilithium, 29:99
[138766-49-1], Cobalt, tricarbonyl (trimethylstannyl)(triphenylarsine)-, (*SP*-5-12)-, 29:180
[138820-87-8], Bismuth copper strontium thallium oxide ($Bi_{0.25}CuSr_2Tl_{0.75}O_5$), 30:205
[138820-89-0], Bismuth copper strontium thallium oxide ($Bi_{0.2\text{-}0.5}CuSr_2Tl_{0.5\text{-}0.8}O_5$), 30:204
[141381-60-4], 2,4,7,9-Tetraazadecanediimidamide, 3,8-diimino-, sulfate (1:2), pentahydrate, 6:75
[143069-66-3], Barium copper yttrium oxide ($Ba_2{}^{63}Cu_3YO_7$), 30:210
[144833-17-0], Lithium rhenium oxide ($Li_{0.2}ReO_3$), 24:203,206; 30:187
[144838-22-2], 4,7-Methano-1*H*-indene, 1-chloro-3a,4,7,7a-tetrahydro-, (1α,3aβ,4β,7β,7aβ)-, 29:199
[144838-23-3], Lithium, (1-chloro-2,4-cyclopentadien-1-yl)-, 29:200
[145247-43-4], 1,2-Diazahexaborane(6), 3,6-bis(1,1-dimethylethyl)-4,5-bis(1-methylethyl)-1,2-bis(trimethylsilyl)-, 29:54
[145381-26-6], Tin, tetrabutyltetrakis[μ-(diphenylphosphinato-*O*:*O*')]tetra-μ_3-oxotetra-, 29:25
[145565-40-8], Palladate(2-), tetrakis(cyano-*C*)-, dipotassium, trihydrate, (*SP*-4-1)-, 2:245,246
[146109-99-1], 1-Butanaminium, *N*,*N*,*N*-tributyl-, sodium [μ_{12}-[orthosilicato(4-)-*O*:*O*:*O*:*O*':*O*':*O*':*O*'':*O*'':*O*'':*O*''':*O*''':*O*''']] hepta-μ-oxotri-μ_3-oxotrioxo[[(1,2,3,4,5-η)-1,2,3,4,5-pentamethyl-2,4-cyclopentadien-1-yl] rhodate](tetradeca-μ-oxononaoxononatungstate)triniobate(5-) (3:2:1), 29:243
[146244-13-5], Ruthenium, dichlorobis(1,2-ethanediamine-*N*,*N*')-, (*OC*-6-12)-, hexafluorophosphate(1-), 29:164
[146249-36-7], Iridium(2+), tris[1,2-ethanediylbis[diphenylphosphine]-*P*,*P*']tri-μ-hydrotrihydro[(triphenylphosphine)gold]tri-, (3*Au*-*Ir*)(3*Ir*-*Ir*), tetrafluoroborate(1-) nitrate, 29:291
[146249-37-8], Cobalt(2+), hexakis(2-propanone)-, (*OC*-6-11)-, bis[(*OC*-6-11)-hexachloroantimonate(1-)], 29:114
[146339-45-9], Niobium, tetrabromobis-(tetrahydrofuran)-, 29:121
[146687-12-9], 7,9-Diselenaundecaborane-(9), 29:103
[146805-98-3], Cobalt(6+), dodecaamminehexa-μ-hydroxytetra-, stereoisomer, stereoisomer of bis[μ-[2,3-dihydroxybutanedioato(4-)-$O^1,O^2:O^3,O^4$]]diantimonate(2-) iodide (1:2:2), 29:170
[147796-84-7], Thiocyanic acid, cotassium zirconium(4+) salt (6:2:1), 13:230
[148832-09-1], Disulfide, bis(azidothioxomethyl), 1:81,82
[148832-10-4], 1*H*-Tetrazole-5-diazonium, sulfate (1:1), 6:64
[148832-11-5], Sodium, [μ-(diphenylgermylene)]di-, 5:72
[148832-14-8], Phosphorous tri(chloride-${}^{36}Cl$), 7:160
[148832-15-9], Phosphine oxide, ethylimino-, 4:65
[148832-16-0], Phosphenimidic amide, *N*,*N*'-dimethyl-*N*-[(methylimino)phosphinyl]-, 8:68
[148832-17-1], Imidodisulfuric acid, triammonium salt, monohydrate, 2:179
[148832-18-2], 6-Oxa-2,4-dithia-3-selenaoctanethioic acid, 5-thioxo-, *O*-ethyl ester, 4:93

[148832-19-3], Silane, tetra(chloro-^{36}Cl)-, 7:160

[148832-20-6], Disulfurous acid, dipotassium salt, hydrate (3:2), 2:165,167

[148832-21-7], Nickel(2+), tris(1,10-phenanthroline-N^1,N^{10})-, (*OC*-6-11-Λ)-, diperchlorate, trihydrate, 8:229-230

[148832-22-8], Nickel(2+), tris(1,10-phenanthroline-N^1,N^{10})-, (*OC*-6-11-Δ)-, diperchlorate, trihydrate, 8:229-230

[148832-23-9], Nickel(2+), tris(1,10-phenanthroline-N^1,N^{10})-, (*OC*-6-11-Δ)-, bis(triiodide), 8:209

[148832-24-0], Rhodium, bromobis(triphenylphosphine)-, 10:70

[148832-25-1], Phosphorothioic acid, tripotassium salt, 5:102

[148832-26-2], Platinum, dihydroxybis[1,1'-thiobis[ethane]]-, 6:215

[148832-27-3], Platinum(2+), tetrakis(tributylphosphine)-, dichloride, (*SP*-4-1)-, 7:248

[148832-28-4], Rhenium(1+), bis(1,2-ethanediamine-*N*,*N'*)dioxo-, (*OC*-6-12)-, (*OC*-6-11)-hexachloroplatinate(2-) (2:1), 8:176

[148832-29-5], Rhenium(3+), dihydroxybis(1,3-propanediamine-*N*,*N'*)-, (*OC*-6-12)-, (*OC*-6-11)-hexachloroplatinate(2-) (2:3), 8:176

[148832-31-9], Rhenium(3+), dihydroxybis(1,2-propanediamine-*N*,*N'*)-, (*OC*-6-11)-hexachloroplatinate(2-) (2:3), 8:176

[148832-33-1], Rhenium(2+), hydroxyoxobis(1,3-propanediamine-*N*,*N'*)-, (*OC*-6-23)-, diperchlorate, 8:76

[148832-34-2], Rhenium(1+), bis(1,2-ethanediamine-*N*,*N'*)dioxo-, (*OC*-6-12)-, perchlorate, 8:176

[148832-35-3], Rhodate(2-), aquapentachloro-, (*OC*-6-21)-, dihydrogen, compd. with pyridine (1:2), 10:65

[148832-36-4], Vanadium(3+), hexaammine-, trichloride, (*OC*-6-11)-, 4:130

[148832-37-5], Selenopentathionic acid ([(HO)S(O)$_2$S]$_2$Se), disodium salt, trihydrate, 4:88

[148864-77-1], Osmate(2-), amidopentachloro-, dipotassium, (*OC*-6-21)-, 6:207

[148898-70-8], Nitrogen sulfide (N_2S_4), 6:128

[148898-71-9], Iron, dicarbonyl(pentaiodide-I_1,I_5)bis(triphenylphosphine)-, 8:190

[149165-58-2], Diarsenyl, 7:42

[149165-59-3], Germanamine, 1,1,1-triphenyl-*N*,*N*-bis(triphenylgermyl)-, 5:78

[149165-60-6], Germane, tetra(chloro-^{36}Cl)-, 7:160

[149165-61-7], Germanetetramine, *N*,*N'*,*N''*,*N'''*-tetraphenyl-, 5:61

[149165-62-8], 1-Propanaminium, *N*,*N*,*N*-tripropyl-, dibromoiodate(1-), 5:172

[149165-63-9], Sulfonium, trimethyl-, dichloroiodate(1-), 5:172

[149165-64-0], Carbamic azide, (aminocarbonyl)-, 5:51

[149165-65-1], Arsenic acid (H_3AsO_4), compd. with hydroxylamine (1:3), 3:83

[149165-66-2], Cobalt(2+), pentaamminechloro-, (*OC*-6-22)-, dichloride, compd. with mercury chloride ($HgCl_2$) (1:3), 9:162

[149165-67-3], Mercury(1+), chloro(thiourea-*S*)-, chloride, 6:26

[149165-68-4], Iridium, trichlorobis(pyridine)[1,1'-thiobis[ethane]]-, (*OC*-6-33)-, 7:227

[149165-69-5], Iridium, trichloro(pyridine)bis[1,1'-thiobis[ethane]]-, (*OC*-6-32)-, 7:227

[149165-70-8], Iridium, trichlorotris(1,1'-thiobis[ethane])-, (*OC*-6-21)-, compd. with trichloromethane (1:1), 7:228

[149165-71-9], Iridium, diamminetrichloro[1,1'-thiobis[ethane]]-, 7:227

[149165-72-0], Metaphosphimic acid ($H_6P_3O_6N_3$), tetrasodium salt, octahydrate, 6:80
[149165-73-1], Beryllium, bis[μ-(acetato-*O*:*O*')]tetrakis[μ-(2-methylpropanoato-*O*:*O*')]-μ_4-oxotetra-, 3:7
[149165-74-2], Beryllium, tris[μ-(acetato-*O*:*O*')]-μ_4-oxotris[μ-(propanoato-*O*:*O*')]tetra-, 3:7,8
[149165-75-3], Beryllium, hexakis[μ-(2-chlorobenzoato-*O*:*O*')]-μ_4-oxotetra-, 3:7
[149165-77-5], Sulfur hydroxide oxide (S(OH)O), cobalt(2+) salt (1:1), hydrate, 9:116
[149165-78-6], Cobalt, tris(*O*-cyclohexyl carbonodithioato-*S*,*S*')-, (*OC*-6-11)-, 10:47
[149165-79-7], Cobaltate(3-), hexaaquatris[μ_3-[orthoperiodato(5-)-*O*,*O*':*O*,*O*'':*O*',*O*''']]tetra-, trihydrogen, hydrate, 9:142
[149165-80-0], Chromium(3+), tris(1,2-ethanediamine-*N*,*N*')-, tribromide, tetrahydrate, (*OC*-6-11)-, 2:199
[149165-81-1], Chromium, bis(3-methylpyridine)trioxo-, 4:95
[149165-82-2], Chromium, bis(4-methylpyridine)trioxo-, 4:95
[149165-83-3], Chromium, tris(*O*-cyclohexyl carbonodithioato-*S*,*S*')-, (*OC*-6-11)-, 10:44
[149165-84-4], Chromate(2-), tris[1,2-diphenyl-1,2-ethenedithiolato(2-)-*S*,*S*']-, (*OC*-6-11)-, 10:9
[149165-85-5], Chromate(1-), tris[1,2-diphenyl-1,2-ethenedithiolato(2-)-*S*,*S*']-, (*OC*-6-11)-, 10:9
[149165-86-6], Boron, trifluoro[1,1,1-trimethyl-*N*,*N*-bis(trimethylsilyl)-silanamine]-, (*T*-4)-, 8:18
[149165-87-7], Ferrate(3-), trihydroxythioxo-, trisodium, 6:170
[149165-88-8], Mercury alloy, base, Hg 97,Eu 3, 2:67
[149165-89-9], Europium alloy, base, Eu 53,Hg 47, 2:68
[149189-74-2], Iridium, amminetrichlorobis[1,1'-thiobis[ethane]]-, 7:227
[149189-75-3], Periodic acid (H_5IO_6), nickel(4+) potassium salt, hydrate (2:2:2:1), 5:202
[149189-76-4], Periodic acid (H_5IO_6), nickel(4+) sodium salt (1:1:1), monohydrate, 5:201
[149189-77-5], Cobalt(3+), hexaammine-, trichloride, hexaammoniate, (*OC*-6-11)-, 2:220
[149189-78-6], Periodic acid (H_5IO_6), barium salt (2:3), 1:171
[149189-79-7], Cobalt(1+), bis(1,2-ethanediamine-*N*,*N*')bis(nitrito-*N*)-, (*OC*-6-22-Λ)-, stereoisomer of bis[μ- [2,3-dihydroxybutanedioato(4-)-*O*^{1},*O*^{2}:*O*^{3},*O*^{4}]]diantimonate(2-) (2:1), 6:195
[149250-79-3], Sulfonium, trimethyl-, tetrachloroiodate(1-), 5:172
[149250-80-6], Cobalt(3+), [*N*-(2-aminoethyl)-*N*'-[2-[(2-aminoethyl)amino]ethyl]-1,2-ethanediamine-*N*,*N*',*N*'',*N*''',*N*'''']aqua-, 9:178
[149250-81-7], Cobalt(2+), [*N*-(2-aminoethyl)-*N*'-[2-[(2-aminoethyl)amino]ethyl]-1,2-ethanediamine-*N*,*N*',*N*'',*N*''',*N*'''']hydroxy-, 9:178
[149337-97-3], Iron potassium sulfide ($Fe_2K_2S_3$), 6:171
[150124-32-6], Borane, tri(chloro-^{36}*Cl*)-, 7:160
[150124-33-7], Rhodium hydroxide ($Rh(OH)_3$), monohydrate, 7:215
[150124-34-8], Platinum, dihydroxybis-(pyridine)-, (*SP*-4-1)-, 7:253
[150124-35-9], Platinate(2-), bis[2-butene-2,3-dithiolato(2-)-*S*,*S*']-, (*SP*-4-1)-, 10:9
[150124-36-0], Rhodium(1+), dichlorotetrakis(pyridine)-, chloride, monohydrate, (*OC*-6-12)-, 10:64
[150124-37-1], Tungstate(1-), tris[1,2-diphenyl-1,2-ethenedithiolato(2-)-*S*,*S*']-, (*OC*-6-11)-, 10:9

[150124-38-2], Zinc, (methanol)bis(2,4-pentanedionato-*O,O'*)-, 10:74
[150124-39-3], Gallium(3+), hexaaqua-, (*OC*-6-11)-, triperchlorate, hydrate (2:7), 2:26; 2:28
[150124-41-7], Cobalt(1+), bis(1,2-ethanediamine-*N,N'*)bis(nitrito-*N*)-, (*OC*-6-22-Δ)-, (*OC*-6-21)-[[*N,N'*-1,2-ethanediylbis[*N*-(carboxy methyl)glycinato]](4-)-*N,N',O,O'*,O^N,$O^{N'}$]cobaltate(1-), trihydrate, 6:193
[150124-42-8], Cobalt(3+), tris(*N*-phenylimidodicarbonimidic diamide-*N'',N'''*)-, trichloride, hydrate (2:5), 6:73
[150124-43-9], Chromium(1+), bis(1,2-ethanediamine-*N,N'*)bis(thiocyanato-*N*)-, (*OC*-6-12)-, thiocyanate, monohydrate, 2:200
[150124-44-0], Chromium, tris(*O*-butyl carbonodithioato-*S,S'*)-, (*OC*-6-11)-, 10:44
[150124-45-1], Mercury(2+), bis(thiourea-*S*)-, dichloride, 6:27
[150124-46-2], Mercury(2+), tris(thiourea-*S*)-, dichloride, 6:28
[150124-47-3], Iridium(2+), chloropentakis(ethanamine)-, dichloride, (*OC*-6-22)-, 7:227
[150124-48-4], Molybdate(1-), tris[1,2-diphenyl-1,2-ethenedithiolato(2-)-*S,S'*]-, (*OC*-6-11)-, 10:9
[150124-49-5], Metaphosphimic acid ($H_6P_3O_6N_3$), trisodium salt, monohydrate, 6:99
[150124-50-8], Palladate(2-), tetrakis(cyano-*C*)-, dipotassium, monohydrate, (*SP*-4-1)-, 2:245,246
[150135-38-9], Zirconium, tetrakis(2,4-pentanedionato-*O,O'*)-, decahydrate, (*SA*-8-11''11''1'1'''1'1''')-, 2:121
[150199-80-7], Platinum, dihydroxybis-(pyridine)-, (*SP*-4-2)-, 7:253
[150220-20-5], Copper, carbonylchloro-, dihydrate, 2:4
[150220-21-6], Copper, dibromo[μ-[(1,2-η:3,4-η)-1,3-butadiene]]di-, 6:218
[150384-18-2], Phosphine, trimethyl-, hydriodide, 11:128
[150384-19-3], Dodecaborate(2-), dodecahydro-, cesium tetrahydroborate(1-) (1:3:1), 11:30
[150384-20-6], 7-Carbaundecaborane(12), 7-(*N,N*-dimethyl-1-propanamine)-, 11:37
[150384-21-7], 7-Carbaundecaborane(12), 7-(1-propanamine)-, 11:36
[150384-22-8], Cobalt(3+), diaquabis(1,2-ethanediamine-*N,N'*)-, tribromide, monohydrate, (*OC*-6-22)-, 14:75
[150384-23-9], Rhenium(2+), μ-oxotrioxo(pentaamminecobalt)-, dinitrate, monohydrate, 12:216
[150384-24-0], Phosphonium, tetraphenyl-, bis[μ-[2,3-dimercapto-2-butenedinitrilato(2-)-*S:S,S'*]]bis[2,3-dimercapto-2-butene dinitrilato(2-)-*S,S'*]dicobaltate(2-) (2:1), 13:191
[150384-25-1], Chromium(3+), tris(1,2-propanediamine-*N,N'*)-, trichloride, dihydrate, 13:186
[150384-26-2], Cobalt(5+), μ-amidodecaamminedi-, pentaperchlorate, monohydrate, 12:212
[150399-24-9], Cobaltate(1-), bis[(7,8,9,10,11-η)-7-ammine-1,2,3,4,5,6,8,9,10,11-decahydro-7-carbaundecaborato(2-)]-, 11:42
[150399-25-0], Cobalt(5+), decaammine[μ-(superoxido-*O:O'*)]di-, pentachloride, monohydrate, 12:199
[150422-10-9], Ferrate(1-), bis[(7,8,9,10,11-η)-7-ammine-1,2,3,4,5,6,8,9,10,11-decahydro-7-carbaundecaborato(2-)]-, 11:42
[150533-45-2], Platinum, dibromo[(2,3,5,6-η)-3a,4,7,7a-tetrahydro-4,7-methano-1*H*-indene]-, 13:50
[150575-56-7], Iridium, pentahydrotris-(trimethylphosphine)-, 15:34
[150578-15-7], Platinum, dichlorobis(cyclohexyldiphenylphosphine)-, (*SP*-4-1)-, 12:241

[151085-47-1], 1,3-Dithiole, 2-(1,3-dithiol-2-ylidene)-, radical ion(1+), thiocyanate, compd. with 2-(1,3-dithiol-2-ylidene)-1,3-dithiole (4:3), 19:31
[151085-48-2], 1,3-Dithiole, 2-(1,3-dithiol-2-ylidene)-, radical ion(1+), selenocyanate, compd. with 2-(1,3-dithiol-2-ylidene)-1,3-dithiole (4:3), 19:31
[151085-49-3], 1,3,4,7,8,10,12,13, 16,17,19,22-Dodecaazatetracyclo[8.8.4.1^{3,17}.1^{8,12}] tetracosa-4,6,13,15,19,21-hexaene, 5,6,14,15,20,21-hexamethyl-, 20:88
[151085-52-8], Platinate(2-), tetrakis(cyano-*C*)-, (*SP*-4-1)-, hydrogen (*SP*-4-1)-tetrakis(cyano-*C*)platinate(1-), compd. with guanidine hydrobromide (3:7:1:8:1), tetrahydrate, 19:10,12; 19:19,2
[151085-54-0], Platinate(2-), tetrakis(cyano-*C*)-, (*SP*-4-1)-, potassium bromide (*SP*-4-1)-tetrakis(cyano-*C*)platinate(1-) (2:6:1:1), nonahydrate, 19:14,15
[151085-55-1], Cobalt, bis[(2,3-butanedione dioximato)(1-)-*N,N'*][4-(1,1-dimethylethyl)pyridine](ethoxymethyl)-, (*OC*-6-12)-, 20:131
[151085-56-2], Platinum, dihydroxydimethyl-, hydrate (2:3), 20:185,186
[151085-57-3], Iron(2+), tris(2,3-butanedione dihydrazone)-, (*OC*-6-11)-, bis[tetrafluoroborate(1-)], 20:88
[151085-59-5], Cobalt(2+), (5,6,15, 16,20,21-hexamethyl-1,3,4,7,8, 10,12,13,16,17,19,22-dodecaazatetracyclo[8.8.4.1^{3,17}.1^{8,12}]tetracosa-4,6,13,15,19,21-hexaene-N^4,N^7,N^{13}, N^{16},N^{19},N^{22})-, (*OC*-6-11)-, bis[tetrafluoroborate(1-)], 20:89
[151085-61-9], Cobalt(3+), (5,6,15, 16,20,21-hexamethyl-1,3,4,7,8,10, 12,13,16,17,19,22-dodecaazatetracyclo[8.8.4.1^{3,17}.1^{8,12}]tetracosa-4,6,13,15,19,21-hexaene-N^4,N^7,N^{13}, N^{16},N^{19},N^{22})-, (*OC*-6-11)-, tris[tetrafluoroborate(1-)], 20:89
[151085-63-1], Nickel(2+), (5,6,15,16,20,21-hexamethyl-1,3,4,7,8,10,12,13,16,17,19,22-dodecaazatetracyclo[8.8.4.1^{3,17}.1^{8,12}]tetracosa- 4,6,13,15,19,21-hexaene-N^4,N^7,N^{13},N^{16},N^{19},N^{22})-, (*OC*-6-11)-, bis[tetrafluoroborate(1-)], 20:89
[151085-64-2], Cobalt(2+), amminebromobis(1,2-ethanediamine-*N,N'*)-, (*OC*-6-23)-, dinitrate, 16:93
[151085-66-4], Cobalt(1+), bis(1,2-ethanediamine-*N,N'*)[ethanedioato(2-)-*O,O'*]-, (*OC*-6-22-Δ)-, [*OC*-6-13-*C*-[*R*-(*R**,*R**)]]-[[*N,N'*-1,2- ethanediylbis[glycinato]](2-)-*N,N',O,O'*]bis(nitrito-*N*)cobaltate(1-), 18:101
[151085-67-5], Cobalt(1+), bis(1,2-ethanediamine-*N,N'*)[ethanedioato(2-)-*O,O'*]-, (*OC*-6-22-Δ)-, (*OC*-6-21-*A*)-[[*N,N'*-1,2-ethanediylbis [*N*-(carboxymethyl)glycinato]](4-)-*N,N',O,O'*,O^N,$O^{N'}$]cobaltate(1-), trihydrate, 18:100
[151085-68-6], Cobalt(4+), octaamminedi-μ-hydroxydi-, tetrabromide, tetrahydrate, 18:88
[151085-69-7], Chromium(4+), octaamminedi-μ-hydroxydi-, tetrabromide, tetrahydrate, 18:86
[151085-70-0], Platinate(2-), tetrakis-(cyano-*C*)-, (*SP*-4-1)-, cesium fluoride (*SP*-4-1)-tetrakis(cyano-*C*)platinate(1-) (81:200:19:19), 20:29
[151085-71-1], Platinate(2-), tetrakis-(cyano-*C*)-, (*SP*-4-1)-, cesium (hydrogen difluoride) (*SP*-4-1)-tetrakis(cyano-*C*)platinate(1-) (77:200:23:23), 20:26
[151085-72-2], Platinate(2-), tetrakis-(cyano-*C*)-, (*SP*-4-1)-, cesium (hydrogen difluoride) (*SP*-4-1)-tetrakis-(cyano-*C*)platinate(1-) (62:200:38:38), 20:28
[151085-73-3], Vanadium, (copper)[μ-[[6,6'-(1,2-ethanediyldinitrilo)bis[2,4-

heptanedionato]](4-)-N^6,$N^{6'}$,O^4,$O^{4'}$:O^2,$O^{2'}$,O^4,$O^{4'}$]]oxo-, monohydrate, 20:95

[151085-74-4], Platinate(2-), tetrakis(cyano-*C*)-, (*SP*-4-1)-, rubidium (hydrogen difluoride) (*SP*-4-1)-tetrakis(cyano-*C*)platinate(1-) (71:200:29:29), 20:24

[151085-75-5], Platinate(2-), tetrakis(cyano-*C*)-, (*SP*-4-1)-, rubidium (hydrogen difluoride) (*SP*-4-1)-tetrakis(cyano-*C*)platinate(1-) (62:200:38:38), 20:25

[151120-12-6], Rhenium, acetyl(1-aminoethylidene)tetracarbonyl-, (*OC*-6-32)-, 20:204

[151120-13-7], Cobalt(1+), (1,2-ethanediamine-*N*,*N'*)[[*N*,*N'*-1,2-ethanediylbis[glycinato]](2-)-*N*,*N'*,*O*,*O'*]-, chloride, trihydrate, (*OC*-6-32-*A*)-, 18:106

[151120-14-8], Cobalt(4+), octaamminedi-μ-hydroxydi-, tetraperchlorate, dihydrate, 18:88

[151120-15-9], Chromium(4+), octaamminedi-μ-hydroxydi-, tetraperchlorate, dihydrate, 18:87

[151120-16-0], Cobalt(3+), ammine[carbonato(2-)-*O*]bis(1,2-ethanediamine-*N*,*N'*)-, bromide, hydrate (2:1), (*OC*-6-23)-, 17:152

[151120-17-1], Iridium, dicarbonyldichloro-, compd. with potassium dicarbonyldichloroiridate(1-), hydrate (4:6:5), 19:20

[151120-18-2], Cobalt, bis[(2,3-butanedione dioximato)(1-)-*N*,*N'*][4-(1,1-dimethylethyl)pyridine](2-ethoxyethyl)-, (*OC*-6-12)-, 20:131

[151120-20-6], Platinate(2-), tetrakis(cyano-*C*)-, (*SP*-4-1)-, potassium (*SP*-4-1)-tetrakis(cyano-*C*)platinate(1-) (3:7:1), hexahydrate, 19:8,14

[151120-21-7], Osmium(3+), pentaamminenitrosyl-, trichloride, monohydrate, (*OC*-6-22)-, 16:11

[151120-22-8], Platinate(2-), tetrakis(cyano-*C*)-, (*SP*-4-1)-, rubidium (hydrogen difluoride) (*SP*-4-1)-tetrakis(cyano-*C*)platinate(1-) (71:200:29:29), heptahexacontahectahydrate, 20:24

[151120-24-0], Platinate(2-), tetrakis(cyano-*C*)-, (*SP*-4-1)-, rubidium hydrogen sulfate (*SP*-4-1)-tetrakis(cyano-*C*)platinate(1-) (31:150:23:46:19), pentacontahydrate, 20:20

[151120-25-1], Platinum(1+), chloro-(2,2':6',2''-terpyridine-*N*,*N'*,*N''*)-, chloride, dihydrate, (*SP*-4-2)-, 20:101

[151120-26-2], Rhodium(1+), pentaammine[carbonato(2-)-*O*]-, (*OC*-6-22)-, perchlorate, monohydrate, 17:152

[151124-35-5], Iron(2+), (5,6,14,15,20,21-hexamethyl-1,3,4,7,8,10,12,13,16,17,19,22-dodecaazatetracyclo[8.8.4.$1^{3,17}$.$1^{8,12}$]tetracosa-4,6,13,15,19,21-hexaene-N^4,N^7,N^{13},N^{16},N^{19},N^{22})-, (*TP*-6-111)-, bis[tetrafluoroborate(1-)], 20:88

[151151-18-7], Cobalt(1+), (1,2-ethanediamine-*N*,*N'*)[[*N*,*N'*-1,2-ethanediylbis[glycinato]](2-)-*N*,*N'*,*O*,*O'*]-, chloride, trihydrate, (*OC*-6-32-*C*)-, 18:106

[151151-19-8], Cobalt(1+), dibromo(2,12-dimethyl-3,7,11,17-tetraazabicyclo[11.3.1]heptadeca-1(17),2,11,13,15-pentaene-N^3,N^7,N^{11},N^{17})-, bromide, monohydrate, (*OC*-6-12)-, 18:21

[151151-21-2], Platinate(2-), tetrakis(cyano-*C*)-, (*SP*-4-1)-, potassium chloride (*SP*-4-1)-tetrakis(cyano-*C*)platinate(1-) (2:6:1:1), 19:15

[151151-24-5], Platinate(2-), bis[ethanedioato(2-)-*O*,*O'*]-, (*SP*-4-1)-, potassium (*SP*-4-1)-bis[ethanedioato(2-)-*O*,*O'*]platinate(1-) (16:41:9), pentacontahydrate, 19:16,17

[151183-10-7], Platinum(1+), (2-aminoethanethiolato-*S*)(2,2':6',2''-ter-

pyridine-*N*,*N'*,*N''*)-, (*SP*-4-2)-, nitrate, mononitrate, 20:104
[151183-11-8], Phosphonium, tetraphenyl-, bis[μ-[2,3-dimercapto-2-butenedinitrilato(2-)-*S*:*S*,*S'*]]bis[2,3-dimercapto-2-butene dinitrilato(2-)-*S*,*S'*]diferrate(2-) (2:1), 13:193
[151183-12-9], Boron, trihydro[1,1'-thiobis[propane]]-, (*T*-4)-, 12:115
[151183-13-0], Titanium, tetrabromobis-(butanenitrile)-, 12:229
[151183-14-1], Titanium, bis(butanenitrile)tetrachloro-, 12:229
[151183-15-2], Zirconium, dibromobis-(butanenitrile)-, 12:228
[151208-25-2], Rhodium(3+), tris(1,2-ethanediamine-*N*,*N'*)-, (*OC*-6-11-Λ)-, lithium salt with [*R*-(*R**,*R**)]-2,3-dihydroxybutanedioic acid (1:1:2), trihydrate, 12:272
[151247-06-2], Osmium(3+), pentaamminenitrosyl-, tribromide, monohydrate, (*OC*-6-22)-, 16:11
[151286-51-0], Sodium tungsten oxide ($Na_{0.58}WO_3$), 12:153; 30:115
[151286-52-1], Sodium tungsten oxide ($Na_{0.59}WO_3$), 12:153; 30:115
[151286-53-2], Sodium tungsten oxide ($Na_{0.79}WO_3$), 12:153; 30:115
[151379-63-4], Arsonium, tetraphenyl-, (*T*-4)-tetrabromovanadate(1-), 13:168
[151433-16-8], 1,4,8,11-Tetraazacyclotetradecane, 5,5,7,12,12,14-hexamethyl-, hydrate, 18:10
[151434-47-8], Platinate(2-), dibromotetrakis(cyano-*C*)-, dihydrogen, 19:11
[151434-48-9], Platinate(2-), dibromotetrakis(cyano-*C*)-, dihydrogen, compd. with guanidine (1:2), hydrate, 19:11
[151434-49-0], Cobalt(4+), tetrakis(1,2-ethanediamine-*N*,*N'*)di-μ-hydroxydi-, tetrabromide, dihydrate, 18:92
[151434-50-3], Cobalt(4+), tetrakis(1,2-ethanediamine-*N*,*N'*)di-μ-hydroxydi-, tetrachloride, pentahydrate, 18:93
[151434-51-4], Cobalt(4+), tetrakis(1,2-ethanediamine-*N*,*N'*)di-μ-hydroxydi-, tetrachloride, tetrahydrate, 18:93
[151567-94-1], Silicic acid (H_4SiO_4), aluminum sodium salt, hydrate (4:4:4:9), 22:61; 30:228
[152227-32-2], Tungsten(1+), bis[1,2-ethanediylbis[diphenylphosphine]-*P*,*P'*](2-isocyano-2-methylpropane) [(methylamino)methylidyne]-, (*OC*-6-11)-, tetrafluoroborate(1-), 23:12
[152227-33-3], Cobalt(1+), diammine[carbonato(2-)-*O*,*O'*]bis(pyridine)-, chloride, monohydrate, (*OC*-6-32)-, 23:77
[152227-34-4], Cobalt(2+), aqua(glycinato-*N*,*O*)(octahydro-1*H*-1,4,7-triazonine-N^1,N^4,N^7)-, (*OC*-6-33)-, diperchlorate, dihydrate, 23:76
[152227-35-5], Cobalt(1+), (glycinato-*N*,*O*)(nitrato-*O*)(octahydro-1*H*-1,4,7-triazonine-N^1,N^4,N^7)-, chloride, monohydrate, (*OC*-6-33)-, 23:77
[152227-36-6], Ruthenium, bis(2,2'-bipyridine-*N*,*N'*)dichloro-, dihydrate, (*OC*-6-22)-, 24:292
[152227-37-7], Cobalt(3+), [μ-(acetato-*O*:*O'*)]hexaamminedi-μ-hydroxydi-, triperchlorate, dihydrate, 23:112
[152227-38-8], Cobalt(2+), hexaammine[μ-[ethanedioato(2-)-*O*:*O''*]]di-μ-hydroxydi-, hydrogen perchlorate, hydrate (2:2:6:1), 23:113
[152227-39-9], Iridium(1+), dichlorobis(1,2-ethanediamine-*N*,*N'*)-, chloride, monohydrochloride, dihydrate, (*OC*-6-12)-, 24:287
[152227-40-2], Iridium(1+), dichlorobis(1,2-ethanediamine-*N*,*N'*)-, chloride, monohydrate, (*OC*-6-22)-, 24:287
[152227-41-3], Cobalt(3+), hexaamminedi-μ-hydroxy[μ-(pyrazinecarboxylato-*O*:*O'*)]di-, triperchlorate, monoperchlorate, monohydrate, 23:114

[152227-42-4], Cobalt(2+), ammine(glycinato-*N*,*O*)(octahydro-1*H*-1,4,7-triazonine-N^1,N^4,N^7)-, diiodide, monohydrate, (*OC*-6-24)-, 23:78
[152227-43-5], Cobaltate(1-), diammine-[carbonato(2-)-*O*,*O*]bis(nitrito-*N*)-, potassium, hydrate (2:1), (*OC*-6-32)-, 23:70
[152227-44-6], Cobaltate(1-), diammine-[ethanedioato(2-)-*O*,*O*']bis(nitrito-*N*)-, potassium, hydrate (2:1), (*OC*-6-32)-, 23:71
[152227-45-7], Cobaltate(1-), diammine-bis(cyano-*C*)[ethanedioato(2-)-*O*,*O*']-, sodium, dihydrate, (*OC*-6-32)-, 23:69
[152227-46-8], Cobalt(3+), tris(1,2-ethanediamine-*N*,*N*')-, (*OC*-6-11)-, (*OC*-6-21)-bis[carbonato(2-)-*O*,*O*']bis(cyano-*C*)cobaltate(3-) (1:1), dihydrate, 23:66
[152227-47-9], Cobalt(1+), bis(1,2-ethanediamine-*N*,*N*')[ethanedioato(2-)-*O*,*O*']-, (*OC*-6-22-Λ)-, (*OC*-6-11-Λ)-tris [ethanedioato(2-)-*O*,*O*']chromate(3-) (3:1), hexahydrate, 25-140
[152227-48-0], 1,3,5,2,4-Triazadiphosphorine, 2-chloro-2,2,4,4-tetrahydro-2-methyl-4,4,6-triphenyl-, 25:29
[152473-73-9], Methanaminium, *N*,*N*,*N*-trimethyl-, potassium sodium octadecaoxoheptasilicatedialuminate(2-) (1:2:1:2), heptahydrate, 22:65
[152545-41-0], Vanadium, oxo[phenylphosphonato(2-)-*O*]-, dihydrate, 30:246
[152652-73-8], Chromium potassium oxide ($CrK_{0.5-0.6}O_2$), 22:59; 30:153
[152652-75-0], Chromium potassium oxide ($CrK_{0.7-0.77}O_2$), 22:59; 30:153
[152693-30-6], Chromate(3-), tris[ethanedioato(2-)-*O*,*O*']-, tripotassium, monohydrate, (*OC*-6-11-Δ)-, 25:141
[152693-32-8], Platinate(2-), tetrakis(cyano-*C*)-, (*SP*-4-1)-, hydrogen (hydrogen difluoride) (*SP*-4-1)-tetrakis(cyano-*C*)platinate(1-), compd. with guanidine (73:200:27:27:200), hydrate, 21:146
[152782-80-4], Iron(2+), tetrakis(pyridine)-, dichloride, 1:184
[152981-33-4], Osmium(3+), aqua(2,2'-bipyridine-*N*,*N*')(2,2':6',2"-terpyridine-*N*,*N*',*N*")-, (*OC*-6-44)-, salt with trifluoromethanesulfonic acid (1:3), dihydrate, 24:304
[152981-34-5], Ruthenium(3+), aqua(2,2'-bipyridine-*N*,*N*')(2,2':6',2"-terpyridine-*N*,*N*',*N*")-, (*OC*-6-44)-, salt with trifluoromethanesulfonic acid (1:3), trihydrate, 24:304
[152981-36-7], Thulium(1+), bis(nitrato-*O*,*O*')(1,4,7,10,13-pentaoxacyclopentadecane-O^1,O^4,O^7,O^{10},O^{13})-, (*OC*-6-11)-hexakis(nitrato-*O*)thulate(3-) (3:1), 23:153
[152981-37-8], Cobalt(2+), aquachlorobis(1,2-ethanediamine-*N*,*N*')-, (*OC*-6-23)-, dithionate (1:1), monohydrate, 21:125
[152981-38-9], Ruthenium(1+), [*N*,*N*'-bis(2-aminoethyl)-1,3-propanediamine-*N*,*N*',*N*",*N*"']dichloro-, [*OC*-6-15-(*R**,*S**)]-, hexafluorophosphate(1-), 29:165
[152981-39-0], Ruthenium(1+), dichloro (1,4,8,11-tetraazacyclotetradecane-N^1,N^4,N^8,N^{11})-, chloride, dihydrate, (*OC*-6-12)-, 29:166
[152981-40-3], Methanaminium, *N*,*N*,*N*-trimethyl-, sodium hydrogen heneicosaoxobis[2,2'-phosphinidenebis-[ethanaminato]]pentamolybdate(4-) (1:1:2:1), pentahydrate, 27:126
[152981-41-4], Platinate(2-), tetrakis-(cyano-*C*)-, (*SP*-4-1)-, cesium chloride (*SP*-4-1)-tetrakis(cyano-*C*)platinate(1-) (7:20:3:3), 21:142
[152981-43-6], Platinate(2-), tetrakis-(cyano-*C*)-, (*SP*-4-1)-, rubidium chloride (*SP*-4-1)-tetrakis(cyano-*C*)platinate(1-) (7:20:3:3), triacontahydrate, 21:145

[153019-52-4], Tungstate(28-), tetrakis[μ_9-[arsenito(3-)-*O*:*O*:*O*:*O*':*O*':*O*':*O*'':*O*'':*O*'']]hexaheptaconta-μ-oxodopentacontaoxotetraconta-, octasodium, hexacontahydrate, 27:118
[153019-54-6], Lutetium(1+), bis(nitrato-*O*,*O*')(1,4,7,10,13-pentaoxacyclopentadecane-O^1,O^4,O^7,O^{10},O^{13})-, (*OC*-6-11)-hexakis(nitrato-*O*)lutetate(3-) (3:1), 23:153
[153019-55-7], Iron(2+), [14,20-dimethyl-2,12-diphenyl-3,11-bis(phenylmethyl)-3,11,15,19,22,26-hexaazatricyclo[11.7.7.1^{5,9}]octacosa-1,5,7,9(28),12,14,19,21,26-nonaene-N^{15},N^{19},N^{22},N^{26}]-, (*SP*-4-2)-, bis[hexafluorophosphate(1-)], 27:280
[153062-84-1], Molybdate(2-), [μ-[[*N*,*N*'-1,2-ethanediylbis[*N*-(carboxymethyl)glycinato]](4-)-*N*,*O*,O^N:*N*',*O*',$O^{N'}$]]-μ-oxodioxo-μ-thioxodi-, (*Mo-Mo*), magnesium (1:1), hexahydrate, 29:256
[153062-85-2], Molybdate(2-), [μ-[[*N*,*N*'-1,2-ethanediylbis[*N*-(carboxymethyl)glycinato]](4-)-*N*,*O*,O^N:*N*',*O*',$O^{N'}$]]dioxodi-μ-thioxodi-, (*Mo-Mo*), disodium, monohydrate, 29:259
[153379-38-5], Platinum(1+), chloro[(4-nitrophenyl)diazene-N^2]bis(triethylphosphine)-, (*SP*-4-3)-, tetrafluoroborate(1-), 12:31
[153420-97-4], Cobalt(1+), dichloro(1,4,8,12-tetraazacyclopentadecane-N^1,N^4,N^8,N^{12})-, chloride, (*OC*-6-13)-, 20:112
[153420-98-5], Arsenic mercury fluoride ($AsHg_{2.86}Fe_6$), 19:25
[153421-00-2], Iridium, tricarbonylchloro-, (*SP*-4-2)-, compd. with tricarbonyldichloroiridium (9:1), 19:19
[153481-20-0], Cobalt(1+), pentaammine[carbonato(2-)-*O*]-, (*OC*-6-22)-, perchlorate, monohydrate, 17:152
[153481-21-1], Antimony mercury fluoride ($SbHg_{2.91}F_6$), 19:26
[153519-29-0], Platinate(2-), tetrakis(cyano-*C*)-, (*SP*-4-1)-, cesium (*SP*-4-1)-tetrakis(cyano-*C*)platinate(1-) (3:7:1), octahydrate, 19:6,7
[153519-30-3], Platinate(2-), dibromotetrakis(cyano-*C*)-, dipotassium, dihydrate, 19:4
[153519-32-5], Platinate(2-), tetrakis(cyano-*C*)-, (*SP*-4-1)-, rubidium (*SP*-4-1)-tetrakis(cyano-*C*)platinate(1-) (3:8:2), decahydrate, 19:9
[153569-07-4], Poly[nitrilo[bis(2,2,2-trifluoroethoxy)phosphoranylidyne]nitrilo[bis(2,2,2-trifluoroethoxy)phosphoranylidyne]nitrilo (dimethylphosphoranylidyne)], 25:67
[153569-08-5], Poly[nitrilo[bis(2,2,2-trifluoroethoxy)phosphoranylidyne]nitrilo[bis(2,2,2-trifluoroethoxy)phosphoranylidyne]nitrilo [methyl[(trimethylsilyl)methyl]phosphoranylidyne]], 25:64
[153569-09-6], Ruthenium(1+), (2,2'-bipyridine-*N*,*N*')chloro(2,2':6',2''-terpyridine-*N*,*N*',*N*'')-, chloride, hydrate (2:5), (*OC*-6-44)-, 24:300
[153569-10-9], Cobalt(2+), aquabromobis(1,2-ethanediamine-*N*,*N*')-, (*OC*-6-23)-, dithionate (1:1), monohydrate, 21:124
[153590-08-0], Cobalt sodium oxide ($CoNa_{0.77}O_2$), 22:56; 30:149
[153590-09-1], Cobalt(4+), hexaamminediaquadi-μ-hydroxydi-, tetraperchlorate, pentahydrate, 23:111
[153590-10-4], Cobalt(6+), dodecaammine[μ_4-[2-butynedioato(2-)-*O*:*O*':*O*'':*O*''']]tetra-μ-hydroxytetra-, hexaperchlorate, pentahydrate, 23:115
[153608-94-7], Platinate(2-), tetrakis(cyano-*C*)-, (*SP*-4-1)-, cesium hydrogen sulfate (*SP*-4-1)-tetrakis(cyano-*C*)platinate(1-) (31:150:23:46:19), 21:151

[153608-95-8], Osmium(2+), aqua(2,2'-bipyridine-*N,N'*)(2,2':6',2''-terpyridine-*N,N',N''*)-, (*OC*-6-44)-, salt with trifluoromethanesulfonic acid (1:2), monohydrate, 24:304
[153608-96-9], Iron titanium hydride ($FeTiH_{1.94}$), 22:90
[153608-97-0], Platinate(2-), tetraiodo-, dipotassium, dihydrate, (*SP*-4-1)-, 25:98
[153744-06-0], Chromium(1+), dichlorobis(1,2-ethanediamine-*N,N'*)-, chloride, monohydrate, (*OC*-6-22-Λ)-, 26:28
[153771-78-9], Cobalt(6+), dodecaamminehexa-μ-hydroxytetra-, hexaiodide, tetrahydrate, 29:170
[153829-17-5], Phosphonium, tetraphenyl-, stereoisomer of bis(tetrathio)di-μ-thioxodithioxodimolybdate(2-) stereoisomer of (dithio)(tetrathio)di-μ-thioxodithioxodimolybdate(2-), compd. with *N,N*-dimethylformamide (100:14:36:25), 27:42
[153829-18-6], Methanaminium, *N,N,N*-trimethyl-, hydrogen bis[μ_5-[[(4-aminophenyl)methyl]phosphonato(2-)-*O*:*O*:*O'*:*O'*:*O''*]]penta-μ- oxodecaoxopentamolybdate(4-) (2:2:1), tetrahydrate, 27:127
[153924-79-9], Molybdate(2-), bis[L-cysteinato(2-)-*N,O,S*]-μ-oxodioxo-μ-thioxodi-, (*Mo-Mo*), disodium, tetrahydrate, stereoisomer, 29:255
[156664-48-1], Sodium tantalum sulfide ($Na_{0.7}TaS_2$), 30:163,167
[158188-70-6], Vanadium, oxo[phenylphosphonato(2-)-*O*]-, compd. with ethanol (1:1), monohydrate, 30:245
[158188-71-7], Vanadium, [hexylphosphonato(2-)-*O*]oxo-, compd. with benzenemethanol (1:1), monohydrate, 30:247
[158188-72-8], 1,3-Dithiole, 2-(1,3-dithiol-2-ylidene)-, compd. with iron chloride oxide (FeClO) (2:17), 30:177
[158188-73-9], Iron chloride oxide (FeClO), compd. with pyridine (1:1), 30:182
[158188-74-0], Ytterbate(3-), tri-μ-bromohexabromodi-, trirubidium, 30:79
[158188-75-1], Iron zinc oxide ($Fe_{2.65}Zn_{0.35}O_4$), 30:127
[158188-76-2], Lithium titanium sulfide ($Li_{0.22}TiS_2$), 30:170
[158188-77-3], Lithium titanium sulfide ($Li_{0.22}TiS_2$), ammoniate (25:16), 30:170
[158188-78-4], Sodium titanium sulfide ($Na_{0.8}TiS_2$), 30:167
[158188-79-5], Potassium titanium sulfide ($K_{0.8}TiS_2$), 30:167
[158188-80-8], Cesium titanium sulfide ($Cs_{0.6}TiS_2$), 30:167
[158188-81-9], Sodium titanium selenide ($Na_{0.95}TiSe_2$), 30:167
[158188-82-0], Lithium tantalum sulfide ($Li_{0.7}TaS_2$), 30:167
[158188-83-1], Potassium tantalum sulfide ($K_{0.7}TaS_2$), 30:167
[158188-84-2], Sodium tantalum selenide ($Na_{0.7}TaSe_2$), 30:167
[158188-85-3], Potassium tantalum selenide ($K_{0.7}TaSe_2$), 30:167
[158188-87-5], Lithium molybdenum sulfide ($Li_{0.8}MoS_2$), ammoniate (5:4), 30:167
[158188-88-6], Molybdenum sodium sulfide ($MoNa_{0.6}S_2$), 30:167
[158188-89-7], Molybdenum potassium sulfide ($MoK_{0.6}S_2$), 30:167
[158188-90-0], Molybdenum potassium selenide ($MoK_{0.5}Se_2$), 30:167
[158188-91-1], Ammonium niobium titanium hydroxide oxide ($(NH_4)_{0.5}NbTi(OH)_{0.5}O_{4.5}$), 30:184
[158188-92-2], Bismuth calcium copper strontium thallium oxide ($(Bi,Tl)CaCu_2Sr_2O_7$), 30:204
[158188-93-3], Copper lanthanum oxide ($CuLaO_{2.8-3}$), 30:219

[158188-94-4], Copper lanthanum oxide ($CuLaO_{2.6-2.8}$), 30:221
[158188-95-5], Copper lanthanum oxide ($CuLaO_{2.5-2.57}$), 30:221
[158188-96-6], Lithium niobium oxide ($Li_{0.6}NbO_2$), 30:222
[158188-97-7], Boric acid (H_3BO_3), lanthanum(3+) magnesium strontium salt (6:2:1:5), 30:257
[158210-00-5], Lutetate(3-), tri-μ-bromohexabromodi-, trirubidium, 30:79
[158210-03-8], Methanaminium, *N,N,N*-trimethyl-, potassium sodium heptaoxoheptaheptacontakis[μ-oxotetraoxodisilicato(2-)]tetraconta aluminate(48-) (12:20:16:1), dotetracontahectahydrate, 30:231
[158249-06-0], 1-Propanaminium, *N,N,N*-tripropyl-, sodium nonahexacontadiliaoxokiliasilicatehexacosaaluminate(60-) (36:24:1), heptacontahydrate, 30:232,233
[158282-30-5], Titanate(1-), pentaoxoniobate-, hydrogen, compd. with methanamine (2:1), 30:184
[158282-31-6], Titanate(1-), pentaoxoniobate-, hydrogen, compd. with ethanamine (2:1), 30:184
[158282-32-7], Titanate(1-), pentaoxoniobate-, hydrogen, compd. with 1-propanamine (2:1), 30:184
[158282-33-8], Titanate(1-), pentaoxoniobate-, hydrogen, compd. with 1-butanamine (2:1), 30:184